JN418811

해설 텐서와 레올로지

Commentary on Tensor and Rheology

이장우 · 정우혁 공저

사이플러스
Science plus

■ 머리말

본 책의 이름 "해설 텐서와 레올로지"에서 첫 번째 주제인 '텐서(tensor)'는 성분(또는 첨자)표현에 있어서 첨자가 없는 스칼라(0차 텐서)로부터 첨자수가 1개인 벡터(1차 텐서), 2개인 행렬(2차 텐서) 나아가 첨자수가 n개인 고차 텐서에 이르기까지 첨자를 사용하여 물리적인 양을 나타내는 수학의 한 기법(그러나 첨자가 있다고 해서 모두 텐서는 아님 - 본문 참조)으로서 물리나 기하문제들의 수학적 공식화에서 일어나는 각종 방정식을 나타내는데 대한 간결한 기호법을 제공할 뿐만 아니라, 자연계에 존재하는 대칭성 및 불변성을 연구하는데 큰 도움을 주므로 오늘날 자연과학이나 공학을 전공하는 많은 사람들에게 꼭 필요한 수학의 한 부분이 되고 있다. 그럼에도 불구하고 관련된 수식이나 기호가 너무 복잡하고 난해할 뿐만 아니라 그 원리 및 응용에 대해 보다 쉽고 체계적으로 설명된 적절한 교과서나 참고서가 별로 없는 실정이다. 반면에 이 책의 두 번째 주제인 '레올로지(rheology)'는 물질이나 재료의 변형과 흐름에 관련된 과학 분야로서 '유변학'이라고도 불린다. 후크(Hooke)의 가역적인 탄성고체를 다루는 탄성론이나, 뉴톤(Newton)의 비가역적인 점성유체만을 다루는 유체역학과 달리, 레올로지는 실제 일상생활에서 접하는 점성과 탄성을 동시에 갖는 많은 점탄성 물질(viscoelastic materials)의 변형과 흐름을 연구하는 학문으로서 물리학, 화학, 공학, 생물학, 농학, 약학, 식품학 등에 이르기까지 광범위한 학문분야에 횡적으로 관계하는 극히 총체적인 학문이다. 특히 공업재료의 레올로지 거동이 실제의 작업공정 또는 제품의 성능평가에서 본질적인 역할을 하는 경우가 많다. 가령 3대 합성고분자(synthetic polymers)에 속하는 섬유, 플라스틱, 고무로부터 종이, 유지, 접착제, 세라믹스, 시멘트, 도료, 인쇄잉크, 화장품, 식품, 의약품, 금속재료 뿐만 아니라 심지어는 석유, 석탄의 채굴에 이르기까지 레올로지가 관여하는 공업 분야는 매우 넓다. 그런데 높은 변형이나 변형속도와 관련된 이들 물질의 가공 공정시 발생하는 속도나 압력장과 같은 흐름거동이나 점도나 탄성계수와 같은 물질함수를 예측하기 위한 응력과 변형의 관계인 (3차원) '레올로지 구성방정식(rheological constitutive equations)'의 성립에는 앞서 언급한 '텐서'이론이 필수적이라고 하겠으나, 이에 대하여 보다 쉽고 체계적인 방법으로 기술한 서적이나 문헌 또한 별로 없다고 하겠다.

그래서 저자들은 이와 같은 문제점을 오래전부터 인식하여 그동안의 강의와 연구경험을 통하여 습득한 텐서수학의 기법을 토대로 레올로지에 관한 기존의 명저들(참고문헌에 수록)에 준하여 두 대표적인 표준흐름인 단순 전단흐름(SSF)과 단순 신장흐름(SEF)을 예로 들어, 독자들이 가장 간단한 뉴톤 혹은 일반뉴톤유체 구성방정식으로부터 출발하여 Lodge 모델과 같은 비선형 구성방정식에 이르기까지 해당 식을 직접 세우고, 이로부터 관련된 속도장 및 물질함수를 계산하고 또 이들 결과와 실제 실험에서 얻어진 데이터와 비교하여 사용된 구성방정식의 장단점을 파악할 수 있도록 장마다 가능한 많은 예제와 문제풀이를 수록하였다. 그리고 각종 수학공식이 필요한 경우에는 별도의 수학책을 찾지 않아도 되도록 참고나 부록형식으로 첨부하여 혼자서도 자습이 가능하도록 하였다. 그래서 이 책은 텐서나 레올로지에 대하여 좀더 구체적으로 알고 싶어 하거나 혹은 이 분야를 전공하는 학부 3, 4학년생, 대학원생, 나아가 박사학위를 위하여 외국유학을 준비하는 학생들에게는 꼭 필요한 해설서라고 생각된다. 그리고 레올로지 관련 연구소나 산업체에 근무하는 연구인력을 위한 참고서적으로도 활용될 수 있도록 꾸며져 있다. 그러나 한 가지 아쉬운 점은 본의 아니게 분량이 많이 늘어나 현재 레올로지 분야에서 관심이 고조되고 있는 현탁액(suspension), 다성분계 고분자(multi-phase polymer system)나 식품(food) 분야, 나아가 혼합(mixing), 압출(extrusion) 및 사출(injection) 성형과 같은 고분자 용액이나 용융물(melts)에 대한 고분자 가공(polymer processing) 분야를 독립적으로 다루지 못했다는 것이다(물론 이들 분야에 관한 많은 기존의 명저들이 있기는 하지만).

본서의 내용을 간단히 소개하면 다음과 같다. 먼저 본서는 내용적으로 크게 두 부분으로 나누어져 있는데, 처음 두 장에서는 텐서수학을, 그리고 나머지 6장은 레올로지를 다루었다. 그러면, 제 1장에서는 절대텐서의 정의 및 이를 이용한 좌표계간의 변환법칙과 같은 텐서대수(tensor algebra)를, 그리고 제 2장에서는 일반좌표계에서 텐서장의 미적분과 직교곡선좌표계에서 물리적 성분의 연속체역학에의 응용과 같은 텐서 미적분(tensor calculus)을 다룬다. 두 장 모두 텐서의 두 가지 기본 성질인 주어진 공간에서 어떤 크기와 방향을 가진 물리적인 양을 나타내는 텐서 또는 텐서 표현식 자체는 좌표계에 무관하나, 단지 포함된 성분이 좌표계에 따라 변하며 변환 전·후의 성분 사이에는 일정 텐서 변환 법칙이 적용된다는 원리를 강조하고 있다. 제 3장 레올로지 서론에서는 순수 점성, 완전 탄성, 그리고 점탄성 물질의 정의 및 막대 오름 효과(Weissenberg effect)나 다이 팽창(Barus effect)과 같은 비뉴톤성 유체가 나타내는 몇 가지 실험적 탄성거동을 보여준다. 제 4장 탄성고체에서는 응력텐서 및 각종 변형(률)텐서의 정의, 몇 가지 대표적 변형에 대한 신후크(neo-Hooke) 탄성고체와 일반 탄성고체 모델을 이용한 계산, 그리고 질량 및 운동량 보존식을 다룬다. 제 5장에서는 두 대표적인 표준흐름인 (단순)전단흐름(SSF)과 신장흐름(SEF)에 대하여 뉴톤 및 일반점성유체(GNF)모델을 사용하여 주어진 좌표계에 대한 운동방정식으로부터 압력이나 속도장과 같은 흐름거동과 물질함수(정상 혹은 비정상 점도나 동적 선형계수 등)를 계산하는 방법을 보여 준다. 제 6장에서는 낮은 변형에 유효한 선형점탄성거동의 정의 및 응력완화나 크리프(creep) 현상을 설명하기위한 스프링-대쉬폿 모델의 소개, 그리고 모세관을 통한 압력야기 포아제(Poiseuille) 흐름이나 비틀림 진동 점도계에서와 같은 견인야기(drag-driven) Couette 흐름에 대하여 선형점탄성(GLVE) 구성방정식을 사용하여 유동문제를 계산한다. 그리고 제 7장에서는 유한 변형(혹은 변형속도)에 적용을 위하여 내장(혹은 흐름변형) 좌표계 에 기초를 둔 각종 시간 미분연산자의 정의 및 이를 이용한 물질 객관성(혹은 프레임 불변성)을 만족시키는 Lodge 적분형 모델이나 Jeffreys 미분형 모델과 같은 보다 정확한 비선형 구성방정식을 소개하고, 특히 고분자계에 적용을 위하여 분자론적 접근법에 기초를 둔 Rouse나 Zimm의 구슬-스프링(bead-spring) 모델(이들은 낮은 농도영역에 유효)과 Doi나 de Gennes의 파행운동(reptation) 모델(높은 농도영역에 유효)에 대해서도 간단히 소개한다.

마지막 제 8장에서는 유변측정(rheometry)을 다루는데, 먼저 모세관(압력야기)이나 평행원반(견인야기)레오미터에서 일어나는 전단흐름(SSF)에서의 벽면(혹은 가장자리) 전단속도에 대한 Weissenberg-Rabinowitsch 보정식을 소개하고, 다음에는 신장흐름(SEF)에 대한 유변측정에 있어서 Sridhar의 용융물에 대한 일축신장 점도 측정 장치나 Cogswell이나 Biding에 의한 이축신장 및 평면신장에 대한 해석도 소개하고, 끝으로 토크미터(torque meter)나 압력게이지로 직접 응력을 측정하는 대신 흐름에 의한 유동복굴절(flow birefringence)을 광학적으로 측정함으로써 응력, 나아가 물질함수를 추정하는 방법에 대하여 논한다.

그러나 여기서 독자들에게 한 가지 지적하고 싶은 점은, 만약 1, 2장의 텐서수학에 별로 관심이 없는 분들은 바로 3장부터의 레올로지로 옮겨가도 큰 문제점은 없다고 생각된다. 왜냐하면 그 자체에서도 해결할 수 있도록 가급적 자세하게(필요한 수학도 함께) 기술하였을 뿐 아니라 텐서가 꼭 필요한 부분에서는 해당하는 절(또는 식)을 인용하였으므로 그때마다 잠깐 참조하면 될 것으로 판단되기 때문이다.

또한 여러 저자들이 텐서나 레올로지에 대한 저술시 공통적으로 겪는 어려움의 하나는 용어나 기호의 선택인데, 본서에서는 이 분야에 관한 가급적인 많은 참고 서적이나 논문의 검토를 거친 후 저자들 나름대로 가장 보편타당하고 합리적이라고 판단되는 것을 선택하여 기술하였으므로 만약 다른 책과 병용하여 공부하는 분들에게는 이 점 특히 유의해주길 바란다. 또한 고분자 명명법에도 어려움을 느껴 한글 또는 영어의 혼용형태를 사용하였으며, 특히 그림이나 표 안의 용어도 경우에 따라 (주로)번역 또는 그대로 두기도 하였다. 그리고 내용 전개상 필요에 의해 불가피하게 동일한 항목에 대해 다른 기호를 사용하거나 반대로 동일한 기호에 대해 다른 의미를 부여하거나, 또는 내용이 중복되는 경우가 종종 있을 수 있음을 미리 양해 바란다. 덧붙여 사용된 (복잡한)수식이 너무 많아 틀림없이 오탈자가 있을 것이므로 이에 대해 독자들께서는 거침없이 지적하여 주신다면 추후 개정판에서 모두 바로 잡겠으며, 또한 독자들의 따끔한 충고도 기대하는 바이다.

끝으로 내용이 방대해진 본서를 사이플러스 출판사에서 발간할 수 있도록 허락하여 주신 출판사 사장님을 비롯한 전 직원들에게 심심한 사의를 표하며, 도표의 재작성 및 인쇄에 정성을 쏟아주신 출판사 담당직원 여러분들에게도 따뜻한 감사를 드린다. 그리고 약 6개월에 걸친 집필과정에서 엄청난 컴퓨터 워드작업을 비롯한 여러 가지 궂은일을 마다않고 끝까지 성실하게 수행해준 부산대학교 고분자공학과 대학원생인 문정민군과 최연실양에게 그동안의 노고에 대하여 아낌없는 찬사를 보내는 바이다.

2009년 7월

저자 일동

■ 차 례

제 2장 텐서 미적분 ········ 175

제 3장 레올로지 서론 ······ 384

제 4장 탄성고체 ······ 400

제 7장 비선형 점탄성 구성방정식 ········ 736

제8장 유변측정(rheometry) ········ 866

제 1 장

텐서대수

■ 1.1 서 론

텐서(tensor) 이론은 점, 곡선 또는 곡면과 같은 기하학적 개체(object)는 선택된 좌표계(coordinate system)에 무관 즉 그들의 표현식은 좌표계에 따라 달라질 수 있으나 본질 자체는 불변이라는 개념에 바탕을 두고 있다. 바꾸어 말하면 텐서의 두 가지 기본적인 성질은, 주어진 공간에서 어떤 크기와 방향을 가진 물리적인 양을 나타내는 텐서 또는 텐서 표현식 자체는 좌표계에 무관하나, 단지 포함된 성분이 좌표계에 따라 변하며 변환 전・후의 성분사이에는 일정 텐서 변환법칙이 성립된다는 것이다. 오늘날 텐서는 물리적이나 기하하적인 문제들의 수학적 공식화에서 일어나는 각종 방정식을 나타내는데 대한 간결한 기호법을 제공할 뿐만 아니라, 자연계에 존재하는 대칭성 및 불변성을 연구하는데 큰 도움을 주므로 자연과학이나 공학을 전공하는 대부분의 사람들에게 꼭 필요한 수학적 기초의 한 부분이 되고 있다.

여기서 소개되는 텐서 개념이 거의 수정 없이 더욱 추상적인 공간(가령 휘어진 Riemann 공간이나 특수 및 일반상대성 이론에서의 4차원 시공간 등)에 적용되어질 지라도, 여기서는 우리의 관심을 항상 직교 Cartesian 좌표계(즉 세 단위 (기저) 벡터의 크기 및 방향이 위치에 무관함)를 발견 가능한 편평한(flat) 3차원 유클리드(Euclid) (E^3)공간으로 한정시킬 것이다. 이것은 미분 가능한 다양체(manifold)와 그들의 접선(tangent) 및 이중 공간(dual space)에 대한 많은 논의를 줄여 줄 것이다.

텐서는 스칼라(scalar)와 벡터(vector)를 일반화한 것으로 간주될 수 있다. 가령 '차수(order 또는 rank)'가 0인 텐서는 스칼라이고, 차수가 1인 텐서는 벡터이다. 3차원 직교 Cartesian 좌표계에서 스칼라는 1개(=3^0)의 성분을 가지고 있으며, 벡터는 3개(=3^1)의 성분을 가지고 있다. 행렬(matrix)로 표현되는 2차 텐서(second-order tensor)는 9개(=3^2)의 성분을 가지고 있으며, 일반적으로 n차 텐서는 3^n(일반 곡선 좌표계의 경우는 6^n)개의 성분을 가지고 있다. 여기서 텐서를 나타냄에 있어서 일반적으로 두 가지 표기법이 사용되는데, 그 중 하나는 벡터 및 행렬해석에 이용되는 것과 유사한 '직접(direct)' 또는 '블록(block)' 표기법이고, 다른 하나는 '첨자(index)' 또는 '성분(component)' 표기법이다. 특히 일반 곡선 좌표계에 대한 첨자 표기법에서는 '핵심문자(kernel letter)'라고 불리는 주문자의 바로 다음에 붙어있는 소위 '공변(covariant)'성분을 나타내는 아래첨자(subscript)와 '반변(contravariant)'성분을 나타내는 위첨자(superscript)의 두 종류가 있으나, 직교 Cartesian 좌표계의 경우는 위첨자가 아래첨자의 구별이 없어진다. 이 두 가지 표기법은 서로 1:1 대응관계에 있으며, 그 중 직접 표기법은 기본 물리법칙을 좌표계에 무관한 불변 형태(invariant form)로 나타낼 때 주로 사용되며, 또한 첨자 표기법은 물리 문제를 지배하는 기본 방정식을 주어진 좌표계에 대한 구체적인 성분 형태로 유도하여 해를 구할 때 사용된다.

이와 관련하여 이 책에서는 첨자가 없는 0차 텐서인 스칼라는 ϕ처럼 보통의 이탤릭체(italic style)로, 첨자가 한 개인 성분 v^i(또는 v_i)를 갖는 1차 텐서인 벡터 $\boldsymbol{v}$는 굵은 (볼드체) 이탤릭 소문자로, 첨자가 두 개인 성분 M_{ij}(또는 $M_i^{\ j}$ 등)을 갖는 2차 텐서 $\mathbf{M}$은 대문자 로만(Roman) 볼드체(또는 이의 주어진 좌표계에 대한 행렬 표현은 M처럼 보통의 로만 대문자)로, 그리고 첨자가 3개인 성분 A_{ijk}(또는 $A_i^{\ jk}$ 등)를 갖는 3차 텐서는 $\mathbf{A}^{(3)}$처럼 대문자 로만 볼드체의 오른편 상단에 위첨자 (3)을 표기하고, 나아가 성분의 첨자가 n개인 n차 텐서는 $\mathbf{A}^{(\mathrm{n})}$처럼 대문자 로만 볼드체의 오른편 상단에 위첨자 (n)을 붙임을 원칙으로 한다. 덧붙여 어떤 물리 문제에 대한 텐서의 직접(또는 블록) 표현식에 있어서, 가령 두 벡터 $\boldsymbol{a}$, $\boldsymbol{b}$의 내적(inner product) $\boldsymbol{a} \cdot \boldsymbol{b}$에서 기호 '·'은 텐서의 차수(rank) 계산에 있어서 -2(따라서 내적의 전체 차수는 2-2=0 즉 스칼라가 됨)로 간주하고, 외적(vector product) $\boldsymbol{a} \times \boldsymbol{b}$에서 기호 '×'는 -1(따라서 외적의 전체 차수는 2-1=1이 되어 벡터가 됨)로 간주, 그리고 두 벡터의 다이어딕(dyadic) 곱 $\boldsymbol{a}\boldsymbol{b}$의 경우는 사이에 아무런 연산 기호가 없으므로 차수 계산시 0으로 간주(따라서 전체 차수는 2-0=2 즉 2차 텐서가 됨)한다.

실제 텐서 이론으로의 접근은 여러 가지 방법이 있다. 그 중 하나는 선형 연산자(linear operator)의 대수적인 이론을 통한 것이다. 예를 들어 2차 텐서는 벡터에 작용하여 새로운 벡터를 만드는 선형 연산자와 동일하다. 이러한 예로 3차원 유클리드 공간에 속하는 어떤 주어진 기준 좌표계에 대하여 2차 텐서를 행렬의 곱에 대한 선형 연산자로서 3×3 행렬로 표현할 수 있다. 3×1 열벡터 $\boldsymbol{u}$ 에 3×3 행렬 T를 곱하면 3×1 열벡터 $\boldsymbol{v}$ 로 되며, 이것은 다음과 같은 표현식으로 나타낼 수 있다.

$$\mathrm{T}\boldsymbol{u} = \boldsymbol{v}$$

일반적으로 다른 기준 좌표계에 대해 $\boldsymbol{u}$, $\boldsymbol{v}$ 의 성분과 2차 텐서 $\mathbf{T}$ 는 모두 변화할 것이고 따라서 위 식은 아래와 같이 다른 수치를 가진 행렬과 열벡터로 표현되어질 것이다.

$$\overline{\mathrm{T}}\,\overline{\boldsymbol{u}} = \overline{\boldsymbol{v}}$$

그러므로 이것은 선택된 기준 좌표계에 무관한 '좌표 불변 타당성(coordinate-free invariant validity)'을 가진다는 관점을 적용할 수 있다. 이 타당성은 일반적으로 고려되어진 문제의 물리적인 특성의 결과가 된다. 기준 좌표계의 선택은 주어진 상황에서 기본적인 물리법칙에 영향을 준다. 여기에서 다루는 텐서 해석은 수학적인 내용을 이 기본적인 물리개념으로 전환하는 것을 의미한다. 임의의 주어진 한 기준 Cartesian 좌표계에 대해 벡터 $\boldsymbol{u}$ 는 성분 $(u_1,\, u_2,\, u_3)$을 가지며, 새로운 기준 좌표계에 대한 성분은 $(\bar{u}_1,\, \bar{u}_2,\, \bar{u}_3)$이 될 것이고 이 새로운 성분이 계산되어질 수 있는 두 좌표계 사이의 변환(transformation) 방정식이 존재하게 된다. 가령 어떤 크기와 방향을 가진 물리적인 량으로서 1차 텐서인 벡터 $\boldsymbol{u}$ 를 생각해 보면 벡터 $\boldsymbol{u}$ 그 자체는 기본적으로 변하지 않지만 주어진 기준 좌표계에 대한 $\boldsymbol{u}$ 의 성분은 일정 변환식에 의해 다른 기준 좌표계의 성분으로 바뀌게 된다. 따라서 벡터에 대한 또다른 정의로 임의의 한 벡터를 주어진 한 (3차원) 좌표계와 3개의 정렬된 숫자 사이의 1 : 1 대응으로서 벡터로 간주할 수 있다. 환원하면 벡터는 모든 가능한 기준 좌표계에 대하여 대응하는 모든 가능한 (벡터) 성분 표현의 집합이다.

3차원 유클리드(E^3) 공간에서 3×3 행렬은 9개의 성분을 가지듯이 Cartesian 2차 텐서도 9개의 성분을 가진다. 이 성분들은 기준 좌표계가 변화할 때 2차 텐서에 적합한 특별한 변환법칙에 따라 변화한다. 텐서 그 자체는 벡터의 경우와 마찬가지로 모든 가능한 기준 좌표계에 대하여 가능한 행렬 표현의 집합으로서 생각할 수 있다. 또한 일반적으로 텐서를 어떤 일정한 크기와 방향을 가진 벡터처럼 간단하게 나타내는 것은 불가능하더라도 벡터와 마찬가지로 한 객관적인 물리적 실체를 가지는 것으로서 간주해야 할 것이다. 그리고 앞에서 언급한 공변(아래첨자) 및 반변(위첨자) 성분을 가지는 일반 곡선 좌표계에 대한 텐서 이론은 가장 잘 알려진 Cartesian 직교 좌표계에로의 특수형태로 언제든지 환원(혹은 그 역도 마찬가지)될 수 있다는 것을 항상 염두에 두어야 할 것이다.

■ 1. 2 총합 규약

이 절에서는 아래의 예와 같이 같은 첨자가 두 번(일반 곡선 좌표계의 경우 하나는 위, 하나는 아래) 나타나는 이중합(double summation)에 대한 Einstein의 '총합 규약(summation convention)'에 대하여 논하기로 한다. 즉 벡터 $\boldsymbol{a}$와 $\boldsymbol{b}$의 내적에 해당하는 아래 식을

$$a^1b_1 + a^2b_2 + a^3b_3 = \sum_{k=1}^{3} a^k b_k$$

총합규약에 의거하여 시그마(Σ) 기호를 생략하여 아래와 같이 간단히 나타낸다.

$$a^1b_1 + a^2b_2 + a^3b_3 = a^k b_k \qquad (k = 1, 2, 3)$$

그러나 위첨자 또는 아래첨자 중 어느 하나가 한 번 이상 나타나는 아래 식의 경우는 총합 규약이 적용되지 못한다.

$$a^1b_1c_1 + a^2b_2c_2 + a^3b_3c_3 = \sum_{k=1}^{3} a^k b_k c_k$$

반면 반변과 공변 성분의 구별이 없는 Cartesian 좌표계의 경우 벡터 $\boldsymbol{a}$와 $\boldsymbol{b}$의 내적에 해당하는 총합 규약은 아래와 같이 된다.

$$a_1b_1 + a_2b_2 + a_3b_3 = a_kb_k \qquad (k = 1, 2, 3)$$

총합 규약에 대한 또 다른 예로서 n개의 미지수를 가진 m개의 선형 연립방정식을 생각해보자.

$$a_{11}x^1 + a_{12}x^2 + \cdots + a_{1n}x^n = b_1,$$

$$a_{21}x^1 + a_{22}x^2 + \cdots + a_{2n}x^n = b_2,$$

....

$$a_{m1}x^1 + a_{m2}x^2 + \cdots + a_{mn}x^n = b_m \tag{1.1}$$

이 m개의 연립식 중 i번째 식을 총합 규약에 의해 나타내면 아래와 같다.

$$a_{ij}x^j = b_i \qquad (i = 1, 2, \cdots, m;\ j = 1, 2, \cdots, n) \tag{1.2}$$

위 식에서 두 번 나타나는 반복첨자 j는 '무효(dummy) 첨자'라 하고 (이는 정적분에 있어서 적분 변수와 유사하므로 어떤 글자를 써도 됨), 한번만 나타나는 첨자 i는 '자유(free) 첨자'라 하여 무효첨자와 구별하여 쓰며, 아래에서 보듯이 반드시 좌우대칭(즉 왼편이 아래첨자이면, 오른편도 아래첨자)이어야 한다.

$$b^i{}_j x^j = c^i \qquad (i = 1, 2, \cdots, m;\ j = 1, 2, \cdots, n) \tag{1.3}$$

여기서 두 번 나타나는 무효첨자는 일반 곡선 좌표계의 반드시 하나는 위, 하나는 아래에 나타나야 하며, 나중에 설명하겠지만 일반적으로 아래의 관계에 유의해야 한다.

$$b^i{}_j \neq b_j{}^i \tag{1.4}$$

만약 첨자(혹은 성분)로 나타낸 식 (1.2) 및 (1.3)을 직접 (또는 행렬) 표기법으로 나타내면 각각 아래와 같이 된다.

$$\mathrm{A}\,\boldsymbol{x} = \boldsymbol{b}, \quad \mathrm{B}\,\boldsymbol{x} = \boldsymbol{c} \tag{1.5}$$

여기서 행렬 A, B 및 벡터 $\boldsymbol{x}$, $\boldsymbol{b}$, $\boldsymbol{c}$는 각각 아래의 성분을 갖는다.

$$\mathrm{A} = (a_{ij}), \quad \mathrm{B} = (b^i{}_j) \tag{1.6}$$

$$\boldsymbol{x} = (x^1, \cdots, x^n)^{\mathrm{T}}, \quad \boldsymbol{b} = (b^1, \cdots, b^m)^{\mathrm{T}}, \quad \boldsymbol{c} = (c^1, \cdots, c^m)^{\mathrm{T}} \tag{1.7}$$

식 (1.7)에서 위첨자 T는 보통의 전치(transpose) 조작을 나타내며, 특별한 언급이 없는 한 벡터는 수직으로 세운 열(column) 벡터로 나타냄을 의미한다. 그리고 행렬 요소 a_{ij} 및 $b^i{}_j$에서 첨자 i가 행(row), j가 열(column)을 나타내는데 이는 핵심(kernel) 문자 바로 다음에 나타나는 첨자가 행임을 의미한다. 따라서 $b^i{}_j$의 경우 i가 행을, $b_j{}^i$의 경우는 i가 열을 나타낸다.

또 다른 축합 규약의 응용 예로서 아래의 벡터 변수 $\boldsymbol{\xi}$로 나타낸 스칼라 이차(quadratic) 표현식을 생각해보자.

$$f = a_{ij}\xi^i\xi^j \qquad (i, j = 1, 2, 3) \tag{1.8}$$

여기서 행렬 계수 a_{ij}는 벡터 $\boldsymbol{\xi}$에 무관하다. 기하학적으로 위 식을 상수로 두면, $f(\boldsymbol{\xi})$는 2차 곡면(quadric surface)을 나타낸다. 위 식에서 첨자 i 및 j가 각각 두 번씩 나타나므로 둘 다 축합 규약이 적용되어 전체적으로는 첨자가 없어지는 스칼라 양이 되며, 풀어 쓰면 아래와 같이 나타내진다.

$$\begin{aligned} f &= a_{ij}\xi^i\xi^j \\ &= a_{11}(\xi^1)^2 + a_{22}(\xi^2)^2 + a_{33}(\xi^3)^2 \\ &\quad + (a_{23} + a_{32})\xi^2\xi^3 + (a_{31} + a_{13})\xi^1\xi^3 + (a_{12} + a_{21})\xi^1\xi^2 \end{aligned} \tag{1.9}$$

(분명 이 식은 n차원 실공간(R^n)에 그대로 확장 적용이 가능하다.)

식 (1.9)에서 무효첨자는 서로 바꾸어도 성립되므로 아래식이 성립된다.

$$f = a_{ij}\xi^i\xi^j = a_{ji}\xi^j\xi^i = \frac{1}{2}(a_{ij} + a_{ji})\xi^i\xi^j \tag{1.10}$$

총합 규약의 3번째 예로서, 각각 크기 $m \times p$(즉 행의 수가 m, 열의 수가 n) 및 $p \times n$인 두 행렬 $\mathrm{A} = (a_{ij})$와 $\mathrm{B} = (b^i{}_j)$의 곱에 관해 생각해보자. 선형대수(linear algebra) 이론에 의하면 아래 식에서

$$\mathrm{AB} = \mathrm{C} \tag{1.11}$$

행렬 $\mathrm{C} = (c_{ij})$의 크기는 $m \times n$이며, i행 j열 요소 c_{ij}는 아래와 같이 나타내진다.

$$c_{ij} = a_{ik} b^k{}_j \qquad (i = 1, \cdots, m;\ j = 1, \cdots, n;\ k = 1, \cdots, p) \tag{1.12}$$

위 식에서 무효첨자 k에 대해 총합 규약이 적용되며, 첨자 i 및 j는 자유첨자로서 좌우 모두 아래에 나타남에 유의해야 한다.

1.2.1 Kronecker 델타

3차원 일반곡선 좌표계에서 아래의 성질을 갖는 양 $\delta^i{}_j$, $\delta_j{}^i$, δ_{ij} 및 δ^{ij}를

$$\delta^i{}_j, \delta_j{}^i, \delta_{ij}, \delta^{ij} = \begin{cases} 1 & \text{if } i = j \\ 0 & \text{if } i \neq j \end{cases} \tag{1.13}$$

'Kronecker 델타(delta)'라 칭하며, 이 연산으로 인하여 식 중의 i가 j(또는 j가 i)로 바뀌어지므로 일명 '치환 연산자(substitution operator)'라고도 부른다. 실제 응용 예로서 위 식에서 i=1, 2, 3을 연속적으로 대입하면 아래 식을 얻는다.

$$a^j \delta^1{}_j = a^1 \delta^1{}_1 + a^2 \delta^1{}_2 + a^3 \delta^1{}_3 = a^1,$$

$$a^j \delta^2{}_j = a^1 \delta^2{}_1 + a^2 \delta^2{}_2 + a^3 \delta^2{}_3 = a^2,$$

$$a^j \delta^3{}_j = a^1 \delta^3{}_1 + a^2 \delta^3{}_2 + a^3 \delta^3{}_3 = a^3 \tag{1.14}$$

이 식을 간단히 줄여 아래와 같이 나타낼 수 있다.

$$a^j \delta^i{}_j = a^i \qquad (i, j = 1, 2, 3) \tag{1.15}$$

즉 왼편 식에서 a^j에 $\delta^i{}_j$를 작용시킨 결과 첨자가 j에서 i로 치환된 결과 a^i를 얻음을 알 수 있다.

유사한 응용 예로서 아래식이 있다.

$$T^{ikl} \delta^m{}_l \delta^n{}_k = T^{inm} \tag{1.16}$$

역시 위 식에서 Kronecker 델타의 작용에 의하여 첨자 l이 m으로, k가 n으로 치환됨을 알 수 있다.

한편 어떤 경우에는 같은 첨자가 두 번 나타나더라도 Einstein의 총합 규약을 사용하지 않고, 지정된 첨자(또는 성분)만을 나타낼 필요가 있다. 만약 3항 $a^1 b_1$, $a^2 b_2$ 및 $a^3 b_3$ 중 (합 대신) 어느 한 항 가령 k(=1, 2 또는 3)번째 항을 나타낼 경우에는 $a^{\underline{k}} b_{\underline{k}}$로 나타낸다. 즉

$$a^{\underline{k}}b_{\underline{k}} \neq a^1b_1 + a^2b_2 + a^3b_3 \tag{1. 17}$$

[참고 : 첨자 k에 대하여 총합 규약을 적용하지 않는다는 기호 $a^{\underline{k}}b_{\underline{k}}$ 대신 'no sum (n.s.) for k'도 병용하여 사용하기로 한다.]

이 기호에 의하면

$$\delta^k{}_k = \delta^1{}_1 + \cdots + \delta^n{}_n = n \qquad (k = 1, 2, \cdots, n) \tag{1. 18}$$

가 되나,

$$\delta^{\underline{k}}{}_{\underline{k}} (= \text{n.s. for } k) = 1 \qquad (\text{단},\ k = 1, \cdots, n) \tag{1. 19}$$

가 됨에 유의해야 한다.

■ 1. 3 전치행렬의 정의

2차 텐서의 전치(transpose)에 대해서는 나중에 자세히 논하기로 하겠으나, 여기서는 2차 텐서의 행렬 표현에 해당하는 정방(square) 행렬의 전치의 정의에 대해 간단히 논하기로 한다. 지금 크기가 3×3 행렬인 3 행렬 A= (a_{ij}), B= (b^{ij}) 및 C= $(c^i{}_j)$을 생각해보자. 선형대수의 행렬의 치환의 정수에 따라 전치행렬은 원 행렬의 요소를 주 대각선을 통하여 행과 열을 서로 바꿈(interchange)으로써 아래와 같이 간단히 얻어진다.

$$(a_{ij}) = \begin{pmatrix} a_{11} & a_{12} & a_{13} \\ a_{21} & a_{22} & a_{23} \\ a_{31} & a_{32} & a_{33} \end{pmatrix}, \qquad (a_{ij})^{\mathrm{T}} = \begin{pmatrix} a_{11} & a_{21} & a_{31} \\ a_{12} & a_{22} & a_{32} \\ a_{13} & a_{23} & a_{33} \end{pmatrix} \tag{1. 20}$$

$$(b^{ij}) = \begin{pmatrix} b^{11} & b^{12} & b^{13} \\ b^{21} & b^{22} & b^{23} \\ b^{31} & b^{32} & b^{33} \end{pmatrix}, \qquad (b^{ij})^{\mathrm{T}} = \begin{pmatrix} b^{11} & b^{21} & b^{31} \\ b^{12} & b^{22} & b^{32} \\ b^{13} & b^{23} & b^{33} \end{pmatrix} \tag{1. 21}$$

$$(c^i{}_j) = \begin{pmatrix} c^1{}_1 & c^1{}_2 & c^1{}_3 \\ c^2{}_1 & c^2{}_2 & c^2{}_3 \\ c^3{}_1 & c^3{}_2 & c^3{}_3 \end{pmatrix}, \qquad (c^i{}_j)^{\mathrm{T}} = \begin{pmatrix} c^1{}_1 & c^2{}_1 & c^3{}_1 \\ c^1{}_2 & c^2{}_2 & c^3{}_2 \\ c^1{}_3 & c^2{}_3 & c^3{}_3 \end{pmatrix} \tag{1. 22}$$

그런데 위와 같이 전치행렬을 정의하면, 첨자가 둘 다 공변(아래첨자)인 a_{ij}나 또는 둘 다 반변(위첨자)인 b^{ij}의 경우에는 별 문제가 없다. 그러나 $c^i{}_j$의 경우처럼 한 개는 위첨자(반변), 한 개는 아래첨자(공변)인 혼합 표현의 경우는 나중에 언급될 행렬 $(c^i{}_j)$에 대응하는 2차 혼합텐서 $\mathbf{C}(=c^i{}_j \boldsymbol{g}_i \boldsymbol{g}^j$, 여기서 $\boldsymbol{g}_i$ 및 $\boldsymbol{g}^j$는 각각 공변 및 반변 기저벡터임)의 전치에 해당하는 $\mathbf{C}^{\mathrm{T}}[=(c^i{}_j)^{\mathrm{T}} \boldsymbol{g}_i \boldsymbol{g}^j = c^j{}_i \boldsymbol{g}_i \boldsymbol{g}^j]$ 가 되어 반복해서 나타나는 무효첨자 i 및 j에 있어서, 앞에서 언급한 바와 같이 각각 상, 하의 반대위치에 나타나지 않고, 둘 다 아래 또는 둘 다 위에 나타나므로 일반 텐서의 축약 규약에 어긋나게 된다. 따라서 실제 응용에 있어서 이와 같은 문제점을 해결하기 위하여 혼합텐서(행렬)의 경우 행과 열의 전치대신 요소(element)의 전치에 해당하는 아래의 또 다른 전치 정의식을 도입한다(1.9절 참조).

$$\overset{(\mathrm{T})}{c^i{}_j} \equiv c_j{}^i \,(\neq c^j{}_i) \tag{1. 23}$$

이렇게 정의하면 혼합 2차텐서 $\mathbf{C}$의 전치의 행렬표현은 $\overset{(\mathrm{T})}{\mathbf{C}}\,[=\left(\overset{(\mathrm{T})}{c^i{}_j}\right) \boldsymbol{g}_i \boldsymbol{g}^j = c_j{}^i \boldsymbol{g}_i \boldsymbol{g}^j]$가 되어 중복으로 나타나는 무효첨자 i 및 j 모두에 대하여 서로 반대 위치에 나타나게 되어 통상의 텐서 축약 규약을 만족하게 된다. 여기서 혼합 텐서(행렬)에 대한 두 종류의 치환 방법의 차이에 대하여 아래에 다시 한 번 나타낸다.

$$(c^i{}_j)^{\mathrm{T}} \neq \left(\overset{(\mathrm{T})}{c^i{}_j}\right) = (c_j{}^i) = \begin{pmatrix} c_1{}^1 & c_2{}^1 & c_3{}^1 \\ c_1{}^2 & c_2{}^2 & c_3{}^2 \\ c_1{}^3 & c_2{}^3 & c_3{}^3 \end{pmatrix} \tag{1. 24}$$

여기서 식 (1.24)의 왼편 전치행렬 $(c^i{}_j)^{\mathrm{T}}$는 식 (1.22)의 두 번째 식에 해당된다. (자세한 것은 1.9절 참조 요.)

■ 1. 4 대칭 및 반대칭 행렬의 정의

크기 $n \times n$인 3 정방행렬 $\mathrm{A}=(a_{ij})$, $\mathrm{B}=(b^{ij})$ 및 $\mathrm{C}=(c^i{}_j)$에 있어서 만약 아래의 관계식이 성립되면 모두 '대칭행렬(symmetric matrix)'이라고 한다.

$$(a_{ij})=(a_{ij})^{\mathrm{T}}, \quad (b^{ij})=(b^{ij})^{\mathrm{T}}, \quad (c^i{}_j)=(c^i{}_j)^{\mathrm{T}} \tag{1. 25}$$

마찬가지로, 크기가 $n \times n$인 3 정방행렬 $\mathrm{D}=(d_{kl})$, $\mathrm{E}=(e^{kl})$, 및 $\mathrm{F}=(f^k{}_l)$은 만약 아래의 관계

식이 성립된다면 모두 '반대칭(skew- or anti-symmetric) 행렬'이라고 한다.

$$(d_{kl}) = -(d_{kl})^{\mathrm{T}}, \quad (e^{kl}) = -(e^{kl})^{\mathrm{T}}, \quad (f^k{}_l) = -(f^k{}_l)^{\mathrm{T}} \tag{1.26}$$

또한 대칭도 반대칭도 아닌 행렬을 비대칭(asymmetric) 행렬이라고 한다.

식 (1.25)에 정의된 대칭행렬은 요소 a_{ij}, b^{ij} 및 $c^i{}_j$의 각각에 대해서도 만약 아래의 관계식이 성립된다면 첨자 i 및 j에 대해 대칭이라고 한다(단 $c_j{}^i = \overset{(\mathrm{T})}{c^i{}_j}$).

$$a_{ij} = a_{ji}, \quad b^{ij} = b^{ji}, \quad c^i{}_j = c_j{}^i \qquad (i, j = 1, \cdots, n) \tag{1.27}$$

이와 유사하게 식 (1.26)에 정의된 반대칭 행렬은 요소 f_{ij}, g^{ij} 및 $h^i{}_j$의 각각에 대해서도 만약 아래의 관계식이 성립된다면 첨자 i 및 j에 대해 반대칭이라고 한다(단 $h_j{}^i = \overset{(\mathrm{T})}{h^i{}_j}$).

$$f_{ij} = -f_{ji}, \quad g^{ij} = -g^{ji}, \quad h^i{}_j = -h_j{}^i \tag{1.28}$$

더욱이 반대칭 요소의 경우 식 (1.28)로부터 각각의 경우 대각선 요소가 0이 된다는 아래의 관계식이 성립된다.

$$f_{\underline{i}\,\underline{i}} = 0, \quad g^{\underline{i}\,\underline{i}} = 0, \quad h^{\underline{i}}{}_{\underline{i}} = 0 \qquad (\text{n.s. for } i) \ \ (i = 1, \cdots, n) \tag{1.29}$$

만약 2차 곡면식 (1.8)의 계수 행렬요소 a_{ij}가 대칭 (즉 $a_{ij} = a_{ji}$)이라면 식 (1.9)는 아래가 된다.

$$\begin{aligned} f &= a_{ij}\xi^i\xi^j \\ &= a_{11}(\xi^1)^2 + a_{22}(\xi^2)^2 + a_{33}(\xi^3)^2 \\ &\quad + 2a_{23}\xi^2\xi^3 + 2a_{31}\xi^3\xi^1 + 2a_{12}\xi^1\xi^2 \end{aligned} \tag{1.30}$$

반면에 행렬요소 a_{ij}가 반대칭 (즉 $a_{ij} = -a_{ji}$)이라면 식 (1.9)는 식 (1.28) 및 (1.29)의 조건에 의해 아래가 된다(예제 1.1 참조).

$$f = a_{ij}\xi^i\xi^j = 0 \qquad (i, j = 1, 2, 3) \tag{1.31}$$

한편 아래에 나타낸 바와 같이 임의의 비대칭 행렬은 대칭 및 반대칭 행렬의 합으로 나타낼 수 있다.

$$(a_{ij}) = \frac{1}{2}[(a_{ij}) + (a_{ij})^{\mathrm{T}}] + \frac{1}{2}[(a_{ij}) - (a_{ij})^{\mathrm{T}}],$$

$$(b^{ij}) = \frac{1}{2}[(b^{ij}) + (b^{ij})^{\mathrm{T}}] + \frac{1}{2}[(b^{ij}) - (b^{ij})^{\mathrm{T}}],$$

$$(c^i{}_j) = \frac{1}{2}[(c^i{}_j) + (c^i{}_j)^{\mathrm{T}}] + \frac{1}{2}[(c^i{}_j) - (c^i{}_j)^{\mathrm{T}}] \tag{1.32}$$

마찬가지로 각각의 경우 대응하는 행렬의 요소에 대해서도 아래 관계식이 성립된다.

$$a_{ij} = \frac{1}{2}(a_{ij} + a_{ji}) + \frac{1}{2}(a_{ij} - a_{ji}),$$

$$b^{ij} = \frac{1}{2}(b^{ij} + b^{ji}) + \frac{1}{2}(b^{ij} - b^{ji}),$$

$$c^i{}_j = \frac{1}{2}(c^i{}_j + c_j{}^i) + \frac{1}{2}(c^i{}_j - c_j{}^i) \tag{1.33}$$

위 식의 각각의 우편의 첫 번째 괄호항은 대칭요소, 두 번째 괄호항은 반대칭 요소이다. 특히 식 (1.33)의 맨 아래식에 있어서 $c_j{}^i = \overset{(\mathrm{T})}{c^i{}_j}$ 즉 행렬요소의 전치(식 (1.23))에 해당된다. [비고 : 사실 식 (1.32)의 혼합 전치행렬인 $(c^i{}_j)^{\mathrm{T}}$의 i행 j열 요소로서 통상 전치의 $c^j{}_i$ (식 (1.22))를 취하여 식 (1.33)의 3번째 식의 우편에 대입하여도 마찬가지로 첫 번째 괄호는 대칭행렬, 두 번째 괄호는 반대칭 행렬의 요소가 된다.]

다음에는 2차형 식 (1.8)의 계수 행렬요소 a_{ij}에 식 (1.33)의 첫 번째 식을 대입하면 아래식이 얻어진다.

$$f = \frac{1}{2}(a_{ij} + a_{ji})\xi^i\xi^j + \frac{1}{2}(a_{ij} - a_{ji})\xi^i\xi^j \tag{1.34}$$

그런데 위 식의 오른편의 2번째 식의 괄호항은 반대칭 행렬에 해당되므로 무효첨자 i 및 j에 대해 이중합을 실시하면 쉽게 0이 됨을 알 수 있다. 따라서 위 식은 아래와 같이 a_{ij}의 대칭행렬에 해당하는 항만으로 나타내질 수 있다(예제 1.1 참조).

$$f = \frac{1}{2}(a_{ij} + a_{ji})\xi^i\xi^j \tag{1.35}$$

예제 1.1

Cartesian 좌표계의 세 변수 x_1, x_2, x_3에 관하여 '2차 형식(quadratic form)'인 다음의 식은

$$a_{11}x_1^2 + a_{22}x_2^2 + a_{33}x_3^2 + 2a_{12}x_1x_2 + 2a_{23}x_2x_3 + 2a_{13}x_1x_3$$

대칭형렬인 $A(=a_{ij})$를 사용하여 아래와 같이 스칼라 형태로 나타낼 수 있다.

$$\boldsymbol{x}^{\mathrm{T}}A\boldsymbol{x} = (x_1\ x_2\ x_3)\begin{pmatrix} a_{11} & a_{12} & a_{13} \\ a_{21} & a_{22} & a_{23} \\ a_{31} & a_{32} & a_{33} \end{pmatrix}\begin{pmatrix} x_1 \\ x_2 \\ x_3 \end{pmatrix} \tag{i}$$

이때 A가 임의의 비대칭 정방 행렬인 M의 대칭부분(즉 $A = \frac{1}{2}(M + M^{\mathrm{T}})$)이라면 $\boldsymbol{x}^{\mathrm{T}}A\boldsymbol{x} = \boldsymbol{x}^{\mathrm{T}}M\boldsymbol{x}$임을 증명하라.

풀이

M은 대칭부분인 A와 반대칭부분인 $B = \frac{1}{2}(M - M^{\mathrm{T}})$를 사용하여 $M = A + B$로 나타낼 수 있다. 그러면 2차 형식은 아래와 같이 된다.

$$Q = \boldsymbol{x}^{\mathrm{T}}M\boldsymbol{x} = \boldsymbol{x}^{\mathrm{T}}A\boldsymbol{x} + \boldsymbol{x}^{\mathrm{T}}B\boldsymbol{x} \tag{ii}$$

그런데 Q는 1×1행렬(즉 스칼라)이므로

$$Q = Q^{\mathrm{T}} = (\boldsymbol{x}^{\mathrm{T}}A\boldsymbol{x})^{\mathrm{T}} + (\boldsymbol{x}^{\mathrm{T}}B\boldsymbol{x})^{\mathrm{T}} = \boldsymbol{x}^{\mathrm{T}}A^{\mathrm{T}}\boldsymbol{x} + \boldsymbol{x}^{\mathrm{T}}B^{\mathrm{T}}\boldsymbol{x} = \boldsymbol{x}^{\mathrm{T}}A\boldsymbol{x} - \boldsymbol{x}^{\mathrm{T}}B\boldsymbol{x} \tag{iii}$$

맨 마지막 관계에서 대칭행렬인 A의 성질(즉 $A^{\mathrm{T}} = A$)과 반대칭 행렬인 B의 성질(즉 $B^{\mathrm{T}} = -B$)을 이용하였다. 식 (ii)와 (iii)을 비교하면 $\boldsymbol{x}^{\mathrm{T}}B\boldsymbol{x} = 0$이 됨을 알 수 있으므로 $Q = \boldsymbol{x}^{\mathrm{T}}M\boldsymbol{x} = \boldsymbol{x}^{\mathrm{T}}A\boldsymbol{x}$ 관계가 성립된다.

이 절의 마지막으로 벡터 $\boldsymbol{v}$의 반변(v^k) 및 공변(v_k) 성분에 대한 좌표성분 x^l의 편미분은 통상 아래와 같이 아래첨자 (또는 ∇_l)로 나타낸다.

$$v^k{}_{,l}(=\nabla_l v^k) = \frac{\partial v^k}{\partial x^l}, \quad v_{k,l}(=\nabla_l v_k) = \frac{\partial v_k}{\partial x^l} \tag{1.36}$$

■ 1. 5 일반 곡선좌표계와 기저벡터

레올로지와 같은 연속체 역학(continuum mechanics)에서의 물리적 문제의 중요한 관점은 물질 개체(material object)의 기하와 더불어 외부자극과 주위 환경에 대한 물질의 응답이 미치는 지역의 기하이다. 따라서 그와 같은 물리적 문제의 성공적 해결과정은 문제의 기하에 가장 적합한 좌표계의 선택에 크게 의존할 것이다. 여기서 먼저 가장 간단한 Cartesian 직교 좌표계 $z^k(k=1,2,3)$로 펴진(spanned) 3차원 유클리드(E^3) 공간을 생각해보자. 이때 E^3에서의 한 점은 세 상호 수직인 평면 $z^k=c^k=$일정 (여기서 k=1, 2, 3; c=상수)의 교점(intersection)으로 형성된다. 다른 한편으로는 이 점은 역시 세 일반 곡선좌표계 $x^k(k=1,2,3)$로 펴진 서로 다른 세 곡면(curvilinear surface)의 교점에도 해당될 것이다. 여기에서 이들 세 곡면은 주어진 Cartesian 좌표계에 대한 방정식으로 특정지어질 것이며, 역으로 E^3 공간에서 임의의 Cartesian 좌표 z^k는 세 일반 곡선좌표 $x^k(k=1,2,3)$의 집합으로 나타낼 수 있을 것이다. 즉

$$z^k=f^k(x^1,x^2,x^3)=z^k(x^1,x^2,x^3) \qquad (k=1,2,3) \tag{1.37}$$

위 식에서 함수 f^k는 E^3의 어떤 영역에서 정의되는 $C^r(r\geq 1)$ 클래스(class) (즉 r차까지의 연속 편도함수를 가진 연속함수)에 속한다. 여기서 식 (1.37)을 두 좌표계 $\{z^k\}$, $\{x^k\}$ 사이의 좌표변환(coordinate transformation) 관계식이라 칭한다. 식 (1.37)에서 역으로 x^k를 z^k의 함수로도 나타낼 수 있으며, E^3 공간의 1점 (z^1,z^2,z^3)와 (x^1,x^2,x^3)는 1:1 대응관계에 있다. [비고 : 이 책에서는 E^3 공간에서 Cartesian 직교 좌표계의 텐서표현식으로서 $\{z^k\}$ 또는 $\{y^k\}$ (즉 $z^1=x_1$, $z^2=y$, $z^3=z$ 혹은 $y^1=x_1$, $y^2=y$, $y^3=z$)를 병용하며, 일반 곡선 좌표계는 $\{x^k\}$ 또는 $\{q^k\}$ $(k=1,2,3)$을 병용한다. 또한 각 좌표축에 대응하는 기저(base) 벡터는 Cartesian 좌표계의 경우 $\{\boldsymbol{i}_m\}$ 또는 $\{\boldsymbol{e}_m\}$ (즉 $\boldsymbol{i}_1=\boldsymbol{i}$, $\boldsymbol{i}_2=\boldsymbol{j}$, $\boldsymbol{i}_3=\boldsymbol{k}$ 혹은 $\boldsymbol{e}_x=\boldsymbol{i}$, $\boldsymbol{e}_y=\boldsymbol{j}$, $\boldsymbol{e}_z=\boldsymbol{k}$)를 병용하며, 일반 곡선 좌표계의 경우 좌표축에 나란한 공변 기저벡터로서는 $\{\boldsymbol{g}_k\}$를, 좌표 곡면에 수직인 반면 기저벡터로서는 $\{\boldsymbol{g}^k\}$를 사용한다. 그리고 $\boldsymbol{g}_k$ 또는 $\boldsymbol{g}^k$의 크기로 나눈 단위(unit) 기저벡터로서는 $\boldsymbol{e}_k$ 또는 $\boldsymbol{e}^k$를 사용함을 원칙으로 한다.]

1. 5. 1 음함수 정리

음함수 정리(Implicit Function Theorem)

만약 E^3 공간에서 두 일반 곡선 좌표계의 집합 $\{x^k\}$와 $\{\overline{x}^k\}$ $(k=1,2,3)$가 있을 때 아래 식

$$\overline{x}^k = \overline{x}^k(x^1, x^2, x^3) \qquad (k=1,2,3) \tag{1.38}$$

가 x^k 좌표공간의 어떤 점 x_0^k에 중심을 둔 근처(neighbor) $N = | x^k - x_0^k | < \delta$(여기서 δ은 임의의 작은 양의 실수)을 통하여 정의된 클래스 $C^r(r \geq 1)$의 함수의 집합이라고 하자. 그러면 식 (1.38)의 함수 집합 $\overline{x}^k$는 아래 식으로

$$x^k = x^k(\overline{x}^1, \overline{x}^2, \overline{x}^3) \qquad (k=1,2,3) \tag{1.39}$$

나타내지는 함수 집합에 의하여, $\overline{x}^k$ 좌표공간의 어떤 점 $\overline{x}_0^k$에 중심을 둔 대응하는 근처 $\mathrm{M} = | \overline{x}^k - \overline{x}_0^k | < \varepsilon\ (\varepsilon > 0)$에서 유일한 역(unique inverse)을 갖기 위해서는 아래와 같이 정의되는 Jacobian 행렬식(determinant) J값이 열린 집합(open set) N에서 0이 아니어야만 한다.

$$J = \det\left(\frac{\partial \overline{x}^k}{\partial x^l}\right) = \frac{\partial(\overline{x}^1, \overline{x}^2, \overline{x}^3)}{\partial(x^1, x^2, x^3)} = \det\begin{pmatrix} \dfrac{\partial \overline{x}^1}{\partial x^1} & \dfrac{\partial \overline{x}^1}{\partial x^2} & \dfrac{\partial \overline{x}^1}{\partial x^3} \\ \dfrac{\partial \overline{x}^2}{\partial x^1} & \dfrac{\partial \overline{x}^2}{\partial x^2} & \dfrac{\partial \overline{x}^2}{\partial x^3} \\ \dfrac{\partial \overline{x}^3}{\partial x^1} & \dfrac{\partial \overline{x}^3}{\partial x^2} & \dfrac{\partial \overline{x}^3}{\partial x^3} \end{pmatrix} \tag{1.40}$$

증명 함수 $\overline{x}^k = \overline{x}^k(x^1, x^2, x^3)$는 주어진 점 x_0^k의 근방에서 연속 미분가능이므로, 아래의 전미분 관계식을 얻을 수 있다.

$$d\overline{x}^k = \frac{\partial \overline{x}^k}{\partial x^l} dx^l \Leftrightarrow d\overline{\boldsymbol{x}} = d\boldsymbol{x} \cdot \frac{\partial \overline{\boldsymbol{x}}}{\partial \boldsymbol{x}} = \mathbf{J} \cdot d\boldsymbol{x} \tag{1.41}$$

여기서 $d\boldsymbol{x}$, $d\overline{\boldsymbol{x}}$ 및 $\mathbf{J}$는 각각 3×1, 3×1, 그리고 3×3 행렬로서 아래와 같이 나타내진다.

$$\left.\begin{aligned} & d\boldsymbol{x} = (dx^1, dx^2, dx^3)^{\mathrm{T}}, \quad d\overline{\boldsymbol{x}} = (d\overline{x}^1, d\overline{x}^2, d\overline{x}^3)^{\mathrm{T}}, \\ & \mathbf{J} = \left(\frac{\partial \overline{\boldsymbol{x}}}{\partial \boldsymbol{x}}\right)^{\mathrm{T}} = \left(\frac{\partial \overline{x^k}}{\partial x^l}\right) = \begin{pmatrix} \dfrac{\partial \overline{x^1}}{\partial x^1} & \dfrac{\partial \overline{x^1}}{\partial x^2} & \dfrac{\partial \overline{x^1}}{\partial x^3} \\ \dfrac{\partial \overline{x^2}}{\partial x^1} & \dfrac{\partial \overline{x^2}}{\partial x^2} & \dfrac{\partial \overline{x^2}}{\partial x^3} \\ \dfrac{\partial \overline{x^3}}{\partial x^1} & \dfrac{\partial \overline{x^3}}{\partial x^2} & \dfrac{\partial \overline{x^3}}{\partial x^3} \end{pmatrix} \end{aligned}\right\} \tag{1.42}$$

[즉 2차 텐서 **J**의 행렬 표현 J의 k행 l열 요소 $J^k{}_l = \dfrac{\partial \bar{x}^k}{\partial x^l}$ 임.]

식 (1.41)에서 **J**의 역 $\mathbf{J}^{-1}$가 존재할 경우에만 아래의 유일한 역이 존재한다.

$$d\boldsymbol{x} = \mathbf{J}^{-1} \cdot d\bar{\boldsymbol{x}} \tag{1.43}$$

여기서 2차 텐서 $\mathbf{J}^{-1}$의 행렬 표현에 해당하는 역행렬 J^{-1}는 선형대수 이론에서 아래와 같이 정의된다(1.9.2절 참조).

$$\mathrm{J}^{-1} = adj(\mathrm{J})/J \tag{1.44}$$

여기서 $adj(\mathrm{J})$는 행렬 J의 수반행렬(adjoint matrix)로서 J의 여인수(cofactor) 행렬의 치환행렬이다. 그리고 J는 행렬 J의 행렬식 값으로서 역변환 (1.43)이 존재하기 위해서는 J^{-1}이 존재해야 하고, 나아가 식 (1.44)에서 행렬식 값 $J \neq 0$이어야 한다. 즉 아래식이 성립되어야만 하므로 음함수 정리가 증명된다.

$$J = \det(\mathrm{J}) = \det\left(\frac{\partial \bar{x}^k}{\partial x^l}\right) \neq 0 \qquad \blacksquare \tag{1.45}$$

위의 음함수 이론에 의하면, 두 일반 곡선 좌표계 $\{x^k\}$와 $\{\bar{x}^k\}$ $(k=1,2,3)$ 사이의 상호 변환식은

$$\bar{x}^k = \bar{x}^k(x^1, x^2, x^3) \qquad (k=1,2,3) \tag{1.46}$$

$$x^k = x^k(\bar{x}^1, \bar{x}^2, \bar{x}^3) \qquad (k=1,2,3) \tag{1.47}$$

그들의 정의 영역에서 식 (1.45)로 주어지는 변환의 Jacobian 행렬식 값 $J \neq 0$인 모든 점에서만 존재함을 의미한다.

지금 좌표변환 식 (1.46)에서 $\bar{x}^k = z^k$(Cartesian 좌표계)로 두면 아래의 두 식이 성립된다.

$$z^k = z^k(x^1, x^2, x^3) \qquad (k=1,2,3) \tag{1.48}$$

$$x^k = x^k(z^1, z^2, z^3) \qquad (k=1,2,3) \tag{1.49}$$

단 역변환 식 (1.49)은 음함수 정리에 의하여 아래와 같이 변환의 Jacobian 행렬식 값 $J \neq 0$인 경우에만 성립된다.

$$J = \frac{\partial(z^1, z^2, z^3)}{\partial(x^1, x^2, x^3)} = \det\left(\frac{\partial z^k}{\partial x^l}\right) \neq 0 \qquad (1.50)$$

식 (1.49)로부터 주어진 좌표 $z^k(k=1,2,3)$에 해당하는 $x^k = \alpha^k$(일정, $k=1,2,3$)인 3좌표곡면의 교점 p는 그림 1. 1로 나타내진다.

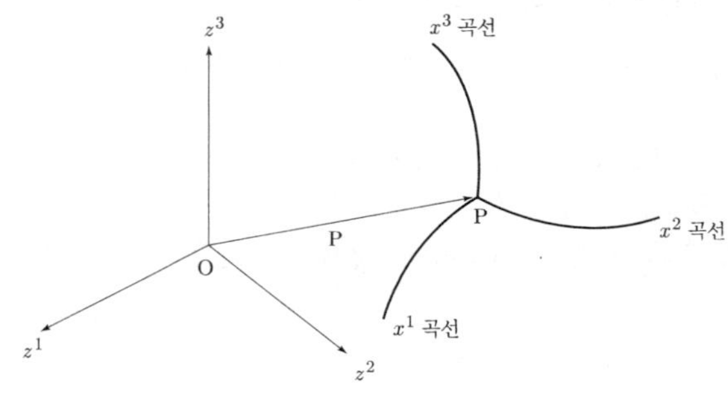

그림 1.1 Cartesian 직교좌표 z^k와 일반 곡선좌표 $x^k(k=1,2,3)$.

두 좌표계 집합 $\{z^k\}$ 또는 $\{x^k\}(k=1,2,3)$에 의해 결정되는 점 p에서 $J \neq 0$인 조건 (식 1.50)은 이 점에서 x^k=일정인 세 좌표곡면이 중첩되지 않는다(non-degenerate)는 것을 의미하며, 또한 이 점에서 $\{x^k\}$ 또는 $\{z^k\}$ 좌표계사이에는 1:1대응(mapping)관계가 존재하며 상호 역변환이 가능함을 의미한다. 그리고 그림에서 볼 수 있듯이 x^k=일정인 두 곡면간의 교선은 한 개의 좌표곡선(coordirate curve)을 주므로 점 p에서 세 좌표곡선 x^k=일정$(k=1,2,3)$의 교선으로부터 x^1-, x^2- 및 x^3- 좌표곡선이 생기며, 가령 x^3-곡선을 따라서는 x^1 및 x^2좌표가 일정하고, x^3좌표만이 변한다.

Cartesian 직교좌표계와 일반 곡선좌표계 사이의 가장 큰 차이점은 일반 곡선좌표계에는 고정된 기준 프라임(reference frame)이 존재하지 않으므로, 위치에 따라 좌표계의 세 기저(base)벡터의 크기나 방향이 달라질 뿐 아니라, 이들은 상호 수직도 아니다. 따라서 일반 곡선좌표계를 '로컬(local) 좌표계'라고도 칭한다.

이 절의 끝으로 E^3 공간에서 가령 두 좌표계 $\{z^k\}$ 또는 $\{x^k\}$사이에 상호변환이 존재하기 위해서는 음함수 정리에 의해 그 점(또는 영역)에서 변환의 Jacobian 행렬식 $J \neq 0$이어야 하는데 이는 $J>0$ 또는 $J<0$을 의미한다. $J>0$은 두 좌표계가 같은 방향(즉 오른손 또는 왼손계)의 스크류계(same-handed screw system)를 의미하고, $J<0$은 반대방향(opposite-handed)의 스크류계를 의미한다. 또는 $J>0$은 두 좌표계가 양으로 배향(positively oriented)되어 있으며, $J<0$은 음으로 배향(negatively oriented)되어 있다고 하는데, 이 책을 통하여 오직 $J>0$인 경우만을 다루기로 한다.

1. 5. 2 대표적 좌표변환 예

1. 5. 2. 1 원통좌표계와 Cartesian 좌표계

직교(orthogonal) 곡선좌표계에 해당하는 원통좌표계$(x^1 = r, x^2 = \theta, x^3 = z)$와 Cartesian 좌표계$(z^1 = x, z^2 = y, z^3 = z)$사이에는 아래의 관계가 있다(그림 1.2 참조).

$$z^1 = x^1 \cos x^2, \quad z^2 = x^1 \sin x^2, \quad z^3 = x^3 \tag{1.51}$$

여기서 식 (1.50)에 해당하는 변환의 Jacobian 행렬식 J값을 구하면 아래가 된다.

$$J = \det\left(\frac{\partial z^k}{\partial x^l}\right) = \begin{vmatrix} \cos x^2 & -x^1 \sin x^2 & 0 \\ \sin x^2 & x^1 \cos x^2 & 0 \\ 0 & 0 & 1 \end{vmatrix} = x^1 \tag{1.52}$$

따라서 $x^1 = 0$이 되는 원통좌표계의 원점을 제외한 E^3 공간의 모든 점에서 식 (1.51)의 역이 존재하고, 그 결과는 아래와 같다.

$$x^1 = \left\{(z^1)^2 + (z^2)^2\right\}^{1/2} > 0, \quad x^2 = \arctan\left(\frac{z^2}{z^1}\right), \quad x^3 = z^3 \tag{1.53}$$

여기서 $J > 0$인 오른손(right-handed) 좌표계를 선택하였다.

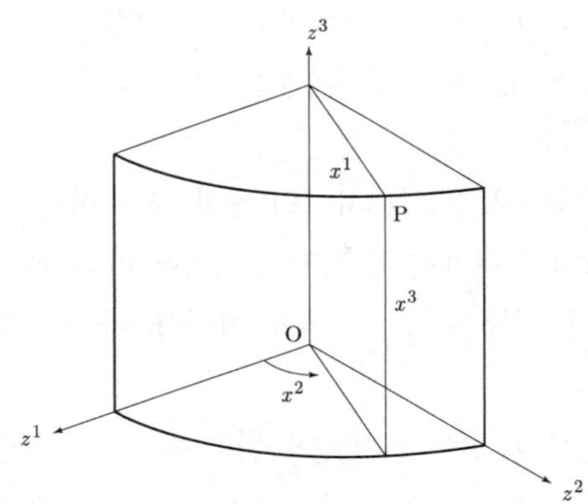

그림 1.2 원통좌표계$(x^1 = r, x^2 = \theta, x^3 = z)$와 Cartesian 좌표계$\{z^k\}$사이의 관계

그림 1.2에서 볼 수 있듯이, x^1=일정인 좌표곡면은 높이 x^3를 가진 원통실린더(circular cylinder), x^2=일정인 좌표곡면은 수직 (축)평면, 그리고 x^3=일정인 곡면은 x^3축에 수직인 단면평면(cross-sectional plane)임을 알 수 있다.

1. 5. 2. 2 구좌표계와 Cartesian 좌표계

역시 직교 곡선좌표계에 속하는 구좌표계($x^1 = r, x^2 = \theta, x^3 = \phi$, 여기서 θ는 극각, ϕ는 방위각임)와 Cartesian 좌표계 $z^k(k = 1, 2, 3)$사이의 관계는 아래와 같다(그림 1.3 참조).

$$z^1 = x^1 \sin x^2 \cos x^3, \quad z^2 = x^1 \sin x^2 \sin x^3, \quad z^3 = x^1 \cos x^2 \tag{1.54}$$

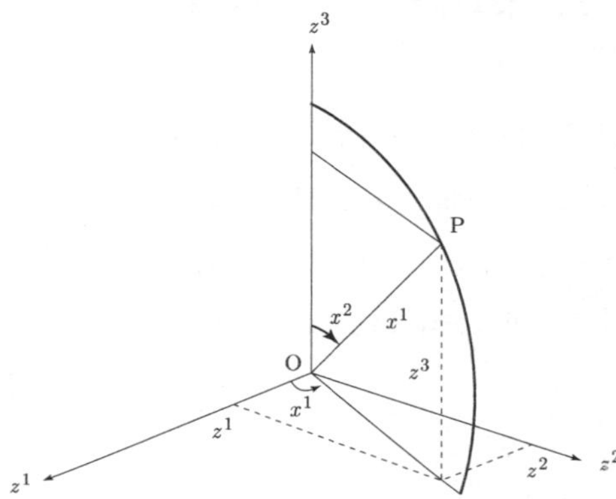

그림 1.3 구좌표계$(x^1 = r, x^2 = \theta, x^3 = \phi)$와 Cartesian 좌표계$\{z^k\}$사이의 관계

그림에서 x^1=일정인 좌표곡면은 Cartesian 좌표계의 원점에 중심을 둔 구(sphere)이고, x^2=일정 곡면은 z^3축을 공통축으로 하고, 반 수직각(semi-vertical angle) x^2를 갖는 원추(cone)이다. 이때 각도 x^2는 반경부터 $\overrightarrow{Op}$와 극축 $\overrightarrow{Oz^3}$사이에 시계방향으로 만들어진 각도로서 $0 < x^2 < \pi$의 범위에 있어서, $x^2 = 0$ 및 π는 Jacobian $J = 0$이 되므로 생략한다. 그리고 x^3=일정인 곡면은 구의 북극과 남극을 지나고, 적도 $(x^2 = \pi/2)$평면에 수직인 자오선(meridian)평면이며, x^3의 범위는 $0 \leq x^3 \leq 2\pi$이다.

이 좌표계의 Jacobian 행렬식 값 J는 아래가 된다.

$$J = \det\left(\frac{\partial z^k}{\partial x^l}\right) = \begin{vmatrix} \sin x^2 \cos x^3 & x^1 \cos x^2 \cos x^3 & -x^1 \sin x^2 \sin x^3 \\ \sin x^2 \sin x^3 & x^1 \cos x^2 \sin x^3 & x^1 \sin x^2 \cos x^3 \\ \cos x^2 & -x^1 \sin x^2 & 0 \end{vmatrix} = (x^1)^2 \sin x^2 \tag{1.55}$$

[참고: 위 식의 계산에 있어서 가령 1행 2열 요소는 $\partial z^1/\partial x^2 = \left[\partial(x^1 \sin x^2 \cos x^3)/\partial x^2\right]_{x^1, x^3}$ $= x^1 \cos x^2 \cos x^3$가 얻어진다.]

따라서 위 식에서 $x^1 \neq 0$, $x^2 \neq 0$, 그리고 $x^2 \neq \pi$인 경우에만 $J \neq 0$이 되어 식 (1.54)의 역변환이 가능하고, 그 결과는 아래와 같다.

$$x^1 = \{(z^1)^2 + (z^2)^2 + (z^3)^2\}^{1/2} > 0,$$

$$x^2 = \arctan\left\{\frac{[(z^1)^2 + (z^2)^2]^{1/2}}{z^3}\right\}, \quad x^3 = \arctan\left(\frac{z^2}{z^1}\right) \tag{1.56}$$

1.5.3 E^3 공간에서 곡선좌표계의 기저벡터

Cartesian 직교좌표계 z^1, z^2, z^3를 가진 3차원 유클리드(E^3) 공간에 있는 한 점 p의 곡선좌표를 x^1, x^2, x^3라 하자(그림 1.4 참조). Cartesian 좌표계의 서로 수직이고, 크기가 1인 3 정규직교(orthogonal) 단위 기저(unit base)벡터를 $\boldsymbol{i}_1$, $\boldsymbol{i}_2$, $\boldsymbol{i}_3$라 하고, 점 p의 위치벡터(position vector)를 $\boldsymbol{p}$(종종 $\boldsymbol{r}$로도 표시)라 할 때 아래와 같이 나타낼 수 있다.

$$\boldsymbol{p} = \boldsymbol{p}(z) = \boldsymbol{i}_m z^m \tag{1.57}$$

여기서 $\boldsymbol{z}$는 점 (z^1, z^2, z^3)의 직접 표기(direct notation)이다. [주의 : 위치벡터 $\boldsymbol{p}$는 일반 곡선 좌표계의 경우는 $\boldsymbol{p} = \boldsymbol{g}_k x^k$의 형태로 표기하기는 곤란하다 - 뒤 참조.]

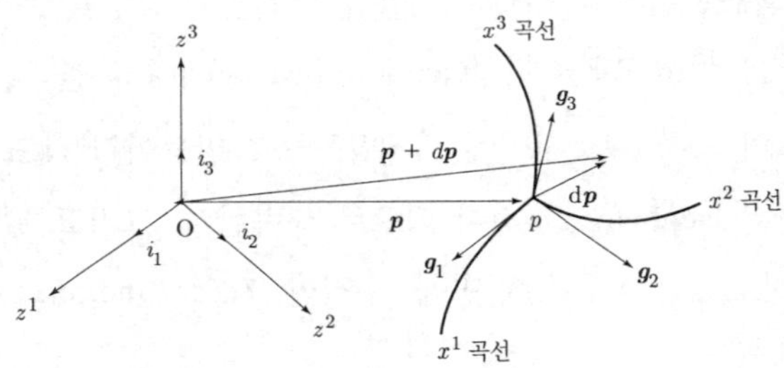

그림 1.4 3 곡선 기저(base)벡터

z^k와 x^k 좌표계간의 1:1 대응(mapping)관계로부터 아래 식을 얻는다.

$$z^k = z^k(x^1, x^2, x^3), \quad x^k = x^k(z^1, z^2, z^3), \quad J = \det\left(\frac{\partial z^k}{\partial x^l}\right) > 0 \tag{1.58}$$

따라서 위치벡터 $\boldsymbol{p}$는 cartesian 좌표 $\boldsymbol{z}(=z^k)$뿐 아니라 일반 곡선좌표 $\boldsymbol{x}(=x^k)$의 함수이므로 아래와 같이 나타낼 수 있다.

$$\boldsymbol{p} = \boldsymbol{p}(\boldsymbol{z}(\boldsymbol{x})) \tag{1. 59}$$

식 (1. 58)로부터 $x^k = x^k(\boldsymbol{z})$ 및 $z^k = z^k(\boldsymbol{x})$가 되고 이는 $C^r(r \geq 1)$클래스에 속한다.

Cartesian 좌표계의 임의의 정규직교(단위)기저벡터 $\boldsymbol{i}_m$과 곡선좌표계의 기저벡터 $\boldsymbol{g}_k$는 각각 아래와 같이 정의된다.

$$\boldsymbol{i}_m = \boldsymbol{i}_m(\boldsymbol{z}) \equiv \frac{\partial \boldsymbol{p}(\boldsymbol{z})}{\partial z^m} \qquad (m = 1, 2, 3) \tag{1. 60}$$

$$\boldsymbol{g}_k(\boldsymbol{x}) \equiv \frac{\partial \boldsymbol{p}(\boldsymbol{x})}{\partial x^k} \qquad (k = 1, 2, 3) \tag{1. 61}$$

여기서 일반 (공변) 기저벡터 $g_{\underline{k}}$의 기하학적 중요성을 이해하기 위하여 위치벡터 $\boldsymbol{p}$의 미소변화 $d\boldsymbol{p}$를 편미분의 연쇄율(chain rule)(부록 1.1절 참조)에 따라 곡선좌표계 x^k 및 Cartesian 좌표계 z^m으로 나타내면 아래가 된다.

$$d\boldsymbol{p} = \frac{\partial \boldsymbol{p}}{\partial x^k} dx^k = \boldsymbol{g}_k dx^k \tag{1. 62 a}$$

$$= \frac{\partial \boldsymbol{p}}{\partial z^m} dz^m = \boldsymbol{i}_m dz^m \tag{1. 62 b}$$

지금 식 (1.57)을 x^k로 편미분하면 [또는 편미분 $\partial \boldsymbol{p} / \partial x^k$에서 $\boldsymbol{p}$를 식 (1.57)에서 치환하면] 아래 식을 얻는다.

$$\frac{\partial \boldsymbol{p}}{\partial x^k} \equiv \boldsymbol{g}_k(\boldsymbol{x}) = \boldsymbol{i}_m(\boldsymbol{z}) \frac{\partial z^m}{\partial x^k} \qquad (k = 1, 2, 3) \tag{1. 63}$$

또한 식 (1.57)을 z^m으로 편미분하면 사슬법칙(부록 1.1 참조)에 의해 아래를 얻는다.

$$\frac{\partial \boldsymbol{p}}{\partial z^m} = \frac{\partial \boldsymbol{p}}{\partial x^k} \frac{\partial x^k}{\partial z^m} \Leftrightarrow \boldsymbol{i}_m = \boldsymbol{g}_k \frac{\partial x^k}{\partial z^m} \qquad (k, m = 1, 2, 3) \tag{1. 64}$$

예제 1.2

원통좌표계의 3 (공변)기저벡터 $\boldsymbol{g}_k$를 Cartesian 좌표 항으로 구하라.

풀이

식 (1.53)과 (1.63)으로부터 아래를 얻는다.

$$\boldsymbol{g}_1(\boldsymbol{x}) = \frac{\partial \boldsymbol{p}}{\partial x^1} = \boldsymbol{i}_1 \cos x^2 + \boldsymbol{i}_2 \sin x^2,$$

$$\boldsymbol{g}_2(\boldsymbol{x}) = \frac{\partial \boldsymbol{p}}{\partial x^2} = x^1\left(-\boldsymbol{i}_1 \sin x^2 + \boldsymbol{i}_2 \cos x^2\right),$$

$$\boldsymbol{g}_3(\boldsymbol{x}) = \frac{\partial \boldsymbol{p}}{\partial x^3} = \boldsymbol{i}_3 \tag{1.65}$$

다음에는 식 (1.64)에 (1.53)을 대입하면 (혹은 식 (1.65)의 결과의 역행렬법에 의한 연립방정식의 해를 구하던지) 아래의 관계식 (단 $x^1 \neq 0$)을 얻는다.

$$\boldsymbol{i}_1 = \boldsymbol{g}_1 \cos x^2 - \boldsymbol{g}_2\left(\frac{\sin x^2}{x^1}\right), \quad \boldsymbol{i}_2 = \boldsymbol{g}_1 \sin x^2 + \boldsymbol{g}_2\left(\frac{\cos x^2}{x^1}\right), \quad \boldsymbol{i}_3 = \boldsymbol{g}_3 \tag{1.66}$$

1.5.4 E^3 공간의 기본 계량텐서

지금 아래의 파라미터 식으로 주어지는 E^3 공간의 임의의 공간곡선(space cure) C를 생각해보자.

$$C:\ \boldsymbol{p}(t) = \boldsymbol{p}\,,\ t \in [a, b] \tag{1.67}$$

여기서 t는 실수 폐구간 $[a,b]$(단 $b > a$)내의 한 파라미터이다. 만약 P 및 Q를 공간 곡선 C상에서 각각 위치벡터 $\boldsymbol{p}$ 및 $\boldsymbol{p} + d\boldsymbol{p}$를 가진 두 점이라 하면 $\overrightarrow{PQ} = d\boldsymbol{p}$가 된다. 그리고 곡선 C를 따른 호의 길이 PQ를 ds라 한다. 이때 점 P가 곡선 C를 따라 점 Q에 접근하면 $d\boldsymbol{p}$의 길이와 호의 길이 ds의 차이는 0에 가까워지고, 극한에서 식 (1.62a) 및 (1.62b)로부터 아래 관계식이 성립된다.

$$ds^2 = d\boldsymbol{p} \cdot d\boldsymbol{p} = \boldsymbol{g}_k \cdot \boldsymbol{g}_l\, dx^k dx^l = g_{kl}\, dx^k dx^l \tag{1.68 a}$$

$$= \boldsymbol{i}_m \cdot \boldsymbol{i}_n\, dz^m dz^n = \delta_{mn} dz^m dz^n = dz^m dz^m \tag{1.68 b}$$

위 식 (1.68a)에서

$$g_{kl}(\boldsymbol{x}) = \boldsymbol{g}_k \cdot \boldsymbol{g}_l = g_{lk}(\boldsymbol{x}) \tag{1.69}$$

집합 $\{g_{kl}(\boldsymbol{x})\}\,(k, l = 1, 2, 3)$을 곡선 좌표계 x^k의 기본 계량텐서(fundamental metric tensor)라 부른다.

Cartesian 직교좌표계의 경우는 계량텐서 $(g_{kl}) = \mathrm{I} = (\delta_{ij})$(여기서 I는 대각선 요소가 1이고, 기타 0인 단위(identity)행렬임)가 되며, 미소 선요소의 제곱 ds^2은 식 (1.68b)에 의해 $ds^2 = (dz^1)^2 + (dz^2)^2 + (dz^3)^2$이 된다.

원통 직교좌표계의 경우의 계량텐서 (g_{kl})는 식 (1.65)로부터 아래가 된다.

$$(g_{kl}) = \begin{pmatrix} 1 & 0 & 0 \\ 0 & (x^1)^2 & 0 \\ 0 & 0 & 1 \end{pmatrix} \tag{1.70}$$

그리고 식 (1.68a)와 식 (1.70)에서 $x^1 = r,\ \ x^2 = \theta,\ \ x^3 = z$를 대입하면 ds^2에 대해 아래식을 얻는다.

$$ds^2 = dr^2 + r^2 d\theta^2 + dz^2 \tag{1.71}$$

한편 구좌표의 경우에는 식 (1.54)와 (1.63)으로부터 아래의 기저벡터 식을 얻는다.

$$\boldsymbol{g}_1 = \boldsymbol{i}_1 \sin x^2 \cos x^3 + \boldsymbol{i}_2 \sin x^2 \sin x^3 + \boldsymbol{i}_3 \cos x^2,$$

$$\boldsymbol{g}_2 = x^1\left(\boldsymbol{i}_1 \cos x^2 \cos x^3 + \boldsymbol{i}_2 \cos x^2 \sin x^3 - \boldsymbol{i}_3 \sin x^2\right),$$

$$\boldsymbol{g}_3 = x^1\left(-\boldsymbol{i}_1 \sin x^2 \sin x^3 + \boldsymbol{i}_2 \sin x^2 \cos x^3\right) \tag{1.72}$$

이 식과 식 (1.69)로부터 아래의 계량텐서 식을 얻는다.

$$(g_{kl}) = \begin{pmatrix} 1 & 0 & 0 \\ 0 & (x^1)^2 & 0 \\ 0 & 0 & (x^1)^2 \sin^2 x^2 \end{pmatrix} \tag{1.73}$$

그리고 식 (1.68a)에 식 (1.73)을 대입하고, $x^1 = r,\ \ x^2 = \theta,\ \ x^3 = \phi$를 대입하면 ds^2에 대해 아래 식을 얻는다.

$$ds^2 = (dr)^2 + r^2 (d\theta)^2 + r^2 \sin^2\theta (d\phi)^2 \tag{1.74}$$

직교 곡선좌표계

정의 : n차원 유클리드(E^n) 공간에서 아래 관계가 성립되면 직교(orthogonal)곡선 좌표계라고 정의한다.

$$g_{kl} = \boldsymbol{g}_k \cdot \boldsymbol{g}_l = 0 \qquad (k \neq l)$$

$$g_{\underline{k}\,\underline{k}}(= g_{\underline{k}} \cdot g_{\underline{k}} = h_{\underline{k}} \cdot h_{\underline{k}}) \neq 0 \qquad (\text{n.s for } k) \;\; (k = 1, 2, \cdots, n) \tag{1. 75 a}$$

혹은

$$g_k \cdot g_l = h_{\underline{k}} h_{\underline{l}} \delta_{kl} \tag{1.75 b}$$

Cartesian 좌표계를 위시하여, 원통좌표, 구좌표, 포물 원통(parabolic cylinder) 좌표, 타원 원통(elliptical cylinder) 좌표 등 다수가 있으나 이 책에서는 주로 Cartesian, 원통 및 구좌표계만을 다루기로 한다.

1. 5. 5 행렬식 전개에 대한 라플라스 방법

요소 a_{ij}를 갖는 크기 3×3행렬 $\mathrm{A} = (a_{ij})$의 행렬식의 값 $\det(\mathrm{A}) = \det(a_{ij})(=|\mathrm{A}|)$는 라플라스(Laplace) 전개법에 의하면, 가령 1행 요소와 그 요소의 여인수(cofactor)를 이용하여 전개하면 아래 식을 얻는다.

$$|\mathrm{A}| = \det(a_{ij}) = a_{11}\, a_{11}^{(C)} + a_{12}\, a_{12}^{(C)} + a_{13}\, a_{13}^{(C)} \tag{1. 76}$$

여기서 $a_{ij}^{(C)}$는 요소 a_{ij}의 여인수로서, 전체 행렬식에서 i행과 j열을 제거한 소행렬식(minor)값에 $(-1)^{i+j}$를 곱한 것을 의미한다. 만약 $|\mathrm{A}|$를 k행의 여인수로 전개시 열에 대해 축합규약을 적용하여 나타내면 아래와 같다(또는 k열에 대해 마찬가지로 라플라스 전개를 행할 수 있다).

$$|\mathrm{A}| = \det(a_{ij}) = a_{\underline{k}l}\, a_{\underline{k}l}^{(C)} \qquad (\text{n.s. for } k) \tag{1. 77}$$

그런데 1행의 요소와 2행의 여인수 요소를 전 열에 대하여 곱하면 쉽게 아래 관계를 얻을 수 있다.

$$a_{11}a_{21}^{(C)} + a_{12}a_{22}^{(C)} + a_{13}a_{23}^{(C)} = 0 \tag{1. 78}$$

따라서 식 (1.77)과 (1.78)로부터 아래의 관계식을 유추할 수 있다.

$$a_{kl}a_{ml}^{(C)} = \delta_{km}\det(a_{ij}) \tag{1.79}$$

여기서 양변을 $\det(a_{ij})(\neq 0)$으로 나누면 아래식이 성립된다.

$$a_{kl}\left(a_{ml}^{(C)}/\det(a_{ij})\right) = \delta_{km} \tag{1.80}$$

그런데 $AA^{-1} = I$ 즉 $a_{kl}a_{lm}^{(-1)} = \delta_{km}$의 관계로부터 아래가 성립된다.

$$a_{lm}^{-1} = a_{ml}^{(C)}/\det(a_{ij}) \tag{1.81}$$

이를 행렬표현으로 나타내면 A의 역행렬에 관한 공식을 얻을 수 있다.

$$A^{-1} = \mathrm{adj}(A)/|A| \tag{1.82}$$

이 식에서 $adj(A)$는 a_{ij}의 여인수 $a_{ij}^{(C)}$행렬의 전치행렬에 해당하는 수반(adjoint) 행렬이고, $|A| = \det(a_{ij})$이다 (단 $|A| \neq 0$ 가정).

한편 식 (1.79)의 왼편의 중복(무효)첨자 l에 관한 텐서의 축약원리(즉 한 개는 위, 한 개는 아래에 나타남)에 맞는 형태로 바꾸기 위하여 $a_{ml}^{(C)} \equiv C^{ml} = \overset{(T)}{C}{}^{lm}$ (여기서 위 첨자 (T)는 요소의 전치를 의미, 식 (1.23) 참고)라 두면 아래식이 되어 축약조건을 만족한다.

$$a_{kl}\overset{(T)}{C}{}^{lm} = \delta_k^m \det(a_{ij}) \tag{1.83}$$

이제 아래와 같이 첨자가 위에 있는 반변텐서(행렬)을 생각해보자.

$$\left(a^{kl}\right) = \begin{pmatrix} a^{11} & a^{12} & a^{13} \\ a^{21} & a^{22} & a^{23} \\ a^{31} & a^{32} & a^{33} \end{pmatrix} \tag{1.84}$$

이 행렬식을 라플라스 전개하면 식 (1.79)와 유사하게 아래와 같이 나타낼 수 있다.

$$a^{kl}a^{ml^{(C)}} = a^{kl}C_{ml} = a^{kl}\overset{(T)}{C}_{lm} = \delta_m^k \det(a^{ij}) \tag{1.85}$$

여기서 $a^{ml^{(C)}} = \mathrm{C}_{ml} = \overset{(\mathrm{T})}{\mathrm{C}}_{lm}$ 을 이용하였다.

마지막으로 혼합지수를 가진 아래의 행렬을 생각해보자.

$$\left(a^k{}_l\right) = \begin{pmatrix} a^1{}_1 & a^1{}_2 & a^1{}_3 \\ a^2{}_1 & a^2{}_2 & a^2{}_3 \\ a^3{}_1 & a^3{}_2 & a^3{}_3 \end{pmatrix} \tag{1.86}$$

역시 위와 유사하게 행렬식을 라플라스 전개하면 아래가 된다.

$$a^k{}_l\, a^{m^{(C)}}{}_l = a^k{}_l \mathrm{C}_m{}^l = a^k{}_l \overset{(\mathrm{T})}{\mathrm{C}}{}^l{}_m = \delta^k{}_m \det\left(a^i{}_j\right) \tag{1.87}$$

여기서 $a^{m^{(C)}}{}_l \equiv \mathrm{C}_m{}^l = \overset{(\mathrm{T})}{\mathrm{C}}{}^l{}_m$ ($\because$ 식 (1.23))을 이용하였다.

예제 1.3

계량텐서 g_{lm}의 역행렬 요소 g^{lm}을 위에서 논의한 여인수 $g_{lm}^{(C)}$를 이용하여 구해보아라.

풀이

계량텐서(g_{ij})의 역행렬을 $(g^{ij}) \equiv (g_{ij})^{-1}$라 하면 역행렬의 성질에 의해 아래가 성립된다.

$$g_{kl}\, g^{lm} = \delta^m{}_k \tag{1.88}$$

한편 행렬식의 라플라스 전개공식 (1.83)에 의하여 아래가 성립된다.

$$g_{kl}\, \overset{(\mathrm{T})}{\mathrm{G}}{}^{lm} = \delta^m{}_k \det(g_{ij}) \tag{1.89}$$

여기서 $\overset{(\mathrm{T})}{\mathrm{G}}{}^{lm} = \mathrm{G}^{ml} \equiv g_{ml}^{(C)}$를 이용한다.

식 (1.88)과 (1.89)의 비교에서 역행렬의 요소 g^{lm}이 얻어진다.

$$g^{lm} = \frac{\overset{(\mathrm{T})}{\mathrm{G}}{}^{lm}}{g} = \frac{g_{ml}^{(C)}}{g} \tag{1.90}$$

여기서 $g = \det(g_{kl}) \neq 0$이다.

그런데 g_{kl}의 대칭성 (식 (1.69)) 때문에 역행렬도 대칭 즉 $g^{kl} = g^{lk}$가 성립된다.

한편 식 (1.86)으로 나타낸 혼합지수 행렬의 라플라스 전개식 (1.87)에서 $m=k$로 두면 k행에 관한 전개식은 아래가 된다.

$$a^{\underline{k}}{}_{l}\overset{(\mathrm{T})}{\mathrm{C}}{}^{l}{}_{\underline{k}}=a^{\underline{k}}{}_{l}C_{\underline{k}}{}^{l}=a^{\underline{k}}{}_{l}a^{\underline{k}(C)}_{\ \ l}=\det\left(a^{i}{}_{j}\right)\qquad(\text{n.s. for } k)\tag{1.91}$$

이로부터 여인수에 관한 아래식이 성립된다.

$$\frac{\partial}{\partial a^{k}{}_{l}}\left(\det\left(a^{i}{}_{j}\right)\right)=\mathrm{C}_{k}{}^{l}=a^{k}{}_{l}{}^{(C)}\tag{1.92}$$

1. 5. 6 역 기저벡터

E^3 공간에서 주어진 1쌍의 (공변)기저벡터 집합 $\{\boldsymbol{g}_k\}\,(k=1,2,3)$에 대응하는 유일한 1쌍의 (반변)역(reciprocal) 기저벡터의 집합 $\{\boldsymbol{g}^k\}\,(k=1,2,3)$은 아래 관계를 만족한다.

$$\boldsymbol{g}^{k}\cdot\boldsymbol{g}_{m}=\boldsymbol{g}_{m}\cdot\boldsymbol{g}^{k}=\delta^{k}{}_{m}\qquad(k,m=1,2,3)\tag{1.93}$$

여기서

$$\boldsymbol{g}^{k}\equiv\frac{\partial}{\partial\boldsymbol{r}}x^{k}\left(=\nabla x^{k}\right)\tag{1.94}$$

(증명) Cartesian 좌표계에서 $\nabla\left(\equiv\dfrac{\partial}{\partial\boldsymbol{r}}=\boldsymbol{g}^{p}\nabla_{p}\right)=\boldsymbol{i}^{p}\nabla_{p}=\boldsymbol{i}^{p}\dfrac{\partial}{\partial z^{p}}\left(=\boldsymbol{i}\dfrac{\partial}{\partial x}+\boldsymbol{j}\dfrac{\partial}{\partial y}+\boldsymbol{k}\dfrac{\partial}{\partial z}\right)$이

고, $\boldsymbol{g}_{m}=\boldsymbol{i}_{q}\dfrac{\partial z^{q}}{\partial x^{m}}$(1.63)이므로

$$\boldsymbol{g}^{k}\cdot\boldsymbol{g}_{m}=\boldsymbol{i}^{p}\frac{\partial x^{k}}{\partial z^{p}}\cdot\boldsymbol{i}_{q}\frac{\partial z^{q}}{\partial x^{m}}=\delta^{p}{}_{q}\frac{\partial x^{k}}{\partial z^{p}}\frac{\partial z^{q}}{\partial x^{m}}=\frac{\partial x^{k}}{\partial z^{p}}\frac{\partial z^{p}}{\partial x^{m}}=\frac{\partial x^{k}}{\partial x^{m}}=\delta^{k}{}_{m}$$

(∵ 사슬법칙(부록 1.1 참조))

[**별해**: $\boldsymbol{g}^{k}\cdot\boldsymbol{g}_{m}=\dfrac{\partial}{\partial\boldsymbol{r}}x^{k}\cdot\dfrac{\partial\boldsymbol{r}}{\partial x^{m}}$(∵ 식 (1.61)에서 $\boldsymbol{p}\rightarrow\boldsymbol{r}$로 둠)$=\dfrac{\partial x^{k}}{\partial x^{m}}=\delta^{k}{}_{m}$] ■

한편 식 (1.94)의 $\nabla\left(=\dfrac{\partial}{\partial\boldsymbol{r}}\right)$에 Cartesian 좌표계에 해당하는 $\boldsymbol{i}^{m}\dfrac{\partial}{\partial z^{m}}$을 대입하면 아래 식을 얻

는다.

$$\boldsymbol{g}^k = \boldsymbol{i}^m \frac{\partial x^k}{\partial z^m} \tag{1.95 a}$$

여기에 다시 양변에 $\dfrac{\partial z^p}{\partial x^k}$를 곱하고 편미분의 사슬법칙(즉 $\dfrac{\partial x^k}{\partial z^m}\dfrac{\partial z^p}{\partial x^k} = \dfrac{\partial z^p}{\partial z^m} = \delta^p{}_m$, 부록 1.1 참조)을 이용하면 역 관계식인 아래를 얻는다.

$$\boldsymbol{i}^p = \boldsymbol{g}^k \frac{\partial z^p}{\partial x^k} \tag{1.95 b}$$

정리 : E^3 공간에서 집합 $\{\boldsymbol{g}_k(\boldsymbol{x})\}$의 역에 해당하는 집합$\{\boldsymbol{g}^k(\boldsymbol{x})\}$는 식 (1.93)의 해로서 아래와 같이 주어진다.

$$\boldsymbol{g}^k = g^{kl}\boldsymbol{g}_l \tag{1.96}$$

증명 선형대수 이론에 의하면 E^3 공간에 임의의 벡터 $\boldsymbol{g}^k(\neq \mathbf{0})$는 그 공간을 펴는(spanning) 3 선형독립(linearly independent) 기저벡터 $\boldsymbol{g}_1$, $\boldsymbol{g}_2$, $\boldsymbol{g}_3$의 항으로 아래와 같이 (유일하게) 전개될 수 있다.

$$\boldsymbol{g}^k = A^{kl}(\boldsymbol{x})\boldsymbol{g}_l \tag{1.97}$$

여기서 A^{kl}는 결정되어야 할 미지수이다. 지금 이 식의 양변을 $\boldsymbol{g}_m$으로 내적을 취하고 식 (1.93)을 이용하면

$$A^{kl}\boldsymbol{g}_l \cdot \boldsymbol{g}_m = A^{kl}g_{lm} = \delta^k{}_m \tag{1.98}$$

그런데 식 (1.88)에 의해 아래가 성립된다.

$$g^{kl}g_{lm} = \delta^k{}_m$$

따라서 $A^{kl} = g^{kl}$이 되어 식 (1.95)가 증명된다. ■

식 (1.96)으로부터 아래의 관계식을 회복할 수 있다.

$$\boldsymbol{g}^k \cdot \boldsymbol{g}^m = g^{kl}\boldsymbol{g}_l \cdot \boldsymbol{g}^m = g^{kl}\delta^m{}_l = g^{km} \tag{1.99}$$

그리고 위 정리와 마찬가지 논리로 아래의 관계식도 성립된다.

$$\boldsymbol{g}_k = g_{kl}\boldsymbol{g}^l \tag{1.100}$$

또한 행렬 (g_{ij})와 (g^{ij})의 역관계로부터 아래식이 성립된다.

$$g^{\underline{k}l}g_{l\underline{k}} = \delta^{\underline{k}}{}_{\underline{k}} = 1 \qquad (\text{n.s. for } k) \tag{1.101}$$

단 위 식은 두 행렬 (g_{ij})와 (g^{ij})의 곱으로 얻어진 행렬(즉 단위행렬 I)의 k행 k열 요소를 의미한다.

또 구좌표나 원통좌표계와 같은 직교 곡선좌표계의 경우 기저벡터 $\boldsymbol{g}_k$와 $\boldsymbol{g}^k$는 같은 곡선(직선) 상에 있으므로 식 (1.93)에 의하여 아래의 관계식이 성립된다(식 (1.75b) 참조).

$$\boldsymbol{g}^{\underline{k}} \cdot \boldsymbol{g}_{\underline{k}} = h^{\underline{k}} h_{\underline{k}} = \sqrt{g^{\underline{k}\underline{k}}}\sqrt{g_{\underline{k}\underline{k}}} = 1 \qquad (\text{n.s. for } k) \tag{1.102}$$

여기서 h_k는 벡터 $\boldsymbol{g}_k$의 크기, 그리고 h^k는 벡터 $\boldsymbol{g}^k$의 크기 즉 아래가 성립된다.

$$\begin{aligned} \|\boldsymbol{g}_k\| &= \sqrt{\boldsymbol{g}_{\underline{k}} \cdot \boldsymbol{g}_{\underline{k}}} = \sqrt{g_{\underline{k}\underline{k}}} \equiv h_k \\ \|\boldsymbol{g}^k\| &= \sqrt{\boldsymbol{g}^{\underline{k}} \cdot \boldsymbol{g}^{\underline{k}}} = \sqrt{g^{\underline{k}\underline{k}}} \equiv h^k \end{aligned} \qquad (\text{n.s. for } k) \tag{1.103}$$

즉 위 식에서 정의식 $\boldsymbol{g}_k \equiv h_k \boldsymbol{e}_k$, $\boldsymbol{g}^k \equiv h^k \boldsymbol{e}^k$(단 $\boldsymbol{e}_k = \boldsymbol{e}^k$는 크기가 1인 단위벡터, $h^k = 1/h_k$임)가 이용되었다.

이 절의 마지막으로 E^3 공간의 한 곡선좌표계를 특정짓는 2쌍의 기저벡터 집합 $\{\boldsymbol{g}_k\}$와 $\{\boldsymbol{g}^k\}$ 사이의 내적 관계식 (1.93)을 만족되도록 $\{\boldsymbol{g}_k\}$로부터는 $\{\boldsymbol{g}^k\}$가, 또 $\{\boldsymbol{g}^k\}$로부터는 $\{\boldsymbol{g}_k\}$가 아래와 같이 얻어진다.

$$\boldsymbol{g}^1 = \frac{\boldsymbol{g}_2 \times \boldsymbol{g}_3}{\sqrt{g}}, \ \boldsymbol{g}^2 = \frac{\boldsymbol{g}_3 \times \boldsymbol{g}_1}{\sqrt{g}}, \ \boldsymbol{g}^3 = \frac{\boldsymbol{g}_1 \times \boldsymbol{g}_2}{\sqrt{g}} \tag{1.104}$$

여기서

$$\sqrt{g} = \boldsymbol{g}_1 \cdot \boldsymbol{g}_2 \times \boldsymbol{g}_3 (= V), \ g = \det(g_{ij}) \tag{1.105}$$

식 (1.104)에서 $\boldsymbol{g}^1 \cdot \boldsymbol{g}_1 = 1$, $\boldsymbol{g}^1 \cdot \boldsymbol{g}_2 = 0$, 나아가 $\boldsymbol{g}^i \cdot \boldsymbol{g}_j = \delta^i{}_j$가 성립됨을 쉽게 알 수 있다.

마찬가지로

$$\boldsymbol{g}_1 = \frac{\boldsymbol{g}^2 \times \boldsymbol{g}^3}{(\sqrt{g})^{-1}},\ \boldsymbol{g}_2 = \frac{\boldsymbol{g}^3 \times \boldsymbol{g}^1}{(\sqrt{g})^{-1}},\ \boldsymbol{g}_3 = \frac{\boldsymbol{g}^1 \times \boldsymbol{g}^2}{(\sqrt{g})^{-1}} \tag{1.106}$$

여기서

$$(\sqrt{g})^{-1} = \sqrt{\det(g^{ij})} = \boldsymbol{g}^1 \cdot \boldsymbol{g}^2 \times \boldsymbol{g}^3 = 1/V \tag{1.107}$$

위 식에서 V는 3 기저벡터 $\boldsymbol{g}_1$, $\boldsymbol{g}_2$, $\boldsymbol{g}_3$로 이루어진 평행 6면체의 부피를 나타내며, 이는 역 기저 벡터 $\boldsymbol{g}^1$, $\boldsymbol{g}^2$, $\boldsymbol{g}^3$로 이루면 평형 6면체의 부피의 역수이다. 식 (1.106)에서도 $\boldsymbol{g}_1 \cdot \boldsymbol{g}^1 = 1$, $\boldsymbol{g}_1 \cdot \boldsymbol{g}^2 = 0$, 나아가 $\boldsymbol{g}_i \cdot \boldsymbol{g}^j = \delta_i{}^j$가 성립됨을 쉽게 알 수 있다. 그러면 식 (1.105)를 이하에서 증명해 보기로 한다.

증명 식 (1.63)에서 위치벡터 $\boldsymbol{p}$를 $\boldsymbol{r}$로 두고, Cartesian 좌표계 $\{z^k\}$를 $z^1 = x,\ z^2 = y,\ z^3 = z$로 두고, $\boldsymbol{i}_m \cdot \boldsymbol{i}_n = \delta_{mn}$을 이용하면 아래식이 성립된다.

$$g_{pq} = \boldsymbol{g}_p \cdot \boldsymbol{g}_q = \frac{\partial \boldsymbol{r}}{\partial x^p} \cdot \frac{\partial \boldsymbol{r}}{\partial x^q} = \frac{\partial x}{\partial x^p}\frac{\partial x}{\partial x^q} + \frac{\partial y}{\partial x^p}\frac{\partial y}{\partial x^q} + \frac{\partial z}{\partial x^p}\frac{\partial z}{\partial x^q} \qquad (p, q = 1,2,3)$$

그러면 행렬식의 곱셈에 대한 다음 정리를 사용하여

$$\begin{vmatrix} a_1 & a_2 & a_3 \\ b_1 & b_2 & b_3 \\ c_1 & c_2 & c_3 \end{vmatrix}\begin{vmatrix} A_1 & B_1 & C_1 \\ A_2 & B_2 & C_2 \\ A_3 & B_3 & C_3 \end{vmatrix} = \begin{vmatrix} a_1A_1 + a_2A_2 + a_3A_3 & a_1B_1 + a_2B_2 + a_3B_3 & a_1C_1 + a_2C_2 + a_3C_3 \\ b_1A_1 + b_2A_2 + b_3A_3 & b_1B_1 + b_2B_2 + b_3B_3 & b_1C_1 + b_2C_2 + b_3C_3 \\ c_1A_1 + c_2A_2 + c_3A_3 & c_1B_1 + c_2B_2 + c_3B_3 & c_1C_1 + c_2C_2 + c_3C_3 \end{vmatrix}$$

따라서

$$\begin{aligned}(\boldsymbol{g}_1 \cdot \boldsymbol{g}_2 \times \boldsymbol{g}_3)^2 &= \begin{vmatrix} \frac{\partial x}{\partial x^1} & \frac{\partial y}{\partial x^1} & \frac{\partial z}{\partial x^1} \\ \frac{\partial x}{\partial x^2} & \frac{\partial y}{\partial x^2} & \frac{\partial z}{\partial x^2} \\ \frac{\partial x}{\partial x^3} & \frac{\partial y}{\partial x^3} & \frac{\partial z}{\partial x^3} \end{vmatrix}^2 = \begin{vmatrix} \frac{\partial x}{\partial x^1} & \frac{\partial y}{\partial x^1} & \frac{\partial z}{\partial x^1} \\ \frac{\partial x}{\partial x^2} & \frac{\partial y}{\partial x^2} & \frac{\partial z}{\partial x^2} \\ \frac{\partial x}{\partial x^3} & \frac{\partial y}{\partial x^3} & \frac{\partial z}{\partial x^3} \end{vmatrix}\begin{vmatrix} \frac{\partial x}{\partial x^1} & \frac{\partial x}{\partial x^2} & \frac{\partial x}{\partial x^3} \\ \frac{\partial y}{\partial x^1} & \frac{\partial y}{\partial x^2} & \frac{\partial y}{\partial x^3} \\ \frac{\partial z}{\partial x^1} & \frac{\partial z}{\partial x^2} & \frac{\partial z}{\partial x^3} \end{vmatrix} \\ &= \begin{vmatrix} g_{11} & g_{12} & g_{13} \\ g_{21} & g_{22} & g_{23} \\ g_{31} & g_{32} & g_{33} \end{vmatrix}\end{aligned}$$

따라서 $\boldsymbol{g}_1 \cdot \boldsymbol{g}_2 \times \boldsymbol{g}_3 (= V) = \sqrt{g} = \sqrt{\det(g_{ij})}$가 성립된다. ■

1. 5. 7 곡선 좌표계에서 벡터와 2차 텐서의 표현

1. 5. 7. 1 벡터의 표현

지금 크기와 방향을 가진 어떤 물성을 나타내는 1차 텐서인 벡터 $\boldsymbol{v}$를 3차원 유클리드(E^3) 공간에 고정된 (정규직교) 기저벡터 $\{\boldsymbol{i}_k\}$를 가진 Cartesian 직교 좌표계 $\{z^k\}$와 기저벡터 $\{\boldsymbol{g}_k\}$(혹은 $\{\boldsymbol{g}^k\}$)를 가진 임의의 한 일반 곡선좌표계 $\{x^k\}$로 동시에 나타내면 아래와 같다.

$$\boldsymbol{v}=\boldsymbol{i}_k v^{*k}=\boldsymbol{g}_k v^k=\boldsymbol{g}^k v_k \tag{1. 108}$$

여기서 $v^{*k}(k=1,2,3)$는 벡터 $\boldsymbol{v}$의 k번째 Cartesian 성분을 나타낸다. 지금 $\boldsymbol{v}$에 각각 $\boldsymbol{g}_l$ 및 $\boldsymbol{g}^l$로 내적을 취하고, $\boldsymbol{v}$를 식 (1.108)에 대입하고, 식 (1.93)을 이용하면 쉽게 아래 관계식을 얻는다.

$$\boldsymbol{v}\cdot\boldsymbol{g}_l=v_k\boldsymbol{g}^k\cdot\boldsymbol{g}_l=v_k\delta^k{}_l=v_l \tag{1. 109}$$

$$\boldsymbol{v}\cdot\boldsymbol{g}^l=v^k\boldsymbol{g}_k\cdot\boldsymbol{g}^l=v^k\delta^l{}_k=v^l \tag{1. 110}$$

반대로 식 (1.109)와 (1.110)의 결과를 식 (1.108)에 대입하면 각각 아래 식을 얻는다.

$$v_k\boldsymbol{g}^k=(\boldsymbol{v}\cdot\boldsymbol{g}_k)\boldsymbol{g}^k=\boldsymbol{v} \tag{1. 111}$$

$$v^k\boldsymbol{g}_k=(\boldsymbol{v}\cdot\boldsymbol{g}^k)\boldsymbol{g}_k=\boldsymbol{v} \tag{1. 112}$$

그런데 $\boldsymbol{v}\cdot\mathbf{I}=\mathbf{I}\cdot\boldsymbol{v}=\boldsymbol{v}$(여기서 $\mathbf{I}$는 대각성분이 1인 등방(단위)텐서)의 관계에서 식 (1.111)과 (1.112)로부터 단위텐서에 관한 아래의 관계식을 얻을 수 있다.

$$\boldsymbol{g}_k\boldsymbol{g}^k=\boldsymbol{g}^k\boldsymbol{g}_k=\mathbf{I}=\boldsymbol{i}_m\boldsymbol{i}_m \tag{1. 113}$$

이는 두 벡터의 자유적 혹은 다이어딕(dyadic) 곱(즉 두 벡터 사이에 연산기호 · 이나 ×가 없는)이 2차 텐서(행렬)를 줌을 의미한다.

정리 : 벡터 $\boldsymbol{v}$의 공변(v_k) 및 반변(v^k) 성분 사이에는 아래의 관계가 있다.

$$v^l=v_k g^{kl},\quad v_l=v^k g_{kl} \tag{1. 114}$$

증명 식 (1.109)에서 $\boldsymbol{v}$에 $\boldsymbol{v}^k\boldsymbol{g}_k$를 대입하면 아래가 된다.

$$\boldsymbol{v} \cdot \boldsymbol{g}_l = v^k \boldsymbol{g}_k \cdot \boldsymbol{g}_l = v^k g_{kl} = v_l \tag{1.115}$$

마찬가지로 식 (1.110)의 $\boldsymbol{v}$에 $v^k \boldsymbol{g}_k$를 대입하면 아래가 된다.

$$\boldsymbol{v} \cdot \boldsymbol{g}^l = v_k \boldsymbol{g}^k \cdot \boldsymbol{g}^l = v_k g^{kl} = v^l \tag{1.116}$$

따라서 식 (1.114)의 두 관계식이 증명되었다. ■

위 식의 v^l과 v_l을 서로 '동반(associated) 성분'이라 한다. 그리고 g_{kl}은 v^k를 v_l로 만드므로 '내림(lowering)' 텐서, 반면에 g^{kl}은 v_k를 v^l로 만들므로 '올림(raising)' 텐서라고도 한다.

1. 5. 7. 2 2차 텐서의 표현

절대(absolute) (혹은 실제) 2차 텐서 $\mathbf{T}$는 일반 곡선좌표계의 경우 아래의 4 형태로 나타내진다.

$$\mathbf{T} = T^{kl} \boldsymbol{g}_k \boldsymbol{g}_l = T^k{}_l \boldsymbol{g}_k \boldsymbol{g}^l = T_k{}^l \boldsymbol{g}^k \boldsymbol{g}_l = T_{kl} \boldsymbol{g}^k \boldsymbol{g}^l \tag{1.117}$$

여기서 4개의 2차 동반성분은 각각 아래 식에 의해 얻어진다.

$$\left.\begin{aligned} T^{kl} &= \boldsymbol{g}^k \cdot \mathbf{T} \cdot \boldsymbol{g}^l, \quad & T^k{}_l &= \boldsymbol{g}^k \cdot \mathbf{T} \cdot \boldsymbol{g}_l \\ T_k{}^l &= \boldsymbol{g}_k \cdot \mathbf{T} \cdot \boldsymbol{g}^l, \quad & T_{kl} &= \boldsymbol{g}_k \cdot \mathbf{T} \cdot \boldsymbol{g}_l \end{aligned}\right\} \tag{1.118}$$

[비고 : 위 식들의 증명은 식 (1.118)의 $\mathbf{T}$에 식 (1.117)의 4 형태 중 적당한 것을 대입하고, 식 (1.93)을 이용한다., 가령 $T^k{}_l = \boldsymbol{g}^k \cdot T^m{}_n \boldsymbol{g}_m \boldsymbol{g}^n \cdot \boldsymbol{g}_l = T^m{}_n \delta^k{}_m \delta^n{}_l = T^k{}_l$이 증명된다.]

만약 2차 텐서 $\mathbf{T}$가 두 벡터 $\boldsymbol{a}(=a^i \boldsymbol{g}_i)$와 $\boldsymbol{b}(=b^j \boldsymbol{g}_j)$의 외적(exterior product) 혹은 다이어딕(dyadic) 곱에서 얻어진다면 (즉 $\mathbf{T} = \boldsymbol{ab}$) T^{kl}성분은 아래가 된다.

$$\begin{aligned} \boldsymbol{g}^k \cdot \mathbf{T} \cdot \boldsymbol{g}^l &= \boldsymbol{g}^k \cdot \boldsymbol{ab} \cdot \boldsymbol{g}^l = \boldsymbol{g}^k \cdot a^i \boldsymbol{g}_i b^j \boldsymbol{g}_j \cdot \boldsymbol{g}^l \\ &= a^i b^j \delta^k{}_i \delta^l{}_j = a^k b^l = T^{kl} \text{ (반변 성분)} \end{aligned} \tag{1.119}$$

마찬가지 방법으로 아래 관계식이 얻어진다.

$$\left.\begin{aligned} \boldsymbol{g}_k \cdot \mathbf{T} \cdot \boldsymbol{g}_l &= a_k b_l = T_{kl} \text{ (공변성분)} \\ \boldsymbol{g}^k \cdot \mathbf{T} \cdot \boldsymbol{g}_l &= a^k b_l = T^k{}_l \text{ (혼합성분)} \\ \boldsymbol{g}_l \cdot \mathbf{T} \cdot \boldsymbol{g}^k &= a_l b^k = T_l{}^k \text{ (혼합성분)} \end{aligned}\right\} \tag{1.120}$$

여기서 일반적으로 $T^k{}_l \neq T_k{}^l$임에 유의해야 한다.

[참고: 만약 3 벡터의 다이어딕 곱으로 얻어지는 3차 텐서 즉 $\boldsymbol{abc} = \mathbf{M}^{(3)}$가 있다면, 요소는 $a_i b_j c_k = M_{ijk}$, $a^i b^j c_k = M^{ij}{}_k$로 정의된다.]

다음에는 2차 텐서 $\mathbf{T}$의 4 종류 성분 사이에 올림텐서 g^{kl} 혹은 내림텐서 g_{kl}에 의한 동반성분의 구축에 대하여 논하기로 한다. 먼저 $\mathbf{T}$에 공변 기저벡터 $\boldsymbol{g}_k$로 내적을 취하면 아래 관계식을 얻는다.

$$\mathbf{T} \cdot \boldsymbol{g}_k = T^{ij} \boldsymbol{g}_i \boldsymbol{g}_j \cdot \boldsymbol{g}_k = T^{ij} g_{jk} \boldsymbol{g}_i \tag{1. 121 a}$$

혹은

$$\mathbf{T} \cdot \boldsymbol{g}_k = T^i{}_j \boldsymbol{g}_i \boldsymbol{g}^j \cdot \boldsymbol{g}_k = T^i{}_j \boldsymbol{g}_i \delta^j{}_k = T^i{}_k \boldsymbol{g}_i \tag{1. 121 b}$$

위 두 식에서 아래가 얻어진다.

$$T^{ij} g_{jk} = T^i{}_k \tag{1. 122}$$

마찬가지 방법으로 $\mathbf{T}$에 반변 기저벡터 $\boldsymbol{g}^k$로 내적을 취하면 아래식을 얻는다.

$$\mathbf{T} \cdot \boldsymbol{g}^k = T_{ij} \boldsymbol{g}^i \boldsymbol{g}^j \cdot \boldsymbol{g}^k = T_{ij} g^{jk} \boldsymbol{g}_i \tag{1. 123 a}$$

혹은

$$\mathbf{T} \cdot \boldsymbol{g}^k = T_i{}^j \boldsymbol{g}^i \boldsymbol{g}_j \cdot \boldsymbol{g}^k = T_i{}^j \delta_j{}^k \boldsymbol{g}^i = T_i{}^k \boldsymbol{g}_i \tag{1. 123 b}$$

따라서 아래 관계식이 얻어진다.

$$T_{ij} g^{jk} = T_i{}^k (\neq T^i{}_k) \tag{1. 124}$$

마찬가지 방법으로 아래의 동반성분이 얻어진다.

$$\left.\begin{aligned} T_{mn} g^{km} g^{ln} &= T^{kl}, \quad T^{mn} g_{km} g_{ln} = T_{kl} \\ T^k{}_l g_{km} g^{ln} &= T_m{}^n, \quad T_l{}^k g^{lm} g_{kn} = T^m{}_n \end{aligned}\right\} \tag{1. 125}$$

끝으로 벡터의 동반성분에 있어서 주의할 사항을 지적하고자 한다. 먼저 식 (1.62a)로 주어진 위치벡터 $\boldsymbol{p}$의 미소변화 $d\boldsymbol{p} = dx^k \boldsymbol{g}_k$는 반변성분인 $(d\boldsymbol{p})^k = d\boldsymbol{p} \cdot \boldsymbol{g}^k = dx^k$가 우선적이다. 그런데 이의 공변성분은 아래와 같이 얻어진다.

$$(d\boldsymbol{p})_l = g_{lk}(d\boldsymbol{p})^k = g_{lk}dx^k \; (\neq dx_l) \tag{1.126}$$

또한 위치벡터에 의한 미분을 나타내는 편미분 델(del) 연산자 $\nabla\left(\equiv \dfrac{\partial}{\partial \boldsymbol{r}}\right) = \boldsymbol{g}^i\nabla_i\left(= \boldsymbol{g}^i\dfrac{\partial}{\partial x^i}\right)$는 공변표현 즉$(\nabla)_i = \boldsymbol{g_i}\cdot\nabla = \nabla_i\left(= \dfrac{\partial}{\partial x^i}\right)$가 우선적이다. 그런데 이의 반변성분도 아래와 같이 정의된다.

$$(\nabla)^l = \boldsymbol{g}^{lm}(\nabla)_m = \boldsymbol{g}^{lm}\nabla_m\left(= g^{lm}\frac{\partial}{\partial x^m}\right) \neq \nabla^l \tag{1.127}$$

혹은 스칼라함수 ϕ에 ∇을 적용하여 생긴 벡터(grad ϕ) $\nabla\phi = (\boldsymbol{g}^i\nabla_i)\phi = \boldsymbol{g}^i\nabla_i\phi = \boldsymbol{g}^i\phi_{,i} = \boldsymbol{g}^i(\nabla\phi)_i$의 관계식에서 ∇과 마찬가지로 공변성분 $(\nabla\phi)_i = \nabla_i\phi = \phi_{,i}$가 우선적이다. 그런데 이의 반변성분은 아래와 같이 정의된다.

$$(\nabla\phi)^l = g^{lm}(\nabla\phi)_m = g^{lm}\phi_{,m} \; (\neq \phi^{,l}) \tag{1.128}$$

그리고 $d\boldsymbol{p}(= d\boldsymbol{r})$와 $\nabla_{\boldsymbol{r}}\left(= \dfrac{\partial}{\partial \boldsymbol{r}}\right)$의 내적(스칼라)은 전자는 반변, 후자는 공변표현을 사용(식 1.93 이용)하여 아래의 관계식이 얻어진다.

$$d\boldsymbol{r}\cdot\nabla_{\boldsymbol{r}}(\equiv d) = (d\boldsymbol{r})^k\boldsymbol{g}_k\cdot\boldsymbol{g}^l\nabla_l = dx^k\delta_k{}^l\nabla_l = dx^k\nabla_k\left(= dx^k\frac{\partial}{\partial x^k}\right) \tag{1.129}$$

$$d\bar{\boldsymbol{r}}(x) = (d\boldsymbol{r}\cdot\nabla_{\boldsymbol{r}})\bar{\boldsymbol{r}} = (\nabla_{\boldsymbol{r}}\bar{\boldsymbol{r}})^{\mathrm{T}}\cdot d\boldsymbol{r} = \left(\frac{\partial\bar{\boldsymbol{r}}}{\partial\boldsymbol{r}}\right)^{\mathrm{T}}\cdot d\boldsymbol{r} \tag{1.130}$$

여기서 윗첨자 T는 전치를 의미하며 아래의 i행, j열 요소를 가진다.

$$\left(\frac{\partial\bar{\boldsymbol{r}}}{\partial\boldsymbol{r}}\right)^{\mathrm{T}}(i,j) = (\partial\bar{x}^i/\partial x^j) \tag{1.131}$$

■ 1. 6 절대 텐서의 정의 및 변환법칙

1. 6. 1 기저벡터간 변환

E^3 공간에서 고정된 한 개의 Cartesian 좌표계 $\{z^k\}$를 중심으로 임의의 두 일반 곡선좌표계 $\{x^k\}$와 $\{\overline{x}^k\}$의 기저벡터간의 변환법칙을 유도해보기로 한다. 먼저 식 (1.63)과 (1.64)에서 공변 기저벡터에 대한 아래의 변환식이 성립된다.

$$\boldsymbol{g}_k = \frac{\partial z^m}{\partial x^k}\boldsymbol{i}_m \leftrightarrow \boldsymbol{i}_m = \frac{\partial x^k}{\partial z^m}\boldsymbol{g}_k \tag{1. 132 a}$$

$$\overline{\boldsymbol{g}}_k = \frac{\partial z^m}{\partial \overline{x}^k}\boldsymbol{i}_m \leftrightarrow \boldsymbol{i}_m = \frac{\partial \overline{x}^k}{\partial z^m}\overline{\boldsymbol{g}}_k \tag{1. 132 b}$$

여기서 두 일반 곡선좌표계에 대한 (공변)기저벡터간의 변환법칙을 유도하기위하여 먼저 식 (1.132b)의 첫 번째 식에서 편미분 사슬법칙(부록 1.1 참조)을 이용하면 아래의 변환식을 얻을 수 있다.

$$\overline{\boldsymbol{g}}_k = \frac{\partial x^p}{\partial \overline{x}^k}\frac{\partial z^m}{\partial x^p}\boldsymbol{i}_m = \frac{\partial x^p}{\partial \overline{x}^k}\boldsymbol{g}_p \tag{1. 133}$$

반대로 식 (1.132a)에서도 마찬가지 방법으로 위 식의 역변환에 해당하는 아래식을 얻을 수 있다.

$$\boldsymbol{g}_k = \frac{\partial \overline{x}^p}{\partial x^k}\frac{\partial z^m}{\partial \overline{x}^p}\boldsymbol{i}_m = \frac{\partial \overline{x}^p}{\partial x^k}\overline{\boldsymbol{g}}_p \tag{1. 134}$$

[비고 : 두 변환식 (1.133)과 (1.134)는 사실 각각 벡터 $\boldsymbol{v}$의 공변성분 $\overline{v}_k$와 v_k의 변환법칙과 동일하다 - 뒤 참조.]

한편 식 (1.95)와 (1.96)에서 반변(역)기저벡터에 대한 아래의 변환식(단 $\boldsymbol{i}^m = \boldsymbol{i}_m$)이 성립된다.

$$\boldsymbol{g}^k = \frac{\partial x^k}{\partial z^m}\boldsymbol{i}^m \leftrightarrow \boldsymbol{i}^m = \frac{\partial z^m}{\partial x^k}\boldsymbol{g}^k \tag{1. 135 a}$$

$$\overline{\boldsymbol{g}}^k = \frac{\partial \overline{x}^k}{\partial z^m}\boldsymbol{i}^m \leftrightarrow \boldsymbol{i}^m = \frac{\partial z^m}{\partial \overline{x}^k}\overline{\boldsymbol{g}}^k \tag{1. 135 b}$$

여기서 두 일반 곡선좌표계에 대한 역(반변)기저벡터간의 변환법칙을 유도하기 위하여 먼저 식 (1.135b)의 첫 번째식에서 편미분 사슬법칙(부록 1.1 참조)을 이용하면 아래의 변환식을 얻을 수 있다.

$$\overline{\boldsymbol{g}}^k = \frac{\partial x^p}{\partial z^m}\frac{\partial \overline{x}^k}{\partial x^p}\boldsymbol{i}^m = \frac{\partial \overline{x}^k}{\partial x^p}\boldsymbol{g}^p \tag{1. 136}$$

또 식 (1.135a)에서도 마찬가지 방법으로 위 식의 역변환에 해당하는 아래식을 얻을 수 있다.

$$\boldsymbol{g}^k = \frac{\partial \bar{x}^p}{\partial z^m}\frac{\partial x^k}{\partial \bar{x}^p}\boldsymbol{i}^m = \frac{\partial x^k}{\partial \bar{x}^p}\bar{\boldsymbol{g}}^p \tag{1.137}$$

[비고 : 역시 두 변환식 (1.136)과 (1.137)는 사실 각각 벡터 $\boldsymbol{v}$의 반변성분 $\bar{v}^k$와 v^k의 변환법칙과 동일하다 - 뒤 참조.]

1.6.2 절대 스칼라

정의 : E^3 공간에서 주어진 두 곡선좌표계 $\boldsymbol{x}(=\{x^k\})$와 $\bar{\boldsymbol{x}}(=\{\bar{x}^k\})$에서 어떤 함수 ϕ가 아래의 (변환)관계가 성립되면 이를 '절대 스칼라(absolute scalar)'라고 부른다.

$$\phi(\boldsymbol{x}) = \phi[\boldsymbol{x}(\bar{\boldsymbol{x}})] = \bar{\phi}(\bar{\boldsymbol{x}}) \tag{1.138}$$

즉 ϕ는 성분표현에서 첨자가 없는 좌표계에 무관한 '스칼라 불변(scalar invariant)'이라고도 한다. 이에 속하는 물리적인 양으로는 물체의 어떤 점에서의 온도, 움직이는 물체의 속도(speed), 물질계의 에너지(energy) 등이다.

1.6.3 절대 벡터

정의 : E^3 공간에서 주어진 곡선좌표계 x에서 임의의 벡터 $\boldsymbol{v}$의 3(성분) 함수 $v^k(\boldsymbol{x})$ $(k=1,2,3)$의 집합이 아래와 같이 새 곡선좌표계 $\bar{\boldsymbol{x}}$의 (성분)집합으로 변환된다면 성분 $v^k(\boldsymbol{x})$ 및 $\bar{v}^k(\bar{\boldsymbol{x}})$를 각각 '절대 벡터(absolute vector)' $\boldsymbol{v}$의 x^k 및 $\bar{x}^k$ 좌표계에 대한 '반변 성분(contravariant component)'이라고 하고, 집합 $\{v^k\}$ 및 $\{\bar{v}^k\}$로도 나타낸다.

$$\bar{v}^k(\bar{\boldsymbol{x}}) = v^\alpha(\boldsymbol{x})\frac{\partial \bar{x}^k}{\partial x^\alpha} \tag{1.139 a}$$

혹은

$$v^k(\boldsymbol{x}) = \bar{v}^\alpha(\bar{\boldsymbol{x}})\frac{\partial x^k}{\partial \bar{x}^\alpha} \tag{1.139 b}$$

이를 $\boldsymbol{g}_k$ 및 $\bar{\boldsymbol{g}}_k$에 관한 변환식으로부터 증명하면 아래와 같다.

증명 (a) 텐서 개념에서 E^3 공간에 주어진 임의의 (절대)벡터 $\boldsymbol{v}$는 좌표계에 무관하게 일정하며, 단지 좌표계에 따라 (반변 및 공변) 성분이 달라지므로 두 곡선좌표계 $\boldsymbol{x}$ 및 $\overline{\boldsymbol{x}}$에 대하여 아래와 같이 나타낼 수 있다(식 1.108 참조).

$$\boldsymbol{v} = v^k(\boldsymbol{x})\boldsymbol{g}_k(\boldsymbol{x}) = \overline{v}^{\,k}(\overline{\boldsymbol{x}})\overline{\boldsymbol{g}}_k(\overline{x}) \qquad (1.140\text{ a})$$

$$= v_k(\boldsymbol{x})\boldsymbol{g}^k(\boldsymbol{x}) = \overline{v}_k(\overline{\boldsymbol{x}})\overline{\boldsymbol{g}}^{\,k}(\overline{x}) \qquad (1.140\text{ b})$$

그런데 식 (1.132a, b)를 식 (1.140a)에 대입하고 간단히 하면 아래가 성립된다.

$$\overline{v}^{\,k}(\overline{\boldsymbol{x}})\frac{\partial z^m}{\partial \overline{x}^{\,k}} = v^k(\boldsymbol{x})\frac{\partial z^m}{\partial x^k} \qquad (1.141)$$

여기서 위 식의 양변에 $\partial \overline{x}^{\,l}/\partial z^m$을 곱하고 편미분 사슬법칙[즉 $\dfrac{\partial z^m}{\partial \overline{x}^{\,k}}\dfrac{\partial \overline{x}^{\,l}}{\partial z^m} = \dfrac{\partial \overline{x}^{\,l}}{\partial \overline{x}^{\,k}} = \overline{\delta}^{\,l}{}_k$(부록 1.1 참조)]를 이용하면 아래가 된다.

$$\overline{v}^{\,l}(\overline{\boldsymbol{x}}) = v^k(\boldsymbol{x})\frac{\partial \overline{x}^{\,l}}{\partial x^k}$$

여기서 자유첨자 l은 k로, 무효첨자 k는 α로 치환하면 식 (1.139a)가 증명된다. ■

(b) 얻어진 식 (1.139a)의 양변에 $\partial x^\beta/\partial \overline{x}^{\,k}$를 곱하고, 사슬법칙[즉 $\dfrac{\partial \overline{x}^{\,k}}{\partial x^\alpha}\dfrac{\partial x^\beta}{\partial \overline{x}^{\,k}} = \dfrac{\partial x^\beta}{\partial x^\alpha} = \delta^\beta{}_\alpha$(부록 1.1 참조)]을 이용하면 아래가 된다.

$$v^\beta(\boldsymbol{x}) = \overline{v}^{\,k}(\overline{\boldsymbol{x}})\frac{\partial x^\beta}{\partial \overline{x}^{\,k}}$$

여기서 자유첨자 β를 k로, 무효첨자 k를 α로 바꾸면 식 (1.139b)가 증명된다. ■

정의: E^3 공간에서 주어진 곡선좌표계 $\boldsymbol{x}$에서의 임의의 벡터 $\boldsymbol{v}$의 3(성분) 함수 $v_k(\boldsymbol{x})\ (k=1,2,3)$의 집합이 아래와 같이 새 곡선좌표계 $\overline{\boldsymbol{x}}$의 (성분)집합으로 변환된다면 성분 $v_k(\boldsymbol{x})$ 및 $\overline{v}_k(\overline{\boldsymbol{x}})$를 각각 절대벡터(absolute vector), $\boldsymbol{v}$의 '공변성분(covariant component)'이라 하고, 집합 $\{v_k\}$ 및 $\{\overline{v}_k\}$로도 나타낸다.

$$\overline{v}_k(\overline{\boldsymbol{x}}) = v_\alpha(\boldsymbol{x})\frac{\partial x^\alpha}{\partial \overline{x}^{\,k}} \qquad (1.142\text{ a})$$

혹은

$$v_k(\boldsymbol{x}) = \overline{v}_\alpha(\overline{\boldsymbol{x}})\frac{\partial \overline{x}^\alpha}{\partial x^k} \tag{1. 142 b}$$

이를 $\boldsymbol{g}^k$ 및 $\overline{\boldsymbol{g}}^k$에 관한 변환식으로부터 증명하면 아래와 같다.

증명 (a) 식 (1.135a, b)를 식 (1.140b)에 대입하고 간단히 하면 아래를 얻는다.

$$\overline{v}_k(\overline{\boldsymbol{x}})\frac{\partial \overline{x}^k}{\partial z^m} = v_k(\boldsymbol{x})\frac{\partial x^k}{\partial z^m} \tag{1. 143}$$

위 속의 양변에 $\partial z^m / \partial \overline{x}^l$을 곱하고, 사슬법칙(부록 1.1 참조)을 이용하면 아래를 얻는다.

$$\overline{v}_l(\overline{\boldsymbol{x}}) = v_k(\boldsymbol{x})\frac{\partial x^k}{\partial \overline{x}^l}$$

여기서 자유첨자 l은 k로, 무효첨자 k는 α로 치환하면 식 (1.142a)가 증명된다. ■

(b) 얻어진 식 (1.142a)의 양변에 $\partial \overline{x}^k / \partial x^\beta$를 곱하고, 사슬법칙(부록 1.1 참조)을 이용하면 아래가 된다.

$$v_\beta(\boldsymbol{x}) = \overline{v}_k(\overline{\boldsymbol{x}})\frac{\partial \overline{x}^k}{\partial x^\beta}$$

여기서 자유첨자 β를 k로, 무효첨자 k를 α로 바꾸면 식 (1.142b)가 증명된다. ■

[비고 : 위에서 정의한 절대벡터 $\boldsymbol{v}$의 공변 및 반변성분에 관한 변환법칙은 다음절에 소개되는 좌표 변환 행렬을 이용하여 보다 합리적으로 증명될 수도 있다.]

예제 1.4

(a) E^3 공간의 임의의 위치벡터 $\boldsymbol{p}(\boldsymbol{x})$(또는 $\boldsymbol{r}(x)$)의 미소변화 $d\boldsymbol{p}(=d\boldsymbol{r})$ 및 (b) 미분가능한 스칼라 함수 $\phi(\boldsymbol{x})$의 기울기 (grad$\phi = \nabla\phi$)의 두 곡선좌표계 $\boldsymbol{x}$ 및 $\overline{\boldsymbol{x}}$에 대한 변환법칙을 각각 유도해보아라.

풀이

(a) 1.5.7.2절의 끝에서 잠깐 언급한 바와 같이 미소위치 벡터 $d\boldsymbol{p}(=d\boldsymbol{r}) = dx^k\boldsymbol{g}_k = d\overline{\boldsymbol{p}}(=d\overline{\boldsymbol{r}}) = d\overline{x}^k\overline{\boldsymbol{g}}_k$ 즉 반변성분으로 나타냄이 우선적이다. 이는 $\boldsymbol{g}_k$ 및 $\overline{\boldsymbol{g}}_k$에 대한 Cartesian 좌표계와의 변환식(1.132)에서 대입하던가 아니면 아래와 같이 편미분 사슬법칙(부록 1.1 참조)을 이용하여 직접 변환식을 유도할 수 있다.

$$d\overline{x}^k = \frac{\partial\overline{x}^k}{\partial x^\alpha}dx^\alpha \leftrightarrow dx^k = \frac{\partial x^k}{\partial\overline{x}^\alpha}d\overline{x}^\alpha \tag{1. 144}$$

즉 이는 절대벡터 $\boldsymbol{v}$의 반변성분에 대한 변환법칙 식 (1.139)와 동일함을 알 수 있다.

(b) 위치벡터 $\boldsymbol{r}$에 대한 3차원 편미분 연산자 $\nabla \equiv \frac{\partial}{\partial\boldsymbol{r}} = \boldsymbol{g}^k\nabla_k$(여기서 $\nabla_k = \frac{\partial}{\partial x^k}$)에서 ∇는 공변성분이 우선적이다. 나아가 스칼라 함수 ϕ에 대한 기울기 $\nabla\phi\left(=\frac{\partial\phi}{\partial\boldsymbol{r}}\right) = \boldsymbol{g}^k\nabla_k\phi = \boldsymbol{g}^k\frac{\partial\phi}{\partial x^k} = \boldsymbol{g}^k\phi_{,k}$에서 $\nabla\phi$는 공변성분 $(\nabla\phi)_k = \nabla_k\phi = \frac{\partial\phi}{\partial x^k}(=\phi_{,k})$가 우선적이다. 이는 절대 스칼라 ϕ에 대한 식 (1.138)에서 $\phi(\boldsymbol{x}) = \overline{\phi}(\boldsymbol{x})$ 및 절대(공변)벡터 $\nabla\left(=\frac{\partial}{\partial\boldsymbol{x}}\right) = \overline{\nabla}\left(=\frac{\partial}{\partial\overline{\boldsymbol{x}}}\right)$에서 $\nabla\phi = \overline{\nabla}\overline{\phi}$가 성립하므로 $\boldsymbol{g}^k$ 및 $\overline{\boldsymbol{g}}^k$에 대한 식 (1.135)에서 대입하던가 아니면 아래와 같이 $\overline{\nabla}\overline{\phi}$의 (공변)성분에 대해 사슬법칙(부록 1.1 참조)을 이용하여 직접 변환식을 유도할 수 있다.

$$\frac{\partial\overline{\phi}(\overline{\boldsymbol{x}})}{\partial\overline{x}^k}[=(\overline{\nabla}\overline{\phi})_k] = \frac{\partial\phi(\boldsymbol{x})}{\partial x^m}[=(\nabla\phi)_m]\frac{\partial x^m}{\partial\overline{x}^k} \leftrightarrow \frac{\partial\phi(\boldsymbol{x})}{\partial x^k} = \frac{\partial\overline{\phi}(\overline{\boldsymbol{x}})}{\partial\overline{x}^m}\frac{\partial\overline{x}^m}{\partial x^k} \tag{1. 145}$$

따라서 $(\nabla\phi)_k\left(=\frac{\partial\phi}{\partial x^k}\right)$는 절대벡터 $\boldsymbol{v}(=\nabla\phi)$의 공변성분 $v_k(=(\nabla\phi)_k)$의 변환법칙 식 (1.142)에 따름을 알 수 있다.

여기서 이 절을 맺기 전 위치벡터 $\boldsymbol{p}(=\boldsymbol{r})$과 그의 미소변환 $d\boldsymbol{p}(=d\boldsymbol{r})$의 (1차)텐서 적합성에 대해 논의하기로 한다. 먼저 $d\boldsymbol{p}(=d\boldsymbol{r}) = dx^k\boldsymbol{g}_k$는 식 (1.144)에서 언급한 바와 같이 반변성분 dx^k를 우선적으로 갖는 절대벡터(1차 텐서)임에 틀림없다. 그러나 위치벡터 자체는 텐서로서 문제가 있다. 왜냐하면 우선 Cartesian 좌표계에서만 $\boldsymbol{p}(=\boldsymbol{r}) = \boldsymbol{i}_m z^m$ 처럼 나타낼 수 있으나, 구좌표나 원통좌표계의 경우 총합규약 $\boldsymbol{g}_k x^k$로 나타낼 수 없다[즉 원통좌표의 경우 $\boldsymbol{p} = r(=x^1)\boldsymbol{g}_r + z(=x^3)\boldsymbol{g}_z \neq x^i\boldsymbol{g}_i$; 구좌표의 경우 $\boldsymbol{p} = r(=x^1)\boldsymbol{g}_r \neq x^i\boldsymbol{g}_i$]. 더욱이 아래에서 보는 바와 같은 좌표의 회전

(rotation)과 평행이동(translation)을 동시에 수반하는 '아핀변환(affine transformation)'의 경우 두 (Cartesian) 좌표계 사이의 위치벡터 성분은 위에서 언급한 절대벡터의 변환형태가 아닌 아래와 같이 나타내진다.

$$\overline{x}^k = C^k{}_m x^m + d^k \tag{1. 146}$$

혹은 이의 행렬(직접) 표현은 아래와 같다.

$$\overline{\boldsymbol{r}} = \mathrm{C}\boldsymbol{r} + \boldsymbol{d} \tag{1. 147}$$

여기서 Jacobian 변환식 $\det\left(\dfrac{\partial \overline{x}^k}{\partial x^m}\right) = \det(C^k{}_m) \neq 0$이라고 할 때 식 (1.147)의 양변을 $\mathrm{C}^{-1} \equiv \mathrm{E}$로 곱하고, $\mathrm{E}\boldsymbol{d} = \boldsymbol{f}$로 두면 아래의 역변환식을 얻는다.

$$\boldsymbol{r} = \mathrm{E}\overline{\boldsymbol{r}} - \boldsymbol{f} \tag{1. 148}$$

또한 이의 성분 (첨자)표현식은 아래가 된다.

$$x^k = E^k{}_m \overline{x}^m - f^k \tag{1. 149}$$

여기서 행렬의 역변환 관계 $\mathrm{CE} = \mathrm{EC} = \mathrm{I}$ 및 $\mathrm{C}\boldsymbol{f} = (= \mathrm{CE}\boldsymbol{d}) = \boldsymbol{d}$ 혹은 $\mathrm{E}\boldsymbol{d} = \boldsymbol{f}$ 관계에서 아래의 성분간 관계식이 성립된다.

$$\begin{aligned} &C^k{}_m E^m{}_l = \delta^k{}_l, \quad E^k{}_m C^m{}_l = \delta^k{}_l, \\ &C^k{}_m f^m = -d^k, \quad E^k{}_m d^m = -f^k \end{aligned} \tag{1. 150}$$

그런데 식 (1.146) 혹은 (1.149)에서 알 수 있듯이 $d^k = 0$(혹은 $f^k = 0$)인 경우(즉 회전만 존재)만 위치벡터 $\boldsymbol{p}$(혹은 2 성분 x^k)가 아핀변환군에 상대적인 (1차)텐서처럼 행동하므로 위치벡터를 '위치 화살표(position arrow)'라고 칭하기도 한다.

1. 6. 4 절대 2차 텐서

3차원 유클리드(E^3) 공간에서 3^2개의 성분함수 집합 $T^{\alpha\beta}(\boldsymbol{x})$이 두 곡선좌표계 $\boldsymbol{x} = \{x^k\}$와 $\overline{\boldsymbol{x}} = \{\overline{x}^k\}$ 사이의 1:1 좌표변환[단 $\mathrm{J} = \det\left(\dfrac{\partial \overline{x}^k}{\partial x^l}\right) \neq 0$]하에 아래와 같이 $\overline{T}^{kl}(\overline{\boldsymbol{x}})$로 변환된다면 $T^{\alpha\beta}(\boldsymbol{x})$는 x^k 좌표계에 관련된 '절대 2차 텐서(absolute second-order tensor)' $\mathbf{T}$의, 그리고

$\overline{T}^{kl}(\overline{\boldsymbol{x}})$는 같은 절대 2차 텐서 $\overline{\mathbf{T}}(=\mathbf{T})$의 '반변성분(contravariant component)'이라고 부른다.

$$\overline{T}^{kl}(\overline{\boldsymbol{x}}) = T^{\alpha\beta}(\boldsymbol{x})\frac{\partial \overline{x}^{k}}{\partial x^{\alpha}}\frac{\partial \overline{x}^{l}}{\partial x^{\beta}} \leftrightarrow T^{kl}(\boldsymbol{x}) = \overline{T}^{\alpha\beta}(\overline{\boldsymbol{x}})\frac{\partial x^{k}}{\partial \overline{x}^{\alpha}}\frac{\partial x^{l}}{\partial \overline{x}^{\beta}} \tag{1. 151}$$

또한 E^3에서 3^2개의 성분함수 집합 $T_{\alpha\beta}(\boldsymbol{x})$와 $\overline{T}_{kl}(\overline{\boldsymbol{x}})$사이에 아래와 같은 변환법칙이 성립된다면 함수 $T_{\alpha\beta}(\boldsymbol{x})$ 및 $\overline{T}_{kl}(\overline{\boldsymbol{x}})$는 각각 절대 2차 텐서 $\mathbf{T}(=\overline{\mathbf{T}})$의 x^k 좌표계 및 $\overline{x}^k$ 좌표계에서의 '공변성분(covariant component)'이라고 부른다.

$$\overline{T}_{kl}(\overline{\boldsymbol{x}}) = T_{\alpha\beta}(\boldsymbol{x})\frac{\partial x^{\alpha}}{\partial \overline{x}^{k}}\frac{\partial x^{\beta}}{\partial \overline{x}^{l}} \leftrightarrow T_{kl}(\boldsymbol{x}) = \overline{T}_{\alpha\beta}(\overline{\boldsymbol{x}})\frac{\partial \overline{x}^{\alpha}}{\partial x^{k}}\frac{\partial \overline{x}^{\beta}}{\partial x^{l}} \tag{1. 152}$$

그리고 E^3에서 3^2개의 성분함수 집합 $T^{\alpha}{}_{\beta}(\boldsymbol{x})$와 $\overline{T}^{k}{}_{l}(\overline{\boldsymbol{x}})$사이에 아래와 같은 변환법칙이 성립된다면 함수 $T^{\alpha}{}_{\beta}(\boldsymbol{x})$ 및 $\overline{T}^{k}{}_{l}(\overline{\boldsymbol{x}})$는 각각 절대 2차 텐서 $\mathbf{T}(=\overline{\mathbf{T}})$의 x^k 좌표계 및 $\overline{x}^k$ 좌표계에서의 '혼합성분(mixed component)'이라고 부른다.

$$\overline{T}^{k}{}_{l}(\overline{\boldsymbol{x}}) = T^{\alpha}{}_{\beta}(\boldsymbol{x})\frac{\partial \overline{x}^{k}}{\partial x^{\alpha}}\frac{\partial x^{\beta}}{\partial \overline{x}^{l}} \leftrightarrow T^{k}{}_{l}(\boldsymbol{x}) = \overline{T}^{\alpha}{}_{\beta}(\overline{\boldsymbol{x}})\frac{\partial x^{k}}{\partial \overline{x}^{\alpha}}\frac{\partial \overline{x}^{\beta}}{\partial x^{l}} \tag{1. 153}$$

마지막으로 E^3에서 3^2개의 성분함수 집합 $T_{\alpha}{}^{\beta}(\boldsymbol{x})$와 $\overline{T}_{k}{}^{l}(\overline{\boldsymbol{x}})$사이에 아래와 같은 변환법칙이 성립된다면 함수 $T_{\alpha}{}^{\beta}(\boldsymbol{x})$ 및 $\overline{T}_{k}{}^{l}(\overline{\boldsymbol{x}})$는 각각 절대 2차텐서 $\mathbf{T}(=\overline{\mathbf{T}})$의 x^k 좌표계 및 $\overline{x}^k$ 좌표계에서의 또다른 '혼합성분(mixed component)'이라고 부른다.

$$\overline{T}_{k}{}^{l}(\overline{\boldsymbol{x}}) = T_{\alpha}{}^{\beta}(\boldsymbol{x})\frac{\partial x^{\alpha}}{\partial \overline{x}^{k}}\frac{\partial \overline{x}^{l}}{\partial x^{\beta}} \leftrightarrow T_{k}{}^{l}(\boldsymbol{x}) = \overline{T}_{\alpha}{}^{\beta}(\overline{\boldsymbol{x}})\frac{\partial \overline{x}^{\alpha}}{\partial x^{k}}\frac{\partial x^{l}}{\partial \overline{x}^{\beta}} \tag{1. 154}$$

위에서 언급된 절대 2차 텐서에 관한 4쌍의 변환법칙은 절대벡터의 경우와 마찬가지로 $\mathbf{T}(\boldsymbol{x})(=\overline{\mathbf{T}}(\overline{\boldsymbol{x}}))$에 관한 기저벡터 $\boldsymbol{g}_k$와 $\overline{\boldsymbol{g}}_k$, $\boldsymbol{g}^k$와 $\overline{\boldsymbol{g}}^k$의 (변환)정의식을 사용하여 모두 증명할 수 있다.

$$\begin{aligned}\mathbf{T}(=\overline{\mathbf{T}}) &= T^{mn}(\boldsymbol{x})\boldsymbol{g}_m(\boldsymbol{x})\boldsymbol{g}_n(\boldsymbol{x}) = \overline{T}^{mn}(\overline{\boldsymbol{x}})\overline{\boldsymbol{g}}_m(\overline{\boldsymbol{x}})\overline{\boldsymbol{g}}_n(\overline{\boldsymbol{x}}) \\ &= T_{mn}(\boldsymbol{x})\boldsymbol{g}^m(\boldsymbol{x})\boldsymbol{g}^n(\boldsymbol{x}) = \overline{T}_{mn}(\overline{\boldsymbol{x}})\overline{\boldsymbol{g}}^m(\overline{\boldsymbol{x}})\overline{\boldsymbol{g}}^n(\overline{\boldsymbol{x}}) \\ &= T^{m}{}_{n}(\boldsymbol{x})\boldsymbol{g}_m(\boldsymbol{x})\boldsymbol{g}^n(\boldsymbol{x}) = \overline{T}^{m}{}_{n}(\overline{\boldsymbol{x}})\overline{\boldsymbol{g}}_m(\overline{\boldsymbol{x}})\overline{\boldsymbol{g}}^n(\overline{\boldsymbol{x}}) \\ &= T_{m}{}^{n}(\boldsymbol{x})\boldsymbol{g}^m(\boldsymbol{x})\boldsymbol{g}_n(\boldsymbol{x}) = \overline{T}_{m}{}^{n}(\overline{\boldsymbol{x}})\overline{\boldsymbol{g}}^m(\overline{\boldsymbol{x}})\overline{\boldsymbol{g}}_n(\overline{\boldsymbol{x}})\end{aligned} \tag{1. 155}$$

예제 1.5

식 (1.153)을 증명하라.

풀이

식 (1.155)의 세 번째 식의 $\boldsymbol{g}_m(\boldsymbol{x})$ 및 $\overline{\boldsymbol{g}}_m(\overline{\boldsymbol{x}})$를 식 (1.132)에서, 그리고 $\boldsymbol{g}^n(\boldsymbol{x})$ 및 $\overline{\boldsymbol{g}}^n(\overline{\boldsymbol{x}})$는 식 (1.135)에서 대입하면 아래가 된다.

$$\mathbf{T}= T^m{}_n(\boldsymbol{x})\frac{\partial z^p}{\partial x^m}\frac{\partial x^n}{\partial z^q}\boldsymbol{i}_p\boldsymbol{i}^q = \overline{T}^m{}_n(\overline{\boldsymbol{x}})\frac{\partial z^p}{\partial \overline{x}^m}\frac{\partial \overline{x}^n}{\partial z^q}\boldsymbol{i}_p\boldsymbol{i}^q \tag{1.156}$$

따라서 아래 관계식을 얻는다.

$$T^m{}_n(\boldsymbol{x})\frac{\partial z^p}{\partial x^m}\frac{\partial x^n}{\partial z^q}= \overline{T}^m{}_n(\overline{\boldsymbol{x}})\frac{\partial z^p}{\partial \overline{x}^m}\frac{\partial \overline{x}^n}{\partial z^q} \tag{1.157}$$

위 식의 양변에 $\left(\frac{\partial \overline{x}^k}{\partial z^p}\right)\left(\frac{\partial z^q}{\partial \overline{x}^l}\right)$을 곱하고, 사슬법칙(부록 1.1 참조)을 이용하면 아래가 된다.

$$\overline{T}^k{}_l(\overline{\boldsymbol{x}}) = T^m{}_n(\boldsymbol{x})\frac{\partial \overline{x}^k}{\partial x^m}\frac{\partial x^n}{\partial \overline{x}^l}$$

여기에서 무효첨자 m을 α, n을 β로 치환하면 식 (1.153)의 왼편을 얻는다. 다음에는 위 식의 양변에 $\left(\frac{\partial x^\alpha}{\partial \overline{x}^k}\right)\left(\frac{\partial \overline{x}^l}{\partial x^\beta}\right)$를 곱하고 사슬법칙(부록 1.1 참조)을 이용하면 아래를 얻는다.

$$T^\alpha{}_\beta(\boldsymbol{x}) = \overline{T}^k{}_l(\overline{\boldsymbol{x}})\frac{\partial x^\alpha}{\partial \overline{x}^k}\frac{\partial \overline{x}^l}{\partial x^\beta}$$

여기서 자유첨자 α 및 β를 k 및 l로, 무효첨자 k 및 l을 α 및 β로 치환하면 식 (1.153)의 우편을 얻는다.
■

위에서 얻어진 절대 2차 텐서의 성분간 변환법칙을 $k+l$차의 (절대)혼합텐서(여기서 k개의 지수에서는 반변법칙, l개의 지수에서는 공변법칙)의 두 곡선좌표계 $\boldsymbol{x}$ 및 $\overline{\boldsymbol{x}}$에 관한 변환법칙 및 그 역은 아래와 같이 일반화시켜 나타낼 수 있다.

$$\overline{T}^{p_1p_2\cdots p_k}{}_{q_1q_2\cdots q_l}(\overline{\boldsymbol{x}}) = T^{\alpha_1\alpha_2\cdots\alpha_k}{}_{\beta_1\beta_2\cdots\beta_l}(\boldsymbol{x})\frac{\partial \overline{x}^{p_1}}{\partial x^{\alpha_1}}\cdots\frac{\partial \overline{x}^{p_k}}{\partial x^{\alpha_k}}\frac{\partial x^{\beta_1}}{\partial \overline{x}^{q_1}}\cdots\frac{\partial x^{\beta_l}}{\partial \overline{x}^{q_l}} \tag{1.158 a}$$

$$T^{p_1p_2\cdots p_k}{}_{q_1q_2\cdots q_l}(\boldsymbol{x}) = \overline{T}^{\alpha_1\alpha_2\cdots\alpha_k}{}_{\beta_1\beta_2\cdots\beta_l}(\overline{\boldsymbol{x}})\frac{\partial x^{p_1}}{\partial \overline{x}^{\alpha_1}}\cdots\frac{\partial x^{p_k}}{\partial \overline{x}^{\alpha_k}}\frac{\partial \overline{x}^{\beta_1}}{\partial x^{q_1}}\cdots\frac{\partial \overline{x}^{\beta_l}}{\partial x^{q_l}} \tag{1.158 b}$$

■ 1. 7 행렬법에 의한 변환법칙

1.6절에서 논의한 절대 텐서의 성분에 관한 변환법칙을 이 절에서는 아래와 같이 정의되는 공변 변환행렬 $\mathrm{A} = (a_i{}^j)$ 및 반변 변환행렬 $\mathrm{B} = (b^i{}_j)$를 사용하여 다시 나타내기로 한다.

$$\mathrm{A} \equiv \frac{\partial \boldsymbol{x}}{\partial \overline{\boldsymbol{x}}} = (a_i{}^j), \quad a_i{}^j = \frac{\partial x^j}{\partial \overline{x}^i} = \frac{\partial \boldsymbol{r}}{\partial \overline{x}^i} \cdot \frac{\partial x^j}{\partial \boldsymbol{r}} = \overline{\boldsymbol{g}}_i \cdot \boldsymbol{g}^j \tag{1.159}$$

$$\mathrm{B} \equiv \left(\frac{\partial \overline{\boldsymbol{x}}}{\partial \boldsymbol{x}}\right)^{\mathrm{T}} = (b^i{}_j), \quad b^i{}_j = \frac{\partial \overline{x}^i}{\partial x^j} = \frac{\partial \boldsymbol{r}}{\partial x^j} \cdot \frac{\partial \overline{x}^i}{\partial \boldsymbol{r}} = \overline{\boldsymbol{g}}^i \cdot \boldsymbol{g}_j \tag{1.160}$$

위 식에서 $\mathrm{B}^{\mathrm{T}}\left(=\left(\frac{\partial \overline{\mathbf{x}}}{\partial \mathbf{x}}\right)\right) = \mathrm{A}^{-1}$ 혹은 $\mathrm{A}^{\mathrm{T}}\left(=\left(\frac{\partial \mathbf{x}}{\partial \overline{\mathbf{x}}}\right)^{\mathrm{T}}\right) = \mathrm{B}^{-1}$[따라서 A와 B는 서로 'contragradient' 관계에 있다고 함]임을 쉽게 알 수 있다. 따라서 블록 또는 성분표시로 아래가 성립된다.

$$\mathrm{A}\mathrm{B}^{\mathrm{T}} = \mathrm{A}^{\mathrm{T}}\mathrm{B} = \mathrm{I} \tag{1.161 a}$$

$$a_i{}^m b^j{}_m = \frac{\partial x^m}{\partial \overline{x}^i}\frac{\partial \overline{x}^j}{\partial x^m} = \overline{\delta}_i{}^j \leftrightarrow a_m{}^i b^m{}_j = \frac{\partial x^i}{\partial \overline{x}^m}\frac{\partial \overline{x}^m}{\partial x^j} = \overline{\delta}^i{}_j \tag{1.161 b}$$

이제 이를 이용하여 1.6.1절의 (공변)기저벡터간 변환법칙(식 (1.133) 및 (1.134))은 아래와 같이 나타낼 수 있다.

$$\overline{\boldsymbol{g}}_k = a_k{}^p \boldsymbol{g}_p \leftrightarrow \boldsymbol{g}_k = b^p{}_k \overline{\boldsymbol{g}}_p \tag{1.162}$$

[비고: 식 (1.162)의 첫 번째 식의 역은 식 (1.161b)를 이용하여 양변에 $b^k{}_m$을 곱하여 $a_k{}^p b^k{}_m = \delta^p{}_m$을 이용하던가, 아니면 행렬식으로 나타내어 좌우를 $\mathrm{A}^{-1} = \mathrm{B}^{\mathrm{T}}$를 곱하여 성분으로 나타내어도 얻어짐 - 1장 부록의 표 A1.1 참조.]

마찬가지로 반변(역) 기저벡터간 변환법칙 (식 (1.136), (1.137))도 아래와 같이 나타낼 수 있다.

$$\overline{\boldsymbol{g}}^k = b^k{}_p \boldsymbol{g}^p \leftrightarrow \boldsymbol{g}^k = a_p{}^k \overline{\boldsymbol{g}}^p \tag{1.163}$$

식 (1.162)의 경우와 마찬가지로 위 식의 역도 성분 또는 역행렬을 이용하여 구할 수 있다.

마찬가지 논리로 1.6.3절의 절대벡터(1차 텐서)에 관한 반변 및 공변 변환법칙도 좌표변환 행렬을 사용하여 아래와 같이 나타낼 수 있다.

$$\overline{v}^k(\overline{\boldsymbol{x}}) = b^k{}_\alpha v^\alpha(\boldsymbol{x}) \ \leftrightarrow \ v^k(\boldsymbol{x}) = a_\alpha{}^k \overline{v}^\alpha(\overline{\boldsymbol{x}}) \tag{1. 164}$$

$$\overline{v}_k(\overline{\boldsymbol{x}}) = a_k{}^\alpha v_\alpha(\boldsymbol{x}) \ \leftrightarrow \ v_k(\boldsymbol{x}) = b^\alpha{}_k \overline{v}_\alpha(\overline{\boldsymbol{x}}) \tag{1. 165}$$

[참고 : 가끔 $v_k(\boldsymbol{x})$와 $\overline{v}^\alpha(\overline{\boldsymbol{x}})$, $v^k(\boldsymbol{x})$와 $\overline{v}_\alpha(\overline{\boldsymbol{x}})$간의 크로스(cross) 변환법칙은 표 A1.1에 나타낸 바와 같이 좌표변환 행렬 (c_{ij})와 (d^{ij})를 사용하여 나타내기도 한다.]

다음에는 1.6.4절에 언급된 계량텐서 (g_{ij})나 (g^{ij})와 같은 절대 2차 텐서에 관한 반변 및 공변 변환법칙도 $a_i{}^j$와 $b^i{}_j$를 사용하여 아래와 같이 나타낼 수 있다.

$$\overline{T}^{kl}(\overline{\boldsymbol{x}}) = b^k{}_\alpha b^l{}_\beta T^{\alpha\beta}(\boldsymbol{x}) \ \leftrightarrow \ T^{kl}(\boldsymbol{x}) = a_\alpha{}^k b_\beta{}^l \overline{T}^{\alpha\beta}(\overline{\boldsymbol{x}}) \tag{1. 166}$$

$$\overline{T}_{kl}(\overline{\boldsymbol{x}}) = a_k{}^\alpha a_l{}^\beta T_{\alpha\beta}(\boldsymbol{x}) \ \leftrightarrow \ T_{kl}(\boldsymbol{x}) = b^\alpha{}_k b^\beta{}_l \overline{T}_{\alpha\beta}(\overline{\boldsymbol{x}}) \tag{1. 167}$$

$$\overline{T}^k{}_l(\overline{\boldsymbol{x}}) = b^k{}_\alpha a_l{}^\beta T^\alpha{}_\beta(\boldsymbol{x}) \ \leftrightarrow \ T^k{}_l(\boldsymbol{x}) = a_\alpha{}^k b^\beta{}_l \overline{T}^\alpha{}_\beta(\overline{\boldsymbol{x}}) \tag{1. 168}$$

$$\overline{T}_k{}^l(\overline{\boldsymbol{x}}) = a_k{}^\alpha b^l{}_\beta T_\alpha{}^\beta(\boldsymbol{x}) \ \leftrightarrow \ T_k{}^l(\boldsymbol{x}) = b^\alpha{}_k a_\beta{}^l \overline{T}_\alpha{}^\beta(\overline{\boldsymbol{x}}) \tag{1. 169}$$

[비고 : 위 식들의 역변환은 절대벡터의 경우와 마찬가지로 식 (1.161b)를 사용하여 구할 수 있다. 가령 식 (1.166)의 경우 첫 번째 식의 양변에 $a_k{}^m a_l{}^n$을 곱하면 우편은 $\delta_\alpha{}^m \delta_\beta{}^n T^{\alpha\beta} = T^{mn}$이 되므로 첨자치환 즉 $m, n \to k, l$로 또, $k, l \to \alpha, \beta$로 바꾸면 두 번째 식이 증명된다. 또는 행렬식으로 나타내어, 왼편은 $(\overline{T}^{kl})$, 오른편은 $\mathrm{B}(T^{\alpha\beta})\mathrm{B}^{\mathrm{T}}$가 되어, 양변의 우편을 $\mathrm{B}^{-1}(=\mathrm{A}^{\mathrm{T}})$, 좌편을 $\mathrm{A}\,(=(\mathrm{B}^{\mathrm{T}})^{-1})$로 곱하고, 이를 성분으로 나타내면 증명이 된다. 자세한 것은 부록 표 A1.1 참조.]

마지막으로 식 (1.158)에 나타낸 고차 혼합텐서 (k차는 반변, l차는 공변)의 변환법칙도 $a_i{}^j$와 $b^i{}_j$를 사용하여 아래와 같이 나타낼 수 있다.

$$\overline{T}^{p_1p_2\cdots p_k}{}_{q_1q_2\cdots q_l}(\overline{\boldsymbol{x}}) = b^{p_1}{}_{\alpha_1}\cdots b^{p_k}{}_{\alpha_k} a_{q_1}{}^{\beta_1}\cdots a_{q_l}{}^{\beta_l} T^{\alpha_1\alpha_2\cdots\alpha_k}{}_{\beta_1\beta_2\cdots\beta_l}(\boldsymbol{x}) \tag{1. 170 a}$$

$$T^{p_1p_2\cdots p_k}{}_{q_1q_2\cdots q_l}(\boldsymbol{x}) = a_{\alpha_1}{}^{p_1}\cdots a_{\alpha_k}{}^{p_k} b^{\beta_1}{}_{q_1}\cdots b^{\beta_l}{}_{q_l} \overline{T}^{\alpha_1\alpha_2\cdots\alpha_k}{}_{\beta_1\beta_2\cdots\beta_l}(\overline{\boldsymbol{x}}) \tag{1. 170 b}$$

그런데 3차 이상의 고차 절대텐서의 경우 역변환의 증명은 행렬법에 의해 수행하기는 복잡하므로 식 (1.161b)를 사용하여 성분 표시법으로 행함이 보다 수월할 것이다. 따라서 본 책에서는 필요에 따라 식 (1.158)의 편미분법과 이 절의 좌표변환 행렬법을 병행하여 사용하기로 한다.

■ 1. 8 텐서에 대한 기본연산

1. 8. 1 텐서의 합과 차

아래식에 나타낸 바와 같이 같은 차수(rank), 같은 형태(type)의 텐서끼리만 더하고 뺄 수 있다.

$$C^{k}{}_{lm} = A^{k}{}_{lm} \pm B^{k}{}_{lm} \tag{1. 171}$$

위 식의 각 멤버는 모두 지수 l, m에서는 공변, 지수 k에서는 반변인 3차 절대 텐서이다.

1. 8. 2 텐서의 곱(외적)

주어진 두 텐서의 곱(product)으로 얻어지는 텐서의 차수는 두 텐서의 차수의 합이다. 즉 텐서 성분의 보통 곱(free product)으로 나타내지는 텐서적을 '외적(outer product)'이라 부르며, 가령 두 텐서 $A_q{}^{pr}$과 $B_s{}^{m}$의 외적은 $A_q{}^{pr} B_s{}^{m} = C_{qs}^{prm}$로 나타내진다. 만약 직접(블록)표현에서 (절대)2차 및 3차 텐서인 $\mathbf{T}$와 $\mathbf{S}$의 외적(즉 사이에 · 나 × 연산기호가 없다)은 아래와 같이 나타낼 수 있다.

$$\mathbf{TS} = T^{ij}\boldsymbol{g}_i\boldsymbol{g}_j S^{klm}\boldsymbol{g}_k\boldsymbol{g}_l\boldsymbol{g}_m = T^{ij}S^{klm}\boldsymbol{g}_i\boldsymbol{g}_j\boldsymbol{g}_k\boldsymbol{g}_l\boldsymbol{g}_m \tag{1. 172}$$

또는

$$(\mathbf{TS})^{ijklm} = T^{ij}S^{klm} \tag{1. 173}$$

1. 8. 3 텐서의 축약

만약 (절대)고차텐서의 한 개의 반변지수와 한 개의 공변지수가 같으면 이중첨자에 대한 Einstein 축약규약에 의해 원 차수보다 2만큼 작아지는데 이 과정을 '축약(contraction)'이라 한다. 가령 5차 텐서 A_{qs}^{mpr}에서 $r = s$로 두면 축약에 의해 $A_{qr}^{mpr} = B_q{}^{mp}$인 차수 3의 새 텐서가 얻어진다. 여기서 다시 $p = q$로 두면 $B_q^{mp} = C^m$이 되어 두 번 축약의 결과 원 텐서의 차수보다 4가 적은 차수 1의 텐서가 된다.

1.8.4 두 텐서의 내적

두 텐서의 외적에서 생긴 새 텐서에 첨자를 같이 두는 축약을 행하면 두 텐서의 '내적(inner product)'에 의해 새로운 텐서를 얻는다. 가령 두 텐서 A_q^{mp}와 B_{st}^{r}의 외적에 의해 차수 6인 $A_q^{mp}B_{st}^{r}$의 새 텐서가 얻어지는데, 여기서 $q=r$로 두면 두 텐서의 내적 $A_r^{mp}B_{st}^{r}$이 얻어지고, 이는 외적에 의한 것보다 차수가 2 줄어든 4차 텐서가 된다. 또 다시 $p=s$로 두면 차수가 2로 줄어든 두 텐서의 내적 $A_r^{mp}B_{pt}^{r}$가 얻어진다. 그런데 만약 두 텐서 $\mathbf{T}$(2차) 및 $\mathbf{S}$(3차)의 내적을 직접(또는 블록)표현으로 나타내면 그 사이에 차수를 그만큼 감소시키는 내적(축약)을 나타내는 연산기호(·)를 사용한다. 즉

$$\mathbf{T}\cdot\mathbf{S}=T^{ij}\boldsymbol{g}_i\boldsymbol{g}_j\cdot S^{klm}\boldsymbol{g}_k\boldsymbol{g}_l\boldsymbol{g}_m=T^{ij}S^{klm}\boldsymbol{g}_i(\boldsymbol{g}_j\cdot\boldsymbol{g}_k)\boldsymbol{g}_l\boldsymbol{g}_m$$

$$=T^{ij}S^{klm}g_{jk}\boldsymbol{g}_i\boldsymbol{g}_l\boldsymbol{g}_m=T^{ij}S_j^{\ lm}\boldsymbol{g}_i\boldsymbol{g}_l\boldsymbol{g}_m$$

$$=T^i_{\ k}S^{klm}\boldsymbol{g}_i\boldsymbol{g}_l\boldsymbol{g}_m \tag{1.174}$$

따라서 두 텐서 $\mathbf{T}$와 $\mathbf{S}$의 내적으로 생긴 새 텐서의 (ilm)반변요소는 아래가 된다.

$$(\mathbf{T}\cdot\mathbf{S})^{ilm}=T^{ij}S_j^{\ lm}=T^i_{\ k}S^{klm} \tag{1.175}$$

한편 두 텐서의 내적의 순서를 바꾸면 아래가 된다.

$$\mathbf{S}\cdot\mathbf{T}=S^{klm}\boldsymbol{g}_k\boldsymbol{g}_l\boldsymbol{g}_m\cdot T^{ij}\boldsymbol{g}_i\boldsymbol{g}_j=S^{klm}T^{ij}g_{mi}\boldsymbol{g}_k\boldsymbol{g}_l\boldsymbol{g}_j$$

$$=S^{klm}T_m^{\ j}\boldsymbol{g}_k\boldsymbol{g}_l\boldsymbol{g}_j=S^{ilj}T_l^{\ m}\boldsymbol{g}_i\boldsymbol{g}_l\boldsymbol{g}_m \tag{1.176}$$

[위 식의 마지막 단계에서 첨자 $k\to i$, $m\to j$, $j\to m$의 교환을 행하였다.]
따라서 내적으로 생긴 새 텐서의 (ilm)반변요소는 아래가 된다.

$$(\mathbf{S}\cdot\mathbf{T})^{ilm}=S^{ilj}T_j^{\ m} \tag{1.177}$$

이로부터 $\mathbf{S}\cdot\mathbf{T}\neq\mathbf{T}\cdot\mathbf{S}$임을 알 수 있다.

1.8.5 텐서의 상법칙

만약 어떤 양 X가 (절대)텐서인가 아닌가 모른다고 하자. 이때 만약 임의의 (절대)텐서와의 내

적이 (절대)텐서이라면 X도 역시 (절대)텐서이다. 이것을 '상법칙(quotient rule)'이라고 한다.

예제 1.6

2차 (절대)텐서 계량텐서 A_q^p의 축약은 절대 스칼라 (불변)임을 증명하라.

풀이

2차 (혼합)텐서의 성질에서 아래가 성립된다.

$$\overline{A}_k^j = \frac{\partial \overline{x}^j}{\partial x^p}\frac{\partial x^q}{\partial \overline{x}^k}A_q^p$$

여기서 $j=k$로 두고 합하면 아래가 된다.

$$\overline{A}_j^j = \frac{\partial \overline{x}^j}{\partial x^p}\frac{\partial x^q}{\partial \overline{x}^j}A_q^p = \delta_p^q A_q^p = A_p^p$$

따라서 $\overline{A}_j^j = A_p^p$가 되어 A_p^p는 좌표계에 무관한 스칼라 불변량이 된다. 즉 A_q^p가 문제에서 2차 텐서인데 $p=q$축약에 의해 차수가 2만큼 감소되어 0차 텐서 즉 절대 스칼라(불변)가 된다.

예제 1.7

만일 임의의 (절대)공변 벡터 u_j 에 대해서 표현 $T^{ij}u_j$가 (절대)반변 벡터라면, T^{ij}는 (절대)반변 2차 텐서임을 상법칙으로부터 증명하라.

풀이

u_j가 반변벡터이고 v^i가 공변 벡터일 때 $T^{ij}u_j = v^i$라고 가정하자. 만약 이 관계식이 특별한 좌표계 x^i에서 유효하다면 유사한 항등식은 다른 좌표계 $\overline{x}^i$에서도 유효하다.(즉 $\mathbf{T} \cdot \boldsymbol{u} = \boldsymbol{v} \leftrightarrow \overline{\mathbf{T}} \cdot \overline{\boldsymbol{u}} = \overline{\boldsymbol{v}}$ 성립)

$$\overline{T}^{ij}\,\overline{u}_j = \overline{v}^i$$

이 계에서는 2차 양 T^{ij}는 '새로운' 성분 $\overline{T}^{ij}$를 가진다. (절대)벡터의 변환성질에 의해

$$\overline{T}^{ij}\frac{\partial x^k}{\partial \overline{x}^j}u_k = \frac{\partial \overline{x}^i}{\partial x^l}v^l = \frac{\partial \overline{x}^i}{\partial x^l}(T^{lk}u_k)$$

즉

$$\left(\frac{\partial x^k}{\partial \overline{x}^j}\overline{T}^{ij}\right)u_k = \left(\frac{\partial \overline{x}^i}{\partial x^l}T^{lk}\right)u_k$$

그러나 u_k는 임의적이므로 다음과 같이 된다.

$$\frac{\partial x^k}{\partial \overline{x}^j}\overline{T}^{ij} = \frac{\partial \overline{x}^i}{\partial x^l}T^{lk}$$

위의 식의 양변으로부터 효과적으로 u_k를 소거할 수 있다. 따라서 k는 이제 양변에서 유효첨자가 된다. 양변에 $\dfrac{\partial \overline{x}^m}{\partial x^k}$를 곱하면

$$\frac{\partial \overline{x}^m}{\partial x^k}\frac{\partial x^k}{\partial \overline{x}^j}\overline{T}^{ij} = \delta^m_j\ \overline{T}^{ij} = \overline{T}^{im} = \frac{\partial \overline{x}^m}{\partial x^k}\frac{\partial \overline{x}^i}{\partial x^l}T^{lk}$$

혹은 첨자를 다시 쓰면 아래가 되어, 텐서변환법칙 (1.151)을 만족하므로 T^{ij}는 (절대)반변 2차 텐서이다.

$$\overline{T}^{ij} = \frac{\partial \overline{x}^i}{\partial x^k}\frac{\partial \overline{x}^j}{\partial x^l}T^{kl}$$

■ 1. 9 2차 절대텐서의 전치

E^3 공간에서 임의의 한 (절대)2차 텐서 $\mathbf{T}\left(= T^{ij}\boldsymbol{g}_i\boldsymbol{g}_j = T_{ij}\boldsymbol{g}^i\boldsymbol{g}^j = T^i{}_j\boldsymbol{g}_i\boldsymbol{g}^j = T_i{}^j\boldsymbol{g}^i\boldsymbol{g}_j\right)$의 전치(transpose) 2차 텐서 $\mathbf{T}^{\mathrm{T}}$는 스칼라의 전치는 자신과 같다는 원리를 이용하여 아래 관계식을 만족하는 것으로 정의된다. 즉

$$\boldsymbol{a}\cdot\mathbf{T}\cdot\boldsymbol{b} = (\boldsymbol{a}\cdot\mathbf{T}\cdot\boldsymbol{b})^{\mathrm{T}} = \boldsymbol{b}\cdot\mathbf{T}^{\mathrm{T}}\cdot\boldsymbol{a} \tag{1. 178}$$

혹은 텐서에 대응하는 행렬 표현식으로 아래와 같이 정의된다.

$$\boldsymbol{a}^{\mathrm{T}}\,\mathrm{T}\,\boldsymbol{b} = \left(\boldsymbol{a}^{\mathrm{T}}\,\mathrm{T}\,\boldsymbol{b}\right)^{\mathrm{T}} = \boldsymbol{b}^{\mathrm{T}}\,\mathrm{T}^{\mathrm{T}}\boldsymbol{a} \tag{1. 179}$$

여기서 T는 2차 텐서 $\mathbf{T}$의 주어진 좌표계에 대한 행렬표현식이며, $\boldsymbol{a}^{\mathrm{T}}$는 (수직으로 선) 열(column) 벡터 $\boldsymbol{a}\left[=\left(a^1\,a^2\,a^3\right)^{\mathrm{T}}\right]$의 전치로서 (수평으로 누운) 행(row)벡터$\left[=\left(a^1\,a^2\,a^3\right)\right]$를 나타낸다. 그리고 텐서표현식인 (1.178)에서 차수 1인 벡터가 2개, 그리고 차수 2인 2차 텐서가 1개, 그리고 내적(축약)을 나타내는 차수 -2인 연산기호 ·가 2개이므로, 전체 차수는 4-4=0이 되어 스칼라(불변)가 된다. 이제 식 (1.178)의 왼쪽과 오른쪽의 (공변)벡터 및 (반변)2차 텐서를 기저벡터를 이용한 성분으로 나타내면 아래 식을 얻는다.

$$a_i \boldsymbol{g}^i \cdot T^{kl} \boldsymbol{g}_k \boldsymbol{g}_l \cdot b_j \boldsymbol{g}^j = b_i \boldsymbol{g}^i \cdot \overset{(\mathrm{T})}{T^{kl}} \boldsymbol{g}_k \boldsymbol{g}_l \cdot a_j \boldsymbol{g}^j \tag{1.180}$$

여기서 지적할 사항은 1.4절에서 언급한 2차 텐서에 대응하는 전치행렬의 정의에서 두 종류의 전치행렬 즉 통상의 대각선을 통한 행과 열의 교환으로 얻어지는 행렬$\left(a^k{}_l\right)$의 전치인 $\left(a^k{}_l\right)^{\mathrm{T}}\left[\equiv \left(a^l{}_k\right)\right]$ 과 요소(element)전치의 행렬에 대응하는 $\left(\overset{(\mathrm{T})}{a^k{}_l}\right)\left[\equiv \left(a_l{}^k\right)\right]$의 2종류가 있다. 그런데 두 첨자가 모두 공변 또는 반변 성분일때는 2종류의 전치행렬의 정의가 같으나, 만약 두 지수 중 한 개가 공변, 다른 한 개가 반변인 혼합텐서의 경우에는 두 종류의 전치행렬은 다르다(즉 $a^l{}_k \neq a_l{}^k$). 그러나 이 책에서는 특별한 언급이 없는 한 혼합성분의 경우 전치텐서(행렬)로서 요소전치의 행렬을 사용함을 우선적으로 한다, 지금 식 (1.180)에서 $\boldsymbol{g}^i \cdot \boldsymbol{g}_k = \delta^i{}_k$의 치환 연산자 성질(즉 $i \rightarrow k$로 둠)을 이용하면 아래 관계식이 얻어진다.

$$T^{kl} a_k b_l = \overset{(\mathrm{T})}{T^{kl}} a_l b_k = \overset{(\mathrm{T})}{T^{lk}} a_k b_l \tag{1.181}$$

단 위식의 두 번째 항등관계는 첨자 k와 l을 교환하여 이루어진 것이다. 그러면 위 식에서 아래의 관계가 성립된다.

$$\left(\overset{(\mathrm{T})}{T^{lk}} - T^{kl}\right) a_k b_l = 0 \tag{1.182}$$

여기서 두 벡터 $\boldsymbol{a}$ 및 $\boldsymbol{b}$는 임의의 $\boldsymbol{0}$이 아닌 벡터이므로 전치텐서(행렬)에 관한 아래의 식이 성립된다.

$$\overset{(\mathrm{T})}{T^{lk}} = T^{kl}, \qquad \overset{(\mathrm{T})}{T^{kl}} = T^{lk} \tag{1.183}$$

즉 두 지수 모두 반변인 2차 텐서의 경우 요소전치는 통상의 행렬의 전치와 동일하게 행과 열을 교환함으로써 얻어진다.

마찬가지 방법으로 두 지수 모두 공변 성분인 경우의 전치행렬(텐서)의 정의는 아래가 된다.

$$\overset{(\mathrm{T})}{T_{kl}} = T_{lk}, \qquad \overset{(\mathrm{T})}{T_{lk}} = T_{kl} \tag{1.184}$$

한편 식 (1.78)의 2차 텐서(행렬) **T**의 두 지수가 혼합형인 경우는 전치텐서 $\mathbf{T}^{\mathrm{T}}$의 행렬성분으로서 요소전치 $\overset{(\mathrm{T})}{T^{k}{}_{l}}$을 사용하여 이의 성분표시는 식 (1.180) 대신 아래가 된다.

$$a_i \boldsymbol{g}^i \cdot T^k{}_l \boldsymbol{g}_k \boldsymbol{g}^l \cdot b_j \boldsymbol{g}^j = b_i \boldsymbol{g}^i \cdot \overset{(\mathrm{T})}{T^k{}_l} \boldsymbol{g}_k \boldsymbol{g}^l \cdot a_j \boldsymbol{g}^j \tag{1. 185}$$

여기서 $\boldsymbol{g}^i \cdot \boldsymbol{g}_k = \delta^i{}_k$, $\boldsymbol{g}^l \cdot \boldsymbol{g}^j = g^{lj}$ 및 계량텐서 g_{ij} 및 g^{ij}에 의한 벡터나 2차 텐서 지수의 내리거나, 올리는 효과(1.5.6절 참조) 및 첨자교환을 사용하여 위 식은 아래가 된다.

$$\begin{aligned} T^k{}_l a_k b^l &= \overset{(\mathrm{T})}{T^k{}_l} a^l b_k = \overset{(\mathrm{T})}{T^l{}_k} a^k b_l = \overset{(\mathrm{T})}{T^l{}_k} g^{km} a_m g_{nl} b^n \\ &= \overset{(\mathrm{T})}{T^l{}_k} a_m b^n g_{nl} g^{mk} = \overset{(\mathrm{T})}{T_n{}^m} a_m b^n = \overset{(\mathrm{T})}{T_l{}^k} a_k b^l \end{aligned} \tag{1. 186}$$

따라서 아래 관계식이 성립된다.

$$\left(\overset{(\mathrm{T})}{T_l{}^k} - T^k{}_l \right) a_k b^l = 0 \tag{1. 187}$$

즉 아래 관계식이 성립된다.

$$\overset{(\mathrm{T})}{T_l{}^k} = T^k{}_l \,, \text{ (마찬가지로) } \overset{(\mathrm{T})}{T^k{}_l} = T_l{}^k \tag{1. 188}$$

이 관계식은 1.4절의 정의를 다시 확인하여 준다.

여기서 한가지 지적해 두고 싶은 것은 $\overset{(\mathrm{T})}{T^m{}_n} \left(= T_n{}^m \right)$가 계량텐서의 작용에 의하여 아래와 같이 $T^k{}_l$로 연결될 수 있다.

$$\overset{(\mathrm{T})}{T^m{}_n} g^{nk} g_{ml} = T_n{}^m g^{nk} g_{ml} = T^k{}_l \tag{1. 189}$$

끝으로 전술한 바와 같이 1.4절에서 소개한 두 종류의 전치행렬은 2차 텐서의 두 지수가 모두

공변, 또는 반변일 경우는 아래와 같이 동일한 결과를 준다. 즉

$$(T_{kl})^{\mathrm{T}} = (T_{lk}) = \overset{(\mathrm{T})}{T_{kl}}, \quad (T^{kl})^{\mathrm{T}} = (T^{lk}) = \overset{(\mathrm{T})}{T^{kl}} \tag{1. 190}$$

그리고 대칭행렬은 $\mathrm{T} = \mathrm{T}^{\mathrm{T}}$가 성립하므로 공변 및 반변의 경우 각각 아래가 성립된다.

$$(T_{kl}) = (T_{kl})^{\mathrm{T}} = \overset{(\mathrm{T})}{T_{kl}} = (T_{lk}) \tag{1. 191 a}$$

$$(T^{kl}) = (T^{kl})^{\mathrm{T}} = \overset{(\mathrm{T})}{T^{kl}} = (T^{lk}) \tag{1. 191 b}$$

또 반대칭 행렬의 경우 $\mathrm{T} = -\mathrm{T}^{\mathrm{T}}$가 성립하므로 공변 및 반변의 경우 각각 아래가 된다.

$$(T_{kl}) = -(T_{kl})^{\mathrm{T}} = -\left(\overset{(\mathrm{T})}{T_{kl}}\right) = -(T_{lk}) \tag{1. 192 a}$$

$$(T^{kl}) = -(T^{kl})^{\mathrm{T}} = -\left(\overset{(\mathrm{T})}{T^{kl}}\right) = -(T^{lk}) \tag{1. 192 b}$$

한편 2차 텐서(행렬)의 두 지수가 혼합형인 경우는 아래와 같이 두 종류의 전치행렬의 결과는 같지 않다. 즉

$$(T^{k}{}_{l})^{\mathrm{T}}\left[=(T^{l}{}_{k})\right] \neq \left(\overset{(\mathrm{T})}{T^{k}{}_{l}}\right)\left[=(T_{l}{}^{k})\right] \tag{1. 193}$$

가령 E^3에서 2차 행렬($T^{k}{}_{l}$)가 2×2 혼합행렬이라면 아래와 같이 나타내진다(단 중심문자 T에 가까운 지수가 행임).

$$(T^{k}{}_{l}) = \begin{pmatrix} T^{1}{}_{1} & T^{1}{}_{2} \\ T^{2}{}_{1} & T^{2}{}_{2} \end{pmatrix} \tag{1. 194}$$

이 행렬의 치환인 $(\mathrm{T}^{k}{}_{l})^{\mathrm{T}}$는 아래와 같이 된다.

$$\left(T^{k}{}_{l}\right)^{\mathrm{T}}\left[=\left(T^{l}{}_{k}\right)\right]=\begin{pmatrix}T^{1}{}_{1} & T^{2}{}_{1}\\ T^{1}{}_{2} & T^{2}{}_{2}\end{pmatrix} \tag{1.195}$$

또한 위 행렬의 요소전치에 해당하는 행렬 $\left(\overset{(\mathrm{T})}{T^{k}{}_{l}}\right)$는 아래가 된다.

$$\left(\overset{(\mathrm{T})}{T^{k}{}_{l}}\right)=\begin{pmatrix}\overset{(\mathrm{T})}{T^{1}{}_{1}} & \overset{(\mathrm{T})}{T^{1}{}_{2}}\\ \overset{(\mathrm{T})}{T^{2}{}_{1}} & \overset{(\mathrm{T})}{T^{2}{}_{2}}\end{pmatrix}=\begin{pmatrix}T_{1}{}^{1} & T_{2}{}^{1}\\ T_{1}{}^{2} & T_{2}{}^{2}\end{pmatrix}\neq\begin{pmatrix}T^{1}{}_{1} & T^{2}{}_{1}\\ T^{1}{}_{2} & T^{2}{}_{2}\end{pmatrix}=\left(T^{k}{}_{l}\right)^{\mathrm{T}} \tag{1.196}$$

이 경우 대칭행렬의 정의식 $\mathrm{T}=\overset{(\mathrm{T})}{\mathrm{T}}$ 에서 아래가 성립된다.

$$\left(T^{k}{}_{l}\right)=\left(\overset{(\mathrm{T})}{T^{k}{}_{l}}\right)=\left(T_{l}{}^{k}\right),\qquad \left(T_{k}{}^{l}\right)=\left(\overset{(\mathrm{T})}{T_{k}{}^{l}}\right)=\left(T^{l}{}_{k}\right) \tag{1.197}$$

또한 반대칭 행렬의 정의식 $\mathrm{T}=-\overset{(\mathrm{T})}{\mathrm{T}}$ 에서 아래가 성립된다.

$$\left(T^{k}{}_{l}\right)=-\left(\overset{(\mathrm{T})}{T^{k}{}_{l}}\right)=-\left(T_{l}{}^{k}\right),\qquad \left(T_{k}{}^{l}\right)=-\left(\overset{(\mathrm{T})}{T_{k}{}^{l}}\right)=-\left(T^{l}{}_{k}\right) \tag{1.198}$$

1. 9. 1 두 텐서의 내적의 전치

만약 세 개의 2차 텐서 **A**, **B**, **C** 사이에 아래의 텐서 표현식 혹은 행렬표현식 관계가 성립된다고 하자.

$$\mathbf{C}=\mathbf{A}\cdot\mathbf{B}\ \leftrightarrow\ \mathrm{C}=\mathrm{AB} \tag{1.199}$$

이때 이의 전치는 아래가 된다.

$$\mathbf{C}^{\mathrm{T}}=(\mathbf{A}\cdot\mathbf{B})^{\mathrm{T}}=\mathbf{B}^{\mathrm{T}}\cdot\mathbf{A}^{\mathrm{T}}\ \leftrightarrow\ \mathrm{C}^{\mathrm{T}}=\mathrm{B}^{\mathrm{T}}\mathrm{A}^{\mathrm{T}} \tag{1.200}$$

증명 지금 $\mathbf{F} \equiv \mathbf{B}^{\mathrm{T}} \cdot \mathbf{A}^{\mathrm{T}}$로 두자. 그러면 이를 기저 벡터를 이용하여 성분으로 나타내면 아래가 된다.

$$
\begin{aligned}
\mathbf{F} &= \mathrm{F}_{ij}\boldsymbol{g}^i\boldsymbol{g}^j = (\mathbf{B}^{\mathrm{T}})_{kl}\boldsymbol{g}^k\boldsymbol{g}^l \cdot (\mathbf{A}^{\mathrm{T}})_{mn}\boldsymbol{g}^m\boldsymbol{g}^n \\
&= (\mathbf{A}^{\mathrm{T}})_{mn}(\mathbf{B}^{\mathrm{T}})_{kl}\, g^{lm}\boldsymbol{g}^k\boldsymbol{g}^n = A_{nm}B_{lk}g^{lm}\boldsymbol{g}^k\boldsymbol{g}^n \\
&= A_{nm}B^m{}_k\,\boldsymbol{g}^k\boldsymbol{g}^n = A_{jm}B^m{}_i\,\boldsymbol{g}^i\boldsymbol{g}^j (\because n \to j, k \to i \text{ 둠}) \\
&= C_{ji}\boldsymbol{g}^i\boldsymbol{g}^j = \overset{(\mathrm{T})}{\mathrm{C}}_{ij}\boldsymbol{g}^i\boldsymbol{g}^j (\because \mathbf{C} = \mathbf{A} \cdot \mathbf{B})
\end{aligned}
\tag{1.201}
$$

따라서 $\mathbf{F} = \mathbf{B}^{\mathrm{T}} \cdot \mathbf{A}^{\mathrm{T}} = \mathbf{C}^{\mathrm{T}} = (\mathbf{A} \cdot \mathbf{B})^{\mathrm{T}}$가 성립되어 증명된다. ■

1.9.2 정칙 2차 텐서의 역

만약 (절대) 2차 텐서 $\mathbf{A}$가 E^3 공간에서 역(inverse)이 가능한 텐서라면, 어떤 곡선좌표계 $\boldsymbol{x}$에 대한 $\mathbf{A}$의 행렬 $\mathrm{A} = (a_{kl})$는 '정칙행렬(non-singular matrix)' (즉 $\det(a_{kl}) \neq 0$)이라고 한다. 이때 행렬요소 a_{kl}의 여인수를 $C^{kl} = \left[= \overset{(\mathrm{T})}{C}{}^{lk} \right]$이라고 하면 식 (1.83)에 의해 아래가 성립된다.

$$
\mathrm{A}\mathrm{C}^{\mathrm{T}} = \mathrm{I}\ \det(a_{kl}) = \mathrm{I}\det\mathrm{A} \leftrightarrow a_{kl}\overset{(\mathrm{T})}{\mathrm{C}}{}^{lm} = \delta_k{}^m \det\mathrm{A}
\tag{1.202}
$$

여기서 $\mathrm{C} = (C^{kl})$는 A의 여인수 행렬이다.
위 식에서 A의 역행렬은 $\mathrm{A}\mathrm{A}^{-1} = \mathrm{A}^{-1}\mathrm{A} = \mathrm{I}$ 관계에서 쉽게 얻어진다. 즉

$$
\mathrm{A}^{-1} = \left(\frac{\mathrm{C}^{\mathrm{T}}}{\det\mathrm{A}} \right) \equiv \frac{adj\,\mathrm{A}}{\det\mathrm{A}}
\tag{1.203}
$$

여기서 $adj\,\mathrm{A}$는 A의 여인수 행렬(C)의 전치행렬이다. 위 식에서 A^{-1}의 $(i,\ j)$요소에 대하여 아래의 관계식이 성립된다.

$$
(\mathrm{A}^{-1})(i,\ j) = a_{ij}^{-1} = \frac{\mathrm{C}_{ji}}{\det\mathrm{A}}
\tag{1.204}
$$

만약 **A**가 대칭행렬이라면, 여인수 행렬도 대칭이므로 역행렬도 대칭이다. 즉 식 (1.203)에서 아래가 성립된다.

$$(\mathrm{A}^{-1})^{\mathrm{T}} = \frac{\mathrm{C}}{\det \mathrm{A}} \equiv \frac{\mathrm{C}^{\mathrm{T}}}{\det \mathrm{A}} = \mathrm{A}^{-1} \tag{1.205}$$

1.9.3 2차 텐서의 내적의 역

만약 **A** 및 **B**가 역이 가능한 정칙 2차 텐서이라면 이들의 내적의 역에 관해 아래가 성립된다.

$$(\mathbf{A} \cdot \mathbf{B})^{-1} = \mathbf{B}^{-1} \cdot \mathbf{A}^{-1} \leftrightarrow (\mathrm{AB})^{-1} = \mathrm{B}^{-1}\mathrm{A}^{-1} \tag{1.206}$$

이 관계는 단순히 $(\mathrm{AB})\mathrm{B}^{-1}\mathrm{A}^{-1} = \mathrm{AIA}^{-1} = \mathrm{I}$ 로부터 쉽게 증명이 된다.

예제 1.8

2차 텐서 **A**(혹은 행렬 A)의 연속 곱은 아래와 같이 정의된다

$\mathbf{A}^2 = \mathbf{A} \cdot \mathbf{A}$(혹은 $\mathrm{A}^2 = \mathrm{AA}$), $\mathbf{A}^3 = \mathbf{A}^2 \cdot \mathbf{A}$(혹은 $\mathrm{A}^3 = \mathrm{A}^2\mathrm{A}$)

이때 (a) $(\mathrm{A}^2)^{\mathrm{T}} = (\mathrm{A}^{\mathrm{T}})^2$, (b) $(\mathrm{A}^3)^{\mathrm{T}} = (\mathrm{A}^{\mathrm{T}})^3$을 증명하라.

풀이

(a) 편의상 두 지수 모두 공변(혹은 반변)으로 두 전치행렬 $(a_{ij})^{\mathrm{T}} = \left(\overset{(\mathrm{T})}{a_{ij}}\right) = (a_{ji})$가 같다고 하자. 그러면 $(\mathrm{A}^2)^{\mathrm{T}}(i,j) = (A^2)(j,i) = A_{jm}A_{mi}$, 그리고 $(\mathrm{A}^{\mathrm{T}})^2(i,j) = (\mathrm{A}^{\mathrm{T}})(i,m)(\mathrm{A}^{\mathrm{T}})(m,j) = \mathrm{A}_{mi}\mathrm{A}_{jm}$이 되어 $(\mathrm{A}^2)^{\mathrm{T}} = (\mathrm{A}^{\mathrm{T}})^2$이 성립된다.

(b) 마찬가지로 $(\mathrm{A}^3)^{\mathrm{T}}(i,j) = (A^3)(j,i) = (\mathrm{A}^2\mathrm{A})(j,i) = \mathrm{A}^2(j,m)\mathrm{A}(m,i) = A_{jp}A_{pm}A_{mi}$, 한편 $(\mathrm{A}^{\mathrm{T}})^3(i,j) = (\mathrm{A}^{\mathrm{T}}\mathrm{A}^{\mathrm{T}}\mathrm{A}^{\mathrm{T}})(i,j) = \mathrm{A}^{\mathrm{T}}(i,m)\mathrm{A}^{\mathrm{T}}(m,p)\mathrm{A}^{\mathrm{T}}(p,j) = A_{mi}A_{pm}A_{jp}$가 되어 $(\mathrm{A}^3)^{\mathrm{T}} = (\mathrm{A}^{\mathrm{T}})^3$이 증명된다.

■ 1. 10 2차 텐서의 트레이스(trace) 연산자

정방(square) 2차 텐서의 대각선 요소의 합을 구하는 '트레이스 연산자(trace operator)'를 Tr로 나타내면 혼합 2차 텐서의 경우 아래가 성립된다.

$$\mathrm{Tr}\mathrm{T} = \mathrm{Tr}\left(\mathrm{T}^{k}{}_{l}\right) = \mathrm{T}^{1}{}_{1} + \mathrm{T}^{2}{}_{2} + \mathrm{T}^{3}{}_{3} = \mathrm{T}^{i}{}_{i} = \mathrm{T}_{i}{}^{i} \tag{1.207}$$

한편 트레이스 연산자는 선형연산자이므로 아래 식이 성립된다.

$$\mathrm{Tr}(\alpha\mathrm{T} + \beta\mathrm{S}) = \alpha\mathrm{T}^{i}{}_{i} + \beta\mathrm{S}^{i}{}_{i} = \alpha\mathrm{Tr}\,\mathrm{T} + \beta\mathrm{Tr}\,\mathrm{S} \tag{1.208}$$

여기서 α 및 β는 실수 스칼라이다.

1. 10. 1 벡터의 자유적의 트레이스

만약 $\boldsymbol{a}$, $\boldsymbol{b}$가 절대벡터이고, 두 개의 자유적(free product) 혹은 다이어딕(dyadic) 곱이 (절대) 혼합 2차 텐서 $\mathbf{T}$를 형성한다면 아래와 같이 나타낼 수 있다.

$$\boldsymbol{ab} = \mathbf{T} \leftrightarrow a^{i}b_{j} = T^{i}{}_{j} \tag{1.209}$$

이 때 아래 관계가 성립된다.

$$\mathrm{Tr}(\boldsymbol{ab}) = \mathrm{Tr}(\mathbf{T}) = T^{i}{}_{i} = a^{i}b_{i} \tag{1.210}$$

이는 아래의 관계를 의미한다.

$$\mathrm{Tr}(\boldsymbol{ab}) = \boldsymbol{a}\cdot\boldsymbol{b} \tag{1.211}$$

증명 $\boldsymbol{a} = a^{i}\boldsymbol{g}_{i}$, $\boldsymbol{b} = b_{j}\boldsymbol{g}^{j}$라 할 때 $\boldsymbol{a}\cdot\boldsymbol{b} = a^{i}\boldsymbol{g}_{i}\cdot b_{j}\boldsymbol{g}^{j} = a^{i}b_{j}\delta_{i}{}^{j}$($\because$ 식 (1.93)에 의해)$= a^{i}b_{i}$ ■

위 식에서 두 벡터의 자유적 $\boldsymbol{ab} \neq \boldsymbol{ba}$이라도 $\mathrm{Tr}(\boldsymbol{ab}) = \boldsymbol{a}\cdot\boldsymbol{b} = \mathrm{Tr}(\boldsymbol{ba}) = \boldsymbol{b}\cdot\boldsymbol{a}$ 가 성립함에 유의해야 한다.

다음에는 2차 텐서 (혹은 행렬) $\mathbf{T}$의 트레이스에 관한 식 (1.207)을 증명해보자.

$$\mathrm{Tr}\mathbf{T} = \mathrm{Tr}(T^{kl}\boldsymbol{g}_{k}\boldsymbol{g}_{l}) = T^{kl}(\boldsymbol{g}_{k}\cdot\boldsymbol{g}_{l}) = T^{kl}g_{kl} = T^{k}{}_{k} \tag{1.212}$$

1. 10. 2 텐서의 내적의 트레이스

지금 **A**, **B**, **C**를 세 개의 (절대) 2차 텐서라 하자. 이때 이들의 행렬 표현에 대하여 아래의 관계식들이 성립된다.

$$
\left.\begin{array}{l}
\mathrm{Tr}(\mathrm{A}\cdot\mathrm{B})=\mathrm{A}:\mathrm{B}=A^{i}{}_{j}B^{j}{}_{i}=\mathrm{Tr}(\mathrm{B}\cdot\mathrm{A})=\mathrm{B}:\mathrm{A} \\
\mathrm{Tr}(\mathrm{A}\cdot\mathrm{B}\cdot\mathrm{C})=\mathrm{A}:(\mathrm{B}\cdot\mathrm{C})=A^{i}{}_{j}B^{j}{}_{k}C^{k}{}_{i}=\mathrm{Tr}(\mathrm{B}\cdot\mathrm{C}\cdot\mathrm{A})=\mathrm{Tr}(\mathrm{C}\cdot\mathrm{A}\cdot\mathrm{B}) \\
\mathrm{Tr}\mathrm{A}^{2}=\mathrm{A}:\mathrm{A}=A^{i}{}_{j}A^{j}{}_{i}, \quad \mathrm{Tr}\mathrm{A}^{3}=\mathrm{A}:\mathrm{A}^{2}=A^{i}{}_{j}A^{j}{}_{p}A^{k}{}_{i} \\
\mathrm{Tr}(\mathrm{A}\cdot\mathrm{A}^{\mathrm{T}})=\mathrm{A}:\mathrm{A}^{\mathrm{T}}=A^{i}{}_{j}\overset{(\mathrm{T})}{A^{j}{}_{i}}=A^{i}{}_{j}A_{i}{}^{j}
\end{array}\right\} \quad (1.213)
$$

이들 식 모두는 기저벡터를 이용한 2차 텐서의 성분표시법으로 증명될 수 있다.

1. 10. 3 2차 텐서의 크기

E^3 공간에서 어떤 곡선 좌표계에 대한 임의의 절대 벡터(1차텐서) $\boldsymbol{v}$의 크기 (magnitude or 2-norm)는 아래와 같이 정의된다(식 1.103 참조).

$$
\|\boldsymbol{v}\|=\sqrt{\boldsymbol{v}\cdot\boldsymbol{v}}=\sqrt{\mathrm{Tr}(\boldsymbol{v}^{2})}=\sqrt{v^{i}v_{i}} \quad (1.214)
$$

(여기서 만약 반변, 공변의 구별이 없는 Cartesian 좌표계의 경우 $\mathrm{Tr}\,\boldsymbol{v}^2=v_iv_i$가 되어 전 요소의 제곱의 합이 된다.)

벡터의 크기와 유사하게 2차(혼합)텐서 **T**의 크기는 아래와 같이 정의된다.

$$
\|\mathbf{T}\|=\sqrt{\mathrm{Tr}(\mathbf{T}\cdot\mathbf{T}^{\mathrm{T}})}=\sqrt{\mathrm{Tr}(\mathrm{T}\mathrm{T}^{\mathrm{T}})}=\sqrt{\mathbf{T}:\mathbf{T}^{\mathrm{T}}}=\sqrt{T^{i}{}_{j}\overset{(\mathrm{T})}{T^{j}{}_{i}}}=\sqrt{T^{i}{}_{j}\,T_{i}{}^{j}} \quad (1.215)
$$

[비고: 위 식에서도 만약 Cartesian 좌표계의 경우에는 벡터의 경우처럼 $\mathrm{Tr}(\mathrm{T}\mathrm{T}^{\mathrm{T}})=T_{ij}\,T_{ij}$ 즉 전 요소의 제곱의 합이 된다.]

한편 유변학자들은 (대칭)변형속도텐서 $\dot{\gamma}$ 와 같은 2차텐서의 크기로서 (1.215)대신 평방근 부호 안의 항을 2로 나눈 것을 이용하며(그래서 3장 이후 레올로지에서는 이 정의를 채택함), 특히 대칭이며 트레이스가 0인 경우에는 이 값과 제2불변량 (II)의 절대값에 평방근을 취한 것이 같다.

■ 1. 11 상대텐서, 순열 텐서 및 Levi-Civita 텐서

정의 : E^3 공간의 두 곡선 좌표계 $\boldsymbol{x}$와 $\overline{\boldsymbol{x}}$ 사이(1:1대응)에서 어떤 스칼라 함수 $\phi(\boldsymbol{x})$의 좌표 변환이 아래와 같이 정의 된다면 ϕ는 '무게 N의 상대 스칼라(relative scalar of weight N)'이라고 한다(단 N는 어떤 실수).

$$\overline{\phi}(\overline{\boldsymbol{x}}) = \phi(\boldsymbol{x})\left[\det\left(\frac{\partial x^k}{\partial \overline{x}^l}\right)\right]^N \tag{1. 216}$$

여기서 $\det(\partial x^k/\partial \overline{x}^l)$는 변환의 Jacobian 행렬식 J($\neq 0$)이며, 절대 스칼라 (식 1.138)는 $N=0$에 해당된다.

정의 : 무게 N의 상대 공변벡터(relative covariant vector of weight N)는 1:1 대응관계인 두 곡선 좌표계 $\boldsymbol{x}$와 $\overline{\boldsymbol{x}}$ 사이에서 아래와 같이 정의된다.

$$\overline{v_k}(\overline{\boldsymbol{x}}) = v_m(\boldsymbol{x})\frac{\partial x^m}{\partial \overline{x}^k}\left[\det\left(\frac{\partial x^k}{\partial \overline{x}^l}\right)\right]^N \tag{1. 217}$$

정의 : 무게 N의 상대 반변벡터 (relative contravariant vector of weight N)는 역시 1:1 대응관계인 두 좌표계 $\boldsymbol{x}$와 $\overline{\boldsymbol{x}}$ 사이에서 아래와 같이 정의된다.

$$\overline{v}^k(\overline{\boldsymbol{x}}) = v^m(\boldsymbol{x})\frac{\partial \overline{x}^k}{\partial x^m}\left[\det\left(\frac{\partial x^k}{\partial \overline{x}^l}\right)\right]^N \tag{1. 218}$$

정의 : 무게 N의 2차 혼합 상대텐서 (relative mixed tensor of order two and weight N) $T^m{}_n$은 1:1 대응관계인 두 좌표계 $\boldsymbol{x}$와 $\overline{\boldsymbol{x}}$ 사이에서 아래와 같이 정의된다.

$$\overline{T}^k{}_l(\overline{\boldsymbol{x}}) = T^m{}_n(\boldsymbol{x})\frac{\partial \overline{x}^k}{\partial x^m}\frac{\partial x^n}{\partial \overline{x}^l}\left[\det\left(\frac{\partial x^k}{\partial \overline{x}^l}\right)\right]^N \tag{1. 219}$$

일반적으로, E^3 공간의 1:1 대응관계에 있는 두 곡선좌표계 $\boldsymbol{x}$ 및 $\overline{\boldsymbol{x}}$에 있어서 무게 N, 차수 $(k+l)$의 상대텐서(l개의 지수에 대하여 공변, k개의 지수에 대하여 반변임)(relative tensor of weight N and order $(k+l)$)의 변환법칙은 아래와 같이 나타내진다(식 1.158 참조).

$$\overline{T}^{p_1 p_2 \cdots p_k}{}_{q_1 q_2 \cdots q_l}(\overline{\boldsymbol{x}})$$

$$= T^{\alpha_1\alpha_2\cdots\alpha_k}{}_{\beta_1\beta_2\cdots\beta_l}(\bar{\boldsymbol{x}})\frac{\partial\bar{x}^{p_1}}{\partial x^{\alpha_1}}\cdots\frac{\partial\bar{x}^{p_k}}{\partial x^{\alpha_k}}\frac{\partial x^{\beta_1}}{\partial\bar{x}^{q_1}}\cdots\frac{\partial x^{\beta_l}}{\partial\bar{x}^{q_l}}\left[\det\left(\frac{\partial x^k}{\partial\bar{x}^l}\right)\right]^N \tag{1. 220}$$

상대텐서에 관한 위 정의식에서 $N=0$의 경우는 1.6절에 정의한 절대텐서에 해당되며, 상대텐서는 일명 '텐서밀도(tensor density)'라고도 부른다.

이제 상대텐서 개념의 응용 예를 생각해보자. 먼저 1.5.4 및 1.5.6절에 소개된 주어진 곡선 좌표계 $\boldsymbol{x}$에 대한 계량텐서 $g_{ij}(=\boldsymbol{g}_i\cdot\boldsymbol{g}_j)$는 2차 공변 텐서이므로 두 좌표계 $\boldsymbol{x}$와 $\bar{\boldsymbol{x}}$의 1:1대응관계에서 아래의 변환법칙이 성립된다(식 (1.152) 참조).

$$\bar{g}_{kl}(\bar{\boldsymbol{x}})=g_{\alpha\beta}(\boldsymbol{x})\frac{\partial x^\alpha}{\partial\bar{x}^k}\frac{\partial x^\beta}{\partial\bar{x}^l} \tag{1. 221 a}$$

또는 좌표변환 행렬을 이용한 식 (1.167)에서 아래가 성립된다.

$$\bar{g}_{kl}(\bar{\boldsymbol{x}})=a_k{}^\alpha a_l{}^\beta g_{\alpha\beta}(\boldsymbol{x}) \tag{1. 221 b}$$

여기서 위 식의 양변의 행렬식을 취하면 아래가 된다.

$$\bar{g}(\bar{\boldsymbol{x}})=g(\boldsymbol{x})\left[\det\left(\frac{\partial x^\alpha}{\partial\bar{x}^k}\right)\right]^2=g(\boldsymbol{x})\left[\det\left(a_k{}^\alpha\right)\right]^2 \tag{1. 222}$$

여기서 $g(\boldsymbol{x})=\det(g_{ij})$, $\bar{g}(\bar{\boldsymbol{x}})=\det(\bar{g}_{ij})$이다. 따라서 계량텐서 g_{ij}의 행렬식 g는 무게 2의 상대스칼라이다.

그런데 식 (1.105)에 주어진 증명된 관계식 $\boldsymbol{g}_1\cdot\boldsymbol{g}_2\times\boldsymbol{g}_3(=V)=\sqrt{g}$에서 3 기저벡터 $\boldsymbol{g}_1$, $\boldsymbol{g}_2$, $\boldsymbol{g}_3$의 오른손 법칙으로 형성된 스칼라 3중적이 나타내는 부피 V는 무게 1의 상대스칼라임을 알 수 있다. 즉 아래가 성립된다.

$$\bar{V}(\bar{\boldsymbol{x}})\left[=\bar{\boldsymbol{g}}_1\cdot\bar{\boldsymbol{g}}_2\times\bar{\boldsymbol{g}}_3=\sqrt{\bar{g}}\right]=V(\boldsymbol{x})\left[=\boldsymbol{g}_1\cdot\boldsymbol{g}_2\times\boldsymbol{g}_3=\sqrt{g}\right]\left[\det\frac{\partial x^\alpha}{\partial x^k}\right] \tag{1. 223}$$

여기서 미소 위치벡터 $d\boldsymbol{p}(\boldsymbol{x})=dx^k\boldsymbol{g}_k=d\bar{\boldsymbol{p}}(\bar{\boldsymbol{x}})=d\bar{x}^k\bar{\boldsymbol{g}}_k$가 나타내는 미소체적 $dV(\boldsymbol{x})=d\bar{V}(\bar{\boldsymbol{x}})$이어야 하므로(예제 1.9 참조) 아래의 관계가 성립된다.

$$(\bar{\boldsymbol{g}}_1\cdot\bar{\boldsymbol{g}}_2\times\bar{\boldsymbol{g}}_3)d\bar{x}^1\,d\bar{x}^2\,d\bar{x}^3=(\boldsymbol{g}_1\cdot\boldsymbol{g}_2\times\boldsymbol{g}_3)dx^1dx^2dx^3 \tag{1. 224}$$

이 식에 식 (1.223)의 관계를 대입하면 아래의 관계가 성립된다.

$$dx^1 dx^2 dx^3 = \det\left(\frac{\partial x^\alpha}{\partial \bar{x}^k}\right) d\bar{x}^1 d\bar{x}^2 d\bar{x}^3 = \left|\frac{\partial(x^1, x^2, x^3)}{\partial(\bar{x}^1, \bar{x}^2, \bar{x}^3)}\right| d\bar{x}^1 d\bar{x}^2 d\bar{x}^3 \tag{1.225}$$

식 (1.225)는 아래 예제에서 보듯이 N차원 유클리드 공간에도 그대로 확장된다.

예제 1.9

E^N 공간의 두 1:1 대응 좌표계 $\boldsymbol{x}$와 $\bar{\boldsymbol{x}}$에서 고정된 미소위치벡터 $d\boldsymbol{p}(\boldsymbol{x}) = d\bar{\boldsymbol{p}}(\bar{\boldsymbol{x}})$가 나타내는 미소체적 $dV(\boldsymbol{x}) = \sqrt{g}\, dx^1 dx^2 \cdots dx^N$는 절대 스칼라(즉 무게 0)임을 증명하라.

풀이

식 (1.223) 및 (1.251)와 미소체적의 정의에서

$$\begin{aligned} d\bar{V}(\bar{\boldsymbol{x}}) &= \sqrt{\bar{g}}\, d\bar{x}^1 d\bar{x}^2 \cdots d\bar{x}^N = \sqrt{g}\, \mathrm{J}\, d\bar{x}^1 d\bar{x}^2 \cdots d\bar{x}^N \\ &= \sqrt{g}\left[\det\left(\frac{\partial x^\alpha}{\partial \bar{x}^k}\right)\right] d\bar{x}^1 d\bar{x}^2 \cdots d\bar{x}^N = \sqrt{g}\, dx^1 dx^2 \cdots dx^N = dV(\boldsymbol{x}) \end{aligned}$$

여기서 $\mathrm{J} = \det\left(\frac{\partial x^\alpha}{\partial \bar{x}^k}\right) = \det\left(a_k{}^\alpha\right) = \left|\frac{\partial(x^1, x^2, \cdots, x^N)}{\partial(\bar{x}^1, \bar{x}^2, \cdots, \bar{x}^N)}\right|$ 즉, Jacobian 행렬식이다.

이로부터의 식 (1.225)의 N차원 유클리드 공간에서의 확장이 증명된다.

만일 Φ가 스칼라 불변식이라면, 적분이 N차원 유클리드 공간 안의 체적 위에서 수행되는 어떤 좌표계에 대해 $\int_{\bar{V}} \cdots \int \bar{\Phi}\, d\bar{V} = \int_V \cdots \int \Phi\, dV$이다.

한편 역 계량텐서 $g^{ij} = (\boldsymbol{g}^i \cdot \boldsymbol{g}^j)$는 반변 2차 텐서이므로 두 좌표계 $\boldsymbol{x}$와 $\bar{\boldsymbol{x}}$의 1:1대응관계에서 아래의 변환법칙이 성립된다(식 (1.151), (1.166) 참조).

$$\bar{g}^{kl}(\bar{\boldsymbol{x}}) = g^{\alpha\beta}(\boldsymbol{x}) \frac{\partial \bar{x}^k}{\partial x^\alpha} \frac{\partial \bar{x}^l}{\partial x^\beta} = b^k{}_\alpha b^l{}_\beta\, g^{\alpha\beta}(\boldsymbol{x}) \tag{1.226}$$

이 식의 양변의 행렬식을 취하면 아래가 된다.

$$\bar{\hat{g}}(\bar{\boldsymbol{x}}) = \hat{g}(\boldsymbol{x}) \left[\det\left(\frac{\partial \bar{x}^k}{\partial x^\alpha}\right)\right]^2 = \hat{g}(\boldsymbol{x}) \left[\det\left(b^k{}_\alpha\right)\right]^2 \tag{1.227}$$

여기서 $\hat{g} = \det(g^{ij}) = g^{-1}$, $\bar{\hat{g}} = \det(\bar{g}^{ij}) = \bar{g}^{-1}$이다. 그런데 $\det\left(b^k{}_\alpha\right) = \det\left(b^k{}_\alpha\right)^{\mathrm{T}}$이고,

$B^{T}\left[=\left(b^{k}{}_{\alpha}\right)^{T}\right]=A^{-1}\left[=\left(a_{k}{}^{\alpha}\right)^{-1}\right]$(식 (1.161))의 관계에 있으므로 식 (1.227)은 아래가 된다.

$$\bar{\hat{g}}(\bar{\boldsymbol{x}})=\hat{g}(\boldsymbol{x})\left[\det\left(a_{k}{}^{\alpha}\right)\right]^{-2}=\hat{g}(\boldsymbol{x})\left[\det\left(\frac{\partial x^{\alpha}}{\partial \bar{x}^{k}}\right)\right]^{-2} \tag{1.228}$$

따라서 역 계량행렬식 $\hat{g}(x)=\det\left(g^{ij}\right)$는 정의식 (1. 220)에 의해 무게 -2의 상대 스칼라이다.

다음에는 E^2 공간의 같은 평면내에서 있는 1:1 대응관계의 두 곡선 좌표계 $\boldsymbol{x}$와 $\bar{\boldsymbol{x}}$에 대한 미소 표면적의 크기에 대해 생각해보자. 2차원 곡면텐서(surface tensor)이론에 의하면 두 좌표계의 미소 표면적 벡터의 크기는 같으므로(즉 $|d\widetilde{\boldsymbol{A}}(x)|=|d\,\widetilde{\boldsymbol{A}}(\bar{x})|$) 아래식이 성립된다.

$$|\boldsymbol{g}_1\times\boldsymbol{g}_2|\,dx^1dx^2=|\bar{\boldsymbol{g}}_1\times\bar{\boldsymbol{g}}_2|\,d\bar{x}^1d\bar{x}^2 \tag{1.229}$$

그런데 E^3 공간의 3기저 벡터 $\{\boldsymbol{g}_k\}$가 형성하는 평행 6면체의 부피 $V=\boldsymbol{g}_1\cdot\boldsymbol{g}_2\times\boldsymbol{g}_3=\sqrt{g}=\sqrt{\det(g_{ij})}$ (식 1.105)와 유사하게, E^2 공간의 두 기저벡터 $\boldsymbol{g}_1$과 $\boldsymbol{g}_2$가 형성하는 평행사변형의 면적 $A=|\boldsymbol{g}_1\times\boldsymbol{g}_2|=\sqrt{g}=\sqrt{g_{11}g_{22}-g_{12}{}^2}$ 가 성립하고, 또한 E^3 공간의 식 (1.223)과 유사하게 E^2 공간의 $\sqrt{g}$ 도 무게 1의 상대 스칼라이다. 즉 아래가 성립된다.

$$\bar{A}(\bar{\boldsymbol{x}})\left[=|\bar{\boldsymbol{g}}_1\times\bar{\boldsymbol{g}}_2|=\sqrt{\bar{g}}\,\right]=A(\boldsymbol{x})\left[=|\boldsymbol{g}_1\times\boldsymbol{g}_2|=\sqrt{g}\,\right]\left[\det\left(\frac{\partial x^{\alpha}}{\partial \bar{x}^{k}}\right)\right] \tag{1.230}$$

이를 식 (1.229)에 대입하면 아래가 성립된다.

$$\sqrt{g}\,\left[\det\left(\frac{\partial x^{\alpha}}{\partial \bar{x}^{k}}\right)\right]d\bar{x}^1d\bar{x}^2=\sqrt{g}\,dx^1dx^2 \tag{1.231}$$

따라서 E^3 공간의 식 (1.225)와 유사한 관계가 얻어진다. 즉

$$dx^1dx^2=\det\left(\frac{\partial x^{\alpha}}{\partial \bar{x}^{k}}\right)d\bar{x}^1d\bar{x}^2=\left|\frac{\partial\left(x^1,x^2\right)}{\partial\left(\bar{x}^1,\bar{x}^2\right)}\right|d\bar{x}^1d\bar{x}^2 \tag{1.232}$$

식 (1.232)는 E^3의 식 (1.225)의 2차원($N=2$) 버전에 해당된다.

예제 1.10

2차원 유클리드 평면에서 $\boldsymbol{x}$좌표계를 직교 Cartesian 좌표 즉 $x^1 = x$, $x^2 = y$라 하고 $\bar{\boldsymbol{x}}$좌표계를 평면 구좌표 즉 $\bar{x}^1 = r$, $\bar{x}^2 = \theta$라 할 때 $x = r\cos\theta$, $y = r\sin\theta$[혹은 $r = \sqrt{x^2 + y^2}$, $\theta = \tan^{-1}(y/x)$]관계에 있다. 이때 식 (1.232)로부터 미소표면적 $dxdy$를 $drd\theta$항으로 나타내어라.

풀이

식 (1.232)에서 Jacobian 행렬식 $\mathrm{J} = \left|\frac{\partial(x,y)}{\partial(r,\theta)}\right| = \begin{vmatrix} x_r & x_\theta \\ y_r & y_\theta \end{vmatrix} = x_r y_\theta - x_\theta y_r$에 $x_r\left(=\left(\frac{\partial x}{\partial r}\right)_\theta\right) = \cos\theta$, $y_r\left(=\left(\frac{\partial y}{\partial r}\right)_\theta\right) = \sin\theta$, $x_\theta\left(=\left(\frac{\partial x}{\partial \theta}\right)_r\right) = -r\sin\theta$, $y_\theta\left(=\left(\frac{\partial y}{\partial \theta}\right)_r\right) = r\cos\theta$를 대입하면, $\mathrm{J} = r$이 된다. 따라서 $dxdy = rdrd\theta$가 된다. 이로부터 ϕ가 스칼라함수라면 $\int\int_{\mathrm{A}} \phi(\boldsymbol{x})d\mathrm{A}(=dxdy) = \int\int_{\bar{\mathrm{A}}} \bar{\phi}(\bar{\boldsymbol{x}})d\bar{\mathrm{A}}(=rdrd\theta)$가 성립된다.

1.11.1 E^3 공간의 차수 3의 순열기호

3차원 유클리드(E^3) 공간에서 다음과 같이 정의되는 차수(rank) 3의 순열(permutation) 또는 교대(alternating) 기호인 e_{ijk}와 e^{ijk}를 소개하겠다.

$$e_{ijk}(\text{혹은 } e^{ijk}) = \begin{cases} +1 & (i, j, k\text{가}1, 2, 3\text{의 우순열이면}) \\ -1 & (i, j, k\text{가}1, 2, 3\text{의 기순열이면}) \\ 0 & (\text{기타}) \end{cases} \tag{1.233}$$

가령

$$\left.\begin{aligned} &e_{123} = e_{231} = e_{312} = +1 = e^{123} = e^{231} = e^{312}, \\ &e_{132} = e_{321} = e_{213} = -1 = e^{132} = e^{321} = e^{213}, \\ &e_{\underline{i}\,\underline{i}k} = 0 = e^{\underline{i}\,\underline{i}k},\ e_{\underline{i}\,\underline{i}\,\underline{i}} = 0 = e^{\underline{i}\,\underline{i}\,\underline{i}}\ (\text{n.s. for } i) \end{aligned}\right\} \tag{1.234}$$

위 식의 관계에서 3차원 Cartesian 좌표계의 경우 $e_{ijk}(=e^{ijk})$는 3 단위 (기저)벡터간의 스칼라 3중적으로 정의(즉 $e_{ijk} = \boldsymbol{e}_i \cdot \boldsymbol{e}_j \times \boldsymbol{e}_k$)로 될 수 있음을 알 수 있다.

한편 n차원 유클리드(E^n) 공간에서의 차수 n의 순열기호도 아래와 같이 정의될 수 있다.

$$e_{i_1 i_2 \cdots i_n}, \quad e^{i_1 i_2 \cdots i_n} = +1, -1, 0 \tag{1.235}$$

여기서 지수, $i_1, i_2, \cdots i_n$의 순서가 자연수 $1, 2, 3, \cdots, n$의 순서와같은 우순열이면 $+1$, 기순열이면 -1, 기타 0의 값을 가진다.

1.11.2 차수 2의 순열기호

지금 차수 2의 순열기호가 E^3에 감추어진 2차원 곡면 S에 대응한다고 하자. 즉 편의상 $\boldsymbol{x}$ 좌표계의 E^3 공간에서 곡면 S를 x^k=일정인 좌표면으로 생각하자. 만약 S를 x^3=일정인 곡면으로 하면, 차수 2의 순열기호 $e_{\alpha\beta}, e^{\alpha\beta}(\alpha, \beta = 1, 2)$는 아래와 같이 정의된다.

$$e_{11} = 0 = e^{11}, \quad e_{22} = 0 = e^{22}, \quad e_{12} = 1 = e^{12}, \quad e_{21} = -1 = e^{21}, \tag{1.236}$$

여기서

$$e^{\alpha\beta} = e_{\alpha\beta 3}, \quad e^{\alpha\beta} = e^{\alpha\beta 3}, \quad \alpha, \beta = 1, 2. \tag{1.237}$$

위 식에서 $e_{\alpha\beta} e^{\alpha\beta} = e_{12} e^{12} + e_{21} e^{21} = 2$가 됨을 알 수 있다. 또한 $e^{ml} e_{mn} = \delta^l{}_n$(여기서 $\delta^1{}_1 = \delta^2{}_2 = 1, \delta^1{}_2 = \delta^2{}_1 = 0$)도 성립된다. 마찬가지로 S가 x^1=일정 혹은 x^2=일정 곡면의 경우에도 위와 유사한 관계식이 정의될 수 있다.
[비고 : 위에서 언급한 차수 2의 순열기호 $e_{\alpha\beta}$, $e^{\alpha\beta}(\alpha, \beta = 1, 2)$는 미분기하의 2차원 곡면(혹은 표면) 텐서이론에서 자세히 다루어진다 - 문 2.25 참조.]

1.11.3 Cartesian 좌표계에서 $e-\delta$ 항등관계

반변, 공변의 구별이 없는 Cartesian 직교 좌표계 (즉 $e_{ijk} = e^{ijk}$, $\delta_i{}^j = \delta^i{}_j = \delta_{ij}$)의 경우 아래의 소위 '$e-\delta$ 항등관계(identity)'가 성립된다.

$$e_{ijk}\, e_{klm} = \delta_{il}\, \delta_{jm} - \delta_{im}\, \delta_{jl} \tag{1.238}$$

증명 이 항등식이 유효함을 보이기 위해서 일어날 수 있는 다양한 가능성을 생각해 보자. 식 (1.238)의 우변은 다음과 같은 값을 가진다.

$$+1 \qquad (i = l \text{ 이고 } j = m \neq i) \tag{a}$$

$-1 \qquad (i=m \text{ 이고 } j=l \neq i)$ (b)

$0 \qquad$ (기타 아래첨자 i, j, l, m의 집합) (c)

좌변에서 각각의 곱을 행함에 있어서 k는 양쪽 인자 $e_{ijk}\, e_{klm}$ 에서 같은 값을 가지고 있으며(즉 k 는 무효첨자), 0이 아닌 항을 생성하기 위해서 k는 i, l, j, m과 같은 값을 가질 수 없다. 왜냐하면 취할 수 있는 첨자의 수는 단지 3개의 값 (1, 2, 3)만 가능하므로, 0이 아닐 가능성은 $i=l$ 이고 $j=m$ 인 경우 혹은 그 역의 경우이다. 그러나 4개의 첨자 모두는 같지 않다. (왜냐하면 만일 $i=j$ 혹은 $l=m$ 이라면 각각의 e 인자가 0이 되기 때문이다.)

이 경우 식 (1.238)의 좌변에 대하여 조건 (a), (b) 또는 (c)가 만족된다. 또한 조건 (a)와 (b)에서의 값은 식 (1.238)의 좌변에서도 역시 만족된다. 왜냐하면

(i) 만일 $i=l,\ j=m,\ e_{ijk}=e_{lmk}=e_{klm}$ 이라면 e_{ijk}가 +1 혹은 -1이라도, 두 인자의 곱은 +1이 되고,

(ii) 만일 $i=m,\ j=l\ ,\ e_{ijk}=e_{mlk}=-e_{klm}$ 이라면, 곱 $e_{ij\underline{k}}\, e_{\underline{k}lm}\,(\text{n.s. for } k)$은 -1이 된다. 따라서 식 (1.238)이 증명되었다. ■

한편 3차원 Cartesian 좌표계에서 행렬식을 이용한 아래의 관계가 성립된다.

$$e_{ijk}\, e_{pqr} = \begin{vmatrix} \delta_{ip} & \delta_{iq} & \delta_{ir} \\ \delta_{jp} & \delta_{jq} & \delta_{jr} \\ \delta_{kp} & \delta_{kq} & \delta_{kr} \end{vmatrix} \tag{1.239}$$

증명 임의의 3 벡터 $\boldsymbol{A}, \boldsymbol{B}, \boldsymbol{C}$의 스칼라 3중적 $\boldsymbol{A} \cdot (\boldsymbol{B} \times \boldsymbol{C}) \equiv [\boldsymbol{A}, \boldsymbol{B}, \boldsymbol{C}]$는 아래와 같이 성분을 이용한 행렬식으로 나타낼 수 있다.

$$\boldsymbol{A} \cdot (\boldsymbol{B} \times \boldsymbol{C}) = [\boldsymbol{A}, \boldsymbol{B}, \boldsymbol{C}] = \begin{vmatrix} A_x & A_y & A_z \\ B_x & B_y & B_z \\ C_x & C_y & C_z \end{vmatrix} = \begin{vmatrix} A_x & B_x & C_x \\ A_y & B_y & C_y \\ A_z & B_z & C_z \end{vmatrix} \tag{1.240}$$

그리고 3×3 행렬 M과 N사이에 det(M)det(N) = det(MN)의 관계로부터 아래의 관계가 성립된다.

$$[\boldsymbol{A}, \boldsymbol{B}, \boldsymbol{C}][\boldsymbol{D}, \boldsymbol{E}, \boldsymbol{F}] = \begin{vmatrix} \boldsymbol{A} \cdot \boldsymbol{D} & \boldsymbol{A} \cdot \boldsymbol{E} & \boldsymbol{A} \cdot \boldsymbol{F} \\ \boldsymbol{B} \cdot \boldsymbol{D} & \boldsymbol{B} \cdot \boldsymbol{E} & \boldsymbol{B} \cdot \boldsymbol{F} \\ \boldsymbol{C} \cdot \boldsymbol{D} & \boldsymbol{C} \cdot \boldsymbol{E} & \boldsymbol{C} \cdot \boldsymbol{F} \end{vmatrix} \tag{1.241}$$

그런데 직교 Cartesian (오른손)좌표계에서 순열기호 e_{ijk}는 그 정의상 (단위)기저 벡터

의 스칼라 삼중적과 같게 둘 수 있으므로(1.11.1절 참조) 다음이 성립한다.

$$[\boldsymbol{e}_p, \boldsymbol{e}_q, \boldsymbol{e}_s][\boldsymbol{e}_m, \boldsymbol{e}_n, \boldsymbol{e}_r] = e_{pqs}\, e_{mnr} = \begin{vmatrix} \boldsymbol{e}_p \cdot \boldsymbol{e}_m & \boldsymbol{e}_p \cdot \boldsymbol{e}_n & \boldsymbol{e}_p \cdot \boldsymbol{e}_r \\ \boldsymbol{e}_q \cdot \boldsymbol{e}_m & \boldsymbol{e}_q \cdot \boldsymbol{e}_n & \boldsymbol{e}_q \cdot \boldsymbol{e}_r \\ \boldsymbol{e}_s \cdot \boldsymbol{e}_m & \boldsymbol{e}_s \cdot \boldsymbol{e}_n & \boldsymbol{e}_s \cdot \boldsymbol{e}_r \end{vmatrix} \tag{1.242}$$

그런데 직교 Cartesian 좌표계에 있어서 단위벡터들 사이에는 $\boldsymbol{e}_i \cdot \boldsymbol{e}_j = \delta_{ij}$ 가 만족되므로 이들 관계를 식 (1.242)에 대입하고 첨자교환을 행하면 식 (1.239)가 증명된다. ■

그런데 식 (1.239)에서 $p \to i,\ q \to l,\ r \to m$의 첨자 교환을 행하고, 해당 행렬식을 전개하여 $\delta_{ii} = 3,\ \ \delta_{ij}\delta_{ik} = \delta_{jk}$의 성질을 이용하여 정리하면 쉽게 아래의 항등관계를 얻을 수 있다.

$$e_{ijk}\, e_{ilm} = \delta_{jl}\, \delta_{km} - \delta_{jm}\, \delta_{kl} \tag{1.243}$$

이 식에서 참자 i를 k로, k를 i로 바꾸면, $e_{kji} = -e_{kij} = -e_{ijk}$를 이용하면 식 (1.238)과 같게 되어, $e-\delta$ 항등관계의 또 다른 증명을 줄 수 있다.

한편 식 (1.243)에서 $j = l$ 로 두고, 총합 규약 및 $\delta_{kk} = 3$을 이용하여 축약시키면 다음과 같다.

$$e_{ijk}\, e_{ijm} = 3\delta_{km} - \delta_{km} = 2\delta_{km} \tag{1.244}$$

그리고, $k = m$ 으로 두어서 한번 더 축약하면, 다음과 같이 된다.

$$e_{ijk}\, e_{ijk} = 6 \tag{1.245}$$

한편 e_{ijk}의 성질에서 스칼라 3중적에 관한 아래의 관계식이 성립된다.

$$\boldsymbol{a} \cdot (\boldsymbol{b} \times \boldsymbol{c}) = [\boldsymbol{a}, \boldsymbol{b}, \boldsymbol{c}] = e_{ijk} a_i b_j c_k \tag{1.246}$$

이는 행렬식 (1.240)의 직접 전개에서 쉽게 증명될 수 있다.

1.11.4 순열기호의 행렬식 전개에 이용

지금 $\mathbf{A}$를 E^3 공간의 임의의 (절대)2차 텐서라 하고, 어떤 곡선 좌표계 $\boldsymbol{x}$에 대한 그의 행렬 표현 A가 혼합성분 $A^i{}_j\,(i, j = 1, 2, 3)$을 갖는다고 하면 행렬식은 아래와 같이 나타내진다.

$$\det A = \det(A^i{}_j) = \begin{vmatrix} A^1{}_1 & A^1{}_2 & A^1{}_3 \\ A^2{}_1 & A^2{}_2 & A^2{}_3 \\ A^3{}_1 & A^3{}_2 & A^3{}_3 \end{vmatrix} \tag{1.247}$$

이 식을 행렬식의 정의 즉 각 행과 열에서 한번씩만 요소를 골라 곱하여 합한 값에 따라 전개하면 아래와 같이 된다.

$$\det(A^i{}_j) = A^1{}_1 A^2{}_2 A^3{}_3 + A^2{}_1 A^3{}_2 A^1{}_3 + A^3{}_1 A^1{}_2 A^2{}_3$$

$$- A^2{}_1 A^1{}_2 A^3{}_3 - A^3{}_1 A^2{}_2 A^1{}_3 - A^1{}_1 A^3{}_2 A^2{}_3 \tag{1.248}$$

위 전개식의 각 항의 부호를 보면, 행을 나타내는 위 첨자가 1 2 3의 시계방향 즉 우순열이면 +, 2 1 3처럼 반 시계방향 즉 기순열이면 −가 된다. 이를 e_{ijk}의 정의식을 이용하여 나타내면 아래와 같다.

$$\det(A^i{}_j) = e_{ijk} A^i{}_1 A^j{}_2 A^k{}_3 \tag{1.249}$$

또 식 (1.248)을 아래와 같이 다시 쓸 수 있다.

$$\det(A^i{}_j) = A^1{}_1 A^2{}_2 A^3{}_3 + A^1{}_2 A^2{}_3 A^3{}_1 + A^1{}_3 A^2{}_1 A^3{}_2$$

$$- A^1{}_2 A^2{}_1 A^3{}_3 - A^1{}_3 A^2{}_2 A^3{}_1 - A^1{}_1 A^2{}_3 A^3{}_2 \tag{1.250}$$

이 식을 보면 열을 나타내는 아래첨자가 1 2 3의 우순열이면 각 항의 부호가 +, 반대로 1 3 2처럼 기순열이면 −가 되므로 순열기호를 사용하여 아래와 같이도 나타낼 수 있다.

$$\det(A^i{}_j) = e^{ijk} A^1{}_i A^2{}_j A^3{}_k \tag{1.251}$$

마찬가지 논리로 행렬 A = $(A_i{}^j)$형의 혼합성분을 갖는 경우에도 그 행렬식 값은 아래와 같이 표기될 수 있다.

$$\det A = \det(A_i{}^j) = e^{ijk} A_{i1} A_{j2} A_{k3} = e_{ijk} A_1{}^i A_2{}^j A_3{}^k \tag{1.252}$$

예제 1.11

E^3 공간의 Cartesian 좌표계의 경우 반변, 공변 구별이 없으므로 식 (1.251) 혹은 (1.252)는 $\det A = e_{ijk} A_{1i} A_{2j} A_{3k}$로 되는데 3 벡터의 스칼라 삼중적을 이용하여 증명하라.

풀이

식 (1.240)을 이용하면 3 벡터 $\boldsymbol{a}, \boldsymbol{b}, \boldsymbol{c}$의 스칼라 삼중적 $[\boldsymbol{a}, \boldsymbol{b}, \boldsymbol{c}]$는 다음과 같이 나타낼 수 있다.

$$\lambda = [\boldsymbol{a}, \boldsymbol{b}, \boldsymbol{c}] = e_{ijk}\, a_i\, b_j\, c_k = \begin{vmatrix} a_1 & a_2 & a_3 \\ b_1 & b_2 & b_3 \\ c_1 & c_2 & c_3 \end{vmatrix} = \begin{vmatrix} a_1 & b_1 & c_1 \\ a_2 & b_2 & c_2 \\ a_3 & b_3 & c_3 \end{vmatrix}$$

만약 여기에 $a_i = A_{1i}$,$b_i = A_{2i}$ 및 $c_i = A_{3k}$ 를 대입하면 $\lambda = e_{ijk}\, a_i\, b_j\, c_k = e_{ijk}\, A_{1i}\, A_{2j}\, A_{3k}$ 가 되어 증명된다. 이 결과는 행렬식의 직접 전개에 의해서도 얻어질 수 있으며, 행렬식의 또 다른 표현으로서 $\det \mathrm{A} = e_{ijk}\, A_{i1}\, A_{j2}\, A_{k3}$ 도 마찬가지로 증명될 수 있다 (이 경우 $a_i = A_{i1}$, $b_j = A_{j2}$, $c_k = A_{k3}$으로 둠).

1.11.5 순열기호의 텐서성격

E^3 공간의 서로 1:1 대응관계(즉 역변환이 가능)에 있는 두 곡선좌표계 x^k와 $\bar{x}^k$에 있어서 좌표변환의 Jacobian 행렬식 J는 아래와 같이 나타내진다(1.5.1절 참조).

$$J = \det\left(\frac{\partial x^k}{\partial \bar{x}^l}\right) = \begin{vmatrix} \dfrac{\partial x^1}{\partial \bar{x}^1} & \dfrac{\partial x^1}{\partial \bar{x}^2} & \dfrac{\partial x^1}{\partial \bar{x}^3} \\ \dfrac{\partial x^2}{\partial \bar{x}^1} & \dfrac{\partial x^2}{\partial \bar{x}^2} & \dfrac{\partial x^2}{\partial \bar{x}^3} \\ \dfrac{\partial x^3}{\partial \bar{x}^1} & \dfrac{\partial x^3}{\partial \bar{x}^2} & \dfrac{\partial x^3}{\partial \bar{x}^3} \end{vmatrix} = \left| \frac{\partial(x^1, x^2, x^3)}{\partial(\bar{x}^1, \bar{x}^2, \bar{x}^3)} \right| \tag{1.253}$$

식 (1.253)의 행렬요소 $\dfrac{\partial x^k}{\partial \bar{x}^l} = \left(\dfrac{\partial \boldsymbol{x}}{\partial \bar{\boldsymbol{x}}}\right)^{\mathrm{T}} (k, l) \equiv A^k{}_l$ (식(1.131)참조)로 두면 식 (1.251)로부터 J는 e기호를 사용하여 아래로 나타낼 수 있다.

$$J = \det\left(\frac{\partial x^k}{\partial \bar{x}^l}\right) = \det(A^k{}_l) = e^{ijk} \frac{\partial x^1}{\partial \bar{x}^i} \frac{\partial x^2}{\partial \bar{x}^j} \frac{\partial x^3}{\partial \bar{x}^k} \tag{1.254}$$

혹은 식 (1.249)로부터 J를 아래로도 나타낼 수 있다.

$$J = \det\left(\frac{\partial x^k}{\partial \bar{x}^l}\right) = \det(A^k{}_l) = e_{ijk}\frac{\partial x^i}{\partial \bar{x}^1}\frac{\partial x^j}{\partial \bar{x}^2}\frac{\partial x^k}{\partial \bar{x}^3} \tag{1.255}$$

한편 식 (1.253)으로 정의된 변환의 Jacobian 행렬식 J의 역은 임의의 3×3 행렬식의 역은 역행렬의 행렬식과 같다는 원리로부터 구할 수 있다. 또한 아래식으로 표현되는 Jacobian의 역관계로부터도 구할 수 있다.

$$\det\left(\frac{\partial x^k}{\partial \bar{x}^l}\right) \cdot \det\left(\frac{\partial \bar{x}^l}{\partial x^k}\right) = \frac{\partial(x^1, x^2, x^3)}{\partial(\bar{x}^1, \bar{x}^2, \bar{x}^3)} \cdot \frac{\partial(\bar{x}^1, \bar{x}^2, \bar{x}^3)}{\partial(x^1, x^2, x^3)} = 1 \tag{1.256}$$

이렇게 구한 J^{-1}는 아래와 같이 나타낼 수 있다.

$$J^{-1} = \left[\det\left(\frac{\partial x^k}{\partial \bar{x}^l}\right)\right]^{-1} = \det\left(\frac{\partial \bar{x}^k}{\partial x^l}\right) = \begin{vmatrix} \dfrac{\partial \bar{x}^1}{\partial x^1} & \dfrac{\partial \bar{x}^1}{\partial x^2} & \dfrac{\partial \bar{x}^1}{\partial x^3} \\ \dfrac{\partial \bar{x}^2}{\partial x^1} & \dfrac{\partial \bar{x}^2}{\partial x^2} & \dfrac{\partial \bar{x}^2}{\partial x^3} \\ \dfrac{\partial \bar{x}^3}{\partial x^1} & \dfrac{\partial \bar{x}^3}{\partial x^2} & \dfrac{\partial \bar{x}^3}{\partial x^3} \end{vmatrix} \tag{1.257}$$

따라서 행렬요소 $\dfrac{\partial \bar{x}^k}{\partial x^l}\left[= \left(\dfrac{\partial \bar{\boldsymbol{x}}}{\partial \boldsymbol{x}}\right)^{\mathrm{T}}(k, l)\right] \equiv B^k{}_l$로 두면 J^{-1}은 식 (1.251)에서 아래가 된다.

$$J^{-1} = \det\left(\frac{\partial \bar{x}^k}{\partial x^l}\right) = \det\left(B^k{}_l\right) = e^{ijk}\frac{\partial \bar{x}^1}{\partial x^i}\frac{\partial \bar{x}^2}{\partial x^j}\frac{\partial \bar{x}^3}{\partial x^k} \tag{1.258}$$

혹은 식 (1.249)로부터 아래와 같이 나타낼 수도 있다.

$$J^{-1} = \det\left(\frac{\partial \bar{x}^k}{\partial x^l}\right) = \det\left(B^k{}_l\right) = e_{ijk}\frac{\partial \bar{x}^i}{\partial x^1}\frac{\partial \bar{x}^j}{\partial x^2}\frac{\partial \bar{x}^k}{\partial x^3} \tag{1.259}$$

한편 J에 관한 식 (1.255)와 J^{-1}에 관한 식 (1.258)은 순열기호를 사용하여 각각 아래와 같이 텐서형태로 보편화시켜 나타낼 수 있다.

$$\bar{e}_{\alpha\beta\gamma}(\bar{\boldsymbol{x}})\det\left(\frac{\partial x^k}{\partial \bar{x}^l}\right) = e_{ijk}(\boldsymbol{x})\frac{\partial x^i}{\partial \bar{x}^\alpha}\frac{\partial x^j}{\partial \bar{x}^\beta}\frac{\partial x^k}{\partial \bar{x}^\gamma} \tag{1.260}$$

$$\bar{e}^{\alpha\beta\gamma}(\bar{\boldsymbol{x}})\left[\det\left(\frac{\partial x^k}{\partial \bar{x}^l}\right)\right]^{-1} = e^{ijk}(\boldsymbol{x})\frac{\partial \bar{x}^\alpha}{\partial x^i}\frac{\partial \bar{x}^\beta}{\partial x^j}\frac{\partial \bar{x}^\gamma}{\partial x^k} \tag{1.261}$$

위 식들의 증명은 가령 $\alpha=1,\ \beta=2,\ \gamma=3$ 을 대입하면 $\bar{e}_{123}=\bar{e}^{123}=1$을 이용하여 원 식으로 쉽게 환원되는 것으로부터 알 수 있다. 한편 위의 두 식은 아래와 같이 각각 고쳐 나타낼 수도 있다.

$$\bar{e}_{\alpha\beta\gamma}(\bar{\boldsymbol{x}})=e_{ijk}(\boldsymbol{x})\frac{\partial x^i}{\partial \bar{x}^\alpha}\frac{\partial x^j}{\partial \bar{x}^\beta}\frac{\partial x^k}{\partial \bar{x}^\gamma}\left[\det\left(\frac{\partial x^k}{\partial \bar{x}^l}\right)\right]^{-1} \tag{1.262}$$

$$\bar{e}^{\alpha\beta\gamma}(\bar{\boldsymbol{x}})=e^{ijk}(\boldsymbol{x})\frac{\partial \bar{x}^\alpha}{\partial x^i}\frac{\partial \bar{x}^\beta}{\partial x^j}\frac{\partial \bar{x}^\gamma}{\partial x^k}\left[\det\left(\frac{\partial x^k}{\partial \bar{x}^l}\right)\right] \tag{1.263}$$

위 식과 상대텐서의 정의식 (1.220)으로부터 순열(혹은 교대)기호 e_{ijk}와 e^{ijk}는 각각 무게 -1과 1인 상대 3차 공변텐서 및 반변텐서임을 쉽게 알 수 있다. 이 관계식들은 N차원 유클리드 공간에도 그대로 확장 적용이 가능하다.

1.11.6 Levi-Civita 텐서

전술한 바와 같이 e_{ijk} 및 e^{ijk}는 E^3 공간에서 3차 절대텐서가 아니나, 아래와 같이 변형하면 Levi-Civita 텐서라고 불리는 각각 3차 공변 및 반변 절대텐서가 얻어진다.

$$\varepsilon_{ijk}(\boldsymbol{x})\equiv \boldsymbol{g}_i\cdot\boldsymbol{g}_j\times\boldsymbol{g}_k=\sqrt{g(\boldsymbol{x})}\,e_{ijk}=\varepsilon_{123}e_{ijk} \tag{1.264}$$

$$\varepsilon^{ijk}(\boldsymbol{x})=\boldsymbol{g}^i\cdot\boldsymbol{g}^j\times\boldsymbol{g}^k=\frac{1}{\sqrt{g(\boldsymbol{x})}}e^{ijk}=\varepsilon^{123}e^{ijk} \tag{1.265}$$

위 식에서 $\sqrt{g}$ 및 $1/\sqrt{g}$는 식 (1.105) 및 (1.107)에 의해 각각 아래가 된다.

$$\sqrt{g(x)}=\boldsymbol{g}_1\cdot\boldsymbol{g}_2\times\boldsymbol{g}_3(=V)=\varepsilon_{123},\quad g(\boldsymbol{x})=\det(g_{ij}) \tag{1.266 a}$$

$$1/\sqrt{g(x)}=\boldsymbol{g}^1\cdot\boldsymbol{g}^2\times\boldsymbol{g}^3(=1/V)=\varepsilon^{123},\quad 1/g(\boldsymbol{x})=\det(g^{ij}) \tag{1.266 b}$$

여기서 식 (1.264) 및 (1.265)에서 정의된 ε_{ijk} 및 ε^{ijk}가 각각 절대 3차 공변 및 반변텐서임을 증명해보면 아래와 같다.

증명 먼저 식 (1.264)에서 새 좌표계 $\bar{\boldsymbol{x}}$에 대한 표현식은 아래가 된다.

$$\bar{\varepsilon}_{ijk}(\bar{\boldsymbol{x}})=\sqrt{\bar{g}(\bar{\boldsymbol{x}})}\,\bar{e}_{ijk} \tag{1.267}$$

여기서 $\sqrt{g}$는 식 (1.223)에서 무게 1의 상대 스칼라이고, e_{ijk}의 변환식 (1.262)으로부터 위 식은 아래가 된다.

$$\bar{\varepsilon}_{ijk}(\bar{\boldsymbol{x}}) = e_{\alpha\beta\gamma}(\boldsymbol{x})\frac{\partial x^{\alpha}}{\partial \bar{x}^{i}}\frac{\partial x^{\beta}}{\partial \bar{x}^{j}}\frac{\partial x^{\gamma}}{\partial \bar{x}^{k}}\sqrt{g(\boldsymbol{x})}\left[\det\left(\frac{\partial x^{\beta}}{\partial \bar{x}^{l}}\right)\right]^{-1}\left[\det\left(\frac{\partial x^{l}}{\partial \bar{x}^{k}}\right)\right]$$

$$= \sqrt{g(\boldsymbol{x})}\, e_{\alpha\beta\gamma}(\boldsymbol{x})\frac{\partial x^{\alpha}}{\partial \bar{x}^{i}}\frac{\partial x^{\beta}}{\partial \bar{x}^{j}}\frac{\partial x^{\gamma}}{\partial \bar{x}^{k}} = \varepsilon_{\alpha\beta\gamma}(\boldsymbol{x})\frac{\partial x^{\alpha}}{\partial \bar{x}^{i}}\frac{\partial x^{\beta}}{\partial \bar{x}^{j}}\frac{\partial x^{\gamma}}{\partial \bar{x}^{k}} \quad (1.268)$$

따라서 일반 절대텐서의 정의식 (1.158)로부터 ε_{ijk}는 절대 3차 공변텐서임이 증명되었다. 다음에는 식 (1.265)의 새 좌표에 $\bar{\boldsymbol{x}}$에 대한 표현식은 아래가 된다.

$$\bar{\varepsilon}^{ijk}(\bar{\boldsymbol{x}}) = \frac{1}{\sqrt{\bar{g}(\bar{\boldsymbol{x}})}}\bar{e}^{ijk} \quad (1.269)$$

여기서 $1/\sqrt{g}$는 식 (1.223)에서 무게 -1의 상대 스칼라이고, e^{ijk}의 변환식 (1.263)으로부터 위 식은 아래가 된다.

$$\bar{\varepsilon}^{ijk}(\bar{\boldsymbol{x}}) = e^{\alpha\beta\gamma}(\boldsymbol{x})\frac{\partial \bar{x}^{i}}{\partial x^{\alpha}}\frac{\partial \bar{x}^{j}}{\partial x^{\beta}}\frac{\partial \bar{x}^{k}}{\partial x^{\gamma}}\frac{1}{\sqrt{g(\boldsymbol{x})}}\left[\det\left(\frac{\partial x^{k}}{\partial \bar{x}^{l}}\right)\right]\left[\det\left(\frac{\partial x^{k}}{\partial \bar{x}^{l}}\right)\right]^{-1}$$

$$= \frac{1}{\sqrt{g(\boldsymbol{x})}}e^{\alpha\beta\gamma}(\boldsymbol{x})\frac{\partial \bar{x}^{i}}{\partial x^{\alpha}}\frac{\partial \bar{x}^{j}}{\partial x^{\beta}}\frac{\partial \bar{x}^{k}}{\partial x^{\gamma}} = \varepsilon^{\alpha\beta\gamma}(\boldsymbol{x})\frac{\partial \bar{x}^{i}}{\partial x^{\alpha}}\frac{\partial \bar{x}^{j}}{\partial x^{\beta}}\frac{\partial \bar{x}^{k}}{\partial x^{\gamma}} \quad (1.270)$$

따라서 일반 절대텐서 변환식 (1.158)로부터 ε^{ijk}는 절대 3차 반변텐서임이 증명되었다. ■

1.11.2절에서 소개한 바 있는 2차원 순열기호 $e_{\alpha\beta}$, $e^{\alpha\beta}(\alpha, \beta = 1, 2)$에 대응하고 2차원 절대(Levi-Civita) 텐서 $\varepsilon_{\alpha\beta}$, $\varepsilon^{\alpha\beta}$는 곡면텐서 이론에 의하면 E^3의 경우와 유사하게 아래와 같이 정의될 수 있다.

$$\varepsilon_{\alpha\beta} \equiv |\boldsymbol{g}_{\alpha} \times \boldsymbol{g}_{\beta}| \equiv \sqrt{g}\, e_{\alpha\beta}, \quad \varepsilon^{\alpha\beta} \equiv (1/\sqrt{g})e^{\alpha\beta} \quad (\alpha, \beta = 1, 2) \quad (1.271)$$

여기서

$$\sqrt{g} = \varepsilon_{12} = |\boldsymbol{g}_1 \times \boldsymbol{g}_2| = \sqrt{g_{11}g_{22} - {g_{12}}^2}, \quad \boldsymbol{g}_{\boldsymbol{\alpha}} \equiv (\partial \boldsymbol{r}/\partial x^{\alpha})\ (\alpha = 1, 2) \quad (1.272)$$

■ 1. 12 순열기호와 Levi-Civita 텐서의 응용

1. 12. 1 E^3 공간에서의 벡터 곱의 표현

3차원 유클리드(E^3) 공간에서 임의의 곡선좌표계 $\boldsymbol{x}$에 대한 3 (역)기저벡터의 집합사이에는 식 (1.264) 및 (1.265)에 정의된 Levi-Civita 텐서를 이용하여 아래의 벡터 곱 관계가 성립된다.

$$\boldsymbol{g}_i \times \boldsymbol{g}_j = \varepsilon_{ijk}\boldsymbol{g}^k = \varepsilon_{kij}\boldsymbol{g}^k = -\varepsilon_{kji}\boldsymbol{g}^k \tag{1.273}$$

(증명) 먼저 식 (1.104)에 의하면 아래가 성립된다.

$$\boldsymbol{g}_2 \times \boldsymbol{g}_3 = \varepsilon_{123}(=\sqrt{g})\boldsymbol{g}^1 = \varepsilon_{231}\boldsymbol{g}^1$$

이 식과 ε_{ijk}의 성질[즉 $\varepsilon_{ijk} = \varepsilon_{kij} = -\varepsilon_{kji}$, $\varepsilon_{\underline{i}\,\underline{i}\,k}\,(\text{n.s.for } i) = 0$ 등]로부터 아래관계가 유추될 수 있다.

$$\boldsymbol{g}_i \times \boldsymbol{g}_j = \varepsilon_{ijk}\boldsymbol{g}^k = \varepsilon_{kij}\boldsymbol{g}^k = -\varepsilon_{kji}\boldsymbol{g}^k \qquad \blacksquare$$

마찬가지로 역 기저벡터의 곱에 대해서도 아래가 성립된다.

$$\boldsymbol{g}^i \times \boldsymbol{g}^j = \varepsilon^{ijk}\boldsymbol{g}_k = \varepsilon^{kij}\boldsymbol{g}_k = -\varepsilon^{kji}\boldsymbol{g}_k \tag{1.274}$$

(증명) 식 (1.106)에 의하면 아래가 성립된다.

$$\boldsymbol{g}^2 \times \boldsymbol{g}^3 = \varepsilon^{123}(=1/\sqrt{g})\boldsymbol{g}_1 = \varepsilon^{231}\boldsymbol{g}_1$$

역시 이 식과 ε^{ijk}의 성질[즉 $\varepsilon^{ijk} = \varepsilon^{kij} = -\varepsilon^{kji}$, $\varepsilon^{\underline{i}\,\underline{i}\,k}\,(\text{n.s.for } i) = 0$ 등]로부터 아래관계가 유추된다.

$$\boldsymbol{g}^i \times \boldsymbol{g}^j = \varepsilon^{ijk}\boldsymbol{g}_k = \varepsilon^{kij}\boldsymbol{g}_k = -\varepsilon^{kji}\boldsymbol{g}_k \qquad \blacksquare$$

또한 아래 관계도 성립된다.

$$\boldsymbol{g}^k \times \boldsymbol{g}_l = \varepsilon^{k}{}_{l}{}^{n} \boldsymbol{g}_n = \varepsilon^{k}{}_{ln} \boldsymbol{g}^n = - \boldsymbol{g}_l \times \boldsymbol{g}^k \tag{1.275}$$

(증명) 절대 1차 텐서(벡터)인 $\boldsymbol{g}_i$ 또는 $\boldsymbol{g}^i$, 그리고 3차 (절대) Levi-Civita 텐서 ε_{ijk} 혹은 ε^{ijk}의 계량텐서 g_{ij}나 g^{ij}에 의한 내리거나 올리는 작용 및 식 (1.273)과 (1.274)에 의하여 아래가 성립되어 증명된다.

$$\boldsymbol{g}^k \times \boldsymbol{g}_l = \boldsymbol{g}^k \times g_{lm} \boldsymbol{g}^m = g_{lm} \varepsilon^{kmn} \boldsymbol{g}_n = \varepsilon^{k}{}_{l}{}^{n} \boldsymbol{g}_n$$

$$= g^{km} \boldsymbol{g}_m \times \boldsymbol{g}_l = g^{km} \varepsilon_{mln} \boldsymbol{g}^n = \varepsilon^{k}{}_{ln} \boldsymbol{g}^n$$

따라서 $(g^k \times g_l)$의 반변 n성분은 $\varepsilon^{k}{}_{l}{}^{n}$, 공변 n성분은 $\varepsilon^{k}{}_{ln}$임을 알 수 있다. ■

한편 기저벡터의 곱에 대한 이들 결과를 이용하여 일반 (절대)벡터의 곱을 유도해보자. 지금 두 벡터 $\boldsymbol{a}$와 $\boldsymbol{b}$의 벡터적(cross-product)으로 생긴 벡터를 $\boldsymbol{c}$라 하면 $\boldsymbol{a}, \boldsymbol{b}$ 벡터를 각각 성분으로 표시하고, 식 (1.273) 및 (1.274)를 이용하면 아래의 관계가 얻어진다.

$$\boldsymbol{c} = \boldsymbol{a} \times \boldsymbol{b} = a^l \boldsymbol{g}_l \times b^m \boldsymbol{g}_m = \varepsilon_{lmk} a^l b^m \boldsymbol{g}^k = \varepsilon_{klm} a^l b^m \boldsymbol{g}^k \tag{1.276 a}$$

$$= a_l \boldsymbol{g}^l \times b_m \boldsymbol{g}^m = \varepsilon^{lmk} a_l b_m \boldsymbol{g}_k = \varepsilon^{klm} a_l b_m \boldsymbol{g}_k \tag{1.276 b}$$

즉 위 식에서 공변성분 $c_k = (\boldsymbol{a} \times \boldsymbol{b})_k = \varepsilon_{klm} a^l b^m$, 또한 반변성분 $c^k = (\boldsymbol{a} \times \boldsymbol{b})^k = \varepsilon^{klm} a_l b_m$ 임을 알 수 있다.

한편 만약 $\mathbf{T}^{(2)}$가 절대 2차 텐서, $\mathbf{S}^{(3)}$가 절대 3차 텐서이라면 이들의 벡터적(×)에 의해 생기는 새로운 텐서는 아래와 같이 기저벡터 4개를 수반하는 차수 2+3-1=4인 텐서가 될 것이다.

$$\mathbf{T}^{(2)} \times \mathbf{S}^{(3)} = T^{ij} \boldsymbol{g}_i \boldsymbol{g}_j \times S^{klm} \boldsymbol{g}_k \boldsymbol{g}_l \boldsymbol{g}_m = T^{ij} S^{klm} \boldsymbol{g}_i \boldsymbol{g}_j \times \boldsymbol{g}_k \boldsymbol{g}_l \boldsymbol{g}_m$$

$$= \varepsilon_{jkn} T^{ij} S^{klm} \boldsymbol{g}_i \boldsymbol{g}^n \boldsymbol{g}_l \boldsymbol{g}_m \tag{1.277}$$

즉 두 텐서 곱으로 생기는 4차 혼합성분(즉 한 지수는 공변, 나머지 3 지수는 반변)은 아래와 같다.

$$[\mathbf{T}^{(2)} \times \mathbf{S}^{(3)}]^{i}{}_{n}{}^{lm} = \varepsilon_{jkn} T^{ij} S^{klm} \tag{1.278}$$

여기서 j 및 k는 무효첨자, 그리고 $i, n, ,l, m$은 자유첨자임을 알 수 있다.

1.12.2 행렬식 전개방법의 일반화

행렬식 (1.247)의 전개를 위한 식 (1.249)와 (1.251)의 일반화를 각각 아래와 같이 나타내진다.

$$e_{mnp}\det(A^i{}_j) = e_{ijk}A^i{}_m A^j{}_n A^k{}_p = \begin{vmatrix} A^1{}_m & A^1{}_n & A^1{}_p \\ A^2{}_m & A^2{}_n & A^2{}_p \\ A^3{}_m & A^3{}_n & A^3{}_p \end{vmatrix} \tag{1.279}$$

$$e^{mnp}\det(A^i{}_j) = e^{ijk}A^m{}_i A^n{}_j A^p{}_k = \begin{vmatrix} A^m{}_1 & A^m{}_2 & A^m{}_3 \\ A^n{}_1 & A^n{}_2 & A^n{}_3 \\ A^p{}_1 & A^p{}_2 & A^p{}_3 \end{vmatrix} \tag{1.280}$$

위 식들의 증명은 각 식에 $m=1,\ n=2,\ p=3$을 대입하면 각각 원식인 (1.249)와 (1.251)로 환원됨에서 알 수 있다. 위 두 식의 보다 일반화로서 아래와 같이 나타낼 수 있다.

$$e_{mnp}e^{ijk}\det(A^i{}_j) = \begin{vmatrix} A^i{}_m & A^i{}_n & A^i{}_p \\ A^j{}_m & A^j{}_n & A^j{}_p \\ A^k{}_m & A^k{}_n & A^k{}_p \end{vmatrix} = \varepsilon_{mnp}\varepsilon^{ijk}\det(A^i{}_j) \tag{1.281}$$

여기서 ε_{mnp}와 ε^{ijk}는 식 (1.264) 및 (1.265)에서 정의된 Levi-Civita 텐서이다. 역시 이 식의 타당성을 $m=1,\ n=2,\ p=3$ 및 $i=1,\ j=2,\ k=3$을 대입하면 원 행렬식인 (1.247)로 환원됨에서 알 수 있다. 이 식은 행렬식 $\det(A^i{}_j)$의 전개를 위한 '만능공식(master formular)'이라 불리우며 이로부터 여러 유용한 공식을 얻을 수 있는데 이 중 아래에 몇 가지 특수한 예를 들겠다.

1. 식 (1.281)에 행렬요소 $A^i{}_j = \delta^i{}_j[=\mathrm{I}(i,\ j)]$로 두면 아래 관계를 얻는다($\det(\delta^i{}_j) = \det\mathrm{I} = 1$).

$$e_{mnp}e^{ijk}\det(\delta^i{}_j) = \begin{vmatrix} \delta^i{}_m & \delta^i{}_n & \delta^i{}_p \\ \delta^j{}_m & \delta^j{}_n & \delta^j{}_p \\ \delta^k{}_m & \delta^k{}_n & \delta^k{}_p \end{vmatrix} = e_{nmp}e^{ijk} = \varepsilon_{mnp}\varepsilon^{ijk} \tag{1.282}$$

2. 다시 위 식에 $k=p$로 두고 축약시켜 행렬식을 전개하고 $\delta^i{}_i = 3,\ \delta^i{}_j\delta^j{}_m = \delta^i{}_m$을 이용하면 아래의 관계식을 얻는다.

$$\varepsilon_{mnk}\varepsilon^{ijk} = e_{mnk}e^{ijk} = \delta^i{}_m\delta^j{}_n - \delta^i{}_n\delta^j{}_m \tag{1.283}$$

3. 여기서 $j=n$으로 두어 다시 축약시키면 아래를 얻는다.

$$\varepsilon_{mjk}\varepsilon^{ijk} = e_{mjk}e^{ijk} = 3\delta^i{}_m - \delta^i{}_m = 2\delta^i{}_m \tag{1.284}$$

4, 여기서 또 $i=n$으로 두고 더 축약시키면 아래 결과를 얻는다.

$$\varepsilon_{ijk}\varepsilon^{ijk} = e_{ijk}e^{ijk} = 2\delta^i{}_i = 6 \tag{1.285}$$

사실 1-4까지 얻어진 결과는 Cartesian 좌표계의 순열기호에 대해서 얻어진 결과와 동일하다 (1.11.3절 참조).

그러면 위에서 논의된 결과를 사용하여 아래의 두 관계식을 증명해 보기로 한다.

$$\det(A^i{}_j) = \frac{1}{3!}e^{ijk}e_{mnp}A^m{}_iA^n{}_jA^p{}_k \tag{1.286 a}$$

$$= \frac{1}{3!}e_{ijk}e^{mnp}A^i{}_mA^j{}_nA^k{}_p \tag{1.286 b}$$

증명 (a) 식 (1.280)의 양변을 ε_{mnp}로 곱하고, $\sqrt{g}$를 나누면 아래가 성립된다.

$$\varepsilon_{mnp}\varepsilon^{mnp}\det(A^i{}_j) = \varepsilon_{mnp}\varepsilon^{ijk}A^m{}_iA^n{}_jA^p{}_k$$

위 식의 좌편은 식 (1.285)를 이용하고, 우편은 $\varepsilon_{mnp}\varepsilon^{ijk} = e_{mnp}e^{ijk}$를 이용하면 아래가 성립된다.

$$\det(A^i{}_j) = \frac{1}{3!}e_{mnp}e^{ijk}A^m{}_iA^n{}_jA^p{}_k$$

여기서 $m, n, p \leftrightarrow i, j, k$의 첨자교환을 행하면 식 (a)가 증명된다.

(b) 식 (1.279)의 양변을 ε^{mnp}와 $\sqrt{g}$를 곱하면 아래를 얻는다.

$$\varepsilon_{mnp}\varepsilon^{mnp}\det(A^i{}_j) = \varepsilon_{ijk}\varepsilon^{mnp}A^i{}_mA^j{}_nA^k{}_p$$

역시 좌변은 식 (1.285)를, 우변은 $\varepsilon_{ijk}\varepsilon^{mnp} = e_{ijk}e^{mnp}$를 이용하면 식 (b)가 증명된다. ■

위 식은 E^2 공간의 2×2 행렬식에도 성립된다. 즉

$$\det(a^k{}_l) = \frac{1}{2!}e^{kl}e_{mn}a^m{}_ka^n{}_l \tag{1.287}$$

그리고 만약 $(A^i{}_j)$가 E^n의 $n \times n$ 행렬인 경우에는 아래와 같이 일반화시켜 나타낼 수 있다.

$$\det(A^i{}_j) = \frac{1}{n!} e_{i_1} e_{i_2 \cdots i_n} e^{j_1} e^{j_2 \cdots j_n} A^{i_1}{}_{j_1} A^{i_2}{}_{j_2} \cdots A^{i_n}{}_{j_n} \tag{1. 288}$$

만약 $(A^i{}_j)$가 $(B^i{}_j)$가 각각 E^3 공간의 2차 텐서 $\mathbf{A}$ 및 $\mathbf{B}$의 주어진 좌표계에 대한 3×3 행렬이라면 아래의 관계식이 성립된다.

$$\det(\mathrm{AB}) = (\det\mathrm{A})(\det\mathrm{B}) \tag{1. 289}$$

(증명) 지금 AB = C라 하면 $C^i{}_j = A^i{}_k B^k{}_j$가 성립된다. 그러면 식 (1.251)과 (1.280)의 중복사용으로 아래관계가 얻어진다.

$$\begin{aligned}
\det(A^i{}_k B^k{}_j) &= \det(C^i{}_j) = e^{ijk} C^1{}_i C^2{}_j C^3{}_k \\
&= e^{ijk} A^1{}_\alpha B^\alpha{}_i A^2{}_\beta B^\beta{}_j A^3{}_\gamma B^\gamma{}_k \\
&= e^{ijk} B^\alpha{}_i B^\beta{}_j B^\gamma{}_k A^1{}_\alpha A^2{}_\beta A^3{}_\gamma \\
&= e^{\alpha\beta\gamma} \det(B^i{}_j) A^1{}_\alpha A^2{}_\beta A^3{}_\gamma \\
&= \det(A^i{}_j) \det(B^i{}_j)
\end{aligned}$$

따라서 식 (1.289)가 증명된다. ■

■ 1. 13 선형 연산자와 대칭 및 반대칭 텐서

이 장의 서론에서 언급했듯이 절대 2차 텐서 $\mathbf{T}$는 벡터공간 V에 속하는 임의의 (절대)벡터 $\boldsymbol{u}$를 V내의 다른 벡터 $\boldsymbol{v}$로 변환(mapping)(가령 회전, 신장 등)시키는 '선형 연산자(linear operator)'로서 정의되며 아래와 같이 표현된다.

$$\mathbf{T}: \quad \boldsymbol{u} \to \boldsymbol{v}, \quad \boldsymbol{u}, \boldsymbol{v} \in V \tag{1. 290}$$

혹은

$$\mathbf{T}[\boldsymbol{u}] \equiv \mathbf{T} \cdot \boldsymbol{u} = \boldsymbol{v}, \quad \boldsymbol{u}, \boldsymbol{v} \in V \tag{1. 291}$$

[이의 행렬표현은 $\mathrm{T}\boldsymbol{u}= \boldsymbol{v}$이다.]

여기서 $\mathbf{T}[\boldsymbol{u}]$를 $\hat{\mathbf{T}}\boldsymbol{u}$로서도 표기하며 2차 텐서 $\mathbf{T}$가 벡터 $\boldsymbol{u}$에 (선형)연산자로서 작용하여, 결과로서 벡터와의 내적을 통하여 차수 2+1-2=1인 새로운 벡터 $\boldsymbol{v}$가 형성된다는 것을 의미한다. 그리고 선형 연산자로서 아래의 관계도 성립된다.

$$\mathbf{T}[\alpha\boldsymbol{u}] = \alpha\mathbf{T}[\boldsymbol{u}], \quad \mathbf{T}[\alpha\boldsymbol{u}+ \beta\boldsymbol{v}] = \mathbf{T}[\alpha\boldsymbol{u}] + \mathbf{T}[\beta\boldsymbol{v}] = \alpha\mathbf{T}[\boldsymbol{u}] + \beta\mathbf{T}[\boldsymbol{v}] \tag{1.292}$$

여기서 α 및 β는 스칼라 실수이다. 그리고 아래의 관계도 성립된다.

$$\mathbf{0}[\boldsymbol{v}] = \mathbf{0}= \text{제로 연산자} \tag{1.293}$$

$$\mathbf{I}[\boldsymbol{v}] = \boldsymbol{v},\ \mathbf{I}= \text{단위 연산자} \tag{1.294}$$

$$\mathbf{TS}[\boldsymbol{v}] = \mathbf{T}(\mathbf{S}[\boldsymbol{v}])\ \text{회합법칙} \tag{1.295}$$

$$\mathbf{T}(\mathbf{S}+\mathbf{R})= \mathbf{TS} + \mathbf{TR}\ \text{분배법칙} \tag{1.296}$$

그리고 일반적으로 $\mathbf{TS} \neq \mathbf{ST}$ 즉 교환법칙은 성립되지 않는다.

한편 1.4절에서 소개했듯이 E^3 공간에서 2차 텐서 $\mathbf{T}$의 주어진 좌표계에 대한 행렬표현에 있어서 임의의 비대칭 행렬 T는 대칭행렬 $\mathrm{T_S}$와 반대칭 행렬 $\mathrm{T_A}$의 합으로 나타낼 수 있다. 즉

$$\mathrm{T} = \mathrm{T_S} + \mathrm{T_A},\ \mathrm{T_S} \equiv \left(\mathrm{T} + \mathrm{T}^{\mathrm{T}}\right)/2\left[= \mathrm{T_S}^{\mathrm{T}}\right],\ \mathrm{T_A} \equiv \left(\mathrm{T} - \mathrm{T}^{\mathrm{T}}\right)/2\left[= -\mathrm{T_A}^{\mathrm{T}}\right] \tag{1.297}$$

여기서 대칭행렬의 성분을 (   ), 반대칭 행렬의 성분을 [   ]로 나타내면 먼저 행렬의 두 첨자(지수)가 반변, 공변 및 혼합형일 경우 위 식으로부터 대칭행렬에 해당하는 성분은 각각 아래와 같이 나타내진다.

$$T^{(ij)} = \frac{1}{2}\left(T^{ij}+ T^{ji}\right),\ T_{(ij)} = \frac{1}{2}\left(T_{ij} + T_{ji}\right),\ T^{(i}{}_{j)} = \frac{1}{2}\left(T^{i}{}_{j} + T_{j}{}^{i}\right) \tag{1.298}$$

그리고 반대칭 행렬의 해당하는 성분도 식 (1.297)에 의해 각각 아래와 같이 나타내진다,

$$T^{[ij]} = \frac{1}{2}\left(T^{ij}- T^{ji}\right),\ T_{[ij]} = \frac{1}{2}\left(T_{ij} - T_{ji}\right),\ T^{[i}{}_{j]} = \frac{1}{2}\left(T^{i}{}_{j} - T_{j}{}^{i}\right) \tag{1.299}$$

단 위 식에서 혼합형 성분 $T^{i}{}_{j}$인 경우 전치행렬은 통상의 대각선을 통한 행과 열의 전치인 $\left(T^{i}{}_{j}\right)^{\mathrm{T}} = \left(T^{j}{}_{i}\right)$ 대신 요소의 전치인 $\begin{pmatrix}(\mathrm{T}) \\ T^{i}{}_{j}\end{pmatrix}= \left(T_{j}{}^{i}\right)$의 정의를 이용하였다. 이 정의로부터 가령 임의의 반변형 비대칭 행렬 요소 T^{ij}는 아래와 같이 대칭성분 $T^{(ij)}$와 반대칭성분 $T^{[ij]}$의 합으로

나타낼 수 있다.

$$T^{ij}=\frac{1}{2!}(T^{ij}+T^{ji})+\frac{1}{2!}(T^{ij}-T^{ji})=T^{(ij)}+T^{[ij]} \tag{1.300}$$

나아가 2차 이상의 텐서에 있어서도 '대칭성'도 다음과 같이 정의될 수 있다. 즉 첨자 중 2개를 교환하였을 때 성분의 값에 변화가 없다면 이 텐서는 그 첨자에 2개에 관하여 '대칭'이라고 한다. 예를 들어, 반변 2차 텐서 T^{ij}의 경우 만약 $T^{ij}=T^{ji}$라면 대칭이다. 이 경우에 한 쌍의 첨자만이 있다. U^{ijk}와 같은 3차 텐서에 대하여서는 3가지 가능한 첨자의 쌍(pair)이 있고 따라서 3개의 가능한 대칭이 있다.

(i) $U^{ijk}=U^{jik}$

(ii) $U^{ijk}=U^{ikj}$

(iii) $U^{ijk}=U^{kji}$

이와 같은 텐서의 대칭성은 다음 반변 2차 텐서 예에서 볼 수 있듯이 첨자가 둘 다 반변(혹은 둘다 공변)인 경우 좌표계에 무관하게 보존된다. 즉 E^3에서 임의의 $\boldsymbol{x}$ 좌표계에서 $T^{ij}=T^{ji}$라면 다른 $\bar{\boldsymbol{x}}$ 좌표계에서도 대칭성이 보존 즉 $\overline{T}^{ij}=\overline{T}^{ji}$가 성립된다.

증명 만일 $T^{ij}=T^{ji}$라면, 다른 좌표계에서 성분은 다음을 만족한다.

$$\overline{T}^{ij}=\frac{\partial\bar{x}^i}{\partial x^k}\frac{\partial\bar{x}^j}{\partial x^l}T^{kl}=\frac{\partial\bar{x}^i}{\partial x^k}\frac{\partial\bar{x}^j}{\partial x^l}T^{lk}$$

$$=\frac{\partial\bar{x}^j}{\partial x^l}\frac{\partial\bar{x}^i}{\partial x^k}T^{kl} \qquad \text{(편도함수 항의 순서를 교환)}$$

$$=\frac{\partial\bar{x}^j}{\partial x^k}\frac{\partial\bar{x}^i}{\partial x^l}T^{kl} \qquad \text{(}l\text{을 }k\text{로 }k\text{를 }l\text{로 교환)}$$

$$=\overline{T}^{ji} \qquad \blacksquare$$

그러나 $T^i{}_j$나 $T_i{}^j$행의 혼합형 (2차)텐서의 경우 전치텐서(행렬)의 정의가 행렬치환과 요소치환의 2종류가 있으므로(1.3절 참조) 대칭성이 좌표변환에 따라 보존된다고 보기는 어렵다.

한편 2차 이상의 텐서에서 임의의 2개의 첨자에 관한 반대칭은 첨자의 상호교환에 대하여 성분의 값의 크기는 변하지 않고 부호가 바뀌게 된다는 것을 의미한다. 1.11절에서 소개한 Levi Civita 3차 반대칭 순열(교대) 텐서 $\boldsymbol{\varepsilon}^{(3)}$ 의 반변 성분 ε^{ijk}와 공변 성분 ε_{ijk}는 어떤 첨자쌍에 관하여 반대칭이다(가령 $\varepsilon^{ijk} = -\varepsilon^{jik}$). 대칭 텐서의 경우와 마찬가지로 공변 또는 반변 성분의 임의의 한 첨자쌍에 관한 반대칭성도 좌표 변환 하에서 보존되지만, 반변 및 공변 성분이 동시에 있는 혼합 1쌍의 첨자의 반대칭성은 좌표변환 하에서 보존되지 않는다.

지금 임의의 3차원(E^3) 2차 반대칭 텐서 **B**(즉 $\mathbf{B}^T = -\mathbf{B}$)의 선형 연산자로서의 개념을 보다 명확히 이해하기 위하여 반면, 공변의 구별이 없는 Cartesian 좌표계를 사용하여 조사해 보기로 한다. **B**의 행렬표현 $\mathrm{B} = (B_{ij})$에서 앞에서 언급한 반대칭성의 정의 즉 대각선요소는 0, 비대칭요소는 $B_{ij} = -B_{ji}$인 성질로부터 B를 Cartesian 성분으로 나타내면 아래와 같다.

$$\mathrm{B} = \begin{pmatrix} 0 & -\omega_3 & \omega_2 \\ \omega_3 & 0 & -\omega_1 \\ -\omega_2 & \omega_1 & 0 \end{pmatrix} \tag{1.301}$$

여기서 성분 $\omega_i (i = 1, 2, 3)$를 갖는 벡터 $\boldsymbol{\omega}$는 **B**의 '쌍대 벡터(dual vector)'라 불리는 일종의 '축성(axial)'벡터로서 위 식으로부터 아래와 같이 나타내진다.

$$\boldsymbol{\omega} = (\omega_1\ \omega_2\ \omega_3)^T = (B_{32}\ B_{13}\ B_{21})^T = (-B_{23}\ -B_{31}\ -B_{12})^T \tag{1.302}$$

식 (1.301)과 (1.302)를 순열기호 e_{ijk}를 사용하여 나타내면 아래와 같이 된다.

$$B_{ij} = -e_{ijk}\omega_k \leftrightarrow \omega_i = -\frac{1}{2}e_{ijk}B_{jk} = \frac{1}{2}e_{ijk}B_{kj} \tag{1.303}$$

한편 **B**를 1 : 1 대응관계에 있는 $\boldsymbol{\omega}$를 사용하여 아래와 같이 연산자기호를 나타내기도 한다.

$$\mathbf{B} \equiv \boldsymbol{\omega} \times \tag{1.304}$$

그러면 이 표현식의 타당성을 부여하기 위하여 아래의 예제를 소개하기로 한다.

예제 1.12

크기가 일정한 벡터 $\boldsymbol{A} = (A_1, A_2, A_3)$를 각속도 $\boldsymbol{\omega}$로 회전시킬 때(즉 강체 회전시)

$$\frac{d\boldsymbol{A}}{dt} = \boldsymbol{\omega} \times \boldsymbol{A}$$

가 된다. 이를 (Cartesian)행렬로 나타내면 아래와 같음을 보여라.

$$\begin{pmatrix} \dot{A}_1 \\ \dot{A}_2 \\ \dot{A}_3 \end{pmatrix} = \begin{pmatrix} 0 & -\omega_3 & \omega_2 \\ \omega_3 & 0 & -\omega_1 \\ -\omega_2 & \omega_1 & 0 \end{pmatrix} \begin{pmatrix} A_1 \\ A_2 \\ A_3 \end{pmatrix}$$

풀이

$\boldsymbol{\omega} \times \boldsymbol{A} = \boldsymbol{e}_1(\omega_2 A_3 - \omega_3 A_2) + \boldsymbol{e}_2(\omega_3 A_1 - \omega_1 A_3) + \boldsymbol{e}_3(\omega_1 A_2 - \omega_2 A_1)$ 이므로

$$\begin{pmatrix} \dot{A}_1 \\ \dot{A}_2 \\ \dot{A}_3 \end{pmatrix} = \begin{pmatrix} \omega_2 A_3 - \omega_3 A_2 \\ \omega_3 A_1 - \omega_1 A_3 \\ \omega_1 A_2 - \omega_2 A_1 \end{pmatrix} = \begin{pmatrix} 0 & -\omega_3 & \omega_2 \\ \omega_3 & 0 & -\omega_1 \\ -\omega_2 & \omega_1 & 0 \end{pmatrix} \begin{pmatrix} A_1 \\ A_2 \\ A_3 \end{pmatrix}$$

가 된다. 따라서 $\dfrac{d\boldsymbol{A}}{dt} = \boldsymbol{\omega} \times \boldsymbol{A} = \boldsymbol{\Omega} \cdot \boldsymbol{A}$ (또는 $\dot{A}_i = \Omega_{ij} A_j$)로 나타낼 수 있으며, 여기에서 $\boldsymbol{\Omega} = \boldsymbol{\omega} \times$ 는 각속도 $\boldsymbol{\omega}$ 를 쌍대 (고유) 벡터로 가지는 반대칭 (스핀) 텐서가 되어 식 (1.304) 표현의 타당성이 입증된다

2차 텐서인 다른 선형 연산자의 고유벡터 표현에 대하여 언급하기 전에 식 (1.304)에 주어진 반대칭 텐서에 대한 $\boldsymbol{\omega}\times$ 표현의 연산의 이해를 돕기 위하여 아래의 예제를 소개하기로 한다.

예제 1.13

다음 관계식을 증명하라.

(a) $(\boldsymbol{n}\times)^2 = \boldsymbol{n}\boldsymbol{n} - \mathbf{I}$

(b) $(\boldsymbol{n}\times)^3 = -\boldsymbol{n}\times$

(c) $(\boldsymbol{a}\times\boldsymbol{b})\times = \boldsymbol{b}\boldsymbol{a} - \boldsymbol{a}\boldsymbol{b}$

풀이

(a) 임의의 벡터 $\boldsymbol{v}$ 에 관하여 2차 텐서(행렬)인 $(\boldsymbol{n}\times)^2$으로 (선형) 연산시키면 아래와 같다.

$$(\boldsymbol{n}\times)^2\boldsymbol{v} = \boldsymbol{n}\times(\boldsymbol{n}\times\boldsymbol{v}) = (\boldsymbol{n}\cdot\boldsymbol{v})\boldsymbol{n} - (\boldsymbol{n}\cdot\boldsymbol{n})\boldsymbol{v} = (\boldsymbol{n}\boldsymbol{n} - \mathbf{I})\cdot\boldsymbol{v}$$

따라서 $(\boldsymbol{n}\times)^2 = \boldsymbol{n}\boldsymbol{n} - \mathbf{I}$와 동일하다.

(b) 마찬가지로 $\boldsymbol{v}$ 에 대해 연산시키면 아래와 같이 된다.

$$(\boldsymbol{n}\times)^3\cdot\boldsymbol{v} = \boldsymbol{n}\times(\boldsymbol{n}\boldsymbol{n} - \mathbf{I})\cdot\boldsymbol{v} = (\boldsymbol{n}\times\boldsymbol{n})(\boldsymbol{n}\cdot\boldsymbol{v}) - \boldsymbol{n}\times\boldsymbol{v} = -\boldsymbol{n}\times\boldsymbol{v}$$

따라서 $(\boldsymbol{n}\times)^3 = -\boldsymbol{n}\times$와 같다.

(c) 준 식의 왼편으로 벡터 $\boldsymbol{v}$ 에 대해 연산시키고 항등식 $\boldsymbol{a}\times(\boldsymbol{b}\times\boldsymbol{c}) = (\boldsymbol{a}\cdot\boldsymbol{c})\boldsymbol{b} - (\boldsymbol{a}\cdot\boldsymbol{b})\boldsymbol{c}$를 이용하면 아래와 같이 되어 관계식이 증명된다.

$$(\boldsymbol{a}\times\boldsymbol{b})\times\boldsymbol{v} = \boldsymbol{b}(\boldsymbol{a}\cdot\boldsymbol{v}) - \boldsymbol{a}(\boldsymbol{b}\cdot\boldsymbol{v}) = (\boldsymbol{b}\boldsymbol{a} - \boldsymbol{a}\boldsymbol{b})\cdot\boldsymbol{v}$$

한편 $(\boldsymbol{b}\boldsymbol{a} - \boldsymbol{a}\boldsymbol{b})$는 외관상 반대칭 다이어드(anti-symmetric dyad)가 확실하므로 $(\boldsymbol{a}\times\boldsymbol{b})\times$ 는 $\boldsymbol{a}\times\boldsymbol{b}$ 를 쌍대벡터로 갖는 (2차) 반대칭 텐서이다.

이제 E^3의 일반 곡선 좌표계에서 아래와 같이 행렬표현되는 임의의 반대칭 반변 2차 텐서 $\mathbf{T}$와 쌍대벡터 $\boldsymbol{w}$와의 관계를 생각해보자.

$$(T^{ij})=\begin{pmatrix} 0 & -T^{21} & T^{13} \\ T^{21} & 0 & -T^{32} \\ -T^{13} & T^{32} & 0 \end{pmatrix} \tag{1.305}$$

이 경우 Cartesian 좌표계에서의 관계식 (1.303)으로부터 아래와 같이 유추할 수 있다.

$$w_i = \frac{1}{2}\varepsilon_{ijk} T^{kj} = -\frac{1}{2}\varepsilon_{ijk}\, T^{jk} \tag{1.306}$$

즉 쌍대벡터 $\boldsymbol{w}$ 의 세 공변성분은 $(w_1,\ w_2,\ w_3) = \sqrt{g}\,(T^{32},\ T^{13},\ T^{21})$ 이다.
식 (1.306)으로부터 아래 식이 얻어진다.

$$T^{ij} = \varepsilon^{jik}\, w_k = -\,\varepsilon^{ijk}\, w_k \tag{1.307}$$

(증명) 식 (1.306)의 양변을 ε^{ijk} 를 가지고 축약시키면 (이 때 자유첨자 및 무효첨자를 바꿈

$$\varepsilon^{ijk}\, w_k = \frac{1}{2}\varepsilon^{ijk}\,\varepsilon_{klm}\, T^{ml}$$

$$= \frac{1}{2}(\delta^i_l\,\delta^j_m - \delta^j_l\,\delta^i_m)\, T^{ml} \qquad \text{(식 (1.283)에 의해)}$$

$$= \frac{1}{2}(T^{ji} - T^{ij}) = T^{ji} \qquad (\because T^{ij} = -\,T^{ji})$$

따라서 요구되는 식 $T^{ij} = \varepsilon^{jik}\, w_k = -\,\varepsilon^{ijk}\, w_k$ 가 얻어져 증명된다. ■

한편 식 (1.276b)로부터 반대칭 텐서 $\mathbf{T}$가 임의의 벡터 $\boldsymbol{a}$에 대하여 다음을 알 수 있다.

$$(\boldsymbol{w}\times\boldsymbol{a})^i = \varepsilon^{ijk}\, w_j a_k$$

$$= \frac{1}{2}\varepsilon^{ijk}\,\varepsilon_{jlm}\, T^{ml} a_k \qquad \text{(식 (1.306) 대입)}$$

$$= \frac{1}{2}\varepsilon^{jki}\,\varepsilon_{jlm}\, T^{ml} a_k \qquad \text{(첨자의 원순환)}$$

$$= \frac{1}{2}(\delta^k_l\,\delta^i_m - \delta^k_m\,\delta^i_l\,)\,T^{ml}a_k \qquad \text{(식 (1.283)에 의해)}$$

$$= \frac{1}{2}(\,T^{ik} - T^{ki}\,)a_k = T^{ik}a_k = (\,\boldsymbol{T}\,\cdot\,\boldsymbol{a}\,)^i$$

즉 임의의 벡터 $\boldsymbol{a}$ 에 대하여

$$\mathbf{T}\ \cdot \boldsymbol{a} = \boldsymbol{w} \times \boldsymbol{a} \tag{1.308}$$

따라서 임의의 벡터에 작용하는 한 반대칭 텐서 **T** 의 효과는 그 벡터와 **T** 의 쌍대 (고유) 벡터인 $\boldsymbol{w}$ 와의 벡터적을 취하는 것과 동등하며, 이로부터 표현식 $\mathbf{T} = \boldsymbol{w}\times$ (1.304)의 타당성이 다시 한번 입증된다.

한편 2차 반대칭대칭 **T**의 행렬표현이 반변성분 (T_{ij})이라면 이에 대응하고 쌍대벡터와의 관계는 식 (1.307) 대신 아래로 주어진다.

$$T_{kl} = \varepsilon_{lkm}\,w^m = -\,\varepsilon_{klm}\,w^m \tag{1. 309 a}$$

[비고: 이 식은 계량텐서와 식 (1.307)을 사용하여 $T_{kl} = g_{kp}\,g_{lq}\,T^{pq} = g_{kp}\,g_{lq}\varepsilon^{qpn}w_n = \varepsilon_{lk}{}^n w_n = \varepsilon_{lk}{}^n g_{nm}\omega^m = \varepsilon_{lkm}\omega^m$ 이 증명된다.]

그러면 식 (1.309a)로 부터 **T**의 쌍대(반변)벡터 $\boldsymbol{w}$가 아래와 같이 얻어진다.

$$w^m = -\,\frac{1}{2}\varepsilon^{klm}\,T_{kl} \tag{1. 309 b}$$

증명 먼저 T_{kl}의 반대칭성 즉 $T_{kl} = -\,T_{lk}$로부터 $T_{11} = 0 = T_{22} = T_{33}$, $T_{12} = -\,T_{21}$, $T_{23} = -\,T_{32}$, $T_{31} = -\,T_{13}$가 성립된다. 즉 9개의 성분 중 6개가 0이 안된다. 이 중 세 개(가령 T_{12}, T_{23}, T_{31})만 독립인데, 위 성질로부터 아래의 형태를 가진다

$$T_{12} = e_{123}\,b^3,\ T_{23} = e_{231}\,b^1,\ T_{31} = e_{312}\,b^2$$

이로부터 아래와 같이 일반형태로 나타낼 수 있다.

$$T_{kl} = e_{klm}\,b^m = \frac{1}{\sqrt{g}}\,\varepsilon_{klm}b^m \tag{1. 310}$$

이 식에서 $b^m/\sqrt{g} \equiv -\,w^m$ 으로 두면 식 (1.309a)가 확립된다(즉 $\boldsymbol{w}$는 반대칭 **T**의 축

성 또는 쌍대벡터가 된다). 이제 식 (1.309a)를 ε^{klr}로 곱하면 아래를 얻는다.

$$T_{kl}\,\varepsilon^{klr} = -\varepsilon_{klm}\varepsilon^{klr}w^m = -2w^r$$

혹은 아래가 성립되어 식 (1.309b)가 증명된다.

$$w^m = -\frac{1}{2}\varepsilon^{klm}T_{kl} \qquad \blacksquare$$

예제 1.14

$\boldsymbol{v}$가 임의의 벡터일 때 $\boldsymbol{\varepsilon}^{(3)}\cdot\boldsymbol{v} = -\boldsymbol{v}\times$가 성립됨을 증명하라.
[단 여기서 $\boldsymbol{\varepsilon}^{(3)}$는 ε^{ijk}를 요소로 하는 3차원 반대칭 Levi-Civita 텐서, 그리고 $\boldsymbol{v}\times$는 $\boldsymbol{v}$를 쌍대벡터로 하는 반대칭 (2차) 텐서를 나타냄(식 (1.304) 참조).]

풀이

$\boldsymbol{\varepsilon}^{(3)}$을 반변성분으로 나타내고, $\boldsymbol{v}$를 공변성분으로 나타내면 다음의 관계를 얻을 수 있다.

$$\boldsymbol{\varepsilon}^{(3)}\cdot\boldsymbol{v} = \varepsilon^{ijk}\boldsymbol{g}_i\boldsymbol{g}_j\boldsymbol{g}_k\cdot(v_m\boldsymbol{g}^m)$$

$$= \varepsilon^{ijk}v_k\boldsymbol{g}_i\boldsymbol{g}_j$$

여기서 $\boldsymbol{v}$를 쌍대벡터로 하는 반대칭 텐서를 $\mathbf{T}$로 두면(즉 $\mathbf{T} = \boldsymbol{v}\times$) 위 예제의 결과인 $T^{ij} = -\epsilon^{ijk}v_k$에 의하여 위 식은 아래와 같이 증명된다.

$$\boldsymbol{\varepsilon}^{(3)}\cdot\boldsymbol{v} = -(\varepsilon^{ijk}v_k)\boldsymbol{g}_i\boldsymbol{g}_j = -T^{ij}\boldsymbol{g}_i\boldsymbol{g}_j = -\mathbf{T} = -\boldsymbol{v}\times$$

■ 1. 14 직교 곡선좌표계의 물리적 표현

E^3 공간에서 원통이나 구좌표와 같은 직교(orthogonal) 곡선좌표계의 경우, n차 절대텐서의 반변 및 공변성분의 구별 즉 $\boldsymbol{g}_i\cdot\boldsymbol{g}^j = \delta_i^{\ j}$(1.93)를 만족하는 2쌍의 공액(conjugate) 기저 벡터의 집합 $\{\boldsymbol{g}_k\}$와 $\{\boldsymbol{g}^k\}$가 존재하나, 직교성의 조건 때문에 $\boldsymbol{g}_k$와 $\boldsymbol{g}^k$는 같은 직선(방향)상에 존재하게 된다. 따라서 아래의 관계식이 만족된다[단 식 (1.103)의 기호체제 및 식 (1.75a) 참조].

$$g_{ij} = 0 = g^{ij}(i \neq j),\ \boldsymbol{g}_{\underline{i}}\cdot g^{\underline{i}}\left(=\delta_{\underline{i}}^{\ \underline{i}}\right) = 1,\ h_i\left(=\|\boldsymbol{g}_i\|\right) = 1/h^i\left(=\|\boldsymbol{g}^i\|\right) \qquad (1.\,311)$$

이 관계로부터 n차 텐서의 반변 및 공변표현에 있어서 기저벡터 $\boldsymbol{g}_i$ 및 $\boldsymbol{g}^i$ 대신 크기가 1인 단위 기저벡터 $\boldsymbol{e}_i\left(=\boldsymbol{g}_i/h_{\underline{i}}\right)$ 및 $\boldsymbol{e}^i\left(=\boldsymbol{g}^i/h^i\right)$로 표시하면 $\boldsymbol{e}_i=\boldsymbol{e}^i$의 관계 때문에 아래에서 보는 바와 같이 반변 및 공변의 구별이 없어지는 연속체 역학이나 레올로지에 관한 각종(텐서)물성의 표현에 있어서 필수적인 소위 '물리적 성분(physical component)'에 대한 표현식이 정의된다. 먼저 1차 텐서인 절대벡터 $\boldsymbol{u}$의 경우 좌표계에 무관한 텐서표현의 불변성으로부터 아래의 관계식이 성립된다.

$$\begin{aligned}\boldsymbol{u}&=u^i\boldsymbol{g}_i=u^ih_i\boldsymbol{e}_i=\hat{u}^i\boldsymbol{e}_i\\&=u_i\boldsymbol{g}^i=u_ih^i\boldsymbol{e}^i\equiv\hat{u}_i\boldsymbol{e}^i\end{aligned}\tag{1.312}$$

여기서 물리적 표현에 관한 아래의 정의식이 성립된다.

$$\hat{u}^i\equiv u^{\underline{i}}h_{\underline{i}}=\hat{u}_i=u_{\underline{i}}h^{\underline{i}}\leftrightarrow u^i=\hat{u}^{\underline{i}}h^{\underline{i}},\ u_i=\hat{u}_{\underline{i}}h_{\underline{i}}\,(\text{n.s. for } i)\tag{1.313}$$

마찬가지 방법으로 (절대)2차 텐서의 경우에도 아래의 관계식이 성립된다.

$$\begin{aligned}\mathbf{T}&=T^{ij}\boldsymbol{g}_i\boldsymbol{g}_j=T^{ij}h_ih_j\boldsymbol{e}_i\boldsymbol{e}_j\equiv\hat{T}^{ij}\boldsymbol{e}_i\boldsymbol{e}_j\\&=T^i{}_j\boldsymbol{g}_i\boldsymbol{g}^j=T^i{}_jh_ih^j\boldsymbol{e}_i\boldsymbol{e}^j\equiv\hat{T}^i{}_j\boldsymbol{e}_i\boldsymbol{e}^j\\&=T_i{}^j\boldsymbol{g}^i\boldsymbol{g}_j=T_i{}^jh^ih_j\boldsymbol{e}^i\boldsymbol{e}_j\equiv\hat{T}_i{}^j\boldsymbol{e}^i\boldsymbol{e}_j\\&=T_{ij}\boldsymbol{g}^i\boldsymbol{g}^j=T_{ij}h^ih^j\boldsymbol{e}^i\boldsymbol{e}^j\equiv\hat{T}_{ij}\boldsymbol{e}^i\boldsymbol{e}^j\end{aligned}\tag{1.314}$$

여기서 물리적 표현에 관한 아래의 정의식이 성립된다.

$$\hat{T}^{ij}\left(\equiv T^{\underline{i}\,\underline{j}}h_{\underline{i}}h_{\underline{j}}\right)=\hat{T}^i{}_j\left(\equiv T^{\underline{i}}{}_{\underline{j}}h_{\underline{i}}h^{\underline{j}}\right)=\hat{T}_i{}^j\left(\equiv T_{\underline{i}}{}^{\underline{j}}h^{\underline{i}}h_{\underline{j}}\right)=\hat{T}_{ij}\left(\equiv T_{\underline{i}\,\underline{j}}h^{\underline{i}}h^{\underline{j}}\right)\tag{1.315}$$

그런데 여기서 한가지 지적해두고 싶은 것은 물리적 성분에 대한 표현식으로서 위 기호체계와 다른 책의 기호에 맞추어 아래와 같이 나타내는 것도 이 책을 통하여 가끔 병용하기로 한다.

$$\hat{u}^i=u^{(i)}=\hat{u}_i=u_{(i)}\tag{1.316 a}$$

$$\hat{T}^{ij}=T^{(ij)}=\hat{T}^i{}_j=T^{(i}{}_{j)}=\hat{T}_i{}^j=T_{(i}{}^{j)}=\hat{T}_{ij}=T_{(ij)}\tag{1.316 b}$$

예제 1.15

E^3 공간에서 (a) 원통좌표($x^1=\rho$, $x^2=\phi$, $x^3=z$) 및 (b) 구좌표($x^1=r$, $x^2=\theta$, $x^3=\phi$)계에 대한 임의의 (절대)벡터 $\boldsymbol{A}$의 물리적 성분을 각각 나타내어라.

풀이

(a) 위에서 언급된 직교곡선좌표계의 성질에 따라 계량텐서(g_{ij})의 행렬식 $g=\det(g_{ij})$을 구함에 있어서, $g_{ij}=0(i\neq j)$ 및 $g_{\underline{i}\,\underline{i}}=g_{\underline{i}}\cdot g_{\underline{i}}=(h_{\underline{i}})^2$을 이용하여 원통좌표계에 대하여 구하면 아래와 같다 (예제 1.2 및 식 (1.70) 참조).

$$g=\det(g_{ij})=\begin{vmatrix}1 & 0 & 0\\ 0 & \rho^2 & 0\\ 0 & 0 & 1\end{vmatrix}=\rho^2,\ \boldsymbol{g}_1\cdot\boldsymbol{g}_2\times\boldsymbol{g}_3(=\boldsymbol{g}_\rho\cdot\boldsymbol{g}_\phi\times\boldsymbol{g}_z)=\sqrt{g}=\rho \tag{1.317}$$

단 위 식에서 $h_1=\|\boldsymbol{g}_\rho\|=1$, $h_2=\|\boldsymbol{g}_\phi\|=\rho$, $h_3=\|\boldsymbol{g}_z\|=1$ 및 $h^1=1$, $h^2=1/\rho$, $h^3=1$을 이용하였다. 따라서 원통좌표계에 대하여 벡터 $\boldsymbol{A}$의 3개의 물리적 성분은 아래와 같다.

$$\left.\begin{aligned}\hat{A}_1&=A_1h^1=A_1=\hat{A}^1=A^1h_1=A^1\\ \hat{A}_2&=A_2h^2=A_2/\rho=\hat{A}^2=A^2h_2=\rho A^2\\ \hat{A}_3&=A_3h^3=A_3=\hat{A}^3=A^3h_3=A^3\end{aligned}\right\} \tag{1.318}$$

위 식에서 $A_i(=\boldsymbol{A}\cdot\boldsymbol{g}_i)$ 및 $A^i(=\boldsymbol{A}\cdot\boldsymbol{g}^i)$는 각각 벡터 $\boldsymbol{A}$의 원통좌표계에서의 공변 및 반변성분이다. 그런데 레올로지에 있어서 원통좌표계에 대한 물리적 성분으로서 $\hat{A}_1=\hat{A}^1=A_\rho$, $\hat{A}_2=\hat{A}^2=A_\phi$, $\hat{A}_3=\hat{A}^3=A_z$의 표기를 종종 이용한다.

(b) 마찬가지 방법으로 구좌표의 경우도 계량텐서의 행렬식 g값을 구하면 아래와 같다(식 (1.72), (1.73)참조).

$$g=\det(g_{ij})=\begin{vmatrix}1 & 0 & 0\\ 0 & r^2 & 0\\ 0 & 0 & r^2\sin^2\theta\end{vmatrix}=r^4\sin^2\theta,\ \boldsymbol{g}_1\cdot\boldsymbol{g}_2\times\boldsymbol{g}_3(=\boldsymbol{g}_r\cdot\boldsymbol{g}_\theta\times\boldsymbol{g}_\phi)=\sqrt{g}=r^2\sin\theta \tag{1.319}$$

단 위 식에서 $h_1=\|\boldsymbol{g}_r\|=1$, $h_2=\|\boldsymbol{g}_\theta\|=r$, $h_3=\|\boldsymbol{g}_\phi\|=r\sin\theta$ 및 $h^1=1$, $h^2=1/r$, $h^3=1/r\sin\theta$을 이용하였다. 따라서 구좌표계에 대하여 벡터 $\boldsymbol{A}$의 3개의 물리적 성분을 구하면 아래가 된다.

$$\left.\begin{aligned}\hat{A}_1&=A_1h^1=A_1=\hat{A}^1=A^1h_1=A^1\\ \hat{A}_2&=A_2h^2=A_2/r=\hat{A}^2=A^2h_2=rA^2\\ \hat{A}_3&=A_3h^3=A_3/r\sin\theta=\hat{A}^3=A^3h_3=r\sin\theta A^3\end{aligned}\right\}$$

마찬가지로 실제 응용에 있어서 구좌표에 대한 물리적 성분으로 $\hat{A}_1=\hat{A}^1=A_r$, $\hat{A}_2=\hat{A}^2=A_\theta$, $\hat{A}_3=\hat{A}^3=A_\phi$의 표기법을 종종 이용한다.

■ 1. 15 직교 (회전)텐서

정의 : 만약 E^3 공간의 (역이 가능한) 절대 2차 텐서 (행렬) Q가 아래의 조건을 만족하면 '직교(orthogonal) 텐서'라고 한다.

$$\mathbf{Q}^{-1} = \mathbf{Q}^{\mathrm{T}} \tag{1.320 a}$$

혹은

$$\mathbf{Q} \cdot \mathbf{Q}^{\mathrm{T}} = \mathbf{Q}^{\mathrm{T}} \cdot \mathbf{Q} = \mathbf{I} \tag{1.320 b}$$

위 식에서 $\det \mathrm{Q} = \det \mathrm{Q}^{\mathrm{T}}$를 이용하면 행렬표현식에서 아래가 성립됨을 알 수 있다.

$$\det \mathrm{Q} = \pm 1 \tag{1.321}$$

[비고 : 위 정의는 실수만을 생각하는 3차원 실공간 R^3에 해당되며, 양자역학의 경우처럼 3차원 복소수(C^3)공간의 경우 식 (1.320a) 대신 $\mathbf{Q}^{\dagger} = \mathbf{Q}^{-1}$[여기서 $\mathbf{Q}^{\dagger} = (\mathbf{Q}^{*})^{\mathrm{T}}$(즉 복소공액의 치환)로서, '†'는 수반(adjoint) 연산자에 해당]이 성립하면 '유니터리(unitary) 텐서'라 하는데, 본 책에서는 원칙적으로 실수만 다루므로 $\mathbf{Q}^{\dagger} = \mathbf{Q}^{\mathrm{T}}$가 된다.]

특히 (오차)직교텐서(행렬) 중 물질에 대한 회전연산자의 경우처럼 $\det \mathrm{Q} = +1$인 경우를 '정상(혹은 고유)(proper) 직교행렬'이라 부르고, 좌표면에 대한 반사의 경우처럼 $\det \mathrm{Q} = -1$인 경우를 '비정상(혹은 비고유)(improper) 직교행렬'이라고 부르는데 이 절에서는 주로 정상 직교행렬을 다루기로 한다.

지금 2차 텐서 $\mathbf{R}$을 그림 1.5에 나타낸 것처럼 임의의 (위치)벡터 $\boldsymbol{r}$을 주어진 단위벡터 $\boldsymbol{n}$에 평행한 축 주위로 반시계 방향으로 각도 α만큼 회전시키는 '(정상)직교 회전 연산자'(즉 $|\mathrm{R}| = +1$)라고 하자.

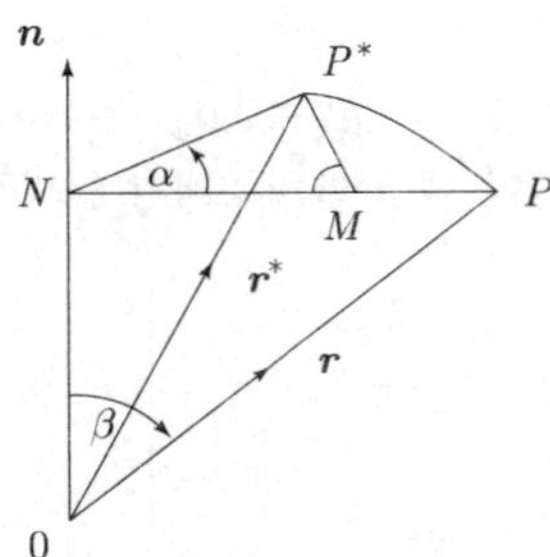

그림 1.5 회전 (직교)텐서 $\mathbf{R}$는 임의의 벡터 $\boldsymbol{r}$을 $\boldsymbol{n}$에 평행한 축 주위로 반시계 방향으로 각도 α만큼 회전시켜 $\mathbf{R} \cdot \boldsymbol{r} = \boldsymbol{r}^{*}$를 만든다.

이때 **R**을 식 (1.304)에 도입한 반대칭 텐서를 쌍대벡터(여기서 $\boldsymbol{n}$)로 나타내는 기호법을 사용하면 연산자법으로 아래와 같이 나타낼 수 있다.

$$\mathbf{R} = \cos\alpha\,\mathbf{I} + (1-\cos\alpha)\,\boldsymbol{nn} + \sin\alpha\,\boldsymbol{n}\times \tag{1.322}$$

증명 단위벡터 $\boldsymbol{n}$과 평행하고 원점 O를 통하는 축 주위로 각도 α (반시계 방향)만큼의 강체 회전을 생각해 보자. 그림 1.5에서 볼 수 있듯이 원점 O에 대하여 위치벡터 $\boldsymbol{r}$을 가지는 점 P가 반경이 $r\sin\beta$ 이고 (여기서 $r = \|\boldsymbol{r}\|, \beta = \angle\mathrm{PON}$) 중심이 N(회전축상의 점 P의 투영임)인 원내에서 위치 벡터가 $\boldsymbol{r}^*$인 점 P^*까지 움직인다. $\boldsymbol{r}^*$를 선분 ON, NM, MP*에 따른 벡터의 합으로서 간주할 수 있으며 여기서 M은 NP 위로의 P^*의 투영(projection)이다. 그리고 크기와 방향을 점검함으로써 이들 벡터들이 각각 $(\boldsymbol{n}\cdot\boldsymbol{r})\boldsymbol{n}$, $(\boldsymbol{r}-(\boldsymbol{n}\cdot\boldsymbol{r})\boldsymbol{n})\cos\alpha$와 $(\boldsymbol{n}\times\boldsymbol{r})\sin\alpha$ 이라는 것을 알 수 있다.

예를 들어 MP*의 크기는 $\mathrm{NP}^*\sin\alpha = \mathrm{NP}\sin\alpha = r\sin\beta\sin\alpha = \|\boldsymbol{n}\times\boldsymbol{r}\|\sin\alpha$ 이며 또한 $\boldsymbol{n}\times\boldsymbol{r}$은 MP*의 정확한 방향을 결정한다. 따라서 다음과 같이 나타낼 수 있다.

$$\begin{aligned}\boldsymbol{r}^* = \mathbf{R}\cdot\boldsymbol{r} &= (\boldsymbol{n}\cdot\boldsymbol{r})\boldsymbol{n} + (\boldsymbol{r}-(\boldsymbol{n}\cdot\boldsymbol{r})\boldsymbol{n})\cos\alpha + (\boldsymbol{n}\times\boldsymbol{r})\sin\alpha \\ &= \boldsymbol{r}\cos\alpha + (\boldsymbol{n}\cdot\boldsymbol{r})\boldsymbol{n}(1-\cos\alpha) + (\boldsymbol{n}\times\boldsymbol{r})\sin\alpha \\ &= (\cos\alpha\,\mathbf{I} + (1-\cos\alpha)\,\boldsymbol{nn} + \sin\alpha\,\boldsymbol{n}\times)\cdot\boldsymbol{r}\end{aligned} \tag{1.323}$$

따라서 회전 텐서 **R**는 식 (1.322)의 형태를 가짐이 증명된다. ■

이해를 돕기 위하여 식 (1.323)를 원점 O에서의 3차원 Cartesian 좌표계 즉 3수직 좌표축 $\{y_k\}$과 세 정규 (단위)기저벡터의 집합$\{\boldsymbol{e}_k\}$(단 $\boldsymbol{e}_i\cdot\boldsymbol{e}_j = \delta_{ij}$만족)를 사용하여 행렬표현식에서 ($i$ 방향의) 성분형태로 나타내면 다음과 같다.

$$y_i^* = y_i\cos\alpha + (n_k y_k)n_i(1-\cos\alpha) + e_{ijk}n_j y_k\sin\alpha^* = R_{ik}y_k$$

여기서

$$R_{ik} = \delta_{ik}\cos\alpha + n_i n_k(1-\cos\alpha) + e_{ijk}n_j\sin\alpha \tag{1.324}$$

[단 위에서 $\boldsymbol{r}^* = y_i^*\boldsymbol{e}_i$, $\boldsymbol{r} = y_i\boldsymbol{e}_i$, $\boldsymbol{n} = n_i\boldsymbol{e}_i$, $\boldsymbol{n}\cdot\boldsymbol{r} = n_i y_i$, $(\boldsymbol{n}\times\boldsymbol{r})_i = e_{ijk}n_j y_k$, $\mathbf{I}(i,j) = \delta_{ij}$ 등을 이용하였다.]

위 식에서 R_{ik}는 위치 벡터 $\boldsymbol{r}$을 벡터 $\boldsymbol{r}^*$로 보내는 선형 연산자 **R**의 성분이라는 것을 알 수 있으며, $\boldsymbol{r}^* = \mathbf{R}\cdot\boldsymbol{r}$ (1.323)에서 상법칙에 의해 회전텐서 $\mathbf{R}$는 Cartesian 2차 텐서(CT2)임이 틀림 없다. 즉 임의의 벡터 $\boldsymbol{r}$가 선형연산자 $\mathbf{R}$에 의해 회전되는 동안 좌표계는 변화지 않고 그대로 남아 있으므로, 절대벡터에 대한 텐서변환법칙의 경우와 달리 $\mathbf{R}$는 좌표변환텐서[가령 1.7절에 소개한 $\mathrm{A}=\left(a_i^{\ j}\right)$나 $\mathrm{B}=\left(b^i_{\ j}\right)$와 달리]가 아닌 선형연산자(CT2)임에 유의해야한다.

$\mathbf{R}$에 대한 역 연산자(inverse operator)는 같은 축 주위로 각 $-\alpha$ 만큼 (혹은 반대축인 $-\boldsymbol{n}$ 주위로 각 α 만큼 복귀) 하는 회전을 뜻한다. 즉 다음과 같다.

$$R_{ik}^{\ -1} = \delta_{ik}\cos(-\alpha) + n_i n_k[1-\cos(-\alpha)] + e_{ijk}n_j\sin(-\alpha)\, ik^{-1}$$

$$= \delta_{ik}\cos\alpha + n_i n_k(1-\cos\alpha) - e_{ijk}n_j\sin\alpha \qquad (1.325)$$

위 식에서 δ_{ik} 와 $n_i n_k$ 의 대칭 특성 그리고 e_{ijk} 의 반대칭 특성에 의해 $R_{ik}^{\ -1} = R_{ki}$ 임을 지적해 둔다. 따라서 행렬 형태로는 다음과 같다.

$$\mathrm{R}^{-1} = \mathrm{R}^{\mathrm{T}}$$

즉 회전 행렬 R_{ik} 가 직교 행렬임을 보여준다.

한편 식 (1.325)을 블럭 (텐서 또는 행렬) 형태로 나타내면 아래와 같다.

$$\mathbf{R}^{-1} = (\cos\alpha)\mathbf{I} + (1-\cos\alpha)\boldsymbol{nn} - \sin\alpha\,\boldsymbol{n}\times \qquad (1.326)$$

그런데 위 식은 식 (1.322)의 전치와 같으므로 ($\because \boldsymbol{n}\times$ 는 식 (1.304)로 정의된 반대칭 텐서임) 다시 한번 $\mathbf{R}$은 직교 텐서 즉 $\mathbf{R}^{\mathrm{T}} = \mathbf{R}^{-1}$ 임이 입증된다. 또한 $\mathbf{R}\cdot\boldsymbol{n} = \cos\alpha\,\boldsymbol{n} + (1-\cos\alpha)\boldsymbol{n} = \boldsymbol{n}$ 이 성립되므로 $\boldsymbol{n}$ 은 $\mathbf{R}$의 고유치 1에 대응하는 고유벡터임을 알 수 있다 [뒷 절 참조].
여기서 위에서 언급한 선형연산자로서의 회전연산자 $\mathbf{R}$의 응용에 관한 예제 하나를 소개하겠다.

예제 1.16

(a) 만약 (3차원 Cartesian 좌표계에서) 식 (1.322)의 회전 텐서 $\mathbf{R}$이 주어졌다면 이로부터 회전축 방향의 단위 (고유) 벡터 $\boldsymbol{n}$과 회전각도 $\alpha(0<\alpha<2\pi)$를 $\mathbf{R}$의 항으로 나타내어라.

(b) 또한 임의의 벡터를 단위벡터 $\boldsymbol{n}$에 나란한 축 주위로 반시계방향으로 α 만큼 회전시키는 회전행렬 $\mathbf{R}$을 $\mathbf{R}=e^{\alpha\boldsymbol{n}\times}$로도 나타낼 수 있음을 증명하라.

풀이

(a) 식 (1.322)에서 $\mathrm{Tr}(\boldsymbol{nn}) = n_i n_i = 1$ 이고 $\mathrm{Tr}(\boldsymbol{n}\times) = 0$ 이므로

$$\mathrm{Tr}\,\mathbf{R} = 3\cos\alpha + (1-\cos\alpha) = 2\cos\alpha + 1$$

이다. 따라서 $\cos\alpha = \frac{1}{2}(\text{Tr}\,\mathbf{R}-1)$ 이 된다. 또한 $\mathbf{R}-\mathbf{R}^{\mathrm{T}}(=\mathbf{R}^{-1}) = 2\sin\alpha\,\boldsymbol{n}\times$ 이므로 다음과 같다.

$$\boldsymbol{n} = \frac{\mathbf{R}-\mathbf{R}^{\mathrm{T}}}{2\sin\alpha} \quad (\text{단 } \alpha \neq 0, \text{ 또는 } \pi)$$

(b) $e^{\alpha\boldsymbol{n}\times}$ 를 $e^{x} = 1 + x + \frac{x^2}{2!} + \frac{x^3}{3!} + \cdots$ 을 이용하여 $\alpha\boldsymbol{n}\times$ 항으로 Taylor급수 전개하면 아래와 같다.

$$e^{\alpha\boldsymbol{n}\times} = \mathbf{I} + \alpha\boldsymbol{n}\times + \frac{\alpha^2}{2}(\boldsymbol{n}\times)^2 + \frac{\alpha^3}{6}(\boldsymbol{n}\times)^3 + \cdots$$

그런데 항등관계 $(\boldsymbol{n}\times)^2 = \boldsymbol{n}\boldsymbol{n} - \mathbf{I}$, $(\boldsymbol{n}\times)^3 = -\boldsymbol{n}\times$ 를 위에 대입하고 정리하면

$$\begin{aligned} e^{\alpha\boldsymbol{n}\times} &= \left(1 - \frac{\alpha^2}{2} + \cdots\right)\mathbf{I} + \left(\frac{\alpha^2}{2} - \cdots\right)\boldsymbol{n}\boldsymbol{n} + \left(\alpha - \frac{\alpha^3}{6} + \cdots\right)\boldsymbol{n}\times \\ &= \cos\alpha\mathbf{I} + (1-\cos\alpha)\boldsymbol{n}\boldsymbol{n} + \sin\alpha\,\boldsymbol{n}\times \end{aligned}$$

가 되어 증명된다. (단 위에서 삼각함수와 Taylor 전개 공식인 $\cos\alpha = 1 - \frac{\alpha^2}{2} + \cdots$ 및 $\sin\alpha = \alpha - \frac{\alpha^3}{6} + \cdots$를 이용하였다.)

한편 회전 직교텐서 $\mathbf{R}$에 관하여 연산자 표현법에 기초를 두어 지금까지 논의하고 증명한 방법과 달리 앞 절에서 소개한 Levi-Civita 순열텐서 기호를 이용한 일반 (혼합형)2차 텐서의 성분으로 식 (1.322) 및 그의 직교성을 이하에서 「별해」로 증명해 보기로 한다.

별 해

지금 $\exp\left(\phi^{k}{}_{l}\right)$을 다음과 같이 정의되는 혼합성분 $\phi^{k}{}_{l}$을 갖는 (절대)2차 텐서 $\boldsymbol{\Phi}$의 지수함수라고 하자.

$$\phi^{k}{}_{l} = -\varepsilon^{k}{}_{lm}\phi^{m} \tag{1.327}$$

여기서 $\varepsilon^{k}{}_{lm} = g_{lp}g_{mn}\varepsilon^{kpn}$, ϕ^{m}은 절대벡터 $\boldsymbol{\phi}(=\boldsymbol{n}\,\|\boldsymbol{\phi}\|)$의 반변성분으로 아래와 같은 크기 $\theta = \|\boldsymbol{\phi}\|$ 를 갖는다[단 $\|\mathbf{A}\| = (\mathbf{A}\cdot\mathrm{A})^{1/2} = \left(A^{p}A_{p}\right)^{1/2}$ 참조]

$$\|\boldsymbol{\phi}\| = \left(\phi^{m}\phi_{m}\right)^{1/2} \equiv \theta,\ \phi^{m} = \theta n^{m}\ (\because \boldsymbol{\phi} = \theta\boldsymbol{n}) \tag{1.328}$$

여기서 $\boldsymbol{n}=n^m \boldsymbol{g}_m$은 $\boldsymbol{\phi}$와 같은 방향의 단위벡터(즉 $\boldsymbol{n} \cdot \boldsymbol{n}=1$)이다.

이때 아래와 같은 혼합성분을 갖는 2차 텐서(혹은 행렬) $\mathbf{R}$는 앞에서 소개한 어떤 물질(혹은 위치벡터 $\boldsymbol{r}$)을 $\boldsymbol{n}$축 주위로 각도 θ만큼 반시계방향으로 회전시키는 (정상) 직교 회전연산자(즉 $\mathbf{R}^{-1}=\mathbf{R}^{\mathrm{T}}$)이다[식 (1.322) 혹은 (1.324) 참조 - 단 회전각 α대신 여기서는 편의상 θ로 표시].

$$R^k{}_l \equiv \exp\left(\phi^k{}_l\right)=\delta^k{}_l \cos\theta+(1-\cos\theta) n^k n_l-\varepsilon^k{}_{lm} n^m \sin\theta \tag{1.329}$$

[주의: 반변, 공변의 구별이 없는 Cartesian 좌표계의 경우 $\varepsilon_{ijk}=\varepsilon^{ijk}=e_{ijk}$이므로 식 (1.329)는 식 (1.324)로 쉽게 환원됨을 알 수 있다. 단 $\varepsilon^k{}_{lm}=-\varepsilon^k{}_{ml}$이용.]

증명 2차 텐서 $\boldsymbol{\Phi}$(혹은 행렬)의 지수함수 $\exp(\boldsymbol{\Phi})$는 보통 1변수 함수 e^x의 경우처럼 아래와 같이 $\boldsymbol{\Phi}=0$때의 값 $\mathbf{I}$ 주위의 $\boldsymbol{\Phi}$에 대한 멱급수로 Taylor 전개할 수 있다(예제 1.16(b) 참조).

$$\exp(\boldsymbol{\phi})=\mathbf{I}+\frac{1}{1!}\boldsymbol{\phi}+\frac{1}{2!}\boldsymbol{\phi}^2+\frac{1}{3!}\boldsymbol{\phi}^3+\cdots \tag{1.330 a}$$

혹은 혼합성분 표시법으로

$$\exp\left(\phi^k{}_l\right)=\delta^k{}_l+\frac{1}{1!}\phi^k{}_l+\frac{1}{2!}\phi^k{}_\alpha \phi^\alpha{}_l+\frac{1}{3!}\phi^k{}_\alpha \phi^\alpha{}_\beta \phi^\beta{}_l+\cdots \tag{1.330 b}$$

지금 식 (1.330b)를 식 (1.328)에서 정의된 $\boldsymbol{\phi}$의 단위벡터 $\boldsymbol{n}$ 및 크기 θ항으로 나타내보면 아래와 같다. 위 식 우편의 셋째 항은 식 (1.327)의 정의에 의해 아래와 같이 된다.

$$\begin{aligned}
\phi^k{}_\alpha \phi^\alpha{}_l &= \phi^{km}\phi_{ml}=\left(-\varepsilon^{kmp}\phi_p\right)\left(-\varepsilon_{mlq}\phi^q\right) \\
&= -\varepsilon^{mkp}\varepsilon_{mlq}\phi_p\phi^q=-\left(\delta^k{}_l\delta^p{}_q-\delta^p{}_l\delta^k{}_q\right)\phi_p\phi^q \\
&= \theta^2\left(n^k n_l-\delta^k{}_l\right)
\end{aligned} \tag{1.331}$$

다시 이 식의 결과를 이용하면 식 (1.330b)의 우편의 넷째 항은 아래와 같이 된다.

$$\begin{aligned}
\phi^k{}_\alpha \phi^\alpha{}_\beta \phi^\beta{}_l &= \theta^2\left(n^k n_\beta-\delta^k{}_\beta\right)\phi^\beta{}_l \\
&= \theta^2\left(n^k n_\beta-\delta^k{}_\beta\right)\left(-\varepsilon^\beta{}_{lm}\phi^m\right) \\
&= -\theta^3\varepsilon^\beta{}_{lm}n^k n_\beta n^m+\theta^3\varepsilon^k{}_{lm}n^m
\end{aligned} \tag{1.332}$$

그런데 식 (1.332)의 첫 번째 항은 아래와 같은 첨자교환 및 Levi-Civita 텐서의 성질에 의하여 0이 됨을 알 수 있다($\because\ a = -a \rightarrow a = 0$).

$$\varepsilon^{\beta}{}_{lm} n^m n_{\beta} = \varepsilon_{plm} n^p n^m = -\varepsilon_{mlp} n^p n^m = -\varepsilon_{plm} n^m n^p = 0 \tag{1.333}$$

따라서 아래 식을 얻는다.

$$\phi^k{}_{\alpha} \phi^{\alpha}{}_{\beta} \phi^{\beta}{}_l = \theta^3 \varepsilon^k{}_{lm} n^m \tag{1.334}$$

마찬가지 논리로 식 (1.330b)의 우편의 다섯 번째 항은 아래와 같이 유추(약간 복잡하지만)할 수 있다.

$$\phi^k{}_{\alpha} \phi^{\alpha}{}_{\beta} \phi^{\beta}{}_{\gamma} \phi^{\gamma}{}_l = \theta^4 \left(\delta^k{}_l - n^k n_l\right) \tag{1.335}$$

따라서 식 (1.330b)의 우편은 식 (1.331) - (1.335)의 결과를 대입하여 정리하면 아래와 같이 된다.

$$\begin{aligned} \exp\left(\phi^k{}_l\right) &= \delta^k{}_l \left(1 - \frac{\theta^2}{2!} + \frac{\theta^4}{4!} - \cdots\right) + n^k n_l \left(\frac{\theta^2}{2!} - \frac{\theta^4}{4!} + \frac{\theta^6}{6!} - \cdots\right) \\ &\quad - \varepsilon^k{}_{lm} n^m \left(\theta - \frac{\theta^3}{3!} + \frac{\theta^5}{5!} - \cdots\right) \\ &= \delta^k{}_l \cos\theta + (1 - \cos\theta) n^k n_l - \varepsilon^k{}_{lp} n^p \sin\theta \end{aligned} \tag{1.336}$$

여기서 $\exp\left(\phi^k{}_l\right) = R^k{}_l$로 두면 식 (1.329)가 증명된다. ■

이번에는 식 (1.329)로 정의된 회전텐서 **R**가 직교텐서 (즉 $\mathbf{R}^{-1} = \mathbf{R}^{\mathrm{T}}$)임을 증명해 보자. 이 경우 이에 해당하는 행렬(직접) 혹은 성분(첨자)표시는 아래를 만족해야 한다.

$$\mathrm{R}\mathrm{R}^{\mathrm{T}} = \mathrm{R}^{\mathrm{T}}\mathrm{R} = \mathrm{I}, \qquad R^k{}_l \overset{(\mathrm{T})}{R^l{}_m} \left(= R^k{}_l R_m{}^l\right) = \delta^k{}_m \tag{1.337}$$

증명 식 (1.336)에서 전치행렬(단 요소전치를 이용)에 관한 아래의 식이 성립된다.

$$\overset{(\mathrm{T})}{R^l{}_m} = R_m{}^l = \delta_m{}^l \cos\theta + (1 - \cos\theta) n_m n^l + \varepsilon^l{}_{mq} n^q \sin\theta \tag{1.338}$$

단 이 식을 구함에 있어서 식 (1.336)의 $k \rightarrow l$, $l \rightarrow m$으로 첨자를 치환하고, 또 식

(1.336)에서 (위)행 k와 (아래)열 l의 역할이 (요소)전치의 (아래)행 l과 (위)열 k로 바꾸어짐에 유의해야한다. 이 결과 식 (1.338)의 우편의 맨 끝항은 치환 후 식 (1.336)의 $\varepsilon^k{}_{lp}n^p$가 $\varepsilon_m{}^l{}_q n^q = -\varepsilon^l{}_{mq}n^q$(단 첨자 $p \to q$로 둠)로 변했기 때문에 얻어진 것이다.

그러면 이 결과를 이용하여 행렬표현식의 $(\mathrm{RR}^{\mathrm{T}})^k{}_m$에 관한 아래의 식이 얻어질 수 있다.

$$
\begin{aligned}
(\mathrm{RR}^{\mathrm{T}})^k{}_m = R^k{}_l \overset{(\mathrm{T})}{R^l{}_m} = R^k{}_l R_m{}^l \\
&= \delta^k{}_m \cos^2\theta + n^k n_m \left[2(1-\cos\theta)\cos\theta + (1-\cos\theta)^2\right] \\
&\quad + \varepsilon^k{}_{mq} n^q \sin\theta\cos\theta - \varepsilon^k{}_{mp} n^p \sin\theta\cos\theta \\
&\quad + \varepsilon^l{}_{mq} n^k n_l n^q (1-\cos\theta)\sin\theta \\
&\quad - \varepsilon^k{}_{lp} n^p n^l n_m (1-\cos\theta)\sin\theta - \varepsilon^k{}_{lp}\varepsilon^l{}_{mq} n^p n^q \sin^2\theta
\end{aligned} \tag{1.339}
$$

그런데 위 식의 우편에 있는 아래에 나타낸 항들은 식 (1.333)의 결과를 얻을 때와 비슷한 논리(첨자교환 및 순열텐서의 성질 이용)에 의하여 각각 다음과 같이 변형될 수 있다.

$$
\varepsilon^k{}_{lp} n^p n^l = 0 = \varepsilon^l{}_{mq} n_l n^q \tag{1.340}
$$

$$
\begin{aligned}
\varepsilon^k{}_{lp}\varepsilon^l{}_{mq} n^p n^q &= -\varepsilon^l{}_{mq}\varepsilon_l{}^{kp} n_p n^q = -\varepsilon_{rmq}\varepsilon^{rkp} n_p n^q \\
&= -\left(\delta^k{}_m \delta^p{}_q - \delta^k{}_q \delta^p{}_m\right) n_p n^q = n^k n_m - \delta^k{}_m
\end{aligned} \tag{1.341}
$$

[식 (1.341)에서는 '$\varepsilon - \delta$ 항등관계'인 식 (1.283)을 이용하였다.]

여기서 얻어진 식 (1.340) 및 (1.341)의 결과를 식 (1.339)의 우편에 대입하고 간단히 하면 아래의 최종결과를 얻어 식 (1.337)이 증명된다.

$$
R^k{}_l \overset{(\mathrm{T})}{R^l{}_m} = R^k{}_l R_m{}^l = \delta^k{}_m \leftrightarrow \mathrm{R}^{\mathrm{T}} = \mathrm{R}^{-1} \qquad \blacksquare
$$

다음에는 식 (1.329)로 정의된 (정상) 직교 회전연산자 $\mathbf{R}$의 타당성을 조사하기 위하여 아래의 간단한 테스트를 해보기로 한다. $\mathbf{R}$의 정의 (그림 1.5 참조)에서 만약 임의의 벡터 $\boldsymbol{r}$이 $\boldsymbol{n}$라면 당연히 $\mathbf{R} \cdot \boldsymbol{n} = \boldsymbol{n}$가 되어야 한다. 즉 이의 행렬표현식에서 얻어지는 새로운 벡터의 k반변성분은 n^k가 되어야 한다. 이를 위하여 식 (1.329)에서 $\mathrm{R} = (R^k{}_l)$를 대입하여 $(\mathbf{R} \cdot \boldsymbol{n})^k$ 혹은 이의 행렬표시인 $(\mathrm{R}\,\boldsymbol{n})^k$를 구하면 아래가 된다.

$$(\mathrm{R}\,\boldsymbol{n})^k = R^k{}_l n^l = n^l \exp(\phi^k{}_l) \tag{1. 342}$$

$$= n^k \cos\theta + (1-\cos\theta) n^k n_l n^l - \varepsilon^k{}_{lm} n^l n^m \sin\theta = n^k$$

따라서 $\mathbf{R} \cdot \boldsymbol{n} = \boldsymbol{n}$(혹은 $\mathrm{R}\,\boldsymbol{n} = \boldsymbol{n}$)가 성립되어 직교 회전연산자 $\mathbf{R}$의 개념의 타당성이 증명된다. 또한 이 결과는 다음 절에 소개되는 '고유벡터(eigenvector)'의 개념에 의하면, $\boldsymbol{n}$축 주위로 반시계 방향으로 θ 각도 만큼 회전시키는 고유연산자 $\mathbf{R}$에 대한 고유벡터 $\boldsymbol{n}$의 고유치는 1임을 알 수 있다. 끝으로 만약 $\boldsymbol{n}$축을 Cartesian 직교좌표계의 양(+)의 z으로 간주하면 $\boldsymbol{n} = \boldsymbol{k} = (0\ 0\ 1)^{\mathrm{T}}$가 되므로 이를 식 (1.329)에 대입하고, 또 $\varepsilon^k{}_{lm} \rightarrow e_{klm}$가 됨을 이용하면 회전연산자 $\mathbf{R}$의 행렬표현식은 아래가 됨을 쉽게 알 수 있다.

$$(R^k{}_l) = \begin{pmatrix} \cos\theta & -\sin\theta & 0 \\ \sin\theta & \cos\theta & 0 \\ 0 & 0 & 1 \end{pmatrix} \tag{1. 343 a}$$

이 식에서 전치에 관한 두 종류의 정의가 같아지는 Cartesian 좌표계에서 전치행렬 R^{T}(통상의 전치법 즉 대각선 주위로 행과 열을 교환)를 구하면 아래가 된다.

$$\mathrm{R}^{\mathrm{T}} = \begin{pmatrix} \cos\theta & \sin\theta & 0 \\ -\sin\theta & \cos\theta & 0 \\ 0 & 0 & 1 \end{pmatrix} \tag{1. 343 b}$$

이로부터 $\mathrm{RR}^{\mathrm{T}} = \mathrm{R}^{\mathrm{T}}\mathrm{R} = \mathrm{I}$, $\det(\mathrm{R}) = +1$되어 식 (1.329)로 정의된 회전텐서(단 $\boldsymbol{n} = \boldsymbol{k}$)는 (정상) 직교 텐서(행렬)임을 쉽게 알 수 있다. 그리고 식 (1.343a)의 결과식은 Cartesian 좌표계에서 물질(혹은 위치벡터 $\boldsymbol{r}$)을 고정하고, 좌표계를 z축 주위로 시계방향으로 각도 θ만큼 회전 시켰을 때 이의 (Cartesian)텐서 변환에 해당하는 식과 동일함을 밝혀둔다.

■ 1. 16 2차 텐서의 고유치, 고유벡터 및 주 불변량

정의 : 만약 $\mathbf{T}$는 (절대)2차 텐서일 때 $\mathbf{0}$이 아닌 임의의 (절대)벡터 $\boldsymbol{v}$에 대해 아래 관계(텐서 혹은 행렬표현)가 성립한다고 하면,

$$\mathbf{T} \cdot \boldsymbol{v} = \lambda \boldsymbol{v} \leftrightarrow \mathrm{T}\boldsymbol{v} = \lambda \boldsymbol{v} \tag{1. 344}$$

벡터 $\boldsymbol{v}$를 선형연산자 $\mathbf{T}$의 '고유벡터(eigenvector)', '주벡터(principal vector)', 혹은 '특성벡터

(characteristic vector)'라 부르며, 스칼라 λ를 '고유치(eigenvalue)', '주치(principal value)', 혹은 '특성치(characteristic value)'라고도 부른다. 만약 위 식이 성립한다면 $\mathbf{T}$의 멱급수에 관한 아래 식도 성립한다.

$$\mathbf{T}^k \cdot \boldsymbol{v} = \lambda^k \boldsymbol{v} \tag{1.345}$$

증명 $\mathbf{T}^2 \cdot \boldsymbol{v} = (\mathbf{T} \cdot \mathbf{T}) \cdot \boldsymbol{v} = \mathbf{T} \cdot (\mathbf{T} \cdot \boldsymbol{v}) = \lambda \mathbf{T} \cdot \boldsymbol{v} = \lambda^2 \boldsymbol{v}$가 되어 위 식의 $k=2$가 증명된다. 그리고 식 (1.345)가 성립된다면 $\mathbf{T}^{k+1} \cdot \boldsymbol{v} = \mathbf{T}(\mathbf{T}^k \cdot \boldsymbol{v}) = \lambda^k (\mathbf{T} \cdot \boldsymbol{v}) = \lambda^{k+1} \boldsymbol{v}$가 되어 귀납법(induction method)에 의해 모든 $k (\geq 2)$에 대해 성립하게 된다. ■

식 (1.344)를 다시 쓰면 텐서 및 행렬표현식의 각각에 대해 아래가 된다.

$$(\mathbf{T} - \lambda \mathbf{I}) \cdot \boldsymbol{v} = \mathbf{0} \leftrightarrow (\mathrm{T} - \lambda \mathrm{I}) \boldsymbol{v} = \mathbf{0} \tag{1.346}$$

그런데 $\boldsymbol{v} \neq 0$이므로 아래의 관계가 성립되어야 한다.

$$\det(\mathbf{T} - \lambda \mathbf{I}) = 0 \leftrightarrow \det(\mathrm{T} - \lambda \mathrm{I}) = 0 \tag{1.347}$$

위 식에서 $\det(\mathbf{T} - \lambda \mathbf{I})$를 $\mathbf{T}$의 고유치 λ를 구하기 위한 $\mathbf{T}$의 '특성다항식(characteristic polynomial)'이라고 한다. 선형대수 이론에 의하면 만약 E^n 공간에서 식 (1.347)을 만족하는 2차 텐서 $\mathbf{T}$의 n개의 서로 다른 고유치가 존재한다면 식 (1.346)을 만족하는 n개의 선형독립(linearly independent)인 고유벡터 $\boldsymbol{v}$도 발견할 수가 있다. 만약 n개의 고유치 중 k개가 같다면 [즉 다중도(multiplicity or degeneracy)가 k임] $\mathbf{T}$의 선형독립인 고유벡터의 수는 $n-k$로 축소될 것이다. 그러나 그와 같은 경우에도 적당한 방법에 의하여 n개의 선형독립인 고유벡터의 집합을 형성할 수가 있다.

1.16.1 2차 텐서의 유사변환

만약 두 개의 (절대)2차 텐서 $\mathbf{T}$ 및 $\mathbf{S}$가 같은 고유치(혹은 같은 특성식)를 갖는다면 서로 '유사(similar)'하다고 한다. 한편 1.7절 (혹은 표 A1.1)에 언급한 행렬법에 의한 2차 (혼합)텐서의 변환법칙에서 두 곡선좌표계 $\boldsymbol{x}$와 $\bar{\boldsymbol{x}}$사이에 좌표변환행렬 $\mathrm{A} = (a_i{}^j) = \left(\dfrac{\partial x^j}{\partial \bar{x}^i}\right)$ 및 $\mathrm{B} = (b^i{}_j) = \left(\dfrac{\partial \bar{x}^i}{\partial x^j}\right)$를 이용한 아래의 관계(성분 및 행렬 표시)가 성립된다.

$$\overline{T}^k{}_l = b^k{}_\alpha a_l{}^\beta T^\alpha{}_\beta \leftrightarrow \overline{\mathrm{T}} = \mathrm{BTA}^{\mathrm{T}} = \mathrm{BTB}^{-1} \tag{1.348}$$

혹은 이의 역변환으로서

$$T^k{}_l = a_\alpha{}^k b^\beta{}_l \overline{T}^\alpha{}_\beta \leftrightarrow \mathrm{T} = \mathrm{A}^{\mathrm{T}}\overline{\mathrm{T}}\mathrm{B} = \mathrm{B}^{-1}\overline{\mathrm{T}}\mathrm{B} \tag{1.349}$$

먼저 식 (1.348)에서 반변 변환행렬 $\mathrm{B} = \mathrm{P}$로 두고, 변환된 $\overline{\mathrm{T}} = \mathrm{S}$로 두고, 두 2차 텐서 **T**와 **S**의 행렬 표현식 사이에는 아래의 고유치(즉 특성식)가 같은 '유사변환(similarity transformation)' 관계가 성립된다.

$$\mathrm{S} = \mathrm{PTP}^{-1} \tag{1.350}$$

(증명) $\det(\mathrm{S} - \lambda\mathrm{I}) = \det(\mathrm{PTP}^{-1} - \mathrm{P}\lambda\mathrm{IP}^{-1})(\because \lambda\mathrm{I} = \mathrm{P}\lambda\mathrm{IP}^{-1})$

$= \det[\mathrm{P}(\mathrm{T} - \lambda\mathrm{I})\mathrm{P}^{-1}]$

$= \det(\mathrm{P})\det(\mathrm{T} - \lambda\mathrm{I})\det(\mathrm{P}^{-1}) = \det(\mathrm{T} - \lambda\mathrm{I})(\because \det(\mathrm{P}^{-1}) = (\det\mathrm{P})^{-1})$

따라서 두 특성식 $\det(\mathrm{S} - \lambda\mathrm{I}) = \det(\mathrm{T} - \lambda\mathrm{I})$가 성립되어, 행렬 T와 S의 고유치가 같으므로 2차 텐서 **T**와 **S**는 유사변환 관계에 있다고 하였다. ■

만약 식 (1.350)이 성립된다면 아래의 유사관계도 성립된다.

$$\mathrm{S}^n = \mathrm{PT}^n\mathrm{P}^{-1} \tag{1.351}$$

여기서 n은 2보다 큰 양의 정수이다.

(증명) 식 (1.350)에서 아래가 성립된다.

$$\mathrm{S}^2 = (\mathrm{PTP}^{-1})(\mathrm{PTP}^{-1}) = \mathrm{PT}^2\mathrm{P}^{-1}$$

$$\mathrm{S}^3 = \mathrm{SS}^2 = (\mathrm{PTP}^{-1})(\mathrm{PT}^2\mathrm{P}^{-1}) = \mathrm{PT}^3\mathrm{P}^{-1}$$

앞의 경우와 마찬가지로 귀납법에 의해 위 식이 증명될 수 있다[비고 : 식 (1.345)의 증명의 경우처럼 행렬표현식 대신 직접 텐서식을 이용해도 동일한 증명이 가능하다]. ■

한편 2차 텐서(행렬) T와 S의 유사관계를 나타냄에 있어서, 식 (1.350)로 나타낸 반변 변환행렬 $\mathrm{P}(=\mathrm{B})$를 사용하는 대신 공변 변환행렬 $\mathrm{A}(=a_i{}^j)$를 사용하여 나타낼 수도 있다. 즉 식 (1.348)에서 $\mathrm{A}^{\mathrm{T}} = \mathrm{Q}$로 두고, $\mathrm{B}^{-1} = \mathrm{A}^{\mathrm{T}}$에서 $\mathrm{B} = \mathrm{Q}^{-1}$가 되므로 식 (1.350)은 $\mathrm{Q}(=\mathrm{P}^{-1})$를 사용하여 아래와 같이 나타낼 수도 있다.

$$S = Q^{-1}TQ \tag{1.352}$$

이 식에서도 T와 S의 유사변환 관계 즉 같은 고유치(혹은 특성식)를 가짐이 아래와 같이 증명된다.

(증명) $\det(S-\lambda I) = \det(Q^{-1}TQ - Q^{-1}\lambda IQ)$

$$= \det[Q^{-1}(T-\lambda I)Q]$$

$$= \det(Q^{-1})\det(T-\lambda I)\det Q = \det(T-\lambda I) \ (\because \det(Q^{-1}) = (\det Q)^{-1})$$

따라서 S와 T의 특성식이 같으므로 고유치도 같아져 유사관계가 증명된다. ■

만약 식 (1.352)가 성립된다면 식 (1.351)의 경우와 마찬가지로 아래의 일반화된 (고유치가 서로 같은) 유사관계가 성립된다.

$$S^n = Q^{-1}T^nQ \tag{1.353}$$

여기서 n은 2보다 큰 양의 정수이다.

(증명) 식 (1.352)에서 아래가 연속적으로 성립된다.

$$S^{(2)} = (Q^{-1}TQ)(Q^{-1}TQ) = Q^{-1}T^2Q$$

$$S^{(3)} = SS^2 = (Q^{-1}TQ)(Q^{-1}T^2Q) = Q^{-1}T^3Q$$

역시 귀납법에 의하여 식 (1.353)이 증명될 수 있다. ■

1.16.2 실 대칭 2차 텐서의 고유치와 고유벡터

E^3 공간에서 임의의 2차 텐서(행렬) **A**는 3개의 (서로 다른 혹은 중첩된) 고유치와 이에 대응하는 3개의 (선형독립인) 고유벡터를 가지는데, 특성방정식 (1.347)은 λ에 대한 3차 방정식으로서 A의 3개의 가능한 고유치 $\lambda^{(1)}$, $\lambda^{(2)}$, $\lambda^{(3)}$가 반드시 (실수 또는 복소수 형태로) 주어져야만 한다. 실계수를 가진 3차 방정식은 3개의 실근 또는 2개의 복소수 공액근(complex conjugate)과 1개의 실근을 가져야 한다. 그러나 (실수)대칭행렬 A에 대해서는 3개의 근은 모두 실수인 중요한 성질을 갖고 있다.

증명 식 (1.344)에서 T를 A로, v를 $\boldsymbol{x}$로 바꾸고, 양변의 공액 복소수를 취하면 다음과 같다.

$$A\bar{\boldsymbol{x}} = \bar{\lambda}\bar{\boldsymbol{x}}$$

여기서 $\bar{\lambda}$는 λ의 공액 복소수(복소수가 가능한 λ로 설정)이고 $\bar{\boldsymbol{x}}$는 성분이 $\boldsymbol{x}$성분의 공액복소수인 3×1 열벡터이다. 위 식은 λ가 (복소수) 고유벡터 $\boldsymbol{x}$ 를 가진 A의 복소수 고유치이면 $\bar{\lambda}$는 고유벡터 $\bar{\boldsymbol{x}}$를 가진 (공액) 복소수 고유치이다. 다음은 간단한 행렬 조작을 보여준다.

$$\begin{aligned}
\bar{\boldsymbol{x}}^{T} A\boldsymbol{x} &= \bar{\boldsymbol{x}}^{T}(\lambda\boldsymbol{x}) = \lambda(\bar{\boldsymbol{x}}^{T}\boldsymbol{x}) \\
&= (\bar{\boldsymbol{x}}^{T} A\boldsymbol{x})^{T} && \text{(1×1 행렬을 전치하면)} \\
&= \boldsymbol{x}^{T} A^{T}\bar{\boldsymbol{x}} = \boldsymbol{x}^{T} A\bar{\boldsymbol{x}} && \text{(A가 대칭이므로)} \\
&= \boldsymbol{x}^{T}(\bar{\lambda}\bar{\boldsymbol{x}}) = \bar{\lambda}(\boldsymbol{x}^{T}\bar{\boldsymbol{x}}) = \bar{\lambda}(\bar{\boldsymbol{x}}^{T}\boldsymbol{x})
\end{aligned}$$

더욱이 $\boldsymbol{x}$의 요소와 그의 복소 공액인 $\bar{\boldsymbol{x}}$의 요소를 곱함으로써 얻어질 수 있는 $\bar{\boldsymbol{x}}^{T}\boldsymbol{x}$는 $\boldsymbol{x}$ 가 0이 될 수 없고 공액을 가진 복소수의 곱은 절대값의 제곱과 같기 때문에 명백하게 실수이며 양의 값을 갖는다.

위의 관계식에서 실수인 $(\bar{\boldsymbol{x}}^{T}\boldsymbol{x})$를 소거함으로써 $\lambda = \bar{\lambda}$, 즉 고유치 λ가 실수임을 이끌어 낼 수 있다. ■

또한 실 대칭행렬 A의 고유치, 고유벡터에 관한 또 다른 중요한 성질로서 만약 3×3행렬 A의 세 고유치가 모두 다르다면, 이들에 대응하는 세 고유벡터는 상호 수직이라는 것이다.

증명 위의 경우와 비슷한 방법을 따른다. 일관성을 잃지 않고 A의 세 고유벡터 중 $\boldsymbol{x}^{(1)}$과$\boldsymbol{x}^{(2)}$를 고려한다면 정의에 의하여 아래의 관계식이 성립된다.

$$A\boldsymbol{x}^{(1)} = \lambda^{(1)}\boldsymbol{x}^{(1)}$$

그리고

$$A\boldsymbol{x}^{(2)} = \lambda^{(2)}\boldsymbol{x}^{(2)}$$

그러므로

$$(\boldsymbol{x}^{(2)})^{T} A\boldsymbol{x}^{(1)} = \lambda^{(1)}(\boldsymbol{x}^{(2)})^{T}\boldsymbol{x}^{(1)}$$

$$= \left[(\boldsymbol{x}^{(2)})^{\mathrm{T}} \mathrm{A} \boldsymbol{x}^{(1)} \right]^{\mathrm{T}}$$

$$= (\boldsymbol{x}^{(1)})^{\mathrm{T}} \mathrm{A}^{\mathrm{T}} \boldsymbol{x}^{(2)} = (\boldsymbol{x}^{(1)})^{\mathrm{T}} \mathrm{A} \boldsymbol{x}^{(2)} \qquad \text{(A가 대칭이므로)}$$

$$= (\boldsymbol{x}^{(1)})^{\mathrm{T}} \lambda^{(2)} \boldsymbol{x}^{(2)} = \lambda^{(2)} (\boldsymbol{x}^{(1)})^{\mathrm{T}} \boldsymbol{x}^{(2)}$$

$$= \lambda^{(2)} (\boldsymbol{x}^{(2)})^{\mathrm{T}} \boldsymbol{x}^{(1)} \qquad \text{(1×1 행렬(스칼라)의 숫자를 바꿈)}$$

$\lambda^{(1)} \neq \lambda^{(2)}$이라면 아래의 항등성은 단지 내적 $\boldsymbol{x}^{(2)} \cdot \boldsymbol{x}^{(1)} = (\boldsymbol{x}^{(2)})^{\mathrm{T}} \boldsymbol{x}^{(1)} = 0$일 때만 성립할 수 있다.

$$\lambda^{(1)} \left[(\boldsymbol{x}^{(2)})^{\mathrm{T}} \boldsymbol{x}^{(1)} \right] = \lambda^{(2)} \left[(\boldsymbol{x}^{(2)})^{\mathrm{T}} \boldsymbol{x}^{(1)} \right]$$

즉 A의 서로 다른 고유치(즉 $\lambda^{(1)} \neq \lambda^{(2)}$)에 해당하는 두 고유벡터 $\boldsymbol{x}^{(1)}$과 $\boldsymbol{x}^{(2)}$의 스칼라적은 0임을 의미함으로써 위 성질을 증명한다. ■

만일 3×3 실 대칭행렬 A의 세 고유치중 2개 (또는 3개)가 같다면 (즉 대수적 다중도가 2 또는 3) 해당하는 (선형 독립인) 고유벡터를 선택할 여지는 위의 경우에 비하여 훨씬 많아지나, 아래와 같이 정규직교성을 갖는 세 고유벡터의 집합을 만드는 것이 항상 가능하다(단 고유벡터 $\boldsymbol{x}^{(i)}$를 크기 $\|\boldsymbol{x}^{(i)}\|$로 나누어 단위 고유벡터로 표시함).

$$\boldsymbol{x}^{(i)} \cdot \boldsymbol{x}^{(j)} = (\boldsymbol{x}^{(i)})^{\mathrm{T}} \boldsymbol{x}^{(j)} = \delta^{ij} = \begin{cases} 0 & (i \neq j) \\ 1 & (i = j) \end{cases} \tag{1.354}$$

실 대칭행렬 A의 세 고유벡터를 $[\boldsymbol{x}^{(1)} \boldsymbol{x}^{(2)}\ \boldsymbol{x}^{(3)}]$와 같이 3×3 행렬의 열벡터로 나타내고, 이를 Q라 하면 아래가 성립된다.

$$\mathrm{Q} = [\boldsymbol{x}^{(1)} \boldsymbol{x}^{(2)} \boldsymbol{x}^{(3)}] \leftrightarrow \mathrm{Q}^{\mathrm{T}} = [\boldsymbol{x}^{(1)} \boldsymbol{x}^{(2)} \boldsymbol{x}^{(3)}]^{\mathrm{T}} \tag{1.355}$$

단 위 식에서 $\boldsymbol{x}^{(i)}$는 (바로 선) 열벡터, $(\boldsymbol{x}^{(i)})^{\mathrm{T}}$는 (누운) 행벡터를 나타낸다. 따라서 Q의 j열이 $\boldsymbol{x}^{(j)}$ 벡터이므로 i행 j열 요소인 $Q_i{}^j = (\boldsymbol{x}^{(j)})_i$가 된다. 반면에 Q^{T}의 i행이 $(\boldsymbol{x}^{(i)})^{\mathrm{T}}$ 벡터이므로 $\mathrm{Q}^{\mathrm{T}}(i, j) = (\boldsymbol{x}^{(i)})_j = Q_j{}^i$가 되므로 아래의 관계식이 성립된다.

$$(\mathrm{Q}^{\mathrm{T}}\mathrm{Q})(i, j) = \boldsymbol{x}^{(i)} \cdot \boldsymbol{x}^{(j)} = \delta^{ij}, \quad \mathrm{Q}^{\mathrm{T}}\mathrm{Q} = \mathrm{I}, \quad \mathrm{Q}^{\mathrm{T}} = \mathrm{Q}^{-1} \tag{1.356}$$

즉 식 (1.355)에 의해 실 대칭행렬 A의 3 (정규화된) 고유기저벡터로 이루어진 행렬 Q는 직교행렬임을 알 수 있다.

만약 행렬식 $\det Q$의 값이 $+1$이 아닌 -1이 된다면 고유치의 순서를 변화시킴으로써 행렬식의 값이 $+1$인 고유(정상)직교 행렬을 만들 수 있다. 예로서 $\lambda^{(1)}$ 대신에 $\lambda^{(2)}$를 취하면 $\boldsymbol{x}^{(1)}$과 $\boldsymbol{x}^{(2)}$의 순서를 바꾸게 되어 행렬의 두 열을 상호 교환하는 효과를 가진다. 식 (1.354)의 관계는 유지되는 반면에 행렬식의 부호만 바뀌게 되어 소기의 목적을 달성하게 된다. 물론 식 (1.240)로부터 A의 세 고유벡터로 된 행렬의 행렬식은 스칼라 삼중적 $(\boldsymbol{x}^{(1)} \times \boldsymbol{x}^{(2)}) \cdot \boldsymbol{x}^{(3)}$과 같다.

예제 1.17

다음을 증명하라.

(a) 실계수 반대칭(skew-symmetric) 행렬의 고유치는 순허수이거나 0이다.

(b) 실계수 직교(orthogonal) 행렬의 고유치는 그 절대치가 1이다.

풀이

(a) A를 반대칭 행렬(즉 $A^T = -A$)이라 하고, λ를 A의 고유치, $\boldsymbol{x}$를 대응하는 고유벡터라고 하자. 그러면 다음과 같다.

$$A\boldsymbol{x} = \lambda \boldsymbol{x} \tag{i}$$

A가 실계수 행렬이라도 고유치 및 고유벡터가 복소수일 가능성이 있다. 따라서 식 (i)의 좌변에 $\bar{\boldsymbol{x}}^T$(여기서 $\bar{\boldsymbol{x}}$는 $\boldsymbol{x}$의 공액임)를 곱하면 $\bar{\boldsymbol{x}}^T A\boldsymbol{x} = \bar{\boldsymbol{x}}^T \lambda \boldsymbol{x} = \lambda \bar{\boldsymbol{x}}^T \boldsymbol{x}$을 얻는다.

$\bar{\boldsymbol{x}} \cdot \boldsymbol{x} = \bar{\boldsymbol{x}}^T \boldsymbol{x} = \bar{x}_1 x_1 + \cdots + \bar{x}_n x_n = |x_1|^2 + \cdots + |x_n|^2$은 실수(>0)이고 $\boldsymbol{x} \neq 0$이므로 이것의 값은 0은 아니다. 그러므로 양변을 나누어서

$$\lambda = \frac{\bar{\boldsymbol{x}}^T A \boldsymbol{x}}{\bar{\boldsymbol{x}}^T \boldsymbol{x}} \tag{ii}$$

을 얻을 수 있다.

지금 실 반대칭 행렬의 정의에서 $A^T = -A$ 및 $\bar{A} = A$와 $(AB)^T = B^T A^T$을 이용한다. 식 (ii)에서 분모는 양의 실수이므로 분자만을 주목하면 $|x|$ 행렬(즉 스칼라)이므로 전치를 행하면 동일하므로

$$\bar{\boldsymbol{x}}^T A\boldsymbol{x} = (\bar{\boldsymbol{x}}^T A\boldsymbol{x})^T = \boldsymbol{x}^T A^T \bar{\boldsymbol{x}} = -\boldsymbol{x}^T A \bar{\boldsymbol{x}} = -\overline{(\bar{\boldsymbol{x}}^T A\boldsymbol{x})} \tag{iii}$$

이 된다. 즉

$$\bar{\boldsymbol{x}}^T A\boldsymbol{x} = -\overline{(\bar{\boldsymbol{x}}^T A\boldsymbol{x})} \tag{iv}$$

이다. 그래서 이것은 복소수 $c = a + ib$로서 공액복소수 $\bar{c} = a - ib$의 음의 값과 같다.

즉 $a + ib = -(a - ib)$이다. 그러므로 $a = 0$이고 c는 순허수이거나 0이 된다. 식 (ii)의 $\bar{\boldsymbol{x}}^T \boldsymbol{x}$로 나누어도 λ는 순허수 또는 $\lambda = 0$이 된다.

(b) A를 (실)직교 행렬(즉 $A^T = A^{-1}$)이라 하자. 식 (i)과 그것의 공액전치(단 $\overline{A} = A$ 임)

$$A\boldsymbol{x} = \lambda \boldsymbol{x} \text{ 와 } \quad (A\overline{\boldsymbol{x}})^T = (\overline{\lambda}\overline{\boldsymbol{x}})^T = \overline{\lambda}\overline{\boldsymbol{x}}^T$$

에서 두 개의 좌변과 두 개의 두변을 곱하면 다음과 같다.

$$(A\overline{\boldsymbol{x}})^T A\boldsymbol{x} = \overline{\lambda}\,\lambda\,\overline{\boldsymbol{x}}^T\boldsymbol{x} = |\lambda|^2\overline{\boldsymbol{x}}^T\boldsymbol{x}$$

반면에 A가 직교 행렬 즉 $A^T = A^{-1}$이므로 좌변에서

$$(A\overline{\boldsymbol{x}})^T A\boldsymbol{x} = \overline{\boldsymbol{x}}^T A^T A\boldsymbol{x} = \overline{\boldsymbol{x}}^T A^{-1} A\boldsymbol{x} = \overline{\boldsymbol{x}}^T I\boldsymbol{x} = \overline{\boldsymbol{x}}^T\boldsymbol{x}$$

을 얻는다. 두 사실에서 $\overline{\boldsymbol{x}}^T\boldsymbol{x} = |\lambda|^2\,\overline{\boldsymbol{x}}^T\boldsymbol{x}$이다. 여기서 $\overline{\boldsymbol{x}}^T\boldsymbol{x}\,(\neq 0)$을 나누면 $|\lambda|^2 = 1$이 되므로 $|\lambda| = 1$이다. 따라서 실계수 직교 행렬의 고유치는 크기(절대치)가 1인 복소수(즉 $\lambda = e^{i\theta}$의 형태)임이 증명된다.

1.16.3 실 대칭행렬의 대각화

식 (1.344)의 기호로 도로 돌아가서, E^3 공간에서 실 대칭행렬 T의 3 정규화된 고유(기저)벡터 $\boldsymbol{u}_k (\equiv \boldsymbol{v}_k/\|\boldsymbol{v}_k\|)\,(k = 1, 2, 3)$라 할 때 앞 절의 논의에 따라 $\boldsymbol{u}_k \cdot \boldsymbol{v}_l = \delta_{kl}$이 성립한다. 이제 T를 대각화(diagonalization)시키는 방법에 대하여 생각해보자. 우선 주어진 곡선좌표계 x^k에 대한 $\boldsymbol{u}_k$의 j번째 반변성분을 아래와 같이 $u^j{}_k$로 나타낸다.

$$(\boldsymbol{u}_k)^j (= \boldsymbol{u}_k \cdot \boldsymbol{g}^j) = u^j{}_k \tag{1.357}$$

그리고 식 (1.344)를 정규화된 고유벡터 $\boldsymbol{u}_k$항으로 다시 쓰면 아래와 같다.

$$T\boldsymbol{u}_k = \lambda_{\underline{k}}\boldsymbol{u}_k \quad (n.s.\ \text{for}\ k) \tag{1.358}$$

혹은 성분표시법으로 아래가 된다.

$$T^i{}_j u^j{}_k = \lambda_{\underline{k}} u^i{}_k = \lambda_{\underline{k}} \delta^n{}_k u^i{}_n \equiv \overline{T}^n{}_k u^i{}_n \tag{1.359}$$

여기서

$$\overline{T}^n{}_k = \lambda_{\underline{k}} \delta^n{}_k = \Lambda^n{}_k \quad (n.s.\ \text{for}\ k) \tag{1.360}$$

즉 변환된 행렬($\overline{T}^n{}_k$)는 아래와 같이 대각선 요소에만 T의 3 고유치를 갖는 대각화된 행렬이다.

$$(\overline{T}^n{}_k) = (\Lambda^n{}_k) = \begin{pmatrix} \lambda_1 & 0 & 0 \\ 0 & \lambda_2 & 0 \\ 0 & 0 & \lambda_3 \end{pmatrix} \tag{1.361}$$

여기서 2차 텐서 **T**의 주어진 좌표계에 대한 행렬표현 $\mathrm{T} = (T^i{}_j)$를 **T**의 3 정규화된 고유(기저)벡터 $\boldsymbol{u}_k$에 바탕을 둔 좌표변환 행렬을 사용하여 식 (1.361)로 나타낸 대각화된 행렬 $\overline{\mathrm{T}} = (\overline{T}^n{}_k)$로 변환시키는 방법으로는 통상 식 (1.348)의 정의로부터 두 가지 방법이 있는데, 그 중 먼저 공변변환 행렬 $\mathrm{A} \equiv \mathrm{Q}^{\mathrm{T}}$(혹은 $\mathrm{Q} = \mathrm{A}^{\mathrm{T}}$)를 이용하는 방법부터 설명하기로 한다(이때 $\mathrm{Q}^{-1} = \mathrm{B}$가 된다 $\therefore \mathrm{B}^{-1} = \mathrm{A}^{\mathrm{T}}$). 이를 위해 아래와 같은 정의를 행한다.

$$u^j{}_k [= (\boldsymbol{u}_k)^j] \equiv Q^j{}_k [= \mathrm{Q}(j,k)] \tag{1.362}$$

따라서 이의 행렬(직접)표현은 아래가 된다.

$$\mathrm{Q} = (Q^j{}_k) = [\boldsymbol{u}_1\, \boldsymbol{u}_2\, \boldsymbol{u}_3] = \begin{pmatrix} u^1{}_1 & u^1{}_2 & u^1{}_3 \\ u^2{}_1 & u^2{}_2 & u^2{}_3 \\ u^3{}_1 & u^3{}_2 & u^3{}_3 \end{pmatrix} \tag{1.363}$$

[주의 : 변환행렬 Q에 대한 식 (1.355)의 정의 $\mathrm{Q} = (\mathrm{Q}_i{}^j) = (\boldsymbol{x}^{(j)})_i$에서는 j열이 정규화된 고유(기저)벡터 $\boldsymbol{x}^{(i)}$를 나타내며, 식 (1.363)의 정의 $\mathrm{Q} = (\mathrm{Q}^j{}_k)$에서도 마찬가지로 k열이 정규화된 고유벡터 $\boldsymbol{u}_k$를 나타냄에 유의해야 한다.]

이제 식 (1.362)의 정의를 이용하여 식 (1.359)의 왼편은 $\mathrm{T}^i{}_j \mathrm{Q}^j{}_k$가 되고, 오른편은 $\mathrm{Q}^i{}_n \overline{\mathrm{T}}^n{}_k$가 되어 아래가 성립된다.

$$T^i{}_j Q^j{}_k = Q^i{}_n \overline{T}^n{}_k = Q^i{}_n \Lambda^n{}_k \tag{1.364 a}$$

혹은 직접 (행렬)표기법으로

$$\mathrm{TQ} = \mathrm{Q}\overline{\mathrm{T}} = \mathrm{Q}\Lambda \tag{1.364 b}$$

여기서 양변의 왼편에 Q^{-1}(단 $\det\mathrm{Q} \neq 0$)를 곱하면 **T**의 대각화에 대한 아래의 결과식을 얻는다.

$$\overline{\mathrm{T}} = \mathrm{Q}^{-1}\mathrm{TQ} = \Lambda \tag{1.365}$$

이 결과는 (혼합)2차텐서 **T**에 대한 변환법칙 (1.348)과 일치한다(단 $\mathrm{Q} = \mathrm{A}^{\mathrm{T}}$, $\mathrm{Q}^{-1} = \mathrm{B}$).

다음에는 식 (1.362)로 정의된 변환행렬 Q가 직교행렬인가를 조사해보자. 먼저 실 대칭행렬 **T**의 정규화된 3 고유기저벡터 $\boldsymbol{u}_k$의 정의식에서 아래가 성립한다.

$$\boldsymbol{u}_k \cdot \boldsymbol{u}_l = \delta_{kl} = (\boldsymbol{u}_k)^i \boldsymbol{g}_i \cdot (\boldsymbol{u}_l)^j \boldsymbol{g}_j = g_{ij} u^i{}_k u^j{}_l \tag{1.366}$$

여기에 $Q^j{}_k$의 정의식 (1.362)를 이용하면 아래가 된다.

$$g_{ij} Q^i{}_k Q^j{}_l = Q^i{}_k Q_{il} \overset{(\mathrm{T})}{=} Q_{li} Q^i{}_k = \delta_{kl} \tag{1.367}$$

이를 직접 (행렬)표현으로 나타내면 아래가 된다.

$$\mathrm{Q}^{\mathrm{T}}\mathrm{Q} = \mathrm{I}, \quad \mathrm{Q}^{\mathrm{T}} = \mathrm{Q}^{-1} \tag{1.368}$$

따라서 식 (1.362)로 정의된 Q는 직교(변환)행렬이 증명되었고, 이로부터 식 (1.365)는 아래로 나타낼 수도 있다.

$$\overline{\mathrm{T}} = \mathrm{Q}^{\mathrm{T}}\mathrm{T}\mathrm{Q} = \Lambda \tag{1.369}$$

별 해

여기서는 위에서 얻어진 실 대칭행렬 T의 $\mathrm{Q}(=\mathrm{A}^{\mathrm{T}})$에 의한 대각화 대신, 반변 변환행렬 $\mathrm{B}[=(\mathrm{A}^{\mathrm{T}})^{-1} = \mathrm{Q}^{-1} = \mathrm{P}]$(식 (1.348) 참조)를 사용하여 대각화시키는 방법에 대해 논하고자 한다. 그러기 위하여 식 (1.362) 대신 아래와 같이 정의한다.

$$u^j{}_k [= (\boldsymbol{u}_k)^j] \equiv P_k{}^j \ (\text{단 } \boldsymbol{u}_k \cdot \boldsymbol{u}_l = \delta_{kl} \text{ 만족시}) \tag{1.370}$$

[주의 : $P_k{}^j = (\mathrm{Q}^{-1})(k, j) = \mathrm{Q}^{\mathrm{T}}(k, j) = \mathrm{Q}(j, k) = Q^j{}_k$임에 유의해야 한다.]
여기서 변환텐서 **P**의 행렬표현은 아래와 같다.

$$\mathrm{P} = (P_k{}^j) = \begin{pmatrix} u^1{}_1 & u^2{}_1 & u^3{}_1 \\ u^1{}_2 & u^2{}_2 & u^3{}_2 \\ u^1{}_3 & u^2{}_3 & u^3{}_3 \end{pmatrix} \tag{1.371}$$

위 식에서 $\mathrm{P} = [\boldsymbol{u}_1\, \boldsymbol{u}_2\, \boldsymbol{u}_3]^{\mathrm{T}} = \mathrm{Q}^{\mathrm{T}} = \mathrm{Q}^{-1}$임을 알 수 있다. 또한 식 (1.371)의 전치를 취하면 $\mathrm{P}^{\mathrm{T}} = [\boldsymbol{u}_1\, \boldsymbol{u}_2\, \boldsymbol{u}_3]$가 되어 아래의 관계가 성립된다.

$$\mathrm{P}\mathrm{P}^{\mathrm{T}} = [\boldsymbol{u}_1\, \boldsymbol{u}_2\, \boldsymbol{u}_3]^{\mathrm{T}} [\boldsymbol{u}_1\, \boldsymbol{u}_2\, \boldsymbol{u}_3] = \mathrm{I} \quad (\because \boldsymbol{u}_i \cdot \boldsymbol{u}_j = \delta_{ij}) \tag{1.372}$$

따라서 식 (1. 370)으로 정의된 변환행렬 P도 직교행렬(즉 $P^{-1} = P^T$)임을 알 수 있다. 식 (1.359)에 식 (1.370)의 정의를 대입하면 아래식을 얻을 수 있다.

$$T^i{}_j P_k{}^j (= \overset{(T)}{P^j{}_k}) = P_n{}^i (= \overset{(T)}{P^i{}_n}) \overline{T}^n{}_k (= \Lambda^n{}_k) \tag{1. 373}$$

따라서 이를 직접 (행렬)표현으로 나타내면 아래가 된다.

$$TP^T = P^T\overline{T} = P^T\Lambda \tag{1. 374}$$

이 식의 양변의 왼편에 P를 곱하고, $P^T = P^{-1}$를 이용하면 아래의 직교 변환행렬 P에 의한 실 대칭행렬 T의 대각화가 얻어진다.

$$\overline{T} = PTP^T = PTP^{-1} = \Lambda \tag{1. 375}$$

이상에서 본 바와 같이 일단 실 대칭행렬 T의 3 정규직교 고유벡터 $\boldsymbol{u}_k$(여기서 $\boldsymbol{u}_k \cdot \boldsymbol{u}_l = \delta_{kl}$ 성립)가 식 (1.346)으로부터 구해지면 직교 좌표변환 행렬 $Q(=P^{-1})$나 P가 얻어지고, 이로부터 식 (1.369) 또는 (1.375)에 의해 T의 대각화가 이루어진다. 그리고 T와 $\overline{T}(=\Lambda)$는 유사 변환 관계에 있으므로 고유치(혹은 특성식)가 같다.

예제 1.18

E^3 공간에서 아래에 주어지는 실 대칭행렬 A의 고유치 및 고유벡터를 구하고, 이를 이용하여 A의 대각화를 행하여라.

$$A = \begin{pmatrix} 3 & 2 & 0 \\ 2 & 3 & 0 \\ 0 & 0 & 9 \end{pmatrix}$$

풀이

A의 세 고유치 λ를 구하기 위한 특성방정식 (식 1.347)은 아래와 같다.

$$\begin{vmatrix} 3-\lambda & 2 & 0 \\ 2 & 3-\lambda & 0 \\ 0 & 0 & 9-\lambda \end{vmatrix} = 0$$

위 행렬식을 전개하여 λ에 관한 3차 다항식으로 전개하면 아래가 된다.

$$f(\lambda) = (\lambda-1)(\lambda-5)(\lambda-9) = 0$$

따라서 3 실수 고유치는 $\lambda_1=1$, $\lambda_2=5$, $\lambda_3=9$가 보여준다. 다음에는 아래의 식 (1.346)을 만족하는 세 고유벡터 $\boldsymbol{v}$를 구해보자.

$$(\mathrm{A}-\lambda\mathrm{I})\boldsymbol{v}=\mathbf{0}$$

먼저 $\lambda=\lambda_1=1$에 해당하는 고유벡터 $\boldsymbol{v}$를 구하기 위해 이의 (Cartesian) 성분을 v_1, v_2, v_3으로 나타내고 위 식에 대입하여 풀면 아래의 3식을 얻는다.

$$2v_1+2v_2=0, \quad 2v_1+2v_2=0, \quad 8v_3=0$$

이 3식의 해를 구하면 $v_3=0$, $v_1=c$, $v_2=-c$(여기서 c는 임의의 상수)을 얻는다. 따라서 $\lambda_1=1$에 해당하는 크기가 1인 정규화된 고유벡터 $\boldsymbol{u}_1=\boldsymbol{v}_1/\|\boldsymbol{v}\|$을 구하면 아래가 된다.

$$\boldsymbol{u}_1=\frac{1}{\sqrt{2}\,c}\begin{pmatrix} c \\ -c \\ 0 \end{pmatrix}=\frac{1}{\sqrt{2}}\begin{pmatrix} 1 \\ -1 \\ 0 \end{pmatrix}$$

마찬가지 절차에 의하여 정규화된 고유벡터 $\boldsymbol{u}_2$ 및 $\boldsymbol{u}_3$를 구하면 아래와 같다.

$$\lambda=\lambda_2=5: \quad \boldsymbol{u}_2=\frac{1}{\sqrt{2}}\begin{pmatrix} 1 \\ 1 \\ 0 \end{pmatrix},$$

$$\lambda=\lambda_3=9: \quad \boldsymbol{u}_3=\frac{1}{\sqrt{2}}\begin{pmatrix} 0 \\ 0 \\ \sqrt{2} \end{pmatrix}$$

위 결과를 보면 실 대칭행렬 A의 3 정규고유벡터 $\boldsymbol{u}_1, \boldsymbol{u}_2, \boldsymbol{u}_3$는 전술한 바와 같이 정규직교조건 $\boldsymbol{u}_i\cdot\boldsymbol{u}_j=\delta_{ij}$를 만족함을 알 수 있다. 다음에는 이로부터 A의 대각화를 얻기위한 직교변환행렬 $\mathrm{Q}=(Q^j{}_k)$ 및 $\mathrm{P}=(P_k{}^j)$를 각각 식 (1.363) 및 (1.371)로부터 구하면 아래와 같다.

$$\mathrm{Q}=\frac{1}{\sqrt{2}}\begin{pmatrix} 1 & 1 & 0 \\ -1 & 1 & 0 \\ 0 & 0 & \sqrt{2} \end{pmatrix}, \quad \mathrm{P}(=\mathrm{Q}^{-1}=\mathrm{Q}^{\mathrm{T}})=\frac{1}{\sqrt{2}}\begin{pmatrix} 1 & -1 & 0 \\ 1 & 1 & 0 \\ 0 & 0 & \sqrt{2} \end{pmatrix}$$

먼저 Q를 사용하여 식 (1.369)로부터 A의 대각화 $\overline{\mathrm{A}}=\Lambda$를 구하면 아래가 된다.

$$\overline{\mathrm{A}}=\mathrm{Q}^{\mathrm{T}}\mathrm{AQ}=\frac{1}{2}\begin{pmatrix} 1 & -1 & 0 \\ 1 & 1 & 0 \\ 0 & 0 & \sqrt{2} \end{pmatrix}\begin{pmatrix} 3 & 2 & 0 \\ 2 & 3 & 0 \\ 0 & 0 & 9 \end{pmatrix}\begin{pmatrix} 1 & 1 & 0 \\ -1 & 1 & 0 \\ 0 & 0 & \sqrt{2} \end{pmatrix}$$
$$=\begin{pmatrix} 1 & 0 & 0 \\ 0 & 5 & 0 \\ 0 & 0 & 9 \end{pmatrix}$$

다음에는 반변 직교변환행렬 P를 사용하여 식 (1.375)로부터 아래와 같이 A의 대각화를 구해도 위와 같은 결과를 얻는다($\because \mathrm{P}^{-1}=\mathrm{Q}, \mathrm{P}=\mathrm{Q}^{-1}=\mathrm{Q}^{\mathrm{T}}$).

$$\overline{\mathrm{A}}=\mathrm{PAP}^{\mathrm{T}}=\begin{pmatrix} 1 & 0 & 0 \\ 0 & 5 & 0 \\ 0 & 0 & 9 \end{pmatrix}$$

1. 16. 3. 1 2차원 대칭행렬에 대한 Mohr 원 작성

2차원 유클리드 공간에 대한 벡터와 텐서의 변환에 대한 공식은 실제의 상황에서 과학자나 엔지니어들에게 자주 필요하다. 예로 고체역학에서 평면 변형과 평면응력 문제의 분석 등이 있다. 특히 2차원 직교 Cartesian 좌표계에서 주어진 정규 직교 기저 $\{\boldsymbol{i}_1, \boldsymbol{i}_2\}$에서 벡터 $\boldsymbol{u}$는 성분 $\{u_1, u_2\}$를 가지고 2차 텐서 $\mathbf{T}$는 아래와 같이 성분으로 이루어진 2×2 행렬을 가진다.

$$\begin{pmatrix} T_{11} & T_{12} \\ T_{21} & T_{22} \end{pmatrix}$$

이와는 별도로 (크기와 방향에 있어서) 위치에 무관한 '정규직교 삼면조(orthonormal triad)'를 형성(즉 $\boldsymbol{i}_p \cdot i_q = \delta_{pq}$)하는 세 기저 $\{\boldsymbol{i}_1, \boldsymbol{i}_2, \boldsymbol{i}_3\}$를 가진 직교 3차원 Cartesian 좌표계에서 $\boldsymbol{i}_3$축을 고정하고 나머지 두 기저의 변화를 고려하여 0이 아닌 $\boldsymbol{u}$의 성분 u_3와 $\mathbf{T}$의 성분 $T_{13}, T_{23}, T_{31}, T_{32}, T_{33}$을 무시하면 위에 나타낸 2차원에 해당한다(그림 1.6 참조).

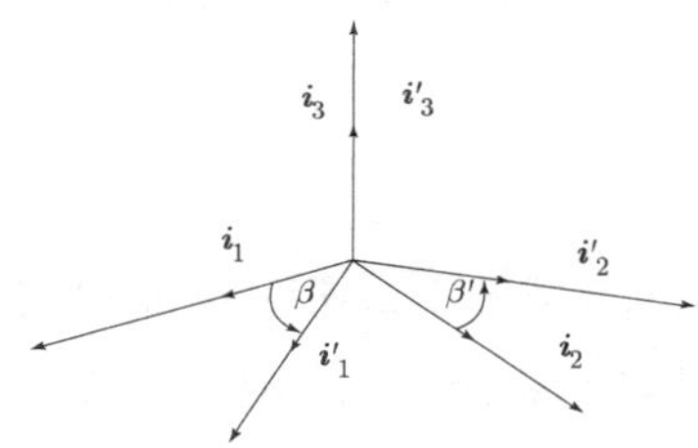

그림 1.6 단위벡터 $\boldsymbol{i}_1, \boldsymbol{i}_2, \boldsymbol{i}_3$를 $\boldsymbol{i}_1', \boldsymbol{i}_2', \boldsymbol{i}_3'$로 $\boldsymbol{i}_3$ 방향에 대해 각도 θ 만큼 반시계 방향으로 회전시키는 변환.

이때 두 기저벡터의 집합 $\{\boldsymbol{i}_1', \boldsymbol{i}_2'\}$와 $\{\boldsymbol{i}_1, \boldsymbol{i}_2\}$[혹은 두 Cartesian 좌표계 $\{y_1', y_2'\}$와 $\{y_1, y_2\}$] 사이에는 아래와 같은 변환관계가 성립된다.

$$\boldsymbol{i}_j' = l_{jp}\boldsymbol{i}_p \leftrightarrow \boldsymbol{i}_j = l_{pj}\boldsymbol{i}_p' \qquad (j,\, p = 1, 2) \tag{1.376}$$

여기서

$$\mathrm{L} = (l_{jp}) = (\boldsymbol{i}_j' \cdot \boldsymbol{i}_p) = \begin{pmatrix} \cos\theta & \sin\theta \\ -\sin\theta & \cos\theta \end{pmatrix} \tag{1.377}$$

(증명) 먼저 2차원 평면으로 축소되기 전의 3차원 Cartesian 좌표계 사이의 변환을 생각해보자. 이 경우 반변, 공변의 구별이 없으며, 또한 임의의 벡터 $\boldsymbol{a}$의 m 좌표성분 $a_m = \boldsymbol{a} \cdot \boldsymbol{i}_m$ $(m = 1, 2, 3)$의 관계에서 아래의 변환식이 성립된다.

$$\boldsymbol{i}_j{}' = (\boldsymbol{i}_j{}')_p \boldsymbol{i}_p = l_{jp} \boldsymbol{i}_p \quad (j, p = 1, 2, 3) \tag{1.378}$$

여기에서

$$l_{jp} = \boldsymbol{i}_j{}' \cdot \boldsymbol{i}_p = \cos(y_i{}', y_p) = \frac{\partial y_p}{\partial y_j{}'} = \frac{\partial y_j{}'}{\partial y_p} \tag{1.379}$$

마찬가지로 역변환은 아래가 된다.

$$\boldsymbol{i}_p = (\boldsymbol{i}_p)_j \boldsymbol{i}_j{}' = l_{jp} \boldsymbol{i}_j{}' \quad (j, p = 1, 2, 3) \tag{1.380}$$

따라서 식 (1.378)과 (1.380)에서 $\boldsymbol{i}_3 (= \boldsymbol{i}_3{}')$축이 고정된 2차원 평면간의 변환식 (1.376)도 증명된다. 그리고 그림 1.6에서 $l_{11} = \boldsymbol{i}_1{}' \cdot \boldsymbol{i}_1 = \cos\theta$, $l_{12} = \boldsymbol{i}_1{}' \cdot \boldsymbol{i}_2 = \cos(\frac{\pi}{2} - \theta)$, $= \sin\theta$, $l_{21} = \boldsymbol{i}_2{}' \cdot \boldsymbol{i}_1 = \cos(\frac{\pi}{2} + \theta) = -\sin\theta$, $l_{22} = \boldsymbol{i}_2{}' \cdot \boldsymbol{i}_2 = \cos\theta$가 되어 식 (1.377)이 증명된다. ■

사실 위 식은 3차원 (Cartesian) 좌표계에도 그대로 확장(이 경우 $l_{33} = 1$, 기타 0)될 수 있다. 따라서 3차원 일반 곡선좌표계의 행렬법에 의한 기저벡터간의 변환 관계식 (1.162)와 (1.163)과 위 식을 비교해보면, 3차원 Cartesian 좌표계의 경우 $\boldsymbol{g}_k = \boldsymbol{g}^k = \boldsymbol{i}_k$가 되고, $a_i{}^j = b^i{}_j = l_{ij}$(즉 $\mathrm{A} = \mathrm{B} = \mathrm{L}$)임을 쉽게 알 수 있다. 또한 3차원 Cartesian의 경우 위 l_{ij}의 정의식으로부터 $\mathrm{L} = [\boldsymbol{i}_1{}' \ \boldsymbol{i}_2{}' \ \boldsymbol{i}_3{}']^{\mathrm{T}}$ 및 $\mathrm{L}^{\mathrm{T}} = [\boldsymbol{i}_1{}' \ \boldsymbol{i}_2{}' \ \boldsymbol{i}_3{}']$가 되고, $\boldsymbol{i}_p{}' \cdot \boldsymbol{i}_q{}' = \delta_{pq}$의 관계로부터 식 (1.356)과 식 (1.362)의 직교 변환행렬 Q(사실 Cartesian 좌표계의 경우 $\mathrm{L} = \mathrm{Q}^{\mathrm{T}} = \mathrm{P}$가 됨)를 논할 때와 같은 원리로 위 식에서 정의한 변환행렬 $\mathrm{L} = (l_{ij})$는 직교 변환행렬 즉 $\mathrm{L}^{\mathrm{T}} = \mathrm{L}^{-1}$가 되어 아래의 관계를 만족한다.

$$(\mathrm{L}\,\mathrm{L}^{\mathrm{T}})(p, q) = l_{pm} l_{qm} = (\mathrm{L}^{\mathrm{T}}\,\mathrm{L})(p, q) = l_{mp} l_{mq} = \delta_{pq} \tag{1.381}$$

또한 절대벡터간의 변환식 (1.164) ~ (1.165) 및 (절대)2차 텐서간의 변환식 (1.166) ~ (1.167)로부터 3차원 Cartesian 좌표계사이의 회전변환의 경우 $\mathrm{A} = \mathrm{B} = \mathrm{L}$을 대입하면 각각 아래의 변환식이 성립된다.

$$\overline{v}_i = l_{ij} v_j \ \leftrightarrow \ v_i = l_{ji} v_j{}' \tag{1.382}$$

$$\overline{T}_{ij} = l_{im} l_{jn} T_{mn} \ \leftrightarrow \ T_{ij} = l_{mi} l_{nj} T_{mn}{}' \tag{1.383}$$

이제 원래의 물질이 그림 1.6에 나타낸 두 개의 2차원 Cartesian 좌표계 사이의 회전변환에 의한 2차 텐서 $\mathbf{T}$의 좌표변환 관계를 식 (1.377)을 사용하여 행렬식(표 A1.1 참조)으로 나타내면 아래가 된다.

$$\begin{pmatrix} T_{11}' & T_{12}' \\ T_{21}' & T_{22}' \end{pmatrix} = \begin{pmatrix} \cos\theta & \sin\theta \\ -\sin\theta & \cos\theta \end{pmatrix} \begin{pmatrix} T_{11} & T_{12} \\ T_{21} & T_{22} \end{pmatrix} \begin{pmatrix} \cos\theta & -\sin\theta \\ \sin\theta & \cos\theta \end{pmatrix}$$

즉

$$\mathrm{T}' = \begin{pmatrix} T_{11}\cos^2\theta + T_{22}\sin^2\theta & -T_{11}\sin\theta\cos\theta + T_{22}\sin\theta\cos\theta \\ +T_{12}\sin\theta\cos\theta + T_{21}\sin\theta\cos\theta & +T_{12}\cos^2\theta - T_{21}\sin^2\theta \\ & \\ -T_{11}\sin\theta\cos\theta + T_{22}\sin\theta\cos\theta & T_{11}\sin^2\theta + T_{22}\cos^2\theta \\ -T_{12}\sin^2\theta + T_{21}\cos^2\theta & -T_{12}\sin\theta\cos\theta - T_{21}\sin\theta\cos\theta \end{pmatrix}$$

$$= \begin{pmatrix} \frac{1}{2}(T_{11}+T_{22}) + \frac{1}{2}(T_{11}-T_{22})\cos(2\theta) & \frac{1}{2}(T_{22}-T_{11})\sin(2\theta) \\ +\frac{1}{2}(T_{12}+T_{21})\sin(2\theta) & +\frac{1}{2}(T_{12}-T_{21}) + \frac{1}{2}(T_{12}+T_{21})\cos(2\theta) \\ & \\ \frac{1}{2}(T_{22}-T_{11})\sin(2\theta) & \frac{1}{2}(T_{11}+T_{22}) - \frac{1}{2}(T_{11}-T_{22})\cos(2\theta) \\ +\frac{1}{2}(T_{21}-T_{12}) + \frac{1}{2}(T_{12}+T_{21})\cos(2\theta) & -\frac{1}{2}(T_{12}+T_{21})\sin(2\theta) \end{pmatrix} \quad (1.384)$$

2차원 대칭 텐서 (즉 $T_{12} = T_{21}$)인 경우에 변환은 다음과 같이 된다.

$$\mathrm{T}' = \begin{pmatrix} \frac{1}{2}(T_{11}+T_{22}) + \frac{1}{2}(T_{11}-T_{22})\cos(2\theta) & \frac{1}{2}(T_{22}-T_{11})\sin(2\theta) \\ +T_{12}\sin(2\theta) & +T_{12}\cos(2\theta) \\ & \\ \frac{1}{2}(T_{22}-T_{11})\sin(2\theta) & \frac{1}{2}(T_{11}+T_{22}) - \frac{1}{2}(T_{22}-T_{11})\cos(2\theta) \\ +T_{12}\cos(2\theta) & -T_{12}\sin(2\theta) \end{pmatrix} \quad (1.385)$$

앞에서 언급한 바와 같이 변환 후 행렬 T′ 도 또한 대칭임을 알 수 있다. 게다가 변환성분의 비대각항 (즉 $T_{12}' = T_{21}'$)을 0이 되게 하는 특정한 회전각 θ를 선택하는 것도 가능하다.

한편 주어진 평면 Cartesian 좌표계의 기저벡터에 대한 2차원 대칭 텐서 $\mathbf{T}$ 의 성분 T_{ij}와 원점을 지나는 y_3 축($\boldsymbol{i}_3$) 주위로 좌표평면을 반시계 방향으로 각도 θ만큼 회전시킨 좌표계(그림 1.6 참조)에 대한 변환성분 T_{ij}'와의 관계를 이루는 식 (1.385)는 아래에 나타내는 소위 "Mohr 원"(그림 1.7)의 작도에 의해 보다 쉽게 도식적으로 나타낼 수 있다. 그러면 아래에 Cartesian 평면에서 2차 실 대칭텐서(행렬) $\mathbf{T}$의 2배의 (실)고유치와 (상호직교인)두 개의 고유벡터 방향의 추정을 위한

Mohr 원의 작도 순서를 적기로 한다.

(a) 2차 Cartesian 텐서표현 평면에 두 점 (T_{11}, T_{12})와 (T_{22}, $-T_{12}$)를 플롯 한다.

(b) 위의 두 점을 직선으로 연결하고 두 점간의 거리의 반에 해당하는 반경 a 를 가진 원을 작도한다.

(c) 위에서 얻어진 원의 직선으로부터 시계방향으로 각도 2θ를 이루는 지름을 작도한다. 이 지름과 원이 만나는 두 점의 좌표는 (T_{11}', T_{12}') 그리고(T_{22}', $-T_{12}'$)이다.

(d) (b)에서의 직선으로부터 수평축까지의 각도는 기존의 $\boldsymbol{i}_1-\boldsymbol{i}_2$ Cartesian 평면으로부터 $\mathbf{T}$ 의 성분을 대각화시키는 주 (고유벡터) 방향 (즉 $\boldsymbol{i}_1'-\boldsymbol{i}_2'$ 평면) 으로의 회전각도의 두 배이다. 이때 $\mathbf{T}$ 의 두 고유치 (λ_1, λ_2)는 Mohr 원과 수평축과의 두 교점의 좌표이다.

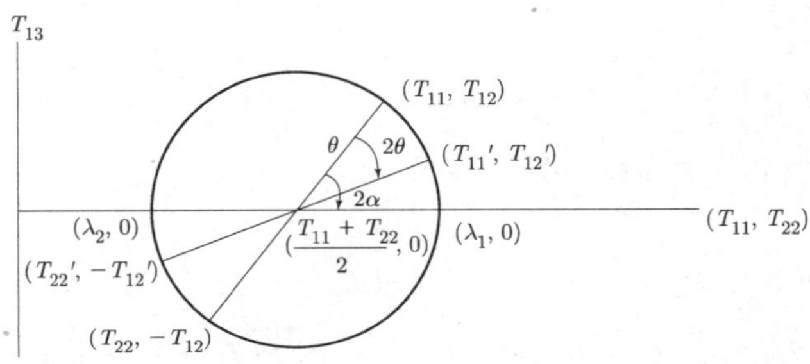

그림 1.7 Cartesian 평면에서 2차 (실) 대칭텐서 $\mathbf{T}$ 의 옛 성분 (T_{11}, T_{12}, T_{22})과 세 (변환) 성분 (T_{11}', T_{12}', T_{22}')을 관련짓는 Mohr 원.

증명 아래의 삼각함수 공식을 이용하여

$$\left.\begin{aligned} a\cos\theta + b\sin\theta &= \sqrt{a^2+b^2}\;cos(\alpha-\theta) \qquad \left(\text{단 } \tan\alpha = \frac{b}{a}\right) \\ a\cos\theta - b\sin\theta &= \sqrt{a^2+b^2}\;sin(\alpha-\theta) \qquad \left(\text{단 } \tan\alpha = \frac{a}{b}\right) \end{aligned}\right\} \tag{1.386}$$

식 (1.385)를 정리하면 아래와 같이 나타낼 수 있다.

$$\left.\begin{aligned}
T_{11}{}' &= \frac{1}{2}(T_{11} + T_{22}) + a\cos(2\alpha - 2\theta) \\
T_{12}{}' &= a\sin(2\alpha - 2\theta) \\
T_{22}{}' &= \frac{1}{2}(T_{11} + T_{22}) - a\cos(2\alpha - 2\theta) \\
a &= \left[\frac{1}{4}(T_{11} - T_{22})^2 + T_{12}^2\right]^{1/2}, \quad an2\alpha = \frac{2\,T_{12}}{T_{11} - T_{22}}
\end{aligned}\right\} \tag{1.387}$$

여기에서 a는 Mohr 원의 반경이고, 각도 α 는 $\mathbf{T}$ 의 주 (고유) 방향(그림에서 수평축)으로의 회전각도이다[즉 $\theta = \alpha = \frac{1}{2}tan^{-1}\left(\frac{2\,T_{12}}{T_{11} - T_{12}}\right)$일 때 $T_{ij}{}'$ 의 비대각항이 없어진다]. 따라서 식 (1.387)을 검토해 보면 옛 성분 T_{ij} 로부터 (두 Cartesian 평면간의) 각도 Θ 만큼 회전 변환된 새 성분 $T_{ij}{}'$를 텐서 변환식 (1.383)를 사용하지 않고서도 작도에 의해 쉽게 예측할 수 있는 Mohr 원의 원리가 증명된다. 또한 Mohr 원을 이용하면 고유치를 구하기 위한 특성방정식 (1.347)에 의존하지 않고서도 2차원 Cartesian 대칭 2차 텐서의 (실)고유치, 나아가 행렬의 대각화도 쉽게 얻을 수 있다. ■

한편 3차원 Cartesian 공간에서 2차 (실)대칭 텐서의 세 개의 (실)고유치 및 대응하는 세 개의 상호수직인 (주)고유벡터의 방향을 추정하기 위한 Mohr 원의 작도도 가능하나 꽤 까다로우므로 여기에서는 다루지 않기로 한다.

1.16.4 2차 텐서와 2차형식

식 (1.8)에 언급한 바 있는 E^3 공간의 2차 텐서(행렬)에 의한 3 변수 $\xi^i (i = 1, 2, 3)$의 곱의 전개인 2차형식(quadratic form)은 아래와 같이 E^n 공간에서도 (절대)2차 텐서(행렬) $\mathbf{T}$와 관련된 n 개의 변수 $\xi^k (k = 1, 2, \cdots, n)$로 이루어진 2차형식을 나타낼 수도 있다.

$$f = \boldsymbol{\xi} \cdot (\mathbf{T} \cdot \boldsymbol{\xi}) = \boldsymbol{\xi}^{\mathrm{T}}\mathrm{T}\boldsymbol{\xi} = T_{kl}\xi^k\xi^l \tag{1.388}$$

위 식에서 f는 상수이며, 이 식은 '2차(second-degree or quadric) 표면'을 나타내는 기하학적 해석을 허용한다. 만약 이 곡면이 중심(center)를 가진다면 구(sphere)나 회전 타원체(ellipsoid)의 경우처럼 '유심 2차곡면(central quadric surface)'이라 부르며, 연속체 역학이나 레올로지에서의 응력과 변형 텐서를 기술할 때 사용된다.

정의 1 : 만약 E^n 공간에서 정의된 (절대)2차 텐서 $\mathbf{T}$에 관련된 2차형식이 E^n에서 정의된 모든 벡터 $\boldsymbol{\xi}(\neq \mathbf{0})$에 대하여 아래의 조건을 만족한다면 그 텐서(행렬)는 '양정치(positive definite)'라고 한다.

$$f = \boldsymbol{\xi} \cdot (\mathbf{T} \cdot \boldsymbol{\xi}) > 0 \tag{1.389}$$

이때 (스칼라) 2차형식 f도 양정치라 하며, $\boldsymbol{\xi} = \mathbf{0}$일 때만 0이 된다. 반면에 2차 텐서 $\mathbf{T}$에 관련된 2차 형식이 E^n에 속하는 모든 벡터 $\boldsymbol{\xi}(\neq \mathbf{0})$에 대하여 아래의 조건을 만족한다면 그 텐서는 '음정치(negative definite)'라고 한다.

$$f = \boldsymbol{\xi} \cdot (\mathbf{T} \cdot \boldsymbol{\xi}) < 0 \tag{1.390}$$

이때 (스칼라) 2차형식 f도 음정치라 하며, $\boldsymbol{\xi} = \mathbf{0}$일 때만 0이 된다.

정의 2 : E^n 공간의 2차 텐서 $\mathbf{T}$에 관련된 2차형식이 모든 벡터 $\boldsymbol{\xi} \in E^n$에 대하여 아래의 조건을 만족한다면 그 텐서(행렬)는 '반 양정치(positive semidefinite)'라고 하며, (스칼라) 2차형식 f도 반 양정치라고 한다.

$$f = \boldsymbol{\xi} \cdot (\mathbf{T} \cdot \boldsymbol{\xi}) \geq 0 \tag{1.391}$$

이때 $f = 0$이 되는 $\mathbf{0}$이 아닌 벡터 $\boldsymbol{\xi}$가 존재할 수 있다. 또한 2차 텐서 $\mathbf{T}$에 대하여 모든 $\boldsymbol{\xi} \in E^n$인 벡터에 대하여 아래의 조건이 만족된다면 그 텐서는 '반 음정치(negative semidefinite)'라고 하며, (스칼라) 2차형식 f도 반 음정치라 한다.

$$f = \boldsymbol{\xi} \cdot (\mathbf{T} \cdot \boldsymbol{\xi}) \leq 0 \tag{1.392}$$

이때도 역시 $f = 0$이 되는 $\mathbf{0}$이 아닌 벡터 $\boldsymbol{\xi}$가 존재할 수 있다.

위에서 정의된 모든 (스칼라) 2차형식 f는 $\mathbf{T}$의 주어진 좌표계에 대한 행렬성분 표시로 아래와 같이 나타낼 수 있다(식 (1.388) 참조).

$$f = T_{kl}\xi^k \xi^l = T^{kl}\xi_k \xi_l \tag{1.393}$$

1.16.5 2차형식의 표준형

만약 $\mathbf{T}$가 E^3 공간에서 정의된 3개의 서로 다른 실 고유치를 가진 임의의 대칭 2차 텐서라 할 때 E^3에 속하는 $\mathbf{0}$이 아닌 벡터 $\boldsymbol{\xi}$의 3 (반변)성분 ξ^1, ξ^2, ξ^3 항으로 아래와 같이 $\mathbf{T}$에 관련된 (스칼라)2차 형식 f를 나타내자.

$$f = \boldsymbol{\xi} \cdot (\mathbf{T} \cdot \boldsymbol{\xi}) = \boldsymbol{\xi}^{\mathrm{T}} \mathrm{T} \boldsymbol{\xi} = T_{kl} \xi^k \xi^l \tag{1.394}$$

이때 1.16.3절에서 논의한 바와 같이 주어진 $\boldsymbol{\xi}$ 좌표계에 대한 (비대각화된) 실 대칭행렬 T를 T의 주(고유) 방향인 $\boldsymbol{\eta}$ 좌표계로 변환(대각화)시키는 T의 3 정규직교 고유벡터 $\boldsymbol{u}_k$로 이루어진 식 (1.362)로 정의된 직교 좌표변환 행렬 $\mathrm{Q}(=\mathrm{A}^{\mathrm{T}})$를 사용하면 아래가 성립된다(1.7절 및 식 (1.369) 참조).

$$\boldsymbol{\xi} = \mathrm{Q}\boldsymbol{\eta}, \quad \mathrm{Q}^{-1}\mathrm{T}\mathrm{Q} = \overline{\mathrm{T}} = \Lambda \tag{1.395}$$

여기서 $\Lambda = (\lambda_{\underline{k}} \delta_{kj})$이고, λ_k는 T의 (실)고유치이다.

식 (1.395)의 $\boldsymbol{\xi} = \mathrm{Q}\boldsymbol{\eta}$를 식 (1.394)에 대입하고, $\mathrm{Q}^{\mathrm{T}} = \mathrm{Q}^{-1}$ 및 식 (1.369)를 이용하면 아래가 성립한다.

$$\begin{aligned} f &= \boldsymbol{\xi} \cdot \mathbf{T} \cdot \boldsymbol{\xi} = \boldsymbol{\xi}^{\mathrm{T}}\, \mathrm{T}\, \boldsymbol{\xi} = (\mathrm{Q}\boldsymbol{\eta})^{\mathrm{T}}\, \mathrm{T}\, (\mathrm{Q}\boldsymbol{\eta}) \\ &= \boldsymbol{\eta}^{\mathrm{T}} \mathrm{Q}^{\mathrm{T}}\, \mathrm{T}\, \mathrm{Q}\boldsymbol{\eta} = \boldsymbol{\eta}^{\mathrm{T}}\, \overline{\mathrm{T}}\, \boldsymbol{\eta} = \boldsymbol{\eta} \cdot \overline{\mathbf{T}}(=\Lambda) \cdot \boldsymbol{\eta} \end{aligned} \tag{1.396}$$

즉 위 식에서 2차형식 f는 스칼라(불변)이므로 주어진 ($\boldsymbol{\xi}$)좌표계에서의 형태나 주(고유)방향으로 변환된 좌표계($\boldsymbol{\eta}$)에서의 형태는 같음을 알 수 있다. 한편 식 (1.395)대신, 식 (1.370)으로 정의된 반변 변환행렬 $\mathrm{P}(=\mathrm{Q}^{-1})$를 사용하면 아래가 성립된다(1.7절 및 식 (1.375) 참조).

$$\boldsymbol{\xi} = \mathrm{P}^{-1}\boldsymbol{\eta}, \quad \mathrm{P}\mathrm{T}\mathrm{P}^{-1} = \overline{\mathrm{T}} = \Lambda \tag{1.397}$$

이로부터 $\boldsymbol{\xi} = \mathrm{P}^{-1}\boldsymbol{\eta}$를 식 (1.394)에 대입하고, $\mathrm{P}^{\mathrm{T}} = \mathrm{P}^{-1}$ 및 식 (1.375)를 이용하면 아래와 같이 식 (1.396)과 같은 결과가 얻어진다.

$$\begin{aligned} f &= \boldsymbol{\xi} \cdot \mathbf{T} \cdot \boldsymbol{\xi} = \boldsymbol{\xi}^{\mathrm{T}}\, \mathrm{T}\, \boldsymbol{\xi} = (\mathrm{P}^{-1}\boldsymbol{\eta})^{\mathrm{T}}\, \mathrm{T}\, (\mathrm{P}^{-1}\boldsymbol{\eta}) \\ &= \boldsymbol{\eta}^{\mathrm{T}} (\mathrm{P}^{-1})^{\mathrm{T}}\, \mathrm{T}\, \mathrm{P}^{-1}\boldsymbol{\eta} = \boldsymbol{\eta}^{\mathrm{T}}\, \overline{\mathrm{T}}\, \boldsymbol{\eta} = \boldsymbol{\eta} \cdot \overline{\mathbf{T}}(=\Lambda) \cdot \boldsymbol{\eta} \end{aligned} \tag{1.398}$$

식 (1.396) 또는 (1.398)에서 Λ는 $\mathbf{T}$의 고유치 λ_k를 대각성분으로 갖는 대각화 행렬[즉 $\Lambda(k, j) = \lambda_{\underline{k}} \delta_{kj}$임]이므로 변환된 좌표계 $\boldsymbol{\eta}$ (사실 Cartesian 좌표계로 간주해도 됨)에서의 2차형식 f는 아래와 같이 크로스 항이 없는 3항으로만 나타내진다.

$$f = T_{kl}\xi^k\xi^l = \lambda_1(\eta_1)^2 + \lambda_2(\eta_2)^2 + \lambda_3(\eta_3)^2 \tag{1.399}$$

따라서 식 (1.396)(혹은 (1.398))처럼 주(고유)방향으로 변환된 2차형식 f를 '표준형(Canonical form)'이라고 부른다. 식 (1.399)에서 보는 바와 같이 f의 표준형에서 대칭행렬 T의 3(실) 고유치 λ_1, λ_2, λ_3가 모두 양일 때만 $f > 0$이 되어 **T**는 양정치 대칭텐서(행렬)가 된다.

한편 E^3에서 **T**가 3개의 실 고유치 $\lambda_k(>0)$와 대응하는 세 정규직교 고유벡터 $\boldsymbol{u}_k$(즉 $\boldsymbol{u}_k \cdot \boldsymbol{u}_j = \delta_{kj}$)를 갖는 양정치 대칭텐서이면, $\mathbf{T}^{1/2}$도 양정치 대칭텐서로서 고유치는 $\lambda_k^{1/2}$이며, 고유벡터는 **T**의 고유벡터와 같다.

(증명) 텐서 관계(표현)식은 좌표계에 무관하므로 간단한 E^3 Cartesian 좌표계를 사용하여 아래와 같이 **T**를 나타내보자.

$$\mathbf{T} = \mathbf{T} \cdot \mathbf{I} = \mathbf{T} \cdot \boldsymbol{u}_k\boldsymbol{u}_k = \lambda_{\underline{k}}\boldsymbol{u}_k\boldsymbol{u}_k = \lambda_1\boldsymbol{u}_1 + \lambda_2\boldsymbol{u}_2 + \lambda_3\boldsymbol{u}_3 \tag{1.400}$$

위 식에서 Cartesian 좌표계의 단위텐서 $\mathbf{T} = \delta_{ij}\boldsymbol{e}_i\boldsymbol{e}_j = \boldsymbol{e}_i\boldsymbol{e}_i = \boldsymbol{u}_k\boldsymbol{u}_k$ 및 $\mathbf{T} \cdot \boldsymbol{u}_k = \lambda_{\underline{k}}u_k$ [즉 $\boldsymbol{u}_k$는 **T**의 정규화된 고유벡터로서 $\boldsymbol{u}_k \cdot \boldsymbol{u}_j = \delta_{kj}$를 만족하는 Cartesian 좌표계의 기저벡터이기도 함]를 이용하였다.

이제 2차 텐서 **S**를 아래와 같이 정의하자.

$$\mathbf{S} = \lambda_{\underline{k}}^{1/2}\boldsymbol{u}_k\boldsymbol{u}_k = \lambda_1^{1/2}\boldsymbol{u}_1\boldsymbol{u}_1 + \lambda_2^{1/2}\boldsymbol{u}_2\boldsymbol{u}_2 + \lambda_3^{1/2}\boldsymbol{u}_3\boldsymbol{u}_3 \tag{1.401}$$

그러면 $\mathbf{S}^2 = \mathbf{S} \cdot \mathbf{S}$는 아래가 된다.

$$\mathbf{S}^2 = \lambda_{\underline{k}}^{1/2}\boldsymbol{u}_k\boldsymbol{u}_k \cdot \lambda_{\underline{k}}^{1/2}\boldsymbol{u}_k\boldsymbol{u}_k = \mathbf{T} \quad (\because \boldsymbol{u}_{\underline{k}} \cdot \boldsymbol{u}_{\underline{k}} = 1) \tag{1.402}$$

식 (1.401)과 (1.402)에서 아래의 두 식이 성립된다.

$$\mathbf{S} = \mathbf{T}^{1/2} = \lambda_{\underline{k}}^{1/2}\boldsymbol{u}_k\boldsymbol{u}_k \tag{1.403}$$

$$\mathbf{S}^{\mathrm{T}} = \lambda_{\underline{k}}^{1/2}\boldsymbol{u}_k\boldsymbol{u}_k = \mathbf{S} \tag{1.404}$$

따라서 $\mathbf{S} = \mathbf{T}^{1/2}$의 고유치는 $\lambda_k^{1/2}$(단 λ_k는 **T**의 고유치)이고, 또한 **T**가 (양정치)대칭이면 **S**은 (양정치)대칭임이 증명된다. ■

한편 식 (1.400)이나 (1.401)처럼 2차 텐서(혹은 행렬)를 3 실 고유치에 의한 대각성분(즉 3항)만으로 나타내는 것[일반 2차 텐서 경우 T= $T_{ij}\boldsymbol{g}^i\boldsymbol{g}^j(i,j=1,2,3)$처럼 9항으로 나타냄이 보통]을 '스펙트럴 표현(spectral expression)'이라 한다.

1.16.6 표준형 2차형식의 응용

1.16.6.1 평면 2차 곡선의 표준형

일반적으로 아래와 같이 나타내어지는 평면 2차 곡선을 생각해보자.

$$T_{11}\,x_1^2+2\,T_{12}\,x_1\,x_2+T_{22}\,x_2^2+b_1\,x_1+b_2\,x_2+c=0 \qquad (1.405)$$

여기서 식 (1.405)로 주어지는 2차 곡선의 표준형을 구함에 있어서는 지금까지 주로 다루어 온 회전변환 뿐만 아니라 새 원점에로의 평행이동(즉 식 (1.146)에 언급된 1차 affine 변환)도 함께 고려해야 한다. 지금 위 식을 T_{ij}를 성분으로 갖는 대칭텐서 T를 사용하여 다음과 같이 텐서형태로 간단히 나타낼 수 있다.

$$\boldsymbol{r}\cdot\mathrm{T}\cdot\boldsymbol{r}+\boldsymbol{b}\cdot\boldsymbol{r}+c=0$$

(여기에서 $\boldsymbol{r}=x_i\,\boldsymbol{e}_i$는 주어진 평면 Cartesian 좌표계에서의 위치벡터이고, $\boldsymbol{b}=b_i\,\boldsymbol{e}_i$는 상수벡터이다.)

위 식에서 비대각 $x_1\,x_2$ 항을 제거하기 위하여 평면을 T의 주축(고유벡터) 방향으로 (각도 α 만큼) 반시계방향으로 회전시킨다. 그러면 주 방향으로의 좌표성분 $x_i{}'$는 식 (1.382) (단 각도 $\theta\rightarrow\alpha$로 둠)에 의하여 아래와 같이 나타낼 수 있다.

$$x_1{}'=x_1\cos\alpha+x_2\sin\alpha\,,\quad x_2{}'=-x_1\sin\alpha+x_2\cos\alpha$$

(여기에서 α는 식 (1.387)로 주어진 주축에 대응하는 회전각이고, 방향여현 행렬 l_{ij}는 식 (1.379)로 주어진다.)

한편 $\boldsymbol{r}\cdot\mathrm{T}\cdot\boldsymbol{r}$ 및 $\boldsymbol{b}\cdot\boldsymbol{r}$는 1×1 행렬 즉 좌표계에 불변인 스칼라(0차 텐서)이므로 위 식은 새 좌표계 형태로 아래와 같이 나타내어진다.

$$\boldsymbol{r}'\cdot\mathrm{T}'\cdot\boldsymbol{r}'+\boldsymbol{b}'\cdot\boldsymbol{r}'+c=0$$

그런데 T'는 주방향으로 대각화 되었으므로 $T'_{11}(=\lambda_1)$ 및 $T'_{22}(=\lambda_2)$항만 존재하고, $\boldsymbol{r}'=\mathrm{L}\;\boldsymbol{r}=x_i{}'\boldsymbol{e}_i{}'$, $\boldsymbol{b}'=\mathrm{L}\;\boldsymbol{b}=b_i{}'\boldsymbol{e}_i{}'$를 이용하면 위 식은 아래와 같이 성분으로 풀어쓸 수 있다 [여기서 $\mathrm{L}=(l_{ij})=(\boldsymbol{e}_i{}'\cdot\boldsymbol{e}_j)$].

$$\lambda_1 (x_1{}')^2 + \lambda_2 (x_2{}')^2 + b_1{}' x_1{}' + b_2{}' x_2{}' + c = 0 \tag{1.406}$$

다음에는 2차 곡선을 $\det T (= T_{11} T_{22} - T_{12}{}^2)$의 값에 따라 아래의 두 경우로 나누어 생각한다.

(i) $\lambda_1 \neq 0, \ \lambda_2 \neq 0$:

이 경우는 $\det T \neq 0$이 되는 소위 "유심" 2차 곡선에 해당된다. 식 (1.406)를 $x_1{}'$ 및 $x_2{}'$에 관한 완전 제곱형태로 고치고 좌표축을 새 원점으로 평행 이동시키면 1차항이 없는 아래와 같은 표준형태를 얻을 수 있다.

$$\lambda_1 (\bar{x}_1)^2 + \lambda_2 (\bar{x}_2)^2 + c' = 0 \tag{1.407}$$

여기에서

$$\bar{x}_1 = x_1{}' + \frac{b_1{}'}{2\lambda_1}, \ \bar{x}_2 = x_2{}' + \frac{b_2{}'}{2\lambda_2}, \ c' = c - \frac{(b_1{}')^2}{4\lambda_1} - \frac{(b_2{}')^2}{4\lambda_2}$$

(i)의 경우는 다시 $\det T > 0$ 이면 타원이 되고, $\det T < 0$ 이면 쌍곡선이 된다.

(ii) $\lambda_1 = 0, \ \lambda_2 \neq 0$ (또는 $\lambda_2 = 0, \ \lambda_1 \neq 0$) :

이 경우는 $\det T = 0$이 되는 소위 "무심" 2차 곡선(포물선)에 해당된다. 만약 식 (1.406)에 $\lambda_2 = 0$으로 두고 $x_1{}'$에 관한 완전제곱 항으로 고치고 새 원점으로 좌표이동하면 다음과 같이 포물선에 대한 표준형태를 얻을 수 있다.

$$(\bar{x}_1)^2 = 4p(\bar{x}_2) \tag{1.408}$$

여기에서

$$\bar{x}_1 = x_1{}' + \frac{b_1{}'}{2\lambda_1}, \ \bar{x}_2 = x_2{}' - \frac{(b_1{}')^2 - 4\lambda_1 c}{4\lambda_1 b_2{}'}, \quad 4p = -\frac{b_2{}'}{\lambda_1}$$

[참고로 위의 두 경우에 있어서 행렬 T 의 두 고유치 중 어느 것이 λ_1 또는 λ_2 인가는 먼저 특성방정식에 의해 T 의 고유치와 고유벡터를 모두 구한 후 좌표평면의 1 사분면 ($x_1 > 0, \ x_2 > 0$)에 있는 고유벡터가 $x_1{}'$주축방향으로의 단위벡터 $\boldsymbol{e}_1{}'$가 되고 여기 해당하는 고유치가 λ_1이 된다. 그 이유는 반시계 방향으로의 좌표면의 회전에 있어서 회전각 θ는 통상 $0 < \theta < \frac{\pi}{2}$ 의 범위를 취하기 때문이다.]

예제 1.19

아래와 같이 주어지는 두 개의 평면 2차 곡선에 대해 각각 표준형을 만들고, 어떤 도형인가를 도시하라.

(a) $8{x_1}^2+4x_1x_2+5{x_2}^2+8x_1-16x_2-16=0$

(b) $9{x_1}^2+24x_1x_2+16{x_2}^2-26x_1+7x_2-34=0$

풀이

위에서 논의한 절차에 따라 2차원 대칭텐서 **T** 의 주어진 Cartesian 평면 기저에 대한 행렬 표현식인 식 (1.405)과 비교하여 각각의 경우에 계수를 대입하여 구하기로 한다.

(a) 먼저 이 경우 $\mathrm{T}=\begin{pmatrix} T_{11} & T_{12} \\ T_{12} & T_{22}\end{pmatrix}=\begin{pmatrix} 8 & 2 \\ 2 & 5\end{pmatrix}$에서 $\det\mathrm{T}=36>0$이므로 타원(유심) 2차 곡선에 해당된다. 그러면 비대각 (x_1x_2)항을 없애기 위한 주축으로의 회전각도 α 를 Mohr 원에 대한 식 (1.387)에서 구하면 $\alpha=\dfrac{1}{2}\tan^{-1}\left(\dfrac{4}{3}\right)\fallingdotseq 26.6^\circ$ 이다. 다음에는 이를 이용하여 식 (1.382)로부터 변환 후의 성분인 b_i' 를 구하기 위해 직교(회전) 변환행렬 $\mathrm{L}=(l_{ij})$를 계산하면 아래와 같다.

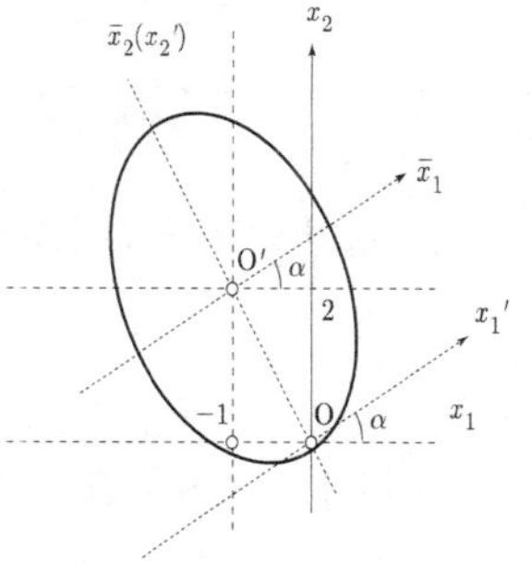

$$\mathrm{L}=\begin{pmatrix} \cos\alpha & \sin\alpha \\ -\sin\alpha & \cos\alpha\end{pmatrix}=\begin{pmatrix} 0.89 & 0.45 \\ -0.45 & 0.89\end{pmatrix}$$

따라서

$$\boldsymbol{b}'=\mathrm{L}\boldsymbol{b}=\begin{pmatrix} 0.89 & 0.45 \\ -0.45 & 0.89\end{pmatrix}\begin{pmatrix} 8 \\ -16\end{pmatrix}=\begin{pmatrix} 0 \\ -17.9\end{pmatrix}$$

(즉 $b_1'=0, b_2'=-17.9$임)

다음에는 식 (1.346) 및 (1.347)을 사용하여 T의 2개의 고유치(λ) 및 (정규 직교화된) 고유벡터($\boldsymbol{n}$)를 구하면 각각 다음과 같다.

$$\lambda=4:\ \boldsymbol{n}=\left(-\frac{1}{\sqrt{5}}\ \frac{2}{\sqrt{5}}\right)^{\mathrm{T}}\ ;\ \lambda=9:\ \boldsymbol{n}=\left(\frac{2}{\sqrt{5}}\ \frac{1}{\sqrt{5}}\right)^{\mathrm{T}}$$

따라서 $\lambda=9$ 에 해당하는 고유벡터가 좌표평면의 제 1 사분면에 있으므로 이때의 고유벡터가 주축 x_1' 방향의 단위벡터 $\boldsymbol{e}_1'$(x_1축과 반시계 방향으로 각도 α를 이룸)가 되므로 식 (1.406)에서 $\lambda_1=9$, $\lambda_2=4$가 된다. 그러면 회전과 평형이동에 의해 비대각항과 1차 항이 없어진 타원의 표준형태에 관한 식 (1.407)에서 최종 좌표(주축)인 $\bar{x}_1=x_1'$, $\bar{x}_2=x_2'-2.2$ 그리고 $c'=-36$이 된다. 따라서 (a)에 해당하는 표준형은 $9{\bar{x}_1}^2+4{\bar{x}_2}^2=36$. 즉 $x_1'=0$, $x_2'=2.2$에 원점을 두고 원래의 x_1-x_2 좌표축에 대해 (x_3축 주위로) 반시계 방향으로 26.6° 회전된 단축($\bar{x}_1$ 방향)이 2이고 장축($\bar{x}_2$ 방향)은 3을 가진 타원임을 알 수 있다(그림참조). 참고로 최종 좌표축의 원점 O'의 원래 좌표계의 (x_1, x_2)성분은 벡터 변환식 (1.382)로부터

$$\boldsymbol{r} = \mathrm{L}^{-1}\ \boldsymbol{r}' = \mathrm{L}^{\mathrm{T}}\ \boldsymbol{r}' = \begin{pmatrix} 0.89 & -0.45 \\ 0.45 & 0.89 \end{pmatrix}\begin{pmatrix} 0 \\ 2.2 \end{pmatrix} = \begin{pmatrix} -1 \\ 2 \end{pmatrix}$$

즉 $x_1 = -1$, $x_2 = 2$인 것을 알 수 있다.

(b) 이 경우의 $\mathrm{T} = \begin{pmatrix} 9 & 12 \\ 12 & 16 \end{pmatrix}$에서 $\det \mathrm{T} = 0$. 따라서 (b)의 2차 곡선은 무심 2차 곡선(포물선)이 됨을 알 수 있다. 그러면 (a)와 마찬가지 절차를 따라 비대각항을 없애기 위한 주축 방향에의 회전 각도 $\alpha = \frac{1}{2} tan^{-1}\left(-\frac{24}{7}\right) = 53.1^{\circ}$ ($\because 0 < \theta < \frac{\pi}{2}$)임을 알 수 있다. 다음에는 이 방향에 대한 회전 변환 행렬 L을 구하면 아래와 같다.

$$\mathrm{L} = \begin{pmatrix} 0.6 & 0.8 \\ -0.8 & 0.6 \end{pmatrix}$$

따라서

$$\boldsymbol{b}' = \mathrm{L}\boldsymbol{b} = \begin{pmatrix} 0.6 & 0.8 \\ -0.8 & 0.6 \end{pmatrix}\begin{pmatrix} -26 \\ 7 \end{pmatrix} = \begin{pmatrix} -10 \\ 25 \end{pmatrix} \quad (\text{즉 } b_1' = -10,\ b_2' = 25)$$

또한 특성 방정식에 의해 T의 두 고유치 및 (정규 직교화된)고유벡터를 구하면 아래와 같다.

$$\lambda = 25:\ \boldsymbol{n} = \left(\frac{3}{5}\ \frac{4}{5}\right)^{\mathrm{T}}\ ;\ \lambda = 0:\ \boldsymbol{n} = \left(-\frac{4}{5}\ \frac{3}{5}\right)^{\mathrm{T}}$$

여기에서 $\lambda = 25$에 해당하는 고유벡터가 좌표면의 제 1 사분면에 있으므로 이것이 주축 x_1' 방향으로의 기저벡터가 되고(방향은 x_1축에 대해 53.1° 임), 따라서 식 (1.406)에서 $\lambda_1 = 25$, $\lambda_2 = 0$이 된다. 그러면 포물선의 표준형태에 관한 식 (1.408)에서 $\bar{x}_1 = x_1' - \frac{1}{5}$, $\bar{x}_2 = x_2' - \frac{7}{5}$, $4p = -1$ 이 된다. 따라서 (b)의 2차 곡선은 $x_1' = \frac{1}{5}$, $x_2' = \frac{7}{5}$에 원점(O')을 두고, 최종 $\bar{x}_1 - \bar{x}_2$ 좌표면에서 초점이 $(0,p) = \left(0, -\frac{1}{4}\right)$, 준선이 $\bar{x}_2 = -p = \frac{1}{4}$인 포물선임을 알 수 있다(그림참조).

끝으로 원점(포물선의 꼭지점) O'의 원래 평면에 대한 (x_1, x_2) 성분은 (a)의 경우와 마찬가지로 구하면면 아래와 같다.

$$\boldsymbol{r} = \mathrm{L}^{\mathrm{T}}\ \boldsymbol{r}' = \begin{pmatrix} 0.6 & -0.8 \\ 0.8 & 0.6 \end{pmatrix}\begin{pmatrix} \frac{1}{5} \\ \frac{7}{5} \end{pmatrix} = \begin{pmatrix} -1 \\ 1 \end{pmatrix}$$

즉 O'의 좌표는 $x_1 = -1$, $x_2 = 1$임을 알 수 있다.

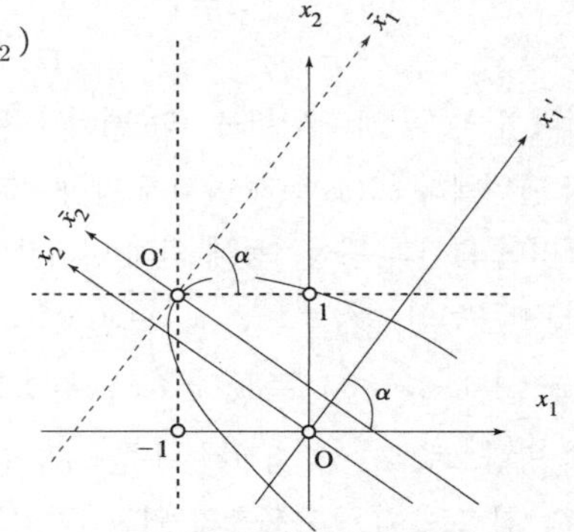

1. 16. 6. 2 공간 2차 곡면의 표준형

3차원 Cartesian 좌표계에 대한 2차형식의 표준형의 경우, 식 (1.398)에서 대칭 2차 텐서 $\mathbf{S}(=\mathbf{T})$에 대한 변환전의 좌표계를 $\boldsymbol{\xi} \rightarrow \boldsymbol{r}$, T를 $\overline{\mathrm{T}}(=\Lambda)$로 대각화(변환)시키는 주(고유)방향의 좌표계를 $\boldsymbol{\eta} \rightarrow \boldsymbol{r}'$하면 변환 후의 표준형의 2차형식 f는 식 (1.399)에서 아래가 된다(단 $\boldsymbol{r} = x_i \boldsymbol{e}_i$, $\boldsymbol{r}' = x_i{}' \boldsymbol{e}_i{}'$ 임).

$$f = \boldsymbol{r} \cdot \mathbf{S} \cdot \boldsymbol{r} = \lambda_1 (x_1')^2 + \lambda_2 (x_2')^2 + \lambda_3 (x_3')^2 = \boldsymbol{r}' \cdot \mathbf{S}' \cdot \boldsymbol{r}' \tag{1.409}$$

여기에서 $\mathbf{S} = \mathbf{S}'(= S_{ij}{}' \boldsymbol{e}_i{}' \boldsymbol{e}_j{}')$의 주 기저계에 대한 행렬식 표현 S'는 아래와 같다(식 (1.375) 참조, 단 $\mathrm{P} \rightarrow \mathrm{L}$ 대입).

$$\mathrm{S}' = \mathrm{L}\,\mathrm{S}\,\mathrm{L}^{\mathrm{T}} = \begin{pmatrix} \lambda_1 & 0 & 0 \\ 0 & \lambda_2 & 0 \\ 0 & 0 & \lambda_3 \end{pmatrix}$$

특히 위에서 논의된 2차 형식은 아래와 같은 '2차 곡면(quadratic surface)' 문제에 종종 이용된다. 즉 2차 형식으로 나타낸 방정식

$$f = \boldsymbol{r} \cdot \mathbf{S} \cdot \boldsymbol{r} = x_i S_{ij} x_j = 1$$

은 어떤 2차 곡면을 정의하고, 식 (1.409)처럼 대칭텐서 $\mathbf{S}$의 주축으로 나타내면

$$f = \lambda_1 (x_1')^2 + \lambda_2 (x_2')^2 + \lambda_3 (x_3')^2 = 1 \tag{1.410}$$

식 (1.410)로 나타낸 2차 곡면의 종류(type)는 일반적으로 대칭텐서 $\mathbf{S}$의 3개의 (실) 고유치의 부호 및 다중도에 따라 아래와 같이 분류될 수 있다.

- $\lambda_1 > 0,\ \lambda_2 > 0,\ \lambda_3 > 0$: 타원면 (ellipsoid)
- $\lambda_1 < 0,\ \lambda_2 > 0,\ \lambda_3 < 0$: 일엽 쌍곡면 (hyperboloid with one sheet)
- $\lambda_1 > 0,\ \lambda_2 < 0,\ \lambda_3 < 0$: 이엽 쌍곡면 (hyperboloid with two sheets)
- $\lambda_1 = 0,\ \lambda_2 > 0,\ \lambda_3 > 0$: 타원 원주면 (elliptic cylinder)
- $\lambda_1 = 0,\ \lambda_2 > 0,\ \lambda_3 < 0$: 쌍곡 원주면 (hyperbolic cylinder)
- $\lambda_1 = \lambda_2 = 0,\quad \lambda_3 > 0$: 2개의 평행 평면
- $\lambda_1 < 0,\ \lambda_2 < 0,\ \lambda_3 \leqq 0$: 실 곡면 아님. (1.411)

예제 1.20

직교 Cartesian 좌표계에 있어서 아래의 2차 형식은 어떤 2차 곡면을 나타내는가?

$$x_1^{\ 2}+x_2^{\ 2}+x_3^{\ 2}+2a(x_1x_2+x_2x_3+x_3x_1)=1$$

풀이

위의 곡면은 이 좌표계로 표시되어 있는 대칭텐서 **S**의 행렬 표현인 $\mathrm{S}=\begin{pmatrix}1\,a\,a\\ a\,1\,a\\ a\,a\,1\end{pmatrix}$의 2차 곡면이다. 이 텐서의 고유치를 구하면 $\begin{vmatrix}1-\lambda & a & a\\ a & 1-\lambda & a\\ a & a & 1-\lambda\end{vmatrix}=0$ 에서 $(1+2a-\lambda)(a-1+\lambda)^2=0.$

따라서 3개의 고유치는 $\lambda=2a+1,\ 1-a\ ,\ 1-a$ 이다. 주방향으로 좌표축 $Ox_1'\,x_2'\,x_3'$ 를 잡으면 식 (1.410)에서 $(2a+1)x_1'^{\,2}+(1-a)x_2'^{\,2}+(1-a)x_3'^{\,2}=1$이다. 식 (1.411)에 의하면, 이것은 $-\dfrac{1}{2}< a<1$ 이면 타원면이고 $1< a$ 이면 이엽쌍곡면이 된다. $a=1$이면 평면인 두 면, $a< -\dfrac{1}{2}$이면 일엽쌍곡면이 되며 $a=-\dfrac{1}{2}$에서는 타원 원주면을 나타낸다.

1.16.7 2차텐서의 주 불변량

E^3 공간에서 혼합성분 $T^k{}_l(\boldsymbol{x})$를 갖는 (절대)2차 텐서 **T**를 생각해보자. 이때 **T**의 좌표계에 불변인 3 (스칼라)주 불변량(principal invariants) $\mathrm{I}_1, \mathrm{I}_2, \mathrm{I}_3$를 아래와 같이 정의한다.

$$\mathrm{I}_1\equiv \mathrm{Tr}(\mathbf{T})=T^k{}_k=\frac{1}{1!}\delta^k{}_l T^l{}_k=T^1{}_1+T^2{}_2+T^3{}_3 \tag{1.412}$$

$$\mathrm{I}_2\equiv \frac{1}{2!}[(\mathrm{Tr\,T})^2-\mathrm{Tr}(\mathrm{T}^2)]=\frac{1}{2!}[(T^k{}_k)^2-T^k{}_l T^l{}_k]$$

$$=\frac{1}{2!}e_{kl}e^{pq}T^k{}_p=\begin{vmatrix}T^2{}_2 & T^2{}_3\\ T^3{}_2 & T^3{}_3\end{vmatrix}+\begin{vmatrix}T^1{}_1 & T^1{}_3\\ T^3{}_1 & T^3{}_3\end{vmatrix}+\begin{vmatrix}T^1{}_1 & T^1{}_2\\ T^2{}_1 & T^2{}_2\end{vmatrix} \tag{1.413}$$

$$\mathrm{I}_3\equiv \frac{1}{3}[\mathrm{Tr}(\mathrm{T}^3)+3\mathrm{I}_1\mathrm{I}_2-(\mathrm{Tr\,T})^3]=\frac{1}{3!}e_{klm}e^{pqr}T^k{}_pT^l{}_qT^m{}_r=\det(T^k{}_l) \tag{1.414}$$

위 식에서 e_{kl} 및 e^{pq}(여기서 $k,l,p,q=1,2,3$)는 3차원 공간의 차수 2의 순열기호로서 가령 $e_{12}=e_{23}=e_{31}=1,\ e_{21}=e_{32}=e_{13}=-1,\ e_{11}=e_{22}=e_{33}=0$ 등이며 e^{pq}의 경우에도 마찬가

지이다. 또한 e_{klm}은 1.11.1절에서 언급한 차수 3의 순열기호이다. 위 식들의 증명은 꽤 복잡하여 여기서는 생략하나, 관심있는 독자들은 실제 첨자에 1, 2, 3을 대입하여 모두 전개를 행하여 정리하면 증명할 수 있다. 특히 식 (1.414)의 마지막 항등관계는 식 (1.286)에서 온 것이다. 그리고 정의에 의해 2차 텐서(행렬)의 3 불변량은 좌표계에 무관해야 한다. 이는 가령 불변량 I_1의 경우 혼합텐서에 대한 변환식 (1.153)(혹은 (1.168))에서 아래가 성립된다.

$$\overline{T}^{\alpha}{}_{\beta}(\overline{\boldsymbol{x}}) = T^{k}{}_{l}(\boldsymbol{x})\frac{\partial\, \overline{x}^{\alpha}}{\partial\, x^{k}}\frac{\partial\, x^{l}}{\partial\, \overline{x}^{\beta}}$$

여기서 식의 양변에 $\beta=\alpha$를 두어 축약을 정하면 아래가 되어 사슬법칙(부록 1.1 참조)에 의해 $I_1 = \overline{I}_1$이 증명된다.

$$\overline{T}^{\alpha}{}_{\alpha}(\overline{\boldsymbol{x}})[=\overline{I}_1] = T^{k}{}_{l}(\boldsymbol{x})\frac{\partial\, \overline{x}^{\alpha}}{\partial\, x^{k}}\frac{\partial\, x^{l}}{\partial\, \overline{x}^{\alpha}} = T^{k}{}_{l}\delta^{l}{}_{k} = T^{k}{}_{k}(\boldsymbol{x}) = I_1$$

이와 같은 논리로 만약 실 대칭행렬 T가 좌표변환 행렬 Q 또는 $P(=Q^{-1})$에 의해 $\overline{T}=\Lambda$로 대각화 변환이 행해진다면(식 (1.369) 혹은 (1.375) 참조) 위에서 정의한 3 불변량은 변하지 않으므로 아래의 관계가 성립된다.

$$\left.\begin{aligned} I_1 &= T_r(\Lambda) = \lambda_1 + \lambda_2 + \lambda_3 \\ I_2 &= \frac{1}{2}[(\mathrm{Tr}(\Lambda))^2 - \mathrm{Tr}(\Lambda^2)] = \lambda_1\lambda_2 + \lambda_1\lambda_3 + \lambda_2\lambda_3 \\ I_3 &= \frac{1}{3}[\mathrm{Tr}(\Lambda^3) + 3I_1I_2 - (\mathrm{Tr}\Lambda)^3] = \lambda_1\lambda_2\lambda_3 \end{aligned}\right\} \qquad (1.415)$$

1.16.8 2차 텐서 T에 대한 Cayley-Hamilton 정리

E^3 공간의 임의의 (비대칭) 2차 텐서 **T**의 3 고유치 λ를 구하는 특성식은 식 (1.347)에 의해 아래와 같이 나타내진다.

$$\det(\mathbf{T}-\lambda\mathbf{I}) = \begin{vmatrix} T_{11}-\lambda & T_{12} & T_{13} \\ T_{21} & T_{22}-\lambda & T_{23} \\ T_{31} & T_{32} & T_{33}-\lambda \end{vmatrix} = 0$$

위 행렬식은 위에서 정의한 **T**의 3 불변량 I_1, I_2, I_3 및 λ에 대한 3차 방정식의 3 근(고유치) $\lambda_1, \lambda_2, \lambda_3$를 사용하여 아래와 같이 전개될 수 있다.

$$\det(\mathbf{T}-\lambda\mathbf{I}) = -f(\lambda) = -(\lambda^3 - \mathrm{I}_1\lambda^2 + \mathrm{I}_2\lambda - \mathrm{I}_3) = -(\lambda-\lambda_1)(\lambda-\lambda_2)(\lambda-\lambda_3) = 0 \quad (1.416)$$

정리 : 만약 E^3 공간에서 2차 텐서(행렬) $\mathbf{T}$가 아래와 같은 특성 다항식 $f(\lambda)[=-\det(\mathbf{T}-\lambda\mathbf{I})]$을 만족한다면

$$f(\lambda) = \lambda^3 - \mathrm{I}_1\lambda^2 + \mathrm{I}_2\lambda - \mathrm{I}_3 = 0$$

$\mathbf{T}$ 자체도 'Cayley-Hamilton 정리'라고 불리는 아래의 식을 만족한다(즉 $f(\mathbf{T})$는 제로 (선형)연산자이다 - 식 (1.293) 참조).

$$f(\mathbf{T}) = \mathbf{T}^3 - \mathrm{I}_1\mathbf{T}^2 + \mathrm{I}_2\mathbf{T} - \mathrm{I}_3\mathbf{I} = \mathbf{0} \quad (1.417)$$

증명 만약 λ가 $\mathbf{T}$의 대응하는 고유벡터 $\boldsymbol{v}$에 대한 고유치라 하고(식 (1.344) 참조), $\mathbf{T}$에 대한 다항식 $f(\mathbf{T})$를 아래와 같이 정의하자.

$$f(\mathbf{T}) = \mathbf{T}^3 - \mathrm{I}_1\mathbf{T}^2 + \mathrm{I}_2\mathbf{T} - \mathrm{I}_3\mathbf{I}$$

이때 아래의 f에 의한 연산자 표현식을 생각해보자.

$$f(\mathbf{T})\cdot\boldsymbol{v} = \mathbf{T}^3\cdot\boldsymbol{v} - \mathrm{I}_1\mathbf{T}^2\cdot\boldsymbol{v} + \mathrm{I}_2\mathbf{T}\cdot\boldsymbol{v} - \mathrm{I}_3\boldsymbol{v}$$

그러면 고유벡터에 관한 정의식 (1.344)와 (1.345)로부터 아래의 관계식을 얻는다(∵식 (1.416) 이용).

$$f(\mathbf{T})\cdot\boldsymbol{v} = (\lambda^3 - \mathrm{I}_1\lambda^2 + \mathrm{I}_2\lambda - \mathrm{I}_3)\boldsymbol{v} = \mathbf{0}$$

그런데 $\boldsymbol{v} \neq 0$이므로 위에서 정의한 $\mathbf{I}$의 다항식 $f(\mathbf{T}) = \mathbf{0}$이 되어 위 정리가 증명된다(따라서 $f(\mathbf{T})$는 식 (1.293)에 의해 제로 (선형)연산자이다). ■

이 Cayley-Hamilton 정리는 임의의 2차 텐서 $\mathbf{T}$의 고차 멱급수 항 (가령 $\mathbf{T}^3$, $\mathbf{T}^4$ 등)을 3 불변량 $\mathrm{I}_1, \mathrm{I}_2, \mathrm{I}_3$를 사용하여 2차항 $\mathbf{T}^2$ 및 $\mathbf{T}, \mathbf{I}$ 항으로 나타내는데 이용된다(1.18절 참조).

참 고

여기에서는 E^3 공간의 비대칭 정방행렬 T(혹은 2차텐서 T)의 (3개의) 고유치 및 고유벡터에 대하여 논하기로 한다. 선형대수 이론에 의하면 비대칭 T는 대칭인 경우와 달리 3 고유치가 반드시 실수일 필요도 없으며, 또한 다른 고유치에 대응하는 두 고유벡터가 상호수직일 필요도 없다. 따라서 T의 3 정규화된 (크기 1로) 고유벡터 $\boldsymbol{u}_k (k=1,2,3)$로 형성된 좌표변환 행렬 Q(식 (1.362)) 떠는 $\mathrm{P}(=\mathrm{Q}^{-1})$가 반드시 직교행렬 (즉 $\mathrm{Q}^{\mathrm{T}}=\mathrm{Q}^{-1}$ 혹은 $\mathrm{P}^{\mathrm{T}}=\mathrm{P}^{-1}$)일 필요도 없다. 그러나 E^3 공간에서 비대칭 정방행렬 T가 3개의 서로 다른 고유치를 가질 경우에는 비록 변환 행렬 Q(혹은 P)가 직교가 아니라도, 식 (1.369) 혹은 (1.375)처럼 우사변환에 의해 항상 대각화가 가능하다. 그리고 E^n 공간에서 비대칭 정방행렬 T의 n개의 고유치가 모두 같지는 않고, 또한 n개의 선형독립인 고유(기저)벡터를 발견할 수 있다면 T는 유사변환에 의하여 'Jordan 표준형'이라고 불리는 행렬 C로 변환될 수 있다. 여기서 보다 자세한 것은 생략하겠다(전체적으로 예제 1.21 참조 요).

예제 1.21

E^3에서 아래의 두 비대칭 행렬 (a) A와 (b) B의 고유치 및 고유벡터를 구하고, 또 각각의 경우 유사변환(식 (1.365))에 의한 대각화가 가능한가도 조사해 보아라.

$$\text{(a)}\ \mathrm{A}=\begin{pmatrix}4 & 1 & -1\\ 2 & 5 & -2\\ 1 & 1 & 2\end{pmatrix}\qquad \text{(b)}\ \mathrm{B}=\begin{pmatrix}-3 & 1 & -1\\ -7 & 5 & -1\\ -6 & 6 & -2\end{pmatrix}$$

풀이

(a) 행렬 A에 대한 고유치를 구하기 위한 특성 행렬식은 아래가 된다(식 (1.347)).

$$\det(\mathrm{A}-\lambda\mathrm{I})=\begin{vmatrix}4-\lambda & 1 & -1\\ 2 & 5-\lambda & -2\\ 1 & 1 & 2-\lambda\end{vmatrix}$$

위 행렬식을 전개하면 특성다항식 $f(\lambda)=-\det(\mathrm{A}-\lambda\mathrm{I})=\lambda^3-11\lambda^2+39\lambda-45$를 얻는다. 혹은 A 의 3불변량 $\mathrm{I}_{\mathrm{A}}(=\mathrm{I}_1)=\mathrm{Tr}\,\mathrm{A}=11$, $\mathrm{II}_{\mathrm{A}}(=\mathrm{I}_2)=\frac{1}{2}[(\mathrm{TrA})^2-\mathrm{Tr}(\mathrm{A})^2]=\frac{1}{2}(11^2-43)=39$, $\mathrm{III}_{\mathrm{A}}(=\mathrm{I}_3)=\det\mathrm{A}=45$를 이용하여 식 (1.416)으로부터도 마찬가지 식을 얻을 수 있다. 이제 위 3차 다항식의 한 개의 (유리)근은 $\lambda=3$임을 알 수 있으므로 나머지 근은 아래와 같이 유클리드 호제법에 의하여 f를 $(\lambda-1)$로 나누면 얻을 수 있다.

$$\begin{array}{r|rrrr} 3 & 1 & -11 & +39 & -45 \\ & & 3 & -24 & +45 \\ \hline & 1 & -8 & +15 & +\ 0 \end{array}$$

따라서 $f(\lambda)=(\lambda-3)(\lambda^2-8\lambda+15)=(\lambda-3)(\lambda-5)(\lambda-3)=(\lambda-3)^2(\lambda-5)$가 되어 A의 세 고유치는 $f(\lambda)=0$을 만족하는 세 근에서 $\lambda_1=\lambda_2=3$, $\lambda_3=5$가 된다. 다음에는 고유치에 대응하는 각 고유벡터는 정의식 (1.346)에서 구하면 아래가 된다.

먼저 $\lambda_1=3$에 대응하는 두 고유벡터 $\boldsymbol{u}_1$과 $\boldsymbol{u}_2$를 구하면 아래가 된다.

$$\begin{cases} x \ +y \ -z=0 \\ 2x+2y-2z=0 \\ x \ +y \ -z=0 \end{cases} \qquad \text{혹은} \qquad x+y-z=0$$

따라서 이를 만족하는 대표적인 두 개의 독립해(즉 $c_1\boldsymbol{u}_1+c_2\boldsymbol{u}_2\neq\mathbf{0}$ 만족, 단 $c_1c_2\neq 0$)는 $x=1$, $y=-1$, $z=0$ 혹은 $x=1$, $y=0$, $z=1$에서 $\boldsymbol{u}_1=(1\ \ -1\ \ 0)^{\mathrm{T}}$, $\boldsymbol{u}_2=(1\ \ 0\ \ 1)^{\mathrm{T}}$가 된다. 다음에 $\lambda_3=5$에 대응하는 고유벡터 $\boldsymbol{u}_3$는 역시 식 (1.346)에서 구하면 아래가 된다.

$$\begin{cases} -x+y-z=0 \\ 2x \quad -2z=0 \\ x+y-3z=0 \end{cases} \qquad \text{혹은} \qquad x=z=\frac{y}{2}$$

여기서 z는 임의의 변수이므로 1개의 대표적인 해는 $\boldsymbol{u}_3=(1\ 2\ 1)^{\mathrm{T}}$가 된다. 그런데 고유벡터 $\boldsymbol{u}_1$과 $\boldsymbol{u}_2$는 같은 고유치($\lambda=3$)을 가지나 동차식 $x+y-z=0$을 만족하도록 2개의 독립해에서 구해졌으며, 나머지 $\boldsymbol{u}_3$는 다른 고유치($\lambda=5$)에서 구해졌으므로 서로 선형독립 즉 $c_1\boldsymbol{u}_1+c_2\boldsymbol{u}_2+c_3\boldsymbol{u}_3\neq\mathbf{0}$이다. 다시 말하면 $c_1=c_2=c_3=0$을 제외하고서는 선형결합을 $\mathbf{0}$으로 만드는 상수집합$\{c_k\}(k=1,2,3)$이 없으므로 위의 3 고유벡터는 같은 평면에 있지 않고, 이들이 형성하는 평형 육면체의 부피(스칼라 3중적) $V=\boldsymbol{u}_1\cdot\boldsymbol{u}_2\times\boldsymbol{u}_3\neq 0$이 됨을 의미한다.

다음에는 식 (1.365)에 의한 유사(고유)변환을 행하기 위하여 식 (1.362)에서 정의된 (공변)변환 행렬 $\mathrm{Q}=[\boldsymbol{u}_1\ \boldsymbol{u}_2\ \boldsymbol{u}_3]$ 및 그 역행렬 $\mathrm{Q}^{-1}(\neq\mathrm{Q}^{\mathrm{T}})$를 구하면 아래와 같다.

$$\mathrm{Q}=\begin{pmatrix} 1 & 1 & 1 \\ -1 & 0 & 2 \\ 0 & 1 & 1 \end{pmatrix},\quad \mathrm{Q}^{-1}=\frac{1}{2}\begin{pmatrix} 2 & 0 & -2 \\ -1 & -1 & 3 \\ 1 & 1 & 1 \end{pmatrix}$$

[단 여기서 $\mathrm{Q}^{-1}\neq\mathrm{Q}^{\mathrm{T}}$임에 유의해야 한다.]

이로부터 식 (1.365)에 대한 유사(고유)변환을 행하면 아래가 된다.

$$\mathrm{Q}^{-1}\mathrm{AQ}=\frac{1}{2}\begin{pmatrix} 2 & 0 & -2 \\ -1 & -1 & 3 \\ 1 & 1 & -1 \end{pmatrix}\begin{pmatrix} 4 & 1 & -1 \\ 2 & 5 & -2 \\ 1 & 1 & 2 \end{pmatrix}\begin{pmatrix} 1 & 1 & 1 \\ -1 & 0 & 2 \\ 0 & 1 & 1 \end{pmatrix}=\begin{pmatrix} 3 & & \\ & 3 & \\ & & 5 \end{pmatrix}$$

즉 문제 (a)에서 정의된 비대칭 행렬의 경우 비록 3개의 (실)고유치 중 2개가 같은 중근이 존재하나, 3개의 선형독립 (그러나 상호직교는 아님) 고유벡터(기저) $\boldsymbol{u}_1$, $\boldsymbol{u}_2$, $\boldsymbol{u}_3$가 가능하였으므로 이로부터 형성된 변환행렬 Q(직교행렬은 아님. 즉 $Q^T \neq Q^{-1}$)를 이용하여 유사변환을 행한 결과 고유치에 의한 대각화가 이루어졌음을 알 수 있다. 또한 반변 변환행렬 $P(=Q^{-1})$를 사용하여 식 (1.375)로부터 같은 대각화를 얻을 수 있지만, 여기서 주의할 점은 이때 P는 식 (1.371)로 정의된 $P \neq [\boldsymbol{u}_1\ \boldsymbol{u}_2\ \boldsymbol{u}_3]^T$임에 유의해야 한다. 따라서 P로서는 위에서 구해진 Q의 역을 취해야 한다. 이 이유는 비대칭행렬 A의 3 고유벡터 집합 $\{\boldsymbol{u}_k\}$가 $\boldsymbol{u}_k \cdot \boldsymbol{u}_j = \delta_{kj}$를 만족하는 정규직교계가 아니기 때문에 $Q(=P^{-1})$가 직교행렬이 아니기 때문이다.

(b) 역시 식 (1.347)로부터 B의 고유치를 구하기 위한 특성다항식 $f(\lambda)$는 아래가 된다.

$$f(\lambda) = -\det(B - \lambda I) = -\begin{vmatrix} -3-\lambda & 1 & -1 \\ -7 & 5-\lambda & -1 \\ -6 & 6 & -2-\lambda \end{vmatrix} = \lambda^3 - 12\lambda - 16$$

[비고: 위에서 얻어진 특성다항식 $f(\lambda)$는 행렬 B의 3 불변량을 이용하여 식 (1.416)에서도 구할 수 있다.]

여기서 문 (a)에서 언급한 유클리드 호제법을 사용하여 3차 다항식 $f(\lambda)$의 3(유리)근을 구하면 아래가 된다. $f(\lambda) = (\lambda+2)^2(\lambda-4)$ 즉 $f(\lambda)=0$을 만족하는 세 실근(고유치)는 $\lambda_1 = \lambda_2 = -2$, $\lambda_3 = 4$가 된다. 다음에는 고유벡터에 관한 식 (1.346)에서 먼저 $\lambda = -2$에 대응하는 두 (선형독립) 고유벡터를 구하기 위해 아래식이 얻어진다.

$$\begin{cases} -x + y - z = 0 \\ -7x + 7y - z = 0 \\ -6x + 6y = 0 \end{cases} \qquad \text{혹은} \qquad z = 0,\ x = y$$

그런데 위 조건을 만족하는 선형독립인 두 고유벡터 $\boldsymbol{u}_1$, $\boldsymbol{u}_2$는 얻어지지 않고 오직 1종류의 독립해 $\boldsymbol{u}_1 = (1\quad 1\quad 0)^T$가 얻어진다. 왜냐하면 만약 $\boldsymbol{u}_2 = (2\quad 2\quad 0)^T$라 할 때 이는 $\boldsymbol{u}_2 = 2\boldsymbol{u}_1$(즉 선형종속)가 되어, 선형독립 조건 $c_1\boldsymbol{u}_1 + c_2\boldsymbol{u}_2 \neq 0$(단 c_1, $c_2 \neq 0$)을 만족하지 못하기 때문이다. 다음에는 고유치 $\lambda_3 = 4$에 해당하는 고유벡터 $\boldsymbol{u}_3$를 역시 식(1.346)에서 구하면 아래가 된다.

$$\begin{cases} -7x + y - z = 0 \\ -7x + y - z = 0 \\ -6x + 6y - 6z = 0 \end{cases} \qquad \text{혹은} \qquad x = 0,\ y = z$$

이 경우 1개의 대표적인 독립해 $\boldsymbol{u}_3 = (0\quad 1\quad 1)^T$가 된다 [이는 위에서 구한 고유벡터 $\boldsymbol{u}_1$과는 서로 독립 즉 한 직선상에 없음을 알 수 있다]. 그러나 문제 b)의 비대칭행렬 B는 오직 2개만의 선형독립 고유벡터를 가지므로 식 (1.362)에서 정의된 변환행렬 Q를 형성할 수 없으므로 따라서 식 (1.365)에 의한 대각화는 이루어질 수 없다.

■ 1. 17 기하학적 변형과 극 분해정리

지금 주어진 E^3 공간의 한 영역(region)에 대하여 그 영역의 각 점에 고정 원점 O로부터의 위치 벡터 $\boldsymbol{r}$ 을 대응시킬 수 있다. 앞에서 언급한 바와 같이 선형연산자인 임의의 2차 텐서 $\mathbf{T}$ 는 각 $\boldsymbol{r}$ 에 작용하여 새로운 상(image) $\boldsymbol{x} = \mathbf{T} \cdot \boldsymbol{r}$ 을 형성(mapping)하는데, 만약 상 벡터들의 원점도 역시 O라면, 2차 텐서는 상 벡터들의 끝점(tip)으로 이루어진 영역의 모양으로 구별할 수 있다. 이제 3개의 Cartesian 좌표축 혹은 대응하는 3 기저벡터 $(\boldsymbol{e}_1, \boldsymbol{e}_2, \boldsymbol{e}_3)$에 나란한 모서리의 길이 l 을 가진 공간에 있는 한 입방체를 생각해 보자.

만약 이 입방체가 2차 텐서 $\mathbf{T}$ 의 작용에 의해 각 모서리가 벡터 $\mathbf{T} \cdot (l\boldsymbol{e}_1)$, $\mathbf{T} \cdot (l\boldsymbol{e}_2)$, $\mathbf{T} \cdot (l\boldsymbol{e}_3)$ 에 대응하는 평행 6면체로 변형된다고 하자. 그러면 이 평행 6면체의 부피는 아래와 같다[단 $\boldsymbol{e}_1 \cdot \boldsymbol{e}_2 \times \boldsymbol{e}_3 = 1$이 됨].

$$|(\mathbf{T} \cdot l\boldsymbol{e}_1) \times (\mathbf{T} \cdot l\boldsymbol{e}_2) \cdot (\mathbf{T} \cdot l\boldsymbol{e}_3)| = l^3 |\det \mathbf{T}| \tag{1.418}$$

(증명) $\mathbf{T} \cdot \boldsymbol{e}_1 = (T_{mn}\boldsymbol{e}_m\boldsymbol{e}_n) \cdot \boldsymbol{e}_1 = T_{mn}\boldsymbol{e}_m\delta_{n1} = T_{m1}\boldsymbol{e}_m$ 가 되어 $\mathbf{T}$ 의 행렬표시 T의 1열에 해당하는 벡터가 된다. 마찬가지로 $\mathbf{T} \cdot \boldsymbol{e}_2$ 및$\mathbf{T} \cdot \boldsymbol{e}_3$ 는 각각 T의 2열 및 3열에 해당하는 벡터가 되어 벡터의 스칼라 3중적에 관한 식 (1.240)에 의해 $|(\mathbf{T} \cdot \boldsymbol{e}_1) \times (\mathbf{T} \cdot \boldsymbol{e}_2) \cdot (\mathbf{T} \cdot \boldsymbol{e}_3)| = |\det \mathbf{T}|$가 된다. ■

지금 공간에 있는 임의의 영역의 부피는 그 영역 내에 있는 작은 미소 입방체의 부피를 합함으로써 얻어질 수 있으므로 $|\det \mathbf{T}|$는 $\mathbf{T}$ 에 의해 변형된 어떤 영역의 미변형 체적에 대한 변형체적의 비(ratio)에 해당된다.

만약 $\det \mathbf{T} = 0$ 이 되는 2차 특이(singular) 텐서 $\mathbf{T}$ 는 공간의 모든 영역을 부피가 없는 영역으로 사상(mapping)시키는 연산자가 된다. 특히 임의의 특이 2차 텐서 $\mathbf{T}$ 는 만약 $\mathbf{T} = \boldsymbol{e}_1\boldsymbol{e}_1 + \boldsymbol{e}_2\boldsymbol{e}_2$ 인 경우에는 공간의 모든 영역을 한 평면으로, $\mathbf{T} = \boldsymbol{e}\boldsymbol{e}$ (즉 임의의 벡터를 주어진 단위벡터 $\boldsymbol{e}$방향으로 투영시키는 연산자에 해당)인 경우에는 한 직선으로, 또한 $\mathbf{T} = \mathbf{0}$ 인 경우에는 원점으로 옮기는 선형 연산자이다.

다음에는 어떤 주어진 E^3 공간에 있는 영역에 대한 임의의 (비대칭) 2차 정칙(non-singular)텐서(행렬) $\mathbf{T}$(즉 $\det \mathbf{T} \neq 0$)의 물체의 변형에 관한 선형연산자로서의 작용에 대하여 조사해 보기로 한다. 그러기에 앞서 먼저 1.16.5절에서 언급한 바 있는 임의의 대칭텐서(행렬) $\mathbf{A}$는 직교행렬 Q(여기서 $\mathrm{Q}^{\mathrm{T}} = \mathrm{Q}^{-1}$성립)에 의한 유사(고유)변환(식 (1.365) 혹은 (1.369))으로 대각화가 되어 아래와 같이 (세)실 고유치로 나타낸 스펙트럴 분해 표현이 항상 가능하다.

$$\mathbf{A} = \overline{\mathrm{A}} = \lambda_{\underline{k}} \boldsymbol{u}_k \boldsymbol{u}_k \tag{1.419}$$

여기서 $\{\boldsymbol{u}_k\}$는 대칭 **A**의 3 정규직교 고유(기저)벡터계(즉 $\boldsymbol{u}_k \cdot \boldsymbol{u}_j = \delta_{kj}$)를 형성한다. 이때 식 (1.401)로 정의된 $\mathbf{S}\left[=\lambda_{\underline{k}}^{1/2} \boldsymbol{u}_k \boldsymbol{u}_k\right]$는 역시 대칭텐서(행렬)로서 대각성분에 $\lambda_k^{1/2}$(여기서 λ_k는 **A**의 세 (실)고유치임)를 갖는 대칭텐서로서 $\mathbf{A}^{1/2}$의 대각화에 해당되는 것으로 증명되었다. 즉 이의 행렬표현식으로서 아래가 성립된다.

$$\mathrm{S} = \mathrm{Q}^{\mathrm{T}} \mathrm{A}^{1/2} \mathrm{Q} = \overline{\mathrm{A}}^{1/2} \left[= \Lambda^{1/2}\right] (\text{단 } \mathrm{Q}^{\mathrm{T}} = \mathrm{Q}^{-1}) \tag{1.420}$$

혹은

$$\mathrm{S}^2 = (\mathrm{Q}^{\mathrm{T}} \mathrm{A}^{1/2} \mathrm{Q})(\mathrm{Q}^{\mathrm{T}} \mathrm{A}^{1/2} \mathrm{Q}) = \mathrm{Q}^{\mathrm{T}} \mathrm{A} \mathrm{Q} = \overline{\mathrm{A}} \, [= \Lambda] \tag{1.421}$$

위 식에서 Λ 및 $\Lambda^{1/2}$는 각각 대각요소에 λ_k 및 $\lambda_k^{1/2}(k=1, 2, 3)$를 갖는 대각화 행렬이며, λ_k는 원 대칭행렬 A의 세 (실)고유치이다. 따라서 대칭행렬 A의 평방근에 해당하는 역시 대칭행렬인 $\mathrm{A}^{1/2}$(즉 $\Lambda^{1/2}$로 유사(고유)변환 시키기 전의 원 좌표계에 대한 행렬임)는 식 (1.420)의 왼편에 Q, 오른편에 $\mathrm{Q}^{\mathrm{T}}(=\mathrm{Q}^{-1})$을 곱함으로써 아래와 같이 얻어진다.

$$\mathrm{A}^{1/2} = \mathrm{QSQ}^{\mathrm{T}} = \mathrm{Q}\overline{\mathrm{A}}^{1/2} (= \Lambda^{1/2}) \mathrm{Q}^{\mathrm{T}} \tag{1.422}$$

극 분해 정리 : E^3 공간에서 임의의 비대칭 2차 정칙(non-singular) 텐서(행렬) **T**는 아래와 같이 유일한(unique) 두 종류의 형태로 분해될 수 있다.

$$\mathbf{T} = \mathbf{R} \cdot \mathbf{A} = \mathbf{B} \cdot \mathbf{R} \tag{1.423}$$

여기서 **R**는 직교텐서(즉 $\mathbf{R}^{\mathrm{T}} = \mathbf{R}^{-1}$)로서 주로 1.15절에 소개한 회전변환에 관련된 (선형)연산자이고, **A** 및 **B**는 각각 1.16.4절에 정의한 양정치(positive definite) 대칭텐서로서 신장(stretching) 변형 등에 관련된 선형연산자이다. 그리고 식 (1.423)의 두 내적 **R** · **A** 및 **B** · **R**는 각각 **T**의 오른편 및 왼편 '극 분해(polar decomposition)'라고 칭한다.

(증명) 먼저 대칭텐서 **A**를 구하는 방법에 대해 생각해보자. 선형대수 이론에 의하면 임의의 행렬(또는 그에 대응하는 2차 텐서)과 그의 치환행렬의 곱은 항상 양정치 대칭행렬을 만든다. 따라서 아래와 같이 정의하자.

$$\mathbf{C} \equiv \mathbf{T}^{\mathrm{T}} \cdot \mathbf{T} \tag{1.424}$$

그러면 $\mathbf{C}$는 양정치 대칭텐서(행렬)이며, 위 식 (1.419)-(1.422)에서 설명한 대로 그의 평방근을 아래와 같이 $\mathbf{A}$로 정의하면 그 또한 양정치 대칭텐서(행렬)가 된다.

$$\mathbf{A}=\mathbf{C}^{1/2}=\left(\mathbf{T}^{\mathrm{T}}\cdot\mathbf{T}\right)^{1/2},\quad \mathbf{A}^{2}=\mathbf{C}=\mathbf{T}^{\mathrm{T}}\cdot\mathbf{T} \tag{1. 425}$$

따라서 $\mathbf{C}$의 세 (실)고유치를 λ_k^2이라고 하면, $\mathbf{A}$의 고유치는 λ_k가 된다. 즉 $\mathbf{C}$ 및 $\mathbf{A}$를 각각 $\mathbf{C}$의 세 정규직교 고유벡터 $\boldsymbol{u}_k$(여기서 $\boldsymbol{u}_k\cdot\boldsymbol{u}_j=\delta_{kj}$성립)로 정의된 (식 (1.362)) (공변)직교 변환행렬 Q에 의한 대각화 유사(고유)변환 (식 (1.365))에 의해 고유치와 고유벡터 항으로 스펙트럴 표현(텐서식으로)을 하면 아래가 된다.

$$\overline{\mathbf{C}}=\mathbf{Q}^{\mathrm{T}}\cdot\mathbf{C}\cdot\mathbf{Q}=\Lambda=\lambda_{\underline{k}}^{2}\boldsymbol{u}_k\boldsymbol{u}_k \tag{1. 426}$$

$$\overline{\mathbf{A}}=\mathbf{Q}^{\mathrm{T}}\cdot\mathbf{A}\left(=\mathbf{C}^{1/2}\right)\cdot\mathbf{Q}=\overline{\mathbf{C}}^{1/2}=\Lambda^{1/2}=\lambda_{\mathrm{k}}\boldsymbol{u}_k\boldsymbol{u}_k \tag{1. 427 a}$$

여기서 $\lambda_k{}^2$ 및 $\boldsymbol{u}_k$는 각각 $\mathbf{C}$의 (세)고유치 및 대응하는 고유벡터이다. 따라서 주어진 (변환전)좌표계에 대한 대칭행렬(텐서) $\mathbf{A}$는 위 식의 역으로 아래와 같이 주어진다.

$$\mathbf{A}=\mathbf{Q}\cdot\overline{\mathbf{A}}\left(=\Lambda^{1/2}\right)\cdot\mathbf{Q}^{\mathrm{T}} \tag{1. 427 b}$$

마찬가지 논리로 역시 대칭 텐서(행렬)인 $\mathbf{A}^{-1}$ 및 $\mathbf{A}^{-2}$에 대해서도 아래가 성립된다 ($\because\ \det\mathrm{A}\neq 0\neq\det\mathrm{T}$).

$$\mathbf{A}^{-1}=\mathbf{C}^{-1/2}=\left(\mathbf{T}^{\mathrm{T}}\cdot\mathbf{T}\right)^{-1/2},\ \mathbf{A}^{-2}=\mathbf{C}^{-1}=\left(\mathbf{T}^{\mathrm{T}}\cdot\mathbf{T}\right)^{-1} \tag{1. 428}$$

역시 각각에 대해 대응하는 고유치 및 고유벡터(단 고유벡터는 $\mathbf{C}$의 고유벡터 $\boldsymbol{u}_k$와 동일)로 스펙트럴 분해(텐서식으로)하면 아래 식을 얻는다.

$$\mathbf{Q}^{\mathrm{T}}\cdot\mathbf{A}^{-1}\left(=\mathbf{C}^{-1/2}\right)\cdot\mathbf{Q}=\overline{\mathbf{A}}^{-1}=\overline{\mathbf{C}}^{-1/2}=\Lambda^{-1/2}=\lambda_{\underline{k}}^{-1}\boldsymbol{u}_k\boldsymbol{u}_k \tag{1. 429 a}$$

$$\mathbf{Q}^{\mathrm{T}}\cdot\mathbf{A}^{-2}\left(=\mathbf{C}^{-1}\right)\cdot\mathbf{Q}=\overline{\mathbf{A}}^{-2}=\overline{\mathbf{C}}^{-1}=\Lambda^{-1}=\lambda_{\underline{k}}^{-2}\boldsymbol{u}_k\boldsymbol{u}_k \tag{1. 430 a}$$

[여기서 역시 $\lambda_k{}^2$ 및 $\boldsymbol{u}_k$는 각각 $\mathbf{C}$의 고유치 및 대응하는 고유벡터이다].
여기서 변환전의 주어진 좌표계에 대한 $\mathbf{A}^{-1}$ 및 $\mathbf{A}^{-2}$는 각각 아래로 주어진다.

$$\mathbf{A}^{-1}=\mathbf{Q}\cdot\overline{\mathbf{A}}^{-1}\left(=\Lambda^{-1/2}\right)\cdot\mathbf{Q}^{\mathrm{T}} \tag{1. 429 b}$$

$$\mathbf{A}^{-2}=\mathbf{Q}\cdot\overline{\mathbf{A}}^{-2}\left(=\Lambda^{-1}\right)\cdot\mathbf{Q}^{\mathrm{T}} \tag{1. 430 b}$$

그러면 위에서 언급한 바와 같이 식 (1.425)에 의해 $\mathbf{A}$가 구해지면, 식 (1.423)에서 $\mathbf{R}$는 아래와 같이 얻어진다.

$$\mathbf{R} = \mathbf{T} \cdot \mathbf{A}^{-1} \tag{1.431}$$

그런데 이렇게 얻어진 $\mathbf{R}$가 직교텐서 (행렬)임은 식 (1.425) 및 $\mathbf{A}^{-1}$도 대칭임을 이용하여 아래와 같이 증명된다.

$$\mathbf{R}^{\mathrm{T}} \cdot \mathbf{R} = (\mathbf{T} \cdot \mathbf{A}^{-1})^{\mathrm{T}} \cdot (\mathbf{T} \cdot \mathbf{A}^{-1}) = (\mathbf{A}^{-1})^{\mathrm{T}} \cdot \mathbf{T}^{\mathrm{T}} \cdot \mathbf{T} \cdot \mathbf{A}^{-1}$$

$$= (\mathbf{A}^{-1}) \cdot \mathbf{A}^{2} \cdot \mathbf{A}^{-1} = \mathbf{I}$$

즉 $\mathbf{R}$는 직교텐서(행렬)이다. 따라서 오른편 극분해 $\mathbf{T} = \mathbf{R} \cdot \mathbf{A}$ (식 1.423)가 만족된다.

또한 오른편 분해에서 식 (1.425)로 정의된 양정치 대칭행렬 $\mathbf{A}$가 유일한 것은 역시 아래에서 증명된다. 만약 $\mathbf{T}$의 또 다른 오른편 분해에 해당하는 직교텐서 $\mathbf{S}$와 양정치 대칭행렬 $\mathbf{D}$가 있다면 아래식이 만족될 것이다.

$$\mathbf{T} = \mathbf{S} \cdot \mathbf{D} \tag{1.432}$$

또한 식 (1.425)에서 $\mathbf{T}$에 식 (1.432)를 대입하면 아래가 성립된다.

$$\mathbf{A}^{2} = \mathbf{T}^{\mathrm{T}} \cdot \mathbf{T} = (\mathbf{S} \cdot \mathbf{D})^{\mathrm{T}} \cdot (\mathbf{S} \cdot \mathbf{D}) = \mathbf{D}^{\mathrm{T}} \cdot \mathbf{S}^{\mathrm{T}} \cdot \mathbf{S} \cdot \mathrm{D} = \mathbf{D}^{2} \tag{1.433}$$

위 식의 마지막 항등관계는 $\mathbf{S}$가 직교텐서(즉 $\mathbf{S}^{\mathrm{T}} = \mathbf{S}^{-1} \ \therefore \mathbf{S}^{\mathrm{T}} \cdot \mathbf{S} = \mathbf{I}$), 그리고 $\mathbf{D}$가 대칭텐서 즉 $\mathbf{D}^{\mathrm{T}} = \mathbf{D}$의 가정에서 얻어진 것이다. 결국 식 (1.433)에서 $\mathbf{D} = \mathbf{A}$임이 증명되고, 또 식 (1.431)과 (1.432)에서 아래가 성립된다.

$$\mathbf{S} = \mathbf{T} \cdot \mathbf{D}^{-1} = \mathbf{T} \cdot \mathbf{A}^{-1} = \mathbf{R} \tag{1.434}$$

따라서 $\mathbf{S} = \mathbf{R}$도 성립되어, 식 (1.423)으로 정의되는 오른편 극분해의 양정치 대칭텐서와 직교텐서는 위에서 얻어진 $\mathbf{A}$와 $\mathbf{R}$ 1종류밖에 없음이 증명되었다.

마찬가지 방법으로 왼편 극분해의 양정치 대칭텐서(행렬) $\mathbf{B}$도 아래와 같이 얻어질 수 있다. 즉

$$\mathbf{E} = \mathbf{T} \cdot \mathbf{T}^{\mathrm{T}} \tag{1.435}$$

이렇게 정의된 $\mathbf{E}$는 당연히 양정치 대칭텐서(행렬)이며, 그의 평방근을 $\mathbf{B}$로 하면 이 또한 양정치 대칭이 되고, 아래가 성립된다.

$$\mathbf{B} = \mathbf{E}^{1/2} = \left(\mathbf{T} \cdot \mathbf{T}^{\mathrm{T}}\right)^{1/2}, \quad \mathbf{B}^2 = \mathbf{E} = \mathbf{T} \cdot \mathbf{T}^{\mathrm{T}} \tag{1. 436}$$

B 및 $\mathbf{B}^2$도 E의 3 정규직교 고유벡터 $\boldsymbol{u}_k$로 형성된 직교 변환행렬(텐서) Q를 사용하여 대각화시키면 각각 아래와 같이 스펙트럴 표현식(텐서식)으로 나타낼 수 있다.

$$\mathbf{Q}^{\mathrm{T}} \cdot \mathbf{E} \cdot \mathbf{Q} = \overline{\mathbf{E}} = \Lambda = \lambda_{\underline{k}}{}^2 \boldsymbol{u}_k \boldsymbol{u}_k \tag{1. 437}$$

$$\mathbf{Q}^{\mathrm{T}} \cdot \mathbf{B}\left(= \mathbf{E}^{1/2}\right) \cdot \mathbf{Q} = \overline{\mathbf{B}} = \overline{\mathbf{E}}^{1/2} = \Lambda^{1/2} = \lambda_{\underline{k}} \boldsymbol{u}_k \boldsymbol{u}_k \tag{1. 438 a}$$

따라서 변환전의 주어진 좌표계에 대한 B는 아래 식으로 주어진다.

$$\mathbf{B} = \mathbf{Q} \cdot \overline{\mathbf{B}}\left(= \Lambda^{1/2}\right) \cdot \mathbf{Q}^{\mathrm{T}} \tag{1. 438 b}$$

위 식에서 $\lambda_k{}^2$ 및 $\boldsymbol{u}_k$는 각각 E의 (세)고유치 및 대응하는 고유벡터이다. 마찬가지로 역시 대칭텐서인 $\mathbf{B}^{-1}$과 $\mathbf{B}^{-2}$도 위의 경우와 마찬가지로 정의될 수 있다(∵ $\det\mathbf{B} \neq 0 \neq \det\mathbf{T}$).

$$\mathbf{B}^{-1} = \mathbf{E}^{-1/2} = \left(\mathbf{T} \cdot \mathbf{T}^{\mathrm{T}}\right)^{-1/2}, \quad \mathbf{B}^{-2} = \mathbf{E}^{-1} = \left(\mathbf{T} \cdot \mathbf{T}^{\mathrm{T}}\right)^{-1} \tag{1. 439}$$

여기서 식 (1.429)와 (1.430)과 유사하게 E의 고유치 $\lambda_k{}^2$과 고유벡터 $\boldsymbol{u}_k$를 사용하여 아래와 같이 스펙트럴 표현(텐서식)으로 나타낼 수 있다.

$$\mathbf{Q}^{\mathrm{T}} \cdot \mathbf{B}^{-1}\left(= \mathbf{E}^{-1/2}\right) \cdot \mathbf{Q} = \overline{\mathbf{B}}^{-1} = \overline{\mathbf{E}}^{-1/2} = \Lambda^{-1/2} = \lambda_{\underline{k}}{}^{-1} \boldsymbol{u}_k \boldsymbol{u}_k \tag{1. 440 a}$$

$$\mathbf{Q}^{\mathrm{T}} \cdot \mathbf{B}^{-2}\left(= \mathbf{E}^{-1}\right) \cdot \mathbf{Q} = \overline{\mathbf{B}}^{-2} = \overline{\mathbf{E}}^{-1} = \Lambda^{-1} = \lambda_{\underline{k}}{}^{-2} \boldsymbol{u}_k \boldsymbol{u}_k \tag{1. 441 a}$$

따라서 변환전의 주어진 좌표계에 대한 $\mathbf{B}^{-1}$ 및 $\mathbf{B}^{-2}$는 각각 아래로 주어진다.

$$\mathbf{B}^{-1} = \mathbf{Q} \cdot \overline{\mathbf{B}}^{-1}\left(= \Lambda^{-1/2}\right) \cdot \mathbf{Q}^{\mathrm{T}} \tag{1. 440 b}$$

$$\mathbf{B}^{-2} = \mathbf{Q} \cdot \overline{\mathbf{B}}^{-2}\left(= \Lambda^{-1}\right) \cdot \mathbf{Q}^{\mathrm{T}} \tag{1. 441 b}$$

이제 왼편 극분해 대칭텐서(행렬) B가 얻어졌으므로, 정의식 (1.423)을 만족하는 직교텐서 R는 아래로 얻어진다.

$$\mathbf{R} = \mathbf{B}^{-1} \cdot \mathbf{T} = \mathbf{T} \cdot \mathbf{A}^{-1} \tag{1. 442}$$

[즉 직교텐서 R는 좌우 극분해에 대해 같은 값을 가진다. 예제 1.22 참조]

또 이렇게 정의된 $\mathbf{R}$가 직교텐서(행렬)인 것은 앞과 마찬가지로 식 (1.435)와 $\mathbf{B}$(및 $\mathbf{B}^{-1}$)이 대칭인 것으로부터 증명할 수 있다.

$$\mathbf{R} \cdot \mathbf{R}^{\mathrm{T}} = (\mathbf{B}^{-1} \cdot \mathbf{T}) \cdot (\mathbf{B}^{-1} \cdot \mathbf{T})^{\mathrm{T}} = \mathbf{B}^{-1} (\mathbf{T} \cdot \mathbf{T}^{\mathrm{T}}) \cdot \mathbf{B}^{-1}$$

$$= \mathbf{B}^{-1} \cdot \mathbf{B}^{2} \cdot \mathbf{B}^{-1} = \mathbf{I}$$

따라서 $\mathbf{R}$는 $\mathbf{R}^{\mathrm{T}} = \mathbf{R}^{-1}$을 만족하는 직교텐서이다.

또한 왼편 극분해에서도 위에서 얻어진 $\mathbf{B}$와 $\mathbf{R}$ 오직 1종류의 (양정치)대칭텐서와 직교텐서가 존재함이 오른편 극분해의 경우와 마찬가지로 증명될 수 있다. 따라서 임의의 정칙 2차 텐서 $\mathbf{T}$에 대해 식 (1.423)으로 정의된 두 종류의 극분해(오른쪽 및 왼편)는 각각에 대해 유일함(uniqueness)이 증명된다. ■

다음에는 E^3 공간의 2차 텐서에 관한 극분해 정리의 관점에서, 임의의 정칙텐서 $\mathbf{T}$가 아래와 같이 표시되는 단위 구(unit sphere)에 작용하여 어떤 결과를 낳는가를 조사해 보자.

$$\boldsymbol{r} \cdot \boldsymbol{r} = \boldsymbol{r}^{\mathrm{T}} \boldsymbol{r} = x_i x_i = 1 \tag{1.443}$$

선형 연산자인 $\mathbf{T}$가 위치벡터 $\boldsymbol{r}$에 작용하여 새 (변환) 벡터 $\boldsymbol{x}$를 만든다고 하자. 즉 $\boldsymbol{x} = \mathbf{T} \cdot \boldsymbol{r}$로 두고 $\boldsymbol{r} = \mathbf{T}^{-1} \cdot \boldsymbol{x}$를 식 (1.443)에 대입하면, 단위 구의 $\mathbf{T}$에 의한 상(image)은 아래와 같이 된다.

$$(\mathbf{T}^{-1} \cdot \boldsymbol{x}) \cdot (\mathbf{T}^{-1} \cdot \boldsymbol{x}) = (\mathbf{T}^{-1} \cdot \boldsymbol{x})^{\mathrm{T}} (\mathbf{T}^{-1} \cdot \boldsymbol{x}) = \boldsymbol{x}^{\mathrm{T}} \left[(\mathbf{T}^{-1})^{\mathrm{T}} \cdot \mathbf{T}^{-1} \right] \cdot \boldsymbol{x}$$

$$= \boldsymbol{x} \cdot \left[(\mathbf{T} \cdot \mathbf{T}^{\mathrm{T}})^{-1} \right] \cdot \boldsymbol{x} = 1$$

여기에서 왼편극 분해정리 (1.423)을 적용하면 위 식은 아래와 같이 된다.

$$\boldsymbol{x} \cdot \mathbf{B}^{-2} \cdot \boldsymbol{x} = 1$$

다음에는 (양정치)대칭텐서 $\mathbf{B}^{-2}$의 주축에 대한 스펙트럴 표현 (1.441)를 사용하고, 또한 $\boldsymbol{x} = x_i \boldsymbol{u}_i$ (여기서 $\boldsymbol{u}_i$는 대칭텐서 $\mathbf{B}^2 = \mathbf{T} \cdot \mathbf{T}^{\mathrm{T}}$의 정규직교 고유벡터 기저임)로 두어 위 식에 대입하면 아래와 같이 x_i에 관한 (대각화된) 2차 형식을 얻는다.

$$\frac{{x_1}^2}{{\lambda_1}^2} + \frac{{x_2}^2}{{\lambda_2}^2} + \frac{{x_3}^2}{{\lambda_3}^2} = 1 \tag{1.444}$$

여기에서 λ_i는 (양정치)대칭텐서 $\mathbf{B}$의 고유치이다. 따라서 그림 1.8에 나타낸 바와 같이 단위 구는 정칙텐서 T 에 의해 타원체(ellipsoid)로 변환된다. 타원체의 3개의 반축(semi-axis)은 B 의 주축방향과 일치하며, 크기는 B 의 3개의 고유치 $(\lambda_1, \lambda_2, \lambda_3)$을 가진다. T 에 의한 단위 구의 사상(mapping) $\boldsymbol{x} = \mathbf{T} \cdot \boldsymbol{r} = \mathbf{B} \cdot \mathbf{R} \cdot \boldsymbol{r}$ 는 다음의 2단계로 달성될 수 있다. 즉, 먼저 $\boldsymbol{r}$ 에 직교텐서 R 가 작용하여 구의 회전 또는 반사를 야기시킨다. 다음에는 (양정치)대칭텐서 S 가 작용하여 구를 타원체로 대칭 변형(symmetric- deformation)시킨다.

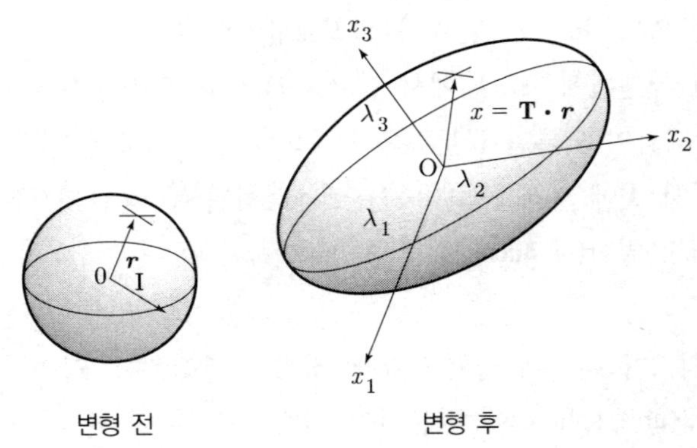

그림 1.8 정칙텐서 T 는 구를 타원체로 변환시키는 사상(연산자)이다.

예제 1.22

E^3 공간에서 임의의 한 (비대칭)정칙텐서 T의 주어진 (Cartesian) 정규직교 기저계($\boldsymbol{e}_1$, $\boldsymbol{e}_2$, $\boldsymbol{e}_3$)에 대한 행렬표현은 아래와 같다고 하자.

$$\mathrm{T} = \begin{pmatrix} 0 & -1 & 2 \\ 2 & -1 & 0 \\ -1 & 3 & -1 \end{pmatrix}$$

이때 극분해 정의식 (1.423)의 (a) 오른편 및 (b) 왼편 극분해를 각각 행하고, 결과를 서로 비교하여 보아라.

풀이

a) 식 (1.425)에 정의된 오른편 극분해의 양정치 대칭텐서(행렬) A를 식 (1.427 b)에서 구하기위해 먼저 (1.424)로 정의된 (양정치)대칭텐서 $\mathbf{C}(=\mathbf{T}^{\mathrm{T}} \cdot \mathbf{T})$의 3(실)고유치 $\lambda_k{}^2$과 그에 대응하는 세 정규직교 고유벡터 $\boldsymbol{u}_k$를 통상의 방법인 식 (1.346) 및 (1.347)에 의해 구하면 아래와 같다(지면 관계상 과정은 생략하나, 자세한 절차는 예제 1.21 참조 요).

$$\lambda_1{}^2 = 1 : \boldsymbol{u}_1 = \frac{1}{\sqrt{3}}(1 \quad 1 \quad 1)^{\mathrm{T}};\ \lambda_2{}^2 = 4 : \boldsymbol{u}_2 = \frac{1}{\sqrt{2}}(1 \quad 0 \quad -1)^{\mathrm{T}};$$

$\lambda_3{}^2 = 16$: $\boldsymbol{u}_3 = \dfrac{1}{\sqrt{6}}(1 \quad -2 \quad 1)^{\mathrm{T}}$

[비고 : 고유벡터 $\boldsymbol{u}_k$는 Cartesian 기저계 $\boldsymbol{e}_i$로 나타내었으며, $\boldsymbol{u}_i \cdot \boldsymbol{u}_j = \delta_{ij}$가 됨을 알 수 있다.]
이로부터 직교(공변)변환행렬(텐서) Q를 식 (1.362)에 따라 구하면 아래가 된다.

$$\mathrm{Q} = (\boldsymbol{u}_1\ \boldsymbol{u}_2\ \boldsymbol{u}_3) = \begin{pmatrix} \frac{1}{\sqrt{3}} & \frac{1}{\sqrt{2}} & \frac{1}{\sqrt{6}} \\ \frac{1}{\sqrt{3}} & 0 & -\frac{2}{\sqrt{6}} \\ \frac{1}{\sqrt{3}} & -\frac{1}{\sqrt{2}} & \frac{1}{\sqrt{6}} \end{pmatrix} \leftrightarrow \mathrm{Q}^{-1}(=\mathrm{Q}^{\mathrm{T}}) = \begin{pmatrix} \frac{1}{\sqrt{3}} & \frac{1}{\sqrt{3}} & \frac{1}{\sqrt{3}} \\ \frac{1}{\sqrt{2}} & 0 & -\frac{1}{\sqrt{2}} \\ \frac{1}{\sqrt{6}} & -\frac{1}{\sqrt{2}} & \frac{1}{\sqrt{6}} \end{pmatrix}$$

다음에는 식 (1.427b)에 의해 요구되는 오른편 대칭행렬(텐서) A를 아래와 같이 구한다.

$$\mathrm{A} = (\mathrm{T}^{\mathrm{T}}\mathrm{T})^{1/2} = \mathrm{Q}\overline{\mathrm{A}}(=\Lambda^{1/2})\mathrm{Q}^{\mathrm{T}}$$

$$= \begin{pmatrix} \frac{1}{\sqrt{3}} & \frac{1}{\sqrt{2}} & \frac{1}{\sqrt{6}} \\ \frac{1}{\sqrt{3}} & 0 & -\frac{2}{\sqrt{6}} \\ \frac{1}{\sqrt{3}} & -\frac{1}{\sqrt{2}} & \frac{1}{\sqrt{6}} \end{pmatrix} \begin{pmatrix} 1 & 0 & 0 \\ 0 & 2 & 0 \\ 0 & 0 & 4 \end{pmatrix} \begin{pmatrix} \frac{1}{\sqrt{3}} & \frac{1}{\sqrt{3}} & \frac{1}{\sqrt{3}} \\ \frac{1}{\sqrt{2}} & 0 & -\frac{1}{\sqrt{2}} \\ \frac{1}{\sqrt{6}} & -\frac{2}{\sqrt{6}} & \frac{1}{\sqrt{6}} \end{pmatrix} = \begin{pmatrix} 2 & -1 & 0 \\ -1 & 3 & -1 \\ 0 & -1 & 2 \end{pmatrix}$$

다음에는 식 (1.429b)에 의해 A의 역행렬 A^{-1}를 구한다.

$$\mathrm{A}^{-1} = (\mathrm{T}^{\mathrm{T}}\mathrm{T})^{-1/2} = \mathrm{Q}\overline{\mathrm{A}}^{-1}(=\Lambda^{-1/2})\mathrm{Q}^{\mathrm{T}}$$

$$= \begin{pmatrix} \frac{1}{\sqrt{3}} & \frac{1}{\sqrt{2}} & \frac{1}{\sqrt{6}} \\ \frac{1}{\sqrt{3}} & 0 & -\frac{2}{\sqrt{6}} \\ \frac{1}{\sqrt{3}} & -\frac{1}{\sqrt{2}} & \frac{1}{\sqrt{6}} \end{pmatrix} \begin{pmatrix} 1 & 0 & 0 \\ 0 & \frac{1}{2} & 0 \\ 0 & 0 & \frac{1}{4} \end{pmatrix} \begin{pmatrix} \frac{1}{\sqrt{3}} & \frac{1}{\sqrt{3}} & \frac{1}{\sqrt{3}} \\ \frac{1}{\sqrt{2}} & 0 & -\frac{1}{\sqrt{2}} \\ \frac{1}{\sqrt{6}} & -\frac{2}{\sqrt{6}} & \frac{1}{\sqrt{6}} \end{pmatrix} = \begin{pmatrix} \frac{15}{24} & \frac{1}{4} & \frac{1}{8} \\ \frac{1}{4} & \frac{1}{2} & \frac{1}{4} \\ \frac{1}{8} & \frac{1}{4} & \frac{15}{24} \end{pmatrix}$$

[비고 : 이 결과는 역행렬의 정의에 의해 A의 역을 바로 구해도 얻어짐]
따라서 오른편 극분해의 직교행렬(텐서) R는 식 (1.431)에서 바로 얻어진다.

$$\mathrm{R} = \mathrm{TA}^{-1} = \begin{pmatrix} 0 & -1 & 2 \\ 2 & -1 & 0 \\ -1 & 3 & -1 \end{pmatrix} \begin{pmatrix} \frac{15}{24} & \frac{1}{4} & \frac{1}{8} \\ \frac{1}{4} & \frac{1}{2} & \frac{1}{4} \\ \frac{1}{8} & \frac{1}{4} & \frac{15}{24} \end{pmatrix} = \begin{pmatrix} 0 & 0 & 1 \\ 1 & 0 & 0 \\ 0 & 1 & 0 \end{pmatrix}$$

행렬 R을 검사해 보면 $R^T = R^{-1}$(즉 $RR^T = I$)이 성립되어 직교행렬인 것을 알 수 있다. 즉 이로부터 주어진 정칙행렬 T의 (유일한) 오른편 극분해 $T = RA$가 완성된다.

(b) 식 (1.436)으로 정의된 왼편 극분해의 (양정치)대칭행렬(텐서) B를 식 (1.438b)에서 구하기 위하여 먼저 식 (1.435)로 정의된 대칭행렬 $E(= TT^T)$를 아래와 같이 구한다.

$$E = B^2 = TT^T = \begin{pmatrix} 5 & 1 & -5 \\ 1 & 5 & -5 \\ -5 & -5 & 11 \end{pmatrix} \quad \left[\text{참고} : C = A^2 = T^T T = \begin{pmatrix} 5 & -5 & 1 \\ -5 & 11 & -5 \\ 1 & -5 & 5 \end{pmatrix} \right]$$

얻어진 대칭행렬 E의 3 (실)고유치(λ_k^2)와 대응하는 3 정규직교 고유벡터($\boldsymbol{u}_k$)를 식 (1.346)과 (1.347)에 의해 구한 결과만을 소개하면 아래와 같다.

$$\lambda_1^2 = 1 : \boldsymbol{u}_1 = \begin{pmatrix} \frac{1}{\sqrt{3}} & \frac{1}{\sqrt{3}} & \frac{1}{\sqrt{3}} \end{pmatrix}^T ; \ \lambda_2^2 = 4 : \boldsymbol{u}_2 = \begin{pmatrix} \frac{1}{\sqrt{2}} & -\frac{1}{\sqrt{2}} & 0 \end{pmatrix}^T ;$$

$$\lambda_3^2 = 16 : \boldsymbol{u}_3 = \begin{pmatrix} \frac{1}{\sqrt{6}} & \frac{1}{\sqrt{6}} & -\frac{2}{\sqrt{6}} \end{pmatrix}^T$$

[비고 : E의 3 고유벡터 $\boldsymbol{u}_k$는 Cartesian 기저계 $\boldsymbol{e}_i$로 나타내었으며, $\boldsymbol{u}_i \cdot \boldsymbol{u}_j = \delta_{ij}$가 됨을 알 수 있다.]
이 결과를 이용하여 직교(변환)행렬 Q를 식 (1.362)에 따라 구하면 아래가 된다.

$$Q = (\boldsymbol{u}_1 \ \boldsymbol{u}_2 \ \boldsymbol{u}_3) = \begin{pmatrix} \frac{1}{\sqrt{3}} & \frac{1}{\sqrt{2}} & \frac{1}{\sqrt{6}} \\ \frac{1}{\sqrt{3}} & -\frac{1}{\sqrt{2}} & \frac{1}{\sqrt{6}} \\ \frac{1}{\sqrt{3}} & 0 & -\frac{2}{\sqrt{6}} \end{pmatrix} \leftrightarrow Q^{-1}(= Q^T) = \begin{pmatrix} \frac{1}{\sqrt{3}} & \frac{1}{\sqrt{3}} & \frac{1}{\sqrt{3}} \\ \frac{1}{\sqrt{2}} & -\frac{1}{\sqrt{2}} & 0 \\ \frac{1}{\sqrt{6}} & \frac{1}{\sqrt{6}} & -\frac{2}{\sqrt{6}} \end{pmatrix}$$

다음에는 식 (1.438b)에 의해 요구되는 왼편 대칭행렬 B를 아래와 같이 구한다.

$$B = (TT^T)^{1/2} = Q\overline{B}\,(= \Lambda^{1/2})Q^T$$

$$= \begin{pmatrix} \frac{1}{\sqrt{3}} & \frac{1}{\sqrt{2}} & \frac{1}{\sqrt{6}} \\ \frac{1}{\sqrt{3}} & -\frac{1}{\sqrt{2}} & \frac{1}{\sqrt{6}} \\ \frac{1}{\sqrt{3}} & 0 & -\frac{2}{\sqrt{6}} \end{pmatrix} \begin{pmatrix} 1 & 0 & 0 \\ 0 & 2 & 0 \\ 0 & 0 & 4 \end{pmatrix} \begin{pmatrix} \frac{1}{\sqrt{3}} & \frac{1}{\sqrt{3}} & \frac{1}{\sqrt{3}} \\ \frac{1}{\sqrt{2}} & -\frac{1}{\sqrt{2}} & 0 \\ \frac{1}{\sqrt{6}} & \frac{1}{\sqrt{6}} & -\frac{2}{\sqrt{6}} \end{pmatrix} = \begin{pmatrix} 2 & 0 & -1 \\ 0 & 2 & -1 \\ 1 & -1 & 3 \end{pmatrix}$$

다음에는 식 (1.440b)에 의해 B^{-1}를 구한다.

$$B^{-1} = (TT^T)^{-1/2} = Q\overline{B}^{-1}(= \Lambda^{-1/2})Q^T$$

$$=\begin{pmatrix} \frac{1}{\sqrt{3}} & \frac{1}{\sqrt{2}} & \frac{1}{\sqrt{6}} \\ \frac{1}{\sqrt{3}} & -\frac{1}{\sqrt{2}} & \frac{1}{\sqrt{6}} \\ \frac{1}{\sqrt{3}} & 0 & -\frac{2}{\sqrt{6}} \end{pmatrix}\begin{pmatrix} 1 & 0 & 0 \\ 0 & \frac{1}{2} & 0 \\ 0 & 0 & \frac{1}{4} \end{pmatrix}\begin{pmatrix} \frac{1}{\sqrt{3}} & \frac{1}{\sqrt{3}} & \frac{1}{\sqrt{3}} \\ \frac{1}{\sqrt{2}} & -\frac{1}{\sqrt{2}} & 0 \\ \frac{1}{\sqrt{6}} & \frac{1}{\sqrt{6}} & -\frac{2}{\sqrt{6}} \end{pmatrix}=\frac{1}{8}\begin{pmatrix} 5 & 1 & 2 \\ 1 & 5 & 2 \\ 2 & 2 & 4 \end{pmatrix}$$

[비고 : 이 결과는 역행렬의 정의에 의해 B의 역을 바로 구해도 얻어짐.]
이로부터 왼편 극분해의 직교행렬(텐서) R는 식 (1.442)에서 바로 얻어진다.

$$\mathrm{R}=\mathrm{B}^{-1}\mathrm{T}=\frac{1}{8}\begin{pmatrix} 5 & 1 & 2 \\ 1 & 5 & 2 \\ 2 & 2 & 4 \end{pmatrix}\begin{pmatrix} 0 & -1 & 2 \\ 2 & -1 & 0 \\ -1 & 3 & -1 \end{pmatrix}=\begin{pmatrix} 0 & 0 & 1 \\ 1 & 0 & 0 \\ 0 & 1 & 0 \end{pmatrix}$$

그런데 이 결과는 오른편 분해에 대한 식 (1.431)에 의한 결과와 동일함을 알 수 있다. 이로부터 주어진 정칙행렬 T의 (유일한) 왼편 극분해 T = BR가 완성된다.
그런데 만약 문제 (a)로부터 대칭행렬 A가 구해지고, 왼편 및 오른편 극분해에 공통인 직교행렬 R를 안다면 극분해 정의식 (1.423)에서 B는 아래의 관계에서 바로 구해진다(그 역도 마찬가지).

$$\mathrm{B}=\mathrm{RAR}^{-1}(=\mathrm{R}^{\mathrm{T}}) \leftrightarrow \mathrm{A}=\mathrm{R}^{-1}(=\mathrm{R}^{\mathrm{T}})\mathrm{BR}$$

이 관계는 위에서 얻어진 결과를 이용하여 확인될 수 있다.

■ 1. 18 텐서의 등방함수

스칼라를 제외한 텐서의 대부분과는 다르게, 가령 E^3의 Cartesian 좌표계에서의 Kronecker-delta δ_{ij}와 순열기호 e_{ijk}는 축의 회전이 어떻게 되든지 변환에 무관하게 항상 같은 값을 가진다.
특히 δ_{11}은 모든 좌표계에 대하여 1의 값을 가지는데, 일반적인 2차 텐서 **T**는 만일 $T_{11}=f_{11}(x_1, x_2, x_3)$이면 $T'_{11}=f_{11}(x'_1, x'_2, x'_3)$인 관계만을 알 수 있다. 전자의 성질을 가진 텐서를 '등방 (혹은 불변) 텐서(isotropic tensor)'라 한다. 일반적인 텐서가 어떻게 등방성을 가질 수 있는지를 아는 것은 중요하다. 왜냐하면, 물리학적인 성질의 묘사에 있어서(예를 들자면 방향에 관계없이 항상 성질이 일정한 등방성 물질의 전도도, 자화율, 인장강도에 있어서) 등방텐서가 연관되기 때문이다. 이제 δ_{ij}와 e_{ijk}가 (스칼라 곱의 범위에서) (Cartesian 좌표계에서)각각 유일한 2차 및 3차 등방텐서임을 보이고자 한다.
등방 2차 텐서로부터 시작해 보자. T_{ij}를 등방 2차 텐서라고 가정하면, 축의 어떤 회전에 대하여서도 정의에 의하여 각각의 9개의 성분에 대하여 다음과 같이 된다.

$$T_{ij} = T'_{ij} = l_{ik}\, l_{jl}\, T_{kl} \tag{1.445}$$

(여기서 l_{ij}는 식 (1.376)으로 정의된 Cartesian 좌표간의 변환텐서이다.)
첫 번째로 (1, 1, 1) 방향에 대한 좌표축의 회전으로 인하여 옛 좌표축 Ox_1, Ox_2, Ox_3가 각각 Ox_2', Ox_3', Ox_1'로 변환된 경우를 생각해 보자. 이 회전에 대하여 $l_{13} = 1$, $l_{21} = 1, l_{32} = 1$ 이고, 다른 모든 값에 대해서는 $l_{ij} = 0$ 이다. 이 조건을 식 (1.445)에 적용하면 $T_{11} = T'_{11} = T_{33}$ 이 되며, 마찬가지로 $T_{12} = T'_{12} = T_{31}$ 이 된다. 이런 식으로 계속하면 다음과 같다.

(a) $T_{11} = T_{22} = T_{33}$

(b) $T_{12} = T_{23} = T_{31}$

(c) $T_{21} = T_{32} = T_{13}$

다음으로 Ox_3 축에 대하여 원래 위치로부터 $\frac{\pi}{2}$만큼 (시계방향으로) 축의 회전을 생각해 보자. 이 경우 $l_{12} = -1, l_{21} = 1, l_{33} = 1$ 이고 다른 모든 값에 대해서는 $l_{ij} = 0$ 이다. 이들 관계를 식 (1.445)에 적용하면 다음과 같은 관계를 얻을 수 있다.

$$T_{13} = (-1) \times 1 \times T_{23}$$

$$T_{23} = 1 \times 1 \times T_{13}$$

따라서 조건 (b)와 (c)에 의해 $T_{13} = T_{23} = 0$ 이며, 모두 똑같은 T_{11}, T_{22}, T_{33}를 제외한 각각의 성분 $T_{ij} = 0$ 이다. 그러므로 이로부터 $T_{ij} = \lambda\, \delta_{ij}$ 임을 알 수 있다.

예제 1.23

$\lambda\, e_{ijk}$는 유일한 등방 3차 Cartesian 텐서임을 보이시오.

풀이

일반적인 해법은 위와 같으므로 여기서는 최소한의 설명만 덧붙이겠다.

$$T_{ijk} = T'_{ijk} = l_{il}\, l_{jm}\, l_{kn}\, T_{lmn}$$

[여기서 좌표변환 행렬 L=(l_{ij})는 식 (1.379) 참조.]
만약 (1, 1, 1) 방향에 대하여 회전시키는 것은 아래첨자의 순서가 1→2→3→1이 되도록 만드는 것과 같다. 따라서 아래가 성립된다.

(a) $T_{111} = T_{222} = T_{333}$

(b) $T_{112} = T_{223} = T_{331}$ (그리고 유사한 두 집합)

(c) $T_{123} = T_{231} = T_{312}$ (그리고 1, 2 ,3의 기순열을 포함하는 한 집합)

Ox_3에 대하여 (시계방향으로) $\frac{\pi}{2}$만큼 회전하면 $l_{12} = -1$, $l_{21} = 1, l_{33} = 1$이고, 나머지는 $l_{ij} = 0$이다.

(d) $T_{111} = (-1) \times (-1) \times (-1) \times T_{222} = - T_{222}$

(e) $T_{112} = (-1) \times (-1) \times 1 \times T_{221}$

(f) $T_{123} = 1 \times 1 \times (-1) \times T_{112}$

(g) $T_{123} = (-1) \times 1 \times 1 \times T_{213}$

(a)와 (d)의 관계는 모두 같은 3개의 아래첨자를 가진 성분은 값이 0임을 보여준다. (e), (f), (b)의 관계는 반복되는 아래첨자를 가진 모든 성분이 0임을 보여준다. (g)와 (c)는 $T_{123} = T_{231} = T_{312} = - T_{213} = - T_{321} = - T_{132}$임을 보여준다. 종합적으로, T_{ijk}는 e_{ijk}와는 스칼라배 만큼 다르지만, e_{ijk} ($\lambda\, e_{ijk}$)가 회전 변환에 대하여 등방텐서임을 보였으므로, T_{ijk}는 가장 일반적인 3차 등방 Cartesian 텐서임에 틀림없다.

δ_{ij}와 e_{ijk}에 적용된 같은 과정을 사용하여, 유일한 등방 1차 텐서는 모든 요소가 0인 벡터임을 알 수 있다.

앞에서 Cartesian 좌표계에 대하여 소개한 등방텐서의 개념을 이하에서는 일반좌표계로 확장시켜 보편화된 텐서의 등방함수(isotropic function)에 대하여 설명하기로 한다.

정의 1 : 변수(인자)로서 (절대)2차 텐서, 벡터 및 스칼라를 가진 임의의 스칼라 함수 ψ가 직교군(orthogonal group)들의 집합인 $\{\mathbf{Q}\}$에 속하는 모든 직교 텐서 $\mathbf{Q}$(즉 $\mathbf{Q}^{-1} = \mathbf{Q}^{\mathrm{T}}$만족)에 대하여 아래의 관계식을 만족한다면 그 스칼라 함수 ψ는 관련된 인자의 '등방(isotropic) 스칼라 함수'라고 한다.

$$\begin{aligned}&\psi\left(\mathbf{A}_1, \mathbf{A}_2, \cdots, \mathbf{A}_p; \boldsymbol{v}_1, \boldsymbol{v}_2, \cdots, \boldsymbol{v}_q; f_1, f_2, \cdots, f_r\right)\\&= \psi\left(\mathbf{Q}\mathbf{A}_1\mathbf{Q}^{(\mathrm{T})}, \cdots, \mathbf{Q}\mathbf{A}_p\mathbf{Q}^{(\mathrm{T})}; \mathbf{Q}\boldsymbol{v}_1, \cdots, \mathbf{Q}\boldsymbol{v}_q; f_1, \cdots, f_r\right)\end{aligned} \tag{1.446}$$

정의 2 : 변수(인자)로서 (절대)2차 텐서 $\mathbf{A}_i (i = 1, 2, \cdots, p)$를 가진 임의의 2차 텐서 함수 $\mathbf{f}$가 직교군의 집합인 $\{\mathbf{Q}\}$와 함수 $\mathbf{f}$의 정의영역 내에 있는 p개의 2차 텐서 $\mathbf{A}_i$ 모두에 대해 아래의 관계식을 만족한다면 그 2차 텐서 함수 $\mathbf{f}$는 '등방텐서함수'라 칭한다.

$$\overline{\mathbf{f}} = \mathbf{Q}\mathbf{f}(\mathbf{A}_1, \cdots, \mathbf{A}_p)\mathbf{Q}^T = \mathbf{f}\left(\mathbf{Q}\mathbf{A}_1\mathbf{Q}^T, \cdots, \mathbf{Q}\mathbf{A}_p\mathbf{Q}^T\right) \tag{1.447}$$

정의 3 : 변수(인자)로서 p개의 3차 텐서 $\mathbf{m}_i(i=1,2,\cdots,p)$를 가진 어떤 2차 텐서 함수 $\mathbf{f}$가 직교군의 집합인 $\{\mathbf{Q}\}$에 속하는 모든 직교텐서 $\mathbf{Q}$에 대하여 아래의 관계가 성립된다면 2차 텐서 함수 $\mathbf{f}$는 '등방'이라고 한다.

$$\mathbf{Q}\mathbf{f}\mathbf{Q}^T = \mathbf{f}\left(\mathbf{Q}\mathbf{m}_1\mathbf{Q}^T\mathbf{Q}^T, \cdots, \mathbf{Q}\mathbf{m}_p\mathbf{Q}^T\mathbf{Q}^T\right) \tag{1.448}$$

위에서 정의된 등방성 텐서값을 가진 함수 $\mathbf{f}$는 모든 강체회전(rigid rotation)에 대하여 불변(invariant)이다. 따라서 등방성 텐서함수 $\mathbf{f}$는 구의 질량중심을 지나는 어떠한 축에 관한 구대칭성뿐아니라 반전 중심(center of inversion)을 통한 반사(reflection)에 대해서도 고려한다. 텐서 등방함수의 이와 같은 성질은 물질이 소유하는 다양한 대칭성을 결정하는데 매우 유용함이 알려져 있다.

1. 18. 1 등방성 텐서값 함수의 전개에 관한 표현정리

이하에서는 지면관계상 자세한 증명없이 등방성 텐서함수 $\mathbf{f}$의 전개에 대한 표현정리(representation theorem)를 소개하겠다. 만약 $\mathbf{D}=\mathbf{f}(\mathbf{A})$가 2차 텐서 성분 $\mathbf{A}$의 차수 n을 포함하는 등방성 다항식(polynomial)함수이라면 아래와 같이 $\mathbf{A}$의 멱급수로 전개될 수 있다.

$$\mathbf{D} = \mathbf{f}(\mathbf{A}) = \phi_0\mathbf{I} + \phi_1\mathbf{A} + \phi_2\mathbf{A}^2 + \cdots + \phi_n\mathbf{A}^n \tag{1.449}$$

여기서 $\phi_k(k=1,\ 2,\cdots,\ n)$는 식 (1.446)에 정의된 것 같은 2차 텐서 $\mathbf{A}$의 주 불변량(principal invariants)의 스칼라 함수이다.

가령 $\mathbf{A}$가 E^3 공간의 2차 텐서이라면 ϕ_k는 아래와 같은 함수형태를 가진다.

$$\phi_k = \phi_k(\mathrm{I}_A, \mathrm{II}_A, \mathrm{III}_A) \qquad (k=0,\ 1,\ 2,\cdots,n) \tag{1.450}$$

여기서 I_A, II_A 및 III_A는 1.16.7절에서 정의된 $\mathbf{A}$의 3 (주) 불변량이다.

한편, 만약 $\mathbf{A}$의 텐서 다항식 함수 $\mathbf{f}(\mathbf{A})$가 수렴성(convergent) 무한 멱급수이라면, 식 (1.449)대로 아래와 같이 나타내진다.

$$\mathbf{f}(\mathbf{A}) = \phi_0\mathbf{I} + \phi_1\mathbf{A} + \phi_2\mathbf{A}^2 + \cdots + \phi_n\mathbf{A}^n + \cdots. \tag{1.451}$$

그러나 1.16.8절에 소개한 Cayley-Hamilton 정리(1.417)에 의해 2차보다 높은 $\mathbf{A}$의 멱급수는 아래와 같이 모두 $\mathbf{A}$의 2차항 이하로 나타내질 수 있다.

$$\mathbf{A}^3 = \mathrm{I}_A \mathbf{A}^2 - \mathrm{II}_A \mathbf{A} + \mathrm{III}_A \mathbf{I},$$

$$\begin{aligned}\mathbf{A}^4 &= \mathrm{I}_A \mathbf{A}^3 - \mathrm{II}_A \mathbf{A}^2 + \mathrm{III}_A \mathbf{A} = \mathrm{I}_A\left(\mathrm{I}_A \mathbf{A}^2 - \mathrm{II}_A \mathbf{A} + \mathrm{III}_A \mathbf{I}\right) - \mathrm{II}_A \mathbf{A}^2 + \mathrm{III}_A \mathbf{A} \\ &= \left(\mathrm{I}_A{}^2 - \mathrm{II}_A\right)\mathbf{A}^2 - \left(\mathrm{I}_A \mathrm{III}_A - \mathrm{III}_A\right)\mathbf{A} + \mathrm{I}_A \mathrm{III}_A \mathbf{I}\end{aligned} \tag{1.452}$$

따라서 식 (1.452)를 (1.451)에 대입하면 최종적으로 아래 형태의 간소화된 식을 얻을 수 있다.

$$\mathbf{f}(\mathbf{A}) = \alpha_0 \mathbf{I} + \alpha_1 \mathbf{A} + \alpha_2 \mathbf{A}^2 \tag{1.453}$$

여기서

$$\alpha_k = \alpha_k(\mathrm{I}_A, \mathrm{II}_A, \mathrm{III}_A) \qquad (k = 0, 1, 2) \tag{1.454}$$

위 결과는 레올로지의 구성방정식에 자주 이용되는 등방성 텐서값 함수 $\mathbf{f}(\mathbf{A})$를 다룰 때 매우 유용하게 쓰인다.

마지막으로 앞에서 언급한 등방 2차 텐서인 δ_{ij}의 조합에 의해 등방 4차 텐서가 형성됨을 아래의 예제를 통하여 보여주겠다(단 편의상 3차원 Cartesian 좌표계의 변환관계를 사용하기로 한다).

예제 1.24

E^3에서 다음과 같이 정의되는 4차 텐서가 등방텐서임을 보여라. 즉 좌표축의 어떤 회전에도 무관하게 같은 형태를 가짐을 보여라.

(a) $A_{ijkl} = \delta_{ij}\delta_{kl}$

(b) $B_{ijkl} = \delta_{ik}\delta_{jl} + \delta_{il}\delta_{jk}$

(c) $C_{ijkl} = \delta_{ik}\delta_{jl} - \delta_{il}\delta_{jk}$

풀이

3차원 Cartesian 좌표계간의 변환의 경우 변환행렬 $\mathrm{L} = (l_{ij})$(여기서 $l_{ij} = \boldsymbol{e}_i{}' \cdot \boldsymbol{e}_j$)를 사용하여 변환관계를 나타내면 아래가 된다[단 변환식 (1.383) 및 L의 직교행렬 관계식 (1.381) 사용].

(a) $A'_{ijkl} = l_{ip} l_{jq} l_{kr} l_{ls} A_{pqrs} = l_{ip} l_{jq} l_{kr} l_{ls} \delta_{pq} \delta_{rs} = l_{ip} l_{jp} l_{kr} l_{lr} = \delta_{ij} \delta_{kl} = A_{ijkl}$

(b) $B'_{ijkl} = l_{ip} l_{jq} l_{kr} l_{ls} (\delta_{pr} \delta_{qs} + \delta_{ps} \delta_{qr}) = l_{ip} l_{jq} l_{kp} l_{lq} + l_{ip} l_{jq} l_{kq} l_{lp} = \delta_{ik} \delta_{jl} + \delta_{il} \delta_{jk} = B_{ijkl}$

(c) $C'_{ijkl} = l_{ip} l_{jq} l_{kr} l_{ls} (\delta_{pr} \delta_{qs} - \delta_{ps} \delta_{qr}) = l_{ip} l_{jq} l_{kp} l_{lq} - l_{ip} l_{jq} l_{kq} l_{lp} = \delta_{ik} \delta_{jl} - \delta_{il} \delta_{jk} = C_{ijkl}$

$\therefore$ 따라서 **A**, **B**, **C** 모두 4차 텐서이다.

위 예제의 결과로부터 임의의 4차 등방 (Cartesian) 텐서 ϕ_{ijkl} 은 일반적으로 아래와 같이 나타낼 수 있다(문제 1.20 참조).

$$\phi_{ijkl} = \lambda\delta_{ij}\delta_{kl} + \mu(\delta_{ik}\delta_{jl} + \delta_{il}\delta_{jk}) + \nu(\delta_{ik}\delta_{jl} - \delta_{il}\delta_{jk})$$

$$= \lambda\delta_{ij}\delta_{kl} + \mu(\delta_{ik}\delta_{jl} + \delta_{il}\delta_{jk}) + \nu e_{ijs}e_{kls} \tag{1. 455}$$

연습문제

1.1 만일 $\boldsymbol{a}, \boldsymbol{b}, \boldsymbol{c}$ 가 같은 평면상에 있지 않으면(즉 3차원적으로 선형 독립이면),

(a) $x\boldsymbol{a}+y\boldsymbol{b}+z\boldsymbol{c}=0$은 $x=y=z=0$ 임

(b) $x_1\boldsymbol{a}+y_1\boldsymbol{b}+z_1\boldsymbol{c}=x_2\boldsymbol{a}+y_2\boldsymbol{b}+z_2\boldsymbol{c}$ 라면 $x_1=x_2,\ y_1=y_2,\ z_1=z_2$ 임을 보여라.

또한 3개의 벡터 $\boldsymbol{a}, \boldsymbol{b}, \boldsymbol{c}$ 가 선형 독립일 때 다음의 두 경우에서 각각 세 벡터가 선형종속이 되게 λ, μ 를 구하여라.

(c) $\boldsymbol{a}+\lambda\boldsymbol{b},\ \boldsymbol{b}+\lambda\boldsymbol{c},\ \boldsymbol{c}+\lambda\boldsymbol{a}$

(d) $\mu\boldsymbol{a}+\boldsymbol{b}+\boldsymbol{c},\ \boldsymbol{a}+\mu\boldsymbol{b}+\boldsymbol{c},\ \boldsymbol{a}+\boldsymbol{b}+\mu\boldsymbol{c}$

풀이

(a) $x\neq 0$이라 하자. 그러면 $x\boldsymbol{a}+y\boldsymbol{b}+z\boldsymbol{c}=0$은 $x\boldsymbol{a}=-y\boldsymbol{b}-z\boldsymbol{c}$ 혹은 $\boldsymbol{a}=-\left(\frac{y}{x}\right)\boldsymbol{b}-\left(\frac{z}{x}\right)\boldsymbol{c}$이다. 그러나 $-\left(\frac{y}{x}\right)\boldsymbol{b}-\left(\frac{z}{x}\right)\boldsymbol{c}$ 는 $\boldsymbol{b}, \boldsymbol{c}$의 평면에 있는 벡터이다. 즉 $\boldsymbol{a}$는 $\boldsymbol{a}, \boldsymbol{b}, \boldsymbol{c}$가 같은 평면에 있지 않다는 가설에 모순된 $\boldsymbol{b}, \boldsymbol{c}$의 평면 안에 있다. $\therefore x=0$ 같은 이유로 $y\neq 0,\ z\neq 0$라 생각하면 모순이 되어 $y=0,\ z=0$이다.

(b) $(x_1-x_2)\boldsymbol{a}+(y_1-y_2)\boldsymbol{b}+(z_1-z_2)\boldsymbol{c}=0$. (a)에 의해서 $x_1-x_2=0,\ y_1-y_2=0,\ z_1-z_2=0$. 따라서 $x_1=x_2,\ y_1=y_2,\ z_1=z_2$.

(c) $\alpha(\boldsymbol{a}+\lambda\boldsymbol{b})+\beta(\boldsymbol{b}+\lambda\boldsymbol{c})+\gamma(\boldsymbol{c}+\lambda\boldsymbol{a})=0$을 다시 쓰면

$$(\alpha+\gamma\lambda)\boldsymbol{a}+(\beta+\alpha\lambda)\boldsymbol{b}+(\gamma+\beta\lambda)\boldsymbol{c}=0.$$

그런데 $\boldsymbol{a}, \boldsymbol{b}, \boldsymbol{c}$가 선형 독립이므로 계수가 모두 0일 경우만 우변이 0이 되므로

$$\alpha+\gamma\lambda=\beta+\alpha\lambda=\gamma+\beta\lambda=0$$

여기에서 α, β, γ를 소거하면 $1+\lambda^3=0$. 따라서 $\lambda=-1$일 때 $\alpha=\beta=\gamma$가 되므로 $\lambda=-1$이라 하면 α, β, γ는 $\alpha=\beta=\gamma\neq 0$인 임의의 α, β, γ를 취하면 된다.

(d) (c)의 경우와 같이 $\alpha(\mu\boldsymbol{a}+\boldsymbol{b}+\boldsymbol{c})+\beta(\boldsymbol{a}+\mu\boldsymbol{b}+\boldsymbol{c})+\gamma(\boldsymbol{a}+\boldsymbol{b}+\mu\boldsymbol{c})=0$ 또는 $(\alpha\mu+\beta+\gamma)\boldsymbol{a}+(\alpha+\beta\mu+\gamma)\boldsymbol{b}+(\alpha+\beta+\mu\gamma)\boldsymbol{c}=0$.

마찬가지로 세 벡터 $\boldsymbol{a},\ \boldsymbol{b},\ \boldsymbol{c}$ 의 선형 독립의 정의로부터

$$\alpha\mu+\beta+\gamma=0,\ \alpha+\beta\mu+\gamma=0,\ \alpha+\beta+\gamma\mu=0.$$

여기서 α, β, γ를 소거하면 $(\mu-1)^2(\mu+2)=0$ 그러므로 $\mu=1,-2$일 때 동시에 0이 아닌 α, β, γ가 있다.

1.2 아래의 두 경우의 세 벡터 $\boldsymbol{a}$, $\boldsymbol{b}$, $\boldsymbol{c}$가 모두 Cartesian 기저벡터 $\boldsymbol{e}_1 = \boldsymbol{i} = (1\ 0\ 0)^{\mathrm{T}}$, $\boldsymbol{e}_2 = \boldsymbol{j} = (0\ 1\ 0)^{\mathrm{T}}$, $\boldsymbol{e}_3 = \boldsymbol{k} = (0\ 0\ 1)^{\mathrm{T}}$에 대한 성분으로 나타내져 있을 때 각각의 경우 선형독립성(문 1.1 참조)을 조사해 보아라.

(a) $\boldsymbol{a} = (2\ 1\ 0)^{\mathrm{T}}$, $\boldsymbol{b} = (0\ 1\ 4)^{\mathrm{T}}$, $\boldsymbol{c} = (1\ 1\ 2)^{\mathrm{T}}$

(b) $\boldsymbol{a} = (1\ 1\ 0)^{\mathrm{T}}$, $\boldsymbol{b} = (2\ 1\ 0)^{\mathrm{T}}$, $\boldsymbol{c} = (1\ 0\ 1)^{\mathrm{T}}$

또한 이들 중 하나가 선형독립 기저계를 형성한다면 아래의 Cartesian 기저계 $\{\boldsymbol{e}_i\}$로 표시된 벡터 $\boldsymbol{w}$를 이 새 기저계에 대한 성분으로 나타내어라.

(c) $\boldsymbol{w}(= w_i \boldsymbol{e}_i) = (2\ 3\ 1)^{\mathrm{T}}$

풀이

(a) 3 벡터의 선형결합인 $\alpha\boldsymbol{a} + \beta\boldsymbol{b} + \gamma\boldsymbol{c} = \boldsymbol{0}$을 만족하는 동시에 0이 아닌 α, β 혹은 γ가 존재하는가를 조사해보자. 지금 세 벡터 $\boldsymbol{a}$, $\boldsymbol{b}$, $\boldsymbol{c}$에 각각 주어진 (Cartesian)성분을 대입하여 각각의 (x, y, z) 성분에 대해 아래 식이 성립된다.

$$\left.\begin{aligned} 2\alpha \quad\quad + \gamma &= 0 \\ \alpha + \beta + \gamma &= 0 \\ 4\beta + 2\gamma &= 0 \end{aligned}\right\} \rightarrow (\gamma = -2\alpha,\ \beta = \alpha)$$

여기서 만약 $\alpha = 1$을 대입하면 $\beta = 1$, $\gamma = -2$가 되어 아래와 같이 선형결합을 $\boldsymbol{0}$으로 만드는 세 상수가 존재(즉 $\boldsymbol{a} + \boldsymbol{b} - 2\boldsymbol{c} = \boldsymbol{0}$)한다.

$$\begin{pmatrix} 2 \\ 1 \\ 0 \end{pmatrix} + \begin{pmatrix} 0 \\ 1 \\ 4 \end{pmatrix} + \begin{pmatrix} -2 \\ -2 \\ -4 \end{pmatrix} = \begin{pmatrix} 0 \\ 0 \\ 0 \end{pmatrix}$$

따라서 3 벡터 $\boldsymbol{a}$, $\boldsymbol{b}$, $\boldsymbol{c}$는 선형독립인 기저계를 형성하지 않는다.

(b) 마찬가지 방법으로 $\alpha\boldsymbol{a} + \beta\boldsymbol{b} + \gamma\boldsymbol{c} = \boldsymbol{0}$의 세 벡터 $\boldsymbol{a}$, $\boldsymbol{b}$, $\boldsymbol{c}$에 각각 주어진 (Cartesian)성분을 대입하여 각 (x, y, z) 성분에 대해 아래가 성립된다.

$$\left.\begin{aligned} \alpha + 2\beta + \gamma &= 0 \\ \alpha + \beta \quad\quad &= 0 \\ \gamma &= 0 \end{aligned}\right\} \rightarrow \alpha = -2\beta = -\beta \ \ \therefore \beta = 0,\ \alpha = 0,\ \gamma = 0$$

그러므로 α, β, γ가 동시에 0이 되는 경우를 제외하고서는 선형결합 $\alpha\boldsymbol{a} + \beta\boldsymbol{b} + \gamma\boldsymbol{c} \neq \boldsymbol{0}$이 되어, $\boldsymbol{a}$, $\boldsymbol{b}$, $\boldsymbol{c}$는 선형독립 기저계를 형성한다.

(c) 주어진 벡터 $\boldsymbol{w} = (2\ 3\ 1)^{\mathrm{T}} = 2\boldsymbol{e}_1 + 3\boldsymbol{e}_2 + \boldsymbol{e}_3$에서 문 (b)의 새 선형독립 기저벡터 $\boldsymbol{a}$, $\boldsymbol{b}$, $\boldsymbol{c}$로 나타내면 아래가 된다.

$$\boldsymbol{w}(= w_i \boldsymbol{e}_i) = \overline{w}_1 \boldsymbol{a} + \overline{w}_2 \boldsymbol{b} + \overline{w}_3 \boldsymbol{c}$$

여기서 $\boldsymbol{a}$, $\boldsymbol{b}$, $\boldsymbol{c}$에 문 (b)의 Cartesian 성분을 대입하면 각 (x, y, z) 성분에 대해 아래가 성립된다.

$$\left.\begin{array}{l}\bar{w}_1+2\bar{w}_2+\bar{w}_3=2\\ \bar{w}_1+\bar{w}_2 \qquad\quad =3\\ \qquad\qquad \bar{w}_3=1\end{array}\right\} \rightarrow \bar{w}_3=1,\ \bar{w}_2=-2,\ \bar{w}_1=5$$

$\therefore \boldsymbol{w}(=w_i\boldsymbol{e}_i)=\bar{w}=(\bar{w}_i\boldsymbol{a}_i)=5\boldsymbol{a}+(-2)\boldsymbol{b}+\boldsymbol{c}$가 성립된다.

별 해 1.7절 혹은 부록 1.2의 행렬법에 의한 벡터간의 변환법칙을 이용한다. 이때 변환전의 기저벡터의 집합 $\{\boldsymbol{g}_i\}$를 원래의 기저벡터 $\{\boldsymbol{e}_i\}$로, 문 (b)에 주어진 (기저)벡터 $\boldsymbol{a}$, $\boldsymbol{b}$, $\boldsymbol{c}$를 변환 후 새 기저벡터 집합 $\{\bar{\boldsymbol{g}}_i\}$로 간주하면 $\bar{\boldsymbol{g}}_i=a_i^{\ m}\boldsymbol{g}_m$에서 공변 변환 행렬 $a_i^{\ m}=\bar{\boldsymbol{g}}_i\cdot\boldsymbol{g}^m$을 구하면 아래가 된다.

$$\mathrm{A}=(a_i^{\ j})=\begin{pmatrix}1&1&0\\2&1&0\\1&0&1\end{pmatrix}$$

그런데 반변 변환 행렬 $\mathrm{B}=(b^i_{\ j})=(\mathrm{A}^{\mathrm{T}})^{-1}=(\mathrm{A}^{-1})^{\mathrm{T}}$이므로 아래가 된다.

$$\mathrm{B}=(b^i_{\ j})=\begin{pmatrix}-1&2&1\\1&1&-1\\0&0&1\end{pmatrix}$$

여기서 문제의 w_i 및 $\bar{w}_i$를 사실상 반변 벡터로 간주하면 아래 식이 성립된다.

$$\bar{w}^i=b^i_{\ j}w^j \leftrightarrow \bar{w}=\mathrm{B}\boldsymbol{w}$$

이 식으로부터 $\bar{w}^1(=\bar{w}_1)=5,\ \bar{w}^2(=\bar{w}_2)=-2,\ \bar{w}^3(=\bar{w}_3)=1$의 같은 결과가 얻어진다.

1.3 (a) 3차원 Cartesian 좌표계에서의 세 기저벡터 $\{\boldsymbol{e}_i\}(=\boldsymbol{i},\boldsymbol{j},\boldsymbol{k})$로 나타낸 아래의 벡터 $\boldsymbol{v}$에 수직인 단위를 구하라.

$$\boldsymbol{v}=(1\ 3\ 6)^{\mathrm{T}}_{xyz}$$

(b) 만약 $\boldsymbol{a}$, $\boldsymbol{b}$가 공간에 있는 임의의 두 벡터라고 하자. 이때 $\boldsymbol{a}$를 $\boldsymbol{b}$에 나란한 성분과 수직인 성분으로 분해할 수 있는데 이를 $\boldsymbol{b}$방향의 단위벡터인 $\hat{\boldsymbol{b}}=\boldsymbol{b}/|\boldsymbol{b}|$를 사용하여 나타내어라.

풀이

(a) 만약 $\hat{\boldsymbol{w}}$를 $\boldsymbol{v}$에 수직인 단위벡터라 하면 아래의 관계가 성립된다.

$$\hat{\boldsymbol{w}}\cdot\boldsymbol{v}=0,\ \ \|\hat{\boldsymbol{w}}\|=\sqrt{\hat{\boldsymbol{w}}\cdot\hat{\boldsymbol{w}}}=1$$

여기서 $\hat{\boldsymbol{w}}=(w_1\ w_2\ w_3)^{xyz}$라고 하면 아래의 식이 성립된다(단 Cartesian 성분으로 나타냄).

$$\hat{\boldsymbol{w}}\cdot\boldsymbol{v}=w_1+3w_2+6w_3,\ w_1^2+w_2^2+w_3^2=1$$

이때 $\boldsymbol{v}$에 수직인 벡터가 수없이 많으므로 $w_3=0$인 경우를 생각해보면 아래 식이 성립된다.

$$\left.\begin{array}{l}w_1=-3w_2\\ w_1^2+w_2^2=1\end{array}\right\} \rightarrow w_2=\frac{1}{\sqrt{10}},\ w_1=-\frac{3}{\sqrt{10}},\ w_3=0$$

$$\therefore \hat{\boldsymbol{w}}=\frac{1}{\sqrt{10}}(-3\ 1\ 0)_{xyz}$$

(b) 먼저 $\boldsymbol{a}$의 $\boldsymbol{b}$방향 성분(투영)은 $\boldsymbol{a}\cdot\hat{\boldsymbol{b}}$ 이므로 $\boldsymbol{a}$의 $\boldsymbol{b}$방향으로 분해된 벡터는 $(\boldsymbol{a}\cdot\hat{\boldsymbol{b}})\hat{\boldsymbol{b}}$ 이다. 또한 $\boldsymbol{a}$의 $\boldsymbol{b}$에 수직인 성분은 $(\boldsymbol{a}, \boldsymbol{b})$ 면상에 있으므로 벡터 삼중적의 개념에 의하여 $\boldsymbol{a}$의 $\boldsymbol{b}$와 수직방향으로의 분해된 벡터는 $\hat{\boldsymbol{b}}\times(\boldsymbol{a}\times\hat{\boldsymbol{b}})$이다. 따라서 아래의 관계가 성립된다.

$$\boldsymbol{a}=(\boldsymbol{a}\cdot\hat{\boldsymbol{b}})\hat{\boldsymbol{b}}+\hat{\boldsymbol{b}}\times(\boldsymbol{a}\times\hat{\boldsymbol{b}})$$

1. 4 2차 텐서 $\mathbf{T}$가 3차원 Cartesian 좌표계의 기저벡터 집합 $\{\boldsymbol{e}_i\}(=\boldsymbol{i}, \boldsymbol{j}, \boldsymbol{k})$로 나타내면 $\mathbf{T}=T_{ij}\boldsymbol{e}_i\boldsymbol{e}_j$(여기서 $T_{ij}=\boldsymbol{e}_i\cdot\mathbf{T}\cdot\boldsymbol{e}_j$)가 된다. 여기서 $\mathbf{T}$의 Cartesian 행렬성분은 아래와 같다고 하자.

$$\mathrm{T}=\begin{pmatrix}3&0&0\\0&2&0\\0&0&1\end{pmatrix}$$

이때 아래와 같은 새로운 3 선형독립 기저계 $\boldsymbol{a}_1, \boldsymbol{a}_2, \boldsymbol{a}_3$에 대한 $\mathbf{T}(=\overline{\mathbf{T}})$의 성분 $\overline{T}_{ij}$를 구해보아라.

$$\boldsymbol{a}_1=\begin{pmatrix}\frac{1}{2}&\frac{1}{2}&0\end{pmatrix}^{\mathrm{T}}_{\boldsymbol{e}_i},\ \boldsymbol{a}_2=\begin{pmatrix}\frac{1}{2}&-\frac{1}{2}&0\end{pmatrix}^{\mathrm{T}}_{\boldsymbol{e}_i},\ \boldsymbol{a}_3=(0\ \ 0\ \ 1)^{\mathrm{T}}_{\boldsymbol{e}_i}$$

풀이

원 식에서 $\mathbf{T}(=T_{ij}\boldsymbol{e}_i\boldsymbol{e}_j)=3\boldsymbol{e}_1\boldsymbol{e}_1+2\boldsymbol{e}_2\boldsymbol{e}_2+\boldsymbol{e}_3\boldsymbol{e}_3$가 된다. 그런데 $\boldsymbol{a}_1=\frac{1}{2}\boldsymbol{e}_1+\frac{1}{2}\boldsymbol{e}_2$,

$\boldsymbol{a}_2=\frac{1}{2}\boldsymbol{e}_1-\frac{1}{2}\boldsymbol{e}_2$, $\boldsymbol{a}_3=\boldsymbol{e}_3$ 혹은 $\boldsymbol{a}_1+\boldsymbol{a}_2=\boldsymbol{e}_1$, $\boldsymbol{a}_1-\boldsymbol{a}_2=\boldsymbol{e}_2$, $\boldsymbol{a}_3=\boldsymbol{e}_3$.

따라서 $\mathbf{T}$를 새 기저계에 대하여 표시하면 아래가 된다.

$$\begin{aligned}\mathbf{T}(=\overline{\mathbf{T}})&=3(\boldsymbol{a}_1+\boldsymbol{a}_2)(\boldsymbol{a}_1+\boldsymbol{a}_2)+2(\boldsymbol{a}_1-\boldsymbol{a}_2)(\boldsymbol{a}_1-\boldsymbol{a}_2)+\boldsymbol{a}_3\boldsymbol{a}_3\\&=3(\boldsymbol{a}_1\boldsymbol{a}_2+\boldsymbol{a}_1\boldsymbol{a}_2+\boldsymbol{a}_2\boldsymbol{a}_1+\boldsymbol{a}_2\boldsymbol{a}_2)+2(\boldsymbol{a}_1\boldsymbol{a}_1-\boldsymbol{a}_1\boldsymbol{a}_2-\boldsymbol{a}_2\boldsymbol{a}_1+\boldsymbol{a}_2\boldsymbol{a}_2)+\boldsymbol{a}_3\boldsymbol{a}_3\\&=5\boldsymbol{a}_1\boldsymbol{a}_1+\boldsymbol{a}_1\boldsymbol{a}_2+\boldsymbol{a}_2\boldsymbol{a}_1+5\boldsymbol{a}_2\boldsymbol{a}_2+\boldsymbol{a}_3\boldsymbol{a}_3\end{aligned}$$

즉 아래의 행렬표시가 성립된다.

$$\mathrm{T}(=\overline{\mathrm{T}})=\begin{pmatrix}5&1&0\\1&5&1\\0&0&1\end{pmatrix}_{\boldsymbol{a}_1\boldsymbol{a}_2\boldsymbol{a}_3}$$

별 해 문 1.2 (c)의 「별해」 부분에 기술한 방법을 취한다. 즉 부록 1.2에서 원 기저벡터 집합 $\{\boldsymbol{e}_i\}$를 변환 전 기저벡터 $\{\boldsymbol{g}_i\}$, 문제의 새 기저벡터 집합 $\{\boldsymbol{a}_i\}$를 변환 후 기저벡터 $\{\overline{\boldsymbol{g}}_i\}$로 간주하면 공변 변환 행렬 $\mathrm{A}=(a_i{}^j)=(\boldsymbol{a}_i\cdot\boldsymbol{e}^j)$는 아래가 된다.

$$\mathrm{A}=(a_i{}^j)=\begin{pmatrix}\frac{1}{2} & \frac{1}{2} & 0\\ \frac{1}{2} & -\frac{1}{2} & 0\\ 0 & 0 & 1\end{pmatrix},\ \mathrm{A}^{-1}=(a_i{}^j)^{-1}=\begin{pmatrix}1 & 1 & 0\\ 1 & -1 & 0\\ 0 & 0 & 1\end{pmatrix}$$

그런데 반변 변환 행렬 $\mathrm{B}=(\mathrm{A}^{\mathrm{T}})^{-1}=(\mathrm{A}^{-1})^{\mathrm{T}}$는 아래가 된다.

$$\mathrm{B}=(b^i{}_j)=(\boldsymbol{a}^i\cdot\boldsymbol{e}_j)=\begin{pmatrix}1 & 1 & 0\\ 1 & -1 & 0\\ 0 & 0 & 1\end{pmatrix}$$

따라서 2차 반변텐서의 두 쌍의 다른 기저벡터 집합간의 좌표변환은 아래가 된다.

$$\overline{T}^{ij}=b^i{}_m b^j{}_n T^{mn} \text{ 혹은 } \overline{T}=\mathrm{BTB}^{\mathrm{T}}$$

여기에 구체적인 값을 대입하여 풀면 아래가 된다.

$$\overline{\mathrm{T}}=\begin{pmatrix}1 & 1 & 0\\ 1 & -1 & 0\\ 0 & 0 & 1\end{pmatrix}\begin{pmatrix}3 & 0 & 0\\ 0 & 2 & 0\\ 0 & 0 & 1\end{pmatrix}\begin{pmatrix}1 & 1 & 0\\ 1 & -1 & 0\\ 0 & 0 & 1\end{pmatrix}=\begin{pmatrix}5 & 1 & 0\\ 1 & 5 & 0\\ 0 & 0 & 1\end{pmatrix}_{\boldsymbol{a}_1\boldsymbol{a}_2\boldsymbol{a}_3}$$

즉 $\overline{\mathbf{T}}=\overline{T}^{ij}\boldsymbol{a}_i\boldsymbol{a}_j=5\boldsymbol{a}_1\boldsymbol{a}_1+\boldsymbol{a}_1\boldsymbol{a}_2+\boldsymbol{a}_2\boldsymbol{a}_1+5\boldsymbol{a}_2\boldsymbol{a}_2+\boldsymbol{a}_3\boldsymbol{a}_3$가 성립되어 위와 같은 결과를 얻는다.

1.5 (a) 3차원 Cartesian 좌표계에서 벡터 $\boldsymbol{A}=2\boldsymbol{i}+3\boldsymbol{j}+6\boldsymbol{k}$에 수직이며 벡터 $\boldsymbol{B}=\boldsymbol{i}+5\boldsymbol{j}+3\boldsymbol{k}$의 종점을 지나는 평면의 방정식을 구하고(아래 그림 참조), (b) 원점으로부터 이 평면에 이르는 거리를 구하라.

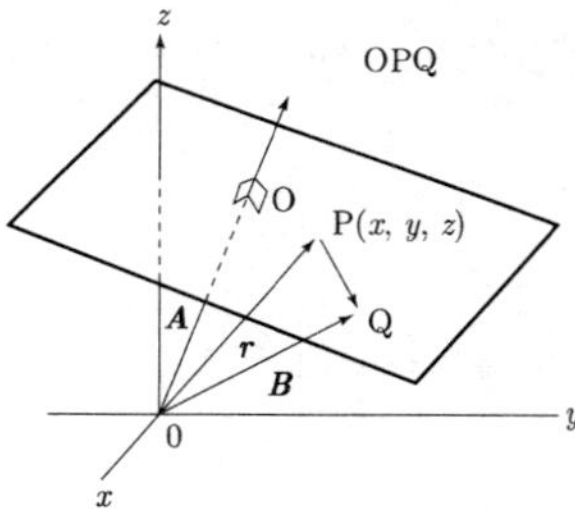

풀이

(a) $\boldsymbol{r}$을 점 P의 위치벡터라 하고, Q를 $\boldsymbol{B}$의 종점이라 하자.

$\boldsymbol{PQ}=\boldsymbol{B}-\boldsymbol{r}$은 $\boldsymbol{A}$에 수직이므로, 내적이 0이되어, $(\boldsymbol{B}-\boldsymbol{r})\cdot\boldsymbol{A}=0$ 혹은 $\boldsymbol{r}\cdot\boldsymbol{A}=\boldsymbol{B}\cdot\boldsymbol{A}$는 요구된 평면의 방정식이다.

따라서 $(x\boldsymbol{i}+y\boldsymbol{j}+z\boldsymbol{k})\cdot(2\boldsymbol{i}+3\boldsymbol{j}+6\boldsymbol{k})=(\boldsymbol{i}+5\boldsymbol{j}+3\boldsymbol{k})\cdot(2\boldsymbol{i}+3\boldsymbol{j}+6\boldsymbol{k})$이므로

$2x+3y+6z=(1)(2)+(5)(3)+(3)(6)=35.$

(b) 원점으로부터 평면에 이르는 거리는 $\boldsymbol{A}$위로 $\boldsymbol{B}$의 투영이다.

$\boldsymbol{A}$방향 안에서의 한 단위 벡터는 $\hat{\boldsymbol{A}}=\dfrac{\boldsymbol{A}}{A}=\dfrac{2\boldsymbol{i}+3\boldsymbol{j}+6\boldsymbol{k}}{\sqrt{(2)^2+(3)^2+(6)^2}}=\dfrac{2}{7}\boldsymbol{i}+\dfrac{3}{7}\boldsymbol{j}+\dfrac{6}{7}\boldsymbol{k}.$

그러면 $\boldsymbol{A}$ 위로 $\boldsymbol{B}$의 투영$=\boldsymbol{B}\cdot\boldsymbol{a}=(\boldsymbol{i}+5\boldsymbol{j}+3\boldsymbol{k})\cdot(\frac{2}{7}\boldsymbol{i}+\frac{3}{7}\boldsymbol{j}+\frac{6}{7}\boldsymbol{k})$

$$=1(\frac{2}{7})+5(\frac{3}{7})+3(\frac{6}{7})=5.$$

1.6 다음은 "Gram-Schmidt 정규 직교화" 방법으로 알려진 n개의 임의의 선형 독립(그러나 정규 직교는 아님)인 벡터 $(\boldsymbol{e}_1,\boldsymbol{e}_2,\cdots,\boldsymbol{e}_n)$로부터 상호 정규 직교인 n개의 선형 독립인 기저벡터 $(\hat{\boldsymbol{e}}_1,\hat{\boldsymbol{e}}_2,\cdots,\hat{\boldsymbol{e}}_n)$를 만드는 과정에 관한 문제이다.

먼저 $\hat{\boldsymbol{e}}_1\equiv\boldsymbol{e}_1/|\boldsymbol{e}_1|$로 두면 $|\hat{\boldsymbol{e}}_1|=1$ 이 된다. 다음에는 원래 벡터의 집합으로부터 2번째 벡터인 $\boldsymbol{e}_2$를 선택하여 $\hat{\boldsymbol{e}}_1$에 직교인 새 벡터 $\boldsymbol{e}_2{}'=\boldsymbol{e}_2-\alpha\hat{\boldsymbol{e}}_1$를 만든다. 즉 $0=\hat{\boldsymbol{e}}_1\cdot(\boldsymbol{e}_2-\alpha\hat{\boldsymbol{e}}_1)=(\hat{\boldsymbol{e}}_1\cdot\boldsymbol{e}_2)-\alpha|\hat{\boldsymbol{e}}_1|^2$ 관계로부터 $\alpha=(\hat{\boldsymbol{e}}_1\cdot\boldsymbol{e}_2)$를 얻는다. 따라서 요구되는 2번째 기저벡터는 $\hat{\boldsymbol{e}}_2=[\boldsymbol{e}_2-(\hat{\boldsymbol{e}}_1\cdot\boldsymbol{e}_2)\hat{\boldsymbol{e}}_1]/|\boldsymbol{e}_2{}'|$가 된다. 이와 같은 과정을 반복하면 요구되는 $(r+1)$번째 벡터 요소에 대하여서는 다음 관계가 성립된다.

$$\boldsymbol{e}_{r+1}{}'=\boldsymbol{e}_{r+1}-(\hat{\boldsymbol{e}}_1\cdot\boldsymbol{e}_{r+1})\hat{\boldsymbol{e}}_1-(\hat{\boldsymbol{e}}_2\cdot\boldsymbol{e}_{r+1})\hat{\boldsymbol{e}}_2-\cdots-(\hat{\boldsymbol{e}}_r\cdot\hat{\boldsymbol{e}}_{r+1})\hat{\boldsymbol{e}}_r$$

$$\hat{\boldsymbol{e}}_{r+1}=\boldsymbol{e}_{r+1}{}'/|\hat{\boldsymbol{e}}_{r+1}{}'|$$

이 방법을 이용하여 선형 독립인 세 기저벡터 $\boldsymbol{e}_1=2\boldsymbol{i}+\boldsymbol{j}+\boldsymbol{k}$, $\boldsymbol{e}_2=\boldsymbol{i}-2\boldsymbol{j}+\boldsymbol{k}$, $\boldsymbol{e}_3=-2\boldsymbol{i}+\boldsymbol{j}+\boldsymbol{k}$로부터 선형 독립인 세 정규 직교 기저벡터 $\hat{\boldsymbol{e}}_1$, $\hat{\boldsymbol{e}}_2$, $\hat{\boldsymbol{e}}_3$ 를 만들어라.

풀이

먼저 $\hat{\boldsymbol{e}}_1=\boldsymbol{e}_1/|\boldsymbol{e}_1|=\frac{1}{\sqrt{6}}(2\boldsymbol{i}+\boldsymbol{j}+\boldsymbol{k})$를 얻는다. 다음은 위 절차에 따라 $\boldsymbol{e}_2{}'=\boldsymbol{e}_2-(\hat{\boldsymbol{e}}_1\cdot\boldsymbol{e}_2)\hat{\boldsymbol{e}}_1=\frac{4}{6}(\boldsymbol{i}-13\boldsymbol{j}+5\boldsymbol{k})$가 되고, 따라서 $\hat{\boldsymbol{e}}_2=\boldsymbol{e}_2{}'/|\boldsymbol{e}_2{}'|=\frac{1}{\sqrt{210}}(4\boldsymbol{i}-13\boldsymbol{j}+5\boldsymbol{k})$가 된다.

마지막으로 $\boldsymbol{e}_3{}'=\boldsymbol{e}_3-(\hat{\boldsymbol{e}}_1\cdot\boldsymbol{e}_3)\hat{\boldsymbol{e}}_1-(\hat{\boldsymbol{e}}_2\cdot\boldsymbol{e}_3)\hat{\boldsymbol{e}}_2$ 관계식으로부터 $\boldsymbol{e}_3{}'=\frac{1}{70}(-72\boldsymbol{i}+24\boldsymbol{j}+120\boldsymbol{k})$를 얻고, 따라서 $\hat{\boldsymbol{e}}_3=\boldsymbol{e}_3{}'/|\boldsymbol{e}_3{}'|=\frac{1}{\sqrt{35}}(-3\boldsymbol{i}+\boldsymbol{j}+5\boldsymbol{k})$가 된다. 이렇게 얻어진 $\hat{\boldsymbol{e}}_1$, $\hat{\boldsymbol{e}}_2$, $\hat{\boldsymbol{e}}_3$는 오른손 정규 직교 삼면조를 형성한다.

1.7 3 차원 공간의 주어진 선형독립인 3 기저벡터 집합 $\{\boldsymbol{a},\boldsymbol{b},\boldsymbol{c}\}$에 대하여 역(상반) 기저벡터에 해당하는 $\boldsymbol{a}'=\frac{\boldsymbol{b}\times\boldsymbol{c}}{\boldsymbol{a}\cdot\boldsymbol{b}\times\boldsymbol{c}}$, $\boldsymbol{b}'=\frac{\boldsymbol{c}\times\boldsymbol{a}}{\boldsymbol{a}\cdot\boldsymbol{b}\times\boldsymbol{c}}$, $\boldsymbol{c}'=\frac{\boldsymbol{a}\times\boldsymbol{b}}{\boldsymbol{a}\cdot\boldsymbol{b}\times\boldsymbol{c}}$들이 주어졌다 하자. $\boldsymbol{a}\cdot\boldsymbol{b}\times\boldsymbol{c}\neq 0$

이라면 다음이 성립함을 밝혀라.

(a) $a' \cdot a = b' \cdot b = c' \cdot c = 1$

(b) $a' \cdot b = a' \cdot c = 0, b' \cdot a = b' \cdot c = 0,\ c' \cdot a = c' \cdot b = 0$

(c) $a \cdot b \times c = V$ 이라면, $a' \cdot b' \times c' = 1/V$ 이다.

(d) a, b, c 가 같은 평면에 있지 않으면, a', b', c' 도 같은 평면에 있지 않다.

또한 위 결과로부터 같은 평면에 있지 않은 세 개의 벡터 $a = 3i - 4j$, $b = 3j + 4k$, $c = -i + j + 2k$ 에 대하여

(e) 상반 (역)벡터계 $\{a', b', c'\}$를 구하라.

(f) 어떤 벡터 $A = 5i - 3j + 8k$ 의 벡터계 $\{a, b, c\}$ 및 $\{a', b', c'\}$를 바탕으로 한 표현을 각각 구하라.

풀이

(a) $a' \cdot a = a \cdot a' = a \cdot \dfrac{b \times c}{a \cdot b \times c} = \dfrac{a \cdot b \times c}{a \cdot b \times c} = 1$

$b' \cdot b = b \cdot b' = b \cdot \dfrac{c \times a}{a \cdot b \times c} = \dfrac{b \cdot c \times a}{a \cdot b \times c} = \dfrac{a \cdot b \times c}{a \cdot b \times c} = 1$

$c' \cdot c = c \cdot c' = c \cdot \dfrac{a \times b}{a \cdot b \times c} = \dfrac{c \cdot a \times b}{a \cdot b \times c} = \dfrac{a \cdot b \times c}{a \cdot b \times c} = 1$

(b) $a' \cdot b = b \cdot a' = b \cdot \dfrac{b \times c}{a \cdot b \times c} = \dfrac{b \cdot b \times c}{a \cdot b \times c} = \dfrac{b \times b \cdot c}{a \cdot b \times c} = 0$

이와 유사하게, 다른 결과들도 얻을 수 있다. 또한, 예를 들면 a' 는 $b \times c$의 방향을 가지고 b 와 c 에 수직임이 틀림없다는 사실에 유의하면 결과들을 보일 수 있다. 이로부터 $a' \cdot b = 0$ 그리고 $a' \cdot c = 0$ (a) 와 (b)로부터, 벡터 a, b, c 와 a', b', c' 의 집합들은 서로 상반 벡터들이다.

(c) $a' = \dfrac{b \times c}{V},\quad b' = \dfrac{c \times a}{V},\quad c' = \dfrac{a \times b}{V}.$ 그러면 벡터 항등관계 $(a \times b) \cdot (b \times c) \times (c \times a) = (a \cdot b \times c)^2$ 를 사용하여

$$a' \cdot b' \times c' = \frac{(b \times c) \cdot (c \times a) \cdot (a \times b)}{V^3} = \frac{(a \times b) \cdot (b \times c) \cdot (c \times a)}{V^3}$$

$$= \frac{(a \cdot b \times c)^2}{V^3} = \frac{V^2}{V^3} = \frac{1}{V}$$ 이다.

(d) 문제 1.1 에 의해서, 만일 a, b, c 가 같은 평면상에 있지 않으면 $a \cdot b \times c \neq 0$ 이다.
그래서 (c)로부터 $a' \cdot b' \times c' \neq 0$이다. 따라서 a', b', c' 도 같은 평면상에 있지 않다.

(e) 식 (1.240)에 의하여

$$V=(\boldsymbol{a}\cdot\boldsymbol{b}\times\boldsymbol{c})=[\boldsymbol{a},\boldsymbol{b},\boldsymbol{c}]=\begin{vmatrix}3&-4&0\\0&3&4\\-1&1&2\end{vmatrix}=22$$ 이므로 에 의하여

$$\boldsymbol{a}'=\frac{\boldsymbol{b}\times\boldsymbol{c}}{V}=\frac{1}{22}\begin{vmatrix}\boldsymbol{i}&\boldsymbol{j}&\boldsymbol{k}\\0&3&4\\-1&1&2\end{vmatrix}=(2\boldsymbol{i}-4\boldsymbol{j}+3\boldsymbol{k})/22$$

$$\boldsymbol{b}'=\frac{\boldsymbol{c}\times\boldsymbol{a}}{V}=\frac{1}{22}\begin{vmatrix}\boldsymbol{i}&\boldsymbol{j}&\boldsymbol{k}\\-1&1&2\\3&-4&0\end{vmatrix}=(8\boldsymbol{i}+6\boldsymbol{j}+\boldsymbol{k})/22$$

$$\boldsymbol{c}'=\frac{\boldsymbol{a}\times\boldsymbol{b}}{V}=\frac{1}{22}\begin{vmatrix}\boldsymbol{i}&\boldsymbol{j}&\boldsymbol{k}\\3&-4&0\\0&3&4\end{vmatrix}=(-16\boldsymbol{i}-12\boldsymbol{j}+9\boldsymbol{k})/22$$

(f) $\boldsymbol{A}=\alpha'_1\boldsymbol{a}+\alpha'_2\boldsymbol{b}+\alpha'_3\boldsymbol{c}$ 라 하면 문(a) - (d)에 의하여 $\alpha'_1=\boldsymbol{a}'\cdot\boldsymbol{A}=46/22$, $\alpha'_2=\boldsymbol{b}'\cdot\boldsymbol{A}=30/22$, $\alpha'_3=\boldsymbol{c}'\cdot\boldsymbol{A}=28/22$ 이므로 $\boldsymbol{A}=(23\boldsymbol{a}+12\boldsymbol{b}+14\boldsymbol{c})/11$ 이다.

또 $\boldsymbol{A}=\alpha_1\boldsymbol{a}'+\alpha_2\boldsymbol{b}'+\alpha_3\boldsymbol{c}'$ 라 하면 역시 문 (a) - (d)에 의하여 $\alpha_1=\boldsymbol{a}\cdot\boldsymbol{A}=27$, $\alpha_2=\boldsymbol{b}\cdot\boldsymbol{A}=23$, $\alpha_3=\boldsymbol{c}\cdot\boldsymbol{A}=8$ 이므로$\boldsymbol{A}=27\boldsymbol{a}'+23\boldsymbol{b}'+8\boldsymbol{c}'$ 이다.

[비고: 위 문제에서 3선형독립 기저벡터 $\boldsymbol{a},\boldsymbol{b},\boldsymbol{c}$는 일반 곡선좌표계의 3 기저벡터 $\boldsymbol{g}_1,\boldsymbol{g}_2,\boldsymbol{g}_3$에 해당되며, 또한 이의 역(상반)기저벡터 $\boldsymbol{a}',\boldsymbol{b}',\boldsymbol{c}'$는 역 기저벡터 $\boldsymbol{g}^1,\boldsymbol{g}^2,\boldsymbol{g}^3$에 해당된다 - 식 (1.104) - (1.107)참조.]

1. 8 똑같은 원점을 가지는 2개의 Cartesian 직교 좌표계 $x\ y\ z$ 와 $x'\ y'\ z'$ 는 서로에 관하여 회전되어진다. 공간에서 한 점 P는 이러한 좌표계에 관해 좌표 (x, y, z)와 (x', y', z')를 갖는다(아래 그림 및 그림 1.6 참조).

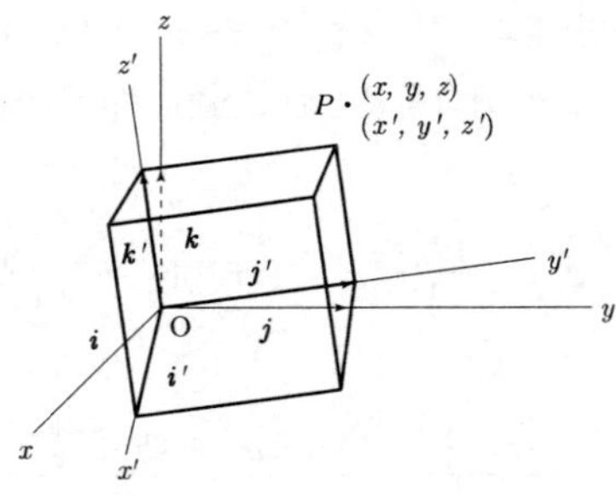

(a) 이때 이들 좌표사이의 변환 방정식은

$$x'=l_{11}x+l_{12}y+l_{13}z$$

$$y'=l_{21}x+l_{22}y+l_{23}z$$

$$z'=l_{31}x+l_{32}y+l_{33}z$$

단, 이때 $l_{jk}\,(j,k=1,2,3)$는 x, y, z 축에 관한 x', y', z' 축들의 방향 여현들을 나타낸다. 이들 관계를 증명하라(식 (1.379)참조).

(b) 또 Cartesian (단위) 기저벡터 사이에는 아래와 같은 관계가 있음을 증명하라.

$$\boldsymbol{i}' = l_{11}\boldsymbol{i} + l_{12}\boldsymbol{j} + l_{13}\boldsymbol{k}$$

$$\boldsymbol{j}' = l_{21}\boldsymbol{i} + l_{22}\boldsymbol{j} + l_{23}\boldsymbol{k}$$

$$\boldsymbol{k}' = l_{31}\boldsymbol{i} + l_{32}\boldsymbol{j} + l_{33}\boldsymbol{k}$$

풀이

(a) 2개의 좌표계 안에서 어떤 점 P의 위치벡터를 $\boldsymbol{r}$과 $\boldsymbol{r}'$라 하자.

그러면 $\boldsymbol{r} = \boldsymbol{r}'$ 이므로 $x'\boldsymbol{i}' + y'\boldsymbol{j}' + z'\boldsymbol{k}' = x\boldsymbol{i} + y\boldsymbol{j} + z\boldsymbol{k}$ (i)

이제 어떤 벡터 $\boldsymbol{A}$는 좌표계에 무관(즉 $\boldsymbol{A} = \boldsymbol{A}'$)하고, 그 Cartesian 성분 $a_i = \boldsymbol{A} \cdot e_i$ 인 것을 이용하면 다음의 관계를 얻을 수 있다.

$$\boldsymbol{A} = (\boldsymbol{A} \cdot \boldsymbol{i}')\boldsymbol{i}' + (\boldsymbol{A} \cdot \boldsymbol{j}')\boldsymbol{j}' + (\boldsymbol{A} \cdot \boldsymbol{k}')\boldsymbol{k}'$$

그러면 계속하여 $\boldsymbol{A} = \boldsymbol{i}, \boldsymbol{j}, \boldsymbol{k}$ 라 하면

$$\boldsymbol{i} = (\boldsymbol{i} \cdot \boldsymbol{i}')\boldsymbol{i}' + (\boldsymbol{i} \cdot \boldsymbol{j}')\boldsymbol{j}' + (\boldsymbol{i} \cdot \boldsymbol{k}')\boldsymbol{k}' = l_{11}\boldsymbol{i}' + l_{21}\boldsymbol{j}' + l_{31}\boldsymbol{k}'$$

$$\boldsymbol{j} = (\boldsymbol{j} \cdot \boldsymbol{i}')\boldsymbol{i}' + (\boldsymbol{j} \cdot \boldsymbol{j}')\boldsymbol{j}' + (\boldsymbol{j} \cdot \boldsymbol{k}')\boldsymbol{k}' = l_{12}\boldsymbol{i}' + l_{22}\boldsymbol{j}' + l_{32}\boldsymbol{k}' \quad \text{(ii)}$$

$$\boldsymbol{k} = (\boldsymbol{k} \cdot \boldsymbol{i}')\boldsymbol{i}' + (\boldsymbol{k} \cdot \boldsymbol{j}')\boldsymbol{j}' + (\boldsymbol{k} \cdot \boldsymbol{k}')\boldsymbol{k}' = l_{13}\boldsymbol{i}' + l_{23}\boldsymbol{j}' + l_{33}\boldsymbol{k}'$$

방정식 (ii)를 (i) 대입하고 $\boldsymbol{i}', \boldsymbol{j}', \boldsymbol{k}'$ 의 계수들을 같게 하면 구하고자 하는 변환 방정식들은 다음과 같다.

$$x' = l_{11}x + l_{12}y + l_{13}z$$

$$y' = l_{21}x + l_{22}y + l_{23}z \quad \text{(iii)}$$

$$z' = l_{31}x + l_{32}y + l_{33}z$$

(b) 풀이 (a)와 마찬가지 논리로 어떤 벡터 $\boldsymbol{A}$에 대해 $\boldsymbol{A} = (\boldsymbol{A} \cdot \boldsymbol{i})\boldsymbol{i} + (\boldsymbol{A} \cdot \boldsymbol{j})\boldsymbol{j} + (\boldsymbol{A} \cdot \boldsymbol{k})\boldsymbol{k}$ 가 된다. 그러면 계속하여 $\boldsymbol{A} = \boldsymbol{i}', \boldsymbol{j}', \boldsymbol{k}'$ 라 하면

$$\boldsymbol{i}' = (\boldsymbol{i}' \cdot \boldsymbol{i})\boldsymbol{i} + (\boldsymbol{i}' \cdot \boldsymbol{j})\boldsymbol{j} + (\boldsymbol{i}' \cdot \boldsymbol{k})\boldsymbol{k} = l_{11}\boldsymbol{i} + l_{12}\boldsymbol{j} + l_{13}\boldsymbol{k}$$

$$\boldsymbol{j}' = (\boldsymbol{j}' \cdot \boldsymbol{i})\boldsymbol{i} + (\boldsymbol{j}' \cdot \boldsymbol{j})\boldsymbol{j} + (\boldsymbol{j}' \cdot \boldsymbol{k})\boldsymbol{k} = l_{21}\boldsymbol{i} + l_{22}\boldsymbol{j} + l_{23}\boldsymbol{k}$$

$$\boldsymbol{k}' = (\boldsymbol{k}' \cdot \boldsymbol{i})\boldsymbol{i} + (\boldsymbol{k}' \cdot \boldsymbol{j})\boldsymbol{j} + (\boldsymbol{k}' \cdot \boldsymbol{k})\boldsymbol{k} = l_{31}\boldsymbol{i} + l_{32}\boldsymbol{j} + l_{33}\boldsymbol{k}$$

위 문제에서 만약 2개의 좌표계의 원점이 일치하지 않는 경우에 대한 변환의 방정식은

$$x' = l_{11}x + l_{12}y + l_{13}z + a_1'$$

$$y' = l_{21}x + l_{22}y + l_{23}z + a_2'$$

$$z' = l_{31}x + l_{32}y + l_{33}z + a_3'$$

이것은 (a)의 순수회전의 경우와 달리 회전과 평행 이동에 따른 결과로서 '아핀(affine)' 1차 변환이라고 한다(식 (1.146)참조).

1. 9 (a) 선형 연립 방정식 $[\mathrm{A}]\{\mathrm{X}\} = \{\mathrm{B}\}$ (여기서 A는 행렬, X 및 B는 벡터임)에 있어서 미지수

의 수와 식의 수가 같고(즉 $m=n$), 또한 계수 행렬의 행렬식이 0이 아닐 때(즉 $\det A = |A| \neq 0$)이 연립 방정식의 해는 "Cramer"공식에 의하여 아래와 같이 주어진다. 이를 증명하라.

$$x_k = \frac{1}{|A|}\sum_{i=1}^{n} C_{ik} b_i \qquad (k=1,2,\cdots,n)$$

여기서 C_{ik} 는 요소 A_{ik} 의 여인수이다.

(b) 문제(a)의 Cramer의 공식을 이용하여 다음 연립방정식에서 x 를 구하라.

$$\begin{cases}(a-b)x+2z=a^2+b^2 \\ abx-a^3y+bz=0 \\ (a+b)x-a(a-b)y=a(a-b)\end{cases}$$

풀이

(a) $m=n=3$ 인 경우에 이것을 증명하기 위하여 아래와 같이 세 개의 미지수를 가지는 세 개의 방정식의 집합을 생각해보자.

$$\begin{aligned} A_{11}x_1+A_{12}x_2+A_{13}x_3 &= b_1 \\ A_{21}x_1+A_{22}x_2+A_{23}x_3 &= b_2 \\ A_{31}x_1+A_{32}x_2+A_{33}x_3 &= b_3 \end{aligned} \qquad \text{(i)}$$

이것은 행렬 방정식 $[A]\{X\}=\{B\}$로 표현될 수 있다. 정방 행렬 A의 임의의 두 행(또는 열)이 동일하거나 어느 하나의 스칼라 배이면 $\det A=0$이 되는 행렬식의 성질로부터 행렬식 $|A|$는 첫 번째 열에 다음의 조합을 더하여도 변하지 않는다.

$$\frac{x_2}{x_1}\times(|A|\text{의 두 번째 열})+\frac{x_3}{x_1}\times(|A|\text{의 세 번째 열})$$

따라서 다음을 얻을 수 있다.

$$|A| = \begin{vmatrix} A_{11} & A_{12} & A_{13} \\ A_{21} & A_{22} & A_{23} \\ A_{31} & A_{32} & A_{33} \end{vmatrix} = \begin{vmatrix} A_{11}+(x_2/x_1)A_{12}+(x_3/x_1)A_{13} & A_{12} & A_{13} \\ A_{21}+(x_2/x_1)A_{22}+(x_3/x_1)A_{23} & A_{22} & A_{23} \\ A_{31}+(x_2/x_1)A_{32}+(x_3/x_1)A_{33} & A_{32} & A_{33} \end{vmatrix}$$

이로부터 첫 번째 열의 i번째 성분에 대하여 b_i/x_i를 치환하면 다음의 식을 얻을 수 있다.

$$|A| = \frac{1}{x_1}\begin{vmatrix} b_1 & A_{12} & A_{13} \\ b_2 & A_{22} & A_{23} \\ b_3 & A_{32} & A_{33} \end{vmatrix} = \frac{1}{x_1}\Delta_1$$

행렬식 Δ_1은 Cramer 행렬식이라고 한다. $|A|$ 의 두 번째와 세 번째 행에 대하여 유사한 조작을 행하면 x_2와 x_3을 얻을 수 있고 따라서 전체 결과의 집합은

$$x_1 = \frac{\Delta_1}{|A|}, \qquad x_2 = \frac{\Delta_2}{|A|}, \qquad x_3 = \frac{\Delta_3}{|A|}$$

여기서

$$\Delta_1 = \begin{vmatrix} b_1 & A_{12} & A_{13} \\ b_2 & A_{22} & A_{23} \\ b_3 & A_{32} & A_{33} \end{vmatrix}, \quad \Delta_2 = \begin{vmatrix} A_{12} & b_1 & A_{13} \\ A_{22} & b_2 & A_{23} \\ A_{32} & b_3 & A_{33} \end{vmatrix}, \quad \Delta_3 = \begin{vmatrix} A_{13} & A_{12} & b_1 \\ A_{23} & A_{22} & b_2 \\ A_{33} & A_{32} & b_3 \end{vmatrix} \tag{ii}$$

또는 k열에 대하여 Laplace 전개(1.5.5절 참조)하면

$$\Delta_k = \sum_{i=1}^{3} C_{ik} b_i \quad (k = 1, 2, 3)$$

여기서 C_{ik}는 요소 A_{ik}의 여인수이다. 따라서 $|A| \neq 0$이라면 상기 연립 방정식 (i)식 (ii) 해 유일한 해를 가지게 되어 ($m = n = 3$ 인 경우에) Cramer 공식이 증명되었다.

(b) 위 식의 행렬식 표현 $A\boldsymbol{x} = \boldsymbol{b}$에서 행렬식 $|A|$를 셋째 열에 대하여 Laplace 전개(1.5.5절 참조)하면 다음과 같다.

$$|A| = \begin{vmatrix} a-b & 0 & 2 \\ ab & -a^3 & b \\ a+b & -a(a-b) & 0 \end{vmatrix} = 2\begin{vmatrix} ab & -a^3 \\ a+b & -a(a-b) \end{vmatrix} - b\begin{vmatrix} a-b & 0 \\ a+b & -a(a-b) \end{vmatrix}$$

$$= 2[-a^2b(a-b) + a^3(a+b)] - b[-a(a-b)^2] = a(2a^3 + a^2b + b^3)$$

그 다음에는 x의 분자 행렬식에서 둘째 열을 첫째 열에 더하여, 셋째 행에 0이 하나 더 생기게 하고 셋째 행에 대하여 전개하면 Cramer 공식(문 (a))에 의하여 다음을 얻는다.

$$x = \frac{1}{|A|}\begin{vmatrix} a^2+b^2 & 0 & 2 \\ 0 & -a^3 & b \\ a(a-b) & -a(a-b) & 0 \end{vmatrix} = \frac{1}{|A|}\begin{vmatrix} a^2+b^2 & 0 & 2 \\ -a^3 & -a^3 & b \\ 0 & -a(a-b) & 0 \end{vmatrix} = \frac{a(a-b)}{|A|}\begin{vmatrix} a^2+b^2 & 2 \\ -a^3 & b \end{vmatrix}$$

$$= \frac{a(a-b)[b(a^2+b^2) + 2a^3]}{a(2a^3 + a^2b + b^3)} = a - b$$

1. 10 만약 두 벡터의 자유적(free product) 혹은 외적(exterior product)으로 형성된 다이어딕(dyadic) D가 반대칭 다이어딕일 경우 (즉 $D^T = -D$)다음을 증명하라.

(a) $\boldsymbol{v} \cdot \mathrm{D} \cdot \boldsymbol{v} = 0$ (b) $\mathrm{D}_v \times \boldsymbol{a} = 2\,\boldsymbol{a} \cdot \mathrm{D}$

[단 문 (b)에서 $\mathrm{D} = \boldsymbol{b}_1\boldsymbol{e}_1 + \boldsymbol{b}_2\boldsymbol{e}_2 + \boldsymbol{b}_3\boldsymbol{e}_3$라면 $\mathrm{D}_V = \boldsymbol{b}_1 \times \boldsymbol{e}_1 + \boldsymbol{b}_2 \times \boldsymbol{e}_2 + \boldsymbol{b}_3 \times \boldsymbol{e}_3$이다.]

풀이

(a) D가 반대칭이므로 $\mathrm{D} \cdot \boldsymbol{v} = -\boldsymbol{v} \cdot \mathrm{D}$ 가 성립된다. 따라서 양변에 $\boldsymbol{v}$ 로 내적을 취하면 다음과 같다.

$$\boldsymbol{v} \cdot \mathrm{D} \cdot \boldsymbol{v} = -(\boldsymbol{v} \cdot \mathrm{D}) \cdot \boldsymbol{v} \qquad (\because \boldsymbol{a} \cdot \boldsymbol{b} = \boldsymbol{b} \cdot \boldsymbol{a})$$

따라서 $2\boldsymbol{v} \cdot \mathrm{D} \cdot \boldsymbol{v} = 0$ 이 되어 (a)가 만족된다.

(b) 만약 다이어딕 D를 직교 Cartesian 좌표계의 세(정규 직교) 기저벡터를 사용하여 $\mathrm{D} = \boldsymbol{b}_1\boldsymbol{e}_1 + \boldsymbol{b}_2\boldsymbol{e}_2 + \boldsymbol{b}_3\boldsymbol{e}_3$ 으로 나타낸다면 $\mathrm{D}_v = \boldsymbol{b}_1 \times \boldsymbol{e}_1 + \boldsymbol{b}_2 \times \boldsymbol{e}_2 + \boldsymbol{b}_3 \times \boldsymbol{e}_3$

여기서 $\boldsymbol{a}$와 벡터곱을 취하면 아래가 된다.

$$\mathrm{D_v}\times \boldsymbol{a}=(\boldsymbol{b}_1\times\boldsymbol{e}_1)\times\boldsymbol{a}+(\boldsymbol{b}_2\times\boldsymbol{e}_2)\times\boldsymbol{a}+(\boldsymbol{b}_3\times\boldsymbol{e}_3)\times\boldsymbol{a}$$
$$=(\boldsymbol{a}\cdot\boldsymbol{b}_1)\boldsymbol{e}_1-(\boldsymbol{a}\cdot\boldsymbol{e}_1)\boldsymbol{b}_1+(\boldsymbol{a}\cdot\boldsymbol{b}_2)\boldsymbol{e}_2-(\boldsymbol{a}\cdot\boldsymbol{e}_2)\boldsymbol{b}_2+(\boldsymbol{a}\cdot\boldsymbol{b}_3)\boldsymbol{e}_3-(\boldsymbol{a}\cdot\boldsymbol{e}_3)\boldsymbol{b}_3$$
$$=\boldsymbol{a}\cdot(\boldsymbol{b}_1\boldsymbol{e}_1+\boldsymbol{b}_2\boldsymbol{e}_2+\boldsymbol{b}_3\boldsymbol{e}_3)-\boldsymbol{a}\cdot(\boldsymbol{e}_1\boldsymbol{b}_1+\boldsymbol{e}_2\boldsymbol{b}_2+\boldsymbol{e}_3\boldsymbol{b}_3)=\boldsymbol{a}\cdot\mathrm{D}-\boldsymbol{a}\cdot\mathrm{D}^{\mathrm{T}}=2\boldsymbol{a}\cdot\mathrm{D}$$

가 되어 증명된다.

1. 11 Cartesian 좌표계에 대한 '$e-\delta$ identity' (1.238)를 사용하여 다음 관계식을 증명하라[단 $\boldsymbol{F}$ 및 $\boldsymbol{v}$는 임의의 벡터, 그리고 $\boldsymbol{r}$는 위치벡터임].

$$\frac{\partial \boldsymbol{F}}{\partial \nu}\cdot\boldsymbol{v}\times\frac{\partial \boldsymbol{r}}{\partial u}-\frac{\partial \boldsymbol{F}}{\partial u}\cdot\boldsymbol{v}\times\frac{\partial \boldsymbol{r}}{\partial \nu}=[(\nabla\cdot\boldsymbol{F})\boldsymbol{v}-(\boldsymbol{v}\cdot\nabla)\boldsymbol{F}]\cdot\left(\frac{\partial \boldsymbol{r}}{\partial u}\times\frac{\partial \boldsymbol{r}}{\partial \nu}\right)$$

풀이

연쇄율(부록 1.1절 참조)에 의해 $\frac{\partial \boldsymbol{F}}{\partial u}=\left(\frac{\partial \boldsymbol{r}}{\partial u}\cdot\nabla\right)\boldsymbol{F}$ 및 $\frac{\partial \boldsymbol{F}}{\partial \nu}=\left(\frac{\partial \boldsymbol{r}}{\partial \nu}\cdot\nabla\right)\boldsymbol{F}$가 성립된다. 또한 $\frac{\partial \boldsymbol{r}}{\partial u}$ 및 $\frac{\partial \boldsymbol{r}}{\partial \nu}$의 i 번째 직교 Cartesian 성분을 각각 x_i^u, x_i^ν로 나타내면(즉 $x_i^u=\left(\frac{\partial \boldsymbol{r}}{\partial u}\right)_i=\frac{\partial x^i}{\partial u}$ 및 $x_i^\nu=\left(\frac{\partial \boldsymbol{r}}{\partial \nu}\right)_i=\frac{\partial x^i}{\partial \nu}$로 둠), 주어진 식의 왼편은 다음과 같이 나타낼 수 있다.

$$e_{ijk}(x_l^\nu\partial_l F_i)v_j x_k^u-e_{ijk}(x_l^u\partial_l F_i)v_j x_k^\nu$$
$$=e_{ijk}(x_l^\nu x_k^u-x_l^u x_k^\nu)v_j\partial_l F_i$$
$$=e_{ijk}(\delta_{ls}\delta_{kt}-\delta_{lt}\delta_{ks})x_s^\nu x_t^u v_j\partial_l F_i$$
$$=e_{ijk}e_{lkp}e_{stp}x_s^\nu x_t^u v_j\partial_l F_i \text{ (식 (1.238)에 의해)}$$
$$=e_{ijk}e_{plk}e_{stp}x_s^\nu x_t^u v_j\partial_l F_i$$
$$=(\delta_{ip}\delta_{jl}-\delta_{il}\delta_{jp})e_{stp}x_s^\nu x_t^u v_j\partial_l F_i \text{ (식 (1.238)에 의해)}$$
$$=e_{sti}x_s^\nu x_t^u v_l\partial_l F_i-e_{stj}x_t^u x_s^\nu v_j\partial_i F_i$$
$$=-e_s v_l(\partial_l F_i)x_t^u x_s^\nu+e_{jts}(\partial_i F_i)v_j x_t^u x_s^\nu$$
$$=-[(\boldsymbol{v}\cdot\nabla)\boldsymbol{F}]\cdot\frac{\partial \boldsymbol{r}}{\partial u}\times\frac{\partial \boldsymbol{r}}{\partial \nu}+(\nabla\cdot\boldsymbol{F})\boldsymbol{v}\cdot\frac{\partial \boldsymbol{r}}{\partial u}\times\frac{\partial \boldsymbol{r}}{\partial \nu}$$

따라서 항등관계가 증명된다.

1. 12 다음의 양 (v_1, v_2) 중에서 어느 것이 2차원에서 1차 Cartesian 텐서(CT1)의 성분인가?

(a) $(x_2, -x_1)$ (b) (x_2, x_1) (c) (x_1^2, x_2^2)

풀이

z (또는 y_3)축 주위로 회전 변환을 생각해보자. 이때 좌표변환 행렬 $\mathrm{L}(=l_{ij})$에 있어서 $l_{11}=l_{22}=\cos\theta$, $l_{12}=\sin\theta$, $l_{21}=-\sin\theta$ 가 된다(식 (1.377)참조). 여기에서 계산을 간단히 하기 위해서 $\cos\theta$를 c로 나타내고 $\sin\theta$를 s로 나타내면

(a) 여기서는 옛 좌표축에 대하여, $v_1=x_2,\ v_2=-x_1$이다. 새로운 좌표계의 관점에서 보면 이것은 즉,

$$v_1'=x_2'=-sx_1+cx_2 \qquad \text{(i)}$$

$$v_2'=-x_1'=-cx_1-sx_2$$

다시 v'_1과 v'_2를 식 (1.382)에 의하여 값을 구하면 다음과 같다.

$$v_1'=L_{11}v_1+L_{12}v_2=cx_2+s(-x_1) \qquad \text{(ii)}$$

$$v_2'=L_{21}v_1+L_{22}v_2=-s(x_2)+c(-x_1)$$

v'_1과 v'_2에 대한 식 (i)과 (ii) 각각의 표현은 θ값이 어떤 값을 가지더라도 (즉, 모든 회전에 대하여) 같다. 그리고, 식 (1.382)의 정의에 의하여 $(x_2,-x_1)$는 CT1 성분이다.

(b) 여기서는 $v_1=x_2,\ v_2=x_1$이다. 같은 과정을 통하여

$$v_1'=x'_2=-sx_1+cx_2$$

$$v_2'=x'_1=cx_1+sx_2$$

그러나 식 (1.382)에 의하여 Cartesian 텐서가 되기 위해서 다음의 관계가 되어야 한다.

$$v'_1=cv_1+s(v_2)=cx_2+sx_1$$

$$v'_2=-s(v_1)+c(v_2)=-sx_2+cx_1$$

이 표현은 일치하지 않으며, 따라서 $(x_2,\ x_1)$는 CT1 성분을 형성하지 않는다.

(c) $v_1=x_1^2$ 이고 $v_2=x_2^2$ 이다. 첫 번째 성분 하나는 (b)에서처럼 다음과 같기 때문에 CT1 성분을 형성하지 않는다는 것을 보여주기에 충분하다.

$$v_1'=x_1'^2=c^2x_1^2+2csx_1x_2+s^2x_2^2$$

반면에 식 (1.382)는 다음의 조건을 요구하며 이것은 전혀 다른 결과임을 알 수 있다.

$$v_1'=cv_1+sv_2=cx_1^2+sx_2^2$$

1. 13 (a) 다음과 같이 주어지는 T_{ij} 가 Cartesian 2차 텐서(CT2)의 성분임을 보여라.

$$\mathbf{T}=[T_{ij}]=\begin{pmatrix} x_2^2 & -x_1x_2 \\ -x_1x_2 & x_1^2 \end{pmatrix}$$

(b) 위 식에서 $\mathbf{T}$의 성분이 2차 텐서의 성분임을 상법칙(quotient rule)[1.8.5절 참조]을 사용하여 보여라.

풀이

(a) $\boldsymbol{e}_3(x_3)$축에 대하여 θ만큼 (반시계 방향) 회전하는 경우를 생각해 보자. 식 (1.382)를 사용하면 위의 관계식에 의해 다음과 같은 값을 얻는다.(이때 계산을 간단히 하기 위해 문제 1.12의 경우처럼 $\sin\theta = s$, $\cos\theta = c$ 로 둔다.)

$$T'_{11} = x'^{\,2}_2 = s^2x_1^2 - 2scx_1x_2 + c^2x_2^2$$

$$T'_{12} = -x'_1x'_2 = scx_1^2 + (s^2-c^2)x_1x_2 - scx_2^2$$

$$T'_{12} = -x'_1x'_2 = scx_1^2 + (s^2-c^2)x_1x_2 - scx_2^2$$

$$T'_{22} = x'^{\,2}_1 = c^2x_1^2 + 2scx_1x_2 + s^2x_2^2$$

이제 변환식 (1.383)의 우변의 값을 구해보면,

$$T'_{11} = ccx_2^2 + cs(-x_1x_2) + sc(-x_1x_2) + ssx_1^2$$

$$T'_{12} = c(-s)x_2^2 + cc(-x_1x_2) + s(-s)(-x_1x_2) + scx_1^2$$

$$T'_{12} = (-s)cx_2^2 + (-s)s(-x_1x_2) + cc(-x_1x_2) + csx_1^2$$

$$T'_{22} = (-s)(-s)x_2^2 + (-s)c(-x_1x_2) + c(-s)(-x_1x_2) + ccx_1^2$$

각각의 대응하는 표현은 같으며, T_{ij}가 2차 텐서의 성분임을 알수 있다. 또한 이 사실은 T_{ij}가 벡터 $(x_2, -x_1)$와 그 벡터 자신과의 외적(다이어딕 곱)의 성분이라는 것을 고려하면 CT2 가 됨을 더 쉽게 알 수 있다.$(x_2, -x_1)$가 (CT1)벡터의 성분이라는 것은 문제 1.12에 의해 확인되었다.

(b) 이미 두 벡터의 외적(다이어딕 곱) $x_ix_j\,[=(\boldsymbol{rr})(i,j)]$는 2차 텐서(CT2)가 됨을 알고 있다. (a)에 주어진 T_{ij} 와 이 외적을 축약시키면 다음과 같다.

$$T_{ij}\,x_i\,x_j = x_2^2x_1^2 - x_1x_2x_1x_2 - x_1x_2x_2x_1 + x_1^2x_2^2 = 0$$

이것은 분명히 스칼라 불변 (0차 텐서)이다. 따라서, 상법칙에 의하여 T_{ij} 는 2차 텐서(CT2)임에 틀림없다.

1. 14 (a) 아래와 같은 행렬 표현을 갖는 2차 (직교) Cartesian 대칭텐서 $\mathbf{T}$의 고유치와 고유벡터를 구하라.

$$[T_{ij}] = \begin{bmatrix} 3 & -1 & 0 \\ -1 & 3 & 0 \\ 0 & 0 & 1 \end{bmatrix}$$

(b) $(\mathbf{T})^2$ 의 고유치를 구하고, 또한 $(\mathbf{T})^2$의 주축(즉 고유벡터 방향)은 $\mathbf{T}$의 것과 일치함을 보여라.

풀이

(a) 식 (1.347)로부터 고유치 λ에 대한 특성방정식은 다음과 같다.

$$\begin{vmatrix} 3-\lambda & -1 & 0 \\ -1 & 3-\lambda & 0 \\ 0 & 0 & 1-\lambda \end{vmatrix} = (1-\lambda)[(3-\lambda)^2-1]=0$$

위 식에서 3차 방정식 $\lambda^3-7\lambda^2+14\lambda-8=(\lambda-1)(\lambda-2)(\lambda-4)=0$이 되며, 고유치는 $\lambda_{(1)}=1$, $\lambda_{(2)}=2$, $\lambda_{(3)}=4$가 된다.

다음으로 $\lambda_{(1)}=1$일 때, $n_i^{(1)}$을 $\lambda_{(1)}=1$과 관련된 주 (고유)방향으로의 단위 법선 벡터의 성분으로 두면 (즉 $\boldsymbol{Tn}^{(1)}=\lambda_{(1)}\boldsymbol{n}^{(1)}$ 임), 식 (1.345)의 처음 두 식에서 $2n_1^{(1)}-n_2^{(1)}=0$ 및 $-n_1^{(1)}+2n_2^{(1)}=0$이 되므로 $n_1^{(1)}=n_2^{(1)}=0$, 또한 $n_in_i=1$로부터 $n_3^{(1)}=\pm 1$ 이 된다.

$\lambda_{(2)}=2$ 일 때, $\boldsymbol{Tn}^{(2)}=\lambda_{(2)}\boldsymbol{n}^{(2)}$의 관계식에 있어서 마찬가지로 식 (1.345)에 의해 $n_1^{(2)}-n_2^{(2)}=0$, $-n_1^{(2)}+n_2^{(2)}=0$ 및 $-n_3^{(2)}=0$ 이다. 따라서, $n_1^{(2)}=n_2^{(2)}=\pm 1/\sqrt{2}$, 또한 $n_i\,n_i=1$에서 $n_3^{(2)}=0$이 된다.

$\lambda_{(3)}=4$ 일 때, 마찬가지로 $\boldsymbol{Tn}^{(3)}=\lambda_{(3)}\boldsymbol{n}^{(3)}$에 대하여 식 (1.345)에 의해 $-n_1^{(3)}-n_2^{(3)}=0$, $-n_1^{(3)}-n_2^{(3)}=0$ 및 $3n_3^{(3)}=0$. 따라서, $n_3^{(3)}=0$, $n_1^{(3)}=-n_2^{(3)}=\mp 1/\sqrt{2}$ 이다. **T** 의 세 주축은 아래의 방향여현 표($l_{ij}=i_i'\cdot i_j$)를 통하여 원래 축 x_i 와 관련되어진다(식 (1.379) 참조).

	x_1	x_2	x_3
x_1^*	0	0	± 1
x_2^*	$\pm 1/\sqrt{2}$	$\pm 1/\sqrt{2}$	0
x_3^*	$\mp 1/\sqrt{2}$	$\pm 1/\sqrt{2}$	0

따라서 (회전)변환 행렬 $\mathrm{L}=(l_{ij})$는 아래와 같다.

$$\mathrm{L}=(l_{ij})=\begin{bmatrix} 0 & 0 & \pm 1 \\ \pm 1/\sqrt{2} & \pm 1/\sqrt{2} & 0 \\ \pm 1/\sqrt{2} & \pm 1/\sqrt{2} & 0 \end{bmatrix}$$

(b) $[T_{ij}]^2=\begin{bmatrix} 3 & -1 & 0 \\ -1 & 3 & 0 \\ 0 & 0 & 1 \end{bmatrix}\begin{bmatrix} 3 & -1 & 0 \\ -1 & 3 & 0 \\ 0 & 0 & 1 \end{bmatrix}=\begin{bmatrix} 10 & -6 & 0 \\ -6 & 10 & 0 \\ 0 & 0 & 1 \end{bmatrix}$

이 행렬에 대한 특성방정식은

$$\begin{vmatrix} 10-\lambda & -6 & 0 \\ -6 & 10-\lambda & 0 \\ 0 & 0 & 1-\lambda \end{vmatrix} = (1-\lambda)[(10-\lambda)^2-36]=(1-\lambda)(\lambda-4)(\lambda-16)=0$$

따라서 고유치는 $\lambda_{(1)}=1$, $\lambda_{(2)}=4$, $\lambda_{(3)}=16$이 된다. (a)의 경우와 마찬가지로 이들 결과를 식 (1.345)에 대입하고, (정규) 규격화 조건 $|\boldsymbol{n}|^2=n_i\,n_i=1$을 이용하면 각 고유치에 해당하는 정규 직교화된 세 고유벡터 $\boldsymbol{n}^{(i)}$는 아래와 같이 얻어진다.

$$\lambda_{(1)}=1\text{에 대해,}\quad \left.\begin{aligned} 9n_1^{(1)}-6n_2^{(1)}=0 \\ -6n_1^{(1)}+9n_2^{(1)}=0 \end{aligned}\right\}\ \text{또는 } n_1^{(1)}=n_2^{(1)}=0,\ n_3^{(1)}=\pm 1$$

$$\lambda_{(2)}=4\text{에 대해,}\quad \left.\begin{aligned} 6n_1^{(2)}-6n_2^{(1)}&=0\\ -6n_1^{(2)}+6n_2^{(2)}&=0\\ -3n_3^{(2)}&=0\end{aligned}\right\}\ \text{또는}\ n_1^{(2)}=n_2^{(2)}=\pm 1/\sqrt{2},\, n_3^{(2)}=0$$

$$\lambda_{(3)}=16\text{에 대해,}\quad \left.\begin{aligned} -6n_1^{(3)}-6n_2^{(3)}&=0\\ -6n_1^{(3)}-6n_2^{(3)}&=0\\ -15n_3^{(3)}&=0\end{aligned}\right\}\ \text{또는}\ n_1^{(3)}=-n_2^{(3)}=\mp 1/\sqrt{2},\, n_3^{(3)}=0$$

따라서 $(\mathbf{T})^2$ 의 세 고유치는 $\mathbf{T}$의 각 고유치의 제곱과 같으며, 주 (고유)방향은 $\mathbf{T}$의 방향과 일치함을 알 수 있다.

1. 15 $\mathbf{I}=(\delta_{ij})$를 단위 항등 텐서, $\boldsymbol{e}$ 를 크기가 1인 단위 벡터라 둔다. 이때 다음의 텐서 $\mathbf{T}$는 선형 연산자 : $\boldsymbol{A}\rightarrow\mathbf{T}(\boldsymbol{A})$로서 어떤 사상(mapping)인가? 단, $\boldsymbol{A}$ 는 벡터이다.

(a) $\mathbf{T}=\mathbf{I}-\boldsymbol{e}\,\boldsymbol{e}$ (b) $\mathbf{T}=\mathbf{I}-2\boldsymbol{e}\,\boldsymbol{e}$

(단 위에서 $\mathbf{T}(\boldsymbol{A})=\mathbf{T}\cdot\boldsymbol{A}$ 를 의미함.)

풀이

(a) $\mathbf{T}(\boldsymbol{A})=(\mathbf{I}-\boldsymbol{e}\boldsymbol{e})(\boldsymbol{A})=\boldsymbol{A}-\boldsymbol{e}(\boldsymbol{e}\cdot\boldsymbol{A})$. 단 $\boldsymbol{A}$ 는 임의의 벡터이다. 그리고,

$$\begin{aligned}\mathbf{T}(\boldsymbol{A})\cdot\boldsymbol{e}&=\boldsymbol{A}\cdot\boldsymbol{e}-\boldsymbol{e}\cdot\boldsymbol{e}(\boldsymbol{e}\cdot\boldsymbol{A})\\&=\boldsymbol{A}\cdot\boldsymbol{e}-\boldsymbol{e}\cdot\boldsymbol{A}=0\end{aligned}$$

따라서 $\mathbf{T}(\boldsymbol{A})\perp\boldsymbol{e}$ 이므로 $\mathbf{T}$ 는 $\boldsymbol{A}$ 를 $\boldsymbol{e}$ 에 수직인 평면 π 위에 투영하는 사상어다.

(b) 마찬가지로, $\mathbf{T}(\boldsymbol{A})=(\mathbf{I}-2\boldsymbol{e}\,\boldsymbol{e})(\boldsymbol{A})=\boldsymbol{A}-2\boldsymbol{e}(\boldsymbol{e}\cdot\boldsymbol{A})$.

$$\begin{aligned}\mathbf{T}(\boldsymbol{A})\cdot\boldsymbol{e}&=\boldsymbol{A}\cdot\boldsymbol{e}-2\boldsymbol{e}\cdot\boldsymbol{e}(\boldsymbol{e}\cdot\boldsymbol{A})\\&=-\boldsymbol{A}\cdot\boldsymbol{e}.\end{aligned}$$

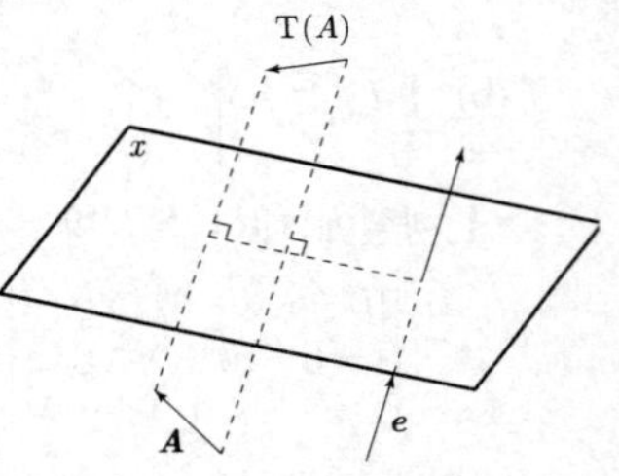

따라서 $(\mathbf{T}(\boldsymbol{A})+\boldsymbol{A})\cdot\boldsymbol{e}=0$이므로 $(\mathbf{T}(\boldsymbol{A})+\boldsymbol{A})\perp\boldsymbol{e}$. 또

$\mathbf{T}(\boldsymbol{A})\cdot\mathbf{T}(\boldsymbol{A})=\boldsymbol{A}\cdot\boldsymbol{A}-4(\boldsymbol{A}\cdot\boldsymbol{e})(\boldsymbol{e}\cdot\boldsymbol{A})+4(\boldsymbol{e}\cdot\boldsymbol{A})^2=\boldsymbol{A}\cdot\boldsymbol{A}$

즉 $|\mathbf{T}(\boldsymbol{A})|=|\boldsymbol{A}|$이다. 그러므로 $\mathbf{T}$는 $\boldsymbol{A}$를 $\boldsymbol{e}$ 에 수직인 평면 π 에 관해서 $\boldsymbol{A}$와 대칭인 벡터에 옮기는 사상이라 볼 수 있다.

1. 16 (a) 벡터 $\boldsymbol{a}, \boldsymbol{b}$ 가 주어졌을 때 그 외적 $\boldsymbol{c}=\boldsymbol{a}\times\boldsymbol{b}$ 는 원점이 일치하는 직교 변환 (식 (1.382) 혹은 그의 행렬 표현식)에 의하여 어떤 변환이 되는가 이를 조사하여라.

(b) 또한 이로부터 벡터 $\boldsymbol{a}, \boldsymbol{b}, \boldsymbol{c}$ 의 스칼라 삼중적 $[\boldsymbol{a}, \boldsymbol{b}, \boldsymbol{c}]$도 어떤 변화를 받는가 조사하여라.

풀이

(a) 원점이 일치하는 두 직교 Cartesian 좌표계 $Oxyz$ 와 $O\bar{x}\,\bar{y}\,\bar{z}$ 에 관한 $\boldsymbol{a}$,$\boldsymbol{b}$ 의 성분을 각각 (a_1,a_2,a_3), (b_1,b_2,b_3) 및 $(\bar{a}_1,\bar{a}_2,\bar{a}_3)$, $(\bar{b}_1,\bar{b}_2,\bar{b}_3)$라 하고(1.16.3.1절 참조)

$c_1 = a_2 b_3 - a_3 b_2$, $c_2 = a_3 b_1 - a_1 b_3$, $c_3 = a_1 b_2 - a_2 b_1$

$\bar{c}_1 = \bar{a}_2\bar{b}_3 - \bar{a}_3\bar{b}_2$, $\bar{c}_2 = \bar{a}_3\bar{b}_1 - \bar{a}_1\bar{b}_3$, $\bar{c}_3 = \bar{a}_1\bar{b}_2 - \bar{a}_2\bar{b}_1$ 로 표시하면

$\boldsymbol{c} = (c_1,c_2,c_3)$, $\qquad \bar{\mathbf{c}} = (\bar{c}_1,\bar{c}_2,\bar{c}_3)$

변환식 (1.382)에 의하여

$$\begin{aligned}\bar{c}_1 &= \bar{a}_2\bar{b}_3 - \bar{a}_3\bar{b}_2\\ &= (a_1 l_{21} + a_2 l_{22} + a_3 l_{23})(b_1 l_{31} + b_2 l_{32} + b_3 l_{33}) - (a_1 l_{31} + a_2 l_{32} + a_3 l_{33})(b_1 l_{21} + b_2 l_{22} + b_3 l_{23})\\ &= (l_{22}l_{33} - l_{32}l_{23})(a_2b_3 - a_3b_2) + (l_{23}l_{31} - l_{21}l_{33})(a_3b_1 - a_1b_3) + (l_{21}l_{32} - l_{22}l_{31})(a_1b_2 - a_2b_1)\end{aligned}$$

여기서 $l_{22}l_{33} - l_{32}l_{23}, l_{23}l_{31} - l_{21}l_{33}, l_{21}l_{32} - l_{22}l_{31}$ 은 각각 아래 행렬식의

$$\det \mathrm{L} = |\mathrm{L}| = \begin{vmatrix} l_{11} & l_{12} & l_{13} \\ l_{21} & l_{22} & l_{23} \\ l_{31} & l_{32} & l_{33} \end{vmatrix}$$

l_{11},l_{12},l_{13}에 대한 여인수이므로 행렬식의 성질(1.5.5절 참조)에서 각각 $|\mathrm{L}|l_{11}$, $|\mathrm{L}|l_{12}$, $|\mathrm{L}|l_{13}$ 과 같다. 따라서

$\bar{c}_1 = \bar{a}_2\bar{b}_3 - \bar{a}_3\bar{b}_2 = |\mathrm{L}|\,\{l_{11}(a_2b_3 - a_3b_2) + l_{12}(a_3b_1 - a_1b_3) + l_{13}(a_1b_2 - a_2b_1)\}$ 이다.

그러므로

$$\bar{c}_1 = |\mathrm{L}|(l_{11}c_1 + l_{12}c_2 + l_{13}c_3)$$

마찬가지로

$$\bar{c}_2 = |\mathrm{L}|(l_{21}c_1 + l_{22}c_2 + l_{23}c_3),\quad \bar{c}_3 = |\mathrm{L}|(l_{31}c_1 + l_{32}c_2 + l_{33}c_3)$$

변환행렬 L 을 사용하면 $\begin{pmatrix}\bar{c}_1\\ \bar{c}_2\\ \bar{c}_3\end{pmatrix} = (|\mathrm{L}|)\,\mathrm{L}\begin{pmatrix}c_1\\ c_2\\ c_3\end{pmatrix}$

여기서 $|\mathrm{L}| = \det\mathrm{L} = \pm 1$ (1.15절 참조)이므로 만약 변환이 회전 (고유) 변환처럼 우수계에서 우수계로 또는 좌수계에서 좌수계의 변환이면 $\det \mathrm{L} = 1$이고, 이 경우 $\boldsymbol{a}\times\boldsymbol{b}$ 는 보통의 (극성)벡터이다. 그러나 변환이 원점을 통한 반전(inversion)이나 $xz-$ 면에 대한 (거울)반사의 경우처럼 좌표변환식에 의한 벡터가 아니다. 그리고 변환이 $xz-$ 면에 대한 반사일 때는 $c_1 = -\bar{c}_1$, $c_1 = \bar{c}_2$, $c_1 = -\bar{c}_3$가 되어, $\boldsymbol{a}\times\boldsymbol{b}$ 는 축성(axial or pseudo)벡터이다.

(b) (a)의 결과로부터 $\mathrm{L}\boldsymbol{a}\times\mathrm{L}\boldsymbol{b} = \det\mathrm{L}\,(\boldsymbol{a}\times\boldsymbol{b})$이며 임의의 벡터 $\boldsymbol{a}$,$\boldsymbol{b}$ 의 내적 $\boldsymbol{a}\cdot\boldsymbol{b}$ 는 $\boldsymbol{a}^{\mathrm{T}}\boldsymbol{b}$ 와 같다. 그러므로 $(\mathrm{L}\boldsymbol{a})\cdot(\mathrm{L}\boldsymbol{b}) = (\mathrm{L}\boldsymbol{a})^{\mathrm{T}}(\mathrm{L}\boldsymbol{b}) = \boldsymbol{a}^{\mathrm{T}}\mathrm{L}^{\mathrm{T}}\,\mathrm{L}\boldsymbol{b} = \boldsymbol{a}^{\mathrm{T}}\boldsymbol{b} = \boldsymbol{a}\cdot\boldsymbol{b}$가 되어 변환 (1.382)에 의하여 불변이다.

$$\begin{aligned}\therefore [\bar{\boldsymbol{a}},\bar{\boldsymbol{b}},\bar{\boldsymbol{c}}] &= [\mathrm{L}\boldsymbol{a},\ \mathrm{L}\boldsymbol{b},\ \mathrm{L}\boldsymbol{c}]\\ &= (\mathrm{L}\boldsymbol{a}\times\mathrm{L}\boldsymbol{b})\cdot\mathrm{L}\boldsymbol{c} = \det\mathrm{L}\ \mathrm{L}(\boldsymbol{a}\times\boldsymbol{b})\cdot\mathrm{L}\boldsymbol{c}\\ &= \det\mathrm{L}(\boldsymbol{a}\times\boldsymbol{b})\cdot\boldsymbol{c} = \det\mathrm{L}\,[\mathbf{a},\mathbf{b},\mathbf{c}]\end{aligned}$$

$$\therefore [\bar{\boldsymbol{a}},\bar{\boldsymbol{b}},\bar{\boldsymbol{c}}] = \det\mathrm{L}\,[\boldsymbol{a},\boldsymbol{b},\boldsymbol{c}]$$

따라서, 스칼라 삼중적은 의사(pseudo)(혹은 상대)스칼라임을 알 수 있다.

1. 17 원점을 지나는 축에 대하여 (일정)각속도 $\boldsymbol{\omega}$를 갖고 회전하고 있는 강체(rigid body)의 각운동량(angular momentum) $\boldsymbol{L}$는 아래와 같이 나타내진다.

$$\boldsymbol{L} = \mathbf{I} \cdot \boldsymbol{\omega} = \lambda_{\mu} \boldsymbol{\omega} \tag{a}$$

여기서 $\boldsymbol{\omega}$는 고유치 λ_{μ}를 가진 관성 (능률)텐서 $\mathbf{I}$의 고유벡터에 해당한다.

강체의 경우 관성텐서 I는 Cartesian 좌표계내 아래 식으로 나타내진다.

$$\mathrm{I} = [I_{ij}] = \begin{pmatrix} \int (y^2+z^2)\rho dV & -\int xy\rho dV & -\int xz\rho dV \\ -\int xy\rho dV & \int (z^2+x^2)\rho dV & -\int yz\rho dV \\ -\int xz\rho dV & -\int yz\rho dV & \int (x^2+y^2)\rho dV \end{pmatrix} \tag{b}$$

여기서 $\rho = \rho(x, y, z)$는 밀도(질량분포)이고 dV는 $dx\,dy\,dz$를 나타낸다. 적분은 전체에 대하여 수행된다. 이 텐서의 대각선 성분은 '관성 능률(moment of inertia)'이라 하며 대각선 성분을 제외하고 음의 부호를 없앤 성분은 '관성적(product of inertia)'으로 알려져 있다.

[주의: 위 표현에서 관성 텐서 $\mathbf{I}(=I_{ij}\boldsymbol{e}_i\boldsymbol{e}_j)$ 또는 이의 행렬 표현인 $\mathrm{I}(=I_{ij})$와 Kronecker delta δ_{ij}를 성분으로 갖는 항등 텐서 $\mathbf{I}$ (또는 행렬 I)와는 비록 외관상 같은 문자일지라도 전혀 다르므로 혼동하지 말아야 한다.]

이때 위 공식 (b)를 사용하여 균질한 타원체 $\dfrac{x^2}{a^2} + \dfrac{x^2}{b^2} + \dfrac{x^2}{c^2} = 1$의 원점 O에 관한 관성텐서를 구하여라. 단 타원체의 전 질량을 M이라 한다.

풀이

타원체의 방정식을 편의상 $\dfrac{{x_1}^2}{a^2} + \dfrac{{x_2}^2}{b^2} + \dfrac{{x_3}^2}{c^2} = 1$이라 하고, 위 식 (b)에서 정의한 공식에 따라 관성텐서(inertia tensor)를 구하기로 한다. 먼저 대칭성에서 $I_{12} = I_{31} = I_{23} = 0$은 명백하다.
$I_{11} = \rho \int_V ({x_2}^2 + {x_3}^2)\ dv$, $I_{22} = \rho \int_V ({x_3}^2 + {x_1}^2)\ dv$, $I_{33} = \rho \int_V ({x_1}^2 + {x_2}^2)\ dv$를 계산하기 위하여 먼저 $\int_V {x_1}^2 dv$를 구한다.

$x_1 = ax$, $x_2 = by$, $x_3 = cz$로 두면 방정식은 $x^2 + y^2 + z^2 = 1$이 된다. 따라서

$$\int_V {x_1}^2 dv = \iiint_{x^2+y^2+z^2 \leqq 1} a^3 bc x^2 dx\,dy\,dz\,.$$

또 $x = r\sin\theta\cos\phi$, $y = r\sin\theta\sin\phi$, $z = r\cos\theta$로 두면

$$\int_V {x_1}^2 dv = a^3 bc \int_0^1 \int_0^{2\pi} \int_0^{\pi} r^2 \sin^2\theta \cos^2\phi \cdot r^2 \sin\theta\, d\theta\, d\phi\, dr = \frac{4}{15}\pi a^3 bc\,.$$

$M = \frac{4\pi}{3} abc\rho$ 이므로

$$\rho \int_V {x_1}^2 \, dv = \frac{1}{5} Ma^2, \ \rho \int_V {x_2}^2 \, dv = \frac{1}{5} Mb^2, \ \rho \int_V {x_3}^2 \, dv = \frac{1}{5} Mc^2.$$

따라서 $I_{11} = \frac{1}{5} M(b^2 + c^2)$, $I_{22} = \frac{1}{5} M(c^2 + a^2)$, $I_{33} = \frac{1}{5} M(a^2 + b^2)$ 이다.

1. 18 (a) A^p, B^q 가 벡터들이라면, $g_{pq} A^p B^q$ 는 (스칼라)불변식임을 밝혀라.

(b) $\frac{g_{pq} A^p B^q}{\sqrt{(A^p A_p)(B^q B_q)}}$ 는 (스칼라)불변식임을 밝혀라.

풀이

(a) 벡터 $\boldsymbol{A}$ 와 $\boldsymbol{B}$ 의 내적인 $\boldsymbol{A} \cdot \boldsymbol{B} = A^p B_p = A^p g_{pq} B^q = g_{pq} A^p B^q$ 는 좌표계에 무관한 (절대 스칼라)불변식 이다.

(b) $A^p A_p (= \boldsymbol{A} \cdot \boldsymbol{A}), B^q B_q (= \boldsymbol{B} \cdot \boldsymbol{B})$ 는 불변식이므로, $\sqrt{(A^p A_p)(B^q B_q)}$ 또한 불변식이다.

따라서 $\frac{g_{pq} A^p B^q}{\sqrt{(A^p A_p)(B^q B_q)}}$ 는 (절대 스칼라)불변식이다.

벡터 A^p 와 B^q 사이의 각의 여현으로서 $\cos\theta = \frac{g_{pq} A^p B^q}{\sqrt{(A^p A_p)(B^q B_q)}}$ 를 정의한다.

$g_{pq} A^p B^q = A^p B_p = 0$ 이라면, 벡터 $\boldsymbol{A}$ 와 $\boldsymbol{B}$ 는 직교(orthogonal)이다.

1. 19 어떤 량 $A(p,q,r)$ 은 좌표계 x^i 안에서 $A(p,q,r) {B_r}^{qs} = {C_p}^s$ 이다(단, ${B_r}^{qs}$ 는 임의의 텐서이고 ${C_p}^s$ 는 텐서이다). $A(p,q,r)$ 은 텐서임을 증명하라.

풀이

변형된 좌표 $\bar{x}^i$ 안에서, $\bar{A}(j,k,l) \bar{B}_l^{km} = \bar{C}_j^m$ 이다. 그러면

$$\bar{A}(j,k,l) \frac{\partial \bar{x}^k}{\partial x^q} \frac{\partial \bar{x}^m}{\partial x^s} \frac{\partial x^r}{\partial \bar{x}^l} {B_r}^{qs} = \frac{\partial \bar{x}^m}{\partial x^s} \frac{\partial x^p}{\partial \bar{x}^j} {C_p}^s = \frac{\partial \bar{x}^m}{\partial x^s} \frac{\partial x^p}{\partial \bar{x}^j} A(p,q,r) {B_r}^{qs}$$

또는

$$\frac{\partial \bar{x}^m}{\partial x^s} \left[\frac{\partial \bar{x}^k}{\partial x^q} \frac{\partial x^r}{\partial \bar{x}^l} \bar{A}(j,k,l) - \frac{\partial x^p}{\partial \bar{x}^j} A(p,q,r) \right] {B_r}^{qs} = 0$$

$\frac{\partial x^n}{\partial \bar{x}^m}$ 에 의한 내적(즉 $\frac{\partial x^n}{\partial \bar{x}^t}$ 로 곱하고 나서 $t = m$ 을 가지고 축약)으로 다음을 얻을 수 있다.

$$\delta_s^n\left[\frac{\partial \bar{x}^k}{\partial x^q}\frac{\partial x^r}{\partial \bar{x}^l}\bar{A}(j,k,l)-\frac{\partial x^p}{\partial \bar{x}^j}A(p,q,r)\right]B_r^{\ qs}=0$$

또는

$$\left[\frac{\partial \bar{x}^k}{\partial x^q}\frac{\partial x^r}{\partial \bar{x}^l}\bar{A}(j,k,l)-\frac{\partial x^p}{\partial \bar{x}^j}A(p,q,r)\right]B_r^{\ qn}=0$$

$B_r^{\ qn}$ 은 임의의 텐서이므로 괄호 안의 양은 0이 된다. 즉

$$\frac{\partial \bar{x}^k}{\partial x^q}\frac{\partial x^r}{\partial \bar{x}^l}\bar{A}(j,k,l)-\frac{\partial x^p}{\partial \bar{x}^j}A(p,q,r)=0$$

$\dfrac{\partial x^q}{\partial \bar{x}^m}\dfrac{\partial \bar{x}^n}{\partial x^r}$에 의한 내적은 다음을 산출한다.

$$\delta_m^k\,\delta_l^n\bar{A}(j,k,l)-\frac{\partial x^p}{\partial \bar{x}^j}\frac{\partial x^q}{\partial \bar{x}^m}\frac{\partial \bar{x}^n}{\partial x^r}A(p,q,r)=0$$

또는

$$\bar{A}(j,m,n)=\frac{\partial x^p}{\partial \bar{x}^j}\frac{\partial x^q}{\partial \bar{x}^m}\frac{\partial \bar{x}^n}{\partial x^r}A(p,q,r)$$

이것은 $A(p,q,r)$이 텐서이고 기호 $A_{pq}^{\ \ r}$ 의 사용이 옳다는 것을 알 수 있다. 이 문제에서 만일 임의의 텐서 B를 가지는 양 X의 내적이 텐서C 라면, X는 텐서임을 말하는 상법칙(quotient rule)의 특별한 경우를 확립한다.

1. 20 등방성 선형 탄성(isotropic, linear elastic)물질에 있어서, (대칭)응력(σ_{ij})과 변형율(ε_{kl})텐서간의 관계는 아래와 같이 두 개의 Lame상수 λ 및 μ만을 사용하여 간단하게 나타내진다.

풀이

$$\sigma_{ij}\equiv c_{ijkl}\varepsilon_{kl}=\lambda\delta_{ij}\varepsilon_{kk}+2\mu\varepsilon_{ij} \qquad (1)$$

단 여기서 4차 텐서인 강성도(stiffness)파라미터 c_{ijkl}는 아래와 같은 형태를 가정한다.

$$c_{ijkl}=\lambda\delta_{ij}\delta_{kl}+\eta\delta_{ik}\delta_{jl}+\kappa\delta_{il}\delta_{jk} \qquad (2)$$

이때 아래의 관계가 성립됨을 증명하라.

$$\lambda=\nu E/(1+\nu)(1-2\nu) \qquad (3)$$

$$\mu=E/2(1+\nu) \qquad (4)$$

여기서 E는 재료의 인장 탄성계수, ν는 포아송(Poisson)비이다.

증명 완전 등방성물질의 경우에는 어떠한 회전이나 반사와 같은 (대칭)변환에 대하여서도 물성의 탄성계수는 변하지 않으므로 식 (1)의 4차 강성도 텐서 c_{ijkl}는 식 (2)와 같이 순수 2차 등방텐서인 Kronecker-delta δ_{ij}기호(예제 1.24)를 사용하여 나타낼 수 있다.

그러면 식 (2)를 식 (1)의 첫 번째 항등관계에 대입하면 아래를 얻는다.

$$\sigma_{ij} = [\lambda\delta_{ij}\delta_{kl} + \eta\delta_{ik}\delta_{jl} + \kappa\delta_{il}\delta_{jk}]\varepsilon_{kl}$$

$$= \lambda\delta_{ij}\varepsilon_{kk} + \eta\varepsilon_{ij} + \kappa\varepsilon_{ji} = \lambda\delta_{ij}\varepsilon_{kk} + (\eta+\kappa)\varepsilon_{ij} \quad (\because \varepsilon_{ij} = \varepsilon_{ji}) \tag{5}$$

여기서 $\eta + \kappa = 2\mu$로 두면 식 (1)의 두 번째 항등관계가 증명된다. 단 식 중의 $\varepsilon_{kk} = \varepsilon_{11} + \varepsilon_{22} + \varepsilon_{33} \simeq \varepsilon_v (= \Delta V / V)$[∵미소변형의 가정]이다.

다음에는 식 (1)의 두 번째 항등관계에서 x방향으로의 일축 신장변형만을 생각해보자. 이때 $\sigma_{11}(=\sigma_x) = E\varepsilon_{11} = E\varepsilon_1$만 존재하고, $\sigma_{22}(=\sigma_y)$ 및 $\sigma_{33}(=\sigma_z)$는 0이 되므로 아래의 3식이 성립된다.

$$\sigma_{11} = [\sigma_x = E\varepsilon_1] = \lambda\varepsilon_{kk} + 2\mu\varepsilon_1 \neq 0 \tag{6a}$$

$$\sigma_{22}(=\sigma_y) = \lambda\varepsilon_{kk} + 2\mu\varepsilon_2 = 0 \tag{6b}$$

$$\sigma_{33}(=\sigma_z) = \lambda\varepsilon_{kk} + 2\mu\varepsilon_3 = 0 \tag{6c}$$

위 3식을 합하고, $\varepsilon_1 + \varepsilon_2 + \varepsilon_3 \simeq \varepsilon_{kk}(=\varepsilon_v)$를 이용하면 아래식이 얻어진다.

$$\varepsilon_{kk}(\simeq \varepsilon_v) = \sigma_x/(3\lambda + 2\mu) = E\varepsilon_1/(3\lambda + 2\mu) \tag{7}$$

이를 식 (6a)에 대입하면 인장탄성계수 E에 관한 식을 얻는다.

$$E = \mu(3\lambda + 2\mu)/(\lambda + \mu) \tag{8}$$

그런데 포아송비 $\nu = -\varepsilon_2/\varepsilon_1(= -\varepsilon_3/\varepsilon_1)$이므로 ε_1 및 ε_2를 각각 식 (6a) 및 (6b)에서 대입하고, 식 (8)를 이용하면 ν에 관한 아래식을 얻는다.

$$\nu = -\varepsilon_2/\varepsilon_1 = \lambda/2(\lambda + \mu) \tag{9}$$

다음에는 식 (9)에서 λ를 μ로 나타내고, 이를 다시 식 (8)에 대입하여 먼저 μ에 관해 풀고, 이를 다시 λ와의 관계에 대입하면 원하는 아래 관계식을 얻는다.

$$\mu = E/2(1+\nu), \qquad \lambda = \nu E/(1+\nu)(1-2\nu) \quad ■$$

제 1 장 부록

■ A1. 1 편미분의 연쇄율(사슬법칙)

1 변수 혹은 다변수 함수에 있어서 복합미분(composite differentiation) 법칙을 일컫는 '연쇄율(혹은 사슬법칙)(chain-rule)'은 2.15.3절에서 다룰 Jacobian 행렬식과 함께 다변수 함수의 (전)미분과 상호변환에 매우 중요하게 이용된다.

먼저 1 변수 함수에 대한 연쇄율을 생각해보자. 만약 함수 $w=f(\zeta)$에서 $\zeta=g(z)$라면 아래의 연쇄율이 성립된다.

$$\frac{dw}{dz}=\frac{dw}{d\zeta}\cdot\frac{d\zeta}{dz}=f'(\zeta)\frac{d\zeta}{dz}=f'\{g(z)\}g'(z) \tag{A1. 1}$$

마찬가지로 만약 $w=f(\zeta)$이고 $\zeta=g(\eta)$ 및 $\eta=h(z)$라면 역시 아래의 연쇄율도 성립된다.

$$\frac{dw}{dz}=\frac{dw}{d\zeta}\cdot\frac{d\zeta}{d\eta}\cdot\frac{d\eta}{dz} \tag{A1. 2}$$

또한 아래의 관계도 쉽게 성립된다.

만약 $w=f(z)$라면 $z=f^{-1}(w)$가 된다. 그러면 dw/dz와 dz/dw는 아래의 관계에 있다.

$$\frac{dw}{dz}=\frac{1}{dz/dw} \tag{A1. 3}$$

또한 만약 $z=f(t)$이고 $w=g(t)$라면(여기서 t는 파라미터임) 아래가 성립된다.

$$\frac{dw}{dz}=\frac{dw/dt}{dz/dt}=\frac{g'(t)}{f'(t)} \tag{A1. 4}$$

예제 A1.1

$w=f(z)=\cos^2(2z+3i)$(여기서 $i=\sqrt{-1}$)일 때 연쇄율 (A1.2)을 이용하여 $\dfrac{dw}{dz}$를 구하라.

풀이

만약 $\eta=2z+3i$, $\zeta=\cos\eta$, $w=\zeta^2$로 두면, $w=\cos^2(2z+3i)$가 된다. 다음에 연쇄율 (A1.2)에서 아래를 얻는다.

$$\frac{dw}{dz}=\frac{dw}{d\zeta}\cdot\frac{d\zeta}{d\eta}\cdot\frac{d\eta}{dz}=(2\zeta)(-\sin\eta)(2)$$

$$=(2\cos\eta)(-\sin\eta)(2)=-4\cos(2z+3i)\sin(2z+3i)$$

별해 :

$$\frac{d}{dz}\{\cos(2z+3i)\}^2=2\{\cos(2z+3i)\}\left\{\frac{d}{dz}\cos(2z+3i)\right\}$$

$$=2\{\cos(2z+3i)\}\{-\sin(2z+3i)\}\left\{\frac{d}{dz}(2z+3i)\right\}$$

$$=-4\cos(2z+3i)\sin(2z+3i)$$

다음에는 2변수 함수에 대해 생각해보자. 만약 $z=f(x,y)$이고, $x=g(r,s)$ 및 $y=h(r,s)$라면 $z=z(r,s)$가 된다. 이 때 아래의 연쇄율이 성립된다.

$$\frac{\partial z}{\partial r}=\frac{\partial z}{\partial x}\frac{\partial x}{\partial r}+\frac{\partial z}{\partial y}\frac{\partial y}{\partial r},\qquad \frac{\partial z}{\partial s}=\frac{\partial z}{\partial x}\frac{\partial x}{\partial s}+\frac{\partial z}{\partial y}\frac{\partial y}{\partial s}\tag{A1. 5}$$

또한 이를 n 변수 함수에 대해 일반화시키면 아래가 성립된다. 만약 $u=F(x_1,\cdots,x_n)$이고, $x_1=f_1(r_1,\cdots,r_p)$, $\cdots$, $x_n=f_n(r_1,\cdots,r_p)$라면 아래의 연쇄율이 성립된다.

$$\frac{\partial u}{\partial r_k}=\frac{\partial u}{\partial x_1}\frac{\partial x_1}{\partial r_k}+\frac{\partial u}{\partial x_2}\frac{\partial x_2}{\partial r_k}+\cdots+\frac{\partial u}{\partial x_n}\frac{\partial x_n}{\partial r_k}\qquad k=1,2,\cdots,p\tag{A1. 6}$$

여기서 특히 $x_1,x_2,\cdots,x_n$가 오직 1 변수 s에만 의존한다면 아래의 연쇄율이 성립된다.

$$\frac{du}{ds}=\frac{\partial u}{\partial x_1}\frac{dx_1}{ds}+\frac{\partial u}{\partial x_2}\frac{dx_2}{ds}+\cdots+\frac{\partial u}{\partial x_n}\frac{dx_n}{ds}=\sum_{i=1}^{n}\frac{\partial u}{\partial x_i}\frac{dx_i}{ds}\tag{A1. 7}$$

예제 A1.2

만약 스칼라 함수 f가 3차원 Cartesian 좌표 $(x,\ y,\ z)$의 함수 즉 $f(x,\ y,\ z)$라면 이를 1 : 1 대응(mapping)관계에 있는 구좌표 $(r,\ \theta,\ \phi)$[단 $x=r\sin\theta\cos\phi$, $y=r\sin\theta\sin\phi$, $z=r\cos\theta$]항으로 위의 연쇄율 (A1.7)을 이용하여 나타내어라.

풀이

위 식 (A1.7)에서 $s=x,\ y$ 혹은 z를 대입하면 각각 아래 식을 얻는다.

$$\frac{\partial f}{\partial x}=\left(\frac{\partial r}{\partial x}\right)_{y,z}\left(\frac{\partial f}{\partial r}\right)_{\theta,\phi}+\left(\frac{\partial \theta}{\partial x}\right)_{y,z}\left(\frac{\partial f}{\partial \theta}\right)_{r,\phi}+\left(\frac{\partial \phi}{\partial x}\right)_{y,z}\left(\frac{\partial f}{\partial \phi}\right)_{r,\theta}$$

$$\frac{\partial f}{\partial y}=\left(\frac{\partial r}{\partial y}\right)_{x,z}\left(\frac{\partial f}{\partial r}\right)_{\theta,\phi}+\left(\frac{\partial \theta}{\partial y}\right)_{x,z}\left(\frac{\partial f}{\partial \theta}\right)_{r,\phi}+\left(\frac{\partial \phi}{\partial y}\right)_{x,z}\left(\frac{\partial f}{\partial \phi}\right)_{r,\theta}$$

$$\frac{\partial f}{\partial z}=\left(\frac{\partial r}{\partial z}\right)_{x,y}\left(\frac{\partial f}{\partial r}\right)_{\theta,\phi}+\left(\frac{\partial \theta}{\partial z}\right)_{x,y}\left(\frac{\partial f}{\partial \theta}\right)_{r,\phi}+\left(\frac{\partial \phi}{\partial z}\right)_{x,y}\left(\frac{\partial f}{\partial \phi}\right)_{r,\theta}$$

여기서 좀 더 구체적인 형태를 얻기 위해 좌표의 역변환인 $r=(x^2+y^2+z^2)^{1/2}$, $\theta=\cos^{-1}(z/r)$, $\phi=\tan^{-1}(y/x)$로부터 $(\tan^{-1}x)'=1/(1+x^2)$, $(\cos^{-1}x)'=-1/\sqrt{1-x^2}$ 등을 사용하여 해당 편미분 값을 구하여 위 식에 대입하면 각각의 경우에 대해 함수 f의 구좌표에 대한 편미분 항으로 나타낼 수 있다.

위에서 얻어진 결과는 벡터 함수의 경우에도 그대로 적용이 가능하다. 먼저 벡터 $\boldsymbol{a}$가 1 변수 s의 함수이고, 또 s가 다시 u의 함수라면 아래의 연쇄율이 성립된다.

$$\frac{d\boldsymbol{a}(s)}{du}=\frac{ds}{du}\frac{d\boldsymbol{a}}{ds} \tag{A1. 8}$$

또한 이의 응용으로서 입자의 속도 $\boldsymbol{v}(=d\boldsymbol{r}/dt)$에서 $\boldsymbol{r}=\boldsymbol{r}(u)$, $u=u(t)$라면 아래의 연쇄율이 성립된다.

$$\boldsymbol{v}=\frac{d\boldsymbol{r}}{dt}=\frac{d\boldsymbol{r}}{du}\frac{du}{dt}$$

여기서 $\boldsymbol{v}$를 시간에 대한 한번 더 미분하면 가속도 다음과 같이 얻어진다.

$$\boldsymbol{a}=\frac{d\boldsymbol{v}}{dt}=\frac{d}{dt}\left(\frac{d\boldsymbol{r}}{du}\frac{du}{dt}\right)=\frac{d^2\boldsymbol{r}}{du^2}\left(\frac{du}{dt}\right)^2+\frac{d\boldsymbol{r}}{du}\frac{d^2u}{dt^2}$$

다음에는 다변수의 벡터 함수에 대해 생각해보자, 만약 벡터 $\boldsymbol{a}$가 n개의 독립변수 u_j의 함수이고, 또한 $u_j(j=1,2,\cdots,n)$는 1개의 변수 v_i(사실은 n개의 독립변수 v_j 중 1개)의 함수라면 스칼라 함수의 연쇄율 (A1.7)에 의해 아래가 성립된다.

$$\frac{\partial \boldsymbol{a}}{\partial v_i}=\frac{\partial \boldsymbol{a}}{\partial u_1}\frac{\partial u_1}{\partial v_i}+\frac{\partial \boldsymbol{a}}{\partial u_2}\frac{\partial u_2}{\partial v_i}+\cdots+\frac{\partial \boldsymbol{a}}{\partial u_n}\frac{\partial u_n}{\partial v_i}=\sum_{j=1}^{n}\frac{\partial \boldsymbol{a}}{\partial u_j}\frac{\partial u_j}{\partial v_i} \tag{A1. 9}$$

만약 $\boldsymbol{a}$가 외관상 어떤 변수 v와 또한 자체가 v의 함수인 n개의 스칼라 변수 $u_1, u_2, \cdots, u_n$의 함수로 표시되어 있는 경우에는 [즉 $\boldsymbol{a}\,(v, u_i(v), i=1,2,\cdots,n)$] 식 (A1.9)의 특수 경우로서 아래와 같이 나타낼 수 있다. [이와 같은 경우는 실제 유체역학 등에 있어서 $u_i=x_i(t)$ (위치), $v=t$ (시간)으로서 종종 나타난다 - 예제 2.9 및 2.13절 참조]

$$\frac{d\boldsymbol{a}}{dv}=\frac{\partial \boldsymbol{a}}{\partial v}+\sum_{j=1}^{n}\frac{\partial \boldsymbol{a}}{\partial u_j}\frac{\partial u_j}{\partial v} \tag{A1. 10}$$

[사실 위 식의 좌변은 실제로 변수 v만의 함수이나, 우변은 n개의 u_j와 v 즉 $n+1$개의 변수를 가정하므로 '가상미분(virtual differentiation)'이라 하여 $\frac{\partial \boldsymbol{a}}{\partial v}$를 $\frac{\delta \boldsymbol{a}}{\delta v}$, $\frac{\partial \boldsymbol{a}}{\partial u_j}$를 $\frac{\delta \boldsymbol{a}}{\delta u_j}$로 나타내기도 한다 - 2.17절 참조.]

또한 아래와 같이 여러 변수 $u_1, u_2, \cdots, u_n$에 의존하는 벡터 $\boldsymbol{a}$에 대한 전미분으로도 확장시킬 수 있다.

$$d\boldsymbol{a}=\frac{\partial \boldsymbol{a}}{\partial u_1}du_1+\frac{\partial \boldsymbol{a}}{\partial u_2}du_2+\cdots+\frac{\partial \boldsymbol{a}}{\partial u_n}du_n=\sum_{j=1}^{n}\frac{\partial \boldsymbol{a}}{\partial u_j}du_j \tag{A1. 11}$$

예제 A1.3

$\boldsymbol{F}$를 Cartesian 좌표계에서 x, y, z, t에 의존한다고 하자. (단 x, y, z는 t에 의존한다). 이때

(a) $\frac{d\boldsymbol{F}}{dt}=\frac{\partial \boldsymbol{F}}{\partial t}+\frac{\partial \boldsymbol{F}}{\partial x}\frac{dx}{dt}+\frac{\partial \boldsymbol{F}}{\partial y}\frac{dy}{dt}+\frac{\partial \boldsymbol{F}}{\partial z}\frac{dz}{dt}$ 임을 증명하라.

(b) 또한 위 식을 $\frac{d\boldsymbol{F}}{dt}=\frac{\partial \boldsymbol{F}}{\partial t}+\frac{d\boldsymbol{F}}{dt}\left[=\left(\frac{d\boldsymbol{r}}{dt}\cdot\nabla\right)\boldsymbol{F}\right]$로 나타낼 수 있음을 증명하라(예제 2.9 및 2.13절 참조).

풀이

(a) $\boldsymbol{F}=F_1(x,y,z,t)\boldsymbol{i}+F_2(x,y,z,t)\boldsymbol{j}+F_3(x,y,z,t)\boldsymbol{k}$ 라 가정하자.

그러면, $d\boldsymbol{F}=dF_1\boldsymbol{i}+dF_2\boldsymbol{j}+dF_3\boldsymbol{k}$

$$= \left[\frac{\partial F_1}{\partial t}dt + \frac{\partial F_1}{\partial x}dx + \frac{\partial F_1}{\partial y}dy + \frac{\partial F_1}{\partial z}dz\right]\boldsymbol{i} + \left[\frac{\partial F_2}{\partial t}dt + \frac{\partial F_2}{\partial x}dx + \frac{\partial F_2}{\partial y}dy + \frac{\partial F_2}{\partial z}dz\right]\boldsymbol{j} +$$

$$+ \left[\frac{\partial F_3}{\partial t}dt + \frac{\partial F_3}{\partial x}dx + \frac{\partial F_3}{\partial y}dy + \frac{\partial F_3}{\partial z}dz\right]\boldsymbol{k}$$

$$= \left(\frac{\partial F_1}{\partial t}\boldsymbol{i} + \frac{\partial F_2}{\partial t}\boldsymbol{j} + \frac{\partial F_3}{\partial t}\boldsymbol{k}\right)dt + \left(\frac{\partial F_1}{\partial x}\boldsymbol{i} + \frac{\partial F_2}{\partial x}\boldsymbol{j} + \frac{\partial F_3}{\partial x}\boldsymbol{k}\right)dx + \left(\frac{\partial F_1}{\partial y}\boldsymbol{i} + \frac{\partial F_2}{\partial y}\boldsymbol{j} + \frac{\partial F_3}{\partial y}\boldsymbol{k}\right)dy$$

$$+ \left(\frac{\partial F_1}{\partial z}\boldsymbol{i} + \frac{\partial F_2}{\partial z}\boldsymbol{j} + \frac{\partial F_3}{\partial z}\boldsymbol{k}\right)dz = \frac{\partial \boldsymbol{F}}{\partial t}dt + \frac{\partial \boldsymbol{F}}{\partial x}dx + \frac{\partial \boldsymbol{F}}{\partial y}dy + \frac{\partial \boldsymbol{F}}{\partial z}dz$$

따라서, $\frac{\partial \boldsymbol{F}}{\partial t}dt = \frac{\partial \boldsymbol{F}}{\partial t} + \frac{\partial \boldsymbol{F}}{\partial x}\frac{dx}{dt} + \frac{\partial \boldsymbol{F}}{\partial y}\frac{dy}{dt} + \frac{\partial \boldsymbol{F}}{\partial z}\frac{dz}{dt}$ 이다.

사실 이 결과는 연쇄율 (A1. 10)에서 $\boldsymbol{a}\to\boldsymbol{F}$, $v\to t$, $u_1\to x$, $u_2\to y$, $u_3\to z$로 둔 것에 해당한다.

(b) 위 (a)결과를 $\boldsymbol{r} = \sum_{i=1}^{3} x_i\,\boldsymbol{e}_i$ [단 $(x_1, x_2, x_3) = (x, y, z)$; $(\boldsymbol{e}_1, \boldsymbol{e}_2, \boldsymbol{e}_3) = (\boldsymbol{i}, \boldsymbol{j}, \boldsymbol{k})$]를 사용하여 나타내면 아래와 같다.

$$\frac{d\boldsymbol{F}}{dt} = \frac{\partial \boldsymbol{F}}{\partial t} + \sum_{i=1}^{3}\frac{dx_i}{dt}\times\frac{\partial \boldsymbol{F}}{\partial x_i}$$

그런데 직교 Cartesian 좌표계에 대하여 벡터 미분 연산자는 $\nabla = \boldsymbol{e}_i\nabla_i = \boldsymbol{i}\frac{\partial}{\partial x} + \boldsymbol{j}\frac{\partial}{\partial y} + \boldsymbol{k}\frac{\partial}{\partial z}$ 의 형태를 취하므로 여기서 $\nabla_i = \frac{\partial}{\partial x_i}$ $(i = 1,2,3)$이다.

그리고 $\frac{d\boldsymbol{r}}{dt} = \boldsymbol{e}_i\sum_{i=1}^{3}\frac{dx_i}{dt}$, 즉 $\frac{dx_i}{dt}$는 $\frac{d\boldsymbol{r}}{dt}$의 i 번째 Cartesian 성분이므로 벡터 내적의 정의로부터 $\left(\frac{d\boldsymbol{r}}{dt}\cdot\nabla\right)\boldsymbol{F} = \left(\sum_{i=1}^{3}\frac{dx_i}{dt}\nabla_i\right)\boldsymbol{F} = \frac{dx_i}{dt}\times\frac{\partial \boldsymbol{F}}{\partial x_i}$임이 증명된다.

[비고: 문(b)는 사실 일반좌표계에 대한 '내재적(intrinsic) 미분' 개념 즉 $\frac{d\boldsymbol{F}}{dt} = (\boldsymbol{v}\cdot\nabla)\boldsymbol{F} = v^k\nabla_k\boldsymbol{F} = \frac{\delta F^i}{\delta t}\boldsymbol{g}_i$에서 온 것이므로 위 식의 왼편의 $\frac{d\boldsymbol{F}}{dt}$는 유체에 있어서 물질(혹은 본질)미분 $\frac{DF}{Dt}$를 나타낸다 – 예제 2.9, 2.13절 및 2.17절 참조.]

이 절을 끝내기 전 열역학 등에서 운용성이 매우 높은 3 변수(서로 음함수 관계)에 바탕을 둔 '연쇄율'에 관계된 주요공식을 이하에서 유도해 보기로 한다.

지금 3개의 독립변수 x, y, z사이에 $f(x, y, z) = 0$ 의 관계가 성립될 때 아래처럼 임의의 한 개는 나머지 2개의 함수로 나타낼 수 있다.

$$x = x(y, z),\ y = y(x, z),\ z = z(x, y) \tag{A1. 12}$$

이 때 $dx(y, z)$ 및 $dy(x, z)$ 를 각각 식 (A1.11)처럼 소위 '완전미방' 형태로 전개하면 아래와 같다.

$$dx = \left(\frac{\partial x}{\partial y}\right)_z dy + \left(\frac{\partial x}{\partial z}\right)_y dz \tag{A1. 13}$$

$$dy = \left(\frac{\partial y}{\partial x}\right)_z dx + \left(\frac{\partial y}{\partial z}\right)_x dz \tag{A1. 1.4}$$

위 두식에서 dy 를 소거하면

$$\left[\left(\frac{\partial x}{\partial y}\right)_z \left(\frac{\partial y}{\partial x}\right)_z - 1\right] dx + \left[\left(\frac{\partial x}{\partial y}\right)_z \left(\frac{\partial y}{\partial z}\right)_x + \left(\frac{\partial x}{\partial z}\right)_y\right] dz = 0 \tag{A1. 15}$$

그런데 미소변화 dx 및 dz는 임의이므로 0이 될 수 없어 첫 번째 및 두 번째의 괄호 안이 모두 0이 되어야 위 식이 성립된다. 이에 아래의 사슬법칙이 성립된다.

$$\left(\frac{\partial x}{\partial y}\right)_z \left(\frac{\partial y}{\partial x}\right)_z = 1,\ \text{또는} \left(\frac{\partial x}{\partial y}\right)_z = \frac{1}{(\partial y/\partial x)_z} \tag{A1. 16}$$

$$\left(\frac{\partial x}{\partial y}\right)_z \left(\frac{\partial y}{\partial z}\right)_x = -\left(\frac{\partial x}{\partial z}\right)_y,\ \text{또는} \left(\frac{\partial x}{\partial y}\right)_z \left(\frac{\partial y}{\partial z}\right)_x \left(\frac{\partial z}{\partial x}\right)_y = -1 \tag{A1. 17}$$

특히 식 (A1.17)는 '원사슬 법칙(cyclic chain rule)'으로 알려져 있다. 이의 응용으로서는 기체의 상태함수 $f(T, V, P) = 0$에서 $T = x$, $V = y$, $P = z$로 두면 아래식이 성립된다.

$$\left(\frac{\partial T}{\partial V}\right)_P \left(\frac{\partial V}{\partial P}\right)_T \left(\frac{\partial P}{\partial T}\right)_V = -1 \tag{A1. 18 a}$$

$$\left(\frac{\partial P}{\partial T}\right)_V = \frac{\frac{1}{V}\left(\frac{\partial V}{\partial T}\right)_P}{-\frac{1}{V}\left(\frac{\partial V}{\partial P}\right)_T} = \frac{\alpha}{\beta} \tag{A1. 18 b}$$

위 식에서 $\alpha = \frac{1}{V}\left(\frac{\partial V}{\partial T}\right)_P$는 부피 열팽창계수, $\beta = -\frac{1}{V}\left(\frac{\partial V}{\partial P}\right)_T$는 등온 압축률 (compressibility) 이다.

또한 $f(x, y, z) = 0$ 에서 $z = z(x, y)$이므로 아래 표현이 성립된다.

$$dz = \left(\frac{\partial z}{\partial x}\right)_y dx + \left(\frac{\partial z}{\partial y}\right)_x dy \tag{A1. 19}$$

여기서 양변에 $\left(\frac{\partial}{\partial x}\right)_u$ [단 $u = u(x, y)$] 연산자를 취하면 (즉 $u=$ 일정하게 두고, x에 대해 편미분함) 아래의 중요한 사슬 법칙을 얻는다.

$$\left(\frac{\partial z}{\partial x}\right)_u = \left(\frac{\partial z}{\partial x}\right)_y + \left(\frac{\partial y}{\partial x}\right)_u \left(\frac{\partial z}{\partial y}\right)_x \qquad \text{(A1. 20)}$$

그런데 식 (A1.20)에 대하여 몇 가지 지적 또는 주의를 환기시킬 필요가 있다. 즉 왼편 항을 보면 $u = u(x, y)$이므로 u가 일정하고 x가 변하면 y도 변하는데, 우편의 첫째항에서 y가 일정 간주했으므로, 사실상은 불합리하므로 이를 '가상미분(virtual differential)'기호 δ을 사용하여 $\left(\frac{\delta z}{\delta x}\right)_y$로 표현하기도 한다. 왼편은 (실제)독립변수가 x 및 $u(x, y)$의 2개인데, 우편은 (가상의)독립변수가 x, y, u 3개로 간주한다. 식 (A1.20)의 우편의 두 번째 항을 원사슬 법칙 (A1.17)과 식 (A1.16)를 사용하여 아래와 같은 또 다른 형태의 사슬법칙을 얻을 수 있다.

$$\left(\frac{\partial z}{\partial x}\right)_u = \left(\frac{\partial z}{\partial x}\right)_y - \frac{u_x\left[=(\partial u/\partial x)_y\right]}{u_y\left[=(\partial u/\partial y)_x\right]} \times \left(\frac{\partial z}{\partial y}\right)_x \qquad \text{(A1. 21 a)}$$

$$= \left(\frac{\partial z}{\partial x}\right)_y \left[1 - \left(\frac{\partial u}{\partial z}\right)_y \left(\frac{\partial z}{\partial u}\right)_x\right] \qquad \text{(A1. 21 b)}$$

■ A1. 2 일반 (1차 및 2차) 텐서에 관한 변환 관계

1.7절에서 논의된 두 일반 곡선좌표계 x^i 와 $\bar{x}^i$ 사이의 (실 및 역) 기저벡터 ($\boldsymbol{g}_i$ 및 $\boldsymbol{g}^i$), 일반벡터 및 계량 텐서 ($\boldsymbol{g}_{ij}$ 및 $\boldsymbol{g}^{ij}$)에 관한 변환법칙을 표 A1.1에 요약하여 나타내었다.

표 A1.1에 나타낸 변환식들의 상호 역관계는 변환행렬 A와 B 및 C와 D의 "contragradient" 관계 (즉 $\mathrm{A}^{-1} = \mathrm{B}^{\mathrm{T}}$, $\mathrm{C}^{\mathrm{T}} = \mathrm{D}^{-1}$)를 이용하여 첨자(index) 또는 블럭(행렬) 형태로 증명할 수 있다. 가령 첨자 증명의 경우에는 $b^i{}_k \, a_j{}^k = \delta^i{}_j$ 및 $c_{ik} \, d^{jk} = \delta_i{}^j$ 를 이용하도록 준 식의 양변에 적당한 항을 곱한다. 또한 블럭 형태의 증명은 비록 2차 텐서까지만 유효하지만 $\mathrm{A}^{\mathrm{T}} \cdot \mathrm{B} = \mathrm{I}$ 또는 $\mathrm{C} \cdot \mathrm{D}^{\mathrm{T}} = \mathrm{I}$ 관계를 이용하여 양변에 적당한 변환행렬을 곱함으로써 쉽게 역변환 관계를 얻을 수 있다. 이 표에 나타낸 두 일반 곡선 좌표계 $\{x^i\}$와 $\{\bar{x}^i\}$ 사이의 기저벡터 ($\boldsymbol{g}_i$ 및 $\boldsymbol{g}^i$) 및 일반벡터 ($\boldsymbol{A}$)에 대한 텐서 변환 관계를 보다 알기 쉽도록 각각 그림 A1.1 및 A1.2에 나타내었다.

표 A1. 1 일반 곡선 좌표계 $\{x^i\}$ 및 $\{\overline{x}^i\}$간의 텐서 변형 관계 일람표[1)]

항 목	행 렬 표 현[2)]	텐서 성분 표현
1. (실) 기저 벡터 ($\boldsymbol{g}_i$)간 $b^i{}_j \equiv \overline{\boldsymbol{g}}^i \cdot \boldsymbol{g}_j = \partial \overline{x}^i / \partial x^j$ $a_i{}^j \equiv \overline{\boldsymbol{g}}_i \cdot \boldsymbol{g}^j = \partial x^j / \partial \overline{x}^i$	$\{\overline{\boldsymbol{g}}\ \} = \mathrm{A}\ \{\boldsymbol{g}\ \}$ $\mathrm{B}^{\mathrm{T}} = \mathrm{A}^{-1}$(또는 $\mathrm{A}^{\mathrm{T}} = \mathrm{B}^{-1}$) (역)$\{\boldsymbol{g}\ \} = \mathrm{B}^{\mathrm{T}}\{\overline{\boldsymbol{g}}\ \}$	$\overline{\boldsymbol{g}}_i = a_i{}^j \boldsymbol{g}_j$ $b^j{}_i\, a_j{}^k = \delta_i{}^k$ $\boldsymbol{g}_i = b^j{}_i \overline{\boldsymbol{g}}_j$
2. 반변 벡터 성분간	$\overline{\boldsymbol{A}}\ = \mathrm{B}\boldsymbol{A}$ (역)$\boldsymbol{A}\ = \mathrm{A}^{\mathrm{T}}\overline{\boldsymbol{A}}$	$\overline{A}^i = b^i{}_j A^j$ $A^i = a_j{}^i \overline{A}^j$
3. 공변 벡터 성분간	$\overline{\boldsymbol{A}}\ = \mathrm{A}\boldsymbol{A}$ (역)$\boldsymbol{A}_{\square} = \mathrm{B}^{\mathrm{T}}\overline{\boldsymbol{A}}_{\square}$	$\overline{A}_i = a_i{}^j A_j$ $A_i = b^j{}_i \overline{A}_j$
4. 실(공변) 기저벡터 ($\boldsymbol{g}_i$)간	$\{\overline{\boldsymbol{g}}\ \} = \mathrm{A}\{\boldsymbol{g}\ \}$ (역)$\{\boldsymbol{g}\ \} = \mathrm{B}^{\mathrm{T}}\{\overline{\boldsymbol{g}}\ \}$	$\overline{\boldsymbol{g}}_i = a_i{}^j \boldsymbol{g}_j$ $\boldsymbol{g}_i = b^j{}_i \overline{\boldsymbol{g}}_j$
5. 계량 (공변) 텐서간 $(g_{ij} \equiv \boldsymbol{g}_i \cdot \boldsymbol{g}_j)$	$\overline{\mathrm{G}} = \mathrm{A\ G\ A}^{\mathrm{T}}$ (역)$\mathrm{G} = \mathrm{B}^{\mathrm{T}}\ \overline{\mathrm{G}}\ \mathrm{B}$	$\overline{g}_{ij} = a_i{}^k\, a_j{}^l\, g_{kl}$ $g_{ij} = b^k{}_i\, b^l{}_j\, \overline{g}_{kl}$
6. 역(반변) 기저벡터 ($\boldsymbol{g}^i$) 간 $(\boldsymbol{g}_i \cdot \boldsymbol{g}^j = \delta_i{}^j)$	$\{\overline{\boldsymbol{g}}\ \} = \mathrm{B}\{\boldsymbol{g}\ \}$ (역)$\{\boldsymbol{g}\ \} = \mathrm{A}^{\mathrm{T}}\{\overline{\boldsymbol{g}}\ \}$	$\overline{\boldsymbol{g}}^i = b^i{}_j \boldsymbol{g}^j$ $\boldsymbol{g}^i = a_j{}^i \overline{\boldsymbol{g}}^j$
7. 공액 계량 (반변) 텐서간[3)] $(g^{ij} \equiv \boldsymbol{g}^i \cdot \boldsymbol{g}^j)$	$\hat{\overline{\mathrm{G}}} = \mathrm{B}\ \hat{\mathrm{G}}\ \mathrm{B}^{\mathrm{T}}$ (역)$\hat{\mathrm{G}} = \mathrm{A}^{\mathrm{T}}\ \hat{\overline{\mathrm{G}}}\ \mathrm{A}$	$\overline{g}^{ij} = b^i{}_k\, b^j{}_l\, g^{kl}$ $g^{ij} = a_k{}^i\, a_l{}^j\, \overline{g}^{kl}$
8. 공변 및 반변 벡터성분 (또는 $\boldsymbol{g}_i$ 및 $\overline{\boldsymbol{g}}^j$)간 $c_{ij} \equiv \boldsymbol{g}_i \cdot \overline{\boldsymbol{g}}_j$ $d^{ij} \equiv \boldsymbol{g}^i \cdot \overline{\boldsymbol{g}}^j$	$\boldsymbol{A}\ = \mathrm{C}\overline{\boldsymbol{A}}$ $\mathrm{D}^{\mathrm{T}} = \mathrm{C}^{-1}$(또는 $\mathrm{C}^{\mathrm{T}} = \mathrm{D}^{-1}$) (역)$\overline{\boldsymbol{A}}\ = \mathrm{D}^{\mathrm{T}}\boldsymbol{A}$	$A_i = c_{ij} \overline{A}^j$ $d^{ji} c_{jk} = \delta^i{}_k$ $\overline{A}^i = d^{ji} A_j$
9. 반변 및 공변 벡터성분 (또는 $\boldsymbol{g}^i$ 및 $\overline{\boldsymbol{g}}_j$)간	$\boldsymbol{A}\ = \mathrm{D}\overline{\boldsymbol{A}}$ (역)$\overline{\boldsymbol{A}}\ = \mathrm{C}^{\mathrm{T}}\boldsymbol{A}$	$A^i = d^{ij}\, \overline{A}_j$ $\overline{A}_i = c_{ji} A^j$
10. 임의의 차수의 일반 텐서 변형 $\overline{A}^{p_1 \cdots p_m}_{q^1 \cdots q^n} = \dfrac{\partial \overline{x}^{p_1}}{\partial x^{i_1}} \cdots \dfrac{\partial \overline{x}^{p_m}}{\partial x^{i_m}} \dfrac{\partial x^{j_1}}{\partial \overline{x}^{q_1}} \cdots \dfrac{\partial x^{j_n}}{\partial \overline{x}^{q_n}} A^{i_1 \cdots i_m}_{j^1 \cdots j^n}$		

---

1) 편의상 임의의 벡터 $\boldsymbol{A}$ 의 반변 성분(A^i) 표시를 위해 기호 $\boldsymbol{A}$ $(= A^i \boldsymbol{g}_i)$를, 또한 공변 성분(A_i)의 표시를 위해 기호 $\boldsymbol{A}$ $(= A_i \boldsymbol{g}^i)$를 사용하였다.

2) 여기에서 $\{\mathbf{g}\ \} = (\boldsymbol{g}_1\ \boldsymbol{g}_2\ \boldsymbol{g}_3)^{\mathrm{T}}$ 및 $\{\mathbf{g}\ \} = (\boldsymbol{g}_1\ \boldsymbol{g}_2\ \boldsymbol{g}_3)^{\mathrm{T}}$이고, 이들의 변환성분인 $\{\overline{\mathbf{g}}\ \}$ 및 $\{\overline{\mathbf{g}}\ \}$도 마찬가지이다. 또한 G 및 $\overline{\mathrm{G}}$는 각각 (계량)행렬 $[g_{ij}]$ 및 $[\overline{g}_{ij}]$를 나타내고, $\hat{\mathrm{G}}(= \mathrm{G}^{-1})$ 및 $\hat{\overline{\mathrm{G}}}(= \overline{\mathrm{G}}^{-1})$는 각각 (공액 계량)행렬 $[g^{ij}]$ 및 $[\overline{g}^{ij}]$를 나타낸다.

3) 일반 2차 텐서 $\mathrm{T}(= T_{ij}\, \boldsymbol{g}^i\, \boldsymbol{g}^j = T^{ij}\, \boldsymbol{g}_i\, \boldsymbol{g}_j)$ 또는 행렬 표현인 $\mathrm{T}(= [T_{ij}])$ 및 $\hat{\mathrm{T}}(= [T^{ij}])$도 각각 표 A1.1의 항목 5 및 7에 준하여 변한다.

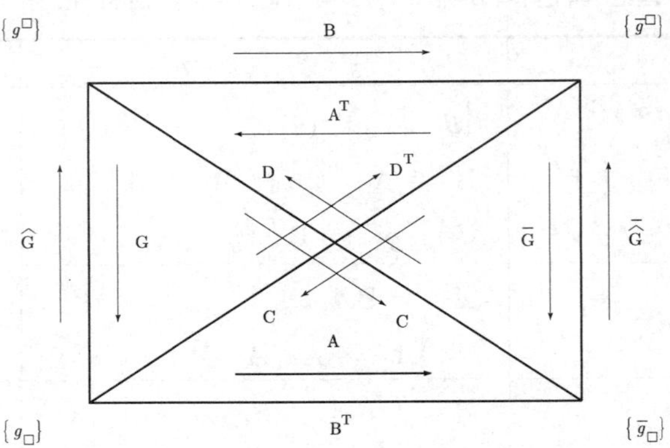

그림 A1. 1 일반 곡선 좌표계 $\{x^i\}$ 및 $\{\overline{x}^i\}$에 대한 실 $\{\boldsymbol{g}_i\}$- 및 역 $\{\boldsymbol{g}^i\}$- 기저벡터 상호간 변환 관계도[4].

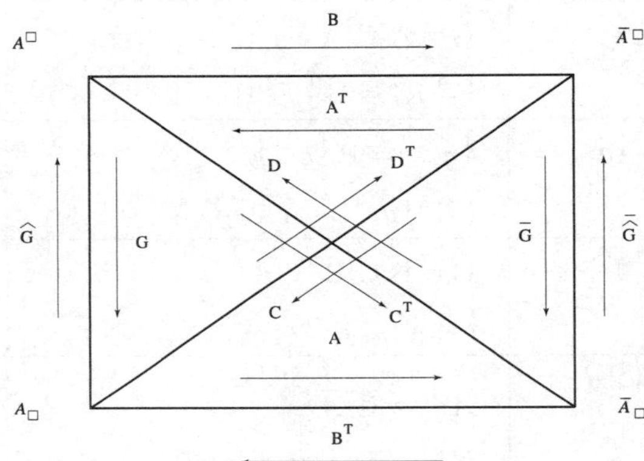

그림 A1. 2 벡터 $\boldsymbol{A}$ 의 일반 곡선 좌표계 $\{x^i\}$ 및 $\{\overline{x}^i\}$에 대한 반변 및 공변 벡터 성분간 변환 관계도[4].

4) 기호의 설명은 위의 표 A1.1에 대한 각주 참조.

제 2 장

텐서 미적분

■ 2.1 텐서 장

이 장에서는 연속체역학이나 레올로지 구성방정식의 해석에 있어서 매우 중요한 텐서 장(tensor field)과 텐서 값을 가진 함수의 공변 편미분(covariant partial differentiation)의 개념을 소개하고, 나아가 좌표성분에 의한 각종 텐서함수의 미적분(calculus)[즉 $\nabla\left(=\dfrac{\partial}{\partial \boldsymbol{r}}\right)$ 연산자에 의한 기울기, 발산, 회전 등] 및 이의 직교 곡선좌표계에의 응용 등을 다루기로 한다.

먼저 스칼라 (0차 텐서)장(scalar field)은, E^3 공간에서 운동 중인 어떤 물체(material body)에 의해 차지된 공간 영역에 있는 각 점에 가령 스칼라 값을 가진 온도 $\theta(\boldsymbol{x}, t)$를 할당(여기서 $\boldsymbol{x}$ 및 t는 그 순간의 물체의 위치 및 시간을 말함)할 때, 물체가 차지하고 있는 전 영역에 걸쳐 이들 스칼라 온도 값의 집합을 일컫는다. 마찬가지로, 물체의 각 점에 속도 $\boldsymbol{v}(\boldsymbol{x}, t)$와 같은 (절대)벡터 값을 가진 (1차)텐서함수를 할당할 때 물체에 의해 점유된 전 영역에 걸쳐 속도값의 집합은 벡터 장(vector field)을 형성한다. 또한 물체의 각 점에 응력텐서 $\boldsymbol{\sigma}(x, t)$를 할당시 물체가 차지하는 전 영역에 걸친 $\boldsymbol{\sigma}$ 값들의 집합은 (2차)텐서 장(tensor field)을 형성한다. 물리적으로는 위에서 언급된 모든 텐서 장은 단순히 그들이 속하는 영역의 성질을 나타낸다. 그런데 1장에서 논의한 선형(독립)성의 성질을 갖고, 어떤 (텐서)변환법칙에 의해 지배되는 벡터(혹은 텐서) 요소들의 집합인 벡터 공간(vector space)과는 구별되어야 한다.

이 장에서 다룰 텐서 장은 각 성분이 (허용되는) 모든 좌표계에 대하여 열린 집합(open set)에서 연속적으로 미분가능하다고 간주한다.

한편 1장에서 스칼라 장 ϕ의 기울기 grad ϕ는 (공변)벡터 장임을 알고 있다(예제 1.4). 이것은 주어진 어떤 Cartesian 좌표계 $Oy_1y_2y_3$의 집합에 대하여 만일 ϕ가 y_1, y_2, y_3의 함수라면 편미분 $(\nabla\phi)_i = \dfrac{\partial\phi}{\partial y_i}$ $(i = 1,2,3)$은 1차 Cartesian 텐서(CT1)을 형성한다는 의미이다. 마찬가지로 2차 도

함수 $\dfrac{\partial^2\phi}{\partial y_i\,\partial y_j}$는 2차 Cartesian 텐서(CT2)를 형성한다(왜냐하면 Cartesian 좌표계의 경우 좌표변환 행렬 $\mathrm{L}=(l_{ij})=(\boldsymbol{e}_i{}'\cdot\boldsymbol{e}_j)$ (식 (1.379))는 위치에 무관하므로). 그러나 일반 곡선 좌표계 (x^1, x^2, x^3)의 집합에 대해서는 상황이 더욱 복잡해진다. 스칼라 장 $\phi(=\overline{\phi})$에 대하여 편미분 $\dfrac{\partial\phi}{\partial x^i}$의 집합은 공변 벡터 장, 즉 grad ϕ의 공변성분을 구성하지만 2차 도함수 $\dfrac{\partial^2\phi}{\partial x^i\partial x^j}$의 집합은 다음과 같이 변환하며(아래 예제 참조)

$$\frac{\partial^2\phi}{\partial\overline{x}^i\partial\overline{x}^j}=\frac{\partial x^k}{\partial\overline{x}^i}\frac{\partial x^l}{\partial\overline{x}^j}\frac{\partial^2\phi}{\partial x^k\partial x^l}+\frac{\partial^2 x^l}{\partial\overline{x}^i\partial\overline{x}^j}\frac{\partial\phi}{\partial x^l}$$

마지막 항의 존재는 이 2차 도함수가 일반 곡선 좌표계에서 공변 2차 텐서를 구성하지 않음을 나타낸다. 이러한 복잡함은 곡선 좌표계에서의 기저벡터가 공간의 한 점으로부터 다른 점으로 크기와 방향이 변하는 사실에서 기인한다.

예제 2.1

(a) 스칼라 장 Φ의 9개의 편도함수 $\partial^2\Phi/(\partial x^i\,\partial x^j)$의 집합은 일반 곡선좌표계에서 아래와 같이 변형됨을 보여라(단 $\Phi=\overline{\Phi}$ 성립).

$$\frac{\partial^2\phi}{\partial\overline{x}^i\,\partial\overline{x}^j}=\frac{\partial x^k\,\partial x^l}{\partial\overline{x}^i\,\partial\overline{x}^j}\frac{\partial^2\phi}{\partial x^k\,\partial x^l}+\frac{\partial^2 x^l}{\partial\overline{x}^i\,\partial\overline{x}^j}\frac{\partial\phi}{\partial x^l}$$

(b) 어떤 반변 벡터장 v^i의 편도함수 $\partial v^i/\partial x^j$ 집합에 대한 변환 법칙을 찾고, 이로부터 $\partial v^i/\partial x^j$는 2차 텐서가 아님을 보여라.

풀이

(a) 예제 1.4에서 grad$\phi(=\nabla\phi)$는 1차 공변 텐서임을 알고 있으므로 이 식의 양변을 $\overline{x}_j$에 대해 편미분하면 요구하는 식이 얻어진다. (단 여기에서 ϕ의 2계 도함수가 존재하고 연속을 가정하여 편미분의 순서는 중요하지 않다.)

$$\frac{\partial^2\phi}{\partial\overline{x}^i\,\partial\overline{x}^j}=\frac{\partial x^k\,\partial x^l}{\partial\overline{x}^i\,\partial\overline{x}^j}\frac{\partial^2\phi}{\partial x^k\,\partial x^l}+\frac{\partial^2 x^l}{\partial\overline{x}^i\,\partial\overline{x}^j}\frac{\partial\phi}{\partial x^l}$$

여기서 우변의 두 번째 항[즉 $(\partial l_{jl}/\partial\overline{x}^i)$에 해당]이 없어지는 Cartesian 좌표계(∵식 (1.379)에서 변환 행렬 l_{ip}는 위치에 무관한 상수이므로)를 제외하고서는 $\partial^2\phi/(\partial x^i\,\partial x^j)$는 2차 텐서가 아니다.

(b) 다음 식을 생각해보자.

$$\left(\overline{\frac{\partial v^i}{\partial x^j}}\right)=\frac{\partial \bar{v}^i}{\partial \bar{x}^j}=\frac{\partial v^k}{\partial \bar{x}^j}\frac{\partial \bar{v}^i}{\partial x^k}=\frac{\partial x^k}{\partial \bar{x}^j}\frac{\partial}{\partial x^k}\left(\frac{\partial \bar{x}^i}{\partial x^l}v^l\right)=\frac{\partial x^k}{\partial \bar{x}^j}\frac{\partial \bar{x}^i}{\partial x^l}\frac{\partial v^l}{\partial x^k}+\frac{\partial x^k}{\partial \bar{x}^j}\frac{\partial^2 \bar{x}^i}{\partial x^k\,\partial x^l}v^l \tag{i}$$

식 (i)의 우변의 두 번째 항의 존재는 $\partial v^i/\partial x^j$가 2차 텐서의 성분을 형성하지 않는다는 것을 보여준다. 이 항은 변환 행렬 $(\partial \bar{x}^i/\partial x^j)$가 공간에서 점에 따라 변하기 때문에 생겨난다[사실 일반 곡선좌표계의 경우 편미분 $\nabla_j v^i(=v^i{}_{,j})$ 대신 공변미분 $(v^i{}_{;j})$은 2차 텐서가 됨 – 뒤 참조]. 이는 두 번째 항이 소거되고 $\partial v^i/\partial x^j$가 2차 텐서인 Cartesian 좌표에서는 사정이 다르다.

■ 2. 2 기저벡터의 편미분과 Christoffel 기호

지금 E^3 공간에서 $z^k(k=1,2,3)$를 고정된 Cartesian 좌표계, 그리고 $x^k(k=1,2,3)$를 임의의 일반 곡선좌표계라고 하자. 이때 두 좌표계 사이에 아래의 1:1 대응관계가 있다.

$$z^k=z^k(x^1,x^2,x^3),\quad x^k=x^k(z^1,z^2,z^3),\quad \det\left(\frac{\partial z^k}{\partial x^l}\right)>0 \tag{2. 1}$$

지금 두 (공변)기저벡터의 집합사이에는 아래관계가 성립된다(식 (1.63) - (1.64) 참조).

$$\boldsymbol{g}_k(\boldsymbol{x})\left(=\frac{\partial \boldsymbol{r}}{\partial x^k}\right)=\boldsymbol{i}_n\frac{\partial z^n}{\partial x^k},\quad \boldsymbol{i}_n=\boldsymbol{g}_k(\boldsymbol{x})\frac{\partial x^k}{\partial z^n} \tag{2. 2}$$

그러면 위 식의 $\boldsymbol{g}_k(\boldsymbol{x})$를 공간좌표 x^l로 편미분(즉 $\nabla_l=\partial/\partial x^l$)을 취하면 아래가 된다.

$$\frac{\partial \boldsymbol{g}_k}{\partial x^l}(=\nabla_l\boldsymbol{g}_k)=\frac{\partial}{\partial x^l}\left(\boldsymbol{i}_n\frac{\partial z^n}{\partial x^k}\right)=\boldsymbol{i}_n\frac{\partial^2 z^n}{\partial x^k\partial x^l} \tag{2. 3}$$

이 식의 $\boldsymbol{i}_n$을 식 (2.2)에서 대입(이때 무효첨자 $k\to m$ 치환)하면 아래를 얻는다.

$$\frac{\partial \boldsymbol{g}_k}{\partial x^l}\left(=\boldsymbol{r}_{kl}=\frac{\partial^2\boldsymbol{r}}{\partial x^l\partial x^k}\right)=\frac{\partial x^m}{\partial z^n}\frac{\partial^2 z^n}{\partial x^k\partial x^l}\boldsymbol{g}_m\equiv\Gamma^m_{kl}\,\boldsymbol{g}_m \tag{2. 4}$$

여기서

$$\Gamma_{kl}^{m} = \frac{\partial x^m}{\partial z^n}\frac{\partial^2 z^n}{\partial x^k \partial x^l} = (\boldsymbol{r}_{kl})^m = \boldsymbol{r}_{kl} \cdot \boldsymbol{g}^m \qquad (k, l, m = 1, 2, 3) \tag{2.5}$$

식 (2.5)의 Γ_{kl}^{m}을 x^k 곡선좌표계에 대한 '제 2종 Christoffel 기호'라 부른다. 정의식 (2.5)에서 아래의 대칭성이 성립된다.

$$\Gamma_{kl}^{m} = \Gamma_{lk}^{m} \tag{2.6}$$

여기서 '제 1종 Christoffel 기호' Γ_{klm}은 낮춤(lowering) 계량텐서 g_{mn}에 의하여 아래와 같이 정의된다.

$$\Gamma_{klm} \equiv g_{mn}\Gamma_{kl}^{n} = \Gamma_{lkm} \tag{2.7}$$

이 식에 다시 올림(raising) 계량텐서 g^{mp}를 적용시키면 아래 식을 얻는다.

$$g^{mp}\Gamma_{klm} = g_{mn}g^{mp}\Gamma_{kl}^{n} = \Gamma_{kl}^{p} \quad (\because g_{mn}g^{mp} = \delta_n{}^p) \tag{2.8}$$

식 (2.8)로부터 식 (2.4)는 아래의 형태로도 나타낼 수 있다.

$$\frac{\partial \boldsymbol{g}_k}{\partial x^l}(= \nabla_l \boldsymbol{g}_k = \boldsymbol{r}_{kl}) = \Gamma_{kln}\boldsymbol{g}^n \tag{2.9}$$

위 식에서 아래가 성립된다.

$$\Gamma_{kln} = (\boldsymbol{r}_{kl})_n = (\boldsymbol{r}_{kl}) \cdot \boldsymbol{g}_n = \frac{\partial \boldsymbol{g}_k}{\partial x^l} \cdot \boldsymbol{g}_n = \frac{\partial^2 z^m}{\partial x^k \partial x^l}\frac{\partial z^m}{\partial x^n} \tag{2.10}$$

한편 반변 기저벡터 좌표성분에 대한 편미분 공식은 $\boldsymbol{g}^i \cdot \boldsymbol{g}_j = \delta^i{}_j$를 미분하여 아래와 같이 얻어진다.

$$\frac{\partial(\boldsymbol{g}^i \cdot \boldsymbol{g}_j)}{\partial x^k} = \frac{\partial \boldsymbol{g}_i}{\partial x^k} \cdot \boldsymbol{g}^j + \boldsymbol{g}_i \cdot \frac{\partial \boldsymbol{g}^j}{\partial x^k} = \frac{\partial \delta^i{}_j}{\partial x^k} = 0 \tag{2.11}$$

여기서 식 (2.5)에 의해 아래가 성립된다.

$$\Gamma_{ik}^{j} = -\boldsymbol{g}_i \cdot \frac{\partial \boldsymbol{g}^j}{\partial x^k} \tag{2.12}$$

여기서 양변에 $\boldsymbol{g}^i$를 곱하면 아래식을 얻는다.

$$\Gamma^j_{ik}\,\boldsymbol{g}^i = -\boldsymbol{g}^i\left(\frac{\partial \boldsymbol{g}^j}{\partial x^k}\cdot \boldsymbol{g}_i\right) = -\frac{\partial \boldsymbol{g}^j}{\partial x^k} \quad (\because \boldsymbol{g}^{\underline{i}}\cdot \boldsymbol{g}_{\underline{i}} = \delta^{\underline{i}}{}_{\underline{i}} = 1) \tag{2. 13}$$

따라서 아래의 관계식을 얻을 수 있다.

$$\frac{\partial \boldsymbol{g}^j}{\partial x^k}(\nabla_k \boldsymbol{g}^j) = -\Gamma^j_{ik}\boldsymbol{g}^i \tag{2. 14}$$

위 식 (2.4), (2.9) 및 (2.14)으로부터 제 1종 및 2종 Christoffel 기호는 일반 곡선좌표계의 기저벡터의 좌표성분에 대한 편미분을 나타낸다. 그러나 기저(단위)벡터의 크기나 방향이 위치에 따라 변하지 않는 Cartesian 좌표계간의 변환을 나타내는 (직교)좌표변환 행렬 $\mathrm{L} = (l_{ij})$(식 1.379)의 성질(즉 l_{ij}가 좌표 또는 위치에 따라 변하지 않음)에 의하여 Cartesian 좌표계에 대한 Christoffel 기호의 모든 성분이 0이 된다. 그러나 구좌표나 원통좌표와 같은 일반 (직교)곡선좌표계의 경우에는 모두 0이 안되므로 텐서의 성격상 Christoffel 기호는 3차 텐서가 아님을 알 수 있다(나중 참조).

이번에는 위에서 소개된 Christoffel 기호의 다른 성질을 조사해보기로 하자. 먼저 Γ_{ijk}에 대한 다른 표현식은 $g_{ik} = \boldsymbol{g}_i \cdot \boldsymbol{g}_k$를 미분함으로써 식 (2.10)에 의해 다음과 같이 주어진다.

$$\frac{\partial g_{ij}}{\partial x^k} = \boldsymbol{g}_i \cdot \frac{\partial \boldsymbol{g}_j}{\partial x^k} + \frac{\partial \boldsymbol{g}_i}{\partial x^k}\cdot \boldsymbol{g}_j = \Gamma_{jki} + \Gamma_{ikj}$$

위 식에서 i, j, k 가 자유첨자이므로

$$\frac{\partial g_{jk}}{\partial x^i} = \Gamma_{kij} + \Gamma_{jik}$$

그리고

$$\frac{\partial g_{ik}}{\partial x^j} = \Gamma_{kji} + \Gamma_{ijk}$$

위의 두 식을 더하고, 식 (2.7)을 사용하면

$$2\Gamma_{ijk} + (\Gamma_{ikj} + \Gamma_{jki}) = \frac{\partial g_{jk}}{\partial x^i} + \frac{\partial g_{ik}}{\partial x^j}$$

따라서 다음의 식을 얻을 수 있다.

$$\Gamma_{ijk} = \frac{1}{2}\left(\frac{\partial g_{jk}}{\partial x^i} + \frac{\partial g_{ik}}{\partial x^j} - \frac{\partial g_{ij}}{\partial x^k}\right) \tag{2. 15}$$

위의 식은 계량텐서 g_{ij}와 Christoffel 기호를 직접적으로 연결한다. 만일 Γ_{ijk}가 이 식으로부터 계산된다면, 제 2종의 Christoffel 기호는 식 (2.8)를 사용하여 다음과 같이 계산되어질 수 있다.

$$\Gamma^k_{ij} = \frac{1}{2}g^{kl}\left(\frac{\partial g_{jl}}{\partial x^i} + \frac{\partial g_{il}}{\partial x^j} - \frac{\partial g_{ij}}{\partial x^l}\right) \tag{2. 16}$$

식 (2.16)을 축약(즉 $k = i$로 둠)시키면 또 다른 유용한 공식을 얻을 수 있다.

$$\begin{aligned}\Gamma^i_{ij} &= \frac{1}{2}g^{il}\frac{\partial g_{jl}}{\partial x^i} + \frac{1}{2}g^{il}\frac{\partial g_{il}}{\partial x^j} - \frac{1}{2}g^{il}\frac{\partial g_{ij}}{\partial x^l} \\ &= \frac{1}{2}g^{il}\frac{\partial g_{jl}}{\partial x^i} + \frac{1}{2}g^{il}\frac{\partial g_{il}}{\partial x^j} - \frac{1}{2}g^{li}\frac{\partial g_{lj}}{\partial x^i}\end{aligned}$$

마지막 항에서 l을 i로, i를 l로 바꾸어 썼다. 처음과 마지막 항은 g_{ij}와 g^{ij}의 대칭성에 의해 소거되어 다음과 같은 식을 얻을 수 있다.

$$\Gamma^i_{ij} = \frac{1}{2}g^{il}\frac{\partial g_{il}}{\partial x^j} \tag{2. 17}$$

우변을 (대칭)계량텐서 행렬 G= (g_{ij})의 행렬식 g의 항으로 나타낼 수 있다. 만일 g 를 9개의 량 g_{ij} 의 함수로서 간주한다면, 편미분 $\dfrac{\partial g}{\partial g_{ij}}$를 고려할 수 있다.

여기서 행렬식의 여인수 및 역행렬의 정의에 관한 식 (1.92) 및 (1.203)과 계량행렬 G = (g_{ij})와 그 역행렬인 $G^{-1}(=\hat{G}) = (g^{ij})$의 대칭성으로부터 아래 관계식이 얻어진다(예제 1.3참조).

$$\frac{\partial g}{\partial g_{ij}} = gg^{ij} \tag{2. 18}$$

그리고 편미분에 대한 연쇄율(부록 1.1 참조)을 사용하면 위 식으로부터 아래의 식이 성립된다.

$$\frac{\partial g}{\partial x^j} = \frac{\partial g}{\partial g_{il}}\frac{\partial g_{il}}{\partial x^j} = gg^{il}\frac{\partial g_{il}}{\partial x^j} \tag{2. 19}$$

따라서 식 (2.17)과 비교해 보면

$$\Gamma_{ij}^{i} = \frac{1}{2}\frac{1}{g}\frac{\partial g}{\partial x^{j}} = \frac{1}{\sqrt{g}}\frac{\partial}{\partial x^{j}}(\sqrt{g}) = \frac{\partial}{\partial x^{j}}(\log\sqrt{g}) \tag{2. 20}$$

이 식은 텐서 장의 좌표성분에 대한 미분공식의 유도에 있어서 자주 이용되는 식 중의 하나이다.

이번에는 앞에서 잠깐 언급한 바와 같이 Christoffel 기호는 일반곡선계에서 (절대)3차 텐서가 아니라는 것을 증명하기 위하여 이하에서 이에 대한 변환법칙을 유도해 보기로 한다.

먼저 (새) 곡선좌표계 $\overline{x}^{i}$의 집합에 대하여 공변 및 반변 기저 벡터에 관한 변환식인 식 (1.133)과 (1.136)을 사용하여, 식 (2.5)로부터 Γ_{ij}^{k}에 관한 정의식은 다음과 같이 된다(∵텐서 표현식의 형태는 좌표계에 무관).

$$\overline{\Gamma}_{ij}^{k} = \frac{\partial \overline{\boldsymbol{g}}_{i}}{\partial \overline{x}^{j}} \cdot \overline{\boldsymbol{g}}^{k} = \frac{\partial}{\partial \overline{x}^{j}}\left(\frac{\partial x^{m}}{\partial \overline{x}^{i}}\boldsymbol{g}_{m}\right) \cdot \frac{\partial \overline{x}^{k}}{\partial x^{n}}\boldsymbol{g}^{n}$$

따라서

$$\begin{aligned}\overline{\Gamma}_{ij}^{k} &= \frac{\partial^{2} x^{m}}{\partial \overline{x}^{i}\partial \overline{x}^{j}}\frac{\partial \overline{x}^{k}}{\partial x^{n}}\boldsymbol{g}_{m} \cdot \boldsymbol{g}^{n} + \frac{\partial x^{m}}{\partial \overline{x}^{i}}\frac{\partial \overline{x}^{k}}{\partial x^{n}}\frac{\partial \boldsymbol{g}_{m}}{\partial \overline{x}^{j}} \cdot \boldsymbol{g}^{n} \\ &= \frac{\partial^{2} x^{m}}{\partial \overline{x}^{i}\partial \overline{x}^{j}}\frac{\partial \overline{x}^{k}}{\partial x^{n}}\delta_{m}^{n} + \frac{\partial x^{m}}{\partial \overline{x}^{i}}\frac{\partial \overline{x}^{k}}{\partial x^{n}}\frac{\partial x^{l}}{\partial \overline{x}^{j}}\frac{\partial \boldsymbol{g}_{m}}{\partial x^{l}} \cdot \boldsymbol{g}^{n} \\ &= \frac{\partial^{2} x^{m}}{\partial \overline{x}^{i}\partial \overline{x}^{j}}\frac{\partial \overline{x}^{k}}{\partial x^{m}} + \frac{\partial \overline{x}^{k}}{\partial x^{n}}\frac{\partial x^{m}}{\partial \overline{x}^{i}}\frac{\partial x^{l}}{\partial \overline{x}^{j}}\Gamma_{ml}^{n}\end{aligned} \tag{2. 21}$$

위 식에서 우변의 첫 번째 항의 존재는 Γ_{ij}^{k}가 3차 텐서와 같이 변환하지 않음을 보여준다. 이와 유사하게 식 (2.7)을 사용하여 Γ_{ijk}에 대한 변환법칙이 다음과 같음을 보일 수 있다.

$$\overline{\Gamma}_{ijk} = g_{lm}\frac{\partial^{2} x^{m}}{\partial \overline{x}^{i}\partial \overline{x}^{j}}\frac{\partial x^{l}}{\partial \overline{x}^{k}} + \frac{\partial x^{l}}{\partial \overline{x}^{i}}\frac{\partial x^{m}}{\partial \overline{x}^{j}}\frac{\partial x^{n}}{\partial \overline{x}^{k}}\Gamma_{lmn} \tag{2. 22}$$

따라서 Γ_{ijk} 역시 일반적으로 3차 공변 텐서가 아님을 알 수 있다.

한편 식 (2.21)로부터 텐서량의 미분에 중요한 x^{k}의 $\overline{x}^{k}$에 대한 2차 혼합 편미분(텐서는 아님)에 관한 공식을 유도해보기로 한다. 그러기 위해 식의 양변에 $\partial x^{r}/\partial \overline{x}^{k}$를 곱하고, 사슬법칙(부록 1.1 참조)을 이용하면 아래식을 얻는다.

$$\frac{\partial^{2} x^{r}}{\partial \overline{x}^{i}\partial \overline{x}^{j}} = \overline{\Gamma}_{ij}^{k}\frac{\partial x^{r}}{\partial \overline{x}^{k}} - \Gamma_{ml}^{r}\frac{\partial x^{m}}{\partial \overline{x}^{i}}\frac{\partial x^{l}}{\partial \overline{x}^{j}} \tag{2. 23}$$

또한 여기서 두 일반 곡선좌표계 $\boldsymbol{x}$와 $\overline{\boldsymbol{x}}$는 E^3 공간에서 임의의 선택된 1:1대응관계에 있으므로 식 (2.23)에서 $\boldsymbol{x}$와 $\overline{\boldsymbol{x}}$를 교환하는 아래 식을 얻을 수 있다.

$$\frac{\partial^2 \overline{x}^r}{\partial x^i \partial x^j} = \overline{\Gamma}^k_{ij} \frac{\partial \overline{x}^r}{\partial x^k} - \overline{\Gamma}^r_{ml} \frac{\partial \overline{x}^m}{\partial x^i} \frac{\partial \overline{x}^l}{\partial x^j} \tag{2.24}$$

이제 위에서 소개한 Christoffel 기호에 대한 독자들의 이해를 돕기 위하여 E^3 공간에서 Cartesian 좌표계와 함께 가장 응용성이 많은 대표적인 직교 곡선좌표계[즉 반변, 공변의 구별은 있으나 $\boldsymbol{g}_i$와 $\boldsymbol{g}^i$는 같은 직선(방향)에 있으며, $\boldsymbol{g}_{\underline{i}} \cdot \boldsymbol{g}^{\underline{i}} = \delta_{\underline{i}}{}^{\underline{i}} = 1$에서 $h^i (= \| \boldsymbol{g}^i \|) = 1/h_i (= \| \boldsymbol{g}_i \|)$의 관계에 있음]인 원통좌표와 구좌표계에 대하여 Christoffel 기호의 사용 예를 조사해 보기로 한다. 먼저 원통 좌표 즉 $x^1 = \rho,\ x^2 = \phi,\ x^3 = z$일 때 이 좌표계에 대한 공변 기저 벡터는 식 (1.65)와 같이 한 고정(직교 Cartesian) 좌표계의 정규 직교 단위벡터의 항으로 나타내어 진다. 각 항의 $x^i\ (i = 1,2,3)$ 좌표에 대한 미분은 다음의 9개 도함수가 된다.

$$\frac{\partial \boldsymbol{g}_1}{\partial x^1} = 0,\ \ \frac{\partial \boldsymbol{g}_1}{\partial x^2} = -\sin\phi \boldsymbol{i}_1 + \cos\phi \boldsymbol{i}_2 = \frac{1}{\rho}\boldsymbol{g}_2,\ \ \frac{\partial \boldsymbol{g}_1}{\partial x^3} = 0$$

$$\frac{\partial \boldsymbol{g}_2}{\partial x^1} = -\sin\phi \boldsymbol{i}_1 + \cos\phi \boldsymbol{i}_2 = \frac{1}{\rho}\boldsymbol{g}_2$$

$$\frac{\partial \boldsymbol{g}_2}{\partial x^2} = \rho(-\cos\phi \boldsymbol{i}_1 - \sin\phi \boldsymbol{i}_2) = -\rho \boldsymbol{g}_1,\ \frac{\partial \boldsymbol{g}_2}{\partial x^3} = 0$$

$$\frac{\partial \boldsymbol{g}_3}{\partial x^1} = 0,\quad \frac{\partial \boldsymbol{g}_3}{\partial x^2} = 0,\quad \frac{\partial \boldsymbol{g}_3}{\partial x^3} = 0 \tag{2.25}$$

이 경우 식 (2.4)로부터 다음을 제외한 모든 Γ^k_{ij}의 성분은 0임을 알 수 있다.

$$\Gamma^2_{12} = \Gamma^2_{21} = \frac{1}{\rho} \quad \text{이고} \quad \Gamma^1_{22} = -\rho \tag{2.26}$$

반변 기저 벡터는 $\boldsymbol{g}^1 = \boldsymbol{g}_1,\ \boldsymbol{g}^2 = \frac{1}{\rho^2}\boldsymbol{g}_2,\ \boldsymbol{g}^3 = \boldsymbol{g}_3$의 관계를 만족시키므로, 다음의 관계식도 얻을 수 있다.

$$\frac{\partial \boldsymbol{g}_1}{\partial x^1} = 0,\quad \frac{\partial \boldsymbol{g}_1}{\partial x^2} = \rho \boldsymbol{g}^2,\quad \frac{\partial \boldsymbol{g}_1}{\partial x^3} = 0$$

$$\frac{\partial \boldsymbol{g}_2}{\partial x^1} = \rho \boldsymbol{g}^2,\ \ \frac{\partial \boldsymbol{g}_2}{\partial x^2} = -\rho \boldsymbol{g}^1,\ \ \frac{\partial \boldsymbol{g}_2}{\partial x^3} = 0 \quad \text{등}$$

식 (2.9)로부터 제 1종 Christoffel 기호 Γ_{ijk}의 모든 성분은 다음을 제외하고 0이 된다.

$$\Gamma_{122} = \Gamma_{212} = \rho \quad \text{이고} \quad \Gamma_{221} = -\rho \tag{2. 27}$$

예제 2.2

원통좌표계 $x^1 = r,\ x^2 = \theta,\ x^3 = z$에 관하여 아래의 관계식이 성립됨을 증명하라.

$$\left.\begin{aligned} &\frac{\partial \boldsymbol{e}_r}{\partial r} = 0, \quad \frac{\partial \boldsymbol{e}_r}{\partial \theta} = \boldsymbol{e}_\theta, \quad \frac{\partial \boldsymbol{e}_r}{\partial z} = 0 \\ &\frac{\partial \boldsymbol{e}_\theta}{\partial r} = 0, \quad \frac{\partial \boldsymbol{e}_\theta}{\partial \theta} = -\boldsymbol{e}_r, \quad \frac{\partial \boldsymbol{e}_\theta}{\partial z} = 0 \\ &\frac{\partial \boldsymbol{e}_z}{\partial r} = 0, \quad \frac{\partial \boldsymbol{e}_z}{\partial \theta} = 0, \quad \frac{\partial \boldsymbol{e}_z}{\partial z} = 0 \end{aligned}\right\} \tag{2. 28}$$

풀이

단위기저벡터 $\boldsymbol{e}_i = \boldsymbol{g}_i / \| \boldsymbol{g}_i \| = \boldsymbol{g}_{\underline{i}} / h_{\underline{i}}$의 정의 및 식 (2.4) 그리고 (2.26)의 결과를 이용하여 문제의 위 식 중 대표적인 몇 개를 증명하면 아래와 같다[단 식 (1.65)에서 $h_1 (= h_r) = \sqrt{\boldsymbol{g}_1 \cdot \boldsymbol{g}_1} = 1$, $h_2 (= h_\theta) = \sqrt{\boldsymbol{g}_2 \cdot \boldsymbol{g}_2} = r$, $h_3 (= h_z) = \sqrt{\boldsymbol{g}_3 \cdot \boldsymbol{g}_3} = 1$ 임]. 개별적인 증명이 들어가기 전 직교 곡선좌표계의 $\partial \boldsymbol{e}_i / \partial x^j$에 관한 일반식을 구하면 아래가 된다.

$$\frac{\partial \boldsymbol{e}_i}{\partial x^j} = \frac{\partial}{\partial x^j}(\boldsymbol{g}_i / h_{\underline{i}}) = -\frac{1}{h_{\underline{i}}^2}\frac{\partial h_{\underline{i}}}{\partial x^j}\boldsymbol{g}_i + \frac{1}{h_{\underline{i}}}\frac{\partial \boldsymbol{g}_i}{\partial x^j}$$

$$= -\frac{1}{h_{\underline{i}}}\frac{\partial h_{\underline{i}}}{\partial x^j}\boldsymbol{e}_i + \frac{1}{h_{\underline{i}}}\Gamma_{ij}^k h_{\underline{k}} \boldsymbol{e}_k \quad (\because \text{식 (2.4)}) \tag{2. 29}$$

이제 $\dfrac{\partial \boldsymbol{e}_r}{\partial \theta}$은 $i = 1,\ j = 2$에 해당되므로 식 (2.29)에 대입하면 아래를 얻어 증명된다.

$$\frac{\partial \boldsymbol{e}_r}{\partial \theta} = -\frac{1}{h_1}\frac{\partial h_1}{\partial \theta}\boldsymbol{e}_1 + \frac{1}{h_1}\Gamma_{12}^k h_{\underline{k}} \boldsymbol{e}_k = \Gamma_{12}^2 h_2 \boldsymbol{e}_2 = \frac{1}{r} \times r \times \boldsymbol{e}_\theta = \boldsymbol{e}_\theta (\because h_1 = 1,\ h_2 = r,\ \Gamma_{12}^2 = 1/r)$$

다음에는 $\dfrac{\partial \boldsymbol{e}_\theta}{\partial \theta}$은 $i = j = 2$에 해당되므로 식 (2.29)에 대입하면 아래를 얻어 역시 증명된다.

$$\frac{\partial \boldsymbol{e}_\theta}{\partial \theta} = -\frac{1}{h_2}\frac{\partial h_2}{\partial x^2}\boldsymbol{e}_2 + \frac{1}{h_2}\Gamma_{22}^k h_{\underline{k}} \boldsymbol{e}_k = \frac{1}{r}\Gamma_{22}^1 h_1 \boldsymbol{e}_1 = \frac{1}{r}(-r)\boldsymbol{e}_r = -\boldsymbol{e}_r (\because \Gamma_{22}^1 = -r)$$

나머지 항들도 마찬가지 방법으로 증명이 가능하다.

다음에는 구좌표에 대한 Christoffel 기호를 조사해보자. 이 경우 $x^1 = r$, $x^2 = \theta$, $x^3 = \phi$이고 식 (1.72)의 각 성분을 x^i $(i = 1,2,3)$ 좌표에 대하여 미분하면 다음의 관계식을 얻을 수 있다.

$$\frac{\partial \boldsymbol{g}_1}{\partial x^1} = 0$$

$$\frac{\partial \boldsymbol{g}_1}{\partial x^2} = [\cos\theta\cos\phi \quad \cos\theta\sin\phi \quad -\sin\theta] = \frac{1}{r}\boldsymbol{g}_2$$

$$\frac{\partial \boldsymbol{g}_1}{\partial x^3} = [-\sin\theta\sin\phi \quad \sin\theta\cos\phi \quad 0] = \frac{1}{r}\boldsymbol{g}_3$$

$$\frac{\partial \boldsymbol{g}_2}{\partial x^1} = [\cos\theta\cos\phi \quad \cos\theta\sin\phi \quad -\sin\theta] = \frac{1}{r}\boldsymbol{g}_2$$

$$\frac{\partial \boldsymbol{g}_2}{\partial x^2} = [-r\sin\theta\cos\phi \quad -r\sin\theta\sin\phi \quad -r\cos\theta] = -r\boldsymbol{g}_1$$

$$\frac{\partial \boldsymbol{g}_2}{\partial x^3} = [-r\cos\theta\sin\phi \quad r\cos\theta\cos\phi \quad 0] = \frac{\cos\theta}{\sin\theta}\boldsymbol{g}_3$$

$$\frac{\partial \boldsymbol{g}_3}{\partial x^1} = [-\sin\theta\sin\phi \quad \sin\theta\cos\phi \quad 0] = \frac{1}{r}\boldsymbol{g}_3$$

$$\frac{\partial \boldsymbol{g}_3}{\partial x^2} = [-r\cos\theta\sin\phi \quad r\cos\theta\cos\phi \quad 0] = \frac{\cos\theta}{\sin\theta}\boldsymbol{g}_3$$

$$\frac{\partial \boldsymbol{g}_3}{\partial x^3} = [-r\sin\theta\cos\phi \quad -r\sin\theta\sin\phi \quad 0]$$

마지막 편도함수는 식 (2.4)의 경우처럼 공변 기저 벡터의 항으로 표현하기 위해서는 약간의 계산을 필요로 한다.

$$\begin{aligned} r\sin\theta\boldsymbol{g}_1 + \cos\theta\boldsymbol{g}_2 &= [r(\sin^2\theta + \cos^2\theta)\sin\phi \quad r(\sin^2\theta + \cos^2\theta)\cos\phi \quad 0] \\ &= [r\sin\phi \quad r\cos\phi \quad 0] \end{aligned}$$

(단 위 식들에서 편의상 열벡터를 나타내는 '전치'표시 첨자 T를 생략했음.)

따라서

$$\frac{\partial \boldsymbol{g}_3}{\partial x^3} = -\sin\theta(r\sin\theta\boldsymbol{g}_1 + \cos\theta\boldsymbol{g}_2)$$

위의 관계식으로부터 구좌표계에서 Γ_{ij}^{k} 의 0이 되지 않는 성분은 다음과 같다.

$$\left.\begin{array}{l}\Gamma_{12}^{2}=\Gamma_{21}^{2}=\dfrac{1}{r}, \quad \Gamma_{13}^{3}=\Gamma_{31}^{3}=\dfrac{1}{r} \\ \Gamma_{22}^{1}=-r, \quad \Gamma_{23}^{3}=\Gamma_{32}^{3}=\cot\theta, \quad \Gamma_{33}^{1}=-r\sin^{2}\theta, \quad \Gamma_{33}^{2}=-\sin\theta\cos\theta\end{array}\right\} \tag{2.30}$$

다음에는 직교곡선계의 $\boldsymbol{g}^{i}=\boldsymbol{g}_{i}/h_{\underline{i}}^{2}$의 관계를 사용하여 구좌표계에서 0이 되지 않는 Γ_{ijk}의 성분은 다음과 같다.

$$\left.\begin{array}{ll}\Gamma_{122}=\Gamma_{212}=r, & \Gamma_{133}=\Gamma_{313}=r\sin^{2}\theta \\ \Gamma_{221}=-r, & \Gamma_{233}=\Gamma_{323}=r^{2}\sin\theta\cos\theta \\ \Gamma_{331}=-r\sin^{2}\theta, & \Gamma_{332}=-r^{2}\sin\theta\cos\theta\end{array}\right\} \tag{2.31}$$

예제 2.3

구좌표계 $x^{1}=r,\ x^{2}=\theta,\ x^{3}=\phi$에 관하여 아래의 관계식이 성립됨을 일반식 (2.29)를 사용하여 증명하라[단 $h_{1}=1,\ h_{2}=r,\ h_{3}=r\sin\theta$이용 - 식 (1.72)참조].

$$\left.\begin{array}{lll}\dfrac{\partial \boldsymbol{e}_{r}}{\partial r}=0, & \dfrac{\partial \boldsymbol{e}_{r}}{\partial \theta}=\boldsymbol{e}_{\theta}, & \dfrac{\partial \boldsymbol{e}_{r}}{\partial \phi}=\boldsymbol{e}_{\phi}\sin\theta \\ \dfrac{\partial \boldsymbol{e}_{\theta}}{\partial r}=0, & \dfrac{\partial \boldsymbol{e}_{\theta}}{\partial \theta}=-\boldsymbol{e}_{r}, & \dfrac{\partial \boldsymbol{e}_{\theta}}{\partial \phi}=\boldsymbol{e}_{\phi}\cos\theta \\ \dfrac{\partial \boldsymbol{e}_{\phi}}{\partial r}=0, & \dfrac{\partial \boldsymbol{e}_{\phi}}{\partial \theta}=0, & \dfrac{\partial \boldsymbol{e}_{\phi}}{\partial \phi}=-\left(\boldsymbol{e}_{r}\sin\theta+\boldsymbol{e}_{\theta}\cos\theta\right)\end{array}\right\} \tag{2.32}$$

풀이

먼저 $\dfrac{\partial \boldsymbol{e}_{r}}{\partial \phi}$에 대해 생각해보자. 일반식 (2.29)와 비교해보면 이는 $i=1,\ j=3$이므로 대입하고, 식 (2.30)을 이용하면 아래가 되어 증명된다.

$$\frac{\partial \boldsymbol{e}_{r}}{\partial \phi}=-\frac{1}{h_{1}}\frac{\partial h_{1}}{\partial x^{3}}\boldsymbol{e}_{1}+\frac{1}{h_{1}}\Gamma_{13}^{k}h_{\underline{k}}\boldsymbol{e}_{k}=\frac{1}{h_{1}}\Gamma_{13}^{3}h_{3}\boldsymbol{e}_{3}=\frac{1}{r}\times r\sin\theta\boldsymbol{e}_{\phi}=\sin\theta\boldsymbol{e}_{\phi}\left(\because\ h_{1}=1,\ \Gamma_{13}^{3}=1/r\right)$$

다음에는 $\dfrac{\partial \boldsymbol{e}_{\phi}}{\partial \phi}$를 생각해보자. 이는 $i=j=3$에 해당되므로 이를 식 (2.29)에 대입하고, 식 (2.30)을 이용하면 아래가 되어 증명된다.

$$\frac{\partial \boldsymbol{e}_{\phi}}{\partial \phi}=-\frac{1}{h_{3}}\frac{\partial h_{3}}{\partial x^{3}}\boldsymbol{e}_{3}+\frac{1}{h_{3}}\Gamma_{33}^{k}h_{\underline{k}}\boldsymbol{e}_{k}=\frac{1}{h_{3}}\Gamma_{33}^{1}h_{1}\boldsymbol{e}_{1}+\frac{1}{h_{3}}\Gamma_{33}^{2}h_{2}\boldsymbol{e}_{2}=-\sin\theta\boldsymbol{e}_{r}-\cos\theta\,\boldsymbol{e}_{\theta}$$

나머지 항들도 마찬가지 방법으로 증명이 가능하다.

위의 예제 2.2 및 2.3의 결과는 회전 프레임에 기초를 둔 다른 방법으로도 얻을 수 있다(2.16.1절 참조).

■ 2. 3 스칼라 및 벡터장의 공변 미분

임의의 텐서 장의 곡선 좌표계에 대한 (편)도함수를 텐서의 성격을 가지는 양으로 정의하고, 이러한 도함수를 주어진 텐서 장에 대한 '공변 미분(covariant derivative)'이라고 한다. 스칼라 장 ϕ 에 대하여 편미분 $\dfrac{\partial \phi}{\partial x^i}(=\nabla_i \phi)$의 집합은 이미 언급한 대로 벡터장을 형성하고, 이 벡터장을 ϕ의 공변 미분이라고 하며 $\phi_{;i}$로 나타낸다. 사실 스칼라 장인 경우는 다른 텐서 장과 달리 공변 미분과 편미분은 동일하다(즉 $\phi_{;i}=\phi_{,i}=\dfrac{\partial \phi}{\partial x^i}$).

다음에는 $\boldsymbol{u}$가 벡터장이라면 각각의 곡선좌표계 x^i에 대한 각각의 편미분 $\dfrac{\partial \boldsymbol{u}}{\partial x^i}\ (i=1,2,3)$도 벡터장이다. 이러한 편미분은 그 점에서의 국소적인 기저벡터의 항으로 표현될 수 있고, 그 계수는 2차 텐서를 구성하는 9개의 양의 집합을 형성한다. 이는 아래의 2가지 방법으로 나타낼 수 있다.

첫 번째로 $\boldsymbol{u}=u^i\boldsymbol{g}_i$처럼 공변 기저벡터의 항으로 $\boldsymbol{u}$를 국소적으로 표현할 수 있다. 식 (2.4)를 사용하여 편미분하면 다음과 같은 관계식을 얻을 수 있다.

$$\frac{\partial \boldsymbol{u}}{\partial x^j}=u^i\frac{\partial \boldsymbol{g}_i}{\partial x^j}+\frac{\partial u^i}{\partial x^j}\boldsymbol{g}_i=u^i\Gamma^k_{ij}\boldsymbol{g}_k+\frac{\partial u^i}{\partial x^j}\boldsymbol{g}_i=\left(\frac{\partial u^i}{\partial x^j}+\Gamma^i_{kj}u^k\right)\boldsymbol{g}_i$$

여기에서 계수는 반변 벡터 u^i의 x^j좌표에 대한 공변 미분으로서 $u^i{}_{;j}$로 표기한다. 즉

$$u^i{}_{;j}=\frac{\partial u^i}{\partial x^j}+\Gamma^i_{kj}\,u^k \tag{2. 33}$$

$$\frac{\partial \boldsymbol{u}}{\partial x^j}=u^i{}_{;j}\,\boldsymbol{g}_i \tag{2. 34 a}$$

두 번째로 $\boldsymbol{u}$의 공변성분의 항으로 표현할 수 있다. $\boldsymbol{u}=u_i\boldsymbol{g}^i$이므로

$$\frac{\partial \boldsymbol{u}}{\partial x^j}=u_i\frac{\partial \boldsymbol{g}^i}{\partial x^j}+\frac{\partial u_i}{\partial x^j}\boldsymbol{g}^i=-u_i\Gamma^i_{kj}\boldsymbol{g}^k+\frac{\partial u_i}{\partial x^j}\boldsymbol{g}^i \qquad \text{(식 (2.14)에 의해)}$$

$$= \left(\frac{\partial u_i}{\partial x^j} - \Gamma^k_{ij} u_k \right) \boldsymbol{g}^i = u_{i\,;j} \boldsymbol{g}^i \tag{2. 34 b}$$

여기서 공변 벡터 u_i의 x^j 좌표에 대한 공변 미분은 다음과 같이 주어진다.

$$u_{i\,;j} = \frac{\partial u_i}{\partial x^j} - \Gamma^k_{ij} u_k \tag{2. 35}$$

식 (2.21)를 사용하여 공변 미분의 정의식인 식 (2.33)과 (2.35)에 있는 모든 항을 변환시킴으로써 2차 텐서처럼 변환한다는 것을 보이는 것은 가능하다. 그러나 연쇄율(부록 1.1 참조)과 식 (1.134)를 사용하여 아래와 같이 식 (2.34)를 직접 변환시킬 수도 있다(단 $\boldsymbol{u}(\boldsymbol{x}) = \overline{\boldsymbol{u}}(\overline{\boldsymbol{x}})$ 이용).

$$\frac{\partial \boldsymbol{u}}{\partial \overline{x}^j} = \overline{u}^i{}_{;j}\, \overline{\boldsymbol{g}}_i = \frac{\partial \boldsymbol{u}}{\partial x^k} \frac{\partial x^k}{\partial \overline{x}^j} = (u^l{}_{;k}\, \boldsymbol{g}_l) \frac{\partial x^k}{\partial \overline{x}^j} = u^l{}_{;k} \left(\frac{\partial \overline{x}^i}{\partial x^l} \overline{\boldsymbol{g}}_i \right) \frac{\partial x^k}{\partial \overline{x}^j}$$

$\overline{\boldsymbol{g}}_i$의 계수를 같게 하면

$$\overline{u}^i{}_{;j} = \frac{\partial \overline{x}^i}{\partial x^l} \frac{\partial x^k}{\partial \overline{x}^j} u^l{}_{;k} \tag{2. 36}$$

이것은 $u^i{}_{;j}$가 혼합 2차 텐서에 대한 변환법칙(식 (1.153))에 의해 변환한다는 것을 보여준다. 마찬가지로 $u_{i\,;j}$가 공변 2차 텐서에 관한 변환법칙(식 (1.152))에 따라 변환한다는 것도 보일 수 있다. 그러나 다음 관계식으로부터

$$\frac{\partial \boldsymbol{u}}{\partial x^j} = u_{i\,;j}\, \boldsymbol{g}^i = u^i{}_{;j}\, \boldsymbol{g}_i = u^i{}_{;j}\, g_{ik}\, \boldsymbol{g}^k = u^k{}_{;j}\, g_{ki}\, \boldsymbol{g}^i$$

계수를 비교하면 아래를 얻을 수 있다.

$$u_{i\,;j} = g_{ik}\, u^k{}_{;j} \tag{2. 37}$$

$u_{i;j}$ 텐서의 특징은 g_{ij}와 $u^i{}_{;j}$가 둘 다 텐서라는 사실(상법칙에 의해)로부터 기인한다. 더욱이 식 (2.36)은 $u_{i\,;j}$와 $u^i{}_{;j}$가 같은 2차 텐서의 동반(associated) 성분임을 보여준다. 이 텐서의 동반 반변 성분은 $g^{jk} u^i{}_{;k}$이며, $u^{i\,;j}$로 표기해서는 안 된다.

또한 $u_{i\,;j}$도 $u^i{}_{;j}$의 경우처럼 2계 공변 텐서임을 위와 마찬가지 방법으로 증명될 수 있다. 즉

$$\frac{\partial \boldsymbol{u}}{\partial \overline{x}^j} = \overline{u}_{i\,;j}\, \overline{\boldsymbol{g}}^i = \frac{\partial \boldsymbol{u}}{\partial x^k} \frac{\partial x^k}{\partial \overline{x}^j} = (u_{l;k}\, \boldsymbol{g}^l) \frac{\partial x^k}{\partial \overline{x}^j} = u_{l;k} \left(\frac{\partial x^l}{\partial \overline{x}^i} \overline{\boldsymbol{g}}^i \right) \frac{\partial x^k}{\partial \overline{x}^j}$$

여기서 $\bar{\boldsymbol{g}}^{i}$의 계수를 같게 하면 아래가 성립된다.

$$\bar{u}_{i;j} = \frac{\partial x^{i}}{\partial \bar{x}^{i}} \frac{\partial x^{k}}{\partial \bar{x}^{j}} u_{l;k} \tag{2.38}$$

즉 $u_{i;j}$도 2계 공변 텐서임이 증명되었다. 한편 이것은 식 (2.23)을 이용하여서도 아래와 같이 증명될 수 있다.

별 해

지금 $v_k(\boldsymbol{x})$가 아래와 같이 변환되는 (1계)공변 텐서(벡터)라 하자.

$$\bar{v}_p(\bar{\boldsymbol{x}}) = v_k(\boldsymbol{x}) \frac{\partial x^k}{\partial \bar{x}^p} \tag{2.39}$$

위 식은 $\bar{x}^q$에 대해서 편미분하면 아래를 얻는다.

$$\frac{\partial \bar{v}_p}{\partial \bar{x}^q} = \frac{\partial v_k}{\partial x^l} \frac{\partial x^l}{\partial \bar{x}^q} \frac{\partial x^k}{\partial \bar{x}^p} + v_k \frac{\partial^2 x^k}{\partial \bar{x}^p \partial \bar{x}^q} \tag{2.40}$$

다음에는 위 식의 우편의 두 번째 항의 혼합 편미분을 식 (2.23)에서 치환하면 아래식을 얻는다.

$$\frac{\partial \bar{v}_p}{\partial \bar{x}^q} = \frac{\partial v_k}{\partial x^l} \frac{\partial x^l}{\partial \bar{x}^q} \frac{\partial x^k}{\partial \bar{x}^p} + \bar{\Gamma}^r_{pq} \frac{\partial x^k}{\partial \bar{x}^r} v_k - \Gamma^r_{kl} \frac{\partial x^k}{\partial \bar{x}^p} \frac{\partial x^l}{\partial \bar{x}^q} v_r \tag{2.41}$$

위 식의 우편의 두 번째 항을 식 (2.39)를 사용하여 나타내면 아래가 된다.

$$\frac{\partial \bar{v}_p}{\partial \bar{x}^q} = \frac{\partial v_k}{\partial x^l} \frac{\partial x^l}{\partial \bar{x}^q} \frac{\partial x^k}{\partial \bar{x}^p} + \bar{v}_r \bar{\Gamma}^r_{pq} - v_r \Gamma^r_{kl} \frac{\partial x^k}{\partial \bar{x}^p} \frac{\partial x^l}{\partial \bar{x}^q} \tag{2.42}$$

위는 다시 아래와 같이 쓸 수 있다.

$$\frac{\partial \bar{v}_p}{\partial \bar{x}^q} - \bar{v}_r \bar{\Gamma}^r_{pq} = \left(\frac{\partial v_k}{\partial x^l} - v_r \Gamma^r_{kl} \right) \frac{\partial x^k}{\partial \bar{x}^p} \frac{\partial x^l}{\partial \bar{x}^q} \tag{2.43}$$

즉

$$\bar{v}_{p;q}(\bar{\boldsymbol{x}}) = v_{k;l}(\boldsymbol{x})\frac{\partial x^k}{\partial \bar{x}^p}\frac{\partial x^l}{\partial \bar{x}^q} \tag{2. 44}$$

따라서 $v_{k;l}$는 2계 공변 텐서임이 증명된다. ■

한편 정확한 텐서 표현식으로 나타내어져 있다면 곱에 대한 미분법칙이 공변 미분의 경우에도 적용된다. 예를 들어 만일 $\boldsymbol{u}$와 $\boldsymbol{v}$가 벡터장이라면, 스칼라 곱 $\boldsymbol{u} \cdot \boldsymbol{v}$는 3차원 Cartesian 좌표계에서 $u^i v_i$로 쓸 수 있고, 이것은 스칼라 장 $\phi(= u^i v_i)$이므로 식 (2.33)과 (2.35)를 사용하면 다음과 같이 나타낼 수 있다.

$$\begin{aligned}
(u^i v_i)_{;j}[= \phi_{;j} = \phi_{,j}] &= \frac{\partial}{\partial x^j}(u^i v_i) \\
&= u^i\frac{\partial v_i}{\partial x^j} + \frac{\partial u^i}{\partial x^j}v_i \\
&= u^i(v_{i;j} + \Gamma^k_{ij}v_k) + (u^i{}_{;j} - \Gamma^i_{kj}u^k)v_i \\
&= u^i v_{i;j} + u^i{}_{;j}v_i + \Gamma^k_{ij}u^i v_k - \Gamma^i_{kj}u^k v_i
\end{aligned}$$

위 식의 마지막 두 항을 소거하면

$$(u^i v_i)_{;j} = u^i v_{i;j} + u^i{}_{;j}v_i \tag{2. 45}$$

식 (2.45)는 Cartesian 좌표계에서 스칼라 곱의 미분에 대한 곱의 규칙을 임의의 좌표계로 일반화한 것으로 간주될 수 있다. 왜냐하면 공변 도함수는 Cartesian 좌표계에서 일반 편도함수로 귀착되기 때문이다.

예제 2.4

$A_{p;q} - A_{q;p} = \dfrac{\partial A_p}{\partial x^q} - \dfrac{\partial A_q}{\partial x^p}$ 임을 증명하라.

풀이

$$A_{p;q} - A_{q;p} = \left(\frac{\partial A_p}{\partial x^q} - \Gamma^s_{pq}A_s\right) - \left(\frac{\partial A_q}{\partial x^p} - \Gamma^s_{qp}A_s\right) = \frac{\partial A_p}{\partial x^q} - \frac{\partial A_q}{\partial x^p}$$

이러한 2차 텐서는 공변 벡터 A_p 의 회전(curl)이 되도록 정의되어진다(2.8절 참조).

■ 2. 4 고차 텐서의 공변 미분

만약 $\mathbf{T}$가 2차 텐서 장이라면 식 (1.117)의 경우처럼 기저벡터의 다이어딕 곱으로 나타낼 수 있다. 그러면 $\mathbf{T}$의 좌표 x^k에 관한 편미분은 아래와 같이 4개의 가능한 공변 도함수 $T^{ij}{}_{;k}$, $T_{ij;k}$, $T^i{}_{j;k}$, $T_i{}^j{}_{;k}$ 의 항으로 나타낼 수 있다.

$$\frac{\partial \mathbf{T}}{\partial x^k} = T^{ij}{}_{;k}\,\boldsymbol{g}_i\,\boldsymbol{g}_j = T_{ij;k}\,\boldsymbol{g}^i\,\boldsymbol{g}^j = T^i{}_{j;k}\,\boldsymbol{g}_i\,\boldsymbol{g}^j = T_{i;k}^{\;j}\,\boldsymbol{g}^i\,\boldsymbol{g}_j \tag{2.46}$$

먼저 $\mathbf{T} = T^{ij}\boldsymbol{g}_i\,\boldsymbol{g}_j$ 로부터 시작해서 x^k 에 대하여 양변에 편도함수를 취하고, 우변에 대하여 일반적인 곱의 법칙이 적용 가능하다고 하면 다음의 관계식을 얻을 수 있다.

$$\begin{aligned}
\frac{\partial \boldsymbol{T}}{\partial x^k} &= \frac{\partial T^{ij}}{\partial x^k}\boldsymbol{g}_i\,\boldsymbol{g}_j + T^{ij}\frac{\partial \boldsymbol{g}_i}{\partial x^k}\boldsymbol{g}_j + T^{ij}\,\boldsymbol{g}_i\,\frac{\partial \boldsymbol{g}_j}{\partial x^k} \\
&= \frac{\partial T^{ij}}{\partial x^k}\boldsymbol{g}_i\,\boldsymbol{g}_j + T^{ij}\,\Gamma^l_{ik}\,\boldsymbol{g}_l\,\boldsymbol{g}_j + T^{ij}\boldsymbol{g}_i\,\Gamma^l_{jk}\,\boldsymbol{g}_l \\
&= \frac{\partial T^{ij}}{\partial x^k}\boldsymbol{g}_i\,\boldsymbol{g}_j + \Gamma^i_{lk}\,T^{lj}\,\boldsymbol{g}_i\,\boldsymbol{g}_j + \Gamma^j_{lk}\,T^{il}\,\boldsymbol{g}_i\,\boldsymbol{g}_j
\end{aligned}$$

위 식에서 식 (2.4)를 사용하였고 무효첨자를 재조정하였다. 이것과 식 (2.46)을 비교하면 아래와 같은 3차 혼합텐서가 정의된다.

$$T^{ij}{}_{;k} = \frac{\partial T^{ij}}{\partial x^k} + \Gamma^i_{lk}\,T^{lj} + \Gamma^j_{lk}\,T^{il} \tag{2.47}$$

증명 지금 스칼라량 $T^{ij}\,u_i\,v_j$(여기서 $\boldsymbol{u}$와 $\boldsymbol{v}$는 임의의 벡터장임)를 생각해 보자. 스칼라의 공변 도함수는 편도함수 집합과 동일하므로 일반적인 곱의 법칙을 적용하여 다음의 관계식을 얻을 수 있다.

$$\begin{aligned}
(T^{ij}\,u_i\,v_j)_{;k} &= T^{ij}{}_{;k}\,u_i\,v_j + T^{ij}\,u_{i;k}\,v_j + T^{ij}\,u_i\,v_{j;k} \\
&= T^{ij}{}_{;k}\,u_i\,v_j + T^{ij}\left(\frac{\partial u_i}{\partial x^k} - \Gamma^l_{ik}\,u_l\right)v_j + T^{ij}\,u_i\left(\frac{\partial v_j}{\partial x^k} - \Gamma^l_{jk}\,v_l\right)
\end{aligned}$$

$$= \frac{\partial}{\partial x^k}(T^{ij} u_i v_j)$$

$$= \frac{\partial T^{ij}}{\partial x^k} u_i v_j + T^{ij} \frac{\partial u_i}{\partial x^k} v_j + T^{ij} u_i \frac{\partial v_j}{\partial x^k}$$

항을 소거하고 무효첨자를 재조정하면

$$\left(T^{ij}{}_{;k} - T^{lj} \Gamma^i_{lk} - T^{il} \Gamma^j_{lk} - \frac{\partial T^{ij}}{\partial x^k} \right) u_i v_j = 0$$

여기에서 $\boldsymbol{u}$와 $\boldsymbol{v}$는 임의의 벡터이므로 식 (2.47)가 성립한다. ■

마찬가지 방법으로 다음의 관계식들도 얻을 수 있다.

$$T_{ij\,;k} = \frac{\partial T_{ij}}{\partial x^k} - \Gamma^l_{ik} T_{lj} - \Gamma^l_{jk} T_{il} \tag{2.48}$$

$$T^i{}_{j\,;k} = \frac{\partial T^i{}_j}{\partial x^k} + \Gamma^i_{lk} T^l{}_j - \Gamma^l_{jk} T^i{}_l \tag{2.49}$$

$$T_{i\,;k}^{\,j} = \frac{\partial T_i{}^j}{\partial x^k} - \Gamma^l_{ik} T_l{}^j + \Gamma^j_{lk} T_i{}^l \tag{2.50}$$

식 (2.47) ~ (2.50)는 무효첨자 l이 2차 텐서 $\mathbf{T}$의 각 첨자를 차례로 교체하고 대응하는 Christoffel 기호에서 그 위치를 고정시키는 것을 알면 쉽게 기억할 수 있다. 여기에서 양과 음의 부호는 l이 각각 $\mathbf{T}$의 반변 혹은 공변첨자를 교체하였느냐에 달려 있다. 식 (2.50)에서 첨자 i와 j를 교환하여 다음과 같이 나타낼 수 있다.

$$T_{j\,;k}^{\,i} = \frac{\partial T_j{}^i}{\partial x^i} + \Gamma^i_{lk} T_j{}^l - \Gamma^l_{jk} T_l{}^i$$

이것은 결과적으로 식 (2.49)와 같으므로 $T^i{}_j$와 $T_j{}^i$의 공변 미분이 같은 식에 의해 주어진다. 이와 같은 결과로부터 M개의 반변성분과 N개의 공변성분을 가진 M+N 차수의 혼합텐서에 대한 공변 미분의 경우에도 다음과 같이 일반화시킬 수 있다.

$$U^{ij\cdots k}_{pq\cdots r;t} = \frac{\partial U^{ij\cdots k}_{pq\cdots r}}{\partial x^t} + \Gamma^i_{st} U^{sj\cdots k}_{pq\cdots r} + \Gamma^j_{st} U^{is\cdots k}_{pq\cdots r} + \cdots$$
$$+ \Gamma^k_{st} U^{ij\cdots s}_{pq\cdots r} - \Gamma^s_{pt} U^{ij\cdots k}_{sq\cdots r} - \Gamma^s_{qt} U^{ij\cdots k}_{ps\cdots r} - \cdots - \Gamma^s_{rt} U^{ij\cdots k}_{pq\cdots s} \tag{2. 51}$$

여기서 M개의 첨자 $i, j, \cdots, k$ 와 N개의 첨자 $p, q, \cdots, r$ 의 정확한 위치는 식에 영향을 미치지 않는다. 위의 공변 미분 (2.51)은 M개의 반변성분과 N개의 공변성분을 가진 M+N+1 차수의 혼합텐서이다.

다음에는 특수한 경우로서 자금까지 자주 언급되어온 계량텐서 g_{ij}와 교대텐서 ϵ_{ijk}의 공변 미분에 대하여 조사해 보기로 한다(문 2.3 참조).

먼저 계량텐서의 공변 미분 $g_{ij;k}$는 (모든 첨자에 있어서) 위에서 언급된 논리에 의해 3차 공변텐서임에 틀림없다. 그런데 식 (1.113)에 의하여 직교 Cartesian 좌표계의 경우 g_{ij}는 단순히 δ_{ij}가 되고, Christoffel 기호가 0이 되므로 공변 미분 $g_{ij;k}$는 다음과 같이 편미분이 된다.

$$\frac{\partial}{\partial y_k}(\delta_{ij}) = \delta_{ij;k}$$

그런데 Kronecker delta δ_{ij}는 상수이므로 이 값은 0이 되어야 한다. 텐서 변환 규칙에 의해 어떤 한 좌표계에 대하여 모든 성분이 0이 되는 텐서는 어떤 다른 좌표계에 대해서도 텐서의 모든 성분이 0이 된다. 따라서

$$g_{ij;k} = 0 \tag{2. 52}$$

직접적인 계산에 의해 이 결과를 확인하기 위하여 식 (2.9)와 $\boldsymbol{g}^i \cdot \boldsymbol{g}_j = \delta^i{}_j$(식 (1.93))임을 사용하면

$$\frac{\partial}{\partial x^k}(g_{ij}) = \frac{\partial}{\partial x^k}(\boldsymbol{g}_i \cdot \boldsymbol{g}_j) = \boldsymbol{g}_i \cdot \frac{\partial \boldsymbol{g}_j}{\partial x^k} + \frac{\partial \boldsymbol{g}_i}{\partial x^k} \cdot \boldsymbol{g}_j$$
$$= \boldsymbol{g}_i \cdot \Gamma_{jkl}\, \boldsymbol{g}^l + \Gamma_{ikl}\, \boldsymbol{g}^l \cdot \boldsymbol{g}_j = \Gamma_{jkl}\, \delta^l_i + \Gamma_{ikl}\, \delta^l_j$$
$$= \Gamma_{jki} + \Gamma_{ikj}$$

여기에서 식 (2.7)과 (2.48)을 사용하면

$$g_{ij;k} = \frac{\partial g_{ij}}{\partial x^k} - \Gamma^l_{ik}\, g_{lj} - \Gamma^l_{jk}\, g_{il}$$
$$= \Gamma_{jki} + \Gamma_{ikj} - \Gamma_{ikj} - \Gamma_{jki} = 0$$

이 결과는 아래와 같이 식 (2.37)과 바로 연결된다.

$$u_{i\,;j} = (g_{ik}\, u^k)_{;j} = g_{ik\,;j}\, u^k + g_{ik}\, U^k{}_{;j} = 0 + g_{ik}\, u^k{}_{;j}$$

마찬가지로 Cartesian 좌표계를 이용하여 아래의 결과도 증명할 수 있다.

$$g^{ij}{}_{;k} = 0 \tag{2. 53}$$

또한 이 결과는 g^{ij}에 대하여 식 (2.47)을 사용하여 직접 평가하여도 확인할 수 있다. 식 (2.52)와 (2.53)을 기본 계량텐서의 공변 미분에 관한 'Ricci의 정리'라고도 부른다.

다음에는 교대텐서의 공변 미분을 구해 보기로 한다. 공변과 반변형태에서의 (3차) 교대 텐서 ϵ_{ijk}와 ϵ^{ijk}는 직교 Cartesian 계에서는 둘 다 좌표에 무관한 교대기호 $e_{ijk}(=e^{ijk})$가 되므로(1.10.1절 참조) $e_{ijk\,;l} = 0$이 되어 다음 관계가 성립된다.

$$\epsilon_{ijk\,;l} = 0 \tag{2. 54}$$

$$\epsilon^{ijk}{}_{;l} = 0 \tag{2. 55}$$

또한 식 (1.264)와 (1.265)의 정의식에서 ϵ_{ijk}의 0이 되지 않는 한 성분 가령 $\epsilon_{123} = \sqrt{g}$에 대해 직접 계산해 봄으로써 식 (2.54)을 확인할 수 있다. 즉 식 (2.51)에 의해 다음과 같은 결과를 얻을 수 있다.

$$\begin{aligned}
\epsilon_{123\,;l} &= \frac{\partial \epsilon_{123}}{\partial x^l} - \Gamma^s_{1l}\,\epsilon_{s23} - \Gamma^s_{2l}\,\epsilon_{1s3} - \Gamma^s_{3l}\,\epsilon_{12s} \\
&= \frac{\partial \sqrt{g}}{\partial x^l} - \Gamma^1_{1l}\,\sqrt{g} - \Gamma^2_{2l}\,\sqrt{g} - \Gamma^3_{3l}\,\sqrt{g} \qquad \text{(식 (2.20)에 의해)} \\
&= \frac{\partial}{\partial x^l}(\sqrt{g}) - \Gamma^i_{il}\,\sqrt{g} = 0
\end{aligned}$$

■ 2. 5 상대텐서의 공변 미분

이 절에서는 1.11절에서 정의된 상대텐서의 공변 미분에 대해 논하기로 한다.

정의 1 : 만약 $\phi(\boldsymbol{x})$가 무게 N의 상대 스칼라라면, $\phi(\boldsymbol{x})$의 좌표성분 x^k에 관한 공변 미분은

아래와 같이 정의된다.

$$\phi_{;\,l} = \phi_{,\,l} - N\phi\,\Gamma^{k}_{lk} \tag{2. 56}$$

정의 2 : 무게 N의 상대벡터와 상대텐서의 공변 미분은 각각 아래와 같이 정의된다.

$$v^{k}{}_{;\,l} = v^{k}{}_{,\,l} - Nv^{k}\Gamma^{n}_{ln} + v^{n}\Gamma^{k}_{ln} \tag{2. 57}$$

$$v_{k;\,l} = v_{k,\,l} - Nv_{k}\Gamma^{n}_{ln} - v_{n}\Gamma^{n}_{kl} \tag{2. 58}$$

$$t^{k}{}_{l;\,m} = t^{k}{}_{l,\,m} - Nt^{k}{}_{l}\Gamma^{n}_{mn} + t^{n}{}_{l}\Gamma^{k}_{mn} - t^{k}{}_{n}\Gamma^{n}_{lm} \tag{2. 59}$$

$$A^{klm}{}_{;n} = A^{klm}{}_{,n} - NA^{klm}\Gamma^{p}_{np} + A^{plm}\Gamma^{k}_{pn} + A^{kpm}\Gamma^{l}_{pn} + A^{klp}\Gamma^{m}_{pn} \tag{2. 60}$$

$$A_{klm;\,n} = A_{klm,\,n} - NA_{klm}\Gamma^{p}_{np} - A_{plm}\Gamma^{p}_{kn} - A_{kpm}\Gamma^{p}_{ln} - A_{klp}\Gamma^{p}_{mn} \tag{2. 61}$$

위 식을 보면 상대텐서의 공변 미분은 식 (2.51)로 정의된 무게 N의 상대(혼합)텐서의 공변 미분에 관한 정의식에서 무게 N을 포함하는 1항만 제외하고서는 모두 같다. 특히 $N=0$인 경우의 상대 스칼라의 공변 미분은 절대 스칼라의 공변 미분이 되어 아래식과 같이 단순히 편미분과 같다(2.3절 참조).

$$\phi_{;\,l} = \phi_{,\,l} \tag{2. 62}$$

이제 이하에서 식 (2.56)과 같이 정의한 배경에 대하여 조사해보기로 한다. 지금 1:1 대응관계에 있는 두 일반 곡선좌표계 $\boldsymbol{x}$와 $\overline{\boldsymbol{x}}$에 관한 아래와 같이 정의되는 행렬식의 값 Δ의 좌표성분 x^{m}에 관한 편미분을 생각해보자.

$$\Delta = \det\left(\frac{\partial \overline{x}^{p}}{\partial x^{q}}\right) \tag{2. 63}$$

여기서 식 (1.92)에 의하면 아래가 된다.

$$\frac{\partial \Delta}{\partial x^{m}} = \frac{\partial \Delta}{\partial(\partial \overline{x}^{k}/\partial x^{l})}\frac{\partial^{2}\overline{x}^{k}}{\partial x^{m}\partial x^{l}} = C_{k}{}^{l}\frac{\partial^{2}\overline{x}^{k}}{\partial x^{m}\partial x^{l}} \tag{2. 64}$$

여기서 $C_{k}{}^{l}$는 행렬식 Δ에 있는 k행, l열 요소인 $\partial\overline{x}^{k}/\partial x^{l}$의 여인수이다. 다시 식 (2.64)의 양변을 $\partial\overline{x}^{n}/\partial x^{l}$로 곱하면 아래 식을 얻는다.

$$\frac{\partial \bar{x}^n}{\partial x^l}\frac{\partial \Delta}{\partial x^m} = \frac{\partial \bar{x}^n}{\partial x^l} C_k{}^l \frac{\partial^2 \bar{x}^k}{\partial x^m \partial x^l} \tag{2. 65}$$

이 식의 우편에 (1.87)의 관계를 이용하면 아래의 간편화된 식을 얻는다.

$$\frac{\partial \bar{x}^n}{\partial x^l}\frac{\partial \Delta}{\partial x^m} = \Delta \delta^n{}_k \frac{\partial^2 \bar{x}^k}{\partial x^m \partial x^l} = \Delta \frac{\partial^2 \bar{x}^n}{\partial x^m \partial x^l}$$

이 식의 양변을 다시 $\partial x^m / \partial \bar{x}^n$로 곱하면 아래 식을 얻는다.

$$\frac{\partial \Delta}{\partial x^l} = \Delta \frac{\partial^2 \bar{x}^n}{\partial x^m \partial x^l}\frac{\partial x^m}{\partial \bar{x}^n} \tag{2. 66}$$

위 식의 우편의 2차 혼합 편미분은 식 (2.24)의 도움을 받아 두 좌표계 $\boldsymbol{x}$ 및 $\bar{\boldsymbol{x}}$에 대한 제 2종 Christoffel 기호항으로 나타낼 수 있다. 즉

$$\frac{\partial \Delta}{\partial x^l} = \Delta \Gamma^r_{ml} \frac{\partial \bar{x}^n}{\partial x^r}\frac{\partial x^m}{\partial \bar{x}^n} - \Delta \bar{\Gamma}^n_{\alpha\beta} \frac{\partial \bar{x}^\alpha}{\partial x^m}\frac{\partial \bar{x}^\beta}{\partial x^l}\frac{\partial x^m}{\partial \bar{x}^n} \tag{2. 67 a}$$

혹은

$$\frac{\partial \Delta}{\partial x^l} = \Delta \left[\Gamma^m_{ml} - \Delta \bar{\Gamma}^n_{n\beta} \frac{\partial \bar{x}^\beta}{\partial x^l} \right] \tag{2. 67 b}$$

다음에는 무게 N의 상대 스칼라 정의식 (1.216)으로부터 아래 관계식을 얻는다 $\left(\because \det\left(\frac{\partial x^k}{\partial \bar{x}^l}\right) = \Delta^{-1}\right)$.

$$\phi(\boldsymbol{x}) = \bar{\phi}(\bar{\boldsymbol{x}})\Delta^N \tag{2. 68}$$

여기서 식 (2.68)의 양변을 x^l에 관하여 편미분을 취하면 아래 식을 얻는다.

$$\phi_{,l} = \left[\frac{\partial \bar{\phi}}{\partial \bar{x}^\alpha}\frac{\partial \bar{x}^\alpha}{\partial x^l} + \frac{N\bar{\phi}}{\Delta}\frac{\partial \Delta}{\partial x^l} \right] \Delta^N \tag{2. 69}$$

이 식의 우편에 식 (2.67b)를 대입하면 아래 식을 얻는다.

$$\phi_{,l} = \frac{\partial \bar{x}^{\alpha}}{\partial x^{l}} \left[\frac{\partial \bar{\phi}}{\partial \bar{x}^{\alpha}} - N\bar{\phi}\,\bar{\Gamma}^{n}_{n\alpha} \right] \Delta^{N} + N\bar{\phi}\,\Gamma^{m}_{ml}\,\Delta^{N} \tag{2.70}$$

다시 위 식의 우편의 마지막 항에 식 (2.68)을 이용하면 아래 식을 얻는다.

$$\frac{\partial \phi}{\partial x^{l}} - N\phi\,\Gamma^{m}_{ml} = \left[\frac{\partial \bar{\phi}}{\partial \bar{x}^{\alpha}} - N\bar{\phi}\,\bar{\Gamma}^{n}_{n\alpha} \right] \frac{\partial \bar{x}^{\alpha}}{\partial x^{l}} \Delta^{N} \tag{2.71}$$

(사실상 위 식은 무게 N의 상대 (공변)벡터의 공변 변환법칙으로 간주될 수 있다.)
식 (2.71)은 상대 스칼라의 공변 미분 정의 식 (2.56)으로부터 아래와 같이 나타낼 수 있다.

$$\phi_{,l}(\boldsymbol{x}) = \bar{\phi}_{;\alpha}(\bar{\boldsymbol{x}}) \frac{\partial \bar{x}^{\alpha}}{\partial x^{l}} \Delta^{N} \tag{2.72}$$

즉 이 식은 두 좌표계 $\boldsymbol{x}$ 및 $\bar{\boldsymbol{x}}$에 대한 무게 N의 상대 스칼라의 공변 미분간의 변환법칙에 해당된다. 그런데 무게 N의 상대 (공변)벡터간의 변환식 (1.217)과 비교하면 $\phi_{;l}$은 무게 N의 상대 공변 벡터에 해당된다.
따라서 식 (2.71)과 (2.72)의 구조를 비교함으로써 아래와 같은 정의에 이르게 된다.

$$\phi_{;l}(\boldsymbol{x}) = \phi_{,l}(\boldsymbol{x}) - N\phi(\boldsymbol{x})\Gamma^{m}_{ml}$$

즉 무게 N의 상대 스칼라의 공변 미분에 관한 정의식 (2.56)의 동기 부여가 증명되었다.
마찬가지 논리로 정의식 (2.57) ~ (2.61)의 타당성에 관한 동기부여도 증명될 수 있다.

■ 2. 6 기울기(∇) 연산자

일반 곡선좌표계 $\boldsymbol{x}$의 경우 Cartesian 좌표계와 달리 기저벡터 $\boldsymbol{g}_i$, 계량텐서 g_{ij} 나아가 좌표변환 텐서(행렬) $\mathrm{A} = \left(a_i{}^j\right)$ 및 $\mathrm{B} = \left(b^i{}_j\right)$(1.7절 참조)가 모두 위치(혹은 좌표성분)의 함수가 되므로 앞에서 언급한 텐서량의 공변 미분이 매우 중요하다. 그래서 이 절에서는 가장 기본이 되는, 이미 1.5.7.2절에서 언급한 바 있는, 좌표성분에 대한 편미분 벡터 연산자[혹은 '*del*' 혹은 '*nabla*' 연산자라고도 함] $\nabla \left(\equiv \dfrac{\partial}{\partial \boldsymbol{r}} \right)$에 대하여 논하기로 한다. 먼저 3개의 정규직교 기저계를 가지는 3차원 Cartesian 좌표계의 경우 ∇은 아래와 같이 나타내진다.

$$\nabla = \boldsymbol{i}_m \frac{\partial}{\partial Z^m} \tag{2.73}$$

여기서 $\boldsymbol{i}_m \cdot \boldsymbol{i}_n = \delta_{mn}(m, n = 1, 2, 3)$을 만족한다. 그런데 만약 $\{Z^m\}$ 좌표계가 다른 곡선좌표계인 $\{x^k\}$와 1:1대응관계에 있다면 텐서의 성질 $\nabla(x) = \overline{\nabla}(\bar{x})$로부터 아래의 관계가 성립된다 [단 $\boldsymbol{x} = \boldsymbol{z}$, $\bar{\boldsymbol{x}} = \boldsymbol{x}$, $\boldsymbol{i}_m = \boldsymbol{i}^n$ 및 식 (1.95)이용].

$$\nabla(\boldsymbol{z}) = \boldsymbol{i}_m \frac{\partial}{\partial Z^m} = \boldsymbol{i}_m \frac{\partial x^k}{\partial Z^m} = \boldsymbol{g}^k \nabla_k = \overline{\nabla}(\boldsymbol{x}) \tag{2. 74}$$

따라서 이후부터는 ∇의 일반 곡선좌표계 $\boldsymbol{x}$에 대한 표현식으로서 아래의 공변식을 우선적으로 사용한다.

$$\nabla \left(\equiv \frac{\partial}{\partial \boldsymbol{r}} \right) = \boldsymbol{g}^k \frac{\partial}{\partial x^k} = \boldsymbol{g}^k \nabla_k \tag{2. 75}$$

2. 6. 1 스칼라 함수의 기울기

만약 $\phi(\boldsymbol{x})$가 E^3 공간의 좌표계 $\boldsymbol{x}$에 대하여 연속적으로 미분가능한 스칼라 장이라고 하자. 그러면 아래가 성립된다.

$$\nabla \phi = \boldsymbol{g}^k \nabla_k \phi = \boldsymbol{g}^k \frac{\partial \phi}{\partial x^k} = \boldsymbol{g}^k \phi_{,k} = \mathrm{grad}\, \phi \tag{2. 76}$$

여기서 $\nabla \phi$를 스칼라 장 ϕ의 기울기(gradient) 즉 grad ϕ라고 부르며, (공변)벡터가 된다. $\nabla \phi$의 물리적 의미는 다음과 같다. 가령 $\phi(\boldsymbol{x}) = c$(일정)인 곡면의 집합(family of surfaces)은 E^3 공간에서 임의의 한 점 p를 지나는 같은 수준의 표면(즉 접평면)을 나타낸다고 하자. 그리고 $\boldsymbol{p}$ 및 $\boldsymbol{q}$는

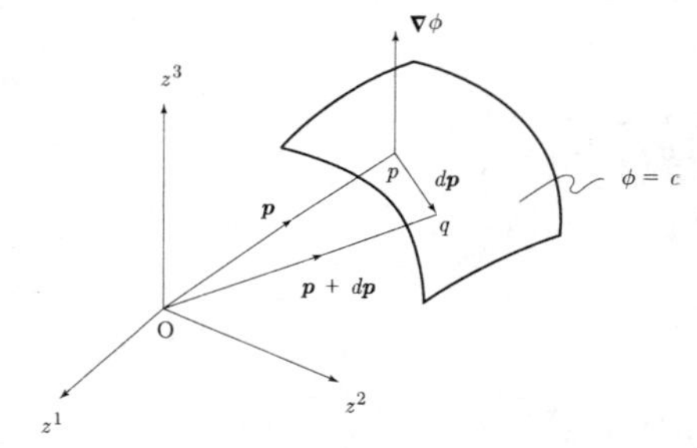

그림 2.1 곡면 $\phi(\boldsymbol{x}) = c$ (일정)에 대한 기울기 벡터 $\nabla \phi$.

각각 두 점 p 및 q의 고정된 Cartesian 직교좌표계에 대한 위치벡터라 하고, 점 p 에서 q까지의 거리벡터는 점 p에서 표면에 대한 미소 접선 벡터 $d\boldsymbol{p}$라 하자(그림 2.1참조).

이 때 $\nabla\phi$와 $d\boldsymbol{p}(=d\boldsymbol{r}(\boldsymbol{x}))$의 내적은 아래와 같이 나타낼 수 있다(예제 1.4 참조).

$$d\boldsymbol{p} \cdot \nabla\phi = dx^k g_k \cdot (\nabla\phi)_l \boldsymbol{g}^l = dx^k \delta_k{}^l (\nabla\phi)_l = dx^k \phi_{,k} = d\phi \tag{2. 77}$$

여기서 미소변화(혹은 전미분)을 나타내는 'd'는 아래가 된다.

$$d = d\boldsymbol{p} \cdot \nabla = d\boldsymbol{r} \cdot \frac{\partial}{\partial \boldsymbol{r}} \tag{2. 78}$$

그런데 그림에서 보는 바와 같이 $\phi = c$ 곡면상에서 $d\phi = 0$이 되므로, 점 p에서 $\nabla\phi$와 $d\boldsymbol{p}$는 수직이어야 한다. 그런데 $d\boldsymbol{p}$는 점 p에서 임의의 접선벡터이므로 $\nabla\phi$는 점 p를 지나는 모든 접선벡터에 수직이다. 따라서 $\nabla\phi$는 점 p에서 곡면 $\phi = c$ 에 수직(환원하면 곡면상의 점 p를 지나는 접평면에 수직)이어야 한다.

지금 $\boldsymbol{u}$를 곡면 $\phi = c$상의 1점 p에서 임의의 방향으로의 단위벡터를 나타낸다고 하자. 그러면 $\boldsymbol{u}$방향의 $\nabla\phi$의 (투영)성분은 다음과 같이 나타내진다.

$$\nabla\phi \cdot \boldsymbol{u} = \|\nabla\phi\| \cos\theta \leq \|\nabla\phi\| \tag{2. 79}$$

여기서 θ는 $\nabla\phi$와 $\boldsymbol{u}$사이의 각도이며, $\nabla\phi \cdot \boldsymbol{u}\left(\equiv \dfrac{\partial\phi}{\partial u}\right)$는 ϕ의 $\boldsymbol{u}$방향으로의 '방향 도함수(directional derivative)'라고 부른다. 위 식에서 $\boldsymbol{u}$가 $\nabla\phi$와 같은 방향, 즉 점 p에서 곡면 $\phi = c$에 대한 접평면에 수직인 바깥 법선벡터(normal outward) $\boldsymbol{n}$과 일치($\boldsymbol{u} = \boldsymbol{n}$)할 때 방향도함수 $\nabla\phi \cdot \boldsymbol{u}$가 최대값 $\|\nabla\phi\|$ 를 갖게 된다. 즉 아래가 성립된다.

$$\nabla\phi \cdot \boldsymbol{n}\left(\equiv \frac{\partial\phi}{\partial n}\right) = \|\nabla\phi\| \tag{2. 80}$$

여기서 $\boldsymbol{n}$는 점 p에서 곡면 $\phi = c$에 대한 접평면에 수직인 단위(외향) 법선벡터이다.

한편 식 (2.76)의 $\nabla\phi$는 전형적인 공변성분 대신 아래와 같이 반변성분$(\nabla\phi)^k$ 및 물리성분 $(\widehat{\nabla\phi})^k$으로도 나타낼 수 있다.

$$\nabla\phi = \boldsymbol{g}^{kl}\phi_{,k}\boldsymbol{g}_l = \sum_l g^{kl}\sqrt{g_{\underline{l}\,\underline{l}}}\,\phi_{,k}\boldsymbol{e}_l \tag{2. 81}$$

여기서

$$(\nabla\phi)_k = \phi_{,k}\,,\ (\nabla\phi)^k = g^{kl}\phi_{,l}\,,\ (\widehat{\nabla\phi})^l = g^{kl}\sqrt{g_{\underline{l}\,\underline{l}}}\,\phi_{,k} \tag{2. 82}$$

[비고 : 특히 위 식 중의 물리성분 표시에 대한 $\nabla\phi = (\widehat{\nabla\phi})^l \boldsymbol{e}_l = (\nabla\phi)^{(l)} \boldsymbol{e}_l = (\nabla\phi)^l h_{\underline{l}} \boldsymbol{e}_l$에 있어서 기호의 정의는 1.14절 참조 요.]

2.6.2 벡터값 함수의 기울기

만약 $\boldsymbol{v}(\boldsymbol{x})$를 E^3 공간의 $\boldsymbol{x}$좌표계에 대해 연속 미분가능한 벡터장이라고 하자. 그러면 $\nabla = \boldsymbol{g}^k \nabla_k$에 의한 벡터장의 기울기는 식 (2.34b)를 이용하여 아래 식으로 나타내진다.

$$\nabla\, \boldsymbol{v}(\boldsymbol{x}) = \boldsymbol{g}^k \frac{\partial \boldsymbol{v}}{\partial x^k} = v_{m;k} \boldsymbol{g}^k \boldsymbol{g}^m = (\nabla \boldsymbol{v})_{km} \boldsymbol{g}^k \boldsymbol{g}^m \tag{2. 83}$$

위 식에서 $\nabla\boldsymbol{v}$는 2차 텐서임을 알 수 있고, 이의 k행 m열 (공변)요소 $(\nabla\boldsymbol{v})_{km}$은 아래가 된다.

$$(\nabla\boldsymbol{v})_{km} = v_{m;k} \tag{2. 84}$$

위 식으로부터 $\nabla\boldsymbol{v}$의 전치에 관한 식을 나타내면 아래와 같다(1.9절의 정의 참조).

$$(\nabla\boldsymbol{v})^{\mathrm{T}} = \{(\nabla\, \boldsymbol{v})^{\mathrm{T}}\}_{km} \boldsymbol{g}^k \boldsymbol{g}^m = (\nabla\, \boldsymbol{v})_{mk} \boldsymbol{g}^k \boldsymbol{g}^m = v_{k;m} \boldsymbol{g}^k \boldsymbol{g}^m \tag{2. 85}$$

즉 아래가 성립된다.

$$\{(\nabla\, \boldsymbol{v})^{\mathrm{T}}\}_{km} = v_{k;m} \tag{2. 86}$$

또 식 (2.84)로부터 (역)계량텐서에 의한 올림과 내림에 의해 아래의 결과를 얻을 수 있다.

$$(\nabla\boldsymbol{v})^k{}_m = (\nabla\, \boldsymbol{v})_{lm}\, g^{lk} = v_{m;l}\, g^{lk} \tag{2. 87}$$

$$(\nabla\boldsymbol{v})^{km} = (\nabla\, \boldsymbol{v})_{ln}\, g^{lk} g^{mn} = v_{n;l}\, g^{lk} g^{mn} = v^m{}_{;l}\, g^{lk} \tag{2. 88}$$

$$(\nabla\boldsymbol{v})_m{}^k = (\nabla\, \boldsymbol{v})_{mn}\, g^{nk} = v_{n;m}\, g^{nk} = v^k{}_{;m} \tag{2. 89}$$

또 다른 형태의 전치성분을, 가령 식 (2.86)의 지수를 올리거나 낮추던지 혹은 식 (2.87) - (2.89)을 사용하여 아래와 같이 나타낼 수 있다.

$$\{(\nabla\boldsymbol{v})^{\mathrm{T}}\}^k{}_m = \overset{(\mathrm{T})}{(\nabla\boldsymbol{v})^k{}_m} = (\nabla\boldsymbol{v})_m{}^k = v^k{}_{;m}\,, \tag{2. 90}$$

$$\{(\nabla \boldsymbol{v})^{\mathrm{T}}\}^{km} = g^{pm}(\nabla \boldsymbol{v})_p^k = g^{pm} v^k{}_{;p} \tag{2.91}$$

$$\{(\nabla \boldsymbol{v})^{\mathrm{T}}\}_m{}^k = (\overset{(\mathrm{T})}{\nabla} \boldsymbol{v})_m{}^k = (\nabla \boldsymbol{v})^k{}_m = g^{kp}(\nabla \boldsymbol{v})_{pm} = g^{kp} v_{m;p} \tag{2.92}$$

1.9절에서 언급한 바와 같이 공변 $(\nabla \boldsymbol{v})_{km}$ 혹은 반변 $(\nabla \boldsymbol{v})^{km}$ 성분의 경우는 두 종류의 전치의 정의가 동일하므로 문제가 없다. 그러나 $(\nabla \boldsymbol{v})_m{}^k$나 $(\nabla \boldsymbol{v})^k{}_m$처럼 혼합성분의 경우에는 두 종류의 전치의 정의가 달라지므로, 이 경우는 무효첨자(두번 나타남)에 의한 축약에 있어서 서로 반대 위치에서 나타나야 한다는 협약에 맞추어 식 (2.90)이나 (2.92)처럼 요소전치법(중앙 상단에 (T)로 표시)에 의해 표기함이 원칙이다. 이 절에서 다른 ∇에 의한 벡터장의 기울기는 연속체역학이나 레올로지의 속도구배를 다룰 때 필수적으로 이용된다.

2.6.3 2차 텐서 장의 기울기

$\mathbf{T}(\boldsymbol{x})$가 E^3 공간의 어떤 곡선 좌표계 $\boldsymbol{x}$에 대해 연속적으로 미분가능한 2차 텐서 장이라 할 때 $\nabla\left(= \boldsymbol{g}^k \nabla_h\right)$에 의한 기울기는 아래가 된다.

$$\nabla \mathbf{T} = \boldsymbol{g}^k \nabla_k \mathbf{T} = \boldsymbol{g}^k \frac{\partial \mathbf{T}}{\partial x^k} \tag{2.93}$$

이 식에 2차 텐서에 대한 공변 미분의 관계식 (2.46)을 적용하면 아래가 된다.

$$\nabla \mathbf{T} = T^{lm}{}_{;k} \boldsymbol{g}^k \boldsymbol{g}_l \boldsymbol{g}_m \tag{2.94}$$

따라서 아래의 관계가 성립된다,

$$(\nabla \mathbf{T})_k{}^{lm} = T^{lm}{}_{;k} \tag{2.95}$$

즉 식 (2.83) ~ (2.84) 및 (2.94) ~ (2.95)를 보면 텐서의 공변 미분은 $\nabla\left(= \boldsymbol{g}^k \nabla_k\right)$에 의한 기울기의 성분[가령 $\nabla_k \boldsymbol{u} = u^m{}_{;k} \boldsymbol{g}_m = u_{m;k} \boldsymbol{g}^m$, $\nabla_k \mathbf{T} = T^{ij}{}_{;k} \boldsymbol{g}_i \boldsymbol{g}_j = T^i{}_{j;k} \boldsymbol{g}_i \boldsymbol{g}^j = T_i{}^j{}_{;k} \boldsymbol{g}^i \boldsymbol{g}_j$ 등]과 같음을 알 수 있다. 또한 어떠한 차수의 (절대)텐서에 대한 기울기(gradient)는 텐서의 차수를 한 단계 더 증가시킨다. 이와 같은 논리는 3차 이상의 고차텐서의 경우에도 그대로 확장이 가능하다.

■ 2.7 발산 연산자의 개념

지금 1.10절에 소개한 두 벡터 $\boldsymbol{a}$와 $\boldsymbol{b}$의 자유적(혹은 dyadic 곱)으로 형성된 2차 텐서 $\boldsymbol{ab}$에 대한 트레이스 정의식 (1.211)로부터 아래의 관계식이 성립된다.

$$\mathrm{Tr}(\nabla \boldsymbol{v}) = \nabla \cdot \boldsymbol{v} = \left(\boldsymbol{g}^k \nabla_k\right) \cdot \boldsymbol{v} = \boldsymbol{g}^k \frac{\partial \boldsymbol{v}}{\partial x^k} \tag{2.96}$$

즉 위 식은 식 (1.211)과 달리, 먼저 ∇에 의한 편미분을 행한 후 내적을 취함을 의미한다.

정의 : E^3에서 연속적으로 미분가능한 백터장 $\boldsymbol{v}(\boldsymbol{x})$의 $\nabla\left(=\boldsymbol{g}^k \nabla_k\right)$에 의한 '발산(divergence)'은 아래와 같이 스칼라로서 정의된다.

$$\nabla \cdot \boldsymbol{v} = \mathrm{div}\, \boldsymbol{v} = \mathrm{Tr}(\nabla \boldsymbol{v}) \tag{2.97}$$

여기서 $\nabla_k \boldsymbol{v}$에 식 (2.34a)를 이용하면 아래가 얻어진다.

$$\nabla \cdot \boldsymbol{v} = \boldsymbol{g}^k \cdot \frac{\partial \boldsymbol{v}}{\partial x^k} = \boldsymbol{g}^k \cdot v^m{}_{;k} \boldsymbol{g}_m = v^k{}_{;k} \tag{2.98}$$

이는 다시 $v^k{}_{;k}$에 공변 미분의 정의식 (2.33)을 적용하고, 다시 식 (2.20)을 이용하면 아래식을 얻어진다.

$$\nabla \cdot \boldsymbol{v} = v^k{}_{;k} = \frac{\partial v^k}{\partial x^k} + v^l \Gamma^k_{lk} = \frac{\partial v^k}{\partial x^k} + v^l \frac{\partial}{\partial x^l}(\ln \sqrt{g}) = \frac{1}{\sqrt{g}} \frac{\partial}{\partial x^k}\left(\sqrt{g}\, v^k\right) \tag{2.99}$$

이를 다시 1.14절에 언급한 직교곡선계의 물리성분으로 나타내면 아래가 된다.

$$\nabla \cdot \boldsymbol{v} = v^k{}_{;k} = \sum_{k=1}^{3} \frac{1}{\sqrt{g}} \frac{\partial}{\partial x^k}\left(\sqrt{g}\, \frac{\hat{v}^k}{\sqrt{g_{\underline{k}\underline{k}}}}\right) \tag{2.100}$$

2.7.1 2차 텐서 장의 발산

$\mathbf{T}(\boldsymbol{x})$가 E^3 공간에서 $\boldsymbol{x}$ 좌표계에 대하여 연속적으로 미분가능한 2차 텐서 장이라고 하자. 이때 $\nabla(=\boldsymbol{g}^k \nabla_k)$에 의한 발산은 벡터장에 대한 발산식 (2.98)의 확장에 의해 아래와 같이 정의된다.

$$\nabla \cdot \mathbf{T} = \mathrm{div}\, \mathbf{T} = \mathrm{Tr}(\nabla \mathbf{T}) \tag{2.101}$$

그러면 위 식의 $\nabla = \boldsymbol{g}^k \nabla_k$를 대입하고, 또 $\nabla_k \mathbf{T} = T^{lm}{}_{;k}\, \boldsymbol{g}_l \boldsymbol{g}_m$(식 (2.46))을 이용하면 발산에 관한 아래 식을 얻는다.

$$\nabla \cdot \mathbf{T} = \boldsymbol{g}^k \cdot T^{lm}{}_{;k}\, \boldsymbol{g}_l \boldsymbol{g}_m = T^{km}{}_{;k}\, \boldsymbol{g}_m \tag{2. 102}$$

여기서 $\nabla \cdot \mathbf{T}$는 1차 텐서인 벡터가 됨을 알 수 있다(혹은 ∇ 및 $\mathbf{T}$는 각각 차수 1 및 2, 그리고 $\cdot$ 은 -2이므로 전체 차수는 1+2-2=1인 벡터가 됨). 그리고 위 식에서 아래의 관계식도 성립된다.

$$(\nabla \cdot \mathbf{T})^m = T^{km}{}_{;k} \tag{2. 103}$$

또한 위 식 첨자의 낮춤에 의해 동반성분 $(\nabla \cdot \mathbf{T})_m$도 아래와 같이 얻어진다.

$$(\nabla \cdot \mathbf{T})_m = \boldsymbol{g}_{pm} (\nabla \cdot \mathbf{T})^p = g_{pm} T^{kp}{}_{;k} = T^k{}_{m;k} \tag{2. 104}$$

정리 : E^3 공간에서 $\mathbf{T}(\boldsymbol{x})$는 $\boldsymbol{x}$ 좌표계에 대하여 연속적으로 미분가능한 2차 텐서 장으로 아래와 같이 나타내지고,

$$\mathbf{T} = T^{km} \boldsymbol{g}_k \boldsymbol{g}_m = \boldsymbol{g}_k T^{km} \boldsymbol{g}_m = \boldsymbol{g}_k \boldsymbol{t}^k \tag{2. 105}$$

여기에서 벡터 $\boldsymbol{t}^k$가 아래와 같이 주어진다면

$$\boldsymbol{t}^k = T^{km} \boldsymbol{g}_m \tag{2. 106}$$

아래의 관계식이 성립된다.

$$T^{km}{}_{;k} = \left[\frac{1}{\sqrt{g}} \frac{\partial}{\partial x^k} (\sqrt{g}\, \boldsymbol{t}^k) \right]^m = (\nabla \cdot \mathbf{T})^m \tag{2. 107}$$

여기서 $g = \det(g_{kl})$이다.

증명 증명은 (반대로) 식 (2.107)의 우편이 좌편이 됨을 보여주는 것으로 대체하면 아래가 된다.

$$\frac{1}{\sqrt{g}} \frac{\partial}{\partial x^k} (\sqrt{g}\, \boldsymbol{t}^k) = \frac{1}{\sqrt{g}} \frac{\partial}{\partial x^k} (\sqrt{g}\, T^{km} \boldsymbol{g}_m)$$

$$= T^{km}{}_{,k}\, \boldsymbol{g}_m + T^{km} \frac{\partial \boldsymbol{g}_m}{\partial x^k} + \frac{1}{\sqrt{g}} \frac{\partial}{\partial x^k} (\sqrt{g})\, T^{km} \boldsymbol{g}_m$$

$$= T^{km}{}_{,k}\, \boldsymbol{g}_m + T^{km}\, \Gamma^{l}_{mk} \boldsymbol{g}_l + T^{km}\, \Gamma^{n}_{nk} \boldsymbol{g}_m$$

$$= T^{km}{}_{,k}\, \boldsymbol{g}_m + T^{kl}\, \Gamma^{m}_{lk}\, \boldsymbol{g}_m + T^{lm}\, \Gamma^{k}_{kl} \boldsymbol{g}_m$$

$$= T^{km}{}_{;k}\, \boldsymbol{g}_m \tag{2. 108}$$

위 식의 전개에 있어서 식 (2.4) 및 (2.20)을 사용하였다. 따라서 요구하는 식 (2.107)이 증명된다. ■

한편 2차 텐서 $\mathbf{T}$의 반변성분으로 표시된 발산에 관한 위 정리는 아래와 같이 $\mathbf{T}$가 혼합성분으로 표시될 경우에도 마찬가지 논리에 의하여 발산의 공변성분에 관한 정리를 기술할 수 있다. 즉 아래의 관계가 성립된다면

$$\mathbf{T} = T^{k}{}_{l}\, \boldsymbol{g}_k \boldsymbol{g}^l = \boldsymbol{g}_k\, T^{k}{}_{l}\, \boldsymbol{g}^l = \boldsymbol{g}_k\, \boldsymbol{t}^k \tag{2. 109}$$

여기서

$$\boldsymbol{t}^k = T^{k}{}_{l} \boldsymbol{g}^l \tag{2. 110}$$

다음식이 성립된다(단 증명은 생략하나, 식 (2.108)의 경우처럼 비교적 간단히 증명될 수 있다.)

$$\left[\frac{1}{\sqrt{g}} \frac{\partial}{\partial x^k} (\sqrt{g}\, \boldsymbol{t}^k) \right]_l = T^{k}{}_{l;k} = (\nabla \cdot \mathbf{T})_l \tag{2. 111}$$

[비고: 위 결과는 $(\nabla \cdot \mathbf{T})^m$(식 2.107)의 내림 즉 $(\nabla \cdot \mathbf{T})_l = g_{lm} (\nabla \cdot \mathbf{T})^m$에 의해서도 증명될 수 있다.]

위에서 언급한 2차 텐서 $\mathbf{T}$의 발산에 관한 정리는 연속체역학에서 물체가 받는 (전체) 응력(stress)텐서 T^{km}(혹은 $T^{k}{}_{m}$)는 단순히 좌표면에 작용하는 응력벡터 $\boldsymbol{t}^k$의 성분에 해당함을 말해준다(4장 참조).

2. 7. 2 발산정리와 관련된 적분정리

Gauss의 '발산(divergence) 정리'는 한 닫힌 표면(폐곡면) S로부터 어떤 벡터장의 전체 유출량(flux)을 그로 둘러싸여진 체적 V에 대한 벡터장의 발산적분과 관련짓는 것이다(그림 2.2 참조).

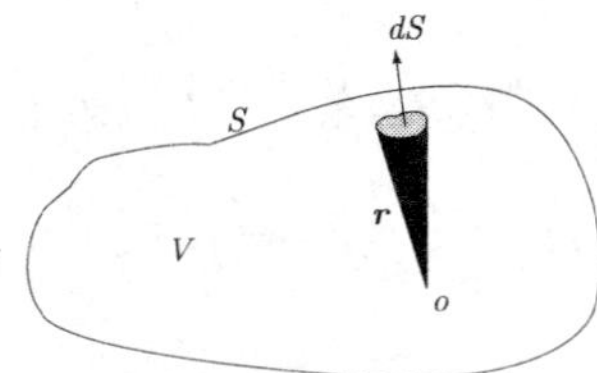

그림 2.2 원점을 포함하고 폐곡면 S로 둘러싸여진 임의의 일반부피 V.

만약 E^3 공간에서 임의의 벡터장 $\boldsymbol{a}$가 연속이고 미분가능하다면 아래의 발산정리가 성립된다.

$$\int_V \nabla \cdot \boldsymbol{a}\, dV = \oint_S \boldsymbol{a} \cdot d\boldsymbol{S} \tag{2.112}$$

여기서 미소 표면적 벡터 $d\boldsymbol{S}$는 곡면 $\boldsymbol{r} = \boldsymbol{r}(u, v)$[여기서 u 및 v는 곡면의 두 매개변수로서, 가령 구면의 경우 $u = \theta$(극각), $v = \phi$(방위각)이다]상의 1점(가령 그림 2.2에서 O점)에서 두 개의 기저 벡터 $\boldsymbol{r}_u (= \partial \boldsymbol{r}/\partial u)$ 및 $\boldsymbol{r}_v (\partial \boldsymbol{r}/\partial v)$로 펴진 접평면에 수직으로서 아래와 같이 정의된다.

$$d\boldsymbol{S} = (\boldsymbol{r}_u \times \boldsymbol{r}_v) du dv = \boldsymbol{n} dS, \qquad \boldsymbol{n} = \boldsymbol{N}(= \boldsymbol{r}_u \times \boldsymbol{r}_v)/\|\boldsymbol{N}\| \tag{2.113}$$

즉 $\boldsymbol{n}$는 $\boldsymbol{r}_u$ 및 $\boldsymbol{r}_v$로 형성된 점 O에서 곡면 $\boldsymbol{r} = \boldsymbol{r}(u, v)$에 대한 접평면에 수직인 외향 단위 법선 벡터(normal outward)로서 $d\boldsymbol{S}$의 방향과 일치한다.

식 (2.112)로 정의된 발산이론은 만일 어떤 곡면 S가 닫혀있고 크기가 0이 아닌 체적 V를 둘러싸고 있다면 단순연결 및 다중 연결된 표면 모두에 대하여 유효하다. 발산이론은 또한 일반 텐서장(tensor field)으로도 확장될 수 있다.

예제 2.5

3차원 Cartesian 좌표계에서 $x^2 + y^2 = 4,\ z = 0$ 과 $z = 3$으로 경계진 영역(그림 참조)위에 취해진 벡터장 $\boldsymbol{A} = 4x\boldsymbol{i} - 2y^2\boldsymbol{j} + z^2\boldsymbol{k}$ 에 대한 발산정리(식 (2.112))를 증명하라.

풀이

$$\text{체적적분} = \iiint_V \nabla \cdot \boldsymbol{A}\, dV = \iiint_V \left[\frac{\partial}{\partial x}(4x) + \frac{\partial}{\partial y}(-2y^2) + \frac{\partial}{\partial z}(z^2)\right] dV$$

$$= \iiint_V (4 - 4y + 2z)\, dV = \int_{x=-2}^{2} \int_{y=-\sqrt{4-x^2}}^{\sqrt{4-x^2}} \int_{z=0}^{3} (4 - 4y - 2z)\, dz dy dx = 84\pi$$

원주의 곡면 S는 아래면 $S_1 (z = 0)$, 위쪽면 $S_2 (z = 3)$와 볼록 부분 $S_3 (x^2 + y^2 = 4)$를 구성한다. 그러면,

$$\text{곡면 적분} = \iint_S \boldsymbol{A} \cdot \boldsymbol{n} dS = \iint_{S_1} \boldsymbol{A} \cdot \boldsymbol{n} dS_1 + \iint_{S_2} \boldsymbol{A} \cdot \boldsymbol{n} dS_2 + \iint_{S_3} \boldsymbol{A} \cdot \boldsymbol{n} dS_3 .$$

$S_1 (z = 0)$에 대해 $\boldsymbol{n} = -\boldsymbol{k}$, $\boldsymbol{A} = 4x\boldsymbol{i} - 2y^2\boldsymbol{j}$ 그리고 $\boldsymbol{A} \cdot \boldsymbol{n} = 0$. 따라서,

$\int\int_{S_1} \boldsymbol{A}\cdot\boldsymbol{n}dS_1 = 0$이다. $S_2(z=3)$에 대해 $\boldsymbol{n}=\boldsymbol{k}$, $\boldsymbol{A}=4x\boldsymbol{i}-2y^2\boldsymbol{j}+9\boldsymbol{k}$ 그리고 $\boldsymbol{A}\cdot\boldsymbol{n}=9$.

따라서 S_2의 면적은 4π 이므로(∵원의 표면적은 $\pi r^2 = \pi(x^2+y^2) = 4\pi$)

$$\int\int_{S_2} \boldsymbol{A}\cdot\boldsymbol{n}dS_2 = 9\int\int_{S_2} dS_2 = 36\pi .$$

$S_3(x^2+y^2=4)$에 대해, $x^2+y^2=4$ 으로의 수직은 방향 $\nabla(x^2+y^2) = 2x\boldsymbol{i}+2y\boldsymbol{j}$를 갖는다(∵스칼라 장 ϕ의 기울기 $\nabla\phi$는 법선벡터($\boldsymbol{n}$) 방향과 일치한다. - 식 (2.80) 참조).

그러면 단위법선($\boldsymbol{n}$)은 $x^2+y^2=4$ 이므로 $\boldsymbol{n}=\dfrac{2x\boldsymbol{i}+2y\boldsymbol{j}}{\sqrt{4x^2+4y^2}}=\dfrac{x\boldsymbol{i}+y\boldsymbol{j}}{2}$ 이다.

$\boldsymbol{A}\cdot\boldsymbol{n}=(4x\boldsymbol{i}-2y^2\boldsymbol{j}+z^2\boldsymbol{k})\cdot\left(\dfrac{x\boldsymbol{i}+y\boldsymbol{j}}{2}\right)=2x^2-y^3$ 이다.

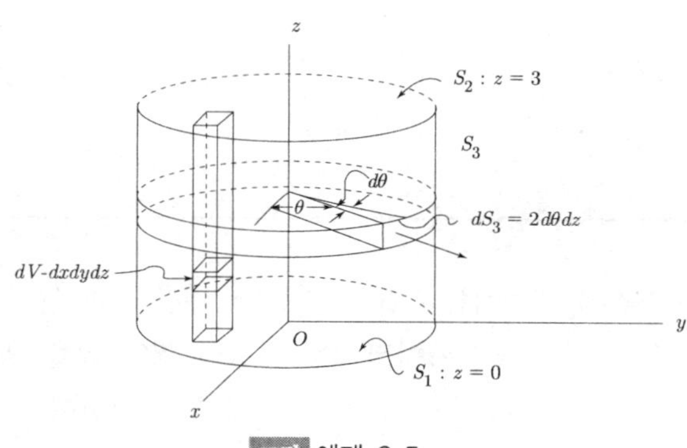

그림 예제 2.5

앞의 그림으로부터, $x=2\cos\theta$, $y=2\sin\theta$, $dS_3=2d\theta\, dz$. 따라서,

$$\int\int_{S_3} \boldsymbol{A}\cdot\boldsymbol{n}dS_3 = \int_{\theta=0}^{2\pi}\int_{z=0}^{3}[2(2\cos\theta)^2-(2\sin\theta)^3]2dz\, d\theta$$

$$= \int_{\theta=0}^{2\pi}(48\cos^2\theta-48\sin^3\theta)d\theta = \int_{\theta=0}^{2\pi}48\cos^2\theta\, d\theta = 48\pi$$

그러면, 곡면 적분$=0+36\pi+48\pi=84\pi$. 이것은 체적 적분과 일치하고 발산정리를 증명한다. 또한, S_3 위에 곡면 적분의 계산은 xz 또는 yz 좌표 평면들 위에 S_3의 투영에 의해서 행해져 왔다.

이 발산정리는 $\int_S \boldsymbol{a}\cdot d\boldsymbol{S}$ 형태의 표면적분을 부피적분으로 바꾸어(또는 그 역으로) 계산하는데 널리 사용된다. 예를 들어 $\boldsymbol{a}=\boldsymbol{r}$ 이라고 두면

$$\int_V \nabla\cdot\boldsymbol{r}\,dV = \int_V 3\,dV = \oint_S \boldsymbol{r}\cdot d\boldsymbol{S} \tag{2. 114}$$

예제 2.6

원점에 중심을 둔 반경 a의 구와 원점에 정점을 가진 반각 α 의 원추로 둘러싸여진 부피를 식 (2.114)를 사용하여 구하라.

풀이

구의 표면에 대한 미소 벡터 표면적 $d\boldsymbol{S}$는 구좌표를 사용하여 식 (2.113)에서 $\boldsymbol{r}_u = \boldsymbol{g}_\theta = r\boldsymbol{e}_\theta$, $\boldsymbol{r}_v = \boldsymbol{g}_\phi = r\sin\theta\,\boldsymbol{e}_\phi$(여기서 $r=a$대입)를 대입하고 $\boldsymbol{e}_\theta \times \boldsymbol{e}_\phi = \boldsymbol{e}_r = \hat{\boldsymbol{r}}$를 이용하면, $a^2\sin\theta\, d\theta\, d\phi\,\hat{\boldsymbol{r}}$ 로 나타낼 수 있다. 원추의 축을 $z-$축(각도 θ 는 이로부터 측정됨)으로 잡으면 계산하고자 하는 부피는 다음과 같이 된다.

$$V = \frac{1}{3}\oint_S \boldsymbol{r}\cdot d\boldsymbol{S} = \frac{1}{3}\int_0^{2\pi} d\phi \int_0^{\alpha} a^2 \sin\theta\, \boldsymbol{r}\cdot\hat{\boldsymbol{r}}\, d\theta$$

$$= \frac{1}{3}\int_0^{2\pi} d\phi \int_0^{\alpha} a^3 \sin\theta\, d\theta$$

$$= \frac{2\pi a^3}{3}(1-\cos\alpha)$$

또한 2차원에서의 발산이론을 고려하는 것도 흥미롭다. 예를 들어 그림 2.3에서 보듯이 $xy-$평면에서 어떤 닫힌 곡선 C에 의해 둘러싸여진 2차원 평면 영역 R을 생각해 보자.

곡선상의 임의의 점에서 벡터 $d\boldsymbol{r} = dx\boldsymbol{i} + dy\boldsymbol{j}$은 곡선에 대한 접선이고, 벡터 $\boldsymbol{n}\,ds = dy\boldsymbol{i} - dx\boldsymbol{j}$ (기하에서 증명가능)는 영역 R 바깥을 가리키는 법선이다(즉 $d\boldsymbol{r}\cdot\boldsymbol{n}\,dS = 0$ 만족). 만일 벡터장 $\boldsymbol{a}$가 R에서 연속이고 미분가능하다면 Cartesian 좌표에서 2차원 발산정리는 다음의 형태가 된다.

$$\int\int_R \left(\frac{\partial a_x}{\partial x} + \frac{\partial a_y}{\partial y}\right) dx\, dy = \oint \boldsymbol{a}\cdot\boldsymbol{n}\, ds = \oint_C (a_x\, dy - a_y\, dx)$$

$P = -a_y$, $Q = a_x$ 라고 두면 아래 식에 나타낸 평면에서의 'Green의 정리'가 된다.

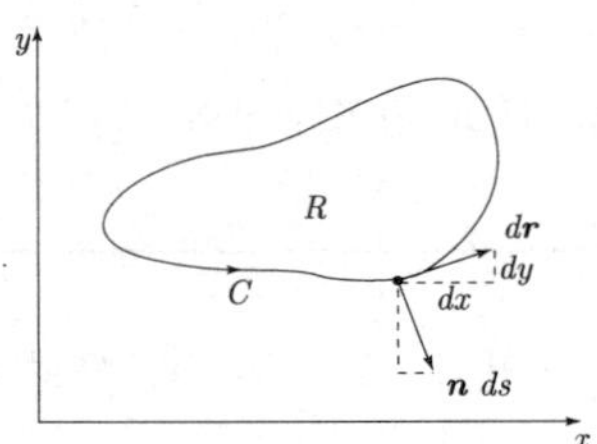

그림 2.3 영역 R을 둘러싸고 있는 $xy-$평면상의 한 폐곡선 C.
곡면상의 한 점에서 이 곡선에 대한 접선 및 법선벡터가 그림 상에 표시되어 있다.

$$\oint_C (P\,dx + Q\,dy) = \int\int_R \left(\frac{\partial Q}{\partial x} - \frac{\partial P}{\partial y} \right) dx\,dy \tag{2.115}$$

즉 폐곡선 C를 따른 선적분은 둘러싸여진 영역 R에 대한 2중 적분으로 나타내어진다.

공간에서의 Green의 정리 :

폐곡면 S를 경계로 하는 공간의 영역을 V, S의 밖으로 향하는 단위 법선벡터를 $\boldsymbol{n}$이라 하고, $\boldsymbol{n}$방향의 방향 미분계수를 $\frac{\partial}{\partial n}(\equiv \boldsymbol{n}\cdot\nabla)\left(즉\ \nabla\phi\cdot\boldsymbol{n} = \frac{\partial \phi}{\partial n}\right)$로 표시한다. 이때 V내에서 연속이고 미분가능한 두개의 스칼라 함수 ϕ와 Ψ에 대하여 생각해 보자. 발산정리(식 (2.112))를 벡터장 $\phi\nabla\Psi$에 적용하면 다음의 관계식을 얻을 수 있다.

$$\oint_S \phi\nabla\Psi\cdot d\boldsymbol{S} = \oint_S \phi\frac{\partial\Psi}{\partial n}dS = \int_V \nabla\cdot(\phi\nabla\Psi)\,dV$$

$$= \int_V [\phi\nabla^2\Psi + (\nabla\phi)\cdot(\nabla\Psi)]\,dV \tag{2.116}$$

식 (2.116)에서 ϕ와 Ψ를 바꾸고 두 식을 빼면 다음과 같다.

$$\oint_S (\phi\nabla\Psi - \Psi\nabla\phi)\cdot d\boldsymbol{S} = \oint_S \left(\phi\frac{\partial\Psi}{\partial n} - \Psi\frac{\partial\phi}{\partial n}\right)dS = \int_V (\phi\nabla^2\Psi - \Psi\nabla^2\phi)\,dV \tag{2.117}$$

식 (2.116)는 일반적으로 Green의 첫 번째 정리이고 (2.117)은 Green의 두 번째 정리라고 한다. Green의 두 번째 정리는 편미분 방정식의 풀이에 사용되는 "Green 함수"를 다루는데 있어서 유용하지만, 여기에서는 언급하지 않겠다.

2. 7. 2. 1 발산 관련 정리의 기하학적 의미

즉 만일 ϕ가 스칼라 장, $\boldsymbol{a}$가 벡터장이라면 곡면 S로 둘러싸여진 작은 체적 V내의 임의의 점 P에서 아래와 같은 관계가 성립됨을 보일 수 있다.

$$\nabla\phi = \lim_{V\to 0}\left(\frac{1}{V}\oint_S \phi\,d\boldsymbol{S}\right) \tag{2.118}$$

$$\nabla\cdot\boldsymbol{a} = \lim_{V\to 0}\left(\frac{1}{V}\oint_S \boldsymbol{a}\cdot d\boldsymbol{S}\right) \tag{2.119}$$

$$\nabla\times\boldsymbol{a} = \lim_{V\to 0}\left(\frac{1}{V}\oint_S d\boldsymbol{S}\times\boldsymbol{a}\right) \tag{2.120}$$

사실 이 식들을 기울기, 발산, 회전(2.8절 참조)에 대한 기하학적 정의로 간주할 수 있다.

식 (2.118) ~ (2.120)을 연산자 기호를 사용하여 다음과 같이 한 개의 식으로 나타낼 수 있다.

$$\nabla \circ \equiv \lim_{V\to 0}\left(\frac{1}{V}\oint_S d\boldsymbol{S}\circ\right) \tag{2.121}$$

여기서 ◦은 벡터의 외적, 내적 또는 보통 곱(grad)을 나타낸다.

위의 벡터 미분 연산에 관한 적분 표현식은 언급한 바와 같이 모두 좌표계에 무관한 기하학적 표현에 해당하므로 원칙적으로는 어떠한 좌표계에서도 적용이 가능하다. 그러나 Cartesian 좌표계를 제외한 일반 곡선좌표계의 경우 기저벡터가 좌표의 함수가 되므로 위 식을 증명하는데 다소 어려움이 따른다. 이하의 예제에서는 Cartesian 좌표계를 사용하여 식 (2.119)를 증명해 보기로 한다.

예제 2.7

$\mathrm{div}\boldsymbol{A}$ 가 한 점 P에서 벡터장 $\boldsymbol{A}$의 발산을 표시한다 하자.

$\mathrm{div}\boldsymbol{A} = \lim_{\Delta V\to 0}\dfrac{\iint_{\Delta S}\boldsymbol{A}\cdot\boldsymbol{n}dS}{\Delta V}$ (식 (2.119))임을 밝혀라. 단 ΔV 는 곡면 ΔS 에 의해 둘러싸인 체적이고 극한은 점 P에로의 ΔV 를 작게 함으로써 얻어진다.

풀이

발산정리 (2.112)에 의해서 $\iiint_{\Delta V}\mathrm{div}\boldsymbol{A}dV = \iint_{\Delta S}\boldsymbol{A}\cdot\boldsymbol{n}dS$ 이다. 적분에 대한 평균치 정리에 의해 좌변은

$$\overline{\mathrm{div}\boldsymbol{A}}\iiint_{\Delta V}dV = \overline{\mathrm{div}\boldsymbol{A}}\,\Delta V$$

로 쓸 수 있다. 단 $\overline{\mathrm{div}\boldsymbol{A}}$ 는 ΔV를 통하여 $\mathrm{div}\boldsymbol{A}$의 최대치와 최소치 사이의 몇 개의 중간치이다. 그러면

$$\overline{\mathrm{div}\boldsymbol{A}} = \frac{\iint_{\Delta S}\boldsymbol{A}\cdot\boldsymbol{n}dS}{\Delta V}$$

이다. P가 항상 ΔV 에로의 내부에 있는 $\Delta V\to 0$ 처럼 극한을 취하면 $\overline{\mathrm{div}\boldsymbol{A}}$ 는 점 P에서 값 $\mathrm{div}\boldsymbol{A}$ 에 접근한다. 따라서

$$\mathrm{div}\boldsymbol{A} = \lim_{\Delta V \to 0} \frac{\displaystyle\iint_{\Delta S} \boldsymbol{A} \cdot \boldsymbol{n} dS}{\Delta V}$$

이다. 이 결과는 $\boldsymbol{A}$ 의 발산을 정의하는데 대한 출발점으로써 취해질 수 있고 모든 성질들은 발산정리의 증명을 포함하면서 유도될 수 있다. 물리적으로 $\dfrac{\iint_{\Delta S} \boldsymbol{A} \cdot \boldsymbol{n} dS}{\Delta V}$ 는 곡면 ΔS 로부터 벡터 $\boldsymbol{A}$의 단위체적에 대한 유출(flux) 또는 순유출(net outflow)을 나타낸다. 만일 div$\boldsymbol{A}$가 한 점 P의 근방 안에서 양(+)이라면, P로부터의 유출은 양이고 P를 원천(source)이라 한다.

유사하게 div$\boldsymbol{A}$ 가 P의 근방에서 음(−)이라면 이미 유출은 유입(inflow)이 되고 P는 흡인(sink)이라 한다. 만일 영역안에서 원천 또는 흡인이 없다면 div$\boldsymbol{A}=0$ 이고 $\boldsymbol{A}$를 관상(solenoidal) 벡터장이라 한다.

2.7.2.2 다른 연관된 적분정리

식 (2.112)로 언급된 것 외에도 물리적 응용 면에서 가치가 있는 또 다른 2개의 발산정리 관련 적분정리가 있다. 즉 만일 ϕ가 스칼라장이고 $\boldsymbol{b}$ 가 벡터장으로서, 폐곡면 S 로 둘러싸인 체적 V 내에서 통상의 미분가능 조건을 만족시킨다면 다음의 두 관계가 성립된다.

$$\int_V \nabla \phi dV = \oint_S \phi d\boldsymbol{S} \tag{2. 122}$$

$$\int_V \nabla \times \boldsymbol{b}\, dV = \oint_S d\boldsymbol{S} \times \boldsymbol{b} \tag{2. 123}$$

식 (2.122) - (2.123)는 연산자 기호를 사용하여 다음과 같이 한 개의 식으로 나타낼 수 있다.

$$\int_V \nabla \circ \Psi\, dV = \oint_S d\boldsymbol{S} \circ \Psi \tag{2. 124}$$

여기서 Ψ 는 연산자 기호 $\circ$가 벡터 내적, 외적 또는 일반 곱인가에 따라서 벡터 함수 또는 스칼라 함수일 수 있다.

예제 2.8

발산정리를 사용하여 식 (2.122)를 증명하라.

풀이

발산정리 (2.112)에서 $\boldsymbol{a}=\phi\boldsymbol{c}$ (여기서 $\boldsymbol{c}$는 상수 벡터) 라고 두자. 그러면

$$\int_V \nabla\cdot(\phi\boldsymbol{c})dV=\oint_S \phi\boldsymbol{c}\cdot d\boldsymbol{S}$$

좌변의 피적분함수를 전개하면 $\boldsymbol{c}$는 일정한 벡터이므로 다음과 같이 된다.

$$\nabla\cdot(\phi\boldsymbol{c})=\phi\nabla\cdot\boldsymbol{c}+\boldsymbol{c}\cdot\nabla\phi=\boldsymbol{c}\cdot\nabla\phi$$

또한 $\phi\boldsymbol{c}\cdot d\boldsymbol{S}=\boldsymbol{c}\cdot\phi d\boldsymbol{S}$이므로 다음의 식을 얻을 수 있다.

$$\int_V \boldsymbol{c}\cdot(\nabla\phi)dV=\oint_S \boldsymbol{c}\cdot\phi d\boldsymbol{S}$$

$\boldsymbol{c}$는 상수 벡터이므로 양쪽의 적분 바깥으로 내면

$$\boldsymbol{c}\cdot\int_V \nabla\phi dV=\boldsymbol{c}\cdot\oint_S \phi d\boldsymbol{S}$$

그런데 $\boldsymbol{c}$는 임의의 벡터이므로 식 (2.122)의 결과를 얻을 수 있다.

또한 발산정리 식 (2.112)에서 $\boldsymbol{a}=\nabla\phi$라 두고, $\nabla\cdot\nabla=\nabla^2$(Laplace 연산자, 뒤 참조)를 이용하면 아래 식을 얻는다.

$$\int_V \nabla^2\phi dV=\oint_S d\boldsymbol{S}\cdot\nabla\phi=\oint_S \frac{\partial\phi}{\partial n}dS \tag{2. 125}$$

$$\frac{\partial\phi}{\partial n}=(\boldsymbol{n}\cdot\nabla)\phi=\nabla\phi\cdot\boldsymbol{n} \tag{2. 126}$$

여기서 $\boldsymbol{n}$은 스칼라 장 ϕ의 곡면 S상에서의 접평면에 수직인 (단위)법선벡터이다[식 (2.80) 참조]. 그리고 식 (2.125)의 2차원 버전으로서 아래식이 성립된다.

$$\int_R \nabla^2\phi\, dx\, dy=\oint_C \frac{\partial\phi}{\partial n}ds \tag{2. 127}$$

여기서 R은 2차원 Cartesian (x, y) 평면에서의 (장방형)영역을 나타내며, $ds=\|d\boldsymbol{r}\|$는 미소호의 길이이다.

증명 그림 2.4에 나타낸 바와 같이 서로소 집합(disjoint set)인 C_1, C_2, C_3 및 C_4의 합(union)인 경계곡선 C를 가진 한 (2차원) 장방형 영역(rectangular region) $R = \{(x, y) : 0 < x < a, 0 < y < b\}$을 생각해보자. 이제 적분 $\int_R \nabla^2 \phi \, dx \, dy$를 평가하고자 한다.

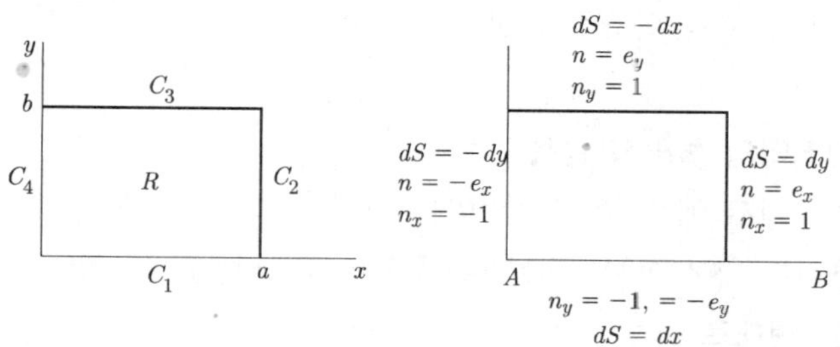

그림 2.4 장방형 영역(rectangular region)에대한 적분(그림에서 미소 호의 길이 $dS=ds$).

고찰 중의 적분 영역에 대한 선적분은 아래와 같이 간단히 될 수 있다(여기서 2차원의 경우 부피적분은 면적분이 됨에 유의하라).

$$\oint_C \frac{\partial \phi}{\partial n} ds = \int_{C_1} \frac{\partial \phi}{\partial n} ds + \int_{C_2} \frac{\partial \phi}{\partial n} ds + \int_{C_3} \frac{\partial \phi}{\partial n} ds + \int_{C_4} \frac{\partial \phi}{\partial n} ds$$

$$= \int_0^a \left(-\frac{\partial \phi}{\partial y} \right)\bigg|_{y=0} dx + \int_0^b \left(\frac{\partial \phi}{\partial x} \right)\bigg|_{x=a} dy$$

$$+ \int_a^0 \left(\frac{\partial \phi}{\partial y} \right)\bigg|_{y=b} dx + \int_b^0 \left(-\frac{\partial \phi}{\partial x} \right)\bigg|_{x=0} dy$$

$$= \int_0^a \left[\left(\frac{\partial \phi}{\partial y} \right)_{y=b} - \left(\frac{\partial \phi}{\partial y} \right)_{y=0} \right] dx + \int_0^b \left[\left(\frac{\partial \phi}{\partial x} \right)_{x=a} - \left(\frac{\partial \phi}{\partial x} \right)_{x=0} \right] dy$$

또한 같은 결과가 아래와 같이 부분 적분 정리를 이용하여 얻어질 수 있다.

$$\int_R \nabla^2 \phi \, dx \, dy = \int_0^b \int_0^a \left(\frac{\partial^2 \phi}{\partial x^2} + \frac{\partial^2 \phi}{\partial y^2} \right) dx dy$$

$$= \int_0^b \int_0^a \frac{\partial}{\partial x} \left(\frac{\partial \phi}{\partial x} \right) dx dy + \int_0^a \int_0^b \frac{\partial}{\partial y} \left(\frac{\partial \phi}{\partial y} \right) dy dx$$

$$= \int_0^b \left(\frac{\partial \phi}{\partial x} \right)\bigg|_{x=0}^{x=a} dy + \int_0^a \left(\frac{\partial \phi}{\partial y} \right)\bigg|_{y=0}^{y=b} dx$$

$$= \int_0^b \left[\left(\frac{\partial \phi}{\partial x} \right)_{x=a} - \left(\frac{\partial \phi}{\partial x} \right)_{x=0} \right] dy + \int_0^a \left[\left(\frac{\partial \phi}{\partial y} \right)_{y=b} - \left(\frac{\partial \phi}{\partial y} \right)_{y=0} \right] dx$$

따라서 부분 적분은 벡터 적분의 기울기 정리 또는 발산정리에 관한 특별 경우로 간주될 수 있다. 그러나 임의의 적분 영역에 대하여 항상 부분 적분 정리를 적용하는 것은 그리 용이하지 않음에 유의하여야 한다. ■

2.7.2.3 발산정리의 물리적 응용

발산정리는 물리학에서 매우 중요한 편미분 방정식들의 유도에 널리 이용된다.

발산정리를 이용하는 기본 아이디어는 (관측에서 유도되는) 적분형태를 대응하는 (이론에서 사용되는) 똑같은 미분형태로 바꾸는 것이다. 이하의 예제 2개는 레올로지 부분의 4장 및 5장에서 자세히 다룰 사항이지만, 여기서는 발산정리의 응용에 목적을 두고 간단히 소개하고자 한다.

예제 2.9

시간에 따라 변하는 위치 의존성 밀도 $\rho(\boldsymbol{r},t)$와 속도장 $v(\boldsymbol{r})$을 가진 '압축성 유체 (compressible fluid)'에 있어서 유체가 생성 또는 파괴되지 않는 소위 "질량 보존"의 조건하에서 다음의 식이 성립함을 보이시오.

$$\frac{\partial \rho}{\partial t} + \nabla \cdot (\rho \boldsymbol{v}) = 0$$

풀이

질량 보존의 법칙에 의하면, 유체내의 임의의 체적 V에 대하여 그 부피 내에서 유체의 질량 M의 증가 혹은 감소 속도는 유체가 그 부피를 떠나거나 들어오는 순(net) 속도와 같아야 한다. 즉

$$\frac{dM}{dt} = -\oint_S \rho \boldsymbol{v} \cdot d\boldsymbol{S}$$

여기서 S는 V를 둘러싸고 있는 표면이다. 그러나 V안의 유체의 질량은 $M = \int_V \rho dV$ 이므로 다음의 식을 얻을 수 있다.

$$\frac{d}{dt} \int_V \rho dV + \oint_S \rho \boldsymbol{v} \cdot d\boldsymbol{S} = 0$$

좌변의 첫 번째 적분에 시간 도함수를 취하고, 두 번째 적분에 발산정리를 적용하면 다음과 같이 된다.

$$\int_V \frac{\partial\rho}{\partial t}dV+\int_V \nabla\cdot(\rho\boldsymbol{v})\,dV=\int_V\left[\frac{\partial\rho}{\partial t}+\nabla\cdot(\rho\boldsymbol{v})\right]dV=0$$

체적 V는 임의의 값이므로 (연속성인) 피적분함수는 반드시 0이 되어야 한다. 따라서 요구되는 결과를 얻을 수 있다.

$$\frac{\partial\rho}{\partial t}+\nabla\cdot(\rho\boldsymbol{v})=0$$

이것을 압축성 유체에 관한 '연속 방정식(continuity equation)' 이라 한다. 이것은 다른 계에 적용이 가능한데, 예를 들면 ρ는 전하 밀도 혹은 열용량(heat content) 등이다. 한편 위 식을 편미분에 관한 사슬법칙(부록 1.1 참조)을 사용하여 아래와 같이 나타낼 수 있다.

$$\frac{d\rho}{dt}+\rho\nabla\cdot\boldsymbol{v}=0$$

여기서 $\frac{d\rho}{dt}=\frac{\partial\rho}{\partial t}+(\boldsymbol{v}\cdot\nabla)\rho$이다. 따라서 $\rho=$일정인 비압축성 유체(즉 $\frac{d\rho}{dt}=0$)에 대한 연속방정식은 간단히 $\nabla\cdot\boldsymbol{v}=0$이 된다.

[위에서 $\boldsymbol{v}=\frac{d\boldsymbol{r}}{dt}$는 임의의 시간 t에서 위치 $\boldsymbol{r}(t)$을 가진 유체내의 한 고정된 물질요소(material element)의 (전체) 속도를 나타내므로 물질요소의 시간에 따른 변화속도와 다른 임의의 변화를 구별하기 위하여 스칼라장 $\rho(\boldsymbol{r},t)$의 전체 시간도함수인 $\frac{d\rho}{dt}$ 대신 시간에 대한 소위 '물질(혹은 본질)도함수(material or substantial derivative)' 혹은 'Lagrange moving convective 도함수'로 알려진 $\frac{D\rho}{Dt}$로 표기하는 경우가 종종 있다(예제 2.10, 2.13절 참조)]. 사실 이 예제는 4.6.1절에서 보다 정식으로 다시 한번 증명하기로 한다.

예제 2.10

다음은 'Reynold's transport theorem' 으로 알려진 부피적분에 관한 문제이다. 즉 $\eta(\boldsymbol{r},t)$는 연속적으로 미분 가능한 스칼라장이며, V_t는 시간 t에서 적분부피를 나타내고, V_t내의 각 점(위치 $\boldsymbol{r}$을 가짐)들은 속도 $\boldsymbol{v}(\boldsymbol{r},t)$움직인다고 하자. 이 때 (a) 다음을 증명하라

$$\frac{d}{dt}\iiint_{V_t}\eta(\boldsymbol{r},t)\,dV=\iiint_{V_t}\left(\frac{d\eta}{dt}+\eta\nabla\cdot\boldsymbol{v}\right)dV$$

$$=\iiint_{V_t}\left(\frac{\partial\eta}{\partial t}+\nabla\cdot\eta\boldsymbol{v}\right)dV$$

$$=\iiint_{V_t}\frac{\partial\eta}{\partial t}\,dV+\iint_{S_t}\eta\boldsymbol{v}\cdot d\boldsymbol{S}$$

또 이로부터 Cauchy의 운동량 변화 속도식

(b) $\frac{d}{dt}\iiint_{V}\rho\boldsymbol{v}\,dV=\iiint_{V}\rho\frac{d\boldsymbol{v}}{dt}\,dV$ 를 증명하라.

여기서 ρ는 위치 의존성 밀도(단위 체적당 질량)이다.

풀이

(a) 만약 체적 V가 각각 부피 ΔV를 가진 작은 장방형의 평행 육면체들로 나누어진다면, 식 (a)의 적분은 $\sum\eta(\boldsymbol{r},t)\Delta V$로 근사화 될 것이므로 식 (a)는 아래와 같이 근사화될 것이다.

$$\sum\frac{d\eta(\boldsymbol{r},t)}{dt}\Delta V+\sum\eta(\boldsymbol{r},t)\frac{d\Delta V}{dt} \tag{i}$$

그런데 '연속체 이론(continuum theory)'에 의하면 상대부피 변화속도는 아래와 같다.

$$\frac{1}{\Delta V}\cdot\frac{d\Delta V}{dt}=\nabla\cdot\boldsymbol{v} \tag{ii}$$

식 (ii)를 식 (i)에 대입하고, $\Delta V\to 0$의 극한을 취하면 아래와 같이 식 (a)의 첫 번째 항등관계가 성립된다.

$$\frac{d}{dt}\iiint_{V_t}\eta(\boldsymbol{r},t)\,dV=\iiint_{V_t}\left(\frac{d\eta}{dt}+\eta\nabla\cdot\boldsymbol{v}\right)dV \tag{iii}$$

한편 편미분 사슬법칙(부록 1.1 참조)으로부터 유체내의 고정된 한 물질요소(material elements)에 대한 임의의 (스칼라) 장의 시간변화 속도를 나타내는 소위 'moving convective' 시간미분은 다음과 같이 된다.

$$\frac{d\eta(\boldsymbol{r},t)}{dt} = \frac{\partial\eta}{\partial t} + \boldsymbol{v} \cdot \nabla\eta \quad \text{(iv)}$$

[여기에서 예제 2.9의 경우와 마찬가지로 시간에 대한 전체 도함수 $\frac{d\eta}{dt}$ 대신 종종 'Lagrange, 물질(혹은 본질) 도함수' 인 $\frac{D\eta}{Dt}$로 나타내기도 한다.]

이것을 식 (iii)에 대입하고 정리하면, 아래와 같이 식 (a)의 2번째 항등관계가 성립된다.

$$\begin{aligned} \frac{d}{dt}\iiint_{V_t} \eta\, dV &= \iiint_{V_t} \left(\frac{\partial\eta}{\partial t} + \boldsymbol{v} \cdot \nabla\eta + \eta\nabla \cdot \boldsymbol{v}\right) dV \\ &= \iiint_{V_t} \left(\frac{\partial\eta}{\partial t} + \nabla \cdot (\eta\boldsymbol{v})\right) dV \end{aligned} \quad \text{(v)}$$

여기에 발산정리 (식 (2.112))를 적용하면 다음과 같이 식 (a)의 마지막 항등관계가 증명된다.

$$\frac{d}{dt}\iiint_{V_t} \eta\, dV = \iiint_{V_t} \frac{\partial\eta}{\partial t} dV + \iint_{S_t} \eta\boldsymbol{v} \cdot d\boldsymbol{S} \quad \text{(vi)}$$

(b) 식 (a)의 첫 번째 항등관계에 $\eta = \rho v_i$ (여기서 $v_i = (\boldsymbol{v})_i$ 임)를 대입하면 아래의 관계식을 얻을 수 있다.

$$\begin{aligned} \frac{d}{dt}\iiint_{V} \rho v_i\, dV &= \iiint_{V} \left(\frac{d}{dt}(\rho v_i)dV + \rho v_i \nabla \cdot \boldsymbol{v}\right) dV \\ &= \iiint_{V} \left(\frac{d\rho}{dt} v_i + \rho\frac{d}{dt} v_i + \rho v_i \nabla \cdot \boldsymbol{v}\right) dV \end{aligned} \quad \text{(vii)}$$

한편 본문의 2.13.5절의 예제에서 언급된 압축성 유체의 질량 보존에 관한 'moving convective' 시간 미분 형태로 나타낸 연속체 방정식의 결과는 아래와 같다.

$$\frac{d\rho}{dt} = -\rho\nabla \cdot \boldsymbol{v} \quad \text{(vii)}$$

이를 식 (vii)에 대입하면 아래와 같이 된다.

$$\begin{aligned} \frac{d}{dt}\iiint_{V} \rho v_i\, dV &= \iiint_{V} \left((-\rho\nabla \cdot \boldsymbol{v}) v_i + \rho\frac{d}{dt} v_i + \rho v_i \nabla \cdot \boldsymbol{v}\right) dV \\ &= \iiint_{V} \rho\frac{d}{dt} v_i\, dV \end{aligned} \quad \text{(ix)}$$

이것을 벡터 형태(즉 $\rho v_i = (\rho\boldsymbol{v})_i$를 이용하여)로 나타내면 식 (b)가 증명된다.

2.7.2.4 발산 적분의 텐서표현

식 (2.112)로 주어진 발산 이론을 3차원 Cartesian 좌표계에 대한 텐서(벡터) 성분표시로 나타내면 아래가 된다.

$$\int_V \frac{\partial a_k}{\partial x_k} dV = \oint_S a_k n_k \, dS \tag{2.128}$$

비록 엄밀하게 증명하지 않더라도, 위 식은 부피와 표면에 대하여 단지 벡터장이라기보다는 n차 (cartesian) 텐서 장의 적분과 관련된 식으로 다음과 같이 확장되어질 수 있다.

$$\int_V \frac{\partial T_{ij\cdots k\cdots m}}{\partial x_k} dV = \oint_S T_{ij\cdots k\cdots m} n_k \, dS \tag{2.129}$$

물론 위 식은 앞에서 논의한 일반 좌표계에 대한 발산 정의식을 사용하여 일반 텐서 성분 표시로도 나타낼 수 있다.

예제 2.11

3차원 Cartesian 좌표계에서 벡터장 $\boldsymbol{a}$가 체적 V의 내부에서 $\nabla \cdot \boldsymbol{a} = 0$을 만족하고, 경계면 S에 대해 $\boldsymbol{a} \cdot \boldsymbol{n} = 0$을 만족한다. $T_{ij} = x_i a_j$(즉 $\mathbf{T} = \boldsymbol{r}\,\boldsymbol{a}$)에 적용된 발산이론을 고려하여 $\int_V \boldsymbol{a}\, dV = \boldsymbol{0}$ 임을 보여라.

풀이

2차텐서 $T_{ij} = x_i a_j$를 일반 발산이론 식 (2.124)에 적용하여 '∘'를 '·'으로, 그리고 ψ를 $\mathbf{T}$로 치환하고, 경계면 S에 대해 $\boldsymbol{a} \cdot \boldsymbol{n} = a_j n_j = 0$이므로 다음과 같이 (Cartesian) 첨자표시로 나타낼 수 있다.

$$\int_V \frac{\partial T_{ij}}{\partial x_j} dV = \int_V \frac{\partial (x_i a_j)}{\partial x_j} dV = \oint_S x_i a_j n_j \, dS = 0$$

체적적분을 확장하여 다음과 같은 결과를 얻을 수 있다.

$$\int_V \frac{\partial (x_i a_j)}{\partial x_j} dV = \int_V \frac{\partial x_i}{\partial x_j} a_j dV + \int_V x_i \frac{\partial (a_j)}{\partial x_j} dV = \int_V \delta_{ij} a_j \, dV = \int_V a_i \, dV = 0$$

첫 번째 항에서 두 번째 항으로 갈 때 $\frac{\partial x_i}{\partial x_j} = \delta_{ij}$와 $\nabla \cdot \boldsymbol{a} = \frac{\partial a_j}{\partial x_j} = 0$을 사용하였다. 따라서 $\int_V \boldsymbol{a}\, dV = 0$이 성립된다.

물론 식 (2.129)는 일반 좌표계에 대한 텐서 성분 표시[이 경우 가령 $\nabla \cdot \boldsymbol{a} = a^p{}_{;p}$, $(\nabla \cdot \mathrm{T})^i = T^{mi}{}_{;m}$ 등을 대입]로도 나타낼 수 있다.

■ 2. 8 회전 연산자의 개념

3차원 유클리드 공간에서 '회전 연산자(curl operator)'는 다음과 같이 정의된다.

정의 : E^3에서 주어진 좌표계 $\boldsymbol{x}$에 대하여 정의된 임의의 연속 미분가능한 벡터장 $\boldsymbol{v}(\boldsymbol{x})$의 회전 즉 curl $\boldsymbol{v}(= \nabla \times \boldsymbol{v})$는 $\nabla(= \boldsymbol{g}^k \nabla_k)$ 및 식 (2.34b)의 도움을 받아 아래와 같이 정의된다.

$$\mathrm{curl}\, \boldsymbol{v} \equiv \nabla \times \boldsymbol{v} = \boldsymbol{g}^k \times \frac{\partial \boldsymbol{v}}{\partial x^k} = \boldsymbol{g}^k \times v_{l;k} \boldsymbol{g}^l$$

$$= v_{l;k} \boldsymbol{g}^k \times \boldsymbol{g}^l = \varepsilon^{klm} v_{l;k} \boldsymbol{g}_m \qquad (2.\ 130)$$

여기서 물론 $\nabla \times \boldsymbol{v}$는 벡터가 된다. 위 식에서 첨자 k를 l로, l을 m으로, 그리고 m을 k로 동시에 바꾸고, 교대텐서 ε^{klm}의 성질을 이용하면 아래와 같이 다시 쓸 수 있다.

$$\nabla \times \boldsymbol{v} = \varepsilon^{lmk} v_{m;l} \boldsymbol{g}_k = \varepsilon^{klm} v_{m;l} \boldsymbol{g}_k \qquad (2.\ 131\ \mathrm{a})$$

즉

$$(\nabla \times \boldsymbol{v})^k = \varepsilon^{klm} v_{m;l}, \quad (\nabla \times \boldsymbol{v})_k = g_{km} (\nabla \times \boldsymbol{v})^m = g_{km} \varepsilon^{mlp} v_{p;l} \qquad (2.\ 131\ \mathrm{b})$$

이제 $\nabla \times \boldsymbol{v}$를 계산하기 유용한 행렬식의 형태로 나타내기 위하여 아래와 같은 조작을 행한다.

$$\nabla \times \boldsymbol{v} = \varepsilon^{klm} v_{m;l} \boldsymbol{g}_k = \frac{1}{\sqrt{g}} e^{klm} v_{m;l} \boldsymbol{e}_k \sqrt{g}_{\underline{kk}}$$

$$= \frac{1}{\sqrt{g}} \Big[\boldsymbol{e}_k \sqrt{g}_{\underline{kk}} \big\{ (e^{k12} v_{2;1} + e^{k21} v_{1;2}) + (e^{k23} v_{3;2} + e^{k32} v_{2;3})$$

$$+ (e^{k31} v_{1;3} + e^{k13} v_{3;1}) \big\} \Big]$$

$$= \frac{1}{\sqrt{g}} \big[\boldsymbol{e}_1 \sqrt{g}_{11} (v_{3;2} - v_{2;3}) + \boldsymbol{e}_2 \sqrt{g}_{22} (v_{1;3} - v_{3;1})$$

$$+ \boldsymbol{e}_3 \sqrt{g}_{33} (v_{2;1} - v_{1;2}) \big] \qquad (2.\ 312)$$

여기서 예제 2.4의 결과를 사용하여 아래와 같이 행렬식으로 나타낼 수 있다.

$$\nabla \times \boldsymbol{v} = \frac{1}{\sqrt{g}}\left[\boldsymbol{e}_1 \sqrt{g}_{11}(v_{3;2} - v_{2;3}) + \boldsymbol{e}_2 \sqrt{g}_{22}(v_{1;3} - v_{3;1}) + \boldsymbol{e}_3 \sqrt{g}_{33}(v_{2;1} - v_{1;2})\right]$$

$$= \frac{1}{\sqrt{g}}\begin{vmatrix} \boldsymbol{e}_1 \sqrt{g}_{11} & \boldsymbol{e}_2 \sqrt{g}_{22} & \boldsymbol{e}_3 \sqrt{g}_{33} \\ \dfrac{\partial}{\partial x^1} & \dfrac{\partial}{\partial x^2} & \dfrac{\partial}{\partial x^3} \\ v_1 & v_2 & v_3 \end{vmatrix} \tag{2. 133}$$

위 행렬식을 내림표현 즉 $v_i = g_{im} v^m$ 관계를 이용하여 아래와 같이 반변형태로 다시 나타낼 수 있다.

$$\nabla \times \boldsymbol{v} = \frac{1}{\sqrt{g}}\begin{vmatrix} \boldsymbol{e}_1 \sqrt{g}_{11} & \boldsymbol{e}_2 \sqrt{g}_{22} & \boldsymbol{e}_3 \sqrt{g}_{33} \\ \dfrac{\partial}{\partial x^1} & \dfrac{\partial}{\partial x^2} & \dfrac{\partial}{\partial x^3} \\ v^k g_{k1} & v^k g_{k2} & v^k g_{k3} \end{vmatrix} \tag{2. 134}$$

다시 (반변)벡터의 물리적 표현에 관한 식 $v^k = \hat{v}^k / h_k = v^{(k)} / \sqrt{g}_{\underline{kk}}$(1.14절 참조)를 대입하면 아래 식을 얻는다.

$$\nabla \times \boldsymbol{v} = \frac{1}{\sqrt{g}}\begin{vmatrix} \boldsymbol{e}_1 \sqrt{g}_{11} & \boldsymbol{e}_2 \sqrt{g}_{22} & \boldsymbol{e}_3 \sqrt{g}_{33} \\ \dfrac{\partial}{\partial x^1} & \dfrac{\partial}{\partial x^2} & \dfrac{\partial}{\partial x^3} \\ \displaystyle\sum_k \frac{v^{(k)} g_{k1}}{\sqrt{g}_{\underline{kk}}} & \displaystyle\sum_k \frac{v^{(k)} g_{k2}}{\sqrt{g}_{\underline{kk}}} & \displaystyle\sum_k \frac{v^{(k)} g_{k3}}{\sqrt{g}_{\underline{kk}}} \end{vmatrix} \tag{2. 135}$$

특히 구좌표와 같은 직교 곡선좌표계의 경우에는 아래가 된다.

$$\nabla \times \boldsymbol{v} = \frac{1}{\sqrt{g_{11} g_{22} g_{33}}}\begin{vmatrix} \boldsymbol{e}_1 \sqrt{g}_{11} & \boldsymbol{e}_2 \sqrt{g}_{22} & \boldsymbol{e}_3 \sqrt{g}_{33} \\ \dfrac{\partial}{\partial x^1} & \dfrac{\partial}{\partial x^2} & \dfrac{\partial}{\partial x^3} \\ v^{(1)} \sqrt{g}_{11} & v^{(2)} \sqrt{g}_{22} & v^{(3)} \sqrt{g}_{33} \end{vmatrix} \tag{2. 136}$$

2. 8. 1 2차 텐서 장의 회전

E^3에서 연속적으로 미분가능한 임의의 2차 텐서 장 $\mathbf{T}(\boldsymbol{x})$의 회전 curl $\mathbf{T}(= \nabla \times \mathbf{T})$는 아래와 같이 정의된다.

$$\nabla \times \mathbf{T} = \boldsymbol{g}^k \times \frac{\partial \mathbf{T}}{\partial x^k} = T_{lm\,;\,k}\, \boldsymbol{g}^k \times \boldsymbol{g}^l \boldsymbol{g}^m$$

$$= \varepsilon^{kln}\, T_{lm\,;\,k}\, \boldsymbol{g}_n \boldsymbol{g}^m \qquad (2.\ 137)$$

위 식에서 $\nabla \times \mathbf{T}$는 2차 텐서가 됨을 알 수 있다($\because \nabla$ 및 $\mathbf{T}$는 각각 차수 1 및 2, 그리고 $\times$는 -1 차수이므로 전체의 차수는 3-1=2가 되어 2차 텐서가 된다). 그리고 $\nabla \times \mathbf{T} = (\nabla \times \mathbf{T})^n{}_m\, \boldsymbol{g}_n \boldsymbol{g}^m$에서 아래가 성립된다.

$$(\nabla \times \mathbf{T})^n{}_m \left[= \boldsymbol{g}^n \cdot (\nabla \times \mathbf{T}) \cdot \boldsymbol{g}_m\right] = \varepsilon^{nkl}\, T_{lm\,;\,k} \qquad (2.\ 138)$$

또한 계량텐서에 의한 올림, 내림 작용에 의하여 아래의 동반성분에 관한 관계식들도 성립된다.

$$(\nabla \times \mathbf{T})^{nm} = g^{pm} (\nabla \times \mathbf{T})^n{}_p = g^{pm} \varepsilon^{nkl}\, T_{lp\,;\,k} = \varepsilon^{nkl}\, T_l{}^m{}_{p\,;\,k} \qquad (2.\ 139)$$

$$(\nabla \times \mathbf{T})_{nm} = g_{np} (\nabla \times \mathbf{T})^p{}_m = g_{np} \varepsilon^{pkl}\, T_{lm\,;\,k} = \varepsilon_n{}^{kl}\, T_{lm\,;\,k} \qquad (2.\ 140)$$

$$(\nabla \times \mathbf{T})_n{}^m = g^{pm} (\nabla \times \mathbf{T})_{np} = g^{pm} \varepsilon_n{}^{kl}\, T_{lp\,;\,k} = \varepsilon_n{}^{kl}\, T_l{}^m{}_{;\,k} \qquad (2.\ 141)$$

한편 3차 이상의 고차 텐서의 회전(curl)도 위와 유사하게 정의될 수 있다.

2. 8. 2 회전 연산자와 관련된 적분정리

아래 식으로 나타내지는 Stokes의 '회전(curl) 정리'는 열린 곡면 S상에서의 벡터장의 회전(curl)을 표면을 경계 짓는 주변곡선 C주위로의 벡터장의 선적분에 관련시키는 것으로 발산정리의 'curl analogue'로 간주할 수 있다.

$$\int_S (\nabla \times \boldsymbol{a}) \cdot d\boldsymbol{S} = \oint_C \boldsymbol{a} \cdot d\boldsymbol{r} \qquad (2.\ 142)$$

Stokes의 정리는 만일 표면이 앞 뒤 두 면을 가지고 있다면(즉 two-sided surface) 단순 연결 혹은 다중 연결된 어떤 열린 곡면에 대하여서도 유효하다. 또한 Stokes의 정리는 텐서 장으로도 확장이 가능하다.

발산정리 (2.112)와 마찬가지로 체적분과 면적분을 연관짓는데 사용될 수 있다. Stokes의 정리는 선적분 혹은 그 역에서처럼 $\oint_S (\nabla \times \boldsymbol{a}) \cdot d\boldsymbol{S}$ 형태의 면적분을 계산하는데 사용될 수 있다.

예제 2.12

벡터장 $\boldsymbol{a}= y\boldsymbol{i}- x\boldsymbol{j}+ z\boldsymbol{k}$ 가 주어졌을 때 반구의 표면 $x^2+y^2+z^2=a^2(z \geq 0)$에 대하여 Stokes의 정리가 성립됨을 확인하라.

풀이

우선 반구에 대하여 선적분을 수행하자.

$$\int_S (\nabla \times \boldsymbol{a}) \cdot d\boldsymbol{S}$$

$\nabla \times \boldsymbol{a}=-2\boldsymbol{k}$이고, 벡터 면적 요소는 구좌표계에서 $d\boldsymbol{S}= a^2 \sin\theta \, d\theta \, d\phi \, \hat{\boldsymbol{r}}$ 이다(식 (2.113)참조). 따라서

$$\begin{aligned}\int_S (\nabla \times \boldsymbol{a}) \cdot d\boldsymbol{S} &= \int_0^{2\pi} d\phi \int_0^{\pi/2} d\theta \left(-2a^2 \sin\theta\right) \hat{\boldsymbol{r}} \cdot \boldsymbol{k} \\ &=-2a^2 \int_0^{2\pi} d\phi \int_0^{\pi/2} \sin\theta \left(\frac{z}{a}\right) d\theta \\ &=-2a^2 \int_0^{2\pi} d\phi \int_0^{\pi/2} \sin\theta \cos\theta \, d\theta =-2\pi a^2\end{aligned}$$

이제 곡면의 $xy-$평면에서 원 $x^2+y^2=a^2$인 주변곡선 C주위의 선적분을 계산할 수 있고 이것은 다음과 같이 주어진다.

$$\begin{aligned}\oint_C \boldsymbol{a} \cdot d\boldsymbol{r} &= \oint_C (y\boldsymbol{i}- x\boldsymbol{j}+ z\boldsymbol{k}) \cdot (dx\boldsymbol{i}+ dy\boldsymbol{j}+ dz\boldsymbol{k}) \\ &= \oint_C (y\,dx - x\,dy)\end{aligned}$$

여기에서 평면 극좌표계를 사용하면 곡선 C상의 점에 대하여 $x=a\cos\phi$, $y=a\sin\phi$ 이므로 $dx=-a\sin\phi d\phi$, $dy=a\cos\phi d\phi$를 얻을 수 있고 선적분은 다음과 같이 된다.

$$\oint_C (y\,dx - x\,dy) =-a^2 \int_0^{2\pi} (\cos^2\phi + \sin^2\phi) d\phi =-a^2 \int_0^{2\pi} d\phi =-2\pi a^2$$

면적분과 선적분이 같은 값을 가지므로, Stokes의 정리가 성립됨을 확인할 수 있다.

2차원에서의 Stokes의 정리는 Gauss 발산정리의 2차원 버전과 마찬가지로 평면에서의 Green의 정리를 만족한다. 그림 2.3에서 보듯이 $xy-$평면에서 벡터장 $\boldsymbol{a}$가 정의된 영역 R을 생각해보자. $\boldsymbol{a}= a_x\boldsymbol{i}+ a_y\boldsymbol{j}$라 하면 $\nabla \times \boldsymbol{a}= \left(\frac{\partial a_y}{\partial x} - \frac{\partial a_x}{\partial y}\right)\boldsymbol{k}$이고, $\boldsymbol{n}=\boldsymbol{k}$이므로 Stokes의 정리는 다음과 같이 된다.

$$\int\int_R \left(\frac{\partial a_y}{\partial x} - \frac{\partial a_x}{\partial y} \right) dx\, dy = \oint_C (a_x\, dx + a_y\, dy)$$

$P = a_x$, $Q = a_y$ 라고 두면 평면에서의 Green의 정리 (2.115)를 얻을 수 있다.

2. 8. 2. 1 Stokes 정리의 기하학적 의미

편의상 식 (2.142)의 벡터 $\boldsymbol{a}$를 $\boldsymbol{A}$로, $d\boldsymbol{r}$을 $d\boldsymbol{s}$로 표기하면 다시 아래와 같이 바꾸어 쓸 수 있다.

$$\int_{CS} (\mathrm{curl}\boldsymbol{A}) \cdot \boldsymbol{n} dS = \oint_C \boldsymbol{A} \cdot d\boldsymbol{s}$$

위 식에서 선적분은 곡선 C주위로 벡터 $\boldsymbol{A}$의 "순환"이라고 하며, 경계곡선 C를 '덮고(cap)'있는 곡면은 "capping surface"라 한다(그림 2.5 참조).

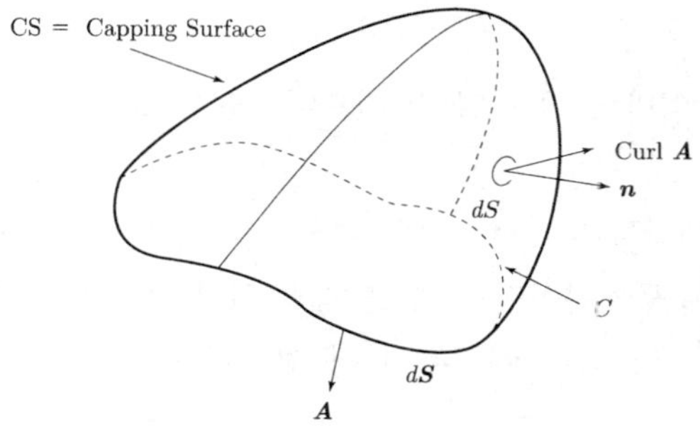

그림 2.5 곡선 C로 경계진 '덮고 있는 곡면(capping surface)'.

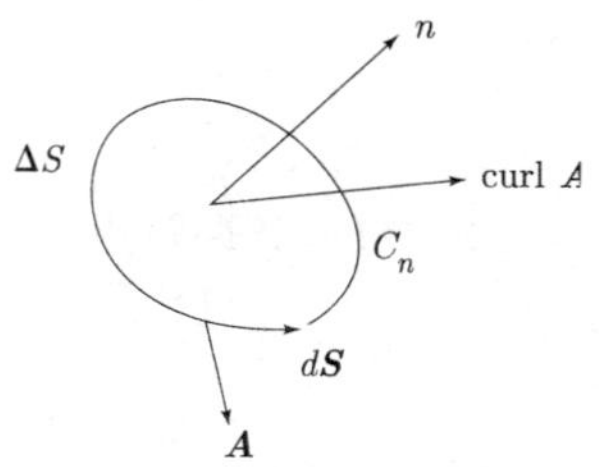

그림 2.6 미소 표면 요소.

지금 곡선 C가 수축되어 그림 2.6에 나타낸 바와 같이 미소 평면적을 둘러싼다고 할 경우 아래의 관계식이 근사적으로 성립된다.

$$\Delta S \boldsymbol{n} \cdot \mathrm{curl}\, \boldsymbol{A} \simeq \oint_C \boldsymbol{A} \cdot d\boldsymbol{s} \qquad (2.\ 143)$$

여기서 $\Delta S \rightarrow 0$의 극한을 취하면 아래와 같이 $\boldsymbol{n}$방향으로의 curl $\boldsymbol{A}$ 의 성분에 대한 정의를 얻을 수 있다.

$$\boldsymbol{n} \cdot \text{curl}\,\boldsymbol{A} = \lim_{\Delta S \rightarrow 0} \frac{1}{\Delta S} \oint_{C_n} \boldsymbol{A} \cdot d\boldsymbol{s} \tag{2.144}$$

여기서 C_n은 방향 $\boldsymbol{n}$과 관련된 미소 면적 ΔS를 둘러싸고 있는 곡선이다. 이는 예제 2.7에 나타낸 Gauss 발산정리에 대한 (평균치로서의) 기하하적 의미와 유사하다.

2. 8. 2. 2 다른 연관된 회전적분정리

발산정리의 경우(식 (2.124))와 마찬가지로 원 Stokes 회전정리 식 (2.142)의 형태로부터 아래와 같이 일반화된 식으로 나타낼 수 있다(단 $d\boldsymbol{S} = \boldsymbol{n}\,dS$ 이용).

$$\int_S (\boldsymbol{n} \circ \nabla \times) \mathbf{M}\, dS = \oint_C d\boldsymbol{r} \circ \mathbf{M} \tag{2.145}$$

여기서 $\mathbf{M}$은 벡터, 혹은 일반 텐서 장일 수 있으며, 연산기호 ‘ ◦ ’는 내적(·) 혹은 벡터 곱(×)일 수 있다.

한편 식 (2.145)의 형태와는 별도로, 만일 ϕ가 스칼라 장이고 $\boldsymbol{b}$가 벡터장으로서 ϕ와 $\boldsymbol{b}$ 모두가 닫힌 주변곡선 C에 의해 둘러싸여진 두 면을 가진 열린 곡면 S에 대하여 통상의 미분 가능 조건을 만족시킨다고 하자. 그러면 아래의 두 식이 성립된다.

$$\int_S d\boldsymbol{S} \times \nabla \phi = \oint_C \phi\, d\boldsymbol{r} \tag{2.146}$$

$$\int_S (d\boldsymbol{S} \times \nabla) \times \boldsymbol{b} = \oint_C d\boldsymbol{r} \times \boldsymbol{b} \tag{2.147}$$

발산정리의 경우와 마찬가지로 식 (2.146) ~ (2.147)은 연산자 기호를 사용하여 아래와 같이 한 개의 식으로 나타낼 수 있다.

$$\int_S (d\boldsymbol{S} \times \nabla) \circ \Psi = \oint_C d\boldsymbol{r} \circ \Psi \tag{2.148}$$

여기서 Ψ 는 연산자 기호 ◦가 벡터의 내적, 외적 또는 보통 곱인가에 따라서 벡터 함수 또는 스칼라 함수일 수 있다.

예제 2.13

Stokes의 정리(식 (2.142))를 사용하여 식 (2.146)을 증명하라.

풀이

Stokes의 정리 (2.142)에서 $\boldsymbol{a}=\phi\boldsymbol{c}$($\boldsymbol{c}$는 상수 벡터)라고 두자. 그러면

$$\int_S [\nabla\times(\phi\boldsymbol{c})]\cdot d\boldsymbol{S}=\oint_C \phi\boldsymbol{c}\cdot d\boldsymbol{r} \tag{2. 149}$$

좌변의 피적분함수를 전개하면 $\boldsymbol{c}$가 상수벡터이므로 다음과 같다.

$$\nabla\times(\phi\boldsymbol{c})=\nabla\phi\times\boldsymbol{c}+\phi\nabla\times\boldsymbol{c}=\nabla\phi\times\boldsymbol{c}$$

따라서 식 (2.149)의 좌변에 대한 스칼라 삼중적은 다음과 같이 쓸 수 있다.

$$[\nabla\times(\phi\boldsymbol{c})]\cdot d\boldsymbol{S}=(\nabla\phi\times\boldsymbol{c})\cdot d\boldsymbol{S}=\boldsymbol{c}\cdot(d\boldsymbol{S}\times\nabla\phi)$$

이것을 식 (2.149)에 치환하고 $\boldsymbol{c}$는 상수 벡터이므로 양쪽 적분의 바깥으로 내면 다음과 같다.

$$\boldsymbol{c}\cdot\int_S d\boldsymbol{S}\times\nabla\phi=\boldsymbol{c}\cdot\oint_C \phi\, d\boldsymbol{r}$$

$\boldsymbol{c}$는 임의의 상수 벡터이므로 식 (2.146)의 결과를 얻을 수 있다.

Stokes의 정리(식 (2.142))에서 $\boldsymbol{a}=\boldsymbol{b}\times\boldsymbol{c}$ ($\boldsymbol{c}$는 상수 벡터) 라고 두면 식 (2.147)도 마찬가지의 방법으로 증명할 수 있다. 또한 식 (2.147)에서 $\boldsymbol{b}=\boldsymbol{r}$이라고 두면

$$\int_S (d\boldsymbol{S}\times\nabla)\times\boldsymbol{r}=\oint_C d\boldsymbol{r}\times\boldsymbol{r}$$

좌변의 피적분 함수를 전개하면 다음과 같다.

$$(d\boldsymbol{S}\times\nabla)\times\boldsymbol{r}=d\boldsymbol{S}-d\boldsymbol{S}(\nabla\cdot\boldsymbol{r})=d\boldsymbol{S}-3d\boldsymbol{S}=-2d\boldsymbol{S}$$

[여기서 항등관계 $(\boldsymbol{a}\times\nabla)\times\boldsymbol{b}=(\nabla\boldsymbol{b})\cdot\boldsymbol{a}-\boldsymbol{a}(\nabla\cdot\boldsymbol{b})$ 가 이용되었다.]
따라서 열린 곡면 S의 소위 '벡터 면적' $\boldsymbol{S}$는 다음과 같이 얻어진다.

$$\boldsymbol{S}=\int_S d\boldsymbol{S}=\frac{1}{2}\oint_C \boldsymbol{r}\times d\boldsymbol{r} \tag{2. 150}$$

2. 8. 2. 3 Stokes의 정리의 물리적 응용

발산정리와 마찬가지로 Stokes의 정리도 적분식을 유용한 미분방정식으로 바꾸는데 유용하게 사용된다.

예제 2.14

Ampére의 법칙으로부터 전류가 일정한 경우의 Maxwell 방정식을 유도하라.

$$\nabla \times \boldsymbol{B} - \mu_0 \boldsymbol{J} = 0$$

풀이

전류밀도 $\boldsymbol{J}$ 를 가지고 흐르는 전류에 대한 Ampére의 법칙은 열린 곡면 S를 경계짓는 임의의 회로 C에 대하여 다음과 같이 나타낼 수 있다.

$$\oint_C \boldsymbol{B} \cdot d\boldsymbol{r} = \mu_0 \int_S \boldsymbol{J} \cdot d\boldsymbol{S}$$

Stokes의 정리 (2.142)를 사용하면 좌변은 $\int_S (\nabla \times \boldsymbol{B}) \cdot d\boldsymbol{S}$ 로 바꾸어 쓸 수 있고, 따라서 임의의 곡면 S에 대하여 다음과 같다.

$$\int_S (\nabla \times \boldsymbol{B} - \mu_0 \boldsymbol{J}) \cdot d\boldsymbol{S} = 0$$

이것은 구하고자 하는 조건인 $\nabla \times \boldsymbol{B} - \mu_0 \boldsymbol{J} = 0$일 때만 가능하다. 마찬가지로 전자기 유도 Faraday의 법칙으로부터 Maxwell 방정식 $\nabla \times \boldsymbol{E} = -\frac{\partial \boldsymbol{B}}{\partial t}$ 를 유도할 수 있다.

2.7.2.3절에서 몇 개의 생성점과 소멸점을 가진 비압축성 유체의 흐름에 대하여 살펴보았다.

이제 원통 좌표계 ρ, ϕ, z에서 속도장 $\boldsymbol{v} = \frac{1}{\rho} \boldsymbol{e}_\phi$를 가진 비압축성 유체에서의 소용돌이(vortex) 흐름에 대하여 생각해 보자. 이 속도장에 대하여 $\nabla \times \boldsymbol{v}$는 $\boldsymbol{v}$가 특이점을 갖는 $\rho = 0$ 축 위(여기에서 $\boldsymbol{v}$ 는 미분불가, 즉 $\nabla \times \boldsymbol{v}$ 는 존재 안함)를 제외한 모든 점에서 0 이다. 따라서 $\rho = 0$ 축 상의 소용돌이 선을 둘러싸고 있지 않는 임의의 닫힌 경로 C에 대해서 $\oint_C \boldsymbol{v} \cdot d\boldsymbol{r}$은 Stokes의 정리에 의하여 0이 되고, 만일 C가 $\rho = 0$ 축을 둘러싸고 있으면 적분값은 2π가 된다. 닫힌 경로 C가 $\boldsymbol{v}$의 특이점이 되는 $\rho = 0$ 축을 둘러싸고 있는지에 상관없이 모든 경로 C에 대하여 Stokes의 정리가 적용되게 하기 위하여 발산 정리의 경우와 마찬가지로 (1차원) Dirac delta함수를 사용하여 다음과 같이 나타내기로 한다.

$$\nabla \times \boldsymbol{v} = 2\pi\, \delta(\rho)$$

여기서 $\rho \neq 0$인 모든 점에서는 $\delta(\rho) = 0$이 되는 delta함수의 성질(식 (2.404) 참조)로부터 $\rho = 0$ 축을 제외한 모든 점에서 $\nabla \times \boldsymbol{v} = 0$이 되므로 이 경우 $\boldsymbol{v} = \nabla \Psi$가 되는 (1가) 스칼라 퍼텐셜 Ψ가 존재한다. 원통좌표의 경우 Ψ는 극각 ϕ임을 쉽게 알 수 있다. 따라서 만일 C가 $\rho = 0$ 축을 둘러싸고 있지 않다면

$$\oint_C \boldsymbol{v} \cdot d\boldsymbol{r} = \oint d\phi = 0$$

그리고 만일 C가 $\rho = 0$ 축을 둘러싸고 있다면

$$\oint_C \boldsymbol{v} \cdot d\boldsymbol{r} = \Delta\phi = 2\pi n$$

여기에서 n은 닫힌 경로 C주위를 따라 회전한 횟수이다. 이 경우의 스칼라 퍼텐셜 ϕ는 위의 경우와 달리 1가 함수가 아닌 다가 함수로서 한 사이클 적분이 0이 아닌 $2\pi n$이 됨에 주목하라. 이와 같은 해석은 다른 물리적인 계에 대해서도 유효하다. 예를 들어 정자기학(magnetostatics)에서 소용돌이 곡선을 전류가 흐르는 전선으로, 속도장 $\boldsymbol{v}$를 자기장 $\boldsymbol{B}$로 바꾸어 적용할 수 있다.

다음에는 회전(curl)연산자의 응용예제를 아래에 싣는다.

예제 2.15

강체(rigid body) 회전에 있어서, 일정(steady) 각속도 ω를 갖고 어떤 주어진 축 주위로 회전하고 있는 입자의 선형속도(linear velocity) $\boldsymbol{v}$라 할 때 아래 관계식이 성립된다.

$$\nabla \times \boldsymbol{v} = 2\boldsymbol{\omega} \tag{2. 151}$$

이를 증명하라(예제 1.12 참조).

풀이

지금 $\boldsymbol{p}(=\boldsymbol{r})$를 회전축상의 어떤 원점에 상대적인 입자의 위치벡터라 하자. 그러면 회전운동에 있어서 속도의 정의에 의해 아래가 성립된다(2.16절 참조).

$$\boldsymbol{v} = \boldsymbol{\omega} \times \boldsymbol{p} \tag{2. 152}$$

위 식의 양변에 회전(curl)을 취하면 아래를 얻는다.

$$\nabla \times \boldsymbol{v} = \nabla \times (\boldsymbol{\omega} \times \boldsymbol{p}) \tag{2. 153}$$

그런데 벡터해석으로부터 아래관계가 성립된다.

$$\nabla \times (\boldsymbol{\omega} \times \boldsymbol{p}) = \boldsymbol{\omega}(\nabla \cdot \boldsymbol{p}) - (\boldsymbol{\omega} \cdot \nabla)\boldsymbol{p} - (\boldsymbol{p} \cdot \nabla)\boldsymbol{\omega} + \boldsymbol{p}(\nabla \cdot \boldsymbol{\omega}) \tag{2.154}$$

그런데 각속도 $\boldsymbol{\omega}$는 위치에 무관한 벡터이므로 식 (2.154)는 아래가 된다.

$$\nabla \times (\boldsymbol{\omega} \times \boldsymbol{p}) = \boldsymbol{\omega}(\nabla \cdot \boldsymbol{p}) - (\boldsymbol{\omega} \cdot \nabla)\boldsymbol{p} \tag{2.155}$$

여기서 $\nabla = \boldsymbol{g}^k \nabla_k$ 및 $\nabla_k \boldsymbol{p}\left(= \dfrac{\partial \boldsymbol{r}}{\partial x^k}\right) = \boldsymbol{g}_k$를 이용하면 아래가 성립된다.

$$\nabla \cdot \boldsymbol{p} = \boldsymbol{g}^k \cdot \frac{\partial \boldsymbol{p}}{\partial x^k} = \boldsymbol{g}^k \cdot \boldsymbol{g}_k = \delta^k{}_k = 3 \tag{2.156}$$

$$(\boldsymbol{\omega} \cdot \nabla)\boldsymbol{p} = \omega^l \boldsymbol{g}_l \boldsymbol{g}^k \frac{\partial \boldsymbol{p}}{\partial x^k} = \omega^k \frac{\partial \boldsymbol{p}}{\partial x^k} = \boldsymbol{\omega} \tag{2.157}$$

식 (2.154) ~ (2.157)을 (2.153)에 대입하면 아래의 목적하는 식을 얻는다.

$$\boldsymbol{\omega} = \frac{1}{2} \nabla \times \boldsymbol{v} \tag{2.158}$$

2. 8. 2. 4 Stokes형 회전적분의 텐서표현

발산정리의 경우와 유사하게 식 (2.142)로 주어진 Stokes 정리를 3차원 Cartesian 좌표계에 대한 성분 표시로 나타내면 아래가 된다.

$$\int_S e_{ijk} n_i a_{k,j}\, dS = \oint_C a_k dx_k \tag{2.159}$$

단 $(\nabla \times \boldsymbol{a})_i = e_{ijk} a_{k,j} = e_{ijk} \dfrac{\partial a_k}{\partial x^j}$를 이용하였다(여기서 e_{ijk}는 1.11.1절의 순열기호임).

여기서 엄밀한 증명없이 다음과 같이 n차 Cartesian 텐서 장의 회전적분과 관련된 식[단 식 (2.145)에서 $\mathbf{M}$는 n차 텐서, o는 $\cdot$에 해당]으로 확장되어질 수 있다.

$$\int_S e_{ijk}\, T_{lm\cdots k\cdots n,j}\, n_i dS = \oint_C T_{lm\cdots k\cdots n} dx_k \tag{2.160}$$

여기서 $T_{lm\cdots k\cdots n,j} = \partial T_{lm\cdots k\cdots n} / \partial x_j$이다. 물론 회전(curl) 연산자의 개념으로부터 일반 곡선 좌표계에 대한 텐서성분표시로도 나타낼 수 있다(아래 예제 참조).

예제 2.16

Stokes 정리(식 (2.142))를 텐서 형태로 나타내어라.

풀이

Stokes 정리 $\oint_C \boldsymbol{A}\cdot d\boldsymbol{r} = \int\int_S (\nabla\times\boldsymbol{A})\cdot d\boldsymbol{S}$ 에서 왼편은

$\boldsymbol{A}\cdot d\boldsymbol{r} = (A_p\boldsymbol{g}^p)\cdot(dx^q\boldsymbol{g}_q) = A_p\,dx^p = A_p\dfrac{dx^p}{ds}ds$ 가 된다. 한편 오른편에서 $(\nabla\times\boldsymbol{A})$는 반변(식 (2.131b)), $d\boldsymbol{S}(=\boldsymbol{n}\,dS)$는 공변 성분으로 나타내면 $(\nabla\times\boldsymbol{A})\cdot d\boldsymbol{S} = \varepsilon^{prq}A_{q;r}\,n_p\,dS$ 가 된다. 따라서 텐서형태로 나타낸 Stokes 정리는 다음과 같이 된다.

$$\oint_C A_p\frac{dx^p}{ds}ds = \int\int_S \varepsilon^{prq}A_{q;r}n_p\,dS$$

여기서 $\dfrac{dx^p}{ds}$ 는 폐곡선 C로의 단위 접선 벡터(즉 $\boldsymbol{T} = \dfrac{d\boldsymbol{r}}{ds} = \dfrac{dx^p}{ds}\boldsymbol{g}_p$)이고, n_p는 경계로서 C를 가지는 (열린) 곡면으로의 양(+)의 단위 법선벡터(즉 $\boldsymbol{n} = n_p\boldsymbol{g}^p$)이다.

■ 2.9 라플라스 연산자

스칼라인 '라플라스 연산자(Laplacian operator)' ∇^2는 아래와 같이 정의된다.

$$\nabla^2 = \nabla\cdot\nabla = \mathrm{div(grad)} \tag{2.161}$$

이 ∇^2 연산자는 퍼텐셜 이론, 확산문제, 파동운동 및 연속체역학과 같은 수리물리에 널리 이용된다. 위 식에 $\nabla = \boldsymbol{g}^k\nabla_k\left(=\dfrac{\partial}{\partial x^k}\right)$를 대입하고, 식 (2.14)를 이용하여 전개하면 아래 식을 얻는다.

$$\nabla^2 = \nabla\cdot\nabla = \boldsymbol{g}^k\frac{\partial}{\partial x^k}\cdot\left(\boldsymbol{g}^l\frac{\partial}{\partial x^l}\right) = \boldsymbol{g}^k\cdot\left(\frac{\partial\boldsymbol{g}^l}{\partial x^k}\frac{\partial}{\partial x^l} + \boldsymbol{g}^l\frac{\partial^2}{\partial x^k\partial x^l}\right)$$

$$= g^{kl}\frac{\partial^2}{\partial x^k\partial x^l} - g^{km}\,\Gamma^l_{mk}\frac{\partial}{\partial x^l} \tag{2.162}$$

한편 벡터 $\boldsymbol{u}$의 공변 미분에 관한 정의식 (2.34b)에 $\boldsymbol{u} = \nabla\left(=\boldsymbol{g}^l\nabla_l\right)$로 두면 $\nabla_k\nabla = \boldsymbol{g}^l\nabla_{l;k}$ $\left(\neq \boldsymbol{g}_l\nabla^l{}_{;k}\right)$가 됨을 이용하면 ∇^2에 관한 다른 표현식을 얻을 수 있다.

$$\nabla^2 = \boldsymbol{\nabla} \cdot \boldsymbol{\nabla} = \boldsymbol{g}^k \cdot \nabla_k \boldsymbol{\nabla} = \boldsymbol{g}^k \cdot \boldsymbol{g}^l \nabla_{l;k} = g^{kl} \nabla_{l;k} \tag{2. 163}$$

그런데 (공변)벡터에 대한 공변 미분의 정의식 (2.35)에 $u_i = \nabla_i$를 대입하면 ($\because$이미 $\nabla_i = \dfrac{\partial}{\partial x_i}$도 1계 공변텐서임을 알고 있다 - 예제 1.4참조) 아래를 얻는다.

$$\nabla_{l;k} = \nabla_k \nabla_l \left(= \frac{\partial^2}{\partial x^k \partial x^p} \right) - \Gamma^m_{lk} \nabla_m \left(\frac{\partial}{\partial x^m} \right) \tag{2. 164}$$

이를 식 (2.163)에 대입하면 아래를 얻는다.

$$\nabla^2 = g^{kl} \nabla_{l;k} = g^{kl} \left(\nabla_k \nabla_l - \Gamma^m_{lk} \nabla_m \right) \tag{2. 165}$$

사실 이 식은 우편의 두 번째 항에서 $l \to m$, $m \to l$로 치환하면 식 (2.162)와 같음을 알 수 있다. 앞으로 ∇^2에 대한 표현식으로 식 (2.162)대신 (2.165)를 우선적으로 사용하기로 한다. 특히 Cartesian 직교좌표계의 경우 공변 미분은 편미분과 같으므로($\because$모든 Christoffel 기호가 0이 됨) 식 (2.165)의 $\nabla_{l;k} = \nabla_{l,k} = \nabla_k \nabla_l$이 되고, $g^{kl} = \delta^{kl}$가 되므로 ∇^2는 아래가 된다.

$$\nabla^2 = \delta^{kl} \nabla_k \nabla_l = \delta^{kl} \frac{\partial^2}{\partial z^k \partial z^l} \tag{2. 166}$$

여기서 통상의 $z^1 = x$, $z^2 = y$, $z^3 = z$로 치환하면 아래식을 얻는다.

$$\nabla^2 = \frac{\partial^2}{\partial x^2} + \frac{\partial^2}{\partial y^2} + \frac{\partial^2}{\partial z^2} \tag{2. 167}$$

그런데 ∇^2연산자는 통상의 상미분 연산자 $D\left(= \dfrac{d}{dx} \right)$와 달리 선형연산자가 아니다. 즉

$$\nabla^2 (fg) \neq (\nabla^2 f) g + f (\nabla^2 g) \tag{2. 168}$$

2. 9. 1 스칼라 장의 라플라스

지금 $\phi(\boldsymbol{x})$를 E^3에서 (적어도)두 번 연속미분이 가능한 C^2 클래스에 속하는 스칼라 장이라 하면 식 (2.165)에 의해 아래가 성립된다.

$$\nabla^2 \phi = g^{kl} \nabla_{l;k} \phi = g^{kl} \left(\phi_{;kl} - \Gamma^m_{lk} \phi_{,m} \right) \tag{2. 169}$$

그런데 $\nabla\phi=\boldsymbol{a}$로 두면 $\nabla\cdot\boldsymbol{a}=a^k{}_{;k}$(식 (2.98))가 되고, 여기에 다시 식 (2.99)를 이용하면 아래 식을 얻는다.

$$\nabla^2\phi=\nabla\cdot\boldsymbol{a}=a^k{}_{;k}=\frac{1}{\sqrt{g}}\frac{\partial}{\partial x^k}\left(\sqrt{g}\,a^k\right)=\frac{1}{\sqrt{g}}\frac{\partial}{\partial x^k}\left(\sqrt{g}\,g^{kl}\phi_{,l}\right) \tag{2. 170}$$

맨 마지막 항등관계는 $a^k=(\nabla\phi)^k=g^{kl}(\nabla\phi)_l=g^{kl}\phi_{,l}$를 이용하였다. 여기서 식 (2.169)와 (2.170)을 비교하면 ∇^2연산자에 대한 또 다른 형태의 정의를 얻을 수 있다.

$$\nabla^2=g^{kl}\nabla_{l;k}=\frac{1}{\sqrt{g}}\frac{\partial}{\partial x^k}\left(\sqrt{g}\,g^{kl}\nabla_l\right) \tag{2. 171}$$

2. 9. 2 벡터장의 라플라스

E^3에서 $\boldsymbol{v}(\boldsymbol{x})$가 C^2 클래스에 속하는 벡터장이라고 하자. 그러면 이의 라플라스 $\nabla^2\boldsymbol{v}(=\nabla\cdot\nabla\boldsymbol{v})$는 $\nabla\boldsymbol{v}=\mathbf{T}$(2차 텐서)로 두고, 식 (2.104) 및 (2.84)를 이용하면 아래가 된다.

$$\begin{aligned}\nabla^2\boldsymbol{v}&=\nabla\cdot\nabla\boldsymbol{v}=\nabla\mathbf{T}=T^k{}_{l;k}\boldsymbol{g}^l=g^{mk}T_{ml;k}\boldsymbol{g}^l\\&=g^{mk}(v_{l;m})_{;k}\,\boldsymbol{g}^l=g^{mk}v_{l;mk}\,\boldsymbol{g}^l\end{aligned} \tag{2. 172}$$

위 식의 맨 마지막 항등관계는 3계 (공변)텐서에 해당하는 아래의 정의식을 이용하였다.

$$(v_{l;m})_{;k}\equiv v_{l;mk} \tag{2. 173}$$

[사실 휘어진 Riemann 공간이 아닌, 항상 Cartesian 좌표계를 발견할 수 있는 Riemann 곡률 텐서가 0이 되고 편평한(flat) 유클리드 공간의 경우는 $v_{l;mk}=v_{l;km}$이 성립된다 - 2.10절 참조.]
식 (2.172)에서 아래가 성립됨을 알 수 있다.

$$(\nabla^2\boldsymbol{v})_l=g^{mk}v_{l;mk} \tag{2. 174}$$

또한 이의 반변 동반성분 $(\nabla^2 v)^l$는 계량텐서에 의한 올림에 의해 아래와 같이 얻어진다.

$$(\nabla^2\boldsymbol{v})^l=g^{lp}(\nabla^2\boldsymbol{v})_p=g^{pl}g^{mk}v_{p;mk}=g^{mk}v^l{}_{;mk} \tag{2. 175}$$

여기서 '2계 공변 미분(second-order covariant differentiation)'에 해당하는 $v_{l;mk}$는 식 (2.173)에서 $v_{l;m}$는 둘 다 공변첨자를 가진 2계 공변텐서 T_{lm}으로 간주할 수 있으므로 $(v_{l;m})_{;k}=T_{lm;k}$로

두고 식 (2.48)을 이용하면 아래의 식을 얻는다(단 첨자교환 이용).

$$
\begin{aligned}
(v_{l;m})_{;k}[= v_{l;mk}] &= (v_{l;m})_{,k} - v_{n;m}\Gamma^n_{lk} - v_{l;n}\Gamma^n_{mk} \\
&= (v_{l,m} - v_n\Gamma^n_{lm})_{,k} - v_{n;m}\Gamma^n_{lk} - v_{l;n}\Gamma^n_{mk} \\
&= v_{l,mk} - v_{n,k}\Gamma^n_{lm} - v_n(\Gamma^n_{lm})_{,k} - v_{n;m}\Gamma^n_{lk} - v_{l;n}\Gamma^n_{mk}
\end{aligned} \tag{2. 176}
$$

한편 식 (2.172) 및 2계 공변 미분에 대한 식 (2.176)의 결과는 $\nabla^2\boldsymbol{v}$에서 ∇^2을 식 (2.165)에서 대입하고 식 (2.34b) 및 (2.14)을 이용하여 전개하여도 같은 결과를 얻는다. 즉

$$
\begin{aligned}
\nabla^2\boldsymbol{v} &= g^{kl}(\nabla_k\nabla_l - \Gamma^m_{lk}\nabla_m)\boldsymbol{v} = g^{kl}[\nabla_k(v_{m;l}\boldsymbol{g}^m) - \Gamma^m_{lk}v_{p;m}\boldsymbol{g}^p] \\
&= g^{kl}[(v_{m;l})_{,k}\boldsymbol{g}^m + v_{m;l}\nabla_k\boldsymbol{g}^m - \Gamma^m_{lk}v_{p;m}\boldsymbol{g}^p] \\
&= g^{kl}[(v_{m;l})_{,k}\boldsymbol{g}^m - v_{m;l}\Gamma^m_{sk}\boldsymbol{g}^s - \Gamma^m_{lk}v_{p;m}\boldsymbol{g}^p] \\
&= g^{kl}[(v_{m;l})_{,k} - v_{n;l}\Gamma^n_{mk} - \Gamma^p_{lk}v_{m;p}]\boldsymbol{g}^m
\end{aligned}
$$

따라서 아래가 성립된다.

$$
(\nabla^2\boldsymbol{v})_m = g^{kl}[(v_{m;l})_{,k} - v_{n;l}\Gamma^n_{mk} - \Gamma^p_{lk}v_{m;p}]
$$

여기서 $m \to l,\ l \to m$을 치환하면 식 (2.174)와 (2.176)의 결과와 같아짐을 알 수 있다.

한편 반변, 공변 구별이 없는 Cartesian (x, y, z) 좌표계의 경우에는 식 (2.174)에서 $g^{mk} \to \delta^{mk}$, $v_{l;mk} \to v_{l,mk}$가 되므로 $(\nabla^2\boldsymbol{v})_l = \delta^{mk}v_{l,mk} = v_{l,mm} = \dfrac{\partial^2 v_l}{\partial z^m \partial z^m}$가 되어 아래가 성립된다.

$$
\left.
\begin{aligned}
(\nabla^2\boldsymbol{v})_x &= \frac{\partial^2 v_x}{\partial x^2} + \frac{\partial^2 v_x}{\partial y^2} + \frac{\partial^2 v_x}{\partial z^2} = \nabla^2 v_x \\
(\nabla^2\boldsymbol{v})_y &= \frac{\partial^2 v_y}{\partial x^2} + \frac{\partial^2 v_y}{\partial y^2} + \frac{\partial^2 v_y}{\partial z^2} = \nabla^2 v_y \\
(\nabla^2\boldsymbol{v})_z &= \frac{\partial^2 v_z}{\partial x^2} + \frac{\partial^2 v_z}{\partial y^2} + \frac{\partial^2 v_z}{\partial z^2} = \nabla^2 v_z
\end{aligned}
\right\} \tag{2. 177}
$$

예제 2.17

E^3의 스칼라 장 $\phi(\boldsymbol{x})$에 대한 2계 공변 미분에 있어서 $\phi_{;kl}=\phi_{;lk}$가 성립함을 증명하라.

풀이

먼저 $\phi_{;kl}$을 공변 미분의 정의식 (2.51)에 따라 다음과 같이 구해보자[단 $\phi_{;k}=\phi_{,k}$ (식 (2.62)) 이용].

$$\phi_{;kl}=(\phi_{;k})_{;l}=(\phi_{,k})_{;l}$$

그런데 $\phi_{,k}=\nabla_k\phi=(\boldsymbol{\nabla}\phi)_k$는 이미 1계 공변텐서임을 알고 있으므로(예제 1.4 참조), $\phi_{,k}=u_k$라 두면 위 식은 아래가 된다.

$$\phi_{;kl}=u_{k;l}=\nabla_l u_k-\Gamma^s_{kl}u_s=\phi_{,kl}-\Gamma^s_{kl}\phi_{,s} \tag{2. 178}$$

마찬가지 방법으로 $\phi_{;lk}$을 구해보면 아래가 된다.

$$\phi_{;lk}=(\phi_{,l})_{;k}=\phi_{,lk}-\Gamma^s_{lk}\phi_{,s} \tag{2. 179}$$

그런데 2계 편미분 $\phi_{,kl}=\dfrac{\partial^2\phi}{\partial x^l\partial x^k}=\dfrac{\partial^2\phi}{\partial x^k\partial x^l}=\phi_{,lk}$가 성립하므로 위 식 (2.178)과 (2.179)에서 아래가 증명된다.

$$\phi_{;kl}=\phi_{;lk}=\phi_{,kl}(=\phi_{,lk})-\Gamma^s_{kl}\phi_{,s} \tag{2. 180}$$

사실 $\phi_{;kl}$는 2계 공변 (절대)텐서이다.

한편 식 (2.169)와 (2.180)을 비교해보면 아래가 성립됨을 알 수 있다.

$$\nabla_{l;k}\phi=\phi_{;kl}=\phi_{;lk} \tag{2. 181}$$

그러면 이하에서 라플라스 연산자 $\nabla^2=g^{kl}\nabla_{l;k}$ (2.165)에 나오는 $\nabla_{l;k}(\nabla_k\nabla_k-\Gamma^s_{lk}\nabla_s)$ 연산자(식 (2.164))의 작용에 대하여 조사해보기로 하자. 먼저 앞에서 언급한 $\nabla^2\boldsymbol{v}$는 식 (2.165)을 이용하여 아래와 같이 나타낼 수 있다.

$$\nabla^2\boldsymbol{v}=\nabla^2(v^p\boldsymbol{g}_p)=(g^{pm}\nabla_{m;p})\boldsymbol{v}=(\nabla^2\boldsymbol{v})^k\boldsymbol{g}_k \tag{2. 182}$$

그런데 이 식과 식 (2.175)를 비교해보면 아래의 관계가 성립된다.

$$\nabla_{m;p}\boldsymbol{v}=v^k{}_{;mp}\boldsymbol{g}_k \tag{2. 183}$$

그런데 이 식은 $\boldsymbol{v}$에 직접 $\nabla_{m;p}$ 연산자 (2.164)를 작용시켜도 아래와 같이 같은 결과를 얻을 수 있다(단 이때 편미분 연산자 ∇_p는 배분법칙이 성립되나, $\nabla_{m;p}$ 연산자는 성립되지 않음에 유의해야 한다).

$$\nabla_{m;p}\boldsymbol{v}=(\nabla_p\nabla_m-\Gamma^s_{mp}\nabla_s)\boldsymbol{v}=\nabla_p(v^k{}_{;m}\,\boldsymbol{g}_k)-\Gamma^s_{mp}\,v^l{}_{;s}\,\boldsymbol{g}_l$$

$$=\nabla_p(v^k{}_{;m})\,\boldsymbol{g}_k+v^k{}_{;m}\,\Gamma^s_{kp}\,\boldsymbol{g}_s-\Gamma^s_{mp}\,v^l{}_{;s}\,\boldsymbol{g}_l$$

$$=\left\{\nabla_p(v^k{}_{;m})+\Gamma^k_{sp}\,v^s{}_{;m}-v^k{}_{;s}\,\Gamma^s_{mp}\right\}\boldsymbol{g}_k \tag{2. 184}$$

위 식의 마지막 항등관계는 $\boldsymbol{g}_k$를 바깥으로 빼기 위하여 (반복)무효첨자를 적당히 바꾸어 조정하여 얻어진 것이다. 그런데 이 식의 우편의 괄호안에 있는 항은 공변 미분의 정의식 (2.51)에 의해 $(v^k{}_{;m})_{;p}=v^k{}_{;mp}$가 되므로 식 (2.183)이 다시 확인된다.

그리고 $\nabla_{m;p}$ 연산자는 선형 연산자가 아니므로 아래와 같이 배분법칙이 성립되지 않음에 유의해야한다. 즉

$$\nabla_{m;p}\boldsymbol{v}=(v^k{}_{;mp}\,\boldsymbol{g}_k)=\nabla_{m;p}(v^n\,\boldsymbol{g}_n)\neq(\nabla_{m;p}v^n)\boldsymbol{g}_n+v^n\,\nabla_{m;p}\boldsymbol{g}_n \tag{2. 185}$$

또한 아래의 (부등)관계도 성립된다.

$$\nabla_{m;p}v^n\neq v^n{}_{;mp}\,,\qquad \nabla_{m;p}\,\boldsymbol{g}_n\neq\boldsymbol{g}_{n;mp}(=\boldsymbol{0}) \tag{2. 186}$$

증명 먼저 위 식의 첫 번째 관계를 증명해보기로 한다. 이의 왼편 항은 아래가 된다.

$$\text{(L)}\quad \nabla_{m;p}v^n=(\nabla_p\nabla_m-\Gamma^s_{mp}\nabla_s)v^n=v^n{}_{,mp}-\Gamma^s_{mp}\,v^n{}_{,s}$$

다음에 오른편 항은 공변 미분의 정의에 의해 아래가 된다.

$$\text{(R)}\quad v^n{}_{;mp}=\nabla_p(v^n{}_{;m})+\Gamma^n_{sp}\,v^s{}_{;m}-\Gamma^s_{mp}\,v^n{}_{;s}$$

$$=v^n{}_{,pm}-\Gamma^s_{mp}\,v^n{}_{,s}+(\Gamma^n_{sm})_{,p}\,v^s+\Gamma^n_{sm}\,v^s{}_{,p}+\Gamma^n_{sp}\,v^s{}_{,m}$$

$$+\Gamma^n_{sp}\,\Gamma^s_{lm}\,v^l-\Gamma^s_{mp}\,\Gamma^n_{ls}\,v^l$$

따라서 (L)과 (R)을 비교해보면 같지 않음을 알 수 있다.

다음에는 식 (2.186)의 두 번째 관계를 증명해보자. 먼저 이의 왼편 항은 아래가 된다(단 식 (2.4) 이용).

$$(\mathrm{L})\ \ \nabla_{m\,;\,p}\boldsymbol{g}^{n} = (\nabla_p \nabla_m - \Gamma^s_{mp}\nabla_s)\boldsymbol{g}_n = \nabla_p(\Gamma^s_{mn}\,\boldsymbol{g}_s) - \Gamma^s_{mp}\,\Gamma^l_{sn}\,\boldsymbol{g}_l$$

$$= (\Gamma^s_{mn})_{,p}\,\boldsymbol{g}_s + \Gamma^s_{mn}\,\Gamma^l_{ps}\,\boldsymbol{g}_l - \Gamma^s_{mp}\,\Gamma^l_{sn}\,\boldsymbol{g}_l$$

다음에 우편 항은 아래가 된다[단 $\boldsymbol{g}_{n\,;\,m} = \nabla_m \boldsymbol{g}_n - \Gamma^s_{nm}\boldsymbol{g}_s = \Gamma^s_{mn}\boldsymbol{g}_s = \Gamma^s_{nm}\boldsymbol{g}_s = 0$을 이용].

$$(\mathrm{R})\ \ \boldsymbol{g}_{n\,;\,mp} = (g_{n\,;\,m})_{;p} = \mathbf{0}$$

따라서 $(\mathrm{L}) \neq (\mathrm{R})$임을 알 수 있다. ■

다음 절에서는 휘어진 n차원 Riemann 공간(R^n)에서의 곡률텐서 및 2계 공변 미분의 교환성 등을 조사해보기로 한다.

■ 2.10 Riemann-Christoffel 텐서

잘 알려진대로 E^n 공간에서 C^2 클래스에 속하는 독립변수 x 및 y의 어떤 스칼라 함수 $f(x, y)$가 그 영역내에서 f, $f_{,x}$, $f_{,y}$, $f_{,xx}$, $f_{,xy}$, $f_{,yx}$, $f_{,yy}$ 모두가 존재하고 연속이라면 편미분의 순서는 중요하지 않다(즉 $f_{,xy} = f_{,yx}$). 그러나 (2차)텐서값 함수의 혼합형 2계 공변 미분의 경우에는 다음에서 볼 수 있듯이 반드시 교환성을 보증하기는 어렵다. 즉 만약 공변 미분의 순서가 중요하지 않기 위해서는 어떤 곡선좌표계 x^k에 의해 펴진(spanned) 공간상에서 'Riemann-Christoffel (곡률)텐서'라고 불리는 4차 텐서가 0이 되어야 한다. 사실 지금까지 다루어온 편평한 유클리드 공간에서는 이것이 성립된다.

지금 어떤 $\boldsymbol{x}$ 좌표계에 대해 기본 계량텐서 $g_{ij}(\boldsymbol{x})$를 가진 $r \geq 2$인 클래스 C^r에 속하는 어떤 (공변)벡터장 $v_i(\boldsymbol{x})$의 x^j 좌표계에 의한 공변 미분(식 (2.35))을 아래에 다시 적는다.

$$v_{i;j} = v_{i,j} - v_h\,\Gamma^h_{ij} \tag{2.35}$$

이를 다시 x^k로 공변 미분을 행하면 차수(rank)가 $+1$ 증가된 아래의 3차 공변텐서가 얻어진다.

$$v_{i;jk} = \left(v_{i;j}\right)_{;k} = \left(v_{i;j}\right)_{,k} - v_{h;j}\,\Gamma^h_{ik} - v_{i;h}\,\Gamma^h_{jk}$$

$$= \left(v_{i,j} - v_h\,\Gamma^h_{ij}\right)_{,k} - \Gamma^h_{ik}\left(v_{h,j} - v_l\,\Gamma^l_{hj}\right) - \Gamma^h_{jk}\left(v_{i,h} - v_l\,\Gamma^l_{ih}\right)$$

$$= v_{i,jk} - \left(\Gamma^h_{ij}\right)_{,k} v^h - \Gamma^h_{ij} v_{h,k} - \Gamma^h_{ik} v_{h,j} + v_l \Gamma^h_{ik} \Gamma^l_{hj} - \Gamma^h_{jk} v_{i,h} + v_l \Gamma^h_{jk} \Gamma^l_{ih} \tag{2.187}$$

다음에는 위와 비슷한 절차에 의하여[아니면 단순히 식 (2.187)의 첨자 j와 k를 교환하던지] 아래의 식을 얻는다.

$$v_{i;kj} = v_{i,kj} - \left(\Gamma^h_{ik}\right)_{,j} v_h - \Gamma^h_{ik} v_{h,j} - \Gamma^h_{ij} v_{h,k} + v_l \Gamma^h_{ij} \Gamma^l_{hk} - \Gamma^h_{kj} v_{i,h} + v_l \Gamma^h_{kj} \Gamma^l_{ih} \tag{2.188}$$

다음에는 식 (2.188)을 식 (2.187)에서 빼고, 편미분의 교환법칙 즉 $v_{i,jk} - v_{i,kj}\left[= \dfrac{\partial^2 v_i}{\partial x^k \partial x^j} - \dfrac{\partial^2 v_i}{\partial x^j \partial x^k}\right] = 0$을 이용하면 아래 식을 얻는다.

$$v_{i;jk} - v_{i;kj} = \Gamma^h_{ik} \Gamma^l_{hj} v_l - \left(\Gamma^h_{ij}\right)_{,k} v_h - \Gamma^h_{ij} \Gamma^l_{hk} v_l + \left(\Gamma^h_{ik}\right)_{,j} v_h \tag{2.189}$$

다시 위 식의 우편의 첫째와 셋째 항에서 첨자 $l \to h$로, $h \to l$로 교환을 행하면 아래의 식을 얻는다.

$$v_{i;jk} - v_{i;kj} = \left[\left(\Gamma^h_{ik}\right)_{,j} - \left(\Gamma^h_{ij}\right)_{,k} + \Gamma^l_{ik} \Gamma^h_{lj} - \Gamma^l_{ij} \Gamma^h_{lk}\right] v_h \tag{2.190}$$

위 식에서 왼편은 텐서의 기본연산법칙에 의해 차수 3인 (공변)텐서, 그리고 우편은 텐서의 상법칙(1.8.5절)에 의해 v_k가 1차 텐서이므로 대괄호 안에 있는 항은 4차 텐서가 되어야하고, 이를 아래와 같이 $R^h{}_{ijk}$라 칭한다(첨자 h에 관해 한 번의 축약이 행해짐).

$$\left(\Gamma^h_{ik}\right)_{,j} - \left(\Gamma^h_{ij}\right)_{,k} + \Gamma^h_{ij} \Gamma^l_{ik} - \Gamma^l_{ij} \Gamma^h_{lk} = R^h{}_{ijk} \tag{2.191}$$

이를 식 (2.190)에 대입하면 아래의 유용한 관계식을 얻는다.

$$v_{i;jk} - v_{i;kj} = R^h{}_{ijk} v_h \tag{2.192}$$

위 식을 보면 v_h는 임의의 1계 공변 텐서(벡터)이므로 $v_h \neq 0$이 되며 오직 $R^h{}_{ijk}$가 0이 될 경우에만 $u_{i;jk} = v_{i;kj}$가 성립된다. 식 (2.191)를 편의상 아래와 같이 2×2 행렬식으로 나타낼 수도 있다.

$$R^h{}_{ijk} = \begin{vmatrix} \dfrac{\partial}{\partial x^j} & \dfrac{\partial}{\partial x^k} \\ \Gamma^h_{ij} & \Gamma^h_{ik} \end{vmatrix} + \begin{vmatrix} \Gamma^h_{lj} & \Gamma^h_{lk} \\ \Gamma^l_{ij} & \Gamma^l_{ik} \end{vmatrix} \tag{2.193}$$

이렇게 정의된 $R^h{}_{ijk}$를 '제 2종 Riemann-Christoffel 텐서'라 한다.

그리고 여기에 계량텐서를 이용하여 첨자를 올리거나 낮춤에 의해 아래의 (동반)4차 텐서가 얻어진다.

$$R^h{}_{ijk} g_{hl} = R_{lijk} \tag{2. 194}$$

혹은 역으로

$$R_{lijk} g^{lh} = R^h{}_{ijk} \tag{2. 195}$$

위 식의 R_{lijk}를 '제 1종 Riemann-Christoffel 텐서'라고 부른다. 그리고 R_{lijk}에 대한 표현식은 식 (2.194)와 (2.193)에 의해 아래와 같이 얻어진다.

$$\begin{aligned} R_{lijk} &= R^h{}_{ijk} g_{hl} \\ &= g_{hl}\left(\Gamma^h_{ik}\right)_{,j} - g_{hl}\left(\Gamma^h_{ij}\right)_{,k} + g_{hl}\Gamma^h_{pj}\Gamma^p_{ik} - g_{hl}\Gamma^h_{pk}\Gamma^p_{ij} \\ &= \left(g_{hl}\Gamma^h_{ik}\right)_{,j} - \Gamma^h_{ik} g_{hl,j} - \left(g_{hl}\Gamma^h_{ij}\right)_{,k} + \Gamma^h_{ij} g_{hl,k} + \Gamma_{pjl}\Gamma^p_{ik} - \Gamma_{pkl}\Gamma^p_{ij} \\ &= \left(\Gamma_{ikl}\right)_{,j} - \left(\Gamma_{ijl}\right)_{,k} - \Gamma^h_{ik}\Gamma_{hjl} - \Gamma^h_{ik}\Gamma_{ljh} + \Gamma^h_{ij}\Gamma_{hkl} + \Gamma^h_{ij}\Gamma_{lkh} + \Gamma^p_{ik}\Gamma_{pjl} - \Gamma^p_{ij}\Gamma_{pkl} \\ &= \left(\Gamma_{ikl}\right)_{,j} - \left(\Gamma_{ijl}\right)_{,k} + \Gamma^h_{ij}\Gamma_{lkh} - \Gamma^h_{ik}\Gamma_{ljh} \end{aligned}$$

위 식의 마지막 단계는 아래와 같이 두 행렬식의 합으로 간편하게 나타낼 수 있다.

$$R_{lijk} = \begin{vmatrix} \dfrac{\partial}{\partial x^j} & \dfrac{\partial}{\partial x^k} \\ \Gamma_{ijl} & \Gamma_{ikl} \end{vmatrix} + \begin{vmatrix} \Gamma^h_{ij} & \Gamma^h_{ik} \\ \Gamma_{ljh} & \Gamma_{lkh} \end{vmatrix} \tag{2. 196}$$

식 (2.15)를 사용하여 위 행렬식을 전개하면 아래의 식을 얻는다.

$$R_{lijk} = \frac{1}{2}\left(\frac{\partial^2 g_{lk}}{\partial x^i \partial x^j} - \frac{\partial^2 g_{ik}}{\partial x^l \partial x^j} - \frac{\partial^2 g_{lj}}{\partial x^i \partial x^k} + \frac{\partial^2 g_{ij}}{\partial x^k \partial x^l}\right) + g^{mn}\left(\Gamma_{ijm}\Gamma_{lkn} - \Gamma_{ikm}\Gamma_{ljn}\right) \tag{2. 197}$$

클래스 $C^r\,(r \geq 2)$에 속하는 2차 텐서 장 $a_{ij}(\boldsymbol{x})$에 대해서도 위와 유사한 절차에 의해 아래와 같은 관계식을 유도할 수 있다.

$$a_{ij;kl} - a_{ij;lk} = a_{ih} R^h{}_{jkl} + a_{hj} R^h{}_{ikl} \tag{2. 198}$$

또한 3차 이상의 고차 텐서의 경우에도 위와 비슷한 관계식을 유도할 수 있으나 여기서는 더 이상 추구하지 않겠다.

예제 2.18

식 (2.192)를 유도할 때와 유사한 절차에 따라 아래식이 성립됨을 증명하라.

$$(u^i{}_{;jk}) - (u^i{}_{;kj}) = R^i{}_{lkj} u^l \tag{2.199}$$

여기서 $R^i{}_{lkj}(=-R^i{}_{ljk})$는 식 (2.191)에서 첨자 $h \to i,\ i \to l,\ j \to k,\ k \to j$ 교환에 의해 얻어진다.

풀이

먼저 $u^i{}_{;jk} = (u^i{}_{;j})_{;k}$에서 $u^i{}_{;j}$는 공변 미분 식 (2.33)을 이용하고, 또한 2차(혼합텐서) $u^i{}_{;j} = T^i{}_j$로 두고 $T^i{}_{j;k}$는 식 (2.49)를 이용하여 전체의 전개를 행하면 아래식이 얻어진다(단 공변 미분은 미분관계가 성립됨).

$$(u^i{}_{;j})_{;k} = \left(\frac{\partial u^i}{\partial x^j} + \Gamma^i_{lj} u^l\right)_{;k}$$

$$= \frac{\partial}{\partial x^k}\left(\frac{\partial u^i}{\partial x^j} + \Gamma^i_{lj} u^l\right) + \Gamma^i_{lk}\left(\frac{\partial u^l}{\partial x^j} + \Gamma^l_{mj} u^m\right) - \Gamma^l_{jk}\left(\frac{\partial u^i}{\partial x^l} + \Gamma^i_{ml} u^m\right)$$

$$= \frac{\partial^2 u^i}{\partial x^k \partial x^j} + \frac{\partial u^l}{\partial x^k}\Gamma^i_{lj} + \frac{\partial u^l}{\partial x^j}\Gamma^i_{lk} - \frac{\partial u^i}{\partial x^l}\Gamma^l_{jk} + u^l \frac{\partial \Gamma^i_{lj}}{\partial x^k} + u^m \Gamma^i_{lk}\Gamma^l_{mj} - u^m \Gamma^l_{jk}\Gamma^i_{ml} \tag{2.200 a}$$

그리고 $u^i{}_{;kj} = (u^i{}_{;k})_{;j}$도 마찬가지로 전개하던지, 아니면 위에서 얻어진 식에서 첨자교환 $j \leftrightarrow k$를 행하면 아래식이 얻어진다(단 최종 결과만을 나타냄).

$$(u^i{}_{;k})_{;j} = \left(\frac{\partial u^i}{\partial x^k} + \Gamma^i_{lk} u^l\right)_{;j}$$

$$= \frac{\partial^2 u^i}{\partial x^j \partial x^k} + \frac{\partial u^l}{\partial x^j}\Gamma^i_{lk} + \frac{\partial u^l}{\partial x^k}\Gamma^i_{lj} - \frac{\partial u^i}{\partial x^l}\Gamma^l_{kj} + u^l \frac{\partial \Gamma^i_{lk}}{\partial x^j} + u^m \Gamma^i_{lj}\Gamma^l_{mk} - u^m \Gamma^l_{jk}\Gamma^i_{ml} \tag{2.200 b}$$

위 식 (a)에서 (b)를 빼고, (무효)첨자 교환을 적당히 행하면 아래식을 얻을 수 있다.

$$u^i{}_{;jk} - u^i{}_{;kj} = u^l\left(\frac{\partial \Gamma^i_{lj}}{\partial x^k} - \frac{\partial \Gamma^i_{lk}}{\partial x^j} + \Gamma^i_{mk}\Gamma^m_{lj} - \Gamma^i_{mj}\Gamma^m_{lk}\right) \tag{2.201}$$

그런데 위 식 우편의 괄호안 항은 식 (2.191)과 비교해보면 첨자교환에 의해 $R^i{}_{lkj}(=-R^i{}_{ljk})$가 됨을 알 수 있다. 따라서 위 식은 아래와 같이 나타낼 수 있으므로 식 (2.199)가 증명된다.

$$u^i{}_{;jk} - u^i{}_{;kj} = R^i{}_{lkj} u^l (=-R^i{}_{ljk} u^l) \tag{2.202}$$

2. 10. 1 Riemann-Christoffel 텐서의 성질

식 (2.197)로부터 4차 텐서 R_{lijk}의 여러 대칭 성질을 추정할 수 있다. 이들 성질은 (Riemann 공간에서) 곡률(curvature)계산이나 상대성 연속체역학(relativistic continuum mechanics)등에 유용하게 사용된다. 먼저 아래 관계가 쉽게 추정된다.

$$R_{iljk} = -R_{lijk}, \quad R_{likj} = -R_{lijk} \tag{2. 203}$$

또한 이로부터 아래 관계도 성립된다(∵식 (2.197)에서 $j=k$로 두면 얻어짐).

$$R_{li\underline{j}\underline{j}} = 0 = R_{il\underline{j}\underline{j}} \quad (\text{n.s. for } j) \tag{2. 204}$$

즉 위 식에서 R_{iljk}는 처음 두 첨자 혹은 나중 두 첨자의 교환에 대해 반대칭임을 알 수 있다. 또한 $R^l{}_{ijk} = g^{lm} R_{mijk}$에서 아래의 (반대칭)관계도 성립된다.

$$R^l{}_{ijk} = -R^l{}_{ikj} \tag{2. 205}$$

한편 식 (2.197)로부터 아래와 같이 첨자 두 쌍(pair)간의 대칭관계도 성립된다.

$$R_{jkli} = R_{lijk} \tag{2. 206}$$

또한 R_{lijk}에서 첫 번째 첨자 l을 고정시키고, 나머지 세 첨자 ijk를 원순환시키면 아래의 관계가 성립된다.

$$R_{lijk} + R_{ljki} + R_{lkij} = 0 \tag{2. 207}$$

이 식은 역시 식 (2.197)에서 쉽게 증명이 가능하다.
그리고 이 식의 공변 미분으로부터 아래의 'Bianchi 식'이라고 불리는 관계도 얻어진다.

$$R_{lijk;p} + R_{likp;j} + R_{lipj;k} = 0 \tag{2. 208}$$

또한 식 (2.204)에 덧붙여 식 (2.197)로부터 아래 관계도 쉽게 유도할 수 있다.

$$R_{l\underline{i}\underline{i}\underline{i}} = 0, \quad R_{\underline{i}\underline{i}\underline{i}\underline{i}} = 0 \quad (\text{n.s. for } i) \tag{2. 209}$$

한편 Einstein의 일반 상대성이론에 유용한 'Ricci 텐서'라고 불리는 2차 텐서 R_{ij}는 4차 텐서 $R^h{}_{ijk}$의 축약에 의해 아래와 같이 정의된다.

$$R_{ij} = R^{h}{}_{ijh} \tag{2.210}$$

다음에는 식 (2.203) ~ (2.209)의 (대칭)성질에 의해 n차원 Riemann 공간(R^n)에 있는 4차 텐서 R_{lijk}(혹은 $R^{l}{}_{ijk}$)의 0이 되지 않는 (독립)성분의 개수 (N)에 대해 조사해보기로 한다. 정의에 의해 R_{lijk}의 n^4개의 성분은 다음과 같이 3 유형(cartegory)으로 분류할 수 있다.

1. R_{1221}처럼 4 지수 중 두 지수만이 다를 경우, 즉 $R_{\underline{l}\,\underline{i}\,\underline{l}\,\underline{i}}$ 유형($i \neq l$):

R^n 공간에서 이 유형에 속하는 개수는 nC_2개이며, 또한 선택된 각 경우에 대해 오직 1종류의 0이 되지 않는 조합만 존재하므로 이 유형에 속하는 0이 되지 않는 전체 (독립)성분의 수는 $1 \times nC_2 = n(n-1)(n-2)/2$이다.

2. R_{1231}의 경우처럼 3 지수만이 (독립적으로) 다를 경우, 즉 $R_{\underline{l}ij\underline{l}}$ 유형($i \neq j \neq l$):

R^n 공간에서 이 유형에 속하는 개수는 $nC_3 = n(n-1)(n-2)/3!$개이나, 선택된 각 경우에 대해 아래와 같이 여러 조합이 가능하다. 가령 3개의 서로 다른 지수를 l, i, j라 하면 이 형태에 속하는 조합은 아래와 같이 나타낼 수 있다.

$$R_{\underline{l}ij\underline{l}},\ R_{l\underline{i}j\underline{i}},\ R_{li\underline{j}\,\underline{j}},\ R_{\underline{l}ji\underline{l}},\ R_{lj\underline{i}\,\underline{i}}$$

그런데 이들 중 성질 식 (2.204)에 의해 0이 되지 않는 성분은 $R_{\underline{l}ij\underline{l}}$, $R_{l\underline{i}j\underline{i}}$, 및 $R_{\underline{l}ji\underline{l}}$의 모두 3개만 존재한다. 따라서 이 유형에 속하는 0이 되지 않는 전체 R_{ijkl}(독립)성분의 수는 $3 \times nC_3 = n(n-1)(n-2)/2$개다.

3. R_{1234}처럼 4 지수 모두 다를 경우, 즉 R_{lijk} 유형($i \neq j \neq k \neq l$):

역시 R^n 공간에서 이 유형에 속하는 개수는 nC_4이나, 각 선택된 경우에 가령 R_{lijk}의 경우 성질 식 (2.203) ~ (2.208)에 의해 서로 구별가능하고, 0이 되지 않는 조합은 R_{lijk}와 R_{ljik}의 두 개밖에 없으므로, 이 유형에 속하는 전체 (독립)성분의 수는 $2 \times nC_4 = n(n-1)(n-2)(n-3)/12$이다.

따라서 R^n 공간에서 0이 되지 않는 서로 다른 (구별가능한) 전체 독립성분의 수 N는 위에서의 3 유형에 해당하는 (독립)성분의 수의 합에 의해 아래와 같이 구해진다.

$$N = nC_2 + nC_3 \times 3 + nC_4 \times 2 = \frac{n^2(n^2-1)}{12} \tag{2.211}$$

가령 3차원(즉 $n=3$) Riemann 공간(R^3)의 경우 전체의 0이 되지 않는 (독립) R_{ijkl}의 수 (N)

는 아래와 같이 6이 된다.

$R_{1212},\ R_{1313},\ R_{2323},\ R_{1213},\ R_{2123},\ R_{3132}$

또한 2차원(즉 $n=2$) R^2 (곡면)공간의 경우 식 (2.211)에서 $N=1$이 되어 오직 1종류 즉 R_{1212}만이 0이 되지 않는 독립성분으로서, 이것은 2차원 표면의 Riemann 곡률을 특징짓는 텐서에 해당된다. 반면 유클리드 곡면의 경우 $R_{1212}=0$ 즉 표면의 모든 곡률텐서가 0이 되어 유클리드 공간은 편평한(flat) 공간이 된다(이 경우 $u_{i;jk}-u_{i;kj}=0$이 됨).

■ 2.11 ∇ 연산자를 이용한 몇 가지 중요공식

이 절에서는 앞에서 논의한 일반 곡선좌표계에 대한 $\nabla\left(\equiv \dfrac{\partial}{\partial \boldsymbol{r}}=\boldsymbol{g}^k\nabla_k\right)$ 연산자에 기초를 둔 스칼라 장, 벡터 및 텐서 장에 대한 기울기, 발산 및 회전에 관련된 공식뿐 아니라 $\nabla^2(=\nabla\cdot\nabla=g^{pm}\nabla_{m;p})$ 혹은 $\nabla_{m;p}$ 연산자에 의한 중요한 공식 몇 가지를 유도함과 동시에 이의 원통 및 구좌표와 같은 대표적 직교 곡선좌표계에의 응용도 함께 다루기로 한다(부록 표 A2.1 ~ 2.4 참조).

2.11.1 $(\boldsymbol{v}\cdot\nabla)$ 연산자의 중요성

$(\boldsymbol{v}\cdot\nabla)$ 연산자의 x^k 좌표계에 대한 성분은 아래와 같다[단 $\boldsymbol{v}=v^m\boldsymbol{g}_m,\ \nabla=\boldsymbol{g}^k\nabla_k$ 대입 및 $\boldsymbol{g}_m\cdot\boldsymbol{g}^k=\delta_m{}^k$ 이용].

$$\boldsymbol{v}\cdot\nabla=v^m\boldsymbol{g}_m\cdot\boldsymbol{g}^k\frac{\partial}{\partial x^k}=v^k\frac{\partial}{\partial x^k} \tag{2.212}$$

이제 이를 연속 미분가능한 스칼라 장 $\phi(\boldsymbol{x})$에 작용시키면 아래가 된다

$$(\boldsymbol{v}\cdot\nabla)\phi=\boldsymbol{v}\cdot\nabla\phi=v^k\frac{\partial\phi}{\partial x^k} \tag{2.213}$$

다음에는 연속 미분가능한 벡터장 $\boldsymbol{\omega}(\boldsymbol{x})$에 작용시키면 아래가 된다[단 식 (2.34b) 이용].

$$(\boldsymbol{v}\cdot\nabla)\boldsymbol{\omega}=v^k\frac{\partial\boldsymbol{\omega}}{\partial x^k}=v^k\omega_{m;k}\boldsymbol{g}^m \tag{2.214}$$

혹은 공변성분 표시로

$$[(\boldsymbol{v} \cdot \nabla)\boldsymbol{\omega}]_m = v^k \omega_{m;k} \tag{2.215}$$

또는 올림에 의한 반변성분 표시로

$$[(\boldsymbol{v} \cdot \nabla)\boldsymbol{\omega}]^m = g^{mp}[(\boldsymbol{v} \cdot \nabla)\boldsymbol{\omega}]_p = v^k \omega^m{}_{;k} \tag{2.216}$$

마지막으로 연속 미분가능한 (2차) 텐서 장 $\mathbf{T}(\boldsymbol{x})$에 작용시키면 아래가 된다[단 식 (2.46) 이용].

$$\left.\begin{aligned}(\boldsymbol{v} \cdot \nabla)\mathbf{T} = v^k \nabla_k \mathbf{T} &= v^k T^{mn}{}_{;k} \boldsymbol{g}_m \boldsymbol{g}_n \\ &= v^k T_{mn;k} \boldsymbol{g}^m \boldsymbol{g}^n \\ &= v^k T^m{}_{n;k} \boldsymbol{g}_m \boldsymbol{g}^n \\ &= v^k T_m{}^n{}_{;k} \boldsymbol{g}^m \boldsymbol{g}_n\end{aligned}\right\} \tag{2.217}$$

2.11.2 벡터 항등관계식

아래에 ∇ 연산자를 이용한 몇 가지 대표적 벡터 항등관계 공식을 증명과 함께 나타낸다.

공식 1 : $\nabla \cdot (\boldsymbol{u} \times \boldsymbol{v}) = \boldsymbol{v} \cdot (\nabla \times \boldsymbol{u}) - \boldsymbol{u} \cdot (\nabla \times \boldsymbol{v})$ (2.218)

증명 $\boldsymbol{f} = \boldsymbol{u} \times \boldsymbol{v}$라 두면 $f^k = \varepsilon^{klm} u_l v_m$(식 (1.276))가 된다. 이로부터 식 (2.98) 및 (2.55)과 공변 미분의 배분성질을 이용하여 아래와 같이 요구되는 관계식이 증명된다.

$$\begin{aligned}\nabla \cdot (\boldsymbol{u} \times \boldsymbol{v}) = \nabla \cdot \boldsymbol{f} = f^k{}_{;k} &= (\varepsilon^{klm} u_l v_m)_{;k} \\ &= \varepsilon^{klm}(u_{l;k} v_m + u_l v_{m;k}) \\ &= v_m \varepsilon^{klm} u_{l;k} + u_l \varepsilon^{klm} v_{m;k} \\ &= v_m \varepsilon^{klm} u_{l;k} - u_l \varepsilon^{lkm} v_{m;k} \\ &= \boldsymbol{v} \cdot (\nabla \times \boldsymbol{u}) - \boldsymbol{u} \cdot (\nabla \times \boldsymbol{v}) \qquad \blacksquare\end{aligned}$$

공식 2 : $\boldsymbol{u} \times (\nabla \times \boldsymbol{v}) = \nabla \boldsymbol{v} \cdot \boldsymbol{u} - \boldsymbol{u} \cdot \nabla \boldsymbol{v}$ (2.219)

(증명) $\boldsymbol{f} = \nabla \times \boldsymbol{v}$라 두면 $f^k = \varepsilon^{klm} u_{m;l}$(식 (2.131b))가 된다. 이로부터 식 (1.276a), (1.283) 및 (2.83)의 도움을 받아 아래와 같이 증명된다.

$$\begin{aligned}\boldsymbol{u} \times (\nabla \times \boldsymbol{v}) = \boldsymbol{u} \times \boldsymbol{f} = \varepsilon_{pqk} u^q f^k \boldsymbol{g}^p &= \varepsilon_{pqk} u^q \varepsilon^{klm} v_{m;l} \boldsymbol{g}^p \\ &= \varepsilon^{klm} \varepsilon_{kpq} u^q v_{m;l} \boldsymbol{g}^p \\ &= (\delta^l{}_p \delta^m{}_q - \delta^l{}_q \delta^m{}_p) u^q v_{m;l} \boldsymbol{g}^p \\ &= u^m v_{m;p} \boldsymbol{g}^p - u^l v_{p;l} \boldsymbol{g}^p = \nabla \boldsymbol{v} \cdot \boldsymbol{u} - \boldsymbol{u} \cdot \nabla \boldsymbol{v}\end{aligned}$$

맨 마지막 항등관계는 $\mathbf{T} = \nabla \boldsymbol{v}$로 둠으로써 다음과 같이 해석될 수 있다.
먼저

$$[(\nabla \boldsymbol{v}) \cdot \boldsymbol{u}]_p = [\mathbf{T} \cdot \boldsymbol{u}]_p = T_{pm} u^m = v_{m;p} u^m \quad (\because \text{식 } (2.83))$$

또한

$$[\boldsymbol{u} \cdot (\nabla \boldsymbol{v})]_p = [\boldsymbol{u} \cdot \mathbf{T}]_p = u^l T_{lp} = v^l v_{p;l} \quad (\because \text{식 } (2.83)) \qquad \blacksquare$$

공식 3 : $\nabla \times (\boldsymbol{u} \times \boldsymbol{v}) = \boldsymbol{u} \nabla \cdot \boldsymbol{v} - \boldsymbol{u} \nabla \boldsymbol{v} - \boldsymbol{v} \nabla \cdot \boldsymbol{u} + \boldsymbol{v} \cdot \nabla \boldsymbol{u}$ (2. 220)

(증명) $\boldsymbol{f} = \boldsymbol{u} \times \boldsymbol{v}$라 두면 $f_m = \varepsilon_{mpq} u^p v^q$(식 (1.276a))가 된다. 이로부터 식 (2.131b), (1.283), (2.89) 및 (2.98)의 도움을 받아 아래와 같이 증명된다.

$$\begin{aligned}\nabla \times (\boldsymbol{u} \times \boldsymbol{v}) = \nabla \times \boldsymbol{f} = \varepsilon^{klm} f_{m;l} \boldsymbol{g}_k \quad & \\ &= \varepsilon^{klm} \varepsilon_{mpq} (u^p v^q{}_{;l} + u^p{}_{;l} v^q) \boldsymbol{g}_k \\ &= (\delta^k{}_p \delta^l{}_q - \delta^k{}_q \delta^l{}_p)(u^p v^q{}_{;l} + u^p{}_{;l} v^q) \boldsymbol{g}_k \\ &= (u^k v^l{}_{;l} - u^l v^k{}_{;l} - u^l{}_{;l} v^k + u^k{}_{;l} v^l) \boldsymbol{g}_k \\ &= \boldsymbol{u} \nabla \cdot \boldsymbol{v} - \boldsymbol{u} \cdot \nabla \boldsymbol{v} - \boldsymbol{v} \nabla \cdot \boldsymbol{u} + \boldsymbol{v} \cdot \nabla \boldsymbol{u}\end{aligned}$$

역시 맨 마지막 항등관계는 아래와 같이 해석된다.

$$(\boldsymbol{u} \cdot \nabla) \boldsymbol{v} = u^l \nabla_l \boldsymbol{v} = u^l v^k{}_{;l} \boldsymbol{g}_k \,;\; (\boldsymbol{v} \cdot \nabla) \boldsymbol{u} = v^l \nabla_l \boldsymbol{u} = v^l u^k{}_{;l} \boldsymbol{g}_k \quad (\because \text{식 } (2.34a)) \qquad \blacksquare$$

공식 4 : $\nabla(\boldsymbol{u}\cdot\boldsymbol{v}) = \nabla\boldsymbol{u}\cdot\boldsymbol{v} + \nabla\boldsymbol{v}\cdot\boldsymbol{u}$

$$= \boldsymbol{u}\times(\nabla\times\boldsymbol{v}) + \boldsymbol{v}\times(\nabla\times\boldsymbol{u}) + \boldsymbol{u}\cdot\nabla\boldsymbol{v} + \boldsymbol{v}\cdot\nabla\boldsymbol{u} \tag{2. 221}$$

증명 먼저 첫 번째 관계를 증명하기 위해 $\nabla = \boldsymbol{g}^k\nabla_k$를 내적 $\boldsymbol{u}\cdot\boldsymbol{v}$에 작용시키면, 편미분 연산자 $\nabla_k\left(=\dfrac{\partial}{\partial x^k}\right)$의 배분성[즉 $\nabla_k(\boldsymbol{u}\cdot\boldsymbol{v}) = (\nabla_k\boldsymbol{u})\cdot\boldsymbol{v} + \boldsymbol{u}\cdot\nabla_k\boldsymbol{v}$ 성립] 때문에 아래가 되어 증명된다.

$$\nabla(\boldsymbol{u}\cdot\boldsymbol{v}) = \boldsymbol{g}^k\left(\frac{\partial\boldsymbol{u}}{\partial x^k}\cdot\boldsymbol{v} + \boldsymbol{u}\cdot\frac{\partial\boldsymbol{v}}{\partial x^k}\right) = \boldsymbol{g}^k\frac{\partial\boldsymbol{u}}{\partial x^k}\cdot\boldsymbol{v} + \boldsymbol{g}^k\frac{\partial\boldsymbol{v}}{\partial x^k}\cdot\boldsymbol{u}$$

$$= \nabla\boldsymbol{u}\cdot\boldsymbol{v} + \nabla\boldsymbol{v}\cdot\boldsymbol{u}$$

[주의 : $\nabla(\boldsymbol{u}\cdot\boldsymbol{v}) \neq \nabla\boldsymbol{u}\cdot\boldsymbol{v} + \boldsymbol{u}\cdot\nabla\boldsymbol{v}$임에 유의해야 한다. 왜냐하면 $\nabla\boldsymbol{v}\cdot\boldsymbol{u} = \boldsymbol{u}\cdot(\nabla\boldsymbol{v})^{\mathrm{T}} \neq \boldsymbol{u}\cdot\nabla\boldsymbol{v}$이므로.]

다음에는 두 번째 관계를 증명하기 위해 공식 2를 이용하면 아래가 성립된다.

$$\boldsymbol{u}\times(\nabla\times\boldsymbol{v}) = \nabla\boldsymbol{v}\cdot\boldsymbol{u} - \boldsymbol{u}\cdot\nabla\boldsymbol{v}$$

$$\boldsymbol{v}\times(\nabla\times\boldsymbol{u}) = \nabla\boldsymbol{u}\cdot\boldsymbol{v} - \boldsymbol{v}\cdot\nabla\boldsymbol{u}$$

이제 위 두 식을 더하고 재정리하면 아래의 요구되는 관계식을 얻는다.

$$\boldsymbol{u}\times(\nabla\times\boldsymbol{v}) + \boldsymbol{v}\times(\nabla\times\boldsymbol{u}) + \boldsymbol{u}\cdot\nabla\boldsymbol{v} + \boldsymbol{v}\cdot\nabla\boldsymbol{u} = \nabla\boldsymbol{v}\cdot\boldsymbol{u} + \nabla\boldsymbol{u}\cdot\boldsymbol{v} = \nabla(\boldsymbol{u}\cdot\boldsymbol{v})$$ ■

공식 5 : $\dfrac{1}{2}\nabla(\boldsymbol{v}\cdot\boldsymbol{v}) - \boldsymbol{v}\times(\nabla\times\boldsymbol{v}) = \boldsymbol{v}\cdot\nabla\boldsymbol{v}[=(\nabla\boldsymbol{v})^{\mathrm{T}}\cdot\boldsymbol{v}]$ (2. 222)

증명 공식 4의 첫 번째 항등관계에 $\boldsymbol{u} = \boldsymbol{v}$를 대입하면 아래가 성립된다.

$$\frac{1}{2}\nabla(\boldsymbol{v}\cdot\boldsymbol{v}) = \nabla\boldsymbol{v}\cdot\boldsymbol{v}$$

다시 공식 2의 $\boldsymbol{u}$를 $\boldsymbol{v}$로 두면 아래가 성립된다.

$$\boldsymbol{v}\times(\nabla\times\boldsymbol{v}) = \nabla\boldsymbol{v}\cdot\boldsymbol{v} - \boldsymbol{v}\cdot\nabla\boldsymbol{v}$$

따라서 목적하는 식이 얻어진다.

$$\frac{1}{2}\nabla(\boldsymbol{v}\cdot\boldsymbol{v})-\boldsymbol{v}\times(\nabla\times\boldsymbol{v})=\boldsymbol{v}\cdot\nabla\boldsymbol{v}$$

별해 : $\boldsymbol{f}=\nabla\times\boldsymbol{v}$라 두면, $f^k=\varepsilon^{klm}u_{m;l}$(식 (2. 131b))이므로 기존의 공식을 이용하면 아래 관계가 성립된다.

$$\begin{aligned}\boldsymbol{v}\times\nabla\times\boldsymbol{v}=\boldsymbol{v}\times\boldsymbol{f}&=v^\alpha\boldsymbol{g}_\alpha\times\varepsilon^{klm}v_{m;l}\boldsymbol{g}_k\\&=v^\alpha\varepsilon^{klm}v_{m;l}\boldsymbol{g}_\alpha\times\boldsymbol{g}_k=v^\alpha\varepsilon^{klm}\varepsilon_{\alpha kn}v_{m;l}\boldsymbol{g}_n\\&=-v^\alpha v_{m;l}\varepsilon^{klm}\varepsilon_{k\alpha n}\boldsymbol{g}^n\\&=-v^\alpha v_{m;l}(\delta^l{}_\alpha\delta^m{}_n-\delta^l{}_n\delta^m{}_\alpha)\boldsymbol{g}^n\\&=-v^l v_{n;l}\boldsymbol{g}^n+\frac{1}{2}(v^m v_m)_{;n}\boldsymbol{g}^n\\&=-\boldsymbol{v}\cdot\nabla\boldsymbol{v}+\frac{1}{2}\nabla(\boldsymbol{v}\cdot\boldsymbol{v})\end{aligned}$$

따라서 공식 5가 증명된다. ■

공식 6 : $\nabla\cdot\nabla\times\boldsymbol{u}=0$ (2. 223)

증명 식 (2.130)과 (2.99)를 이용하면 아래 식을 얻는다.

$$\begin{aligned}\nabla\cdot(\nabla\times\boldsymbol{u})&=\frac{1}{\sqrt{g}}(\sqrt{g}\,\varepsilon^{klm}u_{m;l})_{,k}=\frac{1}{\sqrt{g}}(\varepsilon^{klm}u_{m;l})_{,k}\\&=\frac{1}{\sqrt{g}}[(u_{3;2}-u_{2;3})_{,1}+(u_{1;3}-u_{3;1})_{,2}+(u_{2;1}-u_{1;2})_{,3}]\\&=\frac{1}{\sqrt{g}}[(u_{3,2}-u_{2,3})_{,1}+(u_{1,3}-u_{3,1})_{,2}+(u_{2,1}-u_{1,2})_{,3}]\\&=\frac{1}{\sqrt{g}}\begin{vmatrix}\frac{\partial}{\partial x^1}&\frac{\partial}{\partial x^2}&\frac{\partial}{\partial x^3}\\\frac{\partial}{\partial x^1}&\frac{\partial}{\partial x^2}&\frac{\partial}{\partial x^3}\\u_1&u_2&u_3\end{vmatrix}=0\end{aligned}$$

단 위에서 결과가 0이 되는 것은 편미분의 성질 즉 $u_{3,21}\left(=\dfrac{\partial^2 u_3}{\partial x^1 \partial x^2}\right)$ $= u_{3,12}\left(=\dfrac{\partial^2 u_3}{\partial x^2 \partial x^1}\right)$ 등을 이용하거나, 혹은 두 행 또는 두 열이 같으면 값이 0이 되는 행렬식의 성질을 이용하였다. ■

공식 7 : $\nabla \times \nabla \phi = 0$ (2. 224)

증명 식 (2.133)으로부터 아래의 관계식이 성립되어 증명된다.

$$\nabla \times \nabla \phi = \frac{1}{\sqrt{g}} \begin{vmatrix} \boldsymbol{e}_1 \sqrt{g_{11}} & \boldsymbol{e}_2 \sqrt{g_{22}} & \boldsymbol{e}_3 \sqrt{g_{33}} \\ \dfrac{\partial}{\partial x^1} & \dfrac{\partial}{\partial x^2} & \dfrac{\partial}{\partial x^3} \\ \phi_{,1} & \phi_{,2} & \phi_{,3} \end{vmatrix} = 0$$

여기서 결과가 0이 되는 것은 가령 $\dfrac{\partial \phi_{,3}}{\partial x^2} - \dfrac{\partial \phi_{,2}}{\partial x^3} = \dfrac{\partial^2 \phi}{\partial x^2 \partial x^3} - \dfrac{\partial^2 \phi}{\partial x^3 \partial x^2} = 0$이 되기 때문이다. ■

공식 8 : $\nabla \times (\nabla \times \boldsymbol{v}) = \nabla(\nabla \cdot \boldsymbol{v}) - \nabla^2 \boldsymbol{v}$ (2. 225)

증명 $\boldsymbol{f} = \nabla \times \boldsymbol{v}$라 두면 식 (2.131b)와 낮춤작용에 의해 아래 관계가 성립된다.

$$(\nabla \times \boldsymbol{v})_m = f_m = f^k g_{km} = \varepsilon^{kpq} v_{q;p} g_{km}$$

그러면 이로부터 기존공식의 도움을 받아 아래와 같이 요구되는 결과가 얻어진다.

$$\begin{aligned} \nabla \times \nabla \times \boldsymbol{v} = \nabla \times \boldsymbol{f} &= \varepsilon^{lnm} f_{m;n} \boldsymbol{g}_l \\ &= \varepsilon^{lnm} \varepsilon^{kpq} v_{q;pn} g_{km} \boldsymbol{g}_l \\ &= \varepsilon^{ln}{}_k \varepsilon^{kpq} v_{q;pn} \boldsymbol{g}_l = \varepsilon_{\alpha\beta k} \varepsilon^{kpq} v_{q;pn} g^{\alpha l} g^{\beta n} \boldsymbol{g}_l \\ &= (\delta^p{}_\alpha \delta^q{}_\beta - \delta^p{}_\beta \delta^q{}_\alpha) g^{\alpha l} g^{\beta n} v_{q;pn} \boldsymbol{g}_l \end{aligned}$$

$$= g^{pl} g^{qn} v_{q;pn} \boldsymbol{g}_l - g^{ql} g^{pn} v_{q;pn} \boldsymbol{g}_l$$

$$= v^n{}_{;pn} \boldsymbol{g}^p - v^l{}_{;pn} g^{pn} \boldsymbol{g}_l$$

$$= v^n{}_{;np} \boldsymbol{g}^p - v^l{}_{;pn} g^{pn} \boldsymbol{g}_l$$

$$= \nabla(\nabla \cdot \boldsymbol{v}) - \nabla^2 \boldsymbol{v}$$

단 위 식의 마지막에서 두 번째 항등관계는 2계 공변 미분의 교환성, 즉 $v^n{}_{;pn} = v^n{}_{;np}$를 가정하였다. 이는 2.10절에서 언급한 바와 같이 4차 Riemann 곡률텐서가 0이 되는 유클리드 공간을 가정하여 얻어진 것이다. ■

위에서 기술한 8개 공식 외에도 ∇ 연산자에 관련된 중요한 벡터 항등관계식이 다수 존재하나, 지면관계상 더 이상 다루지 않기로 한다.

한편 이 절에서 소개된 ∇에 관련된 몇 가지 벡터 항등 관계식을 포함하여 대표적인 벡터 연산의 일반 표기법과 그의 Cartesian 성분표현을 참고로 표 2.1에 나타내었다.

표 2.1 벡터 연산의 일반 표기법과 그것의 Cartesian 성분 형태

각종 벡터 연산	벡터 형태	Cartesian 성분 표현
1. 벡터	$\boldsymbol{A}$	A_i
2. 스칼라적	$\boldsymbol{A}\cdot\boldsymbol{B}$	A_iB_i
3. 벡터적	$\boldsymbol{A}\times\boldsymbol{B}$	$e_{ijk}A_jB_k$
4. 스칼라 3중적	$\boldsymbol{A}\cdot(\boldsymbol{B}\times\boldsymbol{C})$	$e_{ijk}A_iB_jC_k$
5. 벡터 3중적	$\boldsymbol{A}\times(\boldsymbol{B}\times\boldsymbol{C})=\boldsymbol{B}(\boldsymbol{A}\cdot\boldsymbol{C})-\boldsymbol{C}(\boldsymbol{A}\cdot\boldsymbol{B})$	$e_{ijk}\,e_{klm}A_jB_lC_m$
6. div $\boldsymbol{A}$	$\nabla\cdot\boldsymbol{A}$	$\dfrac{\partial A_i}{\partial x_i}$
7. div $(U\boldsymbol{A})$ (U, 스칼라함수)	$\nabla U\cdot\boldsymbol{A}+U\nabla\cdot\boldsymbol{A}$	$U\dfrac{\partial A_i}{\partial x_i}+A_i\dfrac{\partial U}{\partial x_i}$
8. div $(\boldsymbol{A}+\boldsymbol{B})$	$\nabla\cdot\boldsymbol{A}+\nabla\cdot\boldsymbol{B}$	$\dfrac{\partial A_i}{\partial x_i}+\dfrac{\partial B_i}{\partial x_i}$
9. div $(\boldsymbol{A}\times\boldsymbol{B})$	$\boldsymbol{B}\cdot(\nabla\times\boldsymbol{A})-\boldsymbol{A}\cdot(\nabla\times\boldsymbol{B})$	$\dfrac{\partial}{\partial x_i}(e_{ijk}\,A_jB_k)$
10. curl $\boldsymbol{A}$	$\nabla\times\boldsymbol{A}$	$e_{ijk}\dfrac{\partial A_k}{\partial x_j}$
11. curl $(U\boldsymbol{A})$	$\nabla U\times\boldsymbol{A}+U\nabla\times\boldsymbol{A}$	$e_{ijk}\,U\dfrac{\partial A_k}{\partial x_j}+e_{ijk}\,A_k\dfrac{\partial U}{\partial x_j}$
12. curl $(\boldsymbol{A}+\boldsymbol{B})$	$\nabla\times\boldsymbol{B}+\nabla\times\boldsymbol{A}$	$e_{ijk}\dfrac{\partial A_k}{\partial x_j}+e_{ijk}\dfrac{\partial B_k}{\partial x_j}$
13. curl $(\boldsymbol{A}\times\boldsymbol{B})$	$\boldsymbol{A}(\nabla\cdot\boldsymbol{B})-\boldsymbol{B}(\nabla\cdot\boldsymbol{A})$ $+(\boldsymbol{B}\cdot\nabla)\boldsymbol{A}-(\boldsymbol{A}\cdot\nabla)\boldsymbol{B}$	$\dfrac{\partial}{\partial x_i}(e_{ijk}\,e_{klm}\ A_lB_m)$
14. (curl $\boldsymbol{A}$)$\times\boldsymbol{B}$	$(\nabla\times\boldsymbol{A})\times\boldsymbol{B}=\boldsymbol{B}\cdot[\nabla\boldsymbol{A}-(\nabla\boldsymbol{A})^{\mathrm{T}}]$	$B_j\dfrac{\partial A_i}{\partial x_j}-B_i\dfrac{\partial A_j}{\partial x_j}$
15. ∇^2U	$\nabla^2U=\nabla\cdot(\nabla U)$	$\dfrac{\partial}{\partial x_i}\dfrac{\partial}{\partial x_i}U$
16. $\nabla^2\boldsymbol{A}$	$\nabla^2\boldsymbol{A}=(\nabla\cdot\nabla)\boldsymbol{A}$	$\dfrac{\partial}{\partial x_i}\dfrac{\partial}{\partial x_i}A_j$
17. $\nabla\times(\nabla\times\boldsymbol{A})$	$\nabla(\nabla\cdot\boldsymbol{A})-(\nabla\cdot\nabla)\boldsymbol{A}$	$\dfrac{\partial}{\partial x_j}\dfrac{\partial}{\partial x_i}A_j-\dfrac{\partial}{\partial x_j}\dfrac{\partial}{\partial x_j}A_i$
18. $(\boldsymbol{A}\cdot\nabla)\boldsymbol{B}$	$(\boldsymbol{A}\cdot\nabla)\boldsymbol{B}$	$A_j\dfrac{\partial B_i}{\partial x_j}$
19. $\boldsymbol{A}(\nabla\cdot\boldsymbol{B})$	$\boldsymbol{A}(\nabla\cdot\boldsymbol{B})$	$A_i\dfrac{\partial B_j}{\partial x_j}$
20. grad $(\boldsymbol{A}\cdot\boldsymbol{B})$	$\nabla(\boldsymbol{A}\cdot\boldsymbol{B})=(\boldsymbol{A}\cdot\nabla)\boldsymbol{B}+(\boldsymbol{B}\cdot\nabla)\boldsymbol{A}$ $+\boldsymbol{A}\times(\nabla\times\boldsymbol{B})+\boldsymbol{B}\times(\nabla\times\boldsymbol{A})$	—

2. 11. 3 원통 및 구좌표계에 응용

2. 11. 3. 1 원통좌표계에 응용

1.5.2.1절에서 일반기호를 사용하여 소개한 바 있지만, 보다 친숙한 그림 2.7에서 볼 수 있듯이, Cartesian 좌표 $x(=z^1)$, $y(=z^2)$, $z(=z^3)$를 가지는 공간의 한 점 P의 위치를 원통좌표 $\rho(=x^1)$, $\phi(=x^2)$, $z(=x^3)$의 항으로 나타내면 다음과 같다.

$$x=\rho\cos\phi\,,\quad y=\rho\sin\phi\,,\quad z=z \tag{2. 226}$$

$$\rho \geqq 0,\quad 0\leqq \phi < 2\pi, -\infty < z < \infty$$

따라서 점 P의 위치 벡터는 Cartesian 좌표계의 경우 다음과 같이 나타내어진다.

$$\boldsymbol{r}=\rho\cos\phi\boldsymbol{i}+\rho\sin\phi\boldsymbol{j}+z\boldsymbol{k} \tag{2. 227}$$

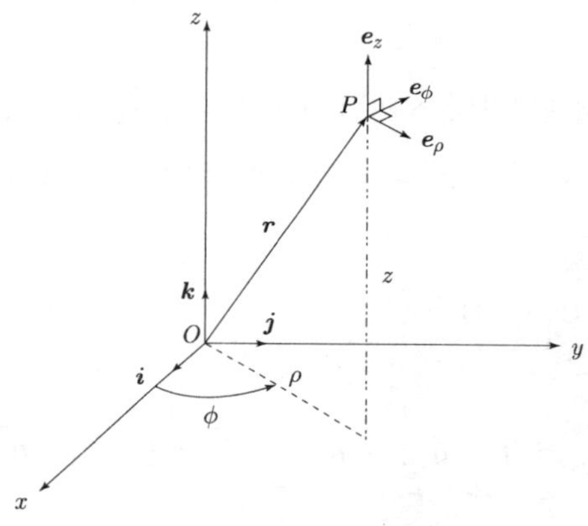

그림 2.7 원통좌표 (ρ, ϕ, z).

여기서 세 (공변)기저벡터의 정의식 (1.61)로부터 식 (2.227)에 대한 편미분으로부터 아래가 얻어진다(예제 1.2 참조).

$$\left.\begin{aligned}
\boldsymbol{g}_\rho(=\boldsymbol{g}_1) &= \frac{\partial \boldsymbol{r}}{\partial \rho}=\boldsymbol{i}cos\phi+\boldsymbol{j}sin\phi\\
\boldsymbol{g}_\phi(=\boldsymbol{g}_2) &= \frac{\partial \boldsymbol{r}}{\partial \phi}=\rho(-\boldsymbol{i}sin\phi+\boldsymbol{j}cos\phi)\\
\boldsymbol{g}_z(=\boldsymbol{g}_3) &= \frac{\partial \boldsymbol{r}}{\partial z}=\boldsymbol{k}
\end{aligned}\right\} \tag{2. 228}$$

이를 좌표변환 행렬법에 의한 공변 기저벡터간의 정의식 (1.162)에서 $\{\overline{\boldsymbol{g}}_k\}$를 원통좌표계, $\{\boldsymbol{g}_p\}$를

Cartesian 좌표계의 기저벡터라 하면 공변 좌표변환 행렬 $\mathrm{A} = (a_i^{\ j})$(식 (1.159))는 아래가 된다.

$$\mathrm{A} = (a_i^{\ j}) = \begin{pmatrix} c & s & 0 \\ -\rho s & \rho c & 0 \\ 0 & 0 & 1 \end{pmatrix} \leftrightarrow \mathrm{A}^{-1}(=\mathrm{B}^{\mathrm{T}}) = \begin{pmatrix} c & -s/\rho & 0 \\ s & c/\rho & 0 \\ 0 & 0 & 1 \end{pmatrix} \tag{2. 229}$$

여기서 $c = \cos\phi$, $s = \sin\phi$이다.

또한 식 (2.227)에서 세 역(반변)기저벡터의 정의식 (1.94) ~ (1.95)로부터 아래가 얻어진다(혹은 $\boldsymbol{g}^i = g^{im}\boldsymbol{g}_m$에서도 가능함).

$$\left.\begin{aligned} \boldsymbol{g}^1(=\boldsymbol{g}^\rho) &= \frac{\partial\rho}{\partial\boldsymbol{r}} = \boldsymbol{i}cos\phi + \boldsymbol{j}sin\phi \\ \boldsymbol{g}^2(=\boldsymbol{g}^\phi) &= \frac{\partial\phi}{\partial\boldsymbol{r}} = \frac{1}{\rho}(-\boldsymbol{i}sin\phi + \boldsymbol{j}cos\phi) \\ \boldsymbol{g}^3(=\boldsymbol{g}^z) &= \frac{\partial z}{\partial\boldsymbol{r}} = \boldsymbol{k} \end{aligned}\right\} \tag{2. 230}$$

역시 행렬법에 의한 반변 기저벡터간의 정의식 (1.163)에서 $\{\bar{\boldsymbol{g}}^k\}$를 원통좌표계, $\{\boldsymbol{g}^p\}$를 Cartesian 좌표계($\boldsymbol{g}^p = \boldsymbol{g}_p = \boldsymbol{i}_p$가 됨)라 하면 반변 좌표변환 행렬 $\mathrm{B} = (b^i_{\ j})$(식 (1.160))는 아래가 된다.

$$\mathrm{B} = (b^i_{\ j}) = \begin{pmatrix} c & s & 0 \\ -s/\rho & c/\rho & 0 \\ 0 & 0 & 1 \end{pmatrix} \leftrightarrow \mathrm{B}^{-1}(=\mathrm{A}^{\mathrm{T}}) = \begin{pmatrix} c & -\rho s & 0 \\ s & \rho c & 0 \\ 0 & 0 & 1 \end{pmatrix} \tag{2. 231}$$

그리고 세 공변 기저벡터의 크기 $\|\boldsymbol{g}_i\| = h_i = \sqrt{\boldsymbol{g}_{\underline{i}} \cdot \boldsymbol{g}_{\underline{i}}} \equiv \sqrt{\boldsymbol{g}_{\underline{i}\,\underline{i}}}$ $(i = 1,2,3)$는 식 (2.228)에서 아래와 같이 구해진다.

$$h_1 = \|\boldsymbol{g}_\rho\| = 1,\ h_2 = \|\boldsymbol{g}_\phi\| = \rho,\ h_3 = \|\boldsymbol{g}_z\| = 1 \tag{2. 232}$$

마찬가지로 세 반변 기저벡터의 크기 $\|\boldsymbol{g}^i\| = h^i = \sqrt{\boldsymbol{g}^{\underline{i}\,\underline{i}}} = 1/h_i$($\because$직교 곡선좌표계)도 식 (2.230)에서 아래와 같이 구해진다.

$$h^1 = \|\boldsymbol{g}^\rho\| = 1,\ h^2 = \|\boldsymbol{g}^\phi\| = 1/\rho,\ h^3 = \|\boldsymbol{g}^z\| = 1 \tag{2. 233}$$

한편 직교 원통좌표계의 물리적 성분표시(1.14절 참조)에 이용되는 세 정규직교(orthonormal) 단위 기저벡터 $\boldsymbol{e}_i = \boldsymbol{g}_i/h_{\underline{i}} = \boldsymbol{e}^i = \boldsymbol{g}^i/h^{\underline{i}}$(여기서 $\boldsymbol{e}_i \cdot \boldsymbol{e}_j = \delta_{ij}$성립)는 위에서 얻어진 결과를 이용하여 아래와 같이 Cartesian 기저벡터 $\boldsymbol{i}$, $\boldsymbol{j}$, $\boldsymbol{k}$항으로 나타내진다.

$$\left.\begin{aligned} \boldsymbol{e}_\rho(=\boldsymbol{e}^\rho)&=\boldsymbol{g}_\rho/h_\rho=\boldsymbol{i}\cos\phi+\boldsymbol{j}\sin\phi \\ \boldsymbol{e}_\phi(=\boldsymbol{e}^\phi)&=\boldsymbol{g}_\phi/h_\phi=-\boldsymbol{i}\sin\phi+\boldsymbol{j}\cos\phi \\ \boldsymbol{e}_z(=\boldsymbol{e}^z)&=\boldsymbol{g}_z/h_z=\boldsymbol{k} \end{aligned}\right\} \tag{2. 234a}$$

혹은 이를 행렬 표현으로 나타내면 아래가 된다.

$$\begin{pmatrix}\boldsymbol{e}_\rho\\ \boldsymbol{e}_\phi\\ \boldsymbol{e}_z\end{pmatrix}=\begin{pmatrix}c & s & 0\\ -s & c & 0\\ 0 & 0 & 1\end{pmatrix}\begin{pmatrix}\boldsymbol{i}\\ \boldsymbol{j}\\ \boldsymbol{k}\end{pmatrix}\leftrightarrow\begin{pmatrix}\boldsymbol{i}\\ \boldsymbol{j}\\ \boldsymbol{k}\end{pmatrix}=\begin{pmatrix}c & -s & 0\\ s & c & 0\\ 0 & 0 & 1\end{pmatrix}\begin{pmatrix}\boldsymbol{e}_\rho\\ \boldsymbol{e}_\phi\\ \boldsymbol{e}_z\end{pmatrix} \tag{2. 234b}$$

다음에는 원통좌표계의 $\nabla\left(=\boldsymbol{g}^k\nabla_k\right)$(식 (2.75)) 연산자는 위의 결과를 사용하여 아래와 같이 나타내진다.

$$\nabla\left(=\frac{\partial}{\partial\boldsymbol{r}}\right)=\boldsymbol{e}_\rho\frac{\partial}{\partial\rho}+\frac{1}{\rho}\boldsymbol{e}_\phi\frac{\partial}{\partial\phi}+\boldsymbol{e}_z\frac{\partial}{\partial z} \tag{2. 235}$$

또한 라플라스 연산자 $\nabla^2\left(\nabla\cdot\nabla=g^{pm}\nabla_{m;p}\right)$(식 (2.165) 혹은 (2.171)는 원통좌표계에 대한 $g=\det(g_{ij})=\rho^2$, $g^{11}=1$, $g^{22}=1/\rho^2$, $g^{33}=1$(기타 $g^{pm}=0$, 식 (1.70)참조) 및 $\Gamma^1_{22}=-\rho$, $\Gamma^2_{12}=1/\rho$등의 값을 이용하여 구하면 아래가 된다.

$$\nabla^2=(\nabla\cdot\nabla)=\frac{\partial^2}{\partial\rho^2}+\frac{1}{\rho}\frac{\partial}{\partial\rho}+\frac{1}{\rho^2}\frac{\partial^2}{\partial\phi^2}+\frac{\partial^2}{\partial z^2} \tag{2. 236 a}$$

혹은 스칼라 함수 s에 작용시키면

$$\nabla^2 s=\frac{1}{\rho}\frac{\partial}{\partial\rho}\left(\rho\frac{\partial s}{\partial\rho}\right)+\frac{1}{\rho^2}\frac{\partial^2 s}{\partial\phi^2}+\frac{\partial^2 s}{\partial z^2} \tag{2. 236 b}$$

이들 결과를 요약하여 표 2.2에 구좌표의 경우와 대비하여 나타내었다.

2. 11. 3. 2 구좌표계의 응용

역시 1.5.2.2절에서 일반기호를 사용하여 나타낸 바 있지만, 보다 친숙한 그림 2.8로부터 알 수 있듯이 Cartesian 좌표 $x(=z^1), y(=z^2), z(=z^3)$를 가진 공간의 한 점 P의 위치는 아래와 같이 구좌표 $r(=x^1), \theta(=x^2), \phi(=x^3)$의 항으로 나타낼 수 있다.

$$x=r\sin\theta\cos\phi,\quad y=r\sin\theta\sin\phi,\quad z=r\cos\theta \tag{2. 237}$$

$r \geqq 0,\ 0 \leqq \theta \leqq \phi,\ 0 \leqq \phi \leqq 2\pi$

따라서 점 P의 위치벡터는 Cartesian 좌표계에 대해서 아래와 같이 쓸 수 있다.

$$\boldsymbol{r} = r\sin\theta\cos\phi\boldsymbol{i} + r\sin\theta\sin\phi\boldsymbol{j} + r\cos\theta\boldsymbol{k} \tag{2.238}$$

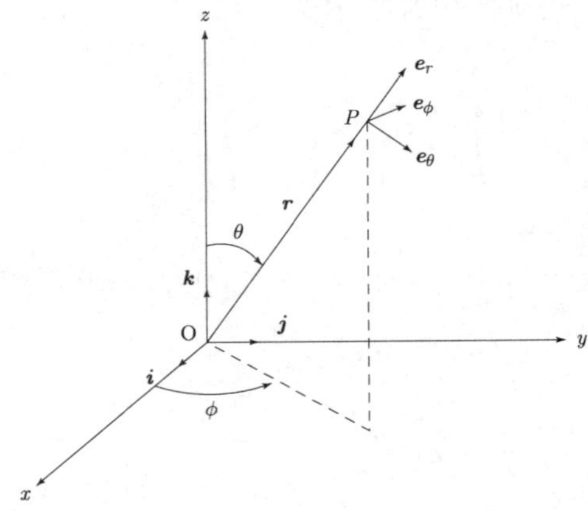

그림 2.8 구좌표 (r, θ, ϕ)

원통좌표계의 경우와 마찬가지로 식 (1.61)로부터 세 공변 기저벡터가 식(2.238)에 대한 편미분으로부터 아래와 같이 Cartesian 좌표계 항으로 구해진다(식 (1.72)참조).

$$\left.\begin{aligned} \boldsymbol{g}_r &= (\boldsymbol{g}_1) = \frac{\partial \boldsymbol{r}}{\partial r} = \boldsymbol{i}\sin\theta\cos\phi + \boldsymbol{j}\sin\theta\sin\phi + \boldsymbol{k}\cos\theta \\ \boldsymbol{g}_\theta &= (\boldsymbol{g}_2) = \frac{\partial \boldsymbol{r}}{\partial \theta} = r(\boldsymbol{i}\cos\theta\cos\phi + \boldsymbol{j}\cos\theta\sin\phi - \boldsymbol{k}\sin\theta) \\ \boldsymbol{g}_\phi &= (\boldsymbol{g}_3) = \frac{\partial \boldsymbol{r}}{\partial \phi} = r\sin\theta(-\boldsymbol{i}\sin\phi + \boldsymbol{j}\cos\phi) \end{aligned}\right\} \tag{2.239}$$

이를 좌표변환 행렬법에 의한 공변 기저벡터간의 정의식 (1.162)에서 $\{\overline{\boldsymbol{g}}_k\}$는 구좌표계, $\{\boldsymbol{g}_p\}$를 Cartesian 좌표계의 기저벡터라 하면 공변 좌표변환 행렬 $\mathrm{A} = (a_i{}^j)$(식 (1.159))는 아래가 된다.

$$\mathrm{A} = (a_i{}^j) = \begin{pmatrix} s\hat{c} & s\hat{s} & c \\ rc\hat{c} & rc\hat{s} & -rs \\ -rs\hat{s} & rs\hat{c} & 0 \end{pmatrix} \leftrightarrow \mathrm{A}^{-1}(=\mathrm{B}^{\mathrm{T}}) = \begin{pmatrix} s\hat{c} & c\hat{c}/r & -\hat{s}/rs \\ s\hat{s} & c\hat{s}/r & \hat{c}/rs \\ c & -s/r & 0 \end{pmatrix} \tag{2.240}$$

여기서 $s = \sin\theta,\ c = \cos\theta,\ \hat{s} = \sin\phi,\ \hat{c} = \cos\phi$를 나타낸다.

또한 식 (2.227)에서 세 역 (반변) 기저벡터의 정의식 (1.94) - (1.95)로부터 아래가 얻어진다(혹은 $\boldsymbol{g}^i = g^{im}\boldsymbol{g}_m$에서도 구해짐).

$$\left.\begin{aligned} \boldsymbol{g}^1 &= (\boldsymbol{g}^r) = \frac{\partial r}{\partial \boldsymbol{r}} = \boldsymbol{i}\sin\theta\cos\phi + \boldsymbol{j}\sin\theta\sin\phi + \boldsymbol{k}\cos\theta \\ \boldsymbol{g}^2 &= (\boldsymbol{g}^\theta) = \frac{\partial \theta}{\partial \boldsymbol{r}} = \frac{1}{r}(\boldsymbol{i}\cos\theta\cos\phi + \boldsymbol{j}\cos\theta\sin\phi - \boldsymbol{k}\sin\theta) \\ \boldsymbol{g}^3 &= (\boldsymbol{g}^\phi) = \frac{\partial \phi}{\partial \boldsymbol{r}} = \frac{1}{r\sin\theta}(-\boldsymbol{i}\sin\phi + \boldsymbol{j}\cos\phi) \end{aligned}\right\} \tag{2.241}$$

역시 행렬법에 의한 반변 기저벡터간의 정의식 (1.163)에서 $\{\bar{\boldsymbol{g}}^k\}$는 구좌표계, $\{\boldsymbol{g}^p\}$를 Cartesian 좌표계(이때 $\boldsymbol{g}^p = \boldsymbol{g}_p = \boldsymbol{i}\boldsymbol{p}$가 됨)라 하면 반변 좌표변환 행렬 $\mathrm{B} = (b^i{}_j)$(식 (1.160))는 아래가 된다.

$$\mathrm{B} = (b^i{}_j) = \begin{pmatrix} s\hat{c} & s\hat{s} & c \\ c\hat{c}/r & c\hat{s}/r & -s/r \\ -\hat{s}/rs & \hat{c}/rs & 0 \end{pmatrix} \leftrightarrow \mathrm{B}^{-1}(=\mathrm{A}^{\mathrm{T}}) = \begin{pmatrix} s\hat{c} & rc\hat{c} & -rs\hat{s} \\ s\hat{s} & rc\hat{s} & rs\hat{c} \\ c & -rs & 0 \end{pmatrix} \tag{2.242}$$

여기서 $s = \sin\theta,\ c = \cos\theta,\ \hat{s} = \sin\phi,\ \hat{c} = \cos\phi$를 나타낸다.

그리고 세 공변 기저벡터의 크기 $\| \boldsymbol{g}_i \| = h_i = \sqrt{\boldsymbol{g}_{\underline{i}} \cdot \boldsymbol{g}_{\underline{i}}} = \sqrt{\boldsymbol{g}_{\underline{i}\,\underline{i}}}\ (i = 1,2,3)$는 식 (2.239)에서 아래와 같이 구해진다.

$$h_1 = \| \boldsymbol{g}_r \| = 1,\quad h_2 = \| \boldsymbol{g}_\theta \| = r,\quad h_3 = \| \boldsymbol{g}_\phi \| = r\sin\theta \tag{2.243}$$

마찬가지로 세 반변 기저벡터의 크기 $\| \boldsymbol{g}^i \| = h^i = \sqrt{\boldsymbol{g}^{\underline{i}\,\underline{i}}} = 1/h_i$(∵직교 곡선좌표계)도 식 (2.241)에서 아래와 같이 구해진다.

$$h^1 = \| \boldsymbol{g}^r \| = 1,\quad h^2 = \| \boldsymbol{g}^\theta \| = 1/r,\quad h^3 = \| \boldsymbol{g}^\phi \| = 1/r\sin\theta \tag{2.244}$$

한편 직교 구좌표계의 물리적 성분표시(1.14절 참조)에 이용되는 세 정규직교 단위 기저 벡터 $\boldsymbol{e}_i = \boldsymbol{g}_i / h_{\underline{i}} = \boldsymbol{e}^i = \boldsymbol{g}^i / h^{\underline{i}}$(여기서 $\boldsymbol{e}_i \cdot \boldsymbol{e}_j = \delta_{ij}$성립)는 위에서 얻어진 결과를 이용하여 아래와 같이 Cartesian 기저벡터 항으로 나타내진다.

$$\left.\begin{aligned} \boldsymbol{e}_r(=\boldsymbol{e}^r) &= \boldsymbol{g}_r / h_r = \boldsymbol{i}\sin\theta\cos\phi + \boldsymbol{j}\sin\theta\sin\phi + \boldsymbol{k}\cos\theta \\ \boldsymbol{e}_\theta(=\boldsymbol{e}^\theta) &= \boldsymbol{g}_\theta / h_\theta = \boldsymbol{i}\cos\theta\cos\phi + \boldsymbol{j}\cos\theta\sin\phi - \boldsymbol{k}\sin\theta \\ \boldsymbol{e}_\phi(=\boldsymbol{e}^\phi) &= \boldsymbol{g}_\phi / h_\phi = -\boldsymbol{i}\sin\phi + \boldsymbol{j}\cos\phi \end{aligned}\right\} \tag{2.245}$$

혹은 이를 행렬표현으로 나타내면 아래가 된다.

$$\begin{pmatrix} \boldsymbol{e}_r \\ \boldsymbol{e}_\theta \\ \boldsymbol{e}_\phi \end{pmatrix} = \begin{pmatrix} s\hat{c} & s\hat{s} & c \\ c\hat{c} & c\hat{s} & -s \\ -\hat{s} & \hat{c} & 0 \end{pmatrix} \begin{pmatrix} \boldsymbol{i} \\ \boldsymbol{j} \\ \boldsymbol{k} \end{pmatrix} \leftrightarrow \begin{pmatrix} \boldsymbol{i} \\ \boldsymbol{j} \\ \boldsymbol{k} \end{pmatrix} = \begin{pmatrix} s\hat{c} & c\hat{c} & -\hat{s} \\ s\hat{s} & c\hat{s} & \hat{c} \\ c & -s & 0 \end{pmatrix} \begin{pmatrix} \boldsymbol{e}_r \\ \boldsymbol{e}_\theta \\ \boldsymbol{e}_\phi \end{pmatrix} \tag{2.246}$$

여기서 $s = \sin\theta$, $c = \cos\theta$, $\hat{s} = \sin\phi$, $\hat{c} = \cos\phi$를 나타낸다.

다음에 구좌표계의 $\boldsymbol{\nabla}\left(= \boldsymbol{g}^k \nabla_k\right)$(식 (2.75))연산자는 위의 결과를 사용하여 아래와 같이 나타내진다.

$$\boldsymbol{\nabla}\left(= \frac{\partial}{\partial \boldsymbol{r}}\right) = \boldsymbol{e}_r \frac{\partial}{\partial r} + \frac{1}{r} \boldsymbol{e}_\theta \frac{\partial}{\partial \theta} + \frac{1}{r\sin\theta} \boldsymbol{e}_\phi \frac{\partial}{\partial \phi} \tag{2.247}$$

또한 라플라스 연산자 $\nabla^2\left(\boldsymbol{\nabla} \cdot \boldsymbol{\nabla} = g^{pm} \nabla_{m;p}\right)$(식 (2.165) 혹은 (2.171)는 구좌표계에 대한 $g = \det(g_{ij}) = r^4 \sin^2\theta$, $g^{11} = 1$, $g^{22} = 1/r^2$, $g^{33} = 1/r^2 \sin^2\theta$(기타 $g^{pm} = 0$, 식 (1.73) 참조) 및 구좌표에 대한 Γ^i_{jk}의 값(식 (2.30))을 이용하여 구하면 아래가 된다.

$$\nabla^2 (= \boldsymbol{\nabla} \cdot \boldsymbol{\nabla}) = \frac{\partial^2}{\partial r^2} + \frac{2}{r}\frac{\partial}{\partial r} + \frac{\cos\theta}{r^2 \sin\theta}\frac{\partial}{\partial \theta} + \frac{1}{r^2}\frac{\partial^2}{\partial \theta^2} + \frac{1}{r^2 \sin^2\theta}\frac{\partial^2}{\partial \phi^2} \tag{2.248 a}$$

혹은 스칼라 함수 s에 작용시키면

$$\nabla^2 s = \frac{1}{r^2}\frac{\partial}{\partial r}\left(r^2 \frac{\partial s}{\partial r}\right) + \frac{1}{r^2 \sin\theta}\frac{\partial}{\partial \theta}\left(\sin\theta \frac{\partial s}{\partial \theta}\right) + \frac{1}{r^2 \sin^2\theta}\frac{\partial^2 s}{\partial \phi^2} \tag{2.248 b}$$

참고로 표 2.2에 원통좌표, 구좌표, 나아가 일반 직교 곡선좌표계에 있어서 스칼라 장 Φ 및 벡터장 $\boldsymbol{a}$ 에 대한 $\boldsymbol{\nabla}$ 편미분 연산 결과(물리 성분으로 표시)를 요약하여 나타내었다.

표 2.2 대표적 직교 곡선좌표계에 대한 편미분 벡터(∇) 연산의 물리성분 표시.

A) 일반 곡선좌표계 (u_1, u_2, u_3): $h_i = \| \boldsymbol{g}_i \|$, $\boldsymbol{g}_i = h_{\underline{i}} \boldsymbol{e}_i$, $\boldsymbol{g}_i \cdot \boldsymbol{g}_j = h_{\underline{i}} h_j \delta_{ij}$ $(i, j = 1, 2, 3)$

$$\nabla \Phi = \frac{1}{h_1} \frac{\partial \Phi}{\partial u_1} \boldsymbol{e}_1 + \frac{1}{h_2} \frac{\partial \Phi}{\partial u_2} \boldsymbol{e}_2 + \frac{1}{h_3} \frac{\partial \Phi}{\partial u_3} \boldsymbol{e}_3$$

$$\nabla \cdot \boldsymbol{a} = \frac{1}{h_1 h_2 h_3} \left[\frac{\partial}{\partial u_1} (h_2 h_3 a_1) + \frac{\partial}{\partial u_2} (h_3 h_1 a_2) + \frac{\partial}{\partial u_3} (h_1 h_2 a_3) \right]$$

$$\nabla \times \boldsymbol{a} = \frac{1}{h_1 h_2 h_3} \begin{vmatrix} h_1 \boldsymbol{e}_1 & h_2 \boldsymbol{e}_2 & h_3 \boldsymbol{e}_3 \\ \dfrac{\partial}{\partial u_1} & \dfrac{\partial}{\partial u_2} & \dfrac{\partial}{\partial u_3} \\ h_1 a_1 & h_2 a_2 & h_3 a_3 \end{vmatrix}$$

$$\nabla^2 \Phi = \frac{1}{h_1 h_2 h_3} \left[\frac{\partial}{\partial u_1} \left(\frac{h_2 h_3}{h_1} \frac{\partial \Phi}{\partial u_1} \right) + \frac{\partial}{\partial u_1} \left(\frac{h_3 h_1}{h_2} \frac{\partial \Phi}{\partial u_2} \right) + \frac{\partial}{\partial u_1} \left(\frac{h_1 h_2}{h_3} \frac{\partial \Phi}{\partial u_3} \right) \right]$$

B) 원통좌표계 (ρ, ϕ, z) : $h_1 = 1$, $h_2 = \rho$, $h_3 = 1$

$$\nabla \Phi = \frac{\partial \Phi}{\partial \rho} \boldsymbol{e}_\rho + \frac{1}{\rho} \frac{\partial \Phi}{\partial \phi} \boldsymbol{e}_\phi + \frac{\partial \Phi}{\partial z} \boldsymbol{e}_z$$

$$\nabla \cdot \boldsymbol{a} = \frac{1}{\rho} \frac{\partial}{\partial \rho} (\rho a_\rho) + \frac{1}{\rho} \frac{\partial a_\phi}{\partial \phi} + \frac{\partial a_z}{\partial z}$$

$$\nabla \times \boldsymbol{a} = \frac{1}{\rho} \begin{vmatrix} \boldsymbol{e}_\rho & \rho \boldsymbol{e}_\phi & \boldsymbol{e}_z \\ \dfrac{\partial}{\partial \rho} & \dfrac{\partial}{\partial \phi} & \dfrac{\partial}{\partial z} \\ a_\rho & \rho\, a_\phi & a_z \end{vmatrix}$$

$$\nabla^2 \Phi = \frac{1}{\rho} \frac{\partial}{\partial \rho} \left(\rho \frac{\partial \Phi}{\partial \rho} \right) + \frac{1}{\rho^2} \frac{\partial^2 \Phi}{\partial \phi^2} + \frac{\partial^2 \Phi}{\partial z^2}$$

C) 구좌표계 (r, θ, ϕ) : $h_1 = 1$, $h_2 = r$, $h_3 = r \sin\theta$

$$\nabla \Phi = \frac{\partial \Phi}{\partial r} \boldsymbol{e}_r + \frac{1}{r} \frac{\partial \Phi}{\partial \theta} \boldsymbol{e}_\theta + \frac{1}{r \sin\theta} \frac{\partial \Phi}{\partial \phi} \boldsymbol{e}_\phi$$

$$\nabla \cdot \boldsymbol{a} = \frac{1}{r^2} \frac{\partial}{\partial r} (r^2 a_r) + \frac{1}{r \sin\theta} \frac{\partial}{\partial \theta} (\sin\theta a_\theta) + \frac{1}{r \sin\theta} \frac{\partial a_\phi}{\partial \phi}$$

$$\nabla \times \boldsymbol{a} = \frac{1}{r^2 \sin\theta} \begin{vmatrix} \boldsymbol{e}_r & r \boldsymbol{e}_\theta & r \sin\theta \boldsymbol{e}_\phi \\ \dfrac{\partial}{\partial r} & \dfrac{\partial}{\partial \theta} & \dfrac{\partial}{\partial \phi} \\ a_r & r\, a_\theta & r \sin\theta\, a_\phi \end{vmatrix}$$

$$\nabla^2 \Phi = \frac{1}{r^2} \frac{\partial}{\partial r} \left(r^2 \frac{\partial \Phi}{\partial r} \right) + \frac{1}{r^2 \sin^2\theta} \frac{\partial}{\partial \theta} \left(\sin\theta \frac{\partial \Phi}{\partial \theta} \right) + \frac{1}{r^2 \sin^2\theta} \frac{\partial^2 \Phi}{\partial \phi^2}$$

예제 2.19

구좌표 r, θ, ϕ 에 의존하는 임의의 함수에 대해 Helmholtz 편미분 방정식은 아래와 같다.

$$\nabla^2 \Psi(r, \theta, \phi) + k^2 \Psi(r, \theta, \phi) = 0 \qquad (k^2 > 0) \tag{2. 249}$$

이때 편미방의 일반해 $\Psi(r, \theta, \phi)$를 '변수 분리(separation of variables)'기법을 사용하여 구하라.

풀이

윗식에 구좌표에대한 $\nabla^2 \Psi$ 항으로서 표 2.2 C)에서 대입하면 아래가 된다..

$$\frac{1}{r^2 \sin\theta}\left[\sin\theta \frac{\partial}{\partial r}\left(r^2 \frac{\partial \Psi}{\partial r}\right) + \frac{\partial}{\partial r}\left(\sin\theta \frac{\partial \Psi}{\partial \theta}\right) + \frac{1}{\sin\theta}\frac{\partial^2 \Psi}{\partial \phi^2}\right] = -k^2 \Psi \tag{2. 250}$$

이때

$$\Psi(r, \theta, \phi) = R(r)\,\Theta(\theta)\,\Phi(\phi) \tag{2. 251}$$

라 놓고 식 (2.250)에 넣어 $R\Theta\Phi$로 나누자

$$\frac{1}{Rr^2}\frac{d}{dr}\left(r^2 \frac{dR}{dr}\right) + \frac{1}{\Theta r^2 \sin\theta}\frac{d}{d\theta}\left(\sin\theta \frac{d\Theta}{d\theta}\right) + \frac{1}{\Theta r^2 \sin^2\theta}\frac{d^2\Theta}{d\phi^2} = -k^2 \tag{2. 252}$$

양변에 $r^2 \sin^2\theta$를 곱하고 $\left(\frac{1}{\Phi}\right)\left(\frac{d^2\Phi}{d\phi^2}\right)$만 한 변에 놓아두면

$$\frac{1}{\Phi}\frac{d^2\Phi}{d\phi^2} = r^2 \sin^2\theta\left[-k^2 - \frac{1}{r^2 R}\frac{d}{dr}\left(r^2 \frac{dR}{dr}\right) - \frac{1}{r^2 \sin\theta\Theta}\frac{d}{d\theta}\left(\sin\theta \frac{d\Theta}{d\theta}\right)\right] \tag{2. 253}$$

이 된다. 식 (2.253)는 단지 ϕ의 함수와 관계되고 r, θ 만의 함수도 된다.
r, ρ, ϕ가 독립변수이기 때문에 식 (2.253)의 각 변을 상수로 놓는다. 대부분 물리 문제에서 ϕ는 방위각처럼 쓰여진다. 이것은 지수함수보다는 주기적인 해가 되어야 함을 의미한다. 때문에 분리 상수로서 $-m^2$을 사용한다(사실 어떠한 상수든지 사용할 수 있지만 $-m^2$을 사용하는 것이 가장 간단하다).
그러면

$$\frac{1}{\Phi}\frac{d^2\Phi(\phi)}{d\phi^2} = -m^2 \tag{2. 254}$$

$$\frac{1}{r^2 R}\frac{d}{dr}\left(r^2 \frac{dR}{dr}\right) + \frac{1}{r^2 \sin\theta\Theta}\frac{d}{d\theta}\left(\sin\theta \frac{d\Theta}{d\theta}\right) - \frac{m^2}{r^2 \sin^2\theta} = -k^2 \tag{2. 255}$$

을 얻는다. 식 (2.255) 에 r^2을 곱하여 정리하면

$$\frac{1}{R}\frac{d}{dr}(r^2 \frac{dR}{dr}) + r^2 k^2 = -\frac{1}{\sin\Theta}\frac{d}{d\theta}(\sin\theta \frac{d\Theta}{d\theta}) + \frac{n^2}{\sin^2\theta} \tag{2. 256}$$

이 된다. 다시 변수가 분리되면 각 변을 상수 Q라 놓고

$$\frac{1}{\sin\theta}\frac{d}{d\theta}\left(\sin\theta\frac{d\Theta}{d\theta}\right)-\frac{m^2}{\sin^2\theta}\Theta+Q\Theta=0 \tag{2.257}$$

$$\frac{1}{r^2}\frac{d}{dr}\left(r^2\frac{dR}{dr}\right)+k^2R-\frac{QR}{r^2}=0 \tag{2.258}$$

이 된다. 한 번 더 3개 변수 (r,θ,ϕ)의 편미분방정식 (2.249)을 3개의 상미분 방정식 [(2.254), (2.257), (2.258)]으로 바꾸었다. 따라서 기존의 상미분 방정식의 해를 구하는 방법을 이용하면 식 (2.251)의 Ψ를 구할 수 있다. 예를 들어 식 (2.257)는 상수 Q가 $l(l+1)$(단 l은 정수)이 되는 '부(associated) Legendre' 방정식으로 설명된다. 또한 만약 k^2가 (양의) 상수라면 식 (2.258)은 '구형(spherical) Bessel' 방정식이 될 것이다. 따라서 일반해는

$$\Psi_{Qm}(r,\theta,\phi)=\sum_{Q,m}R_Q(r)\,\Theta_{Qm}(\theta)\,\Phi_m(\phi) \tag{2.259}$$

로 주어진다. 여기서 k^2이 상수라는 조건은

$$k^2=f(r)+\frac{1}{r^2}g(\theta)+\frac{1}{r^2\sin^2\theta}h(\phi)+k'^2 \tag{2.260}$$

으로 바뀔 수 있다. 확실한 형태의 해를 가진 Schrödinger 파동방정식의 가장 중요한 예들 중의 하나인 수소 원자 문제에서 $k^2=f(r)$이 된다. 수소 원자에 대해서 식 (2.258)은 '부 Laguerre' 방정식이 된다. 구형 극좌표계에서 이러한 변수 분리의 가장 큰 중요성은 물리의 대부분을 차지하는 $k^2=k^2(r)$인 경우에서 나타난다. 이러한 경우는 중력, 정전기, 원자 물리, 핵 플리이론 등이 해당된다. 그리고 $k^2=k^2(r)$이면 각 종속부분이 쉽게 풀려지는 식 (2.254)과 (2.257)에 나타난다.

■ 2.12 직교 곡선계의 물리적 성분의 응용

2.12.1 기본 규약

연속체역학이나 레올로지에서 다루는 응력과 변형(혹은 변형속도)간의 구성방정식(constitutive equation)에 대한 각종 텐서량의 성분표시는, 특히 가장 응용성이 높은 Cartesian 좌표계를 비롯하여 원통이나 구좌표와 같은 직교(orthogonal) 곡선좌표계($h^i=1/h_i$)의 경우 반변이나 공변보다는 기저벡터의 크기가 1에 해당(즉 반변과 공변의 구별이 없이 정규직교 기저계 $\boldsymbol{e}_i\cdot\boldsymbol{e}_j=\delta_{ij}$를 형성)하는 물리적 성분(physical component)(1.14절 참조)으로 표시하는 경우가 대부분이다. 따라서 이

절에서는 앞에서 다룬 여러 형태의 벡터 및 텐서 연산을 대표적 직교 곡선계에 대한 물리적 성분으로 나타내는 방법에 대하여 논하기로 한다. 그래서 아래에 이를 위한 몇 가지 유용한 규약을 적는다.

1) (3차원) 유클리드 공간에서는 항상 Cartesian 좌표계를 발견할 수 있으므로, 어떤 선택된 직교 좌표계 $\{\boldsymbol{x}\}$와 Cartesian 좌표계 $\{\boldsymbol{z}\}$간의 좌표변환 (Jacobian)행렬 $(a_i{}^j)$ 혹은 $(b^i{}_j)$를 1.7절에 정의한 바대로 구하여 식 (1.170)에 의한 두 좌표계간의 각종 텐서량에 대한 변환을 가능하게 한다.

2) 동시에 주어진 직교 좌표계 x^i에 대한 두 쌍의 서로 공액인 기저벡터 집합 $\{\boldsymbol{g}_i\}$와 $\{\boldsymbol{g}^i\}$(따라서 크기 $h_i = \|\boldsymbol{g}_i\|$ 및 $h^i = \|\boldsymbol{g}^i\| = 1/h_i$ 도 함께)를 구하고, 이로부터 기본 (역)계량텐서 (g_{ij})와 (g^{ij})를 구하여 각종 텐서성분에 있어서 올림과 내림 작용에 의한 동반성분의 형성을 용이하게 한다(1.5.3 -1.5.6절 참조).

3) 다음에는 반변 혹은 공변으로 표시된 텐서량을 1.14절에 논의한 절차에 따라 (가령) 아래와 같이 해당 물리적 성분으로 나타낸다(단 $\boldsymbol{e}^i = \boldsymbol{e}_i$, $h^i = 1/h_i$).

$$\boldsymbol{a} = a^i \boldsymbol{g}_i = a_i \boldsymbol{g}^i = \hat{a}^i \boldsymbol{e}_i = \hat{a}_i \boldsymbol{e}^i$$

여기서

$$\hat{a}^i (= a^i h_{\underline{i}}) = \hat{a}_i (= a_i h^{\underline{i}}) \leftrightarrow a^i = \hat{a}^i h^{\underline{i}}, \quad a_i = \hat{a}_i h_{\underline{i}} \quad (\text{n.s.for } i)$$

$$\mathbf{T}(= T^{ij} \boldsymbol{g}_i \boldsymbol{g}_j) = T^i{}_j \boldsymbol{g}_i \boldsymbol{g}^j \leftrightarrow T^{ij} = \hat{T}^{ij} \boldsymbol{e}_i \boldsymbol{e}_j = \hat{T}^i{}_j \boldsymbol{e}_i \boldsymbol{e}^j \cdots$$

여기서

$$\hat{T}^{ij} (= T^{ij} h_{\underline{i}} h_{\underline{j}}) = \hat{T}^i{}_j (= T^i{}_j h_{\underline{i}} h^{\underline{j}}) \leftrightarrow T^{ij} = \hat{T}^{ij} h^{\underline{i}} h^{\underline{j}}, \quad T^i{}_j = \hat{T}^i{}_j h^{\underline{i}} h_{\underline{j}} \cdots$$

4) (직교 곡선계에 대한) 물리적 성분표시는 어디까지나 벡터(1차 텐서)나 (2차 이상의)텐서량에 관여된 것으로 스칼라 함수(가령 ϕ)나 편미분 연산자 $\nabla_k \left(= \dfrac{\partial}{\partial x^k}\right)$, 그리고 계량텐서 g_{ij}, 순열텐서 ε_{ijk} 혹은 Christoffel 기호 Γ^i_{jk} 등에는 적용되지 않는다. 만약 아래와 같이 혼합형인 경우에도 그대로 적용된다(2.11.1절 참조)

$$\boldsymbol{v}\cdot\nabla = v^k\nabla_k = \hat{v}^k h^{\underline{k}}\nabla_k = (\hat{v}^k/h_{\underline{k}})\frac{\partial}{\partial x^k}$$

5) 최종적으로 가령 $(\cdots)^{ij}$ 형태의 (2차)텐서량의 물리적 성분 표시는 먼저 괄호안을 위의 3) 및 4)에 의거하여 물리적 성분으로 표시한 후, 1.14절의 정의에 따라 물리적 성분 $\widehat{(\cdots)}^{ij}$를 나타낸다.

$$\widehat{(\cdots)}^{ij}[=(\cdots)^{(ij)}] = (\cdots)^{ij}h_{\underline{i}}h_{\underline{j}} = \widehat{(\cdots)}_i^{\ j}[=(\cdots)_{(i}{}^{j)}] = (\cdots)_i{}^j h^{\underline{i}} h_{\underline{j}}\cdots$$

6) 원통좌표계 (r,θ,z)[혹은 (ρ,ϕ,z)]와 구좌표 (r,θ,ϕ)의 경우 편의상 아래와 같이 물리적 성분을 나타낸다.

(원통좌표계) :

$$\hat{u}^1(=u^{(1)}) = \hat{u}_1(=u_{(1)}) = u_r,\quad \hat{T}^{12}(=T^{(12)}) = \hat{T}_{12}(=T_{(12)}) = \hat{T}^1{}_2(=T^{(1}{}_{2)}) = T_{r\theta}\cdots$$

(구좌표계) :

$$\hat{u}^3(=u^{(3)}) = \hat{u}_3(=u_{(3)}) = u_\phi,\quad \hat{T}^{23}(=T^{(23)}) = \hat{T}_{23}(=T_{(23)}) = \hat{T}_2{}^3(=T_{(2}{}^{3)}) = T_{\theta\phi}\cdots$$

2.12.2 몇 가지 텐서량에 적용

2.12.2.1 스칼라 장의 기울기 및 라플라스

먼저 스칼라 함수 $s(\boldsymbol{x})$의 기울기는 아래가 된다(식 (2.76)).

$$\nabla s = \boldsymbol{g}^k\nabla_k s = h^{\underline{k}}\boldsymbol{e}^k\nabla_k s = \frac{1}{h_{\underline{k}}}\frac{\partial s}{\partial x^k}\boldsymbol{e}_k \tag{2.261 a}$$

$$(\nabla s) = (\nabla s)_{(k)}\boldsymbol{e}^k,\quad (\nabla s)_{(k)} = (\nabla s)_k h^{\underline{k}} = \frac{1}{h_{\underline{k}}}\frac{\partial s}{\partial x^k} \tag{2.261 b}$$

원통좌표계 (r,θ,z) $(h_1=1,\ h_2=r,\ h_3=1)$:

$$(\nabla s)_{(1)} = (\nabla s)_r = \frac{\partial s}{\partial r},\ (\nabla s)_{(2)} = (\nabla s)_\theta = \frac{1}{r}\frac{\partial s}{\partial\theta},\ (\nabla s)_{(3)} = (\nabla s)_z = \frac{\partial s}{\partial z} \tag{2.262}$$

구좌표계 (r,θ,ϕ) $(h_1=1,\ h_2=r,\ h_3=r\sin\theta)$:

$$(\nabla s)_{(1)} = (\nabla s)_r = \frac{\partial s}{\partial r},\ \ (\nabla s)_{(2)} = (\nabla s)_\theta = \frac{1}{r}\frac{\partial s}{\partial \theta},\ \ (\nabla s)_{(3)} = (\nabla s)_\phi = \frac{1}{r\sin\theta}\frac{\partial s}{\partial \theta} \tag{2.263}$$

[비고 : Cartesian 좌표계의 경우는 $h_1 = h_2 = h_3 = 1$이 되어 가령 $(\nabla s)_{(2)} = \partial s/\partial y$가 된다.]

다음에는 스칼라 함수 s에 대한 라플라스 $\nabla^2 s$는 연산자 ∇^2 및 스칼라 장 s는 위에서 언급한 바와 같이 물리적 성분표시에 무관하므로 원통좌표계와 구좌표계의 경우 각각 2.11.3.1절 및 2.11.3.2절에 기술한 바와 같이 식 (2.236b) 및 (2.248b)로 나타내진다.

[Cartesian 좌표계의 경우는 단순히 $\nabla^2 s = s_{xx} + s_{yy} + s_{zz}$가 된다.]

2.12.2.2 벡터장의 기울기

벡터장 $\boldsymbol{u}(\boldsymbol{x})$의 기울기 $\nabla \boldsymbol{u}$는 2.6.2절에서 상술한 바와 같이 오직 두 종류의 성분 즉 $(\nabla \boldsymbol{u})_{ij}[= u_{j;i}]$ 및 $(\nabla \boldsymbol{u})_i{}^j[= u^j{}_{;i}]$만을 갖는 2차 텐서 장이 된다[∵공변 편미분의 첨자는 반드시 아래에 와야 하므로, 가령 $(\nabla \boldsymbol{u})^i{}_j[= u_j{}^{;i}]$ 형태는 존재하지 않기 때문이다]. 따라서 어떤 (3차원) 공간에서 정의된 2차 텐서 장 $\mathbf{T} \equiv \nabla \boldsymbol{u}$는 아래와 같이 나타내진다[단 $\boldsymbol{e}^m = \boldsymbol{g}^m / h^{\underline{m}} = \boldsymbol{e}_m = \boldsymbol{g}_m / h_{\underline{m}}$].

$$\mathbf{T}(= \nabla \boldsymbol{u}) = T_{mn}\boldsymbol{g}^m\boldsymbol{g}^n = T_m{}^n\boldsymbol{g}^m\boldsymbol{g}_n = \hat{T}_{mn}\boldsymbol{e}^m\boldsymbol{e}^n = \hat{T}_m{}^n\boldsymbol{e}^m\boldsymbol{e}_n \tag{2. 264 a}$$

여기서

$$\hat{T}_{mn} = T_{mn}(= u_{n;m})h^{\underline{m}}h^{\underline{n}} \equiv \hat{T}_m{}^n(= u^n{}_{;m})h^{\underline{m}}h_{\underline{n}} \tag{2. 264 b}$$

그런데 공변 미분의 정의식 (2.35) 및 (2.33)에서 아래가 성립된다(단 $u_m = \hat{u}_m h_{\underline{m}}$, $u^m = \hat{u}^m / h_{\underline{m}}$ 대입).

$$T_{mn}(= (\nabla \boldsymbol{u})_{mn}) = u_{n;m} = \nabla_m u_n - \Gamma^s_{mn}u_s = \nabla_m(\hat{u}_n h_{\underline{n}}) - \Gamma^s_{mn}\hat{u}_s h_{\underline{s}} \tag{2. 265}$$

$$T_m{}^n(= (\nabla \boldsymbol{u})_m{}^n) = u^n{}_{;m} = \nabla_m u^n - \Gamma^n_{sm}u^s = \nabla_m(\hat{u}^n h_{\underline{n}}) - \Gamma^n_{sm}\hat{u}^s h_{\underline{s}} \tag{2. 266}$$

이제 원통좌표계(r, θ, z)에 대하여 식 (2.265) 및 (2.266)을 사용하여 $(\nabla \boldsymbol{u})_{mn}$ 및 $(\nabla \boldsymbol{u})_m{}^n$을 물리적 성분 $(u_r,\ u_\theta,\ u_z)$으로 나타내보기로 한다. 그러기 위하여 원통좌표계의 Christoffel 기호값 $\Gamma^1_{22} = -r$, $\Gamma^2_{12}(\Gamma^2_{21}) = 1/r$ (기타 0)(식 (2.26))을 사용하여 먼저 $T_{mn} = (\nabla \boldsymbol{u})_{mn}(= u_{n;m})$ 값을 구해보면 아래가 된다(단 $h_1 = 1$, $h_2 = r$, $h_3 = 1$ 및 $\hat{u_1} = u_r$, $\hat{u}_2 = u_\theta$, $\hat{u}_3 = u_z$를 이용).

$$T_{11}=(\nabla\boldsymbol{u})_{11}=\partial u_r/\partial r,\quad T_{12}=(\nabla\boldsymbol{u})_{12}=r(\partial u_\theta/\partial r),\quad T_{13}=(\nabla\boldsymbol{u})_{13}=\partial u_z/\partial r$$

$$T_{21}=(\nabla\boldsymbol{u})_{21}=(\partial u_r/\partial\theta)-u_\theta,\quad T_{22}=(\nabla\boldsymbol{u})_{22}=r(\frac{\partial u_\theta}{\partial\theta})+ru_r,\quad T_{23}=(\nabla\boldsymbol{u})_{23}=\partial u_z/\partial\theta$$

$$T_{31}=(\nabla\boldsymbol{u})_{31}=\partial u_r/\partial z,\quad T_{32}=(\nabla\boldsymbol{u})_{32}=r(\partial u_\theta/\partial z),\quad T_{33}=(\nabla\boldsymbol{u})_{33}=\partial u_z/\partial z$$

(2. 267)

다음에는 $T_i{}^j(=(\nabla\boldsymbol{u})_i{}^j)=g^{jm}T_{im}(=(\nabla\boldsymbol{u})_{im})$를 이용하던가(단 $g^{11}=1$, $g^{22}=1/r^2$, $g^{33}=1$), 혹은 바로 공식 (2.33)에서 $T_i{}^j=(\nabla\boldsymbol{u})_i{}^j=u^j{}_{;i}$를 구하면 아래가 된다.

$$T_1{}^1(=(\nabla\boldsymbol{u})_1{}^1)=\partial u_r/\partial r,\quad T_1{}^2(=(\nabla\boldsymbol{u})_1{}^2)=\frac{1}{r}(\partial u_\theta/\partial r),\quad T_1{}^3(=(\nabla\boldsymbol{u})_1{}^3)=\partial u_z/\partial r$$

$$T_2{}^1(=(\nabla\boldsymbol{u})_2{}^1)=\frac{\partial u_r}{\partial\theta}-u_\theta,\quad T_2{}^2(=(\nabla\boldsymbol{u})_2{}^2)=\frac{1}{r}(\frac{\partial u_\theta}{\partial\theta}+u_r),\quad T_2{}^3(=(\nabla\boldsymbol{u})_2{}^3)=\partial u_z/\partial\theta$$

$$T_3{}^1(=(\nabla\boldsymbol{u})_3{}^1)=\partial u_r/\partial z,\quad T_3{}^2(=(\nabla\boldsymbol{u})_3{}^2)=\frac{1}{r}(\partial u_\theta/\partial z),\quad T_3{}^3(=(\nabla\boldsymbol{u})_3{}^3)=\partial u_z/\partial z$$

(2. 268)

식 (2.267) 및 (2.268)을 각각 행렬로 나타내면 아래가 된다.

$$\mathrm{T}=(T_{ij})=[(\nabla\boldsymbol{u})_{ij}]=(u_{j;i})=\begin{pmatrix}\partial u_r/\partial r & r(\partial u_\theta/\partial r) & \partial u_z/\partial r\\ \partial u_r/\partial\theta-u_\theta & r(\frac{\partial u_\theta}{\partial\theta}+u_r) & \partial u_z/\partial\theta\\ \partial u_r/\partial z & r(\partial u_\theta/\partial z) & \partial u_z/\partial z\end{pmatrix}\tag{2. 269}$$

$$\mathrm{T}=(T_i{}^j)=[(\nabla\boldsymbol{u})_i{}^j]=(u^j{}_{;i})=\begin{pmatrix}\partial u_r/\partial r & \frac{1}{r}(\partial u_\theta/\partial r) & \partial u_z/\partial r\\ \partial u_r/\partial\theta-u_\theta & \frac{1}{r}(\frac{\partial u_\theta}{\partial\theta}+u_r) & \partial u_z/\partial\theta\\ \partial u_r/\partial z & \frac{1}{r}(\partial u_\theta/\partial z) & \partial u_z/\partial z\end{pmatrix}\tag{2. 270}$$

마지막으로 $\nabla\boldsymbol{u}(=\mathbf{T})$의 원통좌표계에 대한 물리적 성분의 행렬 표현은 식 (2.264b)와 식 (2.269) - (2.270)에서 아래가 된다.

$$(\widehat{\nabla\boldsymbol{u}})_{ij}=T_{ij}h^ih^j=(\widehat{\nabla\boldsymbol{u}})_i{}^j=T_i{}^jh^ih_j$$

$$
= \begin{pmatrix} \partial u_r/\partial r & \partial u_\theta/\partial r & \partial u_z/\partial r \\ \dfrac{1}{r}\left(\dfrac{\partial u_r}{\partial\theta} - u_\theta\right) & \dfrac{1}{r}\left(\dfrac{\partial u_\theta}{\partial\theta} + u_r\right) & \dfrac{1}{r}(\partial u_z/\partial u_\theta) \\ \partial u_r/\partial z & \partial u_\theta/\partial z & \partial u_z/\partial z \end{pmatrix} \tag{2. 271}
$$

위 식으로부터, 가령 $(\nabla \boldsymbol{u})_{(12)} = (\nabla \boldsymbol{u})_{r\theta} = \partial u_\theta/\partial r$, 그리고 $(\nabla \boldsymbol{u})_{(23)} = (\nabla \boldsymbol{u})_{\theta z} = (\partial u_z/\partial\theta)/r$가 된다.

마찬가지 절차에 의하여 구좌표계(r, θ, ϕ)에 대해 $(\nabla \boldsymbol{u})$의 공변 및 혼합성분을 물리적 성분으로 나타내보자. 그러기 위해 구좌표계의 Christoffel 기호 값 식 (2.30)을 사용하여 먼저 $T_{mn} = (\nabla \boldsymbol{u})_{mn} = u_{n;m}$ 값을 구하여 물리적 성분의 행렬표현으로 나타내면 아래가 된다(단 $h_1 = 1,\ h_2 = r,\ h_3 = r\sin\theta$ 및 $\hat{u} = u_r,\ \hat{u}_2 = u_\theta,\ \hat{u}_3 = u_\phi$를 이용).

$$
\mathrm{T} = (T_{ij}) = [(\nabla \boldsymbol{u})_{ij}] = (u_{j;i})
$$

$$
= \begin{pmatrix} \partial u_r/\partial r & r(\partial u_\theta/\partial r) & rs(\partial u_\phi/\partial r) \\ \partial u_r/\partial\theta - u_\theta & r(\partial u_\theta/\partial\theta + u_r) & rs(\partial u_\phi/\partial\theta) \\ \partial u_r/\partial\phi - su_\phi & r(\partial u_\theta/\partial\phi - cu_\phi) & rs(\partial u_\phi/\partial\phi + su_r + cu_\theta) \end{pmatrix} \tag{2. 272}
$$

다음에는 $T_m{}^n (= (\nabla \boldsymbol{u})_m{}^n) = g^{np}\, T_{mp} = g^{np} (\nabla \boldsymbol{u})_{mp} = g^{np} u_{p;m}$을 사용하여 값을 구한 후 그 물리적 성분의 행렬표현으로 나타내면 아래가 된다.

$$
\mathrm{T} = (T_i{}^j) = [(\nabla \boldsymbol{u})_i{}^j] = (u^j{}_{;i})
$$

$$
= \begin{pmatrix} \partial u_r/\partial r & (\partial u_\theta/\partial r)/r & (\partial u_\phi/\partial r)/rs \\ \partial u_r/\partial\theta - u_\theta & (\partial u_\theta/\partial\theta + u_r)/r & (\partial u_\phi/\partial\theta)/rs \\ \partial u_r/\partial\phi - su_\phi & (\partial u_\theta/\partial\phi - cu_\phi)/r & (\partial u_\phi/\partial\phi + su_r + cu_\theta)/rs \end{pmatrix} \tag{2. 273}
$$

마지막으로, 위 식 (2.272) 혹은 (2.273)으로부터 식 (2.264b)를 사용하여 $\nabla \boldsymbol{u}$의 물리적 성분을 구하면 아래가 된다.

$$
(\nabla \boldsymbol{u})_{(ij)} = T_{ij} h^i h^j = (\nabla \boldsymbol{u})_{(i}{}^{j)} = T_i{}^j h^i h_j
$$

$$
= \begin{pmatrix} \partial u_r/\partial r & \partial u_\theta/\partial r & \partial u_\phi/\partial r \\ (\partial u_r/\partial\theta - u_\theta)/r & (\partial u_\theta/\partial\theta + u_r)/r & (\partial u_\phi/\partial\theta)/r \\ (\partial u_r/\partial\phi - su_\phi)/rs & (\partial u_\theta/\partial\phi - cu_\phi)/rs & (\partial u_\phi/\partial\phi + su_r + cu_\theta)/rs \end{pmatrix} \tag{2. 274}
$$

위 식 (2.272) - (2.274)에서 $c = \cos\theta$ 및 $s = \sin\theta$를 나타낸다.
따라서 식 (2.274)로부터, 가령 $(\nabla \boldsymbol{u})_{(12)} = (\nabla \boldsymbol{u})_{r\theta} = \partial u_\theta/\partial r$, 그리고 $(\nabla \boldsymbol{u})_{(23)} = (\nabla \boldsymbol{u})_{\theta\phi} = (\partial u_\phi/\partial\theta)/r$가 된다.

[비고 : Cartesian 좌표계의 경우는 그 자체가 물리적 성분과 같고, 또한 공변 미분 = 편미분이 되어 가령 $(\nabla \boldsymbol{u})_{(23)} = (\nabla \boldsymbol{u})_{yz} = \partial u_z / \partial y$가 된다.]

한편 이 절에서 다룬 벡터장의 기울기에 대한 논의는, 레올로지(4장 및 5장)에 있어서 변형률(strain)이나 속도장 벡터의 기울기를 논할 때 매우 유용하게 사용된다. 그래서 나중을 위하여 특히 $(\nabla \boldsymbol{u})$의 혼합성분에 대한 대칭 및 반대칭의 정의 및 관련된 공식을 아래의 참고란에 정리해 두기로 한다.

참 고

1.13절에서 정의한 혼합텐서의 대칭 및 반대칭 텐서(행렬)에 관한 정의식 (1.298) 및 (1.299)에서 만약 $L^i{}_j \equiv u^i{}_{;j} = (\nabla \boldsymbol{u})_j{}^i$라면 이의 첨자 치환에 해당하는 $L_j{}^i (= \overset{(\mathrm{T})}{L^i{}_j}) = u_j{}^{;i}$는 존재하지 않는다. 이 경우 $L_j{}^i$ 대신 이에 상응하는 $g^{im} L_{jm} = g^{im} u_{j;m}$로 대체한다.

따라서 만약 $\mathrm{L} = (\nabla \boldsymbol{u})^{\mathrm{T}}$로 정의하면 $L_{ij} = (\nabla \boldsymbol{u})_{ji} (= u_{i;j})$가 되고, $L^i{}_j = g^{im} L_{mj} = g^{im} u_{m;j} = u^i{}_{;j}$가 된다. 이때 행렬 L을 식 (1.297)처럼 대칭부분인 $\mathrm{D}(= \mathrm{L_S})$와 반대칭 부분인 $\mathrm{W}(= \mathrm{L_A})$로 나누면 아래가 된다.

$$\mathrm{L} = \mathrm{D} + \mathrm{W}, \quad \mathrm{D} = (\mathrm{L} + \mathrm{L}^{\mathrm{T}})/2 \; [= \mathrm{D}^{\mathrm{T}}], \quad \mathrm{W} = (\mathrm{L} - \mathrm{L}^{\mathrm{T}})/2 \; [= - \mathrm{W}^{\mathrm{T}}] \tag{2. 275}$$

이의 혼합성분 표시 $L^i{}_j = D^i{}_j + W^i{}_j$(단 $L^i{}_j = u^i{}_{;j}$)에서 아래가 성립된다.

$$D^i{}_j = (L^i{}_j + g^{im} L_{jm})/2 = (u^i{}_{;j} + g^{im} u_{j;m}) \tag{2. 276 a}$$

$$W^i{}_j = (L^i{}_j - g^{im} L_{jm})/2 = (u^i{}_{;j} - g^{im} u_{j;m}) \tag{2. 276 b}$$

이때 대칭 $D^i{}_j$와 반대칭 $W^i{}_j$에 대하여 각각 아래가 성립된다.

$$\overset{(\mathrm{T})}{D^i{}_j} = g^{im} D_{jm} (\neq D_j{}^i) = D^i{}_j, \quad \overset{(\mathrm{T})}{W^i{}_j} = g^{im} W_{jm} = - W^i{}_j \tag{2. 277}$$

여기서 위 첨자 (T)는 1.9절에서 정의한 첨자 치환을 의미하지만, $L_j{}^i = u_j{}^{;i}$항이 없으므로 대신 g^{im}을 통하여 정의하였다.

증명 식 (2.275)에서 모두가 공변성분으로 가정하면, 보통 치환과 첨자치환이 같아지므로 식 (1.298)에 의해 아래가 성립된다.

$$D_{jm}=(L_{jm}+L_{mj})/2,\quad W_{jm}=(L_{jm}-L_{mj})/2,\quad L_{jm}=u_{j;m},\quad L_{mj}=u_{m;j} \tag{2. 278}$$

위 식의 D_{jm} 및 W_{jm}항에 각각 g^{im}을 작용시키면 식 (2.277)의 정의에 의하여 각각 $D^i{}_j$와 $W^i{}_j$의 (첨자)치환에 해당하는 $\overset{(\mathrm{T})}{D}{}^i{}_j$와 $\overset{(\mathrm{T})}{W}{}^i{}_j$를 아래와 같이 얻는다.

$$\overset{(\mathrm{T})}{D}{}^i{}_j\left(=g^{im}D_{jm}\right)=\left(g^{im}L_{jm}+g^{im}L_{mj}\right)/2=\left(L^i{}_j+g^{im}L_{jm}\right)/2=D^i{}_j$$

$$\overset{(\mathrm{T})}{W}{}^i{}_j\left(=g^{im}W_{jm}\right)=\left(g^{im}L_{jm}-g^{im}L_{mj}\right)/2=-\left(L^i{}_j-g^{im}L_{jm}\right)/2=-W^i{}_j$$

따라서 식 (2.277)이 증명된다.[비고 : 식 (2.276)의 (a) 및 (b) 양변에 바로 첨자치환 (T)를 행하고, $\overset{(\mathrm{T})}{L}{}^i{}_j$는 $L_j{}^i$대신 $g^{im}L_{jm}$을, 그리고 $\overset{(\mathrm{T})}{L}_{jm}=L_{mj}$를 이용하여도 증명이 가능하다.] ■

한편 식 (2.276a) 및 (2.276b)로 정의된 $\boldsymbol{D}=\left(D^i{}_j\right)$ 및 $\boldsymbol{W}=\left(W^i{}_j\right)$에 대하여 각각 아래가 성립된다.

$$\nabla\cdot\mathbf{D}=\left[\nabla(\nabla\cdot\boldsymbol{u})+\nabla^2\boldsymbol{u}\right]/2;\quad \nabla\cdot\mathbf{W}=\left[\nabla(\nabla\cdot\boldsymbol{u})-\nabla^2\boldsymbol{u}\right]/2 \tag{2. 279}$$

증명 먼저 식 (2.104)에서 식 (2.276a)를 대입하면 아래가 성립된다.

$$(\nabla\cdot\mathbf{D})_i=D^m{}_{i;m}=\frac{1}{2}\left(L^m{}_i+g^{mp}L_{ip}\right)_{;m}=\frac{1}{2}\left(L^m{}_{i;m}+g^{mp}L_{ip;m}\right)$$

그런데 맨 끝 식의 첫 번째 항은 식 (2.104)에서 $L^m{}_{i;m}=(\nabla\cdot\mathbf{L})_i=\left[\nabla\cdot(\nabla\boldsymbol{u})^{\mathrm{T}}\right]_i=\left[\nabla(\nabla\cdot\boldsymbol{u})\right]_i$ (아래 식 (2.280)참조)가 된다. 또한 두 번째 항은 $g^{mp}L_{ip;m}==g^{mp}\left(u_{i;p}\right)_{;m}$[$\because$ $\mathbf{L}=(\nabla\boldsymbol{u})^{\mathrm{T}}$에서 $L_{ip}=(\nabla\boldsymbol{u})_{pi}=u_{i;p}$]가 되고, 이는 2계 공변미분의 정의에서 $g^{mp}u_{i;pm}$가 되어 식 (2.174)에 의해 $(\nabla^2\boldsymbol{u})_i$가 된다. 따라서 요구되는 아래

식이 성립된다.

$$\nabla \cdot \mathrm{D} = \left[\nabla(\nabla \cdot \boldsymbol{u}) + \nabla^2 \boldsymbol{u}\right]/2$$

마찬가지로 $\nabla \cdot \boldsymbol{W}$에 대해서도 식 (2.104)에 (2.276b)를 대입하면 아래가 된다.

$$(\nabla \cdot \mathrm{W})_i = W^m{}_{i;m} = \frac{1}{2}\left(L^m{}_i - g^{mp} L_{ip}\right)_{;m} = \frac{1}{2}\left(L^m{}_{i;m} - g^{mp} L_{ip;m}\right)$$

여기서 위와 마찬가지 절차에 의해 요구되는 아래 식이 성립된다.

$$(\nabla \cdot \mathrm{W}) = \left[\nabla(\nabla \cdot \boldsymbol{u}) - \nabla^2 \boldsymbol{u}\right]/2 \quad \blacksquare$$

또한 식 (2.279)의 두 결과를 이용하면 아래 관계가 쉽게 증명된다.

$$\nabla \cdot (\mathrm{D} + \mathrm{W}) = \nabla \cdot \mathrm{L} = \nabla(\nabla \boldsymbol{u})^{\mathrm{T}} = \nabla(\nabla \cdot \boldsymbol{u}) \tag{2. 280}$$

그리고 위에서 정의된 $\mathbf{L} = (\nabla \boldsymbol{u})^{\mathrm{T}}$의 대칭부분에 해당하는 $\mathbf{D}$ 외에도, 임의의 대칭텐서(행렬) $\mathbf{S}$의 경우에 임의의 벡터 $\boldsymbol{a}$에 대해 아래의 항등관계가 성립된다(문제 2.20(b) 참조).

$$\mathrm{S} : \nabla \boldsymbol{a} \left[= \mathrm{Tr}(\mathrm{S} \cdot \nabla \boldsymbol{a})\right] = \nabla \cdot (\mathrm{S} \cdot \boldsymbol{a}) - \boldsymbol{a} \cdot (\nabla \cdot \mathrm{S}) \tag{2. 281}$$

이 식은 위의 경우처럼 성분을 사용하여 정식으로 증명이 가능하나, 관심있는 독자들은 단순히 E^2의 Cartesian 공간에서 2×2 대칭행렬 S를 가정하고, $(\nabla \boldsymbol{a})_{ij} = \nabla_i a_j$(즉 $a_{j;i}$ 대신 $a_{j,i}$이용)를 사용하여 위 식의 양변의 항등관계를 확인할 수 있다.

---

2. 12. 2. 3 벡터장의 발산

벡터 $\boldsymbol{u}$의 발산을 직교곡선계의 물리적 성분으로 나타내면 아래가 된다(식 (2.100)참조).

$$\nabla \cdot \boldsymbol{u} = u^p{}_{;p} = \frac{1}{\sqrt{g}} \frac{\partial}{\partial x^k}\left(\sqrt{g}\, \hat{v}^{(k)}/h_{\underline{k}}\right)$$

먼저 Cartesian (x, y, z) 좌표계의 경우는 공변 미분=편미분 즉 $u^p{}_{;p} = u^p{}_{,p} \left(= \partial u^p / \partial x^p\right)$(혹은 $\sqrt{g} = 1,\ h_1 = h_2 = h_3 = 1,\ u^p = \hat{u}^p$)가 되어 아래가 성립된다.

$$\nabla \cdot \boldsymbol{u} = \frac{\partial u_x}{\partial x} + \frac{\partial u_y}{\partial y} + \frac{\partial u_z}{\partial z} \tag{2. 282}$$

다음에 원통좌표계(r, θ, z)의 경우에는 $\sqrt{g}=r$, $h_1=1$, $h_2=r$, $h_3=1$, $\hat{v}_1=v_r$, $\hat{v}_2=v_\theta$, $\hat{v}_3=v_z$를 대입하면 아래가 된다.

$$\nabla \cdot \boldsymbol{u}=\frac{1}{r}\frac{\partial}{\partial r}(ru_r)+\frac{1}{r}\frac{\partial u_\theta}{\partial \theta}+\frac{\partial u_z}{\partial z} \tag{2.283}$$

마지막으로 구좌표계(r, θ, ϕ)의 경우에는 $\sqrt{g}=r^2\sin\theta$, $h_1=1$, $h_2=r$, $h_3=r\sin\theta$, $\hat{v}_1=v_r$, $\hat{v}_2=v_\theta$, $\hat{v}_3=v_\phi$를 대입하면 아래가 된다(표 2.2 참조).

$$\nabla \cdot \boldsymbol{u}=\frac{1}{r^2}\frac{\partial}{\partial r}\left(r^2u_r\right)+\frac{1}{r\sin\theta}\frac{\partial}{\partial \theta}(u_\theta\sin\theta)+\frac{1}{r\sin\theta}\frac{\partial u_\phi}{\partial \phi} \tag{2.284}$$

2. 12. 2. 4 2차 텐서의 발산

2.7.1절에 의하면 2차 텐서 $\mathbf{T}$의 발산 $\nabla \cdot \mathbf{T}$는 1차 텐서(벡터)가 되므로 이의 반변 및 공변 성분에 해당하는 식 (2.102)와 (2.104)에 공변 미분 정의식(2.51)을 대입하고, 이를 다시 물리적 성분으로 나타내면(1.14절 참조) 각각 아래 식을 얻는다.

$$\begin{aligned}(\nabla \cdot \mathbf{T})^k &= T^{pk}{}_{;p}=\nabla_p\left(T^{pk}\right)+\Gamma^p_{sp}T^{sk}+\Gamma^k_{sp}T^{ps}\\ &=\nabla_p\left(\hat{T}^{pk}/h_{\underline{p}}h_{\underline{k}}\right)+\Gamma^p_{sp}\cdot\hat{T}^{sk}/h_{\underline{s}}h_{\underline{k}}+\Gamma^k_{sp}\cdot\hat{T}^{ps}/h_{\underline{p}}h_{\underline{s}}\end{aligned} \tag{2.285}$$

$$\begin{aligned}(\nabla \cdot \mathbf{T})_k &= T^p{}_{k;p}=\nabla_p\left(T^p{}_k\right)+\Gamma^p_{sp}T^s{}_k-\Gamma^s_{kp}T^p{}_s\\ &=\nabla_p\left(\hat{T}^p{}_kh_{\underline{k}}/h_{\underline{p}}\right)+\Gamma^p_{sp}\hat{T}^s{}_k\cdot h_{\underline{k}}/h_{\underline{s}}-\Gamma^s_{kp}\hat{T}^p{}_s\cdot h_{\underline{s}}/h_{\underline{p}}\end{aligned} \tag{2.286}$$

따라서 $\nabla \cdot \mathbf{T}$의 최종 물리적 성분 $(\nabla \cdot \mathbf{T})^{(k)}=(\nabla \cdot \mathbf{T})_{(k)}$는 아래가 된다.

$$(\nabla \cdot \mathrm{T})^{(k)}=(\nabla \cdot \mathrm{T})^k h_{\underline{k}}=(\nabla \cdot \mathrm{T})_{(k)}=(\nabla \cdot \mathrm{T})_k h^{\underline{k}} \tag{2.287}$$

즉 2가지 방법 즉 식 (2.285)에서 $(\nabla \cdot \mathbf{T})^k$를 대입하던지, 아니면 식 (2.286)에서 $(\nabla \cdot \mathbf{T})_k$를 대입함으로써 얻어질 수 있다.

먼저 Cartesian 좌표계(x, y, z)의 경우는 모든 Christoffel 기호가 0이 되고 또 $h_1=h_2=h_3=1$ 및 그 자체가 물리적 성분이 되므로 아래관계가 얻어진다[단 $(\nabla \cdot \mathbf{T})_{(1)}=(\nabla \cdot \mathbf{T})_x$, $(\nabla \cdot \mathbf{T})_{(2)}=(\nabla \cdot \mathbf{T})_y$, $(\nabla \cdot \mathbf{T})_{(3)}=(\nabla \cdot \mathbf{T})_z$ 이용].

$$
\left.\begin{aligned}
(\nabla\cdot\mathbf{T})_x &= \frac{\partial T_{xx}}{\partial x}+\frac{\partial T_{yx}}{\partial y}+\frac{\partial T_{zx}}{\partial z},\\
(\nabla\cdot\mathbf{T})_y &= \frac{\partial T_{xy}}{\partial x}+\frac{\partial T_{yy}}{\partial y}+\frac{\partial T_{zy}}{\partial z},\\
(\nabla\cdot\mathbf{T})_z &= \frac{\partial T_{xz}}{\partial x}+\frac{\partial T_{yz}}{\partial y}+\frac{\partial T_{zz}}{\partial z}
\end{aligned}\right\}\tag{2.288}
$$

다음에는 원통좌표계(r, θ, z)의 경우 $\Gamma^1_{22}=-r$, $\Gamma^2_{12}\left(=\Gamma^2_{21}\right)=1/r$(기타 0) 및 $h_1=1$, $h_2=r$, $h_3=1$ 및 $\hat{T}_{12}=T_{r\theta}$, $\hat{T}_{23}=T_{\theta z}$, $\hat{T}_{13}=T_{rz}$ 등 및 $(\nabla\cdot\mathbf{T})_{(1)}=(\nabla\cdot\mathbf{T})^{(1)}=(\nabla\cdot\mathbf{T})_r$, $(\nabla\cdot\mathbf{T})_{(2)}=(\nabla\cdot\mathbf{T})_\theta$, $(\nabla\cdot\mathbf{T})_{(3)}=(\nabla\cdot\mathbf{T})_z$를 이용하여 식 (2.287)과 식 (2.285)(또는 (2.286))로부터 구하면 $(\nabla\cdot\mathbf{T})$의 최종 3 물리적 성분은 아래가 된다(표 A2.2 참조).

$$
\begin{aligned}
(\nabla\cdot\mathbf{T})_r &= [(\nabla\cdot\mathbf{T})_{(1)}] = \frac{1}{r}\frac{\partial}{\partial r}(rT_{rr})+\frac{1}{r}\frac{\partial T_{\theta r}}{\partial\theta}+\frac{\partial T_{zr}}{\partial z}-\frac{T_{\theta\theta}}{r}\\
(\nabla\cdot\mathbf{T})_\theta &= [(\nabla\cdot\mathbf{T})_{(2)}] = \frac{1}{r^2}\frac{\partial}{\partial\theta}\left(r^2T_{r\theta}\right)+\frac{1}{r}\frac{\partial T_{\theta\theta}}{\partial\theta}+\frac{\partial T_{z\theta}}{\partial z}+\frac{T_{\theta r}-T_{r\theta}}{r}\\
(\nabla\cdot\mathbf{T})_z &= [(\nabla\cdot\mathbf{T})_{(3)}] = \frac{1}{r}\frac{\partial}{\partial r}(rT_{rz})+\frac{1}{r}\frac{\partial T_{\theta z}}{\partial\theta}+\frac{\partial T_{zz}}{\partial}
\end{aligned}\tag{2.289}
$$

마지막으로 구좌표(r, θ, ϕ)의 경우 식 (2.30)에서 Christoffel 기호를 이용하고, 또한 $h_1=1$ $h_2=r$, $h_3=r\sin\theta$ 및 $\hat{T}_{12}=T_{r\theta}$, $\hat{T}_{23}=T_{\theta\phi}$ 등 및 $(\nabla\cdot\mathbf{T})_{(1)}=(\nabla\cdot\mathbf{T})_r$, $(\nabla\cdot\mathbf{T})_{(2)}=(\nabla\cdot\mathbf{T})_\theta$, $(\nabla\cdot\mathbf{T})_{(3)}=(\nabla\cdot\mathbf{T})_\phi$를 사용하여 원통좌표계의 경우와 같은 절차에 따라 식 (2.287)과 식 (2.285)(혹은 (2.286))로부터 구하면 $(\nabla\cdot\mathbf{T})$의 최종 3 물리적 성분은 아래가 된다(표 A2.3 참조).

$$
\begin{aligned}
(\nabla\cdot\mathbf{T})_r &= \frac{1}{r^2}\frac{\partial}{\partial r}\left(r^2T_{rr}\right)+\frac{1}{r\sin\theta}\frac{\partial}{\partial\theta}(T_{\theta r}\sin\theta)+\frac{1}{r\sin\theta}\frac{\partial T_{\phi r}}{\delta\phi}-\frac{T_{\theta\theta}+T_{\phi\phi}}{r}\\
(\nabla\cdot\mathbf{T})_\theta &= \frac{1}{r^3}\frac{\partial}{\partial r}\left(r^3T_{r\theta}\right)+\frac{1}{r\sin\theta}\frac{\partial}{\partial\theta}(T_{\theta\theta}\sin\theta)+\frac{1}{r\sin\theta}\frac{\partial T_{\phi\theta}}{\delta\phi}+\frac{(T_{\theta r}-T_{r\theta})-T_{\phi\phi}\cot\theta}{r}\\
(\nabla\cdot\mathbf{T})_\phi &= \frac{1}{r^3}\frac{\partial}{\partial r}\left(r^3T_{r\phi}\right)+\frac{1}{r\sin\theta}\frac{\partial}{\partial\theta}(T_{\theta\phi}\sin\theta)+\frac{1}{r\sin\theta}\frac{\partial T_{\phi\phi}}{\partial\phi}+\frac{(T_{\phi r}-T_{r\phi})+T_{\phi\theta}\cot\theta}{r}
\end{aligned}\tag{2.290}
$$

2.12.2.5 2차 텐서 T와 ∇u의 트레이스

2차 텐서 T가 $\nabla \boldsymbol{u}$의 트레이스(trace)인 스칼라량 $s = \mathbf{T} : \nabla \boldsymbol{u} = \mathrm{Tr}(\mathbf{T} \cdot \nabla \boldsymbol{u})$에서 $\mathbf{M} = \nabla \boldsymbol{u}$라 두자. 이때 $\mathbf{T} = T^m{}_n \boldsymbol{g}_m \boldsymbol{g}^n = T_m{}^n \boldsymbol{g}^m \boldsymbol{g}_n = \hat{T}^m{}_n \boldsymbol{e}_m \boldsymbol{e}^n = \hat{T}_m{}^n \boldsymbol{e}^m \boldsymbol{e}_n$ 및 이에 대응하여 $\mathbf{A} = A^p{}_q \boldsymbol{g}_p \boldsymbol{g}^q = A_p{}^q \boldsymbol{g}^p \boldsymbol{g}_q = \hat{A}^p{}_q \boldsymbol{e}_p \boldsymbol{e}^q = \hat{A}_p{}^q \boldsymbol{e}^p \boldsymbol{e}_q$를 대입하고, $\boldsymbol{g}_m \cdot \boldsymbol{g}^p = \delta_m{}^p$ 및 $\boldsymbol{e}_m \cdot \boldsymbol{e}^p = \delta_m{}^p$(사실 $\boldsymbol{e}^p = \boldsymbol{e}_p$임)를 이용하면 s는 아래가 된다.

$$\begin{aligned} \mathrm{S} &= \mathbf{T} : \nabla \boldsymbol{u} \, [= \mathrm{Tr}(\mathbf{T} \cdot \nabla \boldsymbol{u})] = \mathbf{T} : \mathbf{M} \\ &= T^m{}_n M^n{}_m = T_m{}^n M_n{}^m = \hat{T}^m{}_n \hat{M}^n{}_m = \hat{T}_m{}^n \hat{M}_n{}^m \end{aligned} \tag{2.291}$$

그런데 여기서 $\hat{T}^m{}_n = \hat{T}_m{}^n$는 직교곡선계에서 이미 알고 있는 물리적 성분[가령 구좌표의 경우 $\hat{T}^1{}_2 = \hat{T}_1{}^2 = T_{r\theta}$, $\hat{T}^2{}_3 = \hat{T}_2{}^3 = T_{\theta\phi}$ 등]이다. 그러나 $\hat{M}^n{}_m = M^n{}_m h_{\underline{n}} / h_{\underline{m}}$이고, 여기서 $M^n{}_m = (\nabla \boldsymbol{u})^n{}_m = u_m{}^{;n}$는 허용되지 않는다(2.12.2.2절 참조). 대신 $\hat{M}_n{}^m = M_n{}^m h_{\underline{m}} / h_{\underline{n}}$에서 $M_n{}^m = (\nabla \boldsymbol{u})_n{}^m = u^m{}_{;n}$는 허용된다. 따라서 식 (2.291)의 물리적 성분표현 관점에서 맨 마지막 항등관계를 채택하고, $u^m{}_{;n}$의 정의식 (2.33)을 물리적 성분으로 표시(즉 $u^m = \hat{u}^m / h_{\underline{m}}$)하면 아래가 된다.

$$\begin{aligned} \mathrm{S} &= \mathbf{T} : \nabla \boldsymbol{u} = \mathrm{Tr}(\mathbf{T} \cdot \nabla \boldsymbol{u})] = \hat{T}_m{}^n \left(u^m{}_{;n}\right) h_{\underline{m}} / h_{\underline{n}} \\ &= \hat{T}_m{}^n \left(h_{\underline{m}} / h_n\right) \left[\nabla_n \left(\hat{u}^m / h_{\underline{m}}\right) + \Gamma^m_{sn} \left(\hat{u}^s / h_{\underline{s}}\right)\right] \end{aligned} \tag{2.292}$$

이로부터 먼저 Cartesian 좌표계(x, y, z)의 경우에는 모든 $\Gamma^i_{jk} = 0$(즉 $u^m{}_{;n} = u^m{}_{,n}$ 됨), $h_1 = h_2 = h_3 = 1$ 그리고 그 자체가 물리적 성분이므로 아래가 된다(단 $\hat{T}_1{}^2 = T_{xy}$, $\hat{T}_2{}^3 = T_{yz}$ 등으로 둠).

$$\begin{aligned} \mathbf{T} : \nabla \boldsymbol{u} = {} & T_{xx} \frac{\partial u_x}{\partial x} + T_{xy} \frac{\partial u_x}{\partial y} + T_{xz} \frac{\partial u_x}{\partial z} + T_{yx} \frac{\partial u_y}{\partial x} \\ & + T_{yy} \frac{\partial u_y}{\partial y} + T_{yz} \frac{\partial u_y}{\partial z} + T_{zx} \frac{\partial u_z}{\partial x} + T_{zy} \frac{\partial u_z}{\partial y} + T_{zy} \frac{\partial u_z}{\partial y} + T_{zz} \frac{\partial u_z}{\partial z} \end{aligned} \tag{2.293}$$

다음에 원통좌표계(r, θ, z)의 경우에는 $\Gamma^1_{22} = -r$, $\Gamma^2_{12} \left(= \Gamma^2_{21}\right) = 1/r$, (기타 0), $h_1 = 1$, $h_2 = r$, $h_3 = 1$ 그리고 $\hat{u}^1 = u_r$, $\hat{u}^2 = u_\theta$, $\hat{u}^3 = u_z$ 및 $\hat{T}_1{}^2 = T_{r\theta}$, $\hat{T}_2{}^3 = T_{\theta z}$, $\hat{T}_3{}^2 = T_{z\theta}$ 등을 이용하면 식 (2.292)로부터 아래가 얻어진다(표 A2.2 참조).

$$s = \mathbf{T} : \nabla \boldsymbol{u} = T_{rr}\left(\frac{\partial u_r}{\partial r}\right) + T_{r\theta}\left(\frac{1}{r}\frac{\partial u_r}{\partial \theta} - \frac{u_\theta}{r}\right) + T_{rz}\left(\frac{\partial u_r}{\partial z}\right) + T_{\theta r}\left(\frac{\partial u_\theta}{\partial r}\right)$$

$$+ T_{\theta\theta}\left(\frac{1}{r}\frac{\partial u_\theta}{\partial \theta} + \frac{u_r}{r}\right) + T_{\theta z}\left(\frac{\partial u_\theta}{\partial z}\right) + T_{zr}\left(\frac{\partial u_z}{\partial r}\right) + T_{z\theta}\left(\frac{1}{r}\frac{\partial u_z}{\partial \theta}\right) + T_{zz}\left(\frac{\partial u_z}{\partial z}\right) \qquad (2.294)$$

마지막으로 구좌표계(r, θ, z)의 경우에는 Γ^i_{jk} 값을 식 (2.30)에서 대입하고, $h_1 = 1$, $h_2 = r$, $h_3 = r\sin\theta$ 및 $\hat{u}_1 = u_r$, $\hat{u}_2 = u_\theta$, $\hat{u}_3 = u_\phi$ 그리고 $\hat{T}_1{}^2 = T_{r\theta}$, $\hat{T}_2{}^3 = T_{\theta\phi}$, $\hat{T}_3{}^2 = T_{\phi\theta}$ 등을 이용하면 식 (2.292)로부터 아래가 얻어진다(표 A2.3 참조).

$$s = \mathbf{T} : \nabla \boldsymbol{u} = T_{rr}\left(\frac{\partial u_r}{\partial r}\right) + T_{r\theta}\left(\frac{1}{r}\frac{\partial u_r}{\partial \theta} - \frac{u_\theta}{r}\right) + T_{r\phi}\left(\frac{1}{r\sin\theta}\frac{\partial u_r}{\partial \phi} - \frac{u_\phi}{r}\right) + T_{\theta r}\left(\frac{\partial u_\theta}{\partial r}\right)$$

$$+ T_{\theta\theta}\left(\frac{1}{r}\frac{\partial u_\theta}{\partial \theta} + \frac{u_r}{r}\right) + T_{\theta\phi}\left(\frac{1}{r\sin\phi}\frac{\partial u_\theta}{\partial \phi} - \frac{u_\phi}{r}\cot\theta\right) + T_{\phi r}\left(\frac{\partial u_\phi}{\partial r}\right)$$

$$+ T_{\phi\theta}\left(\frac{1}{r}\frac{\partial u_\phi}{\partial \theta}\right) + T_{\phi\phi}\left(\frac{1}{r\sin\theta}\frac{\partial u_\phi}{\partial \phi} + \frac{u_r}{r} + \frac{u_\theta}{r}\cot\theta\right) \qquad (2.295)$$

2.12.2.6 벡터장의 라플라스

3차원 유클리드 공간에서 임의의 벡터장 $\boldsymbol{u}$의 라플라스인 $\nabla^2 \boldsymbol{u}$의 공변 및 반변성분에 해당하는 식 (2.174) 및 (2.175)에 각각 2계 공변 미분 $u_{k;mp}(= u_{k;pm})$ 및 $u^k{}_{;mp}(= u^k{}_{;pm})$의 정의식 (2.187) 및 (2.200)을 대입하고, 이를 물리적 성분으로 나타내면(즉 $u^i = \hat{u}^i / h_{\underline{i}}$, $u_i = \hat{u}_i / h_{\underline{i}}$ 대입) 각각 아래가 된다.

$$(\nabla^2 \boldsymbol{u})_k = g^{mp} u_{k;mp} = g^{mp}\left[\frac{\partial^2 (\hat{u}_k h_{\underline{k}})}{\partial x^m \partial x^p} - \frac{\partial \Gamma^h_{km}}{\partial x^p}\hat{u}^l / h_{\underline{l}} - \Gamma^l_{km}\frac{\partial(\hat{u}_l h_{\underline{l}})}{\partial x^p} - \Gamma^l_{kp}\frac{\partial(\hat{u}_l h_{\underline{l}})}{\partial x^m}\right.$$

$$\left. + \hat{u}_l h_{\underline{l}} \Gamma^n_{kp}\Gamma^l_{nm} - \Gamma^l_{mp}\frac{\partial(\hat{u}_k h_{\underline{k}})}{\partial x^l} + \hat{u}_l h_{\underline{l}} \Gamma^n_{mp}\Gamma^l_{kn}\right] \qquad (2.296)$$

$$(\nabla^2 \boldsymbol{u})^k = g^{mp} u^k{}_{;mp} = g^{mp}\left[\frac{\partial^2 (\hat{u}^k / h_{\underline{k}})}{\partial x^p \partial x^m} + \frac{\partial(\hat{u}^l / h_{\underline{l}})}{\partial x^p}\Gamma^k_{lm} + \frac{\partial(\hat{u}^l / h_{\underline{l}})}{\partial x^m}\Gamma^k_{lp} - \frac{\partial(\hat{u}^k / h_{\underline{k}})}{\partial x^l}\Gamma^l_{mp}\right.$$

$$\left. + (\hat{u}^l / h_{\underline{l}})\frac{\partial \Gamma^k_{lm}}{\partial x^p} + (\hat{u}^n / h_{\underline{n}})\Gamma^k_{sp}\Gamma^s_{nm} - (\hat{u}^n / h_{\underline{n}})\Gamma^s_{mp}\Gamma^k_{ns}\right] \qquad (2.297)$$

따라서 $(\nabla^2 \boldsymbol{u})$의 최종 물리적 성분 $(\nabla^2 \boldsymbol{u})_{(k)} = (\nabla^2 \boldsymbol{u})^{(k)}$ 는 아래가 된다(표 A2.1-2.3 참조).

$$(\nabla^2 \boldsymbol{u})_{(k)} = (\nabla^2 \boldsymbol{u})_k / h_{\underline{k}} = (\nabla^2 \boldsymbol{u})^{(k)} = (\nabla^2 \boldsymbol{u})^k h_{\underline{k}} \tag{2. 298}$$

즉 $(\nabla^2 \boldsymbol{u})$의 물리적 성분을 식 (2.296) 혹은 (2.297)의 결과를 식 (2.298)에 대입함으로써 얻어진다. 이로부터 먼저 Cartesian (x, y, z) 좌표계에 대하여 식 (2.298)를 구해보면, (가령) 식 (2.296)에서 $g^{mp} \to \delta^{mp}$, $u_{k;mp} \to u_{k,mp}$가 되고, $h_1 = h_2 = h_3 = 1$, 그리고 자체가 물리적 성분이며, 또한 $(\nabla^2 \boldsymbol{u})_{(1)} = (\nabla^2 \boldsymbol{u})_x$, $(\nabla^2 \boldsymbol{u})_{(2)} = (\nabla^2 \boldsymbol{u})_y$, $(\nabla^2 \boldsymbol{u})_{(3)} = (\nabla^2 \boldsymbol{u})_z$ 를 이용하면 아래가 된다.

$$\left.\begin{aligned}
(\nabla^2 \boldsymbol{u})_x &= u_{1,mm} = \frac{\partial^2 u_x}{\partial x^2} + \frac{\partial^2 u_x}{\partial y^2} + \frac{\partial^2 u_x}{\partial z^2}, \\
(\nabla^2 \boldsymbol{u})_y &= \frac{\partial^2 u_y}{\partial x^2} + \frac{\partial^2 u_y}{\partial y^2} + \frac{\partial^2 u_y}{\partial z^2}, \\
(\nabla^2 \boldsymbol{u})_z &= \frac{\partial^2 u_z}{\partial x^2} + \frac{\partial^2 u_z}{\partial y^2} + \frac{\partial^2 u_z}{\partial z^2}
\end{aligned}\right\} \tag{2. 299}$$

다음에는 원통좌표계 (r, θ, z)에 대하여 식 (2.298)를 구해보면 $\Gamma^1_{22} = -r$, $\Gamma^2_{12} \left(= \Gamma^2_{21}\right) = 1/r$, (기타 0), $h_1 = 1$, $h_2 = r$, $h_3 = 1$ 그리고 (가령)식 (2.296)에서 $\hat{u}_1 = u_r$, $\hat{u}_2 = u_\theta$, $\hat{u}_3 = u_z$ 를 대입하고, $(\nabla^2 \boldsymbol{u})_{(1)} = (\nabla^2 \boldsymbol{u})_r$, $(\nabla^2 \boldsymbol{u})_{(2)} = (\nabla^2 \boldsymbol{u})_\theta$, $(\nabla^2 \boldsymbol{u})_{(3)} = (\nabla^2 \boldsymbol{u})_z$ 를 이용하면 아래를 얻는다.

$$\left.\begin{aligned}
(\nabla^2 \boldsymbol{u})_r &= \frac{\partial}{\partial r}\left(\frac{1}{r}\frac{\partial}{\partial r}(r u_r)\right) + \frac{1}{r^2}\frac{\partial^2 u_r}{\partial \theta^2} + \frac{\partial^2 u_r}{\partial r^2} - \frac{2}{r^2}\frac{\partial u_\theta}{\partial \theta} \\
(\nabla^2 \boldsymbol{u})_\theta &= \frac{\partial}{\partial r}\left(\frac{1}{r}\frac{\partial}{\partial r}(r u_\theta)\right) + \frac{1}{r^2}\frac{\partial^2 u_\theta}{\partial \theta^2} + \frac{\partial^2 u_\theta}{\partial z^2} + \frac{2}{r^2}\frac{\partial u_r}{\partial \theta} \\
(\nabla^2 \boldsymbol{u})_z &= \frac{1}{r}\frac{\partial}{\partial r}\left(r\frac{\partial u_z}{\partial r}\right) + \frac{1}{r^2}\frac{\partial^2 u_z}{\partial \theta^2} + \frac{\partial^2 u_z}{\partial z^2}
\end{aligned}\right\} \tag{2. 300}$$

마지막으로 구좌표계 (r, θ, z)에 대하여 식 (2.298)를 구해보면, (가령) 식 (2.296)에 Γ^i_{jk} 값은 식 (2.30)에서, 또한 $h_1 = 1$, $h_2 = r$, $h_3 = r\sin\theta$ 및 $\hat{u}_1 = u_r$, $\hat{u}_2 = u_\theta$, $\hat{u}_3 = u_\phi$ 그리고 $(\nabla^2 \boldsymbol{u})_{(1)} = (\nabla^2 \boldsymbol{u})_r$, $(\nabla^2 \boldsymbol{u})_{(2)} = (\nabla^2 \boldsymbol{u})_\theta$, $(\nabla^2 \boldsymbol{u})_{(3)} = (\nabla^2 \boldsymbol{u})_\phi$를 대입하여 정리하면 아래를 얻는다.

$$(\nabla^2 \boldsymbol{u})_r = \frac{\partial}{\partial r}\left(\frac{1}{r^2}\frac{\partial}{\partial r}(r^2 u_r)\right) + \frac{1}{r^2\sin\theta}\frac{\partial}{\partial\theta}\left(\sin\theta\frac{\partial u_r}{\partial\theta}\right) + \frac{1}{r^2\sin^2\theta}\frac{\partial^2 u_r}{\partial\phi^2}$$
$$-\frac{2}{r^2\sin\theta}\frac{\partial}{\partial\theta}(u_\theta\sin\theta) - \frac{2}{r^2\sin\theta}\frac{\partial u_\phi}{\partial\phi}$$

$$(\nabla^2 \boldsymbol{u})_\theta = \frac{1}{r^2}\frac{\partial}{\partial r}\left(r^2\frac{\partial u_\theta}{\partial r}\right) + \frac{1}{r^2}\frac{\partial}{\partial\theta}\left(\frac{1}{\sin\theta}\frac{\partial}{\partial\theta}(u_\theta\sin\theta)\right) + \frac{1}{r^2\sin^2\theta}\frac{\partial^2 u_\theta}{\partial\phi^2}$$
$$+\frac{2}{r^2}\frac{\partial u_r}{\partial\theta} - \frac{2\cos\theta}{r^2\sin\theta}\frac{\partial u_\phi}{\partial\phi}$$

$$(\nabla^2 \boldsymbol{u})_\phi = \frac{1}{r^2}\frac{\partial}{\partial r}\left(r^2\frac{\partial u_\phi}{\partial r}\right) + \frac{1}{r^2}\frac{\partial}{\partial\theta}\left(\frac{1}{\sin\theta}\frac{\partial}{\partial\theta}(u_\phi\sin\theta)\right) + \frac{1}{r^2\sin^2\theta}\frac{\partial^2 u_\phi}{\partial\phi^2}$$
$$+\frac{2}{r^2\sin\theta}\frac{\partial u_r}{\partial\phi} + \frac{2\cot\theta}{r^2\sin\theta}\frac{\partial u_\theta}{\partial\phi} \tag{2.301}$$

[비고 : 원통이나 구좌표 경우 모두 $(\nabla^2\boldsymbol{u})^k$ 혹은 $(\nabla^2\boldsymbol{u})_k$는 벡터 항등식 (2.225)를 이용하여 구할 수도 있다. 단 이때 $[\nabla\times(\nabla\times\boldsymbol{u})]^k = (\nabla\times\boldsymbol{a})^k = \varepsilon^{klm}a_{m;l}$(여기서 $\boldsymbol{a} = \nabla\times\boldsymbol{u}$, $a_m = g_{mp}\varepsilon^{pln}u_{n;l}$) 및 $[\nabla(\nabla\cdot\boldsymbol{u})]_k = [\nabla\cdot(\nabla\boldsymbol{u})^{\mathrm{T}}]_k = (\nabla\cdot\mathbf{L})_k = L^m{}_{k;m} = u^m{}_{;km}$ (식 (2.280)), 그리고 $[\nabla(\nabla\cdot\boldsymbol{u})]^k = g^{kp}[\nabla(\nabla\cdot\boldsymbol{u})]_p = g^{kp}u^m{}_{;pm}$가 생성된다. - 뒷 절 참조]

2.12.2.7 $(\boldsymbol{v}\cdot\nabla)\boldsymbol{w}$ 벡터

벡터 $(\boldsymbol{v}\cdot\nabla)\boldsymbol{w}[=(v^k\nabla_k)\boldsymbol{w}]$의 공변 및 반변 성분에 대한 식은 각각 (2.215) 및 (2.216)에 주어져 있다. 이를 다시 공변미분 정의식 (2.51)에 의해 전개하고, 나중에 물리적 성분으로 치환(즉 $v^k = \hat{v}^k/h_{\underline{k}}$, $v_k = \hat{v}_k h_{\underline{k}}$를 대입)하면 각각 아래식이 된다.

$$[(\boldsymbol{v}\cdot\nabla)\boldsymbol{w}]_k = (\hat{v}^m/h_{\underline{m}})[\nabla_m(\hat{w}_k h_{\underline{k}}) - \Gamma^s_{km}(\hat{w}_s h_{\underline{s}})] \tag{2.302}$$

$$[(\boldsymbol{v}\cdot\nabla)\boldsymbol{w}]^k = (\hat{v}^m/h_{\underline{m}})[\nabla_m(\hat{w}^k/h_{\underline{k}}) + \Gamma^k_{sm}(\hat{w}^s/h_{\underline{s}})] \tag{2.303}$$

따라서 이의 물리적 성분 $[(\boldsymbol{v}\cdot\nabla)\boldsymbol{w}]^{(k)} = [(\boldsymbol{v}\cdot\nabla)\boldsymbol{w}]_{(k)}$는 아래와 같이 구해진다.

$$[(\boldsymbol{v}\cdot\nabla)\boldsymbol{w}]^{(k)} = [(\boldsymbol{v}\cdot\nabla)\boldsymbol{w}]^k h_{\underline{k}} = [(\boldsymbol{v}\cdot\nabla)\boldsymbol{w}]_{(k)} = [(\boldsymbol{v}\cdot\nabla)\boldsymbol{w}]_k/h_{\underline{k}} \tag{2.304}$$

즉 식 (2.302) 혹은 (2.303)은 (2.304)에 대입함으로써 각 직교 곡선좌표계에 대한 물리적 성분을 아래와 같이 구할 수 있다(표 A2.4 참조).

먼저 Cartesian (x, y, z)좌표계의 경우 모든 $\Gamma^i_{jk} = 0$이고, $h_1 = h_2 = h_3 = 1$ 또한 자체가 물리적 성분이며, $[(\boldsymbol{v} \cdot \nabla)\boldsymbol{w}]^{(1)} = [(\boldsymbol{v} \cdot \nabla)\boldsymbol{w}]_x$, $[(\boldsymbol{v} \cdot \nabla)\boldsymbol{w}]^{(2)} = [(\boldsymbol{v} \cdot \nabla)\boldsymbol{w}]_y$, $[(\boldsymbol{v} \cdot \nabla)\boldsymbol{w}]^{(3)} = [(\boldsymbol{v} \cdot \nabla)\boldsymbol{w}]_z$를 이용하면 위 식에서 아래가 성립된다.

$$\left.\begin{aligned}
(\boldsymbol{v} \cdot \nabla \boldsymbol{w})_x &= v_x \frac{\partial w_x}{\partial x} + v_y \frac{\partial w_x}{\partial y} + v_z \frac{\partial w_x}{\partial z}, \\
(\boldsymbol{v} \cdot \nabla \boldsymbol{w})_y &= v_x \frac{\partial w_y}{\partial x} + v_y \frac{\partial w_y}{\partial y} + v_z \frac{\partial w_y}{\partial z}, \\
(\boldsymbol{v} \cdot \nabla \boldsymbol{w})_z &= v_x \frac{\partial w_z}{\partial x} + v_y \frac{\partial w_z}{\partial y} + v_z \frac{\partial w_z}{\partial z}
\end{aligned}\right\} \tag{2. 305}$$

다음에는 원통좌표계 (r, θ, z)의 경우, 식 (2.302)(혹은 (2.303))에 $\Gamma^1_{22} = -r$, $\Gamma^2_{12} (= \Gamma^2_{21}) = 1/r$ (기타 0) 및 $h_1 = 1$, $h_2 = r$, $h_3 = 1$, 그리고 $\hat{w}_1 = w_r$, $\hat{w}_2 = w_\theta$, $\hat{w}_3 = w_z$를 이용하여 전개하고, 이 결과를 최종 식 (2.304)에 대입한 후 $[(\boldsymbol{v} \cdot \nabla)\boldsymbol{w}]^{(1)} = [(\boldsymbol{v} \cdot \nabla)\boldsymbol{w}]_r$, $[(\boldsymbol{v} \cdot \nabla)\boldsymbol{w}]^{(2)} = [(\boldsymbol{v} \cdot \nabla)\boldsymbol{w}]_\theta$, $[(\boldsymbol{v} \cdot \nabla)\boldsymbol{w}]^{(3)} = [(\boldsymbol{v} \cdot \nabla)\boldsymbol{w}]_z$로 표기하면 아래를 얻는다.

$$\left.\begin{aligned}
(\boldsymbol{v} \cdot \nabla \boldsymbol{w})_r &= v_r \left(\frac{\partial w_r}{\partial r} \right) + v_\theta \left(\frac{1}{r} \frac{\partial w_r}{\partial \theta} - \frac{w_\theta}{r} \right) + v_z \left(\frac{\partial w_r}{\partial z} \right), \\
(\boldsymbol{v} \cdot \nabla \boldsymbol{w})_\theta &= v_r \left(\frac{\partial w_\theta}{\partial r} \right) + v_\theta \left(\frac{1}{r} \frac{\partial w_\theta}{\partial \theta} + \frac{w_r}{r} \right) + v_z \left(\frac{\partial w_\theta}{\partial z} \right), \\
(\boldsymbol{v} \cdot \nabla \boldsymbol{w})_z &= v_r \left(\frac{\partial w_z}{\partial r} \right) + v_\theta \left(\frac{1}{r} \frac{\partial w_z}{\partial \theta} \right) + v_z \left(\frac{\partial w_z}{\partial z} \right)
\end{aligned}\right\} \tag{2. 306}$$

마지막으로 구좌표계 (r, θ, ϕ)의 경우, 식 (2.302)(혹은 (2.303))에 Γ^i_{jk} 값을 식 (2.30)에서, 그리고 $h_1 = 1$, $h_2 = r$, $h_3 = r\sin\theta$ 및 $\hat{w}_1 = w_r$, $\hat{w}_2 = w_\theta$, $\hat{w}_3 = w_\phi$를 이용하여 전개하고, 이 결과를 식 (2.304)에 대입 후 최종적으로 $[(\boldsymbol{v} \cdot \nabla)\boldsymbol{w}]^{(1)} = [(\boldsymbol{v} \cdot \nabla)\boldsymbol{w}]_r$, $[(\boldsymbol{v} \cdot \nabla)\boldsymbol{w}]^{(2)} = [(\boldsymbol{v} \cdot \nabla)\boldsymbol{w}]_\theta$, $[(\boldsymbol{v} \cdot \nabla)\boldsymbol{w}]^{(3)} = [(\boldsymbol{v} \cdot \nabla)\boldsymbol{w}]_\phi$로 표기하면 아래를 얻는다.

$$\left.\begin{aligned}
(\boldsymbol{v} \cdot \nabla \boldsymbol{w})_r &= v_r \left(\frac{\partial w_r}{\partial r} \right) + v_\theta \left(\frac{1}{r} \frac{\partial w_r}{\partial \theta} - \frac{w_\theta}{r} \right) + v_\phi \left(\frac{1}{r\sin\theta} \frac{\partial w_r}{\partial \phi} - \frac{w_\phi}{r} \right) \\
(\boldsymbol{v} \cdot \nabla \boldsymbol{w})_\theta &= v_r \left(\frac{\partial w_\theta}{\partial r} \right) + v_\theta \left(\frac{1}{r} \frac{\partial w_\theta}{\partial \theta} + \frac{w_r}{r} \right) + v_\phi \left(\frac{1}{r\sin\theta} \frac{\partial w_\theta}{\partial \phi} - \frac{w_\phi}{r} cot\phi \right) \\
(\boldsymbol{v} \cdot \nabla \boldsymbol{w})_\phi &= v_r \left(\frac{\partial w_\phi}{\partial r} \right) + v_\theta \left(\frac{1}{r} \frac{\partial w_\phi}{\partial \theta} \right) + v_\phi \left(\frac{1}{r\sin\theta} \frac{\partial w_\phi}{\partial \phi} + \frac{w_r}{r} + \frac{w_\theta}{r} cot\theta \right)
\end{aligned}\right\} \tag{2. 307}$$

2.12.2.8 $(\boldsymbol{v}\cdot\nabla)\mathbf{T}$ 2차 텐서

2차 텐서 $(\boldsymbol{v}\cdot\nabla)\mathbf{T}[=(v^k\nabla_k)\mathbf{T}]$의 공변, 반변 및 혼합성분은 식 (2.217)로 주어져 있다. 이를 다시 공변 미분 정의식 (2.51)에 의해 전개하고, 나중에 물리적 성분으로 치환(즉 $v^k=\hat{v}^k/h_{\underline{k}}$, $T^{mn}=\hat{T}^{mn}/h_{\underline{m}}h_{\underline{n}}$, $T_m{}^n=\hat{T}_m{}^n h_{\underline{m}}/h_{\underline{n}}$ 등을 대입)한다. 그런데 최종 목적인 물리적 성분은 4 동반성분 형태 중 아무것이나 하나를 통해서도 결정될 수 있으므로 대표적으로 $[(\boldsymbol{v}\cdot\nabla)\mathbf{T}]^{mn}$ 항만을 골라 아래에 나타낸다.

$$\begin{aligned}[(\boldsymbol{v}\cdot\nabla)\mathbf{T}]^{mn}&=v^kT^{mn}{}_{;k}\\&=(\hat{v}^k/h_{\underline{k}})[\nabla_k(\hat{T}^{mn}/h_{\underline{m}}h_{\underline{n}})+\Gamma^m_{sk}\hat{T}^{sn}/h_{\underline{s}}h_{\underline{n}}+\Gamma^n_{sk}\hat{T}^{ms}/h_{\underline{m}}h_{\underline{s}}]\end{aligned}\tag{2.308 a}$$

[사실 우편 식의 첫 번째 항은 $(v^k\nabla_k)T^{mn}=(\boldsymbol{v}\cdot\nabla)T^{mn}$에 해당된다.]

따라서 이의 최종적인 물리적 성분은 아래의 식에 (2.308a)의 결과를 대입함으로써 얻어진다.

$$[(\boldsymbol{v}\cdot\nabla)\mathbf{T}]^{(mn)}=[(\boldsymbol{v}\cdot\nabla)\mathbf{T}]^{mn}h_{\underline{m}}h_{\underline{n}}\tag{2.308 b}$$

먼저 Cartesian (x,y,z) 좌표계의 경우 모든 $\Gamma^i_{jk}=0$이므로 $v^kT^{mn}{}_{;k}=v^kT^{mn}{}_{,k}=(\boldsymbol{v}\cdot\nabla)T^{mn}$가 되고, $h_1=h_2=h_3=1$, 그리고 자체가 물리적 성분이며 또한 $\hat{v}^1=v_x$, $\hat{T}^{12}=T_{xy}$, $\hat{T}^{23}=T_{yz}$ 등을 식 (2.308a)에 대입하여 전개한 후 이 결과를 식 (2.308b)에 대입하고, 최종적으로 $[(\boldsymbol{v}\cdot\nabla)\mathbf{T}]^{(12)}=[(\boldsymbol{v}\cdot\nabla)\mathbf{T}]_{xy}$, $[(\boldsymbol{v}\cdot\nabla)\mathbf{T}]^{(23)}=[(\boldsymbol{v}\cdot\nabla)\mathbf{T}]_{yz}$ 등으로 표기하면 아래를 얻는다 (단 첫 몇 항만 기술함).

$$(\boldsymbol{v}\cdot\nabla\mathbf{T})_{xx}=(\boldsymbol{v}\cdot\nabla)T_{xx},\quad(\boldsymbol{v}\cdot\nabla\mathbf{T})_{xy}=(\boldsymbol{v}\cdot\nabla)T_{xy},\quad(\boldsymbol{v}\cdot\nabla\mathbf{T})_{xz}=(\boldsymbol{v}\cdot\nabla)T_{xz}\ \text{등}\tag{2.309}$$

다음에 원통좌표계 (r,θ,z)의 경우, 식 (2.308)에 $\Gamma^1_{22}=-r$, $\Gamma^2_{12}(=\Gamma^2_{21})=1/r$(기타 0) 및 $h_1=1$, $h_2=r$, $h_3=1$, 그리고 $\hat{v}_1=v_r$, $\hat{v}_2=v_\theta$, $\hat{v}_3=v_z$ 및 $\hat{T}^{12}=T_{r\theta}$, $\hat{T}^{23}=T_{\theta z}$ 등을 대입하여 전개한 후 이 결과를 최종 식 (2.309)에 대입하고, 최종적으로 $[(\boldsymbol{v}\cdot\nabla)\mathbf{T}]^{(12)}=[(\boldsymbol{v}\cdot\nabla)\mathbf{T}]_{r\theta}$, $[(\boldsymbol{v}\cdot\nabla)\mathbf{T}]^{(23)}=[(\boldsymbol{v}\cdot\nabla)\mathbf{T}]_{\theta z}$ 등으로 표기하면 아래를 얻는다 (단 첫 몇 항만 기술함).

$$
\left.\begin{aligned}
(\boldsymbol{v}\cdot\nabla\mathbf{T})_{rr} &= (\boldsymbol{v}\cdot\nabla)T_{rr} - \frac{v_\theta}{r}(T_{r\theta}+T_{\theta r}),\\
(\boldsymbol{v}\cdot\nabla\mathbf{T})_{r\theta} &= (\boldsymbol{v}\cdot\nabla)T_{r\theta} + \frac{v_\theta}{r}(T_{rr}-T_{\theta\theta}),\\
(\boldsymbol{v}\cdot\nabla\mathbf{T})_{rz} &= (\boldsymbol{v}\cdot\nabla)T_{rz} - \frac{v_\theta}{r}T_{\theta z} \quad \text{등}
\end{aligned}\right\} \tag{2.310}
$$

마지막으로 구좌표계(r, θ, ϕ)의 경우 식 (2.308)에 Γ^i_{jk} 값은 식 (2.30)으로부터, 그리고 $h_1 = 1$, $h_2 = r$, $h_3 = r\sin\theta$ 및 $\hat{v}^1 = v_r$, $\hat{v}^2 = v_\theta$, $\hat{v}^3 = v_\phi$ 또한 $\hat{T}^{12} = T_{r\theta}$, $\hat{T}^{23} = T_{\theta\phi}$ 등을 대입하여 전개한 후 결과를 식 (2.309)에 대입하고 최종적으로 $[(\boldsymbol{v}\cdot\nabla)\mathbf{T}]^{(12)} = [(\boldsymbol{v}\cdot\nabla)\mathbf{T}]_{r\theta}$, $[(\boldsymbol{v}\cdot\nabla)\mathbf{T}]^{(23)} = [(\boldsymbol{v}\cdot\nabla)\mathbf{T}]_{\theta\phi}$등으로 표기하면 아래를 얻는다(단 첫 몇 항만 기술함).

$$
\left.\begin{aligned}
(\boldsymbol{v}\cdot\nabla\mathbf{T})_{rr} &= (\boldsymbol{v}\cdot\nabla)T_{rr} - \left(\frac{v_\theta}{r}\right)(T_{r\theta}+T_{\theta r}) - \left(\frac{v_\phi}{r}\right)(T_{r\phi}+T_{\phi r}),\\
(\boldsymbol{v}\cdot\nabla\mathbf{T})_{r\theta} &= (\boldsymbol{v}\cdot\nabla)T_{r\theta} + \left(\frac{v_\theta}{r}\right)(T_{rr}-T_{\theta\theta}) - \left(\frac{v_\phi}{r}\right)(T_{\phi\theta}+T_{r\phi}\cot\theta),\\
(\boldsymbol{v}\cdot\nabla\mathbf{T})_{r\phi} &= (\boldsymbol{v}\cdot\nabla)T_{r\phi} - \left(\frac{v_\theta}{r}\right)T_{\theta\phi} + \left(\frac{v_\phi}{r}\right)[(T_{rr}-T_{\phi\phi})+T_{r\theta}\cot\theta] \quad \text{등}
\end{aligned}\right\} \tag{2.311}
$$

2.12.2.1 - 2.12.2.7절까지 취급한 각종 텐서량의 3 대표적 직교 곡선좌표계에 대한 물리적 성분 표기 결과를 Cartesian 좌표계의 경우는 부록 표 A2.1, 원통좌표계의 경우는 표 A2.2, 그리고 구좌표계의 경우는 표 A2.3에 종합적으로 정리하여 나타내었다. 또한 2.12.2.8절의 결과는 표 A2.4에 모두 나타내었으므로 참조하기 바란다.

■ 2. 13 연속체역학의 응용

여기서 연속체역학(continuum mechanics) 특히 레올로지와 직접적인 관련이 있는 유체(fluid)역학분야에서 자주 접하게 되는 몇 가지 표현들과 수식에 대해 지금까지 논의해 온 텐서해석기법을 적용할 것이다. 주로 Cartesian 좌표계로 나타낸 축소화된 표현식을 다른 직교 곡선좌표계에 대한 일반화된 텐서표현식으로 나타냄을 목표로 한다.

2. 13. 1 운동중인 입자의 속도 및 가속도 벡터

Newton의 역학에서 일반 좌표계에 대한 입자의 가속도 벡터 $\boldsymbol{a}$의 성분을 계산할 수 있는 것은 유용하다. 만약 한 입자가 각각의 좌표가 시간 t의 함수가 될 수 있는 3차원 Cartesian 좌표계 $\mathrm{O}y_1\,y_2\,y_3$(이 경우 모든 $\Gamma^i_{jk}=0$이 되어, 공변 미분=편미분 됨)에 대하여 Cartesian 좌표 (y_1, y_2, y_3)를 가진다면 주어진 기준계에 대한 가속도 벡터의 Cartesian 성분은 $(\ddot{y}_1\,\ddot{y}_2\,\ddot{y}_3)$으로 주어진다(여기서 $\ddot{}$은 t에 대해 2계 도함수 d^2/dt^2 를 나타냄). 이 결과의 일반화를 곡선 좌표계에 대하여 구해보기로 한다.

만약 곡선 좌표계가 x^i 라면 입자의 속도 벡터 $\boldsymbol{v}$는 편미분의 연쇄율(사슬법칙)(부록 1.1 참조)을 사용하여 다음 식에 의해 위치 벡터 $\boldsymbol{r}$의 항으로 주어진다.

$$\boldsymbol{v} \equiv \frac{d\boldsymbol{r}}{dt} = \frac{\partial \boldsymbol{r}}{\partial x^i}\frac{dx^i}{dt} = \frac{\partial \boldsymbol{r}}{\partial x^i}\dot{x}^i$$

여기에서 공변 기저벡터 $\boldsymbol{g}_i$의 항으로 표시하면

$$\boldsymbol{v} = \dot{x}^i \boldsymbol{g}_i \tag{2. 312}$$

따라서 $\boldsymbol{v}$의 반변 성분은 다음과 같다.

$$v^i = \dot{x}^i \tag{2. 313}$$

한편 연쇄율(부록 1.1 참조)에 의해 아래와 같은 관계가 성립되므로 v^i 는 1차 반변 텐서이다.

$$\bar{v}^i \left(= \frac{d\bar{x}^i}{dt}\right) = \frac{\partial \bar{x}^i}{\partial x^j}\frac{dx^j}{dt} (= v^j) \tag{2. 314}$$

만약 고려하고 있는 곡선 좌표계가 직교라면 식 (1.313)에 의하여 $\boldsymbol{v}$의 물리적 성분은 다음과 같이 된다.

$$\hat{v}^i = v_{(i)} = h_{\underline{i}}\,\dot{x}^i \quad (\text{n.s.for } i) \tag{2. 315}$$

식 (2.312)를 t에 대하여 미분하면 다음과 같이 된다(식 (2.4)이용).

$$\boldsymbol{a} = \ddot{x}^i \boldsymbol{g}_i + \dot{x}^i \dot{\boldsymbol{g}}_i$$

$$= \ddot{x}^i \boldsymbol{g}_i + \dot{x}^i \frac{\partial \boldsymbol{g}_i}{\partial x^j} \dot{x}^j = \ddot{x}^i \boldsymbol{g}_i + \Gamma^k_{ij} \boldsymbol{g}_k \dot{x}^i \dot{x}^j$$

$$= (\ddot{x}^i + \Gamma^i_{jk} \dot{x}^j \dot{x}^k) \boldsymbol{g}_i$$

따라서 가속도의 반변 성분은 다음과 같다.

$$a^i = \ddot{x}^i + \Gamma^i_{jk} \dot{x}^j \dot{x}^k \tag{2.316}$$

참 고

위 식은 연쇄율(부록 1.1절 참조)과 공변 미분의 개념에 의하여 아래와 같이 나타낼 수 있다.

$$a^i = \left[\left(\frac{\partial \dot{x}^i}{\partial x^k} \right) + \Gamma^i_{jk} \dot{x}^j \right] \dot{x}^k = \left[\frac{\partial v^i}{\partial x^k} + \Gamma^i_{jk} v^j \right] \dot{x}^k = v^i{}_{;k} \frac{dx^k}{dt}$$

그런데 나중에 언급될 절대 (또는 내재적) 미분의 정의에 의하면 이것은 $\frac{\delta v^i}{\delta t}$와 같다. 그러므로 속도 v^i 는 1차 반변 텐서이나, $\frac{dv^i}{dt}(= \ddot{x}^i)$는 1차 텐서인 가속도 벡터 $\boldsymbol{a}\left(= \frac{d\boldsymbol{v}}{dt}\right)$의 반변 성분 a^i 가 아니고 대신 $\frac{\delta v^i}{\delta t} = a^i$임에 유의해야 한다. 한편 부록 1.1,예제 2.9에서 언급했듯이 'Lagrange 시간미분, 혹은 물질(혹은 본질)도함수'라고 불리는 $\frac{D}{Dt} = \frac{\partial}{\partial t} + \frac{d}{dt}\left(= \frac{d\boldsymbol{r}}{dt} \cdot \frac{\partial}{\partial \boldsymbol{r}} = \boldsymbol{v} \cdot \nabla\right)$에서 $\frac{d}{dt}\left(= \boldsymbol{v} \cdot \nabla = v^k \nabla_k\right)$가 내재미분 연산자가 된다. 따라서 $\boldsymbol{a} = \frac{d\boldsymbol{v}}{dt} = \left(v^k \nabla_k\right)\boldsymbol{v} = v^k v^i{}_{;k} \boldsymbol{g}_i = a^i \boldsymbol{g}_i$ 가 되어 $a^i = v^i{}_{;k} v^k = \frac{\delta v^i}{\delta t}$가 만족된다.

그리고 좌표계가 이 장에서 다루고 있는 직교 곡선계라면 $\boldsymbol{a}$의 물리적 성분은 다음과 같이 된다.

$$\hat{a}^i = a^i h_{\underline{i}} = h_i \ddot{x}^i + h_i \Gamma^i_{jk} \dot{x}^j \dot{x}^k \quad (\text{n.s. for } i) \tag{2.317}$$

여기서 총합규약은 반복 첨자 j와 k에만 적용된다. 식 (2.317)로부터 $\boldsymbol{a}$의 공변 성분은 식 (2.7)의 도움을 받아 다음과 같이 된다.

$$a_i = g_{il}\, a^l = g_{il}\, \ddot{x}^l + g_{il}\, \Gamma^l_{jk}\, \dot{x}^j \dot{x}^k \;= g_{il}\, \ddot{x}^l + \Gamma_{jki} \dot{x}^j \dot{x}^k \tag{2.318}$$

원통좌표계의 경우 식 (2.317)에 주어진 가속도 벡터의 물리적 성분 a_ρ, a_ϕ, a_z은 다음과 같이 된다.

$$\left.\begin{aligned} a_\rho &= \ddot{\rho} + \Gamma^1_{jk}\, \dot{x}^j\, \dot{x}^k = \ddot{\rho} + \Gamma^1_{22}\, \dot{x}^2\, \dot{x}^2 = \ddot{\rho} - \rho\dot{\phi}^2 \\ a_\phi &= \rho\ddot{\phi} + \rho\Gamma^2_{jk}\, \dot{x}^j\, \dot{x}^k = \rho\ddot{\phi} + \rho\Gamma^2_{12}\, \dot{x}^1\, \dot{x}^2 + \rho\Gamma^1_{21}\, \dot{x}^2\, \dot{x}^1 = \rho\ddot{\phi} + 2\dot{\rho}\dot{\phi} \\ a_z &= \ddot{z} + \Gamma^3_{jk}\, \dot{x}^j\, \dot{x}^k = \ddot{z} \end{aligned}\right\} \tag{2.319}$$

구좌표계의 경우는 식 (2.30)을 사용하여 다음과 같은 물리적 성분을 얻을 수 있다.

$$a_r = \ddot{r} + \Gamma^1_{jk}\, \dot{x}^j\, \dot{x}^k = \ddot{r} + \Gamma^1_{22}\, (\dot{x}^2)^2 + \Gamma^1_{33}\, (\dot{x}^3)^2 = \ddot{r} - r\dot{\theta}^2 - r\sin^2\theta\, \dot{\phi}^2$$

$$a_\theta = r\,\ddot{\theta} + r\,\Gamma^2_{jk}\, \dot{x}^j\, \dot{x}^k = r\,\ddot{\theta} + r\, \left[\Gamma^2_{12}\, \dot{x}^1\, \dot{x}^2 + \Gamma^2_{21}\, \dot{x}^2\, \dot{x}^1 + \Gamma^2_{33}\, (\dot{x}^3)^2\right]$$

$$= r\,\ddot{\theta} + 2\,\dot{r}\,\dot{\theta} - r\sin\theta\cos\theta\, \dot{\phi}^2$$

$$a_\phi = r\sin\theta\, \ddot{\phi} + r\sin\theta\, \Gamma^3_{jk}\, \dot{x}^j\, \dot{x}^k$$

$$= r\sin\theta\, \ddot{\phi} + r\sin\theta\, (\Gamma^3_{31}\, \dot{x}^3\, \dot{x}^1 + \Gamma^3_{13}\, \dot{x}^1\, \dot{x}^3 + \Gamma^3_{32}\, \dot{x}^3\, \dot{x}^2 + \Gamma^3_{23}\, \dot{x}^2\, \dot{x}^3)$$

$$= r\sin\theta\, \ddot{\phi} + 2\sin\theta\, \dot{r}\, \dot{\phi} + 2\,r\cos\theta\, \dot{\theta}\, \dot{\phi} \tag{2.320}$$

2. 13. 2 유체의 변형속도 (혹은 고체의 변형률) 텐서

벡터장의 기울기에 관한 2.12.2.2절의 참고란에서 기술한 벡터장 $\boldsymbol{u}$를 속도장 $\boldsymbol{v}$로 바꾸면 $\mathbf{L}$는 속도구배 텐서가 되어 아래와 같이 대칭(변형속도) 텐서 $\mathbf{D}$와 반대칭(회전) 텐서 $\mathbf{W}$의 합으로 나타내진다.

$$\mathbf{L} = (\nabla \boldsymbol{v})^{\mathrm{T}} = \mathbf{D} + \mathbf{W};\quad \mathbf{D} = (\mathbf{L} + \mathbf{L}^{\mathrm{T}})/2 = \mathbf{D}^{\mathrm{T}},\quad \mathbf{W} = (\mathbf{L} - \mathbf{L}^{\mathrm{T}})/2 = -\mathbf{W}^{\mathrm{T}} \tag{2.321}$$

$$L_{ij}\,[= (v_{i;j})] = D_{ij} + W_{ij};\;\; D_{ij} = (v_{i;j} + v_{j;i})/2 = D_{ji},\;\; W_{ij} = (v_{i;j} - v_{j;i})/2 = -W_{ji} \tag{2.322}$$

그런데 만약 $\mathbf{L}$를 혼합성분으로 나타내면, 속도(벡터)장 기울기의 동반성분 중 $(\nabla \boldsymbol{v})^i{}_j$ $[= v_j{}^{;i} = L_j{}^i]$나 $(\nabla \boldsymbol{v})^{ij}[= v^{j;i} = L^{ji}]$에 해당하는 표현은 없다(∵공변 미분의 첨자는 항상 아래에 있어야 하므로). 대신 이에 대응하는 $g^{im}L_{jm}$나 $g^{im}L^j{}_m$으로 대체한다. 따라서 아래의 관계가

성립된다.

$$L^i{}_j (= g^{im} L_{mj} = g^{im} v_{m;j} = v^i{}_{;j}) = D^i{}_j + W^i{}_j \tag{2.323}$$

이때 아래가 성립된다.

$$D^i{}_j = (L^i{}_j + \overset{(\mathrm{T})}{L^i{}_j})/2 = (v^i{}_{;j} + g^{im} v_{j;m})/2 = \overset{(\mathrm{T})}{D^i{}_j} [= g^{im} D_{jm}] \tag{2.324}$$

$$W^i{}_j = (L^i{}_j - \overset{(\mathrm{T})}{L^i{}_j})/2 = (v^i{}_{;j} - g^{im} v_{j;m})/2 = - \overset{(\mathrm{T})}{W^i{}_j} [= - g^{im} W_{jm}] \tag{2.325}$$

이와 같은 해석은 고체역학에서 (미소) 변위 구배 텐서 $\boldsymbol{e} [= (\nabla \boldsymbol{u})^{\mathrm{T}}]$[여기서 $\boldsymbol{u}$는 변위(displacement) 벡터 임]에도 그대로 적용된다. 즉

$$\boldsymbol{e} = (\nabla \boldsymbol{u})^{\mathrm{T}} = \boldsymbol{\varepsilon} + \boldsymbol{\eta}; \quad \boldsymbol{\varepsilon} = (\boldsymbol{e} + \boldsymbol{e}^{\mathrm{T}})/2 = \boldsymbol{\varepsilon}^{\mathrm{T}}, \quad \boldsymbol{\eta} = (\boldsymbol{e} - \boldsymbol{e}^{\mathrm{T}})/2 = -\boldsymbol{\eta}^{\mathrm{T}} \tag{2.326}$$

여기서 $\boldsymbol{\varepsilon}$ 및 $\boldsymbol{\eta}$는 각각 대칭 변형률(starin) 텐서 및 반대칭(회전)변위구배 텐서이다. 액체의 경우와 마찬가지 논리로 각각 아래가 성립된다.

$$\varepsilon_{ij} = (e_{ij} + e_{ji})/2 = (u_{i;j} + u_{j;i})/2 = \varepsilon_{ji}; \quad \eta_{ij} = (u_{i;j} - u_{j;i})/2 = -\eta_{ji} \tag{2.327}$$

혹은

$$\varepsilon^i{}_j = (e^i{}_j + \overset{(\mathrm{T})}{e^i{}_j})/2 = (u^i{}_{;j} + g^{im} u_{j;m})/2 = \overset{(\mathrm{T})}{\varepsilon^i{}_j} [= g^{im} \varepsilon_{jm}] \tag{2.328}$$

$$\eta^i{}_j = (e^i{}_j - \overset{(\mathrm{T})}{e^i{}_j})/2 = (u^i{}_{;j} - g^{im} u_{j;m})/2 = - \overset{(\mathrm{T})}{\eta^i{}_j} [= - g^{im} \eta_{jm}] \tag{2.329}$$

이제 액체의 (대칭)변형속도 텐서 D_{ij}(혹은 $D^i{}_j$)로 돌아가 보자. 식 (2.322)의 $v_{i;j}$와 $v_{j;i}$에 각각 해당 공변 미분 정의식 (2.35)을 대입하면 아래가 된다.

$$D_{ij} = \frac{1}{2}\left(\frac{\partial v_i}{\partial x^j} - \Gamma^k_{ij} v_k + \frac{\partial v_j}{\partial x^i} - \Gamma^k_{ji} v_k \right) = \frac{1}{2}\left(\frac{\partial v_i}{\partial x^j} + \frac{\partial v_j}{\partial x^i} - 2\Gamma^k_{ij} v_k \right) \tag{2.330}$$

만일 곡선 좌표계가 척도인자(scale factor) h_1, h_2, 및 h_3을 가진 직교계라면 속도 벡터와 변형속도 텐서의 물리적 성분은 1.14절의 정의에 의해 각각 아래와 같이 주어진다(이하에서 편의상 물리적 성분으로서 $\hat{v}_i$ 대신 $v_{(i)}$를, $\hat{D}_{ij}$대신 $D_{(ij)}$를 사용한다).

$$D_{(ij)} = \frac{1}{h_{\underline{i}}\, h_{\underline{j}}} D_{ij}\,, \qquad v_{(i)} = \frac{1}{h_{\underline{i}}} v_i \qquad (\text{n.s. for } i, j)$$

따라서 식 (2.230)은 다음과 같이 물리적 성분 항으로 나타낼 수 있다.

$$D_{(ij)} = \frac{1}{2h_{\underline{i}}\, h_{\underline{j}}}\left(\frac{\partial}{\partial x^j}(h_{\underline{i}}\, v_{(i)}) + \frac{\partial}{\partial x^i}(h_{\underline{j}}\, v_{(j)}) - 2\sum_{k=1}^{3}\Gamma^k_{ij}\, h_{\underline{k}}\, v_{(k)}\right) \ (\text{n.s. for } i, j) \tag{2. 331}$$

여기서 혼동을 피하기 위해 총합기호로 k를 사용하였다. 식 (2.331)를 적용하는 응용 예로서 아래의 원통 및 구좌표계에 대하여 생각해 보자.

(a) 원통좌표계 $(\rho,\ \phi,\ z)$:

$x^1 = \rho,\ x^2 = \phi,\ x^3 = z$ 와 척도인자 $h_1 = 1,\ h_2 = \rho,\ h_3 = 1$ 를 사용하여 Γ^k_{ij}의 0이 아닌 성분은 식 (2.26)에 의해 주어진다. 변형속도의 물리적 성분을 $D_{\rho\rho}$, $D_{\rho\phi}$ 등으로 나타내면 식 (2.331)에서 $i = j = 1$ 의 값을 취하여 첫 번째로 다음의 관계식을 얻을 수 있다[단 $D_{(ij)} = \widehat{D}_{ij} = D_{ij}/h_{\underline{i}} h_{\underline{j}}$ (n.s. for i, j) 이용].

$$D_{(11)} = D_{\rho\rho} = \frac{1}{2}\frac{1}{{h_1}^2}\left(\frac{\partial}{\partial x^1}(h_1 v_{(1)}) + \frac{\partial}{\partial x^1}(h_1 v_{(1)}) - 2\sum_{k=1}^{3}\Gamma^k_{11} h_k v_{(k)}\right)$$

$$= \frac{1}{2}\left(\frac{\partial v_\rho}{\partial \rho} + \frac{\partial v_\rho}{\partial \rho} - 2\Gamma^1_{11} h_1 v_\rho - 2\Gamma^2_{11} h_2 v_\phi - 2\Gamma^3_{11} h_3 v_z\right)$$

$$= \frac{1}{2}\left(2\frac{\partial v_\rho}{\partial \rho} - 0 - 0 - 0\right) = \frac{\partial v_\rho}{\partial \rho}$$

$i = 1,\ j = 2$ 의 경우에는

$$D_{(12)} = D_{\rho\phi} = \frac{1}{2h_1 h_2}\left(\frac{\partial}{\partial x^2}(h_1 v_{(1)}) + \frac{\partial}{\partial x^1}(h_2 v_{(2)}) - 2\sum_{k=1}^{3}\Gamma^k_{12}\, h_k\, v_{(k)}\right)$$

$$= \frac{1}{2\rho}\left(\frac{\partial v_\rho}{\partial \phi} + \frac{\partial}{\partial \rho}(\rho v_\phi) - 2\Gamma^1_{12} v_\rho - 2\Gamma^2_{12}\, \rho\, v_\phi - 2\Gamma^3_{12} v_z\right)$$

$$= \frac{1}{2\rho}\left[\frac{\partial v_\rho}{\partial \phi} + \left(\rho\frac{\partial v_\phi}{\partial \rho} + v_\phi\right) - 0 - 2\frac{1}{\rho}\rho\, v_\phi - 0\right]$$

$$= \frac{1}{2}\left(\frac{1}{\rho}\frac{\partial v_\rho}{\partial \phi} + \frac{\partial v_\phi}{\partial \rho} - \frac{v_\phi}{\rho}\right)$$

이런 식으로 계속하면 물리적 성분의 집합을 얻을 수 있다.

$$D_{(ij)} = \begin{pmatrix} \dfrac{\partial v_\rho}{\partial \rho} & \dfrac{1}{2}\left(\dfrac{1}{\rho}\dfrac{\partial v_\rho}{\partial \phi} + \dfrac{\partial v_\phi}{\partial \rho} - \dfrac{v_\phi}{\rho}\right) & \dfrac{1}{2}\left(\dfrac{\partial v_\rho}{\partial z} + \dfrac{\partial v_z}{\partial \rho}\right) \\ \dfrac{1}{2}\left(\dfrac{1}{\rho}\dfrac{\partial v_\rho}{\partial \phi} + \dfrac{\partial v_\phi}{\partial \rho} - \dfrac{v_\phi}{\rho}\right) & \dfrac{1}{\rho}\left(\dfrac{\partial v_\phi}{\partial \phi} + v_\rho\right) & \dfrac{1}{2}\left(\dfrac{\partial v_\phi}{\partial z} + \dfrac{1}{\rho}\dfrac{\partial v_z}{\partial \phi}\right) \\ \dfrac{1}{2}\left(\dfrac{\partial v_\rho}{\partial z} + \dfrac{\partial v_z}{\partial \rho}\right) & \dfrac{1}{2}\left(\dfrac{\partial v_\phi}{\partial z} + \dfrac{1}{\rho}\dfrac{\partial v_z}{\partial \phi}\right) & \dfrac{\partial v_z}{\partial z} \end{pmatrix} \tag{2. 332}$$

(b) 구좌표계 (r, θ, ϕ) :

$x^1 = r$, $x^2 = \theta$, $x^3 = \phi$와 척도인자 $h_1 = 1$, $h_2 = r$, $h_3 = r\sin\theta$와 식 (2.30)에 의해 주어진 Γ^k_{ij}를 가지고 D_{rr}, $D_{r\theta}$ 등으로 표시된 다음의 물리적 성분을 얻을 수 있다[단 $D_{(ij)} = \hat{D}_{ij} = D_{ij}/h_{\underline{i}}h_{\underline{j}}$ (n.s. for i, j) 이용].

$$\begin{aligned} D_{(12)} = D_{r\theta} &= \frac{1}{2r}\left(\frac{\partial v_r}{\partial \theta} + \frac{\partial}{\partial r}(rv_\theta) - 2\sum_{k=1}^{3}\Gamma^k_{12}\,h_k\,v_{(k)}\right) \\ &= \frac{1}{2r}\left(\frac{\partial v_r}{\partial \theta} + \frac{\partial}{\partial r}(rv_\theta) - 2\Gamma^2_{12}\,r\,v_\theta\right) \\ &= \frac{1}{2r}\left(\frac{\partial v_r}{\partial \theta} + r\frac{\partial v_\theta}{\partial r} + v_\theta - 2v_\theta\right) \\ &= \frac{1}{2}\left(\frac{1}{r}\frac{\partial v_r}{\partial \theta} + \frac{\partial v_\theta}{\partial r} - \frac{v_\theta}{r}\right) \end{aligned}$$

$$\begin{aligned} D_{(33)} = D_{\phi\phi} &= \frac{1}{2(r\sin\theta)^2}\left(2\frac{\partial}{\partial \phi}(r\sin\theta v_\phi) - 2\Gamma^1_{33}v_r - 2\Gamma^2_{33}\,rv_\theta\right) \\ &= \frac{1}{(r\sin\theta)^2}\left(r\sin\theta\frac{\partial v_\phi}{\partial \phi} + r\sin^2\theta v_r + r\sin\theta\cos\theta v_\theta\right) \\ &= \frac{1}{r\sin\theta}\frac{\partial v_\phi}{\partial \phi} + \frac{v_r}{r} + \frac{v_\theta}{r}cot\theta \quad \text{등} \end{aligned}$$

물리적 성분의 완전한 집합은 다음과 같다.

$$
D_{(ij)} = \begin{bmatrix} \dfrac{\partial v_r}{\partial r} & \dfrac{1}{2}\left(\dfrac{\partial v_\theta}{\partial r} + \dfrac{1}{r}\dfrac{\partial v_r}{\partial \theta} - \dfrac{v_\theta}{r}\right) & \dfrac{1}{2}\left(\dfrac{1}{r\sin\theta}\dfrac{\partial v_r}{\partial \phi} + \dfrac{\partial v_\phi}{\partial r} - \dfrac{v_\phi}{r}\right) \\ \dfrac{1}{2}\left(\dfrac{\partial v_\theta}{\partial r} + \dfrac{1}{r}\dfrac{\partial v_r}{\partial \theta} - \dfrac{v_\theta}{r}\right) & \dfrac{1}{r}\left(\dfrac{\partial v_\theta}{\partial \theta} + v_r\right) & \dfrac{1}{2}\left(\dfrac{1}{r}\dfrac{\partial v_\phi}{\partial \theta} + \dfrac{1}{r\sin\theta}\dfrac{\partial v_\theta}{\partial \phi} - \dfrac{v_\phi \cot\theta}{r}\right) \\ \dfrac{1}{2}\left(\dfrac{1}{r\sin\theta}\dfrac{\partial v_r}{\partial \phi} + \dfrac{\partial v_\phi}{\partial r} - \dfrac{v_\phi}{r}\right) & \dfrac{1}{2}\left(\dfrac{1}{r}\dfrac{\partial v_\phi}{\partial \theta} + \dfrac{1}{r\sin\theta}\dfrac{\partial v_\theta}{\partial \phi} - \dfrac{v_\phi \cot\theta}{r}\right) & \dfrac{1}{r\sin\theta}\dfrac{\partial v_\phi}{\partial \phi} + \dfrac{v_r}{r} + \dfrac{v_\theta \cot\theta}{r} \end{bmatrix} \tag{2. 333}
$$

[비고 : 레올로지에서는 (대칭)변형속도 D_{ij} 대신 $\dot{\gamma}_{ij}(=2D_{ij})$를 종종 사용한다.]

2. 13. 3 고체의 Green (유한) 변형률 텐서

고체(예를 들어 고무와 같은 소재로 만들어진)의 변형률(strain)이 작지 않을 때는 식 (2.327)보다 유한(finite) 변형률 텐서를 사용할 필요가 있다. 일반적인 선택은 아래와 같이 변위(displacement)벡터 $\boldsymbol{u}$로 나타낸 Cartesian 성분을 가진 Green 변형률 텐서 E_{ij}이다(4.3.3절 참조).

$$
E_{ij} = \frac{1}{2}\left(\frac{\partial u_i}{\partial y_j} + \frac{\partial u_j}{\partial y_i} + \frac{\partial u_k}{\partial y_i}\frac{\partial u_k}{\partial y_j}\right) \tag{2. 334}
$$

대표적인 성분은 $y_1 = x,\ y_2 = y,\ y_3 = z, u_1 = u,\ u_2 = v,\ u_3 = w$를 사용하면 다음과 같다.

$$
E_{11} = \frac{\partial u}{\partial x} + \frac{1}{2}\left[\left(\frac{\partial u}{\partial x}\right)^2 + \left(\frac{\partial v}{\partial x}\right)^2 + \left(\frac{\partial w}{\partial x}\right)^2\right]
$$

$$
E_{12} = \frac{1}{2}\left(\frac{\partial u}{\partial y} + \frac{\partial v}{\partial x}\right) + \frac{1}{2}\left(\frac{\partial u}{\partial x}\frac{\partial u}{\partial y} + \frac{\partial v}{\partial x}\frac{\partial v}{\partial y} + \frac{\partial w}{\partial x}\frac{\partial w}{\partial y}\right)
$$

2.13.2절에 의해 Green 변형률 텐서의 공변 성분을 취함으로써 아래와 같이 식 (2.334)를 임의의 좌표계로 일반화하는 것은 간단하다.

$$E_{ij} = \frac{1}{2}(u_{i\,;j} + u_{j\,;i} + u_{k\,;i}\,u^{k}{}_{;j}) = \varepsilon_{ij} + \frac{1}{2}u_{k\,;i}\,u^{k}{}_{;j} \tag{2.335}$$

마지막 항에서 반복첨자 k는 유효한 텐서 표현을 만들기 위해 다른 높이(level)에 나타나야 한다. 마찬가지로 아래의 식도 유효하다.

$$E_{ij} = \frac{1}{2}(u_{i\,;j} + u_{j\,;i} + u^{k}{}_{;i}\,u_{k\,;j})$$

E_{ij}의 동반성분은 식 (2.335)로부터 얻을 수 있다. 가령 반변성분은 다음과 같고

$$E^{ij} = g^{ik}g^{jl}E_{kl} = \frac{1}{2}g^{ik}g^{jl}(u_{k;l} + u_{l;k} + u_{m;k}\,u^{m}{}_{;l})$$

(k와 l은 이미 사용 중인 첨자이므로 새로운 무효첨자 m을 도입), 또한 이것은 다음과 같이 나타낼 수도 있다.

$$E^{ij} = \frac{1}{2}(g^{jl}\,u^{i}{}_{;l} + g^{ik}\,u^{j}{}_{;l} + g^{ik}\,g^{jl}\,u_{m;k}\,u^{m}{}_{;l})$$

식 (2.335)은 식 (2.327)과 단지 여분의 항 $\frac{1}{2}\,u_{k\,;i}u^{k}{}_{;j}$ 만 다르고 이것은 공변 미분식 (2.33)과 (2.35)를 사용하여 다음과 같이 나타낼 수 있다.

$$\frac{1}{2}\left(\frac{\partial u_k}{\partial x^i} - \Gamma^{l}_{ki}\,u_l\right)\left(\frac{\partial u^k}{\partial x^j} + \Gamma^{k}_{mj}\,u^m\right)$$
$$= \frac{1}{2}\left(\frac{\partial u_k}{\partial x^i}\frac{\partial u^k}{\partial x^j} - \Gamma^{l}_{ki}\,u_l\,\frac{\partial u^k}{\partial x^j} + \Gamma^{k}_{mj}\,u^m\,\frac{\partial u_k}{\partial x^i} - \Gamma^{l}_{ki}\,\Gamma^{k}_{mj}\,u_l\,u^m\right)$$

마지막 항은 첨자 k, l, m에 대한 3중 합을 수반하고 있으며, 특별한 좌표계에서 이 값을 계산 시에는 어떠한 항도 부주의하게 누락되지 않도록 주의해야 한다.

또 다른 방법은 $\frac{1}{2}u_{k\,;i}u^{k}{}_{;j}$의 표현으로 되돌아가서 $u_{k\,;i}$와 $u^{k}{}_{;j}$의 성분을 각각의 행렬 배열로 모두 쓰는 것이다. 즉 식 (2.322) ~ (2.323)에서 $\boldsymbol{v} \to \boldsymbol{u}$로 바꾸면 $u_{k;i} = L_{ki} = \overset{(\mathrm{T})}{L}_{ik}$, $u^{k}{}_{;j} = L^{k}{}_{j}$가 되어 $u_{k\,;i}u^{k}{}_{;j} = \overset{(\mathrm{T})}{L}_{ik}L^{k}{}_{j} = (\overset{(\mathrm{T})}{\mathrm{L}}\mathrm{L})_{ij}$를 만족하여 식 (2.335) 중의 $u_{k\,;i}u^{k}{}_{;j}$의 성분은 두 행렬

$\overset{(T)}{\mathrm{L}}\ [= (\overset{(T)}{L_{ik}}) = (L_{ki}) = (u_{k;i}) = (\boldsymbol{\nabla u})_{ik}]$과 $\mathrm{L} = [(L^i{}_k) = (u^i{}_{;k}) = (\boldsymbol{\nabla u})_k{}^i]$의 곱으로부터 얻어질 수 있다. 따라서 가령 원통좌표계 (ρ, ϕ, z)에 대하여 행렬 $\overset{(T)}{\mathrm{L}}\ [= (\boldsymbol{\nabla u})]$를 구하면 이는 식 (2.269)와 동일하다. 단 좌표 (r, θ, z)를 (ρ, ϕ, z)로 바꾸어 나타내면(여기서 공변성분 자체를 $u_i = \hat{u}_i h_{\underline{i}} = u_{(i)} h_{\underline{i}}$를 이용하여 물리성분으로 나타낸 것임) 아래와 같다.

$$(\overset{(T)}{L_{ik}}) = (u_{k;i}) = \begin{pmatrix} u_{1;1} & u_{2;1} & u_{3;1} \\ u_{1;2} & u_{2;2} & u_{3;2} \\ u_{1;3} & u_{2;3} & u_{3;3} \end{pmatrix} = \begin{pmatrix} \dfrac{\partial u_\rho}{\partial \rho} & \rho\dfrac{\partial u_\phi}{\partial \rho} & \dfrac{\partial u_z}{\partial \rho} \\ \dfrac{\partial u_\rho}{\partial \phi} - u_\phi & \rho\dfrac{\partial u_\phi}{\partial \phi} + \rho u_\rho & \dfrac{\partial u_z}{\partial \phi} \\ \dfrac{\partial u_\rho}{\partial z} & \rho\dfrac{\partial u_\phi}{\partial z} & \dfrac{\partial u_z}{\partial z} \end{pmatrix} \qquad (2.\,336)$$

다음에는 원통좌표계에 대한 행렬 $\mathbf{L} = (\boldsymbol{\nabla u})^{\mathrm{T}} = (L^i{}_j) = (u^i{}_{;j})$는 식 (2.270)의 결과를 대각선을 통하여 행과 열을 치환함으로써 얻어진다(단 좌표 (r, θ, z)를 (ρ, ϕ, z)로 바꿈). 따라서 그 결과를(즉 혼합성분 자체를 $u^i = \hat{u}^i / h_{\underline{i}}$ 및 $u_i = \hat{u}_i h_{\underline{i}}$를 이용하여 물리적 성분으로 표시) 나타내면 아래와 같다.

$$\mathbf{L} = (\boldsymbol{\nabla u})^{\mathrm{T}} = (L^i{}_j) = (u^i{}_{;j}) = \begin{pmatrix} u^1{}_{;1} & u^1{}_{;2} & u^1{}_{;3} \\ u^2{}_{;1} & u^2{}_{;2} & u^2{}_{;3} \\ u^3{}_{;1} & u^3{}_{;2} & u^3{}_{;3} \end{pmatrix}$$

$$= \begin{pmatrix} \dfrac{\partial u_\rho}{\partial \rho} & \dfrac{\partial u_\rho}{\partial \phi} - u_\phi & \dfrac{\partial u_\rho}{\partial z} \\ \dfrac{1}{\rho}\dfrac{\partial u_\phi}{\partial \rho} & \dfrac{1}{\rho}\dfrac{\partial u_\phi}{\partial \phi} + \dfrac{u_\rho}{\rho} & \dfrac{1}{\rho}\dfrac{\partial u_\phi}{\partial z} \\ \dfrac{\partial u_z}{\partial \rho} & \dfrac{\partial u_z}{\partial \phi} & \dfrac{\partial u_z}{\partial z} \end{pmatrix} \qquad (2.\,337)$$

[항등관계 $u^k{}_{;j} = g^{ik} u_{i;j}$을 이용하고, 행렬 (2.336)의 전치(transpose) 앞에 g^{ij}에 대응하는 행렬을 곱함으로써 식 (2.336)으로부터 식 (2.337)를 바로 얻을 수 있음을 밝혀둔다.]

성분 $u_{k;i}\, u^k{}_{;j}$들은 두 행렬식 (2.336)과 (2.337)의 직접적인 행렬 곱[즉 $(\mathrm{L}^{\mathrm{T}}\mathrm{L})_{ij} = L_{ki} L^k{}_j$]에 의해 얻어진다. 만일 E_{ij}의 물리적인 성분이 요구된다면 마지막 단계는 $\dfrac{1}{2} u_{k;i} u^k{}_{;j}$가 공변 2차 텐서임을 인지하는 것이며, 따라서 E_{ij}(식 (2.335))의 물리적 성분은 $E_{(ij)} = \widehat{E}_{ij} = E_{ij} / h_{\underline{i}} h_{\underline{j}}$ (n. s. for i, j) 관계로부터 얻어진다. 그 결과를 아래에 나타낸다.

$$E_{(11)} = E_{\rho\rho} = \frac{\partial u_\rho}{\partial \rho} + \frac{1}{2}\left[\left(\frac{\partial u_\rho}{\partial \rho}\right)^2 + \left(\frac{\partial u_\phi}{\partial \rho}\right)^2 + \left(\frac{\partial u_z}{\partial \rho}\right)^2\right]$$

$$E_{(22)} = E_{\phi\phi} = \frac{1}{\rho}\left(\frac{\partial u_\phi}{\partial \phi} + u_\rho\right) + \frac{1}{2\rho^2}\left[\left(\frac{\partial u_\rho}{\partial \phi} - u_\phi\right)^2 + \left(\frac{\partial u_\phi}{\partial \phi} + u_\rho\right)^2 + \left(\frac{\partial u_z}{\partial \phi}\right)^2\right]$$

$$E_{(33)} = E_{zz} = \frac{\partial u_z}{\partial z} + \frac{1}{2}\left[\left(\frac{\partial u_\rho}{\partial z}\right)^2 + \left(\frac{\partial u_\phi}{\partial z}\right)^2 + \left(\frac{\partial u_z}{\partial z}\right)^2\right]$$

$$E_{(12)} = E_{\rho\phi} = \frac{1}{2}\left(\frac{1}{\rho}\frac{\partial u_\rho}{\partial \phi} + \frac{\partial u_\phi}{\partial \rho} - \frac{u_\phi}{\rho}\right) + \frac{1}{2\rho}\left[\frac{\partial u_\rho}{\partial \rho}\left(\frac{\partial u_\rho}{\partial \phi} - u_\phi\right)_p + \frac{\partial u_\phi}{\partial \rho}\left(\frac{\partial u_\phi}{\partial \phi} + u_\rho\right) + \frac{\partial u_z}{\partial \rho}\frac{\partial u_z}{\partial \phi}\right]$$

$$E_{(23)} = E_{\phi z} = \frac{1}{2}\left(\frac{\partial u_\phi}{\partial z} + \frac{1}{\rho}\frac{\partial u_z}{\partial \phi}\right) + \frac{1}{2\rho}\left[\frac{\partial u_\rho}{\partial z}\left(\frac{\partial u_\rho}{\partial \phi} - u_\phi\right) + \frac{\partial u_\phi}{\partial z}\left(\frac{\partial u_\phi}{\partial \phi} + u_\rho\right) + \frac{\partial u_z}{\partial \phi}\frac{\partial u_z}{\partial z}\right]$$

$$E_{(13)} = E_{\rho z} = \frac{1}{2}\left(\frac{\partial u_\rho}{\partial z} + \frac{\partial u_z}{\partial \rho}\right) + \frac{1}{2}\left(\frac{\partial u_\rho}{\partial \rho}\frac{\partial u_\rho}{\partial z} + \frac{\partial u_\phi}{\partial \rho}\frac{\partial u_\phi}{\partial z} + \frac{\partial u_z}{\partial \rho}\frac{\partial u_z}{\partial z}\right) \qquad (2.338)$$

2.13.4 Newton 유체 및 등방성 선형 탄성 고체에 대한 구성 방정식

• Newton 유체

어떤 특정 물질에 대한 '구성 방정식(constitutive equation)'은 물체내의 한 점에서의 응력(stress) 텐서(가령 Cauchy 전체응력 σ_{ij})를 그 지점에서 발생하고 있는 변형(deformation) 혹은 변형속도 (rate-of-strain) 텐서 D_{ij}와 연관시킨다. 고전 Newton 유체에 대한 구성 방정식은 직교 Cartesian 좌표계에서 다음과 같다.

$$\sigma_{ij} = -p\delta_{ij} + 2\mu D_{ij} - \frac{2}{3}\mu\,\mathrm{div}\,\boldsymbol{v}\,\delta_{ij} \qquad (2.339)$$

여기서 p는 유체의 압력, D_{ij}는 변형속도, $\boldsymbol{v}$는 속도이며 μ는 점성계수(viscosity coefficient)이다. 종종 유체는 비압축성(incompressible)이라고 가정하며, 이 경우에 $\mathrm{div}\boldsymbol{v} = 0$ 이고 마지막 항은 없어진다(예제 2.9 참조).

임의의 일반 좌표계의 집합에 대하여 식 (2.339)는 곧 구성 방정식의 공변형태로 간주되어지는데, 단 여기서 Kronecker delta δ_{ij}는 (공변) 계량 텐서 g_{ij}로 대체되어야 한다. 따라서

$$\sigma_{ij} = -p\, g_{ij} + 2\,\mu\, D_{ij} - \frac{2}{3}\mu\,\mathrm{div}\,\boldsymbol{v}\, g_{ij} \qquad (2.340)$$

div$\boldsymbol{v}$에 대한 유용한 표현은 식 (2.98)에서 주어졌다. 또한 다음의 관계식을 얻을 수 있다.

$$\mathrm{div}\,\boldsymbol{v} = v^k{}_{;k} = D^k{}_k (= L^k{}_k) = g^{kl} D_{kl}$$

임의의 직교 곡선 좌표계의 집합에 있어서 응력의 물리적 성분 $\sigma_{(ij)}[=\sigma_{ij}/h_{\underline{i}}h_{\underline{j}}]$는 식 (2.340)을 $h_{\underline{i}}h_{\underline{j}}$로 나눔으로써 다음과 같이 변형속도의 물리적 성분 $D_{(ij)}$항으로 나타내어진다(단 직교곡선계의 경우 $g_{ij} = \boldsymbol{g}_i \cdot \boldsymbol{g}_j = h_{\underline{i}} h_{\underline{j}} \delta_{ij}$ 성립).

$$\sigma_{(ij)} = -p\delta_{ij} + 2\mu D_{(ij)} - \frac{2}{3}\mu\,\mathrm{div}\,\boldsymbol{v}\,\delta_{ij} \tag{2.341}$$

여기서 $D_{(ij)}$는 식 (2.331)로부터 $\boldsymbol{v}$의 물리적 성분항으로 구해질 수 있다. 게다가 div$\boldsymbol{v}$는 식 (2.100)에 의해 평가될 수 있다. 예로서 σ_{ij}의 물리적 성분을 σ_{rr}, $\sigma_{r\theta}$ 등으로 나타내는 구좌표계 (r, θ, ϕ)를 생각해 보자. 식 (2.284)과 (2.333)을 사용하여 아래와 같은 관계를 얻을 수 있다.

$$\sigma_{rr} = -p + 2\mu\frac{\partial v_r}{\partial r} - \frac{2}{3}\mu\,\mathrm{div}\,\boldsymbol{v} \quad (i=j=1\text{를 식 (2.341)에 대입하여})$$

$$\sigma_{\theta\theta} = -p + \frac{2\mu}{r}\left(\frac{\partial v_\theta}{\partial \theta} + v_r\right) - \frac{2}{3}\mu\,\mathrm{div}\,\boldsymbol{v}$$

$$\sigma_{\phi\phi} = -p + \frac{2\mu}{r}\left(\frac{1}{\sin\theta}\frac{\partial v_\phi}{\partial \phi} + v_r + v_\theta\cot\theta\right) - \frac{2}{3}\mu\,\mathrm{div}\,\boldsymbol{v}$$

$$\sigma_{r\theta} = \mu\left(\frac{\partial v_\theta}{\partial r} + \frac{1}{r}\frac{\partial v_r}{\partial \theta} - \frac{v_\theta}{r}\right) \quad (i=1,\ j=2\text{를 식 (2.341)에 대입하여})$$

$$\sigma_{\theta\phi} = \mu\left(\frac{1}{r}\frac{\partial v_\phi}{\partial \theta} + \frac{1}{r\sin\theta}\frac{\partial v_\theta}{\partial \phi} - \frac{v_\phi}{r}cot\theta\right)$$

$$\sigma_{r\phi} = \mu\left(\frac{1}{r\sin\theta}\frac{\partial v_r}{\partial \phi} + \frac{\partial v_\phi}{\partial r} - \frac{v_\phi}{r}\right) \tag{2.342}$$

여기서

$$\mathrm{div}\,\boldsymbol{v} = \frac{1}{r^2}\frac{\partial}{\partial r}(r^2 v_r) + \frac{1}{r\sin\theta}\frac{\partial}{\partial \theta}(v_\theta \sin\theta) + \frac{1}{r\sin\theta}\frac{\partial v_\phi}{\partial \phi}$$

- **등방 선형 탄성고체**

미소 변형(률)을 받고 있는 임의의 한 고체에 대한 등방 선형 탄성(isotropic linear elastic) 구성방정식은 직교 Cartesian 좌표계에서 다음과 같이 쓸 수 있다(문 1.20 및 4 - 6장 참조).

$$\sigma_{ij} = \lambda \delta_{ij} \varepsilon_{kk} + 2 G \varepsilon_{ij} \tag{2. 343}$$

여기서 ε_{ij} 는 미소 (대칭)변형률 텐서 (2.327)이고 λ와 G는 Lamė 상수로 불리는 물질의 물리적 특성치이다. 구성방정식은 변위 $\boldsymbol{u}$ 의 항으로 아래와 같이 공변형태로 일반화 할 수 있다.

$$\sigma_{ij} = \lambda\, g_{ij} \varepsilon^{k}{}_{k} + 2 G \varepsilon_{ij} \tag{2. 344}$$

$$\sigma_{ij} = \lambda\, g_{ij}\, u^{k}{}_{;k} + G \left(u_{i;j} + u_{j;i} \right) \tag{2. 345}$$

식 (2.345)의 양변을 $h_{\underline{i}} h_{\underline{j}}$ 로 나누고, 직교 곡선좌표계의 경우 $\dfrac{g_{ij}}{h_{\underline{i}} h_{\underline{j}}} = \delta_{ij}$ (식 (1.75a))의 관계를 이용하면 다음과 같이 물리적 성분 사이의 관계를 유추할 수 있다.

$$\sigma_{(ij)} = \lambda\, \delta_{ij}\, \mathrm{div}\, \boldsymbol{u} + 2 G \varepsilon_{(ij)} \tag{2. 346}$$

여기서 다시 $\varepsilon_{(ij)}$는 속도 $\boldsymbol{v}$ 대신에 변위 $\boldsymbol{u}$ 의 항으로 표현된 식 (2.331)로부터 결정되며 $\mathrm{div}\,\boldsymbol{u}$는 식 (2.100)으로부터 얻어질 수 있다. 예를 들어 구좌표계에서는 다음의 관계가 주어진다.

$$\sigma_{rr} = \lambda \mathrm{div}\, \boldsymbol{u} + 2 G \frac{\partial u_r}{\partial r}$$

$$\sigma_{\theta\theta} = \lambda \mathrm{div}\, \boldsymbol{u} + \frac{2G}{r} \left(\frac{\partial u_\theta}{\partial \theta} + u_r \right)$$

$$\sigma_{\phi\phi} = \lambda \mathrm{div}\, \boldsymbol{u} + \frac{2G}{r} \left(\frac{1}{\sin\theta} \frac{\partial u_\phi}{\partial \phi} + u_r + u_\theta \cot\theta \right)$$

$$\sigma_{r\theta} = G \left(\frac{\partial u_\theta}{\partial r} + \frac{1}{r} \frac{\partial u_r}{\partial \theta} - \frac{u_\theta}{r} \right)$$

$$\sigma_{\theta\phi} = G \left(\frac{1}{r} \frac{\partial u_\phi}{\partial \theta} + \frac{1}{r \sin\theta} \frac{\partial u_\theta}{\partial \phi} - \frac{u_\phi}{r} cot\theta \right)$$

$$\sigma_{r\phi} = G \left(\frac{1}{r \sin\theta} \frac{\partial u_r}{\partial \phi} + \frac{\partial u_\phi}{\partial r} - \frac{u_\phi}{r} \right) \tag{2. 347}$$

여기서 $\mathrm{div}\,\boldsymbol{u}$ 는 식 (2.284)에 의해 주어진다. 일반적으로 다음의 관계 또한 알 수 있으므로(식 (2.98) 및 $\boldsymbol{u}$의 정의 참조)

$$\operatorname{div}\boldsymbol{u}=\varepsilon_{(11)}+\varepsilon_{(22)}+\varepsilon_{(33)}$$

따라서 식 (2.346)은 다음과 같이 구체적으로 쓸 수 있다.

$$\sigma_{(11)}=\lambda\operatorname{div}\boldsymbol{u}+2G\varepsilon_{(11)}=\lambda(\varepsilon_{(11)}+\varepsilon_{(22)}+\varepsilon_{(33)})+2G\varepsilon_{(11)}$$

$$=(\lambda+2G)\varepsilon_{(11)}+\lambda\varepsilon_{(22)}+\lambda\varepsilon_{(33)}$$

이 외에도 아래의 식과 함께 다른 두 식도 위 식의 첨자에 대한 원순환에 의해 얻어질 수 있다.

$\sigma_{(12)}=2G\varepsilon_{(12)}$ 등

2. 13. 5 유체에 대한 연속방정식

압축성(compressible) 유체(즉 $\frac{D\rho}{Dt}\neq 0$)에 대한 연속 방정식은 직교 Cartesian 좌표계에서 다음과 같다(예제 2.9 참조).

$$\frac{D\rho}{Dt}+\rho\operatorname{div}\boldsymbol{v}=\frac{\partial\rho}{\partial t}+v_i\frac{\partial\rho}{\partial y_i}+\rho\frac{\partial v_i}{\partial y_i}=0 \tag{2. 348}$$

여기서 $\frac{D}{Dt}\left(=\frac{\partial}{\partial t}+\boldsymbol{v}\cdot\nabla\left(=\frac{d}{dt}\right)\right)$는 앞서 언급한 한 주어진 유체 입자와 관련된 변화속도를 나타내는 'Lagrange 시간미분, 혹은 물질도함수' (반면 $\frac{\partial}{\partial t}$는 Euler 시간미분 혹은 공간도함수)이다. 이것은 다음과 같이 임의의 좌표계에 대한 표현으로 일반화된다.

$$\frac{\partial\rho}{\partial t}+v^i\rho_{;i}+\rho v^i{}_{;i}=0 \tag{2. 349}$$

여기서 반복되는 첨자 i는 서로 다른 높이에서 나타나야 하므로 반변 성분 v^i는 두 번째 항에서 공변미분 $\rho_{;i}$를 수반해야 한다. ρ가 스칼라이므로 $\rho_{;i}$는 편미분 $\rho_{,i}\left(=\frac{\partial\rho}{\partial x^i}\right)$와 일치한다. 반변 성분과 식 (1.313)에 의해 주어진 물리적 성분과의 관계를 고려하고, 식 (2.349)의 마지막 항을 계산하기 위해 다시 식 (2.100)를 사용하면 아래와 같이 다음의 두 직교좌표계에 대하여 식 (2.349)을 구체적으로 나타낼 수 있다.

(a) 구좌표계 $(r,\ \theta,\ \phi)$:

이 좌표계에서 다음의 관계식을 얻을 수 있다.

$$\frac{\partial\rho}{\partial t}+v_r\frac{\partial\rho}{\partial r}+\frac{v_\theta}{r}\frac{\partial\rho}{\partial\theta}+\frac{v_\phi}{r\sin\theta}\frac{\partial\rho}{\partial\phi}+\frac{\rho}{r^2}\frac{\partial}{\partial r}(r^2v_r)+\frac{\rho}{r\sin\theta}\frac{\partial}{\partial\theta}(v_\theta\sin\theta)+\frac{\rho}{r\sin\theta}\frac{\partial v_\phi}{\partial\phi}=0$$

즉

$$\frac{\partial\rho}{\partial t}+\frac{1}{r^2}\frac{\partial}{\partial r}(\rho r^2v_r)+\frac{1}{r\sin\theta}\frac{\partial}{\partial\theta}(\rho v_\theta\sin\theta)+\frac{1}{r\sin\theta}\frac{\partial}{\partial\phi}(\rho v_\phi)=0 \tag{2.350}$$

2. 13. 6 Cauchy (대칭)응력텐서 σ_{ij}로 나타낸 연속체의 운동방정식

직교 Cartesian 좌표계에서 연속체에 대한 운동방정식은 아래와 같다.

$$\frac{\partial\sigma_{ij}}{\partial y_j}+\rho g_i=\rho\frac{Dv_i}{Dt} \tag{2.351}$$

여기서 σ_{ij}는 대칭 2차 텐서이고, $\boldsymbol{g}$는 일반좌표계에서 단위체적당 '체적력(body force)'이다. 위 식을 지금까지 다루어온 예에 준하여 다음과 같이 일반 반변 형태로 나타낼 수 있다.

$$\sigma^{ij}{}_{;j}+\rho g^i=\rho\frac{Dv^i}{Dt} \tag{2.352}$$

그러면 위 식에서 1차 반변 텐서에 해당하는 $\sigma^{ij}{}_{;j}$의 물리적 표현을 얻는 방법에 대해 먼저 생각해 보기로 한다. 식 (2.47)로부터 다음의 관계를 알 수 있다.

$$\sigma^{ij}{}_{;j}(=\sigma^{ji}{}_{;j})=\frac{\partial\sigma^{ij}}{\partial x^j}+\Gamma^i_{lj}\,\sigma^{lj}+\Gamma^j_{lj}\,\sigma^{il}=\frac{\partial\sigma^{ij}}{\partial x^j}+\Gamma^i_{lj}\,\sigma^{lj}+\Gamma^l_{jl}\,\sigma^{ij}$$

마지막 항에서 반복 첨자 j와 l을 상호 교환하였다[사실 위 식은 $(\nabla\cdot\boldsymbol{\sigma})^i$이다 - 식 (2.103) 참조]. 다시 식 (2.20)을 이용하여 다음과 같이 쓸 수 있다.

$$\sigma^{ij}{}_{;j}=\frac{\partial\sigma^{ij}}{\partial x^j}+\Gamma^i_{lj}\,\sigma^{lj}+\frac{\partial}{\partial x^j}(\log\sqrt{g}\,)\sigma^{ij}=\frac{1}{\sqrt{g}}\frac{\partial}{\partial x^j}(\sqrt{g}\,\sigma^{ij})+\Gamma^i_{lj}\,\sigma^{lj} \tag{2.353}$$

따라서 원칙적으로 반변 벡터인 $\sigma^{ij}{}_{;j}$의 물리적 성분은 식 (1.313)에 의하여 식 (2.353)의 양변을 h_i로 곱하면 얻을 수 있다. 그러면 이제 척도인자 h_1, h_2, h_3을 가진 직교 곡선좌표계의 집합을 생각해 보자. 그리고 $\sqrt{g}\,(=\boldsymbol{g}_1 \cdot \boldsymbol{g}_2 \times \boldsymbol{g}_3) = h_1 h_2 h_3$ 임을 염두에 두고 $i=1$ 인 경우에 대하여 (2.353)를 계산해 보면 아래와 같은 식을 얻을 수 있다.

$$\sigma^{1j}{}_{;j} = \frac{1}{h_1 h_2 h_3}\frac{\partial}{\partial x^j}\left(h_1 h_2 h_3\, \sigma^{1j}\right) + \Gamma^1_{lj}\, \sigma^{lj}$$

그러면 여기에서 식 (1.316b)를 사용하여 우변의 σ^{ij}를 $\dfrac{\sigma_{(ij)}}{h_{\underline{i}}\, h_{\underline{j}}}$로 치환하고, 또 직교곡선계에 있어서 0이 되지 않는 Γ^1_{lj} 항을 모두 대입한다(아래 참고란 참조 요). 그리고 $\sigma_{(ij)}$(또는 σ_{ij})의 대칭성 및 미분에 대한 곱의 법칙을 이용하여 약간의 조작을 거친 후 얻어지는 식에 h_1을 곱하면 요구되는 $\sigma^{1j}{}_{;j}$의 물리적 성분을 얻을 수 있으며, 또한 $i=2$ 및 $i=3$에 해당하는 $\sigma^{ij}{}_{;j}$의 물리적 성분도 이로부터 첨자의 원순환에 의해 쉽게 얻을 수 있다. 이들 결과를 식 (2.354)에 나타내었다.

$i=1$의 경우 :

$$\frac{1}{h_1 h_2 h_3}\left(\frac{\partial}{\partial x^1}\left(h_2 h_3\, \sigma_{(11)}\right) + \frac{1}{h_1}\frac{\partial}{\partial x^2}\left({h_1}^2 h_3\, \sigma_{(12)}\right) + \frac{1}{h_1}\frac{\partial}{\partial x^3}\left({h_1}^2 h_2\, \sigma_{(13)}\right)\right.$$
$$\left. - h_3 \frac{\partial h_2}{\partial x^1}\sigma_{(22)} - h_2 \frac{\partial h_3}{\partial x^1}\sigma_{(33)}\right)$$

$i=2$의 경우 :

$$\frac{1}{h_1 h_2 h_3}\left(\frac{\partial}{\partial x^2}\left(h_3 h_1\, \sigma_{(22)}\right) + \frac{1}{h_2}\frac{\partial}{\partial x^3}\left({h_2}^2 h_1\, \sigma_{(23)}\right) + \frac{1}{h_2}\frac{\partial}{\partial x^1}\left({h_2}^2 h_3\, \sigma_{(12)}\right)\right.$$
$$\left. - h_1 \frac{\partial h_3}{\partial x^2}\sigma_{(33)} - h_3 \frac{\partial h_1}{\partial x^2}\sigma_{(11)}\right)$$

$i=3$의 경우 :

$$\frac{1}{h_1 h_2 h_3}\left(\frac{\partial}{\partial x^3}\left(h_1 h_2\, \sigma_{(33)}\right) + \frac{1}{h_3}\frac{\partial}{\partial x^1}\left({h_3}^2 h_2\, \sigma_{(13)}\right) + \frac{1}{h_3}\frac{\partial}{\partial x^2}\left({h_3}^2 h_1\, \sigma_{(23)}\right)\right.$$
$$\left. - h_2 \frac{\partial h_1}{\partial x^3}\sigma_{(11)} - h_1 \frac{\partial h_2}{\partial x^3}\sigma_{(22)}\right) \qquad (2.354)$$

참 고

일반 직교 곡선좌표계의 제 2종 Christoffel 기호 Γ^i_{jk}에 대해 아래의 관계가 성립된다.

$$\Gamma^k_{ij} = 0 \qquad (\text{만일 } i,\, j,\, k\text{가 모두 다르다면})$$

$$\left.\begin{aligned} &\Gamma^k_{ik} = \Gamma^k_{ki} = \frac{1}{h_k}\frac{\partial h_k}{\partial x^i} \quad (\text{n.s.}) \\ &\Gamma^k_{kk} = \frac{1}{h_k}\frac{\partial h_k}{\partial x^k} \quad (\text{n.s.}) \\ &\Gamma^k_{ii} = -\frac{h_i}{{h_k}^2}\frac{\partial h_i}{\partial x^k} \quad (\text{n.s.}) \end{aligned}\right\} \quad (\text{만일 } i,\, k\text{가 다르다면}) \tag{2.355}$$

또한 다음의 관계도 알 수 있다.

$$g = \det \mathrm{G}\,[= \det(g_{ij})] = g_{11}\, g_{22}\, g_{33} = {h_1}^2 {h_2}^2 {h_3}^2$$

$$h_i = \sqrt{g_{\underline{i}\,\underline{i}}}\,, \quad h^i = \sqrt{g^{\underline{i}\,\underline{i}}} = 1/h_i, \quad \sqrt{g} = h_1\, h_2\, h_3 \tag{2.356}$$

한편 식 (2.354)의 특수한 예로서 원통 및 구좌표계에 대한 결과를 참고로 아래에 나타내었다.

(a) 원통좌표계 $(\rho,\, \phi,\, z)$

$$\left.\begin{aligned} &(i=1) \qquad \frac{1}{\rho}\left(\frac{\partial}{\partial \rho}(\rho\sigma_{\rho\rho}) + \frac{\partial \sigma_{\rho\phi}}{\partial \phi} + \frac{\partial}{\partial z}(\rho\sigma_{\rho z}) - \sigma_{\phi\phi}\right) = 0 \\ &(i=2) \qquad \frac{1}{\rho}\left(\frac{\partial \sigma_{\phi\phi}}{\partial \rho} + \frac{1}{\rho}\frac{\partial}{\partial z}(\rho^2\sigma_{\phi z}) + \frac{1}{\rho}\frac{\partial}{\partial \rho}(\rho^2\sigma_{\rho\phi})\right) = 0 \\ &(i=3) \qquad \frac{1}{\rho}\left(\frac{\partial}{\partial z}(\rho\sigma_{zz}) + \frac{\partial}{\partial \rho}(\rho\sigma_{\rho z}) + \frac{\partial \sigma_{\phi z}}{\partial \phi}\right) = 0 \end{aligned}\right\} \tag{2.357}$$

(b) 구좌표계 $(r,\, \theta,\, \phi)$

$(i=1)$

$$\frac{1}{r^2\sin\theta}\left(\frac{\partial}{\partial r}(r^2\sigma_{rr}\sin\theta)+\frac{\partial}{\partial\theta}(r\sigma_{r\theta}\sin\theta)+\frac{\partial}{\partial\phi}(r\sigma_{r\phi})-r\sin\theta(\sigma_{\theta\theta}+\sigma_{\phi\phi})\right)=0$$

$(i=2)$

$$\frac{1}{r^2\sin\theta}\left(\frac{\partial}{\partial\theta}(r\sigma_{\theta\theta}\sin\theta)+\frac{1}{r}\frac{\partial}{\partial\phi}(r^2\sigma_{\theta\phi})+\frac{1}{r}\frac{\partial}{\partial r}(r^3\sigma_{r\theta}\sin\theta)-r\sigma_{\phi\phi}\cos\theta\right)=0$$

$(i=3)$

$$\frac{1}{r^2\sin\theta}\left(\frac{\partial}{\partial\phi}(r\sigma_{\phi\phi})+\frac{1}{r\sin\theta}\frac{\partial}{\partial r}(r^3\sin^2\theta\,\sigma_{r\phi})+\frac{1}{r\sin\theta}\frac{\partial}{\partial\theta}(r^2\sin^2\theta\,\sigma_{\theta\phi})\right)=0 \qquad (2.358)$$

다음에는 식 (2.352)의 우변에 있는 $\dfrac{Dv^i}{Dt}\left[=\left(\dfrac{D\boldsymbol{v}}{Dt}\right)^i\right]$ 항에 대한 물리적 성분의 표현식을 생각해 보기로 한다. 앞서 여러번 언급된 바 있는 유체에 대한 "Lagrange 시간미분, 혹은 물질 도함수" 연산자인 $\dfrac{D}{Dt}$를 사용하여 직교 Cartesian 좌표계에서는 다음과 같이 나타낼 수 있다.

$$\frac{Dv_i}{Dt}=\frac{\partial v_i}{\partial t}+v_j\frac{\partial v_i}{\partial y_j} \qquad (2.359)$$

여기서 속도장 $\boldsymbol{v}$는 오일러 (공간) 변수 y_1, y_2, y_3와 시간 t의 항으로 표현되어 있다. 이 항등식은 종종 벡터형태로 다음과 같이 표현된다[2.13.1절 참고 참조].

$$\frac{D\boldsymbol{v}}{Dt}=\frac{\partial\boldsymbol{v}}{\partial t}+(\boldsymbol{v}\cdot\nabla)\boldsymbol{v}=\frac{\partial\boldsymbol{v}}{\partial t}+(\boldsymbol{v}\cdot\mathrm{grad})\boldsymbol{v}$$

가령 원통 좌표계 (ρ,ϕ,z)에서 미분 연산자 $(\boldsymbol{v}\cdot\mathrm{grad})$는 다음과 같이 주어진다.

$$\boldsymbol{v}\cdot\mathrm{grad}=v_\rho\frac{\partial}{\partial\rho}+\frac{v_\phi}{\rho}\frac{\partial}{\partial\phi}+v_z\frac{\partial}{\partial z}$$

한편 식 (2.359)의 일반화 공변 형태는 아래와 같이 나타낼 수 있다.

$$\left(\frac{D\boldsymbol{v}}{Dt}\right)_i=\frac{\partial v_i}{\partial t}+v^jv_{i;j} \qquad (2.360)$$

여기서 $\dfrac{\partial v_i}{\partial t}=\left(\dfrac{\partial\boldsymbol{v}}{\partial t}\right)_i\ \left(\because \dfrac{\partial\boldsymbol{g}_i}{\partial t}=0\right)$이다.

그리고 공변 미분에 대한 식 (2.35)를 이용하면 위 식은 아래와 같이 된다.

$$\left(\frac{Dv}{Dt}\right)_i = \frac{\partial v_i}{\partial t} + v^j \frac{\partial v_i}{\partial x^j} - v^j \Gamma^k_{ij} v_k \tag{2.361}$$

또는 식 (2.360) 대신 아래와 같이 반변 성분으로 나타낼 수도 있다.

$$\left(\frac{Dv}{Dt}\right)^i = \frac{\partial v^i}{\partial t} + v^j v^i{}_{;j} \tag{2.362}$$

따라서 $\left(\frac{Dv}{Dt}\right)$의 물리적 성분인 $\left(\frac{Dv}{Dt}\right)_{(i)}$는 식 (2.361)의 양변을 h_i로 나누면 원칙적으로 얻을 수 있다. 즉 $\sigma^{ij}{}_{;j}$에 대한 경우와 마찬가지로 먼저 $i=1$인 경우에 대하여 식 (2.361)의 우변에 있는 반변 및 공변 벡터 성분에 대하여 식 (1.313)을 사용하여 $v_i = h_i v_{(i)}$와 $v^i = v_{(i)}/h_i$를 치환하고, 식 (2.355)로부터 0이 되지 않는 Γ^k_{1j}항을 모두 대입한 후에 척도 인자 h_i를 시간에 무관하다고 가정하여 약간의 조작을 거친 후 정리하면 아래와 같이 $i=1$에 해당하는 $\frac{Dv}{Dt}$의 물리적 성분을 얻을 수 있다.

$$\begin{aligned} &\frac{\partial v_{(1)}}{\partial t} + \frac{1}{h_1} v_{(1)} \frac{\partial v_{(1)}}{\partial x^1} + \frac{1}{h_2} v_{(2)} \frac{\partial v_{(1)}}{\partial x^2} + \frac{1}{h_3} v_{(3)} \frac{\partial v_{(1)}}{\partial x^3} \\ &+ \frac{1}{h_1 h_2} \frac{\partial h_1}{\partial x^2} v_{(1)} v_{(2)} + \frac{1}{h_1 h_3} \frac{\partial h_1}{\partial x^3} v_{(1)} v_{(3)} - \frac{1}{h_1 h_2} \frac{\partial h_2}{\partial x^1} {v_{(2)}}^2 - \frac{1}{h_1 h_3} \frac{\partial h_3}{\partial x^1} {v_{(3)}}^2 \end{aligned} \tag{2.363}$$

그리고 $i=2, 3$에 해당하는 물리적 성분도 첨자의 원순환에 의해 위 식으로부터 바로 구할 수 있다. 다음에는 참고로 구좌표계 (r, θ, ϕ)에서 각각 $i=1, 2, 3$에 대한 물리적 성분을 나타내면 아래와 같다.

$$\left.\begin{aligned} &\frac{\partial v_r}{\partial t} + v_r \frac{\partial v_r}{\partial r} + \frac{v_\theta}{r} \frac{\partial v_r}{\partial \theta} + \frac{v_\phi}{r \sin\theta} \frac{\partial v_r}{\partial \phi} - \frac{{v_\theta}^2}{r} - \frac{{v_\phi}^2}{r} \\ &\frac{\partial v_\theta}{\partial t} + v_r \frac{\partial v_\theta}{\partial r} + \frac{v_\theta}{r} \frac{\partial v_\theta}{\partial \theta} + \frac{v_\phi}{r \sin\theta} \frac{\partial v_\theta}{\partial \phi} + \frac{v_r v_\theta}{r} - \frac{{v_\phi}^2}{r} cot\theta \\ &\frac{\partial v_\phi}{\partial t} + v_r \frac{\partial v_\phi}{\partial r} + \frac{v_\theta}{r} \frac{\partial v_\phi}{\partial \theta} + \frac{v_\phi}{r \sin\theta} \frac{\partial v_\phi}{\partial \phi} + \frac{v_r v_\theta}{r} + \frac{v_\theta v_\phi}{r} cot\theta \end{aligned}\right\} \tag{2.364}$$

이제 식 (2.353), (2.362) 및 (2.33)을 사용하면 연속체의 운동방정식 (2.352)를 다음과 같이 나타낼 수 있다.

$$\frac{1}{\sqrt{g}}\frac{\partial}{\partial x^j}(\sqrt{g}\,\sigma^{ij})+\Gamma^{\,i}_{kj}\,\sigma^{kj}+\rho g^i=\rho\left(\frac{\partial v^i}{\partial t}+v^j v^i{}_{;i}\right)=\rho\left(\frac{\partial v^i}{\partial t}+v^j\frac{\partial v^i}{\partial x^j}+v^j\Gamma^{\,i}_{kj}\,v^k\right) \quad (2.365)$$

따라서 직교 곡선 좌표계의 경우 만약 식 (2.365)에 있는 각 항의 물리적 성분을 안다면 식 (2.352)의 물리적 성분으로 된 표현을 바로 얻을 수 있다. 가령 구좌표계에서 식 (2.358)와 (2.364)에 의해 각각 $i=1,2,3$ 에 해당하는 다음의 관계식을 얻을 수 있다.

$$\frac{1}{r^2}\frac{\partial}{\partial r}(r^2\sigma_{rr})+\frac{1}{r\sin\theta}\frac{\partial}{\partial\theta}(\sigma_{r\theta}\sin\theta)+\frac{1}{r\sin\theta}\frac{\partial\sigma_{r\phi}}{\partial\phi}-\frac{1}{r}(\sigma_{\theta\theta}+\sigma_{\phi\phi})+\rho g_r$$

$$=\rho\left(\frac{\partial v_r}{\partial t}+v_r\frac{\partial v_r}{\partial r}+\frac{v_\theta}{r}\frac{\partial v_r}{\partial\theta}+\frac{v_\phi}{r\sin\theta}\frac{\partial v_r}{\partial\phi}-\frac{{v_\theta}^2}{r}-\frac{{v_\phi}^2}{r}\right)$$

$$\frac{1}{r\sin\theta}\frac{\partial}{\partial\theta}(\sigma_{\theta\theta}\sin\theta)+\frac{1}{r\sin\theta}\frac{\partial\sigma_{\theta\phi}}{\partial\phi}+\frac{1}{r^3}\frac{\partial}{\partial r}(r^3\sigma_{r\theta})-\frac{1}{r}\sigma_{\phi\phi}\cot\theta+\rho g_\theta$$

$$=\rho\left(\frac{\partial v_\theta}{\partial t}+v_r\frac{\partial v_\theta}{\partial r}+\frac{v_\theta}{r}\frac{\partial v_\theta}{\partial\theta}+\frac{v_\phi}{r\sin\theta}\frac{\partial v_\theta}{\partial\phi}+\frac{v_r v_\theta}{r}-\frac{{v_\phi}^2}{r}cot\theta\right)$$

$$\frac{1}{r\sin\theta}\frac{\partial\sigma_{\phi\phi}}{\partial\phi}+\frac{1}{r^3}\frac{\partial}{\partial r}(r^3\sigma_{r\phi})+\frac{1}{r\sin^2\theta}\frac{\partial}{\partial\theta}(\sigma_{\theta\phi}\sin^2\theta)+\rho g_\phi$$

$$=\rho\left(\frac{\partial v_\phi}{\partial t}+v_r\frac{\partial v_\phi}{\partial r}+\frac{v_\theta}{r}\frac{\partial v_\phi}{\partial\theta}+\frac{v_\phi}{r\sin\theta}\frac{\partial v_\phi}{\partial\phi}+\frac{v_r\,v_\phi}{r}+\frac{v_\theta\,v_\phi}{r}cot\theta\right) \quad (2.366)$$

여기서 g_r, g_θ, g_ϕ는 체적력 $\boldsymbol{g}$의 물리적 성분이다.

한편 Cauchy의 (전체)응력 $\boldsymbol{\sigma}$(혹은 $\mathbf{T}$)는 종종 아래와 같이 유체역학적 · 정수압 p와 '여분(extra) 응력' 혹은 '이탈 점성(deviatoric visocous) 응력' $\boldsymbol{\tau}=(\tau_{ij})$를 사용하여 나타내진다(식 (4.35) 참조).

$$\boldsymbol{\sigma}=-p\mathbf{I}+\boldsymbol{\tau} \quad (2.367)$$

혹은

$$\sigma_{ij}=-p\delta_{ij}+\tau_{ij} \quad (2.368)$$

2. 13. 7 등방 선형 탄성 고체의 Navier 운동방정식

직교 Cartesian 좌표계에서의 미소 변형 하에 등방 선형 탄성체의 운동에 대한 Navier 방정식은 아래와 같다.

$$(\lambda + G)\frac{\partial^2 u_j}{\partial y_i \partial y_j} + G\frac{\partial^2 u_i}{\partial y_j \partial y_j} + \rho g_i = \rho \frac{\partial^2 u_i}{\partial t^2} \tag{2. 369}$$

여기서 $\boldsymbol{u} = \boldsymbol{u}(y_1, y_2, y_3, t)$는 변위장(displacement field)이다.

이 식은 미소 변형 하에 있는 고체에 대한 식 (2.343)과 (2.327)을 사용하고, $\boldsymbol{u}$를 포함하는 항의 곱을 무시하여 운동방정식인 식 (2.351)로부터 유도될 수 있다. 사실 직교 곡선 좌표계에서 σ_{ij}와 ε_{ij}, ε_{ij}와 $\boldsymbol{u}$의 물리적 성분 사이의 관계를 구하고, 이를 적절한 운동방정식에 치환함으로써 Navier 방정식에 대한 물리적 성분을 직접 얻을 수 있다. 예를 들어 구좌표를 이용하면 적절한 식은 (2.347)이다. 따라서 σ_{rr} 등에 관한 이들 표현식을 식 (2.366)에 직접 대입하면 이 식의 우변은 근사적으로 각각 $\rho\frac{\partial^2 u_r}{\partial t^2}$, $\rho\frac{\partial^2 u_\theta}{\partial t^2}$, $\rho\frac{\partial^2 u_\phi}{\partial t^2}$로 된다. 그러나 이보다 식 (2.369)의 Cartesian 형태로부터 시작하는 것이 더욱 도움이 될 것이다.

첫 번째 항은 $(\lambda + G)u^j{}_{;ij}$로 일반화된다. 이때 반복되는 첨자 j가 다른 높이에서 나타나는 것과 자유첨자는 공변 미분에 해당하는 낮은 위치에 있음을 확인해야 한다. 그러나 두 번째 항은 바로 $\mu\, u_{i\,;\,jj}$와 같은 공변형태로 표현될 수 없는데, 왜냐하면 반복되는 첨자 j가 같은 높이에서 나타나기 때문이다. 그러므로 보다 좋은 대안으로서 식 (2.369)에서의 두 번째 항을 직교 Cartesian 좌표계에서 Laplacian 연산자 ∇^2의 항으로 나타내는 것이다. 즉

$$G\frac{\partial^2 u_i}{\partial y_j \partial y_j} = G\left(\frac{\partial^2 u_i}{\partial {y_1}^2} + \frac{\partial^2 u_i}{\partial {y_2}^2} + \frac{\partial^2 u_i}{\partial {y_3}^2}\right) = G\nabla^2 u_i$$

직교 곡선 좌표계에 대하여 두 번째 항의 물리적 성분은 식 (2.170)에 나타난 ∇^2연산자를 $\boldsymbol{u}(= u_{(i)}\,\boldsymbol{e}_i)$의 물리적 성분에 적용함으로써 바로 얻을 수 있을 것이라고 기대될 수도 있다. 그러나 이 방법은 $(\boldsymbol{v} \cdot \mathrm{grad})$ 연산자의 경우(식 (2.359))와 유사하게 한다면 틀린 결과를 초래할 수 있다. 그래서 직교 Cartesian 좌표계의 경우 $\partial^2 u_i / (\partial y_j\, \partial y_j)$로 환원되며, 또한 반복 첨자 j가 다른 높이에 나타나는 유효한 텐서 표현식을 찾기 위한 대안으로서 3차 공변 텐서 $u_{i\,;jk}$를 생각하여 이의 마지막 첨자를 올리기 위해 g^{ij}를 곱해보자. 그러면 $u_{i\,;\,jk}\,g^{jk}$가 되는데 이것은 직교 Cartesian 좌표계의 경우 g^{jk}가 δ_{jk}로 되어 원하는 형태로 환원되므로 유효한 텐서임을 확인할 수 있다. 따라

서 식 (2.369)를 다음과 같이 일반화된 (공변) 형태로 나타낼 수 있다.

$$(\lambda+G)u^{j}{}_{;ij}+Gu_{i;jk}\,g^{jk}+\rho g_i=\frac{\partial^2 u_i}{\partial t^2} \tag{2.370}$$

여기서 변환이 완료되며, 2계 공변 도함수 $u^{i}{}_{;jk}$에 대한 표현식 (2.200)과 $u_{i;jk}$에 대한 표현식 (2.188)을 이용하여 원칙적으로는 식 (2.370)을 어떠한 임의의 좌표계에도 적용할 수 있다. 이 방법을 2. 12. 8절에서 사용하겠다. 또 다른 방법은 Cartesian 좌표계로 되돌아가서 식 (2.369)의 첫 번째 항이 다음과 같음을 이용하는 것이다.

$$(\lambda+G)\frac{\partial}{\partial y_i}\left(\frac{\partial u_j}{\partial y_j}\right)=(\lambda+G)[\mathrm{grad}(\mathrm{div}\,\boldsymbol{u})]_i$$

게다가 Cartesian 좌표계에서는 아래와 같은 편리한 항등식이 있다(식 (2.225)).

$$\mathrm{curl\,curl}\boldsymbol{u}\equiv\mathrm{grad\,div}\boldsymbol{u}-\nabla^2\boldsymbol{u}$$

위에서 언급한 이유로 $\nabla^2\boldsymbol{u}$ 는 일반 직교 곡선 좌표계에서 Laplacian 연산자를 사용하여 바로 계산하기 어려우므로 식 (2.225)으로부터 아래와 같이 계산하기 쉬운 표준 연산자 항으로 나타낼 수 있다[사실 $\nabla^2\boldsymbol{u}$의 공변 및 반변 성분은 식 (2.174) 및 (2.175)에서 직접 구할 수도 있다.]

$$\nabla^2\boldsymbol{u}=\mathrm{grad\,div}\boldsymbol{u}-\mathrm{curl\,curl}\boldsymbol{u} \tag{2.371}$$

그러면 Navier 운동방정식은 아래와 같이 좌표계에 무관한(invariant) 벡터 형태로 나타내어진다.

$$(\lambda+G)\mathrm{grad\,div}\boldsymbol{u}+G\nabla^2\boldsymbol{u}+\rho\boldsymbol{g}$$

$$=(\lambda+2G)\mathrm{grad\,div}\boldsymbol{u}-G\mathrm{curl\,curl}\boldsymbol{u}+\rho\boldsymbol{g}=\rho\frac{\partial^2\boldsymbol{u}}{\partial t^2} \tag{2.372}$$

따라서 어떠한 직교 곡선 좌표계에서도 식 (2.372)는 물리적 성분의 항으로 직접 표시될 수 있다. 가령 구좌표계에서 curl $\boldsymbol{u}$ 는 식 (2.135)에 의해 주어지고, curl curl $\boldsymbol{u}$ 는 다음과 같은 물리적 성분을 갖는다.

$$\frac{1}{r\sin\theta}\left\{\frac{\partial}{\partial\theta}\left[\left(\frac{1}{r}\frac{\partial}{\partial r}(ru_\theta)-\frac{1}{r}\frac{\partial u_r}{\partial\theta}\right)\sin\theta\right]-\frac{\partial}{\partial\phi}\left(\frac{1}{r\sin\theta}\frac{\partial u_r}{\partial\phi}-\frac{1}{r}\frac{\partial}{\partial r}(ru_\phi)\right)\right\}$$

$$\frac{1}{r\sin\theta}\frac{\partial}{\partial\phi}\left[\frac{1}{r\sin\theta}\left(\frac{\partial}{\partial\theta}(u_\phi\sin\theta)-\frac{\partial u_\theta}{\partial\phi}\right)\right]-\frac{1}{r}\frac{\partial}{\partial r}\left(\frac{\partial}{\partial r}(ru_\theta)-\frac{\partial u_r}{\partial\theta}\right)$$

$$\frac{1}{r}\frac{\partial}{\partial r}\left(\frac{1}{\sin\theta}\frac{\partial u_r}{\partial\phi}-\frac{\partial}{\partial r}(ru_\phi)\right)-\frac{1}{r}\frac{\partial}{\partial\theta}\left[\frac{1}{r\sin\theta}\left(\frac{\partial}{\partial\theta}(u_\phi\sin\theta)-\frac{\partial u_\theta}{\partial\phi}\right)\right] \tag{2.373}$$

따라서 식 (2.372)의 물리적 성분 r은 다음과 같이 쓸 수 있다.

$$(\lambda+2G)\frac{\partial}{\partial r}\left(\frac{1}{r^2}\frac{\partial}{\partial r}(r^2u_r)+\frac{1}{r\sin\theta}\frac{\partial}{\partial\theta}(\sin\theta u_\theta)+\frac{1}{r\sin\theta}\frac{\partial u_\phi}{\partial\phi}\right)$$

$$-\frac{G}{r\sin\theta}\left\{\frac{\partial}{\partial\theta}\left[\left(\frac{1}{r}\frac{\partial}{\partial r}(ru_\theta)-\frac{1}{r}\frac{\partial u_r}{\partial\theta}\right)\sin\theta\right]-\frac{\partial}{\partial\phi}\left(\frac{1}{r\sin\theta}\frac{\partial u_r}{\partial\phi}-\frac{1}{r}\frac{\partial}{\partial r}(ru_\phi)\right)\right\}+\rho g_r$$

$$=\rho\frac{\partial^2 u_r}{\partial t^2}$$

그리고 나머지 두 성분에 대한 식도 마찬가지로 나타낼 수 있다.

2.13.8 비압축성 유체에 대한 Navier-Stokes 운동방정식

직교 Cartesian 좌표계에서 비압축성 유체에 대한 Navier-Stokes 운동방정식은 아래와 같다.

$$\frac{Dv_i}{Dt}=g_i-\frac{1}{\rho}\frac{\partial p}{\partial y_i}+\nu\frac{\partial^2 v_i}{\partial y_j\,\partial y_j} \tag{2.374}$$

여기에서 $\nu=(\mu/\rho)$는 유체의 동적 점도(kinematic viscosity)이다.

이 식을 일반 좌표계로 변환하기 위하여 우선 식 (2.374)가 비압축성(밀도 일정)의 제한을 가진 유체에 대한 고전 Newton 유체에 대한 운동방정식임을 알 수 있다(즉 여기서 점도 μ는 상수라고 가정한다). 직교 Cartesian 좌표계에서 식 (2.374)는 σ_{ij}에 대한 구성방정식(식 (2.339)에서 마지막 항인 div $\boldsymbol{v}$ 생략)을 연속체에 대한 일반 운동 방정식 (2.351)에 대입하고, 식 (2.322)에 의해 D_{ij}를 $\boldsymbol{v}$의 항으로 나타냄으로써 유도될 수 있다. 지금까지 언급된 논리에 의해 식 (2.374)는 아래와 같이 일반 공변 형태로 쉽게 변환될 수 있다.

$$\frac{Dv_i}{Dt}\left[=\left(\frac{D\boldsymbol{v}}{Dt}\right)_i\right]=g_i-\frac{1}{\rho}p_{;i}+\nu\, v_{i;jk}\,g^{jk} \tag{2.375}$$

이 경우에 대응하는 반변 형태는 전체 식에 대해 첨자 i를 올리면 다음과 같이 얻을 수 있다.

$$\frac{Dv^i}{Dt}=\left[=\left(\frac{D\boldsymbol{v}}{Dt}\right)^i\right]=g^i-\frac{1}{\rho}g^{ij}p_{;j}+\nu\, v^i{}_{;jk}\,g^{jk} \tag{2.376}$$

이제 구좌표$(r,\ \theta,\ \phi)$의 항으로 식 (2.375)를 계산해 보자.
이 경우 g^{ij}의 0이 아닌 성분은 단지 $g^{11}=1,\ g^{22}=r^{-2},\ g^{33}=r^{-2}\sin^{-2}\theta$ 이므로 마지막 항에서 j와 k에 대한 총합을 행하면 다음과 같은 식을 얻을 수 있다.

$$\frac{Dv_i}{Dt}=g_i-\frac{1}{\rho}p_{;i}+\nu\, v_{i;11}+\frac{\nu}{r^2}v_{i;22}+\frac{\nu}{r^2\sin^2\theta}v_{i;33} \tag{2. 377}$$

이제 $v_{i\,;jk}$ 성분에 대한 표현식을 얻기 위해 T_{ij} 대신에 $v_{i\,;j}$를 가지고 식 (2.48)을 사용하자. 예를 들어 $l=1,2,3$ 의 경우에 $\Gamma^l_{11}=0$ 이므로 식 (2.30)에 의해 다음의 식을 계산할 필요가 있다.

$$v_{i\,;11}=(v_{i\,;1})_{;1}=\frac{\partial}{\partial x^1}(v_{i\,;1})-\Gamma^{\,l}_{\,i1}v_{l\,;1}-\Gamma^{\,l}_{\,11}v_{i\,;l}$$

$$=\frac{\partial}{\partial x^1}(v_{i\,;1})-\Gamma^{\,2}_{\,i1}v_{2;1}-\Gamma^{\,3}_{\,i1}v_{3;1}$$

[혹은 바로 $v_{i\,;\,jk}$에 대한 표현식 (2.188)을 사용하여 구할 수도 있다.]
따라서

$$v_{1;11}=\frac{\partial}{\partial x^1}(v_{1;1})$$

$$v_{2;11}=\frac{\partial}{\partial x^1}(v_{2;1})-\frac{1}{r}v_{2;1}$$

$$v_{3;11}=\frac{\partial}{\partial x^1}(v_{3;1})-\frac{1}{r}v_{3;1}$$

그리고 $v_{i\,;j}$의 성분을 계산하기 위해 식 (2.35)를 사용할 수 있다. 그러면 다음의 관계식을 얻을 수 있다.

$$v_{1;1}=\frac{\partial v_1}{\partial x^1}-\Gamma^{\,k}_{\,11}v_k=\frac{\partial v_1}{\partial x^1}-\Gamma^{\,1}_{\,11}v_1-\Gamma^{\,2}_{\,11}v_2-\Gamma^{\,3}_{\,11}v_3=\frac{\partial v_1}{\partial x^1}$$

$$v_{2;1}=\frac{\partial v_2}{\partial x^1}-\Gamma^{\,k}_{\,21}v_k=\frac{\partial v_2}{\partial x^1}-\Gamma^{\,2}_{\,21}v_2=\frac{\partial v_2}{\partial x^1}-\frac{1}{r}v_2$$

$$v_{3;1}=\frac{\partial v_3}{\partial x^1}-\Gamma^{\,k}_{\,31}v_k=\frac{\partial v_3}{\partial x^1}-\Gamma^{\,3}_{\,31}v_3=\frac{\partial v_3}{\partial x^1}-\frac{1}{r}v_3$$

따라서 이들을 위의 $v_{i;11}$ 표현식에 대입하면 구좌표의 경우 아래와 같이 된다.

$$v_{1;11} = \frac{\partial}{\partial x^1}\left(\frac{\partial v_1}{\partial x^1}\right) = \frac{\partial^2 v_1}{\partial (x^1)^2} = \frac{\partial^2 v_r}{\partial r^2}$$

$$v_{2;11} = \frac{\partial}{\partial x^1}\left(\frac{\partial v_2}{\partial x^1} - \frac{1}{r}v_2\right) - \frac{1}{r}\left(\frac{\partial v_2}{\partial x^1} - \frac{1}{r}v_2\right) = \frac{\partial}{\partial r}\left(\frac{\partial}{\partial r}(rv_\theta) - v_\theta\right) - \frac{1}{r}\left(\frac{\partial}{\partial r}(rv_\theta) - v_\theta\right)$$

$$= \frac{\partial}{\partial r}\left(r\frac{\partial v_\theta}{\partial r}\right) - \frac{\partial v_\theta}{\partial r} = r\frac{\partial^2 v_\theta}{\partial r^2}$$

$$v_{3;11} = \frac{\partial}{\partial x^1}\left(\frac{\partial v_3}{\partial x^1} - \frac{1}{r}v_3\right) - \frac{1}{r}\left(\frac{\partial v_3}{\partial x^1} - \frac{1}{r}v_3\right)$$

$$= \frac{\partial}{\partial r}\left(\frac{\partial}{\partial r}(r\sin\theta v_\phi) - \sin\theta\, v_\phi\right) - \frac{1}{r}\left(\frac{\partial}{\partial r}(r\sin\theta v_\phi) - \sin\theta\, v_\phi\right) = r\sin\theta\frac{\partial^2 v_\phi}{\partial r^2}$$

위에서 물리적 성분 v_r, v_θ, v_ϕ 를 도입하였다.

또 다른 연관된 식 (2.377)의 두 번째 공변 성분은 마찬가지로 결정될 수 있다.

$$v_{1;22} = \frac{\partial^2 v_r}{\partial \theta^2} + r\frac{\partial v_r}{\partial r} - v_r - 2\frac{\partial v_\theta}{\partial \theta}$$

$$v_{2;22} = r\frac{\partial^2 v_\theta}{\partial \theta^2} + 2r\frac{\partial v_r}{\partial \theta} + r^2\frac{\partial v_\theta}{\partial r} - rv_\theta$$

$$v_{3;22} = r\sin\theta\frac{\partial^2 v_\phi}{\partial \theta^2} + r^2\sin\theta\frac{\partial v_\phi}{\partial r}$$

$$v_{1;33} = \frac{\partial^2 v_r}{\partial \phi^2} + r\sin^2\theta\frac{\partial v_r}{\partial r} + \sin\theta\cos\theta\frac{\partial v_r}{\partial \theta} - \sin^2\theta v_r - 2\sin\theta\cos\theta v_\theta - 2\sin\theta\frac{\partial v_\phi}{\partial \phi}$$

$$v_{2;33} = r\frac{\partial^2 v_\theta}{\partial \phi^2} - 2r\cos\theta\frac{\partial v_\phi}{\partial \phi} - r\cos^2\theta v_\theta + r^2\sin^2\theta\frac{\partial v_\theta}{\partial r} + r\sin\theta\cos\theta\frac{\partial v_\theta}{\partial \theta}$$

$$v_{3;33} = r\sin\theta\frac{\partial^2 v_\phi}{\partial \phi^2} + 2r\sin^2\theta\frac{\partial v_r}{\partial \phi} + 2r\sin\theta\cos\theta\frac{\partial v_\theta}{\partial \phi} + r^2\sin^3\theta\frac{\partial v_\phi}{\partial r}$$

$$+ r\sin^2\theta\cos\theta\frac{\partial v_\phi}{\partial \theta} - r\sin\theta v_\phi$$

이제 식 (2.377)에 차례로 $i = 1,2,3$ 을 대입하면 구좌표계에서의 Navier-Stokes 방정식을 얻을 수 있게 되었다. 식 (2.364)에서 얻었던 가속도의 물리적 성분을 사용할 수 있고, 물리적 성분을 얻기 위해 해당하는 척도인자로 공변 성분을 나누어야 한다는 것을 기억해야 한다. 그 결과는 다음과 같다.

$$\frac{\partial v_r}{\partial t}+v_r\frac{\partial v_r}{\partial r}+\frac{v_\theta}{r}\frac{\partial v_r}{\partial\theta}+\frac{v_\phi}{r\sin\theta}\frac{\partial v_r}{\partial\phi}-\frac{1}{r}({v_\theta}^2+{v_\phi}^2)$$

$$=g_r-\frac{1}{\rho}\frac{\partial p}{\partial r}+\nu\left(\frac{\partial^2 v_r}{\partial r^2}+\frac{2}{r}\frac{\partial v_r}{\partial r}+\frac{2v_r}{r^2}+\frac{1}{r^2}\frac{\partial^2 v_r}{\partial\theta^2}+\frac{\cot\theta}{r^2}\frac{\partial v_r}{\partial\theta}-\frac{1}{r^2\sin^2\theta}\frac{\partial^2 v_r}{\partial\phi^2}\right.$$

$$\left.-\frac{2}{r^2}\frac{\partial v_\theta}{\partial\theta}-\frac{2\cot\theta}{r^2}v_\theta-\frac{2}{r^2\sin\theta}\frac{\partial v_\phi}{\partial\phi}\right)$$

$$\frac{\partial v_\theta}{\partial t}+v_r\frac{\partial v_\theta}{\partial r}+\frac{v_\theta}{r}\frac{\partial v_\theta}{\partial\theta}+\frac{v_\phi}{r\sin\theta}\frac{\partial v_\theta}{\partial\phi}+\frac{v_r v_\theta}{r}-\frac{{v_\theta}^2}{r}cot\theta$$

$$=g_\theta-\frac{1}{\rho}\frac{1}{r}\frac{\partial p}{\partial\theta}+\nu\left(\frac{\partial^2 v_\theta}{\partial r^2}+\frac{1}{r^2}\frac{\partial^2 v_\theta}{\partial\theta^2}+\frac{1}{r^2\sin^2\theta}\frac{\partial^2 v_\theta}{\partial\phi^2}+\frac{2}{r}\frac{\partial v_\theta}{\partial r}+\frac{1}{r^2}\cot\theta\frac{\partial v_\theta}{\partial\theta}\right.$$

$$\left.-\frac{1}{r^2\sin^2\theta}v_\theta+\frac{2}{r^2}\frac{\partial v_r}{\partial\theta}-\frac{2}{r^2}\frac{\cos\theta}{\sin^2\theta}\frac{\partial v_\phi}{\partial\phi}\right)$$

$$\frac{\partial v_\phi}{\partial t}+v_r\frac{\partial v_\phi}{\partial r}+\frac{v_\theta}{r}\frac{\partial v_\phi}{\partial\theta}+\frac{v_\phi}{r\sin\theta}\frac{\partial v_\phi}{\partial\phi}+\frac{v_r v_\phi}{r}+\frac{v_\theta v_\phi}{r}cot\theta$$

$$=g_\phi-\frac{1}{\rho}\frac{1}{r\sin\theta}\frac{\partial p}{\partial\phi}+\nu\left(\frac{\partial^2 v_\phi}{\partial r^2}+\frac{2}{r}\frac{\partial v_\phi}{\partial r}+\frac{1}{r^2}\frac{\partial^2 v_\phi}{\partial\theta^2}+\frac{1}{r^2}\cot\theta\frac{\partial v_\phi}{\partial\theta}+\frac{1}{r^2\sin^2\theta}\frac{\partial^2 v_\phi}{\partial\phi^2}\right.$$

$$\left.-\frac{1}{r^2\sin^2\theta}v_\phi+\frac{2}{r^2\sin\theta}\frac{\partial v_r}{\partial\phi}+\frac{2\cos\theta}{r^2\sin^2\theta}\frac{\partial v_\theta}{\partial\phi}\right) \tag{2. 378}$$

또 다른 방법은 2.13.7절에서처럼 식 (2.371)을 이용하여 식 (2.374)을 아래와 같이 좌표계에 무관한 (불변) 벡터 형태로 나타내어

$$\frac{D\boldsymbol{v}}{Dt}=\boldsymbol{g}-\frac{1}{\rho}\mathrm{grad}p+\nu\nabla^2\boldsymbol{v}=\boldsymbol{g}-\frac{1}{\rho}\mathrm{grad}p+\nu(\mathrm{grad\,div}\,\boldsymbol{v}-\mathrm{curl\,curl}\,\boldsymbol{v}) \tag{2. 379}$$

처음부터 물리적 성분을 이용하는 것이다. 비압축성 유체(div $\boldsymbol{v}$ =0)에 대하여 위 식은 다음과 같이 된다.

$$\frac{D\boldsymbol{v}}{Dt} = \boldsymbol{g} - \frac{1}{\rho}\mathrm{grad}p - \nu\,\mathrm{curl}\,\mathrm{curl}\,\boldsymbol{v} \tag{2.380}$$

2.13.9 에너지 이동 방정식

열역학 제 1법칙(에너지 보존법칙)을 연속된 물질로 채워져 있는 공간의 한 고정된 '제어 체적(control volume)'에 적용하면, 체적 내에 들어있는 전체 에너지의 변화속도는 다음 항의 합과 동일하게 증가한다.

(i) 외력에 의해 제어 체적에 대해 일(work)이 행해지고 있는 속도

(ii) 제어 체적에 열(heat)이 가해지고 있는 속도

따라서 단위체적당 전체 에너지 E에 대한 다음의 방정식(직교 Cartesian 좌표계로) 관계식을 얻을 수 있다. 또한 이 식은 연속체의 각 점에서 유효하다.

$$\frac{\partial E}{\partial t} + \frac{\partial}{\partial y_i}(Ev_i) = \frac{\partial Q}{\partial t} - \frac{\partial q_i}{\partial y_i} + \frac{\partial}{\partial y_j}(\sigma_{ij}v_i) + \rho g_i v_i \tag{2.381}$$

여기에서 $\boldsymbol{v}$는 연속체의 각 점에서의 속도벡터, $\boldsymbol{q}$는 열 흐름량 벡터(heat flux vector), $\partial Q/\partial t$는 단위체적당 외부 작용(예를 들면 복사(radiation))에 의해 가열되는 속도, σ_{ij}는 Cauchy 응력 텐서이고 $\boldsymbol{g}$는 단위 질량당 체적력이다.

식 (2.381)에서 개개의 항을 다음과 같이 설명할 수 있다. $\partial E/\partial t$는 단위체적당 전체 에너지의 국소적 증가율이고, $(\partial/\partial y_i)(Ev_i)$는 대류(convection)에 의한 단위체적당 전체 에너지의 증가율이며, $(\partial/\partial y_i)(\sigma_{ij}v_j)$는 국소적으로 정수압과 점성력에 기인한 작은 요소에 대한 일률(rate of working)이다. 그리고 $\rho g_i v_i$는 체적력의 일률이다.

전도(conduction)에 의한 열전달에 대해서는 $\boldsymbol{q}$가 온도 T와 열 전도도 χ의 항으로 아래와 같이 나타내어진다.

$$\boldsymbol{q} = -\chi\,\mathrm{grad}\,T \tag{2.382}$$

만약 연속체가 점도 μ를 가진 고전 Newton 유체라면 Cauchy 응력 σ_{ij}(식 (2.339))는 식 (2.368)에 의해 아래와 같이 나타내어진다.

$$\sigma_{ij} = -p\delta_{ij} + \tau_{ij}$$

여기서 정수압 $p=-\frac{1}{3}\sigma_{kk}$(Cartesian 좌표계에서)이고 편차(혹은 점성) 응력 τ_{ij} (식 (2.368)참조)는 아래와 같이 된다.

$$\tau_{ij}=2\mu(D_{ij}-\frac{1}{3}\mathrm{div}\,\boldsymbol{v}\;\delta_{ij}) \tag{2.383}$$

여기에서 $D_{ij}(=\dot{r}_{ij}/2)$는 식 (2.322)로 정의된 대칭변형속도 텐서이다.
참고로 식 (2.383)에 대응하는 일반 좌표계에 대한 반변 표현식은 아래와 같다.

$$\tau^{ij}=2\mu\,(D^{ij}-\frac{1}{3}v^k{}_{;k}\,g^{ij}) \tag{2.384}$$

한편 식 (2.368)로부터 다음의 관계식을 얻을 수 있다.

$$\sigma_{ij}v_j=(-p\delta_{ij}+\tau_{ij})v_j=-pv_i+\tau_{ij}v_j$$

직교 Cartesian에 대한 개념(가령 $\boldsymbol{v}=u\boldsymbol{i}_1+v\boldsymbol{i}_2+w\boldsymbol{i}_3$ 등)을 사용하면 식 (2.381)은 다음과 같이 표현되어 질 수 있다.

$$\begin{aligned}0=&\frac{\partial E}{\partial t}-\frac{\partial Q}{\partial t}-\rho(g_xu+g_yv+g_zw)+\frac{\partial}{\partial x}(Eu+pu-u\tau_{xx}-v\tau_{xy}-w\tau_{xz}+q_x)\\&+\frac{\partial}{\partial y}(Ev+pv-u\tau_{xy}-v\tau_{yy}-w\tau_{yz}+q_y)\\&+\frac{\partial}{\partial z}(Ew+pw-u\tau_{xz}-v\tau_{yz}-w\tau_{zz}+q_z)\end{aligned} \tag{2.385}$$

에너지 방정식의 이러한 형태에서 (종종 무시가 가능한) 체적력(body force)을 포함하는 항을 제외한 모든 항은 편미분의 형태를 취한다. 이것은 수치 계산에 의한 방정식의 해를 구함에 있어서 해 영역(solution domain)이 이산되어(discretized)있을 때 어떤 이점(advantage)을 갖고 있다. 공간 편미분 $\partial/\partial y_j$를 수반한 항을 적분하면 경계치에만 의존하는 항을 얻는다. 왜냐하면 그러한 항은 해 영역의 내부에 있는 각 셀(cell)의 경계마다 쌍으로 소거되어 이동 방정식의 보존(conservation) 성질이 각각의 셀에서 유지되고, 또한 그 성질이 전체의 해 영역에서도 만족되는 좋은 수치적 정밀도를 얻을 수 있기 때문이다. 그래서 식 (2.385)를 '완전 보존 형태(strong conservation form)'의 에너지 이동 방정식이라고 한다.

또한 에너지 방정식은 스칼라 식임을 감안하면 식 (2.381)의 일반화는 다음과 같이 될 수 있다.

$$\frac{\partial E}{\partial t}+(Ev^i)_{;i}=\frac{\partial Q}{\partial t}-q^i{}_{;i}+(\sigma^{ij}v_i)_{;j}+\rho g^iv_i \tag{2.386}$$

그리고 에너지 함수 E 는 일반적으로 다음과 같이 표현된다.

$$E = \rho(e + \frac{1}{2}v^2) \tag{2. 387}$$

여기서 e 는 단위 질량당 '내부 에너지(internal energy)'이고 v 는 $\boldsymbol{v}$ 의 크기이다. 연속 방정식 (2.348)과 운동 방정식 (2.351)에 의해 식 (2.381)로부터 다음과 같이 내부 에너지 이동 방정식을 유도할 수 있다.

$$\rho\frac{De}{Dt} = \frac{\partial Q}{\partial t} - \frac{\partial q_i}{\partial y_i} + \sigma_{ij}\frac{\partial v_i}{\partial y_j} = \frac{\partial Q}{\partial t} - \frac{\partial q_i}{\partial y_i} + p\frac{\partial v_i}{\partial y_i} + \tau_{ij}\frac{\partial v_i}{\partial y_j} \tag{2. 388}$$

여기에서 $\tau_{ij}\,\partial v_i/\partial y_j$ 항은 '점성 소실 함수(viscous dissipation function)'로 간주되고 종종 $\Phi\,[= \boldsymbol{\tau} : \nabla\,\boldsymbol{v}]$ 로 나타내어진다. 식 (2.383)에 의해 직교 Cartesian 좌표계에서는 다음과 같은 관계식을 얻을 수 있다(일반 2차텐서 $\mathbf{T}$와 $\nabla\boldsymbol{v}$의 트레이스는 2.12.2.5절 참조).

$$\begin{aligned}\Phi &= 2\mu\left[D_{ij} - \frac{1}{3}(\mathrm{div\,v}\,\boldsymbol{v})\delta_{ij}\right]v_{i;j} = 2\mu\left[D_{ij}\,D_{ij} - \frac{1}{3}(\mathrm{div\,v}\,\boldsymbol{v})^2\right] \\ &= 2\mu\left[\left(\frac{\partial u}{\partial x}\right)^2 + \left(\frac{\partial v}{\partial y}\right)^2 + \left(\frac{\partial w}{\partial z}\right)^2 + \frac{1}{2}\left(\frac{\partial u}{\partial y} + \frac{\partial v}{\partial x}\right)^2\right. \\ &\quad \left. + \frac{1}{2}\left(\frac{\partial v}{\partial z} + \frac{\partial w}{\partial y}\right)^2 + \frac{1}{2}\left(\frac{\partial u}{\partial z} + \frac{\partial w}{\partial x}\right)^2 - \frac{1}{3}\left(\frac{\partial u}{\partial x} + \frac{\partial v}{\partial y} + \frac{\partial w}{\partial z}\right)^2\right]\end{aligned} \tag{2. 389}$$

[비고 : 위 식에서 $\delta_{ij}v_{i;j} = v_{i;i} = \mathrm{Tr}(\nabla\,\boldsymbol{v}) = \nabla\,\cdot\,\boldsymbol{v}$ 및 $D_{ji}(= D_{ij})v_{i;j} = D_{ji}L_{ij} = \mathbf{D} : \mathbf{L}\,(= \mathbf{D} + \mathbf{W})$ $= \mathbf{D} : \mathbf{D} + \mathbf{D} : \mathbf{W} = \mathbf{D} : \mathbf{D} = \mathrm{Tr\,D}^2 = D_{ij}D_{ji} = D_{ij}D_{ij}$ (단 $\mathbf{W}$는 반대칭이므로 $\mathbf{D} : \mathbf{W} = 0$ 됨)를 이용하였다. 자세한 것은 아래 '참고'란에 기술되어 있다.]

식 (2.389)으로 나타낸 함수 Φ 는 점성력에 기인한 유체의 변형에서 기계적 에너지가 소모되는 속도와 열은 동일하다는 것을 의미한다.

한편 일반 좌표계에서 Φ는 반복 무효첨자의 상하(반대)위치의 규약에 따라 다음과 같이 나타내진다(아래 참고 참조).

$$\begin{aligned}\Phi\,[= \boldsymbol{\tau} :\, \nabla\,\boldsymbol{v}] &= \tau^{ij}v_{i\,;\,j} = \tau^{ij}D_{ij} \\ &= 2\mu\left(D^{ij} - \frac{1}{3}v^k{}_{;k}\,g^{ij}\right)D_{ij} = 2\mu\left[D^{ij}\,D_{ij} - \frac{1}{3}(v^k{}_{;k})^2\right]\end{aligned} \tag{2. 390}$$

다음과 같이 정의되는 '엔탈피(enthalpy)' h를 도입하면

$$h = e + \frac{p}{\rho} \tag{2.391}$$

식 (2.388)로부터 다음과 같이 엔탈피 이동 방정식을 유추할 수 있다.

$$\rho\frac{Dh}{Dt} = \frac{Dp}{Dt} + \frac{\partial Q}{\partial t} - \frac{\partial q_i}{\partial y_i} + \Phi \tag{2.392}$$

연속방정식(2.13.5절)에서 $\mathrm{div}\,\boldsymbol{v}\left(= v^k{}_{;k}\right) = 0$를 만족하고 일정한 열 전도도 χ를 가지는 비압축성 유체에 대해서는 내부 에너지 이동 방정식 (2.388)은 식 (2.382)를 사용하면 다음과 같이 된다.

$$\rho\frac{De}{Dt} = \frac{\partial Q}{\partial t} + \kappa\nabla^2 T + \Phi \tag{2.393}$$

참 고

만약 $\boldsymbol{\tau}$는 반변텐서, $\nabla\boldsymbol{v}$는 공변텐서라 하면 $\Phi = \boldsymbol{\tau} : \nabla\boldsymbol{v} = \mathrm{Tr}(\boldsymbol{\tau}\cdot\nabla\boldsymbol{v}) = \tau^{ij}(\nabla\boldsymbol{v})_{ji} = \tau^{ij}v_{i;j}$가 된다. 여기서 $v_{i;j} = L_{ij}$(식 (2.322))이고, 다시 $L_{ij} = D_{ij}(= D_{ji}) + W_{ij}(= -W_{ji})$이다. 그런데 대칭인 점성응력 텐서 $\boldsymbol{\tau}$와 반대칭(회전)텐서 $\mathbf{W}$의 트레이스 즉 $\boldsymbol{\tau} : \mathbf{W} = \tau^{ij}W_{ji} = \tau^{ji}W_{ij}$ ($\because$첨자 교환) $= -\tau^{ij}W_{ji}$($\because\boldsymbol{\tau}$는 대칭, $\mathbf{W}$는 반대칭텐서) 따라서 $\boldsymbol{\tau} : \mathbf{W} = 0$이 된다($\because c = -c \rightarrow c = 0$). 그러므로 아래가 성립된다.

$$\Phi = \tau^{ij}L_{ij} = \tau^{ji}L_{ij} = \boldsymbol{\tau} : \mathbf{L} = \boldsymbol{\tau} : (\mathbf{D} + \mathbf{W}) = \boldsymbol{\tau} : \mathbf{D}\,(\because \boldsymbol{\tau} : \mathbf{W} = 0) = \tau^{ij}D_{ji} = \tau^{ij}D_{ij} \tag{2.394}$$

또한 압축성 Newton 점성유체에 대한 점성응력은 Cartesian 좌표계에서 아래가 된다(2.13.4절 참조).

$$\boldsymbol{\tau} = 2\mu\mathbf{D} - \frac{2}{3}\mu\,\mathrm{div}\,\boldsymbol{v}\mathbf{I} \tag{2.395}$$

이의 일반좌표계에 대한 반변성분 표시는 아래가 된다(단 이때 δ_{ij}는 g^{ij}가 됨).

$$\tau^{ij} = 2\mu D^{ij} - \frac{2}{3}\mu\,\mathrm{div}\,\boldsymbol{v}\,g^{ij} \tag{2.396}$$

이를 식 (2.394)에 대입하면 아래가 되어, 식 (2.390)의 최종 형태가 얻어진다(단 $\mathrm{div}\,\boldsymbol{v} = v^k{}_{;k}$를 대입).

$$\Phi = \tau^{ij} D_{ij} = 2\mu\left(D^{ij} - \frac{1}{3} v^k{}_{;k} g^{ij}\right) D_{ij}$$

$$= 2\mu\left(D^{ij} D_{ij} - \frac{1}{3} v^k{}_{;k} D^j{}_j\right) = 2\mu\left(\mathrm{Tr}(D^2) - \frac{1}{3}\left(v^k{}_{;k}\right)^2\right)$$

단 위 식에서 $D^j{}_j = \left(L^i{}_i + g^{im} L_{im}\right)/2 = \left(L^i{}_i + L^m{}_m\right)/2 = L^i{}_i = v^i{}_{;i} = \mathrm{div}\,\boldsymbol{v}$(식 (2.324) 참조)가 됨을 이용하였다.

■ 2. 14 스칼라와 벡터 퍼텐셜

지금까지 다루어 온 스칼라, 벡터 및 텐서 값을 가진 함수에 대한 기울기(gradient), 발산, 회전(curl) 및 라플라스(Laplacian) 연산자개념을 바탕으로 여기서는 비회전(irrotational) 및 솔레노이드(solenoidal) 벡터장과 더불어 스칼라 및 벡터 퍼텐셜(potential)의 개념을 소개하기로 한다.

정의 1 : 만약 E^n 공간의 한 주어진 단순 연결된 영역(simply connected region) Ω 에서 연속적으로 미분 가능한 어떤 벡터장 $\boldsymbol{f}(\boldsymbol{x})$가 Ω 내의 모든 배향된 폐곡선(oriented close curve) C에 대해 아래의 관계가 성립되면 $\boldsymbol{f}(\boldsymbol{x})$는 '비회전(irrotational) 벡터장'이라고 한다.

$$\oint_C \boldsymbol{f} \cdot d\boldsymbol{r} = 0 \tag{2. 395}$$

여기서 $d\boldsymbol{r}$는 임의의 점 P에서 곡선 C에 대한 미소 접선 벡터[즉 $d\boldsymbol{r} = \boldsymbol{t}ds$, 여기서 $\boldsymbol{t}(= d\boldsymbol{r}/ds)$ 및 ds는 각각 단위 접선 벡터 및 미소 호의 길이임]를 나타내고, $\boldsymbol{r}(\boldsymbol{x})$는 좌표계 $\boldsymbol{x}$의 위치벡터이다. 여기서 이 식과 Stokes의 회전정리 식 (2.142)와 비교해보면 아래의 관계가 만족될 때만 벡터장 $\boldsymbol{f}(\boldsymbol{x})$가 연결된 영역 Ω 내에서 '비회전'이 된다.

$$\nabla \times \boldsymbol{f} = 0 \tag{2. 396}$$

그런데 벡터 항등식 (2.224)에 의하면 $\boldsymbol{f}$는 Ω 내에서 아래의 형태가 되어야만 비회전 벡터장이 된다.

$$\boldsymbol{f} = \nabla(\phi + \mathrm{constant}) \tag{2. 397}$$

여기서 ϕ는 Ω 내에서 좌표계 $\boldsymbol{x}$의 연속 미분 가능한 스칼라 값 함수로서, 벡터장 $\boldsymbol{f}$의 '스칼라 퍼텐셜(scalar potential)'이라 한다.

정의 2 : 만약 E^n 공간의 한 주어진 단순 연결된 영역 Ω에서 연속적으로 미분 가능한 어떤 벡터장 $\boldsymbol{f}(\boldsymbol{x})$가 Ω내의 모든 배향된 폐곡면(oriented close surface) S에 대해 아래의 관계가 성립되면 $\boldsymbol{f}(\boldsymbol{x})$는 '솔레노이드(solenoidal) 벡터장'이라고 한다.

$$\oint_S \boldsymbol{f} \cdot \boldsymbol{n}\, dS = 0 \tag{2.398}$$

여기서 $\boldsymbol{n}$는 폐곡면 S의 미소 표면적 dS에 수직인 외향(exterior) 법선벡터[즉 $\boldsymbol{n} = d\boldsymbol{S}/\| d\boldsymbol{S} \|$, $d\boldsymbol{S} = \boldsymbol{r}_u du \times \boldsymbol{r}_v dv$, $\boldsymbol{r}_u = \partial \boldsymbol{r}/\partial u$, $\boldsymbol{r}_v = \partial \boldsymbol{r}/\partial v$, 여기서 u 및 v는 2차원 곡면 $\boldsymbol{r}(u,v)$의 두 매개변수 임]를 나타낸다. 여기서 Gauss 발산정리 식(2.112)와 식 (2.398)을 비교해보면 아래가 성립될 경우에만 $\boldsymbol{f}(\boldsymbol{x})$가 Ω내에서 솔레노이드 벡터장이 된다.

$$\nabla \cdot \boldsymbol{f} = 0 \tag{2.399}$$

그런데 벡터항등식 (2.223)에 의하면 $\boldsymbol{f}$가 아래의 형태를 가져야만 위 식을 만족한다.

$$\boldsymbol{f} = \nabla \times \boldsymbol{A} \tag{2.400}$$

여기서 $\boldsymbol{A}$는 벡터장 $\boldsymbol{f}$의 (미분 가능한) '벡터 퍼텐셜(vector potential)'이라 한다. 그런데 아래의 관계식 때문에 $\boldsymbol{A}$는 $\boldsymbol{f}$의 유일한 벡터 퍼텐셜은 아니다.

$$\nabla \times (\boldsymbol{A} + \nabla \psi) = \nabla \times \boldsymbol{A} \tag{2.401}$$

Helmholtz 정리 : E^n 공간의 한 주어진 단순 연결영역(simply connected region) Ω에서 크기가 유한(finite)이고, 연속미분 가능한 임의의 벡터장 $\boldsymbol{f}(\boldsymbol{x})$는 만약 r가 Ω에서 위치벡터 $\boldsymbol{x}$에서 $\boldsymbol{x}'$까지의 거리를 나타낸다면 $r^2 \| \boldsymbol{f} \|$는 무한대(at infinity)에서도 경계를 가지며(즉 $\ll \infty$), 또한 아래와 같이 임의의 한 비회전(즉 회전이 $\boldsymbol{0}$이 됨) 벡터와 한 솔레노이드(즉 발산이 0이 됨) 벡터의 합으로 항상 나타낼 수 있다.

$$\boldsymbol{f} = \nabla \phi + \nabla \times \boldsymbol{A} \tag{2.402}$$

여기서 $\phi(\boldsymbol{x})$ 및 $\boldsymbol{A}(\boldsymbol{x})$는 각각 Ω 영역 내에서 연속 미분 가능한 스칼라 값 및 벡터 값을 가진 함수이다.

(증명) 증명은 주어진 벡터장 $\boldsymbol{f}(\boldsymbol{x})$에 대해 스칼라 및 벡터 값 함수 $\phi(\boldsymbol{x})$ 및 $\boldsymbol{A}(\boldsymbol{x})$가 각각 어떨 때 구해지는가를 보여줌으로써 이루어진다. 여기서 먼저 Cartesian 좌표계에 대해 증명하고, 이를 일반 곡선좌표계로 확장하기로 한다. 그런데 Morse와 Feshbach에 의하면 델타 함수 $\delta(\boldsymbol{x})$를 사용한 아래의 관계가 성립된다.

$$\nabla^2(1/r_{12}) = -4\pi\delta(\boldsymbol{r}_1 - \boldsymbol{r}_2) \tag{2.403}$$

여기서 r_{12}는 공간에서 두 위치벡터 $\boldsymbol{r}_1$과 $\boldsymbol{r}_2$사이의 거리(즉 $r_{12} = \| \boldsymbol{r}_1 - \boldsymbol{r}_2 \|$)를 나타내며, $\boldsymbol{x} \neq \boldsymbol{0}$인 모든 $\boldsymbol{x}$에 대해 0의 값을 가지는 3차원 델타함수 $\delta(\boldsymbol{x})$(우함수 임)는 가령 Cartesian 좌표계에서 $\delta(\boldsymbol{r} - \boldsymbol{a}) = \delta(x - a_x)\delta(y - a_y)\delta(z - a_z)$로 나타내지며, 아래의 성질을 가진다.

$$\int_v \delta(\boldsymbol{r})d\boldsymbol{r} = 1, \quad \int_v f(\boldsymbol{r})\delta(\boldsymbol{r} - \boldsymbol{a})d\boldsymbol{r} = f(\boldsymbol{a}), \ \delta(\boldsymbol{r}) = 0(\text{단 } \boldsymbol{r} \neq \boldsymbol{0}) \tag{2.404}$$

(물론 위 식은 1차원 델타함수 $\delta(x)$의 경우에도 그대로 적용된다.)

그러면 Ω 영역 내에서 벡터장 $\boldsymbol{f}(\boldsymbol{x})$를 아래와 같이 C^2 클래스에 속하는(즉 적어도 2번 이상 연속미분 가능) 적당한 벡터장 $\boldsymbol{u}(\boldsymbol{x})$의 라플라스로 나타내면 아래가 된다.

$$\nabla^2 \boldsymbol{u} = \boldsymbol{f} \tag{2.405}$$

이 때 3차원 편미방 식 (2.405)의 해 $\boldsymbol{u}(\boldsymbol{x})$는 아래와 같이 주어진다(문 2.16 참조).

$$\boldsymbol{u} = -\int_\Omega \frac{\boldsymbol{f}(\boldsymbol{x}')}{4\pi r} dv(\boldsymbol{x}') \tag{2.406}$$

여기서 $r = \| \boldsymbol{x} - \boldsymbol{x}' \|$는 Ω 영역에서 두 점 $\boldsymbol{x}$와 $\boldsymbol{x}'$사이의 거리를 나타내며, $dv(\boldsymbol{x}')$는 미소 부피요소이다.

[비고 : 식 (2.406)의 $\boldsymbol{u}$가 식 (2.405)의 해임은 양변에 좌표성분 $\boldsymbol{x}$에 대해 ∇^2를 취하면 (즉 $\nabla^2 = \nabla \cdot \nabla$, $\nabla = \frac{\partial}{\partial \boldsymbol{x}}$ 임) 식 (2.403)으로부터 아래가 성립된다.

$$\nabla^2 \boldsymbol{u}(\boldsymbol{x}) = -\int_\Omega \frac{\boldsymbol{f}(\boldsymbol{x}')}{4\pi}(-4\pi\delta(\boldsymbol{x} - \boldsymbol{x}')dv(\boldsymbol{x}')) = \int_\Omega \boldsymbol{f}(\boldsymbol{x}')\delta(\boldsymbol{x} - \boldsymbol{x}')\,dv(\boldsymbol{x}')$$

여기서 식 (2.404)의 (3차원)델타함수의 성질을 이용하면 $\nabla^2 \boldsymbol{u}(\boldsymbol{x}) = \boldsymbol{f}(\boldsymbol{x})$가 되어 식 (2.405)를 만족한다.]

지금 식 (2.405)의 벡터장 $\boldsymbol{u}$에 대해 아래와 같이 정의하자.

$$\nabla \cdot \boldsymbol{u} = \phi, \ \nabla \times \boldsymbol{u} = -\boldsymbol{A} \tag{2.407}$$

그런데 벡터 항등관계 식 (2.225)로부터 아래가 성립된다.

$$\nabla^2 \boldsymbol{u} = \nabla(\nabla \cdot \boldsymbol{u}) - \nabla \times \nabla \times \boldsymbol{u} \tag{2.408}$$

그러면 식 (2.405)로부터 아래가 성립된다.

$$\boldsymbol{f} = \nabla^2 \boldsymbol{u} = \nabla(\nabla \cdot \boldsymbol{u}) - \nabla \times \nabla \times \boldsymbol{u} = \nabla\phi + \nabla \times \boldsymbol{A} \tag{2.409}$$

여기서 $\nabla\phi$ 및 $\nabla \times \boldsymbol{A}$는 각각 벡터 공식 (2.224) 및 (2.223)에 의해 비회전 벡터장($\because \nabla \times (\nabla\phi) = 0$) 및 솔레노이드 벡터장($\because \nabla \cdot (\nabla \times \boldsymbol{A}) = 0$)이 되어 Helmholtz 정리를 만족한다. 그리고 식 (2.409)는 좌표계에 무관한 벡터(혹은 1차 텐서)방정식으로 나타내져 있으므로, 일반 곡선좌표계를 포함한 모든 좌표계에서도 이 정리가 성립된다. ■

그러면 주어진 벡터장 $\boldsymbol{f}(\boldsymbol{x})$에 대해 식 (2.407)을 만족하는 스칼라장 $\phi(\boldsymbol{x})$ 및 벡터장 $\boldsymbol{A}(\boldsymbol{x})$는 아래와 같이 $\boldsymbol{f}$를 사용하여 명백한(explicit)형태로 나타낼 수 있다. 이를 위해 먼저 $\boldsymbol{\xi}(\boldsymbol{x}, \boldsymbol{x}') \equiv \boldsymbol{x} - \boldsymbol{x}'$[혹은 $\| \boldsymbol{\xi} \| = r(\boldsymbol{x}, \boldsymbol{x}') = \| \boldsymbol{x} - \boldsymbol{x}' \|$]로 정의할 때 양변을 각각 $\nabla_{\boldsymbol{x}} \left(= \dfrac{\partial}{\partial \boldsymbol{x}} \right)$ 및 $\nabla_{\boldsymbol{x}'} \left(= \dfrac{\partial}{\partial \boldsymbol{x}'} \right)$로 편미분하면 아래가 성립된다.

(단 $\dfrac{\partial \boldsymbol{x}}{\partial \boldsymbol{x}} = \dfrac{\partial \boldsymbol{x}}{\partial \boldsymbol{x}'} = \mathbf{I} = (\delta_{ij})$를 이용).

$$\nabla_{\boldsymbol{x}} \boldsymbol{\xi} = \mathbf{I}, \quad \nabla_{\boldsymbol{x}'} \boldsymbol{\xi} = -\mathbf{I}, \quad \nabla_{x} \boldsymbol{\xi} = -\nabla_{x'} \boldsymbol{\xi} \tag{2.410}$$

즉 주어진 $\boldsymbol{\xi}(\boldsymbol{x}, \boldsymbol{x}') \equiv \boldsymbol{x} - \boldsymbol{x}'$에 대해 $\nabla_{\boldsymbol{x}} \left(= \dfrac{\partial}{\partial \boldsymbol{x}} \right) = \nabla$ 및 $\nabla_{x'} \left(= \dfrac{\partial}{\partial \boldsymbol{x}'} \right) = \nabla'$라 하면 아래가 성립된다(단 $\nabla = \dfrac{\partial}{\partial \boldsymbol{r}} = \boldsymbol{g}^k \nabla_k$(식 (2.75) 이용).

$$\nabla_{\boldsymbol{x}} = -\nabla_{x'} (\text{혹은 } \nabla = -\nabla'), \quad \nabla_k \left(= \frac{\partial}{\partial x^k} \right) = -\nabla'_k \left(= -\frac{\partial}{\partial x'^k} \right) \tag{2.411}$$

따라서 임의의 함수 $\boldsymbol{F}(\boldsymbol{x}, \boldsymbol{x}') = \boldsymbol{F}(\| \boldsymbol{x} - \boldsymbol{x}' \|)$ 및 $G(\boldsymbol{x}')$에 대해 각각 아래가 성립된다.

$$\nabla \boldsymbol{F}(\| \boldsymbol{x} - \boldsymbol{x}' \|) = -\nabla' F(\| \boldsymbol{x} - \boldsymbol{x}' \|), \quad \nabla G(\boldsymbol{x}') \left[= \frac{\partial}{\partial \boldsymbol{x}} G(\boldsymbol{x}') \right] = 0 \tag{2.412}$$

이제 성질 (2.412)를 이용하면 먼저 식 (2.407)로 정의된 스칼라 장 ϕ에 대해 식 (2.406)의 도움을 받아 아래가 성립된다.

$$\phi = \nabla \cdot \boldsymbol{u} = -\frac{1}{4\pi}\int_{\Omega} \boldsymbol{f}(\boldsymbol{x}') \cdot \nabla\left(\frac{1}{r}\right)dv(\boldsymbol{x}') = \frac{1}{4\pi}\int_{\Omega} \boldsymbol{f}(\boldsymbol{x}') \cdot \nabla'\left(\frac{1}{r}\right)dv(\boldsymbol{x}') \tag{2.413}$$

따라서 ϕ는 $\boldsymbol{f}$의 명백한 함수로 나타내진다.

다음에는 정의식 $\boldsymbol{A} = -\nabla \times \boldsymbol{u}$에 대해서도 성질 (2.412)와 식 (2.406)의 도움을 받아 단순 연결 영역 Ω에 대하여 아래의 관계식이 성립된다.

$$\boldsymbol{A} = -\nabla \times \boldsymbol{u} = \frac{1}{4\pi}\int_{\Omega} \nabla \times \left(\frac{1}{r}(\boldsymbol{f}(\boldsymbol{x}'))\right)dv(\boldsymbol{x}') = \frac{1}{4\pi}\int_{\Omega} \boldsymbol{f}(\boldsymbol{x}') \times \nabla'\left(\frac{1}{r}\right)dv(\boldsymbol{x}') \tag{2.414}$$

마지막 단계에서 $\nabla \times (\phi\boldsymbol{a}) = (\nabla \phi) \times \boldsymbol{a} + \phi(\nabla \times \boldsymbol{a})$ 관계 및 식 (2.412)에서 $\nabla\left(\frac{1}{r}\right) = -\nabla'\left(\frac{1}{r}\right)$ 와 $\nabla \boldsymbol{f}(\boldsymbol{x}')\left[= \frac{\partial}{\partial \boldsymbol{x}}\boldsymbol{f}(\boldsymbol{x}')\right] = \boldsymbol{0}$를 이용하였다.

[비고 : Helmholtz 식 (2.402)의 좌변은 벡터장 $\boldsymbol{f}$의 3 (공변)성분 f_k가 필요하나, 반변에 우변은 스칼라 함수 ϕ 1개와, 벡터 $\boldsymbol{A}$의 3 (공변)성분 A_k 즉 모두 4개가 필요하다. 이와 같은 불일치를 해결하기 위하여 실제 고체의 탄성파 진동문제에 응용시 벡터장 $\boldsymbol{A}$를 지배하는 파동방정식의 해를 용이하게 하도록 $\nabla \cdot \boldsymbol{A} = 0$이라는 소위 '게이지 조건(gauge condition)'을 부가함으로써 여분의 성분 수 1개를 줄이는 효과가 있다.]

여기서 이 절을 끝내기 전 금후의 응용에 있어서 자주 접하게 되는 스칼라 함수 $f(r)$(여기서 r는 위치벡터 $\boldsymbol{r}$의 크기 즉 $r = \|\boldsymbol{r}\| = \sqrt{\boldsymbol{r} \cdot \boldsymbol{r}}$ 임)의 $\nabla\left(= \frac{\partial}{\partial \boldsymbol{r}} = \boldsymbol{g}^k \nabla_k\right)$ 및 $\nabla^2 (= \nabla \cdot \nabla)$ 연산에 의한 아래의 두 결과식을 증명해보기로 한다.

$$\nabla f(r) = \frac{\partial}{\partial \boldsymbol{r}} f(r) = f'(r)\boldsymbol{r}/r \tag{2.415a}$$

$$\nabla^2 f(r) = f''(r) + 2f'(r)/r \tag{2.415b}$$

여기서 $f'(r)$ 및 $f''(r)$은 각각 r에 관한 1계 및 2계 도함수이며 $\boldsymbol{r} = r\boldsymbol{e}_r$이다.

증명 a) 구좌표 $x^1 = r,\ x^2 = \theta,\ x^3 = \phi$를 생각하면, $f(r) = f(x^1)$이므로 연쇄율(부록 1.1 참조)에서 아래가 성립된다.

$$\nabla f(r) = \frac{\partial}{\partial \boldsymbol{r}} f(r) = \frac{\partial x^k}{\partial \boldsymbol{r}} \frac{\partial f(r)}{\partial x^k} = \frac{\partial r}{\partial \boldsymbol{r}} \frac{\partial f}{\partial r}$$

그런데 구좌표에 대한 역 기저벡터의 정의에서 $\partial r / \partial \boldsymbol{r} = \boldsymbol{g}^1 (= \boldsymbol{g}^r) = h^1 \boldsymbol{e}^1 = \boldsymbol{e}_r = \boldsymbol{r}/r$

(식 (2.241) 참조)가 된다. 따라서 위 식은 아래가 되어 식 (2.415a)가 증명된다.

$$\nabla f(r) = \boldsymbol{e}_r f'(r) = f'(r)\,\boldsymbol{r}/r$$

b) 구좌표에 대한 스칼라 함수 $f(r)$의 라플라스 $\nabla^2 f$는 공식 (2.170)에 2.11.3.2절의 결과 $\sqrt{g} = h_1 h_2 h_3 = r^2 \sin\theta$, $g^{11} = 1/{h_1}^2 = 1$등을 대입하고, f가 $l = 1$ 즉 $x^1 = r$에만 의존하므로 아래 식을 얻어 증명된다.

$$\nabla^2 f(r) = \frac{1}{r^2 \sin\theta}\frac{d}{dr}\left(r^2 \sin\theta\frac{df}{dr}\right) = \frac{1}{r^2}\left(2r\frac{df}{dr} + r^2\frac{d^2 f}{dr^2}\right) = f''(r) + 2f'(r)/r$$

혹은 $\nabla^2 f = \nabla \cdot \nabla f$에서 ∇f는 문제 a)의 결과를 이용하고, 구좌표에 대한 $\nabla\left(= \frac{\partial}{\partial \boldsymbol{r}}\right)$은 식 (2.247)을 대입하여 미분을 행하고, 식 (2.32)의 공식을 이용하여 정리(단 $\boldsymbol{e}_i \cdot \boldsymbol{e}_j = \delta_{ij}$이용)하면 마찬가지 결과를 얻을 수 있다. ■

만약 위 식 (2.415)에 $f(r) = r^n$(단 $n \neq 0$)을 대입하면 각각 아래를 얻는다.

$$\nabla r^n = n r^{n-2}\boldsymbol{r}, \quad \nabla^2 r^n = n(n+1)r^{n-2} \quad (n \neq 0) \tag{2.416}$$

■ 2.15 다중적분과 좌표변환

2.15.1 이중적분(면적분)

2.15.1.1 면적분의 계산

이에 2.7절과 2.8절에서 별 증명없이 몇 차례 인용된 바 있지만, 여기에서는 일반적인 어떤 표면에 대하여 어떻게 면적분을 계산하는지 알아보자. 먼저 선택한 좌표계의 좌표미분 항으로 스칼라 미소 면적 dS를 나타내어야 한다. 예를 들어 만일 S가 반경 a인 구의 표면이라면 식 (2.113)에 매개변수 u, v로 구좌표 θ, ϕ를 사용하여 관계식 $dS = a^2 \sin\theta\, d\theta\, d\phi$를 얻을 수 있다. 그러나 일반적인 표면에 대해서는 표면을 임의의 특별한 좌표계로 나타내는 것은 그리 쉽지 않다. 그러한 경우에는 아래와 같이 직교 Cartesian 좌표계를 사용하여 그 표면을 Cartesian 좌표 평면에 투영(projection)시켜 계산하는 것이 편리하다.

그림 2.9에서처럼 곡면 (혹은 곡면의 일부) S를 생각해 보자. 곡면 S를 $xy-$평면상의 영역 R

위로 투영시키면 점 P에서의 미소 표면적 dS는 Cartesian 평면의 미소면적 dA로 투영된다. 그림으로부터 $dA = |\cos\alpha|dS$임을 알 수 있고, 여기서 α는 z 방향의 단위벡터 $\boldsymbol{k}$와 점 P에서 표면의 단위 법선벡터 $\boldsymbol{n}$가 이루는 각도이다. 따라서 S의 임의의 점에서 다음 관계가 성립한다.

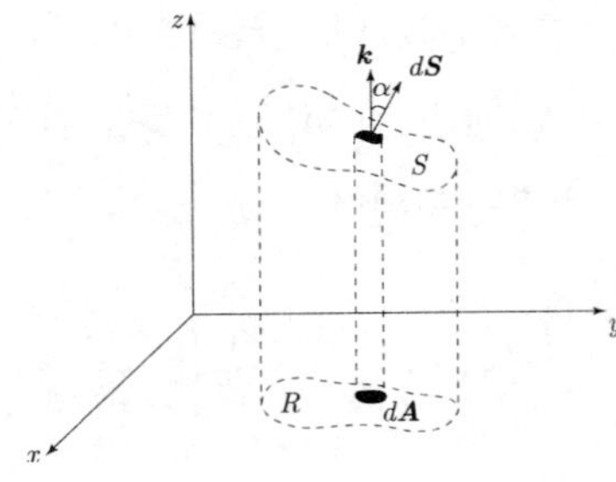

그림 2.9 곡면 S의 xy 평면상의 영역 R에로의 투영. $d\boldsymbol{S}$는 곡면상의 한 점 P에서 벡터 표면 요소임.

$$dS = \frac{dA}{|\cos\alpha|} = \frac{dA}{|\boldsymbol{n}\cdot\boldsymbol{k}|}$$

만약 곡면 S가 식 $f(x,y,z)=0$로 주어진다면 곡면의 임의의 점에서 단위법선 벡터는 $\boldsymbol{n} = \frac{\nabla f}{|\nabla f|}$(식 (2.126) 참조)로 주어진다. 따라서 위의 미소 표면적은 다음과 같이 된다.

$$dS = \frac{dA}{|\hat{\boldsymbol{n}}\cdot\boldsymbol{k}|} = \frac{|\nabla f|dA}{\nabla f\cdot\boldsymbol{k}} = \frac{|\nabla f|dA}{\partial f/\partial z} \tag{2. 417}$$

여기서 $|\nabla f|$와 $\frac{\partial f}{\partial z}$는 표면 S상에서 평가되었다. 그러므로 어떠한 S에 대한 면적분도 $xy-$평면상의 영역 R에 대한 이중적분으로 표현할 수 있다.

예제 2.20

$\boldsymbol{b} = x\boldsymbol{i}$이고 S가 반구 $x^2+y^2+z^2 = a^2\,(z \geq 0)$의 표면일 때 아래의 면적분 값을 계산하라.

$$I = \int_S \boldsymbol{b}\cdot d\boldsymbol{S}$$

풀이

그림 2.10에 반구의 표면이 나타나 있다. 이 경우에 dS는 구좌표를 사용하여 $dS = a^2\sin\theta\, d\theta\, d\phi$(즉 식 (2.113)에 $u=\theta,\ v=\phi$로 둠)로 나타낼 수 있고, 구면상의 임의의 점에서 표면에 대한 단위 법선벡터는 $\hat{\boldsymbol{r}}(=\boldsymbol{e}_r)$이다.

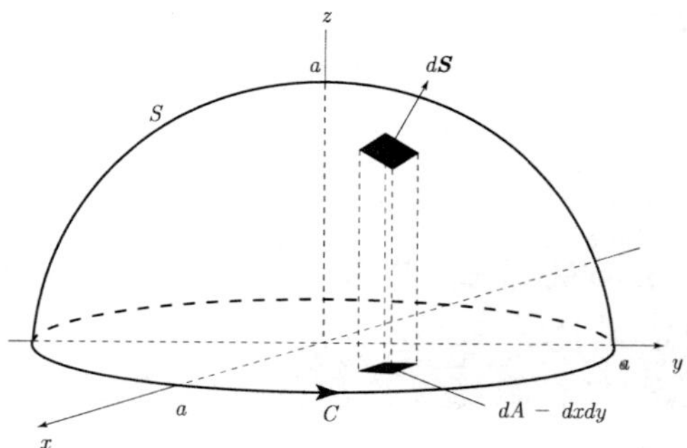

그림 2.10 반구(hemisphere)의 표면 $x^2+y^2+z^2=a^2\ (z \geqq 0)$.

반구의 표면에서 $x=a\sin\theta\cos\phi$ 이고 $\boldsymbol{r}=\boldsymbol{i}\sin\theta\cos\phi+\boldsymbol{j}\sin\theta\sin\phi-\boldsymbol{k}\cos\theta$ 이므로

$$\boldsymbol{b}\cdot d\boldsymbol{S}=x(\boldsymbol{i}\cdot\hat{\boldsymbol{r}})dS=(a\sin\theta\cos\phi)(\sin\theta\cos\phi)(a^2\sin\theta\, d\theta\, d\phi)$$

따라서 θ 와 ϕ 에 대한 적절한 극한을 취하면 다음의 관계식을 얻을 수 있다.

$$I=\int_S \boldsymbol{a}\cdot d\boldsymbol{S}=a^3\int_0^{\pi/2} d\theta\sin^3\theta\int_0^{\pi/2} d\phi\cos^2\phi=\frac{2\pi a^3}{3}$$

이와 같은 방법 외에도, 반구의 표면 S를 원점에 중심을 둔 반경 $\boldsymbol{a}$ 의 원인 $xy-$평면상의 영역 R 로 투영시켜 계산할 수도 있다. 즉 반구의 표면에 대한 방정식을 $f(x,y)=x^2+y^2+z^2-a^2=0$ 라고 하고 식 (2.417)을 사용하면 다음의 관계식을 얻을 수 있다.

$$I=\int_S \boldsymbol{a}\cdot d\boldsymbol{S}=\int_S x\,(\boldsymbol{i}\cdot\hat{\boldsymbol{r}})\,dS=\int_R x\,(\boldsymbol{i}\cdot\hat{\boldsymbol{r}})\,\frac{|\nabla f\,|dA}{\partial f/\partial z}$$

이제 $\nabla f=2x\boldsymbol{i}+2y\boldsymbol{j}+2z\boldsymbol{k}=2\boldsymbol{r}$ 이므로, 구면 S상에서 $|\nabla f|=2|\boldsymbol{r}|=2a$ 이다. 또한, S상에서 $\frac{\partial f}{\partial z}=2z=2\sqrt{a^2-x^2-y^2}$ 이고 $\boldsymbol{i}\cdot\hat{\boldsymbol{r}}=\frac{x}{a}$ 이다. 따라서 적분은 다음과 같이 된다.

$$I=\int\int_R \frac{x^2}{\sqrt{a^2-x^2-y^2}}dx\,dy$$

바로 (x,y) 좌표로 적분하는 대신에 아래와 같이 같은 평면 내 극좌표로 변환(즉 $x=\rho\cos\phi$, $y=\rho\sin\phi$)하는 것이 더욱 빠르다.

$\rho=a\sin u$ 로 치환하면 다음을 얻을 수 있다.

$$I=\int_0^{2\pi}\cos^2\phi\, d\phi\int_0^{\pi/2} a^3\sin^3 u\, du=\frac{2\pi a^3}{3}$$

2. 15. 1. 2 벡터 표면적

곡면 S의 벡터 면적은 간단히 다음과 같이 정의된다.

$$\boldsymbol{S} = \int_S d\boldsymbol{S}$$

여기서 곡면 적분은 $d\boldsymbol{S} = \boldsymbol{n} dS$로 둠으로써 앞 절의 경우와 마찬가지로 평가할 수 있다.

예제 2.21

반구 $x^2 + y^2 + z^2 = a^2 (z \geq 0)$ 표면의 벡터 면적을 찾으시오.

풀이

앞의 예제와 마찬가지로 구좌표에서 $d\boldsymbol{S} = \boldsymbol{n} dS = a^2 \sin\theta \, d\theta \, d\phi \, \hat{\boldsymbol{r}}$ 이다. 따라서 벡터 면적은 다음과 같이 주어진다.

$$\boldsymbol{S} = \int\int_S a^2 \sin\theta \, d\theta \, d\phi \, \hat{\boldsymbol{r}}$$

이제 $\hat{\boldsymbol{r}}$ 은 표면 S 위에서 변하므로 위 식 또한 적분되어질 수 있다. 이때 $\hat{\boldsymbol{r}}$ 를 아래와 같이 Cartesian 기저 벡터로 나타내면(식 (2.245) 참조) 쉽게 적분이 가능하다.

$$\hat{\boldsymbol{r}} = \sin\theta \cos\phi \, \boldsymbol{i} + \sin\theta \sin\phi \, \boldsymbol{j} + \cos\theta \, \boldsymbol{k}$$

따라서 벡터 면적에 대한 표현은 다음과 같이 된다.

$$\boldsymbol{S} = \boldsymbol{i}\left(a^2 \int_0^{2\pi} \cos\phi \, d\phi \int_0^{\pi/2} \sin^2\theta \, d\theta\right) + \boldsymbol{j}\left(a^2 \int_0^{2\pi} \sin\phi \, d\phi \int_0^{\pi/2} \sin^2\theta \, d\theta\right)$$

$$+ \boldsymbol{k}\left(a^2 \int_0^{2\pi} d\phi \int_0^{\pi/2} \sin\theta \cos\theta \, d\theta\right)$$

$$= 0 + 0 + \pi a^2 \boldsymbol{k} = \pi a^2 \boldsymbol{k}$$

여기에서 $\boldsymbol{S}$의 크기는 반구가 xy−평면에 투영된 면적 πa^2 이고, 반구의 표면적 $2\pi a^2$ 는 아니며, 또한 미소 표면적 벡터 $d\boldsymbol{S}$ 는 $\hat{\boldsymbol{r}}$ 의 방향이지만 전체 적분인 $\boldsymbol{S}$는 $\boldsymbol{k}$의 방향을 가짐에 주목하라.

위에서 논의한 반구 표면(shell)은 열린 표면의 예이다. 그런데 닫힌 표면에 대한 벡터 면적은 항상 0이다.

증명 이것은 표면을 차례로 각각의 Cartesian 좌표면에 투영시키면 알 수 있다. 즉 각각의 투영에 대하여 위 표면에 대한 면적의 양(+)부분은 반대되는 음(−) 부분에 의해 소거된다. 따라서 $\boldsymbol{S}=\oint_S d\boldsymbol{S}$의 각 성분은 없어진다. ■

이 결과의 중요한 계(corollary)로서, 열린 표면의 벡터 면적은 위의 예에서 보았듯이 표면의 주변 또는 경계 곡선 C에만 의존한다는 것이다. 이것은 다음과 같이 증명될 수 있다.

증명 만일 표면 S_1과 S_2가 같은 주변곡선을 가진다면, $S_1 - S_2$는 닫힌 곡선이고 다음과 같다.

$$\oint d\boldsymbol{S}=\int_{S_1} d\boldsymbol{S}-\int_{S_2} d\boldsymbol{S}=0$$

따라서 $\boldsymbol{S}_1=\boldsymbol{S}_2$이다.

더욱이 아래에서 보듯이 열린 표면 S의 벡터 면적 $\boldsymbol{S}$는 항상 그의 주변곡선 C상의 선적분 항으로 나타낼 수 있다.

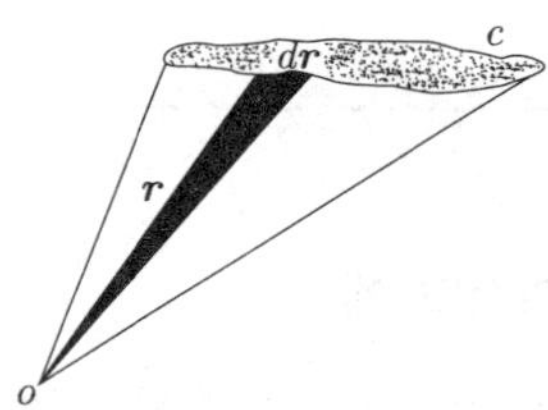

그림 2.11 원점에 정점을 갖고 주변곡선 C로 둘러싸여진 한 원추 곡면(conical surface).

지금 주변곡선 C를 가진 임의의 표면을 선택할 수 있으므로 꼭지점이 원점인 원추(그림 2.11)를 생각해 보자. 그림에 나타낸 미소 삼각형 영역의 벡터 면적은 $d\boldsymbol{S}=\frac{1}{2}\boldsymbol{r}\times d\boldsymbol{r}$이다. 따라서 원추, 나아가 주변곡선 C를 가진 임의의 열린 표면에 대하여 벡터 면적은 항상 다음과 같은 선적분으로 나타낼 수 있다(2.8.2.2절 참조).

$$\boldsymbol{S}=\frac{1}{2}\oint_C \boldsymbol{r}\times d\boldsymbol{r} \quad ■ \tag{2. 150}$$

만약 표면을 $xy-$평면으로 한정한다면 $\boldsymbol{r}=x\boldsymbol{i}+y\boldsymbol{j}$, $d\boldsymbol{r}=dx\boldsymbol{i}+dy\boldsymbol{j}$이고, 표면의 면적이 $A=\frac{1}{2}\oint_C (x\,dy-y\,dx)$로 주어지는 특별한 경우를 얻을 수 있다.

예제 2.22

반구의 주변곡선 주위로 선적분 $\boldsymbol{S}=\frac{1}{2}\oint_C \boldsymbol{r}\times d\boldsymbol{r}$을 계산하여 반구 $x^2+y^2+z^2=a^2$ $(z \geq 0)$ 표면의 벡터 면적을 찾으시오.

풀이

반구의 주변곡선 C는 원 $x^2+y^2=a^2$이고 여기서 다음의 관계식을 얻을 수 있다.

$$\boldsymbol{r}=a\cos\phi\,\boldsymbol{i}+a\sin\phi\,\boldsymbol{j}, \qquad d\boldsymbol{r}=-a\sin\phi\,d\phi\,\boldsymbol{i}+a\cos\phi\,d\phi\,\boldsymbol{j}$$

따라서 외적 $\boldsymbol{r}\times d\boldsymbol{r}$은 다음과 같다.

$$\boldsymbol{r}\times d\boldsymbol{r}=\begin{vmatrix} \boldsymbol{i} & \boldsymbol{j} & \boldsymbol{k} \\ a\cos\phi & a\sin\phi & 0 \\ -a\sin\phi\,d\phi & \cos\phi\,d\phi & 0 \end{vmatrix}=a^2(\cos^2\phi+\sin^2\phi)d\phi\,\boldsymbol{k}=a^2\,d\phi\,\boldsymbol{k}$$

따라서 벡터 면적은 앞의 예제와 동일하게 다음의 값을 갖는다.

$$\boldsymbol{S}=\frac{1}{2}a^2\boldsymbol{k}\int_0^{2\pi}d\phi=\pi a^2\boldsymbol{k}$$

2.15.1.3 곡면적분의 물리적인 예

물리학에서 곡면적분의 많은 예가 있다. 가령 벡터장 $\boldsymbol{a}$에 대하여 면적분 $\int_S \boldsymbol{a}\cdot d\boldsymbol{S}$는 곡면 S를 통한 $\boldsymbol{a}$의 '유출량(flux)'이라고 한다(2.7절 참조). 물리적으로 중요한 유출량 적분의 예는 수없이 많다. 예를 들어 유체에서 밀도가 $\rho(\boldsymbol{r})$이고 속도장 $\boldsymbol{v}(\boldsymbol{r})$을 가지고 움직이는 표면 S를 생각해 보자. dt 시간당 미소 표면적 $d\boldsymbol{S}$를 통과하는 유체의 질량은 $dM=\rho\boldsymbol{v}\cdot d\boldsymbol{S}\,dt$이다. 따라서 S를 통과하는 유체의 순(net) 전체 질량 유출량은 $M=\int_S \rho(\boldsymbol{r})\boldsymbol{v}(\boldsymbol{r})\cdot d\boldsymbol{S}$가 된다. 또 다른 예를 들면 표면 S로 둘러싸여진 부피 V 바깥으로의 전자파 에너지 유출량은 $\oint_S (\boldsymbol{E}\times\boldsymbol{H})\cdot d\boldsymbol{S}$ 이다.

다음에는 엄밀히 말하면 위에 언급된 flux 적분은 아닐지라도 아래에서 정의되는 바와 같이 유사한 형태의 면적분으로 나타내어지는 곡면에 대한 소위 "Gauss 적분정리"에 대해 논하기로 한다.

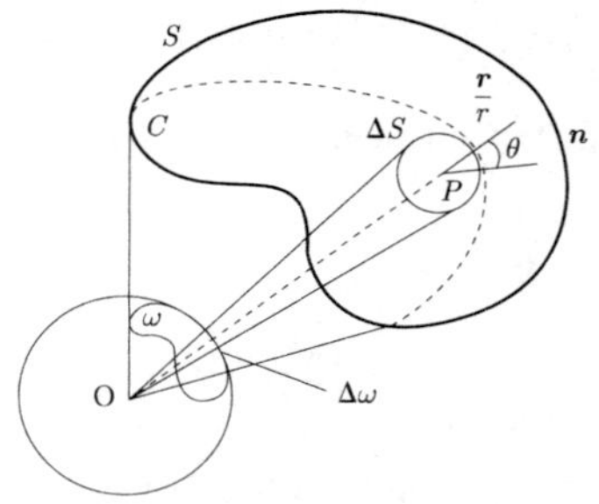

그림 2.12 정점 O에서의 곡면 S에 대응하는 입체각(solid angle) ω의 정의.

폐곡선 C를 경계로 하는 곡면 S가 있고 공간의 한 점 O와 S위의 점 P를 잇는 직선은 S와 P이외의 점에서는 다시 만나지 않는다고 한다(그림 2.12 참조).

이때 정점 O와 S위의 모든 점을 이어서 되는 O를 꼭지점으로 하는 원추가 O를 중심, 1을 반경으로 하는 구면으로 잘리는 부분의 넓이 ω를 곡면 S의 O에 대한 '입체각(solid angle)'이라고 한다. 그리고 곡면 S가 안과 밖의 구별이 된다고 할 때 입체각은 만약 O가 S의 뒷면 쪽의 부분에 있으면 양, 앞면 쪽의 부분에 있으면 음이라 약속한다. 지금 곡면 위의 임의의 점 P의 정점 O에 관한 위치벡터를 $\boldsymbol{r}=\overrightarrow{OP}$라 하고 점 P에서 곡면 S에 대한 (외향) 단위 법선벡터를 $\boldsymbol{n}$, $\boldsymbol{r}$과 $\boldsymbol{n}$이 이루는 각을 θ(즉 $\hat{\boldsymbol{r}}\cdot\boldsymbol{n}=\cos\theta$)라 한다. 또 점 P를 포함하는 곡면의 미소 부분을 ΔS라 하고 그 입체각을 $\Delta\omega$라 하자. 이때 점 P를 지나서 $\boldsymbol{r}$에 수직인 평면 위에 ΔS를 투영한 것은 $\cos\theta\,\Delta S$이고, $\Delta\omega$는 이것을 $r^2=|\boldsymbol{r}|^2$으로 나눈 것이다. 그러므로

$$\Delta\omega=\frac{1}{r^2}cos\theta\,\Delta S=\frac{1}{r^2}\left\{\frac{\boldsymbol{r}}{r}\cdot\boldsymbol{n}\,\Delta S\right\}=\frac{1}{r^3}\boldsymbol{r}\cdot\Delta\boldsymbol{S}$$

따라서 곡면 S의 정점 O에 대한 (부호를 가진) 입체각 ω는

$$\omega=\oint_S\frac{\boldsymbol{r}\cdot\boldsymbol{n}dS}{r^3}=\oint_S\frac{\boldsymbol{r}\cdot d\boldsymbol{S}}{r^3}=\oint_S\frac{\hat{\boldsymbol{r}}\cdot d\boldsymbol{S}}{r^2} \tag{2.418}$$

로 주어진다.

이것을 이용하여 아래와 같이 정의되는 Gauss 적분 정리를 증명해 보자.

$$\omega=\oint_S\frac{1}{r^3}\boldsymbol{r}\cdot d\boldsymbol{S}=\begin{cases}0 & (O\text{가 폐곡면 }S\text{의 외부에 있을 때})\\ 4\pi & (O\text{가 폐곡면 }S\text{의 내부에 있을 때})\\ 2\pi & (O\text{가 폐곡면 }S\text{의 위에 있을 때})\end{cases} \tag{2.419}$$

증명 지금 아래 그림에서처럼 폐곡면 S로 둘러싸인 영역을 D라 하고, 임의의 점 O의 위치벡터 $\boldsymbol{r}$를 편의상 아래와 같이 Cartesian 좌표 (x, y, z)로 나타내자.

$$\boldsymbol{r} = z^m \boldsymbol{i}_m = x\boldsymbol{i} + y\boldsymbol{j} + z\boldsymbol{k}$$

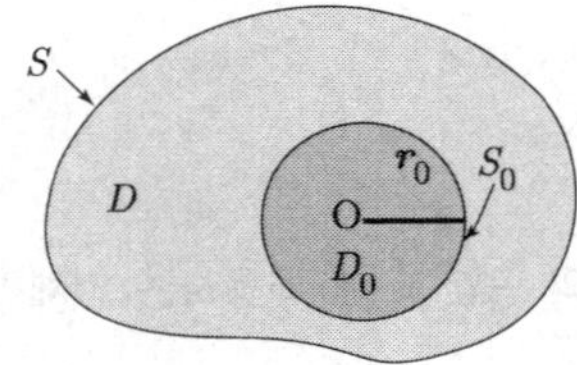

(a) 이때 Gauss 발산정리(2.112)에 의해 다음의 관계식을 얻을 수 있다.

$$\iint_S \frac{\boldsymbol{r} \cdot \boldsymbol{n}}{r^3} dS = \iiint_D \nabla \cdot \frac{\boldsymbol{r}}{r^3} dV \tag{i}$$

$\mathrm{div}\frac{\boldsymbol{r}}{r^3}$을 계산하기 위해 다음의 항등식을 사용하여야 한다(식 (2.416) 참조).

$$\nabla \cdot (f\boldsymbol{F}) = \boldsymbol{F} \cdot \nabla f + f\, \nabla \cdot \boldsymbol{F} \tag{ii}$$

$$\nabla r^n = nr^{n-2}\boldsymbol{r} \tag{iii}$$

식 (ii)의 관계를 적용하면 $\nabla \cdot \frac{\boldsymbol{r}}{r^3}$에 대해 다음의 관계식을 얻을 수 있다.

$$\nabla \cdot \left(\frac{\boldsymbol{r}}{r^3}\right) = \nabla \cdot (r^{-3}\boldsymbol{r}) = \boldsymbol{r} \cdot \nabla r^{-3} + r^{-3}\nabla \cdot \boldsymbol{r}$$

이제 식 (iii)를 적용하면

$$\begin{aligned} \nabla \cdot \left(\frac{\boldsymbol{r}}{r^3}\right) &= \boldsymbol{r} \cdot \nabla r^{-3} + r^{-3}\nabla \cdot \boldsymbol{r} \\ &= -3r^{-5}\boldsymbol{r} \cdot \boldsymbol{r} + 3r^{-3} \\ &= -3r^{-5}r^2 + 3r^{-3} = 0 \end{aligned} \tag{iv}$$

따라서

$$\iint_S \frac{\boldsymbol{r}\cdot\boldsymbol{n}}{r^3}dS = \iiint_D \nabla\cdot\frac{\boldsymbol{r}}{r^3}dV = 0$$

여기서 이 식은 $r \neq 0$일 때만 유효하다는 것에 주의해야 한다. 즉 면적분은 원점을 둘러싸지 않은 표면에 대해 0이 되어 같아진다. 혹은 마찬가지로 $\mathrm{div}\frac{\boldsymbol{r}}{r^3}$는 원점을 제외한 어느 곳에서도 0이 되어 같아진다.

(b) 만일 원점 O가 S의 내부에 있다면 원점 O를 반경이 r_0인 작은 구 S_0로 둘러쌀 수 있다. 여기서 S와 S_0로 둘러싸여진 영역에 대하여 적분한다.
발산정리에 의해 원점이 $D-D_0$의 내부에 있지 않으므로 다음의 관계식이 성립한다.

$$\begin{aligned}\iint_{S\cup S_0} \frac{\boldsymbol{r}\cdot\boldsymbol{n}}{r^3}dS &= \iint_S \frac{\boldsymbol{r}\cdot\boldsymbol{n}}{r^3}dS + \iint_{S_0} \frac{\boldsymbol{r}\cdot\boldsymbol{n}}{r^3}dS \\ &= \iiint_{D-D_0} \nabla\cdot\frac{\boldsymbol{r}}{r^3}dV = 0\end{aligned} \tag{v}$$

식 (v)로부터 다음의 관계식을 얻을 수 있다.

$$\iint_S \frac{\boldsymbol{r}\cdot\boldsymbol{n}}{r^3}dS = -\iint_{S_0} \frac{\boldsymbol{r}\cdot\boldsymbol{n}}{r^3}dS \tag{vi}$$

그리고

$$\begin{aligned}\iint_{S_0} \frac{\boldsymbol{r}\cdot\boldsymbol{n}}{r^3}dS &= \iint_{S_0} \frac{\boldsymbol{r}}{r_0^3}\cdot\left(-\frac{\boldsymbol{r}}{r_0}\right)dS \\ &= -\iint_{S_0} \frac{r_0^2}{r_0^4}dS = -\frac{1}{r_0^2}\iint_{S_0} dS \\ &= -\frac{1}{r_0^2}(4\pi r_0^2) = -4\pi\end{aligned} \tag{vii}$$

따라서

$$\int\!\!\int_S \frac{\boldsymbol{r}\cdot\boldsymbol{n}}{r^3}dS = 4\pi \tag{viii}$$

(c) 점 O가 폐곡면 S 위에 있을 때는 O에서 폐곡면 S의 접평면과 O를 중심, 1를 반경으로 하는 구면을 그리면 입체각은, 이 접평면으로 제한되는 반경 1의 반구의 중심면적과 같게 된다. 그러므로 구하는 입체각 ω는 2π이다. 폐곡면 S의 형태가 보다 복잡한 경우에도 이것을 몇 개로 분해하여 위의 경우에 귀착시킬 수 있다(단, 다중 연결 영역은 제외). ■

[비고 : 별해는 문 2.17 참조.]

한편 미소벡터 표면적 $d\boldsymbol{S} = \boldsymbol{r}_u \times \boldsymbol{r}_v\, du\, dv$(식 (2.113))이므로, 이를 식 (2.418)에 대입하면 입체각 ω는 아래와 같이 나타낼 수 있다.

$$\begin{aligned}\omega = \oint_S \frac{1}{r^3}\boldsymbol{r}\cdot d\boldsymbol{S} &= \int_\Omega \frac{1}{r^3}\boldsymbol{r}\cdot(\boldsymbol{r}_u \times \boldsymbol{r}_v)\, du\, dv \\ &= \int_\Omega \frac{1}{r^3}[\boldsymbol{r}, \boldsymbol{r}_u, \boldsymbol{r}_v]\, du\, dv\end{aligned} \tag{2. 420}$$

여기서 $[\boldsymbol{r}, \boldsymbol{r}_u, \boldsymbol{r}_v]$는 벡터의 스칼라 삼중적(1.240)이다.

예제 2.23

입체각을 표시하는 Gauss의 적분(2.418)은

$$\begin{aligned}\oint_S \frac{1}{r^3}\boldsymbol{r}\cdot d\boldsymbol{S} = \oint_S \frac{1}{r^2}\cos\theta\, dS &= -\oint_S \boldsymbol{n}\cdot\nabla\left(\frac{1}{r}\right)dS \\ &= -\oint_S \frac{\partial}{\partial n}\left(\frac{1}{r}\right)dS\end{aligned}$$

으로도 표시됨을 밝혀라. 단 $r = |\boldsymbol{r}|$이고, θ는 $\boldsymbol{r}$과 dS의 단위 법선벡터 $\boldsymbol{n}$이 이루는 각이며, $\frac{\partial}{\partial n}$는 $\boldsymbol{n}$방향의 미분 연산자이다.

풀이

첫째로 식 (2.416)에서 $n = -1$을 대입하면 아래가 된다.

$$\nabla\left(\frac{1}{r}\right) = -\frac{1}{r^3}\boldsymbol{r} = -\frac{1}{r^2}\frac{\boldsymbol{r}}{r}, \quad \frac{\boldsymbol{r}}{r}\cdot\boldsymbol{n} = \cos\theta$$

이므로

$$\oint_S \frac{1}{r^3}\boldsymbol{r}\cdot d\boldsymbol{S} = \oint_S \frac{1}{r^2}\frac{\boldsymbol{r}}{r}\cdot\boldsymbol{n}\,dS = \oint_S \frac{1}{r^2}\cos\theta\,dS$$

또 한쪽은 식 (2.126)에 의하여

$$\boldsymbol{n}\cdot\nabla\left(\frac{1}{r}\right) = \frac{\partial}{\partial n}\left(\frac{1}{r}\right)$$

이므로

$$\oint_S \frac{1}{r^3}\boldsymbol{r}\cdot d\boldsymbol{S} = \oint_S \nabla\left(-\frac{1}{r}\right)\cdot\boldsymbol{n}\,dS = -\oint_S \frac{\partial}{\partial n}\left(\frac{1}{r}\right)dS$$

최종 결과가 벡터가 되는 면적분은 자주 생기지 않지만 예를 들면 정수압이 $p(\boldsymbol{r})$인 물체가 받는 전 합력(total resultant force) $\boldsymbol{F}$의 경우이다. 압력은 모든 방향에서 안쪽 방향이므로 모든 표면에 대하여 취해진 합력은 $\boldsymbol{F} = -\oint_S p\,d\boldsymbol{S}$이다.

2. 15. 1. 4 이중적분에서의 변수 변환

여기에서는 1.11절에서 소개한 바 있는 다중적분의 변수 변환 기법에 대하여 좀 더 체계적으로 정리하고자 한다.

먼저 이중 적분에서의 변수변환에 대하여 살펴보자. x, y의 항으로 된 다음의 적분을 새 좌표계 u, v로 표현된 적분으로 변환한다고 가정하자.

$$I = \int\int_R f(x, y)\,dx\,dy$$

이것은 역함수 $x = x(u,v)$와 $y = y(u,v)$를 가진 (미분) 방정식 $u = u(x,y)$와 $v = v(x,y)$에 의해 x, y의 항으로 주어졌다. $xy-$평면에서 영역 R과 경계곡선 C는 $uv-$평면에서 새 영역 R'와 새 경계곡선 C'로 되고, 따라서 적분 한계도 변화시켜야 한다. 또한 함수 $f(x,y)$도 새 좌표계의 새 함수 $g(u,v)$로 된다.

이제 적분 중에서 가장 중요한 부분은 면적 요소(element)이다. $xy-$평면에서 요소는 각각 $x-$와 $y-$축에 평행한 직선의 격자에 의해 만들어지는 장방형의 면적인 $dA_{xy} = dx\,dy$ 이다. 이제

$uv-$평면에서 이 면적에 대응하는 요소를 결정해야 한다. 일반적으로 대응하는 요소 dA_{uv}는 dA_{xy}와 같은 형태가 아니지만 모든 요소가 극한을 취한 아주 작은 값이므로 문제되지 않으며 피적분 함수의 값은 그들에 대하여 상수로 간주될 수 있다.

면적 요소의 각 면(side)은 무한소이므로 dA_{uv}는 일반적으로 평행사변형의 형태를 가진다. 그림 2.13에서 보듯이 $u=$일정, $v=$일정한 곡선의 집합(family)에 의해 형성되는 격자를 고려함으로써 dA_{xy}와 dA_{uv} 사이의 연관성을 찾을 수 있다. v는 선분 KL을 따라 일정하므로 후자는 $x-$축과 $y-$축의 방향에서 각각 $\partial x/\partial u\, du$와 $\partial y/\partial u\, du$의 성분을 갖는다. 마찬가지로 u는 선분 KN을 따라 일정하므로 후자는 $\partial x/\partial v\, dv$와 $\partial y/\partial v\, dv$의 성분을 갖는다. 1장에서 주어진 평행사변형의 면적에 대한 결과를 이용하면 평행사변형 $KLMN$의 면적은 다음과 같이 주어진다. [또는 식 (2.113)에서 $\boldsymbol{r}=x\boldsymbol{i}+y\boldsymbol{j}$를 대입하여 $xy-$평면상에서 $dS=dA_{uv}$로 두어도 마찬가지 결과가 얻어진다.]

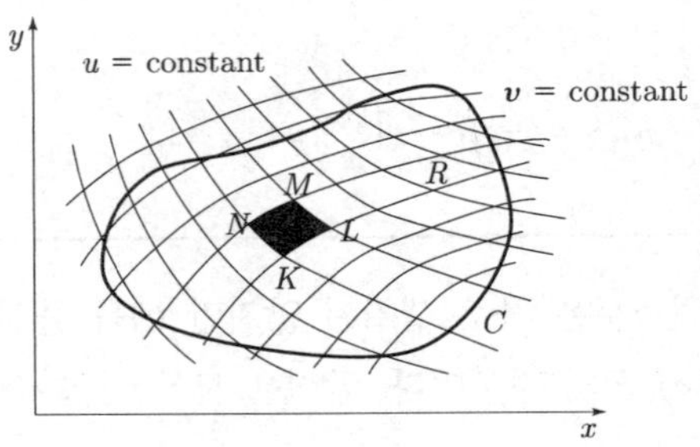

그림 2.13 $u=$일정, $v=$일정한 곡선의 집합(family)에 의해 형성된 격자(grid)와 겹쳐서 놓여진 적분영역 R. 평행사변형 $KLMN$은 면적요소 dA_{uv}를 정의한다.

$$dA_{uv}=\left|\frac{\partial x}{\partial u}du\,\frac{\partial y}{\partial v}dv-\frac{\partial x}{\partial v}dv\,\frac{\partial y}{\partial u}du\right|$$

$$=\left|\frac{\partial x}{\partial u}\frac{\partial y}{\partial v}-\frac{\partial x}{\partial v}\frac{\partial y}{\partial u}\right|du\,dv$$

u, v에 대한 x, y의 Jacobian을 다음과 같이 정의하면

$$J=\frac{\partial\,(x,\,y)}{\partial\,(u,\,v)}=\frac{\partial x}{\partial u}\frac{\partial y}{\partial v}-\frac{\partial x}{\partial v}\frac{\partial y}{\partial u}$$

다음의 관계를 얻을 수 있다.

$$dA_{uv}=\left|\frac{\partial\,(x,\,y)}{\partial\,(u,\,v)}\right|du\,dv$$

Jacobian은 2×2 행렬식의 형태로 다음과 같이 나타낼 수도 있다.

$$J=\frac{\partial(x,y)}{\partial(u,v)}=\begin{vmatrix}\frac{\partial x}{\partial u} & \frac{\partial y}{\partial u}\\ \frac{\partial x}{\partial v} & \frac{\partial y}{\partial v}\end{vmatrix}$$

따라서 종합하면 dx와 dy에 의해 만들어지는 면적 요소의 크기와 du와 dv에 의해 만들어지는 대응하는 면적 요소의 크기 사이의 관계는 다음과 같다(식 (1.232) 참조).

$$dx\,dy=\left|\frac{\partial(x,y)}{\partial(u,v)}\right|du\,dv$$

x, y 좌표계로부터 u, v 좌표계로 변환할 때의 목적은 면적 요소 $dx\,dy$를 위 등식의 우변에 대한 표현으로 치환하는 것이다. 물론 Jacobian도 적분 영역에 대하여 변할 수 있다. 두 좌표계에서의 이중적분을 다음과 같이 표현할 수 있다(예제 1.10 참조).

$$I=\int\int_R f(x,y)dx\,dy=\int\int_{R'} g(u,v)\left|\frac{\partial(x,y)}{\partial(u,v)}\right|du\,dv \tag{2.421}$$

새 좌표계에서 적분을 계산할 때 $uv-$평면에서 R' 적분의 영역을 그려보는 것은 도움이 된다.

예제 2.24

R이 원 $x^2+y^2=a^2$로 둘러싸여진 영역일 때 다음의 이중적분을 계산하라.

$$I=\int\int_R\left(a+\sqrt{x^2+y^2}\right)dx\,dy$$

풀이

Cartesian 좌표계에서 적분은 다음과 같이 쓸 수 있고 바로 계산이 가능하다.

$$I=\int_{-a}^{a}dx\int_{-\sqrt{a^2-x^2}}^{\sqrt{a^2-x^2}}dy\left(a+\sqrt{x^2+y^2}\right)$$

그러나 적분영역의 원형 경계로 인하여 평면 극좌표 ρ, ϕ로의 변수 변환이 필요하다. Cartesian과 평면 극 좌표사이의 관계는 $x=\rho\cos\phi$, $y=\rho\sin\phi$에 의해 주어진다. 따라서 식 (2.421)을 사용하면 다음과 같이 쓸 수 있다.

$$I=\int\int_{R'}(a+\rho)\left|\frac{\partial(x,y)}{\partial(\rho,\phi)}\right|d\rho\,d\phi$$

여기서 R'는 $\rho\phi-$평면에서 네 변이 $\rho=0$, $\rho=a$, $\phi=0$, $\phi=2\pi$ 인 장방형의 영역이다. Jacobian은 쉽게 계산되어 다음의 관계식을 얻을 수 있다.

$$J=\left|\frac{\partial(x,y)}{\partial(\rho,\phi)}\right|=\begin{vmatrix}\cos\phi & \sin\phi \\ -\rho\sin\phi & \rho\cos\phi\end{vmatrix}=\rho(\cos^2\phi+\sin^2\phi)=\rho$$

따라서 Cartesian과 평면 극좌표에서 면적 요소 사이의 관계는 다음과 같다.

$$dx\,dy=\rho\,d\rho\,d\phi$$

따라서 평면 극좌표로 나타내면 적분은 다음과 같다.

$$I=\int\int_{R'}(a+\rho)\,\rho\,d\rho\,d\phi$$

$$=\int_0^{2\pi}d\phi\int_0^a d\rho\,(a+\rho)\,\rho=2\pi\left[\frac{a\rho^2}{2}+\frac{\rho^3}{3}\right]_0^a=\frac{5\,\pi\,a^3}{3}$$

변수변환을 잘 이용하면 다른 방법으로는 다루기 힘든 적분의 계산이 가능할 때도 있다. 다음의 예제에서는 통계의 정규분포에 이용되는 소위 "오차(error) 적분"에 대하여 생각해 보기로 한다.

예제 2.25

적분 $I=\int_{-\infty}^{\infty}e^{-x^2}dx$ 을 구하라.

풀이

이 적분의 값은 우선 I^2을 만들어 찾을 수 있다. 즉

$$I^2=\int_{-\infty}^{\infty}e^{-x^2}dx\int_{-\infty}^{\infty}e^{-y^2}dy=\int_{-\infty}^{\infty}dx\int_{-\infty}^{\infty}dy\,e^{-(x^2+y^2)}=\int\int_R e^{-(x^2+y^2)}\,dx\,dy$$

여기서 영역 R은 전체 $xy-$평면이다.
다음으로 평면 극좌표로 변환하면 아래와 같다.

$$I^2=\int\int_{R'}e^{-\rho^2}\rho\,d\rho\,d\phi=\int_0^{2\pi}d\phi\int_0^{\infty}d\rho\,\rho e^{-\rho^2}=2\pi\left[-\frac{1}{2}e^{-\rho^2}\right]_0^{\infty}=\pi$$

따라서 원래 적분은 $I=\sqrt{\pi}$ 로 주어진다. 또한 피적분 함수가 우함수이므로 0에서 ∞까지 적분의 값은 간단히 $\sqrt{\pi}/2$ 이다.

그러나 앞에서의 예제와는 다르게 적분영역 R과 R'는 모두 크기가 무한대이다(즉 경계가 없다). 따라서 이 결과는 다음의 적분을 대신 고려하여 좀 더 엄밀히 유도해야 한다.

$$I(a) = \int_{-a}^{a} e^{-x^2}\, dx$$

그러면 다음의 관계식을 얻을 수 있고

$$I^2(a) = \int\int_R e^{-(x^2+y^2)} dx\, dy$$

여기서 R은 변 $2a$의 제곱이고 원점이 중심이다. 그림 2.14에서 볼 수 있듯이 피적분 함수가 항상 양수이므로 정방형에 대하여 취한 적분 값은 반지름이 a인 내부의 원으로 둘러싸여진 영역에 대하여 취한 적분 값과 반지름이 $\sqrt{2}\,a$인 외부의 원으로 둘러싸여진 영역에 대하여 취한 적분 값 사이에 있다.
위에서처럼 평면 극좌표로 변환하면 내부와 외부의 원에 대하여 취한 적분 값을 각각 계산할 수 있으며 다음의 관계가 있음을 알 수 있다.

$$\pi(1-e^{-a^2}) < I^2(a) < \pi(1-e^{-2a^2})$$

$a \to \infty$로 극한을 취하면 $I^2(a) \to \pi$가 됨을 알 수 있다. 그러므로 앞서 살펴보았듯이 $I = \sqrt{\pi}$가 된다.

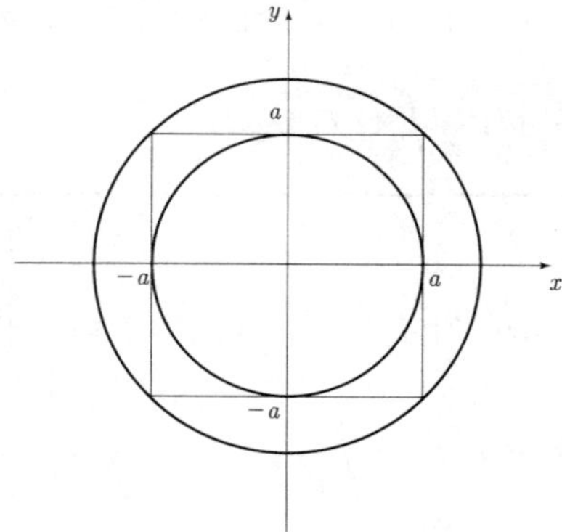

그림 2.14 $a \to \infty$ 일 때 적분 $I(a) = \int_{-a}^{a} e^{-x^2}\, dx$ 의 수렴성을 보여주는 그림.

2.15.2 삼중적분(부피적분)

2.15.2.1 부피적분의 계산

삼중(triple) 적분인 부피(volume) 적분은 일반적으로 선적분 혹은 면적분의 경우보다 간단하다. 왜냐하면 부피요소 dV가 스칼라량이기 때문이다.

서로 밀접하게 관련된 부피적분에 관한 물리적인 예로서 하나는 $\int_V \rho(\boldsymbol{r})dV$로 주어지는 부피 V에 담긴 유체의 전체 질량이고, 또 하나는 그 유체의 전체 직선 운동량 $\int_V \rho(\boldsymbol{r})\,\boldsymbol{v}(\boldsymbol{r})\,dV$ (여기서 $v(\boldsymbol{r})$은 위치 $\boldsymbol{r}$에서의 유체의 속도장임) 이다. 조금 더 복잡한 체적분의 예는 다음과 같다.

예제 2.26

원점 O를 지나는 축 주위로 일정(steady) 각속도 ω를 가지고 회전하는 강체(rigid body)의 각 운동량 $\boldsymbol{L}$에 대한 표현식을 구하라.

풀이

지금 위치$\boldsymbol{r}$에 있는 미소 체적 요소 dV를 생각해 보자. 이것의 선운동량은 $\rho dV\dot{\boldsymbol{r}}$이다. 여기서 $\rho=\rho(\boldsymbol{r})$은 그 점에서의 밀도분포이고, 원점 O주위의 각 운동량(선운동량 모멘트)은 $\boldsymbol{r}\times\rho\dot{\boldsymbol{r}}\,dV$이다. 따라서 물체 전체에 대한 각 운동량 $\boldsymbol{L}$은 다음과 같다.

$$\boldsymbol{L}=\int_V(\boldsymbol{r}\times\dot{\boldsymbol{r}})\rho\,dV$$

강체 회전의 경우 속도 $\dot{\boldsymbol{r}}\,(=\boldsymbol{v})=\boldsymbol{\omega}\times\boldsymbol{r}$ (식 (2.152))이므로 다음의 관계식을 얻을 수 있다.

$$\boldsymbol{L}=\int_V[\boldsymbol{r}\times(\boldsymbol{\omega}\times\boldsymbol{r})]\rho dV=\int_V\boldsymbol{\omega}r^2\rho dV-\int_V(\boldsymbol{r}\cdot\boldsymbol{\omega})\boldsymbol{r}\rho dV$$

아래 형태의 부피적분은 Cartesian 좌표계에서 다음과 같이 간단히 계산될 수 있다.

$$\int_V\boldsymbol{a}\,dV=\boldsymbol{i}\int_V a_x\,dV+\boldsymbol{j}\int_V a_y\,dV+\boldsymbol{k}\int_V a_z\,dV \tag{2. 422}$$

여기서 a_x, a_y, a_z는 $\boldsymbol{a}$의 직교 Cartesian 성분이다.

일반적으로 3차원 영역 V의 부피는 단순히 $V=\int_V dV$(또는 $\int\int\int_V dV$)로서 적분범위가 결정되면 바로 계산될 수 있다. 그러나 영역의 부피는 그것을 둘러싸는 표면 S에 의존한다(2.7.2절 참조). 따라서 부피 V를 곡면 S에 대한 면적분의 항으로 나타낼 수 있어야 한다. 가령 그림 2.2에서처럼 부피 V의 내부에 원점 O를 가지고 있다고 하자. 그러면 빗금친 작은 원추의 부피는 $dV=\frac{1}{3}\boldsymbol{r}\cdot d\boldsymbol{S}$가 된다. 따라서 이 영역의 전체 부피는 다음과 같이 된다.

$$V=\frac{1}{3}\oint_S\boldsymbol{r}\cdot d\boldsymbol{S} \tag{2. 114}$$

[비고 : 이 결과는 2.7.2절에서처럼 발산정리 식 (2.112)에 $\boldsymbol{a}=\boldsymbol{r}$을 대입해도 얻어진다.]
이 식은 원점 O가 V내에 포함되어 있지 않은 경우에도 유효하다. 실제 위 식을 이용하여 원추의 부피를 구하는 문제가 예제 2.6에 주어졌다.

한편 부피 3중적분의 물리적 응용에 관해서는 2.7.2.3절에서 비교적 자세히 다루었으므로 여기에서는 생략한다.

2. 15. 2. 2 삼중적분의 변수 변환

이미 1.11절에서 소개한 바 있는 삼중 적분에서의 변수 변환은 앞 절의 이중적분의 변수 변환과 동일한 방법을 따른다.

변수를 x, y, z에서 u, v, w로 변환하려고 한다. x, y, z 좌표계에서 체적 요소는 각 변이 dx, dy, dz이고 체적은 $dV_{xyz}=dx\,dy\,dz$ 인 직 평행 육면체(cuboid)이다. 그러나 만일 전체 체적을 좌표면 $u=$일정, $v=$일정, $w=$ 일정인 좌표면으로 형성된 격자에 의해 무한소의 요소로 나눈다면 새 좌표계에서의 체적요소 dV_{uvw}는 일반적으로 표면이 좌표면이고 모서리는 이 면들의 교점으로 이루어진 곡선인 평행 육면체의 모양이 될 것이다(그림 2.15 참조). 선 요소 PQ를 따라서 좌표 v와 w는 일정하며, 따라서 PQ는 $x-$, $y-$ 및 $z-$축 방향으로 각각 $(\partial x/\partial u)du$, $(\partial y/\partial u)du$ 및 $(\partial z/\partial u)du$의 성분을 가진다. 선 요소 PS와 ST의 성분은 u를 v와 w로 각각 치환함으로써 알아낼 수 있다.

$x-$, $y-$ 및 $z-$축에 대한 평행 직육면체의 모서리 성분의 항으로 체적을 나타내는 표현은 간단하나, 특히 일반 (직선)곡선좌표계의 경우 식 (1.223) ~ (1.225) 및 예제 1.9에서 설명한 논리에 따라 u, v, w 좌표계에서 체적 요소는 다음과 같이 나타내진다.

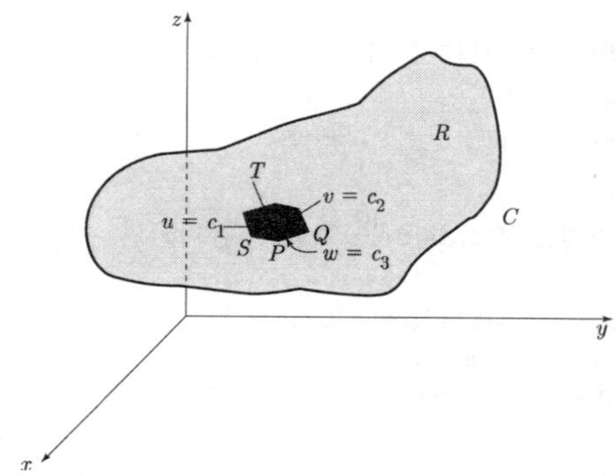

그림 2.15 u, v, w 좌표계에서 $u=$일정, $v=$일정 및 $w=$일정인 좌표면에 의해 형성된 체적 요소를 보여주는 적분 R의 3차원적인 영역.

$$dV_{uvw}=\left|\frac{\partial(x,\,y,\,z)}{\partial(u,v,w)}\right|du\,dv\,dw$$

여기서 u, v, w에 대한 x, y, z의 Jacobian은 3×3행렬식으로 간단히 쓸 수 있다.

$$\frac{\partial(x,\ y,\ z)}{\partial(u,v,w)}=\begin{vmatrix} \frac{\partial x}{\partial u} & \frac{\partial y}{\partial u} & \frac{\partial z}{\partial u} \\ \frac{\partial x}{\partial v} & \frac{\partial y}{\partial v} & \frac{\partial z}{\partial v} \\ \frac{\partial x}{\partial w} & \frac{\partial y}{\partial w} & \frac{\partial z}{\partial w} \end{vmatrix}$$

요약하면 두 좌표계에서 수식화 된 다중 적분에서 기본 체적 사이의 관계는 아래와 같은 Jacobian 형태로 나타내어진다.

$$dx\ dy\ dz=\left|\frac{\partial(x,y,z)}{\partial(u,v,w)}\right|du\ dv\ dw$$

그리고 두 좌표의 집합에서 삼중적분을 다음과 같이 쓸 수 있다.

$$I=\int\int\int_{R} f\ (x,y,z)dx\ dy\ dz=\int\int\int_{R'} g\ (u,v,w)\left|\frac{\partial(x,y,z)}{\partial(u,v,w)}\right|du\ dv\ dw \tag{2.423}$$

예제 2.27

구좌표에서 체적요소에 대한 표현식을 구하라. 그리고 반경이 a이고 질량이 M인 균일한 구의 직경에 대한 관성 능률(moment of inertia)을 구하라.

풀이

구좌표 r, θ ,ϕ는 다음과 같이 정의된다(식 (2.237) 참조).

$$x=r\sin\theta\cos\phi,\qquad y=r\sin\theta\sin\phi,\qquad z=r\cos\theta$$

따라서 식 (2.423)에 요구되어지는 Jacobian은 아래와 같다.

$$J=\frac{\partial(x,y,z)}{\partial(r,\theta,\phi)}=\begin{vmatrix} \sin\theta\cos\phi & \sin\theta\sin\phi & \cos\theta \\ r\cos\theta\cos\phi & r\cos\theta\sin\phi & -r\sin\theta \\ -r\sin\theta\sin\phi & r\sin\theta\cos\phi & 0 \end{vmatrix}$$

행렬식은 마지막 행에 대하여 그것을 전개함으로써 가장 쉽게 계산되어질 수 있다. 즉

$$J = \cos\theta(r^2\sin\theta\cos\theta) + r\sin\theta(r\sin^2\theta) = r^2\sin\theta(\cos^2\theta + \sin^2\theta) = r^2\sin\theta$$

따라서 구좌표의 체적요소는 아래와 같이 나타낼 수 있다.

$$dV = \frac{\partial(x,y,z)}{\partial(r,\theta,\phi)} dr\, d\theta\, d\phi = r^2\sin\theta\, dr\, d\theta\, d\phi$$

만일 구의 중심을 x, y, z 좌표계의 원점에 둔다면 이것의 $z-$축(물론 이것은 구의 직경이다) 주위로의 관성 능률은 다음과 같다.

$$I = \int (x^2 + y^2) dM = \rho \int (x^2 + y^2) dV$$

여기서 적분은 구에 대하여 행해졌으며 ρ는 밀도이다. 구좌표를 사용하여 이것을 아래와 같은 식으로 타낼 수 있다.

$$I = \rho \int\int\int_V (r^2\sin^2\theta)\, r^2 \sin\theta\, dr\, d\theta\, d\phi$$

$$= \rho \int_0^{2\pi} d\phi \int_0^{\pi} d\theta \sin^3\theta \int_0^a dr\, r^4$$

$$= \rho \times 2\pi \times \frac{4}{3} \times \frac{1}{5} a^5 = \frac{8}{15} \pi\, a^5\, \rho$$

구의 질량이 $M = \frac{4}{3}\pi a^3 \rho$ 이므로 관성모멘트는 $I = \frac{2}{5} Ma^2$ 으로 나타낼 수도 있다.

2. 15. 3 Jacobian의 일반적인 특성

비록 증명하지 않더라도 $n-$차원 적분에서 직교 Cartesian 좌표 집합 x_i 에서 일반 곡선 좌표 집합 y_i 로 좌표 변환에 대한 일반적인 결과는 다음과 같다(여기서 i 와 j 는 둘 다 1부터 n까지의 값을 가진다).

$$dx_1\, dx_2 \cdots dx_n = \left| \frac{\partial\, (x_1, x_2, \cdots, x_n)}{\partial\, (y_1, y_2, \cdots, y_n)} \right| dy_1\, dy_2 \cdots dy_n$$

위 식의 $n-$차원 Jacobian은 2차원과 3차원에서의 경우와 동일한 방법으로 $n \times n$ 행렬식으로 나타낼 수 있다. 행렬과 그 성질에 친숙한 독자들을 위해서 몇몇 유용한 일반적인 Jacobian의 성질을 간단히 증명하겠다.

i가 1부터 n까지의 값을 가질 때 변수 x_i, y_i 및 z_i의 세 집합을 고려해보자. 편미분에서의 연쇄율(부록 1.1 참조)로부터 아래와 같은 식을 알 수 있다.

$$\frac{\partial x_i}{\partial z_j} = \sum_{k=1}^{n} \frac{\partial x_i}{\partial y_k} \frac{\partial y_k}{\partial z_j} \tag{2.424}$$

A, B, C를 (i, j)번째 요소가 각각 $\partial x_i / \partial y_j$, $\partial y_i / \partial z_j$, $\partial x_i / \partial z_j$인 행렬로 두면 행렬 곱의 형태로 식 (2.424)를 나타낼 수 있다.

$$c_{ij} = \sum_{k=1}^{n} a_{ik} b_{kj} \qquad \text{또는} \qquad \mathrm{C} = \mathrm{AB} \tag{2.425}$$

이제 두 행렬의 곱의 행렬식에 대한 일반적인 결과를 사용할 수 있다. 즉 $|\mathrm{AB}| = |\mathrm{A}||\mathrm{B}|$이므로 Jacobian을 다시 쓰면 아래와 같다.

$$J_{xy} = \frac{\partial(x_1, \cdots, x_n)}{\partial(y_1, \cdots, y_n)} = \det \mathrm{A} = |\mathrm{A}| \tag{2.426}$$

그리고 J_{yz}와 J_{xz}에 대해서도 유사하다. 식 (2.425)의 행렬식을 적용하면 아래의 식을 얻을 수 있다.

$$J_{xz} = J_{xy} J_{yz}$$

또는 일반적인 개념으로

$$\frac{\partial(x_1, \cdots, x_n)}{\partial(z_1, \cdots, z_n)} = \frac{\partial(x_1, \cdots, x_n)}{\partial(y_1, \cdots, y_n)} \frac{\partial(y_1, \cdots, y_n)}{\partial(z_1, \cdots, z_n)} \tag{2.427}$$

특수한 경우로서 만일 집합 z_i가 집합 x_i와 동일하게 취하고 $J_{xx} = 1$인 명백한 결과를 사용한다면 다음의 결과를 얻을 수 있다.

$$J_{xy} J_{yx} = 1$$

또는 일반적인 개념으로는 다음과 같다.

$$\frac{\partial(x_1, \cdots, x_n)}{\partial(y_1, \cdots, y_n)} = \left[\frac{\partial(y_1, \cdots, y_n)}{\partial(x_1, \cdots, x_n)} \right]^{-1} \tag{2.428}$$

Jacobian과 도함수들의 특성사이의 유사성은 명백하고 어느 정도까지는 개념에 의해서 알 수 있다.

또한 식 (2.426)으로부터 $|A| = |A^T|$ (여기서 $|A^T|$는 A의 치환 행렬식)이므로 값의 변화 없이 Jacobian의 행렬식 형태에서 행과 열을 상호변환 할 수 있다.

2. 15. 4 다변수 함수의 Taylor 급수전개에의 응용

잘 알려진 바와 같이 1 변수 함수 f가 어떤 닫힌 영역에서 n계 도함수가 존재하고 연속이며, 또한 열린 영역(즉 경계점 제외)에서 $(n+1)$계 도함수가 존재한다고 가정하면 f를 $x = x_0$ 근방으로 Taylor 급수전개(여기서 미소구간 $\Delta x = x - x_0 = h$ 라고 둠)하면 아래와 같다.

$$f(x_0 + h) = f(x_0) + h\frac{d}{dx}f(x_0) + \frac{h^2}{2!}\frac{d^2}{dx^2}f(x_0) + \cdots + \frac{h^n}{n!}\frac{d^n}{dx^n}f(x_0) + R_n \qquad (2.429)$$

여기서 나머지 항 R_n은 '평균치 정리(mean value theorem)'의 개념에 의해 아래와 같이 주어지고, $n \to \infty$ 일 때 $R_n \to 0$이 된다.

$$R_n = \frac{1}{(n+1)!}h^{n+1}\frac{d^{n+1}}{dx^{n+1}}f(x_0 + \theta h) \qquad (0 < \theta < 1) \qquad (2.430)$$

한편 2 변수 함수 $f(x, y)$의 경우에도 이와 비슷한 맥락에서 확장할 수 있다.

즉 어떤 닫힌 영역에서 f의 모든 n계 편도함수가 존재하고 연속이며, 또한 경계점을 제외한 열린 영역에서 $(n+1)$계 편도함수가 존재한다고 가정하면 f는 다음과 같이 $x = x_0$, $y = y_0$ 근방으로 Taylor 급수전개(이때 미소구간 $\Delta x = x - x_0 = h$, $\Delta y = y - y_0 = k$라고 둠)를 할 수 있다.

$$\begin{aligned} f(x_0 + h,\, y_0 + k) = f(x_{0,}\, y_0) &+ \left(h\frac{\partial}{\partial x} + k\frac{\partial}{\partial y}\right)f(x_{0,}\, y_0) \\ &+ \frac{1}{2!}\left(h\frac{\partial}{\partial x} + k\frac{\partial}{\partial y}\right)^2 f(x_{0,}\, y_0) + \cdots \\ &+ \frac{1}{n!}\left(h\frac{\partial}{\partial x} + k\frac{\partial}{\partial y}\right)^n f(x_{0,}\, y_0) + R_n \end{aligned} \qquad (2.431)$$

여기서 나머지 항 R_n은 1 변수 경우와 비슷하게 다음과 같이 평균치 정리로 나타낼 수 있으며, 역시 $n \to \infty$ 일 때 $R_n \to 0$이 된다.

$$R_n = \frac{1}{(n+1)!}\left(h\frac{\partial}{\partial x} + k\frac{\partial}{\partial y}\right)^{n+1} f(x_0 + \theta h,\, y_0 + \theta k) \qquad (0 < \theta < 1) \qquad (2.432)$$

여기에서 식 (2.431) 중의 괄호로 된 편미분 연산자 항을 전개하고, 편미분 기호를 사용하면 아래와 같다.

$$\left(h\frac{\partial}{\partial x}+k\frac{\partial}{\partial y}\right)f(x_0, y_0) \equiv h f_x(x_0,y_0)+k f_y(x_0,y_0)$$

$$\left(h\frac{\partial}{\partial x}+k\frac{\partial}{\partial y}\right)^2 f(x_0, y_0) \equiv \left(h^2\frac{\partial^2}{\partial x^2}+2hk\frac{\partial^2}{\partial x\partial y}+k^2\frac{\partial^2}{\partial y^2}\right)f(x_0, y_0)$$

$$\equiv h^2 f_{xx}(x_0,y_0)+2hkf_{xy}(x_0,y_0)+k^2 f_{yy}(x_0,y_0) \text{ 등} \tag{2.433}$$

그리고 맨 마지막 항인 $\left(h\frac{\partial}{\partial x}+k\frac{\partial}{\partial y}\right)$는 '이항정리(binomial theorem)'로 전개할 수 있다.

한편 식 (2.432)와 (2.433)을 2.6절에서 논의된 벡터 미분 연산자 ∇ 을 사용하여 나타내면 아래와 같다.

$$f(\boldsymbol{r}_0+\delta\boldsymbol{r}) = f(\boldsymbol{r}_0)+(\delta\boldsymbol{r}\cdot\nabla)f(\boldsymbol{r}_0)+\frac{(\delta\boldsymbol{r}\cdot\nabla)^2}{2!}f(\boldsymbol{r}_0)+\cdots$$

$$+\frac{(\delta\boldsymbol{r}\cdot\nabla)^n}{n!}f(\boldsymbol{r}_0)+R_n$$

$$=\sum_{k=0}^{n}\frac{(\delta\boldsymbol{r}\cdot\nabla)^k}{k!}f(\boldsymbol{r}_0)+R_n$$

$$=e^{\delta\boldsymbol{r}\cdot\nabla}f(\boldsymbol{r}_0)+R_n \tag{2.434}$$

$$R_n=\frac{(\delta\boldsymbol{r}\cdot\nabla)^{n+1}}{(n+1)!}f(\boldsymbol{r}_0+\theta\delta\boldsymbol{r}) \qquad (0<\theta<1) \tag{2.435}$$

위 식에서 2 변수 함수에 대한 2차원 직교 Cartesian 좌표계를 사용하여 $\boldsymbol{r}_0=(x_0,y_0)^{\mathrm{T}}$, $\boldsymbol{\delta}=(h,k)^{\mathrm{T}}$, $\nabla=\left(\frac{\partial}{\partial x},\frac{\partial}{\partial y}\right)^{\mathrm{T}}$ 이고, 따라서 $(\delta\boldsymbol{r}\cdot\nabla)=(\delta\boldsymbol{r})^{\mathrm{T}}\nabla=h\frac{\partial}{\partial x}+k\frac{\partial}{\partial y}$ 가 된다.

위 관계식은 2 변수 함수의 경우뿐만 아니라 보다 많은 다변수 함수의 경우에도 그대로 적용이 가능하다.

예제 2.28

아래와 같이 표기되는 위치 $\boldsymbol{r}$의 스칼라 함수 ϕ를

$$\phi(\boldsymbol{r}-\boldsymbol{\delta}) = \frac{1}{|\boldsymbol{r}-\boldsymbol{\delta}|} = \frac{1}{\sqrt{r^2-2\boldsymbol{r}\cdot\boldsymbol{\delta}+\delta^2}}$$

작은 $\boldsymbol{\delta}$에 대하여 ϕ를 $\boldsymbol{\delta}$의 2차항 (즉 δ^2)까지 Taylor 급수전개하면 아래와 같다.

$$\frac{1}{|\boldsymbol{r}-\boldsymbol{\delta}|} = \frac{1}{r} + \frac{\boldsymbol{r}\cdot\boldsymbol{\delta}}{r^3} + \frac{3(\boldsymbol{r}\cdot\boldsymbol{\delta})^2 - r^2\delta^2}{2r^5} + O(\delta^3)$$

이를 증명하라.

풀이

식 (2.434)에 함수로서 f대신 ϕ를, $\boldsymbol{\delta r}$ 대신 $-\boldsymbol{\delta}$를 대입하여 $k=2$(즉 3항)까지 전개하고 $\phi(\boldsymbol{r}) = \frac{1}{|\boldsymbol{r}|} = \frac{1}{r}$인 것을 이용하면 $\phi(\boldsymbol{r}-\boldsymbol{\delta})$는 아래와 같이 나타낼 수 있다.

$$\begin{aligned}\frac{1}{|\boldsymbol{r}-\boldsymbol{\delta}|} &= \left[1+(-\boldsymbol{\delta}\cdot\nabla)+\frac{(-\boldsymbol{\delta}\cdot\nabla)^2}{2!}+\cdots\right]\left(\frac{1}{r}\right)\\ &= 1-\boldsymbol{\delta}\cdot\nabla\left(\frac{1}{r}\right)+\frac{(\boldsymbol{\delta}\cdot\nabla)}{2!}(\boldsymbol{\delta}\cdot\nabla)\left(\frac{1}{r}\right)+O(\delta^3)\end{aligned}$$

그런데 여기에서 $\nabla\left(\frac{1}{r}\right) = -\frac{\boldsymbol{r}}{r^3}$ (식 (2.416) 참조)을 대입하면 2번째 항은 $\frac{\boldsymbol{r}\cdot\boldsymbol{\delta}}{r^3}$임이 증명된다. 그러나 3번째 항의 증명을 위하여서는 지금까지 언급되지 않은 소위 "dyadic" 표현인 $\nabla\left(\frac{\boldsymbol{r}}{r^3}\right)$가 포함되므로 여기에서는 생략한다. 그러나 대신 $\frac{1}{|\boldsymbol{r}-\boldsymbol{\delta}|} = \frac{1}{r}[1-\frac{2\boldsymbol{r}\cdot\boldsymbol{\delta}}{r^2}+\frac{\delta^2}{r^2}]^{-1/2}$ 형태로부터 이항전개의 확장형인 $(1+a+b)^n = 1+na+\frac{n(n-1)^2}{2!}a+nb+\cdots$ 에 $n=-\frac{1}{2}$, $a=-\frac{2\boldsymbol{r}\cdot\boldsymbol{\delta}}{r^2}$, $b=\frac{\delta^2}{r^2}$을 대입하여 δ^2 항까지만 전개하면 3번째 항을 포함한 위의 결과를 얻을 수 있다.

한편 아래와 같이 '평균치 정리'에 기초를 둔 적분형태의 Taylor 정리도 있다. 즉 만약 어떤 1변수 함수인 $f(x)$가 적분 영역 내에서 충분히 잘 거동된(well-behaved) 함수라면, 아래의 식이 성립된다.

$$f(x+y) = f(x) + y\frac{\partial}{\partial x}\int_0^1 f(x+\xi y)d\xi \tag{2.436}$$

위 식의 타당성은 간단히 우편의 적분에서 $x+\xi y=X$라 두고, 적분은 $f(X)\cdot[dX/d\xi]^{-1}dX = f(X)dX/y$를 $X=x$에서 $X=x+y$까지 적분을 행하고 이를 x에 대해 편미분하면 $[f(x+y)-f(x)]/y$가 되어, 결국 전체적으로 우변은 $f(x+y)$가 되어 입증된다. 혹은 정식으로 $f(x+\xi y)$를 $\xi y=0$ 주위로 전형적인 Taylor 급수 전개 후 $\xi-$적분을 행하여도 마찬가지로 증명될 수 있다.

한편 만약 식 (2.436)의 적분 변수 ξ가 벡터이라면 아래의 일반화된 형태도 성립된다.

$$f(\boldsymbol{r}+\boldsymbol{s})=f(\boldsymbol{r})+\left(\boldsymbol{s}\cdot\frac{\partial}{\partial\boldsymbol{r}}\int_0^1 f(\boldsymbol{r}+\xi\boldsymbol{s})d\xi\right) \tag{2.437}$$

■ 2. 16 이동 기저벡터와 회전 프레임에서의 벡터의 미분

2. 16. 1 이동 기저벡터

E^3 공간에서 직교 Cartesian 좌표계의 기저벡터 $(\boldsymbol{i},\boldsymbol{j},\boldsymbol{k})$와는 달리 일반 곡선좌표계에서의 기저벡터는 공간의 각 점에서 길이 및 방향이 변한다. 특히 일반 직교 곡선좌표계의 물리적 표현에서와 같은 정규 직교 기저계(orthonormal basis system)(즉 $\boldsymbol{e}_i\cdot\boldsymbol{e}_j=\delta_{ij}$ 성립)에 대해서는 길이는 1이지만, 공간의 각 점에서 방향이 변한다. 따라서 임의의 정규 직교 기저계는 공간의 각 점을 따라 회전하는 '강체 삼면조(rigid triad)' 로 간주될 수 있으며, 이와 같은 위치에 따른 기저벡터의 변화는 강체 회전에 의해 초래될 수 있다. 회전 강체 내에서 회전축으로부터 측정된 위치 $\boldsymbol{r}$에서의 속도 $\boldsymbol{v}$는 아래와 같은 친숙한 공식에 의해 회전 각속도 벡터 $\boldsymbol{\omega}$와 관련되어진다(식 (2.152) 참조).

$$\boldsymbol{v}=\boldsymbol{\omega}\times\boldsymbol{r} \tag{2.438}$$

위 식에서 $\boldsymbol{v}=d\boldsymbol{r}/dt$ 및 $\boldsymbol{\omega}=d\boldsymbol{\Phi}/dt$로 두고, 미소 시간 dt를 소거하면 아래를 얻는다.

$$d\boldsymbol{r}=d\boldsymbol{\Phi}\times\boldsymbol{r} \tag{2.439}$$

여기에서 $d\boldsymbol{\Phi}$는 회전 각도의 미소 변화로서 벡터로 간주된다. 강체 회전에서 위치 벡터 $\boldsymbol{r}$의 길이는 변하지 않으나 방향은 변한다. 만약 $\boldsymbol{r}$을 정규 직교 삼면조(orthonormal triad) 의 한 기저벡터인 $\boldsymbol{r}=\boldsymbol{e}_i$로 두면 식 (2.439)에서 아래를 얻는다.

$$d\boldsymbol{e}_i=d\boldsymbol{\Phi}\times\boldsymbol{e}_i \qquad (i=1,2,3) \tag{2.440}$$

이것은 미소(infinitesimal) 회전 $d\boldsymbol{\Phi}$에 의해 야기된 단위 벡터 $\boldsymbol{e}_i$의 변화에 관한 공식을 제공해준다. 아래의 예에서 보듯이 미소 회전은 많은 경우에 있어서 기하학적으로 얻어질 수 있다.

먼저 그림 2.16에 나타낸 바와 같은 원통좌표계 (ρ, ϕ, z)를 생각해보자. 이 경우 단위 기저벡터 $\boldsymbol{e}_z$는 상수로 간주되나 $\boldsymbol{e}_\rho$ 및 $\boldsymbol{e}_\phi$는 위치(각도 ϕ)에 따라 방향이 변한다. 그림에서 쉽게 알 수 있듯이 각도의 미소 변환 $d\phi$는 아래와 같이 회전각($\boldsymbol{\Phi}$)의 변화를 준다.

$$d\boldsymbol{\Phi} = \boldsymbol{\omega}\, dt = d\phi\, \boldsymbol{e}_z \tag{2.441}$$

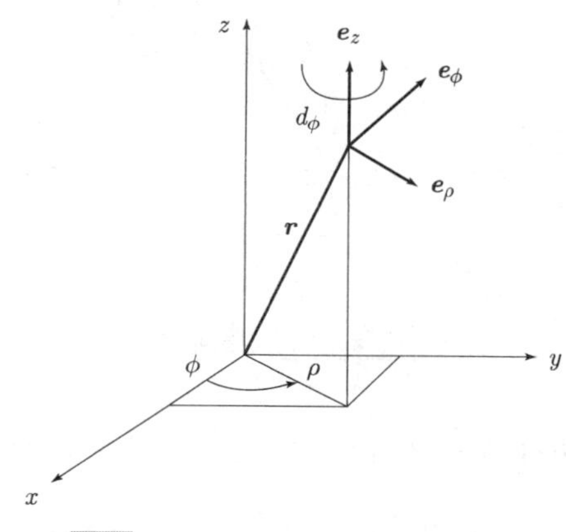

그림 2.16 원통좌표계 (ρ, ϕ, z).

따라서 다음 식이 성립된다.

$$d\boldsymbol{e}_i = d\boldsymbol{\Phi} \times \boldsymbol{e}_i = d\phi(\boldsymbol{e}_z \times \boldsymbol{e}_i) \tag{2.442}$$

그리고 여기에 $i = 1, 2, 3\ (= \rho, \phi, z)$를 대입하면 아래가 성립된다(단 $\boldsymbol{e}_\rho \times \boldsymbol{e}_\phi = \boldsymbol{e}_z$ 이용).

$$d\boldsymbol{e}_\rho = d\phi \boldsymbol{e}_\phi$$

$$d\boldsymbol{e}_\phi = - d\phi \boldsymbol{e}_\rho$$

$$d\boldsymbol{e}_z = 0 \tag{2.443}$$

또한 위 식으로부터 $\boldsymbol{e}_\rho$과 $\boldsymbol{e}_\phi$의 변화는 상호의 수직임을 알 수 있다. 마찬가지로 미소 회전각 $d\boldsymbol{\Phi}$는 구좌표의 경우에서도 기하학적으로 쉽게 얻을 수 있다(그림 2.17 참조). 이 좌표계의 경우는 회전을 야기하는 2개의 각도 (θ, ϕ)가 있으므로 아래의 식이 성립된다.

$$d\boldsymbol{\Phi} = d\phi \boldsymbol{e}_z + d\theta \boldsymbol{e}_\phi \tag{2.444}$$

[이는 $\boldsymbol{\omega} = \dfrac{d\boldsymbol{\Phi}}{dt} = \dfrac{1}{2}\nabla \times \boldsymbol{v}\left(= \dfrac{d\boldsymbol{r}}{dt}\right)$($\because$식 (2.151)에서 $d\boldsymbol{\Phi} = \dfrac{1}{2}\nabla \times d\boldsymbol{r}$가 되므로, $\nabla(= \boldsymbol{g}^k \nabla_k)$ 및

$d\boldsymbol{r}(=x^k \boldsymbol{g}_k)$에 각각 구좌표에 해당하는 값을 대입하여 전개해도 얻어짐 - 예제 2.29 참조.]

한편 이는 Cartesian 좌표의 기저벡터 $\boldsymbol{e}_z$를 구좌표의 정규 직교 기저계로 나타내는 아래와 같다.

$$\boldsymbol{e}_z = (\boldsymbol{e}_z \cdot \boldsymbol{e}_r)\boldsymbol{e}_r + (\boldsymbol{e}_z \cdot \boldsymbol{e}_\theta)\boldsymbol{e}_\theta + (\boldsymbol{e}_z \cdot \boldsymbol{e}_\phi)\boldsymbol{e}_\phi \tag{2. 445}$$

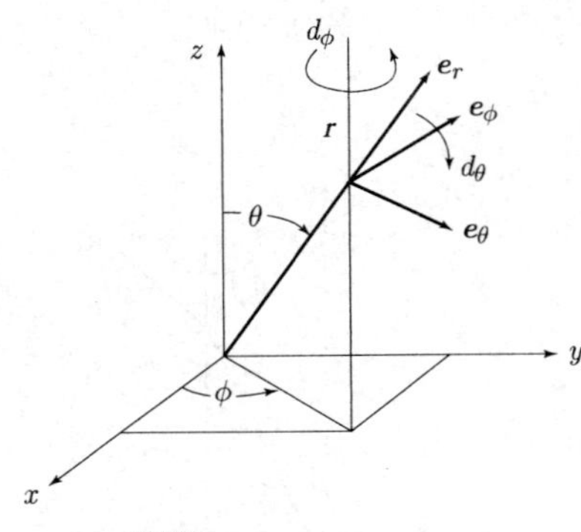

그림 2.17 구좌표계.

구좌표계에 대한 기하학적 고찰(혹은 식 (2.245))로부터 아래 관계를 쉽게 얻을 수 있다.

$$\boldsymbol{e}_z \cdot \boldsymbol{e}_r = \cos\theta$$

$$\boldsymbol{e}_z \cdot \boldsymbol{e}_\theta = -\sin\theta$$

$$\boldsymbol{e}_z \cdot \boldsymbol{e}_\phi = 0 \tag{2. 446}$$

따라서 아래가 성립된다.

$$d\boldsymbol{\Phi} = (d\phi\cos\theta)\boldsymbol{e}_r - (d\phi\sin\theta)\boldsymbol{e}_\theta + (d\theta)\boldsymbol{e}_\phi \tag{2. 447}$$

식 (2.440)에 이것을 대입하면 대응하는 $i(=1,2,3)$에 해당하는 정규 직교 기저벡터의 미소변화는 아래와 같이 주어진다.

$$d\boldsymbol{e}_r = (d\theta)\boldsymbol{e}_\theta + (d\phi\sin\theta)\boldsymbol{e}_\phi$$

$$d\boldsymbol{e}_\theta = -(d\theta)\boldsymbol{e}_r + (d\phi\cos\theta)\boldsymbol{e}_\phi$$

$$d\boldsymbol{e}_\phi = -(d\phi\sin\theta)\boldsymbol{e}_r - (d\phi\cos\theta)\boldsymbol{e}_\theta \tag{2. 448}$$

(참고로 일반 직교 곡선좌표계에 대한 결과는 문제 2.19에 주어져 있다.)

예제 2.29

구좌표 (r, θ, ϕ)에서 dt시간동안에 각도 θ 및 ϕ의 변화에 기인한 전 회전 각도(벡터)의 변화 $d\boldsymbol{\Phi}$는 기하학적으로 아래와 같이 주어진다 (그림 2.17 참조).

$$d\boldsymbol{\Phi} = d\phi\,\boldsymbol{k} + d\theta\,\boldsymbol{e}_\phi$$

이때 각속도 벡터 $\omega\left(= \frac{d\boldsymbol{\Phi}}{dt}\right)$ 및 기저벡터의 시간 미분, 즉 $\frac{d\boldsymbol{e}_r}{dt}$, $\frac{d\boldsymbol{e}_\theta}{dt}$, $\frac{d\boldsymbol{e}_\phi}{dt}$를 $\dot{\theta}$ 및 $\dot{\phi}$ 항으로 나타내어라.

풀이

Cartesian 기저 $\boldsymbol{k}$를 구좌표의 정규직교 기저 $\boldsymbol{e}_r$, $\boldsymbol{e}_\theta$, $\boldsymbol{e}_\phi$로 나타내면 다음과 같다(식 (2.245) 참조).

$$\boldsymbol{k} = (\boldsymbol{k}\cdot\boldsymbol{e}_r)\boldsymbol{e}_r + (\boldsymbol{k}\cdot\boldsymbol{e}_\theta)\boldsymbol{e}_\theta + (\boldsymbol{k}\cdot\boldsymbol{e}_\phi)\boldsymbol{e}_\phi = \cos\theta\boldsymbol{e}_r - \sin\theta\boldsymbol{e}_\theta \quad \text{(i)}$$

이를 주어진 $d\boldsymbol{\Phi}$에 대한 식에 대입하면

$$d\boldsymbol{\Phi} = (d\phi\cos\theta)\boldsymbol{e}_r - (d\phi\sin\theta)\boldsymbol{e}_\theta + (d\theta)\boldsymbol{e}_\phi \quad \text{(ii)}$$

따라서 식 (ii)를 시간에 대해서 미분하면 각속도 벡터 ω가 얻어진다. 즉

$$\omega = \frac{d\boldsymbol{\Phi}}{dt} = \dot{\phi}cos\theta\boldsymbol{e}_r - \dot{\phi}sin\theta\boldsymbol{e}_\theta + \dot{\theta}\boldsymbol{e}_\phi \quad \text{(iii)}$$

또한 강체 회전의 경우 $\frac{d\boldsymbol{r}}{dt}(=\boldsymbol{v}) = \omega\times\boldsymbol{r}$(식 (2.152) 참조)이므로 $\boldsymbol{r} = \boldsymbol{e}_i$로 두면,

$$\frac{d\boldsymbol{e}_i}{dt} = \omega\times\boldsymbol{e}_i \quad \text{(iv)}$$

를 얻는다. 따라서 ω에 식 (iii)을 대입하면 $i = r, \theta, \phi$의 각각의 경우에 대해 아래를 얻을 수 있다.

$$\left.\begin{aligned}
\frac{d\boldsymbol{e}_r}{dt} &= \omega\times\boldsymbol{e}_r = \dot{\theta}\boldsymbol{e}_\theta + \dot{\phi}sin\theta\boldsymbol{e}_\phi \\
\frac{d\boldsymbol{e}_\theta}{dt} &= \omega\times\boldsymbol{e}_\theta = -\dot{\theta}\boldsymbol{e}_r + \dot{\phi}cos\theta\boldsymbol{e}_\phi \\
\frac{d\boldsymbol{e}_\phi}{dt} &= \omega\times\boldsymbol{e}_\phi = -\dot{\phi}sin\theta\boldsymbol{e}_r - \dot{\phi}cos\theta\boldsymbol{e}_\theta
\end{aligned}\right\} \quad (2.449)$$

한편 $\omega\left(= \frac{d\boldsymbol{\Phi}}{dt}\right) = \frac{1}{2}\nabla\times\boldsymbol{v}\left(= \frac{d\boldsymbol{r}}{dt}\right)$(식 (2.151))이므로 $d\boldsymbol{\Phi} = \frac{1}{2}\nabla\times d\boldsymbol{r}$이 성립된다. 따라서 미소거리

벡터 $d\boldsymbol{r}\,(=dx^k\boldsymbol{g}_k)$에 관한 구좌표의 표현식을 대입하여 curl을 취하면 문제에서 주어진 $d\boldsymbol{\Phi}=d\phi\boldsymbol{k}+d\theta\boldsymbol{e}_{\phi}$를 이용하지 않고서도 식 (ii)와 같은 결과를 얻을 수 있다.

별해 1 $\dfrac{d\boldsymbol{e}_i}{dt}$의 $\boldsymbol{e}_i$항을 식 (2.245)에서 대입하고, Cartesian 기저계는 시간 t에 무관인 것을 이용하여 미분을 구한 후, 다시 Cartesian 기저계를 구좌표의 기저계로 바꾸어 나타내면 식 (2.449)의 결과를 얻을 수 있다.

별해 2 $$\frac{d\boldsymbol{e}_i}{dt}=\frac{d}{dt}\left(\frac{\boldsymbol{g}_i}{h_{\underline{i}}}\right)=\frac{1}{h_{\underline{i}}}\frac{d\boldsymbol{g}_i}{dt}-\frac{1}{h_{\underline{i}}{}^2}\frac{dh_{\underline{i}}}{dt}\times\boldsymbol{g}_i \tag{v}$$

여기서 $\dfrac{d\boldsymbol{g}_i}{dt}=\dfrac{dx^j}{dt}\dfrac{\partial\boldsymbol{g}_i}{\partial x^j}=\dfrac{dx^j}{dt}\times\Gamma^s_{ij}\boldsymbol{g}_s$($\because$식 (2.4)) 및 $\boldsymbol{g}_i=h_{\underline{i}}\boldsymbol{e}_i$를 대입하여 정리해도 같은 결과를 얻을 수 있다.

2.16.2 회전 기준 프레임에서의 벡터의 미분

물리적 문제를 설정함에 있어서 '기준 프레임(reference frame)'의 운동은 중요하다. 특히 서로에 대해 회전하고 있는 두 다른 기준 프레임에 있는 각각의 관측자(observer)로부터 느껴진 임의의 벡터의 변화속도를 조사하고자 한다. 지금 비회전 기준계(nonrotating reference system)를 $\{x^i\}$로 나타내고, 회전 기준계는 $\{\bar{x}^i\}$로 나타내고, 또한 $\boldsymbol{\omega}$를 비회전 기준계에 대한 회전 기준계의 각(회전) 속도 벡터라 하자(그림 2.18 참조).

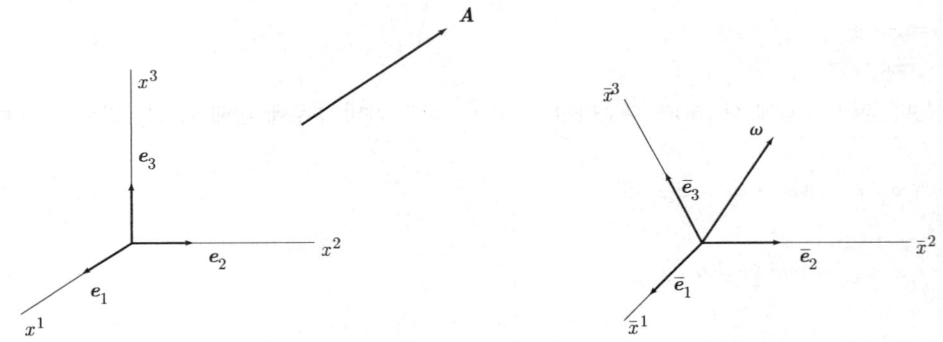

그림 2.18 회전 기준계와 비회전 기준계.

(고정) 비회전 기준계에 대한 기저벡터 $\{\boldsymbol{e}_1,\boldsymbol{e}_2,\boldsymbol{e}_3\}$는 시간에 따라 변하지 않으나, 회전 기준계에서는 기저벡터 $\{\bar{\boldsymbol{e}}_1,\bar{\boldsymbol{e}}_2,\bar{\boldsymbol{e}}_3\}$는 고정 기준계에 대하여 (상대) 각속도 $\boldsymbol{\omega}$로 회전하고 있다. 이제 두

기준 기저계에 대한 시간 미분은 아래와 같이 주어진다.

$$\left.\begin{aligned} &\boldsymbol{A}= A^i\boldsymbol{e}_i \\ &\frac{d\boldsymbol{A}}{dt}= \frac{dA^i}{dt}\boldsymbol{e}_i \end{aligned}\right\} \text{ 비회전계}$$

$$\left.\begin{aligned} &\boldsymbol{A}= \overline{A}^i\overline{\boldsymbol{e}}_i \\ &\frac{d\boldsymbol{A}}{dt}= \frac{d\overline{\boldsymbol{A}}^i}{dt}\overline{\boldsymbol{e}}_i + \overline{A}^i\frac{d\overline{\boldsymbol{e}}_i}{dt} \end{aligned}\right\} \text{ 회전계} \tag{2. 450}$$

여기에서 강체회전에 대한 $d\overline{\boldsymbol{e}}_i/dt$는 아래와 같이 주어진다(2.16.1절 참조).

$$\frac{d\overline{\boldsymbol{e}}_i}{dt}= \boldsymbol{\omega}\times\overline{\boldsymbol{e}}_i \tag{2. 451}$$

그러나 회전 기준계에 있는 관측자에게는 기저벡터는 상수인 것처럼 보인다. 따라서 아래와 같이 쓸 수 있다.

$$\frac{d\overline{A}^i}{dt}\overline{\boldsymbol{e}}_i \equiv \left(\frac{d\boldsymbol{A}}{dt}\right)_m \tag{2. 452}$$

여기에서 아래첨자 m은 회전(rotation) 기준계를 나타낸다.
그러면 임의의 벡터 $\boldsymbol{A}$의 두 기준 프레임에서의 시간 미분 사이의 관계는 아래와 같이 주어진다.

$$\begin{aligned} \left(\frac{d\boldsymbol{A}}{dt}\right)_f &= \left(\frac{d\boldsymbol{A}}{dt}\right)_m + \overline{A}^i(\boldsymbol{\omega}\times\overline{\boldsymbol{e}}_i) \\ &= \left(\frac{d\boldsymbol{A}}{dt}\right)_m + \boldsymbol{\omega}\times\boldsymbol{A} \end{aligned} \tag{2. 453}$$

위 식에서 아래첨자 f는 고정(fixed) 또는 비회전(nonrotational) 기준계를 나타낸다.

지금 속도벡터를 예로 생각해보자. 만약 두 기준 프레임이 같은 원점을 가진다면 위치벡터는 $\boldsymbol{r} = \overline{\boldsymbol{r}}$로 주어진다. 이때 식 (2.453)으로부터 아래가 성립된다.

$$\left(\frac{d\boldsymbol{r}}{dt}\right)_f = \left(\frac{d\boldsymbol{r}}{dt}\right)_m + \boldsymbol{\omega}\times\boldsymbol{r} \tag{2. 454}$$

위 식에서 $(d\boldsymbol{r}/dt)_m$항은 회전 기준계에 있는 관측자가 느끼는 한 점의 속도이다. 따라서 아래와 같이 쓸 수 있다.

$$(\boldsymbol{v})_f = (\boldsymbol{v})_m + \boldsymbol{\omega} \times \boldsymbol{r} \tag{2. 455}$$

만약 $(\boldsymbol{v})_m$가 0이라면 관심의 점은 회전 기준계에서 고정되어있으며, 이것은 회전 강체(rotating rigid body)의 경우에 해당된다. 한편 두 기준 프레임에서의 가속도(accelation)는 아래와 같이 정의되는 벡터량의 시간 미분에 대한 '미분 연산자(differential operator)'를 식 (2.455)에 대입하여 얻어질 수 있다(문제 2.12 참조).

$$\left(\frac{d}{dt}\right)_f = \left(\frac{d}{dt}\right)_m + \boldsymbol{\omega} \times \tag{2. 456}$$

그 결과는 아래와 같다.

$$\left(\frac{d^2}{dt^2}\boldsymbol{r}\right)_f = \frac{d}{dt}\left(\frac{d\boldsymbol{r}}{dt}\right)_m + \frac{d}{dt}(\boldsymbol{\omega} \times \boldsymbol{r})$$

$$= \frac{d}{dt}\left(\frac{d\boldsymbol{r}}{dt}\right)_m + \boldsymbol{\omega} \times \frac{d\boldsymbol{r}}{dt} + \frac{d\boldsymbol{\omega}}{dt} \times \boldsymbol{r}$$

$$= \left(\frac{d^2\boldsymbol{r}}{dt^2}\right)_m + \boldsymbol{\omega} \times \left(\frac{d\boldsymbol{r}}{dt}\right)_m + \boldsymbol{\omega} \times \left[\left(\frac{d\boldsymbol{r}}{dt}\right)_m + \boldsymbol{\omega} \times \boldsymbol{r}\right] + \frac{d\boldsymbol{\omega}}{dt} \times \boldsymbol{r}$$

또는 최종적으로

$$\left(\frac{d^2\boldsymbol{r}}{dt^2}\right)_f = \left(\frac{d^2\boldsymbol{r}}{dt^2}\right)_m + 2\boldsymbol{\omega} \times \left(\frac{d\boldsymbol{r}}{dt}\right)_m + \boldsymbol{\omega} \times (\boldsymbol{\omega} \times \boldsymbol{r}) + \frac{d\boldsymbol{\omega}}{dt} \times \boldsymbol{r} \tag{2. 457 a}$$

따라서 비회전 프레임에서의 가속도는 아래의 네 부분으로 구성되어 있다.

$$\begin{cases} \left(\dfrac{d^2\boldsymbol{r}}{dt^2}\right)_m : \text{회전 기준계에서 상대적인 가속도} \\ 2\boldsymbol{\omega} \times \left(\dfrac{d\boldsymbol{r}}{dt}\right)_m : \text{Coriolis 가속도} \\ \boldsymbol{\omega} \times (\boldsymbol{\omega} \times \boldsymbol{r}) : \text{구심(centripetal) 가속도} \\ \dfrac{d\boldsymbol{\omega}}{dt} \times \boldsymbol{r} : \text{각 가속도} \end{cases}$$

만약 회전 기준 프레임의 원점이 고정 기준 프레임의 원점과 다를 경우는 식 (2.457a)대신 아래가 성립된다.

$$\left(\frac{d^2\boldsymbol{r}}{dt^2}\right)_f = \frac{d^2\boldsymbol{R}}{dt^2} + \left(\frac{d^2\boldsymbol{r}}{dt^2}\right)_m + 2\boldsymbol{\omega}\times\left(\frac{d\boldsymbol{r}}{dt}\right)_m + \boldsymbol{\omega}\times(\boldsymbol{\omega}\times\boldsymbol{r}) + \frac{d\boldsymbol{\omega}}{dt}\times\boldsymbol{r} \tag{2. 457 b}$$

여기에서 $\boldsymbol{R}$은 회전 기준계의 원점의 비회전 기준계에 대한 위치벡터이며, 따라서 $d^2\boldsymbol{R}/dt^2$ 은 회전 기준계의 원점의 절대 가속도이다. 만약 위에서 얻어진 결과를 Newton의 제 2법칙에 관련지어 생각한다면, 관성(inertial) 또는 비회전 기준계에서의 힘 $\boldsymbol{F}=m\boldsymbol{a}$는 아래와 같이 나타내어질 수 있다(단 $\boldsymbol{R}=0$ 가정).

$$\boldsymbol{F}=m\boldsymbol{a}=m\left(\frac{d^2\boldsymbol{r}}{dt^2}\right)_f = m\left(\frac{d^2\boldsymbol{r}}{dt^2}\right)_m + 2m\boldsymbol{\omega}\times\left(\frac{d\boldsymbol{r}}{dt}\right)_m + m\boldsymbol{\omega}\times(\boldsymbol{\omega}\times\boldsymbol{r}) + m\frac{d\boldsymbol{\omega}}{dt}\times\boldsymbol{r}$$

또는

$$\boldsymbol{F}-2m\boldsymbol{\omega}\times\left(\frac{d\boldsymbol{r}}{dt}\right)_m - m\boldsymbol{\omega}\times(\boldsymbol{\omega}\times\boldsymbol{r}) - m\frac{d\boldsymbol{\omega}}{dt}\times\boldsymbol{r} = m\left(\frac{d^2\boldsymbol{r}}{dt^2}\right)_m \tag{2. 458}$$

회전 기준 프레임에 있는 관측자에게는 위 식의 왼편 항이 속도의 변화를 야기시키고 있는 것처럼 보인다. 왼편에 있는 항을 '관성 또는 유효력(inertial or effective force)'이라 부른다. 특히 $[-2m\omega\times(dr/dt)_m]$는 Coriolis 힘, 그리고 $[-m\boldsymbol{\omega}\times(\boldsymbol{\omega}\times\boldsymbol{r})]$는 '원심력(centrifugal force)'이라고 부른다.

예제 2.30

반경 r_0의 한 고정 원형 트랙(circular track)의 내부에서 구르고 있는 반경 a의 한 바퀴(wheel)를 생각해보자. 이때 고정점 O와 바퀴 중심부(wheel hub) O'를 연결하는 대(arm)가 일정 각속도 ω로 회전하고, 바퀴와 트랙사이에 미끄럼이 없다고 가정하여 바퀴의 원주상의 한 점 P에서의 (절대) 가속도 $\boldsymbol{a}$를 식 (2.457b)로부터 구해보아라.

풀이

연결대에 상대적인 점 P의 위치는 각도 ϕ로 주어진다. 또한 고정 기준계의 원점은 O에 두고, 회전 기준계의 원점은 O'에 둔다. 그리고 법선 및 접선 방향의 단위 벡터는 그림 2.19에 나타낸 바와 같이 취해진다.

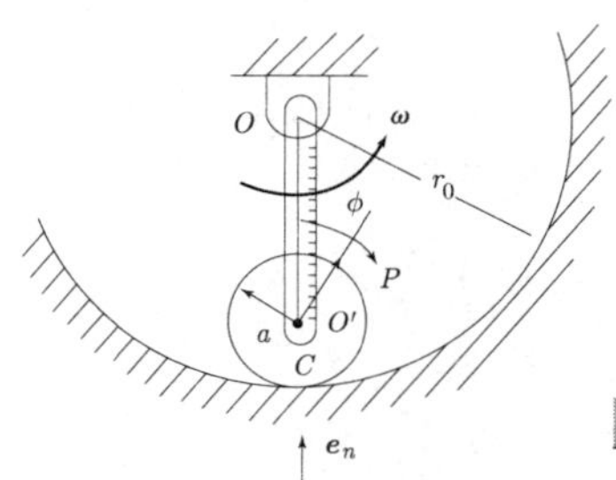

그림 2.19 고정 원형 트랙 내에서 구르고 있는 한 개의 바퀴.

바퀴와 트랙 사이의 미끄럼이 없으므로 고정 기준계에 관한 점 C(순간적인 중심임)의 속도 $\boldsymbol{v}_C$는 아래와 같이 주어진다.

$$\boldsymbol{v}_C = r_0\omega$$

같은 점의 이동 기준계에서의 속도는 아래와 같다.

$$\boldsymbol{v}_C = \dot{\phi}\, a$$

따라서 $\dot{\phi}$와 ω사이에는 아래관계가 성립된다.

$$\dot{\phi} = \frac{\omega r_0}{a}$$

점 O로부터 O' 까지의 위치벡터는 아래로 주어지고,

$$\boldsymbol{R} = -(r_0 - a)\boldsymbol{e}_n$$

O' 로부터 점 P에 이르는 위치벡터는 아래와 같다.

$$\boldsymbol{r} = a\,(\sin\phi\boldsymbol{e}_t + \cos\phi\boldsymbol{e}_n)$$

이제 이들 결과를 사용하여 식 (2.557)로부터 점 P의 (절대) 가속도를 계산해보기로 한다. $\boldsymbol{e}_b$는 $\boldsymbol{e}_t$와 $\boldsymbol{e}_n$에 수직인 단위벡터라 하면 아래가 성립된다.

$$\boldsymbol{e}_b \equiv \boldsymbol{e}_t \times \boldsymbol{e}_n$$

따라서

$$\boldsymbol{\omega} = \omega\boldsymbol{e}_b, \quad \frac{d\boldsymbol{e}_n}{dt} = \boldsymbol{\omega}\times\boldsymbol{e}_n = -\omega\boldsymbol{e}_t, \quad \frac{d\boldsymbol{e}_t}{dt} = \boldsymbol{\omega}\times\boldsymbol{e}_t = \omega\boldsymbol{e}_n, \quad \frac{d\boldsymbol{e}_b}{dt} = 0$$

그러면 아래 항들이 얻어진다.

$$\frac{d^2\boldsymbol{R}}{dt^2} = (r_0 - a)\omega^2\boldsymbol{e}_n$$

$$\frac{d\boldsymbol{\omega}}{dt}\times\boldsymbol{r} = 0 \qquad \left(\because \frac{d\boldsymbol{\omega}}{dt} = 0\right)$$

$$\boldsymbol{\omega}\times(\boldsymbol{\omega}\times\boldsymbol{r}) = -a\,\omega^2(\sin\phi\boldsymbol{e}_t + \cos\phi\boldsymbol{e}_n)$$

$$\left(\frac{d^2\boldsymbol{r}}{dt^2}\right)_m = -a(\dot{\phi})^2(\sin\phi\boldsymbol{e}_t + \cos\phi\boldsymbol{e}_n) = -\frac{r_0^2\omega^2}{a}(\sin\phi\boldsymbol{e}_t + \cos\phi\boldsymbol{e}_n)$$

$$2\boldsymbol{\omega}\times\left(\frac{d\boldsymbol{r}}{dt}\right)_m = 2r_0\omega^2(\sin\phi\boldsymbol{e}_t + \cos\phi\boldsymbol{e}_n)$$

따라서 점 P에서의 가속도는 아래와 같이 된다.

$$\boldsymbol{a} = \left(2r_0 - a - \frac{r_0^2}{a}\right)\omega^2\sin\phi\boldsymbol{e}_t + \left[\left(2r_0 - a - \frac{r_0^2}{a}\right)\omega^2\cos\phi + (r_0 - a)\omega^2\right]\boldsymbol{e}_n$$

3차원 공간의 회전변환에 있어서 두 Cartesian 좌표계(한개는 공간 고정계, 다른 한개는 강체 회전계)간의 상대배향을 나타내는 세 개의 Euler 각도의 정의 및 이를 포함하는 (직교)좌표변환행렬 그리고 회전에 관련된 각속도벡터의 표현 등에 관하여 부록 2.2절에 요약하여 나타내었다.

■ 2. 17 곡선에 따른 절대(또는 내재적) 미분

이미 여러 곳(부록 1.1, 2.7.2.3절, 2.13.1절 등)에서 언급한 바 있지만 벡터 또는 텐서성분에 대한 '절대 또는 내재적(absolute or intrinsic) 미분'의 개념은 아래 식과 같이 일반 곡선좌표계의 경우 기저벡터 집합($\{\boldsymbol{g}_i\}$ 또는 $\{\boldsymbol{g}^i\}$)이 위치(또는 좌표성분 x^k)의 함수가 되므로 Cartesian 좌표계의 경우와 달리 시간 의존성을 갖게 되는 것에 기인한다.

$$\frac{d\boldsymbol{g}_i}{dt} = \frac{dx^k}{dt}\frac{\partial\boldsymbol{g}_i}{\partial x^k} = v^k\Gamma_{ik}^s\boldsymbol{g}_s \tag{2. 459}$$

그리하여 이 절에서는 어떤 변수(가령 시간을 나타내는) t로 매개변수화된 곡선 $\boldsymbol{r}(t)$에 따른 텐서의 도함수를 계산하는 조금 다른 문제를 고려해볼 것이다.

곡선에 따른 벡터 $\boldsymbol{v}$의 도함수를 고려함으로써 시작하자. 기저벡터 $\boldsymbol{g}_i(i=1,2,3)$를 가진 임의의 좌표계 x^i를 도입한다면 $\boldsymbol{v}=v^i\boldsymbol{g}_i$로 쓸 수 있고 다음과 같은 관계식을 가질 수 있다.

$$\frac{d\boldsymbol{v}}{dt} = \frac{dv^i}{dt}\boldsymbol{g}_i + v^i\frac{d\boldsymbol{g}^i}{dt}$$

$$= \frac{dv^i}{dt}\boldsymbol{g}_i + v^i\frac{\partial\boldsymbol{g}_i}{\partial x^k}\frac{dx^k}{dt}$$

여기서 우변에서 마지막 항을 다시 쓰기 위해 연쇄율(부록 1.1 참조)을 사용하였다. Christoffel 기호에 대하여 기저 벡터의 도함수를 쓰기 위해 식 (2.4)를 사용하면 다음과 같은 식을 얻을 수 있다.

$$\frac{d\boldsymbol{v}}{dt}=\frac{dv^i}{dt}\boldsymbol{g}_i+\Gamma^j_{ik}v^i\frac{dx^k}{dt}\boldsymbol{g}_j$$

마지막 항에서 무효첨자 i와 j를 상호 교환하면 인수를 기저 벡터와 분리할 수 있을 것이다. 그리고 다음과 같은 관계식을 얻을 수 있다.

$$\frac{d\boldsymbol{v}}{dt}=\left(\frac{dv^i}{dt}+\Gamma^j_{ik}v^i\frac{dx^k}{dt}\right)\boldsymbol{g}_j$$

괄호의 항은 곡선 $\boldsymbol{r}(t)$에 따른 벡터 $\boldsymbol{v}$의 반변성분 v^i의 '절대 또는 내재적 미분'이라 하고 주로 다음과 같이 나타낸다.

$$\frac{\delta v^i}{\delta t}\equiv\frac{dv^i}{dt}+\Gamma^i_{jk}v^j\frac{dx^k}{dt}=\left(\frac{\partial v^i}{\partial x^k}+\Gamma^i_{jk}v^j\right)\frac{dx^k}{dt}=v^i_{;k}\frac{dx^k}{dt} \tag{2.460}$$

이 개념을 가지고 다음과 같이 나타낼 수 있다.

$$\frac{d\boldsymbol{v}}{dt}=\frac{\delta v^i}{\delta t}\boldsymbol{g}_i=v^i_{;k}\frac{dx^k}{dt}\boldsymbol{g}_i \tag{2.461}$$

같은 방법을 사용하면 벡터의 공변 성분 v_i의 절대 미분은 다음과 같이 된다.

$$\frac{\delta v_i}{\delta t}\equiv v_{i;k}\frac{dx^k}{dt}=\frac{dv_i}{dt}-\Gamma^s_{ik}v^k \tag{2.462}$$

[만약 매개변수 t가 시간이고 벡터 $\boldsymbol{v}$가 속도라면 식 (2.461)은 가속도 벡터 $\boldsymbol{a}\,(=a^i\boldsymbol{g}_i)$를 나타내고, 따라서 $a^i=\dfrac{\delta v^i}{\delta t}$는 1차 텐서가 되지만 보통 미분인 $\dfrac{dv^i}{dt}=\dfrac{d^2x^i}{dt^2}\,(=\ddot{x}^i)$는 텐서가 아님에 유의해야 한다(문 2.21 참조).]

한편 식 (2.461) 또는 (2.462)는 이미 수차례 언급한 바 있는 유체에 대한 '물질(또는 본질) 미분 연산자' $\dfrac{D}{Dt}\left[=\dfrac{\partial}{\partial t}+\dfrac{d}{dt}(=\boldsymbol{v}\cdot\nabla=v^k\nabla_k)\right]$와 아래 식을 통하여 연결된다.

$$\frac{D\boldsymbol{v}}{Dt}=\frac{\partial\boldsymbol{v}}{\partial t}+\frac{d\boldsymbol{v}}{dt}=\frac{\partial\boldsymbol{v}}{\partial t}+v^k\nabla_k\boldsymbol{v}=\frac{\partial\boldsymbol{v}}{\partial t}+\frac{\delta v^i}{\delta t}\boldsymbol{g}_i \tag{2.463}$$

벡터(1차 텐서)의 경우와 마찬가지로 2차 텐서 $\mathbf{T}$의 반변성분, 혼합성분 및 공변성분의 절대 미분은 다음과 같이 정의된다.

$$\left.\begin{aligned}
\frac{\delta T^{ij}}{\delta t} &\equiv T^{ij}_{;k}\frac{dx^k}{dt}=\frac{dT^{ij}}{dt}+(\Gamma^i_{sk}T^{sj}+\Gamma^j_{sk}T^{is})v^k \\
\frac{\delta T^i{}_j}{\delta t} &\equiv T^i_{j;k}\frac{dx^k}{dt}=\frac{dT^i{}_j}{dt}+(\Gamma^i_{sk}T^s{}_j-\Gamma^s_{jk}T^i{}_s)v^k \\
\frac{\delta T_{ij}}{\delta t} &\equiv T_{ij;k}\frac{dx^k}{dt}=\frac{dT_{ij}}{dt}-(\Gamma^s_{ik}T_{sj}+\Gamma^s_{jk}T_{is})v^k
\end{aligned}\right\} \tag{2.464}$$

예를 들어 곡선 $\boldsymbol{r}(t)$를 따르는 $\mathbf{T}$의 미분은 다음과 같이 $\mathbf{T}$의 반변성분의 항으로 나타낼 수 있다.

$$\frac{d\mathbf{T}}{dt}=\frac{\delta T^{ij}}{\delta t}\boldsymbol{g}_i\boldsymbol{g}_j= T^{ij}_{;k}\frac{dx^k}{dt}\boldsymbol{g}_j\boldsymbol{g}_i \tag{2.465}$$

한편 이 경우에도 식 (2.463)과 유사하게 아래와 같이 나타내진다.

$$\frac{D\mathbf{T}}{Dt}=\frac{\partial \mathbf{T}}{\partial t}+\frac{d\mathbf{T}}{dt}=\frac{\partial \mathbf{T}}{\partial t}+v^k\nabla_k\mathbf{T}=\frac{\partial \mathbf{T}}{\partial t}+\frac{\delta T^{ij}}{\delta t}\boldsymbol{g}_i\boldsymbol{g}_j \tag{2.466}$$

예제 2.31

아래에 주어진 매개변수 t의 미분가능한 각각의 텐서함수들의 절대 미분을 계산하라.

(a) 불변식 Φ (b) A^j (c) A^j_k (d) A^{jk}_{lmn}

풀이

(a) $\dfrac{\delta\Phi}{\delta t}=\Phi_{;q}\dfrac{dx^q}{dt}=\dfrac{\partial\Phi}{\partial x^q}\dfrac{dx^q}{dt}=\dfrac{d\Phi}{dt}$.

(b) $\dfrac{\delta A^j}{\delta t}=A^t{}_{;q}\dfrac{dx^q}{dt}=\left(\dfrac{\partial A^j}{\partial x^q}+\Gamma^j_{qs}A^s\right)\dfrac{dx^q}{dt}$

$$=\frac{\partial A^j}{\partial x^q}\frac{dx^q}{dt}+\Gamma^j_{qs}A^s\frac{dx^q}{dt}\frac{dA^j}{dt}+\Gamma^j_{qs}A^s\frac{dx^q}{dt}.$$

(c) $\dfrac{\delta A^j_k}{\delta t}=A^j_{k\,;q}\dfrac{dx^q}{dt}=\left(\dfrac{\partial A^j_k}{\partial x^q}-\Gamma^s_{kq}A^j_s+\Gamma^i_{qs}A^s_k\right)\dfrac{dx^q}{dt}$

$$=\frac{dA^j_k}{dt}-\Gamma^s_{kq}A^j_s\frac{dx^q}{dt}+\Gamma^j_{qs}A^s_k\frac{dx^q}{dt}.$$

$$\text{(d)}\quad \frac{\delta A^{jk}_{lmn}}{\delta_t} = A^{jk}_{lmn\ ;q}\ \frac{dx^q}{dt}$$

$$= \left(\frac{\partial A^{jk}_{lmn}}{\partial x^q} - \Gamma^s_{lq}\ A^{jk}_{smn} - \Gamma^s_{mq}\ A^{jk}_{lsn} - \Gamma^s_{nq}\ A^{jk}_{lms} + \Gamma^j_{qs}\ A^{sk}_{lmn} + \Gamma^k_{qs}\ A^{js}_{lmn} \right) \frac{dx^q}{dt}$$

$$= \frac{dA^{jk}_{lmn}}{dt} - \Gamma^s_{lq}\ A^{jk}_{smn}\ \frac{dx^q}{dt} - \Gamma^s_{mq}\ A^{jk}_{lsn}\ \frac{dx^q}{dt} - \Gamma^s_{nq}\ A^{jk}_{lms}\ \frac{dx^q}{dt}$$

$$+ \Gamma^j_{qs}\ A^{sk}_{lmn}\ \frac{dx^q}{dt} + \Gamma^k_{qs}\ A^{js}_{lmn}\ \frac{dx^q}{dt}\ .$$

■ 2. 18 측지선

절대 도함수의 사용의 예로서 '측지선(geodesics)'의 간단한 논의를 한 후에 이 장을 마무리 짓도록 하겠다. 실제 3차원 공간에서 측지선은 두 동일한 특성을 가지는 직선이다. 첫 번째로 측지선은 두 점들 사이에서 가장 짧은 길이의 곡선이다. 두 번째로 측지선의 접선 벡터는 언제나 선을 따라 같은 방향을 향한다. 이 장에서 단지 우리가 친숙한 3차원 공간을 명시적으로 고려해 보았다 하더라도 일반 텐서 기법에 의하여 Euclid 기하의 익숙한 개념이 더 이상 필요로 하지 않는 높은 차원의 더욱 추상적인 공간으로 쉽게 일반화가 되도록 해준다. 가끔 측지선을 정의하는 유클리드 공간에서 직선의 특성을 사용함으로써 그러한 공간의 측지적 곡선을 발견하는 것은 흥미롭다. 여기에서 더욱 복잡한 공간을 다시 명시적으로 고려하지는 않을 것이다. 그러나 유클리드 3차원 공간 (즉 직선)에서 측지선이 만족해야만 하는 식을 유도하는 대신에 더욱 추상적인 공간에서 측지선이 만족하는 식을 알아내기 위해 충분히 작은 수정으로도 적용되어질 수 있는 일반적인 방법을 유도할 것이다.

곡선에서 어떤 점으로부터 호의 길이 s로 파라미터가 붙여진 곡선 $\boldsymbol{r}(s)$를 생각해 보자. 그리고 측지선의 접선 벡터 $\boldsymbol{t}= d\boldsymbol{r}/ds$가 곡선에서 어디에서나 언제나 같은 방향을 향하는 측지선의 정의하는 특성으로서 선택하자. 즉 다음과 같다.

$$\frac{d\boldsymbol{t}}{ds} = 0 \tag{2. 467}$$

두 점 사이의 거리는 측지선을 따른 최소값이라는 특성을 선택적으로 사용할 수 있다. 이는 같은 마지막 결과인 식 (2.468)을 이끌어낸다.

만일 기저벡터 $\boldsymbol{g}_i\,(i=1,2,3)$ 를 가진 임의의 좌표계 x^i를 도입한다면 $\boldsymbol{t}=t^i\boldsymbol{g}_i$로 쓸 수 있고 식 (2.461)로부터 다음과 같다.

$$\frac{d\boldsymbol{t}}{ds}=t^i_{;k}\frac{dx^k}{ds}\boldsymbol{g}_i=0$$

공변 미분에 관한 경우를 적용하면 다음과 같은 식을 얻을 수 있다.

$$\left(\frac{dt^i}{ds}+\Gamma^i_{jk}t^j\frac{dx^k}{ds}\right)\boldsymbol{g}_i=0$$

그러나 $t^j=dx^j/ds$ 이므로 측지선이 만족시키는 식은 다음과 같다(문 2.23 참조).

$$\frac{d^2x^i}{ds^2}+\Gamma^i_{jk}\frac{dx^j}{ds}\frac{dx^k}{ds}=0 \tag{2.468}$$

예제 2.32

원통좌표에서 측지선(직선)이 만족시키는 식을 찾아라.

풀이

식 (2.26)으로부터 0이 아닌 Christoffel 기호는 $\Gamma^1_{22}=-\rho$이고 $\Gamma^2_{12}=1/\rho$이다.

$$\frac{d^2x^1}{ds^2}+\Gamma^1_{22}\frac{dx^2}{ds}\frac{dx^2}{ds}=0 \quad\Rightarrow\quad \frac{d^2\rho}{ds^2}-\rho\left(\frac{d\phi}{ds}\right)^2=0$$

$$\frac{d^2x^2}{ds^2}+2\Gamma^2_{12}\frac{dx^1}{ds}\frac{dx^2}{ds}=0 \quad\Rightarrow\quad \frac{d^2x^1}{ds^2}+\frac{2}{\rho}\frac{d\rho}{ds}\frac{d\phi}{ds}=0$$

$$\frac{d^2x^3}{ds^2}=0 \quad\Rightarrow\quad \frac{d^2z}{ds^2}=0$$

■ 2.19 객관성 텐서

물질의 구성방정식은 물질의 움직임에 무관하여야 한다. 즉 다른 말로 하면 물체가 정지 상태에 있는지 혹은 움직이고 있는지에 관계없이 구성방정식은 모든 관측자에 대하여 같다고 정의할 수 있다. 관측자의 움직임에 무관한 양을 '객관적(objective)' 양이라고 한다.

두 관측자가 있을 때 하나는 정지 상태(좌표계 $\boldsymbol{x}=x^i$)에 있고 다른 하나는 상대적인 운동 상태(좌표계 $x^{*i}=\boldsymbol{x}^*$)에 있다고 하자. 두 번째의 관측자는 처음의 관측자에 대해 상대적으로 위치를 바꾸고 회전하기도 하므로 이러한 두 계를 다음의 식으로 연관지을 수 있다.

$$\boldsymbol{x}^* = \boldsymbol{c}(t) + \mathrm{Q}(t) \cdot \boldsymbol{x} \tag{2.469}$$

위의 식에서 벡터 $\boldsymbol{c}(t)$는 첫 번째 관측자에 대해 상대적인 두 번째 관측자의 위치 변환을 나타낸다. 변환행렬 $\mathrm{Q}(t)$는 첫 번째 관측자에 대해 상대적인 두 번째 관측자의 회전을 나타내고, Q의 성분 $l_{ij}(=\boldsymbol{e}_i^* \cdot \boldsymbol{e}_j)$는 x^j축에 상대적인 x^{*i}축의 방향 여현이다[여기서 $\mathrm{Q}=(a_i{}^j)=(b^i{}_j)$가 되어 사실 1.16.3.1절의 Cartesian 좌표계간의 직교 회전 변환행렬 $\mathrm{L}=(l_{ij})$와 동일하게 간주]. 이 변환에서 $\boldsymbol{c}$와 Q는 모두 시간의 함수가 된다. 그러한 변환을 기준 좌표계(reference frame)의 변환이라고 한다. 이때 Q는 항상 직교행렬 (즉 $\mathrm{Q}^{-1}=\mathrm{Q}^{\mathrm{T}}$)이다(식 (1.381) 참조).

'객관성 텐서(objective tensor)'는 기준 좌표계의 변환에 대하여 소위 '프레임 불변(frame invariant)'인 텐서이다. 만일 x^i 좌표계에 대한 벡터 $\boldsymbol{u}$의 성분을 u^i로 나타내고, x^{*i} 좌표계에 대한 같은 벡터 $\boldsymbol{u}$의 성분을 u^{*i}로 나타낸 후 다음의 관계식이 성립한다면

$$\boldsymbol{u}^* = \mathrm{Q} \cdot \boldsymbol{u} \tag{2.470}$$

$\boldsymbol{u}$는 객관성 텐서(혹은 벡터)이다(식 (1.164) 참조).

일반적인 텐서 변환의 법칙 하에서 축의 회전으로 인하여 성분 u^{*i}는 성분 u^i로 변한다. 마찬가지로 2차 텐서 $\mathbf{T}$는 다음의 관계가 성립한다면 객관성 텐서이다(식 (1.166) 참조).

$$\mathbf{T}^* = \mathrm{Q} \cdot \mathbf{T} \cdot \mathrm{Q}^{\mathrm{T}} \tag{2.471}$$

여기서 몇몇 텐서의 객관성(objectivity)을 확인해 볼 수 있다.

(i) 속도 벡터 $\boldsymbol{v}$

식 (2.469)을 시간에 대하여 미분하면 다음의 관계를 얻을 수 있다.

$$\boldsymbol{v}^* = \dot{\boldsymbol{c}}(t) + \mathrm{Q}(t) \cdot \boldsymbol{v} + \dot{\mathrm{Q}}(t) \cdot \boldsymbol{x} \tag{2.472}$$

일반적인 경험에 의하면 $\dot{\boldsymbol{c}}(t)$와 $\dot{\mathrm{Q}}(\mathrm{t})$가 늘 소거되지는 않으므로, $\boldsymbol{v}$는 객관성 텐서가 아니다. 움직이는 버스에 앉아 맞은편에 앉아 있는 승객을 볼 때 우리 자신은 정지해 있는 것처럼 보이지만, 길에 서 있는 관측자에게는 우리가 유한한 속도로 움직이고 있는 것이다.

(ii) 선 요소(line element) $(ds)^2$

식 (2.469)로부터 다음의 관계식을 얻을 수 있다.

$$d\boldsymbol{x}^* = \mathrm{Q}\cdot d\boldsymbol{x} \tag{2.473}$$

그리고

$$\left.\begin{aligned}(ds^*)^2 &= d\boldsymbol{x}^{*\mathrm{T}}d\boldsymbol{x}^* = d\boldsymbol{x}^*\cdot d\boldsymbol{x}^*\\ &= d\boldsymbol{x}^{\mathrm{T}}\mathrm{Q}^{\mathrm{T}}\cdot \mathrm{Q}d\boldsymbol{x}\\ &= d\boldsymbol{x}^{\mathrm{T}}\,d\boldsymbol{x}\\ &= (ds)^2\end{aligned}\right\} \tag{2.474}$$

위에서 Q가 직교[즉 $\mathrm{Q}^{\mathrm{T}}\cdot\mathrm{Q}=\mathrm{I}$, 여기서 I는 등방텐서(단위행렬)]임을 이용하였다.

따라서 $(ds)^2$은 객관적 양이다. 비상대성(non-relativistic) 역학에서 물체의 길이는 관측자의 움직임에 무관하다.

(iii) (대칭) 변형속도 텐서 $\dot{\gamma}(=2\mathrm{D})$

우선 다음과 같이 두자(단 **D**는 식 (2.321) 참조).

$$\mathbf{L}^* = \frac{\partial \boldsymbol{v}^*}{\partial \boldsymbol{x}^*}, \qquad \mathbf{L} = \frac{\partial \boldsymbol{v}}{\partial \boldsymbol{x}} \tag{2.475}$$

[비고 : 여기서의 속도구배 텐서(행렬) **L**=($\nabla \boldsymbol{v}$)는 2.13.2절과 달리 $\left(\frac{\partial \boldsymbol{v}}{\partial \boldsymbol{x}}\right)^{\mathrm{T}} = (\nabla \boldsymbol{v})^{\mathrm{T}}$가 아니나, 대칭 변형속도 텐서 $\mathbf{D}\left(=\frac{\dot{\gamma}}{2}\right)$는 같은 값을 갖게 됨]

식 (2.472)를 사용하면, $\mathbf{L}^*$는 연쇄율을 이용하여 다음과 같이 된다.

$$\mathbf{L}^* = \frac{\partial}{\partial \boldsymbol{x}}[\dot{\boldsymbol{c}}(t) + \mathrm{Q}\cdot\boldsymbol{v} + \dot{\mathrm{Q}}\cdot\boldsymbol{x}]\cdot\frac{\partial \boldsymbol{x}}{\partial \boldsymbol{x}^*} \tag{2.476}$$

식 (2.469)의 양변을 $\boldsymbol{x}$로 편미분하고, 그의 역을 취하면(단 $\boldsymbol{c}$는 상수벡터이고, $\mathrm{Q}^{-1}=\mathrm{Q}^{\mathrm{T}}$임을 이용) $\frac{\partial \boldsymbol{x}}{\partial \boldsymbol{x}^*} = \mathrm{Q}^{\mathrm{T}}$가 됨을 사용하여 식 (2.469)의 양변을 Q^{T}로 곱하면 다음의 관계식을 얻을 수 있다.

$$\mathrm{Q}^{\mathrm{T}}\cdot\boldsymbol{x}^* - \mathrm{Q}^{\mathrm{T}}\cdot\boldsymbol{c} = \boldsymbol{x} \tag{2.477}$$

그러면 식 (2.476)과 (2.477)을 결합하면 다음을 얻을 수 있다.

$$\mathbf{L}^* = \mathrm{Q}\cdot\mathbf{L}\cdot\mathrm{Q}^{\mathrm{T}} + \dot{\mathrm{Q}}\cdot\mathrm{Q}^{\mathrm{T}} \tag{2. 478}$$

[∵ 위 식에서 $\dot{\boldsymbol{c}}(t)$는 위치 $\boldsymbol{x}$에 무관함과 $\dfrac{\partial \boldsymbol{x}}{\partial \boldsymbol{x}} = \mathrm{I}$(등방텐서)임을 이용하여 식 (2.476)의 우변의 괄호에 대한 미분은 $\mathrm{Q}\cdot\mathrm{L}+\dot{\mathrm{Q}}$ 가 되므로]

$\dot{\mathrm{Q}}\cdot\mathrm{Q}^{\mathrm{T}}$가 항상 0이 아니므로 (비대칭)속도구배 텐서 $\mathbf{L}^*$는 객관성 텐서가 아니다.

그러나 (대칭)변형속도 텐서 $\dot{\boldsymbol{\gamma}}(=2\mathbf{D})$는 다음과 같이 정의된다.

$$\left.\begin{aligned} \dot{\gamma}^* &= \mathrm{L}^* + \mathrm{L}^{*\mathrm{T}} \\ &= \mathrm{Q}\cdot\mathrm{L}\cdot\mathrm{Q}^{\mathrm{T}} + \dot{\mathrm{Q}}\cdot\mathrm{Q}^{\mathrm{T}} + \mathrm{Q}\cdot\mathrm{L}^{\mathrm{T}}\cdot\mathrm{Q}^{\mathrm{T}} + \mathrm{Q}\cdot\dot{\mathrm{Q}}^{\mathrm{T}} \\ &= \mathrm{Q}\cdot(\mathrm{L}+\mathrm{L}^{\mathrm{T}})\cdot\mathrm{Q}^{\mathrm{T}} + (\dot{\mathrm{Q}}\cdot\mathrm{Q}^{\mathrm{T}} + \mathrm{Q}\cdot\dot{\mathrm{Q}}^{\mathrm{T}}) \\ &= \mathrm{Q}\cdot\dot{\gamma}\cdot\mathrm{Q}^{\mathrm{T}} + \frac{d}{dt}(\mathrm{Q}\cdot\mathrm{Q}^{\mathrm{T}}) \\ &= \mathrm{Q}\cdot\dot{\gamma}\cdot\mathrm{Q}^{\mathrm{T}} \end{aligned}\right\} \tag{2. 479}$$

$\mathrm{Q}\cdot\mathrm{Q}^{\mathrm{T}}$는 I이므로 맨 마지막 항등 관계가 성립한다. 따라서 $\dot{\gamma}(=2\mathrm{D})$는 객관성 텐서이다.

물리학에서 모든 식들이 객관적인 것은 아니다. 운동 방정식은 속도와 가속도가 객관적인 량이 아니므로 객관적이 아니다. 따라서 운동방정식은 기준 관성 좌표계 (inertial frame of reference)에 대하여 상대적으로만 적용이 된다. 만일 지구의 움직임을 무시할 수 있다면, 지구 표면에 고정된 기준 좌표계는 관성 좌표계로 간주될 수 있다. 여기서 논의된 객관성 텐서의 개념은 나중에 레올로지 구성방정식을 논할 때 종종 인용될 것이다.

연습문제

2. 1 x^q에 관한 $A_k^j\ B_n^{lm}$의 공변 미분을 구하라.

풀이

공변 미분에 관한 일반식 (2.51)로부터 아래가 성립된다.

$$\begin{aligned}(A_k^j\ B_n^{lm})_{;q} &= \frac{\partial(A_k^j\ B_n^{lm})}{\partial x^q} - \Gamma^s_{kq}A_s^j B_n^{lm} - \Gamma^s_{nq}A_k^j B_s^{lm} + \Gamma^j_{qs}A_k^s B_n^{lm} + \Gamma^l_{qs}A_k^j B_n^{sm} + \Gamma^m_{qs}A_k^j B_n^{ls} \\ &= \left(\frac{\partial A_k^j}{\partial x^q} - \Gamma^s_{kq}A_s^j + \Gamma^j_{qs}A_k^s\right)B_n^{lm} + A_k^j\left(\frac{\partial B_n^{lm}}{\partial x^q} - \Gamma^s_{nq}B_s^{lm} + \Gamma^l_{qs}B_n^{sm} + \Gamma^m_{qs}B_n^{ls}\right) \\ &= A^j_{k;q}B_n^{lm} + A_k^j B^{lm}_{n;q}\end{aligned}$$

이는 텐서들의 곱의 공변 미분들이 기본적인 미적분학의 곱에 대한 상미분 법칙들을 따른다는 사실을 설명한다.

2. 2 (a) $\dfrac{\partial^2 x^m}{\partial \bar{x}^j\,\partial \bar{x}^k} = \bar{\Gamma}^n_{jk}\dfrac{\partial x^m}{\partial \bar{x}^n} - \dfrac{\partial x^p}{\partial \bar{x}^j}\dfrac{\partial x^q}{\partial \bar{x}^k}\Gamma^m_{pq}$을 증명하라. 또한 이로부터

(b) $A_{p;q} \equiv \dfrac{\partial A_p}{\partial x^q} - \Gamma^s_{pq}A_s$가 텐서임을 증명하라 (단 A_p는 1차 텐서이다).

풀이

(a) 식 (2.21)로부터 $\bar{\Gamma}^n_{jk} = \dfrac{\partial x^p}{\partial \bar{x}^j}\dfrac{\partial x^q}{\partial \bar{x}^k}\dfrac{\partial \bar{x}^n}{\partial x^s}\Gamma^s_{pq} + \dfrac{\partial^2 x^p}{\partial \bar{x}^j\,\partial \bar{x}^k}\dfrac{\partial \bar{x}^n}{\partial x^p}$이다.

$\dfrac{\partial x^m}{\partial \bar{x}^n}$으로 곱하면,

$$\begin{aligned}\bar{\Gamma}^n_{jk}\frac{\partial x^m}{\partial \bar{x}^n} &= \frac{\partial x^p}{\partial \bar{x}^j}\frac{\partial x^q}{\partial \bar{x}^k}\delta^m_s\Gamma^s_{pq} + \frac{\partial^2 x^p}{\partial \bar{x}^j\,\partial \bar{x}^k}\delta^m_p \\ &= \frac{\partial x^p}{\partial \bar{x}^j}\frac{\partial x^q}{\partial \bar{x}^k}\Gamma^m_{pq} + \frac{\partial^2 x^m}{\partial \bar{x}^j\,\partial \bar{x}^k}\end{aligned}$$

$\dfrac{\partial^2 x^m}{\partial \bar{x}^j\,\partial \bar{x}^k}$에 대해 풀면 준 식을 얻을 수 있다.

(b) $\bar{A}_j = \dfrac{\partial x^r}{\partial \bar{x}^j}A_r$이므로,

$$\frac{\partial \bar{A}_j}{\partial \bar{x}^k} = \frac{\partial x^r}{\partial \bar{x}^j}\frac{\partial A_r}{\partial x^t}\frac{\partial x^t}{\partial \bar{x}^k} + \frac{\partial^2 x^r}{\partial \bar{x}^j\,\partial \bar{x}^k}A_r \qquad \cdots\cdots\text{(i)}$$

(a) 로부터

$$\frac{\partial^2 x^r}{\partial \bar{x}^j \partial \bar{x}^k} = \bar{\Gamma}^n_{jk} \frac{\partial x^r}{\partial \bar{x}^n} - \frac{\partial x^i}{\partial \bar{x}^j} \frac{\partial x^l}{\partial \bar{x}^k} \Gamma^r_{il}$$

(i)에 대입하면, $\frac{\partial \bar{A}_j}{\partial \bar{x}^k} = \frac{\partial x^r}{\partial \bar{x}^j} \frac{\partial x^t}{\partial \bar{x}^k} \frac{\partial A_r}{\partial x^t} + \bar{\Gamma}^n_{jk} \frac{\partial x^r}{\partial \bar{x}^n} A_r - \frac{\partial x^i}{\partial \bar{x}^j} \frac{\partial x^l}{\partial \bar{x}^k} \Gamma^r_{il} A_r$

$$= \frac{\partial x^p}{\partial \bar{x}^j} \frac{\partial x^q}{\partial \bar{x}^k} \frac{\partial A_p}{\partial x^q} + \bar{\Gamma}^n_{jk} \bar{A}_n - \frac{\partial x^p}{\partial \bar{x}^j} \frac{\partial x^q}{\partial \bar{x}^k} \Gamma^s_{pq} A_s$$

또는

$$\frac{\partial \bar{A}_j}{\partial \bar{x}^k} - \bar{\Gamma}^n_{jk} \bar{A}_n = \frac{\partial x^p}{\partial \bar{x}^j} \frac{\partial x^q}{\partial \bar{x}^k} \left(\frac{\partial A_p}{\partial x^q} - \Gamma^s_{pq} A_s \right)$$

따라서 $\frac{\partial A_p}{\partial x^q} - \Gamma^s_{pq} A_s$는 식 (1.152)에 의해 2차 공변 텐서가 되고, 이는 x^q에 관한 A_p의 공변 미분으로서 $A_{p;q}$라 쓴다.

2. 3 (a) g_{jk}, g^{jk}, δ^j_k의 공변 미분들은 0임을 증명하라.

(b) g_{jk}, g^{jk}, δ^j_k의 절대(또는 내재적) 미분들도 0임을 증명하라.

(c) $(g_{jk} A^{km}_n)_{;q} = g_{jk} A^{km}_{n;q}$ 임을 증명하라.

풀이

(a) 식 (2.48)과 (2.7)에 의해서

$$g_{jk;q} = \frac{\partial g_{jk}}{\partial x^q} - \Gamma^s_{jq} g_{sk} - \Gamma^s_{kq} g_{js} = \frac{\partial g_{jk}}{\partial x^q} - \Gamma_{jqk} - \Gamma_{kqj} = 0$$

식 (2.47)에 의해서

$$g^{jk}_{;q} = \frac{\partial g^{jk}}{\partial x^q} - \Gamma^j_{qs} g^{sk} - \Gamma^k_{qs} g^{js} = 0$$

$$\delta^j_{k;q} = \frac{\partial \delta^j_k}{\partial x^q} - \Gamma^s_{kq} \delta^j_s + \Gamma^j_{qs} \delta^s_k = 0 - \Gamma^j_{kq} + \Gamma^j_{qk} = 0$$

이 결과들은 2.4절에서 얻어진 것과 동일하다.

(b) (a)와 식 (2.464)에 의해서

$$\frac{\delta g_{jk}}{\delta t} = (g_{jk;q}) \frac{dx^q}{dt} = 0, \qquad \frac{\delta g^{jk}}{\delta t} = (g^{jk}_{;q}) \frac{dx^q}{dt} = 0, \qquad \frac{\delta \delta^j_k}{\delta t} = \delta^j_{k;q} \frac{dx^q}{dt} = 0$$

(c) (a)에 의하여 $g_{jk;q} = 0$이므로, $(g_{jk} A^{km}_n)_{;q} = g_{jk;q} A^{km}_n + g_{jk} A^{km}_{n;q} = g_{jk} A^{km}_{n;q}$. 공변 미분에서, g_{jk}, g^{jk}, δ^j_k는 상수로서 다루어질 수 있다.

2. 4 다음 문제 (a) 및 (b)를 Levi-Civita 순열텐서를 이용하여 증명하여라.

(a) $\boldsymbol{u} \cdot (\boldsymbol{v} \times \boldsymbol{w}) = \boldsymbol{v} \cdot (\boldsymbol{w} \times \boldsymbol{u}) = \boldsymbol{w} \cdot (\boldsymbol{u} \times \boldsymbol{v}) = \dfrac{1}{\sqrt{g}} \begin{vmatrix} u_1 & u_2 & u_3 \\ v_1 & v_2 & v_3 \\ w_1 & w_2 & w_3 \end{vmatrix}$

(b) $\boldsymbol{u} \times (\boldsymbol{v} \times \boldsymbol{w}) = (\boldsymbol{u} \cdot \boldsymbol{w})\boldsymbol{v} - (\boldsymbol{u} \cdot \boldsymbol{v})\boldsymbol{w}$

풀이

(a) 만약 $\boldsymbol{f} = \boldsymbol{v} \times \boldsymbol{w}$로 두면 $f^k = \varepsilon^{klm} v_l w_m$가 된다. 그러면 아래가 성립되어 증명된다.

$$\begin{aligned}\boldsymbol{u} \cdot (\boldsymbol{v} \times \boldsymbol{w}) &= \boldsymbol{u} \cdot \boldsymbol{f} = u_k f^k = \varepsilon^{klm} u_k v_l w_m \\ &= \frac{1}{\sqrt{g}} e^{klm} u_k v_l w_m = \frac{1}{\sqrt{g}} \begin{vmatrix} u_1 & u_2 & u_3 \\ v_1 & v_2 & v_3 \\ w_1 & w_2 & w_3 \end{vmatrix} \\ &= \boldsymbol{v} \cdot (\boldsymbol{w} \times \boldsymbol{u}) = \boldsymbol{w} \cdot (\boldsymbol{u} \times \boldsymbol{v})\end{aligned}$$

(b) 만약 $\boldsymbol{f} = \boldsymbol{v} \times \boldsymbol{w}$로 두면 $f_m = \varepsilon_{mpq} v^p w^q$가 된다. 그러면 아래가 성립되어 증명된다.

$$\begin{aligned}\boldsymbol{u} \times (\boldsymbol{v} \times \boldsymbol{w}) &= \boldsymbol{u} \times \boldsymbol{f} = \varepsilon^{klm} u_l f_m \boldsymbol{g}_k = \varepsilon^{klm} \varepsilon_{mpq} u_l v^p w^q \boldsymbol{g}_k \\ &= (\delta^k{}_p \delta^l{}_q - \delta^k{}_q \delta^l{}_p) u_l v^p w^q \boldsymbol{g}_k \ \ (\because \text{식}(1.283)) \\ &= (u_l v^k w^l - u_l v^l w^k) \boldsymbol{g}_k \\ &= (\boldsymbol{u} \cdot \boldsymbol{w})\boldsymbol{v} - (\boldsymbol{u} \cdot \boldsymbol{v})\boldsymbol{w}\end{aligned}$$

2. 5 Gauss 발산정리를 이용하여 $\oint_S \boldsymbol{n} \times (\boldsymbol{a} \times \boldsymbol{r})\, dS = 2\boldsymbol{a} V$임을 Cartesian 좌표계를 사용하여 증명하라. 단 여기에서 V는 외향 단위법선 벡터 $\boldsymbol{n}$을 갖는 곡면 S(즉 곡면상의 각 점에서 벡터 면적 요소 $d\boldsymbol{S} = \boldsymbol{n}\, dS$임)로 둘러싸여진 체적이다. V내의 각 점에서의 위치벡터를 $\boldsymbol{r}(= x_i \boldsymbol{e}_i)$이라 하고, $\boldsymbol{a}$는 임의의 상수 벡터이다.

풀이

곡면 적분의 첨자 표시는 $(\boldsymbol{a} \times \boldsymbol{b})_i = e_{ijk} a_j b_k$ (식 (1.276) 참조)을 이용하여 $\oint_S e_{qpi} n_p e_{ijk} a_j x_k dS$가 된다. 그러면 발산정리에 관한 식 (2.112)에 의하여 이것은 부피적분 $\int_V \dfrac{\partial (e_{qpi} e_{ijk} a_j x_k)}{\partial x_p} dV$ 가 된다. 그런데 순열기호 e_{ijk} 및 $\boldsymbol{a}$는 위치에 관한 상수인 것과 식 (1.238)을 이용하여 아래가 성립된다.

$$\int_V e_{qpi} e_{ijk} a_j \frac{\partial x_k}{\partial x_p} dV = \int_V (\delta_{qj} \delta_{pk} - \delta_{qk} \delta_{pj}) a_j x_{k,p} dV$$

$$= \int_V (a_q x_{p,p} - a_p x_{q,p})\, dV = \int_V (a_q \delta_{pp} - a_p \delta_{qp})\, dV$$

$$= \int_V (3a_q - a_q)\, dV = 2a_q V$$

따라서 $\oint_S \boldsymbol{n} \times (\boldsymbol{a} \times \boldsymbol{r})\, dS = 2\boldsymbol{a}V$가 성립된다.

2. 6 정전장(electrostatic field) $\boldsymbol{E}$내에 둔 유전체(dielectrics)를 생각해보자. 이때 유전상수 ε은 일정하다고 하고, 유전체내에 임의의 영역 V에 대하여 그 경계면(폐곡면)을 S라 한다. 그리고 전하밀도를 ρ, 전기유도(변위)를 $\boldsymbol{D} = \varepsilon \boldsymbol{E}$라 두고, V내의 유전체가 받는 전기적인 힘의 총합을 $\boldsymbol{F}$라 하면 $\boldsymbol{F} = \int_V \rho \boldsymbol{E}\, dV$, $\rho = \mathrm{div}\, \boldsymbol{D}$로 표시된다.

이때 대칭인 소위 "maxwell 응력" T를 아래와 같이 정의하면

$$\mathrm{T} = \boldsymbol{ED} - \frac{1}{2}(\boldsymbol{E} \cdot \boldsymbol{D})\mathrm{I}$$

$\mathrm{div}\,\mathrm{T} = \rho \boldsymbol{E}$가 된다. 따라서, $\boldsymbol{F} = \int_V \rho \boldsymbol{E}\, dV = \oint_S \mathrm{T} \cdot \boldsymbol{n}\, dS$임을 Cartesian 좌표계를 사용하여 증명하라.

풀이

$\mathrm{T} = (T_{ij})$, 직교 Cartesian 좌표에서 정전장 $\boldsymbol{E} = (E_1, E_2, E_3)^{\mathrm{T}}$로 두면 $\boldsymbol{D} = \varepsilon \boldsymbol{E}$이므로

$$\mathrm{T} = \boldsymbol{ED} - \frac{1}{2}(\boldsymbol{E} \cdot \boldsymbol{D})\mathrm{I} = \varepsilon \boldsymbol{EE} - \frac{\varepsilon}{2}(\boldsymbol{E} \cdot \boldsymbol{E})\mathrm{I}$$

따라서

$$\boldsymbol{EE} = \begin{pmatrix} E_1^{\,2} & E_1E_2 & E_1E_3 \\ E_2E_1 & E_2^{\,2} & E_2E_3 \\ E_3E_1 & E_3E_2 & E_3^{\,2} \end{pmatrix}, \quad \boldsymbol{E} \cdot \boldsymbol{E} = E_1^{\,2} + E_2^{\,2} + E_3^{\,2}$$

따라서

$$(T_{ij}) = \begin{pmatrix} \varepsilon E_1^{\,2} - \frac{\varepsilon}{2}(E_1^{\,2} + E_2^{\,2} + E_3^{\,2}) & \varepsilon E_1 E_2 & \varepsilon E_1 E_3 \\ \varepsilon E_2 E_1 & \varepsilon E_2^{\,2} - \frac{\varepsilon}{2}(E_1^{\,2} + E_2^{\,2} + E_3^{\,2}) & \varepsilon E_2 E_3 \\ \varepsilon E_3 E_1 & \varepsilon E_3 E_2 & \varepsilon E_3^{\,2} - \frac{\varepsilon}{2}(E_1^{\,2} + E_2^{\,2} + E_3^{\,2}) \end{pmatrix}$$

$\nabla \cdot \mathrm{T} = \boldsymbol{P}$라 두면 $\mathrm{div}\,\mathrm{T}$의 x_1 성분 P_1은 위의 대칭행렬 T_{ij}의 제 1행을 각각 x_1, x_2, x_3으로 편미분한 것의 합이므로

$$P_1 = \frac{\partial}{\partial x_1}\left\{\epsilon E_1^{\,2} - \frac{\epsilon}{2}(\epsilon E_1^{\,2} + \epsilon E_2^{\,2} + \epsilon E_3^{\,2})\right\} + \frac{\partial}{\partial x_2}(\epsilon E_1 E_2) + \frac{\partial}{\partial x_3}(\epsilon E_1 E_3)$$

$$= \epsilon\left\{\left(E_1\frac{\partial E_1}{\partial x_1} - E_2\frac{\partial E_2}{\partial x_1} - E_3\frac{\partial E_3}{\partial x_1}\right) + \left(E_1\frac{\partial E_2}{\partial x_2} + \frac{\partial E_1}{\partial x_2}E_2\right) + \left(E_1\frac{\partial E_3}{\partial x_3} + \frac{\partial E_1}{\partial x_3}E_3\right)\right\}$$

$$= \epsilon\left(\frac{\partial E_1}{\partial x_1} + \frac{\partial E_2}{\partial x_2} + \frac{\partial E_3}{\partial x_3}\right)E_1 - \epsilon\left(\frac{\partial E_2}{\partial x_1} - \frac{\partial E_1}{\partial x_2}\right)E_2 + \epsilon\left(\frac{\partial E_1}{\partial x_3} - \frac{\partial E_3}{\partial x_1}\right)E_3$$

이고, 정전장 $\boldsymbol{E}$를 생각하고 있으므로 자속($\boldsymbol{H}$)의 시간에 따른 변화는 없다고 볼 수 있으므로 curl $\boldsymbol{E} = 0$ ($\because$ Maxwell 전자파 이론에서 $\nabla \times \boldsymbol{E} = -\frac{\partial \boldsymbol{H}}{\partial t}$ 에서 $\frac{\partial \boldsymbol{H}}{\partial t} = 0$이므로).

따라서 위의 식은 $P_1 = \varepsilon\left(\frac{\partial E_1}{\partial x_1} + \frac{\partial E_2}{\partial x_2} + \frac{\partial E_3}{\partial x_3}\right)E_1 = (\mathrm{div}\,\varepsilon\boldsymbol{E})E_1 = (\mathrm{div}\boldsymbol{D})E_1 = \rho E_1$. 이와 같이 x_2의 성분 P_2, x_3의 성분 P_3도 각각 $P_2 = \rho E_2$, $P_3 = \rho E_3$가 되므로 $\mathrm{div}\,\mathbf{T} = \rho\boldsymbol{E}$이다. 따라서 $\boldsymbol{F} = \int_V \rho\boldsymbol{E}dV = \oint_S \mathbf{T}\cdot\boldsymbol{n}dS$가 성립된다.

2. 7 다음은 Maxwell의 방정식이다.

(a) $\mathrm{div}\boldsymbol{B} = 0$ (b) $\mathrm{div}\boldsymbol{D} = 4\pi\rho$

(c) $\nabla \times \boldsymbol{E} = -\frac{1}{c}\frac{\partial \boldsymbol{B}}{\partial t}$ (d) $\nabla \times \boldsymbol{H} = \frac{4\pi\boldsymbol{I}}{c}$

이들을 텐서형으로 나타내어라(단 용어에 대한 설명은 문제 2.6 참조).

풀이

텐서 B^k, D^k, E_k, H_k, I^k 들을 정의하고 ρ, c 를 불변식들이라 하자. 그러면, 방정식들은 벡터장에 대한 공변 미분 (2.3절)을 사용하여 아래와 같이 나타낼 수 있다.

(a) $B^k_{;k} = 0$

(b) $D^k_{;k} = 4\pi\rho$

(c) $-\varepsilon^{jkq}E_{k;q} = -\frac{1}{c}\frac{\partial B^j}{\partial t}$ 또는 $\varepsilon^{jkq}E_{k;q} = \frac{1}{c}\frac{\partial B^j}{\partial t}$

(d) $-\varepsilon^{jkq}H_{k;q} = \frac{4\pi I^j}{c}$ 또는 $\epsilon^{jkq}H_{k;q} = -\frac{4\pi I^j}{c}$

이러한 방정식들은 전자파 이론(electromagnetic theory)에 대한 기초를 형성한다.

2. 8 다음은 Minkowski의 4차원 시공간 즉 $x^1 = x$, $x^2 = y$, $x^3 = z$, $x^4 = ict$ (여기서 $i = \sqrt{-1}$, c 는 광속도)에 바탕을 둔 Einstein의 '특수 상대성(special relativty)' 이론에 관한 문제이다.

(a) 실험실 (고정) Cartesian 좌표계에 대하여 상대속도 v 로 입자(particle)와 함께 움직이는 좌표계에 있어서 입자계의 시간 증분 $d\tau$ 와 실험실 계의 시간 증분 dt 는 아래의 관계가 있음을 증명

하라.

$$d\tau = dt\sqrt{1-v^2/c^2}$$

(단, 여기서 $d\tau$ 또는 τ 는 입자의 고유시간으로 Lorentz 불변량이다.)

(b) 4차원 공간에서 아래와 같이 (성분 형태로) 정의되는 임의의 2차원 텐서 B 의 쌍대 텐서 (dual tensor) B^* 는 "Lorentz 변환" 하에서 2차 텐서가 되는가를 조사하여라.

$$B_{ij}{}^* = \frac{1}{2!}e_{ijkl}B_{kl}$$

단, 4차원의 원래 Cartesian 좌표축과 변환된 좌표축 사이의 방향 여현 행렬인 Lorentz 직교 변환 행렬은 아래와 같이 주어진다.

$$a_{\lambda u} = \begin{pmatrix} 1 & 0 & 0 & 0 \\ 0 & 1 & 0 & 0 \\ 0 & 0 & \gamma & i\beta\gamma \\ 0 & 0 & -i\beta\gamma & \gamma \end{pmatrix}, \quad \beta = \frac{v}{c}, \quad \gamma = (1-\beta^2)^{-1/2}$$

풀이

(a) 변환된 (입자)좌표계에서 위치벡터의 미소변화의 길이 제곱은

$$dx'_\mu\, dx'_\nu = (dx'_1)^2 + (dx'_2)^2 + (dx'_3)^2 - c^2(d\tau)^2 = -c^2(d\tau)^2 \qquad (\because dx'_\mu = 0,\ \mu = 1,2,3)$$

그런데 미소 길이의 제곱은 스칼라 불변량이므로 $dx'_\mu\, dx'_\nu = dx_\mu\, dx_\nu$. 따라서

$$-c^2(d\tau)^2 = (dx_1)^2 + (dx_2)^2 + (dx_3)^2 - c^2(dt)^2$$

즉

$$(d\tau)^2 = (dt)^2\left[1 - \frac{1}{c^2}\left\{\left(\frac{dx_1}{dt}\right)^2 + \left(\frac{dx_2}{dt}\right)^2 + \left(\frac{dx_3}{dt}\right)^2\right\}\right]$$

$$= (dt)^2\left(1 - \frac{v^2}{c^2}\right) \qquad \left(\text{여기서 } v^2 = \left(\frac{dx_1}{dt}\right)^2 + \left(\frac{dx_2}{dt}\right)^2 + \left(\frac{dx_3}{dt}\right)^2\right)$$

따라서 $d\tau = dt\sqrt{1-v^2/c^2}$ 가 증명이 된다.

(b) 문제에서 주어진 텐서식의 형태는 좌표계에 불변이므로

$$B_{ij}^* = \frac{1}{2!}e'_{ijkl}\,B'_{kl} \qquad \cdots\cdots\text{(i)}$$

이 된다. 그런데 B'_{kl} 은 2차 텐서이고, e'_{ijkl} 은 4차 의사(pseudo)(혹은 상대) 텐서이므로 각각 아래와 같이 나타낼 수 있다.

$$B'_{kl} = a_{kt}\,a_{lu}\,B_{tu} \qquad \cdots\cdots\text{(ii)}$$

$e'_{ijkl} = |a|a_{ip}\,a_{jq}\,a_{kr}\,a_{ls}e_{pqrs}$ (여기서 $|a|$는 Lorentz 행렬($a_{\lambda u}$)의 행렬식임) ……(iii)

따라서 식 (ii) 및 (iii)을 식 (i)에 대입하고, Lorentz 직교 행렬의 행 또는 열 사이의 정규 직교 관계를 이용하면 식 (i)은 아래와 같이 된다.

$$B_{ij}^{*\,'} = \frac{1}{2!}|a\,|a_{ip}a_{jq}\delta_{rt}\delta_{su}e_{pqrs}B_{tu} = \frac{1}{2!}|a\,|a_{ip}a_{jq}e_{pqrs}B_{rs} = |a\,|a_{ip}a_{jq}B_{pq}^{*}$$

따라서 B^* 는 2차 의사(pseudo) 텐서이다. 즉 회전 (고유) 변환($|a| = +1$)하에서는 2차 텐서이나, 반사 (비고유) 변환(즉 $|a| = -1$)하에서는 2차 의사텐서이다. 다음은 Maxwell의 방정식이다.

2. 9 (a) $\int \boldsymbol{A} \times \frac{d^2\boldsymbol{A}}{dt^2}dt$ 의 값을 구하라.

(b) $t \geqq 0$ 에서의 한 입자의 가속도는 $\boldsymbol{a} = \frac{d\boldsymbol{v}}{dt} = 12\cos 2t\boldsymbol{i} - 8\sin 2t\boldsymbol{j} + 16t\boldsymbol{k}$ 이다. 만일 속도 $\boldsymbol{v}\left(= \frac{d\boldsymbol{r}}{dt}\right)$와 이동거리(displacement) $\boldsymbol{r}$이 $t = 0$에서 0 이라 할 때, 어떤 시간에서의 $\boldsymbol{v}$ 와 $\boldsymbol{r}$ 을 구하라.

풀이

(a) $$\frac{d}{dt}\left(\boldsymbol{A} \times \frac{d\boldsymbol{A}}{dt}\right) = \boldsymbol{A} \times \frac{d^2\boldsymbol{A}}{dt^2} + \frac{d\boldsymbol{A}}{dt} \times \frac{d\boldsymbol{A}}{dt}$$

$$= \boldsymbol{A} \times \frac{d^2\boldsymbol{A}}{dt^2} \quad \left(\because \frac{d\boldsymbol{A}}{dt} \times \frac{d\boldsymbol{A}}{dt} = 0\right)$$

적분하면, $\int \boldsymbol{A} \times \frac{d^2\boldsymbol{A}}{dt^2}dt = \int \frac{d}{dt}\left(\boldsymbol{A} \times \frac{d\boldsymbol{A}}{dt}\right)dt = \boldsymbol{A} \times \frac{d\boldsymbol{A}}{dt} + c$

(b) 적분하면 $\boldsymbol{v} = \boldsymbol{i}\int 12\cos 2t\ dt + \boldsymbol{j}\int(-8\sin 2t)dt + \boldsymbol{k}\int 16t\ dt$

$= 6\sin 2t\boldsymbol{i} + 4\cos 2t\boldsymbol{j} + 8t^2\boldsymbol{k} + c_1$

$t = 0$ 일 때 $\boldsymbol{v} = 0$ 이라 하면, $0 = 0\boldsymbol{i} + 4\boldsymbol{j} + 0\boldsymbol{k} + c_1$ 이고 $c_1 = -4\boldsymbol{j}$ 이다.

그러면, $\boldsymbol{v} = 6\sin 2t\boldsymbol{i} + (4\cos 2t - 4)\boldsymbol{j} + 8t^2\boldsymbol{k}$

따라서, $\frac{d\boldsymbol{r}}{dt} = 6\sin 2t\boldsymbol{i} + (4\cos 2t - 4)\boldsymbol{j} + 8t^2\boldsymbol{k}$ 이다.

적분하면, $\boldsymbol{r} = \boldsymbol{i}\int 6\sin 2t\ dt + \boldsymbol{j}\int(4\cos 2t - 4)dt + \boldsymbol{k}\int 8t^2\ dt$

$= -3\cos 2t\boldsymbol{i} + (2\sin 2t - 4t)\ \boldsymbol{j} + \frac{8}{3}t^3\boldsymbol{k} + c_2$

$t = 0$ 일 때 $\boldsymbol{r} = 0$ 이라 하면, $0 = -3\boldsymbol{i} + 0\boldsymbol{j} + 0\boldsymbol{k} + c_2$ 그리고 $c_2 = 3\boldsymbol{i}$ 이다.

그러면, $\boldsymbol{r} = (3 - 3\cos 2t)\boldsymbol{i} + (2\sin 2t - 4t)\boldsymbol{j} + \frac{8}{3}t^3\boldsymbol{k}$ 이다.

2. 10 태양 둘레에 한 혹성(planet)의 경로(path)는 태양과의 한 초점(focus)에서의 타원이 됨 (아래그림 참조)을 밝혀라.

풀이

뉴톤의 중력법칙에 의하면

$$\frac{d\boldsymbol{v}}{dt} = -\frac{GM}{r^2}\hat{\boldsymbol{r}} \quad (\text{여기에서 } \boldsymbol{v} = \frac{d\boldsymbol{r}}{dt},\ G \text{ 및 } M\text{은 각각 인력상수 및 태양의 질량임}) \qquad \cdots\cdots\text{(i)}$$

$$\boldsymbol{r} \times \boldsymbol{v} = \boldsymbol{c} \qquad \cdots\cdots\text{(ii)}$$

이제, $\boldsymbol{r} = r\hat{\boldsymbol{r}}$, $\frac{d\boldsymbol{r}}{dt} = r\frac{d\hat{\boldsymbol{r}}}{dt} + \frac{dr}{dt}\hat{\boldsymbol{r}}$ 이다.

따라서

$$\boldsymbol{c} = \boldsymbol{r} \times \boldsymbol{v} = r\hat{\boldsymbol{r}} \times \left(r\frac{d\hat{\boldsymbol{r}}}{dt} + \frac{dr}{dt}\hat{\boldsymbol{r}}\right) = r^2\hat{\boldsymbol{r}} \times \frac{d\hat{\boldsymbol{r}}}{dt} \qquad \cdots\cdots\text{(iii)}$$

(i)로부터, 방정식 (iii)과 $\hat{\boldsymbol{r}} \cdot \frac{d\hat{\boldsymbol{r}}}{dt} = 0$ ($\because\ \boldsymbol{A} \cdot \frac{d\boldsymbol{A}}{dt} = A\frac{dA}{dt}$, $A = \|\boldsymbol{A}\|$)을 사용하여

$$\frac{d\boldsymbol{v}}{dt} \times \boldsymbol{c} = -\frac{GM}{r^2}\hat{\boldsymbol{r}} \times \boldsymbol{c} = -GM\hat{\boldsymbol{r}} \times \left(\hat{\boldsymbol{r}} \times \frac{d\hat{\boldsymbol{r}}}{dt}\right) = -GM\left[\left(\hat{\boldsymbol{r}} \cdot \frac{d\hat{\boldsymbol{r}}}{dt}\right)\hat{\boldsymbol{r}} - (\hat{\boldsymbol{r}} \cdot \hat{\boldsymbol{r}})\frac{d\hat{\boldsymbol{r}}}{dt}\right] = GM\frac{d\hat{\boldsymbol{r}}}{dt}$$

그러나, $\boldsymbol{c}$ 는 상수벡터이므로, $\frac{d\boldsymbol{v}}{dt} \times \boldsymbol{c} = \frac{d}{dt}(\boldsymbol{v} \times \boldsymbol{c})$ 이다.

따라서, $\frac{d}{dt}(\boldsymbol{v} \times \boldsymbol{c}) = GM\frac{d\hat{\boldsymbol{r}}}{dt}$ 이다.

적분하면 $\boldsymbol{v} \times \boldsymbol{c} = GM\hat{\boldsymbol{r}} + \boldsymbol{p}$ 이다. 이것으로부터,

$$\boldsymbol{r} \cdot (\boldsymbol{v} \times \boldsymbol{c}) = GM\boldsymbol{r} \cdot \hat{\boldsymbol{r}} + \boldsymbol{r} \cdot \boldsymbol{p} = GMr + r\hat{\boldsymbol{r}} \cdot \boldsymbol{p} = GMr + rp\cos\theta$$

단, $\boldsymbol{p}$ 는 크기 p 를 가지는 임의의 일정벡터이고 θ 는 $\boldsymbol{p}$ 와 $\hat{\boldsymbol{r}}$ 사이의 각이다.

$\boldsymbol{r} \cdot (\boldsymbol{v} \times \boldsymbol{c}) = (\boldsymbol{r} \times \boldsymbol{v}) \cdot \boldsymbol{c} = \boldsymbol{c} \cdot \boldsymbol{c} = c^2$ 이므로, $c^2 = GMr + rp\cos\theta$

그리고 $\frac{c^2}{GM + p\cos\theta} = \frac{c^2/GM}{1 + (p/GM)\cos\theta}$ 이다.

해석 기하학으로부터 원점에 초점을 가지는 원추 곡선의 극성 방정식(polar equation)과 이심률(eccentricity) ε은 $r = \frac{a}{1 + \epsilon\cos\theta}$ (단, a는 상수)이다.

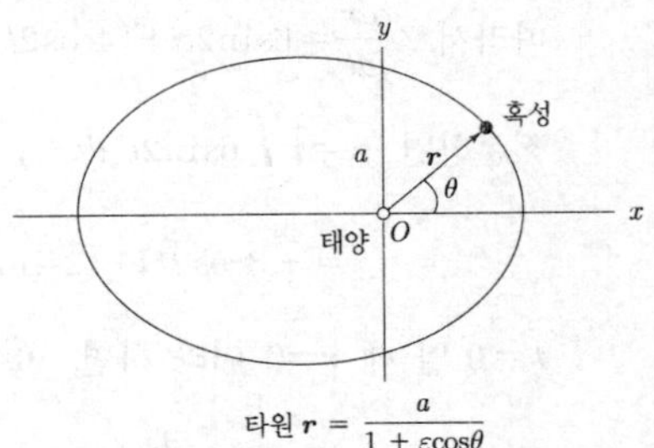

타원 $r = \frac{a}{1 + \varepsilon\cos\theta}$

이것을 유도된 방정식과 비교하면, 구하고자 하는 궤도는 이심률 $\varepsilon = \frac{p}{GM}$ 를 가지는 한 원추곡선이다. 궤도는 ε이 1보다 작거나, 같거나 또는 보다 큼에 따라 타원, 포물선, 쌍곡선이 된다. 혹성의 궤도는 폐곡선이므로 그들은 타원임에 틀림없다.

2. 11 공간곡선 $x = 3\cos t$, $y = 3\sin t$, $z = 4t$를 약도하고 다음을 구하라.

(a) 단위법선 $\boldsymbol{t}$

(b) 주법선 $\boldsymbol{n}$, 곡률 χ 와 곡률 반경 ρ

(c) 종법선 $\boldsymbol{b}$, 열률 τ와 비틀림 반경 σ

단 아래의 Frenet-Serret 공식을 이용하라.

$$\frac{d\boldsymbol{t}}{ds}=\chi\boldsymbol{n},\quad \frac{d\boldsymbol{n}}{ds}=\tau\boldsymbol{b}-\chi\boldsymbol{t},\quad \frac{d\boldsymbol{b}}{ds}=-\tau\boldsymbol{n},\quad \boldsymbol{b}=\boldsymbol{t}\times\boldsymbol{n}$$

풀이

공간곡선은 원의 나선(circular helix)이다(그림참조). $t=\frac{z}{4}$ 이므로 곡선은 방정식 $x=3\cos\left(\frac{z}{4}\right)$, $y=3\sin\left(\frac{z}{4}\right)$ 를 가지며 원주 $x^2+y^2=9$ 위에 있다.

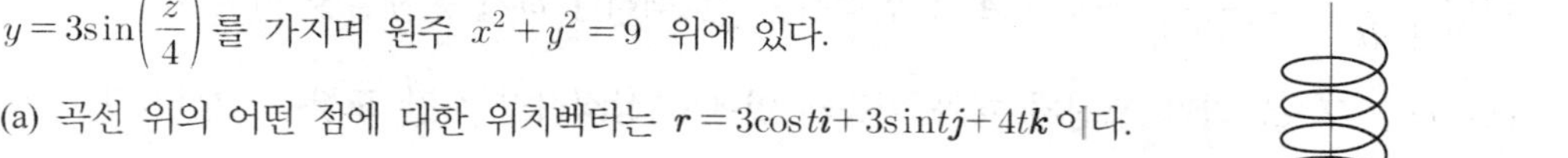

(a) 곡선 위의 어떤 점에 대한 위치벡터는 $\boldsymbol{r}=3\cos t\boldsymbol{i}+3\sin t\boldsymbol{j}+4t\boldsymbol{k}$ 이다.

그러면

$$\frac{d\boldsymbol{r}}{dt}=-3\sin t\boldsymbol{i}+3\cos t\boldsymbol{j}+4\boldsymbol{k}$$

$$\frac{ds}{dt}=\left|\frac{d\boldsymbol{r}}{dt}\right|=\sqrt{\frac{d\boldsymbol{r}}{dt}\cdot\frac{d\boldsymbol{r}}{dt}}=\sqrt{(-3\sin t)^2+(3\cos t)^2+4^2}=5$$

따라서 $\boldsymbol{t}=\frac{d\boldsymbol{r}}{ds}=\frac{d\boldsymbol{r}/dt}{ds/dt}=-\frac{3}{5}\sin t\boldsymbol{i}+\frac{3}{5}\cos t\boldsymbol{j}+\frac{4}{5}\boldsymbol{k}$ (단 ds는 미소 흐의 길이)

(b) $\frac{d\boldsymbol{t}}{dt}=-\frac{d}{dt}\left(-\frac{3}{5}\sin t\boldsymbol{i}+\frac{3}{5}\cos t\boldsymbol{j}+\frac{4}{5}\boldsymbol{k}\right)=-\frac{3}{5}\cos t\boldsymbol{i}-\frac{3}{5}\sin t\boldsymbol{j}$

$\frac{d\boldsymbol{t}}{ds}=\frac{d\boldsymbol{t}/dt}{ds/dt}=-\frac{3}{25}\cos t\boldsymbol{i}-\frac{3}{25}\sin t\boldsymbol{j}$ $\frac{d\boldsymbol{t}}{ds}=\chi\boldsymbol{n}$ 이므로 $\left|\frac{d\boldsymbol{t}}{ds}\right|=|\chi||\boldsymbol{n}|=\chi\,(\chi\geqq 0)$.

그러면 $\chi=\left|\frac{d\boldsymbol{t}}{ds}\right|=\sqrt{\left(-\frac{3}{25}\cos t\right)^2+\left(-\frac{3}{25}\sin t\right)^2}=\frac{3}{25}$ 그리고 $\rho=\frac{1}{\chi}=\frac{25}{3}$

또한 $\frac{d\boldsymbol{t}}{ds}=\chi\boldsymbol{n}$ 이므로 $\boldsymbol{n}=\frac{1}{\chi}\frac{d\boldsymbol{t}}{ds}=-\cos t\boldsymbol{i}-\sin t\boldsymbol{j}$ 이다.

(c) $$\boldsymbol{b}=\boldsymbol{t}\times\boldsymbol{n}=\begin{vmatrix}\boldsymbol{i} & \boldsymbol{j} & \boldsymbol{k}\\ -\frac{3}{5}\sin t & \frac{3}{5}\cos t & \frac{4}{5}\\ -\cos t & -\sin t & 0\end{vmatrix}=\frac{4}{5}\sin t\boldsymbol{i}-\frac{4}{5}\cos t\boldsymbol{j}+\frac{3}{5}\boldsymbol{k}$$

$\frac{d\boldsymbol{b}}{dt}=\frac{4}{5}\cos t\boldsymbol{i}+\frac{4}{5}\sin t\boldsymbol{j}$, $\frac{d\boldsymbol{B}}{ds}=\frac{d\boldsymbol{b}/dt}{ds/dt}=\frac{4}{25}\cos t\boldsymbol{i}+\frac{4}{25}\sin t\boldsymbol{j}$

$-\tau\boldsymbol{n}=-\tau(-\cos t\boldsymbol{i}-\sin t\boldsymbol{j})=\frac{4}{25}\cos t\boldsymbol{i}+\frac{4}{25}\sin t\boldsymbol{j}$ 혹은 $\tau=\frac{4}{25}$ 이고 $\sigma=\frac{1}{\tau}=\frac{25}{4}$ 이다.

2.12 원점 O를 가지는 xyz 좌표계에 관하여 고정된 한 점에 위치해 있는 한 관측자가 한 벡터

$\boldsymbol{A}= A_1\boldsymbol{i}+ A_2\boldsymbol{j}+ A_3\boldsymbol{k}$ 를 관찰하고 $\dfrac{dA_1}{dt}\boldsymbol{i}+\dfrac{dA_2}{dt}\boldsymbol{j}+\dfrac{dA_3}{dt}\boldsymbol{k}$ 가 되도록 하기 위한 시간 도함수를 계산한다. 그 후로 관측자는 그와 그의 좌표계가 공간 안에 고정된 것처럼 취해진 xyz 좌표계에 대해 실제로 회전하고 있고, 또한 O 에 원점을 가지는 것을 발견한다. 관측자는 "xyz 좌표계에 관하여 고정된 관찰자에 대해 $\boldsymbol{A}$ 의 시간 도함수는 얼마인가"라고 묻는다(단 2.16.2절 참조).

(a) 만일 $\left|\dfrac{d\boldsymbol{A}}{dt}\right|_f$ 와 $\left|\dfrac{d\boldsymbol{A}}{dt}\right|_m$ 이 각각 고정된 계와 이동계에 관해 $\boldsymbol{A}$ 의 시간 도함수들을 표시한다면 $\left|\dfrac{d\boldsymbol{A}}{dt}\right|_f=\left|\dfrac{d\boldsymbol{A}}{dt}\right|_m+\boldsymbol{\omega}\times\boldsymbol{A}$ 를 만족하는 한 벡터량 $\boldsymbol{\omega}$가 존재함을 밝혀라.

(b) D_f, D_m 을 각각 고정된 계와 이동계 안에서 상징적인 시간 도함수 연산자라 하자. 연산자 동치 $D_f\equiv D_m+\boldsymbol{\omega}\times$ 를 논증하라(식 (2.456) 참조).

풀이

(a) 고정된 관측자에로의 단위벡터들 $\boldsymbol{i}, \boldsymbol{j}, \boldsymbol{k}$ 는 실제로 시간에 따라 변한다. 따라서 그러한 관측자는 다음과 같이 $\boldsymbol{A}$ 의 시간도함수를 계산할 것이다.

$$\frac{d\boldsymbol{A}}{dt}=\frac{dA_1}{dt}\boldsymbol{i}+\frac{dA_2}{dt}\boldsymbol{j}+\frac{dA_3}{dt}\boldsymbol{k}+A_1\frac{d\boldsymbol{i}}{dt}+A_2\frac{d\boldsymbol{j}}{dt}+A_3\frac{d\boldsymbol{k}}{dt} \qquad \cdots\cdots\text{(i)}$$

즉

$$\left|\frac{d\boldsymbol{A}}{dt}\right|_f=\left|\frac{d\boldsymbol{A}}{dt}\right|_m+A_1\frac{d\boldsymbol{i}}{dt}+A_2\frac{d\boldsymbol{j}}{dt}+A_3\frac{d\boldsymbol{k}}{dt} \qquad \cdots\cdots\text{(ii)}$$

$\boldsymbol{i}$ 는 한 단위벡터이므로 $\dfrac{d\boldsymbol{i}}{dt}$ 는 $\boldsymbol{i}$ 에 수직하고($\because\ \boldsymbol{i}\cdot d\boldsymbol{i}/dt=\ \|\boldsymbol{i}\|\, d\|\boldsymbol{i}\|/dt=0,\ \|\boldsymbol{i}\|=1$) $\boldsymbol{j}$ 와 $\boldsymbol{k}$ 의 평면 안에 있어야 한다. 그러면

$$\frac{d\boldsymbol{i}}{dt}=a_1\boldsymbol{j}+a_2\boldsymbol{k} \qquad \cdots\cdots\text{(iii)}$$

$$\frac{d\boldsymbol{j}}{dt}=a_3\boldsymbol{k}+a_4\boldsymbol{i} \qquad \cdots\cdots\text{(iv)}$$

$$\frac{d\boldsymbol{k}}{dt}=a_5\boldsymbol{i}+a_6\boldsymbol{j} \qquad \cdots\cdots\text{(v)}$$

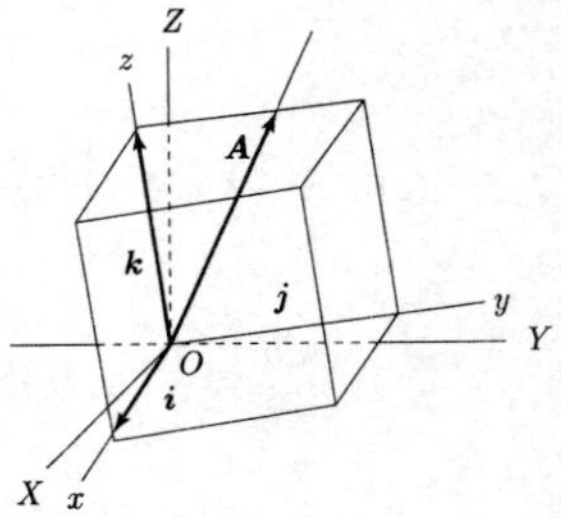

$\boldsymbol{i}\cdot\boldsymbol{j}=0$ 으로부터, 미분하면 $\boldsymbol{i}\cdot\dfrac{d\boldsymbol{j}}{dt}+\dfrac{d\boldsymbol{i}}{dt}\cdot\boldsymbol{j}=0$ 이다.

그러나 (iv)로부터 $\boldsymbol{i}\cdot\dfrac{d\boldsymbol{j}}{dt}=a_4$ 이고 (iii)으로부터 $\dfrac{d\boldsymbol{i}}{dt}\cdot\boldsymbol{j}=a_1$ 이다. 따라서 $a_4=-a_1$ 이다.

이와 유사하게 $\boldsymbol{i}\cdot\boldsymbol{k}=0$ 으로부터 $\boldsymbol{i}\cdot\dfrac{d\boldsymbol{k}}{dt}+\dfrac{d\boldsymbol{i}}{dt}\cdot\boldsymbol{k}=0$ 이므로 $a_5=-a_2$ 이고, $\boldsymbol{j}\cdot\boldsymbol{k}=0$ 으로부터

$\boldsymbol{j}\cdot\dfrac{d\boldsymbol{k}}{dt}+\dfrac{d\boldsymbol{j}}{dt}\cdot\boldsymbol{k}=0$ 이므로 $a_6=-a_3$ 이다.

그러면 $\dfrac{d\boldsymbol{i}}{dt}=a_1\boldsymbol{j}+a_2\boldsymbol{k}$, $\dfrac{d\boldsymbol{j}}{dt}=a_3\boldsymbol{k}-a_1\boldsymbol{i}$, $\dfrac{d\boldsymbol{k}}{dt}=-a_2\boldsymbol{i}-a_3\boldsymbol{j}$ 그리고

$$A_1\frac{d\boldsymbol{i}}{dt}+A_2\frac{d\boldsymbol{j}}{dt}+A_3\frac{d\boldsymbol{k}}{dt}=(-a_1A_2-a_2A_3)\boldsymbol{i}+(a_1A_1-a_3A_3)\boldsymbol{j}+(a_2A_1+a_3A_2)\boldsymbol{k}$$

$$=\begin{vmatrix}\boldsymbol{i} & \boldsymbol{j} & \boldsymbol{k}\\ a_3 & -a_2 & a_1\\ A_1 & A_2 & A_3\end{vmatrix}$$

만일 $a_3=\omega_1$, $-a_2=\omega_2$, $a_1=\omega_3$ 이라면 행렬식은 $\begin{vmatrix}\boldsymbol{i} & \boldsymbol{j} & \boldsymbol{k}\\ \omega_1 & \omega_2 & \omega_3\\ A_1 & A_2 & A_3\end{vmatrix}=\boldsymbol{\omega}\times\boldsymbol{A}$ 이다.

단, $\boldsymbol{\omega}=\omega_1\boldsymbol{i}+\omega_2\boldsymbol{j}+\omega_3\boldsymbol{k}$ 이다. 양 $\boldsymbol{\omega}$는 고정된 계에 대하여 이동계의 각속도 벡터이다.

(b) 정의에 의해서 $D_f\,\boldsymbol{A}=\left|\dfrac{d\boldsymbol{A}}{dt}\right|_f$ =고정된 계 안에서의 도함수

$$D_m\,\boldsymbol{A}=\left|\frac{d\boldsymbol{A}}{dt}\right|_m \text{=이동계 안에서의 도함수}$$

(a)로부터 $D_f\boldsymbol{A}=D_m\boldsymbol{A}+\boldsymbol{\omega}\times\boldsymbol{A}=(D_m+\boldsymbol{\omega}\times)\boldsymbol{A}$. 그리고 연산자 $D_f\equiv D_m+\boldsymbol{\omega}\times$ 의 동치를 보여준다.

2. 13 (a) $\nabla\phi$는 Cartesian 좌표계의 곡면 $\phi(x,y,z)=c$ 에 수직인 한 벡터임을 밝혀라(단, c는 상수이다).

(b) 이를 이용하여 점 $(1,-2,-1)$에서 곡면 $\phi=x^2yz+4xz^2$ 으로의 (한) 단위 법선벡터를 구하고, 또 이 점 $(1,-2,-1)$에서 $2\boldsymbol{i}-\boldsymbol{j}-2\boldsymbol{k}$ 방향으로의 방향 도함수(directional derivative)를 구하라.

풀이

(a) $\boldsymbol{r}=x\boldsymbol{i}+y\boldsymbol{j}+z\boldsymbol{k}$는 곡면 위의 어떤 점 $P(x,y,z)$로의 위치벡터라 하자. 그러면, $d\boldsymbol{r}=dx\boldsymbol{i}+dy\boldsymbol{j}+dz\boldsymbol{k}$는 P에서 곡면으로의 접평면 안에 있다. 그러나,

$$d\phi=\frac{\partial\phi}{\partial x}dx+\frac{\partial\phi}{\partial y}dy+\frac{\partial\phi}{\partial z}dz=0$$

혹은 $\left(\dfrac{\partial\phi}{\partial x}\boldsymbol{i}+\dfrac{\partial\phi}{\partial y}\boldsymbol{j}+\dfrac{\partial\phi}{\partial z}\boldsymbol{k}\right)\cdot(dx\boldsymbol{i}+dy\boldsymbol{j}+dz\boldsymbol{k})=0$ 이다. 즉, $\nabla\phi\cdot d\boldsymbol{r}=0$ 이다.

따라서, $\nabla\phi$는 (준위) 곡면에 수직이다.

(b) 점 $(1,-2,-1)$에서, $\nabla\phi=\nabla(x^2yz+4xz^2)=(2xyz+4z^2)\boldsymbol{i}+x^2z\boldsymbol{j}+(x^2y+8xz)\boldsymbol{k}$

$$=8\boldsymbol{i}-\boldsymbol{j}-10\boldsymbol{k}$$

따라서 곡면으로의 단위법선

$$n=(8i-j-10k)/\sqrt{(8)^2+(-1)^2+(-10)^2}=\frac{1}{\sqrt{165}}(8i-j-10k)$$

그리고 $2i-j-2k$의 방향에서 단위벡터는 아래와 같이 된다.

$$\hat{a}=\frac{2i-j-2k}{\sqrt{(2)^2+(-1)^2+(-2)^2}}=\frac{2}{3}i-\frac{1}{3}j-\frac{2}{3}k$$

그러면 구하고자 하는 방향 도함수는

$$\nabla\phi\cdot\hat{a}=(8i-j-10k)\cdot\left(\frac{2}{3}i-\frac{1}{3}j-\frac{2}{3}k\right)=\frac{16}{3}+\frac{1}{3}+\frac{20}{3}=\frac{37}{3}$$

이것은 양이므로, ϕ는 이 방향에서 증가하고 있다.

2.14 (a) 곡면 $r=r(u,v)$ 위의 호의 길이의 요소 제곱은 $ds^2=Edu^2+2Fdu\,dv+Gdv^2$ 임을 밝혀라. 여기에서 $E=\frac{\partial r}{\partial u}\cdot\frac{\partial r}{\partial u}$, $F=\frac{\partial r}{\partial u}\cdot\frac{\partial r}{\partial v}$, $G=\frac{\partial r}{\partial v}\cdot\frac{\partial r}{\partial v}$ 이다.

(b) 곡면 $r=r(u,v)$의 곡면의 면적요소는 $dS=\sqrt{EG-F^2}\,du\,dv$ 임을 밝혀라.

풀이

(a) $dr=\frac{\partial r}{\partial u}du+\frac{\partial r}{\partial v}dv$ 이다. 그러면,

$$ds^2=dr\cdot dr=\frac{\partial r}{\partial u}\cdot\frac{\partial r}{\partial u}du^2+2\frac{\partial r}{\partial u}\cdot\frac{\partial r}{\partial v}du\,dv+\frac{\partial r}{\partial v}\cdot\frac{\partial r}{\partial v}dv^2=Edu^2+2Fdu\,dv+Gdv^2$$ 이다.

(b) 곡면의 면적요소(식 (2.113) 참조)는

$$dS=\left|\left(\frac{\partial r}{\partial u}du\right)\times\left(\frac{\partial r}{\partial v}\right)dv\right|=\left|\frac{\partial r}{\partial u}\times\frac{\partial r}{\partial v}\right|du\,dv=\sqrt{\left(\frac{\partial r}{\partial u}\times\frac{\partial r}{\partial v}\right)\cdot\left(\frac{\partial r}{\partial u}\times\frac{\partial r}{\partial v}\right)}\,du\,dv$$

이다.

그런데 제곱근 부호 안에 있는 양은 아래와 동등함으로 증명된다.

$$\left(\frac{\partial r}{\partial u}\cdot\frac{\partial r}{\partial u}\right)\left(\frac{\partial r}{\partial v}\cdot\frac{\partial r}{\partial v}\right)-\left(\frac{\partial r}{\partial u}\cdot\frac{\partial r}{\partial v}\right)\cdot\left(\frac{\partial r}{\partial v}\cdot\frac{\partial r}{\partial u}\right)=EG-F^2$$

여기서 아래의 Lagrange 항등관계가 이용된다.

$$(a\times b)\cdot(c\times d)=(a\cdot c)(b\cdot d)-(a\cdot d)(b\cdot c)$$

2.15 (a) $F=(2xy+z^3)i+x^2j+3xz^2k$ 는 보존력 장(conservative force field)[즉 $F=\nabla\phi$, $\nabla\times F=0$, $\oint d\phi=\oint(F\cdot dr)=0$ 만족]임을 밝혀라.

(b) 스칼라 퍼텐셜(ϕ)을 구하라.

(c) $(1,-2,1)$에서 $(3,1,4)$로 이러한 장 내의 한 물체를 움직이는데 행해진 일을 구하라.

풀이

(a) 정의로부터 힘이 보존적이 될 필요충분조건은 curl $\boldsymbol{F}=\nabla\times\boldsymbol{F}=0$ 이다.

$$\nabla\times\boldsymbol{F}=\begin{vmatrix} \boldsymbol{i} & \boldsymbol{j} & \boldsymbol{k} \\ \dfrac{\partial}{\partial x} & \dfrac{\partial}{\partial y} & \dfrac{\partial}{\partial z} \\ 2xy+z^3 & x^2 & 3xz^2 \end{vmatrix}=0$$

그래서 $\boldsymbol{F}$는 한 보존력장이다.

(b) 정의에 의해서, $\boldsymbol{F}=\nabla\phi$ 또는 $\dfrac{\partial\phi}{\partial x}\boldsymbol{i}+\dfrac{\partial\phi}{\partial y}\boldsymbol{j}+\dfrac{\partial\phi}{\partial z}\boldsymbol{k}=(2xy+z^3)\boldsymbol{i}+x^2\boldsymbol{j}+3xz^2\boldsymbol{k}$ 이다.

그러면 (1) $\dfrac{\partial\phi}{\partial x}=2xy+z^3$, (2) $\dfrac{\partial\phi}{\partial y}=x^2$, (3) $\dfrac{\partial\phi}{\partial z}=3xz^2$

적분하면 각각 (1), (2), (3)으로부터

$$\phi=x^2y+xz^3+f(y,z)$$
$$\phi=x^2y \qquad +g(x,z)$$
$$\phi= \qquad xz^3+h(x,y)$$

만일 $f(y,z)=0, g(x,z)=xz^3,\ h(x,y)=x^2y$ 라 선택한다면, 이것들은 일치한다.

따라서 $\phi=x^2y+xz^3+$상수

별 해

$$\boldsymbol{F}\cdot d\boldsymbol{r}=\nabla\phi\cdot d\boldsymbol{r}=\frac{\partial\phi}{\partial x}dx+\frac{\partial\phi}{\partial y}dy+\frac{\partial\phi}{\partial z}dz=d\phi$$

그러면

$$\begin{aligned} d\phi=\boldsymbol{F}\cdot d\boldsymbol{r}&=(2xy+z^3)dx+x^2dy+3xz^2dz \\ &=(2xy\,dx+x^2dy)+(z^3dx+3xz^2dz) \\ &=d(x^2y)+d(xz^3)=d(x^2y+xz^3) \end{aligned}$$

그리고 $\phi=x^2y+xz^3+$상수

(c) 행해진 일$=\displaystyle\int_{P_1}^{P_2}\boldsymbol{F}\cdot d\boldsymbol{r}$

$$=\int_{P_1}^{P_2}(2xy+z^3)dx+x^2dy+3xz^2dz$$

$$=\int_{P_1}^{P_2}d(x^2y+xz^3)=x^2y+xz^3\Big|_{P_1}^{P_2}=x^2y+xz^3\Big|_{(1,-2,1)}^{(3,1,4)}=202$$

또는 (b)로부터 $\phi(x,y,z)=x^2y+xz^3+$상수

그러면, 행해진 일$=\phi(3,1,4)-\phi(1,-2,1)=202$

2. 16 정전기학(electrostatics)에 의하면 직교 Cartesian 좌표계상의 한 점 (x_1,x_2,x_3)에서의 전하밀

도$\rho(x_1, x_2, x_3)$는 시간에 무관하다고 가정하면, 정전 퍼텐셜 $\phi(x_1, x_2, x_3)$는 Poisson 방정식,

$$\nabla^2\phi = -\frac{\rho}{\varepsilon} \text{ (여기서 } \varepsilon \text{은 유전상수)} \qquad \cdots\cdots\text{(i)}$$

의 해로 다음과 같이 주어진다(식 (2.406)참조).

$$\phi(x_1, x_2, x_3) = \frac{1}{4\pi\epsilon}\int_V \frac{\rho(x_1', x_2', x_3')}{|\boldsymbol{r}-\boldsymbol{r}'|} dV' \qquad \cdots\cdots\text{(ii)}$$

이때 보존 정전장(conservative electrostatic field) $\boldsymbol{E}$는 아래와 같이 표시됨을 증명하라.

$$\boldsymbol{E} \equiv -\nabla\phi = \frac{Q\boldsymbol{r}}{4\pi\epsilon r^3} + \frac{(3\boldsymbol{rr} - r^2\mathbf{I})\cdot\boldsymbol{p}}{4\pi\epsilon r^5} + \cdots \qquad \cdots\cdots\text{(iii)}$$

단, 여기에서 $\mathbf{I}$는 단위 행렬이고, Q와 $\boldsymbol{p}$는 아래와 같이 정의된다.

$$Q = \int_V \rho(x_1', x_2', x_3')\, dV'\ ;\ \boldsymbol{p} = \int_V \boldsymbol{r}'\rho(x_1', x_2', x_3')\, dV'$$

풀이

위 식 (iii)의 양변에 $-\nabla$을 취하고, $\nabla\left(\frac{1}{|\boldsymbol{r}|}\right) = \nabla\left(\frac{1}{r}\right) = -\frac{\boldsymbol{r}}{r^3}$ (식 (2.416) 참조)을 이용하면

$$\boldsymbol{E} = \frac{1}{4\pi\epsilon}\int_V \frac{\rho(x_1', x_2', x_3')}{|\boldsymbol{r}-\boldsymbol{r}'|^3}(\boldsymbol{r}-\boldsymbol{r}')\ dV' \qquad \cdots\cdots\text{(iv)}$$

그런데 $|\boldsymbol{r}-\boldsymbol{r}'|^{-3}$을 예제 2.28의 경우처럼 $\boldsymbol{r}$ 근방으로 Taylor 급수전개 하거나 또는

$$|\boldsymbol{r}-\boldsymbol{r}'|^{-3} = [(\boldsymbol{r}-\boldsymbol{r}')\cdot(\boldsymbol{r}-\boldsymbol{r}')]^{-3/2} = [r^2 - 2\boldsymbol{r}\cdot\boldsymbol{r}' + (\boldsymbol{r}')^2]^{-3/2} = r^{-3}\left[1 - \frac{2\boldsymbol{r}\cdot\boldsymbol{r}'}{r^2} + \frac{(\boldsymbol{r}')^2}{r^2}\right]^{-\frac{3}{2}}$$

위 식을 이항 전개의 확장형인

$(1+a+b)^n = 1 + na + nb + \cdots$ 에 $n = -\frac{3}{2}$, $a = -\frac{2\boldsymbol{r}\cdot\boldsymbol{r}'}{r^2}$, $b = \frac{(\boldsymbol{r}')^2}{r^2}$을 대입하고 r'의 1차항까지만

전개하면

$$|\boldsymbol{r}-\boldsymbol{r}'|^{-3} = \frac{1}{r^3}\left(1 + 3\frac{\boldsymbol{r}\cdot\boldsymbol{r}'}{r^2} + \cdots\right) \qquad \cdots\cdots\text{(v)}$$

가 된다.

이것을 식 (iv)에 대입하고 전개한 후 다시 r'의 1차항까지만 취하면

$$\boldsymbol{E} = \frac{1}{4\pi\varepsilon r^3}\int_V \rho(x_1', x_2', x_3')(\boldsymbol{r}-\boldsymbol{r}')\left(1 + 3\frac{\boldsymbol{r}\cdot\boldsymbol{r}'}{r^2} + \cdots\right) dV'$$

$$= \frac{1}{4\pi\varepsilon r^3}\int_V \rho(x_1', x_2', x_3')\left(\boldsymbol{r} + \frac{3\boldsymbol{rr}\cdot\boldsymbol{r}'}{r^2} - \boldsymbol{r}' + \cdots\right) dV'$$

$$= \frac{1}{4\pi\varepsilon r^3}\left[\boldsymbol{r}\int_V \rho(x_1', x_2', x_3')\ dV' + \frac{3\boldsymbol{r}\boldsymbol{r}}{r^2}\cdot\int_V \rho(x_1', x_2', x_3')\boldsymbol{r}'\,dV' - \int_V \rho(x_1', x_2', x_3')\boldsymbol{r}'\,dV' + \cdots \right] \quad \cdots\cdots\text{(vi)}$$

식 (vi)에 Q 및 $\boldsymbol{p}$의 정의를 대입하면 아래와 같은 결과를 얻을 수 있다.

$$\boldsymbol{E} = \frac{Q\boldsymbol{r}}{4\pi\varepsilon r^3} + \frac{(3\boldsymbol{r}\boldsymbol{r} - \boldsymbol{r}^2\mathrm{I})\cdot\boldsymbol{p}}{4\pi\varepsilon r^5} + \cdots$$

2. 17 본문 중의 Gauss 적분 정리(식 (2.419))에 관한 증명을 발산정리를 이용하여 다시 행하여라.

풀이

폐곡면 S상의 한 점 P의 원점 O에 대한 위치벡터를 $\boldsymbol{r}$, 그 크기를 $|\boldsymbol{r}| = r$ (즉 $\hat{\boldsymbol{r}} = \boldsymbol{r}/r$), 곡면 S의 바깥으로 향하는 단위 법선벡터를 $\boldsymbol{n}$이라 하면 곡면 S에 대한 면적분은 발산정리 (2.112)를 이용하여 아래와 같음을 보이면 된다.

$$\oint_S \frac{1}{r^2}\hat{\boldsymbol{r}}\cdot d\boldsymbol{S} = \oint_S \frac{1}{r^2}\hat{\boldsymbol{r}}\cdot\hat{\boldsymbol{n}}\,dS \begin{cases} 0 & (\text{원점 } O\text{가 폐곡면 } S \text{ 밖에 있을 때}) \\ 4\pi & (\text{원점 } O\text{가 폐곡면 } S \text{ 안에 있을 때}) \\ 2\pi & (\text{원점 } O\text{가 폐곡면 } S \text{ 상에 있을 때}) \end{cases}$$

먼저 원점 O가 폐곡면 S 바깥에 있을 때 :

$$\oint_S \frac{1}{r^2}\hat{\boldsymbol{r}}\cdot d\boldsymbol{S} = -\oint_S \nabla\left(\frac{1}{r}\right)\cdot d\boldsymbol{S} = -\int_V \nabla\cdot\left(\nabla\frac{1}{r}\right)dV = -\int_V \nabla^2\left(\frac{1}{r}\right)dV = 0$$

(참고로 $\nabla^2\left(\frac{1}{r}\right) = -4\pi\,\delta(\boldsymbol{r})$ 임 - 식(2.403))

원점 O가 S안에 있을 때 :

O를 중심으로 반지름 ρ 인 새로운 구면 S'가 S안에 포함된다고 하자. S와 S'로 된 폐곡면을 생각하면 점 O는 폐곡면밖에 있으므로

$$\oint_{S-S'} \frac{1}{r^2}\hat{\boldsymbol{r}}\cdot d\boldsymbol{S} = 0 \qquad \text{또는} \qquad \oint_S \frac{1}{r^2}\hat{\boldsymbol{r}}\cdot d\boldsymbol{S} + \oint_{S'} \frac{1}{r^2}\hat{\boldsymbol{r}}\cdot d\boldsymbol{S} = 0$$

여기에 구면 S'에서의 적분에서는 $r = \rho$ 이고 $\hat{\boldsymbol{r}}\cdot\boldsymbol{n} = \cos\pi = -1$ 이므로 아래와 같다.

$$\oint_S \frac{1}{r^2}\hat{\boldsymbol{r}}\cdot d\boldsymbol{S} = -\oint_{S'} \frac{1}{r^2}\hat{\boldsymbol{r}}\cdot\boldsymbol{n}dS = \oint_{S'} \frac{1}{\rho^2}dS = \frac{1}{\rho^2}\oint_{S'} dS = \frac{1}{\rho^2}\cdot 4\pi\rho^2 = 4\pi$$

원점 O가 S상에 있을 때 :

O를 중심으로 한 구면의 S 내에 있는 부분을 S', 구면 바깥에 있는 S의 부분을 S''라 하자. 곡면 S', S''로 된 폐곡면을 생각하면 원점 O는 이 곡면 바깥에 있으므로

$$\oint_{S'-S''} \frac{1}{r^2}\hat{\boldsymbol{r}}\cdot d\boldsymbol{S} = 0 \qquad \text{또는} \qquad \int_{S''} \frac{1}{r^2}\hat{\boldsymbol{r}}\cdot d\boldsymbol{S} + \int_{S'} \frac{1}{r^2}\hat{\boldsymbol{r}}\cdot d\boldsymbol{S} = 0$$

여기에 S' 에서의 적분에서는 $r=\rho$, $\hat{\boldsymbol{r}}\cdot\boldsymbol{n}=-1$ 이므로

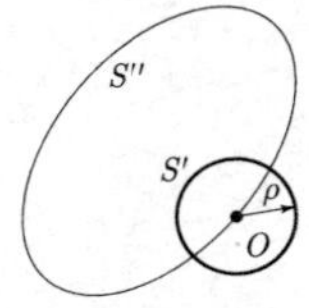

$$\int_{S''}\frac{1}{r^2}\hat{\boldsymbol{r}}\cdot d\boldsymbol{S}=-\int_{S'}\frac{1}{r^2}\hat{\boldsymbol{r}}\cdot\boldsymbol{n}\,dS=\frac{1}{\rho^2}\int_{S'}dS$$ 가 된다.

$\rho\to 0$ 일 때 $S''\to S$ 가 되고 S' 는 반구면에 가까워진다. 따라서, 좌변의 적분은 $\int_S\frac{1}{r^2}\hat{\boldsymbol{r}}\cdot d\boldsymbol{S}$ 에 무한히 가까워지고, 우변의 적분값은 $\frac{1}{\rho^2}\left(\frac{4\pi\rho^2}{2}\right)=2\pi$ 에 무한히 가까워지므로

$\oint_S\frac{1}{r^2}\hat{\boldsymbol{r}}\cdot d\boldsymbol{S}=2\pi$ 가 된다.

2. 18 Maxwell의 전자기장 방정식

(a) $\oint_S\boldsymbol{E}\cdot d\boldsymbol{S}=4\pi q$ (b) $\oint_S\boldsymbol{B}\cdot d\boldsymbol{S}=0$

(c) $\oint_C\boldsymbol{E}\cdot d\boldsymbol{r}=-\frac{1}{c}\frac{d}{dt}\int_S\boldsymbol{B}\cdot d\boldsymbol{S}$ (d) $\oint_C\boldsymbol{B}\cdot d\boldsymbol{r}=\frac{4\pi}{c}I+\frac{1}{c}\frac{d}{dt}\int_S\boldsymbol{E}\cdot d\boldsymbol{S}$

을 미분형으로 고치면 아래와 같음을 Gauss 정리(2.112) 및 Stokes 정리(2.142)를 이용하여 보여라.

$$\nabla\cdot\boldsymbol{E}=4\pi\rho,\qquad \nabla\cdot\boldsymbol{B}=0$$

$$\nabla\times\boldsymbol{E}=-\frac{1}{c}\frac{\partial\boldsymbol{B}}{\partial t},\qquad \nabla\times\boldsymbol{B}=\frac{4\pi}{c}\boldsymbol{j}+\frac{1}{c}\frac{\partial\boldsymbol{E}}{\partial t}$$

단, ρ 및 $\boldsymbol{j}$ 는 각각 전하 밀도 및 전류 밀도이며, c 는 상수(광속도)이다. 또한 $\boldsymbol{E}$ 및 $\boldsymbol{B}$ 는 각각 x, y, z, t 의 함수이며, 공간 전하가 없는 진공 중의 (보존성) 전장(강도) 및 자기장(유도)이다.

풀이

(a) $\oint_S\boldsymbol{E}\cdot d\boldsymbol{S}=4\pi q$ 에서 좌변은 Gauss 정리에 의하여 $\int_V\nabla\cdot\boldsymbol{E}\,dV$ 가 되고, 우변은 $4\pi\int_V\rho\,dV$ 이므로, 양변을 비교하면 다음을 얻는다.

$$\nabla\cdot\boldsymbol{E}=4\pi\rho$$

(b) $\oint_S\boldsymbol{B}\cdot d\boldsymbol{S}=0$ 에서 Gauss 정리를 이용하면 $\int_V\nabla\cdot\boldsymbol{B}\,dV=0$ 이므로

$$\nabla\cdot\boldsymbol{B}=0$$

(c) $\oint_C\boldsymbol{E}\cdot d\boldsymbol{r}=-\frac{1}{c}\frac{d}{dt}\int_S\boldsymbol{B}\cdot d\boldsymbol{S}$ 에서 좌변은 Stokes 정리에 의하여 $\int_S(\nabla\times\boldsymbol{E})\cdot d\boldsymbol{S}$ 가 되고, 우변은 $-\int_S\frac{1}{c}\frac{\partial\boldsymbol{B}}{dt}\cdot d\boldsymbol{S}$ 로 고쳐 쓸 수 있다. 따라서 양변을 비교하면 다음과 같다.

$$\nabla\times\boldsymbol{E}=-\frac{1}{c}\frac{\partial\boldsymbol{B}}{\partial t}$$

(d) $\oint_C \boldsymbol{B}\cdot d\boldsymbol{r} = \frac{4\pi}{c}I + \frac{1}{c}\frac{d}{dt}\int_S \boldsymbol{E}\cdot d\boldsymbol{S}$ 에서 좌변은 Stokes 정리에 의하여 $\int_S \nabla\times\boldsymbol{B}\,dS$ 가 되고, 우변의 첫째 항은 $\frac{4\pi}{c}\int \boldsymbol{j}\cdot d\boldsymbol{S}$, 둘째 항은 $\frac{1}{c}\int \frac{\partial \boldsymbol{E}}{\partial t}\cdot d\boldsymbol{S}$ 로 고쳐 쓸 수 있으므로 양변을 비교하면 다음의 관계식을 얻을 수 있다.

$$\nabla\times\boldsymbol{B} = \frac{4\pi}{c}\boldsymbol{j} + \frac{1}{c}\frac{\partial \boldsymbol{E}}{\partial t}$$

2. 19 일반 직교 곡선좌표계(즉 $\boldsymbol{g}_i \cdot \boldsymbol{g}_j = h_{\underline{i}} h_{\underline{j}} \delta_{ij}$, 여기서 $\boldsymbol{g}_i = \partial\boldsymbol{r}/\partial q^i$, $h_i = \|\boldsymbol{g}_i\|$)에 있어서, 주축 주위로 ω 각속도로 회전에 따른 (단위)기저벡터의 변화는 $\boldsymbol{\omega}\left(=\frac{d\boldsymbol{\Phi}}{dt}\right) = \frac{1}{2}\nabla\times\boldsymbol{v}\left(=\frac{d\boldsymbol{r}}{dt}\right)$ (식 (2.151))로부터 얻어지는 아래 식으로부터 얻어질 수 있다(예제 2.29 참조).

$$d\boldsymbol{\Phi} = \frac{1}{2}\mathrm{curl}(d\boldsymbol{r}) \qquad \cdots\cdots(1)$$

이로부터 9개의 $\partial\boldsymbol{e}_i/\partial q_j$(여기서 $\boldsymbol{e}_i = \boldsymbol{g}_i/h_{\underline{i}}$ 이고, $i,\ j = 1,\ 2,\ 3$)항을 구하고, 결과를 원통 및 구좌표계에 대한 식 (2.28) 및 (2.32)과 비교해 보아라.

풀이

일반 직교 곡선좌표계의 경우 아래가 성립된다(예제 1.4 참조).

$$d\boldsymbol{r}\left(=dq^i\boldsymbol{g}_i\right) = h_1 dq^1\boldsymbol{e}_1 + h_2 dq^2\boldsymbol{e}_2 + h_3 dq^3\boldsymbol{e}_3 \qquad \cdots\cdots(2)$$

$$\mathrm{curl}(d\boldsymbol{r}) = \frac{1}{h_1h_2h_3}\begin{vmatrix} h_1\boldsymbol{e}_1 & h_2\boldsymbol{e}_2 & h_3\boldsymbol{e}_3 \\ \frac{\partial}{\partial q^1} & \frac{\partial}{\partial q^2} & \frac{\partial}{\partial q^3} \\ h_1(h_1dq^1) & h_2(h_2dq^2) & h_3(h_3dq^3) \end{vmatrix} = \frac{\boldsymbol{e}_1}{h_2h_3}\left[dq^3\frac{\partial}{\partial q^2}(h_3^2) - dq^2\frac{\partial}{\partial q^3}(h_2^2)\right]$$

$$+\frac{\boldsymbol{e}_2}{h_1h_3}\left[dq^1\frac{\partial}{\partial q^3}(h_1^2) - dq^3\frac{\partial}{\partial q^1}(h_3^2)\right] + \frac{\boldsymbol{e}_3}{h_1h_2}\left[dq^2\frac{\partial}{\partial q^1}(h_2^2) - dq^1\frac{\partial}{\partial q^2}(h_1^2)\right] \qquad \cdots\cdots(3)$$

이것을 표현식 $d\boldsymbol{e}_i = d\boldsymbol{\Phi}\times\boldsymbol{e}_i = \frac{1}{2}\mathrm{curl}(d\boldsymbol{r})\times\boldsymbol{e}_i$ (식 (2.440))에 대입하면 아래를 얻을 수 있다.

$$d\boldsymbol{e}_1 = \frac{\boldsymbol{e}_2}{2h_1h_2}\left[dq^2\frac{\partial}{\partial q^1}(h_2^2) - dq^1\frac{\partial}{\partial q^2}(h_1^2)\right] + \frac{\boldsymbol{e}_3}{2h_1h_3}\left[dq^3\frac{\partial}{\partial q^1}(h_3^2) - dq^1\frac{\partial}{\partial q^3}(h_1^2)\right]$$

$$d\boldsymbol{e}_2 = \frac{\boldsymbol{e}_1}{2h_1h_2}\left[dq^1\frac{\partial}{\partial q^2}(h_1^2) - dq^2\frac{\partial}{\partial q^3}(h_2^2)\right] + \frac{\boldsymbol{e}_3}{2h_2h_3}\left[dq^3\frac{\partial}{\partial q^2}(h_3^2) - dq^2\frac{\partial}{\partial q^3}(h_2^2)\right]$$

$$d\boldsymbol{e}_3 = \frac{\boldsymbol{e}_1}{2h_1h_3}\left[dq^1\frac{\partial}{\partial q^3}(h_1^2) - dq^3\frac{\partial}{\partial q^1}(h_3^2)\right] + \frac{\boldsymbol{e}_2}{2h_2h_3}\left[dq^2\frac{\partial}{\partial q^3}(h_2^2) - dq^3\frac{\partial}{\partial q^2}(h_3^2)\right] \qquad \cdots\cdots(4)$$

이 일반적인 결과들은 원통 및 구좌표와 같은 특수한 경우에는 각각 식 (2.443) 및 (2.448)으로 환원된다. 편미분에 관한 연쇄율(chain-rule)(부록1.1절 참조)로부터 아래와 같은 관계식을 얻을 수 있으므로

$$de_i = \frac{\partial e_i}{\partial q^j} dq^j \qquad \cdots\cdots(5)$$

이것과 식 (4)와 비교하면 일반 직교 곡선 좌표계에 대한 단위 기저벡터의 좌표에 대한 편도함수는 아래와 같음을 알 수 있다.

$$\frac{\partial e_1}{\partial q^1} = -\frac{e_2}{h_2}\frac{\partial h_1}{\partial q^2} - \frac{e_3}{h_3}\frac{\partial h_1}{\partial q^3}, \quad \frac{\partial e_1}{\partial q^2} = \frac{e_2}{h_1}\frac{\partial h_2}{\partial q^1}, \quad \frac{\partial e_1}{\partial q^3} = \frac{e_3}{h_1}\frac{\partial h_3}{\partial q^1}$$

$$\frac{\partial e_2}{\partial q^1} = \frac{e_1}{h_2}\frac{\partial h_1}{\partial q^2}, \quad \frac{\partial e_2}{\partial q^2} = -\frac{e_1}{h_1}\frac{\partial h_2}{\partial q^1} - \frac{e_3}{h_3}\frac{\partial h_2}{\partial q^3}, \quad \frac{\partial e_2}{\partial q^3} = \frac{e_3}{h_2}\frac{\partial h_3}{\partial q^2}$$

$$\frac{\partial e_3}{\partial q^1} = \frac{e_1}{h_3}\frac{\partial h_1}{\partial q^3}, \quad \frac{\partial e_3}{\partial q^2} = \frac{e_2}{h_3}\frac{\partial h_2}{\partial q^3}, \quad \frac{\partial e_3}{\partial q^3} = -\frac{e_1}{h_1}\frac{\partial h_3}{\partial q^1} - \frac{e_2}{h_2}\frac{\partial h_3}{\partial q^2} \qquad \cdots\cdots(6)$$

이 결과를 일반 곡선(general curvilinear) 좌표계로의 확장은 2.2절에서 소개한 “제 2종 Christoffel 기호”로서 알려진 것을 포함하는 보다 추상적인 표현에 이르게 된다(예제 2.2 및 2.3 참조).. 위 식 (6)에서 가령 원통좌표계의 경우 $q^1 = r,\ q^2 = \theta,\ q^3 = z,\ h_1 = 1,\ h_2 = r,\ h_3 = 1$을 대입하면 식 (2.28)의 결과를 얻으며, 또한 구좌표계의 경우 $q^1 = r,\ q^2 = \theta,\ q^3 = \phi,\ h_1 = 1,\ h_2 = r,\ h_3 = r\sin\theta$를 대입하면 식 (2.32)의 결과를 얻는다.

2. 20 변위 구배(displacement gradient) 텐서 (∇u)와 같은 임의의 (2차)비대칭 텐서(행렬)은 아래와 같이 대칭부분과 반대칭부분의 합으로 표시된다(2.13.2절 참조).

$$e(= (\nabla u)^{\mathrm{T}}) = \varepsilon + \eta\ ;\ \ \varepsilon = (e + e^{\mathrm{T}})/2 = \varepsilon^{\mathrm{T}},\ \ \eta = (e - e^{\mathrm{T}})/2 = -\eta^{\mathrm{T}} \qquad \cdots\cdots(1)$$

이때 아래가 성립됨을 증명하라.

(a) $u(r + dr) = u(r) + du(= dr \cdot \nabla u) + $ (고차항)

$$\simeq u(r) + dr \cdot \varepsilon\,[= \varepsilon \cdot dr] + \frac{1}{2}(\nabla \times u) \times dr \quad (\text{단 } dr \rightarrow 0) \qquad \cdots\cdots(2)$$

(b) $\varepsilon : \nabla a = \nabla \cdot (\varepsilon \cdot a) - a \cdot (\nabla \cdot \varepsilon)$ (단 a는 임의의 벡터) $\cdots\cdots(3)$

풀이

(a) $u(r + dr)$에서 $dr \rightarrow 0$일때는 고차항을 무시가능하므로 변위상 u는 위치 r 근방에서 Taylor 급수전개의 2항만으로 근사적으로 나타낼 수 있다,.

$$u(r + dr) \simeq u(r) + du = u(r) + dr \cdot (\nabla u) \qquad \cdots\cdots(4)$$

그런데 $d\boldsymbol{r}\cdot\nabla\boldsymbol{u}=(\nabla\boldsymbol{u})^{\mathrm{T}}\cdot d\boldsymbol{r}\,(\because (d\boldsymbol{r})^{\mathrm{T}}=d\boldsymbol{r})$이 성립되고, 식 (1)에서 $(\nabla\boldsymbol{u})^{\mathrm{T}}=\boldsymbol{e}=\boldsymbol{\varepsilon}+\boldsymbol{\eta}$을 식 (4)에 대입하면 아래를 얻는다.

$$\boldsymbol{u}(\boldsymbol{r}+d\boldsymbol{r})\simeq\boldsymbol{u}(\boldsymbol{r})+(\boldsymbol{\varepsilon}+\boldsymbol{\eta})=u(\boldsymbol{r})+\boldsymbol{\varepsilon}\cdot d\boldsymbol{r}+\boldsymbol{\eta}\cdot d\boldsymbol{r} \qquad \cdots\cdots(5)$$

그런데 반대칭 텐서 $\boldsymbol{\eta}$의 쌍대(dual) 벡터를 ω 라 하면 1.13절(식 (1.304))에 의해 아래가 성립된다.

$$\boldsymbol{\eta}\cdot d\boldsymbol{r}=\omega\times d\boldsymbol{r}=\frac{1}{2}(\nabla\times\boldsymbol{u})\times d\boldsymbol{r} \qquad \cdots\cdots(6)$$

[비고 : 식 (6)은 $\boldsymbol{\eta}$를 식 (1)에서 대입하고, 또 벡터 항등관계인 $(\nabla\times\boldsymbol{u})\times d\boldsymbol{r}=d\boldsymbol{r}\cdot\nabla\boldsymbol{u}-(\nabla\boldsymbol{u})\cdot d\boldsymbol{r}$ $=(\nabla\boldsymbol{u})^{\mathrm{T}}\cdot d\boldsymbol{r}-(\nabla\boldsymbol{u})\cdot d\boldsymbol{r}$의 관계에서 증명된다.]

따라서 식 (6)을 식 (5)에 대입하고, $\boldsymbol{\varepsilon}$는 대칭이므로 $\boldsymbol{\varepsilon}\cdot d\boldsymbol{r}=d\boldsymbol{r}\cdot\boldsymbol{\varepsilon}$이 성립하므로 결국 식 (2)가 증명된다. [이 식의 물리적 의미는 작은 변위의 경우(즉 $\mathbf{dr}\to\boldsymbol{0}$) 연속체의 미소 요소의 변위(장)는 '평행 변위' $\boldsymbol{u(r)}$, '대칭 변형률' $\mathbf{dr}\cdot\boldsymbol{\varepsilon}$ 및 '반대칭 (회전)변위구배' (1/2)(curl $\boldsymbol{u}$)$\times d\boldsymbol{r}$ 의 세 부분으로 구성되어 있다.]

(b) 두 2차 텐서(혹은 행렬) $\mathbf{A}$와 $\mathbf{B}$간의 트레이스(trace)의 성질 $\mathbf{A}:\mathbf{B}=\mathbf{A}^{\mathrm{T}}:\mathbf{B}^{\mathrm{T}}$ 및 $\boldsymbol{\varepsilon}=\boldsymbol{\varepsilon}^{\mathrm{T}}$($\because$ 대칭텐서)를 이용하고, $(\nabla\boldsymbol{a})^{\mathrm{T}}=\mathbf{L}$로 두면 아래 식이 성립된다(단 둘다 혼합형으로 간주하고, 식 (2.89) 이용.)

$$\boldsymbol{\varepsilon}:\nabla\boldsymbol{a}=\boldsymbol{\varepsilon}:\mathbf{L}=\varepsilon^{i}{}_{m}L^{m}{}_{i}=\varepsilon^{i}{}_{m}a^{m}{}_{;i} \qquad \cdots\cdots(7)$$

한편 식 (3)의 우변의 첫 번째 항에서 $\boldsymbol{\varepsilon}\cdot\boldsymbol{a}=\boldsymbol{b}$로 두고, $\nabla\cdot\boldsymbol{b}=b^{p}{}_{;p}$(식 (2.98))를 이용하면 아래를 얻는다.

$$\nabla\cdot(\boldsymbol{\varepsilon}\cdot\boldsymbol{a})=\nabla\cdot\boldsymbol{b}=b^{p}{}_{;p}=(\boldsymbol{\varepsilon}\cdot\boldsymbol{a})^{p}{}_{;p}=(\varepsilon^{p}{}_{n}a^{n})_{;p}=\varepsilon^{p}{}_{n;p}a^{n}+\varepsilon^{p}{}_{n}a^{n}{}_{;p} \qquad \cdots\cdots(8)$$

한편 식 (3)의 우변의 두 번째 항에서 $(\nabla\cdot\boldsymbol{\varepsilon})_{n}=\varepsilon^{p}{}_{n;p}$(식 (2.104))를 이용하면 아래가 된다.

$$\boldsymbol{a}\cdot(\nabla\cdot\boldsymbol{\varepsilon})=a^{n}(\nabla\cdot\boldsymbol{\varepsilon})_{n}=a^{n}\varepsilon^{p}{}_{n;p} \qquad \cdots\cdots(9)$$

식 (8)과 (9)를 식 (3)의 우변에 대입하면 $\varepsilon^{p}a^{n}{}_{;p}$만 남게 되어 이는 좌변인 식 (7)과 같게 되어 식 (3)이 증명된다.

한편 위 문제는 고체에 대한 변위장 $\boldsymbol{u}$ 대신 액체의 속도장 $\boldsymbol{v}(\boldsymbol{r})$에 대해서도 마찬가지로 성립되어 문 (a) 및 (b)에서 아래 관계도 성립된다.

$$\boldsymbol{v}(\boldsymbol{r}+d\boldsymbol{r})\simeq\boldsymbol{v}(\boldsymbol{r})+d\boldsymbol{v}(=d\boldsymbol{r}\cdot\nabla\boldsymbol{v})=\boldsymbol{v}(\boldsymbol{r})+d\boldsymbol{r}\cdot\mathbf{D}+\frac{1}{2}(\nabla\times\boldsymbol{v})\times d\boldsymbol{r} \qquad \cdots\cdots(10)$$

여기서

$$\mathbf{D}=(\mathbf{L}+\mathbf{L}^{\mathrm{T}})/2,\ \ \mathbf{W}=(\mathbf{L}-\mathbf{L}^{\mathrm{T}})/2,\ \ \mathbf{W}\cdot d\boldsymbol{r}=\omega\times d\boldsymbol{r} \qquad \cdots\cdots(11)$$

위 식에서 $\mathbf{L}=(\nabla\boldsymbol{v})^{\mathrm{T}}=\mathbf{D}+\mathbf{W}$, $\omega=\frac{1}{2}\nabla\times\boldsymbol{v}$ (2.13.2절 참조)이다. 여기서도 식(2)의 경우와 마찬가지로

작은 변위(즉 $d\boldsymbol{r}\to 0$)의 경우 연속체의 미소 요소의 변위($\boldsymbol{u}$)의 일반속도 ($\boldsymbol{v}= d\boldsymbol{u}/dt$)는 '평행이동속도' $\boldsymbol{v}(\boldsymbol{r})$, '대칭 변형속도' $d\boldsymbol{r}\cdot \mathrm{D}(=\dot{\gamma}/2)$ 및 '반대칭 회전속도' (1/2)(curl $\boldsymbol{v}$)$\times d\boldsymbol{r}$ 의 세 부분으로 구성되어 있음을 말해준다.

또한 식 (3)과 유사하게 아래 식도 성립된다.

$$\mathrm{D} : \nabla \boldsymbol{v} = \nabla\cdot(\mathrm{D}\cdot\boldsymbol{v}) - \boldsymbol{v}\cdot(\nabla\cdot\mathrm{D}) \qquad \cdots\cdots(12)$$

이 관계식들은 나중 레올로지 부분에서 종종 언급될 것이다.

2. 21 (a) $a^k \equiv \dfrac{\delta v^k}{\delta t} = \dfrac{d^2x^k}{dt^2} + \Gamma^k_{pq}\dfrac{dx^p}{dt}\dfrac{dx^q}{dt}$ 을 증명하라(2.17절 참조).

(단 여기서 t 는 시간, v^k 는 속도, a^k 는 가속도의 성분임)

(b) (a)의 결과를 이용하여 원통좌표계에서 한 입자의 속도 및 가속도의 반변성분을 구하라.

(c) 또한 만일 크기 v 를 가지는 속도(즉 $v = \left|\dfrac{d\boldsymbol{r}}{dt}\right| = \left(\dfrac{d\boldsymbol{r}}{dt}\cdot\dfrac{d\boldsymbol{r}}{dt}\right)^{1/2}$)를 가지고 이동하는 상수 질량 M의 한 입자의 운동에너지 T가 $T = \dfrac{1}{2}Mv^2 = \dfrac{1}{2}Mg_{pq}\dot{x}^p\dot{x}^q$ 로 주어진다면 $\dfrac{d}{dt}\left(\dfrac{\partial T}{\partial \dot{x}^k}\right) - \dfrac{\partial T}{\partial x^k} = Ma_k$ 임을 증명하라(단, a_k 는 가속도의 공변 성분들을 표시한다).

풀이

(a) 속도$v^k\left(=\dfrac{dx^k}{dt}\right)$는 $\dfrac{d\bar{x}^k}{dt} = \dfrac{\partial\bar{x}^k}{\partial x^j}\dfrac{dx^j}{dt}$ 관계에서 1차 반변 텐서이다.

따라서 식 (2.460)에 의해서

$$\frac{\delta v^k}{\delta t} = \frac{dv^k}{dt} + \Gamma^k_{qs}v^s\frac{dx^q}{dt} = \frac{d^2x^k}{dt^2} + \Gamma^k_{qp}v^p\frac{dx^q}{dt} = \frac{d^2x^k}{dt^2} + \Gamma^k_{pq}\frac{dx^p}{dt}\frac{dx^q}{dt}$$

(b) 속도의 반변 성분들은 다음과 같다.

$$v^1 = \frac{dx^1}{dt} = \frac{d\rho}{dt},\ v^2 = \frac{dx^2}{dt} = \frac{d\phi}{dt},\ v^3 = \frac{dx^3}{dt} = \frac{dz}{dt}$$

그리고 (a)로부터 가속도의 반변 성분들은 아래와 같이 된다.

$$a^1 = \frac{d^2x^1}{dt} + \Gamma^1_{22}\frac{dx^2}{dt}\frac{dx^2}{dt} = \frac{d^2\rho}{dt^2} - \rho\left(\frac{d\phi}{dt}\right)^2$$

$$a^2 = \frac{d^2x^2}{dt^2} + \Gamma^2_{12}\frac{dx^1}{dt}\frac{dx^2}{dt} + \Gamma^2_{21}\frac{dx^2}{dt}\frac{dx^1}{dt} = \frac{d^2\phi}{dt^2} + \frac{2}{\rho}\frac{d\rho}{dt}\frac{d\phi}{dt}$$

$$a^3 = \frac{d^2x^3}{dt^2} = \frac{d^2z}{dt^2}$$

(c) $T=\frac{1}{2}Mg_{pq}\dot{x}^p\dot{x}^q$ 이므로 아래와 같이 된다.

$$\frac{\partial T}{\partial x^k}=\frac{1}{2}M\frac{\partial g_{pq}}{\partial x^k}\dot{x}^p\dot{x}^q, \quad \frac{\partial T}{\partial \dot{x}^k}=Mg_{kq}\dot{x}^q$$

그리고

$$\frac{d}{dt}\left(\frac{\partial T}{\partial \dot{x}^k}\right)=M\left(g_{kq}\ddot{x}^q+\frac{\partial g_{kq}}{\partial x^j}\dot{x}^j\dot{x}^q\right)$$

그러면 위 문제 (a)를 사용하여

$$\begin{aligned}\frac{d}{dt}\left(\frac{\partial T}{\partial \dot{x}^k}\right)-\frac{\partial T}{\partial x^k}&=M\left(g_{kq}\ddot{x}^q+\frac{\partial g_{kq}}{\partial x^j}\dot{x}^j\dot{x}^q-\frac{1}{2}\frac{\partial g_{pq}}{\partial x^k}\dot{x}^p\dot{x}^q\right)\\&=M\left(g_{kq}\ddot{x}^q+\frac{1}{2}\left(\frac{\partial g_{kq}}{\partial x^p}+\frac{\partial g_{kp}}{\partial x^q}-\frac{\partial g_{pq}}{\partial x^k}\right)\dot{x}^p\dot{x}^q\right)\\&=M\left(g_{kq}\ddot{x}^q+\Gamma_{pqk}\dot{x}^p\dot{x}^q\right)\\&=Mg_{kr}\left(\ddot{x}^r+\Gamma^r_{pq}\dot{x}^p\dot{x}^q\right)=Mg_{kr}a^r=Ma_k\end{aligned}$$

결과는 다른 좌표계 안에서 가속도를 나타내기 위하여 사용되어질 수 있다.

2. 22 $I=\int_{t_1}^{t_2}F(t,x,\dot{x})dt$ 가 극값(최대값 또는 최소값)이 될 필요충분 조건은 아래 식이 됨을 증명하라(단 $\dot{}$는 t에 대한 미분임).

$$\frac{\partial F}{\partial x}-\frac{d}{dt}\left(\frac{\partial F}{\partial \dot{x}}\right)=0$$

풀이

I를 극값으로 만드는 곡선을 $x=X(t)$, $t_1 \leqq t \leqq t_2$라 하자. 그러면, $x=X(t)+\varepsilon\eta(t)$ (단, ε은 t와 독립이다)는 $\eta(t_1)=\eta(t_2)=0$인 t_1과 t_2를 통과하는 인접한 곡선이다. 인접한 곡선에 대한 I의 값은 다음과 같다.

$$I(\epsilon)=\int_{t_1}^{t_2}F(t,X+\epsilon\eta,\dot{X}+\epsilon\dot{\eta})dt$$

이것은 $\varepsilon=0$에 대한 극값이다. 이것이 그렇게 되는 필요 조건은 c이다. 그러면 정적분에 대한 미분 공식인 Leibnitz 법칙을 사용하여

$$\left.\frac{dI}{d\epsilon}\right|_{\epsilon=0}=\int_{t_1}^{t_2}\left(\frac{\partial F}{\partial x}\eta+\frac{\partial F}{\partial \dot{x}}\dot{\eta}\right)dt=0$$

그리고 이것은

$$\int_{t_1}^{t_2}\frac{\partial F}{\partial x}\eta dt+\frac{\partial F}{\partial \dot{x}}\eta\Big|_{t_1}^{t_2}-\int_{t_1}^{t_2}\eta\frac{d}{dt}\left(\frac{\partial F}{\partial \dot{x}}\right)dt=\int_{t_1}^{t_2}\eta\left(\frac{\partial F}{\partial x}-\frac{d}{dt}\left(\frac{\partial F}{\partial \dot{x}}\right)\right)dt=0$$

과 같이 쓰여질 수 있다. η는 임의이므로 피적분 함수는 다음과 같이 된다.

$$\frac{\partial F}{\partial x}-\frac{d}{dt}\left(\frac{\partial F}{\partial \dot{x}}\right)=0$$

결과는 쉽게 적분 $\int_{t_1}^{t_2}F(t,x^1,\dot{x}^1,x^2,\dot{x}^2,\cdots,x^N,\dot{x}^N)dt$ 으로 확장되어지고 'Euler 또는 Lagrange 방정식'

이라고 하는 $\frac{\partial F}{\partial x^k}-\frac{d}{dt}\left(\frac{\partial F}{\partial \dot{x}^k}\right)=0 \quad (k=1,2,\cdots,N)$을 산출한다(문제 2.24 참조).

2. 23 Riemann (휘어진) 공간 안의 측지선(geodesics)은 $\frac{d^2x^r}{ds^2}+\Gamma^r_{pq}\frac{dx^p}{ds}\frac{dx^q}{ds}=0$으로 주어짐을 밝혀라(2.18절 참조).

풀이

$F=\sqrt{g_{pq}\dot{x}^p\dot{x}^q}$ 를 가지는 Euler 방정식(문제 2.22)을 사용하여 $\int_{t_1}^{t_2}\sqrt{g_{pq}\dot{x}^p\dot{x}^q}\,dt$ 의 극값(extreme value)을 결정해야 한다(단 여기서 ˙는 매개변수 t에 관한 미분을 나타냄). 다음과 같으므로

$$\frac{\partial F}{\partial x^k}=\frac{1}{2}(g_{pq}\dot{x}^p\dot{x}^q)^{-1/2}\frac{\partial g_{pq}}{\partial x^k}\dot{x}^p\dot{x}^q\ , \quad \frac{\partial F}{\partial \dot{x}^k}=\frac{1}{2}(g_{pq}\dot{x}^p\dot{x}^q)^{-1/2}\,2g_{pk}\,\dot{x}^p$$

$\frac{ds}{dt}=\left|\frac{d\mathbf{r}}{dt}\right|=\sqrt{g_{pq}\dot{x}^p\dot{x}^q}$ 를 사용하여 Euler 방정식들은

$$\frac{d}{dt}\left(\frac{g_{pk}\dot{x}^p}{\dot{s}}\right)-\frac{1}{2\dot{s}}\frac{\partial g_{pq}}{\partial x^k}\dot{x}^p\dot{x}^q=0 \text{ 또는 } g_{pk}\ddot{x}^p+\frac{\partial g_{pk}}{\partial x^q}\dot{x}^p\dot{x}^q-\frac{1}{2}\frac{\partial g_{pq}}{\partial x^k}\dot{x}^p\dot{x}^q=\frac{g_{pk}\dot{x}^p\ddot{s}}{\dot{s}}$$

로 쓰여질 수 있다.

아래의 관계식을 사용하면

$$\frac{\partial g_{pk}}{\partial x^q}\dot{x}^p\dot{x}^q=\frac{1}{2}\left(\frac{\partial g_{pk}}{\partial x^q}+\frac{\partial g_{qk}}{\partial x^p}\right)\dot{x}^p\dot{x}^q$$

이 방정식은 다음과 같이 된다.

$$g_{pk}\ddot{x}^p+\Gamma_{pqk}\,\dot{x}^p\dot{x}^q=\frac{g_{pk}\dot{x}^p\ddot{s}}{\dot{s}}$$

만일 매개 변수로서 호의 길이를 사용하면, $\dot{s}=1$, $\ddot{s}=0$이고 방정식은 다음과 같이 된다.

$$g_{pk}\frac{d^2x^p}{ds^2}+\Gamma_{pqk}\frac{dx^p}{ds}\frac{dx^q}{ds}=0$$

g^{rk}로 곱하면 다음을 얻는다.

$$\frac{d^2x^r}{ds^2}+\Gamma^r_{pq}\frac{dx^p}{ds}\frac{dx^q}{ds}=0$$

2. 24 한 입자 위에서 작용하는 '공변력(covariant force)'은 $F_k=-\frac{\partial V}{\partial x^k}$ (단 $V(x^1,\cdots,x^N)$은 포텐셜 에너지이다)로 주어진다고 하자. 이때 $\frac{d}{dt}\left(\frac{\partial L}{\partial \dot{x}^k}\right)-\frac{\partial L}{\partial x^k}=0$ (단 $L=T-V$)임을 밝혀라.

풀이

$L=T-V$ 로부터 위치 에너지 V는 $\dot{x}^k$와 무관하므로 $\frac{\partial L}{\partial \dot{x}^k}=\frac{\partial T}{\partial \dot{x}^k}$ 이다. 그러면 문제 2.21(c)로부터

$$\frac{d}{dt}\left(\frac{\partial T}{\partial \dot{x}^k}\right)-\frac{\partial T}{\partial x^k}=Ma_k=F_k=-\frac{\partial V}{\partial x^k} \text{ 그리고 } \frac{d}{dt}\left(\frac{\partial L}{\partial \dot{x}^k}\right)-\frac{\partial L}{\partial x^k}=0$$

이다. 함수 L은 'Lagrangean' 이라 한다. 이 L을 포함하는 Lagrange 방정식들은 역학에서 중요하다. 문제 2.22에 의해서, 이 문제의 결과들은 한 입자가 적분 $\int_{t_1}^{t_2} Ldt$ 가 극값이 되도록 움직인다는 설명과 동일하다. 이것을 'Hamilton의 원리'라 한다.

2. 25 아래 그림에 나타낸 바와 같이 매개변수 x^1, x^2를 가진 곡면상의 1점 $\boldsymbol{r}(x^1,x^2)$와 Cartesian 좌표 (x_1,x_2,x_3)와 서로 1 : 1 대응관계[즉 $x_1 x_1(x^1,x^2),\cdots,x_3=(x^1,x^2) \leftrightarrow x^1=x^1(x_1,x_2,x_3)$, $x^2=x^2(x_1,x_2,x_3)$]에 있다.

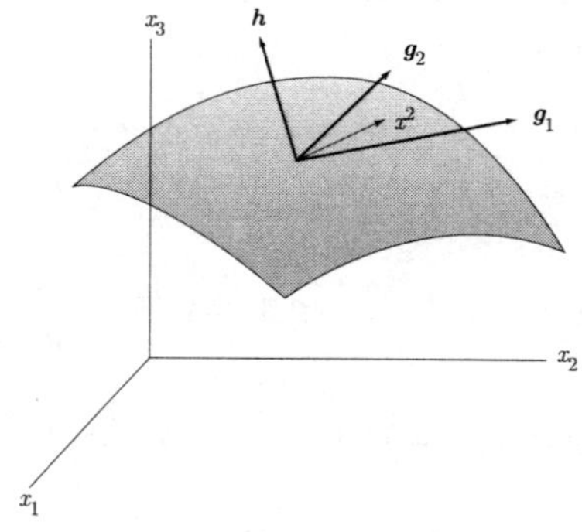

표면 곡선좌표(x^1,x^2)

여기서 2차원 곡면텐서 이론에 대하여 간단히 소개하겠다. R^3 공간의 경우처럼 표면 $\boldsymbol{r}(x^1,x^2)$상의 두 좌표곡선에 접하는 한 쌍의 기저벡터가 다음과 같이 정의 된다.

$$\boldsymbol{g}_{\alpha} \equiv \frac{\partial \boldsymbol{r}}{\partial x^{\alpha}} (\alpha = 1,\ 2) \qquad \cdots\cdots \text{(i)}$$

이에 대응하여 $\boldsymbol{g}^{\alpha} \cdot \boldsymbol{g}_{\beta} = \delta^{\alpha}{}_{\beta}$를 만족하는 한 쌍의 역(변환)기저벡터도 아래와 같이 정의된다.

$$\boldsymbol{g}^{\alpha} \equiv \frac{\partial x^{\alpha}}{\partial \boldsymbol{r}} \equiv \nabla x^{\alpha} \ (\alpha = 1,2) \qquad \cdots\cdots \text{(ii)}$$

그리고 이들 $(\boldsymbol{g}_1, \boldsymbol{g}_2)$ 혹은 $(\boldsymbol{g}^1, \boldsymbol{g}^2)$면에 수직인 (단위)법선벡터 $\boldsymbol{n}$는 아래와 같이 정의된다(그림 참조).

$$\boldsymbol{n} = \boldsymbol{g}_1 \times \boldsymbol{g}_2 / \sqrt{g} = \frac{1}{2} \varepsilon^{\alpha\beta} \boldsymbol{g}_{\alpha} \times \boldsymbol{g}_{\beta} = \frac{1}{2} \varepsilon_{\alpha\beta} \boldsymbol{g}^{\alpha} \times \boldsymbol{g}^{\beta} \qquad \cdots\cdots \text{(iii)}$$

그리고 3차원 일반 곡선좌표계의 경우와 유사하게 아래가 성립된다(1.11.2절 참조).

$$|\boldsymbol{g}_{\alpha} \times \boldsymbol{g}_{\beta}| = \varepsilon_{\alpha\beta} = \varepsilon_{12} e_{\alpha\beta} = \sqrt{g}\, e_{\alpha\beta} \qquad \cdots\cdots \text{(iv)}$$

(여기서 $\varepsilon_{12} = |\boldsymbol{g}_1 \times \boldsymbol{g}_2| = \sqrt{g} = \sqrt{g_{11} g_{22} - {g_{12}}^2}$; $e_{12} = -e_{21} = 1,\ e_{11} = e_{22} = 0$)

$$|\boldsymbol{g}^{\alpha} \times \boldsymbol{g}^{\beta}| = \varepsilon^{\alpha\beta} = \varepsilon^{12} e^{\alpha\beta} = \frac{1}{\sqrt{g}} e^{\alpha\beta} \qquad \cdots\cdots \text{(v)}$$

(여기서 $\varepsilon^{12} = |\boldsymbol{g}^1 \times \boldsymbol{g}^2| = \dfrac{1}{\sqrt{g}}$; $e^{\alpha\beta} = e_{\alpha\beta}$)

식 (iii)에 정의된 $\boldsymbol{n}$는 $(\boldsymbol{g}_1, \boldsymbol{g}_2)$ 또는 $(\boldsymbol{g}^1, \boldsymbol{g}^2)$와 함께 표면벡터 또는 표면텐서를 나타내는 오른편 'triad' 기저계를 형성한다. 그러면 아래의 물음에 답하라.

(a) 곡면의 제1 불변량 $\mathrm{I}\,(dx^1, dx^2)(\equiv d\boldsymbol{r} \cdot d\boldsymbol{r}) = \overline{\mathrm{I}}\,(d\bar{x}^1, d\bar{x}^2)(\equiv d\bar{\boldsymbol{r}} \cdot d\bar{\boldsymbol{r}})$임을 증명하고, 또 (b) 제1불변량계수 $E(\equiv \boldsymbol{g}_1 \cdot \boldsymbol{g}_1 = g_{11})$, $F(\equiv \boldsymbol{g}_1 \cdot \boldsymbol{g}_2 = g_{12})$, $G(\equiv \boldsymbol{g}_2 \cdot \boldsymbol{g}_2 = g_{22})$에 대한 변환 법칙을 유도하라.

풀이

$$\text{(a)}\mathrm{I}(dx^1, dx^2) = d\boldsymbol{r} \cdot d\boldsymbol{r} = |\boldsymbol{g}_1 dx_1 + \boldsymbol{g}_2 dx_2|^2 = \left|\boldsymbol{g}_1 \left(\frac{\partial x^1}{\partial \bar{x}^1} d\bar{x}^1 + \frac{\partial x^1}{\partial \bar{x}^2} d\bar{x}^2\right) + \boldsymbol{g}_2 \left(\frac{\partial x^2}{\partial \bar{x}^1} d\bar{x}^1 + \frac{\partial x^2}{\partial \bar{x}^2} d\bar{x}^2\right)\right|^2$$

$$= \left|\left(\boldsymbol{g}_1 \frac{\partial x^1}{\partial \bar{x}^1} + \boldsymbol{g}_2 \frac{\partial x^2}{\partial \bar{x}^1}\right) d\bar{x}^1 + \left(\boldsymbol{g}_1 \frac{\partial x^1}{\partial \bar{x}^2} + \boldsymbol{g}_2 \frac{\partial x^2}{\partial \bar{x}^2}\right) d\bar{x}^2\right|^2 \qquad \cdots\cdots \text{(vi)}$$

그런데 $\bar{\boldsymbol{g}}_1(\bar{x}^1, \bar{x}^2) = \dfrac{\partial \boldsymbol{r}}{\partial \bar{x}^1} = \dfrac{\partial x^1}{\partial \bar{x}^1} \dfrac{\partial \boldsymbol{r}}{\partial x^1} + \dfrac{\partial x^2}{\partial \bar{x}^1} \dfrac{\partial \boldsymbol{r}}{\partial x^2} = \dfrac{\partial x^1}{\partial \bar{x}^1} \boldsymbol{g}_1 + \dfrac{\partial x^2}{\partial \bar{x}^1} \boldsymbol{g}_2$,

$\overline{\boldsymbol{g}_2}(\overline{x^1}, \overline{x^2}) = \dfrac{\partial \boldsymbol{r}}{\partial \bar{x}^2} = \dfrac{\partial x^1}{\partial \bar{x}^2} \dfrac{\partial \boldsymbol{r}}{\partial x^1} + \dfrac{\partial x^2}{\partial \bar{x}^2} \dfrac{\partial \boldsymbol{r}}{\partial x^2} = \dfrac{\partial x^1}{\partial \bar{x}^2} \boldsymbol{g}_1 + \dfrac{\partial x^2}{\partial \bar{x}^2} \boldsymbol{g}_2$를 식 (vi)에 대입하면

$\mathrm{I}(dx^1, dx^2) = |\bar{\boldsymbol{g}}_1 d\bar{x}^1 + \bar{\boldsymbol{g}}_2 d\bar{x}^2|^2 = d\bar{\boldsymbol{r}} \cdot d\bar{\boldsymbol{r}} = \overline{\mathrm{I}}\,(d\bar{x}^1, d\bar{x}^2)$ 증명됨.

별 해 일반 텐서형태로 $\mathrm{I}(dx^1, dx^2) = dx^\alpha dx^\beta g_{\alpha\beta}$에서 $dx^\alpha = \dfrac{\partial x^\alpha}{\partial \bar{x}^m} d\bar{x}^m$, $dx^\beta = \dfrac{\partial x^\beta}{\partial \bar{x}^n} d\bar{x}^n$, 또

$g_{\alpha\beta} = \boldsymbol{g}_\alpha \cdot \boldsymbol{g}_\beta = \left(\dfrac{\partial \bar{x}^p}{\partial x^\alpha}\dfrac{\partial \boldsymbol{r}}{\partial \bar{x}^p}\right) \cdot \left(\dfrac{\partial \bar{x}^q}{\partial x^\beta}\dfrac{\partial \boldsymbol{r}}{\partial \bar{x}^q}\right) = \dfrac{\partial \bar{x}^p}{\partial x^\alpha}\dfrac{\partial \bar{x}^q}{\partial x^\beta}\bar{\boldsymbol{g}}_{pq}$ 를 대입하면

$$\mathrm{I}(dx^1, dx^2) = \left(\frac{\partial x^\alpha}{\partial \bar{x}^m}\frac{\partial \bar{x}^p}{\partial x^\alpha}\right) \times \left(\frac{\partial x^\beta}{\partial \bar{x}^n}\frac{\partial \bar{x}^q}{\partial x^\beta}\right) \times \bar{\boldsymbol{g}}_{pq} = \frac{\partial \bar{x}^p}{\partial \bar{x}^m} \times \frac{\partial \bar{x}^q}{\partial \bar{x}^n} d\bar{x}^m d\bar{x}^n \bar{g}_{pq}$$

$$= \bar{\delta}_m{}^p \bar{\delta}_n{}^q d\bar{x}^m d\bar{x}^n \bar{g}_{pq} = d\bar{x}^p d\bar{x}^q \bar{g}_{pq} = \bar{\mathrm{I}}(d\bar{x}^1, d\bar{x}^2)$$ 증명됨.

(b) 문제 (a)의 결과를 이용하여

$$\bar{E}(\equiv \bar{\boldsymbol{g}}_1 \cdot \bar{\boldsymbol{g}}_1) = \left(\frac{\partial x^1}{\partial \bar{x}^1}\boldsymbol{g}_1 + \frac{\partial x^2}{\partial \bar{x}^1}\boldsymbol{g}_2\right) \cdot \left(\frac{\partial x^1}{\partial \bar{x}^1}\boldsymbol{g}_1 + \frac{\partial x^2}{\partial \bar{x}^1}\boldsymbol{g}_2\right)$$

$$= g_{11}\left(\frac{\partial x^1}{\partial \bar{x}^1}\right)^2 + 2g_{12}\frac{\partial x^1}{\partial \bar{x}^1}\frac{\partial x^2}{\partial \bar{x}^1} + g_{22}\left(\frac{\partial x^2}{\partial \bar{x}^1}\right)^2 = E\left(\frac{\partial x^1}{\partial \bar{x}^1}\right)^2 + 2F\frac{\partial x^1}{\partial \bar{x}^1}\frac{\partial x^2}{\partial \bar{x}^1} + G\left(\frac{\partial x^2}{\partial \bar{x}^1}\right)^2$$

마찬가지로

$$\bar{F}(\equiv \bar{\boldsymbol{g}}_1 \cdot \bar{\boldsymbol{g}}_2) = \left(\frac{\partial x^1}{\partial \bar{x}^1}\boldsymbol{g}_1 + \frac{\partial x^2}{\partial \bar{x}^1}\boldsymbol{g}_2\right) \cdot \left(\frac{\partial x^1}{\partial \bar{x}^2}\boldsymbol{g}_1 + \frac{\partial x^2}{\partial \bar{x}^2}\boldsymbol{g}_2\right)$$

$$= E\frac{\partial x^1}{\partial \bar{x}^1}\frac{\partial x^1}{\partial \bar{x}^2} + F\left(\frac{\partial x^1}{\partial \bar{x}^1}\frac{\partial x^2}{\partial \bar{x}^2} + \frac{\partial x^1}{\partial \bar{x}^1}\frac{\partial x^1}{\partial \bar{x}^2}\right) + G\frac{\delta x^2}{\partial \bar{x}^1}\frac{\partial x^2}{\partial \bar{x}^2}$$

$$\bar{G}(\equiv \bar{\boldsymbol{g}}_2 \cdot \bar{\boldsymbol{g}}_2) = \left(\boldsymbol{g}_1\frac{\partial x^1}{\partial \bar{x}^2} + \boldsymbol{g}_2\frac{\partial x^2}{\partial \bar{x}^2}\right) \cdot \left(\boldsymbol{g}_1\frac{\partial x^1}{\partial \bar{x}^2} + \boldsymbol{g}_2\frac{\partial x^2}{\partial \bar{x}^2}\right)$$

$$= E\left(\frac{\partial x^1}{\partial \bar{x}^2}\right)^2 + 2F\frac{\partial x^1}{\partial \bar{x}^2}\frac{\partial x^2}{\partial \bar{x}^2} + G\left(\frac{\partial x^2}{\partial \bar{x}^2}\right)^2$$

가 되어, E, F, G는 불변량이 아님을 알 수 있다.

■ A2.1 3 대표적 직교 곡선좌표계에 있어서 각종 텐서량에 대한 편미분 연산자 (▽)의 물리 성분표시

표 A2.1 Cartesian 좌표계 (x, y, z)에서의 각종 미분 연산자의 성분표시

$$(\nabla \boldsymbol{v})_{xx} = \frac{\partial v_x}{\partial x},\ (\nabla \boldsymbol{v})_{xy} = \frac{\partial v_y}{\partial x},\ (\nabla \boldsymbol{v})_{xz} = \frac{\partial v_z}{\partial x}$$

$$(\nabla \boldsymbol{v})_{yx} = \frac{\partial v_x}{\partial y},\ (\nabla \boldsymbol{v})_{yy} = \frac{\partial v_y}{\partial y},\ (\nabla \boldsymbol{v})_{yz} = \frac{\partial v_z}{\partial y}$$

$$(\nabla \boldsymbol{v})_{zx} = \frac{\partial v_x}{\partial z},\ (\nabla \boldsymbol{v})_{zy} = \frac{\partial v_y}{\partial z},\ (\nabla \boldsymbol{v})_{zz} = \frac{\partial v_z}{\partial z}$$

$$(\boldsymbol{v} \cdot \nabla) = v_x \frac{\partial}{\partial x} + v_y \frac{\partial}{\partial y} + v_z \frac{\partial}{\partial z}$$

$$(\nabla \cdot \boldsymbol{v}) = \frac{\partial v_x}{\partial x} + \frac{\partial v_y}{\partial y} + \frac{\partial v_z}{\partial z}$$

$$(\nabla^2 s) = \frac{\partial^2 x}{\partial x^2} + \frac{\partial^2 s}{\partial y^2} + \frac{\partial^2 s}{\partial z^2}$$

$$(\boldsymbol{\tau} : \nabla \boldsymbol{v}) = \tau_{xx}\left(\frac{\partial v_x}{\partial x}\right) + \tau_{xy}\left(\frac{\partial v_x}{\partial y}\right) + \tau_{xz}\left(\frac{\partial v_x}{\partial z}\right) + \tau_{yx}\left(\frac{\partial v_y}{\partial x}\right) + \tau_{yy}\left(\frac{\partial v_y}{\partial y}\right) + \tau_{yz}\left(\frac{\partial v_y}{\partial z}\right)$$
$$+ \tau_{zx}\left(\frac{\partial v_z}{\partial x}\right) + \tau_{zy}\left(\frac{\partial v_z}{\partial y}\right) + \tau_{zz}\left(\frac{\partial v_z}{\partial z}\right)$$

$$(\nabla s)_x = \frac{\partial s}{\partial x},\ (\nabla s)_y = \frac{\partial s}{\partial y},\ (\nabla s)_z = \frac{\partial s}{\partial z}$$

$$(\nabla \cdot \boldsymbol{\tau})_x = \frac{\partial \tau_{xx}}{\partial x} + \frac{\partial \tau_{yx}}{\partial y} + \frac{\partial \tau_{zx}}{\partial z},\ (\nabla \cdot \boldsymbol{\tau})_y = \frac{\partial \tau_{xy}}{\partial x} + \frac{\partial \tau_{yy}}{\partial y} + \frac{\partial \tau_{zy}}{\partial z},\ (\nabla \cdot \boldsymbol{\tau})_z = \frac{\partial \tau_{xz}}{\partial x} + \frac{\partial \tau_{yz}}{\partial y} + \frac{\partial \tau_{zz}}{\partial z}$$

$$(\nabla^2 \boldsymbol{v})_x = \frac{\partial^2 v_x}{\partial x^2} + \frac{\partial^2 v_x}{\partial y^2} + \frac{\partial^2 v_x}{\partial z^2},\ (\nabla^2 \boldsymbol{v})_y = \frac{\partial^2 v_y}{\partial x^2} + \frac{\partial^2 v_y}{\partial y^2} + \frac{\partial^2 v_y}{\partial z^2},\ (\nabla^2 \boldsymbol{v})_z = \frac{\partial^2 v_z}{\partial x^2} + \frac{\partial^2 v_z}{\partial y^2} + \frac{\partial^2 v_z}{\partial z^2}$$

$$(\boldsymbol{v} \cdot \nabla \boldsymbol{w})_x = v_x \frac{\partial w_x}{\partial x} + v_y \frac{\partial w_x}{\partial y} + v_z \frac{\partial w_x}{\partial z},\ (\boldsymbol{v} \cdot \nabla \boldsymbol{w})_y = v_x \frac{\partial w_y}{\partial x} + v_y \frac{\partial w_y}{\partial y} + v_z \frac{\partial w_y}{\partial z},$$

$$(\boldsymbol{v} \cdot \nabla \boldsymbol{w})_z = v_x \frac{\partial w_z}{\partial x} + v_y \frac{\partial w_z}{\partial y} + v_z \frac{\partial w_z}{\partial z}$$

(주) s : 스칼라량, $\boldsymbol{v}$, $\boldsymbol{w}$: 벡터량, $\boldsymbol{\tau}$: 텐서량.

표 A2. 2 원통좌표계 (r, θ, z)에서의 각종 미분연산자의 (물리)성분표시

$$(\nabla \boldsymbol{v})_{rr} = \frac{\partial v_r}{\partial r},\ (\nabla \boldsymbol{v})_{r\theta} = \frac{\partial v_\theta}{\partial r},\ (\nabla \boldsymbol{v})_{rz} = \frac{\partial v_z}{\partial r}$$

$$(\nabla \boldsymbol{v})_{\theta r} = \frac{1}{r}\frac{\partial v_r}{\partial \theta} - \frac{v_\theta}{r},\ (\nabla \boldsymbol{v})_{\theta\theta} = \frac{1}{r}\frac{\partial v_\theta}{\partial \theta} + \frac{v_r}{r},\ (\nabla \boldsymbol{v})_{\theta z} = \frac{1}{r}\frac{\partial v_z}{\partial \theta}$$

$$(\nabla \boldsymbol{v})_{zr} = \frac{\partial v_r}{\partial z},\ (\nabla \boldsymbol{v})_{z\theta} = \frac{\partial v_\theta}{\partial z},\ (\nabla \boldsymbol{v})_{zz} = \frac{\partial v_z}{\partial z}$$

$$(\boldsymbol{v} \cdot \nabla) = v_r \frac{\partial}{\partial r} + \frac{v_\theta}{r}\frac{\partial}{\partial \theta} + v_z \frac{\partial}{\partial z}$$

$$(\nabla \cdot \boldsymbol{v}) = \frac{1}{r}\frac{\partial}{\partial r}(r v_r) + \frac{1}{r}\frac{\partial v_\theta}{\partial \theta} + \frac{\partial v_z}{\partial z}$$

$$(\nabla^2 s) = \frac{1}{r}\frac{\partial}{\partial r}\left(r\frac{\partial s}{\partial r}\right) + \frac{1}{r^2}\frac{\partial^2 s}{\partial \theta^2} + \frac{\partial^2 s}{\partial z^2}$$

$$(\boldsymbol{\tau}\colon \nabla \boldsymbol{v}) = \tau_{rr}\left(\frac{\partial v_r}{\partial r}\right) + \tau_{r\theta}\left(\frac{1}{r}\frac{\partial v_r}{\partial \theta} - \frac{v_\theta}{r}\right) + \tau_{rz}\left(\frac{\partial v_r}{\partial z}\right) + \tau_{\theta r}\left(\frac{\partial v_\theta}{\partial r}\right) + \tau_{\theta\theta}\left(\frac{1}{r}\frac{\partial v_\theta}{\partial \theta} + \frac{v_r}{r}\right) + \tau_{\theta z}\left(\frac{\partial v_\theta}{\partial z}\right)$$
$$+ \tau_{zr}\left(\frac{\partial v_z}{\partial r}\right) + \tau_{z\theta}\left(\frac{1}{r}\frac{\partial v_z}{\partial \theta}\right) + \tau_{zz}\left(\frac{\partial v_z}{\partial z}\right)$$

$$(\nabla s)_r = \frac{\partial s}{\partial r},\ (\nabla s)_\theta = \frac{1}{r}\frac{\partial s}{\partial \theta},\ (\nabla s)_z = \frac{\partial s}{\partial z}$$

$$(\nabla \cdot \boldsymbol{\tau})_r = \frac{1}{r}\frac{\partial}{\partial r}(r\tau_{rr}) + \frac{1}{r}\frac{\partial \tau_{\theta r}}{\partial \theta} + \frac{\partial \tau_{zr}}{\partial z} - \frac{\tau_{\theta\theta}}{r},$$

$$(\nabla \cdot \boldsymbol{\tau})_\theta = \frac{1}{r^2}\frac{\partial}{\partial \theta}(r^2\tau_{r\theta}) + \frac{1}{r}\frac{\partial \tau_{\theta\theta}}{\partial \theta} + \frac{\partial \tau_{z\theta}}{\partial z} + \frac{\tau_{\theta r} - \tau_{r\theta}}{r},\ (\nabla \cdot \boldsymbol{\tau})_z = \frac{1}{r}\frac{\partial}{\partial r}(r\tau_{rz}) + \frac{1}{r}\frac{\partial \tau_{\theta z}}{\partial \theta} + \frac{\partial \tau_{zz}}{\partial z}$$

$$(\nabla^2 \boldsymbol{v})_r = \frac{\partial}{\partial r}\left(\frac{1}{r}\frac{\partial}{\partial r}(r v_r)\right) + \frac{1}{r^2}\frac{\partial^2 v_r}{\partial \theta^2} + \frac{\partial^2 v_r}{\partial z^2} - \frac{2}{r^2}\frac{\partial v_\theta}{\partial \theta},$$

$$(\nabla^2 \boldsymbol{v})_\theta = \frac{\partial}{\partial r}\left(\frac{1}{r}\frac{\partial}{\partial r}(r v_\theta)\right) + \frac{1}{r^2}\frac{\partial^2 v_\theta}{\partial \theta^2} + \frac{\partial^2 v_\theta}{\partial z^2} + \frac{2}{r^2}\frac{\partial v_r}{\partial \theta},\ (\nabla^2 \boldsymbol{v})_z = \frac{1}{r}\frac{\partial}{\partial r}\left(r\frac{\partial v_z}{\partial r}\right) + \frac{1}{r^2}\frac{\partial^2 v_z}{\partial \theta^2} + \frac{\partial^2 v_z}{\partial z^2}$$

$$(\boldsymbol{v} \cdot \nabla \boldsymbol{w})_r = v_r\left(\frac{\partial w_r}{\partial r}\right) + v_\theta\left(\frac{1}{r}\frac{\partial w_r}{\partial \theta} - \frac{w_\theta}{r}\right) + v_z\left(\frac{\partial w_r}{\partial z}\right),$$

$$(\boldsymbol{v} \cdot \nabla \boldsymbol{w})_\theta = v_r\left(\frac{\partial w_\theta}{\partial r}\right) + v_\theta\left(\frac{1}{r}\frac{\partial w_\theta}{\partial \theta} + \frac{w_r}{r}\right) + v_z\left(\frac{\partial w_\theta}{\partial z}\right),\ (\boldsymbol{v} \cdot \nabla \boldsymbol{w})_z = v_r\left(\frac{\partial w_z}{\partial r}\right) + v_\theta\left(\frac{1}{r}\frac{\partial w_z}{\partial \theta}\right) + v_z\left(\frac{\partial w_z}{\partial z}\right)$$

(주) s : 스칼라량, $\boldsymbol{v}$, $\boldsymbol{w}$: 벡터량, $\boldsymbol{\tau}$: 텐서량.

표 A2. 3 구좌표계 (r, θ, ϕ)에서의 각종 미분연산자의 (물리)성분표시

$$(\nabla \boldsymbol{v})_{rr} = \frac{\partial v_r}{\partial r},\ (\nabla \boldsymbol{v})_{r\theta} = \frac{\partial v_\theta}{\partial r},\ (\nabla \boldsymbol{v})_{r\phi} = \frac{\partial v_\phi}{\partial r}$$

$$(\nabla \boldsymbol{v})_{\theta r} = \frac{1}{r}\frac{\partial v_r}{\partial \theta} - \frac{v_\theta}{r},\ (\nabla \boldsymbol{v})_{\theta\theta} = \frac{1}{r}\frac{\partial v_\theta}{\partial \theta} + \frac{v_r}{r},\ (\nabla \boldsymbol{v})_{\theta\phi} = \frac{1}{r}\frac{\partial v_\phi}{\partial \theta}$$

$$(\nabla \boldsymbol{v})_{\phi r} = \frac{1}{rsin\theta}\frac{\partial v_r}{\partial \phi} - \frac{v_\phi}{r},\ (\nabla \boldsymbol{v})_{\phi\theta} = \frac{1}{rsin\theta}\frac{\partial v_\theta}{\partial \phi} - \frac{v_\phi}{r}cot\theta,\ (\nabla \boldsymbol{v})_{\phi\phi} = \frac{1}{rsin\theta}\frac{\partial v_\phi}{\partial \phi} + \frac{v_r}{r} + \frac{v_\theta}{r}cot\theta$$

$$(\boldsymbol{v} \cdot \nabla) = v_r\frac{\partial}{\partial r} + \frac{v_\theta}{r}\frac{\partial}{\partial \theta} + \frac{v_\phi}{rsin\theta}\frac{\partial}{\partial \phi}$$

$$(\nabla \cdot \boldsymbol{v}) = \frac{1}{r^2}\frac{\partial}{\partial r}(r^2 v_r) + \frac{1}{rsin\theta}\frac{\partial}{\partial \theta}(v_\theta \sin\theta) + \frac{1}{rsin\theta}\frac{\partial v_\phi}{\partial \phi}$$

$$(\nabla^2 s) = \frac{1}{r^2}\frac{\partial}{\partial r}\left(r^2\frac{\partial s}{\partial r}\right) + \frac{1}{r^2\sin\theta}\frac{\partial}{\partial \theta}\left(\sin\theta\frac{\partial s}{\partial \theta}\right) + \frac{1}{r^2\sin^2\theta}\frac{\partial^2 s}{\partial \phi^2}$$

$$(\boldsymbol{\tau}: \nabla \boldsymbol{v}) = \tau_{rr}\left(\frac{\partial v_r}{\partial r}\right) + \tau_{r\theta}\left(\frac{1}{r}\frac{\partial v_r}{\partial \theta} - \frac{v_\theta}{r}\right) + \tau_{r\phi}\left(\frac{1}{rsin\theta}\frac{\partial v_r}{\partial \phi} - \frac{v_\phi}{r}\right) + \tau_{\theta r}\left(\frac{\partial v_\theta}{\partial r}\right) + \tau_{\theta\theta}\left(\frac{1}{r}\frac{\partial v_\theta}{\partial \theta} + \frac{v_r}{r}\right)$$

$$+ \tau_{\theta\phi}\left(\frac{1}{rsin\theta}\frac{\partial v_\theta}{\partial \phi} - \frac{v_\phi}{r}cot\theta\right) + \tau_{\phi r}\left(\frac{\partial v_\phi}{\partial r}\right) + \tau_{\phi\theta}\left(\frac{1}{r}\frac{\partial v_\phi}{\partial \theta}\right) + \tau_{\phi\phi}\left(\frac{1}{rsin\theta}\frac{\partial v_\phi}{\partial \phi} + \frac{v_r}{r} + \frac{v_\theta}{r}cot\theta\right)$$

$$(\nabla s)_r = \frac{\partial s}{\partial r},\ (\nabla s)_\theta = \frac{1}{r}\frac{\partial s}{\partial \theta},\ (\nabla s)_\phi = \frac{1}{rsin\theta}\frac{\partial s}{\partial \phi}$$

$$(\nabla \cdot \boldsymbol{\tau})_r = \frac{1}{r^2}\frac{\partial}{\partial r}(r^2\tau_{rr}) + \frac{1}{rsin\theta}\frac{\partial}{\partial \theta}(\tau_{\theta r}\sin\theta) + \frac{1}{rsin\theta}\frac{\partial \tau_{\phi r}}{\partial \phi} - \frac{\tau_{\theta\theta} + \tau_{\phi\phi}}{r}$$

$$(\nabla \cdot \boldsymbol{\tau})_\theta = \frac{1}{r^3}\frac{\partial}{\partial r}(r^3\tau_{r\theta}) + \frac{1}{r\sin\theta}\frac{\partial}{\partial \theta}(\tau_{\theta\theta}\sin\theta) + \frac{1}{r\sin\theta}\frac{\partial \tau_{\phi\theta}}{\partial \phi} + \frac{(\tau_{\theta r} - \tau_{r\theta}) - \tau_{\phi\phi}\cot\theta}{r}$$

$$(\nabla \cdot \boldsymbol{\tau})_\phi = \frac{1}{r^3}\frac{\partial}{\partial r}(r^3\tau_{r\phi}) + \frac{1}{r\sin\theta}\frac{\partial}{\partial \theta}(\tau_{\theta\phi}\sin\theta) + \frac{1}{r\sin\theta}\frac{\partial \tau_{\phi\phi}}{\partial \phi}\frac{(\tau_{\phi r} - \tau_{r\phi}) + \tau_{\phi\theta}\cot\theta}{r}$$

$$(\nabla^2 \boldsymbol{v})_r = \frac{\partial}{\partial r}\left(\frac{1}{r^2}\frac{\partial}{\partial r}(r^2 v_r)\right) + \frac{1}{r^2\sin\theta}\frac{\partial}{\partial \theta}\left(\sin\theta\frac{\partial v_r}{\partial \theta}\right) + \frac{1}{r^2\sin^2\theta}\frac{\partial^2 v_r}{\partial \phi^2}$$

$$- \frac{2}{r^2\sin\theta}\frac{\partial}{\partial \theta}(v_\theta\sin\theta) - \frac{2}{r^2\sin\theta}\frac{\partial v_\phi}{\partial \phi}$$

$$(\nabla^2 \boldsymbol{v})_\theta = \frac{1}{r^2}\frac{\partial}{\partial r}\left(r^2\frac{\partial v_\theta}{\partial r}\right) + \frac{1}{r^2}\frac{\partial}{\partial \theta}\left(\frac{1}{\sin\theta}\frac{\partial}{\partial \theta}(v_\theta\sin\theta)\right) + \frac{1}{r^2\sin^2\theta}\frac{\partial^2 v_\theta}{\partial \phi^2} + \frac{2}{r^2}\frac{\partial v_r}{\partial \theta} - \frac{2\cot\theta}{r^2\sin\theta}\frac{\partial v_\phi}{\partial \phi}$$

$$(\nabla^2 \boldsymbol{v})_\phi = \frac{1}{r^2}\frac{\partial}{\partial r}\left(r^2\frac{\partial v_\phi}{\partial r}\right) + \frac{1}{r^2}\frac{\partial}{\partial \theta}\left(\frac{1}{\sin\theta}\frac{\partial}{\partial \theta}(v_\phi \sin\theta)\right) + \frac{1}{r^2\sin^2\theta}\frac{\partial^2 v_\varphi}{\partial \phi^2} + \frac{2}{r^2\sin\theta}\frac{\partial v_r}{\partial \phi} + \frac{2\cot\theta}{r^2\sin\theta}\frac{\partial v_\theta}{\partial \phi}$$

$$(\boldsymbol{v}\cdot\nabla\boldsymbol{w})_r = v_r\left(\frac{\partial w_r}{\partial r}\right) + v_\theta\left(\frac{1}{r}\frac{\partial w_r}{\partial \theta} - \frac{w_\theta}{r}\right) + v_\phi\left(\frac{1}{r\sin\theta}\frac{\partial w_r}{\partial \phi} - \frac{w_\phi}{r}\right)$$

$$(\boldsymbol{v}\cdot\nabla\boldsymbol{w})_\theta = v_r\left(\frac{\partial w_\theta}{\partial r}\right) + v_\theta\left(\frac{1}{r}\frac{\partial w_\theta}{\partial \theta} + \frac{w_r}{r}\right) + v_\phi\left(\frac{1}{r\sin\theta}\frac{\partial w_\theta}{\partial \phi} - \frac{w_\phi}{r}\cot\theta\right)$$

$$(\boldsymbol{v}\cdot\nabla\boldsymbol{w})_\phi = v_r\left(\frac{\partial w_\phi}{\partial r}\right) + v_\theta\left(\frac{1}{r}\frac{\partial w_\phi}{\partial \theta}\right) + v_\phi\left(\frac{1}{r\sin\theta}\frac{\partial w_\phi}{\partial \phi} + \frac{w_r}{r} + \frac{w_\theta}{r}\cot\theta\right)$$

(주) s : 스칼라량, $\boldsymbol{v}$, $\boldsymbol{w}$: 벡터량, $\boldsymbol{\tau}$: 텐서량.

표 A2.4 $\boldsymbol{v}\cdot\nabla\boldsymbol{\tau}$의 각종 좌표계에서의 (물리)성분 표시

(a) Cartesian 좌표계 (x, y, z)

$$(\boldsymbol{v}\cdot\nabla\boldsymbol{\tau})_{xx} = (\boldsymbol{v}\cdot\nabla)\tau_{xx} \qquad (\boldsymbol{v}\cdot\nabla\boldsymbol{\tau})_{xy} = (\boldsymbol{v}\cdot\nabla)\tau_{xy} \qquad (\boldsymbol{v}\cdot\nabla\boldsymbol{\tau})_{xz} = (\boldsymbol{v}\cdot\nabla)\tau_{xz}$$

$$(\boldsymbol{v}\cdot\nabla\boldsymbol{\tau})_{yx} = (\boldsymbol{v}\cdot\nabla)\tau_{yx} \qquad (\boldsymbol{v}\cdot\nabla\boldsymbol{\tau})_{yy} = (\boldsymbol{v}\cdot\nabla)\tau_{yy} \qquad (\boldsymbol{v}\cdot\nabla\boldsymbol{\tau})_{yz} = (\boldsymbol{v}\cdot\nabla)\tau_{yz}$$

$$(\boldsymbol{v}\cdot\nabla\boldsymbol{\tau})_{zx} = (\boldsymbol{v}\cdot\nabla)\tau_{zx} \qquad (\boldsymbol{v}\cdot\nabla\boldsymbol{\tau})_{zy} = (\boldsymbol{v}\cdot\nabla)\tau_{zy} \qquad (\boldsymbol{v}\cdot\nabla\boldsymbol{\tau})_{zz} = (\boldsymbol{v}\cdot\nabla)\tau_{zz}$$

여기서 $(\boldsymbol{v}\cdot\nabla) = v_x\frac{\partial}{\partial x} + v_y\frac{\partial}{\partial y} + v_z\frac{\partial}{\partial z}$

(b) 원통좌표계 (r, θ, z)

$$(\boldsymbol{v}\cdot\nabla\boldsymbol{\tau})_{rr} = (\boldsymbol{v}\cdot\nabla)\tau_{rr} - \frac{v_\theta}{r}(\tau_{r\theta} + \tau_{\theta r}) \qquad (\boldsymbol{v}\cdot\nabla\boldsymbol{\tau})_{r\theta} = (\boldsymbol{v}\cdot\nabla)\tau_{r\theta} + \frac{v_\theta}{r}(\tau_{rr} - \tau_{\theta\theta})$$

$$(\boldsymbol{v}\cdot\nabla\boldsymbol{\tau})_{rz} = (\boldsymbol{v}\cdot\nabla)\tau_{rz} - \frac{v_\theta}{r}\tau_{\theta z}$$

$$(\boldsymbol{v}\cdot\nabla\boldsymbol{\tau})_{\theta r} = (\boldsymbol{v}\cdot\nabla)\tau_{\theta r} + \frac{v_\theta}{r}(\tau_{rr} - \tau_{\theta\theta}) \qquad (\boldsymbol{v}\cdot\nabla\boldsymbol{\tau})_{\theta\theta} = (\boldsymbol{v}\cdot\nabla)\tau_{\theta\theta} + \frac{v_\theta}{r}(\tau_{r\theta} + \tau_{\theta r})$$

$$(\boldsymbol{v}\cdot\nabla\boldsymbol{\tau})_{\theta z} = (\boldsymbol{v}\cdot\nabla)\tau_{\theta z} + \frac{v_\theta}{r}\tau_{rz}$$

$$(\boldsymbol{v}\cdot\nabla\boldsymbol{\tau})_{zr} = (\boldsymbol{v}\cdot\nabla)\tau_{zr} - \frac{v_\theta}{r}\tau_{z\theta} \qquad (\boldsymbol{v}\cdot\nabla\boldsymbol{\tau})_{z\theta} = (\boldsymbol{v}\cdot\nabla)\tau_{z\theta} + \frac{v_\theta}{r}\tau_{zr} \qquad (\boldsymbol{v}\cdot\nabla\boldsymbol{\tau})_{zz} = (\boldsymbol{v}\cdot\nabla)\tau_{zz}$$

여기서 $(\boldsymbol{v}\cdot\nabla) = v_r\frac{\partial}{\partial r} + \frac{v_\theta}{r}\frac{\partial}{\partial \theta} + v_z\frac{\partial}{\partial z}$

(c) 구좌표계 $(r,\ \theta,\ \phi)$

$$(\boldsymbol{v}\cdot\nabla\boldsymbol{\tau})_{rr}=(\boldsymbol{v}\cdot\nabla)\tau_{rr}-\left(\frac{v_\theta}{r}\right)(\tau_{r\theta}+\tau_{\theta r})-\left(\frac{v_\phi}{r}\right)(\tau_{r\phi}+\tau_{\phi r})$$

$$(\boldsymbol{v}\cdot\nabla\boldsymbol{\tau})_{r\theta}=(\boldsymbol{v}\cdot\nabla)\tau_{r\theta}+\left(\frac{v_\theta}{r}\right)(\tau_{rr}-\tau_{\theta\theta})-\left(\frac{v_\phi}{r}\right)(\tau_{\phi\theta}+\tau_{r\phi}\cot\theta)$$

$$(\boldsymbol{v}\cdot\nabla\boldsymbol{\tau})_{r\phi}=(\boldsymbol{v}\cdot\nabla)\tau_{r\phi}-\left(\frac{v_\theta}{r}\right)\tau_{\theta\phi}+\left(\frac{v_\phi}{r}\right)[(\tau_{rr}-\tau_{\phi\phi})+\tau_{r\theta}\cot\theta]$$

$$(\boldsymbol{v}\cdot\nabla\boldsymbol{\tau})_{\theta r}=(\boldsymbol{v}\cdot\nabla)\tau_{\theta r}+\left(\frac{v_\theta}{r}\right)(\tau_{rr}-\tau_{\theta\theta})-\left(\frac{v_\phi}{r}\right)(\tau_{\theta\phi}+\tau_{\phi r}\cot\theta)$$

$$(\boldsymbol{v}\cdot\nabla\boldsymbol{\tau})_{\theta\theta}=(\boldsymbol{v}\cdot\nabla)\tau_{\theta\theta}+\left(\frac{v_\theta}{r}\right)(\tau_{r\theta}+\tau_{\theta r})-\left(\frac{v_\phi}{r}\right)(\tau_{\theta\phi}+\tau_{\phi\theta})\cot\theta$$

$$(\boldsymbol{v}\cdot\nabla\boldsymbol{\tau})_{\theta\phi}=(\boldsymbol{v}\cdot\nabla)\tau_{\theta\phi}+\left(\frac{v_\theta}{r}\right)\tau_{r\phi}+\left(\frac{v_\phi}{r}\right)[\tau_{\theta r}+(\tau_{\theta\theta}-\tau_{\phi\phi})\cot\theta]$$

$$(\boldsymbol{v}\cdot\nabla\boldsymbol{\tau})_{\phi r}=(\boldsymbol{v}\cdot\nabla)\tau_{\phi r}-\left(\frac{v_\theta}{r}\right)\tau_{\phi\theta}+\left(\frac{v_\phi}{r}\right)[(\tau_{rr}-\tau_{\phi\phi})+\tau_{\theta r}\cot\theta]$$

$$(\boldsymbol{v}\cdot\nabla\boldsymbol{\tau})_{\phi\theta}=(\boldsymbol{v}\cdot\nabla)\tau_{\phi\theta}+\left(\frac{v_\theta}{r}\right)\tau_{\phi r}+\left(\frac{v_\phi}{r}\right)[\tau_{r\theta}+(\tau_{\theta\theta}-\tau_{\phi\phi})\cot\theta]$$

$$(\boldsymbol{v}\cdot\nabla\boldsymbol{\tau})_{\phi\phi}=(\boldsymbol{v}\cdot\nabla)\tau_{\phi\phi}+\left(\frac{v_\theta}{r}\right)[(\tau_{r\phi}+\tau_{\phi r})+(\tau_{\theta\phi}+\tau_{\phi\theta})\cot\theta]$$

여기서 $(\boldsymbol{v}\cdot\nabla)=v_r\dfrac{\partial}{\partial r}+\dfrac{v_\theta}{r}\dfrac{\partial}{\partial\theta}+\dfrac{v_\phi}{r\sin\theta}\dfrac{\partial}{\partial\phi}$

(주) $\boldsymbol{v}$: 벡터량 ; $\boldsymbol{\tau}$: 텐서량

■ A2. 2 3차원 회전변환의 Euler 각도

지금까지는 두 직교 Cartesian 좌표사이의 벡터 및 (2차) 텐서 성분에 대한 좌표변환 관계식을 다룸에 있어서 그 주된 역할을 하는 두 Cartesian 기저 사이의 방향여현을 나타내는 (직교)행렬 $\mathrm{L} = (l_{ij})$가 오직 1개만의 각도(그림 1.6 및 식 (1.379) 참조)를 포함하였다. 그러나 어떤 (고정) 공간 좌표계에 대하여 일정 각속도로 회전하는 3차원 물체(강체)의 주어진 순간에서의 공간 좌표계에 상대적인 방향(배향)을 나타내는 좌표변환 행렬$\Lambda = (\lambda_{ij})$은 그림 A2.1에서 보듯이 3개의 각도를 포함하고 있다. 그러나 두 좌표계 사이의 1차 텐서(벡터), 2차 텐서 등의 텐서 성분변환에 관한 법칙은 1.6절의 논리에 의해 1차원 변환에 관한 행렬 (l_{ij})와 동일하게 적용된다(부록 1.2참조).

지금 강체의 질량중심의 좌표가 결정되면 이 점에 강체 좌표계의 원점을 둘 수 있다. 그러면 공간 좌표계에 대한 강체 좌표축들의 방향만 결정하면 강체의 운동을 기술할 수 있는 두 좌표계가 완전히 정해진다. 앞으로 두 직교 Cartesian 좌표계의 구별이 필요할 때는 공간(고정) 및 강체(회전) 좌표계의 좌표와 바탕을 각각 (x, y, z), $(\boldsymbol{i}, \boldsymbol{j}, \boldsymbol{k})$ 및 (x_1, x_2, x_3), $(\boldsymbol{e}_1, \boldsymbol{e}_2, \boldsymbol{e}_3)$로 나타내기로 한다.

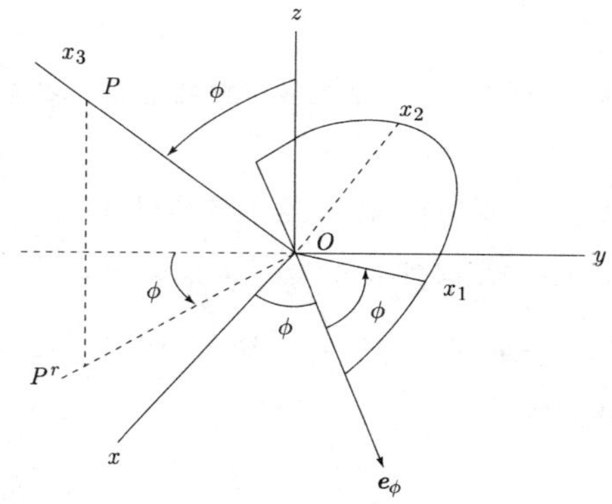

그림 A2.1 Euler 각도 (ϕ, θ, Ψ).

지금 그 두 좌표계의 원점이 일치하여 있다고 하면 강체 좌표축은 그 어느 두 좌표축, 가령 x_3, x_1 축의 방향만 정해지면 모두 결정된다. 강체좌표계의 x_3축의 방향은 공간 좌표계의 z 축과 이루는 각 θ 와, x_3 축의 $x-y$ 평면에의 정사영이 $-y$ 축과 이루는 각 ϕ 로 결정할 수 있다. 이렇게 정의된 각 ϕ 는 구면좌표계의 방위각 ϕ 보다 $\pi / 2$ 만큼 더 크다. 왜냐하면 ϕ 는 $+x$ 축과 이루는 각이기 때문이다. 각 ϕ 방향의 단위벡터 $\boldsymbol{e}_\phi$ 는 z 축과 x_3 축으로 이루어지는 평면에 수직하고 각 ϕ 가 증가하는 쪽으로 향한다. 따라서 $\boldsymbol{e}_\phi$ 가 x 축과 이루는 각이 ϕ 이고

$$\boldsymbol{e}_\phi = (\boldsymbol{k} \times \boldsymbol{e}_3) / \sin\theta \tag{A2. 1}$$

로 주어진다. 따라서 $\boldsymbol{e}_\phi$ 는 x_3 축이 주어지면 결정된다. 강체좌표계의 나머지 두 좌표축과 $\boldsymbol{e}_\phi$ 는 그 좌표원점을 지나고, x_3 축에 수직한 평면 내에 모두 있으므로 $\boldsymbol{e}_\phi$ 와 그중 한 좌표축, 가령 x_1 축이 이루는 각만 주어지면 좌표축의 방향은 모두 결정된다. 이 각을 Ψ 라하면 결국 3개의 각 (θ, ϕ, Ψ)는 공간좌표계에 대한 강체 좌표축의 방향을 완전히 결정하여 준다. 이 세 각을 'Euler 각'이라 한다.

강체 좌표축은 강체에 고정되어 있으므로 이 세 각은 강체의 고정 좌표계에 대한 배향(orientation)을 나타낸다. 따라서 이 Euler 각 (θ, ϕ, Ψ)는 강체의 질량중심의 좌표와 더불어 강체의 운동을 기술하는 일반화 좌표의 역할을 한다.

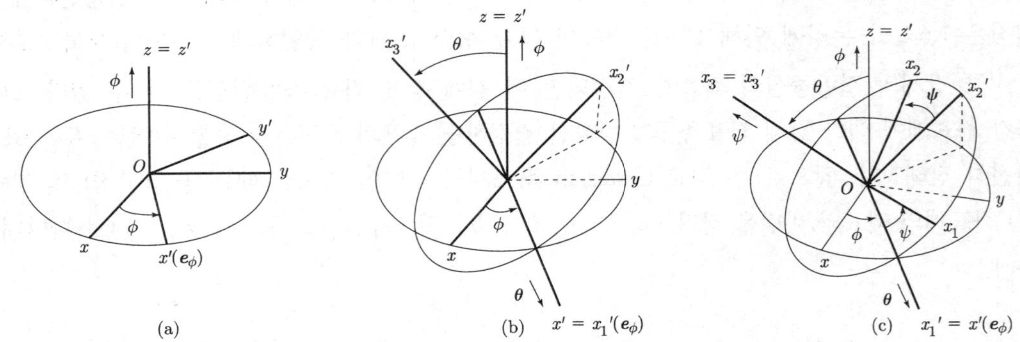

그림 A2.2 공간좌표축 및 강체 좌표축과 세 Euler 각도 (θ, ϕ, Ψ).

이제 (x, y, z) 좌표 [또는 고정기저 $(\boldsymbol{i}, \boldsymbol{j}, \boldsymbol{k})$]계에서 (x_1, x_2, x_3) 좌표 [또는 강체기저 $(\boldsymbol{e}_1, \boldsymbol{e}_2, \boldsymbol{e}_3)$]계로 바꾸는 (직교)좌표 변환식 λ_{ij}를 구하여 보자.

Euler 각도는 그림 A2.2에서 볼 수 있듯이 3번의 연이은 회전에 의하여 (x, y, z)에서 (x_1, x_2, x_3)가 얻어질 때 나타난다.

(1) 먼저 z 축 주위로 각 ϕ 만큼 시계바늘이 도는 방향과 반대방향으로 (x, y, z)좌표계를 회전시킨다. 이 회전은 $x-y$ 평면 내에서 일어나므로 그 회전 변환행렬은 식 (1.379)의 $l_{ij} = \boldsymbol{e}_i' \cdot \boldsymbol{e}_j$의 정의와 같은 원리로 아래와 같이 얻어진다(식 (1.377) 참조).

$$\lambda_z(\phi) = \begin{pmatrix} \cos\phi & \sin\phi & 0 \\ -\sin\phi & \cos\phi & 0 \\ 0 & 0 & 1 \end{pmatrix} \tag{A2. 2}$$

이때 새로운 좌표축을 (x', y', z')라 하자(그림 A2.2(a) 참조).

(2) 다음에는 새로운 좌표축 x' 주위로 각 θ 만큼 시계바늘과 반대방향으로 (x', y', z') 좌표계를 회전시킨다. 이 회전 변환행렬은 (1)과 마찬가지 논리로 아래가 될 것이다.

$$\lambda_{x'}(\theta)=\begin{pmatrix}1 & 0 & 0\\ 0 & \cos\theta & \sin\theta\\ 0 & -\sin\theta & \cos\theta\end{pmatrix} \tag{A2. 3}$$

이 경우 새로운 좌표축을 (x_1', x_2', x_3')라 하자(그림 A2.2(b) 참조).

(3) 끝으로 좌표축 x_3' 주위로 반시계방향으로 (x_1', x_2', x_3') 좌표계를 각 Ψ 만큼 회전시킨다. 이때 새로운 좌표축이 바로 강체 좌표축 (x_1, x_2, x_3)이다(그림 A2.2(c) 참조). 좌표 (x_1', x_2', x_3')에서 (x_1, x_2, x_3)으로 바꾸는 회전변환행렬은 아래와 같이 유추된다.

$$\lambda_3(\Psi)=\begin{pmatrix}\cos\Psi & \sin\Psi & 0\\ -\sin\Psi & \cos\Psi & 0\\ 0 & 0 & 1\end{pmatrix} \tag{A2. 4}$$

이와 같이 강체 좌표축은 공간좌표축을 Euler 각만큼 연이은 3번의 회전에 의하여 얻어진다. 두 좌표평면 $x-y$ 평면과 x_1-x_2 평면이 만나는 직선(그림 A2.2(c) 참조)은 그림 A2.1의 $\boldsymbol{e}_\phi$ 와 일치한다. 이 직선을 '마디선(nodal line)'이라 한다.
따라서 공간좌표 (x, y, z)에서 강체좌표 (x_1, x_2, x_3)로의 최종 회전 변환행렬 $\Lambda=(\lambda_{ij})$는 3 연속된 선형 (직교)변환행렬의 곱에 의해 아래 식으로 나타내진다.

$$\Lambda(\Psi, \theta, \phi)=\lambda_3(\Psi)\,\lambda_{x'}(\theta)\,\lambda_z(\phi) \tag{A2. 5}$$

이 식의 우변에 식 (A2.2) ~ (A2.4)를 대입하여 3×3 행렬의 곱을 구하면 아래가 된다.

$$\Lambda=(\lambda_{ij})=\begin{bmatrix}\cos\phi\cos\Psi-\cos\theta\sin\phi\sin\Psi & \sin\Phi\cos\Psi+\cos\Theta\cos\Phi\sin\Psi & \sin\Theta\sin\Psi\\ -\cos\phi\sin\Psi-\cos\theta\sin\phi\cos\Psi & -\sin\Phi\sin\Psi+\cos\Theta\cos\Phi\cos\Psi & \sin\Theta\cos\Psi\\ \sin\theta\sin\phi & -\sin\Theta\cos\Phi & \cos\Theta\end{bmatrix} \tag{A2. 6}$$

여기서 변환법칙 $\boldsymbol{e}_i'=\lambda_{ij}\boldsymbol{e}_j$ 혹은 블록(직접)표현은 아래가 된다(1.6절 혹은 부록 1.2 참조).

$$\begin{Bmatrix}\boldsymbol{e}_1\\ \boldsymbol{e}_2\\ \boldsymbol{e}_3\end{Bmatrix}=\Lambda\begin{Bmatrix}\boldsymbol{i}\\ \boldsymbol{j}\\ \boldsymbol{k}\end{Bmatrix} \tag{A2. 7}$$

그러나 이 변환행렬은 텐서이론에 의하여 위의 기본벡터들만의 변환이 아니고 어떤 임의의 벡터(혹은 텐서)의 성분에 대한 변환행렬도 된다(식 (1.170) 참조). 또한 식 (A2.6)으로 주어진 Euler

각도 3개를 포함하는 3차원 회전 변환행렬 $\Lambda = (\lambda_{ij})$는 직교행렬[즉 $\Lambda^{\mathrm{T}} = \Lambda^{-1}$ 혹은 $\Lambda^{\mathrm{T}}\Lambda = \mathrm{I}$ (단위행렬)성립]이 된다.

(증명) 회전 변환행렬 $\Lambda = \lambda_3 \lambda_{x'} \lambda_z$ 에서 λ_3, $\lambda_{x'}$, λ_z 는 모두 직교행렬이므로

$$\Lambda \Lambda^{\mathrm{T}} = (\lambda_3 \lambda_{x'} \lambda_z)(\lambda_3 \lambda_{x'} \lambda_z)^{\mathrm{T}} = \lambda_3 \lambda_{x'} \lambda_z \lambda_z^{\mathrm{T}} \lambda_{x'}^{\mathrm{T}} \lambda_3^{\mathrm{T}} = \lambda_3 \lambda_3^{\mathrm{T}} = \mathrm{I}$$

같은 방법으로 $\Lambda^{\mathrm{T}} \Lambda = \mathrm{I}$ 이다. 따라서

$$\Lambda^{\mathrm{T}} \Lambda = \Lambda \Lambda^{\mathrm{T}} = \mathrm{I} \qquad ■$$

따라서 식 (A2.7)의 역을 취하면 아래가 성립된다.

$$\begin{Bmatrix} \boldsymbol{i} \\ \boldsymbol{j} \\ \boldsymbol{k} \end{Bmatrix} = \Lambda^{\mathrm{T}} \begin{Bmatrix} \boldsymbol{e}_1 \\ \boldsymbol{e}_2 \\ \boldsymbol{e}_3 \end{Bmatrix} \tag{A2. 8}$$

이제 강체의 각속도 벡터 $\boldsymbol{\omega}$ 의 표현을 구하여 보자. 강체가 각속도 $\boldsymbol{\omega}$ 로 (고정 좌표축 주위로) 회전할 때 강체의 어떤 질점 a 의 강체에 고정된 점 O에 대한 위치벡터 $\boldsymbol{r}_a$ 는 그 방향만 변하므로 그 질점의 속도벡터 $\boldsymbol{v}_a$ 는 공간에 고정된 좌표계에서 볼 때

$$\boldsymbol{v}_a = \boldsymbol{\omega} \times \boldsymbol{r}_a \tag{A2. 9}$$

로 주어진다(2.16절 참조). 강체좌표계는 강체에 고정되어 있어서 강체와 같은 각속도 $\boldsymbol{\omega}$ 로 회전한다. 각속도벡터 $\boldsymbol{\omega}$ 는 언급한 바와 같이 세 Euler 각도 (θ, ϕ, Ψ)가 강체의 (고정계에 상대적인) 배향을 나타내므로 기하학적 정의에서 아래가 성립된다(그림 A2.2(c) 참조).

$$\boldsymbol{\omega} = \dot{\boldsymbol{\theta}} + \dot{\boldsymbol{\phi}} + \dot{\boldsymbol{\Psi}} = \dot{\theta}\boldsymbol{e}_{\phi} + \dot{\phi}\boldsymbol{k} + \dot{\Psi}\boldsymbol{e}_3 \tag{A2. 10}$$

여기서 단위벡터들의 강체좌표계 $(\boldsymbol{e}_1, \boldsymbol{e}_2, \boldsymbol{e}_3)$에서의 성분은 그림 A2.2에서 각각 아래와 같이 유추될 수 있다.

$$\left.\begin{aligned} \boldsymbol{e}_{\phi} &= \boldsymbol{e}_1 \cos\Psi - \boldsymbol{e}_2 \sin\Psi \\ \boldsymbol{k} &= \boldsymbol{e}_1 \sin\theta \sin\Psi + \boldsymbol{e}_2 \sin\theta \cos\Psi + \boldsymbol{e}_3 \cos\theta \\ \boldsymbol{e}_3 &= \boldsymbol{e}_3 \end{aligned}\right\} \tag{A2. 11}$$

[가령 $\boldsymbol{e}_{\phi} = (\boldsymbol{e}_{\phi} \cdot \boldsymbol{e}_1)\boldsymbol{e}_1 + (\boldsymbol{e}_{\phi} \cdot \boldsymbol{e}_2)\boldsymbol{e}_2 + (\boldsymbol{e}_{\phi} \cdot \boldsymbol{e}_3)\boldsymbol{e}_3$ 에서 구해진다.]

이 그림에서 x_3 축, z 축, $x_2{}'$ 축 및 y' 축들은 모두 $\boldsymbol{e}_\phi$ 에 수직한 평면 내에 있음에 주의하라. 여기서 식 (A2.11)를 식 (A2.10)에 대입하면 각속도벡터 $\boldsymbol{\omega}$ 는 강체좌표계에서

$$\omega = \boldsymbol{e}_1(\dot{\theta}\cos\Psi + \dot{\phi}\sin\theta\sin\Psi) + \boldsymbol{e}_2(-\dot{\theta}\sin\Psi + \dot{\phi}\sin\theta\cos\Psi) + \boldsymbol{e}_3(\dot{\phi}\cos\theta + \dot{\Psi}) \quad \text{(A2. 12)}$$

과 같이 표현된다(예제 A2.1 참조).

예제 A2.1

각속도벡터 식 (A2.12)를 좌표변환의 방법으로 유도하라.

풀이

세 Euler 각을 (θ, ϕ, Ψ)라 하면 각속도 벡터 $\omega = \dot{\boldsymbol{\theta}} + \dot{\boldsymbol{\phi}} + \dot{\boldsymbol{\Psi}}$ 를 공간좌표계 $(\boldsymbol{i}, \boldsymbol{j}, \boldsymbol{k})$에 대하여 표현하면

$$|\dot{\theta}> = \begin{pmatrix} \dot{\theta}\cos\phi \\ \dot{\theta}\sin\phi \\ 0 \end{pmatrix}, \ |\dot{\phi}> = \begin{pmatrix} 0 \\ 0 \\ \dot{\phi} \end{pmatrix}, \ |\dot{\Psi}> = \begin{pmatrix} \dot{\Psi}\sin\theta\sin\phi \\ -\dot{\Psi}\sin\theta\cos\phi \\ \dot{\Psi}\cos\theta \end{pmatrix} \quad \text{(i)}$$

이므로(그림 A2.2 참조), 공간(고정)좌표계에서 ω 의 표현은

$$|\omega>_f = |\dot{\theta}> + |\dot{\phi}> + |\dot{\Psi} \geq \begin{pmatrix} \dot{\theta}\cos\phi + \dot{\Psi}sin\theta\sin\phi \\ \dot{\theta}\sin\phi - \dot{\Psi}sin\theta\cos\phi \\ \dot{\phi} + \ddot{\phi}\cos\theta \end{pmatrix}_{\boldsymbol{i},\boldsymbol{j},\boldsymbol{k}} \quad \text{(ii)}$$

(여기에서 아래첨자 f 는 공간 좌표계를 나타낸다.)
이다. 따라서 (회전)강체좌표계 $(\boldsymbol{e}_1, \boldsymbol{e}_2, \boldsymbol{e}_3)$에 대한 표현은

$$|\omega>_m = \lambda(\Psi, \theta, \phi)\,|\omega>_f = \begin{pmatrix} \lambda_{11} & \lambda_{12} & \lambda_{13} \\ \lambda_{21} & \lambda_{22} & \lambda_{23} \\ \lambda_{31} & \lambda_{32} & \lambda_{33} \end{pmatrix}\begin{pmatrix} \omega_x \\ \omega_y \\ \omega_z \end{pmatrix} \quad \text{(iii)}$$

(여기에서 아래첨자 m 는 강체 좌표계를 나타낸다.)
로 주어진다. 여기에 식 (A2.6)과 식 (ii)를 대입하여 계산하면 식 (A2.12)가 얻어진다. 즉

$$|\omega>_m = \begin{pmatrix} \dot{\theta}\cos\phi + \dot{\phi}\sin\theta\sin\Psi \\ -\dot{\theta}\sin\phi + \dot{\phi}\sin\theta\cos\Psi \\ \dot{\phi}\cos\theta + \dot{\Psi} \end{pmatrix}_{\boldsymbol{e}_1,\boldsymbol{e}_2,\boldsymbol{e}_3} \quad \text{(iv)}$$

또는

$$|\dot{\theta}>_m = \lambda(\Psi, \theta, \phi)\,|\dot{\theta}>_f$$

에 식 (A2.6)과 식 (i)의 첫 식을 대입하여 정리하면

$$|\dot{\theta}>_m = \dot{\theta}\begin{pmatrix} \cos\Psi \\ -\sin\Psi \\ 0 \end{pmatrix}$$

를 얻는다. 같은 방법으로

$$|\dot{\phi}>_m = \dot{\phi}\begin{pmatrix} \sin\theta\sin\Psi \\ \sin\theta\cos\Psi \\ \cos\theta \end{pmatrix}, |\dot{\Psi}>_m = \begin{pmatrix} 0 \\ 0 \\ \dot{\Psi} \end{pmatrix}$$

이므로

$$|\omega>_m = |\dot{\theta}>_m + |\dot{\phi}>_m + |\dot{\Psi}>_m$$

에 의하여 식 (iv)를 얻을 수도 있다.

텐서의 성질상 1차 Cartesian 텐서(CT1)인 각속도 벡터 $\boldsymbol{\omega}$ 는 다음과 같이 두 다른 기저계로 나타낼 수 있다.

$$\boldsymbol{\omega} = \omega_i \boldsymbol{e}_i = \overline{\omega_i}\,\overline{\boldsymbol{e}}_i$$

여기에서 $\boldsymbol{\omega}$ 의 (회전)강체 좌표계에 대한 성분 $\overline{\omega}_i$ 를 알면 공간 (고정)좌표계 성분 ω_i 도 알 수 있음을 아래의 예제에서 알 수 있다.

예제 A2.2

각속도 벡터 ω 를 공간좌표계에서 표현하면
$\omega = \boldsymbol{i}(\dot{\theta}\cos\phi + \dot{\Psi}\sin\theta\sin\phi) + \boldsymbol{j}(\dot{\theta}\sin\phi - \dot{\Psi}\sin\theta\cos\phi) + \boldsymbol{k}(\dot{\phi} + \dot{\Psi}\cos\theta)$ 가 됨을 보여라.

풀이

각속도 벡터 식 (A2.10)

$$\omega = \dot{\theta}\boldsymbol{e}_\phi + \dot{\phi}\boldsymbol{k} + \dot{\Psi}\boldsymbol{e}_3$$

에서

$$\boldsymbol{e}_\phi = \boldsymbol{i}\cos\phi + \boldsymbol{j}\sin\phi, \quad \boldsymbol{k} = \boldsymbol{k}$$

$$\boldsymbol{e}_3 = \boldsymbol{i}\sin\theta\sin\phi - \boldsymbol{j}\sin\theta\cos\phi + \boldsymbol{k}\cos\theta$$

이므로(그림 A2.2 참조) 각속도 벡터는 다음과 같다.

$$\omega = \boldsymbol{i}(\dot{\theta}\cos\phi + \dot{\Psi}\sin\theta\sin\phi) + \boldsymbol{j}(\dot{\theta}\sin\phi - \dot{\Psi}\sin\theta\cos\phi) + \boldsymbol{k}(\dot{\phi} + \dot{\Psi}cos\theta)$$

또는 1차 텐서에 관한 텐서 변환법칙 (1.6절)로부터 다음이 성립하므로(단 $\Lambda^{-1} = \Lambda^{\mathrm{T}}$이므로 $\Lambda^{-1}(i,j) = \Lambda^{\mathrm{T}}(i,j) = \lambda_{ji}$를 이용)

$$\bar{\omega}_i = \lambda_{ij}\omega_j \leftrightarrow \omega_i = \lambda_{ji}\bar{\omega}_j$$

여기에서 ω_i 및 $\bar{\omega}_j$ 가 각각 공간 및 강체 좌표계에 대한 ω 의 성분을 나타낸다고 할 때, 3차원 변환행렬 λ_{ij} 값 (A2.6)을 위 식에 대입하면 각 성분 $\omega_1 = \omega_x$, $\omega_2 = \omega_y$, $\omega_3 = \omega_z$ 가 위와 마찬가지로 얻어질 수 있다.

강체에 고정된 점, 곧 강체좌표계의 원점을 정하는 방법중 중요한 것은 대개 두 가지가 있다. 만일 공간(고정)좌표계에서 볼 때 (회전)강체내의 1개 또는 그 이상의 점이 고정되어 있으면 그 중 한 점을 택하고, 만일 강체 내의 어떤 점도 공간좌표계에서 볼 때 고정되어 있지 않으면 그 강체의 질량중심을 강체좌표계의 원점으로 택하는 것이 편리하다.

제 3 장

레올로지 서론

■ 3.1 정의와 분류

'레올로지(일명 유변학, rheology)'란 부가된 응력(stress)의 결과로 생기는 물질의 변형(deformation)을 다루는 학문이다. 그런 면에서 '연속(체)역학(continuum mechanics)'의 일부에 속한다고 할 수 있으나, 레올로지는 분자 운동론(molecular kinetic theory)을 통하여 응력과 변형 혹은 변형속도(rate of deformation)와 연관을 짓는 것도 가능하게 한다.

레올로지의 근간을 이루는 17세기에 확립된 두 가지 물리적 법칙은 아래와 같다.

(i) 후크(Hooke)의 법칙 : 고체의 탄성거동(elastic behavior)을 기술하는 것으로서 가령 전단(shear) 변형에 있어서 아래 법칙이 성립된다.

$$\sigma_{yx} = G\frac{du_x}{dy} \tag{3. 1}$$

여기서 전단 응력 σ_{yx}는 변위 구배(displacement gradient) du_x/dy와 (일정) 전단 탄성계수(혹은 탄성률)(shear elastic modulus) G를 통하여 관련된다.

(ii) 뉴톤(Newton)의 법칙 : 아래 식과 같이 선형 점성 액체(linear viscous liquid)의 전단 변형(속도) 거동을 기술한다.

$$\sigma_{yx} = \mu\frac{dv_x}{dy} \tag{3. 2}$$

여기서 전단 응력 σ_{yx}(혹은 τ_{yx})는 (일정) 뉴톤 점도(혹은 점성 저항계수)(Newtonian viscosity) μ를 통하여 변형속도(rate of deformation)와 연관된다(사실 식 (3.1)과 (3.2)에서 우변의 G 및 μ항을 각각 변형에 대한 고체의 탄성저항 및 액체의 점성저항을 나타낸다는 의미에서 가끔 마이너스 (−)부호를 붙이기도 한다).

여기서 우리는 응력에 대한 물질 응답(response)의 두 극한(limiting) 경우 즉 비변형성 물체(undeformable body)와 점성이 없는 유체(inviscid fluid)를 생각할 수 있는데, 전자의 경우는 탄성율 G가 무한대이고, 후자의 경우는 점도가 0에 해당된다.

실제 물질은 이 두 극한 경우의 가운데 속한다(표 3.1 참조). 예를 들면, 대부분의 실제 물질(유체)은 일정크기의 점도를 가지나, 어떤 조건하에서는 (가령 날개(aerofoil) 위의 공기의 흐름 등) 점도 효과가 극히 얇은 층(thin layer)에 국한되므로 이 경우의 유체 거동은 이상적인 무점도 유체(inviscid fluid)에 의해 잘 묘사된다. 그러나 대부분의 경우 점도 효과는 무시할 수 없다.

이의 극한적인 경우에 속하는 이상 탄성고체(사실 $\mu \to \infty$에 해당)는 외부 응력을 받으면 (순간적으로) 평형(equilibrium) 변형에 도달한다. 어떤 물질의 경우 이 두 극한거동이 쉽게 관측되는데, 가령 (쉽게 이해하기 어려운) 얼음(ice)의 점도나 물(water)의 탄성(elasticity)과 같은 것이다. 그런데 대부분의 물질은 이 두 극한 경우(즉 $\mu \to 0$과 $G \to \infty$)의 중간에 속하는데, 가령 이상적인 무점도(inviscid) 유체로부터 점성(viscous) 유체 및 점탄성(viscoelastic) 유체를 거쳐 최종적으로 (탄성)고체 같은 유체(solid-like fluid)로 옮아가는 과정(물질)은 표 3.1에 요약하여 나타내었다.

표 3. 1 유변학적 거동의 요약

			예
연속체역학	유체	무점도 유체 ($\mu = 0$인 이상적 경우)	없음
		선형 점성 유체 (뉴톤 거동)	물
		비선형 점성 유체	뉴톤 유체속의 현탁액
		선형 점탄성 물질	작은 변형하의 고분자
		비선형 점탄성 물질	농후한 고분자 용액 혹은 대변형하의 소성체
	고체	비선형 탄성 물질	고무
		선형 탄성 고체	선형 후크 스프링
		비변형 고체 ($G = \infty$인 이상적 경우)	없음

다음에는 Lodge에 의해 정의된 레올로지에 관한 많은 용어 중 중요한 것 3개만을 골라 설명하겠다.

3.1.1 순수 점성 혹은 비탄성 물질

어떤 물질이 만약 흐름을 중단시키는(즉 변형속도가 0이 되는) 경우 물질에 있는 응력이 순간적으로 0이되어 등방성(isotropic))이 되던가, 혹은 부가한 응력을 0으로 하는 순간 변형속도(단 관성(inertial) 효과가 없다고 가정시)가 순간적으로 0이 된다면 이는 '순수 점성(purely viscous)' 혹은 '비탄성(inelastic)' 물질에 속한다.

3.1.2 완전 탄성 물질

어떤 물질이 만약 비등방성(non-isotropic) 응력이 부가될 때 순간적으로 평형 모양(equilibrium shape)이 얻어지던가 혹은 물질이 변형되는 순간 응력이 비등방성이 되면 이는 '완전 탄성(perfectly elastic)' 물질에 속한다. 후크의 법칙(식 (3.1))에 있어서 만약 G가 상수이라면 이는 완전 선형(linear) 탄성 물질에 관한 것이다. 고무 밴드(rubber band)의 경우 여기에 가까우나, G가 변형과 함께 변하는 비선형(non-linear) 탄성을 나타낸다.

3.1.3 점탄성 물질

어떤 물질이 위의 두 극한 경우인 순수 점성 거동도 완전 탄성 거동도 나타내지 않는다면 이는 '점탄성(viscoelastic)' 물질에 속한다. 즉 이 용어는 순수 점성 액체와 순수 탄성 고체의 중간적인 거동을 일컫는다.

■ 3.2 비뉴톤(성) 현상

대부분의 고분자 물질(유체)은 다른 복잡한 유체와 함께 뉴톤의 점성 법칙(식 (3.2))을 따르지 않는다. 이들 유체는 일반적으로 변형속도와 함께 감소되는 점도를 나타내는데, 이를 '유사 가소성(pseudoplastic)' 혹은 '전단 엷아짐(shear-thinning)' 거동이라 한다. 특히 고분자 유체의 경우에는 변형속도의 증가에 따른 상당한 점도의 감소가 관측되는데, 실제 많은 산업적 가공 조작(processing operation)에 있어서 반드시 이들 현상을 고려하여 설계를 행할 필요가 있다.

여기서 그와 같은 비뉴톤(성) 현상(non-Newtonian phenomena)이 나타내는 몇 가지 놀랄 만한 점탄성 효과(viscoelastic effects)를 소개하겠다.

3.2.1 Weissenberg 효과

이 현상을 그림 3.1에 도시적으로 나타내었다. 만약 막대(rod)를 물과 같은 순수 뉴톤 유체가 담기 비이커 속에서 중심축 주위로 일정 각속도 Ω로 회전시키면 원심력(centrifugal force)에 의해 자유 표면(free surface)이 변형되어 오직 중앙에 소용돌이(vortex)만을 야기시킨다(그림 3.1(a) 참조). 그러나, 만약 막대를 비 뉴톤성인 고분자 용액(solution)이나 용융물(melt) 속에서 회전시킨다면 유체는 막대 위로 올라가게 되어 역 소용돌이(inverted vortex)를 초래하게 된다(그림 3.1(b) 참조). 1947년도에 Weissenberg가 이 현상이 정상 상태(steady-state)의 전단 흐름하에 있는 그와 같은 물질에 존재하는 두 법선 응력(normal stress)간의 차이에 기인한다고 설명함으로써 이후 이를 'Weissenberg 효과(effect)' 혹은 '막대 오름 효과(rod-climbing effect)'라고 칭한다.

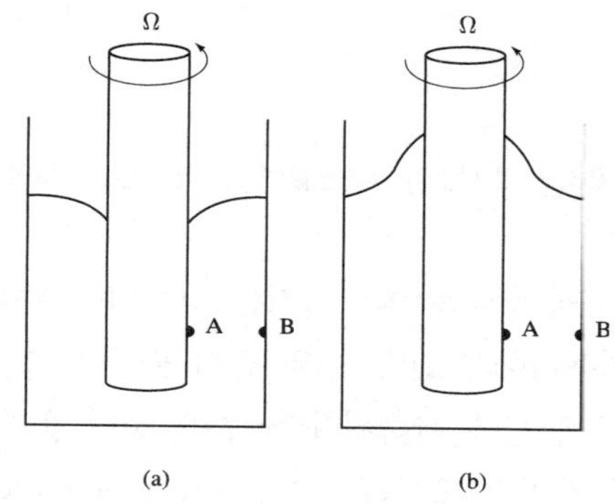

그림 3.1 (a) 뉴톤성 액체 및 (b) 점탄성 액체 속에서 회전하는 막대에 있어서 액체의 자유표면의 변화 모양

용액이나 용융물내의 고분자 분자는 매우 큰 분자량 때문에 얽힌 망상구조(entangled network structure)를 형성한다. 그런데 만약 이것이 그림 3.1과 같은 회전운동을 받게 되어 액체의 자유표면의 한 방향으로 변형된다면 흐름방향과 흐름에 수직인 방향 모두 내부 장력(internal tension)을 발생시키게 된다. 이때 만약 회전 막대에 있는 한 점 A와 비이커 내의 한 점 B에서의 압력을 각각 측정할 수 있다면, 뉴톤 유체의 경우와 달리 고분자 액체의 경우에는 $P_A > P_B$가 되어 이 과잉의 압력(즉 (두)법선응력의 차)이 여분의 정수압 헤드(extra hydrostatic head)에 의해 상쇄되어 Weissenberg 효과를 일으키게 된다.

3. 2. 2 입구흐름, 압축물 팽창, 용융물 파괴 및 진동 제트 현상

갑작스런 수축(contraction) 흐름의 경우에 예상되는 입구 흐름(entry flow)에 대한 패턴을 그림 3.2에 도시적으로 나타내었다. 관여된 액체 레올로지와 유동조건에 따라 두 가지 대표적 패턴이 예상되는데, 그중 첫 번째는 그림 3.2(a)에 나타낸 저밀도 폴리에틸렌(LDPE), 폴리스타이렌(PS) 및 폴리메틸메타크릴레이트(PMMA)와 같은 분지형(branched) 고분자 용융물에 대한 것이고, 다른 하나는 그림 3.2(b)에 나타낸 고밀도 폴리에틸렌(HDPE)이나 선형 저밀도 폴리에틸렌(LLDPE) 등과 같은 선형 고분자나 낮은 Reynold 수(Re)에 있는 뉴톤 유체 등에 관측되는 것이다.

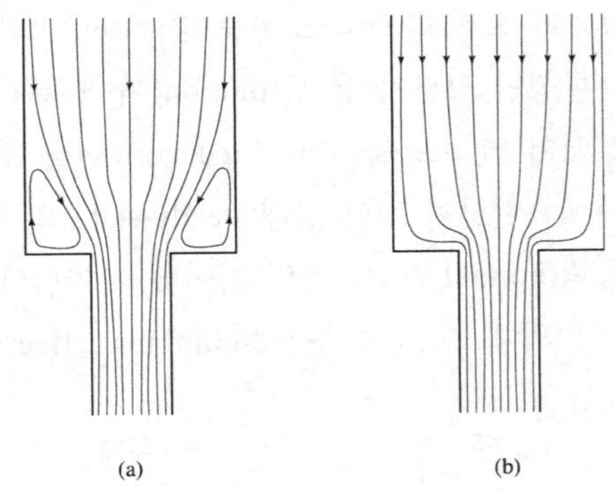

그림 3.2 갑작스런 수축흐름에서의 두 대표적 흐름 패턴.

그림 3.2(a)에 관측되는 소용돌이(vortex)의 크기는 처음에는 유동(혹은 전단)속도와 함께 증가하다가, 결국에는 불안정(unstable)하게 된다. 이와 같이 불안정 흐름은 그림 3.4에 나타낸 나선형 변형(helical distortion)과 같은 순간에 관측된다. 반면에 선형 폴리에틸렌 유체의 경우에는 유동패턴이 그림 3.2(b)에 나타낸 것처럼 모서리 소용돌이(corner vortex)는 통상 관측되지 않는다.

전단 운동중의 고분자 유체에 관측되는 또 다른 놀라운 현상은 유체가 모세관(capillary)으로부터 빠져나오면서 압축물(extrudate)이 팽창(swell)하는 현상이다(그림 3.3 참조). 뉴톤성 유체(C)는 모세관을 빠져나오면서 직경의 약간 감소(< 20 %)를 동반하지만, 고분자 용융물과 같은 높은 탄성을 나타내는 유체는 모세관을 나오면서 대개 직경의 200 - 400 % 증가를 보인다. 이 현상을 '다이 팽창(die swell)' 또는 'Baraus 효과(effect)'라고도 부른다.

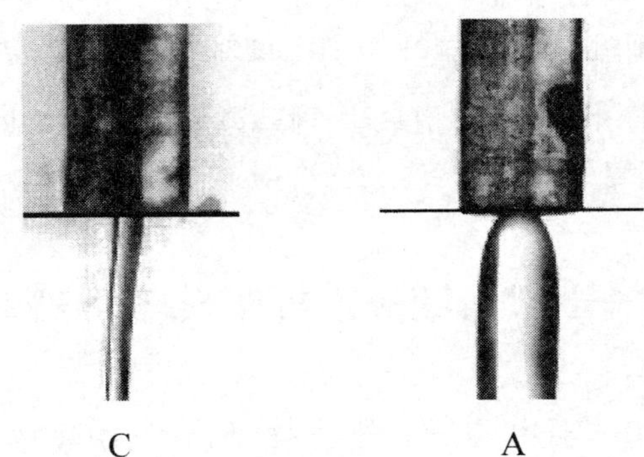

그림 3.3 모세관 튜브로부터 빠져 나오는 유체 압축물의 직경변화. 뉴톤성 실리콘 유체(C)는 직경 증가를 보이지 않으나, 100 mL의 디메틸프탈레이트 속에 녹아있는 2.44 g의 PMMA 용액(A)는 약 200 %의 직경 증가를 보인다. 단 두 유체 모두 거의 유사한 점도를 갖고 있다.

정성적으로, 이 현상은 유체가 모세관을 빠져나올 때 모세관 벽에 생성된 여분의 압력(법선 응력 차)때문이라고 생각된다. 즉 고분자 액체가 모세관을 빠져나오면서 이 내부(internal) 압력이 완화(release)되어, 결과적으로 측면 팽창(lateral expansion)을 야기하게 된다. 또 다른 요인으로서는 마치 고무상(rubbery) 물질처럼 거동하는 고분자 유체에 있는 '탄성효과(memory effect)'일 것이다. 즉 큰 용기(reservoir)로부터 작은 모세관속으로 유체가 들어갈 때 갑작스런 모양변화(큰 변형)를 겪고, 이것이 다시 모세관을 빠져나올 때 고무처럼 원래의 모양을 회복(즉 탄성회복(elastic recovery))하게 된다. 이 때문에 고분자 유체는 가끔 '기억(memory)을 가진 유체'라고도 부른다. 또 다른 요인으로서는 모세관 출구(exit)에서의 속도변화나 압축물의 열구배(thermal gradient)의 변화들이 거론된다.

이와 같이, 모세관 출구에서의 압축물 팽창은 유체의 탄성거동과 연관되어 있으므로, 종종 이의 측정은 고분자의 용융탄성(melt elasticity)을 고분자의 분자구조나 분자량(MW) 및 분자량분포(MWD)와 관련지어 나타내기도 한다. 이 압축물 팽창은 섬유의 방사(fiber spinning)시 고려되어야 할 중요 사항으로서, 섬유의 '용융 파괴(melt fracture)'를 일으키는 임계 속도구배(critical velocity gradient)의 결정 등에 이용된다.

용융파괴는 고분자 유체가 임계값을 초과하는 속도로 모세관 다이(die)로부터 자유롭게 압축될 때 관측되는 것으로서, 이때 압축물(extrudate)의 직경은 일정하지 않고 여러 변형을 일으키게 되는데 이를 용융파괴라 한다. 그림 3.4에 서로 다른 유동조건에서 관측되는 여러 모양의 용융파괴를 나타내었다.

- '상어 피부(shark skin)'라 불리는 결함을 그림 3.4 a(HDPE)와 3.4 b(LLDPE)에 나타내었다. 이는 가끔 주기적 불안정(periodic instability)으로서, 유동속도, 온도 및 고분자의 성질에 의존한다.
- 어떤 경우에는 그림 3.4 c에 나타낸 것처럼 부드러운 표면 다음에 '상어피부 지역(sharkskin zone)'이라 불리는 형태가 뒤따르는데 이를 '대나무 효과(bamboo effect)'라 일컫는다.
- 압축속도가 증가하면 그림 3.4 d처럼 상어피부가 없어지고, 다시 부드러운 표면이 나타나게 된다.
- 압축속도가 계속 증가하면 그림 3.4 e처럼 나선형(helical) 또는 스크류(screw)모양의 조직이 관측되고, 이 변형의 진폭(amplitude)은 유동속도와 함께 증가하며, 궁극적으로는 폴리에틸렌(PE), 폴리스타이렌(PS)나 폴리프로필렌(PP)의 경우처럼 혼돈된 변형(chaotic distortion)에 이르게 된다.

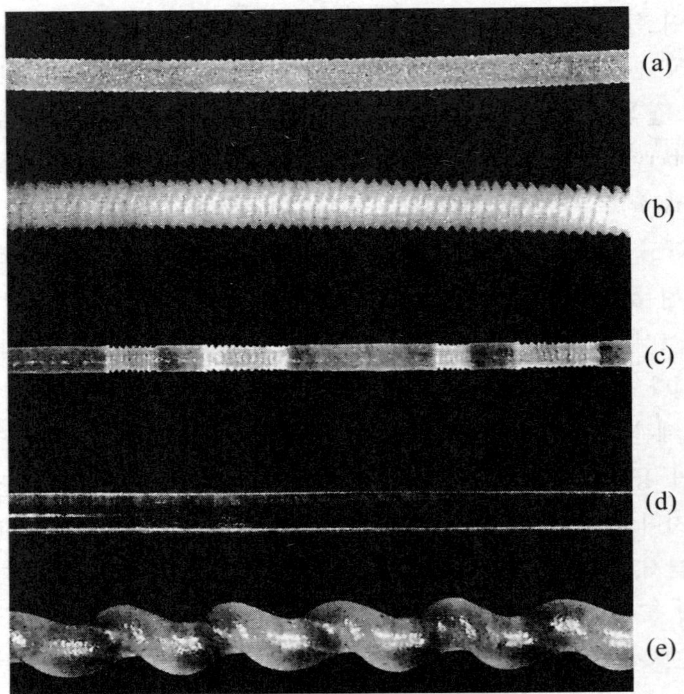

그림 3.4 용융파괴하의 여러 형태의 압축물

이 절의 마지막 예로서, 그림 3.5에 횡방향의 진동(transverse vibration)을 받으면서 노즐(nozzle)로부터 빠져나오는 유체의 분사(jet) 거동을 나타내었다. 뉴톤성 유체 (a)는 분사되면서 작은 물방울(액적, liquid drop)로 파괴되나, 진한(concentrated) 고분자 용액 (c)의 경우에는 구조적으로 안정한 균일한 파동(uniform wave)으로 분사된다. 또한 농도가 묽거나(dilute) 매우 묽은(very dilute) 고분자 용액 (b)의 경우에는 (a)와 (c)의 중간거동, 즉 실(tread)로 연결된 액적을 보여준다.

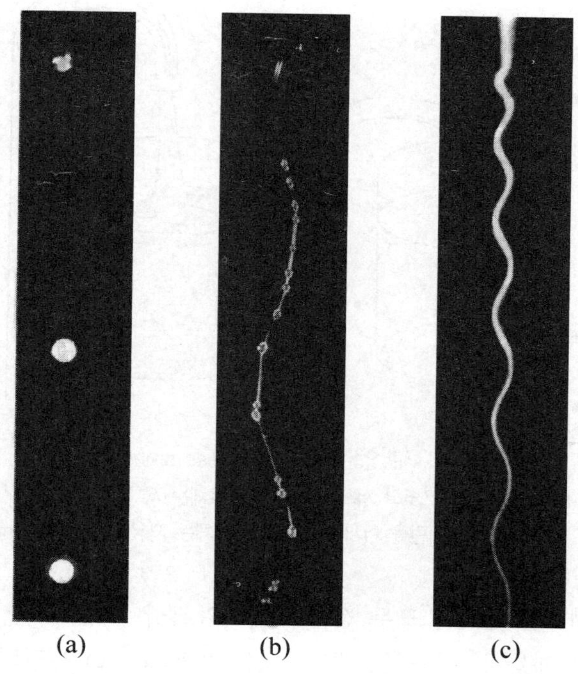

그림 3.5 진동 노즐로부터 빠져나오는 액체: (a) 뉴톤 유체, (b) 묽은 고분자 용액, 및 (c) 진한 고분자 용액.

3.2.3 리코일 또는 관 없는 사이펀 현상

고분자 유체의 탄성거동을 보여주는 또 다른 간단한 실험으로서, '리코일(되감기, recoil)'의 측정이 있다. 만약 탄성 유체에 압력 구배(pressure gradient)를 사용하여 관(tube) 아래로 강제적으로 흐르게 한다면 유체는 시간에 따라 연속적으로 변형하게 되는데, 어떤 주어진 시간에서 갑자기 압력구배를 0으로 두면, 유체는 탄성에 의해 반대방향으로 흐르게 된다(그림 생략).

특히 마지막 단계에 대응하는 실험으로서 그림 3.6에 나타낸 '관 없는 사이펀(ductless siphon)' 실험이 있다. 즉 그림에서 볼 수 있듯이 만약 사이펀(흡입관)을 (a) 뉴톤성 유체로부터 서서히 떼어내면 유체는 자유표면 근처에서 끊어지지만, (b) 고분자 용액과 같은 점탄성 유체로부터 사이펀을 서서히 제거하면 유체는 자유표면 위 수 cm까지 끌어 당기지게 된다.

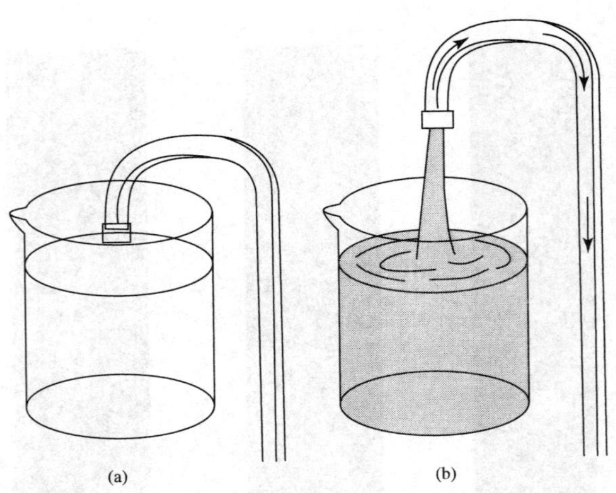

그림 3.6 '관 없는 사이펀(ductless siphon)' 현상.
만약 사이펀(흡입관)을 (a) 뉴톤성 유체로부터 서서히 떼어내면 유체는 자유표면 근처에서 끊어지지만, (b) 고분자 용액과 같은 점탄성 유체로부터 사이펀을 서서히 제거하면 유체는 자유표면 위 수 cm까지 끌어 올라간다.

이것과 앞서 말한 리코일 현상은 모두 점탄성 액체의 경우 짧은 시간 내 마치 고체처럼 신장(stretch-out)될 수 있기 때문에 고무 탄성밴드나 접착제(adhesive)가 장력(tension)으로부터 완화(release)될 때 일어나는 거동과 밀접한 관계가 있다. 특히 점탄성 유체의 리코일 현상은 오직 부분적으로 일어나며, 꽤 시간이 걸린다(5.4.2.3(c)절 참조). 그리고 대부분의 점탄성 유체는 과거의 변형보다 최근의 변형에 보다 영향을 받으므로 '쇠퇴성 기억(fading memory)'을 가진다고 한다 - 더욱이 이 효과는 변형속도에 크게 의존한다.

3. 2. 4 항력감소(DR)

1970년대 연구에서 가장 큰 관심을 끈 것 중의 하나로서, 난류운동(turbulent motion) 중의 유체에 소량의 높은 분자량, 선형, 그리고 가용성인 고분자를 첨가함으로써 (저)항력 감소(drag reduction, DR)를 야기시켜 유출(pumping)을 용이하게 하여 에너지를 절약하는 현상이다. 그림 3.7은 난류관 유동 속에 첨가된 두 고분자의 경우에 대해 얻어진 통상의 관 마찰계속 f와 Reynold 수(Re)와의 관계를 나타낸다. [비고 : 난류는 유속이 임계 Re 값(가령 관 흐름의 경우 약 2300)을 초과할 경우 갑자기 유체 저항이 증가하여 발생함.] 이들 간에는 아래의 식이 정의된다.

$$f = \frac{1}{4}\left(\frac{D}{L}\right)\frac{\Delta P}{\frac{1}{2}\rho\langle v\rangle^2} \tag{3. 3}$$

그리고

$$Re = \frac{D\langle v \rangle \rho}{\mu} \tag{3. 4}$$

여기서 D 및 L는 각각 관의 직경 및 길이이고, ΔP는 압력하강(pressure drop), $\langle v \rangle$는 평균 유체속도, 그리고 ρ 및 μ는 각각 유체의 밀도 및 점도를 나타낸다.

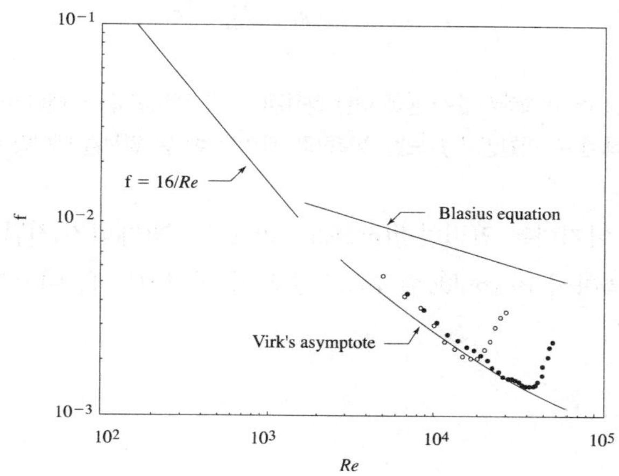

그림 3.7 사이클로헥산속에 100ppm 폴리이소부틸렌(PIB)용액(●) 및 케로센 속의 100ppm ODR 용액(○)의 난류 유동에 대한 전형적인 항력감소(DR) 데이터.

실험에 사용된 한 유체는 사이클로헥산 용매 속에 매우 높은 분자량($\approx 2 \times 10^6$ kg/kmol)을 가진 폴리이소부틸렌(PIB) 100ppm을 포함하는 용액이며, 다른 유체는 케로센 용매 속에 상용성 유기(고분자) 항력 감소제(ODR)(분자량은 약 4×10^6 kg/kmol)를 100ppm 참가한 용액이다. 그림에서 3 종류의 직선 즉 이론적 층류(laminar flow) 관계인 $f = 16/Re$와 완만한 파이프 속의 난류에 대한 Blasius의 경험식($f = 0.0791/Re^{0.25}$) 그리고 얻어진 실험 데이터에 대한 Virk의 점근(asymptote) 관계식이다. 두 고분자 용액 모두 난류 영역에서 임계 Re 값까지 마찰 저항력의 본질적인 감소를 보여준다. 특히 뉴톤 용매에 대해 얻어진 Blasius 결과에 비해 두 고분자 용액의 경우 모두 약 두 단계(즉 10^{-2}으로) 감속됨을 알 수 있다. 그리고 임계 Reynolds 수에서는 데이터가 위로 올라가는데(upward turn), 이는 이 영역에서 고분자의 사슬 붕괴(chain degradation)가 일어남을 의미한다.

그림 3.8에서는 100 ppm 폴리아크릴아마이드(PAAm) 수용액에 대해 얻어진 관속의 난류 유동에서의 열전달(heat transfer) (저항)감소와 항력감소(DR)를 비교한다. 이 용액의 점도는 전단속도(또는 Re값)에 거의 무관한 뉴톤성 점도를 나타내었으며, 물의 경우보다 약간 큰 값($\mu = 1.2$ mPa · s)을 가졌다.

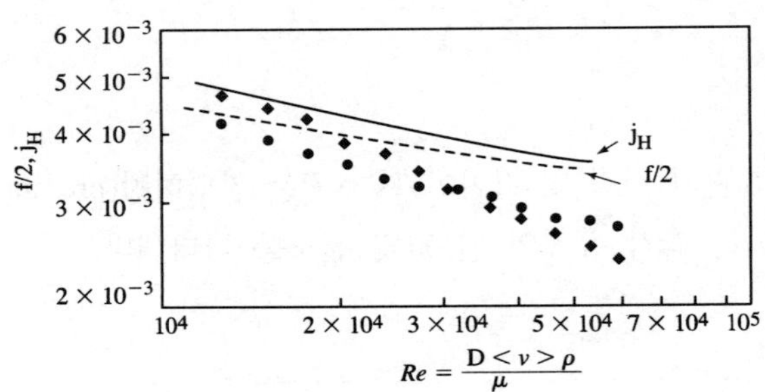

그림 3.8 둥근 관(circular pipe)속에서 순수 물에 대한 열전달(—) 및 압력강하(…)데이터와 100 ppm PAAm 수용액에 대한 관 마찰인자 f(또는 압력하강) 데이터(●) 및 열전달 데이터(◆).

운동량 이동(또는 유속)을 야기하는 압력하강(pressure drop)과 열(에너지)전달은 각각 관 마찰계수 f와 열전달인자 j_H항에 의하여 Reynolds수 Re를 통하여 관련되는데, 여기서 j_H는 다음과 같이 정의된다.

$$j_H = \frac{Nu}{Re\,Pr^{\frac{1}{3}}} \tag{3. 5}$$

위 식에서 Nusselt 수(Nu)와 Prandtl 수(Pr)는 아래와 같이 정의된다.

$$Nu = \frac{hD}{k} \tag{3. 6}$$

및

$$Pr = \frac{\hat{C}_p \mu}{k} \tag{3. 7}$$

여기서 h는 열전달 계수이고, k 및 $\hat{C}_p$는 각각 유체의 열 전도도(thermal conductivity)와 단위 질량당 열용량(heat capacity)이다.

폴리아크릴아마이드(PAAm) 수용액의 점도는 거의 뉴톤성 점도로서 물의 값보다 약간 큼에도 불구하고, 관 마찰계수 f는 물에 비해 상당히 감소된다. 물 대신 PAAm 수용액을 사용시 열전달 인자(j_H) 감소 또한 높은 Re값에서 더욱 현저하다. 한편 Chilton-Colburn에 의하면 순수 물의 경우 높은 난류성 흐름(즉 Re값이 매우 큼)에서는 아래의 근사식이 성립됨이 알려져 있다.

$$j_H = \frac{f}{2} \tag{3. 8}$$

이와 같은 소량의 고분자 첨가에 따른 난류속의 항력감소(DR)현상은 산업적으로 크게 이용되었는데, 가령 소방서(fire department)에서는 소량의 폴리에틸렌 옥시드(PEO)를 사용하여 화재 진압시 물의 분출 속도를 증가시켰다. 일반적으로 성능이 좋은 항력감소제로서는 10^6 kg/kmol 이상의 높은 분자량을 가진 PEO나 PAAm고분자가 알려져 있으며, 이들을 이용하면 관마찰 저항의 감소가 2 - 5단계(즉 $10^{-2} \sim 10^{-5}$)가능하지만, 파이프 라인을 통한 수송이나 해양(marine) 업무에 응용시 고분자의 빠른 기계적 사슬 붕괴를 조심해야한다.

그러나 현재까지도 DR 현상의 정확한 기구(mechanism)는 파악되지 않고 있다. 다만 고분자 유체가 타나내는 탄성거동과 관련되어 있을 것이라 추측은 하고 있지만, 문제는 농도가 10-100ppm 정도의 낮은 영역에서는 탄성이 거의 무시될 정도라는 점이다. 그래서 아마도 보다 정확한 설명으로서는 분자량이 매우 큰 고분자는 유체속에서 큰 수력학적 부피(hydrodynamic volume)를 가지므로 난류속에서 발생하는 소용돌이(eddy) 형성에 필요한 공간자리(space site)를 현격히 억제함으로써 난류의 강도를 감소시킬 것이다. 또 다른 설명으로서는 일반적으로 거친 관 벽(tube wall)에 거대한 고분자들이 부착되어 표면을 보다 부드럽게 하여 유체의 분출(pumping)에 필요한 에너지를 감소시키게 될 것이다.

3. 2. 5 구멍 압력 오차

이 실험은 압력변화기(pressure transducer)를 이용한 압력측정에 관련된 비뉴톤성과 점탄성 효과를 나타낸다. 그림 3.9에 나타낸 바와 같이 벽 압력(P_M) 측정은 통상 우물 통(well)의 밑바닥에서 이루어지는데, 뉴톤 유체(N)의 경우는 비교적 정확하게 측정되지만 고분자 용액과 같은 비뉴톤 유체(P)의 경우에 대해서는 그렇지 못하다. 레오미터(rheometer)에서와 같은 점탄성 유체의 흐름에 대한 벽 표면에서의 압력측정은 열역학 압력(thermodynamic pressure) P와 (normal stress)법선 σ_{yy}의 합을 나타낸다. 그림에서 볼 수 있듯이 우물 통의 밑바닥에서 측정된 압력은 유동 섹션(flow section)의 벽에 설치된 압력변환기로 측정된 값보다 낮다.

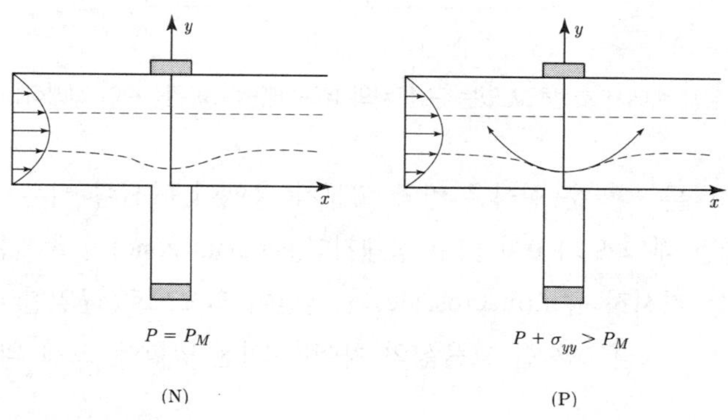

그림 3.9 구멍 압력 오차(hole pressure error). 고분자 용액(P)에서의 화살표는 유선(streamline)을 따른 여분의 장력(extra tension)이 낮은 압력 눈금을 일으키는 공동(cavity)으로부터 어떻게 유체를 바깥으로 끌어올리는가를 보여준다.

여러 가지 다른 기하에 대한 그림 3.9에 나타낸 구멍 압력 오차(hole pressure error)는 유체의 전단(shear) 및 법선(normal) 응력에 관여되어 있다. 예를 들면 원형 구멍(circular hole)의 경우 구멍 압력 오차는 전단응력, 제 1법선 응력차 $N_1(=\sigma_{11}-\sigma_{22})$ 그리고 제 2법선 응력차 $N_2(=\sigma_{22}-\sigma_{33})$에 관여되어 있다.

현재까지 알려진 바로는 N_2는 N_1보다 크기는 약 1/10 정도로 작으며, 부호는 반대이다. N_2의 크기가 작은 것은 아마도 측정상의 어려움이 가장 큰 원인일 것이다. 그리고 N_2는 관측되는 대부분의 점탄성 현상에는 거의 무관함이 알려져 있다. 그러나 N_2가 중요한 역할을 하는 예외적인 경우는 철선 코팅(ware coating)이다. 만약 철선이 흐름에 의해 야기된 요동(disturbance) 때문에 중심에서 벗어난다면, (음수 값을 가진) 제 2 법선 응력차에 의한 힘이 철선을 도로 중심 위치로 갖다 놓을 것이다.

3. 2. 6 혼합(mixing)

비뉴톤성 및 탄성효과는 혼합 공정(mixing operation)에 관련된 놀라운 유동 현상에도 영향을 준다. 그림 3.10은 점탄성 용액 속에서 회전하고 있는 구(sphere)의 근처에서의 유동 패턴(flow pattern)의 차이를 보여준다.

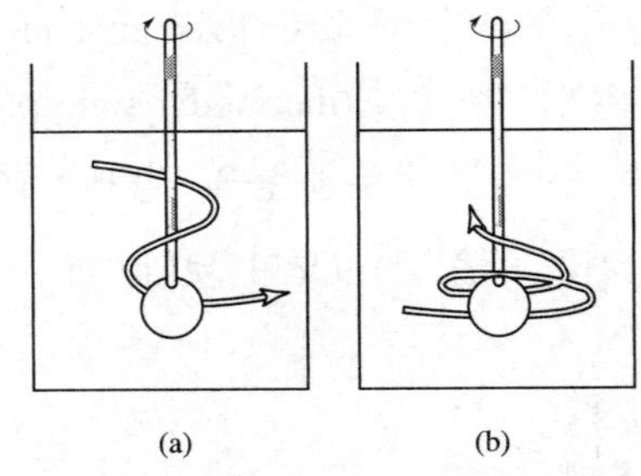

그림 3.10 점탄성 유체 속에서 회전하고 있는 구 근처의 유동 페턴 : (a) 관성력이 지배적 ; (b) 탄성력이 지배적.

혼합에 관련된 또 다른 놀라운 현상은 만약 고분자 용액이 나선형 리본 교반기(helical ribbon agitator)에 의해 혼합될 때 속도가 0이 되는 정체지역(stagnant zone)이 존재한다는 것이다(그림은 생략). 정체지역에서는 거시적 규모(macroscale)의 혼합이 없으므로 균일한 혼합이 이루어지기까지 긴 시간이 소요된다. 그리고 혼합 효율성의 차이는 회전 방향에 크게 의존함이 알려져 있다.

3.2.7 기포, 구 및 합체

액체-기체 접촉에서 생기는 질량 이동(mass transport)은 다양한 산업현상을 야기한다. 예를 들면 기포(bubble)의 모양은 유체의 종류에 따라 크게 영향을 받는데, 그림 3.11에서는 점탄성 PAAm 용액과 뉴톤성 글리세린 용액에서의 각각 다른 체적을 가진 기포의 모양을 나타낸다. 여기서 기포의 모양(특히 작을 경우)을 더 잘 묘사하기 위하여 서로 다른 배율을 사용하였다. 특히 같은 체적을 가진 기포 (c)와 (d)의 모양에 주목해야 하는데, (c)는 PAAm 점탄성 용액, 그리고 (d)는 글리세린 뉴톤성 용액에 대한 것이다. 그림에서 뉴톤성 기포는 점탄성 기포에 비하여 모양이 매우 불안정함을 알 수 있다. Chhabra 등이 수행한 연구에 의하면 점탄성 유체의 경우, 기포의 모양은 한정되어 있으며, 기포의 부피가 증가함에 따라 기포의 모양이 구상에서 눈물방울 모양의 뾰족 타원체(prelate), 그리고 뾰족한 끝을 가진(cusped) 편평 타원체(oblate)를 거쳐 마지막에는 구상 캡(spherical cap) 모양이 된다.

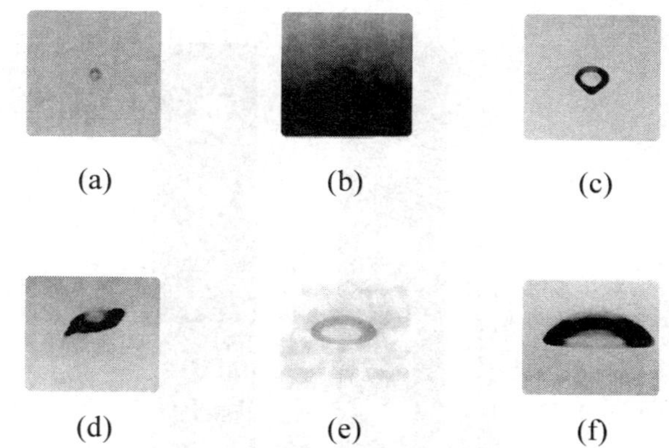

그림 3.11 PAAm 용액(50 wt%의 글리세린과 물 혼합물 속에 1 wt%의 농도) 속에 있는 기포(bubble)의 모양 : (a) 0.01 mL ; (b) 0.1 mL ; (c) 1.0 mL ; (e) 2.0 mL ; (f) 10 mL ; 그리고 40 wt%의 글리세린 수용액 속의 (d) 1.0 mL의 기포.

그림 3.12는 점탄성 유체 속의 기포들의 합체(coalescence) 현상을 나타낸다. (a)는 두 공기 기포(air bubble)의 동시 주입(simultaneous injection)을 보여준다. 반면에 (b)와 (c)는 큰 (주)기포의 후류(wake) 속으로 뒤따르는(trailing) 작은 기포가 포획(capture)되어 필름에 배수(draining)됨을 나타낸다. 그리고 마지막으로, 세 기포의 동시 주입을 보여주는 (d)는 기포의 포획에 따른 크게 변형된 모양을 나타낸다. 만약 기포들이 접촉 후 형성되는 필름이 배수되어 얇아지는데 걸리는 시간이 접촉 주기를 초과하면 기포의 합체는 이루어지지 않는다. 이것은 통상 같은 체적을 가진 기포의 경우에 해당된다.

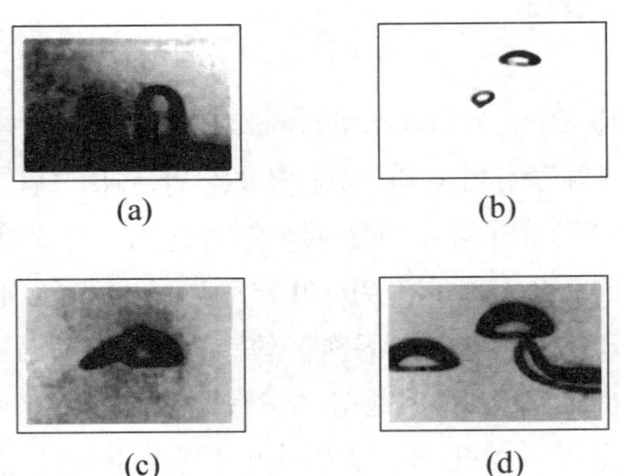

그림 3.12 기포 합체(bubble coalescence) : (a) 1 wt%의 PAAm 용액 속에서 거리 24 nm 떨어진 부피가 각각 $V_1 = 3.5$ mL 및 $V_2 = 9.3$ mL인 두 기포의 동시 주입; (b) 부피 4.7 mL 기포의 후류(wake) 속으로 거리 9 nm 떨어진 1.0 mL 기포가 들어감; (c) (b)에서의 두 기포가 접촉됨; (d) 1 wt% 카르복시 메틸 셀룰로오스(CMC) 수용액 속에 동시 주입된 부피가 각각 7.5 mL이고, 서로 30 nm 거리 떨어져 있는 세 기포의 변형과 포획(capture)을 나타낸다.

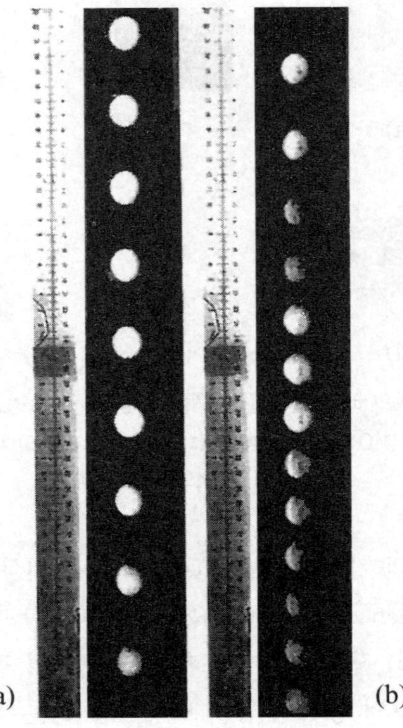

그림 3.13 반경 11.3 nm, 밀도 8×10^3 kg/m^{3}인 구의 (a) 점도가 3 Pa · s인 뉴톤성 유체 속과 (b) 점도가 3 Pa · s, 완화시간이 0.05 s인 탄성 Boger 유체 속에서의 낙하 운동.

그림 3. 13은 각각 (a) 뉴톤성 유체와 (b) 탄성 (Boger) 유체 속에서 낙하하는 구의 운동을 보여

준다. [비고 : Boger 유체는 점성이 매우 큰 용매 속에 높은 분자량을 가진 고분자의 매우 묽은 (~ 0.1 wt%) 용액으로서 점도는 거의 변하지 않으나 탄성을 나타낸다.]

그림에서 볼 수 있듯이, 뉴톤성 유체의 경우엔 탱크의 전 거리에 걸쳐서 일정 속도로 낙하하나, 탄성유체의 경우 탱크의 전 거리에 걸쳐서 낙하 속도가 점점 감소하는 감속(deceleration) 현상을 보여준다.

이상과 같이 3.2절에서는 (전단)점도가 전단속도에 따라 거의 변하지 않는 비탄성 뉴톤 유체와 점도가 전단속도에 따라 변하는 점탄성 유체가 나타내는 몇 가지 유동 특성의 차이점에 대하여 실제를 두어 설명하였다. 다음의 4 - 7장에서는 1, 2장에서 논의된 텐서 이론을 바탕으로 선형 및 비선형계에 대하여 레올로지 구성방정식의 이론적 소개를 목적으로 한다.

제 4 장

탄성 고체

■ 4.1 서 론

식 (3.1)로 나타낸 후크의 법칙은 전단(shear) 실험에 대한 (선형) 이상 탄성 고체(ideal elastic solid)의 구성방정식(constitutive equation)이다. 그림 4.1은 가교 고무(crosslinked rubber)의 인장(tension) 및 압축(compression) 시험 결과를 나타낸다.

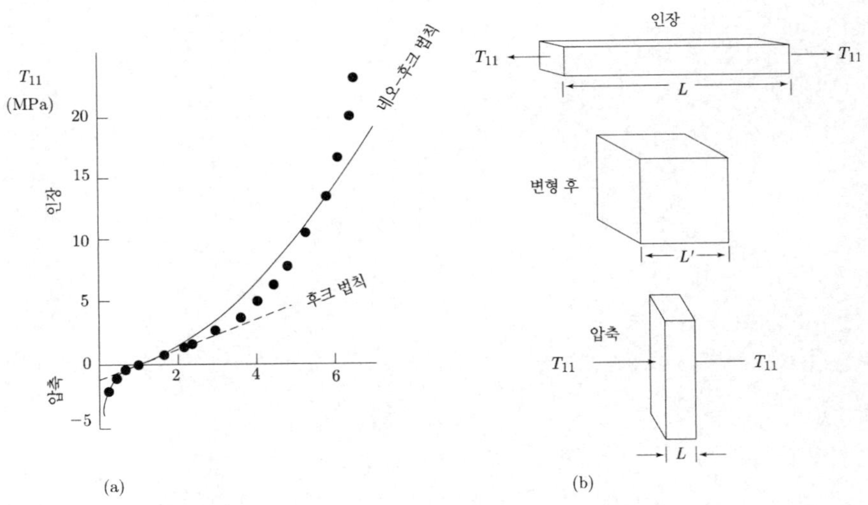

그림 4.1 (a) 가교 고무 시료에 대한 일축신장 실험에 있어서 인장응력($T_{11} > 0$) 및 압축응력($T_{11} < 0$)과 신장비(extension ratio, λ)와의 관계 (b) 변형의 도식적 그림. 실선은 식 (4.1)에서 $G=3.9\times 10^5$ Pa을 사용하여 계산된 것이다.

그림에서 볼 수 있듯이, 변형(deformation)이 매우 작은 경우에는 응력(stress)과 변형은 직선관계이나, 만약 변형이 매우 큰 경우에는 응력은 후크 법칙으로 예상한 것보다 커진다. 그래서 얻어진 데이터에 잘 맞게 제안된 식은 아래와 같다(단 여기서는 응력(텐서)를 나타내는 식 (3.1)에서의 σ 글자 대신 편의상 T를 사용하였다).

$$T_{11} = G(\lambda^2 - \frac{1}{\lambda}) \tag{4. 1}$$

여기서 T_{11}은 아래와 같이 인장힘(f)를 단면적(a)로 나눈 인장응력(tensile stress)이며, G는 '전단 탄성계수 혹은 전단 탄성률(shear modulus)'이다.

$$T_{11} = \frac{f}{a} \tag{4. 2}$$

그리고 λ는 변형 후의 길이(L)를 변형 전의 (기준)길이(L')로 나눈 신장비(extension ratio) 혹은 연신비(draw ratio)를 나타낸다. 즉

$$\alpha = \frac{L}{L'} \tag{4. 3}$$

그림 4.2는 그림 4.1에서의 동일한 고무 시료에 대한 다른 종류의 실험 결과를 나타낸다. 여기서 시료는 일정 간격 x_2로 유지된 두 평판(parallel plate) 사이에서 전단(shear)된다. 그림에서 볼 수 있듯이 전단응력(T_{21})은 관측된 범위 내에서 전단 변형률(γ)에 직선적으로 비례하며, 또한 법선응력(mormal stress) T_{11}와 T_{22}도 큰 변형에 걸쳐 고무 시료에 작용한다. 그런데 3.2절에서 설명했듯이 (비뉴톤성)점탄성 액체는 법선응력도 생성한다. (가교)고무에서는, 법선응력 차는 아래와 같이 나타내진다.

$$T_{11} - T_{22} = G\gamma^2 \tag{4. 4}$$

여기서 전단 변형률(shear strain) γ는 변형된 길이 s를 시료의 두께 x로 나눈 것이다. 즉

$$\gamma = \frac{s}{x_2} \tag{4. 5}$$

반면에 전단응력 T_{21}는 후크 법칙과 일치하여 γ에 직선적이다. 즉

$$T_{21} = G\gamma \tag{4. 6}$$

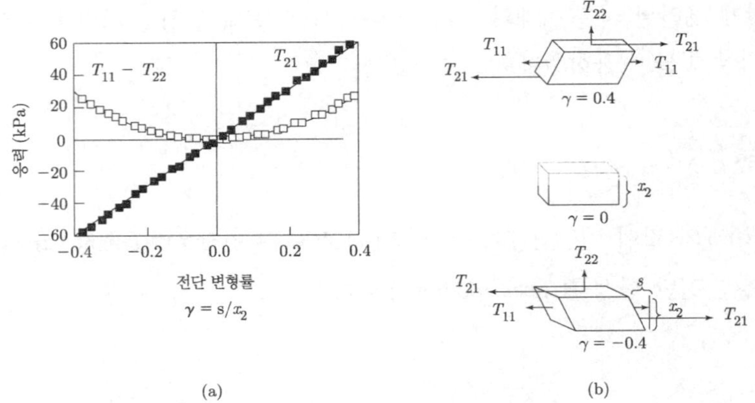

그림 4.2 (a) 그림 (b)에 도식적으로 나타낸 단순 전단 변형된 실리콘 고무 시료에 대하여 전단응력(T_{21}) 및 법선응력(T_{11}, T_{22})과 전단 변형률(γ)와의 관계. 그림에서 열린점 □는 시료를 일정두께 x_2로 유지하는데 필요한 법선응력 차 $T_{11} - T_{22}$를 타나내고, 닫힌점 ■는 전단응력 T_{21}를 나타낸다. 여기서 전단변형이 부호를 바꾸어도 법선응력 차는 항상 양(+)임에 유의하라.

동일한 고무 시료에 대하여 그림 4.1과 4.2에서의 외관성 매우 다른 실험 결과는 1차원 후크 법칙 (4.1)을 (1, 2장에 소개된 텐서대수를 사용하여) 3차원으로 적절히 나타내면 이해될 수 있다 (예제 4.5 참조).

■ 4. 2 응력텐서

본론에 들어가기 전, 한 가지 지적할 것이 있는데, 1, 2장에서 논의한 텐서 이론에 의하면 물리적 관계를 나타내는 텐서 표현식은 좌표계에 무관하고, 다만 성분만이 달라지는데 이들 사이에는 일정 텐서 변환법칙이 존재한다. 그래서 이하에서는 특별한 언급이 없는 한 논의를 간단히 하기 위하여 E^3 공간에서 가장 간단한 Cartesian 직교 좌표계(여기서는 반변, 공변의 구별이 없음)를 사용하여 모든 텐서 표현식을 나타내기로 한다(그러나 2.13절의 기법에 따라 일반 (직교)곡선좌표계에로의 변환이 언제든지 가능하다).

여기서 물질에 작용하는 전단(shear) 응력 및 법선(normal) 응력의 개념을 이용하기 위하여 그림 4.3에 도식적으로 나타내었다. 이제 물체 내의 점 P를 지나는 한 평면으로 자른다고 가정하자. 기하에 의하면 평면의 방향은 그것에 수직인 단위(법선)벡터(여기서는 $\hat{\boldsymbol{n}}$)로 나타낸다(반면에 미소곡면 $d\boldsymbol{S}$의 방향은 그림을 지나는 접평면에 수직인 (단위)법선벡터의 방향으로 나타냄 - 2.15.1.1절 참조). 만약 물체의 점 P에서 자른 면에 작용하는 힘을 $\boldsymbol{f}_n$(방향은 단위법선벡터 $\hat{\boldsymbol{n}}$과 다를 수 있음)이라 하고, 이를 점 P에서 (미소)표면적 $a_n (= \| \boldsymbol{a}_n \|)$으로 나누면 이 점에서 평면(표면)의 단

위면적에 작용하는 '응력벡터(stress vector)' $\boldsymbol{t}_n (= \boldsymbol{f}_n / a_n)$이 된다. 그림 4.3b는 법선(normal) 응력벡터 $\boldsymbol{t}_n$을 만드는 자름(cut)을 보여주고, 그림 4.3c는 전단(shear) 응력벡터 $\boldsymbol{t}_m$을 만드는 자름을 보여준다. 전체적으로 그림 4.3은 크기가 같고 방향이 반대인 두 힘(혹은 응력벡터)을 보여주는데, 이는 뉴톤의 작용-반작용 법칙에 따라 물체를 정지(평형) 상태로 유지하기 위해 필요한 것이다. 그리고 이하에서는 편의상 양(+)의 벡터만을 다루기로 한다.

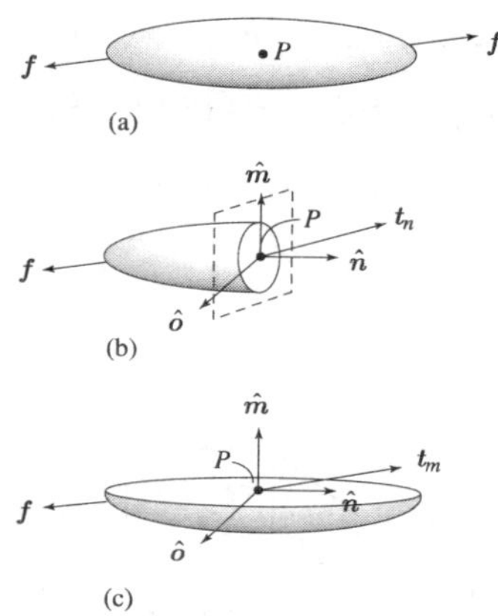

그림 4.3 (a) 물체에 작용하는 힘 $\boldsymbol{f}$. (b) 점 P를 지나 힘 $\boldsymbol{f}$에 수직인 방향으로 자름. 이 자른면에 수직인 (외향) 단위법선벡터를 $\hat{\boldsymbol{n}}$이라 하고, 이 면에 작용하는 (법선) 응력벡터는 $\boldsymbol{t}_n (= \boldsymbol{f}_n / a_n$, 여기서 a_n은 점 P에서 자른 (미소) 표면적의 크기)이다. (c) 힘 $\boldsymbol{f}$의 방향에 평행하게 자름. 전체적으로 그림 4.3에서는 물체를 평형으로 만드는 크기가 같고, 방향이 반대인 두 힘(또는 응력벡터)이 작용한다. 그리고 세 벡터 $\hat{\boldsymbol{o}}$, $\hat{\boldsymbol{n}}$, $\hat{\boldsymbol{m}}$은 크기가 1이고, 상호직교인 Cartesian 좌표계의 (오른손) 정규직교 트라이어드(orthonormal triad)를 형성한다.

그림 4.1과 4.2에서 보았듯이, 같은 물질이라도 전단변형과 인장변형에서 각각 달리 거동한다. 이에 그림 4.3의 응력벡터 $\boldsymbol{t}_n$을 (단위)법선벡터 $\hat{\boldsymbol{n}}$ 방향으로의 법선(normal) 성분과 $\hat{\boldsymbol{n}}$에 수직방향인 접선(tangent)(혹은 전단) 성분으로 분해하는 것이 도움이 될 것이다. 그러기 위해 그림 4.3에 나타낸 바와 같이 Cartesian 좌표계의 (오른손) 정규기저 트라이어드(orthonormal triad)(즉 $\boldsymbol{e}_i \cdot \boldsymbol{e}_j = \delta_{ij}$ 만족)를 형성하는 크기가 1이면서 상호수직인 세 단위벡터 $\boldsymbol{n}$, $\boldsymbol{m}$, $\boldsymbol{o}$를 사용하여 응력벡터 $\boldsymbol{t}_n$을 나타내면 아래가 된다.

$$\boldsymbol{t}_n = \hat{\boldsymbol{n}}\, T_{nn} + \hat{\boldsymbol{m}}\, T_{nm} + \hat{\boldsymbol{o}}\, T_{no} \tag{4.7}$$

여기서 아래가 성립된다(1.5.7절 참조).

$$T_{nn} = \hat{\boldsymbol{n}} \cdot \boldsymbol{t}_n, \quad T_{nm} = \hat{\boldsymbol{m}} \cdot \boldsymbol{t}_n, \quad T_{no} = \hat{\boldsymbol{o}} \cdot \boldsymbol{t}_n \tag{4.8}$$

여기서 응력(텐서) 성분 $T_{ij}\,(i, j = 1, 2, 3)$는 i면(즉 i축에 수직인 면)에 j방향으로 작용하는 응력을 말하며, 통상 각운동량(angular momentum) 보존원리에 의하여 대칭(즉 $T_{ij}=T_{ji}$ 성립)이다. 다음에는 물체의 한 점 P를 지나는 수많은 평면에 작용하는 전단응력과 법선응력은 서로 상관되어 있으므로 아래에 점 P에서의 응력상태(state of stress)를 특징짓는 소위 '응력텐서(stress tensor)'에 대해 기술하기로 한다.

여기에서 3차원 Cartesian 좌표계에서의 응력텐서를 가시화하기 위하여 그림 4.4a에 나타낸 바와 같이 물체의 한 점 P 근처의 상호수직인 세 (평)면을 생각해보자. 세 면은 각각 그것에 수직인 Cartesian 단위법선벡터 $\hat{\boldsymbol{x}}\,(=\boldsymbol{i}=\boldsymbol{e}_1)$, $\hat{\boldsymbol{y}}\,(=\boldsymbol{j}=\boldsymbol{e}_2)$, $\hat{\boldsymbol{z}}\,(=\boldsymbol{k}=\boldsymbol{e}_3)$와 대응한다. 그림 4.4b에는 응력텐서 T_{ij}의 3 수직면에 대한 9개의 성분을 나타내었다. 가령 T_{xz}는 x축에 수직인 x면에 z방향으로 작용하는 전단(shear) 응력을 나타내고, T_{yy}는 y축에 수직인 y면에 y방향으로 작용하는 법선(normal) 응력을 가리킨다.

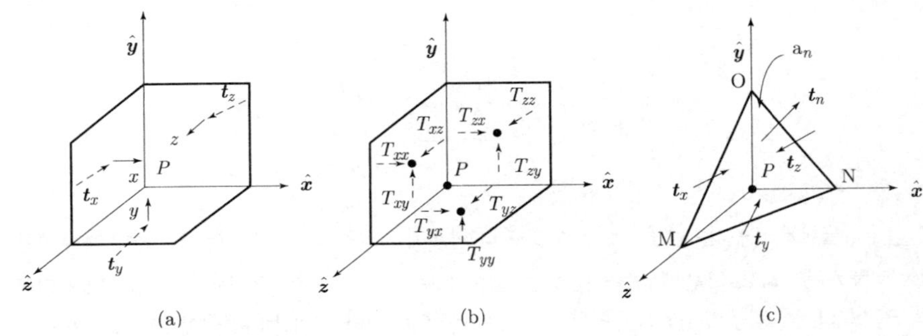

그림 4.4 (a) 점 P에서 교차하는 세 상호 수직인 $(\hat{x}, \hat{y}, \hat{z})$ 평면과 그에 관련된 세 응력벡터 $(\boldsymbol{t}_x, \boldsymbol{t}_y, \boldsymbol{t}_z)$. (b) 이들 평면 각각에 작용하는 응력 성분 $T_{ij}(i, j=1,2,3$ 혹은 $x, y, z)$. (c) 단위벡터 $\hat{\boldsymbol{n}}$에 수직인 (비스듬한)평면과 세 $\hat{x}$, $\hat{y}$, $\hat{z}$ 면과의 교선이 만드는 4면체(tetrahedron). 여기서 $\boldsymbol{t}_n$은 $\hat{\boldsymbol{n}}$에 수직인 표면적 a_n의 평면에 작용하는 응력벡터로서(즉 대응하는 힘 $\boldsymbol{f}_n=a_n\boldsymbol{t}_n$, 그림 4.3 참조), 그림 4.4b에 나타낸 세 수직면에 대한 성분 T_{ij}로부터 결정될 수 있다.

이제 그림 4.4a에서 주어진 세 $\hat{x}$, $\hat{y}$, $\hat{z}$ 수직면을 비스듬한 $\hat{\boldsymbol{n}}$면으로 자른다면, 그림 4.4c에서처럼 점 P 주위의 작은 사면체(tetrahedron)를 형성하게 된다. 이때 $\hat{\boldsymbol{n}}$면(즉 $\hat{\boldsymbol{n}}$축에 수직인 면)에 작용하는 응력벡터 $\boldsymbol{t}_n$(혹은 힘 벡터 $\boldsymbol{f}_n$)는 점 P 주위의 평형상태에 있는 미소 사면체에 대한 힘 밸런스(force balance) 법칙에 의해 세 수직면의 응력벡터 $\boldsymbol{t}_x$, $\boldsymbol{t}_y$, $\boldsymbol{t}_z$의 성분으로부터 구할 수 있다. 즉 $\hat{\boldsymbol{n}}$면에 작용하는 힘 $\boldsymbol{f}_n$과 다른 세 수직면에 작용하는 힘들 사이에는 아래의 (평형)밸런스 관계가 성립된다.

$$\boldsymbol{f}_n=\boldsymbol{f}_x+\boldsymbol{f}_y+\boldsymbol{f}_z \tag{4.9}$$

여기서 힘은 응력×면적이므로 아래 관계가 성립된다.

$$\boldsymbol{f}_n (= a_n \boldsymbol{t}_n) = a_x \boldsymbol{t}_x + a_y \boldsymbol{t}_y + a_z \boldsymbol{t}_z \tag{4. 10}$$

그런데 그림 4.4c의 기하에서 (미소)면적에 대해 아래의 관계가 성립된다.

$$a_x = a_n (\hat{\boldsymbol{n}} \cdot \hat{\boldsymbol{x}}), \qquad a_y = a_n (\hat{\boldsymbol{n}} \cdot \hat{\boldsymbol{y}}), \qquad a_z = a_n (\hat{\boldsymbol{n}} \cdot \hat{\boldsymbol{z}}) \tag{4. 11}$$

이를 식 (4.10)에 대입하면 아래가 된다.

$$a_n \boldsymbol{t}_n = a_n \hat{\boldsymbol{n}} \cdot [\hat{\boldsymbol{x}} \boldsymbol{t}_x + \hat{\boldsymbol{y}} \boldsymbol{t}_y + \hat{\boldsymbol{z}} \boldsymbol{t}_z] \tag{4. 12 a}$$

혹은

$$\boldsymbol{t}_n = \hat{\boldsymbol{n}} \cdot [\hat{\boldsymbol{x}} \boldsymbol{t}_x + \hat{\boldsymbol{y}} \boldsymbol{t}_y + \hat{\boldsymbol{z}} \boldsymbol{t}_z] \tag{4. 12 b}$$

여기서 3차원 Cartesian 좌표계에서 임의의 벡터 $\boldsymbol{a} = (\sum_{i=1}^{3}) a_i \boldsymbol{e}_i$(단 $a_i = \boldsymbol{e}_i \cdot \boldsymbol{a}$, 1.5.7절 참조)인 것을 이용하여 식 (4.12b)의 우변의 내적을 취하면 아래가 된다.

$$\boldsymbol{t}_n = n_x \boldsymbol{t}_x + n_y \boldsymbol{t}_y + n_z \boldsymbol{t}_z \tag{4. 13}$$

위 식에서 아래의 관계를 이용하였다.

$$\hat{\boldsymbol{n}} = n_x \hat{\boldsymbol{x}} + n_y \hat{\boldsymbol{y}} + n_z \hat{\boldsymbol{z}}\,; \qquad n_x = \hat{\boldsymbol{n}} \cdot \hat{\boldsymbol{x}},\ \ n_y = \hat{\boldsymbol{n}} \cdot \hat{\boldsymbol{y}},\ \ n_z = \hat{\boldsymbol{n}} \cdot \hat{\boldsymbol{z}} \tag{4. 14}$$

마찬가지로 아래관계도 이용한다.

$$\begin{aligned}
\boldsymbol{t}_x &= T_{xx} \hat{\boldsymbol{x}} + T_{xy} \hat{\boldsymbol{y}} + T_{xz} \hat{\boldsymbol{z}}\,; \qquad T_{xx} = \boldsymbol{t}_x \cdot \hat{\boldsymbol{x}},\ \ T_{xy} = \boldsymbol{t}_x \cdot \hat{\boldsymbol{y}},\ \ T_{xz} = \boldsymbol{t}_x \cdot \hat{\boldsymbol{z}} \\
\boldsymbol{t}_y &= T_{yx} \hat{\boldsymbol{x}} + T_{yy} \hat{\boldsymbol{y}} + T_{yz} \hat{\boldsymbol{z}}\,; \qquad T_{yx} = \boldsymbol{t}_y \cdot \hat{\boldsymbol{x}},\ \ T_{yy} = \boldsymbol{t}_y \cdot \hat{\boldsymbol{y}},\ \ T_{yz} = \boldsymbol{t}_y \cdot \hat{\boldsymbol{z}} \\
\boldsymbol{t}_z &= T_{zx} \hat{\boldsymbol{x}} + T_{zy} \hat{\boldsymbol{y}} + T_{zz} \hat{\boldsymbol{z}}\,; \qquad T_{zx} = \boldsymbol{t}_z \cdot \hat{\boldsymbol{x}},\ \ T_{zy} = \boldsymbol{t}_z \cdot \hat{\boldsymbol{y}},\ \ T_{zz} = \boldsymbol{t}_z \cdot \hat{\boldsymbol{z}}
\end{aligned} \tag{4. 15}$$

여기서 식 (4.15)를 식 (4.12b)에 대입하면 아래가 성립된다.

$$\begin{aligned}
\boldsymbol{t}_n = \hat{\boldsymbol{n}} \cdot [&\hat{\boldsymbol{x}}\hat{\boldsymbol{x}} T_{xx} + \hat{\boldsymbol{x}}\hat{\boldsymbol{y}} T_{xy} + \hat{\boldsymbol{x}}\hat{\boldsymbol{z}} T_{xz} + \hat{\boldsymbol{y}}\hat{\boldsymbol{x}} T_{yx} + \hat{\boldsymbol{y}}\hat{\boldsymbol{y}} T_{yy} + \hat{\boldsymbol{y}}\hat{\boldsymbol{z}} T_{yz} \\
&+ \hat{\boldsymbol{z}}\hat{\boldsymbol{x}} T_{zx} + \hat{\boldsymbol{z}}\hat{\boldsymbol{y}} T_{zy} + \hat{\boldsymbol{z}}\hat{\boldsymbol{z}} T_{zz}]
\end{aligned} \tag{4. 16}$$

그런데 2차 텐서 $\mathbf{T}$는 Cartesian 좌표계의 경우 $\mathbf{T} = T_{ij} \boldsymbol{e}_i \boldsymbol{e}_j$(여기서 $T_{ij} = \boldsymbol{e}_1 \cdot \mathbf{T} \cdot \boldsymbol{e}_j$, 1.5.7절 참

조)인 것을 이용하면 식 (4.16)은 아래와 같이 쓸 수 있다.

$$\boldsymbol{t}_n = \boldsymbol{n} \cdot \mathbf{T} = \mathbf{T}^{\mathrm{T}} \cdot \boldsymbol{n} \tag{4. 17}$$

이를 Cartesian 좌표계의 i번째 성분으로 나타내면(단 $\boldsymbol{a} = a_i \cdot \boldsymbol{e}_i$에서 $a_i = \boldsymbol{a} \cdot \boldsymbol{e}_i$ 이용) 아래가 된다.

$$(\boldsymbol{t}_n)_i [= \boldsymbol{t}_n \cdot \boldsymbol{e}_i] = \boldsymbol{n} \cdot \mathbf{T} \cdot \boldsymbol{e}_i = (n_j \boldsymbol{e}_j) \cdot (T_{mn} \boldsymbol{e}_m \boldsymbol{e}_n) \cdot \boldsymbol{e}_i = T_{mi} n_m \tag{4. 18}$$

여기서 가령 $(\boldsymbol{t}_n)_1 [= (\boldsymbol{t}_n)_x] = T_{m1} n_1 = T_{xx} n_x + T_{yx} n_y + T_{zx} n_z$가 된다.
이 관계는 식 (4.16)의 우변에서 식 (4.14)의 경우를 이용하여 내적을 취하면 아래가 성립됨으로써 확인된다.

$$\begin{aligned} \boldsymbol{t}_n &= \hat{\boldsymbol{x}} (n_x T_{xx} + n_y T_{yx} + n_z T_{zx}) + \hat{\boldsymbol{y}} (n_x T_{xy} + n_y T_{yy} + n_z T_{zy}) \\ &\quad + \hat{\boldsymbol{z}} (n_x T_{xz} + n_y T_{yz} + n_z T_{zz}) \end{aligned} \tag{4. 19}$$

한편 식 (4.16)의 우변의 괄호안의 항은 응력 2차 텐서 $\mathbf{T} = T_{ij} \boldsymbol{e}_i \boldsymbol{e}_j$를 나타내는데, 여기서 식 (4.15)의 정의를 이용하면 $\mathbf{T}$에 관한 아래의 식을 얻을 수 있다.

$$\mathbf{T} = \hat{\boldsymbol{x}} \boldsymbol{t}_x + \hat{\boldsymbol{y}} \boldsymbol{t}_y + \hat{\boldsymbol{z}} \boldsymbol{t}_z \tag{4. 20 a}$$

$$\begin{aligned} &= \hat{\boldsymbol{x}} \hat{\boldsymbol{x}} T_{xx} + \hat{\boldsymbol{x}} \hat{\boldsymbol{y}} T_{xy} + \hat{\boldsymbol{x}} \hat{\boldsymbol{z}} T_{xz} + \hat{\boldsymbol{y}} \hat{\boldsymbol{x}} T_{yx} + \hat{\boldsymbol{y}} \hat{\boldsymbol{y}} T_{yy} + \hat{\boldsymbol{y}} \hat{\boldsymbol{z}} T_{yz} \\ &\quad + \hat{\boldsymbol{z}} \hat{\boldsymbol{x}} T_{zx} + \hat{\boldsymbol{z}} \hat{\boldsymbol{y}} T_{zy} + \hat{\boldsymbol{z}} \hat{\boldsymbol{z}} T_{zz} \end{aligned} \tag{4. 20 b}$$

혹은 $\mathbf{T}$를 주어진 (Cartesian)좌표계에 대한 행렬로 나타내면 아래가 된다.

$$\mathbf{T} = (T_{ij}) = \begin{pmatrix} T_{xx} & T_{xy} & T_{xz} \\ T_{yx} & T_{yy} & T_{yz} \\ T_{zx} & T_{zy} & T_{zz} \end{pmatrix}_{\hat{x}\hat{y}\hat{z}} \tag{4. 21}$$

이로부터 식 (4.18) 혹은 (4.19)의 관계가 행렬의 연산법에 의해 아래와 같이 다시 확인된다(단 $\boldsymbol{t}_n$은 열벡터로 보내짐).

$$\boldsymbol{t}_n = \hat{\boldsymbol{n}} \cdot \mathbf{T} = (n_x \; n_y \; n_z) \begin{pmatrix} T_{xx} & T_{xy} & T_{xz} \\ T_{yx} & T_{yy} & T_{yz} \\ T_{zx} & T_{zy} & T_{zz} \end{pmatrix} = \begin{pmatrix} n_x T_{xx} + n_y T_{yx} + n_z T_{zx} \\ n_x T_{xy} + n_y T_{yy} + n_z T_{zy} \\ n_x T_{xz} + n_y T_{yz} + n_z T_{zz} \end{pmatrix} \tag{4. 22}$$

(단 위식에서 $\boldsymbol{n} \cdot \mathrm{T} = \boldsymbol{n}^{\mathrm{T}}\mathrm{T} = \mathrm{T}^{\mathrm{T}}\boldsymbol{n}$가 성립된다.)
마찬가지로 식 (4.11)의 첫 번째 관계도 아래와 같이 행렬법으로 다시 확인된다.

$$a_x = a_n \hat{\boldsymbol{n}} \cdot \hat{\boldsymbol{x}} = a_n (n_x \; n_y \; n_z) \begin{pmatrix} 1 \\ 0 \\ 0 \end{pmatrix} = a_n n_x \tag{4. 23}$$

(역시 위 식에서 $\boldsymbol{n} \cdot \boldsymbol{x} = \boldsymbol{n}^{\mathrm{T}}\boldsymbol{x} = \boldsymbol{x}^{\mathrm{T}}\boldsymbol{n}$이 성립된다.)

예제 4.1

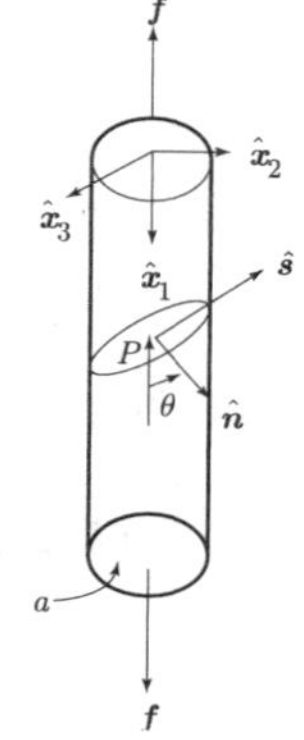

왼쪽 그림에 나타낸 단면적 a를 가진 원통에 대하여 다음 물음에 답하라.

(a) 점 P에서 응력상태(즉 응력텐서 $\mathbf{T}$)를 기술하라.

(b) 그림에서와 같이 점 P에서 원통면을 자를 때 이 (비스듬)면에 작용하는 전단 응력과 법선응력의 크기는 얼마인가? 이때 자르는 면에 수직인 단위 법선벡터 $\hat{\boldsymbol{n}}$는 $\hat{\boldsymbol{x}}_1\hat{\boldsymbol{x}}_2$면상에 있으면 $\hat{\boldsymbol{x}}_1$과 각도 θ를 이룬다. 즉 $\hat{\boldsymbol{n}} = \cos\theta\,\hat{\boldsymbol{x}}_1 + \sin\theta\,\hat{\boldsymbol{x}}_2$가 된다. 그리고 단위 접선벡터 $\hat{\boldsymbol{s}}$는 $\hat{\boldsymbol{x}}_1\hat{\boldsymbol{x}}_2$면과 자르는 면과의 교선에 있다. 즉 $\hat{\boldsymbol{s}} = -\sin\theta\,\hat{\boldsymbol{x}}_1 + \cos\,\hat{\boldsymbol{x}}_2$가 된다.

풀이

(a) Cartesian 좌표계의 세 기저벡터 $\hat{\boldsymbol{x}} = \hat{\boldsymbol{x}}_1$, $\hat{\boldsymbol{y}} = \hat{\boldsymbol{x}}_2$, $\hat{\boldsymbol{z}} = \hat{\boldsymbol{x}}_3$를 사용하여 식 (4.20a)로부터 점 P에서의 응력상태를 나타내는 (대칭)응력텐서 $\mathbf{T}$는 아래와 같이 쓸 수 있다.

$$\mathbf{T} = \hat{\boldsymbol{x}}_1\boldsymbol{t}_1 + \hat{\boldsymbol{x}}_2\boldsymbol{t}_2 + \hat{\boldsymbol{x}}_3\boldsymbol{t}_3 \tag{4. 24}$$

여기서 $\boldsymbol{t}_1 = \boldsymbol{f}_1/a = \hat{\boldsymbol{x}}_1(f/a)$ 그리고 $\boldsymbol{t}_2 = \boldsymbol{t}_3 = \mathbf{0}$이므로 아래가 된다.

$$\mathbf{T} = \left(\frac{f}{a}\right)\hat{\boldsymbol{x}}_1\hat{\boldsymbol{x}}_1 \tag{4. 25a}$$

혹은 행렬표시로

$$\mathrm{T} = (T_{ij}) = \begin{pmatrix} f/a & 0 & 0 \\ 0 & 0 & 0 \\ 0 & 0 & 0 \end{pmatrix}_{\hat{\boldsymbol{x}}_1\hat{\boldsymbol{x}}_2\hat{\boldsymbol{x}}_3} \tag{4. 25b}$$

이 예제처럼 실제 레올로지 응용에 있어서 아무리 복잡한 물질이라도 0이 되지 않는 T의 성분이 최소화되도록 응력장을 설계할 필요가 있다.

(b) 식 (4.17)에 의해 $\hat{\boldsymbol{n}}$에 수직인 자르는 (비스듬)면에 작용하는 응력벡터 $\boldsymbol{t}_n = \hat{\boldsymbol{n}} \cdot \mathbf{T}$에서 $\hat{\boldsymbol{n}} = \cos\theta\,\hat{\boldsymbol{x}}_1 + \sin\theta\,\hat{\boldsymbol{x}}_2$를 대입하면 행렬연산에 의해 아래와 같은 결과를 준다(단 $\boldsymbol{a} \cdot \boldsymbol{b} = \boldsymbol{a}^{\mathrm{T}}\boldsymbol{b}$ 및 $\boldsymbol{a} \cdot \mathbf{T} = \boldsymbol{a}^{\mathrm{T}}\mathrm{T}$ 이용)

$$\boldsymbol{t}_n = \hat{\boldsymbol{n}} \cdot \mathbf{T} = (\cos\theta,\ \sin\theta,\ 0)\begin{pmatrix} f/a & 0 & 0 \\ 0 & 0 & 0 \\ 0 & 0 & 0 \end{pmatrix} = \begin{pmatrix} f/a\cos\theta \\ 0 \\ 0 \end{pmatrix} = \left(\frac{f}{a}\right)\cos\theta\,\hat{\boldsymbol{x}}_1 \tag{4. 26}$$

$\hat{\boldsymbol{n}}$면이 작용하는 법선응력 즉 $\boldsymbol{t}_n$의 $\hat{\boldsymbol{n}}$성분 T_{nn}은 단순히 $\boldsymbol{t}_n$의 $\hat{\boldsymbol{n}}$방향에 투영이므로 아래가 같이 얻어진다

$$T_{nn} = \boldsymbol{t}_n \cdot \hat{\boldsymbol{n}} = \left(\left(\frac{f}{a}\right)\cos\theta,\ 0, 0\right)\begin{pmatrix} \cos\theta \\ \sin\theta \\ 0 \end{pmatrix} = \left(\frac{f}{a}\right)\cos^2\theta \tag{4. 27}$$

다음에는 $\hat{\boldsymbol{n}}$면에 작용하는 전단응력 즉 $\boldsymbol{t}_n$의 $\hat{\boldsymbol{s}}$성분 T_{ns}는 벡터의 가감법칙에서 아래로 얻어진다.

$$\boldsymbol{t}_n - T_{nn}\hat{\boldsymbol{n}} = T_{ns}\hat{\boldsymbol{s}} \tag{4. 28}$$

여기서 $\hat{\boldsymbol{s}}$는 $\hat{\boldsymbol{n}}$면에 접하는 $\hat{\boldsymbol{x}}_1\hat{\boldsymbol{x}}_2$면상에 있는 단위 접선벡터이다. 위 식의 좌변에 식 (4.26)과 (4.27)을 대입하면 아래가 된다.

$$\left(\frac{f}{a}\cos\theta,\ 0, 0\right) - \left(\frac{f}{a}\cos^3\theta,\ \frac{f}{a}\cos^2\theta, \sin\theta\ 0\right) = \left(\frac{f}{a}\cos\theta\sin^2\theta,\ -\frac{f}{a}\cos^2\theta\sin\theta, 0\right) \tag{4. 29}$$

그런데 $\hat{\boldsymbol{s}} = \sin\theta\,\hat{\boldsymbol{x}}_1 - \cos\theta\,\hat{\boldsymbol{x}}_2$이므로 아래가 얻어진다.

$$T_{ns} = \left(\frac{f}{a}\right)\cos\theta\sin\theta \tag{4. 30}$$

식 (4.30)으로 주어진 전단응력 T_{ns}는 재료의 파괴(failure)에 큰 영향을 미친다. 가령 낮은 항복응력(yield stress)을 갖는 재료의 어떤 결정면에 있어서 비록 인장(법선)응력 T_{nn}는 아닐지라도 T_{ns}가 항복응력을 초과하면 재료의 항복(또는 파괴)이 발생할지도 모른다.

예제 4.2

물체내의 점 P에서 상호수직인 세 시험면(그림 4.4a 참조)상에서 응력(즉 단위면적당 힘)측정을 행하여 아래의 결과를 얻었다.

시험면에 수직인 벡터의 방향	$\boldsymbol{t}_i$ 측정된 힘/면적(Pa=kN/m^2)
$\hat{\boldsymbol{x}}_1$	$\hat{\boldsymbol{x}}_1$
$\hat{\boldsymbol{x}}_2$	$3\hat{\boldsymbol{x}}_2 - \hat{\boldsymbol{x}}_3$
$\hat{\boldsymbol{x}}_3$	$-\hat{\boldsymbol{x}}_2 + 3\hat{\boldsymbol{x}}_3$

이때 다음 물음에 답하라.

(a) 점 P에서 응력상태(즉 응력텐서 $\mathbf{T}$)는?

(b) 단위 법선벡터 $\hat{\boldsymbol{n}}$가 아래와 같이 주어질 경우 $\hat{\boldsymbol{n}}$면에 작용하는 응력벡터 $\boldsymbol{t}_n$의 크기를 구하라.

$$\hat{\boldsymbol{n}} = \frac{1}{\sqrt{2}}\left(\hat{\boldsymbol{x}}_1 + \hat{\boldsymbol{x}}_2\right)$$

(c) 이 $\hat{\boldsymbol{n}}$면에 작용하는 법선응력의 크기(T_{nn})를 구하라.

풀이

(a) 점 P에서의 응력상태는 아래와 같이 응력텐서 $\mathbf{T}$(식 (4.24))로 나타내어진다.

$$\mathbf{T} = \hat{\boldsymbol{x}}_1\boldsymbol{t}_1 + \hat{\boldsymbol{x}}_2\boldsymbol{t}_2 + \hat{\boldsymbol{x}}_3\boldsymbol{t}_3$$

여기서 측정된 세 응력벡터 $\boldsymbol{t}_i$는 문제의 표에서 아래가 된다.

$$\boldsymbol{t}_1 = \hat{\boldsymbol{x}}_1,\ \ \boldsymbol{t}_2 = 3\hat{\boldsymbol{x}}_2 - \hat{\boldsymbol{x}}_3,\ \ \boldsymbol{t}_3 = -\hat{\boldsymbol{x}}_1 + 3\hat{\boldsymbol{x}}_3$$

이를 위 식에 대입하면 아래가 얻어진다.

$$\mathbf{T} = \hat{\boldsymbol{x}}_1\hat{\boldsymbol{x}}_1 + 0 + 0 + 0 + 3\hat{\boldsymbol{x}}_2\hat{\boldsymbol{x}}_2 - \hat{\boldsymbol{x}}_2\hat{\boldsymbol{x}}_3 + 0 - \hat{\boldsymbol{x}}_3\hat{\boldsymbol{x}}_2 + 3\hat{\boldsymbol{x}}_3\hat{\boldsymbol{x}}_3$$

또는 대응하는 행렬표시로 아래가 된다.

$$\mathrm{T} = (T_{ij}) = \begin{pmatrix} 1 & 0 & 0 \\ 0 & 3 & -1 \\ 0 & -1 & 3 \end{pmatrix}_{\hat{\boldsymbol{x}}_1\hat{\boldsymbol{x}}_2\hat{\boldsymbol{x}}_3}$$

(b) 식 (4.17)에서 $\hat{\boldsymbol{n}}$면에 작용하는 응력벡터 $\boldsymbol{t}_n$는 아래가 된다.

$$t_n = \hat{n} \cdot \mathbf{T}$$

위 식의 $\hat{n}$ 및 $\mathbf{T}$에 위에서 얻어진 해당하는 Cartesian 성분을 대입하고, 식 (4.22)와 같은 행렬연산을 행하면 아래를 얻는다.

$$\hat{n} \cdot \mathbf{T} = \frac{1}{\sqrt{2}}(1\ 1\ 0)\begin{pmatrix} 1 & 0 & 0 \\ 0 & 3 & -1 \\ 0 & -1 & 3 \end{pmatrix} = \frac{1}{\sqrt{2}}\begin{pmatrix} 1 \\ 3 \\ -1 \end{pmatrix}_{\hat{x}_1\hat{x}_2\hat{x}_3}$$

따라서 응력벡터 t_n을 Cartesian 기저벡터를 사용하여 나타내면 아래가 된다.

$$t_n = \frac{1}{\sqrt{2}}(\hat{x}_1 + 3\hat{x}_2 - \hat{x}_3)$$

따라서 응력벡터의 크기는 아래와 같이 얻어진다.

$$\| t_n \| = (t_n \cdot t_n)^{1/2} = \left[\frac{1}{2}(1,\ 3, -1)\begin{pmatrix} 1 \\ 3 \\ -1 \end{pmatrix}\right]^{1/2} = \sqrt{\frac{11}{2}}\,\mathrm{Pa}$$

(c) $\hat{n}$면에 작용하는 법선응력 T_{nn}는 t_n의 $\hat{n}$성분이므로 내적에 의해 간단히 얻어진다.

$$T_{nn} = \hat{n} \cdot t_n = \frac{1}{\sqrt{2}}(1,\ 1,\ 0)\ \frac{1}{\sqrt{2}}\begin{pmatrix} 1 \\ 3 \\ -1 \end{pmatrix} = 2\mathrm{Pa}$$

4. 2. 1 응력텐서 T의 대칭성

위의 두 예제에서는 응력텐서(혹은 행렬) $\mathbf{T}$를 대칭으로 가정하였다. 실제 $\mathbf{T}$의 대칭성은 그림 4.5에 묘사된 작은 4면체 위에 작용하는 전단응력을 고려함으로써 보여질 수 있다. 그림에서 응력성분 T_{23}는 x_1축 주위로 (회전)모멘트(moment)를 일으킨다. 그런데 역학에 의하면 모멘트 ($\boldsymbol{M} = \boldsymbol{r} \times \boldsymbol{f}$, 여기서 $\boldsymbol{r}$ 및 $\boldsymbol{f}$는 각각 회전중심에서의 거리 및 힘 벡터 임)는 각운동량($\boldsymbol{L}$)의 시간 미분인데, 평형상태에서 '각운동량의 보존'원리에 의해 모멘트 합이 0 즉 모멘트 밸런스가 이루어져야하므로 $T_{23} = T_{32}$가 된다. 마찬가지 논리로 $T_{12} = T_{21}$, $T_{13} = T_{31}$이 되어야 하므로 응력텐서 $\mathbf{T}$의 대칭성이 성립되어 아래가 만족된다(1.13절 참조).

$$\mathbf{T}^{\mathrm{T}} = \mathbf{T},\ \ T_{ij} = T_{ji} \tag{4.31}$$

또한 응력텐서 $\boldsymbol{t}_n$의 정의 식(4.17)은 $\mathbf{T}$의 대칭성 때문에 아래와 같이 나타낼 수도 있다.

$$\boldsymbol{t}_n = \boldsymbol{n} \cdot \mathrm{T} = \mathrm{T}^{\mathrm{T}} \cdot \boldsymbol{n} = \mathrm{T} \cdot \boldsymbol{n} \tag{4.32}$$

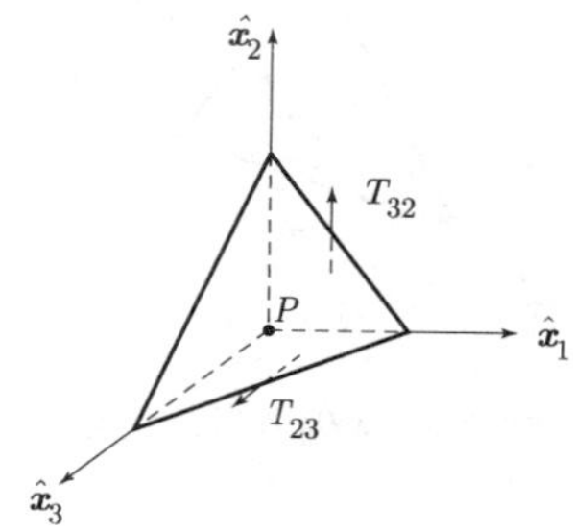

그림 4.5 $\hat{\boldsymbol{x}}_1$축 주위로 각운동량이 보존되기 위하여 사면체에 작용하는 전단응력성분 $T_{23} = T_{32}$가 성립(즉 $\mathbf{T} = \mathbf{T}^{\mathrm{T}}$)됨.

비대칭 응력텐서의 가능성이 Dahler 등에 의해 제기되었지만, 지금까지 고분자 용액과 같은 비결정성(amorphous) 액체의 경우에 대하여 실험적으로 관측된 예는 없다.

4.2.2 응력텐서에 대한 정수압의 영향

가장 간단한 응력텐서는 아래와 같이 행렬표현되는 균일한 압력(uniform pressure)의 경우일 것이다. 원래 '유체(fluid)'란 흐르지 않고서는 전단응력(shear stress)을 지탱할 수 없는 물질로 정의된다. 따라서 정지하고 있는 유체의 경우 오직 균일한 법선응력(uniform normal stress) $T_{11} = T_{22} = T_{33}$만을 지탱한다(그림 4.6 참조). 이 법선응력을 '유체역학적 압력' 혹은 '정수압(hydrostatic pressure)' $p(>0)$이라 칭한다. 즉 (전단응력이 없는 정지하고 있는)유체에 대한 응력텐서는 행렬표시로 아래가 된다.

$$\mathrm{T} = T_{ij} = \begin{pmatrix} -p & 0 & 0 \\ 0 & -p & 0 \\ 0 & 0 & -p \end{pmatrix} = -p \begin{pmatrix} 1 & 0 & 0 \\ 0 & 1 & 0 \\ 0 & 0 & 1 \end{pmatrix}_{\hat{\boldsymbol{x}}_1 \hat{\boldsymbol{x}}_2 \hat{\boldsymbol{x}}_3} \tag{4.33}$$

여기서 부호가 음(−)인 것은 압축(압력)을 의미한다(단 $p > 0$).

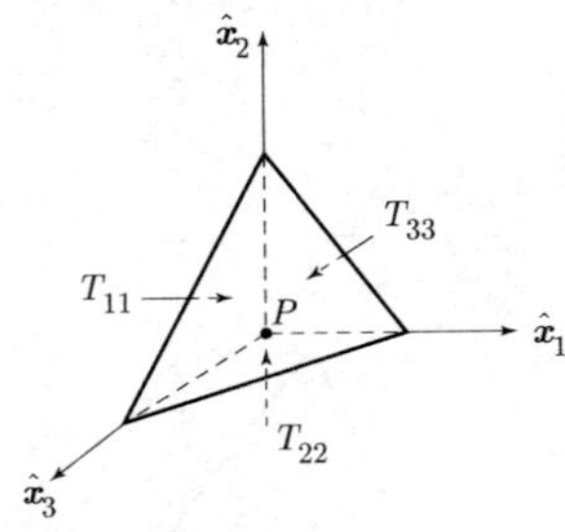

그림 4.6 사면체의 유체에 작용하는 정수압 응력상태.

식 (4.33)은 등방텐서 $\mathbf{I}(=\delta_{ij}\boldsymbol{e}_i\boldsymbol{e}_j=\boldsymbol{e}_i\boldsymbol{e}_i)$ 혹은 이에 대응하는 단위행렬 $\mathrm{I}=(\delta_{ij})$[즉 대각선요소가 1, 기타 0]를사용하여 아래와 같이 나타낼 수 있다.

$$\mathbf{T}=-p\mathbf{I} \tag{4. 34}$$

만약 유체가 운동중이라면, 정지상태의 정수압 p항에다 운동을 야기하는 전단응력 성분에 기인하는 응력항을 더하여 통상 아래와 같이 나타낸다.

$$\mathbf{T}=-p\mathbf{I}+\boldsymbol{\tau} \tag{4. 35}$$

여기서 $\boldsymbol{\tau}$를 '잉여(extra) 응력텐서' 혹은 '이탈 점성(deviatory viscous) 응력텐서'라고 칭한다. 혹자는 $\mathbf{T}$(혹은 $\boldsymbol{\sigma}$)를 '전체(total) 응력텐서' 그리고 $\boldsymbol{\tau}$를 그냥 '응력텐서'라고 부르기도 한다.

레올로지에는 보통 물질(유체)은 비압축성(incompressible)으로 간주된다(2.13.5절 참조). 이는 큰 변형이나 변형이력(deformation history)에 대한 비선형 의존성(nonlinear dependent)으로 인하여 물질이 단순 후크 법칙이나 뉴톤법칙에서 벗어나는 정도가 일반적으로 물질의 압축성(혹은 부피변화)의 영향보다 훨씬 크기 때문이다. 이와 같은 비압축성 물질의 경우에는 전체 압력은 물질의 변형거동에 크게 영향을 주지는 않는다. 환원하면, 실내에서 대기압(barometric pressure)을 증가시켜도 레오미터(rheometer)의 눈금을 변하지 않는다. 또한 비압축성 물질의 경우 등방성(isotropic) 압력은 오직 경계조건과 운동방정식에 의해서만 결정된다(이 장의 뒷부분 참조).

따라서 비압축성 물질의 경우 식 (4.35)에서 압력(p)항을 무시해도 큰 영향을 주지는 않는다. 이 경우 남아있는 여분의 응력텐서 $\boldsymbol{\tau}$가 운동중인 물질의 모든 변형효과를 포함하게 된다. 따라서 응력과 변형(혹은 변형속도)과의 관계를 특징짓는 구성방정식(constitutive equation)은 통상 $\boldsymbol{\tau}$만을 사용하여 나타낸다. 그러나 실험적으로는 측정된 힘을 면적으로 나누어 식 (4.35)의 전체응력 $\mathbf{T}$의 성분을 결정할 수 있다. 그러나 일반적으로 $\mathbf{T}$가 p와 $\boldsymbol{\tau}$를 표현하므로, $\boldsymbol{\tau}$로부터 p를 제거하고자 할 때 전단응력성분은 식 (4.35)에서 $T_{12}=\tau_{12}$가 되므로 아무런 문제가 없으나, 법선응력은 $T_{\underline{i}\,\underline{i}}=-p+\tau_{\underline{i}\,\underline{i}}$(n.s for i)는 p만큼 서로 다르다(즉 $T_{11}-\tau_{11}=-p$ 등). 따라서 반대로 정수압 p의 결정은 특수문제에 대한 경계조건(boundary condition)을 필요로 한다. 그리고 두 종류의 응력텐서 $\mathbf{T}$와 $\boldsymbol{\tau}$의 법선응력 차이는 아래 식과 같이 p항이 없어진다(식 (4.35) 참조).

$$T_{11} - T_{22} = \tau_{11} - \tau_{22}$$

$$T_{22} - T_{33} = \tau_{22} - \tau_{33} \tag{4.36}$$

여기서 식 (4.36)으로 나타낸 법선응력 차를 어떻게 이용하는가를 보여주기 위해서 그림 4.1b에 나타낸 단순 일축신장(simple uniaxial extension)을 생각해보자. 그림에서 고무입방체의 $\pm\hat{\boldsymbol{x}}_1$면에 작용하는 장력이 그것을 신장시키는 것을 볼 수 있다. 그러나 그림 4.7에 나타낸 바와 같이, 고무입방체의 $\pm\hat{\boldsymbol{x}}_2$ 및 $\pm\hat{\boldsymbol{x}}_3$면에 대한 압축응력 $-T_{22} = -T_{33}$은 같은 변형을 야기시킬 것이다. 이때 전체 변형은 $\hat{\boldsymbol{x}}_1$방향으로의 인장(T_{11})과 $\hat{\boldsymbol{x}}_2$방향으로의 압축($-T_{22}$)간의 순 차이(net difference)인 $T_{11} - T_{22}$에 의해 야기된다.

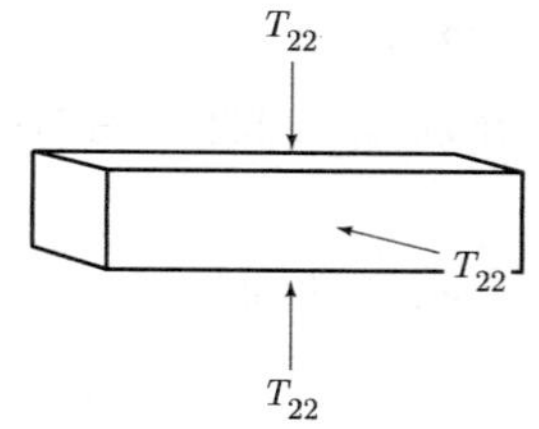

그림 4.7 균일한 압축에 의해 생성된 일축신장

한편 '단순 전단(simple shear)'과 특수한 경우에는 아래와 같은 용어를 사용한다.

$$T_{11} - T_{22} = N_1 \text{ 및 } T_{22} - T_{33} = N_2 \tag{4.37}$$

여기서 N_1을 '제 1 법선 응력 차(first normal stress difference)', 그리고 N_2를 '제 2 법선 응력 차(second normal stress difference)'라 부른다(혹자는 N_2로서 $T_{11} - T_{33}$을 사용한다). 또한 다른 책에서는 $\mathbf{T}$ 대신 $\mathbf{P}$나 π를, 그리고 τ 대신 σ나 $\mathbf{T}'$를 사용하기도 함에 유의해야 한다.

이 절의 마지막으로 후크가 1700년도 이전에 1차원 탄성법칙(식 (3.1))을 제안하였는데, 1820년도가 되어서야 Cauchy가 물질의 한 점에서의 완전한 3차원 응력 상태를 기술할 수 있었음을 밝혀 둔다.

4.2.3 주 (고유)응력과 주 불변량

이 절에서는 1.16절에서 소개된 2차 텐서의 고유치(주치), 고유벡터 및 주 불변량의 개념을 응력

텐서 $\mathbf{T}$에 적용하기로 한다. 먼저 물체내의 한 점 P를 지나 오직 법선 응력만이 작용(즉 식 (4.28)에서 T_{ns}항이 0이 되게)하도록 자르는 것이 가능할 것이다. 이하에서 볼 수 있듯이 이 점을 지나 이와 같은 주 (법선)응력을 낳도록 자르는 세 면이 존재한다. 즉 응력 타원체(stress ellipsoid) 항으로 세 주 응력을 가시화 할 수 있다. 이 타원체의 표면은 점 P를 지나 가능한 모든 (외향)단위법선 벡터 $\hat{\boldsymbol{n}}$에 대한 응력 벡터 $\boldsymbol{t}_n$의 끝의 궤적(locus)에 의해 얻어진다. 이 세 주축에 해당하는 것이 세 주 (법선)응력과 대응하는 주 (고유)방향이다. 그림 4.8에 그와 같은 타원체의 세 주축 중 두 개를 지나는 부분(section)을 나타내었다.

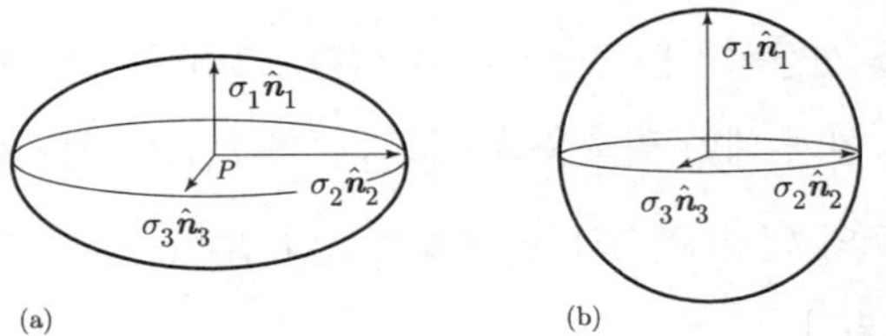

그림 4.8 (a) 응력 타원체의 두 주축 $\sigma_1\hat{\boldsymbol{n}}_1$과 $\sigma_2\hat{\boldsymbol{n}}_2$을 지나는 부분(section).
(b) 등방 정수압 상태만의 응력 타원체.

먼저 가장 간단한 경우는 세 주 (고유)응력이 모두 같은 $\sigma_1 = \sigma_2 = \sigma_3 = \sigma$ 경우일 것이다. 이 경우 정수압 $p = -\sigma$가 되고, 이는 식 (4.35)에서 운동을 야기시키는 응력 $\boldsymbol{\tau}$가 0인 정지상태의 유체에 해당된다.

만약 (Cartesian)좌표계의 세 축을 응력 타원체의 세 주 응력축과 같이 두면, 아래와 같이 (주)응력 텐서(T^p)의 전단 (비대각)성분은 모두 0이 되는 것이다(여기서 윗첨자 'p'는 주치(principal value)를 의미한다).

$$\mathrm{T}^p = (T_{ij}^p) = \begin{pmatrix} \sigma_1 & 0 & 0 \\ 0 & \sigma_2 & 0 \\ 0 & 0 & \sigma_3 \end{pmatrix} \tag{4. 38}$$

그러나 응력 타원체상의 임의의 한 점을 지나는 세 주(고유)방향을 예측하는 것은 간단하지 않으므로 1.16절에 소개한 (주)고유벡터의 정의식 (1.345) 및 특성다항식 (1.337)을 이용하여 세 주방향 및 주(고유)치를 구하는 것이 보통이다. 즉 주방향 $\hat{\boldsymbol{n}}$에 대한 (주)응력 벡터는 (대각)법선응력만이 존재하므로 아래 식으로 나타내진다.

$$\boldsymbol{t}_n = \sigma\hat{\boldsymbol{n}} \tag{4. 39}$$

그런데 (대칭)응력 텐서 $\mathbf{T}$와 $\boldsymbol{t}_n$의 관계식인 (4.32)로부터 아래가 성립된다.

$$\boldsymbol{t}_n = \hat{\boldsymbol{n}} \cdot \mathbf{T} = \mathbf{T}^{\mathrm{T}} \cdot \hat{\boldsymbol{n}} = \mathbf{T} \cdot \hat{\boldsymbol{n}} = \sigma \hat{\boldsymbol{n}} \tag{4.40}$$

즉 마지막 항등관계는 1.16절에 의하면 2차원 선형 (Cartesian) 연산자인 $\mathbf{T}$에 대한 $\hat{\boldsymbol{n}}$는 주방향인 고유벡터, σ는 주(고유)치에 해당된다. 이는 다시 아래와 같이 쓸 수 있다.

$$(\mathbf{T} - \sigma \mathbf{I}) \cdot \hat{\boldsymbol{n}} = \mathbf{0} \quad \text{혹은} \quad (T_{ij} - \sigma \delta_{ij}) n_j = 0 \tag{4.41}$$

여기서 $\mathbf{0}$이 아닌 $\hat{\boldsymbol{n}}$를 얻기 위해서는 행렬식 $\det(\mathbf{T} - \sigma \mathbf{I})$가 0이 되어야 한다. 즉 아래의 특성식이 만족되어야 한다.

$$\det(\mathbf{T} - \sigma \mathbf{I}) = \det \begin{pmatrix} T_{11} - \sigma & T_{12} & T_{13} \\ T_{21} & T_{22} - \sigma & T_{23} \\ T_{31} & T_{32} & T_{33} - \sigma \end{pmatrix} = 0$$

여기서 $\mathbf{T}$의 3 주 불변량 I_{T}, II_{T}, $\mathrm{III}_{\mathrm{T}}$ 항으로 $\mathbf{T}$의 3 고유치 σ_1, σ_2, σ_3를 구하는 특성다항식은 $f(\sigma)$은 아래가 된다(식 (1.416) 참조).

$$f(\sigma) = \sigma^3 - \mathrm{I}_{\mathrm{T}} \sigma^2 + \mathrm{II}_{\mathrm{T}} \sigma - \mathrm{III}_{\mathrm{T}} = 0 \tag{4.42}$$

여기서 아래의 관계가 만족된다.

$$\mathrm{I}_{\mathrm{T}} = \mathrm{tr}\,\mathbf{T} = T_{11} + T_{22} + T_{33} = \sigma_1 + \sigma_2 + \sigma_3 \tag{4.43}$$

$$\begin{aligned} \mathrm{II}_{\mathrm{T}} &= \frac{1}{2}[\mathrm{I}_{\mathrm{T}}{}^2 - \mathrm{tr}\,\mathbf{T}^2] = T_{11} T_{22} + T_{11} T_{33} + T_{22} T_{33} \\ &\quad - T_{12} T_{21} - T_{13} T_{31} - T_{23} T_{32} = \sigma_1 \sigma_2 + \sigma_1 \sigma_3 + \sigma_2 \sigma_3 \end{aligned} \tag{4.44}$$

$$\begin{aligned} \mathrm{III}_{\mathrm{T}} &= \det \mathbf{T} \\ &= T_{11} T_{22} T_{33} + T_{12} T_{23} T_{31} + T_{13} T_{32} T_{21} \\ &\quad - T_{11} T_{23} T_{32} - T_{21} T_{12} T_{33} - T_{31} T_{22} T_{13} = \sigma_1 \sigma_2 \sigma_3 \end{aligned} \tag{4.45}$$

예제 4.3

예제 4.2에 주어진 (대칭)응력 텐서(행렬) **T**의 세 (주) 고유치 및 대응하는 세 고유벡터를 구하라.

풀이

먼저 행렬 $\mathrm{T}=(T_{ij})$ 및 $\mathrm{T}^2=(T_{ij}^2)$는 아래가 된다.

$$\mathrm{T}=(T_{ij})=\begin{pmatrix}1 & 0 & 0\\ 0 & 3 & -1\\ 0 & -1 & 3\end{pmatrix},\qquad \mathrm{T}^2=(T_{ij}^2)=\begin{pmatrix}1 & 0 & 0\\ 0 & 10 & -6\\ 0 & -6 & 10\end{pmatrix} \tag{4. 46}$$

식 (4.43) - (4.45)를 사용하여 세 (주)불변량을 구하면 아래를 얻는다.

$$\mathrm{I_T}=\mathrm{tr}\,\mathbf{T}=7,\qquad \mathrm{II_T}=\frac{1}{2}(\mathrm{I_T}^2-\mathrm{tr}\,\mathbf{T}^2)=14,\qquad \mathrm{III_T}=\det\mathbf{T}=8 \tag{4. 47}$$

그러면 이들을 특성식 (4.42)에 대입하면 $\sigma^3-7\sigma^2+14\sigma-8=0$이 되는데 이를 인수분해(가령 예제 1.21의 유클리드 호제법 이용)하면 아래가 된다.

$$(\sigma-1)(\sigma-2)(\sigma-4)=0$$

즉 세 (주)고유치는

$$\sigma_1=1,\qquad \sigma_2=2,\qquad \sigma_3=4 \tag{4. 48}$$

얻어진 이들 σ_i 값을 사용하여 아래와 같이 세 불변량을 재차 확인할 수 있다.

$$\mathrm{I_T}=\sigma_1+\sigma_2+\sigma_3=7,\qquad \mathrm{II_T}=\sigma_1\sigma_2+\sigma_1\sigma_3+\sigma_2\sigma_3=14,\qquad \mathrm{III_T}=\sigma_1\sigma_2\sigma_3=8 \tag{4. 49}$$

다음에는 i 방향의 주 (고유)벡터를 구하는 식은 아래가 된다(식 (1.345) 참조).

$$\mathbf{T}\cdot\boldsymbol{n}^{(i)}=\sigma_i\boldsymbol{n}^{(i)}\qquad (i=1,2,3) \tag{4. 50}$$

각 $i=1,2,3$ 방향에 대하여 위 식을 풀어서 성분을 구하는 과정은 아래가 된다.

$i=1$	$i=2$	$i=3$
$n_1^{(1)}=n_1^{(1)}$	$n_1^{(2)}=2n_1^{(2)}$	$n_1^{(3)}=4n_1^{(3)}$
$3n_2^{(1)}-n_3^{(1)}=n_2^{(1)}$	$3n_2^{(2)}-n_3^{(2)}=2n_2^{(2)}$	$3n_2^{(3)}-n_3^{(3)}=4n_2^{(3)}$
$-n_2^{(1)}+3n_3^{(1)}=n_3^{(1)}$	$-n_2^{(2)}+3n_3^{(2)}=2n_3^{(2)}$	$-n_2^{(3)}+3n_3^{(3)}=4n_3^{(3)}$

이들로부터 각 방향의 고유벡터의 크기가 1이 되게 구하면 아래를 얻는다.

$n_1^{(1)}=1$	$n_1^{(2)}=0$	$n_1^{(3)}=0$
$n_2^{(1)}=0$	$n_2^{(2)}=\dfrac{1}{\sqrt{2}}$	$n_2^{(3)}=\dfrac{1}{\sqrt{2}}$
$n_3^{(1)}=0$	$n_3^{(2)}=\dfrac{1}{\sqrt{2}}$	$n_3^{(3)}=-\dfrac{1}{\sqrt{2}}$

즉 세 (단위)고유벡터를 Cartesian 좌표계의 세 (정규직교)기저 $\hat{\boldsymbol{x}}_1$, $\hat{\boldsymbol{x}}_2$, $\hat{\boldsymbol{x}}_3$ 항으로 나타내면 아래가 된다.

$$\boldsymbol{n}^{(1)}=\hat{\boldsymbol{x}}_1=(1\ 0\ 0)^{\mathrm{T}}$$

$$\boldsymbol{n}^{(2)}=\frac{1}{\sqrt{2}}\hat{\boldsymbol{x}}_2+\frac{1}{\sqrt{2}}\hat{\boldsymbol{x}}_3=\frac{1}{\sqrt{2}}(0\ 1\ 1)^{\mathrm{T}}$$

$$\boldsymbol{n}^{(3)}=\frac{1}{\sqrt{2}}\hat{\boldsymbol{x}}_2-\frac{1}{\sqrt{2}}\hat{\boldsymbol{x}}_3=\frac{1}{\sqrt{2}}(0\ 1\ -1)^{\mathrm{T}}$$

여기서 $\boldsymbol{n}^{(2)}$는 $\hat{\boldsymbol{x}}_2$ 축과 $+45^\circ$ 회전된 것임을 알 수 있다. 또한 1.16.2절의 논의대로 실 대칭행렬 T의 세 고유치는 모두 실수이며, 대응하는 세 고유벡터도 상호직교인 정규직교(orthonormal) 기저계를 형함을 알 수 있다.

■ 4.3 변형 텐서

4.3.1 변형 기울기 텐서

앞 절에서 물질 내의 임의의 한 점에 대한 응력 상태를 응력 텐서 $\mathbf{T}$로 기술할 수 있었으므로, 이제 탄성 고체 (elastic solid)의 응력과 변형 관계를 특징짓는 3차원 구성방정식(constitutive equation)을 완성시키기 위해서는 대응하는 변형(deformation) 텐서를 기술할 필요가 있다.

지금 그림 4.9에 묘사한 바와 같이 운동 중인 물체(혹은 유체)내의 한 점 P를 생각해보자. 여기서 t는 현재의 기준(reference) 시간이며, t'는 과거의 그리고 관심(interest)의 시간이라고 하자. 시간 t에서 각 물체 입자의 위치는 공간에 고정된 (Cartesian)좌표계의 원점으로부터 입자에 이르는 위치벡터 $\boldsymbol{r}$로 나타낸다. 반면에 이전시간 t'에서는 위치벡터 $\boldsymbol{r}'$를 가진다. 이에 물체내의 모든 입자의 위치는 항상 $\boldsymbol{r}'(t',\boldsymbol{r}(t))$로 기술될 수 있으며, 이는 과거의 시간 t'에서는 위치가 $\boldsymbol{r}'$인데 현재는 위치가 $\boldsymbol{r}$임을 나타낸다.

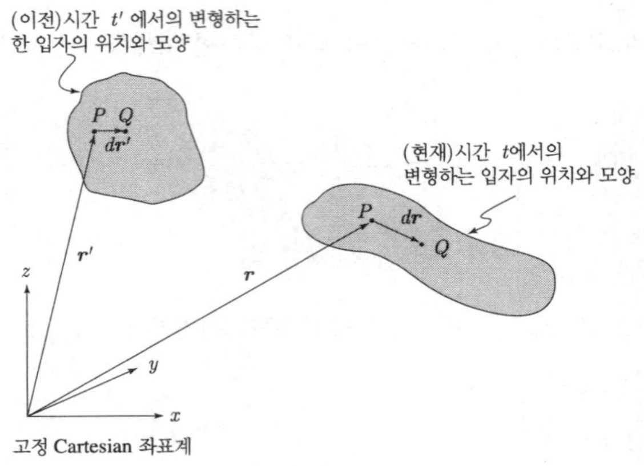

그림 4.9 물체 내 임의의 한 입자의 임의의 변형

지금 변형 또는 모양 변화를 기술하기 위하여 입자내의 인접한 두 점 P와 Q간의 거리를 생각해보자. 시간 t'와 t에서의 두 점간의 거리벡터는 각각 $d\boldsymbol{r}'$ 및 $d\boldsymbol{r}$이다. 이때 시간 t'와 t 사이의 인접한 두 점이 겪는 변형은 미소 거리벡터가 $d\boldsymbol{r}'$에서 $d\boldsymbol{r}$로 바뀌는 함수를 기술하면 된다. 이 함수를 수학적으로 표현하기 위하여 우선 $d\boldsymbol{r}'$과 $d\boldsymbol{r}$을 Cartesian 좌표계와 편미분의 연쇄율의 개념(부록 1.1절 참조)을 사용하여 아래와 같이 나타낸다.

$$d\boldsymbol{r} = \begin{pmatrix} dx \\ dy \\ dz \end{pmatrix}_{xyz}, \quad d\boldsymbol{r}' = \begin{pmatrix} dx' \\ dy' \\ dz' \end{pmatrix}_{xyz} \tag{4. 51}$$

여기서 과거의 위치 $\boldsymbol{r}'$는 현재의 위치 $\boldsymbol{r}$의 함수 즉 $\boldsymbol{r}' = \boldsymbol{r}'(\boldsymbol{r})$가 된다. 따라서 연쇄율에 의해 $d\boldsymbol{r}'$의 i번째 (Cartesian)성분은 Einstein 총합규약을 사용하여 아래와 같이 나타낼 수 있다.

$$dx'^i = \left(\frac{\partial x'^i}{\partial x^j}\right) dx^j \quad (i, j = 1, 2, 3) \tag{4. 52 a}$$

혹은 행렬표현으로 나타내면 아래가 된다[단 $\left(\frac{\partial \boldsymbol{r}'}{\partial \boldsymbol{r}}\right)^{\mathrm{T}}(i, j) = \partial x'^i / \partial x^j$ (1.131) 및 $d = d\boldsymbol{r} \cdot \nabla_{\boldsymbol{r}}$ (1.129) 참조].

$$d\boldsymbol{r}' = (d\boldsymbol{r} \cdot \nabla_{\boldsymbol{r}})\boldsymbol{r}' = d\boldsymbol{r} \cdot \frac{\partial \boldsymbol{r}'}{\partial \boldsymbol{r}} = \left(\frac{\partial \boldsymbol{r}'}{\partial \boldsymbol{r}}\right)^{\mathrm{T}} \cdot d\boldsymbol{r} \tag{4. 52 b}$$

여기서 2차 텐서 $\partial \boldsymbol{r}' / \partial \boldsymbol{r}\,(= \nabla_{\boldsymbol{r}} \boldsymbol{r}')$를 '변형 기울기(deformation-gradient) 텐서'라 칭하며 이를 $\mathbf{F}(t, t')$로 나타낸다. 즉

$$\mathbf{F}(t,\, t') \equiv \left(\frac{\partial \boldsymbol{r}'}{\partial \boldsymbol{r}}\right) = \nabla_{\boldsymbol{r}} \boldsymbol{r}' \;\leftrightarrow\; F_{ij} = \frac{\partial x'^j}{\partial x^i} \tag{4. 53}$$

[비고: 일반좌표계에 대한 벡터장의 ∇에 대한 기울기 정의식 (2.84)에서 $F_{ij} = x'^j{}_{;i} \neq x'^j{}_{,i} (= \nabla_i x'^j)$이나, Cartesian 좌표계에서는 공변 미분 = 편미분이 될 뿐만 아니라, 통상 위치벡터의 공변 미분은 편미분과 같이 간주하므로 이하에서는 F_{ij}로서 편미분 식을 이용한다.]

이를 사용하여 식 (4.52b)를 다시 쓰면 아래가 된다.

$$d\boldsymbol{r}' = d\boldsymbol{r} \cdot \mathbf{F} = \mathbf{F}^{\mathrm{T}} \cdot d\boldsymbol{r} \tag{4. 54}$$

한편 현재 위치 $\boldsymbol{r}$은 과거위치 $\boldsymbol{r}'$의 함수 즉 $\boldsymbol{r} = \boldsymbol{r}(\boldsymbol{r}')$가 되므로 위와 마찬가지 논리에 의해 아래 식을 얻는다.

$$d\boldsymbol{r} = (d\boldsymbol{r}' \cdot \nabla_{\boldsymbol{r}'})\boldsymbol{r} = d\boldsymbol{r}' \cdot \frac{\partial \boldsymbol{r}}{\partial \boldsymbol{r}'} = \left(\frac{\partial \boldsymbol{r}}{\partial \boldsymbol{r}'}\right)^{\mathrm{T}} \cdot d\boldsymbol{r}' \tag{4. 55}$$

그런데 식 (4. 53)의 $\mathbf{F}$와 비교하면 $\dfrac{\partial \boldsymbol{r}}{\partial \boldsymbol{r}'}$는 $\mathbf{F}^{-1}$가 된다. 즉

$$\mathbf{F}^{-1}(t',\, t) \equiv \frac{\partial \boldsymbol{r}}{\partial \boldsymbol{r}'} = \nabla_{\boldsymbol{r}'} \boldsymbol{r} \;\leftrightarrow\; F_{ij}^{-1} = \frac{\partial x^j}{\partial x'^i} \tag{4. 56}$$

여기서 $\mathbf{F}^{-1}$를 '역 변형 기울기(inverse deformation-gradient) 텐서'라 칭한다.
역시 $\mathbf{F}^{-1}$를 이용하여 식 (4.55)를 다시 쓰면 아래가 된다.

$$d\boldsymbol{r} = d\boldsymbol{r}' \cdot \mathbf{F}^{-1} = (\mathbf{F}^{-1})^{\mathrm{T}} \cdot d\boldsymbol{r}' \tag{4. 57}$$

이제 그림 4.10에 나타낸 고체의 3 대표적인 (미소)변형 형태인 (a) 1축 신장(uniaxial extension), (b) 단순 전단(simple shear), 및 (c) 강체회전(solid rotation)에 대하여 각각 $\mathbf{F} = (F_{ij})$ 및 $\mathbf{F}^{-1} = (F_{ij}^{-1})$를 구해보기로 한다[단 직교 원통 및 구좌표계에대한 $\mathbf{F}$ 및 $\mathbf{F}^{-1}$ 의 물리적 성분의 형렬표현식은 부록 4.1절의 표에 주어져 있다].

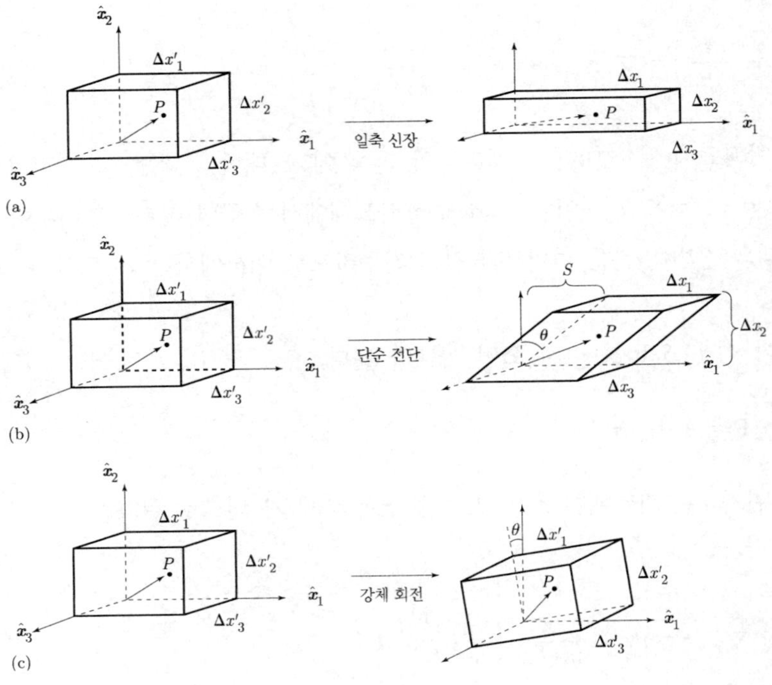

그림 4.10 대표적 3 다른 형태의 변형을 받는 고체 물질의 한 부분 : (a) $\hat{x}_1$ 방향으로 일축 신장 ; (b) $\hat{x}_1$ 방향으로 단순전단 ; (c) 길이 변화가 없는 $\hat{x}_3$ 방향으로의 강체회전.

(a) 일축 신장(uniaxial extension) :

변형은 직선적(affine)이므로, 길이 x_i의 변화(Δx_i)는 (고체)물체 블록(block)의 외부에서의 변화에 직접 비례하므로 신장 후의 각 변 $i(=1,2,3)$의 길이 x_i는 신장(혹은 연신)비 $\lambda_i(=\Delta x_i/\Delta x_i{}')$를 이용하여 아래와 같이 나타내진다(단 편의상 일반좌표계에 해당하는 각 변의 길이 x^i 대신 Cartesian 좌표계에서의 표기법 x_i를 채택한다).

$$x_1 = \frac{\Delta x_1}{\Delta x'_1} x'_1 = \lambda_1 x'_1, \quad x_2 = \frac{\Delta x_2}{\Delta x'_2} x'_2 = \lambda_2 x'_2, \quad x_3 = \frac{\Delta x_3}{\Delta x'_3} x'_3 = \lambda_3 x'_3 \tag{4.58}$$

여기서 $x_i{}'$ 및 x_i는 각각 i 방향의 변형 전과 후의 길이이며, 연신비 $\lambda_i(=x_i/x_i{}')=\Delta x_i/\Delta x_i{}'$이다. 이로부터 변형 기울기 텐서 $\mathbf{F}$ 및 역 변형 기울기 텐서 $\mathbf{F}^{-1}$의 행렬요소를 각각 식 (4.53) 및 (4.56)을 사용하여 구한 결과는 아래와 같다.

$$\mathrm{F} = (F_{ij}) = \left(\frac{\partial x_j{}'}{\partial x_i}\right) = \begin{pmatrix} \lambda_1^{-1} & 0 & 0 \\ 0 & \lambda_2^{-1} & 0 \\ 0 & 0 & \lambda_3^{-1} \end{pmatrix}, \qquad \mathrm{F}^{-1} = (F_{ij}^{-1}) = \left(\frac{\partial x_j}{\partial x_i{}'}\right) = \begin{pmatrix} \lambda_1 & 0 & 0 \\ 0 & \lambda_2 & 0 \\ 0 & 0 & \lambda_3 \end{pmatrix} \tag{4.59}$$

그런데 $\hat{\boldsymbol{x}}_1$ 방향으로의 일축 신장은 $\hat{\boldsymbol{x}}_1$축 주위로 대칭이므로 $\lambda_2 = \lambda_3$이다. 또한 통상 고체 재료는 비압축성(incompressible)이므로 변형 전후의 부피는 동일(즉 $V' = V$)하므로 아래 관계가 성립된다.

$$\lambda_1 \lambda_2 \lambda_3 = 1, \qquad \lambda_2 = \lambda_3 = 1/\sqrt{\lambda_1} \tag{4. 60}$$

이를 식 (4.59)에 대입하면 비압축성 일축 신장의 경우 F 및 F^{-1}는 각각 아래가 된다.

$$\mathrm{F} = \begin{pmatrix} \lambda_1^{-1} & 0 & 0 \\ 0 & \lambda_1^{1/2} & 0 \\ 0 & 0 & \lambda_1^{1/2} \end{pmatrix}, \qquad \mathrm{F}^{-1} = \begin{pmatrix} \lambda_1^{-1} & 0 & 0 \\ 0 & \lambda_1^{-1/2} & 0 \\ 0 & 0 & \lambda_1^{-1/2} \end{pmatrix} \tag{4. 61}$$

(b) 단순 전단(simple shear) :

$\hat{\boldsymbol{x}}_1$ 방향으로의 단순 전단의 경우는 그림 4.10b에서 보듯이 물질 평면이 각각 다른 면 위로 미끄러진다. 따라서 점 P의 $x_2{}'$ 및 $x_3{}'$ 좌표는 변하지 않으나 $\hat{\boldsymbol{x}}_1$ 좌표는 전단 변형량 $s/\Delta x_2{}' = \tan\theta \simeq \theta(\because s$ 및 θ는 매우 작음)만큼 변한다. 따라서 아래가 성립된다.

$$x_1 = x'_1 + \frac{s}{\Delta x'_2} x'_2 = x'_1 + \gamma x'_2, \qquad x_2 = x'_2, \qquad x_3 = x'_3 \tag{4. 62}$$

이로부터 식 (4.53) 및 (4. 56)을 사용하여 F 및 F^{-1}의 행렬요소를 구하면 아래가 된다.

$$\mathrm{F} = (F_{ij}) = \left(\frac{\partial x_j{}'}{\partial x_i}\right) = \begin{pmatrix} 1 & 0 & 0 \\ -\gamma & 1 & 0 \\ 0 & 0 & 1 \end{pmatrix}, \qquad \mathrm{F}^{-1} = (F_{ij}^{-1}) = \left(\frac{\partial x_j}{\partial x_i{}'}\right) = \begin{pmatrix} 1 & 0 & 0 \\ \gamma & 1 & 0 \\ 0 & 0 & 1 \end{pmatrix} \tag{4. 63}$$

(c) 강체 회전(solid rotation) :

회전시 물체의 길이가 변하지 않는 소위 '강체 회전(rigid or solid rotation)변형'에 관해서는 지금까지 여러 번(가령 1.15, 1.16 및 2.16절 등) 언급되었다. 즉 그림 4.10c에서 보는 바와 같이 $\hat{\boldsymbol{x}}_3$축 주위로 (반시계방향으로 θ각도만큼) 회전시 $x_3{}'$의 길이는 변하지 않고, 대신 점 P는 $x_1 x_2$ 평면상에서 원 호(arc of a circle)를 따라 회전한다[사실 회전 전의 점 P의 위치벡터는 $\boldsymbol{r}' = \bar{\boldsymbol{r}}' + x_3{}'(= x_3)\hat{\boldsymbol{x}}_3$이고, 회전 후의 위치벡터 $\boldsymbol{r} = \bar{\boldsymbol{r}} + x_3 \hat{\boldsymbol{x}}_3$가 되어 $\boldsymbol{r}$과 $\boldsymbol{r}'$의 실제 차이는 각각의 $x_1 x_2$평면상의 투영벡터인 $\bar{\boldsymbol{r}}(= x_1 \hat{\boldsymbol{x}}_1 + x_2 \hat{\boldsymbol{x}}_2)$과 $\bar{\boldsymbol{r}}'(= x_1{}' \hat{\boldsymbol{x}}_1 + x_2{}' \hat{\boldsymbol{x}}_2)$의 차이와 같다]. 여기에서 회전 전, 후의 위치벡터 $\boldsymbol{r}$의 $\hat{\boldsymbol{x}}_1 \hat{\boldsymbol{x}}_2$평면상에 투영된 벡터 $\bar{\boldsymbol{r}}$의 변형전후의 좌표성분간의 관계를 구하는 2차원 그림을 그림 4.11에 나타내었다.

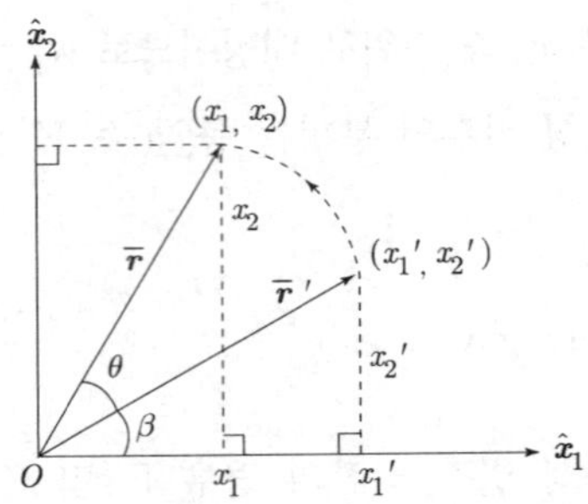

그림 4.11 위치벡터 $\boldsymbol{r}'$의 $\hat{\boldsymbol{x}}_3$축 주위로 반시계 방향으로 각도 θ만큼 회전시 $\hat{\boldsymbol{x}}_1\hat{\boldsymbol{x}}_2$평면에 투영한 벡터 $\bar{\boldsymbol{r}}'$와 $\bar{\boldsymbol{r}}$간의 관계를 나타내는 그림(단 $x_3 = x_3'$).

위치벡터 $\boldsymbol{r}'$의 $\hat{\boldsymbol{x}}_3$축 주위로 반시계 방향으로 θ만큼 회전전체의 $\hat{\boldsymbol{x}}_1\hat{\boldsymbol{x}}_2$평면에 투영한 벡터 $\bar{\boldsymbol{r}}'$와 $\bar{\boldsymbol{r}}$간의 성분 사이의 관계는 아래가 된다(위 그림 참조).

$$\bar{\boldsymbol{r}}' = x_1'\hat{\boldsymbol{x}}_1 + x_2'\hat{\boldsymbol{x}}_2 \ ; \ \bar{\boldsymbol{r}} = x_1\hat{\boldsymbol{x}}_1 + x_2\hat{\boldsymbol{x}}_2 \tag{4. 64}$$

여기서

$$x_1 = \bar{r}\cos(\theta+\beta) = \bar{r}(\cos\theta\cos\beta - \sin\theta\sin\beta) = x_1'\cos\theta - x_2'\sin\theta$$

$$x_2 = \bar{r}\sin(\theta+\beta) = \bar{r}(\sin\theta\cos\beta + \cos\theta\sin\beta) = x_1'\sin\theta + x_2'\cos\theta$$

$$x_3 = x_3' \tag{4. 65}$$

단 위 식에서 $\bar{r} = \| \bar{\boldsymbol{r}}' \| = \| \bar{\boldsymbol{r}} \|$ 로서 회전에 따른 회전에 따른 투영벡터의 길이 변화는 없음을 의미한다. 혹은 식 (4.65)에 간단한 대수조작을 가하면 아래의 역관계가 얻어진다.

$$x_1' = x_1\cos\theta + x_2\sin\theta$$

$$x_2' = -x_1\sin\theta + x_2\cos\theta$$

$$x_3' = x_3 \tag{4. 66}$$

여기서 식 (4.65)과 (4.66)를 행렬표현으로 나타내면 아래가 된다.

$$\begin{pmatrix} x_1 \\ x_2 \\ x_3 \end{pmatrix} = \begin{pmatrix} \cos\theta & -\sin\theta & 0 \\ \sin\theta & \cos\theta & 0 \\ 0 & 0 & 1 \end{pmatrix}\begin{pmatrix} x_1' \\ x_2' \\ x_3' \end{pmatrix} \leftrightarrow \begin{pmatrix} x_1' \\ x_2' \\ x_3' \end{pmatrix} = \begin{pmatrix} \cos\theta & \sin\theta & 0 \\ -\sin\theta & \cos\theta & 0 \\ 0 & 0 & 1 \end{pmatrix}\begin{pmatrix} x_1 \\ x_2 \\ x_3 \end{pmatrix} \tag{4. 67}$$

이제 식 (4.65) - (4.67)을 이용하여 식 (4.53) 및 (4.56)으로부터 강체회전에 대한 F 및 F^{-1}를 Cartesian 좌표계에서 구하면 각각 아래가 된다.

$$\mathrm{F}=(\mathrm{F}_{ij})=\left(\frac{\partial x_j'}{\partial x_i}\right)=\begin{pmatrix}\cos\theta & -\sin\theta & 0\\ \sin\theta & \cos\theta & 0\\ 0 & 0 & 1\end{pmatrix}\leftrightarrow \mathrm{F}^{-1}=(\mathrm{F}_{ij}^{-1})=\left(\frac{\partial x_j}{\partial x_i'}\right)=\begin{pmatrix}\cos\theta & \sin\theta & 0\\ -\sin\theta & \cos\theta & 0\\ 0 & 0 & 1\end{pmatrix} \tag{4. 68}$$

4. 3. 1. 1 F 및 F^{-1}의 시간에 대한 편미분

이후의 논의에서 (역)변형 기울기 텐서 **F** 및 $\mathbf{F}^{-1}$의 시간 t 및 t'에 대한 편미분이 종종 필요하게 된다. 따라서 여기서는 이들 양을 속도구배 텐서인 $\nabla\boldsymbol{v}$와 연계시켜 구해보기로 한다. 단 이때 **F** 및 $\mathbf{F}^{-1}$의 정의식에서 현재 위치 $\boldsymbol{r}(=\boldsymbol{x})$는 현시간 t에 대해서만 명백히(explicitly) 관련되어 있으므로 $\frac{\partial\boldsymbol{r}}{\partial t}=\boldsymbol{v}$ 이고 $\frac{\partial\boldsymbol{r}}{\partial t'}=0$으로 간주하며, 또한 과거위치 $\boldsymbol{r}'(=\boldsymbol{x}')$는 과거시간 t'에 대해서만 명백히 관련되어 있으므로 $\frac{\partial\boldsymbol{r}'}{\partial t'}=\boldsymbol{v}'$ 이고 $\frac{\partial\boldsymbol{r}'}{\partial t}=0$으로 간주하여 시간미분을 행한다. 우선 $\frac{\partial\mathbf{F}^{-1}}{\partial t}$로부터 편미분의 연쇄율(부록 1.1절 참조)을 이용하여 구해보면 아래가 된다.

$$\frac{\partial\mathbf{F}^{-1}}{\partial t}=\frac{\partial}{\partial t}\left(\frac{\partial\boldsymbol{r}}{\partial\boldsymbol{r}'}\right)=\frac{\partial}{\partial\boldsymbol{r}'}\left(\frac{\partial\boldsymbol{r}}{\partial t}\right)=\frac{\partial}{\partial\boldsymbol{r}'}\boldsymbol{v}=\frac{\partial\boldsymbol{r}}{\partial\boldsymbol{r}'}\frac{\partial\boldsymbol{v}}{\partial\boldsymbol{r}}=\mathbf{F}^{-1}\cdot\nabla\boldsymbol{v} \tag{4. 69}$$

이 결과를 이용하여 $\frac{\partial\mathbf{F}}{\partial t}$를 구하면 아래가 된다(단 $\mathbf{F}\cdot\mathbf{F}^{-1}=\mathbf{F}^{-1}\cdot\mathbf{F}=\mathbf{I}$는 시간무관을 이용).

$$\frac{\partial}{\partial t}(\mathbf{F}\cdot\mathbf{F}^{-1})\left[=\frac{\partial\mathbf{I}}{\partial t}\right]=\frac{\partial\mathbf{F}}{\partial t}\cdot\mathbf{F}^{-1}+\mathbf{F}\cdot\frac{\partial\mathbf{F}^{-1}}{\partial t}=0 \tag{4. 70}$$

이 식에 식 (4.69)를 대입하고, 양변의 각 항을 오른쪽으로 $\mathbf{F}^{-1}$로 내적(·)을 취하면 아래를 얻는다.

$$\frac{\partial\mathbf{F}}{\partial t}=-\mathbf{F}\cdot\frac{\partial\mathbf{F}^{-1}}{\partial t}\cdot\mathbf{F}=-\mathbf{F}\cdot\mathbf{F}^{-1}(\nabla\boldsymbol{v})\cdot\mathbf{F}=-\nabla\boldsymbol{v}\cdot\mathbf{F} \tag{4. 71}$$

다음에는 마찬가지 논리에 의해 과거시간 t'에 관한 편미분으로서 먼저 $\frac{\partial\mathbf{F}}{\partial t'}$를 구해보면 아래가 된다.

$$\frac{\partial\mathbf{F}}{\partial t'}=\frac{\partial}{\partial t'}\left(\frac{\partial\boldsymbol{r}'}{\partial\boldsymbol{r}}\right)=\frac{\partial}{\partial\boldsymbol{r}}\left(\frac{\partial\boldsymbol{r}'}{\partial t'}\right)=\frac{\partial}{\partial\boldsymbol{r}}\boldsymbol{v}'=\frac{\partial\boldsymbol{r}'}{\partial\boldsymbol{r}}\cdot\frac{\partial\boldsymbol{v}'}{\partial\boldsymbol{r}'}=\mathbf{F}\cdot\nabla'\boldsymbol{v}' \tag{4. 72}$$

또한 $\mathbf{F}^{-1}\cdot\mathbf{F}(=\mathbf{F}\cdot\mathbf{F}^{-1})=\mathbf{I}$(시간무관)를 이용하여 아래의 관계식이 얻어진다.

$$\frac{\partial}{\partial t'}(\mathbf{F}^{-1}\cdot\mathbf{F})\left[=\frac{\partial\mathbf{I}}{\partial t}\right]=\frac{\partial\mathbf{F}^{-1}}{\partial t'}\cdot\mathbf{F}+\mathbf{F}^{-1}\cdot\frac{\partial\mathbf{F}}{\partial t'}=0 \tag{4.73}$$

여기에 식 (4.72)를 대입하고, 식의 양변의 각 항을 오른쪽에서 $\mathbf{F}^{-1}$로 곱하면 아래가 얻어진다.

$$\frac{\partial\mathbf{F}^{-1}}{\partial t'}=-\nabla'\boldsymbol{v}'\cdot\mathbf{F}^{-1} \tag{4.74}$$

여기서 얻어진 결과들은 나중 다른 변형(률) 텐서에 대한 시간 편미분의 결과와 함께 표 4.2에 요약하여 나타낸다.

4.3.2 Finger 및 Cauchy 변형률 텐서

앞 절에서 소개된 변형의 척도인 두 (역)변형 기울기 텐서 $\mathbf{F}(t,t')\left(=\frac{\partial\boldsymbol{r}'}{\partial\boldsymbol{r}}\right)$ 및 $\mathbf{F}^{-1}(t',t)\left(=\frac{\partial\boldsymbol{r}}{\partial\boldsymbol{r}'}\right)$는 모두 물체내의 인접한 입자의 상대위치의 변화를 나타내는 것으로서 (모양) 변형뿐 아니라 회전변형도 포함함으로써 물체의 운동에 관한 완전한 정보를 포함한다.

그러나 비선형(non-linear) 변형과 같은 큰 스케일의 변형을 정확히 기술하기 위해서는 $\mathbf{F}$나 $\mathbf{F}^{-1}$에 포함된 전체 변형의 정보로부터 (단순)회전 변형항을 제거하여 오직 응력에 의해 모양 변화를 초래하는 대칭성의 변형항만을 추출해 낼 필요가 있다. 이 목록을 위해 이미 1.17절에 소개한 '극분해 정리(polar decomposition theorem)'를 이용한다. 즉 $\mathbf{F}$와 같은 비대칭텐서(행렬) $\mathbf{A}$는 아래와 같이 순수(직교)회전항인 $\mathbf{R}$(여기서 $\mathbf{R}^{\mathrm{T}}=\mathbf{R}^{-1}$ 만족)과 두 형태만의 (대칭)모양 변형항인 $\mathbf{U}$ 또는 $\mathbf{V}$의 곱으로 유일하게 분해될 수 있다(식 (1.423) 참조).

$$\mathbf{A}=\mathbf{R}\cdot\mathbf{U}=\mathbf{V}\cdot\mathbf{R} \tag{4.75}$$

여기서 각각 아래가 성립된다.

$$\mathbf{U}=(\mathbf{A}^{\mathrm{T}}\cdot\mathbf{A})^{1/2},\ \mathbf{V}=(\mathbf{A}\cdot\mathbf{A}^{\mathrm{T}})^{1/2},\ \mathbf{R}=\mathbf{A}\cdot\mathbf{U}^{-1}=\mathbf{V}^{-1}\cdot\mathbf{A} \tag{4.76}$$

이제 회전과 변형을 동시에 수반하는 비대칭 선형 연산자(linear operator) $\mathbf{A}$의 임의의 벡터 $\hat{\xi}_i$에 대한 최종 연산 결과(즉 $\lambda_i\hat{\zeta}_i$)를 식 (4.75)에 주어진 두 경로(path)의 극분해 정리로부터 얻어지는 차이(단 최종결과는 동일)를 그림 4.12에 알기 쉽게 나타내었다.

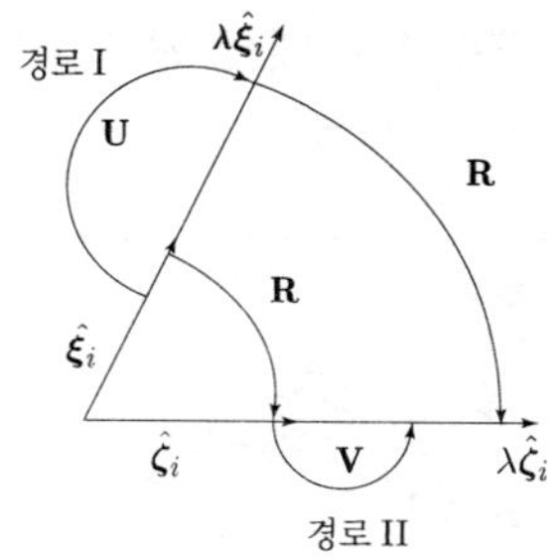

그림 4.12 왼편 신장텐서(V)와 오른편 신장텐서(U)의 각각의 고유벡터 $\hat{\zeta}_i$ 및 $\hat{\xi}_i$에 대한 효과.

즉 그림에서 경로(path) I은 식 (4.75)의 첫 번째 극분해를 이용하는 것으로서, 임의의 벡터 $\hat{\xi}_i$에 오른편 (대칭)신장텐서 **U**가 먼저 작용하여 길이를 λ배 만큼 늘이고 (즉 λ 및 $\hat{\xi}_i$는 각각 **U**의 고유치 및 고유벡터에 해당) 연이어 직교 회전텐서인 **R**에 의해 최종 목적지인 $\lambda\hat{\xi}_i$에 도달하게 된다. 즉 아래와 같이 기술된다.

$$\text{경로(path) I}: \mathbf{A}\cdot\hat{\xi}_i = \mathbf{R}\cdot\mathbf{U}\cdot\hat{\xi}_i \tag{4. 77a}$$

$$= \mathbf{R}\cdot\left(\lambda_i\hat{\xi}_i\right) = \lambda_i\left(\boldsymbol{R}\cdot\hat{\xi}_i\right) = \lambda_i\hat{\zeta}_i \tag{4. 77b}$$

반면에 식 (4.75)의 두 번째 극분해를 이용하는 경로(path) II는 임의의 벡터 $\hat{\xi}_i$에 먼저 직교 회전텐서 **R**가 작용하여 $\hat{\zeta}_i$벡터를 만들고, 이에 연이어 대칭 왼쪽 신장텐서인 **V**가 작용하여 경로 I과 동일한 최종 목적지인 $\lambda\hat{\zeta}_i$에 이르게 한다(이때 λ 및 $\hat{\zeta}_i$는 각각 **V**의 고유치 및 고유벡터가 된다). 즉 아래와 같이 기술한다.

$$\text{경로(path) II}: \mathbf{A}\cdot\hat{\xi}_i = \mathbf{V}\cdot\left(\mathbf{R}\cdot\hat{\xi}_i\right) \tag{4. 78a}$$

$$= \mathbf{V}\cdot\hat{\zeta}_i = \lambda_i\hat{\zeta}_i \tag{4. 78b}$$

이제 위의 극분해 정리 식 (4.75)의 비대칭 (선형)연산자 **A**항으로서 식 (4.54)와 (4.57)에 나타난 4종류의 (비대칭)변형 (기울기)텐서 $\mathbf{F}$, $\mathbf{F}^{\mathrm{T}}$, $\mathbf{F}^{-1}$ 및 $\left(\mathbf{F}^{-1}\right)^{\mathrm{T}}\left[=\left(\mathbf{F}^{\mathrm{T}}\right)^{-1}\right]$를 각각 대입할 때 얻어지는 왼편 (대칭)신장텐서 $\mathbf{V}^2\left(=\mathbf{A}\cdot\mathbf{A}^{\mathrm{T}}\right)$ 및 오른편 (대칭)신장텐서 $\mathbf{U}^2\left(=\mathbf{A}^{\mathrm{T}}\cdot\mathbf{A}\right)$를 표 4.1에 정리하여 나타내었다.

표 4.1 4종류의 (비대칭)변형텐서의 극분해에 대한 왼편(V^2) 및 오른편(U^2) 신장텐서의 요약

A	V^2	U^2
$\mathbf{F}$	$\mathbf{F}\cdot\mathbf{F}^T$	$\mathbf{F}^T\cdot\mathbf{F}$
$\mathbf{F}^T$	$\mathbf{F}^T\cdot\mathbf{F}$	$\mathbf{F}\cdot\mathbf{F}^T$ [a)]
$\mathbf{F}^{-1}$	$\mathbf{F}^{-1}\cdot(\mathbf{F}^{-1})^T$	$(\mathbf{F}^{-1})^T\cdot\mathbf{F}^{-1}$
$(\mathbf{F}^{-1})^T$	$(\mathbf{F}^{-1})^T\cdot\mathbf{F}^{-1}$ [b)]	$\mathbf{F}^{-1}\cdot(\mathbf{F}^{-1})^T$

a) $\mathbf{F}\cdot\mathbf{F}^T\equiv\mathbf{C},\ C_{ij}=F_{im}F_{jm}=\dfrac{\partial x'_m}{\partial x_i}\dfrac{\partial x'_m}{\partial x_j}$

b) $(\mathbf{F}^{-1})^T\cdot\mathbf{F}^{-1}\equiv\mathbf{C}^{-1},\ C_{ij}{}^{-1}=F_{mi}{}^{-1}F_{mj}{}^{-1}=\dfrac{\partial x_i}{\partial x'_m}\dfrac{\partial x_j}{\partial x'_m}$

표 4.1에서 $\mathbf{A}$로서 $\mathbf{F}^T$를 이용할 경우 얻어지는 오른편 (대칭)신장텐서 $\mathbf{U}^2$에 해당하는 $\mathbf{F}\cdot\mathbf{F}^T$를 Cauchy 변형률(strain) 텐서($\mathbf{C}$)라 하고, 또 $\mathbf{A}$로서 $(\mathbf{F}^{-1})^T$를 이용할 경우 얻어지는 왼편 (대칭)신장텐서 $\mathbf{V}^2$에 해당하는 $(\mathbf{F}^{-1})^T\cdot\mathbf{F}^{-1}$를 Finger 변형률 텐서($\mathbf{C}^{-1}$)라 한다. 즉

$$\text{Cauchy 변형률 텐서: }\mathbf{C}=\mathbf{F}\cdot\mathbf{F}^T,\ C_{ij}=F_{im}F_{jm}=\frac{\partial x'_m}{\partial x_i}\frac{\partial x'_m}{\partial x_j}\tag{4.79}$$

$$\text{Finger 변형률 텐서: }\mathbf{C}^{-1}=(\mathbf{F}^{-1})^T\cdot\mathbf{F}^{-1},\ C_{ij}{}^{-1}=F_{mi}^{-1}F_{mj}^{-1}=\frac{\partial x_i}{\partial x'_m}\frac{\partial x_j}{\partial x'_m}\tag{4.80}$$

참 고

일반 곡선좌표계의 경우 C_{ij} 및 C_{ij}^{-1}는 각각 아래와 같이 정의된다.

$$C_{ij}=\frac{\partial x'^k}{\partial x^i}\frac{\partial x'^m}{\partial x^j}g_{km}\tag{4.81}$$

$$C_{ij}^{-1}=\frac{\partial x^i}{\partial x'^k}\frac{\partial x^j}{\partial x'^m}g^{km}\tag{4.82}$$

그런데 반변, 공변의 구별이 없는 Cartesian 좌표계의 경우 $x^i=x_i,\ x'^k=x'_k$로 나타내지고, $g_{km}=g^{km}=\delta_{km}$[즉 계량텐서(행렬) $G=(g_{ij})$ 및 $\hat{G}=(g^{ij})$는 등방텐서(단위행렬) $I=(\delta_{ij})$가 됨]가 되므로 이를 식 (4.81) 및 (4.82)에 대입하면 각각 식 (4.79) 및 (4.80)으로 환원된다.

한편 표 4.1에서 $\mathbf{A}$로서 $(\mathbf{F}^{-1})^{\mathrm{T}}$를 사용할 때 얻어지는 우측 (대칭)신장텐서 $\mathbf{U}^2$에 해당하는 항을 간혹 Green 혹은 Cauchy-Green 변형률 텐서 $\mathbf{G}$라고 한다. 이에 참고로 $\mathbf{G}$ 및 그의 역 $\mathbf{G}^{-1}$에 대해 해당 성분표시와 함께 아래에 나타낸다.

$$\mathbf{G} \equiv \mathbf{F}^{-1} \cdot (\mathbf{F}^{-1})^{\mathrm{T}}, \quad G_{ij} = F_{im}^{-1} F_{jm}^{-1} = \frac{\partial x_m}{\partial x'_i} \frac{\partial x_m}{\partial x'_j} \tag{4.83}$$

$$\mathbf{G}^{-1} \equiv \mathbf{F}^{\mathrm{T}} \cdot \mathbf{F}, \quad G_{ij}^{-1} = F_{mi} F_{mj} = \frac{\partial x'_i}{\partial x_m} \frac{\partial x'_j}{\partial x_m} \tag{4.84}$$

여기서 표 4.1에 대하여 한 가지 지적하고 싶은 것은 식 (4.75)로 정의되는 한 쌍의 (유일한)좌·우 극분해 정리의 성격상 왼편(대칭) 신장텐서 $\mathbf{V}^2$의 (세)주 불변량과 오른편(대칭) 신장텐서 $\mathbf{U}^2$의 (세)주 불변량의 값은 같다. 왜냐하면 식 (4.75)에서 아래가 성립되기 때문이다.

$$\begin{aligned} &\mathbf{V} = \mathbf{A} \cdot \mathbf{R}^{-1} = \mathbf{R} \cdot \mathbf{U} \cdot \mathbf{R}^{-1}, \\ &\mathbf{V}^2 = \mathbf{V} \cdot \mathbf{V} = (\mathbf{R} \cdot \mathbf{U} \cdot \mathbf{R}^{-1}) \cdot (\mathbf{R} \cdot \mathbf{U} \cdot \mathbf{R}^{-1}) = \mathbf{R} \cdot \mathbf{U}^2 \cdot \mathbf{R}^{-1} \end{aligned} \tag{4.85}$$

$$\begin{aligned} &\mathbf{U} = \mathbf{R}^{-1} \cdot \mathbf{A} = \mathbf{R}^{-1} \cdot \mathbf{V} \cdot \mathbf{R}, \\ &\mathbf{U}^2 = \mathbf{U} \cdot \mathbf{U} = (\mathbf{R}^{-1} \cdot \mathbf{V} \cdot \mathbf{R}) \cdot (\mathbf{R}^{-1} \cdot \mathbf{V} \cdot \mathbf{R}) = \mathbf{R}^{-1} \cdot \mathbf{V}^2 \cdot \mathbf{R} \end{aligned} \tag{4.86}$$

즉 위 식에서 $\mathbf{V}^2$과 $\mathbf{U}^2$는 직교 (회전)텐서인 $\mathbf{R}$을 통하여 서로 '유사변환(similarity transform) 관계'에 있으므로 서로 (세)주 불변량이 동일함을 알 수 있다(1.16.1절 참조). 따라서 표 4.1을 보면 $\mathbf{C}^{-1}$과 $\mathbf{G}$(혹은 $\mathbf{C}$와 $\mathbf{G}^{-1}$)는 유사관계에 있으므로 서로 같은 불변량을 가진다(뒤 예제 참조).

이제 그림 4.10에 나타낸 고체에 대한 3종류의 대표적 변형에 대하여 위에서 정의된 각종 (대칭) 신장 변형률 텐서 $\mathbf{C}$, $\mathbf{C}^{-1}$, $\mathbf{G}$ 및 $\mathbf{G}^{-1}$의 값을 구해보기로 한다.

(a) 일축 신장 :

4.3.1절의 (a)에서 얻어진 $\mathrm{F} = (F_{ij})$ 및 $\mathrm{F}^{-1} = (F_{ij}^{-1})$의 결과를 이용하여 먼저 식 (4.79)로부터 Cauchy 변형률텐서(행렬) $\mathbf{C}$의 값을 성분보다는 행렬대수를 이용하여 구해보기로 한다. 먼저 일반적인 압축성 시료(즉 $V' \neq V$)에 대한 F 및 F^{T}의 결과식 (4.59)로부터 $\mathbf{C}$에 해당하는 행렬 C의 값을 구하면 아래가 된다.

$$\mathrm{C} = \mathrm{F}\mathrm{F}^{\mathrm{T}} = \begin{pmatrix} \lambda_1^{-1} & 0 & 0 \\ 0 & \lambda_2^{-1} & 0 \\ 0 & 0 & \lambda_3^{-1} \end{pmatrix} \begin{pmatrix} \lambda_1^{-1} & 0 & 0 \\ 0 & \lambda_2^{-1} & 0 \\ 0 & 0 & \lambda_3^{-1} \end{pmatrix} = \begin{pmatrix} \lambda_1^{-2} & 0 & 0 \\ 0 & \lambda_2^{-2} & 0 \\ 0 & 0 & \lambda_3^{-2} \end{pmatrix} \tag{4.87}$$

다음에는 역시 식 (4. 59)의 F^{-1} 및 $(F^{-1})^T$의 결과를 이용하여 식 (4.80)으로부터 Finger 텐서(행렬) $\mathbf{C}^{-1}$의 값을 행렬대수를 이용하여 구하면 아래를 얻는다(혹은 식 (4.87)의 역을 바로 구해도 됨).

$$C^{-1}=(F^{-1})^T F^{-1}=\begin{pmatrix}\lambda_1 & 0 & 0\\ 0 & \lambda_2 & 0\\ 0 & 0 & \lambda_3\end{pmatrix}\begin{pmatrix}\lambda_1 & 0 & 0\\ 0 & \lambda_2 & 0\\ 0 & 0 & \lambda_3\end{pmatrix}=\begin{pmatrix}\lambda_1^2 & 0 & 0\\ 0 & \lambda_2^2 & 0\\ 0 & 0 & \lambda_3^2\end{pmatrix} \tag{4. 88}$$

만약 비압축성 시료의 경우에는 $\lambda_2=\lambda_3=1/\sqrt{\lambda_1}$이 되므로 이들 관계를 식 (4.87) 및 (4.88)에 대입하면 각각 아래가 된다.

$$C=\begin{pmatrix}\lambda_1^{-2} & 0 & 0\\ 0 & \lambda_1 & 0\\ 0 & 0 & \lambda_1\end{pmatrix},\ C^{-1}=\begin{pmatrix}\lambda_1^2 & 0 & 0\\ 0 & \lambda_1^{-1} & 0\\ 0 & 0 & \lambda_1^{-1}\end{pmatrix} \tag{4. 89}$$

한편 압축성 시료의 일축 신장에 대한 식 (4. 83)으로 정의되는 Green 변형률 텐서(행렬) $\mathbf{G}$ 및 $\mathbf{G}^{-1}$의 값을 역시 식 (4.59)의 결과를 이용하여 행렬법으로 구하면 아래가 된다.

$$G=F^{-1}(F^{-1})^T=\begin{pmatrix}\lambda_1^2 & 0 & 0\\ 0 & \lambda_2^2 & 0\\ 0 & 0 & \lambda_3^2\end{pmatrix},\ G^{-1}=F^TF=\begin{pmatrix}\lambda_1^{-2} & 0 & 0\\ 0 & \lambda_2^{-2} & 0\\ 0 & 0 & \lambda_3^{-2}\end{pmatrix} \tag{4. 90}$$

또한 비압축성 시료의 경우는 역시 $\lambda_2=\lambda_3=1/\sqrt{\lambda_1}$ 값을 위 식에 대입하면 아래를 얻는다.

$$G=\begin{pmatrix}\lambda_1^2 & 0 & 0\\ 0 & \lambda_1^{-1} & 0\\ 0 & 0 & \lambda_1^{-1}\end{pmatrix},\ G^{-1}=\begin{pmatrix}\lambda_1^{-2} & 0 & 0\\ 0 & \lambda_1 & 0\\ 0 & 0 & \lambda_1\end{pmatrix} \tag{4. 91}$$

즉 일축 신장의 경우(압축성 시료이든, 비압축성 시료이든) $\mathbf{G}=\mathbf{C}^{-1}$, $\mathbf{G}^{-1}=\mathbf{C}$가 됨을 알 수 있다.

(b) 단순 전단 :

4.3.1절의 (b)에서 얻어진 F 및 F^{-1}의 결과를 이용하여 먼저 식 (4.79)로부터 Cauchy 변형률 텐서(행렬) $\mathbf{C}$값을 행렬법으로 구하면 아래가 된다.

$$C = FF^T = \begin{pmatrix} 1 & 0 & 0 \\ -\gamma & 1 & 0 \\ 0 & 0 & 1 \end{pmatrix}\begin{pmatrix} 1 & -\gamma & 0 \\ 0 & 1 & 0 \\ 0 & 0 & 1 \end{pmatrix} = \begin{pmatrix} 1 & -\gamma & 0 \\ -\gamma & 1+\gamma^2 & 0 \\ 0 & 0 & 1 \end{pmatrix} \tag{4.92}$$

다음에는 식 (4.6)의 결과와 정의식 (4.80)을 사용하든지 아니면 바로 식 (4.92)의 역을 취하므로 Finger 텐서(행렬) $\mathbf{C}^{-1}$가 아래와 같이 얻어진다.

$$C^{-1} = (F^{-1})^T F^{-1} = \begin{pmatrix} 1 & \gamma & 0 \\ 0 & 1 & 0 \\ 0 & 0 & 1 \end{pmatrix}\begin{pmatrix} 1 & 0 & 0 \\ \gamma & 1 & 0 \\ 0 & 0 & 1 \end{pmatrix} = \begin{pmatrix} 1+\gamma^2 & \gamma & 0 \\ \gamma & 1 & 0 \\ 0 & 0 & 1 \end{pmatrix} \tag{4.93}$$

역시 식 (4.63)의 결과와 정의식 (4.83)으로부터 Green 텐서(행렬) $\mathbf{G}$를 행렬법으로 구하면 아래를 얻는다.

$$G^{-1} = F^{-1} (F^{-1})^T = \begin{pmatrix} 1 & 0 & 0 \\ \gamma & 1 & 0 \\ 0 & 0 & 1 \end{pmatrix}\begin{pmatrix} 1 & \gamma & 0 \\ 0 & 1 & 0 \\ 0 & 0 & 1 \end{pmatrix} = \begin{pmatrix} 1 & \gamma & 0 \\ \gamma & 1+\gamma^2 & 0 \\ 0 & 0 & 1 \end{pmatrix} \tag{4.94}$$

또한 식 (4.63)의 결과와 정의식 (4.84)로부터 역 Green 텐서(행렬) $\mathbf{G}^{-1}$를 행렬법으로 구하면 아래가 된다(혹은 바로 G의 역을 취해도 얻어짐).

$$G^{-1} = F^T F = \begin{pmatrix} 1 & -\gamma & 0 \\ 0 & 1 & 0 \\ 0 & 0 & 1 \end{pmatrix}\begin{pmatrix} 1 & 0 & 0 \\ -\gamma & 1 & 0 \\ 0 & 0 & 1 \end{pmatrix} = \begin{pmatrix} 1+\gamma^2 & -\gamma & 0 \\ -\gamma & 1 & 0 \\ 0 & 0 & 1 \end{pmatrix} \tag{4.95}$$

[주의 : 이 경우는 (a)의 경우와 달리 G와 C^{-1} 및 G^{-1}과 C는 형태는 비슷하나 같지는 않다.]

(c) 강체 회전 :

4.3.1절의 (c)에서 얻어진 F 및 F^{-1}의 결과를 이용하여 먼저 식 (4.79)로부터 Cauchy 변형률 텐서(행렬) $\mathbf{C}$ 및 $\mathbf{C}^{-1}$값을 행렬법으로 구하면 아래가 된다.

$$C = FF^T = \begin{pmatrix} \cos\theta & -\sin\theta & 0 \\ \sin\theta & \cos\theta & 0 \\ 0 & 0 & 1 \end{pmatrix}\begin{pmatrix} \cos\theta & \sin\theta & 0 \\ -\sin\theta & \cos\theta & 0 \\ 0 & 0 & 1 \end{pmatrix} = \begin{pmatrix} 1 & 0 & 0 \\ 0 & 1 & 0 \\ 0 & 0 & 1 \end{pmatrix} = C^{-1} \tag{4.96}$$

즉 얻어진 C가 (등방)단위행렬 $I = (\delta_{ij})$이므로 그 역도 I이다.

또한 F 및 F^{-1}에 대한 식 (4.68)의 결과와 Green 텐서(행렬) $\mathbf{G}$의 정의식 (4.83)으로부터 G(및 G^{-1})를 행렬법으로 구하면 아래가 된다.

$$\mathrm{G}=\mathrm{F}^{-1}(\mathrm{F}^{-1})^{\mathrm{T}}=\begin{pmatrix}\cos\theta & \sin\theta & 0\\ -\sin\theta & \cos\theta & 0\\ 0 & 0 & 1\end{pmatrix}\begin{pmatrix}\cos\theta & -\sin\theta & 0\\ \sin\theta & \cos\theta & 0\\ 0 & 0 & 1\end{pmatrix}=\begin{pmatrix}1 & 0 & 0\\ 0 & 1 & 0\\ 0 & 0 & 1\end{pmatrix}=\mathrm{G}^{-1} \quad (4.97)$$

역시 얻어진 G가 단위행렬 $\mathrm{I}=(\delta_{ij})$이므로 $\mathrm{G}^{-1}=\mathrm{I}$가 성립된다.

이 경우는 4종류의 (대칭) 변형률텐서 $\mathrm{C}=\mathrm{C}^{-1}=\mathrm{G}=\mathrm{G}^{-1}=\mathrm{I}=(\delta_{ij})$가 모두 (등방)단위행렬이 됨을 알 수 있다.

4. 3. 2. 1 C 및 C^{-1}의 시간에 대한 편미분

4.3.1.1절의 경우와 유사한 논리(즉 $\boldsymbol{r}'$는 t', 그리고 $\boldsymbol{r}$는 t에만 명백하게 의존함)로 이들 텐서량에 대한 시간 t 및 t'에 대한 편미분을 속도구배 텐서 $\nabla\boldsymbol{v}$와 연계시켜 구한다. 먼저 Finger 텐서의 시간 t에 대한 편미분을 구하면 아래가 된다[단 $\dfrac{\partial(\mathbf{F}^{-1})^{\mathrm{T}}}{\partial t}=\left(\dfrac{\partial\mathbf{F}^{-1}}{\partial t}\right)^{\mathrm{T}}$의 항등관계, 4.3.1.1절의 결과 및 $\mathbf{C}^{-1}$의 정의를 이용함].

$$\frac{\partial\mathbf{C}^{-1}}{\partial t}=\left(\frac{\partial\mathbf{F}^{-1}}{\partial t}\right)^{\mathrm{T}}\cdot\mathbf{F}^{-1}+(\mathbf{F}^{-1})^{\mathrm{T}}\cdot\frac{\partial\mathbf{F}^{-1}}{\partial t}=(\mathbf{F}^{-1}\cdot\nabla\boldsymbol{v})^{\mathrm{T}}\cdot\mathbf{F}^{-1}+(\mathbf{F}^{-1})^{\mathrm{T}}\cdot\mathbf{F}^{-1}\cdot\nabla\boldsymbol{v}$$

$$=(\nabla\boldsymbol{v})^{\mathrm{T}}\cdot(\mathbf{F}^{-1})^{\mathrm{T}}\cdot\mathbf{F}^{-1}+(\mathbf{F}^{-1})^{\mathrm{T}}\cdot\mathbf{F}^{-1}\cdot\nabla\boldsymbol{v}=(\nabla\boldsymbol{v})^{\mathrm{T}}\cdot\mathbf{C}^{-1}+\mathbf{C}^{-1}\cdot\nabla\boldsymbol{v} \quad (4.98)$$

다음에는 $\mathbf{C}\cdot\mathbf{C}^{-1}=\mathbf{I}$(시간 무관) 관계를 이용하여 $\dfrac{\partial\mathbf{C}}{\partial t}$를 구해보기로 한다. 즉

$$\frac{\partial}{\partial t}(\mathbf{C}\cdot\mathbf{C}^{-1})\left[=\frac{\partial\mathbf{I}}{\partial t}\right]=\frac{\partial\mathbf{C}}{\partial t}\cdot\mathbf{C}^{-1}+\mathbf{C}\cdot\frac{\partial\mathbf{C}^{-1}}{\partial t}=0 \quad (4.99)$$

이 식에 식 (4.98)을 대입하고, 양변의 각 항의 오른편에 C를 곱하면 아래를 얻는다.

$$\frac{\partial\mathrm{C}}{\partial t}=-\mathrm{C}\cdot[(\nabla v)^{\mathrm{T}}\cdot\mathrm{C}^{-1}+\mathrm{C}^{-1}\cdot\nabla v]\cdot\mathrm{C}=-[\mathrm{C}\cdot(\nabla v)^{\mathrm{T}}+(\nabla v)\cdot\mathrm{C}] \quad (4.100)$$

또한 과거 시간 t'에 대한 편미분 $\dfrac{\partial\mathbf{C}}{\partial t'}$를 행하면 아래를 얻는다[여기에서도 $\dfrac{\partial\mathbf{F}^{\mathrm{T}}}{\partial t'}=\left(\dfrac{\partial\mathbf{F}}{\partial t'}\right)^{\mathrm{T}}$, 4.3.1.1절의 결과 및 C의 정의를 이용함].

$$\frac{\partial\mathbf{C}}{\partial t'}=\frac{\partial\mathbf{F}}{\partial t'}\cdot\mathbf{F}^{\mathrm{T}}+\mathbf{F}\cdot\frac{\partial\mathbf{F}^{\mathrm{T}}}{\partial t'}==\mathbf{F}\cdot\nabla'v'\cdot\mathbf{F}^{\mathrm{T}}+\mathbf{F}\cdot(\mathbf{F}\cdot\nabla'v')^{\mathrm{T}}$$

$$=\mathbf{F}\cdot\nabla'v'\cdot\mathbf{F}^{\mathrm{T}}+\mathbf{F}\cdot(\nabla'v')^{\mathrm{T}}\cdot\mathbf{F}^{\mathrm{T}}$$

$$= \mathbf{F} \cdot [\nabla' v' + (\nabla' v')^{\mathrm{T}}] \cdot \mathbf{F}^{\mathrm{T}} = \mathbf{F} \cdot \dot{\gamma}' \cdot \mathbf{F}^{\mathrm{T}} \tag{4. 101}$$

위 식의 맨 마지막 항등관계는 현 시간 t에서의 관계인 $\nabla \boldsymbol{u} + (\nabla \boldsymbol{u})^{\mathrm{T}} = \mathbf{L} + \mathbf{L}^{\mathrm{T}} = 2\mathbf{D} = \dot{\gamma}$ [여기서 $\mathbf{L} = (\nabla \boldsymbol{u})^{\mathrm{T}}$, $\dot{\gamma}$는 대칭 변형속도 텐서 - 식 (2.321) 참조]에서 유추된 것이다.

마지막으로 $\dfrac{\partial \mathbf{C}^{-1}}{\partial t'}$는 역시 $\mathbf{C}^{-1} \cdot \mathbf{C} = \mathbf{I}$의 양변을 t'로 편미분함으로써 아래와 같이 얻어진다.

$$\frac{\partial}{\partial t'}(\mathbf{C}^{-1} \cdot \mathbf{C})\left[= \frac{\partial \mathbf{I}}{\partial t'}\right] = \frac{\partial \mathbf{C}^{-1}}{\partial t'} \cdot \mathbf{C} + \mathbf{C}^{-1} \cdot \frac{\partial \mathbf{C}}{\partial t'} = 0 \tag{4. 102}$$

이 식에 식 (4.101)을 대입하고, 양변의 각 항의 오른편에 $\mathbf{C}^{-1}$를 곱하고, $\mathbf{C}^{-1}$의 정의식을 대입하면 아래를 얻는다.

$$\frac{\partial \mathbf{C}^{-1}}{\partial t'} = -\mathbf{C}^{-1}[\mathbf{F} \cdot \dot{\gamma}' \cdot \mathbf{F}^{\mathrm{T}}] \cdot \mathbf{C}^{-1} = -(\mathbf{F}^{-1})^{\mathrm{T}} \cdot \mathbf{F}^{-1} \cdot \mathbf{F} \cdot \dot{\gamma}' \cdot \mathbf{F}^{\mathrm{T}} \cdot (\mathbf{F}^{-1})^{\mathrm{T}} \cdot \mathbf{F}^{-1}$$

$$= -(\mathbf{F}^{-1})^{\mathrm{T}} \cdot \dot{\gamma}' \cdot \mathbf{F}^{-1} \tag{4. 103}$$

이 절에서 얻어진 결과식을 표 4. 2에 수록하였다.

4. 3. 2. 2 (대칭)변형률 텐서의 물리적 의미

앞에서 소개된 물체의 신장(stretch) 변형을 나타내는 대칭텐서인 Cauchy, Finger 및 Green 변형률 텐서를 아래에서 보는 바와 같이 변현 전·후의 길이나 면적비에 관한 정보를 줄 수 있다.

먼저 연신비 λ로 1축 신장하의 물질(시료)내의 길이의 상대 로컬 변화(relative local change in length)는 다음과 같이 정의된다.

$$\lambda^2 = \frac{d\boldsymbol{x} \cdot d\boldsymbol{x}}{d\boldsymbol{x}' \cdot d\boldsymbol{x}'} \tag{4. 104}$$

여기서 변형 후의 길이 $d\boldsymbol{x}\,(= d\boldsymbol{r})$에 식 (4.57)을 대입하고, 벡터 치환의 항등관계 $\boldsymbol{a} \cdot \mathbf{M} = \mathbf{M}^{\mathrm{T}} \cdot \boldsymbol{a}$(여기서 $\boldsymbol{a}$ 및 $\mathbf{M}$는 각각 임의의 벡터 및 2차 텐서) 및 식 (4.83)을 이용하면 아래가 된다.

$$\lambda^2 = \frac{(d\boldsymbol{x}' \cdot \mathbf{F}^{-1}) \cdot (d\boldsymbol{x}' \cdot \mathbf{F}^{-1})}{d\boldsymbol{x}' \cdot d\boldsymbol{x}'} = \frac{d\boldsymbol{x}' \cdot \mathbf{F}^{-1} \cdot (\mathbf{F}^{-1})^{\mathrm{T}} \cdot d\boldsymbol{x}'}{d\boldsymbol{x}' \cdot d\boldsymbol{x}'}$$

$$= \frac{d\boldsymbol{x}' \cdot \mathbf{G} \cdot d\boldsymbol{x}'}{d\boldsymbol{x}' \cdot d\boldsymbol{x}'} = \hat{\boldsymbol{n}}' \cdot \mathbf{G} \cdot \hat{\boldsymbol{n}}' \tag{4. 105}$$

위 식의 맨 마지막 항등 관계에서 $d\boldsymbol{x}' \cdot d\boldsymbol{x}' = \| d\boldsymbol{x}' \|^2$ 및 $\hat{\boldsymbol{n}}' = \dfrac{d\boldsymbol{x}'}{\| d\boldsymbol{x}' \|}$를 이용하였다.

또한 식 (4.104)의 역수를 취하면 아래가 된다.

$$\frac{1}{\lambda^2} = \frac{d\boldsymbol{x}' \cdot d\boldsymbol{x}'}{d\boldsymbol{x} \cdot d\boldsymbol{x}} \tag{4.106}$$

여기서 변형 전의 길이 $d\boldsymbol{x}' (= d\boldsymbol{r}')$에 식 (4.54)를 대입하고, 역시 벡터 치환의 항등관계 및 식 (4.79)를 이용하면 아래가 된다.

$$\frac{1}{\lambda^2} = \frac{(d\boldsymbol{x} \cdot \mathbf{F}) \cdot (d\boldsymbol{x} \cdot \mathbf{F})}{d\boldsymbol{x} \cdot d\boldsymbol{x}} = \frac{(d\boldsymbol{x} \cdot \mathbf{F}) \cdot (\mathbf{F}^{\mathrm{T}} \cdot d\boldsymbol{x})}{d\boldsymbol{x} \cdot d\boldsymbol{x}} = \frac{d\boldsymbol{x} \cdot \mathbf{C} \cdot d\boldsymbol{x}}{d\boldsymbol{x} \cdot d\boldsymbol{x}} = \hat{\boldsymbol{n}} \cdot \mathbf{C} \cdot \hat{\boldsymbol{n}} \tag{4.107}$$

위 식의 맨 마지막 항등관계에서 $d\boldsymbol{x} \cdot d\boldsymbol{x} = \| d\boldsymbol{x} \|^2$ 및 $\hat{\boldsymbol{n}} = \dfrac{d\boldsymbol{x}}{\| d\boldsymbol{x} \|}$를 이용하였다. 식 (4.105)와 (4.107)에서 Green **G** 및 Cauchy **C** (대칭)신장 변형률 텐서는 모두 일축 신장하의 (미소) 길이의 상대적인 로컬 변화의 제곱에 관여되어 있음을 알 수 있다. 보다 정확하게는 **G**는 재료의 미변형 혹은 과거 상태의 단위벡터에 작용하여 (로컬)길이 변화의 제곱을 주고, 또한 **C**는 재료의 변형 또는 현재 상태의 단위 벡터에 작용하여 (로컬)길이 변화의 역수의 제곱을 준다.

이번에는 응력하에 있는 재료내의 면적의 상대적인 로컬 변화를 생각해보자. 변형 전·후의 면적의 상대적인 로컬 변화의 제곱은 아래 식으로 주어진다.

$$\mu^2 = \frac{d\boldsymbol{a}' \cdot d\boldsymbol{a}'}{d\boldsymbol{a} \cdot d\boldsymbol{a}} \tag{4.108}$$

여기서 $d\boldsymbol{a}'$ 및 $d\boldsymbol{a}$는 각각 변형 전과 변형 후의 재료내의 로컬 미소 (표)면적 벡터(식 (2.113) 참조)이고, $d\boldsymbol{a}' \cdot d\boldsymbol{a}' = \| d\boldsymbol{a}' \|^2$ 및 $d\boldsymbol{a} \cdot d\boldsymbol{a} = \| d\boldsymbol{a} \|^2$는 각각 변형 전후의 미소 면적벡터의 크기의 제곱이다. 그런데 μ^2를 변형구배 텐서 **F**와 관련시키기 위해 아래를 생각해보자. 즉 재료의 변형 전·후의 미소요소의 체적 dV' 및 dV는 기하학적 정의에 의해 각각 아래로 나타내준다.

$$dV' = d\boldsymbol{a}' \cdot d\boldsymbol{x}', \qquad dV = d\boldsymbol{a} \cdot d\boldsymbol{x} \tag{4.109}$$

한편 변형 전·후의 재료의 미소요소의 질량은 불변이므로 아래 관계가 성립된다(단 ρ' 및 ρ는 각각 변형 전후의 재료의 밀도임).

$$\rho' dV' (= dm') = \rho dV (= dm) \tag{4.110}$$

이 식과 식 (4. 109)를 결합하면 아래가 성립된다.

$$\rho' d\boldsymbol{a}' \cdot d\boldsymbol{x}' = \rho\, d\boldsymbol{a} \cdot d\boldsymbol{x} \tag{4.111}$$

그런데 변형 후의 (미소)길이 $d\boldsymbol{x}\,(=d\boldsymbol{r})$에 식 (4.57)을 대입하면 아래를 얻는다.

$$d\boldsymbol{a}' = \frac{\rho}{\rho'}\, d\boldsymbol{a} \cdot (\mathbf{F}^{-1})^{\mathrm{T}} \tag{4.112}$$

여기서 통상 비압축성 고체 시료를 생각해보면 $\rho/\rho' \simeq 1$이 되므로 위 식은 아래로 근사된다.

$$d\boldsymbol{a}' \simeq d\boldsymbol{a} \cdot (\mathbf{F}^{-1})^{\mathrm{T}} \quad \text{혹은} \quad d\boldsymbol{a} \simeq d\boldsymbol{a}' \cdot \mathbf{F}^{\mathrm{T}} \tag{4.113}$$

그러면 위 식의 첫 번째 관계를 식 (4.108)의 분자의 $d\boldsymbol{a}'$에 대입하고, 또 벡터 치환의 항등관계 및 식 (4.80)을 이용하면 아래 식을 얻는다.

$$\begin{aligned} \mu^2 &= \frac{(d\boldsymbol{a} \cdot (\mathbf{F}^{-1})^{\mathrm{T}}) \cdot (d\boldsymbol{a} \cdot (\mathbf{F}^{-1})^{\mathrm{T}})}{d\boldsymbol{a} \cdot d\boldsymbol{a}} \\ &= \frac{d\boldsymbol{a} \cdot (\mathbf{F}^{-1})^{\mathrm{T}} \cdot (\mathbf{F}^{-1})^{\mathrm{T}} \cdot d\boldsymbol{a}}{\| d\boldsymbol{a} \|^2} = \frac{d\boldsymbol{a} \cdot \mathbf{C}^{-1} \cdot d\boldsymbol{a}}{d\boldsymbol{a} \cdot d\boldsymbol{a}} \end{aligned} \tag{4.114}$$

여기서 $\dfrac{d\boldsymbol{a}}{\| d\boldsymbol{a} \|} = \hat{\boldsymbol{n}}$를 이용하면 위 식은 아래가 된다.

$$\mu^2 = \hat{\boldsymbol{n}} \cdot \mathbf{C}^{-1} \cdot \hat{\boldsymbol{n}} \tag{4.115}$$

식 (4.115)의 물리적 의미는 Finger 텐서가 재료의 변형 혹은 현재 상태의 단위벡터에 작용하여 (미소)면적의 상대적인 로컬 변화의 제곱(즉 $\| d\boldsymbol{a}' \|^2 / \| d\boldsymbol{a} \|^2$)을 준다.

또한 식 (4.108)의 역수를 취하면 아래가 된다.

$$\frac{1}{\mu^2} = \frac{d\boldsymbol{a} \cdot d\boldsymbol{a}}{d\boldsymbol{a}' \cdot d\boldsymbol{a}'} \tag{4.116}$$

역시 고체 재료의 비압축성을 가정하여 우변의 분모의 $d\boldsymbol{a}$항에 식 (4.113)의 두 번째 관계를 대입하고, 벡터 치환의 항등관계 및 식 (4.84)를 이용하면 아래 식을 얻는다.

$$\frac{1}{\mu^2} = \frac{(d\boldsymbol{a}' \cdot \mathbf{F}^{\mathrm{T}})(d\boldsymbol{a}' \cdot \mathbf{F}^{\mathrm{T}})}{d\boldsymbol{a}' \cdot d\boldsymbol{a}'} = \frac{d\boldsymbol{a}' \cdot \mathbf{F}^{\mathrm{T}} \cdot \mathbf{F} \cdot d\boldsymbol{a}'}{\| d\boldsymbol{a}' \|^2} = \frac{d\boldsymbol{a}' \cdot \mathbf{G}^{-1} \cdot d\boldsymbol{a}'}{d\boldsymbol{a}' \cdot d\boldsymbol{a}'} \tag{4.117}$$

여기서 $\dfrac{d\boldsymbol{a}'}{\| d\boldsymbol{a}' \|} = \hat{\boldsymbol{n}}'$를 두면 위 식은 아래가 된다.

$$\frac{1}{\mu^2} = \hat{n}' \cdot \mathbf{G}^{-1} \cdot \hat{n}' \tag{4.118}$$

식 (4.118)의 물리적 의미는 역 Green (대칭)신장 변형률 텐서 $\mathbf{G}^{-1}$가 재료의 미변형 혹은 과거상태의 단위벡터에 작용하여 미소면적의 상대적인 로컬변화의 제곱(즉 $\| d\boldsymbol{a} \|^2 / \| d\boldsymbol{a}' \|^2$)을 준다.

4. 3. 2. 3 (대칭)변형률 텐서의 주 불변량

응력텐서 $\mathbf{T}$의 경우와 마찬가지로 (4.2.3절 참조) 재료내의 임의의 한 점에서의 어떠한 변형(deformation) 상태에 대해서도 오직 (대각요소인) 법선 변형성분(가령 인장이나 압축 등)만 존재하는 세 (주)평면을 항상 발견할 수 있다. 정의에 의해 이들 세 평면을 변형률(strain) 텐서의 '주 (고유)방향'이라 하고, 대응하는 변형(값)을 '주 (고유)변형' 또는 '주 신장(principal extension)'이라고 부르며, 세 (주)불변량과 함께 1.16절에 논의한 절차에 따라 구할 수 있다. 여기서 독자의 이해를 돕기 위하여 그림 4.10에 주어진 고체의 3 대표적 변형의 각각에 대하여 Cauchy, Finger 및 Green (대칭)변형률 텐서의 세 (실)고유치와 세 (주)불변량을 구해보기로 한다.

(a) 1축 신장 :

4.3.2절의 (a)의 결과로부터 일반적인 압축성 재료(즉 $V' \neq V$)의 경우 먼저 Cauchy 변형텐서 $\mathbf{C}$에 대해 공식 (1.412) - (1.414)를 사용하여 세 (주)불변량 I, II, III을 구하면 아래가 된다.

$$\mathrm{I}_{\mathrm{C}} = \mathrm{Tr}\,\mathrm{C} = \lambda_1^{-2} + \lambda_2^{-2} + \lambda_3^{-2}$$

$$\mathrm{II}_{\mathrm{C}} = \frac{1}{2}\left[(\mathrm{Tr}\,\mathrm{C})^2 - \mathrm{Tr}\left(\mathrm{C}^2\right)\right] = \lambda_1^{-2}\lambda_2^{-2} + \lambda_1^{-2}\lambda_3^{-2} + \lambda_2^{-2}\lambda_3^{-2}$$

$$\mathrm{III}_{\mathrm{C}} = \det\mathrm{C} = \lambda_1^{-2}\lambda_2^{-2}\lambda_3^{-2} \tag{4.119}$$

그리고 행렬 C가 대각화되어 있으므로 대각선 요소가 3 고유치에 해당된다.

다음에는 Finger 변형텐서 $\mathbf{C}^{-1}$에 대해 마찬가지 방법으로 세 (주)불변량을 구하면 아래가 된다.

$$\mathrm{I}_{\mathrm{C}^{-1}} = \mathrm{Tr}\,\mathrm{C}^{-1} = \lambda_1^2 + \lambda_2^2 + \lambda_3^2$$

$$\mathrm{II}_{\mathrm{C}^{-1}} = \frac{1}{2}\left[\left(\mathrm{Tr}\,\mathrm{C}^{-1}\right)^2 - \mathrm{Tr}\left(\mathrm{C}^{-1}\right)^2\right] = \lambda_1^2\lambda_2^2 + \lambda_1^2\lambda_3^2 + \lambda_2^2\lambda_3^2$$

$$\mathrm{III}_{\mathrm{C}^{-1}} = \det\mathrm{C}^{-1} = \lambda_1^2\lambda_2^2\lambda_3^2 \tag{4.120}$$

역시 행렬 C^{-1}은 대각화되어 있으므로 대각선 요소가 3 고유치이다.

이번에는 Green 변환률 텐서 **G**와 역 Green 텐서 $\mathbf{G}^{-1}$의 세 불변량을 구함에 있어서 변형 (a)의 경우 $\mathbf{G}=\mathbf{C}^{-1}$, $\mathbf{G}^{-1}=\mathbf{C}$의 관계로부터 아래가 성립된다.

$$\mathrm{I_G}=\mathrm{I_{C^{-1}}}=\lambda_1^2+\lambda_2^2+\lambda_3^2,\quad \mathrm{II_G}=\mathrm{II_{C^{-1}}}=\lambda_1^2\lambda_2^2+\lambda_1^2\lambda_3^2+\lambda_2^2\lambda_3^2\ ,$$
$$\mathrm{III_G}=\mathrm{III_{C^{-1}}}=\lambda_1^2\lambda_2^2\lambda_3^2 \tag{4. 121}$$

$$\mathrm{I_{G^{-1}}}=\mathrm{I_C}=\lambda_1^{-2}+\lambda_2^{-2}+\lambda_3^{-2},\quad \mathrm{II_{G^{-1}}}=\mathrm{II_C}=\lambda_1^{-2}\lambda_2^{-2}+\lambda_1^{-2}\lambda_3^{-2}+\lambda_2^{-2}\lambda_3^{-2}\ ,$$
$$\mathrm{III_{G^{-1}}}=\mathrm{III_C}=\lambda_1^{-2}\lambda_2^{-2}\lambda_3^{-2} \tag{4. 122}$$

또한 G와 G^{-1}의 세 (실)고유치도 각각 C^{-1}과 C의 경우와 같은 값을 가진다.

한편 비압축성 재료의 경우는 얻어진 결과식에 $\lambda_2=\lambda_3=1/\sqrt{\lambda_1}$를 대입하면 아래가 얻어진다.

$$\mathrm{I_C}=\mathrm{I_{G^{-1}}}=\lambda_1^{-2}+2\lambda_1,\quad \mathrm{II_C}=\mathrm{II_{G^{-1}}}=2\lambda_1^{-1}+\lambda_1^2,\quad \mathrm{III_C}=\mathrm{III_{G^{-1}}}=1 \tag{4. 123}$$

$$\mathrm{I_{C^{-1}}}=\mathrm{I_G}=\lambda_1^2+2\lambda_1^{-1},\quad \mathrm{II_{C^{-1}}}=\mathrm{II_G}=2\lambda_1+\lambda_1^{-2},\quad \mathrm{III_{C^{-1}}}=\mathrm{III_G}=1 \tag{4. 124}$$

그리고 행렬 $\mathrm{C}=\mathrm{G}^{-1}$의 세 고유치는 대각요소인 λ_1^{-2}, λ_1, λ_1이며, 행렬 $\mathrm{C}^{-1}=\mathrm{G}$의 세 고유치도 역시 대각요소인 $\lambda_1{}^2$, λ_1^{-1}, λ_1^{-1}이다.

(b) 단순전단 :

역시 4.3.2절 (b)의 결과로부터 먼저 Cauchy 변형텐서 **C**의 세 (주)불변량을 공식 (1.412)~(1.414)를 사용하여 구하면 아래가 된다.

$$\mathrm{I_C}=\mathrm{Tr\,C}=3+\gamma^2$$
$$\mathrm{II_C}=\frac{1}{2}\left[(\mathrm{Tr\,C})^2-\mathrm{Tr\,C}^2\right]=\frac{1}{2}\left[(3+\gamma^2)^2-(3+4\gamma^2+\gamma^4)\right]=3+\gamma^2$$
$$\mathrm{III_C}=\det\mathrm{C}=1 \tag{4. 125}$$

그리고 대칭텐서 **C**의 세 (실)고유치는 대각화되어 있지 않으므로 위의 세 불변량을 이용한 아래의 특성다항식(식 (1.416) 참조)을 풀어야한다. 즉

$$-\det(\mathrm{C}-\lambda\mathrm{I})=f(\lambda)=\lambda^3-(3+\gamma^2)\lambda^2+(3+\gamma^2)\lambda-1=0 \tag{4. 126}$$

이 식은 $(\lambda-1)$로 나누어지므로(즉 $f(1)=0$ 만족) 위 식은 아래와 같이 인수분해된다.

$$f(\lambda)=(\lambda-1)\left[\lambda^2-(2+\gamma^2)\lambda+1\right]=0 \tag{4.127}$$

여기서 괄호안의 2차 방정식의 근을 구하면 C의 3 (실)고유치는 아래가 된다.

$$\lambda_1=\frac{1}{2}\left(2+\gamma^2+\gamma\sqrt{4+\gamma^2}\right)$$

$$\lambda_2=\frac{1}{2}\left(2+\gamma^2-\gamma\sqrt{4+\gamma^2}\right)$$

$$\lambda_3=1 \tag{4.128}$$

다음에는 Finger텐서 $\mathbf{C}^{-1}$의 세 불변량을 역시 공식 (1.412) - (1.414)로부터 구하면 아래가 된다.

$$\mathrm{I}_{\mathrm{C}^{-1}}=\mathrm{Tr}\,\mathrm{C}^{-1}=3+\gamma^2$$

$$\mathrm{II}_{\mathrm{C}^{-1}}=\frac{1}{2}\left[(\mathrm{Tr}\,\mathrm{C}^{-1})^2-\mathrm{Tr}\,(\mathrm{C}^{-1})^2\right]=3+\gamma^2$$

$$\mathrm{III}_{\mathrm{C}^{-1}}=\det\mathrm{C}^{-1}=1 \tag{4.129}$$

그리고 대칭텐서 $\mathbf{C}^{-1}$의 세 (실)고유치를 구하는 특성다항식 (1.416)은 $\mathbf{C}^{-1}$의 세 불변량이 $\mathbf{C}$의 경우와 같으므로 식 (4.127)이 되어, 세 (실)고유치도 $\mathbf{C}$의 경우와 같은 식 (4.128)의 세 값을 가진다.

또한 표 4.1의 설명에서 언급한 논리에 의하여 $\mathbf{C}$와 $\mathbf{G}^{-1}$의 세 불변량 및 고유치는 서로 같으며, 또한 $\mathbf{C}^{-1}$과 $\mathbf{G}$의 세 불변량 및 고유치는 서로 같다.

(c) 강체 회전 :

한편 4.3.2절 (c)의 결과에 의하면 4 종류의 (대칭)신장 변형률 텐서 $\mathbf{C}$, $\mathbf{C}^{-1}$, $\mathbf{G}$ 및 $\mathbf{G}^{-1}$ 모두 등방텐서($\mathbf{I}$) 혹은 단위행렬 $\mathrm{I}=(\delta_{ij})$가 되므로 세 (실)고유치는 4 경우 모두 대각요소인 1, 1, 1이다. 또한 세 주 불변량도 4 경우 모두 동일하며 공식 (1.412) - (1.414)에 의해 간단히 아래가 얻어진다.

$$\mathrm{I_C}=\mathrm{I}_{\mathrm{C}^{-1}}=\mathrm{I_G}=\mathrm{I}_{\mathrm{G}^{-1}}=3, \qquad \mathrm{II_C}=\mathrm{II}_{\mathrm{C}^{-1}}=\mathrm{II_G}=\mathrm{II}_{\mathrm{G}^{-1}}=3,$$

$$\mathrm{III_C}=\mathrm{III}_{\mathrm{C}^{-1}}=\mathrm{III_G}=\mathrm{III}_{\mathrm{G}^{-1}}=1 \tag{4.130}$$

한편 표 4.1의 설명에서 지적한 바와 같이 위의 대표적인 3 변형에 대하여 $\mathbf{C}^{-1}$과 $\mathbf{G}$의 3 불변량은 모두 같음이 밝혀졌다. 이는 다른 모든 변형에 대해서도 그대로 적용된다. 그리고 그림 4.13에 비압축성 고체 시료(이 경우 $\mathrm{III}_{C^{-1}}=1$)에 있어서 인장(tension)과 압축(compression), 그리고 단순 전단(simple shear)이나 평면 신장(planar extension)과 같은 여러 형태의 변형(deformation)에 대하여 Finger 텐서의 두 불변량인 I_B 대 II_B의 플롯(plot)을 행하였다. 이 플롯에 나타낸 바와 같이 고체에 대하여 가능한 모든 형태의 변형은 단순 인장과 압축 변형의 사이에 들어있다고 하겠다. 특히 단순 전단의 경우 $\mathrm{I}_{C^{-1}}=\mathrm{II}_{C^{-1}}$(식 (4.125) 참조)이므로 그림 4.13의 플롯에서 변형이 (주)대각선을 따라 일어난다(∵ 직선 $y=ax$에서 기울기 $a=1$이므로). 이와 같은 경우는 평면 신장이나 모서리(side)가 일정하게 유지된 시트(sheet)의 신장(stretching) 등에서도 일어난다(예제 4.7 참조).

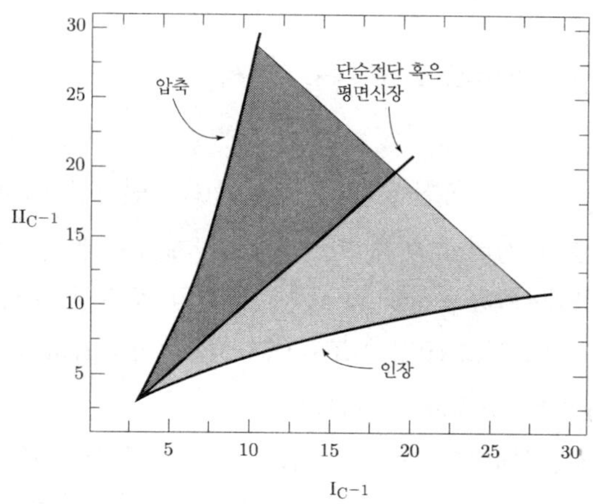

그림 4.13 비압축성 고체 시료($\mathrm{III}_{C^{-1}}=1$)의 각종 변형에 대한 Finger 텐서 $\mathbf{C}^{-1}$의 두 불변량 $\mathrm{I}_{C^{-1}}$과 $\mathrm{II}_{C^{-1}}$의 플롯. 가능한 모든 종류의 변형은 그림에서 세 직선으로 둘러싸여진 빗금친 영역내에 존재한다고 하겠다.

여기서 4.3.2.2절에서 언급한 바 있고 Finger 텐서 $\mathbf{C}^{-1}$의 3 (주)불변량의 물리적 의미에 대하여 생각해보기로 한다. 먼저 첫 번째 불변량의 1/3의 평방근은 일반적으로 재료내의 한 점 P에서 선요소(line element)의 모든 가능한 배향에 대하여 평균된 길이 변화를 나타낸다. 즉

$$\sqrt{\frac{\mathrm{I}_{C^{-1}}}{3}}=\left\langle\frac{dL'}{dL}\right\rangle \tag{4. 131}$$

다음에는 두 번째 불변량의 평방근은 점 P 주위로 모든 평면에 대해 평균적인 미소 면적 변화를 나타낸다. 즉

$$\sqrt{\frac{\mathrm{II}_{C^{-1}}}{3}}=\left\langle\frac{da'}{da}\right\rangle \tag{4. 132}$$

여기서 $da'(=\|d\boldsymbol{a}'\|)$ 및 $da(=\|d\boldsymbol{a}\|)$는 각각 변형 전·후의 미소 표면적(벡터)의 크기이다. 마지막으로 세 번째 불변량의 평방근은 (예상대로) 재료내의 점 P 주위의 미소요소의 부피 변화를 나타낸다. 즉

$$\sqrt{\mathrm{III}_{\mathrm{C}^{-1}}} = \det(\mathrm{F}^{-1})^{\mathrm{T}} = \lambda_1\lambda_2\lambda_3 = \frac{dV'}{dV} = \frac{\rho}{\rho'} \tag{4.133}$$

여기서 dV', dV 및 ρ', ρ는 각각 변형 전·후의 (미소)부피 변화 및 밀도이며, $\lambda_i(i=1,2,3)$는 각 i (주)방향으로의 신장(혹은 연신)비이다. 식 (4.60)에 나타낸 바와 같이 비압축성 재료의 경우 세 (주)연신비의 곱은 1이 되므로, $\mathrm{III}_{\mathrm{C}^{-1}}=1$이 된다.

4.3.3 상대 Finger 및 Cauchy 변형률 텐서

4.3.2절에서 소개된 $\mathbf{C}$ 및 $\mathbf{C}^{-1}$를 포함한 (대칭)신장(stretch) 변형률 텐서는 (비대칭)변형 기울기 텐서 $\mathbf{F}$(혹은 $\mathbf{F}^{-1}$)에서 극분해 정리에 의해 회전 효과를 제거하여 얻어진 순수 변형만을 나타내므로, 모두 관측자의 기준 프레임(reference frame)에 무관한 객관성 텐서(objective tensor)로서 레올로지 구성방정식에 널리 이용된다(2.19절 참조). 여기서는 '상대(relative) Finger 텐서'로 알려진 두 변형률 텐서 $\boldsymbol{\gamma}^{[0]}$ 및 $\boldsymbol{\gamma}_{[0]}$를 소개하기로 한다.

지금 기준(현재) 시간 t에 상대적인 관심(과거) 시간 t'에서의 변위(displacement) 벡터 $\boldsymbol{u}(t,t')=\boldsymbol{r}'-\boldsymbol{r}$(여기서 $\boldsymbol{r}'$ 및 $\boldsymbol{r}$을 각각 시간 t' 및 t에서의 위치벡터임)를 생각해보자. 그러면 다음과 같이 변위구배텐서 $\nabla\boldsymbol{u}$를 통하여 변형텐서 $\mathbf{F}$와 관계가 만들어진다.

$$\nabla\boldsymbol{u}\left[=\frac{\partial\boldsymbol{u}}{\partial\boldsymbol{r}}\right] = \frac{\partial}{\partial\boldsymbol{r}}(\boldsymbol{r}'-\boldsymbol{r}) = \mathbf{F}-\mathbf{I} \tag{4.134}$$

여기서 $\mathbf{I}=\dfrac{\partial\boldsymbol{r}}{\partial\boldsymbol{r}}$는 단위(등방)텐서이다.

한편 미소변형에 대한 (대칭)변형률 텐서 $\boldsymbol{\gamma}(t,t')=2\boldsymbol{\varepsilon}(t,t')$는 아래와 같이 정의된다(식 (2.326) 참조).

$$\boldsymbol{\gamma}(t,t')\left[=\int_t^{t'}\dot{\boldsymbol{\gamma}}(t'')dt''\right] = 2\boldsymbol{\varepsilon} = \nabla\boldsymbol{u}+(\nabla\boldsymbol{u})^{\mathrm{T}} \tag{4.135}$$

이제 $\boldsymbol{\gamma}$는 아래와 같이 정의되는 '상대(relative) Cauchy 텐서'라 불리는 대칭 변형률 텐서 $\boldsymbol{\gamma}^{[0]}$의 미소변형의 극한값에 해당됨을 보여주기로 한다.

$$\boldsymbol{\gamma}^{[0]} \equiv \mathbf{F}\cdot\mathbf{F}^{\mathrm{T}}-\mathbf{I} = \mathbf{C}-\mathbf{I} \tag{4.136}$$

위 식의 $\mathbf{F}$를 식 (4.134)에서 대입하여 전개하면 아래를 얻는다.

$$\boldsymbol{\gamma}^{[0]} = (\nabla\boldsymbol{u} + \mathbf{I}) \cdot (\nabla\boldsymbol{u} + \mathbf{I})^{\mathrm{T}} - \mathbf{I} = \nabla\boldsymbol{u} \cdot (\nabla\boldsymbol{u})^{\mathrm{T}} + \nabla\boldsymbol{u} + (\nabla\boldsymbol{u})^{\mathrm{T}} \tag{4. 137}$$

여기서 미소변형 극한을 취하면 아래가 된다(즉 2차항 $\nabla\boldsymbol{u} \cdot (\nabla\boldsymbol{u})^{\mathrm{T}}$가 무시됨).

$$\lim_{\nabla\boldsymbol{u}\to\mathbf{0}} (\boldsymbol{\gamma}^{[0]}) = \nabla\boldsymbol{u} + (\nabla\boldsymbol{u})^{\mathrm{T}} = \boldsymbol{\gamma}(t,\, t')[=2\boldsymbol{\varepsilon}] \tag{4. 138}$$

[사실 식 (4.137)로 정의된 $\boldsymbol{\gamma}^{[0]}(i, j)$는 2.13.3절에 소개한 고체의 유한변형에 대한 Green 변형률 텐서 $2E_{ij} = 2\varepsilon_{ij} + [(\nabla\boldsymbol{u}) \cdot (\nabla\boldsymbol{u})^{\mathrm{T}}](i, j) = u_{i;j} + u_{j;i} + u_{k;i} + u^{k}{}_{;j}$와 동일하다.]

한편 미소변형의 극한에서 $\boldsymbol{\gamma}$와 같아지는 또 다른 유한 변형률 텐서 $\boldsymbol{\gamma}_{[0]}$는 '상대 Finger 텐서'로서 아래와 같이 정의된다.

$$\boldsymbol{\gamma}_{[0]} \equiv \mathbf{I} - (\mathbf{F}^{-1})^{\mathrm{T}} \cdot \mathbf{F}^{-1} = \mathbf{I} - \mathbf{C}^{-1} \tag{4. 139}$$

앞의 경우와 마찬가지로 $\mathbf{F}$를 식 (4.134)에서 대입하여 전개하면 아래를 얻는다[단 $(\mathbf{A} \cdot \mathbf{B})^{-1} = \mathbf{B}^{-1} \cdot \mathbf{A}^{-1}$를 이용한다].

$$\begin{aligned}\boldsymbol{\gamma}_{[0]} &= \mathbf{I} - [(\mathbf{I} + \nabla\boldsymbol{u})^{\mathrm{T}}]^{-1} \cdot (\mathbf{I} + \nabla\boldsymbol{u})^{-1} = \mathbf{I} - (\mathbf{I} + (\nabla\boldsymbol{u})^{\mathrm{T}})^{-1} \cdot (\mathbf{I} + \nabla\boldsymbol{u})^{-1} \\ &= \mathbf{I} - [(\mathbf{I} + \nabla\boldsymbol{u}) \cdot (\mathbf{I} + (\nabla\boldsymbol{u})^{\mathrm{T}})]^{-1} \\ &= \mathbf{I} - (\mathbf{I} + \nabla\boldsymbol{u} + (\nabla\boldsymbol{u})^{\mathrm{T}} + (\nabla\boldsymbol{u}) \cdot (\nabla\boldsymbol{u})^{\mathrm{T}})^{-1} = \mathbf{I} - (\mathbf{I} + \boldsymbol{\gamma}^{[0]})^{-1}\end{aligned} \tag{4. 140}$$

여기서 위 식은 $(\mathbf{I} + \boldsymbol{\gamma}^{[0]})^{-1} = \mathbf{I} - \boldsymbol{\gamma}_{[0]}$가 되므로 양변에 $(\mathbf{I} + \boldsymbol{\gamma}^{[0]})$을 곱하여 내적을 취한 후 정리하면 아래를 얻는다.

$$\boldsymbol{\gamma}_{[0]} \cdot (\mathbf{I} + \boldsymbol{\gamma}^{[0]}) = \boldsymbol{\gamma}^{[0]} \quad \text{혹은} \quad \boldsymbol{\gamma}_{[0]} = \boldsymbol{\gamma}^{[0]} \cdot (\mathbf{I} + \boldsymbol{\gamma}^{[0]})^{-1} \tag{4. 141}$$

여기서 양변에 미소변형의 극한을 취하여 2차 항 $\boldsymbol{\gamma}_{[0]} \cdot \boldsymbol{\gamma}^{[0]}$을 무시하면 아래를 얻는다.

$$\lim_{\nabla\boldsymbol{u}\to\mathbf{0}} (\boldsymbol{\gamma}_{[0]}) = \lim_{\nabla\boldsymbol{u}\to\mathbf{0}} (\boldsymbol{\gamma}^{[0]}) = \boldsymbol{\gamma}(t,\, t')[=2\boldsymbol{\varepsilon}] \tag{4. 142}$$

한편 $\boldsymbol{\gamma}^{[0]}$의 경우와 마찬가지로, 식 (4.139)로 정의된 상대 Finger 텐서 $\boldsymbol{\gamma}_{[0]}$ 대신 일부 문헌에서는 부호를 바꾸어 아래와 같이 일련의 Green (유한)변형률 텐서 $\mathbf{E} = (E_{ij})$(식 (2.335) 참조) 항으로 나타내기도 한다.

$$\mathbf{E} = \mathbf{C}^{-1} - \mathbf{I} \tag{4.143}$$

다음에는 위에서 언급한 미소변형의 극한에 해당하는 몇 가지 관계(정의)식을 아래에 정리하여 나타내겠다. 먼저 식 (4.135)로 정의한 (대칭)미소 변형률 텐서 $\boldsymbol{\gamma}$의 적분정의는 아래와 같다.

$$\boldsymbol{\gamma}(t', t) = \int_{t'}^{t} \dot{\boldsymbol{\gamma}}(t'')dt'' = -\int_{t}^{t'} \dot{\boldsymbol{\gamma}}(t'')dt'' = -\boldsymbol{\gamma}(t, t') \tag{4.144}$$

다음에는 Finger 및 Cauchy 텐서의 미소변형 극한(즉 $\boldsymbol{u} = \boldsymbol{r}' - \boldsymbol{r} \to 0$)에서는 각각 정의식 (4.139)와 (4.136)에서 아래가 된다(단 식 (4.138) 및 (4.142) 참조).

$$\lim_{\nabla \boldsymbol{u} \to 0} \mathbf{C}^{-1}(t', t) = \mathbf{I} - \boldsymbol{\gamma}(t, t') \tag{4.145}$$

$$\lim_{\nabla \boldsymbol{u} \to 0} \mathbf{C}(t, t') = \boldsymbol{\gamma}(t, t') + \mathbf{I} \tag{4.146}$$

즉 위 식에서 미소변형 극한의 경우에는 Cauchy 텐서 $\mathbf{C}$는 미소 변형률 텐서 $\boldsymbol{\gamma}(t, t')$에 비례하고, 반면에 Finger 텐서 $\mathbf{C}^{-1}$는 음(−) 의 $\boldsymbol{\gamma}(t, t')$에 비례함을 알 수 있다.

그리고 이 절을 끝내기 전 4.3.2.1절의 경우처럼 $\boldsymbol{\gamma}^{[0]}$과 $\boldsymbol{\gamma}_{[0]}$의 시간 t 및 t'에 관한 편미분 공식을 유도해 보기로 한다. 먼저 $\boldsymbol{\gamma}^{[0]}$에 대해서는 $\mathbf{C}(t, t')$와의 관계식 (4.136)으로부터 간단히 아래를 얻는다.

$$\frac{\partial \boldsymbol{r}^{[0]}}{\partial t} = \frac{\partial \mathbf{C}}{\partial t}, \qquad \frac{\partial \boldsymbol{r}^{[0]}}{\partial t'} = \frac{\partial \mathbf{C}}{\partial t'} \tag{4.147}$$

마찬가지로 $\boldsymbol{\gamma}_{[0]}$에 대해서도 $\mathbf{C}^{-1}(t', t)$와의 관계식 (4.139)로부터 간단히 아래를 얻는다.

$$\frac{\partial \boldsymbol{r}_{[0]}}{\partial t} = -\frac{\partial \mathbf{C}^{-1}}{\partial t}, \qquad \frac{\partial \boldsymbol{r}_{[0]}}{\partial t'} = -\frac{\partial \mathbf{C}^{-1}}{\partial t'} \tag{4.148}$$

한편 이들 결과식도 $\mathbf{F}$, $\mathbf{F}^{-1}$, $\mathbf{C}$, $\mathbf{C}^{-1}$에 대한 시간 미분 결과식과 함께 표 4.2에 정리하여 나타내었다.

표 4.2 각종 변환률 텐서와 그의 시간 미분*

텐서 이름	A	정의	$\dfrac{\partial \mathbf{A}}{\partial t}$	$\dfrac{\partial \mathbf{A}}{\partial t'}$
변형 기울기 $t \to t'$	$\mathbf{F}$	$\dfrac{\partial \boldsymbol{r}'}{\partial \boldsymbol{r}}$	$-\nabla \boldsymbol{v} \cdot \mathbf{F}$	$\mathbf{F} \cdot \nabla' \boldsymbol{v}'$
역 변형 기울기 $t' \to t$	$\mathbf{F}^{-1}$	$\dfrac{\partial \boldsymbol{r}}{\partial \boldsymbol{r}'}$	$\mathbf{F}^{-1} \cdot \nabla \boldsymbol{v}$	$-\nabla' \boldsymbol{v}' \cdot \mathbf{F}^{-1}$
Cauchy $t \to t'$	$\mathbf{C}$	$\mathbf{F} \cdot \mathbf{F}^{\mathrm{T}}$	$-[\mathbf{C} \cdot (\nabla \boldsymbol{v})^{\mathrm{T}} + \nabla \boldsymbol{v} \cdot \mathbf{C}]$	$\mathbf{F} \cdot \dot{\boldsymbol{\gamma}}' \cdot \mathbf{F}^{\mathrm{T}}$
Finger $t' \to t$	$\mathbf{C}^{-1}$	$(\mathbf{F}^{-1})^{\mathrm{T}} \cdot \mathbf{F}^{-1}$	$(\nabla \boldsymbol{v})^{\mathrm{T}} \cdot \mathbf{C}^{-1} + \mathbf{C}^{-1} \cdot \nabla \boldsymbol{v}$	$-(\mathbf{F}^{-1})^{\mathrm{T}} \cdot \dot{\boldsymbol{\gamma}}' \cdot \mathbf{F}^{-1}$
유한 변형률 $t \to t'$	$\boldsymbol{\gamma}^{[0]}$	$\mathbf{C} - \mathbf{I}$	$\dfrac{\partial \mathbf{C}}{\partial t}$	$\dfrac{\partial \mathbf{C}}{\partial t'}$
유한 변형률 $t \to t'$	$\boldsymbol{\gamma}_{[0]}$	$\mathbf{I} - \mathbf{C}^{-1}$	$-\dfrac{\partial \mathbf{C}^{-1}}{\partial t}$	$-\dfrac{\partial \mathbf{C}^{-1}}{\partial t'}$
변위 기울기 $t \to t'$	$\nabla \boldsymbol{u}$	$\boldsymbol{r}' - \boldsymbol{r}$	$\dfrac{\partial \mathbf{F}}{\partial t}$	$\dfrac{\partial \mathbf{F}}{\partial t'}$
미소 변형률 $t \to t'$	$\boldsymbol{\gamma}$	$\nabla \boldsymbol{u} + (\nabla \boldsymbol{u})^{\mathrm{T}}$	$\dfrac{\partial \boldsymbol{\gamma}(t, t')}{\partial t} = -\dot{\boldsymbol{\gamma}}$	$\dfrac{\partial \boldsymbol{\gamma}(t, t')}{\partial t'} = \dot{\boldsymbol{\gamma}}'$

* ∇'기호는 x'에 관한 del 연산자(즉 $\nabla' = \dfrac{\partial}{\partial \boldsymbol{x}'}$); $\dot{\gamma}' = \dot{\gamma}(t')$. 또한 미소 변형률 텐서 $\boldsymbol{\gamma}$는 기준시간 t에서 관심의 시간 t'까지의 변형을 일컫음. 즉 $\boldsymbol{\gamma}(t, t') = \int_t^{t'} \dot{\boldsymbol{\gamma}}(t'')dt'' = -\boldsymbol{\gamma}(t', t)$. 그리고 변위 $\boldsymbol{u}(t, t') = \boldsymbol{r}' - \boldsymbol{r}$.

■ 4.4 신후크(neo-Hooke) 탄성고체

후크(Hooke)가 1678년도에 고체(스프링)에 대한 (1차원) 탄성법칙(식 (3.1))을 제안한 이래 약

150년이 지난 1820년대에 Cauchy가 처음으로 고체내의 임의의 한 점에서의 응력 또는 변형의 3차원 상태를 기술하는 방법을 제안하였다. 그러나 그 당시는 작은 변형에서 파괴가 일어나는 금속이나 세라믹에 주로 관심을 가졌으므로 가령 단순 전단변형에 관한 텐서 표현식에서 식 (4.92)의 γ^2과 같은 항을 기술할 수가 없었다.

한편 고무와 같이 자기 자신의 7배 이상 탄성적으로 늘어나는 물체에 적용을 위해 대변형에서의 후크법칙에 대한 필요성이 야기되었는데, 앞절에서 소개한 Finger 변형텐서($\mathbf{C}^{-1}$)가 이 목적에 부합하였다. 즉 물체내의 임의의 점에서의 응력이 변형(또는 $\mathbf{C}^{-1}$)에 직선적으로 비례하고, 또한 (고체)물질의 등방성(isotropic)이라면 실제 변형에 기인하는 잉여(혹은 점성)응력(extra stress) $\boldsymbol{\tau}$는 아래와 같이 $\mathbf{C}^{-1}$에 비례해야 할 것이다(식 (4.35) 참조).

$$\boldsymbol{\tau} = G\mathbf{C}^{-1} \text{ 혹은 } \mathbf{T} = -p\mathbf{I} + G\mathbf{C}^{-1} \tag{4. 149}$$

이 식은 1948년도에 Rivlin이 처음으로 제안하였으며, 이를 '신후크 구성방정식(neo-Hookean constitutive equation)'이라 칭한다. 그리고 G는 전단 탄성계수로서 변형이 작을 때는 상수가 되나 큰 변형에서는 변형(또는 응력)의 함수가 되는 비선형(non-linear) 거동을 나타낸다.

만약 관련된 변형이 없다면 $\mathbf{C}^{-1} = \mathbf{I}$가 되어 위 식에서 $\boldsymbol{\tau} = G\mathbf{I}$가 된다. 그런데 비압축성 물질의 경우 식 (4.149) 중의 압력 p의 결정은 임의적으로 만약 $p = G$로 두면 전체 응력 $\mathbf{T} = \mathbf{0}$가 되어 정지상태가 된다.

신후크 법칙을 나타내는 또 다른 모델로서는 위 식에서 Finger 텐서 대신 $\boldsymbol{\gamma}_{[0]}$(식 (4.139) 또는 $\mathbf{E}$(식 (4.143))을 사용하여 아래와 같이 나타내기도 한다(문 4.8(c) 참조).

$$\mathbf{T} = -p\mathbf{I} + G\mathbf{E} = -p\mathbf{I} - G\boldsymbol{\gamma}_{[0]} \tag{4. 150}$$

이 식에서 만약 정지상태라면 $p = 0$이 되나, 비압축성 물질의 경우는 압력 p의 선택은 임의이므로, 통상 경계조건(boundary condition)에 의해 p를 결정한다. 또한 이 모델에서는 법선응력 차(가령 $T_{11} - T_{22} = \tau_{11} - \tau_{22}$ 등)만이 변형을 일으킨다.

4. 4. 1 일축 신장

그림 4.10에 나타낸 대표적인 변형양식에 대해 큰 변형에서의 신후크 모델을 테스트할 수 있다. 가령 비압축성 물질에 대한 일축신장의 경우 $\mathbf{C}^{-1}$에 대한 식 (4.89)의 결과를 갖고 식 (4.149)에 대입하여 결과를 행렬 표현식으로 나타내면 아래가 된다.

$$\mathrm{T}=\begin{pmatrix}-p & 0 & 0\\ 0 & -p & 0\\ 0 & 0 & -p\end{pmatrix}+G\begin{pmatrix}\lambda_1^2 & 0 & 0\\ 0 & \lambda_1^{-1} & 0\\ 0 & 0 & \lambda_1^{-1}\end{pmatrix}=\begin{pmatrix}-p+G\lambda_1^2 & 0 & 0\\ 0 & -p+G\lambda_1^{-1} & 0\\ 0 & 0 & -p+G\lambda_1^{-1}\end{pmatrix} \quad (4.151)$$

이 변형은 시료의 양 끝에서 $\hat{\boldsymbol{x}}_1$평면(즉 $\hat{\boldsymbol{x}}_1$에 수직인 면)에 힘 $\boldsymbol{f}$를 가함으로써 얻어진다. 여기서 변형 후의 (미소)단면적 $a_1 = \Delta x_2 \Delta x_2$ 항으로 나타낸 1 방향의 법선응력(장력)(engineering tensile stress) T_{11}은 아래가 된다.

$$\frac{f_1}{a_1}= T_{11} =-p+G\lambda_1^2 \quad (4.152)$$

만약 물체 블록의 양 모서리에서 장력이 없다면 $T_{22} = T_{33}= 0$이 되어, $P= G/\lambda_1$이 된다. 이를 식 (4.152)에 대입하면 아래를 얻는다.

$$\frac{f_1}{a_1}= T_{11}= G\left(\lambda_1^2-\lambda_1^{-1}\right) \quad (4.153)$$

한편 비압축성 시료의 경우는 $dV'(=d\boldsymbol{a}' \cdot d\boldsymbol{x}_1')= dV(= d\boldsymbol{a} \cdot d\boldsymbol{x}_1)$[단 $d\boldsymbol{a}$와 $\boldsymbol{x}_1$는 같은 각도 가짐] 혹은 아래가 성립된다.

$$a_1 \triangle x_1 = a_1{}'\triangle x_1{}' \text{ 혹은 } a_1 = a_1{}'/\lambda_1 \text{ (여기서 } \lambda_1 = \triangle x_1 / \triangle x_1{}'\text{)} \quad (4.154)$$

이를 식 (4.153)에 대입하면 변형전의 단면적으로 나타낸 소위 '공칭(nominal) 인장응력' T_{11}°은 아래가 된다.

$$\frac{f_1}{a_1{}'}= T_{11}^{\circ} = G\left(\lambda_1-\lambda_1^{-2}\right) \quad (4.155)$$

또한 공학응력 T_{11}을 인장변형률 $\varepsilon\left(= \triangle l_1/l_1^{\circ}\right)= \lambda_1 - 1$로 나타내면 아래가 된다(즉 식 (4.153)에서 $\lambda_1 = 1+\varepsilon$을 대입하여 정리함).

$$T_{11}= G\left(\frac{3\varepsilon+3\varepsilon^2+\varepsilon^3}{1+\varepsilon}\right) \quad (4.156)$$

여기서 미소변형의 극한을 취하면 아래가 된다.

$$\lim_{\varepsilon\to 0} T_{11}= 3G\varepsilon \quad (4.157)$$

한편 (선형)인장 탄성계수 혹은 영률(Young's modulus) E는 아래와 같이 정의된다.

$$E = \lim_{\varepsilon \to 0} \frac{T_{11} - T_{22}}{\varepsilon} \tag{4. 158}$$

그런데 위의 경우 $T_{22} = T_{33} = 0$이 되므로 비압축성, 등방물질의 미소(선형) 탄성변형의 경우에는 아래 식이 성립된다.

$$E = 3G \tag{4. 159}$$

반면에 만약 압축성(즉 $V' \neq V$) 등방, 선형탄성의 경우에는 아래 식이 성립된다.

$$E = 2G(1 + \nu) \tag{4. 160}$$

여기서 ν는 길이 인장에 대한 폭의 감소를 나타내는 Poisson 비(ratio)로서 비압축 시료의 경우 $\nu = 0.5$ 값을 가진다.

4. 4. 2 단순전단 변형

단순전단 변형의 경우 $\mathbf{C}^{-1}$에 대한 결과식 (4.93)을 신후크 모델 식 (4.149)에 대입하고 그 결과를 행렬 표현식으로 나타내면 아래가 된다.

$$\mathrm{T} = (T_{ij}) = \begin{pmatrix} -p + G(1+\gamma^2) & G\gamma & 0 \\ G\gamma & -p + G & 0 \\ 0 & 0 & -p + G \end{pmatrix} \tag{4. 161}$$

여기서 (전체)전단응력 T_{12}는 상당한 변형까지 γ에 직선적으로 비례함을 알 수 있다. 또한 비압축성 시료의 경우 압력 p의 결정은 임의적이므로 법선 응력의 차이를 취함으로써 아래와 같이 제거할 수 있다.

$$T_{11} - T_{22} = \tau_{11} - \tau_{22} = G\gamma^2 \tag{4. 162}$$

$$T_{22} - T_{33} = \tau_{22} - \tau_{33} = 0 \tag{4. 163}$$

위 식에서 알 수 있듯이 비압축성 시료의 전단변형에 관한 신후크 모델(식 (4.149))에서는 제 1법선응력차이는 γ^2에 직선적으로 변하며, 이는 실험적으로 확인되었다.

■ 4. 5 일반 탄성고체 모델

앞 절에서 소개된 신후크(neo-Hooke) 모델은 실제 고무시료에 대한 인장실험 데이터를 비교적 잘 설명하나 완벽하지는 못하다. 그림 4.1과 그림 4.14에 나타낸 바와 같이 매우 높은 신장 변형에서는 인장응력 데이터가 모델에서 벗어난다. 그렇다면 탄성고체의 (인장)변형에 관한 실험 데이터를 보다 이상적으로 묘사할 수 있는 일반화된 모델이 존재할까?

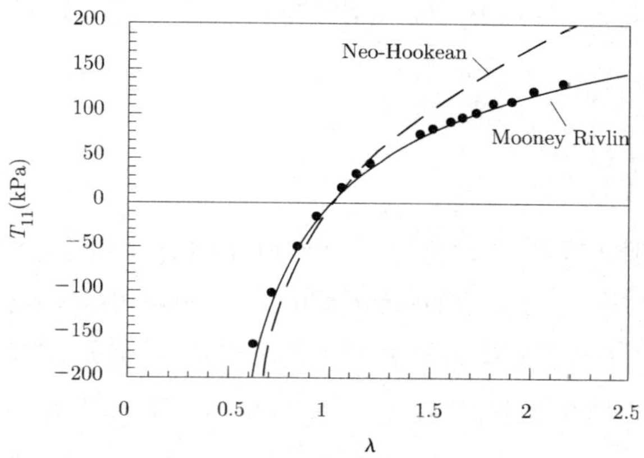

그림 4.14 실리콘 (비압축성)고무시료에 대해 얻어진 인장 및 압축실험 데이터와 신후크 모델(4.149)과 Mooney Rivlin 모델(4.173)(단 $C_1 = 17.5$ kPa, $C_2 = 16.5$ kPa 이용)의 예측과의 비교.

신후크 모델(4. 149)에서는 응력은 (Finger)변형텐서에 직선적으로 비례한다고 가정하였다. 그러나 고체에 대한 보다 유효한 탄성 모델로서는 (전체)응력은 아래와 같이 $\mathbf{C}^{-1}$의 일반 함수로 나타내진다.

$$\mathbf{T} = f(\mathbf{C}^{-1}) \tag{4. 164}$$

이를 Taylor 급수처럼 $\mathbf{C}^{-1}$에 대해 멱급수(power series)로 전개하면 아래가 된다.

$$\mathbf{T} = f_0(\mathbf{C}^{-1})^0 + f_1(\mathbf{C}^{-1})^1 + f_2(\mathbf{C}^{-1})^2 + f_3(\mathbf{C}^{-1})^3 + \cdots \tag{4. 165}$$

여기서 $(\mathbf{C}^{-1})^{\circ} = \mathbf{I}$이며, f_i는 $\mathbf{C}^{-1}$에 무관한 스칼라 상수이다. 한편 Cayley-Hamilton 정의에 의하면 3차원(E^3) 공간에서 일반 2차 텐서는 (고유치를 구하는) 자기 자신의 특성다항식을 만족하므로 $\mathbf{C}^{-1}$에 대해서도 아래가 성립된다(식 (1.417) 참조).

$$(\mathbf{C}^{-1})^3 - \mathrm{I}_{\mathbf{C}^{-1}}(\mathbf{C}^{-1})^2 + \mathrm{II}_{\mathbf{C}^{-1}}\mathbf{C}^{-1} - \mathrm{III}_{\mathbf{C}^{-1}}\mathbf{I} = 0 \tag{4. 166}$$

이 식의 양변에 $\mathbf{C}$를 곱해 $(\mathbf{C}^{-1})^2$를 $(\mathbf{C}^{-1})$, $\mathbf{I}$ 및 $\mathbf{C}$항으로 나타내면 아래가 된다.

$$(\mathbf{C}^{-1})^2 = \mathrm{I}_{\mathrm{C}^{-1}}\mathbf{C}^{-1} - \mathrm{II}_{\mathrm{C}^{-1}}\mathbf{I} - \mathrm{III}_{\mathrm{C}^{-1}}\mathbf{C} \tag{4.167}$$

이를 식 (4.166)에 대입하면 아래가 얻어진다.

$$(\mathbf{C}^{-1})^3 = \left(\mathrm{I}^2_{\mathrm{C}^{-1}} - \mathrm{II}_{\mathrm{C}^{-1}}\right)\mathbf{C}^{-1} + \left(\mathrm{III}_{\mathrm{C}^{-1}} - \mathrm{I}_{\mathrm{C}^{-1}}\mathrm{II}_{\mathrm{C}^{-1}}\right)\mathbf{I} + \mathrm{I}_{\mathrm{C}^{-1}}\mathrm{III}_{\mathrm{C}^{-1}}\mathbf{C} \tag{4.168}$$

여기서 식 (4.167)과 (4.168)을 식 (4.165)에 대입하여 $\mathbf{C}^{-1}$, $\mathbf{I}$, $\mathbf{C}$항으로 나타내면 아래가 된다[단 $(\mathbf{C}^{-1})^3$항까지만 전개함].

$$\mathbf{T} = g_0\mathbf{I} + g_1\mathbf{C}^{-1} + g_2\mathbf{C} \tag{4.169}$$

여기서 g_i는 $\mathbf{C}^{-1}$의 (주)불변량의 스칼라 함수이다. 만약 물질이 비압축성이라면 $g_0 = -p$가 된다. 따라서 일반적인 비압축성, 등방성(inconpressible, isotropic) 탄성고체의 경우 응력과 변형의 구성방정식은 두 개의 스칼라 함수인 g_1과 g_2만으로 나타낼 수 있다. 게다가 이 경우 $\mathrm{III}_{\mathrm{C}^{-1}} = 1$ (4.3.2절 참조)이므로 두 스칼라 함수 g_1 및 g_2는 오직 $\mathrm{I}_{\mathrm{C}^{-1}}$과 $\mathrm{II}_{\mathrm{C}^{-1}}$의 함수가 되며, 이를 고체재료의 '물질함수(material function)'라 부른다. 따라서 비압축성, 등방 탄성고체의 경우 일반 구성방정식은 아래와 같이 나타낼 수 있다.

$$\mathbf{T} = p\mathbf{I} + g_1\left(\mathrm{I}_{\mathrm{C}^{-1}}, \mathrm{II}_{\mathrm{C}^{-1}}\right)\mathbf{C}^{-1} + g_2\left(\mathrm{I}_{\mathrm{C}^{-1}}, \mathrm{II}_{\mathrm{C}^{-1}}\right)\mathbf{C} \tag{4.170}$$

신후크 모델(식 (4.149))의 경우는 $g_1 = G$, $g_2 = 0$이 되어 오직 1개의 물질함수를 갖는다.

다음에는 식 (4.169)로 주어진 일반 탄성모델을 (비압축성)일축신장 변형에 적용시켜 보자. 이미 식 (4.89)에서 $\mathbf{C}$ 및 $\mathbf{C}^{-1}$의 행렬요소를 알고 있으므로 이를 식 (4.169)에 대입하면 아래를 얻는다.

$$T_{11} = g_0 + g_1\lambda_1^2 + g_2\lambda_1^{-2}, \quad T_{22} = T_{33} = g_0 + g_1\lambda_1^{-1} + g_2\lambda_1 \tag{4.171}$$

이 경우 법선응력 차는 시료의 양 끝이 작용하는 (공학)응력과 같으므로 아래가 성립된다.

$$\frac{f_1}{a_1} = T_{11} - T_{22} = \left(g_1 - \frac{g_2}{\lambda_1}\right)\left(\lambda_1^2 - \frac{1}{\lambda_1}\right) \tag{4.172}$$

여기서 물질상수 $g_1 = 2C_1$, $g_2 = -2C_2$로 두면 고무시료에 대한 아래의 'Mooney-Rivlin(MR) 식'이 얻어진다.

$$T_{11} - T_{22} = \left(2C_1 + \frac{2C_2}{\lambda_1}\right)\left(\lambda_1^2 - \frac{1}{\lambda_1}\right) \tag{4.173}$$

위의 MR식은 신후크 모델보다 고무의 인장실험 데이타를 보다 잘 설명하므로 공학계산에 널리 이용되고 있다(그림 4.14 참조). 그러나 MR식은 고무의 압축실험 데이터는 그렇게 잘 설명하지 못하므로 여러 가지 시도, 가령 g_1은 상수로 두고, g_2는 $\mathrm{II}_{\mathrm{C}^{-1}}$의 2차 함수로 가정하든지 아니면 고무의 분자구조와 관련시켜 보다 향상된 스칼라함수 g_1, g_2를 찾으려는 노력 등이 행해지고 있다.

4. 5. 1 변형률 에너지 함수

압축성 시료에 대해 일반 탄성고체모델(식 (4.170))에 대응하는 구성방정식을 유도하려는 또 다른 시도가 변형에 대한 에너지 밸런스(energy balance) 개념에 바탕을 두고 행해졌다. 기본 아이디어는 평형상태에 있는 완전 탄성고체의 경우 전체 응력 $\mathbf{T}$는 아래 식과 같이 변형(deformation)에 의한 시료의 내부에너지(internal energy) U의 기준 상태(reference state)변화만의 함수로 가정한 것이다.

$$\mathbf{T} = \rho \frac{\partial U}{\partial \mathbf{C}^{-1}} \tag{4.174}$$

여기서 변형(률)에너지 함수(strain-energy function) U는 변형에 관련된 단위질량당 일(work) W 및 밀도 ρ를 사용하여 $W = \rho U$로 정의된다. 따라서 비압축성($\mathrm{III}_{\mathrm{C}^{-1}} = 1$), 등방 물질의 경우 위 식은 $\mathbf{C}^{-1}$의 제 1, 제 2 불변량을 사용하여 아래와 같이 나타내진다.

$$\mathbf{T} = -p\mathbf{I} + 2\frac{\partial W}{\partial \mathrm{I}_{\mathrm{C}^{-1}}}\mathbf{C}^{-1} - 2\frac{\partial W}{\partial \mathrm{II}_{\mathrm{C}^{-1}}}\mathbf{C} \tag{4.175}$$

이 식에서 두 개의 물질함수는 각각 일(W) 또는 변형에너지 함수(U)의 $\mathrm{I}_{\mathrm{C}^{-1}}$ 및 $\mathrm{II}_{\mathrm{C}^{-1}}$에 관한 (미분)도함수에 해당된다. 이 식은 식 (4.170)과 같은 형태이며, U를 통하여 분자이론(molecular theory)과 관련된다.

만약 위 식에서 일 또는 변형률 에너지를 아래와 같이 정의하면 신후크 모델(4.149)가 된다.

$$W(=\rho U) = \frac{1}{2} G\, \mathrm{I}_{\mathrm{C}^{-1}} \tag{4.176}$$

혹은 아래와 같이 정의하면 Mooney-Rivlin(MR)모델(4.173)이 된다.

$$W(=\rho U)= C_1 \mathrm{I}_{\mathrm{C}^{-1}} + C_2 \mathrm{II}_{\mathrm{C}^{-1}} \tag{4.177}$$

한편 Valanis-Landel(VL) 모델에 의하면 대부분 탄성고체의 경우 일 또는 변형에너지는 아래와 같이 대칭 (신장)변형텐서($\mathbf{C}^{-1}$)의 세 주(고유)치 $\lambda_1, \lambda_2, \lambda_3$의 각각에 대해 같은 함수의 합으로 분리될 수 있다.

$$W(\lambda_i)= w(\lambda_1)+ w(\lambda_2)+ w(\lambda_3)= \sum w(\lambda_i) \tag{4.178}$$

여기서

$$w(\lambda_i)= k_i \lambda_i^{mi} \quad (i=1,2,3) \tag{4.179}$$

아래의 예제에서 보는 바와 같이 신후크 모델 및 MR모델 모두 VL모델의 형태를 취한다.

예제 4.4

신후크 모델(4.149) 및 MR 모델(4.173) 모두 VL모델(4.178)의 형태를 만족함을 증명하라.

풀이

(a) 신후크 모델에 대한 변형에너지 함수(또는 일)는 아래로 주어진다(식 (4.176))

$$W= \frac{1}{2} G \mathrm{I}_{\mathrm{C}^{-1}}$$

그런데 식 (4. 121)에서 $\mathrm{I}_{\mathrm{C}^{-1}}$는 아래가 된다.

$$\mathrm{I}_{\mathrm{C}^{-1}} = \lambda_1^2 + \lambda_2^2 + \lambda_3^2$$

따라서 신후크 모델에서 일(또는 변형에너지)함수는 다음과 같이 쓸 수 있다.

$$W= \sum \frac{1}{2} G \lambda_i^2 \tag{4.180}$$

VL 모델의 식 (4.179)에서 $k_i \equiv G/2$ 및 $m_i = 2$로 두면 신후크 모델에 대한 식 (4.180)이 된다.

(b) Mooney-Rivlin(MR) 모델의 경우 일(또는 변형에너지)함수는 아래로 주어진다(식 (4.177)).

$$W= C_1 \mathrm{I}_{\mathrm{C}^{-1}} + C_2 \mathrm{II}_{\mathrm{C}^{-1}}$$

그런데 식 (4.121)에서 $\mathrm{II}_{\mathrm{C}^{-1}}$는 아래가 된다.

$$\text{II}_{C^{-1}} = \lambda_1^2\lambda_2^2 + \lambda_2^2\lambda_3^2 + \lambda_3^2\lambda_1^2$$

또한 비압축성 시료의 경우 역시 식 (4.121)에서 아래가 만족된다.

$$\text{III}_{C^{-1}} = \lambda_1^2\,\lambda_2^2\,\lambda_3^2 = 1$$

여기서 아래의 관계가 성립된다.

$$\lambda_1^2 = \lambda_2^{-2}\lambda_3^{-2},\;\; \lambda_2^2 = \lambda_1^{-2}\lambda_3^{-2},\;\; \lambda_3^2 = \lambda_1^{-2}\lambda_2^{-2}$$

이들 관계를 MR 모델에 의한 식 (4.177)의 $\text{I}_{C^{-1}}$ 및 $\text{II}_{C^{-1}}$에 대입하면 아래가 얻어진다.

$$W = C_1\left(\lambda_1^2 + \lambda_2^2 + \lambda_3^2\right) + C_2\left(\lambda_1^{-2} + \lambda_2^{-2} + \lambda_3^{-2}\right)$$

또는

$$W = \sum\left[C_1\lambda_i^2 + \frac{C_2}{\lambda_i^2}\right] \tag{4. 181}$$

역시 VL 모델의 식 (4.179)에서 $k_1 = C_1$, $m_1 = 2$, $k_2 = C_2$, $m_2 = -2$를 대입하면 MR 모델의 식 (4.181)이 얻어진다.

4. 5. 2 이방성 문제

대부분 결정성 고체는 재료의 성질이 방향에 의존하는 이방성(anisotropic)이다. 그러나 이후 레올로지에서 우리가 다룰 물질은 주로 등방성(isotropic)인 고분자 액체(polymer liquids)나 고무상 고체(rubbery solids)이므로 걱정할 필요는 없으나, 일반적인 이방성 물질의 구성방정식은 3차원 공간에서 4차 텐서 3^4(= 81)개의 방향 의존성 강성도(stiffness)인자 C_{ijkl}를 사용하여 아래와 같이 나타내진다(문 1.20 참조).

$$T_{ij} = C_{ijkl}\,C_{kl}^{-1} \tag{4. 182}$$

여기서 T_{ij}는 i면에 j방향으로 작용하는 전체 응력으로서 다른 책에서는 σ_{ij}로 표기하기도 한다. 또한 C_{kl}^{-1}는 Finger 변형텐서의 k행 l열 요소이다. 그런데 결정성, 이방성 고분자 물질의 경우처럼 재료가 나타내는 대칭성(symmetry)과 에너지 고찰 등에 의하여 실제 독립적인 C_{ijkl}의 개수는

21개 혹은 그 이하로 훨씬 줄어든다.

4.5.3 고무상 액체와 Deborah 수(De)

취입 성형(blow molding), 필름 분출(film flowing) 및 열성형(thermoforming)과 같은 많은 고분자 가공조작(processing operations)에 있어서, 관련된 변형이 매우 빨라 고분자 용융물(polymer melt)은 점성 액체(viscous liquid)라기 보다는 가교고무(crosslinked rubber)처럼 거동한다. 이와 같이 실험의 시간 스케일(time scale)이 단축되면 점탄성 액체는 마치 후크 탄성고체처럼 거동한다. 여기서 물질의 (가역적인) 탄성거동과 (비가역적인) 점성거동의 경계를 짓는 기준(criteria)에 대해 이하에서 설명하기로 한다.

3장에서 예시했듯이, 대부분의 비뉴톤성 유체는 시간 의존성과 더불어 (점)탄성 효과를 나타낸다. 그와 같은 물질의 유변학적 성질은 다음장에 소개할 순수 점성 모델인 '일반화된 비뉴톤 유체(generalized non-Newtonian fluid, GNF) 모델'로 어느 정도 기술될 수 있다. 그러나, 보다 복잡하고 시간 의존성(unsteady) 흐름 경우에는 관련된 유체의 점성에 상대적인 탄성효과의 중요성의 척도인 아래와 같이 정의되는 (무차원) Deborah 수(De)의 개념이 중요하게 사용된다. 즉

$$De = \lambda / t_r \tag{4. 183}$$

여기서 λ는 유체의 탄성과 관련된 고유한 '특성 완화시간(characteristic relaxation time)'으로서 가령 유체의 법선응력 측정으로부터 구할 수 있다. 그리고 t_r는 유체의 '체류(residence) 시간' 혹은 '접촉(contact) 시간'으로 불리며 유동(flow)의 시간 스케일에 해당된다. 여기서 만약 $De \gg 1$이면 실험시간보다 완화시간이 커져 점성보다 탄성이 주효(dominate)하며 위에서 언급한 고분자 가공시 겪게 되는 빠른 변형의 경우에 해당된다.

반면에 $De \ll 1$이면 실험시간이 완화시간보다 길어져 탄성보다 유체의 점성 거동이 지배적으로서 느린 변형의 경우에 해당된다.

한편 정상 상태(steady-state)의 흐름의 경우에는 De 대신 Weissenberg 수(W_i)가 주로 사용되는데 아래와 같이 정의된다 .

$$W_i = \lambda / t_{\dot{\gamma}} = \lambda \dot{\gamma} \tag{4. 184}$$

여기서 λ는 특성 완화시간, $t_{\dot{\gamma}}$는 유체의 전단(변형)속도 $\dot{\gamma}$의 역수에 해당하는 접촉(혹은 실험)시간이다. 만약 관(tube) 속에서의 흐름인 경우에는 벽면에서의 전단속도인 $\dot{\gamma}_w$를 사용하여 W_i는 아래가 된다.

$$W_i = \lambda \dot{\gamma}_w \tag{4. 185}$$

또한 관 흐름의 경우 식 (4.183) 중의 $t_r = L/ < v >$(여기서 L 및 $< v >$는 각각 유동방향의 관의 길이 및 평균속도임)가 되므로, De는 아래로 나타내진다.

$$De = \lambda < v > /L \tag{4. 186}$$

또한 관 흐름의 경우 $\dot{\gamma}_w$는 $< v > /D$에 비례(5장 참조)하므로 De와 W_i 사이에는 아래의 관계가 성립된다.

$$De \sim W_i \times (D/L) \tag{4. 187}$$

따라서 주어진 흐름에서 만약 $W_i \ll 1$이면 $De \ll 1$인 경우와 마찬가지로 유체내의 탄성력이 점성력에 비해 무시될 수 있으므로 이 장에서 소개된 일반 탄성 고체모델보다는 다음 장에 소개될 순수점성 거동에 대한 GNF 모델만으로 유체의 질량, 운동량 및 열이동과 같은 '이동방정식(transfer equation)'을 풀 수가 있다.

■ 4. 6 운동방정식(equation of motion)

앞에서 언급된 물질의 변형(deformation)은 신후크 법칙과 같은 응력과 변형과의 관계를 말해주는 구성방정식(constitutive equation)뿐만 아니라 질량, 운동량 및 열(에너지)의 이동방정식 또는 보존원리(conservation principle)에도 지배된다. '연속(체) 방정식(continuity equation)'이라고 알려진 질량보존원리는 이미 예제 2.9에서 Gauss 발산정리를 사용하여 유도했지만, '운동방정식(equation of motion)'이라고 알려진 운동량 보존원리와 함께 참고로 여기서 다시 한 번 (정식으로) 유도해보기로 한다. 특히 운동량 보존원리의 유도시 중력장이나 흐름 혹은 어떠한 불균일한 응력장(inhomogeneous stress field)의 효과 등이 없는 간단한 변형만을 가정하기로 한다.

4. 6. 1 질량보존 법칙

편의상 예제 2.9에서 전개된 논리를 따라 전개해보기로 한다. 물체의 질량(m)은 개념상 전 체적 V에 걸쳐서 밀도 ρ의 적분에 의해 표현된다(단 질량으로서 예제 2.9의 M대신 m을 이용). 즉

$$m = \int_V \rho \, dV \tag{4. 188}$$

여기서 V는 유동계(flowing system)내의 관심의 한 제어체적(control volume)이라 불리며, 그림 4.15에 나타낸 바와 같이 유체가 이 체적의 안과 밖을 속도 $\boldsymbol{v}$를 갖고 질량을 이동할 수 있다.

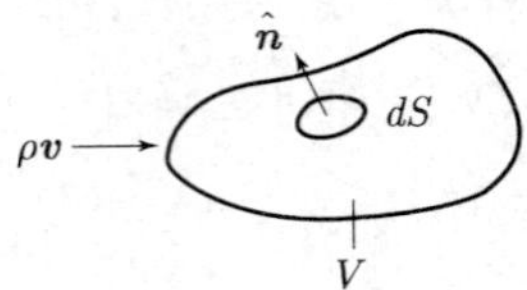

그림 4.15 유동계 내의 임의의 한 제어체적 V 위에서의 질량 밸런스. 여기서 $\hat{\boldsymbol{n}} \cdot \rho\boldsymbol{v}$는 미소 표면적 dS를 지나는 질량 유량(mass flux)임.

따라서 위 식의 m(혹은 dm/dt)를 보상할(즉 질량보존의 차원에서) 단위시간에 외향 단위법선 벡터 $\hat{\boldsymbol{n}}$을 가진 미소 표면적 벡터 $d\boldsymbol{S}(=\hat{\boldsymbol{n}}\,dS)$를 통하여 유입되는 질량 플럭스(mass flux)는 $-d\boldsymbol{S} \cdot \rho\boldsymbol{v} = -\hat{\boldsymbol{n}} \cdot \rho\boldsymbol{v}\,dS$이므로 제어체적 V에서의 질량보존의 식은 아래가 된다.

$$\frac{dm}{dt} = \frac{d}{dt}\int \rho\, dV = -\oint_S \hat{\boldsymbol{n}} \cdot \rho\boldsymbol{v}\, dS \tag{4. 189}$$

위 식의 좌변은 적분의 시간 미분에 대해 Leibnitz 이동정리(transport theorem)를, 그리고 우변은 Gauss 발산정리(2.112)를 사용하면 위 식은 아래가 된다.

$$\int_V \frac{\partial\rho}{\partial t} dV = -\int_V \nabla \cdot \rho\boldsymbol{v}\, dV \quad \text{혹은} \quad \int_V \left[\frac{\partial\rho}{\partial t} + \nabla \cdot \rho\boldsymbol{v}\right] dV = 0 \tag{4. 190}$$

그런데 그림 4.15에서 임의의 제어체적 V는 임의이므로 그것을 $V \to 0$까지 수축이 가능하므로 식 (4.190)의 두 번째 식이 성립하기 위해서는 아래가 만족(즉 $\dfrac{dm}{dt} = 0$이 되어 질량이 보존됨)되어야 한다.

$$\frac{\partial\rho}{\partial t} + \nabla \cdot \rho\boldsymbol{v} = 0 \quad \text{혹은} \quad \frac{D\rho}{Dt} + \rho\nabla \cdot \boldsymbol{v} = 0 \tag{4. 191}$$

단 위 식에서 벡터 항등관계 $\nabla \cdot \rho\boldsymbol{v} = (\boldsymbol{v} \cdot \nabla)\rho + \rho\nabla \cdot \boldsymbol{v}$ 및 이미 여러번 소개된 시간미분에 대한 'Lagrange, 물질 혹은 본질미분 연산자' $\dfrac{D}{Dt}\left[= \dfrac{\partial}{\partial t} + \dfrac{d}{dt} = \dfrac{\partial}{\partial t} + \boldsymbol{v} \cdot \nabla = \dfrac{\partial}{\partial t} + v^k \nabla_k\right]$(여기서 $\dfrac{\partial}{\partial t}$는 Euler 공간(편)미분 연산자)를 이용하였다(2.13 및 2.17절 참조)

$$\frac{D\rho}{Dt} = \left(\frac{\partial}{\partial t} + \boldsymbol{v} \cdot \nabla\right)\rho = \frac{\partial \rho}{\partial t} + \boldsymbol{v} \cdot \nabla \rho \tag{4. 192}$$

여기서 식 (4.190)을 유체에 대한 '질량보존의 식' 또는 '연속(체) 방정식(continuity equation)'이라고 한다. 만약 밀도가 일정한 비압축성 유체의 경우에는 식 (4.191)의 두 번째 식에서 아래의 관계가 성립된다.

$$\nabla \cdot \boldsymbol{v} = 0 \tag{4. 193}$$

비압축성 유체에 대한 방정식을 세 대표적 직교 곡선 좌표계에서의 물리적 성분(1.14절 참조) 항으로 표 4.3에 나타내었다(방법은 2.12절의 기법 이용).

한편 고체의 경우, 미변형(기준) 상태의 밀도 ρ'로부터 변형된 상태의 밀도 ρ에의 변화는 1축 신장에 대한 변형텐서 $\mathbf{F}$ 및 $\mathbf{C}^{-1}$의 불변량을 사용하여 아래와 같이 나타낼 수 있다(식 (4.59) 및 (4.88) 참조).

$$\rho'/\rho = V/V' = \det(\mathbf{F}^{-1})^{\mathrm{T}} = (\mathrm{III}_{\mathrm{c}^{-1}})^{1/2} = \lambda_1 \lambda_2 \lambda_3 \tag{4. 194}$$

그런데 비압축성 (고체)시료의 경우 $\rho = \rho'$(혹은 $V = V'$)가 되어 $\mathrm{III}_{\mathrm{C}^{-1}} = 1$이 됨을 알 수 있다. 대부분의 고체물질의 경우 비압축성을 가정한다.

표 4.3 세 직교좌표계에서 연속방정식의 물리성분 표현

A. 정의식 :

$$\frac{\partial \rho}{\partial t} + (\nabla \cdot \rho \boldsymbol{v}) = 0$$

B. 직교 Cartesian 좌표계 (x, y, z) :

$$\frac{\partial \rho}{\partial t} + \frac{\partial}{\partial x}(\rho v_x) + \frac{\partial}{\partial y}(\rho v_y) + \frac{\partial}{\partial z}(\rho v_z) = 0$$

C. 원통좌표계 (r, θ, z) :

$$\frac{\partial \rho}{\partial t} + \frac{1}{r}\frac{\partial}{\partial r}(\rho r\, v_r) + \frac{1}{r}\frac{\partial}{\partial \theta}(\rho v_\theta) + \frac{\partial}{\partial z}(\rho v_z) = 0$$

D. 구좌표계 (r, θ, ϕ) :

$$\frac{\partial \rho}{\partial t} + \frac{1}{r^2}\frac{\partial}{\partial r}(\rho r^2 v_r) + \frac{1}{r\sin\theta}\frac{\partial}{\partial \theta}(\rho v_\theta \sin\theta) + \frac{1}{r\sin\theta}\frac{\partial}{\partial \phi}(\rho v_\phi) = 0$$

4. 6. 2 운동량 밸런스

물체의 운동량($\boldsymbol{p}$)는 질량(m)과 속도($\boldsymbol{v}$)의 곱으로 정의되는데 식 (4.188)을 참고로 아래와 같이 나타내진다.

$$m\boldsymbol{v}\,[=\boldsymbol{p}] = \int_V \rho\boldsymbol{v}\,dV \tag{4.195}$$

운동량은 통상 3가지 경로를 통하여 물체(body)에 이동(transfer)될 수 있는데, 첫 째는 표면을 통한 대류전달(convection), 둘째는 주위 물질에 의한 표면에 작용하는 접촉힘(contact force) 그리고 마지막으로 부피에 작용하는 중력(gravity)이나 자기력(magnetic force)과 같은 체적력(body force)에 의해 이동된다. 이들 각각은 그림 4.16에서 묘사되어 있다.

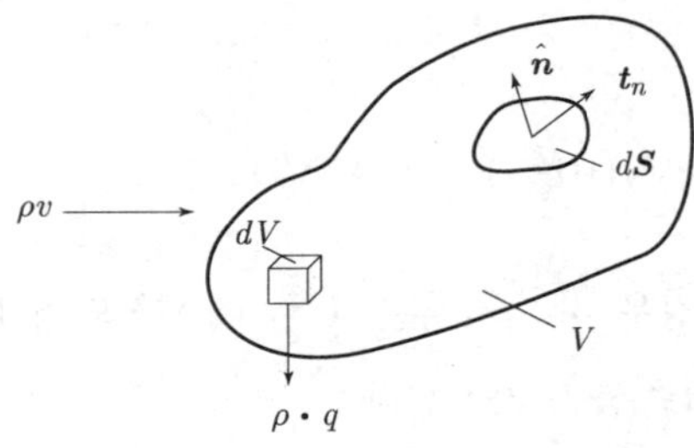

그림 4.16 제어체적 V내에서의 운동량 밸런스(momentum balance). 운동량은 표면 응력벡터(surface traction) $\boldsymbol{t}_n$ 체적력(body force) $\rho\boldsymbol{g}$(여기서 $\boldsymbol{g}$는 중력의 가속도), 그리고 표면을 통한 대류전달(convective transfer)에 의해 물체에 이동된다.

여기서 표면을 통한 대류전달에 의한 (미소)운동량 이동은 $-d\boldsymbol{S}\cdot\boldsymbol{v}\rho\boldsymbol{v}=-(\boldsymbol{n}\cdot\boldsymbol{v})\rho\boldsymbol{v}\;dS$[여기서 음의 부호는 물체내로 운동량이 유입되는 것을 의미]로 나타내지며, 표면에서의 접촉력에 의한 운동량 이동은 $+\boldsymbol{t}_n dS=\hat{\boldsymbol{n}}\cdot\mathbf{T}\,dS$(여기서 양의 부호는 인장 응력벡터 $\boldsymbol{t}_n$을 의미하고 $\mathbf{T}$는 응력텐서임 - 식 (4.17) 참조)이며, '운동량 밸런스(momentum balance)'에 관한 식을 얻을 수 있다.

$$\frac{d}{dt}\int_V \rho\boldsymbol{v}\,dV = -\int_S (\hat{\boldsymbol{n}}\cdot\boldsymbol{v})\rho\boldsymbol{v}\,dS + \int_S \hat{\boldsymbol{n}}\cdot\mathbf{T}\,dS + \int_V \rho\boldsymbol{g}\,dV \tag{4.196}$$

체적 V내의 운동량 변화 속도	흐름에 의해 표면 S를 통한 운동량 부가 속도	접촉력에 의해 표면 S를 통한 운동량 부가 속도	체적력(중력)에 의해 부피 V에서 운동량 부가 속도

위 식은 '힘 밸런스(force balance) 식'으로 간주할 수 있다(∵힘 = 운동량의 변화속도 즉 $\boldsymbol{f}=d\boldsymbol{p}/dt=d(m\boldsymbol{v})/dt$).

한편 위 식의 (닫힌)표면적분에 Gauss 발산정리(식 (2.112))를 적용하여 부피적분으로 만들고, 또한 좌변은 적분의 시간미분에 대한 Leibnitz 이동(적분)정리를 이용하여 다시 쓰면 위 식은 아래가 된다.

$$\int_V \frac{\partial \rho \boldsymbol{v}}{\partial t} dV = -\int_V \nabla \cdot \rho \boldsymbol{v}\boldsymbol{v}\, dV + \int_V \nabla \cdot \mathbf{T}\, dV + \int_V \rho \boldsymbol{g}\, dV \tag{4.197}$$

여기서 질량 밸런스의 경우와 마찬가지로 제어체적 V는 임의이므로 그것을 $V \rightarrow 0$으로 수축이 가능하므로(즉 좌변과 우변의 피적분항이 같아짐). 아래와 같은 미분형태의 '운동량 밸런스 식'을 얻을 수 있다.

$$\frac{\partial \rho \boldsymbol{v}}{\partial t} = -\nabla \cdot \rho \boldsymbol{v}\boldsymbol{v} + \nabla \cdot \mathbf{T} + \rho \boldsymbol{g} \tag{4.198}$$

여기서 위 식을 Lagrange 시간미분 (물질)연산자 $\frac{D}{Dt}\left[= \frac{\partial}{\partial t} + \boldsymbol{v} \cdot \nabla\right]$ 및 아래의 벡터 항등관계를 이용하여 다시 나타내기로 한다.

$$\frac{\partial \rho \boldsymbol{v}}{\partial t} = \frac{\partial \rho}{\partial t}\boldsymbol{v} + \rho \frac{\partial \boldsymbol{v}}{\partial t}, \qquad \nabla \cdot \rho \boldsymbol{v}\boldsymbol{v} = \rho \boldsymbol{v}(\nabla \cdot \boldsymbol{v}) + \rho(\boldsymbol{v} \cdot \nabla)\boldsymbol{v} + \boldsymbol{v}(\boldsymbol{v} \cdot \nabla)\rho$$

이 관계를 식 (4.198)에 대입하고, 물질 도함수의 이용 및 (유체의) 비압축성(즉 $\nabla \cdot \boldsymbol{v} = 0$)과 일정 밀도(즉 $\frac{\partial \rho}{\partial t} = 0$ 및 $\nabla \rho = 0$)의 가정을 취하여 식 (4.198)을 다시 쓰면 아래가 된다.

$$\rho \frac{D\boldsymbol{v}}{Dt} = \nabla \cdot \mathbf{T} + \rho \boldsymbol{g} = -\nabla p + \nabla \cdot \boldsymbol{\tau} + \rho \boldsymbol{g} \tag{4.199}$$

단 위 식에서 전체 (대칭)응력 $\mathbf{T} = -p\mathbf{I} + \boldsymbol{\tau}$(식 (4.35))를 대입하였다.
연속 방정식(4.191)과 함께 이 식을 '운동방정식(equation of motion)'이라고 한다. 식 (4.199)의 두 번째 항등관계를 표 4.4에 세 대표적 직교 곡선좌표계에 대하여 물리적 성분 표시로 나타내었다 (물리성분 표시방법은 2.12절의 기법 참조).

표 4.4 잉여 (점성) 응력 텐서 τ로 나타낸 운동방정식

A. 정의식 :

$$\rho\frac{D\boldsymbol{v}}{Dt}=[\nabla\cdot\boldsymbol{\tau}]-\nabla p+\rho\boldsymbol{g}$$

B. 직교 Cartesian 좌표계 (x, y, z) :

(x성분) $$\rho\left(\frac{\partial v_x}{\partial t}+v_x\frac{\partial v_x}{\partial x}+v_y\frac{\partial v_x}{\partial y}+v_z\frac{\partial v_x}{\partial z}\right)=\left[\frac{\partial}{\partial x}\tau_{xx}+\frac{\partial}{\partial y}\tau_{yx}+\frac{\partial}{\partial z}\tau_{zx}\right]-\frac{\partial p}{\partial x}+\rho g_x$$

(y성분) $$\rho\left(\frac{\partial v_y}{\partial t}+v_x\frac{\partial v_y}{\partial x}+v_y\frac{\partial v_y}{\partial y}+v_z\frac{\partial v_y}{\partial z}\right)=\left[\frac{\partial}{\partial x}\tau_{xy}+\frac{\partial}{\partial y}\tau_{yy}+\frac{\partial}{\partial z}\tau_{zy}\right]-\frac{\partial p}{\partial y}+\rho g_y$$

(z성분) $$\rho\left(\frac{\partial v_z}{\partial t}+v_x\frac{\partial v_z}{\partial x}+v_y\frac{\partial v_z}{\partial y}+v_z\frac{\partial v_z}{\partial z}\right)=\left[\frac{\partial}{\partial x}\tau_{xz}+\frac{\partial}{\partial y}\tau_{yz}+\frac{\partial}{\partial z}\tau_{zz}\right]-\frac{\partial p}{\partial z}+\rho g_z$$

C. 원통좌표계 (r,θ,z) :

(r성분) $$\rho\left(\frac{\partial v_r}{\partial t}+v_r\frac{\partial v_r}{\partial r}+\frac{v_\theta}{r}\frac{\partial v_r}{\partial \theta}-\frac{v_\theta^2}{r}+v_z\frac{\partial v_r}{\partial z}\right)=\left[\frac{1}{r}\frac{\partial}{\partial r}(r\tau_{rr})+\frac{1}{r}\frac{\partial}{\partial \theta}\tau_{\theta r}+\frac{\partial}{\partial z}\tau_{zr}-\frac{\tau_{\theta\theta}}{r}\right]-\frac{\partial p}{\partial r}+\rho g_r$$

(θ성분) $$\rho\left(\frac{\partial v_\theta}{\partial t}+v_r\frac{\partial v_\theta}{\partial r}+\frac{v_\theta}{r}\frac{\partial v_\theta}{\partial \theta}+\frac{v_r v_\theta}{r}+v_z\frac{\partial v_\theta}{\partial z}\right)=\left[\frac{1}{r^2}\frac{\partial}{\partial r}(r^2\tau_{r\theta})+\frac{1}{r}\frac{\partial}{\partial \theta}\tau_{\theta\theta}+\frac{\partial}{\partial z}\tau_{z\theta}\right]-\frac{1}{r}\frac{\partial p}{\partial \theta}+\rho g_\theta$$

(z성분) $$\rho\left(\frac{\partial v_z}{\partial t}+v_r\frac{\partial v_z}{\partial r}+\frac{v_\theta}{r}\frac{\partial v_z}{\partial \theta}+v_z\frac{\partial v_z}{\partial z}\right)=\left[\frac{1}{r}\frac{\partial}{\partial r}(r\tau_{rz})+\frac{1}{r}\frac{\partial}{\partial \theta}\tau_{\theta z}+\frac{\partial}{\partial z}\tau_{zz}\right]-\frac{\partial p}{\partial z}+\rho g_z$$

D. 구좌표계 (r,θ,ϕ) :

(r성분) $$\rho\left(\frac{\partial v_r}{\partial t}+v_r\frac{\partial v_r}{\partial r}+\frac{v_\theta}{r}\frac{\partial v_r}{\partial \theta}+\frac{v_\phi}{r\sin\theta}\frac{\partial v_r}{\partial \phi}-\frac{v_\theta^2+v_\phi^2}{r}\right)=\left[\frac{1}{r^2}\frac{\partial}{\partial r}(r^2\tau_{rr})\right.$$
$$\left.+\frac{1}{r\sin\theta}\frac{\partial}{\partial \theta}(\tau_{\theta r}\sin\theta)+\frac{1}{r\sin\theta}\frac{\partial}{\partial \phi}\tau_{\phi r}-\frac{\tau_{\theta\theta}+\tau_{\phi\phi}}{r}\right]-\frac{\partial p}{\partial r}+\rho g_r$$

(θ성분) $$\rho\left(\frac{\partial v_\theta}{\partial t}+v_r\frac{\partial v_\theta}{\partial r}+\frac{v_\theta}{r}\frac{\partial v_\theta}{\partial \theta}+\frac{v_\phi}{r\sin\theta}\frac{\partial v_\theta}{\partial \phi}+\frac{v_r v_\theta}{r}-\frac{v_\phi^2\cot\theta}{r}\right)$$
$$=\left[\frac{1}{r^3}\frac{\partial}{\partial r}(r^3\tau_{r\theta})+\frac{1}{r\sin\theta}\frac{\partial}{\partial \theta}(\tau_{\theta\theta}\sin\theta)+\frac{1}{r\sin\theta}\frac{\partial}{\partial \phi}\tau_{\phi\theta}-\frac{\tau_{\phi\phi}\cot\theta}{r}\right]-\frac{1}{r}\frac{\partial p}{\partial \theta}+\rho g_\theta$$

(ϕ성분) $$\rho\left(\frac{\partial v_\phi}{\partial t}+v_r\frac{\partial v_\phi}{\partial r}+\frac{v_\theta}{r}\frac{\partial v_\phi}{\partial \theta}+\frac{v_\phi}{r\sin\theta}\frac{\partial v_\phi}{\partial \phi}+\frac{v_\phi v_r}{r}+\frac{v_\theta v_\phi \mathrm{cottheta}}{r}\right)$$
$$=\left[\frac{1}{r^3}\frac{\partial}{\partial r}(r^3\tau_{r\phi})+\frac{1}{r\sin\theta}\frac{\partial}{\partial \theta}(\tau_{\theta\phi}\sin\theta)+\frac{1}{r\sin\theta}\frac{\partial}{\partial \phi}\tau_{\phi\phi}+\frac{\tau_{\phi\theta}\cot\theta}{r}\right]-\frac{1}{r\sin\theta}\frac{\partial p}{\partial \phi}+\rho g_\phi$$

한편 고체의 경우는 흐름이 없으므로 운동량 밸런스 식으로서 식 (4.199) 대신 아래와 같이 나타낸다.

$$\rho \boldsymbol{a} = \nabla \cdot \mathbf{T} + \rho \boldsymbol{g} \tag{4.200}$$

여기서 $\boldsymbol{a}$는 물체의 가속도 벡터를 나타낸다(2.13.1절 참조). 그런데 대부분의 (고체)탄성문제에 있어서, 물체는 정적 평형상태(즉 $\boldsymbol{v}=0$, $\boldsymbol{a}=0$)에 있으며, 중력장의 영향도 무시가 가능하므로 식 (4.200)는 아래가 되어, 운동방정식은 단순히 응력 밸런스 식이 된다.

$$\nabla \cdot \mathbf{T} = 0, \text{ 혹은 } T^{mi}{}_{;m} \boldsymbol{g}_i = 0 \ (\because \text{식 (2.103)}) \tag{4.201}$$

위 식에서 Cartesian 좌표계의 경우 공변미분 = 편미분이고, 반변 및 공변의 구별이 없으므로 식 (4.201)은 아래가 된다.

$$\nabla \cdot \mathbf{T} = 0, \text{ 혹은 } T_{mi,m} = \partial T_{mi}/\partial x_m = \partial T_{im}/\partial x_m = 0 \tag{4.202}$$

그런데 신후크 모델(식 (4.149))을 사용하여 고체의 일축신장이나 단순전단과 같은 간단한 형태의 변형에 대해 계산한 (전체)응력 성분을 위치(혹은 좌표)에 무관(homogenous)하므로 $\mathbf{T}$의 모든 성분에 대하여 식 (4.202)가 쉽게 만족됨을 알 수 있다(4.41절 및 4.42절 참조). 그러나 그림 4.17에 나타낸 실린더의 비틀림(twisting of cylinder)과 같은 다소 복잡한 변형의 경우 (전체)응력성분 T_{ij}는 시료(의 위치)를 따라 변하며, 이때 식 (4.202)로 나타낸 응력 밸런스 식은 아래 예제에서 보듯이 표면에 작용하는 힘(혹은 응력)을 풂으로써 얻어진다.

예제 4.5

신후크 모델(4.149)을 따르는 직경 $2R$을 가진 원통을 각도 θ만큼 비트는 경우(단 높이 l_0는 일정하게 유지)를 생각해보자(그림 4.17 참조). 이때 이 변형에 의해 야기된 토크(torque)와 법선력을 계산하라.

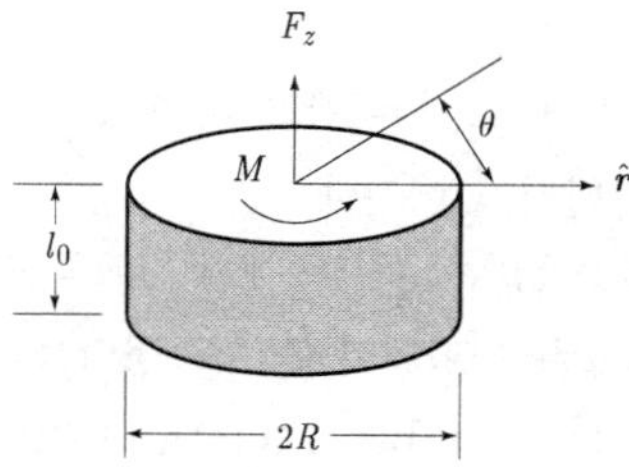

그림 4.17 원통의 비틀림. 밑면 및 높이(l_0)는 고정시키고, 윗면을 각도 θ만큼 비튼다.

풀이

실린더에 대한 변형 전후의 원통좌표는 다음과 같다.

$r = r'$(일정 직경)

$\theta = \theta' + \alpha z'$($z$축에 비례하는 비틀림각)

$z = z'$(일정 높이) (4. 203)

위 식에서 $\alpha = \partial\theta/\partial z = \theta/l_0$이고, α의 단위는 길이의 역수이다.
한편 변형기울기 텐서 $\mathbf{F}$의 정의식 (4.53)으로부터 임의의 직교 곡선좌표계에 대한 물리적 성분은 아래가 된다(1.14절 및 부록 4.1절의 표 참조)

$$\hat{F}_{ij} = \frac{h_j' \partial x_j'}{h_{\underline{i}} \partial x_i} \tag{4. 204}$$

마찬가지로 $\mathbf{F}^{-1}$의 정의식 (4.56)으로부터 직교곡선계에 대한 물리적 성분은 아래가 된다.

$$\hat{F}_{ij}^{-1} = \frac{h_j \partial x_j}{h_{\underline{i}}' \partial x_i'} \qquad (n.s.\ \mathrm{for}\ i, j) \tag{4. 205}$$

단 위 식에서 $h_i = \| \boldsymbol{g}_i \|$, $h_i' = \| \boldsymbol{g}_i' \|$ $(i = 1, 2, 3)$이다.
그런데 직교 원통좌표계(r,θ,z)에서는 변형 전에는 $\{x_1' = r',\ x_2' = \theta',\ x_3' = z',\ h_1' = 1,\ h_2' = r',\ h_3' = 1\}$ 그리고 변형 후에는 $\{x_1 = r,\ x_2 = \theta,\ x_3 = z,\ h_1 = 1,\ h_2 = r,\ h_3 = 1\}$을 이용하면 $\hat{\mathbf{F}} = (\hat{F}_{ij})$ 및 $\hat{\mathrm{F}}^{-1} = (\hat{F}_{ij}^{-1})$의 행렬형태는 아래가 된다.

$$\hat{\mathrm{F}} = (\hat{F}_{ij}) = \begin{pmatrix} \frac{\partial r'}{\partial r} & \frac{r' \partial\theta'}{\partial r} & \frac{\partial z'}{\partial r} \\ \frac{\partial r'}{r\partial\theta} & \frac{r' \partial\theta'}{r\partial\theta} & \frac{\partial z'}{r\partial\theta} \\ \frac{\partial r'}{\partial z} & \frac{r' \partial\theta'}{\partial z} & \frac{\partial z'}{\partial z} \end{pmatrix} \leftrightarrow \hat{\mathrm{F}}^{-1} = (\hat{F}_{ij}^{-1}) = \begin{pmatrix} \frac{\partial r}{\partial r'} & \frac{r\partial\theta}{\partial r'} & \frac{\partial z}{\partial r'} \\ \frac{\partial r}{r' \partial\theta'} & \frac{r\partial\theta}{r' \partial\theta'} & \frac{\partial z}{r' \partial\theta'} \\ \frac{\partial r}{\partial z'} & \frac{r\partial\theta}{\partial z'} & \frac{\partial z}{\partial z'} \end{pmatrix} \tag{4. 206}$$

그리고 $\hat{\mathbf{F}}^{\mathrm{T}} = (\hat{F}_{ij}^{\mathrm{T}})$ 및 $(\hat{\mathrm{F}}^{-1})^{\mathrm{T}} = ((\hat{F}^{-1})_{ij}^{\mathrm{T}})$는 각각 위 행렬 $\hat{\mathrm{F}}$ 및 $\hat{\mathrm{F}}^{-1}$에서 대각선을 중심으로 행과 열을 전치(transpose)함으로써 간단히 얻어진다.
그러면 Cauchy (대칭)변형텐서 $\mathbf{C}$는 정의식 (4.79)에서 직교곡선계에 대한 그의 물리적 성분은 행렬표현으로 $\hat{\mathrm{C}} = \hat{\mathrm{F}}\hat{\mathrm{F}}^{\mathrm{T}}$가 되고, 또한 Finger 변형텐서 $\mathbf{C}^{-1}$도 정의식 (4.80)에서 직교계에 대한 물리적 성분은 행렬표현으로 $\hat{\mathrm{C}}^{-1} = (\hat{\mathrm{F}}^{-1})^{\mathrm{T}}\hat{\mathrm{F}}^{-1}$가 된다. 그러므로 $\hat{\mathrm{F}}$(및 $\hat{\mathrm{F}}^{\mathrm{T}}$)와 $\hat{\mathrm{F}}^{-1}$(및 $(\hat{\mathrm{F}}^{-1})^{\mathrm{T}}$)의 값을 식 (4.206)에서 대입하면 원통좌표계에 대한 $\hat{\mathrm{C}}$ 및 $\hat{\mathrm{C}}^{-1}$의 값이 얻어진다.
이제 문제의 식 (4.203)을 이용하여 식 (4.206)의 행렬 $\hat{\mathrm{F}}$ 및 $\hat{\mathrm{F}}^{-1}$의 값을 구하면 아래가 된다.

$$\hat{\mathrm{F}} = (\hat{F}_{ij}) = \begin{pmatrix} 1 & 0 & 0 \\ 0 & 1 & 0 \\ 0 & -r\alpha & 1 \end{pmatrix} \leftrightarrow \hat{\mathrm{F}}^{-1} = (\hat{F}_{ij}^{-1}) = \begin{pmatrix} 1 & 0 & 0 \\ 0 & 1 & 0 \\ 0 & \alpha r & 1 \end{pmatrix} \tag{4. 207}$$

따라서 원통좌표계에 대한 물리성분으로 된 Finger 텐서의 행렬표현은 식 (4.207)에서 아래가 된다.

$$\hat{\mathrm{C}}^{-1} = (\hat{\mathrm{F}}^{-1})^{\mathrm{T}}\hat{\mathrm{F}}^{-1} = \begin{pmatrix} 1 & 0 & 0 \\ 0 & 1 & \alpha r \\ 0 & 0 & 1 \end{pmatrix}\begin{pmatrix} 1 & 0 & 0 \\ 0 & 1 & 0 \\ 0 & \alpha r & 1 \end{pmatrix} = \begin{pmatrix} 1 & 0 & 0 \\ 0 & 1+\alpha^2 r^2 & \alpha r \\ 0 & \alpha r & 1 \end{pmatrix} \tag{4.208}$$

이 식에서 보는 바와 같이 변형(텐서)이 위치(혹은 좌표)에 의존하는 불균일(inhomogeneous)계이므로, 응력 또는 아래와 같이 불균일이 될 것이다.
지금 신후크 모델 식 (4.149)에 의해 (전체)응력의 물리적 성분을 구하면 행렬표현으로 아래가 된다.

$$\hat{\mathrm{T}}\left[=(\widehat{T_{ij}})\right] = -p\hat{\mathrm{I}} + G\hat{\mathrm{C}}^{-1} = \begin{pmatrix} -p & 0 & 0 \\ 0 & -p & 0 \\ 0 & 0 & -p \end{pmatrix} + G\begin{pmatrix} 1 & 0 & 0 \\ 0 & 1+\alpha^2 r^2 & \alpha r \\ 0 & \alpha r & 1 \end{pmatrix}$$

$$= \begin{pmatrix} -p+G & 0 & 0 \\ 0 & -p+G(1+\alpha^2 r^2) & G\alpha r \\ 0 & G\alpha r & -p+G \end{pmatrix} \tag{4.209 a}$$

즉

$$T_{rr} = -p+G,\ T_{\theta\theta} = -p+G(1+\alpha^2 r^2),\ T_{\theta z} = T_{z\theta} = G\alpha r,\ T_{zz} = -p+G \tag{4.209 b}$$

여기서 $\hat{\mathrm{T}}_{11} = \mathrm{T}_{rr}$, $\hat{\mathrm{T}}_{12} = \mathrm{T}_{r\theta}$, $\hat{\mathrm{T}}_{22} = \mathrm{T}_{\theta\theta}$, $\hat{\mathrm{T}}_{23} = \mathrm{T}_{\theta z}$ 등을 의미한다.
다음에 원통에 작용하는 토크(M)는 위에서 얻어진 (물리)전단응력을 적분함으로써 얻어진다(∵ 토크=힘×거리 ; 힘=응력×면적). 즉

$$M = \int dM = 2\pi\int_0^R \hat{T}_{\theta z} r^2\,dr = \frac{1}{2}\pi G\alpha R^4 \tag{4.210}$$

그리고 (물리)법선 힘 $F_z\left(=\hat{F}_3\right)$를 구하기 위하여 먼저 식 (4.149)의 압력 p를 결정할 필요가 있다. 그런데 응력장은 불균일계(식 (4.209b) 참조)이므로, 원통좌표계에 대한 물리 성분으로 된 응력 밸런스 식 (4.201)을 사용할 필요가 있다(식 (4.206) 이용). 즉 식 (2.103)에서 공변 미분의 정의식 (2.47), 원통좌표계에 대한 Christoffel 기호 값 $\Gamma^1_{22} = -r$, $\Gamma^2_{12} = 1/r$ 및 물리성분 $\hat{T}^{ij} = T^{ij}h_{\underline{i}}h_{\underline{j}}$(1.14절 참조) 등의 관계식을 사용하여 $i=1$에 대해 구해보면 아래가 된다(단 $h_1=1,\ h_2=r,\ h_3=1$ 이용).

$$0 = T^{11}{}_{;1} + T^{21}{}_{;2} + T^{31}{}_{;3}$$

$$= \frac{\partial}{\partial x^1}\left(\hat{T}_{11}/h_1^2\right) + \Gamma^1_{s1}T^{s1} + \Gamma^1_{s1}T^{1s} + \frac{\partial\left(\hat{T}_{21}/h_1 h_2\right)}{\partial x^2} + \Gamma^2_{s2}T^{s1} + \Gamma^1_{s2}T^{2s}$$

$$+ \frac{\partial\left(\hat{T}_{31}/h_1 h_3\right)}{\partial x^3} + \Gamma^3_{s3}T^{s1} + \Gamma^1_{s3}T^{3s}$$

$$= \frac{\partial}{\partial r}(T_{rr}) + \frac{\partial}{\partial r}(T_{rr}/r) + \frac{1}{r}T_{rr} + (-r)\,T_{\theta\theta}/r^2 + \frac{\partial}{\partial z}T_{zr} \tag{4.211}$$

그런데 문제의 결과 식 (4.209b)에서 $T_{\theta r}=T_{zr}=0$이므로 위 식은 아래가 된다(단 양변을 r로 곱함).

$$T_{\theta\theta}=r\frac{\partial T_{rr}}{\partial r}+T_{rr} \tag{4. 212}$$

이 식에 $T_{\theta\theta}$ 및 T_{rr}값을 식 (4.209b)에서 대입하면 아래가 된다.

$$G\alpha^2 r=\frac{\partial T_{rr}}{\partial r}$$

여기서 경계조건인 $r=R$에서 $T_{rr}=0$(그림 4.17 참조)을 이용하여 위 식의 양변에 적분을 행하면 아래를 얻는다.

$$\int_0^{T_{rr}} dT_{rr}\left[=T_{rr}(r)\right]=G\alpha^2\left(\frac{r^2}{2}-\frac{R^2}{2}\right)=T_{zz}(r) \tag{4. 213}$$

$$F_z\left(=\hat{F}_3\right)=2\pi\int_0^R rT_{zz}\,dr=-\frac{1}{4}\pi G\alpha^2 R^4 \tag{4. 214}$$

그림 4.2에 회전 레오미터의 평판(parallel plates) 사이에서 경화(curing)된 실리콘 고무 디스크의 비틀림 변형에 대한 데이터가 주어져 있다. 식 (4.209b)와 식 (4.210) 및 (4.214)의 결과를 이용하면 아래의 관계식이 얻어진다.

$$\hat{T}_{23}\left(=T_{\theta z}\right)|_R=\frac{2M}{\pi R^3} \tag{4. 215}$$

$$\hat{T}_{22}-\hat{T}_{33}\left(=T_{\theta\theta}-T_{zz}\right)|_R=\frac{4F_z}{\pi R^2} \tag{4. 216}$$

따라서 그림 4.2는 식 (4.215) 및 (4.216)으로 정의되는 (물리)법선응력 차를 평판의 모서리에서의 최대 전단변형률 $\gamma_{\max}=\alpha R$의 함수로서 플롯한 것이다. 특히 $\hat{T}_{21}\left(=T_{\theta z}\right)$에 관한 그림 중의 실선은 식 (4.209b)에서 $G=163$ kPa값을 사용하여 계산된 것이다. 그림에서 $\gamma=\pm 0.4$범위까지의 전단변형에 대해 신후크 모델(식 (4.149))은 실험데이터를 거의 완벽하게 기술함을 알 수 있다.

■ 4.7 경계조건(boundary conditions)

실제 고체나 유체에 관련된 운동방정식이나 구성방정식의 해를 구함에 있어서 아래의 3종류의 기본 경계조건(boundary conditions)과 종종 접하게 된다.

1. 표면의 운동 : 이는 통상 고체의 변위(displacement)나 유체의 속도장을 명시하는 것을 의미한다. 전형적으로 시료물질은 레오미터(rheometer)의 고체표면과 같이 움직이나, 그 속을 침투하지는 않는다. 만약 a가 시료를, 그리고 b가 레오미터를 나타낸다면, 위치벡터(혹은 변위) $\boldsymbol{x}$항으로 아래의 경계조건이 성립된다.

$$\boldsymbol{x}_{t_a} = \boldsymbol{x}_{t_b}, \quad \boldsymbol{x}_{n_a} = 0 \qquad (\because \boldsymbol{x} \perp \hat{\boldsymbol{n}} \text{ for } a) \tag{4.217}$$

혹은 속도벡터($\boldsymbol{v}$)항으로 아래가 성립된다.

$$\boldsymbol{v}_{t_a} = \boldsymbol{v}_{t_b}, \quad \boldsymbol{v}_{n_a} = 0 \qquad (\because \boldsymbol{v} \perp \hat{\boldsymbol{n}} \text{ for } a) \tag{4.218}$$

단 위에서 $\boldsymbol{x} t_a = (\boldsymbol{x} \cdot \hat{\boldsymbol{t}})_a$, $\boldsymbol{x}_{n_a} = (\boldsymbol{x} \cdot \hat{\boldsymbol{n}})_a$를 의미하고, $\hat{\boldsymbol{t}}$ 및 $\hat{\boldsymbol{n}}$는 각각 표면에서의 단위 접선 및 법선벡터이다. $\boldsymbol{v}$에 대해서도 마찬가지 정의가 사용된다.

2. 표면에서의 응력(혹은 견인)벡터 : 계면을 통한 전단력과 법선력의 연속성을 의미한다. 즉 아래의 경계조건이 성립된다.

$$\boldsymbol{t}_{t_a} = \boldsymbol{t}_{t_b} \quad \text{혹은} \quad (\hat{\boldsymbol{n}} \cdot \mathbf{T} \cdot \hat{\boldsymbol{t}})_a = (\hat{\boldsymbol{n}} \cdot \mathbf{T} \cdot \hat{\boldsymbol{t}})_b \tag{4.219}$$

$$\boldsymbol{t}_{n_a} = \boldsymbol{t}_{n_b} \quad \text{혹은} \quad (\hat{\boldsymbol{n}} \cdot \mathbf{T} \cdot \hat{\boldsymbol{n}})_a = (\hat{\boldsymbol{n}} \cdot \mathbf{T} \cdot \hat{\boldsymbol{n}})_b \tag{4.220}$$

여기서 $\boldsymbol{t}_{t_a} = (\boldsymbol{t}_n \cdot \boldsymbol{t})_a = (\hat{\boldsymbol{n}} \cdot \mathbf{T} \cdot \hat{\boldsymbol{t}})_a$ 및 $\boldsymbol{t}_{n_a} = (\boldsymbol{t}_n \cdot \hat{\boldsymbol{n}})_a = (\hat{\boldsymbol{n}} \cdot \mathbf{T} \cdot \hat{\boldsymbol{n}})_a$를 의미한다.

3. 운동과 응력(혹은 견인)벡터의 혼합 :

여기서 첫 번째 경계조건은 고무나 고탄성 고체 혹은 점성이 매우 높은 액체 등의 대변형 경우에는 적용되지 않는데, 이는 고체 표면에서 미끄러지기 때문이다.

두 번째 경계조건의 경우 액체-액체 및 액체-기체 계면에서의 응력(stress) 벡터 혹은 견인(traction) 벡터에 대해 특수한 조건이 적용되는데, 이는 주로 계면장력(interfacial tension)과 관련된다. 만약 계면장력이 Γ라면, 응력벡터 $\boldsymbol{t}_n (= \hat{\boldsymbol{n}} \cdot \mathbf{T})$에 대한 법선 경계조건은 시료 (a)와 레오미터 (b)사이에 아래의 관계가 성립된다.

$$(\hat{\boldsymbol{n}} \cdot \mathbf{T} \cdot \hat{\boldsymbol{n}})_a = (\hat{\boldsymbol{n}} \cdot \mathbf{T} \cdot \hat{\boldsymbol{n}})_b + 2H\Gamma \tag{4.221}$$

여기서 H는 계면을 기술하는 두 주 곡률(principal curvatures)의 산술평균이다. 예를 들면 반경 R인 공의 경우에는 $2H = 2/R$, 그리고 반경 R인 원통인 경우는 $2H = 1/R$가 된다. 한편 그림 4.18로 나타낸 두 개의 곡률 반경 R_1 및 R_2를 가진 얇은 막(membrane)의 경우에는 탄성응력을 표면장력(surface tension)으로 간주할 수 있다. 이 때 식 (4.221)은 아래가 된다.

$$P_a = P_b + \frac{\Gamma_1}{R_1} + \frac{\Gamma_2}{R_2} \tag{4.222}$$

여기서 P_a 및 P_b는 가령 a(시료) 및 b(레오미터)에서 압력, 그리고 Γ_1 및 Γ_2는 각각 곡률반경이 R_1 및 R_2되는 곳에서 얇은 막의 표면(혹은 계면)장력이다(그림 참조).

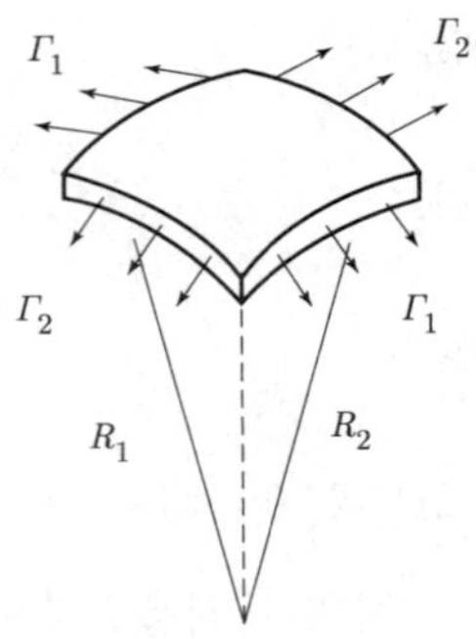

그림 4.18 두 (주)곡률반경 R_1과 R_2를 가진 얇은 막에서의 장력(tension)

식 (4.222)로 나타낸 경계조건은 실제 탄성고체(이하의 예제 참조)나 점성액체(5장 참조)의 변형에 있어서 종종 사용된다.

예제 4.6

일축신장 변형에 대하여 신후크 법칙을 사용하여 얻어진 결과 식 (4.152)을 재조사하여 위의 두 경계조건을 이용한 것을 밝혀라[단 그림 4.10a, 그리고 여러 변형에 대한 $\mathbf{F}$(및 $\mathbf{F}^{-1}$) 및 $\mathbf{C}$(및 $\mathbf{C}^{-1}$)의 계산 결과인 4.3.1절 및 4.3.2절도 참조 요].

풀이

입방체의 일축신장에 대하여 $\hat{x}_1$면의 1변위는 식 (4.58)에서 L/L'로 주어졌다. 즉

$$x_1 = \frac{\Delta x_1}{\Delta x_1{}'} x_1{}' = \lambda_1 x_1{}' \tag{4.58}$$

그리고 식 (4.152)에 대한 논의에서 다른 두 면 위에서의 응력벡터가 아래와 같이 0이라고 지적하였다.

$$\boldsymbol{t}_2 = \boldsymbol{t}_3 = 0$$

이들 경계조건은 그림 4.19에 주어져 있다. $\boldsymbol{t}_2 = \boldsymbol{t}_3$이므로 대칭에 의해 신장비 $\lambda_2 = \lambda_3$이어야 한다.

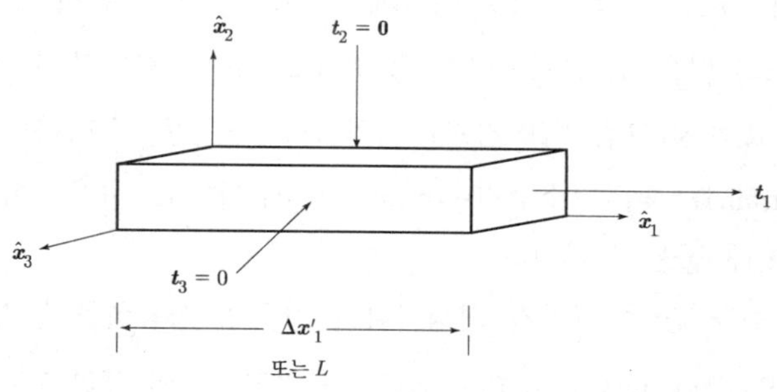

그림 4.19 일축신장에 대한 경계조건

다음에는 비압축성 고체의 질량보존(식 (4.60))으로부터 아래의 관계식이 이용되었다.

$$\lambda_1 \lambda_2 \lambda_3 = 1, \quad \lambda_2 = \lambda_3 = \lambda_1^{-1/2} \tag{4. 60}$$

응력텐서 $\boldsymbol{t}_1$의 성분은 비압축성 일축신장에 대한 신후크 모델에 의한 식 (4.151)로부터 결정되었으며, 식 (4.149) 중의 임의의 압력항 p는 경계조건인 $\boldsymbol{t}_2 = \boldsymbol{t}_3 = \mathbf{0}$을 사용하여 제거되었다. 따라서 미지의 인장벡터 $\boldsymbol{t}_1$은 관계식 $\boldsymbol{t}_1 = T_{11}\hat{\boldsymbol{x}}_1 + T_{12}\hat{\boldsymbol{x}}_2 + T_{13}\hat{\boldsymbol{x}}_3$(식 (4.20) 참조)에서 일축신장의 경우 $T_{12} = T_{13} = 0$이므로(식 (4.151) 참조) $\boldsymbol{t}_1 = T_{11}\hat{\boldsymbol{x}}_1$가 되어 얻어진다.

그리고 이 예제에서 응력과 변형의 관계인 구성방정식을 명시하는 대신 경계 (인장)응력벡터 $\boldsymbol{t}_1$을 명시함으로써 구성방정식에 관한 정보를 얻을 수 있다.

만약 구성방정식이 신후크 모델 (4.149)라면 전단 탄성계수 G를, 그리고 일반 탄성 고체모델 (4.170)이라면 물질함수군 $g_1(\mathrm{I}_{C^{-1}}, \mathrm{II}_{C^{-1}}) - g_2(\mathrm{I}_{C^{-1}}, \mathrm{II}_{C^{-1}})/\lambda_1$의 두 (주)불변량 $\mathrm{I}_{C^{-1}} = \lambda_1^2 + 2\lambda_1^{-1}$ 및 $\mathrm{II}_{C^{-1}} = 2\lambda_1 + \lambda_1^{-2}$ 의존성을 갖게 될 것이다(식 (4.124) 참조).

따라서 유변학자들의 전략에 의해 운동방정식을 만족하는 충분한 경계조건을 명시함으로써 응력과 변형의 관계인 구성방정식 및 미지의 물질함수도 측정할 수 있을 것이다.

예제 4.7

폭이 W_o, 길이가 L_o, 그리고 (측면)두께가 H_o인 한 장의 고무 시트(sheet)(단 $W_o \gg L_o \gg H_o$)가 그의 넓은 모서리를 따라 클램프(clamp)로 죄여진 후 힘 $\boldsymbol{f}$를 받아 길이는 L_o에서 L로 신장된다고 하자(그림 4.20 참조). 이와 같은 변형을 '평면 신장(planer extension)', '평면 변형률(plain strain)' 혹은 '순수전단(pure shear)'이라고 한다. 이때 신후크 모델(식 (4.419))을 가정하여 아래 물음에 답하라.

(a) 경계조건을 쓰고, 변형 중 폭 W_o가 일정하다는 가정의 정당성을 논하라.

(b) 변형기울기 텐서 $\mathbf{F}$, Cauchy($\mathbf{C}$) 및 Finger($\mathbf{C}^{-1}$) 변형텐서의 성분을 구하라. 또한 $\mathbf{C}^{-1}$의 3 (주)불변량도 구하라.

(c) 가한 힘 $\boldsymbol{f}$와 시료의 초기 크기 및 전단 탄성률 G와의 관계를 만들어라.

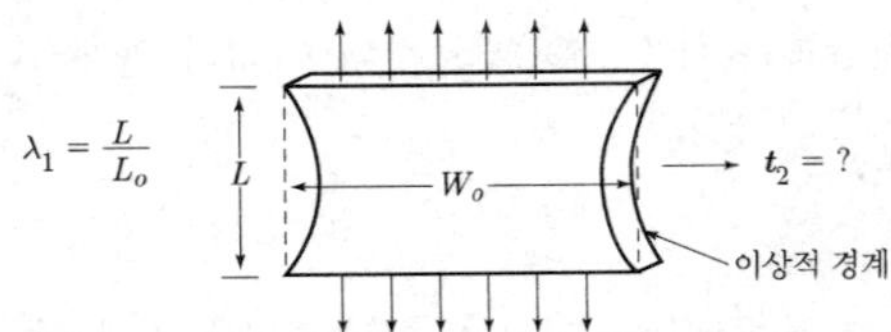

그림 4.20 평면 신장(planer extension)에서의 변형.

풀이

(a) 만약 고무 시트가 넓고, 짧고, 얇고(즉 $W_o \gg L_o \gg H_o$), 상하 양 끝(edges)에서 강하게 조여져 있다면 W_o는 L_o 및 H_o에 비해 상대적으로 적게 변할 것이다. 따라서 3 변위에 대하여 아래의 경계조건을 가정할 수 있다.

$$\lambda_1 = \frac{L}{L_o}, \qquad \lambda_3 = \frac{H}{H_o}, \qquad \lambda_2 = \frac{W}{W_o} = 1 \tag{4. 223}$$

그리고 응력벡터 $\boldsymbol{t}_1 = \boldsymbol{f}/A_1 (= W_o H)$는 아래가 된다.

$$\boldsymbol{t}_1 = \left(\frac{f}{W_o H}\right)\hat{\boldsymbol{x}}_1$$

(b) 비압축성 시료의 경우 $\lambda_1\lambda_2\lambda_3 = (\det \mathrm{C}^{-1})^{1/2} = 1$이고, 식 (4.223)에서 $\lambda_2 = 1$이므로 $\lambda_1 = 1/\lambda_3$가 된다. 그리고 변위(displacement) 함수는 식 (4.58)에서 아래가 된다.

$$x_1 = \lambda_1 x_1', \qquad x_3 = \lambda_3 x_3' = x_3'/\lambda_1, \qquad x_2 = x_2' \tag{4. 224}$$

다음에는 $\mathbf{F}^{-1}$ 및 $\mathbf{C}^{-1}$의 정의식 (4.56) 및 (4.80)으로부터 아래의 (Cartesian)행렬 성분이 얻어진다.

$$\mathrm{F}^{-1} = (F_{ij}^{-1}) = \left(\frac{\partial x_j}{\partial x_i{}'}\right) = \begin{pmatrix} \lambda_1 & 0 & 0 \\ 0 & 1 & 0 \\ 0 & 0 & \lambda_1^{-1} \end{pmatrix} \tag{4. 225 a}$$

$$\mathrm{C}^{-1} = (C_{ij}^{-1}) = (\mathrm{F}^{-1})^{\mathrm{T}}\mathrm{F}^{-1} = \begin{pmatrix} \lambda_1 & 0 & 0 \\ 0 & 1 & 0 \\ 0 & 0 & \lambda_1^{-1} \end{pmatrix}\begin{pmatrix} \lambda_1 & 0 & 0 \\ 0 & 1 & 0 \\ 0 & 0 & \lambda_1^{-1} \end{pmatrix} = \begin{pmatrix} \lambda_1^2 & 0 & 0 \\ 0 & 1 & 0 \\ 0 & 0 & \lambda_1^{-2} \end{pmatrix} \tag{4. 225 b}$$

참고로 $\mathbf{F}$ 및 $\mathbf{F}^{-1}$이 대칭 텐서이므로 Green 텐서 $\mathbf{G}$(식 (4.90))는 $\mathbf{C}^{-1}$과 같아진다.
한편 C^{-1}의 3 불변량은 아래가 된다(1.16.7절 참조)

$$\mathrm{I}_{\mathrm{C}^{-1}} = \mathrm{Tr}\,\mathrm{C}^{-1} = 1 + \lambda_1^2 + \lambda_1^{-2}$$

$$\mathrm{II}_{\mathrm{C}^{-1}} = \frac{1}{2}[(\mathrm{Tr}\,\mathrm{C}^{-1})^2 - \mathrm{Tr}\,(\mathrm{C}^{-1})^2] = \frac{1}{2}[(1+\lambda_1^2+\lambda_1^{-2})^2 - (1+\lambda_1^4+\lambda_1^{-4})] = \lambda_1^2 + \lambda_1^{-2} + 1 = \mathrm{I}_{\mathrm{c}^{-1}}$$

$$\mathrm{III}_{\mathrm{C}^{-1}} = \det \mathrm{C}^{-1} = 1 \tag{4. 226}$$

(c) 식 (4.225b)를 신후크 모델(4.149)에 적용하여 행렬 표현으로 나타내면 아래가 된다.

$$\mathrm{T} = (T_{ij}) = \begin{pmatrix} -p & 0 & 0 \\ 0 & -p & 0 \\ 0 & 0 & -p \end{pmatrix} + G\begin{pmatrix} \lambda_1^2 & 0 & 0 \\ 0 & 1 & 0 \\ 0 & 0 & \lambda_1^{-2} \end{pmatrix} = \begin{pmatrix} -p+G\lambda_1^2 & 0 & 0 \\ 0 & -p+G & 0 \\ 0 & 0 & -p+G\lambda_1^{-2} \end{pmatrix} \tag{4. 227 a}$$

즉

$$T_{11} = -p + G\lambda_1^2, \qquad T_{33} = -p + G\lambda_1^{-2}, \qquad T_{22} = -p + G \tag{4. 227 b}$$

그런데 고무 시트가 얇고, 그 두께(H) 방향의 표면에 작용하는 힘이 없으므로 $T_{33} = 0$ 즉 $p = G/\lambda_1^2$이 된다. 따라서 식 (4.227)에서 아래가 성립된다.

$$T_{11} = G(\lambda_1^2 - \lambda_1^{-2}), \quad T_{22} = G(1 - \lambda_1^{-2}) \tag{4. 228}$$

한편 위에서의 방법 대신 고무 시트에 작용하는 힘의 밸런스를 고려함으로써도 구별할 수 있다. 즉 x_1 방향(즉 x_2x_3 면)으로 작용하는 힘의 크기는 아래가 된다.

$$f = \int_0^H \int_0^{W_o} T_{11}\, dx_3\, dx_2$$

여기서 T_{11}항을 식 (4.228)에서 치환하면

$$f = \int_0^H \int_0^{W_0} (G\lambda_1^2 - G\lambda_1^{-2}) dx_3 dx_2 = G(\lambda_1^2 - \lambda_1^{-2}) W_o H \tag{4.229}$$

이는 (a)에서 얻어진 결과와 동일하다. 한편 작은 변형의 경우에는 식 (4.229)에 $\lambda_1 = 1 + \varepsilon$(여기서 $\varepsilon = \Delta l / l_o$인 변형률임)을 대입하여 전개하고, ε의 2차항 이상을 무시하면 $f \simeq 4G\varepsilon$이 되어 평면 신장의 경우 전단 탄성률 G보다 4배나 큰 평면 인장 탄성률을 갖는다.

예제 4.8

길고 얇은 벽을 가진 고무관(rubber tube)이 그림 4.21에 나타낸 바와 같이 기체압(gas pressure) p_a에 의해 길이 W_o를 일정하게 유지하면서 팽창된다. 이 재료의 변형은 신후크 모델을 따른다고 가정하여, 관이 얼마나 팽창되는가를 결정하라. 또한 이 과정도 예제 4.7과동일한 평면 신장임을 증명하라.

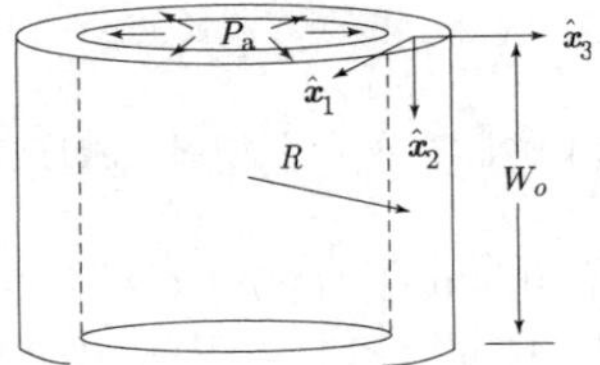

그림 4.21 얇은 벽을 가진 고무관의 팽창.

풀이

경계조건은 관 길이 W_o가 일정하므로 $\lambda_2 = 1$이고, 또한 얇은 막의 가정에서 $T_{33} = 0$이 된다. 그리고 원통인 경우 표면(계면)장력을 포함하는 경계조건 식 (4.222)는 아래가 된다.

$$p_a - p_b = \frac{\Gamma_1}{R}$$

여기서 가령 a는 시료, b는 레오미터이다. 한편 아래와 같이 신장비를 정의할 수 있다.

$$\lambda_1 = \frac{2\pi R}{2\pi R_o} = \frac{R}{R_o}, \qquad \lambda_3 = \frac{H}{H_o}, \qquad \lambda_2 = \frac{W_o}{W_o} = 1 \tag{4.230}$$

그리고 경계조건 $\lambda_2 = 1$에 덧붙여 비압축성 시료의 경우에는 $\lambda_1 \lambda_2 \lambda_3 = 1$에서 $\lambda_3 = 1/\lambda_1$이 된다. 이는 예제 4.7의 평면 신장의 경우와 동일한 신장비를 형성(단 길이 L을 반경 R로 바꾸면 됨)한다. 따라서 (역)변형기울기 텐서 $\mathbf{F}^{-1}$ 및 Finger 텐서 $\mathbf{C}^{-1}$도 같은 값을 갖게 된다. 또한 같은 (신후크)구성방정식을 사용하므로 같은 (전체)응력텐서 $\mathbf{T}$가 얻어질 것이다. 경계조건에서 $T_{33}=0$을 사용하여 예제 4.7과 같은 T_{11} (식 (4.228))을 얻는다. 즉

$$T_{11}=G(\lambda_1^2-\lambda_1^{-2})$$

이제 식 (4.222)을 통하여 T_{11}을 응용 압력-인장력 밸런스에 관련시킬 수 있다. 만약 표면장력 $\Gamma_1=T_{11}H$로 근사하고, 또한 외압 $p_b=0$를 가정하면 아래의 식이 얻어진다.

$$p_a=\frac{GH(\lambda_1^2-1/\lambda_1^2)}{R} \tag{4. 231 a}$$

혹은 $R_1=\lambda_1 R_o$과 $H=H_o/\lambda_1$의 관계를 사용하여 아래를 얻는다.

$$p_a=\frac{GH_o(1-1/\lambda_1^4)}{R_o}=\frac{GH_o(1-R_o^4/R^4)}{R_o} \tag{4. 231 b}$$

이 식으로부터 팽창 후의 반경 R을 응용 압력 p_a의 함수로 나타낼 수 있다.

연습문제

4. 1 (대칭)응력텐서 $\mathbf{T}$의 주어진 (Cartesian)좌표계에 대한 행렬 성분이 아래와 같다고 하자.

$$\mathrm{T} = (T_{ij}) = \begin{pmatrix} 3 & 2 & -1 \\ 2 & 2 & 1 \\ -1 & 1 & 0 \end{pmatrix}_{\hat{\boldsymbol{x}}_1 \hat{\boldsymbol{x}}_2 \hat{\boldsymbol{x}}_3}$$

(a) 이때 주어진 벡터 $\boldsymbol{v} = (5\ 3\ 7)^{\mathrm{T}}$와 응력텐서 $\mathbf{T}$와의 아래의 여러 연산에 대한 답을 구하라.

(i) $\mathbf{T} \cdot \boldsymbol{v}$ (ii) $\boldsymbol{v} \cdot \mathbf{T}$ (iii) $\mathbf{T} : \mathbf{T}$ (iv) $\boldsymbol{v} \cdot (\mathbf{T} \cdot \boldsymbol{v})$ (v) $\boldsymbol{v}\boldsymbol{v}$ (vi) $\mathbf{T} \cdot \hat{\boldsymbol{x}}_1$ (vii) $\mathbf{T} \cdot \mathbf{I}$

(b) $\mathbf{T}$의 3 (주)불변량을 구하라.

풀이

(a) 행렬표현으로 나타내면 아래가 된다[또는 $\mathbf{T} = T_{ij}\boldsymbol{e}_i\boldsymbol{e}_j$, $\boldsymbol{v} = v_m\boldsymbol{e}_m$(여기서 $\boldsymbol{e}_i$는 Cartesian 좌표계의 기저벡터) 및 $\boldsymbol{e}_i \cdot \boldsymbol{e}_j = \delta_{ij}$를 이용해도 마찬가지 결과를 얻음].

(i) $\mathrm{T}\boldsymbol{v} = \begin{pmatrix} 3 & 2 & -1 \\ 2 & 2 & 1 \\ -1 & 1 & 0 \end{pmatrix}\begin{pmatrix} 5 \\ 3 \\ 7 \end{pmatrix} = \begin{pmatrix} 14 \\ 23 \\ -2 \end{pmatrix}$, 즉 $\mathbf{T} \cdot \boldsymbol{v} = \boldsymbol{v}'$에서 $\boldsymbol{v}' = 14\hat{\boldsymbol{x}}_1 + 23\hat{\boldsymbol{x}}_2 - 2\hat{\boldsymbol{x}}_3$인 벡터.

(ii) $\boldsymbol{v} \cdot \mathbf{T} = \mathbf{T}^{\mathrm{T}} \cdot \boldsymbol{v} = \mathbf{T} \cdot \boldsymbol{v}$이므로 위와 같은 $\boldsymbol{v}' = \begin{pmatrix} 14 \\ 23 \\ -2 \end{pmatrix} = 14\hat{\boldsymbol{x}}_1 + 23\hat{\boldsymbol{x}}_2 - 2\hat{\boldsymbol{x}}_3$인 벡터.

(iii) $\mathbf{T} : \mathbf{T} = \mathrm{Tr}\,\mathbf{T}^2 = T_{im}T_{mi} = T_{im}T_{im} = T_{11}^2 + T_{22}^2 + T_{33}^2 + 2T_{12}^2 + 2T_{13}^2 + 2T_{23}^2 = 25$

혹은 T^2의 대각요소만을 구하면 아래가 된다.

$\mathrm{T}^2 = \mathrm{T}\,\mathrm{T} = \begin{pmatrix} 3 & 2 & -1 \\ 2 & 2 & 1 \\ -1 & 1 & 0 \end{pmatrix}\begin{pmatrix} 3 & 2 & -1 \\ 2 & 2 & 1 \\ -1 & 1 & 0 \end{pmatrix} = \begin{pmatrix} 14 & & \\ & 9 & \\ & & 2 \end{pmatrix}$이므로 $\mathrm{Tr}\,\mathrm{T}^2 = 25$가 됨.

(iv) $\boldsymbol{v} \cdot (\mathbf{T} \cdot \boldsymbol{v}) = \boldsymbol{v}^{\mathrm{T}}\mathbf{T}\boldsymbol{v} = (5\ 3\ 7)\begin{pmatrix} 3 & 2 & -1 \\ 2 & 2 & 1 \\ -1 & 1 & 0 \end{pmatrix}\begin{pmatrix} 5 \\ 3 \\ 7 \end{pmatrix} = (5\ 3\ 7)\begin{pmatrix} 14 \\ 23 \\ -2 \end{pmatrix} = 125$ (스칼라)

(v) $\boldsymbol{v}\boldsymbol{v} = \boldsymbol{v}\boldsymbol{v}^{\mathrm{T}} = \begin{pmatrix} 5 \\ 3 \\ 7 \end{pmatrix}(5\ 3\ 7) = \begin{pmatrix} 25 & 15 & 35 \\ 15 & 9 & 21 \\ 35 & 21 & 49 \end{pmatrix}$ (2차 텐서)

혹은 $\boldsymbol{v}\boldsymbol{v} = \mathbf{T}$로 두면 $\mathbf{T} = T_{ij}\boldsymbol{e}_i\boldsymbol{e}_j = v_iv_j\boldsymbol{e}_i\boldsymbol{e}_j = v_1^2\boldsymbol{e}_1\boldsymbol{e}_1 + v_1v_2\boldsymbol{e}_1\boldsymbol{e}_2 + \cdots v_3^2\boldsymbol{e}_3\boldsymbol{e}_3$가 되는데, 여기서 $v_1 = 5$, $v_2 = 3$, $v_3 = 7$을 대입하면 마찬가지 결과(즉 $T_{11} = 25$, $T_{12} = 15$, $\cdots$, $T_{33} = 49$)를 얻는다.

(vi) $\mathbf{T} \cdot \hat{\boldsymbol{x}}_1 = \mathrm{T}\hat{\boldsymbol{x}}_1 = \begin{pmatrix} 3 & 2 & -1 \\ 2 & 2 & 1 \\ -1 & 1 & 0 \end{pmatrix}\begin{pmatrix} 1 \\ 0 \\ 1 \end{pmatrix} = \begin{pmatrix} 3 \\ 2 \\ -1 \end{pmatrix}$ 즉 $3\hat{\boldsymbol{x}}_1 + 2\hat{\boldsymbol{x}}_2 - \hat{\boldsymbol{x}}_3$인 벡터가 됨.

(vii) $\mathbf{T} \cdot \mathbf{I} = \mathrm{T}\,\mathrm{I} = \begin{pmatrix} 3 & 2 & -1 \\ 2 & 2 & 1 \\ -1 & 1 & 0 \end{pmatrix}\begin{pmatrix} 1 & 0 & 0 \\ 0 & 1 & 0 \\ 0 & 0 & 1 \end{pmatrix} = \begin{pmatrix} 3 & 2 & -1 \\ 2 & 2 & 1 \\ -1 & 1 & 0 \end{pmatrix}$ 즉 $\mathbf{T} \cdot \mathbf{I} = \mathbf{T}$가 됨.

(b) $\mathrm{I_T} = \mathrm{Tr\,T} = 5$, 한편 $\mathrm{II_T}$ 값을 위하여 행렬 T^2을 구하면 아래가 된다.

$\mathrm{T}^2 = \mathrm{T\,T} = \begin{pmatrix} 14 & 9 & -1 \\ 9 & 9 & 0 \\ -1 & 0 & 2 \end{pmatrix}$ 여기서 $\mathrm{Tr\,T}^2 = 25$. 따라서 $\mathrm{II_T} = \frac{1}{2}(\mathrm{I_T^2} - \mathrm{Tr\,T}^2) = \frac{1}{2}(25-25) = 0$

$\mathrm{III_T} = \det \mathrm{T} = 0-2-2-3-0-2 = -9.$

4. 2 유체 내의 한 점 주위의 응력텐서 $\mathbf{T}$의 측정을 위하여, 표면적 1 mm^{2}인 시험편 위에서 힘의 측정을 행하였다. 이 시험편의 유체 표면에 대하여 수직인 단위법선 벡터들은 각각 Cartesian 직교좌표계의 세 기저벡터 $\hat{\boldsymbol{x}}_1$, $\hat{\boldsymbol{x}}_2$, $\hat{\boldsymbol{x}}_3$과 일치한다. 만약 이들 표면에서의 측정된 힘이 아래와 같다고 하자(단 1 N/1 mm^2 = 1 MPa 임).

$\hat{\boldsymbol{x}}_1$ 방향의 힘 $f_1 = 1$ N

$-\hat{\boldsymbol{x}}_3$ 방향의 힘 $f_2 = 2$ N

$-\hat{\boldsymbol{x}}_2$ 방향의 힘 $f_3 = 2$ N

이때 다음 물음에 답하라.

(a) 이 점에서의 응력상태(즉 응력텐서 $\mathbf{T}$의 값)는 무엇인가?

(b) 단위법선 벡터가 $\hat{\boldsymbol{x}}_1 + \hat{\boldsymbol{x}}_2$의 방향에 있는 1 mm^{2}의 표면에서의 순 힘(net force)의 크기는 얼마인가?

(c) 이 힘의 위 표면에 수직인 성분의 값은 얼마인가?

(d) 이 응력텐서 $\mathbf{T}$의 3 (주)불변량을 구하라.

풀이

(a) 물체의 측정 결과를 요약하여 표로 만들면 아래가 된다.

시험편에 수직인 법선벡터	응력벡터(MPa)
$\hat{\boldsymbol{x}}_1$	$\boldsymbol{t}_1 = \hat{\boldsymbol{x}}_1$
$\hat{\boldsymbol{x}}_2$	$\boldsymbol{t}_2 = -2\hat{\boldsymbol{x}}_3$
$\hat{\boldsymbol{x}}_3$	$\boldsymbol{t}_3 = -2\hat{\boldsymbol{x}}_2$

따라서 응력텐서 $\mathbf{T}$는 식 (4.20 a)에 의해 아래가 된다.

$$\mathbf{T} = \hat{\boldsymbol{x}}_1 \boldsymbol{t}_1 + \hat{\boldsymbol{x}}_2 \boldsymbol{t}_2 + \hat{\boldsymbol{x}}_3 \boldsymbol{t}_3 = \hat{\boldsymbol{x}}_1 \hat{\boldsymbol{x}}_1 - 2\hat{\boldsymbol{x}}_2 \hat{\boldsymbol{x}}_3 - 2\hat{\boldsymbol{x}}_3 \hat{\boldsymbol{x}}_2$$

따라서 유체내의 이 시험편상의 1점에서 응력상태 혹은 응력텐서의 Cartesian 행렬표현은 아래가 된다.

$$\mathrm{T} = (T_{ij}) = \begin{pmatrix} 1 & 0 & 0 \\ 0 & 0 & -2 \\ 0 & -2 & 0 \end{pmatrix}_{\hat{\boldsymbol{x}}_1 \hat{\boldsymbol{x}}_2 \hat{\boldsymbol{x}}_3}$$

(b) 단위법선벡터 $\hat{\boldsymbol{n}}$가 $\hat{\boldsymbol{x}}_1 + \hat{\boldsymbol{x}}_2$의 방향에 있다면, $\hat{\boldsymbol{x}}_1 + \hat{\boldsymbol{x}}_2 = (1\ \ 1\ \ 0)^{\mathrm{T}}$인 벡터이므로 크기가 1인 $\hat{\boldsymbol{n}}$ 벡터

는 $\hat{n} = \frac{1}{\sqrt{2}}(1\ 0\ 0)^T$가 된다. 따라서 식 (4.17)에 의해 응력벡터

$$t_n = \hat{n} \cdot T = n^T T = (\frac{1}{\sqrt{2}}\ \ \frac{1}{\sqrt{2}}\ \ 0)\begin{pmatrix} 1 & 0 & 0 \\ 0 & 0 & -2 \\ 0 & -2 & 0 \end{pmatrix} = \frac{1}{\sqrt{2}}(1\ \ 0\ \ -2)$$

따라서 힘 $f_n = a_n t_n = \frac{1}{\sqrt{2}}(\hat{x}_1 - 2\hat{x}_3)\ (\because a_n = 1\ \ \mathrm{mm}^2)$가 되어, f_n의 크기 $\| f_n \| = \sqrt{\frac{5}{2}}$ N가 된다.

(c) f_n의 $\hat{n}$에 수직인 성분의 크기 F_{nn}는 아래가 된다.

$$F_{nn} = \hat{n} \cdot f_n = \hat{n}^T f_n = (\frac{1}{\sqrt{2}}\ \ \frac{1}{\sqrt{2}}\ \ 0)\begin{pmatrix} \frac{1}{\sqrt{2}} \\ 0 \\ -\frac{1}{\sqrt{2}} \end{pmatrix} = \frac{1}{2} N$$

(d) $\mathbf{T}$의 3 (主)불변량을 구하기 위해서 먼저 T^2(대각요소만)를 구하면 아래가 된다.

$$T^2 = TT = \begin{pmatrix} 1 & 0 & 0 \\ 0 & 0 & -2 \\ 0 & -2 & 0 \end{pmatrix}\begin{pmatrix} 1 & 0 & 0 \\ 0 & 0 & -2 \\ 0 & -2 & 0 \end{pmatrix} = \begin{pmatrix} 1 & & \\ & 4 & \\ & & 4 \end{pmatrix} \rightarrow \mathrm{Tr}\, T^2 = 9$$

따라서 $\mathbf{T}$의 3 불변량은 아래가 된다.

$$\mathrm{I_T} = \mathrm{Tr}\, T = 1\ \mathrm{MPa}\ ; \quad \mathrm{II_T} = \frac{1}{2}(\mathrm{I_T^2} - \mathrm{Tr}\, T^2) = \frac{1}{2}(1-9) = -4\ (\mathrm{MPa})^2\ ; \quad \mathrm{III_T} = \det T = -4\ (\mathrm{MPa})^3.$$

4.3 임의의 2차 텐서 $\mathbf{A}$의 역 $\mathbf{A}^{-1}$의 3 (主)불변량 $\mathrm{I_{A^{-1}}}$, $\mathrm{II_{A^{-1}}}$ 및 $\mathrm{III_{A^{-1}}}$ 를 $\mathbf{A}$의 세 불변량을 사용하여 나타내어라.

풀이

1.16.1절의 2차 텐서의 유사변환(similarity transform) 이론에 의하면 임의의 2차 텐서 $\mathbf{A}$는 (직교) 좌표변환 행렬 $\mathbf{Q}$에 의해 아래와 같이 변환되어진다(단 대응하는 행렬식으로 표현 - 식 (1.353) 참조).

$$Q^{-1}AQ = \overline{A},\ \ Q^{-1}A^nQ = \overline{A}^n \qquad \cdots\cdots \text{(i)}$$

이때 행렬(텐서) A 및 $\overline{A}$, 그리고 A^n과 $\overline{A}^n$의 (세)고유치 및 불변량이 같다.

만약 이 유사변환이 A를 대각화시키는 변환(특히 실 대칭행렬의 경우처럼 - 1.16.3절 참조)이라면 아래와 같이 나타낼 수 있다.

$$Q^{-1}AQ = \Lambda = \begin{pmatrix} \lambda_1 & 0 & 0 \\ 0 & \lambda_2 & 0 \\ 0 & 0 & \lambda_3 \end{pmatrix},\ \ Q^{-1}A^nQ = \Lambda^n = \begin{pmatrix} \lambda_1^n & 0 & 0 \\ 0 & \lambda_2^n & 0 \\ 0 & 0 & \lambda_3^n \end{pmatrix} \qquad \cdots\cdots \text{(ii)}$$

식 (ii)의 두 번째 식에서 $n = -1$로 두면 아래가 성립된다.

$$Q^{-1}A^{-1}Q = \Lambda^{-1} = \begin{pmatrix} \lambda_1^{-1} & 0 & 0 \\ 0 & \lambda_2^{-1} & 0 \\ 0 & 0 & \lambda_3^{-1} \end{pmatrix} \qquad \cdots\cdots \text{(iii)}$$

그런데 유사변환의 개념에 의해 식 (ii)의 첫 번째 관계에서 A와 Λ의 세 불변량은 같으므로 아래가 성립된다.

$$\mathrm{I_A} = \mathrm{Tr\,A} = \mathrm{I}_\Lambda = \lambda_1 + \lambda_2 + \lambda_3$$

$$\mathrm{II_A} = \frac{1}{2}(\mathrm{I_A^2} - \mathrm{Tr\,A^2}) = \mathrm{II}_\Lambda = \frac{1}{2}(\mathrm{I}_\Lambda^2 - \mathrm{Tr}\,\Lambda^2) = \lambda_1\lambda_2 + \lambda_1\lambda_3 + \lambda_2\lambda_3$$

$$\mathrm{III_A} = \det \mathrm{A} = \det \Lambda = \lambda_1\lambda_2\lambda_3 \qquad \cdots\cdots \text{(iv)}$$

한편 식 (iii)의 경우에도 유사변환에 의해 A^{-1}의 (세)불변량과 Λ^{-1}의 불변량이 같으므로 아래가 성립된다.

$$\mathrm{I}_{A^{-1}} = \mathrm{Tr\,A^{-1}} = \mathrm{I}_{\Lambda^{-1}} = \lambda_1^{-1} + \lambda_2^{-1} + \lambda_3^{-1} = \frac{\lambda_1\lambda_2 + \lambda_1\lambda_3 + \lambda_2\lambda_3}{\lambda_1\lambda_2\lambda_3} = \frac{\mathrm{II_A}}{\mathrm{III_A}}$$

$$\mathrm{II}_{A^{-1}} = \mathrm{II}_{\Lambda^{-1}} = \frac{1}{2}(\mathrm{I}_{\Lambda^{-1}}^2 - \mathrm{Tr}\,(\Lambda^{-1})^2) = \lambda_1^{-1}\lambda_2^{-1} + \lambda_2^{-1}\lambda_3^{-1} + \lambda_1^{-1}\lambda_3^{-1} = \frac{\lambda_1 + \lambda_2 + \lambda_3}{\lambda_1\lambda_2\lambda_3} = \frac{\mathrm{I_A}}{\mathrm{III_A}}$$

$$\mathrm{III}_{A^{-1}} = \mathrm{III}_{\Lambda^{-1}} = \det \Lambda^{-1} = \frac{1}{\lambda_1\lambda_2\lambda_3} = \frac{1}{\mathrm{III_A}} \qquad \cdots\cdots \text{(v)}$$

따라서 2차 텐서(행렬) **A**와 그의 역 $\mathbf{A}^{-1}$의 3 (주)불변량 사이에는 아래의 관계가 성립된다.

$$\mathrm{I}_{A^{-1}} = \frac{\mathrm{II_A}}{\mathrm{III_A}}, \quad \mathrm{II}_{A^{-1}} = \frac{\mathrm{I_A}}{\mathrm{III_A}}, \quad \mathrm{III}_{A^{-1}} = \frac{1}{\mathrm{III_A}} \qquad \cdots\cdots \text{(vi)}$$

4.4 변형텐서 $\mathbf{C}^{-1}$과 $\boldsymbol{\gamma}_{[0]}$의 불변량간의 관계를 만들어라.

풀이

식 (4.139)에서 아래가 성립된다.

$$\boldsymbol{\gamma}_{[0]} = \mathbf{I} - \mathbf{C}^{-1} \qquad \cdots\cdots \text{(i)}$$

양변에 트레이스를 취하면 아래가 얻어진다(단 단위 등방텐서 **I**의 트레이스는 3이 됨).

$$\mathrm{Tr}\,\boldsymbol{\gamma}_{[0]} = 3 - \mathrm{Tr}\,\mathbf{C}^{-1} \qquad \cdots\cdots \text{(ii)}$$

따라서

$$\mathrm{I}_{\gamma_{[0]}} = \mathrm{Tr}\,\boldsymbol{\gamma}_{[0]} = 3 - \mathrm{I}_{\mathrm{C}^{-1}} \qquad \cdots\cdots \text{(iii)}$$

다음에는 $\boldsymbol{\gamma}_{[0]}$의 제곱을 취하면 아래가 얻어진다.

$$\boldsymbol{\gamma}_{[0]} \cdot \boldsymbol{\gamma}_{[0]} = (\mathbf{I} - \mathbf{C}^{-1}) \cdot (\mathbf{I} - \mathbf{C}^{-1}) = \mathbf{I} - 2\mathbf{C}^{-1} + (\mathbf{C}^{-1})^2 \qquad \cdots\cdots \text{(iv)}$$

다시 양변에 트레이스를 취하면 아래가 된다.

$$\mathrm{Tr}\,\boldsymbol{\gamma}_{[0]}^2 = 3 - 2\mathrm{I}_{\mathrm{C}^{-1}} + \mathrm{Tr}\,(\mathbf{C}^{-1})^2 \qquad \cdots\cdots \text{(v)}$$

따라서

$$\mathrm{II}_{\gamma_{[0]}} = \frac{1}{2}[\mathrm{I}_{\gamma_{[0]}}^2 - \mathrm{Tr}\,\boldsymbol{\gamma}_{[0]}^2] = \frac{1}{2}[(3 - \mathrm{I}_{\mathrm{C}^{-1}})^2 - 3 + 2\mathrm{I}_{\mathrm{C}^{-1}} - \mathrm{Tr}\,(\mathbf{C}^{-1})^2]$$

$$= \frac{1}{2}(6 - 4\mathrm{I}_{\mathrm{C}^{-1}} + \mathrm{I}_{\mathrm{C}^{-1}}^2 - \mathrm{Tr}\,(\mathbf{C}^{-1})^2) = 3 - 2\mathrm{I}_{\mathrm{C}^{-1}} + \mathrm{II}_{\mathrm{C}^{-1}} \qquad \cdots\cdots \text{(vi)}$$

다음에는 $\boldsymbol{\gamma}_{[0]}$의 3승을 취하면 아래가 얻어진다.

$$\boldsymbol{\gamma}_{[0]}^3 = (\mathbf{I} - \mathbf{C}^{-1})^3 = \mathbf{I} - 3\mathbf{C}^{-1} + 3(\mathbf{C}^{-1})^2 - (\mathbf{C}^{-1})^3 \qquad \cdots\cdots \text{(vii)}$$

양변에 트레이스를 취하면 아래가 된다.

$$\mathrm{Tr}\,\boldsymbol{\gamma}_{[0]}^3 = 3 - \mathrm{Tr}\,\mathbf{C}^{-1} + 3\mathrm{Tr}\,(\mathbf{C}^{-1})^2 - \mathrm{Tr}\,(\mathbf{C}^{-1})^3 \qquad \cdots\cdots \text{(viii)}$$

그런데 임의의 2차 텐서 $\mathbf{A}$에대해 아래의 항등관계가 성립된다.

$$\det \mathbf{A} = \frac{1}{3!}[(\mathrm{Tr}\,\mathbf{A})^3 - 3(\mathrm{Tr}\,\mathbf{A})\,\mathrm{Tr}\,(\mathbf{A}^2) + 2\,\mathrm{Tr}\,\mathbf{A}^3] \qquad \cdots\cdots \text{(ix)}$$

이 식의 $\mathbf{A}$에 각각 $\mathbf{C}^{-1}$ 및 $\boldsymbol{\gamma}_{[0]}$을 대입하여 얻어지는 식을 식 (viii)에 대입하여 정리하면 아래의 관계가 얻어진다.

$$\mathrm{III}_{\gamma_{[0]}} = \det \boldsymbol{\gamma}_{[0]} = 3 - 3\,\mathrm{I}_{\mathrm{C}^{-1}} + 3\,\mathrm{II}_{\mathrm{C}^{-1}} - \mathrm{III}_{\mathrm{C}^{-1}} \qquad \cdots\cdots \text{(x)}$$

4. 5 유체(가령 강물)와 함께 움직이는 보트(boat)내의 관측자가 경험하는 물고기의 농도(c) 변화는 고정된 위치에서의 농도의 시간변화인 $\frac{\partial c}{\partial t}$ 뿐만 아니라 농도의 위치변화 항 $\left(\frac{\partial c}{\partial \boldsymbol{r}} = \nabla c\right)$과 위치의 시간변화 항 $\left(\frac{d\boldsymbol{r}}{dt} = \boldsymbol{v}\right)$에도 의존한다. 이를 본문에서 여러 번 언급된 시간변화에 대한 Lagrange(물질 혹은 본질) 미분연산자 $\frac{D}{Dt}\left[= \frac{\partial}{\partial t} + \boldsymbol{v} \cdot \nabla = \frac{\partial}{\partial t} + v^k \nabla_k\right]$(여기서 $\frac{\partial}{\partial t}$는 Euler 공간(편미분) 연산자, $v^k = \frac{dx^k}{dt}$이고 $\nabla_k = \frac{\partial}{\partial x^k}$이다)를 사용하여 Cartesian 좌표계에서 아래와 같이 나타내보자.

$$\frac{Dc}{Dt} = \frac{\partial c}{\partial t} + \frac{d\boldsymbol{r}}{dt} \cdot \frac{\partial c}{\partial \boldsymbol{r}} = \frac{\partial c}{\partial t} + \frac{dx}{dt}\frac{\partial c}{\partial x} + \frac{dy}{dt}\frac{\partial c}{\partial y} + \frac{dz}{dt}\frac{\partial c}{\partial z} \quad \cdots\cdots\cdots\cdots\cdots (1)$$

이때 다음 물음에 답하라(단 1차원 속도를 가정하라).

(a) 흐르는 강물의 어떤 주어진 공간상의 1점에서 물고기의 농도(단위체적당 마리수) c는 단위시간당 10^6 만큼 증가한다고 가정하자. 또한 양(+)의 x 방향으로 위치가 1000 마일 변할때마다 농도가 3×10^6 만큼 증가한다고 한다. 그리고 관측자가 보트를 타고 단위시간당 500 마일 속도로 양의 x 방향으로 항해한다고 하면, 관측자가 느끼는 단위시간당 물고기 농도의 전체 변화속도는 얼마인가?

(b) 만약 식 (1)에서 농도 c 대신 임의의 벡터 $\boldsymbol{a}$인 경우 일반 곡선좌표계를 사용하여 $\frac{D\boldsymbol{a}}{Dt}$의 m번째 반변성분은 어떤 형태를 가지는가?

풀이

(a) 위 식에서 $\frac{\partial c}{\partial t} = 10^6$(단위 생략)이고, 1차원의 양의 x 방향에의 보트의 속도 $v_x = \frac{dx}{dt} = 500$, 그리고 1000 마일당 물고기 농도의 증가(속도)는 $\frac{dc}{dx} = 3 \times 10^6$이 된다. 따라서 보트내의 관측자가 느끼는 전체 농도변화속도(즉 시간에 대한 Lagronge 물질 미분)는 아래가 된다.

$$\frac{Dc}{Dt} = \frac{\partial c}{\partial t} + v_x \frac{dc}{dx} = 10^6 + 500 \times \frac{3 \times 10^6}{1000} = 2.5 \times 10^6$$

(b) $$\frac{D\boldsymbol{a}}{Dt} = \frac{\partial \boldsymbol{a}}{\partial t} + \boldsymbol{v} \cdot \frac{\partial \boldsymbol{a}}{\partial \boldsymbol{r}} = \frac{\partial \boldsymbol{a}}{\partial t} + (v^k \nabla_k)\boldsymbol{a} = \frac{\partial \boldsymbol{a}}{\partial t} + v^k a^m{}_{;k} \boldsymbol{g}_m$$

따라서 위 식에 $\boldsymbol{a}=a^m \boldsymbol{g}_m$을 대입하면 양변의 m번째 반변성분은 아래가 된다(단 $\frac{\partial \boldsymbol{g}_m}{\partial t}=\mathbf{0}$ 이용).

$$\left(\frac{D\boldsymbol{a}}{Dt}\right)^m \left[=\frac{Da^m}{Dt}\right]=\frac{\partial a^m}{\partial t}+v^k a^m{}_{;k}$$

여기서 $a^m{}_{;k}=\frac{\partial a^m}{\partial x^k}+\Gamma^m_{sk}a^s$는 공변 미분(식 (2.33) 참조)이다.

4. 6 고체에 대한 일반 탄성 모델(식 4.170)에서 $g_1=2C_1$ 및 $g_2=-2C_2$(즉 Mooney-Rivlin 식)를 사용하여 예제 4.7의 평면신장에 대한 문제를 다시 풀어보아라.

풀이

(a) (b) 경계조건은 예제 4.7의 경우와 동일하므로 식 (4.225b)에 의해 아래가 얻어진다.

$$\mathrm{C}^{-1}=\left(C_{ij}^{-1}\right)=\begin{pmatrix}\lambda_1^2 & 0 & 0\\ 0 & 1 & 0\\ 0 & 0 & \lambda_1^{-2}\end{pmatrix} \text{ 그리고 } \mathrm{C}=\left(C_{ij}\right)=\begin{pmatrix}\lambda_1^{-2} & 0 & 0\\ 0 & 1 & 0\\ 0 & 0 & \lambda_1^2\end{pmatrix}$$

(c) 이들 변형텐서의 값을 갖고 Mooney-Rivlin 고무에 대한 응력 텐서 $\mathbf{T}$의 성분을 아래와 같이 쉽게 계산할 수 있다. 즉 식 (4.170)을 $g_1=2C_1$ 및 $g_2=-2C_2$항으로 다시 쓰면 아래가 얻어진다.

$$\mathbf{T}=-p\mathbf{I}+2C_1\mathbf{C}^{-1}-2C_2\mathbf{C}$$

$$T_{11}=-p+2C_1\lambda_1^2-2C_2\lambda_1^{-2}$$

$$T_{22}=-p+2C_1-2C_2$$

$$T_{33}=-p+2C_1\lambda_1^{-2}-2C_2\lambda_1^2=0 \ (\because \text{ 자유 표면})$$

$$p=2C_1\lambda_1^{-2}-2C_2\lambda_1^2$$

$$T_{11}=\left(2C_1+2C_2\right)\left(\lambda_1^2-\lambda_1^{-2}\right)$$

이 결과는 예제 4.7에 사용된 신후크 모델(식 (4.149))과 똑같은 함수형태를 갖는다. 따라서 평면신장에서 T_{11}의 측정에 대해서는 두 모델간의 차이가 없다. 그러나 T_{22}의 경우는 위 식에서 $p=2C_1\lambda_1^{-2}-2C_2\lambda_1^2$을 대입하면 아래가 된다.

$$T_{22}=2C_1\left(1-\lambda_1^{-2}\right)+2C_2\left(\lambda_1^2-1\right)$$

이는 예제 4.7의 신후크 모델에서 얻어진 결과와 다른 λ_1 의존성을 갖는다.

4. 7 아래 그림은 일정 각속도 Ω로 회전하고 있는 두 개의 평행 원판(parallel disks)을 나타낸다. 두 개의 원판은 거리 h만큼 떨어져 있으며, 그들의 회전축은 거리 a만큼 벗어나 있다. 두 원판 사이에 들어있는 물질에 대한 변위 함수(displacement function)는 (Cartesian 좌표계에서) 아래와 같다.

$$x_1 = x_1{}'\cos\Omega t - x_2{}'\sin\Omega t$$
$$x_2 = x_1{}'\sin\Omega t + x_2{}'\cos\Omega t + \gamma x_3{}'$$
$$x_3 = x_3{}'$$

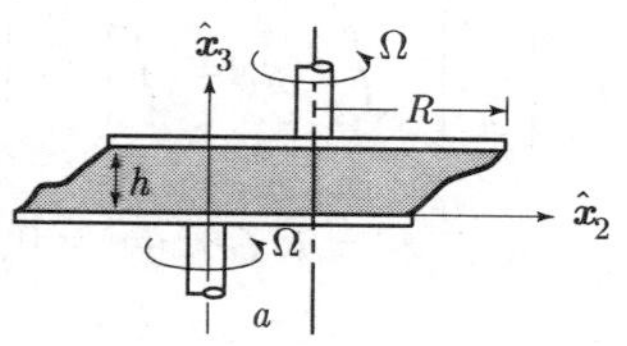

편심 회전 원판
(eccentric rotating disks)

여기서 $\gamma = a/h$이고, $x_i{}'$는 미변형 상태의 (Cartesian)좌표이다. 이때 다음 물음에 답하라.

(a) 이 변형에 대한 $\mathbf{F}^{-1}$ 및 $\mathbf{C}^{-1}$의 성분을 구하라.

(b) 만약 두 원판 사이의 물질이 신후크 모델을 따르는 고체이라면, 변형에 의해 원판에 작용하는 힘의 성분을 구하라.

풀이

(a) 위 그림은 Maxwell 직교 레오미터(orthogonal rheometer)에 해당하는 것으로서 통상 $\hat{\boldsymbol{x}}_2$는 y축, $\hat{\boldsymbol{x}}_3$는 z축을 잡는다. 그러면 문제에 주어진 변형 전후의 좌표성분의 관계를 이용하며 역변형 기울기 텐서 $\mathbf{F}^{-1}$ 및 Finger 변형률 텐서 $\mathbf{C}^{-1}$를 각각 정의식 (4.56) 및 (4.80)으로부터 구하면 아래가 얻어진다.

$$\mathrm{F}^{-1} = \left(F_{ij}^{-1}\right) = \left(\frac{\partial x_j}{\partial x_i{}'}\right) = \begin{pmatrix} c & s & 0 \\ -s & c & 0 \\ 0 & \gamma & 1 \end{pmatrix}$$

$$\mathrm{C}^{-1} = \left(C_{ij}^{-1}\right) = \left(\mathrm{F}^{-1}\right)^{\mathrm{T}}\left(\mathrm{F}^{-1}\right) = \begin{pmatrix} c & -s & 0 \\ s & c & \gamma \\ 0 & 0 & 1 \end{pmatrix}\begin{pmatrix} c & s & 0 \\ -s & c & 0 \\ 0 & \gamma & 1 \end{pmatrix} = \begin{pmatrix} 1 & 0 & 0 \\ 0 & 1+\gamma^2 & \gamma \\ 0 & \gamma & 1 \end{pmatrix}$$

단 위 식에서 $c = \cos\Omega t$, $s = \sin\Omega t$이다. 위 결과에서 변형률의 법선(대각) 성분과 전단(비대각) 성분 모두 존재함을 알 수 있다.

(b) 신후크 모델 식 (4.149)와 위 (a)의 결과를 이용하면 아래를 얻는다.

$$\mathbf{T} = -p\mathbf{I} + G\mathbf{C}^{-1} = \begin{pmatrix} -p+G & 0 & 0 \\ 0 & -p+G(1+\gamma^2) & G\gamma \\ 0 & G\gamma & -p+G \end{pmatrix}$$

즉

$$T_{11} = T_{33} = -p+G$$
$$T_{22} = -p+G(1+\gamma^2)$$
$$T_{23} = T_{32} = G\gamma$$

이로부터 원판에 작용하는 응력벡터 $\boldsymbol{t}_3$는 아래가 된다(단 $\mathbf{T} = \hat{\boldsymbol{x}}_1\boldsymbol{t}_1 + \hat{\boldsymbol{x}}_2\boldsymbol{t}_2 + \hat{\boldsymbol{x}}_3\boldsymbol{t}_3$(식 (4.20)을 이용).

$$\boldsymbol{t}_3 = \hat{\boldsymbol{x}}_3 \cdot \mathbf{T} = \mathbf{T}^{\mathrm{T}}(=\mathbf{T}) \cdot \hat{\boldsymbol{x}}_3 = \mathrm{T}\hat{\boldsymbol{x}}_3 = \begin{pmatrix} T_{11} & 0 & 0 \\ 0 & T_{22} & T_{23} \\ 0 & T_{23} & T_{33} \end{pmatrix}\begin{pmatrix} 0 \\ 0 \\ 1 \end{pmatrix} = \begin{pmatrix} 0 \\ T_{23} \\ T_{33} \end{pmatrix}$$

따라서 원판에 작용하는 힘 $\boldsymbol{f}$의 성분은 응력벡터 $\boldsymbol{t}_3$에 대해 아래와 같이 적분을 행하면 얻을 수 있다.

$$\boldsymbol{f}=\begin{pmatrix} f_{x_1} \\ f_{x_2} \\ f_{x_3} \end{pmatrix}=\int \boldsymbol{t}_3 dA=\int \begin{pmatrix} 0 \\ T_{23} \\ T_{33} \end{pmatrix} dA=\begin{pmatrix} 0 \\ \pi R^2 G\gamma \\ 0 \end{pmatrix}$$

즉 $f_{x_1}=0$, $f_{x_2}=\pi R^2 G\gamma$, $f_{x_3}=0$($\because$ 경계조건에 의해 $T_{33}=0$ 됨)을 얻는다.

4. 8 얇은 고무 시트(rubber sheet)가 아래 그림에 나타낸 바와 같이 둥근 구멍(circular hole) 위에서 조여지고, 압력 p에 의해 반구모양의 기포(hemispherical bubble)로 팽창된다고 하자. 이때 막 밸런스의 경계조건 식 (4.222)를 이용하여 다음 물음에 답하라.

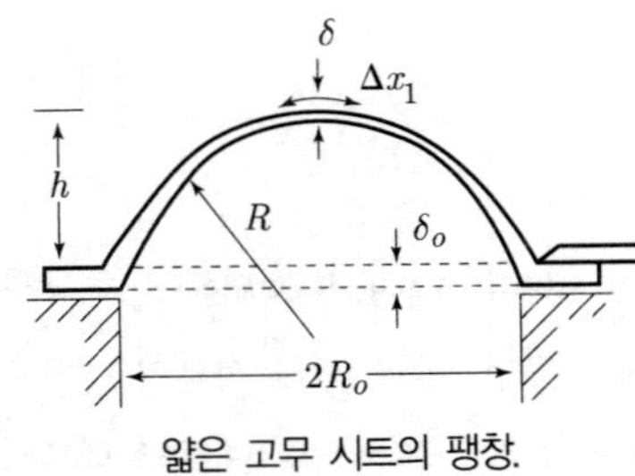

얇은 고무 시트의 팽창.

(a) 기포의 높이 h와 기포반경 R 및 구멍 반경 R_0와의 관계를 만들어라.

(b) 극(pole) δ근처의 기포의 두께와 기포 표면에서의 상대 길이 변화와의 관계를 만들어라.

(c) 기포의 높이와 압력 p, 극 두께 δ, 그리고 고무의 전단 탄성률 G와의 관계를 만들어라. 단 신후크 모델 식 (4.150)이 유효하다고 가정하여라.

풀이

(a) 변형전의 초기 시트 반경 R_0를 밑변으로 하고, 팽창 후 기포 반경 R을 빗변으로 하는 직각삼각형을 생각하면 $R^2=R_0^2+(R-h)^2$이 성립된다(그림 참조). 따라서 $R=\left(R_0^2+h^2\right)/2h$가 된다.

(b) 각 방향으로의 길이변화에서 아래의 관계가 성립된다.

$$\lambda_1=\frac{\Delta x}{\Delta x_0}\ ,\quad \lambda_2=\frac{\Delta y}{\Delta y_0}\ ,\quad \lambda_3=\frac{\delta}{\delta_0}$$

그런데 기포는 대칭으로 극(pole) 근처에서 $\lambda_1=\lambda_2$이 되고, 또한 비압축성 고체의 가정(즉 $\lambda_1\lambda_2\lambda_3=1$)에서 $\lambda_3=1/\lambda_1^2$ 혹은 $\delta/\delta_0=\left(\Delta x_0/\Delta x\right)^2$가 성립된다. 따라서 극 근처에서의 신장(stretch)을 측정함으로써 기포의 두께(δ)를 결정할 수 있다.

(c) 신후크 모델의 식 (4.150)에서 아래가 된다.

$$\mathbf{T}=-p\mathbf{I}+G\mathbf{E}\ \text{(여기서 } \mathbf{E}=\mathbf{C}^{-1}-\mathbf{I})$$

여기서 일축신장에 관한 $\mathbf{C}^{-1}$의 결과 식 (4.88)을 대입하고, 여기서 $\lambda_1=\lambda_2$의 가정을 이용하면 응력텐서의 행렬표현은 아래가 된다.

$$\mathrm{T}=(T_{ij})=\begin{pmatrix} -p+G(\lambda_1^2-1) & 0 & 0 \\ 0 & -p+G(\lambda_1^2-1) & 0 \\ & & -p+G(\lambda_3^2-1) \end{pmatrix}$$

그런데 얇은 막의 경우 경계조건 $T_{33}=0$이 성립되어 위 식에서 $p=G(\lambda_3^2-1)$가 된다. 따라서 법선응력 $T_{11}=T_{22}=G(\lambda_1^2-\lambda_1^{-4})$을 얻는다(단 $\lambda_3=1/\lambda_1^2$을 이용).

그런데 T_{11} 및 T_{22}는 표면장력 Γ(단 $\Gamma=T_{11}\delta$)로 간주될 수 있으므로, 막 밸런스의 경계조건 식 (4.222)를 사용하여 아래를 얻는다.

$$p_{in}-p_{out}=p=\frac{\Gamma_1}{R_1}+\frac{\Gamma_2}{R_2}=\frac{2\Gamma}{R}=\frac{2T_{11}\delta}{R}$$

여기서 구(sphere)에 대해 $R_1=R_2=R$을 이용하였다. 그러면 위 식에서 $T_{11}=T_{22}=G(\lambda_1^2-\lambda_1^{-4})$를 대입하면 압력 p에 대한 아래식을 얻는다.

$$p=\frac{2G(\lambda_1^2-1/\lambda_1^4)}{R}$$

4. 9 고분자 필름은 아래 그림에 나타낸 바와 같이, 필름 위에서 당겨지고, 필름의 모서리(edge)에 설치된 한 세트의 이동 클램프(moving clamp)인 '필름 텐터(film tenter)'라고 불리는 장치에 의해 배향될 수 있다. 통상 고분자 필름은 적외선 히터(IR-heater)에 의해 유리전이온도(T_g)보다 약간 높은 온도에서 유지되고 있다. 이때 물음에 답하라(단 Cartesian 좌표계를 이용).

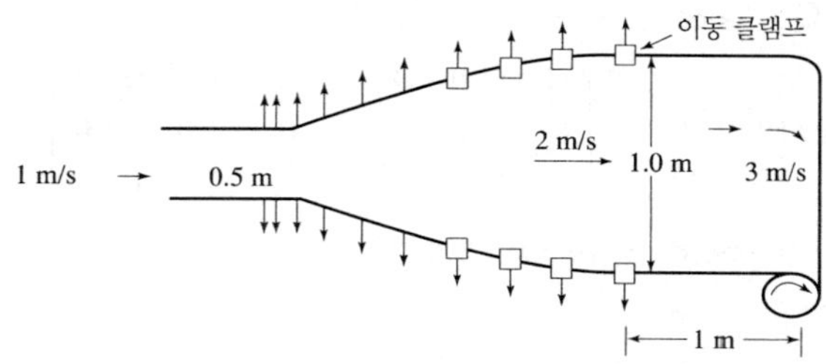

고분자 필름의 신장(stretching)

(a) 만약 필름의 초기 두께가 150μm 라면, 필름의 최종두께는 얼마인가?

(b) 만약 필름을 전단 탄성률 $G=5\times10^5$ Pa를 가진 신후크 고체(식 (4.149))라면 마지막 한 쌍의 클램프에 작용하는 응력을 구하라.

(c) 직경 0.3 m인 권취롤러(take-up roller)를 돌리는데 필요한 토크(torque)는 얼마인가?

풀이

(a) 입구와 출구에서의 부피 유량을 같다고 가정하면 아래가 성립된다(단 v는 속도, A는 단면적 임).

$$v_{in}A_{in} = u_{out}A_{out}$$

$$(1\,\mathrm{m/s})(0.5\,\mathrm{m})(150\times 10^{-6}\,\mathrm{m}) = (3\,\mathrm{m/s})(1\mathrm{m})h$$

$$h = 25\,\mu\mathrm{m}$$

(b) 신장은 필름 텐터에 의해 고정되므로 아래가 성립된다(단 $\triangle x_i'$ 및 $\triangle x_i$는 각각 변형 전 및 변형 후의 (미소)크기 임).

$$\lambda_2 = \frac{\triangle x_2}{\triangle x_2'} = 1/0.5 = 2$$

$$\lambda_3 = \frac{\triangle x_3}{\triangle x_3'} = \frac{25\times 10^{-6}}{150\times 10^{-6}} = \frac{1}{6}$$

그런데 비압축성 변형의 가정에서 아래가 성립된다.

$$\triangle x_1'\,\triangle x_2'\,\triangle x_3' = \triangle x_1\,\triangle x_2\,\triangle x_3$$

$$\lambda_1\lambda_2\lambda_3 = 1$$

$$\lambda_1 = \frac{1}{\lambda_2\lambda_3} = \frac{1}{2(1/6)} = 3$$

그런데 정의에 의해 아래의 관계가 성립된다.

$$x_i = \lambda_i x_i' \text{ 및 } F_{ij}^{-1} = \frac{\partial x_j}{\partial x'_i}$$

따라서

$$\mathrm{F}^{-1} = \left(F_{ij}^{-1}\right) = \begin{pmatrix} \lambda_1 & 0 & 0 \\ 0 & \lambda_2 & 0 \\ 0 & 0 & \lambda_3 \end{pmatrix}$$

이로부터 Finger 텐서 $\mathbf{C}^{-1}$의 행렬성분은 아래가 된다.

$$\mathrm{C}^{-1} = \left(C^{-1}\right)_{ij} = \left(\mathrm{F}^{-1}\right)^{\mathrm{T}}\mathrm{F}^{-1} = \begin{pmatrix} \lambda_1 & 0 & 0 \\ 0 & \lambda_2 & 0 \\ 0 & 0 & \lambda_3 \end{pmatrix}\begin{pmatrix} \lambda_1 & 0 & 0 \\ 0 & \lambda_2 & 0 \\ 0 & 0 & \lambda_3 \end{pmatrix} = \begin{pmatrix} \lambda_1^2 & 0 & 0 \\ 0 & \lambda_2^2 & 0 \\ 0 & 0 & \lambda_3^2 \end{pmatrix}$$

그런데 신후크 고체(식 (4.149))의 경우 아래가 성립된다.

$$\mathbf{T} = -p\mathbf{I} + G\mathbf{C}^{-1}$$

위 식의 $\mathbf{C}^{-1}$에 위의 결과를 대입하여 얻어지는 $\mathbf{T}$에 대한 행렬로부터 다음을 얻는다.

$$T_{11} = -p + G\lambda_1^2$$

$$T_{22} = -p + G\lambda_2^2$$

$$T_{33} = -p + G\lambda_3^2$$

그런데 필름에 수직인 $\hat{\boldsymbol{x}}_3$방향으로 작용하는 외력이 없으므로 $T_{33} = 0$의 경계조건을 얻는다. 따라서 아래가 성립된다.

$$p = G\lambda_3^2$$

$$T_{22} = -G\lambda_3^2 + G\lambda_2^2 = G(\lambda_2^2 - \lambda_3^2) = 5\times 10^5\left(4 - \frac{1}{36}\right) = 1.99\times 10^6 \text{ Pa}$$

이로부터 마지막 쌍의 클램프에서의 단위면적당 발휘되는 힘(응력)은 1.99×10^6 Pa이다.

(c) 여기서 권취롤러를 돌리는데 필요한 토크($\boldsymbol{M}$)는 $\hat{\boldsymbol{x}}_1$방향으로 필름을 신장하는데 필요한 힘만에 의한 것이라고 가정한다. 그러면 $\hat{\boldsymbol{x}}_1$방향의 필요한 힘 $\boldsymbol{f}_1$는 응력 $\boldsymbol{t}_1$에다 필름 단면적 a_1을 곱한 값이 되므로 아래가 성립된다(단 $\boldsymbol{M} = \boldsymbol{R}\times \boldsymbol{f}_1$, 여기서 $\boldsymbol{R}$는 거리벡터임).

$$\boldsymbol{M} = \boldsymbol{R}\times a_1\boldsymbol{t}_1 = \left(\frac{0.3}{2}\text{m}\right)\hat{\boldsymbol{x}}_3\times([1\,\text{m}]\,[25\times 10^{-6}\,\text{m}])\,T_{11}\hat{\boldsymbol{x}}_1$$

$$\boldsymbol{M} = (0.15\,\text{m})(25\times 10^{-6}\,\text{m}^2)\left(G(\lambda_1^2 - \lambda_3^2)\right)\hat{\boldsymbol{x}}_3\times\hat{\boldsymbol{x}}_2$$

$$\boldsymbol{M} = (0.15)(25\times 10^{-6})\left(5\times 10^5\left(9 - \frac{1}{36}\right)\right)\{-\hat{\boldsymbol{x}}_1\}$$

$$\boldsymbol{M} = -16.25\,\hat{\boldsymbol{x}}_1 \text{ N}\cdot\text{m}$$

제 4장 부록

■ A4.1 역 변형기울기 텐서($\mathbf{F}^{-1}$) 및 Finger 변형률 텐서($\mathbf{C}^{-1}$)의 3 대표적 직교 좌표계에 대한 물리성분 표시

표 A4.1 $\mathbf{F}^{-1}\left(=\dfrac{\partial \boldsymbol{r}}{\partial \boldsymbol{r}'}\right)$**의 직교곡선계에서의 물리성분 표시***

(a) Cartesian 좌표계 $(x', y', z', t') \leftrightarrow (x, y, z, t)$ $(h_1 = h_2 = h_3 = 1)$

$F_{xx}^{-1} = \partial x/\partial x'$	$F_{xy}^{-1} = \partial y/\partial x'$	$F_{xz}^{-1} = \partial z/\partial x'$
$F_{yx}^{-1} = \partial x/\partial y'$	$F_{yy}^{-1} = \partial y/\partial y'$	$F_{yz}^{-1} = \partial z/\partial y'$
$F_{zx}^{-1} = \partial x/\partial z'$	$F_{zy}^{-1} = \partial y/\partial z'$	$F_{zz}^{-1} = \partial z/\partial z'$

(b) 원통 좌표계 $(r', \theta', z', t') \leftrightarrow (r, \theta, z, t)$ $(h_1 = 1,\ h_2 = r,\ h_3 = 1)$

$F_{rr}^{-1} = \partial r/\partial r'$	$F_{r\theta}^{-1} = r\partial\theta/\partial r'$	$F_{rz}^{-1} = \partial z/\partial r'$
$F_{\theta r}^{-1} = \partial r/r'\partial\theta'$	$F_{\theta\theta}^{-1} = r\partial\theta/r'\partial\theta'$	$F_{\theta z}^{-1} = \partial z/r'\partial\theta'$
$F_{zr}^{-1} = \partial r/\partial z'$	$F_{z\theta}^{-1} = r\partial\theta/\partial z'$	$F_{zz}^{-1} = \partial z/\partial z'$

(c) 구 좌표계 $(r', \theta', \phi', t') \leftrightarrow (r, \theta, \phi, t)$ $(h_1 = 1,\ h_2 = r,\ h_3 = r\sin\theta)$

$F_{rr}^{-1} = \partial r/\partial r'$	$F_{r\theta}^{-1} = r\partial\theta/\partial r'$	$F_{r\phi}^{-1} = r\sin\theta\partial\phi/\partial r'$
$F_{\theta r}^{-1} = \partial r/r'\partial\theta'$	$F_{\theta\theta}^{-1} = r\partial\theta/r'\partial\theta'$	$F_{\theta\phi}^{-1} = r\sin\theta\partial\phi/r'\partial\theta'$
$F_{\phi r}^{-1} = \partial r/r'\sin\theta'\partial\phi'$	$F_{\phi\theta}^{-1} = r\partial\theta/r'\sin\theta'\partial\phi'$	$F_{\phi\phi}^{-1} = r\sin\theta\partial\phi/r'\sin\theta'\partial\phi'$

* $\hat{F}_{ij}^{-1} = h_{\underline{j}}\,\partial x^j / h'_{\underline{i}}\,\partial x'^i$

표 A4.1의 설명 : 4 변형기울기 텐서 $\mathbf{F}$, $\mathbf{F}^{\mathrm{T}}$, $\mathbf{F}^{-1}$ 및 $(\mathbf{F}^{-1})^{\mathrm{T}}$ 중 오직 $\mathbf{F}^{-1}$에 대해서만 세 대표적 직교 곡선좌표계에서 물리적 성분표시로 표 A4.1에 나타내었는데, 이는 고체나 액체의 구성방정식(constitutive equation)에 있어서 가장 멀리 사용되는 Finger 변형(률) 텐서 $\mathbf{C}^{-1}$의 손쉬운 작성(표 A4.2 참조)을 위한 것이다. 그러나 다른 나머지 3 변형기울기 텐서도 간단한 조작에 의해 $\mathbf{F}^{-1}$으로부터 쉽게 구할 수 있다. 이제 스케일 척도 $h_i(=\|\boldsymbol{g}_i\|)$를 가진 직교곡선계(즉

$\boldsymbol{g}_i \cdot \boldsymbol{g}_j = h_{\underline{i}} h_{\underline{j}} \delta_{ij}$ 만족)에 대한 $\mathbf{F}^{-1}$의 물리성분은 $\mathbf{F}^{-1}$의 정의식 (4.56)과 2차 텐서의 물리적 성분 표시법(1.14절)에 의해 $\hat{\mathrm{F}}^{-1}$의 i행, j열 요소 $\hat{F}_{ij}^{-1}$ 는 아래가 된다.

$$\hat{F}_{ij}^{-1} = h_{\underline{j}} \partial x^j / h_{\underline{i}}' \partial x'^i \tag{A4. 1}$$

여기서 먼저 Cartesian 좌표계의 경우에는 변형 전의 좌표계인 (x', y', z', t')에서 변형 후의 좌표계인 (x, y, z, t)에 대한 $\hat{\mathrm{F}}^{-1} = (\hat{F}_{ij}^{-1})$의 작성은 위 식에 척도인자 $h_1' = h_2' = h_3' = 1$ 및 $h_1 = h_2 = h_3 = 1$을 대입하여 얻어진다. 다음에 원통좌표계의 경우에는 변형 전의 (r', θ', z', t')에서 변형 후의 (r, θ, z, t)에 대한 $\hat{\mathrm{F}}^{-1}$의 작성은 위 식에 변형 전후의 척도인자 $(h_1' = 1, h_2' = r', h_3' = 1)$과 $(h_1 = 1, h_2 = r, h_3 = 1)$을 대입하여 얻어진다. 마지막으로 구좌표계의 경우에는 변형 전의 (r', θ', ϕ', t')에서 변형 후의 (r, θ, ϕ, t)에 대한 $\hat{\mathrm{F}}^{-1}$의 작성은 변형 전후의 척도인자 $(h_1' = 1, h_2' = r', h_3' = r'\sin\theta')$과 $(h_1 = 1, h_2 = r, h_3 = r\sin\theta)$를 대입하여 얻어진다. 이들 결과를 표 A4.1에 수록하였다.

한편 이로부터 다른 변형기울기 텐서(행렬)의 작성을 먼저 $(\mathbf{F}^{-1})^{\mathrm{T}}$에 대해서는 간단히 위 식 (A4.1)의 행렬표현을 대각선을 중심으로 행과 열을 전치(transpose)함으로써 간단히 얻어진다(1.9절 참조). 다음에 $\mathbf{F} = \left(\dfrac{\partial \boldsymbol{r}'}{\partial \boldsymbol{r}}\right)$의 경우는 식 (A4.1)로 주어진 행렬의 역을 취하던가, 아니면 정의식 (4.53)과 물리성분 표시법(1.14절)에 의해 $\hat{\mathrm{F}}$의 i행, j열 요소 $\widehat{F_{ij}}$ 는 아래가 된다.

$$\hat{F}_{ij} = h_{\underline{j}}' \partial x'^j / h_{\underline{i}} \partial x^i \tag{A4. 1}$$

따라서 위 식에 대응하는 직교 곡선좌표계의 척도인자 (h_i)를 대입함으로써 행렬 $\hat{\mathrm{F}} = (\hat{F}_{ij})$가 얻어진다. 마지막으로 $\mathbf{F}^{\mathrm{T}}$의 경우는 역시 위 식 (A4.2)를 대각선을 중심으로 행과 열을 전치함으로써 간단히 얻어진다. 한편 식 (A4.1)과 (A4.2)의 결과가 서로 역임은 편미분의 연쇄율(부록 1.1절 참조)을 사용하여 아래와 같이 증명된다.

$$\hat{F}_{im} \hat{F}_{mj}^{-1} = \frac{h_{\underline{m}}' \partial x'^m}{h_{\underline{i}} \partial x^i} \frac{h_{\underline{j}} \partial x^j}{h_{\underline{m}}' \partial x'^m} = \frac{h_{\underline{j}} \partial x^j}{h_{\underline{i}} \partial x^i} = \frac{h_{\underline{j}}}{h_{\underline{i}}} \delta_{ij}$$

즉 $i = j$이면 1, $i \neq j$이면 0이 되며 $\hat{\mathrm{F}} \hat{\mathrm{F}}^{-1} = \mathrm{I}$가 생성되어 서로 역임이 증명된다.

표 A4.2 $C^{-1}\left(=\left(F^{-1}\right)^{T}\cdot\left(F^{-1}\right)\right)$의 직교곡선계에서의 물리성분 표시*

(a) Cartesian 좌표계 $(x', y', z', t') \leftrightarrow (x, y, z, t)$ $(h_1 = h_2 = h_3 = 1)$

$$C_{xx}^{-1} = \left[\left(\frac{\partial x}{\partial x'}\right)^2 + \left(\frac{\partial x}{\partial y'}\right)^2 + \left(\frac{\partial x}{\partial z'}\right)^2\right] \qquad C_{yy}^{-1} = \left[\left(\frac{\partial y}{\partial x'}\right)^2 + \left(\frac{\partial y}{\partial y'}\right)^2 + \left(\frac{\partial y}{\partial z'}\right)^2\right]$$

$$C_{zz}^{-1} = \left[\left(\frac{\partial z}{\partial x'}\right)^2 + \left(\frac{\partial z}{\partial y'}\right)^2 + \left(\frac{\partial z}{\partial z'}\right)^2\right]$$

$$C_{xy}^{-1} = C_{yx}^{-1} = \left[\left(\frac{\partial x}{\partial x'}\right)\left(\frac{\partial y}{\partial x'}\right) + \left(\frac{\partial x}{\partial y'}\right)\left(\frac{\partial y}{\partial y'}\right) + \left(\frac{\partial x}{\partial z'}\right)\left(\frac{\partial y}{\partial z'}\right)\right]$$

$$C_{yz}^{-1} = C_{zy}^{-1} = \left[\left(\frac{\partial y}{\partial x'}\right)\left(\frac{\partial z}{\partial x'}\right) + \left(\frac{\partial y}{\partial y'}\right)\left(\frac{\partial z}{\partial y'}\right) + \left(\frac{\partial y}{\partial z'}\right)\left(\frac{\partial z}{\partial z'}\right)\right]$$

$$C_{zx}^{-1} = C_{xz}^{-1} = \left[\left(\frac{\partial z}{\partial x'}\right)\left(\frac{\partial x}{\partial x'}\right) + \left(\frac{\partial z}{\partial y'}\right)\left(\frac{\partial x}{\partial y'}\right) + \left(\frac{\partial z}{\partial z'}\right)\left(\frac{\partial x}{\partial z'}\right)\right]$$

(b) 원통 좌표계 $(r', \theta', z', t') \leftrightarrow (r, \theta, z, t)$ $(h_1 = 1,\ h_2 = r,\ h_3 = 1)$

$$C_{rr}^{-1} = \left[\left(\frac{\partial r}{\partial r'}\right)^2 + \left(\frac{1}{r'}\frac{\partial r}{\partial \theta'}\right)^2 + \left(\frac{\partial r}{\partial z'}\right)^2\right] \qquad C_{\theta\theta}^{-1} = r^2\left[\left(\frac{\partial \theta}{\partial r'}\right)^2 + \left(\frac{1}{r'}\frac{\partial \theta}{\partial \theta'}\right)^2 + \left(\frac{\partial \theta}{\partial z'}\right)^2\right]$$

$$C_{zz}^{-1} = \left[\left(\frac{\partial z}{\partial r'}\right)^2 + \left(\frac{1}{r'}\frac{\partial z}{\partial \theta'}\right)^2 + \left(\frac{\partial z}{\partial z'}\right)^2\right]$$

$$C_{r\theta}^{-1} = C_{\theta r}^{-1} = r\left[\left(\frac{\partial r}{\partial r'}\right)\left(\frac{\partial \theta}{\partial r'}\right) + \frac{1}{r'^2}\left(\frac{\partial r}{\partial \theta'}\right)\left(\frac{\partial \theta}{\partial \theta'}\right) + \left(\frac{\partial r}{\partial z'}\right)\left(\frac{\partial \theta}{\partial z'}\right)\right]$$

$$C_{\theta z}^{-1} = C_{z\theta}^{-1} = r\left[\left(\frac{\partial \theta}{\partial r'}\right)\left(\frac{\partial z}{\partial r'}\right) + \frac{1}{r'^2}\left(\frac{\partial \theta}{\partial \theta'}\right)\left(\frac{\partial z}{\partial \theta'}\right) + \left(\frac{\partial \theta}{\partial z'}\right)\left(\frac{\partial z}{\partial z'}\right)\right]$$

$$C_{zr}^{-1} = C_{rz}^{-1} = \left[\left(\frac{\partial r}{\partial r'}\right)\left(\frac{\partial z}{\partial r'}\right) + \frac{1}{r'^2}\left(\frac{\partial r}{\partial \theta'}\right)\left(\frac{\partial z}{\partial \theta'}\right) + \left(\frac{\partial r}{\partial z'}\right)\left(\frac{\partial z}{\partial z'}\right)\right]$$

(c) 구 좌표계 $(r', \theta', \phi', t') \leftrightarrow (r, \theta, \phi, t)$ $(h_1 = 1,\ h_2 = r,\ h_3 = r\sin\theta)$

$$C_{rr}^{-1} = \left[\left(\frac{\partial r}{\partial r'}\right)^2 + \left(\frac{1}{r'}\frac{\partial r}{\partial \theta'}\right)^2 + \left(\frac{1}{r'\sin\theta'}\frac{\partial r}{\partial \phi'}\right)^2\right]$$

$$C_{\theta\theta}^{-1} = r^2\left[\left(\frac{\partial \theta}{\partial r'}\right)^2 + \left(\frac{1}{r'}\frac{\partial \theta}{\partial \theta'}\right)^2 + \left(\frac{1}{r'\sin\theta'}\frac{\partial \theta}{\partial \phi'}\right)^2\right]$$

$$C_{\phi\phi}^{-1} = r^2\sin^2\theta\left[\left(\frac{\partial \phi}{\partial r'}\right)^2 + \left(\frac{1}{r'}\frac{\partial \phi}{\partial \theta'}\right)^2 + \left(\frac{1}{r'\sin\theta'}\frac{\partial \phi}{\partial \phi'}\right)^2\right]$$

$$C_{r\theta}^{-1} = C_{\theta r}^{-1} = r\left[\left(\frac{\partial r}{\partial r'}\right)\left(\frac{\partial \theta}{\partial r'}\right) + \frac{1}{r'^2}\left(\frac{\partial r}{\partial \theta'}\right)\left(\frac{\partial \theta}{\partial \theta'}\right) + \frac{1}{(r'\sin\theta')^2}\left(\frac{\partial r}{\partial \phi'}\right)\left(\frac{\partial \theta}{\partial \phi'}\right)\right]$$

$$C_{\theta\phi}^{-1} = C_{\phi\theta}^{-1} = r^2\sin\theta\left[\left(\frac{\partial \theta}{\partial r'}\right)\left(\frac{\partial \phi}{\partial r'}\right) + \frac{1}{r'^2}\left(\frac{\partial \theta}{\partial \theta'}\right)\left(\frac{\partial \phi}{\partial \theta'}\right) + \frac{1}{(r'\sin\theta')^2}\left(\frac{\partial \theta}{\partial \phi'}\right)\left(\frac{\partial \phi}{\partial \phi'}\right)\right]$$

$$C_{\phi r}^{-1} = C_{r\phi}^{-1} = r\sin\theta\left[\left(\frac{\partial r}{\partial r'}\right)\left(\frac{\partial \phi}{\partial r'}\right) + \frac{1}{r'^2}\left(\frac{\partial r}{\partial \theta'}\right)\left(\frac{\partial \phi}{\partial \theta'}\right) + \frac{1}{(r'\sin\theta')^2}\left(\frac{\partial r}{\partial \phi'}\right)\left(\frac{\partial \phi}{\partial \phi'}\right)\right]$$

$$*\hat{C}_{ij} = \left(\hat{F}^{-1}\right)^{T}_{im}\left(\hat{F}^{-1}\right)_{mj} = \left(\hat{F}^{-1}\right)_{mi}\left(\hat{F}^{-1}\right)_{mj} = \frac{h_{\underline{i}}\,\partial x^i}{h_{\underline{m}}'\,\partial x'^m} \times \frac{h_{\underline{j}}\,\partial x^j}{h_{\underline{m}}'\,\partial x'^m}$$

표 A4.2의 설명 : Finger (대칭)변형률 텐서 $\mathbf{C}^{-1}$의 3 대표적 직교 곡선좌표계에 대한 물리적 성분표현에 대한 행렬표시는 $\mathbf{C}^{-1}$의 정의식인 $\mathbf{C}^{-1} = (\mathbf{F}^{-1})^{\mathrm{T}} \cdot \mathbf{F}^{-1}$ 식(4.80) 또는 표 A4.1의 결과를 이용하여 아래와 같이 얻어진다.

$$\hat{\mathrm{C}}^{-1} = (\hat{C}_{ij}^{-1}) = \begin{pmatrix} \hat{C}_{11}^{-1} & \hat{C}_{12}^{-1} & \hat{C}_{13}^{-1} \\ \hat{C}_{21}^{-1} & \hat{C}_{22}^{-1} & \hat{C}_{23}^{-1} \\ \hat{C}_{31}^{-1} & \hat{C}_{32}^{-1} & \hat{C}_{33}^{-1} \end{pmatrix} \tag{4. 3 a}$$

$$\hat{C}_{ij}^{-1} = (\hat{F}^{-1})_{im}^{\mathrm{T}} (\hat{F}^{-1})_{mj} = \hat{F}_{mi} \hat{F}_{mj} = \frac{h_{\underline{i}}\, \partial x^i}{h_{\underline{m}}{}' \,\partial x'^m} \frac{h_{\underline{j}}\, \partial x^j}{h_{\underline{m}}{}' \,\partial x^m} \tag{4. 3 b}$$

단 위 식 (A4.3b)에서 첨자 m는 두 번 있으므로 Einstein의 총합규약(1.2절)에 의해 주어진 첨자 (i, j)의 세트에 대해 $m=1$부터 $m=3$까지 합해야 한다. 따라서 스케일 척도 h_i를 가진 직교 곡선좌표계의 경우 위 식 (A4.3)에 대응하는 h_i(혹은 h_i') 값을 대입함으로써 얻어지며, 이 결과를 표 A4.2에 정리하여 나타내었다.

한편 Cauchy 텐서 $\mathbf{C}$에 대해서는, 정의식 $\mathbf{C} = \mathbf{F} \cdot \mathbf{F}^{\mathrm{T}}$(4.97)에 식 (A4.2)의 결과를 대입하여 $\hat{\mathrm{C}}$의 i행, j열 요소 $\widehat{C_{ij}}$ 는 아래가 된다.

$$\hat{C}_{ij} = \hat{F}_{im} (\hat{F})_{mj}^{\mathrm{T}} = \hat{F}_{im} \hat{F}_{jm} = \frac{h_{\underline{m}}{}' \,\partial x'^m}{h_{\underline{i}}\, \partial x^i} \frac{h_{\underline{m}}{}' \,\partial x'^m}{h_{\underline{j}}\, \partial x^j} \tag{A4. 4}$$

위 식 (A4.4) 경우 역시 Einstein의 총합규약에 의해 주어진 첨자 (i, j)의 세트에 대해 이중첨자인 $m=1$부터 $m=3$까지 합해야 한다.

한편 Green 텐서 $\mathbf{G}$ 및 역 Green 텐서 $\mathbf{G}^{-1}$도 각각 정의식 (4.83) 및 (4.84)와 식 (A4.1) 및 (A4.2)의 결과로부터 $\hat{\mathrm{G}}$ 및 $\hat{\mathrm{G}}^{-1}$ 의 i행, j열 요소 $\widehat{G_{ij}}$ 및 $\hat{G}_{ij}^{-1}$는 각각 아래가 된다.

$$\hat{G}_{ij} = \hat{F}_{im}^{-1} = (\hat{F}^{-1})_{mj}^{\mathrm{T}} = \hat{F}_{im}^{-1} \hat{F}_{jm}^{-1} = \frac{h_{\underline{m}}\, \partial x^m}{h_{\underline{i}}{}' \,\partial x'^i} \cdot \frac{h_{\underline{m}}\, \partial x^m}{h_{\underline{j}}{}' \,\partial x'^j} \tag{A4. 5}$$

그리고

$$\hat{G}_{ij}^{-1} = (\hat{F})_{im}^{\mathrm{T}} \hat{F}_{mj} = \hat{F}_{mi} \hat{F}_{mj} = \frac{h_{\underline{i}}{}' \,\partial x'^i}{h_{\underline{m}}\, \partial x^m} \frac{h_{\underline{j}}{}' \,\partial x'^j}{h_{\underline{m}}\, \partial x^m} \tag{A4. 6}$$

역시 식 (A4.5) 및 (A4.6)의 경우 모두 주어진 첨자 (i, j)의 세트에 대해 이중첨자인 $m=1$부터 $m=3$까지 합해야 한다.

따라서 위에서 얻어진 모든 결과식에 대응하는 직교 곡선좌표계의 척도인자 h_i 값을 대입하면 요구되는 물리성분에 대한 표현식을 얻을 수 있다.

제 5 장

일반 점성액체와 표준흐름에 대한 물질 파라미터

■ 5. 1 서 론

선형 탄성고체(linear elastic solid)에 대한 후크(Hooke)의 1차원 구성방정식 (3.1)과 더불어 선형 점성액체(linear viscous liquid)에 대한 뉴톤(Newton)의 1차원 구성방정식 (3.2)는 레올러지 구성방정식의 기초를 이룬다.

$$\tau_{yx} = \mu \frac{dv_x}{dy} \tag{3. 2}$$

여기서 τ_{yx}(혹은 σ_{yx})는 y면에 x방향으로 미는 전단응력(shear stress), $\frac{dv_x}{dy}$(혹은 $\dot{\gamma}$)는 (일정)속도구배(velocity gradient) 혹은 전단속도(shear rate)이며, μ는 전단속도에 무관한 (뉴톤)점도 (혹은 점성 저항계수, viscosity)이다(이후 전단속도 의존 비뉴톤성 점도의 경우는 μ 대신 $\eta(\dot{\gamma})$를 사용한다). 뉴톤이 식 (3.2)를 발표한 후 약 150년이 지난 1845년에 Stokes가 점성액체에 대한 3차원 구성방정식을 발표하였으며, 1856년에는 Poiseuille가 모세관 흐름(capillary flow) 데이터를 이용하여 식 (3.2)의 타당성을 조사하였다. 그리고 1890년에는 Couette가 동심형 원통 점도계를 사용하여 여러 종류의 유체에 대하여 점도를 측정한 결과, 대부분의 콜로이드 현탁액(colloidal suspension)과 고분자 용액은 식 (3.2)의 단순 직선 관계를 따르지 않았다. 오히려 조사된 거의 모든 액체는 전단속도($\dot{\gamma}$)의 증가와 함께 점도가 감소하는 소위 '전단 얇아짐 효과(shear thinning effet)'를 나타내었다. 그림 5.1은 다양한 범위의 (유체)물질에서 전단 얇아짐이 일어남을 보여준다. 이와 같은 당시로서는 특이한 유체거동을 1900년대 초에 Bingham이 처음으로 '흐름과 변형의 학문(science of flow and deformation)'을 나타내는 '레올로지(유변학, rheology)'란 용어를 사용하였다. 전단 얇아짐과 반대로 약간의 진한 현탁액은 그림 5.1d에 나타낸 바와 같이 '전단 두꺼워짐(shear thickening)' 거동을 나타낸다.

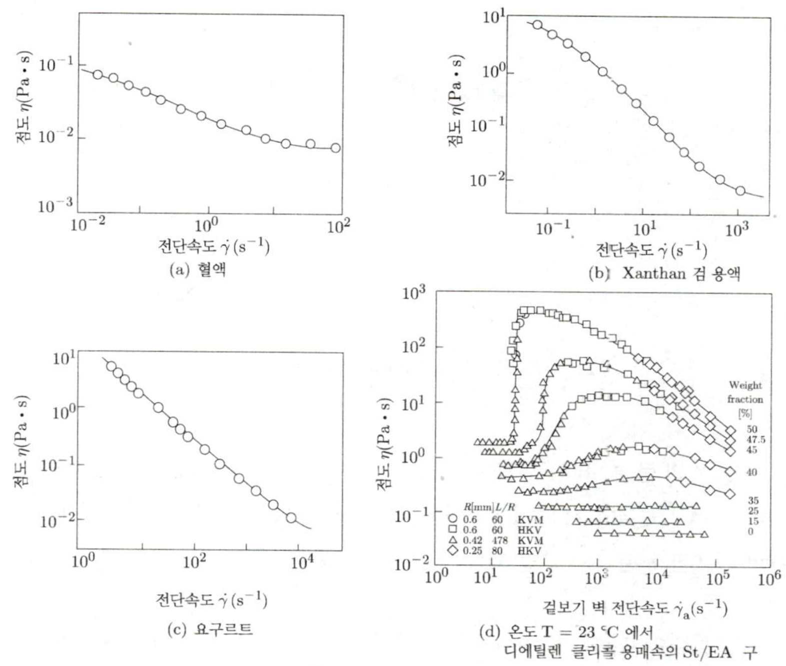

그림 5.1 여러 전단속도($\dot{\gamma}$) 의존 점도의 예 : (a) 혈액 적혈구 ; (b) 0.35 wt% xanthan 검 수용액 ; (c) 상용성 요구르트 ; (d) 온도 $T=23$℃에서 디에틸렌 글리콜 용매속에 있는 여러 농도의 폴리스타이렌/에틸아크릴레이트(St/EA) 라텍스 구(직경 $D_w=0.5\ \mu m$). 그림 중의 실선은 이 중에서 언급된 모델을 이용한 '맞춤(fitting)' 곡선이다.

1900년대 초에 행해진 또 다른 형태의 실험은 피치(pitch)와 용융유리와 같은 비교적 딱딱한 (stiff) 액체에 대한 인장실험에서의 점도 측정이었다. Trouton은 1906년도에 그와 같은 계는 중력장에 의한 처짐(sagging) 없이 마치 인장력(tension)하의 탄성고체처럼 거동하며, (인장)응력과 변형속도간의 비례계수(즉 인장 점도)는 전단실험의 점도보다 약 3배 가량 큼을 밝혔다. 그 후 1960년도에 여러 연구자들은 전단속도($\dot{\gamma}$)가 매우 높은 경우 $\dot{\gamma}$의 증가와 함께 전단실험의 점도는 감소(즉 전단 얇아짐)할지라도, 인장실험하의 (신장)점도는 증가함을 밝혔다. 그와 같은 전형적인 결과를 그림 5.2에 폴리스타이렌(PS) 용융물을 사용하여 나타내었다. 그림에서 알 수 있듯이 비교적 낮은 전단속도에서는 신장점도(extensional viscosity) $\eta_\mu(\dot{\varepsilon})$(여기서 $\dot{\varepsilon}$은 인장속도) 대 전단점도(shear viscosity) $\eta(\dot{\gamma})$의 비는 3이나, 전단속도가 높아짐에 따라 3보다 커짐을 알 수 있다. 이와 같은 액체의 전단실험과 인장실험의 거동의 차이는 4장에서 언급한 고체의 경우와도 유사하다고 하겠다.

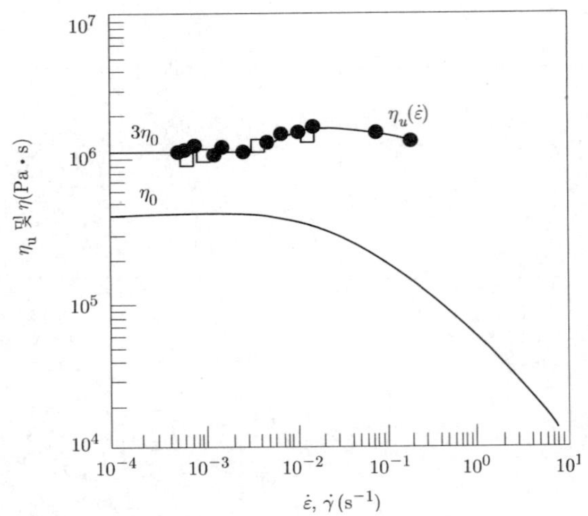

그림 5.2 160℃의 폴리스타이렌(PS) 용융물에 대하여 일축 신장실험과 전단실험에서 측정된 점도 데이터. $\dot{\varepsilon}$ 및 $\dot{\gamma}$는 각각 (일정)신장속도와 전단속도이며, $\eta_\mu(\dot{\varepsilon})$와 $\eta(\dot{\gamma})$는 각각 신장점도와 전단점도이다. 또한 η_o는 $\dot{\gamma}\to 0$일 때의 극한 전단점도이다.

이 장에서는 신장실험에 대한 Trouton의 실험결과를 설명하기 위하여 1차원 뉴톤법칙 (3.2)을 변형속도 텐서를 사용하여 3차원적으로 일반화시킴과 동시에 그림 5.1 및 5.2에 나타난 유체(물질)의 전단 얇아짐과 전단 두꺼워짐 현상을 설명하기 위하여 4장의 신후크 모델과 같은 일반 탄성고체 모델의 경우와 유사하게 멱수모델(power-law model)과 같은 일반화된 뉴톤 유체(generalized Newton's fluid, GNF) 모델을 소개한다. 또한 각종 표준흐름(standard flow)에 대한 물질 파라미터(material parameter)를 정의하고, 점도의 온도 의존성이나 점성 에너지 산일(viscous energy dissipation) 등에 대해서도 논하기로 한다.

■ 5. 2 속도구배(velocity gradient) 텐서

뉴톤 식 (3.2)를 3차원에 확장하기 위하여 4장에서 소개된 응력텐서를 이용할 수 있으나, 먼저 유체내의 임의의 한 점에서 각 방향으로의 속도구배(velocity gradient) 텐서를 결정할 필요가 있다. 뉴톤의 "점성저항력은 유체의 각 부분이 서로 멀어져가는 속도에 의존한다"는 주장에 따라 움직이는 유체내에 내장된(embedded) 미소거리 dx만큼 떨어진 두 점을 P, Q라 하자. 일반적으로 유체의 속도($\boldsymbol{v}$)는 아래와 같이 시간(t)과 위치($\boldsymbol{x}(t)$)의 함수이다.

$$\boldsymbol{v}=\boldsymbol{v}(\boldsymbol{x}(t),t) \tag{5. 1}$$

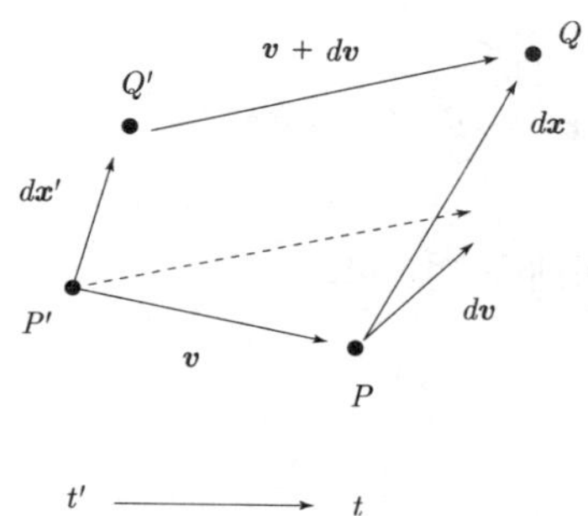

그림 5.3 유체와 함께 움직이는 두 점 P와 Q사이의 상대속도 dv

지금 점 P에서 속도를 $\boldsymbol{v}$라 하면, 점 Q에서의 속도는 $\boldsymbol{v}+d\boldsymbol{v}$일 것이다(그림 5.3 참조). 우리는 유체내 두 점 P와 Q의 절대속도 보다는 상대속도 $d\boldsymbol{v}$에 관심이 있으며, 이것은 4.3.1절에 사용된 기법을 사용하여 아래와 같이 나타내진다(단 $d \equiv d\boldsymbol{x} \cdot \nabla_{\boldsymbol{x}}$(1.129) 이용).

$$d\boldsymbol{v} = (d\boldsymbol{x} \cdot \nabla_{\boldsymbol{x}})\boldsymbol{v} = d\boldsymbol{x} \cdot \left(\frac{\partial \boldsymbol{v}}{\partial \boldsymbol{x}}\right) = \left(\frac{\partial \boldsymbol{v}}{\partial \boldsymbol{x}}\right)^{\mathrm{T}} \cdot d\boldsymbol{x} \equiv \mathbf{L} \cdot d\boldsymbol{x} \tag{5. 2}$$

여기서 $\mathbf{L}\left[=\left(\frac{\partial \boldsymbol{v}}{\partial \boldsymbol{x}}\right)^{\mathrm{T}}\right]$는 '속도구배 텐서(velocity gradient tensor)'이다. $\mathbf{L}$는 다른 2차 텐서와 마찬가지로 두 방향 즉 하나는 속도방향, 다른 하나는 구배방향을 갖는다. 또한 선형연산자(linear operator)로서, 가령 유체내의 한 점에서의 (로컬)변위(displacement) 벡터에 작용하여 속도의 크기와 방향의 변화를 초래한다. 만약 균일한(uniform) 속도장의 경우는 아무리 $\boldsymbol{v}$의 크기가 크더라도 속도기울기 $\left(\frac{\partial \boldsymbol{v}}{\partial \boldsymbol{x}}\right) = \mathbf{L}$(혹은 변형속도)가 $\mathbf{0}$이 되어 유체내의 두 점간의 분리속도가 0이 된다.

4장에서 변형기울기 텐서 $\mathbf{F}\left(=\frac{\partial \boldsymbol{x}'}{\partial \boldsymbol{x}}\right)$를 구하기 위해 고체내의 두 점간의 변위를 이용하였는데, 역시 여기에서도 $\mathbf{L}$의 기술을 위해 변위속도(rate of displacement)를 필요로 한다. 식 (4.57)을 아래에 다시 생각해보자(단 위치벡터로서 $\boldsymbol{r}$ 대신 $\boldsymbol{x}$사용).

$$d\boldsymbol{x} = d\boldsymbol{x}' \cdot \mathbf{F}^{-1} = (\mathbf{F}^{-1})^{\mathrm{T}} \cdot d\boldsymbol{x}' \tag{4. 57}$$

여기서 양변에 시간에 대한 편미분을 취하면 아래가 된다.

$$\frac{\partial(d\boldsymbol{x})}{\partial t} = \frac{\partial(\mathbf{F}^{-1})^{\mathrm{T}}}{\partial t} \cdot d\boldsymbol{x}' + (\mathbf{F}^{-1})^{\mathrm{T}} \cdot \frac{\partial(d\boldsymbol{x}')}{\partial t} \tag{5. 3}$$

여기서 $d\boldsymbol{x}'$는 (과거)시간 t'만의 함수이므로 $\partial(d\boldsymbol{x}')/\partial t = \mathbf{0}$이 된다. 따라서 위 식은 아래가 된다.

$$\frac{\partial(d\boldsymbol{x})}{\partial t} \equiv d\boldsymbol{v} = \frac{\partial(\mathbf{F}^{-1})^{\mathrm{T}}}{\partial t} \cdot d\boldsymbol{x}' = (\dot{\mathbf{F}}^{-1})^{\mathrm{T}} \cdot d\boldsymbol{x}' \tag{5.4}$$

이 식과 식 (5.2)를 같이 두면 아래를 얻는다.

$$(\dot{\mathbf{F}}^{-1})^{\mathrm{T}} \cdot d\boldsymbol{x}' = \mathbf{L} \cdot d\boldsymbol{x} \tag{5.5}$$

여기서 $d\boldsymbol{x}$에 식 (4.57)(즉 $d\boldsymbol{x} = (\mathbf{F}^{-1})^{\mathrm{T}} \cdot d\boldsymbol{x}'$)를 대입하면 아래를 얻는다.

$$(\dot{\mathbf{F}}^{-1})^{\mathrm{T}} = \mathbf{L} \cdot (\dot{\mathbf{F}}^{-1})^{\mathrm{T}} \tag{5.6}$$

그런데 우리는 유체내 두 점의 순간 분리속도에만 관심이 있으므로, 이 경우 t'는 t가 되고, $d\boldsymbol{x}'$는 $d\boldsymbol{x}$가 된다. 즉 지난 변위가 현재 변위에 접근하면서 극한의 경우에는 아래 식이 성립된다.

$$\lim_{\boldsymbol{x}' \to \boldsymbol{x}} (\mathbf{F}^{-1})^{\mathrm{T}} = \mathbf{I}\ , \quad \text{따라서} \quad \lim_{\boldsymbol{x}' \to \boldsymbol{x}} (\dot{\mathbf{F}}^{-1})^{\mathrm{T}} = \mathbf{L} \tag{5.7}$$

즉 과거의 변위가 현재와 같아지는 극한 조건에서 변형기울기 텐서 $(\mathbf{F}^{-1})^{\mathrm{T}} \left[= \left(\frac{\partial \boldsymbol{x}}{\partial \boldsymbol{x}'} \right)^{\mathrm{T}} \right]$의 시간에 대한 편미분이 속도구배 턴서 $\mathbf{L}$가 된다.

한편 식 (5.2)에서 속도구배 텐서는 아래와 같이 정의된다.

$$\mathbf{L} \equiv \left(\frac{\partial \boldsymbol{v}}{\partial \boldsymbol{x}} \right)^{\mathrm{T}} = (\nabla_{\boldsymbol{x}} \boldsymbol{v})^{\mathrm{T}} \tag{5.8}$$

여기서 반변 및 공변 성분의 구별이 없는 Cartesian 좌표계의 경우에는 공변미분 = 편미분이 되므로, 속도구배텐서의 행렬표현 $\mathrm{L} = (L_{ij})$에서 i행, j열 요소인 L_{ij}는 단순히 $\partial v_i / \partial x_j$가 된다. 그러나 원통이나 구좌표와 같은 일반 (직교)곡선좌표계의 경우는 2차텐서인 속도구배 텐서 $\nabla \boldsymbol{v} \left[= \frac{\partial \boldsymbol{v}}{\partial \boldsymbol{x}} \right]$의 i행, j열 (공변)요소는 $\nabla_i v_j \left(= \frac{\partial v_j}{\partial x^i} = v_{j,i} \right)$가 아닌 공변미분 $v_{j;i} \left[= v_{j,i} - \Gamma^s_{ji} v_s \right]$(식 (2.35))가 된다. 따라서 식 (5.8)로 주어진 속도구배텐서 $\mathbf{L}$의 일반좌표계에 대한 i행, j열 공변요소 L_{ij} 및 혼합요소 $L^i{}_j$는 아래가 된다(2.6.2절 및 2.12.2.2절 참조)

$$L_{ij} = v_{i;j} \quad \text{그리고} \quad L^i{}_j (= g^{im} L_{mj}) = v^i{}_{;j} \tag{5.9}$$

여기서 공변 미분의 첨자는 항상 아래에서 행해지므로 $L_i{}^j$나 L^{ij}와 같은 표현은 허용되지 않는다. 대신 $L_i{}^j$에 대응하는 항으로서 $g^{jm} L_{im} = g^{jm} v_{i;m}$을 이용하며, 또한 L^{ij}의 경우에도 이 대신

$g^{jm}L^{i}{}_{m}=g^{jm}v^{i}{}_{;m}$ 표현을 사용한다. 마찬가지로 $(\nabla \boldsymbol{v})_{ij}=(\mathbf{L}^{\mathrm{T}})_{ij}=L_{ji}=v_{j;i}$ 및 $(\nabla \boldsymbol{v})_{i}{}^{j}=(\mathbf{L}^{\mathrm{T}})_{i}{}^{j}=L^{j}{}_{i}=v^{j}{}_{;i}$(단 혼합텐서의 전치로서 요소전치를 이용하였다 - 1.9절 참조)는 허용이 되나, $(\nabla \boldsymbol{v})^{i}{}_{j}=(\mathbf{L}^{\mathrm{T}})^{i}{}_{j}=L_{j}{}^{i}$ 및 $(\nabla \boldsymbol{v})^{ij}=(\mathbf{L}^{\mathrm{T}})^{ij}=\mathrm{L}^{ij}$등도 허용이 되지 않으므로, **L**의 경우처럼 올림 계량 텐서 g^{ij}를 이용하여 나타내어야 한다.

한편 식 (5.8)로 정의된 **L**의 3 대표적 직교곡선좌표계에 대한 물리성분 표시 $\hat{L}_{ij}\left(=L_{ij}h^{i}h^{j}\right)$ (1.14절 참조)는 2.12.2.2절의 결과를 이용, 특히 원통좌표계의 경우는 식 (2.272)의 결과에서 $\boldsymbol{u}=\boldsymbol{v}$로 두고, 대각선을 중심으로 행과 열을 전치시킨 행렬을, 그리고 구좌표계의 경우는 식 (2.274)의 결과에서 역시 $\boldsymbol{u}=\boldsymbol{v}$로 두고, 대각선을 통해 전치시킨 행렬을 이용하여 표 5.1에 나타내었다.

표 5.1 $\mathrm{L}=(\nabla v)^{\mathrm{T}}$**의 세 직교곡선계에 대한 물리성분 표시***

Cartesian 좌표계 (x, y, z)		
$L_{xx}=\dfrac{\partial v_x}{\partial x}$	$L_{xy}=\dfrac{\partial v_x}{\partial y}$	$L_{xz}=\dfrac{\partial v_x}{\partial z}$
$L_{yx}=\dfrac{\partial v_y}{\partial x}$	$L_{yy}=\dfrac{\partial v_y}{\partial y}$	$L_{yz}=\dfrac{\partial v_y}{\partial z}$
$L_{zx}=\dfrac{\partial v_z}{\partial x}$	$L_{zy}=\dfrac{\partial v_z}{\partial y}$	$L_{zz}=\dfrac{\partial v_z}{\partial z}$
원통 좌표계 (r, θ, z)		
$L_{rr}=\dfrac{\partial v_r}{\partial r}$	$L_{r\theta}=\dfrac{1}{r}\dfrac{\partial v_r}{\partial \theta}-\dfrac{v_\theta}{r}$	$L_{rz}=\dfrac{\partial v_r}{\partial z}$
$L_{\theta r}=\dfrac{\partial v_\theta}{\partial r}$	$L_{\theta\theta}=\dfrac{1}{r}\dfrac{\partial v_\theta}{\partial \theta}+\dfrac{v_r}{r}$	$L_{\theta z}=\dfrac{\partial v_\theta}{\partial z}$
$L_{zr}=\dfrac{\partial v_z}{\partial r}$	$L_{z\theta}=\dfrac{1}{r}\dfrac{\partial v_z}{\partial \theta}$	$L_{zz}=\dfrac{\partial v_z}{\partial z}$
구 좌표계 (r, θ, ϕ)		
$L_{rr}=\dfrac{\partial v_r}{\partial r}$	$L_{r\theta}=\dfrac{1}{r}\dfrac{\partial v_r}{\partial \theta}-\dfrac{v_\theta}{r}$	$L_{r\phi}=\dfrac{1}{r\sin\theta}\dfrac{\partial v_r}{\partial \phi}-\dfrac{v_\phi}{r}$
$L_{\theta r}=\dfrac{\partial v_\theta}{\partial r}$	$L_{\theta\theta}=\dfrac{1}{r}\dfrac{\partial v_\theta}{\partial \theta}+\dfrac{v_r}{r}$	$L_{\theta\phi}=\dfrac{1}{r\sin\theta}\dfrac{\partial v_\theta}{\partial \phi}-\dfrac{v_\phi}{r}\cot\theta$
$L_{\phi r}=\dfrac{\partial v_\phi}{\partial r}$	$L_{\phi\theta}=\dfrac{1}{r}\dfrac{\partial v_\phi}{\partial \theta}$	$L_{\phi\phi}=\dfrac{1}{r\sin\theta}\dfrac{\partial v_\phi}{\partial \phi}+\dfrac{v_r}{r}+\dfrac{v_\theta}{r}\cot\theta$

* $\hat{L}_{ij}=L_{ij}/h_{\underline{i}}h_{j}=v_{i;j}/h_{\underline{i}}h_{j}$ (n.s. for i, j) 그리고 Cartesian 좌표계의 경우 가령 $\hat{L}_{23}=L_{yz}$이며, 원통좌표계의 경우 $\hat{L}_{23}=L_{\theta z}$이고, 구 좌표계의 경우 $\hat{L}_{23}=L_{\theta\phi}$로 표기한다.

예제 5.1

4.3.1절의 그림 4.10에 주어진 3 종류의 변형에 있어서, 고체에 대한 단계(step) 변형 대신 액체에 대한 정상상태(steady state)의 운동(단 속도는 시간 무관 가정) 즉 (a) 정상 신장흐름(steady extensional flow, SEF), (b) 정상 전단흐름(steady shear flow, SSF), 그리고 (c) 강체회전(solid rotation) 흐름의 3 경우에 대해 속도구배 텐서 **L**의 값(행렬요소)을 구하라(단 Cartesian 좌표계를 이용 요).

풀이

(a) 정상상태의 1축 신장(steady uniaxial extensional, SUE) 흐름에 대한 유선(streamlines)이 그림 5.4에 주어져 있다.

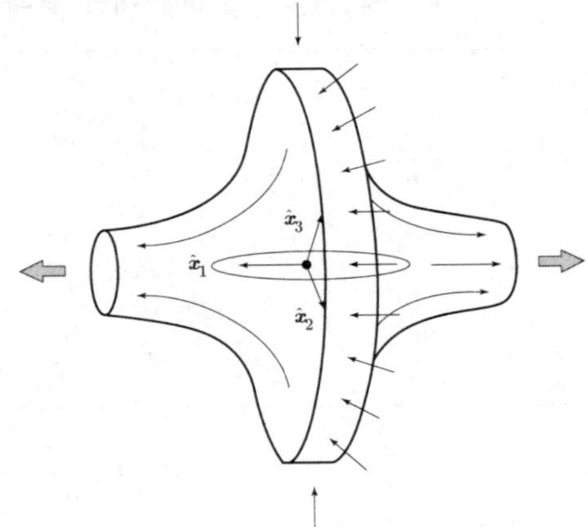

그림 5.4 정상상태의 1축 신장흐름에 대한 유선(streamlines).

유체는 x_2x_3 면에 들어가서 x_1축을 따라서 나온다. 식 (5.9) 또는 표 5.1을 사용하여 Cartesian 좌표계에 대한 속도구배 텐서 **L**의 행렬요소 $L_{ij}=\dfrac{\partial v_i}{\partial x_j}$를 구하기 위하여 아래와 같이 변위(또는 신장율) 함수 λ_i의 시간미분을 취한다(단 $\dfrac{d\lambda_i}{dt}=\dot{\lambda}_i$는 시간 무관 가정).

$$\left.\begin{aligned}&\frac{dx_1}{dt}=\frac{d\lambda_1}{dt}x_1 \quad \text{또는} \quad v_1=\frac{d\lambda_1}{dt}x_1=\dot{\lambda}_1x_1\\&\text{마찬가지로}\\&v_2=\dot{\lambda}_2x_2, \qquad v_3=\dot{\lambda}_3x_3\end{aligned}\right\} \tag{5.10}$$

그런데 위 식에서 $dv_1/dx_1=\dot{\lambda}_1$, $dv_2/dx_2=\dot{\lambda}_2$ 등이므로, (정상)일축 신장흐름에 대한 **L**의 행렬요소는 아래가 된다(사실 이는 식 (4.59)의 결과로부터 식 (5.22)에서도 얻어짐).

$$\mathrm{L}=(L_{ij})=(\partial v_i/\partial x_j)=\begin{pmatrix}\dot{\lambda}_1 & 0 & 0\\ 0 & \dot{\lambda}_2 & 0\\ 0 & 0 & \dot{\lambda}_3\end{pmatrix} \tag{5. 11}$$

그런데 1 방향으로의 일축 신장흐름은 2 및 3 방향에 대하여 대칭이므로 $v_2=v_3$ 즉 $\dot{\lambda}_2=\dot{\lambda}_3$가 성립된다(단 $x_2=x_3$ 간주). 또한 비압축성 유체인 경우 $\nabla\cdot\boldsymbol{v}=0$(식 (4.193))이 되므로 아래가 성립된다[단 Cartesian 좌표의 경우 $\nabla\cdot\boldsymbol{v}(=v^p{}_{;p})$는 $v^p{}_{,p}(=\partial v_p/\partial x_p)$가 된다].

$$\dot{\lambda}_1+\dot{\lambda}_2+\dot{\lambda}_3=0 \tag{5. 12}$$

여기에 $\dot{\lambda}_2=\dot{\lambda}_3$을 대입하면 아래가 된다.

$$\dot{\lambda}_2=\dot{\lambda}_3=-\dot{\lambda}_1/2$$

이를 식 (5.11)에 대입하고, $\dot{\lambda}_1=\dot{\varepsilon}$(여기서 $\dot{\varepsilon}$는 SEF에 대한 '정상 신장속도(steady extension rate)' 라 불린다)로 두면 정상상태의 (비압축성)일축 신장흐름에 대한 속도구배 텐서 **L**의 행렬요소는 아래가 된다(문 5.2 참조).

$$\mathrm{L}=(L_{ij})=\begin{pmatrix}\dot{\lambda}_1 & 0 & 0\\ 0 & -\dot{\lambda}_1/2 & 0\\ 0 & 0 & -\dot{\lambda}_1/2\end{pmatrix}=\begin{pmatrix}\dot{\varepsilon} & 0 & 0\\ 0 & -\dot{\varepsilon}/2 & 0\\ 0 & 0 & -\dot{\varepsilon}/2\end{pmatrix} \tag{5. 13}$$

(b) 그림 5.5에 정상 전단흐름(SSF)의 속도 프로필(velocity profile)이 주어져 있다. 그림에서 유체면은 책상위의 카드(card)처럼 서로 다른 면 위로 미끄러짐을 볼 수 있다. 역시 식 (4.62)로 주어진 단순 전단 변형에 대한 변위 함수의 시간미분을 취하면 아래를 얻는다.

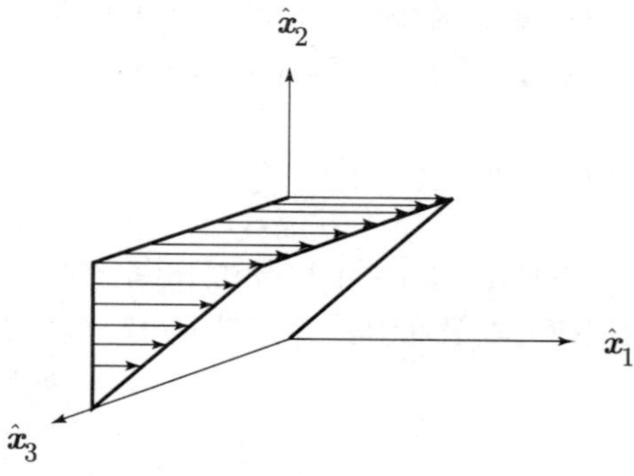

그림 5.5 정상상태의 전단흐름(SSF)에 대한 속도 프로필(velocity profile).

$$\left.\begin{aligned}&\frac{dx_1}{dt}=\frac{d\gamma}{dt}x_2=v_1\\&\text{혹은}\\&v_1=\dot{\gamma}x_2=\frac{dv_1}{dx_2}x_2 \quad \text{및} \quad v_2=v_3=0\end{aligned}\right\} \tag{5.14}$$

이를 이용하여 식 (5.9) 또는 표 5.1로부터 SSF에 대한 **L**의 (cartesian)행렬성분을 구하면 아래가 된다.

$$\mathrm{L}=(L_{ij})=\begin{pmatrix}0 & \dot{\gamma} & 0\\ 0 & 0 & 0\\ 0 & 0 & 0\end{pmatrix} \tag{5.15}$$

여기서 $\dot{\gamma}(=d\gamma/dt)$(단 $d\dot{\gamma}/dt=0$ 가정)는 SSF에 대한 '정상 전단속도(steady shear rate)' 라고 부른다(문 5.1 참조).

(c) 그림 5.6에 z축 주위로 강체회전(흐름)에 대한 속도 프로필이 원통좌표계 (r, θ, z)의 물리적 성분으로 주어져 있다.

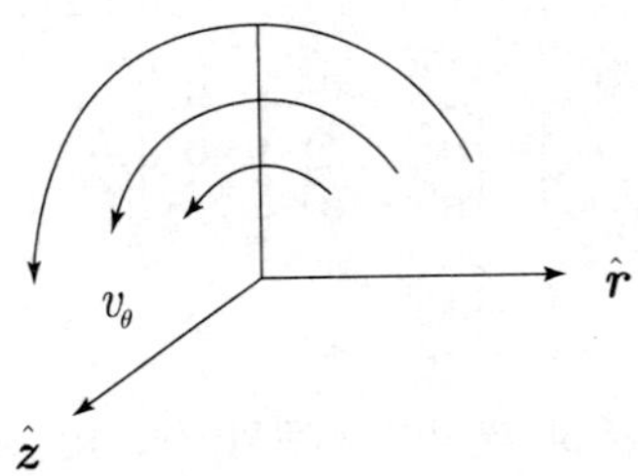

그림 5.6 강체회전에 대한 속도 프로필(단 원통좌표계의 물리성분으로 표시).

그림 5.6에 대한 원통좌표계(r, θ, z)에서의 물리성분으로 나타낸 속도 프로필은 아래가 된다[단 $\boldsymbol{v}=\boldsymbol{\omega}\times\boldsymbol{r}$(2.438)에서의 각속도 $\boldsymbol{\omega}\neq\dot{\boldsymbol{\theta}}$)는 여기에서 $\Omega\hat{\boldsymbol{z}}$로 간주].

$$v_\theta(=\hat{v}_2)=\Omega r, \qquad v_r(=\hat{v}_1)=v_z(=\hat{v}_3)=0 \tag{5.16}$$

위 식에서 $\Omega=\|\boldsymbol{\omega}\|=\dot{\theta}$는 시간무관 각속도이다. 식 (5.16)의 결과를 표 5.1의 원통좌표계란에 대입하면, 강체회전에 대한 원통좌표계의 물리성분으로 나타낸 속도구배 텐서 **L**의 행렬요소는 아래가 된다.

$$\hat{\mathrm{L}}=(\hat{L}_{ij})=\begin{pmatrix}0 & -\Omega & 0\\ \Omega & 0 & 0\\ 0 & 0 & 0\end{pmatrix} \tag{5.17}$$

한편 강체회전에 대한 Cartesian 좌표계로 $\mathbf{L}$의 행렬성분 $\hat{\mathrm{L}}=(\hat{L}_{ij})$를 구해보면 아래가 된다. 즉 강체회전에 대한 변위함수 식 (4.65)를 시간에 대해 미분(단 변형 전 좌표 x_i'는 t 무관 가정)하여 Cartesian 속도성분 $v_i\left(=\dfrac{dx_i}{dt}\right)$를 구하면 아래가 된다(단 $\dot{\theta}=\Omega$ 대입).

$$v_1\left(=\frac{dx_1}{dt}\right)(=v_x)=-\Omega(x_1'\sin\theta+x_2'\cos\theta)=-\Omega x_2$$

$$v_2\left(=\frac{dx_2}{dt}\right)(=v_y)=\Omega(x_1'\cos\theta-x_2'\sin\theta)=\Omega x_1$$

$$v_3\left(=\frac{dx_3}{dt}\right)(=v_z)=0 \tag{5. 18}$$

이를 표 5.1의 Cartesian 성분란에 대입하면 식 (5.17)과 같은 $\hat{\mathrm{L}}=(\hat{L}_{ij})$를 얻는다(문 5.3 참조). [별해: 행렬법에 의한 두 좌표계(반변 성분)간의 변환법칙 식 (1.164)(또는 표 A1.1)에 $\bar{v}^1=v_r$, $\bar{v}^2=v_\theta/r$, $\bar{v}^3=v_z(\because v^i=\hat{v}^i/h_{\underline{i}}$ – 1.14절 참조) 및 $v^1=v_x$, $v^2=v_y$, $v^3=v_z$를 대입하고, 또 원통좌표와 Cartesian 좌표간의 공변 변환행렬 $(a_i^{\ j})$은 식 (2.229)를 이용하면 식 (5.16)으로부터 Cartesian 좌표계의 속도 성분 v_i(식 (5.18))를 구할 수도 있다.

한편 식 (5.17)로부터 강체회전의 경우 속도구배 텐서 $\mathbf{L}$의 값이 모두 0이 되지 않음을 알 수 있다. 그런데 뉴톤의 점성 법칙(식 (3.2))에 의하면 유체의 단순한 회전에 의해서는 (점성)응력이 발생되지 않는다. 왜냐하면 회전만으로는 유체 내 두 점간의 상대적인 분리(relative separation)가 일어나지 않기 때문이다. 4장에서 소개한 변형기울기 텐서 $\mathbf{F}$나 $\mathbf{F}^{-1}$의 경우처럼, 속도구배 텐서 $\mathbf{L}\ (=(\nabla \boldsymbol{v})^{\mathrm{T}})$도 회전속도 항과 신장(변형)속도 항을 모두 포함한다. 따라서 이하에서는 $\mathbf{L}$로부터 회전속도 항을 제거하는 방법을 논의하기로 한다.

5. 2. 1 (대칭)변형속도 텐서

$\mathbf{L}$로부터 회전(속도) 항을 제거하기 위하여, 4.3.2절에 소개한 극분해 정리에 의해 변형기울기 텐서 $\mathbf{F}$나 $\mathbf{F}^{-1}$로부터 아래와 같이 대칭 신장(stretch) 텐서 $\mathbf{V}$와 직교 회전텐서 $\mathbf{R}$을 분리해내는 것을 이용한다. 즉

$$(\mathbf{F}^{-1})^{\mathrm{T}}=\mathbf{V}\cdot\mathbf{R} \tag{5. 19}$$

양면을 시간에 대해 미분하면 아래를 얻는다.

$$(\dot{\mathbf{F}}^{-1})^{\mathrm{T}} = \dot{\mathbf{V}} \cdot \mathbf{R} + \mathbf{V} \cdot \dot{\mathbf{R}} \tag{5.20}$$

그런데 여기서 지난 변위 x'가 현재 변위 x에 접근하는 (혹은 지난 시간 t'가 현 시간 t에 접근하는)극한을 취하면 아래 관계를 얻는다.

$$\lim_{x' \to x} \mathbf{V}(t') = \lim_{x' \to x} \mathbf{R}(t') = \mathbf{I} \tag{5.21}$$

이 결과와 식 (5.7)을 이용하면 아래의 극한관계 식을 얻을 수 있다.

$$\lim_{x' \to x} (\dot{\mathbf{F}}^{-1}) = \mathbf{L}\,[= (\nabla \boldsymbol{v})^{\mathrm{T}}] = \dot{\mathbf{V}} + \dot{\mathbf{R}} \tag{5.22}$$

마찬가지로 아래 식을 얻는다.

$$\mathbf{L}^{\mathrm{T}}(= \nabla \boldsymbol{v}) = (\dot{\mathbf{V}} + \dot{\mathbf{R}})^{\mathrm{T}} = \dot{\mathbf{V}}^{\mathrm{T}} + \dot{\mathbf{R}}^{\mathrm{T}} \tag{5.23}$$

여기서 (대칭)신장 속도텐서 $\dot{\mathbf{V}}$를 통상 대칭 '변형속도 텐서(rate of deformation tensor)' $2\mathbf{D}(= \dot{\gamma})$항으로 나타낸다. 즉

$$2\dot{\mathbf{V}} = 2\mathbf{D}\,(= \dot{\gamma}) = \mathbf{L} + \mathbf{L}^{\mathrm{T}} \quad \text{혹은} \quad 2\mathbf{D}\,(= \dot{\gamma}) = (\nabla \boldsymbol{v})^{\mathrm{T}} + \nabla \boldsymbol{v} \tag{5.24}$$

한편 회전속도 텐서 $\dot{\mathbf{R}}$는 반대칭(anti- or skew-symmetric)이므로 통상 '소용돌이(혹은 와류, vorticity) 텐서' W(혹은 Ω)로 나타낸다. 즉

$$2\dot{\mathbf{R}} = 2\mathbf{W} = \mathbf{L} - \mathbf{L}^{\mathrm{T}} \quad \text{혹은} \quad 2\mathbf{W} = (\nabla \boldsymbol{v})^{\mathrm{T}} - \nabla \boldsymbol{v} \tag{5.25}$$

식 (5.24)와 (5.25)는 식 (5.23)에서 $\dot{\mathbf{V}}^{\mathrm{T}} = \dot{\mathbf{V}}$($\because \dot{\mathbf{V}}$는 대칭)과 $\dot{\mathbf{R}}^{\mathrm{T}} = -\dot{\mathbf{R}}$($\because \dot{\mathbf{R}}$는 반대칭)을 대입하면 얻어진다. 즉 식 (5.23)에서 $\dot{\mathbf{V}} = \mathbf{D}$, $\dot{\mathbf{R}} = \mathbf{W}$로 두면 아래가 얻어진다.

$$\mathbf{L}\,(= (\nabla \boldsymbol{v})^{\mathrm{T}}) = \mathbf{D} + \mathbf{W} \tag{5.26}$$

이 결과는 임의의 비대칭 텐서 B는 아래와 같이 대칭부분인 $\mathbf{B}_{\mathrm{S}}$와 반대칭 부분인 $\mathbf{B}_{\mathrm{A}}$의 합으로 나타냄과 같은 원리이다[식 (1.32), (1.297), (2.321) 등 참조].

$$\mathbf{B} = \mathbf{B}_{\mathrm{S}} + \mathbf{B}_{\mathrm{A}}, \ \text{여기서} \ \mathbf{B}_{\mathrm{S}} = (\mathbf{B} + \mathbf{B}^{\mathrm{T}})/2\,;\ \mathbf{B}_{\mathrm{A}} = (\mathbf{B} - \mathbf{B}^{\mathrm{T}})/2 \tag{5.27}$$

한편 식 (5.25)로 정의된 반대칭(회전속도) 텐서 W는 쌍대(dual) 텐서 ω와 아래와 같이 대응한다(예제 1.12 참조).

$$\boldsymbol{\omega} \times = \mathbf{W} \text{ 혹은 } \boldsymbol{\omega} \times \boldsymbol{a} = \mathbf{W} \cdot \boldsymbol{a} \;(\boldsymbol{a}\text{는 임의의 벡터}) \tag{5.28}$$

여기서 아래가 성립한다(문 2.20 참조).

$$\boldsymbol{\omega} = \frac{1}{2}(\nabla \times \boldsymbol{v}),\;\; \omega^i = -\frac{1}{2}\varepsilon^{ijk} W_{jk},\;\; W_{ij} = -\varepsilon_{ijk}\omega^k \tag{5.29}$$

여기서 ε_{ijk}, ε^{ijk}는 Levi-Civita 순열텐서(1.11.6절 참조)이다.

참고로 2.13.2절에는 식 (5.26)의 양변의 공변 및 혼합성분에 대한 언급과 함께 대칭변형속도 $\mathbf{D}(=\dot{\gamma}/2)$의 직교, 원통 및 구좌표계에 대한 물리성분 표시법도 함께 주어져 있으나, 표 5.2에 $\dot{\gamma}$의 세 직교좌표계에 대한 물리성분을 정리하여 나타내었다.

표 5. 2 (대칭) 변형속도(rate of strain) 텐서 $\dot{\gamma}$의 물리적 성분

$$\dot{\gamma}[=2\mathrm{D}] = \nabla \boldsymbol{v} + (\nabla \boldsymbol{v})$$

a) Cartesian 좌표계 (x, y, z):

$$\dot{\gamma}_{xx} = 2\frac{\partial v_x}{\partial x} \qquad \dot{\gamma}_{xy} = \dot{\gamma}_{yx} = \frac{\partial v_y}{\partial x} + \frac{\partial v_x}{\partial y}$$

$$\dot{\gamma}_{yy} = 2\frac{\partial v_y}{\partial y} \qquad \dot{\gamma}_{yz} = \dot{\gamma}_{zy} = \frac{\partial v_z}{\partial y} + \frac{\partial v_y}{\partial z}$$

$$\dot{\gamma}_{zz} = 2\frac{\partial v_z}{\partial z} \qquad \dot{\gamma}_{zx} = \dot{\gamma}_{xz} = \frac{\partial v_x}{\partial z} + \frac{\partial v_z}{\partial x}$$

b) 원통 좌표계 (r, θ, z):

$$\dot{\gamma}_{rr} = 2\frac{\partial v_r}{\partial r} \qquad \dot{\gamma}_{r\theta} = \dot{\gamma}_{\theta r} = r\frac{\partial}{\partial r}\left(\frac{v_\theta}{r}\right) + \frac{1}{r}\frac{\partial v_r}{\partial \theta}$$

$$\dot{\gamma}_{\theta\theta} = 2\left(\frac{1}{r}\frac{\partial v_\theta}{\partial \theta} + \frac{v_r}{r}\right) \qquad \dot{\gamma}_{\theta z} = \dot{\gamma}_{z\theta} = \frac{1}{r}\frac{\partial v_z}{\partial \theta} + \frac{\partial v_\theta}{\partial z}$$

$$\dot{\gamma}_{zz} = 2\frac{\partial v_z}{\partial z} \qquad \dot{\gamma}_{zr} = \dot{\gamma}_{rz} = \frac{\partial v_r}{\partial z} + \frac{\partial v_z}{\partial r}$$

c) 구 좌표계 (r, θ, ϕ):

$$\dot{\gamma}_{rr} = 2\frac{\partial v_r}{\partial r} \qquad \dot{\gamma}_{r\theta} = \dot{\gamma}_{\theta r} = r\frac{\partial}{\partial r}\left(\frac{v_\theta}{r}\right) + \frac{1}{r}\frac{\partial v_r}{\partial \theta}$$

$$\dot{\gamma}_{\theta\theta} = 2\left(\frac{1}{r}\frac{\partial v_\theta}{\partial \theta} + \frac{v_r}{r}\right) \qquad \dot{\gamma}_{\theta\phi} = \dot{\gamma}_{\phi\theta} = \frac{\sin\theta}{r}\frac{\partial}{\partial \theta}\left(\frac{v_\phi}{\sin\theta}\right) + \frac{1}{r\sin\theta}\frac{\partial v_\theta}{\partial \phi}$$

$$\dot{\gamma}_{\phi\phi} = 2\left(\frac{1}{r\sin\theta}\frac{\partial v_\phi}{\partial \phi} + \frac{v_r}{r} + \frac{v_\theta \cot\theta}{r}\right) \qquad \dot{\gamma}_{\phi r} = \dot{\gamma}_{r\phi} = \frac{1}{r\sin\theta}\frac{\partial v_r}{\partial \phi} + r\frac{\partial}{\partial r}\left(\frac{v_\phi}{r}\right)$$

예제 5.2

앞 예제 5.1에 주어진 3 흐름에 대하여 대칭(2**D**) 및 반대칭(2**W**) 텐서의 (Cartesian)성분을 구하고, 또한 그들의 3(주) 불변량도 구하라.

풀이

(a) 정상 일축 신장(SUE)흐름 : 식 (5.13)으로부터 바로 아래가 구해진다.

$$2\mathbf{D}\left[=\mathbf{L}+\mathbf{L}^{\mathrm{T}}\right]=(2D_{ij})=(L_{ij}+L_{ji})=\begin{pmatrix}2\dot{\varepsilon} & 0 & 0\\ 0 & -\dot{\varepsilon} & 0\\ 0 & 0 & -\dot{\varepsilon}\end{pmatrix} \qquad (5.30\text{ a})$$

$$2\mathbf{W}\left[=\mathbf{L}-\mathbf{L}^{\mathrm{T}}\right]=(2W_{ij})=(L_{ij}-L_{ji})=\mathbf{0} \qquad (5.30\text{ b})$$

여기서 (회전)반대칭 텐서 $\mathbf{W}=\mathbf{0}$은 그것의 쌍대벡터 $w=\frac{1}{2}\nabla\times\boldsymbol{v}$(식 (5.29))가 $\mathbf{0}$인 것을 의미하므로 이 흐름은 '비회전(irrotational)' 이 된다.

다음에 2**D**의 세 (주)불변량을 계산하면 아래가 된다(1.16.7절 참조).

$$\mathrm{I}_{2\mathrm{D}}=\mathrm{Tr}\,2\mathbf{D}=0$$

$$\mathrm{II}_{2\mathrm{D}}=\frac{1}{2}\left[\mathrm{I}_{2\mathrm{D}}^{2}-\mathrm{Tr}\,(2\mathbf{D})^{2}\right]=\frac{1}{2}\left[0-\left(4\dot{\varepsilon}^{2}+\dot{\varepsilon}^{2}+\dot{\varepsilon}^{2}\right)\right]=-3\dot{\varepsilon}^{2}$$

$$\mathrm{III}_{2\mathrm{D}}=\det 2\mathbf{D}=2\dot{\varepsilon}^{3} \qquad (5.31)$$

(b) 정상 전단 흐름(SSF) : 식 (5.15)와 **D**와 **W**의 정의식에서 아래를 얻는다.

$$2\mathbf{D}=(2D_{ij})=\begin{pmatrix}0 & \dot{\gamma} & 0\\ \dot{\gamma} & 0 & 0\\ 0 & 0 & 0\end{pmatrix} \qquad (5.32\text{ a})$$

$$2\mathbf{W}=(2W_{ij})=\begin{pmatrix}0 & \dot{\gamma} & 0\\ -\dot{\gamma} & 0 & 0\\ 0 & 0 & 0\end{pmatrix} \qquad (5.32\text{ b})$$

다음에 이들의 세 (주)불변량을 구하면 아래가 된다.

$$\mathrm{I}_{2\mathrm{D}}=0,\quad \mathrm{II}_{2\mathrm{D}}=\frac{1}{2}\left(0-2\dot{\gamma}^{2}\right)=-\dot{\gamma}^{2},\quad \mathrm{III}_{2\mathrm{D}}=0 \qquad (5.33\text{ a})$$

$$\mathrm{I}_{2\mathrm{W}}=0,\quad \mathrm{II}_{2\mathrm{W}}=\frac{1}{2}\left(0-\left(-2\dot{\gamma}^{2}\right)\right)=\dot{\gamma}^{2},\quad \mathrm{III}_{2\mathrm{W}}=0 \qquad (5.33\text{ b})$$

(c) 강체 회전 흐름 : 식 (5.17)과 **D**와 **W**의 정의식에서 아래를 얻는다.

$$2\mathbf{D}\left[=\mathbf{L}+\mathbf{L}^{\mathrm{T}}\right]=(2D_{ij})=\mathbf{0},\quad 2\mathbf{W}\left[=\mathbf{L}-\mathbf{L}^{\mathrm{T}}\right]=(2W_{ij})=\begin{pmatrix}0 & -2\Omega & 0\\ 2\Omega & 0 & 0\\ 0 & 0 & 0\end{pmatrix} \tag{5.34}$$

$$\mathrm{I}_{2\mathrm{D}}=\mathrm{II}_{2\mathrm{D}}=\mathrm{III}_{2\mathrm{D}}=0\,;\ \mathrm{I}_{2\mathrm{W}}=0,\ \mathrm{II}_{2\mathrm{W}}=\frac{1}{2}\left(0-(-4\Omega^2)\right)=2\Omega^2,\ \mathrm{III}_{3\mathrm{W}}=0 \tag{5.35}$$

이 흐름은 $\mathbf{D}=\mathbf{0}$이므로 (a)의 경우와 반대로 순수 회전만 존재한다.

위 예제에서 볼 수 있듯이 식 (5.25)로 정의된 반대칭 텐서 **W**는 유체내의 임의의 점에서의 각도 회전(angular rotation)을 준다. 따라서 강체 회전(c)의 경우는 속도구배텐서 **L**에서 오직 **W**항만 존재한다. 반대로 식 (5.24)로 정의된 대칭텐서 **D**는 유체내 임의의 점에서 신장속도를 나타내는데 (정상)일축 신장흐름(a)의 경우에는 신장변형만 존재하므로 $\mathbf{W}=\mathbf{0}$이 된다. 그러나 정상 전단 흐름(b)의 경우에는 이들 회전과 신장의 혼합이 된다.

한편 위 예제의 3 흐름의 경우 모두 $\mathrm{I_D}$(혹은 $\mathrm{I_{2D}}$)$=0$이 되는데, 이를 비압축성 흐름을 의미한다(식 (4.193) 참조). 왜냐하면 아래가 성립되기 때문이다.

$$\mathrm{I_D}=\mathrm{Tr}\,\mathbf{D}=\mathrm{Tr}\,\mathbf{L}\,(\because \mathrm{Tr}\mathbf{W}=0)=\mathrm{L}^{i}{}_{i}\left(=v^{i}{}_{;i}=\nabla\cdot\boldsymbol{v}\right)=0 \tag{5.36}$$

따라서 비압축성 흐름의 경우 $\mathrm{II_{2D}}$와 $\mathrm{III_{2D}}$만이 존재한다. 그런데 고체의 변형에 대한 Finger (대칭)신장텐서 $\mathbf{C}^{-1}$의 두 불변량 $\mathrm{I}_{\mathrm{C}^{-1}}$와 $\mathrm{II}_{\mathrm{C}^{-1}}$에 의해 가능한 형태의 변형을 경계 짓듯이(그림 4.13 참조), 유체의 경우 (대칭)변형속도 텐서 2**D**의 두 불변량 $\mathrm{II_{2D}}$와 $\mathrm{III_{2D}}$에 의해 가능한 형태의 흐름을 경계 짓는다(그림 5.7 참조).

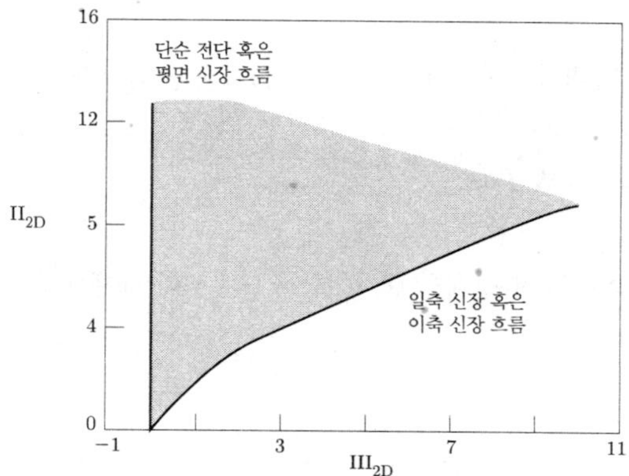

그림 5.7 비압축성 물질($\mathrm{I_{2D}}=0$)의 모든 형태의 흐름은 (대칭)변형속도텐서 2**D**의 두 불변량 $\mathrm{II_{2D}}$와 $\mathrm{III_{2D}}$에 의해 작성된 지도(map)에서 두 극단 경우인 단순전단 (혹은 평면신장) 흐름과 일축신장 혹은 이축신장 흐름사이에 들어있다.

아래의 두 예제는 각각 $\mathbf{D}$가 길이의 로컬변화 속도 및 작은 변형의 극한에서 Finger텐서 $\mathbf{C}^{-1}$의 시간미분에 해당함을 보여준다.

예제 5.3

(대칭)변형속도 텐서 $2\mathbf{D}(=\dot{\gamma})$는 유체 물질에서 길이 제곱의 로컬변화속도인 $d\,\|\,d\boldsymbol{x}\,\|^2/dt$를 측정함을 보여라. 즉 아래식이 성립됨을 보여라.

$$\frac{d\,\|\,d\boldsymbol{x}\,\|^2}{dt}=d\boldsymbol{x}\cdot 2\mathbf{D}\cdot d\boldsymbol{x} \tag{5.37}$$

풀이

아래의 항등관계가 성립됨에 유의하라.

$$\frac{d\,\|\,d\boldsymbol{x}\,\|^2}{dt}=\frac{d(d\boldsymbol{x}\cdot d\boldsymbol{x})}{dt}=2d\boldsymbol{x}\cdot\frac{d(d\boldsymbol{x})}{dt} \tag{5.38}$$

한편 식 (5.2)에서 아래가 성립된다.

$$d\boldsymbol{v}=\mathbf{L}\cdot d\boldsymbol{x} \tag{5.2}$$

그러므로

$$\frac{d(d\boldsymbol{x})}{dt}=d\boldsymbol{v}=\mathbf{L}\cdot d\boldsymbol{x} \tag{5.39}$$

이를 식 (5.38)에 대입하면 아래가 된다.

$$\frac{d\,\|\,d\boldsymbol{x}\,\|^2}{dt}=d\boldsymbol{x}\cdot 2\mathbf{L}\cdot d\boldsymbol{x} \tag{5.40}$$

다시 $\mathbf{L}$을 $\mathbf{D}$와 $\mathbf{W}$의 합으로 나타내면 (즉 식 (5.26)에 의해)아래를 얻는다.

$$\frac{d\,\|\,d\boldsymbol{x}\,\|^2}{dt}=d\boldsymbol{x}\cdot 2\mathbf{D}\cdot d\boldsymbol{x}+d\boldsymbol{x}\cdot 2\mathbf{W}\cdot d\boldsymbol{x} \tag{5.41}$$

그런데 위 식의 우변에서 둘째 항은 $\mathbf{W}$가 반대칭 텐서이므로 0이 된다(예제 1.1 참조). 따라서 아래가 성립되어 식 (5.37)이 증명된다.

$$\frac{d\,\|\,d\boldsymbol{x}\,\|^2}{dt}=d\boldsymbol{x}\cdot 2\mathbf{D}\cdot d\boldsymbol{x} \tag{5.37}$$

즉 대칭텐서 $2\mathbf{D}$는 유체의 한 점 주위로의 미소 변위벡터 $d\boldsymbol{x}$에 작용하여 이들 벡터의 길이 제곱의 시간변화속도를 준다.

예제 5.4

Finger($\mathbf{C}^{-1}$) 및 Green($\mathbf{G}$) 변형률 텐서에 대하여 아래가 성립됨을 증명하여라.

$$\lim_{t'\to t}\frac{d\mathbf{C}^{-1}}{dt}=\lim_{t'\to t}\overline{\dot{\mathbf{C}^{-1}}}=2\mathbf{D}\ ,\ \lim_{t'\to t}\frac{d\mathbf{G}}{dt}=\lim_{t'\to t}\dot{\mathbf{G}}=2\mathbf{D} \tag{5.42}$$

풀이

$\mathbf{C}^{-1}$의 정의식 (4.80)에서 아래를 쓸 수 있다.

$$\frac{d\mathbf{C}^{-1}}{dt}=\overline{\dot{\mathbf{C}^{-1}}}=\overline{(\mathbf{F}^{-1})^{\mathrm{T}}\cdot\mathbf{F}^{-1}}^{\cdot}=\overline{(\mathbf{F}^{-1})}^{\cdot}\cdot\mathbf{F}^{-1}+(\mathbf{F}^{-1})^{\mathrm{T}}\cdot\dot{\mathbf{F}}^{-1}$$

여기서 식 (5.22)를 유도할 때와 마찬가지로 아래관계를 이용한다.

$$\lim_{t'\to t}(\mathbf{F}^{-1})^{\mathrm{T}}=\lim_{t'\to t}\mathbf{F}^{-1}=\mathbf{I}$$

따라서 이들 위 식에 대입하면 아래가 성립된다.

$$\lim_{t'\to t}\overline{\dot{\mathbf{C}^{-1}}}=\overline{(\mathbf{F}^{-1})^{\mathrm{T}}}^{\cdot}+\overline{\dot{\mathbf{F}^{-1}}} \tag{5.43}$$

여기서 식 (5.22)의 정의를 이용하면 아래를 얻는다.

$$\lim_{t'\to t}\overline{\dot{\mathbf{C}^{-1}}}=\mathbf{L}+\mathbf{L}^{\mathrm{T}}=2\mathbf{D}$$

마찬가지 절차에 의해 $\mathbf{G}$의 정의식 (4.83)으로부터 아래를 얻는다.
한편 식 (5.2)에서 아래가 성립된다.

$$\lim_{t'\to t}\frac{d\mathbf{G}}{dt}=\lim_{t\to t'}\dot{\mathbf{G}}=\overline{\dot{\mathbf{F}^{-1}}}=\overline{(\mathbf{F}^{-1})^{\mathrm{T}}}^{\cdot}=\mathbf{L}^{\mathrm{T}}+\mathbf{L}=2\mathbf{D}$$

■ 5. 3 뉴톤성 유체

1687년 뉴톤이 비압축성 유체에 대한 (정상)전단흐름(steady shear flow)에 대한 실험으로부터 2면에 1방향으로 작용하는 전단 응력(shear stress) $\tau_{21}(=\tau_{12})$는 속도구배(dv_1/dx_2)에 직접 비례한다는 1차원 구성방정식 (3.2)를 제안하였다(그림 5.5 참조).

$$\tau_{21}=\mu\frac{dv_1}{dx_2} \tag{3. 2}$$

여기서 μ는 (일정)뉴톤 전단점도이며, 위 식의 Cartesian 좌표 x, y 대신에 여기서는 편의상 x_1, x_2를 사용하였다. 또한 속도구배 $\dfrac{dv_1}{dx_2}$는 아래 식에 의해 $\dot{\gamma}\left(=\dfrac{d\gamma}{dt}\right)$(여기서 $\gamma=\Delta x_1/x_2\simeq dx_1/dx_2$)와 같다.

$$\dot{\gamma}=\frac{d\gamma}{dt}=\frac{d}{dt}\left(\frac{dx_1}{dx_2}\right)=\frac{d}{dx_2}\left(\frac{dx_1}{dt}\right)=\frac{dv_1}{dx_2}$$

그러나 식 (3.2)는 한 특정(전단)흐름에 대한 응력과 변형속도(혹은 속도구배)와의 관계이다. 그러나 어떠한 형태의 흐름에 있는 임의의 유체의 응답(response) 거동을 설명할 수 있는 완전한 형태의 3차원 구성 방정식(constitutive equation)은 그 후 여러 연구자에 의해 제안되었으며, 그중 압축성 유체에 관한 대표적인 뉴톤형 구성방정식은 아래와 같다.

$$\boldsymbol{\tau}=\mu[\nabla\boldsymbol{v}+(\nabla\boldsymbol{v})^{\mathrm{T}}]+\left(\kappa-\frac{2}{3}\mu\right)(\nabla\cdot\boldsymbol{v})\mathbf{I} \tag{5. 44}$$

여기서 μ는 뉴톤 전단(shear) 점도, κ는 (부피)팽창성(dilatational) 점도 혹은 벌크(bulk) 점도이며, $\mathbf{I}$는 단위(등방)텐서이다. 특히 μ는 유체의 전단(미끄러짐) 운동에 대한 저항을 나타내는 점성계수이고, κ는 흐름 변형시 유체의 밀도가 변할 때(즉 압축성 유체의 경우) 생성되는 응력에 대한 등방성 공헌을 나타내는 점성계수이다. 만약 흐름 중 밀도가 변하면 이로 인하여 모든 방향으로 응력이 발생된다. 그러나 이 항은 만약 정지되면 없어진다. 벌크 점도 κ는 단원자 이상기체의 경우에는 0이 되나, 현탁액이나 다원자 기체의 경우에는 0이 되지 않는다.

만약 비압축성 유체의 경우에는 $\nabla\cdot\boldsymbol{v}=0$(식 (4.193))이므로 위 식은 식 (5.24)의 도움을 받아 아래가 된다.

$$\boldsymbol{\tau}=2\mu\mathbf{D}=\mu\dot{\boldsymbol{\gamma}} \tag{5. 45}$$

5. 3. 1 Navier-Stokes 운동방정식

4.6.2절에 소개된 운동방정식(혹은 운동량 밸런스)을 다시 쓰면 아래가 된다.

$$\rho\frac{D\boldsymbol{v}}{Dt}\left(=\frac{\partial\boldsymbol{v}}{\partial t}+\boldsymbol{v}\cdot\nabla\boldsymbol{v}\right)=-\nabla p-\nabla\cdot\boldsymbol{\tau}+\rho\boldsymbol{g} \tag{5.46}$$

여기서 $\boldsymbol{\tau}$에 식 (5.44)를 대입하면 아래의 압축성 유체에 대한 'Navier-Stokes 운동방정식'을 얻는다.

$$\rho\frac{D\boldsymbol{v}}{Dt}=-\nabla p+\mu\nabla^2\boldsymbol{v}+\left(\kappa+\frac{\mu}{3}\right)\nabla(\nabla\cdot\boldsymbol{v})+\rho\boldsymbol{g} \tag{5.47}$$

증명 먼저 식 (5.46)의 $\nabla\cdot\boldsymbol{\tau}$에 식 (5.44)를 대입하며 전개하면 아래를 얻는다(단 μ 및 κ는 위치에 무관하다고 가정하고, $\nabla\boldsymbol{v}+(\nabla\boldsymbol{v})^{\mathrm{T}}=2\mathrm{D}$ 둠 - 식 (5.24))

$$\nabla\cdot\boldsymbol{\tau}=2\mu\nabla\cdot\mathrm{D}+\left(\kappa-\frac{2}{3}\mu\right)\nabla(\nabla\cdot\boldsymbol{v}) \tag{5.48}$$

여기서 우변의 두 번째 항은 항등관계 $\nabla\cdot(\phi\mathrm{I})=\nabla\phi$에서 스칼라함수 ϕ에 $\nabla\cdot\boldsymbol{v}$를 대입하여 얻어진 것이다. 그런데 위 식의 $\nabla\cdot\mathrm{D}$를 식 (2.279)에서 대입하여 정리하면 아래를 얻는다.

$$\nabla\cdot\boldsymbol{\tau}=\mu\nabla^2\boldsymbol{v}+\left(\kappa+\frac{\mu}{3}\right)\nabla(\nabla\cdot\boldsymbol{v}) \tag{5.49}$$

이를 식 (5.46)에 대입하면 목적하는 식 (5.47)을 얻는다. ■

한편 비압축성 유체의 경우는 $\nabla\cdot\boldsymbol{v}=0$이 되므로 Navier-Stokes 식은 아래가 된다.

$$\rho\frac{D\boldsymbol{v}}{Dt}\left[=\frac{\partial\boldsymbol{v}}{\partial t}+\boldsymbol{v}\cdot\nabla\boldsymbol{v}\right]=-\nabla p+\mu\nabla^2\boldsymbol{v}+\rho\boldsymbol{g} \tag{5.50}$$

참고로 표 5.3에 일정 밀도 ρ와 일정 전단점도 μ를 가진 비압축성 유체에 대한 Navier-Stokes 운동방정식 (5.50)을 세 대표적 직교곡선 좌표계에 대해 물리적 성분(1.14절 참조)으로 나타내었다(표시법은 2.12절 및 2.13절의 기법 이용).

표 5.3 일정한 밀도(ρ)와 전단점도(μ)를 가진 비압축성 뉴톤 유체의 Navier-Stokes 운동 방정식

$$\rho \frac{D\boldsymbol{v}}{Dt}\left[= \frac{\partial \boldsymbol{v}}{\partial t}+\boldsymbol{v}\cdot\nabla\boldsymbol{v}\right]=\mu\nabla^2\boldsymbol{v}-\nabla p+\rho\boldsymbol{g}$$

(a) 직교 Cartesian 좌표계(x,y,z) :

$$\rho\left(\frac{\partial v_x}{\partial t}+v_x\frac{\partial v_x}{\partial x}+v_y\frac{\partial v_x}{\partial y}+v_z\frac{\partial v_x}{\partial z}\right)=\mu\left[\frac{\partial^2}{\partial x^2}v_x+\frac{\partial^2}{\partial y^2}v_x+\frac{\partial^2}{\partial z^2}v_x\right]-\frac{\partial p}{\partial x}+\rho g_x$$

$$\rho\left(\frac{\partial v_y}{\partial t}+v_x\frac{\partial v_y}{\partial x}+v_y\frac{\partial v_y}{\partial y}+v_z\frac{\partial v_y}{\partial z}\right)=\mu\left[\frac{\partial^2}{\partial x^2}v_y+\frac{\partial^2}{\partial y^2}v_y+\frac{\partial^2}{\partial z^2}v_y\right]-\frac{\partial p}{\partial y}+\rho g_y$$

$$\rho\left(\frac{\partial v_z}{\partial t}+v_x\frac{\partial v_z}{\partial x}+v_y\frac{\partial v_z}{\partial y}+v_z\frac{\partial v_z}{\partial z}\right)=\mu\left[\frac{\partial^2}{\partial x^2}v_z+\frac{\partial^2}{\partial y^2}v_z+\frac{\partial^2}{\partial z^2}v_z\right]-\frac{\partial p}{\partial z}+\rho g_z$$

(b) 원통 좌표계(r,θ,z) :

$$\rho\left(\frac{\partial v_r}{\partial t}+v_r\frac{\partial v_r}{\partial r}+\frac{v_\theta}{r}\frac{\partial v_r}{\partial \theta}-\frac{v_\theta^2}{r}+v_z\frac{\partial v_r}{\partial z}\right)=\mu\left[\frac{\partial}{\partial r}\left(\frac{1}{r}\frac{\partial}{\partial r}(rv_r)\right)+\frac{1}{r^2}\frac{\partial^2 v_r}{\partial \theta^2}+\frac{\partial^2 v_r}{\partial z^2}-\frac{2}{r^2}\frac{\partial v_\theta}{\partial \theta}\right]-\frac{\partial p}{\partial r}+\rho g_r$$

$$\rho\left(\frac{\partial v_\theta}{\partial t}+v_r\frac{\partial v_\theta}{\partial r}+\frac{v_\theta}{r}\frac{\partial v_\theta}{\partial \theta}+\frac{v_r\,v_\theta}{r}+v_z\frac{\partial v_\theta}{\partial z}\right)=\mu\left[\frac{\partial}{\partial r}\left(\frac{1}{r}\frac{\partial}{\partial r}(rv_\theta)\right)+\frac{1}{r^2}\frac{\partial^2 v_\theta}{\partial \theta^2}+\frac{\partial^2 v_\theta}{\partial z^2}+\frac{2}{r^2}\frac{\partial v_r}{\partial \theta}\right]-\frac{1}{r}\frac{\partial p}{\partial \theta}+\rho g_\theta$$

$$\rho\left(\frac{\partial v_z}{\partial t}+v_r\frac{\partial v_z}{\partial r}+\frac{v_\theta}{r}\frac{\partial v_z}{\partial \theta}+v_z\frac{\partial v_z}{\partial z}\right)=\mu\left[\frac{1}{r}\frac{\partial}{\partial r}\left(r\frac{\partial v_z}{\partial r}\right)+\frac{1}{r^2}\frac{\partial^2 v_z}{\partial \theta^2}+\frac{\partial^2 v_z}{\partial z^2}\right]-\frac{\partial p}{\partial z}+\rho g_z$$

(c) 구좌표계(r,θ,ϕ) :

$$\rho\left(\frac{\partial v_r}{\partial t}+v_r\frac{\partial v_r}{\partial r}+\frac{v_\theta}{r}\frac{\partial v_r}{\partial \theta}+\frac{v_\phi}{r\sin\theta}\frac{\partial v_r}{\partial \phi}-\frac{v_\theta^2+v_\phi^2}{r}\right)$$

$$=\mu\left[\frac{1}{r^2}\frac{\partial^2}{\partial r^2}(r^2v_r)+\frac{1}{r^2\sin\theta}\frac{\partial}{\partial \theta}\left(\sin\theta\frac{\partial v_r}{\partial \theta}\right)+\frac{1}{r^2\sin^2\theta}\frac{\partial^2 v_r}{\partial \phi^2}\right]-\frac{\partial p}{\partial r}+\rho g_r$$

$$\rho\left(\frac{\partial v_\theta}{\partial t}+v_r\frac{\partial v_\theta}{\partial r}+\frac{v_\theta}{r}\frac{\partial v_\theta}{\partial \theta}+\frac{v_\phi}{r\sin\theta}\frac{\partial v_\theta}{\partial \phi}+\frac{v_r\,v_\theta}{r}-\frac{v_\phi^2\cot\theta}{r}\right)=\mu\left[\frac{1}{r^2}\frac{\partial}{\partial r}\left(r^2\frac{\partial v_\theta}{\partial r}\right)\right.$$

$$\left.+\frac{1}{r^2}\frac{\partial}{\partial \theta}\left(\frac{1}{\sin\theta}\frac{\partial}{\partial \theta}(v_\theta\sin\theta)\right)+\frac{1}{r^2\sin^2\theta}\frac{\partial^2 v_\theta}{\partial \phi^2}+\frac{2}{r^2}\frac{\partial v_r}{\partial \theta}-\frac{2\cot\theta}{r^2\sin\theta}\frac{\partial v_\phi}{\partial \phi}\right]-\frac{1}{r}\frac{\partial p}{\partial \theta}+\rho g_\theta$$

$$\rho\left(\frac{\partial v_\phi}{\partial t}+v_r\frac{\partial v_\phi}{\partial r}+\frac{v_\theta}{r}\frac{\partial v_\phi}{\partial \theta}+\frac{v_\phi}{r\sin\theta}\frac{\partial v_\phi}{\partial \phi}+\frac{v_\phi\,v_r}{r}+\frac{v_\theta\,v_\phi cottheta}{r}\right)$$

$$=\mu\left[\frac{1}{r^2}\frac{\partial}{\partial r}\left(r^2\frac{\partial v_\phi}{\partial r}\right)+\frac{1}{r^2}\frac{\partial}{\partial \theta}\left(\frac{1}{\sin\theta}\frac{\partial}{\partial \theta}(v_\phi\sin\theta)\right)+\frac{1}{r^2\sin^2\theta}\frac{\partial^2 v_\phi}{\partial \phi^2}+\frac{2}{r^2\sin\theta}\frac{\partial v_r}{\partial \phi}+\frac{2\cot\theta}{r^2\sin\theta}\frac{\partial v_\theta}{\partial \phi}\right]$$

$$-\frac{1}{r\sin\theta}\frac{\partial p}{\partial \phi}+\rho g_\phi$$

5.3.2 비압축성 뉴톤 유체의 응용

비압축성 유체에 대한 Nevier-Stokes 운동방정식(식 (5.50) 또는 표 5.3)을 사용하여 각종 흐름 문제에 적용을 위해서는 아래의 절차가 필요하다.

1. 문제를 스케치하고, 흐름 영역(flow domain)을 정하라.
2. 적당한 (직교)좌표계를 정하라. 그래서 주어진 흐름의 속도벡터와 경계조건이 단순화되도록 하라. 그리고 흐름 영역 내의 편리한 위치에 좌표계를 위치하고 배향시켜라.
3. 선택된 좌표계에 연속(체) 방정식(식 (4.191) 또는 표 4.3)을 적용하고, 단순화시켜라.
4. 역시 운동방정식(식 (4.199) 또는 표 4.4)을 적용하고, 단순화시켜라.
5. 결과로 생기는 미분방정식의 해를 구하라.
6. 필요한 경계조건을 모두 쓰고, 이로부터 미지의 적분상수를 결정하라.
7. 속도장 $\boldsymbol{v}(\boldsymbol{r})$ 및 압력장 $p(\boldsymbol{r})$에 대해서도 풀어라.
8. 필요하다면 잉여 (점성)응력 텐서 $\boldsymbol{\tau}$, 평균속도 $v_{av}(=\overline{v})$ 및 부피유량(volume flux) Q를 계산하여라.

위에서 언급된 절차 중 매우 중요한 단계는 경계조건(boundary condition)을 명시하는 것이다. 유체역학이나 레올로지에 공통으로 사용되는 몇 가지 경계조건을 참고로 아래에 적겠다.

1. 벽면에서 미끄러짐 없음(no slip at the wall) : 즉 벽면과 접촉하는 유체의 부분은 벽과 마찬가지로 같은 속도를 갖는다고 가정된다. 만약 정지된 벽(stationary wall)의 경우는 역시 벽에서의 유체의 속도는 0이 되나, 움직이고 있는 경우는 이곳에서의 유체의 속도는 벽면의 속도와 같다. 즉

$$v_p\big|_{\text{경계면}} = v_{\text{벽}} \tag{5.51}$$

2. 대칭성(symmetry) : 어떤 흐름에서는 대칭면(plane of symmetry)이 존재한다. 속도장은 대칭면의 양쪽에서 동일하므로 속도는 대칭면에서 극소 혹은 극대가 된다. 따라서 사용될 경계조건은 대칭면에서 속도의 1계 도함수가 0이 될 것이다. 즉

$$\left.\frac{\partial v_p}{\partial x_m}\right|_{\text{경계면}} = 0 \tag{5.52}$$

3. 응력의 연속성(stress continuity) : 만약 두 유체가 만나 경계를 형성한다면, 전단응력(shear stress)은 한 유체에서 다른 유체로 연속이다. 만약 어떤 점성유체(viscous fluid)가 점도가 거의 0인 비점성(inviscid) 유체와 접하고 있을 때, 전단응력은 두 유체의 경계면에서 연속이다. 그런데 비점

성 유체는 점도가 0이므로 전단응력을 지탱할 수가 없으므로(식 (3.2) 참조), 두 유체의 경계면에서도 전단응력은 0이 될 것이다. 즉

$$\tau_{jk}|_{\text{경계면}} = 0 \tag{5. 53}$$

만약 공압출(coextrusion)의 경우처럼 두 개의 점성유체가 만나 경계를 형성할 경우 경계면에서 두 유체의 전단응력이 같아야 할 것이다. 즉

$$\tau_{jk}(\text{유체 }1)|_{\text{경계면}} = \tau_{jk}(\text{유체 }2)|_{\text{경계면}} \tag{5. 54}$$

4. 속도 연속성(velocity continuity) :
만약 두 유체가 만나 경계를 형성한다면, 속도 역시 경계면에서 연속일 것이다. 즉

$$v_p(\text{유체 }1)|_{\text{경계면}} = v_p(\text{유체 }2)|_{\text{경계면}} \tag{5. 55}$$

5. 유한속도 및 응력 : 가령 $1/r$을 포함하는 방정식에서 $r=0$인 유체영역(flow domain)을 포함하는 경우처럼 간혹 속도나 응력장의 값이 무한대로 되는 경우가 있다. 이 경우 요구되는 경계조건은 문제의 유체영역에서 속도나 응력장의 값이 반드시 유한(finite)이 되어야 한다는 것이다.

아래에서는 위에서 언급된 절차에 따라 레오미터에 이용되는 두 대표적인 흐름인 관(tube) 속에서의 Poiseuille 압력야기(pressure-driven) 흐름과 두 평행판(parallel plates) 사이의 견인(혹은 항력)야기(drag-driven) 비틀림 흐름(torsional flow)에 대하여 비압축성 뉴톤 유체의 Navier-Stokes 운동방정식(5.49)을 적용하는 예를 생각해보자.

5. 3. 2. 1 관 속의 Poiseuille 흐름

그림 5.8에 나타낸 원통관 속의 비압축성 뉴톤 유체의 비압축성 뉴톤 유체의 압력야기(press-driven) Poiseuille 흐름에 대하여 Navier-Stokes 운동방정식을 사용하여 속도장 $\boldsymbol{v}(\boldsymbol{r})$, 부피유량($Q$) 및 여분 (이탈점성)응력 $\boldsymbol{\tau}$ 등을 계산해보기로 한다.

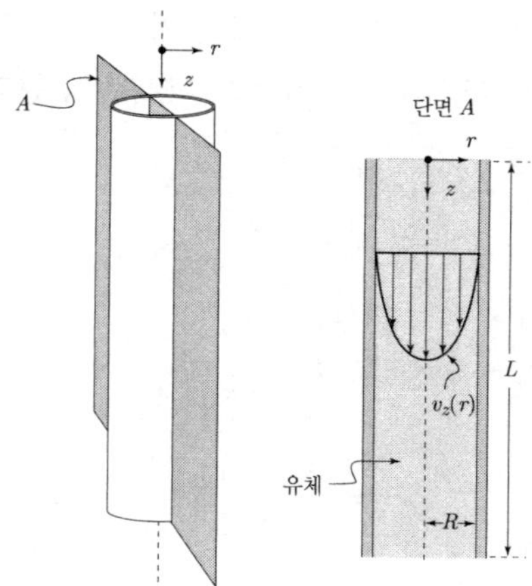

그림 5.8 원통관 속의 Poiseuille 흐름.

흐름의 윗부분에서의 압력을 P_0, 그리고 위에서 거리 L 떨어진 아래흐름(downstream)에서의 압력을 P_L이라고 하자. 그리고 두 점 사이의 흐름은 '완전히 전개되고(fully developed)', 또한 '정상상태(steady state)'라고 가정한다.

먼저 관은 둥글기 때문에 원통좌표계 (r, θ, z)가 적합할 것이다. 그러면 질량보존의 식은 표 4.3 B(괄호)에서 아래가 된다.

$$0 = \nabla \cdot \boldsymbol{v} = \frac{1}{r}\frac{\partial(rv_r)}{\partial r} + \frac{1}{r}\frac{\partial v_\theta}{\partial \theta}\frac{\partial v_z}{\partial z} \tag{5. 56}$$

그런데 흐름이 z방향이므로, 속도 $\boldsymbol{v}$의 $r-$ 및 $\theta-$(물리)성분은 0이 된다(단 $\hat{v}_1 = v_r$, $\hat{v}_2 = v_\theta$, $\hat{v}_3 = v_z$로 둠). 즉

$$\boldsymbol{v} = \begin{pmatrix} v_r \\ v_\theta \\ v_z \end{pmatrix}_{r\theta z} = \begin{pmatrix} 0 \\ 0 \\ v_z \end{pmatrix}_{r\theta z} \tag{5. 57}$$

여기에 연속방정식을 적용하면 아래를 얻는다.

$$\frac{\partial v_z}{\partial z} = 0 \tag{5. 58}$$

다음에 비압축성 뉴톤 유체에 대한 Navier-Stokes 운동방정식은 아래가 된다.

$$\rho\frac{D\boldsymbol{v}}{Dt} = \rho\left(\frac{\partial \boldsymbol{v}}{\partial t} + \boldsymbol{v} \cdot \nabla \boldsymbol{v}\right) = -\nabla p + \mu\nabla^2\boldsymbol{v} + \rho\boldsymbol{g} \tag{5. 50}$$

이의 원통 좌표계에 대한 물리성분 표시는 표 5.3(b)에 주어져 있다(혹은 표 A2.2를 이용해도 됨). 여기에 문제의 속도장 (5.57) 및 식 (5.58)을 대입하면 아래를 얻는다.

$$\rho \frac{\partial v}{\partial t} = \begin{pmatrix} 0 \\ 0 \\ \rho \dfrac{\partial v}{\partial t} \end{pmatrix}_{r\theta z} \tag{5. 59}$$

$$\rho \boldsymbol{v} \cdot \nabla \boldsymbol{v} = \begin{pmatrix} 0 \\ 0 \\ 0 \end{pmatrix}_{r\theta z} \tag{5. 60}$$

$$-\nabla p = \begin{pmatrix} -\dfrac{\partial p}{\partial r} \\ -\dfrac{1}{r}\dfrac{\partial p}{\partial \theta} \\ -\dfrac{\partial p}{\partial z} \end{pmatrix}_{r\theta z} \tag{5. 61}$$

$$\mu \nabla^2 \boldsymbol{v} = \begin{pmatrix} 0 \\ 0 \\ \dfrac{\mu}{r}\dfrac{\partial}{\partial r}\left(r\dfrac{\partial v_z}{\partial r^2}\right) + \dfrac{\mu}{r^2}\dfrac{\partial^2 v_z}{\partial \theta^2} \end{pmatrix}_{r\theta z} \tag{5. 62}$$

$$\rho \boldsymbol{g} = \begin{pmatrix} 0 \\ 0 \\ \rho g \end{pmatrix}_{r\theta z} \tag{5. 63}$$

단 식 (5.63)에서 중력장 $\boldsymbol{g}$는 흐름(z)방향에만 존재하므로 $g_r = g_\theta = 0$, $g_z = g_z(z)$를 이용하였다. 위 식들을 식 (5.50)에 대입하여, 좌우를 (r, θ, z)좌표계에 대한 물리성분 표시 벡터로 나타내면 아래를 얻는다.

$$\begin{pmatrix} 0 \\ 0 \\ \rho \dfrac{\partial v_z}{\partial t} \end{pmatrix} + \begin{pmatrix} 0 \\ 0 \\ 0 \end{pmatrix} = \begin{pmatrix} -\dfrac{\partial p}{\partial r} \\ -\dfrac{1}{r}\dfrac{\partial p}{\partial \theta} \\ -\dfrac{\partial p}{\partial z} \end{pmatrix} + \begin{pmatrix} 0 \\ 0 \\ \dfrac{\mu}{r}\dfrac{\partial}{\partial r}\left(r\dfrac{\partial v_z}{\partial r}\right) + \dfrac{\mu}{r^2}\dfrac{\partial^2 v_z}{\partial \theta^2} \end{pmatrix} + \begin{pmatrix} 0 \\ 0 \\ \rho g \end{pmatrix} \tag{5. 64}$$

이 식에 정상상태의 가정인 아래조건을 더한다.

$$\partial v_z / \partial t = 0 \tag{5. 65}$$

식 (5.64)에서 $r-$ 및 $\theta-$성분을 조사하면 아래를 얻는다.

$$\frac{\partial p}{\partial r} = 0 \tag{5. 66}$$

$$\frac{\partial p}{\partial \theta} = 0 \tag{5. 67}$$

이는 곧 압력 p가 z만의 함수인 것을 말한다. 따라서 Navier-Stokes 식 (5.64)의 z성분은 아래가 된다.

$$\frac{dp}{dz} = \frac{\mu}{r}\frac{\partial}{\partial r}\left(r\frac{\partial v_z}{\partial r}\right) + \frac{\mu}{r^2}\frac{\partial^2 v_z}{\partial \theta^2} + \rho g \tag{5. 68}$$

이 식은 v_z의 $\theta-$ 및 $r-$도함수를 포함하는데, v_z는 $r = R$에서 0이고, $r = 0$(중심)에서는 최대값을 가진다. 아래 v_z의 θ의존성을 조사해보자. 식 (5.67)에서 압력은 θ에 의존하지 않는다. 그리고 $\theta-$방향으로는 흐름이 없으며, 압력 또한 변화가 없으므로 v_z는 역시 $\theta+$방향으로 변화가 없다(즉 $\partial v_z / \partial \theta = 0$)고 가정해도 무난할 것이다. 따라서 식 (5.68)은 아래가 된다.

$$\frac{dp(z)}{dz} - \rho g = \frac{\mu}{r}\frac{\partial}{\partial r}\left[r\frac{\partial v_z(r)}{\partial r}\right] \tag{5. 69}$$

그런데 연속성에 의해 v_z는 z의 함수가 아니고, 또한 앞의 가정에 의해 θ의 함수가 아니므로 v_z는 r만의 함수가 된다. 그리고 Navier-Stokes 식 (5.64)의 $r-$ 및 $\theta-$성분에 관한 토론에서 $p = p(z)$인 것을 알았다. 따라서 식 (5.69)의 좌변은 z만의 함수, 그리고 우변은 r만의 함수가 되어 미분방정식은 변수분리가 된다. 그런데 문제를 간단히 하기 위해 좌변의 압력 및 중력항을 합하여 $p - \rho g z \equiv P^*$(여기서 P^*는 '대응압력(equivalent pressure)'임)로 두면 식 (5.69)는 아래가 된다.

$$\frac{dP^*}{dz} = \frac{\mu}{r}\frac{d}{dr}\left(r\frac{dv_z}{dr}\right) \tag{5. 70}$$

이 문제의 경계조건은 그림 5.8의 기하에서 아래가 된다.

$$z = 0, \qquad p = P_0 \tag{5. 71}$$

$$z = L, \qquad p = P_L \tag{5. 72}$$

$$r = 0, \qquad \frac{dv_z}{dr} = 0 \tag{5. 73}$$

$$r = R, \qquad v_z = 0 \tag{5.74}$$

이제 이들 경계조건을 갖고, 미분방정식 (5.70)의 해는 변수분리 기법을 이용하여 구해보기로 한다. 즉 좌변과 우변은 서로 상관이 없으므로 상수 λ로 두면 아래가 성립된다.

$$\frac{dP^*}{dz} = \lambda, \qquad \frac{\mu}{r}\frac{d}{dr}\left(r\frac{dv_z}{dr}\right) = \lambda \tag{5.75}$$

여기서 먼저 P^*에 대해 부정적분을 취하면 $P^* = \lambda z + G$가 되는데, $z = 0$에서 $P^* = P_0$이 되므로 적분상수 $c_1 = p(z=0) = P_0(= P_0^*)$가 된다. 또한 P^*에 대해 $z = 0$에서 $z = L$까지 정적분을 취하면 $\lambda = (P_L^* - P_0^*)/L$가 되므로$P^*$의 해는 아래가 된다.

$$P^* = -\frac{P_0^* - P_L^*}{L} z + P_0^* \tag{5.76}$$

여기서 $P_0^* = P_0$, $P_L^* = P_L - \rho g L$이다. 다음에 식 (5.75)의 두 번째 식의 양변을 r에 대해 1번 부정적분을 행하면 아래가 된다.

$$\frac{dv_z}{dr} = \frac{\lambda}{\mu}\frac{r}{2} + c_2/r \tag{5.77}$$

여기서 경계조건 식 (5.73)을 대입하면 적분상수 $c_2 = 0$이 얻어진다(왜냐하면 $r = 0$에서 dv_z/dr 값이 유한 즉 0이 되어야하므로). 그리고 식 (5.77)를 r에 대해 한번 더 부정적분을 행하면 아래가 얻어진다.

$$v_z = \frac{\lambda}{4\mu} r^2 + c_3 \tag{5.78}$$

여기서 경계조건 (5.74)를 이용하면 $c_3 = -\lambda R^2/4\mu$가 되고, $\lambda = (P_L^* - P_0^*)/L$을 대입하여 정리하면 해 $v_z(r)$는 아래가 된다.

$$v_z(r) = \frac{(P_0^* - P_L^*)R^2}{4\mu L}\left[1 - \left(\frac{r}{R}\right)^2\right] \tag{5.79}$$

이제 미분방정식 (5.70)의 두 해인 압력 P^*(5.76)과 속도 v_z(5.79)를 각각 무차원 형태 즉 속도의 경우는 y축에 $v_z/v_{z,max}[= 1 - (r/R)^2]$, x축에 r/R을 취하여 플롯하고, 압력의 경우에는 y축에 $(P^* - P_0^*)/(P_L^* - P_0^*)[= z/L]$, x축에 z/L를 취하여 플롯하여 그림 5.9에 함께 나타내었다.

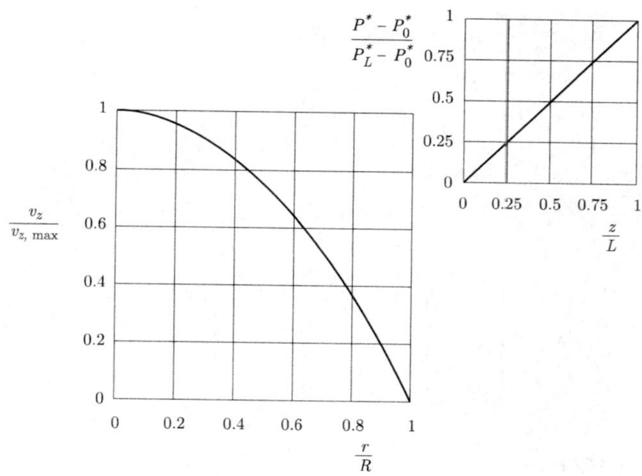

그림 5.9 원통관 속에 있는 비압축성 뉴톤 유체의 Poiseuille 흐름에 대해 Navier-Stokes 운동방정식을 사용하여 계산된 속도 및 압력 프로필.

한편 원통관 속의 Poiseuille 흐름에 대한 부피유출 속도(volumetric flow rate) 혹은 부피유량(volume flux) Q는 아래와 같이 얻어진다.

$$Q = \int_A v_z\, dA = \int_0^R \int_0^{2\pi} v_z(r) r\, d\theta\, dr = \int_0^R 2\pi r\, v_z(r)\, dr \tag{5.80}$$

여기서 $v_z(r)$을 식 (5.79)에서 대입하여 적분을 행하면 'Hagen-Poiseuille 식'으로 알려진 아래 식을 얻는다.

$$Q = \frac{\pi (P_0^* - P_L^*) R^4}{8\mu L} \tag{5.81}$$

다음에는 문제의 속도장 $\boldsymbol{v}(\boldsymbol{r})$는 이미 알고 있으므로(식 (5.57)), 비압축성 뉴톤 유체에 대한 여분응력 $\boldsymbol{\tau} = 2\mu \mathrm{D} = \mu\dot{\gamma}$(식 (5.45))을 아래와 같이 계산해보자(단 관련된 양은 모두 물리성분 표시로).

$$\boldsymbol{v} = \begin{pmatrix} v_r \\ v_\theta \\ v_z \end{pmatrix}_{r\theta z} = \begin{pmatrix} 0 \\ 0 \\ v_z \end{pmatrix}_{r\theta z} = \begin{pmatrix} 0 \\ 0 \\ \dfrac{(P_0^* - P_L^*) R^2}{4\mu L}\left[1 - \left(\dfrac{r}{R}\right)^2\right] \end{pmatrix}_{r\theta z} \tag{5.82}$$

$$\nabla \boldsymbol{v} = \begin{pmatrix} \dfrac{\partial v_r}{\partial r} & \dfrac{\partial v_\theta}{\partial r} & \dfrac{\partial v_z}{\partial r} \\ \dfrac{1}{r}\dfrac{\partial v_r}{\partial \theta} - \dfrac{v_\theta}{r} & \dfrac{1}{r}\dfrac{\partial v_\theta}{\partial \theta} + \dfrac{v_r}{r} & \dfrac{1}{r}\dfrac{\partial v_z}{\partial \theta} \\ \dfrac{\partial v_r}{\partial z} & \dfrac{\partial v_\theta}{\partial z} & \dfrac{\partial v_z}{\partial z} \end{pmatrix}_{r\theta z} \tag{5. 83 a}$$

$$= \begin{pmatrix} 0 & 0 & \dfrac{\partial v_z}{\partial r} \\ 0 & 0 & 0 \\ 0 & 0 & 0 \end{pmatrix}_{r\theta z} = \begin{pmatrix} 0 & 0 & -\dfrac{(P_0^* - P_L^*)r}{2\mu L} \\ 0 & 0 & 0 \\ 0 & 0 & 0 \end{pmatrix}_{r\theta z} \tag{5. 83 b}$$

$$\dot{\boldsymbol{\gamma}} = 2\mathbf{D} = \nabla \boldsymbol{v} + (\nabla \boldsymbol{v})^{\mathrm{T}} \tag{5. 84 a}$$

$$= \begin{pmatrix} 0 & 0 & \dfrac{\partial v_z}{\partial r} \\ 0 & 0 & 0 \\ \dfrac{\partial v_z}{\partial r} & 0 & 0 \end{pmatrix}_{r\theta z} = \begin{pmatrix} 0 & 0 & -\dfrac{(P_0^* - P_L^*)r}{2\mu L} \\ 0 & 0 & 0 \\ -\dfrac{(P_0^* - P_L^*)r}{2\mu L} & 0 & 0 \end{pmatrix}_{r\theta z} \tag{5. 84 b}$$

$$\boldsymbol{\tau} = 2\mu\mathbf{D} = \begin{pmatrix} 0 & 0 & \mu\dfrac{\partial v_z}{\partial r} \\ 0 & 0 & 0 \\ \mu\dfrac{\partial v_z}{\partial r} & 0 & 0 \end{pmatrix}_{r\theta z} = \begin{pmatrix} 0 & 0 & -\dfrac{(P_0^* - P_L^*)r}{2L} \\ 0 & 0 & 0 \\ -\dfrac{(P_0^* - P_L^*)r}{2L} & 0 & 0 \end{pmatrix}_{r\theta z} \tag{5. 85}$$

즉 위 식에서 $\boldsymbol{\tau}$의 0이 아닌 유일한 성분인 전단응력(물리성분 표시) $\hat{\tau}_{13}(=\hat{\tau}_{31})$에 해당하는 $\tau_{rz}=\tau_{zr}$은 아래가 된다.

$$\tau_{rz} = \tau_{zr} = \mu\frac{\partial v_z}{\partial r} = -\frac{(P_0^* - P_L^*)r}{2L} \tag{5. 86 a}$$

여기서 $P_0^* - P_L^* = P_0 - P_L + \rho g L$는 $P_0 > P_L$이므로 양의 값을 가진다.

그런데 압력구배에 의한 운동량 플럭스(momentum flux)는 양의 $r-$방향으로 일어나므로(그림 5.8 참조) 전단응력 $\tau_{rz}(=\tau_{zr})$ 역시 양의 값을 가져야 하는데 식 (5.86a)는 음의 값을 준다. 그래서 비압축성 뉴톤 유체에 대한 여분(점성)응력 $\boldsymbol{\tau}$에 관한 식 (5.45) 대신 $-\mu\dot{\boldsymbol{\gamma}}$로 나타내기도 한다. 이 경우 τ_{rz}에 관한 식 (5.86a) 대신 아래가 성립된다(전단응력의 부호 협약은 식 (5.360)참조).

$$\tau_{rz} = \tau_{zr} = -\mu\frac{\partial v_z}{\partial r} = \frac{(P_0^* - P_L^*)r}{2L} \tag{5. 86 b}$$

[비고 : 식 (5.86)은 Navier-Stokes 식 이전의 여분응력 $\boldsymbol{\tau}$로 나타낸 원래의 운동방정식의 원통좌표계에 대한 물리성분 표시인 표 4.4C의 z성분에 관한 식의 좌변은 0이 되고, 우변에서 $\tau_{\theta z}=\tau_{zz}=0$이 되므로 나머지 τ_{rz}에 관한 미분방정식의 해를 구해도 마찬가지 결과가 얻어진다.]

어쨌든 $r=R$ 즉 원통관의 벽면에서의 (최대)전단응력(τ_w)는 통상 아래와 같이 항상 양으로 표시된다.

$$\tau_{rz}(R)[=\tau_w]=\frac{(P_0^*-P_L^*)R}{2L} \tag{5. 87}$$

한편 이 절을 끝내기 전 한 가지 지적하고 싶은 것은, 식 (5.60)에 나타낸 바와 같이 $\boldsymbol{v}\cdot\nabla\boldsymbol{v}(=v^k\nabla_k\boldsymbol{v})$가 0벡터를 주는 흐름을 '일방향 흐름(unidirectional flow)'이라고 한다(표 A2.2 참조). 그러나 방향에 따라 속도가 변하는 '회전성 흐름(rotational flow)'의 경우에는 $\boldsymbol{v}\cdot\nabla\boldsymbol{v}\neq 0$이 된다.

5. 3. 2. 2 두 평행판 사이의 비틀림 흐름(torsional flow)

그림 5.10으로 나타낸 비틀림 평행판 점도계(torsional parallel viscometer)에서, 유체는 두 둥근 탄 사이에 놓여 있는데, 그 중 한 판은 일정(steady) 각속도 Ω로 회전되고 있다. 이때 두 평행판 사이의 유체를 비압축성 뉴톤 유체로 가정하여 속도장 $\boldsymbol{v}(\boldsymbol{r})$, 잉여(점성)응력 텐서 $\boldsymbol{\tau}$ 및 한 판을 회전시키는데 필요한 토크(torque) $\boldsymbol{M}$을 구해보기로 한다. 단 문제를 간단히 하기 위해 원통좌표계의 속도의 $\theta-$(물리)성분 v_θ를 $v_\theta(r,\theta,z)=zf(r)$의 형태로 가정한다.

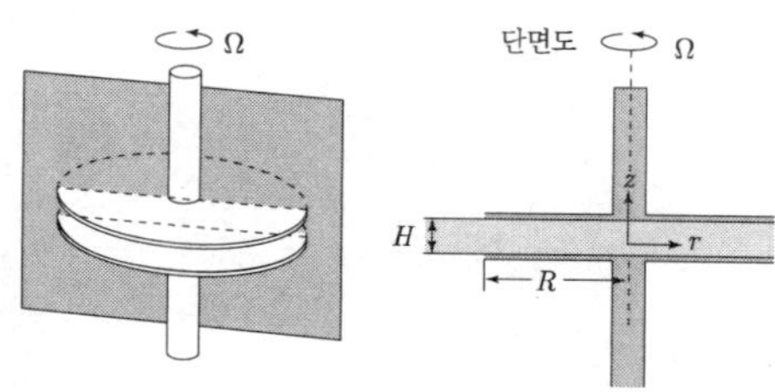

그림 5.10 두 평행판 사이의 비틀림 흐름(torsional flow).

먼저 비압축성 뉴톤 유체의 원통좌표계에 대한 질량보존(연속체)식은 표 4.3c에서 아래가 된다.

$$0=\nabla\cdot\boldsymbol{v}=\frac{1}{r}\frac{\partial(rv_r)}{\partial r}+\frac{1}{r}\frac{\partial v_\theta}{\partial\theta}+\frac{\partial v_z}{\partial z} \tag{5. 88}$$

그런데 이 흐름은 $\theta-$방향에만 존재하므로(그림 5.10 참조) $\boldsymbol{v}$의 $r-$ 및 $z-$성분은 0이 되는 일축성 흐름이다.

$$\boldsymbol{v} = \begin{pmatrix} v_r \\ v_\theta \\ v_z \end{pmatrix}_{r\theta z} = \begin{pmatrix} 0 \\ v_\theta \\ 0 \end{pmatrix}_{r\theta z} \tag{5. 89}$$

이를 식 (5.88)에 대입하면 아래를 얻는다.

$$\frac{1}{r}\frac{\partial v_\theta}{\partial \theta} = 0 \tag{5. 90}$$

그런데 비압축성 뉴톤 유체에 대한 Navier-Stokes 운동방정식은 아래로 나타내진다.

$$\rho\frac{D\boldsymbol{v}}{Dt}\left[= \frac{\partial \boldsymbol{v}}{\partial t} + \boldsymbol{v} \cdot \nabla \boldsymbol{v}\right] = -\nabla p + \mu\nabla^2\boldsymbol{v} + \rho\boldsymbol{g} \tag{5. 50}$$

5.3.2.1절의 경우와 마찬가지로 항목별로 표 A2.2를 이용하든지, 아니면 바로 표 5.3(b)로부터 아래의 식들을 얻는다.

$$\rho\frac{\partial \boldsymbol{v}}{\partial t} = \begin{pmatrix} 0 \\ \rho\dfrac{\partial v_\theta}{\partial t} \\ 0 \end{pmatrix}_{r\theta z} \tag{5. 91}$$

$$\rho\boldsymbol{v} \cdot \nabla \boldsymbol{v} = \rho\begin{pmatrix} -\dfrac{v_\theta^2}{r} \\ 0 \\ 0 \end{pmatrix}_{r\theta z} \tag{5. 92}$$

$$-\nabla \rho = \begin{pmatrix} -\dfrac{\partial p}{\partial r} \\ -\dfrac{1}{r}\dfrac{\partial p}{\partial \theta} \\ -\dfrac{\partial p}{\partial z} \end{pmatrix}_{r\theta z} \tag{5. 93}$$

$$\mu\nabla^2\boldsymbol{v} = \left(\mu\frac{\partial}{\partial r}\left[\frac{1}{r}\frac{\partial}{\partial r}(r v_\theta)\right] + \mu\frac{\partial^2 v_\theta}{\partial z^2}\right)_{r\theta z} \tag{5. 94}$$

$$\rho\boldsymbol{g} = \begin{pmatrix} 0 \\ 0 \\ -\rho g \end{pmatrix}_{r\theta z} \tag{5. 95}$$

여기서 중력은 음의 z방향에 있음에 유의하라. 그리고 흐름은 $\theta-$방향에 대칭이므로 $\theta-$도함수를 가진 항들도 0이 될 것이다. 이와 같은 가정을 갖고 위 식들을 식 (5.50)에 대입하여 좌우를 (r, θ, z) 좌표(물리) 성분의 벡터형태로 나타내면 아래가 된다.

$$\begin{pmatrix} 0 \\ \rho \dfrac{\partial v_\theta}{\partial t} \\ 0 \end{pmatrix} + \begin{pmatrix} -\dfrac{\rho v_\theta^2}{r} \\ 0 \\ 0 \end{pmatrix} = \begin{pmatrix} -\dfrac{\partial p}{\partial r} \\ 0 \\ -\dfrac{\partial p}{\partial z} \end{pmatrix} + \begin{pmatrix} 0 \\ \mu \dfrac{\partial}{\partial r}\left[\dfrac{1}{r}\dfrac{\partial}{\partial r}(r v_\theta)\right] + \mu \dfrac{\partial^2 v_\theta}{\partial z^2} \\ 0 \end{pmatrix} + \begin{pmatrix} 0 \\ 0 \\ -\rho g \end{pmatrix} \tag{5. 96}$$

그런데 여기에 정상상태의 조건 즉 아래가 더해진다.

$$\partial v_\theta / \partial t = 0 \tag{5. 97}$$

한편 식 (5.96)과 식 (5.50)의 왼편을 비교해보면 이 흐름은 원통관속의 흐름과 달리 $\boldsymbol{v} \cdot \nabla \boldsymbol{v} \neq 0$이 되어 일방향 흐름이 아니다.

그리고 식 (5.96)으로 나타내진 Navier-Stokes 식의 z성분을 보면 아래관계가 성립된다.

$$\frac{\partial p}{\partial z} = -\rho g \tag{5. 98}$$

그리고 운동방정식의 $r-$(물리)성분을 보면 아래와 같이 오직 (회전)원심력에 기인한 압력의 반경 기울기항만 존재함을 알 수 있다(왜냐하면 강체 회전운동의 원심가속도의 크기는 속도의 크기제곱을 반경으로 나눈 값과 같기 때문이다).

$$\frac{\partial p}{\partial r} = \frac{\rho v_\theta^2}{r} \tag{5. 99}$$

마지막으로 Navier-Stokes 식 (5.96)의 $\theta-$성분을 조사해보면 아래가 성립된다(단 식 (5.97) 이용).

$$\mu \frac{\partial}{\partial r}\left[\frac{1}{r}\frac{\partial}{\partial r}(r v_\theta)\right] + \mu \frac{\partial^2 v_\theta}{\partial z^2} = 0 \tag{5. 100}$$

이 식은 v_θ가 r과 z의 함수임을 암시하는데, 이는 두 평행판사이의 여러 위치에서의 속도 값을 생각해보면 이해될 수 있다. 즉 맨 밑판($z=0$)과 맨 위판($z=H$)에서는 각각 속도의 크기가 0 및 0이 아닌 값을 가진다. 따라서 v_θ는 z의 함수가 된다. 그리고 반경의 중심($r=0$)과 가장자리 ($r=R$)에서는 각각 속도의 크기가 0 및 0이 아닌 값을 가지므로 v_θ는 역시 r의 함수가 된다. 그러므로 $v_\theta = v_\theta(r_1 z)$가 되어 미분방정식 (5.100)을 앞 절에 사용된 변수분리 기법으로는 돌 수가 없다. 여기서 문제의 서두에서 언급한 $v_\theta = z f(r)$형태의 가정을 취하면 위 식은 아래와 같이 간단히 된다(예제 2.19 참조).

$$\frac{d}{dr}\left[\frac{1}{r}\frac{d(rf)}{dr}\right]=0 \tag{5. 101}$$

여기서 양변을 두 번 계속해서 부정적분을 행하면 아래를 얻는다.

$$f(r)=\frac{C_1 r}{2}+\frac{C_2}{r} \tag{5. 102}$$

여기서 C_1 및 C_2는 두 번 적분에 관여된 적분상수이다.

한편 이 문제의 경계조건은 두 평행판에서의 미끄러짐이 없다(no slip)는 것과 모두 위치에서 속도의 크기가 유한값을 갖는다는 것이다. 즉

$$z=0: \qquad v_\theta=0 \tag{5. 103}$$

$$z=H: \qquad v_\theta=r\Omega \tag{5. 104}$$

$$\text{모든 } z \text{ 및 } r=0\text{에 대하여:} \qquad v_\theta=0 \tag{5. 105}$$

$$\text{모든 } r\text{에 대하여:} \qquad v_\theta=\text{유한(finite)} \tag{5. 106}$$

이들 경계조건과 $v_\theta=zf(r)$형태의 가정을 결부시켜 식 (5.102)의 $f(r)$ 및 $v_\theta(r,z)$를 구하면 아래가 된다.

$$f(r)=\frac{r\Omega}{H}, \quad v_\theta=zf(r)=\frac{zr\Omega}{H} \tag{5. 107}$$

이제 그림 5.10의 한 평판을 회전시키는데 요구되는 토크(torque)의 크기 $M=\|\boldsymbol{M}\|$을 계산하기 위하여 토크의 정의를 이용하여 적분을 행하면 아래를 얻는다[주의 : 응력에 관한 부호규약인, 높은 속도지역에서 낮은 속도지역으로 운동량이 이동되고 있을 때 응력은 양이 되는 정의로부터, 그림의 위 평판이 음의 z방향으로 운동량 플럭스를 야기하고 있으므로 응력 $\tau_{z\theta}$은 음이 된다. 따라서 양의 토크를 얻기 위해서는 아래 식에 음의 부호를 부가하였다].

$$M=\text{거리}\times\text{힘}=\int_0^R r\left[-\tau_{z\theta}(r)\right](2\pi r dr) \tag{5. 108}$$

이 식 중의 전단응력 $\tau_{z\theta}$는 비압축성 뉴톤 유체에 대한 구성방정식인 아래 식으로부터 얻어진다 [단 2차 텐서(행렬) $\nabla\boldsymbol{v}$의 원통 좌표계에서 물리성분은 표 A2.2 이용].

$$\boldsymbol{\tau}=2\mu\mathbf{D}=\mu\dot{\boldsymbol{\gamma}}=\mu\left[\nabla\boldsymbol{v}+(\nabla\boldsymbol{v})^{\mathrm{T}}\right] \tag{5. 45}$$

$$\nabla \boldsymbol{v} = \begin{pmatrix} \dfrac{\partial v_r}{\partial r} & \dfrac{\partial v_\theta}{\partial r} & \dfrac{\partial v_z}{\partial r} \\ \dfrac{1}{r}\dfrac{\partial v_r}{\partial \theta} - \dfrac{v_\theta}{r} & \dfrac{1}{r}\dfrac{\partial v_\theta}{\partial \theta} + \dfrac{v_r}{r} & \dfrac{1}{r}\dfrac{\partial v_z}{\partial \theta} \\ \dfrac{\partial v_r}{\partial z} & \dfrac{\partial v_\theta}{\partial z} & \dfrac{\partial v_z}{\partial z} \end{pmatrix}_{r\theta z} \tag{5. 109a}$$

$$= \begin{pmatrix} 0 & \dfrac{\partial v_\theta}{\partial r} & 0 \\ -\dfrac{v_\theta}{r} & 0 & 0 \\ 0 & \dfrac{\partial v_\theta}{\partial z} & 0 \end{pmatrix}_{r\theta z} \tag{5. 109b}$$

$$\dot{\gamma} = 2\mathbf{D} = \begin{pmatrix} 0 & \dfrac{\partial v_\theta}{\partial r} - \dfrac{v_\theta}{r} & 0 \\ \dfrac{\partial v_\theta}{\partial r} - \dfrac{v_\theta}{r} & 0 & \dfrac{\partial v_\theta}{\partial z} \\ 0 & \dfrac{\partial v_\theta}{\partial z} & 0 \end{pmatrix}_{r\theta z} \tag{5. 110}$$

$$\boldsymbol{\tau} = \mu \dot{\boldsymbol{r}} = \begin{pmatrix} 0 & \mu\left(\dfrac{\partial v_\theta}{\partial r} - \dfrac{v_\theta}{r}\right) & 0 \\ \mu\left(\dfrac{\partial v_\theta}{\partial r} - \dfrac{v_\theta}{r}\right) & 0 & \mu\dfrac{\partial v_\theta}{\partial z} \\ 0 & \mu\dfrac{\partial v_\theta}{\partial z} & 0 \end{pmatrix}_{r\theta z} \tag{5. 111}$$

식 (5.111)의 $v_\theta(r,z)$항에 식 (5.107)을 대입하면 아래를 얻는다.

$$\boldsymbol{\tau} = \begin{pmatrix} 0 & 0 & 0 \\ 0 & 0 & \dfrac{\mu r \Omega}{H} \\ 0 & \dfrac{\mu r \Omega}{H} & 0 \end{pmatrix}_{r\theta z} \tag{5. 112}$$

식 (5.112)의 $\hat{\tau}_{23}(=\hat{\tau}_{32}) = \tau_{z\theta} = \mu r \Omega / H$를 식 (5.108)에 대입하여 적분을 행하면 평판을 회전시키는데 필요한 토크의 크기 $M = \|\boldsymbol{M}\|$ 가 아래와 같이 얻어진다.

$$M = \frac{\pi R^4 \mu \Omega}{2H} \tag{5. 113}$$

[주의 : 식 (5.108)의 적분에서 얻어지는 음의 부호는 식 (5.113)에서 생략(∵ 여기서는 토크가 양의 부호를 가져야함으로)하였는데, 이는 앞절의 경우와 마찬가지로 비압축성 뉴톤유체에 대한 구성방정식의 정의식 (5.45)의 우변에 음의 부호를 붙여 문제를 해결할 수 있음을 밝혀둔다.]

■ 5.4 표준흐름과 물질 함수의 정의

5.4.1 표준흐름(standard flows)

5.4.1.1 서론

어떤 비압축성 유체가 뉴톤성인가 비뉴톤성인가의 판단은 구성방정식이 식 (5.45)(즉 점도를 나타내는 물질함수 μ가 속도구배 또는 전단속도에 무관함)를 따르는가 아닌가에 의존한다. 그래서 유체를 이해하기 위해서는 먼저 유체의 거동을 집중적으로 조사할 필요가 있다.

유체의 유변학적 거동을 조사하는 첫 번째 방법은 유체에 어떤 변형(deformation)을 부가하여 생성되는 응력을 측정하는 것이다. 가령 시료를 일정 길이로 급히 잡아당긴 후 변형된 시료를 그 위치에서 유치하는데 요구되는 시간의존성 힘을 측정한다. 또 다른 접근방법으로서는 유체에 응력을 부가하여 야기되는 속도구배 또는 변형속도를 측정하는 것이다. 가령 고분자(유체)시료에 추(weight)를 달아서 시간에 따른 길이의 변화를 측정하든지, 혹은 컵 속에 든 유체에 토크를 가해 막대 주위로 회전시켜 회전수를 토크의 함수로 나타낸다. 이 두 접근방법 모두 유체의 레올로지 거동에 관한 정보를 제공해준다. 그리고 서로 다른 물질에 유동(flow)을 야기시켜 어떻게 응답하는가를 서로 비교하고, 또 응답양식에 따라 유체를 체계적으로 분류하기로 한다.

유체의 물질 (점성)계수가 변형속도에 의존하는 유체의 비뉴톤성 거동을 조사하는데 이용되는 유체 형태의 선택은 임의적이나, 유변학자들은 연구의 효율성을 위해 몇 가지 '표준흐름(standard flows)'을 선택하는데 합의하였다. 이들 표준흐름의 두 가지 큰 선택기준으로서, 첫째는 속도 프로필이나 응력장이 제안된 구성방정식에 의해 쉽게 계산될 수 있도록 흐름이 충분히 단순해야하며, 둘째는 실험자들이 쉽게 설계할 수 있는 흐름이어야 한다.

이 기준을 둘 다 만족시키는 유체의 물질함수(material functions)를 측정하기 위한 표준흐름으로서 유변학자들에 의해 오랫동안 이용되어온 '단순 전단흐름(simple shear flow, SSF)'과 '단순신장흐름(simple elongational flow, SEF)'의 두 흐름을 선택하여 이하에서 설명해 나가기로 한다.

5.4.1.2 단순 전단흐름(SSF)

그림 5.11에 단순 전단흐름(SSF)에서의 속도 프로필을 2차원적으로 나타내었다. 이 흐름에서는 유체의 층(layer)들이 미끄러지나, 섞이지는 않는다고 가정한다. 흐름은 한 방향으로만 직선적

(rectilinear)으로서 속도(v_1)는 다른 한 방향(그림에서 x_2방향)에 의존한다.

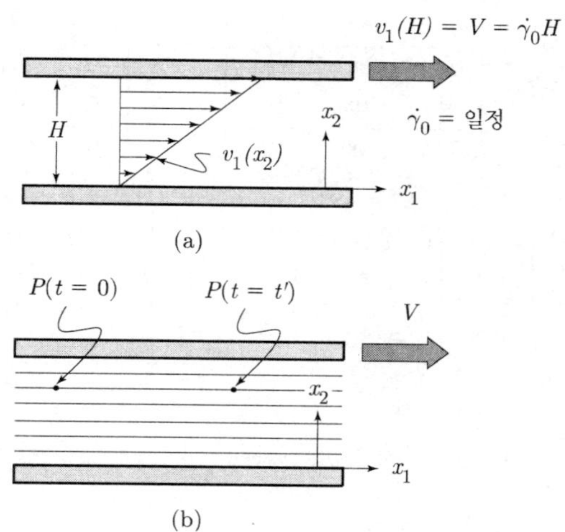

그림 5.11 단순 전단흐름(SSF)에서의 유동장(flow field) : (a) 속도 프로필 ; (b) 입자 경로선(particle path lines).

그리고 SSF에서의 입자 경로선(particle path lines)은 서로 평행한 직선이다(그림 참조). SSF는 두 평행판(parallel plates) 사이에 유체물질을 끼워 한 판이 어떤 (x_1)방향으로 일정한 속도(크기) $V(=v_z(H)=\dot{\gamma}_0 H)$로 움직이게 함으로써 얻어진다.

일반적인 (정상 혹은 비정상 상태의) SSF에 대한 속도 프로필은 3차원 Cartesian $(x_1,\ x_2,\ x_3)$ 좌표계에서의 아래와 같이 정의된다.

$$\boldsymbol{v} = \begin{pmatrix} v_1 \\ v_2 \\ v_3 \end{pmatrix}_{123} = \begin{pmatrix} \dot{\zeta}(t)x_2 \\ 0 \\ 0 \end{pmatrix}_{123} \tag{5. 114}$$

그림 5.11에서 보는 바와 같이 1－방향을 흐름(flow) 방향, 2－방향은 속도가 변하는 기울기(gradient) 방향, 그리고 3－방향은 ‘중성(neutral)’ 방향으로서 여기서는 흐름이 생기거나 변하지 않으며, 단지 이 축 주위로 회전하면서 흘러간다. 식 (5.114) 중의 $\dot{\zeta}(t)$는 속도 기울기 $\partial v_1/\partial x_2$와 같으며(식 (3.2) 참조), 종종 아래와 같이 (대칭)변형속도 텐서 $\dot{\gamma}(=2\mathbf{D})$의 21－성분인 $\dot{\gamma}_{21}(t)(=\dot{\gamma}_{12}(t))$로 표기한다(표 5.2 참조).

$$\dot{\boldsymbol{\gamma}}(=2\mathbf{D}) \equiv \nabla \boldsymbol{v} + (\nabla \boldsymbol{v})^{\mathrm{T}} = \begin{pmatrix} \frac{\partial v_1}{\partial x_1} & \frac{\partial v_2}{\partial x_1} & \frac{\partial v_3}{\partial x_1} \\ \frac{\partial v_1}{\partial x_2} & \frac{\partial v_2}{\partial x_2} & \frac{\partial v_3}{\partial x_2} \\ \frac{\partial v_1}{\partial x_3} & \frac{\partial v_2}{\partial x_3} & \frac{\partial v_3}{\partial x_3} \end{pmatrix}_{123} + \begin{pmatrix} \frac{\partial v_1}{\partial x_1} & \frac{\partial v_1}{\partial x_2} & \frac{\partial v_1}{\partial x_3} \\ \frac{\partial v_2}{\partial x_1} & \frac{\partial v_2}{\partial x_2} & \frac{\partial v_2}{\partial x_3} \\ \frac{\partial v_3}{\partial x_1} & \frac{\partial v_3}{\partial x_2} & \frac{\partial v_3}{\partial x_3} \end{pmatrix}_{123}$$

$$= \begin{pmatrix} 0 & 0 & 0 \\ \dot{\zeta}(t) & 0 & 0 \\ 0 & 0 & 0 \end{pmatrix}_{123} + \begin{pmatrix} 0 & \dot{\zeta}(t) & 0 \\ 0 & 0 & 0 \\ 0 & 0 & 0 \end{pmatrix}_{123} = \begin{pmatrix} 0 & \dot{\zeta}(t) & 0 \\ \dot{\zeta}(t) & 0 & 0 \\ 0 & 0 & 0 \end{pmatrix}_{123} \tag{5. 115}$$

$$\dot{\gamma}_{21}(t) = \dot{\zeta}(t) \tag{5. 116}$$

$$\boldsymbol{v} = \begin{pmatrix} \dot{\gamma}_{21} x_2 \\ 0 \\ 0 \end{pmatrix}_{123} \tag{5. 117}$$

여기서 (대칭)변형속도 텐서 $\dot{\boldsymbol{\gamma}}(=2\mathbf{D})$의 크기는 단순히 '전단속도(shear rate)' 혹은 '변형률 텐서(rate of strain)'라 부르며 $\dot{\gamma}(t)$로 표기한다. 유변학적으로 종종 아래와 같이 정의하기도 한다(식 (1.215) 참조).

$$\dot{\gamma}(t) = \| \dot{\boldsymbol{\gamma}}(t) \| \equiv \sqrt{\mathrm{Tr}(\dot{\boldsymbol{\gamma}} \cdot \dot{\boldsymbol{\gamma}}^{\mathrm{T}})/2} = \sqrt{(\dot{\boldsymbol{\gamma}} : \dot{\boldsymbol{\gamma}})/2} \tag{5. 118 a}$$

$$\equiv \sqrt{| \mathrm{II}_{2\mathrm{D}} |} \tag{5. 118 b}$$

$$= | \dot{\zeta}(t) | = \pm \dot{\zeta}(t) \tag{5. 118 c}$$

여기서 주의해야 할 점은 $\dot{\zeta}(t) = \dot{\gamma}_{21}(t)$는 양$(+)$ 혹은 음$(-)$이 될 수 있으나, (변형속도)텐서의 크기에 해당하는 $\dot{\gamma}(t)$는 항상 양이다. 또 한가지 주의할 점은 위의 Cartesian 좌표계에서는 $\dot{\gamma}$와 $\dot{\gamma}_{21}$의 크기는 같고, 부호가 다를 수 있으나, 다른 좌표계의 경우는 $\dot{\gamma} = \| \dot{\boldsymbol{\gamma}} \|$ 및 $\dot{\boldsymbol{\gamma}}$의 21－성분인 $\dot{\gamma}_{21}$과는 전혀 다를 수도 있다는 것이다. 그리고 Cartesian 좌표계로 나타낸 SSF의 속도장 $v_1 = \dot{\gamma}_{21} x_2$(식 (5.117))에서의 전단속도 $\dot{\gamma} = | \dot{\zeta}(t) | = | \dot{\gamma}_{21}(t) |$가 위치에는 무관하고, 오직 시간만의 함수가 되는 경우를 '균일 흐름계(homogeneous flow system)'라 부른다.

앞에 언급했듯이 SSF가 표준흐름으로 선택된 가장 큰 이유는 이 흐름에 대한 변형속도 텐서 $\dot{\boldsymbol{\gamma}}(=2\mathbf{D})$의 형태가 아래와 같이 매우 단순하다는 점이다(식 (5.115) 참조).

$$\dot{\gamma} = 2\mathbf{D} = \begin{pmatrix} 0 & \dot{\gamma}_{21}(t) & 0 \\ \dot{\gamma}_{21}(t) & 0 & 0 \\ 0 & 0 & 0 \end{pmatrix}_{123} \tag{5. 119}$$

여기서 비압축성 뉴톤 유체에 대한 구성방정식을 상기해보자.

$$\boldsymbol{\tau} = \mu\dot{\gamma} \tag{5. 45}$$

이 식의 $\dot{\gamma}$에 식 (5.119)를 대입하면 뉴톤 구성방정식에 대한 잉여(점성)응력텐서 $\boldsymbol{\tau}$는 Cartesian 좌표계에서 단순히 아래와 같이 나타내진다.

$$\boldsymbol{\tau} = \begin{pmatrix} \tau_{11} & \tau_{12} & \tau_{13} \\ \tau_{21} & \tau_{22} & \tau_{23} \\ \tau_{31} & \tau_{32} & \tau_{33} \end{pmatrix}_{123} = \mu\dot{\gamma} = \begin{pmatrix} 0 & \mu\dot{\gamma}_{21} & 0 \\ \mu\dot{\gamma}_{21} & 0 & 0 \\ 0 & 0 & 0 \end{pmatrix}_{123} \tag{5. 120}$$

위 식에서 3차원 Cartesian 좌표계에 대한 $\boldsymbol{\tau}$의 9개 요소 중 오직 2개(사실은 동일함)만 0이 아님을 알 수 있다. 즉

$$\tau_{21}(=\tau_{12}) = \mu\dot{\gamma}_{21} = \mu\dot{\zeta}(t) = \mu(\partial v_1/\partial x_2) \tag{5. 121}$$

이 식은 1차원 뉴톤 점성법칙 식 (3.2)와 동일하므로 비압축성 유체에 대한 뉴톤의 구성방정식 (5.45)는 단순히 식 (3.2)의 3차원 버전에 해당된다고 할 수 있겠다. 그러나 원래의 뉴톤법칙은 전단흐름에 대한 물질 응답만을 기술하고 있다. 한편 SSF가 표준흐름에 선택된 두 번째 이유로서는 전단흐름에 있어 각 층(layer)들의 미끄러짐을 잘 묘사하고 있기 때문이다. 즉 전단흐름이 1－방향에 있고, 속도의 크기가 2－방향으로만 변하며, x_2가 일정한 평면은 일정크기로 함께 미끄러져 흐르나 결코 섞이지는 않는다는 것이다. 실제 이와 같은 미끄러짐 흐름(sliding flow)은 실제 고분자 가공시 대부분의 경계면에서 자주 발생한다.

5. 4. 1. 3 단순 신장흐름(SEF)

앞 절에서 보았듯이 비압축성 뉴톤 유체에 대한 SSF를 포함하는 전단흐름의 경우 변형속도 텐서 $\dot{\gamma}(=2\mathbf{D})$ 및 잉여(점성)응력텐서 $\boldsymbol{\tau}$ 모두 행렬표현의 비대각(off-diagonal) 요소에 0이 아닌 성분이 존재함을 알았다. 반면에 SEF를 포함하는 신장흐름의 경우는 $\dot{\gamma}$ 또는 $\boldsymbol{\tau}$ 텐서에서 비대각 요소는 모두 0이 됨을 이하에서 보게 될 것이다. $\boldsymbol{\tau}$의 대각요소에 작용하는 응력은 표면에 수직으로 작용하는 '법선응력(normal stress)'라 하고, 비대각 요소에 작용하는 응력은 표면에 접선방향으로 작용하는 '전단응력(shear stress)'라 칭한다.

단순 신장(또는 비전단) 흐름(simple elongational or shear-free flow, SEF)은 속도 프로필에 따

라 3 종류로 나누어지는데 이하에서 각각에 대해 간단히 기술하겠다.

(a) 일축신장흐름(UEF)

표준흐름으로써 '일축신장흐름(unidirectional elongational or extensional flow, UEF)'이 선택된 것은 실제 섬유방사(fiber spinning)나 사출성형(injection molding)과 같은 고분자 가공조작 (polymer-processing operation)에서의 그 흐름의 중요성에 기인한 것이다. 그림 5.4에서 볼 수 있듯이 유체 입자는 흐름의 중심선 근처에서 균일하게 신장된다. 그런데 예제 5.1(a)의 경우와 달리 여기서는 편의상 3 방향으로 일축신장된다고 하면, 비압축성 유체의 경우 $\dot{\lambda}_3 = \dot{\varepsilon}(t)$, $\dot{\lambda}_1 = \dot{\lambda}_2 = -\dot{\lambda}_3/2 = -\dot{\varepsilon}(t)/2$로 두어 해당하는 속도장은 직교 Cartesian 좌표계 (x_1, x_2, x_3)를 사용하여 아래 식으로 정의된다.

$$\boldsymbol{v} = \begin{pmatrix} v_1 \\ v_2 \\ v_3 \end{pmatrix}_{123} = \begin{pmatrix} -\dfrac{\dot{\varepsilon}(t)}{2}x_1 \\ -\dfrac{\dot{\varepsilon}(t)}{2}x_2 \\ \dot{\varepsilon}(t)x_3 \end{pmatrix}_{123}, \qquad \dot{\varepsilon}(t) > 0 \tag{5. 122}$$

여기서 $\dot{\varepsilon}(t)$는 신장흐름에 대한 '신장속도(elongational or extensional rate)'라 하면 특히 일축신장 (UEF)의 경우에는 식 (5.122)에 나타낸 바와 같이 $\dot{\varepsilon}(t) > 0$이 된다. 이 속도 프로필의 3차원 패턴은 x_3−방향으로 강한 신장(stretch)이 일어나며, 반면에 x_1− 및 x_2−방향으로는 똑같이 수축 (contraction)이 일어난다. UEF에 대해 속도장을 3차원적으로 기술하는 것은 솔직히 SSF 경우보다 훨신 복잡하여(∵ 속도장의 3 성분 모두 0이 안됨) 여기서는 생략한다. 그러나 SSF의 경우는 모든 점에서 $v_2 = v_3 = 0$이 되어 흐름은 일방향(unidirectional)이 되며, $x_2 = 0$인 점에서는 속도가 0이 되어 정지(그림 5.11 참조)되어 있는 반면에, UEF의 경우는 모든 점에서 3 방향 모두 속도 성분이 존재하고 다만 좌표계의 원점 (0, 0, 0)에 있는 유체 입자만이 정지상태에 있으므로 이 점은 정체점 (stagnation point)이라고 부른다(그림 5.4 참조).

일축신장흐름의 특성은 속도장의 정의식 (5.122)를 조사하면 알 수 있다. 즉 신장속도 $\dot{\varepsilon}(t)$는 위치무관이므로 x_1−방향의 속도성분 v_1는 x_1만의 함수, v_2는 x_2만의 함수, 그리고 v_3은 x_3만의 함수가 된다. 따라서 원래 x_{1_0} 위치에 있는 유체 입자는 x_1−방향으로 속도 $v_1(x_{1_0})$을 가지고 움직여 유체를 새 위치인 x_{1_1}으로 이동시키게 되나, 그 위치에서의 속도는 처음과 다른 $v_1(x_{1_1})$이 된다. 즉 UEF에서는 유체 입자의 속도가 흐름에 의해 계속 변하고 있다. 그러나 이와는 완전히 다르게 속도장이 $\boldsymbol{v} = \dot{\zeta}(t)x_2\hat{\boldsymbol{e}}_1$(식 (5.114))로 나타내지는 전단흐름(SSF)의 경우에는 0이 안되는 유일한 속도성분인 v_1이 x_1좌표가 아닌 x_2좌표와 함께 변하며, 유체 입자는 x_2=일정인 평면을 따라 이동한다. 그리고 만약 $\dot{\zeta}(t)\left(=\dot{\gamma}_{21}(t)\right)$가 시간에 무관한 경우에는 속도 또한 시간에 무관하게 된다. 그러나 식 (5.122)로 나타내진 UEF의 경우에는 신장속도가 $\dot{\varepsilon}(t)=\dot{\varepsilon}_0$으로 선사 시간에 무관하다고 가정하더라도, 유체 입자의 좌표성분인 x_1, x_2, x_3가 흐름(시간)과 함께 계속 변하고 있으므로 유체의 속도 또한 시간과 함께 변할 것이다.

SSF의 경우와 마찬가지로 UEF에 대한 속도장 식 (5.122)로부터 비압축성 뉴톤 유체의 (대칭)변형속도 텐서 $\dot{\boldsymbol{\gamma}}$ 및 여분(점성)응력텐서 $\boldsymbol{\tau}$를 Cartesian 좌표계를 사용하여 아래와 같이 구해보기로 한다(표 5.2 참조).

$$\dot{\boldsymbol{\gamma}}=2\mathbf{D}=\nabla\boldsymbol{v}+(\nabla\boldsymbol{v})^{\mathrm{T}}=\begin{pmatrix}-\frac{\dot{\varepsilon}(t)}{2} & 0 & 0\\ 0 & -\frac{\dot{\varepsilon}(t)}{2} & 0\\ 0 & 0 & \dot{\varepsilon}(t)\end{pmatrix}_{123}+\begin{pmatrix}-\frac{\dot{\varepsilon}(t)}{2} & 0 & 0\\ 0 & -\frac{\dot{\varepsilon}(t)}{2} & 0\\ 0 & 0 & \dot{\varepsilon}(t)\end{pmatrix}_{123}$$

$$=\begin{pmatrix}-\dot{\varepsilon}(t) & 0 & 0\\ 0 & -\dot{\varepsilon}(t) & 0\\ 0 & 0 & 2\dot{\varepsilon}(t)\end{pmatrix}_{123} \qquad (5.\ 123)$$

이는 SSF에 대한 결과인 식 (5.119)와는 매우 다른 형태를 보여준다. $\dot{\boldsymbol{\gamma}}$의 크기를 정의식 (5.118)에 의해 구해보면 아래가 된다.

$$\dot{\gamma}=\|\dot{\boldsymbol{\gamma}}\|\equiv\sqrt{\mathrm{Tr}(\dot{\boldsymbol{\gamma}}\cdot\dot{\boldsymbol{\gamma}}^{\mathrm{T}})/2}=\sqrt{(\dot{\boldsymbol{\gamma}}:\dot{\boldsymbol{\gamma}})/2}=\sqrt{|\mathrm{II}_{\dot{\gamma}}|}\quad(\because \mathrm{I}_{\dot{\gamma}}=0)$$

$$=+\sqrt{\frac{1}{2}\begin{pmatrix}-\dot{\varepsilon}(t) & 0 & 0\\ 0 & -\dot{\varepsilon}(t) & 0\\ 0 & 0 & 2\dot{\varepsilon}(t)\end{pmatrix}_{123}:\begin{pmatrix}-\dot{\varepsilon}(t) & 0 & 0\\ 0 & -\dot{\varepsilon}(t) & 0\\ 0 & 0 & 2\dot{\varepsilon}(t)\end{pmatrix}_{123}}=|\dot{\varepsilon}(t)|\sqrt{3} \qquad (5.\ 124)$$

다음에는 비압축성 뉴톤 유체의 구성방정식 (5.45)로부터 UEF에 대한 잉여(점성)응력텐서 $\boldsymbol{\tau}$를 식 (5.123)에 정상상태(steady-state)의 신장흐름 즉 $\dot{\varepsilon}(t)=\dot{\varepsilon}_0=$일정을 가정하여 구하면 아래를 얻는다.

$$\boldsymbol{\tau}=\mu\dot{\boldsymbol{\gamma}}=\begin{pmatrix}-\mu\dot{\varepsilon}_0 & 0 & 0\\ 0 & -\mu\dot{\varepsilon}_0 & 0\\ 0 & 0 & 2\mu\dot{\varepsilon}_0\end{pmatrix}_{123} \qquad (5.\ 125)$$

이 결과 또한 SSF의 경우(식 (5.120))와 비교하여 매우 다른 형태를 보여준다. 즉 $\boldsymbol{\tau}$의 9개의 성분 중 오직 3개만이 0이 아니고, 그 중 두 개는 서로 같다. 또한 SSF의 경우와 달리 1차원 뉴톤 점성

흐름법칙 식 (3.2)에 관한 어떠한 정보도 얻을 수 없다.

어쨌든 식 (5.125)의 결과는 비압축성 뉴톤 유체에 대한 구성방정식 (5.45)을 정상상태의 일축신장흐름에 적용한 결과 잉여응력텐서 $\boldsymbol{\tau}$의 0이 안되는 성분은 오직 법선응력인 $\tau_{11} = \tau_{22} = -\tau_{33/2} = -\mu\dot{\varepsilon}_0$ 뿐이다. 따라서 일축신장흐름의 경우, SSF에 대한 전단점도 μ의 개념과 더불어 새로운 물질함수인 '신장점도(elongational viscosity)'의 정의가 필요한데 여기 따라서는 5.4.2절에서 다루기로 한다.

(b) 이축신장흐름(BEF)

두 번째 형태의 단순신장흐름(SEF)으로서는 '이축신장흐름(biaxial elongational, or stretching, flow, BEF)'이 있다. 이 흐름은 일축신장흐름(UEF)의 속도 프로필(식 (5.122))과 같은 형태를 가지나, 다만 항상 $\dot{\varepsilon}(t) < 0$가 된다. 즉 BEF에 대한 속도장은 Cartesian 좌표계 (x_1, x_2, x_3)에서 아래와 같이 정의된다.

$$\boldsymbol{v} = \begin{pmatrix} v_1 \\ v_2 \\ v_3 \end{pmatrix}_{123} = \begin{pmatrix} -\dfrac{\dot{\varepsilon}(t)}{2}x_1 \\ -\dfrac{\dot{\varepsilon}(t)}{2}x_2 \\ \dot{\varepsilon}(t)x_3 \end{pmatrix}_{123}, \quad \dot{\varepsilon}(t) < 0 \tag{5. 126}$$

여기서 $\dot{\varepsilon}(t)\left(= \dot{\lambda}_3\right)$는 이축 신장속도이다. 실제의 경우 BEF는 UEF보다 덜 이용된다. UEF와 BEF의 두 신장흐름의 개념적 차이는 흐름 중 유체요소가 겪는 변형(deformation)을 조사함으로써 알 수 있다. 언급한 바와 같이 UEF의 경우는 한 방향(즉 주 흐름방향인 $\hat{e}_3$)으로는 유체요소가 신장되는 반면 두 방향에서는 수축이 일어난다. 즉 단순일축신장을 받고 있는 비압축성 유체가 담긴 입방체(cube)를 관찰한다면, 흐름에 의한 변형 후 입방체의 한 변 (흐름 방향)은 원래 길이의 2배가 되고, 다른 두변은 원래 길이의 $1/\sqrt{2}$ 배가 될 것이다(그림 5.12a 참조).
즉 UEF에 대한 변형 전후의 입방체의 부피는 아래 식으로 나타내진다.

$$a^3 = (2a)\left(\frac{a}{\sqrt{2}}\right)\left(\frac{a}{\sqrt{2}}\right) \tag{5. 127}$$

반면에 이축신장(BEF)에서는 흐름은 $1-$ 및 $2-$방향으로는 같은 속도로 신장되나, $3-$방향에서는 수축이 일어난다. 즉 원래 길이의 두배로 이축신장되는 (비압축성)유체가 담긴 입방체는 그림 5.12b에 나타낸 바와 같이 $3-$방향으로는 $1/4$배만큼 수축이 일어난다. 즉 이 흐름에 대한 변형 전후의 입방체의 부피는 아래 식으로 나타내진다.

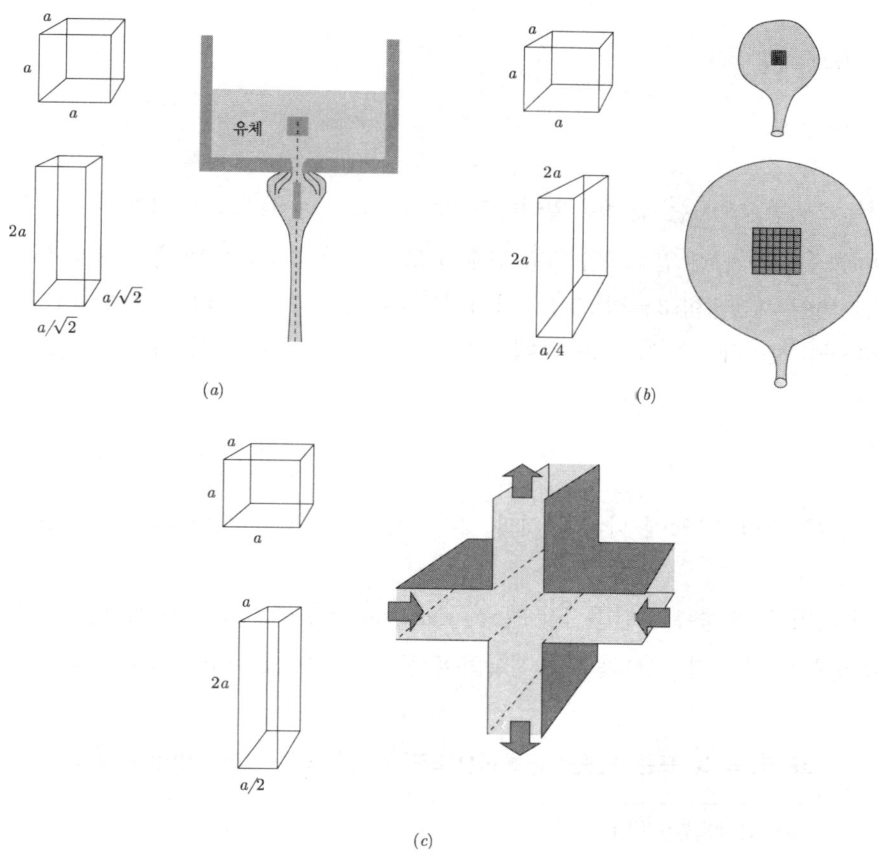

그림 5.12 비압축성 유체에 대한 (a) 일축신장흐름(UEF), (b) 이축신장흐름(BEF), 및 (c) 평면신장흐름(PEF)에 의해 야기된 변형(모양 변화)의 모식도

$$a^3 = (2a)(2a)\left(\frac{a}{4}\right) \tag{5. 128}$$

이축신장흐름이 이용되는 대표적인 고분자 가공 예로서는 플라스틱 가방을 제조하는데 쓰이는 '필름 부풀림(film-blowing or inflation)'가공과 플라스틱 병을 만드는데 쓰이는 '취입 성형(blow molding)'가공이 있다.

(c) 평면신장흐름(PEF)

세 번째 단순 신장흐름 예로서는 아래와 같이 정의된 속도장(Cartesian 좌표계에 대해)을 가진 '평면신장흐름(planar elongational flow, PEF)' 혹은 '순수 전단흐름(pure shear flow, PSF)'이 있다.

$$\boldsymbol{v} = \begin{pmatrix} -\dot{\varepsilon}(t)x_1 \\ 0 \\ \dot{\varepsilon}(t)x_3 \end{pmatrix}_{123} , \qquad \dot{\varepsilon}(t) > 0 \tag{5.129}$$

PEF에서는 2－방향으로는 변형이 일어나지 않는다(즉 $v_2 = 0$). 그림 5.12c에 평면신장을 받고 있는 비압축성 유체가 담긴 입방체의 변형 전후의 모양을 나타내었다. 만약 모서리 길이 a를 가진 입방체의 한 변이 흐름방향(3－방향)으로 2배 신장된다면, 비압축성의 조건에서 1－방향으로는 1/2배로 수축될 것이다. 즉 이 흐름에 대한 변형 전후의 부피는 아래 식으로 나타내진다.

$$a^3 = (2a)(a)\left(\frac{a}{2}\right) \tag{5.130}$$

평면 신장흐름은 그림 5.12c에 나타낸 것과 같은 크로스 채널 다이(cross-channel die)에서 종종 발생된다.

이 절에서 논의한 세 종류의 단순신장흐름은 Cartesian 좌표에 대하여 아래의 표와 수식에 나타낸 바와 같이 두 파라미터 $\dot{\varepsilon}(t)$와 b를 사용하여 한 개의 식으로 일반화 시킬 수 있다.

표 5.4 3 표준 단순신장흐름(SEF)을 정의하는 파라미터의 요약

일축신장흐름(UEF)	$b = 0, \ \dot{\varepsilon}(t) > 0$
이축신장흐름(BEF)	$b = 0, \ \dot{\varepsilon}(t) < 0$
평면신장흐름(PEF)	$b = 1, \ \dot{\varepsilon}(t) > 0$

$$\boldsymbol{v} = \begin{pmatrix} v_1 \\ v_2 \\ v_3 \end{pmatrix}_{123} = \begin{pmatrix} -\frac{1}{2}\dot{\varepsilon}(t)(1+b)x_1 \\ -\frac{1}{2}\dot{\varepsilon}(t)(1-b)x_2 \\ \dot{\varepsilon}(t)x_3 \end{pmatrix}_{123} \tag{5.131}$$

5.4.1.4 표준흐름에서 응력텐서의 형태

위에서 소개한 두 대표적인 흐름인 단순전단흐름(SSF)과 단순신장흐름(SEF)은 레올로지 측면에서 두 가지 큰 이유, 즉 단순한 속도장의 정의에서 오는 (대칭)변형속도텐서 $\dot{\boldsymbol{\gamma}}(=2\mathrm{D})$의 단순성과 더불어 이 결과를 관심의 구성방정식에 대입하여 얻어지는 최종목표인 잉여(점성)응력텐서 $\boldsymbol{\tau}$ 또한 아래에서 보는 바와 같은 매우 단순화된 대칭형태를 가지기 때문에 유변학자들에 의해 오랫동안 표준흐름(standard folw)으로 이용되고 있다.

(a) 단순전단흐름(SSF)

먼저 SSF의 경우, 그림 5.13에 나타낸 바와 같이 중성(즉 x_3-)방향 주위로 Cartesian 좌표계를 $\hat{\boldsymbol{e}}_3$축 주위로 180° 회전시켜도 관련된 속도장은 변하지 않는다. 전체응력 $\mathbf{T}$에 대한 식 (4.35)중의 잉여(점성)응력텐서 $\boldsymbol{\tau}$는 액체의 경우 전적으로 속도장 (또는 변형속도 텐서)에 의존하므로, 만약 속도장이 대칭성을 가진다면 $\boldsymbol{\tau}$에도 직접적인 영향을 줄 것이다. 따라서 이하에서는 회전 전후의 두 좌표계(또는 기저벡터)사이의 텐서변환 법칙을 이용하여 $\boldsymbol{\tau}$의 단순화된 대칭성을 조사하기로 한다.

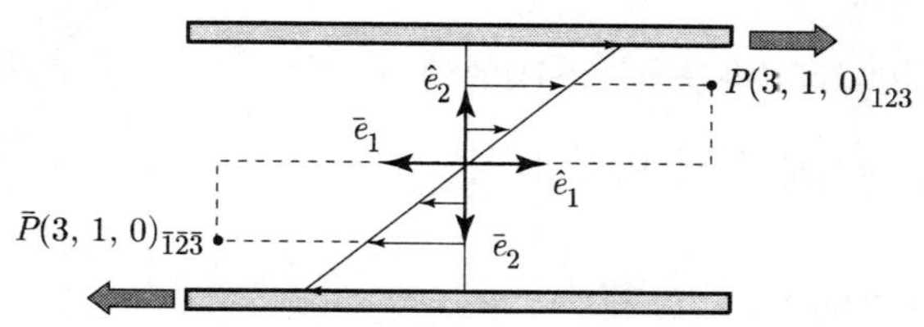

그림 5.13 단순전단흐름(SSF)에 대한 대칭축(symmetry axis).
대칭성에 의해 $\hat{\boldsymbol{e}}_3$축 주위로 180° 회전시켜도 속도장과 응력장은 변하지 않는다. 즉 $\boldsymbol{v}|_P=\boldsymbol{v}|_{\overline{P}}$, $\boldsymbol{\tau}|_P=\boldsymbol{\tau}|_{\overline{P}}$ (여기서 P 및 $\overline{P}$는 각각 회전 전후의 유체 입자를 나타냄).

직교 Cartesian 좌표계를 사용하여 기술된 단순전단흐름에 대한 그림 5.13에서, $\{\hat{\boldsymbol{e}}_i\}(i=1,2,3)$는 (회전)변환 전의 정규직교 트라이어드(orthonormal triad) 기저계(즉 $\hat{\boldsymbol{e}}_i\cdot\hat{\boldsymbol{e}}_j=\delta_{ij}$ 성립)로서 $\hat{\boldsymbol{e}}_1$는 흐름(flow) 방향, $\hat{\boldsymbol{e}}_2$는 속도구배(velocity gradient) 방향, 그리고 $\hat{\boldsymbol{e}}_3$는 중심(neutral) 방향이다. 또한 $(x_1,\ x_2,\ x_3)$는 변환 전의 공간좌표이다. 지금 $\{x_i\}$ 좌표계에서 SSF에 대한 속도장 $\boldsymbol{v}$의 행렬표시는 5.4.1.2절에서 아래가 된다.

$$\boldsymbol{v}=\begin{pmatrix}v_1\\v_2\\v_3\end{pmatrix}_{123}=\begin{pmatrix}\dot{\zeta}(t)x_2\\0\\0\end{pmatrix}_{123} \tag{5. 114}$$

즉 기저벡터를 사용하여 나타내면 아래가 된다.

$$\boldsymbol{v}=\dot{\zeta}(t)x_2\hat{\boldsymbol{e}}_1=\dot{\gamma}_{21}(t)x_2\hat{\boldsymbol{e}}_1 \tag{5. 132}$$

그런데 $\hat{\boldsymbol{e}}_3$축 주위로 좌표계를 반시계 방향으로 각도 $\theta=\pi$만큼 회전시켰을 때 얻어지는 1쌍의 새 기저벡터 $\{\bar{\boldsymbol{e}}_i\}$와 공간좌표 $\{\bar{x}_i\}$의 집합은 원래 좌표와 아래의 관계에 있다.

$$\bar{\boldsymbol{e}}_1=-\hat{\boldsymbol{e}}_1, \qquad \bar{\boldsymbol{e}}_2=-\hat{\boldsymbol{e}}_2, \qquad \bar{\boldsymbol{e}}_3=\hat{\boldsymbol{e}}_3 \tag{5. 133}$$

$$\bar{x}_1=-x_1, \qquad \bar{x}_2=-x_2, \qquad \bar{x}_3=x_3 \tag{5. 134}$$

위 두 식의 변환관계는 단순히 기하에서 추정될 수 있지만, 1.7절 및 표 A1.1에 기술된 행렬법에 의한 텐서변환법칙으로부터 정식으로 유도될 수도 있다. 즉 반변, 공변의 구별이 있는 Cartesian 좌표계간의 회전변환에서는 공변 변환행렬 $\mathrm{A}=(a_i{}^j)$ 및 반변변환 행렬 $\mathrm{B}=(b^i{}_j)$는 모두 직교 변환행렬인 $\mathrm{L}=(l_{ij})=(\boldsymbol{e}_i{}'\cdot\boldsymbol{e}_j)$(식 (1.379))과 같게 된다. 따라서 식 (1.162)의 $\bar{\boldsymbol{g}}_k$를 $\bar{\boldsymbol{e}}_k$(그리고 $\boldsymbol{g}_m$을 $\hat{\boldsymbol{e}}_m$으로)로, 식 (1.165)(혹은 (1.164))에서 $\bar{v}_k$를 위치벡터 $\bar{x}_k$로 두고, 좌표변환 행렬 $a_k{}^\alpha(=b^k{}_\alpha)=l_{k\alpha}=\bar{\boldsymbol{e}}_k\cdot\hat{\boldsymbol{e}}_\alpha$로 두면 아래가 성립된다(단 $(\mathrm{L}^{-1})_{k\alpha}=(\mathrm{L}^{\mathrm{T}})_{k\alpha}=l_{\alpha k}$ 성립).

$$\bar{\boldsymbol{e}}_i=l_{im}\hat{\boldsymbol{e}}_m \leftrightarrow \hat{\boldsymbol{e}}_i=l_{mi}\bar{\boldsymbol{e}}_m \tag{5. 135}$$

$$\bar{x}_i=l_{im}x_m \leftrightarrow x_i=l_{mi}\bar{x}_m \tag{5. 136}$$

여기서 좌표변환 행렬 $l_{im}(=\bar{\boldsymbol{e}}_i\cdot\hat{\boldsymbol{e}}_m)$는 식 (5.133) 또는 (5.134)를 각각 식 (5.135) 또는 (5.136)과 비교하여 얻거나, 아니면 물질을 고정, 좌표계를 x_3(혹은 $\hat{\boldsymbol{e}}_3$)축 주위로 반시계 방향으로 $\theta=\pi$만큼 회전시킴에 해당하는 변환행렬은 2차원의 식 (1.377)(단 $l_{33}=1$)에 $\theta=\pi$를 대입하여 구하면 아래가 된다.

$$\mathrm{L}=(l_{ij})=(\bar{\boldsymbol{e}}_i\cdot\hat{\boldsymbol{e}}_j)=\begin{pmatrix}-1 & 0 & 0\\ 0 & -1 & 0\\ 0 & 0 & 1\end{pmatrix} \leftrightarrow \mathrm{L}^{-1}=(l_{ij}^{-1})=\mathrm{L} \tag{5. 137}$$

이로부터 모든 차수의 (절대)텐서에 관한 변환법칙은 1.7절 혹은 표 A1.1의 기법에 따라 구할 수 있다. 또한 1장에서 논의한 텐서(tensor)의 두 가지 성질 즉 텐서로 표시되는 어떤 물리적 장 자체는 좌표계에 무관하나, 다만 좌표계에 따라 성분만 변하며 그들 성분 사이에는 일정한 텐서변환 법칙(식 (1.158) 혹은 (1.170))이 성립된다는 것을 이용하여 이하에서 논의를 전개해 나가기로 한다. 앞에서 언급한 텐서의 성질에 의해 아래가 성립된다.

먼저 1차 텐서인 속도장 벡터 $\boldsymbol{v}$에 대해 생각해보자. 텐서의 첫 번째 성질에 의해 (회전)변환 전후의 Cartesian 좌표계에 대하여 아래가 성립된다.

$$\boldsymbol{v}[=v_i\hat{\boldsymbol{e}}_i]=\bar{\boldsymbol{v}}[=\bar{v}_i\bar{\boldsymbol{e}}_i] \tag{5. 138}$$

변환 전의 $\{x_i\}$좌표계에 대해서는 식 (5.144)가 성립되는 반면 변환 후의 $\{\overline{x}_i\}$좌표계에 대해서는 아래가 성립된다.

$$\overline{\boldsymbol{v}}\ (=\boldsymbol{v})=\begin{pmatrix}\overline{v}_1\\ \overline{v}_2\\ \overline{v}_3\end{pmatrix}_{\overline{1}\overline{2}\overline{3}} \tag{5. 139}$$

그런데 $\overline{\boldsymbol{v}}=\boldsymbol{v}$이고, 식 (5.132)의 $\hat{\boldsymbol{e}}_1$ 및 x_2항에 각각 식 (5.133) 및 (5.134)로부터 대입을 하면 아래를 얻는다.

$$\boldsymbol{v}=\dot{\zeta}(t)\,x_2\,\hat{\boldsymbol{e}}_1=\dot{\zeta}(t)(-\overline{x}_2)(-\overline{\boldsymbol{e}}_1)=\dot{\zeta}(t)\,\overline{x}_2\,\overline{\boldsymbol{e}}_1(=\overline{\boldsymbol{v}}) \tag{5. 140 a}$$

$$=\begin{pmatrix}\dot{\zeta}(t)\overline{x}_2\\ 0\\ 0\end{pmatrix}_{\overline{1}\overline{2}\overline{3}} \tag{5. 140 b}$$

식 (5.140)의 관계는 (직교)좌표변환 행렬 L(식 (5.137))로부터 아래와 같이 바로 구할 수도 있다(1.7절 참조).

$$\overline{v}_i=l_{im}\,v_m\ \ \text{혹은}\ \ \overline{\boldsymbol{v}}=\mathrm{L}\,\boldsymbol{v} \tag{5. 141}$$

여기서 식 (5.114)와 (5.134)를 이용하면 식 (5.140)과 마찬가지 결과를 얻을 수 있다.

$$\overline{\boldsymbol{v}}=\begin{pmatrix}\overline{v_1}\\ \overline{v_2}\\ \overline{v_3}\end{pmatrix}=\begin{pmatrix}-1&0&0\\0&-1&0\\0&0&1\end{pmatrix}\begin{pmatrix}\dot{\zeta}(t)x_2\\ 0\\ 0\end{pmatrix}=\begin{pmatrix}-\dot{\zeta}(t)x_2\\ 0\\ 0\end{pmatrix}=\begin{pmatrix}\dot{\zeta}(t)\overline{x}_2\\ 0\\ 0\end{pmatrix}_{\overline{1}\overline{2}\overline{3}}\quad(\because \overline{x_2}=-x_2) \tag{5. 142}$$

다음에는 2차 텐서인 (대칭)여분응력 텐서 $\boldsymbol{\tau}$에 대해서 변환 전후의 상관관계를 조사해보자. 마찬가지로 텐서의 두 성질에 의해 아래가 성립된다(1장 참조).

$$\boldsymbol{\tau}(=\tau_{ij}\hat{\boldsymbol{e}}_i\hat{\boldsymbol{e}}_j)=\overline{\boldsymbol{\tau}}(=\overline{\tau}_{ij}\overline{\boldsymbol{e}}_i\overline{\boldsymbol{e}}_j) \tag{5. 143}$$

여기서 먼저 변환 전의 $\boldsymbol{\tau}$에 관한 표현식에서 $\hat{\boldsymbol{e}}_i$ 및 $\hat{\boldsymbol{e}}_j$항을 식 (5.133)에 대입을 하면 아래를 얻는다.

$$\boldsymbol{\tau}=\tau_{11}(-\overline{\boldsymbol{e}}_1)(-\overline{\boldsymbol{e}}_1)+\tau_{12}(-\overline{\boldsymbol{e}}_1)(-\overline{\boldsymbol{e}}_2)+\tau_{13}(-\overline{\boldsymbol{e}}_1)(\overline{\boldsymbol{e}}_3)$$

$$+\tau_{21}(-\overline{\boldsymbol{e}}_2)(-\overline{\boldsymbol{e}}_1)+\tau_{22}(-\overline{\boldsymbol{e}}_2)(-\overline{\boldsymbol{e}}_2)+\tau_{23}(-\overline{\boldsymbol{e}}_2)(\overline{\boldsymbol{e}}_3)$$

$$+\tau_{31}(\bar{e}_3)(-\bar{e}_1)+\tau_{32}(\bar{e}_3)(-\bar{e}_2)+\tau_{33}(\bar{e}_3)(\bar{e}_3) \quad (5.144)$$

그런데 위 식은 $\bar{\boldsymbol{\tau}}(=\bar{\tau}_{ij}\bar{e}_i\bar{e}_j)$와 같아야 하므로 아래가 성립된다.

$$\begin{aligned}&\bar{\tau}_{11}=\tau_{11}, \quad \bar{\tau}_{12}=\tau_{12}, \quad \bar{\tau}_{13}=-\tau_{13},\\ &\bar{\tau}_{21}=\tau_{21}, \quad \bar{\tau}_{22}=\tau_{22}, \quad \bar{\tau}_{23}=-\tau_{23},\\ &\bar{\tau}_{31}=-\tau_{31}, \quad \bar{\tau}_{32}=-\tau_{32}, \quad \bar{\tau}_{33}=\tau_{33}\end{aligned} \quad (5.145)$$

이 관계를 $\boldsymbol{v}$의 경우와 마찬가지로 (직교)변환행렬 L(식 (5.137))로부터도 마찬가지로 구해진다(1.7절 참조). 즉

$$\bar{\tau}_{ij}=l_{im}l_{jn}\tau_{mn} \quad \text{혹은} \quad \bar{\tau}=\mathrm{L}\tau\mathrm{L}^{\mathrm{T}} \quad (5.146)$$

여기서 L을 식 (5.137)에서 대입하면 식 (5.145)와 같은 결과를 얻을 수 있다.

$$\bar{\tau}=(\bar{\tau}_{ij})=\begin{pmatrix}-1&0&0\\0&-1&0\\0&0&1\end{pmatrix}\begin{pmatrix}\tau_{11}&\tau_{12}&\tau_{13}\\\tau_{21}&\tau_{22}&\tau_{23}\\\tau_{31}&\tau_{32}&\tau_{33}\end{pmatrix}\begin{pmatrix}-1&0&0\\0&-1&0\\0&0&1\end{pmatrix}=\begin{pmatrix}\tau_{11}&\tau_{12}&-\tau_{13}\\\tau_{21}&\tau_{22}&-\tau_{23}\\-\tau_{31}&-\tau_{32}&\tau_{33}\end{pmatrix}_{\bar{1}\bar{2}\bar{3}} \quad (5.147)$$

그런데 그림 5.13으로 나타낸 SSF 흐름의 회전변환에 대한 유체 입자의 대칭성 때문에 아래 관계가 성립되어야 한다.

$$\tau_{pk}=\bar{\tau}_{pk} \ (\text{모든 } p\text{와 } k\text{에 대해}) \quad (5.148)$$

이 관계를 식 (5.145)에 대입하면 아래를 얻는다(단 $\boldsymbol{\tau}$ 및 $\bar{\boldsymbol{\tau}}$의 대칭성 이용 - 4.2.1절).

$$\bar{\tau}_{13}=\tau_{13}=-\tau_{13}=\bar{\tau}_{31}, \qquad \bar{\tau}_{23}=\tau_{23}=-\tau_{23}=\bar{\tau}_{32} \quad (5.149\text{ a})$$

즉

$$\bar{\tau}_{13}=\bar{\tau}_{31}=\tau_{13}=\tau_{31}=0, \qquad \bar{\tau}_{23}=\bar{\tau}_{32}=\tau_{23}=\tau_{32}=0 \quad (5.149\text{ b})$$

이 장의 결과로부터 단순전단흐름(SSF)의 경우 구성방정식에 무관하게 어떤 복잡한 유체의 경우에도 (대칭)잉여응력텐서 $\boldsymbol{\tau}$ 또는 전체 응력텐서 $\mathbf{T}$는 아래와 같이 오직 5개만의 0이 아닌 성분(그 중 두 개는 대칭성 즉 $\tau_{12}=\tau_{21}$ 때문에 동일)으로 나타낼 수 있다.

$$\mathbf{T} = -p\mathbf{I} + \boldsymbol{\tau} = \begin{pmatrix} -p+\tau_{11} & \tau_{12} & 0 \\ \tau_{21} & -p+\tau_{22} & 0 \\ 0 & 0 & -p+\tau_{33} \end{pmatrix}_{123} \tag{5. 150}$$

(b) 단순신장흐름(SEF)

단순신장흐름(SEF) 역시 앞에서 언급한 바와 같이 속도장의 대칭성에서 얻어지는 변형속도 텐서($\dot{\gamma}$) 나아가 잉여 응력텐서 $\boldsymbol{\tau}$의 단순성 때문에 표준흐름으로 선택되었다. 그림 5.4(혹은 5.12a)로 나타낸 (단순)일축신장흐름(UEF)의 거동 및 속도장의 정의식 (5.122)를 조사해보면 3 Cartesian 좌표축 ($\hat{\boldsymbol{e}}_1$, $\hat{\boldsymbol{e}}_2$, $\hat{\boldsymbol{e}}_3$)의 어느 축 주위로 좌표계를 (반시계 방향으로) 180° 회전시켜도 속도장은 흐름의 대칭성 때문에 변하지 않는다. 즉 앞과 비슷한 논리에 의하여 일반 유체의 단순 UEF 흐름에 대한 (대칭)전체 응력텐서 $\mathbf{T}$는 아래와 같이 매우 단순한 (대각)형태로 나타낼 수 있다(식 (5.125) 참조).

$$\mathbf{T} = -p\mathbf{I} + \boldsymbol{\tau} = \begin{pmatrix} -p+\tau_{11} & 0 & 0 \\ 0 & -p+\tau_{22} & 0 \\ 0 & 0 & -p+\tau_{33} \end{pmatrix}_{123} \tag{5. 151}$$

위 식에서 볼 수 있듯이 SEF의 경우는 대칭 텐서 $\boldsymbol{\tau}$는 오직 3개만의 0이 아닌 성분을 가지므로 SSF의 경우보다 더욱 단순함을 알 수 있다.

한편 이 절을 끝내기 전 두 표준흐름의 회전성에 대하여 한 가지 지적하고자 한다. 즉 식 (5.114)로 정의된 속도장을 가진 SSF의 경우는 $\nabla\times\boldsymbol{v} = (0 \quad 0 \quad -\dot{\zeta}(t))^{\mathrm{T}} = -\dot{\zeta}(t)\hat{\boldsymbol{e}}_3 \neq \mathbf{0}$이나, 반면에 식 (5.131)로 정의된 속도장을 가진 SEF의 경우는 $\nabla\times\boldsymbol{v} = \mathbf{0}$가 된다. 그런데 예제 2.15 혹은 식 (2.158)에 의하면 $\nabla\times\boldsymbol{v} = 2\boldsymbol{\omega}$(여기서 $\boldsymbol{\omega}$는 회전축 주위로의 각속도 벡터)이므로 SSF는 중성($\hat{\boldsymbol{e}}_3$) 축 주위로 회전하면서 1방향으로 흘러가나(그림 5.13 참조), SEF는 $\nabla\times\boldsymbol{v} = \mathbf{0}$이 되므로 흐르는 방향으로 신장(변형)만 존재하고, 회전이 없는 비회전 흐름(irrotational flow)(그림 5.4 및 5.12 참조)이 된다(혹은 반대칭(회전) 속도구배텐서 $\mathbf{W} = (\mathbf{L} - \mathbf{L}^{\mathrm{T}})/2 = ((\nabla\boldsymbol{v})^{\mathrm{T}} - (\nabla\boldsymbol{v}))/2$(식 (5.25))의 값을 조사하여도 알 수 있음].

예제 5.5

아래 그림은 3 정규직교 기저계 $(\hat{e}_1, \hat{e}_2, \hat{e}_3)$를 가진 Cartesian 직교좌표계 (x_1, x_2, x_3)에서 $\hat{e}_3(=\bar{e}_3)$축 주위로 좌표계(평면)를 반시계 방향으로 각도 ψ만큼 회전에 의해 얻어지는 새 좌표계의 기저벡터 집합 $(\bar{e}_1, \bar{e}_2, \bar{e}_3)$와 좌표성분 $(\bar{x}_1, \bar{x}_2, \bar{x}_3)$(그림에서는 생략)을 도시한 것이다. 그림을 참조하여 아래 물음에 답하라.

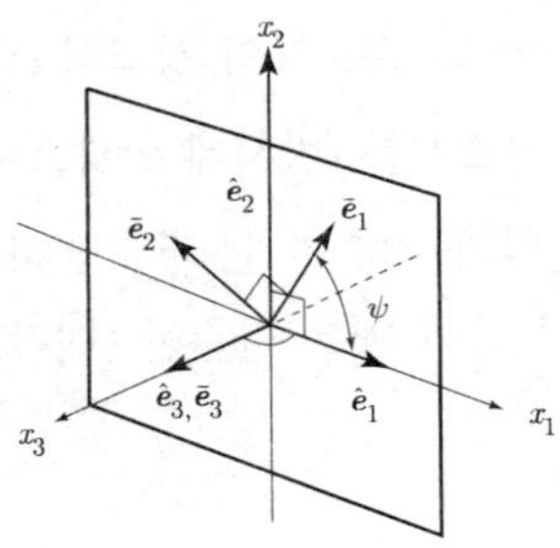

그림 5.14 회전 전후의 두 3차원 Cartesian 좌표계의 기저벡터 집합 사이의 관계.

(a) 어떤 단순전단흐름(SSF)에 대한 속도장 $\boldsymbol{v}$가 원래의 3차원 Cartesian 좌표계 (x_1, x_2, x_3)에서 아래와 같이 나타내진다고 하자.

$$\boldsymbol{v} = \begin{pmatrix} 6x_2 \\ 0 \\ 0 \end{pmatrix}_{123} = 6x_2 \hat{e}_1$$

(즉 식 (5.114)로부터 위치에 무관한 일정(steady) 전단속도 $\dot{\zeta}(t) = 6$에 해당)

이때 좌표계를 $\hat{e}_3$축 주위로 반시계 방향으로 (i) 일반 각도 ψ 및 (ii) $\psi = 30^\circ$ 회전시킨 좌표계에 대한 $\bar{\boldsymbol{v}}(=\boldsymbol{v})$의 성분을 각각 구하여라.

(b) (대칭)잉여 응력텐서 $\boldsymbol{\tau} = (\tau_{ij})$가 원 좌표계 $\{x_i\}$에서 아래와 같이 주어진다고 할 때 역시 (i) 일반 각도 ψ 및 (ii) $\psi = 30^\circ$ 회전시킨 좌표계에 대한 $\bar{\boldsymbol{\tau}}(=\boldsymbol{\tau})$의 성분을 각각 구하여라.

$$\tau = (\tau_{ij}) = \begin{pmatrix} 3 & 4 & 0 \\ 4 & 2 & 0 \\ 0 & 0 & 1 \end{pmatrix}_{123}$$

(c) 아래와 같이 원 좌표계로 나타내진 단위 (등방)텐서 $\mathbf{I}$의 행렬표현 $\mathrm{I} = (\delta_{ij})$의 새 (회전)좌표계에 대한 성분 $\bar{\mathrm{I}}(=\mathrm{I})$도 구해보아라

$$\mathrm{I} = (\delta_{ij}) = \begin{pmatrix} 1 & 0 & 0 \\ 0 & 1 & 0 \\ 0 & 0 & 1 \end{pmatrix}_{123}$$

풀이 (a) 4.3.1절 (c)의 강체회전에 대한 공식(그림 4.11 참조)을 유도할 때와 마찬가지 방법으로 구할 수 있지만, 단지 그림 4.11의 경우는 좌표계는 고정하고 물질(혹은 위치벡터)을 $x_3'(=x_3)$축 주위로 반시계 방향으로 각도 θ만큼 회전시킨 경우의 좌표성분(및 기저벡터)간의 관계를 구하는 것이고, 예제 5.5에서는 물질(유체 입자)을 고정하고, 좌표계를 $\hat{\boldsymbol{e}}_3(=\bar{\boldsymbol{e}}_3)$축 주위로 반시계 방향으로 ψ만큼 회전시켰을 때의 좌표성분(및 기저벡터)간의 관계를 구하는 것으로 서로 역관계에 해당된다. 따라서 구태여 공식을 유도할 필요없이 4.3.1절 (c)의 결과식인 (4.67)의 직교 좌표변환 행렬 $\mathrm{L} = (l_{ij}) = (\bar{\boldsymbol{e}}_i \cdot \hat{\boldsymbol{e}}_j)$(식 (1.379) 참조)식에서 단순히 $\theta = -\psi$를 대입하면 된다. 즉 변환 전후의 좌표성분 $\{x_i\}$와 $\{\bar{x}_i\}$ 및 기저벡터 $\{\hat{\boldsymbol{e}}_i\}$와 $\{\bar{\boldsymbol{e}}_i\}$ 사이에는 행렬법에 의한 텐서변환 법칙 (1.7절 혹은 표 A1.1 참조)으로부터 아래의 관계가 성립된다(단 $\mathrm{L}^{-1} = \mathrm{L}^{\mathrm{T}}$ 즉 $l_{ij}^{-1} = l_{ji}$ 이용).

$$\begin{pmatrix} \bar{x}_1 \\ \bar{x}_2 \\ \bar{x}_3 \end{pmatrix} = \begin{pmatrix} \cos\psi & \sin\psi & 0 \\ -\sin\psi & \cos\psi & 0 \\ 0 & 0 & 1 \end{pmatrix} \begin{pmatrix} x_1 \\ x_2 \\ x_3 \end{pmatrix} \leftrightarrow \begin{pmatrix} x_1 \\ x_2 \\ x_3 \end{pmatrix} = \begin{pmatrix} \cos\psi & -\sin\psi & 0 \\ \sin\psi & \cos\psi & 0 \\ 0 & 0 & 1 \end{pmatrix} \begin{pmatrix} \bar{x}_1 \\ \bar{x}_2 \\ \bar{x}_3 \end{pmatrix} \tag{5. 152 a}$$

혹은

$$\bar{\boldsymbol{x}} = \mathrm{L}\boldsymbol{x}, \quad \bar{x}_i = l_{ij}x_j \leftrightarrow \boldsymbol{x} = \mathrm{L}^{-1}(=\mathrm{L}^{\mathrm{T}})\bar{\boldsymbol{x}}, \quad x_i = l_{mi}\bar{x}_m \tag{5. 152 b}$$

$$\begin{pmatrix} \bar{\boldsymbol{e}}_1 \\ \bar{\boldsymbol{e}}_2 \\ \bar{\boldsymbol{e}}_3 \end{pmatrix} = \begin{pmatrix} \cos\psi & \sin\psi & 0 \\ -\sin\psi & \cos\psi & 0 \\ 0 & 0 & 1 \end{pmatrix} \begin{pmatrix} \hat{\boldsymbol{e}}_1 \\ \hat{\boldsymbol{e}}_2 \\ \hat{\boldsymbol{e}}_3 \end{pmatrix} \leftrightarrow \begin{pmatrix} \hat{\boldsymbol{e}}_1 \\ \hat{\boldsymbol{e}}_2 \\ \hat{\boldsymbol{e}}_3 \end{pmatrix} = \begin{pmatrix} \cos\psi & -\sin\psi & 0 \\ \sin\psi & \cos\psi & 0 \\ 0 & 0 & 1 \end{pmatrix} \begin{pmatrix} \bar{\boldsymbol{e}}_1 \\ \bar{\boldsymbol{e}}_2 \\ \bar{\boldsymbol{e}}_3 \end{pmatrix} \tag{5. 153 a}$$

$$\bar{\boldsymbol{e}}_{\square} = \mathrm{L}\hat{\boldsymbol{e}}_{\square}, \quad \bar{\boldsymbol{e}}_i = l_{ij}\hat{\boldsymbol{e}}_j \leftrightarrow \hat{\boldsymbol{e}}_{\square} = \mathrm{L}^{-1}(=\mathrm{L}^{\mathrm{T}})\bar{\boldsymbol{e}}_{\square}, \quad \hat{\boldsymbol{e}}_i = l_{mi}\bar{\boldsymbol{e}}_m \tag{5. 153 b}$$

이제 두 좌표계 사이의 좌표변환 행렬 $\mathrm{L} = (l_{ij})$가 구해졌으므로 두 좌표계에 대한 임의의 차수의 텐서의 성분간의 변환은 식 (1.158) 또는 (1.170)(단 Cartesian 좌표계의 경우 좌표변환행렬 $a_i{}^j = b^i{}_j = l_{ij}$ 치환)에서 일률적으로 구해질 수 있다. 즉 속도장 벡터 $\boldsymbol{v}$의 경우 텐서의 두 성질에서 두 cartesian 좌표계에 대해 아래가 성립된다.

$$\boldsymbol{v}(=v_i\hat{\boldsymbol{e}}_i) = \bar{\boldsymbol{v}}(=\bar{v}_i\bar{\boldsymbol{e}}_i) \tag{5. 154 a}$$

$$\bar{v}_i = l_{ij}v_j \quad \text{혹은} \quad \bar{\boldsymbol{v}} = \mathrm{L}\boldsymbol{v} \tag{5. 154 b}$$

(i) 여기서 원래 좌표계에 대한 $\boldsymbol{v}$의 성분 v_i를 문제 (a)에서, 그리고 좌표변환 행렬 $\mathrm{L} = (l_{ij})$ 값을 식 (5.152a) 또는 (5.153a)에서 대입하여 행렬식으로 나타내면 아래가 된다(단 식 (5.152a)에서 $x_2 = \bar{x}_1\sin\psi + \bar{x}_2\sin\psi$를 대입).

$$\begin{pmatrix}\bar{v}_1\\ \bar{v}_2\\ \bar{v}_3\end{pmatrix}_{\overline{123}} = \begin{pmatrix} c & s & 0\\ -s & c & 0\\ 0 & 0 & 1\end{pmatrix}\begin{pmatrix}6x_2\\ 0\\ 0\end{pmatrix}_{123} = \begin{pmatrix}6cx_2\\ -6sx_2\\ 0\end{pmatrix}_{\overline{123}} = \begin{pmatrix}6c(\bar{x}_1 s+\bar{x}_2 c)\\ -6s(\bar{x}_1 s+\bar{x}_2 c)\\ 0\end{pmatrix}_{\overline{123}} \quad (5.155\text{ a})$$

단 위에서 $c=\cos\psi$, $s=\sin\psi$이다. 즉 위 식에서 회전 좌표계에 대한 속도장 벡터 $\bar{\boldsymbol{v}}(=\boldsymbol{v})$는 아래가 된다.

$$\bar{\boldsymbol{v}}[=\bar{v}_i\bar{\boldsymbol{e}}_i]=6c(\bar{x}_1 s+\bar{x}_2 c)\bar{\boldsymbol{e}}_1-6s(\bar{x}_1 s+\bar{x}_2 c)\bar{\boldsymbol{e}}_2\ [\text{단}\ c=\cos\psi,\ s=\sin\psi] \quad (5.155\text{ b})$$

[별해 : $\boldsymbol{v}=6x_2\hat{\boldsymbol{e}}_1$에서 $x_2=\bar{x}_1 s+\bar{x}_2 c$(∵식 (5.152a)에서) 및 $\hat{\boldsymbol{e}}_1=c\bar{\boldsymbol{e}}_1-s\bar{\boldsymbol{e}}_2$(∵식 (5.153a)에서)를 대입하여 $(\cdot\ \cdot)\bar{\boldsymbol{e}}_1+(\cdot\ \cdot)\bar{\boldsymbol{e}}_2$로 나타내어도 얻어짐.]

한편 식 (5.155)의 $\psi=30°$ 대입하면, $\cos 30°=\sqrt{3}/2$, $\sin 30°=1/2$이므로 아래를 얻는다.

$$\text{(ii)}\ \begin{pmatrix}\bar{v}_1\\ \bar{v}_2\\ \bar{v}_3\end{pmatrix}_{\overline{123}} = \begin{pmatrix}3\sqrt{3}\,[\bar{x}_1(\frac{1}{2})+\bar{x}_2(\frac{\sqrt{3}}{2})]\\ -3[\bar{x}_1(\frac{1}{2})+\bar{x}_2(\frac{\sqrt{3}}{2})]\\ 0\end{pmatrix}_{\overline{123}} = \begin{pmatrix}\frac{3\sqrt{3}}{2}(\bar{x}_1+\bar{x}_2\sqrt{3})\\ -\frac{3}{2}(\bar{x}_1+\bar{x}_2\sqrt{3})\\ 0\end{pmatrix}_{\overline{123}}$$

(b) 위에서 구해진 직교 좌표변환 행렬 $\mathrm{L}=(l_{ij})$ 및 텐서의 두 성질에서 변환 전후의 두 좌표계에 대한 (대칭)잉여 (전단)응력텐서 $\boldsymbol{\tau}$의 성분사이에는 아래가 성립된다.

$$\boldsymbol{\tau}(=\tau_{ij}\hat{\boldsymbol{e}}_i\hat{\boldsymbol{e}}_j)=\bar{\boldsymbol{\tau}}(=\bar{\tau}_{ij}\bar{\boldsymbol{e}}_i\bar{\boldsymbol{e}}_j) \quad (5.156\text{ a})$$

$$\bar{\tau}_{ij}=l_{im}l_{jn}\tau_{mn}\ \ \text{혹은}\ \ \bar{\boldsymbol{\tau}}=\mathrm{L}\boldsymbol{\tau}\mathrm{L}^{\mathrm{T}} \quad (5.156\text{ b})$$

(i)역시 원 좌표계에 대한 $\boldsymbol{\tau}$의 성분 τ_{ij} 값을 문 (b)에서, 그리고 식 (5.152) 또는 (5.153)의 (직교)변환 행렬 $\mathrm{L}=(l_{ij})$를 식 (5.156b)에 대입하면 아래의 행렬 관계식을 얻는다[단 $\boldsymbol{\tau}(=\bar{\boldsymbol{\tau}})$의 대칭성 즉 $\tau_{ij}=\tau_{ji}$(혹은 $\bar{\tau}_{ij}=\bar{\tau}_{ji}$)을 가정한다 - 4.2.1절 참조]

$$\bar{\tau}(\bar{\tau}_{ij})=\mathrm{L}\tau\mathrm{L}^{\mathrm{T}}=\begin{pmatrix} c & s & 0\\ -s & c & 0\\ 0 & 0 & 1\end{pmatrix}\begin{pmatrix}\tau_{11} & \tau_{12} & \tau_{13}\\ \tau_{21} & \tau_{22} & \tau_{23}\\ \tau_{31} & \tau_{32} & \tau_{33}\end{pmatrix}_{123}\begin{pmatrix} c & -s & 0\\ s & c & 0\\ 0 & 0 & 1\end{pmatrix}=\begin{pmatrix}\bar{\tau}_{11} & \bar{\tau}_{12} & \bar{\tau}_{13}\\ \bar{\tau}_{21} & \bar{\tau}_{22} & \bar{\tau}_{23}\\ \bar{\tau}_{31} & \bar{\tau}_{32} & \bar{\tau}_{33}\end{pmatrix}_{\overline{123}} \quad (5.157\text{ a})$$

(단 위 식에서 $c=\cos\psi$, $s=\sin\psi$ 임) 즉

$$\bar{\tau}_{11}=\tau_{11}\cos^2\psi+\tau_{21}\sin 2\psi+\tau_{22}\sin^2\psi,\quad \bar{\tau}_{12}(=\bar{\tau}_{21})=(\tau_{22}-\tau_{11})\sin\psi\cos\psi+\tau_{21}\cos 2\psi,$$

$$\bar{\tau}_{13}(=\bar{\tau}_{31})=\tau_{31}\cos\psi+\tau_{32}\sin\psi,\quad \bar{\tau}_{22}=\tau_{11}\sin^2\psi-\tau_{21}\sin 2\psi+\tau_{22}\cos^2\psi,$$

$$\bar{\tau}_{23}(=\bar{\tau}_{32})=-\tau_{31}\sin\psi+\tau_{32}\cos\psi,\quad \bar{\tau}_{33}=\tau_{33} \quad (5.157\text{ b})$$

그런데 식 (5.157b)에서 문제 (b)의 정의식 $\tau_{13}=\tau_{31}=\tau_{23}=\tau_{32}=0$을 대입하면 아래의 관계가 얻어져 SSF에 대한 일반 관계식 (5.150)을 만족한다.

$$\bar{\tau}=(\bar{\tau}_{ij})=\begin{pmatrix}\bar{\tau}_{11} & \bar{\tau}_{21} & 0\\ \bar{\tau}_{21} & \bar{\tau}_{22} & 0\\ 0 & 0 & \bar{\tau}_{33}\end{pmatrix}_{\bar{1}\bar{2}\bar{3}} \tag{5. 158 a}$$

혹은

$$\bar{\boldsymbol{\tau}}(=\boldsymbol{\tau})=\bar{\tau}_{11}\bar{\boldsymbol{e}}_1\bar{\boldsymbol{e}}_2+\bar{\tau}_{12}(=\bar{\tau}_{21})\bar{\boldsymbol{e}}_1\bar{\boldsymbol{e}}_2+\bar{\tau}_{21}\bar{\boldsymbol{e}}_2\bar{\boldsymbol{e}}_1+\bar{\tau}_{22}\bar{\boldsymbol{e}}_2\bar{\boldsymbol{e}}_2+\bar{\tau}_{33}\bar{\boldsymbol{e}}_3\bar{\boldsymbol{e}}_3 \tag{5. 158 b}$$

[별해: 문(a)의 경우와 마찬가지로 $\boldsymbol{\tau}(=\bar{\boldsymbol{\tau}})=\tau_{ij}\hat{\boldsymbol{e}}_i\hat{\boldsymbol{e}}_j$에서 τ_{ij}는 $l_{mi}l_{mj}\bar{\tau}_{mn}$(∵식 (5.156b)의 역에 의해)를, 그리고 $\hat{\boldsymbol{e}}_i$는 $l_{mi}\bar{\boldsymbol{e}}_m$(∵식 (5.153b)에 의해)를 대입하여 (· ·)$\bar{\boldsymbol{e}}_i\bar{\boldsymbol{e}}_j$ 형태로 정리해도 얻어짐.]

(ii) 식 (5.157)에서 $\psi=30°$ 즉 $\sin\psi=1/2$, $\cos\psi=\sqrt{3}/2$을 대입하고, 원 좌표계에 대한 τ_{ij} 값을 문 (b)에서 대입하면 아래의 결과를 얻는다.

$$\bar{\tau}_{11}=\frac{11}{4}+2\sqrt{3},\quad \bar{\tau}_{21}(=\bar{\tau}_{12})=-\frac{\sqrt{3}}{4}+2,\quad \bar{\tau}_{22}=\frac{9}{4}-2\sqrt{3},\quad \bar{\tau}_{33}=1$$

즉 행렬표현으로 아래가 된다.

$$\bar{\tau}=(\bar{\tau}_{ij})=\begin{pmatrix}\frac{11}{4}+2\sqrt{3} & 2-\frac{\sqrt{3}}{4} & 0\\ 2-\frac{\sqrt{3}}{4} & \frac{9}{4}-2\sqrt{3} & 0\\ 0 & 0 & 1\end{pmatrix}_{\bar{1}\bar{2}\bar{3}} \quad \text{혹은} \quad \bar{\boldsymbol{\tau}}=\bar{\tau}_{ij}\bar{\boldsymbol{e}}_i\bar{\boldsymbol{e}}_j \tag{5. 159}$$

(c) 2차 텐서의 좌표변환 법칙에서 단위(등방) 텐서의 경우에도 식 (5.152) 또는 (5.153)의 $\mathrm{L}=(l_{ij})$를 이용하여 아래가 성립된다(단 $s=\sin\psi$, $c=\cos\psi$로 둠).

$$\bar{\mathrm{I}}=(\bar{\delta}_{ij})=\mathrm{L\,I\,L}^{\mathrm{T}}=\begin{pmatrix}c & s & 0\\ -s & c & 0\\ 0 & 0 & 1\end{pmatrix}\begin{pmatrix}1 & 0 & 0\\ 0 & 1 & 0\\ 0 & 0 & 1\end{pmatrix}_{123}\begin{pmatrix}c & -s & 0\\ s & c & 0\\ 0 & 0 & 1\end{pmatrix}=\begin{pmatrix}1 & 0 & 0\\ 0 & 1 & 0\\ 0 & 0 & 1\end{pmatrix}_{\bar{1}\bar{2}\bar{3}} \tag{5. 160 a}$$

혹은 아래가 성립된다.

$$\bar{\mathbf{I}}=\bar{\delta}_{ij}\bar{\boldsymbol{e}}_i\bar{\boldsymbol{e}}_j=\bar{\boldsymbol{e}}_1\bar{\boldsymbol{e}}_1+\bar{\boldsymbol{e}}_2\bar{\boldsymbol{e}}_2+\bar{\boldsymbol{e}}_3\bar{\boldsymbol{e}}_3=\bar{\boldsymbol{e}}_i\bar{\boldsymbol{e}}_i \tag{5. 160 b}$$

[별해: 원 좌표계에 대한 단위(등방) 텐서의 $\mathbf{I}=\delta_{ij}\hat{\boldsymbol{e}}_i\hat{\boldsymbol{e}}_j=\hat{\boldsymbol{e}}_i\hat{\boldsymbol{e}}_i=\hat{\boldsymbol{e}}_1\hat{\boldsymbol{e}}_1+\hat{\boldsymbol{e}}_2\hat{\boldsymbol{e}}_2+\hat{\boldsymbol{e}}_3\hat{\boldsymbol{e}}_3$에서 식 (5.153a)의 두 번째 관계에서 $\hat{\boldsymbol{e}}_1=\cos\psi\bar{\boldsymbol{e}}_1-\sin\psi\bar{\boldsymbol{e}}_2$, $\hat{\boldsymbol{e}}_2=\sin\psi\bar{\boldsymbol{e}}_1+\cos\psi\bar{\boldsymbol{e}}_2$, $\hat{\boldsymbol{e}}_3=\bar{\boldsymbol{e}}_3$를 대입하여 (· ·)$\bar{\boldsymbol{e}}_i\bar{\boldsymbol{e}}_j$의 형태로 정리해도 $\mathbf{I}=\bar{\mathbf{I}}(=\delta_{ij}\bar{\boldsymbol{e}}_i\bar{\boldsymbol{e}}_j)=\bar{\boldsymbol{e}}_1\bar{\boldsymbol{e}}_1+\bar{\boldsymbol{e}}_2\bar{\boldsymbol{e}}_2+\bar{\boldsymbol{e}}_3\bar{\boldsymbol{e}}_3=\bar{\boldsymbol{e}}_i\bar{\boldsymbol{e}}_i$의 같은 결과가 얻어진다.]

5. 4. 2 물질함수(material functions)

5. 4. 2. 1 서론과 정의

여기에서는 일반적으로 비뉴톤성 유체(non-Newtonian fluids)의 유변학적 연구에 널리 이용되는 '물질함수(material functions)'의 정의에 대해 논하기로 한다. 임의의 물질함수의 정의는 공통적으로 아래의 3부분으로 구성되어 있다.

1. 흐름형태의 선택(즉 전단 혹은 신장).
2. SSF 속도장의 $\dot{\zeta}(t)$의 함수(식 (5.114)) 및 SEF 속도장의 $\dot{\varepsilon}(t)$ 함수 및 파라미터 b(식 (5.131)) 의 명시(만약 정상상태의 경우는 $\dot{\zeta}(t)=\dot{\gamma}_0$, $\dot{\varepsilon}(t)=\dot{\varepsilon}_0$ 됨).
3. SSF의 경우에는 측정응력 $\tau_{21}(=\tau_{12})$, $N_1(=\tau_{11}-\tau_{22})$ 및 $N_2(=\tau_{22}-\tau_{33})$을 사용하여 물질함수를 정의하고, SEF의 경우에는 측정응력 $\tau_{33}-\tau_{11}$ 혹은 $\tau_{22}-\tau_{11}$을 사용하여 물질함수를 정의함.

물질함수는 이론적으로 예측하거나, 실험적으로 측정함으로써 얻어진다. 만약 이론적으로 예측할 경우에는 흐름의 종류나 $\dot{\zeta}(t)$나 $\dot{\varepsilon}(t)$ 함수와 같은 운동력(kinematics)과 응력성분 나아가 물질함수의 예측을 위한 구성방정식(constitutive equation)을 이용한다. 반면에 실험적으로 측정할 경우에는 흐름장치 내에 있는 유체물질에 운동학(즉 속도장)을 가하여 생기는 응력성분을 측정한다. 만약 주어진 유체의 성질을 정확히 기술하는 구성방정식을 선택할 경우에는 실험에 의해 물질함수를 측정함과 동시에 다양한 구성방정식을 사용하여 이들 물질함수의 이론적 예측을 병행해야 한다. 그리하여 측정된 물질함수를 가장 잘 예측하는 구성정식을 선택하여 그 물질의 흐름을 모델링하는데 이용해야 한다. 물질함수는 유체 성질에 대한 정량적 분석 외에도 품질관리(quality control)과 같은 정성적 분석에도 이용되므로, 비뉴톤 유체의 레올로지적 성질을 다룰 때는 이들 모두를 포함하는 프레임워크(골격, framework)를 짜서 접근해야 할 것이다.

5. 4. 4. 2 정상상태의 전단흐름

시간에 일정한 정상상태(steady-state)의 전단흐름인 경우 속도장에 대한 식 (5.114)에서 $\dot{\zeta}(t)=\dot{\gamma}_0$은 상수가 된다. 이와 같은 흐름은 통상 유체를 모세관을 통하여 일정속도로 흐르게 하고 이 흐름을 유지하는데 필요한 정상상태의 압력을 측정하는 레오미터에서 생성된다. 또 다른 경우는 원추-원판형(cone-and-plate) 혹은 평행(원)판형(parallel plate) 기하를 사용하여 원추나 원판을 일정 각속도로 회전시키고 이때 시험 중인 유체에 의해 생성된 토크(torque)를 측정하는 경우에도 발생된다.

정상상태의 전단흐름인 경우, (잉여)응력텐서는 시간에 일정하므로 세 응력량인 $\tau_{21}(=\tau_{12})$,

$N_1(=\tau_{11}-\tau_{22})$ 및 $N_2(=\tau_{22}-\tau_{33})$가 측정되며, 이들 양을 사용하여 세 물질함수인 전담전도 η, 제 1법선 응력계수 Ψ_1 및 제 2법선 응력계수 Ψ_2가 아래와 같이 정의된다.

$$\eta(\dot{\gamma}) = \frac{\tau_{21}(\dot{\gamma})}{\dot{\gamma}_0} \tag{5.161}$$

$$\Psi_1(\dot{\gamma}) = \frac{N_1(\dot{\gamma})}{\dot{\gamma}_0^2} = \frac{\tau_{11}-\tau_{22}}{\dot{\gamma}_0^2} \tag{5.162}$$

$$\Psi_2(\dot{\gamma}) = \frac{N_2(\dot{\gamma})}{\dot{\gamma}_0^2} = \frac{\tau_{22}-\tau_{33}}{\dot{\gamma}_0^2} \tag{5.163}$$

여기서 $\dot{\gamma}_0$의 부호는 흐름의 방향이나 좌표계의 선택에 따라 양 혹은 음이 될 수도 있다(5.4.1.2절 참조). 뉴톤 유체의 경우는 식 (5.161)으로 정의되는 전단점도 η는 전단속도 $\dot{\gamma}(t) = |\dot{\gamma}_0|$에 무관한 뉴톤 점도 μ와 같으며(식 (3.2) 참조), 비뉴톤 유체의 경우는 η는 전단속도의 함수가 된다. 그리고 이 유체의 '제로 전단점도(zero-shear viscosity)' η_0는 아래와 같이 정의된다.

$$\lim_{\dot{\gamma}\to 0} \eta(\dot{\gamma}) \equiv \eta_0 \tag{5.164}$$

한편 유체의 탄성을 나타내는 물질함수인 ψ_1과 ψ_2도 일반적으로 전단속도 $\dot{\gamma}$의 함수가 된다. 뉴톤 유체의 경우 둘 다 0이 되나(예제 5.6 참조), 대부분의 고분자 유체의 경우 Ψ_1은 양이나, Ψ_2는 작으면서 음(통상 $\Psi_2 \approx -0.1\Psi_1$)이다.

예제 5.6

비압축성 뉴톤 유체의 정상상태의 전단흐름에 대해 3 물질함수인 $\eta(\dot{\gamma})$, $\Psi_1(\dot{\gamma})$ 및 $\Psi_2(\dot{\gamma})$의 값을 계산하라.

풀이

이들 물질함수는 속도장이 (Cartesian 좌표계에 대해) 아래와 같이 정의되는 단순 전단흐름(SSF)에 대한 것이다.

$$\boldsymbol{v} = \begin{pmatrix} \dot{\zeta}(t)x_2 \\ 0 \\ 0 \end{pmatrix}_{123} \tag{5.114}$$

여기서 $\dot{\zeta}(t)=\dot{\gamma}_0=$일정이다. 뉴톤 유체의 3차원 구성방정식은 전단속도에 무관한 뉴톤 전단점도 μ를 사용하여 아래와 같이 정의된다.

$$\boldsymbol{\tau}=2\mu\mathbf{D}=\mu\dot{\boldsymbol{\gamma}} \tag{5. 45}$$

여기서 식 (5.24)로 정의되는 (대칭)변형속도 텐서 $\dot{\boldsymbol{\gamma}}$는 Cartesian 좌표계를 사용하여 아래와 같이 계산된다.

$$\dot{\boldsymbol{\gamma}}(=2\mathbf{D})=\nabla\boldsymbol{v}+(\nabla\boldsymbol{v})^{\mathrm{T}}=\begin{pmatrix}0&0&0\\\dot{\zeta}(t)&0&0\\0&0&0\end{pmatrix}_{123}+\begin{pmatrix}0&\dot{\zeta}(t)&0\\0&0&0\\0&0&0\end{pmatrix}_{123}=\begin{pmatrix}0&\dot{\zeta}(t)&0\\\dot{\zeta}(t)&0&0\\0&0&0\end{pmatrix}_{123} \tag{5. 165}$$

그런데 정상상태 흐름인 경우 $\dot{\zeta}(t)\left(=\dot{\gamma}_{21}(t)\right)=\dot{\gamma}_0$(일정)이므로 텐서 $\dot{\boldsymbol{\gamma}}$ 또한 시간에 무관하다. 여기서 식 (5.45)를 이용하여 잉여(점성)응력텐서 $\boldsymbol{\tau}$는 아래와 같이 나타내진다.

$$\boldsymbol{\tau}\left(=\tau_{ij}\hat{\boldsymbol{e}}_i\hat{\boldsymbol{e}}_j\right)=\begin{pmatrix}0&\mu\dot{\gamma}_0&0\\\mu\dot{\gamma}_0&0&0\\0&0&0\end{pmatrix}_{123}=\text{일정} \tag{5. 166}$$

여기서 비압축성 뉴톤 유체의 정상 전단흐름에 대한 3 물질함수는 정의식 (5.161) ~ (5.163)으로부터 아래와 같이 계산된다.

$$\eta\equiv\frac{\tau_{21}}{\dot{\gamma}_0}=\mu \tag{5. 167}$$

$$\Psi_1\equiv\frac{\tau_{11}-\tau_{22}}{\dot{\gamma}_0^2}=0 \tag{5. 168}$$

$$\Psi_2\equiv\frac{\tau_{22}-\tau_{33}}{\dot{\gamma}_0^2}=0 \tag{5. 169}$$

5. 4. 2. 3 비정상 상태의 전단흐름

대부분의 고분자 유체는 정상상태의 전단흐름 뿐 아니라 비정상 상태(unsteady-state)의 전단흐름에 대한 응답거동에 있어서도 서로 다른 양상을 보여준다. 비정상 상태의 측정도 정상상태의 경우와 마찬가지로 모세관(capillary)흐름, 비틀림 원추 - 평판(torsional cone-and-plate) 흐름 등을 이용한다. 그러나 이때 측정되는 압력과 토크는 흐름이 비정상(unsteady)이므로 시간의 함수가 된다. 시간의존성 전단흐름에는 여러 종류가 있는데 이들에 관한 물질함수를 그림 5.15에 요약하여 나타내었다.

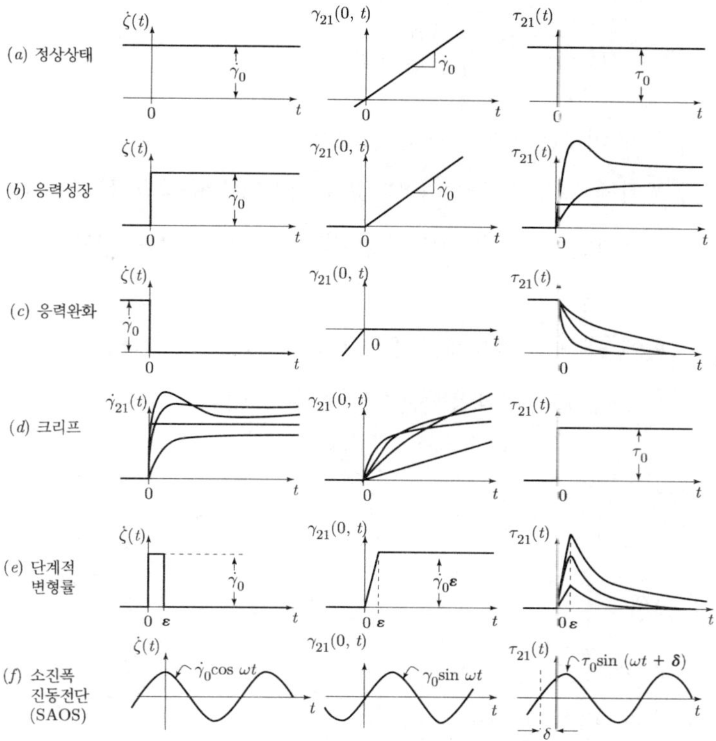

그림 5.15 여러 비정상상태의 전단흐름에 대한 물질함수의 정의에 있어서 규정된 전단속도 $\dot{\zeta}(t)(=\dot{\gamma}_{21}(t))$, 전단변형률 $\gamma_{21}(0,t)\left[=\int_0^t \dot{\zeta}(t')dt'\right]$ 및 전단응력 τ_{21}의 요약. 특히 SAOS의 경우 $\dot{\gamma}_0=\gamma_0\omega$ (여기서 ω는 각속도)임.

(a) 전단응력 성장

전단흐름(SSF)에 대한 가장 공통적인 레올로지 측정은 점도측정으로서 통상 정상상태(steady state) 흐름에서 행해진다. 그러나 실제 실험에 있어서 정상상태에 도달하기 전 응력이 0(정지상태)에서 정상상태의 값으로 성장케 하는 시간의존성 시동부분(start-up portion)이 있다. 비정상(unsteady) 전단흐름과 정상상태의 전단흐름의 차이는 SSF에 대해 정의된 속도장의 식 $\boldsymbol{v}=\dot{\zeta}(t)x_2\hat{\boldsymbol{e}}_1$(5.132)에서의 $\dot{\zeta}(t)(=\dot{\gamma}_{21}(t))$ 함수에 기인한다. 정상상태의 흐름(그림 5.15(a))에서는 모든 시간에서 $\dot{\zeta}(t)=\dot{\gamma}_0$으로 일정하나, 비정상 응력성장(그림 5.15b)에 사용되는 $\dot{\zeta}(t)$ 함수는 아래와 같이 정의된다.

$$\dot{\zeta}(t)=\dot{\gamma}_0H(t)=\begin{cases}0 & t<0\\ \dot{\gamma}_0 & t\geq 0\end{cases} \tag{5. 170 a}$$

여기서

$$\text{Heaviside 단계함수}: \ H(t) \equiv \begin{cases} 0 & t < 0 \\ 1 & t \geq 0 \end{cases} \tag{5.170 b}$$

[비고: Heaviside 함수의 미분은 1차원 델타 함수가 된다. 즉 $H'(t) = \delta(t)$[식 (2.404) 참조)]
위 식에서 $\dot{\gamma}_0$는 실험조건에 따라 양 또는 음의 값을 가진다(5.4.1.2절 참조). 식 (5.170)은 $t < 0$일 때는 흐름이 없으나, $t \geq 0$일 때는 유체에 일정 전단속도 $\dot{\gamma}_0$가 부가되어 전단응력 또는 흐름이 생김을 의미한다.

그림 5.15(b)의 흐름에 대한 일반유체의 응답(response)은 3 시간의존성 응력 량인 $\tau_{21}(t, \dot{\gamma})$, $N_1(t, \dot{\gamma})$ 및 $N_2(t, \dot{\gamma})$로 측정되며, 대응하는 물질함수는 아래와 같이 정의된다.

$$\text{전단응력 성장계수}: \ \eta^+(t, \dot{\gamma}) \equiv \frac{\tau_{21}}{\dot{\gamma}_0} \tag{5.171}$$

$$\text{제 1 법선응력 성장계수}: \ \Psi_1^+(t, \dot{\gamma}) \equiv \frac{\tau_{11} - \tau_{22}}{\dot{\gamma}_0^2} \tag{5.172}$$

$$\text{제 2 법선응력 성장계수}: \ \Psi_2^+(t, \dot{\gamma}) \equiv \frac{\tau_{22} - \tau_{33}}{\dot{\gamma}_0^2} \tag{5.173}$$

이들 세 물질함수 모두 그림에 나타낸 바와 같이 시간과 전단속도 $\dot{\gamma}$의 크기에 의존한다. 이들 정의는 정상상태의 경우(그림 5.15(a) 및 식 (5.167) ~ (5.169))와 비교하면 관련된 응력이 시간의 함수인 것을 제외하고서는 같다. 따라서 아래와 같이 $t \rightarrow \infty$ 되는 정상상태에서는 정상상태의 물질함수와 같게 된다.

$$\lim_{t \to \infty} \eta^+(t, \dot{\gamma}) = \eta(\dot{\gamma}) \tag{5.174}$$

$$\lim_{t \to \infty} \Psi_1^+(t, \dot{\gamma}) = \Psi_1(\dot{\gamma}) \tag{5.175}$$

$$\lim_{t \to \infty} \Psi_2^+(t, \dot{\gamma}) = \Psi_2(\dot{\gamma}) \tag{5.176}$$

예제 5.7

비압축성 뉴톤 유체의 전단흐름에 있어서 (비정상)응력성장 실험에 대한 3 물질함수 $\eta^{+}(t,\dot{\gamma})$, $\Psi_1^{+}(t,\dot{\gamma})$ 및 $\Psi_2^{+}(t,\dot{\gamma})$를 계산하라.

풀이

그림 5.15b에 관련된 속도장과 $\dot{\zeta}(t)$ 함수는 아래가 된다(식 (5.114)와 (5.170) 참조).

$$\boldsymbol{v}=\begin{pmatrix}\dot{\zeta}(t)x_2\\0\\0\end{pmatrix}_{123},\ \text{여기서}\ \dot{\zeta}(t)=\dot{\gamma}_0H(t)=\begin{cases}0 & t<0\\ \dot{\gamma}_0 & t\geq 0\end{cases} \tag{5.177}$$

그런데 비압축 뉴톤 유체의 구성방정식은 $\boldsymbol{\tau}=2\mu\mathbf{D}=\mu\dot{\boldsymbol{\gamma}}$ (식 (5.45))이므로 Cartesian 좌표계에서 아래가 얻어진다.

$$\dot{\boldsymbol{\gamma}}(=2\mathbf{D})=\boldsymbol{\nabla v}+(\boldsymbol{\nabla v})^{\mathrm{T}}=\begin{pmatrix}0&\dot{\zeta}(t)&0\\ \dot{\zeta}(t)&0&0\\0&0&0\end{pmatrix}_{123} \tag{5.178}$$

여기서 정상상태 흐름(그림 5.15(a))와 달리 $\dot{\zeta}(t)$는 시간의 함수이므로 $\dot{\boldsymbol{\gamma}}(=2\mathbf{D})$ 및 $\boldsymbol{\tau}$도 시간의 함수이다. 그런데 $t<0$일 때 $\dot{\zeta}(t)=0$이므로 $\dot{\boldsymbol{\gamma}}$ 및 $\boldsymbol{\tau}$도 $\mathbf{0}$이 된다. 즉

$$\boldsymbol{\tau}=\mathbf{0}\qquad (t<0) \tag{5.179}$$

반면에 $t\geq 0$인 경우 $\dot{\zeta}(t)=\dot{\gamma}_0=$일정이므로 $\dot{\boldsymbol{\gamma}}$ 및 $\boldsymbol{\tau}$는 각각 아래로 주어진다.

$$\dot{\boldsymbol{\gamma}}=\begin{pmatrix}0&\dot{\gamma}_0&0\\ \dot{\gamma}_0&0&0\\0&0&0\end{pmatrix}_{123}\qquad (t\geq 0) \tag{5.180}$$

$$\boldsymbol{\tau}=\begin{pmatrix}0&\mu\dot{\gamma}_0&0\\ \mu\dot{\gamma}_0&0&0\\0&0&0\end{pmatrix}_{123}\qquad (t\geq 0) \tag{5.181}$$

여기서 3 물질함수의 정의식 (5.174) ~(5.176)으로부터 아래가 얻어진다.

$$\eta^{+}\equiv\frac{\tau_{21}(t)}{\dot{\gamma}_0}=\frac{1}{\dot{\gamma}_0}\begin{cases}0 & t<0\\ \mu\dot{\gamma}_0 & t\geq 0\end{cases}=\begin{cases}0 & t<0\\ \mu & t\geq 0\end{cases} \tag{5.182}$$

$$\Psi_1^{+}(t)\equiv\frac{\tau_{11}(t)-\tau_{22}(t)}{\dot{\gamma}_0^2}=\frac{1}{\dot{\gamma}_0^2}\begin{cases}0 & t<0\\ 0 & t\geq 0\end{cases}=0 \tag{5.183}$$

$$\Psi_2^{+}(t)\equiv\frac{\tau_{22}(t)-\tau_{33}(t)}{\dot{\gamma}_0^2}=\frac{1}{\dot{\gamma}_0^2}\begin{cases}0 & t<0\\ 0 & t\geq 0\end{cases}=0 \tag{5.184}$$

따라서 비압축성 뉴톤 유체의 경우 탄성을 나타내는 제 1 및 제 2 법선응력 성장계수는 전 시간에 걸쳐 0이 되나, 전단응력 성장계수(점도) η^+는 $t<0$일 때는 0이다가 일정 전단속도 $\dot{\gamma}_0$가 부가되는 $t=0$ 이후부터는 점도의 정상치인 뉴톤 점도값 μ로 순간적으로 점프하나 전단속도 $\dot{\gamma}$에는 무관하다.

(b) 전단응력 감쇠(응력완화)

점도가 전단속도에 의존하는 비뉴톤성 유체의 완화(relaxation) 거동에 관한 정보는 흐름이 중단(즉 전단속도가 0이 됨)될 때 정상상태의 응력이 어떻게 완화되는가를 관찰함으로써 얻을 수 있다. 이 실험에서의 정상상태의 전단흐름을 끊는 것(shearing cessation)은 아래와 같이 정의된 $\dot{\zeta}(t, \dot{\gamma})$ 함수를 가진 전단흐름에 대응한다(그림 5.15(c) 참조).

$$\dot{\zeta}(t) = \dot{\gamma}_0(1-H(t)) = \begin{cases} \dot{\gamma}_0 & t<0 \\ 0 & t \geq 0 \end{cases} \tag{5. 185}$$

여기서 $H(t)$는 식 (5.170b)로 정의된 Heaviside 단계함수이다. 이때 정상상태의 전단흐름을 끊은 후 일어나는 '전단응력 감쇠(shear-stress decay)'에 대한 시간의존성 3 물질함수는 응력성장의 경우와 유사하게 아래와 같이 정의되며, 일반적으로 전단속도 $\dot{\gamma}$의 함수가 된다.

$$\text{전단응력 감쇠계수}: \ \eta^-(t, \dot{\gamma}) \equiv \frac{\tau_{21}}{\dot{\gamma}_0} \tag{5. 186}$$

$$\text{제 1 법선응력 감쇠계수}: \ \Psi_1^-(t, \dot{\gamma}) \equiv \frac{\tau_{11}-\tau_{22}}{\dot{\gamma}_0^2} \tag{5. 187}$$

$$\text{제 2 법선응력 감쇠계수}: \ \Psi_2^-(t, \dot{\gamma}) \equiv \frac{\tau_{22}-\tau_{33}}{\dot{\gamma}_0^2} \tag{5. 188}$$

예제 5.6의 경우와 유사하게 비압축성 뉴톤 유체에 대한 이들 세 물질함수의 값은 바로 구해질 수 있다.

뉴톤 유체의 경우는 흐름이 중단(즉 $\dot{\zeta}(t)=0$)되면 즉시 완화되나($\because \tau_{21} \propto \dot{\gamma}$), 비뉴톤 유체의 경우는 점도가 전단속도의 함수가 되므로 완화하는데 시간이 걸린다. 이와 같이 변형 후 일어나는 물질의 응력완화(stress relaxation)을 특징짓는 시간을 4.5.3절에 소개한 '완화시간(relaxation time)' λ이라고 부른다. 즉 실제 흐름의 분석에 있어서 완화시간의 중요성을 특징짓는 식 (4.183)으로 정의된 무차원 수인 Deborah 수(De)를 여기서는 유체의 체류(혹은 접촉) 시간을 나타내는 t_r 대신 편의상 유동시간 t_{flow}로 바꾸어 나타내면 아래가 된다.

$$De = \lambda / t_{flow} \tag{5. 189}$$

이렇게 정의된 De는 어떤 (유체)계의 주어진 변형에 대한 응답을 예측하는데 도움이 된다. 따라서 식 (4.183)에서는 De를 유동의 시간 스케일에 따른 물질의 탄성거동 대 점성거동의 비(즉 $t_r \ll \lambda$가 되어 $De \gg 1$인 경우에는 탄성이 주효)로서 해석하였는데 여기서는 가령 $De \gg 1$이면 물질완화가 계의 응답을 결정하며, $De \ll 1$이면 유동시간 스케일이 계의 응답을 결정한다고 말할 수 있다. 또한 식 (4.184)로 정의된, De와 유사한 의미를 가진 Weissenberg 수(W_i)를 사용해도 마찬가지 설명이 가능하다.

(c) 전단 크리프

정상상태의 전단흐름을 만드는 또 다른 방법으로서 앞서 언급한 일정 전단속도($\dot{\gamma}_0$) 대신 일정 전단응력(τ_0)에서 흐름을 유도하는 것이다. 물론 일정 전단응력하의 전단흐름에 대한 비정상 응답은 일정 전단속도에 대한 응답과는 본질적으로 다르다. 즉 일정 전단속도 실험에서의 응력성장은 시동(start-up) 실험에서 측정되나((a)절 참조), 일정 응력실험에서는 시료의 시간의존성 변형은 일과성 흐름(transient flow)에서 측정된다. 이와 같은 일정 응력하의 비정상 전단실험은 '전단 크리프(shear creep)'라 부른다(그림 5.15(d) 참조). 전단 크리프에서는 지금까지 SSF에서 다루어 온 전단속도함수 $\dot{\zeta}(t)[=\dot{\gamma}_{21}(t)]$ 대신, 아래와 같이 부가되는 전단응력을 규정한다.

$$\tau_{21}(t) = \begin{cases} 0 & t < 0 \\ \tau_0 = \text{일정} & t \geq 0 \end{cases} \tag{5. 190}$$

전단 크리프에서 측정되는 것은 일정응력 τ_0의 부가 결과로서 발생하는 시간의 변화에 따른 시료의 전단변형(률)(shear strain)의 크기이다. 유동 중 유체 입체의 모양의 변화(혹은 변형)의 척도인 전단 변형률은 통상 $\gamma_{21}(t_{ref}, t)$로 표기되며, 첨자 21은 단위벡터 $\hat{e}_2$에 수직인 $\hat{e}_2$－면에 1－방향으로 미끄러지는 전단흐름에서 생기는 변형률을 나타낸다. 또한 시간적으로는 기준시간 t_{ref}에서의 유체의 공간배치(configuration)에 상대적인 현시간 t에서의 변형률을 나타낸다. 이하에서는 주로 $t_{ref} = 0$으로 간주하며, $\gamma_{21}(t_{ref}, t)$ 표기는 종종 $\gamma_{21}(t)$ 혹은 단순히 $\gamma(t)$로도 나타낸다.

한편 짧은 시간내의 정상(steady) 전단흐름(즉 $\dot{\gamma}(t) = \dot{\gamma}_0$ 일정)에 대한 미소 전단변형률은 아래와 같이 표기된다.

$$\gamma_{21}(0, t) = \frac{\partial u_1}{\partial x_2} = \int_0^t \dot{\gamma}(t')dt' = \dot{\gamma}_0 t \tag{5. 191}$$

반면에 비정상(unsteady) 전단흐름(즉 $\dot{\gamma}(t) \neq \dot{\gamma}_0$)에서 시간 t_1에 상대적인 시간 t_2에서의 전단

변형률은 아래와 같이 순간 전단속도 함수 $\dot{\gamma}_{21}(t)$의 적분을 통하여 얻어진다.

$$\gamma_{21}(t_1, t_2) = \int_{t_1}^{t_2} \dot{\gamma}_{21}(t')dt' \tag{5. 192}$$

다음에는 비정상상태의 전단 크리프에 대한 물질함수를 정의해보자. 즉 규정된 (일정)전단응력 τ_0에 대한 측정된 시료의 전단 변형률을 나타내는 물질함수로서 아래와 같이 정의되는 크리프 컴플라이언스(creep compliance) $J(t, \tau_0)$가 있다.

$$J(t, \tau_0) \equiv \frac{\gamma_{21}(0, t)}{\tau_0} \tag{5. 193}$$

여기서 $\gamma_{21}(0, t)$는 $\dot{\gamma}_{21}$의 측정과 식 (5.192)로부터 얻어진다. $J(t, \tau_0)$ 곡선은 많은 특징을 갖고 있으며, 관련된 물질함수도 여러 개가 존재한다(그림 5.16 참조).

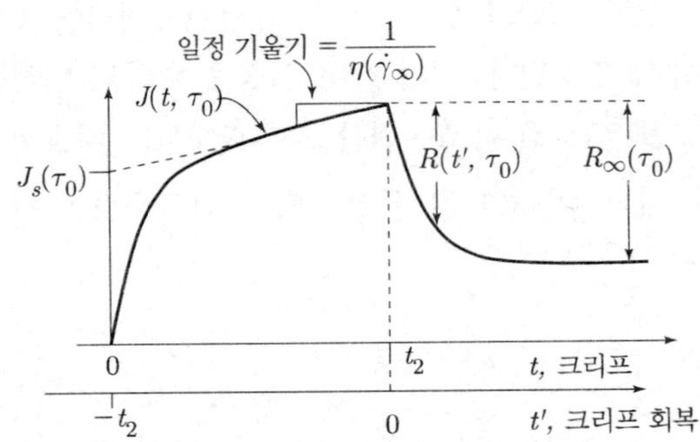

그림 5.16 전단 크리프 실험에서 여러 물질 함수간의 관계. 모든 성질은 일반적으로 (특히 변형이 클 때) 부가된 일정 전단응력 τ_0의 함수이다.

그림 5.16에서 볼 수 있듯이, 시간이 충분히 경과하면서 변형률 $\gamma(t)$(혹은 컴플라이언스 $J(t) = \gamma(t)/\tau_0$)는 시간에 대해 직선적 즉 정상상태 흐름이 된다. 이 때 크리프 컴플라이언스 $J(t, \tau_0)\,[= \gamma(t)/\tau_0]$의 정상상태($t \to \infty$) 기울기는 $\dot{\gamma}_\infty/\tau_0 = 1/\eta(\dot{\gamma}_\infty)$가 되어 단순히 정상 전단점도(steady shear viscosity)의 역수가 된다. 따라서 (응력을 제거 후)회복 가능한 정상상태의 컴플라이언스 $J_s(\tau_0)$는 아래와 같은 정의된다.

$$J_s(\tau_0) \equiv J(t, \tau_0)|_{steady\ state} - \frac{t}{\eta(\dot{\gamma}_\infty)} \tag{5. 194}$$

여기서 $J_s(\tau_0)$는 $J(t, \tau_0)$의 정상상태가 되는 직선영역을 $t=0$까지 외삽함으로써 얻어진다(그림 5.16).

전단 크리프 실험에서 역시 자주 측정되는 양으로서 '크리프 회복(creep recovery)'이 있는데, 이는 일정 전단응력 τ_0하에서 크리프 변형이 정상상태에 도달 후 시간 $t'=0$에서 갑자기 전단응력을 제거 후 발생되는 양이다. 즉 3.2.3절에서 언급했듯이 흐름을 일으키는 추진 응력이 제거되면 탄성 및 점탄성물질은 초기의 흐름방향과 반대방향으로 되돌아가게 되는데 이때 회복되는 변형의 양을 정상상태의 '회복 가능한(recoverable) 전단변형' 또는 '리코일(되감기, recoil) 전단변형' $\gamma_r(t)$이라고 부른다. 전단 회복 실험에서 흐르는 시료는 속도구배 방향인 x_2-방향으로는 회복이 일어나지 않음에 유의하라. 시간 t_2에서 응력 제거 후 시간 $t(>t_2)$에서 회복될 전단변형(률) $\gamma_r(t)$는 아래와 같이 구해진다.

$$\gamma_r(t) \equiv \gamma_{21}(0, t_2) - \gamma_{21}(0, t) = \int_0^{t_2} \dot{\gamma}(t'')dt'' - \int_0^{t} \dot{\gamma}(t'')dt''$$

$$= \int_0^{t_2} \dot{\gamma}(t'')dt'' - \left[\int_0^{t_2} \dot{\gamma}(t'')dt'' + \int_{t_2}^{t} \dot{\gamma}(t'')dt''\right] = -\int_{t_2}^{t} \dot{\gamma}(t'')dt'' \tag{5. 195}$$

위 식에서 $\gamma_{21}(0, t_2)$는 시간 t_2에서 응력 τ_0 제거 직후의 계에 존재하는 전단 변형이고, $\gamma_{21}(0, t)$는 그 후 시간 $t(>t_2)$에서 계에 남아있는 전단변형으로 그 차이가 시간 t_2와 t사이에 회복된 전단변형 $\gamma_r(t)$가 된다. 그리고 위 식의 맨 마지막 항은 $-[\gamma(t)-\gamma(t_2)]$가 되고, $\gamma(t)<\gamma(t_2)$이므로 전체적으로 $\gamma_r(t)>0$을 만족한다. 한편 식 (5.195)에서 응력을 제거한 시간 $t_2=0$을 두고, 그로부터 t까지 경과한 시간을 $t'(=t-t_2)$로 두면 아래가 된다.

$$\gamma_r(t') = -\int_0^{t'} \dot{\gamma}(t'')dt'' \equiv -\gamma_{21}(0, t')\,[=-(\gamma(t')-\gamma(0))] \tag{5. 196}$$

역시 $\gamma(t'>0)<\gamma(0)$이 되어, 전체적으로 $\gamma_r(t')>0$이 만족된다.

다음에는 위 식의 응력제거 후의 리코일(되감기) 변형률 $\gamma_r(t')$로부터 '회복 가능한 컴플라이언스(recoverable compliance)' 물질함수 $J_r(t', \tau_0)$ 또는 단순히 '리코일(recoil)' 함수 $R(t', \tau_0)$는 아래와 같이 정의된다.

$$J_r(t', \tau_0) \equiv \frac{\gamma_r(t')}{\tau_0} = R(t', \tau_0) \tag{5. 197}$$

한편 궁극적(ultimate) 회복 가능한 전단변형률 γ_∞ 및 '궁극적 리코일 함수(ultimate recoil function)' $R_\infty(\tau_0)$는 각각 아래와 같이 정의된다.

$$\gamma_{\infty} \equiv \lim_{t' \to \infty} \gamma_r(t') \tag{5.198}$$

$$R_{\infty}(\tau_0) \equiv \lim_{t' \to \infty} R(t', \tau_0) = \frac{\gamma_{\infty}}{\tau_0} \tag{5.199}$$

그리고 일정 응력 τ_0하에서 시간 t가 경과했을 때 시료가 받는 선형 점탄성 한계 내(즉 관련된 변형이 작아 물질함수가 상수가 됨)의 전체 전단변형(률) $\gamma(t)$는 시료의 탄성 및 점탄성 부분에 의한 회복 가능한 (리코일)변형 $\gamma_r(t)$와 시료의 점성부분에 의한 정상상태의 비가역적인 변형 $\dot{\gamma}_{\infty} t$(여기서 $\dot{\gamma}_{\infty} = \tau_0 / \eta_0$, η_0는 제로 전단 점도)의 항으로 나타낼 수 있다(그림 5.16 참조). 즉

$$\gamma(t) = \gamma_r(t) + t\dot{\gamma}_{\infty} \tag{5.200a}$$

혹은 양변을 τ_0으로 나누면

$$J(t) = R(t) + t/\eta_0 \tag{5.200b}$$

여기서 $t \to \infty$일 때의 정상상태의 전단 크리프 컴플라이언스의 선형 점탄성 한계(즉 이때 물질함수는 변형에 무관한 상수가 됨)는 위첨자 0를 사용하여 궁극 리코일 함수에 대한 $R(t)|_{steady\ state} = R_{\infty}^0 = J_s^0$의 정의와 함께 아래와 같이 나타낼 수 있다.

$$J(t)|_{steady\ state} = J_s^0 + \frac{t}{\eta_0} \tag{5.201}$$

위에서 논의된 전단응력 조절된 크리프 전단흐름은 전단속도 조절된 흐름에 비해 정상상태의 빠른 접근 및 크리프 회복 실험을 통한 '탄성 기억 효과(elastic memory effect)'과 같은 몇 가지 장점이 있으므로 복잡한 물질에도 응용이 가능하다.

예제 5.8

비압축성 뉴톤 유체에 대해 전단 크리프 컴플라이언스 $J(t)$를 계산하고, 또한 회복 가능한 컴플라이언스(혹은 리코일 함수) $J_r(t) = R(t)$도 조사하여라.

풀이

먼저 크리프 실험에 부가된 전간응력 $\tau_{21}(t)$ 및 단순 전단흐름(SSF)에 대한 속도장 $\boldsymbol{v}$(Cartesian 좌표계)는 아래와 같이 정의된다고 하자.

$$\tau_{21}(t) = \begin{cases} 0 & t < 0 \\ \tau_0 & t \geq 0 \end{cases} \tag{5.202}$$

$$v = \begin{pmatrix} \dot{\gamma}_{21}(t)x_2 \\ 0 \\ 0 \end{pmatrix}_{123} \tag{5. 203}$$

이때 크리프의 경우는 SSF에 대한 다른 물질함수와 달리, 전단속도 함수 $\dot{\zeta}(t)=\dot{\gamma}_{21}(t)$의 구체적인 형태가 정의되지 않고, 대신 전단응력 $\tau_{21}(t)$가 규정된다. 다음에 SSF에 대한 뉴톤 유체의 구성방정식은 Cartesian 좌표계에서 아래가 된다.

$$\boldsymbol{\tau} = \mu\dot{\boldsymbol{\gamma}}(=2\mathbf{D}=\mathbf{L}+\mathbf{L}^{\mathrm{T}})=\mu[\nabla \boldsymbol{v}+(\nabla \boldsymbol{v})^{\mathrm{T}}]=\begin{pmatrix} 0 & \mu\dot{\gamma}_{21}(t) & 0 \\ \mu\dot{\gamma}_{21}(t) & 0 & 0 \\ 0 & 0 & 0 \end{pmatrix}_{123} \tag{5. 204}$$

여기서 $\tau_{21}=\tau_0$의 조건에서 아래가 성립된다.

$$\tau_{21}=\mu\dot{\gamma}_{21}(t)=\tau_0 \tag{5. 205a}$$

즉

$$\dot{\gamma}_{21}(t)=\frac{\tau_0}{\mu}=\text{일정}\ \ (t\ge 0) \tag{5. 205b}$$

다음에는 전단 크리프 컴플라이언스 $J(t)$를 구하기 위해, 먼저 식 (5.192)로부터 $\gamma_{21}(0\,,t)$를 계산한다. 즉

$$\gamma_{21}(0,t)=\int_0^t \dot{\gamma}_{21}(t')dt' = \int_0^t \frac{\tau_0}{\mu}dt'=\frac{\tau_0}{\mu}t \tag{5. 206}$$

따라서 $J(t)$는 아래와 같이 얻어진다.

$$J(t)\equiv\frac{\gamma_{21}(0,t)}{\tau_0}=\frac{1}{\mu}t \qquad (t\ge 0) \tag{5. 207}$$

다음에 응력제거 후의 회복 가능한 컴플라이언스($J_r(t)$) 혹은 리코일 함수($R(t)$)는 식 (5. 200b)에서 아래와 같이 구해진다(뉴톤 유체의 경우 $\eta_0=\mu$를 이용한다).

$$J_r(t)=R(t)=J(t)-\frac{t}{\eta_0}=0 \tag{5. 208}$$

즉 뉴톤 유체의 전단 크리프에서 응력제거 후의 크리프 회복(혹은 리코일)은 없는데, 이는 전단 점도가 상수인 뉴톤 유체의 경우 순간적인 전단속도에만 의존하여 전단응력이 발생하므로 만약 흐름이 정지(즉 $\tau_{21}=0$)되면 전단속도 역시 0이 되기 때문이다.

(b)절과 (c)절에서 논의된 응력완화와 크리프 현상에 대해서는 선형 점탄성적인 차원에서 6장에서 보다 자세하게 다루기로 한다.

(d) 단계적 전단 변형

앞에서 논의된 3 대표적인 비정상 상태의 전단흐름(즉 응력성장, 응력감쇠 및 크리프)에 대한 물질함수 외에도 여기서 논의한 단계적 전단변형(step shear strain)(그림 5.15(e))에 관한 물질함수도 역시 중요하다고 하겠다.

고분자나 다른 점탄성 물질이 갖는 흥미 있는 성질 중 하나는 그들이 부분적 기억(partial memory)을 갖는다는 것이다. 즉 생성된 응력이 금방 완화(relax)되지 않고, 긴 시간에 걸쳐 천천히 감소(decay)된다는 것이다. 이때 응력감쇠가 일어나는 시간이 그 유체에 대한 일종의 '기억 시간' 혹은 '완화시간'이 된다. 점탄성 유체의 완화시간을 조사하는데 가장 널리 이용되는 전단흐름에 대한 실험으로서는 단계적 전단변형 실험이 있다 이 실험에서는 두 평판 사이에 정지된 유체시료에 극히 짧은 시간 ε동안 일정한 큰 전단속도를 부가함으로써 갑작스런 교란(disturbance)을 야기시킨다(그림 5.15(e) 참조). 이때 생성된 시간의존성 응력을 기록한다.

단계적 전단변형 실험에 이용되는 전단속도 함수 $\dot{\zeta}(t)\left(=\dot{\gamma}_{21}(t)\right)$는 아래와 같이 규정된다.

$$\dot{\zeta}(t)=\lim_{\varepsilon\to 0}\begin{cases}0 & t<0\\ \dot{\gamma}_0 & 0\le t<\varepsilon\\ 0 & t\ge\varepsilon\end{cases},\quad \dot{\gamma}_o\epsilon=\text{일정}\,(=\gamma_o) \tag{5. 209}$$

위 식에서 $\varepsilon\to\infty$의 극한조건은 가능한한 빨리 전단변형을 가한다는 것이며, $\dot{\gamma}_0\varepsilon=\text{일정}\,(=\gamma_0)$은 부가된 단계적 전단변형의 크기를 나타낸다.

지금 기준시간 t_{ref}에 상대적인 전단변형률 $\gamma_{21}(t_{ref},t)$는 아래와 같이 정의된다.

$$\gamma_{21}(t_{ref},t)=\frac{\partial u_1}{\partial x_2} \tag{5. 210}$$

여기서 $u_1=u_1(t_{ref},\,t)$은 (Cartesian) x_1-방향의 변위함수로서, 그의 3차원 버전 $\boldsymbol{u}(t_{ref},\,t)$은 시간 t_{ref} 및 t에서의 유체입자의 위치함수 ($\boldsymbol{r}$)를 사용하여 아래와 같이 나타내진다.

$$\boldsymbol{u}(t_{ref},t)\equiv\boldsymbol{r}(t)-\boldsymbol{r}(t_{ref}) \tag{5. 211}$$

식 (5.210)의 γ_{21}은 일반 전단흐름(정상이든 비정상이든)의 경우 전단속도 함수 $\dot{\zeta}(t)\left(=\dot{\gamma}_{21}(t)\right)$를 이용하여 아래와 같이 정의된다.

$$\gamma_{21}(t_{ref}, t) = \int_{t_{ref}}^{t} \dot{\gamma}_{21}(t')dt' \tag{5.212}$$

다시 이 식의 양변을 t에 대해 미분하고, 정적분의 미분에 대한 Leibnitz 공식(A6.1.4 참조)을 이용하면 아래를 얻는다.

$$\frac{d\gamma(t_{ref}, t)}{dt} = \dot{\gamma}_{21}(t) \tag{5.213}$$

한편 단계적 전단변형 실험에 있어서, 기준시간 $t_{ref} = -\infty$로 두고, $\dot{\gamma}_{21}(t)$로서 식 (5.209)의 정의를 이용하면 $\gamma_{21}(t)$는 식 (5.212)에서 아래가 된다.

$$\gamma_{21}(t) = \int_{-\infty}^{t} \dot{\gamma}_{21}(t')dt' = \int_{-\infty}^{0} 0\,dt' + \int_{0}^{\varepsilon} \dot{\gamma}_0\,dt' + \int_{\varepsilon}^{t} 0\,dt' = \dot{\gamma}_0\,\varepsilon \equiv \gamma_0 \tag{5.214}$$

즉 이 실험에서는 시간 $t=0$에서 시료에 고정변형 $\gamma_0 = \dot{\gamma}_0 \varepsilon$를 급격히 적용함을 의미한다.

그림 5.15(e)에 규정된 전단속도함수 $\dot{\zeta}(t)\left(=\dot{\gamma}_{21}(t)\right)$는 고정변형 γ_0의 항으로 아래와 같이 나타내진다.

$$\dot{\zeta}(t) = \lim_{\varepsilon \to 0} \begin{cases} 0 & t < 0 \\ \dot{\gamma}_0 & 0 \le t < \varepsilon \\ 0 & t \ge \varepsilon \end{cases} \tag{5.215a}$$

$$= \gamma_0 \lim_{\varepsilon \to 0} \begin{cases} 0 & t < 0 \\ \dfrac{1}{\varepsilon} & 0 \le t < \varepsilon \equiv \gamma_o \delta_+(t) \\ 0 & t \ge \varepsilon \end{cases} \tag{5.215b}$$

위 식에서 정의된 비대칭 델타(delta)함수 $\delta_+(t)$는 통상의 델타함수처럼 아래를 만족한다.

$$\int_{\infty}^{\infty} \delta_+(t)dt = 1 \tag{5.216}$$

여기서 식 (5.215b)를 식 (5.214)의 첫 번째 항등관계에 대입하면 전단변형 함수 $\gamma_{21}(-\infty, t)$는 Heaviside 단계 함수 $H(t)$(식 (5.170b)를 사용하여 아래와 같이 나타낼 수도 있다.

$$\gamma_{21}(-\infty, t) = \int_{-\infty}^{t} \gamma_0 \delta_+(t')dt' = \begin{cases} 0 & t < 0 \\ \gamma_0 & t \ge 0 \end{cases} = \gamma_0 H(t) \tag{5.217}$$

점도가 전단속도의 함수가 되는 비뉴톤성 유체에 대해 위에서 정의된 단계적 변형을 부가하면 전단응력과 법선응력(만약 존재하면)에 있어서 빠른 응답을 나타내며, 뒤따라 이들 응력의 완화가 일어난다. 특히 단계적 변형실험에 대한 물질함수는 점도보다 응력과 변형률의 비인 탄성계수(modulus)의 개념에 보다 근거를 두고 있다(아래 참조).

한편 단계적 전단변형 실험에 있어서 고정 변형률 $\gamma_0(=\dot{\gamma}_0\varepsilon)$의 부호는 선택된 (Cartesian)좌표계에 따라 + 혹은 − 일수도 있으나 이하에서는 편의상 γ_0을 양으로 하는 좌표계를 택하기로 한다. 그러면 이 실험에 대한 3 대표적 물질함수인 완화 탄성률 $G(t,\gamma_0)$, 제 1 법선응력 단계적 전단완화 탄성률 $G_{\Psi_1}(t,\gamma_0)$ 및 제 2 법선응력 단계적 전단완화 탄성률 $G_{\Psi_2}(t,\gamma_0)$는 각각 아래와 같이 정의된다.

$$G(t,\gamma_0)\equiv\frac{\tau_{21}(t,\gamma_0)}{\gamma_0} \tag{5.218}$$

$$G_{\Psi_1}(t,\gamma_0)\equiv\frac{\tau_{11}-\tau_{22}}{\gamma_0^2} \tag{5.219}$$

$$G_{\Psi_2}(t,\gamma_0)\equiv\frac{\tau_{22}-\tau_{33}}{\gamma_0^2} \tag{5.220}$$

이 중 특히 $G_{\Psi_2}(t,\gamma_0)$는 값이 작고, 또한 특수장비를 요하므로 거의 측정되지 않는다. 위 세 물질함수 모두 시간의 함수이며, 또한 단계적 변형(률)의 진폭 γ_0의 함수이다. 만약 변형이 작은 선형 점탄성 영역에서는 $G(t,\gamma_0)$ 및 $G_{\Psi_1}(t,\gamma_0)$은 변형에 무관한 상수가 되며, 이 경우 $G(t,\gamma_0)$은 $G(t)$로 표기된다. 그리고 비선형 영역에 속하는 높은 변형의 경우 비선형과 선형 완화 탄성률의 비를 시간에 무관한 '감쇠함수(damping function)' $h(\gamma_0)$를 사용하여 아래와 같이 나타낸다.

$$h(\gamma_0)\equiv\frac{G(t,\gamma_0)}{G(t)} \tag{5.221}$$

(e) 소진폭 진동전단(SAOS)

비정상(unsteady) 전단흐름에 관련되어 여기서 소개할 마지막 물질함수로서는 주기적인 시간의 존성 전단속도 함수 $\dot{\zeta}(t)(=\dot{\gamma}_{21}(t))$를 가진 '소진폭 진동전단(small-amplitude oscillatory shear, SAOS)' 흐름에 관한 것으로 그 속도장은 Cartesian 좌표계에서 아래와 같다(그림 5.15(f) 참조).

$$\boldsymbol{v}=\begin{pmatrix}\dot{\zeta}(t)x_2\\0\\0\end{pmatrix}_{123}, \quad \dot{\zeta}(t)=\dot{\gamma}_0\cos\omega t \text{ (여기서 } \dot{\gamma}_0=\omega\gamma_0) \tag{5. 222 a}$$

혹은

$$\zeta(t)=\gamma_{21}(0,t)=\int_0^t\dot{\gamma}_{21}(t')dt'=\dot{\gamma}_0\int_0^t\cos\omega t'dt'=\gamma_0(=\dot{\gamma}_0/\omega)\sin\omega t \tag{5. 222 b}$$

위 식에서 $\omega(=2\pi\nu,\ \nu$는 진동수)는 단위로 rad/s을 갖는 일정 각진동수(steady angular frequency)이며, $\dot{\gamma}_0(=\omega\gamma_0,\ \gamma_0$는 전단변형 $\gamma(t)$의 진폭)는 전단속도 함수 $\dot{\zeta}(t)$의 (일정)진폭이다. 이 흐름은 주로 원추-원판(cone-and-plate)형이나 평행(원)판(parallel plate)형 레오미터에서 행해진다.

이제 (b)절에서 언급한 응력감쇠(혹은 응력완화) 이론에 의하면 식 (5.222)로 주어진 전단변형에 대한 점탄성 물질의 (주기적인) 응력응답 $\tau_{21}(t)$는 위상차(phase difference) 각도 δ만큼 지연되어 아래와 같이 나타내진다.

$$\begin{aligned}\tau_{21}(t)&=\tau_0\sin(\omega t+\delta)=\tau'+\tau''=\tau_0'\sin\omega t+\tau_0''\cos\omega t\\&=\tau_0(\sin\omega t\cos\delta+\sin\delta\cos\omega t)=(\tau_0\cos\delta)\sin\omega t+(\tau_0\sin\delta)\cos\omega t\end{aligned} \tag{5. 223}$$

여기서

$$\tau_0'\text{(in-phase 응력진폭)}=\tau_0\cos\delta=\gamma_0|G^*|\cos\delta=\gamma_0G'(\equiv\dot{\gamma}_o\eta'') \tag{5. 224 a}$$

$$\tau_0''\text{(out-of-phase 응력진폭)}=\tau_0\sin\delta=\gamma_0|G^*|\sin\delta=\gamma_0G''(\equiv\dot{\gamma}_o\eta') \tag{5. 224 b}$$

[위의 η' 및 η''는 복소점도 $\eta^*(=G^*/i\omega)=\eta'-i\eta''$(여기서 $i=\sqrt{-1}$, ω는 각진동수)의 성분이다 - 식 (5.248) 참조.]

식 (5.223)에서 볼 수 있듯이 SAOS 실험에서 물질의 응력응답은 주어진 전단변형 $\gamma_{21}(t)$(식 (5.222b))에 비례하는 후크법칙($\tau_{21}=G\gamma_{21}$)을 따르는 '탄성(혹은 in-phase) 부분' τ'와 주어진 전단속도 $\dot{\gamma}_{21}(t)$(식 (5.222a))에 비례하는 뉴톤법칙($\tau_{21}=\mu\dot{\gamma}_{21}$)을 따르는 '점성(혹은 out-of-phase) 부분' τ''로 나누어짐을 알 수 있다.

따라서 식 (5.223)과 (5.224)에서 새로운 물질함수에 관한 아래 식들을 얻을 수 있다.

$$\frac{\tau_{21}}{\gamma_0}=G'\sin\omega t+G''\cos\omega t \tag{5. 225}$$

$$G'(\omega) \equiv |G^*|\cos\delta = \frac{\tau_0}{\gamma_0}\cos\delta \tag{5.226}$$

$$G''(\omega) \equiv |G^*|\sin\delta = \frac{\tau_0}{\gamma_0}\sin\delta \tag{5.227}$$

$$\tan\delta = \frac{\sin\delta}{\cos\delta} = \frac{G''}{G'} \tag{5.228}$$

여기서

$$G^*(\omega) = G' + iG'' = |G^*|e^{i\delta}, \quad i = \sqrt{-1} \tag{5.229 a}$$

$$|G^*| = \sqrt{G'^2 + G''^2} = \tau_0/\gamma_0 \tag{5.229 b}$$

위 식들에서 G' 및 G''는 각각 (in-phase)'저장(storage)' 전단 탄성률과 (out-of-phase)'손실(loss)' 전단 탄성률이다. 또한 손실 탄성률과 저장 탄성률의 비인 'tanδ'는 재료의 점탄성 거동의 정도를 나타내는 중요한 파라미터로서 만약 완전(가역) 탄성체인 경우 위상차 $\delta = 0$이 되어 $\tan\delta = 0$이 되고, 완전(비가역) 점성체의 경우 위상차 $\delta = \pi/2$가 되어 $\tan\delta = \infty$가 되며, 만약 재료의 탄성 및 점성거동의 비가 비슷할 경우에는 $\tan\delta = 1$이 될 것이다. 그리고 여기서 주의할 점은 변형의 크기가 작은 소위 '선형 점탄성 영역'에 속하는 SAOS의 경우에는 위 식에서 볼 수 있듯이 동적계수 G' 및 G''는 가해준 전단변형의 진폭 γ_0에 무관하고, 오직 각속도 ω에만 의존함을 알 수 있다. 그러나 만약 비선형 영역에 속하는 대진폭 진동전단(large-amplitude oscillatory shear, LAOS) 흐름의 경우에는 G' 및 G''는 ω뿐만 아니라 진폭 γ_0(또는 τ_0)에도 의존함에 유의해야 한다.

한편 아래 예제에서 보듯이 뉴톤 유체의 SAOS에서는 식 (5.222)로 가해진 전단변형에 대한 응력응답 $\tau_{21}(t)$는 비가역적인 뉴톤법칙(즉 $\tau_{21} = \mu\dot{\gamma}$)을 따르는 전단속도($\dot{\gamma}$)에만 비례(즉 out-of-phase인 τ''항만 존재)하므로 $G'(=\eta''/\omega) = 0$, $G''(=\eta'/\omega) = \mu/\omega$(여기서 μ는 뉴톤 전단점도)가 성립된다. 반대로 후크법칙을 따르는 완전 탄성물질의 경우에는 SAOS 실험에서 $G' = G$(여기서 G는 후크 전단 탄성률), $G'' = 0$이 될 것이며, 점성과 탄성을 동시에 가진 점탄성 물질의 경우에는 G' 및 G''가 모두 존재(7장 참조)할 것이다.

예제 5.9

뉴톤 유체에 대한 SAOS 실험에서의 동적 물질함수 G' 및 G''를 구하라.

풀이

SAOS에 대한 속도장 식 (5.222)에서 대칭변형속도 텐서 $\dot{\boldsymbol{\gamma}}$는 Cartesian 좌표계에서 아래가 된다.

$$\dot{\boldsymbol{\gamma}}(=2\mathbf{D})=\mathbf{L}+\mathbf{L}^{\mathrm{T}}=(\nabla \boldsymbol{v})^{\mathrm{T}}+(\nabla \boldsymbol{v})=\begin{pmatrix} 0 & \dot{\gamma}(t) & 0 \\ \dot{\gamma}(t) & 0 & 0 \\ 0 & 0 & 0 \end{pmatrix}_{123}$$

$$\dot{\gamma}(t)=\dot{\gamma}_{21}(t)=\dot{\gamma}_0 \cos\omega t\ ,\ \ \dot{\gamma}_0=\gamma_0\omega$$

따라서

$$\dot{\gamma}(t)=\begin{pmatrix} 0 & \dot{\gamma}_0\cos\omega t & 0 \\ \dot{\gamma}_0\cos\omega t & 0 & 0 \\ 0 & 0 & 0 \end{pmatrix}$$

여기서 뉴톤 유체의 구성방정식은 일정 전단점도 μ를 사용하여

$$\boldsymbol{\tau}=\mu\dot{\boldsymbol{\gamma}}=\begin{pmatrix} 0 & \mu\dot{\gamma}_0\cos wt & 0 \\ \mu\dot{\gamma}_0\cos wt & 0 & 0 \\ 0 & 0 & 0 \end{pmatrix}$$

$\therefore\ \tau_{21}(t)=\mu\dot{\gamma}_0\cos\omega t$가 된다.

그런데 SAOS에서의 동적 응력완화에 대한 응력응답은 식 (5.223)으로 주어지므로 아래관계가 성립되어야 한다.

$$\tau_{21}(t)=\tau_0\sin(\omega t+\delta)=\mu\dot{\gamma}_0\cos\omega t$$

한편 sin함수의 성질 $\sin(\theta+\pi/2)=\cos\theta$가 되므로 위 식이 성립되려면 $\delta=\pi/2$가 되어 아래가 만족된다.

$$\tau_0=\mu\dot{\gamma}_0=\mu\gamma_0\omega\ ,\ \ \delta=\pi/2$$

여기서 G' 및 G''의 정의식 (5.226) 및 (5.227)에서 아래가 성립되어 증명된다(단 $\gamma_0=\dot{\gamma}_0/\omega$ 및 $\mu=\eta'$이용)

$$G'(=\omega\eta'')=(\tau_0/\gamma_0)\cos\delta=\omega\mu\cos(\pi/2)=0$$

$$G''(=\omega\eta')=(\tau_0/\gamma_0)\sin\delta=\omega\mu\sin(\pi/2)=\omega\mu$$

[비고: $G'=\omega\eta''$ 및 $G''=\omega\eta'$ 즉 $\eta^*(=\eta'-i\eta'')=G^*/i\omega$의 관계는 식 (5.248) 참조 요.]

한편 동적(전단) 응력완화(감쇠)에 있어서 식 (5.222b)로 주어지는 사인파 형태의 입력대신 아래와 같이(실수와 허수성분을 갖는) 복소변형 $\gamma^*\left(=\gamma_{21}^*(t)\right)$으로 주어질 수도 있다.

$$\gamma^* = \gamma_\circ \exp(i\omega t) \tag{5.230}$$

이때 결과로서 생기는 복소 전단응력 $\tau^*\left(=\tau_{21}^*(t)\right)$는 일반적으로 아래와 같이 나타내진다.

$$\tau^*\left(=\tau_{21}^*(t)\right) = \tau_\circ \exp[i(\omega t+\delta)] \tag{5.231}$$

[위 식에서 $\exp(i\theta)=\cos\theta+i\sin\theta$ 성립 - De Moivre 정리(A6.1.2) 참조]
복소응력과 변형의 경우에도 아래와 같이 마찬가지로 Hooke의 법칙이 성립된다.

$$\tau^*/\gamma^* = (\tau_\circ/\gamma_\circ)\exp(i\delta) \equiv G^* \tag{5.232}$$

여기서도 사인파 변형의 입력의 경우와 마찬가지로 식 (5.226) ~ (5.229)이 성립된다.

다음에는 동적 크리프(dynamic creep)실험에 대하여 논하기로 한다. 만약 점탄성 물질에 대하여 식 (5.222b)와 유사하게 사인형의 전단응력 $\tau_{21}(t)=\tau_\circ \sin\omega t$를 건다면 변형은 아래와 같이 (빠른) 위상각 δ을 가지고 나타날 것이다.

$$\gamma(t)(=\gamma_{21}(t)) = \gamma_\circ \sin(\omega t-\delta) \tag{5.233}$$

이 또한 동적 완화 경우처럼 아래와 같이 $\tau_{21}(t)$와 위상이 일치하는 λ' 파동과 위상이 $\pi/2$ 만큼 벗어나는 γ'' 파동으로 분해된다.

$$\gamma(t) = \gamma'(t)+\gamma''(t) = \gamma_\circ(\sin\omega t\cos\delta - \cos\omega t\sin\delta) \tag{5.234}$$

여기서 각 성분의 진폭 $\gamma'_\circ$과 $\gamma''_\circ$에 대하여 아래가 성립된다.

$$\gamma'_\circ = \gamma_\circ\cos\delta,\ \gamma''_\circ = \gamma_\circ\sin\delta \tag{5.235}$$

그런데 입력 응력에 대한 크리프 변형의 진폭비 $\gamma_\circ/\tau_\circ$는 복소전단 크리프 탄성계수 $J^*(=1/G^*)$의 크기 $|J^*|$와 같으므로 아래 관계식들이 성립된다.

$$J^*(=1/G^*) = J' - iJ'' = |J^*|\exp(-i\delta) \tag{5.236}$$

$$|J^*| = \left(J'^2 + J''^2\right)^{1/2} = \gamma_\circ/\tau_\circ,\ \exp(-i\delta) = \cos\delta - i\sin\delta \tag{5.237}$$

$$J' = |J^*|\cos\delta = (\gamma_\circ/\tau_\circ)\cos\delta \tag{5.238}$$

$$J'' = |J^*|\sin\delta = (\gamma_\circ/\tau_\circ)\sin\delta \tag{5.239}$$

$$\tan\delta = \sin\delta/\cos\delta = G''/G' = J''/J' \tag{5.240}$$

또한 동적 응력완화실험과 마찬가지로 사인파 응력의 작용대신 아래와 같이 (실수와 허수 성분을 갖는) 복소응력 $\tau^*\left(=\tau^*_{21}(t)\right)$를 입력할 수 있다.

$$\tau^* = \tau_\circ \exp(i\omega t) \tag{5.241}$$

이때 생기는 복소(크리프)변형은 아래와 같이 나타내진다.

$$\gamma^* = \gamma_\circ \exp[i(\omega t - \delta)] \tag{5.242}$$

여기서 식 (5.232)대신 아래가 성립된다.

$$\gamma^*/\tau^* = (\gamma_\circ/\tau_\circ)\exp(-i\delta) \equiv J^*\left(=1/G^*\right) \tag{5.243}$$

또한 식 (5.236) ~ (5.240)는 마찬가지로 성립된다.

한편 위에서 언급된 G^*와 J^*의 정의로부터 아래관계가 성립됨을 알 수 있다.

$$J^* = \frac{1}{G^*} = \frac{1}{G' + iG''} = \frac{G'}{(G')^2 + (G'')^2} - i\left[\frac{G''}{(G')^2 + (G'')^2}\right] \tag{5.244}$$

$$J' = \frac{G'}{(G')^2 + (G'')^2}\ ,\quad J'' = \frac{G''}{(G')^2 + (G'')^2} \tag{5.245}$$

마찬가지로 G' 및 G''도 J' 및 J''의 함수로 나타낼 수 있다.

이상에서 언급한 동적 전단 (응력완화 및 크리프)실험에 대한 모든 결과식은 동적 인장실험경우에도 (이 경우 E', E'', D', D'', $D^* = 1/E^*$등) 똑같이 적용될 수 있다.

한편 식 (5.230) 형태로 주어진 복소동적 전단응력 완화실험에 있어서 복소 전단변형 $\gamma^*\left(=\gamma^*_{21}(t)\right)$의 시간미분 즉 $\dot{\gamma}^*\left(=d\gamma^*/dt\right)$와 복소전단응력 $\tau^*\left(=\tau^*_{21}(t)\right)$사이에는 액체의 점성흐름에 대한 뉴톤의 법칙 ($\tau_{21} = \eta\dot{\gamma}$)에서 아래의 관계식이 정의된다.

$$\tau^*/\dot{\gamma}^* \equiv \eta^* \tag{5.246}$$

여기서 $\eta^* = \eta' - i\eta''$로 나타내지는 '복소점도(dynamic viscosity)'이다. 그런데 식 (5.230)을 t로 미분하면 $\dot{\gamma}^* = i\omega\gamma^*$가 얻어지고, 또한 $\tau^*/\gamma^* = G^*$ (식 (5.232) 참조)이므로 아래관계가 얻어진다.

$$\eta^* = \tau^*/i\omega\gamma^* = G^*/i\omega \tag{5.247}$$

여기서 $G^* = G' + iG''$ (식 (5.229) 참조)이므로 아래관계가 성립된다.

$$\eta^* = \eta' - i\eta'', \text{ 여기서 } \eta' = G''/\omega,\ \eta'' = G'/\omega \tag{5.248}$$

한편 다른 형태의 기계적 변형의 경우와 마찬가지로 동적 기계적 실험 중에도 일(work)이 소비된다. (G''항에 의해 열로서)소비된(dissipated) 일(또는 동력)의 양은 고분자의 점탄성 성질에 의존한다. 시료의 단위 체적당 일은 다음과 같이 응력과 변형의 항으로 나타내어질 수 있다.

$$W = \int\left(\frac{f}{V}\right)dl = \int\left(\frac{f}{A}\right)\frac{dl}{l} = \int \tau d\gamma \tag{5.249}$$

여기서 f는 힘, dl은 시료의 미소신장, 그리고 V는 시료의 부피이다. 진동의 한 사이클[즉 각도는 $0 \sim 2\pi$라디안, 시간은 $0 \sim T$ (여기서 $T = 2\pi/\omega$ 주기임)]당 동적 일(dynamic work)은 다음과 같이 나타내어진다.

$$W = \int \tau^* d\gamma^* = \int_0^{2\pi/\omega} \tau^* \dot{\gamma}^* dt = \pi G''(\gamma_\circ)^2 \tag{5.250}$$

[참고: 위 적분기호안의 $\tau^*\dot{\gamma}^*$항은 전단(흐름)변형에서 여분 응력텐서 $\boldsymbol{\tau}$와 대칭 속도구배텐서 $\mathbf{D}\,(=\dot{\boldsymbol{\gamma}}/2)$와의 트레이스 즉 $\boldsymbol{\tau}:\mathbf{D}$와 같음에 유의하라.]

여기서 $\gamma_\circ$는 복소전단변형 $\gamma^*(t) = \gamma_\circ \sin\omega t$ (식 (5.222b) 참조)의 진폭이다.

증명 위 식에서 $\dot{\gamma}^* = \omega\gamma_\circ \cos\omega t$이고, 응답된 복소전단응력 $\tau^*\left(= \tau_{21}^*(t)\right)$는 식 (5.223) 경우와 마찬가지로 아래와 같이 γ^*와 위상이 일치하는 τ'와 $\delta = \pi/2$ 위상차가 나는 τ''항으로 분해된다.

$$\tau^* = \tau' + \tau'' = \tau'_\circ \sin\omega t + \tau''_\circ \cos\omega t \tag{5.251}$$

여기서 각각의 진폭 $\tau'_\circ$과 $\tau''_\circ$은 아래가 된다(식 (5.226), (5.227) 참조).

$$\tau'_\circ = \tau_\circ \cos\delta = G'\gamma_\circ,\ \tau''_\circ = \tau_\circ \sin\delta = G''\gamma_\circ \tag{5.252}$$

따라서 이들 결과를 식 (5.250)에 대입하여 적분을 행하면 아래가 된다.

$$W = \int_0^{2\pi/\omega} \tau^* \dot{\gamma}^* dt = \omega \gamma_\circ \int_0^{2\pi/\omega} [\tau'_\circ \sin\omega t + \tau''_\circ \cos\omega t] \cos\omega t \, dt$$

$$= \omega \gamma_\circ \left\{ \tau'_\circ \int_0^{2\pi/\omega} \sin\omega t \cos\omega t \, dt + \tau''_\circ \int_0^{2\pi/\omega} \cos^2\omega t \, dt \right\} \tag{5.253}$$

여기서 아래의 (부정)적분 공식을 이용한다.

$$\int \sin\omega t \cos\omega t \, dt = \sin^2\omega t / 2\omega + 상수 \tag{5.254}$$

$$\int \cos^2\omega t \, dt = t/2 + \sin 2\omega t / 4\omega + 상수 \tag{5.255}$$

이 공식을 이용하여 식 (5.253)의 적분을 행하면 0이 안되고 남은 항은 아래가 되어 증명된다.

$$W = \omega \gamma_\circ \tau''_\circ \pi/\omega = \pi \gamma_\circ G'' \gamma_\circ = \pi G'' (\gamma_\circ)^2 \qquad \blacksquare$$

5. 4. 2. 4 정상상태의 신장흐름

정상상태의 신장흐름[일축신장(UEF), 2축신장(BEF) 및 평면신장(PEF) - 식 (5.131) 및 표 5.4 참조]은 아래의 일정 신장속도 정의식으로부터 생성된다.

$$\dot{\varepsilon}(t) = \dot{\varepsilon}_0 = 일정 \tag{5.256}$$

이를 신장흐름에 대해 일정 응력차가 측정되며, 물질함수인 두 종류의 '신장점도(elongational viscosity)'는 아래와 같이 측정된 법선응력차($\tau_{33} - \tau_{11}$ 및 $\tau_{22} - \tau_{11}$)에 기초를 두어 정의된다(단 Cartesian 좌표계 이용).

(a) 일축신장흐름(UEF) $(b = 0,\ \dot{\varepsilon}_o > 0)$:

$$\boldsymbol{v} = \begin{pmatrix} -\frac{1}{2}\dot{\varepsilon}_0 x_1 \\ -\frac{1}{2}\dot{\varepsilon}_0 x_2 \\ \dot{\varepsilon}_0 x_3 \end{pmatrix}_{123} \qquad (\dot{\varepsilon}_0 > 0) \tag{5.257}$$

$$일축신장\ 점도:\ \bar{\eta}(\dot{\varepsilon}_0) \equiv \frac{\tau_{33} - \tau_{11}}{\dot{\varepsilon}_0} \tag{5.258}$$

(b) 이축신장흐름(BEF) ($b=0,\ \dot{\varepsilon}_o<0$) :

$$\boldsymbol{v}=\begin{pmatrix} -\dfrac{1}{2}\dot{\varepsilon}_0 x_1 \\ -\dfrac{1}{2}\dot{\varepsilon}_0 x_2 \\ \dot{\varepsilon}_0 x_3 \end{pmatrix}_{123} \qquad (\dot{\varepsilon}_0<0) \tag{5.259}$$

$$\text{이축신장 점도}: \ \bar{\eta}_B(\dot{\varepsilon}_0)\equiv\frac{\tau_{33}-\tau_{11}}{\dot{\varepsilon}_0} \tag{5.260}$$

(c) 평면신장흐름(PEF) ($b=1,\ \dot{\varepsilon}_o>0$) :

$$\boldsymbol{v}=\begin{pmatrix} -\dot{\varepsilon}_0 x_1 \\ 0 \\ \dot{\varepsilon}_0 x_3 \end{pmatrix}_{123} \qquad (\dot{\varepsilon}_0>0) \tag{5.261}$$

$$\text{제 1 평면 신장점도}: \ \bar{\eta}_{P_1}(\dot{\varepsilon}_0)\equiv\frac{\tau_{33}-\tau_{11}}{\dot{\varepsilon}_0}=\bar{\eta}_P(\dot{\varepsilon}_0) \tag{5.262}$$

$$\text{제 2 평면 신장점도}: \ \bar{\eta}_{P_2}(\dot{\varepsilon}_0)\equiv\frac{\tau_{22}-\tau_{11}}{\dot{\varepsilon}_0} \tag{5.263}$$

위에서 정의된 3 종류의 정상상태의 신장흐름 중 일축신장흐름은 요구되는 입자변형속도가 매우 빠르기 때문에 달성되기 어려워 이에 관해 신뢰할만한 실험 데이터도 적은 편이다.

신장흐름의 변형(률) ε는 전단흐름의 경우와 마찬가지로 아래와 같이 두 시간사이에서 인장변형속도 $\dot{\varepsilon}$의 정적분으로 나타내진다.

$$\varepsilon(t_{ref},\, t)\equiv\int_{t_{ref}}^{t}\dot{\varepsilon}(t')dt' \tag{5.264}$$

식 (5.256)으로 정의되는 $\dot{\varepsilon}(t')=\dot{\varepsilon}_0$인 정상상태의 신장흐름인 경우에는 통상 기준시간 $t_{ref}=0$으로부터 현재시간 t까지 적분을 행하여 아래와 같이 Hencky (인장)변형률을 얻는다.

$$\varepsilon(t)=\dot{\varepsilon}_0 t=\ln\frac{l}{l_0} \tag{5.265}$$

[비고 : 위 식의 마지막 항등관계는 $\varepsilon(t)=\int_{t=0}^{t=t}d\varepsilon=\int_{l_0}^{l}\frac{dl}{l}$에서 얻는다.]

예제 5.10

비압축성 뉴톤 유체의 두 평면 신장점도 $\bar{\eta}_{P_1}$ 및 $\bar{\eta}_{P_2}$를 계산하라.

풀이

정상상태의 평면신장흐름에 대한 속도장 및 평면 신장점도 $\bar{\eta}_{P_1}$ 및 $\bar{\eta}_{P_2}$에 관한 정의식은 아래가 된다.

$$\boldsymbol{v}=\begin{pmatrix}-\dot{\varepsilon}_0 x_1\\ 0\\ \dot{\varepsilon}_0 x_3\end{pmatrix}_{123} \qquad (\dot{\varepsilon}_0>0) \tag{5.266}$$

$$\bar{\eta}_{P_1}(\dot{\varepsilon}_0)\equiv\frac{\tau_{33}-\tau_{11}}{\dot{\varepsilon}_0} \tag{5.267}$$

$$\bar{\eta}_{P_2}(\dot{\varepsilon}_0)\equiv\frac{\tau_{22}-\tau_{11}}{\dot{\varepsilon}_0} \tag{5.268}$$

그리고 일정 점도 μ를 가진 (비압축성)뉴톤 유체에 대한 Cartesian 좌표계에서의 구성방정식은 식 (5.266)로부터 아래가 된다.

$$\boldsymbol{\tau}=\mu\dot{\boldsymbol{\gamma}}(=2\mathrm{D})=\mu[\nabla\boldsymbol{v}+(\nabla\boldsymbol{v})^{\mathrm{T}}]=\mu\left[\begin{pmatrix}-\dot{\varepsilon}_0 & 0 & 0\\ 0 & 0 & 0\\ 0 & 0 & \dot{\varepsilon}_0\end{pmatrix}_{123}+\begin{pmatrix}-\dot{\varepsilon}_0 & 0 & 0\\ 0 & 0 & 0\\ 0 & 0 & \dot{\varepsilon}_0\end{pmatrix}_{123}\right]$$

$$=\begin{pmatrix}-2\mu\dot{\varepsilon}_0 & 0 & 0\\ 0 & 0 & 0\\ 0 & 0 & 2\mu\dot{\varepsilon}_0\end{pmatrix}_{123} \tag{5.269}$$

따라서 $\bar{\eta}_{P_1}$ 및 $\bar{\eta}_{P_2}$는 아래가 된다.

$$\bar{\eta}_{P_1}(\dot{\varepsilon}_0)\equiv\frac{\tau_{33}-\tau_{11}}{\dot{\varepsilon}_0}=4\mu \tag{5.270}$$

$$\bar{\eta}_{P_2}(\dot{\varepsilon}_0)\equiv\frac{\tau_{22}-\tau_{11}}{\dot{\varepsilon}_0}=2\mu \tag{5.271}$$

5.4.2.5 비정상상태의 신장흐름

(a) 신장 응력성장

$t\geq 0$ 이후의 $\dot{\varepsilon}(t)=\dot{\varepsilon}_0$(일정)되는 정상상태의 (3 종류의)신장흐름에 대한 시동(start-up)의 속도장($\boldsymbol{v}$) 및 신장속도 함수는 Cartesian 좌표계에서 아래로 정의된다(식 (5.131) 참조).

$$\boldsymbol{v}=\begin{pmatrix} -\dfrac{1}{2}\dot{\varepsilon}(t)(1+b)x_1 \\ -\dfrac{1}{2}\dot{\varepsilon}(t)(1-b)x_2 \\ \dot{\varepsilon}(t)x_3 \end{pmatrix}_{123} \tag{5. 272 a}$$

$$\dot{\varepsilon}(t)=\begin{cases} 0 & t<0 \\ \dot{\varepsilon}_0 & t\geq 0 \end{cases} \tag{5. 272 b}$$

또한 이 (3 종류의)신장흐름의 시동에 대한 물질함수는 전단흐름의 경우(5.4.2.3절 (a))와 유사하게 정의되며 표 5.5에 정리하여 나타내었다.

표 5. 5 정상 신장흐름의 시동(start-up)에 대한 물질함수의 정의

일축신장흐름(UEF) 응력성장 계수 ($b=0,\ \dot{\varepsilon}_o>0$)	$\bar{\eta}^+(t,\dot{\varepsilon}_0)\equiv\dfrac{\tau_{33}-\tau_{11}}{\dot{\varepsilon}_0}$
이축신장흐름(BEF) 응력성장 계수 ($b=0,\ \dot{\varepsilon}_o<0$)	$\bar{\eta}^+_B(t,\dot{\varepsilon}_0)\equiv\dfrac{\tau_{33}-\tau_{11}}{\dot{\varepsilon}_0}$
평면신장흐름(PEF) 응력성장 계수 ($b=1,\ \dot{\varepsilon}_o>0$)	$\begin{cases}\bar{\eta}^+_{P_1}(t,\dot{\varepsilon}_0)=\bar{\eta}^+_P(t,\dot{\varepsilon}_0)\equiv\dfrac{\tau_{33}-\tau_{11}}{\dot{\varepsilon}_0} \\ \bar{\eta}^+_{P_2}(t,\dot{\varepsilon}_0)\equiv\dfrac{\tau_{22}-\tau_{11}}{\dot{\varepsilon}_0}\end{cases}$

한편 (일정)정상 신장 후 응력감쇠는 전단흐름에 대한 경우(5.4.2.3절 (b))와 마찬가지로 정의될 수는 있으나, 실제에 있어서는 신장 실험의 경우 정상상태는 거의 도달되지 않으므로 이에 대한 물질함수의 정의는 생략한다.

(b) 신장 크리프

전단 크리프의 경우(5.4.2.3절 (c))와 유사하게, 일정 신장속도 $\dot{\varepsilon}_0$ 대신 일정 인장응력 σ_0를 흐름에 적용시킬 때 야기되는 흐름을 '인장 크리프(elongational creep)'라 한다. 인장 크리프는 단순히 원통형 시료에 추(weight)를 걸어서 얻어지는데, 시간의 경과에 따라 얻어지는 인장변형(률)을 측정한다.

이때 부가되는 일정 인장응력 σ_0는 아래와 같이 법선응력차로서 나타내진다.

$$\tau_{33}-\tau_{11}=\begin{cases} 0 & t<0 \\ \sigma_0=\text{일정} & t\geq 0 \end{cases} \tag{5. 273}$$

이때 얻어지는 물질함수는 ‘인장 크리프 컴플라이언스(elongational creep compliance)’ $D(t, \sigma_0)$로서 아래 식으로 정의된다.

$$D(t, \sigma_0) \equiv \frac{\varepsilon(0, t)}{\sigma_0} \tag{5.274}$$

위 식에서 인장변형률 $\varepsilon(0, t)$는 식 (5.264) 또는 (5.265)로 정의되며, 시간의 함수로서 시료이 길이 변화로부터 측정된다.

또한 전단 크리프의 경우와 유사하게, 일정 응력 σ_0하의 신장변형 후 어떤 순간에 σ_0의 제거에 따른 변형의 회복(creep recovery)에 대한 정보는 제약받지 않은 자우 리코일(free recoil) 실험에서 얻어진다. 이때 재료의 이완(또는 수축)은 모든 방향에서 가능하며, 발생된 수축의 양은 크리프 회복된 리코일 변형률의 양으로 나타내지며, 이는 재료의 탄성(elasticity)의 척도가 된다.

(c) 단계적 인장 변형

단계적 변형 실험은 전단흐름의 경우(5.4.2.3절 (d))와 유사하게 신장흐름에서도 행해질 수 있다. 즉 (3 종류의)신장흐름에 대한 단계적 변형의 속도장($\boldsymbol{v}$) 및 인장속도 함수($\dot{\varepsilon}(t)$)는 Cartesian 좌표계에서 아래와 같이 주어진다.

$$\boldsymbol{v} = \begin{pmatrix} -\frac{1}{2}\dot{\varepsilon}(t)(1+b)x_1 \\ -\frac{1}{2}\dot{\varepsilon}(t)(1-b)x_2 \\ \dot{\varepsilon}(t)x_3 \end{pmatrix}_{123} \tag{5.275}$$

$$\dot{\varepsilon}(t) = \lim_{\varepsilon \to 0}\begin{cases} 0 & t<0 \\ \dot{\varepsilon}_0 & 0 \le t < \varepsilon \\ 0 & t \ge \varepsilon \end{cases} = \varepsilon_0 \lim_{\varepsilon \to 0}\begin{cases} 0 & t<0 \\ \dfrac{1}{\varepsilon} & 0 \le t < \varepsilon \\ 0 & t \ge \varepsilon \end{cases}$$

$$\equiv \epsilon_o \delta_+(t) \ (\because \text{식 (5.215) 참조}) \tag{5.276}$$

여기서 $\varepsilon_0 (= \dot{\varepsilon}_0 \varepsilon = \text{일정})$은 이 실험에서 유체에 부가된 인장변형(률)의 크기이다.

한편 이 흐름에 해당되는 인장 완화탄성률(elongational relaxation modulus) $E(t, \varepsilon_0)$는 일축 및 2축 신장흐름의 경우에는 각각 1개씩의 0이 안되는 단계적 인장 탄성률 E를 가지며, 평면 신장흐름의 경우에는 두 개의 0이 안되는 인장 탄성률이 존재한다. 즉 단계적 신장변형의 경우 단계적 전단변형의 경우처럼, 인장 완화탄성률은 부가되는 변형의 척도(measure)에 대한 완화 응력의 비로서 정의된다. 그런데 협약에 의해 여기서 사용되는 변형의 척도는 단순히 신장변형의 크기

$\varepsilon_0 (= \dot{\varepsilon}_0 \varepsilon)$가 아니고, 4.3.2절에서 정의된 (대칭) Finger 변형률 텐서 $\mathbf{C}^{-1}$(식 (4.80)의 두 대각성분의 차이이다. 3 종류의 (정상 또는 비정상)신장 변형에 대한 Finger 텐서의 성분은 문 5.2에서 구해지는데, 여기서는 그 결과만을 이용(단 단계적 신장변형의 정의에 대해 시간 $t \geq \varepsilon$일 때 $\varepsilon(t) = \varepsilon_0 (= \dot{\varepsilon}_0 \varepsilon)$로 표시)하여 3 신장흐름에 대한 단계적 인장 완화탄성률의 정의를 아래에 나타낸다.

$$\text{일축 단계적 신장 완화탄성률}: \; E(t, \varepsilon_0) \equiv \frac{\tau_{33} - \tau_{11}}{C_{33}^{-1} - C_{11}^{-11}} = \frac{\tau_{33} - \tau_{11}}{e^{2\varepsilon_0} - e^{-\varepsilon_0}} \tag{5.277}$$

$$\text{2축 단계적 신장 완화탄성률}: \; E_B(t, \varepsilon_0) \equiv \frac{\tau_{33} - \tau_{11}}{C_{33}^{-1} - C_{11}^{-11}} = \frac{\tau_{33} - \tau_{11}}{e^{2\varepsilon_0} - e^{-\varepsilon_0}} \tag{5.278}$$

$$\text{평면 단계적 신장 완화탄성률}: \; E_{P_1}(t, \varepsilon_0) \equiv \frac{\tau_{33} - \tau_{11}}{C_{33}^{-1} - C_{11}^{-11}} = \frac{\tau_{33} - \tau_{11}}{e^{2\varepsilon_0} - e^{-2\varepsilon_0}}$$

$$E_{P_2}(t, \varepsilon_0) \equiv \frac{\tau_{22} - \tau_{11}}{C_{22}^{-1} - C_{11}^{-11}} = \frac{\tau_{22} - \tau_{11}}{1 - e^{-2\varepsilon_0}} \tag{5.279}$$

[비고 : 단계적 이축신장흐름의 경우 인장변형률 ε_0 대신 간혹 $\varepsilon_B = -\varepsilon_0/2$ 용어를 사용하기도 한다 - 문 5.4 참조.]

(d) 소진폭 진동신장(SAOE)

신장흐름에 있어서 소진폭 진동변형은 자동 모드에 있는 두 작은 판(plate) 사이에 시료를 넣고 압착(squeezing)함으로써 얻어진다. 소진폭 진동전단(SAOS)의 경우처럼, 만약 소진폭 진동신장(small-amplitude oscillatory elongation, SAOE)을 선형 점탄성 영역을 만족하도록 충분히 낮은 진폭에서 수정한다면 응답(output) 응력은 부가(input) 변형과 같은 진동수로 진동하게 될 것이다. 그런데 이 흐름은 방향을 바꾸며 진동하므로, 일축신장과 2축신장의 양면성을 갖는다. 그리고 지금까지 평면 SAOE 흐름에 대한 연구는 보고되어 있지 않다. 따라서 아래에 일축신장($b = 0,\ \dot{\varepsilon}_o > 0$) 및 2축신장($b = 0,\ \dot{\varepsilon}_o < 0$)만의 SAOE에 대한 속도장($\boldsymbol{v}$)과 신장 변형속도 함수 $\dot{\varepsilon}(t)$에 대한 (Cartesian 좌표계의) 정의를 나타낸다(SAOS에 대한 식 (5.222) 참조).

$$\boldsymbol{v}(t) = \begin{pmatrix} -\frac{1}{2}\dot{\varepsilon}(t)\,x_1 \\ -\frac{1}{2}\dot{\varepsilon}(t)\,x_2 \\ \dot{\varepsilon}(t)\,x_3 \end{pmatrix}_{123} \tag{5.280}$$

$$\dot{\varepsilon}(t) = \dot{\varepsilon}_0 (= \varepsilon_0 \omega) \cos \omega t \tag{5.281 a}$$

혹은

$$\varepsilon(0, t) = \int_0^t \dot{\varepsilon}_0 \cos \omega t' \, dt' = \frac{\dot{\varepsilon}_0}{\omega} \sin \omega t = \varepsilon_0 \sin \omega t \tag{5.281 b}$$

또 위 식으로부터 (대칭)변형속도텐서 $\dot{\boldsymbol{\gamma}}\,[= 2\mathbf{D} = (\nabla \boldsymbol{v}) + (\nabla \boldsymbol{v})^{\mathrm{T}}]$도 아래와 같이 얻어진다.

$$\dot{\boldsymbol{\gamma}}(t) = \begin{pmatrix} -\dot{\varepsilon}_0 \cos \omega t & 0 & 0 \\ 0 & -\dot{\varepsilon}_0 \cos \omega t & 0 \\ 0 & 0 & 2\dot{\varepsilon}_0 \cos \omega t \end{pmatrix}_{123} \tag{5.282}$$

여기서, 이 흐름에 대해 변형속도텐서 $\dot{\boldsymbol{\gamma}}$가 대각화되어 있으므로, (여분)응력텐서 $\boldsymbol{\tau}$ 또한 아래와 같은 형태를 갖는다고 가정할 수 있다. 특히 SAOE 실험과 같은 작은 변형의 경우에는 합리적인 근사가 될 것이다.

$$\boldsymbol{\tau} = \begin{pmatrix} \tau_{11} & 0 & 0 \\ 0 & \tau_{11} & 0 \\ 0 & 0 & -2\tau_{11} \end{pmatrix}_{123} \tag{5.283}$$

SAOS의 경우와 마찬가지로, 작은 변형과 변형속도에서 SAOE 흐름에서 생성된 응력은 부가(input)되는 전단변형($\varepsilon(0, t) = \varepsilon_0 \sin \omega t$)과 같은 각진동수 ω를 갖고 진동하나, 재료의 점탄성 거동 때문에 응력은 위상차 δ만큼 지연(delay)되어 나타내게 될 것이다. 즉 생성된 응력의 11-성분은 아래와 같이 쓸 수 있다(단 $\dot{\gamma}_{11} < 0$이므로 τ_{11}에도 음의 부호를 붙임).

$$\tau_{11}(t) = -\tau_0 \sin(\omega t + \delta) \tag{5.284}$$

여기서 τ_0는 인장(법선) 응력 τ_{11}의 진폭이며, δ는 τ_{11}과 $\varepsilon(0, t)$ 사이의 위상차이다. 그리고 식 (5.283)에서 SAOE의 물질함수가 의존하는 법선응력차 $\tau_{33} - \tau_{11}$는 아래가 된다.

$$\tau_{33} - \tau_{11} = -2\tau_{11} - \tau_{11} = -3\tau_{11} \tag{5.285}$$

이 식의 τ_{11}에 식 (5.284)를 대입하고, SAOS의 경우처럼 $\sin$함수를 전개하여 $\sin \omega t$에 비례하는 'in-phase 탄성부분'과 $\cos \omega t$에 비례하는 'out-of-phase 점성부분'으로 분해하면 아래 식을 얻을 수 있다.

$$\tau_{33}-\tau_{11}=3\tau_0\sin(\omega t+\delta)=3\tau_0(\sin\omega t\cos\delta+\cos\omega t\sin\delta) \tag{5.286}$$

이로부터 SAOE에 관련된 물질함수는 아래와 같이 정의된다.

$$\text{물질함수 : } \frac{\tau_{33}-\tau_{11}}{\varepsilon_0}\equiv E'\sin\omega t+E''\cos\omega t \tag{5.287}$$

$$\text{신장 저장탄성률 : } E'(\omega)=|E^*|\cos\delta=\frac{3\tau_0}{\varepsilon_0}\cos\delta \tag{5.288}$$

$$\text{신장 손실탄성률 : } E''(\omega)=|E^*|\sin\delta=\frac{3\tau_0}{\varepsilon_0}\sin\delta \tag{5.289}$$

$$\tan\delta=\frac{\sin\delta}{\cos\delta}=\frac{E''}{E'}\left(=\frac{G''}{G'}=\frac{J''}{J'}\right) \tag{5.290}$$

여기서

$$E^*(\omega)=E'+iE''=|E^*|e^{i\delta},\quad i=\sqrt{-1} \tag{5.291 a}$$

$$|E^*|(=3|G^*|)=\sqrt{E'^2+E''^2}=3\tau_0/\varepsilon_0 \tag{5.291 b}$$

즉 위 식에서 복소 인장 동적탄성률 E^*의 크기가 복소 전단탄성률 G^*의 크기의 3배, 혹은 그 성분간에도 $E'=3G'$ 및 $E''=3G''$가 성립됨을 선형 점탄성에 관한 문 6.8 에서 증명된다.

■ 5. 5 일반 뉴톤 점성유체

5. 5. 1 서론

5.3절에 소개된 (전단)점도를 상수로 간주하는 뉴톤 유체의 구성방정식(5.45)은 점성유체에 대해 사용될 수 있는 가장 간단한 식으로서, 일반적으로 저분자량 액체나 심지어 매우 낮은 변형속도에 있는 고분자 액체까지도 그 유변학적 성질을 비교적 정확히 기술할 수가 있다. 그러나 실제에 있어서 대부분의 고분자 액체나 에멀전(emulsion), 그리고 농후한 서스펜션(concentrated suspension)계의 점도는 강한 변형속도 의존성을 가져 뉴톤 유체에서 크게 벗어난다.

여기서 (전단)점도의 변형속도 의존성을 고려하는 '일반 점성유체(general viscous fluid)'에 대한 모델은 4.5절에서 연습한 일반 탄성고체 모델의 경우와 비슷한 절차를 따라 유도될 수 있다. 여기서 점성유체의 전체 응력 $\mathbf{T}(=-p\mathbf{I}+\boldsymbol{\tau})$ 혹은 여분의 이탈 점성응력 $\boldsymbol{\tau}$는 아래와 같이 오직 (대칭) 변형속도텐서 $\dot{\boldsymbol{\gamma}}(=2\mathbf{D})$에만 의존한다고 가정한다.

$$\mathbf{T}=f(\dot{\boldsymbol{\gamma}}) \tag{5. 292}$$

여기서 $\dot{\boldsymbol{\gamma}}$의 멱급수로 전개하면 아래가 된다.

$$\mathbf{T}=f_0\dot{\boldsymbol{\gamma}}^{\circ}+f_1\dot{\boldsymbol{\gamma}}+f_2\dot{\boldsymbol{\gamma}}^2+f_3\dot{\boldsymbol{\gamma}}^3+\cdots \tag{5. 293}$$

위 식에서 $\dot{\boldsymbol{\gamma}}^{\circ}=\mathbf{I}$이고, 비압축성 유체의 경우 $f_0=-p$(여기서 p는 정수압)인 것에 유의하라. 이제 2차 텐서(혹은 행렬)에 관한 Cayley-Hamilton 정리(1.16.8절)를 이용하면 위 식은 아래와 같이 간단히 나타낼 수 있다.

$$\mathbf{T}=-p\mathbf{I}+\eta_1\dot{\boldsymbol{\gamma}}+\eta_2\dot{\boldsymbol{\gamma}}^2 \tag{5. 294}$$

여기서 η_1 및 η_2는 $\dot{\boldsymbol{\gamma}}(=2\mathbf{D})$의 (세)불변량의 함수이다[단 비압축 유체의 경우 $\nabla\cdot\boldsymbol{v}=\mathrm{Tr}(\nabla\boldsymbol{v})=0$이 되어 $\mathrm{I}_{\dot{\gamma}}=0$이 되므로 실제로 η_1 및 η_2는 $\dot{\boldsymbol{\gamma}}$의 두 불변량 $\mathrm{II}_{\dot{\gamma}}$ 및 $\mathrm{III}_{\dot{\gamma}}$만의 함수이다]. 즉

$$\mathbf{T}=-p\mathbf{I}+\eta_1(\mathrm{II}_{\dot{\gamma}},\,\mathrm{III}_{\dot{\gamma}})\dot{\boldsymbol{\gamma}}+\eta_2(\mathrm{II}_{\dot{\gamma}},\,\mathrm{III}_{\dot{\gamma}})\dot{\boldsymbol{\gamma}}^2 \tag{5. 295}$$

이 구성방정식은 Reiner-Rivlin 식으로도 알려져 있다. 뉴톤 유체는 위 식에서 $\eta_1=\mu$(상수), $\eta_2=0$에 해당된다. 변형속도 의존항 η_2는 정상상태의 전단흐름의 경우 탄성에 관련된 법선응력을 일으킬 수는 있으나 실제로는 그렇지 못하다. 이는 다음과 같이 설명될 수 있다. 즉 속도장 식 (5.114)로 주어진 단순전단흐름(SSF)에 대한 $\dot{\boldsymbol{\gamma}}$는 식 (5.115) 또는 식 (5.119)로 나타내지며, 이로부터 $\dot{\boldsymbol{\gamma}}^2$은 아래가 된다.

$$\dot{\boldsymbol{\gamma}}^2=\dot{\boldsymbol{\gamma}}\cdot\dot{\boldsymbol{\gamma}}=\begin{pmatrix}\dot{\gamma}^2 & 0 & 0\\ 0 & \dot{\gamma}^2 & 0\\ 0 & 0 & 0\end{pmatrix} \tag{5. 296}$$

여기서 정상상태의 경우 $\dot{\gamma}=\dot{\gamma}_0=$일정이 된다. 따라서 식 (5.115) 및 (5.296)을 식 (5.295)에 대입하면 아래가 성립된다.

$$T_{12}=\eta_1\dot{\gamma} \tag{5. 297}$$

$$T_{11}=T_{22}=-p+\eta_2\dot{\gamma}^2 \tag{5. 298}$$

$$T_{33} = -p \tag{5. 299}$$

일반적으로 정상상태의 단순전단흐름(SSF)에서는, 법선응력을 나타내는 거의 모든 유체는 양의 제 1 법선응력차 $N_1 (= T_{11} - T_{22} = \tau_{11} - \tau_{22})$를 보이나, 제 2 법선응력차 $N_2 (= T_{22} - T_{33} = \tau_{22} - \tau_{33})$는 매우 작은 통상 음의 값을 나타냄이 알려져 있다. 그러나 위 식에서 $N_1 = 0$, $N_2 = \eta_2 \dot{\gamma}^2 \neq 0$임을 알 수 있다.

이와 같은 모순은 정상상태의 SSF에 있는 법선 응력은 (대칭)변형속도 $\dot{\boldsymbol{\gamma}}$로는 설명이 불가능하나, 반면에 (대칭)변형구배텐서인 Finger 텐서 $\mathbf{C}^{-1}$(식 (4.80))는 전단 법선응력을 예측할 수 있기 때문이다(7장 참조).

위에서 언급한 바와 같이 식 (5.295)의 η_2항은 정성적으로 틀린 결과를 낳으므로 버리고, $\eta_1 = \eta$ 항만을 사용하여 아래와 같이 나타낼 수 있다.

$$\mathbf{T} = -p\mathbf{I} + \eta\left(\mathrm{II}_{\dot{\gamma}}, \mathrm{III}_{\dot{\gamma}}\right)\dot{\boldsymbol{\gamma}} \tag{5. 300}$$

그런데 식 (5.115) 또는 (5.119)에서 볼 수 있듯이 단순 (정상)전단흐름의 경우 $\mathrm{III}_{\dot{\gamma}} = \det\dot{\boldsymbol{\gamma}} = 0$이 되므로, 대부분의 경우 위 식의 변형속도 의존성 점도를 나타내는 η 항은 $\dot{\boldsymbol{\gamma}}$의 두 번째 불변량만의 함수로서 일반 점성유체에 대해 아래와 같이 단순히 $\eta\left(\mathrm{II}_{\dot{\gamma}}\right)$로 표기함이 보통이다. 즉

$$\mathbf{T} = -p\mathbf{I} + \eta\left(\mathrm{II}_{\dot{\gamma}}\right)\dot{\boldsymbol{\gamma}} \ \text{혹은} \ \boldsymbol{\tau} = \eta\left(\mathrm{II}_{\dot{\gamma}}\right)\dot{\boldsymbol{\gamma}} \tag{5. 301}$$

그런데 (정상)SSF의 경우 $\dot{\boldsymbol{\gamma}}$에 대한 식 (5.115)(또는 (5.119))과 $\dot{\boldsymbol{\gamma}}^2$에 대한 식 (5.296)을 사용하여 $\dot{\boldsymbol{\gamma}}$의 두 번째 불변량 $\mathrm{II}_{\dot{\gamma}}$는 정의식 (1.413)으로부터 아래가 된다.

$$\mathrm{II}_{\dot{\gamma}} = \frac{1}{2}\left[\mathrm{I}_{\dot{\gamma}}^2 - \mathrm{Tr}\left(\dot{\boldsymbol{\gamma}}^2\right)\right] = -\dot{\gamma}^2 \tag{5. 302}$$

또는 정상상태의 경우 $\dot{\gamma}\left(= \dot{\gamma}_0\right) = \| \dot{\boldsymbol{\gamma}} \| = |\dot{\zeta}(t)| = |\dot{\nu}_{21}(t)|$가 되므로 η는 편의상 $\eta\left(\dot{\gamma}\right)$로 표기하여 일반 점성유체의 경우 여분의 (점성)응력텐서 $\boldsymbol{\tau}$를 사용하여 아래와 같이 나타낸다.

$$\boldsymbol{\tau} = \eta\left(\dot{\gamma}\right)\dot{\boldsymbol{\gamma}} \tag{5. 303}$$

이후에서는 이를 '일반 뉴톤 유체(generalized Newton fluid, GNF)' 모델 혹은 구성방정식이라고 부른다. 위 식에서 만약 $\eta\left(\dot{\gamma}\right) = \mu(= \text{상수})$인 경우는 5.3절의 뉴톤 구성방정식이 된다.

예제 5.11

일반 뉴톤 유체(GNF) 모델을 사용하여 정상상태 전단흐름(즉 $\dot{\gamma}(t)=\dot{\gamma}=$ 일정)의 세 물질함수인 $\eta(\dot{\gamma})$, $\Psi_1(\dot{\gamma})$ 및 $\Psi_2(\dot{\gamma})$를 식 (5.161) ~ (5.163)을 이용하여 계산해 보아라.

풀이

정상상태의 SSF에 대해 아래가 성립된다.

$$\boldsymbol{v}=\begin{pmatrix}\dot{\zeta}(t)x_2\\0\\0\end{pmatrix}_{123},\quad \dot{\zeta}(t)=\dot{\gamma}_0=\text{일정} \tag{5.304}$$

또 이로부터 대칭변형속도 텐서 $\dot{\boldsymbol{\gamma}}(=2\mathrm{D})$를 구하면 아래가 된다.

$$\dot{\boldsymbol{\gamma}}=\nabla\boldsymbol{v}+(\nabla\boldsymbol{v})^{\mathrm{T}}$$

$$=\begin{pmatrix}0&\dot{\gamma}_0&0\\\dot{\gamma}_0&0&0\\0&0&0\end{pmatrix}_{123} \tag{5.305}$$

여기서 $\dot{\gamma}_0$은 양 또는 음이 될 수 있다(반면에 $\dot{\gamma}=\|\dot{\boldsymbol{\gamma}}\|=\sqrt{\dot{\gamma}_0^2}=|\dot{\gamma}_0|$ 즉 항상 양이 된다). 이를 식 (5.303)의 GNF 모델에 대입하면 아래를 얻는다.

$$\boldsymbol{\tau}=\eta(\dot{\gamma})\dot{\boldsymbol{\gamma}}$$

$$=\begin{pmatrix}0&\eta(\dot{\gamma})\dot{\gamma}_0&0\\\eta(\dot{\gamma})\dot{\gamma}_0&0&0\\0&0&0\end{pmatrix}_{123} \tag{5.306}$$

즉 GNF 모델에서는 (대칭)응력텐서 $\boldsymbol{\tau}$의 9개 요소 중 오직 2개(서로 같음)만 0이 아니다. 아래 식 (5.161) ~ (5.163)을 사용하여 세 물질함수를 구하면 아래가 된다.

$$\eta\equiv\frac{\tau_{21}}{\dot{\gamma}_0}=\eta(\dot{\gamma}) \tag{5.307}$$

$$\Psi_1\equiv\frac{\tau_{11}-\tau_{22}}{\dot{\gamma}_0^2}=0 \tag{5.308}$$

$$\Psi_2\equiv\frac{\tau_{22}-\tau_{33}}{\dot{\gamma}_0^2}=0 \tag{5.309}$$

여기서 GNF 모델의 (일정)전단속도 의존항 $\eta(\dot{\gamma})$는 단순히 정상상태의 전단점도이며, 반면에 이 모델로서는 탄성을 예측할 수 없음을 알 수 있다.

이하에서는 GNF모델의 전단점도를 나타내는 $\eta(\dot{\gamma})$항에 대해 지금까지 보고된 여러 종류의 (정상)전단속도 $\dot{\gamma}\left[= \| \dot{\gamma} \| = \sqrt{(\dot{\gamma} : \dot{\gamma}^{T})/2}\,\right]$의 함수 의존성 중 대표적인 세 개만 골라 소개하기로 한다.

5. 5. 2 대표적 GNF 구성방정식

5. 5. 2. 1 멱수법칙 모델

GNF 모델의 점도의 전단속도 의존성에 있어서 Ostwald-de Waele 모델이라고도 불리는, 아래 식과 같이 점도가 (정상)전단속도 $\dot{\gamma}$의 멱수(power) 승에 비례하는 '멱수(또는 지수) 모델(power-law model)'이 고분자 유체와 같은 비뉴톤성 유체에 대하여 경험 모델로서 가장 널리 사용되고 있다.

$$\eta(\dot{\gamma}) = m\dot{\gamma}^{n-1} \tag{5.310}$$

이 식은 실험 데이터에 적용시켜 결정되어야 할 두 파라미터를 갖고 있는데, 첫 번째는 $\log\eta$ 대 $\log\dot{\gamma}$의 직선 플롯의 기울기로부터 구해지는 $\dot{\gamma}$의 지수인 $n-1$과 두 번째는 '견실도 인자(consistency index)'라고 불리는 m 파라미터로서 $\log\eta$ 대 $\log\dot{\gamma}$의 직선 플롯의 $y-$절편으로부터 구해지며, 이는 점도의 크기와 직접 관련되어 있으며 $\mathrm{Pa \cdot S}^{n}$의 단위를 갖는다.

멱수 법칙 모델은 $m=\mu$, $n=1$일 때 뉴톤 유체를 나타내며, $n>1$인 유체는 전단속도의 증가에 따라 점도가 증가하는 '딜레이턴트(dilatant)' 혹은 '전단 두꺼워짐(shear-thickening)' 유체라고 불린다. 또한 $n<1$인 유체는 $\dot{\gamma}$가 증가할수록 점도가 감소하는 '유사 플라스틱(pseudo-plastic)' 또는 '전단 얇아짐(shear-thinning)' 유체라 불린다(그림 5.17 참조).

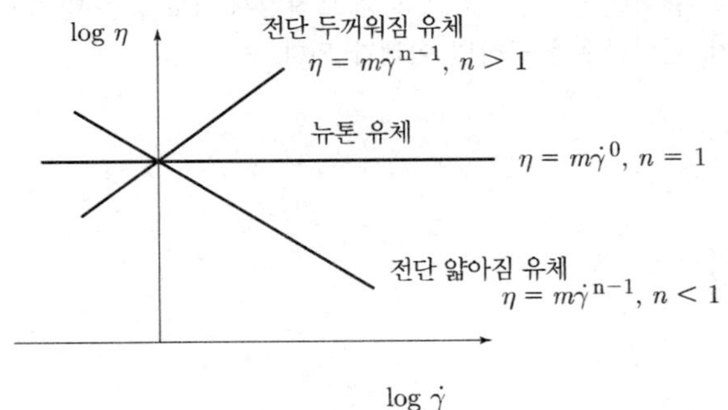

그림 5.17 멱수법칙 GNF 모델에 의해 예측된 점도의 전단속도 의존성

여기서 주의할 점은 식 (5.310)으로 나타낸 멱수법칙 모델에 있어서 주어진 물질에 대하여 $\log\eta$

대 $\log\dot{\gamma}$의 직선플롯의 기울기는 항상 일정하다는 것이다. 그러나 실제에 있어서, 그림 5.18에서 볼 수 있듯이 전단속도가 매우 낮은 지역에서는 점도가 일정한 제 1 뉴톤 영역[이때의 극한점도를 '제로 전단(zero-shear) 점도' $\eta(0)=\eta_0$라 부른다]이 있으며, 그 후 계속된 전단속도 증가에 따른 상당히 넓은 범위에 걸쳐 일정 기울기를 가진 멱수모델이 성립된다. 그러나 전단속도가 매우 높은 영역에서는 다시 점도가 일정하게 되는 제 2 뉴톤 영역[이때의 극한 점도를 $\eta(\infty)=\eta_\infty$로 나타내며, 실제로는 관측이 매우 어렵다]이 존재한다.

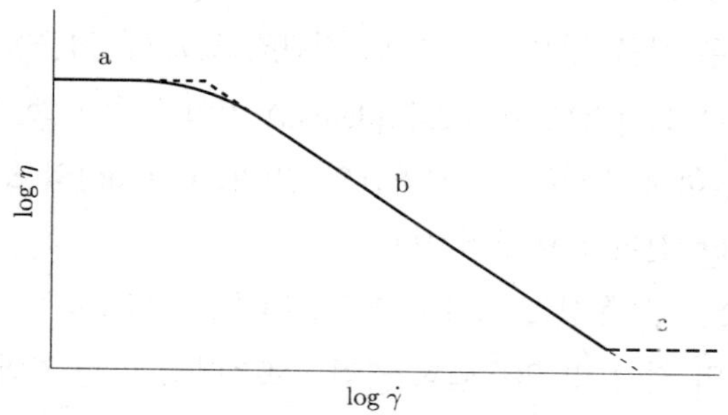

그림 5.18 점도 η와 전단속도 $\dot{\gamma}$의 관계. 제 1 Newton 영역(a), 멱수법칙영역(b) 및 제 2 Newton 영역(c), c의 관측 예는 많지 않다.

특히 그림 5.18로 나타낸 바와 같이 비뉴톤 점도 $\eta(\dot{\gamma})$는 앞에서 소개한 선형 점탄성의 동적 점도 $\eta'(\omega)$(식 (5.248))와 극히 관계가 깊다. (일정)각속도 $\omega\simeq\dot{\gamma}$라는 점에서 비교하면 그 함수의 값은 매우 가깝고, 그 중에서도 $\eta(0)\simeq\eta'(\omega)$의 관계는 엄밀히 성립된다. 또한 'Cox-Merz 법칙'이라고 불리는 경험식(6장 참조)

$$\eta(\dot{\gamma})\simeq|\eta^*(\omega)|_{\omega=\dot{\gamma}}=\sqrt{\eta'^2(\omega)+\eta''^2(\omega)}\,|_{\omega=\dot{\gamma}} \tag{5. 311}$$

는 많은 고분자에 대해 비교적 잘 성립하고 유용한 관계식이다.

한편 멱수법칙 모델로 다시 돌아가서, 이 법칙은 단순성 때문에 고분자 제조 공정 등에 가장 널리 이용되는 것은 사실이다. 그러나 어디까지나 분자론적 측면이 부족한 경험모델로서, 가령 비정상 전단흐름에서 흐름을 끊었을 때(즉 $\dot{\gamma}_0=0$) 일어나는 응력감쇠(혹은 완화) 현상을 예측하기 위한 '완화시간(relaxation time)'(식 (5.199)의 D_e 수 참조)에 관한 어떠한 정보를 주지 못할 뿐 아니라, 탄성에 관련된 법선 응력(차)도 예측하지 못한다. 그럼에도 불구하고 본 책에서는 이 법칙을 이용하여 전단흐름이나 인장흐름의 계산 등에 관한 예제를 가급적 많이 다루기로 한다.

5. 5. 2. 2 Carreau-Yasuda 모델

이 모델은 실험적으로 관측되는 η의 $\dot{\gamma}$ 의존성을 비교적 잘 묘사하지만, 멱수모델이 오직 두 개의 파라미터를 사용하는데 반해 여기서는 아래 식에서 보듯이 5개의 파라미터를 사용한다.

$$\frac{\eta(\dot{\gamma})-\eta_\infty}{\eta_0-\eta_\infty}=\left[1+(\dot{\gamma}\lambda)^a\right]^{\frac{n-1}{a}} \tag{5. 312}$$

이 식에 포함된 5개의 파라미터는 예측되는 $\eta(\dot{\gamma})$ 곡선(그림 5.19)의 모양에 대한 각각 아래의 효과를 나타낸다.

- $\eta_\infty(=\eta(\infty))$: (정상)전단속도 $\dot{\gamma}$ 값이 매우 커질 경우 η는 η_∞에 접근함.
- $\eta_0(=\eta(0))$: $\dot{\gamma}$ 값이 매우 작을 경우 η는 제로 전단점도 η_0에 접근함.
- a : 이 지수는 초기의 제로 전단속도 플래토우(plateau) 지역과 그 이후 멱수법칙을 따라 $\dot{\gamma}$의 증가와 함께 점도가 급격히 감소하는 두 지역간의 전이(transition)의 모양에 영향을 준다. 만약 a값이 증가하면 급격한 전이가 이루어진다.
- λ : 이는 유체의 전이거동을 특징짓는 시간상수(일종의 완화시간)로서, 이 λ값은 η_0 지역으로부터 멱수법칙 지역으로의 전이 및 멱수법칙 영역으로부터 $\eta=\eta_\infty$ 영역으로의 전이가 일어나는 전단속도 값을 예측해준다.
- n : 이 지수는 전단속도의 증가에 따른 η의 급격한 감소(기울기)를 예측하는 멱수법칙값은 피라미터이다.

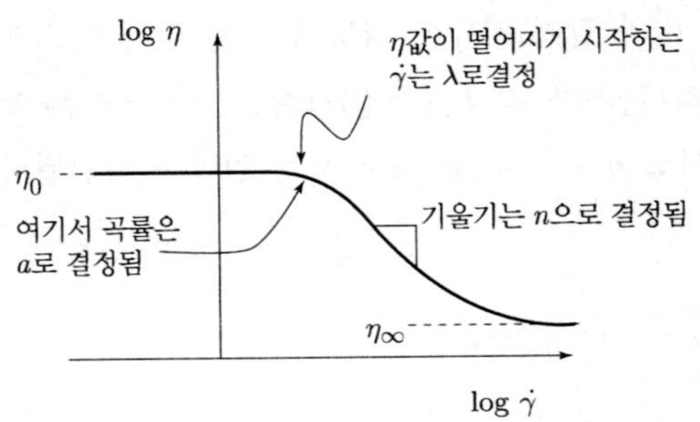

그림 5.19 Carreau-Yasuda GNF 모델에 의한 점도의 변화거동

이 모델은 대부분의 점도 대 전단속도의 실험 데이터를 가장 효과적으로 기술할 수 있는 장점을 가진 반면, 5개의 피라미터를 동시에 결정해야하는 단점도 갖고 있으나 최근 급격히 발달된 컴퓨터 소프트웨어 기술때문이 그리 큰 어려움은 아니다. 또한 이 모델을 사용하여 표준흐름의 속도나 응력장의 정확한 해석해를 구할 수는 없으나, 컴퓨터에 의한 수치계산은 가능하다. 그리고 멱수모델과 마찬가지로 분자론이 결여된 경험법칙으로 점도의 분자량 의존성등은 예측이 불가능하나, 대신 멱수모델에 없는 물질의 완화시간에 해당하는 λ 피라미터를 가지므로 비정상 전단흐름에서 응력감쇠 현상의 예측 등에 이용될 수는 있다.

5.5.2.3 Bingham 모델

이 모델은 앞에서 소개한 두 GNF 모델과는 본질적으로 달리 아래와 같이 기술되는 점도의 전단속도 의존성을 갖는다.

$$\eta(\dot{\gamma}) = \begin{cases} \infty & \tau \le \tau_y \\ \mu_0 + \dfrac{\tau_y}{\dot{\gamma}} & \tau > \tau_y \end{cases} \tag{5.313}$$

이 모델은 '항복 응력(yield stress)'을 나타낸다(그림 5.20참조).

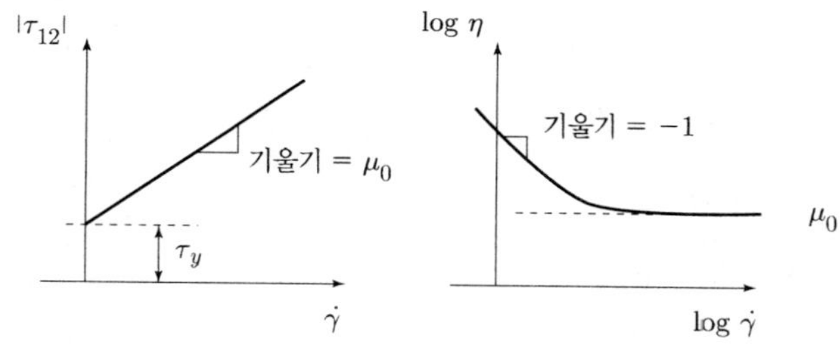

그림 5.20 Bingham GNF 모델에 의한 점도의 전단속도 의존성.

식 (5.313)에서 $\tau \equiv \|\boldsymbol{\tau}\| \left(= \sqrt{(\boldsymbol{\tau} : \boldsymbol{\tau}^{\mathrm{T}})/2}\right)$이다. 즉 Bingham 모델에서는 전단응력 $\tau(=|\tau_{12}|)$가 항복응력 τ_y를 초과할 때까지는 흐르지 않는다. 그리고 τ_y보다 훨씬 큰 응력(즉 높은 전단속도)에서는 일정기울기(점도 μ_0)를 갖고 유체는 흐른다. 이는 두 파라미터 모델로서 각 피라미터의 점도(혹은 유동) 곡선에 대한 영향은 아래와 같다.

- τ_y : 전단응력의 절대값($|\tau_{12}|$)이 이 (항복응력)값을 초과할 때까지는 유체는 흐르지 않으며, τ_y는 항상 양이다.
- μ_0 : 전단속도가 매우 높을 때(즉 $\dot{\gamma} \to \infty$)의 유체의 점도로서, 역시 항상 양이다.

5.5.3 GNF 모델에 의한 물질함수의 예측

위에서 정의한 일반 뉴톤 유체(GNF) 모델이 단계적 전단변형과 같은 비정상 전단 흐름의 물질함수 및 정상상태의 일축신장흐름에 관한 물질함수를 예측할 수 있는가를 아래의 두 예제에서 조사해 보기로 한다.

예제 5.12

비정상 전단흐름의 단계적 전단변형 실험에 대한 3 물질함수인 $G(t,\gamma_0)$, $G_{\Psi_1}(t,\gamma_0)$ 및 $G_{\Psi_2}(t,\gamma_0)$를 Carreau-Yasuda 모델 GNF 모델을 사용하여 계산해보아라.

풀이

실험에 이용된 (비정상)전단흐름의 속도장은 아래가 된다.

$$\boldsymbol{v}=\begin{pmatrix}\dot{\zeta}(t)x_2\\0\\0\end{pmatrix}_{123} \tag{5.314}$$

여기서 변형속도텐서 $\dot{\boldsymbol{\gamma}}(=2\mathrm{D})$는 아래가 된다.

$$\dot{\boldsymbol{\gamma}}=\nabla\boldsymbol{v}+(\nabla\boldsymbol{v})^{\mathrm{T}}=\begin{pmatrix}0&\dot{\zeta}(t)&0\\\dot{\zeta}(t)&0&0\\0&0&0\end{pmatrix}_{123} \tag{5.315}$$

역시 $\dot{\gamma}=\|\dot{\boldsymbol{\gamma}}\|=|\dot{\zeta}(t)|=|\dot{\gamma}_{21}(t)|$가 성립된다.

다음에는 GNF 모델의 $\eta(\dot{\gamma})$에 Carreau–Yasuda 모델을 대입하면 Cartesian 좌표계에서의 구성방정식은 아래가 된다.

$$\begin{aligned}\boldsymbol{\tau}(t)&=\eta(\dot{\gamma})\dot{\boldsymbol{\gamma}}\\&=\left\{\eta_\infty+(\eta_0-\eta_\infty)\left[1+(\dot{\gamma}\lambda)^a\right]^{\frac{n-1}{a}}\right\}\begin{pmatrix}0&\dot{\zeta}(t)&0\\\dot{\zeta}(t)&0&0\\0&0&0\end{pmatrix}_{123}\end{aligned} \tag{5.316}$$

그리고 SSF에 대한 단계적 전단변형 실험에서의 전단속도함수 $\dot{\zeta}(t)$는 아래가 된다(식 (5.215) 참조)

$$\dot{\zeta}(t)=\lim_{\varepsilon\to0}\begin{cases}0 & t<0\\ \dfrac{\gamma_0}{\varepsilon} & 0\le t<\varepsilon\\ 0 & t\ge\varepsilon\end{cases} \tag{5.317}$$

여기서 $\delta_+(t)$는 비대칭 델타함수로써 전 공간에서 적분은 1을 만족하며, γ_0의 부가된 단계적 변형의 크기로 양의 값을 가진다. 그러면 먼저 식 (5.218)로부터 완화탄성률 $G(t,\gamma_0)$을 구하기 위해 식 (5.316)에서 $\tau_{21}(t)$를 구하면 아래가 된다.

$$\begin{aligned}\tau_{21}(t)&=\eta\,\dot{\zeta}(t)=\eta\gamma_0\delta_+(t)\\&=\left\{\eta_\infty+(\eta_0-\eta_\infty)\left(1+\left[\gamma_0\delta_+(t)\lambda\right]^a\right)^{\frac{n-1}{a}}\right\}\gamma_0\delta_+(t)\end{aligned} \tag{5.318}$$

이로부터 $G(t,\gamma_0)$을 구하면 아래가 된다.

$$G(t\,,\,\gamma_0)=\tau_{21}(t)/\gamma_0=\left\{\eta_\infty+(\eta_0-\eta_\infty)\left(1+[\gamma_0\delta_+(t)\lambda]^a\right)^{\frac{n-1}{a}}\right\}\delta_+(t) \tag{5.319}$$

그런데 $t=0$ 이외의 곳에서는 0이 되는 $\delta_+(t)$의 성질로부터 $G(t,\gamma_0)$ 역시 $t=0$ 근처를 제외하고서는 값이 0이 되며, 또한 $t=0$ 근방에서는 $\delta_+(t)$ 값이 매우 커서 소괄호안의 1항 뿐 아니라 중괄호안의 첫 번째 η_∞항도 무시가능하므로 아래의 근사식을 얻는다.

$$G(t\,,\,\gamma_0)\fallingdotseq(\eta_0-\eta_\infty)\gamma_0^{\,n-1}\lambda^{n-1}[\delta_+(t)]^n \tag{5.320}$$

즉 이 모델에 의해 예측된 단계적 변형에 대한 전단 완화탄성률은 $t=0$ 근방에서만 존재하는 수정충격함수(modified impulse function)가 되는데 이는 비현실적인 예측이다.
한편 물질함수 정의식 (5.219) 및 (5.220)과 구성식 (5.316)을 이용하여 두 물질함수를 구하면 아래의 결과를 얻는다.

$$G_{\Psi_1}(t\,,\,\gamma_0)=\frac{\tau_{11}-\tau_{22}}{\gamma_0^2}=0$$

$$G_{\Psi_2}(t\,,\,\gamma_0)=\frac{\tau_{22}-\tau_{33}}{\gamma_0^2}=0 \tag{5.321}$$

예제 5.13

정상상태(즉 $\dot{\zeta}(t)=\dot{\varepsilon}_0=$ 일정)의 일축신장흐름(UEF)에 대하여 멱수법칙 GNF 모델을 사용하여 물질함수를 구해보아라.

풀이

정상상태의 1축신장흐름에 대한 속도장은 Cartesian 좌표계에서 아래가 된다.

$$\boldsymbol{v}=\begin{pmatrix}-\frac{1}{2}\dot{\varepsilon}_0x_1\\-\frac{1}{2}\dot{\varepsilon}_0x_2\\\dot{\varepsilon}_0x_3\end{pmatrix}_{123}\qquad(\dot{\varepsilon}_0>0) \tag{5.322}$$

이로부터 대칭변형속도텐서 $\dot{\boldsymbol{\gamma}}\,[=2\mathrm{D}=\nabla\boldsymbol{v}+(\nabla\boldsymbol{v})^{\mathrm{T}}]$를 구하면 아래가 된다.

$$\dot{\boldsymbol{\gamma}}=\begin{pmatrix}-\dot{\varepsilon}_0&0&0\\0&-\dot{\varepsilon}_0&0\\0&0&2\dot{\varepsilon}_0\end{pmatrix}_{123} \tag{5.323}$$

여기서 $\dot{\boldsymbol{\gamma}}$의 크기 $\dot{\gamma}=\|\dot{\boldsymbol{\gamma}}\|=\sqrt{(\dot{\boldsymbol{\gamma}}:\dot{\boldsymbol{\gamma}}^{\mathrm{T}})/2}=\sqrt{3}\,\dot{\varepsilon}_0$가 됨을 알 수 있다.

다음에는 GNF 모델의 $\eta(\dot{\gamma})$에 멱급수 모델 식 (5.310)을 대입하면 아래의 구성식을 얻는다.

$$\boldsymbol{\tau}(t)=\eta(\dot{\gamma})\dot{\boldsymbol{\gamma}}$$

$$=m3^{\frac{n-1}{2}}\dot{\varepsilon}_0^{n-1}\begin{pmatrix}-\dot{\varepsilon}_0 & 0 & 0\\ 0 & -\dot{\varepsilon}_0 & 0\\ 0 & 0 & 2\dot{\varepsilon}_0\end{pmatrix}_{123}$$

$$=\begin{pmatrix}-m3^{\frac{n-1}{2}}\dot{\varepsilon}_0^n & 0 & 0\\ 0 & -m3^{\frac{n-1}{2}}\dot{\varepsilon}_0^n & 0\\ 0 & 0 & 2m\left(3^{\frac{n-1}{2}}\right)\dot{\varepsilon}_0^n\end{pmatrix}_{123} \tag{5. 324}$$

여기서 일축신장점도 $\bar{\eta}$를 정의식 (5.258)에서 구하면 아래가 된다.

$$\bar{\eta}(\dot{\varepsilon}_0)\equiv\frac{\tau_{33}-\tau_{11}}{\dot{\varepsilon}_0}=3^{\frac{n+1}{2}}m\dot{\varepsilon}_0^{n-1} \tag{5. 325}$$

한편 멱수법칙 GNF 모델은 신장점도 $\bar{\eta}$가 전단점도 $\eta=m\dot{\gamma}^{n-1}$에 비례함을 예측하는데, 이때 'Trouton 비 (T_{R})' 는 두 흐름의 변형속도 텐서 $\dot{\boldsymbol{\gamma}}$의 크기 $\dot{\gamma}=\|\dot{\boldsymbol{\gamma}}\|$ 가 같을 때 신장점도 대 전단점도 비 (즉 $\bar{\eta}/\eta$)로서 정의한다. 점도가 상수(즉 $\eta(\dot{\gamma})=\mu$)가 되는 뉴톤 유체의 경우는 이 비는 3이 되나, 멱수법칙 GNF 모델의 경우 역시 Trouton 비는 아래와 같이 3의 값을 가짐을 알 수 있다.(단 $\dot{\gamma}=\|\dot{\boldsymbol{\gamma}}\|=\sqrt{3}\,\dot{\varepsilon}_0$)

$$\frac{\bar{\eta}}{\eta}=\frac{3m(\dot{\varepsilon}_0\sqrt{3})^{n-1}}{m(\dot{\gamma})^{n-1}}=3 \tag{5. 326}$$

위 2 예제에서 보았듯이 GNF 모델은 어떤 경우에는 합리적인 것 같으나, 어떤 경우에는 비합리적 결과를 낳아 실제 문제에 적용에 있어서 신중을 가해야 한다.

다음에는 GNF 모델을 사용하여 SSF나 SEF와 같은 간단한 표준흐름에 대한 속도장이나 압력장 등을 계산해보기로 한다.

■ 5. 6 멱급수 GNF 모델의 표준흐름의 응용

5. 6. 1 관내의 압력야기 Poiseuille 흐름

여기서는 둥근 관내로 압력차에 의해 흐르는 소위 '압력야기 포아제 흐름(pressure-driven Poiseuille flow)'의 비압축성 점성 유체에 대해 멱급수 GNF 모델을 이용하여 속도장($\boldsymbol{v}$), 압력장(p) 및 (여분)응력장($\boldsymbol{\tau}$)의 프로필을 계산해보기로 한다. 상류점(upstream point)에서의 압력을 P_0, 그로부터 거리 L 떨어진 하류점(downstream point)에서의 압력을 P_L(단 $P_0 > P_L$)이라 하고, 두 점 사이의 흐름은 길이 L가 충분히 길어 충분히 안정되어 있고(fully developed) 또한 정상상태(steady-state)라고 한다.

그림 5.21에 나타낸 바와 같이, 원통좌표계 (r, θ, z)를 이용하고, 관련된 모든 텐서량은 직교곡선좌표계의 물리적 성분표시(1.14절 참조)를 원칙으로 한다.

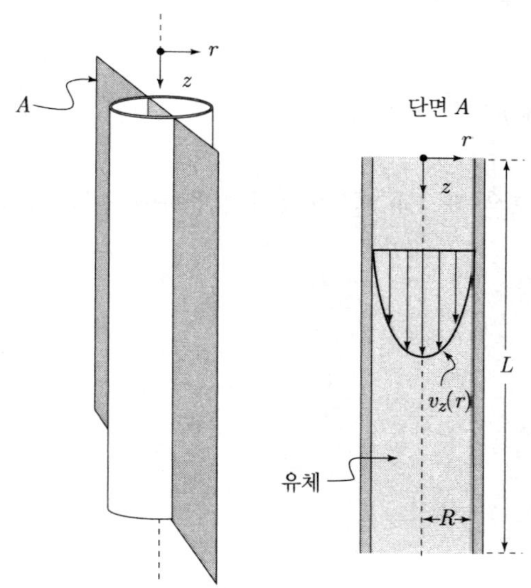

그림 5.21 둥근 관내의 비압축성 멱급수 GNF 모델을 따르는 점성 유체에 대한 압력야기 포아제 흐름(pressure-driven Poiseuille flow).

먼저 비압축성 유체에 대한 질량보존식은 원통좌표계의 물리성분표시로 아래가 된다(단 $v_r = \hat{v}_1$, $v_\theta = \hat{v}_2$, $v_z = \hat{v}_3$ - 표 4.3 참조).

$$0 = \nabla \cdot \boldsymbol{v} = \frac{1}{r}\frac{\partial(rv_r)}{\partial r} + \frac{1}{r}\frac{\partial v_\theta}{\partial \theta} + \frac{\partial v_z}{\partial z} \tag{5.327}$$

흐름은 $z-$방향만 존재하므로 $r-$ 및 $\theta-$방향의 속도성분은 0이 된다. 즉

$$\boldsymbol{v} = \begin{pmatrix} v_r \\ v_\theta \\ v_z \end{pmatrix}_{r\theta z} = \begin{pmatrix} 0 \\ 0 \\ v_z \end{pmatrix}_{r\theta z} \tag{5.328}$$

따라서 질량보존식은 아래가 된다.

$$\frac{\partial v_z}{\partial z} = 0 \tag{5.329}$$

다음에 식 (4.199)로 나타낸 운동방정식을 다시 쓰면 아래가 된다(단 Lagrange 혹은 본질 미분 연산자 $\frac{D}{Dt} = \frac{\partial}{\partial t} + \boldsymbol{v} \cdot \nabla$를 대입).

$$\rho\left(\frac{\partial \boldsymbol{v}}{\partial t} + \boldsymbol{v} \cdot \nabla \boldsymbol{v}\right) = -\nabla p + \nabla \cdot \boldsymbol{\tau} + \rho \boldsymbol{g} \tag{5.330}$$

이 식의 각 항을 표 A2.2(혹은 표 4.4C)를 이용하여 원통좌표계의 물리성분으로 나타내면 아래가 된다.

$$\rho\frac{\partial \boldsymbol{v}}{\partial t} = \begin{pmatrix} \rho\frac{\partial v_r}{\partial t} \\ \rho\frac{\partial v_\theta}{\partial t} \\ \rho\frac{\partial v_z}{\partial t} \end{pmatrix}_{r\theta z} \tag{5.331}$$

$$\rho \boldsymbol{v} \cdot \nabla \boldsymbol{v} = \rho \begin{pmatrix} v_r\frac{\partial v_r}{\partial r} + v_\theta\left(\frac{1}{r}\frac{\partial v_r}{\partial \theta} - \frac{v_\theta}{r}\right) + v_z\frac{\partial v_r}{\partial z} \\ v_r\frac{\partial v_\theta}{\partial r} + v_\theta\left(\frac{1}{r}\frac{\partial v_\theta}{\partial \theta} + \frac{v_r}{r}\right) + v_z\frac{\partial v_\theta}{\partial z} \\ v_r\frac{\partial v_z}{\partial r} + v_\theta\left(\frac{1}{r}\frac{\partial v_z}{\partial \theta}\right) + v_z\frac{\partial v_z}{\partial z} \end{pmatrix}_{r\theta z} \tag{5.332}$$

$$\nabla \rho = \begin{pmatrix} \dfrac{\partial p}{\partial r} \\ \dfrac{1}{r}\dfrac{\partial p}{\partial \theta} \\ \dfrac{\partial p}{\partial z} \end{pmatrix}_{r\theta z} \tag{5.333}$$

$$\nabla \cdot \boldsymbol{\tau} = \begin{pmatrix} \dfrac{1}{r}\dfrac{\partial}{\partial r}(r\tau_{rr}) + \dfrac{1}{r}\dfrac{\partial \tau_{\theta r}}{\partial \theta} + \dfrac{\partial \tau_{zr}}{\partial z} - \dfrac{\tau_{\theta\theta}}{r} \\ \dfrac{1}{r^2}\dfrac{\partial}{\partial r}(r^2\tau_{r\theta}) + \dfrac{1}{r}\dfrac{\partial \tau_{\theta\theta}}{\partial \theta} + \dfrac{\partial \tau_{z\theta}}{\partial z} + \dfrac{\tau_{\theta r} - \tau_{r\theta}}{r} \\ \dfrac{1}{r}\dfrac{\partial}{\partial r}(r\tau_{rz}) + \dfrac{1}{r}\dfrac{\partial \tau_{\theta z}}{\partial \theta} + \dfrac{\partial \tau_{zz}}{\partial z} \end{pmatrix}_{r\theta z} \tag{5.334}$$

$$\rho \boldsymbol{g} = \begin{pmatrix} \rho g_r \\ \rho g_\theta \\ \rho g_z \end{pmatrix}_{r\theta z} \tag{5.335}$$

여기서 식 (5.328)로 주어진 속도장을 대입하고, 또 $\boldsymbol{\tau}$의 대칭성(즉 $\tau_{ij} = \tau_{ji}$) 및 중력장 $g_r = g_\theta = 0$, $g_z = g(= 9.8\ \mathrm{m/s^2})$를 이용하면 아래를 얻는다[단, 중력장은 오직 흐름($z-$) 방향에만 존재한다고 가정한다].

$$\rho \frac{\partial \boldsymbol{v}}{\partial t} = \begin{pmatrix} 0 \\ 0 \\ 0 \end{pmatrix}_{r\theta z} \tag{5.336}$$

$$\rho \boldsymbol{v} \cdot \nabla \boldsymbol{v} = \begin{pmatrix} 0 \\ 0 \\ 0 \end{pmatrix}_{r\theta z} \tag{5.337}$$

$$\nabla \rho = \begin{pmatrix} \dfrac{\partial p}{\partial r} \\ \dfrac{1}{r}\dfrac{\partial p}{\partial \theta} \\ \dfrac{\partial p}{\partial z} \end{pmatrix}_{r\theta z} \tag{5.338}$$

$$\nabla \cdot \boldsymbol{\tau} = \begin{pmatrix} \dfrac{1}{r}\dfrac{\partial}{\partial r}(r\tau_{rr}) + \dfrac{1}{r}\dfrac{\partial \tau_{\theta r}}{\partial \theta} + \dfrac{\partial \tau_{zr}}{\partial z} - \dfrac{\tau_{\theta\theta}}{r} \\ \dfrac{1}{r^2}\dfrac{\partial}{\partial r}(r^2\tau_{r\theta}) + \dfrac{1}{r}\dfrac{\partial \tau_{\theta\theta}}{\partial \theta} + \dfrac{\partial \tau_{z\theta}}{\partial z} \\ \dfrac{1}{r}\dfrac{\partial}{\partial r}(r\tau_{rz}) + \dfrac{1}{r}\dfrac{\partial \tau_{\theta z}}{\partial \theta} + \dfrac{\partial \tau_{zz}}{\partial z} \end{pmatrix}_{r\theta z} \tag{5.339}$$

$$\rho \boldsymbol{g} = \begin{pmatrix} 0 \\ 0 \\ \rho g \end{pmatrix}_{r\theta z} \tag{5. 340}$$

이들 결과를 운동방정식 (5.330)에 대입하면 아래의 열벡터(column vector)로 나타낸 식을 얻는다.

$$\begin{pmatrix} 0 \\ 0 \\ 0 \end{pmatrix} = \begin{pmatrix} -\dfrac{\partial p}{\partial r} \\ -\dfrac{1}{r}\dfrac{\partial p}{\partial \theta} \\ -\dfrac{\partial p}{\partial z} \end{pmatrix} + \begin{pmatrix} \dfrac{1}{r}\dfrac{\partial}{\partial r}(r\tau_{rr}) + \dfrac{1}{r}\dfrac{\partial \tau_{\theta r}}{\partial \theta} + \dfrac{\partial \tau_{zr}}{\partial z} - \dfrac{\tau_{\theta\theta}}{r} \\ \dfrac{1}{r^2}\dfrac{\partial}{\partial r}(r^2\tau_{r\theta}) + \dfrac{1}{r}\dfrac{\partial \tau_{\theta\theta}}{\partial \theta} + \dfrac{\partial \tau_{z\theta}}{\partial z} \\ \dfrac{1}{r}\dfrac{\partial}{\partial r}(r\tau_{rz}) + \dfrac{1}{r}\dfrac{\partial \tau_{\theta z}}{\partial \theta} + \dfrac{\partial \tau_{zz}}{\partial z} \end{pmatrix} + \begin{pmatrix} 0 \\ 0 \\ \rho g \end{pmatrix} \tag{5. 341}$$

다음에는 아래의 GNF 모델의 구성방정식 등의 (대칭)변형속도텐서 $\dot{\gamma}[= 2\mathbf{D} = \nabla \boldsymbol{v} + (\nabla \boldsymbol{v})^{\mathrm{T}}]$를 식 (5.328)의 속도장을 사용하여 구하면 아래가 된다.

$$\boldsymbol{\tau} = \eta\dot{\gamma} = \eta[\nabla \boldsymbol{v} + (\nabla \boldsymbol{v})^{\mathrm{T}}] \tag{5. 342}$$

$$\nabla \boldsymbol{v} = \begin{pmatrix} \dfrac{\partial v_r}{\partial r} & \dfrac{\partial v_\theta}{\partial r} & \dfrac{\partial v_z}{\partial r} \\ \dfrac{1}{r}\dfrac{\partial v_r}{\partial \theta} - \dfrac{v_\theta}{r} & \dfrac{1}{r}\dfrac{\partial v_\theta}{\partial \theta} + \dfrac{v_r}{r} & \dfrac{1}{r}\dfrac{\partial v_z}{\partial \theta} \\ \dfrac{\partial v_r}{\partial z} & \dfrac{\partial v_\theta}{\partial z} & \dfrac{\partial v_z}{\partial z} \end{pmatrix}_{r\theta z} \quad (\because \text{표 } 5.1) \tag{5. 343 a}$$

$$= \begin{pmatrix} 0 & 0 & \dfrac{\partial v_z}{\partial r} \\ 0 & 0 & \dfrac{1}{r}\dfrac{\partial v_z}{\partial \theta} \\ 0 & 0 & \dfrac{\partial v_z}{\partial z} \end{pmatrix}_{r\theta z} \quad (\because v_r = v_\theta = 0) \tag{5. 343 b}$$

따라서 $\dot{\gamma}(= 2\mathbf{D})$는 아래가 된다.

$$\dot{\gamma} = \nabla \boldsymbol{v} + (\nabla \boldsymbol{v})^{\mathrm{T}} = \begin{pmatrix} 0 & 0 & \dfrac{\partial v_z}{\partial r} \\ 0 & 0 & 0 \\ 0 & 0 & 0 \end{pmatrix}_{r\theta z} + \begin{pmatrix} 0 & 0 & 0 \\ 0 & 0 & 0 \\ \dfrac{\partial v_z}{\partial r} & 0 & 0 \end{pmatrix}_{r\theta z} = \begin{pmatrix} 0 & 0 & \dfrac{\partial v_z}{\partial r} \\ 0 & 0 & 0 \\ \dfrac{\partial v_z}{\partial r} & 0 & 0 \end{pmatrix}_{r\theta z} \tag{5. 344}$$

따라서 응력 $\boldsymbol{\tau}$는 아래가 된다.

$$\boldsymbol{\tau} = \eta \dot{\boldsymbol{\gamma}} = \begin{pmatrix} 0 & 0 & \eta \dfrac{\partial v_z}{\partial r} \\ 0 & 0 & 0 \\ \eta \dfrac{\partial v_z}{\partial r} & 0 & 0 \end{pmatrix}_{r\theta z} \tag{5. 345}$$

여기서 $\tau_{rz}(=\tau_{zr}) = \eta \dfrac{\partial v_z}{\partial r}$만 0이 아니고, 나머지 $\boldsymbol{\tau}$의 성분은 0이 되므로, 운동방정식 (5.341)은 아래와 같이 보다 단순화된다.

$$\begin{pmatrix} 0 \\ 0 \\ 0 \end{pmatrix} = \begin{pmatrix} -\dfrac{\partial p}{\partial r} \\ -\dfrac{1}{r}\dfrac{\partial p}{\partial \theta} \\ -\dfrac{\partial p}{\partial z} \end{pmatrix} + \begin{pmatrix} \dfrac{\partial \tau_{zr}}{\partial z} \\ 0 \\ \dfrac{1}{r}\dfrac{\partial}{\partial r}(r\tau_{rz}) \end{pmatrix} + \begin{pmatrix} 0 \\ 0 \\ \rho g \end{pmatrix} \tag{5. 346 a}$$

$$= \begin{pmatrix} -\dfrac{\partial p}{\partial r} \\ -\dfrac{1}{r}\dfrac{\partial p}{\partial \theta} \\ -\dfrac{\partial p}{\partial z} \end{pmatrix} + \begin{pmatrix} \dfrac{\partial}{\partial z}\left(\eta \dfrac{\partial v_z}{\partial r}\right) \\ 0 \\ \dfrac{1}{r}\dfrac{\partial}{\partial r}\left(r\eta \dfrac{\partial v_z}{\partial r}\right) \end{pmatrix} + \begin{pmatrix} 0 \\ 0 \\ \rho g \end{pmatrix} \tag{5. 346 b}$$

그런데 멱급수 모델에서는 점도는 정의에 의해 아래가 된다.

$$\eta(\dot{\gamma}) = m\dot{\gamma}^{n-1} \tag{5. 310}$$

여기서 일정 전단속도 $\dot{\gamma}$는 대칭텐서 $\dot{\boldsymbol{\gamma}}$의 크기로서 식 (5.344)에서 아래가 된다.

$$\dot{\gamma} \equiv \| \dot{\boldsymbol{\gamma}} \| = \sqrt{(\dot{\boldsymbol{\gamma}} : \dot{\boldsymbol{\gamma}})/2} = \sqrt{(\partial v_z / \partial r)^2} = |\partial v_z / \partial r| \tag{5. 347}$$

그런데 $\dot{\gamma}$는 양이 되어야 하는데, 포아제 흐름에 대한 그림 5.21로부터 $\partial v_z / \partial r$가 음의 값을 가지므로 아래 식이 성립된다.

$$\dot{\gamma} = |\dot{\boldsymbol{\gamma}}| = -\frac{\partial v_z}{\partial r} > 0 \tag{5. 348}$$

따라서 이를 식 (5.310)에 대입하면 아래를 얻는다.

$$\eta = m\left(-\frac{\partial v_z}{\partial r}\right)^{n-1} = m\left(-\frac{dv_z}{dr}\right)^{n-1} \tag{5. 349}$$

이를 식 (5.346b)의 단순화된 운동방정식에 대입하면 아래를 얻는다.

$$\begin{pmatrix} 0 \\ 0 \\ 0 \end{pmatrix} = \begin{pmatrix} -\dfrac{\partial p}{\partial r} \\ -\dfrac{1}{r}\dfrac{\partial p}{\partial \theta} \\ -\dfrac{\partial p}{\partial z} \end{pmatrix} + \begin{pmatrix} \dfrac{\partial}{\partial z}\left[m\left(-\dfrac{dv_z}{dr}\right)^{n-1}\dfrac{dv_z}{dr}\right] \\ 0 \\ \dfrac{1}{r}\dfrac{\partial}{\partial r}\left[rm\left(-\dfrac{dv_z}{dr}\right)^{n-1}\dfrac{dv_z}{dr}\right] \end{pmatrix} + \begin{pmatrix} 0 \\ 0 \\ \rho g \end{pmatrix} \tag{5.350 a}$$

$$= \begin{pmatrix} -\dfrac{\partial p}{\partial r} \\ -\dfrac{1}{r}\dfrac{\partial p}{\partial \theta} \\ -\dfrac{\partial p}{\partial z} \end{pmatrix} + \begin{pmatrix} 0 \\ 0 \\ \dfrac{m}{r}\dfrac{d}{dr}\left[-r\left(-\dfrac{dv_z}{dr}\right)^{n}\right] \end{pmatrix} + \begin{pmatrix} 0 \\ 0 \\ \rho g \end{pmatrix} \tag{5.350 b}$$

위 식 (a)에서 (b)로 간 것은 dv_z/dr는 r만의 함수로서 z에 무관하기 때문이다. 그러면 위 운동방정식(equation-of-motion, EOM)을 원통좌표계의 각 (물리)성분으로 나타내면 아래가 성립된다.

$$\text{EOM의 } r\text{성분}: \ \frac{\partial p}{\partial r} = 0 \tag{5.351 a}$$

$$\text{EOM의 } \theta\text{성분}: \ \frac{1}{r}\frac{\partial p}{\partial \theta} = 0 \tag{5.351 b}$$

$$\text{EOM의 } z\text{성분}: \ \frac{\partial p}{\partial z} = \frac{m}{r}\frac{d}{dr}\left[-r\left(-\frac{dv_z}{dr}\right)^{n}\right] + \rho g \tag{5.351 c}$$

그런데 마지막 식에서 압력 p는 z만의 함수이므로 $\partial p/\partial z = dp/dz$로 나타낸다. 그런데 식 (5.351c)의 좌변은 z만의 함수, 우변은 r만의 함수이므로 5.3.2.1절의 뉴톤 유체의 포아제 흐름에 대한 계산과 같은 논리(즉 변수분리 기법)로 각각 압력장 $p(z)$ 및 속도장 $v_z(r)$를 구할 수 있다. 단 이때 사용되는 p 및 v_z에 사용되는 경계조건은 뉴톤 유체의 경우와 마찬가지로 아래가 된다.

$$\left.\begin{array}{ll} z=0 & p=P_0 \\ z=L & p=P_L \\ r=0 & \dfrac{dv_z}{dr}=0 \\ r=R & v_z=0 \end{array}\right\} \tag{5.352}$$

그러면 얻어진 최종결과는 아래가 된다.

$$P^*(z)(\equiv p(z)-\rho g z) = P_0^* + \frac{P_L^* - P_0^*}{L}z \ \ (\text{여기서 } P_0^* = P_0,\ P_L^* = P_L - \rho g L) \tag{5.353}$$

$$v_z(r) = R^{\frac{1}{n}+1}\left(\frac{P_0 - P_L + \rho g L}{2mL}\right)^{\frac{1}{n}}\left(\frac{n}{n+1}\right)\left[1-\left(\frac{r}{R}\right)^{\frac{1}{n}+1}\right] \tag{5.354}$$

증명 편미분 방정식 (5.351c)에서 우변의 ρg항을 좌변에 이동하면 아래가 된다(5.3.2.1절 참조).

$$\frac{dp}{dz} - \rho g = \frac{m}{r}\frac{d}{dr}\left[-r\left(-\frac{dv_z}{dr}\right)^n\right] \tag{5.355}$$

여기서 좌변은 z만의 함수, 우변은 r만의 함수이므로 양변을 상수 λ로 두면 아래가 성립된다.

$$\frac{dP^*}{dz} = \lambda, \quad \frac{m}{r}\frac{d}{dr}\left[-r\left(-\frac{dv_z}{dr}\right)^n\right] = \lambda \tag{5.356}$$

여기서 $P^* \equiv p - \rho g z$(대응압력)이다. 여기서 먼저 대응압력 P^*에 부정적분을 취하면 $P^* = \lambda z + c_1$가 되는데, $z = 0$에서 $P^* = P_0^*(= P_0)$이 되므로 적분상수 $c_1 = P_0^*$가 된다. 또한 P^*에 대해 $z = 0$에서 $z = L$까지 정적분을 취하면 $\lambda = (P_L^* - P_0^*)/L$가 되므로 P^*의 해는 아래가 되어 식 (5.353)이 증명된다.

$$P^* = P_0^* + \frac{P_L^* - P_0^*}{L}z \ (\text{단 } P_0^* = P_0,\ P_L^* = P_L - \rho g L)$$

다음에는 식 (5.356)의 두 번째 식의 양변을 r에 대해 1번 부정적분을 행하고, 다시 양변을 $-r(\neq 0)$로 나누면 아래를 얻는다.

$$\left(-\frac{dv_z}{dr}\right)^n = -\frac{\lambda r}{2m} - \frac{c_2}{r} \tag{5.357}$$

여기서 식 (5.352)의 3번째 경계조건을 취하면 $c_2 = 0$이 얻어준다(왜냐하면 $r = 0$에서 기울기 dv_z/dr 값이 유한 즉 0이 되어야하므로). 그리고 식 (5.357)의 양변을 $1/n$ 승을 취하면 아래가 된다.

$$\left(-\frac{dv_z}{dr}\right) = \left(-\frac{\lambda r}{2m}\right)^{1/n} \tag{5.358}$$

이 식의 양변을 다시 r에 대해 한번 부정적분을 취하고, 다시 양변을 -1로 곱하면 아래를 얻는다.

$$v_z = -\left(-\frac{\lambda}{2m}\right)^{1/n} \frac{r^{1+\frac{1}{n}}}{1+\frac{1}{n}} + c_3 \tag{5. 359}$$

여기서 식 (5.352)의 마지막 경계조건을 이용하면 적분상수 c_3는 아래가 된다.

$$c_3 = \left(-\frac{\lambda}{2m}\right)^{1/n} \frac{R^{1+\frac{1}{n}}}{1+\frac{1}{n}}$$

여기서 속도장 v_z의 해는 아래가 되어 식 (5.354)가 증명된다[단 $\lambda = (P_L^* - P_0^*)/L = (P_L - P_0 - \rho g L)/L$을 대입].

$$\begin{aligned} v_z(r) &= R^{1+\frac{1}{n}} \left(\frac{P_0^* - P_L^*}{2mL}\right)^{1/n} \left(\frac{n}{n+1}\right)\left[1 - \left(\frac{r}{R}\right)^{1+\frac{1}{n}}\right] \\ &= R^{1+\frac{1}{n}} \left(\frac{P_0 - P_L + \rho g L}{2mL}\right)^{1/n} \left(\frac{n}{n+1}\right)\left[1 - \left(\frac{r}{R}\right)^{1+\frac{1}{n}}\right] \qquad \blacksquare \end{aligned}$$

한편 (여분)응력텐서 $\boldsymbol{\tau}$는 식 (5.345)에 주어지는데, 이로부터 전단응력(의 물리성분) $\tau_{rz}(r)$를 r의 함수로 구해보기로 한다. GNF 구성방정식 (5.342)에서 아래가 성립된다(단 $\tau_{rz} > 0$이 되기 위해 아래의 협약을 이용함 - 보다 상세는 8.1.1절 참조).

$$\tau_{13}(= -\tau_{rz}) = \eta \dot{\gamma}_{13} = \eta \frac{dv_z}{dr} \tag{5. 360 a}$$

혹은

$$\tau_{rz} = -\eta \frac{dv_z}{dr} \tag{5. 360 b}$$

그런데 전단속도 의존성 비뉴톤 점도 η를 멱수법칙 모델 (5.310)에 대입하고, $\dot{\gamma}$의 크기 $\dot{\gamma} = \left(-\frac{dv_z}{dr}\right)$를 이용하면 식 (5.360b)는 아래가 된다.

$$\tau_{rz} = -m\dot{\gamma}^{n-1}\frac{dv_z}{dr} = m\dot{\gamma}^n = m\left(-\frac{dv_z}{dr}\right)^n \tag{5.361}$$

이 식의 $v_z(r)$에 식 (5.354)를 대입하여 미분을 행하고, 정지하면 간단히 아래 식을 얻는다.

$$\tau_{rz}(r) = -\eta\frac{\partial v_z}{\partial r} = \frac{(P_0 - P_L + \rho g L)r}{2L} = \frac{(P_0^* - P_L^*)r}{2L} \tag{5.362}$$

이 식으로부터 전단응력 τ_{rz}(혹은 전단속도 $\dot{\gamma} = -dv_z/dr$)는 속도장 $v_z(r)$과 반대로, 관의 중심(즉 $r=0$)에서 0(최소)이 되고, 벽면 즉 $r=R$에서 최대가 된다. 즉 벽면에서의 최대 τ_{rz}를 $\tau_R(=\tau_w)$로 나타내면 아래 식이 성립된다.

$$\tau_{rz}(r) = \tau_R\frac{r}{R}\ ,\ \tau_R(=\tau_w) = \frac{P_0^* - P_L^*}{2L}R \tag{5.363}$$

한편 단위시간에 원통관의 단면을 통과하는 부피유출 속도(volumetric flow rate) $Q(=A\bar{v}$, 여기서 $A=\pi R^2=$ 단면적, $\bar{v}$는 평균속도)는 식 (5.354)를 이용한 아래의 적분을 통하여 얻어진다 (2.15.1절 참조).

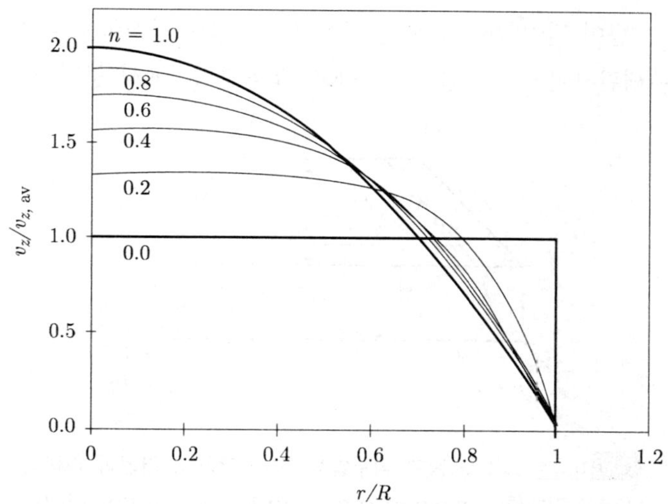

그림 5.22 둥근 관속의 정상 Poiseuille 흐름에 대한 멱수법칙 GNF 모델로 예측된 멱지수 n의 값에 따라 상대(환원) 속도 프로필.

$$Q\left(=A\bar{v}\right)=\int_A v_z\,dA=\int_A v_z\,r\,dr\,d\theta=\int_0^R 2\pi r v_z\,dr=\left[\frac{\left(P_0^*-P_L^*\right)R}{2mL}\right]^{\frac{1}{n}}\left(\frac{n\pi R^3}{1+3n}\right) \quad (5.364)$$

혹은 이 식으로부터 평균속도 $\bar{v}$는 아래가 된다.

$$\bar{v}\left(=v_{z\,,\,av}\right)=Q/A\left(=\pi R^2\right)=\left[\frac{\left(P_0^*-P_L^*\right)R}{2mL}\right]^{\frac{1}{n}}\left(\frac{nR^3}{1+3n}\right) \quad (5.365)$$

그림 5.22에 $v_z(r)$를 평균속도 $\bar{v}$로 나눈 환원속도($v_z/v_{z,av}$)를 r/R과 멱급수 지수 n의 함수로서 나타내었다. $n=1$인 뉴톤 유체로부터 n값이 점점 감소될수록(즉 더욱 전단 묽어짐 유체가 될수록) 곡선은 평평해지며(flattened), $n\to 0$의 극한에서는 속도가 거의 일정해지는 '플러그 흐름(plug flow)'의 성격을 띄게 된다.

5. 6. 2 슬릿을 통한 견인과 압력의 복합야기흐름(combined drag and Poiseuille flow)

지금 그림 5.23에 나타낸 바와 같이 두 무한 평판 사이에 있는 비압축성 점성 액체가 만약 위 평판이 일정속도 V로 움직이고 있을 때의 압력야기(pressure-driven) 포아제 흐름에 대하여 멱수법칙 GNF 모델을 사용하여 속도 프로필을 계산해보기로 한다. 상류점(upstream point)에서의 압력을 P_0, 이로부터 거리 L 떨어진 하류점(downstream point)에서의 압력을 P_L(단 $P_0>P_L$)라 하고, 또 두 점사이의 흐름이 길이 L이 충분히 길어 정상상태로 안정화 되어 있다(fully developed)고 하자. 그리고 두 평판사이의 간격을 H라 하고, 운동방정식에서 중력의 효과는 무시한다.

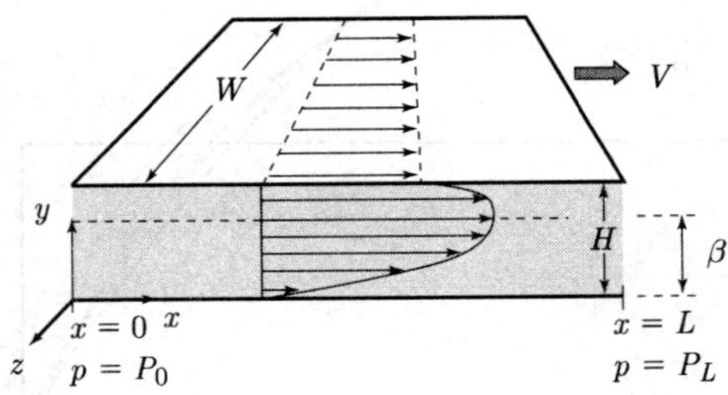

그림 5.23 슬릿을 통한 멱수법칙 GNF 유체의 견인과 압력의 복합야기흐름(combined drag and Poiseuille flow)의 예

편의상 이 문제는 그림에 나타낸 바와 같이 $(x,\ y,\ z)$ Cartesian 좌표계를 택한다. 먼저 질량보존식은 아래가 된다(표 4.3 참조).

$$0 = \nabla \cdot \boldsymbol{v} = \frac{\partial v_x}{\partial x} + \frac{\partial v_y}{\partial y} + \frac{\partial v_z}{\partial z} \tag{5.366}$$

이 흐름은 그림처럼 x방향으로만 존재하므로, $v_y = v_z = 0$이 되어, 속도장은 아래가 된다.

$$\boldsymbol{v} = \begin{pmatrix} v_x \\ v_y \\ v_z \end{pmatrix}_{xyz} \tag{5.367 a}$$

$$= \begin{pmatrix} v_x \\ 0 \\ 0 \end{pmatrix}_{xyz} \tag{5.367 b}$$

이를 식 (5.366)에 대입하면 아래가 성립된다.

$$\frac{\partial v_x}{\partial x} = 0 \tag{5.368}$$

이를 운동방정식(EOM)(5.330)에 대입하면(단 중력장 무시) 아래를 얻는다(표 4.4 참조).

$$\mathbf{0} = -\nabla p - \nabla \cdot \boldsymbol{\tau} \tag{5.369 a}$$

$$\begin{pmatrix} 0 \\ 0 \\ 0 \end{pmatrix}_{xyz} = \begin{pmatrix} -\frac{\partial p}{\partial x} \\ -\frac{\partial p}{\partial y} \\ -\frac{\partial p}{\partial z} \end{pmatrix}_{xyz} + \begin{pmatrix} \frac{\partial \tau_{xx}}{\partial x} + \frac{\partial \tau_{yx}}{\partial y} + \frac{\partial \tau_{zx}}{\partial z} \\ \frac{\partial \tau_{xy}}{\partial x} + \frac{\partial \tau_{yy}}{\partial y} + \frac{\partial \tau_{zy}}{\partial z} \\ \frac{\partial \tau_{xz}}{\partial x} + \frac{\partial \tau_{yz}}{\partial y} + \frac{\partial \tau_{zz}}{\partial z} \end{pmatrix}_{xyz} \tag{5.369 b}$$

다음에는 GNF 구성방정식 (5.342)의 대칭변형속도 텐서 $\dot{\gamma}(=2\mathbf{D})$를 구하기 위해 식 (5.367)의 속도장으로부터 $\nabla \boldsymbol{v}$ 및 $(\nabla \boldsymbol{v})^{\mathrm{T}}$를 구한다.

$$\nabla \boldsymbol{v} = \begin{pmatrix} \frac{\partial v_x}{\partial x} & \frac{\partial v_y}{\partial x} & \frac{\partial v_z}{\partial x} \\ \frac{\partial v_x}{\partial y} & \frac{\partial v_y}{\partial y} & \frac{\partial v_z}{\partial y} \\ \frac{\partial v_x}{\partial z} & \frac{\partial v_y}{\partial z} & \frac{\partial v_z}{\partial z} \end{pmatrix}_{xyz} \quad (\because \text{표 } 5.1) \tag{5.370 a}$$

$$= \begin{pmatrix} \dfrac{\partial v_x}{\partial x} & 0 & 0 \\ \dfrac{\partial v_x}{\partial y} & 0 & 0 \\ \dfrac{\partial v_x}{\partial z} & 0 & 0 \end{pmatrix}_{xyz} \qquad (\because v_y = v_z = 0) \tag{5. 370 b}$$

그런데 질량보존식에서 $\partial u_x / \partial x = 0$, 또한 z방향으로 무한평판에서 $\partial v_x / \partial z = 0$이 될 것이므로 위 식에서 $\partial v_x / \partial y$항만이 0이 안된다. 즉 $v_x = v_x(y)$가 성립되어 $\partial v_x / \partial y = dv_x / dy$가 된다. 따라서 변형속도텐서 $\dot{\boldsymbol{\gamma}}(=2\mathbf{D})$는 아래의 값을 갖게 된다.

$$\dot{\gamma} = \nabla \boldsymbol{v} + (\nabla \boldsymbol{v})^{\mathrm{T}}$$

$$= \begin{pmatrix} 0 & 0 & 0 \\ \dfrac{dv_x}{dy} & 0 & 0 \\ 0 & 0 & 0 \end{pmatrix}_{xyz} + \begin{pmatrix} 0 & \dfrac{dv_x}{dy} & 0 \\ 0 & 0 & 0 \\ 0 & 0 & 0 \end{pmatrix}_{xyz} = \begin{pmatrix} 0 & \dfrac{dv_x}{dy} & 0 \\ \dfrac{dv_x}{dy} & 0 & 0 \\ 0 & 0 & 0 \end{pmatrix}_{xyz} \tag{5. 371}$$

따라서 GNF 모델의 구성방정식 $\boldsymbol{\tau} = \eta \dot{\boldsymbol{\gamma}}$에서 아래가 성립된다.

$$\boldsymbol{\tau} = \begin{pmatrix} 0 & \eta \dfrac{dv_x}{dy} & 0 \\ \eta \dfrac{dv_x}{dy} & 0 & 0 \\ 0 & 0 & 0 \end{pmatrix}_{xyz} \tag{5. 372}$$

여기서 $\tau_{xy}(=\tau_{yx}) = \eta \dfrac{dv_x}{dy}$항만이 0이 아니므로 이를 운동방정식 (5.369b)에 대입하면 아래를 얻는다.

$$\begin{pmatrix} 0 \\ 0 \\ 0 \end{pmatrix}_{xyz} = \begin{pmatrix} -\dfrac{\partial p}{\partial x} \\ -\dfrac{\partial p}{\partial y} \\ -\dfrac{\partial p}{\partial z} \end{pmatrix}_{xyz} + \begin{pmatrix} \dfrac{\partial \tau_{yx}}{\partial y} \\ \dfrac{\partial \tau_{xy}}{\partial x} \\ 0 \end{pmatrix}_{xyz} \tag{5. 373 a}$$

$$
= \begin{pmatrix} -\dfrac{\partial p}{\partial x} \\ -\dfrac{\partial p}{\partial y} \\ -\dfrac{\partial p}{\partial z} \end{pmatrix}_{xyz} + \begin{pmatrix} \dfrac{\partial}{\partial y}\left(\eta \dfrac{dv_x}{dy}\right) \\ \dfrac{\partial}{\partial x}\left(\eta \dfrac{dv_x}{dy}\right) \\ 0 \end{pmatrix}_{xyz} \tag{5. 373 b}
$$

위 식의 점도 $\eta(\dot{\gamma})$는 아래의 멱수법칙 모델로 주어진다.

$$
\eta = m\dot{\gamma}^{n-1} \tag{5. 310}
$$

그리고 대칭 텐서 $\dot{\boldsymbol{\gamma}}$의 크기인 $\dot{\gamma}$는 식 (5.371)로부터 아래로 계산된다.

$$
\dot{\gamma} = |\dot{\boldsymbol{\gamma}}| = +\sqrt{\frac{\dot{\boldsymbol{\gamma}} : \dot{\boldsymbol{\gamma}}}{2}} = +\sqrt{\left(\frac{dv_x}{dy}\right)^2} = \left|\frac{dv_x}{dy}\right| \tag{5. 374}
$$

여기서 dv_x/dy의 부호를 조사하기 위해, 정지판(stationary plate)에서는 $y=0$으로 두면 v_x의 y의 존성은 그림 5.24에 나타낸 바와 같이 두 경우로 나뉘어진다.

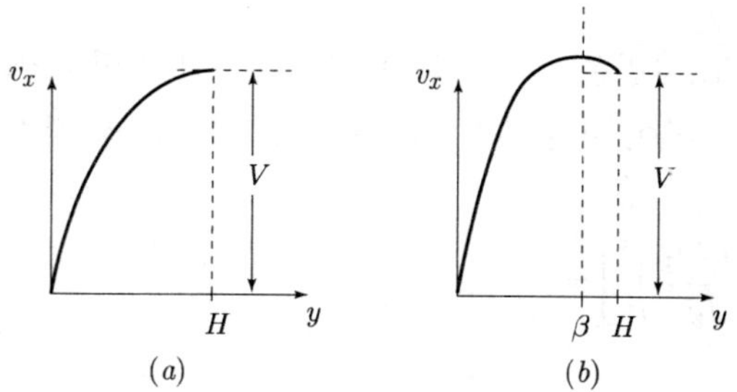

그림 5.24 복합 Poiseuille 및 견인(drag)의 복합흐름에서 생성된 두 종류의 속도 프로필.
(a) $y=0$과 $y=H$의 두 벽면사이에 최대속도를 가질 만큼 압력구배가 충분하지 못함(경우 1).
(b) $y=0$과 $y=H$ 사이의 점 $y=\beta$에서 최대속도가 관측됨(경우 2).

경우 1 : $y = 0 \sim H$ 사이에 속도 $v_x(y)$의 최대값이 존재 안한다. 이 경우에는 항상 $dv_x/dy > 0$이므로, 식 (5.374)의 전단속도 $\dot{\gamma} = +dv_x/dy$가 된다. 이때 경우 1의 속도 프로필을 $v_{x,1}$로 나타내면 멱수법칙의 점도는 아래가 된다.

$$
\eta = m\left(\frac{dv_{x,1}}{dy}\right)^{n-1} \tag{5. 375}
$$

이 경우 운동방정식(EOM)은 식 (5.373b)로부터 아래가 된다.

$$\begin{pmatrix}0\\0\\0\end{pmatrix}_{xyz}=\begin{pmatrix}-\dfrac{\partial p}{\partial x}\\-\dfrac{\partial p}{\partial y}\\-\dfrac{\partial p}{\partial z}\end{pmatrix}_{xyz}+\begin{pmatrix}\dfrac{\partial}{\partial y}\left[m\left(\dfrac{dv_{x,1}}{dy}\right)^{n-1}\dfrac{dv_{x,1}}{dy}\right]\\\dfrac{\partial}{\partial x}\left[m\left(\dfrac{dv_{x,1}}{dy}\right)^{n-1}\dfrac{dv_{x,1}}{dy}\right]\\0\end{pmatrix}_{xyz} \tag{5.376}$$

그런데 위 식에서 $v_{x,1}$은 y만의 함수이므로 이의 x미분은 0이 되므로, 우변의 $\nabla\cdot\tau$의 y성분은 0이 된다. 따라서 위 운동방정식의 y 및 $z-$ 성분은 아래가 된다.

$$\text{EOM의 } y-\text{성분}: \frac{\partial p}{\partial y}=0 \tag{5.377}$$

$$\text{EOM의 } z-\text{성분}: \frac{\partial p}{\partial z}=0 \tag{5.378}$$

따라서 $P=P(x)$라고 결론지을 수 있다. 이에 운동방정식의 x성분은 아래가 된다.

$$\text{EOM의 } x-\text{성분}: \frac{\partial p}{\partial x}=m\frac{d}{dy}\left[\left(\frac{dv_{x,1}}{dy}\right)^{n}\right] \tag{5.379}$$

한편 이 (편)미분방정식도 좌변은 x만의 함수, 우변은 y만의 함수이므로 5.6.1절의 경우와 마찬가지로 좌, 우를 상수 λ로 두어 변수분리 기법으로 p와 $v_{x,1}$의 각각의 해를 구한다. 즉

$$\frac{dp}{dx}=\lambda\ ,\quad m\frac{d}{dy}\left[\left(\frac{dv_{x,1}}{dy}\right)^{n}\right]=\lambda \tag{5.380}$$

단 아래의 경계조건을 이용한다.

$$\left.\begin{array}{ll}x=0 & p=P_0\\ x=L & p=P_L\\ y=0 & v_{x,1}=0\\ y=H & v_{x,1}=V\end{array}\right\} \tag{5.381}$$

앞 절과 마찬가지로 식 (5.380)의 두 미분방정식을 반복된 부정적분 및 경계조건을 이용한 적분상수의 결정을 통하여 구한 각각의 해는 아래와 같다.

$$p(x)=P_o+\frac{P_L+P_0}{L}x=P_0-\frac{\Delta p}{L}x \quad (\text{여기서 } \Delta p=P_0-P_L>0)$$

$$v_{x,1} = \frac{mL}{P_L - P_0}\left(\frac{n}{n+1}\right)\left[\left(\frac{P_L - P_0}{mL}y + C_1\right)^{\frac{n+1}{n}} - C_1^{\frac{n+1}{n}}\right] \tag{5. 382}$$

여기서 상수 C_1은 $y = H$에서의 속도 V(그림 5.24(a) 참조)에 대한 수치해로서 구해진다.

$$V = \frac{mL}{P_L - P_0}\left(\frac{n}{n+1}\right)\left[\left(\frac{P_L - P_0}{mL}H + C_1\right)^{\frac{n+1}{n}} - C_1^{\frac{n+1}{n}}\right] \tag{5. 383}$$

경우 2 : $y = 0$과 $y = H$ 사이의 한 점 $y = \beta$에서 최대속도를 가지는 경우이다(그림 5.24(b) 참조). 이 경우의 속도장을 $v_{x,2}$라 나타내면 대칭 텐서 $\dot{\boldsymbol{\gamma}}$의 크기에 해당하는 전단속도 $\dot{\gamma}$는 식 (5.374)에서 아래의 값을 가진다.

$$\dot{\gamma} = \begin{cases} +\dfrac{dv_{x,2}}{dy} & 0 \le y < \beta \\ -\dfrac{dv_{x,2}}{dy} & \beta \le y \le H \end{cases} \tag{5. 384}$$

그러면 멱수법칙 전단점도 $\eta(\dot{\gamma})$는 식 (5.310)으로부터 아래가 된다.

$$\eta = m\left(\frac{dv_{x,2}}{dy}\right)^{n-1} \qquad 0 \le y < \beta \tag{5. 385 a}$$

$$\eta = m\left(-\frac{dv_{x,2}}{dy}\right)^{n-1} \qquad \beta \le y \le H \tag{5. 385 b}$$

여기서 $\dot{\gamma} = dv_{x,2}/dy$가 되는 경우(즉 $0 \le y < \beta$)에는 경우 1의 경우와 같은 식이 되어 마찬가지 절차로 해를 구할 수는 있으나, 다만 경계조건이 경우 1과 다르다. 즉

$$\begin{aligned} y &= 0 \qquad v_{x,2} = 0 \\ y &= \beta \qquad v_{x,2} = v_{x,1} \end{aligned} \tag{5. 386}$$

여기서 $v_{x,1}$과 $v_{x,2}$는 각각 경우 1 및 경우 2의 속도장 v_x의 해를 의미한다. 반면에 $\dot{\gamma} = -dv_{x,2}/dy$되는 경우($\beta \le y \le H$)에는 관련된 식은 경우 1과 달리 식 (5.373b)에서 아래가 된다.

$$\frac{dp}{dx} = -m\frac{\partial}{\partial y}\left[\left(-\frac{dv_{x,2}}{dy}\right)^n\right] \tag{5. 387}$$

이 (편)미분 방정식의 해도 경우 1처럼 상수 λ를 사용하여 변수분리기법으로 $P(x)$ 및 $v_{x,2}(y)$를 각각 구할 수 있다. 다만 아래의 경계조건을 이용한다(그림 참조).

$$\begin{aligned} &y = \beta && v_{x,2} = v_{x,1} \\ &y = H && v_{x,2} = V \end{aligned} \tag{5. 388}$$

덧붙여, 두 경우 즉 $v_{x,1}$ 및 $v_{x,2}$ 모두 $y = \beta$에서 기울기 $dv_x/dy = 0$이 됨에 유의하라. 그러나 이 문제의 두 경우 모두 얻어진 속도장 $v_x(y)$의 환원장 y/H 및 멱수지수 n의 함수로서의 플롯은 생략하기로 한다.

■ 5. 7 유동문제에 대한 GNF 모델의 한계점

앞에서 지적했듯이 멱수법칙 GNF(일반 뉴톤 유체) 모델 등은 비교적 손쉽게 유동계산에 이용될 수 있다는 장점을 갖고 있다. 특히 고분자 가공에서의 압력강하(혹은 벽면 전단응력)에 따른 유동곡선의 예측 등에 성공적으로 사용되고 있다. 그러나 이하에서 언급하는 몇 가지 중요한 문제점도 갖고 있는 것도 사실이다.

1. 멱수법칙과 같은 대표적 GNF 모델도 점도의 전단속도 변화거동에 있어서 중요한 제로전단 점도 $\eta_0\left(= \lim\limits_{\dot\gamma \to 0} \eta(\dot\gamma)\right)$를 예측하지 못한다.

2. 원래 GNF 모델은 전단점도 $\eta(\dot\gamma)$의 비뉴톤 효과에 주로 역점을 두고 있으므로 비전단 흐름(nonshearing flow)에 대한 물질함수(가령 신장흐름에 대한 $\bar\eta$, $\bar\eta^+$ 등)의 예측에는 별로 성공적이지 못하다.

3. 특히 GNF 모델은 유체의 탄성효과와 관련 있는 (전단)법선응력차 $N_1(= \tau_{11} - \tau_{22})$ 및 $N_2(= \tau_{22} - \tau_{33})$을 예측하지 못한다. 이는 GNF 모델의 구성방정식 $\boldsymbol{\tau} = \eta(\dot\gamma)\dot{\boldsymbol{\gamma}}$에서 볼 수 있듯이 (여분)응력텐서 $\boldsymbol{\tau}$가 단순히 (대칭)변형속도 텐서 $\dot{\boldsymbol{\gamma}}[= 2\mathrm{D} = \nabla \boldsymbol{v} + (\nabla \boldsymbol{v})^{\mathrm{T}}]$에 비례하므로, 속도장이 $\boldsymbol{v} = (\dot\zeta(t)x_2,\ 0,\ 0)^{\mathrm{T}}$(여기서 $\dot\zeta(t) = \dot\gamma_{21}(t)$)로 정의되는 전단흐름(SSF)의 경우에는 $\dot{\boldsymbol{\gamma}}$가 (Cartesian 좌표계에서) 아래의 형태가 되어 전 법선응력 $\tau_{\underline{i}\,\underline{i}}\ (i = 1, 2, 3)$가 0이 되기 때문이다.

$$\dot{\gamma} = \begin{pmatrix} 0 & \dot{\gamma}_{21}(t) & 0 \\ \dot{\gamma}_{21}(t) & 0 & 0 \\ 0 & 0 & 0 \end{pmatrix}_{123}$$

4. GNF 모델은 점도 $\eta(\dot{\gamma})$가 상수 μ가 되는 뉴톤 모델의 단순 확장이므로 탄성효과가 효과적으로 반영될 수 있다. 사실 GNF 모델의 구성방정식은 $\boldsymbol{\tau}(t)$가 $\dot{\boldsymbol{\gamma}}(t)$에 단순히 비례하므로 현재 시간 t 외에 어떠한 과거시간 t'에 관련된 항이 없으므로 유체의 완화(relaxation) 거동이나 기억(memory) 효과 등의 탄성에 관련된 양을 예측하지 못한다. 실제로 GNF 모델은 앞에서 설명한 비정상(unsteady) 흐름의 크리프 후 발생하는 변형의 회복(또는 리코일)이나 점차적인 응력성장 현상 등을 예측하지 못하는데 이는 이들 효과가 변형속도텐서 $\dot{\boldsymbol{\gamma}}(t)$의 과거이력(past history)에 관련되어 있기 때문이다.

따라서 이와 같은 유동계산에 대한 GNF 모델의 한계를 극복하기 위하여 다음 장에서는 우선 기억효과를 고려하면서도, 변형이 작아 선형 점탄성 영역에 속하는 '일반 선형 점탄성(general viscoelastic, GLVE) 모델'에 대한 구성방정식을 소개하기로 한다.

연습문제

5.1 단순전단흐름(SSF)(정상 혹은 비정상)에 대한 각종 변형(률) 텐서 $\mathbf{F}$, $\mathbf{F}^{-1}$, $\mathbf{C}$, $\mathbf{C}^{-1}$등을 구하라. 그리고 정의된 속도장으로부터 (대칭)변형속도텐서 $\dot{\boldsymbol{\gamma}}\left[=\nabla \boldsymbol{v}+(\nabla \boldsymbol{v})^{\mathrm{T}}\right]$를 구하고, 또 식 (5.42)의 타당성도 조사해 보아라.

풀이

먼저 1 방향으로만 속도 성분이 존재하는 SSF에 대한 속도장은 Cartesian 좌표계에서 아래로 정의된다.

$$\boldsymbol{v}=\begin{pmatrix} v_x \\ v_y \\ v_z \end{pmatrix}_{123}=\begin{pmatrix} \dot{x}_1 \\ \dot{x}_2 \\ \dot{x}_3 \end{pmatrix}_{123}=\begin{pmatrix} \dot{\zeta}(t)x_2 \\ 0 \\ 0 \end{pmatrix} \text{ (여기서 } \dot{\zeta}(t)=\dot{\gamma}_{21}(t)=\dot{\gamma}(t)) \quad \cdots\cdots (1)$$

각종 변형텐서를 계산하기 위하여 우선 과거 시간 t'에서의 좌표 성분 $x_i{}'$와 현 시간 t에서의 좌표성분 x_i와의 관계를 식 (1)의 미분 방정식의 해로부터 구해보기로 한다. 그런데 $\dot{x}_2=\dot{x}_3=0$이므로 간단히 아래가 성립된다(왜냐하면 $x_i{}'(t')$는 현 시간 t에는 무관하므로).

$$x_2(t)=x_2{}'(t'), \quad x_3(t)=x_3{}'(t') \quad \cdots\cdots (2)$$

다음에는 x_1에 관한 상미분 방정식을 변수분리법에 의해 구해보면 아래가 된다.

$$dx_1=\dot{\zeta}(t)x_2\,dt \rightarrow \int_{t'}^{t} dx_1=x_2(=x_2{}')\int_{t'}^{t}\dot{\gamma}(t'')dt'' \equiv x_2\gamma(t',t) \quad \cdots\cdots (3)$$

여기서

$$\gamma(t',t)=\int_{t'}^{t}\dot{\gamma}(t'')dt'' \quad \cdots\cdots (4)$$

[비고 : 만약 정상상태의 경우는 $\dot{\gamma}(t)=\gamma_0=$일정이 되어, $\gamma(t',t)=\dot{\gamma}_0\times(t-t')$가 된다.]
여기서 식 (3)의 정적분에서 얻어진 결과는 아래가 된다.

$$x_1=x_1{}'+x_2{}'(=x_2)\,\gamma(t',\ t) \quad \cdots\cdots (5)$$

따라서 과거 시간에서의 $\{x_i{}'\}$ 좌표계와 현 시간에서의 $\{x_i\}$ 좌표계 사이에는 아래의 변환 관계가 성립된다.

$$\begin{cases} x_1 = x_1{}' + \gamma\, x_2{}' \\ x_2 = x_2{}' \\ x_3 = x_3{}' \end{cases} \quad \leftrightarrow \quad \begin{cases} x_1{}' = x_1 - \gamma\, x_2 \\ x_2{}' = x_2 \\ x_3{}' = x_3 \end{cases} \qquad \cdots\cdots (6)$$

이제 4장에서 정의된 각종 변형(률) 텐서를 구해보기로 한다. 먼저 $\mathbf{F}\left(=\frac{\partial \boldsymbol{r}'}{\partial \boldsymbol{r}}\right)$(식 (4.53)) 및 그 역 $\mathbf{F}^{-1}\left(=\frac{\partial \boldsymbol{r}}{\partial \boldsymbol{r}'}\right)$(식 (4.56))을 Cartesian 좌표계에서 구하면 아래가 된다.

$$\mathbf{F}\,(=F_{ij}) = \left(\frac{\partial x_j{}'}{\partial x_i}\right) = \begin{pmatrix} 1 & 0 & 0 \\ -\gamma & 1 & 0 \\ 0 & 0 & 1 \end{pmatrix} \quad \leftrightarrow \quad \mathbf{F}^{-1}(=F_{ij}^{-1}) = \left(\frac{\partial x_j}{\partial x_i{}'}\right) = \begin{pmatrix} 1 & 0 & 0 \\ \gamma & 1 & 0 \\ 0 & 0 & 1 \end{pmatrix} \qquad \cdots\cdots (7)$$

다음에는 변형률 텐서인 Cauchy 텐서 $\mathbf{C}\left(=\mathbf{F}\cdot\mathbf{F}^{\mathrm{T}}\right)$(식 (4.79)) 및 그 역인 Finger 텐서 $\mathbf{C}^{-1}\left[=\left(\mathbf{F}^{-1}\right)^{\mathrm{T}}\cdot\mathbf{F}^{-1}\right]$(식 (4.80))를 구하면 아래가 된다.

$$\mathbf{C} = (C_{ij}) = \left(\frac{\partial x'_m}{\partial x_i}\frac{\partial x'_m}{\partial x_j}\right) = \mathbf{F}\cdot\mathbf{F}^{\mathrm{T}} = \begin{pmatrix} 1 & 0 & 0 \\ -\gamma & 1 & 0 \\ 0 & 0 & 1 \end{pmatrix}\begin{pmatrix} 1 & -\gamma & 0 \\ 0 & 1 & 0 \\ 0 & 0 & 1 \end{pmatrix} = \begin{pmatrix} 1 & -\gamma & 0 \\ -\gamma & 1+\gamma^2 & 0 \\ 0 & 0 & 1 \end{pmatrix} \qquad \cdots\cdots (8)$$

$$\mathbf{C}^{-1} = \left(C_{ij}^{-1}\right) = \left(\frac{\partial x_i}{\partial x'_m}\frac{\partial x_j}{\partial x'_m}\right) = \left(\mathbf{F}^{-1}\right)^{\mathrm{T}}\cdot\mathbf{F}^{-1} = \begin{pmatrix} 1 & \gamma & 0 \\ 0 & 1 & 0 \\ 0 & 0 & 1 \end{pmatrix}\begin{pmatrix} 1 & 0 & 0 \\ \gamma & 1 & 0 \\ 0 & 0 & 1 \end{pmatrix} = \begin{pmatrix} 1+\gamma^2 & \gamma & 0 \\ \gamma & 1 & 0 \\ 0 & 0 & 1 \end{pmatrix} \qquad \cdots\cdots (9)$$

[비고 : $\mathbf{C}^{-1}$는 $\mathbf{C}$의 역을 바로 구해도 얻어진다.]

위에서 얻어진 결과는 4장에서 고체의 단순전단 변형에 대해 얻어진 결과(즉 식 (4.63), (4.92) 및 (4.93)과 동일함을 알 수 있다.

다음에는 대칭 변형속도텐서 $\dot{\boldsymbol{\gamma}}\left[=2\mathbf{D}=(\nabla\boldsymbol{v})+(\nabla\boldsymbol{v})^{\mathrm{T}}\right]$를 구하기 위하여, SSF의 속도장(식 (1))을 바로 (Cartesian)좌표로 편미분하여 $\nabla\boldsymbol{v}(=\mathbf{L}^{\mathrm{T}})$ 및 $(\nabla\boldsymbol{v})^{\mathrm{T}}(=\mathbf{L})$을 구해보자[단 Cartesian 좌표계에서는 공변미분=편미분 즉 $(\nabla\boldsymbol{v})_{ij}=v_{j;i}=v_{j,i}=\left(\partial v_j/\partial x_i\right)$가 성립된다].

$$\nabla\boldsymbol{v} = \left[(\nabla\boldsymbol{v})_{ij}\right] = \left(\frac{\partial v_j}{\partial x_i}\right) = \begin{pmatrix} 0 & 0 & 0 \\ \dot{\gamma} & 0 & 0 \\ 0 & 0 & 0 \end{pmatrix}_{123} \quad \leftrightarrow \quad (\nabla\boldsymbol{v})^{\mathrm{T}}\left[(\nabla\boldsymbol{v})_{ij}^{\mathrm{T}}\right] = \left(\frac{\partial v_i}{\partial x_j}\right) = \begin{pmatrix} 0 & \dot{\gamma} & 0 \\ 0 & 0 & 0 \\ 0 & 0 & 0 \end{pmatrix}_{123} \qquad \cdots\cdots (10)$$

[사실 이결과는, 단순전단의 $\mathbf{F}^{-1}$(과 그 전치에 관한) 식 (4.63)의 결과를 갖고 식 (5.22)에의하여 시간 $t'\to t$의 극한에서 $(\mathbf{F}^{-1})^{\mathbf{T}}$를 시간 t에관하여 (편)미분(단 이때 $\gamma\to 0$이됨)하여 얻어질 수도 있다 ($\because\ \nabla\boldsymbol{v}=\mathbf{L}^{\mathbf{T}}$)-예제 5.1(b)참조.]

따라서 대칭 변형속도텐서 $\dot{\boldsymbol{\gamma}}$는 아래가 된다.

$$\dot{\boldsymbol{\gamma}} = (\nabla \boldsymbol{v}) + (\nabla \boldsymbol{v})^{\mathrm{T}} = \begin{pmatrix} 0 & 0 & 0 \\ \dot{\gamma} & 0 & 0 \\ 0 & 0 & 0 \end{pmatrix} + \begin{pmatrix} 0 & \dot{\gamma} & 0 \\ 0 & 0 & 0 \\ 0 & 0 & 0 \end{pmatrix} = \begin{pmatrix} 0 & \dot{\gamma} & 0 \\ \dot{\gamma} & 0 & 0 \\ 0 & 0 & 0 \end{pmatrix}_{123} \quad \cdots\cdots (11)$$

그리고 반대칭 속도구배텐서 $\mathbf{W}\left(= \dfrac{\mathbf{L} - \mathbf{L}^{\mathrm{T}}}{2}\right)$는 아래가 된다.

$$\mathbf{W} = \frac{1}{2}\left((\nabla \boldsymbol{v})^{\mathrm{T}} - (\nabla \boldsymbol{v})\right) = \frac{1}{2}\begin{pmatrix} 0 & \dot{\gamma} & 0 \\ -\dot{\gamma} & 0 & 0 \\ 0 & 0 & 0 \end{pmatrix}_{123} \quad \cdots\cdots (12)$$

마지막으로 식 (5.42)의 타당성을 조사해보기로 한다. 즉 식 (9)를 시간 t로 편미분함에 있어서, 식 (4)에서 $\gamma(=\gamma(t',t)) = \int_{t'}^{t} \dot{\gamma}(t'')dt''$ 에서 정적분의 미분에 대한 Leibritz공식(6A1.4 참조)에서 $\dfrac{\partial \gamma}{\partial t} = \dot{\gamma}(t)$가 되며, $\lim_{t' \to t} \gamma(t',\ t) = 0$이 된다. 이로부터 식 (5.42)를 위에서 구해진 $\mathbf{C}^{-1}$(식 (9))에 적용하면 아래가 된다.

$$\lim_{t' \to t} \frac{\partial \mathbf{C}^{-1}}{\partial t} = \lim_{t' \to t} \begin{pmatrix} 2\gamma\dot{\gamma} & \dot{\gamma} & 0 \\ \dot{\gamma} & 0 & 0 \\ 0 & 0 & 0 \end{pmatrix} = \begin{pmatrix} 0 & \dot{\gamma} & 0 \\ \dot{\gamma} & 0 & 0 \\ 0 & 0 & 0 \end{pmatrix} \quad \left(\because \lim_{t' \to t} \gamma(t',t) = 0\right) \quad \cdots\cdots (13)$$

여기서 식 (13)의 결과는 식 (11)의 결과와 동일하므로 식 (5.42) 즉 $\lim_{t' \to t} \dfrac{d\mathbf{C}^{-1}}{dt} = 2\mathbf{D} = \dot{\boldsymbol{\gamma}}$가 성립됨이 확인된다.

5. 2 식 (5.131)로 정의된 비압축성(부피보존) 유체의 일반 단순신장흐름(SEF)(정상 혹은 비정상)에 대한 각종 변형(률) 텐서 $\mathbf{F}$, $\mathbf{F}^{-1}$, $\mathbf{C}$ 및 $\mathbf{C}^{-1}$의 성분을 구하라. 그리고 정의된 속도장으로부터 (대칭)변형속도텐서 $\dot{\boldsymbol{\gamma}}\left[= \nabla \boldsymbol{v} + (\nabla \boldsymbol{v})^{\mathrm{T}}\right]$를 구하고, 또 식 (5.42)의 타당성도 조사해 보아라.

풀이

먼저 일반 SEF(정상 혹은 비정상)에 대한 속도장을 Cartesian 좌표계 $\{x_1 = x,\ x_2 = y,\ x_3 = z\}$에서 나타내면 아래가 된다.

$$\boldsymbol{v} = \begin{pmatrix} \dot{x}_1 \\ \dot{x}_2 \\ \dot{x}_3 \end{pmatrix}_{123} = \begin{pmatrix} -\dfrac{\dot{\varepsilon}}{2}(1+b)x_1 \\ -\dfrac{\dot{\varepsilon}}{2}(1-b)x_2 \\ \dot{\varepsilon}x_3 \end{pmatrix}_{123} \quad \cdots\cdots (1)$$

여기서 현 시간 t에서의 좌표성분 x_i를 과거시간에서의 좌표성분 x_i'로 나타내기 위하여 먼저 위 식의

x_1 좌표성분에 대한 상미방의 해를 변수분리법에 의해 구하면 아래가 된다.

$$\frac{dx_1}{x_1} = -\frac{\dot{\varepsilon}}{2}(1+b)dt \rightarrow \int_{t'}^{t}\frac{dx_1}{x_1} = -\frac{(1+b)}{2}\int_{t'}^{t}\dot{\varepsilon}(t'')dt'' \equiv -\frac{(1+b)}{2}\varepsilon(t',t) \quad \cdots\cdots (2)$$

여기서

$$\varepsilon(t',t) = \int_{t'}^{t}\dot{\varepsilon}(t'')dt'' \equiv \varepsilon \quad \cdots\cdots (3)$$

[단 정상상태 즉 $\dot{\varepsilon} = \dot{\varepsilon}_0$=일정의 경우 $\varepsilon = \dot{\varepsilon}_0 \times (t-t')$가 성립됨.]

식 (2)의 적분 결과를 적으면 아래가 된다.

$$x_1(=\lambda_1 x_1') = x_1' e^{-\frac{(1+b)}{2}\varepsilon} \quad \cdots\cdots (4)$$

마찬가지 방법으로 x_2 및 x_3에 대해 풀면 아래를 얻는다.

$$x_2(=\lambda_2 x_2') = x_2' e^{-\frac{(1-b)}{2}\varepsilon}, \quad x_3(=\lambda_3 x_3') = x_3' e^{\varepsilon} \quad \cdots\cdots (5)$$

식 (3)~(5)에서 두 (Cartesian) 좌표계간의 변환관계는 아래가 된다.

$$\begin{cases} x_1 = x_1' e^{-\frac{1+b}{2}\varepsilon} \\ x_2 = x_2' e^{-\frac{1-b}{2}\varepsilon} \\ x_3 = x_3' e^{\varepsilon} \end{cases} \leftrightarrow \begin{cases} x_1' = x_1 e^{\frac{1+b}{2}\varepsilon} \\ x_2' = x_2 e^{\frac{1-b}{2}\varepsilon} \\ x_3' = x_3 e^{-\varepsilon} \end{cases} \quad \cdots\cdots (6)$$

이제 4장에서 정의된 각종 변형(률) 텐서를 구해보기로 한다. 먼저 $\mathbf{F}\left(=\frac{\partial \boldsymbol{r}'}{\partial \boldsymbol{r}}\right)$(식 (4.53)) 및 그 역 $\mathbf{F}^{-1}\left(=\frac{\partial \boldsymbol{r}}{\partial \boldsymbol{r}'}\right)$(식 (4.56))을 Cartesian 좌표계에서 구하면 아래가 된다.

$$\mathbf{F}(=F_{ij}) = \left(\frac{\partial x_j'}{\partial x_i}\right) = \begin{pmatrix} e^{\frac{1+b}{2}\varepsilon} & 0 & 0 \\ 0 & e^{\frac{1-b}{2}\varepsilon} & 0 \\ 0 & 0 & e^{-\varepsilon} \end{pmatrix} \leftrightarrow \mathbf{F}^{-1}(=F_{ij}^{-1}) = \left(\frac{\partial x_j}{\partial x_i'}\right) = \begin{pmatrix} e^{-\frac{1+b}{2}\varepsilon} & 0 & 0 \\ 0 & e^{-\frac{1-b}{2}\varepsilon} & 0 \\ 0 & 0 & e^{\varepsilon} \end{pmatrix} \quad \cdots\cdots (7)$$

다음에는 대칭변형률 텐서인 Cauchy 텐서 $\mathbf{C}(=\mathbf{F}\cdot\mathbf{F}^{\mathrm{T}})$(식 (4.79)) 및 그 역인 Finger 텐서 $\mathbf{C}^{-1}\left[=(\mathbf{F}^{-1})^{\mathrm{T}}\cdot\mathbf{F}^{-1}\right]$(식 (4.80))를 구하면 아래가 된다(단 두 행렬의 곱 결과만을 기술함).

$$\mathbf{C}=(C_{ij})=\left(\frac{\partial x'_m}{\partial x_i}\frac{\partial x'_m}{\partial x_j}\right)=\mathbf{F}\cdot\mathbf{F}^{\mathrm{T}}=\begin{pmatrix} e^{(1+b)\varepsilon} & 0 & 0 \\ 0 & e^{(1-b)\varepsilon} & 0 \\ 0 & 0 & e^{-2\varepsilon}\end{pmatrix} \qquad \cdots\cdots (8)$$

$$\mathbf{C}^{-1}=(C_{ij}^{-1})=\left(\frac{\partial x_i}{\partial x'_m}\frac{\partial x_j}{\partial x'_m}\right)=(\mathbf{F}^{-1})^{\mathrm{T}}\cdot\mathbf{F}^{-1}=\begin{pmatrix} e^{-(1+b)\varepsilon} & 0 & 0 \\ 0 & e^{-(1-b)\varepsilon} & 0 \\ 0 & 0 & e^{2\varepsilon}\end{pmatrix} \qquad \cdots\cdots (9)$$

[비고 : $\mathbf{C}^{-1}$는 $\mathbf{C}$의 역을 바로 구해도 얻어진다.]

그런데 4장에서 논의한 고체의 일축신장변형에 대한 변형텐서 $\mathbf{F}$ 및 $\mathbf{F}^{-1}$에 결과식 (4.59)와 비교하면 같음을 알 수 있다. 즉 3 방향의 연신(신장)비를 각각 λ_1, λ_2, λ_3라 하면 정의에 의해 $x_1=x_1'\lambda_1$, $x_2=x_2'\lambda_2$, $x_3=x_3'\lambda_3$가 되므로 식 (6)과 비교하면 아래가 성립됨을 알 수 있다.

$$\lambda_1=e^{-\frac{1+b}{2}\varepsilon},\quad \lambda_2=e^{-\frac{1-b}{2}\varepsilon},\quad \lambda_3=e^{\varepsilon} \qquad \cdots\cdots (10)$$

그런데 $\lambda_1\lambda_2\lambda_3=V/V'$이므로 식 (10)에서 $\lambda_1\lambda_2\lambda_3=1$이 됨을 알 수 있으므로 식 (1)로 정의된 SEF의 속도장은 비압축성 (부피보존)유체에 대한 속도장[즉 $\nabla\cdot\boldsymbol{v}=\frac{\partial v_1}{\partial x_1}+\frac{\partial v_2}{\partial x_2}+\frac{\partial v_3}{\partial x_3}=0$ 성립]임을 알 수 있다.

그리고 식 (7)을 연신비 λ_i를 사용하여 나타내면 4장의 결과식 (4.59)와 일치함을 알 수 있다.

또한 비압축성 고체 시료의 Hencky 변형률 $\varepsilon(t)=\int d\varepsilon=\int_{l_0}^{l}\frac{dl}{l}=\ln\left(\frac{l}{l_0}\right)=\ln\lambda$ 즉 $\lambda=e^{\varepsilon}$에서, 본 문제의 경우 x_3 방향으로의 비압축성 시료의 일축신장흐름(UEF)(즉 식 (1)에서 $b=0$, $\dot{\varepsilon}=\dot{\varepsilon}_0>0$) 경우 식 (10)에서 $\lambda_1=e^{-\frac{\varepsilon}{2}}$, $\lambda_2=e^{\frac{\varepsilon}{2}}$, $\lambda_3=e^{\varepsilon}$가 되는데 이는 비압축성 고체 시료의 조건인 $\lambda_1=\lambda_2=\lambda_3^{-1/2}$(즉 $\lambda_1\lambda_2\lambda_3=1$)을 만족함을 알 수 있다. 따라서 본 문제의 식 (7)에서 UEF의 경우 $b=0$으로 두고, $\lambda_3=e^{\varepsilon}$ (Hencky 변형관계)로 나타내면, $\lambda_1=\lambda_2=\lambda_3^{-1/2}=e^{-\varepsilon/2}$가 되어, x_3 방향으로의 비압축성 일축신장인 식 (4.61)의 결과와 같아짐을 알 수 있다(단 식 (4.61)에서 $\lambda_1\to\lambda_3$, $\lambda_2=\lambda_3\to\lambda_3^{-1/2}$로 바꿈).

마찬가지로 대칭변형률 텐서 $\mathbf{C}$ 및 $\mathbf{C}^{-1}$의 경우에도 식 (10)의 정의를 이용하면 본 문제의 식 (8) 및 (9)의 결과와 4장 고체의 (비압축성)일축신장변형에 관한 결과식 (4.87)과 (4.88), 나아가 비압축성 시료의 x_3 방향으로의 단순 일축신장흐름(UEF)의 경우 $b=0(\dot{\varepsilon}_0>0)$으로 두고, $\lambda_3=e^{\varepsilon}$을 이용하면 $\lambda_1=\lambda_2=e^{-\frac{\varepsilon}{2}}=\lambda_3^{-\frac{1}{2}}$(즉 $\lambda_1\lambda_2\lambda_3=1$)가 성립되어 (4.89)의 결과와도 일치[역시 식 (4.89)에서 $\lambda_1\to\lambda_3(=e^{\varepsilon})$, $\lambda_2=\lambda_3\to\lambda_3^{-1/2}(=e^{-\varepsilon/2})$로 둠]함을 알 수 있다.

다음에는 대칭 변형속도텐서 $\dot{\boldsymbol{\gamma}}[=2\mathbf{D}=(\nabla\boldsymbol{v})+(\nabla\boldsymbol{v})^{\mathrm{T}}]$를 구하기 위해, SEF의 속도장(식 (1))을 바로 (Cartesian)좌표로 편미분하여 $\nabla\boldsymbol{v}(=\mathbf{L}^{\mathrm{T}})$ 및 $(\nabla\boldsymbol{v})^{\mathrm{T}}(=\mathbf{L})$을 구해보자[단 Cartesian 좌표계에서는 공변미분=편미분 즉 $(\nabla\boldsymbol{v})_{ij}\equiv v_{j;i}=v_{j,i}[=(\partial v_j/\partial x_i)]$가 성립된다].

$$\nabla v = [(\nabla v)_{ij}] = \left(\frac{\partial v_j}{\partial x_i}\right) = \begin{pmatrix} -\frac{\dot{\varepsilon}}{2}(1+b) & 0 & 0 \\ 0 & -\frac{\dot{\varepsilon}}{2}(1-b) & 0 \\ 0 & 0 & \dot{\varepsilon} \end{pmatrix}_{123} = (\nabla v)^{\mathrm{T}} \quad \cdots\cdots (11)$$

[사실 이의 세 대각성분은 식 (5.22)로부터 각각 $\lambda_1(= e^{-\epsilon(1+b)/2})$, $\lambda_2(= e^{-\epsilon(1-b)/2})$, 및 $\lambda_3(= e^{\epsilon})$를 $t' \to t$의 극한에서 시간 t에대한 (편)미분을 취한 결과와 같다. (단 $\mathbf{F}^{-1}$ 과 $\nabla v(= \mathbf{L}^{\mathrm{T}})$가 대각화되어 있고, 또한 $t' \to t$의 극한에서 $\epsilon \to 0$이 됨에 유의하라)-예제 5.1(a)참조.]

따라서 대칭변형속도 $\dot{\gamma}[= 2\mathrm{D} = \mathbf{L} + \mathbf{L}^{\mathrm{T}}]$(여기서 $\mathbf{L} = (\nabla v)^{\mathrm{T}}$)는 아래가 된다.

$$\dot{\gamma} = \nabla v + (\nabla v)^{\mathrm{T}} = \begin{pmatrix} -\dot{\varepsilon}(1+b) & 0 & 0 \\ 0 & -\dot{\varepsilon}(1-b) & 0 \\ 0 & 0 & 2\dot{\varepsilon} \end{pmatrix}_{123} \quad \cdots\cdots (12)$$

또한 반대칭 속도구배텐서 $\mathrm{W}\left(= \dfrac{\mathbf{L} - \mathbf{L}^{\mathrm{T}}}{2}\right)$는 아래가 된다.

$$\mathrm{W} = \frac{1}{2}((\nabla v)^{\mathrm{T}} - (\nabla v)) = 0 \quad \cdots\cdots (13)$$

마지막으로 식 (5.42)의 타당성을 조사해보기로 한다. 즉 식 (9)를 시간 t로 (편)미분함에 있어서, 식 (3)에서 $\varepsilon(= \varepsilon(t',t)) = \int_{t'}^{t} \dot{\varepsilon}(t'')dt''$ 에서 Leibritz공식(A6.1.4)을 이용하여 $\dfrac{\partial \varepsilon}{\partial t} = \dot{\varepsilon}(t)(= \dot{\varepsilon})$가 되며, 또한 $\lim_{t' \to t} \varepsilon(t',\ t) = 0$이 된다. 이로부터 식 (5.42)를 위에서 구해진 $\mathbf{C}^{-1}$(식 (9))에 적용하면 아래가 된다.

$$\lim_{t' \to t} \frac{\partial \mathbf{C}^{-1}}{\partial t} = \lim_{t' \to t} = \begin{pmatrix} -(1+b)\dot{\varepsilon}e^{-(1+b)\varepsilon} & 0 & 0 \\ 0 & -(1-b)\dot{\varepsilon}e^{-(1-b)\varepsilon} & 0 \\ 0 & 0 & 2\dot{\varepsilon}e^{2\varepsilon} \end{pmatrix}$$

$$= \begin{pmatrix} -(1+b)\dot{\varepsilon} & 0 & 0 \\ 0 & -(1-b)\dot{\varepsilon} & 0 \\ 0 & 0 & 2\dot{\varepsilon} \end{pmatrix} \quad \cdots\cdots (14)$$

즉 식 (14)의 결과는 식 (12)의 결과와 동일하므로 SEF의 경우에도 식 (5.42) 즉 $\lim_{t' \to t} \dfrac{d\mathbf{C}^{-1}}{dt} = \dot{\gamma} = 2\mathrm{D}$가 성립됨이 확인된다.

5. 3 다음은 강체회전(ridid-body rotation)에 관한 문제이다(그림 4.11 참조). Cartesian 좌표계에서 물질을 $x_3{}'(= x_3)$축 주위로 반시계 방향으로 θ만큼 회전시켰을 때의 변형(률) 텐서 $\mathbf{F}$ 및 $\mathbf{F}^{-1}$

는 식 (4.68), 그리고 Cauch($\mathbf{C}$) 및 Finger($\mathbf{C}^{-1}$) 대칭변형(률) 텐서는 식 (4.96)으로 주어진다. 이때 이를 강체회전 흐름에 적용시켰을 때의 속도장 벡터 $\boldsymbol{v}$ 및 그 기울기 $\nabla\boldsymbol{v}$, 또 그로부터 대칭변형속도 텐서 $\dot{\boldsymbol{\gamma}}[=2\mathbf{D}=\mathbf{L}+\mathbf{L}^{\mathrm{T}}]$ 및 반대칭 회전텐서 $2\mathbf{W}[=\mathbf{L}-\mathbf{L}^{\mathrm{T}}]$(여기서 $\mathbf{L}=(\nabla\boldsymbol{v})^{\mathrm{T}}$)를 회전각도 θ의 함수로 구하라. 또한 이 경우 식 (5.22) 및 (5.42)의 타당성도 조사하여라(단 회전각도 θ는 위치에 무관하다고 가정한다).

풀이

강체회전에 의한 변형 전후의 좌표계$\{x_i'\}$와 $\{x_i\}$간의 관계는 행렬표현 식 (4.67)로 주어진다(단, $\cos\theta=c$, $\sin\theta=s$로 둠). 즉

$$\begin{pmatrix}x_1\\x_2\\x_3\end{pmatrix}=\begin{pmatrix}c&-s&0\\s&c&0\\0&0&1\end{pmatrix}\begin{pmatrix}x_1'\\x_2'\\x_3'\end{pmatrix}\leftrightarrow\begin{pmatrix}x_1'\\x_2'\\x_3'\end{pmatrix}=\begin{pmatrix}c&-s&0\\s&c&0\\0&0&1\end{pmatrix}\begin{pmatrix}x_1\\x_2\\x_3\end{pmatrix}\qquad\cdots\cdots(1)$$

즉

$$\begin{cases}x_1=cx_1'-sx_2'\\x_2=sx_1'+cx_2'\\x_3=x_3\end{cases}\qquad\leftrightarrow\qquad\begin{cases}x_1'=cx_1-sx_2\\x_2'=sx_1+cx_2\\x_3'=x_3\end{cases}\qquad\cdots\cdots(2)$$

여기서 강체회전(흐름)의 (Cartesian 좌표계에서) 속도장 벡터 $\boldsymbol{v}\left(=\dfrac{d\boldsymbol{r}}{dt}\right)$(여기서 $\boldsymbol{r}=x_i\boldsymbol{e}_i$)를 구하면 아래가 된다(단 변환 전의 좌표 x_i'는 현 시간 t에 무관 가정).

$$\boldsymbol{v}=\begin{pmatrix}\dot{x}_1\\\dot{x}_2\\\dot{x}_3\end{pmatrix}_{123}=\begin{pmatrix}-sx_1'\dot{\theta}-cx_2'\dot{\theta}\\cx_1'\dot{\theta}-sx_2'\dot{\theta}\\0\end{pmatrix}_{123}=\begin{pmatrix}-x_2\dot{\theta}\\x_1\dot{\theta}\\0\end{pmatrix}_{123}\qquad\cdots\cdots(3)$$

이로부터 속도장의 기울기 $\nabla\boldsymbol{v}$ 및 $(\nabla\boldsymbol{v})^{\mathrm{T}}$를 구하면(단 Cartesian 좌표계에서는 공변미분=편미분 이용) 아래가 된다.

$$\nabla\boldsymbol{v}=\left[(\nabla\boldsymbol{v})_{ij}\right]=\left(\frac{\partial v_j}{\partial x_i}\right)=\begin{pmatrix}0&\dot{\theta}&0\\-\dot{\theta}&0&0\\0&0&0\end{pmatrix}_{123}\quad\leftrightarrow\quad(\nabla\boldsymbol{v})^{\mathrm{T}}=\begin{pmatrix}0&-\dot{\theta}&0\\\dot{\theta}&0&0\\0&0&0\end{pmatrix}_{123}\qquad\cdots\cdots(4)$$

[사실, 이 결과는 강체회전시 $(\mathbf{F}^{-1})^{\mathbf{T}}$ 에관 한 식 (4.68)를 사용하여 식 (5.22)에의해 시간 $t'\to t$의 극한에서 시간 t에대해 (편)미분하고(단 이때 $\theta\to0$이 됨) $\nabla\boldsymbol{v}=\mathbf{L}^{\mathbf{T}}$를 이용해도 얻어질 수 있다-예제 5.1(c) 참조).]

따라서 대칭 변형속도 텐서 $\dot{\boldsymbol{\gamma}}[=2\mathbf{D}=\mathbf{L}+\mathbf{L}^{\mathrm{T}}=(\nabla\boldsymbol{v})^{\mathrm{T}}+(\nabla\boldsymbol{v})]$ 및 반대칭 (회전)텐서

$2\mathbf{W}[=\mathbf{L}-\mathbf{L}^{\mathrm{T}}=(\nabla \boldsymbol{v})^{\mathrm{T}}-(\nabla \boldsymbol{v})]$를 구하면 아래가 된다.

$$\dot{\boldsymbol{\gamma}}=(\nabla \boldsymbol{v})^{\mathrm{T}}+(\nabla \boldsymbol{v})=\mathbf{0} \ ; \ 2\mathbf{W}=(\nabla \boldsymbol{v})^{\mathrm{T}}-(\nabla \boldsymbol{v})=\begin{pmatrix} 0 & -2\dot{\theta} & 0 \\ 2\dot{\theta} & 0 & 0 \\ 0 & 0 & 0 \end{pmatrix}_{123} \qquad \cdots\cdots (5)$$

즉 강체회전 흐름의 경우, $\dot{\boldsymbol{\gamma}}=\mathbf{0}$ 즉 대칭 신장변형은 존재하지 않으나, $\mathbf{W}\neq\mathbf{0}$ 즉 회전 각속도 벡터 $\boldsymbol{\omega}\left[=\frac{1}{2}(\nabla\times\boldsymbol{v}),\text{ 식 (2.151)}\right]$가 존재한다. 문 2.20b에 의하면 $\mathbf{W}\cdot d\boldsymbol{r}=\boldsymbol{\omega}\times d\boldsymbol{r}$[여기서 $\boldsymbol{\omega}=\frac{1}{2}\nabla\times\boldsymbol{v}$는 반대칭 회전텐서 $\mathbf{W}=\frac{1}{2}((\nabla\boldsymbol{v})^{\mathrm{T}}-(\nabla\boldsymbol{v}))$의 쌍대벡터에 해당]가 성립되어, 강체회전의 경우 $\mathbf{W}\neq\mathbf{0}$ 즉 $\boldsymbol{\omega}\neq\mathbf{0}$이 되어 회전이 존재함을 의미한다.

다음에는 식 (5.22)의 타당성을 조사하면, 식 (4.68)에서 아래가 성립된다.

$$\frac{\partial(\mathbf{F}^{-1})^{\mathrm{T}}}{\partial t}=\begin{pmatrix} -s\dot{\theta} & -c\dot{\theta} & 0 \\ c\dot{\theta} & -s\dot{\theta} & 0 \\ 0 & 0 & 0 \end{pmatrix}_{123} \qquad \cdots\cdots (6)$$

그런데 $\lim_{t'\to t}\theta=0$이 되므로 $\lim_{t'\to t}s(=\sin\theta)=0$, $\lim_{t'\to t}c(=\cos\theta)=1$이 되어 이를 식 (6)에 대입하면 아래가 성립된다.

$$\lim_{t'\to t}\frac{\partial(\mathbf{F}^{-1})^{\mathrm{T}}}{\partial t}=\begin{pmatrix} 0 & -\dot{\theta} & 0 \\ \dot{\theta} & 0 & 0 \\ 0 & 0 & 0 \end{pmatrix}_{123}=(\nabla\boldsymbol{v})^{\mathrm{T}}=\mathbf{L} \qquad \cdots\cdots (7)$$

따라서 강체회전의 경우 식 (4.68)이 성립됨을 알 수 있다.

마찬가지로 식 (5.42)의 타당성을 식 (4.96)에서 $\mathbf{C}=\mathbf{C}^{-1}=\mathbf{I}$가 되어 이의 시간미분은 0이 되어, 이 또한 식 (5)의 $\dot{\boldsymbol{\gamma}}(=2\mathbf{D})=\mathbf{0}$이 되는 결과와 일치하여 강체회전의 경우 식 (5.42)도 성립됨을 알 수 있다.

5. 4 문제 5.2에서는 2축신장흐름(BEF)(정상 혹은 비정상)에 대한 속도장은 식 (5.131)에서 $b=0$, $\dot{\varepsilon}(=\dot{\varepsilon}_0$, 정상상태의 경우$)<0$을 대입하여 얻어진다. 즉 이는 1 및 2 방향으로는 신장되나, 3 방향으로는 수축이 일어남을 의미한다. 그러나 만약 속도장을 Cartesian 좌표계에서 아래와 같이 정의하면 이때의 $\nabla\boldsymbol{v}$(및 $(\nabla\boldsymbol{v})^{\mathrm{T}}$), 나아가 대칭텐서 $\dot{\boldsymbol{\gamma}}[=2\mathbf{D}=\mathbf{L}+\mathbf{L}^{\mathrm{T}}]$ 및 반대칭텐서 $2\mathbf{W}[=\mathbf{L}-\mathbf{L}^{\mathrm{T}}]$는 어떻게 나타나는가?

$$\boldsymbol{v}=\begin{pmatrix} \dot{x}_1 \\ \dot{x}_2 \\ \dot{x}_3 \end{pmatrix}_{123}=\begin{pmatrix} \dot{\varepsilon}_B x_1 \\ \dot{\varepsilon}_B x_2 \\ -2\dot{\varepsilon}_B x_3 \end{pmatrix}_{123}, \text{ 여기서 } \dot{\varepsilon}_B>0 \qquad \cdots\cdots (1)$$

풀이

이축신장흐름(BEF)에 대해 위 식 (1)으로 정의할 경우 문 5.2에 이용된 식 (5.131)과 마찬가지로 1 및 2 방향으로는 신장, 그리고 3 방향으로는 수축이 일어남을 의미한다. 그러나 기호에 있어서 위 식의 (1)은 식 (5.131)의 2축신장에 대한 정의 $b=0,\ \dot{\varepsilon}<0$ 대신 $b=0,\ \dot{\varepsilon}=-2\dot{\varepsilon}_B$(여기서 $\dot{\varepsilon}_B>0$)은 대입한 것에 해당된다. 따라서 문 5.2의 식 (11)의 결과에 $b=0,\ \dot{\varepsilon}\to-2\dot{\varepsilon}_B$를 대입하면 속도장의 기울기 $\nabla \boldsymbol{v}$는 아래가 된다.

$$\nabla \boldsymbol{v}=\left(\frac{\partial v_j}{\partial x_i}\right)=\begin{pmatrix}\dot{\varepsilon}_B & 0 & 0\\ 0 & \dot{\varepsilon}_B & 0\\ 0 & 0 & -2\dot{\varepsilon}_B\end{pmatrix}_{123}=(\nabla \boldsymbol{v})^{\mathrm{T}} \qquad \cdots\cdots (2)$$

따라서 대칭 변형속도 $\dot{\boldsymbol{\gamma}}\,[=2\mathbf{D}=\mathbf{L}+\mathbf{L}^{\mathrm{T}}]$(여기서 $\mathbf{L}=(\nabla \boldsymbol{v})^{\mathrm{T}}$)는 아래가 된다(혹은 바로 문 5.2의 식 (12)에 $b=0,\ \dot{\varepsilon}\to-2\dot{\varepsilon}_B$를 대입해도 됨].

$$\dot{\boldsymbol{\gamma}}=\nabla \boldsymbol{v}+(\nabla \boldsymbol{v})^{\mathrm{T}}\equiv\begin{pmatrix}2\dot{\varepsilon}_B & 0 & 0\\ 0 & 2\dot{\varepsilon}_B & 0\\ 0 & 0 & -4\dot{\varepsilon}_B\end{pmatrix}_{123} \qquad \cdots\cdots (3)$$

그리고 반대칭 회전텐서 $2\mathbf{W}[=\mathbf{L}-\mathbf{L}^{\mathrm{T}}]$도 문 5.2의 식 (13)과 마찬가지로 $\mathbf{0}$이 된다.

한편 문 5.2의 결과를 이용하지 않고서도, 위 식 (1)에서 $\dot{\varepsilon}_B$는 위치 무관이라 가정하여, $\nabla \boldsymbol{v}$를 직접 구할 수도 있다. 또한 문 5.2처럼 각종 변형(률) 텐서 $\mathbf{F}$, $\mathbf{F}^{-1}$, $\mathbf{C}$ 및 $\mathbf{C}^{-1}$도 위 식 (1)의 미분 방정식을 풀어 구할 수 있다. 즉 먼저 x_1에 대해 풀면 아래가 된다.

$$\frac{dx_1}{x_1}=\dot{\varepsilon}_B dt\ \to\ \int_{t'}^{t}\frac{dx_1}{x_1}\left(=\ln\frac{x_1}{x_1{}'}\right)=\int_{t'}^{t}\dot{\varepsilon}_B(t'')dt''\equiv\varepsilon_B(t',t) \qquad \cdots\cdots (4)$$

여기서 $\varepsilon_B(t',t)=\displaystyle\int_{t'}^{t}\dot{\varepsilon}_B(t'')dt''\equiv\varepsilon_B \qquad \cdots\cdots (5)$

[비고 : 만약 정상상태 즉 $\dot{\varepsilon}_B=\dot{\varepsilon}_0$=일정이면 $\varepsilon_B=\dot{\varepsilon}_B(=\dot{\varepsilon}_0)\times(t-t')$가 된다.]

식 (4)에서 아래가 성립된다.

$$x_1(=\lambda_1 x_1{}')=x_1{}'\,e^{\varepsilon_B} \qquad \cdots\cdots (6)$$

마찬가지로 아래 결과도 얻는다.

$$x_2(=\lambda_2 x_2{}')=x_2{}'\,e^{\varepsilon_B},\ \ x_3(=\lambda_3 x_3{}')=x_3{}'\,e^{\varepsilon_B} \qquad \cdots\cdots (7)$$

이들 결과를 사용하여 $\mathbf{F}$, $\mathbf{F}^{-1}$, $\mathbf{C}$, $\mathbf{C}^{-1}$를 구해도 BEF에 대한 문 5.2와 같은 결과(단 문 5.2에서 $b=0$, $\dot{\varepsilon} \to -2\dot{\varepsilon}_B$ 대입, 단 $\dot{\varepsilon}_B > 0$)를 얻을 수 있다.

5. 5 유한변형에 대한 신후크(neo-Hooke) 모델(식 (4.149))을 사용하여 시간 $t=0$ 이후 일정(정상) 전단속도 $\dot{\gamma} = \dot{\gamma}_0 =$ 일정을 가했을 때 탄성고체에 발생하는 전단응력과 법선응력차를 계산하라.

풀이

여분의 이탈 점성응력 $\boldsymbol{\tau}$로 나타낸 신후크 모델은 아래가 된다.

$$\boldsymbol{\tau} = G\mathbf{C}^{-1}(t, 0) = G(\mathbf{F}^{-1})^{\mathrm{T}} \cdot \mathbf{F}^{-1} \qquad \cdots\cdots (1)$$

여기서 G는 전단 탄성률, $\mathbf{C}^{-1}$는 식 (4.80)으로 정의된 대칭 Finger 변형률 텐서로의 현 시간 t에서의 유체의 배치(configuration)에 상대적인 시간 $t=0$에서 시료에 부가된 변형을 나타낸다. 단순전단흐름(SSF)에 관한 역 변형구배텐서 $\mathbf{F}^{-1}$는 문 5.1의 식 (7)를 이용하면 식 (1)은 아래가 된다.

$$\boldsymbol{\tau} = G\begin{pmatrix} 1 & \gamma & 0 \\ 0 & 1 & 0 \\ 0 & 0 & 1 \end{pmatrix}\begin{pmatrix} 1 & 0 & 0 \\ \gamma & 1 & 0 \\ 0 & 0 & 1 \end{pmatrix} = G\begin{pmatrix} 1+\gamma^2 & \gamma & 0 \\ \gamma & 1 & 0 \\ 0 & 0 & 1 \end{pmatrix} \qquad \cdots\cdots (2)$$

여기서 $\gamma = \gamma(0, t) = \int_0^t \dot{\gamma}_0 dt'' = \dot{\gamma}_0 t$이다.

따라서 위 속에서 위 식에서 신후크 모델에 의해 탄성고체에 생성된 전단응력과 법선응력차는 각각 아래가 된다.

$$\tau_{21} = G\gamma = G\dot{\gamma}_0 t \qquad \cdots\cdots (3)$$

$$\tau_{11} - \tau_{22} = G\gamma^2 = G\dot{\gamma}_0^2 t^2 \qquad \cdots\cdots (4)$$

$$\tau_{22} - \tau_{33} = 0 \qquad \cdots\cdots (5)$$

그런데 식 (3)에서 볼 수 있듯이 신후크 모델에 의한 탄성고체의 전단응력은 실제 점탄성 유체에 관측되는 경우와 달리(그림 5.15(b) 참조) 시간의 경과에 따라 계속 성장함을 알 수 있다.

5. 6 만약 아래와 같은 구성방정식을 갖는 유체가 있다면, 이를 사용하여 (a) 정상상태(즉 $\dot{\gamma} = \dot{\gamma}_0$)의 단순전단흐름(SSF)에 대한 전단점도 η 및 (b) $\dot{\varepsilon} = \dot{\varepsilon}_0$의 정상 1축신장흐름(UEF)에 대한 신장점

도 $\bar{\eta}$를 계산해보아라.

$$\boldsymbol{\tau} = a(\nabla \boldsymbol{v}) + b(\nabla \boldsymbol{v})^{\mathrm{T}} \qquad \cdots\cdots (1)$$

풀이

(a) 정상상태의 SSF 경우 Cartesian 좌표계에서 속도장 $\boldsymbol{v} = (\dot{\gamma}_0 x_2 \;\; 0 \;\; 0)^{\mathrm{T}}$가 되므로 이로부터 $\nabla \boldsymbol{v}$ 및 $(\nabla \boldsymbol{v})^{\mathrm{T}}$를 구하면 아래가 된다[단 Cartesian 좌표계에서 $(\nabla \boldsymbol{v})_{ij} = v_{j,i} = \partial v_j / \partial x_i$가 됨]

$$\nabla \boldsymbol{v} = \begin{pmatrix} 0 & 0 & 0 \\ \dot{\gamma}_0 & 0 & 0 \\ 0 & 0 & 0 \end{pmatrix}_{123}, \quad (\nabla \boldsymbol{v})^{\mathrm{T}} = \begin{pmatrix} 0 & \dot{\gamma}_0 & 0 \\ 0 & 0 & 0 \\ 0 & 0 & 0 \end{pmatrix}_{123} \qquad \cdots\cdots (2)$$

∴ 주어진 구성방정식은 아래가 된다.

$$\boldsymbol{\tau} = \begin{pmatrix} 0 & b\dot{\gamma}_0 & 0 \\ a\dot{\gamma}_0 & 0 & 0 \\ 0 & 0 & 0 \end{pmatrix}_{123} \qquad \cdots\cdots (3)$$

[주의 : 위 식의 $\boldsymbol{\tau}$는 대칭이 아니다.]

$$\therefore \;\; \eta \equiv \frac{\tau_{21}}{\dot{\gamma}_0} = a \;\; (\because \;\; \text{식 } (5.167)) \qquad \cdots\cdots (4)$$

(b) 정상상태$(\dot{\varepsilon} = \dot{\varepsilon}_0 > 0)$의 일축신장흐름(UEF)의 경우 Cartesian 좌표계에서 속도장은 아래로 정의된다.

$$\boldsymbol{v} = \begin{pmatrix} -\frac{1}{2}\dot{\varepsilon}_0 x_1 \\ -\frac{1}{2}\dot{\varepsilon}_0 x_2 \\ \dot{\varepsilon}_0 x_3 \end{pmatrix}_{123} \qquad \cdots\cdots (5)$$

여기서 속도장의 기울기를 구하면 아래가 된다.

$$\nabla \boldsymbol{v} = \begin{pmatrix} -\frac{1}{2}\dot{\varepsilon}_0 & 0 & 0 \\ 0 & -\frac{1}{2}\dot{\varepsilon}_0 & 0 \\ 0 & 0 & \dot{\varepsilon}_0 \end{pmatrix}_{123} = (\nabla \boldsymbol{v})^{\mathrm{T}} \qquad \cdots\cdots (6)$$

∴ 주어진 구성방정식은 아래가 된다.

$$\boldsymbol{\tau}=\begin{pmatrix} -\dfrac{(a+b)}{2}\dot{\varepsilon}_0 & 0 & 0 \\ 0 & -\dfrac{(a+b)}{2}\dot{\varepsilon}_0 & 0 \\ 0 & 0 & (a+b)\dot{\varepsilon}_0 \end{pmatrix}_{123} \quad \cdots\cdots (7)$$

$$\therefore \bar{\eta} \equiv \frac{(\tau_{33}-\tau_{11})}{\dot{\varepsilon}_0} \quad (\because \text{ 식 } (5.258))$$

$$=\frac{(a+b)\dot{\varepsilon}_0-\left(-\dfrac{(a+b)}{2}\dot{\varepsilon}_0\right)}{\dot{\varepsilon}_0}=\frac{3}{2}(a+b) \quad \cdots\cdots (8)$$

그런데 위 구성방정식은 문 (a)의 SSF에 대해 얻어진 응력텐서 $\boldsymbol{\tau}$가 대칭이 아니므로 부적절한 구성방정식이다.

5. 7 Carreau-Yasuda 일반 뉴톤 유체(GNF) 모델(점도식은 식 (5.312))을 사용하여 정상상태($\dot{\varepsilon}=\dot{\varepsilon}_0=$ 일정)의 평면신장흐름(PEU)에 대한 물질함수 $\bar{\eta}_{P_1}$ 및 $\bar{\eta}_{P_2}$(식 (5.262) ~ (5.263))를 계산하라.

풀이

정상상태의 평면신장흐름(PEF)의 속도장은 식 (5.131)에 $b=1$, $\dot{\varepsilon}=\dot{\varepsilon}_0(>0)$을 대입하면 Cartesian 좌표계에서 아래가 된다.

$$\boldsymbol{v}=\begin{pmatrix} -\dot{\varepsilon}_0 x_1 \\ 0 \\ \dot{\varepsilon}_0 x_3 \end{pmatrix}_{123}, \quad \dot{\varepsilon}_0>0 \quad \cdots\cdots (1)$$

이로부터 속도장의 기울기 $(\nabla \boldsymbol{v})$ 및 대칭 변형속도텐서 $\dot{\boldsymbol{\gamma}}(=2\mathbf{D}=\mathbf{L}+\mathbf{L}^{\mathrm{T}})$를 구하면 아래가 된다(단 Cartesian 좌표계에서 $(\nabla \boldsymbol{v})_{ij}=\partial v_j/\partial x_i$를 이용).

$$\nabla \boldsymbol{v}=\begin{pmatrix} -\dot{\varepsilon}_0 & 0 & 0 \\ 0 & 0 & 0 \\ 0 & 0 & \dot{\varepsilon}_0 \end{pmatrix}_{123}=(\nabla \boldsymbol{v})^{\mathrm{T}} \quad \cdots\cdots (2)$$

$$\dot{\boldsymbol{\gamma}}=\nabla \boldsymbol{v}+(\nabla \boldsymbol{v})^{\mathrm{T}}=\begin{pmatrix} -2\dot{\varepsilon}_0 & 0 & 0 \\ 0 & 0 & 0 \\ 0 & 0 & 2\dot{\varepsilon}_0 \end{pmatrix}_{123} \quad \cdots\cdots (3)$$

따라서 $\dot{\boldsymbol{\gamma}}$의 크기 $\dot{\gamma}$는 아래가 된다.

$$\dot{\gamma} = \| \dot{\boldsymbol{\gamma}} \| = \sqrt{(\dot{\boldsymbol{\gamma}} : \dot{\boldsymbol{\gamma}})/2} = 2|\dot{\varepsilon}_0| = 2\dot{\varepsilon}_0 (\because \dot{\varepsilon}_0 > 0) \quad \cdots\cdots (4)$$

그런데 일반 GNF 구성방정식 $\boldsymbol{\tau} = \eta(\dot{\gamma})\dot{\boldsymbol{\gamma}}$의 $\eta(\dot{\gamma})$는 Carreau-Yasuda 모델 식 (5.312)에 의하면 아래가 된다.

$$\eta = (\eta_0 - \eta_\infty)\left[1 + (\dot{\gamma}\lambda)^a\right]^{\frac{n-1}{a}} + \eta_\infty \quad \cdots\cdots (5)$$

따라서 Carreau-Yasuda GNF 구성방정식은 식 (3)과 (5)에서 아래가 된다.

$$\boldsymbol{\tau} = \begin{pmatrix} -2\eta\dot{\varepsilon}_0 & 0 & 0 \\ 0 & 0 & 0 \\ 0 & 0 & 2\eta\dot{\varepsilon}_0 \end{pmatrix}_{123}, \text{ 여기서 } \eta = \eta(\dot{\gamma})\text{는 식 (5)를 대입.}$$

여기서 정상 평면신장 흐름의 두 점도 $\bar{\eta}_{P_1}$ 및 $\bar{\eta}_{P_2}$는 식 (5.62)와 (5.263)에서 아래가 된다.

$$\bar{\eta}_{P_1} = \frac{(\tau_{33} - \tau_{11})}{\dot{\varepsilon}_0} = \frac{2\eta\dot{\varepsilon}_0 - (-2\eta\dot{\varepsilon}_0)}{\dot{\varepsilon}_0} = 4\eta$$

$$= 4\eta_\infty + 4(\eta_0 - \eta_\infty)\left[(1 + 2\dot{\varepsilon}_0\lambda)^a\right]^{\frac{n-1}{a}} \qquad [\text{단 } \dot{\gamma} = 2\dot{\varepsilon}\text{(식 (4))를 대입}]$$

그리고

$$\bar{\eta}_{P_2} = \frac{(\tau_{22} - \tau_{11})}{\dot{\varepsilon}_0} = \frac{0 - (-2\eta\dot{\varepsilon}_0)}{\dot{\varepsilon}_0} = 2\eta = \bar{\eta}_{P_1}/2$$

5. 8 Bingham GNF 모델(점도식은 식 (5.313))을 사용하여 응력성장의 비정상 전단흐름(SSF)(그림 5.15(b)참조)에 대한 물질함수인 η^+, Ψ_1^+, Ψ_2^+를 계산하라.

풀이

비정상 SSF에 대한 속도장과 전단속도함수는 Cartesian 좌표계에서 아래가 된다(식 (5.177)).

$$\boldsymbol{v} = \begin{pmatrix} \dot{\zeta}(t)\, x_2 \\ 0 \\ 0 \end{pmatrix}_{123}, \quad \dot{\zeta}(t) = \dot{\gamma}_0 H(t) = \begin{cases} 0 & t < 0 \\ \dot{\gamma}_0 & t \geq 0 \end{cases} \quad \cdots\cdots (1)$$

이로부터 속도장의 기울기 및 대칭 변형속도텐서 $\dot{\boldsymbol{\gamma}}(= 2\mathbf{D} = \mathbf{L} + \mathbf{L}^{\mathrm{T}})$를 구하면 아래가 된다.

$$\nabla \boldsymbol{v}\left(= (\nabla \boldsymbol{v})_{ij} = \partial v_j / \partial x_i\right) = \begin{pmatrix} 0 & 0 & 0 \\ \dot{\zeta}(t) & 0 & 0 \\ 0 & 0 & 0 \end{pmatrix}_{123}, \quad (\nabla \boldsymbol{v})^{\mathrm{T}} = \begin{pmatrix} 0 & \dot{\zeta}(t) & 0 \\ 0 & 0 & 0 \\ 0 & 0 & 0 \end{pmatrix}_{123} \quad \cdots\cdots (2)$$

$$\dot{\boldsymbol{\gamma}} = \nabla \boldsymbol{v} + (\nabla \boldsymbol{v})^{\mathrm{T}} = \begin{pmatrix} 0 & \dot{\zeta}(t) & 0 \\ \dot{\zeta}(t) & 0 & 0 \\ 0 & 0 & 0 \end{pmatrix}_{123} \qquad \cdots\cdots (3)$$

여기서 $\dot{\boldsymbol{\gamma}}$의 크기 $\dot{\gamma}(>0)$는 아래가 된다.

$$\dot{\gamma} = \| \dot{\boldsymbol{\gamma}} \| = \sqrt{(\dot{\boldsymbol{\gamma}} : \dot{\boldsymbol{\gamma}})/2} = |\dot{\zeta}(t)| = \begin{cases} +\dot{\zeta}(t) & (\text{만약 } \dot{\gamma}_0 > 0) \\ -\dot{\zeta}(t) & (\text{만약 } \dot{\gamma}_0 < 0) \end{cases} \qquad \cdots\cdots (4)$$

다음에는 식 (3)에서 GNF 구성방정식은 아래가 된다.

$$\boldsymbol{\tau} = \eta(\dot{\gamma})\dot{\boldsymbol{\gamma}} = \begin{pmatrix} 0 & \eta\dot{\zeta}(t) & 0 \\ \eta\dot{\zeta}(t) & 0 & 0 \\ 0 & 0 & 0 \end{pmatrix}_{123} \qquad \cdots\cdots (5)$$

그런데 Bingham 모델의 점도는 식 (5.313)에 의해 아래가 된다(단 τ_y는 항복응력).

$$\eta(\dot{\gamma}) = \begin{cases} \infty & (\tau \le \tau_y) \\ \mu_0 + \dfrac{\tau_y}{\dot{\gamma}} & (\tau > \tau_y) \end{cases} \quad (\text{여기서 } \mu_0, \dot{\gamma}, \tau_y > 0) \qquad \cdots\cdots (6)$$

식 (5)와 (6)으로부터 $\boldsymbol{\tau}$의 크기 τ는 아래가 된다.

$$\tau = \| \boldsymbol{\tau} \| = \sqrt{(\boldsymbol{\tau} : \boldsymbol{\tau}^{\mathrm{T}})/2} = |\eta\dot{\zeta}(t)| = \begin{cases} 0 & (t < 0) \\ \mu_0|\dot{\gamma}_0| + \dfrac{\tau_y}{\dot{\gamma}}|\dot{\gamma}_0| & (t \ge 0) \end{cases} \qquad \cdots\cdots (7)$$

따라서

$$\tau = \begin{cases} \infty & (t < 0) \\ \mu_0\dot{\gamma} + \tau_0 & (t \ge 0) \end{cases} \quad (\because |\dot{\gamma}_0| = \dot{\gamma}) \qquad \cdots\cdots (8)$$

여기에서 식 (5.171)~(5.173)으로부터 전단흐름의 응력성장에 대한 세 물질함수는 식 (5)의 도움을 받아 구하면 아래가 된다.

$$\eta^{+} \equiv \frac{\tau_{21}}{\dot{\gamma}_0} = \begin{cases} 0 & (t < 0) \\ \dfrac{(\mu_0 + \tau_y/\dot{\gamma}_0)\dot{\gamma}_0}{\dot{\gamma}_0} = \mu_0 + \tau_y/\dot{\gamma}_0 & (t \ge 0) \end{cases} \qquad (\because \dot{\gamma} = |\dot{\gamma}_0|)$$

$$\Psi_1^{+} \equiv \frac{\tau_{11} - \tau_{22}}{\dot{\gamma}_0^2} = 0 \ , \ \Psi_2^{+} \equiv \frac{\tau_{22} - \tau_{33}}{\dot{\gamma}_0^2} = 0$$

5. 9 아래 그림은 전선(electrical wire)의 코팅시 발생하는 것과 같은 견인야기(drag-driven) 축방향

환상흐름(axial annular bath)의 모식도이다. 반경 κR인 원통형 철선이 속도 V로 흐르는 유체가 담긴 반경 R의 관모양 욕조(tubular bath)로부터 끌어당겨지고 있다. 그리고 상류(upstream)의 유체나 하류(downstream)의 유체 모두 같은 압력 P_0에 있다고 하자. 이때 비압축성 멱수법칙 GNF 모델(점도는 식 (5.310))을 사용하여 아래의 물음에 답하라.

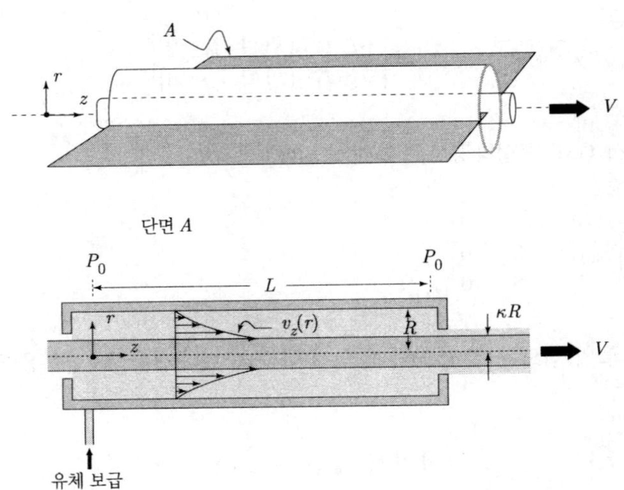

그림. 비압축성 유체의 축방향의 환상 견인흐름(axial annular drag flow).

(a) 정상상태의 속도 프로필을 계산하라.

(b) 적당한 한계조건하에 위에서 유도된 결과가 뉴톤 유체(즉 멱지수 $n=1$)로 환원되는가를 보여라.

(c) 중심 채널 속의 부피유출량(volumetric flow rate)을 구하라.

(d) 전선을 당기는데 필요한 힘을 구하라.

풀이

(a) 문제에서 주어진 속도장은 원통좌표계 (r, θ, z)에서의 물질적 성분표시로 아래와 같이 나타내진다.

$$\boldsymbol{v}\left(=\hat{v}_i \boldsymbol{e}_i\right)=\begin{pmatrix} v_r \\ v_\theta \\ v_z \end{pmatrix}_{r\theta z}=\begin{pmatrix} 0 \\ 0 \\ v_z \end{pmatrix}_{r\theta z} \quad \cdots\cdots (1)$$

여기서 $v_r=\hat{v}_1$, $v_\theta=\hat{v}_2$, $v_z=\hat{v}_3$의 물리성분이다(1.14절 참조).

그러면 비압축 유체의 질량보존식은 표 4.3에서 아래가 된다.

$$\nabla \cdot \boldsymbol{v}=0=\frac{1}{r}\frac{\partial(rv_r)}{\partial r}+\frac{1}{r}\frac{\partial v_\theta}{\partial \theta}+\frac{\partial v_z}{\partial z}=0$$

$$\therefore \ \frac{\partial v_z}{\partial z}=0 \qquad \cdots\cdots (2)$$

다음에는 비압축성 유체의 운동방정식(4.199)은 정상상태$\left(\dfrac{\partial \boldsymbol{v}}{\partial t}=0\right)$, 일방향 흐름($\boldsymbol{v}\cdot\nabla\boldsymbol{v}=0$) 그리고 중력장을 무시하면 아래와 같이 근사적으로 나타낼 수 있다.

$$\rho\frac{\nabla \boldsymbol{v}}{\nabla t}\left(=\frac{\partial \boldsymbol{v}}{\partial t}+\boldsymbol{v}\cdot\nabla\boldsymbol{v}\right)=-\nabla p+\nabla\cdot\boldsymbol{\tau}+\rho g$$

$$\mathbf{0}\simeq-\nabla p+\nabla\cdot\boldsymbol{\tau} \qquad \cdots\cdots (3)$$

그런데 멱수법칙 GNF 구성식은 아래가 된다.

$$\boldsymbol{\tau}=\eta(\dot{\gamma})\dot{\boldsymbol{\gamma}}\ ,\ \eta(\dot{\gamma})=m\dot{\gamma}^{n-1}(\text{여기서}\ \ \dot{\gamma}=\|\dot{\boldsymbol{\gamma}}\|) \qquad \cdots\cdots (4)$$

여기서 대칭 변형속도텐서 $\dot{\boldsymbol{\gamma}}(=\nabla\boldsymbol{v}+(\nabla\boldsymbol{v})^{\mathrm{T}})$를 구하기 위하여 식 (1)에 주어진 속도장의 기울기(물리성분으로)를 식(1) 및 (2), 그리고 $\dfrac{\partial v_z}{\partial \theta}=0(\because v_z$ 의 θ 방향 대칭성)을 이용하여 구하면 아래가 된다(표 5.1 참조).

$$\widehat{\nabla\boldsymbol{v}}(=(\nabla\boldsymbol{v})_{(ij)})=\begin{pmatrix}\dfrac{\partial v_r}{\partial r} & \dfrac{\partial v_\theta}{\partial r} & \dfrac{\partial v_z}{\partial r}\\ \dfrac{1}{r}\dfrac{\partial v_r}{\partial \theta}-\dfrac{v_\theta}{r} & \dfrac{1}{r}\dfrac{\partial v_\theta}{\partial \theta}+\dfrac{v_r}{r} & \dfrac{1}{r}\dfrac{\partial v_z}{\partial \theta}\\ \dfrac{\partial v_r}{\partial z} & \dfrac{\partial v_\theta}{\partial z} & \dfrac{\partial v_z}{\partial z}\end{pmatrix}_{r\theta z}=\begin{pmatrix}0 & 0 & \dfrac{\partial v_z}{\partial r}\\ 0 & 0 & 0\\ 0 & 0 & 0\end{pmatrix}_{r\theta z} \qquad \cdots\cdots (5)$$

따라서 대칭 변형속도텐서 $\dot{\boldsymbol{\gamma}}(=2\mathbf{D}=\mathbf{L}+\mathbf{L}^{\mathrm{T}})$는 아래가 된다.

$$\dot{\boldsymbol{\gamma}}=\nabla\boldsymbol{v}+(\nabla\boldsymbol{v})^{\mathrm{T}}=\begin{pmatrix}0 & 0 & \dfrac{\partial v_z}{\partial r}\\ 0 & 0 & 0\\ \dfrac{\partial v_z}{\partial r} & 0 & 0\end{pmatrix}_{r\theta z} \qquad \cdots\cdots (6)$$

이에 GNF 구성방정식은 아래의 형태가 된다.

$$\boldsymbol{\tau}=\eta\dot{\boldsymbol{\gamma}}=\begin{pmatrix}0 & 0 & \eta\dfrac{\partial v_z}{\partial r}\\ 0 & 0 & 0\\ \eta\dfrac{\partial v_z}{\partial r} & 0 & 0\end{pmatrix} \qquad \cdots\cdots (7)$$

즉 $0=\tau_{rr}=\tau_{r\theta}=\tau_{\theta r}=\tau_{\theta\theta}=\cdots$가 되며, $\boldsymbol{\tau}$는 대칭텐서이다.

이 결과로부터 표 4.4c에 주어진 $\nabla \cdot \boldsymbol{\tau}$의 물리성분은 정리하면 아래와 같이 간략히 된다.

$$\widehat{\nabla \cdot \tau} = \begin{pmatrix} (\nabla \cdot \tau)_{(1)} \\ (\nabla \cdot \tau)_{(2)} \\ (\nabla \cdot \tau)_{(3)} \end{pmatrix}_{r\theta z} = \begin{pmatrix} (\nabla \cdot \tau)_r \\ (\nabla \cdot \tau)_\theta \\ (\nabla \cdot \tau)_z \end{pmatrix}_{r\theta z} = \begin{pmatrix} \dfrac{\partial \tau_{zr}}{\partial z} \\ 0 \\ \dfrac{1}{r}\dfrac{\partial}{\partial r}(r\tau_{rz}) \end{pmatrix}_{r\theta z} \quad \cdots\cdots (8)$$

여기서 $\dot{\gamma} \equiv |\dot{\boldsymbol{\gamma}}| = \sqrt{(\dot{\boldsymbol{\gamma}} : \dot{\boldsymbol{\gamma}})/2} = |\partial v_z / \partial r|$($\because$ 식 (6)) …… (9)

그런데 $\partial v_z / \partial r < 0$(그림 참조)이므로

$$\dot{\gamma} = -\frac{\partial v_z}{\partial r}(>0) \quad \cdots\cdots (10)$$

여기서 GNF 모델의 정의에 의한 식 (5.360)에서 아래가 성립된다(단 멱수법칙 $\eta = m\dot{\gamma}^{n-1}$ 대입).

$$\tau_{rz}(=\tau_{zr}) = -\tau_{13} = -\eta\dot{\gamma}_{13} = -\eta\frac{\partial v_z}{\partial r} = \eta\dot{\gamma} = m\dot{\gamma}^{n-1}\dot{\gamma} = m\dot{\gamma}^n = m\left(-\frac{\partial v_z}{\partial r}\right)^n \quad \cdots\cdots (11)$$

식 (11)에서 $v_z = v_z(r)$($\because$ 비압축성 조건과 v_z의 θ 대칭성에서)가 되므로, τ_{zr} 역시 r만의 함수 즉

$$\frac{\partial \tau_{rz}}{\partial z} = 0 \quad \cdots\cdots (12)$$

따라서 식 (8)은 아래가 된다(단 τ_{rz}에 식 (11)대입).

$$\widehat{\nabla \cdot \tau} = \begin{pmatrix} 0 \\ 0 \\ \dfrac{1}{r}\dfrac{\partial}{\partial r}\left(rm\left(-\dfrac{\partial v_z}{\partial r}\right)^n\right) \end{pmatrix}_{r\theta z} \quad \cdots\cdots (13)$$

이 결과를 갖고 운동방정식(EOM)(식 (3))에 도로 돌아가면 아래가 된다.

$$\begin{pmatrix} 0 \\ 0 \\ 0 \end{pmatrix} = -\begin{pmatrix} \partial p/\partial r \\ \dfrac{1}{r}\partial p/\partial \theta \\ \partial p/\partial z \end{pmatrix}_{r\theta z} + \begin{pmatrix} 0 \\ 0 \\ \dfrac{1}{r}\dfrac{\partial}{\partial r}\left(rm\left(-\dfrac{\partial v_z}{\partial r}\right)^n\right) \end{pmatrix}_{r\theta z} \quad \cdots\cdots (14)$$

위 식에서 $\partial P/\partial z = 0$($\because$ 그림에서 상, 하류 모두 압력이 $p = P_0$ 임)를 이용하여 운동방정식의 각 성분에 대해 아래가 성립된다.

$$\text{EOM의 } r\text{성분} : \frac{\partial p}{\partial r} = 0 \quad \cdots\cdots (15)$$

EOM의 θ성분 : $\frac{\partial p}{\partial \theta}=0$ ...... (16)

EOM의 z성분 : $m\frac{1}{r}\frac{\partial}{\partial r}\left(r\left(-\frac{\partial v_z}{\partial r}\right)^n\right)=0$ ...... (17)

식 (17)의 양변을 $r(\neq 0)$을 곱한 후 한번 부정적분을 행하고 정리하면 아래가 된다.

$$r\left(-\frac{\partial v_z}{\partial r}\right)^n=c_1 \rightarrow \frac{\partial v_z}{\partial r}=-\left(\frac{c_1}{r}\right)^{\frac{1}{n}} \quad \text{...... (18)}$$

이를 다시 한번 더 부정적분(단 $n\neq 1$ 가정)을 행하면 아래를 얻는다.

$$v_z=-c_1^{\frac{1}{n}}\frac{r^{1-\frac{1}{n}}}{1-\frac{1}{n}}+c_2 \quad \text{...... (19)}$$

$$=-c_3\frac{r^{1-\frac{1}{n}}}{1-\frac{1}{n}}+c_2 \ (\text{단 } c_3=c_1^{1/n}) \quad \text{...... (20)}$$

그런데 그림에서 아래의 경계조건이 성립된다.

$r=\kappa R$일 때 $\quad v_z=V$

$r=R$일 때 $\quad v_z=0$ ...... (21)

이 관계를 이용하여 아래를 얻는다.

$$c_2=\frac{c_3}{1-\frac{1}{n}}R^{1-\frac{1}{n}} \quad \text{...... (22)}$$

이를 다시 식 (20)에 대입하여 c_3항으로 나타내고, 또한 V도 c_3항으로 나타내면, 아래의 최종 환원 속도 관계식을 얻을 수 있다.

$$\frac{v_z(r)}{V}=\frac{\left(\left(\frac{r}{R}\right)^{1-\frac{1}{n}}-1\right)}{\left(\kappa^{1-\frac{1}{n}}-1\right)} \quad \text{...... (23)}$$

(b) 다음에는 식 (23)으로부터 $n=1$(뉴톤 유체)일 때의 극한 관계식을 얻기 위해 다음과 같이 L'hospital의 정리(A6.1.4 참조)를 이용한다.

$$\lim_{n\to1}\frac{v_z}{V}=\lim_{n\to1}\frac{\dfrac{d}{dn}\left(\left(\dfrac{r}{R}\right)^{1-\frac{1}{n}}-1\right)}{\dfrac{d}{dn}\left(\kappa^{1-\frac{1}{n}}-1\right)}=\lim_{n\to1}\frac{\left(\dfrac{r}{R}\right)^{1-\frac{1}{n}}\times\ln\left(\dfrac{r}{R}\right)\times\dfrac{1}{n^2}}{\kappa^{1-\frac{1}{n}}\times\ln\kappa\times\dfrac{1}{n^2}}=\frac{\ln\left(\dfrac{r}{R}\right)}{\ln\kappa} \quad\cdots\cdots (24)$$

단 위 식에서 $(a^{f(x)})'=\frac{d}{dx}a^{f(x)}=a^{f(x)}\times f'(x)\times\ln a$ 미분식을 이용하였다.

즉 $n\to1$의 뉴톤 유체의 극한 경우 환원 속도 $\frac{v_z}{V}\to\frac{\ln\frac{r}{R}}{\ln\kappa}$이 된다.

(c) 부피 유출속도 Q는 원통관을 통한 포아제 흐름에 대한 식 (5.364)을 구할 때와 같은 논리로 진행한다. 즉

$$Q=\int_A v_z\,dA=\int_A v_z\,r\,dr\,d\theta=\int_{\kappa R}^{R}\int_0^{2\pi}v_z(r)\,r\,d\theta\,dr \quad\cdots\cdots (25)$$

그러면 $v_z(r)$을 식 (23)에서 대입하여 적분을 행하는데, 편의상 변수치환 즉 $r=\xi R$(혹은 $\xi=r/R$)(이때 $r=\kappa R$일 때 $\xi=\kappa$, $r=R$일 때, $\xi=1$이 됨)에 의해 r의 적분을 ξ의 적분으로 바꾸어 계산을 행한 후 정리하면 아래의 최종 결과를 얻는다.

$$Q=\frac{\pi R^2V}{\left(3-\dfrac{1}{n}\right)}\,\frac{2\left(1-\kappa^{3-\frac{1}{n}}\right)-\left(3-\dfrac{1}{n}\right)(1-\kappa^2)}{\left(\kappa^{1-\frac{1}{n}}-1\right)} \quad\cdots\cdots (26)$$

여기서도 $n\to1$의 뉴톤 유체의 극한 경우는 식 (24)를 구할 때의 L'hospital의 정리를 구하면 $Q\to\frac{\pi R^2V(1-\kappa^2-\kappa^2\ln\kappa)}{2\ln\kappa}$가 된다.

(d) 마지막으로 철사를 당기는데 필요한 힘(F)을 구하면, 힘=응력×면적의 원리에서 아래가 된다.

$$F=\int_A dF=\int_A \tau_{rz}|_{r=\kappa R}\,dA=\int_{\theta=0}^{2\pi}\int_{z=0}^{L}\tau_{rz}|_{r=\kappa R}\times\ \kappa R\,d\theta\,dz \quad\cdots\cdots (27)$$

그런데 전단응력 τ_{rz}를 식 (11)에서 대입하고, 또 $\frac{\partial v_z}{\partial r}$를 식 (23)에서 구하여 $r=\kappa R$을 대입하면 아래의 결과를 얻는다.

$$\tau_{rz}|_{r=\kappa R} = \left[\left(\frac{V}{R}\right)\left(\frac{1}{(\kappa^{1-1/n}-1)}\right)\left(\frac{1}{\kappa^{1/n}}\right)\left(\frac{1}{n}-1\right)\right]^n \times m \qquad \cdots\cdots (28)$$

이를 적분식 (27)에 대입하여 적분을 행하면 아래의 최종 결과를 얻는다.

$$F = 2\pi Lm \frac{V^n}{R^{n-1}}\left[\left(\frac{1}{(\kappa^{1-1/n}-1)}\right)\left(\frac{1}{n}-1\right)\right]^n$$

5. 10 두 종류의 서로 섞이지 않는 비압축성 멱수법칙 GNF 유체가 위 판이 일정 속도 V로 움직이고 있는 두 무한 평판 사이에 샌드위치 되어 있다고 하자(아래 그림 참조). 이 때 두 유체의 계면은 평면을 유지하고 있다고 가정하여 정상상태의 속도분포를 계산하라.

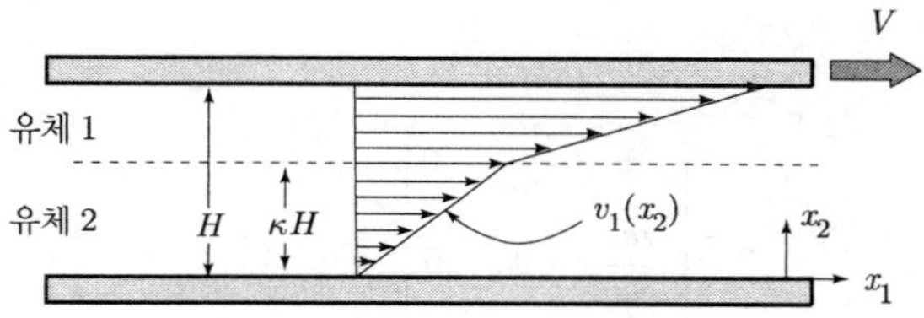

그림. 두 층의 멱수법칙 GNF 유체에 대한 층류 견인흐름(laminar drag flow).

풀이

위 그림에서 흐름방향 $x_1(=x)$, 속도구배 방향 $x_2(=y)$, 중립방향은 $x_3(=z)$라 할 때 Cartesian 좌표계에서의 속도장은 아래가 된다.

$$\boldsymbol{v} = \begin{pmatrix} v_x \\ 0 \\ 0 \end{pmatrix}_{123} \qquad \cdots\cdots (1)$$

비압축성 유체에 대한 질량보존식에서 아래가 성립된다(표 4.3 참조).

$$\nabla \cdot \boldsymbol{v} = 0 = \frac{\partial v_x}{\partial x} + \frac{\partial v_y}{\partial y} + \frac{\partial v_z}{\partial z} \text{ 즉 } \frac{\partial v_x}{\partial x} = 0 \qquad \cdots\cdots (2)$$

문 5.9와 마찬가지로 운동방정식(EOM)(4.199)에서 정상상태($\frac{\partial v}{\partial t}=0$), 일방향흐름($\boldsymbol{v} \cdot \nabla \boldsymbol{v} = 0$)그리고 중력장을 무시하면 아래로 근사된다.

$$\rho\left(\frac{\partial \boldsymbol{v}}{\partial t} + \boldsymbol{v} \cdot \nabla \boldsymbol{v}\right) = -\nabla p + \nabla \cdot \boldsymbol{\tau} + \rho g$$

$$0 \simeq -\nabla p + \nabla \cdot \boldsymbol{\tau} \qquad \cdots\cdots (3)$$

그런데 멱수법칙 GNF 구성식은 아래가 된다.

$$\boldsymbol{\tau} = \eta(\dot{\gamma})\dot{\boldsymbol{\gamma}}\ ,\ \eta(\dot{\gamma}) = m\dot{\gamma}^{n-1}(\text{여기서}\ \ \dot{\gamma} = \|\dot{\boldsymbol{\gamma}}\|) \qquad \cdots\cdots (4)$$

여기서 대칭 변형속도 텐서 $\dot{\boldsymbol{\gamma}}(=\nabla \boldsymbol{v} + (\nabla \boldsymbol{v})^{\mathrm{T}})$를 구하기 위해 식 (1)로 주어진 속도장의 기울기를 식 (1), (2), 그리고 $\partial v_x / \partial z = 0(\because v_x$는 z 좌표에 대칭적)를 이용하여 구하면 아래가 된다.

$$\nabla \boldsymbol{v}(=(\nabla v)_{ij} = \partial v_j / \partial x_i) = \begin{pmatrix} 0 & 0 & 0 \\ \dfrac{\partial v_x}{\partial y} & 0 & 0 \\ 0 & 0 & 0 \end{pmatrix}_{123} \qquad \cdots\cdots (5)$$

따라서

$$\dot{\boldsymbol{\gamma}}(=2\mathbf{D}) = \nabla \boldsymbol{v} + (\nabla \boldsymbol{v})^{\mathrm{T}} = \begin{pmatrix} 0 & \dfrac{\partial v_x}{\partial y} & 0 \\ \dfrac{\partial v_x}{\partial y} & 0 & 0 \\ 0 & 0 & 0 \end{pmatrix}_{123} \qquad \cdots\cdots (6)$$

$$\dot{\gamma} \equiv \|\dot{\boldsymbol{\gamma}}\| = \sqrt{(\dot{\boldsymbol{\gamma}} : \dot{\boldsymbol{\gamma}})/2} = \left|\frac{\partial v_x}{\partial y}\right| = \frac{\partial v_x}{\partial y} \qquad \left(\because \frac{\partial v_x}{\partial y} > 0\right) \qquad \cdots\cdots (7)$$

이를 식 (4)에 대입하고, 또 점도에 멱수법칙 $\eta = m\dot{\gamma}^{n-1} = m\left(\dfrac{\partial v_x}{\partial y}\right)^{n-1}$ 을 대입하는데 두 (섞이지 않는) 유체층을 나타내는 첨자 $i(=1,2)$를 붙이면 아래가 된다(왜냐하면 두 유체의 멱수법칙 지수가 다르므로).

$$\boldsymbol{\tau} = \eta(\dot{\gamma})\dot{\boldsymbol{\gamma}} = \begin{pmatrix} 0 & m_i\left(\dfrac{\partial v_x}{\partial y}\right)^{n_i} & 0 \\ m_i\left(\dfrac{\partial v_x}{\partial y}\right)^{n_i} & 0 & 0 \\ 0 & 0 & 0 \end{pmatrix}_{123} \qquad \cdots\cdots (8)$$

여기서 $\boldsymbol{\tau}$는 대칭이며, $0 = \tau_{xx} = \tau_{xz} = \tau_{zx} = \cdots$

이 결과를 운동방정식 (3)의 $\nabla \cdot \boldsymbol{\tau}$의 3 Cartesian 성분(표 4.4B 참조)에 대입하고, 0이 안 되는 성분만 나타내면 아래가 된다.

$$\nabla \cdot \boldsymbol{\tau} = \begin{pmatrix} \dfrac{\partial \tau_{yx}}{\partial y} \\ \dfrac{\partial \tau_{xy}}{\partial x} \\ 0 \end{pmatrix} = \begin{pmatrix} \dfrac{\partial \tau_{yx}}{\partial y} \\ 0 \\ 0 \end{pmatrix}_{123} \quad (\because \ \tau_{xy} = m\left(\frac{\partial v_x}{\partial y}\right)^n \text{은 } y\text{만의 함수}) \qquad \cdots\cdots (9)$$

이를 운동방정식(EOM)에 대입하고, $\frac{\partial p}{\partial x} = 0$(∵ 압력 야기흐름이 아닌 견인(drag) 야기흐름이므로)을 이용하여 각 성분에 대해 아래가 성립된다.

$$\text{EOM의 } y\text{성분} : \ \frac{\partial p}{\partial y} = 0 \qquad \cdots\cdots (10)$$

$$\text{EOM의 } z\text{성분} : \ \frac{\partial p}{\partial z} = 0 \qquad \cdots\cdots (11)$$

$$\text{EOM의 } x\text{성분} : \ 0 = \frac{\partial \tau_{yx}}{\partial y} \qquad \cdots\cdots (12)$$

식 (12)에 부정적분을 행하고, 멱수법칙의 지수를 달리하는 두 유체 (i=1, 2)에 대한 전단응력 식 $\tau_{yx} = m_i\left(\frac{\partial v_x}{\partial y}\right)^{n_i}$(식 (8)참조)를 이용하면 아래가 성립된다.

$$\tau_{yx} = c_{1,i}\,(\text{적분상수}) = m_i\left(\frac{\partial v_x}{\partial y}\right)^{n_i} (i = 1, 2) \qquad \cdots\cdots (13)$$

혹은

$$\left(\frac{\partial v_x}{\partial y}\right) = \left(c_{1,i}/m_i\right)^{1/n_i} \qquad \cdots\cdots (14)$$

이에 다시 한번 더 부정적분을 행하면 아래를 얻는다.

$$v_{x,i} = \left(c_{1,x}/m_i\right)^{1/n_i} y + c_{2,i} \qquad \cdots\cdots (15)$$

여기서 4개의 적분상수 $c_{1,1}$, $c_{1,2}$, $c_{2,1}$, $c_{2,2}$가 존재하는데, 경계조건 또한 아래의 4개가 존재한다.

$$\begin{cases} i=1 \text{ 유체 } : y=0 \text{ 때 } \quad v_x=0 \\ i=2 \text{ 유체 } : y=H\text{때} \quad v_x=V \\ \text{속도 연속성} : v_x(\kappa H)|_{\text{유체1}} = v_x(\kappa H)|_{\text{유체2}} \\ \text{전단응력연속성} : \tau_{yx}(\kappa H)|_{\text{유체1}} = \tau_{yx}(\kappa H)|_{\text{유체2}} \end{cases} \qquad \cdots\cdots (16)$$

식 (15)와 (16)에서 아래가 성립된다.

$y=0$ 일 때 $v_{x,1}=0 \Rightarrow c_{2,1}=0$

따라서

$$v_{x,1}=\left(\frac{c_{1,1}}{m_1}\right)^{1/n} \qquad \cdots\cdots (17)$$

그리고 $y=H$ 일 때 $v_{x,2}=V \Rightarrow V=\left(\frac{c_{1,2}}{m_2}\right)^{1/n_2} H+c_{2,2}$

따라서

$$v_{x,2}=(c_{1,2}/m_2)^{1/n_2}y+c_{2,2}=\left(\frac{c_{1,2}}{m_2}\right)^{1/n_2}(y-H)+V \qquad \cdots\cdots (18)$$

다음에는 두 유체의 경계면에서의 전단응력 τ_{yx}의 연속성으로부터 아래가 성립된다(단 식 (13)이용)

$$\tau_{yx}(\kappa H)|_{\text{유체1}}=c_{1,1}=\tau_{yx}(\kappa H)|_{\text{유체2}}=c_{1,2} \ \Rightarrow \ c_{1,1}=c_{1,2}\equiv c_1 \qquad \cdots\cdots (19)$$

위 식의 상수 C_1은 $y=\kappa H$에서 두 유체의 속도 v_x 연속성에서 계산된다.

즉 식 (15)에서 아래가 성립된다[단 $c_{1,1}=c_{1,2}=c_1$ 두고, $c_{2,1}=0$ 및 $c_{2,2}=V-\left(\frac{c_1}{m_2}\right)^{1/m_2}H$ 이용].

$$v_{x,1}=\left(\frac{c_1}{m_1}\right)^{1/n_1}\kappa H=v_{x,2}=\left(\frac{c_1}{m_2}\right)^{1/n_2}\kappa H+V-\left(\frac{c_1}{m_2}\right)^{1/n_2}H \qquad \cdots\cdots (20)$$

혹은 양변을 κH로 나누면 아래가 성립된다.

$$\left(\frac{c_1}{m_1}\right)^{1/n_1}-\left(\frac{c_1}{m_2}\right)^{1/n_2}\left(\frac{\kappa-1}{\kappa}\right)=\frac{V}{\kappa H} \qquad \cdots\cdots (21)$$

여기서 상수 c_1은 식 (21)로부터 컴퓨터에 의한 수치해서(비선형 회귀분석)으로 구해져야 한다. 끝으로 식 (20)에서 상수 c_1은 $y=\kappa H$에서 두 유체의 속도 v_x의 연속성으로부터 계산되므로 식 중의 κH를 y, 혹은 κ를 y/H로 치환하면 아래의 식을 얻을 수 있다.

$$v_{x,1} = \left(\frac{c_1}{m_1}\right)^{1/n_1} y \qquad \cdots\cdots \text{(22)}$$

$$v_{x,2} = \left(\frac{c_1}{m_2}\right)^{1/n_2} H\left(\frac{y}{H} - 1\right) + V \qquad \cdots\cdots \text{(23)}$$

제 6 장

선형 점탄성과 구성방정식

이 장에서는 고분자 물질 등이 나타내는 응력완화(stress relaxation)나 크리프 지연(creep retardation) 현상과 같은 선형 점탄성 거동을 먼저 시간 일과성(time-transient) 및 동적 측정과 이에 대한 Boltzmann 중첩원리(superposition principle)의 적용과 같은 현상론적 측면에서 다루고, 다음에는 Maxwell이나 Voigt 모델과 같은 스프링-대쉬폿(spring-dashpot) 기계적 모델에 의한 이론적(수학적) 예측에 대해 논한다. 나아가 4장 및 5장에서 다룬 신후크(neo-Hooke) 법칙과 같은 일반 탄성고체 모델이나 멱수법칙 GNF(power-law generalized Newton fluid) 모델과 같은 일반 점성유체 모델 등이 해결하지 못환 비뉴톤성 유체가 나타내는 탄성(혹은 기억) 효과를 설명하기 위하여 여기서 제안된 대표적인 몇 가지 일반 선형 점탄성(general linear viscoelastic, GLVE) 유체모델을 정상 혹은 비정상 상태의 단순전단(SSF) 및 신장(SEF) 흐름과 같은 표준 흐름에 적용하여 타당성을 조사해보기로 한다.

■ 6. 1 선형 점탄성 이론의 현상론

6. 1. 1 점탄성의 기원

만약 어떤 물질이 완전 Hooke형 가역적인 고체탄성(식 (3.1))과 완전 Newton형 비가역적인 액체점성(식 (3.2))의 사이에 있는 '점탄성(viscoelasticity)'을 나타낸다면, 이는 인장(E) 혹은 전단 탄성률(G)이 시간 또는 온도 의존성을 갖기 때문이다.

그림 6.1에서는 완전히 비정고분자의 역학적 거동을 탄성계수에 대응하는 '강성도(stiffness)'와 온도의 플롯으로서 나타내었다. 저온 영역으로부터 유리상의 깨지기 쉬운(brittle) 가역적인 탄성(elastic) 지역, 같은 유리상의 비탄성(anelastic) 즉 점탄성(viscoelastic) 지역, 다음에는 유리-고무 전이지역(transition zone) 그리고 분자간에 물리적 가교(entanglement)로 인한 고무탄성의 플래토

우(plateau) 지역, 마지막으로 고온에서는 비가역적인 점성흐름(viscous flow) 지역으로 나누었다. 이때의 전단 변형률 $\gamma(=\Delta L/L_0$, 여기서 L_0는 초기 길이, ΔL은 전단된 길이임)는 1% 이내의 작은 변형으로하여 탄성계수(혹은 강성도)가 변형에 무관한 선형(linear) 탄성이 되도록 하였다.

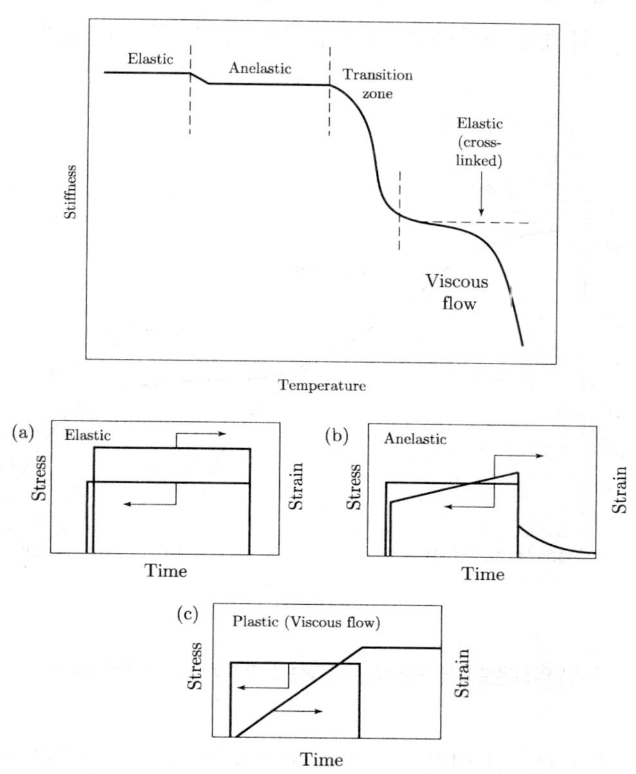

그림 6.1 비결정 고분자의 역학적 거동에 대한 도식적 표현.

그림 6.1 아래에 있는 작은 3 그림은 일정하중(loading) 혹은 응력을 가하고, 제거했을 때에 일어나는 변형에 대한 '크리프(creep)'를 나타내는 것으로서, (a)그림은 저온영역의 완전(가역) 탄성에 관한 크리프이고, 반대로 (c)그림은 고온영역의 완전(비가역) 점성흐름에 관한 것이고, 마지막으로 (b)그림은 저온과 고온사이의 점탄성(anelastic)영역에 대응하는 크리프 그림으로서, 완전 탄성과 완전 점성의 가운데 성격을 띰을 알 수 있다.

지금부터는 위와는 반대로 T_g 이상의 일정온도에서, 비결정성 고분자의 시간(time, t) 의존적 거동을 살펴보기로 한다. 그림 6.2는 $T > T_g$조건에서 측정된 비결정성 고분자의 전단 탄성률(혹은 계수) $G(t)$를 그림 6.1에서 결정하는 방식과 마찬가지로 응력부가 시간(t)에 따라 나타내었다. 일반적으로 탄성계수가 높은 재료는 그다지 크지 않은 변형을 일으키는 데도 높은 힘이나 응력이 필요하다. 여기서 특기할 사항은 응력을 매우 빠르게 적용하면 T_g 이상에 있는 비결정성 고분자의 탄성계수는 매우 높아 유리상 거동을 나타낸다는 것이다. 응력부가 시간(t)을 증가시킴에 따라 탄성계수는 감소하여 마침내 일정한 영역에 이르게 된다. 이러한 일정한 탄성계수 구간은 응력부가 시간이 네 구간(10,000배)정도 지속되고 고무상 거동을 보인다. 그리고 마침내 특정 응력부가 시간 이상에서는 탄성계수가 급격히 하락하고 더 이상 응력을 지탱할 수 없게 되는 거시적인 흐름이 시작된다.

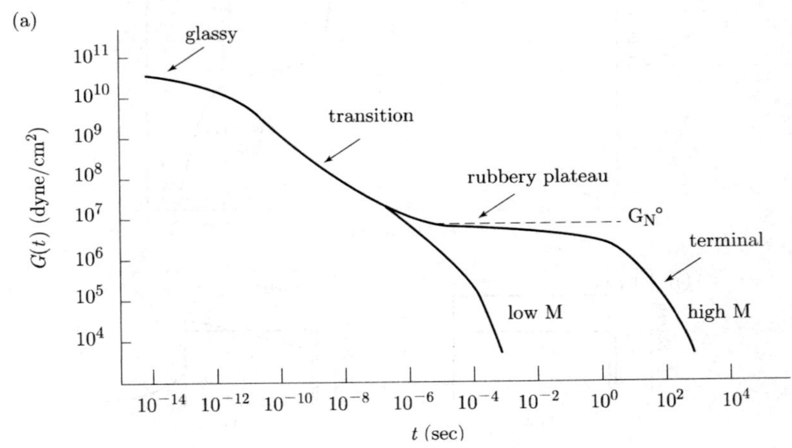

그림 6.2 $T > T_g$의 일정온도에서 전형적인 비결정성 고분자의 전단 탄성계수 $G(t)$ 대 시간(t) 플롯.

유리전이온도 이상에서 관찰된 비결정성 벌크 고분자 시료의 시간(혹은 진동수) 의존성이 내포하는 의미를 살펴보자. 만일 힘이나 응력을 충분히 오랜 시간동안 고분자 시편에 가하면, 즉 부가된 힘이나 응력에 대한 반응시간이 충분하다면 시편은 거시적인 흐름거동을 보일 것이 분명하다. 그림 6.2에서 볼 수 있는 바와 같이 흐름을 유발하는 데 필요한 시간은 기껏해야 수초에서 수분 정도이다. 각 코일의 무게중심의 이동이 가능하여 결국 거시적인 흐름을 유도하는 비결정성 벌크 시료 내 꼬임구조의 고분자 코일을 푸는 데 필요한 시간은 상당히 길다고 볼 수 있다. 결국, 응력부가 시간이 짧은 경우 흐름이 불가능할 것이고, 대신 탄성적인 거동을 보일 것이다. 중간 정도의 응력부가 시간에서는 고무상 재료거동을 보이고, 매우 짧은 응력부가 시간에서는 유리상 거동을 나타낼 것이다. 고무상 평탄영역에서는 고분자 사슬들의 형태변화를 일으키는 데는 충분한 조건이지만, 꼬임사슬을 푸는 데는 충분하지 않아서 결국 사슬의 얽힘 점이 가교구조 역할을 함으로써 망상구조를 형성하기 때문에 가역적인 변형은 가능하지만 비가역적인 흐름은 불가능하다. 그림 6.2의 점선은 저분자량의 비결정성 벌크시료의 거동인데 고무상 평탄영역이 없다. 이러한 거동은 고분자 코일의 얽힘 구조(entanglement)가 나타나는 분자량(M_e)보다 낮은 분자량일 때 나타나고, 이러한 설명은 M_e와는 정확히 동일한 개념은 아니지만, 고분자의 용융점도의 분자량 의존성이 1승과 3.4승으로 변경되는 임계 얽힘 분자량인 M_c(통상 $M_c \simeq 2M_e$)에도 적용될 수 있다. 응력부가 시간이 너무 짧을 경우는 각 고분자 사슬의 형태변경조차도 허용되지 않기 때문에 취성(brittleness)을 가진 유리상 거동을 보인다.

한편 그림 6.2에 나타낸 바와 같이 일정온도($T > T_g$)에서 비정고분자가 응력부가 시간이 길어짐에 따라 (완전)가역적인 탄성에서 점탄성을 거쳐 (완전)비가역적인 점성흐름으로 바뀌어가는 현상은 식 (4.183)에서 정의된 무차원의 데보라 수(Deborah number, De)로 설명할 수 있다.

즉, 실험시간이 매우 짧아 $D_e \gg 1$인 경우에는 물질은 가역적인 탄성거동이 주효하고, 반대로 시간이 매우 길어 $D_e \ll 1$인 경우에는 비가역적인 점성거동이 주효하게 된다. 대개의 실험시간 경우 이 양 극한사이에 있는 점탄성 거동을 나타낸다.

6. 1. 2 선형 점탄성의 실험

6. 1. 2. 1 시간 일과성(time transient) 실험

그림 6.2에 나타낸 바와 같은 비정 고분자에 있어서 (응력)완화(relaxation) 현상의 시간의존성은 매우 복잡하다. 측정된 탄성계수나 그의 역에 해당하는 (크리프)컴플라이언스(compliance) 실험이 수행된 방법에 크게 의존한다.

예를 들면, 다음의 두 실험을 비교해 보자. 먼저, 한 고분자를 1시간동안 일정한 일축신장응력 $\sigma_1 = \sigma_0$을 받게 하면, 고분자는 임의의 시간(가령 1 hr)에서 측정 가능한 인장 변형률 ε를 나타낼 것이다. 두 번째 실험에서는, 동일한 시료에 대해 응력을 적용하자 말자 앞과 동일한 변형률 $\varepsilon(t = 1\,\text{hr})$을 갖도록 충분한 응력을 갖게 한다. 그런 후 $\varepsilon(t = 1\,\text{hr})$이 일정하게 유지되도록 응력을 감소시킨다. 이때 두 번째 실험에서 1시간 후의 응력을 σ_2라 하면, 일반적으로 $\sigma_1 (= \sigma_0) \neq \sigma_2(t = 1\,\text{hr})$일 것이고, 아마도 일정변형 $\varepsilon(t = 1\,\text{hr})$을 유지하는데 관련된 σ_2값이 더 낮을 것이다. 그러나 두 실험 모두 변형률 $\varepsilon(t = 1\,\text{hr})$는 같으므로 아래 식에서 계산된 응력완화 (Young)탄성계수 E값은 달라질 것이므로 측정방법을 미리 명확하게 기술해야 할 것이다.

$$E = \frac{\sigma_E}{\varepsilon} = \frac{1}{D} \tag{6. 1}$$

단 여기서 σ_E는 인장응력이고, 탄성계수 E나 인장 크리프 컴플라이언스 D의 시간의존성은 무시(이 경우 $E = 1/D$ 성립)하였다.

참고로 식 (6.1)과 대응하여 (시간무관)전단 탄성계수 G 및 전단 크리프 컴플라이언스 J는 아래와 같이 정의된다.

$$G = \frac{\tau}{\gamma} = \frac{1}{J} \tag{6. 2}$$

여기서 τ는 전단응력을 나타낸다. 그러나 실제의 (선형)점탄성 고분자에 있어서, 그림 6.2에서처럼 탄성계수나 컴플라이언스가 시간의존성을 가지므로 서로 역은 아니다(나중 참조).

한편 위에서 언급한 두 실험방법은 각각 인장(tensile) 크리프 지연(creep retardation) 실험과 (인장)응력완화(stress relaxation) 실험이다. 먼저 완화현상의 시간의존성을 갖는 점탄성 고분자에 있어서, '(인장)크리프 지연' 실험에 대한 인장 크리프 컴플라이언스 $D(t)$는 식 (6.1)과 달리 아래와 같이 표현된다.

$$D(t) = \frac{\varepsilon(t)}{\sigma_{E,0}} \neq \frac{1}{E(t)} \tag{6.3}$$

여기서 $\sigma_{E,0}$는 시료에 가해진 일정 인장응력이고, $\varepsilon(t)$는 그때 관측된 시간 t에서의 인장 변형률이다. 앞에서 언급한 바와 같이 시간의존성의 경우 탄성계수 E와 컴플라이언스는 서로 역이 아니다.

한편 식 (6.3)에 대응하는 전단 크리프 컴플라이언스 $J(t)$는 역시 식 (6.2)와 달리 아래와 같이 표현된다.

$$J(t) = \frac{\gamma(t)}{\tau_0} \neq \frac{1}{G(t)} \tag{6. 4}$$

여기서 τ_0는 시료에 가해진 일정 전단응력이고, $\gamma(t)$는 그때 발생한 시간 t에서의 전단 변형률이다. 인장 크리프 실험과 마찬가지로 $G(t)$와 $J(t)$는 서로 역이 아님에 주의해야한다.

선형 점탄성실험에 있어서 위의 크리프 실험과 쌍벽을 이루는 또 따른 시간의존성 일과성(transient) 실험은 위 예의 두 번째 실험에 해당하는 '응력완화' 실험이다. 이 실험에서는 변형률 $\varepsilon = \varepsilon_0$이 일정하게 유지되고, 그에 응답(response)하는 시료의 응력이 시간에 따라 완화(감소)되어 가는 과정을 시간의 함수로 측정하는 것이다. 먼저 인장 실험의 경우는 인장 완화 탄성계수 $E(t)$가 아래 식으로 나타내진다.

$$E(t) \equiv \frac{\sigma_E(t)}{\varepsilon_0} \tag{6. 5}$$

여기서 ε_0는 시료에 가해지는 일정 인장 변형률이고, $\sigma_E(t)$는 그때 시료에 생긴 시간 t에서의 인장(완화)응력이다.

또 이에 대응하여 전단 실험의 경우에는 전단 완화 탄성계수 $G(t)$는 아래 식으로 나타내진다.

$$G(t) \equiv \frac{\tau_{21}(t)}{\gamma_0} \tag{6.6}$$

여기서 γ_0는 시료에 가해진 일정 전단변형률이고, $\tau_{21}(t)$는 그때 시료에 생긴 시간 t에서의 전단(완화)응력이다.

다시 한 번 강조하지만, 시간의존성을 갖는 (선형)점탄성 물질에 있어서, 두 다른 시간 일과성 실험에 대한 응력완화 탄성계수와 크리프 컴플라이언스 지연계수는 아래 식으로 나타내는 바와 같이 인장 및 전단실험 모두 서로 역이 아님에 주의해야한다.

$$E(t) = \frac{\sigma_E(t)}{\varepsilon_0} \neq \frac{\sigma_{E,0}}{\varepsilon(t)} = \frac{1}{D(t)} \tag{6.7 a}$$

$$G(t) = \frac{\tau_{21}(t)}{\gamma_0} \neq \frac{\tau_0}{\gamma(t)} = \frac{1}{J(t)} \tag{6.7 b}$$

예제 6.1

폴리프로필렌(PP) 시료의 크리프 실험데이터에 의하면 일정영역 $\sigma = 3$ MN/m^{2}하에서 온도 20 ℃와 60 ℃에 대하여 시간 $t = 1.2$ Ms (2주)일 때의 일축신장 변형률 $\varepsilon = 0.6$ %와 $\varepsilon = 1.25$ %이었다. (a)이 때 각 온도에서의 인장탄성계수 E_{20}' 및 E_{60}'값을 계산하여라. 또 (b)위의 PP시료의 동일한 일정 응력하에 측정시간이 $t = 100$ s로 바뀌어졌을 때 온도 20 ℃, 50 ℃ 및 60 ℃에서의 인장 탄성계수 값이 각각 $E_{20} = 1.34$, $E_{50} = 0.82$, $E_{60} = 0.7$ (GN/m^2)임이 밝혀졌다. 이때 $t = 100$ s에서의 인장탄성계수 E의 직선 온도의존성($y = ax + b$형)의 비례계수 k값이 $t = 1.2$ Ms(2주)경우에도 그대로 적용된다면 이로부터 일정응력 $\sigma = 3$ MN/m^{2}하의 온도 50 ℃ 시료의 시간 $t = 1.2$ Ms에 해당하는 탄성계수 E_{50}'의 값을 구하라.

풀이

(a) 크리프 실험에서 일정응력 σ하에서 임의의 시간 t일 때의 크리프 변형률 ε값을 알면, (인장)탄성계수 $E = \sigma/\varepsilon$에서 구해진다. 따라서 $t = 1.2$ Ms일 때의 온도 20 ℃ 및 60 ℃에서의 각각의 탄성계수 E_{20}' 및 E_{60}'값은 아래와 같다.

$$E_{20}' = 3\ (\mathrm{MN/m^2})/0.6 \times 10^{-2} = 0.5\ \mathrm{GN/m^2},\ \ E_{60}' = 3/1.25 \times 10^{-2} = 0.24\ \mathrm{GN/m^2}$$

(b) $t = 100\,\mathrm{s}$일 때의 온도 20 ℃, 50 ℃, 60 ℃에서의 인장 탄성계수 E 값의 온도 의존성은 아래의 직선 관계가 성립된다고 가정한다.

$$E_{50} = E_{20} - \left(\frac{E_{20} - E_{50}}{E_{20} - E_{60}}\right)(E_{20} - E_{60}) = E_{20} - k(E_{20} - E_{60})$$

그런데 문제 (b)에 주어진 각각의 값을 대입하면 비례계수 $k = 0.8125$가 된다. 이 관계가 $t = 1.2\,\mathrm{Ms}$ (2주)경우에는 적용된다고 가정하면 아래 식이 성립된다.

$$E_{50}' = E_{20}' - 0.8125(E_{20}' - E_{60}')$$

여기서 문제 a)에서 얻어진 $E_{20}' = 0.5\,\mathrm{GN/m^2}$ 및 $E_{60}' = 0.24\,\mathrm{GN/m^2}$값을 대입하면 $E_{50}' = 0.29\,\mathrm{GN/m^2}$를 얻는다.

6. 1. 2. 2 동적 점탄성 실험

앞 절에서 언급한 응력완화나 크리프실험에서와 같은 시간의존성의 단계적(step)함수형태로 주어지는 시간일과성실험에 덧붙여 벌크상 고분자의 선형점탄성 거동을 조사하는 또 하나의 중요한 실험기법으로서 시간대신 일정한(steady) 각 진동수(angular frequency) $\omega(=2\pi\nu$, 여기서 ν는 진동수)를 변수로 하는 '동적 기계적 분석(dynamic mechanical analysis, DMA)' 시험이 있다. 여기서는 보통 사인(sine)형태의 변형이나 응력의 적용과 같은 주기적인(periodic) 동요(perturbation)에 대한 고분자의 시간의존성 응답을 동적 탄성계수의 형태로 기록한다. 일반적으로 변형(또는 응력)의 진폭이 별로 크지 않은 선형 점탄성 범위 내에서 이루어지는 동적 실험기구는 여러 변형 방식(가령 인장, 비틀림, 압축, 휨 및 전단변형)의 작용과 다양한 진동수 영역(일반적으로 0.1~100 Hz, 또는 0.628~691 rad s-1)까지 포함할 수 있다. DMA에 의한 동적 응력완화나 크리프 실험에서의 (선형 점탄성 범위 내의) 응답 거동은 5.4.2.3절 (e)(SAOS)에서 자세하게 설명하였으므로 여기에서는 생략한다.

6. 1. 3 볼츠만 중첩원리(Boltzmann Superposition Principle)

그림 6.1에 비결정성 고분자의 주어진 온도(또는 시간) 범위 내에서 가지는 (선형)점탄성이 완전 탄성 또는 완전 점성에 대비하여 차이점을 시간에 일정한 스텝(step) 응력을 가했을 때 일어나는 크리프 변형률에 대한 도식적 표현으로 설명하였다. 한편 아래 그림 6.3에서는 (a)스텝 (전단)변형을 가했을 때 일어나는 응력 응답(완화현상)에 있어서 3 물질 즉 (b)완전 점성체, (c)점탄성 물체, 그리고 (d)완전 탄성체 사이의 역학적 거동의 차이점을 도식적으로 표현하였다.

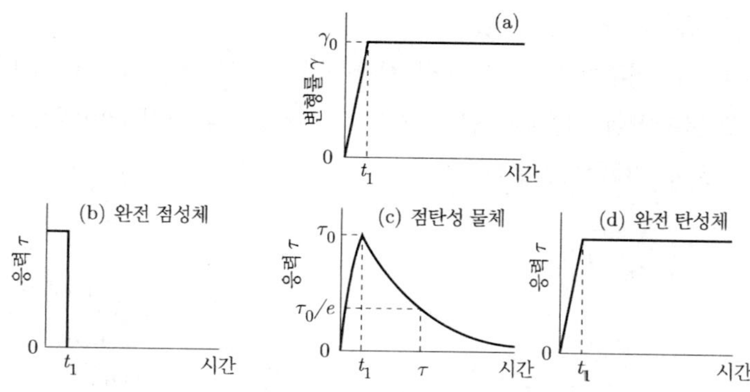

그림 6.3 단계적 변형에 대한 응력 응답.

지금 그림 6.4에 $t > 0$ 이후 단계적 (일정)전단변형률 γ를 가하고 있을 때 (점탄성, 액체 및 고체)물체에 일어나는 응력완화 현상을 응력 완화 전단 탄성계수 $G(t)(=\tau(t)/\gamma)$항으로 좀 더 구체적으로 나타내었다.

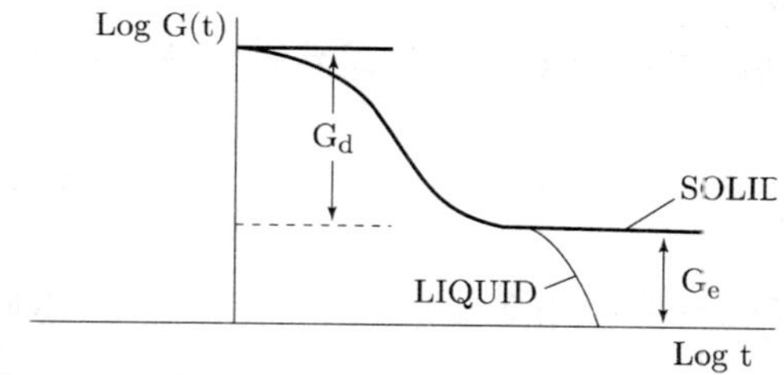

그림 6.4 시간 영역에서 응력완화 전단 탄성계수 $G(t)$에 대한 log-log 플롯.

위 그림에서의 파라미터 G_d, G_e의 의미에 대해서는, 전형적인 점탄성 물체에 있어서 일정 (전단)변형률하에 일어나는 응력완화 전단 탄성계수($G(t)$)의 시간 의존성은 아래와 같이 나타내진다.

$$G(t) = G_e + G_d \Phi(t) \tag{6. 8}$$

위식에서 G_e는 $t \to \infty$일 때 완전 완화(relaxed)된 경우의 평형상태의 탄성계수 값 즉 $G_e = \sigma_\infty/\gamma$으로서 완화시간이 짧은 액체의 경우 $G_e = 0$이 된다. 그리고 G_d는 실제 응력완화(감소)가 일어난 양으로서 엔트로피 탄성의 최대공헌에 해당된다. 또한 시간에 따라 단조 감소하는 정규화된 완화함수인 $\Phi(t)$는 $t = 0$일 때 1, $t = \infty$일 때 0값을 가지고 물체의 점탄성 특성을 좌우하는 엔트로피 탄성기구에 기인하는 양으로서 응력완화의 '기억(memory) 효과'에 관련되어 있다. 한편 그림 6.4에서 볼 수 있듯이 $t = 0$일 때(즉 미완화)는 $G(t=0) = G_d + G_e \equiv G_g$(여기서 G_g

는 유리의 전단 탄성계수) 관계에 있다.

한편 그림 6.5에 $t > 0$ 이후에 (일정)단계적 전단응력 τ를 가하고 있을 때 점탄성 물체에 일어나는 전형적인 크리프 전단변형 컴플라이언스 $J(t)(=\gamma(t)/\tau)$의 시간 의존성(log-log 플롯)을 나타내었다(그림 6.1 및 5.4.2.3(c)절 참조).

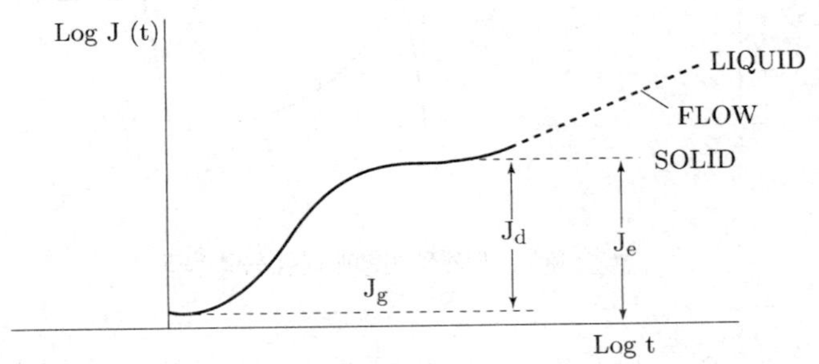

그림 6.5 시간 영역에서 전단 크리프 컴플라이언스 $J(t)$에 대한 log-log 플롯.

위 그림 중의 파라미터의 의미에 대해서는, 전형적인 점탄성 물체에 있어서 일정(전단) 응력 하에 일어나고 크리프 전단 탄성계수 $J(t)$의 시간의존성은 아래 식으로 나타내진다.

$$J(t)= J_g + J_d\psi(t)+ \frac{t}{\eta} \tag{6. 9}$$

위 식에서 $J_g(=1/G_g)$는 $t=0$인 경우에 먼저 완전탄성체에 의해 순간적으로 생기는 크리프 전단변형률 혹은 컴플라이언스에 해당되고, J_d는 그 이후 크리프 (지연)함수 $\psi(t)$에 의해 곡선적으로 서서히 증가하여 이루어진 $J(t)$에 대한 물체의 '점탄성(anelastic) 공헌'을 나타낸다. 여기서 $t=0$과 $t=\infty$ 사이에서 단조적으로 증가하는 정규화된 크리프 함수 $\psi(t)$는 $t=0$에서 0, $t=\infty$에서 1을 가지며, 응력완화함수 $\phi(t)$의 경우와 마찬가지로 크리프에 있어서 기억효과를 나타낸다. 그리고 그림에서 보듯이 $\psi(t)\to 1$이 되도록 시간이 충분히 경과한 후에 아래 관계가 성립된다.

$$J_e = J_g + J_d \tag{6. 10}$$

[비고 : 위 식의 J_e는 5.4.2.3(c)절의 용어 $J_s(\tau_0)=R_\infty(\tau_0)$(궁극 리코일 함수)와 같다.]

여기서 J_e는 (크리프)변형된 물체가 저장할 수 있는 최대 (엔트로피)탄성의 척도로서 '평형(equilibrium) 컴플라이언스'로 불리워지며, 특히 액체의 경우에는 '정상상태(steady-state) 컴플라이언스'로 J_e° (여기서 첨자 ∘ 은 극한 전단속도 $\dot{\gamma}=0$을 의미함)로 표기하는 경우가 많다. 그리고 식 (6.9) 중의 비가역성을 나타내는 점도 η는 전단변형(유동) 중 고분자가 산일(dissipation)하는 최대 에너지와 관계되어 있으며(식 (5.250) 참조), 특히 고체의 경우에는 $\eta\to\infty$로 간주하여 $J(t)$에 공헌항이 없어지게 된다.

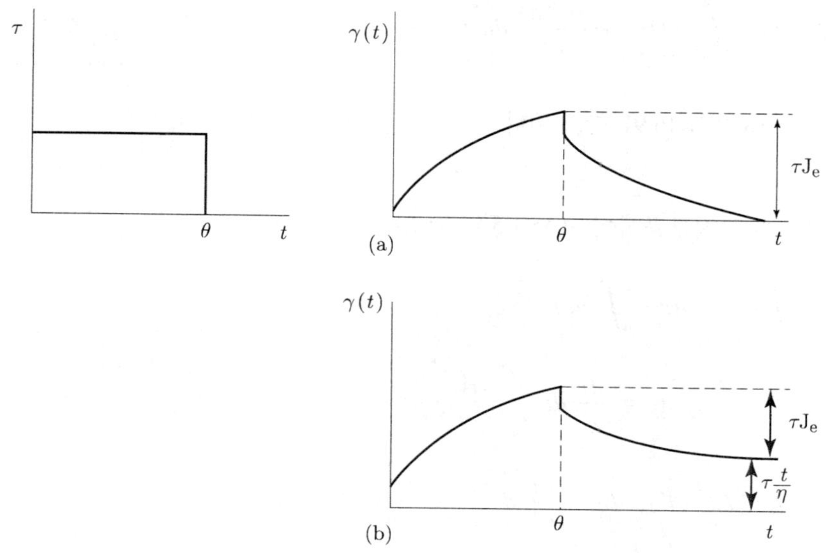

그림 6.6 일정 단계적 전단응력 τ의 부하 및 제거에 따라
(a)점탄성 고체 및 (b)점탄성 액체에 야기되는 크리프 현상어 대한 모식도.

한편 그림 6.6에 $t>0$ 이후 일정(단계적) 전단응력 τ를 물체에 가하다가 $t=\theta$ 이후에 제거했을 때 $t=t$까지의 물체에 야기되는 크리프 전단변형률 $\gamma(t)$를 크리프 발생 및 회복의 전 시간에 걸쳐 (a)점탄성 고체(이 경우 점도 $\eta=0$이 됨)와 (b)점탄성 액체($\eta \neq 0$)에 대하여 식 (6.9)를 토대로 도식적으로 나타내었다(5.4.2.3(c)절의 그림 5.16과 비교 요).

위에 언급된 점탄성 물체에 대하여 관측되는 응력완화와 크리프 지연 현상을 현상학적으로 설명하기 위하여 응답시간의 경과에 따라 (주기적으로)응력 또는 변형을 계속 첨가(superimposed)하는 '볼츠만 중첩원리(Boltzmann superposition principle)'를 이하에서 (a)이산형(discrete)과 (b)적분(연속)을 중심으로 설명하겠다.

먼저 전단응력 $\tau(t)$의 부가에 따라 발생하는 전단 크리프(shear creep) 변형률 $\gamma(t)$를 아래와 같이 볼츠만(Boltzmann) 중첩적분으로 나타낼 수 있다.

$$\gamma(t)=\int_{-\infty}^{t}\frac{\partial\tau(t')}{\partial t'}J(t-t')\,dt' \tag{6. 11}$$

여기서 현재의 측정시간으로서, 적분 'dummy' 변수로 나타낸 과거의 측정시간 t'를 통하여 적분구간 $t'=-\infty$부터 $t'=t$까지의 '응력이력(stress history)'의 변형률 $\gamma(t)$에 대한 영향을 나타낸다.[비고 : 위 식의 우편은 J와 $\dot{\tau}$의 중첩적분 $J*\dot{\tau}(t)$ (표 A6.1 참조)와 같음에 유의하라.] 이때 위 식을 적분의 '부분적분' 공식을 이용하여 아래와 같이 보다 유용한 적분 형태로 나타낸다.

$$\gamma(t)= J_g \tau(t) + \int_0^\infty \tau(t-a)\frac{\partial J(a)}{\partial a}da \tag{6. 12}$$

여기서 $J_g = J(0)$(식 (6.9) 참조)이다.

(증명) 아래의 부분적분공식에서(A6.1.5절 참조)

$$\int udv = uv - \int vdu \tag{8. 144}$$

$$v = \tau(t'),\ dv = \frac{dv}{dt'}dt' = \frac{\partial \tau(t')}{\partial t'}dt'$$

$$u = J(t-t'),\ du = \frac{du}{dt'}dt' = \frac{\partial J(t-t')}{\partial t'}dt'$$

를 이용하여 식 (6.12)에 대입하면 아래가 된다.

$$\gamma(t)= J(t-t')\tau(t')|_{-\infty}^{t} - \int_{-\infty}^{t}\tau(t')\frac{\partial J(t-t')}{\partial t'}dt' \tag{6. 13}$$

그런데 크리프실험에서 $\tau(-\infty)=0$ 및 $J(0)=J_g$관계를 이용하고, 위 적분에서 $t-t' \equiv a$의 변수치환을 행하면 아래의 원하는 식을 얻는다.

$$\gamma(t)= J_g\tau(t) + \int_0^\infty \tau(t-a)\frac{\partial J(a)}{\partial a}da \qquad \blacksquare$$

한편 전단 응력완화 실험에 대한 볼츠만의 적분형 중첩원리는 아래 식으로 나타내진다.

$$\tau(t)= \int_{-\infty}^{t}\frac{\partial \gamma(t')}{\partial t'}G(t-t')dt' \tag{6. 14}$$

[비고 : 이 식의 우편도 G와 $\dot{\gamma}$의 중첩적분 $G*\dot{\gamma}(t)$로 나타내짐에 유의하라.]

이 식도 식 (6.12)의 경우와 마찬가지로 부분적분 공식을 이용하면 아래와 같이 유용한 적분형태로 바꾸어진다.

$$\tau(t)= G_g\gamma(t) + \int_0^\infty \gamma(t-a)\frac{\partial G(a)}{\partial a}da \tag{6. 15}$$

위 식에서 $G_g = G(0)$(식 (6.8) 참조)이며, 크리프 경우와 마찬가지로 간단히 증명될 수 있다.

예제 6.2

아래 식으로 주어지는 전단 크리프 컴플라이언스 $J(t)$를 가진 점탄성물질을 생각해보자.

$$J(t) = J_r + t/\eta \qquad \text{(a)}$$

여기서 J_r는 탄성부분의 공헌으로서 회복 가능한 변형을 나타내며(그림 6.5에서 J_e에 해당), η는 점도이다. 이때 아래 그림과 같이 선형으로 증가하는 응력함수 $\tau(t)$가 물질에 가해진다면, (i)응력이 부가되는 동안(즉 $0 < t \le t_1$) 물질에 생긴 변형률 $\gamma(t)$ 및 (ii) $t > t_1$ 즉 $\dot{\tau}(t) = 0$이 되는 시간에서의 크리프 변형률 $\gamma(t)$를 식 (6.11) 혹은 (6.12)를 사용하여 구해 보아라.

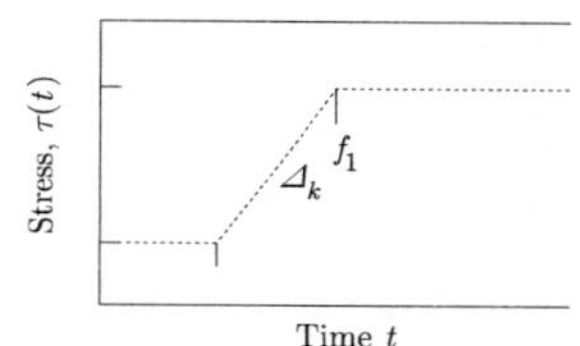

그림 6.7 계산에 사용된 응력 이력.

풀이

(i) 그림에 나타낸 응력이력에서 $0 < t < t_1$ 사이에서는 아래의 관계가 성립된다.

$$-\infty \le t' \le 0 \qquad \tau(t') = 0$$

$$0 \le t' \le t_1 \qquad \tau(t') = kt'$$

여기서 식 (6.11)를 이용하면 아래와 같이 나타낼 수 있다.

$$\gamma(t) = \int_0^t k\left(J_r + \frac{t-t'}{\eta}\right)dt' \qquad \text{(b)}$$

적분을 수행하면 아래가 된다.

$$\gamma(t) = ktJ_r + \frac{kt^2}{2\eta} \qquad \text{(c)}$$

여기서 kt는 시간 $t(>0)$에서의 전체 응력 $\tau(t)$에 해당되므로 (즉 $kt = \tau(t)$, 그림 참조) 최종적으로 위 식은 아래와 같이 나타낼 수 있다.

$$\gamma(t) = \tau(t)\left(J_r + \frac{t}{2\eta}\right) \tag{d}$$

(ii) $t > t_1$ 이후의 응력 증가 속도가 0(즉 $\dot{\tau}(t) = 0$)인 경우의 발생한 전단 크리프 변형률 $\gamma(t)$를 구하기 위하여 그림에서 아래와 같은 응력이력을 적는다.

$$-\infty \le t' \le 0 \qquad \tau(t') = 0$$

$$0 \le t' \le t_1 \qquad \tau(t') = kt'$$

$$t_1 \le t' \le t \qquad \tau(t') = kt_1$$

식 (6.11)의 적분을 위 응력 이력에 따라 3구간으로 나누어 행해야 하는데, 오직 0이 아닌 값을 주는 구간은 $0 < t' < t_1$ 뿐이므로 아래의 적분식을 얻는다.

$$\gamma(t) = \int_0^{t_1} k\left[J_r + \frac{t - t'}{\eta}\right]dt' \tag{e}$$

이의 적분을 행하면 아래 결과를 얻는다.

$$\gamma(t) = \tau(t_1)\left[J_r + \frac{(t - t_1) + t_1/2}{\eta}\right] \tag{f}$$

여기서 $t = t_1$인 경우는 식 (d) 및 (f)가 (당연히)같은 결과를 준다.

한편 이하에서 문제 (ii)를 식 (6.11) 대신 보다 유용한 형태인 식 (6.12)를 사용하여 계산해보기로 한다. 이 경우 응력 이력이 원래의 실험시간인 t' 대신 변환된 시간 $a \equiv t - t'$(이는 현재와 과거사이의 흘러간 시간을 의미)로 바꾸어 적분을 행하면 아래식이 된다.

$$\gamma(t) = J(0)\tau(t) + \int_0^{\infty} \tau(t - a)\frac{\partial J(a)}{\partial a}da \tag{g}$$

이 경우 응력 이력을 변환된 시간 a항으로 아래와 같이 나타낼 수 있다.

$$-\infty \le t' \le 0 \qquad \tau(t') = 0 \qquad \infty \ge a \ge t$$

$$0 \le t' \le t_1 \qquad \tau(t') = kt' \qquad t \ge a \ge t - t_1$$

$$t_1 \le t' \le t \qquad \tau(t') = kt_1 \qquad t - t_1 \ge a \ge 0$$

그리고 식 (a)에서 아래를 얻는다.

$$\frac{\partial J(a)}{\partial a} = \frac{1}{\eta} \tag{h}$$

여기에서 다시 변환시간 a에 대한 적분구간을 $0 \to t - t_1$, $t - t_1 \to t$ 및 $t \to \infty$의 3구간으로 나눈다. 그런데 마지막 구간에서는 응력이 0이므로 0이 된다. 여기서 식 (h)와 위의 응력이력을 식 (g)에 대입하면 아래 적분식을 얻는다.

$$\gamma(t) = J_r \tau(t_1) + \int_0^{t-t_1} \frac{kt_1}{\eta}\, da + \int_{t-t_1}^{t} \frac{k}{\eta}(t-a)\, da \tag{i}$$

이 적분을 행하면 식 (f)와 동일한 결과를 얻는다.

한편 위에서 언급된 응력완화나 크리프에 대한 1차원의 볼츠만 중첩원리가 3차원으로도 확장될 수 있다. 가령 식 (2.327)로 나타낸 3차원 (대칭)전단변형률 텐서 $\gamma_{ij}(=2\varepsilon_{ij})$를 사용하여 3차원 응력완화에 대한 볼츠만 중첩원리는 아래와 같이 나타낼 수 있다.

$$\tau_{ij}(t) = \int_{-\infty}^{t} \frac{\partial \gamma_{ij}(t')}{\partial t'} G(t-t')\, dt' \tag{6. 16}$$

단 위 공식은 어디까지나 변형이 작은 선형 점탄성 영역의 경우에만 유효한 식임을 깨달아야 한다.

6. 1. 4 볼츠만 중첩원리의 응용

6. 1. 4. 1 크리프 및 응력완화 실험에서의 기억효과

먼저 응력완화현상에 대한 기억효과(memory effect)는 중첩원리 식 (6.15)로부터 식 (6.8) 중의 완화함수 $\phi(t)$를 이용하여 아래와 같이 나타내진다.

$$\tau(t) = G_g \gamma(t) + G_d \int_{-\infty}^{t} \gamma(\theta) \frac{d\phi(t-\theta)}{d(t-\theta)}\, d\theta \tag{6. 17}$$

증명 먼저 $G(t)$에 관한 식 (6.8)에서 t를 a로 두고 편미분하면 아래 관계식을 얻는다.

$$\partial G(a)/\partial a = G_d\, \partial\phi(a)/\partial a \tag{6. 18}$$

또한 적분변수를 $t - a = \theta$(즉 $a = t - \theta$)로 치환하면, $\partial\phi(a)/\partial a = \dfrac{d\phi(t-\theta)}{d(t-\theta)}$가 되므로 목적 식을 얻을 수 있다. ■

식 (6.17)를 보면 $\phi(t)$는 $t=0$때 1, $t=\infty$때 0[통상 $\phi(t)=\exp(-t/\lambda)$(여기서 λ는 t에 무관한 완화시간)의 형태를 취함]을 가지는 시간에 따라 단조감수함수이므로 $d\phi(t-\theta)/d(t-\theta)<0$이 되고, 또한 $\theta \to t$일 때 미분(기울기)의 절대값이 급격하게 커지고, θ가 t에서 크게 벗어날수록 값이 작아지는 소위 '쇠퇴성 기억(fading memory)'을 나타낸다.

한편 크리프 지연의 경우에도 마찬가지로 중첩원리 식 (6.12) 및 $J(t)$에 관한 식 (6.9)로부터 아래의 기억효과를 나타내는 식을 얻는다.

$$\gamma(t)=J_g\tau(t)+J_d\int_{-\infty}^{t}\tau(\theta)\frac{d\psi(t-\theta)}{d(t-\theta)}\,d\theta+\frac{1}{\eta}\int_{-\infty}^{t}\tau(\theta)\,d\theta \tag{6.19}$$

증명 $J(t)$에 관한 식 (6.9)에서 t를 a로 두고 편미분하면 아래를 얻는다.

$$\partial J(a)/\partial a=J_d\,\partial\psi(a)/\partial a+1/\eta \tag{6.20}$$

위와 마찬가지로 적분변수를 $t-a=\theta$(즉 $a=t-\theta$)로 치환하면, $\partial\psi(a)/\partial a=\dfrac{d\psi(t-\theta)}{d(t-\theta)}$가 되므로 위 식이 얻어진다. ■

식 (6.19)에서 크리프 완화(지연)함수 $\psi(t)$는 $t=0$에서 0, $t=\infty$일 때 1[통상 $\psi(t)=1-\exp(-t/\lambda)$(여기서 λ는 t 무관상수)의 형태를 취함]이 되는 시간에 따라 단조증가함수이므로 $d\psi(t-\theta)/d(t-\theta)>0$이 되고, 또한 $\theta\to t$일 때 최대 기울기를 갖고 θ가 t에서 벗어날수록 값이 작아지는 역시 쇠퇴성 기억(fading memory)효과를 나타낸다.

6.1.4.2 크리프 컴플라이언스와 응력완화 탄성계수사이의 관계

전단변형률 $\gamma(t)$에 관한 크리프 중첩적분 식 (6.11)은 아래와 같이 J와 $\dot{\tau}$사이의 중첩(convolution)적분($*$)으로 나타내진다(표 A6.1 참조).

$$\gamma(t)=J*\dot{\tau}(t)\,[=\dot{\tau}*J(t)]=\int_{-\infty}^{t}J(t-s)\frac{\partial\tau(s)}{\partial s}\,ds \tag{6.21}$$

여기서 부록 6.3절에 소개된 라플라스(Laplace) 변환에 있어서 미분 및 중첩적분에 관한 변환공식(표 A6.1의 3번 및 7번 항)을 사용하여 위 식의 양변에 대해 라플라스변환을 행하면 아래 식을 얻는다.

$$\bar{\gamma}(s)=\bar{J}(s)\cdot\left(s\bar{\tau}(s)-\tau(0)\right) \tag{6.22}$$

여기서 $\bar{\gamma}(s)$, $\bar{J}(s)$ 및 $\bar{\tau}(s)$는 각각 해당 $\gamma(t)$, $J(t)$ 및 $\tau(t)$의 라플라스 변환한 형태이다 (부록 6. 3절 참조).

한편 (전단)응력완화에 관한 볼츠만 중첩적분공식 (6.14)도 아래와 같이 역시 G와 $\dot{\gamma}$사이의 중첩적분 형태로 나타내진다.

$$\tau(t) = G * \dot{\gamma}(t)\left[= \dot{\gamma} * G(t)\right] = \int_{-\infty}^{t} G(t-t')\frac{\partial\gamma(t')}{\partial t'}dt' \tag{6.23}$$

마찬가지로 부록 6. 3절의 공식을 이용하여 양변을 라플라스 변환을 행하면 아래 식을 얻는다.

$$\bar{\tau}(s) = \bar{G}(s)\cdot\left(s\bar{\gamma}(s) - \gamma(0)\right) \tag{6.24}$$

그런데 식 (6.22)와 (6.24)에서 초기항 $\tau(0)$ 및 $\gamma(0)$을 무시(사실상 상쇄됨)하면, 선형점탄성에 있어서 매우 유용한 아래의 관계식 얻는다.

$$\bar{G}(s)\cdot\bar{J}(s) = 1/s^2 \tag{6.25}$$

[비고: 여기서 $s \to i\omega$ (단 $i = \sqrt{-1}$)일 때 $s\bar{G}(s) = G^*(\omega)$, $s\bar{J}(s) = J^*(\omega)$가 되어 $G^*(\omega)J^*(\omega) = 1$이 성립된다.]

다시 이 식의 양변에 대해 라플라스 역변환을 취하면 아래 식을 얻는다(표 A6.2 이용).

$$G * J(t)\left[= J * G(t)\right] = \int_{0}^{t} G(t-s)J(s)\,ds = \int_{0}^{t} G(s)J(t-s)\,ds = t \tag{6.26}$$

[주의: 여기서 하한 적분구간 $-\infty$ 대신 0을 사용한 것은 실제의 선형 점탄성 거동에 있어서 $s \geq 0$의 경우가 보다 유효하기 때문이다.]

위의 두 식은 선형 점탄성거동에 있어서 변환된 라플라스 식, 즉 역(s) 공간에서의 $\bar{G}(s)$와 $\bar{J}(s)$ 사이의 상관관계뿐만 아니라, 이로부터 변환 전의 실(t) 공간에서의 $G(t)$와 $J(t)$ 사이의 상관관계를 알려주는 응용성 면에서 매우 중요한 관계식이라 할 수 있겠다. 아래의 예제 6.3에서 보듯이 만약 G와 J 중 어느 하나 형태만 알면 위 식을 통하여 나머지 하나의 형태도 알 수 있다.

예제 6.3

많은 응용에 있어서 전단 크리프 컴플라이언스 $J(t)$는 종종 아래의 형태로 나타내진다.

$$J(t')=J(t)x^m \quad [\text{여기서 } t'=xt,\ 0<x<1,\ m\text{은 양의 상수}] \tag{6.27}$$

이 때 이 관계식과 식 (6.26)으로부터 $G(t)$의 형태를 추정하여 보아라.

풀이

편의상 식 (6.26)의 두 번째 항등관계를 아래에 적는다.

$$\int_0^t G(t-s)J(s)\,ds=\int_0^t J(t-s)G(s)\,ds=t \tag{6.28}$$

여기서 먼저 $s=xt$(t는 상수)로 두면 식 (6.27)에서 $J(s)=J(t)x^m$가 된다. 또한 식 (6.27)과 유사하며 $G(t)$는 t의 감소함수이므로 아래의 형태를 가정한다.

$$G(t')=G(t)x^{-n} \quad [\text{여기서 } t'=xt,\ 0<x<1,\ n\text{은 양의 상수}] \tag{6.29}$$

여기서도 $s=xt$로 두면, $G(s)=G(xt)=G(t)x^{-n}$가 되며, $G(t-s)=G[t(1-x)]=G(t)(1-x)^{-n}$가 된다. 따라서 $J(s)$와 $G(t-s)$에 대한 결과를 식 (6.28)에 대입(단 $s=xt$, $ds=tdx$ 이용)하면 아래가 된다.

$$G(t)J(t)\int_0^1 (1-x)^{-n}x^m dx=1 \quad (\because \text{양변을 } t\text{로 나눔}) \tag{6.30 a}$$

한편 A6.15에 소개된 감마(Gamma)함수 $\Gamma(x)$의 정의식 (A6.24)로부터 아래 관계가 성립된다.

$$\int_0^1 x^{M-1}(1-x)^{N-1}dx=\Gamma(M)\Gamma(N)/\Gamma(M+N)\ [\equiv B(M,N)] \tag{6.30 b}$$

(윗 식에서 B는 베타(beta)함수 임.)

이로부터 $M-1\to m$, $N-1\to -n$으로 치환하면 식 (6.30a)는 아래가 된다.

$$G(t)J(t)\frac{\Gamma(1+m)\Gamma(1-n)}{\Gamma(2+m-n)}=1 \tag{6.31}$$

그런데 $G(t)$와 $J(t)$의 시간의존성 식에 있어서 사실상 $m\simeq n$으로 가정할 수 있으므로 위 식은 아래가 된다.

$$G(t)J(t)=\frac{\Gamma(2)}{\Gamma(1+m)\Gamma(1-m)} \tag{6.32}$$

그리고 $\Gamma(2)=1$이고, 또한 감마함수와 삼각함수 사이에는 아래 관계식이 알려져 있다.

$$\Gamma(1+m)\,\Gamma(1-m)=\frac{m\pi}{\sin(m\pi)} \quad (\text{여기서 } m\text{은 양의 실수}) \tag{6.33}$$

따라서 이 관계식과 식 (6.32)에서 $G(t)$에 관한 아래식이 얻어진다.

$$G(t)=\frac{\sin(m\pi)}{m\pi}\cdot\frac{1}{J(t)} \tag{6.34}$$

6. 1. 4. 3 정적(t 함수) 및 동적(ω 함수) 점탄성 성질 사이의 관계

(a)(전단)응력완화

시간 t 의존성 정적(혹은 일과성) 전단(완화) 탄성계수 $G(t)$와 (일정)각 진동수 ω의 함수인 (선형)동적 저장(G') 및 손실(G'') 탄성계수 사이에는 Fourier sin 및 cos 변환법칙(A6.4절 참조)을 이용하여 아래의 관계가 성립된다.

$$G'/\omega\,(=\eta'')=\mathcal{F}_s(G(t))=\int_0^\infty G(s)\sin\omega s\,ds \tag{6.35 a}$$

(여기서 $\mathcal{F}_s$는 Fourier sin 변환을 의미)

혹은

$$G(t)=\mathcal{F}_s^{-1}(G'/\omega)=\frac{2}{\pi}\int_0^\infty (G'(\omega)/\omega)\sin\omega t\,d\omega \tag{6.35 b}$$

(여기서 $\mathcal{F}_s^{-1}$는 역 Fourier sin 변환을 의미)

$$G''/\omega\,(=\eta')=\mathcal{F}_c(G(t))=\int_0^\infty G(s)\cos\omega s\,ds \tag{6.36 a}$$

(여기서 $\mathcal{F}_c$는 Fourier cos 변환을 의미)

혹은

$$G(t)=\mathcal{F}_c^{-1}(G''/\omega)=\frac{2}{\pi}\int_0^\infty (G''(\omega)/\omega)\cos\omega t\,d\omega \tag{6.36 b}$$

(여기서 $\mathcal{F}_c^{-1}$는 역 Fourier cos 변환을 의미)

증명 5.4.2.3(e)절(SAOS)(그림 5.15(f) 참조)에서 설명한 바와 같이, 지금 (선형)점탄성 물질에 가해진 진동성 전단 변형률 $\gamma(t)=\gamma_0 \sin\omega t$(식 5.222b)[혹은 전단변형속도 $\dot{\gamma}(t)=\dot{\gamma}_0(=\gamma_0\omega)\cos\omega t$(식 (5.222a))]에 대한 전단응력 (완화)응답 $\tau(t)(=\tau_{21}(t))$은 위상차 δ만큼 지연된 식 (5.223) 혹은 (5.225)로 나타내진다. 이때 이것과 응력완화에 관한 적분형 볼츠만 중첩원리 식 (6.14)는 동일해야 한다. 즉 아래 관계가 성립된다.

$$\tau(t)=\int_{-\infty}^{t} G(t-t')\frac{\partial\gamma(t')}{\partial t'}dt'=\gamma_0[G'(\omega)\sin\omega t+G''(\omega)\cos\omega t] \tag{6. 37}$$

위 식에서 $\partial\gamma(t')/\partial t'=\dot{\gamma}_0(=\gamma_0\omega)\cos\omega t'$이며, 적분 변수치환 $(t-t')=s$(즉 $t'=t-s$)를 행하면 $\tau(t)$는 아래가 된다.

$$\tau(t)=\dot{\gamma}_0\int_0^{\infty} G(s)\cos\omega(t-s)ds=\dot{\gamma}_0\int_0^{\infty} G(s)[\cos\omega t\cos\omega s+\sin\omega t\sin\omega s]ds$$

$$=\dot{\gamma}_0\left[\int_0^{\infty} G(s)\cos\omega s ds\right]\cos\omega t+\dot{\gamma}_0\left[\int_0^{\infty} G(s)\sin\omega s ds\right]\sin\omega t \tag{6. 38}$$

그런데 이 식과 식 (6.37)이 같아야 하므로, $\dot{\gamma}_0(=\gamma_0\omega)$를 이용하면 식 (6.35a) 및 (6.36a)가 성립됨을 알 수 있다. 혹은 복소점도의 정의식 $\eta^*(=\eta'-i\eta'')$(식 (5.248))과 δ만큼 지연된 응력응답의 'in-phase' 진폭 $\tau_0'(=\gamma_0 G')$ 및 'out-of-phase' 진폭 $\tau_0''(=\gamma_0 G'')$의 정의식 (5.224)를 이용하면 아래 관계가 얻어진다.

$$\eta'\equiv\tau_0''/\dot{\gamma}_0=\gamma_0 G''/\omega\gamma_0=G''/\omega \tag{6. 39 a}$$

$$\eta''\equiv\tau_0'/\dot{\gamma}_0=\gamma_0 G'/\omega\gamma_0=G'/\omega \tag{6. 39 b}$$

이는 식 (5.248)의 결과와 일치한다.

한편 식 (6.35b) 및 (6.36b)는 Fourier sin 및 cos 변환의 정의(A6.4절 참조)에서 쉽게 얻어진다. 그리고 이들 결과들은 $\gamma(t)$에 sin파 입력대신 복소전단변형 $\gamma^*(=\gamma_{21}^*(t))=\gamma_0\exp(i\omega t)$(식 (5.230))을 이용하여도 마찬가지로 얻을 수 있다. ■

(b)전단 크리프

(a)의 경우와 유사하게 시간 t 의존성 정적(혹은 일과성) 전단 크리프 컴플라이언스 $J(t)$와 (일정)각 진동수 ω의 함수인 동적 저장(J') 및 손실(J'') 컴플라이언스 계수 사이에는 역시 A6.4절의 Fourier sin 및 cos 변환관계를 이용하여 아래의 관계가 성립된다.

$$J'/\omega = \mathscr{F}_s(J(t)) = \int_0^{\infty} J(s)\sin\omega s\, ds \tag{6.40 a}$$

혹은

$$J(t) = \mathscr{F}_s^{-1}(J'/\omega) = \frac{2}{\pi}\int_0^{\infty} (J'(\omega)/\omega)\sin\omega t\, d\omega \tag{6.40 b}$$

$$-J''/\omega = \mathscr{F}_c(J(t)) = \int_0^{\infty} J(t)\cos\omega s\, ds \tag{6.41 a}$$

혹은

$$J(t) = \mathscr{F}_c^{-1}(-J''/\omega) = \frac{2}{\pi}\int_0^{\infty} (-J''(\omega)/\omega)\cos\omega t\, d\omega \tag{6.41 b}$$

증명 역시 5.4.2.3(e)절에 설명한 바와 같이, 이번에는 (선형)전단 크리프로서 사인파 전단응력 $\tau(t)(=\tau_{21}(t)) = \tau_0\sin\omega t$[혹은 $\dot{\tau}(t) = \dot{\tau}_0(=\tau_0\omega)\cos\omega t$]의 입력에 대한 응답 전단변형 (이때 위상차 δ만큼 빨리 일어난다고 가정)은 $\gamma(t)(=\gamma_{21}(t)) = \gamma_0\sin(\omega t - \delta)$(식 (5.233) 혹은 (5.234))로 주어진다. 이 경우도 역시 이것과 전단 크리프에 관한 볼츠만 중첩원리 식 (6.11)이 같아야 한다. 즉 아래 관계가 성립된다.

$$\gamma(t) = \int_{-\infty}^{t} J(t-t')\frac{\partial\tau(t')}{\partial t'}dt' = \tau_0[J'(\omega)\sin\omega t - J''(\omega)\cos\omega t] \tag{6.42}$$

위 식에서 $\partial\tau(t')/\partial t' = \dot{\tau}_0(=\tau_0\omega)\cos\omega t'$ 이며, 적분 변수치환 $(t-t') = s$(즉 $t' = t-s$)를 행하면 $\gamma(t)$는 아래가 된다.

$$\gamma(t) = \dot{\tau}_0\int_0^{\infty} J(s)\cos\omega(t-s)\,ds = \dot{\tau}_0\int_0^{\infty} J(s)[\cos\omega t\cos\omega s + \sin\omega t\sin\omega s]\,ds$$

$$= \dot{\tau}_0\left[\int_0^{\infty} J(s)\cos\omega s\,ds\right]\cos\omega t + \dot{\tau}_0\left[\int_0^{\infty} J(s)\sin\omega s\,ds\right]\sin\omega t \tag{6.43}$$

그런데 이 식과 식 (6.42)는 같아야 하므로, $\dot{\tau}_0(=\tau_0\omega)$를 이용하면 식 (6.40a) 및 (6.41a)가 쉽게 생성됨을 알 수 있다.

또한 식 (6.40b) 및 (6.41b)도 A6.4절의 Fourier sin 및 cos 변환의 정의에서 쉽게 얻어진다. 그리고 이들 결과들도 $\tau(t)$로서 사인파 입력대신 복소전단응력

$\tau^*(=\tau^*_{21}(t))=\tau_0\exp(i\omega t)$(식 (5.241))를 입력하여도 마찬가지로 얻어질 수 있다. ■

■ 6. 2 기계적 점탄성 모델

앞 절과는 달리 여기서는 고분자의 완화과정에 대한 구조상의 역할을 고려한 어떤 분자론적 모델에 입각하여 논하기로 한다. 첫 번째 모델은 '스프링-대쉬폿(spring-dashpot) 모델'로 알려진 '역학적 아날로그(mechanical analogs)'로서 많은 세그먼트의 화학적 결합으로 이루어진 고분자를 단순히 고체(가역적) 탄성을 나타내는 스프링과 액체(비가역적) 점성을 나타내는 대쉬폿으로 묘사하여 점탄성거동을 계산하는 비교적 단순한 모델이다. 두 번째 모델로서는 점성매체(viscous medium)속의 한 고분자의 분자론적 운동(molecular dynamics)에 기초를 두어 계산하는 보다 합리적이고 어려운 모델이다. 이절에서는 주로 스프링-대쉬폿 모델에 대하여 집중적으로 설명하겠다.

6. 2. 1 스프링-대쉬폿 모델

먼저 3.1절에서 언급한 바 있는 고체의 순수 탄성과 액체의 순수 점성에 대하여 다시 한번 간단히 설명하기로 한다. 만약 물체가 순수(가역) Hooke 탄성(단 관성효과는 무시)을 가진다면 낮은 변형(선형탄성)의 인장실험에서 아래 식으로 나타낸 바와 같이

$$\tau_0= G\gamma_0 \tag{6. 44}$$

순간적으로 가해진 전단변형 γ_0에 (변형무관)비례계수인 전단 탄성계수 G를 통하여 순간적으로 크기 τ_0의 일정한 응력응답이 있을 것이다. 그러나 실제의 점탄성 물질은 관성효과와 시간의존성을 가지므로 반드시 Hooke 법칙을 따르지는 않는다.

반면에 탄성대신 점성도를 가진 유체의 경우에는 전단응력과 전단속도사이의 구성 방정식이 아래와 같이 (3차원으로)일반화된 뉴톤의 법칙으로 나타내진다(식 (5.303) 참조).

$$\tau_{ij}= \eta\dot{\gamma}_{ij}, \quad \text{여기서 } \dot{\gamma}_{ij}= 2D_{ij} \tag{6. 45 a}$$

$$D_{ij}= \frac{1}{2}\left(\frac{\partial v_i}{\partial x_j}+ \frac{\partial v_j}{\partial x_i}\right) \tag{6. 45 b}$$

[비고 : 순수 뉴톤 액체의 경우 η는 점도에 무관한 상수점도가 된다.]

위에서 τ_{ij}는 i면에 j방향으로 작용하는 (여분)전단응력, $D_{ij}\left(=\dot{\gamma}_{ij}/2\right)$는 속도구배텐서 **L**[=

$(\nabla v)^{\mathrm{T}}$]의 대칭부분이다(2.13.2절 참조). 만약 전단응력τ_{21}에 의한 1방향으로만 속도성분을 가진 단순전단흐름(SSF)의 경우에는 (Cartesian)속도벡터 $\boldsymbol{v} = (\dot{\gamma}y, 0, 0)^T$이므로 이때 1차원 뉴톤식은 아래가 된다.

$$\tau_{21}(=\tau_{12}) = \eta\dot{\gamma}_{12} = \eta\frac{dv_1}{dx_2} \equiv \eta\dot{\gamma} \tag{6. 46}$$

여기서 일정(steady) 전단속도 $\dot{\gamma}$는 속도구배 dv_1/dx_2와 같다.

아래의 스프링-대쉬폿 모델에서는 식 (6.44)의 Hooke 탄성은 스프링으로, 식 (6.46)의 뉴톤 점성은 대쉬폿의 역학적 아날로그로 나타낸다.

그런데 구체적인 스프링-대쉬폿 모델로 들어가기 전 선형점탄성 이론의 수학적 기초인 선형연산자(linear operator)에 기초를 둔 선형미분방정식 및 그의 라플라스 변환에 의한 동적 탄성계수를 구하는 방법에 논하기로 한다. 변형이 작은 선형점탄성영역에서는 시간의존성 응력과 변형에 대한 구성방정식이 선형일 뿐만 아니라, 아래 식에서 보는 바와 같이 시간미분의 계수도 점도나 탄성계수와 같은 다른 물질 파라미터처럼 상수라고 가정한다. 이때 선형점탄성에 관한 미분방정식은 아래의 일반 형태로 나타나진다.

$$\hat{A}(t)\tau(t) = \hat{B}(t)\gamma(t) \tag{6. 47}$$

여기서 응력과 변형에 관한 두 시간 미분 연산자는 각각 아래의 형태를 취한다.

$$\hat{A}(t) = \sum_{k=0}^{n} a_k \hat{D}^k \left(= \frac{d^k}{dt^k}\right) = a_0 + a_1\frac{d}{dt} + a_2\frac{d^2}{dt^2} + \cdots + a_n\frac{d^n}{dt^n} \tag{6. 48 a}$$

$$\hat{B}(t) = \sum_{k=0}^{m} b_k \hat{D}^k \left(= \frac{d^k}{dt^k}\right) = b_0 + b_1\frac{d}{dt} + b_2\frac{d^2}{dt^2} + \cdots + b_m\frac{d^m}{dt^m} \tag{6. 48 b}$$

위 식에서 일반적으로 $n = m$ 또는 $n = m-1$형태를 취한다.

만약 (이후에 설명할) 어떤 점탄성 모델에 의하여 구성방정식 (6.47)의 구체적인 형태가 결정되면 이 모델에 의한 물질의 동적 점탄성계수는 위 미분 방정식의 라플라스(Laplace)변환에 의해 구해질 수 있다. 식 (6.47)은 현재의 t공간에서는 $\hat{A}$와 τ가 서로 연결된 'coupled'형태를 취하므로 취급이 자의 불가능하나, 만약 이를 라플라스($\mathcal{L}$) 변환을 시키면 부록 6. 3절에서 논의한 미분의 $\mathcal{L}$ 변화에 관한 공식(표 A6.1-3)에 의해 아래와 같이 $\hat{A}$와 τ가 서로 분리된 (decoupled)형태를 취하므로 다루기 매우 쉬워진다. 식 (6.47)의 좌우를 $\mathcal{L}$ 변환 시키면 각각 아래가 된다.

$$\mathcal{L}\left[\hat{A}(t)\tau(t)\right] = \mathcal{L}\left[\sum_{k=0}^{n} a_k \hat{D}^k \tau(t)\right] = \sum_{k=0}^{n} a_k\left(s^k \bar{\tau}(s) - s^{k-1}\tau(0) - \cdots - \tau^{(k-1)}(0)\right) \tag{6. 49 a}$$

$$\mathcal{L}\left[\hat{B}(t)\gamma(t)\right] = \mathcal{L}\left[\sum_{k=0}^{m} b_k \hat{D}^k \gamma(t)\right] = \sum_{k=0}^{m} b_k\left(s^k \bar{\gamma}(s) - s^{k-1}\gamma(0) - \cdots - \gamma^{(k-1)}(0)\right) \quad (6.49\text{ b})$$

만약 위 식에서 응력 또는 변형률의 초기치 값을 0으로 간주하면 [아니면 서로 상쇄되든지] 위 두 식은 각각 아래가 된다.

$$\mathcal{L}\left[\hat{A}(t)\tau(t)\right] = \hat{A}(s)\cdot\bar{\tau}(s), \text{ 여기서 } \hat{A}(s) = \sum_{k=0}^{n} a_k s^k \quad (6.50\text{ a})$$

$$\mathcal{L}\left[\hat{B}(t)\gamma(t)\right] = \hat{B}(s)\cdot\bar{\gamma}(s), \text{ 여기서 } \hat{B}(s) = \sum_{k=0}^{m} b_k s^k \quad (6.50\text{ b})$$

즉 식 (6.50)을 보면 $\mathcal{L}$ 변환 후 구성방정식은 단순히 $\hat{A}(s)$와 $\bar{\tau}(s)$ (또는 $\hat{B}(s)$와 $\bar{\gamma}(s)$)의 곱형태로 'decoupled'될 뿐 아니라 $\hat{A}(s)$ 및 $\hat{B}(s)$의 형태도 각각 정의식 (6.48)에서 시간에 대한 상미분 연산자 $\hat{D}^k$ 대신 단순히 s^k로 바꾼 것에 불과하므로 다루기 매우 간편한 형태로 되었음을 알 수 있다. 또한 식 (6.50a)와 (6.50b)를 같이 둠으로써 (∵ 원래 미방식 6.47의 양변을 $\mathcal{L}$ 변환한 것임). 아래의 유용한 관계가 성립되어, 이로부터 동적 (복소)탄성계수가 구해질 수 있다.

$$\frac{\bar{\tau}(s)}{\bar{\gamma}(s)} = \frac{\hat{B}(s)}{\hat{A}(s)} \equiv s\,\bar{G}(s), \quad s\,\bar{G}(s)\big|_{s=iw} = G^*(w) \quad (6.51\text{ a})$$

$$\frac{\bar{\gamma}(s)}{\bar{\tau}(s)} = \frac{\hat{A}(s)}{\hat{B}(s)} \equiv s\,\bar{J}(s), \quad s\,\bar{J}(s)\big|_{s=iw} = J^*(w) \quad (6.51\text{ b})$$

위 식에서 $\bar{G}(s)$ 및 $\bar{J}(s)$는 각각 응력완화 전단 탄성계수 $G(t)$ 및 크리프 컴플라이언스 $J(t)$를 $\mathcal{L}$ 변환한 것이며, 각 식의 두 번째 항등관계는 식 (6.25)에서 이미 예고된 것이다.

6. 2. 2 Maxwell 모델

그림 6.8에 한 개의 스프링(전단 탄성계수 G)과 한 개의 대쉬폿(뉴톤 점성도 η)가 직렬로 연결된 Maxwell 모델을 나타내었다.

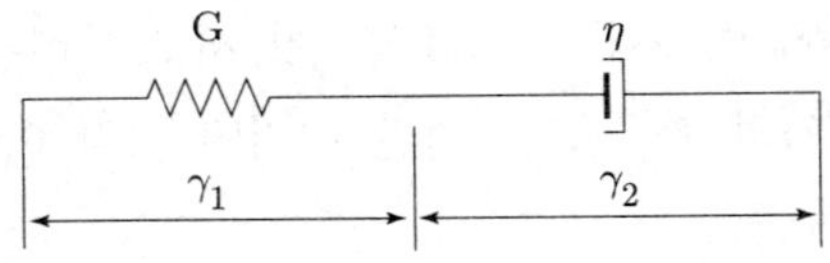

그림 6.8 Maxwell 모델의 도식적 모델.

먼저 Maxwell 모델의 구성 방정식을 구해보면 아래와 같다.

$$\dot{\gamma} = \frac{\dot{\tau}}{G} + \frac{\tau}{\eta} \tag{6. 52}$$

[여기서 $\eta = G\lambda$, λ는 Maxwell 모델의 완화시간임.]

(증명) 그림에서 스프링과 대쉬폿이 받는 응력은 동일, 변위는 합이므로 아래가 성립된다.

$$\tau = \tau_1 = \tau_2, \ \gamma = \gamma_1 + \gamma_2 \tag{6. 53}$$

위 식의 전체변형률 γ를 시간에 미분하고, 각각에 대해 Hooke 탄성법칙(식 (6.44))과 뉴톤 점성법칙(식 (6.46))을 대입하면 아래가 되어 증명된다.

$$\dot{\gamma} = \dot{\gamma}_1 + \dot{\gamma}_2 = \dot{\tau}/G + \tau/\eta \quad \blacksquare$$

먼저 이 모델에 대한 전단 크리프 컴플라이언스 $J(t)$를 구해보기로 한다. 응력입력 $\tau(t) = \tau_0 H(t)$(여기서 $H(t)$는 스텝함수로 $t < 0$일 때는 0, $t \geq 0$일 때는 1이 됨)를 작용하면 이 때 생기는 크리프 변형률 $\gamma(t)$를 미방식 (6.52)에 대입하여, 부록 6.2절의 상미방 공식에 의해 구할 수 있으나, 여기서는 앞에 논의된 선형연산자와 그의 $\mathcal{L}$ 변환식의 응용에 대한 독자의 이해를 돕기 위하여 식 (6.52)의 양변을 $\mathcal{L}$ 변환 시키면 아래가 된다(이 때 식 (6.48)에서 $a_0 = \frac{1}{\eta}$, $a_1 = \frac{1}{G}$, $b_0 = 0$, $b_1 = 1$이 되어 $n = m = 1$임).

$$s\bar{\gamma}(s) - \gamma(0^+) = \frac{1}{G}\left[s\bar{\tau}(s) - \tau(0^+)\right] + \frac{1}{\eta}\bar{\tau}(s) \tag{6. 54}$$

여기서 전단 크리프의 응력입력 $\tau(t) = \tau_0 H(t)$의 $\mathcal{L}$ 변환 $\bar{\tau}(s) = \tau_0/s$를 대입하면 위 식 우편의 괄호항은 0이 된다. 따라서 이 경우 식 (6.54)는 아래가 된다.

$$\bar{\gamma}(s) = \frac{\gamma(0)}{s} + \frac{\tau_0}{\eta s^2} \tag{6. 55}$$

단 위에서 $\gamma(0^+) = \gamma_0$, $\tau(0^+) = \tau_0$으로 두었다. 다음에 위 식의 역 $\mathcal{L}$ 변환을 시키면 목적하는 식 아래를 얻는다.

$$\gamma(t) = \tau_0\left(\frac{1}{G} + \frac{t}{\eta}\right) = \tau_0\left(J + \frac{t}{\eta}\right) \tag{6.56}$$

따라서 Maxwell 모델의 전단 크리프 컴플라이언스 $J(t)$는 아래가 됨을 알 수 있다.

$$J(t) = \gamma(t)/\tau_0 = \frac{1}{G} + \frac{t}{\eta} = J + \frac{t}{\eta} \tag{6.57}$$

다음에는 이 모델로부터 응력완화 전단 탄성계수 $G(t)$를 구해보자. 지금 스텝변형 $\gamma(t) = \gamma_0 H(t)$를 가했을 때 생기는 응답응력 $\tau(t)$(혹은 $G(t)$)를 구성방정식 (6.52)를 이용하여 상미방의 해로부터 구할 수 있으나, 역시 $\mathcal{L}$ 변환된 구성식 (6.54)에 $\bar{\gamma}(s) = \mathcal{L}\left(\gamma_0 H(t)\right) = \gamma(0^+)/s$를 대입하면 아래가 된다.

$$s\frac{\gamma(0^+)}{s} - \gamma(0^+) = \frac{1}{G}\left[s\bar{\tau}(s) - \tau(0^+)\right] + \frac{1}{\eta}\bar{\tau}(s) = 0 \tag{6.58}$$

따라서 아래를 얻는다.

$$\bar{\tau}(s) = \frac{\eta}{G + \eta s}\tau(0^+) = \frac{1}{\lambda^{-1} + s}\tau(0^+) \tag{6.59}$$

여기서 완화시간 $\lambda = \eta/G$이다. 이의 역 라플라스 변환을 취하면 공식 표 A6. 2-4에 의해 아래 식을 얻는다.

$$\tau(t)\left[= G(t)\gamma_0\right] = \tau(0^+)\exp(-t/\lambda) \tag{6.60}$$

따라서 응력완화 전단 탄성계수 $G(t)$는 아래가 된다.

$$G(t) = \frac{\tau(t)}{\gamma_0} = \frac{\tau(0^+)}{\gamma_0}\exp(-t/\lambda) \tag{6.61}$$

아래 그림 6.9에 Maxwell 모델에 의한 (전단)응력완화 실험 즉 $\gamma(t) = \gamma_0 H(t)$를 가했을 때 일어나는 응력($\tau(t)$) 완화현상을 도식적으로 나타내었다.

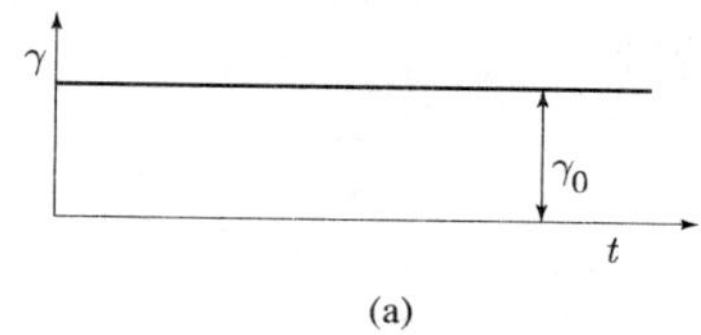

(a)

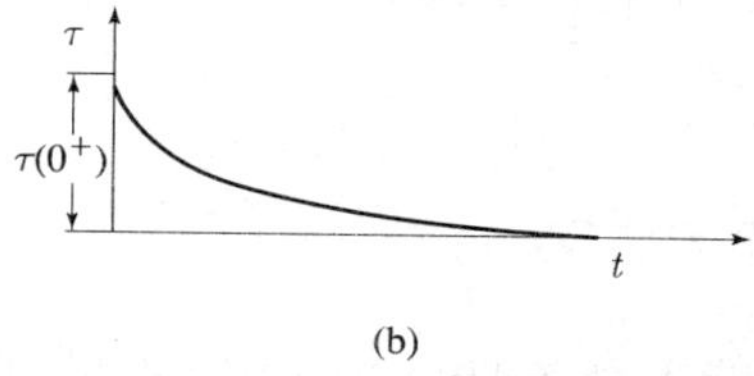

(b)

그림 6.9 전단 스텝변형 입력에 대한 Maxwell 유체의 응력응답

마지막으로 Maxwell 모델에 대한 복소 동적 탄성계수(G^* 혹은 J^*)를 구해보기로 하자. 스텝형 전단응력 $\tau(t) = \tau_0 H(t)$의 입력에 대하여 응답된 크리프 전단변형률 $\gamma(t)$의 $\mathcal{L}$ 변환식인 (6.55)을 $\tau(t)$의 $\mathcal{L}$ 변환인 $\bar{\tau}(s) = \tau_0/s$로 나누면 아래가 성립된다.

$$\bar{\gamma}(s)/\bar{\tau}(s)\,[= s\bar{J}(s)] = \frac{\gamma(0)}{\tau_0} + \frac{1}{\eta s} = J\left(1 + \frac{1}{\lambda s}\right) \tag{6. 62}$$

위 식에서 $\gamma(0)/\tau_0 = J = 1/G$ 및 $\eta = G\lambda = \lambda/J$ 관계를 이용하였다. 식 (6.62)로부터 Maxwell 모델에 대한 복소 전단 컴플라이언스 $J^*(\omega)$가 아래에서 구해진다.

$$s\bar{J}(s)\big|_{s=i\omega} = J^*(\omega)\left(= 1/G^*(\omega)\right) = J\left(1 + \frac{1}{\lambda s}\right)\bigg|_{s=i\omega} = J - i/\eta\omega \tag{6. 63}$$

즉 $J^* = J' - iJ''$에서 $J' = J,\ J'' = 1/\eta\omega = J/\lambda\omega$임을 알 수 있다.

6. 2. 3 Voigt 모델

그림 6.10에 스프링과 대쉬폿이 병렬로 연결된 Voigt 모델을 나타내었다.

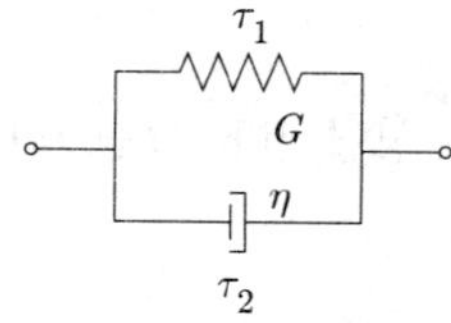

그림 6.10 Voigt 모델의 도식적 표현.

이 모델의 구성방정식은 아래와 같다.

$$\tau = G\gamma + \eta\dot{\gamma} \tag{6.64}$$

증명 이 모델에 (전단)응력을 가하여 변형을 야기시킬 때 스프링과 대시폿의 변형은 같고, 응력은 합이다. 즉

$$\gamma_1 = \gamma_2 = \gamma, \quad \tau = \tau_1 + \tau_2 \tag{6.65}$$

위 식에서 τ_1과 τ_2를 각각 식 (6.44)와 (6.46)으로부터 대입하면 목적하는 아래식이 얻어진다.

$$\tau = G\gamma + \eta\dot{\gamma} \quad \blacksquare$$

식 (6.64)를 변수 t공간에서 s공간으로 라플라스($\mathcal{L}$) 변환하면 아래가 된다.

$$\bar{\tau}(s) = G\bar{\gamma}(s) + \eta\left[s\bar{\gamma}(s) - \gamma(0^+)\right] \tag{6.66}$$

이 모델에 의한 전단 크리프에 있어서 스텝형 응력 $\tau(t) = \tau_0 H(t)$(여기서 $H(t)$는 $t \geq 0$일 때 1, 기타 0임)를 가한다면 $\bar{\tau}(s) = \tau_0/s$가 되고, 만약 초기변형률 $\gamma(0^+) = 0$이라하면 위 식에서 아래가 성립된다.

$$\bar{\gamma}(s) = \tau_0/s(G + \eta s) \tag{6.67}$$

이것의 역 $\mathcal{L}$ 변환은 부록 표 A6.2-3 공식에 의해 아래가 된다.

$$\gamma(t) = \frac{\tau_0}{G}\left[1 - \exp\left(-\frac{t}{\lambda}\right)\right] \tag{6.68}$$

여기서 $\lambda = \eta/G$로 정의되는 Voigt 모델의 완화시간이다. 여기서 전단 크리프 컴플라이언스 $J(t)$는 아래와 같이 쉽게 얻어진다.

$$J(t) = \gamma(t)/\tau_0 = J\left[1 - \exp(-t/\lambda)\right] \tag{6.69}$$

여기서 $J = 1/G$가 탄성 스프링의 경우 성립된다. 그림 6.11에 식 (6.67)를 도식적으로 나타내었다.

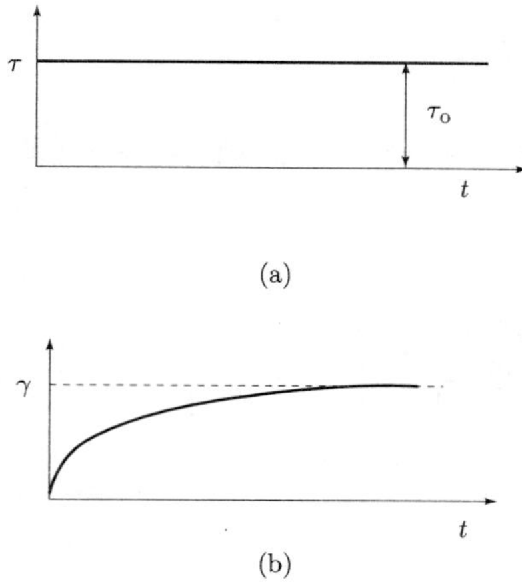

그림 6.11 스텝형 전단응력 입력에 대한 Voigt 점탄성 고체의 크리프 응답.

한편 Voigt 모델의 동적 (전단)크리프 컴플라이언스 $J^*(\omega) = J' - iJ''$는 식 (6.63)의 방법과 마찬가지로, $J(t)$를 $\mathcal{L}$ 변환하여 아래와 같이 얻어진다.

$$J^*(\omega) = s\bar{J}(s)\big|_{s=i\omega} = J/(1+s\lambda)\big|_{s=i\omega} = \frac{J}{1+\lambda^2\omega^2}(=J') - i\frac{J\lambda\omega}{1+\lambda^2\omega^2}(=J'') \tag{6.70}$$

참고로 표 6.1에 Maxwell 모델과 Voigt 모델에 의한 전단응력완화- 탄성계수, 크리프 컴플라이언스, 동적 저장 및 손실계수를 전단시험을 예로 나타내었다.

표6. 1 전단실험에 대한 두 점탄성 모델의 결과식

실험	Maxwell 모델	Voigt 모델
크리프	$J(t) = J + t/\eta$	$J(t) = J(1-e^{-t/\lambda})$
응력완화	$G(t) = Ge^{-t/\lambda}$	—
동적	$J' = J$	$J' = J/(1+\omega^2\lambda^2)$
	$J'' = 1/\eta\omega$	$J'' = J\omega\lambda/(1+\omega^2\lambda^2)$
	$G' = G\omega^2\lambda^2/(1+\omega^2\lambda^2)$	$G' = G$
	$G'' = G\omega\lambda/(1+\omega^2\lambda^2)$	$G'' = \omega\eta$

응력완화에 대한 Maxwell 모델의 결과(그림 6.9)와 크리프에 대한 Voigt 모델의 결과(그림 6.11) 모두 앞에서 설명한 실제 점탄성 고분자의 거동과 그렇게 잘 일치하지는 않음을 알 수 있다. 그래서 아래에서는 실제에 보다 접근하기 위하여 스프링과 대쉬폿의 개수를 증가시키는 모델에 관하여 언급하겠다.

6. 2. 4 3 요소 모델

그림 6.12의 (a) 및 (b)에 각각 스프링을 두 개, 대쉬폿을 1개를 사용하는 서로 대응하는 소위 'Zener 모델'을 나타내었다.

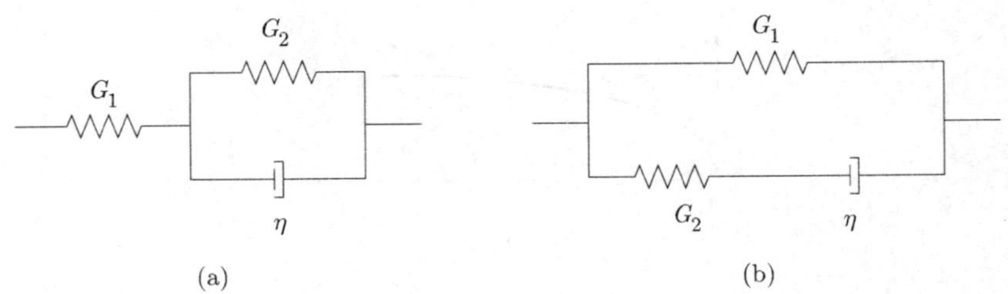

그림 6.12 Zener 의 대응하는 두 3 요소 모델.

위의 두 대응 모델에 의한 전단변형에 관한 구성방정식은 각각 아래와 같다.

$$\frac{G_1+G_2}{\eta}\tau+\dot{\tau}=\frac{G_1 G_2}{\eta}\gamma+G_1\dot{\gamma} \tag{6. 71 a}$$

$$\frac{G_2}{\eta}\tau+\dot{\tau}=\frac{G_1 G_2}{\eta}\gamma+(G_1+G_2)\dot{\gamma} \tag{6. 71 b}$$

증명 a) 그림 (a)에서 왼편 스프링 단독요소를 (1), 오른편 한 개의 Voigt (병렬)요소를 (2)라 하면, 전체의 응력(τ)과 변형(γ)에 있어서 두 요소가 받는 힘(응력)은 같고, 늘어난 변위(변형률)는 각각의 합과 같으므로 아래 관계가 성립된다.

$$\tau_{(1)}=\tau_{(2)}=\tau,\quad \gamma=\gamma_{(1)}+\gamma_{(2)} \tag{1}$$

여기서

$$\tau_{(1)}=\tau=G_1\gamma_{(1)},\quad \tau_{(2)}=\tau=\eta\dot{\gamma}_{(2)}+G_2\gamma_{(2)}\ (\because \text{식 } 6.64) \tag{2}$$

여기서 $\gamma_{(2)}=\gamma-\gamma_{(1)}$ 및 $\gamma_{(1)}=\tau/G_1$를 식 (2)에 대입하면 아래를 얻는다.

$$\tau=\eta(\dot{\gamma}-\dot{\tau}/G_1)+G_2(\gamma-\tau/G_1) \tag{3}$$

이 식 양변을 G_1/η으로 곱하고, 정리하면 목적하는 식을 얻는다.

b) 그림의 위 스프링 단독요소를 (1), 아래의 Maxwell 요소를 (2)로 할 때 전체변형에 있어서 두 요소에 대해 변위는 같고, 응력은 각 요소의 합과 같으므로 아래가 성립된다.

$$\gamma_{(1)} = \gamma_{(2)} = \gamma, \quad \tau = \tau_{(1)} + \tau_{(2)} \tag{4}$$

여기서

$$\tau_{(1)} = G_1 \gamma, \quad \dot{\gamma} = \frac{\dot{\tau}_{(2)}}{G_2} + \frac{\tau_{(2)}}{\eta} \quad (\because \text{식 } 6.52) \tag{5}$$

여기서 $\tau_{(2)} = \tau - \tau_{(1)}$을 위 식에 대입하고, $\tau_{(1)} = G_1 \gamma$에 의해 첨자 (1), (2) 모두를 제거하면 (a)의 경우와 마찬가지로 소기의 식을 얻는다. ■

한편 아래 그림 6.13에 각각 대쉬폿이 2개, 스프링이 1개인 대응하는 3요소 'Jeffrey 모델'을 나타내었다.

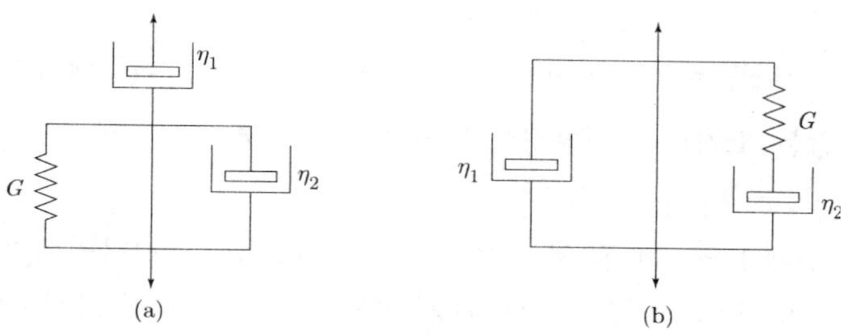

그림 6.13 Jeffrey 의 두 대응하는 3 요소 모델.

각각에 대응하는 전단변형에 대한 구성방정식은 아래와 같다.

$$\frac{\tau}{\eta_1} + \frac{\eta_1 + \eta_2}{G\eta_1}\dot{\tau} = \dot{\gamma} + \frac{\eta_2}{G}\ddot{\gamma} \tag{6. 72 a}$$

$$\tau + \frac{\eta_2}{G}\dot{\tau} = (\eta_1 + \eta_2)\dot{\gamma} + \frac{\eta_1\eta_2}{G}\ddot{\gamma} \tag{6. 72 b}$$

증명 a) 그림 위의 한 개의 대쉬폿을 요소 (1), 아래의 한 개의 Voigt 요소를 요소 (2)라하면 전체응력(τ)과 변형(γ) 관계에 있어서 Zener 모델의 경우와 유사하게 아래가 성립된다.

$$\tau_{(1)} = \tau_{(2)} = \tau, \quad \gamma = \gamma_{(1)} + \gamma_{(2)} \tag{1}$$

여기서 대쉬폿과 Voigt 요소에 대해 아래가 성립된다.

$$\dot{\gamma}_{(1)} = \tau/\eta_1 \ (\because \text{뉴톤유체}), \quad \dot{\gamma}_{(2)} + \frac{G}{\eta_2}\gamma_{(2)} = \tau/\eta_2 \tag{2}$$

식 (2)에서 $\gamma_{(2)} = \gamma - \gamma_{(1)}$을 대입하고, 양변을 t에 대해 한번 더 미분하고, $\dot{\gamma}_{(1)} = \tau/\eta_1$을 이용하면 첨자 (1), (2)가 없어지는 목적하는 구성방정식을 얻는다.

b) 병렬연결의 왼편 대쉬폿을 요소 (1), 우편 Maxwell 요소를 요소 (2)라 할 때 그림에서 아래의 관계가 성립된다.

$$\gamma_{(1)} = \gamma_{(2)} = \gamma, \quad \tau = \tau_{(1)} + \tau_{(2)} \tag{3}$$

여기서 한 개의 대쉬폿과 Maxwell 요소에 대해 아래가 성립된다.

$$\dot{\gamma}_{(2)}(= \dot{\gamma}) = \tau_{(1)}/\eta_1, \quad \dot{\gamma} = \frac{\dot{\tau}_{(2)}}{G} + \frac{\tau_{(2)}}{\eta_2} \tag{4}$$

식 (4)에 $\tau_{(2)} = \tau - \tau_{(1)} = \tau - \eta_1\dot{\gamma}$, $\dot{\tau}_{(2)} = \dot{\tau} - \dot{\tau}_{(1)} = \dot{\tau} - \eta_1\ddot{\gamma}$를 대입하고 정리하면 첨자 (1), (2)가 없는 소기의 구성방정식을 얻는다. ■

한편 선형 점탄성 고체($1/\eta \to 0$ 됨)의 경우 특히 그림 6.12(a)에 나타낸 소위 '표준 선형 고체(standard linear solid) 모델'이 크리프나 응력완화 현상 등을 비교적 잘 묘사하므로 이에 대해 좀 더 깊이 설명하려한다. 먼저 크리프 즉 스텝형 응력 $\tau(t) = \tau_0 H(t)$를 작용하면 $\dot{\tau} = 0$이 되므로 구성방정식 6.71(a)는 아래가 된다.

$$\frac{d\gamma}{dt} + \frac{G_2\gamma}{\eta} = \frac{G_1 + G_2}{\eta G_1}\tau_0 \tag{6. 73}$$

이 상미방을 부록 6.2의 공식 A6.42에 의해 해 $\gamma(t)$를 구하고(단 $\gamma(0) = \tau_0/G_1$ 가정) 이를 τ_0으로 나누면 아래의 전단 크리프 컴플라이언스 $J(t)$가 얻어진다.

$$J(t) = \frac{\gamma(t)}{\tau_0} = \frac{1}{G_1} + \frac{1}{G_2}[1 - \exp(-t/\lambda_c)] \tag{6. 74}$$

여기서 완화시간 $\lambda_c = \eta/G_2$이다. 이 식과 점탄성 고체($1/\eta = 0$)에 대한 현상론식 (6.9)를 비교하면 $J_g = 1/G_1$, $J_d = 1/G_2$, $\psi(t) = 1 - \exp(-t/\lambda_c)$임을 알 수 있다. 다시 이로부터 $G(t)$와 동적 탄성계수를 구하기 위하여 식 (6.74)의 $\mathcal{L}$ 변환을 취하면 아래와 같다.

$$\overline{J}(s) = \left(\frac{1}{G_1} + \frac{1}{G_2}\right)/s - \frac{1}{G_2}\frac{1}{s + \lambda_c^{-1}} \tag{6. 75}$$

이로부터 식 (6.25)를 이용하여 $\overline{G}(s)$를 구하면 아래와 같다.

$$\overline{G}(s)=\frac{\eta G_1}{(G_1+G_2)}(s+\lambda_c^{-1})\left\{\frac{1}{s}-\frac{1}{s+\lambda_r^{-1}}\right\} \tag{6. 76}$$

여기서 $\lambda_c=\eta/G_2$, $\lambda_r=\eta/(G_1+G_2)$이다.

위 식의 역 $\mathcal{L}$ 변환을 취하면 아래와 같이 전단 탄성계수 $G(t)$가 얻어진다.

$$G(t)=\frac{G_1G_2}{G_1+G_2}\left[1+\frac{G_1}{G_2}\exp(-t/\lambda_r)\right] \tag{6. 77}$$

이 식을 보면 $t=0$일 때는 $G(t)=G_1(=G_g)=J_g^{-1}$, $t\to\infty$일 때는 $G(\infty)=\dfrac{G_1G_2}{G_1+G_2}$가 되고, 만약 $G_2\ll G_1$인 경우 $G(\infty)\simeq G_2$가 된다. 이 식과 $G(t)$에 관한 현상론식 (6.8)과 비교해보면 $G_e\simeq G_2$, $G_g=G_1$, $\phi(t)\simeq\exp(-t/\lambda_r)$이 되어 $J(t)$ 및 $G(t)$ 모두 현상론과 비교적 잘 일치함을 알 수 있다.

다음에는 식 (6.51b)에 의해 동적 계수 $J^*(\omega)(=1/G^*(\omega))$를 구해보자.

$$J^*(\omega)=s\,\overline{J}(s)|_{s=i\omega}=\left[\left(\frac{1}{G_1}+\frac{1}{G_2}\right)-\frac{1}{G_2}\frac{s}{s+\lambda_c^{-1}}\right]_{s=i\omega}=J'(\omega)-iJ''(\omega) \tag{6. 78 a}$$

$$J'(\omega)=\frac{(G_1+G_2)+G_2\omega^2\lambda_c^2}{G_1G_2(1+\lambda_c^2\omega^2)},\quad J''(\omega)=\frac{\omega\lambda_c}{G_2(1+\omega^2\lambda_c^2)} \tag{6. 78 b}$$

한편 식 (6.76)과 식 (6.51a)에 의해 아래와 같이 $G^*(\omega)$를 구해보기로 하자.

$$G^*(\omega)=s\,\overline{G}(s)|_{s=i\omega}=\left[\frac{G_1G_2}{G_1+G_2}\left(1+\frac{G_1}{G_2}\frac{s}{s+\lambda_r^{-1}}\right)\right]_{s=i\omega}=G'(\omega)+iG''(\omega) \tag{6. 79 a}$$

$$G'(w)=\frac{G_1G_2(1+\omega^2\lambda_r^2)+G_1^2\omega^2\lambda_r^2}{(G_1+G_2)(1+\omega^2\lambda_r^2)},\quad G''(\omega)=\frac{G_1^2\omega\lambda_r}{(1+\omega^2\lambda_r^2)(G_1+G_2)} \tag{6. 79 b}$$

식 (6.78)과 (6.79)에서 아래와 같이 $\tan\delta$을 구할 수 있다.

$$\tan\delta=\frac{J''}{J'}=\frac{G_1\omega\lambda_c}{(G_1+G_2)+G_2\omega^2\lambda_c^2}=\frac{G''}{G'}=\frac{G_1\omega\lambda_r}{G_2(1+\omega^2\lambda_r^2)+G_1\omega^2\lambda_r^2} \tag{6. 80}$$

식 (6.79)에서 낮은 진동수영역(즉 $\omega\lambda_c\ll 1$)에서는 $G''\to\infty$, $G'\to G_1G_2/(G_1+G_2)$되고, 높은 진동수영역(즉 $\omega\lambda_c\gg 1$)에서는 $G''\to\infty$, $G'\to G_1$이 됨을 알 수 있다. 그리고 식 (6.80)의 ω에 대한 미분을 0으로 두면 온도 일정 경우 $\omega=\sqrt{(G_1+G_2)/G}/\lambda$되는 점에서 $\tan\delta$이 아래의 최대

값을 가짐을 알 수 있다.

$$(\tan\delta)_{\max} = \left(\frac{1}{2} G_1 / G_2\right) \sqrt{G_2/(G_1+G_2)} \tag{6.81}$$

6.2.5 일반 Maxwell-Wiechert 모델

그림 6.14에 (전단변형에 대한) Maxwell 요소가 z개 병렬로 연결된 소위 'Maxwell-Wiechert(M-W) 모델'을 나타내었다.

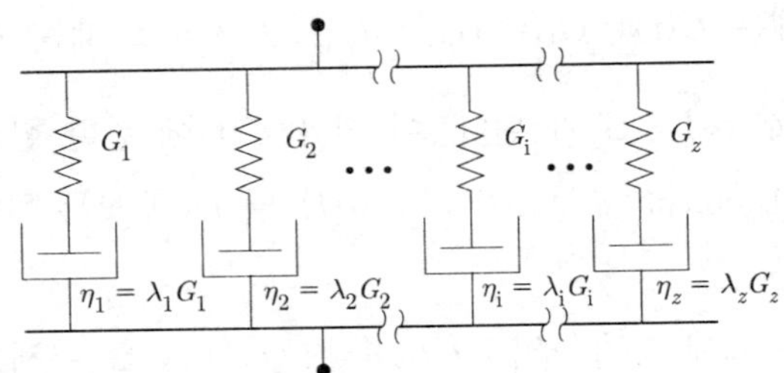

그림 6.14 일반화 Maxwell-Wiechert(M-W) 모델.

이 모델의 경우 그림에서 알 수 있듯이 전체 (전단)변형에 대하여 각 요소의 변위(혹은 변형률)를 같고, 힘(혹은 응력)은 합이 된다. 즉

$$\gamma(t) = \gamma_i(t)(i = 1 \sim z), \ \ \tau(t) = \sum_{i=1}^{z} \tau_i(t) \tag{6.82}$$

만약 응력완화에 이 모델을 적용하여 (전단)응력완화 탄성계수 $G(t)$를 구해보자. 지금 일정 변형 $\gamma(t)(=\gamma_i(t)) = \gamma_0 H(t)$을 물질에 가해 생기는 응력응답을 계산함에 있어서, 각 Maxwell요소 i에 대해 아래가 성립된다 (식 6.52 참조).

$$\frac{d\gamma(t)}{dt} = 0 = \frac{d\gamma_i(t)}{dt} = \frac{1}{G_i}\frac{d\tau_i(t)}{dt} + \frac{\tau_i(t)}{\eta} \, (i = 1 \sim z) \tag{6.83}$$

위 식 i요소에 관한 위의 상미분 방정식을 변수분리에 의해 해를 구하면 아래와 같다.

$$\int_0^t \frac{d\tau_i}{\tau_i} = -\int_0^t \frac{G_i}{\eta} dt \ \rightarrow \text{해} \ \ \tau_i(t) = \tau_i(0)\exp(-t/\lambda_i) \tag{6.84}$$

여기서 $\tau_i(0) = \gamma_0 G_i$, $\lambda_i = \eta / G_i$이다.

따라서 전체 (전단)응력완화탄성계수 $G(t)(=\tau(t)/\gamma_0)$는 아래가 된다.

$$G(t)=\sum_{i=1}^{z} G_i \exp(-t/\lambda_i)=\sum_{i=1}^{z} G_i(t) \tag{6.85}$$

즉 z요소 M-W모델에서는 완화시간(λ)이 한 개가 아니고, 분포를 한다. 이는 실제의 고분자에 있어서 분자량이 평균 분자량 주위로 분포를 하는 것과 같은 이치이다.

식 (6.85)를 $\mathcal{L}$ 변환 시킨 후 식 (6.51a)에 의해 (복소) 동적전단탄성계수 $G^*(\omega)$를 구할 수 있다. 즉

$$G^*(\omega)= s\,\overline{G}(s)\big|_{s=i\omega}=\sum_{i=1}^{z} G_i \frac{s}{s+\lambda_i^{-1}}\bigg|_{s=i\omega}=\sum_{i=1}^{z} G_i^*(\omega) \tag{6.86 a}$$

$$G_i^*(\omega)= G_i'+iG_i''=\frac{\lambda_i^2\omega^2 G_i}{1+\lambda_i^2\omega^2}+i\frac{\lambda_i\omega G_i}{1+\lambda_i^2\omega^2} \tag{6.86 b}$$

6. 2. 6 일반 Voigt-Kelvin 모델

그림 6.15에 Voigt 요소가 z개 직렬로 연결된 소위 'Voigt-Kelvin(V-K) 모델'을 나타내었다. 이 모델의 경우에는 전체(전단)변형에 대하여 각 요소 i가 받는 응력은 같고, 전체 변위(변형률)는 각 요소의 합과 같다. 즉

$$\tau(t)=\tau_i(t)\,(i=1\sim z),\ \ \gamma(t)=\sum_{i=1}^{z}\gamma_i(t) \tag{6.87}$$

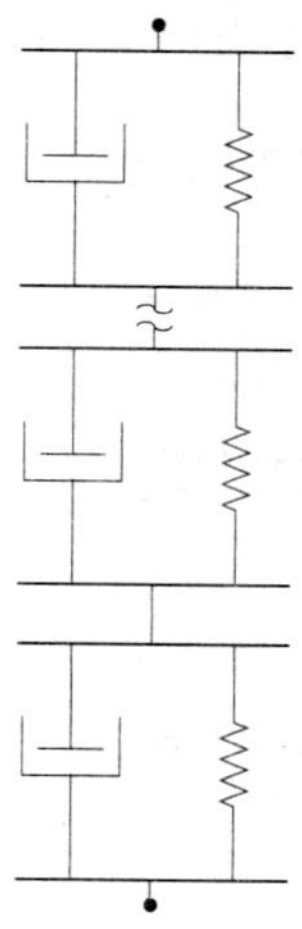

그림 6.15 일반 Voigt-Kelvin(V-K) 모델.

지금 이 모델에 대해 복소 전단응력완화 즉 $\gamma_j(t) = \gamma_j{}^{\circ} e^{i\omega t}$(단 $i = \sqrt{-1}$)를 걸면 이에 대한 전단응력응답 $\tau_i(t)\left[= \tau_j{}^{\circ} e^{i(\omega t + \delta)}\right] = \tau(t)$는 Voigt 요소의 성질 (식 6.64)에 의해 아래관계가 성립된다($\because\ \dot{\gamma}_j(t) = i\omega\gamma_j(t)$).

$$\tau(t) = \tau_j(t) = G_j\gamma_j(t) + \eta_j\dot{\gamma}_j(t) = \gamma_j(t)(G_j + i\omega\eta_j) \quad (i = 1 \sim z) \tag{6. 88}$$

이때 복소 전단 크리프 컴플라이언스 $J^*(\omega)(= 1/G^*(\omega))$는 아래와 같이 구해진다.

$$J^*(\omega) = \gamma(t)/\tau(t)(= \tau_j(t)) = \sum_{j=1}^{z} J_j^*(\omega) = \sum_{j=1}^{z}\frac{\gamma_j(t)}{\tau_j(t)}$$

$$= \sum_{j=1}^{z}\frac{1}{G_j + i\omega\eta_j} = \sum_{j=1}^{z}\left[J_j'(\omega) - iJ_j''(\omega)\right] = \sum_{j=1}^{z}\left[\frac{J_j - i\omega\lambda_j J_j}{1 + \omega^2\lambda_j^2}\right] \tag{6. 89}$$

위 식에서 $J_j = 1/G_j$, $\lambda_j = \eta_j/G_j$이다. 즉 $J^*(\omega)$는 식 (6.51b)의 과정을 거치지 않고도 바로 구해질 수 있다.

참고로 표6.2에 선형 전단 점탄성 실험(크리프와 응력완화)에 있어서 일반 M-W 모델과 V-K 모델에 의해 계산된 결과를 요약하여 나타내었다.

표6.2 일반화 M-W 및 V-K 모델에 의한 전단실험의 결과식

실 험	일반 Maxwell 모델	Voigt-Kelvin 모델
크리프	$J(t) = \sum_{i=1}^{z} J_i(1 + t/\lambda_i)$	$J(t) = \sum_{1}^{z} J_i\left(1 - e^{-t/\lambda_i}\right)$
응력완화	$G(t) = \sum_{i=1}^{z} G_i e^{-t/\lambda_i}$	—
동적	$G' = \sum_{i=1}^{z}\frac{G_i\omega^2\lambda_i^2}{1 + \omega^2\lambda_i^2}$	$J' = \sum_{i=1}^{z}\frac{J_i}{1 + \omega^2\lambda_i^2}$
	$G'' = \sum_{i=1}^{z}\frac{G_i\omega\lambda_i}{1 + \omega^2\lambda_i^2}$	$J'' = \sum_{i=1}^{z}\frac{J_i\omega\lambda_i}{1 + \omega^2\lambda_i^2}$

아래에 요소수가 작은 (가령 $z = 2$)경우의 M-W 및 V-K 모델에 대한 구성방정식을 구하는 예제를 보여준다.

예제 6.4

$z=2$ 경우의 (a)M-W 모델과 (b)V-K 모델에 관한 구성방정식을 각각 구해보아라.

풀이

(a) 각 Maxwell 요소의 변위는 같고, (전단)응력은 합이므로 아래와 같이 나타낼 수 있다.

$$\gamma(t)=\gamma_1(t)=\gamma_2(t), \qquad \tau(t)=\tau_1(t)=\tau_2(t) \tag{1}$$

그런데 임의의 Maxwell i 요소는 식 (6.52)에 의해 아래로 나타내진다.

$$\dot{\gamma}(=\dot{\gamma}_i)=\frac{\dot{\tau}_i}{G_i}+\frac{\tau_i}{\lambda_i G_i} \quad \text{혹은} \quad \dot{\tau}_i=G_i\dot{\gamma}-\frac{\sigma_i}{\lambda_i} \quad (i=1,2) \tag{2}$$

이를 이용하여 식 (1)의 시간 미분을 취하고, $\tau_2=\tau-\tau_1$을 대입하면 아래가 된다.

$$\dot{\tau}=\dot{\tau}_1+\dot{\tau}_2=(G_1+G_2)\dot{\gamma}-\tau_1\left(\frac{1}{\lambda_1}-\frac{1}{\lambda_2}\right)-\frac{\tau}{\lambda_2} \tag{3}$$

이를 한번 더 미분하면 아래가 된다.

$$\ddot{\tau}=(G_1+G_2)\ddot{\gamma}-\dot{\tau}_1\left(\frac{1}{\lambda_1}-\frac{1}{\lambda_2}\right)-\frac{\dot{\tau}}{\lambda_2} \tag{4}$$

식 (3)과 (4)에서 첨자가 있는 τ_1과 $\dot{\tau}_1$의 소거는 Maxwell 요소식 즉 $\frac{\tau_1}{\lambda_1}+\dot{\tau}_1=G_1\dot{\gamma}$를 이용하여, 식 (1)$\times$ $\frac{1}{\lambda_1}$+식 (2)하면 아래와 같이 제거되어 요구하는 구성방정식을 얻을 수 있다.

$$\frac{\dot{\tau}}{\lambda_1}+\ddot{\tau}=(G_1+G_2)\ddot{\gamma}+\frac{1}{\lambda_1}(G_1+G_2)\dot{\gamma}-\frac{\dot{\tau}}{\lambda_2}-\left(\frac{1}{\lambda_1}-\frac{1}{\lambda_2}\right)G_1\dot{\gamma}-\frac{\tau}{\lambda_1\lambda_2} \tag{5}$$

이를 정리하면 아래가 된다.

$$\ddot{\tau}+\left(\frac{1}{\lambda_1}+\frac{1}{\lambda_2}\right)\dot{\tau}+\frac{\tau}{\lambda_1\lambda_2}=(G_1+G_2)\ddot{\gamma}+\left(\frac{G_2}{\lambda_1}+\frac{G_1}{\lambda_2}\right)\dot{\gamma} \tag{6. 90}$$

따라서 이 식을 $\mathcal{L}$ 변환시켜 $\bar{\tau}(s)$와 $\bar{\gamma}(s)$항으로 분리시켜 식 (6.51)기 법에 의하여 복소 동적 (전단)탄성계수 $G^*(\omega)$ 또는 $J^*(\omega)$를 구할 수 있다. 이는 표 6.2에 주어진 것과 같은 결과를 줄 것이다.

(b) 각 Voigt 요소의 응력은 같고, 변위는 합이므로 아래와 같이 나타낼 수 있다.

$$\tau(t) = \tau_1(t) = \tau_2(t), \qquad \gamma(t) = \gamma_1(t) + \gamma_2(t)$$

그런데 임의의 Voigt i요소는 식 (6.64)에 의해 아래로 나타내진다.

$$\dot{\gamma}_i + \frac{\gamma_i}{\lambda_i} = \frac{J_i}{\lambda_i}\tau \tag{2}$$

여기서 $J_i = 1/G_i$, $\lambda_i = \eta_i/G_i$이다.
이때 식 (1)에서 t에 미분하고, $\gamma_2 = \gamma - \gamma_1$을 대입하면 아래가 성립된다.

$$\dot{\gamma} = \dot{\gamma}_1 + \dot{\gamma}_2 = \frac{J_1}{\lambda_1}\tau - \gamma_1\left(\frac{1}{\lambda_1} - \frac{1}{\lambda_2}\right) + \frac{J_2}{\lambda_2}\tau - \frac{\gamma}{\lambda_2} \tag{3}$$

γ_1을 소거하기 위하여 이를 다시 미분하면 아래가 된다.

$$\ddot{\gamma} = \frac{J_1}{\lambda_1}\dot{\tau} - \frac{\dot{\gamma}_1}{\lambda_1} + \frac{J_2}{\lambda_2}\dot{\tau} - \frac{\dot{\gamma}}{\lambda_2} \tag{4}$$

식 (3)과 (4)에서 식 (3)$\times\dfrac{1}{\lambda_1}$+식 (4) 하면 Voigt 요소의 성질 $\dot{\gamma}_1 + \dfrac{\gamma_1}{\lambda_1} = \dfrac{J_1}{\lambda_1}\tau$에 의하여 γ_1, $\dot{\gamma}_1$가 소거되어 아래와 같이 원하는 구성방정식이 얻어진다.

$$\frac{1}{\lambda_1\lambda_2}(J_1 + J_2)\tau + \left(\frac{J_1}{\lambda_1} + \frac{J_2}{\lambda_2}\right)\dot{\tau} = \ddot{\gamma} + \dot{\gamma}\left(\frac{1}{\lambda_1} + \frac{1}{\lambda_2}\right) + \gamma/\lambda_1\lambda_2 \tag{6.91}$$

역시 이를 $\mathcal{L}$ 변환시켜 $\bar{\tau}(s)$와 $\bar{\gamma}(s)$를 분리해 내고, 식 (6.51) 기법에 의하여 표 6.2에 주어진 복소 동적계수 $J^*(\omega)$ 또는 $G^*(\omega)$를 구할 수 있다.

예제 6.5

$z=2$요소 M-W 모델에서 응력완화 탄성계수 $G(t)\left(=\sum_i G_i(t)\right)$에 관한 결과식 (6.85)를 사용하여 응력완화에 관한 적분형 볼츠만 중첩원리 식 (6.14)의 좌우를 시간에 대해 2번 미분함으로써 예제 6.4 (a)에서 얻어진 결과와 동일한 구성방정식을 구해보아라.

풀이

먼저 식 (6.14)를 정적분에 관한 Leibnitz 공식 (A6.22)을 사용하여 시간에 대해 한번 미분한 결과는 아래와 같다.

$$\frac{\partial \tau}{\partial t}=-\int_{-\infty}^{t}\left\{\frac{G_1}{\lambda_1}e^{-(t-t')/\lambda_1}+\frac{G_2}{\lambda_2}e^{-(t-t')/\lambda_2}\right\}\dot{\gamma}(t')dt'+(G_1+G_2)\dot{\gamma}(t) \tag{1}$$

식의 양변을 $(\lambda_1+\lambda_2)$로 곱하면 아래와 같이 된다.

$$(\lambda_1+\lambda_2)\frac{\partial \tau}{\partial t}=-\int_{-\infty}^{t}\{G_1e^{-(t-t')/\lambda_1}+G_2e^{-(t-t')/\lambda_2}\}\dot{\gamma}(t')dt'$$

$$-\int_{-\infty}^{t}\left\{\frac{\lambda_2}{\lambda_1}G_1e^{-(t-t')/\lambda_1}+\frac{\lambda_1}{\lambda_2}G_2e^{-(t-t')/\lambda_2}\right\}\dot{\gamma}(t')dt'+(\lambda_1+\lambda_2)(G_1+G_2)\dot{\gamma}(t) \tag{2}$$

식 (2)를 한번 더 미분하면 아래가 된다.

$$\frac{\partial^2 \tau}{\partial t^2}=\int_{-\infty}^{t}\left\{\frac{G_1}{\lambda_1^2}e^{-(t-t')/\lambda_1}+\frac{G_2}{\lambda_2^2}e^{-(t-t')/\lambda_2}\right\}\dot{\gamma}(t')dt'-\left(\frac{G_1}{\lambda_1}+\frac{G_2}{\lambda_2}\right)\dot{\gamma}(t)+(G_1+G_2)\frac{\partial\dot{\gamma}(t)}{\partial t}$$

또는 아래가 된다.

$$\lambda_1\lambda_2\frac{\partial^2 \tau}{\partial t^2}=\int_{-\infty}^{t}\left\{\frac{\lambda_2}{\lambda_1}G_1e^{-(t-t')/\lambda_1}+\frac{\lambda_1}{\lambda_2}G_2e^{-(t-t')/\lambda_2}\right\}\dot{\gamma}(t')dt'$$

$$-(G_1\lambda_2+\lambda_1G_2)\dot{\gamma}(t)+\lambda_1\lambda_2(G_1+G_2)\frac{\partial\dot{\gamma}(t)}{\partial t} \tag{3}$$

식 (1), (2), (3)을 조합하여 정리하면 아래의 구성방정식이 된다.

$$\tau+(\lambda_1+\lambda_2)\dot{\tau}+\lambda_1\lambda_2\ddot{\tau}=(\lambda_1G_1+\lambda_2G_2)\dot{\gamma}+\lambda_1\lambda_2(G_1+G_2)\ddot{\gamma} \tag{4}$$

이 식의 양변을 $\lambda_1\lambda_2$로 나누면 목적하는 식 (6.90)이 얻어진다.

6. 2. 7 완화 및 지연 스펙트럼

여러 개의 스프링과 대쉬폿으로 이루어진 M-W 모델에 의한 (전단)응력완화 탄성계수 $G(t)$(식 6.85)나 V-K 모델에 의한 크리프 컴플라이언스 $J(t)$(표 6.2)에서 일반적으로 보듯이 완화시간 λ_i가 1개가 아닌 분포를 하고 있음을 알 수 있다. 그래서 이 절에서는 실험에서 얻어진 $J(t)$(나 $E(t)$) 곡선으로부터 응력완화(relaxation)($H(\lambda)$) 및 크리프 지연(retardation)($L(\lambda)$) 스펙트럼(또는 분포함수)을 구하는 방법에 대해 논하겠다.

6. 2. 7. 1 완화 스펙트럼 $H(\lambda)$

응력완화 전단 탄성계수 $G(t)$에 관한 M-W모델의 식 (6.85)(혹은 표 6.2)에서 요소수 $z \rightarrow \infty$로 하고, $G_i \rightarrow H(\lambda_i)/\lambda_i$(여기서 H는 완화함수)를 대입하고, 무한급수합을 완화시간 λ에 대한 (정)적분으로 바꾸면 아래 식을 얻는다.

$$G(t) = \sum_{i=0}^{\infty} G_i \exp(-t/\lambda_i) = \int_0^{\infty} \frac{H(\lambda)}{\lambda} \exp(-t/\lambda)\, d\lambda = \int_{-\infty}^{\infty} H(\lambda) \exp(-t/\lambda)\, d\ln\lambda \quad (6.92)$$

[비고 : 사실 위 식의 $G(t)$보다 실제 완화되는 부분인 $G(t) - G_e = G_d \phi(t)$(식 (6.8) 참조)를 사용함이 보다 정확한 것이나, 점탄성 액체의 경우는 $G_e = 0$이 되고, 점탄성 고체의 경우라도 G_e값이 그리 크지 않을 경우에는 $G(t)$로 써도 무방할 것이다.]

또한 동적 전단계수 $G'(\omega)$ 및 $G''(\omega)$는 각각 식 (6.35a) 및 (6.36a)로부터 식 (6.92)의 도움을 받아 아래와 같이 완화함수 $H(\lambda)$의 항으로 나타낼 수 있다.

$$G'(\omega) = \omega \int_0^{\infty} \sin\omega s \left[\int_0^{\infty} \frac{H(\lambda)}{\lambda} \exp(-s/\lambda)\, d\lambda \right] ds = \int_0^{\infty} \frac{H(\lambda)}{\lambda} \frac{\lambda^2\omega^2}{1+\lambda^2\omega^2}\, d\lambda$$

$$= \int_{-\infty}^{\infty} H(\lambda) \frac{\lambda^2\omega^2}{1+\lambda^2\omega^2}\, d\ln\lambda \quad (6.93)$$

$$G''(\omega) = \omega \int_0^{\infty} \cos\omega s \left[\int_0^{\infty} \frac{H(\lambda)}{\lambda} \exp(-s/\lambda)\, d\lambda \right] ds = \int_0^{\infty} \frac{H(\lambda)}{\lambda} \frac{\lambda\omega}{1+\lambda^2\omega^2}\, d\lambda$$

$$= \int_{-\infty}^{\infty} H(\lambda) \frac{\lambda\omega}{1+\lambda^2\omega^2}\, d\ln\lambda \quad (6.94)$$

위 두 식에서 적분변수 s에 관한 적분은 공식 (A6.35)에서 $a = \frac{1}{\lambda}$, $b = \omega$를 대입하여 구했다.

[비고 : 식 (6.93)의 $G'(\omega)$도 $G'(\omega) - G_e$를 사용함이 보다 정확할 것이다. 그러나 점탄성 액체의 경우는 식 (6.8)중의 $G(\infty)$에 해당하는 $G_e = 0$이 된다.]

한편 식 (6.93)과 (6.94)는 (전단)응력완화에 있어서 동적 전단탄성계수 G' 및 G''에 대한 M-W 모델의 결과식인 (6.86b)(혹은 표 6.2)를 $G(t)$의 완화함수 표현식 (6.92)를 구할 때와 마찬가지로 $G_i \rightarrow H(\lambda_i)/\lambda_i$(여기서 λ_i는 i번째 요소의 완화시간)로 치환하고, 또 요소의 $z \rightarrow \infty$일 때의 무한급수합을 정적분으로 바꾸면 마찬가지로 유도될 수 있다.

6. 2. 7. 2 지연 스펙트럼 $L(\lambda)$

전단 크리프 컴플라이언스 $J(t)$에 관한 V-K 모델의 결과식인 $J(t)\left(=\sum_{i=1}^{z} J_i(t)\right)$는 1개 요소에 대한 식 (6.69) 혹은 표 6.2로부터 아래와 같이 나타낼 수 있다(단 요소수 $z \rightarrow \infty$ 가정).

$$J(t) = \sum_{i=0}^{\infty} J_i \times [1 - \exp(-t/\lambda_i)] \tag{6.95}$$

여기서 $J_i(=1/G_i)$를 $L(\lambda_i)/\lambda_i$(여기서 L는 지연(retardation) 스펙트럼임)로 치환하고, 무한급수합을 지연(혹은 완화)시간 λ에 대한 정적분으로 바꾸면 아래가 된다.

$$J(t) = \int_0^{\infty} \frac{L(\lambda)}{\lambda}[1 - \exp(-t/\lambda)]d\lambda = \int_{-\infty}^{\infty} L(\lambda)[1 - \exp(-t/\lambda)]d\ln\lambda \tag{6.96}$$

[비고 : 사실 위 식의 $J(t)$보다 실제 지연(완화)되는 부분인 $J(t) - J_g - t/\eta = J_d\psi(t)$(식 (6.9) 참조 - 점탄성 고체의 경우는 $\eta \rightarrow \infty$임)가 보다 타당할 것이나, 실제로 $J_g(=1/G_g)$ 값이 그리 크지 않다면 $J(t)$로 써도 무방할 것이다.]

또한 동적 전단 크리프 컴플라이언스 $J'(\omega)$ 및 $J''(\omega)$는 식 (6.40a) 및 (6.41a)로부터 식 (6.96)의 도움을 받아 아래와 같이 지연함수 $L(\lambda)$의 항으로 나타낼 수 있다.

$$J'(\omega) = \omega\int_0^{\infty} \sin\omega s\left[\int_0^{\infty} \frac{L(\lambda)}{\lambda}(1 - \exp(-s/\lambda))d\lambda\right]ds$$

$$= \omega\left\{\int_0^{\infty} \frac{L(\lambda)}{\lambda}\left(\int_0^{\infty} \sin\omega s ds\right)d\lambda - \int_0^{\infty} \frac{L(\lambda)}{\lambda}\left[\int_0^{\infty} \sin\omega s \exp\left(-\frac{s}{\lambda}\right)ds\right]d\lambda\right\}$$

$$= \omega\left\{\frac{1}{\omega}\int_0^{\infty} \frac{L(\lambda)}{\lambda}d\lambda - \frac{1}{\omega}\int_0^{\infty} \frac{L(\lambda)}{\lambda}\frac{\lambda^2\omega^2}{1+\lambda^2\omega^2}d\lambda\right\}$$

$$= \int_0^{\infty} \frac{L(\lambda)}{\lambda} \frac{1}{1+\lambda^2\omega^2} d\lambda = \int_{-\infty}^{\infty} \frac{L(\lambda)}{1+\lambda^2\omega^2} d\ln\lambda \qquad (6.97)$$

$$J''(\omega) = -\omega \int_0^{\infty} \cos\omega s \left[\int_0^{\infty} \frac{L(\lambda)}{\lambda}(1-\exp(-s/\lambda))d\lambda \right] ds$$

$$= -\omega \left\{ \int_0^{\infty} \frac{L(\lambda)}{\lambda} \left(\int_0^{\infty} \cos\omega s\, ds \right) d\lambda - \int_0^{\infty} \frac{L(\lambda)}{\lambda} \left[\int_0^{\infty} \cos\omega s \exp\left(-\frac{s}{\lambda}\right) ds \right] d\lambda \right\}$$

$$= -\omega \left\{ -\int_0^{\infty} \frac{L(\lambda)}{\lambda} \frac{\lambda}{1+\lambda^2\omega^2} \mathrm{d}\lambda \right\} = \int_0^{\infty} \frac{L(\lambda)}{\lambda} \frac{\lambda\omega}{1+\lambda^2\omega^2} d\lambda$$

$$= \int_{-\infty}^{\infty} L(\lambda) \frac{\lambda\omega}{1+\lambda^2\omega^2} d\ln\lambda \qquad (6.98)$$

위 두 식의 적분변수 s에 관한 정적분의 경우 공식 (A6.35)(단 $a=1/\lambda$, $b=\omega$ 대입) 및 아래의 관계식을 이용하였다.

$$\int_0^{\infty} \sin\omega s\, ds = 1/\omega, \quad \int_0^{\infty} \cos\omega s\, ds = 0 \qquad (6.99)$$

[비고 : 크리프 (지연)컴플라이언스 $J(t)$의 정의식 (6.9)에서, 식 (6.97)의 $J'(\omega)$보다 $J'(\omega) - J_g$가, 또 (6.99)의 $J''(\omega)$보다 $J''(\omega) - \frac{1}{\omega\eta}$(단 점탄성 고체의 경우 $\eta \to \infty$)가 보다 타당할 것이나, 여기서는 편의상 J' 및 J''를 그대로 사용하기로 한다.]

한편 $H(\lambda)$의 경우와 마찬가지로, 위 두 식은 전단 크리프에 있어서 동적 컴플라이언스 J' 및 J''에 대한 V-K 모델의 결과식인 식 (6.89)(혹은 표 6.2)를 식 (6.96)를 구할 때와 마찬가지로 $J_i \to L(\lambda_i)/\lambda_i$(여기서 λ_i는 i번째 요소의 지연 혹은 완화시간임)로 치환하고, 또 요소수 $z \to \infty$일 때의 무한급수합을 정적분으로 바꾸면 마찬가지로 유도될 수 있다.

6. 2. 7. 3 완화 및 지연 스펙트럼에 관한 (1차)근사 공식

먼저 완화스펙트럼 $H(\lambda)$에 관한 1차 근사식을 생각해보자. 식 (6.92)에서 완화시간 $\lambda > t$일 때 $\exp(-t/\lambda) \simeq 1$로 간주하여 아래의 근사식이 성립된다(단 보다 정확을 기하기 위해 $G(t)$ 대신 실제 완화되는 부분인 $G(t) - G_e (= G_d\phi(t))$를 사용].

$$G(t) - G_e \simeq \int_{\ln t}^{\infty} H(\lambda)\, d\ln\lambda \qquad (6.100)$$

위 식의 양변을 $\ln t$로 편미분하면 정적분의 미분에 관한 Leibnitz 공식 (A6.22)에 의해 $-H(t)$가 되므로 아래가 성립된다.

$$H(\lambda) \simeq -\left.\frac{d[G(t)-G_e]}{d\ln t}\right|_{t=\lambda} = -G(t)\left.\frac{d\log G(t)}{d\log t}\right|_{t=\lambda} \tag{6. 101}$$

이 관계식을 완화스펙트럼 $H(\lambda)$에 관한 '1차(first order) 근사'라 하며, 시간 일과성(time transient) 실험곡선 $G(t)$의 t에 대한 미분(기울기)에서 구할 수 있다.

한편 동적계수에 관한 식 (6.93)에서 $\lambda > \omega^{-1}$(혹은 $\lambda\omega > 1$)일 때 $\omega^2\lambda^2/(1+\omega^2\lambda^2) \simeq 1$로 근사하여 아래가 성립된다[역시 정확을 기하기 위해 $G'(\omega)$ 대신 $G' - G_e$를 사용].

$$G'(\omega) - G_e \simeq \int_{\ln\omega^{-1}}^{\infty} H(\lambda)\, d\ln\lambda \tag{6. 102}$$

여기서 양변을 $\ln\omega$로 미분하면 Leibnitz 공식에서 $H(\omega)$가 되므로 아래가 성립된다.

$$H(\lambda) \simeq \left.\frac{d[G'(\omega)-G_e]}{d\ln\omega}\right|_{\lambda=1/\omega} = G'(\omega)\left.\frac{d\log G'(\omega)}{d\log\omega}\right|_{\omega=1/\lambda} \tag{6. 103}$$

또한 $G''(\omega)$에 관한 식 (6.94)도 $\lambda\omega > 1$일 때 마찬가지로 아래의 근사식이 성립된다.

$$\omega G''(\omega) = \int_{-\infty}^{\infty} \frac{H(\lambda)}{\lambda}\frac{\omega^2\lambda^2}{1+\omega^2\lambda^2}\, d\ln\lambda \simeq \int_{\ln\omega^{-1}}^{\infty} \frac{H(\lambda)}{\lambda}\, d\ln\lambda \tag{6. 104}$$

역시 양변을 $\ln\omega$로 미분하면 $H(\omega)\omega$(여기서 $\omega = 1/\lambda$)가 되므로 아래의 근사식이 성립된다.

$$H(\lambda) \approx \frac{1}{\omega}\frac{d}{d\ln\omega}[\omega G''(\omega)]_{\omega=1/\lambda} = G''(\omega)\left[1 + \frac{d\log G''(\omega)}{d\log\omega}\right]_{\omega=1/\lambda} \tag{6. 105}$$

마찬가지로 크리프 지연 스펙트럼 $L(\lambda)$의 경우에도 위와 비슷한 논리에 의해 $J(t)$, $J'(\omega)$ 및 $J''(\omega)$의 지연함수 표현식인 식 (6.96) ~ (6.98)로부터 각각 1차 근사식이 얻어질 수 있으나 여기서는 결과만을 아래에 나타내겠다.

$$L(\lambda) \simeq \frac{d}{d\ln t}\left[J(t) - J_g - \frac{t}{\eta}\right]_{t=\lambda^{-1}} = \left[J(t) - \frac{t}{\eta}\right]\left.\frac{d\log[J(t)-t/\eta]}{d\log t}\right|_{t=\lambda} \tag{6. 106}$$

$$L(\lambda) \simeq -\left.\frac{dJ'(\omega)}{d\ln\omega}\right|_{\omega=\lambda^{-1}} = -J'(\omega)\left.\frac{d\log J'(\omega)}{d\log\omega}\right|_{\omega=1/\lambda} \tag{6. 107}$$

$$L(\lambda) \simeq \left[J''(\omega) - \frac{1}{\omega\eta} \right] \left[1 + \frac{d\log[J''(\omega) - 1/\omega\eta]}{d\log\omega} \right]_{\omega = 1/\lambda} \tag{6.108}$$

[주의 : 점탄성 고체의 경우에는 위 식 중의 점도 $\eta \to \infty$가 되며, $J_g (= G_g^{-1})$ 항은 존재하나 t나 ω에 대한 미분은 0이 된다.]

$H(\lambda)$나 $L(\lambda)$에 관한 위의 1차 근사식 외에도 보다 정확을 기하기 위한 Schwartz의 미분 연산자법에 의한 고차 근사식에 제안되고 있으나, 여기서는 지면 관계상 생략하기로 한다.

6. 2. 7. 4 극한 진동수($\omega \to 0$)일 때의 선형 점탄성 파라미터간의 상호관계

각진동수 $\omega \to 0$(혹은 전단속도 $\dot{\gamma} \to 0$)일 때의 극한 정상 전단점도(limiting steady zero shear-viscosity) η_0의 위에서 소개된 완화함수 $H(\lambda)$의 형태로 표현은, 응력완화에 관한 볼츠만 중첩원리 식 (6.14)에서 정상 전단속도 즉 $\dot{\gamma}(t) = \dot{\gamma}_0$을 가정하면 점도의 뉴톤 표현식에서 아래가 성립된다(단 $\tau_{21}(t) = \tau(t)$로 둠).

$$\eta_0 = \tau_{21}(t)/\dot{\gamma} = \tau(t)/\dot{\gamma}_0 = \int_{-\infty}^{t} G(t-t')\,dt' = \int_0^\infty G(s)\,ds = \int_0^\infty H(\lambda)\,d\lambda \tag{6.109}$$

위 식의 맨 마지막 항등관계는 전단 탄성계수 $G(t)$의 완화함수 표현식 (6.92)(단 $t \to s$로 치환)를 대입하여 적분한 것이다.

한편 $\omega \to 0$의 극한일 때 식 (6.93) 및 (6.94)에서 아래가 성립된다.

$$\lim_{\omega \to 0} \frac{G'(\omega)}{\omega^2} = \int_0^\infty \lambda H(\lambda)\,d\lambda = \int_0^\infty s\,G(s)\,ds \tag{6.110}$$

$$\lim_{\omega \to 0} \frac{G''(\omega)}{\omega} = \int_0^\infty H(\lambda)\,d\lambda = \int_0^\infty G(s)\,ds \tag{6.111}$$

위 두 식 모두 마지막 항등관계는 $G(t)$(또는 $G(t) - G_e$)에 관한 식 (6.92)(단 $t \to s$로 치환)를 대입하여 적분하면 증명된다. 또한 식 (6.110) 및 (6.111)의 결과는 각각 식 (6.35a) 및 (6.36a)에서 sin 및 cos 함수의 Taylor 급수 전개시 $\omega \to 0$일 때는 첫 번째 항만 취해도(A6.1.3절 참조) 얻어질 수 있다.

여기서 Cox-Merz 식 (5.311)과 식 (6.111)을 이용하여 η_0에 관한 아래 식도 얻어진다.

$$\eta_0 = \lim_{\omega \to 0} \eta'(\omega) = \lim_{\omega \to 0} \frac{G''(\omega)}{\omega} \simeq \int_0^\infty H(\lambda) d\lambda = \int_0^\infty G(t) dt \tag{6.112}$$

(증명) Cox-Merz 법칙과 복소점도 $\eta^*(=\eta' - i\eta'')$(식 5.248)에서 아래가 성립된다.

$$\eta(\dot{\gamma}) = |\eta^*(\omega)|_{\omega=\dot{\gamma}} = \sqrt{\eta'^2 + \eta''^2}\Big|_{\omega=\dot{\gamma}}$$

그런데 $\omega \to 0$(혹은 $\dot{\gamma} \to 0$)의 극한 경우 $G'/\omega(=\eta'') \to 0$이 되나, $G''/\omega(=\eta')$는 0이 안되며 $\int_0^\infty H(\lambda)d\lambda$가 된다(∵ 식 (6.86) 혹은 식 (6.93) ~ (6.94) 이용). 따라서 아래가 성립되어 증명된다.

$$\eta_0 = \lim_{\omega \to o} |\eta^*(\omega)| = \lim_{\omega \to o} \eta'(\omega) = \lim_{\omega \to o} G''(\omega)/\omega = \int_0^\infty H(\lambda)d\lambda \qquad \blacksquare$$

그런데 위 식의 증명에서는 이미 $\eta' = G''/\omega$(식 (5.248)) 관계를 알고 증명하였으나, 거꾸로 η_0에 관한 식 (6.109)에서 출발하면 $G''/\omega = \eta'$ 되는 결과가 증명될 수도 있음에 유의해야 한다.

한편 $\dot{\gamma} \to 0$일 때의 '평균(혹은 가장 긴) 완화시간 $\lambda_0(=<\lambda>)$는 확률분포함수로 완화함수인 $H(\lambda)$를 사용하여 아래와 같이 정의된다.

$$\lambda_0 = <\lambda>_{H(\lambda)} \equiv \int_0^\infty \lambda H(\lambda)d\lambda \Big/ \int_0^\infty H(\lambda)d\lambda = \int_0^\infty s\,G(s)ds \Big/ \int_0^\infty G(s)ds \qquad (6.\ 113)$$

위 식의 맨 마지막 항등관계는 식 (6.110)과 (6.111)의 마지막 항등관계를 이용하였다.

다음에는 $\dot{\gamma} \to 0$일 때의 '평형 (전단)크리프 컴플라이언스' J_e°는 스프링-대쉬폿 모델의 관계식인 $\eta = \lambda G = \lambda/J$를 이용하여 아래와 같이 정의된다.

$$J_e \equiv \lambda_0/\eta_0 \qquad (6.\ 114\ a)$$

여기서 η_0 및 λ_0에 관한 식 (6.112)와 (6.113)을 대입하고 식 (6.110) ~ (6.111)을 이용하면 아래가 된다.

$$J_e^\circ = \int_0^\infty \lambda H(\lambda)d\lambda \Big/ \left[\int_0^\infty H(\lambda)d\lambda\right]^2 = \int_0^\infty s\,G(s)ds \Big/ \left[\int_0^\infty G(s)ds\right]^2$$

$$= \lim_{\omega \to o} \frac{G'/\omega^2}{(G''/\omega)^2} = \lim_{\omega \to o} \frac{G'}{G''^2} \qquad (6.\ 114\ b)$$

예제 6.6

한 개의 Maxwell요소에 대한 전단 완화 탄성계수 $G(t) = G_0 \exp(-t/\lambda)$(식 6.61)로 나타내질 때 $J_e^\circ = 1/G_0$됨을 증명하여라.

풀이

식 (6.114)에 위의 $G(t)$를 대입하고 적분을 행하면 아래가 되어 증명된다.

$$J_e^\circ = \frac{1}{\eta_0^2}\int_0^\infty tG(t)dt = \frac{\int_0^\infty tG(t)dt}{\left[\int_0^\infty G(t)dt\right]^2} = \frac{\int_0^\infty tG_0\exp(-t/\lambda)dt}{\left[\int_0^\infty G_0\exp(-t/\lambda)dt\right]^2} = \frac{1}{G_0}$$

6.3 분자론적 모델

묽은 고분자용액의 고유점도($[\eta]$)에 대한 두 극한 고전모델 즉 Rouse와 Zimm 모델 모두 그림 6.16에 나타낸 바와 같이 중합도(혹은 부사슬의 수) N의 한 개의 고분자 사슬을 굴곡성(flexible)의 탄성 스프링과 구슬로 연결된 'spring-bead' 모델에 기초를 두고 있으니 Rouse모델에서는 고분자 세그먼트의 존재하에도 유체(용매)의 속도는 아무런 장애를 받지 않고 고분자 분절사이를 자유롭게 넘나드는 'free-draining'을 가정하였고, 반면 Zimm 모델에서는 용매의 운동(속도)이 고분자의 분절의 존재로 인한 수력학적 상호작용에 의해 섭동(perturbed)되는 'non-draining'을 가정하였다.

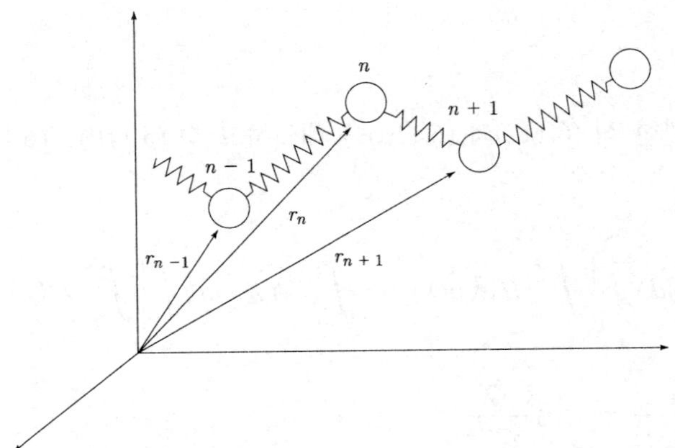

그림 6.16 스프링-구슬(spring-bead) 모델에 대한 모식도.

Rouse는 그림 6.16에 묘사된 스프링-구슬 모델의 각 부사슬(subchain)간의 Newton 운동방정식을 스프링에 작용하는 (인장)힘 f와 변위 r사이의 관계식에 기초를 두어 [이 때 스프링 상수는 $3kT/\langle r_0^2 \rangle$이 됨] 고분자에 있는 전 부사슬(subchain)에 대해 운동방정식을 세워, 이를 고유(주)방향으로의 '정규(normal)' 좌표변환을 행함으로써 해를 구하여 p번째의 완화시간 $\lambda_p(p = 1,2,3 \cdots)$를 아래와 같이 계산하였다.

$$\lambda_p = \frac{b^2 \zeta_0}{3kTp^2 \pi^2} N^2 \tag{6. 115}$$

여기서 b는 스프링의 길이, N는 고분자에 있는 부사슬의 수, ζ_0는 1개의 부사슬의 Stokes 마찰계수이다. 그리고 Rouse 이론에서 계산된 응력완화 인장탄성계수 $E(t)$는 M-W 스프링-대쉬폿 모델의 결과와 일치하여 아래로 나타내진다(선형 점탄성에서 전단탄성계수 $G(t) = E(t)/3$가 됨).

$$E(t) = \sum_{p=1}^{N} E_p \exp(-t/\lambda_p) \tag{6. 116 a}$$

$$E_p = 3nkT = 3cRT/M(\text{단 } E_p\text{는 } p\text{에 무관 일정}),\ n = cN_A/M \tag{6. 116 b}$$

위 식에서 n는 용액의 단위부피(cm^3)당 용질의 개수, c는 용질의 농도(g/cm^3), k 및 N_A는 각각 볼츠만 상수 및 아보가드로수이고, $R = N_A k$이다. 식 (6.116a)에서 초기 탄성계수 $E(0) = \sum_{p=1}^{N} E_p$가 성립되고, 동적 저장(인장) 탄성계수 $E'(\omega)$는 아래로 나타내진다.

$$E'(\omega) = \frac{3cRT}{M} \sum_{p=1}^{N} \frac{\omega^2 \lambda_p^2}{1 + \omega^2 \lambda_p^2} \tag{6. 117}$$

예제 6.7

고분자 몰 분자량이 10^5 g/mol, 25 ℃에서 고분자 용액의 농도 $c \simeq 100$ kg/m3일 때 Rouse모델에서 p번째(pth mole) 인장 탄성계수 E_p (식 6.116b)를 구하라.

풀이

식 (6.116b)에서 아래가 성립된다.

$E_p = 3nkT = 3cRT/M$ (여기서 n는 단위체적당 고분자 사슬의 수)

$= 3 \times 100(\mathrm{kg/m^3}) \times 8.314\,(\mathrm{J/mol \cdot K}) \times 298\ \mathrm{K} \div 100\ \mathrm{kg/mol}$

$= 7400\ \mathrm{J/m^3} = 7.4\ \mathrm{kPa}\,(\text{단 } 1\ \mathrm{Pa} = 1\ \mathrm{N/m^2} = 1\ \mathrm{J/m^3})$

Rouse 모델에서 고분자 용액이 나타내는 전체 점도 η중 용액의 점도 η_s를 제외한 고분자의 순수공헌에 의한 점도 $\eta-\eta_s$는 아래 식으로 나타내진다.

$$\eta-\eta_s=\sum_{p=1}^{N}G_p\lambda_p\approx\frac{nb^2\rho_s N^2}{36} \tag{6.118}$$

여기서 n는 단위 체적당 고분자 사슬의 수, b는 1개의 부사슬의 길이, ρ_s는 용매의 밀도, N은 부사슬의 수(혹은 중합도)이다. 식 (6.118)을 완화시간 λ_p(6.115)항으로 나타내면 아래가 성립된다.

$$\lambda_p=\frac{6(\eta-\eta_s)}{nkT\pi^2p^2}=\frac{6M(\eta-\eta_s)}{cRT\pi^2p^2} \tag{6.119}$$

반면에 용매와 세그먼트사이의 수력학적 상호작용을 고려한 Zimm 모델의 경우 p번째 완화시간과 점도의 관계는 식 (6.119)대신 아래로 나타내진다.

$$\lambda_p=\frac{1.71(\eta-\eta_s)}{nkTk_p}=\frac{1.71M(\eta-\eta_s)}{cRTk_p} \tag{6.120}$$

여기서 Zimm 상수 k_p는 $k_1=4.04,\ k_2=12.79,\ k_3=24.2$ 등이다.

한편 위에서 언급한 수식을 토대로 묽은 고분자 용액의 경우 두 극한 모델에 대한 가장 긴 완화시간 $\lambda_1[=\lambda_p(p=1)]$, 고유점도($[\eta]$), 질량중심의 확산계수 D_G의 분자량$M(\sim N)$ 의존성을 스케일링 법칙(scaling law)에 의거하여 아래에 요약하여 나타내었다.

$$\text{(Rouse 모델)}\qquad \lambda_1\sim M^2,\ [\eta]_\theta\sim M^1,\ D_G\sim M^{-1} \tag{6.121}$$

$$\text{(Zimm 모델)}\qquad \lambda_1\sim M^{3\nu},\ [\eta]\sim M^{3\nu-1},\ D_G\sim M^{-\nu} \tag{6.122}$$

Zimm 모델에 관한 식에서 (스케일링)지수 ν는 (가우스사슬에 대한) 제곱평균 말단거리($\langle R^2\rangle$)의 M 의존성지수로서 θ용매에서는 $\nu=\frac{1}{2}$, 양용매에서는 $\nu=\frac{3}{5}$값을 가진다. 그리고 참고로 그림 6.17에 두 모델에 의한 묽은 고분자 용액의 동적 전단 탄성 계수 $G'(\omega)$ 및 $G'(\omega)-\omega\lambda_s$(여기서 λ_s는 용매의 완화시간)를 환원 각속도 $\omega_R[=\omega\lambda_1$, 여기서 λ_1은 가장 긴 완화시간 즉 $\lambda_p(p=1)$임]에 대해 플롯하였다. 특히 그림에서 주목되는 것은 두 모델의 $\log G'$대 $\log\omega_R$의 기울기의 차이점이다. 이 차이는 위에서 언급한 두 모델의 완화시간 λ_p의 차이에 기인한다.

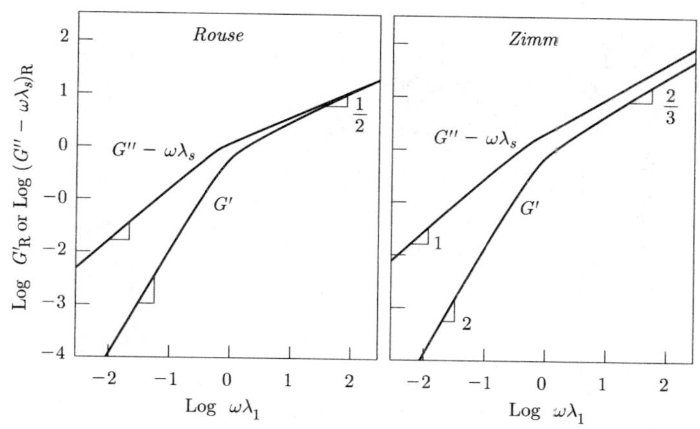

그림 6.17 Rouse 모델과 Zimm 모델에 의한 $G'(\omega)$ 및 $G''(\omega) - \omega\lambda_s$의 ω 의존성의 예측.

6. 4 시간(혹은 진동수)-온도 중첩원리

이 절에서는 그림 6.1 및 6.2에 나타낸 선형 점탄성 물질의 전단탄성계수 $G(t)$에 대한 일정시간에서의 온도 의존성과 일정 온도에서의 시간의존성을 한데 묶는 소위 '시간-온도 중첩원리', 나아가 동적계수 $G'(\omega)$, $G''(\omega)$에 대한 '진동수-온도 중첩원리'에 대하여 논하겠다.

6. 4. 1 시간 일과성 실험

일반적으로 온도를 바꾸어 크리프 실험이나 응력완화 탄성계수를 측정하는 것은 비교적 용이하나, 일정온도에서 시간을 바꾸어 실험하는 경우에는 아주 긴 시간이나 아주 짧은 시간에 대한 실험을 수행하기란 용이하지 않다. 그림 6.18에 여러 온도에서 측정한 전단 탄성계수 $G_R(t)$를 한 개의 기준온도(여기서는 T_4)에 대한 곡선으로 수평이동(horizontal shift)[이때 '이동인자(shift factor)' a_T를 이용]하여 주어진 물질에 대한 '만능 곡선(master curve)'을 작성하여 두면 위에서 말한 아주 긴 시간이나 짧은 시간과 같은 실험이 곤란한 경우에는 수평이동에 의해 만능 곡선상에 대응하는 훨씬 용이한 시간에서의 탄성계수 값을 손쉽게 알 수 있다. 그러나 이와 같은 '시간-온도 중첩원리'는 모든 물질에 적용되는 것이 아니고, 다상계(multi-phase system) 고분자와 준결정성(semi-crystalline) 고분자의 경우에는 사용이 제한되어 있다. 이하에서 수학적 원리에 대하여 설명하겠다.

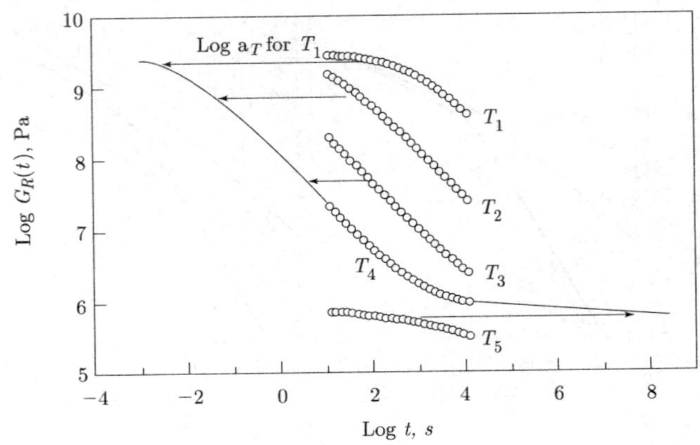

그림 6.18 5개의 다른 온도에서 측정한 전단 응력완화 탄성계수 $G_R(t)$를 사용한 만능곡선(master curve)의 작성[온도 $T_3 < T_4$, $T_5 > T_4$임].

그림 6.18에서 볼 수 있듯이 임의의 온도 T 및 시간 t에서의 전단탄성계수 $G(t, T)$값과 기준(reference) 온도 T_0(여기서는 T_4)에서의 $G(t_0, T_0)$값이 (수평 이동인자 a_T에 의해) 같다고 할 때 아래식이 성립된다.

$$G(t, T) = G(t_0, T_0)\,[= G(t/a_T\,, T_0)] \quad (\text{여기서} \;\; a_T = t/t_0) \tag{6.123}$$

그런데 가교 고무의 전단 탄성계수 $G \sim \rho(T)\,T$(여기서 ρ는 온도 T에서의 밀도)의 비례관계에 있으므로 $G(t)/\rho T$는 일정하게 되는 성질을 이용하여 식 (6.123) 대신 아래식이 보다 정확할 것이다.

$$\frac{G(t, T)}{\rho(T)\,T} = \frac{G(t_0, T_0)}{\rho_0 T_0} \quad \text{혹은} \;\; b_T G(t, T) = G(t_0, T_0) \tag{6.124}$$

여기서 '수직 이동(vertical shift) 인자' $b_T = \rho_0 T_0 / \rho T$ 인데, 실제의 비정고분자 경우 대개 $b_T \simeq 1$이 되나, 정확을 기하기 위하여 특별한 언급이 없는 한 당분간 b_T를 그대로 사용한다.

위 식에서 수직이동인자 b_T는 아는 파라미터이나, 수평이동인자 $a_T\,(= f(T_0, T))$의 정확한 함수형태는 나중에 언급하겠으나, 그림에서 기준온도에서의 x축의 좌표 $\log t_0 = \log(t/a_T) = \log t - \log a_T$인데, $T > T_0$(즉 $T_5 > T_4$)의 경우에는 오른쪽으로 이동해야 (즉 $\log a_T < 0$, $a_T < 1$) 기준온도 축과 만난다. 반대로 $T < T_0$(즉 $T_1 > T_4$)의 경우에는 왼쪽으로 이동해야 (즉 $\log a_T > 0$, $a_T > 1$) 기준온도 곡선과 만난다. 이 사실은 기준온도로서 $T_0 = T_g$를 취하였을 때의 폴리스티렌(PS) 실험에서 얻어진 $\log a_T$ 대 $(T - T_g)$곡선을 플롯한 그림이 그림 6.19에 잘 나타나 있다.

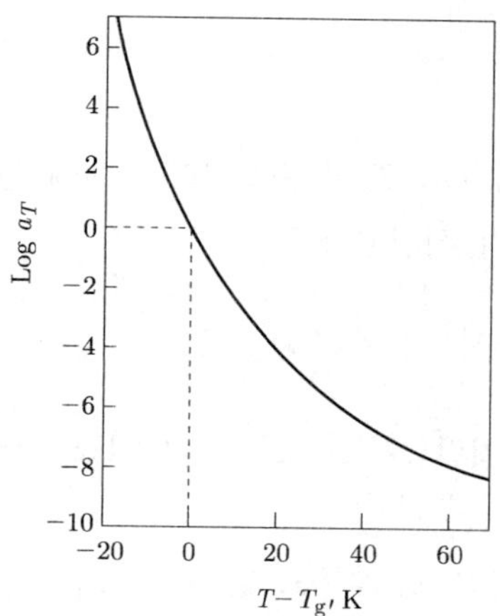

그림 6.19 폴리스티렌에 대한 수평 이동인자 a_T의 온도 의존성 플롯. (단 기준온도 $T_0 = T_g$로 간주)

한편 시간 일과성 크리프 컴플라이언스 전단계수 $J(t)$의 경우에는 $G(t)$와는 반대의 성질 (식 6.26 참조) 즉 $(\partial G/\partial t)_T < 0$, 그러나 $(\partial J/\partial t)_T > 0$, 그리고 $G \sim \rho T$인 반면에 $J \sim \rho^{-1} T^{-1}$이므로 식 (6.124)에 대응하여 아래가 성립한다.

$$\frac{J(t,\ T)}{\rho^{-1} T^{-1}} = \frac{J(t_0,\ T_0)}{\rho_0^{-1} T_0^{-1}} \quad \text{혹은} \quad \frac{J(t,\ T)}{b_T} = J(t_0,\ T_0)\left[= J\left(\frac{t}{a_T},\ T_0\right)\right] \tag{6. 125}$$

위 식에서 수평인자 $a_T(= t/t_0)$ 및 $b_T(= \rho_0 T_0/\rho T)$는 앞의 경우와 동일하다.

한편 식 (6.112)를 이용하면 극한$(\dot{\gamma} \to 0)$전단점도(zero shear viscosity) $\eta(T)\,[= \eta_o(T)]$에 대한 시간-온도 중첩원리는 아래와 같다(단 기준온도 $T_0 = T_g$ 간주).

$$\eta_o(T) = \eta_o(T_0) a_T(T_0 \to T) = \eta_o(T_g) a_T [= \eta(T_g) a_T] \tag{6. 126}$$

한편 보다 정확히는 수직 이동인자 $b_T(= \rho_0 T_0/\rho T)$ 항을 고려하여 아래와 같이 표현된다.

$$\eta(T) = \eta(T_0) a_T/b_T \quad \text{혹은} \quad a_T = \frac{\rho_0 T_0}{\rho T}\left(\frac{\eta(T)}{\eta(T_0)}\right) \tag{6. 127}$$

6.4.2 동적 실험

먼저 동적 저장 전단탄성계수 $G'(\omega, T)$의 중첩원리에 대해 생각해보자. 이 경우에도 $G(t)$에 관한 식 (6.123)과 유사하게 아래가 성립된다.

$$G'(\omega, T) = G'(\omega_0, T_0) \text{(여기서 } \omega_0 = \omega a_T\text{)} \tag{6.128}$$

그런데 $G'(\omega, T)$도 $G(t, T)$경우처럼 $G'(\omega, T) \sim \rho T$이므로 아래의 정확한 관계식이 성립된다.

$$\frac{G'(\omega, T)}{\rho T} = \frac{G'(\omega_0, T_0)}{\rho_0 T_0} \text{ 혹은 } b_T G'(\omega, T) = G'(\omega_0, T_0)\left[= G'(\omega a_T, T_0)\right] \tag{6.129}$$

마찬가지로 동적 손실 전단탄성계수 $G''(\omega, T) = G''(\omega_0, T_0)$관계가 성립되지만, G'' 역시 $G(t)$처럼 $G''(\omega, T) \sim \rho T$이므로 아래의 정확한 관계가 성립된다.

$$\frac{G''(\omega, T)}{\rho T} = \frac{G''(\omega_0, T_0)}{\rho_0 T_0} \text{ 혹은 } b_T G''(\omega, T) = G''(\omega_0, T_0)\left[= G''(\omega a_T, T_0)\right] \tag{6.130}$$

다음에는 동적 전단 크리프 저장계수 $J'(\omega, T)$에 대해 조사해보자. 이 경우에도 $J'(\omega, T) = J'(\omega_0, T_0)$(단 $\omega_0 = \omega a_T$) 가 성립되나, $J(t)$의 경우와 마찬가지로 $J'(\omega, T) \sim \rho^{-1} T^{-1}$가 되므로 아래의 정확한 관계식이 얻어진다.

$$\rho T J'(\omega, T) = \rho_0 T_0 J'(\omega_0, T_0) \text{ 혹은 } \frac{J'(\omega, T)}{b_T} = J'(\omega_0, T_0)\left[= J'(\omega a_T, T_0)\right) \tag{6.131}$$

또한 마찬가지 논리로 $J''(\omega, T)$에 관한 아래 식도 성립된다.

$$\rho T J''(\omega, T) = \rho_0 T_0 J''(\omega_0, T_0) \text{ 혹은 } \frac{J''(\omega, T)}{b_T} = J''(\omega_0, T_0)\left[= J''(\omega a_T, T_0)\right] \tag{6.132}$$

참고로 그림 6.20 및 6.21에 폴리스티렌(PS)(분자량 800,000) tri-m-tolyl phosphate 용매속의 40 % 용액에 있어서 기준온도 $T_0 = 0$ ℃ 일 때의 각각 동적 전단계수(G', G'') 및 정적 $[J_r(t)(= J_g + J_d\psi(t))$(식 6.9)] 및 동적($J', J'', J'' - 1/\omega\eta$)전단 크리프 컴플라이언스에 대한 실험에서 얻어진 만능곡선(master curve)을 나타내었다.

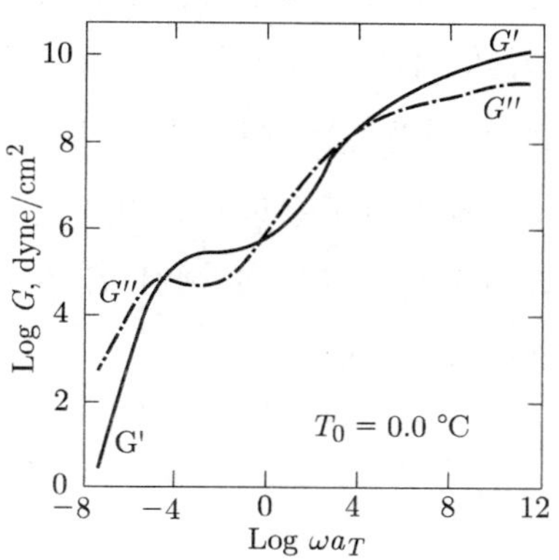

그림 6.20 기준온도 $T_0 = 0$ ℃에서 PS-tri-m-tolyl phosphate 40 % 용액에 대한 G' 및 G''의 만능곡선(PS의 분자량 $M = 800,000$).

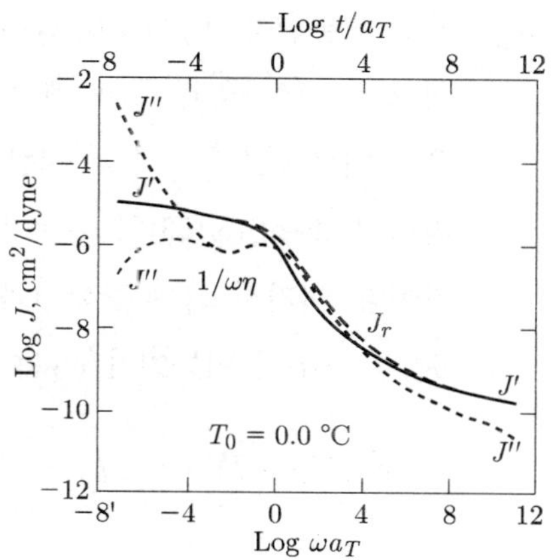

그림 6.21 기준온도 $T_0 = 0$ ℃에서 PS-tri-m- tolyl phosphate 40 % 용액에 대한 회복가능 전단 컴플라이언스 $J_r(t)$와 복소 전단 컴플라이언스 $J'(\omega)$ 및 $J''(\omega)$의 만능곡선(PS의 분자량 $M = 800,000$).

6. 4. 3 수평이동인자 a_T의 온도의존성

6. 4. 3. 1 WLF 이론

점도(η) 및 T_g에 관한 Doolittle의 '자유체적(free volume)' 이론에 바탕을 둔 수평이동인자 a_T의 온도 의존성에 관한 잘 알려진 소위 'WLF 이론식'은 아래와 같다.

$$\log a_T = \frac{-C_1(T - T_g)}{C_2 + T - T_g} \tag{6. 133}$$

이 식은 기준온도 T_0로서 유리전이온도 T_g를 취했을 때 해당되는 식이며, 일반적으로 온도 T가 T_g로부터 $T_g + 100\text{K}$일 경우에 유효하다. 또 이 온도 범위에서 평균적으로 어느 고분자에도 적용될 수 있는 '만능상수(universal constant)'로서 $C_1 = 17.4$ 및 $C_2 = 51.6\text{K}$값이 제안되어 있다.

그런데 만약 기준온도로서 T_g가 아닌 일반 기준온도 T_0로 취했을 경우의 두 만능상수 C_1° 및 C_2° 값을 각각 아래로 주어진다.

$$C_1^\circ = \frac{C_1}{1 + (T_0 - T_g)/C_2}, \quad C_2^\circ = C_2 + T_0 - T_g \tag{6. 134}$$

증명 수직 이동인자 $b_T \simeq 1$로 간주했을 때의 관계식인 (6.123)에서 수평이동인자 a_T의 정의식 $a_T = t/t_0$ 즉 $t = t_0 a_T$에서 a_T는 (기준)온도 T_0의 시간 t_0에서 온도 T의 시간 t(혹은 반대로 현재온도 T의 시간 t에서 기준온도 T_0의 시간 t_0)로 이동하는 인자이다. 따라서 WLF 식 (6.133)의 $a_T(= t/t_g)$는 (기준)온도 T_g에서 현재 온도 T로 바꾸는 이동인자이다. 여기서 a_T에 관한 '(복합)연산자' 개념 을 적용하여 온도 T_g에서 T_0을 거쳐 T로 갈 경우의 이동인자 a_T는 아래 관계식으로 나타낼 수 있다.

$$a_T(T_g \to T) = a_T(T_g \to T_0) \cdot a_T(T_0 \to T) \tag{6. 135 a}$$

혹은

$$\log a_T(T_0 \to T) = \log a_T(T_g \to T) - \log a_T(T_g \to T_0) \tag{6. 135 b}$$

위 식에서 $\log a_T(T_g \to T)$는 원래의 WLF식 (6. 133)에 해당하고, $\log a_T(T_g \to T_0)$는 그 식에서 T대신 T_0으로 대입하면 된다. 그리고 식 왼편의 $\log a_T(T_0 \to T)$는 목적하는 식으로서 기준온도로서 T_g가 아닌 T_0일 때의 새로운 WLF 파라미터인 C_1° 과 C_2° 을 사용하여 아래와 같이 나타낼 수 있다.

$$\log a_T(T_0 \to T) = \frac{-C_1^\circ (T - T_0)}{C_2^\circ + T - T_0} \tag{6. 136}$$

따라서 이들 관계(정의)식을 식 (6.135b)의 3항에 모두 대입하여 통분하면 아래가 된다 [이 때 분자는 $-C_1 C_2 (T - T_0)$만 남는다.]

$$\frac{-C_1^\circ (T - T_0)}{C_2^\circ + T - T_0} = \frac{-C_1(T - T_g)}{C_2 + T - T_g} + \frac{C_1(T_0 - T_g)}{C_2 + T_0 - T_g}$$

$$= \frac{-C_1 C_2 (T - T_0)}{(C_2 + T - T_g)(C_2 + T_0 - T_g)}$$

$$= \frac{-C_1(T - T_0)}{(T - T_0 + C_2 + T_0 - T_g)} \cdot \frac{1}{[1 + (T_0 - T_g)/C_2]} \tag{6. 137}$$

따라서 $C_2^\circ = C_2 + T_0 - T_g$, $C_1^\circ = C_1 / [1 + (T_0 - T_g)/C_2]$가 증명된다. ■

식 (6.134)에서 만약 기준온도로서 $T_0 = T_g + 50℃$를 취하면 기준온도로서 T_g를 취했을 경우 만능상수 $C_1 = 17.4$, $C_2 = 51.6$ (K)에서 새로운 만능상수 $C_1^\circ = 8.83$, $C_2^\circ = 101.6$ (K)가 된다.

6. 4. 3. 2 Arrhenius형 이론

식 (6.126)으로부터 점도 $\eta(T)$(또는 그에 비례하는 완화시간 $\lambda(T)$)에 관한 수평이동인자 a_T에 관한 WLF 이론식은 아래의 형태로 나타내진다(단 수직이동인자 $b_T \simeq 1$로 간주).

$$\log a_T = \log\frac{\eta_T}{\eta_0} = \frac{-C_1^\circ(T-T_0)}{C_2^\circ + T - T_0} \tag{6. 138}$$

이 식에서 알 수 있듯이 WLF 이론의 η_T 는 아래의 일반 형태로 나타낼 수 있다.

$$\eta_T = \eta_0 \exp[+C/(T-T_0)] \tag{6. 139}$$

따라서 $T = T_0$ 되는 온도에서는 물성(점도나 완화시간등)이 ∞가 되는 '특이점(singularity)'을 나타내게 된다.

그래서 이와 같은 결점을 보완하기 위하여 점도나 완화시간의 온도 의존성에 대하여 아래와 같은 Arrhenius형이 제안되어 있다.

$$\eta_T = A\exp(E_a/RT) \text{ 혹은 } \lambda_T = A'\exp(E_a'/RT) \tag{6. 140}$$

위 식에서 온도 무관 활성화에너지 E_a 및 E_a'는 각각 아래식으로 얻어진다.

$$E_a = d\ln\eta_T/d(1/T), \quad E_a' = d\ln\lambda_T/d(1/T) \tag{6. 141}$$

식 (6.140)에서 η_T 및 λ_T에 대해 각각 기준온도 T_0에서의 (log)값과의 차를 구하면 아래가 된다.

$$\ln\eta_T/\eta_0 = \frac{E_a}{R}\left(\frac{1}{T} - \frac{1}{T_0}\right), \quad \ln\lambda_T/\lambda_0 = \frac{E_a'}{R}\left(\frac{1}{T} - \frac{1}{T_0}\right) \tag{6. 142}$$

한편 앞에서 $\eta_T/\eta_0 = a_T$ (단 수직이동인자 $b_T = 1$ 간주)이므로 점도의 온도 의존성에 관하여 Arrhenius 식과 WLF 식 사이에 아래 관계가 성립된다.

$$\log a_T = \frac{E_a}{2.303R}\left(\frac{1}{T} - \frac{1}{T_0}\right) \text{ (Arrhenius)} \tag{6. 143 a}$$

$$= -\frac{C_1^\circ(T-T_0)}{C_2^\circ + T - T_0} \text{ (WLF)} \tag{6. 143 b}$$

따라서 Arrhenius식의 활성화에너지 E_a(혹은 E_a')를 알면 WLF 파라미터 C_1° 및 C_2°를 알 수

있으므로, 활성화 에너지가 수평이동인자 a_T를 결정한다. 반대로 C_1°, C_2° WLF 파라미터를 알면 활성화 에너지 나아가 η_T나 λ_T를 알 수 있다. 그러나 앞에서 언급한 바와 같이 WLF 이론은 식 (6.139)에서 나타낸 바와 같이 $T = T_0$에서 물성의 특이점을 가진다. 특히 $\tan\delta(= G''/G')$가 최대가 되는 점에서 $\omega(= 2\pi\nu) = 1/\lambda$이 되므로 $\lambda = 1/2\pi\nu$가 되어 이 때의 최대 감쇄 진동수 $\log\nu_{\max}$ 대 $1/T$의 플롯은 그림 6.22에 나타낸 바와 같이 WLF식의 경우 $T = T_0$에서 $-\infty$가 되는 특이점을 야기한다. 따라서 광범위한 온도 범위에서는 시간-온도 중첩원리의 수평이동인자 a_T의 온도의존성으로서 Arrhenius형을 취하는 것이 무난할 것이다.

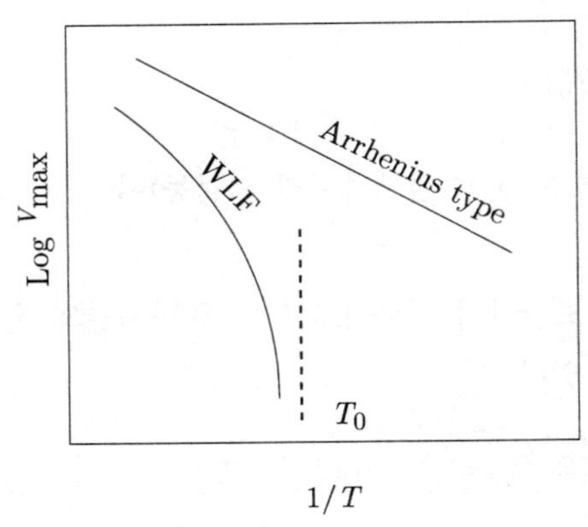

그림 6.22 최대 감쇄 진동수 $\nu_{\max}$ 대 $1/T$의 플롯.

다음절로 넘어가기 전에 이절에서 언급된 선형 점탄성에 관한 시간-온도 중첩원리를 이해하기 위하여 아래에 예제 문제 2개를 싣는다.

예제 6.8

어떤 고분자가 온도 25℃, 시간 $t = 10$ h에서 전단응력이 탄성계수 $G(t) = 10^6$ dyne/cm^2 값으로 완화된다고 하자. 이때 수평이동인자 a_T에 관한 WLF 식을 사용하여 온도 −20℃ 에서 G가 같은 값에 도달하려면 얼마나 긴 시간이 걸리는가를 계산하여라. 단 이 물질의 $T_g = -70$℃이고, 수직이동인자 $b_T \simeq 1$로 간주하여라.

풀이

시간-온도 중첩원리 식 (6.123)에서 아래가 성립된다.

$$G(25\,℃, 10\,\mathrm{h}) = G(-70\,℃, t_g) = G(-20\,℃, t_x) \quad (t_0 = t/a_T) \tag{1}$$

이때 기준온도 T_0의 정하는 방법에 따라 아래의 두 가지 해법이 존재한다.

(A) $T_0 = T_g$(즉 $C_1 = 17.4$, $C_2 = 51.6$ K) :

임의의 온도 T에서 기준온도 T_0(혹은 그 역)으로 이동시 수평이동인자 $a_T(=t/t_0)$에 관한 WLF 식 (6.133)에 의해 $T = 25$℃에서 $T_0(= T_g)$로 이동시킬 경우 아래가 성립된다.

$$\log a_T(25\,℃ \rightarrow T_g) = \log\frac{t_{25}}{t_g(=t_0)} = \frac{-17.4(25+70)}{51.6+25+70} = -11.3 \tag{2}$$

$$\therefore t_0 = t_g(=t_{-70}) = t_{25}(=10) \times 10^{11.3} = 10^{12.3} = 2 \times 10^{12}\,\mathrm{h} \tag{3}$$

다음에는 $T = -20$℃에서 T_g로 이동시킬 경우의 수평이동인자 a_T도 식 (1)에서 아래가 성립된다.

$$\log a_T(-20\,℃ \rightarrow T_g) = \log\frac{t_{-20}}{t_g} = \frac{-17.4(-20+70)}{51.6-20+70} = -8.59 \tag{4}$$

$$\therefore t_{-20} = t_g \times 10^{-8.59} = t_g \times 2.57 \times 10^{-9} = 2 \times 10^{12} \times 2.57 \times 10^{-9} = 5140\,\mathrm{h} \tag{5}$$

(B) $T_0 = 25$℃ ($C_1^\circ = 6.12$, $C_2^\circ = 146.6$ K ∵식 (6.134) 이용) :

식 (1)에서 $T_0 = 25$℃, $t_0 = 10$ h이므로 $T = -20$℃에서 T_0으로 수평이동시킬 경우 WLF 식(단 $b_T = 1$)에 의해 아래가 성립된다.

$$\log a_T(-20\,℃ \rightarrow T_0) = \log\frac{t_{-20}}{t_{25}} = \frac{-6.12(-20-25)}{146.6-20-25} = 2.71 \tag{6}$$

$$\therefore t_{-20} = t_{25} \times 10^{2.71} = 10 \times 10^{2.71} = 5130\,\mathrm{h} \tag{7}$$

여기서 t_{-20}의 값이 (A) 경우와 약간 다른 것은 C_1°, C_2° 계산에 포함된 반올림에 의한 오차에 기인한 것이다.

예제 6.9

어떤 고분자 물질에 대해 일정 진동수($\nu = 1$ cycle/s, cps)에서 수행한 동적 기계적 분석(DMA) 실험에서 $\tan\delta(= G''/G')$ 즉 감쇄(damping) 피크가 약 130℃에서 일어남이 확인되었다. 만약 측정이 $\nu = 1000$ cycles/s에서 수행된다면 온도 몇 도에서 피크가 얻어질까를 진동수-온도 중첩원리의 수평이동인자 a_T에 대한 WLF 식을 사용하여 계산하여라. 단 이 물질의 $T_g = 105$℃이며, 수직이동인자 $b_T \simeq 1$로 간주하여라.

풀이

$b_T = 1$인 경우는 $G'(\omega)$, $G''(\omega)$ 및 $\tan\delta(= G''/G')$에 관한 중첩원리가 모두 식 (6.128)의 형태이므로 각진동수 $\omega(= 2\pi\nu)$에 대하여 아래가 성립된다.

$$\tan\delta(130\,℃,\ 1\ \text{cps}) = \tan\delta(105\,℃,\ \nu_g) = \tan\delta(T,\ 10^3\ \text{cps})\quad (\omega_0 = \omega a_T,\ \ \nu_0 = \nu a_T) \tag{1}$$

예제 6.7의 경우와 마찬가지로 기준온도 T_0의 정하는 방법에 따라 아래의 두 가지 해법이 존재한다.

(A) $T_0 = T_g$(즉 $C_1 = 17.4$, $C_2 = 51.6$ K):

임의의 온도 T에서 기준온도 T_0(혹은 그 역)으로 이동시 수평이동인자 $a_T(= \omega_0/\omega)$에 관한 WLF 식 (6.133)에 의해 $T_0 = 130$℃에서 $T_0(= T_g)$로 이동시킬 경우 아래가 성립된다.

$$\log a_T(130℃ \to T_g) = \log\frac{\omega_{T_g}}{\omega_{130}} = \log\frac{\nu_{T_g}}{\nu_{130}} = \frac{-17.4(130-105)}{51.6+130-150} = -5.68 \tag{2}$$

$$\therefore\ \omega_0 = \omega_{T_g} = \omega_{130}\times 10^{-5.68}\ \text{혹은}\ \nu_0 = \nu_{T_g} = \nu_{130}\times 10^{-5.68} = 1\times 10^{-5.68} = 2.09\times 10^{-6}\,\text{cps} \tag{3}$$

다음에는 $T = T_X$(미지)에서 T_g로 이동시킬 경우의 수평이동인자 a_T도 식 (1)에서 아래가 성립된다.

$$\log a_T(T_X \to T_g) = \log\frac{\omega_{T_g}}{\omega_X} = \log\frac{\nu_{T_g}}{\nu_X} = \log\frac{2.09\times 10^{-6}}{10^3} = \frac{-17.4(T_X-105)}{51.6+T_X-105} \tag{4}$$

위 식을 T_X에 대해 풀면 아래가 얻어진다.

$$-8.68 = \frac{-17.4\,T_X + 1827}{T_X - 53.4} \quad\rightarrow\quad T_X = 156.36\ ℃ \tag{5}$$

(B) $T_0 = 130$℃ ($C_1^\circ = 11.748$, $C_2^\circ = 76.6$ K $\because$ 식 (6.134) 이용):

식 (1)에서 $T_0 = 130$℃, $\nu_0 = 1$ cps이므로 T_X(미지)에서 T_0으로 수평이동 시킬 경우 WLF식(단 $b_T = 1$)에 의해 아래가 성립된다.

$$\log a_T(T_X \rightarrow T_0) = \log\frac{\omega_{T_0}}{\omega_X} = \log\frac{\nu_{T_0}}{\nu_X} = \log\frac{1}{1000} = \frac{-11.748(T_X - 130)}{76.6 + T_X - 130} \tag{6}$$

위 식을 T_X에 대해 풀면 아래를 얻는다.

$$-3 = \frac{-11.748\,T_X + 1527.2}{T_X - 53.4} \qquad \rightarrow \qquad T_X = 156.26\ ℃ \tag{7}$$

역시 C_1° 및 C_2° 을 구할 때 포함된 계산(반올림) 오차에 의해 (A)의 결과와 약간 다르나 거의 일치함을 알 수 있다.

■ 6. 5 선형 구성방정식에 기억(탄성) 효과 도입

5.5.2절에 소개된 멱수법칙 일반점성유체(GNF) 모델은 원통 관 속의 단순전단흐름(SSF)(정상 혹은 비정상)에 대한 속도장이나 압력장의 프로필을 비교적 정확하게 예측하는 등 산업적 응용성이 입증되었으나, (여분)응력텐서 τ가 대칭 전단속도텐서 $\dot{\gamma}(=2\mathbf{D})$와 비례하는 GNF 모델의 특성상(식 (5.45) 참조) 3 법선응력이 모두 0이 되어 제 1 및 제 2 법선응력차 계수 Ψ_1과 Ψ_2와 같은 탄성효과를 전혀 설명할 수 없었다. 그 외에도 그림 5.15에 나타낸 바와 같은 비정상(unsteady) 전단흐름에서, 가령 응력성장시 η^+나 Ψ_1^+와 같은 물질함수나 응력감쇠(혹은 완화)시 η^-나 Ψ_1^-와 같은 물질함수의 예측에도 실패하였다. 실제로 비뉴톤성 고분자 물질(유체)가 나타내는 이들 파라미터에 관한 실험적인 거동은, 그림 6.23과 6.24와 같은 η^+나 Ψ_1^+의 일정 전단속도($\dot{\gamma}$)에서 시간(t)의 증가에 따른 점진적(gradual)이고 부드러운 성장을, 그리고 그림 6.25와 6.26과 같은 η^-나 Ψ_1^-의 일정 $\dot{\gamma}$에서 t의 증가에 따른 점진적인 감소를 나타낸다. 그러나 뉴톤 모델(점도 η가 상수)이나 GNF 모델처럼 τ가 $\dot{\gamma}$에 직접 비례하는 모델로서는 예제 5.7에서 본 바와 같이 $t=0$ 전후로 η^+의 스텝식 (급진적)변화만을 줄 뿐이다. 이는 $\dot{\gamma}(t)$가 현 시간에서의 변형만을 고려하고, 과거$(t' < t)$의 변형이력(deformation history)은 전혀 고려하지 않기 때문이다.

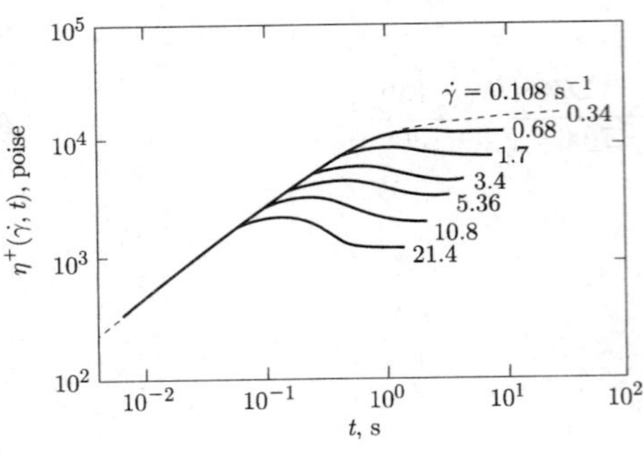

그림 6.23 좁은 분자량 분포($M_W = 350$ kg/mol, $M_W/M_n < 1.05$)를 가진 폴리부타디엔(PBD)의 Flexon391 용매 속(농도 0.0676 g/cm^3)의 진한 용액에 대해 여러 전단속도에서의 시간 증가에 따른 전단응력 성장계수 η^+의 변화 거동.

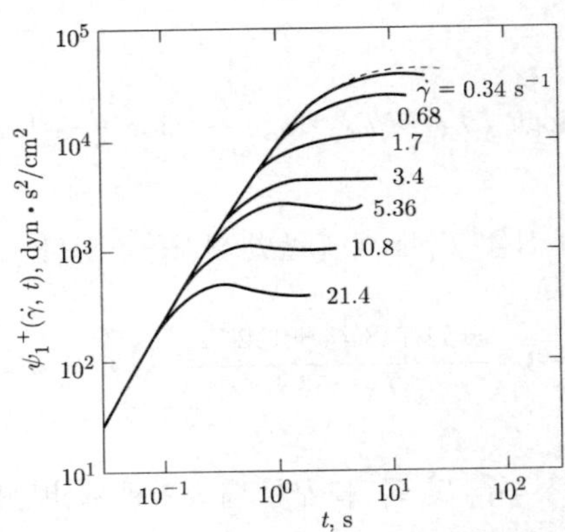

그림 6.24 그림 6.23과 같은 물질에 대한 여러 전단속도에서의 시간 증가에 따른 제 1 법선응력 성장계수 Ψ_1^+의 변화 거동.

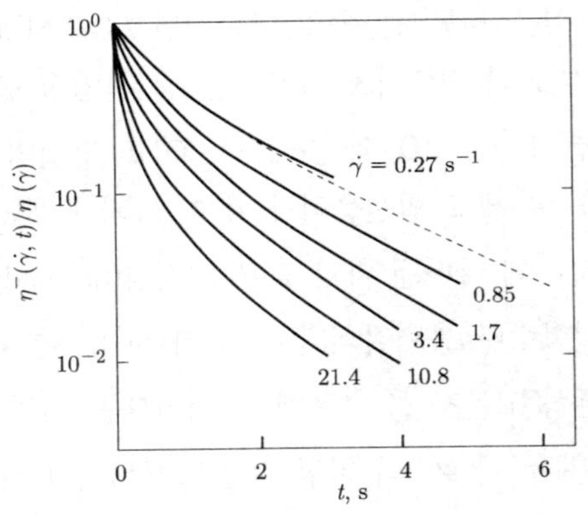

그림 6.25 그림 6.23과 같은 물질에 대한 여러 전단속도에서 $t = 0$ 이후 흐름을 끊은 후(즉 $\dot{\gamma} \to 0$) 발생하는 정규화된 전단응력 감쇠함수($\eta^- / \eta(\dot{\gamma})$)의 시간 변화 거동.

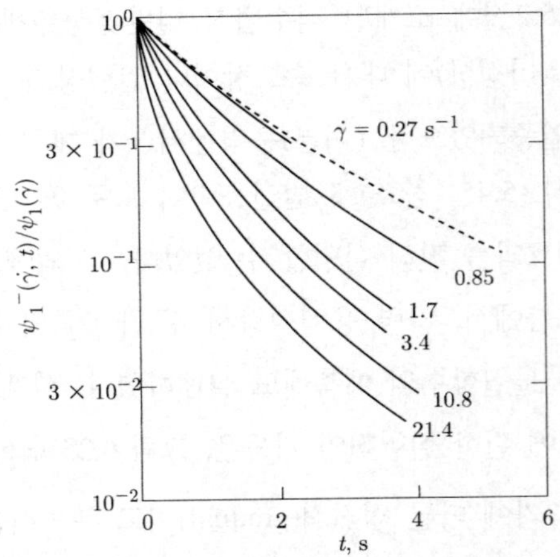

그림 6.26 그림 6.23과 같은 물질에 대한 여러 전단속도에서 $t = 0$ 이후 흐름을 끊은 후(즉 $\dot{\gamma} \to 0$) 발생하는 정규화된 법선응력 감쇠계수($\Psi_1^- / \Psi_1(\dot{\gamma})$)의 시간 변화 거동.

한편 고분자 용액과 같은 비뉴톤성 유체가 나타내는 3장에서 설명한 다이 팽창과 막대 오름 현상과 같은 탄성효과를 반영할 수 있는 큰 변형(혹은 변형속도)에 대한 비교적 정확한 비선형 구성방정식은 7장에서 다루기로 한다. 그러나 우선 여기서는 그림 6.23 ~ 6.26에 나타낸 실제 유체의 응력성장(혹은 감쇠) 물질함수의 시간에 대한 점진적 변화거동을 느리면서도 탄성한계에 속하는 선형 점탄성 유체가 조금이라도 근접된 양상을 보일 수 있도록 순수 일반점성유체(GNF) 모델의

$\dot{\gamma}(t)$ 항에 아래와 같이 과거의 변형이력을 나타내는 항을 추가하는 간단한 일반선형점탄성(GLVE) 구성방정식을 일례로 들어 가령 단순전단흐름(SSF)(정상 혹은 비정상)에 적용하여 이로부터 얻어지는 물질함수가 GNF 모델의 경우와 어떻게 달라지는가를 조사해보기로 한다.

$$\boldsymbol{\tau}(t)=\tilde{\eta}\left[\dot{\boldsymbol{\gamma}}(t)+0.8\dot{\boldsymbol{\gamma}}(t-t_0)+0.6\dot{\boldsymbol{\gamma}}(t-2t_0)\right] \tag{6.144}$$

여기서 $\tilde{\eta}$ 및 t_0은 각각 (전단)점도 및 과거시간에 해당되는 모델의 파라미터(상수)이다. 그런데 위 식에서 $\dot{\boldsymbol{\gamma}}(t-t_0)$ 항에 0.8을, 그리고 $\dot{\boldsymbol{\gamma}}(t-2t_0)$ 항에 0.6을 곱한 것은, 각각의 경우 현재시간 t에서의 변형 $\dot{\boldsymbol{\gamma}}(t)$에 비해 현 시간으로부터 t_0 혹은 $2t_0$ 시간 이전의 변형의 (여분)응력에 미치는 공헌은 각각 80% 및 60%밖에 안 된다는 것이다. 즉 t로부터 t_0 시간 이전의 변형은 이미 유체가 20%에 해당되는 기억(혹은 탄성) 효과를 잃어버렸다는 것이며, 또한 t로부터 $2t_0$ 시간 이전의 더욱 과거의 변형은 두 배나 큰 40%의 기억을 잃어버렸다는 것을 의미한다. 여기에서 주의할 것은 현 시간으로부터 멀리 떨어질수록 그 (과거의)변형이 응력 $\boldsymbol{\tau}$에 미치는 효과는 보다 감소 즉 유체는 더 많이 기억(혹은 탄성) 효과를 잃어버린다는 것이다. 이와 같은 '쇠퇴성 기억(fading memory)'(6.1.4.1절 참조)의 고려는 (비선형)레올로지 구성방정식에 있어서 매우 중요하다.

그러면 그림 5.15에 나타낸 경우 중 대표적 3개 즉 (a)정상상태, (b)응력성장 및 (c)응력완화(혹은 감쇠)에 대해서만 위 모델을 이용하여 해당 물질함수를 계산해보기로 한다.

(a) 정상상태 $(\dot{\gamma}=\dot{\gamma}_0)$:

SSF의 속도장에 관한 (Cartesian 좌표계에서의) 정의식 $\boldsymbol{v}=(\dot{\zeta}(t)x_2,\ 0,\ 0)^{\mathrm{T}}$(식 (5.114))로부터 대칭 변형속도텐서 $\dot{\boldsymbol{\gamma}}(=2\mathbf{D})$는 아래가 된다.

$$\dot{\boldsymbol{\gamma}}=\boldsymbol{\nabla v}+(\boldsymbol{\nabla v})^{\mathrm{T}}=\begin{pmatrix}0 & \dot{\gamma}_0 & 0\\ \dot{\gamma}_0 & 0 & 0\\ 0 & 0 & 0\end{pmatrix}_{123} \tag{6.145}$$

또 이를 식 (6.144)에 대입(단 이때 $\dot{\boldsymbol{\gamma}}(t)=\dot{\boldsymbol{\gamma}}(t-t_0)=\dot{\boldsymbol{\gamma}}(t-2t_0)=\dot{\gamma}_0$에 유의)하면 아래를 얻는다.

$$\boldsymbol{\tau}(t)=\bar{\eta}\times(1+0.8+0.6)\begin{pmatrix}0 & \dot{\gamma}_0 & 0\\ \dot{\gamma}_0 & 0 & 0\\ 0 & 0 & 0\end{pmatrix}_{123}=2.4\,\bar{\eta}\begin{pmatrix}0 & \dot{\gamma}_0 & 0\\ \dot{\gamma}_0 & 0 & 0\\ 0 & 0 & 0\end{pmatrix}_{123} \tag{6.146}$$

여기서 식 (5.167) ~ (5.169)로부터 해당 물질함수를 구하면 아래가 된다.

$$\eta \equiv \frac{\tau_{21}}{\dot{\gamma}_0} = 2.4\,\bar{\eta}, \quad \Psi_1 = \frac{\tau_{11} - \tau_{22}}{\dot{\gamma}_0^2} = 0, \quad \Psi_2 = \frac{\tau_{22} - \tau_{33}}{\dot{\gamma}_0^2} = 0 \tag{6.147}$$

(b) 응력성장 :

이때 SSF의 속도장 식 (5.114) 중의 전단속도함수 $\dot{\zeta}(t)$는 아래로 주어진다(식 (5.170) 참조).

$$\dot{\zeta}(t) = \dot{\gamma}_0 H(t) = \begin{cases} 0 & t < 0 \\ \dot{\gamma}_0 & t \geq 0 \end{cases} \quad (\text{여기서 } H(t)\text{는 Heaviside 단계함수}) \tag{6.148}$$

이로부터 $\dot{\boldsymbol{\gamma}}(t)$, $\dot{\boldsymbol{\gamma}}(t-t_0)$ 및 $\dot{\boldsymbol{\gamma}}(t-2t_0)$를 구하면 아래가 된다(식 (5.178) 참조).

$$\dot{\boldsymbol{\gamma}} = \begin{pmatrix} 0 & \dot{\zeta}(t) & 0 \\ \dot{\zeta}(t) & 0 & 0 \\ 0 & 0 & 0 \end{pmatrix}_{123} \quad \text{여기서 } \dot{\zeta}(t) = \dot{\gamma}_0 H(t) = \begin{cases} 0 & t < 0 \\ \dot{\gamma}_0 & t \geq 0 \end{cases} \tag{6.149}$$

$$\dot{\boldsymbol{\gamma}}(t-t_0) = \begin{pmatrix} 0 & \dot{\zeta}(t-t_0) & 0 \\ \dot{\zeta}(t-t_0) & 0 & 0 \\ 0 & 0 & 0 \end{pmatrix}_{123} \quad \text{여기서 } \dot{\zeta}(t-t_0) = \dot{\gamma}_0 H(t-t_0) = \begin{cases} 0 & t < t_0 \\ \dot{\gamma}_0 & t \geq t_0 \end{cases} \tag{6.150}$$

$$\dot{\boldsymbol{\gamma}}(t-2t_0) = \begin{pmatrix} 0 & \dot{\zeta}(t-2t_0) & 0 \\ \dot{\zeta}(t-2t_0) & 0 & 0 \\ 0 & 0 & 0 \end{pmatrix}_{123} \quad \text{여기서 } \dot{\zeta}(t-2t_0) = \dot{\gamma}_0 H(t-2t_0) = \begin{cases} 0 & t < 2t_0 \\ \dot{\gamma}_0 & t \geq 2t_0 \end{cases} \tag{6.151}$$

여기서 식 (6.149) ~ (6.151)를 모델 식 (6.144)에 대입하면 아래를 얻는다.

$$\boldsymbol{\tau}(t) = \bar{\eta}\left[\begin{pmatrix} 0 & \dot{\zeta}(t) & 0 \\ \dot{\zeta}(t) & 0 & 0 \\ 0 & 0 & 0 \end{pmatrix}_{123} + 0.8\begin{pmatrix} 0 & \dot{\zeta}(t-t_0) & 0 \\ \dot{\zeta}(t-t_0) & 0 & 0 \\ 0 & 0 & 0 \end{pmatrix}_{123} + 0.6\begin{pmatrix} 0 & \dot{\zeta}(t-2t_0) & 0 \\ \dot{\zeta}(t-2t_0) & 0 & 0 \\ 0 & 0 & 0 \end{pmatrix}_{123}\right] \tag{6.152 a}$$

$$\equiv \begin{pmatrix} 0 & \tau_{21}(t) & 0 \\ \tau_{21}(t) & 0 & 0 \\ 0 & 0 & 0 \end{pmatrix}_{123} \tag{6.152 b}$$

식 (6.152)로부터 아래가 성립된다.

$$\tau_{21}(t) = \begin{cases} 0 & t < 0 \\ \bar{\eta}\dot{\gamma}_0 & 0 \le t < t_0 \\ 1.8\,\bar{\eta}\dot{\gamma}_0 & t_0 \le t < 2t_0 \\ 2.4\,\bar{\eta}\dot{\gamma}_0 & t \ge 2t_0 \end{cases} \tag{6.153}$$

이로부터 식 (5.174)~(5.176)을 이용하여 해당 물질함수를 구하면 아래를 얻는다.

$$\eta^+(t) \equiv \frac{\tau_{21}(t)}{\dot{\gamma}_0} = \begin{cases} 0 & t < 0 \\ \bar{\eta} & 0 \le t < t_0 \\ 1.8\,\bar{\eta} & t_0 \le t < 2t_0 \\ 2.4\,\bar{\eta} & t \ge 2t_0 \end{cases} \tag{6.154}$$

$$\Psi_1^+(t) \equiv \frac{\tau_{11} - \tau_{22}}{\dot{\gamma}_0^2} = 0, \quad \Psi_2^+(t) \equiv \frac{\tau_{22} - \tau_{33}}{\dot{\gamma}_0^2} = 0 \tag{6.155}$$

참고로 식 (6.154)를 도시하면 아래가 된다.

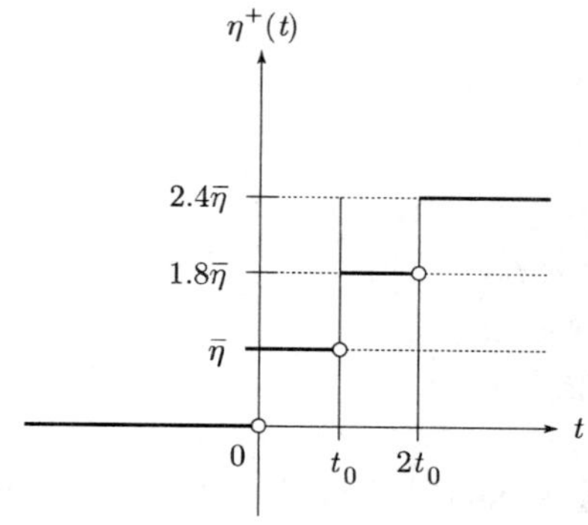

그림 6.27 모델 식 (6.144)에 의한 $\eta^+(t)$의 도시.

그림 6.27의 결과는 실제 고분자 유체의 점진적 증가거동(그림 6.23)을 어느정도 설명한다고 생각된다.

(c) 응력완화 (혹은 감쇠) :

이때 SSF의 속도장 및 전단속도 함수는 아래로 주어진다(식 (5.185) 참조).

$$\boldsymbol{v} = \begin{pmatrix} \dot{\zeta}(t)x_2 \\ 0 \\ 0 \end{pmatrix}_{123}, \quad \dot{\zeta}(t) = \dot{\gamma}_0 H(-t) = \begin{cases} \dot{\gamma}_0 & t \le 0 \\ 0 & t > 0 \end{cases} \tag{6.156}$$

여기서 (b)의 경우와 마찬가지로 $\dot{\boldsymbol{\gamma}}(t)$, $\dot{\boldsymbol{\gamma}}(t-t_0)$ 및 $\dot{\boldsymbol{\gamma}}(t-2t_0)$를 구하면 아래를 얻는다.

$$\dot{\boldsymbol{\gamma}}(t)=\begin{pmatrix} 0 & \dot{\zeta}(t) & 0 \\ \dot{\zeta}(t) & 0 & 0 \\ 0 & 0 & 0 \end{pmatrix}_{123}, \quad \dot{\zeta}(t)=\dot{\gamma}_0 H(t)=\begin{cases} \dot{\gamma}_0 & t \le 0 \\ 0 & t > 0 \end{cases} \tag{6.157}$$

$$\dot{\boldsymbol{\gamma}}(t-t_0)=\begin{pmatrix} 0 & \dot{\zeta}(t-t_0) & 0 \\ \dot{\zeta}(t-t_0) & 0 & 0 \\ 0 & 0 & 0 \end{pmatrix}_{123}, \quad \dot{\zeta}(t-t_0)=\dot{\gamma}_0 H(t_0-t)=\begin{cases} \dot{\gamma}_0 & t \le t_0 \\ 0 & t > t_0 \end{cases} \tag{6.158}$$

$$\dot{\boldsymbol{\gamma}}(t-2t_0)=\begin{pmatrix} 0 & \dot{\zeta}(t-2t_0) & 0 \\ \dot{\zeta}(t-2t_0) & 0 & 0 \\ 0 & 0 & 0 \end{pmatrix}_{123}, \quad \dot{\zeta}(t-2t_0)=\dot{\gamma}_0 H(2t_0-t)=\begin{cases} \dot{\gamma}_0 & t \le 2t_0 \\ 0 & t > 2t_0 \end{cases} \tag{6.159}$$

이제 식 (6.157) ~ (6.159)의 결과를 모델 식 (6.144)에 대입하여 정리하면 아래의 최종 결과를 얻는다.

$$\boldsymbol{\tau}(t)=\begin{pmatrix} 0 & \tau_{21}(t) & 0 \\ \tau_{21}(t) & 0 & 0 \\ 0 & 0 & 0 \end{pmatrix}_{123} \tag{6.160}$$

$$\boldsymbol{\tau}_{21}(t)=\begin{cases} 2.4\,\bar{\eta}\,\dot{\gamma}_0 & t < 0 \\ 1.4\,\bar{\eta}\,\dot{\gamma}_0 & 0 \le t < t_0 \\ 0.6\,\bar{\eta}\,\dot{\gamma}_0 & t_0 \le t < 2t_0 \\ 0 & t \ge 2t_0 \end{cases} \tag{6.161}$$

이로부터 식 (5.186) ~ (5.188)을 이용하여 해당 물질함수를 구하면 아래를 얻는다.

$$\eta^-(t) \equiv \frac{\tau_{21}(t)}{\dot{\gamma}_0}=\begin{cases} 2.4\,\bar{\eta} & t < 0 \\ 1.4\,\bar{\eta} & 0 \le t < t_0 \\ 0.6\,\bar{\eta} & t_0 \le t < 2t_0 \\ 0 & t \ge 2t_0 \end{cases} \tag{6.162}$$

$$\Psi_1^-(t) \equiv \frac{\tau_{11}-\tau_{22}}{\dot{\gamma}_0^{\,2}}=0\ , \quad \Psi_2^-(t) \equiv \frac{\tau_{22}-\tau_{33}}{\dot{\gamma}_0^{\,2}}=0 \tag{6.163}$$

참고로 식 (6.162)를 도시하면 아래를 얻는다.

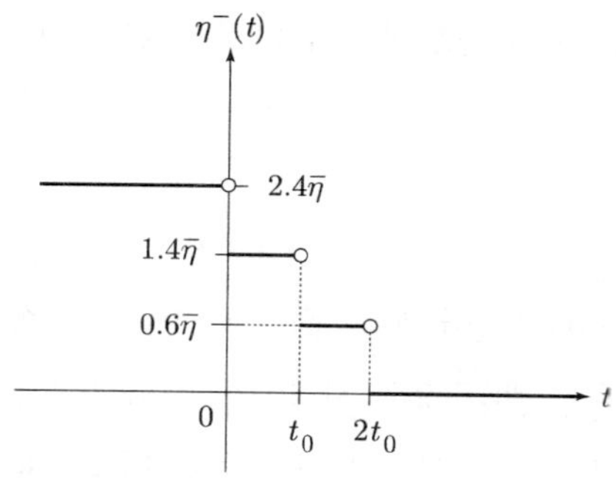

그림 6.28 모델 식 (6.144)에 의한 $\eta^-(t)$의 도시.

역시 이 결과는 순수 점성유체에 대한 뉴톤 모델이나 GNF 모델보다 훨씬 실제 점탄성(고분자) 유체의 점진적 감소거동(그림 6.25)을 잘 나타낸다고 하겠다.

다음 절에서는 6.2절에 소개된 선형 점탄성(기계적) 모델에 기초를 둔 일반선형점탄성(GLVE) 모델을 사용하여 유동현상을 설명하기로 한다.

■ 6. 6 대표적 GLVE 모델에 의한 물질함수의 계산

6.13절에 소개된 (전단)응력완화에 관한 볼츠만 중첩원리 식 (6.14)의 3차원 버전을 이하에서는 '일반선형점탄성(general linear viscoelastic, GLVE)' 유체 모델(혹은 구성방정식)이라 칭하여 여러 유동문제를 논하기로 한다. 그리고 GLVE 모델중 가장 간단한 것으로서 6.2.2절에 소개된 Maxwell(1요소) 스프링-대쉬폿 모델(식 (6.52))의 3차원 버전을 여기서는 '(단순)미분형 Maxwell 모델'이라 하며, 이의 적분형에 해당하는, 즉 중첩 식 (6.14)의 $G(t)$에 1요소 Maxwell 모델의 응력완화 결과식인 (6.61)를 대입한 것의 3차원 버전을 '(단순)적분형 Maxwell 모델'이라 칭한다. 마지막으로 중첩 식 (6.14)의 $G(t)$에 식 (6.61) 대신 n 요소가 연결된 M-W 모델(6.2.5절 참조)에서 계산된 응력완화 (전단)탄성계수 $G(t)$(식 (6.85))를 대입한 것의 3차원 버전을 여기서는 '(적분형) 일반 Maxwell(general Maxwell, GM)'형 GLVE 모델이라 한다. 띠라서 이 절에서는 주로 이 3(선형 점탄성)모델 혹은 구성방정식을 사용하여 표준흐름에 관련된 여러 물질함수를 계산하기로 한다.

6. 6. 1 단순 Maxwell 모델

Maxwell의 1 요소 스프링-대쉬폿에 관한 구성방정식 (6.52)를 (전단)응력 $\tau \to \tau_{21}$, (전단)변형속도 $\dot{\gamma} \rightarrow \dot{\gamma}_{21}$, 그리고 (전단)점도 $\eta \rightarrow \mu$로 바꾸어 다시 쓰면 아래가 된다.

$$\tau_{21} + \frac{\mu}{G}\frac{\partial \tau_{21}}{\partial t} = \mu \dot{\gamma}_{21} \tag{6. 164}$$

이 식은 정상상태(즉 $\partial \tau_{21}/\partial t \rightarrow 0$)의 경우 완전 점성액체에 대한 점성식 (3.2)(단 $dv_x/dy = \dot{\gamma}_{21}$가 됨)가 된다. 그리고 $t \rightarrow 0$이 되는 매우 짧은 시간에서의 빠른 운동의 경우는, $\partial \tau_{21}/\partial t$ 항이 τ_{21} 항을 훨씬 능가하게 되어 아래와 같이 적분을 통하여 완전 탄성고체에 대한 후크의 법칙을 얻는다 [사실 Deborah 수의 개념(4.5.3절 참조)을 이용하면 쉽게 이해가 됨].

$$\frac{\partial \tau_{21}}{\partial t} \simeq G\dot{\gamma}_{21} \;\; (\because t \rightarrow 0\text{일 때 } \frac{\partial \tau_{21}}{\partial t} \gg \tau_{21}) \tag{6. 165 a}$$

$$\tau_{21}(t) \simeq G\int_{t_{ref}}^{t} \dot{\gamma}_{21}(t')dt' \equiv G\gamma_{21}(t_{ref}, t) \tag{6. 165 b}$$

위 식의 적분을 행할 때 편의상 $\tau_{21}(t_{ref}) = 0$으로 간주하였다. 그런데 6.2절에서 언급했듯이, Maxwell 모델과 같이 스프링-대쉬폿 기계적 모델에 기초를 둔 (선형)점탄성 모델들은 모두 엄격히 말하면 단순한 경험적 모델에 불과하므로 그의 유효성은 실제 관측된 (전단)변형의 거동을 어떻게 잘 묘사하는가에 달려있다. 더욱이 이 식은 3차원적 텐서 표현 대신에 1차원 스칼라로 표시되어 있을 뿐만 아니라, 관련된 물질 파라미터 G 및 $\eta(= \lambda G$, 여기서 λ는 완화시간을 나타내는 파라미터) 등이 모두 가해진 변형이나 변형속도에 무관한 상수로 간주되고 있으므로 변형(혹은 변형속도)이 아주 작은 선형 점탄성 영역 내에서만 이용될 수 있다(비선형 구성방정식은 7장 참조).

여기서 식 (6.164)로 나타낸 1차원 Maxwell의 미분형 구성방정식은 아래와 같이 '(3차원) 미분형 Maxwell 구성방정식'으로 불리는 텐서 형태로 나타내었다.

$$\boldsymbol{\tau} + \lambda \frac{\partial \boldsymbol{\tau}}{\partial t} = \eta_0 \dot{\boldsymbol{\gamma}} \tag{6. 166}$$

단 위 식에서 뉴톤 점도 μ 대신 '제로 전단점도' η_0($\because$ 이 장에서는 오직 낮은 (전단)변형속도의 경우만 다루므로), 그리고 μ/G를 물질의 완화시간 파라미터 λ($\because$ 스프링-대쉬폿 모델에서 $\eta = \lambda G$이므로)로 치환하여 나타내었다. 물론 이 식도 1차원의 경우와 마찬가지로 정상상태(즉 $\partial \boldsymbol{\tau}/\partial t \rightarrow \mathbf{0}$)의 조건에서는 뉴톤 구성방정식 (5.45)으로, 그리고 매우 짧은 시간($t \rightarrow 0$)의 경우에는 $\partial \boldsymbol{\tau}/\partial t \gg \boldsymbol{\tau}$가 되어, (정)적분에 의해 3차원 후크의 탄성 구성방정식 $\boldsymbol{\tau} = G(= \eta_0/\lambda)\boldsymbol{\gamma}(t_{ref}, t)$(단 $\boldsymbol{\tau}(t_{ref}) = \mathbf{0}$ 가정)로 환원됨을 알 수 있다.

한편 식 (6.166)에 대응하는 '(3차원)적분형 Maxwell 구성방정식'은 아래가 된다.

$$\boldsymbol{\tau}(t) = \int_{-\infty}^{t} \left[\frac{\eta_0}{\lambda} e^{-\frac{(t-t')}{\lambda}} \right] \dot{\boldsymbol{\gamma}}(t')dt' \tag{6. 167}$$

(증명) 3차원 텐서형태로 주어진 미분방정식 (6.166)의 해를 구함에 있어, A6.2.2절에 소개한 1변수 1계 상미방의 해에 대한 '적분인자 개념'(단 이때 $P(t) = \frac{1}{\lambda}$, $Q(t) = \eta_0/\lambda$, 그리고 $I(t) = e^{t/\lambda}$가 됨)에 따라 적분구간 $-\infty \sim t$까지 정적분을 행하여 구하면 아래가 된다.

$$\boldsymbol{\tau}(t) = e^{-t/\lambda}\left\{\int_{-\infty}^{t} (\eta_0/\lambda) e^{t'/\lambda} \dot{\boldsymbol{\gamma}}(t')dt' + c\right\}$$

그런데 (전단)응력완화의 경우 $\boldsymbol{\tau}(-\infty)$는 유한(즉 $\boldsymbol{\tau}(\infty) \ll \infty$)이어야 하므로 위 식의 적분상수 $c = 0$이 되어 식 (6.167)이 증명된다.

$$\boldsymbol{\tau}(t) = \int_{-\infty}^{t} \left[\frac{\eta_0}{\lambda} e^{-\frac{(t-t')}{\lambda}} \right] \dot{\boldsymbol{\gamma}}(t')dt' \tag{6. 168}$$

[비고 : 위 식의 역 증명은 식 (6.167)의 양변을 시간 t에 대해 (편)미분하고, Leibnitz 공식 (A6.22)을 이용하면 식 (6.166)으로 되돌아가므로 성립된다. 또한 응력완화에 관한 1차원 볼츠만 중첩 적분식 (6.14)의 $G(t)$ 항에, Maxwell 모델에 의해 얻어진 식 (6.61)을 대입하여, 이를 3차원 텐서 형태로 나타내어도 식 (6.167)이 얻어진다.] ■

식 (6.167)을 검토해보면, 현 시간 t에서의 (여분)응력텐서 $\boldsymbol{\tau}$는 과거시간 t'에서의 대칭 변형속도텐서 $\dot{\boldsymbol{\gamma}}(t')$와 과거로부터 현재까지 흘러간 시간 $(t-t')$의 지수적으로 감소하는 항인 $\left[\frac{\eta_0}{\lambda} e^{-\frac{(t-t')}{\lambda}} \right]$과의 곱을 현재까지의 전 과거시간 t'에 걸쳐서 정적분함으로써 얻어진다. 따라서 현재로부터 멀리 떨어진 과거시간에서의 변형(속도)항은 현재시간에서의 응력항 $\boldsymbol{\tau}(t)$에 적게 영향을 미치게 되어 앞에서 설명한 '쇠퇴성 기억(fading memory)'을 잘 반영하고 있으며, 이 식은 식 (6.144)로 나타낸 단순한 '기억모델'보다 훨씬 개량된 형태의 구성방정식이다. 특히 $(\eta_0/\lambda)e^{-\frac{(t-t')}{\lambda}}$ 항은 과거에서의 변형이 현 시간 t에서의 유체에 의해 기억되는 정도를 나타내는 '무게함수(weighting function)'로 불리며, 비선형 점탄성 고분자 유체에 적용될 수 있는 '연속적으로 잊어버리는 함수(continuously forgetting function)'의 가장 간단한 형태이다. 어쨌든 식 (6.167)은 3차원 대칭 텐서 형태로서, 변형속도텐서의 과거이력(past hsitory)도 $(t-t')$ 항을 통해 반영하고 있을 뿐만 아니라 고분자 유체 등의 (비선형)레올로지 구성방정식에 요구되는 쇠퇴성 기억효과를 반영하는 '연속적으로 잊어버리는 함수'도 포함하고 있으므로 5장에서 다룬 순수 일반점성유체(GNF) 모델보다 확실히 진일보한 구성방정식임에는 틀림없다.

그러면 이하에서 이 모델을 사용하여 단순전단흐름(SSF)(정상 혹은 비정상)에 있어서 그림 5.15에 나타낸 것 중 3 대표적인 경우인 (a)정상상태, (b)응력완화(혹은 감쇠) 및 (c)단계적 전단변형에 대하여 관련된 물질함수를 (Cartesian 좌표계에서) 계산해보기로 한다.

(a) 정상상태

이 경우 속도장과 전단속도 함수는 정의에 의해 아래가 된다.

$$\boldsymbol{v}=\begin{pmatrix}\dot{\zeta}(t)x_2\\0\\0\end{pmatrix}_{123},\quad \dot{\zeta}(t)=\dot{\gamma}_0=\text{일정}$$

이로부터 대칭 변형속도텐서 $\dot{\boldsymbol{\gamma}}(=\nabla\boldsymbol{v}+(\nabla\boldsymbol{v})^{\mathrm{T}})$를 구하면 식 (6.145)가 되는데, 이를 (1요소) Maxwell 적분형 구성방정식 (6.167)에 대입하면 아래의 관계식들을 얻을 수 있다.

$$\boldsymbol{\tau}(t)=\int_{-\infty}^{t}\frac{\eta_0}{\lambda}e^{-\frac{(t-t')}{\lambda}}\dot{\boldsymbol{\gamma}}(t')dt'=\int_{-\infty}^{t}\frac{\eta_0}{\lambda}e^{-\frac{(t-t')}{\lambda}}\begin{pmatrix}0&\dot{\gamma}_0&0\\\dot{\gamma}_0&0&0\\0&0&0\end{pmatrix}_{123}dt' \tag{6.169}$$

$$\tau_{21}(t)=\int_{-\infty}^{t}\frac{\eta_0}{\lambda}e^{-\frac{(t-t')}{\lambda}}\dot{\gamma}_0\,dt'=\eta_0\dot{\gamma}_0e^{-\frac{(t-t')}{\lambda}}\Big|_{-\infty}^{t}=\eta_0\dot{\gamma}_0 \tag{6.170}$$

따라서 아래의 3 물질함수가 얻어진다.

$$\eta\equiv\frac{\tau_{21}}{\dot{\gamma}_0}=\eta_0,\quad \Psi_1\equiv\frac{\tau_{11}-\tau_{22}}{\dot{\gamma}_0^2}=0,\quad \Psi_2\equiv\frac{\tau_{22}-\tau_{33}}{\dot{\gamma}_0^2}=0 \tag{6.171}$$

(b) 응력완화(혹은 감쇠)

이 경우 SSF의 속도장 및 전단속도 함수는 아래로 주어진다(식 (6.156) 참조).

$$\boldsymbol{v}(t')=\begin{pmatrix}\dot{\zeta}(t')x_2\\0\\0\end{pmatrix}_{123},\quad \dot{\zeta}(t')=\dot{\gamma}_0H(-t)=\begin{cases}\dot{\gamma}_0 & t<0\\0 & t\geq 0\end{cases} \tag{6.172}$$

이로부터 구한 대칭 변형속도텐서 $\dot{\boldsymbol{\gamma}}(=\nabla\boldsymbol{v}+(\nabla\boldsymbol{v})^{\mathrm{T}})$를 Maxwell 모델 식 (6.167)에 대입하면 아

래를 얻는다.

$$\boldsymbol{\tau}(t)=\int_{-\infty}^{t}\left[\frac{\eta_0}{\lambda}e^{-\frac{(t-t')}{\lambda}}\right]\begin{pmatrix}0 & \dot{\zeta}(t') & 0\\ \dot{\zeta}(t') & 0 & 0\\ 0 & 0 & 0\end{pmatrix}dt'$$

$$=\int_{-\infty}^{0}\left[\frac{\eta_0}{\lambda}e^{-\frac{(t-t')}{\lambda}}\right]\begin{pmatrix}0 & \dot{\gamma}_0 & 0\\ \dot{\gamma}_0 & 0 & 0\\ 0 & 0 & 0\end{pmatrix}dt'+\int_{0}^{t}\mathbf{0}\,dt' \quad (6.173)$$

여기서 법선(대각) 응력은 모두 0이 됨을 알 수 있으며, 전단응력 $\tau_{21}(t)$는 아래의 적분식으로부터 구해진다.

$$\tau_{21}(t)(=\tau_{12}(t))=\frac{\eta_0}{\lambda}\dot{\gamma}_0 e^{-t/\lambda}\int_{\infty}^{0}e^{t'/\lambda}dt'=\frac{\eta_0}{\lambda}\dot{\gamma}_0\times e^{-t/\lambda}\times\lambda e^{t'/\lambda}\Big|_{-\infty}^{0}=\eta_0\dot{\gamma}_0 e^{-t/\lambda} \quad (6.174)$$

따라서 SSF의 응력감쇠에 대한 3 물질함수의 정의식 (5.186) ~ (5.188)로부터 아래가 얻어진다.

$$\eta^-(t)\equiv\frac{\tau_{21}}{\dot{\gamma}_0}=\eta_0 e^{-\frac{t}{\lambda}} \quad (6.175)$$

$$\Psi_1^-(t)\equiv\frac{\tau_{11}-\tau_{22}}{\dot{\gamma}_0^2}=0,\quad \Psi_2^-(t)\equiv\frac{\tau_{22}-\tau_{33}}{\dot{\gamma}_0^2}=0 \quad (6.176)$$

여기서 식 (6.175)를 보면 η^-의 시간 t에 따른 점진적 감소현상을 알 수 있는데, 이는 고분자 유체의 실제 실험적인 거동(그림 6.25)과 잘 일치함을 알 수 있다. 참고로 (전단)응력성장 계수 $\eta^+(t)(=\tau_{21}/\dot{\gamma}_0)$도 (b)를 구한 절차와 유사하게 진행하면 $\eta^+(t)=\eta_0(1-e^{-t/\lambda})$를 얻어, 역시 시간 t에 따라 점진적으로 증가하는 실제 실험적인 거동(그림 6.23)과 잘 일치한다.

(c) 단계적 전단변형

이 경우 속도장과 전단속도 함수는 Cartesian 좌표계에서 아래가 된다(5.4.2.3(d)절 참조).

$$\boldsymbol{v}(t')=\begin{pmatrix}\dot{\zeta}(t')x_2\\ 0\\ 0\end{pmatrix}_{123},\quad \dot{\zeta}(t')[\equiv\gamma_0\delta_+(t')]=\lim_{\varepsilon\to 0}\dot{\zeta}(t',\varepsilon)=\lim_{\varepsilon\to 0}\begin{cases}0 & t'<0\\ \dfrac{\gamma_0}{\varepsilon}(=\dot{\gamma}_0) & 0\le t'<\varepsilon\\ 0 & t'>\varepsilon\end{cases} \quad (6.177)$$

이로부터 대칭 변형속도텐서 $\dot{\boldsymbol{\gamma}}(=\nabla\boldsymbol{v}+(\nabla\boldsymbol{v})^{\mathrm{T}})$를 구하면 아래가 된다.

$$\dot{\boldsymbol{\gamma}}(t')=\begin{pmatrix}0 & \dot{\zeta}(t') & 0\\ \dot{\zeta}(t') & 0 & 0\\ 0 & 0 & 0\end{pmatrix}_{123} \quad (6.178)$$

이를 식 (6.167)에 대입하면 아래를 얻는다.

$$\boldsymbol{\tau}(t)=\int_{-\infty}^{t}\left(\frac{\eta_0}{\lambda}\right)e^{-\frac{(t-t')}{\lambda}}\begin{pmatrix}0 & \dot{\zeta}(t') & 0\\ \dot{\zeta}(t') & 0 & 0\\ 0 & 0 & 0\end{pmatrix}_{123}dt' \tag{6. 179}$$

여기서 관련된 3 물질함수(식 (5.218) ~ (5.220))를 구하는데 필요한 응력텐서 $\boldsymbol{\tau}$의 성분으로서, 먼저 3 (대각)법선응력은 0이 됨을 알 수 있다. 전단응력 $\tau_{21}(t)(=\tau_{12}(t))$를 $\dot{\zeta}(t')$에 관한 식 (6.177)를 이용하여 식 (6.179)로부터 구하면 우선 아래를 얻는다.

$$\tau_{21}(t)=\int_{-\infty}^{t}\left(\frac{\eta_0}{\lambda}\right)e^{-\frac{(t-t')}{\lambda}}\dot{\zeta}(t')dt' \tag{6. 180}$$

그런데 위 식 중의 $\dot{\zeta}(t')=\lim_{\varepsilon\to 0}\dot{\zeta}(t',\varepsilon)$(식 (6.177))로 정의되므로, 편의상 $\tau_{21}(t)=\lim_{\varepsilon\to 0}\tau_{21}(t,\varepsilon)$, 그리고 $G(t,\gamma_0)\left[=\frac{\tau_{21}(t)}{\gamma_0}\right]=\lim_{\varepsilon\to 0}G(t,\varepsilon,\gamma_0)=\lim_{\varepsilon\to 0}\frac{\tau_{21}(t,\varepsilon)}{\gamma_0}$으로 나타낼 수 있으므로 아래의 관계식이 성립된다.

$$\tau_{21}(t,\varepsilon)=\int_{-\infty}^{0}0\,dt'+\int_{0}^{\varepsilon}\left(\frac{\eta_0}{\lambda}\right)e^{-\frac{(t-t')}{\lambda}}\frac{\gamma_0}{\varepsilon}dt'+\int_{\varepsilon}^{t}0\,dt'=\frac{\gamma_0\eta_0}{\lambda\varepsilon}\int_{0}^{\varepsilon}e^{-\frac{(t-t')}{\lambda}}dt' \tag{6. 181}$$

$$G(t,\gamma_0)\equiv\frac{\tau_{21}(t)}{\gamma_0}=\lim_{\varepsilon\to 0}\frac{\tau_{21}(t,\varepsilon)}{\gamma_0}=\lim_{\varepsilon\to 0}\frac{\frac{\eta_0}{\lambda}\int_{0}^{\varepsilon}e^{-\frac{(t-t')}{\lambda}}dt'}{\varepsilon} \tag{6. 182}$$

그런데 식 (6.182)의 맨 끝 항은 $\frac{0}{0}$의 형태가 되므로 로피탈의 정리(A6.14)에 의해 아래와 같이 극한값을 구할 수 있다.

$$G(t)=\lim_{\varepsilon\to 0}\frac{\frac{\eta_0}{\lambda}\int_{0}^{\varepsilon}e^{-\frac{(t-t')}{\lambda}}dt'}{\varepsilon}=\lim_{\varepsilon\to 0}\frac{\frac{\eta_0}{\lambda}\frac{d}{d\varepsilon}\int_{0}^{\varepsilon}e^{-\frac{(t-t')}{\lambda}}dt'}{\frac{d}{d\varepsilon}\varepsilon}$$

$$=\lim_{\varepsilon\to 0}\frac{\eta_0}{\lambda}e^{-\frac{(t-\varepsilon)}{\lambda}}=\frac{\eta_0}{\lambda}e^{-\frac{t}{\lambda}} \tag{6. 183}$$

다음에는 $\boldsymbol{\tau}$의 대각요소(법선응력)가 0이 되므로 아래가 성립된다.

$$G_{\Psi_1}(t, \gamma_0) \equiv \frac{\tau_{11}-\tau_{22}}{\gamma_0^2}=0, \quad G_{\Psi_2}(t, \gamma_0) \equiv \frac{\tau_{22}-\tau_{33}}{\gamma_0^2}=0 \tag{6.184}$$

예제 6.10

(적분형) Maxwell 구성방정식을 사용하여 정상상태의 일축신장흐름(UEF)에 대한 신장점도 $\bar{\eta}$를 계산해보아라.

풀이

이 흐름의 정의에서 속도장과 인장속도 함수는 (Cartesian 좌표계에서)아래가 된다.

$$\boldsymbol{v} = \begin{pmatrix} -\frac{1}{2}\dot{\varepsilon}(t)x_1 \\ -\frac{1}{2}\dot{\varepsilon}(t)x_2 \\ \dot{\varepsilon}(t)x_3 \end{pmatrix}_{123}, \quad \dot{\varepsilon}(t)=\dot{\varepsilon}_0 = \text{일정} \tag{6.185}$$

이로부터 (대칭)변형속도텐서 $\dot{\boldsymbol{\gamma}}[\nabla \boldsymbol{v}+(\nabla \boldsymbol{v})^{\mathrm{T}}]$를 구하면 아래가 된다.

$$\dot{\boldsymbol{\gamma}} = \begin{pmatrix} -\dot{\varepsilon}_0 & 0 & 0 \\ 0 & -\dot{\varepsilon}_0 & 0 \\ 0 & 0 & 2\dot{\varepsilon}_0 \end{pmatrix}_{123} \tag{6.186}$$

식 (6.186)으로부터 $\dot{\boldsymbol{\gamma}}$의 크기 $\dot{\gamma} \equiv \| \dot{\boldsymbol{\gamma}} \| = \sqrt{(\dot{\boldsymbol{\gamma}}:\dot{\boldsymbol{\gamma}})/2} = \sqrt{3}\,\dot{\varepsilon}_0$가 됨을 알 수 있다. 한편 식 (6.186)을 구성식 (6.167)에 대입하여 적분을 행하면 아래를 얻는다.

$$\tau(t) = \int_{-\infty}^{t} \left(\frac{\eta_0}{\lambda}\right) e^{-\frac{(t-t')}{\lambda}} \dot{\gamma} dt' = \int_{-\infty}^{t} \left(\frac{\eta_0}{\lambda}\right) e^{-\frac{(t-t')}{\lambda}} \begin{pmatrix} -\dot{\varepsilon}_0 & 0 & 0 \\ 0 & -\dot{\varepsilon}_0 & 0 \\ 0 & 0 & 2\dot{\varepsilon}_0 \end{pmatrix}_{123} dt'$$

$$= \overbrace{\int_{-\infty}^{t} \left(\frac{\eta_0}{\lambda}\right) e^{-\frac{(t-t')}{\lambda}} dt'}^{\eta_0} \begin{pmatrix} -\dot{\varepsilon}_0 & 0 & 0 \\ 0 & -\dot{\varepsilon}_0 & 0 \\ 0 & 0 & 2\dot{\varepsilon}_0 \end{pmatrix}_{123} = \begin{pmatrix} -\eta_0\dot{\varepsilon}_0 & 0 & 0 \\ 0 & -\eta_0\dot{\varepsilon}_0 & 0 \\ 0 & 0 & 2\eta_0\dot{\varepsilon}_0 \end{pmatrix}_{123} \tag{6.187}$$

따라서 (정상)신장점도 $\bar{\eta}$의 정의식 (5.258)로부터 아래를 얻는다.

$$\bar{\eta}(\dot{\varepsilon}_0) \equiv \frac{\tau_{33}-\tau_{11}}{\dot{\varepsilon}_0} = 3\eta_0 \tag{6.188}$$

이 결과는 뉴톤 모델(5.45)과 멱수법칙 GNF 모델에서 얻어진 결과(예제 5.13 참조)와 일치한다. 즉 선형 점탄성의 한계에서(즉 $\dot{\varepsilon}_0$ 값이 매우 낮을 때) Trouton 점도비 $\bar{\eta}/\eta_0=3$이 됨을 알 수 있다.

6.6.2 일반 Maxwell(GM) 모델

단순 (적분형) Maxwell 모델에 의한 단순전단흐름(SSF)의 단계적 전단변형의 계산결과 전단응력완화 탄성계수 $G(t)$(식 (6.183))는 시간과 함께 지수적 감소를 보였으나, 선형이론의 관계상 가해진 전단변형의 폭 γ_0에는 무관하였다. 식 (6.183)으로 묘사된 단 1개만의 완화시간 λ에 의한 단일 지수적 감소는 좁은 분자량 분포를 가진 폴리스타이렌(PS) 용액의 실험 결과(그림 6.29)와 그리 잘 일치하지 않음을 알 수 있다. 실제 대부분의 비뉴톤성 유체는 단일 완화시간 대신 다중의 많은 완화시간(분포)를 갖는다(6.2.7절 참조). 그리하여 단일 Maxwell 모델 대신 4개의 Maxwell 모델을 더하여(즉 그림 6.14로 나타낸 M-W 모델에서 요소수 $z=4$인 경우) 얻어진 구성방정식을 사용하여 $G(t)$를 계산하면 그림 6.30에 나타낸 바와 같이 실험결과에 보다 더 가까워짐을 알 수 있다. 즉 6.2.5절에 설명한 바와 같이 전단응력 완화시 응답되는 단체 응력은 각각의 완화시간을 가진 구성요소의 응력의 합과 같다는 '단순가성법칙(simple additive rule)'의 가정하에 M-W 모델의 $G(t)$를 계산하였다.

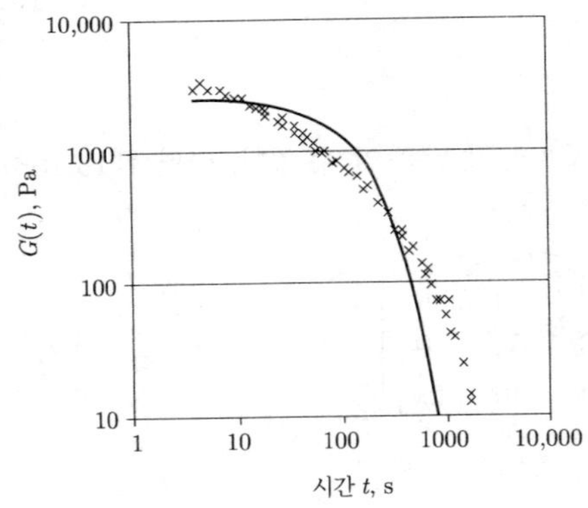

그림 6.29 좁은 분자량 분포($M_W = 1.8 \times 10^6$)를 가진 염소처리된 디페닐 용매속의 20% 용액에 대한 33.5 ℃에서의 전단 응력완화 탄성계수 $G(t)$에 대한 실험(×) 및 이론(실선) 곡선. 이론계산은 단일 Maxwell 모델에서 $\lambda = 150\ \mathrm{s}$ 및 $g(=\eta_0/\lambda) = 2500\ \mathrm{Pa}$을 사용하여 얻어진 것임(식 (6.61) 참조).

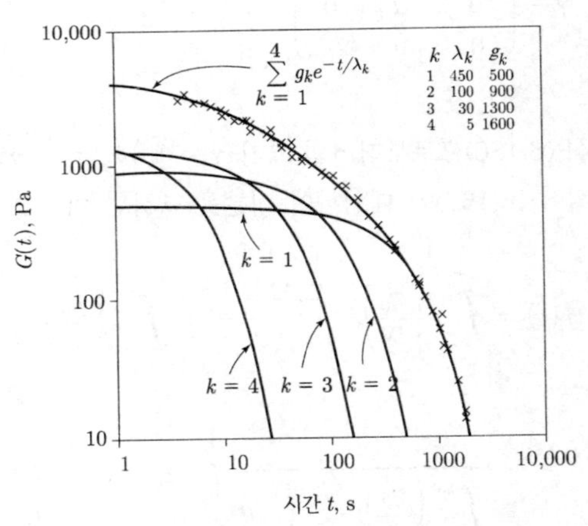

그림 6.30 그림 6.29에 주어진 실험곡선에 대해 4개의 각기 다른 완화시간을 가진 Maxwell 요소를 더하여 얻어진 $z=4$일 때의 M-W 모델에 의한 $G(t)$(식 (6.85))의 이론(계산) 곡선과의 비교.

위에서 언급한 것을 수학적으로 기술하기 위하여, 요소수 $z=N$개의 Maxwell 모델이 병렬로 연결된 M-W 모델(그림 6.14 참조)에 있어서, 각 요소는 각기 다른 완화시간 λ_k(및 점도 $\eta_k=\lambda_k g_k$)를 가졌다고 할 때 각 요소의 (여분)응력텐서 $\boldsymbol{\tau}_k$에 대한 3차원적 미분형 구성방정식은 단일 요소에 대한 식 (6.166)으로부터 아래가 성립된다[단 Maxwell 요소가 병렬로 연결된 M-W 모델에 있어서 응력=합, 변형(률)=일정의 원칙(6.2.5절 참조)으르부터 각 요소의 구성식에서 $\dot{\gamma}_k=\dot{\gamma}=$일정을 이용].

$$\boldsymbol{\tau}_{(k)}+\lambda_k\frac{\partial \boldsymbol{\tau}_{(k)}}{\partial t}=\eta_k\dot{\boldsymbol{\gamma}} \tag{6. 189}$$

다음에는 $z=N$개의 Maxwell 요소가 병렬로 연결된 M-W 모델에 있어서 전체의 (여분)응력텐서 $\boldsymbol{\tau}$는 각 요소의 응력텐서 $\boldsymbol{\tau}_k$의 합과 같으며, 또한 $\boldsymbol{\tau}_k$에 관한 미분형 구성방정식 (6.189)를 단일 요소에 대한 적분 표현식 (6.167)을 구할 때와 마찬가지 기법에 의해 '(적분형)일반 맥스웰 (generalized Maxwell, GM) 모델'이라 불리우는 아래의 식을 얻을 수 있다.

$$\boldsymbol{\tau}(t)=\sum_{k=1}^{N}\boldsymbol{\tau}_{(k)}=\sum_{k=1}^{N}\left[\int_{-\infty}^{t}\left(\frac{\eta_k}{\lambda_k}\right)e^{-\frac{(t-t')}{\lambda_k}}\dot{\boldsymbol{\gamma}}(t')\,dt'\right]$$

$$=\int_{-\infty}^{t}\left[\sum_{k=1}^{N}\left(\frac{\eta_k}{\lambda_k}\right)e^{-\frac{(t-t')}{\lambda_k}}\right]\dot{\boldsymbol{\gamma}}(t')\,dt' \tag{6. 190}$$

이 식을 보면 GM 모델은 $k=1\sim N$개의 $(\lambda_k,\ \eta_k)$ 세트 즉 모두 $2N$개의 파라미터를 필요로 하며, 필요한 N의 수는 실험 응력완화 곡선과 비교함으로써 얻어질 수 있다. 또한 이 식의 역 증명은 단일 요소의 경우와 마찬가지로 식 (6.190)의 k번째 요소의 응력텐서 $\boldsymbol{\tau}_k$의 양변을 t에 (편)미분하고, Leibnitz 공식을 이용하면 식 (6.189)로 환원되어 증명된다.

그러면 이하에서 일반 Maxwell(GM) 모델 (식 (6.190))을 사용하여 6.6.1절의 경우와 마찬가지로 단순전단흐름(SSF)(정상 혹은 비정상)의 3 대표적인 경우인 (a)정상상태, (b)응력완화(혹은 감쇠) 및 (c)단계적 전단변형에 대하여 관련된 물질함수를 (Cartesian 좌표계에서) 계산해보기로 한다.

(a) 정상상태

이 경우 속도장과 전단속도 함수는 Cartesian 좌표계에서 아래가 된다.

$$\boldsymbol{v}=\begin{pmatrix}\dot{\zeta}(t)x_2\\0\\0\end{pmatrix}_{123},\quad \dot{\zeta}(t)=\dot{\gamma}_0=\text{일정}$$

이로부터 대칭 변형속도텐서 $\dot{\boldsymbol{\gamma}}(=\nabla \boldsymbol{v}+(\nabla \boldsymbol{v})^{\mathrm{T}})$를 구하면 식 (6.145)가 되는데, 이를 GM 모델 식 (6.190)에 대입하면 아래를 얻는다.

$$\boldsymbol{\tau}=\int_{-\infty}^{t}\left[\sum_{k=1}^{N}\left(\frac{\eta_k}{\lambda_k}\right)e^{-\frac{(t-t')}{\lambda_k}}\right]\begin{pmatrix}0 & \dot{\gamma}_0 & 0\\ \dot{\gamma}_0 & 0 & 0\\ 0 & 0 & 0\end{pmatrix}_{123} dt' \tag{6. 191}$$

$$\tau_{21}(t)(=\tau_{12}(t))=\dot{\gamma}_0\sum_{k=1}^{N}\left(\frac{\eta_k}{\lambda_k}\right)e^{-\frac{t}{\lambda_k}}\int_{-\infty}^{t} e^{\frac{t}{\lambda_k}}dt'\left[=\ \lambda_k e^{\frac{t'}{\lambda_k}}\Big|_{-\infty}^{t}\right]=\dot{\gamma}_0\sum_{k=1}^{N}\eta_k \tag{6. 192}$$

따라서 아래의 3 물질함수가 얻어진다.

$$\eta\equiv\frac{\tau_{21}}{\dot{\gamma}_0}=\sum_{k=1}^{N}\eta_k \tag{6. 193}$$

$$\Psi_1\equiv\frac{\tau_{11}-\tau_{22}}{\dot{\gamma}_0^2}=0,\quad \Psi_2\equiv\frac{\tau_{22}-\tau_{33}}{\dot{\gamma}_0^2}=0 \tag{6. 194}$$

여기서 식 (6.193)의 결과는 $N=1$일 때는 단일 Maxwell 모델의 결과식 (6.171)로 환원된다.

(b) 응력완화(혹은 감쇠)

이 경우 속도장 및 전단속도 함수는 식 (6.172)에 의해 아래로 주어진다.

$$\boldsymbol{v}(t')=\begin{pmatrix}\dot{\zeta}(t')x_2\\ 0\\ 0\end{pmatrix}_{123},\quad \dot{\zeta}(t')=\dot{\gamma}_0 H(-t)=\begin{cases}\dot{\gamma}_0 & t<0\\ 0 & t\geq 0\end{cases}$$

이로부터 구한 대칭 변형속도텐서 $\dot{\boldsymbol{\gamma}}(=\nabla \boldsymbol{v}+(\nabla \boldsymbol{v})^{\mathrm{T}})$를 GM 모델 식 (6.190)에 대입하면 아래를 얻는다.

$$\boldsymbol{\tau}=\int_{-\infty}^{t}\left[\sum_{k=1}^{N}\left(\frac{\eta_k}{\lambda_k}\right)e^{-\frac{(t-t')}{\lambda_k}}\right]\begin{pmatrix}0 & \dot{\zeta}(t') & 0\\ \dot{\zeta}(t') & 0 & 0\\ 0 & 0 & 0\end{pmatrix}_{123} dt'$$

$$=\int_{-\infty}^{0}\left[\sum_{k=1}^{N}\left(\frac{\eta_k}{\lambda_k}\right)e^{-\frac{(t-t')}{\lambda_k}}\right]\begin{pmatrix}0 & \dot{\gamma}_0 & 0\\ \dot{\gamma}_0 & 0 & 0\\ 0 & 0 & 0\end{pmatrix}_{123} dt'+\int_{0}^{t}\mathbf{0}\,dt' \tag{6. 195}$$

$$\tau_{21}(t)=\dot{\gamma}_0\sum_{k=1}^{N}\left(\frac{\eta_k}{\lambda_k}\right)e^{-\frac{t}{\lambda_k}}\int_{-\infty}^{0} e^{\frac{t'}{\lambda_k}}dt'\left[=\ \lambda_k e^{\frac{t'}{\lambda_k}}\Big|_{-\infty}^{0}\right]=\dot{\gamma}_0\sum_{k=1}^{N}\eta_k e^{-\frac{t}{\lambda_k}} \tag{6. 196}$$

따라서 3 응력감쇠 물질 함수는 아래가 된다.

$$\eta^{-}(t) \equiv \frac{\tau_{21}}{\dot{\gamma}_0} = \sum_{k=1}^{N} \eta_k e^{-\frac{t}{\lambda_k}} \tag{6.197}$$

$$\Psi_1^{-}(t) \equiv \frac{\tau_{11} - \tau_{22}}{\dot{\gamma}_0^{\,2}} = 0 \ ; \ \Psi_2^{-}(t) \equiv \frac{\tau_{22} - \tau_{33}}{\dot{\gamma}_0^{\,2}} = 0 \tag{6.198}$$

특히 식 (6.197)에서 $N=1$인 경우는 단순 Maxwell 모델의 결과 식 (6.175)로 환원되며, 역시 시간 t의 증가에 따른 η^{-}의 점진적 감소는 실제 실험결과인 그림 6.25와 잘 일치한다. 또한 전단응력 성장 계수 $\eta^{+}(t)$도 (b)를 구한 절차와 유사하게 진행하면 $\eta^{+}(t) = \sum_{k=1}^{N} \eta_k \left(1 - e^{-\frac{t}{\lambda_k}}\right)$가 되어, 역시 시간 t에 따라 점진적으로 증가하는 실제 실험적인 거동(그림 6.23)과 잘 일치함을 알 수 있다.

(c) 단계적 전단변형

이때의 속도장과 전단속도 함수는 식 (6.177)가 되며, 또 이로부터 구한 대칭 $\dot{\gamma}$ 텐서는 식 (6.178)이 된다. 이 결과를 GM 모델의 식 (6.190)에 대입하면 아래를 얻는다.

$$\boldsymbol{\tau}(t) = \int_{-\infty}^{t} \left[\sum_{k=1}^{N} \left(\frac{\eta_k}{\lambda_k} \right) e^{-\frac{(t-t')}{\lambda_k}} \right] \begin{pmatrix} 0 & \dot{\zeta}(t') & 0 \\ \dot{\zeta}(t') & 0 & 0 \\ 0 & 0 & 0 \end{pmatrix}_{123} dt' \tag{6.199}$$

이로부터 물질함수 $G(t, \gamma_0)$를 구하기 위한 $\tau_{21}(t)$를 6.6.1절의 (c)를 구할 때와 같은 기법을 사용하여 구하면 아래를 얻는다.

$$\tau_{21}(t) = \int_{-\infty}^{t} \left[\sum_{k=1}^{N} \left(\frac{\eta_k}{\lambda_k} \right) e^{-\frac{(t-t')}{\lambda_k}} \right] \dot{\zeta}(t')\, dt' \tag{6.200}$$

$$\begin{aligned} \tau_{21}(t, \varepsilon) &= \int_{-\infty}^{0} 0\, dt' + \int_{0}^{\varepsilon} \left[\sum_{k=1}^{N} \left(\frac{\eta_k}{\lambda_k} \right) e^{-\frac{(t-t')}{\lambda_k}} \right] \frac{\gamma_0}{\varepsilon}\, dt' + \int_{\varepsilon}^{t} 0\, dt' \\ &= \sum_{k=1}^{N} \frac{\gamma_0 \eta_k}{\lambda_k \varepsilon} \int_{0}^{\varepsilon} e^{-\frac{(t-t')}{\lambda_k}} dt' \end{aligned} \tag{6.201}$$

$$G(t, \gamma_0) = \lim_{\varepsilon \to 0} \frac{\tau_{21}(t, \varepsilon)}{\gamma_0} = \lim_{\varepsilon \to 0} \frac{\sum_{k=1}^{N} \frac{\eta_k}{\lambda_k} \int_{0}^{\varepsilon} e^{-\frac{(t-t')}{\lambda_k}} dt'}{\varepsilon} \tag{6.202}$$

여기서 식 (6.202)의 우변은 $\frac{0}{0}$이 되므로, 6.6.1절의 (c)의 경우와 마찬가지로 로피탈의 정리 (A6.14)에 의해 극한 값을 구하면 최종적으로 아래를 얻는다.

$$G(t)=\sum_{k=1}^{N}\frac{\eta_k}{\lambda_k}e^{-\frac{t}{\lambda_k}} \tag{6.203}$$

또한 모든 법선응력이 0이 되므로 아래를 얻는다.

$$G_{\Psi_1}(t,\gamma_0)=G_{\Psi_2}(t,\gamma_0)=0 \tag{6.204}$$

예제 6.11

일반 Maxwell(GM) 구성방정식을 사용하여 정상상태의 일축신장흐름(UEF)에 대한 신장점도 $\bar{\eta}$를 계산해보아라.

풀이

이 흐름의 속도장과 인장속도함수는 식 (6.185)로 주어지며, 또 이로부터 구한 대칭 변형속도텐서 $\dot{\gamma}$는 식 (6.186)이 된다. 이 $\dot{\gamma}$를 GM 모델의 구성식 (6.190)에 대입하면 아래를 얻는다.

$$\tau(t)=\int_{-\infty}^{t}\left[\sum_{k=1}^{N}\left(\frac{\eta_k}{\lambda_k}\right)e^{-\frac{(t-t')}{\lambda_k}}\right]\begin{pmatrix}-\dot{\varepsilon}_0 & 0 & 0\\ 0 & -\dot{\varepsilon}_0 & 0\\ 0 & 0 & 2\dot{\varepsilon}_0\end{pmatrix}_{123}dt'$$

$$=\overbrace{\left\{\int_{-\infty}^{t}\left[\sum_{k=1}^{N}\left(\frac{\eta_k}{\lambda_k}\right)e^{-\frac{(t-t')}{\lambda_k}}\right]dt'\right\}}^{\sum_{k=1}^{N}\eta_k}\begin{pmatrix}-\dot{\varepsilon}_0 & 0 & 0\\ 0 & -\dot{\varepsilon}_0 & 0\\ 0 & 0 & 2\dot{\varepsilon}_0\end{pmatrix} \tag{6.205}$$

따라서 (정상)신장점도 $\bar{\eta}$의 정의식 (5.258)로부터 아래를 얻는다.

$$\bar{\eta}(\dot{\varepsilon}_0)\equiv\frac{\tau_{33}-\tau_{11}}{\dot{\varepsilon}_0}=3\sum_{k=1}^{N}\eta_k \tag{6.206}$$

이 식의 $N=1$ 경우는 단순 Maxwell 모델에서 구해진 결과식 (6.188)로 환원되며, (정상)신장속도 $\dot{\varepsilon}\to 0$의 선형극한의 경우 역시 Trouton 점도비 $\bar{\eta}/\eta_0=3$(이때 $\eta_0=\sum_{k=1}^{N}\eta_k$ 해당)가 성립된다.

6.6.3 GLVE 구성방정식

6.6절의 서론에서 언급했듯이 여기에서 다룰 일반 선형점탄성(GLVE) 구성방정식은 (전단)응력 완화에 관한 볼츠만 중첩원리 식 (6.14)의 3차원 버전으로 아래와 같이 정의된다.

$$\boldsymbol{\tau}(t)=\int_{-\infty}^{t} G(t-t')\,\dot{\boldsymbol{\gamma}}(t')\,dt' \tag{6.207}$$

응력 $\boldsymbol{\tau}$가 G와 $\dot{\boldsymbol{\gamma}}$의 중첩적분의 형태로 표시된 위 식의 적분안은 두 개의 독립된 함수, 즉 속도장 $\boldsymbol{v}$에서 유도되는 대칭 변형속도텐서 $\dot{\boldsymbol{\gamma}}(=\nabla\boldsymbol{v}+(\nabla\boldsymbol{v})^{\mathrm{T}})$와 전단응력 완화 탄성계수 $G(t)$(식 (6.203) 혹은 (6.85) 참조)와의 곱으로 되어 있다. 변형이나 변형속도나 매우 작아 G가 가해준 변형의 진폭 γ_0에 무관한 선형 점탄성의 경우에는 식 (6.207)에서처럼 두 함수가 항상 분리가 가능하나, 변형이 큰 비선형의 경우에는 그렇지 못하다.

어쨌든 이 장의 나머지 부분에서는 GLVE 구성방정식을 이용한 표준흐름에 대한 물질함수의 계산이나, 속도장 프로필 등의 예측 등에 대하여 논하기로 한다. 그래서 우선 이 모델을 사용하여 단순전단흐름(SSF)(정상 혹은 비정상)의 3대표적인 변형거동인 (a) 정상상태, (b) 응력성장 및 (c) 응력완화(혹은 감쇠)에 관련된 물질함수의 계산을 이하에 나타내겠다.

(a) 정상상태

이 경우 속도장 및 전단속도 함수는 Cartesian 좌표계에서 아래가 된다.

$$\boldsymbol{v}=\begin{pmatrix}\dot{\zeta}(x)x_2\\0\\0\end{pmatrix}_{123},\quad \dot{\zeta}(t)=\dot{\gamma}_0=\text{일정}$$

이로부터 대칭 변형속도텐서 $\dot{\boldsymbol{\gamma}}(=\nabla\boldsymbol{v}+(\nabla\boldsymbol{v})^{\mathrm{T}})$를 구하면 식 (6.145)가 되는데 이를 GLVE 구성방정식 (6.207)에 대입하면 아래를 얻는다.

$$\boldsymbol{\tau}(t)=\int_{-\infty}^{t} G(t-t')\begin{pmatrix}0&\dot{\gamma}_0&0\\\dot{\gamma}_0&0&0\\0&0&0\end{pmatrix}dt' \tag{6.208}$$

이로부터 3개의 정상(steady) 전단물질함수를 구하면 아래가 된다.

$$\eta\equiv\frac{\tau_{21}}{\dot{\gamma}_0}=\int_{-\infty}^{t} G(t-t')\,dt'=\int_{0}^{\infty} G(s)\,ds\quad(\because t-t'=s\ \text{치환}) \tag{6.209}$$

$$\Psi_1(t) \equiv \frac{\tau_{11}-\tau_{22}}{\dot{\gamma}_0^{\ 2}} = 0 \ ; \ \Psi_2(t) \equiv \frac{\tau_{22}-\tau_{33}}{\dot{\gamma}_0^{\ 2}} = 0 \tag{6.210}$$

특히 식 (6.209)의 결과는 6.2.7.4절에서 유도된 식 (6.109) 또는 (6.112)가 나타내는 '제로 전단 점도' η_0와 사실상 동일함을 알 수 있다.

(b) 응력성장

이 경우 속도장과 전단속도함수는 Cartesian 좌표계에서 아래가 된다.

$$\boldsymbol{v}(t') = \begin{pmatrix} \dot{\zeta}(t')x_2 \\ 0 \\ 0 \end{pmatrix}_{123}, \ \dot{\zeta}(t') = \dot{\gamma}_0 H(t') = \begin{cases} 0 & t' < 0 \\ \dot{\gamma}_0 & t' \geq 0 \end{cases} \tag{6.211}$$

이로부터 대칭 변형속도텐서 $\dot{\boldsymbol{\gamma}}(= \nabla \boldsymbol{v} + (\nabla \boldsymbol{v})^{\mathrm{T}})$를 구하여 GLVE 구성방정식 (6.207)에 대입하면 아래를 얻는다.

$$\boldsymbol{\tau}(t) = \int_{-\infty}^{t} G(t-t') \begin{pmatrix} 0 & \dot{\zeta}(t') & 0 \\ \dot{\zeta}(t') & 0 & 0 \\ 0 & 0 & 0 \end{pmatrix} dt' \tag{6.212}$$

$$\tau_{21}(t) = \int_{-\infty}^{t} G(t-t')\dot{\zeta}(t')\,dt' = \int_{-\infty}^{0} 0\,dt' + \int_{0}^{t} G(t-t')\dot{\gamma}_0\,dt'$$

$$= \dot{\gamma}_0 \int_{0}^{t} G(s)\,ds \quad (\because t - t' = s \ \text{치환}) \tag{6.213}$$

그리고 3 법선 응력은 모두 0이 되므로 아래의 3 응력성장 물질함수가 얻어진다.

$$\eta^{+}(t) \equiv \frac{\tau_{21}(t)}{\dot{\gamma}_0} = \int_{0}^{t} G(s)ds, \quad \Psi_1^{+} = \Psi_2^{+} = 0 \tag{6.214}$$

(c) 응력완화(또는 감쇠)

이 경우의 속도장과 전단속도함수는 Cartesian 좌표계에서 아래가 된다.

$$\boldsymbol{v}(t') = \begin{pmatrix} \dot{\zeta}(t')x_2 \\ 0 \\ 0 \end{pmatrix}_{123}, \ \dot{\zeta}(t') = \dot{\gamma}_0 H(-t) = \begin{cases} \dot{\gamma}_0 & t \leq 0 \\ 0 & t > 0 \end{cases} \tag{6.215}$$

이로부터 $\dot{\boldsymbol{\gamma}}$를 구하여 GLVE 구성방정식에 대입하면 식 (6.212)와 같은 형태로 얻는데, $\dot{\zeta}(t')$에

대한 식 (6.215)를 이용하면 아래를 얻는다.

$$\tau_{21}(t) = \int_{-\infty}^{t} G(t-t')\dot{\zeta}(t')\,dt' = \int_{-\infty}^{0} G(t-t')\dot{\gamma}_0\,dt' + \int_{0}^{t} 0\,dt'$$

$$= \dot{\gamma}_0 \int_{t}^{\infty} G(s)\,ds \quad (\because t-t'=s \text{ 치환}) \tag{6.216}$$

따라서 응력감쇠에 관한 3 물질함수는 아래가 된다.

$$\eta^{-}(t) \equiv \frac{\tau_{21}(t)}{\dot{\gamma}_0} = \int_{t}^{\infty} G(s)\,ds, \quad \Psi_1^{-} = \Psi_2^{-} = 0 \tag{6. 217}$$

예제 6.12

소진폭 진동전단(SAOS) 데이터를 이용하여 (a) GLVE 모델과 (b) GM 모델에 의한 동적 물질함수인 $G'(\omega)$(전단 저장탄성률)와 $G''(\omega)$(전단 손실탄성률)를 계산하여라.

풀이

SAOS 실험의 경우 Cartesian 좌표계에서 속도장은 보통의 SSF 흐름의 경우와 마찬가지로 식 (5.114)에서 $\boldsymbol{v} = \dot{\zeta}(t)\,x_2\hat{\boldsymbol{e}}_1$가 된다. 여기서 동적 전단 응력완화에 대한 전단속도함수 $\dot{\zeta}(t)\left(=\dot{\gamma}_{21}(t)\right)$ 혹은 전단변형 $\gamma(t)$는 아래로 주어진다(5.4.2.3(e)절 참조).

$$\dot{\zeta}(t) = \dot{\gamma}_{21}(t) = \dot{\gamma}_0(=\gamma_0\omega)\cos\omega t \;\; \text{혹은} \;\; \gamma_{21}(t) = \gamma_0 \sin\omega t \tag{6. 218}$$

이에 대해 위상차 δ만큼 늦게 응답된 전단 응력파는 아래로 나타내진다(식 (5.223) 참조).

$$\tau_{21}(t) = \tau_0 \sin(\omega t + \delta) = \gamma_0(G'\sin\omega t + G''\cos\omega t) \tag{6. 219}$$

(a) GLVE 모델에 의한 $\tau_{21}(t)$ 및 G', G''의 계산:

SSF흐름에 대한 속도장으로부터 $\dot{\boldsymbol{\gamma}}(=\nabla\boldsymbol{v}+(\nabla\boldsymbol{v})^{\mathrm{T}})$를 구하여, GLVE 모델에 대입하고 위의 SAOS 데이터를 이용하면 아래를 얻는다.

$$\boldsymbol{\tau}(t) = \int_{-\infty}^{t} G(t-t')\begin{pmatrix} 0 & \dot{\zeta}(t') & 0 \\ \dot{\zeta}(t') & 0 & 0 \\ 0 & 0 & 0 \end{pmatrix} dt' \tag{6. 220}$$

$$\tau_{21}(t) = \int_{-\infty}^{t} G(t-t')\dot{\zeta}(t')\,dt' = \int_{-\infty}^{t} G(t-t')\dot{\gamma}_0\cos\omega t'\,dt'$$

$$= \dot{\gamma}_0(=\gamma_0\omega)\int_{0}^{\infty} G(s)\cos\omega(t-s)\,ds \quad (\because t-t'=s \text{ 치환})$$

$$= \gamma_0 \omega \left\{ \left[\int_0^\infty G(s) \cos\omega s \, ds \right] \cos\omega t + \left[\int_0^\infty G(s) \sin\omega s \, ds \right] \sin\omega t \right\} \tag{6.221}$$

위 식의 맨 마지막 항등관계는 $\cos(x-y) = \cos x \cos y + \sin x \sin y$ 공식을 이용하였다. 식 (6.221)의 결과와 식 (6.219)를 같이 두면 아래가 성립되어야 한다.

$$G''(\omega) = \omega \int_0^\infty G(s) \cos\omega s \, ds \tag{6.222}$$

$$G'(\omega) = \omega \int_0^\infty G(s) \sin\omega s \, ds \tag{6.223}$$

혹은 Fourier sin 및 cos 변환의 정의식(A6.4절 참조)으로부터 아래가 성립된다.

$$G'(\omega)/\omega = \mathscr{F}_s(G(t)) \quad \leftrightarrow \quad G(t) = \mathscr{F}_s^{-1}(G'/\omega) = \frac{2}{\pi} \int_0^\infty (G'/\omega) \sin\omega s \, d\omega \tag{6.224}$$

$$G''(\omega)/\omega = \mathscr{F}_c(G(t)) \quad \leftrightarrow \quad G(t) = \mathscr{F}_c^{-1}(G''/\omega) = \frac{2}{\pi} \int_0^\infty (G''/\omega) \cos\omega s \, d\omega \tag{6.225}$$

위 식 (6.222) ~ (6.225)의 결과는 6.1.4.3절의 식 (6.35) ~ (6.36)과 동일함을 알 수 있다.

(b) GM 모델에 의한 $G'(\omega)$ 및 $G''(\omega)$의 계산:
식 (6.222) 및 (6.223)의 $G(s)$항에 GM 모델에 의한 (단계적 전단변형에 대한) 전단응력 완화 탄성계수 $G(t)$(식 (6.203))를 대입(단 $\eta_k/\lambda_k = g_k$로 둠)하고, 적분공식(A6.35)을 이용하여 계산을 행하면 아래의 결과를 얻는다.

$$G''(\omega) = \omega \int_0^\infty \left[\sum_{k=1}^N g_k e^{-s/\lambda_k} \right] \cos\omega s \, ds = \omega \sum_{k=1}^N g_k \int_0^\infty e^{-s/\lambda_k} \cos\omega s \, ds$$

$$= \omega \sum_{k=1}^N g_k \frac{\lambda_k}{1+\lambda_k^2\omega^2} = \sum_{k=1}^N \frac{g_k \lambda_k \omega}{1+\lambda_k^2\omega^2} \tag{6.226}$$

$$G'(\omega) = \omega \int_0^\infty \left[\sum_{k=1}^N g_k e^{-s/\lambda_k} \right] \sin\omega s \, ds = \omega \sum_{k=1}^N g_k \int_0^\infty e^{-s/\lambda_k} \sin\omega s \, ds$$

$$= \omega \sum_{k=1}^N g_k \frac{\lambda_k^2 \omega}{1+\lambda_k^2\omega^2} = \sum_{k=1}^N \frac{g_k \lambda_k^2 \omega^2}{1+\lambda_e^2\omega^2} \tag{6.227}$$

식 (6.226) 및 (6.227)의 결과는 M-W 스프링-대쉬폿 모델에 의한 복소전단 응력완화 탄성계수 $G^*(\omega) = G'(\omega) + iG''(\omega)$의 결과(식 (6.86))와 동일함을 알 수 있다. 그리고 일반적으로 $N=1$인 단일 요소 Maxwell 모델의 경우 $G'(\omega)$와 $G''(\omega)$를 ω의 함수로 플롯하였을 때 $\omega = 1/\lambda$(여기서 $\lambda = \lambda_1$는 $N=1$때의 단일 완화 시간임)되는 각 진동수에서 $G' = G''$ 즉 서로 교차한다(식 (6.226) ~ (6.227) 참조).

한편 $\omega \to 0$(혹은 $\dot{\gamma} \to 0$)되는 매우 속도가 느린 극한의 경우에는 식 (6.226)과 (6.227)에서 아래의 관계가 성립됨을 알 수 있다.

$$\lim_{\omega \to 0} G' \quad \propto \quad \omega^2 \tag{6. 228}$$

$$\lim_{\omega \to 0} G'' \quad \propto \quad \omega \tag{6. 229}$$

이 식과 Cox-Merz 식 (5.311)로부터 $\omega \to 0$일 때 동적점도 $\eta'(= G''/\omega) \neq 0$, $\eta''(= G'/\omega) \to 0$이 되므로 '제로 전단점도' η_0에 관한 식 (6.112)가 성립된다. 또한 이 관계는 가장 긴 (평형)완화시간 λ_0(식 (6.113))를 추정하는데도 이용될 수 있다(6.2.7.4절 참조).

■ 6. 7 GLVE 유체의 유동문제

6. 7. 1 포아제(Poiseuille) 흐름에 적용

여기서는 둥근 관속을 흐르는 비압축성 선형점탄성(GLVE) 유체의 압력야기(pressure-driven) 포아제(Poiseuille) 흐름에 대한 속도장과 응력텐서장을 계산해보기로 한다(그림 5.8 혹은 5.21 참조). 상류점(upstream point)에서의 압력을 P_o, 그로부터 거리 L아래에 있는 점에서의 압력을 P_L이라 하고, 두 점 사이의 간격은 넓어 흐름은 충분히 전개(안정)되어 있으며, 정상상태를 가정한다.

이에 5장에서 뉴톤 유체와 GNF 유체에 대하여 원통좌표계의 물성성분을 사용하여 포아제 흐름의 속도 및 응력장을 계산하였는데 여기서도 비슷한 논리로 전개한다. 5.6.1절에서처럼 속도는 z 방향으로만 존재하며, 속도장 및 질량보존(연속체) 식은 아래가 된다.

$$\boldsymbol{v} = \begin{pmatrix} v_r \\ v_\theta \\ v_z \end{pmatrix}_{r\theta z} = \begin{pmatrix} 0 \\ 0 \\ v_z \end{pmatrix}_{r\theta z} \tag{6. 230}$$

$$0 = \nabla \cdot \boldsymbol{v} = \frac{\partial v_r}{\partial r} + \frac{1}{r}\frac{\partial v_\theta}{\partial \theta} + \frac{\partial v_z}{\partial z} \qquad \rightarrow \qquad \frac{\partial v_z}{\partial z} = 0 \tag{6. 231}$$

그리고 정상상태($\partial \boldsymbol{v}/\partial t = \mathbf{0}$) 및 일방향 흐름(여기서 $\boldsymbol{v} \cdot \nabla \boldsymbol{v} = 0$ 성립)에 대한 운동방정식은 표 A2.2 혹은 표 4.4c에 의해 아래가 된다(식 (5.341)참조).

$$0 = -\nabla p + \nabla \cdot \boldsymbol{\tau} + \rho \boldsymbol{g} \tag{6. 232 a}$$

혹은

$$\begin{pmatrix}0\\0\\0\end{pmatrix}_{r\theta z} = -\begin{pmatrix}\dfrac{\partial p}{\partial r}\\ \dfrac{1}{r}\dfrac{\partial p}{\partial \theta}\\ \dfrac{\partial p}{\partial z}\end{pmatrix}_{r\theta z} + \begin{pmatrix}\dfrac{1}{r}\dfrac{\partial}{\partial r}(r\tau_{rr})+\dfrac{1}{r}\dfrac{\partial \tau_{\theta r}}{\partial \theta}+\dfrac{\partial \tau_{zr}}{\partial z}-\dfrac{\tau_{\theta\theta}}{r}\\ \dfrac{1}{r^2}\dfrac{\partial}{\partial r}(r^2\tau_{r\theta})+\dfrac{1}{r}\dfrac{\partial \tau_{\theta\theta}}{\partial \theta}+\dfrac{\partial \tau_{z\theta}}{\partial z}\\ \dfrac{1}{r}\dfrac{\partial}{\partial r}(r\tau_{rz})+\dfrac{1}{r}\dfrac{\partial \tau_{\theta z}}{\partial \theta}+\dfrac{\partial \tau_{zz}}{\partial z}\end{pmatrix}_{r\theta z} + \begin{pmatrix}0\\0\\\rho g\end{pmatrix}_{r\theta z} \tag{6.232 b}$$

여기서 중력장은 흐름(z) 방향으로만 작용한다고 가정하고, $g_z = g(= 9.8\ \mathrm{m/s^2})$로 두었다. 다음에는 식 (6.230)의 속도장으로부터 원통좌표계의 물리적 성분으로 표시된 $\nabla \boldsymbol{v}(=\mathbf{L}^{\mathrm{T}})$ 및 이로부터 변형속도텐서 $\dot{\boldsymbol{\gamma}}(=\nabla \boldsymbol{v}+(\nabla \boldsymbol{v})^{\mathrm{T}})$를 구하고(표 5.1 참조), 식 (6.230) ~ (6.231)의 조건을 대입하면 식 (5.344)가 얻어지는데 이를 GLVE 구성방정식(6.207)에 대입하면 아래를 얻는다.

$$\boldsymbol{\tau}(t)=\int_{-\infty}^{t} G(t-t')\,\dot{\boldsymbol{\gamma}}(t')\,dt' = \int_{-\infty}^{t} G(t-t')\begin{pmatrix}0 & 0 & \dfrac{\partial v_z}{\partial r}\\ 0 & 0 & 0\\ \dfrac{\partial v_z}{\partial r} & 0 & 0\end{pmatrix}_{r\theta z} dt' \tag{6.233}$$

이 식을 보면 (대칭)응력텐서 $\boldsymbol{\tau}$의 9개 요소 중 오직 (같은)2개 즉 $\tau_{rz}=\tau_{zr}$만 존재하므로 이를 식 (6.232b)에 대입하면 아래의 간편화된 식을 얻는다.

$$\begin{pmatrix}0\\0\\0\end{pmatrix}_{r\theta z} = -\begin{pmatrix}\dfrac{\partial p}{\partial r}\\ \dfrac{1}{r}\dfrac{\partial p}{\partial \theta}\\ \dfrac{\partial p}{\partial z}\end{pmatrix}_{r\theta z} + \begin{pmatrix}\dfrac{\partial \tau_{zr}}{\partial z}\\ 0\\ \dfrac{1}{r}\dfrac{\partial}{\partial r}(r\tau_{rz})\end{pmatrix}_{r\theta z} + \begin{pmatrix}0\\0\\\rho g\end{pmatrix}_{r\theta z} \tag{6.234}$$

그런데 연속체 식에서 v_z는 z에 무관하고, 또 축(혹은 θ) 대칭에서 θ에도 무관하므로 $v_z = v_z(r)$이 된다. 따라서 이를 식 (6.233)에 대입하면 $\tau_{rz}(=\tau_{zr})$ 역시 r만의 함수가 되어 $\partial\tau_{zr}/\partial z = 0$이 된다. 그리고 운동방정식 (6.234)를 보면 압력 p는 z만의 함수가 되므로, 운동방정식의 z성분만을 표시하면 아래가 된다[단 $\boldsymbol{e}_z$성분의 $-(\partial p/\partial z)$와 ρg항은 대응압력 $P^*(=p-\rho g z)$을 통하여 합쳐서 나타내었다].

$$0 = -\frac{dP^*}{dz} - \frac{1}{r}\frac{\partial}{\partial r}(r\tau_{rz}) \tag{6.235}$$

여기서 $P^* = p - \rho g z$이다. 포아제 흐름에 대한 경계조건은 5.6.1절의 경우와 마찬가지로 아래가 된다.

$$\begin{cases} z=0 & P^* = P_0 = P_0^* \\ z=L & P^* = P_L - \rho g L = P_L^* \\ r=0 & \tau_{rz}=0 \\ r=R & v_z = 0 \end{cases} \tag{6.236}$$

포아제 흐름에 대해 5.3.2.1절 혹은 5.6.1절에서처럼 위의 경계조건을 갖고 P^* 및 τ_{rz}에 관한 미분방적식 (6.235)를 '변수분리기법'을 사용하여 각각의 경우 해를 구하면 아래를 얻는다(식 (5.353) 및 (5.363) 참조).

$$P^* = \left(\frac{P_L^* - P_0^*}{L}\right) z + P_0^* \tag{6.237}$$

$$\tau_{rz}(r) = -\left(\frac{P_L^* - P_0^*}{2L}\right) r \tag{6.238}$$

다음에는 속도장 $v_z(r)$를 구하기 위하여 $-\tau_{rz}$를 τ_{13}으로 두어 식 (6.233)의 (13)성분과 같이 두면 아래가 성립된다(식 (5.360) 참조).

$$\left(\frac{P_L^* - P_0^*}{2L}\right) r = \int_{-\infty}^{t} G(t-t')\left(\frac{\partial v_z}{\partial r}\right) dt' \tag{6.239}$$

위 적분에서 $\partial v_z / \partial r$는 시간에 무관하므로 적분 바깥으로 빼면 아래가 된다.

$$\begin{aligned} \left(\frac{P_L^* - P_0^*}{2L}\right) r &= \left(\frac{\partial v_z}{\partial r}\right)\left[\int_{-\infty}^{t} G(t-t')\, dt'\right] \\ &= \left(\frac{\partial v_z}{\partial r}\right)\int_{0}^{\infty} G(s)\, ds = \eta_0 \left(\frac{\partial v_z}{\partial r}\right) \quad (\because \text{식 (6.209)}) \end{aligned} \tag{6.240}$$

이 식의 양변을 r에 대하여 부정적분을 정하고, 적분상수는 $r=R$일 때 $v_z=0$의 경계조건에서 구하면 속도장 $v_z(r)$는 아래의 형태로 얻어진다.

$$v_z(r) = \frac{(P_0^* - P_L^*)R^2}{4L\eta_0}\left[1 - \left(\frac{r}{R}\right)^2\right] \tag{6.241}$$

위 식의 점도항에 $\eta_0 \left(\lim_{\dot{\gamma} \to 0} \eta\right)$ 즉 '제로 전단점도'를 이용한 것은 GLVE 모델이 낮은 전단(변형) 속도만을 다루기 때문이다.

6. 7. 2 비틀림 진동 점도계(Couette 흐름)에 적용

다음에는 두 동심원 실린더(concentric cylinder) 사이에 있는 환상 간극(annular gap)을 차지하고 있는 일반선형점탄성(GLVE) 유체에 대해 (일정)진동 전단속도에서 외측 실린더를 접선적으로 회전시킴(trangentially driving)에 의해 야기된 Couette 흐름의 속도장을 계산해보기로 한다. 이때 내측 실린더는 외측 실린더와 토크 바(torque bar)로 연결되어, 유체에 부가된 전단응력의 결과로 역시 소진폭으로 진동한다.

대부분의 레오미터에서 측정되는 중요한 성질 중의 하나는 소진폭 진동전단(SAOS) 동적성질인 $\eta'(\omega)(=G''/\omega)$ 및 $\eta''(\omega)(=G'/\omega)$이다. 실제 레올로지 측정에 있어서 관건이 되는 것은 토크, 압력, 유량 및 회전속도 등과 같은 측정가능한 양을 어떻게 (전단)응력, 전단속도나 전단변형과 같은 물질함수에 나타나는 양과 연관시키느냐 하는 것이다.

비틀림 진동 점도계(torsional oscillatory viscometer)의 유동기하와 관련된 기하변수는 그림 6.31에 묘사되어 있다. '컵(cup)'으로 불리는 외측 실린더는 모터에 의해 진동회전하고 있으며, '밥(bob)'이라 불리는 내측 실린더는 매우 딱딱한 토크 바로 연결되어 있다. 두 실린더간의 간극은 매우 좁아 '곡률(curvature) 효과'는 무시된다고 가정한다. 유체에 의해 밥에 전달된 토크는 밥을 작은 각도만큼 회전시키는데 이것이 시간의 함수로 측정된다. 이때 토크 바는 선형 스프링처럼 거동하여, 토크는 토크 바의 작은 각도변위에 비례하게 된다. 이때 토크 바의 운동을 계산하기 위하여 먼저 두 원통사이의 간극에 있는 유체의 속도장을 계산해야 한다(단 이때 원통좌표계의 물리성분을 이용).

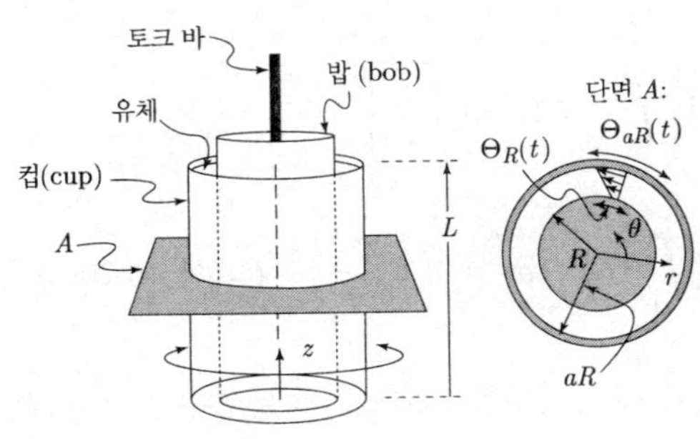

그림 6.31 GLVE 유체의 소진폭 진동 (접선형) 환상흐름에 대한 기하.

여기서 흐름은 바깥 벽의 운동에 의해 일어나며, 이 운동은 아래와 같이 진폭 Θ°_{aR}을 가진(sin이나 cos파 대신 여기서는 편의상) 시간의존성 복소 진동함수 $\Theta_{aR}(t)$로 나타내지며, 이로부터 외벽의 (θ방향) 속도장 $v_\theta\big|_{r=aR}$도 강체회전에 대한 $\boldsymbol{v}=\boldsymbol{\omega}\times\boldsymbol{r}$(여기서 $\boldsymbol{\omega}$는 각속도, $\boldsymbol{r}$는 회전반경 벡터임)의 관계로부터 복소(진동) 함수의 형태로 계산될 수 있다.

$$\Theta_{aR}(t) \equiv \Theta^{\circ}_{aR}\, e^{i\omega t} \text{ (여기서 } i = \sqrt{-1}\text{, } \Theta^{\circ}_{aR}\text{은 실수진폭)} \tag{6.242}$$

$$v_\theta \big|_{r=aR} \equiv aR\frac{d\theta_{aR}}{dt} = aRi\omega\,\Theta^{\circ}_{aR}\, e^{i\omega t} \tag{6.243}$$

[사실 위 식에서 $\Theta_{aR}(t) = \Theta^{\circ}_{aR}\cos\omega t [= \mathrm{Re}\,(\Theta^{\circ}_{aR}\, e^{i\omega t})]$ 대신 복소함수 자체로 나타낸 것은, 나중에 보듯이 복소점도 η^* 계산시 (복소)전단응력과 전단속도의 비에서 $e^{i\omega t}$가 위치 r에 무관하므로 상쇄되어 진폭비만으로 나타낼 수 있기 때문이다.]

이로부터 유체를 통해 전단응력이 전달되며, 간극 속의 유체에 성긴 응력장은 같은 각진동수 ω (∵소진폭 변형)로 진동하여 아래와 같이 표현될 수 있다.

$$\tau_{r\theta} \equiv \tilde{\tau}_0\, e^{i\omega t} \tag{6.244}$$

여기서 주의할 점은 (선형)점탄성 유체의 경우 일반적으로 생성된 전단응력이 벽면의 운동 $\Theta_{aR}(t)$과 위상이 일치하지 않으므로(즉 위상차 $\delta \neq 0$) 이 경우 진폭 $\tilde{\tau}_0$은 $\tau_0 e^{i\delta}$(여기서 τ_0은 실수 진폭)과 같게 되어 복소 진폭이 된다는 것이다. 또한 이 전단응력 $\tau_{r\theta}$가 내벽(밥)을 각도 $\Theta_R(t)$만큼 (회전)운동하게 된다. 이때 각도(변위) $\Theta_R(t)$도 아래 식과 같이 $\Theta_{cR}(t)$와 같은 각진동수 ω로 진동한다고 가정되며, 또 이로부터 내벽의 속도 또한 강체회전의 공식 $\boldsymbol{v} = \boldsymbol{\omega} \times \boldsymbol{r}$에 의거하여 얻어질 수 있다.

$$\Theta_R(t) \equiv \Theta^{\circ}_R\, e^{i\omega t} \tag{6.245}$$

$$v_\theta \big|_{r=R} \equiv R\frac{d\Theta_R}{dt} = Ri\omega\,\Theta^{\circ}_R\, e^{i\omega t} \tag{6.246}$$

여기서 또 주의할 점은 외벽의 입력(input) 운동인 $\Theta_{aR}(t)$와 내벽의 응답(response) 운동인 $\Theta_R(t)$의 위상은 일반적으로 (선형)점탄성 유체의 경우 위상차 δ만큼 다를 수 있으므로, 설사 식 (6.242) 중의 진폭 Θ°_{aR}이 실수일지라도 식 (6.245)의 진폭 Θ°_R은 $e^{i\delta}$ 항을 포함하는 복소수가 될 수 있다.

이제 통상의 절차에 따라 두 원통 사이의 간극에 있는 GLVE 유체의 속도장을 원통좌표계의 물리성분 항으로 구해보기로 한다. 먼저 이 1(θ)방향 흐름(unidirectional flow)에 있어서 v_r 및 v_z 항은 0을 두고 v_θ만이 존재한다고 한다. 즉

$$\boldsymbol{v} = \begin{pmatrix} v_r \\ v_\theta \\ v_z \end{pmatrix}_{r\theta z} = \begin{pmatrix} 0 \\ v_\theta \\ 0 \end{pmatrix}_{r\theta z} \tag{6.247}$$

여기서 질량보존식(표 4.3 참조)에 의해 $\partial v_\theta/\partial\theta = 0$가 성립되며, 또한 대칭 변형속도텐서 $\dot{\boldsymbol{\gamma}}(= \nabla\boldsymbol{v} + (\nabla\boldsymbol{v})^{\mathrm{T}})$도 이 결과를 표 5.2b에 대입하면 아래가 된다.

$$\dot{\boldsymbol{\gamma}} = \begin{pmatrix} 0 & \dfrac{\partial v_\theta}{\partial r} - \dfrac{v_\theta}{r} & 0 \\ \dfrac{\partial v_\theta}{\partial r} - \dfrac{v_\theta}{r} & 0 & 0 \\ 0 & 0 & 0 \end{pmatrix}_{r\theta z} \tag{6. 248}$$

위 식에서 원통은 길다고 생각하여 $\partial v_\theta/\partial z = 0$을 가정하였으므로, 최종적으로 속도 $v_\theta = v_\theta(r, t)$가 된다. 그런데 경계면에서의 속도의 연속성을 가정하면 간극내의 유체의 속도 v_θ도 역시 (선형 점탄성 한계 내에서) 같은 각진동수 ω로 진동하는 아래와 같이 시간 의존성 복소함수로 나타낼 수 있다.

$$v_\theta(r) \equiv \tilde{v}_0 e^{i\omega t} \tag{6. 249}$$

이때 속도 진폭 $\tilde{v}_0$ 역시 일반적으로 위상차 $e^{i\delta}$ 항을 포함하는 복소수일 수 있다.

다음에는 이 식 (6.248)을 GLVE 구성식 (6.207)에 대입하면 아래를 얻는다.

$$\boldsymbol{\tau} = \int_{-\infty}^{t} G(t-t') \begin{pmatrix} 0 & \dfrac{\partial v_\theta(t')}{\partial r} - \dfrac{v_\theta(t')}{r} & 0 \\ \dfrac{\partial v_\theta(t')}{\partial r} - \dfrac{v_\theta(t')}{r} & 0 & 0 \\ 0 & 0 & 0 \end{pmatrix}_{r\theta z} dt' \tag{6. 250}$$

위 식을 보면 대칭 (여분)응력 $\boldsymbol{\tau}$의 9개 성분 중 오직 0이 안되는 것은 $\tau_{r\theta} = \tau_{\theta r}$의 두 개임을 알 수 있다. 이를 원통좌표계의 물리성분으로 된 운동방정식 표 4.4c 혹은 표 5.3b에 대입하면(단 중력장 무시) 아래를 얻는다.

$$\begin{pmatrix} 0 \\ \rho\dfrac{\partial v_\theta}{\partial t} \\ 0 \end{pmatrix} + \begin{pmatrix} \rho\dfrac{v_\theta^2}{r} \\ 0 \\ 0 \end{pmatrix} = \begin{pmatrix} -\dfrac{\partial p}{\partial r} \\ -\dfrac{1}{r}\dfrac{\partial p}{\partial \theta} \\ -\dfrac{\partial p}{\partial z} \end{pmatrix} + \begin{pmatrix} 0 \\ \dfrac{1}{r^2}\dfrac{\partial}{\partial r}(r^2\tau_{r\theta}) \\ 0 \end{pmatrix} \tag{6. 251}$$

여기서 운동방정식(EOM)의 각 (물리)성분은 아래가 된다.

$$\text{EOM의 } z\text{성분}: \ \frac{\partial p}{\partial z} = 0 \tag{6. 252}$$

$$\text{EOM의 } r\text{성분}: \ \rho\frac{v_\theta^2}{r} = -\frac{\partial p}{\partial r} \tag{6.253}$$

$$\text{EOM의 } \theta\text{성분}: \ \rho\frac{\partial v_\theta}{\partial t} = -\frac{1}{r}\frac{\partial p}{\partial \theta} + \frac{1}{r^2}\frac{\partial}{\partial r}(r^2\tau_{r\theta}) \tag{6.254}$$

특히 식 (6.254)에서 θ 방향 대칭성을 고려하면 $\partial p/\partial\theta = 0$이므로 위 식을 아래로 간략화된다.

$$\rho\frac{\partial v_\theta}{\partial t} = \frac{1}{r^2}\frac{\partial}{\partial r}(\tau_{r\theta}r^2) \tag{6.255}$$

그런데 위 편미분 방정식의 좌변은 $v_\theta(r, t)$이고, 우변 역시 $\tau_{r\theta}(r, t)$가 되므로 포아제 흐름의 경우처럼 변수분리기법에 의해서는 풀 수가 없다. 그러나, 마침 선형점탄성 한계 내에서 v_θ 및 $\tau_{r\theta}$는 외벽의 운동 $\Theta_{aR}(t)$와 같은 각진동수 ω로 진동하는 복소형태의 시간 의존성 함수를 가정하였으므로, 식 (6.255) 중의 $\tau_{r\theta}$ 및 v_θ에 각각 식 (6.244)와 (6.249)를 대입하여 정리하면 아래와 같이 시간 의존성과 반경의존성 항을 분리하여 나타낼 수 있다.

$$i\omega\rho\tilde{v}_0e^{i\omega t} = \frac{e^{i\omega t}}{r^2}\frac{\partial}{\partial r}(\tilde{\tau}_0r^2) \tag{6.256 a}$$

혹은

$$i\omega\rho\tilde{v}_0r^2 = \frac{d}{dr}(\tilde{\tau}_0r^2) \tag{6.256 b}$$

여기서 식 (6.256b)를 보면 시간 의존성이 없어지고, 반경(r) 의존성만 남게되어 이에 대한 (상)미분 방정식을 풀기만 하면 된다. 이를 위해 이 흐름의 각도 변위에 관련된 전단속도 $\dot{\gamma}_{21}(t)$ 또한 역시 아래와 같은 ω로 진동하는 시간 의존성 복소함수로 나타낼 수 있다.

$$\dot{\gamma}_{21}(t) = \dot{\gamma}_0e^{i\omega t} \tag{6.257}$$

여기서 진폭 $\dot{\gamma}_0$ 역시 위상차 $e^{i\delta}$항을 포함하는 복소진폭일 수 있다.

그런데 식 (5.246)으로 정의된 복소점도 η^*의 개념에 의하면 이 흐름의 경우도 아래 식이 성립된다.

$$\eta^* = \frac{\tau_{r\theta}(t)}{\dot{\gamma}_{21}(t)} = \frac{\tilde{\tau}_0e^{i\omega t}}{\dot{\gamma}_0e^{i\omega t}} = \frac{\tilde{\tau}_0}{\dot{\gamma}_0} \tag{6.258}$$

한편 식 (6.248)의 $\dot{\gamma}_{21}(t)$ 및 v_θ 항에 각각 식 (6.257)과 (6.249)를 대입하여 정리하면 아래를 얻는다.

$$\dot{\gamma}_{21}(t)[=\dot{\gamma}_0 e^{i\omega t}] = \frac{\partial v_\theta}{\partial r} - \frac{v_\theta}{r} \quad (\text{여기서} \ \ v_\theta = \tilde{v}_0 e^{i\omega t}) \tag{6. 259 a}$$

혹은

$$\dot{\gamma}_0 = \frac{d\tilde{v}_0}{dr} - \frac{\tilde{v}_0}{r} \tag{6. 259 b}$$

그러면 식 (6.256b)에서 $\tilde{\tau}_0 = \eta^* \dot{\gamma}_0$ 및 나아가 $\dot{\gamma}_0$에 식 (6.259b)를 대입하면 아래를 얻는다(단 η^*는 r 무관 가정).

$$i\omega\rho\tilde{v}_0 r^2 = \eta^* \frac{d}{dr}\left[r^2\left(\frac{d\tilde{v}_0}{dr} - \frac{\tilde{v}_0}{r}\right)\right] \tag{6. 260 a}$$

혹은

$$\frac{i\omega\rho}{\eta^*}\tilde{v}_0 r^2 = \frac{d}{dr}\left[r^3 \frac{d}{dr}\left(\frac{\tilde{v}_0}{r}\right)\right] \tag{6. 260 b}$$

이제 식 (6.260b)에서 편의상 $\tilde{v}_0 \equiv r\Omega(r)$(여기서 $\Omega(r)$은 r 의존성 각속도 함수 $\because \boldsymbol{v} = \boldsymbol{\omega} \times \boldsymbol{r}$의 개념에 의해)의 변수치환을 행하여 정리하면 쉽게 Ω로 나타낸 2계 상미분 방정식을 얻을 수 있다.

$$\Omega'' + \frac{3}{r}\Omega' + \tilde{a}^2\Omega = 0 \tag{6. 261}$$

여기서 프라임($'$)은 r에 관한 미분을 의미한다. 이 2계 상미방의 해는 상미방 이론에 의하면 특수함수인 Bessel 함수를 이용하여 아래와 같이 주어진다(지면관계상 자세한 유도과정은 생략함).

$$\Omega = \frac{1}{r}[C_1 J_1(\tilde{a}r) + C_2 Y_2(\tilde{a}r)] \tag{6. 262}$$

여기서

$$\tilde{a} \equiv \sqrt{\frac{-i\omega\rho}{\eta^*}} \tag{6. 263}$$

여기서 J_1 및 Y_1은 각각 1계(first order) 제 1종 및 제 2종 Bessel 함수이며, C_1 및 C_2는 적분상수

이다. 여기서 만약 GLVE 유체의 비틀림 진동흐름에 대한 적절한 경계조건을 이용하면, 적분상수 C_1 및 C_2가 얻어져서, 완전한 해 $\Omega(r)$가 구해질 수 있다.

그런데 식 (6.262)와 같은 $\tilde{v}_0(=r\Omega(r))$의 정확한 해 대신 근사해를 구하기 위해 $\dot{\gamma}$에 대한 식 (6.248)에서 앞에서 언급한 두 원통간의 간극이 매우 좁아 곡률효과의 무시가 가능하며, 또한 $\frac{v_\theta}{r} \ll \frac{\partial v_\theta}{\partial r}$ 및 $\frac{2}{r}\frac{dv_\theta}{dr} \ll \frac{d^2 v_\theta}{dr^2}$의 가정 및 나아가 식 (6.251) 중에서 $\frac{2}{r}\tau_{r\theta} \ll \frac{\partial \tau_{r\theta}}{\partial r}$의 가정을 취하면 식 (6.248) 및 (6.251)은 아래와 같이 간략한 형태로 나타내진다.

$$\dot{\gamma} = \begin{pmatrix} 0 & \frac{\partial v_\theta}{\partial r} & 0 \\ \frac{\partial v_\theta}{\partial r} & 0 & 0 \\ 0 & 0 & 0 \end{pmatrix}_{r\theta z} \tag{6. 264}$$

그리고

$$\begin{pmatrix} 0 \\ \rho\frac{\partial v_\theta}{\partial t} \\ 0 \end{pmatrix}_{r\theta z} + \begin{pmatrix} 0 \\ 0 \\ 0 \end{pmatrix}_{r\theta z} = \begin{pmatrix} -\frac{\partial p}{\partial r} \\ 0 \\ -\frac{\partial p}{\partial z} \end{pmatrix}_{r\theta z} + \begin{pmatrix} 0 \\ \frac{\partial \tau_{r\theta}}{\partial r} \\ 0 \end{pmatrix}_{r\theta z} \tag{6. 265}$$

여기서 $v_\theta(=\tilde{v}_0 e^{i\omega t})$ 혹은 $\tilde{v}_0$에 관한 위의 가정을 식 (6.260)에 적용하면 $\tilde{v}_0$에 관한 아래의 근사화된 미분방정식을 얻는다.

$$\left(\frac{i\omega\rho}{\eta^*}\right)\tilde{v}_0 = \frac{d^2\tilde{v}_0}{dr^2} \tag{6. 266}$$

식 (6. 266)은 상수계수를 가진 2계 상미방으로 비교적 간단히 풀 수 있다. 즉 주어진 경계조건을 보다 간단히 하기위해 r 대신 아래의 무차원의 변수 $\chi(r)$로 치환한다.

$$\chi = \frac{r-R}{aR-R} \tag{6. 267}$$

이를 이용하여 식 (6.266)을 환원 변수 χ에 대한 미방으로 바꾸면 아래가 된다.

$$\frac{d^2\tilde{v}_0}{d\chi^2} = \left(\frac{i\omega}{M_1}\right)\tilde{v}_0 \tag{6. 268}$$

여기서

$$M_1 = \frac{\eta^*}{\rho R^2(a-1)^2} \tag{6.269}$$

[비고: 식 (6.266)에서 (6.268)로 변환은 복합미분 혹은 사슬법칙에서 $\frac{d}{dr} = \frac{d\chi}{dr}\frac{d}{d\chi}$, $\frac{d^2}{dr^2} = \frac{d}{dr}\left(\frac{d}{dr}\right) = \frac{d\chi}{dr}\frac{d}{d\chi}\left(\frac{d\chi}{dr}\frac{d}{d\chi}\right)$ 관계 및 $\frac{d\chi}{dr} = 1/R(a-1)$을 이용하면 쉽게 얻어진다.]

단 환원 미방식 (6.268)의 경계조건은 각 벽면(외벽 $r = aR$ 및 내벽 $r = R$)에서의 'no-slip' 경계조건을 취하면 내벽(즉 $\chi = 0$) 및 외벽(즉 $\chi = 1$)에서 각각 속도장 $v_\theta(r)$에 관한 아래의 경계조건이 성립된다.

$$\chi = 0 \quad v_\theta = R\frac{d\Theta_R}{dt} \;\Rightarrow\; \tilde{v}_0(0) = i\omega R\Theta_R^\circ \tag{6.270}$$

$$\chi = 1 \quad v_\theta = aR\frac{d\Theta_{aR}}{dt} \;\Rightarrow\; \tilde{v}_0(1) = i\omega aR\Theta_{aR}^\circ \tag{6.271}$$

위 경계조건을 갖고 $\tilde{v}_0(r)$의 환원 (근사)미방식 (6.268)의 해를 구하면 아래를 얻는다.

$$\tilde{v}_0(r) = C_1 e^{\frac{i+1}{\sqrt{2}}\sqrt{\frac{\omega}{M_1}}\chi} + C_2 e^{\frac{-(i+1)}{\sqrt{2}}\sqrt{\frac{\omega}{M_1}}\chi} \tag{6.272}$$

여기서 $\tilde{v}_0(\chi = 0) = C_1 + C_2$ 및 $\tilde{v}_0(\chi = 1) = C_1 e^{\alpha} + C_2 e^{-\alpha}$[단 $\alpha = \frac{i+1}{\sqrt{2}}\sqrt{\frac{\omega}{M_1}}$ 임]의 관계를 이용하여 적분상수 C_1 및 C_2의 값을 구하면 아래를 얻는다.

$$C_1 = \frac{B - Ae^{-\alpha}}{(e^{\alpha} - e^{-\alpha})},\; C_2 = \frac{-B + Ae^{\alpha}}{(e^{\alpha} - e^{-\alpha})} \tag{6.273}$$

여기서

$$A = i\omega R\Theta_R^\circ,\; B = i\omega aR\Theta_{aR}^\circ \tag{6.274}$$

한편 이 흐름의 SAOS 물질함수 $\eta'(= G''/\omega)$ 및 $\eta''(= G'/\omega)$의 측정(해)에 관해서는 문제 6.10에서 다루기로 한다.

■ 6. 8 GLVE 구성방정식의 한계점

이 장에서 논의된 단순 Maxwell 모델이나 일반 Maxwell(GM) 모델을 비롯한 일반선형점탄성(GLVE) 구성방정식은 과거의 변형이력을 고려한 기억(또는 탄성) 효과의 포함으로 인하여 일반점성유체(GNF) 모델에 비하여 가령 비정상 단순전단흐름(SSF)에 있어서 응력성장이나 응력완화(또는 감쇠) 거동에 대한 물질함수의 보다 실험값에 접근된 예측 등을 여러 면에서 성공을 거둔 것은 사실이다. 그러나 아래에 열거하는 몇 가지의 한계점(혹은 문제점)을 갖고 있다.

1. GLVE 모델에서는 (전단)점도를 일정상수로 간주하므로, '전단 얇아짐'과 같은 비뉴톤 점성거동은 예측할 수 없으므로 이 모델은 $\eta(\dot{\gamma})=\eta_0$가 성립되는 오직 낮은 변형속도에만 한정된다.

2. 일반 Maxwell(GM) 모델의 유도시 가정된 변형의 가성성(additivity)은 역시 매우 낮은 변형속도에만 성립된다.

3. GLVE 모델은 구성방정식에서 GNF 모델처럼 (여분)응력텐서 $\boldsymbol{\tau}$가 (대칭)변형속도텐서 $\dot{\boldsymbol{\gamma}}$에 비례하므로 가령 단순전단흐름(SSF)에 대한 속도장의 정의로부터 $\dot{\boldsymbol{\gamma}}$ 또는 $\boldsymbol{\tau}$의 대각성분 즉 법선응력성분(따라서 탄성효과)을 예측할 수 없다.

4. 이하의 예에서 볼 수 있듯이 GLVE 모델은 중첩된 강체회전(superimposed rigid rotation)을 가진 흐름에는 적용될 수 없다. 즉 구성방정식에 관한 텐서의 성격상 '객관적이지 못하다(not objective)'(2.19절 참조).

특히 마지막 항은 매우 중요하다. 왜냐하면 구성방정식에 의한 어떤 성질의 예측이 관측자(observer)의 선택에 무관해야한다는 '객관성(objectivity)'을 모든 구성방정식에 요구되는 필수 조건이기 때문이다.

그러면 왜 GLVE 구성방정식이 '객관성 확보'에 실패했는가를 이하에서 조사해 보기로 한다. 즉 식 (6.164)로 주어진 단순 스칼라 Maxwell (미분형)모델에서 3차원 텐서형 Maxwell 모델(식 (6.166))로 가는 과정에서 우리는 실수를 범했다.

스칼라 Maxwell (미분)모델 : $$\tau_{21}+\frac{\mu}{G}\frac{\partial\tau_{21}}{\partial t}=\mu\dot{\gamma}_{21} \qquad (6.164)$$

텐서 Maxwell (미분) 모델 : $$\boldsymbol{\tau}+\frac{\eta_0}{G}\frac{\partial\boldsymbol{\tau}}{\partial t}=\eta_0\dot{\boldsymbol{\gamma}} \qquad (6.166)$$

즉 (1차원)스칼라 식에서 3차원 텐서식으로 가는 과정에서 '프레임 불변(frame invariance)'의 법칙을 가정하면 사실이다. 그러나 아래의 예에서 보듯이 만약 기준 프레임(reference frame)이 정지상태에서 회전상태로 변할 때 식 (6.166)의 텐서형 Maxwell 모델에 사용된 편미분이 일정하게

(invariably) 변하지 않는다는 것이다. 즉 텐서형 Maxwell 모델에서처럼 단순히 $\boldsymbol{\tau}$에 대한 (시간)편미분(즉 $\partial\boldsymbol{\tau}/\partial t$)으로 나타냄으로써 소위 '프레임 변화(frame-variance)' 식을 제안한 것과 마찬가지이다.

이와 같은 (텐서형의) Maxwell 모델이나 GLVE 모델에서의 '프레임 불변(frame-variance)'의 위반(violation)은 아래에서처럼 가령 GLVE 모델로 예측되는 (여분)응력텐서 $\boldsymbol{\tau}$가 부정확한 좌표계를 보여줌으로써 증명될 수 있다. 즉 회전 기준계에서의 응력텐서를 정지 기준계로 표시할 때 프레임 불변의 위반이 발생하게 된다. 이하에서 GLVE 모델의 '객관성 확보'의 실패를 보여주기 위해 회전하는 기준계에서 생기는 (단순)전단흐름(SSF)에 대한 기저변화(change-of-basis)를 계산해 보기로 한다(예제 5.5 참조).

지금 유체가 담긴 욕조(bath)에 대한 서로 반대로 회전하는 벨트에 의해 생성된 (단순)전단흐름(SSF)를 생각해보자. 전 장치는 그림 6.32에 나타낸 바와 같이 돌고 있는 회전반(turntable)위에 있다. $z(=\bar{z})$축 주위로 주어진 회전반의 속도로 회전하고 있는 기저벡터의 집합$(\hat{\boldsymbol{e}}_{\bar{x}}, \hat{\boldsymbol{e}}_{\bar{y}}, \hat{\boldsymbol{e}}_{\bar{z}})$를 가진 (회전)Cartesian 좌표계 $(\bar{x}, \bar{y}, \bar{z})$ 및 (정지)기저벡터의 집합 $\{\hat{\boldsymbol{e}}_x, \hat{\boldsymbol{e}}_y, \hat{\boldsymbol{e}}_z\}$를 가진 고정(stationary) Cartesian 좌표계 (x, y, z)가 그림에 정의되어 있다. 회전축인 $\bar{z}$ 및 z 방향은 일치(즉 $\hat{\boldsymbol{e}}_z = \hat{\boldsymbol{e}}_{\bar{z}}$)하고, 위로 향하고 있다. 또한 고정 x, y, z 좌표계에 대해 회전 $\bar{x}, \bar{y}, \bar{z}$ 좌표계의 원점은 $(x_0, y_0, 0)$(여기서 $z_0 = 0$ 즉 회전체의 원점의 z축은 고정계의 z축과 일치)에 위치되어 있다고 한다.

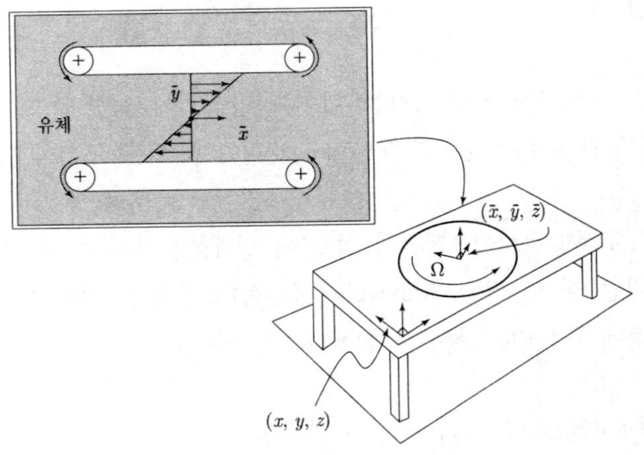

그림 6.32 회전반(turntable)의 운동에 의해 회전하고 있는 (Cartesian) 기준 프레임에서 일어나고 있는 정상상태의 단순전단흐름(SSF).

돌고 있는 회전반(turntable) 위에서 발생하는 흐름은 일정 전단속도 $\dot{\gamma}_0(>0)$를 가진 $\bar{x}, \bar{y}, \bar{z}$ 회전 (Cartesian)좌표계에서의 (1방향)정상 전단흐름(steady shear flow)이다. 따라서 속도장 벡터를

회전계의 기저벡터를 이용해 나타내면 아래가 된다.
[단 텐서의 성질에 의해 $\boldsymbol{v} = v_i \hat{\boldsymbol{e}}_i$(고정계)$= \bar{v}_i \hat{\boldsymbol{e}}_{\bar{i}}$(회전계) 성립].

$$\boldsymbol{v} = \begin{pmatrix} \dot{\gamma}_0 \bar{y} \\ 0 \\ 0 \end{pmatrix}_{\bar{x}\bar{y}\bar{z}} = \dot{\gamma}_0 \bar{y} \hat{\boldsymbol{e}}_{\bar{x}} \tag{6.275}$$

이로부터 대칭 변형속도텐서 $\dot{\boldsymbol{\gamma}}[= \nabla \boldsymbol{v} + (\nabla \boldsymbol{v})^{\mathrm{T}}]$를 구하면 아래가 된다.

$$\dot{\gamma} = (\dot{\gamma}_{\bar{i}\bar{j}}) = \left(\frac{\partial \bar{v}_j}{\partial \bar{x}_i} + \frac{\partial \bar{v}_i}{\partial \bar{x}_j} \right) = \begin{pmatrix} 0 & \dot{\gamma}_0 & 0 \\ \dot{\gamma}_0 & 0 & 0 \\ 0 & 0 & 0 \end{pmatrix}_{\bar{x}\bar{y}\bar{z}} \tag{6.276}$$

이를 GLVE 구성식 (6.207)(단 회전좌표계 $\bar{x}$, $\bar{y}$, $\bar{z}$로 표시)에 대입하면 아래를 얻는다.

$$\boldsymbol{\tau} = \int_{-\infty}^{t} G(t-t') \begin{pmatrix} 0 & \dot{\gamma}_0 & 0 \\ \dot{\gamma}_0 & 0 & 0 \\ 0 & 0 & 0 \end{pmatrix} dt' \tag{6.277}$$

여기서

$$\tau_{\bar{y}\bar{x}} = \int_{-\infty}^{t} G(t-t') \dot{\gamma}_0 \, dt' = \dot{\gamma}_0 \int_0^{\infty} G(s) ds \, [= \eta] \, (\because \text{식 (6.109)}) \tag{6.278 a}$$

혹은

$$\eta \equiv \frac{\tau_{\bar{y}\bar{x}}}{\dot{\gamma}_0} = \int_0^{\infty} G(s) ds \tag{6.278 b}$$

다음에는 정지 (Cartesian) x, y, z 좌표계에 대해서도 같은 계산을 행해보기로 한다. 그러기위해 우선 두 좌표계간의 원점의 차이를 $(x-x_0,\, y-y_0,\, z)$ 좌표계를 생각함으로써 제거될 수 있다. 즉 $(\bar{x},\, \bar{y},\, \bar{z})$와 $(x-x_0,\, y-y_0,\, z)$ 좌표계 사이에는 원점은 일치하나, 전자는 후자를 $z(=\bar{z})$ 축 주위로(반시계 방향으로)회전시켜(단 물질은 고정) 얻어진 것에 해당된다.

지금 유체의 속도를 회전좌표계 $\{\bar{x}_i\}$에 대해 표시하면 SSF 흐름의 속도장은 식 (6.275)가 되나, 만약 정지 좌표계 $\{x_i\}$에 대해 표시하면 2.16.2절의 식 (2.456)에 의해 아래가 성립된다.

$$\boldsymbol{v}_f = \boldsymbol{v}_m + \boldsymbol{v}_{frame} = \dot{\gamma}_0 \bar{y} \hat{\boldsymbol{e}}_{\bar{x}} + \boldsymbol{v}_{frame} \tag{6.279}$$

여기서 $\boldsymbol{v}_f$는 고정좌표계 $\{x_i\}$에 관한 속도장이며, $\boldsymbol{v}_m$은 이동(회전)좌표계 $\{\bar{x}_i\}$에 관한 속도장이다. 그리고 $\boldsymbol{v}_{frame}$은 식 (2.456)의 $\boldsymbol{\omega}\times\boldsymbol{r}$에 해당하는 양으로서 크기는 아래를 가질 것이다.

$$\| \boldsymbol{v}_{frame} \| = r\Omega \tag{6. 280}$$

이 식에서 Ω는 회전반의 일정 각속도($\dot{\theta}_0$)이며, r는 회전반상의 주어진 (유체)점의 반경위치를 나타낸다. 그러면 그림 6.33의 기하에서 점 P에서의 $\boldsymbol{v}_{frame}$은 고정좌표계 $\{x_i\}$로 나타내면 아래가 된다.

$$\boldsymbol{v}_{frame} = -\Omega(y-y_0)\hat{\boldsymbol{e}}_x + \Omega(x-x_0)\hat{\boldsymbol{e}}_y \tag{6. 281}$$

증명 식 (2.456)에서 $\boldsymbol{v}_{frame} = \boldsymbol{\omega}\times\boldsymbol{r}$가 되는데, 여기서 각속도벡터 $\boldsymbol{\omega}$는 고정 기저벡터 $\hat{\boldsymbol{e}}_i$에서 $\omega_x = \omega_y = 0$, $\omega_z = \Omega(=\dot{\theta})$로 간주한다. 또한 위치벡터 $\boldsymbol{r}$는 $(x-x_0,\, y-y_0,\, z)\hat{\boldsymbol{e}}_i$ 좌표계로 나타낸다. 그러면 두 벡터의 외적 $\boldsymbol{\omega}\times\boldsymbol{r}$을 고정 기저벡터 $\hat{\boldsymbol{e}}_i$를 갖는 $(x-x_0,\, y-y_0,\, z)$ 좌표계로 나타내면 아래가 된다(단 $\omega_1 = \omega_2 = 0$, $\omega_3 = \Omega$ 대입).

$$\boldsymbol{v}_{frame} = \boldsymbol{\omega}\times\boldsymbol{r} = \begin{pmatrix} \omega_2 z - \omega_3(y-y_0) \\ \omega_3(x-x_0) - \omega_1 z \\ \omega_1(y-y_0) - \omega_2(x-x_0) \end{pmatrix}_{\hat{\boldsymbol{e}}_i} = \begin{pmatrix} -\Omega(y-y_0) \\ \Omega(x-x_0) \\ 0 \end{pmatrix}_{\hat{\boldsymbol{e}}_i} \tag{6. 282}$$

따라서 $\boldsymbol{v}_{frame} = -\Omega(y-y_0)\hat{\boldsymbol{e}}_x + \Omega(x-x_0)\hat{\boldsymbol{e}}_y$가 되어 식 (6. 281)가 증명된다. ■

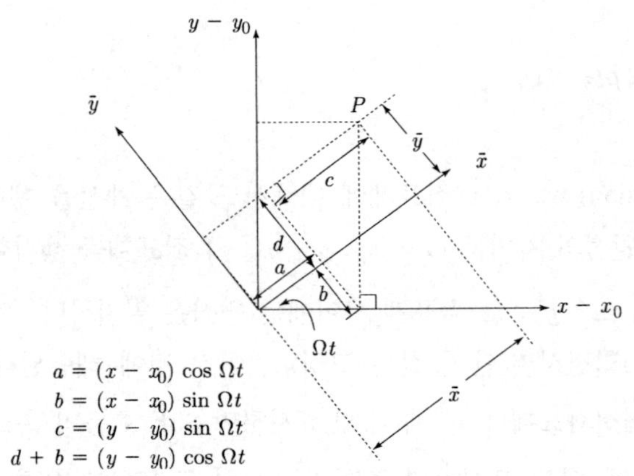

그림 6.33 회전 (기준)좌표계 $(\bar{x},\, \bar{y},\, \bar{z})$와 정지 (기준)좌표계 $(x-x_0,\, y-y_0,\, z)$(단 $z=\bar{z}$)에 대한 속도 성분간의 관계[여기서 t초 (시간)동안의 회전각 $\theta_t = \Omega t$임].

다음에는 두 좌표계 $(\bar{x}, \bar{y}, \bar{z})$와 $(x-x_0, y-y_0, z)$는 원점이 일치하며, 전자는 후자를 $z(=\bar{z})$주위로 반시계방향으로 $\theta_t = \Omega t$만큼 회전(단 물질 혹은 점 P 고정)시켜 얻어진 것이므로 텐서변환의 법칙(1.7절 혹은 표 A1.1 참조)에 의해 아래의 행렬관계가 성립된다[즉 $x_i' = a_i^{\,j} x_j$ 혹은 $\boldsymbol{e}_i' = a_i^{\,j} \boldsymbol{e}_j$에서 Cartesian 좌표계에서는 좌표변환행렬 $a_i^{\,j} = b^i_{\,j} = l_{ij} = \boldsymbol{e}_i' \cdot \boldsymbol{e}_j$(식 (1.379) 참조)가 된다]

$$\begin{pmatrix} \bar{x} \\ \bar{y} \\ \bar{z} \end{pmatrix} = \begin{pmatrix} c & s & 0 \\ -s & c & 0 \\ 0 & 0 & 1 \end{pmatrix} \begin{pmatrix} x-x_0 \\ y-y_0 \\ z \end{pmatrix} \tag{6. 283 a}$$

혹은

$$\begin{pmatrix} \hat{\boldsymbol{e}}_{\bar{x}} \\ \hat{\boldsymbol{e}}_{\bar{y}} \\ \hat{\boldsymbol{e}}_{\bar{z}} \end{pmatrix} = \begin{pmatrix} c & s & 0 \\ -s & c & 0 \\ 0 & 0 & 1 \end{pmatrix} \begin{pmatrix} \hat{\boldsymbol{e}}_x \\ \hat{\boldsymbol{e}}_y \\ \hat{\boldsymbol{e}}_z \end{pmatrix} \tag{6. 284 a}$$

여기서 $c = \cos\theta_t = \cos\Omega t$, $s = \sin\theta_t = \sin\Omega t$이다. 한편 위 두 식의 행렬표현을 대응하는 성분표시로 나타내면 각각 아래를 얻는다.

$$\bar{x} = (y-y_0)\sin\Omega t + (x-x_0)\cos\Omega t$$

$$\bar{y} = (y-y_0)\cos\Omega t - (x-x_0)\sin\Omega t$$

$$\bar{z} = z \tag{6. 283 b}$$

$$\hat{\boldsymbol{e}}_{\bar{x}} = \cos\Omega t\,\hat{\boldsymbol{e}}_x + \sin\Omega t\,\hat{\boldsymbol{e}}_y$$

$$\hat{\boldsymbol{e}}_{\bar{y}} = -\sin\Omega t\,\hat{\boldsymbol{e}}_x + \cos\Omega t\,\hat{\boldsymbol{e}}_y$$

$$\hat{\boldsymbol{e}}_{\bar{z}} = \hat{\boldsymbol{e}}_z \tag{6. 284 b}$$

여기서 식 (6.279)의 두 번째 항등관계에 $\bar{y}$ 및 $\hat{\boldsymbol{e}}_{\bar{x}}$항을 각각 식 (6.283b) 및 (6.284b)에서 대입하고, 또 $\boldsymbol{v}_{frame}$은 식 (6.281)에 대입하여 정리하면 아래와 같이 고정좌표계 $\{x_i\}$ 및 대응하는 기저벡터 $\{\hat{e_i}\}$항으로 나타낸 식을 얻을 수 있다.

$$\boldsymbol{v}_f = \dot{\gamma}_0\,\bar{y}\,\hat{\boldsymbol{e}}_{\bar{x}} + \boldsymbol{v}_{frame}$$

$$= \dot{\gamma}_0 \left[(y-y_0)\cos\Omega t - (x-x_0)\sin\Omega t \right] \left(\cos\Omega t\, \hat{\boldsymbol{e}}_x + \sin\Omega t\, \hat{\boldsymbol{e}}_y \right) - \Omega(y-y_0)\hat{\boldsymbol{e}}_x + \Omega(x-x_0)\hat{\boldsymbol{e}}_y$$

$$= \begin{pmatrix} \dot{\gamma}_0 \cos\Omega t \left[(y-y_0)\cos\Omega t - (x-x_0)\sin\Omega t \right] - \Omega(y-y_0) \\ \dot{\gamma}_0 \sin\Omega t \left[(y-y_0)\cos\Omega t - (x-x_0)\sin\Omega t \right] + \Omega(x-x_0) \\ 0 \end{pmatrix}_{xyz} \tag{6.285}$$

위 식에서 $\boldsymbol{v}_f$는 고정(정지) 기준좌표계에 대한 속도장이다.

이제 정지 기준계로 표시된 GLVE 구성식을 사용하여 (여분)응력텐서 $\boldsymbol{\tau}$를 계산해보기로 한다. 그러기 위해 먼저 정지계로 표시된 속도장(식 (6.285))으로부터 (Cartesian 좌표계에서의)기울기 $(\nabla \boldsymbol{v})_{ij} = \dfrac{\partial v_j}{\partial x_i}$($\because$ 이 경우 공변 미분(=편미분))를 구하면 아래를 얻는다.

$$\nabla \boldsymbol{v} \equiv \begin{pmatrix} \dfrac{\partial v_x}{\partial x} & \dfrac{\partial v_y}{\partial x} & \dfrac{\partial v_z}{\partial x} \\ \dfrac{\partial v_x}{\partial y} & \dfrac{\partial v_y}{\partial y} & \dfrac{\partial v_z}{\partial y} \\ \dfrac{\partial v_x}{\partial z} & \dfrac{\partial v_y}{\partial z} & \dfrac{\partial v_z}{\partial z} \end{pmatrix}_{xyz} = \begin{pmatrix} \dfrac{\partial v_x}{\partial x} & \dfrac{\partial v_y}{\partial x} & 0 \\ \dfrac{\partial v_x}{\partial y} & \dfrac{\partial v_y}{\partial y} & 0 \\ 0 & 0 & 0 \end{pmatrix}_{xyz}$$

$$= \begin{pmatrix} -\dot{\gamma}_0 \cos\Omega t \sin\Omega t & -\dot{\gamma}_0 \sin^2\Omega t + \Omega & 0 \\ \dot{\gamma}_0 \cos^2\Omega t - \Omega & \dot{\gamma}_0 \sin\Omega t \cos\Omega t & 0 \\ 0 & 0 & 0 \end{pmatrix}_{xyz} \tag{6.286}$$

여기서 대칭 변형속도텐서 $\dot{\boldsymbol{\gamma}}\left[= (\nabla \boldsymbol{v}) + (\nabla \boldsymbol{v})^{\mathrm{T}} \right]$는 아래와 같이 얻어진다.

$$\dot{\boldsymbol{\gamma}} = \begin{pmatrix} -\dot{\gamma}_0 \sin 2\Omega t & \dot{\gamma}_0 \cos 2\Omega t & 0 \\ \dot{\gamma}_0 \cos 2\Omega t & \dot{\gamma}_0 \sin 2\Omega t & 0 \\ 0 & 0 & 0 \end{pmatrix}_{xyz} \tag{6.287}$$

이를 GLVE 식 (6.207)에 대입하면 아래를 얻는다.

$$\boldsymbol{\tau}(t) = \int_{-\infty}^{t} G(t-t')\,\dot{\boldsymbol{\gamma}}(t')\,dt' = \int_{-\infty}^{t} G(t-t') \begin{pmatrix} -\dot{\gamma}_0 \sin 2\Omega t' & \dot{\gamma}_0 \cos 2\Omega t' & 0 \\ \dot{\gamma}_0 \cos 2\Omega t' & \dot{\gamma}_0 \sin 2\Omega t' & 0 \\ 0 & 0 & 0 \end{pmatrix} dt' \tag{6.288}$$

따라서 x, y, z 정지(기준)계에서 성분 $\tau_{yx}\,(=\tau_{xy})$는 아래가 된다.

$$\tau_{yx}(t) = \int_{-\infty}^{t} G(t-t') \cos 2\Omega t'\, \dot{\gamma}_0\, dt'$$

$$= \int_0^{\infty} G(s) \cos\left[2\Omega(t-s)\right] \dot{\gamma}_0 \, ds \ (\because t - t' = s \text{ 치환}) \tag{6. 289}$$

그런데 정상전단흐름(SSF)에 대하여 GLVE식으로부터 (전단)점도 η를 구하기 위해서는 $\dot{\boldsymbol{\gamma}}$가 전형적인 아래의 형태를 가져야한다.

$$\dot{\boldsymbol{\gamma}} = \begin{pmatrix} 0 & \dot{\gamma}_0 & 0 \\ \dot{\gamma}_0 & 0 & 0 \\ 0 & 0 & 0 \end{pmatrix}_{123} \tag{6. 290}$$

여기서 식 (6.287)과 비교하면 이는 $t = 0$일때만 성립된다. 따라서 식 (6.289)에 $t = 0$을 대입하여 GLVE 점도를 구하면 아래를 얻는다.

$$\eta \equiv \frac{\tau_{yx}}{\dot{\gamma}_0} = \int_0^{\infty} G(s) \cos(2\Omega s) ds \tag{6. 291}$$

이 결과는 회전 좌표계에서도 일정해야 할 물질 상수인 점도 η가 원래의 정지(기준)좌표계의 회전속도 Ω에 의존함을 의미한다. 이는 분명 틀린 결과로서, 우리는 GLVE 구성방정식은 정상전단흐름에 있어서 정지 및 회전 기준 프레임간의 기저변화(change-of-basis)에는 적당하지 않다[즉 '객관성'이 성립되지 않는다]고 결론지을 수 있다.

그렇다면 GLVE 모델은 레올로지 구성방정식으로서 전적으로 부적절한가? 지금 식 (6.287)에서 만약 회전속도 Ω가 0에 가깝도록 충분히 낮다면 대칭텐서 $\dot{\boldsymbol{\gamma}}$가 정상 전단흐름에 대한 전형적인 형태인 식 (6.290)에 접근한다. 즉 매우 느린 (전단)흐름의 경우에는 GLVE 모델도 기준 프레임간의 기저변화에 적용될 수 있는 구성방정식이 된다.

다음 장의 비선형 레올로지 구성방정식에는, 이 장에서 소개한 (일반) Maxwell 모델을 어떻게 수정함으로써 모든 기준 프레임에 있어서도 '프레임 불변성(frame invariance)' 혹은 '객관성(objectivity)'를 유지할 수 있는 구성방정식이 될 수 있는가에 대하여 검토해보기로 한다.

연습문제

6. 1 순수 점성액체(점도 η), 순수 탄성고체(전단 탄성계수 G), Maxwell 요소(G, η) 및 Voigt 요소(G, η)에 시간 $t=0$에서 일정(steady-state) 전단속도 $\dot{\gamma}(=d\gamma/dt)=\kappa_0$을 걸었을 때에 생기는 응력의 시간변화를 그림으로 나타내어라.

풀이

위의 4경우에 대한 구성방정식은 아래와 같다.

(순수 점성액체) $\tau=\eta\dot{\gamma}$ (Newton 법칙) …… (1)

(순수 탄성고체) $\tau=G\gamma$ (Hooke 법칙) …… (2)

(Maxwell 요소) $\dot{\gamma}=\dfrac{\dot{\tau}}{G}+\dfrac{\tau}{\eta}$ …… (3)

(Voigt 요소) $\tau=G\gamma+\eta\dot{\gamma}$ …… (4)

먼저 순수 점성액체의 경우 식 (1)에 $\dot{\gamma}=\{0(t<0);\ \ \kappa_0(t\geq 0)\}$을 대입하면 아래식을 얻는다.

$$\tau(t)=\begin{cases}0 & (t<0)\\ \eta\kappa_0 & (0\leq t)\end{cases} \quad \cdots\cdots (5)$$

다음에 순수 탄성고체의 경우 식 (2)에 같은 조건의 $\dot{\gamma}$을 대입하면 아래가 된다.

$$\tau(t)=\begin{cases}0 & (t<0)\\ G\kappa_0 t & (t\geq 0)\end{cases} \quad \cdots\cdots (6)$$

단 $t\geq 0$인 경우 직선의 식에서 $\gamma(t)=\gamma(0)(=0)+\dfrac{d\gamma}{dt}(=\kappa_0)\times t=\kappa_0 t$을 대입하였다. 또한 Maxwell 요소의 경우에는 식 (3)에 $\dot{\gamma}$의 이력을 대입하면 아래가 된다.

$$\tau(t)=\begin{cases}0 & (t<0)\\ \eta\kappa_0(1-\exp[-t/\lambda]) & (t\geq 0)\end{cases} \quad \cdots\cdots (7)$$

단 $t\geq 0$인 경우에는 식 (3)에 $\dot{\gamma}=\kappa_0$을 대입하고, τ에 대한 상미방을 적분인자법(식 A6. 42)로 푼다. 즉 $\dot{\tau}+\tau/\lambda=G\kappa_0$, 여기서 $P(t)=1/\lambda$, $Q(t)=G\kappa_0$을 대입하고, 초기조건 $\tau(0)=0$을 이용하면 아래의 해를 얻는다.

$$\tau(t)=e^{-t/\lambda}\left\{\int_0^t e^{s/\lambda}\times G\kappa_0 ds\right\}=G\kappa_0 e^{-t/\lambda}\left[\tau e^{s/\lambda}\right]_{s=0}^{s=t}$$

$=\eta\kappa_0(1-e^{-t/\lambda})$가 증명된다(단 $G\lambda=\eta$임).

마지막으로 Voigt 요소의 경우에는 식 (4)에 $\dot{\gamma}$의 이력을 대입하면 아래가 된다.

$$\tau(t) = \begin{cases} 0 & (t<0) \\ \kappa_0(\eta+Gt) & (t \ge 0) \end{cases} \qquad \cdots\cdots (8)$$

단 $t \ge 0$일 때 해는 식 (4)에 $\dot{\gamma}=\kappa_0$, $\gamma(t)=\gamma(0)(=0)+\dot{\gamma}(=\kappa_0)\times t = t\kappa_0$을 대입하면 $\tau(t)=Gt\kappa_0+\eta\kappa_0 = (\eta+Gt)\kappa_0$을 얻는다. 이들 결과를 아래 그림에 도식적으로 나타내었다.

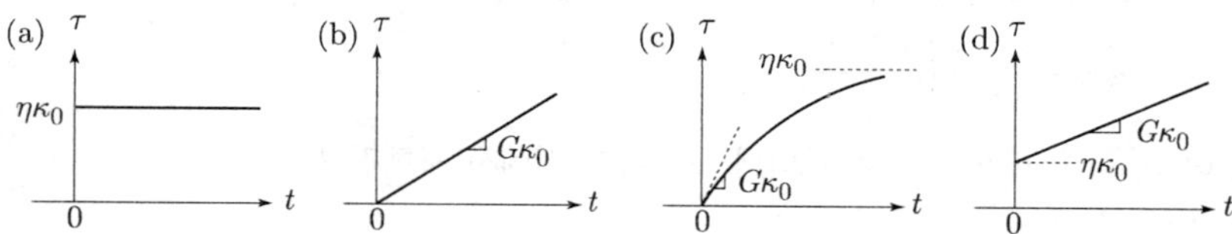

그림. $\dot{\gamma}=\kappa_0(t \ge 0)$에 대한 (a) 순수 점성액체 (b) 순수 탄성고체 (c) Maxwell 요소 및 (d) Voigt 요소의 응력의 시간 변화.

6. 2 응력완화와 크리프에 있어서 각속도 ω를 가진 진동 입력으로서 $\sin\omega t$ 대신 $\exp(i\omega t)$를 사용하여 각각 (a)Maxwell 요소와 (b)Voigt 요소를 이용하여 이들 구성방정식으로부터 표 6. 1에 주어진 동적 전단계수를 구하라. 그리고 (c)점성 산일에너지(식 (5.250))도 이 방법으로 구해보고, 만약 $G=5\times10^5\,\mathrm{N/m^{-2}}$, $\eta=2\times10^3\,\mathrm{Nsm^{-2}}$ 및 진폭 $\gamma^\circ=0.05$, 진동수 $\nu=60\,\mathrm{Hz}$라면 일 W값을 구하라.

풀이

(a) 복소 응력 완화의 경우 아래의 복소 전단변형 $\gamma(t)$를 건다.

$$\gamma(t)=\gamma^\circ\exp(i\omega t),\ \dot{\gamma}=i\omega\gamma \qquad \cdots\cdots (1)$$

여기서 γ°는 변형진폭이고, $i=\sqrt{-1}$이다. 이 때 응력응답은 아래와 같이 주어진다.

$$\tau(t)=\tau^\circ\exp[i(\omega t+\delta)],\ \dot{\tau}=i\omega\tau \qquad \cdots\cdots (2)$$

여기서 σ°는 응력진폭이고, δ는 위상차이다. 이들 관계를 Maxwell 구성방정식 (식 (6.52))에 대입하면 아래가 된다.

$$i\omega\gamma=\frac{i\omega\tau}{G}+\frac{\tau}{\eta}=\tau\left(\frac{i\omega}{G}+\frac{1}{\eta}\right) \qquad \cdots\cdots (3)$$

그런데 복소 응력완화 전단 탄성계수 $G^*(\omega)=\tau/\gamma$로 정의되므로 아래 식에서 구해진다.

$$G^*=i\omega\Big/\left[\frac{i\omega}{G}+\frac{1}{\eta}\right]=i\omega\eta/(1+i\lambda\omega)\ \ (\text{여기서}\ \lambda=\eta/G)$$

$$=i\omega\eta(1-i\lambda\omega)/(1+\lambda^2\omega^2)=\frac{\lambda^2\omega^2 G}{1+\lambda^2\omega^2}+i\frac{\lambda\omega G}{1+\lambda^2\omega^2} \qquad \cdots\cdots (4)$$

여기서 $G^*(\omega)=G'(\omega)+iG''(\omega)$이므로 각각 아래가 성립되어 표 6.1의 결과와 일치한다.

$$G'(\omega)=\frac{\lambda^2\omega^2 G}{1+\lambda^2\omega^2}\ ,\quad G''(\omega)=\frac{\lambda\omega G}{1+\lambda^2\omega^2} \qquad \cdots\cdots (5)$$

(b) 복소 크리프의 경우 아래의 복소 전단응력 $\tau(t)$를 건다.

$$\tau(t)=\tau^\circ \exp(i\omega t),\ \dot{\tau}=i\omega\tau \qquad \cdots\cdots (6)$$

이 때 크리프 변형응답 $\gamma(t)$는 아래가 된다.

$$\gamma(t)=\gamma^\circ \exp[i(\omega t-\delta)],\ \dot{\gamma}=i\omega\gamma \qquad \cdots\cdots (7)$$

이들 관계를 Voigt 구성방정식(식 (6.64))에 대입하면 아래가 된다.

$$\frac{\tau}{\eta}=i\omega\gamma+\frac{\gamma}{\lambda}=\gamma\left(i\omega+\frac{1}{\lambda}\right) \qquad \cdots\cdots (8)$$

그런데 $J^*(=1/G^*)=\gamma/\tau$로 정의되므로 아래 식에서 구해진다.

$$J^*=1/\eta\left(i\omega+\frac{1}{\lambda}\right)=\frac{1}{G(1+i\lambda\omega)} \qquad \cdots\cdots (9)$$

$$=J(1-i\lambda\omega)/(1+\lambda^2\omega^2)=\frac{J}{1+\lambda^2\omega^2}-i\frac{J\lambda\omega}{1+\lambda^2\omega^2}$$

위 식에서 $J=1/G$ 이다.

그런데 $J^*(\omega)=J'(\omega)-iJ''(\omega)$이므로 각각 아래가 성립되어 표 6.1의 결과와 일치한다.

$$J'(\omega)=\frac{J}{1+\lambda^2\omega^2},\quad J''(\omega)=\frac{J\lambda\omega}{1+\lambda^2\omega^2} \qquad \cdots\cdots (10)$$

참고로 아래 그림에 (응력완화) Maxwell 요소에 대한 식 (5)와 (크리프) Voigt요소에 대한 식 (10)을 도식적으로 나타내었다.

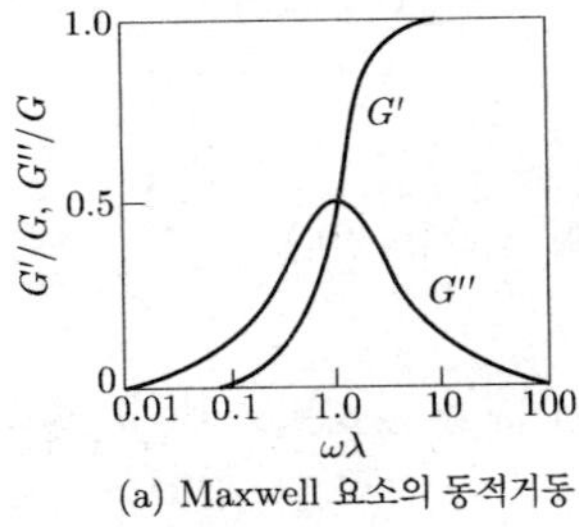

(a) Maxwell 요소의 동적거동

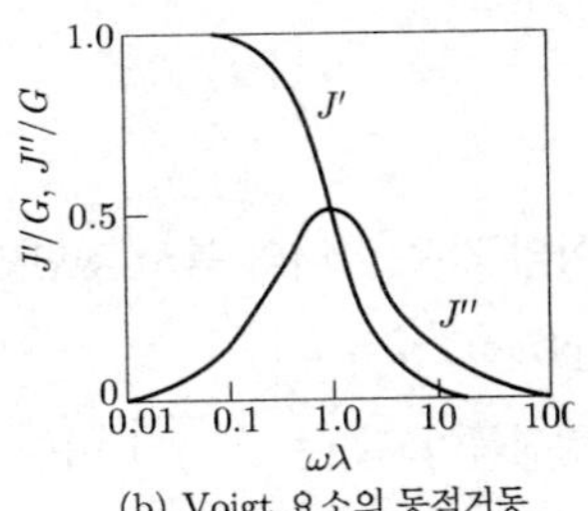

(b) Voigt 요소의 동적거동

(c) 동적 응력완화 실험에 있어서 1주기($T=2\pi/\omega$, 여기서 ω는 각속도)동안 외부가 계에 대해 하는 점성 산일 일(dissipation work) W를 구하면 아래와 같다. 식 (1)에서 지수 항을 드 므와브르(De Moivre) 정리(즉 $e^{\pm i\theta}=\cos\theta\pm i\sin\theta$)에 의해 전개하면 γ와 $\dot{\gamma}$에 대해 아래를 얻는다.

$$\gamma=\gamma^\circ(\cos\omega t+i\sin\omega t),\ \dot{\gamma}=-\dot{\gamma}\omega(\sin\omega t-i\cos\omega t) \qquad \cdots\cdots (11)$$

이 때 복소 응력응답은 아래가 된다.

$$\tau(t)=G^*(\omega)\gamma=(G'+iG'')\gamma$$

$$=\gamma^\circ\{(G'\cos\omega t-G''\sin\omega t)+i(G'\sin\omega t+G''\cos\omega t)\} \qquad \cdots\cdots (12)$$

이 때 (단위체적당) 산일 일 W는 식 (11)의 $\dot{\gamma}$와 (12)의 τ의 각각의 실수 항(즉 $\mathrm{Re}(\dot{\gamma})$ 및 $\mathrm{Re}(\tau)$)만을 취하여 한 사이클 적분을 행하면 아래의 목적하는 결과를 얻는다.

$$W=\oint dW=\oint \tau d\gamma=\int_0^{2\pi/\omega}\tau\dot{\gamma}dt\left[=\int_0^{2\pi/\omega}(\mathrm{Re}\,\tau)(\mathrm{Re}\,\dot{\gamma})\,dt\right]$$

$$= -\omega\gamma_0^2 \int_0^{2\pi/\omega} (G' \sin\omega t \cos\omega t - G'' \sin^2\omega t) dt = \pi\gamma_0^2 G'' \qquad \cdots\cdots (13)$$

단 위 적분에서 아래의 (부정)적분 공식을 이용하였다.

$$\int \sin\omega t \cos\omega t\, dt = \frac{\sin^2\omega t}{2\omega} + c(\text{상수}),\ \int \sin^2\omega t\, dt = \frac{t}{2} - \frac{\sin 2\omega t}{4\omega} + c(\text{상수}) \qquad \cdots\cdots (14)$$

한편 각속도 $\omega = 2\pi\nu = 2\pi \times 60\,\mathrm{s}^{-1} \fallingdotseq 377\,\mathrm{s}^{-1}$, 또 완화시간 $\lambda = \eta / G = \dfrac{2\times 10^3\,\mathrm{Nsm}^{-2}}{5\times 10^5\,\mathrm{Nm}^{-2}} = 4\times 10^{-3}\,\mathrm{s}$.

따라서 Maxwell 요소의 G'' 값은 식 (5)에 이들 값을 대입하면 아래가 된다.

$$G'' = \frac{\omega\lambda G}{1+\omega^2\lambda^2} = \frac{377s^{-1}\times 4\times 10^{-3}s\times 5\times 10^5\,\mathrm{Nm}^{-2}}{1+377^2 s^{-2}\times (4\times 10^{-3})^2 s^2} = 2.30\times 10^5\,\mathrm{Nm}^{-2} \text{ 된다.}$$

따라서 점성산일 일 W 는 식 (13)에서 아래가 된다(단 $1\,\mathrm{J} = 1\,\mathrm{N}\cdot\mathrm{m}$ 임).

$$W = \pi\gamma_0^2 G'' = 3.14\times 0.05^2\times 2.30\times 10^5\ \mathrm{Nm}^{-2} = 1.81\ \mathrm{Jm}^{-3}\text{가 된다.}$$

6. 3 응력완화에 관한 볼츠만 중첩적분 공식 (6.14)에서 만약 전단 변형입력이 $t > 0$일 때 아래와 같이 주어진다고 하자.

$$\gamma(t) = \kappa_0 t\ \ (t > 0),\ \ \dot{\gamma}(t) = \kappa_0 H(t) \qquad \cdots\cdots (1)$$

여기서 $\kappa_0 = \dfrac{d\gamma}{dt} = \dot{\gamma}\ (t > 0)$, $H(t)$는 $t \geq 0$일 때 1, $t < 0$일 때는 0가 되는 단계(step) 함수이다. 이때 아래 관계가 성립됨을 증명하라.

$$\dot{\tau}(t)/\dot{\gamma}(t) (= \kappa_0) = G(t) \qquad \cdots\cdots (2)$$

풀이

식 (1)에서 $t \to s$로 바꾸면 $\dfrac{\partial\gamma(s)}{\partial s} = \kappa_0 H(s)$가 되어, 이를 중첩적분 공식 (6.14)에 대입하면 아래가 된다.

$$\tau(t) = \int_{-\infty}^{t} G(t-s)\kappa_0 H(s)\, ds = \kappa_0 \int_{-\infty}^{t} G(t-s) H(s)\, ds \qquad \cdots\cdots (3)$$

위 식의 양변을 t에 미분하고, 정적분의 미분에 관한 Leibnitz 공식 (A6.22)를 이용하면 아래가 된다.

$$\dot{\tau}(t) = \kappa_0 \int_{-\infty}^{t} \frac{\partial}{\partial t} G(t-s) H(s)\, ds + \kappa_0 G(0) H(t) \qquad \cdots\cdots (4)$$

그런데 위 적분에서 변수치환 $t - s = x$(즉 $ds = -dx$)을 행하고,

$$\frac{\partial}{\partial t} G(t-s) = \frac{dx}{dt}\frac{dG(x)}{dx}\bigg|_{x=t-s} = \frac{dG(x)}{dx} \quad \left(\because \frac{dx}{dt} = 1\right)$$을 이용하면 아래가 된다.

$$\dot{\tau}(t) = \kappa_0 \int_0^{t} \frac{dG(x)}{dx} H(t-x)\, dx + \kappa_0 G(0) H(t) \qquad \cdots\cdots (5)$$

그런데 단계함수 H의 성질에서 적분은 $x \leq t$일 때만 존재하고, 이때 $H(t-x) = 1$이 되므로 아래가 성립된다.

$$\dot{\tau}(t) = \kappa_0 \int_0^t \frac{dG(x)}{dx} dx + \kappa_0 G(0) H(t) = \kappa_0 \int_0^t dG(x) + \kappa_0 G(0) H(t)$$

$$= \kappa_0 [G(t) - G(0)] + \kappa_0 G(0) = \kappa_0 G(t) \qquad \cdots\cdots (6)$$

(단 위 식에서 $H(t)$는 $t \geq 0$에서 1이므로 생략한다.)

따라서 $G(t) = \dfrac{\dot{\tau}(t)}{\kappa_0} = \dfrac{\dot{\tau}(t)}{\dot{\gamma}(t)(t>0)}$가 되어 증명된다.

6.4 18 ℃의 벌크상 고분자의 전단탄성체가 아래 식으로 주어진다고 하자.

$$G(t) = [0.6812 + \exp(-1.3t)] \text{ GPa} \qquad \cdots\cdots (1)$$

이 때 전단 크리프 컴플라이언스 $J(t)$를 추정하라(식 (6.26) 참조).

풀이

먼저 식 (6.25)에서 아래가 성립된다.

$$\bar{J}(s) = \frac{1}{s^2 \bar{G}(s)} \qquad \cdots\cdots (2)$$

한편, 위 식 (1)의 $G(t)$를 $\mathcal{L}$ 변환하면 아래가 된다(부록 6.3절 공식 참조).

$$\bar{G}(s) = \mathcal{L}\, G(t) = \left(\frac{0.6812}{s} + \frac{1}{s+1.3} \right) \times 10^9$$

따라서 이것과 식 (2)에서 아래가 성립된다.

$$\bar{J}(s) = \frac{s+1.3}{1.6812 s^2 + 0.8856 s} \times 10^{-9} = 0.5948 \times \frac{s+1.3}{s(s+0.5268)} \times 10^{-9} \text{ Pa}^{-1} \qquad \cdots\cdots (3)$$

그런데 아래의 항등관계가 성립된다.

$$\frac{s+a}{s(s+b)} = \frac{A}{s} + \frac{B}{s+b}\ ;\ A = \frac{a}{b},\ B = 1 - \frac{a}{b} \qquad \cdots\cdots (4)$$

따라서 식 (3)은 아래로 나타내진다.

$$\bar{J}(s) = 1.4678 \times \left(\frac{1}{s} - \frac{0.5948}{s+0.5268} \right) \times 10^{-9} \text{ Pa}^{-1} \qquad \cdots\cdots (5)$$

이의 역$\mathcal{L}$ 변환을 하면 아래가 얻어진다.

$$J(t) = \mathcal{L}^{-1}(\bar{J}(s)) = 1.4678[1 - 0.5948 \exp(-0.5268t)] \times 10^{-9} \text{ Pa}^{-1} \qquad \cdots\cdots (6)$$

이 식에서 만약 $J(t) \simeq [G(t)]^{-1}$으로 간주하면 $t = 10^{-2}$, 10^0, 10^2 s에서 각각 실제와 비교하여 0.013%, 10.10 %, 0.014 %의 오차가 생긴다. 참고로 위 식 (1)과 (6)에서 아래가 성립된다.

$$J(t)\, G(t) = 1 - 0.5947 \exp(-0.5268t) + 1.4678 \exp(-1.3t) - 0.8730 \exp(-1.8268t) \neq 1 \qquad \cdots\cdots (7)$$

그러나 $t = 0$ 및 $t = \infty$인 경우에 각각 아래가 성립된다.

$$J_g G_g = 1\,(t=0),\ J_e G_e = 1\,(t=\infty) \qquad \cdots\cdots (8)$$

6. 5 기준온도 $T_0 = 290$ K 에 있는 폴리스티렌(PS)-TCP의 70% 농도용액에 대한 회복 가능한 전단 크리프 컴플라이언스 $J_r(t)$(식 (6.9) 참조)의 만능곡선상의 $\log t_0(s) = 11.6$일 때 $\log J_r(t_0,\ T_0)\ (\mathrm{Pa}^{-1}) = -5.62$인 것이 알려져 있다. 이 때 입력응력 $\tau_0 = 0.1$ MPa일 때 수평이동인자 a_T와 점도 η의 온도의존성이 아래 식으로 나타내진다면 $T = 318$ K, $t = 10^6$일 때의 전단변형률 $\gamma(t)\,[=\tau_0 J(t)]$의 값을 구하라.

$$\log a_T = \frac{785}{T-239.8} - 15.64;\quad \log\eta = \frac{790}{T-243} + 1.69 \qquad \cdots\cdots (1)$$

풀이

식 (6.125)에서 수직이동인자 $b_T \simeq 1$로 가정하면 $J_r(t)$에 관한 시간-온도 중첩원리는 $J_r(t,\ T) = J_r[t_0(=t/a_T),\ T_0]$에 $T = 318$ K, $T_0 = 290$ K를 대입하면 아래가 된다.

$$J_r(t,\ 318\ \mathrm{K}) = J_r(t/a_T,\ 290\ \mathrm{K}) \qquad \cdots\cdots (2)$$

그런데 위 식 (1)의 왼편 식에 $T = 318$ K를 대입하면 아래가 된다.

$$\log a_T = \left(\frac{785}{318-239.8} - 15.64\right) = -5.602 \ \text{즉}\ \ a_T = 10^{-5.602} \qquad \cdots\cdots (3)$$

따라서 식 (2)는 아래가 된다.

$$J_r(t,\ 318\ \mathrm{K}) = J_r(10^{5.602}t,\ 290\ \mathrm{K}) \qquad \cdots\cdots (4)$$

한편 점탄성 액체의 $J(t)$에 관한 식 (6.9)에서 아래가 성립된다.

$$J(t) = J_r(t)(= J_g + J_d\psi(t)) + t/\eta \qquad \cdots\cdots (5)$$

그런데 점도에 관한 식 (1)에서 $\log\eta_0(T_0 = 290\ \mathrm{K}) = 18.499$가 되고, $\eta_T = \eta_0 a_T$(여기서 $a_T = t/t_0$)및 아래의 관계식에

$$J(t,\ T)\,[= J(t_0,\ T_0)] = J_r(t,\ T)\,[= J_r(t_0,\ T_0)] + \frac{t}{a_T\eta_0} \qquad \cdots\cdots (6)$$

$T = 318$ K, $T_0 = 290$ K를 대입하면 아래가 얻어진다.

$$J(t, 318\ \mathrm{K}) = J\left(\frac{t}{a_T},\ 290\ \mathrm{K}\right) = J_r\left(\frac{t}{a_T},\ 290\ \mathrm{K}\right) + \frac{t}{a_T\eta(290\ \mathrm{K})} \qquad \cdots\cdots (7)$$

그런데 이 식 중의 $J_r(t_0,\ T_0)$항에 $t = 10^6\ s$ 및 $a_T[T = 318\ \mathrm{K} \rightarrow T_0 = 290\ \mathrm{K}] = 10^{-5.602}$를 대입하면 $J_r[t_0 = 10^{11.602}\ s,\ 290\ \mathrm{K}]$ 즉 $\log t_0 = 11.602$가 되어 만능곡선상에서 이때의 $\log J_r(t_0) = -5.62$ (즉 $J_r(t_0) = 10^{-5.62}$)가 된다. 따라서 이 값과 $\eta_0(T_0) = \eta(290\ \mathrm{K}) = 18.499$를 식 (7)에 대입하면 결과적으로 $T = 318$ K, $t = 10^6$일 때의 $J(t)$값은 아래가 된다.

$$J(10^6\ s,\ 318\ \mathrm{K}) = J(10^{11.602},\ 290\ \mathrm{K}) = 10^{-5.62} + \frac{10^6}{10^{-5.62}\times 10^{12.897}} = 10^{-5.60}\ \mathrm{Pa}^{-1}$$

이 값으로부터 대응하는 크리프 전단변형 $\gamma(t) = \tau_0 J(t) = 0.1\ \mathrm{MPa} \times 10^{-5.60}\ \mathrm{Pa}^{-1} = 10^{-0.60}$ $= 0.251\ (25.1\,\%)$가 된다.

6. 6 후크 탄성고체 모델 $\boldsymbol{\tau} = G\boldsymbol{\gamma}$를 소진폭 진동전단(SAOS) 변형에 적용하여 물질함수 $G'(\omega)$ 및 $G''(\omega)$를 구하라.

풀이

여기에 관련된 대칭 전단속도 텐서 $\dot{\boldsymbol{\gamma}}$는 아래가 된다(식 (5.165) 참조).

$$\dot{\boldsymbol{\gamma}} = \begin{pmatrix} 0 & \dot{\gamma}(t) & 0 \\ \dot{\gamma}(t) & 0 & 0 \\ 0 & 0 & 0 \end{pmatrix} \qquad \cdots\cdots (1)$$

여기서

$$\dot{\gamma}(t) \equiv \dot{\gamma}_{21}(t) = \dot{\zeta}(t) = \dot{\gamma}_0 \cos\omega t = (\omega\gamma_0)\cos\omega t \ \ (\because \dot{\gamma}_0 = \omega\gamma_0) \qquad \cdots\cdots (2)$$

이때 생성된 전단응력 응답은 아래가 된다(5.4.2.3(e)절 참조).

$$\tau_{21}(t) = \tau_0 \sin(\omega t + \delta) \ \ (\text{여기서 } \delta\text{는 위상차}) \qquad \cdots\cdots (3)$$

그런데 후크의 구성방정식은 아래가 된다.

$$\boldsymbol{\tau} = G\boldsymbol{\gamma}(t_{ref}, t) \qquad \cdots\cdots (4)$$

여기서 G는 전단 탄성계수이다. 편의상 $t_{ref} = 0$으로 두고, 변형이 작은 경우에는 식 (1)의 도움을 받아 아래 식이 성립된다.

$$\boldsymbol{\gamma}(0, t)(= \boldsymbol{\gamma}(t)) = \int_0^t \dot{\boldsymbol{\gamma}}(t')dt' = \int_0^t \begin{pmatrix} 0 & \dot{\gamma}(t') & 0 \\ \dot{\gamma}(t') & 0 & 0 \\ 0 & 0 & 0 \end{pmatrix} dt' \qquad \cdots\cdots (5)$$

$\dot{\gamma}(t')$에 식 (2)를 대입하면 아래가 성립된다.

$$\gamma_{21}(0, t) = \frac{1}{\omega}\int_0^t \dot{\gamma}_0 \cos\omega t'(\omega dt') = \frac{\dot{\gamma}_0}{\omega}\sin\omega t' \Big|_0^t = \gamma_0 \sin\omega t \qquad \cdots\cdots (6)$$

이 결과를 식 (4)에 대입하면 아래를 얻는다.

$$\boldsymbol{\tau} = G\begin{pmatrix} 0 & \gamma_0\sin\omega t & 0 \\ \gamma_0\sin\omega t & 0 & 0 \\ 0 & 0 & 0 \end{pmatrix} \qquad \cdots\cdots (7)$$

여기서 아래가 성립된다.

$$\tau_{21}(t) = G\gamma_0 \sin\omega t = \tau_0 \sin(\omega t + \delta) \qquad \cdots\cdots (8)$$

식 (8)을 검토해보면 아래가 성립됨을 알 수 있다.

$$\delta = 0, \ \tau_0 = G\gamma_0 \qquad \cdots\cdots (9)$$

따라서 이 경우 SAOS에서의 물질함수 G' 및 G''는 아래가 된다(단 위상차 $\delta = 0$을 대입).

$$G'(\omega) = |G^*|\cos\delta = \frac{\tau_0}{\gamma_0}\cos\delta = G\cos\delta = G\cos 0 = G$$

$$G''(\omega) = |G^*|\sin\delta = \frac{\tau_0}{\gamma_0}\sin\delta = G\sin\delta = G\sin 0 = 0$$

6. 7 단순 Maxwell 미분 모델 식 (6.166)을 사용하여 (a)전단 크리프 컴플라이언스 $J(t)$와 (b)회복 가능한(recoverable) 크리프 컴플라이언스 $J_r(t') = R(t')$(리코일 함수)를 계산하여라.

풀이

(a) 여기에 관련된 속도장과 대칭 변형속도텐서 $\dot{\boldsymbol{\gamma}}(=\nabla \boldsymbol{v}+(\nabla \boldsymbol{v})^{\mathrm{T}})$는 Cartesian 좌표계에서 아래가 된다(단 전단속도 함수 $\dot{\zeta}(t)=\dot{\gamma}_{21}(t)$로 둠).

$$\boldsymbol{v}=\begin{pmatrix} \dot{\gamma}_{21}(t)x_2 \\ 0 \\ 0 \end{pmatrix}_{123}, \quad \dot{\boldsymbol{\gamma}}=\begin{pmatrix} 0 & \dot{\gamma}_{21}(t) & 0 \\ \dot{\gamma}_{21}(t) & 0 & 0 \\ 0 & 0 & 0 \end{pmatrix}_{123} \quad \cdots\cdots (1)$$

그리고 전단 크리프에 사용된 (전단)응력이력은 아래가 된다(그림 5.15d 참조).

$$\tau_{21}(t)=\tau_0 H(t)=\begin{cases} 0 & t<0 \\ \tau_0 & t \ge 0 \end{cases} \quad (\text{여기서 } H\text{는 스텝 함수}) \quad \cdots\cdots (2)$$

전단 크리프 컴플라이언스의 물질함수는 아래로 정의된다(식 (5.193) 참조).

$$J(t, \tau_0) \equiv \frac{\gamma_{21}(0, t)}{\tau_0} \quad \cdots\cdots (3)$$

여기서

$$\gamma_{21}(0, t) = \int_0^t \dot{\gamma}_{21}(t')\, dt' \quad \cdots\cdots (4)$$

그런데 미분형 (3차원)단순 Maxwell 모델은 식 (6.166)에서 아래로 나타내진다.

$$\boldsymbol{\tau}+\lambda \frac{\partial \boldsymbol{\tau}}{\partial t}=\eta_0 \dot{\boldsymbol{\gamma}} \quad \cdots\cdots (5)$$

여기서 (21) 성분에 대한 식은 아래가 된다.

$$\tau_{21}+\lambda \frac{\partial \tau_{21}}{\partial t}=\eta_0 \dot{\gamma}_{21} \quad \cdots\cdots (6)$$

한편 식 (2)로 주어진 응력이력은 계산의 편의상 아래와 같이 약간 변형한다(아래 그림 1 참조).

$$\tau_{21}(t)=\lim_{\varepsilon \to 0}\begin{cases} 0 & t \le 0 \\ \dfrac{\tau_0}{\varepsilon}t & 0<t \le \varepsilon \\ \tau_0 & t>\varepsilon \end{cases} \quad \cdots\cdots (7)$$

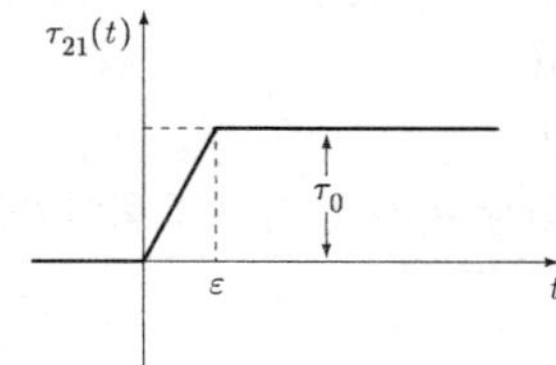

그림 1. 식 (7)로 나타낸 응력이력.

식 (7)의 세 구간으로 나누어진 응력이력을 구성식 (6)에 대입하면 각각 아래가 된다.

(i) $t \le 0 : \dot{\gamma}_{21}=0$

(ii) $0 < t \le \varepsilon$: $\dfrac{\tau_0}{\varepsilon}t + \lambda\dfrac{\tau_0}{\varepsilon} = \eta_0 \dot{\gamma}_{21} \quad \therefore\ \dot{\gamma}_{21}(t) = \dfrac{\tau_0}{\eta_0}(t+\lambda)\dfrac{1}{\varepsilon}$

(iii) $t > \varepsilon$: $\tau_0 = \eta_0 \dot{\gamma}_{21} \rightarrow \dot{\gamma}_{21}(t) = \dfrac{\tau_0}{\eta_0}$ ...... (8)

이를 이용하여 식 (4)의 적분을 행하면 아래가 된다(단 $t > \varepsilon > 0$ 가정).

$$\begin{aligned}\gamma_{21}(0, t) &= \int_0^t \dot{\gamma}_{21}(t')\,dt' = \lim_{\varepsilon \to 0}\left\{\int_0^{\varepsilon} \dot{\gamma}_{21}(t')\,dt' + \int_{\varepsilon}^{t} \dot{\gamma}_{21}(t')\,dt'\right\} \\ &= \lim_{\varepsilon \to 0}\left\{\int_0^{\varepsilon} \frac{\tau_0}{\varepsilon\eta_0}(t'+\lambda)\,dt' + \int_{\varepsilon}^{t} \frac{\tau_0}{\eta_0}\,dt'\right\}\end{aligned} \quad \text{...... (9)}$$

또는

$$\frac{\eta_0\gamma_{21}(0, t)}{\tau_0} = \lim_{\varepsilon \to 0}\left\{\frac{1}{\varepsilon}\left(\frac{t'^2}{2} + \lambda t'\right)\Bigg|_0^{\varepsilon} + t'\Bigg|_{\varepsilon}^{t}\right\} = \lim_{\varepsilon \to 0}\left\{\frac{1}{\varepsilon}\left(\frac{\varepsilon^2}{2} + \lambda\varepsilon\right) + t - \varepsilon\right\} = \lambda + t \quad \text{...... (10)}$$

$$\therefore \gamma_{21}(0, t) = \frac{\tau_0}{\eta_0}(t+\lambda) \quad (t > 0) \quad \text{...... (11)}$$

여기서 전단 크리프 컴플라이언스 $J(t, \tau_0)$는 식 (3)에 의해 아래가 된다.

$$J(t, \tau_0) \equiv \frac{\gamma_{21}(0, t)}{\tau_0} = \frac{1}{\eta_0}(t+\lambda) \quad (t > 0) \quad \text{...... (12)}$$

위 식에서 $t < 0$인 경우는 $J = 0$이 된다. 식 (12)를 플롯하면 아래가 된다.

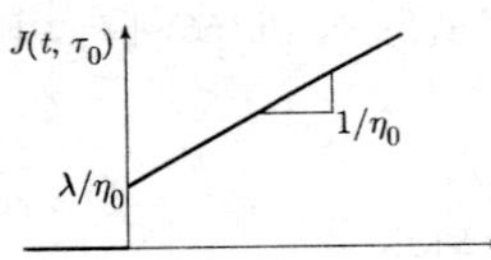

그림 2. 식 (12)의 스케치.

[비고: 이 결과를 그림 6.5 및 식 (6.9)와 비교해보면, $\lambda/\eta_0 = J(0) = J_g$가 되고, $J_d = 0$, $\eta = \eta_0$가 됨을 알 수 있다.]

(b) 크리프 회복에 관한 응력이력은 아래가 된다(그림 5.16 참조).

$$\tau_{21}(t) = \tau_0 H(-t) = \begin{cases}\tau_0 & t \le 0 \\ 0 & t > 0\end{cases} \quad \text{...... (13)}$$

여기서도 (a)의 경우처럼 계산의 편의상 아래와 같이 응력이력을 약간 변형한다(그림 3 참조).

$$\tau_{21}(t) = \lim_{\varepsilon \to 0}\begin{cases}\tau_0 & t \le 0 \\ -\dfrac{\tau_0}{\varepsilon}t & 0 < t \le \varepsilon \\ 0 & t > \varepsilon\end{cases} \quad \text{...... (14)}$$

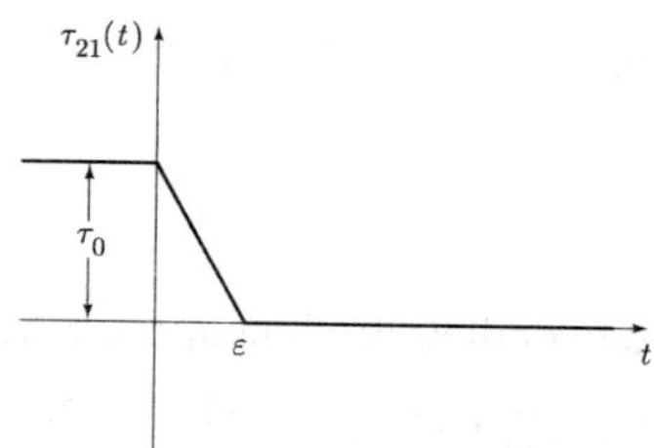

그림 3. 식 (14)의 스케치.

여기서 문 (a)의 경우와 마찬가지로 식 (14)로 정의된 응력이력을 (미분형)Maxwell 구성방정식의 21-성분 식 (6)에 대입하면 아래의 3 경우가 얻어진다.

$$\text{(i) } t \le 0: \ \tau_0 = \eta_0 \dot{\gamma}_{21} \qquad \therefore \dot{\gamma}_{21} = \tau_0/\eta_0$$

$$\text{(ii) } 0 < t \le \varepsilon: -\frac{\tau_0}{\varepsilon}t + \lambda\left(-\frac{\tau_0}{\varepsilon}\right) = \eta_0 \dot{\gamma}_{21} \quad \rightarrow \quad \dot{\gamma}_{21} = -\frac{\tau_0}{\eta_0 \varepsilon}(t+\lambda)$$

$$\text{(iii) } t > \varepsilon: \ \dot{\gamma}_{21}(t) = 0 \qquad \cdots\cdots (15)$$

(b) 이제 응력부가를 끊은 후 발생하는 크리프 회복 $\gamma_{21}(t', 0)$을 계산하보자[주의 : 크리프 성장의 경우는 $\gamma_{21}(0, t)$를 사용했으나, 크리프 회복의 경우는 식 (14)의 응력이력에 맞추어 $\gamma_{21}(t', 0)$으로 표시하였음].

$$\gamma_{21}(t', 0) = \int_{t'}^{0} \dot{\gamma}_{21}(t'')\,dt'' = -\int_{0}^{t'} \dot{\gamma}_{21}(t'')\,dt'' = -\lim_{\varepsilon \to 0}\left\{\int_0^{\varepsilon} -\frac{\tau_0}{\eta_0 \varepsilon}(t''+\lambda)\,dt'' + \int_{\varepsilon}^{t'} 0\,dt''\right\}$$

$$= \frac{\tau_0}{\eta_0}\lim_{\varepsilon \to 0}\frac{1}{\varepsilon}\left(\frac{t''^2}{2} + \lambda t''\right)\Bigg|_0^{\varepsilon} = \frac{\tau_0}{\eta_0}\lim_{\varepsilon \to 0}\frac{1}{\varepsilon}\left(\frac{\varepsilon^2}{2} + \lambda \varepsilon\right) = \frac{\tau_0}{\eta_0}\lambda \qquad \cdots\cdots (16)$$

따라서 회복가능한 (전단)크리프 컴플라이언스는 정의식 (5.197)에 의해 아래가 된다.

$$J_r(t', \tau_0)[= R(t', \tau_0)] \equiv \frac{\gamma_r(t')}{\tau_0} = \frac{\gamma_{21}(t', 0)}{\tau_0} = \frac{\lambda}{\eta_0} \qquad \cdots\cdots (17)$$

여기서 $R(t', \tau_0)(= J_r(t', \tau_0))$는 회복가능한 컴플라이언스 혹은 리코일(recoil) 함수이다. 식 (17)을 플롯하면 아래가 된다.

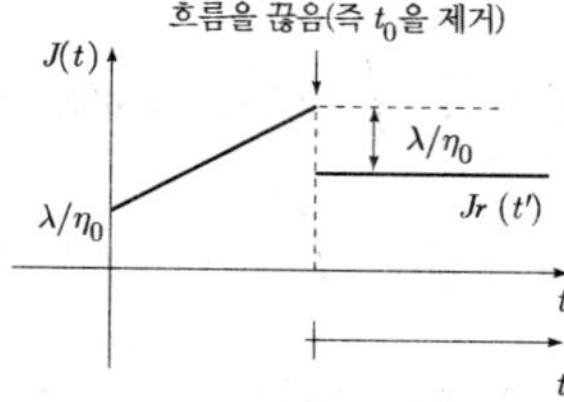

그림 4. 전단 크리프 성장(식 (12))과 크리프 회복(식 (17))에 대한 전단 크리프 컴플라이언스의 스케치.

[비고 : 전단 크리프 회복에 관한 그림 5.16 및 식 (5.197)~(5.199)를 이 결과와 비교해보면, 이 Maxwell 모델에 의하면 회복가능한 컴플라이언스 $J_r(t)$(식 (6.9) 참조) 중 순간탄성 $J_g = J(0) = \lambda/\eta_0$만 존재하며,

$\gamma_\infty(=\lim_{t'\to\infty}\gamma_r(t'))=R_\infty(\tau_0)=\lambda/\eta_0=J$ ($\because \eta_0=\lambda G,\ G=1/J$)가 성립됨을 알 수 있다.]

6. 8 소진폭 진동 신장(small-amplitude oscillatory elongation, SAOE) 변형에 대한 동적 인장 탄성계수 E', E''와 각각 소진폭 진동 전단(SAOS) 변형에 대한 전단 탄성계수 G', G'' 사이에는 아래의 관계가 성립된다.

$$E'=3G',\ E''=3G'' \qquad \cdots\cdots (1)$$

이를 GLVE 구성방정식을 이용하여 증명하라.

풀이

GLVE 구성식은 아래가 된다(식 (6.207) 참조).

$$\boldsymbol{\tau}=\int_{-\infty}^{t} G(t-t')\dot{\boldsymbol{\gamma}}(t')dt' \qquad \cdots\cdots (2)$$

그런데 SAOE에 대한 대칭 변형속도텐서 $\dot{\boldsymbol{\gamma}}(=\nabla \boldsymbol{v}+(\nabla \boldsymbol{v})^{\mathrm{T}})$는 식 (5.282)로 주어지므로 이를 식 (2)에 대입하면 아래가 된다.

$$\boldsymbol{\tau}=\int_{-\infty}^{t} G(t-t')\begin{pmatrix} -\dot{\varepsilon}_0\cos\omega t' & 0 & 0 \\ 0 & -\dot{\varepsilon}_0\cos\omega t' & 0 \\ 0 & 0 & 2\dot{\varepsilon}_0\cos\omega t' \end{pmatrix} dt' \qquad \cdots\cdots (3)$$

여기서 $\tau_{11}=\tau_{22}$를 계산하면 아래가 된다.

$$\tau_{11}=\tau_{22}=-\dot{\varepsilon}_0\int_{-\infty}^{t} G(t-t')\cos\omega t' dt'=-\dot{\varepsilon}_0\int_0^\infty G(s)\cos\omega(t-s)ds \ (\because t-t'=s \text{ 치환})$$

$$=-\dot{\varepsilon}_0\left[\cos\omega t\int_0^\infty G(s)\cos\omega s ds+\sin\omega t\int_0^\infty G(s)\sin\omega s ds\right] \qquad \cdots\cdots (4)$$

여기서 식 (6.35a)와 (6.36a)를 이용하면 아래가 얻어진다(단 $\dot{\varepsilon}_0=\omega\varepsilon_0$ 이용).

$$\tau_{11}=\tau_{22}=-\varepsilon_0(G''\cos\omega t+G'\sin\omega t) \qquad \cdots\cdots (5)$$

다음에는 식 (3)에서 τ_{33}을 계산하면 아래가 된다.

$$\tau_{33}=2\dot{\varepsilon}_0\int_{-\infty}^{t} G(t-t')\cos\omega t' dt'=2\dot{\varepsilon}_0\int_0^\infty G(s)\cos\omega(t-s)ds \ (\because t-t'=s \text{ 치환})$$

$$=2\dot{\varepsilon}_0\left[\cos\omega t\int_0^\infty G(s)\cos\omega s ds+\sin\omega t\int_0^\infty G(s)\sin\omega s ds\right] \qquad \cdots\cdots (6)$$

τ_{11}의 경우와 마찬가지로 식 (6.35a)와 (6.36a)를 이용하고, $\dot{\varepsilon}_0=\omega\varepsilon_0$을 대입하면 아래를 얻는다.

$$\tau_{33}=2\varepsilon_0(G''\cos\omega t+G'\sin\omega t) \qquad \cdots\cdots (7)$$

그런데 SAOE의 물질함수에 관한 정의식 (5.287)에 의하면 아래가 성립된다.

$$\frac{\tau_{33}-\tau_{11}}{\varepsilon_0}\equiv E'\sin\omega t+E''\cos\omega t=3G'\sin\omega t+3G''\cos\omega t \qquad \cdots\cdots (8)$$

따라서 $E'=3G'$, $E''=3G''$가 증명된다.

6. 9 아래와 같이 변형속도 이력(strain rate history)이 주어지는 단계적 전단변형을 생각해보자.

$$\dot{\zeta}(t) = \begin{cases} 0 & t \le 0 \\ \dot{\gamma}_0 & 0 < t \le t_1 \\ -\dot{\gamma}_0 & t_1 < t \le t_2 \\ 0 & t > t_2 \end{cases} \qquad \cdots\cdots (1)$$

이때 이 변형에 기초를 둔 아래와 같은 새로운 물질함수 $\eta_\triangle$를 정의하고자 한다.

$$\eta_\triangle \equiv \frac{\tau_{yx}(t)}{\dot{\gamma}_0} \qquad t > t_2 \qquad \cdots\cdots (2)$$

여기서 $\tau_{yx}(t)$는 식 (1)로 주어진 변형이력에 의해 생성된 전단응력이다. 이때 다음 물음에 답하라.

(a) $\dot{\zeta}(t)$를 스케치하라.

(b) 전단변형률 $\gamma(0, t)$를 계산하고, 스케치하라.

(c) GLVE 모델 및 일반 Maxwell(GM) 모델을 따르는 유체에 대한 $\eta_\triangle$를 계산하라.

풀이

(a) $\dot{\zeta}(t) = \dot{\gamma}_{21}(t) \equiv \dot{\gamma}(t)$를 식 (1)에 따라 스케치하면 아래가 된다.

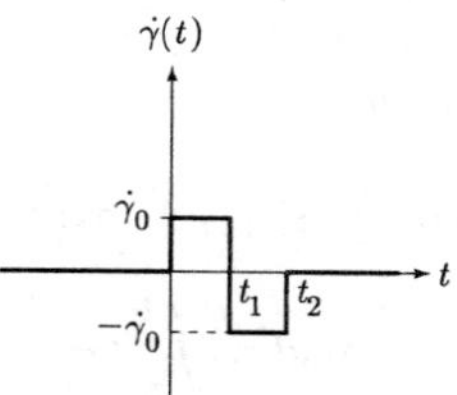

(b) 정의에 의해 $\gamma(0, t) \equiv \int_0^t \dot{\gamma}(t')dt'$ $\cdots\cdots$ (3)

여기서 $\dot{\gamma}(t)$에 관한 정의식 (1)로부터 아래관계가 성립된다.

$$\gamma(0, t)\,[=\gamma(t)] = 0 \qquad t \le 0 \qquad \cdots\cdots (4a)$$

$$= \int_0^t \dot{\gamma}_0 dt' = \dot{\gamma}_0 \times t \qquad 0 < t \le t_1 \qquad \cdots\cdots (4b)$$

$$= \int_0^{t_1} \dot{\gamma}_0 dt' + \int_{t_1}^t (-\dot{\gamma}_0) dt'$$

$$= \dot{\gamma}_0 t_1 - \dot{\gamma}_0 \times (t - t_1) \qquad t_1 < t \le t_2 \qquad \cdots\cdots (4c)$$

$$= \int_0^{t_1} \dot{\gamma}_0 dt' + \int_{t_1}^{t_2} (-\dot{\gamma}_0) dt' + \int_{t_2}^t 0\, dt'$$

$$= \dot{\gamma}_0 t_1 + (t_2 - t_1)(-\dot{\gamma}_0) \qquad t \ge t_2 \qquad \cdots\cdots (4d)$$

식 (4a)부터 (4d)까지의 $\gamma(0, t)\,[=\gamma(t)]$를 t에 대해 스케치하면 아래가 된다.

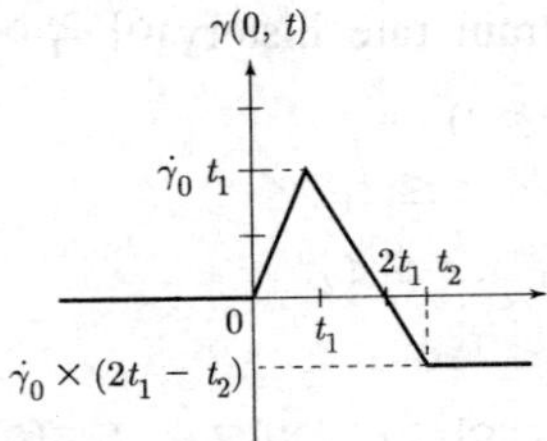

(c) 단순전단흐름(SSF)의 속도장 및 이로부터 구한 대칭 변형속도텐서 $\dot{\boldsymbol{\gamma}}[=\nabla \boldsymbol{v}+(\nabla \boldsymbol{v})^{\mathrm{T}}]$는 Cartesian 좌표계에서 각각 아래가 된다(식 (5.114) 및 (5.165) 참조).

$$\boldsymbol{v}=\begin{pmatrix}\dot{\zeta}(t)x_2\\0\\0\end{pmatrix}_{123}, \text{ 여기서 } \dot{\zeta}(t)=\dot{\gamma}_{21}(t)\equiv\dot{\gamma}(t) \qquad \cdots\cdots (5)$$

$$\dot{\boldsymbol{\gamma}}=\begin{pmatrix}0&\dot{\gamma}(t)&0\\\dot{\gamma}(t)&0&0\\0&0&0\end{pmatrix}_{123} \qquad \cdots\cdots (6)$$

이를 먼저 GLVE 구성식 (6.207)에 대입하면 아래가 성립된다.

$$\boldsymbol{\tau}=\int_{-\infty}^{t}G(t-t')\begin{pmatrix}0&\dot{\gamma}(t')&0\\\dot{\gamma}(t')&0&0\\0&0&0\end{pmatrix}dt' \qquad \cdots\cdots (7)$$

$$\Rightarrow \tau_{yx}(t)=\int_{-\infty}^{t}G(t-t')\dot{\gamma}(t')dt' \qquad \cdots\cdots (8)$$

만약 문제에서처럼 $t>t_2$라고 가정하면 식 (1)의 변형이력에 의해 아래가 성립된다.

$$\tau_{yx}(t)=\int_{-\infty}^{0}0\,dt'+\int_{0}^{t'}G(t-t')\dot{\gamma}_0 dt'+\int_{t_1}^{t_2}G(t-t')(-\dot{\gamma}_0)dt'+\int_{t_2}^{t}0\,dt' \qquad \cdots\cdots (9)$$

따라서 물질함수 $\eta_\triangle$는 아래가 된다.

$$\eta_\triangle\equiv\frac{\tau_{xy}(t)}{\dot{\gamma}_0}=\int_{0}^{t_1}G(t-t')dt'-\int_{t_1}^{t_2}G(t-t')dt'$$

$$=\int_{t-t_1}^{t}G(s)ds-\int_{t-t_2}^{t-t_1}G(s)ds \;(\because t-t'=s \text{ 치환}) \qquad \cdots\cdots (10)$$

다음에는 일반 Maxwell(GM) 모델의 경우 식 (6.190)에 의해 $G(s)$는 아래가 된다(단 $\eta_k/\lambda_k=g_k$로 둠).

$$G(s)=\sum_{k=1}^{N}g_k e^{-s/\lambda_k} \qquad \cdots\cdots (11)$$

이를 식 (10)에 대입하여 적분을 행하면 아래가 성립된다.

$$\eta_\triangle=\sum_{k=1}^{N}g_k\left[\int_{t-t_1}^{t}e^{-s/\lambda_k}ds-\int_{t-t_2}^{t-t_1}e^{-s/\lambda k}ds\right]$$

$$=\sum_{k=1}^{N}g_k\left[-\lambda_k e^{-s/\lambda_k}\Big|_{t-t_1}^{t}+\lambda_k e^{-s/\lambda_k}\Big|_{t-t_2}^{t-t_1}\right]$$

$$= \sum_{k=1}^{N} g_k \lambda_k \left[e^{-(t-t_1)/\lambda_k} - e^{-(t-t_2)/\lambda_k} - e^{-t/\lambda_k} + e^{-(t-t_1)/\lambda_k} \right]$$

$$= \sum_{k=1}^{N} g_k \lambda_k \left[2e^{-(t-t_1)/\lambda_k} - e^{-(t-t_2)/\lambda_k} - e^{-t/\lambda_k} \right] \quad \cdots\cdots (12)$$

6. 10 6.7.2절에서 다룬 비틀림 진동 점도계(Couette흐름)(기하는 그림 6.31참조)의 경우 소진폭 진동전단(SAOS) 실험의 물질함수인 $\eta'(\omega)(=G''(\omega)/\omega)$ 및 $\eta''(\omega)(=G'(\omega/\omega))$를 계산해 보아라.

풀이

본문에서 계산된 속도 프로필 $v_\theta(r)$과 η' 및 η''를 관련시키기 위하여, 우선 외벽($r=aR$)의 운동에 의해 내벽($r=R$)에 있는 유체에 전달된 전단응력과 저항하는 토크 바(torque bar)에 의해 생성된 회복성의 토크간의 관계부터 찾아야한다. 그러기 위해 내벽 밥(bob)에서의 각운동량 밸런스를 생각해야한다, 즉 유체에 전달된 전단응력은 밥에 대해 아래 식과 같이 전체 토크(total torque)를 나타낸다.

$$(\text{내벽 표면에서의 토크}) = (2\pi RL)(\tau_{r\theta})|_R R \quad \cdots\cdots (1)$$

그리고 밥 위에 작용하는 다른 힘은 토크 바의 회복력(restoring force)이다. 즉

$$(\text{토크 바의 회복력}) = -K^* \Theta_R \quad \cdots\cdots (2)$$

여기서 K^*는 토크 바의 힘의 상수(force constant)이다. 이리하여 내벽의 밥 위에 작용하는 전체 운동, $\Theta_R(t)$는 위 두식으로 나타낸 각운동량의 밸런스 식[단 일반 역학 관계식 $M\left(=I\dfrac{d^2\theta}{dt^2}\right)=\dfrac{dL}{dt}$(여기서 M 및 L은 각각 모멘트 및 각운동량의 크기, I는 관성능률, 그리고 θ는 회전 각도임)의 개념을 이용]에 의해 아래와 같이 주어진다.

$$I\frac{d^2\Theta_R}{dt^2} = -K^*\Theta_R + 2\pi R^2 L(\tau_{r\theta})|_R \quad \cdots\cdots (3)$$

여기서 I는 내벽 밥의 관성능률(moment of inertia)이다.

그런데 내벽에서의 전단응력 $\tau_{r\theta}|_{r=R}$은 복소점도 η^K를 통하여 아래 식으로 나타내진다(식 (6.258) 참조).

$$\tau_{r\theta}|_{r=R} = \eta^* \dot{\gamma}_{r\theta}(t)\Big|_{r=R} \quad \cdots\cdots (4)$$

그런데 내벽과 외벽사이의 간극이 매우 좁은 경우(즉 $\dfrac{v_\theta}{r} \ll \dfrac{\partial v_\theta}{\partial r}$의 가정)의 $\dot{\gamma}$에 관한 식 (6.264)와 속도장의 정의식 (6.249)에서 $\dot{\gamma}_{r\theta} = \dfrac{\partial v_\theta}{\partial r} = e^{i\omega t}\dfrac{\partial \tilde{\boldsymbol{v}}_0}{\partial \boldsymbol{r}}$ 이 성립하므로 이를 식 (4)에 대입하면 아래가 성립된다.

$$\tau_{r\theta}|_{r=R} = \eta^* e^{i\omega t}\frac{d\tilde{v}_0}{dr}\bigg|_{r=R} \quad \cdots\cdots (5)$$

여기서 이 식과 Θ_R에 관한 식 (6.245)를 식 (3)에 대입하면 아래를 얻는다.

$$I\frac{d^2}{dt^2}\left(\Theta_R^0 e^{i\omega t}\right) = -K^*\Theta_R^0 e^{i\omega t} + 2\pi R^2 L\eta^* e^{i\omega t}\frac{d\tilde{v}_0}{dr}\bigg|_{r=R} \quad \cdots\cdots (6)$$

즉

$$\Theta_R^0 = \frac{2\pi R^2 L\eta^*}{K^* - I\omega^2}\left.\frac{d\tilde{v}_0}{dr}\right|_{r=R} \qquad \cdots\cdots (7)$$

이 식 중의 $\left.\dfrac{d\tilde{v}_0}{dr}\right|_{r=R}$ 는 $\tilde{v}_0$에 대한 근사해 (6.272)에서 구할 수 있다.

한편 복소점도 η^*는 내벽($r=R$)과 외벽($r=aR$)의 운동(회전각도)비가 아래 식과 같이 진폭비 A^*와 위상차 항 $e^{i\delta}$(여기서 $i=\sqrt{-1}$, δ는 위상차)의 곱으로 나타낼 수 있다는 관계를 이용하여 얻어질 수 있다(식 (6.242) 및 (6.245) 참조).

$$\frac{\Theta_R^0}{\Theta_{aR}^0} = A^* e^{i\delta} \qquad \cdots\cdots (8)$$

[비고: 위 식 (8)은 복소(전단)응력완화에 있어서 $\tau_{21}^*/\gamma_{21}^* = G^*(=G'+iG'') = |G^*|e^{i\delta} = i\omega\eta^*$ $(=\eta'-i\eta'') = \omega|\eta^*|e^{i\delta}$의 관계(5.4.2.3(e)절의 SAOS 참조)에 대응하므로 결국 복소점도 η^*는 두 벽의 운동(진폭)비 $\Theta_{aR}^{\circ}/\Theta_R^{\circ}$의 항으로 풀 수 있다.]

즉 식 (8)에서 외벽의 (회전)운동의 진폭 Θ_{aR}°(실수)는 모터의 회전에 의해 규정되는 입력 파라미터이고, 내벽의 운동의 진폭 Θ_R°은 식 (7)에서 $\left.\dfrac{d\tilde{v}_0}{dr}\right|_{r=R}$ 항을 본문 식 (6.272)로부터 구하여 대입하면 얻어지므로, 약간 복잡한 대수를 통하여 아래의 관계식이 얻어진다(지면 관계상 결과만 수록함).

$$\frac{\Theta_{aR}^0}{\Theta_R^0} = 1 + \frac{i}{M^*}\left(\frac{\tilde{\omega}^2-1}{\tilde{A}\tilde{\omega}} + \frac{\tilde{\omega}}{2}\right) - \frac{1}{M^{*2}}\left(\frac{\tilde{\omega}^2-1}{6\tilde{A}} + \frac{\tilde{\omega}^2}{24}\right) + \left(\frac{1}{M^{*3}}\right)\text{항} \qquad \cdots\cdots (9)$$

여기서

$$\tilde{\omega} = \omega\sqrt{\frac{1}{K^*}} \qquad \cdots\cdots (10)$$

$$M^* = M_1\sqrt{\frac{1}{K^*}} = \frac{\eta^*}{\rho R^2(a-1)^2}\sqrt{\frac{1}{K^*}} \qquad \cdots\cdots (11)$$

$$\tilde{A} = 2\pi R^4\frac{L\rho(a-1)}{I} \qquad \cdots\cdots (12)$$

여기서 M_1은 본문중의 식 (6.269)로 주어진다. 위 식 (9)의 우변의 두 번째 항까지만 근사적으로 취하면 (∵ 선형 점탄성의 가정) M^*에 대해 풀면 아래를 얻는다.

$$M^* = \frac{iW^*}{A^{*-1}(\cos\delta - i\sin\delta) - 1} \qquad \cdots\cdots (13)$$

여기서

$$W^* = \frac{\tilde{\omega}^2-1}{A\tilde{\omega}} + \frac{\tilde{\omega}}{2} \qquad \cdots\cdots (14)$$

그런데 M^*는 식 (11)에 의해 복소점도 $\eta^*(=\eta'-i\eta'')$를 포함하고 있으므로, 이를 η^*에 대해 나타내고, 식 (13)의 우편도 $a+ib$(여기서 $i=\sqrt{-1}$) 항으로 정리하여 양변의 실수 및 허수항을 비교하면 최종적으로 복소점도의 각 항(η' 및 η'')에 대해 아래의 (근사)관계를 얻을 수 있다.

$$\eta'(\omega)=\frac{G''}{\omega}=\frac{-\rho B^* W^*(\omega)A^*\sin\delta}{1+A^{*2}-2A^*\cos\delta}$$

$$\eta''(\omega)=\frac{G'}{\omega}=\frac{\rho B^* W^*(\omega)A^*(A^*-\cos\delta)}{1+A^{*2}-2A^*\cos\delta} \qquad \cdots\cdots (15)$$

여기서 B^*는 아래로 주어진다.

$$B^*=(a-1)^2R^2\sqrt{\frac{K^*}{I}} \qquad \cdots\cdots (16)$$

제 6장 부록

■ A6.1 몇 가지 유용한 기초수학 공식

A6.1.1 자연대수의 기저 e의 정의

$$e = 2.71828... = \lim_{n \to \infty}\left(1+\frac{1}{n}\right)^n = \sum_{n=0}^{\infty}\frac{1}{n!} \quad (\text{단 } 0! = 1) \tag{A6.1}$$

혹은 이의 확장으로서

$$\lim_{p\to 0}(1 \pm p)^{\frac{m}{p}} = \lim_{p\to\infty}\left(1 \pm \frac{m}{p}\right)^p = e^{\pm m} \tag{A6.2}$$

A6.1.2 복소수(complex number)

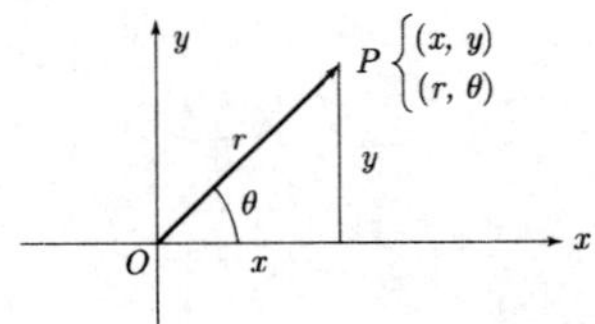

그림. 복소수 $z = x + iy = re^{i\theta}$의 직교 및 극좌표 표현

(x, y) 또는 (r, θ) 평면에서 복소수(벡터) z 및 켤레 복소수(complex conjugate) $\bar{z}$는 허수 $i = \sqrt{-1}$를 사용하여 아래와 같이 정의된다(그림 참조).

$$z = x + iy = r(\cos\theta + i\sin\theta) \equiv re^{i\theta} \tag{A6.3}$$

$$\bar{z}\,(= z^*) = x - iy = r(\cos\theta - i\sin\theta) \equiv re^{-i\theta} \tag{A6.4}$$

여기서 $r = |z| = \sqrt{z\bar{z}} = \sqrt{x^2 + y^2}$

De Moivre의 정리 : $e^{\pm in\theta} = \cos n\theta \pm i\sin n\theta$ (A6.5)

A6. 1. 3 Taylor-Maclaurin 급수전개

A6. 1. 3. 1 정의

함수 $f(x)$를 $x=a$ 근방으로 Talyor-Maclaurin 급수전개하면 아래가 된다.

$$f(x)=f(a)+f'(a)(x-a)+\frac{f''(a)(x-a)^2}{2!}+\cdots+\frac{f^{(n-1)}(a)(x-a)^{n-1}}{(n-1)!}+R_n \qquad \text{(A6. 6 a)}$$

여기서 나머지 R_n은 Lagrange에 의해 아래와 같이 정의된다.

$$R_n=\frac{f^{(n)}(\xi)(x-a)^n}{n!} \quad (\text{여기서} \ \ a\le\xi\le x) \qquad \text{(A6. 6 b)}$$

A6. 1. 3. 2 몇 가지 실례(괄호 안은 함수의 수렴구간임)

$$(a+x)^n=\sum_{k=0}^{n}\binom{n}{k}a^{n-k}x^k=a^n+\binom{n}{1}a^{n-1}x+\binom{n}{2}a^{n-2}x^2+\cdots \qquad \text{(A6. 7)}$$

$$(1+x)^n=1-x+x^2-x^3+x^4-\cdots \quad (-1<x<1) \qquad \text{(A6. 8)}$$

$$e^x=1+x+\frac{x^2}{2!}+\frac{x^3}{3!}+\cdots \quad (-\infty<x<\infty) \qquad \text{(A6. 9)}$$

$$\ln(1+x)=x-\frac{x^2}{2}+\frac{x^3}{3}-\frac{x^4}{4}+\cdots \quad (-1<x\le 1) \qquad \text{(A6. 10)}$$

$$\sin x=x-\frac{x^3}{3!}+\frac{x^5}{5!}-\frac{x^7}{7!}+\cdots \quad (-\infty<x<\infty) \qquad \text{(A6. 11)}$$

$$\cos x=1-\frac{x^2}{2!}+\frac{x^4}{4!}-\frac{x^6}{6!}+\cdots \quad (-\infty<x<\infty) \qquad \text{(A6. 12)}$$

A6. 1. 4 미분 관련 공식

A6. 1. 4. 1 정의

함수 $f(x)$를 x에 관한 (1계)미분(혹은 도함수, derivative) $\dfrac{dy}{dx}(=y'=f'(x))$는 아래와 같이 정

의된다.

$$\frac{dy}{dx}=\lim_{h\to 0}\frac{f(x+h)-f(x)}{h}=\lim_{\triangle x\to 0}\frac{f(x+\triangle x)-f(x)}{\triangle x} \quad \text{(A6. 13)}$$

A6. 1. 4. 2 로피탈(L'hospital) 정리

두 함수 $f(x)$와 $g(x)$가 $x=a$에서 $(n-1)$차 도함수까지가 동시에 0이 되나, n차 도함수는 둘 다 0이 안되는 경우 아래의 극한 관계식이 성립된다.

$$\lim_{x\to a}\frac{f(x)}{g(x)}=\frac{f^{(n)}(a)}{g^{(n)}(a)} \quad \text{(A6. 14)}$$

여기서 $f^{(n)}(a)$는 $x=a$에서 n번 미분(혹은 n계 도함수)을 의미한다.

A6. 1. 4. 3 대표적 미분공식

$$(x^n)'=nx^{n-1},\ \left(\frac{g(x)}{f(x)}\right)'=\frac{g'f-gf'}{f^2} \quad \text{(A6. 15)}$$

$$\left(a^{f(x)}\right)'=\ln a\times f'(x)\times a^{f(x)}\ (\because\ \text{양변에 대수를 취해 증명함}) \quad \text{(A6. 16)}$$

$$(\ln x)'=\frac{1}{x},\ (\log_a f(x))'=\frac{\log_a e}{f}\times f'(x) \quad \text{(A6. 17)}$$

$$(\sin x)'=\cos x,\ (\cos x)'=-\sin x,\ (\tan x)'=\sec^2 x=\frac{1}{\cos^2 x} \quad \text{(A6. 18)}$$

$$(\sin^{-1}x)'=\frac{1}{\sqrt{1-x^2}},\ (\cos^{-1}x)'=-\frac{1}{\sqrt{1-x^2}},\ (\tan^{-1}x)'=\frac{1}{1+x^2} \quad \text{(A6. 19)}$$

A6. 1. 5 적분 관련 공식

A6. 1. 5. 1 정의

구간 $a\le x\le b$에서 함수 $f(x)$의 정적분(definite integral)은 아래와 같이 정의된다.

$$\int_a^b f(x)dx\equiv\int_a^b dF=F(b)-F(a)\ (\text{단 } F'(x)=f(x))$$

$$= \lim_{n \to \infty} \sum_{i=1}^{n} f(x_i) \times \Delta x \text{ (여기서 } \Delta x = \frac{b-a}{n},\ x_i = a + i\Delta x) \tag{A6. 20}$$

A6. 1. 5. 2 부분적분 공식

$$\int_a^b u dv = uv|_a^b - \int_a^b v du \tag{A6. 21}$$

A6. 1. 5. 3 Leibnitz 공식

$$\frac{d}{dc}\left[\int_{a(c)}^{b(c)} f(x, c) dx\right] = \int_{a(c)}^{b(c)} \left(\frac{\partial f}{\partial c}\right) dx + \frac{db}{dc} f(b, c) - \frac{da}{dc} f(a, c) \tag{A6. 22}$$

A6. 1. 5. 4 오차 함수($erf(x)$, $erfc(x)$) 및 감마(Gamma) 함수($\Gamma(x)$) 관련 공식

$$erf(x) \equiv \frac{2}{\sqrt{\pi}} \int_0^x e^{-t^2} dt = 1 - erfc(x) \left[\equiv \frac{2}{\sqrt{\pi}} \int_x^{\infty} e^{-t^2} dt\right] \tag{A6. 23}$$

$$\Gamma(x) [= (x-1)!] \equiv \int_0^{\infty} t^{x-1} e^{-t} dt \text{ [단 } Re(x) > 0] \tag{A6. 24}$$

$$\Gamma(x+1) = x\Gamma(x) = x! = x(x-1)! \text{ [단 } \Gamma\left(\frac{1}{2}\right) = \sqrt{\pi}] \tag{A6. 25}$$

$$\Gamma(1+p)\Gamma(1-p) = \frac{p\pi}{\sin p\pi} \text{ [단 } 0 < Re\, p < 1] \tag{A6. 26}$$

$$\int_0^{\infty} x^k e^{-px} dx = \Gamma(1+k) p^{-k-1} \text{ [단 } Re\, p > 0] \tag{A6. 27}$$

$$\int_0^{\infty} x^{k-1} \exp(-\mu x^p) dx = \frac{1}{p} \mu^{-\frac{k}{p}} \Gamma\left(\frac{k}{p}\right) \text{ [단 } Re\, \mu > 0] \tag{A6. 28}$$

$$\int_0^{\infty} x^k p^x dx \text{ [단 } k\text{는 양의 실수, } 0 < p < 1] = \Gamma(1+k)/(-\ln p)^{1+k} \tag{A6. 29}$$

A6. 1. 5. 5 기타 중요 적분공식

$$\int_{-\infty}^{\infty} e^{-px^2+2qx}dx = e^{\frac{q^2}{p}}\sqrt{\frac{\pi}{p}} \tag{A6. 30}$$

$$I_n = \int_0^{\infty} x^n e^{-ax^2}dx \ \ [\text{단} \ Re\, a > 0] \tag{A6. 31}$$

n	0	1	2	3	4
I_n	$\frac{1}{2}\sqrt{\frac{\pi}{a}}$	$\frac{1}{2a}$	$\frac{1}{4}\sqrt{\frac{\pi}{a^3}}$	$\frac{1}{2a^2}$	$\frac{3}{8}\sqrt{\frac{\pi}{a^5}}$

$$\int_0^{\pi} \sin mx \cos nx dx = \int_0^{\pi} \cos mx \cos nx dx = \frac{\pi}{2}\delta_{mn}$$

(여기서 δ_{mn}은 $m=n$일 때 1, 기타 0) (A6. 32)

$$\int_0^{\pi} \sin mx \cos nx dx = \begin{cases} 0 & (\text{단 } m, n \text{ 정수}, m+n\text{이 짝수}) \\ 2m/(m^2-n^2) & (\text{단 } m, n \text{ 정수}, m+n\text{이 홀수}) \end{cases} \tag{A6. 33}$$

$$\int_0^{\infty} \sin mx \sin nx dx = \int_0^{\infty} \cos mx \cos nx dx = \frac{\pi}{2}\delta(m-n)$$

(여기서 δ는 델타함수 - 식 (2.404) 참조) (A6. 34)

$$\int_0^{\infty} e^{-ax}\cos bx dx = \frac{a}{a^2+b^2}, \ \int_0^{\infty} e^{-ax}\sin bx dx = \frac{b}{a^2+b^2} \ \ (\text{단 } a > 0) \tag{A6. 35}$$

■ 6. 2 1계 상미분 방정식의 해

A6. 2. 1 변수분리형 경우

이 경우 아래와 같은 일반형태를 갖는다.

$$\frac{dy}{dx} = \frac{M(x)}{N(x)} \tag{A6. 36}$$

위 식을 아래와 같이 변수 분리 후 각각에 대해 적분을 행하면 미방의 해를 구할 수 있다.

$$N(y)dy = M(x)dx \tag{A6. 37}$$

A6. 2. 2 적분인자를 이용한 1계 상미방의 해

이 경우 미방은 아래와 같은 일반형태를 취한다.

$$\frac{dy}{dx} + P(x)y = Q(x) \tag{A6. 38}$$

이 식의 양변에 아래로 정의된 '적분인자(integrating factor)' $I(x)$를 곱해 왼편을 완전미방(혹은 상태함수)으로 만든다.

$$I(x) = \exp\left(\int P(x)dx\right) \tag{A6. 39}$$

우선 식 (A6.38)의 왼편은 $I'(x)(= dI/d(x)) = P(x)I(x)$가 됨을 이용하여 아래와 같이 2항은 1개의 완전미방 (상태함수) $I(x)y$항으로 표현된다.

$$I(x)dy + I(x)P(x)ydx = d(I(x)y) \tag{A6. 40}$$

따라서 위의 상미방은 적분인자 $I(x)$에 의하여 아래와 같이 적분에 의해 쉽게 풀 수 있는 행태로 전환된다.

$$d(I(x)y) = Q(x)I(x)dx \tag{A6. 41}$$

이를 (부정)적분하면 아래의 해가 얻어진다.

$$y(x) = \exp\left(-\int P(x)dx\right)\left[\int Q(x)\exp\left(\int P(x)dx\right)dx + C\right] \tag{A6. 42}$$

여기서 C는 적분상수로서 초기치 $y(0)$을 알면 구해진다. [참고: 괄호안의 적분(dummy)변수 x를 임의의 t로 바꾸고, 적분을 $x = 0 \sim x$까지 정적분을 행해도 마찬가지 결과를 준다.]

예제 A6.1

아래의 1계 상미방의 해를 구하라.

$$\frac{dy}{dx} + \frac{1}{x}y = x \tag{A6. 43}$$

풀이

이 경우 식 (A6.38)과 비교하면 $P(x) = 1/x$, $Q(x) = x$이므로 적분인자 $I(x)$는 아래와 같이 된다.

$$I(x) = \exp\left(\int \frac{1}{x}dx\right) = e^{\ln x} = x$$

따라서 식 (A6.43)의 양변(전미분 형태)을 $I(x)$로 곱하면 아래가 얻어진다.

$$xdy + ydx = x^2dx$$

왼편은 식 (A6.40)에 의해 한 개의 상태함수로 묶어지므로 아래식을 얻는다.

$$d(xy) = x^2dx$$

이를 적분하면 아래와 같이 해를 얻을 수 있다.

$$xy = x^3/3 + c_1 \quad \text{즉} \quad y = x^2/3 + c_1$$

단 적분상수 c_1은 초기치 $y(0)$을 알면 구해진다.

■ A6. 3 라플라스 변환

라플라스(Laplace) 적분변환은 구간$(0, \infty)$에서 정의되는 주어진 함수 $f(t)$가 있을 때 아래와 같이 정의되는 $\mathcal{L}$ 변환에 의해 t공간에서 s공간의 함수 $F(s)$로 변환된다.

$$\mathcal{L} f(t) \equiv \int_0^{\infty} f(t)e^{-st}dt \equiv F(s) \quad (\text{Re } s > 0) \tag{A6. 44}$$

이의 역변환은 복소 콘투어(contour) 적분을 이용하여 아래와 같이 정의된다.

$$f(t) = \mathcal{L}^{-1}F(s) \equiv \frac{1}{2\pi i}\int_{\gamma - i\infty}^{\gamma + i\infty} F(s)e^{+st}ds \tag{A6. 45}$$

여기서 $i=\sqrt{-1}$, γ는 식 (A6.44)에서 $\mathcal{L}$ 변환이 유효한 실제 s의 범위는 Re $s>$ Re s_0로서 Re $s_0=\gamma$되는 양의 실수이다. 그러나 여기서는 지면관계상 (역)라플라스 변환에 대한 증명없이 결과만을 아래의 표에 적겠다.

그래서 표 A6.1에서는 라플라스 변환의 기본성질을, 그리고 표 A6.2에서는 몇 가지 대표적 변환 예를 나타낸다.

표 A6.1 기본성질

	$f(t)$	$F(s)$
1	$c_1f_1(t)+c_2f_2(t)$	$c_1F_1(s)+c_2F_2(s)$
2	$f(at)$	$a^{-1}F(s/a)$ $(a>0)$
3	[a] $f^{(n)}(t)$	$s^nF(s)-s^{n-1}f(0)-\cdots-f^{(n-1)}(0)$
4	$t^nf(t)$	$(-1)^nF^{(n)}(s)$ $(n=1,2,\cdots)$
5	$e^{ct}f(t)$	$F(s-c)$ ($c=$ 상수)
6	[b] $H(t-b)f(t-b)$	$e^{-bs}F(s)$ $(b>0)$
7	[c] $f*g(t)$	$F(s)G(s)$

a) $f^{(n)}(t)=d^nf(t)/dt^n$
b) $H(t-b)$는 Heavy-side함수로서 $t<b$일 때 0, $t\geq b$일 때 1임
c) $f*g(t)=\int_0^\infty f(t-t')g(t')dt'=g*f(t)$는 중첩적분임.

표 A6.2 대표적 변환 예

	$f(t)$	$F(s)$
1	1	$\dfrac{1}{s}$
2	t^n	$n!/s^{n+1}$ $(n=1,2,\cdots)$
3	$\delta(t)$	1
4	e^{kt}	$1/(s-k)$
5	$\sin at$	$a/(s^2+a^2)$
6	$\cos at$	$s/(s^2+a^2)$
7	$1/\sqrt{\pi t}$	$1/\sqrt{s}$
8	$e^{-k^2/4t}/\sqrt{\pi t}$	$e^{-k\sqrt{s}}/\sqrt{s}$ $(k>0)$
9	$ke^{-k^2/4t}/\sqrt{4\pi t^3}$	$e^{-k\sqrt{s}}$ $(k>0)$
10	[a] $erfc(k/2\sqrt{t})$	$e^{-k\sqrt{s}}/s$ $(k>0)$

a) $erfc(z)\equiv\dfrac{2}{\sqrt{\pi}}\int_z^\infty e^{-u^2}du=1-erf(z)$.

■ A6. 4 푸리에 sin 및 cos 변환

함수 $f(t)$의 변환변수 ω에 대한 푸리에 sin 및 cos 변환은 각각 아래와 같이 정의된다.

$$\mathcal{F}_s(f(t)) = F_s(\omega) \equiv \int_0^\infty f(t)\sin\omega t dt \tag{A6. 46}$$

$$\mathcal{F}_c(f(t)) = F_c(\omega) \equiv \int_0^\infty f(t)\cos\omega t dt \tag{A6. 47}$$

이의 역 푸리에 sin 및 cos 변환은 각각 아래가 된다.

$$f(t) = \mathcal{F}_s^{-1}(\omega) = \frac{2}{\pi}\int_0^\infty F_s(\omega)\sin\omega t d\omega \tag{A6. 48 a}$$

$$f(t) = \mathcal{F}_c^{-1}(\omega) = \frac{2}{\pi}\int_0^\infty F_c(\omega)\cos\omega t d\omega \tag{A6. 48 b}$$

여기서 역변환에 대한 증명은 아래와 같다.

증명 (a) 우편 적분의 $F_s(\omega)$에 식 (A6.46)를 대입하고, 아래의 삼각함수의 적분공식을 이용한다.

$$\int_0^\infty \sin ax \sin bx dx = \int_0^\infty \cos ax \cos bx dx = \frac{\pi}{2}\delta(a-b) \tag{A6. 34}$$

여기서 $\delta(a-b)$는 델타(delta)함수 (식 2.404 참조)이다. 즉 식 (A6.48a)의 적분에서 $F_s(\omega)$를 식 (A6.46)에 대입하고 적분순서를 바꾸고, 공식 (A6.34)를 이용하면 아래와 같이 역변환 공식이 증명된다.

$$\frac{2}{\pi}\int_0^\infty \sin\omega t\left[\int_0^\infty f(t')\sin\omega t' dt'\right]d\omega = \frac{2}{\pi}\int_0^\infty f(t')dt'\left[\int_0^\infty \sin\omega t \sin\omega t' d\omega\right]$$

$$= \frac{2}{\pi}\int_0^\infty f(t')\frac{\pi}{2}\delta(t-t')dt' = f(t) \quad (\because \text{델타함수 공식 식 (2.404)})$$

(b) 마찬가지로 식 (A6.48b)의 적분에서 $F_c(\omega)$항은 식 (A6.47)에서 대입하고 (a)와 같은 절차를 밟으면 아래와 같이 역변환 (b)도 증명이 된다.

$$\frac{2}{\pi}\int_0^\infty \cos\omega t\left[\int_0^\infty f(t')\cos\omega t'\,dt'\right]d\omega = \frac{2}{\pi}\int_0^\infty f(t')dt'\left[\int_0^\infty \cos\omega t\cos\omega t'\,d\omega\right]$$

$$= \frac{2}{\pi}\int_0^\infty f(t')\frac{\pi}{2}\delta(t-t')dt' = f(t) \quad \blacksquare$$

제 7 장

비선형 점탄성 구성방정식

지금까지 우리는 두 개의 비뉴톤(즉 점도가 전단속도에 의존함) 구성방정식이 제한된 범위 내에서 유동문제 계산에 유용하다는 것을 보았다. 즉 일반 뉴톤유체(GNF) 모델은 특히 점도의 전단얇아짐(shear-thinning) 효과가 뚜렷한 경우의 압력야기 포아제 흐름 등의 유동계산에는 비교적 정확하였다. 그리고 일반 선형점탄성(GLVE) 구성방정식(GM 모델 포함)은 낮은 변형속도 한계 내에서 단순전단흐름(SSF)이나 단순신장흐름(SEF)과 같은 표준흐름의 응력성장이나 응력감쇠 등의 물질함수(η^+나 η^- 등) 등을 예측하는데 널리 사용되고 있다. 그러나 두 구성방정식 모두 심각한 결점을 갖고 있다. 즉 SSF 흐름(정상 혹은 비정상)에서 법선응력을 예측하지 못할 뿐 아니라 유체의 기억(memory)을 포함하는 다른 어떤 비선형 탄성효과도 기술하지 못한다. 특히 가장 심각한 것은 6.8절에서 지적했듯이 GLVE 모델은 회전 기준 프레임에 있어서 기준 프레임의 변화(change-of-base) 등에 '프레임 불변(frame invariance)' 혹은 '물질 객관성(material objectivity)'을 갖추지 못하므로, 높은 전단속도의 경우에는 적용되지 못한다는 것이다.

특히 오늘날 관심의 대상이 되고 있는 금속이나 무기재료 등을 대체할 고기능성 고분자 물질의 대변형(large-strain), 높은 전단속도(large-shear rate) 영역에서의 가공시에 고분자(유체)의 유변학적 거동을 정확하게 기술할 수 있는 구성방정식이 절실하게 요구되고 있는 실정이다. 그러나 지금까지 다루어온 구성방정식은 모두 단순히 대칭 변형속도텐서 $\dot{\boldsymbol{\gamma}}(=\nabla \boldsymbol{v}+(\nabla \boldsymbol{v})^{\mathrm{T}})$에 비례하는 뉴톤 구성방정식의 확장이다. 따라서 큰 변형의 흐름인 경우에는 실험결과를 비교적 잘 설명하기 위하여 구성방정식에 변형이력(strain history)을 도입할 필요가 있었다. 즉 GLVE 모델의 '객관성 결여' 등의 문제를 해결하기 위하여 구성방정식에 4장에서 정의된 각종 변형(률) 텐서의 이용과 또한 좌표계에 적절한 시간미분(time derivative) 형태의 선택 등이 매우 중요하므로 이 장에서는 이들에 관해 논하기로 한다.

■ 7.1 레올로지 구성방정식의 기본 요건

Oldrogd와 Lodge 등에 의하면 유체의 비선형 점탄성 거동을 정확히 예측할 수 있는 레올로지 구성방정식(rheological constitutive equation)은 아래의 3 원리에 기초를 두고 있어야 한다.

(a) 물질 객관성(material objectivity)

응력과 변형(또는 변형속도)과의 관계를 나타내는 어떠한 구성방정식도 고정좌표에 상대적인 물질의 중첩된 강체운동(superposed rigid motion)에 무관해야 한다(6.8절 참조). 즉 공간에서의 로컬한 위치(local position), 로컬한 강체회전, 그리고 평행이동(translation)에 무관해야 한다.

(b) 좌표 무관성(coordinate indifference)

3차원 텐서(tensor) 형태로 기술되는 레올로지 구성방정식은 관심의 응력, 변형(혹은 변형속도) 텐서를 나타내기 위하여 사용되는 기저 벡터(base vector)의 선택에 무관해야 한다는 '좌표 무관성(coordinate indifference)'을 만족해야 한다. 바꾸어 말하면, 어떤 주어진 구성방정식을 사용하여 얻어진 결과는 앞에서 언급한 기준 프레임에 의존해서도 안된다. 가령 스프링이 있는 응력을 로컬한 위치나 강체회전에 의존하지 않고, 대신 부가된 (내부)변형에만 의존해야 한다. 6장에서 본 단순 Maxwell이나 일반 Maxwell(GM) 모델과 같은 GLVE 구성방정식은 (전단)응력의 시간미분이 단순히 사용된 기준 프레임의 함수이기 때문에 물질 객관성을 만족시키지 못했다.

결론적으로 앞으로 소개할, 물질과 같이 움직이는 혹은 물질에 내장된(embedded) 소위 '흐름변형 좌표(converted coordinate)'를 선택함으로써 조건 (a)가 만족되며, 또한 텐서 형태로 나타냄으로써 조건 (b)가 자동적으로 만족된다.

(c) 결정론(determinism)

이 원리는 원래 Oldrogd에 의해 '불변성(invariance)'에 관한 세 번째 조건으로서 제안되었다. 즉 유체 내에서 물질요소의 응력응답은 이웃 유체의 유변학적 이력(rheological history)의 변화에 무관해야 한다. 이 개념은 나중에 Coleman과 Noll 등에 의해 다른 형태로 재표현되었다. 가령 '단순유체(simple fluid)'란 어떤 (내장된 좌표계 내의) 주어진 시간에서의 유체요소 내의 응력이 아래와 같이 변형(률) 텐서의 복함수(functional)로 주어지는 비압축성, 등방성 물질을 일컫는데, 즉

$$\hat{\tau}^{ij}(t) = \Phi_{-\infty}^{\ t}\{(\hat{g}^{ij}(t')\},\ \hat{\tau}_{ij}(t) = \Phi_{-\infty}^{\ t}\{(\hat{g}_{ij}(t')\} \tag{7.1}$$

위에서 $\hat{\tau}^{ij}(t)$와 $\hat{\tau}_{ij}(t)$는 각각 현 시간 t에서 '내장(embedded)' 혹은 '흐름변형(convected)' 좌표

계[이때 기저벡터 집합 $\{\hat{\boldsymbol{g}}_i\}$ 혹은 $\{\hat{\boldsymbol{g}}^i\}$임]로 나타낸 (여분)응력텐서 $\boldsymbol{\tau}$의 반변(contravariant) 및 공변(covariant) 성분이며, $\hat{g}^{ij}(t')$ 및 $\hat{g}_{ij}(t')$는 지난시간 t'에서의 내장 좌표계와 반변(혹은 역) 및 공변 계량텐서(metric tensor)의 성분이다. 또한 $\Phi_{-\infty}^{t}$는 변형이력의 복함수이다. 함수이론에 의하면, (보통의) '함수(function)'는 어떤 수(독립변수)의 집합에서 다른 수(종속변수)의 집합으로 사상(mapping)시키며, '복함수(functional)'는 어떤 (독립)함수의 집합에서 다른 (종속)함수의 집합으로 사상시킨다. 식 (7.1)의 두 표현에 의하면, 대칭 응력텐서 $\boldsymbol{\tau}$의 6 (독립)성분 값은 시간구간 $-\infty \leq t' \leq t$에서 6 함수 $\hat{g}_{ij}$(혹은 $\hat{g}^{ij}$)에 의존한다. 만약 복함수 Φ가 선형이라면 식 (7.1)은 적분으로 나타낼 수 있다. 계량텐서 $\hat{g}^{ij}(t')$ 혹은 $\hat{g}_{ij}(t')$는 지난 시간 t'에서의 (유체)물질요소의 변형을 정확히 기술하며, 이로부터 각종 변형(률) 텐서 및 시간미분 연산자가 유도될 수 있다(7.3절 참조). 그리고 식 (7.1)에는, 어떤 주어진 물질요소에서의 응력은 이웃하는 요소의 변형이력에는 무관하다는 가정이 내포되어 있다.

■ 7.2 기억함수와 유한변형의 척도

먼저 6장에서 본 것과 같이, 유체에 대한 각종 실험으로부터 변형이력(deformation history)을 고분자계에 발생된 응력 및 변형에 상당한 영향을 미친다는 것이 밝혀졌다. 가령 6장에 소개된 미분형 단순 Maxwell 모델은 아래로 표현된다.

$$\boldsymbol{\tau} + \lambda \frac{\partial \boldsymbol{\tau}}{\partial t} = \eta_0 \dot{\boldsymbol{\gamma}} \tag{6. 166}$$

이 식은 단순히 뉴톤 구성방정식 (5.45)이 약간의 변형이력을 부가한 경험모델에 불과하며, 더욱이 변형(이력)은 이 식에 명확이 나타나 있지 않다.

그래서 미분형 Maxwell 모델에 관련된 변형(률) 텐서는 해당 적분으로 변환시켜 나타낼 수 있다 (식 (6.167) 참조). 여기서는 6.6.3절에 소개된 응력완화에 관한 3차원 볼츠만 중첩원리에 해당하는 GLVE 식을 사용하여 유도해 보기로 한다.

$$\boldsymbol{\tau}(t) = \int_{-\infty}^{t} G(t-t')\,\dot{\boldsymbol{\gamma}}(t')\,dt' \tag{6. 207}$$

[사실 이 식은 전단 완화탄성계수 $G(t)$의 정의에 따라 적분형 단순 Maxwell 모델(6.167) 혹은 일반 Maxwell(GM) 모델(6.190)로 이 적분을 4.3.3절에 소개된 변위텐서 $\boldsymbol{u}(=\boldsymbol{r}'-\boldsymbol{r})$ 및 미소변형에 대한 (대칭)변형률 텐서 $\boldsymbol{\gamma}[=2\boldsymbol{\varepsilon}=\nabla\boldsymbol{u}+(\nabla\boldsymbol{u})^{\mathrm{T}}]$(식 (2.326))를 사용하여 행하기로 한다. 즉

$$\boldsymbol{u}(t_{ref}, t') = \boldsymbol{r}(t') - \boldsymbol{r}(t_{ref}) \tag{7.2}$$

$$\boldsymbol{\gamma}(t_{ref}, t') = \nabla\boldsymbol{u}(t_{ref}, t') + [\nabla\boldsymbol{u}(t_{ref}, t')]^{\mathrm{T}} \tag{7.3 a}$$

$$= \int_{t_{ref}}^{t'} \dot{\boldsymbol{\gamma}}(t'')dt'' \tag{7.3 b}$$

여기서 t_{ref}는 변형(률)에 대한 기준(reference) 시간으로서, 여기서는 현 시간 t로 간주하며, t'는 관심의 (지난)시간이다. 또한 두 시간 t와 t' 사이의 (유체)입자의 (미소)변위(displacement)를 나타내는 벡터 $\boldsymbol{u}(t, t') = \boldsymbol{r}(t') - \boldsymbol{r}(t) \equiv \boldsymbol{r}' - \boldsymbol{r}$ (단 $t_{ref} = t$)로 주어진다. 그러면 이들 관계를 이용하여 식 (6.207)의 부분적분을 행하면 (선형 점탄성에 대해) 아래의 결과를 얻는다.

$$\boldsymbol{\tau}(t) = +\int_{-\infty}^{t} M(t-t')\boldsymbol{\gamma}(t, t')dt' \tag{7.4}$$

여기서

$$M(t-t') \equiv \frac{dG(t-t')}{d(t-t')} = -\frac{\partial G(t-t')}{\partial t'} \tag{7.5}$$

위 식에서 $M(t)\left(\equiv \dfrac{dG(t)}{dt}\right)$는 '기억함수(memory function)'으로 불리며, (전단)완화 탄성계 G가 시간 t의 감소함수 (식 (6.8) 참조)이므로 $M(t)$는 음의 값을 가진다. 즉 이는 시간이 경과함에 따라 과거의 (변형에 대한) 기억은 쇠퇴해진다는 '쇠퇴성 기억(fading memory)' 효과를 잘 반영하고 있다(6.1.3절 참조). 그러면 이하에서 식 (7.4)의 증명을 간단히 나타내겠다.

증명 식 (6.207)을 공식 (A6.21)에 의하여 부부적분을 행하면 아래를 얻는다(단 $u = G(t-t')$, $v = \boldsymbol{\gamma}(t, t')$로 둠].

$$\boldsymbol{\tau}(t) = \int_{-\infty}^{t} G(t-t')\dot{\boldsymbol{\gamma}}(t')dt'$$

$$= G(t-t')\boldsymbol{\gamma}(t, t')|_{t'=-\infty}^{t'=t} - \int_{-\infty}^{t} \frac{\partial G(t-t')}{\partial t'}\boldsymbol{\gamma}(t, t')dt'$$

$$= G(0)\boldsymbol{\gamma}(t, t) - G(\infty)\boldsymbol{\gamma}(t, -\infty) + \int_{-\infty}^{t} -\frac{\partial G(t-t')}{\partial t'}\boldsymbol{\gamma}(t, t')dt' \tag{7.6}$$

그런데 식 (7.3)의 정의에서 $\boldsymbol{\gamma}(t, t) = \mathbf{0}$이 되며, 그리고 $G(\infty) = 0$($\because$ 식 (6.8)에서 액체의 경우 $G_e = 0$이 되므로)을 이용하고 또한 식 (7.5)의 정의를 이용하면 식 (7.6)은 식 (7.4)가 되어 증명된다. ■

그런데 식 (7.4)에 증명에 있어서 한 가지 덧붙인 것은 미소 (대칭)변형(률) 텐서 $\boldsymbol{\gamma}$의 정의에서 기준시간 t_{ref}를 현 시간 t로 간주했다. 여기서 $\boldsymbol{\gamma}(t_{ref}, t')$는 항상 두 시간 t_{ref}(여기서는 t)와 t'(관심의 시간) 사이의 상대 변형의 척도로서 구성방정식에 이용하기 전 먼저 기준시간 t_{ref}를 명확히 밝혀야 한다.

아래 위 식 (7.4)를 강체회전(rigid-body rotation)에 적용해보자. 그러기 위해 (대칭)미소 변형률 텐서 $\boldsymbol{\gamma}(t, t')$(식 (7.3))를 4.3.1(c)절에 논의한 절차에 따라 구해보는데, 이하에서 왜 GLVE 모델이 '프레임 불변성'을 만족하지 못하는가를 알게 될 것이다(즉 실제 큰 변형의 경우에는 $\boldsymbol{\gamma}$로서 미소 변형에 관한 식 (7.3)가 적절하지 않기 때문이다). 지금 그림 7.1에 나타낸바와 같이 강체를 $z(=z')$ 축 주위로 반시계 방향으로 각도 ψ만큼 회전(이때 좌표는 고정)시킨다고 생각하자. Cartesian 좌표계의 경우 임의의 입자의 위치벡터 $\boldsymbol{r}$는 아래 식으로 나타내진다.

$$\boldsymbol{r} = \begin{pmatrix} x \\ y \\ z \end{pmatrix}_{xyz} = \bar{\boldsymbol{r}} + z\,\hat{\boldsymbol{e}}_z \tag{7. 7}$$

여기서 $\bar{\boldsymbol{r}}$는 $\boldsymbol{r}$을 $xy-$평면상에 투영시킨 벡터이다. 입자를 z축 주위로 회전시킨 후의 z좌표는 변하지 않으므로, 회전시킨 후의 위치벡터 $\boldsymbol{r}'(t')$도 식 (7.7)과 유사하게 아래로 나타내진다[주의 : 그림 4.11에서는 $\boldsymbol{r}'$가 회전 전, $\boldsymbol{r}$가 회전 후의 위치벡터이며, 또한 회전각도 θ 대신 여기서는 ψ 이용].

$$\boldsymbol{r}' = \bar{\boldsymbol{r}}' + z\,\hat{\boldsymbol{e}}_z \tag{7. 8}$$

여기서도 $\bar{\boldsymbol{r}}'$도 $\boldsymbol{r}'$의 $xy-$평면상의 투영벡터이며, $z' = z$이다.

지금 이 회전변형에 대한 (미소)변형률 텐서 $\boldsymbol{\gamma}(= \nabla\boldsymbol{u} + (\nabla\boldsymbol{u})^{\mathrm{T}})$ 를 계산하기 위해, 먼저 변위(displacement) 벡터 $\boldsymbol{u} = \boldsymbol{r}' - \boldsymbol{r} = \bar{\boldsymbol{r}}' - \bar{\boldsymbol{r}}$($\because z$ 위치 불변)를 계산해야 한다. 그림 7.1에 주어진 (Cartesian 좌표계의) 기하관계를 이용하면 아래 식들이 성립된다.

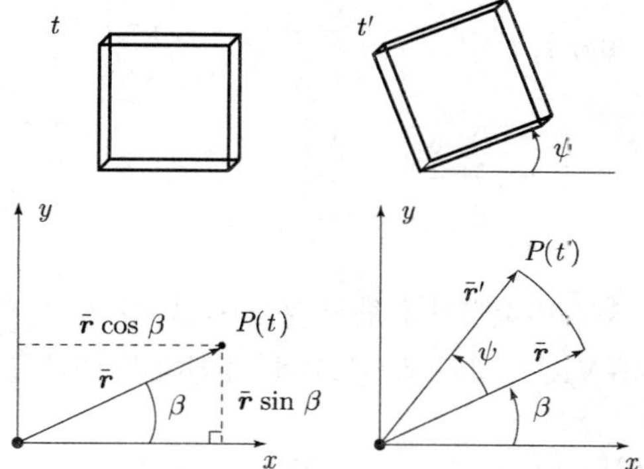

그림 7.1 회전하고 있는 강체의 두 (xy − 평면에 투영된) 위치벡터 사이의 관계. $P(t)$는 시간 t(변형 전)에서의 입자의 점(point)이며, $P(t')$는 같은 점의 시간 t'(변형 후)에서의 위치(점)이다.

$$\bar{\boldsymbol{r}} = \begin{pmatrix} x \\ y \\ 0 \end{pmatrix}_{xyz} \tag{7. 9}$$

$$\bar{\boldsymbol{r}}\,' = \begin{pmatrix} \bar{r}\cos(\psi+\beta) \\ \bar{r}\sin(\psi+\beta) \\ 0 \end{pmatrix}_{xyz} = \begin{pmatrix} x\cos\psi - y\sin\psi \\ x\sin\psi + y\cos\psi \\ 0 \end{pmatrix}_{xyz} \tag{7. 10}$$

식 (7.10)의 두 번째 항등관계는 그림에서 $x = \bar{r}\cos\beta$, $y = \bar{r}\sin\beta$(단 $\bar{r} = \| \bar{\boldsymbol{r}} \| = \bar{r}\,'$)를 이용하였다. 그러면 변위벡터 $\boldsymbol{u}$는 정의식 (7.2)에 의해 아래가 된다.

$$\boldsymbol{u} = \bar{\boldsymbol{r}}\,' - \bar{\boldsymbol{r}} = \begin{pmatrix} x(\cos\psi - 1) - y\sin\psi \\ x\sin\psi + y(\cos\psi - 1) \\ 0 \end{pmatrix}_{xyz} \tag{7. 11}$$

여기서 $\nabla\boldsymbol{u}\left[= (\nabla\boldsymbol{u})_{ij}\hat{\boldsymbol{e}}_i\hat{\boldsymbol{e}}_j = \dfrac{\partial u_j}{\partial x_i}\hat{\boldsymbol{e}}_i\hat{\boldsymbol{e}}_j \ (\because \text{ Cartesian 좌표계})\right]$는 아래가 된다.

$$\nabla\boldsymbol{u}(t,\, t') = \frac{\partial u_p}{\partial x_i}\hat{\boldsymbol{e}}_i\hat{\boldsymbol{e}}_p \tag{7. 12 a}$$

$$= \begin{pmatrix} \cos\psi - 1 & \sin\psi & 0 \\ -\sin\psi & \cos\psi - 1 & 0 \\ 0 & 0 & 0 \end{pmatrix}_{xyz} \tag{7. 12 b}$$

마지막으로 미소 (대칭)변형률 텐서 $\boldsymbol{\gamma}$는 식 (7.3)(단 $t_{ref} = t$)에서 아래가 된다.

$$\boldsymbol{\gamma}(t,\, t') = \nabla \boldsymbol{u}(t,\, t') + [\nabla \boldsymbol{u}(t,\, t')]^{\mathrm{T}} \tag{7. 13 a}$$

$$= \begin{pmatrix} 2(\cos\psi - 1) & 0 & 0 \\ 0 & 2(\cos\psi - 1) & 0 \\ 0 & 0 & 0 \end{pmatrix}_{xyz} \tag{7. 13 b}$$

즉 식 (7.13)은 강체회전의 경우 미소변형률 텐서 $\boldsymbol{\gamma}$는 회전각도 ψ의 함수가 됨을 알 수 있다. 이를 기억함수 M으로 나타낸 GLVE 모델의 식 (7.4)에 대입하면 아래를 얻는다.

$$\boldsymbol{\tau} = +\int_{-\infty}^{t} M(t-t') \begin{pmatrix} 2(\cos\psi - 1) & 0 & 0 \\ 0 & 2(\cos\psi - 1) & 0 \\ 0 & 0 & 0 \end{pmatrix}_{xyz} dt' \tag{7. 14}$$

즉 위 식에서 의하면 강체의 어떤 (z)축 주위로 회전시 여분의 (이탈점성)응력텐서 $\boldsymbol{\tau}$(식 (4.35) 참조)는 단순히 회전각(ψ)만의 함수가 되는데, 이는 오직 변형이 매우 낮은 선형 점탄성의 경우에만 적용되는 틀린 가정이다. 따라서 GLVE 모델은 6.8절의 예(그림 6.32)에서 지적했듯이 구성방정식의 필요조건인 '프레임 불변(혹은 물질 객관성)'이 결여된 잘못된 모델임을 알 수 있다. 즉 어떤 크기의 변형에도 적용될 수 있는 정확한 구성방정식에 이용되는 변형률 텐서는 유체입자가 $t_{ref} = t$의 위치로부터 t'의 위치로 변위를 일으킬 때 정의되는 변위벡터 $\boldsymbol{u} = \boldsymbol{r}' - \boldsymbol{r}$가 그림 7.1의 강체회전의 경우처럼 단순히 입자의 배향(orientation)의 변화만을 나타낼 때 식 (7.3)에서 얻어지는 미소 (대칭)변형률 텐서 $\boldsymbol{\gamma}$(식 (7.13))가 아니라는 것이다. 실제 그림 7.2에 나타낸 바와 같이, 변위벡터 $\boldsymbol{u}(\boldsymbol{r},\, \boldsymbol{r}')(=\boldsymbol{r}' - \boldsymbol{r})$가 비교적 큰 외부 응력(자극)의 부가에 따른 (두 시간 사이의) 입자의 배향 변화 및 모양 변화(즉 변형, deformation) 모두에 관련되어 있을 경우와 같은 비선형 점탄성의 경우에는 식 (7.3)으로 정의된 $\boldsymbol{\gamma}$를 구성방정식의 변형률 텐서로는 이용할 수 없다는 것이다. 즉 강체회전에 식 (7.3)의 $\boldsymbol{\gamma}$를 이용하여 얻어진 GLVE 모델의 결과식 (7.14)는 어디까지나 회전(변형)각 ψ의 크기가 매우 낮은 선형 점탄성의 영역에서만 프레임 불변성을 갖는 제한된 모델이라는 것이다(6.8절 참조).

이와 같은 이유로, 이미 4.3절에서 미소 변형률 텐서 $\boldsymbol{\gamma}$ 대신, 어떠한 크기의 (비선형)변형에 대한 (고체나 유체의) 구성방정식에 적용될 수 있는 각종 변형률 텐서[가령 변형 기울기 텐서인 $\mathbf{F}$, $\mathbf{F}^{-1}$를 비롯하여 특히 관측자의 기준 프레임에 무관한 객관성 텐서(2.19절 참조)인 Cauchy($\mathbf{C}$) 및 Finger($\mathbf{C}^{-1}$) 대칭 텐서 등]을 정의하고, 나아가 고체의 경우 3 대표적인 변형형태인 (a)일축신장, (b)단순전단 및 (c)강체회전, 그리고 액체의 경우(5장 참조) 대표적인 표준흐름인 단순전단(SSF) 및 단순신장(SEF) 흐름과 강체회전흐름에 대해 이들 텐서값을 구하는 절차에 대해 예제와 함께 비교적 자세히 설명하였다.

여기서 다시 기억을 환기시키기 위해 이들 변형률 텐서의 응용에 관련된 간단한 예제 2개를 이하에 나타내겠다.

예제 7.1

작은 (미소)변형의 경우 아래 식을 이용하여 두 대칭 텐서인 Finger 변형률 텐서 $\mathbf{C}^{-1}$(식 (4.80))과 미소변형률 텐서 γ(식 (7.3)) 사이의 관계를 만들어라.

$$\gamma(t) \fallingdotseq \boldsymbol{\gamma}'(t') + \boldsymbol{v}'\left(= \frac{\partial \boldsymbol{r}'}{\partial t'}\right) \times (t-t') \tag{1}$$

풀이

식 (7.31)에 의해 $\boldsymbol{\gamma}$는 아래와 같이 정의된다.

$$\gamma(t_{ref}, t') = \int_{t_{ref}}^{t'} \dot{\gamma}(t'')dt'' \tag{2}$$

그리고 식 (4.80)에 의해 $\mathbf{C}^{-1}$는 아래와 같이 정의된다.

$$\mathbf{C}^{-1} = (\mathbf{F} \cdot \mathbf{F}^{\mathrm{T}})^{-1} = (\mathbf{F}^{-1})^{\mathrm{T}} \cdot \mathbf{F}^{-1} \tag{3}$$

여기서

$$\mathbf{F}^{-1} = \frac{\partial \boldsymbol{r}}{\partial \boldsymbol{r}'} (\because \text{ 식 } (4.56)) \tag{4}$$

이제 식 (4)의 $\boldsymbol{r}$에 식 (1)을 대입하면 아래를 얻는다[단 $\frac{\partial \boldsymbol{r}}{\partial \boldsymbol{r}} = \mathbf{I}$(등방단위행렬)이용].

$$\mathbf{F}^{-1} = \mathbf{I} + \frac{\partial \boldsymbol{v}'}{\partial \boldsymbol{r}'} \times (t-t') = \mathbf{I} + \nabla' \boldsymbol{v}' \times (t-t') \tag{5}$$

이를 식 (3)에 대입하면 아래를 얻는다[단 $(\mathbf{A}+\mathbf{B})^{\mathrm{T}} = \mathbf{A}^{\mathrm{T}} + \mathbf{B}^{\mathrm{T}}$ 및 $\mathbf{I}^{\mathrm{T}} = \mathbf{I}$를 이용]

$$\begin{aligned} \mathbf{C}^{-1} &= [\mathbf{I} + \nabla' \boldsymbol{v}' \times (t-t')]^{\mathrm{T}} \cdot [\mathbf{I} + \nabla' \boldsymbol{v}' \times (t-t')] \\ &= [\mathbf{I} + (\nabla' \boldsymbol{v}')^{\mathrm{T}} \times (t-t')] \cdot [\mathbf{I} + \nabla' \boldsymbol{v}' \times (t-t')] \end{aligned} \tag{6}$$

여기서 식 (6)을 풀어 전개하고, 미소변형의 경우 2차항을 무시하면 아래의 근사식을 얻는다[단 $\dot{\gamma} = \nabla \boldsymbol{v} + (\nabla \boldsymbol{v})^{\mathrm{T}}$이용].

$$\mathbf{C}^{-1} \fallingdotseq \mathbf{I} + [(\nabla' \boldsymbol{v}')^{\mathrm{T}} + \nabla' \boldsymbol{v}'] \times (t-t') = \mathbf{I} + \dot{\gamma}(t') \times (t-t') \tag{7}$$

그런데 식 (2)에서 $t_{ref} = t$로 두고, 미소변형의 경우(즉 $|t'-t| \ll 1$)는 아래의 근사식을 얻는다.

$$\gamma(t, t') \simeq \dot{\gamma}(t') \times (t'-t) \tag{8}$$

이 식을 식 (7)에 대입하면 아래를 얻는다.

$$\mathbf{C}^{-1} \simeq \mathbf{I} - \boldsymbol{\gamma}(t, t') \tag{9}$$

이는 4.3.3절에서 미소변형의 경우 얻어진 식 (4.145)와 일치한다. 즉 미소변형에 의한 변위 $\boldsymbol{u} \to 0$일 때 식 (4.140)의 $\boldsymbol{\gamma}_{[0]}$ 및 식 (4.138)의 $\boldsymbol{\gamma}^{[0]}$ 모두 $\boldsymbol{\gamma}(t, t')$에 접근함을 알 수 있다.

예제 7.2

유한변형에 대한 신후크(neo-Hooke) 법칙 (식 (4.149))을 따르는 탄성고체에 대해 시간 $t=0$에서 정상상태의 전단속도(즉 $\dot{\gamma}(t) = \dot{\gamma}_0 =$ 일정)을 걸었을 때 생기는 전단응력 τ_{21}과 제 1 및 제 2 법선응력차 $N_1(=\tau_{11}-\tau_{22})$ 및 $N_2(=\tau_{22}-\tau_{33})$를 계산하여라.

풀이

신후크 모델은 식 (4.149)에 의해 아래로 나타내진다.

$$\boldsymbol{\tau} = G\mathbf{C}^{-1}(t, 0) = G(\mathbf{F}^{-1})^{\mathrm{T}} \cdot \mathbf{F}^{-1} \tag{1}$$

여기서 G는 변형에 무관한 (선형)전단탄성률, 그리고 Figer 텐서 $\mathbf{C}^{-1}$은 $t \geq 0$이후 일정 (정상)전단속도 $\dot{\gamma}_0$이 부가될 때의 현 시간 t에서의 유체의 입체배치(configuration)에 상대적인 $t=0$에서의 변형의 척도이다. 그런데 $t \geq 0$이후의 정상상태의 단순전단흐름에 대해 얻어진 $\mathbf{F}^{-1}$ 및 $(\mathbf{F}^{-1})^{\mathrm{T}}$는 문 5.1에서 아래가 된다.

$$\mathbf{F}^{-1} = \begin{pmatrix} 1 & 0 & 0 \\ \gamma & 1 & 0 \\ 0 & 0 & 1 \end{pmatrix}, \qquad (\mathbf{F}^{-1})^{\mathrm{T}} = \begin{pmatrix} 1 & \gamma & 0 \\ 0 & 1 & 0 \\ 0 & 0 & 1 \end{pmatrix} \tag{2}$$

이 결과를 식 (1)에 대입하면 아래를 얻는다.

$$\boldsymbol{\tau} = G\begin{pmatrix} 1 & \gamma & 0 \\ 0 & 1 & 0 \\ 0 & 0 & 1 \end{pmatrix} \cdot \begin{pmatrix} 1 & 0 & 0 \\ \gamma & 1 & 0 \\ 0 & 0 & 1 \end{pmatrix} = G\begin{pmatrix} 1+\gamma^2 & \gamma & 0 \\ \gamma & 1 & 0 \\ 0 & 0 & 1 \end{pmatrix} \tag{3}$$

여기서 $\gamma = \gamma(0, t) = \int_0^t \dot{\gamma}_0 dt'' = \dot{\gamma}_0 \times t$이다. 따라서 이를 식 (3)에 대입하고, 대칭 $\boldsymbol{\tau}$의 성분을 구하면 아래의 결과가 얻어진다.

$$\tau_{21} = G\gamma = G\dot{\gamma}_0 t \tag{4}$$

$$N_1 = \tau_{11} - \tau_{22} = G\gamma^2 = G\dot{\gamma}_0^2 t^2 \tag{5}$$

$$N_2 = \tau_{22} - \tau_{33} = 0 \tag{6}$$

그런데 식 (4)에 의하면 시간 $t \to \infty$일 때 τ_{21}은 발산하므로 정상상태에 도달하지 않는데, 이는 신후크 모델을 따르는 물질은 액체가 아니라 고체의 특성을 지닌 것을 반영한다. 이 결과는 실제 비틀림 전단변형을 받고 있는 실리콘 고무에 대한 실험데이터와는 전단 변형률 $\gamma(=\dot{\gamma}_0 t)$값이 그리 크지 않을 때(즉 $|\gamma| < 0.5$) 비교적 잘 일치함이 알려져 있다. 이는 앞에서 언급한 바와 같이 미소변형에만 유효한 식 (7.3)으로 정의되는 변형률 텐서 $\boldsymbol{\gamma}$(즉 이 경우는 원 후크 모델인 $\boldsymbol{\tau} = G\boldsymbol{\gamma}$가 됨) 대신 신후크 모델에서는 높은 (비선형)변형에도 적용이 가능한 '물질 객관성'을 가진 Finger (대칭)변형률 텐서 $\mathbf{C}^{-1}$를 이용하였기 때문으로 생각된다.

끝으로 4장 및 5장에서 얻어진 단순전단흐름(SSF)(정상 혹은 비정상), 일축신장흐름(UEF)(정상 혹은 비정상), 그리고 z(혹은 $\hat{e}_3$)축 주위로 반시계방향으로 각도 ψ만큼 회전시키는 강체흐름의 대표적인 3 경우에 대한 (Cartesian 좌표계에서의) 계산결과를 표 7.1에 참고로 요약하여 나타내었다.

표 7.1 Cartesian 좌표계에서의 전단, 일축신장 및 강체회전에 대한 각종 변형률 텐서의 값*

변형률텐서	2방향의 속도구배를 가진 1방향의 전단흐름(SSF)	3방향으로의 일축신장흐름(UEF)	$\hat{e}_3$축 주위로 반시계방향 각도 ψ 회전(강체회전)
$\mathbf{F}(t, t')$	$\begin{pmatrix} 1 & 0 & 0 \\ -\gamma & 1 & 0 \\ 0 & 0 & 1 \end{pmatrix}_{123}$	$\begin{pmatrix} e^{\frac{\varepsilon}{2}} & 0 & 0 \\ 0 & e^{\frac{\varepsilon}{2}} & 0 \\ 0 & 0 & e^{-\varepsilon} \end{pmatrix}_{123}$	$\begin{pmatrix} \cos\psi & -\sin\psi & 0 \\ \sin\psi & \cos\psi & 0 \\ 0 & 0 & 1 \end{pmatrix}$
$\mathbf{F}^{-1}(t', t)$	$\begin{pmatrix} 1 & 0 & 0 \\ \gamma & 1 & 0 \\ 0 & 0 & 1 \end{pmatrix}_{123}$	$\begin{pmatrix} e^{-\frac{\varepsilon}{2}} & 0 & 0 \\ 0 & e^{-\frac{\varepsilon}{2}} & 0 \\ 0 & 0 & e^{\varepsilon} \end{pmatrix}_{123}$	$\begin{pmatrix} \cos\psi & \sin\psi & 0 \\ -\sin\psi & \cos\psi & 0 \\ 0 & 0 & 1 \end{pmatrix}$
$\mathbf{C}(t, t')$	$\begin{pmatrix} 1 & -\gamma & 0 \\ -\gamma & 1+\gamma^2 & 0 \\ 0 & 0 & 1 \end{pmatrix}_{123}$	$\begin{pmatrix} e^{\varepsilon} & 0 & 0 \\ 0 & e^{\varepsilon} & 0 \\ 0 & 0 & e^{-2\varepsilon} \end{pmatrix}_{123}$	$\mathbf{I}$
$\mathbf{C}^{-1}(t', t)$	$\begin{pmatrix} 1+\gamma^2 & \gamma & 0 \\ \gamma & 1 & 0 \\ 0 & 0 & 1 \end{pmatrix}_{123}$	$\begin{pmatrix} e^{-\varepsilon} & 0 & 0 \\ 0 & e^{-\varepsilon} & 0 \\ 0 & 0 & e^{2\varepsilon} \end{pmatrix}_{123}$	$\mathbf{I}$
$\boldsymbol{\gamma}^{[0]}(t, t')$	$\begin{pmatrix} 0 & -\gamma & 0 \\ -\gamma & \gamma^2 & 0 \\ 0 & 0 & 1 \end{pmatrix}_{123}$	$\begin{pmatrix} e^{\varepsilon}-1 & 0 & 0 \\ 0 & e^{\varepsilon}-1 & 0 \\ 0 & 0 & e^{-2\varepsilon}-1 \end{pmatrix}_{123}$	$\mathbf{0}$
$\boldsymbol{\gamma}_{[0]}(t, t')$	$\begin{pmatrix} -\gamma^2 & \gamma & 0 \\ \gamma & 0 & 0 \\ 0 & 0 & 0 \end{pmatrix}_{123}$	$\begin{pmatrix} e^{-\varepsilon}-1 & 0 & 0 \\ 0 & e^{-\varepsilon}-1 & 0 \\ 0 & 0 & e^{2\varepsilon}-1 \end{pmatrix}_{123}$	$\mathbf{0}$

*(단순)전단흐름(SSF)의 경우 $\gamma = \gamma(t', t) = \int_{t'}^{t} \dot{\zeta}(t'')dt'' = \int_{t'}^{t} \dot{\gamma}_{21}(t'')dt''$. 그리고 (단순)신장흐름(SEF)의 경우는 $\varepsilon = \varepsilon(t', t) = \int_{t'}^{t} \dot{\varepsilon}(t'')dt''$이다. 강체회전의 경우 각도 ψ는 위치 $\boldsymbol{r}(t) = \boldsymbol{r}$에서 $\boldsymbol{r}(t') = \boldsymbol{r}'$으로의 $\hat{e}_3$-축 주위로 반시계방향으로 회전시킨 각이다.

■ 7.3 내장(혹은 흐름변형)좌표계와 각종 시간미분 연산자

여기서는 먼저 7.1절에서 잠깐 언급한 바 있는 비선형 점탄성 영역에서 운동 중인 유체요소를 기술하기 위하여 Lodge 등에 의해 제안된 (물질과 같이 움직이는) '내장(embedded) 혹은 흐름변형

(convected) 좌표계'에 대하여 1.5절에서 소개한 일반 곡선좌표계에 대한 두 쌍의 서로 공액인 기저벡터의 집합$\left\{\boldsymbol{g}_i\left(\equiv\dfrac{\partial \boldsymbol{r}}{\partial x^i}\right)\right\}$과 $\left\{\boldsymbol{g}^i\left(\equiv\dfrac{\partial x^i}{\partial \boldsymbol{r}}\right)\right\}$[여기서 $\boldsymbol{g}_i \cdot \boldsymbol{g}^j=\delta_i^{\,j}$(즉 $i=j$일 때 1, $i\neq j$이면 0) 성립 - 식 (1.93) 참조]의 개념을 사용하여 설명해 나가기로 한다.

사실 내장(혹은 흐름변형) 좌표계의 선택은 모든 변형에서 7.1절에서 규정한 구성방정식의 요건을 만족시키는 범위 내에서 이루어져야한다. Lodge의 표기법에 따라 고정 좌표계 $\{x^i\}$에 상대적인 물질에 내장된 흐름변형 좌표계는 $\{\hat{x}^i\}$로 나타내지며, 두 좌표계의 차이를 단순전단흐름(SSF)계를 사용하여 그림 7.2에 나타내었다. 아래 판(lower plate)은 정지되어 있고, 위 판(upper plate)은 일정속도 $\boldsymbol{v}$로 움직이고 있다고 하자.

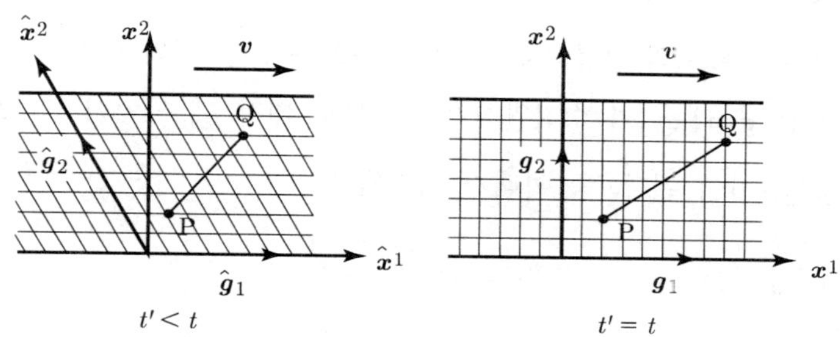

그림 7.2 단순전단흐름(SSF)에 대한 내장좌표계 $\{\hat{x}^i\}$와 고정좌표계 $\{x^i\}$간의 관계

그림에서 볼 수 있듯이 시간 $t'=t$(현재 시간)에서는 내장(혹은 흐름변형) 좌표계 $\{\hat{x}^i\}$가 고정좌표계 $\{x^i\}$와 일치하도록 설명된다[즉 $(\hat{x}^1,\hat{x}^2,\hat{x}^3)=(x^1,x^2,x^3)$]. 그러나 $t'<t$인 과거시간에서는 내장 좌표계는 고정 좌표계와 일치하지 않는다. 예를 들면 t'에서 점 Q의 $\hat{\boldsymbol{g}}_1$ 및 $\hat{\boldsymbol{g}}_2$방향으로의 두 좌표성분(빗금으로 표시된 단위눈금의 수)은 (8, 6)이 되나, Q점의 고정좌표(장방형 눈금의 수)는 (4.5, 6)이 된다. 그러나 $t'=t$(왼편 그림)에서는 두 좌표계에서의 Q점의 성분은 똑같이 (8, 6)이 된다.

그리고 두 이웃 유체요소 (점)P 및 Q사이의 거리(간격)는 시간 t' 및 t에서 각각 아래로 주어진다[단 $ds^2=d\boldsymbol{r}\cdot d\boldsymbol{r}=dx^k dx^l g_{kl}$(식 (1.68)) 관계를 이용].

$$[ds(t')]^2=g_{ij}(x)dx'^i(t')dx'^j(t')=\hat{g}_{ij}(t')d\hat{x}^i d\hat{x}^j \tag{7.15}$$

$$[ds(t)]^2=g_{ij}(x)dx^i(t)dx^j(t)=\hat{g}_{ij}(t)d\hat{x}^i d\hat{x}^j \tag{7.16}$$

여기서 $g_{ij}(=\boldsymbol{g}_i\cdot\boldsymbol{g}_j)$ 및 $\hat{g}_{ij}(=\hat{\boldsymbol{g}}_i\cdot\hat{\boldsymbol{g}}_j)$는 각각 고정 및 내장 좌표계에서의 계량(metric) 텐서이며, x'^i 및 x^i는 각각 시간 t' 및 t에서의 고정좌표(성분)이다. 위 식에서 흐름과정중의 두 이웃 유체요소간의 거리 $dr=\|d\boldsymbol{r}\|=\sqrt{d\boldsymbol{r}\cdot d\boldsymbol{r}}=\sqrt{ds^2}$ 및 식 (7.15)~(7.16)으로 나타낸 ds^2가 시

간의 함수임을 알 수 있다. 여기서 주의할 점은 원점과 좌표축이 고정된 고정좌표계의 경우 계량텐서 g_{ij}는 시간에 무관하다. 그러나 유체요소의 좌표는 시간에 따라 변한다. 또한 내장좌표 $\hat{x}^i$는 시간에 불변이나, 내장 계량텐서 $\hat{g}_{ij}$는 시간의 함수임을 위 두 식에서 알 수 있다. 식 (7.15) 및 (7.16)으로부터 여러 (텐서)량의 시간 또는 위치(또는 둘 다) 의존성을 알 수 있다. 따라서 계량텐서의 공변 내장성분 $\hat{g}_{ij}$는 (흐름)운동 중인 물질요소의 변형의 완전 척도(즉 모든 변형에서 객관성 만족)가 된다. 그리고 식 (1.93)에서 아래의 관계가 만족된다.

$$\hat{g}^{ik}\hat{g}_{kj}=\delta^i{}_j \tag{7.17}$$

여기서 $\delta^i{}_j$는 Kronecker 델타기호(즉 $i=j$이면 1, 기타 0)이다. 위 관계로부터 반변 내장 계량텐서 $\hat{g}^{ij}$ 역시 운동중인 유체요소의 변형의 완전 척도가 될 수 있다. 한편 그림 7.2에서 볼 수 있듯이 $t'<t$인 경우 경우에는 $\hat{\boldsymbol{g}}_1$과 $\hat{\boldsymbol{g}}_2$가 수직관계가 아니므로 내적 $\hat{g}_{12}\neq 0$이 되나, $t'=t$인 경우는 서로 수직이 되어 $\hat{g}_{12}=0$이 된다. 즉 아래가 성립된다.

$$\hat{g}_{12}(t')=\hat{\boldsymbol{g}}_1(t')\cdot\hat{\boldsymbol{g}}_2(t')\neq 0 \qquad (t'<t) \tag{7.18}$$

그리고

$$\hat{g}_{12}(t')=\hat{\boldsymbol{g}}_1(t)\cdot\hat{\boldsymbol{g}}_2(t)=\boldsymbol{g}_1(t)\cdot\boldsymbol{g}_2(t)=0 \qquad (t'=t) \tag{7.19}$$

여기서 $\hat{\boldsymbol{g}}_1$ 및 $\hat{\boldsymbol{g}}_2$는 각각 좌표축 $\hat{x}^1$과 $\hat{x}^2$에 접하는 내장 기저벡터로서, $t'=t$에서는 고정기저벡터 $\boldsymbol{g}_1$ 및 $\boldsymbol{g}_2$와 일치하게 된다. 그리고 그림 7.2에서 시간 t에서의 변형(deformation)을 0으로 간주했는데, 이는 변형이란 기준 입체배치(reference configuration)에 상대적으로 정의되므로 현 시간 t를 기준계로 취했기 때문이다[즉 식 (7.3)에서 $t_{ref}=t$로 두고, $t'=t$경우 $\boldsymbol{\gamma}(t,t)=0$이 되는 것과 같은 이치이다].

이하에서는 운동 중인 유체요소의 (상대)변형의 완전 척도인 내장 공변($\hat{g}_{ij}$) 및 반변($\hat{g}^{ij}$) 계량텐서를 사용하여 4.3.2절에 정의된 Cauchy($\mathbf{C}$) 및 Finger($\mathbf{C}^{-1}$) (대칭)객관성 변형률 텐서를 나타내보기로 하자. 그러기 위해 1.6절 혹은 표 A1.1에 정의된 텐서변환의 법칙을 이용하여 (내장)공변성분인 $\hat{g}_{ij}(\hat{x},t')$, 그의 편미분인 $\left(\dfrac{\partial\hat{g}_{ij}}{\partial t}\right)_{\hat{x}}$ 및 $\left(\dfrac{\partial^2\hat{g}_{ij}}{\partial t^2}\right)_{\hat{x}}$, 마찬가지로 (내장)반변성분에 관한 양도 모두 고정 좌표계(x^i)에서 대응하는 표현을 구해보면 아래가 된다. 먼저 $t'=t$에서는 아래가 성립된다.

$$\hat{x}^i=x^i,\ \hat{g}^{ij}=g^{ij}\ \ (\text{단}\ \ t'=t) \tag{7.20}$$

그리고 (내장)$\hat{x}\,(t' < t)-$좌표계에서 (고정)$x'^{i}\,(t' < t)-$좌표계로의 반변 변환법칙은 아래가 된다.

$$\hat{g}^{ij}(\hat{x}\,,\,t')= b^{i}{}_{k}b^{j}{}_{l}\,g^{kl}(x')=\left(\frac{\partial\hat{x}^{i}}{\partial x'^{k}}\right)\left(\frac{\partial\hat{x}^{j}}{\partial x'^{l}}\right)g^{kl}(x') \tag{7.21}$$

그런데 $t' = t$에서 $\hat{x}^{i}= x^{i}$이므로 아래가 성립된다.

$$\hat{g}^{ij}(\hat{x}\,,\,t')\overset{t}{\longleftrightarrow}\left(\frac{\partial x^{i}}{\partial x'^{k}}\right)\left(\frac{\partial x^{j}}{\partial x'^{l}}\right)g^{kl}(x) \equiv (\mathbf{C}^{-1})^{ij}(x',\,t') \tag{7.22}$$

여기서 $\overset{t}{\longleftrightarrow}$는 $t' = t$에서 대응(항등)관계가 성립됨을 의미한다. 위 식의 마지막 항등관계는 고정좌표계가 Cartesian 좌표계인 경우는 $g^{kl}= \delta^{kl}$이 되는 것과 $(\mathbf{C}^{-1})^{ij} \equiv \left(\dfrac{\partial x^{i}}{\partial x'^{k}}\right)\left(\dfrac{\partial x^{j}}{\partial x'^{k}}\right)$(식 (4.80))을 이용하였다.

마찬가지로 공변(내장) 계량텐서 $\hat{g}_{ij}$의 경우에는 아래의 변환관계가 성립된다.

$$\hat{g}_{ij}(\hat{x}\,,\,t')= a_{i}{}^{k}a_{j}{}^{l}\,g_{kl}(x')=\left(\frac{\partial x'^{k}}{\partial\hat{x}^{i}}\right)\left(\frac{\partial x'^{l}}{\partial\hat{x}^{j}}\right)g_{kl}(x') \tag{7.23}$$

역시 $t' = t$에서 $\hat{x}^{i}= x^{i}$이므로 아래가 성립된다.

$$\hat{g}_{ij}(\hat{x}\,,\,t')\overset{t}{\longleftrightarrow}\left(\frac{\partial x'^{k}}{\partial x^{i}}\right)\left(\frac{\partial x'^{l}}{\partial x^{j}}\right)g_{kl}(x') \equiv C_{ij}(x'\,,\,t') \tag{7.24}$$

여기서도 마찬가지로 마지막 항등관계는 고정좌표계가 Cartesian 좌표계인 경우는 $g_{kl}= \delta_{kl}$이 되는 것과 $(\mathbf{C})_{ij}= C_{ij} \equiv \left(\dfrac{\partial x^{i}}{\partial x'^{k}}\right)\left(\dfrac{\partial x^{j}}{\partial x'^{k}}\right)$(식 (4.79))을 이용하였다.

이제 내장(embedded) 공변 및 반변 계량텐서 $\hat{g}_{ij}$ 및 $\hat{g}^{ij}$의 시간 편미분으로부터 '물질 객관성'을 만족하는 정확한 레올로지 구성방정식의 형성에 매우 중요한 소위 '흐름변형 시간미분 연산자(convected time derivative operator)' $\dfrac{\delta}{\delta t}$를 정의한다. 즉

$$\left(\frac{\partial\hat{g}_{ij}}{\partial t'}\right)_{\hat{x}}\Bigg|_{t' = t} \equiv \frac{\partial}{\partial t}g_{ij} = v_{i;j} + v_{j;i} = \dot{\gamma}_{ij} \tag{7.25}$$

그리고

$$-\left(\frac{\partial \hat{g}^{ij}}{\partial t'}\right)_{\hat{x}}\Bigg|_{t'=t} \equiv -\frac{\partial}{\partial t} g^{ij} = g^{ir} g^{js} (v_{r;s} + v_{s;r}) = \dot{\gamma}^{ij} \tag{7. 26}$$

위 식에서 $\dot{\gamma}_{ij}$ 및 $\dot{\gamma}^{ij}$는 각각 대칭 변형속도텐서 $\dot{\boldsymbol{\gamma}}(=2\mathbf{D})$(식 (5.24))의 공변 및 반변 성분으로서 일반 곡선좌표계에서 벡터장의 기울기(2.12.2.2절 참조)의 정의 및 역 계량텐서 g^{ir}에 의한 올림작용(1.8절 참조)에 의해 아래와 같이 나타내진다.

$$\dot{\gamma}_{ij} = (\dot{\boldsymbol{\gamma}})_{ij} = (\mathbf{L} + \mathbf{L}^{\mathrm{T}})_{ij} = [(\nabla \boldsymbol{v})^{\mathrm{T}} + \nabla \boldsymbol{v}]_{ij} = v_{i;j} + v_{j;i} \tag{7. 27}$$

$$\dot{\gamma}^{ij} = (\dot{\boldsymbol{\gamma}})^{ij} = g^{ir} g^{js} \dot{\gamma}_{rs} = g^{ir} g^{js} (v_{r;s} + v_{s;r}) = v^{i}{}_{;s} g^{sj} + g^{ir} v^{j}{}_{;r} \tag{7. 28}$$

그리고 위 식의 $\frac{\delta}{\delta t} g_{ij}$ 및 $\frac{\delta}{\delta t} g^{ij}$의 의미는 일반 (절대)2차 공변($A_{ij}$) 및 반변($A^{ij}$) 텐서성분을 사용하여 각각 아래와 같이 정의된다.

$$\frac{\delta A_{ij}}{\delta t}\left(=\overset{\triangle}{A}_{ij}\right) \equiv \frac{\text{Đ} A_{ij}}{\text{Đ} t}\left(=\overset{\circ}{A}_{ij}\right) + (\mathbf{A} \cdot \mathbf{D})_{ij} + (\mathbf{D} \cdot \mathbf{A})_{ij} \tag{7. 29 a}$$

$$= \frac{\partial A_{ij}}{\partial t} + v^{k} A_{ij;k} + A_{ik} v^{k}{}_{;j} + v^{k}{}_{;i} A_{kj} \tag{7. 29 b}$$

이를 블록 혹은 공변텐서 $\mathbf{A}\,(=A_{ij}\boldsymbol{g}^{i}\boldsymbol{g}^{j})$로 나타내면 아래가 된다.

$$\frac{\delta \mathbf{A}}{\delta t}\left(=\overset{\triangle}{\mathbf{A}}\right) \equiv \frac{\text{Đ}\mathbf{A}}{\text{Đ}\mathrm{t}}\left(=\overset{\circ}{\mathbf{A}}\right) + \mathbf{A} \cdot \mathbf{D} + \mathbf{D} \cdot \mathbf{A} \tag{7. 30 a}$$

$$= \frac{\partial \mathbf{A}}{\partial t} + (\boldsymbol{v} \cdot \nabla)\mathbf{A} + \mathbf{A} \cdot (\nabla \boldsymbol{v})^{\mathrm{T}} + (\nabla \boldsymbol{v}) \cdot \mathbf{A} \tag{7. 30 b}$$

여기서

$$\frac{\text{Đ}\mathbf{A}}{\text{Đ}t}\left(=\overset{\circ}{\mathbf{A}}\right) \equiv \frac{D\mathbf{A}}{Dt} + \mathbf{A} \cdot \mathbf{W} - \mathbf{W} \cdot \mathbf{A} \tag{7. 31}$$

$$\frac{D\mathbf{A}}{Dt} \equiv \frac{\partial \mathbf{A}}{\partial t} + (\boldsymbol{v} \cdot \nabla)\mathbf{A}\,(\because\ 2.13.5\text{절}) \tag{7. 32}$$

$$\mathbf{D} = \frac{\mathbf{L} + \mathbf{L}^{\mathrm{T}}}{2},\ \mathbf{W} = \frac{\mathbf{L} - \mathbf{L}^{\mathrm{T}}}{2};\ \mathbf{L} = (\nabla \boldsymbol{v})^{\mathrm{T}}(\because\ 2.13.2\text{절}) \tag{7. 33}$$

위 식에서 공변텐서(성분) A_{ij}에 대한 $\dfrac{\delta A_{ij}}{\delta t}\left(=\overset{\triangle}{A}_{ij}\right)$는 '아래 흐름변형(lower-convected)' 시간미분이라 칭하고, $\dfrac{ÐA_{ij}}{Ðt}\left(=\overset{\circ}{A}_{ij}\right)$은 Jaumann의 '공회전(corrotational)' 시간미분, 또한 2장에서 여러 번 언급된 $\dfrac{DA_{ij}}{Dt}$는 'Lagrange 본질(혹은 물질)' 시간미분, 그리고 $\dfrac{\partial A_{ij}}{\partial t}$는 고정된 공간에서의 'Euler 공간' 시간(편)미분이라 한다.

다음에는 (2차)반변텐서 A^{ij}에 대해서도 위와 유사한 정의가 성립된다.

$$\frac{\delta A^{ij}}{\delta t}\left(=\overset{\nabla}{A}{}^{ij}\right)\equiv\frac{ÐA^{ij}}{Ðt}\left(=\overset{\circ}{A}{}^{ij}\right)-(\mathbf{A}\cdot\mathbf{D})_{ij}-(\mathbf{D}\cdot\mathbf{A})_{ij} \tag{7. 34 a}$$

$$=\frac{\partial A^{ij}}{\partial t}+v^k A^{ij}{}_{;k}-A^{ik}v^j{}_{;k}-v^i{}_{;k}A^{kj} \tag{7. 34 b}$$

이를 블록 혹은 반변텐서 $\mathbf{A}\,(=A^{ij}\boldsymbol{g}_i\boldsymbol{g}_j)$로 나타내면 아래가 된다.

$$\frac{\delta\mathbf{A}}{\delta t}\left(=\overset{\nabla}{\mathbf{A}}\right)\equiv\frac{Ð\mathbf{A}}{Ðt}\left(=\overset{\circ}{\mathbf{A}}\right)-\mathbf{A}\cdot\mathbf{D}-\mathbf{D}\cdot\mathbf{A} \tag{7. 35 a}$$

$$=\frac{\partial\mathbf{A}}{\partial t}+(\boldsymbol{v}\cdot\nabla)\mathbf{A}-\mathbf{A}\cdot(\nabla\boldsymbol{v})-(\nabla\boldsymbol{v})^{\mathrm{T}}\cdot\mathbf{A} \tag{7. 35 b}$$

그리고 이 경우에도 공변텐서의 경우와 마찬가지로 식 (7.31) ~ (7.33)가 사용된다. 그러나 위 식의 반변텐서(성분) A^{ij}에 대한 $\dfrac{\delta A^{ij}}{\delta t}\left(=\overset{\nabla}{A}_{ij}\right)$는 공변의 경우와 대조적으로 '위 흐름변형(upper-convected)' 시간미분이라 칭한다.

한편 위 식들의 표현에서 가령 공변성분에 대한 식 (7.29a)에서 (7.29b), 혹은 식 (7.30a)에서 (7.30b)로 간 것은 각각의 정의식에서 $\mathbf{D}=(\mathbf{L}+\mathbf{L}^{\mathrm{T}})/2=[(\nabla\boldsymbol{v})^{\mathrm{T}}+\nabla\boldsymbol{v}]/2$ 및 $\mathbf{W}=(\mathbf{L}-\mathbf{L}^{\mathrm{T}})/2=[(\nabla\boldsymbol{v})^{\mathrm{T}}-(\nabla\boldsymbol{v})]/2$를 대입하여 이루어진 것이며, 마찬가지로 반변성분의 경우에도 이를 통하여 간단히 증명될 수 있다. 그리고 식 (7.25)의 두 번째 항등관계는 '아래 흐름변형' 시간미분의 정의식 (7.29b)에서 A_{ij} 대신 공변 계량텐서 g_{ij}를 대입하고, 그리고 이에 대한 물질미분은 0(즉 $\dfrac{Dg_{ij}}{Dt}=\dfrac{\partial g_{ij}}{\partial t}+v^k g_{ij;k}=0$)(아래 참조) 및 또한 계량텐서 g_{ij}의 내림효과(1.8절 참조)에 의해 $g_{ik}v^k{}_{;j}\rightarrow v_{i;j}$ 및 $g_{kj}v^k{}_{;i}\rightarrow v_{j;i}$가 되고, 마지막으로 대칭 변형속도텐서

$\dot{\boldsymbol{\gamma}}[= 2\mathbf{D} = \nabla \boldsymbol{v} + (\nabla \boldsymbol{v})^{\mathrm{T}}]$의 정의식에서 $\dot{\gamma}_{ij} = v_{i;j} + v_{j;i}$가 되는 것을 이용하였다. 그리고 식 (7.26)의 2번째(및 3번째) 항등관계는 역 계량텐서 g^{ij}의 올림효과에 의해 $\dot{\gamma}^{ij} = g^{ir} g^{js} \dot{\gamma}_{rs} = g^{ir} g^{js} (v_{r;s} + v_{s;r})$가 성립되기 때문이다. 그리고 위 식들의 유도에서 아래의 항등관계가 가정되었다.

$$\left.\frac{\partial g_{ij}}{\partial t}\right|_{\boldsymbol{r}} = 0, \quad \left.\frac{\partial g^{ij}}{\partial t}\right|_{\boldsymbol{r}} = 0 \tag{7. 36}$$

$$\frac{Dg_{ij}}{Dt} = \frac{\partial g_{ij}}{\partial t} + v^k g_{ij;k} = 0, \quad \frac{Dg^{ij}}{Dt} = \frac{\partial g^{ij}}{\partial t} + v^k g^{ij}{}_{;k} = 0 \tag{7. 37}$$

식 (7.37)에서 (역)계량텐서의 공변미분은 0(2.4절 참조)이 됨을 이용하였다. 또한 (역)계량텐서에 관한 Jaumann 공회전 시간미분은 정의식 (7.31) 및 g_{ij}와 g^{ij}의 내림 및 올림효과에 의해 아래가 된다.

$$\frac{\text{Đ}g_{ij}}{\text{Đ}t}\left(= \overset{\circ}{g}_{ij}\right) = \frac{Dg_{ij}}{Dt} + g_{ik} W^k{}_j - W_i{}^k g_{kj} = 0 + W_{ij} - W_{ij} = 0 \tag{7. 38 a}$$

$$\frac{\text{Đ}g^{ij}}{\text{Đ}t}\left(= \overset{\circ}{g}{}^{ij}\right) = \frac{Dg^{ij}}{Dt} + g^{ik} W_k{}^j - W^i{}_k g^{kj} = 0 + W^{ij} - W^{ij} = 0 \tag{7. 38 b}$$

여기서 g_{ij} 및 g^{ij}에 관한 2계 흐름변형 시간미분$\left(\dfrac{\delta^2}{\delta t^2}\right)$으로 들어가기전, Lodge에 의해 제안된 식 (7.25)(및 (7.26))에 의해서도 어떤 변형(흐름)의 $\dot{\gamma}_{ij}$(혹은 $\dot{\gamma}^{ij}$)가 구해질 수 있다는 것을 단순전단변형(혹은 SSF)을 예로 증명해보는데, 사실 이 방법은 지금까지 우리가 해온 방법(문 5.1 ~ 3 참조) 즉 주어진 속도장($\boldsymbol{v}$)으로부터 좌표성분에 대한 미분방정식을 풀고(즉 $x_i = \lambda_i x_i{}'$을 구함), 이로부터 각종 변형률 텐서를 구하고, 또 $\dot{\boldsymbol{\gamma}}$는 $\boldsymbol{v}$에서 직접 구하거나 아니면 식 (5.42)로부터 구하는 방법과는 완전히 다르므로 독자들의 혼돈을 피하기 위하여 아래 참고란에 별도로 나타내었다.

참 고

단순전단흐름(SSF)은 레올로지에서 가장 많이 이용되는 표준흐름이다. 앞에서 기술된 Lodge의 내장(혹은 흐름변형) 좌표계의 개념에 따라 1 – 방향은 흐름방향, 2 – 방향은 속도구배방향, 그리고 3 – 방향은 중성(neutral) 방향으로 하였을때의 SSF에 대해 $\hat{\boldsymbol{g}}_3$ = 일정(크기 1), 그리고 $\hat{\boldsymbol{g}}_2$의 시간 변화는 그림 7.3에 나타나있다.

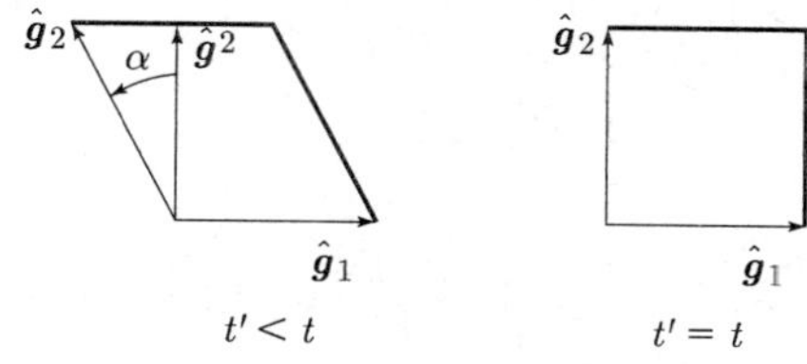

그림 7.3 단순전단흐름(변형)에 있어서 $t' < t$와 $t' = t$에서의 내장 좌표계의 두 기저벡터 $\hat{\boldsymbol{g}}_1$과 $\hat{\boldsymbol{g}}_2$의 배향관계[단 $\hat{\boldsymbol{g}}_3$=일정, $\hat{\boldsymbol{g}}_1 \cdot \hat{\boldsymbol{g}}^2 = 0 (\because \hat{\boldsymbol{g}}_i \cdot \hat{\boldsymbol{g}}^j = \delta_i^{\ j})$ 임].

그림에서 보듯이 $t' < t$에서는 내장 기저벡터 $\hat{\boldsymbol{g}}_2$는 (현)시간 t에서의 위치에 상대적으로 각도 α를 이루고 있다. 지금 $\hat{\boldsymbol{g}}_1$(고정)의 크기 $\hat{h}_1 (= \| \hat{\boldsymbol{g}}_1 \|)$을 1로 간주하고, $\| \hat{\boldsymbol{g}}^2 \| = h^2 = 1$로 두면 그림 7.3에서 $\widehat{h_2} cos\alpha = \widehat{h^2} = 1$이 성립하므로 아래의 두 식이 성립된다.

$$\hat{\boldsymbol{g}}_1 \cdot \hat{\boldsymbol{g}}_2 = \hat{h}_1 \hat{h}_2 \cos\left(\frac{\pi}{2} + \alpha\right) = -\hat{h}_2 \sin\alpha \quad (\because \hat{h}_1 = 1) \tag{7.39}$$

$$\hat{h}_2 (= \| \hat{\boldsymbol{g}}_2 \|) = 1/\cos\alpha \quad (\because \hat{h}_2 \cos\alpha = \hat{h}^2 = 1) \tag{7.40}$$

따라서 아래의 두 식을 얻는다(단 $t' < t$에 대해).

$$\hat{\boldsymbol{g}}_1 \cdot \hat{\boldsymbol{g}}_2 = -\tan\alpha \equiv -\gamma \tag{7.41}$$

여기서 $\gamma = \partial \hat{x}_1 / \partial \hat{x}_2 (\simeq \Delta \hat{x}_1 / \hat{x}_2)$는 (미소)전단변형률이다. 그리고

$$\hat{\boldsymbol{g}}_2 \cdot \hat{\boldsymbol{g}}_2 = \hat{h}_2^2 = 1/\cos^2\alpha = 1 + \tan^2\alpha = 1 + \gamma^2 \tag{7.42}$$

따라서 시간 $t'(< t)$에서의 내장 계량텐서의 공변성분 $\hat{g}_{ij}(t') [= \hat{\boldsymbol{g}}_i \cdot \hat{\boldsymbol{g}}_j]$는 아래의 행렬로 주어진다(단 $\hat{h}_3 = \| \hat{\boldsymbol{g}}_3 \| = 1$ 가정).

$$\hat{\boldsymbol{g}} = [\hat{g}_{ij}(t')] = \begin{pmatrix} 1 & -\gamma(t') & 0 \\ -\gamma(t') & 1 + \gamma^2(t') & 0 \\ 0 & 0 & 1 \end{pmatrix} \tag{7.43}$$

여기서 역 (반변)내장 계량텐서 $\hat{g}^{ij}(t')$는 $(\hat{\boldsymbol{g}}^{-1})_{ij} = \hat{g}^{ij}$임을 이용(1.5절 참조)하면 식 (7.43)의 역행렬로부터 아래가 성립된다.

$$\hat{\boldsymbol{g}}^{-1} = [\hat{g}^{ij}(t')] = \begin{pmatrix} 1+\gamma^2(t') & \gamma(t') & 0 \\ \gamma(t') & 1 & 0 \\ 0 & 0 & 1 \end{pmatrix} \tag{7. 44}$$

[주의 : 위 식에서 $\gamma(t') = \int_{t'}^{t} \dot{\gamma}(t'')dt''$로서 $\dfrac{d\gamma(t')}{dt'}$는 Leibnitz 공식(A6.22)에서 $-\dot{\gamma}(t')$가 되며, $\lim_{t' \to t}\gamma(t') = 0$이 된다.]

이제 Lodge의 정의식 (7.25)와 (7.43)의 결과를 이용하여 대칭 변형속도텐서 $\dot{\boldsymbol{\gamma}}(= \nabla \boldsymbol{v} + (\nabla \boldsymbol{v})^{\mathrm{T}})$의 $ij-$(공변)성분을 행렬 형태로 구하면 아래가 된다.

$$\dot{\boldsymbol{\gamma}} = [\dot{\gamma}_{ij}(t)] = \left[\frac{d\hat{g}_{ij}}{dt'}\bigg|_{t'=t} \right] = \begin{pmatrix} 0 & \dot{\gamma}(t) & 0 \\ \dot{\gamma}(t) & 0 & 0 \\ 0 & 0 & 0 \end{pmatrix} \tag{7. 45}$$

여기서 주의할 점은 위 주의에서 밝혔듯이 식 (7.43)의 t'에 대한 미분 즉 $\dfrac{d\hat{g}_{ij}(t')}{dt'}$를 구함에 있어서, $\dfrac{d\dot{\gamma}(t')}{dt'} = -\dot{\gamma}(t')$이 되므로, $\dfrac{d\hat{g}_{21}(t')}{dt'} = +\dot{\gamma}(t')$가 되고, 대응시간 즉 $t' = t$의 극한에서는 $\dot{\gamma}(t)$ 값을 가지게 된다. 그리고 $t' \to t$일때 $\gamma(t')\left[= \int_{t'}^{t}\dot{\gamma}(t'')dt''\right] \to 0$이 되므로 미분 $\dfrac{d}{dt}[\gamma^2(t')] = 2\gamma(t') \times \dfrac{d\gamma(t')}{dt'} \to 0$이 된다. 이 방법으로 구한 식 (7.45)의 결과는 통상의 방법으로 구한 결과(문 5.1 참조)와 같음을 알 수 있다.

다음에는 $\dot{\boldsymbol{\gamma}}$의 반변성분인 $\dot{\gamma}^{ij}(t)$ 역시 정의식 (7.26)과 (7.44)의 결과 및 위에서 언급한 주의를 참조로 구하면 아래가 된다.

$$[\dot{\gamma}^{ij}(t)] = \left[-\frac{d\hat{g}^{ij}}{dt'}\bigg|_{t'=t} \right] = \begin{pmatrix} 0 & +\dot{\gamma}(t) & 0 \\ +\dot{\gamma}(t) & 0 & 0 \\ 0 & 0 & 0 \end{pmatrix} \tag{7. 46}$$

즉 이 경우 $\dot{\boldsymbol{\gamma}}$의 반변성분과 공변성분은 같아짐을 알 수 있다. 한편 식 (7.46)의 결과는 식 (7.45)로부터 g^{ij}의 올림효과에 의해 아래와 같이 바로 구할 수도 있다. 즉

$$\dot{\gamma}^{ij} = g^{ir}\, g^{js}\, \dot{\gamma}_{rs} \tag{7. 47}$$

이때 사용할 역 계량텐서 g^{ij}(혹은 g_{ij})는 식 (7.26)(혹은 7.25)의 정의에 의해 식 (7.44) 또는 (7.43) 그대로 사용하면 안되고, $\lim_{t' \to t}\gamma(t') = 0$이 되므로 이 경우 (역)계량텐서 행렬 (g_{ij}) 혹은 (g^{ij})는

모두 δ_{ij}를 요소로 갖는 등방(단위)행렬이 된다. 따라서 식 (7.47)에 의해 가령 $\dot{\gamma}^{11} = g^{11} g^{11} \dot{\gamma}_{11} = 0$($\because$ 식 (7.45)), $\dot{\gamma}^{12}(=\dot{\gamma}^{21}) = g^{11} g^{22} \dot{\gamma}^{12} = \dot{\gamma}(t)$($\because$ 식 (7.45))가 식 (7.46)이 증명된다. 여기서 주의할 점은 계량텐서 행렬 (g_{ij})와 (g^{ij})는 서로 역이 되나(즉 $g_{ik} g^{kj} = \delta_i^{\ j}$ 성립), 공변성분 $(\dot{\gamma}_{ij})$와 반변성분 $(\dot{\gamma}^{ij})$는 서로 역행렬이 되지 않음에 유의해야 한다(위 SSF 경우에는 같아짐).

이상에서 본 바와 같이 Lodge의 내장 좌표계법(식 (7.25) 및 (7.26))으로도 주어진 변형(흐름)에 대한 대칭 변형속도텐서 $\dot{\gamma}$를 구할 수는 있으나, $t' < t$일 때의 공변 $\{\hat{\boldsymbol{g}}_i\}$ 및 반변 $\{\hat{\boldsymbol{g}}^i\}$ 내장 기저벡터의 크기나 배향을 정함에 있어서 모호한 임의성이 따르므로 저자는 이 방법대신 지금까지 해온 속도장 벡터 $\boldsymbol{v}$의 정의에 기초를 둔 통상적인 절차(특히 문 5.1 ~ 3 참조)에 따라 수행할 것을 권하는 바이다.

다음에는 대응(현재) 시간 $t' = t$에서 내장 공변$(\hat{g}_{ij})$ 및 반변$(\hat{g}^{ij})$ 기저벡터의 시간에 대한 2계 미분은 아래와 같이 정의된다.

$$\left(\frac{\partial^2 \hat{g}_{ij}}{\partial t'^2}\right)_{\hat{x}}\Bigg|_{t'=t} = \frac{\delta^2}{\delta t^2} g_{ij} = \frac{\mathrm{Đ}}{\mathrm{Đ}t}\dot{\gamma}_{ij} + \dot{\gamma}_{ik}\dot{\gamma}^{k}_{\ \ j} \tag{7. 48}$$

그리고

$$-\left(\frac{\partial^2 \hat{g}^{ij}}{\partial t'^2}\right)_{\hat{x}}\Bigg|_{t'=t} = \frac{\delta^2}{\delta t^2} g^{ij} = \frac{\mathrm{Đ}}{\mathrm{Đ}t}\dot{\gamma}^{ij} - \dot{\gamma}^{ik}\dot{\gamma}_{k}^{\ \ j} \tag{7. 49}$$

증명 먼저 식 (7.48)의 증명은 정의식 (7.25)의 이용 및 (7.29a)의 $\mathbf{A}$에 (공변)대칭텐서 $\dot{\boldsymbol{\gamma}}(=2\mathbf{D})$를 대입하면 아래와 같이 되어 증명된다.

$$\frac{\partial}{\partial t'}\left(\frac{\partial \hat{g}_{ij}}{\partial t'}\right)_{\hat{x}}\Bigg|_{t'=t} = \frac{\delta}{\delta t}\left(\frac{\delta g_{ij}}{\delta t}\right) = \frac{\delta}{\delta t}\dot{\gamma}_{ij}\left[=\overset{\triangle}{\gamma}_{ij}\right] = \frac{\mathrm{Đ}}{\mathrm{Đ}t}\dot{\gamma}_{ij} + [\dot{\boldsymbol{\gamma}}\cdot\mathbf{D} + \mathbf{D}\cdot\dot{\boldsymbol{\gamma}}]_{ij}$$

$$= \frac{\mathrm{Đ}}{\mathrm{Đ}t}\dot{\gamma}_{ij} + [\dot{\boldsymbol{\gamma}}\cdot 2\mathbf{D}]_{ij} = \frac{\mathrm{Đ}}{\mathrm{Đ}t}\dot{\gamma}_{ij} + (\dot{\boldsymbol{\gamma}}\cdot\dot{\boldsymbol{\gamma}})_{ij} = \frac{\mathrm{Đ}}{\mathrm{Đ}t}\dot{\gamma}_{ij} + \dot{\gamma}_{ik}\dot{\gamma}^{k}_{\ \ j}$$

다음에는 식 (7.49)를 증명해보자. 역시 정의식 (7.26)의 이용 및 (7.31)의 $\mathbf{A}$에 (반변)대칭텐서 $\dot{\boldsymbol{\gamma}}(=2\mathbf{D})$를 대입하면 아래와 같이 증명된다. 즉

$$\frac{\partial}{\partial t'}\left(-\frac{\partial \hat{g}^{ij}}{\partial t'}\right)_{\hat{x}}\Bigg|_{t'=t} \equiv \frac{\delta}{\delta t}\dot{\gamma}^{ij}\left[=\overset{\nabla}{\dot{\gamma}}{}^{ij}\right] = \frac{Đ}{Đt}\dot{\gamma}^{ij} - [\dot{\boldsymbol{\gamma}}\cdot\mathbf{D}+\mathbf{D}\cdot\dot{\boldsymbol{\gamma}}]^{ij}$$

$$= \frac{Đ}{Đt}\dot{\gamma}^{ij} - [\dot{\boldsymbol{\gamma}}\cdot 2\mathbf{D}]^{ij} = \frac{Đ}{Đt}\dot{\gamma}^{ij} - (\dot{\boldsymbol{\gamma}}\cdot\dot{\boldsymbol{\gamma}})^{ij} = \frac{Đ}{Đt}\dot{\gamma}^{ij} - \dot{\gamma}^{ik}\dot{\gamma}_k{}^j \qquad ■$$

여기서는 앞에서 정의된 여러 종류의 시간미분 연산자, 즉 Euler 연산자 $\frac{\partial}{\partial t}$, Lagrange 물질 연산자 $\frac{D}{Dt}$, Jaumann 공회전(corrotation) 연산자 $\frac{Đ}{Đt}$ 및 '(아래)흐름 변형(convected)' 연산자 $\frac{\delta}{\delta t}$의 개념 및 상호차이를 기하학적으로 이해하기 위하여 2차 공변텐서 T_{ij}에 적용시켜 그림 7.4에 나타내었다.

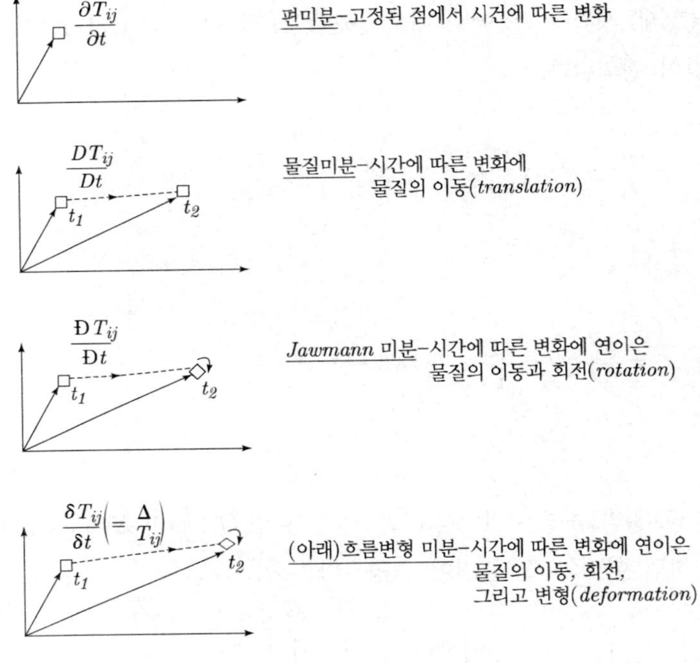

그림 7.4 여러 시간미분 연산자의 기하학적 의미

한편 앞에서 소개된 각종 시간미분 연산자 외에 이들을 통합적으로 한 개의 식으로 나타내는 소위 'Phan-Thien and Tanner(PTT) 모델'이 제안되어 있는데, 임의의 2차(공변 혹은 반변) 텐서 **A**에 대해 아래와 같이 정의된다(단 위 첨자 □는 PTT 시간미분 연산을 의미함).

$$\overset{\square}{\mathbf{A}} \equiv \frac{\xi}{2}\overset{\triangle}{\mathbf{A}} + \left(1 - \frac{\xi}{2}\right)\overset{\triangledown}{\mathbf{A}} \tag{7. 50}$$

여기서 $\xi = 0$일 때는 $\overset{\square}{\mathbf{A}} = \overset{\triangledown}{\mathbf{A}}$, $\xi = 1$일때는 $\overset{\square}{\mathbf{A}} = \overset{\circ}{\mathbf{A}}$ [$\because$식 (7.30a)와 식 (7.35a)에서 $\overset{\triangle}{\mathbf{A}} + \overset{\triangledown}{\mathbf{A}} = 2\overset{\circ}{\mathbf{A}}$ 가 되므로] 그리고 $\xi = 2$일때는 $\overset{\square}{\mathbf{A}} = \overset{\triangle}{\mathbf{A}}$가 됨을 알 수 있다. 그리고 $\overset{\triangle}{\mathbf{A}}$ 및 $\overset{\triangledown}{\mathbf{A}}$ 항에 각각 정의식 (7.30b)과 (7.35b)를 대입하여 정리하면[단 $\dot{\gamma}(= 2\mathbf{D}) = \mathbf{L} + \mathbf{L}^{\mathrm{T}} = \nabla \boldsymbol{v} + (\nabla \boldsymbol{v})^{\mathrm{T}}$를 이용] 식 (7.50)은 아래의 Gordon-Schowalter 식이 된다.

$$\mathbf{A} \equiv \frac{D\mathbf{A}}{Dt} - (\nabla \boldsymbol{v})^{\mathrm{T}} \cdot \mathbf{A} - \mathbf{A} \cdot \nabla \boldsymbol{v} + \frac{\xi}{2}(\mathbf{A} \cdot \dot{\boldsymbol{\gamma}} + \dot{\boldsymbol{\gamma}} \cdot \mathbf{A}) \tag{7. 51}$$

독자들의 이해를 돕기 위해 위에서 언급된 5개의 대표적인 시간미분 연산자 즉 물질연산자 $\frac{D\boldsymbol{A}}{Dt}\left[= \frac{\partial A}{\partial t} + (\boldsymbol{v} \cdot \nabla)\mathbf{A}\right]$, 아래 (공변)흐름변형 연산자 $\frac{\delta \mathbf{A}}{\delta t}\left(= \overset{\triangle}{\mathbf{A}}\right) \equiv \frac{Ð}{Ðt}\mathbf{A}\left(= \overset{\circ}{\mathbf{A}}\right) + \mathbf{A} \cdot \mathbf{D} + \mathbf{D} \cdot \mathbf{A}$, 위 (반변)흐름변형 연산자 $\frac{\delta \mathbf{A}}{\delta t}\left(= \overset{\triangledown}{\mathbf{A}}\right) \equiv \frac{Ð}{Ðt}\mathbf{A}\left(= \overset{\circ}{\mathbf{A}}\right) - \mathbf{A} \cdot \mathbf{D} - \mathbf{D} \cdot \mathbf{A}$, Jaumann 공회전 연산자 $\frac{Ð\mathbf{A}}{Ðt}\left(= \overset{\circ}{\mathbf{A}}\right) \equiv \frac{Ð\mathbf{A}}{Ðt} + \mathbf{A} \cdot \mathbf{W} - \mathbf{W} \cdot \mathbf{A}$, 그리고 Gordon-Schowalter(혹은 PTT) 연산자 $\overset{\square}{\mathbf{A}} = \frac{\xi}{2}\overset{\triangle}{\mathbf{A}} + \left(1 - \frac{\xi}{2}\right)\overset{\triangledown}{\mathbf{A}}$ [단 위 식에서 $\mathbf{D} = (\mathbf{L} + \mathbf{L}^{\mathrm{T}})/2$, $\mathbf{W} = (\mathbf{L} - \mathbf{L}^{\mathrm{T}})/2$, 여기서 $\mathbf{L} = (\nabla \boldsymbol{v})^{\mathrm{T}}$임]를 표 7.2에 정리하여 나타내었다.

표 7. 2 대표적인 시간미분 연산자와 대응하는 변형(률) 척도*

미분 연산자의 이름	Gibbs의 표기법	변형(률) 척도
본질(혹은 물질)	$\frac{D\mathbf{A}}{Dt}=\frac{d\mathbf{A}}{dt}=\frac{\partial \mathbf{A}}{\partial t}+\boldsymbol{v}\cdot\nabla\mathbf{A}$	–
아래 (공변)흐름변형	$\overset{\triangle}{\mathbf{A}}\equiv\frac{D\mathbf{A}}{Dt}+\nabla\boldsymbol{v}\cdot\mathbf{A}+\mathbf{A}\cdot(\nabla\boldsymbol{v})^{\mathrm{T}}$	**C**
위 (반변)흐름변형	$\overset{\triangledown}{\mathbf{A}}\equiv\frac{D\mathbf{A}}{Dt}-[(\nabla\boldsymbol{v})^{\mathrm{T}}\cdot\mathbf{A}+\mathbf{A}\cdot\nabla\boldsymbol{v}]$	$\mathbf{C}^{-1}$
Jaumann 공회전	$\overset{\circ}{\mathbf{A}}\equiv\frac{D\mathbf{A}}{Dt}+\mathbf{A}\cdot\mathbf{W}-\mathbf{W}\cdot\mathbf{A}$	
Gordon-Schowalter (또는 PTT)	$\overset{\square}{\mathbf{A}}\equiv\frac{D\mathbf{A}}{Dt}-(\nabla\boldsymbol{v})^{\mathrm{T}}\cdot\mathbf{A}-\mathbf{A}\cdot\nabla\boldsymbol{v}+\frac{\xi}{2}(\mathbf{A}\cdot\dot{\boldsymbol{\gamma}}+\dot{\boldsymbol{\gamma}}\cdot\mathbf{A})$	**E**

*$\mathbf{W}=(\mathbf{L}-\mathbf{L}^{\mathrm{T}})/2=[(\nabla\boldsymbol{v})^{\mathrm{T}}-(\nabla\boldsymbol{v})]/2$ 그리고 **E**는 미분방정식 $\overset{\square}{\mathbf{E}}=\mathbf{0}$의 해이다. 또한 Gordon–Schowalter(혹은 PTT) 식 중의 ξ는 유체의 변형에 허용된 비아핀(non–affine) 운동의 양에 관련된 파라미터이다.

이 절을 끝내기 전 표 7.2에 나타낸 아래 (공변)흐름변형 연산자($\overset{\triangle}{\mathbf{A}}$)에 관련된 정의식을 증명하는 예제를 아래에 싣겠다.

예제 7.3

공변 2차텐서 $\mathbf{A}$에 대한 '아래흐름 변형(lower-convected) 시간미분' $\dfrac{\delta \mathbf{A}}{\delta t} = \overset{\triangle}{\mathbf{A}}$가 아래의 형태로 정의됨(본문 식 (7.30b) 혹은 표 7.2 참조)을 보여라.

$$\overset{\triangle}{\mathbf{A}}\left(=\frac{\delta \mathbf{A}}{\delta t}\right)=\frac{D\mathbf{A}}{Dt}+\nabla \boldsymbol{v}\cdot \mathbf{A}+\mathbf{A}\cdot(\nabla \boldsymbol{v})^{\mathrm{T}} \tag{1}$$

단 $\dfrac{d\hat{A}_{mn}}{dt'}=\hat{\boldsymbol{e}}_m\cdot\overset{\triangle}{\mathbf{A}}\cdot\hat{\mathbf{e}}_n$이 됨을 이용[여기서 $\hat{A}_{mn}$은 시간 t', 위치 $\boldsymbol{r}'$에서의 물질의 내장(embendded) 공변성분, 그리고 그때의 기저벡터는 $\hat{\boldsymbol{g}}^k$(혹은 $\hat{\boldsymbol{g}}_k$), 반면에 $\hat{\boldsymbol{e}}_i$는 시간 t에서의 고정 (Cartesian)좌표계 x_i에 대한 단위 기저벡터(즉 $\hat{\boldsymbol{e}}_i\cdot\hat{\boldsymbol{e}}_j=\delta_{ij}$성립)이다]하여 증명해 보아라.

풀이

텐서의 좌표 불변성 원리(1장 및 2장 참조)에 의해 2차 공변텐서는 아래와 같이 나타낼 수 있다.

$$\mathbf{A}=A_{ij}\hat{\boldsymbol{e}}_i\hat{\boldsymbol{e}}_j=\hat{A}_{pk}\hat{\boldsymbol{g}}^p\hat{\boldsymbol{g}}^k \tag{2}$$

여기서 $\hat{\boldsymbol{e}}_i$는 고정 (Cartesian)좌표계의 (단위)기저벡터, 그리고 $\hat{\boldsymbol{g}}^P$는 내장(혹은 흐름변형)좌표계의 역(반변)기저벡터(단 $\hat{\boldsymbol{g}}_k\cdot\hat{\boldsymbol{g}}^p=\delta_k{}^p$성립)이다. 그림 7.2의 설명에서 보았듯이 (지난)시간 t'에서의 내장 좌표계 $\hat{x}_{(1)}$, $\hat{x}_{(2)}$, $\hat{x}_{(3)}$는 $t'=t$가 되는 대응 (현)시간에서는 고정된 Cartesian 좌표계 x, y, z와 일치한다. 이제 내장 (역)기저벡터 $\hat{\boldsymbol{g}}^k$ 및 $\hat{\boldsymbol{g}}_k$를 편미분의 사슬법칙(A1.1절 참조)에 의해 아래와 같이 변형기울기 텐서 $\mathbf{F}$ (4.53) 및 $\mathbf{F}^{-1}$(4.56)과 관련시킨다. 즉

$$\hat{\boldsymbol{g}}^k\equiv\frac{\partial\hat{x}^k}{\partial\boldsymbol{r}'}=\frac{\partial\boldsymbol{r}}{\partial\boldsymbol{r}'}\cdot\frac{\partial\hat{x}^k}{\partial\boldsymbol{r}}=\mathbf{F}^{-1}\cdot\hat{\boldsymbol{e}}^k=\hat{\boldsymbol{e}}_k\cdot(\mathbf{F}^{-1})^{\mathrm{T}}\left(\because\hat{\boldsymbol{e}}^k=\hat{\boldsymbol{e}}_k\right) \tag{3}$$

$$\hat{\boldsymbol{g}}_k\equiv\frac{\partial\boldsymbol{r}'}{\partial\hat{x}^k}=\frac{\partial\boldsymbol{r}}{\partial\hat{x}^k}\cdot\frac{\partial\boldsymbol{r}'}{\partial\boldsymbol{r}}=\boldsymbol{e}_k\cdot\mathbf{F}=\mathbf{F}^{\mathrm{T}}\cdot\boldsymbol{e}_k \tag{4}$$

그런데 1장에 의하면 식 (2)로부터 아래가 성립된다(단 $\hat{\boldsymbol{g}}_p\cdot\hat{\boldsymbol{g}}^k=\delta_p{}^k$이용).

$$\hat{A}_{mn}=\hat{\boldsymbol{g}}_m\cdot\mathbf{A}\cdot\hat{\boldsymbol{g}}_n \tag{5}$$

그런데 위 식의 $\hat{\boldsymbol{g}}_m$을 식 (4)에서 대입하면 아래가 된다.

$$\hat{A}_{mn}=\hat{\boldsymbol{e}}_m\cdot\left(\mathbf{F}\cdot\mathbf{A}\cdot\mathbf{F}^{\mathrm{T}}\right)\cdot\hat{\boldsymbol{e}}_n \tag{6}$$

한편 시간 t'에서 $\mathbf{A}=\mathbf{A}(t,\ \hat{x}_1,\ \hat{x}_2,\ \hat{x}_3)$가 되므로 내장 (공변)성분에 대해 아래의 물질미분(또는 전체 미분)이 성립된다.

$$\frac{D\hat{A}_{mn}}{Dt'}=\frac{d\hat{A}_{mn}}{dt'}=\left(\frac{\partial \hat{A}_{mn}}{\partial t'}\right)_{\hat{x}_1\hat{x}_2\hat{x}_3}+(\boldsymbol{v}'\cdot\nabla')\hat{A}_{mn}$$

$$=\left(\frac{\partial \hat{A}_{mn}}{\partial t'}\right)_{\hat{x}_1\hat{x}_2\hat{x}_3}+\frac{d\hat{x}_s}{dt'}\left(\frac{\partial \hat{A}_{mn}}{\partial \hat{x}_s}\right)_{t',\hat{x}_{j,s\neq j}}=\left(\frac{\partial \hat{A}_{mn}}{\partial t'}\right)_{\hat{x}_1\hat{x}_2\hat{x}_3}\left(\because\frac{d\hat{x}_s}{dt'}=0\right) \tag{7}$$

그러면 식 (7)의 $\hat{A}_{mm}$에 식 (6)을 대입하면 아래를 얻는다.

$$\frac{d\hat{A}_{mn}}{dt'}=\frac{\partial}{\partial t'}\left[\hat{e}_m\cdot(\mathbf{F}\cdot\mathbf{A}\cdot\mathbf{F}^{\mathrm{T}})\cdot\hat{\boldsymbol{e}}_n\right]=\hat{\boldsymbol{e}}_m\cdot\left[\frac{\partial}{\partial t'}(\mathbf{F}\cdot\mathbf{A}\cdot\mathbf{F}^{\mathrm{T}})\right]\cdot\hat{\boldsymbol{e}}_n\ \ (\because\hat{\boldsymbol{e}}_m\text{는 } t' \text{ 무관}) \tag{8}$$

그런데 $\mathbf{F}$ 및 $\mathbf{F}^{\mathrm{T}}$의 (지난)시간 t'에 관한 편미분 식을 표 4.2에서 대입하면 위 식의 시간 (편)미분항은 아래가 된다.

$$\frac{\partial}{\partial t'}(\mathbf{F}\cdot\mathbf{A}\cdot\mathbf{F}^{\mathrm{T}})=\frac{\partial\mathbf{F}}{\partial t'}\cdot\mathbf{A}\cdot\mathbf{F}^{\mathrm{T}}+\mathbf{F}\cdot\frac{\partial\mathbf{A}}{\partial t'}\cdot\mathbf{F}^{\mathrm{T}}+\mathbf{F}\cdot\mathbf{A}\cdot\frac{\partial\mathbf{F}^{\mathrm{T}}}{\partial t'}$$

$$=\mathbf{F}\cdot(\nabla'\boldsymbol{v}')\cdot\mathbf{A}\cdot\mathbf{F}^{\mathrm{T}}+\mathbf{F}\cdot\frac{\partial\mathbf{A}}{\partial t'}\cdot\mathbf{F}^{\mathrm{T}}+\mathbf{F}\cdot\mathbf{A}\cdot(\mathbf{F}\cdot\nabla'\boldsymbol{v}')^{\mathrm{T}}$$

$$=\mathbf{F}\cdot(\nabla'\boldsymbol{v}')\cdot\mathbf{A}\cdot\mathbf{F}^{\mathrm{T}}+\mathbf{F}\cdot\frac{\partial\mathbf{A}}{\partial t'}\cdot\mathbf{F}^{\mathrm{T}}+\mathbf{F}\cdot\mathbf{A}\cdot(\nabla'\boldsymbol{v}')^{\mathrm{T}}\cdot\mathbf{F}^{\mathrm{T}}$$

$$=\mathbf{F}\cdot\left[\nabla'\boldsymbol{v}'\cdot\mathbf{A}+\frac{\partial\mathbf{A}}{\partial t'}+\mathbf{A}\cdot(\nabla'\boldsymbol{v}')^{\mathrm{T}}\right] \tag{9}$$

여기서 $t'\to t$(즉 $\boldsymbol{r}'\to\boldsymbol{r}$)의 극한을 취하면 각각의 정의식에서 아래가 성립된다.

$$\mathbf{F}\to\mathbf{I},\ \mathbf{F}^{\mathrm{T}}\to\mathbf{I},\ \nabla'\boldsymbol{v}'\to\nabla\boldsymbol{v},\ \left(\frac{\partial\mathbf{A}}{\partial t'}\right)_{\hat{x}}\to\frac{D\mathbf{A}}{Dt} \tag{10}$$

따라서 이 관계를 식 (9) 나아가 식 (8)에 대입하면 $t'\to t$의 극한에서 아래가 성립된다.

$$\frac{d\hat{A}_{mn}}{dt'}=\left(\frac{\partial\hat{A}_{mn}}{\partial t'}\right)_{\hat{x}}=\hat{\boldsymbol{e}}_m\cdot\left[\frac{D\mathbf{A}}{Dt}+\nabla\boldsymbol{v}\cdot\mathbf{A}+\mathbf{A}\cdot(\nabla\boldsymbol{v})^{\mathrm{T}}\right]\cdot\hat{\boldsymbol{e}}_n\equiv\hat{\boldsymbol{e}}_m\cdot\overset{\triangle}{\mathbf{A}}\cdot\hat{\boldsymbol{e}}_n \tag{11}$$

즉 아래가 성립되어 식 (1)이 증명된다.

$$\overset{\triangle}{\mathbf{A}}\left(=\frac{\delta\mathbf{A}}{\delta t}\right)=\frac{D\mathbf{A}}{Dt}+\nabla\boldsymbol{v}\cdot\mathbf{A}+\mathbf{A}\cdot(\nabla\boldsymbol{v})^{\mathrm{T}}$$

■ 7. 4 Lodge 구성방정식

이 절에서는 적분형 (단순)Maxwell 구성방정식(6.167)의 변형의 척도를 미소변형에만 유효한 (대칭)변형률 텐서 $\boldsymbol{\gamma}[=2\boldsymbol{\varepsilon}=\nabla \boldsymbol{v}+(\nabla \boldsymbol{v})^{\mathrm{T}}]$ 대신 큰 변형에서도 유효한 (대칭)Finger 변형률 텐서 $\mathbf{C}^{-1}$로 치환하여 얻어지는 소위 'Lodge 구성방정식'에 대해 논하기로 한다. 우리는 6장에서 (1요소)단순 Maxwell 모델의 미분 구성식(6.166) 혹은 적분 구성식(6.167)을 배웠다. Lodge 식도 마찬가지로 미분형과 적분형이 동시에 가능하나, 선택은 편의에 따라 결정된다.

7. 4. 1 Lodge 구성식의 적분형

(적분형)일반 선형 점탄성(GLVE) 구성방정식 (6.207)을 '기억함수(memory function)' $M(t)\left[\equiv \dfrac{dG(t)}{dt}\right]$의 항으로 나타낸 식 (7.4)에 단순 Maxwell 모델에 대한 전단(완화) 탄성률 $G(t)=\dfrac{\eta_0}{\lambda}e^{-t/\lambda}$ 즉 $M(t)=-\dfrac{\eta_0}{\lambda^2}e^{-t/\lambda}$를 대입하면 아래가 된다.

$$\boldsymbol{\tau}(t)=-\int_{-\infty}^{t}\frac{\eta_0}{\lambda^2}e^{-\frac{(t-t')}{\lambda}}\boldsymbol{\gamma}(t,t')dt' \tag{7. 52}$$

그러나 이 식은 어디까지나 미소변형률 텐서 $\boldsymbol{\gamma}$를 사용하므로 변형이 큰 비선형 점탄성의 경우에는 적합하지 않다. 이에 Lodge는 6.8절에 기술한 변형(즉 회전각도)이 큰 강체회전의 기저변화(change-of-base)에 대해서도 '프레임 불변성'을 만족하는 객관성 (회전-불변)변형률 텐서로서 $-\boldsymbol{\gamma}(t,t')$ 대신 Finger 텐서 $\mathbf{C}^{-1}(t',t)$를 사용하여 아래와 같이 'Finger-Maxwell' 형태의 적분형 구성방정식을 제안하였다.

$$\boldsymbol{\tau}=\int_{-\infty}^{t}\left[\frac{\eta_0}{\lambda^2}e^{-\frac{(t-t')}{\lambda}}\right]\mathbf{C}^{-1}(t',t)dt' \tag{7. 53}$$

이 식은 전술한 바와 같이 Finger 텐서가 ($\boldsymbol{\gamma}$와는 달리) 유한변형의 강체회전도 정확히 기술할 수 있으므로 비선형 레올로지 구성방정식에 필요한 '객관성' 혹은 '프레임 불변성'을 만족한다고 생각된다.

이하에서는 정상상태의 일축신장흐름(UEF)에 대해 Lodge 모델을 사용하여 물질함수인 일축신장점도 $\bar{\eta}$를 구하는 예제를 생각해보기로 한다.

예제 7.4

Lodge 식 (7.53)에 의해 예측되는 정상상태(즉 $\dot{\varepsilon}(t) = \dot{\varepsilon}_0 =$일정)의 일축신장점도 $\bar{\eta}$를 계산해 보아라.

풀이

Lodge 식에 필요한 Finger 텐서 $\mathbf{C}^{-1}$를 얻기 위해 먼저 (지난)시간 t'와 (현)시간 t에서의 위치벡터 $\boldsymbol{r}'(t')$ 및 $\boldsymbol{r}(t)$의 성분을 아래와 같이 정의되는 정상상태의 UEF에 대한 속도장(Cartesian 좌표계에서) 구해보기로 한다.

$$\boldsymbol{v}\left[=\frac{\partial \boldsymbol{r}}{\partial t}\right]=\begin{pmatrix} -\dfrac{\dot{\varepsilon}(t)}{2}x_1 \\ -\dfrac{\dot{\varepsilon}(t)}{2}x_2 \\ \dot{\varepsilon}(t)x_3 \end{pmatrix}_{123}, \text{ 여기서 } \dot{\varepsilon}(t)=\dot{\varepsilon}_0=\text{일정} \tag{7. 54}$$

그리고 동일한 입자의 현 시간 t 및 지난시간 t'에서의 위치벡터도 각각 아래의 Cartesian 좌표계로 나타내진다.

$$\boldsymbol{r}(t)=\begin{pmatrix} x_1 \\ x_2 \\ x_3 \end{pmatrix}_{123}, \qquad \boldsymbol{r}'(t')=\begin{pmatrix} x_1' \\ x_2' \\ x_3' \end{pmatrix}_{123} \tag{7. 55}$$

그러면 Cartesian 속도장 $\boldsymbol{v}=\dfrac{d\boldsymbol{r}}{dt}=v_i\hat{\boldsymbol{e}}_i$에서 $v_i=\dfrac{dx_i}{dt}$이므로 식 (7.54)로부터 먼저 1−방향의 성분 x_1과 x_1'의 관계식을 아래와 같이 구해보자.

$$v_1=\frac{dx_1}{dt}=-\frac{\dot{\varepsilon}_0}{2}x_1 \tag{7. 56}$$

$$\frac{dx_1}{x_1}=-\frac{\dot{\varepsilon}_0}{2}dt \tag{7. 57}$$

$$\ln x_1=-\frac{\dot{\varepsilon}_0}{2}t+C_1 \tag{7. 58}$$

여기서 C_1은 적분상수이며, 초기 조건인 $t=t'$에서 $x_1=x_1'$를 이용하면 $C_1=\ln x_1'+\dfrac{\dot{\varepsilon}_0}{2}t'$가 되므로 아래의 해를 얻는다.

$$x_1=x_1'e^{-\dot{\varepsilon}_0(t-t')/2}=x_1'e^{-\varepsilon/2} \tag{7. 59}$$

위 식에서 $\varepsilon=\varepsilon(t',t)\equiv\int_{t'}^{t}\dot{\varepsilon}(t'')dt''=\dot{\varepsilon}_0\times(t-t')$는 정상 신장흐름의 시간 t에서의 신장변형(률)이다. 2− 및 3− 방향의 성분에 대해서도 같은 절차를 따라 구하면 각각 아래가 된다.

$$x_2 = x_2' e^{-\varepsilon/2} \tag{7.60}$$

$$x_3 = x_3' e^{\varepsilon} \tag{7.61}$$

[비고 : 위 식에서 $x_i/x_i' = \lambda_i$(신장 혹은 연신비)이므로, Henchy 변형률의 개념(식 (5.265) 참조)에서 일축신장흐름에 대한 각 성분의 연신비는 각각 $\lambda_1 = e^{-\varepsilon/2}$, $\lambda_2 = e^{-\varepsilon/2}$, $\lambda_3 = e^{\varepsilon}$이 된다.]

따라서 정상 일축신장흐름에서 시간 t에서의 (Cartesian)위치벡터 $\boldsymbol{r}(t) = x_i \hat{\boldsymbol{e}}_i$는 $x_i = x_i' \lambda_i$(n.s. for i) 관계로부터 아래가 얻어진다.

$$\boldsymbol{r} = \begin{pmatrix} x_1 \\ x_2 \\ x_3 \end{pmatrix}_{123} = \begin{pmatrix} x_1' e^{-\varepsilon/2} \\ x_2' e^{-\varepsilon/2} \\ x_3' e^{\varepsilon} \end{pmatrix}_{123} \tag{7.62}$$

또한 이로부터 시간 t'에서의 위치벡터 $\boldsymbol{r}'(t') = x_i' \hat{\boldsymbol{e}}_i$는 $x_i' = x_i \lambda_i^{-1}$(n.s. for i) 관계로부터 아래가 된다.

$$\boldsymbol{r}' = \begin{pmatrix} x_1' \\ x_2' \\ x_3' \end{pmatrix}_{123} = \begin{pmatrix} x_1 e^{\varepsilon/2} \\ x_2 e^{\varepsilon/2} \\ x_3 e^{-\varepsilon} \end{pmatrix}_{123} \tag{7.63}$$

여기서 (역)변형기울기 텐서 $\mathbf{F}^{-1}$ 및 Finger 텐서 $\mathbf{C}^{-1}$는 각각 정의식 (4.56)과 (4.80)으로부터 아래와 같이 제안된다(표 7.1 참조).

$$\mathbf{F}^{-1} = \frac{\partial \boldsymbol{r}}{\partial \boldsymbol{r}'} = \begin{pmatrix} \dfrac{\partial x_1}{\partial x_1'} & \dfrac{\partial x_2}{\partial x_1'} & \dfrac{\partial x_3}{\partial x_1'} \\ \dfrac{\partial x_1}{\partial x_2'} & \dfrac{\partial x_2}{\partial x_2'} & \dfrac{\partial x_3}{\partial x_2'} \\ \dfrac{\partial x_1}{\partial x_3'} & \dfrac{\partial x_2}{\partial x_3'} & \dfrac{\partial x_3}{\partial x_3'} \end{pmatrix}_{123} = \begin{pmatrix} e^{-\varepsilon/2} & 0 & 0 \\ 0 & e^{-\varepsilon/2} & 0 \\ 0 & 0 & e^{\varepsilon} \end{pmatrix}_{123} \tag{7.64}$$

$$\mathbf{C}^{-1} \equiv (\mathbf{F}^{-1})^{\mathrm{T}} \cdot \mathbf{F}^{-1} = \begin{pmatrix} \mathrm{e}^{-\varepsilon} & 0 & 0 \\ 0 & \mathrm{e}^{-\varepsilon} & 0 \\ 0 & 0 & \mathrm{e}^{2\varepsilon} \end{pmatrix}_{123} \tag{7.65}$$

이제 식 (7.65)의 $\mathbf{C}^{-1}$를 Lodge 식 (7.53)에 대입하면 아래가 된다.

$$\boldsymbol{\tau}(t) = \int_{-\infty}^{t} \frac{\eta_0}{\lambda^2} e^{-\frac{(t-t')}{\lambda}} \begin{pmatrix} e^{-\varepsilon} & 0 & 0 \\ 0 & e^{-\varepsilon} & 0 \\ 0 & 0 & e^{2\varepsilon} \end{pmatrix}_{123} dt' \tag{7.66}$$

위 식에서 $\bar{\eta}$의 계산에 필요한 법선응력 성분 τ_{33}과 τ_{11}를 $\varepsilon = \varepsilon(t', t) = \dot{\varepsilon}_0 \times (t - t')$의 관계를 이용하여 구하면 각각 아래가 된다.

$$\tau_{33} = \int_{-\infty}^{t} \frac{\eta_0}{\lambda^2} e^{-\frac{(t-t')}{\lambda}} e^{2\varepsilon} dt' = \int_0^{\infty} \frac{\eta_0}{\lambda^2} e^{(2\dot{\varepsilon}_0 - 1/\lambda)s} ds \quad (\text{여기서 } s = t - t')$$

$$= \frac{\eta_0}{\lambda^2} \frac{1}{2\dot{\varepsilon}_0 - 1/\lambda} \quad (2\dot{\varepsilon}_0 \lambda < 1) \tag{7.67}$$

마찬가지 방법으로 τ_{11}을 구하면 아래의 결과를 얻는다.

$$\tau_{11} = \frac{\eta_0}{\lambda} \left(\frac{-1}{1+\lambda\dot{\varepsilon}_0} \right) \tag{7.68}$$

따라서 (정상)일축신장점도 $\bar{\eta}$를 정의식 (5.258)에서 구하면 아래가 된다.

$$\bar{\eta} \equiv \frac{-(\tau_{33} - \tau_{11})}{\dot{\varepsilon}_0} = \frac{3\lambda G_0}{(1-2\lambda\dot{\varepsilon}_0)(1+\lambda\dot{\varepsilon}_0)} \tag{7.69}$$

여기서 $G_0 \equiv \eta_0/\lambda$이다. 그런데 이 모델에 의하면 (정상)UEF의 τ_{33} 및 $\bar{\eta}$가 $\dot{\varepsilon}_0 = 1/2\lambda$에서 발산함을 알 수 있다. 그런데 정상 단순전단흐름(SSF)에 대한 Lodge 모델의 계산은 일정 전단점도 $\eta = \lambda G_0$을 주므로(문 7.2 참조) 이 모델에 의한 전단점도에 대한 신장점도의 비인 Trouton 비(T_R)는 아래가 된다 [단 $\dot{\gamma} = \sqrt{3}\,\dot{\varepsilon}_0$(예제 5.13 참조) 혹은 $\dot{\varepsilon}_0 = \dot{\gamma}/\sqrt{3}$일 때의 비를 계산].

$$T_R = \frac{\bar{\eta}(\dot{\varepsilon}_0\sqrt{3} = \dot{\gamma})}{\eta(\dot{\gamma})} = \frac{3}{(1-2\lambda\dot{\gamma}/\sqrt{3})(1+\lambda\dot{\gamma}/\sqrt{3})} \tag{7.70}$$

이 결과를 멱수법칙 GNF 모델로부터 계산된 T_R=일정(=3)(예제 5.13 참조)과는 달리 $\dot{\varepsilon}_0$ 혹은 $\dot{\gamma}$의 값과 함께 이 비는 연속적으로 변함을 알 수 있다[물론 $\dot{\gamma}$(혹은 $\dot{\varepsilon}_0$) → 0의 극한에서는 3이 되지만].

위 예제에서 본 바와 같이 (정상)일축신장흐름의 경우 Lodge 모델도 어떤 일정 신장점도 $\dot{\varepsilon}_0$에서 발산하는 신장점도를 주며 또한 0이 안되는 제 2 법선 응력차의 예측 및 전단 얇아짐(shear-thinning) 효과의 설명에도 실패하는 등 몇 가지 약점을 노출한다. 그러나 정상 단순전단흐름의 경우 일정 전단점도와 더불어 0이 안되는 (일정)제 1 법선 응력차 계수의 예측(문 7.2 참조)에 성공하는 등 6장에 소개된 GLVE 모델보다는 훨씬 향상된 모델임에는 틀림없다. 또한 나중에 보여주겠지만, 6.8절에 논의된 회전반(turntable) 위의 전단흐름에 대한 회전불변성(혹은 객관성)을 만족하는 구성방정식이다.

다음의 예제에서는 Lodge 모델을 비정상(unsteady) 물질함수의 계산에 응용해보기로 한다.

예제 7.5

정상(steady) 평면신장흐름(PEF)의 응력성장(stress startup)에 대해 Lodge 모델에 의해 예측되는 물질함수 $\bar{\eta}^{+}_{p_1}(t, \dot{\varepsilon}_0)$ 및 $\bar{\eta}^{-}_{p_2}(t, \dot{\varepsilon}_0)$를 계산하라(단 $t > 0$ 가정).

풀이

응력성장에 대한 정상 PEF의 속도장($\boldsymbol{v}$)과 인장변형 속도함수($\dot{\varepsilon}(t)$)는 Cartesian 좌표계에서 아래와 같이 정의된다(식 (5.272) 참조).

$$\boldsymbol{v} = \begin{pmatrix} -\dot{\varepsilon}(t)x_1 \\ 0 \\ \dot{\varepsilon}(t)x_3 \end{pmatrix}_{123}, \quad \dot{\varepsilon}(t) = \dot{\varepsilon}_0 H(t) = \begin{cases} 0 & t < 0 \\ \dot{\varepsilon}_0 & t \geq 0 \end{cases} \ (\dot{\varepsilon}_0 > 0) \tag{7.71}$$

(정상)평면신장흐름에 대한 Finger 텐서 $\mathbf{C}^{-1}(t', t)$는 문 5.2의 풀이 중 식 (9)에서 평면신장의 정의인 $b = 1$(및 $\dot{\varepsilon}_0 > 0$)을 대입하면 Cartesian 좌표계에서 아래를 얻는다.

$$\mathbf{C}^{-1}(t', t) = \begin{pmatrix} e^{-2\varepsilon} & 0 & 0 \\ 0 & 1 & 0 \\ 0 & 0 & e^{2\varepsilon} \end{pmatrix}_{123}, \ \varepsilon(t', t) = \int_{t'}^{t} \dot{\varepsilon}(t'')dt'' \tag{7.72}$$

즉 Henchy 변형률의 개념에 의하면 이 경우 연신비 $\lambda_1 (= x_1/x_1') = e^{-\varepsilon}$, $\lambda_2 (= x_2/x_2') = e^{-\varepsilon}$, $\lambda_3 (= x_3/x_3') = e^{\varepsilon}$이 됨을 알 수 있다(식 (4.88)과 비교 요). 이제 위 식의 $\mathbf{C}^{-1}$를 Lodge 식 (7.53)에 대입하면 아래를 얻는다.

$$\boldsymbol{\tau}(t) = \int_{-\infty}^{t} \frac{\eta_0}{\lambda^2} e^{-\frac{(t-t')}{\lambda}} \begin{pmatrix} e^{-2\varepsilon} & 0 & 0 \\ 0 & 1 & 0 \\ 0 & 0 & e^{2\varepsilon} \end{pmatrix}_{123} dt' \tag{7.73}$$

이제 위 식 중의 $\varepsilon = \varepsilon(t', t)$를 식 (7.72)의 우변 적분식에 $\dot{\varepsilon}(t)$의 이력 (7.71)를 대입하여 구함에 있어서, 적분하한인 과거시간 t'는 음 혹은 양이 될 수 있으므로 아래와 같이 두 경우로 나누어 계산될 수 있다.

$$\varepsilon(t', t) = \begin{cases} \displaystyle\int_0^t \dot{\varepsilon}_0 dt'' = \dot{\varepsilon}_0 t & t' < 0 \\ \displaystyle\int_{t'}^t \dot{\varepsilon}_0 dt'' = \dot{\varepsilon}_0 (t - t') & t' \geq 0 \end{cases} \tag{7.74}$$

이 결과를 식 (7.73)에 대입하여 적분을 행하는데, 적분구간을 $t' < 0$인 $\int_{-\infty}^{o}$과 $t' \geq 0$인 $\int_0^t$ (단 $t > 0$ 가정)의 두 구간으로 나누어 각각 식 (7.74)의 결과를 대입하여 계산하면 (여분)응력텐서 $\boldsymbol{\tau}$의 3 법선응력 성분에 대해 최종적으로 얻어진 결과만을 소개하면 아래가 된다(단 적분계산은 비교적 간단함).

$$\tau_{11} = \frac{\eta_0}{C\lambda}(2\dot{\varepsilon}_0\lambda e^{-tC/\lambda}+1) \quad (7.75)$$

$$\tau_{22} = \frac{\eta_0}{\lambda} \quad (7.76)$$

$$\tau_{33} = -\frac{\eta_0}{A\lambda}(2\dot{\varepsilon}_0\lambda e^{-tA/\lambda}-1) \quad (7.77)$$

여기서 $A \equiv 1-2\dot{\varepsilon}_0\lambda$, $C \equiv 1+2\dot{\varepsilon}_0\lambda$이다. 여기서 PEF의 응력성장에 대한 두 물질함수 $\bar{\eta}^+_{p_1}$ 및 $\bar{\eta}^+_{p_2}$를 정의식(표 5.5)으로부터 구하면 아래가 된다.

$$\bar{\eta}^+_{p_1} = \frac{\tau_{33}-\tau_{11}}{\dot{\varepsilon}_0} = \frac{2\eta_0}{AC}(2-Ae^{-Ct/\lambda}-Ce^{-At/\lambda}) \quad (7.78)$$

$$\bar{\eta}^+_{p_2} = \frac{\tau_{22}-\tau_{11}}{\dot{\varepsilon}_0} = \frac{2\eta_0}{C}(1-e^{-Ct/\lambda}) \quad (7.79)$$

단 위 식에서 $\bar{\eta}^+_{p_1}$는 $\dot{\varepsilon}_0 = 1/2\lambda$일 때 발산함을 알 수 있다.

이제 이 절의 끝으로, 6.8절에 언급된 회전반(turntable)의 운동(일정 각속도 Ω)에 의해 기준 프레임 내에 발생하고 있는 회전(정상) 전단흐름(SSF)의 기저변화(change-of-base)에 대한 (Finger 변형률 텐서 $\mathbf{C}^{-1}$에 기초를 둔) Lodge 구성방정식의 '프레임 불변' 혹은 '물질 객관성'[비록 (미소변형률 텐서 $\boldsymbol{\gamma}$에 기초를 둔) GLVE 모델은 아주 낮은 변형 혹은 각속도를 제외하고서는 실패했지만]의 성립에 대해 조사해보기로 한다.

관련된 기하는 그림 6.32에 나타낸 바와 같이, 회전반의 일정(steady) 각속도 Ω와 같은 속도로 돌고 있는 '회전 기준 프레임' $\bar{x}\bar{y}\bar{z}$ Cartesian 좌표계에 대한 SSF의 속도장 $\boldsymbol{v} = \dot{\gamma}_0 \bar{y}\,\hat{\boldsymbol{e}}_{\bar{x}}$이다. 반면에 (공간에) 고정된 Cartesian 좌표계는 xyz로서 두 좌표계의 원점 사이에는 x축으로는 x_0, y축으로는 y_0(z축은 그대로)의 간격이 있다. 이때 유체에 생긴 (여분)응력텐서 $\boldsymbol{\tau}$를 각각 두 Cartesian 좌표계 (x, y, z)와 $(\bar{x}, \bar{y}, \bar{z})$에 대해 계산하기 위해서는 각 좌표계에서의 Finger 텐서 $\mathbf{C}^{-1} \equiv (\mathbf{F}^{-1})^{\mathrm{T}} \cdot \mathbf{F}^{-1}$를 계산해야하는데 우선 아래와 같이 나타내지는 우선 역 변형기울기 텐서 $\mathbf{F}^{-1} \equiv \frac{\partial \boldsymbol{r}}{\partial \boldsymbol{r}'}$(여기서 $\boldsymbol{r}'$ 및 $\boldsymbol{r}$는 각각 (지난)시간 t'와 (현)시간 t에서의 위치 벡터)를 계산해야 한다(4.3절 참조).

$$\mathbf{F}^{-1} = \frac{\partial \boldsymbol{r}}{\partial \boldsymbol{r}'} = \begin{pmatrix} \frac{\partial x}{\partial x'} & \frac{\partial y}{\partial x'} & \frac{\partial z}{\partial x'} \\ \frac{\partial x}{\partial y'} & \frac{\partial y}{\partial y'} & \frac{\partial z}{\partial y'} \\ \frac{\partial x}{\partial z'} & \frac{\partial y}{\partial z'} & \frac{\partial z}{\partial z'} \end{pmatrix}_{xyz} \tag{7. 80}$$

그런데 회전반의 운동(일정 각속도 Ω)에 의한 회전 전단흐름은 회전 (기준)좌표계 $\bar{x}$, $\bar{y}$, $\bar{z}$에서 일어나고 있으므로 SSF의 속도장 $\boldsymbol{v}$의 정의식 (5.114)의 미방해로부터 얻어지는 변환 후의 (현)시간 t에서의 좌표 $\{x_i\}$와 변환 전의 (지난)시간 t'에서 좌표 $\{x_i'\}$ 사이의 관계(문 5.1 참조)로부터 아래의 관계가 성립된다.

$$\left.\begin{aligned} \bar{x} &= \bar{x}' + \gamma(t', t)\,\bar{y} = \bar{x}' + \dot{\gamma}_0 \times (t - t')\,\bar{y} \\ \bar{y} &= \bar{y}' \\ z &= \bar{z}' \end{aligned}\right\} \tag{7. 81}$$

위 식에서 $\bar{x}_i$는 (현)시간 t에서의 회전좌표계의 i성분이며, $\bar{x}_i'$는 (지난)시간 t'에서의 회전좌표계의 성분이다. 또한 첫 번째 식의 두 번째 항등관계는 전단 변형률 $\gamma(t', t) = \int_{t'}^{t} \dot{\gamma}(t'')dt''$가 정상상태(즉 $\dot{\gamma}(t) = \dot{\gamma}_0 =$ 일정)의 조건에서는 $\dot{\gamma}_0 \times (t - t')$로 되기 때문이다. 그러나 이하의 계산에서는 편의상 $\dot{\gamma}_0 \times (t - t')$ 대신 $\gamma(= \gamma(t', t))$를 그대로 사용하기로 한다. 그런데 6.8절에서 논의된 대로 회전좌표계 $\bar{x}$, $\bar{y}$, $\bar{z}$와 회전 (기준)프레임의 원점에서 고정좌표계 $x - x_0$, $y - y_0$, z 사이의 텐서변환의 법칙 식 (6.283)(이 경우 좌표변환 텐서 $a_i{}^j = b^i{}_j = l_{ij} = \bar{\boldsymbol{e}}_i \cdot \boldsymbol{e}_j$ 성립 - 1.16절 참조)로부터 두 시간 t와 t'에서의 회전좌표계 $\{\bar{x}_i\}$와 $\{\bar{x}_i'\}$에 대하여 아래가 성립된다.

$$\left.\begin{aligned} \bar{x} &= (y - y_0)S + (x - x_0)C \\ \bar{y} &= (y - y_0)C - (x - x_0)S \\ \bar{z} &= z \end{aligned}\right\} \tag{7. 82}$$

그리고

$$\left.\begin{aligned} \bar{x}' &= (y' - y_0)S' + (x' - x_0)C' \\ \bar{y}' &= (y' - y_0)C' - (x' - x_0)S' \\ \bar{z}' &= z' \end{aligned}\right\} \tag{7. 83}$$

위 식에서 $C = \cos\Omega t$, $S = \sin\Omega t$, $C' = \cos\Omega t'$, $S' = \sin\Omega t'$이다.

이제 회전 (기준)프레임($\overline{x}\,\overline{y}\,\overline{z}$)에서의 SSF에 대한 $\mathbf{C}^{-1}$는 (고체의) 단순전단 변형에 대한 결과식 (4.93) 또는 문 5.1의 결과로부터 아래가 된다(표 7.1 참조).

$$\mathbf{C}^{-1} = \begin{pmatrix} 1+\gamma^2 & \gamma & 0 \\ \gamma & 1 & 0 \\ 0 & 0 & 1 \end{pmatrix}_{\overline{x}\,\overline{y}\,\overline{z}} \tag{7.84}$$

이를 Lodge 식 (7.53)에 대입하면 아래를 얻는다.

$$\boldsymbol{\tau}(t) = \int_{-\infty}^{t} \frac{\eta_0}{\lambda^2} e^{-\frac{(t-t')}{\lambda}} \begin{pmatrix} 1+\gamma^2 & \gamma & 0 \\ \gamma & 1 & 0 \\ 0 & 0 & 1 \end{pmatrix}_{\overline{x}\,\overline{y}\,\overline{z}} dt' \tag{7.85}$$

위 식에서 $\gamma = \gamma(t', t) = \int_{t'}^{t} \dot{\gamma}(t'')dt'' = \dot{\gamma}_0 \times (t-t')$($\because$정상상태)이다. 여기서 회전 기저계 $\overline{x}\,\overline{y}\,\overline{z}$로 나타내진 $\mathbf{C}^{-1}$ 및 $\boldsymbol{\tau}(t)$를 식 (7.81) ~ (7.83)으로 주어진 좌표변환 관계식을 이용하여 관심의 고정 (기저)좌표계 xyz로 나타내면 각각 아래가 된다.

$$\mathbf{C}^{-1}(t', t) = \begin{pmatrix} 1-2CS\gamma + C^2\gamma^2 & (C^2-S^2)\gamma + SC\gamma^2 & 0 \\ (C^2-S^2)\gamma + SC\gamma^2 & 1+2CS\gamma + S^2\gamma^2 & 0 \\ 0 & 0 & 1 \end{pmatrix}_{xyz} \tag{7.86}$$

$$\boldsymbol{\tau}(t) = \int_{-\infty}^{t} \frac{\eta_0}{\lambda^2} e^{-\frac{(t-t')}{\lambda}} \times \begin{pmatrix} 1-2CS\gamma + C^2\gamma^2 & (C^2-S^2)\gamma + SC\gamma^2 & 0 \\ (C^2-S^2)\gamma + SC\gamma^2 & 1+2CS\gamma + S^2\gamma^2 & 0 \\ 0 & 0 & 1 \end{pmatrix}_{xyz} dt' \tag{7.87}$$

여기서 $C = \cos\Omega t$, $S = \sin\Omega t$, 그리고 $\gamma = \gamma(t', t) = \dot{\gamma}_0 \times (t-t')$이다.

증명 식 (7.82)와 (7.83)을 식 (7.81)에 대입하면 아래를 얻는다.

$$(x-x_0)C + (y-y_o)S = (x'-x_0)C' + (y'-y_0)S' + \gamma \times [-(x-x_0)S + (y-y_0)C]$$

$$-(x-x_0)S + (y-y_o)C = -(x'-x_0)S' + (y'-y_0)C'$$

$$z = z' \qquad (\because \overline{z} = \overline{z}' = z = z') \tag{7.88}$$

여기서 $\mathbf{F}^{-1} = \frac{\partial \boldsymbol{r}}{\partial \boldsymbol{r}'}$의 정의식에서 $(\mathbf{F}^{-1})_{ij} \equiv F_{ij}^{-1} = \frac{\partial x_j}{\partial x_i'}$이므로 식 (7.88)로부터 $x = x(x', y')$, $y = y(x', y')$, $z = z(z')$의 함수관계를 알 수 있으므로 아래의 결과를

쉽게 얻을 수 있다.

$$F_{13}^{-1} = F_{23}^{-1} = F_{31}^{-1} = F_{32}^{-1} = 0,\ F_{33}^{-1} = 1 \tag{7.89}$$

다음에는 $\mathbf{F}^{-1}$의 0이 아닌 4 요소 F_{11}^{-1}, F_{12}^{-1}, F_{21}^{-1} 및 F_{22}^{-1}를 얻기 위해 먼저 식 (7.88)의 위 2식의 양변을 x'로 (편)미분하고, $(\partial x/\partial x')_{y',z'} = F_{11}^{-1} = x$, $(\partial y/\partial x')_{y',z'} = F_{12}^{-1} = y$로 두면 아래를 얻는다.

$$\left.\begin{aligned} &xC + yS = C' + \gamma\times(-xS + yC) \\ &-xS + yC = -S' \end{aligned}\right\} \tag{7.90}$$

위 식은 미지수 x, y에 대한 연립방정식이다. 따라서 위 식의 두 번째 식에서 $y = (xS - S')/C$를 첫 번째 식에 대입하여 x를 구하고, 또 이로부터 y를 구하면 쉽게 아래를 얻는다.

$$x = F_{11}^{-1} = SS' + CC' - \gamma CS',\ y = F_{12}^{-1} = SC' - \gamma SS' - CS' \tag{7.91}$$

마찬가지로 식 (7.88)의 위 두 식의 양변을 y'로 (편)미분하고, $(\partial x/\partial y')_{x',z'} = F_{21}^{-1} = z$, $(\partial y/\partial y')_{x',z'} = F_{22}^{-1} = w$로 두면 아래를 얻는다.

$$\left.\begin{aligned} &zC + wS = S' + \gamma\times(-zS + wC) \\ &-zS + wC = C' \end{aligned}\right\} \tag{7.92}$$

위 식은 두 미지수 z, w에 관한 연립방정식이므로 두 번째 식에서 $z = (wC - C')/S$를 첫 번째 식에 대입하여 w 나아가 z를 구하면 아래를 얻는다.

$$z = F_{21}^{-1} = -SC' + \gamma CC' + CS',\ w = F_{22}^{-1} = CC' + SS' + \gamma SC' \tag{7.93}$$

따라서 역 변형기울기 텐서 $\mathbf{F}^{-1}$의 고정 (x, y, z) Cartesian 좌표계에서의 9성분은 아래가 된다.

$$\mathbf{F}^{-1} = \frac{\partial \boldsymbol{r}}{\partial \boldsymbol{r}'} = \left(F_{ij}^{-1}\right) = \left(\frac{\partial x_j}{\partial x_i'}\right) = \begin{pmatrix} F_{11}^{-1} & F_{12}^{-1} & 0 \\ F_{21}^{-1} & F_{22}^{-1} & 0 \\ 0 & 0 & 1 \end{pmatrix}_{xyz} \tag{7.94}$$

단 위 식의 F_{11}^{-1}, F_{12}^{-1}, F_{21}^{-1} 및 F_{22}^{-1}는 식 (7.91) 및 (7.93)의 결과를 대입한다.

다음에는 $x,\ y,\ z$ 고정 좌표계에서의 Finger (대칭)변형률 텐서 $\mathbf{C}^{-1}$는 정의식으로부터 아래와 같이 행렬법으로 계산 후 결과만을 적으면 아래가 되어 식 (7.86)가 증명된다.

$$\mathbf{C}^{-1} = \left(\mathbf{F}^{-1}\right)^{\mathrm{T}} \cdot \mathbf{F}^{-1} = \begin{pmatrix} F_{11}^{-1} & F_{21}^{-1} & 0 \\ F_{12}^{-1} & F_{22}^{-1} & 0 \\ 0 & 0 & 1 \end{pmatrix}_{xyz} \begin{pmatrix} F_{11}^{-1} & F_{12}^{-1} & 0 \\ F_{21}^{-1} & F_{22}^{-1} & 0 \\ 0 & 0 & 1 \end{pmatrix}_{xyz}$$

$$= \begin{pmatrix} C_{11}^{-1} & C_{12}^{-1} & 0 \\ C_{12}^{-1} & C_{22}^{-1} & 0 \\ 0 & 0 & 1 \end{pmatrix}_{xyz} \qquad (7.95)$$

여기서

$$C_{11}^{-1} = \left(F_{11}^{-1}\right)^2 + F_{12}^{-1} F_{21}^{-1} = 1 - 2CS\gamma + C^2\gamma^2$$

$$C_{21}^{-1}\left(= C_{12}^{-1}\right) = F_{12}^{-1} F_{11}^{-1} + F_{22}^{-1} F_{21}^{-1} = \left(C^2 - S^2\right)\gamma + SC\gamma^2$$

$$C_{22}^{-1} = \left(F_{12}^{-1}\right)^2 + \left(F_{22}^{-1}\right)^2 = 1 + 2CS\gamma + S^2\gamma^2$$

$$C_{13}^{-1} = C_{23}^{-1} = C_{31}^{-1} = C_{32}^{-1} = 0\,,\ \ C_{33}^{-1} = 1 \qquad (7.96)$$

[비고 : 위 식의 계산은 약간 길지만, 최종적으로 각 항마다 C' 및 S'를 포함하는 항은 모두 없어지고(단 $C^2 + S^2 = C'^2 + S'^2 = 1$를 이용) 지난 시간 t' 의존항은 오직 $\gamma = \gamma(t',\, t) = \int_{t'}^{t} \dot{\gamma}(t'')dt''$ 항 뿐이다.]

그리고 $\mathbf{C}^{-1}$의 고정 (x,y,z) Cartesian 성분에 대한 결과식 (7.95)~(7.96)을 Lodge 식 (7.53)에 대입하면 식 (7.87) 또한 증명된다.

별 해 회전 (기준)좌표계 $\overline{x}\,\overline{y}\,\overline{z}$에서의 $\mathbf{C}^{-1}$의 표현식 (7.84)에 두 좌표계 $(\overline{x}\,\overline{y}\,\overline{z})$와 $(x\,y\,z)$간의 텐서변환법칙(식 (1.158) 혹은 표 A1.1 참조)을 이용하여 증명해보기로 한다. 즉 회전좌표계 $\overline{x}\,\overline{y}\,\overline{z}$에서의 $\left(\mathbf{C}^{-1}\right)$의 $ij-$성분을 변환 후의 (공변)성분 $\overline{C}_{ij}^{-1}$로, 그리고 고정좌표계 $x\,y\,z$에서의 $\mathbf{C}^{-1}$의 $kl-$성분을 변환 전의 (공변)성분 C_{kl}^{-1}로 나타내면 행렬법에 의한 텐서변환법칙(1.7절 참조)에 의해 아래가 성립된다.

$$\overline{\mathbf{C}}^{-1} = \mathbf{A} \cdot \mathbf{C}^{-1} \cdot \mathbf{A}^{\mathrm{T}} \qquad \Leftrightarrow \qquad \mathbf{C}^{-1} = \mathbf{B}^{\mathrm{T}} \cdot \overline{\mathbf{C}}^{-1} \cdot \mathbf{B} \qquad (7.97)$$

여기서 공변 좌표변환행렬 $A=\left(a_i{}^j\right)=\left(\dfrac{\partial x^j}{\partial \overline{x}^i}\right)$, 반변 좌표변환행렬 $B=\left(b^i{}_j\right)=\left(\dfrac{\partial \overline{x}^i}{\partial x^j}\right)$ 이다. 그런데 현 문제처럼 두 Cartesian 좌표계간의 변환의 경우 $a_i{}^j=b^i{}_j=l_{ij}=\overline{\boldsymbol{e}}_i\cdot \boldsymbol{e}_j$ (식 (1.379) 참조)가 성립되며, $z=\overline{z}$축 주위로 좌표계를 반시계방향으로 각도 $\theta_t=t\Omega$ (여기서 Ω는 일정 각속도) 회전시의 (직교)좌표변환 행렬은 6.8절의 식 (6.283)으로 주어진다. 따라서 식 (7.97)의 두 번째 식으로부터 아래가 성립된다[단 $(\mathbf{C}^{-1})_{\overline{x}\overline{y}\overline{z}}$ 는 식 (7.84)를 대입].

$$(\mathbf{C}^{-1})=\begin{pmatrix} C_{11}^{-1} & C_{12}^{-1} & C_{13}^{-1} \\ C_{21}^{-1} & C_{22}^{-1} & C_{23}^{-1} \\ C_{31}^{-1} & C_{32}^{-1} & C_{33}^{-1}\end{pmatrix}_{xyz}=\begin{pmatrix} C & -S & 0 \\ S & C & 0 \\ 0 & 0 & 1\end{pmatrix}\begin{pmatrix} 1+\gamma^2 & \gamma & 0 \\ \gamma & 1 & 0 \\ 0 & 0 & 1\end{pmatrix}_{\overline{x}\overline{y}\overline{z}}=\begin{pmatrix} C & S & 0 \\ -S & C & 0 \\ 0 & 0 & 1\end{pmatrix}$$

$$=\begin{pmatrix} 1-2CS\gamma+C^2\gamma^2 & (C^2-S^2)\gamma+SC\gamma^2 & 0 \\ (C^2-S^2)\gamma+SC\gamma^2 & 1+2CS\gamma+S^2\gamma^2 & 0 \\ 0 & 0 & 1\end{pmatrix}_{xyz} \tag{7.98}$$

즉 마찬가지로 식 (7.86), 나아가 식 (7.87)이 증명된다[비고 : 식 (7.98)의 행렬법 대신 식 (7.97)의 두 번째 식에서 요소법인 $C_{ij}^{-1}=b^m{}_i b^n{}_j \overline{C}_{mn}^{-1}$(단 여기서 $b^i{}_j=a_i{}^j=l_{ij}=\overline{\boldsymbol{e}}_i\cdot \boldsymbol{e}_j$는 식 (6.283)에서 대입)에 의해서도 마찬가지 결과가 얻어진다.] ■

이제 위에서 얻어진 결과를 사용하여 Lodge 모델이 회전 (정상)전단흐름에 대해 '물질 객관성 (혹은 프레임 불변성)'을 만족시키는가를 조사해보자. 그러기 위해 x, y, z 고정 (기준)프레임으로 나타낸 (여분)응력텐서 식 (7.87)에서 $t=0$을 대입하면 아래가 된다(단 $t=0$일 때 $C=\cos\Omega t=1$, $S=\sin\Omega t=0$ 이용).

$$\boldsymbol{\tau}(0)=\int_{-\infty}^{0}\frac{\eta_0}{\lambda^2}e^{\frac{t'}{\lambda}}\begin{pmatrix} 1+\gamma^2 & \gamma & 0 \\ \gamma & 1 & 0 \\ 0 & 0 & 1\end{pmatrix}_{xyz}dt' \tag{7.99}$$

여기서 $\gamma=\gamma(t',t=0)=\dot{\gamma}_0\times(0-t')=-\dot{\gamma}_0 t'$이다. 이는 $t=0$일 때의 회전 프레임에서의 응력텐서 값 $\boldsymbol{\tau}(0)$(즉 식 (7.85)에 $t=0$을 대입)과 일치하므로 응력텐서의 '물질객관성'[즉 $\boldsymbol{\tau}=\overline{\tau}_{mn}\hat{\boldsymbol{e}}_{\overline{m}}\hat{\boldsymbol{e}}_{\overline{n}}$(회전계)$=\tau_{ij}\hat{\boldsymbol{e}}_i\hat{\boldsymbol{e}}_j$(고정계)가 성립]을 만족한다. 또한 전형적인 정상 전단흐름에 대한 대칭변형속도 텐서 $\dot{\boldsymbol{\gamma}}(=\nabla\boldsymbol{v}+(\nabla\boldsymbol{v})^{\mathrm{T}})$는 (고정)Cartesian 좌표계에서 아래의 형태를 가진다[식 (5.165)에서 $\dot{\zeta}(t)=\dot{\gamma}(t)=\dot{\gamma}_0=$ 일정 대입].

$$\dot{\gamma} = \begin{pmatrix} 0 & \dot{\gamma}_0 & 0 \\ \dot{\gamma}_0 & 0 & 0 \\ 0 & 0 & 0 \end{pmatrix}_{123} \tag{7.100}$$

그런데 식 (5.42)에서 $\mathbf{C}^{-1}(t', t)$의 t'에 대한 편미분의 $t' \to t$일 때의 극한 값이 $\dot{\gamma}(t)$를 주므로 식 (7.86)의 t'에 대한 편미분에서 $t' \to t$의 극한을 취하고[단 이때 $\gamma = \gamma(t', t) = \int_{t'}^{t} \dot{\gamma}(t'')\, dt''$ $= \dot{\gamma}_0 \times (t - t')$는 0이 되고, 또한 γ 및 γ^2에 대한 미분은 각각 $\dot{\gamma}(t) = \dot{\gamma}_0$ 및 0이 됨], $t = 0$을 대입하면 $C = 1$, $S = 0$이 되므로 식 (7.100)과 같은 결과가 얻어짐을 알 수 있다.

한편 $t = 0$일 때의 $\boldsymbol{\tau}(0)$에 관한 식 (7.99)(또는 식 (7.85)에 $t = 0$ 대입)로부터 정상상태의 SSF에 관한 3 물질함수를 구하기 위해 전단응력 $\tau_{12} = \tau_{21}$, 3 법선응력 τ_{11}, τ_{22} 및 τ_{33}을 구하면 각각 아래가 된다[단 $t = 0$일 때의 $\gamma (= \gamma(t', t)) = -\dot{\gamma}_0 t'$를 대입함].

$$\tau_{21} (= \tau_{12}) = \int_{-\infty}^{0} \frac{\eta_0}{\lambda^2} e^{\frac{t'}{\lambda}} \left(-\dot{\gamma}_0 t'\right) dt' = \eta_0 \dot{\gamma}_0 \tag{7.101}$$

$$\tau_{11} = \int_{-\infty}^{0} \frac{\eta_0}{\lambda^2} e^{\frac{t'}{\lambda}} \left[1 + \left(-\dot{\gamma}_0 t'\right)^2\right] dt' = \frac{\eta_0}{\lambda}\left(1 + 2\lambda^2 \dot{\gamma}_0^2\right) \tag{7.102}$$

$$\tau_{22} = \tau_{33} = \int_{-\infty}^{0} \frac{\eta_0}{\lambda^2} e^{\frac{t'}{\lambda}}\, dt' = \frac{\eta_0}{\lambda} (= G_0) \tag{7.103}$$

따라서 정상 전단흐름에 대한 Lodge (적분)모델로 계산된 $t = 0$에서의 3 물질함수는 각각 아래가 된다[문 7.2 참조].

$$\eta \equiv \frac{\tau_{21}}{\dot{\gamma}_0} = \eta_0 (= \lambda G_0), \quad \Psi_1 \equiv \frac{\tau_{11} - \tau_{22}}{\dot{\gamma}_0^2} = 2\lambda\eta_0, \quad \Psi_2 \equiv \frac{\tau_{22} - \tau_{33}}{\dot{\gamma}_0^2} = 0 \tag{7.104}$$

7.4.2 미분형 Lodge 구성식 - 위 흐름변형 Maxwell 모델

식 (7. 53)으로 나타낸 적분형 Lodge 구성식은 아래와 같은 미분형 Lodge 구성식으로 나타낼 수도 있다.

$$\boldsymbol{\tau} + \lambda \overset{\triangledown}{\boldsymbol{\tau}} = \frac{\eta_0}{\lambda} \mathbf{I} \tag{7.105}$$

위 식에서 $\overset{\triangledown}{\boldsymbol{\tau}}$는 2차 텐서 $\boldsymbol{\tau}$에 대한 '위 흐름변형(upper-convected)'시간미분 연산으로서 표 7.2에 정의되어 있다(단 $\mathbf{A}$ 대신 $\boldsymbol{\tau}$ 대입). 그리고 $\mathbf{I}$는 성분으로서 δ_{ij}를 갖는 단위 (등방)텐서이다.

(증명) 식 (7.53)의 양변을 t에 대해 미분하고, Leibnitz 공식(A6.22)을 이용하면 아래를 얻는다.

$$\frac{d\boldsymbol{\tau}}{dt}=\frac{d}{dt}\int_{-\infty}^{t}\frac{\eta_0}{\lambda^2}e^{-\frac{(t-t')}{\lambda}}\mathbf{C}^{-1}(t',t)\,dt'$$

$$=\int_{-\infty}^{t}\frac{\partial}{\partial t}\left[\frac{\eta_0}{\lambda^2}e^{-\frac{(t-t')}{\lambda}}\mathbf{C}^{-1}(t',t)\right]dt'+\left[\frac{\eta_0}{\lambda^2}e^{-\frac{(t-t')}{\lambda}}\mathbf{C}^{-1}(t',t)\right]\Bigg|_{t'=t}$$

$$=\frac{\eta_0}{\lambda^2}\mathbf{I}+\int_{-\infty}^{t}\frac{\eta_0}{\lambda^2}e^{-\frac{(t-t')}{\lambda}}\frac{\partial\mathbf{C}^{-1}(t',t)}{\partial t}dt'-\frac{1}{\lambda}\boldsymbol{\tau}\;\;(\because \mathbf{C}^{-1}(t,t)=\mathbf{I}) \tag{7.106}$$

여기서 $\partial\mathbf{C}^{-1}(t',t)/\partial t$를 표 4.2에서 대입하여 적분을 행하면 아래를 얻는다.

$$\frac{d\boldsymbol{\tau}}{dt}=\frac{\eta_0}{\lambda^2}\mathbf{I}+\int_{-\infty}^{t}\frac{\eta_0}{\lambda^2}e^{-\frac{(t-t')}{\lambda}}\times\left[(\nabla\boldsymbol{v})^{\mathrm{T}}\cdot\mathbf{C}^{-1}(t',t)+\mathbf{C}^{-1}(t',t)\cdot\nabla\boldsymbol{v}\right]dt'-\frac{1}{\lambda}\boldsymbol{\tau}$$

$$=\frac{\eta_0}{\lambda^2}\mathbf{I}+(\nabla\boldsymbol{v})^{\mathrm{T}}\cdot\boldsymbol{\tau}+\boldsymbol{\tau}\cdot\nabla\boldsymbol{v}-\frac{1}{\lambda}\boldsymbol{\tau}\;\;(\because \nabla\boldsymbol{v}\text{는 } t' \text{ 무관}) \tag{7.107}$$

여기서 $\frac{d\boldsymbol{\tau}}{dt}=\frac{D\boldsymbol{\tau}}{Dt}$로 두고($\because$ $\frac{D}{Dt}$의 정의에서 $\frac{\partial\boldsymbol{\tau}}{\partial t}=\mathbf{0}$으로 간주), 양변을 λ로 곱하고 표 4.2에서의 $\overset{\triangledown}{\boldsymbol{\tau}}$의 정의를 이용하면 아래 식을 얻어 증명된다.

$$\boldsymbol{\tau}+\lambda\overset{\triangledown}{\boldsymbol{\tau}}=\frac{\eta_0}{\lambda}\mathbf{I}\qquad\blacksquare$$

한편 식 (7.105)를 약간 변형, 즉 $\boldsymbol{\zeta}\equiv\boldsymbol{\tau}-(\eta_0/\lambda)\mathbf{I}$로 정의되는 새로운 대칭 응력텐서 $\boldsymbol{\zeta}$를 사용하면 아래의 변환된 미분형 구성방정식을 얻는다.

$$\boldsymbol{\zeta}+\lambda\overset{\triangledown}{\boldsymbol{\zeta}}=\eta_0\dot{\boldsymbol{\gamma}} \tag{7.108}$$

[비고 : 이 식의 증명은 식 (7.105)에서 $\boldsymbol{\tau}=\boldsymbol{\zeta}+(\eta_0/\lambda)\mathbf{I}$를 대입하고, $\overset{\triangledown}{\mathbf{I}}=-\dot{\gamma}=-\left[\nabla \boldsymbol{v}+(\nabla \boldsymbol{v})^{\mathrm{T}}\right]$를 이용하면 쉽게 증명된다.]

여기서 식 (7.105) 대신 식 (7.108)에서 $\boldsymbol{\zeta}$를 $\boldsymbol{\tau}$로 치환한 아래의 소위 '위 흐름변형 맥스웰(upper convected Maxwell, UCM)' 미분형 구성방정식이 '물질객관성'을 만족하므로 보다 널리 사용된다.

$$\boldsymbol{\tau}+\lambda \overset{\triangledown}{\boldsymbol{\tau}}=\eta_0 \dot{\gamma} \tag{7. 109}$$

이 식은 $\overset{\triangledown}{\boldsymbol{\tau}}$ 대신 단순히 시간에 대한 편미분(즉 $\partial \boldsymbol{\tau}/\partial t$)으로 단순 미분형 Maxwell 구성식 (6.166)보다 훨씬 향상된 구성방정식으로서, 적분형 Lodge 구성식 (7.53)의 예측과 비교적 잘 일치한다.

7. 4. 3 다른 Lodge형 구성방정식

적분형 Lodge 구성방정식에 이용된 유한변형의 척도인 (대칭)Finger 변형률 텐서 $\mathbf{C}^{-1}$ 대신 이의 역에 해당하는 (대칭)Cauchy 변형률 텐서 $\mathbf{C}$를 이용하면 아래의 소위 '코쉬-맥스웰(Cauchy-Maxwell)' 적분형 구성방정식이 얻어진다.

$$\boldsymbol{\tau}(t)=-\int_{-\infty}^{t} \frac{\eta_0}{\lambda^2} e^{-\frac{(t-t')}{\lambda}} \mathbf{C}(\mathrm{t}, \mathrm{t}')\,\mathrm{dt}' \tag{7. 110}$$

이 구성식은 아래 예제 7.6에서 보듯이 정상(steady) 전단흐름(SSF)에 대하여 0이 안되는 제 2 법선 응력차 계수(Ψ_2)를 예측하므로 Lodge (적분)모델의 약점을 극복했으나, 예상된 Ψ_2의 크기가 실제보다 너무 커서 현재는 별로 이용되고 있지 않는 실정이다. 그리고 식 (7.110)에 대응하는 '미분형 코쉬-맥스웰' 모델은 식 (7.105)와 유사하여 아래가 된다.

$$\boldsymbol{\tau}+\lambda \overset{\triangle}{\boldsymbol{\tau}}=-\frac{\eta_0}{\lambda^2}\mathbf{I} \tag{7. 111}$$

여기서 $\overset{\triangle}{\boldsymbol{\tau}}$는 2차 텐서 $\boldsymbol{\tau}$에 대한 '아래 흐름변형(lower convected)' 시간미분 연산으로서 역시 표 7.2에 정의되어 있다(단 $\mathbf{A}$ 대신 $\boldsymbol{\tau}$대입).

증명 식 (7.110)은 양변을 t에 대해 미분하고, 역시 Leibnitz 공식을 이용하면 아래를 얻는다..

$$-\frac{d\boldsymbol{\tau}}{dt}=\frac{d}{dt}\int_{-\infty}^{t}\frac{\eta_0}{\lambda^2}e^{-\frac{(t-t')}{\lambda}}\mathbf{C}(t,t')dt'$$

$$=\int_{-\infty}^{t}\frac{\partial}{\partial t}\left[\frac{\eta_0}{\lambda^2}e^{-\frac{(t-t')}{\lambda}}\mathbf{C}(t,t')\right]dt'+\left[\frac{\eta_0}{\lambda^2}e^{-\frac{(t-t')}{\lambda}}\mathbf{C}(t,t')\right]\Bigg|_{t'=t}$$

$$=\frac{\eta_0}{\lambda^2}\mathbf{I}+\int_{-\infty}^{t}\frac{\eta_0}{\lambda^2}e^{-\frac{(t-t')}{\lambda}}\frac{\partial\mathbf{C}(\mathrm{t},\mathrm{t}')}{\partial t}dt'-\frac{1}{\lambda}\boldsymbol{\tau}\quad(\because\mathbf{C}(t,t)=\mathbf{I})\tag{7.112}$$

여기서 $\partial\mathbf{C}(t,t')/\partial t$를 표 4.2에서 대입하여 적분을 행하면 아래를 얻는다.

$$-\frac{d\boldsymbol{\tau}}{dt}=\frac{\eta_0}{\lambda^2}\mathbf{I}+\int_{-\infty}^{t}\frac{\eta_0}{\lambda^2}e^{-\frac{(t-t')}{\lambda}}\times\left[-\mathbf{C}\cdot(\nabla\boldsymbol{v})^{\mathrm{T}}-\nabla\boldsymbol{v}\cdot\mathbf{C}\right]dt'+\frac{1}{\lambda}\boldsymbol{\tau}$$

$$=\frac{\eta_0}{\lambda^2}\mathbf{I}+\boldsymbol{\tau}\cdot(\nabla\boldsymbol{v})^{\mathrm{T}}+\nabla\boldsymbol{v}\cdot\boldsymbol{\tau}+\frac{1}{\lambda}\boldsymbol{\tau}\quad(\because\nabla\boldsymbol{v}\text{는 }t'\text{에 무관})\tag{7.113}$$

여기서 $\frac{d\boldsymbol{\tau}}{dt}=\frac{D\boldsymbol{\tau}}{Dt}$로 두고($\because\frac{\partial\boldsymbol{\tau}}{\partial t}=0$으로 간주), 양변을 λ로 곱하고 표 4.2에서의 $\overset{\triangle}{\boldsymbol{\tau}}$의 정의를 이용하면 아래 식을 얻어 증명된다.

$$\boldsymbol{\tau}+\lambda\overset{\triangle}{\boldsymbol{\tau}}=-\frac{\eta_0}{\lambda^2}\mathbf{I}\qquad\blacksquare$$

한편 식 (7.108)의 경우와 유사하게 $\boldsymbol{\zeta}\equiv\boldsymbol{\tau}+(\eta_0/\lambda)\mathbf{I}$로 정의되는 새로운 대칭 응력텐서 $\boldsymbol{\zeta}$를 사용하면 아래의 변환된 미분형 구성방정식을 얻는다.

$$\boldsymbol{\zeta}+\lambda\overset{\triangle}{\boldsymbol{\zeta}}=\eta_0\dot{\boldsymbol{\gamma}}\tag{7.114}$$

[비고 : 역시 증명은 식 (7.111)에서 $\boldsymbol{\tau}=\boldsymbol{\zeta}-(\eta_0/\lambda)\mathbf{I}$를 대입하고, $\overset{\triangle}{\mathbf{I}}=\dot{\boldsymbol{\gamma}}(=\nabla\boldsymbol{v}+(\nabla\boldsymbol{v})^{\mathrm{T}})$인 것을 이용하면 쉽게 증명된다].

여기서 $\boldsymbol{\zeta}$ 대신 $\boldsymbol{\tau}$를 대입하여 얻어지는 아래의 소위 '아래 흐름변형 맥스웰(lower convected Maxwell)' 미분형 구성방정식이 물질 객관성을 만족하므로 식 (7.111)보다 널리 사용된다.

$$\boldsymbol{\tau}+\lambda\overset{\triangle}{\boldsymbol{\tau}}=\eta_0\dot{\gamma}_0\tag{7.115}$$

이 식 역시 $\overset{\triangle}{\boldsymbol{\tau}}$ 대신 단순히 시간 편미분 $(\partial \boldsymbol{\tau}/\partial t)$로 나타낸 단순 미분형 Maxwell 구성식 (6.166)보다 훨씬 향상된 구성식으로서, 식 (7.109)과 마찬가지로 적분형 Lodge 모델 (7.53)의 예측과 비교적 잘 일치한다.

예제 7.6

적분형 Cauchy-Maxwell 구성식 (7.110)을 사용하여 정상(steady) 전단흐름(SSF) 물질함수 $\eta(\dot{\gamma}_0)$, $\Psi_1(\dot{\gamma}_0)$ 및 $\Psi_2(\dot{\gamma}_0)$를 계산하여라.

풀이

정상상태의 속도장($\boldsymbol{v}$)은 식 (5.114)에서 $\dot{\zeta}(t)=\dot{\gamma}_0$을 둠으로써 Cartesian 좌표계에서 아래가 된다.

$$\boldsymbol{v}=\begin{pmatrix}\dot{\gamma}_0 x_2 \\ 0 \\ 0\end{pmatrix}_{123} \tag{7.116}$$

그리고 정상 SSF에 대한 코쉬 변형률 텐서 $\mathbf{C}(t,t)$는 표 7.1에서 아래가 된다.

$$\mathbf{C}(t,t')=\begin{pmatrix}1 & -\gamma & 0 \\ -\gamma & 1+\gamma^2 & 0 \\ 0 & 0 & 1\end{pmatrix}_{123} \tag{7.117}$$

여기서 $\gamma=\gamma(t',t)=\int_{t'}^{t}\dot{\gamma}(t'')\,dt''=\dot{\gamma}_0\times(t-t')$이다.

이들 관계식을 코쉬-맥스웰 구성식 (7.110)에 대입하면 아래가 된다.

$$\boldsymbol{\tau}(t)=-\int_{-\infty}^{t}\frac{\eta_0}{\lambda^2}e^{-\frac{(t-t')}{\lambda}}\begin{pmatrix}1 & -\gamma & 0 \\ -\gamma & 1+\gamma^2 & 0 \\ 0 & 0 & 1\end{pmatrix}_{123} dt' \tag{7.118}$$

여기서 먼저 전단응력 $\tau_{21}=\tau_{12}$를 계산하면 아래가 된다[단 $\gamma=\gamma(t',t)=\dot{\gamma}\times(t-t')$를 대입].

$$\tau_{21}(=\tau_{12})=-\int_{-\infty}^{t}\frac{\eta_0}{\lambda^2}e^{-\frac{(t-t')}{\lambda}}(-\gamma)\,dt'=\frac{\eta_0\dot{\gamma}_0}{\lambda^2}\int_{-\infty}^{t}e^{-\frac{(t-t')}{\lambda}}(t-t')\,dt'$$

$$=\frac{\eta_0\dot{\gamma}_0}{\lambda^2}\int_{0}^{\infty}e^{-\frac{s}{\lambda}}\times s\,ds \quad (\because t-t'=s \text{ 치환}) \tag{7.119}$$

여기서 $u=s$, $v=-\lambda e^{-s/\lambda}$로 두고 부분적분을 행하면 아래가 된다(식 (A6.21)참조).

$$\tau_{21}(=\tau_{12})=\frac{\eta_0\dot{\gamma}_0}{\lambda^2}\left[s(-\lambda e^{-s/\lambda})|_0^\infty+\lambda\int_0^\infty e^{-s/\lambda}ds\right]=\eta_0\dot{\gamma}_0 \tag{7.120}$$

따라서 이 모델에 의한 전단점도 η는 아래가 된다.

$$\eta\equiv\frac{\tau_{21}}{\dot{\gamma}_0}=\eta_0(=\lambda G_0)=\text{상수} \tag{7.121}$$

다음에는 법선응력 $\tau_{11}=\tau_{33}$을 구하면 아래가 된다.

$$\tau_{11}=\tau_{33}=-\int_{-\infty}^{t}\frac{\eta_0}{\lambda^2}e^{-\frac{(t-t')}{\lambda}}dt'=-\frac{\eta_0}{\lambda^2}\int_0^\infty e^{-s/\lambda}ds=-\frac{\eta_0}{\lambda}(=-G_0) \tag{7.122}$$

다음에 τ_{22}를 구하면 아래가 된다[단 $\gamma=\gamma(t',t)=\dot{\gamma}_0\times(t-t')$ 대입].

$$\tau_{22}=-\int_{-\infty}^{t}\frac{\eta_0}{\lambda^2}e^{-\frac{(t-t')}{\lambda}}\times(1+\gamma^2)\,dt'=-\frac{\eta_0}{\lambda^2}\int_{-\infty}^{t}e^{-\frac{(t-t')}{\lambda}}\left[1+\dot{\gamma}_0^2\times(t-t')^2\right]dt'$$

$$=-\frac{\eta_0}{\lambda^2}\int_0^\infty e^{-s/\lambda}\left[1+\dot{\gamma}_0^2s^2\right]ds\ (\because t-t'=s\ \text{치환}) \tag{7.123}$$

역시 이 적분에 대해 부분적분을 행하고 정리하면 아래의 결과를 얻는다.

$$\tau_{22}=-\eta_0\times\left(\frac{1}{\lambda}+2\lambda\dot{\gamma}_0^2\right) \tag{7.124}$$

따라서 제 1 및 제 2 법선응력차 계수 Ψ_1 및 Ψ_2는 각각 아래가 된다.

$$\Psi_1\equiv\frac{\tau_{11}-\tau_{22}}{\dot{\gamma}_0^2}=2\lambda\eta_0,\quad \Psi_2\equiv\frac{\tau_{22}-\tau_{33}}{\dot{\gamma}_0^2}=-2\lambda\eta_0 \tag{7.125}$$

이 결과를 보면 $\Psi_2=-\Psi_1(\neq 0)$는 음의 값을 만족하나 통상 $\Psi_2\fallingdotseq-0.1\Psi_1$ 범위인 것을 감안하면 이 모델은 너무 큰 Ψ_2 값(단 음의 부호는 정확)을 예측한다.

다음에는 식 (7.53)이나 (7.110)과 같은 (1요소)단순 Maxwell 적분형 모델보다는 GLVE 모델 (6.207)에 '프레임 불변성'을 고착시킴으로써 보다 일반적인 Lodge형 모델을 만들 수 있다. 즉 식 (7.4)의 미소 변형률 텐서 $\boldsymbol{\gamma}(t,t')$를 Finger (객관성) 텐서인 $\mathbf{C}^{-1}(t',t)$로 치환하면 아래와 같은

'Lodge 고무상 액체(rubberlike liquid) 모델'을 얻는다.

$$\boldsymbol{\tau}(t) = \int_{-\infty}^{t} M(t-t')\mathbf{C}^{-1}(t', t)dt' \tag{7.126}$$

여기서 (쇠퇴성)기억함수 $M(t-t')$는 식 (7.5)에 정의되어 있다. 만약 전단완화 탄성계수 $G(t)$에 대해 단순 Maxwell 모델의 식 (6.61) 대신 일반 (N요소) Maxwell 모델 (6.85)를 사용한다면 아래의 두 식이 성립될 것이다.

$$G(t-t') = \sum_{k=1}^{N}\left(\frac{\eta_k}{\lambda_k}\right)e^{-\frac{(t-t')}{\lambda_k}} \tag{7.127}$$

이로부터

$$M(t-t') = \frac{dG(t-t')}{d(t-t')} = -\sum_{k=1}^{N}\left(\frac{\eta_k}{\lambda_k^2}\right)e^{-\frac{(t-t')}{\lambda_k}} \tag{7.128}$$

이 기억함수를 가진 Lodge 고무상 액체 모델은 적어도 선형점탄성 거동은 정확히 예측할 수 있다.

지금까지 논의된 Lodge 형 모델은 모두 전단응력 τ_{21}과 전단속도 $\dot{\gamma}_{21}$이 직선관계인 구성방정식을 기초로 하고 있으므로 외관상 '준선형(quasi-linear) 모델'이나 실제는 (유한)변형의 척도인 Finger($\mathbf{C}^{-1}$) 및 Cauchy($\mathbf{C}$) 대칭텐서가 $\dot{\gamma}_{21}$에 있어서 비선형이므로 전체적으로는 비선형 모델이라고 할 수 있다. 이 외에도 가령 기억함수 $M(t-t')$를 시간 (t)과 대칭변형속도 텐서 $\dot{\boldsymbol{\gamma}}$의 (스칼라)불변량(invariants)의 동시함수로 대체하거나, 또한 유한변형의 척도로서 $\mathbf{C}^{-1}$과 $\mathbf{C}$를 동시에 포함하는 것과 같은 변형된 Lodge형 적분모델이 가능하겠으나 이에 대해서는 7.5.1.3절에서 논하기로 한다.

■ 7.5 구성방정식의 연속체 접근법

실제 비뉴톤 유체의 응력과 변형관계를 어느정도 정확히 예측하기 위해서는 높은 변형이나 변형속도(즉 비선형 점탄성 영역)에서도 유효한 (객관성)구성방정식 모델을 개발해야 한다. 지금까지 언급된 여러 모델 중 특히 선형점탄성(GLVE) 모델은 높은 변형속도 영역에서는 적용되지 못하며, 또한 Maxwell (적분)모델은 일반흐름(general flow)의 경우에는 부적절하다. 즉 지금까지 소개된 비뉴톤 유체에 관한 구성방정식 모델은 탄성에 관련된 법선응력(normal stress) 효과와 전단 얇아짐(shear-thinning) 현상을 동시에 설명할 수 없었다.

비록 이 책에서는 지면 관계상 높은 변형속도에 있는 고분자 유체의 레올로지 거동의 예측 등에 이용될 수 있는 정확한 비선형 점탄성 구성방정식 모델에 관하여 자세하게 기술할 수는 없으나, 몇 가지 중요한 관계를 다루는 것은 도움이 될 것이다. 그래서 우선 이 절에서는 레올로지 구성방정식에 대해 지금까지 다루어온 방법 외의 또 다른 두 대표적인 접근방법 중의 하나인 '연속체 접근(continuum approach)'에 대하여, 그리고 7.6절에서는 특히 고분자 레올로지 등에 이용되는 '분자론적 모델링 접근(member modeling approach)'에 대하여 요점만 간단히 논하기로 한다.

사실 지금까지 논의해 온 접근법은 대부분 '연속체 역학(continuum mechanics)'에 기초를 두고 있다. 즉 처음에는 많은 간단한 유체에 대하여 적용되는 뉴톤 모델(5.45)로부터 시작하여, 비뉴톤 유체에도 적용 가능한 일반뉴톤유체(GNF) 모델(5.303)로 확장하였다. 나아가 높은 변형속도의 비선형 점탄성을 설명하기 위하여 단순한 시간미분 대신에 '물질 객관성'을 만족하는 '흐름변형(convected) 시간미분'(연산자)를 도입하였다.

그러나 이들 대부분은 전단완화 탄성계수 $G(t)$로서 식 (6.61) 또는 (6.85)를 사용하는 Maxwell (적분)모델에 기초를 두고 있다. 그런데 이 모델은 원래 전단응력 τ_{21}과 변형속도 $\dot{\gamma}_{21}$이 직선관계에 있는 선형 모델이다. 그래서 이 절에서는 우선 가장 간단한 선형 모델로부터 출발하여 조금씩 복잡성(혹은 비선형성)을 더해가면서 최종적으로는 높은 변형속도의 비선형 점탄성에 유효한 비선형 모델을 개발해 나가는데 초점을 두기로 한다. 그래서 7.5.1절에서는 Maxwell 모델 이외의 선형 스칼라 모델 및 준선형 (3차원)텐서형 모델(quasi-linear tensorial model)을 소개하고, 거기에 '흐름변형 시간미분' 및 비선형 변형률 텐서 등을 도입함으로써 새로운 비선형 구성방정식을 구축한다. 그리고 7.5.2 및 7.5.3절에서는 보다 복잡한 비선형 미분형 또는 적분형 구성방정식을 소개하기로 한다.

7.5.1 선형 및 준선형 모델

(1차원)미분형 단순 Maxwell 구성식 (6.52)는 전단응력 τ_{21}, 변형속도 $\dot{\gamma}_{21}$ 및 또 다른 선형항인 $\partial\tau_{21}/\partial t$를 포함하는 선형 모델이다. 그런데 Maxwell 모델에서 빠진 또 다른 선형항은 $\partial\dot{\gamma}_{21}/\partial t$일 것이다. 그래서 아래에서처럼 Maxwell 모델에 이 항을 더한 것을 'Jeffreys 모델(스칼라 버전)'이라고 한다.

$$\tau_{21} + \lambda_1 \frac{\partial\tau_{21}}{\partial t} = \eta_0\left(\dot{\gamma}_{21} + \lambda_2 \frac{\partial\dot{\gamma}_{21}}{\partial t}\right) \tag{7. 129}$$

이 식에서 보듯이 Jeffreys 모델은 두 개의 시간상수 λ_1 및 λ_2를 가지는데 각각 '완화시간(relaxation time)' 및 '지연시간(retardation time)'이라고 하며, η_0는 (뉴톤)점도 파라미터이다. 이 모델은 6.2.4절에서 설명한 3요소 스프링-대쉬폿 모델 중 그림 6.13a에 속하며 구성식은 (6.72a)에 해당된다.

그런데 1차원의 식 (7.129)를 3차원 텐서 형태로 바꿈에 있어서 단순 Maxwell 모델이나 일반선형점탄성(GLVE) 모델이 겪는 '프레임 불변의 결여' 문제(6.8절 참조) 때문에 이 장의 앞에서 설명한 바와 같이 단순시간 편미분을 표 7.2에 나타낸 '흐름변형(convected)' 시간미분 연산자 중 어느 하나로 대체해야 할 것이다. 따라서 식 (7.129)의 3차원 텐서 형태를 '위 흐름변형(upper-convected)' 시간미분 연산자 ∇(식 7.130) 및 '아래 흐름변형(lower-convected)' 시간미분 연산자 $\triangle$(식 7.131)를 사용하여 아래와 같이 나타낸 것을 각각 'upper-convected Jeffreys 모델' 또는 'Oldroyd B 유체' 및 'lower-convected Jeffreys 모델' 또는 'Oldroyd A 유체 모델'이라고 한다.

$$\boldsymbol{\tau} + \lambda_1 \overset{\triangledown}{\boldsymbol{\tau}} = \eta_0 \left(\dot{\gamma} + \lambda_2 \overset{\triangledown}{\dot{\boldsymbol{\gamma}}} \right) \tag{7. 130}$$

$$\boldsymbol{\tau} + \lambda_1 \overset{\triangle}{\boldsymbol{\tau}} = \eta_0 \left(\dot{\gamma} + \lambda_2 \overset{\triangle}{\dot{\boldsymbol{\gamma}}} \right) \tag{7. 131}$$

이들 수정 Jeffreys 미분 모델들은 대칭변형속도 텐서 $\dot{\boldsymbol{\gamma}}(= \nabla \boldsymbol{v} + (\nabla \boldsymbol{v})^{\mathrm{T}})$에 대한 흐름변형(convected) 시간미분 연산자를 통하여 속도장 기울기 $\nabla \boldsymbol{v}$의 비선형항을 포함하므로 이미 선형 모델은 아니다. 따라서 Bird 등은 이를 '준선형(quasi-linear) 모델'이라고도 부른다.

위 두 식 중 특히 Oldroyd A(혹은 아래 흐름변형 Jeffreys) 모델은 정상 SSF에 대한 제 2 법선응력차 계수 Ψ_2의 과다 예측 등과 같은 비교적 많은 결함 때문에 오늘날 별로 사용되지 않는다. 반면에 Oldroyd B(혹은 위 흐름변형 Jeffreys) 모델은 일정 점도 및 0이 아닌 제 1 법선응력차 계수 Ψ_1의 예측 등에서 원 Jeffreys 모델에 많이 유사하나, (단순)신장흐름(SEF)에 대한 예측에서는 서로 약간 다르다. 즉 원 Lodge 모델은 전단속도($\dot{\gamma}$)가 증가할 때 신장점도(η_E)가 증가하는 소위 '인장 두꺼워짐(tension-thickening) 효과'를 나타내나, 반면에 Oldroyd B 모델은 $\lambda_1 > \lambda_2$인 경우엔 인장 두꺼워짐 효과를, 그리고 $\lambda_1 = \lambda_2$인 경우에는 일정 신장점도를 나타낸다. 또한 $\lambda_1 < \lambda_2$인 경우에는 Oldroyd B 모델은 음의 제 1 법선응력차(즉 $N_1 < 0$)를 예측한다. 특히 Oldroyd B 모델은 소위 'Boger 유체'[즉 점도는 거의 뉴톤성에 가까우나 현저한 법선응력(혹은 탄성) 효과를 나타내는 유체]에 널리 이용된다.

여기서 우리는 일반적인 고분자 유체가 나타내는 '전단 묽어짐(shear-thinning) 효과'와 0이 아닌 제 1 법선응력차 (계수)를 예측할 수 있는 구성방정식을 찾아야 하는데, 우선 식 (7.129)로 나타낸 Jeffreys 선형 모델(3차원 버전)에 약간의 항(가령 단순시간 편미분 대신 흐름변형 시간미분 연산자의 도입 등)을 추가하여 프레임 불변성(혹은 물질 객관성) 및 전단 묽어짐 효과를 동시에 나타낼 수 있는 구성방정식을 만들기를 원한다.

그러나 유감스럽게도 이 방법은 본질적으로 다른 (만족스러운)구성방정식을 만드는데 있어서 성공적이지 못하다. 그래서 이하에서는 아래로 나타낸 3차원 Jeffreys 미분 모델의 적분버전을 구해 보기로 한다.

$$\boldsymbol{\tau} + \lambda_1 \frac{\partial \boldsymbol{\tau}}{\partial t} = \eta_0 \left(\dot{\boldsymbol{\gamma}} + \lambda_2 \frac{\partial \dot{\boldsymbol{\gamma}}}{\partial t} \right) \tag{7. 132}$$

비록 위 식은 미소변형에만 유효한 '비객관성'인 대칭 변형률 텐서 $\boldsymbol{\gamma}$에 기초를 두고 있으나, 나중에 객관성을 만족하는 유한 (비선형)변형률 텐서인 $\mathbf{C}$나 $\mathbf{C}^{-1}$로 바꾸면 되므로 우선 위 식의 적분버전을 구해보자. 지금 6.6.1절에 기술한 단순 Maxwell 미분 모델은 적분형(식 (6.167))으로 바꿀 때 사용된 기법인 식 (7.132)로 나타낸 시간 t에 대한 상미분 방정식의 해 $\boldsymbol{\tau}(t)$를 적분인자법 (A6.2.2절 참조)으로 구하면 아래가 된다[단 $P(t) = \frac{1}{\lambda_1}$, $Q(t) = \frac{\eta_0}{\lambda_1}\left(\dot{\boldsymbol{\gamma}} + \lambda_2 \frac{\partial \dot{\boldsymbol{\gamma}}}{\partial t} \right)$를 대입].

$$d(\boldsymbol{\tau}(t)\,\mathrm{I}(t)) = \frac{\eta_0}{\lambda_1}\left(\dot{\boldsymbol{\gamma}} + \lambda_2 \frac{\partial \dot{\boldsymbol{\gamma}}}{\partial t} \right) \mathrm{I}(t)\, dt \tag{7. 133}$$

여기서 적분인자 $\mathrm{I}(t) = e^{t/\lambda_1}$이다. 여기서 양변에 대해 $-\infty \sim t$까지 정적분을 행하고 $\boldsymbol{\tau}(-\infty) = \mathbf{0}$으로 가정하면 아래를 얻는다.

$$\boldsymbol{\tau}(t) = \int_{-\infty}^{t} \frac{\eta_0}{\lambda_1} e^{-\frac{(t-t')}{\lambda_1}} \dot{\boldsymbol{\gamma}}(t')\, dt' + e^{-t/\lambda_1} \int_{-\infty}^{t} \frac{\lambda_2 \eta_0}{\lambda_1} e^{t'/\lambda_1} \frac{\partial \dot{\boldsymbol{\gamma}}(t')}{\partial t'}\, dt' \tag{7. 134}$$

여기서 다시 위 식의 우변의 두 번째 적분에 대해 식 (A6.21)의 부분적분 공식[단 $u(t') = e^{t'/\lambda_1}$, $v(t') = \dot{\boldsymbol{\gamma}}(t')$ 등]을 이용하고, 역시 $\dot{\boldsymbol{\gamma}}(-\infty)$ 값이 유한이라고 가정하면 목적하는 아래의 '적분형 Jeffreys 모델'을 얻는다.

$$\boldsymbol{\tau}(t) = \int_{-\infty}^{t} \left[\frac{\eta_0}{\lambda_1}\left(1 - \frac{\lambda_2}{\lambda_1}\right) e^{-\frac{(t-t')}{\lambda_1}} \right] \dot{\boldsymbol{\gamma}}(t')\, dt' + \frac{\lambda_2 \eta_0}{\lambda_1} \dot{\boldsymbol{\gamma}}(t) \tag{7. 135}$$

[비고 : 위 식의 역 증명은 식 (7.135)를 시간에 대해 (편)미분하고, Leibnitz 공식(A6.22)을 이용하면 식 (7.132)가 얻어진다.]

식 (7.135)를 보면 이는 두 모델 즉 일정점도 $\lambda_2\eta_0/\lambda_1$을 가진 뉴톤모델 (5.45)과 우변 첫 번째 적분식의 괄호 [⋯]안에 주어진 것과 같은 완화 전단탄성계수 $G(t-t')$를 가진 GLVE 모델(6.207)의 합으로 구성되어 있다. 만약 위 식의 오른편 2항을 아래와 같이 한 개의 결합된 완화계수 $G(t-t')$으로 나타내면 식 (7.135)로 표현된 적분형 Jeffreys 모델은 또 다른 GLVE 모델로 간주될 수 있다.

$$\tau(t) = \int_{-\infty}^{t} G(t-t')\dot{\gamma}(t')dt' \tag{7.136}$$

여기서

$$G(t-t') = \left[\frac{\eta_0}{\lambda_1}\left(1-\frac{\lambda_2}{\lambda_1}\right)e^{-\frac{(t-t')}{\lambda_1}}\right] + 2\frac{\eta_0\lambda_2}{\lambda_1}\delta(t-t') \tag{7.137}$$

증명 $x=0$일 때는 (∞로)발산하고, $x \neq 0$일 때는 0의 값을 갖는 초함수(distribution)인 (1차원)디락 델타(Dirac delta) 함수 $\delta(x)$[즉 $x\delta(x)=0$](3차원 버전은 식 (2.404) 참조)는 아래와 같이 정의될 수도 있다.

$$\delta(x) = \lim_{n\to\infty}\sqrt{\frac{n}{\pi}}\,e^{-nx^2} \tag{7.138}$$

또한 이는 아래의 성질을 갖는다.

$$\int_{-\infty}^{\infty} f(x)\delta(x-a)dx = f(a), \quad \int_{-\infty}^{\infty} f(x)\frac{d\delta(x-a)}{dx}dx = -f'(a) \tag{7.139}$$

이제 식 (7.137)이 $\delta(t-t')$에 $\lim_{n\to\infty}\sqrt{\frac{n}{\pi}}\,e^{-n(t-t')^2}$를 대입하고, 여기 해당하는 항을 식 (7.136)에 대입하여 적분을 행하고 이를 I_1으로 두면 아래가 된다.

$$I_1 \equiv \int_{-\infty}^{t} \frac{2\eta_0\lambda_2}{\lambda_1}\delta(t-t')\dot{\gamma}(t')\,dt' = \frac{\eta_0\lambda_2}{\lambda_1}\lim_{n\to\infty}\int_{-\infty}^{t}\frac{2\sqrt{n}}{\sqrt{\pi}}e^{-n(t-t')^2}\dot{\gamma}(t')\,dt' \tag{7.140}$$

여기서 아래의 변수치환을 행한다.

$$\xi^2 \equiv n(t-t')^2 \;\rightarrow\; \xi = \sqrt{n}\,(t-t'),\; d\xi = -\sqrt{n}\,dt',\; t' = t - \frac{\xi}{\sqrt{n}} \tag{7.141}$$

이 관계를 식 (7.140)에 대입하고, $t' = -\infty$일 때, $\xi = \infty$, $t' = t$일 때 $\xi = 0$을 이용하면 위 적분은 아래가 된다.

$$I_1 = \frac{\eta_0\lambda_2}{\lambda_1}\lim_{n\to\infty}\int_0^\infty \frac{2}{\sqrt{\pi}}e^{-\xi^2}\dot{\gamma}\left(t-\frac{\xi}{\sqrt{n}}\right)d\xi = \frac{\eta_0\lambda_2}{\lambda_1}\times\dot{\gamma}(t)\int_0^\infty \frac{2}{\sqrt{\pi}}e^{-\xi^2}d\xi \tag{7. 142}$$

여기서 오차 함수 $erf(x)$의 정의식 (A6.23)에 의하면 위 식의 적분항은 $erf(\infty)=1$이 되므로 아래가 성립된다.

$$I_1 = \int_{-\infty}^{t}\frac{2\eta_o\lambda_2}{\lambda_1}\delta(t-t')\,\dot{\gamma}(t')\,dt' = \frac{\eta_o\lambda_2}{\lambda_1}\,\dot{\gamma}(t) \tag{7. 143}$$

따라서 이 결과를 이용하면 식 (7.135)가 식 (7.136)으로 변환됨이 증명된다.

별 해 식 (7.137)의 우변의 델타 함수항을 바로 식 (7.136)에 대입하고, $t'-t=s$의 변수 치환을 행하면 아래를 얻는다.

$$I_1 = \int_{-\infty}^{t}\frac{2\eta_o\lambda_2}{\lambda_1}\delta(t-t')\,\dot{\gamma}(t')\,dt' = \frac{2\eta_o\lambda_2}{\lambda_1}\int_0^\infty \delta(s)\,\dot{\gamma}(t-s)\,ds \tag{7. 144}$$

여기서 $\delta(s)$가 우함수임을 이용하고, 식 (7.139)의 첫 번째 성질에서 $a=0$을 대입하면 아래가 되어 역시 증명된다.

$$I_1 = \frac{\eta_o\lambda_2}{\lambda_1}\int_{-\infty}^\infty \delta(s)\,\dot{\gamma}(t-s)\,ds = \frac{\eta_0\lambda_2}{\lambda_1}\,\dot{\gamma}(t-s)\bigg|_{s=0} = \frac{\eta_0\lambda_2}{\lambda_1}\,\dot{\gamma}(t) \qquad \blacksquare$$

식 (7.137)로 표현된 완화 전단탄성계수 $G(t-t')$는 델타함수의 성질에 의해 시간 $t=t'$에 부가된 단계적 변형(률)(step strain)에 대한 유체의 응답과 같다. 따라서 식 (7.135) 또는 (7.136)으로 나타낸 적분형 Jeffreys 모델에서는 단계적 (전단)변형에 대한 지수적 응력감쇠(exponential stress decay)와 단계적 변형의 부가시간(즉 $t=t'$)에서의 전단응력에 대한 무한공헌(infinite contribution)($\because$ $\delta(0)$은 발산)의 합으로 응답이 주어짐을 알 수 있다.

한편 식 (7.136)에서 본 바와 같이 적분형 Jeffreys 모델은 일종의 GLVE 모델에 속하므로 (여분) 응력텐서 $\tau(t)$는 현 시간 t까지의 전 과거시간(t')에 걸쳐 물질함수(완화 탄성률) G와 시간의존성 변형속도텐서 $\dot{\gamma}$의 곱(정확히 말하면 G와 $\dot{\gamma}$의 중첩적분)으로 표시된다. 여기서 Maxwell 모델과 같은 스프링과 대쉬폿의 직렬(혹은 병렬) 연결로 이루어진 기계적 (경험)모델(6.2절 참조)의 적분 버전으로 표시된 GLVE 모델은 식 (7.4)와 같이 '기억함수(memory function)' $M(t-t')$ $[\equiv dG(t-t')/d(t-t') = -dG(t-t')/dt']$ 항으로 나타낼 수 있다. 그래서 식 (7.4) 중의 미소

변형의 척도인 $\boldsymbol{\gamma}[=\nabla \boldsymbol{u}+(\nabla \boldsymbol{u})^{\mathrm{T}}$; $\boldsymbol{u}$는 변위텐서] 대신 유한 (비선형)변형에도 적용이 가능한 (7.110)이나 Finger-Maxwell 모델(즉 Lodge 적분 모델)(7.53) 등은 '준선형(quasi-linear) 모델'이라고 한다. 그러나 단순히 이와 같은 보정에 의해서도 비뉴톤 고분자 유체가 나타내는 것과 같은 '전단 얇아짐(shear-thinning) 효과'나 정확한 제 1 및 제 2 법선응력차 계수 비 Ψ_1/Ψ_2 값을 예측할 수는 없다. 그래서 이하에서는 '준선형 모델'이 아닌 다른 구성방정식에 대한 접근법에 대해 조사해보기로 한다.

7.5.2 비선형 미분형 구성방정식 모델

이 절에서는 변형속도텐서 $\dot{\boldsymbol{\gamma}}$ 또는 (여분)응력텐서 $\boldsymbol{\tau}$에서 비선형이거나, 혹은 이들 $\dot{\boldsymbol{\gamma}}$ 또는 $\boldsymbol{\tau}$ (대칭)텐서의 3 (주)불변량(invariants)의 스칼라 함수에 의해 도입된 비선형성(non-linearity)을 가진 모델에 대해 생각해보기로 한다. 이들 비선형 모델 역시 선형 모델의 경우와 마찬가지로 실제 표준흐름(SSF나 SEF 등)에 적용하여 속도나 압력장과 같은 유동함수나 점도나 탄성계수와 같은 물질함수를 계산할 수 있어야 한다. 그러나 비선형 모델의 복잡성 때문에 해석적인 해를 구하기보다는 컴퓨터를 통한 수치해석적 시뮬레이션에 의존해야 할 경우가 많다. 여기에서는 지면관계상 비선형 모델의 구성방정식 계산을 수행함에 있어서 자세한 것은 생략(이 방면에 관심있는 독자들은 관련 서적이나 논문을 참조 바람)하고, 다만 개관만 간단히 소개하기로 한다.

이 절에서 소개하는 대부분의 비선형 (미분)모델은 비뉴톤 유체의 전단 얇아짐이나 법선응력(탄성) 효과 등을 어느 정도 예측할 수 있다. 원칙적으로 어느 것이 가장 적합한 모델인가 하는 것은 모델에 의해 예측된 성질과 실제 실험결과와의 비교를 통하여 결정할 수 밖에 없다. 이 절 및 다음 절에서 소개하는 것과 같은 정확하지만 매우 복잡한 (이론)모델을 택할 것인가 아니면 6장에서 소개한 멱수법칙(power-law) GNF 모델과 같은 비교적 간단하면서 경험적 모델을 택할 것인가는 유체의 종류와 상황에 따라 그때그때 연구자들이 결정해야 할 미묘한 문제임에는 틀림없다.

먼저 구성방정식이 전단 얇아짐 효과를 도입할 가장 간단한 방법으로서는 일반뉴톤유체(GNF) 모델 (5.303)처럼 (전단)점도 η을 전단속도 $\dot{\gamma}$의 적당한 함수로 간주하는 것이다. 그러나 5장에서 보았듯이 GNF 모델은 $\boldsymbol{\tau}$가 $\dot{\boldsymbol{\gamma}}$에 단순히 비례함으로써 가령 단순전단흐름(SSF)의 경우 규정된 $\dot{\boldsymbol{\gamma}}$의 형태상(식 (5.115) 참조) 법선응력(대각) 성분이 모두 0이 되어 적절한 탄성효과 뿐아니라, 과거 변형 이력에 대한 기억효과도 나타낼 수 없다.

그래서 위 흐름변형(upper-comvected) Maxwell 모델(7.109)은 SSF 흐름에 대해 기억효과 나아가 탄성효과를 나타낼 수 있으며, 또한 비뉴톤성 점도를 예측하기위하여 식 중의 점도 파라미터 η_0 대신 전단속도 $\dot{\gamma}$ 또는 $\dot{\boldsymbol{\gamma}}$ 텐서의 (제 2)불변량의 함수인 점도함수 $\eta(\dot{\gamma})$를 도입하는 것이다. 즉 이렇게 얻어진 구성방정식이 아래의 'White-Metzner(W-M) 모델'이 된다.

$$\boldsymbol{\tau} + \frac{\eta(\dot{\gamma})}{G_0}\overset{\nabla}{\boldsymbol{\tau}} = \eta(\dot{\gamma})\dot{\boldsymbol{\gamma}} \tag{7.145}$$

이 식과 식 (7.109)를 비교하면, 스프링-대쉬폿 모델에서 점도 $\eta = \lambda G_0$(여기서 λ 및 G_0는 각각 완화시간 및 전단 탄성률)이므로, G_0는 전단 탄성률에 관련된 (일정)파라미터이며, 또한 $\eta(\dot{\gamma})/G_0$는 전단(또는 변형)속도의존 완화시간 $\lambda(\dot{\gamma})$임을 알 수 있다(문 7.9 참조).

White-Metzner 모델은 주어진 표준흐름에 대하여 관련된 물질함수 및 유동상(flow field)을 비교적 계산하기 쉬운 이점을 갖고 있다. 그러나 점도함수 $\eta(\dot{\gamma})$의 특성상 선형점탄성 한계(즉 $\dot{\gamma} \to 0$)가 유일하게 정해지지 않는다. 가령 $\eta(\dot{\gamma})$가 낮은 전단속도 영역에서 플래토우(plateau)를 갖도록 선택된다면, 그 영역에서도 선형점탄성 거동을 나타낼 것이다. 그리고 정상(steady) SSF에 대해 이 모델로 계산된 물질함수는 Lodge 모델(적분형은 식 (7.53), 미분형은 식 (7.109))에서 η_0를 $\eta(\dot{\gamma})$로, 그리고 λ를 $\lambda(\dot{\gamma}) = \eta(\dot{\gamma})/G_0$로 대체하여 계산된 것과 같은 값을 가진다. 그러나 W-M 모델은 SSF에 대한 단계 변형(step strain)(그림 5.15e 참조)에 대해서는 완화시간 $\lambda(\dot{\gamma})$에 대한 빠른 변형효과 때문에 식 (7.109)의 위 흐름변형 Maxwell 모델과는 정성적으로 다른 결과를 준다.

한편 제안된 구성방정식에 비선형성(non-linearity)을 직접 포함시키는 방법으로서 2차 텐서가 $\dot{\boldsymbol{\gamma}} \cdot \dot{\boldsymbol{\gamma}}$나 스칼라(0차 텐서)가 되는 $\dot{\boldsymbol{\gamma}} : \dot{\boldsymbol{\gamma}}\,[= \mathrm{Tr}\ (\dot{\boldsymbol{\gamma}} \cdot \dot{\boldsymbol{\gamma}})]$와 같은 표현을 식 안에 포함시키는 것이다. 여기서 소위 'Oldroyd 8-상수(constant) 모델'은 $\boldsymbol{\tau}$와 $\dot{\boldsymbol{\gamma}}$의 임의의 함수에 대하여 (비선형)구성방정식의 필수요건인 '프레임불변성 혹은 물질객관성'을 부여(즉 위 흐름변형 시간미분 연산자 등을 통해)하면서, $\boldsymbol{\tau}$에 대해서는 선형성(즉 1차식)을 유지하되 $\dot{\boldsymbol{\gamma}}$에 대해서는 최고 두 번 나타나는 '2차성'을 허용하여 아래식으로 나타내진다.

$$\boldsymbol{\tau} + \lambda_1 \overset{\nabla}{\boldsymbol{\tau}} + \frac{1}{2}(\lambda_1 - \mu_1)(\dot{\boldsymbol{\gamma}} \cdot \boldsymbol{\tau} + \boldsymbol{\tau} \cdot \dot{\boldsymbol{\gamma}}) + \frac{1}{2}\mu_0 (\mathrm{Tr}\,\boldsymbol{\tau})\dot{\boldsymbol{\gamma}} + \frac{1}{2}\nu_1 (\boldsymbol{\tau} : \dot{\boldsymbol{\gamma}})\mathbf{I}$$

$$= \eta_0 \left[\dot{\boldsymbol{\gamma}} + \lambda_2 \overset{\nabla}{\dot{\boldsymbol{\gamma}}} + (\lambda_2 - \mu_2)(\dot{\boldsymbol{\gamma}} \cdot \dot{\boldsymbol{\gamma}}) + \frac{1}{2}\nu_2 (\dot{\boldsymbol{\gamma}} : \dot{\boldsymbol{\gamma}})\mathbf{I}\right] \tag{7.146}$$

여기서 먼저 3 상수 η_0, λ_1 및 λ_2는 각각 이미 Maxwell 및 Jeffreys 모델 등에 사용된 것과 같은 제로 전단 점도, 완화시간 및 지연시간이다. 그리고 나머지 5 상수인 μ_0, μ_1, μ_2, ν_1 및 ν_2는 비선형성과 관련된 추가 파라미터이다. 원래 Oldroyd는 $\boldsymbol{\tau}$와 $\dot{\boldsymbol{\gamma}}$의 'Jaumann 공회전 시간 미분'인 $\overset{\circ}{\boldsymbol{\tau}}\left(= \frac{\mathcal{D}}{\mathcal{D}t}\boldsymbol{\tau}\right)$ 및 $\overset{\circ}{\dot{\boldsymbol{\gamma}}}\left(= \frac{\mathcal{D}}{\mathcal{D}t}\dot{\boldsymbol{\gamma}}\right)$를 사용(표 7.2 참조)하여 식 (7.146) 대신 아래 식으로 나타내었다.

$$\boldsymbol{\tau} + \lambda_1 \overset{\circ}{\boldsymbol{\tau}} - \frac{\mu_1}{2}(\dot{\boldsymbol{\gamma}} \cdot \boldsymbol{\tau} + \boldsymbol{\tau} \cdot \dot{\boldsymbol{\gamma}}) + \frac{1}{2}\mu_0 (\mathrm{Tr}\, \boldsymbol{\tau})\dot{\boldsymbol{\gamma}} + \frac{1}{2}\nu_1 (\boldsymbol{\tau} : \dot{\boldsymbol{\gamma}})\mathbf{I}$$

$$= \eta_0 \left[\dot{\boldsymbol{\gamma}} + \lambda_2 \overset{\circ}{\dot{\boldsymbol{\gamma}}} - \mu_2 \dot{\boldsymbol{\gamma}} \cdot \dot{\boldsymbol{\gamma}} + \frac{1}{2}\nu_2 (\dot{\boldsymbol{\gamma}} : \dot{\boldsymbol{\gamma}})\mathbf{I}\right] \tag{7. 147}$$

(증명) 표 7.2에 의하면 2차 (대칭)여분 응력텐서 $\boldsymbol{\tau}$의 '위 흐름변형 시간미분' $\overset{\nabla}{\boldsymbol{\tau}}$ 및 'Jaumann 공회전 시간미분' $\overset{\circ}{\boldsymbol{\tau}}\left(= \frac{\text{Đ}}{\text{Đ}t}\boldsymbol{\tau}\right)$는 각각 아래가 된다.

$$\overset{\nabla}{\boldsymbol{\tau}}\left(= \frac{\delta \boldsymbol{\tau}}{\delta t}\right) = \overset{\circ}{\boldsymbol{\tau}} - \boldsymbol{\tau} \cdot \mathbf{D} - \mathbf{D} \cdot \boldsymbol{\tau} = \frac{D\boldsymbol{\tau}}{Dt} - [(\nabla \boldsymbol{v})^{\mathrm{T}} \cdot \boldsymbol{\tau} + \boldsymbol{\tau} \cdot \nabla \boldsymbol{v}] \tag{1}$$

$$\overset{\circ}{\boldsymbol{\tau}}\left(= \frac{\text{Đ}\boldsymbol{\tau}}{\text{Đ}t}\right) = \frac{D\boldsymbol{\tau}}{Dt} + \boldsymbol{\tau} \cdot \mathbf{W} - \mathbf{W} \cdot \boldsymbol{\tau}$$

$$= \frac{D\boldsymbol{\tau}}{Dt} + \frac{1}{2}[\nabla \boldsymbol{v} \cdot \boldsymbol{\tau} - (\nabla \boldsymbol{v})^{\mathrm{T}} \cdot \boldsymbol{\tau} - \boldsymbol{\tau} \cdot \nabla \boldsymbol{v} + \boldsymbol{\tau} \cdot (\nabla \boldsymbol{v})^{\mathrm{T}}] \tag{2}$$

위 식에서 대칭 $\mathbf{D}(= \mathbf{D}^{\mathrm{T}})$ 및 반대칭 $\mathbf{W} = (= -\mathbf{W}^{\mathrm{T}})$는 각각 아래로 정의된다.

$$\mathbf{D} = \frac{\mathbf{L} + \mathbf{L}^{\mathrm{T}}}{2} = \frac{(\nabla \boldsymbol{v})^{\mathrm{T}} + \nabla \boldsymbol{v}}{2} \; ; \; \mathbf{W} = \frac{\mathbf{L} - \mathbf{L}^{\mathrm{T}}}{2} = \frac{(\nabla \boldsymbol{v})^{\mathrm{T}} - \nabla \boldsymbol{v}}{2} \tag{3}$$

그런데 식 (2)를 대칭 변형속도텐서 $\dot{\boldsymbol{\gamma}} = 2\mathbf{D} = \nabla \boldsymbol{v} + (\nabla \boldsymbol{v})^{\mathrm{T}}$를 포함하는 항으로 나타내기 위해 아래와 같이 변형된다.

$$\overset{\circ}{\boldsymbol{\tau}} = \frac{D\boldsymbol{\tau}}{Dt} + \frac{1}{2}[(\nabla \boldsymbol{v}) \cdot \boldsymbol{\tau} + (\nabla \boldsymbol{v})^{\mathrm{T}} \cdot \boldsymbol{\tau} + \boldsymbol{\tau} \cdot \nabla \boldsymbol{v} + \boldsymbol{\tau} \cdot (\nabla \boldsymbol{v})^{\mathrm{T}}$$

$$- 2(\nabla \boldsymbol{v})^{\mathrm{T}} \cdot \boldsymbol{\tau} - 2\boldsymbol{\tau} \cdot (\nabla \boldsymbol{v})]$$

$$= \frac{D\boldsymbol{\tau}}{Dt} - (\nabla \boldsymbol{v})^{\mathrm{T}} \cdot \boldsymbol{\tau} - \boldsymbol{\tau} \cdot \nabla \boldsymbol{v} + \frac{1}{2}[\dot{\boldsymbol{\gamma}} \cdot \boldsymbol{\tau} + \boldsymbol{\tau} \cdot \dot{\boldsymbol{\gamma}}] \tag{4}$$

위 식은 $\overset{\triangledown}{\tau}$의 정의식 (1)을 이용하면 아래가 된다.

$$\overset{\circ}{\tau} = \overset{\triangledown}{\tau} + \frac{1}{2}[\dot{\gamma} \cdot \tau + \tau \cdot \dot{\gamma}] \tag{5}$$

마찬가지로 이와 같은 조작을 같은 대칭 변형속도텐서인 $\dot{\gamma}$에 대해서도 행하면 아래가 얻어진다(즉 식 (5)의 결과에 τ 대신 $\dot{\gamma}$를 대입).

$$\overset{\circ}{\dot{\gamma}} = \overset{\triangledown}{\dot{\gamma}} + \frac{1}{2}[\dot{\gamma} \cdot \dot{\gamma} + \dot{\gamma} \cdot \dot{\gamma}] = \overset{\triangledown}{\dot{\gamma}} + \dot{\gamma} \cdot \dot{\gamma} \tag{6}$$

식 (5) 및 (6)에서 각각 아래를 얻는다.

$$\overset{\triangledown}{\tau} = \overset{\circ}{\tau} - \frac{1}{2}[\dot{\gamma} \cdot \tau - \tau \cdot \dot{\gamma}] \tag{7}$$

$$\overset{\triangledown}{\dot{\gamma}} = \overset{\circ}{\dot{\gamma}} - \dot{\gamma} \cdot \dot{\gamma} \tag{8}$$

이제 식 (7) 및 (8)을 Oldroyd 8-상수 모델 식 (7.146)에 대입하고 정리(양변의 관계에서 상쇄할 것은 상쇄 후)하면 쉽게 식 (7.147)을 얻어 증명된다. ■

Oldroyd 8-상수 모델은 지금까지 언급된 바와 같은 많은 구성방정식을 내포하고 있는데 이 중 대표적인 것을 골라 표 7.3에 나타내었다. 이 모델은 SSF에 있어서 전단 얇아짐이나 법선응력(탄성) 효과 등을 예측할 수 있는 등 많은 기타 정성적 효과의 설명이 가능하다. Bird 등은 8-상수 모델의 축소형으로서 'Oldroyd 4-상수 모델'을 제안하였는데(표 7.3 참조), 이는 Oldroyd B 모델 (7.130)에다 Oldroyd 8-상수 모델의 μ_0를 포함하는 항을 더한 것에 해당된다. 또한 표 7.3에 나타낸 '2차 유체(second-order fluid) 모델'은 Oldroyd 8-상수 모델의 부집합(subset)에 해당되는 것으로서 (여분)응력텐서 τ가 변형속도 텐서 $\dot{\gamma}$의 다항식으로 전개될 수 있음을 가정하여 성립되는 모델이다. '지연된 운동전개(retarded-motion expansion)'로 알려진 이 다항식 전개에 있어서 특히 $\dot{\gamma}$의 3차항까지 전개한 것을 '3차 유체(third-order fluid) 모델'이라고 한다.

표 7. 3 Oldroyd 8-상수모델로부터 파생되는 여러 구성방정식에서의 해당 파라미터의 값

모델명	λ_1	λ_2	μ_0	μ_1	μ_2	ν_1	ν_2
Newtonian	0	0	0	0	0	0	0
Upper convected Maxwell	λ_1	0	0	λ_1	0	0	0
Lower convected Maxwell	λ_1	0	0	$-\lambda_1$	λ_2	0	0
Corotational Maxwell	λ_1	0	0	0	0	0	0
Upper convected Jeffreys(Oldroyd B)	λ_1	λ_2	0	λ_1	λ_2	0	0
Lower convected Jeffreys(Oldroyd A)	λ_1	λ_2	0	$-\lambda_1$	$-\lambda_2$	0	0
Corotational Jeffreys	λ_1	λ_2	0	0	0	0	0
Second-order fluid	0	λ_2	0	λ_1	μ_2	0	0
Oldroyd 4-constant model	λ_1	λ_2	μ_0	λ_1	λ_2	0	0

표 7.3으로 나타낸 여러 구성방정식을 낳는 Oldroyd 8-상수 모델 중 (여분)응력텐서 τ의 2차항을 포함하는 것은 생략되어 있으나(비록 고의는 아니지만), 아래에 나타낸 소위 'Giesehus 모델'에서는 τ의 2차항이 포함되어 있다.

$$\tau + \lambda \overset{\triangledown}{\tau} + \frac{\alpha\lambda}{\eta_0}\tau \cdot \tau = \eta_0 \dot{\gamma} \tag{7. 148}$$

원래 이 모델은 '이방성 항력(anisotropic drag)'을 포함하는 분자론적 관점에서 유도된 것이다. 식 중의 파라미터 η_0는 제로 전단(zero-shear) 점도, λ는 완화시간, 그리고 α는 유동 중의 고분자 세그먼트에 의해 생기는 항력의 이방성에 관련된 파라미터이다.

여기서 이 절의 끝으로 지금까지 언급된 비선형 미분형 구성방정식 모델 중 비교적 실험 결과와 잘 일치(단독 또는 조합으로)하는 대표적인 몇 개를 골라서 표 7.4에 정리하여 나타내었는데, 이들은 모두 다음과 같은 일반적인 정준형(canonical forms)의 특별한 경우라고 간주 될 수 있다.

$$\exp\left(\varepsilon \frac{\lambda_1}{\eta_1} T_{mm}\right) T_{ik} + \alpha \frac{\lambda_1}{\eta_1} T_{ij} T_{jk} + \lambda_1 \overset{\square}{T}_{ik} = 2\eta_1 \left(D_{ik} + \lambda_2 \overset{\square}{D}_{ik}\right) \tag{7. 149}$$

여기서 별다른 언급이 없으면 λ_1(완화시간), η_1 및 η_2(점도), λ_2(지연시간)는 앞에서 언급된 파라미터들이며, ε 및 α도 물질 파라미터이다. 또한 위 식 중의 위첨자 '□'기호는 식 (7.50) 혹은 (7.51)에 소개된 PTT 혹은 Gordon-Schowalter 시간미분 연산자로서 임의의 (공변)2차 텐서 S_{ik}에 대해 아래와 같이 정의된다.

$$\overset{\square}{S}_{ik}=\left(1-\frac{\xi}{2}\right)\overset{\triangledown}{S}_{ik}+\frac{\xi}{2}\overset{\triangle}{S}_{ik} \tag{7. 150}$$

표 7. 4 일반 정준형(canonical form) 구성방정식의 특수한 경우(식 (7.150))*

모 델	ε	α	ξ	$\lambda_1(\geq 0)$	λ_2	$\eta_1(>0)$
Giesekus	0	α	0	λ_1	0	η_1
Phan-Thien-Tanner	ε	0	ξ	λ_1	0	η_1
Phan-Thien-Tanner B	0	0	ξ	λ_1	λ_2	$\eta_1(I_2)$
Johnson-Segalman	0	0	ξ	λ_1	0	η_1
White-Metzner	0	0	0	$\lambda_1(I_2)$	0	$\eta_1(I_2)$
Oldroyd B	0	0	0	λ_1	>0	η_1
Corotational Oldroyd	0	0	1	λ_1	>0	η_1
Upper convected Maxwell	0	0	0	λ_1	0	η_1
Second-order model	0	0	0	0	<0	η_1
Leonov	0	1/2	0	λ_1	0	η_1

* $I_2=\sqrt{(\dot{\gamma}:\dot{\gamma}/2)}=\sqrt{2D_i^k D_k^i}$, 여기서 $\mathbf{D}=\frac{\dot{\gamma}}{2}=\frac{\mathbf{L}+\mathbf{L}^{\mathrm{T}}}{2}=\frac{\nabla v+(\nabla v)^{\mathrm{T}}}{2}$

식 (7. 149) 중의 지연함수를 나타내는 파라미터 λ_2항은 고분자 용액과 같은 액체에 있어서 용매의 기여도를 반영해 주기 위하여, 또는 정상(steady) 단순전단흐름(SSF)에서의 전단응력은 전단 속도에 대한 단조 증가 함수라는 것을 보장해 주기 위하여 도입된 '뉴톤성 대쉬폿'에 의한 기여로 볼 수 있다. 소위 Maxwell 모델($\eta_2=0$이거나 $\lambda_2=0$인)의 몇몇은 식 (7.150) 중의 $\xi=0$ 또는 2가 아닌 경우에는 응력 최대치에 문제를 가지고 있다.

편의를 도모하기 위해 표 7.4에서 도입한 여러 가지 모델로부터 유도된 주요한 유변물성측정용(물질)함수를 표 7.5에 정리하였다.

표 7.5 표 7.4의 몇 가지 모델로부터 유도된 유변물성측정용 물질함수의 형태*

모 델	$\eta(\dot{\gamma})$	$N_1(\dot{\gamma})$	$N_2(\dot{\gamma})$	$\eta_E(\dot{\varepsilon})$
Oldroyd B	$\eta_1+\eta_2$	$2\eta_1\lambda_1\dot{\gamma}^2$	0	$\frac{2\eta_1}{1-2\lambda_1\dot{\varepsilon}}+\frac{\eta_1}{1+\lambda_1\dot{\varepsilon}}$
Corotational Oldroyd	$\frac{\eta_1}{1+\lambda_1^2\dot{\gamma}^2}+\eta_2$	$\frac{2\lambda_1\eta_1\dot{\gamma}^2}{1+2\lambda_1^2\dot{\gamma}^2}$	$-\frac{N_1(\dot{\gamma})}{2}$	$3(\eta_1+\eta_2)$
Johnson-Segalman	$\frac{\eta_1}{1+2\xi\left(1-\frac{\xi}{2}\right)\lambda_1^2\dot{\gamma}^2}$	$\frac{2\eta_1\lambda_1\dot{\gamma}^2}{1+2\xi\left(1-\frac{\xi}{2}\right)\lambda_1^2\dot{\gamma}^2}$	$-\frac{\xi}{2}N_1(\dot{\gamma})$	$\frac{2\eta_1}{1-2(1-\xi)\lambda_1\dot{\varepsilon}}$
White-Metzner	$\eta_1(\dot{\gamma})$	$2\eta(\dot{\gamma})\lambda_1(\dot{\gamma})\dot{\gamma}^2$	0	$\frac{2\eta_1(\sqrt{3}\dot{\varepsilon})}{1-2\lambda_1(\sqrt{3}\dot{\varepsilon})\dot{\varepsilon}}+\frac{\eta_1(\sqrt{3}\dot{\varepsilon})}{1+\lambda_1(\sqrt{3}\dot{\varepsilon})\dot{\varepsilon}}$
Phan-Thien-Tanner B	$\frac{\eta_1(\dot{\gamma})}{1+2\xi\left(1-\frac{\xi}{2}\right)\lambda_1^2\dot{\gamma}^2}$	$\frac{2\eta_1(\dot{\gamma})\lambda_1\dot{\gamma}^2}{1+2\xi\left(1-\frac{\xi}{2}\right)\lambda_1^2\dot{\gamma}^2}$	$-\frac{\xi}{2}N_1(\dot{\gamma})$	$\frac{2\eta_1(\sqrt{3}\dot{\varepsilon})}{1-2(1-\xi)\lambda_1\dot{\varepsilon}}+\frac{\eta_1(\sqrt{3}\dot{\varepsilon})}{1+(1-\xi)\lambda_1\dot{\varepsilon}}$

* $\eta(\dot{\gamma})$는 $\eta_E(\dot{\varepsilon})$는 각각 (정상)전단속도 $\dot{\gamma}$ 및 인장속도 $\dot{\varepsilon}$에 의존하는 전단점도 및 인장점도; $N_1(=\tau_{11}-\tau_{22})$ 및 $N_2(=\tau_{22}-\tau_{33})$는 각각 제 1 및 제 2 법선응력 차이다.

7.5.3 비선형성을 가진 적분형 모델

7.5.1절에서는 3차원 미분형 Jeffreys 모델(식 (7.132))로부터 대응하는 적분형 Jeffreys 모델(식 (7.135) 또는 (7.136))을 구하는 방법에 대해 논했다. 한편 미소변형률 텐서 γ와 Maxwell 모델의 완화 탄성률 G로부터 얻어지는 적분형 선형점탄성(GLVE) 모델은 6.8절에서 논의한 회전 불변성(또는 객관성)을 만족시키지 못했다. 따라서 이 문제를 해결하기 위하여 γ 대신 유한 (비선형)변형의 척도인 $\mathbf{C}^{-1}$나 $\mathbf{C}$ 변형률 텐서를 도입한 Lodge(혹은 Finger-Maxwell) 모델(7.53)이나 Cauchy-Maxwell 모델(7.110)은 성격상 준선형(quasi-linear) 모델이었다. 그러나 프레임 불변성을 만족하는 외관성 명백한 비선형 적분모델은 변형률 텐서의 (주)불변량(invariants)의 스칼라 함수를 적분식에 포함시키는 것이다. 이와 같은 접근법을 따라 형성된 일반 적분형 구성방정식은 아래에 나타낸 소위 '인수분해된(factorized) Rivlin-Sawyers 모델'이다.

$$\tau(t)=+\int_{-\infty}^{t} M(t-t')\left[\Phi_1(I_1, I_2)\mathbf{C}^{-1} - \Phi_2(I_1, I_2)\mathbf{C}\right]dt \tag{7.151}$$

[비고 : 모델명에서 '인수분해'가 첨가된 것을 식 (7.151)에서 볼 수 있듯이 피적분함수에서 시간의 존항은 $M(t-t')$뿐으로서 괄호 바깥으로 인수분해되어 나왔기 때문이다.]

위 식에서 $M(t-t')[=dG(t-t')/d(t-t')]$는 기억함수, I_1 및 I_2는 관련된 (대칭)변형률 텐서의 제 1 및 제 2 불변량(식 (1.412)), 그리고 ϕ_1 및 ϕ_2는 각각 결정되어야 할 불변량의 스칼라 함수이다. 한편 $\mathbf{C}^{-1}$ 혹은 $\mathbf{C}$의 제 3 불변량 I_3(즉 행렬식 값)을 비압축성 유체의 가정에 의해 1이 된다(4.3.2절 참조). 그런데 이 모델의 경우 식 (7.151)에서 보는 바와 같이 $\mathbf{C}$와 $\mathbf{C}^{-1}$ 변형률 텐서가 동시에 사용되는데, 이는 $\mathbf{C}^{-1}$ 단독으로 사용될 경우 제 2 법선응력차 계수 $\Psi_2=0$을 예측하고, 또한 $\mathbf{C}$ 단독으로 사용될 경우 Ψ_2를 과다예측하기 때문이다. 따라서 식 중의 Φ_1 및 Φ_2 함수를 잘 조절함으로써 비교적 정확한 Ψ_2 값을 예측할 수 있을 것이다.

Φ_1 및 Φ_2 함수의 선택은 무엇이 가장 중요한 관심사인가에 달려있다. 그리고 Rivlin-Sawyers 형태의 구성방정식에는 Rouse-Zimm, Doi-Edwards나 Curtiss-Bird 모델과 같이 분자론적 모델에 기초를 둔 많은 성공적인 구성방정식들이 포함된다. 그런데 Rivlin-Sawyers 유형의 구성방정식으로 설명이 가능한 유체 거동의 변위는 매우 광범위함으로 적절한 Φ_1 및 Φ_2 함수의 선택을 위하여 물질보다 고유한 정보를 조사하는 것이 중요하다고 하겠다.

또한 Rivlin-Sawyers 유형의 구성방정식의 부집합(subset)을 아래 식에 나타낸 '인수분해된(factorized) K-BKZ 모델'이라고 한다.

$$\tau(t)=\int_{-\infty}^{t} M(t-t')\left[2\frac{\partial u}{\partial I_1}\mathbf{C}^{-1}(t', t) - 2\frac{\partial u}{\partial I_2}\mathbf{C}(t, t')\right]dt' \tag{7.152}$$

위 식에서 $U(I_1, I_2)$는 $\mathbf{C}^{-1}$텐서의 두 불변량 I_1 및 I_2의 퍼텐셜(potential) 함수이다. 식 (7.151)의 Rivlin-Sawyers 모델 대신 식 (7.152)의 K-BKZ 모델을 사용하는 이점은 Rivlin-Sawyers 모델에서 있을지도 모를 '열역학 제 2법칙(second law of thermodynamics)'의 위반을 미연에 방지하기 위한 것이다.

K-BKZ 모델의 예측능은 퍼텐셜 함수인 $U(I_1, I_2)$의 현명한 선택에 달려있으나, 얻어진 (선형 고분자의) 실험데이터에 잘 맞추는 것(fitting) 또한 매우 중요하다. 그리고 흐름 역전(flow reversal)이 일어나는 흐름의 경우에는 이 모델은 그리 성공적이 못함이 알려져있다. 마지막으로 7.6.4.3절에 소개할 Doi-Edwards의 용융고분자에 대한 '파행운동(reptation) 모델'은 '독립정렬(independent-alignment)'의 가정을 덧붙이면 K-BKZ형의 방정식으로 된다는 것을 언급하고 싶다.

■ 7. 6 분자론적 접근 – 고분자계에 응용

지금까지 다루어 온 것에 비추어, 고분자 제조 및 가공에서 발생하는 흐름 문제를 해결하기 위하여 응력과 변형속도 사이의 관계를 나타내는 정확한 레올로지 구성방정식이 요구된다. 그러나 실제 공학적 응용을 위하여 이론의 완벽성(completeness)과 계산의 용이성(facility)간의 타협된 모델이 선택될 것이다. 이렇게 선택된 레올로지 모델은 여러 종류의 고분자 유체에 대하여 수행된 각종 실험결과를 조직화하여 해석하고 이해하는데 이용될 것이다. 이로부터 적절한 물질특성을 추출해내어 다른 유동조건에서의 유변학적 거동도 예측할 수 있게 된다. 만약 분자론적 고찰이 레올로지 모델에 도입된다면, 레올로지 측정으로부터 얻어진 모델 파라미터는 그 고분자의 분자구조에 직접 관련될 것이다.

그래서 이 절에서는 고분자의 간단한 기술을 포함하는 분자론적 접근(molecular approach)을 소개한다. 먼저 용액(또는 용융물) 속에 있는 (고립된) 고분자의 크기 및 입체형태(conformation) 등에 대해 간단히 설명하고, 나아가 묽은(dilute) 혹은 반 묽은(semi-dilute) 용액의 제로 전단 점도(zero shear viscosity)에 대해서도 기술한다. 그리고 점도 및 법선응력차 계수와 같은 측정가능한 양(물질함수)과 고분자의 구조에 관련된 파라미터간의 관계를 얻기 위하여 비평형 통계 열역학(non-equilibrium statistical mechanics)의 결과(확률론적 접근)도 이용된다. 그래서 묽은 고분자 용액의 경우에는 '아령형(dumbbell-type) 모델' 또는 '구슬-스프링(bead-spring) 모델'을 소개하고, 진한 용액(concentrated solution)이나 고분자 용융물(polymer melts)의 경우에는 '잠정적 망상체(temporary network) 모델'과 '파행운동(reptation) 이론'을 소개한다. 그러나 대부분의 기술은 주로 유연성(flexible) 고분자에 한정시키며, 또한 최근에 개발된 비뉴톤성 점탄성 고분자 유체에 대한 보다 정확하고 복잡한 구성방정식의 소개는 지면관계상 생략하므로 관심있는 독자들은 보다 높은 수준의 교과서나 논문을 참고하길 바란다.

7. 6. 1 고분자의 형태와 사슬의 평균 크기

비록 고분자의 분자량(혹은 중합도)이 고정되었다 하더라도 고분자사슬은 시시각각으로 형태(conformation)를 바꿈에 따라 말단간 거리(end-to-end distance)나 회전반경(radius of gyration)도 달라지는데 여기서는 고분자의 강성도(stiffness)나 유연성(flexibility)을 반영하는 제곱평균 말단거리 $\langle r^2 \rangle$과 제곱평균 회전반경$\langle s^2 \rangle$을 주로 다루겠다. 그런데 한 개의 고립된 사슬의 실제 평균크기는 아래 식에서 나타낸 바와 같이 용매에 의해 팽창되지 않은 사슬 고유의 단거리 상호작용에 의한 크기 즉 상분리 직전의 가장 나쁜 용매인 θ(혹은 Flory) 용매에서의 '비섭동 크기(unperurbed dimension)와 양용매(good solvent)에 의해 팽창(이때 팽창계수를 α라 함)되는 장거리 상호작용의 곱으로 나타내진다.

$$\langle r^2 \rangle = \langle r^2 \rangle_\theta \alpha^2, \ \langle s^2 \rangle = \langle s^2 \rangle_\theta \alpha^2 \tag{7.153}$$

[여기서 평균이란 'ergodic' 확률이론에 의해 한 분자의 시간 평균 대신에 집단(앙상블) 또는 수평균을 의미한다. 또한 정확히는 말단거리와 회전반경에 대한 용매팽창계수 α가 다를 수 있으나 본 책에서는 같다고 간주함.]

그러나 이 절에서는 용매의 효과를 배제한 단거리 상호작용 크기, 즉 비섭동 제곱평균 말단 거리 $\langle r^2 \rangle_\theta$ 와 회전반경 $\langle s^2 \rangle_\theta$ 만을 다루겠다.

7. 6. 1. 1 제곱평균 말단거리

비닐계 고분자처럼 $-CH_2-CR_2-$로 되는 반복단위를 가진 고분자의 경우 편의상 선상(linear) 고분자의 주쇄의 원자를 왼쪽 끝에서부터 $C_0, C_1, \cdots C_n$ 라 붙였을 때 그림 7.5에서 보듯이 C_{i-1} 에서 C_i에 결합한 벡터 $\boldsymbol{l}_i$ 을 결합벡터(bond vector)라 칭하고 길이는 모두 l 로서 동일하다고 간주한다 [여기서 중합도가 x인 경우 1개의 비닐모노머에는 2개의 C-C 결합이 존재하므로 $n = 2x$로 하여 계산함이 원칙임].

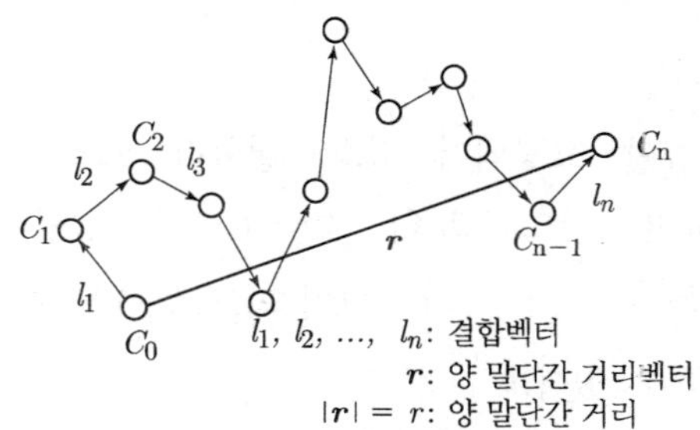

그림 7.5 결합벡터(bond vector)로 나타낸 양 말단간 거리벡터 $\boldsymbol{r}$

이제 그림 7.5에 나타낸 n개의 결합벡터($n+1$개의 원자 또는 질점)로 이루어진 한 개의 고분자 사슬의 양 말단 간 벡터 $\boldsymbol{r}$은 아래와 같이 나타낼 수 있다.

$$\boldsymbol{r} = \boldsymbol{l}_1 + \boldsymbol{l}_2 + \cdots + \boldsymbol{l}_{n-1} + \boldsymbol{l}_n \tag{7.154}$$

여기서 만약 $\boldsymbol{r}$의 평균값을 취하면 0이 될 것이다. 왜냐하면 등방상태(어떤 방향이라도 동일한 확률로 가능)에 있는 각각의 결합벡터의 평균은 0일 것이기 때문이다. 따라서 아래와 같이 표시되는 $\boldsymbol{r}^2(= \boldsymbol{r} \cdot \boldsymbol{r} = r^2)$의 평균 즉 '제곱 평균 말단거리' $\langle r^2 \rangle$가 중요한 양이 된다.

$$\langle r^2 \rangle = \langle \boldsymbol{r} \cdot \boldsymbol{r} \rangle = \left\langle \sum_{i=1}^{n} \sum_{j=1}^{n} \boldsymbol{l}_i \cdot \boldsymbol{l}_j \right\rangle = nl^2 + 2\sum_{i<j}\sum \langle \boldsymbol{l}_i \cdot \boldsymbol{l}_j \rangle \tag{7.155}$$

$\langle \boldsymbol{l}_i \cdot \boldsymbol{l}_j \rangle = l^2 \langle \cos\theta_{ij} \rangle$ [여기서 θ_{ij} 는 $\boldsymbol{l}_i$ 과 $\boldsymbol{l}_j$ 사이의 각도]

[단 $\langle r^2 \rangle = \langle r^2 \rangle_\theta$로서 용매에 의한 팽창효과가 없는 ($\alpha$=1) θ상태의 비섭동 크기를 의미한다. 이하에서도 특별한 언급이 없는 한 θ첨자는 생략한다.]

지금 식 (7.155)로 표시되는 임의의 고분자 사슬의 제곱 평균 말단거리에 대한 통계적 모델로서는 분자 내 근거리 상호작용에 의한 분자의 강성도(혹은 유연성)의 점도에 따라 크게 3종류 즉 a) 자유연결사슬 (freely-jointed chain or random walk) 모델, b) 자유회전 사슬(freely rotating chain) 모델, c) 구속회전 (restricted rotation) 모델이 있다. 특히 a) 경우는 결합길이 l만 고정되어 있고, 결합각 θ 및 회전각 ϕ에 대한 제한은 없으며, b)는 l 및 θ는 고정되어 있고, ϕ에 대한 제한은 없으며, 마지막으로 c) 경우는 θ는 물론 ϕ에도 제한된 회전만 허용되므로 a<b<c 순서로 분자의 강성도(stiffness)가 증가되어 같은 n값이라도 c)의 경우의 $\langle r^2 \rangle$가 제일 크게 된다. 그러면 이하에서 3 경우 각각에 대해 구체적으로 설명하겠다.

a. 자유연결사슬

이 경우 결합벡터 길이 l만 고정되어 있고, 결합각 θ도 자유이므로 식 (7. 155) 중의 $\langle \cos\theta_{ij} \rangle = 0$ 된다(왜냐하면 각도 θ_{ij}와 $(\pi - \theta_{ij})$가 같은 비율로 존재할 것이므로 $\langle \cos\theta_{ij} \rangle + \langle \cos(\pi - \theta_{ij}) \rangle (= -\langle \cos\theta_{ij} \rangle) = 0$이 되므로). 따라서 이 경우 제곱 평균 말단거리는 항상 아래와 같이 나타낼 수 있다.

$$\langle r^2 \rangle = nl^2 \tag{7.156}$$

식 (7.156)으로 나타내지는 고분자를 '가우스(Gauss) 사슬' 혹은 '이상 사슬'이라 칭하며 이 경우 고분자사슬 1개의 평균 말단 거리 $r_{rms} \equiv \langle r^2 \rangle^{1/2}$(root-mean square end-to-end distance)는 $\sqrt{n}\,l$이 되어, 결합수(n) 나아가 분자량 M의 $\frac{1}{2}$승에 비례하며, 이는 막대모양 고분자인 경우 $r_{rms} = nl$이 되어 n(혹은 M)의 1승에 비례하는 것과는 크게 대조되어, 그만큼 용액 혹은 벌크(bulk) 중 가우스 사슬의 부피와 같은 '수력학적 크기(hydrodynamic dimension)'가 훨씬 작다는 것을 의미한다.

[비고 : 식 (7.156)의 결과는 구대칭 사슬의 말단거리에 대한 분포함수에 의해서도 얻어질 수 있다 - 예제 7.7 참조.]

b. 자유회전 사슬

이 경우는 그림 7.6에 나타낸 바와 같이 결합장 l 및 결합각 θ가 고정되어 있고, C-C 결합 주위로 회전이 자유로운(즉 회전각 ϕ에 대한 제한이 없음) 사슬에 해당한다.

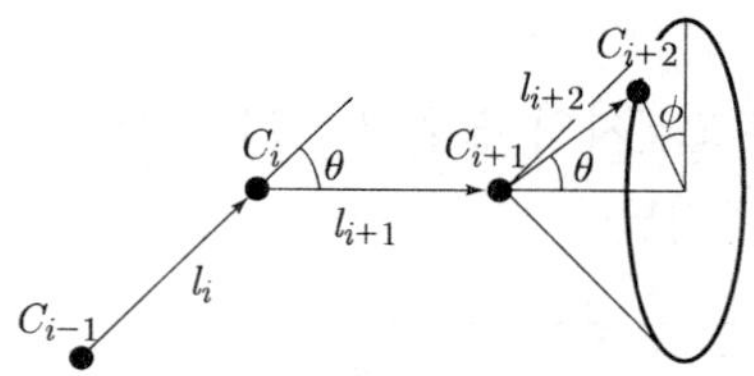

그림 7.6 자유회전사슬

지금 식 (7.155)와 그림 7.6을 참고로 하여 자유회전사슬에 대해 제곱 평균 말단거리를 계산한 결과는 아래와 같다.

$$\langle r^2 \rangle = nl^2 \cdot \frac{1+\cos\theta}{1-\cos\theta} - 2l^2 \cdot \frac{\cos\theta(1-\cos^n\theta)}{(1-\cos\theta)^2} \tag{7. 157 a}$$

$$\approx nl^2 \cdot \frac{1+\cos\theta}{1-\cos\theta} \tag{7. 157 b}$$

[단 $\langle \cos\theta_{ij} \rangle = (\cos\theta)^{j-i} \quad (j > i)$ 이용]

참 조

위 식의 증명은 먼저 $j = i+1$인 경우 $\langle \boldsymbol{l}_i \cdot \boldsymbol{l}_j \rangle = \langle \boldsymbol{l}_i \cdot \boldsymbol{l}_{i+1} \rangle = l^2 \cos\theta$가 된다. 다음 $j = i+2$ 인 경우는 그림 7.6에서 $\boldsymbol{l}_{i+2}$ 결합벡터를 바로 앞의 $\boldsymbol{l}_{i+1}$에 평행한 $\boldsymbol{l}_{i+1}^{/\!/}$과 수직인 $\boldsymbol{l}_{i+1}^{\perp}$ 두 부분으로 벡터분해하여 계산한다. 이 때 $\boldsymbol{l}_{i+1}^{/\!/}$의 크기는 $l\cos\theta$이고, $\boldsymbol{l}_i$와 $\boldsymbol{l}_{i+1}^{\perp}$의 각도를 α라 하면 아래 식이 성립된다.

$$\langle \boldsymbol{l}_i \cdot \boldsymbol{l}_{i+2} \rangle = \langle \boldsymbol{l}_i \cdot \boldsymbol{l}_{i+1}^{/\!/} \rangle + \langle \boldsymbol{l}_i \cdot \boldsymbol{l}_{i+1}^{\perp} \rangle = l^2 \cos^2\theta + l^2 \langle \cos\alpha \rangle$$

그런데 회전은 자유로워 각도가 α되는 확률과 $(\pi - \alpha)$되는 확률이 동일하므로 $\langle \cos\alpha \rangle + \langle \cos(\pi - \alpha) \rangle = 0$ 되므로 결국 $\langle \boldsymbol{l}_i \cdot \boldsymbol{l}_{i+2} \rangle = l^2 \cos^2\theta$가 된다. 그리고 $j = i+3$ 이후도 마찬가지 방법으로 반복계산하면 아래의 결과가 얻어진다.

$$\langle r^2 \rangle = nl^2 + 2\sum\sum_{i<j} \langle \boldsymbol{l}_i \cdot \boldsymbol{l}_j \rangle = nl^2 + 2l^2 \sum_{i=1}^{n-1} \sum_{j=i+1}^{n} (\cos\theta)^{j-i}$$

$$= nl^2 + 2l^2 \sum_{m=1}^{n-1} (n-m)\cos^m \theta$$가 된다.

[위 식의 맨 마지막 항등관계는 이중합을 단일합으로 만드는 공식을 이용하였으며, $j-i=m$(단 $j>i$)이다.]

여기서 $p=\cos\theta$를 대입(비닐계 고분자의 경우 $\theta \simeq 71^\circ$ 이므로 $p \simeq 1/3$ 됨)하고, 기하수열(등비 $p<1$)의 합 공식을 이용하면 증명된다.

한편 식 (7.157a)는 가우스 이상사슬보다 훨씬 강직성을 지닌 벌레(지렁이)같은 반굴곡성 사슬(worm-like semi-flexible chain)의 제곱 평균 말단거리를 논할 때 이용되며, 일반적으로 n이 큰 자유회전 사슬의 경우에는 식 (7.157b)가 이용되며, 비닐계 고분자의 경우 $\cos\theta \simeq 1/3$이므로 식 (7.156)의 자유연결 이상사슬 경우보다 약 2배 더 큰 제곱 평균 말단거리를 가진다.

c. 구속회전 사슬

식 (7.155)에 대한 좌표변환 행렬기법을 이용한 계산(지면관계상 여기서는 생략)에 의하면 결합각 θ의 고정을 물론 C-C 결합극위의 회전각 ϕ에 대해서도 회전(반발) 퍼텐셜(위치 에너지)의 존재로 인하여 제한을 가진 '구속회전 사슬'의 경우에는 자유회전 사슬보다 더 큰 말단거리를 보여주는 아래 식으로 나타내진다.

$$\left.\begin{aligned} \langle r^2 \rangle &= nl^2 \frac{1+\cos\theta}{1-\cos\theta} \frac{1+\langle \cos\phi \rangle}{1-\langle \cos\phi \rangle} \\ \langle \cos\phi \rangle &= \int_0^{2\pi} \cos\phi\, p(\phi)\, d\phi \Big/ \int_0^{2\pi} p(\phi)\, d\phi\,, \quad p(\phi) = \exp[-u(\phi)/kT] \end{aligned}\right\} \quad (7.158)$$

위 식에서 $u(\phi)$는 소위 '3회전 이성체(RIS) 모델' [즉 트란스 (t), 고쉬+ ($g+$), 고쉬- ($g-$)의 3형태만 확률론적으로 허용된다는 모델]을 보여주는 그림 7.7에 나타낸 바와 같이 y축의 회전 퍼텐셜(위치 에너지)을 나타내며, 또한 $p(\phi)$는 고분자사슬의 회전상태가 ϕ일때의 대응하는 Boltzmann 확률 인자 [즉 $p(\phi) / \int_0^{2\pi} p(\phi)\, d\phi$가 정규화된 확률]이다.

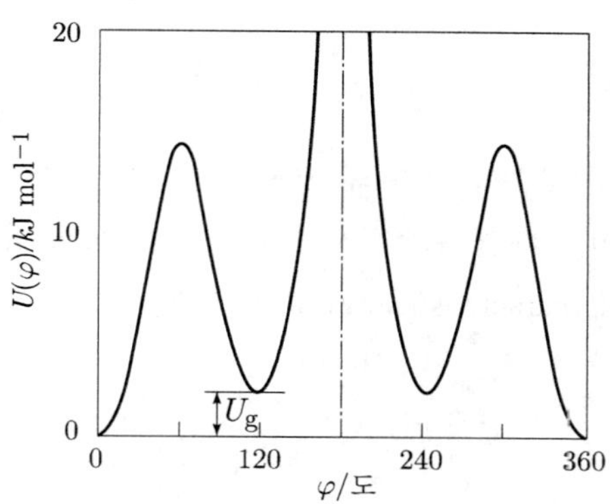

그림 7.7 고분자 C–C 결합에 대한 구속 회전 퍼텐셜.
[여기서 $\phi_t=0,\ 360°$, $\phi_{g^+}=120°$, $\phi_{g^-}=240°$, 그리고 $u_t=0$, $u_{g^+}=u_{g^-}=u_g$임]

특히 그림 7.7의 회전 퍼텐셜 $u(\phi)$는 $\phi=\pi(180°)$에 대해 대칭이므로 $u(\pi-\phi)=u(\pi+\phi)$로 나타낼 수 있으며, $\langle\sin\phi\rangle=\int_0^{2\pi}\sin\phi\exp[-u(\phi)/kT]\,d\phi\Big/\int_0^{2\pi}\exp[-u(\phi)/kT]\,d\phi=0$ [$\because$ 적분구간을 $0\sim\pi$, $\pi\sim 2\pi$ 2개로 나누고, 각 구간별로 $\pi-\phi=\theta$ 및 $\phi-\pi=\theta$ 치환을 행하고 $u(\phi)$의 π대칭성 이용하면 증명됨]이나 $\langle\cos\phi\rangle=\int_0^{2\pi}\cos\phi\, p(\phi)\,d\phi\Big/\int_0^{2\pi}p(\phi)\,d\phi\neq 0$이 된다.

이제 식 (7.158)을 이용하여 $\langle\cos\phi\rangle$값을 계산하기 위해서는 회전상태 ϕ에 대한 '통계적 무게(statistical weight)' $p(\phi)$값을 알아야 하는데, 그림 7.7에 나타낸 3RIS 모델의 경우에는 $p_t=\exp[-0/kT]=1$, $p_{g^+}=p_{g^-}=\exp[-u_g/kT]\equiv\sigma$ 의 3종류밖에 허용되지 않으므로 식 (7.158)의 적분형은 아래와 같이 합($\sum$)으로 나타낼 수 있다. 즉,

$$\langle\cos\phi\rangle=\left[p_t\cos\phi_t+p_{g^+}\cos\phi_{g^+}+p_{g^-}\cos\phi_{g^-}\right]/\left(p_t+p_{g^+}+p_{g^-}\right)\tag{7.159}$$

여기서 $\phi_t=0°$, $\phi_{g^+}=120°$, $\phi_{g^-}=240°$ 및 $p_t=1$, $p_{g^+}=p_{g^-}=\sigma$를 위 식에 대입하면,

$$\langle\cos\phi\rangle=(\cos 0+\sigma\cos 120+\sigma\cos 240)/(1+2\sigma)=(1-\sigma)/(1+2\sigma)\tag{7.160}$$

이를 식 (7. 158)에 대입하여 '구속회전 사슬' 에 대한 제곱평균 달단거리를 구하면 아래와 같이 된다.

$$\langle r^2\rangle=nl^2\frac{1+\cos\theta}{1-\cos\theta}\frac{(2+\sigma)}{3\sigma}\tag{7.161}$$

비닐계 고분자의 경우 $\cos\theta=1/3$ 이므로 이를 식 (7. 161)에 대입하면,

$$\langle r^2 \rangle = nl^2 \cdot 2(2+\sigma)/3\sigma \tag{7.162}$$

한편 고립된 한 개의 고분자 사슬의 분자 내 강성도의 척도로서 식 (7.156)으로 주어진 가우스 이상사슬의 제곱평균 말단거리에 대한 구속회전 사슬과 같은 실제 사슬의 제곱평균 말단거리비의 극한값 C_∞ [고분자의 '특성비(characteristic ratio)'라 칭함]

아래와 같이 정의된다.

$$C_\infty = \lim_{n\to\infty} \langle r^2 \rangle_{\text{실제}} / nl^2 \tag{7.163}$$

만약 실제 사슬로서 식 (7.162)로 주어지는 3RIS 모델의 속박회전 사슬의 경우에는 C_∞는 아래 값을 가진다.

$$C_\infty = 2(2+\sigma)/3\sigma \tag{7.164}$$

이 식에서 g^+(혹은 g^-) 회전이성체의 통계적 무게에 해당하는 $\sigma = \exp(-u_g/kT)$가 온도 T의 함수이고, 식 (7.162)의 nl^2은 T에 무관하므로 C_∞의 온도의존성으로부터 3RIS 모델의 구속회전 사슬의 비섭동 제곱 평균 말단거리 $\langle r^2 \rangle_\theta$의 온도 의존성을 구할 수 있다(예제 7.8 참조).

예제 7.7

구대칭 가우스 (자유연결)사슬의 말단거리(r)에 대한 (3차원)정규화된 분포함수 $P(r)$는 아래와 같이 주어진다.

$$P(r)\,dr = 4\pi r^2 \left(\frac{3}{2\pi nl^2}\right)^{3/2} \exp(-3r^2/2nl^2)\,dr \tag{7.165}$$

[즉 임의의 한 고분자 사슬의 말단거리가 r가 $r+dr$ 사이에 있을 확률이 $P(r)dr$이다.]
이때 함수 $P(r)$을 이용하여 아래의 값을 구하여라. 또한 만약 $n = 4000$, $l = 0.154$ nm 일 경우 각각의 경우의 실제 길이를 구해보아라.

a) $r_{rms} = \langle r^2 \rangle_\theta{}^{1/2}$

b) $r_{mean} = \langle r^1 \rangle_\theta$

c) r_{peak} [$P(r)$의 극대값에 해당]

풀이

a) 편의상 식 중의 $\frac{3}{2nl^2}=a^2$로 두고 계산한 후, 나중에 도로 환원키로 한다. 그러면 먼저 분포함수 $P(r)$의 정규성(합이 1)을 조사해보자.

$$\int_0^\infty P(r)dr = 4\pi\left(\frac{a}{\pi^{1/2}}\right)^3\int_0^\infty r^2e^{-a^2r^2}dr = 4\pi\left(\frac{a}{\pi^{1/2}}\right)^3\times\frac{1}{4}\sqrt{\frac{\pi}{a^6}} = 1 \qquad [\because \text{ 식 (A6. 31)}]$$

다음에는 이 $P(r)$을 사용하여 $\langle r^2\rangle$을 식 (A6.31)의 공식을 이용하여 구하면 아래와 같다.

$$\langle r^2\rangle = \int_0^\infty r^2P(r)\,dr = 4\pi\left(\frac{a}{\pi^{1/2}}\right)^3\int_0^\infty r^4e^{-a^2r^2}dr$$

$$= 4\pi\left(\frac{a}{\pi^{1/2}}\right)^3\times\frac{3}{8}\sqrt{\frac{\pi}{a^{10}}} = \frac{3}{2}\frac{1}{a^2} = \frac{3}{2}\times\frac{2nl^2}{3} = nl^2$$

이 되어 식 (7.156)의 결과와 일치한다. 따라서 $\langle r^2\rangle^{1/2} = l\sqrt{n}$ 이 된다.

b) $r_{mean} = \langle r^1\rangle = \int_0^\infty rP(r)\,dr = 4\pi\left(\frac{a}{\pi^{1/2}}\right)^3\int_0^\infty r^3e^{-a^2r^2}dr$

$$= 4\pi\left(\frac{a}{\pi^{1/2}}\right)^3\times\frac{1}{2a^4} = \frac{2}{a\sqrt{\pi}} = l\sqrt{8n/3\pi}$$

c) $P(r)$의 극대값에 해당하는 r_{peak}를 구하기 위해 먼저 $P(r)$을 r에 대해 미분하여 0으로 두자.

$dP/dr = 4\pi\left(\frac{a}{\pi^{1/2}}\right)^3(2r-2a^2r^3)\,e^{-a^2r^2} = 0$ 두면 $a^2r^2=1$, $r=\frac{1}{a}$ 되어 $r_{peak}=\frac{1}{a}=l\sqrt{2n/3}$ 이 된다.

한편 $n = 4000$, $l = 0.154$ nm인 경우 각각의 길이를 구해보면 $r_{rms} = 9.74$ nm, $r_{mean} = 8.97$ nm, $r_{peak} = 7.95$ nm 가 되어 $r_{peak} < r_{mean} < r_{rms}$ 의 관계를 알 수 있다.

예제 7.8

3 회전이성체(RIS) 모델을 사용한 구속회전(restricted rotation) 사슬의 비섭동(unperturbed) 제곱 평균 말단거리 $\langle r^2\rangle_\theta$(식 7.162)의 자연대수의 온도 의존성[즉 $d\ln\langle r^2\rangle_\theta/dT$]이 $\frac{2\ln\sigma}{T(2+\sigma)}$ 됨을 증명하라(단 첨자 θ는 생략해도 됨).

풀이

식 (7.162)의 nl^2은 온도 T에 무관하다고 생각되므로, 식 (7.161) ~ (7.164)에서, $d\ln\langle r^2\rangle/dT$ $= d\ln\left[C_\infty \times nl^2\right]/dT = d\ln C_\infty/dT = \dfrac{1}{C_\infty}\dfrac{dC_\infty}{dT}$가 된다. 그런데 $C_\infty = 2(2+\sigma)/3\sigma$ 이므로

$$\frac{dC_\infty}{dT} = -\frac{4}{3}\frac{1}{\sigma^2}\frac{d\sigma}{dT}$$

그런데 $\sigma = e^{-\frac{u_g}{kT}}$ (단 u_g는 T 무관)이므로

$$\frac{d\sigma}{dT} = \frac{u_g}{kT^2}e^{-\frac{u_g}{kT}} = \frac{u_g}{kT^2}\sigma$$

따라서, $d\ln\langle r^2\rangle/dT = \dfrac{3\sigma}{2(2+\sigma)} \times \left(-\dfrac{4}{3}\right)\dfrac{1}{\sigma^2}\dfrac{d\sigma}{dT} = -\dfrac{u_g}{kT^2}\left(\dfrac{2}{2+\sigma}\right)$가 된다.

그런데 $\ln\sigma = -\dfrac{u_g}{kT}$ 이므로 결국 $d\ln\langle r^2\rangle/dT = \dfrac{2\ln\sigma}{T(2+\sigma)}$ 가 증명된다.

한편 식 (7.153) 중의 양용매(good solvent)에 의한 고분자 사슬의 크기의 팽창을 나타내는 인자 α는 Flory에 의하면 아래 식으로 나타내진다.

$$\alpha^5 - \alpha^3 = A\left(1 - \frac{T_\theta}{T}\right)M^{1/2} \tag{7. 166}$$

여기서 A는 열역학 파라미터에 관련된 상수, T는 절대온도, 그리고 M은 고분자의 (평균)분자량이다. 이 식으로부터 먼저 온도 T가 (상분리에 대한) 임계(critical) 온도 T_θ에서는 $\alpha^5 - \alpha^3 = 0$ 즉 $\alpha = 1$이 되어 $\langle r^2\rangle = \langle r^2\rangle_\theta$가 되는 비섭동 크기(unperturbed dimension)가 얻어지며, 만약 $T > T_\theta$일 때는 $\alpha > 1$가 되어 고분자가 (양)용매에 의해 팽창되며, 이때 α는 분자량 M에 의존하게 됨(최대로 $M^{1/10}$까지)을 알 수 있다. 그러나 분자량이 매우 큰 고분자의 경우에는 양용매에 의해 사슬의 수력학적 부피(hydrodynamic volume)가 5배 이상 증가될 수도 있다. 이와 같은 관점은 7.6.2절에 언급될 고분자의 고유점도(intrinsic viscosity)에 영향을 미친다.

7. 6. 1. 2 제곱평균 회전반경

고립된 한 개의 고분자사슬(결합벡터수 혹은 중합도 고정)의 (평균)크기를 나타내는 기하학적 특성치로서 전술한 양 말단간 거리 $r\left(=\langle r^2\rangle^{1/2}\right)$외에 사슬의 회전반경(radius of gyration)

$s\left(=\langle s^2\rangle^{1/2}\right)$가 있다. 이것은 그림 7.8에 나타낸 바와 같이 한 개의 고분자사슬을 다수개의 요소(탄소 원자 혹은 반복단위)의 집합체로 간주하여, 그의 질량중심(center of mass)으로부터 i번째의 요소까지의 거리벡터를 $\boldsymbol{s}_i$(크기 s_i), 그 요소의 질량을 m_i라 할 때 고분자사슬의 전체요소($i=1\sim n$)에 대한 ${s_i}^2$의 무게평균의 평방근에 해당한다. 즉,

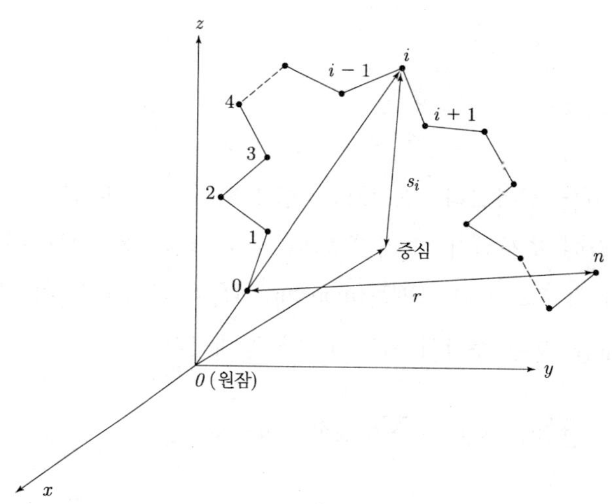

그림 7.8 고분자 사슬의 말단거리(r)와 회전반경(s)의 관계를 나타내는 벡터 도형. [단 $O-xyz$는 3차원 Cartesian 직교 좌표계임]

$$s^2=\frac{\sum_i m_i {s_i}^2}{\sum_i m_i}\quad (i=0\sim n) \tag{7. 167}$$

그런데 보통의 굴곡성(flexible) 고분자(코일)의 경우 s는 사슬의 형태에 의존하므로 $\langle r^2\rangle$의 경우와 마찬가지로 s에 관해서도 분자사슬의 가능한 전 형태에 대하여 평균치(시간 평균=앙상블 평균)를 취해야 하므로 제곱평균 회전반경은 아래와 같이 나타내진다.

$$\langle s^2\rangle=\frac{\overline{\sum_i m_i {s_i}^2}}{\sum_i m_i}=\frac{\sum_i m_i\overline{{s_i}^2}}{\sum_i m_i} \tag{7. 168}$$

그런데 i요소의 질량은 모두 동일하므로 $m_i/\sum_i m_i=w_i$(무게분율) $=1/(n+1)$이 되므로 아래식이 얻어진다.

$$\langle s^2 \rangle = \frac{1}{n+1} \sum_i \overline{s_i^{\ 2}} \tag{7.169}$$

그런데 앞에서 논의한 선형의 비섭동 가우스 (이상)굴곡성 사슬의 경우 $\langle r^2 \rangle$과 $\langle s^2 \rangle$사이에는 아래의 관계가 성립된다.

$$\langle s^2 \rangle_\theta = \frac{1}{6} \langle r^2 \rangle_\theta \tag{7.170}$$

증명 편의상 첨자 θ는 생략한다. 그리고 식 (7.168)의 $\langle s^2 \rangle$대신 우선 한 개 사슬의 s^2 (식 7.167)에 관하여 조사한다. 그러기 위해 지금 그림 7.8로 묘사된 임의의 순간 형태에서 중심에 관한 각 요소 i의 모멘트(moment) $\boldsymbol{M}_i$의 합이 0이 되도록 3차원 Cartesian 직교 좌표계에 대한 질량 중심의 좌표 $\boldsymbol{r}_G$가 정해진다. 즉

$$\sum_i \boldsymbol{M}_i = \sum_i \boldsymbol{r}_{iG} \times \boldsymbol{f}_i = \sum_i \boldsymbol{r}_{iG} m_i \times \boldsymbol{g} = 0 \tag{7.171}$$

여기서 $\boldsymbol{r}_{iG} = \boldsymbol{r}_i - \boldsymbol{r}_G \left[= \boldsymbol{s}_i\right]$(그림참조)이므로 이를 식 (7.171)에 대입하면,

$$\boldsymbol{r}_G = \frac{\sum_i m_i \boldsymbol{r}_i}{\sum_i m_i} = \sum_i w_i \boldsymbol{r}_i = \frac{1}{n+1} \sum_i \boldsymbol{r}_i \tag{7.172}$$

한편 식 (7.167)의 $s_i^{\ 2} = \boldsymbol{s}_i \cdot \boldsymbol{s}_i = \boldsymbol{r}_{iG} \cdot \boldsymbol{r}_{iG} = (\boldsymbol{r}_i - \boldsymbol{r}_G) \cdot (\boldsymbol{r}_i - \boldsymbol{r}_G) = r_i^{\ 2} + r_G^{\ 2} - 2\boldsymbol{r}_G \cdot \boldsymbol{r}_i$이므로,

$$s^2 = \frac{\sum_i m_i s_i^{\ 2}}{\sum_i m_i} = \frac{1}{(n+1)} \sum_i s_i^{\ 2} = \frac{1}{(n+1)} \sum_i \left(r_i^{\ 2} + r_G^{\ 2} - 2\boldsymbol{r}_G \cdot \boldsymbol{r}_i\right)$$

$$= r_G^{\ 2} + \frac{1}{n+1} \sum_i r_i^2 - \frac{2}{n+1} \boldsymbol{r}_G \cdot \sum_i \boldsymbol{r}_i \tag{7.173}$$

그런데 식 (7.172)을 $\boldsymbol{r}_G$에 대입하여 정리하면,

$$s^2 = \frac{1}{n+1} \sum_i r_i^{\ 2} - \frac{1}{(n+1)^2} \sum_i \sum_j \boldsymbol{r}_i \cdot \boldsymbol{r}_j \tag{7.174}$$

그런데 기하(삼각형)에서 $\boldsymbol{r}_i \cdot \boldsymbol{r}_j = \frac{1}{2}\left(r_i^{\,2} + r_j^{\,2} - r_{ij}^{\,2}\right)$ 이므로 이를 (7.174)에 대입하고, $\sum_i \sum_j r_i^{\,2} = \sum_i \sum_j r_j^{\,2} = (n+1)\sum_i r_i^{\,2}$ 을 이용하면 식 (7.174)는 아래와 같이 된다.

$$s^2 = \frac{1}{2(n+1)^2}\sum_i \sum_j r_{ij}^{\,2} \tag{7. 175}$$

여기에서 목적하는 $\langle s^2 \rangle$을 얻기 위해 (7.175)의 양변을 $\langle \cdots \rangle$를 취하면 아래와 같다.

$$\langle s^2 \rangle = \frac{1}{2(n+1)^2}\sum_i \sum_j \langle r_{ij}^{\,2} \rangle \tag{7. 176}$$

그런데 양끝 간 결합벡터의 수가 n인 가우스사슬의 제곱평균 말단거리 $\langle r^2 \rangle$은 식 (7.156)에 의해 nl^2 이므로, 양끝사이 결합벡터수가 $|j-i|$ 인 가우스 사슬의 제곱평균 말단거리 $\langle r_{ij}^{\,2} \rangle$은 $|j-i|l^2$ 으로 추정할 수 있으므로 아래 관계식이 성립된다.

$$\frac{\langle r_{ij}^{\,2} \rangle}{\langle r^2 \rangle} = \frac{|j-i|}{n}$$

이를 식 (7.176)에 대입하면,

$$\langle s^2 \rangle = \frac{\langle r^2 \rangle}{2n(n+1)^2}\sum_{i=0}^{n}\sum_{j=0}^{n}|j-i| \tag{7. 177}$$

여기서 이중합을 단일합으로 바꾸는 기법을 이용하여, $j-i=m$(단 $j>i$)으로 두면 위 식은

$$\langle s^2 \rangle = \frac{\langle r^2 \rangle}{n(n+1)^2}\sum_{0 \le i < j \le n}\sum (j-i) = \frac{\langle r^2 \rangle}{n(n+1)^2}\sum_{m=1}^{n-1}(n-m)m \tag{7. 178}$$

$$= \frac{(n-1)}{6(n+1)}\langle r^2 \rangle = \frac{1}{6}\langle r^2 \rangle \quad (\because n \to \infty)$$

[단 위 식에서 $\sum_{m=1}^{n-1} m = \frac{n(n-1)}{2}$, $\sum_{m=1}^{n-1} m^2 = \frac{(n-1)n(2n-1)}{6}$ 이 이용되었다.] ■

이렇게 (비섭동) 가우스 이상사슬(코일)의 제곱 평균 회전반경을 식 (7.170)으로 주어지지만, 다른 형태 즉 구(sphere)나 막대(rod) 모양의 물체에 관한 회전반경을 구하는 예제를 아래에 나타낸다.

예제 7.9

a)반경 a의 구(sphere)와 b)길이 L의 얇은 막대(rod)(폭 무시) 각각의 경우 회전반경 $R_g (= \langle s^2 \rangle^{1/2})$을 구하라.

풀이

a) 식 (7.167)의 연속(적분)형에서 구의 제곱 회전반경은 질량중심에서 각 질점까지의 거리r을 이용하여 아래와 같이 나타내진다.

$$s^2 = \frac{\int r^2 dm}{\int dm} = \frac{\int r^2 \rho dV}{\int \rho dV} = \frac{\int r^2 dV}{\int dV} = \frac{\int_0^a 4\pi r^4 dr}{\int_o^a 4\pi r^2 dr} (\because \text{구의 } V_r = \frac{4}{3}\pi r^3 \rightarrow dV_r = 4\pi r^2 dr \text{ 이용})$$

따라서 $s^2 = \left[\frac{r^5}{5}\right]_0^a / \left[\frac{r^3}{3}\right]_0^a = \frac{3}{5}a^2 \quad \therefore R_g = \langle s^2 \rangle^{1/2} = \sqrt{\frac{3}{5}}\, a$

b) 마찬가지로 얇은 막대(길이 L)의 경우 질량중심에서 질점까지의 거리를 r이라고 하면,

$$s^2 = \frac{\int r^2 dm}{\int dm} = \frac{\int r^2 \rho dV}{\int \rho dV} = \frac{\int r^2 dV}{\int dV} = \frac{2\int_0^{\frac{L}{2}} r^2 dr}{2\int_o^{\frac{L}{2}} dr} \quad (\because \text{막대의 } dV_r = dr \times A_{\text{일정}})$$

$$= \left[\frac{r^3}{3}\right]_0^{\frac{L}{2}} / [r]_0^{\frac{L}{2}} = \frac{L^2}{12} \qquad \therefore R_g = \langle s^2 \rangle^{1/2} = \frac{1}{\sqrt{12}} L$$

7.6.1.3 Kuhn 통계적 등가 사슬

가장 작은 (비섭동) 제곱 평균 말단거리 $\langle r^2 \rangle_\theta$값을 가진 가우스 이상사슬에 대비하여 분자 내 근거리 상호작용에 기인한 강성도의 증가로 보다 큰 $\langle r^2 \rangle_\theta$을 가지는 실제 고분자사슬에 관한 또 다른 이론으로써 'Kuhn 통계적 등가 랜덤 사슬(Kuhn's statistically equivalent random chain)' 모델이 있다. 지금 결합수(또는 중합도) n, 결합장 l을 가진 어떤 굴곡성(또는 강성도)을 가진 임의의 선형 고분자사슬이 있을 경우, 그림 7.9에 나타낸 완전히 신장된 형태(fully extended conformation)의 C–C–C–C 결합을 가진 비닐계 고분자의 경우처럼 결합각 θ만 정해지면 아래 식으로 나타내지는 한 개의 고유한 '윤곽장(contour length)' $\overline{CL} (\equiv r_e$, 통계적 대응길이)을 가질 것이다.

$$\overline{CL} = r_e = nl\sin\left(\frac{\pi-\theta}{2}\right) \tag{7.179}$$

[단 여기서 r_e, n, l (따라서 윤곽장도)은 용매능에 무관하다고 가정.]

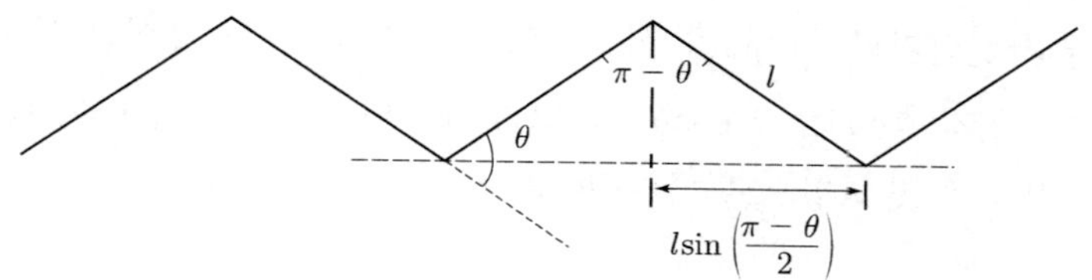

그림 7.9 완전히 신장된 고분자 사슬의 윤곽장(contour length) $L = nl\sin\left(\frac{\pi-\theta}{2}\right)$

한편 주어진 한 개의 사슬의 비섭동 제곱 평균 말단거리는 식 (7.158)과 (7.163)에 따라 아래와 같이 표시될 수 있다.

$$\langle r^2 \rangle_\theta = nl^2 \cdot r_\theta \cdot r_\phi = C_\infty nl^2 \tag{7.180}$$

여기서 C_∞는 $n \to \infty$일 때의 분자 특성비(분자 내 강성도의 척도)이며, r_θ 및 r_ϕ는 각각 아래와 같다.

$$r_\theta = (1+\cos\theta)/(1-\cos\theta),\ r_\phi = (1+\langle\cos\phi\rangle)/(1-\langle\cos\phi\rangle) \tag{7.181}$$

그런데 Kuhn 등가사슬 모델에서는 식 (7.179)에 정의된 윤곽장을 아래와 같이 사슬의 강직성을 특정짓는 두 파라미터인 Kuhn 세그먼트수 n'와 Kuhn 분절 크기 β항으로 나타낸다.

$$\overline{CL} = r_e = n'\beta \ (\text{여기서 } n' < n,\ \beta > l \text{임}) \tag{7.182}$$

그리고 식 (7.180)의 $\langle r^2 \rangle_\theta$도 n', β를 이용하여 아래와 같이 나타낸다.

$$\langle r^2 \rangle_\theta = n'\beta^2 = r_e \cdot \beta \tag{7.183}$$

따라서 식 (7.179) ~ (7.183)에서 두 개의 Kuhn 파라미터 n' 및 β를 아래와 같이 각각 n 및 l항으로 나타낼 수 있다.

$$\beta = \langle r^2 \rangle_\theta / nl\sin\left(\frac{\pi-\theta}{2}\right) = lr_\theta r_\phi / \sin\left(\frac{\pi-\theta}{2}\right) \tag{7.184}$$

$$n' = r_e / \beta = \left[nl\sin\frac{\pi-\theta}{2}\right]^2 / \langle r^2 \rangle_\theta = n\left(\sin\frac{\pi-\theta}{2}\right)^2 / r_\theta r_\phi \qquad (7.185)$$

예제 7.10

(비섭동)제곱평균 말단거리 $\langle r^2 \rangle_\theta$가 식 (7.157b)로 주어지는 자유회전 사슬의 경우 만약 비닐계 고분자처럼 결합각 θ=71°(즉 $\cos\theta = 1/3$)일 때 위 공식을 사용하여 Kuhn 분절 크기 β 및 분절수 n'를 각각 l 및 n항으로 나타내어라.

풀이

자유회전 사슬의 경우 $r_\theta = \frac{1+\cos\theta}{1-\cos\theta} = \frac{1+1/3}{1-1/3} = 2$, $r_\phi = 1$로 간주되므로 식 (7.184)에서

$\beta = l \times 2/\sin\left(\frac{180-71}{2}\right) = 2.45l$ 또한 식 (7.185)에서

$$n' = n \times \left[\sin\left(\frac{180-71}{2}\right)\right]^2 / 2 = 0.33\,n$$

참고로 이 경우 윤곽장 $\overline{CL} = r_e = n'\beta = 0.81nl$ 가 된다.

한편 지금까지는 용매의 배제체적 효과(excluded volume effect)에 의해 팽창되지 않은 비섭동 크기($\langle r^2 \rangle_\theta$)만을 다루었으나, 다음 장에서 다룰 용매에 의한 크기의 팽창[즉 $\langle r^2 \rangle = \alpha^2 \langle r^2 \rangle_\theta$ 식 (7.153)]의 경우에도 이 절에서 다룬 Kuhn 등가모델이 아래와 같이 확장하여 적용될 수 있다. 이때 위에서 언급한대로 n, l, r_e(윤곽장), r_θ는 용매에 의존하지 않으나, r_ϕ 및 Kuhn 분절수 n' 및 크기 β도 양용매 존재의 경우 각각 r_ϕ', n'' 및 β'로 값이 달라짐에 유의해야 한다.

$$\overline{CL} = r_e = nl\sin\frac{\pi-\theta}{2} = n'\beta\,(\theta\text{상태}) = n''\beta'\,(\text{양용매}) \qquad (7.186)$$

$$\langle r^2 \rangle = \alpha^2 \langle r^2 \rangle_\theta = nl^2 r_\theta r_\phi' = n''\beta'^2 = r_e \times \beta' \qquad (7.187)$$

이때 양용매 중에서의 $\langle r^2 \rangle [= 6\langle s^2 \rangle]$는 묽은 고분자 용액 중에서 광산란(light scattering) 등으로 측정될 수 있다. 끝으로 이 절에서 논의된 비섭동 및 섭동 상태의 Kuhn 등가모델의 파라미터를 구하는 예제가 아래에 주어져 있다.

예제 7.11

지금 폴리스티렌(PS)의 중합도가 1,000 이며, 광산란으로부터 측정한 θ-용매에서의 비섭동 제곱 평균 회전반경의 평방근 즉 $\langle s^2 \rangle_\theta^{1/2} = 55$ Å 인 것을 알았다. 이때 아래 물음에 답하라. 단, $l_{C-C} = 1.5$ Å, θ(결합각) $= 71°$ 이고, 식에 사용될 (C-C) 결합수 n값은 중합도의 2배를 이용하여라.

a) θ용매에서의 Kuhn 분절크기 β 및 분절수 n'를 계산하여라.

b) 만약 양용매($\alpha > 1$)에서 측정한 평균 회전반경 $\langle s^2 \rangle^{1/2} = 65$ Å 인 것을 알았다. 이때 용매에 의한 팽창계수 α의 값은 얼마인가? 또 양용매계에서의 Kuhn 분절크기 β' 및 분절수 n'' 를 계산하여라.

풀이

a) C-C 결합수 $n = 2 \times 1000 = 2000$, 식 (7.178)에 의해, $\langle r^2 \rangle_\theta = 6 \langle s^2 \rangle_\theta = 6 \times (55 \text{ Å})^2 = 18150 \text{ (Å)}^2$. 그리고 윤곽장 $\overline{CL} = r_e = nl \sin\left(\frac{\pi - \theta}{2}\right) = 2000 \times 1.5 \text{ Å} \times \sin\left(\frac{180-71}{2}\right) = 2442.3$ Å (용매에 무관). 비섭동상태에서의 Kuhn 분절크기는 식 (7.184)의 첫 번째 등호식에서

$$\beta = 18150 \text{ Å}^2 / 2000 \times 1.5 \text{ Å} \times \sin\left(\frac{180-71}{2}\right) = 7.43 \text{ Å}$$

다음에 Kuhn 분절수 n'는 식 (7.185)의 두 번째 등호식에서

$$n' = \left[2000 \times 1.5 \text{ Å} \times \sin\left(\frac{180-71}{2}\right)\right]^2 / 18150 \text{ Å}^2 = 328.7 \approx 329$$

b) 양용매내에서 $\langle s^2 \rangle^{1/2} = \alpha \langle s^2 \rangle_\theta^{1/2}$ $\quad \therefore \alpha = 65 \text{ Å} / 55 \text{ Å} = 1.18$

이로부터 섭동상태의 제곱평균 말단거리 $\langle r^2 \rangle$는, $\langle r^2 \rangle = \alpha^2 \langle r^2 \rangle_\theta = 1.18^2 \times 18150 \text{ Å}^2 = 25272 \text{ Å}^2$

여기서 섭동상태의 Kuhn 분절크기 β'는 식 (7.186) ~ (7.187)에서,

$$\beta' = \langle r^2 \rangle / r_e = 25272 \text{ Å}^2 / 2442.3 \text{ Å} = 10.35 \text{ Å}$$

또한 섭동상태의 Kuhn 분절수 n''는 $r_e = n'\beta = n''\beta' = nl \sin\frac{\pi - \theta}{2}$ 에서

$$n'' = r_e / \beta' = 2442.3 \text{ Å} / 10.35 \text{ Å} = 236$$

따라서 위 문제에서 $n (= 2000) > n' (= 328.7) > n'' (= 236)$, 그리고 $l (= 1.5 \text{ Å}) < \beta (= 7.43 \text{ Å}) < \beta' (= 10.35 \text{ Å})$ 임을 알 수 있다.

7. 6. 2. 제로 전단점도(zero shear viscosity)

7. 6. 2. 1 묽은 용액

묽은 고분자 용액의 고유점도(intrinsic viscosity)에 관한 이론을 아래 식으로 주어지는 묽은 현탁액(suspension) 속의 구상용질에 관한 Einstein 이론으로부터 유도해보기로 한다.

$$\frac{\eta-\eta_s}{\eta_s}[=\eta_{rel}-1]=2.5\phi=2.5\left(\frac{N_2}{V}\right)V_{sph} \tag{7. 188}$$

여기서 η_s 및 η는 각각 용매 및 용질의 부피분율이 ϕ인 용액의 점도, 그리고 $\eta_{rel}(=\eta/\eta_s)$는 상대점도(relative viscosity)이다. 또한 N_2/V는 용액의 단위체적당 용질의 분자(몰)수이며, V_{sph}는 용질 구(sphere)의 분자 체적이다. 물론 $N_2/V=cN_A/M$(여기서 c는 단위체적당 용질의 그램 농도, M은 몰분자량 그리고 N_A는 Avogadro 수임)의 관계가 성립된다. 이제 용액 내에서 자유롭게 코일을 형성하는 한 굴곡성(flexible) 고분자 사슬의 V_{sph}를 구해보자. 분자 1개의 체적은 분명 아래 식과 같이 제곱 평균 말단거리의 3승에 비례해야한다.

$$(V_{sph})_{\text{랜덤코일}}=k_1\langle r^2\rangle^{3/2} \tag{7. 189}$$

위 두 식을 결합하면 아래를 얻는다.

$$\frac{\eta-\eta_s}{\eta_{sc}}[=\eta_{sp}/c]\equiv[\eta]=\frac{2.5k_1N_A\langle r^2\rangle^{3/2}}{M} \tag{7. 190}$$

(주의 : 엄격히 말하면 위 식의 좌변은 $\lim\limits_{c\to 0}$의 극한에 해당된다.)

위 식에서 $\eta_{sp}=\eta_{rel}-1$는 비점도(specific viscosity)이다. 그리고 식 중의 두 상수 $2.5k_1$과 N_A를 함께 묶어 한 개의 '만능상수(universal constant)' Φ로 두면 위 식은 아래와 같이 소위 'Flory-Fox 식'이 된다.

$$[\eta]=\Phi\frac{\langle r^2\rangle^{3/2}}{M} \tag{7. 191}$$

실험적으로 만능상수 Φ는 대부분의 합성고분자에 대해 $2.0\sim2.6\times10^{23}\,\mathrm{mol}^{-1}$의 값(특히 Yamakawa에 의하면 $2.25\times10^{23}\,\mathrm{mol}^{-1}$값이 권장됨)으로 거의 일정함이 알려져 있다. 그런데 7.6.1.1절에서 비섭동(unperturbed) 한 개의(자유연결) 가우스 사슬의 제곱 평균 말단거리 $\langle r^2\rangle_\theta$는 M에 비례하므로 식 (7.191)에서 아래가 성립된다.

$$[\eta]_0 \propto M^{1/2} \tag{7. 192}$$

위 식에서 $[\eta]_0$는 비섭동($\theta-$) 상태에서 고분자의 고유점도이다. 일반적으로 양용매($\alpha>1$)인 경우의 고유점도는 아래의 Mark-Houwink(M-H) 식으로 나타내진다.

$$[\eta] = kM^a \tag{7. 193}$$

[사실 식 (7.193)의 M는 점도평균 분자량 $M_w = \left(\sum w_i M_i{}^a\right)^{1/a}$(여기서 w_i는 분자량 M_i짜리의 무게분율)을 나타낸다.]
이때 M-H 상수 a는 굴곡성(flexible) 코일인 경우에는 용매능(solvent power)에 따라 일반적으로 $0.5 \sim 0.8$의 값을 가진다. 참고로 표 7.6에 (Einstein)구상용질, 굴곡성 코일, 반굴곡성(semi-flexible) 코일 및 막대(rod)에 대한 M-H지수 a의 이론 추정치를 정리하여 나타내었다.

표 7. 6 Mark-Houwink 지수 a와 분자형태 혹은 굴곡성과의 관계

분자의 형태	M-H 지수 a
치밀한 구상입자	a
굴곡성 고분자	0.5-0.8*
반굴곡성 고분자	0.8-1.8**
막대형 고분자	1.8-2.0

* 비섭동($\theta-$) 상태에서는 $a=0.5$, 양용매 경우는 $a=0.8$.
** 측정분자량의 범위에 따라 변한다.

특히 굴곡성 고분자 사슬인 경우 표 7.6 관계의 증명은 아래와 같이 된다. 즉 식 (7.153)과 (7.191)의 결합은 아래가 된다.

$$[\eta] = \Phi\alpha^3 \frac{\langle r^2 \rangle_\theta^{3/2}}{M} \tag{7. 194}$$

그런데 식 (7.166)로부터 $\alpha \propto M^{0.0-0.1}$의 관계 및 비섭동 상태에서 $\langle r^2 \rangle_\theta \propto M$, 즉 $\left(\langle r^2 \rangle_\theta\right)^{3/2}/M \propto M^{0.5}$의 관계로부터 아래의 스케일링(scaling) 관계가 성립되어 증명된다.

$$[\eta] \propto M^{0.5-0.8}$$

여기서 한 가지 지적해 두고 싶은 점은 위에서 논의된 결과는 고분자와 용매의 (열역학적 상호작용이 아닌)수력학적 상호작용(hydrodynamic interaction)을 고려함에 있어서 용매는 고분자 사이를 통과할 수 없다(즉 'impermeable')는 소위 Zimm의 'non-draining 모델'에 기초를 둔 것으로서, 만약 용매가 고분자의 도메인을 지나 흐를 수 있다면(즉 Rouse의 'free-draining 모델'의 가정) $\theta-$상태의 고유점도 $[\eta]_\theta \propto M^1$이 될 것이다(6.3절 참조).

한편 지금까지 논의해 온 고유점도는 묽은 고분자 용액에 대해 중력장 효과만을 고려한 모세관 점도계(즉 'gravity-driven capillary viscometer')를 사용하여 측정된 거의 '제로 전단 점도(zero shear viscosity)'에 해당된다. 그러나 실제 용융에 있어서 측정되는 (정상)전단속도(shear rate, $\dot{\gamma}$)는 통상 $100\,\mathrm{s}^{-1}$의 오더(order)를 가지므로, 만약 M-H 식 (7.193)으로부터 (점도평균)분자량만을 측정하려면 전단속도 $\dot{\gamma}$를 0으로 외삽하여 구해야 할 것 이다.

7. 6. 2. 2 반 묽은 또는 진한 용액

앞에서 잠깐 언급했지만, 실제 (용매의 점도 η_s에 상대적인) 고분자 용액의 점도 η는 아래와 같이 농도 c의 멱급수로 나타내진다.

$$\eta = \eta_s \left(1 + [\eta]c + k_H [\eta]^2 c^2 + \cdots\right)$$

혹은 비점도 $\eta_{sp} = \eta_{rel} - 1$을 사용하여 위 식은 아래의 'Huggins 식'으로 표현된다.

$$\eta_{sp}/c(\equiv \eta_{red}) = [\eta] + k_H[\eta]^2 c + \cdots \tag{7. 195}$$

이 식은 $[\eta]c \ll 1$일 때 유효하며, Huggins 상수 k_H는 분자량과 무관하고, 양용매의 경우 0.3 값을, 그리고 θ-용매인 경우 0.5값을 가지나 일반적으로 이 두 극한값 사이에 위치한다.

이 식과 더불어 (η)의 결정에 널리 이용되는 또 하나의 유용한 식인 'Kraemer 식'을 아래에 적는다.

$$\ln(\eta_{rel})/c(\equiv \eta_{inh}) = [\eta] + k_K[\eta]^2 c + \cdots \tag{7. 196}$$

따라서 위 두 식으로부터 아래의 고유점도에 관한 식이 얻어진다.

$$[\eta] = \lim_{c\to 0} \frac{\eta_{sp}}{c}(\equiv \eta_{red}) = \lim_{c\to 0} \ln\eta \tag{7. 197}$$

이때 Kraemer 상수 $k_K \doteqdot k_H - \frac{1}{2}$이고 값은 음수(또는 0)이다.

(증명) 함수 $\ln(1+x)$(여기서 $|x|<1$)를 $x=0$근방으로 Taylor 급수전개하면,

$\ln(1+x)=x-\dfrac{x^2}{2}+\dfrac{x^3}{3}+\cdots$ 이므로 묽은 용액의 경우 비점도 $\eta_{sp}(=\eta_r-1)<1$이므로 $\ln\eta_r=\ln(1+\eta_{sp})$는 아래와 같이 η_{sp}항으로 전개가 가능하다.

$$\ln\eta_{rel}=\ln(1+\eta_{sp})=\eta_{sp}-\frac{\eta_{sp}^2}{2}+\frac{\eta_{sp}^3}{3}-\cdots \tag{7. 198}$$

이를 c로 나누고, Huggins 식 (7. 195)을 이용하면 아래가 된다.

$$\left.\begin{aligned}\frac{\ln\eta_{rel}}{c}(=\eta_{inh})&=\left\{[\eta]+k_H[\eta]^2c+\cdots\right\}-\frac{\left\{[\eta]c+k_H[\eta]^2c^2+\cdots\right\}^2}{2c}+\cdots\\&=[\eta]+\left(k_H-\frac{1}{2}\right)[\eta]^2c+\cdots\end{aligned}\right\}\tag{7. 199}$$

따라서 이 식과 kraemer 식 (7.196)을 비교하면 $k_K=k_H-\dfrac{1}{2}$를 얻는다. 또한 일반적으로 $0.3<k_H<0.5$이므로 k_K는 음의 값(혹은 0)을 가한다. ■

참고로 그림 7.10에 두 식을 동시에 이용하여 25℃의 톨루엔에 용해된 폴리(tert-부틸아크릴레이트) 시료의 고유점도(η)값을 구하는 예를 나타내었다.(식 (7.197) 참조).

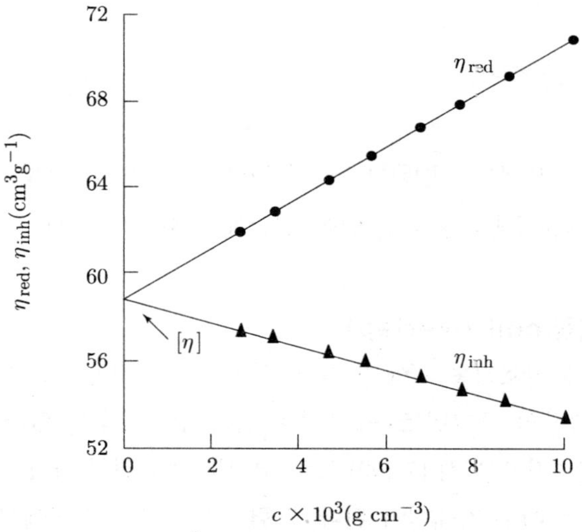

그림 7.10 이중 Huggins-Kraemer plot을 이용하여 25 ℃의 톨루엔에 용해된 폴리(tert-부틸아크릴레이트) 시료 용액의 $[\eta]$의 결정

고분자 용액의 점도에 관한 연구 결과에 의하면 낮은 농도와 높은 농도 영역에서는 근본적으로 서로 다른 유형의 분자간 상호작용을 고려할 필요가 있다. 앞 절에서 보았듯이 묽은 용액의 점도는 강직한 입자의 묽은 현탁액(suspension)의 경우와 유사하였다. 지금 무한희석(infinite dilution)의 상태에서 농도를 차차 증가시키면 각 분자 근처의 유동장(flow field)의 상호작용에 의해 분자간 효과(intermolecular effects)가 도입된다. 이 분자간 상호작용은 각 분자에 의해 차지된 부피 혹은 개개의 분자 도메인의 겹침 정도(degree of overlap)에 의존한다. 만약 용액의 단위 체적당 N_2/V 개의 상호침투 가능한(interpenetrable) 고분자가 존재한다면 식 (7.188)중의 $N_2 V_{sph}/V$항을 단순히 '대응하는 강직구(equivalent hard sphere)'의 부피분율로 간주하기는 어려우며, 대신 더욱 농도가 증가된 영역에서는 용액 중 임의의 한 고분자의 침투된(pervaded) 부피 내에 중심을 둔 다른 분자의 평균수를 나타낼 것이다. 즉 식 (7.189)와 (7.190)으로부터 아래가 성립된다.

$$V_{sph} = \frac{[\eta] M}{2.5 N_A}$$

여기서 $N_2/V = cN_A/M$을 이용하면 아래를 얻는다.

$$\frac{N_2}{V} V_{sph} = 0.4\, c[\eta] \tag{7. 200}$$

여기서 '농도효과'가 중요하게 되는 지점(농도)은 코일 겹침 인자(coil overlap parameter) $c[\eta]$ (혹은 cM^a)가 거의 1에 가까울 때인 것을 알 수 있다.

고분자 코일이 겹치게 되는 영역에서의 점도 관계는 Huggins 식 (7.195) 대신 아래의 'Martin 식'으로 잘 묘사된다.

$$\frac{\eta - \eta_s}{\eta_s c} (= \eta_{sp}/c) = [\eta] e^{kc[\eta]} \tag{7. 201}$$

위 식에서 $k = k_H$로 두면 식 (7.195)는 식 (7.201)의 $c = 0$근방으로 Taylor 급수전개한 것(식 (A6.9) 참조)에 해당된다(실제로 $k \simeq k_H$임이 실험에서 확인되었다).

7. 6. 2. 3 코일 겹침(coil overlap)

용액 내 고분자 - 용매 상호작용 외에 또 다른 분자간 상호작용으로서는 '얽힘(entanglement)'으로 알려진 고분자 사슬들의 세그먼트 - 세그먼트 접촉 상호작용이 있다.

이 유형의 분자간 상호작용은 식 (7.200)으로 나타낸 코일 겹침 파라미터($[\eta]$)가 $1 < c[\eta] < 10$가 되는 농도영역에서는 매우 지배적이 된다. 그림 7.11은 무한희석에서 중간 농도영역에 이르는 여러 종류의 고분자용액에 대하여 Martin 점도 관계식이 잘 적용(특히 M-H지수 $a = 0$이 되는 $\theta-$용매의 경우)됨을 보여준다. 그리고 농도가 증가하여 코일 겹침 파라미터 $c[\eta] \approx 10$ 이상되는 지

역에서는 제 2 상호작용 모드(즉 얽힘)가 지배적이 되어 다른 점도 상관이 유효하게 된다.

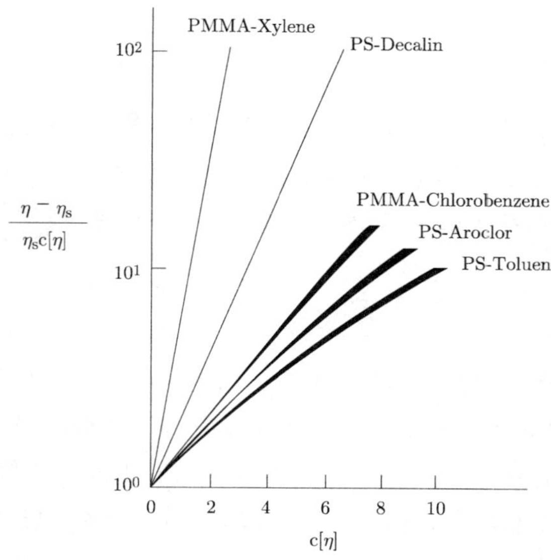

그림 7.11 Martin 식 (7. 201)을 사용하여 코일 겹침 파라미터 $c[\eta]$에 대해 플롯한 여러 종류 고분자의 점도 테이터. θ − 용매계(즉 $a = 0$)인 PMMA-Xylene과 PS-decalin 만이 직선을 나타내고 다른 양용매계는 곡선이 되어 고분자-용매 상호작용이 중요함을 알 수 있다.

열역학적으로 양용매(즉 팽창계수 $\alpha \gg 1$ 혹은 M-H 지수 $a \simeq 0.8$)에 있어서 여러 농도영역에서의 고분자 사슬의 겹침(overlap)의 정도에 대하여 그림 7.12에 도식적으로 나타내었다. de Gennes 등의 '스케일링 개념(scaling concept)'에 따라 농도 영역을 겹침이 일어나기 시작하는 농도 c^*를 기준으로하여 발생하며, 또한 각 영역에서의 고분자의 형태(conformation)에 관한 유용한 정보를 '스케일링 법칙(scaling law)'이라고 불리는 일종의 차원해석(dimensional analysis)을 통하여 얻을 수 있다.

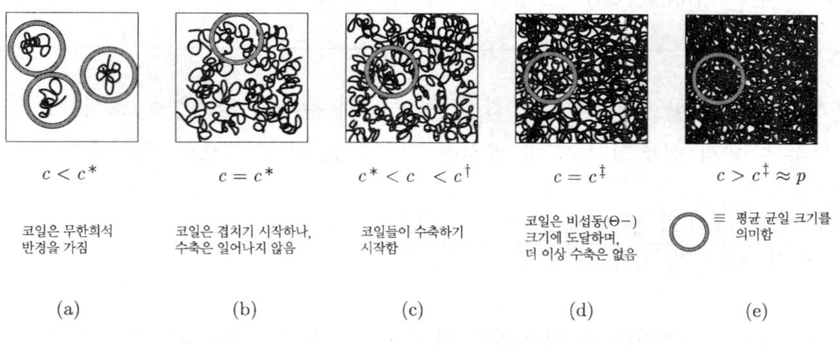

그림 7.12 de Gennes 등의 스케일링 개념에 의한 양용매 속의 고분자에 대하여 5 농도 영역으로 분류.

묽은 고분자용액에 대한 Flory 이론에 의하여 굴곡성 고분자 사슬(코일)의 제곱 평균 말단거리는 '스케일링 지수' ν를 사용하여 아래 식으로 나타내진다.

$$\langle r^2 \rangle \sim M^{2\nu} \tag{7.202}$$

만약 θ(비섭동) 용매의 경우는 $\nu = 1/2$, 그리고 양용매의 경우는 $\nu = 3/5$(식 (7.153), (7.156) 및 (7.166) 참조)이다. 위 식에서 '~'표시는 '비례(또는 의존)한다' 혹은 '$\langle r^2 \rangle$은 M에 2ν승으로 스케일링 된다'를 의미한다. 여기서 de Gennes등이 제안한 '스케일링 법칙'을 '참고'에 나타낸다.

참 고

de Gennes들이 제안한 스케일링 법칙은 어떤 물성의 영역(가령 농도로 구분된)사이의 전이(transition)에 관련된 법칙으로서 가끔 '보편적(universal)' 혹은 '국소적(local)' 성질이라고 불리는 '지수(exponent)'를 이용한다. 지금 어떤 파라미터(혹은 독립변수) x의 함수(혹은 종속변수)인 성질 S가 x의 임계(critical)값인 x^*에서 성질의 변화(혹은 전이)가 일어날 경우 스케일링 법칙에 의하면 아래와 같이 나타내진다.

$$S = S_0 f\left(\frac{x}{x^*}\right) \tag{7.203}$$

여기에서 x의 두 영역의 함수 f아래와 같이 정의된다.

$$f\left(\frac{x}{x^*}\right) = 1 \quad \text{if } \frac{x}{x^*} < 1 \tag{7.204}$$

그리고

$$f\left(\frac{x}{x^*}\right) = \left(\frac{x}{x^*}\right)^m \quad \text{if } \frac{x}{x^*} > 1 \tag{7.205}$$

여기에서 m은 '보편적(universal)' 스케일링 지수를 나타낸다.

스케일링 법칙의 간단한 응용 예로서 겹침 농도 c^*의 분자량 의존성을 조사해보자. c^*는 한 개의 고분자 사슬 안에서 국소적 농도에 필적할 것이므로 아래 식으로 나타내질 수 있다.

$$c^* = \frac{\text{한 개의 사슬의 단량체 수}}{\text{한 개의 사슬의 침투된 부피}} \sim \frac{M}{\langle r^2 \rangle^{3/2}} \tag{7.206}$$

혹은 양용매에 대한 식 (7.202)를 사용하여(이때 $\nu = 3/5$을 대입) 위 식은 아래가 된다.

$$c^* \sim \frac{M}{(M^{1.2})^{3/2}} \sim M^{-4/5} \sim \frac{1}{[\eta]} \tag{7. 207}$$

위 식에서 맨 마지막 관계는 식 (7.193)에서 양용매에 대한 M-H지수 $a = 0.8$를 대입한 것이다.

다음에 관심의 양은 (반 묽은)용액 속에 있는 고분자 사슬들의 모노머(monomer)간 평균거리에 해당하는 '상관길이(correlation length)' ξ이다(그림 7.13 참조)

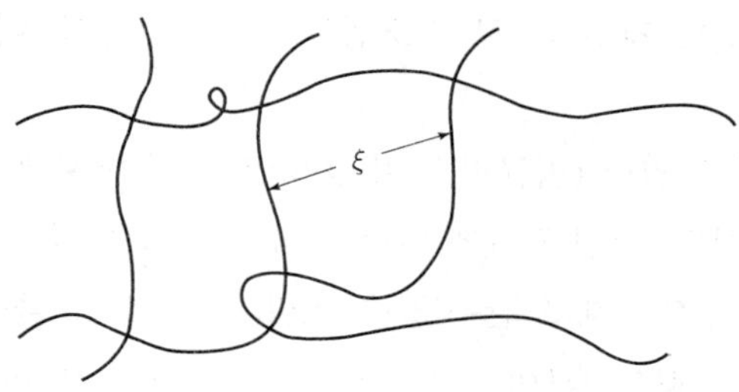

그림 7.13 그림 7.12(a)-(c)의 확대 그림.

지금 양용매 속의 농도 $c > c^*$에서의 상관길이 ξ의 분자량 M(혹은 중합도 n) 및 농도의 c의 의존성을 참고란에 나타낸 스케일링 이론에 의해 구해보기로 하자. 먼저 $c > c^*$ 영역에서는 우리는 오직 분자내의 작은 부분(section)만 관심이 있으므로(그림 7.13 참조) ξ는 분자량에 무관 즉 $\xi \sim M^\circ$ 일 것이다. 그러면 양용매 속에서 ξ의 c 의존성은 아래 식으로 나타내진다.

$$\xi \sim M^\circ c^{-3/4} \tag{7. 208}$$

(증명) 스케일링 이론의 식 (7.203)에서 $x^* = c^*$, $x = c(> c^*)$, $S_0 = \xi(c^*)$ 및 $S = \xi(c)$라 둔다. 그런데 $c = c^*$에서의 상관길이 $\xi(c^*) = \xi^*$는 단순히 $\langle r^2 \rangle^{1/2}$과 같이 둘 수 있으므로, 식 (7.202)에서 양용매에 대한 $\nu = 3/5$을 대입하면 식 (7.203)에서 아래가 성립된다.

$$\xi = \xi^* f(c/c^*) = \xi^* \times (c/c^*)^m \tag{7. 209}$$

여기서 $\xi^* = \langle r^2 \rangle^{1/2} = M^\nu = M^{3/5}$, $c^* \sim M^{-4/5}$(식 (2.707))을 대입하면 아래의 스케일링 식이 성립된다.

$$\xi \sim M^{3/5}(c/M^{-4/5})^m \tag{7. 210}$$

그런데 이미 $\xi \sim M^{\circ}$ 을 알고 있으므로 $\frac{3}{5} + \frac{4}{5}m = 0$ 즉 $m = -3/4$이 되어야하므로 아래가 성립되어 증명된다.

$$\xi \sim M^{\circ} c^{-3/4} \qquad \blacksquare$$

따라서 $c > c^*$의 농도 영역에서는 고분자 사슬 내 모노머간의 평균거리인 상관길이 ξ는 $c^{-3/4}$ 의존성을 가져 c가 증가할수록 지수적으로 감소됨을 알 수 있는데, 이는 광산란(light scattering) 실험 등에 의해 확인되었다.

다음에는 용액 중 고분자 코일의 (평균)반경이 농도와 함께 어떻게 변하는가를 역시 스케일링 이론에 의해 측정해보기로 한다. 그림 7.14에 나타낸 바와 같이 용액 중 고분자의 사슬(들)은 분자량 M_b를 가진 '방울(blob)'의 연속체로 간주될 수 있다. 그리고 각 블롭 내에서는 고분자 코일이 (양)용매에 의해 팽윤되어 한 개의 블롭의 상관길이 ξ와 블롭 내 모노머의 수 N_b와는 식 (7.202)로부터 아래와 같이 나타낼 수 있다(단 $\xi \sim \langle r^2 \rangle^{1/2}$ 간주).

$$\xi \sim l N_b^{3/5} \tag{7. 211}$$

여기서 l는 모노머(혹은 세그먼트)의 한 개의 길이, N_b는 한 개의 블롭 내 모노머의 개수 즉 $N_b = M_b / M_0$(여기서 M_0는 모노머 1개의 분자량)가 성립된다. 그러면 식 (7.208)을 식 (7.211)에 대입하면 아래의 스케일링 관계를 얻는다.

$$N_b \sim c^{-5/4} \tag{7. 212}$$

그림 7.14 용액 내 고분자 사슬은 분자량 M_b를 가진 방울(blobs)의 연속으로 표현.

한편 $x \gg \xi$가 되는 거리에서는 사슬은 이상적(Gaussian)이 되고, 반굴곡성 고분자에 대한 '통계적 세그먼트'의 개념(식 (7.163), (7.183) 혹은 (7.187) 참조)에 의하여 농도 $c(> c^*)$에서의 고분자 사슬의 제곱 평균 말단거리는 아래 식으로 나타낼 수 있다.

$$\langle r^2(c) \rangle = \frac{n}{N_b(c)} \xi^2(c) \tag{7.213}$$

여기서 n는 1개의 고분자 사슬 내 단량체의 수, 그리고 N_b는 한 블롭(blob) 내 단량체의 수이므로 n/N_b는 한 고분자 사슬 내 '블롭' 혹은 '통계적 세그먼트'의 수이다. 또한 상관길이 $\xi(c)$는 한 개의 블롭 혹은 통계적 세그먼트의 길이에 해당된다. 여기서 식 (7.208), (7.212) 및 (7.213)을 결합하면 아래의 스케일링 관계식이 얻어진다.

$$\langle r^2(c) \rangle \sim \frac{c^0}{c^{-5/4}} (c^{-3/4})^2 \sim c^{-1/4} \tag{7.214}$$

따라서 반 묽은(semi-diliute) 용액 영역에서는 식 (7.214)에 따라 코일의 크기가 농도의 증가와 함께 수축된다. 이와 같은 관계를 그림 7.15에 도식적으로 나타내었다.

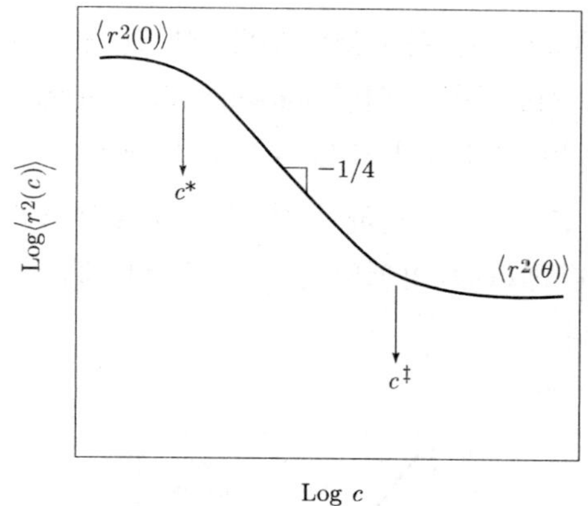

그림 7.15 농도의 증가에 따른 사슬의 크기($\langle r^2(c) \rangle$)의 변화를 나타내는 그림.

그림 7.15에서 볼 수 있듯이 용액의 농도가 증가함에 따라 고분자 사슬(코일)의 크기가 계속 수축하지는 않는다. 즉 농도 c가 $c^‡$에 도달하면 사슬의 크기는 비섭동(θ) 크기에 도달하여 일정하게 된다. 식 (7.214)로부터 아래가 성립된다.

$$\langle r^2(c) \rangle = \langle r^2(0) \rangle \left(\frac{c^*}{c} \right)^{1/4} \tag{7.215}$$

위 식에서 $\langle r^2(0) \rangle$은 $c = c^*$에서의 제곱 평균 말단거리이다(그림 7.15 참조). 그리고 농도 c를 c^*를 지나 $c^‡$가지 계속 증가시키면 $\langle r^2(c) \rangle$는 계속 수축하여 $\theta-$상태의 비섭동(unperturbed) 크

기 $\langle r^2(\theta)\rangle$에 도달하게 된다. 즉

$$\langle r^2(\theta)\rangle = \langle r^2(0)\rangle\left(\frac{c^*}{c^\ddagger}\right)^{1/4} \tag{7.216}$$

혹은

$$c^\ddagger = c^*\left(\frac{\langle r^2(0)\rangle}{\langle r^2(\theta)\rangle}\right)^4 \tag{7.217}$$

혹은

$$c^\ddagger = c^*\alpha^8(0) \tag{7.218}$$

여기서 $\alpha^8(0)$은 $c = c^*$에서의 제곱 평균 말단거리가 $c = c^\ddagger$에서의 $\theta-$상태의 크기에 비해 팽창된 것을 나타낸다(식 (7.153) 참조). 그런데 식 (7.218)에서 $c^* \sim M^{-4/5}$(식 7.207), 그리고 $\alpha \sim M^{1/10}$(식 (7.166))이므로 아래가 성립된다.

$$c^\ddagger \sim M^{-4/5}(M^{1/10})^8 \sim M^\circ \tag{7.219}$$

즉 스케일링 법칙에 의해 농도 $c^\ddagger$는 분자량에 무관함을 알 수 있다.

한편 용액 중에서 고분자 사슬들이 비얽힘(non-entanglement)에서 얽힘 구조로 전이(transition)하기 위해서는 농도에 관계없이 최소한의 크기(혹은 분자량)이 요구되며, 또한 일정 분자량의 경우 얽힘(entanglement)은 농도 c가 $c^\ddagger$에 도달하기 전 혹은 그 후에 일어날 수도 있다. 그림 7.16에서는 양용매에 있는 폴리부타디엔(PBD) 용액의 점탄성 영역에 대한 농도와 분자량과의 관계를 종합적으로 도시하여 나타내었다.

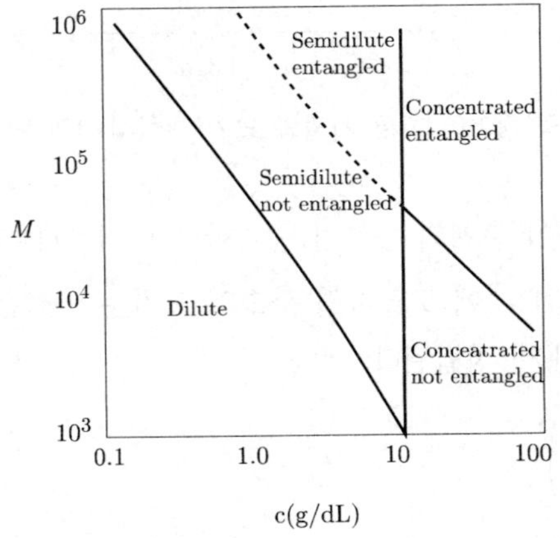

그림 7.16 양용매 속의 폴리부타디엔(PBD) 용액의 점탄성 영역에 대한 농도와 분자량과의 관계를 나타내는 다이어그램.

7. 6. 3 묽은 고분자 용액의 레올로지

고분자 수력학(polymer hydrodynamics)을 지배하는 인자에 대한 지식을 얻기 위해서는 우선 간단한 모델 고분자의 동력학(dynamics)에 관한 연구부터 시작하여 차차 복잡한 구조의 고분자에 관한 연구로 옮기는 것이 유익할 것이다.

그래서 이 절에서는 고분자의 구조 특징이 수력학적 힘(hydrodynamic force)에 의해 어떻게 변하며, 또한 이것이 거꾸로 고분자 벌크 유체의 유변학적 거동에 어떤 영향을 미치는가를 조사해보기로 한다. 즉 유동 중의 랜덤코일(모델) 고분자가 나타내는 점탄성 거동 즉 고분자와 용매간의 비가역적인 점성 저항(viscous drag) 상호작용과 가역적인 스프링 혹은 엔트로피 탄성효과를 고분자의 형태 혹은 구조와 관련시켜 연구한다. 여기 이용될 수단으로서는 (평형 혹은 비평형) 통계역학(statistical mechanics)이지만 가급적 이해하기 쉬운 형태로 접근하기로 한다.

7. 6. 3. 1 탄성 아령형 모델(elastic dumbbell-type model)

우선 가장 간단하면서도 굴곡성 고분자의 동력학에 관한 Rouse나 Zimm 등의 고전적 이론의 기초가 되는 탄성 아령 현탁액(elastic dumbbell suspension)의 레올로지를 분석하기로 한다. 그림 7.17에 나타낸 바와 같이 한 개의 '연결자(connector)'(스프링)에 연결된 각각 번호 '1' 및 '2'로 붙여진 2개의 '구슬(bead)'로 이루어진 한 개의 탄성 아령(elastic dumbbell)을 생각해보자. 아령의 위치 및 배향(orientation)은 공간(혹은 실험실)에 고정된 Cartesian 직교 좌표계에 대한 두 구슬 중심들의 위치벡터(즉 $\boldsymbol{r}_1$ 및 $\boldsymbol{r}_2$)에 의해 정해진다. 그런데, 계산의 편의상 두 자유도 $\boldsymbol{r}_1$과 $\boldsymbol{r}_2$ 대신, 아령의 질량 중심의 좌표에 해당되는 위치벡터 $\boldsymbol{r}_0 = (1/2)(\boldsymbol{r}_1 + \boldsymbol{r}_2)$과 차벡터 $\boldsymbol{R} = \boldsymbol{r}_2 - \boldsymbol{r}_1$을 사용하여 계산한다[단 $\boldsymbol{R} = (x_1\ x_2\ x_3)^{\mathrm{T}}$ 임].

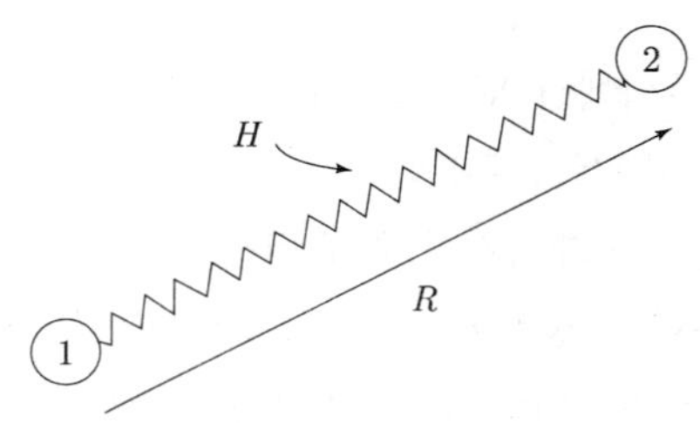

그림 7.17 탄성 아령(elastic dumbbell).

여기서 그림 7.17로 나타낸 아령 현탁액을 특징짓는데 사용되는 파라미터를 요약하면 아래와 같다.

- $\eta_s =$ 아령이 현탁되어 있는 뉴톤 용매의 점도 ;
- $\eta_0 =$ 단위체적당 아령의 수 ;
- $m =$ 아령에 있는 한 개의 구슬의 질량 ;
- $\xi =$ 한 개의 구슬이 용매를 통해 움직일 때 받는 마찰계수로서, Stokes 법칙에 의해 구슬에 작용하는 (점성)마찰력은 용매의 속도에 상대적인 구슬의 속도로 나눈 것이며, 만약 구슬이 반경 r의 구라면 $\xi = 6\pi\eta_s r$로 나타내진다.
- $H=$ 두 구슬을 연결하는 후크 스프링의 스프링 상수이다. 만약 (스프링)연결자에서의 장력벡터를 $\boldsymbol{F}^c$라 하면, 선형 스프링 법칙에 의해 $\boldsymbol{F}^c = H\boldsymbol{R}$(여기서 $\boldsymbol{R}$은 두 구슬의 거리벡터)로 나타내진다.

지금 그림 7.17처럼 나타낸 모델 고분자로서 탄성 아령들은 어떤 종류의 속도분포($\boldsymbol{v}$)를 갖고 흐르고 있는 (점도가 일정한) 뉴톤 용매 속에서 현탁되어 있다고 하자. 가령, (정상)단순전단흐름(SSF)의 경우는 Cartesian 좌표내에서의 속도분포는 $v_1 = \dot{\gamma} x_2,\ v_2 = v_3 = 0$(식 (5.114)), 그리고 (정상)일축신장흐름(UEF)의 경우는 $v_1 = -(\dot{\varepsilon}/2)x_1,\ v_2 = -(\dot{\varepsilon}/2)x_2,\ v_3 = \dot{\varepsilon} x_3$(식 (5.123))이다. 두 종류의 표준흐름 모두 (여분)응력텐서 $\boldsymbol{\tau}$나 속도구배 텐서($\partial\boldsymbol{v}/\partial\boldsymbol{r}$)가 위치에 무관한 '균일흐름(homogeneous flow)'을 가정한다. 이 경우 용매의 속도장 $\boldsymbol{v}(\boldsymbol{r})$은 아래와 같이 위치 $\boldsymbol{r}$에 관한 1차식으로 표시된다.

$$\boldsymbol{v}(\boldsymbol{r}) = \boldsymbol{v}_0 + \left(\frac{\partial \boldsymbol{v}}{\partial \boldsymbol{r}}\right)^{\mathrm{T}} \cdot \boldsymbol{r} = \mathbf{L} \cdot \boldsymbol{r} \ \ (\text{여기서 } \boldsymbol{v}_0 = \mathbf{0},\ \mathbf{L} = \left(\frac{\partial \boldsymbol{v}}{\partial \boldsymbol{r}}\right)^{\mathrm{T}}) \tag{7. 220}$$

혹은 Cartesian 좌표계(이 경우 공변미분=편미분)에서 아래의 성분표시가 성립된다.

$$v_i = L_{ij} x_j = (\partial v_i / \partial x_j) x_j \ \ (\because L_{ij} \equiv v_{i;j} = v_{i,j}) \tag{7. 221}$$

만약 비압축성 유체는 질량보존식에서 $\nabla \cdot \boldsymbol{v} = \mathrm{Tr}(\nabla \boldsymbol{v}) = 0$(식 (4.193))이므로 속도구배텐서 $\mathbf{K}$는 트레이스(trace)가 0이 되는 텐서가 된다.

이제 묽은 용액에 대한 이론을 전개시키기 위해 탄성 아령들이 용액에서 독립적으로 움직인다고 가정한다. 나아가 용액의 유변학적 성질에 대한 현탁된 아령들의 효과는 한 개의 아령의 통계적 공헌을 찾음으로써 얻어진다고 가정한다. 그리고 관심의 한 아령의 질량중심의 좌표는 좌표계의 원점에 위치 즉 $\boldsymbol{r} = 0$을 가정 즉 $\boldsymbol{v} = \dfrac{d\boldsymbol{r}}{dt} = \mathbf{0}$이 되어 그 아령의 질량중심은 $\boldsymbol{r} = \mathbf{0}$에서 표류하지 않는다고 가정한다.

또한 관심의 아령이 어디에서나 속도장 $\boldsymbol{v} = \mathbf{0}$을 가진 정지된 용매 속에 있다고 가정해도, Brown 열운동 때문에 아령은 현탁액 속에서 끊임없이(그러나 모든 방향에 대해 균일하게) 회전할 것이다. 반면에 용액이 전단운동(shear motion)을 받게 되면 아령들은 흐르는 방향으로 정렬되고 배향될 것이다(즉 배향은 불균일해짐). 이와 같은 아이디어는 $\Psi(\boldsymbol{R}, t)$라 불리는 '(확률)분포함수(distribution function)'의 개념에 이르게 된다. 즉 어떤 시간 t에서 $\Psi(\boldsymbol{R}, t)d\boldsymbol{R}$는 현탁액 속에서 한 개의 아령의 입체배열(configuration)이 $\boldsymbol{R}$과 $\boldsymbol{R}+d\boldsymbol{R}$ 사이에 있을 (정규화된)확률을 말한다.

바꾸어 말하면, 유동장 $\boldsymbol{v}=\mathrm{L}\cdot\boldsymbol{r}$에서 $\boldsymbol{r}=0$에 질량중심을 가진 아령으로 이루어진 유사한 계들(similar systems)의 집합이 존재할 경우 $\Psi(x_1, x_2, x_3, t)\,dx_1dx_2dx_3$는 그 집합에서 구슬-구슬(bead-bead)간 거리벡터의 Cartesian 성분이 x_1과 x_1+dx_1, x_2와 x_2+dx_2, 그리고 x_3와 x_3+dx_3 사이에 있는 계들의 분율(%)을 나타낸다. 물론 각기 다른 흐름 상황(가령 정상 SSF, 소진폭 진동전단(SAOS), 전단응력 감쇠(완화)나 신장응력 성장 등)에 대하여 $\Psi(\boldsymbol{R}, t)$도 다를 것이다. 그러나 일단 $\Psi(\boldsymbol{R}, t)$가 알려지면 (여분)응력텐서 $\boldsymbol{\tau}$ 또한 알 수 있다. 그래서 이하에서는 $\Psi(\boldsymbol{R}, t)$를 구하는 방법에 대해 논하기로 한다.

a. 구슬(bead)에 대한 운동방정식

각각의 구슬에 대한 운동방정식(equation of motion, EOM)은 아래의 형태로 나타낼 수 있다.

질량×가속도 = 점성 저항력 + 브라운 운동 힘 + 연결자 내 한 구슬의 다른 구슬에 대한 힘

구슬 '2'에 대한 위 식을 구슬 '1'에 대한 식으로부터 빼면 아래와 같이 두 구슬간 거리벡터 $\boldsymbol{R}=\boldsymbol{r}_2-\boldsymbol{r}_1$(그림 7.17 참조) 항으로 된 운동방정식을 얻는다.

$$\underbrace{m\ddot{\boldsymbol{R}}}_{\text{뉴톤 관성력}} = \underbrace{\xi(\dot{\boldsymbol{R}}-[\mathrm{L}\cdot\mathrm{R}])}_{\text{점성 저항력}} + \underbrace{2kT\frac{\partial}{\partial\boldsymbol{R}}\ln\Psi}_{\text{브라운 운동 힘}} + \underbrace{2\boldsymbol{F}^c}_{\text{연결자 장력}} \tag{7.222}$$

위 식에서 브라운 요동 힘(Brownian fluctuating force)은 분포함수 $\Psi(\boldsymbol{R}, t)$를 포함한다. 지정된 유동장(flow field)은 입자를 흐름방향으로 배향시키려 하는 반면에, 브라운 힘은 배향을 랜덤화하려고 한다. 그리고 위 식 좌변의 가속도 $\ddot{\boldsymbol{R}}$ 항은 일반적으로 매우 작아 가끔 무시된다. 또한 연결자 장력(connector tension) $\boldsymbol{F}^c$ 항은 만약 연결자를 후크 스프링(Hookean spring)으로 간주하면 $\boldsymbol{F}^c=H\boldsymbol{R}$(여기서 H는 스프링 상수)로 나타내진다. 그리고 식 중의 $\frac{\partial}{\partial\boldsymbol{R}}(=\nabla_{\boldsymbol{R}})$는 (아령)분자의 위상공간(configuration space)인 $\boldsymbol{R}$(입자간 거리벡터)에서의 3차원 편미분을 나타내는 기울기(del) 연산자로서, Cartesian 좌표계에서는 $(\partial/\partial x_1, \partial/\partial x_2, \partial/\partial x_3)$의 3 성분을 갖는다(2.6절 참조).

b. $\Psi(\boldsymbol{R}, t)$에 대한 연속체 방정식

이 식은 물질의 질량이동에 관한 Fick의 확산 제 2법칙 $\frac{\partial c}{\partial t} = -\nabla \cdot \boldsymbol{J}_m$[여기서 $\nabla = \frac{\partial}{\partial \boldsymbol{r}}$, $\boldsymbol{J}_m = -D\nabla c$는 질량 플럭스(mass flux), $\boldsymbol{r}$ 및 c는 각각 위치벡터 및 농도, 그리고 D는 확산계수임]와 유사하게 (단 여기서는 농도 c 대신 확률분포함수 Ψ 사용) 아래와 같이 표현된다(단 유도과정은 생략).

$$\frac{\partial \Psi}{\partial t} = -\left(\frac{\partial}{\partial \boldsymbol{R}} \cdot \dot{\boldsymbol{R}}\Psi\right) \tag{7.223}$$

지금 식 (7.222)에서 가속도 항 $\ddot{\boldsymbol{R}}$을 무시하여 $\dot{\boldsymbol{R}}$에 대해 풀고, 이를 식 (7.223)에 대입하면 Ψ에 대한 편미분 방정식을 얻는다. 즉

$$\frac{\partial \Psi}{\partial t} = -\frac{\partial}{\partial \boldsymbol{R}} \cdot \left\{[\mathrm{L} \cdot \boldsymbol{R}]\Psi - \frac{2kT}{\xi}\frac{\partial}{\partial \boldsymbol{R}}\Psi - \frac{2}{\zeta}\boldsymbol{F}^c\Psi\right\} \tag{7.224}$$

위 식은 Ψ로 나타낸 확산 편미분 방정식으로 만약 속도구배텐서 $\mathrm{L}[=(\nabla \boldsymbol{v})^{\mathrm{T}}]$의 정확한 형태를 알면 (원칙적으로) Ψ에 대한 해를 구할 수 있다.

c. 응력텐서에 대한 표현식

묽은 현탁액의 (여분)응력텐서 $\boldsymbol{\tau}$(식 (4.35) 참조)는 용매 공헌항인 $\boldsymbol{\tau}_s$(만약 뉴톤 유체의 경우에는 $\eta_s\dot{\gamma}$가 됨)와 입자(또는 고분자) 공헌항인 $\boldsymbol{\tau}_p$의 합으로 이루어진다. 그러나 용매는 (정상)전단점도 $\eta(\dot{\gamma})$나 복소 동적점도 $\eta'(=G''/\omega)$와 같은 (비가역)점성 손실 효과에만 공헌을 하고, $\eta''(=G'/\omega)$와 같은 (가역)탄성 효과에는 영향을 주지 못한다(예제 7.12 참조). 한편, 입자(여기서는 탄성 아령)는 유동장내의 임의의 평면을 지나 전달되는 전체 응력에 아래의 두 가지 방법으로 공헌한다.

- 평면에 걸치는(straddle) 어떠한 아령도 연결자 내의 장력으로 인하여 응력에 공헌한다(그림 7.18a 참조).
- 평면을 지나 날아다니는(fly) 어떠한 구슬도 구슬 자체에 이동되는 운동량으로 인하여 응력에 공헌한다(그림 7.18b 참조).

이들 두 개념을 수학적으로 표현하여 나타내면 아래가 된다.

$$\boldsymbol{\tau}_p = n_0\langle \boldsymbol{F}^c\boldsymbol{R}\rangle - n_0kT\mathrm{I} \tag{7.225}$$

응력에 입자공헌	응력에 연결자 장력 공헌	구슬에의해 이동되는 운동량

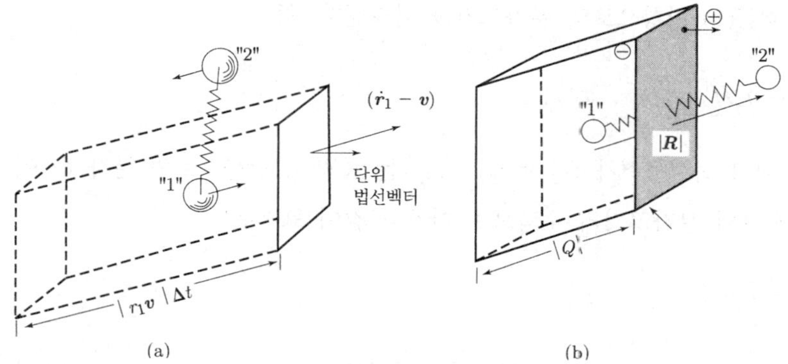

그림 7.18 (a) 연결자(스프링) 장력에 의한 응력공헌. 배향 $\boldsymbol{R}$을 가진 한 개의 아령이 (로컬)유체속도 v로 움직이는 현탁액 속의 임의의 한 평면을 교차함. 이때 $\boldsymbol{R}$의 크기는 두 개의 구슬의 중심간 거리와 같고, $\boldsymbol{n}$는 그 평면에 수직인 단위 법선벡터임. (b) 구슬의 대류이동(convection)에 의한 응력 공헌. 아령의 한 구슬이 임의의 한 평면을 지나서 응력텐서 τ에 공헌함.

식 (7.225) 우변의 두 번째 항은 $\boldsymbol{\tau}_p$에 대한 등방성(isotropic) 압력을 나타낸다. 그리고 연결자 힘 $\boldsymbol{F}^c$에 대해 후크(선형) 스프링 법칙이 이동된다면 위 식은 아래와 같이 나타내진다.

$$\boldsymbol{\tau}_p = n_0 H\langle \boldsymbol{RR}\rangle - n_0 kT\mathbf{I} \tag{7.226}$$

여기서 $\boldsymbol{RR}$은 구슬간 거리벡터 $\boldsymbol{R}(=\boldsymbol{r}_2 - \boldsymbol{r}_1)$의 '다이어딕 적(dyadic product)'으로 형성된 2차 텐서(즉 처음 $\boldsymbol{R}$은 열벡터, 나중 $\boldsymbol{R}$은 행벡터로 표시)로서, 3차원 Cartesian 좌표계에서 $\boldsymbol{R} = (x_1\ x_2\ x_3)^{\mathrm{T}}$라 할 때 아래와 같이 행렬성분으로 나타내진다(1.10.1절 참조).

$$\begin{pmatrix} x_1x_1 & x_1x_2 & x_1x_3 \\ x_2x_1 & x_2x_2 & x_2x_3 \\ x_3x_1 & x_3x_2 & x_3x_3 \end{pmatrix}$$

이제 응력에 대한 공헌이 7.6.1절에서 언급한 3차원 공간에서의 분자의 평균크기에 관련됨을 조사해보자. 특히 정상 전단흐름(SSF)의 경우 속도장이 $v_1 = \dot{\gamma} x_2$(그리고 $v_2 = v_3 = 0$)이므로 식 (7.226)에서 전단응력 성분 τ_{p12}는 흐름(1) 방향과 속도구배(2) 방향으로의 분자의 크기의 평균적의 항으로 나타내진다[$\because\ \mathbf{I} = (\delta_{ij})$에서 $\delta_{12} = 0$이므로]. 즉

$$\boldsymbol{\tau}_{p12} = n_0 H\langle x_1 x_2\rangle \tag{7.227}$$

또한 (양의)제 1 법선응력차 $N_1(=\tau_{11} - \tau_{22})$는 식 (7.226)에서 속도구배(2) 방향으로의 분자크기

에 상대적인 흐름(1) 방향으로의 분자크기를 나타낸다. 즉

$$\tau_{11}-\tau_{22}=n_0H[\langle x_1^2\rangle-\langle x_2^2\rangle] \tag{7.228}$$

그리고 (음의)제 2 법선응력차 $N_2(=\tau_{22}-\tau_{33})$는 중립(3) 방향으로의 분자크기에 상대적인 속도구배(2) 방향으로의 분자크기의 수축으로 아래와 같이 표시된다.

$$\tau_{22}-\tau_{33}=n_0H[\langle x_2^2\rangle-\langle x_3^2\rangle] \tag{7.229}$$

그런데 3차원 Cartesian 공간에서 (정규화된)확률분포함수 $\Psi(\boldsymbol{R},\, t)$를 가진 계에 대하여 임의의 어떤 양 X의 '통계적 평균'은 아래와 같이 정의된다.

$$\langle X\rangle \equiv \int\int_{-\infty}^{\infty}\int X\Psi(\boldsymbol{R},\, t)\,dx_1dx_2dx_3 \tag{7.230}$$

따라서 식 (7.226) 중의 다이어딕 평균도 아래와 같이 나타내진다.

$$\langle \boldsymbol{RR}\rangle = \int\int_{-\infty}^{\infty}\int \boldsymbol{RR}\Psi(\boldsymbol{R},\, t)dx_1dx_2dx_3 \tag{7.231}$$

따라서 $\Psi(\boldsymbol{R},\, t)$에 대한 편미분 방정식 (7.224)의 해를 구하면 식 (7.231)로부터 $\langle \boldsymbol{R}\boldsymbol{R}\rangle$가 얻어진다. 그러나 해 $\Psi(\boldsymbol{R},t)$를 직접 구하는 대신 식 (7.224)의 양변에 $\boldsymbol{RR}$을 곱하여 전 공간에 대해 적분을 행하면 통계적 평균의 정의로부터 아래의 유용한 관계를 얻을 수 있다(단 유도과정은 생략함).

$$\frac{\partial}{\partial t}\langle \boldsymbol{RR}\rangle-\{(\nabla \boldsymbol{v})^{\mathrm{T}}\cdot\langle \boldsymbol{RR}\rangle\}-\{\langle \boldsymbol{RR}\rangle\cdot\nabla \boldsymbol{v}\}=\frac{4kT}{\xi}\mathbf{I}-\frac{4}{\xi}\langle \boldsymbol{RF}^c\rangle \tag{7.232}$$

그런데 '균일 흐름'의 가정에서 $\langle \boldsymbol{R}\boldsymbol{R}\rangle$는 위치무관 즉 $\nabla\left(=\frac{\partial}{\partial \boldsymbol{r}}\right)\langle \boldsymbol{R}\boldsymbol{R}\rangle$은 0이 되므로 물질(혹은 Lagrange) 시간미분 $\frac{D}{Dt}\langle \boldsymbol{R}\boldsymbol{R}\rangle=\frac{\partial}{\partial t}\langle \boldsymbol{R}\boldsymbol{R}\rangle+\boldsymbol{v}\cdot\frac{\partial}{\partial \boldsymbol{r}}\langle \boldsymbol{R}\boldsymbol{R}\rangle=\frac{\partial}{\partial t}\langle \boldsymbol{R}\boldsymbol{R}\rangle$이 되므로 위 식의 좌변은 '위 흐름변형(upper-convected)' 시간미분 연산자(위 첨자 $\triangledown$)의 정의식 (7.35)에 의해 $\langle \overset{\triangledown}{\boldsymbol{RR}}\rangle$가 되므로 식 (7.232)는 아래가 된다.

$$\langle \overset{\triangledown}{\boldsymbol{RR}}\rangle=\frac{4kT}{\xi}\mathbf{I}-\frac{4}{\xi}\langle \boldsymbol{RF}^c\rangle \tag{7.233}$$

여기서 연결자 힘 $\boldsymbol{F}^c$에 후크 스프링 법칙 $H\boldsymbol{R}$을 대입하면 위 식은 아래가 된다.

$$\langle \overset{\nabla}{\boldsymbol{RR}} \rangle = \frac{4kT}{\xi}\mathrm{I} - \frac{4H}{\xi}\langle \boldsymbol{RR} \rangle \tag{7.234}$$

이 식과 식 (7.226)을 결합하면 아래 식을 얻는다.

$$\boldsymbol{\tau}_p + \frac{\xi}{4H}\overset{\nabla}{\boldsymbol{\tau}}_p = \frac{n_0 kT\xi}{4H}\dot{\boldsymbol{\gamma}} \tag{7.235}$$

여기서 대칭 변형속도텐서 $\dot{\boldsymbol{\gamma}} = 2\mathrm{D} = \mathbf{L} + \mathbf{L}^{\mathrm{T}} = (\nabla \boldsymbol{v})^{\mathrm{T}} + \nabla \boldsymbol{v}$이다.

[비고 : 위 식의 증명은 식 (7.226)의 양변에 위 흐름변형 미분연산(∇)을 취하고, $\langle \overset{\nabla}{\boldsymbol{RR}} \rangle$항은 식 (7.234)를 대입하고, 다시 $\langle \boldsymbol{R}\boldsymbol{R} \rangle$항은 식 (7.226)에서 $\boldsymbol{\tau}_p$ 항으로 나타내고, 또한 $\overset{\nabla}{\mathrm{I}} = -\dot{\boldsymbol{\gamma}}$를 이용하면 쉽게 증명된다.]

그리고 식 (7.235)의 우변의 $\xi/4H$ 항은 시간의 단위를 가지므로 이를 탄성아령(모델 고분자)의 완화시간 λ로 두면 최종적으로 묽은 탄성 아령 현탁액에 대한 (미분형)유변학적 구성방정식을 얻는다. 즉

$$\boldsymbol{\tau}_p + \lambda\overset{\nabla}{\boldsymbol{\tau}}_p = n_0 kT\lambda\dot{\boldsymbol{\gamma}} \tag{7.236}$$

그런데 놀랍게도 이와 같은 간단한 탄성 아령모델로부터 얻어진 구성방정식은 7.4.2절에서 언급한 Lodge 구성식의 미분형에 해당하는 위 흐름변형 맥스웰l(UCM) 모델 식 (7.109)와 같은 형태임을 알 수 있다. 고무탄성(rubber elasticity) 이론에 의하면 후크 스프링 계수 $H = 3kT/\langle r^2 \rangle_\theta$(여기서 $\langle r^2 \rangle_\theta$는 비섭동 상태의 고분자 사슬의 제곱 평균 말단거리)가 되므로 식 (7.236) 중의 완화시간 파라미터 λ는 아래와 같이 나타낼 수 있다.

$$\lambda = \xi/4H = \xi\langle r^2 \rangle_\theta/12kT \tag{7.237}$$

이제 탄성 아령모델로부터 얻어진 구성방정식은 UCM 모델과 유사한 형태이므로 문 7.5의 기법에 따라 여러 특수형태의 흐름에 대한 물질함수를 구할 수 있는데 먼저 정상(steady) 전단흐름(SSF)에 대한 물질 함수를 예제 7.12에서 구해보기로 한다.

예제 7.12

탄성 아령모델 식 (7.236)을 사용하여 (a)정상 전단흐름(SSF), (b)정상 일축신장흐름(UEF), 그리고 (c)소진폭 진동전단(SAOS)의 3 경우에 대해 각각 해당 물질함수를 구하라, 단 균일흐름의 가정 및 Cartesian 좌표계를 사용하라.

풀이

(a) 탄성 아령모델은 위 흐름변형 맥스웰(UCM) 미분형 구성방정식 (7.109)의 점도 파라미터 η_0를 $n_0 kT\lambda$로 바꾼 것과 같다. 따라서 정상 SSF의 경우 문 7.5(a)의 답에서 η_0 대신 $n_0 kT\lambda$로 두면 될 것이나, 전체 (여분)응력텐서 $\boldsymbol{\tau} = \boldsymbol{\tau}_s$(용매항)$+\boldsymbol{\tau}_p$(고분자항)이고, $\boldsymbol{\tau}_s = \eta_s \dot{\boldsymbol{\gamma}}$이므로, 전단점도($\eta$)에만 이를 고려하여(∵ 탄성에 대한 용매의 공헌은 없으므로) 아래의 3 물질함수를 얻는다.

$$\eta \equiv \frac{\tau_{21}}{\dot{\gamma}_0} = \eta_s + n_0 kT\lambda; \quad \Psi_1 \equiv \frac{\tau_{11}-\tau_{22}}{\dot{\gamma}_0^{\,2}} = 2n_0 kT\lambda^2; \quad \Psi_2 \equiv \frac{\tau_{22}-\tau_{33}}{\dot{\gamma}_0^{\,2}} = 0 \tag{7.238}$$

(b) 정상 UEF의 경우에도 문 7.5(c)의 답에서 η_0 대신 $n_0 kT\lambda$로 두면 될 것이나, (정상)일축신장점도 $\bar{\eta}(\dot{\varepsilon}_0)$의 경우에는 (a)의 경우와 마찬가지로 용매 공헌항 $3\eta_s$를 더하여[∵ Trouton 비 $T_R = \bar{\eta}/\eta$ 에 관한 식 (5.326) 참조] 아래를 얻는다,

$$\bar{\eta}(\dot{\varepsilon}_0) \equiv \frac{\tau_{33}-\tau_{11}}{\dot{\varepsilon}_0} = 3\eta_s + \frac{2n_0 kT\lambda}{1-2\lambda\dot{\varepsilon}_0} + \frac{n_0 kT\lambda}{1+\lambda\dot{\varepsilon}_0} = 3\eta_s + \frac{3n_0 kT\lambda}{(1+\lambda\dot{\varepsilon}_0)(1-2\lambda\dot{\varepsilon}_0)} \tag{7.239}$$

(c) 일정 각속도 ω를 가진 (비정상)소진폭 진동전단(SAOS)의 경우에는 속도장 $\boldsymbol{v}$와 입력 전단속도함수 $\dot{\zeta}(t)$는 5.4.2.3e절에 의해 Cartesian 좌표계에서 아래로 규정된다.

$$\boldsymbol{v} = \begin{pmatrix}\dot{\zeta}(t)x_2 & 0 & 0\end{pmatrix}^{\mathrm{T}}; \quad \dot{\zeta}(t) = \dot{\gamma}_0 \cos\omega t (\text{여기서 } \dot{\gamma}_0 = \omega\gamma_0) \tag{7.240 a}$$

혹은 전단변위 $\zeta(t)$는 기준시간 $t'=0$으로 두면 아래가 된다.

$$\zeta(t) = \gamma_{21}(0,t) = \int_0^t \dot{\gamma}_{21}(t')dt' = \dot{\gamma}_0 \int_0^t \cos\omega t' \, dt' = \gamma_0 (= \dot{\gamma}_0/\omega)\sin\omega t \tag{7.240 b}$$

그리고 SSF에 대한 고분자의 (여분)응력텐서 $\boldsymbol{\tau}_p$의 형태는 (5.150)과 같으므로 해당 아령모델식 (7.236)[단 균일흐름 가정이므로 물질미분 $D\boldsymbol{\tau}_p/Dt = \partial\boldsymbol{\tau}_p/\partial t + \boldsymbol{v}\cdot\nabla\boldsymbol{\tau}_p = \partial\boldsymbol{\tau}_p/\partial t$가 됨]은 아래가 된다(문 7.5(b)의 식 (11) 참조, 그러나 η_0 대신 $n_0 kT\lambda$대입하고, 계산의 편의상 아래첨자 p를 생략함).

$$\begin{pmatrix}\tau_{11} & \tau_{21} & 0\\ \tau_{21} & \tau_{22} & 0\\ 0 & 0 & \tau_{33}\end{pmatrix} + \lambda\frac{\partial}{\partial t}\begin{pmatrix}\tau_{11} & \tau_{21} & 0\\ \tau_{21} & \tau_{22} & 0\\ 0 & 0 & \tau_{33}\end{pmatrix} - \lambda\begin{pmatrix}2\dot{\gamma}\tau_{21} & \dot{\gamma}\tau_{22} & 0\\ \dot{\gamma}\tau_{22} & 0 & 0\\ 0 & 0 & 0\end{pmatrix} = n_0 kT\lambda\begin{pmatrix}0 & \dot{\gamma} & 0\\ \dot{\gamma} & 0 & 0\\ 0 & 0 & 0\end{pmatrix} \tag{7.241}$$

여기서 $\tau_{22} = \tau_{33} = 0$임을 알 수 있으며, 아래의 두 식이 성립된다.

$$\tau_{11} + \lambda\frac{\partial\tau_{11}}{\partial t} - 2\lambda\tau_{21}\dot{\gamma} = 0; \quad \tau_{21} + \lambda\frac{\partial\tau_{21}}{\partial t} = n_0 kT\lambda\dot{\gamma} \tag{7.242}$$

그런데 물질함수 $G'(\omega)$ 및 $G''(\omega)$를 얻기 위해서는 $\tau_{21}(t)$만이 요구되므로 위 식의 두 번째 식의 미방해를 적분인자 법(A6.2.2절 참조)으로 풀기 위하여 아래와 같이 변형한다.

$$\frac{\partial \tau_{21}}{\partial t}+\frac{1}{\lambda}\tau_{21}=C\dot{\gamma},\ \text{여기서}\ C=n_0 kT,\ \dot{\gamma}(t)=\dot{\gamma}_0\cos\omega t \tag{7.243}$$

위 식에서 $P(t)=\dfrac{1}{\lambda}$, $Q(t)=C\dot{\gamma}(t)=C\dot{\gamma}_0\cos\omega t$이므로 해 $\tau_{21}(t)$는 아래의 적분식으로 나타내진다.

$$\tau_{21}(t)=e^{-t/\lambda}\left[\int_{-\infty}^{t}C\dot{\gamma}_0\cos\omega t'\,e^{t'/\lambda}dt'\right]=C\dot{\gamma}_0\int_{-\infty}^{t}e^{-(t-t')/\lambda}\cos\omega t'\,dt'$$

$$=C\dot{\gamma}_0\int_{0}^{-\infty}e^{-s/\lambda}\cos\omega(t-s)\,ds\ (\because t-t'=s\ \text{변수치환}) \tag{7.244}$$

여기서 $\cos\omega(t-s)=\cos\omega t\cos\omega s+\sin\omega t\sin\omega s$의 관계 및 지수적분공식(A6.35)를 이용하면 최종적으로 아래를 얻는다.

$$\tau_{21}(t)=C\dot{\gamma}_0\left[\cos\omega t\frac{\lambda}{1+\lambda^2\omega^2}+\sin\omega t\frac{\omega\lambda^2}{1+\lambda^2\omega^2}\right] \tag{7.245}$$

그런데 $\dot{\zeta}(t)=\dot{\gamma}_0\cos\omega t$[혹은 $\zeta(t)=\gamma_0\sin\omega t$, 단 $\gamma_0=\dot{\gamma}_0/\omega$]의 입력에 대한 응력(완화)응답 $\tau_{21}(t)=\gamma_0[G'\sin\omega t+G''\cos\omega t]$이므로 식 (7.245)에서 $\dot{\gamma}_0=\omega\gamma_0$인 것을 감안하면 $G'(\omega)$ 및 $G''(\omega)$는 각각 아래가 된다.

$$G'(\omega)=C\omega^2\lambda^2/(1+\lambda^2\omega^2)=n_0 kT\omega^2\lambda^2/(1+\lambda^2\omega^2) \tag{7.246}$$

$$G''(\omega)=C\omega\lambda/(1+\lambda^2\omega^2)=n_0 kT\omega\lambda/(1+\lambda^2\omega^2) \tag{7.247}$$

[비고 : 위 두식은 1요소 Maxwell (미분)모델의 결과식에서 G 대신 $n_o kT$를 둔 것에 해당한다 - 표 6.1 참조.]

그런데 복소점도 $\eta^*(\omega)=\eta'-i\eta''$ 에서 $\eta'=G''/\omega$ 및 $\eta''=G'/\omega$(식 (5.248) 참조)이고, η'의 항에는 역시 (비가역)점성손실 효과에 대한 용매 공헌항 η_s를 더해야하므로 (아령)용액의 전체 $\eta'(\omega)$ 및 $\eta''(\omega)$는 식 (7.246) ~ (7.247)로부터 아래가 된다.

$$\eta'(\omega)=\eta_s+G''/\omega=\eta_s+n_0 kT\lambda/(1+\lambda^2\omega^2) \tag{7.248}$$

$$\eta''(\omega)=G'/\omega=n_0 kT\omega\lambda^2/(1+\lambda^2\omega^2) \tag{7.249}$$

그런데 위 식에서 $\omega\to 0$ 일 때 $\eta''\to 0$이 되나, $\eta'\to\eta_s+n_0 kT\lambda$가 되어 정상 SSF에 대한 식 (7.238)과 비교하면 Cox-Merz 법칙인 아래가 성립됨을 알 수 있다(식 (5.311) 참조).

$$\lim_{\omega\to 0}|\eta^*(\omega)|=\lim_{\omega\to 0}\sqrt{\eta'^2+\eta''^2}=\lim_{\omega\to 0}\eta'(\omega)=\lim_{\dot{\gamma}\to 0}\eta(\dot{\gamma}) \tag{7.250}$$

이제 탄성 아령모델을 사용하여 3 대표적인 흐름(장상 혹은 비정상)에 대해 얻어진 물질함수의 의미를 예제 7.12의 결과를 사용하여 잠깐 검토해보기로 한다. 먼저 정상 SSF(a)의 경우에는 얻어진 전단점도 η가 여전히 전단속도($\dot{\gamma}$)의존성 즉 '비뉴톤성'을 주지 못한다. 이의 가장 큰 원인으로서는 다음과 같은 4 종류의 '분자내 효과(intramolecular effects)'[여기서 농도의 증가에 따른 '분자간 효과(intermolecular effects)'는 일단 무시하더라도] 즉 (i)수력학적 상호작용(hydrodynamic interaction), (ii)양용매의 경우 감소된 배제체적효과(reduced excluded volume effects), (iii)비선형 스프링 탄성법칙 및 (iv)내부점도(internal viscosity)를 고려하지 않았기 때문이다. 먼저 (i)항은 현탁액내 한 개의 구슬의 속도장이 근처의 다른 구슬의 존재에 의해 교란(perturbation)됨을 의미한다. 6.3절에서 잠깐 설명했지만 이는 Zimm의 '구슬-스프링(bead-spring) 모델'에서 'Oseen 상호작용 텐서'를 사용하여 구슬간 수력학적 상호작용을 고려한다(간혹 이를 '비배수(non-draining) 모델'이라고 한다). 두 번째 (ii)항은 양용매 내에서 고분자 코일의 팽창(식 (7.153) 참조)으로 인하여 고분자 세그먼트까지의 분자내 접촉(상호작용)이 감소됨을 의미한다. 그리고 (iii)항은 용액 내 실제 고분자 코일은 장력에 의해 무한대로 늘어날 수 있는 것이 아니므로, 후크형 스프링 연결자 힘 $\boldsymbol{F}^c = H\boldsymbol{R}$의 가정 대신 아령의 강성도(stiffness)를 반영하는 항 $b = H\langle r^2 \rangle_\theta / kT$를 사용(만약 강직막대의 경우 $b = 0$, 반면에 유연성이 매우 큰 코일인 경우에는 $b \to \infty$)하여 수정해야 한다는 것이다. 마지막으로 (iv)항은 변형을 일으키는 (전단)힘에 대응하는 고분자 코일의 응답속도가 매우 느림을 반영한다. 따라서 만약 이들 4 효과를 탄성 아령모델에 적절히 반영한다면 전단 얇아짐(shear-thinning)과 같은 점도의 전단속도 의존성을 나타낼 수 있을 것이다. 그러나 식 (7.238)에서 보았듯이 양의 제 1 법선응력차 계수 Ψ_1은 실험과 일치하는 값을 예측하나, 제 2 법선응력차 계수 Ψ_2값의 예측에는 실패한다. 통상 Ψ_2의 실험값은 작고($\sim 0.1\Psi_1$), 음의 값을 가진다.

또한 정상 일축신장흐름(UEF)(b)에 대한 신장점도 $\bar{\eta}(\dot{\varepsilon}_0)$결과인 식 (7.239)와 정상 전단흐름(SSF)(a)에 대한 전단점도 $\eta(\dot{\gamma}_0)$의 결과인 식 (7.238)을 비교하면 이들의 비인 Trouton 비(T_R)은 $\dot{\varepsilon} \to 0$ 혹은 $\dot{\gamma}_0 (= \sqrt{3}\,\dot{\varepsilon}_0) \to 0$인 제로전단의 경우에는 예상대로 3의 극한값을 가짐을 알 수 있다(식 (5.326) 참조). 그리고 SAOS(c)에 대한 결과인 식 (7.246) ~ (7.247)의 경우와 더불어 Maxwell 스프링-대쉬폿 모델의 결과(표 6.1 참조)와 비교해보면 $n_0 kT = G$ 및 $n_0 kT\lambda = G\lambda = \eta_0$(여기서 G는 사실 전단속도 무관 상수 G_0임)가 되어 고분자의 제로 전단 점도에 해당함을 알 수 있다.

한편, 예제 7.12에서 다루지 않은 탄성 아령모델 식 (7.236)로부터 얻어질 수 있는 물질의 다른 선형 점탄성거동을 증명 없이 몇 가지 소개하면 아래와 같다. 먼저 응력완화 전단탄성계수 $G(t)$는 아래와 같이 얻어진다.

$$G(t) = n_0 kTe^{-t/\lambda} \tag{7.251}$$

이는 $n_0 kT = G$(혹은 G_0)로 두면 1 요소 Maxwell 스프링-대쉬폿 모델의 결과인 식 (6.61)과 일치한다. 또한 이 관계는 식 (6.35b) 또는 (6.36b)에 아령모델의 결과식인 (7.246) 또는 (7.247)을 대입하여 적분을 행하면 얻어질 수 있는데 이때 아래의 적분공식이 유용하다(A6.1.5.5절 참조).

$$\int_0^\infty \frac{\omega}{1+\lambda^2\omega^2}\sin\omega t\, d\omega = \frac{\pi}{2}e^{-t/\lambda}/\lambda^2 \tag{7.252}$$

그리고 전단 크리프 실험에서 회복 가능한 정상(steady) 제로전단 컴플라이언스(혹은 리코일 함수) $J_e^{\,0}$ (5.4.2.3c절 참조)도 이 모델로부터 아래와 같이 얻어진다.

$$J_e^{\,0} \equiv \frac{\gamma_r}{\tau_0} = \frac{n_0 kT\lambda^2}{(\eta_s + n_0 kT\lambda)^2} \tag{7.253}$$

여기서 τ_0은 전단 크리프 실험에서 입력된 일정 전단응력의 크기, γ_r는 회복 가능한(recoverable) 전단변형(률)이다. 그런데 이 식 또한 6.2.7.4절에서 얻어진 ω(혹은 $\dot{\gamma}$)$\rightarrow 0$일 때의 (정상)선형전탄성 관계식을 사용하여 얻어질 수도 있다. 즉 식 (6.114)로부터 아래가 성립된다.

$$J_e^{\,0} = \lambda_0 (= \langle \lambda \rangle_H)/\eta_0 = \int_0^\infty tG(t)dt/\eta_0^2 \tag{7.254}$$

그런데 아령모델에서 η_0는 얻어진 결과식 (7.238)을 이용하고, 또 의 식의 분자항은 식 (6.110)을 대입[단 Cox-Merz 법칙에 의하면 $\lim_{\omega\rightarrow 0} G'/\omega^2 = \lim_{\dot{\gamma}\rightarrow 0} \Psi_1/2$ 관계 성립]하고, 그리고 $G'(\omega)$항은 얻어진 결과식 (7.246)을 이용(이때 $\omega \rightarrow 0$의 극한을 취함)하면 식 (7.253)가 얻어진다.

이 절에서 다루고 있는 후크 탄성 아령모델로부터 얻을 수 있는 마지막 정보로서는 (1-방향으로) 전단야기흐름(shear induced flow)에서 일어나는 분자 형태(molecular conformation)의 변화에 관한 것이다. 얻어진 결과만 소개하면 아래와 같다.

$$\frac{\overline{x}_1^{\,2}}{\overline{x}_{1_0}^{\,2}} = 1 + 2\dot{\gamma}^2\lambda^2 \tag{7.255}$$

$$\frac{\overline{x}_2^{\,2}}{\overline{x}_{2_0}^{\,2}} = \frac{\overline{x}_3^{\,2}}{\overline{x}_{3_0}^{\,2}} = 1 \tag{7.256}$$

여기서 $\overline{x}_{i_0}^{\,2}$ 및 $\overline{x}_i^{\,2}$은 각각 (정상)전단속도 $\dot{\gamma}$가 없을 때와 존재할 때의 i(=1, 2 혹은 3) 방향의 분자의 제곱평균 크기를 말한다. 이상에서 본 바와 같이 앞 절에서 다루어 온 단순히 연속체역학에 기초를 둔 구성방정식과 달리 이 절에서 다룬 분자론적 모델은 거시적인 유변학적 성질과 함께 흐름에 야기된 분자형태의 변화에 관한 정보도 제공해준다.

7. 6. 3. 2 Rouse 및 기타 다구슬(mult-bead) 모델

묽은 고분자 용액의 레올로지 거동을 설명하기 위하여 앞에서 유도된 후크 탄성 아령모델은 오직 한 개의 완화시간(λ)를 갖는 단순한 모델로 실제 현실성이 결여되어 있으므로, 이를 보완하기 위한 것이 6.3절에서 언급된 바 있는 Rouse의 '자유배수 구슬-스프링(free-draining bead-spring) 모델'이다. 그림 6.16에 나타낸 바와 같이 N개의 구슬이 $N-1$개의 선형(후크) 스프링으로 연결된 모델로서 이로부터 얻어진 물질함수에 대한 표현식은 탄성 아령모델로부터 유도된 결과식 (7.238) ~ (7.253)과는 1개의 완화시간 λ 대신 N개의 완화시간의 합(즉 $\sum_{i=1}^{N}\lambda_i$)으로 나타낸 것을 제외하고서는 거의 같다고 할 수 있다. 자세한 유도과정은 생략하지만 Rouse 모델에서 얻어진 i번째 모드(mode)의 완화시간 λ_i는 아래로 표현된다.

$$\lambda_i = \frac{\lambda}{2\sin^2(i\pi/2N)} \approx \lambda\left(\frac{2N^2}{i^2\pi^2}\right) \quad (\text{매우 큰 } N\text{에 대해}) \tag{7.257}$$

위 식의 2번째 근사관계는 함수 $\sin x$가 x가 매우 작을 때는 Taylor 급수전개에 있어서 x의 1차항만으로 근사될 수 있음(식 A6.11 참조)에 기인한 것이다. 이로부터 얻어지는 회복 가능한 (정상)제로 전단 컴플라이언스 $J_e^{\,0}$ 및 전단응력완화 탄성률 $G(t)$는 각각 식 (7.253) 및 (7.251) 대신 아래로 주어진다.

$$J_e^{\,0} = \frac{1}{n_0 kT}\frac{(\eta-\eta_s)^2}{\eta^2}\left[\sum_{i=1}^{N}\lambda_i^2 \Big/ \left(\sum_{i=1}^{N}\lambda_i\right)^2\right] \tag{7.258}$$

$$G(t) = n_0 kT\sum_{i=1}^{N}e^{-t/\lambda_i} \quad \text{혹은} \quad \frac{\rho RT}{M}\sum_{i=1}^{N}e^{-t/\lambda_i} \tag{7.259}$$

특히 식 (7.258)에서 볼 수 있듯이 $J_e^{\,0}$은 완화시간(λ_i)의 분포의 폭이나 간격에 많이 의존되는데, 6.2.7절에서 언급된 바 있는 완화시간 분포(또는 완화 스펙트럼)는 분자량 분포와 달리, 설사 단분산 고분자의 경우에도 존재한다. 이는 고분자 사슬내에 존재하는 여러 종류의 내부 자유도(internal degrees of freedom)에 기인한 것이라 생각된다. 앞 절에서 언급한 바 있지만 구슬-스프링 모델의 모든 완화시간 λ는 구슬의 마찰계수 ξ와 스프링의 (후크)탄성계수 H항으로 아래와 같이 함수 의존식으로 나타낼 수 있는데 이들은 Rouse 모델에서 식 (7.260)을 통하여 측정 가능한 분자성질과 관련되어진다.

$$\lambda \sim \frac{\xi}{4H}$$

$$\lambda = \frac{\langle r^2 \rangle_\theta \xi}{6\pi^2 kT} \quad \text{또는} \quad = \frac{6[\eta]\eta_s M_w}{\pi^2 RT} \quad \text{또는} \quad \frac{6\eta_0 M}{\pi^2 cRT} \tag{7.260}$$

여기서 η_0는 용액의 제로 전단 점도, c는 농도(g/cm^3), $[\eta]$는 고유점도, M_w는 무게평균 분자량, $R(=N_A k)$는 기체상수, 그리고 $\langle r^2 \rangle_\theta$는 비섭동$(\theta)$ 상태의 고분자 사슬의 제곱평균 말단거리이다. 위 식에서 완화시간 λ는 분자량, 온도, 농도 등에 의존함을 알 수 있다.

7.6.4 진한 용액과 용융물

고분자 액체계가 묽은(dilute) 용액에서 진한(concentrated) 용액 또는 용융물(melt) 영역으로 옮겨감에 따라 지금까지 다루어 온 고립된(isolated) 분자 환경에서 벗어나 분자간의 상호작용(intermolecular interaction)으로 인한 '얽힘 효과(entanglement effect)'가 레올로지 구성방정식에 중요한 역할을 하게 된다. 그래서 이 절에서는 우선 얽힘 현상을 반영하는 몇 가지 실험적 사례와 얽힘에 관한 '잠정적 망상체(temporary network) 모델', 그리고 de Gennes, Doi 및 Edwards에 의해 제안된 '파행운동(reptation) 모델'을 소개하기로 한다.

7.6.4.1 얽힘 현상에 관한 몇 가지 실험적 사례

우선 그림 7.19를 살펴보자. log E(여기서 E는 인장 응력완화 탄성률) 값이 6과 8 사이에서 발견되는 평탄부분(plateau region)은 아마도 분자간 얽힘(intermolecular entanglement)에 기인한 것이다. 놀랍게도 100% MA 공중합체(즉 PMA)의 경우 앞 절에서 소개한 Rouse의 구슬-스프링(bead-spring) 모델에 의한 계산은 초기 (짧은)시간 영역을 제외하고서는 실험치와 비교적 잘 일치한다(그러나 플래토우 지역은 보여주지 못한다).

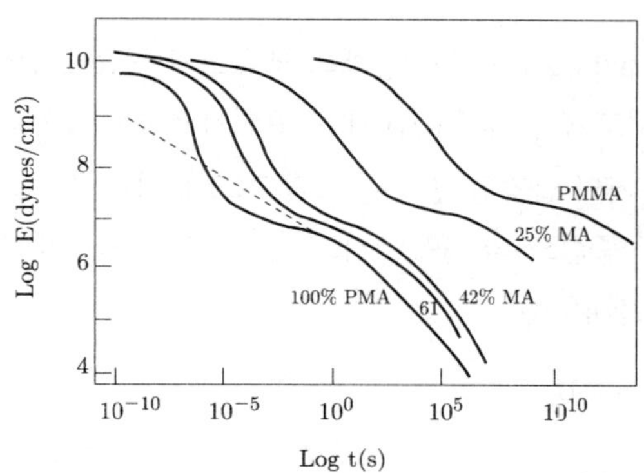

그림 7.19 여러 조성의 메틸 아크릴레이트(MA)-메틸메타크릴레이트(MMA) 공중합체의 응력 완화 인장 탄성률 $E(t)$의 시간변화(로그-로그 플롯). 점선은 전형적인 Rouse 이론의 예측에 의한 것이다.

이와 같은 고분자계의 선형점탄성 파라미터에 대한 분자간 얽힘 효과는 그림 7.20에 분자량을 달리하는 좁은 분자폭의 폴리스타이렌(PS) 용융물에 대해 나타낸 동적 저장 전단 탄성률 $G'(\omega)$ [단 x축의 단위는 주파수-온도 중첩원리에 의해 기준운도 $T_0 = 160$℃로 환원된 표준 (각)주파수 $\omega_0 = \omega a_T$(여기서 a_T는 WLF 수평이동인자)이다 - 6.4.2절 참조]의 데이터에서 보다 뚜렷이 나타난다. 그리고 여기에서는 생략했지만 같은 계에 대해 얻어진 동적 손실 전단 탄성률 $G''(\omega)$ 또는 $\tan\delta = G''/G'$의 온도분산에서 발견되는 또 다른 손실 피크는 얽힘 효과에 기인한 것이다. 이와 같은 임계(critical) 분자량 혹은 임계 농도 이상에서 발견되는 얽힘에 의한 새로운 완화(relaxation) 거동은 Rouse의 구슬-스프링 모델에서는 예측되지 못하는데 이는 묽은 용액에 유효한 분자내 효과(intramolecular effect)만을 반영하기 때문이다.

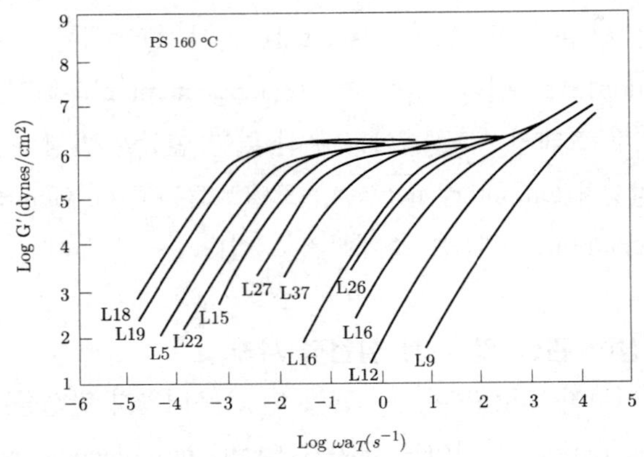

그림 7.20 분자량을 달리하는 좁은 분포폭을 가진 폴리스타이렌(PS) 용융물에 대해 WLF 주파수-온도 중첩원리에 의해 기준온도 $T_0 = 160$℃로 환원시킨 표준 각진동수 $\omega_0 = \omega a_T$(여기서 a_T는 수평이동인자)로 나타낸 동적 저장 전단 탄성률(G')와 각주파수(ω)의 로그-로그 플롯. $M_w = 8{,}900$(L9)에서 $M_w = 581{,}000$(L18)까지 무게평균 분자량이 다양함.

그림 7. 21는 진한(concentrated) 고분자 용액의 레올로지 거동에 관한 얽힘 효과의 또 다른 중요한 특징을 보여준다. 즉 제로 전단 점도(η_0) 대 cM(여기서 c는 농도)의 폴롯에서 기울기의 급격한 변화이다. 이와 같은 기울기의 급격한 변화는 그림 7.22에 나타낸 고분자 용융물(polymer melts)에 대한 η_0 대 M_w(무게평균 중합도)의 플롯에서도 관측된다. 특히 이 경우 η_0의 분자량(M) 의존성은 통상 아래 식으로 나타내진다.

$$\begin{aligned} \eta_0 &= KM \qquad M < M_c \\ \eta_0 &= KM^{3.4} \qquad M > M_c \end{aligned} \tag{7. 261}$$

여기서 M_c는 기울기가 꺾이는 점(break point)에서의 분자량으로, 유효한 얽힘 커플(effective entanglement couple)이 발생하기 위한 '임계 분자량(critical molecular weight)'이라고도 불린다.

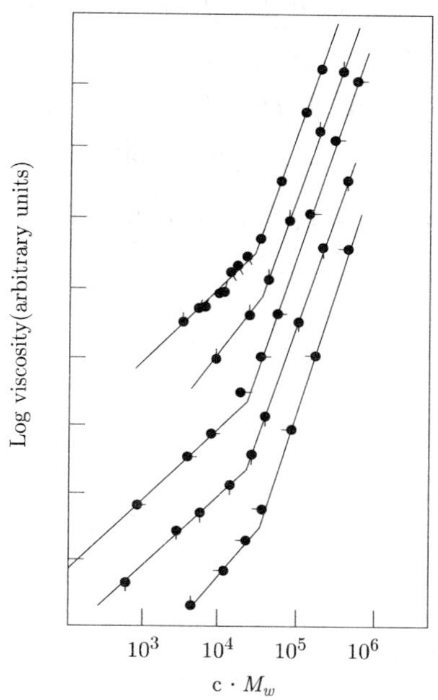

그림 7.21 (무게)농도가 25 ~ 100% 사이에 있는 폴리스타이렌(PS) 용액에 대한 점도(η) 대 $c \times M_w$(여기서 c는 농도, M_w는 무게평균 분자량)의 플롯. 여기서 여러 농도에서의 데이터가 서로 겹침을 피하기 위해 수직으로 이동시켰다.

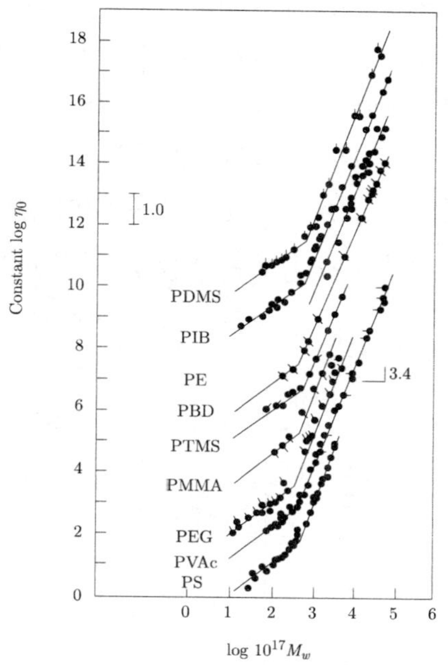

그림 7.22 여러 고분자 용융물(melts)에 대한 전형적인 제로 전단 점도(η_0) 대 무게평균 분자량(M_w)의 로그–로그 플롯.
PDMS : 폴리(디메틸 실록산); PIB : 폴리이소부틸렌; PE : 폴리에틸렌; PBD : 폴리부타디엔; PTMS : 폴리(테트라메틸 실록산); PMMA : 폴리(메틸메타아크릴레이트); PEG : 폴리(에틸렌 글리콜); PVAc : 폴리(초산 비닐); PS : 폴리스타이렌

고분자 레올로지에서 얽힘 효과는 오랫동안 논란의 대상이 되어 왔는데, 기본 개념은 앞에서 다루어 온 용액 내에서 일어나는 고분자 사슬의 겹침(overlap)과는 또 다른 형태의 특수한 상호작용에 기인한다는 것이다.

일반적으로 진한 용액이나 용융물에서의 얽힘(entanglement)은 원칙적으로 어떤 임계 분자량이나 임계 농도 이상에서 관측되는 고분자 사슬들의 세그먼트-세그먼트 접촉 상호작용에 의해 발생하는 것이다. 7.6.2.3절에서 언급한 농도 c 용액의 단위체적당 코일 겹침(coil overlap)의 수는 $c[\eta]$ 혹은 cM^a에 비례한다($\because$ 고유점도 $[\eta] = KM^a$이므로). 그러나, 단위체적당 분자간 접촉수는 c^2에 비례할 것이다. 그리하여 단위체적당 고분자의 (몰)수는 c/M(여기서 M은 분자량)에 비례하므로, 한 개의 고분자당 분자간 접촉수는 cM에 비례할 것이다($\because$ $c/M \times cM$은 c^2에 비례하므로). 즉 단위체적당 코일 오버랩 수는 cM^a(여기서 M-H 지수 a는 0.5 ~ 0.8 범위의 값을 가짐)에 비례하

나, 단위체적당 한 개의 고분자량 분자 접촉수는 cM에 비례한다. 따라서 이 두 형태의 분자간 상호작용(즉 코일 오버랩과 얽힘)은 구별되어야 할 것이다. 그림 7.23에서는 $c[\eta] > 10$이 되는 진한 폴리스타이렌(PS) 용액(이 경우 M-H 지수 $a=0.68$)에 대해 두 종류의 다른 분자간 상호작용의 차이점 즉 (a)에서는 코일 오버랩을 반영하기 위해 용액의 점도(η) 대 $cM_w^{0.68}$의 플롯을, 그리고 (b)에서는 얽힘 효과를 반영하기 위하여 η 대 cM_w의 플롯을 행하였는데, 농도가 매우 높은 영역에서는 얽힘 효과가 더욱 우세함을 알 수 있다.

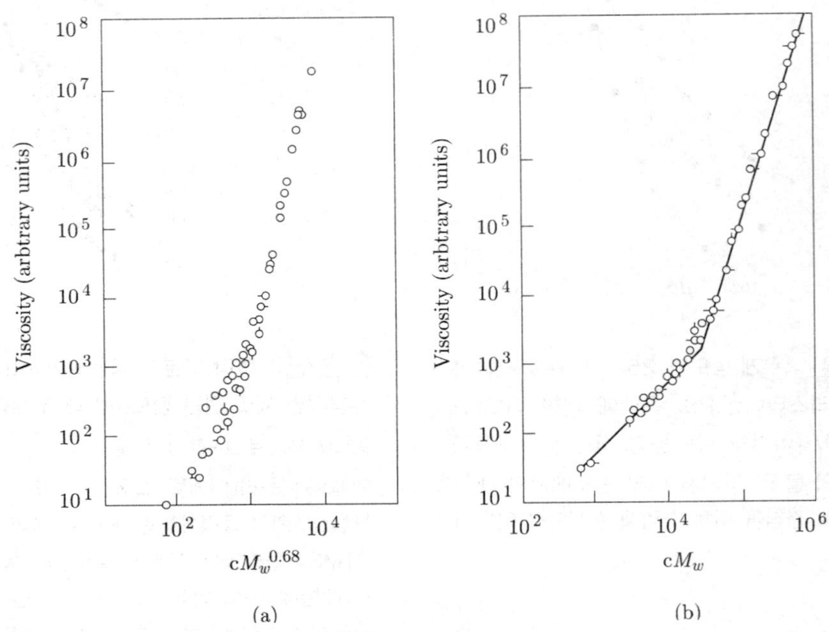

그림 7.23 (무게) 농도가 25 ~ 100% 범위에 있는 폴리스타이렌(PS) 용액의 점도(η) 대 (a) $cM_w^{0.68}$(코일 오버랩 효과 반영)과 (b) cM_w(사슬 얽힘 효과 반영)의 플롯. 여기서 M_w는 무게평균 분자량이고, 얻어진 데이터는 매우 높은 분자량에서의 중첩(superposition)을 위하여 수직으로 이동되었다.

이하에서는 지금까지 고분자의 얽힘 효과에 대하여 제안된 Graesley 이론을 포함한 여러 이론 중 몇 가지 주요 특징만을 간단히 기술하기로 한다. 우선 정상(steady) 흐름에 있어서 어떠한 인자가 단위체적당 얽힘 수나 얽힘 밀도(entanglement density)에 영향을 미치는가를 조사해보기로 한다. 지금 상대 전단 운동이 얽힘을 야기할 분자로 이루어진 계(system)에 부가되었다고 하자. 이때 어떤 한 특수 분자에 대한 순(net) 얽힘의 수는 그 분자에 접근하고 있는 얽힘 형성의 속도에 비례할 것이므로, 얽힘 형성과정은 속도론적 과정(kinetic process)으로 간주될 수 있다. 여기서 만약 이 과정을 1차(first-order) 속도과정으로 모델링한다면, 얽힘에 연관된 탄성효과는 어느 정도 모사될 수(mimicked) 있을지라도 전단속도 의존하는 비뉴톤형 점도는 얻어질 수 없다. 그러나 얽힘 현상은 원칙적으로 이분자 과정(bimolecular process)이므로 일차 속도 과정으로 보기는 어렵다.

지금 처음에 멀리 떨어진 두 사슬이 빠르게 접근하여, 정상(steady) 상태에서 어떤 일정(질량 중심간)거리에서 유지되어 있다고 생각해보자. 비록 두 사슬간에 상당한 코일 오버랩(coil overlap)이 존재하나, 광범위한 의미로 두 사슬은 서로의 존재에 의해 상대적으로 교란되어 있지 않다(relatively undisturbed)고 가정하다. 어떤 관측자에게는 두 사슬이 랜덤한 (브라운)열운동을 하고 있는 것으로 보일지 몰라도, 본질적으로는 시간에 따라 어떠한 변화도 일어나지 않는다. 다만 시간에 따라 두 사슬간의 얽힘이 증가하고 있다는 변화는 일어나고 있을 것이다. 이때 어떤 일정시간 경과 후 얽힘을 막기 위해 두 사슬을 떼어놓으려는 (가설적인) 시도가 관측될 것이나, 이 분리에 저항하려는 어떠한 힘의 초기량(initial amount)은 관측되지 않는다(그림 7.24a 참조).

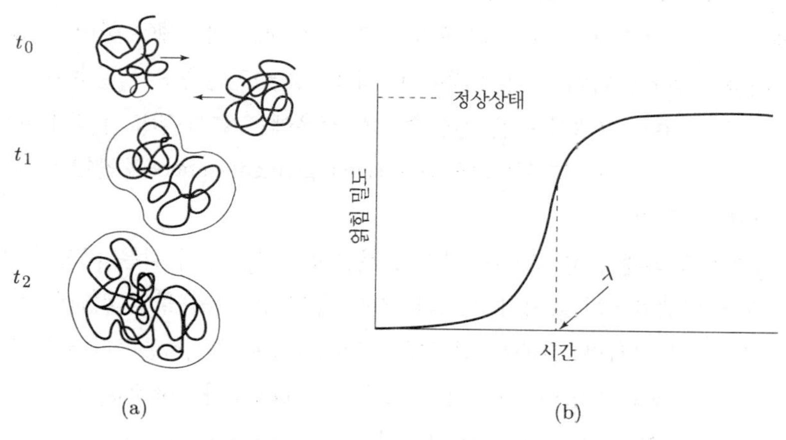

그림 7.24 (a) 얽힘(entanglement)에 대한 모식도
(b)얽힘 밀도(entanglement density) 대 시간(t)의 플롯.

이 과정은 광범위한 얽힘을 일으킬 만큼 충분히 접근된 임의의 어떤 한 쌍의 사슬에 대하여, 두 사슬에 유효한 대부분의 공간 형태(conformations)는 높은 얽힘 밀도(high entanglement density)를 제공해 줌을 주목하면 이해될 수 있을 것이다. 그러나, 어떤 순간에 두 사슬이 접근하되 얽힘이 일어나지 않는 형태가 발생할 확률은 거의 없을 것이다. 즉 한 쌍의 사슬이 높은 얽힘 밀도에 이르는 과정은 연속적인 확산성 재배치(succession of diffusive rearrangements)를 포함한다. 이리하여 두 사슬은 점차 얽힘 밀도가 높은 방향으로 서로 접근하여 결국에는 초기의 형태에 무관하게 어떤 정상상태의 평형(equilibrium) 얽힘 밀도에 이르게 될 것이다(그림 7.24b 참조).

고분자 사슬간의 얽힘의 형성은 열운동(thermal motion)을 필요로 할 뿐이나, 적어도 2-3개의 연속된 운동이 얽힘을 위한 고리(loop)를 만들기 위해 필수적인 것이다. 얽힘 속도론적 관점에서 보면 다음에는 느릴지도 모르나, 일단 사슬간 얽힘이 일어난 후에는 평형량의 얽힘에 도달할 때까지 비교적 빠른 속도로 성장될 것이 기대된다. 첫 번째 얽힘 고리(entanglement loop)를 형성하기 위하여 요구되는 일련의 랜덤 운동은 거의 동시에 다른 얽힘 고리를 만들 것이다. 더욱이 같은 사슬

내의 얽힘이 발생하지 않은 다른 부분도 동시에 확산하여 얽힘을 만들어내기 시작할 것이다. 그림 7.24b는 많은 쌍의 사슬에 대해 평균적으로 이와 같은 얽힘 밀도의 시간 변화에 따른 예상을 정성적으로 보여주는데, 물리에서는 이러한 유형의 과정을 '협동 과정(cooperative process)'이라고 부른다.

이제 정상흐름(steady flow)에 있는 분자들의 계로 도로 돌아가서, 어떤 임의의 두 접촉 분자 사이의 얽힘 밀도는 두 분자간의 접촉 시간에 상대적인 얽힘에 필요한 특성시간(characteristic time)에 의존함을 알 수 있다. 정상 전단흐름에 있는 두 분자는 서로에게 접근하여 충분히 가까워지면 일정속도로 얽힘이 일어나기 시작할 것이다. 벌크(bulk) 물질에 대한 얽힘 밀도는 어떤 순간에, 그리고 평균적으로 존재하는 얽힘의 수를 특징적으로 나타낸다. 한 쌍의 분자 사이에 한 개의 얽힘이 존재하기 위해서는 먼저 두 분자가 서로 어떤 거리내로 접근해야 하며, 도한 일정시간 동안 이 거리 안에 머물러야만 얽힘이 일어날 것이다. 이때 (정상)전단속도가 클수록 두 분자는 서로에게 더 빨리 다가갈 것이다. 그래서 높은 전단속도의 경우에는 얽힘 밀도가 감소하게 된다. 왜냐하면 높은 전단속도에서는 오랜 시간동안 '얽힘 구(entanglement sphere)' 안에 머물러 있을 분자수가 적어지게 되기 때문이다.

이와 같은 개념의 얽힘에 관한 모델은 점도의 전단속도 의존성과 같은 비선형 레올로지 거동의 일부를 정성적으로 이해하는데 목적이 있으나, 진한 용액이나 용융물의 비선형 점탄성 효과를 정량적으로 설명하기는 곤란하다. 그래서 최근에는 7.6.4.3절에 소개하는 '파행운동(reptation) 모델'이 보다 효율적으로 이용되고 있다. 그런데 이보다 앞서 Green과 Tobolsky에 의해 제안된 고무탄성 이론에 기초를 둔 고분자 용융물에 대한 '잠정적 망상체(temporary network) 모델'에 대해 다음 절에서 간단히 소개하기로 한다.

7.6.4.2 잠정적 망상체 모델

액상 고분자 용융물은 탄성 고체와 달리 흐름 속에서 고정된 가교점(fixed crosslinks)을 갖지 못하고, 대신 사슬간 얽힘에 의해 형성된 잠정적 가교(temporary crosslinks)를 가진 망상체(network)를 형성한다. 이와 같은 개념에 기초를 둔 Green-Tobolsky의 '잠정적 망상체 모델'은 정상흐름의 일정 시점에서 같은 속도로 형성과 파괴를 반복하는 평형 가교점의 수(혹은 밀도)를 이용한다.

지금 단위체적당 ν개의 접합점(junction point)를 가진 (잠정적)망상체를 생각해보자. 이때 접합(가교)은 영구적이 아니며, ν는 일정 즉 형성 및 파괴되는 속도가 같아지는 평형상태를 가정한다. 이때 (지난)시간 t'에서의 망상체 내의 고분자 사슬(polymer strand)의 말단간 거리벡터를 $\boldsymbol{r}'(t')$라 하고, (현)시간 t에서 (회전 및 신장) 변형 후 사슬의 말단간 거리벡터를 $\boldsymbol{r}(t)$라 하자. Green-Tlbolsky 이론에서는 이들 말단간 벡터로 한정된 수명(lifetime)을 가지고, 이 기간 동안 그들은 아핀적으로(affinely) 변형하며, 그 후에는 사라지게 도니다. 단위체적당 접합(junction) 수가 일정하게 남기 위해서는 옛 접합점은 사라지고 새 말단간 벡터(end-to-end vector)가 생겨야 한다. 그래서 Green과 Tobolsky는 새로운 말단간 벡터가 형성될 때에는 아래의 성질을 갖는 평형 (확률)

분포함수 ψ_0를 갖는다고 제안하였다.

즉 잠정적 망상체내에서 단위체적당 ν개의 일정 접합점을 갖는 평형상태에서 단위시간에 망상체의 한 고분자 (탄성)사슬이 없어지고, 또 새로운 말단간 벡터가 생기는 확률을 $\dfrac{1}{\lambda}$(여기서 λ는 완화시간을 나타내는 파라미터)로 두고, 또 생성된 새 말단간 벡터가 시간 t'에서 t로 남아있을 소위 '생존확률(survival probability)'을 $P_{t',t}$라 하자. 그러면 $P_{t',t}$를 구하기 위하여 아래의 관계식을 생각해보자.

$$P_{t',t+\Delta t} = (P_{t',t})\left(1 - \frac{1}{\lambda}\Delta t\right) \tag{7.262}$$

여기서 $P_{t',t+\Delta t}$는 망상체내의 한 탄성사슬(elastic strand)이 시간 t'와 $t+\Delta t$사이에서 같은 말단간 벡터를 보유(retain)할 확률이며, $\left(1 - \dfrac{1}{\lambda}\Delta t\right)$는 그 탄성사슬이 시간 간격 Δt사이에 없어지지 않고, 평형 배열(equilibrium configuration)을 갖고 도로 나타날 확률이다. 위 식에서 $\Delta t \to 0$의 극한을 취하면 아래와 같이 $P_{t',t}$에 관한 미분방정식을 얻는다.

$$\lim_{\Delta t \to 0} \frac{P_{t',t+\Delta t} - P_{t',t}}{\Delta t} = \frac{dP_{t',t}}{dt} = -\frac{1}{\lambda} P_{t',t} \tag{7.263}$$

이를 변수분리 후 부정적분에 의해 해를 구하면 아래를 얻는다(A6.2.1절 참조)

$$\ln P_{t',t} = -\frac{t}{\lambda} + C_1 \tag{7.264}$$

여기서 C_1은 적분상수이다. 지금 $t' = t$에서 $P_{t',t'} = 1$, 즉 망상체내 한 개의 탄성사슬이 시간 t'에서 t'동안 살아남을 확률은 일정하다는 경계조건을 이용하면 $C_1 = t'/\lambda$가 되어, 요구하는 해 $P_{t',t}$는 아래가 된다.

$$P_{t',t} = e^{-\frac{(t-t')}{\lambda}} \tag{7.265}$$

이제 Green-Tobolsky 모델의 아래의 다른 두 가정을 적용한다 : (1) 만약 망상체내 한 탄성사슬이 파괴되지 않고 재생한다면 그 변형은 아핀적(affine)이 되며, 또한 (2) 만약 한 사슬이 제한조건(즉 사라짐)에서 벗어난다면 그 사슬은 평형 배열 분포함수 ψ_0를 갖는다. 이리하여 우리는 (잠정적)망상체내의 개개의 탄성사슬(elastic strand)들이 (여분)응력텐서 $\boldsymbol{\tau}$에 대한 공헌을 사슬(혹은 말단간 벡터)의 생성(birth)에서 소멸(death)까지의 아래 관계식을 따라 계산할 수 있다.

$$d\boldsymbol{\tau}=\left[\frac{1}{\lambda}dt'\right]\left[P_{t',t}\right]\left[G\mathbf{C}^{-1}(t',\ t)\right] \tag{7.266}$$

여기서 $d\boldsymbol{\tau}$는 시간 t'와 $t'+dt'$ 사이에 생성된 탄성사슬로부터의 응력에 대한 공헌, $\frac{1}{\lambda}dt'$는 한 사슬이 t'와 $t'+dt'$ 사이에 생성될 확률, $P_{t',t}$는 한 탄성사슬이 t'와 t사이에 생존할 확률, 그리고 $G\mathbf{C}^{-1}(t',t)$는 시간 t'와 t사이에서 아핀적으로 변형하는 탄성사슬에 의해 공헌된 응력을 나타낸다. 여기서 주의할 점은 (잠정)망상체내 한 개의 탄성사슬이 생성될 확률은 평형 확률 ψ_0로 특징지어지므로, 식 (7.266) 중의 표현식 $G\mathbf{C}^{-1}(t,t)$는 망상체내 한 개의 사슬을 시간 t'에서 평형분포로부터 시간 t에의 비평형 분포로 변형시킬 때 생성되는 응력을 나타내는 것이다. 즉 위 식은 위에서 언급한 Green-Tobolsky의 두 가정을 모두 포함한다.

이제 식 (7.266)을 모두 가능한 (지난)시간에서 생성된 탄성사슬들의 공헌을 전부 포함시키기 위해 t'의 적분구간을 $-\infty \sim t$까지 취하면 최종적으로 아래의 구성방정식을 얻는다.

$$\boldsymbol{\tau}=\int_{-\infty}^{t}\frac{G}{\lambda}e^{-\frac{(t-t')}{\lambda}}\mathbf{C}^{-1}(t',\ t)\,dt' \tag{7.267}$$

여기서 $G=\nu kT$는 (잠정적)망상체의 전단탄성률이다.

여기서 우리는 놀랍게도 얽힘(entanglement)에 관한 Green-Tobolsky의 잠정적 망상체(temporary network) 모델로부터 얻어진 구성방정식은 적분형 Loge 모델 식 (7.53)과 동일함을 알 수 있다. 또한 Lodge식의 미분형은 '위 흐름변형 맥스웰(UCM)'(식 7.109)이므로, Green-Tobolsky 모델 또한 마찬가지이다. 여기서 주목할 점은 적어도 이 경우에는 분자론적 모델에서 구한 구성식이 Lodge 식과 같이 연속체 접근(continuum approach)에서 구한 식과 동일하다는 것이다. 그러나 이 절에서 얻어진 것과 같은 분자론적 모델에서 얻어진 구성식은 G나 λ와 같은 물질 파라미터에 대하여 물리적 해석이 가능하다는 장점이 있을 뿐만 아니라, 이들 파라미터들이 온도나 단위체적당 (잠정)망상체내 탄성사슬(elastic strand)의 수와 함께 어떻게 변하는가에 대한 예측도 가능케 한다.

그리고 연속체 접급법에 의한 Lodge 모델은 점도의 전단 얇아짐(shear thinning) 효과나 제 2 법선응력차 효과등을 예측하지 못하나, Green-Tobolsky의 분자론적 모델은 이들 효과를 예측하기 위하여 동일한 생성 및 소멸 속도를 가진 망상체내의 탄성사슬의 아핀(affine)운동과 다른 어떤 무엇을 가정할 수 있다. 실제로 어떤 분자론적 효과가 이 모델에 성공적으로 도입되어 이방성 항력(anisotropic drag)이나 비아핀(non-affine) 운동 등을 잘 설명할 수 있음이 보고되고 있다.

마지막으로 다음 절에서는 진한 용액이나 용융물의 레올로지 거동을 설명함에 있어서 가장 각광을 받고 있는 '파행운동(reptation) 모델'을 소개하기로 한다.

7. 6. 4. 3 파행운동(reptation) 모델

1971년도에 de Gennes는 진한 고분자 용액이나 고분자 용융물 내에서의 분자의 운동을 기술하기위한 새로운 개념의 모델을 제안하였는데, 이는 '파행운동(reptation) 모델'로 알려져 있다. 왜냐하면 이 모델에서는 고분자의 운동을 마치 주위의 고분자들에 의해 형성된 한 일그러진 터널(contorted tunnel) 속에서 움직이는 뱀(snake)의 운동처럼 기술하기 때문이다(그림 7.25 참조)

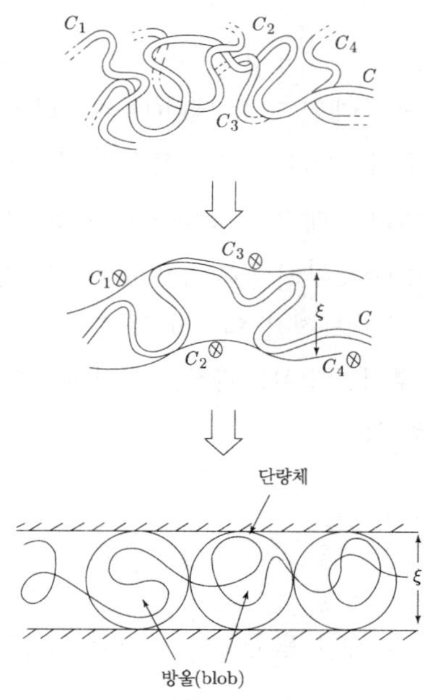

그림 7.25 진한 고분자계에서의 파행운동(reptation)의 개념.
주위의 다른 사슬 $C_1 - C_4$들과 얽혀있는 한 개의 주어진 고분자 사슬 C(위 그림 참조)가 다른 사슬들에 의해 자신의 분자운동에 가해진 제한조건들의 궤적(locus)의 정의된 가상적인 관(virtual pipe)(아래 그림 참조)내에 갇혀있다고 간주됨. 이때 ξ는 관 축에 수직인 방향으로 사슬 C에 속한 한 세그먼트의 평균 허용 변위, 그리고 가운데 그림에 있는 ⊗로 표시된 점들은 종이면과 나란한 평면에서 주위의 다른 $C_1 - C_4$사슬들을 통한 단면을 나타낸다. $C_1 - C_4$사슬들의 각각도 유사한 관속에 있다고 간주되므로, 이들에 의해 형성된 단면들간의 평균거리 역시 ξ에 비례(의존)한다.

이 모델의 기본 개념은 서로 얽혀 있는 고분자 유체속에 있는 한 개의 단량체 단위(monomer unit)는 브라운(Brown) 열운동 혹은 가해준 외력에 응하여 자신의 분자 축을 따라 오직 한 방향으로만 움직일 수 있다고 가정하는 것이다. 만약 P를 분자축을 따른 호의 길이 s로 측정된 호의 길이좌표(arc length coordinate)를 가진 한 좌표계에 대하여 임의의 시간 t에서 어떤 한 세그먼트를 어떤 위치 s에서 발견할 (정규화된)확률이라고 하면 P는 아래의 1차원 확산방정식을 만족할 것이다.

$$\frac{\partial P}{\partial t} = D_0 \frac{\partial^2 P}{\partial s^2} \tag{7.268}$$

그리고 경계조건은 아래와 같다.

$$P(s, 0) = \delta(0)$$

$$P(s, t) = 0 \ \text{ as } \ s \to \pm\infty \tag{7.269}$$

여기서 δ는 식 (2.404)나 (7.138)에 소개된 디락 델타(Dirac delta) 함수로서, 첫 번째 세그먼트가 원점에 있음을 의미한다. 그리고 D_0는 사슬을 다른 분자의 운동에 대한 확산계수이다. 그런데 이 모델에서 $D_0 \sim 1/M$의 관계를 기대하는데, 이는 Stokes-Einstein 식 $D_0 = kt/f$(여기서 $f = 6\pi\eta_s a$는 반경 a를 가진 용질의 마찰계수)으로부터 분자축을 따른 한 '밧줄(rope)'의 운동에 대한 (점성) 저항은 그 밧줄의 길이(즉 분자량)이 비례함을 의미한다. 경계조건 식 (7.269)을 사용한 확산 (편미분)방정식 (7.268)의 해는 아래로 주어진다(유도과정은 생략하지만, 얻어진 해를 식 (7.268)이 거꾸로 대입함으로써 역증명은 가능하다).

$$P(s, t) = \frac{1}{(4\pi D_0 t)^{1/2}} e^{-s^2/4D_0 t} \tag{7.270}$$

정규화된 확률 P로부터 변위 s^2의 제곱 평균값을 구하면 아래가 된다(식 (7.230) 참조).

$$\langle s^2 \rangle = \int_{-\infty}^{\infty} s^2 P(s,t)\, ds = 2D_0 t \tag{7.271}$$

여기서 얻어진 결과 $2D_0 t$는 적분에 식 (7.270)을 대입하고, 피적분 함수가 우함수인 점과, 지수적분공식 (A6.31)을 이용하면 쉽게 증명될 수 있다.

지금 시간 λ_{rep}를 한 개의 고분자 사슬이 그의 입체배열(configuration)을 완전히 새롭게 갱신하는데 걸리는 시간, 즉 한 사슬이 호의 길이 s를 따라 전체 윤곽장(또는 사슬길이) L를 확산해가는데 필요한 시간으로 정의한다. 또한 이를 식 7.6.3.2절에 언급한 Rouse 모델의 N개의 완화시간분포에서 가장 긴 완화시간으로 간주할 수도 있다. 그러면 식 (7.271)로부터 아래의 식을 얻을 수 있다.

$$\lambda_{rep} = \frac{L^2}{2D_0} \tag{7.272}$$

그런데 $L \sim M$이고, $D_0 \sim M^{-1}$이므로 위 식으로부터 아래의 스케일링 법칙이 성립된다.

$$\lambda_{rep} \sim \frac{M^2}{M^{-1}} \sim M^3 \tag{7. 273}$$

이는 Rouse 모델에 의한 가장 긴 완화시간의 추정식 (식 (7.257)에서 $i=1$ 대입)과 비교되므로 아래와 같이 대비하여 나타낼 수 있다.

$$\text{Rouse}:\ \lambda_{Rouse} \sim N^2$$

$$\text{de Gennes}:\ \lambda_{rep} \sim N^3 \tag{7. 274}$$

한편 de Gennes 고분자 용질의 자기확산(self-diffusion)계수 $D_s = \langle r^2 \rangle / 6\lambda_{rep}$로 정의되는데, 비섭동($\theta$상태) 가우스 자유연결 (이상)사슬의 경우 제곱평균 말단거리 $\langle r^2 \rangle \sim M$(식 (7.156) 참조) 이므로 역시 Rouse 모델에 대한 D_s의 M 의존성인 식 (6.121)과 대비하여 아래와 같이 나타낼 수 있다.

$$\text{Rouse}:\ D_s \sim M^{-1}$$

$$\text{de Gennes}:\ D_s \sim \frac{M}{M^3} \sim M^{-2} \tag{7. 275}$$

진한 용액이나 용융물에 대한 D_s의 M 의존성은 de Gennes 모델이 보다 정확함이 실험적으로 확인되었다.

한편 de Gennes 모델에 의한 점도(viscosity)의 분자량 의존성을 조사해보자. 만약 관심의 유체가 Maxwell의 스프링-대쉬폿 모델과 같은 단순한 점탄성 고체라고 가정하면, 완화시간 λ는 η/G가 될 것이다. 그런데 전단 완화탄성률 G가 사슬의 전체 분자량 M에는 무관하나, 얽힘(entanglement)간의 분자량 즉 방울(blob) 한 개의 분자량 M_b에만 의존한다고 가정하자. 그러면 점도 η의 M 의존성에 관한 아래의 스케일링 법칙이 성립될 것이다.

$$\eta \sim G\lambda \sim M^0 M^3 \sim M^3 \tag{7. 276}$$

물론 이것이 실제 실험에서 관측된 것과 같은 $M^{3.4}$ 의존성(그림 7.22 참조)을 주지는 않으나, 그래도 제안된 이론식 중에서도 $M^{3.4}$ 의존성이 가장 가까운 의존성을 나타낸다.

한편 Doi와 Edwards는 1978년도에 de Gennes의 파행운동(reptation) 모델을 참고하여 아래 형태의 완전한 구성방정식을 제안하였다.

$$\boldsymbol{\tau} = G_0 M(t)\,\mathbf{Q}\,(\mathbf{E}) \tag{7. 277}$$

여기서

$$\tau_{22} - \tau_{33} = n_0 H\left[\langle x_2^2 \rangle - \langle x_3^2 \rangle\right] \tag{7. 278}$$

식 (7.278) 중의 (통계적)평균치항은 확률분포함수 P를 사용하여 식 (7.230)에 의해 통상적으로 계산될 수 있다. 그리고 식 (7.277)에 사용된 평형 전단 탄성률 G_0, 기억함수 $M(t)$ 및 변형(률) 척도함수 $\mathbf{Q}$에 대해 얻어진 구체적인 결과는 아래와 같다.

$$G_0 = 3cNkT$$

$$M(t) = \sum_{P_{odd}} \frac{8}{p^2 \pi^2} e^{-tp^2/\lambda_{rep}}$$

$$\mathbf{Q}(\mathbf{E}) = \frac{1}{\langle \rho \rangle} \left\langle \frac{\rho\rho}{\rho} \right\rangle \tag{7. 279}$$

여기서 $\boldsymbol{\rho} = \mathbf{E} \cdot \boldsymbol{u}$이고, $\mathbf{E}$는 아핀(affine) 변형텐서, 그리고 $\boldsymbol{u}$는 사슬축을 따른 단위벡터이다. 또한 식 (7.278)중의 파라미터 n_0 및 H의 의미는 7.6.3.1절에서 언급한 탄성 아령모델에 사용된 것과 유사한 의미를 가진다.

식 (7.277)로 나타낸 Doi-Edwards 구성방정식은 시간과 변형률 부분이 서로 분리될 수 있다는 점에서 K-BKZ 모델(식 (7.152))과 유사하다고 하겠다. 그리고 이 모델은 특히 응력완화현상을 잘 예측하며, 전단속도($\dot{\gamma}$)에 의존하는 비뉴톤성 점도 $\eta(\dot{\gamma})$도 예측가능하나 높은 전단속도에서는 $\eta \sim \dot{\gamma}^{-3/2}$과 같은 너무 강한 전단속도 의존성을 낳는다. 마지막으로 Doi Edwards 모델은 정상(steady) 일축신장흐름(UEF)에 대해 일정 신장속도($\dot{\varepsilon}$)에서 거의 무한대로 발산하는 잘못된 신장점도 $\bar{\eta}(\dot{\varepsilon})$를 예측하므로 이에 대한 보정이 행해지고 있다. 그 외의 최근에 개발된 진한 고분자계에 대한 보다 정확한 구성방정식의 소개는 지면관계상 생략하기로 한다.

연습문제

7. 1 유한변형(finite strain)에 대한 신후크(neo-Hooke) 모델(식 (4.419)을 사용하여 다음 물음에 답하라.

(a) 단계적 전단변형(step shear strain)(그림 5.15e 참조)에 대한 물질함수 G, G_{ψ_1}, G_{ψ_2}를 계산하라.

(b) 정상(steady) 일축신장변형(uniaxial extension)에 대한 물질함수(신장점도)를 구하라.

풀이

(a) 신후크 모델의 구성식은 아래와 같다.

$$\boldsymbol{\tau} = G\,\mathbf{C}^{-1} \qquad \cdots\cdots (1)$$

그런데 전단흐름(SSF)에 대한 속도장 $\boldsymbol{v}$과 전단속도함수 $\dot{\zeta}(t)$는 Cartesian 좌표계에서 각각 아래로 정의된다(5.4.2.3d절 참조).

$$\boldsymbol{v} = \begin{pmatrix} \dot{\zeta}(t)\,x_2 \\ 0 \\ 0 \end{pmatrix}_{123}, \quad \dot{\zeta}(t) = \gamma_0 \delta_+(t) = \lim_{\varepsilon \to 0} \begin{cases} 0 & t < 0 \\ \gamma_0/\varepsilon & 0 \le t < 0 \\ 0 & t \ge \varepsilon \end{cases} \qquad \cdots\cdots (2)$$

그리고 전단변형(률)에 관한 Finger 변형텐서 $\mathbf{C}^{-1}$는 아래가 된다(식 (4.93) 또는 표 7.1참조).

$$\mathbf{C}^{-1} = \begin{pmatrix} 1+\gamma^2 & \gamma & 0 \\ \gamma & 1 & 0 \\ 0 & 0 & 1 \end{pmatrix}_{123} \qquad \cdots\cdots (3)$$

여기서 전단변형률 γ는 아래가 된다.

$$\gamma = \gamma_{21}(t) = \int_0^t \dot{\zeta}(t')\,dt' = \gamma_0 \int_0^t \delta_+(t')\,dt' = \gamma_0 \qquad \cdots\cdots (4)$$

여기서 비대칭 델타함수 $\delta_+(t)$의 성질(식 (5.216))이 사용되었다. 따라서 식 (1)~(4)로부터 아래를 얻는다.

$$\boldsymbol{\tau} = \begin{pmatrix} (1+\gamma_0^2)G & G\gamma_0 & 0 \\ G\gamma_0 & G & 0 \\ 0 & 0 & G \end{pmatrix}_{123} \qquad \cdots\cdots (5)$$

따라서 신후크 모델의 경우 단계적 전단변형에 관한 3 물질함수는 식 (5.218)~(5.220)으로부터 아래와 같이 얻어진다.

$$G(t) \equiv \frac{\tau_{21}}{\gamma_0} = G; \quad G_{\psi_1} \equiv \frac{\tau_{11} - \tau_{33}}{\gamma_0^2} = G; \quad G_{\psi_2} \equiv \frac{\tau_{22} - \tau_{33}}{\gamma_0^2} = 0 \qquad \cdots\cdots (6)$$

(b) 3 방정식의 정상(steady) 일축신장흐름(UEF)에 대한 속도장은 Cartesian 좌표계에서 아래가 된다(식 (5.257) 참조).

$$\boldsymbol{v}=\begin{pmatrix}-\dfrac{\dot{\varepsilon}_0}{2}x_1\\ -\dfrac{\dot{\varepsilon}_0}{2}x_2\\ \dot{\varepsilon}_0 x_3\end{pmatrix}_{123},\quad \dot{\varepsilon}(t)=\dot{\varepsilon}_0(>0)=\text{일정} \qquad \cdots\cdots (7)$$

그리고 비압축 시료의 3 방향으로의 일축신장변형(이 경우 연신율 $\lambda_1=\lambda_2=\lambda_3^{-1/2}$ 성질)에 대한 Finger 텐서는 식 (4.88)(또는 표 7.1)에서 아래가 된다.

$$\mathbf{C}^{-1}=\begin{pmatrix}\lambda_3^{-1} & 0 & 0\\ 0 & \lambda_3^{-1} & 0\\ 0 & 0 & \lambda_3^2\end{pmatrix}_{123}=\begin{pmatrix}\mathrm{e}^{-\varepsilon} & 0 & 0\\ 0 & \mathrm{e}^{-\varepsilon} & 0\\ 0 & 0 & \mathrm{e}^{2\varepsilon}\end{pmatrix}_{123}=\begin{pmatrix}\mathrm{e}^{-\dot{\varepsilon}_0 t} & 0 & 0\\ 0 & \mathrm{e}^{-\dot{\varepsilon}_0 t} & 0\\ 0 & 0 & \mathrm{e}^{2\dot{\varepsilon}_0 t}\end{pmatrix}_{123} \qquad \cdots\cdots (8)$$

여기서 신장변형에 관한 Henchy 변형률 $\varepsilon=\ln(l/l_0)=\ln\lambda$(혹은 연신비 $\lambda=l/l_0=e^{\varepsilon}$) 관계로부터 아래의 관계가 이용되었다.

$$\lambda_3=e^{\varepsilon},\quad \varepsilon=\varepsilon(t)=\int_0^t\dot{\varepsilon}(t')dt'=\dot{\varepsilon}_0 t,\quad \lambda_1=\lambda_3=\lambda_3^{-1/2}=e^{-\varepsilon/2} \qquad \cdots\cdots (9)$$

따라서 일축신장에 대한 신후크 법칙은 Cartesian 좌표계에서 아래가 된다.

$$\boldsymbol{\tau}=G\mathbf{C}^{-1}=G\begin{pmatrix}e^{-\dot{\varepsilon}_0 t} & 0 & 0\\ 0 & e^{-\dot{\varepsilon}_0 t} & 0\\ 0 & 0 & e^{2\dot{\varepsilon}_0 t}\end{pmatrix}_{123} \qquad \cdots\cdots (10)$$

이로부터 식 (5.258)로 정의된 (정상)신장점도 $\bar{\eta}$는 아래가 된다.

$$\bar{\eta}(\dot{\varepsilon}_0)\equiv\frac{\tau_{33}-\tau_{11}}{\dot{\varepsilon}_0}=\frac{(e^{2\dot{\varepsilon}_0 t}-e^{-\dot{\varepsilon}_0 t})}{\dot{\varepsilon}_0}G=\frac{\left((l/l_0)^2-(l/l_0)^{-1}\right)}{\dot{\varepsilon}_0}G \qquad \cdots\cdots (11)$$

단 $\lambda_3=l/l_0=e^{\varepsilon}=e^{\dot{\varepsilon}_0 t}$가 이용되었다.

7.2 적분형 Lodge 모델(식 (7.53))을 사용하여 (a) 정상(steady) 전단흐름(SSF)에 대한 물질함수 $\eta(\dot{\gamma})$, $\psi_1(\dot{\gamma})$ 및 $\psi_2(\dot{\gamma})$를 구하라. 그리고 (b) 단계적 전단변형(step shear strain)에 대한 물질함수 $G(t,\gamma_0)$, $G_{\psi_1}(t,\gamma_0)$ 및 $G_{\psi_2}(t,\gamma_0)$을 구하라.

풀이

(a) 적분형 Lodge 모델은 아래로 표현된다.

$$\boldsymbol{\tau}=\int_{-\infty}^{t}\frac{\eta_0}{\lambda^2}e^{-\frac{(t-t')}{\lambda}}\mathbf{C}^{-1}(t',t)dt' \qquad \cdots\cdots (1)$$

한편 정상 SSF에 대한 속도장과 전단 및 전단속도 함수는 Cartesian 좌표계에서 아래가 된다(5.4.2.3a절 참조).

$$\boldsymbol{v}=\begin{pmatrix}\dot{\gamma}_0 x_2\\0\\0\end{pmatrix}_{123}, \quad \dot{\gamma}(t)=\dot{\gamma}_0, \quad \gamma(t', t)=\dot{\gamma}_0\times(t-t') \qquad \cdots\cdots (2)$$

그리고 단순전단변형에 대한 Finger 텐서는 아래가 된다(식 (4.93) 또는 표 7.1 참조).

$$\mathbf{C}^{-1}=\begin{pmatrix}1+\gamma^2 & \gamma & 0\\ \gamma & 1 & 0\\ 0 & 0 & 1\end{pmatrix}_{123} \qquad \cdots\cdots (3)$$

식 (1)~(3)으로부터 아래를 얻는다.

$$\boldsymbol{\tau}=\int_{-\infty}^{t}\frac{\eta_0}{\lambda^2}e^{-\frac{(t-t')}{\lambda}}\begin{pmatrix}1+\gamma^2 & \gamma & 0\\ \gamma & 1 & 0\\ 0 & 0 & 1\end{pmatrix}dt' \qquad \cdots\cdots (4)$$

식 (4)로부터 3 물질함수를 구하기 위한 전단응력 성분을 구해보자. 우선 $\tau_{21}=\tau_{22}$는 아래와 같이 구해진다.

$$\tau_{21}=\int_{-\infty}^{t}\frac{\eta_0}{\lambda^2}e^{-\frac{(t-t')}{\lambda}}\times\dot{\gamma}_0\times(t-t')dt'=\frac{\eta_0\dot{\gamma}_0}{\lambda^2}\int_0^{\infty}e^{-\frac{s}{\lambda}}sds \quad (\because t-t'=s) \qquad \cdots\cdots (5)$$

여기서 부분적분공식(A6.21)을 반복 적용하면 아래를 얻는다.

$$\tau_{21}=\frac{\eta_0\dot{\gamma}_0}{\lambda^2}[s(-\lambda e^{-s/\lambda})|_0^{\infty}+\lambda\int_0^{\infty}e^{-s/\lambda}ds]=\frac{\eta_0\dot{\gamma}_0}{\lambda^2}[0-\lambda^2\times e^{-s/\lambda}|_0^{\infty}]=\eta_0\dot{\gamma}_0 \qquad \cdots\cdots (6)$$

다음에는 법선응력 $\tau_{22}=\tau_{33}$을 마찬가지 방법으로 구하면 아래가 된다.

$$\tau_{22}=\tau_{33}=\int_{-\infty}^{t}\frac{\eta_0}{\lambda^2}e^{-\frac{(t-t')}{\lambda}}dt'=\frac{\eta_0}{\lambda^2}\int_0^{\infty}e^{-\frac{s}{\lambda}}ds=\frac{\eta_0}{\lambda}(=G_0) \qquad \cdots\cdots (7)$$

마지막으로 법선응력 τ_{11}을 변수치환 및 부분적분공식을 적용하여 구하면 아래가 된다.

$$\tau_{11}=\int_{-\infty}^{t}\frac{\eta_0}{\lambda^2}e^{-\frac{(t-t')}{\lambda}}[1+\dot{\gamma}_0^2\times(t-t')^2]dt'$$

$$=\frac{\eta_0}{\lambda^2}\int_0^{\infty}e^{-\frac{s}{\lambda}}(1+\dot{\gamma}_0^2 s^2)ds \qquad (\because t-t'=s) \qquad \cdots\cdots (8)$$

여기서 부분적분공식을 반복하여 얻어진 최종결과만을 적으면 아래가 된다.

$$\tau_{11}=\frac{\eta_0}{\lambda}(1+2\dot{\gamma}_0^2\lambda^2) \qquad \cdots\cdots (9)$$

따라서 식 (6)~(9)로부터 물질함수 정의식 (5.161)~(5.163)을 사용하여 아래의 결과를 얻는다.

$$\eta(\dot{\gamma})\equiv\frac{\tau_{21}}{\dot{\gamma}_0}=\eta_0(=\lambda G_0);\ \psi_1(\dot{\gamma})=\frac{\tau_{11}-\tau_{22}}{\dot{\gamma}_0^2}=2\eta_0\lambda;\ \psi_2(\dot{\gamma})=\frac{\tau_{22}-\tau_{33}}{\dot{\gamma}_0^2}=0 \qquad \cdots\cdots (10)$$

(b) 단계적 전단변형에 대한 속도장 및 전단속도 함수는 Cartesian 좌표계에서 아래가 된다(5.4.2.3d절 참조).

$$\boldsymbol{v}=\begin{pmatrix}\dot{\zeta}(t)x_2\\0\\0\end{pmatrix}_{123}, \quad \dot{\zeta}(t)=\dot{\gamma}_{21}(t)=\gamma_0\delta_+(t)=\lim_{\varepsilon\to 0}\begin{cases}0 & t<0\\ \gamma_0/\varepsilon(=\dot{\gamma}_0) & 0\le t<\varepsilon\\ 0 & t\ge\varepsilon\end{cases} \qquad \cdots\cdots (11)$$

그런데 문 (a)의 식 (1) 및 (3)에서 전단응력 $\tau_{21}(t)$는 아래가 된다.

$$\tau_{21} = \int_{-\infty}^{t} \frac{\eta_0}{\lambda^2} e^{-\frac{(t-t')}{\lambda}} \gamma \, dt' \qquad \cdots\cdots (12)$$

여기서 전단변형률 $\gamma = \gamma_{21}$는 식 (11)에서 아래가 된다.

$$\gamma = \gamma(t', t) = \int_{t'}^{t} \dot{\gamma}(t'')dt'' = \gamma_0 \int_{t'}^{t} \delta_+(t'')dt'' \qquad \cdots\cdots (13)$$

그런데 식 (11)과 (13)으로부터, 현시간 $t > 0$인 경우에는 γ는 $t' > 0$인 경우는 구간내 스텝(step)을 포함하지 않으므로 0이 되고, $t' \le 0$인 경우에만 구간내 스텝을 포함하므로 $\gamma = \gamma_0$이 된다. 따라서 식 (12)의 적분은 아래가 된다.

$$\tau_{21} = \int_{-\infty}^{0} \frac{\eta_0}{\lambda^2} e^{-\frac{(t-t')}{\lambda}} \gamma_0 \, dt' = \frac{\eta_0 \gamma_0}{\lambda^2} \int_{t}^{\infty} e^{-\frac{s}{\lambda}} ds \quad (\because t - t' = s)$$

$$= \frac{\eta_0 \gamma_0}{\lambda^2} \times (-\lambda) e^{-\frac{s}{\lambda}} \Big|_t^{\infty} = \frac{\eta_0 \gamma_0}{\lambda^2}(-\lambda)[0 - e^{-t/\lambda}] = \frac{\eta_0 \gamma_0}{\lambda} e^{-\frac{t}{\lambda}} \qquad \cdots\cdots (14)$$

[**별해 :** 식 (13)에서 (비대칭)델타함수 $\delta_+(t)$는 단계함수 $H(t)$(즉 $t \ge 0$일 때만 1, 기타 0)의 미분으로 $\delta_+(t'')dt'' = H'(t'') = dH(t'')$가 되어 적분은 $\gamma = \gamma(t', t) = \gamma_0[H(t) - H(t')]$가 되므로 이를 식 (12)에 대입하여 계산하여도 같은 결과를 얻는다.]

다음에 법선응력 τ_{11}도 식 (1) 및 (3)에서 위와 마찬가지 논리를 적용하여 구하면 아래가 된다.

$$\tau_{11} = \int_{-\infty}^{t} \frac{\eta_0}{\lambda^2} e^{-\frac{(t-t')}{\lambda}} (1+\gamma^2) \, dt' = \frac{\eta_0}{\lambda^2} \int_{-\infty}^{0} e^{-\frac{(t-t')}{\lambda}} (1+\gamma_0^2) dt'$$

$$= \frac{\eta_0}{\lambda^2} \int_{t}^{\infty} e^{-\frac{s}{\lambda}} (1+\gamma_0^2) \, ds \quad (\because t - t' = s)$$

$$= \frac{\eta_0}{\lambda^2}(1+\gamma_0^2)(-\lambda) e^{-\frac{s}{\lambda}} \Big|_t^{\infty} = \frac{\eta_0}{\lambda}(1+\gamma_0^2) e^{-\frac{t}{\lambda}} \qquad \cdots\cdots (15)$$

마찬가지 방법으로 식 (1) 및 (3)에서 τ_{22}를 구하면 아래가 된다.

$$\tau_{22} = \int_{-\infty}^{t} \frac{\eta_0}{\lambda^2} e^{-\frac{(t-t')}{\lambda}} dt' = \frac{\eta_0}{\lambda^2} \int_{-\infty}^{0} e^{-\frac{(t-t')}{\lambda}} dt' = \frac{\eta_0}{\lambda} e^{-t/\lambda} \qquad \cdots\cdots (16)$$

따라서 위 결과와 물질함수에 대한 정의식 (5.218) ~ (5.220)을 사용하여 아래를 얻는다(단 스프링-대쉬폿 기계적 모델의 개념에서 $\eta_0 = \gamma_0 G_0$을 대입 - 6.2.1절 참조)

$$G(\gamma_0) = \frac{\tau_{21}}{\gamma_0} = \frac{\eta_0}{\lambda} e^{-t/\lambda} = G_0 e^{-t/\lambda}; \; G_{\psi_1}(\gamma_0) = \frac{\tau_{11} - \tau_{22}}{\gamma_0^2} = \frac{\eta_0}{\lambda} e^{-t/\lambda} = G_0 e^{-t/\lambda}$$

$$G_{\psi_2}(\gamma_0) = \frac{\tau_{22} - \tau_{33}}{\gamma_0^2} = 0 \qquad \cdots\cdots (17)$$

7. 3 적분형 Lodge 모델(식 (7.53))을 사용하여 (단순)전단흐름(SSF)에 있어서 (a) 정상(steady) 응력성장을 나타내는 시동(startup) 물질함수 $\eta^+(t, \dot{\gamma}_0)$, $\psi_1^+(t, \dot{\gamma}_0)$ 및 $\psi_2^+(t, \dot{\gamma}_0)$을 구하라. 그

리고 (b) 정상 응력감쇠를 나타내는 정지(cessation) 물질함수 $\eta^{-}(t, \dot{\gamma}_0)$, $\psi_1^{-}(t, \dot{\gamma}_0)$ 및 $\psi_2^{-}(t, \dot{\gamma}_0)$도 구하라.

풀이

(a) 적분형 Lodge 모델은 아래로 표현된다.

$$\boldsymbol{\tau} = \int_{-\infty}^{t} \frac{\eta_0}{\lambda^2} e^{-\frac{(t-t')}{\lambda}} \mathbf{C}^{-1}(t', t)\, dt' \qquad \cdots\cdots (1)$$

그런데 전단흐름(SSF)의 응력성장에 대한 속도장과 전단속도 함수는 Cartesian 좌표계에서 아래로 정의된다(5.4.2.3a절 참조).

$$\boldsymbol{v} = \begin{pmatrix} \dot{\gamma}(t) x_2 \\ 0 \\ 0 \end{pmatrix}_{123}, \quad \dot{\gamma}(t) = \dot{\gamma}_{21}(t) = \dot{\gamma}_0 H(t) = \begin{cases} 0 & t < 0 \\ \dot{\gamma}_0 & t \ge 0 \end{cases} \qquad \cdots\cdots (2)$$

그런데 SSF에 대한 Finger 텐서 $\mathbf{C}^{-1}$는 식 (4.93)으로 주어지므로 이를 식 (1)에 대입하면 아래가 된다.

$$\boldsymbol{\tau} = \frac{\eta_0}{\lambda^2} \int_{-\infty}^{t} e^{-\frac{(t-t')}{\lambda}} \begin{pmatrix} 1+\gamma^2 & \gamma & 0 \\ \gamma & 1 & 0 \\ 0 & 0 & 1 \end{pmatrix}_{123} dt' \qquad \cdots\cdots (3)$$

여기서 전단변형률 $\gamma = \gamma_{21} = \gamma(t', t)$는 (현)시간 $t \ge 0$아라고 할 때 (지난)시간 $t' \le 0$ 및 $t' > 0$의 두 경우에 대해 식 (2)를 사용하여 각각 아래의 값을 가진다.

$$\text{(i)}\ t' \le 0:\ \gamma = \gamma(t', t) = \int_{t'}^{t} \dot{\gamma}(t'')\, dt'' = \int_{t'}^{0} \dot{\gamma}(t'')\, dt'' + \int_{0}^{t} \dot{\gamma}(t'')\, dt'' = \dot{\gamma}_0 t \qquad \cdots\cdots (4)$$

$$\text{(ii)}\ t' > 0:\ \gamma = \gamma(t', t) = \int_{t'}^{t} \dot{\gamma}(t'')\, dt'' = \dot{\gamma}_0 \times (t - t') \qquad \cdots\cdots (5)$$

이 관계를 사용하여 식 (3)에서 전단응력 τ_{21}을 구하면 아래가 된다.

$$\begin{aligned} \tau_{21}(t) &= \frac{\eta_0}{\lambda^2} \int_{-\infty}^{t} e^{-\frac{(t-t')}{\lambda}} \gamma(t', t)\, dt' \\ &= \frac{\eta_0}{\lambda^2} \left[\int_{-\infty}^{0} e^{-\frac{(t-t')}{\lambda}} \times \dot{\gamma}_0 t\, dt' + \int_{0}^{t} e^{-\frac{(t-t')}{\lambda}} \dot{\gamma}_0 \times (t-t')\, dt' \right] \end{aligned} \qquad \cdots\cdots (6)$$

여기서 괄호안의 두 적분을 모두 $(t-t') = s$의 변수치환을 행하여 적분을 행한 후, 다시 부분적분공식을 적용하면 아래의 결과를 얻는다.

$$\begin{aligned} \tau_{21}(t) &= \frac{\eta_0}{\lambda^2} \dot{\gamma}_0 \left[t \int_{t}^{\infty} e^{-\frac{s}{\lambda}} ds + \int_{0}^{t} e^{-\frac{s}{\lambda}} s\, ds \right] \\ &= \frac{\eta_0}{\lambda^2} \dot{\gamma}_0 \left[\lambda t e^{-t/\lambda} - \lambda t e^{-t/\lambda} - \lambda^2 (e^{-t/\lambda} - 1) \right] = \eta_0 \dot{\gamma}_0 (1 - e^{-t/\lambda}) \end{aligned} \qquad \cdots\cdots (7)$$

다음에 식 (3)~(5)에서 법선응력 $\tau_{11}(t)$를 구하면 아래가 된다.

$$\tau_{11}(t) = \frac{\eta_0}{\lambda^2} \int_{-\infty}^{t} e^{-\frac{(t-t')}{\lambda}} (1+\gamma^2)\, dt'$$

$$= \frac{\eta_0}{\lambda^2}\left\{\int_{-\infty}^{0} e^{-\frac{(t-t')}{\lambda}}(1+\dot{\gamma}_0^2 t^2)\,dt' + \int_0^t e^{-\frac{(t-t')}{\lambda}}[1+\dot{\gamma}_0^2(t-t')^2]\,dt'\right\} \qquad \cdots\cdots (8)$$

여기서 $(t-t')=s$의 변수치환을 행하면 아래를 얻는나.

$$\tau_{11} = \frac{\eta_0}{\lambda^2}\left\{(1+\dot{\gamma}_0^2 t^2)\int_t^{\infty} e^{-\frac{s}{\lambda}}\,ds + \int_0^t e^{-\frac{s}{\lambda}}(1+\dot{\gamma}_0^2 s^2)\,ds\right\} \qquad \cdots\cdots (9)$$

다시 부분적분을 중복하여 행한 후 정리하면 아래의 최종결과를 얻는다.

$$\tau_{11}(t) = \frac{\eta_0}{\lambda} + 2\eta_0\dot{\gamma}_0^2\lambda[1-e^{-t/\lambda}(1+\frac{t}{\lambda})] \qquad \cdots\cdots (10)$$

다음에는 마찬가지 논리로 식 (3) ~ (5)에서 법선응력 $\tau_{22}(t)=\tau_{33}(t)$를 구하면 아래가 된다.

$$\tau_{22}(t) = \tau_{33}(t) = \int_{-\infty}^{t} \frac{\eta_0}{\lambda^2} e^{-\frac{(t-t')}{\lambda}}\,dt' = \frac{\eta_0}{\lambda^2}\int_0^{\infty} e^{-\frac{s}{\lambda}}\,ds = \frac{\eta_0}{\lambda}(=G_0) \qquad \cdots\cdots (11)$$

이제 위에서 얻어진 결과들을 이용하여 식 (5.171) ~ (5.173)으로부터 시동 물질함수를 구하면 아래가 된다 (단 $t \geq 0$ 가정).

$$\eta^+ \equiv \frac{\tau_{21}}{\dot{\gamma}_0} = \eta_0(1-e^{-t/\lambda}); \quad \psi_1^+ \equiv \frac{\tau_{11}-\tau_{22}}{\dot{\gamma}_0^2} = 2\eta_0\lambda[1-e^{-t/\lambda}(1+t/\lambda)];$$

$$\psi_2^+ \equiv \frac{\tau_{22}-\tau_{33}}{\dot{\gamma}_0^2} = 0 \qquad \cdots\cdots (12)$$

(b) $t \geq 0$ 이후에 (정상)전단속도 $\dot{\gamma}=\dot{\gamma}_0$을 끊은 후 발생하는 응력감쇠의 경우 해당하는 속도장과 전단속도 함수는 Cartesian 좌표계에서 아래가 된다(5.4.2.3b절 참조)

$$\boldsymbol{v} = \begin{pmatrix} \dot{\zeta}(t)x_2 \\ 0 \\ 0 \end{pmatrix}_{123}, \quad \dot{\zeta}(t) = \dot{\gamma}_{21}(t) = \dot{\gamma}_0 H(-t) = \begin{cases} \dot{\gamma}_0 & t<0 \\ 0 & t \geq 0 \end{cases} \qquad \cdots\cdots (13)$$

그리고 SSF에 대한 Finger 텐서 $\mathbf{C}^{-1}$는 식 (4.93)(또는 표 7.1)으로 주어지므로 (여분)전단응력텐서 $\boldsymbol{\tau}$는 식 (3)과 같은 형태를 가진다. 그러나 이 경우 전단변형(률) $\gamma=\gamma(t',t)$는 문 (a)의 경우와 달리 $t'<0$ 및 $t' \geq 0$의 경우 식 (13)에서 각각 아래의 형태를 가진다(단 $t \geq 0$ 가정).

$$\text{(i) } t'<0: \gamma = \gamma(t',t) = \int_{t'}^{t} \dot{\gamma}_{21}(t'')dt'' = \int_{t'}^{0} \dot{\gamma}_{21}(t'')dt'' + \int_0^t \dot{\gamma}_{21}(t'')dt'' = -\dot{\gamma}_0 t' \qquad \cdots\cdots (14)$$

$$\text{(ii) } t' \geq 0: \ \gamma = \gamma(t',t) = \int_{t'}^{t} \dot{\gamma}_{21}(t'')dt'' = 0 \qquad \cdots\cdots (15)$$

이제 식 (3)과 (15)로부터 전단응력 $\tau_{21}(t)$를 문 (a)에 사용된 기법을 사용하여 구하면 아래가 된다.

$$\tau_{21}(t) = \int_{-\infty}^{t} \frac{\eta_0}{\lambda^2} e^{-\frac{(t-t')}{\lambda}}\gamma\,dt' = \int_{-\infty}^{t} \frac{\eta_0}{\lambda^2} e^{-\frac{(t-t')}{\lambda}}(-\dot{\gamma}_0 t')\,dt' + \int_0^t \frac{\eta_0}{\lambda^2} e^{-\frac{(t-t')}{\lambda}} \times 0\,dt'$$

$$= -\frac{\eta_0}{\lambda^2}\dot{\gamma}_0 \int_t^{\infty} e^{-\frac{s}{\lambda}}(t-s)\,ds$$

$$= -\frac{\eta_0}{\lambda^2}\dot{\gamma}_0\{\lambda t e^{-t/\lambda} - \lambda t e^{-t/\lambda} + \lambda^2(0-e^{-t/\lambda})\} = \eta_0\dot{\gamma}_0 e^{-t/\lambda} \qquad \cdots\cdots (16)$$

다음에는 역시 식 (3)과 (15)로부터 문 (a)의 기법을 이용하여 제 1 법선응력차 $N_1 = \tau_{11} - \tau_{22}$를 구하면 최종적으로 아래의 결과를 얻는다.

$$\tau_{11}(t) - \tau_{22}(t) = \int_{-\infty}^{t} \frac{\eta_0}{\lambda^2} e^{-\frac{(t-t')}{\lambda}} \gamma^2 dt' = \int_{-\infty}^{0} \frac{\eta_0}{\lambda^2} e^{-\frac{(t-t')}{\lambda}} \times (-\dot{\gamma}_0 t')^2 dt'$$

$$= \frac{\eta_0}{\lambda^2} \dot{\gamma}_0^2 \int_{t}^{\infty} e^{-\frac{s}{\lambda}} (t-s)^2 ds = 2\lambda \eta_0 \dot{\gamma}_0^2 e^{-t/\lambda} \qquad \cdots\cdots (17)$$

그리고 제 2 법선응력차 $N_2 = \tau_{22} - \tau_{33}$는 식 (3)에서 0이 된다.

따라서 위에서 얻어진 결과를 사용하여 정지 물질함수의 정의식 (5.186) ~ (5.188)의 아래의 결과를 얻는다.

$$\eta^- \equiv \frac{\tau_{21}}{\dot{\gamma}_0} = \eta_0 (= \lambda G_0) e^{-t/\lambda}; \quad \psi_1^- \equiv \frac{\tau_{11} - \tau_{22}}{\dot{\gamma}_0^2} = 2\lambda \eta_0 e^{-t/\lambda}; \quad \psi_2^- \equiv \frac{\tau_{22} - \tau_{33}}{\dot{\gamma}_0^2} = 0 \qquad \cdots\cdots (18)$$

7. 4 적분형 Lodge 모델(식 (7.53))을 사용하여 소진폭 진동전단(SAOS)에 대한 물질함수 $G'(\omega)$ 및 $G''(\omega)$를 구하라.

풀이

적분형 Lodge 모델은 아래 식으로 주어진다.

$$\tau = \int_{-\infty}^{t} \frac{\eta_0}{\lambda^2} e^{-\frac{(t-t')}{\lambda}} \mathbf{C}^{-1}(t', t)\, dt' \qquad \cdots\cdots (1)$$

SAOS에 대한 속도장과 전단속도 함수는 Cartesian 좌표계에서 아래로 정의된다(5.4.2.3e절 참조).

$$\boldsymbol{v} = \begin{pmatrix} \dot{\zeta}(t) x_2 \\ 0 \\ 0 \end{pmatrix}_{123}, \quad \dot{\zeta}(t) \big(= \dot{\gamma}_{21}(t)\big) = \dot{\gamma}_0 \cos\omega t \quad (\text{여기서 } \dot{\gamma}_0 = \omega \gamma_0) \qquad \cdots\cdots (2)$$

그리고 식 (4.93)(또는 표 7.1)에서 SSF에 대한 Finger 텐서는 아래가 된다.

$$\mathbf{C}^{-1}(t', t) = \begin{pmatrix} 1+\gamma^2 & \gamma & 0 \\ \gamma & 1 & 0 \\ 0 & 0 & 1 \end{pmatrix}_{123} \qquad \cdots\cdots (3)$$

여기서 (입력)전단변형 $\gamma = \gamma_{21}(t', t)$는 식 (2)에서 아래가 된다.

$$\gamma = \gamma_{21}(t', t) = \int_{t'}^{t} \dot{\gamma}(t'')\, dt = \int_{t'}^{t} \dot{\gamma}_0 \cos\omega t''\, dt'' = \frac{\dot{\gamma}_0}{\omega} \sin\omega t'' \Big|_{t'}^{t} = \frac{\dot{\gamma}_0}{\omega} (\sin\omega t - \sin\omega t') \qquad \cdots\cdots (4)$$

식 (1) ~ (4)로부터 (응답)전단응력(완화) $\tau_{21}(t)$는 아래가 된다.

$$\tau_{21}(t) = \int_{-\infty}^{t} \frac{\eta_0}{\lambda_2} e^{-\frac{(t-t')}{\lambda}} \frac{\dot{\gamma}_0}{\omega} (\sin\omega t - \sin\omega t')\, dt'$$

$$= \frac{\eta_0}{\lambda^2} \frac{\dot{\gamma}_0}{\omega} \left\{ \sin\omega t \int_0^{\infty} e^{-\frac{s}{\lambda}} ds - \int_0^{\infty} e^{-\frac{s}{\lambda}} \sin\omega(t-s)\, ds \right\} \quad (\because\ t - t' = s \text{ 치환}) \qquad \cdots\cdots (5)$$

여기서 $\sin\omega(t-s) \equiv \sin\omega t \cos\omega s - \cos\omega t \sin\omega s$ 및 아래의 적분공식을 이용하면,

$$\int_0^\infty e^{-\frac{t}{\lambda}}\cos\omega t\,dt = \frac{\lambda}{1+\lambda^2\omega^2},\quad \int_0^\infty e^{-\frac{t}{\lambda}}\sin\omega t\,dt = \frac{\lambda^2\omega}{1+\lambda^2\omega^2}\quad (\because \text{ 식 (A6.35)로부터})$$

식 (5)의 적분은 최종적으로 아래가 된다.

$$\tau_{21} = \frac{\eta_0}{\lambda^2}\frac{\dot{\gamma}_0}{\omega}\left\{\frac{\lambda^3\omega^2}{1+\lambda^2\omega^2}\sin\omega t + \frac{\lambda^2\omega}{1+\lambda^2\omega^2}\cos\omega t\right\} = \dot{\gamma}_0\left\{\frac{\eta_0\lambda\omega^2}{1+\lambda^2\omega^2}\sin\omega t + \frac{\eta_0\omega}{1+\lambda^2\omega^2}\cos\omega t\right\} \quad \cdots\cdots (6)$$

그런데 식 (2)로 주어지는 전단변형입력에 대한 응답 응력완화는 아래로 정의된다(식 (5.225) 참조).

$$\frac{\tau_{21}}{\gamma_0} = G'\sin\omega t + G''\cos\omega t \quad \cdots\cdots (7)$$

따라서 식 (6)과 (7)의 비교에서 아래가 얻어진다[단 $\eta_0 = \lambda G$(사실 여기서 $G = G_0$임) 이용].

$$G'(\omega) = \frac{\eta_0\lambda\omega^2}{1+\lambda^2\omega^2} = \frac{\lambda^2\omega^2 G}{1+\lambda^2\omega^2}\ ;\quad G''(\omega) = \frac{\eta_0\,\omega}{1+\lambda^2\omega^2} = \frac{\lambda\omega G}{1+\lambda^2\omega^2} \quad \cdots\cdots (8)$$

식 (8)의 결과는 1 요소 Maxwell 스프링-대쉬폿에 의한 동적응력완화 결과식(표 6.1 참조)과 일치함을 알 수 있다.

7. 5 위 흐름변형 맥스웰(upper-convected Maxwell, UCM) 미분형 구성방정식 (7.109)을 사용하여 (a) 정상(steady) 단순전단흐름(SSF), (b) 응력 성장 비정상 SSF 및 (c) 정상 일축신장흐름(UEF)의 각각에 대해 해당 물질함수를 구하라. 단 응력텐서 및 속도구배텐서가 위치에 무관한 균일흐름 및 Cartesian 좌표계를 가정하라.

풀이

(a) UCM의 식 (7.109)의 $\overset{\nabla}{\boldsymbol{\tau}}$를 식 (7.35)에서 대입하고, 물질미분 $\frac{D\boldsymbol{\tau}}{Dt} = \frac{\partial\boldsymbol{\tau}}{\partial t} + \left(\boldsymbol{v}\cdot\frac{\partial}{\partial\boldsymbol{r}}\right)\boldsymbol{\tau}$에서 정상상태 $\left(\frac{\partial\boldsymbol{\tau}}{\partial t} = \mathbf{0}\right)$ 및 균일흐름$\left(\frac{\partial\boldsymbol{\tau}}{\partial\boldsymbol{r}} = \nabla\boldsymbol{\tau} = \mathbf{0}\right)$을 가정하면 $\frac{D\boldsymbol{\tau}}{Dt} = \mathbf{0}$이 되므로 아래 식이 성립된다.

$$\boldsymbol{\tau} - \lambda[(\nabla\boldsymbol{v})^{\mathrm{T}}\cdot\boldsymbol{\tau} + \boldsymbol{\tau}\cdot(\nabla\boldsymbol{v})] = \eta_0\dot{\boldsymbol{\gamma}} \quad \cdots\cdots (1)$$

그런데 정상 SSF(즉 $\zeta(t) = \dot{\gamma}_{21}(t) = \dot{\gamma}_0 =$일정)의 경우 속도장은 $\boldsymbol{v} = (\dot{\gamma}_0 x_2\ \ 0\ \ 0)^{\mathrm{T}}$(식 (5.114))가 되므로 속도구배텐서는 Cartesian 좌표계에서 아래가 된다.

$$\nabla\boldsymbol{v}(=\mathbf{L}^{\mathrm{T}}) = \left(\frac{\partial v_j}{\partial x_i}\right) = \begin{pmatrix} 0 & 0 & 0 \\ \dot{\gamma}_0 & 0 & 0 \\ 0 & 0 & 0 \end{pmatrix} \leftrightarrow (\nabla\boldsymbol{v})^{\mathrm{T}}(=\mathbf{L}) = \begin{pmatrix} 0 & \dot{\gamma}_0 & 0 \\ 0 & 0 & 0 \\ 0 & 0 & 0 \end{pmatrix} \quad \cdots\cdots (2)$$

이로부터 대칭 변형속도텐서 $\dot{\boldsymbol{\gamma}} = \mathbf{L} + \mathbf{L}^{\mathrm{T}} = (\nabla\boldsymbol{v})^{\mathrm{T}} + \nabla\boldsymbol{v}$는 아래가 된다.

$$\dot{\boldsymbol{\gamma}} = \nabla\boldsymbol{v} + (\nabla\boldsymbol{v})^{\mathrm{T}} = \begin{pmatrix} 0 & \dot{\gamma}_0 & 0 \\ \dot{\gamma}_0 & 0 & 0 \\ 0 & 0 & 0 \end{pmatrix} \quad \cdots\cdots (3)$$

그리고 대칭 (여분)응력텐서는 식 (5.150)에서 아래의 형태를 가진다.

$$\boldsymbol{\tau}=\begin{pmatrix}\tau_{11} & \tau_{21} & 0\\ \tau_{21} & \tau_{22} & 0\\ 0 & 0 & \tau_{33}\end{pmatrix} \qquad \cdots\cdots (4)$$

따라서 $(\nabla \boldsymbol{v})^{\mathrm{T}}\cdot\boldsymbol{\tau}$ 및 $\boldsymbol{\tau}\cdot(\nabla \boldsymbol{v})$는 행렬연산에서 각각 아래가 된다.

$$(\nabla \boldsymbol{v})^{\mathrm{T}}\cdot\boldsymbol{\tau}=\begin{pmatrix}\tau_{21}\dot{\gamma}_0 & \tau_{22}\dot{\gamma}_0 & 0\\ 0 & 0 & 0\\ 0 & 0 & 0\end{pmatrix},\quad \boldsymbol{\tau}\cdot(\nabla \boldsymbol{v})=\begin{pmatrix}\tau_{21}\dot{\gamma}_0 & 0 & 0\\ \tau_{22}\dot{\gamma}_0 & 0 & 0\\ 0 & 0 & 0\end{pmatrix} \qquad \cdots\cdots (5)$$

이제 식 (3)~(5)를 식 (1)에 대입하면 아래를 얻는다.

$$\begin{pmatrix}\tau_{11} & \tau_{21} & 0\\ \tau_{21} & \tau_{22} & 0\\ 0 & 0 & \tau_{33}\end{pmatrix}-\lambda\begin{pmatrix}2\tau_{21}\dot{\gamma}_0 & \tau_{22}\dot{\gamma}_0 & 0\\ \tau_{22}\dot{\gamma}_0 & 0 & 0\\ 0 & 0 & 0\end{pmatrix}=\eta_0\begin{pmatrix}0 & \dot{\gamma}_0 & 0\\ \dot{\gamma}_0 & 0 & 0\\ 0 & 0 & 0\end{pmatrix} \qquad \cdots\cdots (6)$$

위 식에서 $\tau_{22}=\tau_{33}=0$임을 알 수 있다. 또한 아래의 두 식이 성립된다.

$$\tau_{11}-2\lambda\tau_{21}\dot{\gamma}_0=0,\quad \tau_{21}=\eta_0\dot{\gamma}_0 \qquad \cdots\cdots (7)$$

이로부터 $\tau_{11}=2\lambda\eta_0\dot{\gamma}_0^2$가 된다.

따라서 정상 SSF에 대한 3 물질함수는 정의식 (5.167)~(5.169)에서 아래가 된다.

$$\eta\equiv\frac{\tau_{21}}{\dot{\gamma}_0}=\eta_0,\ \Psi_1\equiv\frac{\tau_{11}-\tau_{22}}{\dot{\gamma}_0^2}=2\lambda\eta_0,\ \Psi_2\equiv\frac{\tau_{22}-\tau_{33}}{\dot{\gamma}_0^2}=0 \qquad \cdots\cdots (8)$$

[비고: 만약 상수 점도 η_0, 그리고 스프링-대쉬폿 모델의 상수 완화시간 $\lambda(=\lambda_0)=\eta_0/G_0$(여기서 G_0은 상수 전단탄성률)대신 $\eta(\dot{\gamma})$ 혹은 $\lambda(\dot{\gamma})$처럼 전단속도 의존성을 부여할 경우는 White-Metzner 모델이 된다 -문 7.9 참조.]

(b) SSF에서 비정상(unsteady) 응력성장의 경우에는 속도장 식 (5.114) 중의 전단속도함수 $\dot{\zeta}(t)=\dot{\gamma}_{21}(t)$는 아래로 주어진다(식 (5.170) 참조).

$$\dot{\zeta}(t)=\dot{\gamma}_{21}(t)\equiv\dot{\gamma}(t)=\dot{\gamma}_0 H(t)=\begin{cases}0 & t<0\\ \dot{\gamma}_0 & t\ge 0\end{cases} \qquad \cdots\cdots (9)$$

또 이 경우 UCM 식 (7.109)은 아래가 된다.

$$\boldsymbol{\tau}+\lambda\frac{\partial\boldsymbol{\tau}}{\partial t}+\lambda\boldsymbol{v}\cdot\nabla\boldsymbol{\tau}-\lambda(\nabla\boldsymbol{v})^{\mathrm{T}}\cdot\boldsymbol{\tau}-\lambda\boldsymbol{\tau}\cdot\nabla\boldsymbol{v}=\eta_0\dot{\boldsymbol{\gamma}} \qquad \cdots\cdots (10)$$

여기서 $\boldsymbol{\tau}$에 대해서는 식 (4)를, 그리고 균일흐름이므로 $\boldsymbol{v}\cdot\nabla\boldsymbol{\tau}=\mathbf{0}$를 대입하고, 또한 식 (3) 및 식 (5)의 $\dot{\gamma}_0$ 대신 $\dot{\zeta}(t)=\dot{\gamma}_{21}(t)=\dot{\gamma}[=\dot{\gamma}_0 H(t)]$를 대입하면 Cartesian 좌표계에서 아래를 얻는다.

$$\begin{pmatrix}\tau_{11} & \tau_{21} & 0\\ \tau_{21} & \tau_{22} & 0\\ 0 & 0 & \tau_{33}\end{pmatrix}+\lambda\frac{\partial}{\partial t}\begin{pmatrix}\tau_{11} & \tau_{21} & 0\\ \tau_{21} & \tau_{22} & 0\\ 0 & 0 & \tau_{33}\end{pmatrix}-\lambda\begin{pmatrix}2\dot{\gamma}\tau_{21} & \dot{\gamma}\tau_{22} & 0\\ \dot{\gamma}\tau_{22} & 0 & 0\\ 0 & 0 & 0\end{pmatrix}=\eta_0\begin{pmatrix}0 & \dot{\gamma}_0 & 0\\ \dot{\gamma}_0 & 0 & 0\\ 0 & 0 & 0\end{pmatrix} \qquad \cdots\cdots (11)$$

위 식의 형태에서 역시 $\tau_{22}=\tau_{33}=0$임을 알 수 있다. 그리고 아래의 두 식이 성립된다.

$$\tau_{11}+\lambda\frac{\partial\tau_{11}}{\partial t}-2\lambda\tau_{21}\dot{\gamma}=0\ ;\ \tau_{21}+\lambda\frac{\partial\tau_{21}}{\partial t}=\eta_0\dot{\gamma} \qquad \cdots\cdots (12)$$

여기서 먼저 식 (12)의 두 번째 식의 τ_{21}에 대한 1계 상미방 해를 적분인자법(A6.2.2절 참조)으로 구하기 위해 변형하면 아래가 된다.

$$\frac{\partial \tau_{21}}{\partial t} + \frac{1}{\lambda}\tau_{21} = \frac{\eta_0}{\lambda}\dot{\gamma} \qquad \cdots\cdots (13)$$

$P(t) = \frac{1}{\lambda}$, $Q(t) = \frac{\eta_0}{\lambda}\dot{\gamma}(t) = \frac{\eta_0}{\lambda}\dot{\gamma}_0 H(t)$ 이므로 적분인자 $I(t) = e^{t/\lambda}$가 되고, $\dot{\gamma}(t)$는 $t \geq 0$ 이후에만 값이 존재하므로 정적분에 의해 아래의 해가 얻어진다.

$$\tau_{21}(t) = e^{-t/\lambda}\left[\int_o^t e^{t'/\lambda} \times \frac{\eta_0}{\lambda}\dot{\gamma}_0 dt'\right] = e^{-t/\lambda} \times \frac{\eta_0}{\lambda}\dot{\gamma}_0 \times \lambda e^{t'/\lambda}\Big|_0^t$$

$$= \eta_0 \dot{\gamma}_0 e^{-t/\lambda}(e^{t/\lambda} - 1) = \eta_0 \dot{\gamma}_0 (1 - e^{-t/\lambda}) \qquad \cdots\cdots (14)$$

다음에는 이를 식 (12)의 첫 번째 식에 대입하여 τ_{11}에 대한 해를 역시 적분인자법으로 구하기 위해 아래의 변환된 식을 얻는다.

$$\frac{\partial \tau_{11}}{\partial t} + \frac{1}{\lambda}\tau_{11} = 2\tau_{21}\dot{\gamma} \qquad \cdots\cdots (15)$$

여기서 $P(t) = \frac{1}{\lambda}$, $Q(t) = 2\tau_{21}(t)\dot{\gamma}(t)$ 이므로 적분인자 $I(t)$는 역시 $e^{t/\lambda}$가 되며, 또한 $\dot{\gamma}(t) = \dot{\gamma}_0 H(t)$에서 $t \geq 0$ 경우에만 적분이 존재하므로 $\tau_{11}(t)$에 대한 적분해는 아래가 된다(단 $\tau_{21}(t)$는 식 (14) 대입).

$$\tau_{11}(t) = e^{-t/\lambda}\left[\int_o^t 2\eta_0 \dot{\gamma}_0^2 (1 - e^{-t'/\lambda})\, e^{t'/\lambda}\, dt'\right]$$

$$= e^{-t/\lambda} \times 2\eta_0 \dot{\gamma}_0^2 \int_0^t (e^{t'/\lambda} - 1)\, dt' = 2\lambda \dot{\gamma}_0^2 \eta_0 [1 - e^{-t/\lambda}(1 + t/\lambda)] \qquad \cdots\cdots (16)$$

따라서 비정상 SSF의 응력성장에 대한 3 물질함수는 식 (5.171) ~ (5.173)에서 아래가 된다.

$$\eta^+(t) \equiv \frac{\tau_{21}}{\dot{\gamma}_0} = \eta_0(1 - e^{-t/\lambda}); \qquad \Psi_1^+(t) \equiv \frac{\tau_{11} - \tau_{22}}{\dot{\gamma}_0^2} = 2\lambda\eta_0[1 - e^{-t/\lambda}(1 + t/\lambda)];$$

$$\Psi_2^+(t) \equiv \frac{\tau_{22} - \tau_{33}}{\dot{\gamma}_0^2} = 0 \qquad \cdots\cdots (17)$$

(c) 정상$\left(\frac{\partial \boldsymbol{\tau}}{\partial t} = \mathbf{0}\right)$, 균일흐름$(\nabla \boldsymbol{\tau} = \mathbf{0})$인 일축신장흐름(UEF)의 경우 속도장은 식 (5.131)에서 $b = 0$, $\dot{\varepsilon}(t) = \dot{\varepsilon}_0 > 0$을 대입하면 Cartesian 좌표계에서 아래가 된다.

$$\boldsymbol{v} = \left(-\frac{\dot{\varepsilon}_0}{2}x_1 \quad -\frac{\dot{\varepsilon}_0}{2}x_2 \quad \dot{\varepsilon}_0 x_3\right)^{\mathrm{T}} \qquad \cdots\cdots (18)$$

이로부터 속도구배텐서 및 대칭 변형속도텐서 $\dot{\boldsymbol{\gamma}}(= \nabla \boldsymbol{v} + (\nabla \boldsymbol{v})^{\mathrm{T}})$를 구하면 아래가 된다.

$$\nabla \boldsymbol{v} = (\nabla \boldsymbol{v})^{\mathrm{T}} = \begin{pmatrix} -\frac{\dot{\varepsilon}_0}{2} & 0 & 0 \\ 0 & -\frac{\dot{\varepsilon}_0}{2} & 0 \\ 0 & 0 & \dot{\varepsilon}_0 \end{pmatrix} \;\rightarrow\; \dot{\boldsymbol{\gamma}} = \begin{pmatrix} -\dot{\varepsilon}_0 & 0 & 0 \\ 0 & -\dot{\varepsilon}_0 & 0 \\ 0 & 0 & 2\dot{\varepsilon}_0 \end{pmatrix} \qquad \cdots\cdots (19)$$

그리고 단순신장흐름(SEF)에 대한 (여분)응력텐서 $\boldsymbol{\tau}$는 식 (5.151)에서 아래 형태를 가진다.

$$\boldsymbol{\tau} = \begin{pmatrix} \tau_{11} & 0 & 0 \\ 0 & \tau_{22} & 0 \\ 0 & 0 & \tau_{33} \end{pmatrix} \text{ 즉 } \tau_{12} = \tau_{21} = \tau_{13} = \tau_{31} = \tau_{23} = \tau_{32} = 0 \qquad \cdots\cdots (20)$$

식 (19)와 (20)에서 아래의 행렬 표현식이 얻어진다.

$$(\nabla \boldsymbol{v})^{\mathrm{T}} \cdot \boldsymbol{\tau} = \boldsymbol{\tau} \cdot \nabla \boldsymbol{v} = \begin{pmatrix} -\frac{\dot{\varepsilon}_0}{2}\tau_{11} & 0 & 0 \\ 0 & -\frac{\dot{\varepsilon}_0}{2}\tau_{22} & 0 \\ 0 & 0 & \dot{\varepsilon}_0 \tau_{33} \end{pmatrix} \qquad \cdots\cdots (21)$$

이들 관계식을 UCM 구성방정식 (7.109)에 대입하면 아래를 얻는다.

$$\begin{pmatrix} \tau_{11} & 0 & 0 \\ 0 & \tau_{22} & 0 \\ 0 & 0 & \tau_{33} \end{pmatrix} - \lambda \begin{pmatrix} -\dot{\varepsilon}_0 \tau_{11} & 0 & 0 \\ 0 & -\dot{\varepsilon}_0 \tau_{22} & 0 \\ 0 & 0 & 2\dot{\varepsilon}_0 \tau_{33} \end{pmatrix} = \eta_0 \begin{pmatrix} -\dot{\varepsilon}_0 & 0 & 0 \\ 0 & -\dot{\varepsilon}_0 & 0 \\ 0 & 0 & 2\dot{\varepsilon}_0 \end{pmatrix} \qquad \cdots\cdots (22)$$

이로부터 아래의 3 식을 얻는다.

$$\tau_{11} + \lambda \tau_{11} \dot{\varepsilon}_0 = -\eta_0 \dot{\varepsilon}_0; \quad \tau_{22} + \lambda \tau_{22} \dot{\varepsilon}_0 = -\eta_0 \dot{\varepsilon}_0; \quad \tau_{33} - 2\lambda \tau_{33} \dot{\varepsilon}_0 = 2\eta_0 \dot{\varepsilon}_0 \qquad \cdots\cdots (23)$$

이 3 식으로부터 3 법선응력은 아래와 같이 구해진다.

$$\tau_{11} = \tau_{22} = \frac{-\eta_0 \dot{\varepsilon}_0}{1 + \lambda \dot{\varepsilon}_0}, \quad \tau_{33} = \frac{2\eta_0 \dot{\varepsilon}_0}{1 - 2\lambda \dot{\varepsilon}_0} \qquad \cdots\cdots (24)$$

따라서 정상 일축신장흐름에 대한 물질함수(즉 신장점도)는 식 (5.258)에서 아래와 같이 구해진다.

$$\bar{\eta}(\dot{\varepsilon}_0) \equiv \frac{\tau_{33} - \tau_{11}}{\dot{\varepsilon}_0} = \frac{2\eta_0}{1 - 2\lambda \dot{\varepsilon}_0} + \frac{\eta_0}{1 + \lambda \dot{\varepsilon}_0} = \frac{3\eta_0}{(1 - 2\lambda \dot{\epsilon}_0)(1 + \lambda \dot{\epsilon}_0)} \qquad \cdots\cdots (25)$$

여기서 $\lambda = \eta_0 / G_0$($\because$ 스프링-대쉬폿 모델에서)이고, η_0 및 G_0이 모두 신장(또는 전단)속도에 무관한 상수 점도 및 전단탄성률에 해당되므로 λ 역시 상수완화시간 λ_0에 해당된다(문 7.9 참조).

7. 6 유한변형(finite strain)에 대한 Cauchy-Maxwell(C-M) 적분형 모델(식 (7.110))을 사용하여 (a) 정상 (steady) 전단응력 성장을 나타내는 시동(startup) 물질함수 $\eta^+(t, \dot{\gamma}_0)$, $\psi_1^+(t, \dot{\gamma}_0)$ 및 $\psi_2^+(t, \dot{\gamma}_0)$을 구하라. 그리고 (b) 정상 전단응력 감쇠를 나타내는 정지(cessation) 물질함수 $\eta^-(t, \dot{\gamma}_0)$, $\psi_1^-(t, \dot{\gamma}_0)$ 및 $\psi_2^-(t, \dot{\gamma}_0)$도 구하라.

풀이

(a) Cauchy-Maxwell 적분모델은 아래로 표현된다.

$$\boldsymbol{\tau} = -\int_{-\infty}^{t} \frac{\eta_0}{\lambda^2} e^{-\frac{(t-t')}{\lambda}} \mathbf{C}(t, t')\, dt' \qquad \cdots\cdots (1)$$

그런데 정상 전단 흐름(SSF)의 응력성장에 대한 속도장과 전단속도 함수는 Cartesian 좌표계에서 아래로 정의된다(5.4.2.3a절 참조)

$$\boldsymbol{v}=\begin{pmatrix}\dot{\zeta}(t)x_2\\0\\0\end{pmatrix}_{123},\quad \dot{\zeta}(t)=\dot{\gamma}_{21}(t)=\dot{\gamma}_0 H(t)=\begin{cases}0 & t<0\\ \dot{\gamma}_0 & t\ge 0\end{cases} \quad \cdots\cdots (2)$$

그리고 단순 전단변형에 대한 Cauchy 변형률 텐서는 식 (4.92)(또는 표 7.1)에서 아래가 된다.

$$\mathbf{C}(t,t')=\begin{pmatrix}1 & -\gamma & 0\\ -\gamma & 1+\gamma^2 & 0\\ 0 & 0 & 1\end{pmatrix}_{123} \quad \cdots\cdots (3)$$

여기서 전단변형률 $\gamma=\gamma_{21}(t',t)$는 (현)시간 $t\ge 0$라고 할 때 (지난)시간 $t'<0$ 및 $t'\ge 0$의 두 경우에 대해 식 (2)로부터 각각 아래의 값을 가진다.

$$\text{(i) } t'<0:\ \gamma=\gamma(t',t)=\int_{t'}^{t}\dot{\gamma}(t'')\,dt''=\int_{t'}^{0}0\,dt''+\int_{0}^{t}\dot{\gamma}_0\,dt''=\dot{\gamma}_0\times t \quad \cdots\cdots (4)$$

$$\text{(ii) } t'\ge 0:\ \gamma=\gamma(t',t)=\int_{t'}^{t}\dot{\gamma}(t'')\,dt''=\dot{\gamma}_0\int_{t'}^{t}dt''=\dot{\gamma}_0\times(t-t') \quad \cdots\cdots (5)$$

이제 식 (1)~(5)로부터 전단응력 $\tau_{21}(t)$를 구하면 아래가 된다.

$$\begin{aligned}\tau_{21}(t)&=-\int_{-\infty}^{t}\frac{\eta_0}{\lambda^2}e^{-\frac{(t-t')}{\lambda}}(-\gamma)\,dt'\\ &=\frac{\eta_0}{\lambda^2}\left\{\int_{-\infty}^{0}e^{-\frac{(t-t')}{\lambda}}\times\dot{\gamma}_0\times t\,dt'+\int_{0}^{t}e^{-\frac{(t-t')}{\lambda}}\times\dot{\gamma}_0\times(t-t')\,dt'\right\}\\ &=\frac{\eta_0\dot{\gamma}_0}{\lambda^2}\left\{t\int_{t}^{\infty}e^{-\frac{s}{\lambda}}ds+\int_{0}^{t}e^{-\frac{s}{\lambda}}\times s\,ds\right\}\quad (\because\ t-t'=s\ \text{치환})\end{aligned} \quad \cdots\cdots (6)$$

여기서 부분적분을 행하고 결과를 정리하면 아래가 된다.

$$\tau_{21}(t)=\frac{\eta_0\dot{\gamma}_0}{\lambda^2}\left\{t\lambda e^{-\frac{t}{\lambda}}-t\lambda e^{-\frac{t}{\lambda}}-\lambda^2\left(e^{-\frac{t}{\lambda}}-1\right)\right\}=\eta_0\dot{\gamma}_0\left(1-e^{-\frac{t}{\lambda}}\right) \quad \cdots\cdots (7)$$

다음에는 역시 식 (1)~(5)로부터 제 1 법선응력차 $N_1=\tau_{11}-\tau_{22}$를 구하면 아래가 된다.

$$\begin{aligned}\tau_{11}(t)-\tau_{22}(t)&=-\int_{-\infty}^{t}\frac{\eta_0}{\lambda^2}e^{-\frac{(t-t')}{\lambda}}(-\gamma^2)\,dt'\\ &=\frac{\eta_0}{\lambda^2}\left\{\int_{-\infty}^{0}e^{-\frac{(t-t')}{\lambda}}\times\dot{\gamma}_0^2\times t^2dt'+\int_{0}^{t}e^{-\frac{(t-t')}{\lambda}}\dot{\gamma}_0^2\times(t-t')^2dt'\right\}\\ &=\frac{\eta_0}{\lambda^2}\dot{\gamma}_0^2\left\{t^2\int_{t}^{\infty}e^{-\frac{s}{\lambda}}ds+\int_{0}^{t}e^{-\frac{s}{\lambda}}\times s^2\,ds\right\}\quad (\because\ t-t'=s\ \text{치환})\end{aligned} \quad \cdots\cdots (8)$$

위와 마찬가지로 부분적분을 (두 번)행하고 정리하면 아래를 얻는다.

$$\tau_{11}-\tau_{22}=\frac{\eta_0}{\lambda^2}\dot{\gamma}_0^2\left\{\lambda t^2 e^{-\frac{t}{\lambda}}-\lambda t^2 e^{-\frac{t}{\lambda}}+2\lambda\left[-t\lambda e^{-\frac{t}{\lambda}}-\lambda^2\left(e^{-\frac{t}{\lambda}}-1\right)\right]\right\}$$

$$=2\eta_0\dot{\gamma}_0^2\lambda\left[1-e^{-\frac{t}{\lambda}}\left(1+\frac{t}{\lambda}\right)\right] \qquad \cdots\cdots (9)$$

마지막으로 제 2 법선응력차 $N_2=\tau_{22}-\tau_{33}$는 식 (3)에서 $-N_1$과 같음을 알 수 있다. 즉

$$\tau_{22}-\tau_{33}=-(\tau_{11}-\tau_{22}) \qquad \cdots\cdots (10)$$

따라서 위에서 얻어진 결과와 시동물질 함수에 대한 정의식 (5.171) ~ (5.173)으로부터 아래의 결과를 얻는다.

$$\eta^+\equiv\frac{\tau_{21}}{\dot{\gamma}_0}=\eta_0\left(1-e^{-\frac{t}{\lambda}}\right);\quad \psi_1^+\equiv\frac{\tau_{11}-\tau_{22}}{\dot{\gamma}_0^2}=2\eta_0\lambda\left[1-e^{-\frac{t}{\lambda}}\left(1+\frac{t}{\lambda}\right)\right];$$

$$\psi_2^+\equiv\frac{\tau_{22}-\tau_{33}}{\dot{\gamma}_0^2}=-\psi_1^+ \qquad \cdots\cdots (11)$$

이 결과와 적분형 Lodge(즉 Finger-Maxwell) 모델의 결과인 문 7.3(a)와 비교해보면, η^+ 및 ψ_1^+는 같으나, Lodge 모델의 경우 $\psi_2^+=0$인 반면 C-M 모델의 경우는 0이 아닌 $\psi_2^+(=-\psi_1^+)$값을 줌을 알 수 있다.

(b) 정상 응력감쇠의 경우 해당하는 속도장과 전단속도 함수는 Cartesian 좌표계에서 아래가 된다(5.4.2.3b 절 참조)

$$\boldsymbol{v}=\begin{pmatrix}\dot{\zeta}(t)x_2\\0\\0\end{pmatrix}_{123},\quad \dot{\zeta}(t)\left(=\dot{\gamma}_{21}(t)\right)=\dot{\gamma}_0 H(-t)=\begin{cases}\dot{\gamma}_0 & t<0\\0 & t\geq 0\end{cases} \qquad \cdots\cdots (12)$$

그리고 단순 전단변형에 대한 Cauchy 변형률텐서 $\mathbf{C}(t,t')$는 식 (3)과 같다.
그러나 식 (3)에 대입할 전단변형 $\gamma=\gamma_{21}(t',t)$는 응력성장의 경우와 달리, $t\geq 0$일 때 $t'<0$ 및 $t'\geq 0$의 두 경우에 대해 식 (12)로부터 각각 아래의 값을 갖는다.

$$\text{(i)}\ t'<0:\ \gamma=\gamma(t',t)=\int_{t'}^{t}\dot{\zeta}(t'')\,dt''=\int_{t'}^{0}\dot{\gamma}_0\,dt''+\int_0^t 0\,dt'=-\dot{\gamma}_0 t' \qquad \cdots\cdots (13)$$

$$\text{(ii)}\ t'\geq 0:\ \gamma=\gamma(t',t)=\int_{t'}^{t}\dot{\zeta}(t'')\,dt''=0 \qquad \cdots\cdots (14)$$

이제 식 (1), (3), (12) ~ (14)로부터 전단응력 $\tau_{21}(t)$를 문 (a)의 절차를 따라 구하면 아래가 된다.

$$\tau_{21}(t)=-\int_{-\infty}^{t}\frac{\eta_0}{\lambda^2}e^{-\frac{(t-t')}{\lambda}}(-\gamma)\,dt'=\frac{\eta_0}{\lambda^2}\left\{\int_{-\infty}^{0}e^{-\frac{(t-t')}{\lambda}}\left(-\dot{\gamma}_0 t'\right)dt'+\int_0^t 0\,dt'\right\}$$

$$=-\frac{\eta_0}{\lambda^2}\dot{\gamma}_0\int_t^{\infty}e^{-\frac{s}{\lambda}}(t-s)\,ds\quad (\because\ t-t'=s\ \text{치환}) \qquad \cdots\cdots (15)$$

여기서 부분적분을 행하여 결과를 정리하면 아래가 된다.

$$\tau_{21}(t) = -\frac{\eta_0}{\lambda^2}\dot{\gamma}_0\left\{t\lambda e^{-\frac{t}{\lambda}} - t\lambda e^{-\frac{t}{\lambda}} - \lambda^2 e^{-\frac{t}{\lambda}}\right\} = \eta_0\dot{\gamma}_0 e^{-\frac{t}{\lambda}} \quad \cdots\cdots (16)$$

다음에는 식 (1), (3)과 (13) ~ (14)로부터 제 1 법선응력차 $N_1 = \tau_{11} - \tau_{22}$를 문 (a)와 유사한 절차를 따라 구하면 아래가 된다.

$$\tau_{11} - \tau_{22} = -\int_{-\infty}^{t} \frac{\eta_0}{\lambda^2} e^{-\frac{(t-t')}{\lambda}} (-\gamma^2)\, dt' = \frac{\eta_0}{\lambda^2}\left\{\int_{-\infty}^{0} e^{-\frac{(t-t')}{\lambda}} \dot{\gamma}_0^2\, t'^2\, dt' + \int_0^t 0\, dt'\right\}$$

$$= \frac{\eta_0}{\lambda^2}\dot{\gamma}_0^2 \int_t^\infty e^{-\frac{s}{\lambda}} (t-s)^2 ds \ \ (\because t - t' = s \text{ 치환}) \quad \cdots\cdots (17)$$

위 식을 전개 후 부분적분을 반복 적용하여 얻어진 결과를 정리하면 아래를 얻는다.

$$\tau_{11} - \tau_{22} = \frac{\eta_0}{\lambda^2}\dot{\gamma}_0^2\left\{\lambda t^2 e^{-\frac{t}{\lambda}} - 2\lambda t^2 e^{-\frac{t}{\lambda}} - 2\lambda^2 t e^{-\frac{t}{\lambda}} + \lambda t^2 e^{-\frac{t}{\lambda}} + 2\lambda^2 t e^{-\frac{t}{\lambda}} + 2\lambda^3 e^{-\frac{t}{\lambda}}\right\}$$

$$= 2\lambda\eta_0\dot{\gamma}_0^2 e^{-\frac{t}{\lambda}} \quad \cdots\cdots (18)$$

끝으로 제 2 법선응력차 $N_2 = \tau_{22} - \tau_{33}$는 식 (3)에서 문 (a)의 경우와 마찬가지로 $-N_1$과 같다. 따라서 이들 얻어진 결과와 정지 물질함수에 대한 정의식 (5.186) ~ (5.188)로부터 아래의 결과를 얻는다.

$$\eta^- \equiv \frac{\tau_{21}}{\dot{\gamma}_0} = \eta_0 e^{-\frac{t}{\lambda}}; \quad \psi_1^- \equiv \frac{\tau_{11} - \tau_{22}}{\dot{\gamma}_0^2} = 2\lambda\eta_0 e^{-\frac{t}{\lambda}}; \quad \psi_2^- \equiv \frac{\tau_{22} - \tau_{33}}{\dot{\gamma}_0^2} = -\psi_1^- \quad \cdots\cdots (19)$$

이 결과와 적분형Lodge(Finger-Maxwell)의 결과(문 7.3(b))와 비교하면 η^- 및 ψ_1^-는 같으며, Lodge 모델의 경우 $\psi_2^- = 0$인 반면 Cauchy-Maxwell 모델의 경우는 0이 아닌 $\psi_2^-(= -\psi_1^-)$값을 준다.

7. 7 Cauchy-Maxwell(C-M) 적분형 모델(식 (7.110))을 사용하여 (a) 단계적 전단변형에 대한 물질함수 $G(t, \gamma_0)$, $G_{\psi_1}(t, \gamma_0)$ 및 $G_{\psi_2}(t, \gamma_0)$을 구하라. 그리고 (b) 정상 일축신장점도 $\bar{\eta}(\dot{\varepsilon}_0)$도 구하여라.

풀이

(a) Cauchy-Maxwell 적분모델은 아래로 주어진다.

$$\boldsymbol{\tau} = -\int_{-\infty}^{t} \frac{\eta_0}{\lambda^2} e^{-\frac{(t-t')}{\lambda}} \mathbf{C}(t, t')\, dt' \quad \cdots\cdots (1)$$

단계적 전단변형에 대한 속도장 및 전단속도 함수는 Cartesian 좌표계에서 아래가 된다(문 7.2(b) 참조).

$$\boldsymbol{v} = \begin{pmatrix} \dot{\zeta}(t)x_2 \\ 0 \\ 0 \end{pmatrix}_{123}, \ \dot{\zeta}(t) = \dot{\gamma}_{21}(t) = \gamma_0\delta_+(t) = \lim_{\varepsilon\to 0}\begin{cases} 0 & t < 0 \\ \gamma_0/\varepsilon(= \dot{\gamma}_0) & 0 \le t < \varepsilon \\ 0 & t \ge \varepsilon \end{cases} \quad \cdots\cdots (2)$$

그리고 단순 전단변형에 대한 Cauchy 텐서 $\mathbf{C}(t,t')$는 Cartesian 좌표계에서 아래가 된다(표 7.1 참조).

$$\mathbf{C}(t,t')=\begin{pmatrix} 1 & -\gamma & 0 \\ -\gamma & 1+\gamma^2 & 0 \\ 0 & 0 & 1 \end{pmatrix}_{123} \qquad \cdots\cdots (3)$$

여기서 전단변형률 $\gamma=\gamma_{21}=\gamma(t',t)$는 식 (2)에서 $t'>\varepsilon>0$일 때는 단계(step)를 포함하지 않으므로 0이 되고 $t'<0$이 될 때는 단계를 포함하므로, 아래가 된다(단 $t\geq 0$ 가정).

$$\gamma=\gamma(t',t)=\int_{t'}^{0} 0\,dt+\lim_{\varepsilon\to 0}\left[\int_0^{\varepsilon}(\gamma_0/\varepsilon)dt''+\int_{\varepsilon}^{t}0\,dt''\right]$$

$$=\lim_{\varepsilon\to 0}\frac{\dfrac{d}{d\varepsilon}\displaystyle\int_0^{\varepsilon}\gamma_0\,dt''}{\dfrac{d}{d\varepsilon}\varepsilon} \quad (\because \text{ 로피탈 정리(A6.14) 이용}) \qquad \cdots\cdots (4)$$

이제 식 (1)~(4)로부터 전단응력 $\tau_{21}(t)$를 변수치환 $t-t'=s$을 통하여 계산하면 아래가 된다.

$$\tau_{21}(t)=-\int_{-\infty}^{0}\frac{\eta_0}{\lambda^2}e^{-\frac{(t-t')}{\lambda}}(-\gamma_0)\,dt'=\frac{\eta_0\gamma_0}{\lambda^2}\int_t^{\infty}e^{-\frac{s}{\lambda}}ds=\frac{\eta_0\gamma_0}{\lambda}e^{-\frac{t}{\lambda}} \qquad \cdots\cdots (5)$$

[**별해 :** 식 (2)의 (비대칭)델타함수는 단계함수 $H(t)$의 미분임을 이용하여 γ를 구하면 아래가 된다.

$$\gamma=\gamma(t',t)=\int_{t'}^{t}\dot{\gamma}(t'')\,dt''=\gamma_0\int_{t'}^{t}\delta_+(t'')\,dt''=\gamma_0\,[H(t)-H(t')] \qquad \cdots\cdots (6)$$

이를 식 (3) 및 식 (1)에 대입하여 $\tau_{21}(t)$를 구해도 같은 결과가 얻어짐 - -문 7.2(b) 참조.]

다음에 제 1법선응력차 $N_1=\tau_{11}-\tau_{22}$를 식 (1)~(6)을 이용하여 구하면 아래를 얻는다.

$$\tau_{11}-\tau_{22}=-\int_{-\infty}^{t}\frac{\eta_0}{\lambda^2}e^{-\frac{(t-t')}{\lambda}}(-\gamma)^2dt'=-\frac{\eta_0\gamma_0^2}{\lambda^2}\int_{-\infty}^{0}e^{-\frac{(t-t')}{\lambda}}dt'$$

$$=-\frac{\eta_0\gamma_0^2}{\lambda^2}\int_t^{\infty}e^{-\frac{s}{\lambda}}ds \;\; (\because t-t'=s) \;=\; \frac{\eta_0\gamma_0^2}{\lambda}e^{-\frac{t}{\lambda}} \qquad \cdots\cdots (7)$$

또한 제 1 법선응력차 $N_2=\tau_{22}-\tau_{33}$는 식 (3)으로부터 $-N_1$과 같음을 알 수 있다. 즉

$$\tau_{22}-\tau_{33}=-(\tau_{11}-\tau_{22})=-\frac{\eta_0\gamma_0^2}{\lambda}e^{-\frac{t}{\lambda}} \qquad \cdots\cdots (8)$$

따라서 이들 결과를 사용하여 물질함수 정의식 (5.218)~(5.220)로부터 아래를 얻는다.

$$G(\gamma_0)\equiv\frac{\tau_{21}}{\gamma_0}=\frac{\eta_0}{\lambda}e^{-\frac{t}{\lambda}};\;\; G_{\psi_1}(\gamma_0)\equiv\frac{\tau_{11}-\tau_{22}}{\gamma_0^2}=\frac{\eta_0}{\lambda}e^{-\frac{t}{\lambda}};\;\; G_{\psi_2}(\gamma_0)\equiv\frac{\tau_{22}-\tau_{33}}{\gamma_0^2}=-G_{\psi_1} \qquad \cdots\cdots (9)$$

그런데 적분형 Lodge 모델로부터 구한 결과 (문 7.2(b) 참조)와 비교하면, $G(\gamma_0)$ 및 $G_{\psi_1}(\gamma_0)$은 서로 같으나, $G_{\psi_2}(\gamma_0)$는 Lodge 모델의 경우는 0인 반면에 Cauchy-Maxwell 모델의 경우는 0이 아닌 값 $G_{\psi_2}=-G_{\psi_1}=-\dfrac{\eta_0}{\lambda}e^{-t/\lambda}$를 준다[윗 식에서 $\eta_0/\lambda=G_0$에 해당($\because$ 스프링-대쉬폿 모델 참조)].

(b) 정상(steady) 일축신장흐름(UEF)의 경우 속도장 및 인장속도 함수는 Cartesian 좌표계에서 아래로 주어진다(5.4.2.4(a) 참조).

$$\boldsymbol{v}=\begin{pmatrix}-\dfrac{\dot{\varepsilon}_0}{2}x_1\\ -\dfrac{\dot{\varepsilon}_0}{2}x_2\\ \dot{\epsilon}_0 x_3\end{pmatrix}_{123},\quad \dot{\varepsilon}(t)=\dot{\varepsilon}_0(>0)=\text{일정} \qquad \cdots\cdots (10)$$

이 경우 Cauchy 텐서 $\mathbf{C}(t,t')$는 아래가 된다(문 5.2의 식 (8)에서 $b=0$ 대입 또는 표 7.1 참조).

$$\mathbf{C}(t,t')=\begin{pmatrix}e^{\varepsilon} & 0 & 0\\ 0 & e^{\varepsilon} & 0\\ 0 & 0 & e^{-2\varepsilon}\end{pmatrix}_{123} \qquad \cdots\cdots (11)$$

여기서 인장변형률 ε는 식 (10)에서의 아래가 된다.

$$\varepsilon=\varepsilon(t',t)=\int_{t'}^{t}\dot{\varepsilon}(t'')\,dt''=\dot{\varepsilon}\times(t-t') \qquad \cdots\cdots (12)$$

이제 식 (11) 및 (12)를 식 (1)에 대입하여 법선응력차 $\tau_{33}-\tau_{11}$을 변수치환 $t-t'=s$를 통하여 구하면 아래가 된다.

$$\tau_{33}-\tau_{11}=-\int_{-\infty}^{t}\frac{\eta_0}{\lambda^2}e^{-\frac{(t-t')}{\lambda}}\left(e^{-2\varepsilon}-e^{\varepsilon}\right)dt'=-\frac{\eta_0}{\lambda^2}\int_0^{\infty}e^{-\frac{s}{\lambda}}\left(e^{-2\dot{\varepsilon}_0 s}-e^{\dot{\varepsilon}_0 s}\right)ds$$

$$=-\frac{\eta_0}{\lambda^2}\int_0^{\infty}\left[e^{\left(-\frac{1}{\lambda}-2\dot{\varepsilon}_0\right)s}-e^{\left(-\frac{1}{\lambda}+\dot{\varepsilon}_0\right)s}\right]ds$$

$$=-\frac{\eta_0}{\lambda^2}\left\{\frac{1}{\left(-1/\lambda-2\dot{\varepsilon}_0\right)}e^{\left(-\frac{1}{\lambda}-2\dot{\varepsilon}_0\right)s}\Bigg|_0^{\infty}-\frac{1}{\left(-1/\lambda+\dot{\varepsilon}_0\right)}e^{\left(-\frac{1}{\lambda}+\dot{\varepsilon}_0\right)s}\Bigg|_0^{\infty}\right\}$$

$$=\frac{\eta_0}{\lambda}\left[\frac{1}{(-1-2\lambda\dot{\varepsilon}_0)}-\frac{1}{(-1+\dot{\varepsilon}_0\lambda)}\right]=\frac{3\dot{\varepsilon}_0\eta_0}{\left(-1-2\lambda\dot{\varepsilon}_0\right)\left(-1+\dot{\varepsilon}_0\lambda\right)} \qquad \cdots\cdots (13)$$

∴ 따라서 정상 일축신장점도 $\bar{\eta}$는 정의식 (5.258)에서 아래가 된다.

$$\bar{\eta}\left(\dot{\varepsilon}_0\right)\equiv\frac{\tau_{33}-\tau_{11}}{\dot{\varepsilon}_0}=\frac{3\eta_0}{\left(1+2\lambda\dot{\varepsilon}_0\right)\left(1-\lambda\dot{\varepsilon}_0\right)}\quad \left(\text{단 } \dot{\varepsilon}_0<\frac{1}{\lambda}\right) \qquad \cdots\cdots (14)$$

7.8 Cauchy-Maxwell(C-M) 적분형 모델(식 (7.110))을 사용하여 (a) 정상(steady) 일축신장 응력성장의 시동(startup) 점도함수 $\bar{\eta}^{+}\left(t,\ \dot{\varepsilon}_0\right)$을 구하라. 그리고 (b) 정상 평면신장 응력성장 점도함수 $\bar{\eta}^{+}_{P_1}\left(t,\ \dot{\varepsilon}_0\right)$ 및 $\bar{\eta}^{+}_{P_2}\left(t,\ \dot{\varepsilon}_0\right)$도 구하여라.

풀이

(a) Cauchy-Maxwell 적분모델은 아래로 표현된다.

$$\tau = -\int_{-\infty}^{t} \frac{\eta_0}{\lambda^2} e^{-\frac{(t-t')}{\lambda}} \mathbf{C}(t,t')\, dt' \qquad \cdots\cdots (1)$$

한편 정상(steady) 일축신장흐름(UEF)의 응력성장(시동)에 대한 속도장과 인장속도함수는 Cartesian 좌표계에서 아래로 주어진다(식 (5.272))에서 $b=0,\ \dot{\varepsilon}_0>0$ 해당).

$$\mathbf{v} = \begin{pmatrix} -\frac{\dot{\varepsilon}}{2}x_1 \\ -\frac{\dot{\varepsilon}}{2}x_2 \\ \dot{\varepsilon}x_3 \end{pmatrix}_{123}, \quad \dot{\epsilon} = \dot{\epsilon}(t) = \dot{\varepsilon}_0 H(t) = \begin{cases} 0 & t<0 \\ \dot{\varepsilon}_0(>0) & t \ge 0 \end{cases} \qquad \cdots\cdots (2)$$

그리고 이 경우의 Cauchy 텐서 $\mathbf{C}$는 아래가 된다(문 5.2의 식 (8)에서 $b=0$ 대입 또는 표 7.1참조).

$$\mathbf{C}(t,t') = \begin{pmatrix} e^{\varepsilon} & 0 & 0 \\ 0 & e^{\varepsilon} & 0 \\ 0 & 0 & e^{-2\varepsilon} \end{pmatrix}_{123} \qquad \cdots\cdots (3)$$

여기서 인장 변형률 $\varepsilon = \varepsilon(t',\ t)$는 식 (2)에서 $t'<0$ 및 $t' \ge 0$의 두 경우에 대해 각각 아래 값을 가진다(단 $t \ge 0$ 가정).

(i) $t'<0$: $\varepsilon = \int_{t'}^{t} \dot{\varepsilon}(t'')\, dt'' = \int_{0}^{t} \dot{\varepsilon}_0\, dt'' = \dot{\varepsilon}_0 t \qquad \cdots\cdots (4)$

(ii) $t' \ge 0$: $\varepsilon = \int_{t'}^{t} \dot{\varepsilon}(t'')\, dt'' = \int_{t'}^{t} \dot{\varepsilon}_0\, dt'' = \dot{\varepsilon}_0 \times (t-t') \qquad \cdots\cdots (5)$

이제 식 (1)~(5)로부터 법선응력차 $\tau_{33}-\tau_{11}$을 변수치환 $t-t'=s$를 통하여 구하면 아래가 된다.

$$\begin{aligned}
\tau_{33}-\tau_{11} &= -\int_{-\infty}^{t} \frac{\eta_0}{\lambda^2} e^{-\frac{(t-t')}{\lambda}} \left(e^{-2\varepsilon}-e^{\varepsilon}\right) dt' \\
&= -\frac{\eta_0}{\lambda^2}\left\{ \int_{-\infty}^{0} e^{-\frac{(t-t')}{\lambda}} \left(e^{-2\dot{\varepsilon}_0 t}-e^{\dot{\varepsilon}_0 t}\right) dt' + \int_{0}^{t} e^{-\frac{(t-t')}{\lambda}} \left(e^{-2\dot{\varepsilon}_0 \times (t-t')}-e^{\dot{\varepsilon}_0 \times (t-t')}\right) dt' \right\} \\
&= -\frac{\eta_0}{\lambda^2}\left\{ \left(e^{-2\dot{\varepsilon}_0 t}-e^{\dot{\varepsilon}_0 t}\right) \int_{t}^{\infty} e^{-\frac{s}{\lambda}} ds + \int_{0}^{t} \left[e^{\left(-\frac{1}{\lambda}-2\dot{\varepsilon}_0\right)s} - e^{\left(-\frac{1}{\lambda}+\dot{\varepsilon}_0\right)s} \right] ds \right\} \\
&= -\frac{\eta_0}{\lambda^2}\left\{ \left(e^{-2\dot{\varepsilon}_0 t}-e^{\dot{\varepsilon}_0 t}\right)\left(-\lambda e^{-\frac{s}{\lambda}}\right)\Big|_{t}^{\infty} + \frac{1}{(-1/\lambda-2\dot{\varepsilon}_0)} e^{\left(-\frac{1}{\lambda}-2\dot{\varepsilon}_0\right)s}\Big|_{0}^{t} \right. \\
&\qquad \left. - \frac{1}{(-1/\lambda+\dot{\varepsilon}_0)} e^{\left(-\frac{1}{\lambda}+\dot{\varepsilon}_0\right)s}\Big|_{0}^{t} \right\} \qquad \cdots\cdots (6)
\end{aligned}$$

위 식을 모두 전개하고, 분모를 통분하여 최종 얻어지는 결과식을 $\dot{\varepsilon}_0$으로 나누면 (정상)일축신장 시동 점도함수 정의식(표 5.5)에서 아래가 얻어진다.

$$\bar{\eta}^+\left(t, \dot{\varepsilon}_0\right) \equiv \frac{\tau_{33}-\tau_{11}}{\dot{\varepsilon}_0} = \frac{3\eta_0}{CD} - \frac{2\eta_0}{C} e^{-tC/\lambda} - \frac{\eta_0}{D} e^{-tD/\lambda} \qquad \cdots\cdots (7)$$

여기서 $C = 1 + 2\lambda\dot{\varepsilon}_0$, $D = 1 - \lambda\dot{\varepsilon}_0$이다.

(b) 정상(steady) 평면신장흐름(PEF)의 응력신장(시동)에 대한 속도장과 인장속도 함수는 Cartesian 좌표계에서 아래로 주어진다(식 (5.272)에서 $b=1$, $\dot{\varepsilon}_0 > 0$해당).

$$\boldsymbol{v} = \begin{pmatrix} -\dot{\varepsilon} x_1 \\ 0 \\ \dot{\varepsilon} x_3 \end{pmatrix}_{123}, \quad \dot{\epsilon} = \dot{\varepsilon}(t) = \dot{\varepsilon}_0 H(t) = \begin{cases} 0 & t < 0 \\ \dot{\varepsilon}_0 & t \geq 0 \end{cases} \qquad \cdots\cdots (8)$$

그리고 이 경우의 Cauchy 텐서 $\mathbf{C}$는 아래가 된다(문 5.2의 식 (8)에서 $b=1$ 대입).

$$\mathbf{C}(t, t') = \begin{pmatrix} e^{2\varepsilon} & 0 & 0 \\ 0 & 1 & 0 \\ 0 & 0 & e^{-2\varepsilon} \end{pmatrix}_{123} \qquad \cdots\cdots (9)$$

여기서 인장변형률 $\varepsilon = \varepsilon(t', t)$는 식 (8)로부터 $t' < 0$ 및 $t' \geq 0$의 두 경우에 대해 각각 아래 값을 가진다 (단 $t \geq 0$ 간주).

$$\text{(i)}\ t' < 0:\ \varepsilon = \varepsilon(t', t) = \int_{t'}^{t} \dot{\varepsilon}(t'')\, dt'' = \int_{0}^{t} \dot{\varepsilon}_0\, dt'' = \dot{\varepsilon}_0 t \qquad \cdots\cdots (10)$$

$$\text{(ii)}\ t' \geq 0:\ \varepsilon = \varepsilon(t', t) = \int_{t'}^{t} \dot{\varepsilon}(t'')\, dt'' = \int_{t'}^{t} \dot{\varepsilon}_0\, dt'' = \dot{\varepsilon}_0 \times (t - t') \qquad \cdots\cdots (11)$$

이제 식 (1), (9)-(11)로부터 먼저 법선응력차 $\tau_{33} - \tau_{11}$을 변수치환 $t - t' = s$를 통하여 구하면 아래가 된다.

$$\begin{aligned}
\tau_{33} - \tau_{11} &= -\int_{-\infty}^{t} \frac{\eta_0}{\lambda^2} e^{-\frac{(t-t')}{\lambda}} \left(e^{-2\varepsilon} - e^{2\varepsilon}\right) dt' \\
&= -\frac{\eta_0}{\lambda^2} \left\{ \int_{-\infty}^{0} e^{-\frac{(t-t')}{\lambda}} \left(e^{-2\dot{\varepsilon}_0 t} - e^{2\dot{\varepsilon}_0 t}\right) dt' + \int_{0}^{t} e^{-\frac{(t-t')}{\lambda}} \left(e^{-2\dot{\varepsilon}_0 \times (t-t')} - e^{2\dot{\varepsilon}_0 \times (t-t')}\right) dt' \right\} \\
&= -\frac{\eta_0}{\lambda^2} \left\{ \left(e^{-2\dot{\varepsilon}_0 t} - e^{2\dot{\varepsilon}_0 t}\right) \int_{t}^{\infty} e^{-\frac{s}{\lambda}}\, ds + \int_{0}^{t} \left[e^{\left(-\frac{1}{\lambda} - 2\dot{\varepsilon}_0\right)s} - e^{\left(-\frac{1}{\lambda} + 2\dot{\varepsilon}_0\right)s} \right] ds \right\} \\
&= -\frac{\eta_0}{\lambda^2} \left\{ \left(e^{-2\dot{\varepsilon}_0 t} - e^{2\dot{\varepsilon}_0 t}\right)\left(-\lambda e^{-s/\lambda}\right)\Big|_{t}^{\infty} \right. \\
&\qquad \left. + \frac{1}{\left(-1/\lambda - 2\dot{\varepsilon}_0\right)} e^{\left(-1/\lambda - 2\dot{\varepsilon}_0\right)s}\Big|_{0}^{t} - \frac{1}{\left(-1/\lambda + 2\dot{\varepsilon}_0\right)} e^{\left(-1/\lambda + 2\dot{\varepsilon}_0\right)s}\Big|_{0}^{t} \right\} \qquad \cdots\cdots (12)
\end{aligned}$$

(a)의 경우와 마찬가지로 위 식을 모두 전개하고, 분모를 통분하여 최종 얻어지는 결과식을 $\dot{\varepsilon}_0$으로 나누

면 (정상)평면신장 시동 점도함수 정의식(표 5.5)에서 아래가 얻어진다.

$$\bar{\eta}^{+}_{P_1}(t,\dot{\varepsilon}_0)\equiv\frac{\tau_{33}-\tau_{11}}{\dot{\varepsilon}_0}=\frac{-2\eta_0}{AC}\left(2-Ae^{-Ct/\lambda}-Ce^{-At/\lambda}\right)\quad\cdots\cdots(13)$$

여기서 $A=1-2\dot{\varepsilon}_0\lambda,\ B=1+2\dot{\varepsilon}_0\lambda$이다.

또한 마찬가지 방법으로 식 (1), (9)~(11)로부터 법선응력차 $\tau_{22}-\tau_{11}$을 변수치환 $t-t'=s$를 통하여 구하고, 정리한 후 얻어지는 최종 결과식을 $\dot{\varepsilon}_0$으로 나누면 표 5.5에서 아래의 물질(점도)함수가 구해진다.

$$\bar{\eta}^{+}_{P_2}(t,\dot{\varepsilon}_0)\equiv\frac{\tau_{22}-\tau_{11}}{\dot{\varepsilon}_0}=\frac{2\eta_0\left(e^{-tA/\lambda}-1\right)}{A}=\frac{2\eta_0\left(e^{-tA/\lambda}-1\right)}{\left(1-2\dot{\varepsilon}_0\lambda\right)}\quad\cdots\cdots(14)$$

7.9 White-Metzner(W-M) 미분형 모델(식 (7.145))은 '위 흐름변형 맥스웰(upper-convected Maxwell, UCM) 모델'(식 (7.109))의 상수점도항 η_0 대신 전단속도 의존점도 $\eta(\dot{\gamma})$[여기서 상수 완화시간 λ_0 대신 $\lambda(\dot{\gamma})=\eta(\dot{\gamma})/G_0$(여기서 G_0는 상수 탄성율 인자)]를 사용하였다. 이 모델을 사용하여 (a) 정상(steady) 전단흐름(SSF)의 3 물질함수를 구하라. 그리고 (b) 정상 일축신장흐름(UEF)의 물질함수(신장점도)를 구해보아라. 그리고 이들 결과를 UCM 모델을 사용하여 얻어진 결과(문7.5 참조)와 비교해보아라. 단, 응력텐서나 속도구배텐서가 위치에 무관한 균일한 흐름(homogeneous flow) 및 비압축성 유체를 가정하여라.

풀이

(a) White-Metzner 모델은 아래로 표현된다.

$$\lambda\overset{\nabla}{\boldsymbol{\tau}}+\boldsymbol{\tau}=\eta\dot{\boldsymbol{\gamma}}\quad\cdots\cdots(1)$$

여기서 $\eta=\eta(\dot{\gamma}),\ \lambda=\lambda(\dot{\gamma})=\eta(\dot{\gamma})/G_0$이며, 정상 전단속도 $\dot{\gamma}=\dot{\gamma}_{21}(t)=\|\dot{\boldsymbol{\gamma}}\|=\sqrt{(\dot{\boldsymbol{\gamma}}:\dot{\boldsymbol{\gamma}})/2}$는 비압축성 유체는 $\nabla\cdot\boldsymbol{v}=\mathrm{Tr}(\nabla\boldsymbol{v})=0$이 되므로 $\sqrt{|\mathrm{II}_{\dot{\gamma}}|}$(여기서 $\mathrm{II}_{\dot{\gamma}}$는 $\dot{\boldsymbol{\gamma}}$의 제 2 불변량임)과 같게되며, 또한 정상조건 $\dot{\gamma}_0>0$인 경우 $\dot{\gamma}=\dot{\gamma}_0$이 된다. 그런데 UCM 모델의 경우(문7.5)와 마찬가지로 정상, 균일장 흐름의 가정에서 $\overset{\nabla}{\boldsymbol{\tau}}=\dfrac{D\boldsymbol{\tau}}{Dt}-(\nabla\boldsymbol{v})^{\mathrm{T}}\cdot\boldsymbol{\tau}-\boldsymbol{\tau}\cdot\nabla\boldsymbol{v}$의 물질함수 $\dfrac{D\boldsymbol{\tau}}{Dt}=\dfrac{\partial\boldsymbol{\tau}}{\partial t}+\boldsymbol{v}\cdot\nabla\boldsymbol{v}=\mathbf{0}$이 되어, $\overset{\nabla}{\boldsymbol{\tau}}=-(\nabla\boldsymbol{v})^{\mathrm{T}}\cdot\boldsymbol{\tau}-\boldsymbol{\tau}\cdot\nabla\boldsymbol{v}$가 된다. 따라서 식 (1)은 아래가 된다.

$$\boldsymbol{\tau}-\lambda[(\nabla\boldsymbol{v})^{\mathrm{T}}\cdot\boldsymbol{\tau}+\boldsymbol{\tau}\cdot(\nabla\boldsymbol{v})]=\eta\dot{\boldsymbol{\gamma}}\quad\cdots\cdots(2)$$

이하는 문7.5(a)의 UCM 모델의 경우와 똑같이 진행하여 마지막 얻어진 물질함수 결과식에 상수점도 η_0 대신 $\eta(\dot{\gamma})$, 그리고 상수 완화시간 $\lambda(=\eta_0/G_0)$ 대신 $\lambda(\dot{\gamma})=\eta(\dot{\gamma})/G_0$를 대입하면 된다. 즉 문7.5의 식 (8)

에서 아래를 얻는다.

$$\eta \equiv \frac{\tau_{21}}{\dot{\gamma}_0} = \eta(\dot{\gamma}); \quad \psi_1 \equiv \frac{\tau_{11}-\tau_{22}}{\dot{\gamma}_0^2} = 2\lambda(\dot{\gamma})\,\eta(\dot{\gamma}); \quad \psi_2 \equiv \frac{\tau_{22}-\tau_{33}}{\dot{\gamma}_0^2} = 0 \qquad \cdots\cdots (3)$$

그런데 $\lambda(\dot{\gamma})$(및 $\eta(\dot{\gamma})$)의 (정상)전단속도 의존성은 W-M 모델에서 아래와 같이 경험적으로 나타내진다.

$$\lambda(\dot{\gamma}) = \frac{\lambda_0}{1+a\lambda_0\dot{\gamma}} \quad ; \quad \eta(\dot{\gamma}) = G_0\,\lambda(\dot{\gamma}) \qquad \cdots\cdots (4)$$

여기서 $\dot{\gamma} = \|\dot{\boldsymbol{\gamma}}\| = \dot{\gamma}_0(>0)$이며, a는 무차원 파라미터, λ_0는 $a=0$ 즉 전단속도 무관 완화시간 파라미터로서 UCM 모델의 λ에 해당되며, 또한 $a=0$일 때는 $\eta(\dot{\gamma}) = \eta_0 = G_0\lambda_0$가 되어 역시 UCM 모델의 상수점도 η_0가 된다. 식 (4)를 식 (3)에 대입하면 아래를 얻는다.

$$\eta = \eta(\dot{\gamma}) = \frac{G_0\lambda_0}{1+a\lambda_0\dot{\gamma}} = \frac{\eta_0}{1+a\lambda_0\dot{\gamma}} \quad ; \quad \psi_1 = \frac{2G_0\lambda_0^2}{(1+a\lambda_0\dot{\gamma})^2} = \frac{\psi_{1\,0}}{(1+a\lambda_0\dot{\gamma})^2} \quad ; \quad \psi_2 = 0 \qquad \cdots\cdots (5)$$

여기서 $\psi_{1\,0} = 2G_0\lambda_0^2$는 $a=0$일 때의 ψ_1 즉 UCM 모델의 ψ_1이다.

(b) 균일장, 비압축성 유체의 정상(steady) 1축신장흐름(UEF)에 대한 White-Metzner(W-M) 모델의 계산은 식 (4)에서 $a=0$에 해당하는 즉 전단속도($\dot{\gamma}$) 무관 λ 및 η에 기초를 둔 UCM 모델의 계산(문7.5c)과 똑같은 절차에 의해 행해지는데, 다만 물질함수인 정상 일축신장점도의 최종 결과식인 문7.5의 식 (25)에서 $\eta_0 \to \eta(\dot{\gamma})$, $\lambda \to \lambda(\dot{\gamma})$로 바꾸면 된다. 즉

$$\bar{\eta}(\dot{\varepsilon}_0) \equiv \frac{\tau_{33}-\tau_{11}}{\dot{\varepsilon}_0} = \frac{2\eta}{1-2\lambda\dot{\varepsilon}_0} + \frac{\eta}{1+\lambda\dot{\varepsilon}_0} = \frac{3\eta}{(1-2\lambda\dot{\varepsilon}_0)(1+\lambda\dot{\varepsilon}_0)} \qquad \cdots\cdots (6)$$

그런데 여기서 $\lambda = \lambda(\dot{\gamma})$ 및 $\eta = \eta(\dot{\gamma})$를 식 (4)에서 대입하고, 또 정상상태의 경우 $\dot{\gamma}(=\dot{\gamma}_0) = \|\dot{\boldsymbol{\gamma}}\| = \sqrt{3}\,\dot{\varepsilon}_0$(예제 5.13 참조)가 되므로 이를 이용하여 $\bar{\eta}$를 다시 나타내면 아래가 된다.

$$\bar{\eta}(\dot{\varepsilon}_0) = \frac{3G_0\lambda_0/(1+a\sqrt{3}\,\lambda_0\dot{\varepsilon}_0)}{\left[1-\dfrac{2\lambda_0}{1+a\sqrt{3}\,\lambda_0\dot{\varepsilon}_0}\right]\left[1+\dfrac{\lambda_0}{1+a\sqrt{3}\,\lambda_0\dot{\varepsilon}_0}\right]}$$

$$= \frac{3G_0\lambda_0(1+a\sqrt{3}\,\lambda_0\dot{\varepsilon}_0)}{[1+(a\sqrt{3}-2)\lambda_0\dot{\varepsilon}_0][1+(a\sqrt{3}+1)\lambda_0\dot{\varepsilon}_0]} \qquad \cdots\cdots (7)$$

위 식에서 $\dot{\varepsilon}_0 \to 0$ 혹은 $\dot{\gamma}_0(=\sqrt{3}\,\dot{\varepsilon}_0) \to 0$ 경우는 문 (a)의 결과식 (5)와 비교하면 $\bar{\eta}(\dot{\varepsilon}_0) \simeq 3\,G_0\lambda_0 \simeq 3\eta(\dot{\gamma}_0)$ 즉 Traouton 비(T_R)가 3에 접근함을 알 수 있다(예제 5.13 참조).

7. 10 고분자 용융물(polymer melt)이나 진한(concentrated) 용액과 같은 (비선형)점탄성을 나타내는 고분자계의 정상(steady) 전단흐름(SSF)에서 관측되는 유체의 탄성효과에 기인하는 두 대표적인 실험현상은 그림 1(a)에 나타낸 'Weissenberg 효과' 혹은 '막대 오름(rod-climbing) 효과'와 그림 1(b)에 나타낸 'Barus 효과' 혹은 '다이팽창(die swell) 효과'이다. 이를 (특히 (a)의 경우) 미소 제어체적(control volume)내의 힘 밸런스(force balance) 관계를 사용하여 설명하라.

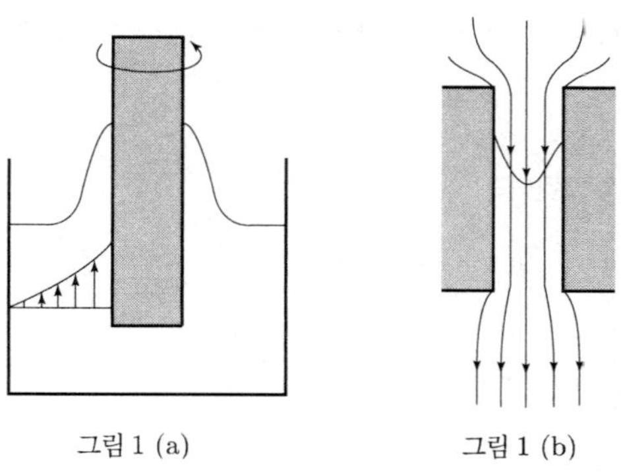

그림 1 (a)　　　　그림 1 (b)

풀이

(a) 그림 2 (a), (b)에 그림 1(a)에 나타낸 이중원통(외통은 정지, 내통은 회전)의 간격사이에서 회전운동을 하는 점탄성 유체중의 미소 제어체적 요소와 이것에 작용하는 응력성분(그림 2(a)), 그리고 확대한 미소체적 요소와 응력성분(그림 2(b))을 기술하는 좌표를 나타낸다. 원통의 반경에 수직인 흐름방향을 Cartesian 좌표계의 x_1축, 원통의 반경과 같은 방향인 전단면에 수직인 x_2축, 그리고 원통의 축방향인 x_1, x_2에 수직인 x_3축을 잡으면 x_1, x_2, x_3축은 상호수직인 오른손 트라이어드(right-handed triad) 좌표계를 형성한다.

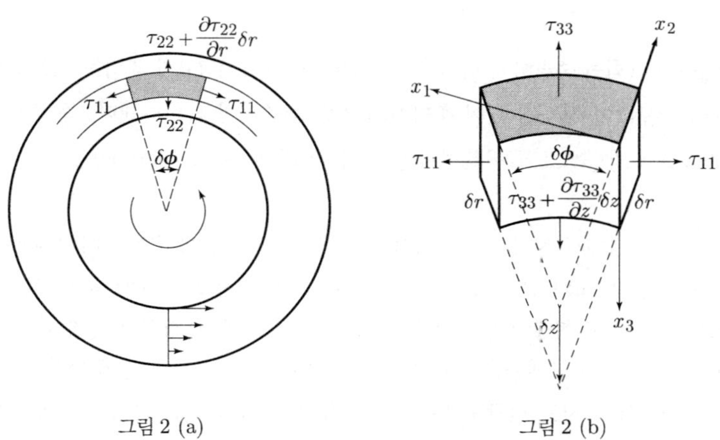

그림 2 (a)　　　　그림 2 (b)

전단면의 자르는(cut)방향에는 전단응력 $\tau_{12}=\tau_{21}$가 작용하여 이것이 내통을 회전시키는 토크(torque)와 힘의 밸런스를 이루는 점은 탄성이 없는 순수 점성유체의 경우와도 동일하다. 그러나 점탄성 유체의 경우에는 이 외에도 전단면 및 이것에 수직인 면에 법선(대각)응력이 작용한다. x_1, x_2, x_3축에 수직인 각 면에 작용하는 법선응력을 각각 τ_{11}, τ_{22}, τ_{33}으로 나타내고, $N_1=\tau_{11}-\tau_{22}$를 제 1 법선응력차, $N_2=\tau_{22}-\tau_{33}$을 제 2 법선응력차라고 한다.

지금 그림 2(b)의 미소 (제어)체적요소에 대하여 반경 r방향에 작용하는 힘들의 밸런스를 고려하면 아래 관계가 성립된다.

$$\left(\tau_{22}+\frac{\partial\tau_{22}}{\partial r}\delta r\right)(r+\delta r)\,\delta\phi\,\delta z-\tau_{22}\,r\,\delta\phi\,\delta z-2\tau_{11}\,\delta r\,\delta z\,\sin\frac{\delta\phi}{2}=0 \quad \cdots\cdots (1)$$

위 식의 괄호를 모두 전개한 후 미소량 δr, $\delta\phi$, δz에 대해 4차항을 3차항에 비해 무시하고, $\sin\dfrac{\delta\phi}{2}\simeq\dfrac{\delta\phi}{2}$

($\because$ Taylor 급수전개-식 A6.11 참조)를 이용하면 위 식은 근사적으로 아래가 된다.

$$r\frac{\partial\tau_{22}}{\partial r}=\tau_{11}-\tau_{22} \quad \cdots\cdots (2)$$

한편 다음의 항등관계가 성립된다.

$$\tau_{33}=\tau_{22}-(\tau_{22}-\tau_{33})$$

양변에 $r(\partial/\partial r)$을 곱하면

$$r\frac{\partial\tau_{33}}{\partial r}=r\frac{\partial\tau_{22}}{\partial r}-r\frac{\partial}{\partial r}(\tau_{22}-\tau_{33})$$

여기에 (2)식을 대입하면

$$r\frac{\partial\tau_{33}}{\partial r}=(\tau_{11}-\tau_{22})-r\frac{\partial}{\partial r}(\tau_{22}-\tau_{33})$$

제 2 법선응력차 (N_2)가 0, 즉 $\tau_{22}-\tau_{33}=0$을 가정($\because$ 통상 매우 작음)하면

$$r\frac{\partial\tau_{33}}{\partial r}=\tau_{11}-\tau_{22} \quad \cdots\cdots (3)$$

그리고 제 2 법선응력차 (N_1)가 통상대로 양, 즉 $\tau_{11}-\tau_{22}>0$라고 가정하면

$$\frac{\partial\tau_{33}}{\partial r}>0 \qquad \therefore\ \frac{\partial(-\tau_{33})}{\partial r}<0 \quad \cdots\cdots (4)$$

여기서 $-\tau_{33}$는 x_3 (회전)축방향의 압력을 나타낸다. 따라서 식 (4)의 의미는 r값이 작아질수록 (즉 중심에 접근할수록) $|-\tau_{33}|$값이 커지게 되어 축방향의 압력이 증가함을 나타낸다. 즉 중심에 접근할수록 유체의 액면이 회전(x_3)축 방향으로 끌어올려지는 소위 '막대 오름(rod-climbing) 효과'를 일으키게 된다.

(b) 모세관(압출기) 내에서 정상 전단흐름을 받고 있는 유체가 모세관을 빠져나올때 단면적(혹은 유체의 반경)이 모세관 다이(die)의 반경보다 커지는 소위 '다이팽창(die swell) 효과' 혹은 'Barus 효과'는 (a)의 Weissenberg 효과에 비해 현상이 훨씬 복잡함으로 여기서는 오직 정성적 설명만을 하기로 한다. 즉 점탄성 유체를 그림 1(b)와 같은 모세관을 통해 밀어 흘릴 때 관내에서는 그림에 나타낸 바와 같이 (전단속도에 비례하는)속도구배를 가지는 전단운동이 시작되지만, 이 경우에도 전단면에 대한 법선응력 외에 전단방향에 수직인 면에 대해서도 법선응력이 작용한다. 이 때문에 점탄성 유체가 갖는 탄성적 기구(elastic mechanism)는 모세관의 축방향으로 신장을 받지만, 관 바깥으로 빠져나오면 이 (탄성)변형이 개방되므로 축방향으로는 수축, 반경방향으로 팽창($\because$ 부피보존 비압축성 유체의 가정)하게 된다. 이와 같은 법선응력 효과가 다이팽창(Barus) 효과의 원인의 하나라고 생각된다.

그러나 또 다른 원인도 생각될 수 있다. 즉 유체가 모세관내에 유입될 경우에는 그림 1(b)에 나타낸 바와 같이 유선(stream line)의 집중이 생겨, 이로 인하여 유체의 탄성적 기구는 축방향으로 신장됨과 동시에

반경방향으로 수축될 것이다. 이렇게 생긴 응력은 유체가 관내를 흐르는 동안에 완화하여, 변형에 의한 탄성에너지는 열로서 산일(dissipation)되어 소멸되어간다. 그러나 만약 유체의 (특성)완화시간이 관내 체류시간보다 길면 탄성에너지는 유체가 관 바깥으로 유출될 때까지 남아있어 유출에 수반하여 축방향의 수축과 반경방향의 팽창이 동시에 일어나게 된다. 이것은 '탄성유입효과(elasticity entrancement effect)'라고 불리며, 또 다른 Barus 효과의 한 원인이 된다. 일반적으로 법선응력과 탄성유입의 두 효과의 결합이 Barus 효과를 일으킨다고 판단된다. 그런데 관의 길이가 충분히 짧으면 탄성유입효과의 공헌이 더 크고, 반대로 관길이가 점점 길게 되면 이 영향은 감소되고, 결국에는 관 길이에 상관없는 법선응력효과만이 관측되어 다이팽창 현상을 일으키게 된다고 생각된다.

제 8 장

유변측정(rheometry)

지금까지는 외력(external force)을 받고 있는 연속체(continuum)의 유변학적 거동(rheological behavior)에 관한 연구를 3 대표적인 방정식인 운동방정식(운동량 보존), 연속체방정식(질량 보존) 그리고 응력과 변형(혹은 변형속도)과의 관계식인 구성방정식(constitutive equation)을 중심으로 전개하였다. 실제에 있어서는 복잡한 유체나 기하를 포함하는 유동문제(flow problems)에 주로 텐서(tensor) 개념에 기초를 둔 연속체적 접근법(continuum approaches)에 의해 계산을 행하였는데, 그 중 가장 중요한 것은 좌표 불변성과 물질 객관성(혹은 프레임 불변성)과 같은 기본요건을 만족하는 적절한 구성방정식의 선택이었다.

선택된 구성방정식이 물질(유체)의 거동을 정확히 반영하는가를 결정하는 유일한 방법은 이론에 의한 예측 성질과 실험에 의해 측정된 성질과의 비교를 행하는 것이다. 여기서 유변학적 물질함수(rheological material function)의 측정(measurements)을 행하는 것을 '유변측정(rheometry)'이라고 한다. 어떤 물질함수를 측정하기 위해서는 우선 그 물질함수의 정의에 규정된 속도나 전단속도 함수와 같은 동력학(kinematics)을 갖는 실험을 설계해야 한다. 그래서 이 장에서는 두 대표적 표준흐름인 (단순)전단흐름(SSF)과 신장흐름(SEF)에 대한 물질함수를 측정하는데 사용되는 가장 보편적인 몇몇 기법에 대해 요점을 중심으로 논의하기로 한다.

응력(stress)은 일반적으로 가령 변형-게이지(strain-gauge)나 힘-재균형 변환기(force-rebalance transducer) 등을 사용하여 기계적으로 측정이 되나, 이 장의 마지막 절에서는 비기계적 방법인 '유동 복굴절(flow birefringence)'에 의한 응력 측정에 대해 논한다. 종래의 기계적 방법에서는 응력 측정을 위해 측정 부위 전체에 걸쳐 힘이나 토크(torque)를 적분을 행하는데, 유동 복굴절에서는 요구되는 유동기하에 맞추어 응력의 부분적(local) 측정만을 고려한다.

■ 8.1 전단흐름(SSF)

점탄성 유체에 대한 대부분의 유변학적 측정은 실험의 용이성 측면에서 이 절에서 소개되는 4

대표적인 전단기하(shear geometry) 중 어느 하나를 사용하여 행하여진다: (i) 모세관(capillary) 흐름; (ii) 평행(평)판(parallel-plate) 및 (iii) 원추 평판(cone-and-plate) 비틀림 흐름(torsional flow); 그리고 (iv) Couette 흐름이다. 그리고 (단순)전단흐름(SSF)은 혼합과정(mixing process)이나 벽면근처의 흐름에서와 같이 (전단)점도가 지배적인 물질함수가 되는 경우에는 보다 더 중요하다.

8. 1. 1. 모세관 흐름

모세관을 통한 압력야기(pressure-driven)전단흐름(SSF)은 그림 8.1에 나타낸 바와 같이 원통 표면들은 접을 수 있는 확대경(collapsible telescope)에서처럼 서로 미끄러져 흐르는 일방향(unidirectional flow)이다. 정상상태(steady state)의 전단흐름에 대한 측정 가능한 성질로부터 전단점도를 계산하기 위하여, 통상 아래 식으로 나타낸 속도장에 사용된 전단 (Cartesian)좌표에 1, 2, 3을 (직교)원통좌계 r, θ, z로 바꾸어 나타낼 필요가 있다.

$$\boldsymbol{v} = \dot{\gamma}_0 x_2 \hat{\boldsymbol{e}}_1 = \begin{pmatrix} \dot{\gamma}_0 x_2 \\ 0 \\ 0 \end{pmatrix}_{123} \tag{8. 1}$$

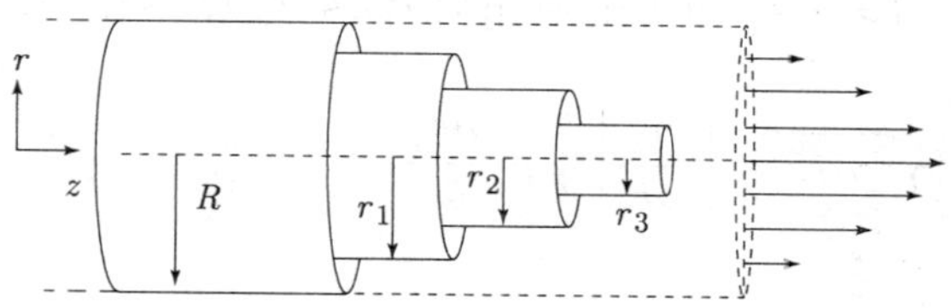

그림 8.1 관 속의 압력야기 포아제(Poiseuille) 흐름에서의 전단표면들은 서로 서로 미끄러지는 원통들로 나타내진다.

그림에서 보는 바와 같이 원통좌표계의 (단위)기저벡터인 $\hat{\boldsymbol{e}}_z$를 흐름(1) 방향으로, $-\boldsymbol{e}_r$을 속도구배(2) 방향으로, 그리고 $-\hat{\boldsymbol{e}}_\theta$를 상호수직인 오른손 정규직교 트라이어드(right-handed orthonormal triad)의 중성(3) 방향으로 간주한다. 여기서 $-\boldsymbol{e}_r$의 의미는 전단응력 τ_{21}가 음의 x_2-방향에서 양의 운동량 이동(momentum flux)을 나타내는 것을 의미한다[따라서 현 원통좌표계에서 속도장의 물리성분 표시(1.14절)에서 $v_1 = v_z$, $v_2 = v_r$, $v_3 = v_\theta$가 됨에 유의하야 한다]. 그래서 일반뉴톤유체(GNF) 모델(식 (5.303))을 사용하여 포아제 흐름에 대한 유동문제를 계산한 4.6.1절에서처럼 전단좌표계와 원통좌표계에서의 전단응력은 아래와 같이 관련되어진다(그림 8.2 참조).

$$\tau_{21}(= \eta\dot{\gamma}_{21}) \equiv -\tau_{rz}\big|_{r=R} = -\eta\dot{\gamma}_0 \tag{8. 2}$$

여기서 현 (1, 2, 3) = (z, r, θ) 좌표계 협약에서는 아래가 성립된다.

$$\dot{\gamma}_{21} = \frac{\partial v_z}{\partial r}(< 0), \quad \dot{\gamma}_0 (= \| \dot{\boldsymbol{\gamma}} \|) = - \left. \frac{\partial v_z}{\partial r} \right|_{r=R} \tag{8. 3}$$

한편 식 (8.1)에 대응하는 원통좌표계 z, r, θ에서의 속도장 벡터(물리성분 표시)는 아래가 된다.

$$\boldsymbol{v} \, (= \hat{v}_i \hat{\boldsymbol{e}}_i) = \begin{pmatrix} v_z \\ v_r \\ v_\theta \end{pmatrix}_{zr\theta} = \begin{pmatrix} v_z(r) \\ 0 \\ 0 \end{pmatrix}_{zr\theta} \tag{8. 4}$$

여기서 원통좌표계에 대한 대칭 변형속도텐서 $\dot{\boldsymbol{\gamma}}[= 2\mathbf{D} = \mathbf{L} + \mathbf{L}^{\mathrm{T}}$, 여기서 $\mathbf{L} = (\nabla \boldsymbol{v})^{\mathrm{T}}]$의 물리성분을 구하면 아래가 된다(단 표 5.2b 및 식 (8.4) 이용).

$$\dot{\boldsymbol{\gamma}} = (\nabla \boldsymbol{v})^{\mathrm{T}} + \nabla \boldsymbol{v} = \begin{pmatrix} 0 & \frac{\partial v_z}{\partial r} & 0 \\ \frac{\partial v_z}{\partial r} & 0 & 0 \\ 0 & 0 & 0 \end{pmatrix}_{z\theta r} \tag{8. 5}$$

이로부터 $\dot{\boldsymbol{\gamma}}(r)$의 크기 $\dot{\gamma}(> 0)$는 아래가 된다(식 (5.347) ~ (5.348) 참조).

$$\dot{\gamma}(r) = \| \dot{\boldsymbol{\gamma}} \| = \sqrt{(\dot{\boldsymbol{\gamma}} : \dot{\boldsymbol{\gamma}})/2} = \left| \frac{\partial v_z}{\partial r} \right| = - \frac{\partial v_z}{\partial r} \tag{8. 6}$$

여기서 아래가 성립된다.

$$\dot{\gamma}(R) = - \left. \frac{\partial v_z}{\partial r} \right|_{r=R} \equiv \dot{\gamma}_R \tag{8. 7}$$

따라서 이 식과 식 (8.2)에서 아래가 성립된다(단 전단점도 η는 위치 r에 무관함을 이용).

$$\eta = \frac{-\tau_{21}}{\dot{\gamma}_0} = \frac{\tau_{rz}|_{r=R}}{- \left. \frac{\partial v_z}{\partial r} \right|_{r=R}} = \frac{\tau_{rz}|_{r=R}}{\dot{\gamma}_R} \tag{8. 8}$$

즉 모세관 흐름 실험으로부터 유체의 점도를 구하기 위해서는 벽면($r = R$)에서의 전단응력과 전단속도를 구할 필요가 있다.

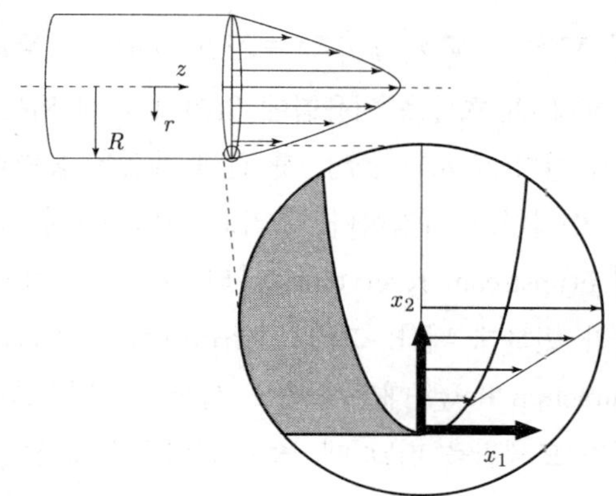

그림 8.2 관 속의 (정상)전단흐름에 있어서 Cartesian 좌표계 (x_1, x_2, x_3)(단 x_1은 흐름방향, x_2는 속도구배성분, 그리고 x_3는 중성방향)에 대응하는 원통좌표계 (z, r, θ)의 표시.

8. 1. 1. 1 모세관 흐름에서의 전단응력

지금 구성방정식이 알려져 있지 않은 임의의 일반 유체에 대하여 원통관(circular tube) 속의 압력야기 포아제 흐름(pressure-driven Poiseuille flows)(그림 5.8 참조)을 생각해보자. 앞에서처럼 유체는 비압축성(incompressible)이고, (z 방향으로의)일방향 흐름(unidirectional flow)이라고 가정한다. 이때 직교 원통좌표계 (r, θ, z)에서의 속도장(물리성분으로 표시)과 비압축성 조건은 아래로 나타내진다(표 4.3C 참조).

$$\boldsymbol{v} = \begin{pmatrix} v_r \\ v_\theta \\ v_z \end{pmatrix}_{r\theta z} = \begin{pmatrix} 0 \\ 0 \\ v_z \end{pmatrix}_{r\theta z} ; \ \nabla \cdot \boldsymbol{v} = \frac{\partial v_z}{\partial z} = 0 \tag{8.9}$$

그리고 정상상태$\left(\frac{\partial \boldsymbol{v}}{\partial t} = 0\right)$ 및 일방향흐름$(\boldsymbol{v} \cdot \nabla \boldsymbol{v} = 0)$의 경우의 운동방정식(EOM)의 좌변은 0 $\left(\because \frac{D\boldsymbol{v}}{Dt} = \frac{\partial \boldsymbol{v}}{\partial t} + \boldsymbol{v} \cdot \nabla \boldsymbol{v} = 0\right)$이 된다. 그리고 5장에서 했던 것처럼 우변은 중력효과와 압력장을 한데 묶어 아래와 같이 나타낸다(표 4.4C 참조).

$$0 = -\nabla P^* - \nabla \cdot \boldsymbol{\tau} \tag{8.10 a}$$

$$\begin{pmatrix} 0 \\ 0 \\ 0 \end{pmatrix}_{r\theta z} = \begin{pmatrix} -\frac{\partial P^*}{\partial r} \\ -\frac{1}{r}\frac{\partial P^*}{\partial \theta} \\ -\frac{\partial P^*}{\partial z} \end{pmatrix}_{r\theta z} + \begin{pmatrix} \frac{1}{r}\frac{\partial}{\partial r}(r\tau_{rr}) + \frac{1}{r}\frac{\partial \tau_{\theta r}}{\partial \theta} + \frac{\partial \tau_{zr}}{\partial z} - \frac{\tau_{\theta\theta}}{r} \\ \frac{1}{r^2}\frac{\partial}{\partial r}(r^2\tau_{r\theta}) + \frac{1}{r}\frac{\partial \tau_{\theta\theta}}{\partial \theta} + \frac{\partial \tau_{z\theta}}{\partial z} + \frac{\tau_{\theta r} - \tau_{r\theta}}{r} \\ \frac{1}{r}\frac{\partial}{\partial r}(r\tau_{rz}) + \frac{1}{r}\frac{\partial \tau_{\theta z}}{\partial \theta} + \frac{\partial \tau_{zz}}{\partial z} \end{pmatrix}_{r\theta z} \tag{8.10 b}$$

여기서 $P^* = p - \rho g z$(사실 $\nabla P^* = \nabla p - \rho g \nabla z = \nabla p - \rho g \hat{e}_z = \nabla p - \rho \boldsymbol{g}$가 되어 증명됨)이다.

그런데 더 진행하기 전 실제 위 흐름을 이용함에 있어서 겪게 되는 실험적 현실성과 상용성을 위해 몇 가지 가정을 하고자 한다(표 8.1 참조). 첫 번째 가정은 응력과 압력은 θ 방향에 무관(즉 이들의 θ에 관한 편미분은 0)하다고 가정한다. 그리고 그림 8.3에 나타낸 바와 같이, 이 흐름은 큰 직경의 가진 상류 저장조(upstream reservoir)로부터 유체가 모세관으로 흘러들어가므로 실제 측정시 길이(z) 방향에 따라 변하게 된다. 그리고 입구(extrance)에서의 수축흐름의 신장적 특성(elongational nature of contraction flow) 때문에 속도 재배치와 탄성효과가 그 지역의 응력에 영향을 미치게 된다. 또한 유체가 모세관을 떠날 때, 출구 근방의 속도장은 관의 중심부에서의 완전히 전개된 흐름(fully developed flow)의 것과는 다르다. 그러나 만약 관의 길이가 직경에 비해 충분히 길다면 소위 이 '말단효과(end effect)'는 무시될 수 있다. 즉 이하에서는 모세관이 충분히 길어 응력이나 속도장의 z 방향의 변화는 없다고 가정한다. 마지막으로 (여분)응력텐서 $\boldsymbol{\tau}$는 대칭(즉 $\tau_{ij} = \tau_{ji}$)이라고 가정(4장에서 언급한 각운동량 보존 원리로 예상되지만)한다. 그러면 식 (8.10)으로 나타낸 운동방정식은 아래가 된다.

$$\begin{pmatrix} 0 \\ 0 \\ 0 \end{pmatrix}_{r\theta z} = \begin{pmatrix} -\dfrac{\partial P^*}{\partial r} \\ 0 \\ -\dfrac{\partial P^*}{\partial z} \end{pmatrix}_{r\theta z} + \begin{pmatrix} \dfrac{1}{r}\dfrac{\partial}{\partial r}(r\tau_{rr}) - \dfrac{\tau_{\theta\theta}}{r} \\ \dfrac{1}{r^2}\dfrac{\partial}{\partial r}(r^2\tau_{r\theta}) \\ \dfrac{1}{r}\dfrac{\partial}{\partial r}(r\tau_{rz}) \end{pmatrix}_{r\theta z} \tag{8. 11}$$

여기서 위 식의 $\theta-$성분(가운데)의 좌우의 비교로부터 아래와 같이 $\tau_{r\theta}$에 관한 미방해를 얻는다.

$$\tau_{\theta r} = \frac{C_1}{r^2} \tag{8. 12}$$

적분상수 C_1은 $r=0$에서 $\tau_{\theta r}$가 유한(즉 발산하지 않는) 값을 가짐으로부터 $C_1 = 0$ 즉 $\tau_{r\theta} = 0$이 된다. 그리고 식 (8.11)의 양변의 $z-$성분의 비교로부터 아래의 식을 얻는다.

$$\frac{\partial P^*(r, z)}{\partial z} = \frac{1}{r}\frac{\partial}{\partial r}[(r\tau_{rz}(r)] \tag{8. 13}$$

마지막으로 EOM의 r 성분의 비교에서 아래를 얻는다.

$$\frac{\partial P^*}{\partial r} = \frac{1}{r}\frac{\partial}{\partial r}(r\tau_{rr}) - \frac{\tau_{\theta\theta}}{r} \tag{8. 14}$$

그런데 식 (8.14)를 (제 2)법선응력차 $N_2 = \tau_{rr} - \tau_{\theta\theta}$항을 나타내면 아래가 된다.

$$\frac{\partial P^*}{\partial r} = \frac{\partial \tau_{rr}}{\partial r} + \frac{\tau_{rr}}{r} - \frac{\tau_{\theta\theta}}{r} = \frac{\partial N_2}{\partial r} + \frac{N_2}{r} + \frac{\partial \tau_{\theta\theta}}{\partial r} \tag{8. 15}$$

위 식으로부터 만약 $N_2 \simeq 0$이고, $\partial\tau_{\theta\theta}/\partial r \simeq 0$인 물질의 경우에는 P^*는 오직 z만의 함수가 되어, 뉴톤유체(5.3.2.1절)이나 일반뉴톤유체(GNF)(5.6.1절)에 대한 포아제 흐름의 계산에서처럼 변수분리기법에 의해 해를 구할 수 있다. 사실 고분자 유체의 정상 전단흐름의 경우 제 2 법선응력차계수 $\Psi_2\left(= N_2/\dot{\gamma}_0^2\right)$는 매우 작고, 음의 값을 가짐이 밝혀져 있다. 그리고 $\tau_{\theta\theta}$의 r 의존성에 대해서는 별로 많이 알려져 있지 않지만 $\theta-$대칭성을 가진 유체의 경우 $\partial\tau_{\theta\theta}/\partial r$ 역시 매우 작은 값을 가질 것이 예상되므로 P^*가 z만의 함수로 가정함에 있어서 큰 무리는 없을 것으로 생각된다.

그러나 N_2나 $\partial\tau_{\theta\theta}/\partial r$ 값이 0과 크게 다른 경우에도, 만약 식 (8.13)에서 $\partial P^*/\partial z$가 상수가 되는 흐름영역에서는 P^*의 z 의존성을 $\partial P^*/\partial z$를 적분하여 $P^* = kz + f(r)$(여기서 f는 r의 미지의 함수임)를 얻을 수 있다.

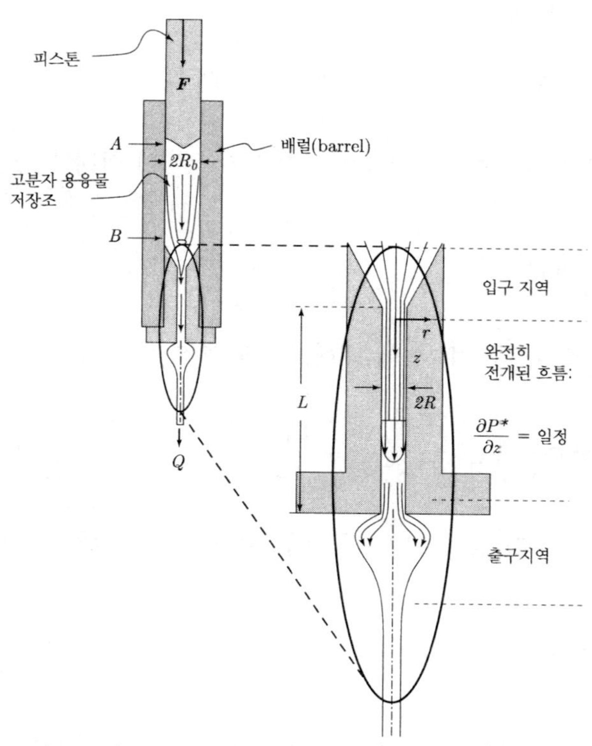

그림 8.3 한 대표적 상용성 모세관 레오미터에 사용된 기하. 시험 중의 고분자 용융물이 상류 저장조에 있다. 피스톤은 반경 R의 모세관을 통하여 유체를 밀어내어 아래 출구에서 부피유출속도 Q(volumetric flow rate)로 흐르게 한다. 실제 많은 고분자 유체는 모세관 출구에서 '다이팽창(die-swell)' 또는 'Barus 효과'를 나타낸다. 그리고 일반적으로 비 R/R_b(여기서 R_b는 배럴반경) $\simeq 10-12$이다.

여기서 압력 $P^*(z,r) \simeq P^*(z)$로 가정하면, 식 (8.13)는 아래와 같이 다시 나타낼 수 있다.

$$\frac{dP^*(z)}{dz} = \frac{1}{r}\frac{\partial}{\partial r}\left[r\tau_{rz}(r)\right] \tag{8.16}$$

여기서 5장에서 사용된 변수분리 기법(즉 좌우를 상수 λ로 둠)으로 해 $P^*(z)$와 $\tau_{rz}(r)$을 구해보면 아래가 된다.

$$\frac{dP^*}{dz} = \lambda, \quad \frac{1}{r}\frac{\partial}{\partial r}\left[r\tau_{rz}\right] = \lambda \tag{8.17}$$

먼저 P^*의 해를 적분에 의해 구하기 위하여 아래의 경계조건이 이용된다.

$$P^*(z=0) = P_0^* = p_0\ ; \quad P^*(z=L) = P_L^* = P_0^* - \rho g L \tag{8.18}$$

그러면 P^*의 해는 아래가 된다.

$$P^* = \lambda z + C(\text{상수}) = \lambda z + P_0^* (\because \ z=0 \ \text{때} \ P^* = P_0^* = C) \tag{8.19}$$

다시 $z=L$때 $P^* = P_L^*$를 이용하면 $\lambda = \left(P_L^* - P_0^*\right)/L$가 되어 아래가 얻어진다(식 (5.76) 참조).

$$P^* = -\frac{P_0^* - P_L^*}{L}z + P_0^* \tag{8.20}$$

한편 식 (8.17)에서 해 τ_{rz}를 적분법에 의해 구하면 아래가 된다.

$$r\tau_{rz} = \frac{r^2}{2}\lambda + C_1(\text{상수}) \ \text{혹은} \ \tau_{rz} = \frac{\lambda r}{2} + \frac{C_1}{r} \tag{8.21}$$

그런데 $r=0$에서 τ_{rz}는 유한 값을 가지므로 $C_1 = 0$이 되어 아래가 얻어진다.

$$\tau_{rz} = -\frac{\left(P_0^* - P_L^*\right)r}{2L} \tag{8.22}$$

그런데 여기서 경계조건인 모세관 벽면에서의 전단응력 $\tau_{rz}(r=R) = \tau_R(=\tau_\omega) = -\dfrac{R\left(P_0^* - P_L^*\right)}{2L}$가 되어 음의 값(즉 틀린 값)이 나온다. 이는 8.1.1절 또는 5장의 포아제 흐름 계산에서 지적한 바와 같이 모세관의 원통좌표 기하를 (r, θ, z)대신 (z, r, θ)(즉 z가 흐름 즉 $1-$방향이 됨)로 정의하면 속도장(물리성분)은 $\boldsymbol{v} = \left(v_z \quad v_r \quad v_\theta\right)^{\mathrm{T}} = \left(v_z(r) \quad 0 \quad 0\right)^{\mathrm{T}}_{zr\theta}$가 되고, 이로부터 구한 대칭 변형속도

텐서 $\dot{\gamma}$(물리성분)은 식 (8.5)이 된다. 따라서 (멱수법칙)일반뉴톤유체(GNF) 식 $\boldsymbol{\tau}=\eta(\dot{\gamma})\dot{\boldsymbol{\gamma}}$(식 (5.303))에서 전단좌표계에서 $\tau_{21}=\eta\frac{dv_z}{dr}$가 되는데, 기하에서 $\frac{dv_z}{dr}<0$이 되므로, 멱수법칙 이용 시 τ_{21} 대신 $\tau_{rz}=-\tau_{21}=\eta\times\left(-\frac{dv_z}{dr}\right)=\eta\dot{\gamma}$(여기서 $\dot{\gamma}=\|\dot{\boldsymbol{\gamma}}\|=-\frac{dv_z}{dr}$)를 이용하여 전단점도를 구한다(식 (8.8) 참조). 이와 같은 논리로 식 (8.16)의 τ_{rz}는 $\tau_{21}\left(=\eta\frac{dv_z}{dr}\right)$에 해당되어, 실제 상황에 받는 전단응력 τ_{rz}는 $-\tau_{21}$가 거리 r에서의 참된 전단응력 τ_{rz}는 아래가 되어야 할 것이다.

$$\tau_{rz}=\frac{\left(P_0^*-P_L^*\right)r}{2L}\equiv\frac{\Delta P^*\times r}{2L} \tag{8. 23}$$

여기서 $r=R$일 때의 벽면에서의 전단응력 $\tau_R(=\tau_\omega)=\left(P_0^*-P_L^*\right)R/2L$가 되므로 아래 식이 성립된다.

$$\tau_{rz}=\frac{\left(P_0^*-P_L^*\right)r}{2L}=\tau_R\frac{r}{R} \tag{8. 24}$$

따라서 모세관 기하 L 및 R을 알고, 또한 벽면에서의 전단응력 $\tau_R\left[=\tau_{rz}(r=R)\right]$만 알면, 전단점도는 $\eta=\tau_R/\dot{\gamma}_R$(여기서 $\dot{\gamma}_R$는 벽면에서의 전단속도)로부터 구할 수 있으므로 다음 절에서는 $\dot{\gamma}_R$을 구하는 방법에 대해 논하기로 한다. 그리고 참고로 위에서 언급한 계산에 이용된 몇 가지 유용한 가정은 표 8.1에 요약해서 나타내었다.

표 8. 1 모세관 속의 포아제(Poiseuille) 흐름에 대한 몇 가지 가정

1. 일방향 흐름
2. 비 압축성 유체
3. $\theta-$대칭성
4. $z-$변화를 무시할 정도로 긴 모세관
5. 대칭 응력텐서
6. $\partial P^*/\partial z=$일정
7. $r=0$에서 일정 전단응력

8. 1. 1. 2 모세관 흐름에서의 전단속도

앞에서 언급한 벽면에서의 전단속도의 크기 $\dot{\gamma}(=\|\dot{\boldsymbol{\gamma}}\|)|_{r=R} \equiv \dot{\gamma}_R = -\partial v_z/\partial r|_{r=R}$에 대한 표현식을 구하는 것이 이 절의 목적이다. 만약 뉴톤성 유체(멱수법칙 지수 $n=1$ 해당)의 경우 5.3.2.1절에서 포아제 흐름에 대한 계산한 결과를 다시 적으면 아래가 된다.

$$v_z(r) = \frac{2Q}{\pi R^2}\left[1-\left(\frac{r}{R}\right)^2\right] \tag{8. 25}$$

$$\dot{\gamma} \equiv \|\dot{\boldsymbol{\gamma}}\| = -\frac{dv_z}{dr} = \frac{4Q}{\pi R^3}\frac{r}{R} \tag{8. 26}$$

$$\dot{\gamma}_R = \frac{4Q}{\pi R^3} \equiv \dot{\gamma}_a \tag{8. 27}$$

여기서 뉴톤 전단점도(μ)는 아래로 주어진다(식 (8.8) 참조).

$$\eta \equiv \frac{-\tau_{21}}{\dot{\gamma}_0} = \frac{\tau_R}{\dot{\gamma}_R} \tag{8. 28 a}$$

$$= \frac{(P_0^* - P_L^*)R}{2L}\left(\frac{\pi R^3}{4Q}\right) = \mu \tag{8. 28 b}$$

여기서 뉴톤유체의 포아제 흐름에 대한 Hagen-Poiseuille 법칙인 부파유출 속도 Q에 대한 식 (5.81)을 이용하였다. 맨 마지막 식에서 만약 압력하강($\triangle P^* = P_0^* - P_L^*$) 및 부피유량 Q값을 알면, 그림 8.4에서처럼 벽면에서의 겉보기(apparent) 전단속도 $\dot{\gamma}_a(=\dot{\gamma}_R) = 4Q/\pi R^3$ 대 $\tau_R = \triangle P^* \times R/2L$ 의 직선 플롯의 기울기로부터 전단속도 무관(즉 $n=1$) 뉴톤 전단점도 μ를 얻을 수 있다.

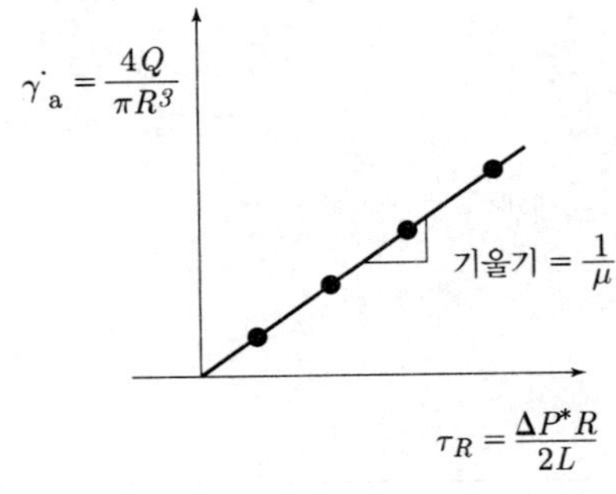

그림 8.4 뉴톤유체의 포아제 흐름에서 압력하강($\triangle P^*$)과 부피유출속도 Q의 정보로부터 점도 μ를 구하는 방법.

여기서 식 (8.28) 또는 그림 8.4에서 뉴톤 점도를 구할 때 사용된 모세관 벽면에서의 전단속도 $\dot{\gamma}(r=R) = \dot{\gamma}_R = 4Q/\pi R^3$는 멱수법칙지수 $n=1$인 뉴톤유체에만 적용되는 것으로 이를 벽면에서의 '겉보기 전단속도' $\dot{\gamma}_a$로 표기하여, 이하에 소개할 실제 비뉴톤 유체($n \neq 1$)에 대한 벽면에서의 전단속도를 나타내는 $\dot{\gamma}_R$(또는 $\dot{\gamma}_{tR}$)과 구별하고, 이들 간의 관계를 지수 n로 나타내보기로 한다.

이제 비뉴톤 유체(지수 $n \neq 1$)에 대하여 멱수법칙 일반뉴톤유체(power-law GNF) 모델을 사용하여 모세관 벽면에서의 전단속도($\dot{\gamma}_R$) 계산을 생각해보자. 역시 식 (8.3)으로 주어진 관을 통한 포아제 (전단)흐름에 대한 속도장으로부터 계산된 $v_z(r)$에 대한 최종결과는 5.6.1절로부터 아래가 된다(식 (5.354) 참조).

$$v_z(r) = R^{\frac{1}{n}+1}\left(\frac{P_0^* - P_L^*}{2mL}\right)^{\frac{1}{n}}\left(\frac{1}{1/n+1}\right)\left[1-\left(\frac{r}{R}\right)^{\frac{1}{n}+1}\right] \tag{8.29}$$

이로부터 벽면에서의 전단속도를 정의식 (8.7)에 의해 구하면 아래가 된다.

$$\dot{\gamma}_R = -\left.\frac{dv_z}{dr}\right|_{r=R} = \left(\frac{\tau_R}{m}\right)^{\frac{1}{n}} = \left(\frac{4Q}{\pi R^3}\right)\left(\frac{1/n+3}{4}\right) \tag{8.30}$$

위 식에서 멱수법칙 GNF 관계식인 $\tau_R\left[=\tau_{rz}|_{r=R}\right] = m\dot{\gamma}_R\left[=\dot{\gamma}_R|_{r=R}\right]^n$ $(\because\ \eta(\dot{\gamma}) = m\dot{\gamma}^{n+1})$ 및 관을 통한 부피유출속도 $Q = A\bar{v}$(여기서 A는 관의 단면적, $\bar{v}$는 z 방향의 평균속도)는 식 (5.364)의 결과를 이용하였다. 만약 위 식에서 $n=1$, $m=\mu$(뉴톤 점도)르 두면 뉴톤 유체의 $\dot{\gamma}_R$(즉 $\dot{\gamma}_a$)에 관한 식 (8.27)로 환원된다.

이제 실험을 통한 식 (8.30)으로부터 멱수법칙의 지수 n을 구하기 위해 뉴톤 유체에 대한 (겉보기)벽면전단속도 $\dot{\gamma}_a(=4Q/\pi R^3)$를 사용하여 식을 아래와 같이 다시 표현한다.

$$\log\dot{\gamma}_a = \frac{1}{n}\log\tau_R + \log\left(\frac{4m^{-1/n}}{1/n+3}\right) \tag{8.31}$$

여기서 $\dot{\gamma}_a = 4Q/\pi R^3 = \dot{\gamma}_R(n=1)$, 그리고 $m(=\mu)$ 및 n은 멱수법칙의 점도 정의식 $\eta(\dot{\gamma}) = m\dot{\gamma}^{n-1}$(여기서 $\dot{\gamma} = \|\dot{\boldsymbol{\gamma}}\| = -dv_z/dr$)에서 나타나는 파라미터로서, 각각 견실도 인자(consistency index) 및 멱지수(power-law index)라고 불린다(식 (5.310) 참조)). 이제 식 (8.31)에 의하면 실험(즉 압력하강 ΔP^*를 달리하여 대응하는 부피유출속도 Q를 구함)에서 얻어진 $\log\dot{\gamma}_a$ 대 $\log\tau_R$의 직선 플롯의 기울기 및 절편으로부터 각각 n 및 m[나아가 점도 $\eta = \tau_R/\dot{\gamma}_R = m\dot{\gamma}_R^{n-1}$] 값을 구할 수 있다.

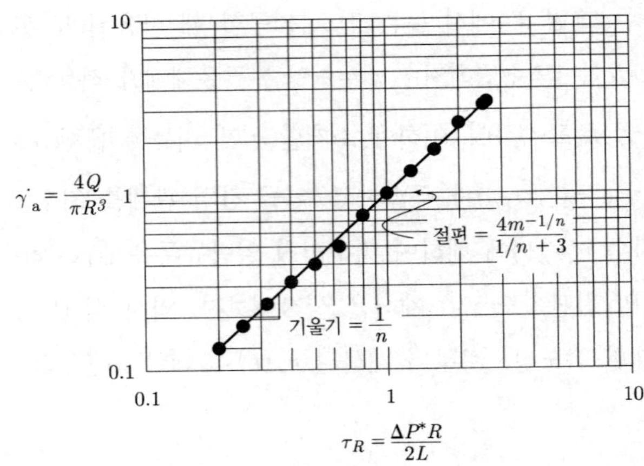

그림 8.5 모세관을 통한 압력야기 포아제 흐름에서 압력하강(ΔP^*)과 부피유량(Q) 데이터로부터 멱수법칙 GNF 모델의 파라미터 n 및 m의 결정을 위한 직선 플롯.

여기서 논의를 더 진행하기 전 독자들의 이해를 돕기 위하여 멱수법칙 GNF 모델의 파라미터에 관하여 한 가지 지적할 사항이 있는데, 다름이 아니라 다른 문헌에서는 종종 파라미터 n 및 m과 더불어 아래와 같이 파라미터 n' 및 m'도 같이 사용하여 벽면에서의 (전단)응력과 전단속도 관계를 나타낸다.

$$\tau_R = \eta(\dot{\gamma}_R)\dot{\gamma}_R = m\dot{\gamma}_R^n = m'\dot{\gamma}_R^{n'} \tag{8. 32}$$

여기서 τ_R(식 (8.23)), $\dot{\gamma}_a$(식 (8.27)), $\dot{\gamma}_R$(8.30) 및 $\eta(\dot{\gamma}_R)$(5.310)은 멱수법칙 GNF 모델에서 각각 아래로 표현된다.

$$\tau_R = \frac{R\Delta P^*}{2L};\ \dot{\gamma}_a = \frac{4Q}{\pi R^3};\ \dot{\gamma}_R = \dot{\gamma}_a \times \frac{3n+1}{4n};\ \eta(\dot{\gamma}_R) = m\dot{\gamma}_R^{n-1} \tag{8. 33}$$

이 때 아래의 관계가 성립된다.

$$n \equiv \frac{d\log\tau_R}{d\log\dot{\gamma}_R} = n' \equiv \frac{d\log\tau_R}{d\log\dot{\gamma}_a};\ m = m'\left(\frac{3n+1}{4n}\right)^n \tag{8. 34}$$

증명 식 (8.32)에서 각각 아래가 성립된다.

$$\log\tau_R = \log m + n\log\dot{\gamma}_R \tag{8. 35 a}$$

$$= \log m' + n'\log\dot{\gamma}_a \tag{8. 35 b}$$

여기서 먼저 아래가 성립(가정)된다.

$$n = \frac{d\log\tau_R}{d\log\dot{\gamma}_R} = n' = \frac{d\log\tau_R}{d\log\dot{\gamma}_a} \tag{8.36}$$

또한 $\dot{\gamma}_R$은 식 (8.30)에서 대입하면 아래가 성립된다.

$$\log\dot{\gamma}_R = \log\dot{\gamma}_a + \log\left(\frac{3n+1}{4n}\right) \tag{8.37}$$

이 식은 식 (8.35a)에 대입한 후 식 (8.35b)와 비교하면 아래의 최종관계가 얻어진다.

$$m = m'\left(\frac{3n+1}{4n}\right)^n \quad ■$$

그러나 이하에서는 특별한 언급이 없는 한 주로 멱수법칙 파라미터로서 $n(=n')$ 및 m만을 사용한다. 그러면 이제 비뉴톤성 유체의 모세관을 통한 포아제 흐름에서 벽면에서의 전단속도 $\dot{\gamma}_R$를 흐름(z) 방향에 대한 속도장 $v_z(r)$에 대한 정보 없이도 벽면에서의 전단응력 τ_R 및 겉보기 전단속도 $\dot{\gamma}_a$ 항으로 나타내는 방법에 대해 논하기로 한다. 우선 관을 통한 단위시간당 부피유출속도(유량) $Q(=A\bar{v})$는 아래 식으로 나타내어진다.

$$\frac{4Q}{\pi R^3} \equiv \dot{\gamma}_a = \frac{4}{\tau_R^3}\int_0^{\tau_R}\dot{\gamma}(\tau_{rz})\,\tau_{rz}^2\,d\tau_{rz} \tag{8.38}$$

(증명) 식 (5.364)에서 Q는 아래가 된다.

$$Q = 2\pi\int_0^R v_z(r)\,r\,dr \tag{8.39}$$

여기서 식 (A6.21)의 부분적분 공식을 적용하면 아래가 얻어진다[단 $u = v_z$, $v = r^2/2$을 두고, $v_z(R) = 0$ 및 $\dot{\gamma} = \|\dot{\boldsymbol{\gamma}}\| = -dv_z/dr$을 이용].

$$Q = 2\pi\left[v_z \cdot \frac{r^2}{2}\bigg|_0^R - \int_0^R \frac{r^2}{2}\times\frac{dv_z}{dr}dr\right] = \pi\int_0^R\dot{\gamma}(r)\,r^2\,dr \tag{8.40}$$

그런데 식 (8.24)에서 $r = (R/\tau_r)\tau_{rz}$ 및 $dr = (R/\tau_R)d\tau_{rz}$를 식 (8.40)에 대입하면 아래를 얻는다.

$$Q = \frac{\pi R^2}{\tau_R^2}\int_0^R \dot{\gamma}\,\tau_{rz}^2\,dr = \frac{\pi R^3}{\tau_R^3}\int_0^{\tau_R} \dot{\gamma}(\tau_{rz})\,\tau_{rz}^2\,d\tau_{rz} \tag{8.41}$$

따라서 이로부터 벽면에서의 겉보기 전단응력 $\dot{\gamma}_a (= 4Q/\pi R_3)$에 관한 식 (8.38)이 증명된다. ■

또한 식 (8.38)로부터 모든 형태의 비뉴톤성 일반 유체에 대해 적용되는 아래의 식을 얻는다.

$$\dot{\gamma}(\tau_R) \equiv \dot{\gamma}_R = \dot{\gamma}_a \left[\frac{1}{4}\left(3 + \frac{d\ln\dot{\gamma}_a}{d\ln\tau_R}\right)\right] \tag{8.42}$$

증명 식 (8.38)에서 아래가 성립된다.

$$\dot{\gamma}_a \tau_R^3 = 4\int_0^{\tau_R} \dot{\gamma}(\tau_{rz})\,\tau_{rz}^2\,d\tau_{rz} \tag{8.43}$$

여기서 정적분의 미분에 대한 Leibnitz 공식(A6.22)을 이용하여 양변을 τ_R에 대하여 미분하면 아래를 얻는다.

$$\frac{d}{d\tau_R}(\dot{\gamma}_a \tau_R^3) = 4\int_0^{\tau_R} \frac{\partial}{\partial \tau_R}\left[\dot{\gamma}(\tau_{rz})\,\tau_{rz}^2\right] d\tau_{rz} + 4\dot{\gamma}(\tau_R)\tau_R^2 \tag{8.44}$$

여기서 좌변은 $(d\dot{\gamma}_a/d\tau_R)\tau_R^3 + 3\dot{\gamma}_a \tau_R^2$이 되고, 우변은 $4\dot{\gamma}(\tau_R)\tau_R^2$($\because$ 적분항은 0이 됨)이 되므로 정리하면 아래가 되어 증명된다.

$$\dot{\gamma}(\tau_R) \equiv \dot{\gamma}_R = \frac{\dot{\gamma}_a}{4}\left[3 + \frac{\tau_R}{\dot{\gamma}_a}\frac{d\dot{\gamma}_a}{d\tau_R}\right] = \dot{\gamma}_a\left[\frac{1}{4}\left(3 + \frac{d\ln\dot{\gamma}_a}{d\ln\tau_R}\right)\right] \quad ■ \tag{8.42}$$

식 (8.42) 중의 맨 우변의 사각 (대)괄호 속에 있는 항을 'Weissenberg-Rabinowitsch(W-R) 보정' 항이라고 칭하는데, 이는 일반 비뉴톤성 유체의 벽면전단속도 $\dot{\gamma}_R$가 뉴톤 유체(지수 $n = 1$)의 벽면 (겉보기)전단속도 $\dot{\gamma}_a [= \dot{\gamma}_R(n=1)]$에서 벗어나는 정도를 나타낸다(단 멱수법칙 유체의 경우에는 $d\ln\dot{\gamma}_a/d\ln\tau_R = 1/n$이 됨에 유의하라]. 지금 흐름방향의 속도성분 $v_z(r)$는 뉴톤 유체의 경우는 식 (5.79)에서 보는 바와 같이 반경 r에 대해 2차 함수인 포물선(parabolic) 관계를 보이나, 비뉴톤 유체인 경우는 식 (8.29)에서 보는 바와 같이 일반적으로

$n \neq 1$인 관계로 비포물선(nonparabolic) 관계를 보인다. 여기서 그림 8.6에 이들 두 유체의 속도장 $v_z(r)$ 및 벽면에서의 전단속도($\dot{\gamma}_R$)에 대해 거리 r의 함수 프로필간의 차이를 이해하기 위하여 각각 도식적으로 나타내었다.

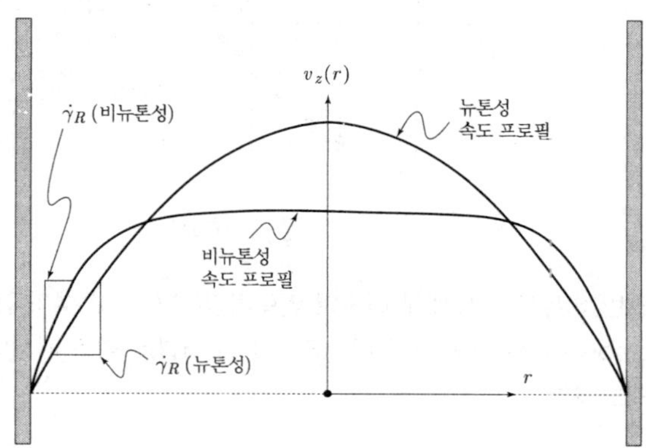

그림 8.6 모세관 벽면에서의 물질 성질의 효과를 나타내는 모식도. 그림에서 나타낸 전단 얇아짐(shear-thinning) 유체의 경우에는, 같은 평균속도에서의 벽면($r=R$)에서의 전단속도($\dot{\gamma}_R$)는 비뉴톤성 유체의 경우가 뉴톤 유체의 경우보다 큼을 알 수 있다.

한편 모세관을 통한 포아제 전단흐름(단 균일상 흐름 가정)에 관한 유체의 전단점도는 정의식 (8.8)과 $\dot{\gamma}_R$에 관한 식 (8.42)로부터 아래와 같이 구해진다.

$$\eta(\dot{\gamma}_R) = \frac{\tau_R[= \tau_{rz}|_{r=R}]}{\dot{\gamma}_R[= \dot{\gamma}|_{r=R}]} = \eta(\dot{\gamma}_R) = \frac{4\tau_R}{\dot{\gamma}_a}\left(3 + \frac{d\ln\dot{\gamma}_a}{d\ln\tau_R}\right)^{-1} \tag{8.45}$$

따라서 전단점도 η는 모세관 흐름에서 부피유량 Q($\dot{\gamma}_R$의 계산에 필요함)과 압력하강 $\Delta P^* \equiv P_0^* - P_L^*$($\tau_R$의 계산에 필요함)의 측정과 더불어 모세관의 기하인 R(관의 반경) 및 L(관의 길이)의 정보를 알면 식 (8.45)에서 구해질 수 있다. 즉 주어진 한 쌍의 실험 데이터 $(\tau_R, \dot{\gamma}_a)$에서 $\dot{\gamma}_a$ 대 τ_R의 이중 로그(즉 로그-로그) 플롯의 기울기(이는 τ_R의 함수로서, 만약 멱수법칙 유체의 경우에는 $1/n$이 됨)를 알면 식 (8.45)로부터 $\eta(\dot{\gamma}_R)$를 구할 수 있다(그림 8.7 참조).

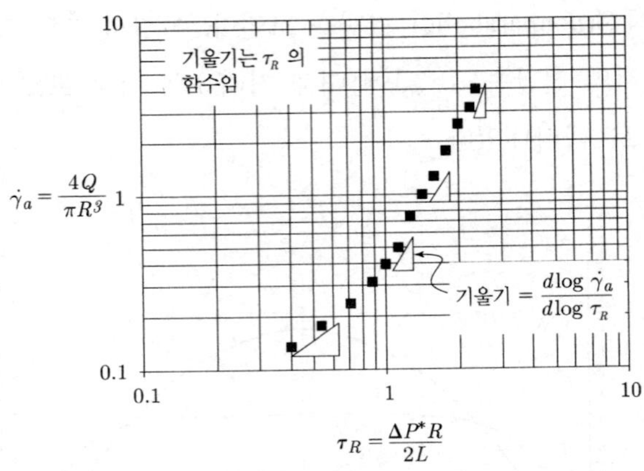

그림 8.7 임의의 일반 비뉴톤성 유체에 대하여 압력하강(ΔP^*) 및 부피유량(Q) 데이터로부터 Weisseberg-Rabinowitsch(W-R) 보정(식 (8.42))의 대괄호 참조)에서의 기울기(미분)을 구하는 절차를 보여주는 그림.

그런데 여기서 한 가지 지적할 사항은 식 (8.8)에서 나타내었듯이 전단속도($\dot{\gamma}$) 의존성 점도 $\eta(\dot{\gamma})$는 위치(반경) r에서의 $\dot{\gamma}$ 값에 의존하므로 벽면(즉 $r = R$)에서의 점도값 $\eta(\dot{\gamma}_R)$이 유체의 대표적 점도 성질을 나타내는가 하는 문제인데, 대부분의 고분자 용융물이나 진한 용액계의 경우에는 그렇다고 알려져 있다. 그러나 현탁액(suspension)이나 다른 복잡한 비뉴톤성 유체계의 경우에는 예외가 있을 수 있으므로 주의를 요한다. 다음 두 (부)절에서는 모세관 레오미터의 이용시 고려되어야하는 입구 및 출구에서의 두 말단효과(end effects) 및 벽 미끄러짐(wall slip) 현상에 대해 논하기로 한다.

8. 1. 1. 3 입구 및 출구 효과 - Bagley 보정

모세관 흐름에 있어서 벽면에서의 전단응력 τ_R의 유도에 사용된 가정 중의 하나는 모세관의 길이가 충분히 길어서 속도성분 v_z의 $z-$ 방향으로의 변화는 무시(즉 $\partial v_z/\partial z \simeq 0$)한다는 것이었다 (표 8.1 참조).

그러나 실제 모세관 점도계에 있어서, (전단)흐름이 입구(inlet)에서 충분히 전개되기 위해서는 얼마간의 시간이 요구될 뿐 아니라, 대부분의 고분자 유체의 경우 출구(exit)에서의 흐름은 다이 팽창(die swell) 효과에 의해 교란(disturb)된다. 입구 및 출구에서의 이들 두 말단효과(end effects)로 인해서 속도성분 v_z의 $z-$ 방향으로의 얼마간의 변화가 생긴다(즉 $\partial v_z/\partial z \neq 0$일 수 있다). 그러나 이와 같은 v_z의 $z-$ 방향으로의 변화는 그림 8.3에 나타낸 바와 같이 정상상태(steady-state)의 충분히 전개된 일방향의 흐름(fully developed unidirectional flow)이 일어나고 있는 모세관의 부분(portion)에 걸쳐서만 압력하강 ΔP^* 및 모세관 길이 L를 계산하는 한 그다지 큰 문제가 되지 않는다. 반면에 압력하강 및 길이에 관한 정보가 알려져 있지 않은 모세관의 부분에서의 계산이 문제가 된다.

모세관을 통한 압력하강(pressure drop)의 측정은 통상 그림 8.3에 나타낸 것과 같은 장치를 사용하여 행해지며, 이때 중력효과는 일반적으로 무시된다[즉 $P^* = p - \rho gh \simeq p$]. 모세관 꼭대기(그림 8.3의 B점)에서의 압력 $p_0\,[= p(z=0)]$는 정상상태에서 피스톤을 움직이는데 요구되는 단위면적당 힘 $F/\pi R_b^2$(여기서 R_b는 배럴의 반경)과 같다. 그리고 모세관의 밑바닥에서의 압력 $p_L\,[= p(z=L)]$은 대기압 P_{atm}과 같다. 따라서 전 모세관을 통한 압력하강($\triangle p$)은 아래 식으로 주어진다.

$$\triangle p \equiv p_0 - p_L = F/\pi R_b^2 \ , \quad \text{여기서} \ p_0 = P_{atm} + F/R_b^2, \quad p_L = P_{atm} \tag{8. 46}$$

이때 흐름의 전체 길이는 모세관의 전 길이 L과 같으며, 모세관 입구와 출구에서 고분자 흐름이 재배치되어야한다는 사실은 무시한다. 배럴 내의 압력하강효과는 므세관 입구에서의 압력을 가령 그림 8.3의 점 B에 압력변환기(pressure transducer)를 설치함으로써 독립적으로 측정함에 의해 제거될 수 있다. 그리고 모세관의 양 말단효과는 일정 전단속도에서 모세관의 길이(L) 대 직경($D = 2R$) 비를 바꾸는 효과를 관측함으로써 설명될 수 있다.

일정 벽면 전단속도($\dot{\gamma}_R$)(혹은 일정부피유량 Q)에서 모세관 레오미터의 운전은 주어진 물질과 주어진 온도에 대하여 대응하는 일정 벽면 전단응력 $\tau_R = \triangle pR/2L$을 낳는다. 그리고 Q는 일정하나 모세관의 기하(L 또는 D)는 변화시켜 수행된 실험은 아래 식으로 주어지는 측정 압력하강($\triangle p$)를 낳는다(문 8.2 참조).

$$\triangle p = 2\tau_R \frac{L}{R} \tag{8. 47}$$

따라서 일정 전단속도(혹은 일정 Q)에서 실험을 통한 $\triangle p$ 대 L/R의 플롯은 기울기 $2\tau_R$을 가진 직선(단 이때 말단효과는 없다고 가정)이 될 것이다. 그러나 만약 모세관의 양 말단효과에 존재할 경우는 이 직선은 원점을 통과하지 않을 것이다(그림 8.8 참조).

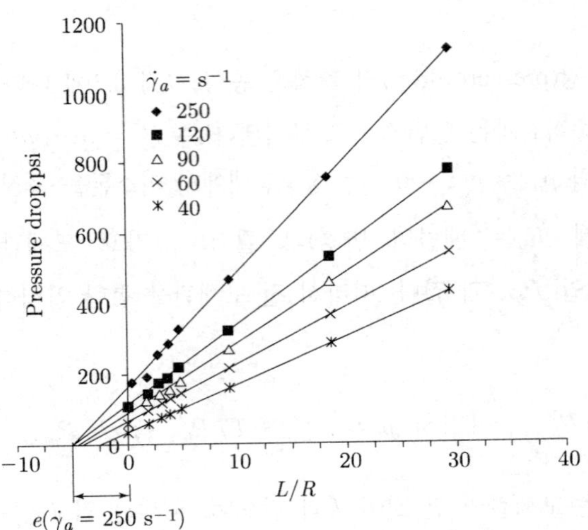

그림 8.8 폴리에틸렌(PE)의 용융물에 대한 압력하강($\triangle p$) 대 L/R(여기서 L은 관의 길이, R은 반경)의 플롯. 이때 PE의 용융지수(melt index)는 2.9, 온도 $T = 190$ ℃임. 각각의 겉보기 전단속도($\dot{\gamma}_a$)에서의 양 말단효과에 대한 보정은 y축 절편 혹은 외삽된 x축 절편(e)로부터 계산될 수 있다.

몇몇 높은 탄성을 나타내는 물질의 경우 비교적 짧은 모세관을 이용한 실험결과에서 $\triangle p$ 대 L/R의 플롯은 직선이 되나 y축 절편은 0이 되지 않는다. 일반적으로 $\triangle p$ 대 L/R의 (직선)플롯에서 y절편 값은 모세관의 입구와 출구에서의 고분자의 속도 프로필의 재배치(rearrangement)에 기인한 입구 및 출구 압력 손실의 복합효과(combined effect)를 반영한다. 이들 말단 효과에 대한 모세관 흐름 데이터의 보정은 $\triangle p$ 대 L/R 플롯의 압력축(즉 y축)의 절편값을 벽면에서의 전단응력 τ_R값을 계산할 때 사용된 압력 값으로부터 빼든지, 아니면 x축의 외삽 절편값인 e를 τ_R의 계산에 사용된 L/R의 값에 더하든지 함으로써 이루어지는데 이를 말단효과에 대한 'Bagley 보정(correction)'이라고 부른다(그림 8.8 참조).

8. 1. 1. 4 벽면에서의 미끄러짐 효과 – Mooney 보정

비뉴톤 유체의 모세관 벽면에서의 전단속도 $\dot{\gamma}_R$에 대한 (뉴톤 유체에 상대적인)W-R 보정식 (8.42)의 유도는 벽에서의 미끄러짐이 없다고 가정하여 얻어진 것이다. 이는 관을 통한 표준흐름 조건에 대한 것으로서, 실제의 경우 종종 이 조건이 맞지 않음이 보고되고 있다.

벽면에서 미끄러짐(wall slip) 현상을 보다 자세히 조사하기 위하여 그림 8.9에 나타낸 전단흐름(SSF)을 받고 있는 (미끄러짐)계를 생각해보자. 이때 벽면에서의 미끄러짐 효과(slipping effect)는 흐름 중 유체에 발생한 변형을 감소시키는 것이다. 미끄러짐이 일어나고 있는 경우는 그렇지 않은 경우에 비해 전반적으로 전단속도(shear rate)가 감소되는데 특히 벽 근처에서는 더욱 뚜렷하다. 그러나 벽면에서의 전단응력 $\tau_R = \Delta P^* R/2L$(식 (8.33) 참조)은 경계조건의 변화에는 영향을 받지 않는다(8.1.1절의 시작부분을 참조 요).

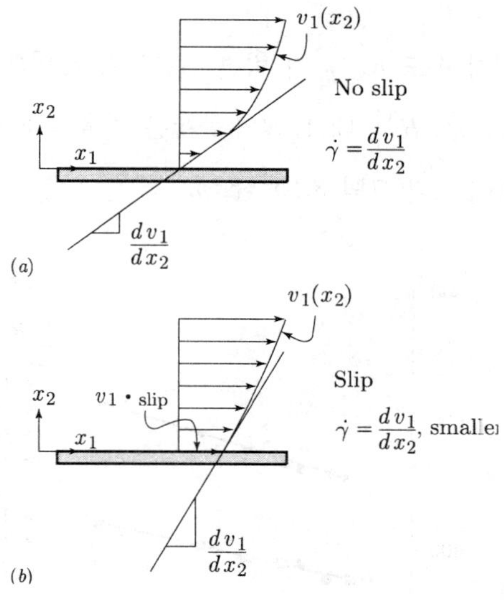

그림 8.9 전단흐름을 받고 있는 계.
(a) 벽면에서의 미끄러짐 없음(no slip at wall). (b) 벽면에서 미끄러짐. 모세관에서의 전단흐름에 대해 $v_1(x_2) = v_z(-r)$ 성립[∵ 전단좌표계 $1, 2, 3 \Leftrightarrow$ 원통좌표계 z, r, θ 등].

만약 벽에서의 미끄러짐이 발생하고 있는 경우에 점도 $\eta(\dot{\gamma}_R)$를 Mooney의 절차에 따라 계산하기 위해서는 벽 근처에서의 진짜(true) 전단속도 $\dot{\gamma}_R$을 계산해야한다. 이를 위한 첫 번째 단계는 식 (8.33)에 정의된 겉보기 전단속도 $\dot{\gamma}_a$를 미끄러짐 효과에 대해 보정을 해야한다. 그런 다음 보정된 $\dot{\gamma}_a$를 벽면에서의 (진짜)전단응력 $\dot{\gamma}_R$계산을 위한 W-R 보정식에 사용해야한다.

앞에서 언급한 바와 같이 벽에서의 미끄러짐이 없다고 가정시에 겉보기 전단속도는 아래가 된다.

$$\dot{\gamma}_a \equiv \frac{4Q}{\pi R^3} = \frac{\langle v_z \rangle}{R} \tag{8. 48}$$

여기서 $\langle v_z \rangle = Q/A(=\pi R^2)$는 모세관 내의 z방향의 평균속도이다. 그런데 만약 미끄러짐이 발생한다면 식 (8.48)의 $\dot{\gamma}_a$는 너무 큰 값을 주는데, 이는 $\langle v_z \rangle$의 대부분이 벽면에서 미끄러져 들어가기 때문이다. 그래서 보정된 $\dot{\gamma}_a$(즉 $\dot{\gamma}_{a,slip-corrected}$) 값은 벽에서의 미끄러짐 속도 $v_{z,\ slip}$를 사용하여 아래와 같이 나타내진다.

$$\dot{\gamma}_{a,\ slip-corrected} = \frac{4\langle v_z \rangle}{R} - \frac{4v_{z,\ slip}}{R} \tag{8.49}$$

만약 위 식에서 벽면 미끄러짐 속도 $v_{z,\ slip}$가 벽면 전단응력 τ_R만의 함수라고 가정한다면, 일정 τ_R에서 $4\langle v_z \rangle/R\left[=4Q_{measured}/\pi R^3\right]$ 대 $1/R$의 플롯은 기울기가 $4v_{z,\ slip}$, 그리고 (y축)절편이 $\dot{\gamma}_{a,\ slip-corrected}$인 직선이 될 것이다(그림 8.10 참조).

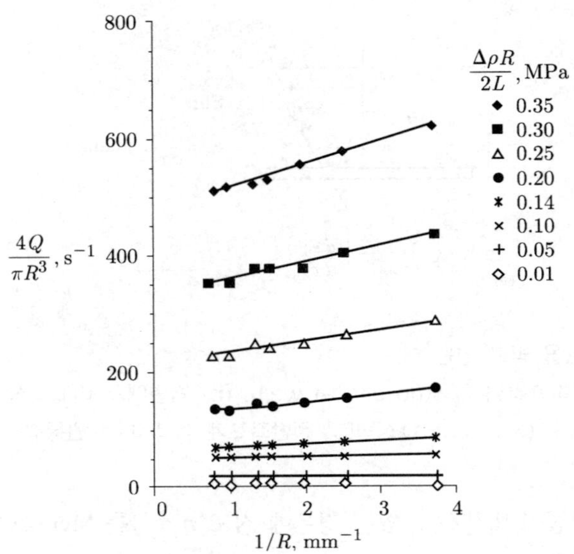

그림 8.10 LDPE 용융물에 대한 벽 미끄러짐 미보정의 겉보기 전단속도 $\dot{\gamma}_a(=4Q/\pi R^3)$ 대 역 모세관 반경 R^{-1}의 플롯: 용융지수=1, $T=220$ ℃. 여러 다른 벽면 전단응력 $\tau_R(=\Delta pR/2L)$에서의 각 직선의 (양의)기울기로부터 벽 미끄러짐 속도 $v_{z,\ slip}$(=기울기/4)가 얻어진다.

그리고 역으로 만약 일정 τ_R에서 $4Q/\pi R^3$ 대 $1/R$의 플롯을 행한다면 기울기가 0이 되어, 이 실험에서는 미끄러짐 효과가 반영되지 못한다. 그러나 앞에서 설명한 $\dot{\gamma}_a$에 대한 Mooney의 미끄러짐 보정기법은 유동계에 미끄러짐이 일어나고 있다는 가정하에 $v_{z,\ slip}$의 간접적인 측정에 불과하다. 그리고 가령 입구손실(entrance losses), 불안정성(instability), 압축성(compressibility) 또는 법선응력(normal stress)과 같은 미끄러짐 발생의 Mooney 가정에 대한 또 다른 위배효과들로 인하여 실제 측정에 있어서 기울기가 0이 안될 수도 있다.

벽면에서 미끄러짐 효과를 설명하는 또 다른 방법을 '외삽 길이(extrapolation length)'라고 불리는 양 b에 기호를 두는 것이다. 여기서 길이 b는 속도 프로필 $v_1(x_2)=v_z(-r)$가 0으로 외삽될 때의 음의 x_2 - 방향으로의 거리를 말한다(그림 8.11 참조). 벽에서의 미끄러짐에 대한 이와 같은 관점은 분자론적 모델에 기인하는 것으로서 가령 고분자의 분자량이나 모노머 성질과 같은 분자 파라미터로부터 길이 b의 변화를 예측한다. 여기서 파라미터 b와 벽면에서의 미끄러짐 속도 $v_{1,\,slip}$는 아래의 관계로 주어진다.

$$\dot{\gamma}_{R,\,slip-corrected} = \frac{v_{1,\,slip}}{b} \tag{8.50}$$

여기서 $\dot{\gamma}_{R,\,slip-corrected}$는 벽 근처에서의 미끄러짐 보정된 진짜(true) 전단속도이다. 이 식에서의 길이 b는 미끄러짐 보정에 대한 Mooney 기법(식 (8.49))에서 얻어진 미끄러짐 속도 $v_{z,\,slip}$에서 구해질 수도 있으며($\because$ $v_1(x_2) = v_z(-r)$ 성립), 또한 Mooney와 Weissenberg-Rabinowitsch 이중 보정이 행해진 후 얻어지는 (진짜)전단속도로부터도 계산될 수 있다.

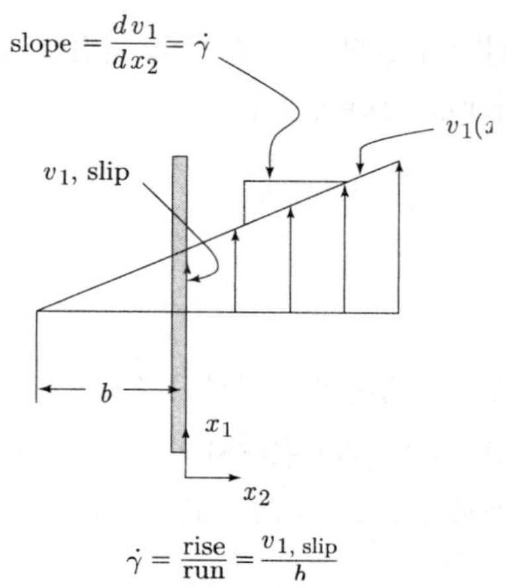

그림 8.11 유체가 벽을 따라 미끄러지는 흐름에서의 외삽길이 b의 정의.

이 절에서 언급된 모세관 레오미터(capillary rheometer)는 고분자 가공(polymer processing)에서와 같은 매우 높은 전단속도에서의 점도를 얻을 때 매우 유용하게 사용된다.

8.1.2 견인야기흐름(drag-driven flow) : 평행원반

앞 절에서 언급한 모세관에서의 점도 측정은 대개 약 40 그램의 시료를 필요로 하나, 그림 8.12에 도식적으로 나타낸 평행원반 비틀림 레오미터(parallel-disk torsional rheometer)에서는 1 그램보다 작은 양의 시료가 요구된다. 이처럼 평행원반 레오미터는 소량의 물질이나 또는 모세관 흐름의 입구에서 일어나는 심한 수축현상에 의해 다양하게 영향을 받는 물질의 측정에 매우 유효하다.

그러나 평행원반형 장치에서는 높은 전단속도의 경우 물질의 모서리 파괴(edge fracture)가 발생할 수도 있으므로 통상 평형원반 흐름에서 응용될 수 있는 최대 전단속도는 모세관 흐름의 경우에 비해 훨씬 작다.

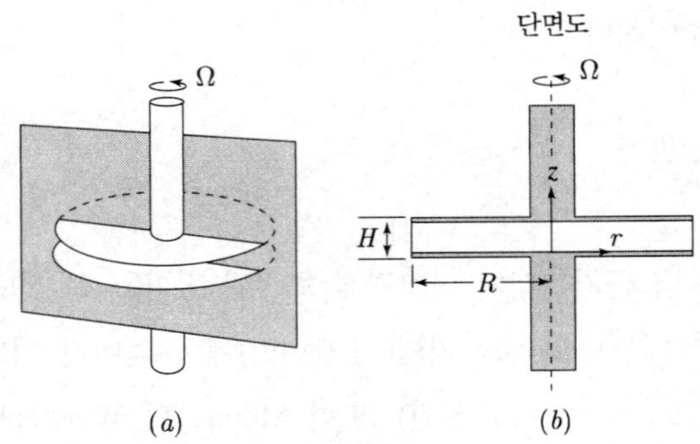

그림 8.12 점도측정을 위한 비틀림 평행원반 레오미터(parallel-disk rheometer)

평향원반 레오미터에서는 위 원반이 일정 각속도 Ω로 회전하고 있을 때 속도장 $\boldsymbol{v}$(물질성분 표시)는 원통좌표계 r, θ, z에서 아래로 나타내진다.

$$\boldsymbol{v} = \begin{pmatrix} 0 \\ v_\theta \\ 0 \end{pmatrix}_{r\theta z} \tag{8.51}$$

이 속도장을 갖고, 비압축성 유체를 가정하면 질량보존 식(표 4.3c 참조)에서 $\partial v_\theta / \partial \theta = 0$임을 알 수 있다. 만약 그림 8.12로 나타낸 단순전단흐름(SSF)이 $z-$방향의 구배를 갖고 $\theta-$방향으로 일어난다면(단 속도장 v_θ는 z에 대한 1차식 가정) 아래 식을 얻을 수 있다.

$$v_\theta = A(r)\, z + B(r) \tag{8.52}$$

여기서 $A(r)$ 및 $B(r)$는 r의 미지함수이다. 그리고 속도 경계조건은 그림 8.12로부터 $z = 0$에서 $v_\theta = 0$, 그리고 $z = H$에서 $v_\theta = r\Omega$(여기서 H는 두 평행원반사이의 간격임)이다. 이 경계조건은 식 (8.52)에 적용하면 아래의 해를 얻는다.

$$v_\theta = \frac{r\Omega z}{H} \tag{8.53}$$

식 (8.51)과 (8.53)으로부터 대칭 변형속도텐서 $\dot{\gamma}$를 원통좌표계(단 물리성분으로 표시)에서 구하면 아래가 된다(표 5.2.b 참조).

$$\dot{\boldsymbol{\gamma}} = \nabla \boldsymbol{v} + (\nabla \boldsymbol{v})^{\mathrm{T}} = \begin{pmatrix} 0 & \dfrac{\partial v_\theta}{\partial r} - \dfrac{v_\theta}{r} & 0 \\ \dfrac{\partial v_\theta}{\partial r} - \dfrac{v_\theta}{r} & 0 & \dfrac{\partial v_\theta}{\partial z} \\ 0 & \dfrac{\partial v_\theta}{\partial z} & 0 \end{pmatrix}_{r\theta z} = \begin{pmatrix} 0 & 0 & 0 \\ 0 & 0 & \dfrac{r\Omega}{H} \\ 0 & \dfrac{r\Omega}{H} & 0 \end{pmatrix}_{r\theta z} \tag{8. 54}$$

이로부터 (정상)전단속도 $\dot{\gamma}$는 아래와 같이 얻어진다.

$$\dot{\gamma} = \| \dot{\boldsymbol{\gamma}} \| = \sqrt{(\dot{\boldsymbol{\gamma}} : \dot{\boldsymbol{\gamma}})/2} = \frac{r\Omega}{H} \tag{8. 55}$$

또한 여기서 아래가 성립된다.

$$\dot{\gamma} = \dot{\gamma}_R \frac{r}{R}, \quad \text{여기서 } \dot{\gamma}_R = R\Omega/H \tag{8. 56}$$

한편 전단변형률 $\gamma(0, t) = \gamma_{21}(t)$도 아래와 같이 반경 r의 함수로 얻어진다.

$$\gamma(0, t) = \int_0^t \dot{\gamma}(t')\, dt' = \int_0^t \frac{r\Omega}{H} dt' = \frac{r\Omega\, t}{H} \tag{8. 57}$$

식 (8.53)과 (8.54)를 검토해보면, 만약 속도장의 $\theta-$방향으로의 곡률(curvature)을 무시하고, 어떤 특정 r 값에서의 흐름을 생각한다면 평행원반 흐름은 전단 (Cartesian) 좌표계 $(1,\ 2,\ 3)$에서의 속도장 $\boldsymbol{v} = \dot{\gamma}_0 x_2 \hat{\boldsymbol{e}}_1$를 갖는 (단순)전단흐름(SSF)과 유사하다. 그러므로 여기서 평행원반 흐름의 θ 방향은 흐름(1) 방향, z는 속도구배(2) 방향, 그리고 r는 중성(3) 방향으로 놓을 수 있다. 또한 거의 일방향 흐름(unidirectional flow)의 가정은 특히 $r = R$인 가장자리(rim) 부분에서 잘 들어맞는다. 그러나 식 (8.51)로 정의된 속도장 즉 $(1,\ 2,\ 3) = (r,\ \theta,\ z)$ 좌표계로 표시된 평행원반 전단흐름에 대한 (여분)응력텐서(단 물리성분으로 표시)는 아래의 간단화된 형태를 가질 것이다(식 (5.150) 참조).

$$\boldsymbol{\tau} = \begin{pmatrix} \tau_{rr} & 0 & 0 \\ 0 & \tau_{\theta\theta} & \tau_{z\theta} \\ 0 & \tau_{z\theta} & \tau_{zz} \end{pmatrix}_{r\theta z} \tag{8. 58}$$

그러면 이에 해당하는 운동방정식(EOM)은 정상상태(steady-state)의 가정하에 표 4.4C에 식 (8.51)과 (8.58)을 대입(단 이때 $\boldsymbol{\tau}$는 대칭 및 v_θ는 θ에 무관이라 가정하고, 중력장 효과는 무시함)하면 아래를 얻는다.

$$\begin{pmatrix} -\dfrac{\rho v_\theta^2}{r} \\ 0 \\ 0 \end{pmatrix}_{r\theta z} = \begin{pmatrix} -\dfrac{\partial p}{\partial r} \\ -\dfrac{1}{r}\dfrac{\partial p}{\partial \theta} \\ -\dfrac{\partial p}{\partial z} \end{pmatrix}_{r\theta z} + \begin{pmatrix} -\dfrac{1}{r}\dfrac{\partial}{\partial r}(r\tau_{rr}) - \dfrac{\tau_{\theta\theta}}{r} \\ \dfrac{\partial \tau_{z\theta}}{\partial z} \\ \dfrac{\partial \tau_{zz}}{\partial z} \end{pmatrix}_{r\theta z} \tag{8.59}$$

위 식에서는 응력텐서 $\boldsymbol{\tau}$는 3 속도성분 중 오직 v_θ에만 의존함을 알 수 있으며, 나아가 압력 p가 θ에 무관하다고 가정하면 EOM의 $\theta-$성분에서 아래가 성립된다.

$$\frac{\partial \tau_{z\theta}(r, z)}{\partial z} = 0 \tag{8.60}$$

이를 적분하면 아래를 얻는다.

$$\tau_{z\theta} = C(r) \tag{8.61}$$

여기서 적분상수 $C(r)$는 r의 미지의 함수이다. 만약 r의 어떤 값에서 전단응력(및 대응하는 전단속도)을 측정한다면 그 위치에서의 전단점도 $\eta(\dot{\gamma})$를 알 수 있을 것이다.

그런데 평행원반 흐름의 경우 전단응력 $\tau_{z\theta}$를 반경위치 r의 함수로 측정하기보다는 하부의 원반(lower disk)을 고정시키고 상부 원반(upper disk)을 회전시키는데 필요한 토크(torque) T를 측정하는 것이 훨씬 용이하다. 그런 다음 T로부터 원반의 가장자리(rim)에서의 점도 $\eta(\dot{\gamma}_R)$의 계산은 모세관 흐름에서 Weissenberg-Rabinowitsch(W-R) 보정식을 구할 때 사용된 절차와 유사하게 행해질 수 있다. 즉 상부 원반에서의 토크 T는 아래와 같이 구할 수 있다[단 토크 = 힘 × 거리의 개념에서 평행원반의 경우 미소변화 $dT = dF \times r = \tau dA \times r$, 여기서 F는 전단 힘, τ는 전단응력, $dA = 2\pi r dr$는 미소 단면적, 그리고 r는 레버 길이(lever arm) 임].

$$T = \int_A (\text{응력})(\text{레버 길이})\,dA = \int_0^R (\tau_{z\theta}|_{z=H})(r)(2\pi r dr) \tag{8.62}$$

그런데 임의의 (반경)위치 r에서의 점도 $\eta(\dot{\gamma}(r))$는 아래와 같이 얻어진다(식 (8.8) 참조).

$$\eta \equiv -\frac{\tau_{21}}{\dot{\gamma}_0} = \frac{\tau_{z\theta}(r)}{\dot{\gamma}(r)} = \eta(r) \tag{8.63}$$

[주의 : 여기서 부호는 전단점도가 양의 값을 갖도록 취해짐.]

여기서 $\tau_{z\theta} = \eta(r)\dot{\gamma}(r)$를 식 (8.62)에 대입하면 아래를 얻는다.

$$T = 2\pi \int_0^R \eta \dot{\gamma} r^2 dr \tag{8.64}$$

이제 위 식으로부터 점도를 구해보기로 한다. 앞 절에서 W-R 보정식을 얻을 때와 유사한 절차를 따라, 위 식의 미분을 통하여 적분을 제거한다. 먼저 반경위치 r에서의 전단속도 식 (8.56)에서 $\dot{\gamma}(r) = \dot{\gamma}_R r/R$, $r = (R/\dot{\gamma}_R)\dot{\gamma}$ 및 $dr = (R/\dot{\gamma}_R)d\dot{\gamma}$를 식 (8.64)에 대입하면 아래가 얻어진다.

$$T = \frac{2\pi R^3}{\dot{\gamma}_R^3} \int_0^{\dot{\gamma}_R} \eta \dot{\gamma}^3 d\dot{\gamma} \quad \text{혹은} \quad \left(\frac{T}{2\pi R^3}\right)\dot{\gamma}_R^3 = \int_0^{\dot{\gamma}_R} \eta \dot{\gamma}^3 d\dot{\gamma} \tag{8.65}$$

이제 양변을 Leibnitz 공식(A6.22)을 사용하여 $\dot{\gamma}_R$에 대해 미분을 행하면 아래가 된다.

$$\frac{d}{d\dot{\gamma}_R}\left[\left(\frac{T}{2\pi R^3}\right)\dot{\gamma}_R^3\right] = \int_0^{\dot{\gamma}_R} \frac{\partial}{\partial \dot{\gamma}_R}(\eta \dot{\gamma}^3)\, d\dot{\gamma} + \eta(\dot{\gamma}_R)\dot{\gamma}_R^3 \tag{8.66}$$

여기서 위 식의 우변의 첫 번째 항은 0이 되고, 좌변의 미분은 $3\dot{\gamma}_R^2(T/2\pi R^3) + \dot{\gamma}_R^3 d(T/2\pi R^3)/d\dot{\gamma}_R$ 이 되므로 정리하면 가장자리(rim) 또는 벽면에서의 전단점도 값 $\eta(\dot{\gamma}_R)$에 대한 표현식은 아래가 된다.

$$\eta(\dot{\gamma}_R) \equiv \tau_R/\dot{\gamma}_R = \frac{T/2\pi R^3}{\dot{\gamma}_R}\left[3 + \frac{d\ln(T/2\pi R^3)}{d\ln \dot{\gamma}_R}\right] \tag{8.67}$$

여기서 벽면에서의 전단응력 및 전단속도는 각각 아래가 된다.

$$\tau_R = (T/2\pi R^3)[3 + d\ln(T/2\pi R^3)/d\ln\dot{\gamma}_R]; \quad \dot{\gamma}_R = R\Omega/H \tag{8.68}$$

식 (8.67) 또는 (8.68)의 사각 (대)괄호 속의 항은 벽면에서의 진짜 전단응력을 구하기 위한 보정항으로서 앞 절에서 진짜 전단속도 $\dot{\gamma}_R$을 구하기 위한 W-R 보정식과 유사하다. 따라서 식 (8.67)로부터 평행원반 레오미터에서의 원반 가장자리(rim) 또는 벽면에서의 전단점도 $\eta(\dot{\gamma}_R)$는 각각의 $(T, \dot{\gamma}_R)$ 실험 데이터에 대하여 그 점에서의 이중 로그 직선 플롯의 기울기를 통한 (진짜)전단응력에 대한 보정과 함께 얻어질 수 있다(그림 8.13 참조).

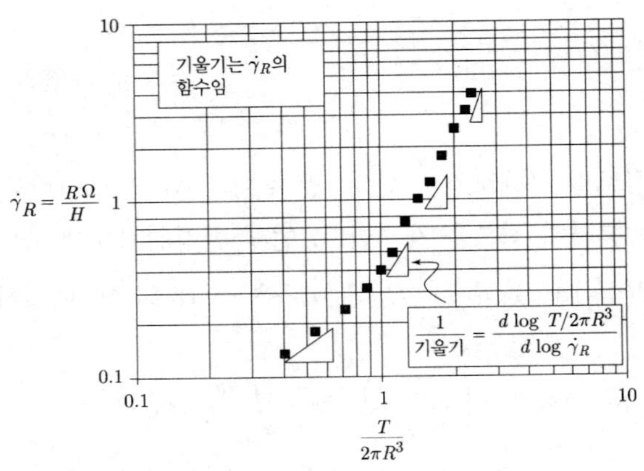

그림 8.13 점도 표현식(식 (8.67))에서의 (로그-로그)미분(즉 기울기)은 주어진 위치에 대한 토크(T)와 전단속도 $\dot{\gamma}_R$(또는 각속도)의 데이터로부터 얻어지며, $\dot{\gamma}_R$의 함수가 된다.

앞 절의 모세관 점도계에서의 점도는 벽면(wall)에서의 점도 즉 $\eta = \eta(\dot{\gamma}_R)$로 계산되었으며, 이 절의 평행원반 점도계에서의 점도는 원반의 가장자리(rim)에서의 점도 $\eta = \eta(\dot{\gamma}_R)$로 계산되었다. 그리고 모세관 점도계의 경우 현탁액(suspension)과 같은 구조를 이룬 유체(structured fluid)에서 종종 발생하는 물질의 성질(점도 등)에 대한 벽의 존재의 영향이 문제가 되었듯이, 평행원반 점도계의 경우에도 비슷한 문제가 생긴다. 즉 흐름 중 발생하는 전단변형(률)은 반경위치 r과 함께 변하므로(식 (8.57) 참조), 유체 내의 모든 물질 요소가 같은 변형을 경험하지는 않는다. 그러나 식 (8.62)에 의해 얻어지는 토크(T)는 모든 r 값에 있는 유체 요소로부터의 공헌에 의해 측정되는 양이다. 상분리 블랜드(phase-separated blends)나 액정(liquid crystal)처럼 변형(률)에 민감한 물질의 경우, 평행원반 점도계로 측정된 물성은 각 반경위치(또는 각 전단변형)에서 뚜렷하지 않은(혹은 혼돈된) 결과를 나타낼 수도 있다.

평행원반 기하는 5.4.2.3(e)절에 소개한 소진폭 진동전단(SAOS) 모드에 보다 적합하다. 이 경우 전단속도 $\dot{\gamma}(t)$는 역시 식 (8.55)[즉 $\dot{\gamma}(t) = r\Omega(t)/H$]로 구해지며, 이 때 원반의 각도변위를 나타내는 시간의존성 각속도 $\Omega(t) = d\theta/dt$[통상 $\theta(t) = \theta_0 e^{i\omega t}$로 표시되며, 여기서 θ_0는 진폭, $i = \sqrt{-1}$, 그리고 ω는 정상 각속도임]이다. 6.7.2절에서 소개한 비틀림 진동 점도계(그림 6.31)에 대해 선형 점탄성(GLVE) 모델을 사용하여 SAOS 실험에 대한 동적 복소점도 $\eta^*(= G^*/i\omega)$(식 (5.247))를 구할 때 사용된 기법(문 6.10 참조)과 유사한 방법으로 계산을 행하여 얻어진 최종 결과만을 소개하면 아래가 된다.

$$\eta'(\omega)(= G''(\omega)/\omega) = \frac{2HT_o \sin\delta}{\pi R^4 \omega \theta_0}; \ \eta''(\omega)(= G'(\omega)/\omega) = \frac{2HT_o \cos\delta}{\pi R^4 \omega \theta_0} \tag{8.69}$$

위 식에서 각도 δ는 동적 (복소)전단응력 완화실험에서 부가된 동적 전단변형 γ(또는 전단속도 $\dot{\gamma}$)

에 대한 응답 동적 전단응력(완화)의 위상차(phase difference) 또는 지연각(delayed angle)이다[이때 $\tan\delta = G''/G'$ 가역적인 탄성(저장) 거동에 대한 비가역적인 점성(손실) 거동의 비를 나타냄].

8. 1. 3 견인(drag) 야기흐름 : 원추-원판(corn-and-plate)

비틀림 평행원반 실험에서 전단속도 $\dot{\gamma}$(및 전단변형 γ)의 반경위치(r) 의존성에 관한 문제는 만약 원추-원판(corn-and-plate) 기하를 사용하면 제거될 수 있다. 비록 이것이 평행원반 기하에 대한 본질적인 개선책은 아닐지라도 원추각 Θ_0가 매우 작은 극한에서는 $\dot{\gamma}$가 반경위치 r에 의존하지 않게 되는 균일장 흐름(homogeneous flow)의 성격을 띠게 된다(아래 참조). 그러나 매우 점성이 높은 물질은 원추-원판 점도계에 사용될 수 있다. 왜냐하면 이 경우 원추가 시료 속으로 압박되어져야 하기 때문이다. 또한 높은 전단속도에서는 앞 절에서 언급한 바 있는 모서리 비틀어짐(edge distortion)도 발생할 수 있다.

원추-원판 기하는 그림 8.14에 나타내어져 있다. 이 실험에서는 유동선의 곡률(curvature of flow lines)은 무시될 수 있으며, 만약 (r, θ, ψ)의 구좌표계를 사용할 때 원추가 일정 각속도 Ω로 회전 시 $\phi-$방향으로 전단흐름(SSF)이 발생된다. 이 때 속도장 $\boldsymbol{v}$(물리성분 표시)는 아래로 나타내진다.

$$\boldsymbol{v} = \begin{pmatrix} 0 \\ 0 \\ v_\phi \end{pmatrix}_{r\theta\phi} \tag{8. 70}$$

이때 이 흐름의 전단표면들(shear surfaces)은 극각(polar angles) θ가 일정한 표면들로서 수직으로부터 아래로 측정된다(그림 참조). 이들 원추 표면들은 Θ_0가 작을 경우에는 평면에 가깝다.

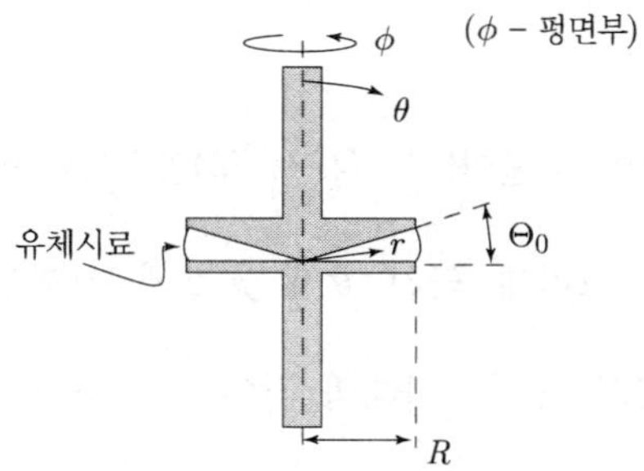

그림 8.14 점도측정을 위한 원추-원판(cone-and-plate) 레오미터. 여기서 Θ_0은 (작은)원추각(cone angle)이다.

이제 앞에서 사용된 절차와 유사한 방법(단 원통좌표 대신 구좌표 이용)으로 계산을 진행해 나가기로 한다. 만약 원추각 Θ_0이 작은 얕은 원추(shallow cone)인 경우에는 관심의 지역은 밑판

(bottom plate) 근처에 있으며, 이 지역에서는 $-r\theta$가 원통좌표계의 z와 거의 같다. 그러므로 이 경우는 $\phi-$(흐름)방향의 전단흐름이 $(-r\theta)-$방향으로 구배(gradient)를 가지며 (이때 $\phi-$방향으로의 곡률은 무시), 또한 (비압축성)질량보존의 식 (표 4.3D)에서 $\partial v_\phi / \partial \phi = 0$가 되므로 (적분을 통하여) 아래가 얻어진다.

$$v_\phi = C_1(-r\theta) + C_2 \tag{8.71}$$

여기서 C_1 및 C_2는 (적분)상수이다. 한편 그림 8.14로 나타낸 (구)좌표계에서의 경계조건은 (i) $\theta = \pi/2$일 때 $v_\phi = 0$, 그리고 (ii) $\theta = \pi/2 - \Theta_0$(여기서 Θ_0은 원추각)일 때 $v_\phi = r\Omega$이다. 이들 경계조건을 식 (8.71)에 대입하면 아래의 해를 얻는다.

$$v_\phi = \frac{r\Omega}{\Theta_0}\left(\frac{\pi}{2} - \theta\right) \tag{8.72}$$

이 흐름에 대한 속도장 식 (8.70)(단 물리성분으로 표시)로부터 대칭 변형속도텐서 $\dot{\gamma}\left[= (\nabla v)^{\mathrm{T}} + \nabla v\right]$(단 물리성분 표시)를 표 5.2(c)로부터 구하면 아래가 된다.

$$\dot{\gamma} = \begin{pmatrix} 0 & 0 & r\frac{\partial}{\partial r}\left(\frac{v_\phi}{r}\right) \\ 0 & 0 & \frac{\sin\theta}{r}\frac{\partial}{\partial \theta}\left(\frac{v_\phi}{\sin\theta}\right) \\ r\frac{\partial}{\partial r}\left(\frac{v_\phi}{r}\right) & \frac{\sin\theta}{r}\frac{\partial}{\partial \theta}\left(\frac{v_\phi}{\sin\theta}\right) & 0 \end{pmatrix}_{r\theta\phi} \tag{8.73 a}$$

$$= \begin{pmatrix} 0 & 0 & 0 \\ 0 & 0 & \dot{\gamma}_{\theta\phi} \\ 0 & \dot{\gamma}_{\theta\phi} & 0 \end{pmatrix}_{r\theta\phi} \tag{8.73 b}$$

단 위 식의 (b)는 v_ϕ/r는 r에 무관함(∵ 식 (8.72)에서)을 이용하였고, 또한 $\dot{\gamma}_{\theta\phi}\left(= \dot{\gamma}_{\phi\theta}\right) \equiv \frac{\sin\theta}{r}\frac{\partial}{\partial\theta}\left(\frac{v_\phi}{\sin\theta}\right)$로 두었다. 그런데 극각 θ가 $\pi/2$에 가까우면(∵ Θ_0은 매우 작으므로) $\sin\theta \approx 1$가 되므로, 이때 위 식의 $\dot{\gamma}_{\theta\phi}$는 아래와 같이 단순화 될 수 있다.

$$\dot{\gamma}_{\theta\phi} = \frac{\sin\theta}{r}\frac{\partial}{\partial\theta}\left(\frac{v_\phi}{\sin\theta}\right) \fallingdotseq \frac{1}{r}\frac{\partial v_\phi}{\partial\theta} = -\frac{\Omega}{\Theta_0} \tag{8.74}$$

따라서 이를 식 (8.73b)에 대입하면 아래가 성립된다.

$$\dot{\gamma}=\begin{pmatrix} 0 & 0 & 0 \\ 0 & 0 & -\dfrac{\Omega}{\Theta_0} \\ 0 & -\dfrac{\Omega}{\Theta_0} & 0 \end{pmatrix}_{r\theta\phi} \tag{8. 75}$$

$$\dot{\gamma}\equiv \|\dot{\boldsymbol{\gamma}}\| = \sqrt{(\dot{\boldsymbol{\gamma}} : \dot{\boldsymbol{\gamma}})/2} = |\Omega/\Theta_0| = +\Omega/\Theta_0 \tag{8. 76}$$

그러면 원추-원판 기하에 대한 전단변형(률) $\gamma(0,\, t)\,[=\gamma_{21}(t)=\gamma_{12}(t)]$는 식 (8.76)을 이용하여 아래와 같이 얻어진다.

$$\gamma(0,\, t)=\int_0^t \dot{\gamma}(t')\,dt'=\int_0^t \frac{\Omega}{\Theta_0}\,dt'=\frac{\Omega t}{\Theta_0} \tag{8. 77}$$

다음에는 식 (8.72), (8.75), (8.76) 및 전단점도 $\eta(>0)$의 정의식 (식 (8.8) 참조)으로부터 원추-원판 흐름에 대해 아래의 관계(협약)가 성립됨을 알 수 있다.

$$\dot{\gamma}_0=\frac{1}{r}\frac{\partial v_\phi}{\partial(-\theta)}=\frac{\Omega}{\Theta_0}=\dot{\gamma} \tag{8. 78}$$

$$\tau_{21}=-\tau_{\theta\phi} \tag{8. 79}$$

$$\eta=\frac{-\tau_{21}}{\dot{\gamma}_0}=\frac{\tau_{\theta\phi}}{\dot{\gamma}} \tag{8. 80}$$

그런데 원추-원판 기하의 경우 전단속도($\dot{\gamma}$)와 전단병형(γ)는 식 (8. 76)과 (8.77)로부터 위치 r 및 ϕ에 무관하므로, 전체 토크(torque)로부터 점도를 계산함에 있어서 매우 용이하다. 우선 아래판(bottom plate)에 대한 전 토크 T는 식 (8.62)의 경우와 유사하게 $dT=dF\times r=\tau dA\times r$[여기서 F는 전단 힘, τ는 전단응력, $dA=r\,d\phi\,dr$는 미소단면적, 그리고 r는 레버 길이(lever arm)임]를 이용하면 아래와 같이 계산된다.

$$T=\int_A(\text{응력})(\text{레버 길이})\,dA=\int_0^{2\pi}\int_0^R\left(\tau_{\theta\phi}\big|_{\theta=\pi/2}\right)(r)(r\,d\phi\,dr) \tag{8. 81}$$

앞에서 언급했듯이 전단속도 $\dot{\gamma}$는 전 흐름영역을 통하여 위치(r 및 ϕ)에 무관하므로, 점도 $\eta(\dot{\gamma})$ 및 전단응력 $\tau(\dot{\gamma})$ 또한 상수가 되어 위 식에서 적분 바깥으로 빠져 나올 수 있다. 그리고 경계조건에서 $r=0$일 때 $\tau_{\theta\phi}=0$이 되므로, 식 (8.81)의 이중적분은 아래의 결과를 준다.

$$T = \frac{2}{3}\pi R^3 \tau_{\theta\phi}\Big|_{\theta=\pi/2} \tag{8.82}$$

따라서 점도(η)에 관한 식 (8.80)에서 $\tau_{\theta\phi}|_{\theta=\pi/2} = 3T/2\pi R^3$ 및 $\dot{\gamma}(=\dot{\gamma}_0) = \Omega/\Theta_0$을 대입하면 아래를 얻는다.

$$\eta \equiv \frac{-\tau_{21}}{\dot{\gamma}_0} = \frac{\tau_{\theta\phi}}{\dot{\gamma}} = \frac{3T\Theta_0}{2\pi R^3\Omega} \tag{8.83}$$

즉 원추-원판 기하에서 원추각 Θ_0가 매우 작은 극한의 경우에는 전 흐름을 통하여 전단응력 및 전단속도가 위치에 무관, 즉 일정하게 되며 또한 시료 전체를 통하여 균일한 (전단)변형을 낳는다. 이로 인하여 식 (8.83)으로 나타낸 점도의 계산이 매우 용이해진다. 이와 같이 원추-원판 기하에서의 흐름의 균일성(uniformity)은 특히 변형이나 변형속도에 민감한 액정(liquid crystals), 불상용 블랜드(incompatible blends)나 현탁액(suspensions)과 같은 구조형성(structure-forming) 물질을 취급할 경우에는 큰 장점으로 작용된다. 덧붙여 원추-원판 기하의 또 다른 장점은 원추에 대한 축방향 추력(axial thrust)의 측정으로부터 제 1법선응력차 $N_1(=\tau_{11}-\tau_{22})$을 측정할 수 있다는 것이다(이하 참조).

원추-원판 기하에서 유체흐름에 기인한 (아래)판에 대한 전 추력(total thrust) F는 판에 작용하는 법선(normal) 응력을 그것이 작용하는 판의 전 면적에 걸쳐 적분한 값에 대기압에 의한 추력항인 $\pi R^2 P_{atm}$을 뺀 것과 같다. 즉

$$F = \left[2\pi\int_0^R T_{\theta\theta}|_{\theta=\pi/2}\, r\,dr\right] - \pi R^2 P_{atm} \tag{8.84}$$

여기서 $T_{\theta\theta}$는 식 (4.35)로 정의된 전체 응력텐서 $\mathbf{T}\,[=-p\mathbf{I}+\boldsymbol{\tau}$, 여기서 p는 대기(정수)압 P_{atm}, $\mathbf{I}$는 단위 등방텐서, 그리고 $\boldsymbol{\tau}$는 여분의 응력(extra stress)텐서임]의 구좌표(r, θ, ϕ)에서의 $\theta-$방향으로서 (물리)성분이다. 지금 $T_{\theta\theta}|_{\theta=\pi/2}$를 계산하기 위하여 이 문제에 대한 운동방정식(EOM)의 r성분(표 4.4D 참조)을 생각해보자. 이 흐름에 대한 속도장(식 (8.70))으로부터 $v_r = v_\theta = 0$임을 알고, 또 정상상태의 가정(즉 $\partial\boldsymbol{v}/\partial t = 0$) 및 중력장 효과를 무시하고, 비압축성 유체에 대한 연속체 방정식으로부터 $\partial v_\phi/\partial\phi = 0$(표 4.3D 참조)을 적용하면 EOM의 $r-$성분은 아래가 된다.

$$-\frac{\rho v_\phi^2}{r} = -\frac{\partial p}{\partial r} + \frac{1}{r^2}\frac{\partial}{\partial r}\left(r^2\tau_{rr}\right) + \frac{1}{r\sin\theta}\frac{\partial}{\partial\theta}\left(\tau_{\theta r}\sin\theta\right) + \frac{1}{r\sin\theta}\frac{\partial\tau_{\phi r}}{\partial\phi} - \frac{\tau_{\theta\theta}+\tau_{\phi\phi}}{r} \tag{8.85}$$

그런데 우리가 생각하고 있는 흐름은 관성효과(inertial effects) 및 모서리 불안정성(edge

instabilities)을 최소화하기위해 상대적으로 속도가 느린 경우로 제한하고 있으므로 위 식의 원심력(centrifugal-force) 항을 무시할 수 있다. 또한 이 실험에서 작은 원추각 Θ_0의 극한에서 전단속도($\dot{\gamma}$)가 전 유동장(flow field)에 걸쳐서 일정하다고 가정되므로, (여분)응력텐서 $\boldsymbol{\tau}=\boldsymbol{\tau}(\dot{\gamma})$ 또한 일정할 것이다. 이로부터 식 (8.85)의 응력 성분에 대한 편미분이 0이 되어 $\partial T_{\theta\theta}/\partial r \equiv \partial(-p+\tau_{\theta\theta})/\partial r = -\partial p/\partial r$이 될 것이다. 마지막으로 앞에서 언급했듯이 θ가 $\pi/2$에 가까운 어떤 특정 표면에 대해서는 $\sin\theta \simeq 1$이 되어 $r-$성분 운동방정식 (8.85)는 아래와 같이 (근사적으로)간략하게 나타내질 수 있다.

$$0=\frac{\partial T_{\theta\theta}}{\partial r}+\frac{2\tau_{rr}}{r}-\frac{\tau_{\theta\theta}+\tau_{\phi\phi}}{r} \tag{8.86}$$

그런데 원추-원판 (구좌표)기하에서 흐름(1) 방향을 ϕ, 속도구배(2) 방향을 θ, 그리고 중성(3) 방향을 r좌표로 간주하면 (여분)응력텐서 $\boldsymbol{\tau}$의 물리성분표시에서 τ_{11}은 $\tau_{\phi\phi}$, 그리고 τ_{22}는 $\tau_{\theta\theta}$, 그리고 τ_{33}은 τ_{rr}이 될 것이다. 이 경우 제 1 법선응력차 계수 Ψ_1 및 제 2 법선응력차 계수 Ψ_2는 각각 아래와 같이 정의될 것이다.

$$\Psi_1 \equiv \frac{\tau_{11}-\tau_{22}}{\dot{\gamma}_0^2}=\frac{\tau_{\phi\phi}-\tau_{\theta\theta}}{\dot{\gamma}_0^2} \tag{8. 87}$$

$$\Psi_2 \equiv \frac{\tau_{11}-\tau_{22}}{\dot{\gamma}_0^2}=\frac{\tau_{\theta\theta}-\tau_{rr}}{\dot{\gamma}_0^2} \tag{8. 88}$$

위 두 식에서 각각 $\tau_{\phi\phi}=\tau_{\theta\theta}+\Psi_1\dot{\gamma}_0^2$ 및 $\tau_{rr}=\tau_{\theta\theta}-\Psi_2\dot{\gamma}_0^2$가 성립되므로, 먼저 식 (8.86)의 양변을 r로 곱하고 여기에 이들 관계식을 대입하고 정리하면($\tau_{\theta\theta}$항은 상쇄됨) 아래를 얻는다.

$$r\frac{\partial T_{\theta\theta}}{\partial r}=\frac{\partial T_{\theta\theta}}{\partial \ln r}=-2\tau_{rr}+\tau_{\theta\theta}+\tau_{\phi\phi}=\dot{\gamma}_0^2(\Psi_1+2\Psi_2) \tag{8. 89}$$

여기서 식 (8.89)의 적분을 통하여 해 $T_{\theta\theta}$를 구할 수 있으나, 그러기 위해서 경계조건을 필요로 한다. 즉 $r=R$이 되는 가장자리(rim)에서 반경 $r(3-)$ 방향의 전체 법선응력 $T_{rr}(R)=-P_{atm}+\tau_{rr}(R)=-P_{atm}$에서 $\tau_{rr}(R)=0$가 되며, 또한 이것과 식 (8.88)에서 $\tau_{\theta\theta}(R)=\Psi_2\dot{\gamma}_0^2$가 성립됨을 알 수 있다. 결국 $r=R$이 되는 가장자리에서는 $T_{\theta\theta}(R)=-P_{atm}\Psi_2\dot{\gamma}_0^2$가 성립된다.

그러면 이 경계조건을 이용하여 식 (8.89)의 양변을 $\ln r$에 대해 부정적분을 행하고, 경계조건 $T_{\theta\theta}(R)$을 이용하여, 적분상수 C를 구하면 아래를 얻는다.

$$T_{\theta\theta}(r)\,|_{\theta=\pi/2} = \dot{\gamma}_0^2(\Psi_1+2\Psi_2)\ln r + C$$

$$= \dot{\gamma}_0^2(\Psi_1+2\Psi_2)\ln r - P_{atm} + \Psi_2\dot{\gamma}_0^2 - \dot{\gamma}_0^2(\Psi_1+2\Psi_2)\ln R$$

$$= [\dot{\gamma}_0^2(\Psi_1+2\Psi_2)]\ln(r/R) + (-P_{atm} + \Psi_2\dot{\gamma}_0^2) \tag{8.90}$$

이것을 식 (8.84)에 대입하여 적분을 행한 후 정리하면 제 1 법선응력차 계수 Ψ_1에 대한 아래의 결과식을 얻는다(유도과정 생략).

$$\Psi_1 = \frac{2F\Theta_0^2}{\pi R^2 \Omega^2} \tag{8.91}$$

이상에서 본 바와 같이 원추-원판 기하에서는, 정상상태의 전단점도는 원판을 고정시키면서 회전 축 주위로 일정 각속도 Ω로 회전시키는데 필요한 토크(T)의 측정으로부터 얻어질 수 있다(식 (8.83) 참조). 또한 유체의 탄성에 관련된 제 1 법선응력차 계수 Ψ_1도 원판에 대한 전체 추력(total thrust) F의 추가 측정으로부터 비교적 쉽게 구해질 수 있다(식 (8.91) 참조).

평형원반 기하와 달리, 원추-원판 기하는 소진폭 진동 전단(SAOS)과 같은 물질의 선형 점탄성 거동의 측정에도 널리 이용되고 있다. 이 기하를 이용하여 동적 응력완화에 대한 물질함수를 구하기 위해 입력 변형에 해당하는 원추의 진동 비틀림 각도 $\phi(t) = \phi_0 e^{i\omega t}$(여기서 ϕ_0은 진폭, $i = \sqrt{-1}$, 그리고 ω는 일정 각속도)에 대한 응력 응답(완화)에 해당하는 토크 $T = T_0 e^{i(\omega t + \delta)}$ (여기서 T_0은 진폭, δ은 위상차 혹은 지연각도이다)를 측정함으로써 물질함수인 동적점도 $\eta^*(= G^*/i\omega) = \eta'(\omega) - i\eta''(\omega)$를 구할 수 있는데 결과만을 적으면 아래가 된다(SAOS 실험에 대한 5.4.2.3e절의 정의 및 문 6.10의 해법 참조).

$$\eta'(= G''/\omega) = \frac{3\Theta_0 T_0 \sin\delta}{2\pi R^3 \omega \phi_0},\ \eta''(= G'/\omega) = \frac{3\Theta_0 T_0 \cos\delta}{2\pi R^3 \omega \phi_0} \tag{8.92}$$

8.1.4 견인(drag) 야기 흐름 – Couette 기하

6.7.2절의 그림 6.31에서 외통이 'cup'이고, 내통이 'bob'인 'cup-and-bob'형 동심원통(concentric-cylinders) Couette 기하로 된 비틀림 진동 점도계를 다루었다. 거기에서는 선형 점탄성(GLVE) 모델을 사용하여 SAOS 실험에서의 선형 점탄성 동적계수 $\eta'(\omega)$ 및 $\eta''(\omega)$를 입력 동적 전단변형에 대한 응답 동적응력(완화)의 복소진폭이 A^*와 위상차(지연각) δ의 측정과 함께 연속체 및 운동방정식을 사용하여 계산하였다(문 6.10 참조). 이하에서는 Couette 흐름에 대한 정상상

태(steady-state)의 전단점도를 측정하는 방법에 대하여 간단히 논하기로 한다.

'cup-and-bob'형 동심원통 Couette 레오미터에서는, 유체 시료를 두 원통 사이의 좁은 공간에 채운다. 그런 다음 내통(bob)을 일정 각속도 Ω로 회전시키면 유체의 속도장은 (r, θ, z) 원통좌표계에서 아래가 된다(단 물리성분으로 표시).

$$\boldsymbol{v} = \begin{pmatrix} 0 \\ v_\theta \\ 0 \end{pmatrix}_{r\theta z} \tag{8. 93}$$

이 속도장을 갖고 비압축성 유체($\nabla \cdot \boldsymbol{v} = 0$)에 대한 연속체 방정식(표 4.3C 참조)으로부터 $\partial v_\theta / \partial \theta = 0$이 된다. 그리고 길이가 긴 내통(bob)의 경우에는 $z-$방향으로의 변화도 무시될 수 있다. 평행원반 기하에 사용된 절차를 따라, 지금 식 (8.93)으로 나타낸 속도장에서 단순전단흐름(SSF)는 $r-$방향으로의 속도구배를 갖고 $\theta-$방향으로 일어난다. 이때 $\partial v_\theta / \partial \theta = 0$의 적분으로부터 아래가 성립된다.

$$v_\theta(r) = C_1 r + C_2 \tag{8. 94}$$

여기서 C_1 및 C_2는 적분상수이다. 그런데 Couette 형 (cup-and-bob)비틀림 진동 점도계에 대한 기하(그림 6.31 참조)로부터 경계조건은 (i) $r = R$에서 $v_\theta = 0$, 그리고 (ii) $r = \kappa R$(이때 $0 < \kappa < 1$)에서 $v_\theta = \kappa R \Omega$이며, 여기서 R은 외통(cup)의 반경, κR은 내통(bob)의 반경이다. 이 경계조건을 이용하여 적분상수를 구하여 식 (8.94)에 대입하면 아래를 얻는다.

$$v_\theta(>0) = \frac{\kappa \Omega (r - R)}{\kappa - 1} \tag{8. 95}$$

이를 식 (8.93)에 대입하여 대칭 변형속도텐서 $\dot{\boldsymbol{\gamma}} = \nabla \boldsymbol{v} + (\nabla \boldsymbol{v})^{\mathrm{T}}$(단 원통좌표계에서 물리성분 표시) 및 $\dot{\boldsymbol{\gamma}}$의 크기 $\dot{\gamma}$를 구하면 아래가 된다(표 5.2b 참조).

$$\dot{\boldsymbol{\gamma}} = \begin{pmatrix} 0 & \dfrac{\partial v_\theta}{\partial r} & 0 \\ \dfrac{\partial v_\theta}{\partial r} & 0 & 0 \\ 0 & 0 & 0 \end{pmatrix}_{r\theta z} \tag{8. 96}$$

$$\dot{\gamma} = \| \dot{\boldsymbol{\gamma}} \| = \left| \frac{\partial v_\theta}{\partial r} \right| = -\frac{\partial v_\theta}{\partial r} = \frac{\kappa \Omega}{1 - \kappa} \tag{8. 97}$$

여기서 전단점도 $\eta(\dot{\gamma})$를 구하기 위하여 앞 절에서처럼 원통좌표계(r, θ, z)의 θ를 흐름(1) 방향, $-r$를 속도구배(2) 방향, 그리고 z는 중성(3) 방향으로 간주하여 아래와 같이 전단점도가 구해진다(단 $\tau_{21} = -\tau_{r\theta}$, $\dot{\gamma}_0 = \dot{\gamma}$ 간주).

$$\eta \equiv -\frac{\tau_{21}}{\dot{\gamma}_0} = \frac{\tau_{r\theta}}{\dot{\gamma}} \tag{8.98}$$

지금 외통(cup)을 고정시키고, 내통(bob)을 일정각속도 Ω로 회전시키는데 필요한 전체 토크 T를 앞 절에서처럼 $dT = dF \times r = \tau dA \times r$[여기서 τ는 전단응력, r은 레버 길이(lever arm), 그리고 $dA = 2\pi r dL$는 미소표면적 - 그림 6.31 참조]를 사용하여 아래와 같이 계산한다.

$$T = \int_A (\text{응력})(\text{레버 길이})dA = (-\tau_{r\theta}|_{r=\kappa R})(\kappa R)(2\pi\kappa RL) \tag{8.99}$$

(주의 : 이때 전체 토크 T는 음의 값을 가진다. 반면에 만약 외통(cup)이 회전할 경우에는 T는 양의 값을 가짐 - 표 8.2 참조).
이때 내통(bob)의 가장자리(rim) 즉 $r = \kappa R$에서의 전단응력 $\tau_R(>0)$은 토크 = 힘×거리 = 응력×면적×거리의 개념에서 아래로 주어진다.

$$\tau_R = -T/(2\pi\kappa R \times L \times \kappa R) = -T/(2\pi R^2 L \kappa^2) \quad (\because T < 0) \tag{8.100}$$

또한 내통의 가장자리 $r = \kappa R$에서의 전단속도 $\dot{\gamma}_R(>0)$는 식 (8.97)에서 아래가 된다.

$$\dot{\gamma}_R = \kappa\Omega/(1-\kappa) \tag{8.101}$$

따라서 내통(bob)이 회전하고 있는 경우의 'cup-and-bob'형 Couette 기하에 대한 전단점도는 아래로 계산된다(단 $T < 0$).

$$\eta(>0) = \eta(\dot{\gamma}_R) \equiv \tau_R/\dot{\gamma}_R = T(\kappa-1)/2\pi R^2 L\kappa^3\Omega \tag{8.102}$$

[주의 : 만약 외통(cup)이 회전하고 있는 경우는 전체 토크 $T > 0$이 되므로, 점도식 (8.102)에서 $(\kappa-1)$ 대신 $(1-\kappa)$를 대입해야 한다 - 표 8.2 참조].

낮은 (전단)점도를 가진 유체의 경우는 Couette 기하의 비틀림 점성 실험에서 발생된 전단응력 (τ_{21})은 값이 별로 크지 않을 것이다($\because \tau_{21} = \eta(\dot{\gamma})\dot{\gamma}$에서). 그러나 유체의 접촉 표면적(즉 내통의 옆 면적) $2\pi\kappa RL$가 큰 경우에는 토크 값이 커져 측정을 향상시킬 것이다(식 (8.99) 참조). 그리고 두 동심원통 사이의 간격(gap)이 충분히 좁아 선형속도 프로필의 가정이 성립되도록 설계되어야 할 것이다. 또한 Couette 기하는 높은 전단속도에서 발생하는 유동 불안정(가령 3차원 흐름을 초래)을 방지하기 위하여 적당한 회전속도를 사용해야 할 것이다. 어떤 경우에는 이들 불안정성은 관성(inertia)에 기인하거나 아니면 탄성(elasticity)에 기인한다고 알려져있다.

마지막으로 Couette 기하에 대해 한가지 지적하고자 한다. 일반적으로 Couette 기하에서 토크 변환기(torque transducer)로 전달된 응력의 대부분은 두 원통 사이의 좁은 간격에 갇혀있는 유체에 기인한다. 그러나 외통(cup)의 바닥(bottom)에 있는 유체도 작은 응력을 전달한다. 이 효과를 설명하는 두 가지 접근법이 제안되어 있는데, 그중하나는 내통(bob)의 바닥을 원추(cone) 모양으로 만드는 것이다(그림 8.15a 참조). 이때 바닥의 전단응력 공헌은 앞 절의 원추-원판 기하에 사용된 식을 사용하여 설명될 수 있다. 또 다른 접근법은 그림 8.15b에 나타낸 것처럼 내통(bob)의 형상을 만드는 것이다. 그러면 기포(air bubble)가 내통의 바닥에 갇혀지게 되어(trapped) 공기에 연관된 낮은 응력은 무시될 수 있다. 그림 8.15a 및 b에 나타낸 두 모양 모두 실제로 긍정적으로 이용되고 있지만, 이들 모양과는 무관하게 외통(cup)의 바닥에서의 전단속도의 변화는 특히 높은 전단속도하에 있는 점탄성 현탁액(viscoelastic suspension)의 경우에는 입자 분리(particle separations)를 야기할 수 있다.

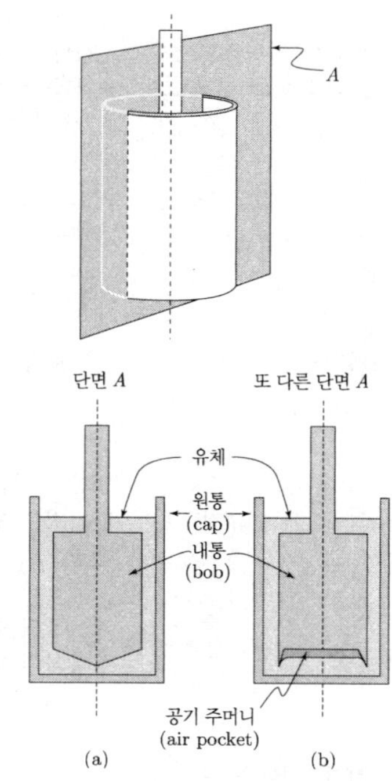

그림 8.15 동심원통형 Couette 기하에서 내통(bob)의 바닥의 두 가능한 모양.
(a) 응력은 원추-원판(cone-and-plate) 방정식을 사용하여 설명된다.
(b) 응력은 바닥에 기포(air-bubble)를 가두므로(trapping)인하여 최소화된다.

8.1절에서 다른 단순전단흐름(SSF)에 대한 4 전단기하(shear geometries)-모세관(capillary), 평행원반(paralleled disk), 원추-원판(cone-and-plate) 및 Couette- 모두 정상상태(steady-state)의 전단점도 $\eta(\dot{\gamma})$를 측정하는데 매우 유용하게 사용되고 있다. 특히 원추-원판 기하의 경우는 탄성에 관련된 제 1 법선응력차 계수 $\Psi_1(\dot{\gamma})$도 측정할 수 있다. 이들 중 어느 것을 선택할 것인가는 토크 측정

능력, 시료 크기 및 시료 적재, 요구되는 전단속도 등을 감안하여 신중히 판단해야 할 것이다(표 8.2 참조).

한편 정상 전단흐름(SSF)에 대해 지금까지 논의된 4 기하로부터 정상상태의 점도 $\eta = \eta(\dot{\gamma}_R) = \tau_R / \dot{\gamma}_R$[여기서 밑첨자 R는 벽면 또는 가장자리(rim)에서의 값을 의미함]를 구하기 위한 각각 기하의 정의 및 관련 식들을 표 8.3에 요약하여 나타내었다.

표 8.2 4 대표적 전단 기하의 실험적 특성의 비교

특징	평행 원반	원추-원판	모세관	Couette (Cup and Bob)
응력범위	높은 점도에 대해 양호	높은 점도에 대해 양호	높은 점도에 대해 양호	낮은 점도에 대해 양호
흐름 안정성	적당한 전단속도에서 모서리 파괴 발생	적당한 전단속도에서 모서리 파괴 발생	높은 전단속도에서는 변형된 압축과 같은 용융파괴 및 압력 요동이 관측됨	높은 Reynods 수(Re)에서 Taylor cells이 관측되며, 또한 탄성 cell도 관측됨
시료 크기와 시료 적재	< 1g ; 시료적재 용이	< 1g ; 고점도 물질은 적재하기 어려움	최소 40g 이상 필요 ; 적재용이	10 ~ 20g ; 점성이 매우 높은 물질은 적재하기 어려움
데이터 취급	전단속도에 대한 보정이 필요하나, 컴퓨터 소프트웨어로 해결 가능	간단함	다중보정이 필요함	간단함
균일성?	없음 ; 전단속도와 전단응력은 반경과 함께 변함	있음(작은 원추각)	없음 ; 전단속도와 전단반경은 반경과 함께 변함	있음(좁은 간격)
압력 효과	없음	없음	저장조의 높은 압력은 용융물의 압축성과 관련된 문제를 야기	없음
전단속도	최대 전단속도는 모서리 파괴로 제한되며, 통상 전단 얇아짐 데이터는 불가	최대 전단속도는 모서리 파괴로 제한되며, 통상 전단 얇아짐 데이터는 불가	매우 높은 전단속도도 가능	최대 전단속도는 관성 또는 탄성효과 때문에 제한되며, 또한 3-D 2차 흐름(불안정)이 발생가능
기타 특수사항	강직한 시료(가령 젤)에도 양호하며, 넓은 온도범위가 가능	Ψ_1이 측정가능하고, 넓은 온도 범위가 가능	일정 Q 혹은 일정 ΔP^* 모드가 유효하며, 넓은 온도 범위가 가능	좁은 간격이 요구되며, 통상 최적온도 (가령 $0 < T < 60℃$)로 제한됨

표 8.3 4 대표적 기하로부터 정상상태의 물질함수(점도 η 및 제 1법선응력차 계수 Ψ_1)를 구하기 위한 표현식들의 요약*

기하	가장자리(또는 벽면) 전단응력 τ_R	가장자리(또는 벽면) 전단속도 $\dot{\gamma}_R$	측정된 물질함수
모세관 흐름(벽면에서) P_0^*, P_L^* = $z=0$, L에서 변환압력 Q = 부피유량 L = 모세관 길이 $\alpha = \frac{1}{4}\left[3 + \frac{d\ln(4Q/\pi R^3)}{d\ln\tau_R}\right]$ $\tau_R = \tau_{rz}\rvert_{r=R}$	$\frac{(P_0^* - P_L^*)R}{2L}$	$\frac{4Q}{\pi R^3}\alpha$	$\eta = \frac{\tau_R}{4Q/\pi R^3}\alpha^{-1}$
평행원반(가장자리에서) T = 상부 원반에서의 토크 Ω = 상부 원반의 각속도(>0) H = 간격 $\alpha = \frac{1}{4}\left[3 + \frac{d\ln(T/2\pi R^3)}{d\ln\dot{\gamma}_R}\right]$ $\dot{\gamma}_R = \dot{\gamma}(R)$	$\frac{2T}{\pi R^3}\alpha$	$\frac{R\Omega}{H}$	$\eta = \frac{2T}{\pi R^3 \dot{\gamma}_R}\alpha$
원추-원판 T = 원판에 대한 토크 F = 원판에 대한 추력 Ω = 원추의 각속도(>0) Θ_0 = (작은)원추각	$\frac{3T}{2\pi R^3}$	$\frac{\Omega}{\Theta_0}$	$\eta = \frac{2T\Theta_0}{2\pi R^3 \Omega}$ $\Psi_1 = \frac{2T\Theta_0^2}{\pi R^2 \Omega^2}$
Couette: 내통(bob)이 회전 T = 내통에 대한 토크(<0) Ω = 내통의 각속도(>0) R = 외통반경 κR = 내통반경 L = 내통의 길이	$\frac{-T}{2\pi R^2 L\kappa^2}$	$\frac{\kappa\Omega}{1-\kappa}$	$\eta = \frac{T(\kappa-1)}{2\pi R^2 L\kappa^3 \Omega}$
Couette: 외통(cup)이 회전 T = 내통에 대한 토크(>0) Ω = 외통의 각속도(>0) R = 외통반경 κR = 내통반경 L = 내통의 길이	$\frac{T}{2\pi R^2 L\kappa^2}$	$\frac{\kappa\Omega}{1-\kappa}$	$\eta = \frac{T(1-\kappa)}{2\pi R^2 L\kappa^3 \Omega}$

* R은 고정(비회전)물의 반경. (벽면 또는 가장자리에서의)정상(steady) 전단점도 $\eta = \eta(\dot{\gamma}_R) \equiv \tau_R/\dot{\gamma}_R$

■ 8. 2 신장흐름(SEF)

대부분의 유변학적 측정은 8.1 절에서 논의한 (단순)전단흐름(SSF)에서 이루어지고 있지만, (단순)신장흐름(SEF) 역시 중요할 경우가 있다. 가령 거의 모든 산업적 흐름은 수축(contraction)을 통한 흐름과 같은 인장 성분(elongational component)을 갖고 있을 뿐만 아니라, 섬유 방사(fiber spinning), 기포 팽창(bubble inflation)이나 코팅(coating)과 같은 가공공정에는 반드시 신장흐름이 수반된다. 그러나 앞서 언급한 전단기하를 이용한 유변학적 물성(가령 점도, 탄성계수나 기타 선형 점탄성 파라미터 등)의 측정은 비교적 용이하나, 신장흐름의 경우는 그렇지 못하다.

5.4.1.3절에서 언급한 신장흐름의 중요 특징 중의 하나는 흐름이 매우 빠르며, 관련된 유체 요소의 변형이 매우 크다는 것이다. 이로 인하여 신장흐름에서 유변 물성을 측정하는 것은 SSF의 경우처럼 그다지 용이하지 않으나, 이 절에서는 SEF에 대하여 현재까지 얻어진 연구 결과를 중심으로 고분자 용융물이나 용액의 신장 성질을 조사하는 방법에 대해 간단히 소개하기로 한다.

8. 2. 1 일축신장(uniaxial extension)

8. 2. 1. 1 용융물 신장(melt stretching)

일축신장흐름(uniaxial elongation flow, UEF)은 가령 인장시험기(tensile-testing machine)의 크로스헤드(crossheads) 사이에 고분자 용융물 시편을 끼어 넣어 빠르게 신장할 때 생기는 흐름이다. 이때 크로스 헤드 양 끝의 운동은 용융물 시편의 길이가 증가하여 요구되는 신장속도(elongation-rate) 함수 $\dot{\varepsilon}(t)$를 주도록 설계되어 있다. 또는 신장흐름이 요구되는 인장응력(tensile stress) 함수 $[\tau_{33}(t)-\tau_{11}(t)]=\tau_{zz}-\tau_{rr}$을 주도록 설계되기도 한다.

신장흐름에서 시료를 변형하는데 요구되는 시간의존성 전체 힘은 시료의 양 끝에 위치된 하중 셀(load cell) 혹은 압력 변환기(pressure transducer)에 의해 측정될 수 있다(그림 8.16 참조).

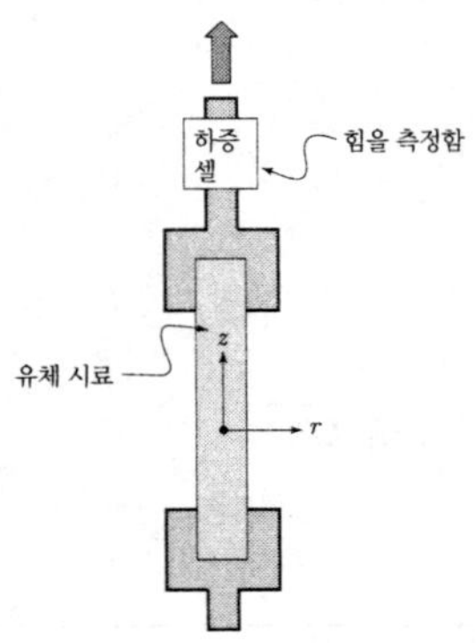

그림 8.16 원통형 시료에 일축신장흐름(UEF)을 생성하는 기하. 변형을 초래하는 힘은 꼭대기에 하중 셀(load cell)에 의해 측정된다.

그림 8.16으로 주어진 흐름에 대하여, 원통좌표계 $(r, \theta, z)[=(1, 2, 3)]$를 사용한 흐름($z$) 방향의 전체응력 $T_{zz}=-p\delta_{zz}+\tau_{zz}$(식 (4.35) 참조)은 이 경우 아래가 된다[여기서 $\delta_{zz}=1$, τ_{zz}는 z 방향으로의 (여분)법선응력이다].

$$T_{zz}(t)=-P_{atm}+\frac{f(t)}{A(t)} \tag{8.103}$$

여기서 P_{atm}은 대기(정수)압으로서 $-T_{rr}$과 같다($\because$ z 방향으로의 신장흐름에서 $\tau_{rr}=0$이므로). 그리고 $f(t)$는 인장힘의 크기, $A(t)$는 시료의 시간의존성 단면적이다. 따라서 법선응력차 $\tau_{zz}-\tau_{rr}$는 아래가 된다.

$$\tau_{zz}-\tau_{rr}=T_{zz}-T_{rr}=\frac{f(t)}{A(t)} \tag{8.104}$$

이로부터 요구되는 (정상 혹은 비정상)물질함수가 얻어질 수 있다. 만약 흐름이 시료의 전 부분을 통하여 일축신장흐름이 발생하도록 설계된다면(즉 균일장 흐름의 가정), 정상(steady) 신장흐름의 시동(startup)에 대해 단면적은 $A(t)=A_0e^{-\varepsilon}=A_0e^{-\dot{\varepsilon}_0t}$로 변화할 것이다(식 (5.265) 참조). 이때 (1축)신장점도 성장함수 $\bar{\eta}^+(t)$는 인장력 $f(t)$만의 측정에 의해 위 식으로부터 아래와 같이 계산될 수 있다(표 5.5 참조).

$$\bar{\eta}^+(t)\equiv\frac{(\tau_{zz}-\tau_{rr})}{\dot{\varepsilon}_0}=\frac{f(t)e^{\dot{\varepsilon}_0t}}{A_0\dot{\varepsilon}_0} \tag{8.105}$$

한편 정상(steady) 신장점도 $\bar{\eta}(\dot{\varepsilon}_0)$은 힘 $f(t)$의 정상상태 값 f_∞로부터 아래와 같이 얻어진다(식 (5.258) 참조).

$$\bar{\eta}(\dot{\varepsilon}_0)\equiv\frac{(\tau_{zz}-\tau_{rr})}{\dot{\varepsilon}_0}=\frac{f_\infty e^{\dot{\varepsilon}_0t_\infty}}{A_0\dot{\varepsilon}_0} \tag{8.106}$$

여기서 비록 $e^{\dot{\varepsilon}_0t_\infty}$ 항은 시간과 함께 지수적으로 증가하나, f_∞ 또한 지수적으로 감소하므로, 그들의 곱은 정상상태(즉 매우 큰 t_∞에서의) 값이 되어 일정하게 됨에 유의하라.

외관상 간단하게 보이는 이 실험은 뜻밖에 난관에 부딪히게 된다. 즉 앞에서 가정한 균일장 흐름은 실제의 경우 시료에 있는 초기 결함이 나중에 상당한 (흐름)불균일성(heterogeneity)을 초래하기 때문에 달성되기 어렵다. 이 불균일성은 시료를 꽉 쥔 양 끝(clamped ends) 근처에서 발생하는데, 이는 시료의 단면적이 흐름 변형 중 줄어듬을 시료의 양 끝을 죄고 있는 클램프가 스스로 폭의 변화를 조정하지 못하기 때문이다(그림 8.17 참조). 그리고, 이 실험에 이용되는 전형적인 인장 시험 장치로는 연신비 $\lambda(=l/l_0$, 여기서 l_0 및 l는 변형 전후의 시료의 길이임) 값이 통상 50 이상을 초과하기 어렵다. 이것은 Hencky 인장 변형률 $\varepsilon(\equiv \ln \lambda) < 4$임을 의미($\because \ln 50 \fallingdotseq 3.91$)하는데, 이 값은 정상상태에 도달하기에는 불충분하다. 또한 만약 공기 중에서 실험한다면 작은 온도 기울기가 존재하더라도 중간 정도의 신장(률)에서도 측정된 힘을 크게 변형시키게 될 것이다(그림 8.17 참조). 그러므로 이 실험에서는 시료에 대해 열적 절연성의 부여 및 수직 혹은 수평으로 신장하는 시료를 지탱하기 위하여 화학적으로 불활성(inert) 유체를 사용하여 최상의 주의와 함께 실험을 수행해야만 적당한 신장변형률에서 믿을만한 실험결과를 얻을 수 있다. 특히 불활성 유체를 사용시 시료와 지지유체(supporting fluid)간의 어떠한 화학적 상호작용도 방지해야하며, 이 계에서 얻을 수 있는 최고 온도 또한 지지유체의 안정성(stability)에 의해 제한될 수 밖에 없다.

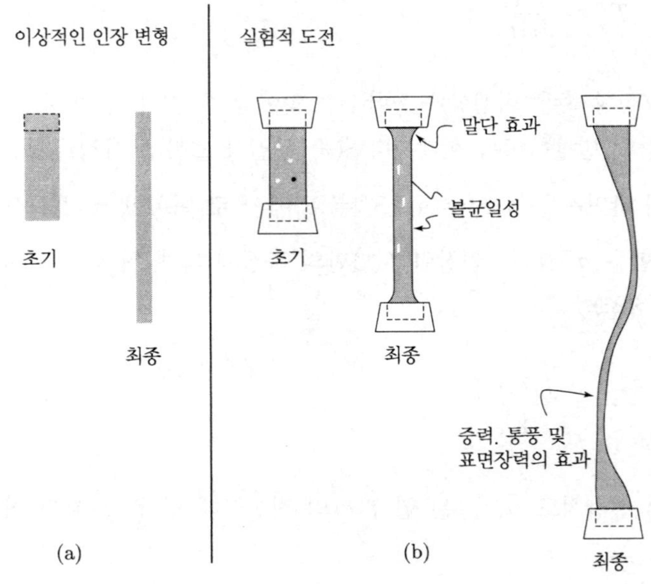

그림 8.17 (a) 이상적인 일축신장 실험. (b)실험 상의 몇 가지 문제점 : (i) 기포나 먼지가 없는 시료는 만들기 어렵다. (ii) 시료에 도입된 불균일성(inhomogeneities)이 여러 가지 방법으로 변형에 영향을 준다. (iii) 클램프로 조여진 시료의 양 말단은 변형 불균일성을 초래한다. (iv) 중력, 표면장력 및 통풍(drafts)은 긴 시간에 걸쳐 흐름에 영향을 줄 수 있다.

인장 시험기(tensile tester)의 크기에 관련된 변형(률)에 관한 제한 문제는 서로 반대로 회전하는 롤러나 금속 벨트를 통하여 고정된 길이의 시료를 연신함으로써 해결될 수 있다(그림 8.18 참조).

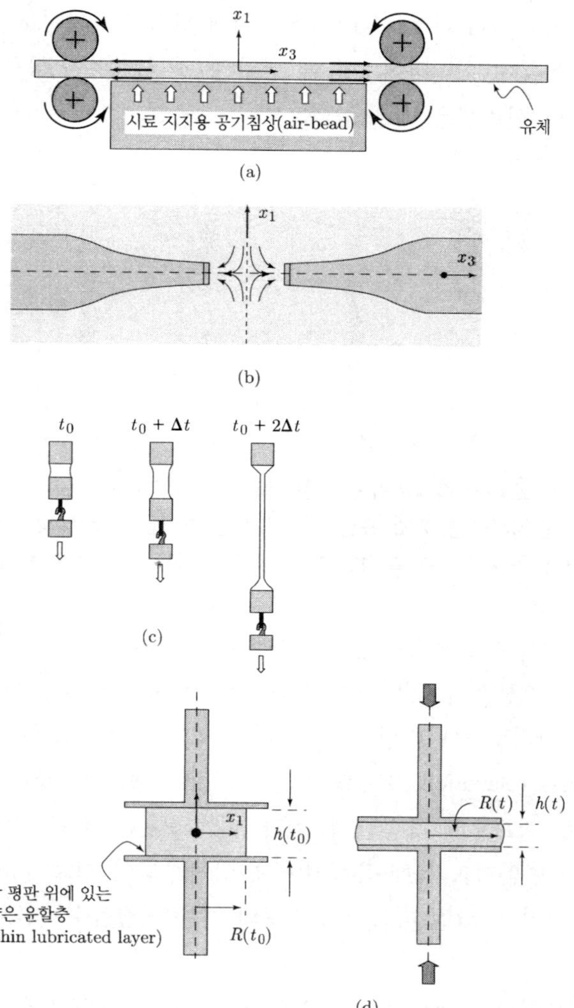

그림 8.18 상용 및 연구용 신장점도계에서 전단 없는 신장흐름(shear-free elongational flows)을 발생하는데 사용되는 기하. (a) 장치를 당김에 의한 일축신장(uniaxial extension); (b) 대향노즐(opposed-nozzle) 흡입장치에서의 일축신장; (c) 고분자 용액의 필라멘트 신장(filament stretching)에 의한 일축신장; (d) 윤활된 압축을 통한 2축신장(biaxial extension via lubricated squeezing).

(일축)신장점도 측정을 위한 소위 '금속벨트 신장 레오미터(metal-belt extension rheometer, MBER)'는 Meisser 장치에서 인장력(tensile force)은 변형 게이지 변환기(strain-gauge transducer)의 하부 끝에 한 쌍의 클램프나 롤러를 설치함으로써 측정된다. 이때 변형 게이지의 운동은 금속벨트 클램프나 롤러에 전달된 힘에 비례한다. 실제에 있어서, 시료는 지지액(supporting liquid)을 포함하는 설계에 있어서 있을지도 모를 화학적 상호작용을 미연에 방지하기 위하여 불활성 기체로 된 쿠션(cushion) 위에 설치된 다공성 탁자(porous table) 위에 걸려 있다. 그리고 생성된 변형을

표시하기 위해 작은 유리구슬(glass beads)이 시료 위에 뿌려지고(그림 8.19 참조), 전 실험과정은 비디오 장치로 모니터링 된다. 이리하여 흐름에 생성된 (진짜)변형속도는 비디오 이미지로부터 계산되며, 얻어진 데이터의 신뢰성은 매우 높다.

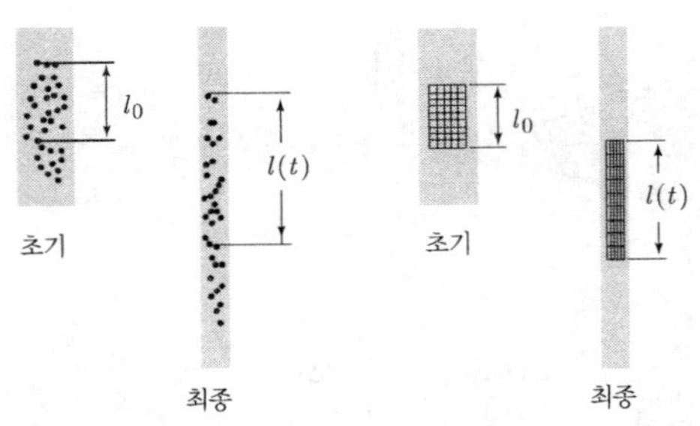

그림 8.19 일축신장흐름 실험에서의 변형(률) 측정. 표시된 입자들은 시료의 표면 위에 놓여져 있다. 만약 흐름이 균일하다면, 시료 표면 위에 표시된 변형은 전 시료의 특징을 나타낼 것이다. 여러 쌍의 데이터 점을 사용하여 측정하므로 얻어진 데이터의 신뢰도는 매우 높다.

Meisser 장치는 일정속도로 신장시킨 후 얻어지는 시료에 대한 제한받지 않는 크리프 회복(unconstrained recoil)도 측정할 수 있다. 즉 일정시간에서 시료에 대한 신장실험을 끊은 후 발생하는 수축과정을 비디오 장치로 모니터링 함으로써 얻어질 수 있다. 또한 일정 인장변형을 끊은 후 발생하는 응력완화(stress relaxation) 현상도 어떤 시간에서 흐름을 끊은 후 일어나는 인장응력의 감쇠(decay)를 모니터링 함으로써 측정될 수 있다. 이들 모든 경우에 있어서, 응력은 연신용 클램프나 벨트 위에 설치된 변환기를 통해 측정되며, 변형(률) 또한 시료에 표시된 마크(marker)를 비디오 관측함으로써 측정된다. 그런 다음 신장점도와 같은 물질함수는 식 (8.104) ~ (8.106)을 통하여 계산될 수 있다.

Misser 일축신장 레오미터는 점성이 높은 고분자 용융물에 대해 특히 유효하다. 그러나 시료는 공기침상(air bed) 위에 떠 있어야(float)하므로 측정될 수 있는 최소 점도가 존재한다. 그리고 얻어질 수 있는 최대 변형속도($\dot{\varepsilon}_{\max}$)는 클램프의 속도 및 흐름의 안정성에 의해 제한되며, 최대 점도 또한 변형 게이지 변환기의 범위(range)로 제한된다.

8.2.1.2 필라멘트 신장 – Sridhar의 장치

일축신장 실험에서 고분자 용액은 보통 시편의 양 끝에서는 움켜쥐거나(grab) 신장(stretch)되기 어렵다. 그래서 Sridhar 등은 고분자 용액의 (일축)신장점도를 측정하기 위해 그림 8.20과 같은 장치를 고안하였다. 이 기법에서는 두 개의 둥근 평판 위에 놓여진 소량의 고분자 용액 시편을 일정 빠른 속도로 두 평판을 벌림으로써 신장시킨다. 이때 필라멘트(filament)에 대한 힘(장력)은 정지된 끝에 설치된 하중 셀(load cell)에 의해 측정되며, 변형 속도 또한 비디오 장치에 의해 모니터링된다. 만약 균일한 일축신장이 얻어진다면 흐름의 분석에 이용될 식들은 8.2.1절의 처음에 논의된 것과 동일하며, 이 장치의 장점은 시료가 잘 정의된 초기의 정지상태에서 시작되며, 또한 양 끝을 제외하고서는 시료 내에 있는 각 물질요소의 변형은 이 기하에서는 동일하다는 것이다.

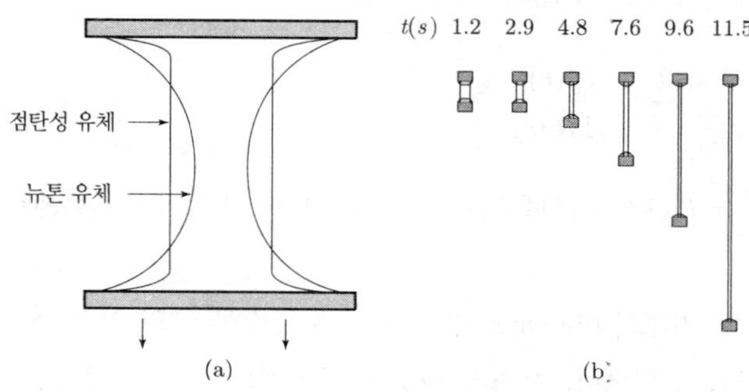

그림 8.20 필라멘트 신장(filament stretching) 실험. (a)경계(boundary)의 모양의 변화 (b) 실제 실험에 있어서 시간의 연속변화(time sequence)에 따른 시료(필라멘트) 길이의 변화.

그림 8.20에 나타낸 필라멘트 신장 장치를 이용한 실험 및 계산에서는 중력 및 표면 장력 효과 등으로 인하여 양 끝에서의 변형은 균일한 일축신장이 되지 못함이 알려져 있다. 즉 짧은 시간 범위에서는 중력 및 표면 장력 효과로 인하여 판 근처에서 2차 흐름(secondary flow) 현상이 일어나는 유도기간(induction period)이 존재할 수 있으며, 이는 흐름 도중의 균일한 원통관의 전개를 지연시키게 될 것이다. 더욱이, 길이 변화에 기초를 둔 신장속도와 반경변화에 기초를 둔 신장속도 사이에는 본질적인 차이가 존재한다. 특히 나중 문제는 필라멘트 길이에 기초를 둔 일정 신장속도 하에 중간 필라멘트(mid-filament) 직경을 구하는 '두 단계(two-step) 실험'에서는 매우 중요하다. 길이에 기초를 둔 Hencky 변형률($\varepsilon_H = \ln(l/l_0) = \ln\lambda$ - 식 (5.265) 참조)과 중간 필라멘트 직경에 기초를 둔 Hencky 변형률간의 보정곡선을 만든 후 이를 시간과 함께 지수적을 감소하는 중간 필라멘트 직경을 주는 판 간격을 설계하는 2차 실험에 사용한다. 게다가 판 근처의 불균일성(inhomogeneities)은 측정된 (인장)응력의 해석을 어렵게 한다. 그리고 일부 연구자들은 '제로 중력장 항공기(zero-gravity aircraft)'에 대한 실험을 속행할 목적으로 필라멘트 신장 장치에 중력장 효과를 제거할 시도를 행하고 있으나 현재로서는 그리 간단한 문제는 아니라고 판단된다.

8. 2. 2 이축신장 및 평면신장

8. 2. 2. 1 Meissner의 장치

Meissner 등은 앞에서 언급한 일축신장 점도 측정만을 위한 금속벨트 신장 레오미터(MBER)를 고안한 것이 아니라, 새로운 회전 클램프(rotary clamp)나 금속벨트의 설계를 통하여 이축신장(biaxial extension) 나아가 평면신장(planner extension)과 같은 일반적인 전단 없는 신장흐름

(shear-free elongational flow)에도 적용이 가능한 새로운 신장점도 측정장치를 개발하였다. 이 장치에서 (고분자)필름을 신장시키는데 필요한 힘 $f(t)[=(\tau_{33}-\tau_{11})\times A(t)]$는 이축신장 응력성장 물질(점도) 함수 $\bar{\eta}_B^+(t)$(표 5.5 참조)와 아래의 관계가 있다.

$$\bar{\eta}_B^+(\dot{\varepsilon}_0, t) = \frac{(\tau_{33}-\tau_{11})}{\dot{\varepsilon}_0} = \frac{f(t)}{A(t)\dot{\varepsilon}_0} \tag{8. 107}$$

여기서 $\tau_{33}-\tau_{11}$는 시간 의존성 법선응력차, 그리고 $A(t)$ 또한 얇은 시편(thin sheet)의 시간 의존성 단면적이다.

회전 클램프를 이용한 원래의 Meissner 장치에 서는 상당한 양의 시료(350 mm 직경, 5 mm 두께, 약 450 g의 질량)를 필요로 했으나, 최초의 새로운 금속벨트 설계를 이용한 MBER 장치에서는 훨씬 작은 양(2~4 g)의 고분자 시료만으로도 측정이 가능하다. 8.2.1.1절에서 논의한 이 장치의 일축신장 버전에 대한 문제점이 그대로 이축신장에도 적용이 되며, 그러나 이 이축신장을 위한 장치는 아직 상용화되고 있지 않는 실정이다.

8. 2. 2. 2 윤활된 압축(lubricated squeezing)

대부분의 유변학자들에게 가장 인기가 높은 한 신장흐름 기법은 아마도 그림 8.18d에 나타낸 윤활된 압축(lubricated squeezing)일 것이다. 이 기법에서는 작은 양의 원반형 시료(1~5 g)를 두 윤활된 평판(lubricated plates) 사이에 적재시킨 후, 두 평판을 정상(steady) 혹은 시간 일과성(transient) 이축신장흐름(BEF)을 낳도록 미리 설계된 속도로 움직이게 한다. 이때 평탄의 윤활(lubrication)은 고분자 용융물이 표면을 따라 미끄러지게 하여 벽면에서의 통상 발생할지도 모를 전단흐름을 미연에 방지한다. 이때 평판에 바를 윤활유의 점도는 시험 중인 고분자 (용융물)시료의 점도(η_0)보다 500 ~ 1000배 작은 값을 가져야 한다.

정상상태의 이축압축(steady biaxial squeezing)의 경우(그림 8.18d 참조)는 평판간 간격 $h(t)$는 아래 식을 만족시켜야 한다.

$$\dot{\varepsilon}_0 = \text{일정} = \frac{1}{h}\frac{dh}{dt} < 0 \tag{8. 108}$$

여기서 이축신장흐름(BEF)에 대한 정상 신장속도 $\dot{\varepsilon}_0$의 부호가 음이 되는 것은 식 (5.259)의 정의에 의한 것이다. 그리고 법선응력차 $\tau_{33}-\tau_{11}$는 좌표계의 협약 즉 $(1, 2, 3) \Leftrightarrow (r, \theta, z)$에 의해 $\tau_{zz}-\tau_{rr}$이 되어 하부판에 작용하는 힘(인장력)의 크기인 $f(t)$로부터 아래와 같이 계산된다(∵ 응력 = 힘/면적).

$$\tau_{33}-\tau_{11} = \tau_{zz}-\tau_{rr} = \frac{f(t)}{\pi R^2} \tag{8. 109}$$

여기서 $R=R(t)$는 변형하는 원반시료(disk sample)의 시간의존성 반경으로서, 만약 균일한 흐름(homogeneous flow)의 경우에는 투명한 평판과 비디오 카메라를 사용하여 질량보존식(단 시료의 밀도는 일정, 즉 비압축성 가정)으로부터 아래와 같이 제안된다.

$$\pi R^2(0)h(0)=\pi R^2(t)h(t) \tag{8.110}$$

2축신장 물질(점도) 함수는 통상의 정의식(정상의 경우는 식 (5.620), 그리고 비정상의 경우는 표 5.5 참조)으로부터 계산될 수 있다.

윤활 압축에서 (Hencky)신장 변형률 $\varepsilon=1$보다 높은 변형률에 도달하는 것은 윤활층(lubricant layer)의 얇아짐과 뒤따른 얇은 필름에서 압력의 구축(buildup)으로 인하여 방해를 받는다. Sector는 윤활유를 보충하기 위해 이중 주사기(double-syringe) 펌프를 사용하였으며, 이 결과 $\varepsilon=2.5$까지의 실험범위를 넓혔다. 그리고 Venerus 등은 윤활유를 연속적으로 공급하기 위하여 다공성 판(porous plates)을 사용하였다. 그 결과 보다 균일한 압력장을 얻을 수 있었으나, 최대 연신변형률 $\varepsilon_{\max}=1$ 이하로 제한되었다. 여기서 논의된 윤활 압축기법을 이축신장에서 비선형 단계적 변형(step-strain)에 대한 실험 데이터를 얻는데도 이용되었다. 이 기법은 비록 작은 (최대)연신변형으로 제한되나, 이용하기 쉬우며 필요한 시료의 양도 작다. 이와 같은 이유로 윤활 압축기법은 제한된 신장흐름에 관한 정보를 확대하기 위한 가치있는 기법이라고 생각된다.

8.2.2.3 정체 흐름(stagnation flows)

비교적 낮은 점도의 고분자 용액이나 용융물에서 이축신장흐름(BEF)을 야기시키는데 사용되는 기법은 '대향제트(opposed-jets)' 기하이다(그림 8.18b 참조). 이 흐름에서는 두 개의 흐름줄기(streams)가 서로 부딪혀 한 정체점(stagnation point)을 만들도록 되어 있다. 혹은 그 흐름은 욕조(bath)로부터 유체를 받아들이는 두 개의 상반된 노즐에 의해 후진하여 결국 일축신장을 야기시키도록 되어있다. 이때 법선응력은 한 강직한 스프링 위에 한 개의 노즐을 설치하여 흐름 중 일어나는 작은 변위를 측정하여 결정된다.

이 기법은 간단한 형태로서 그림 5.12c에 나타낸 바와 같이 교차된 슬롯(crossed slots)을 통하여 두 액체흐름(liquid streams)을 서로 향하게 한다. 이때 한 가운데에서는 평면신장흐름(PEF)이 일어날 것으로 기대된다. 정체점(stagnation point)에서의 응력은 대칭선(line of symmetry)을 따라 레이저(laser)를 사용하여 측정되는데, 이 부분에서는 최대 신장이 일어나며 그 결과 생기는 유동복굴절(flow birefringence)도 측정된다(8.3절 참조). 이 절에서 설명한 교차 슬롯과 윤활 다이(lubricated dies)(그림 8.21 참조) 이용하는 대향제트 기법이나 기타 유사한 방법은 유동장에 대한 불확실성이나 미지의 유동이력(unknown flow history)을 실험 내에 도입하게 되는 상류(upstream)층의 존재 등으로 인하여 별로 정확하지 못하다. 이 흐름에 대한 Carreau-Yasuda GNF 모델(식 (5.312))의 계산결과 이들 다이 내의 정체점에서의 순수 신장흐름지역은 매우 작음이 밝혀졌다. 그래서 이 정체흐름에 의한 방법보다 더욱 간편한 방법으로서 다음 절에 설명하는 갑작스런 수축(sudden contraction)을 통한 흐름(비록 정체흐름의 경우와 유사한 결점을 갖고 있지만)이 있다.

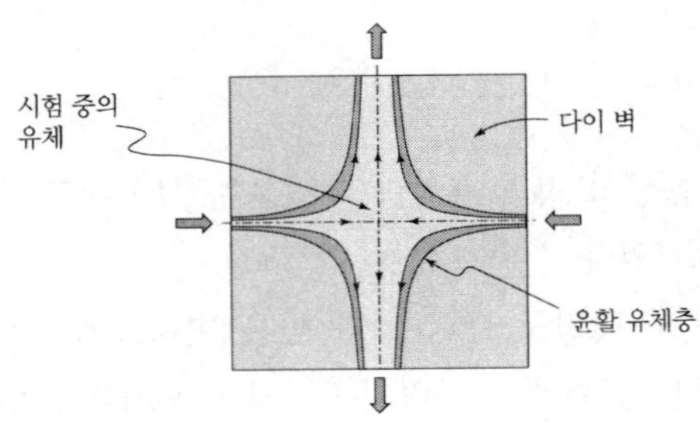

그림 8.21 매우 신장성이 높은 흐름을 만드는데 이용되는 윤활 다이(lubricated die)의 한 형태. 벽면에서의 'no-slip' 경계조건을 제거하기 위해 낮은 점도의 유체가 도입된다.

8. 2. 2. 4 수축 흐름 – Cogswell 및 Binding의 해석

유체의 신장거동(elongation behavior)을 나타내는 한 실험으로서 급격한 수축(abrupt contraction)으로 이르는 흐름을 가로지르는 압력하강(pressure drop)을 측정하는 것이다(그림 8.22 참조). 이것은 균일한 신장흐름이 아니므로, 어떠한 신장물질 (점도)함수를 직접 구할 수는 없으나, Cogswell과 Binding에 의해 개발된 기법들에 의해 몇몇 물질에 대하여 신장점도를 계산할 수 있다. 이들 방법들은 많은 가정을 필요로 하므로 실제에 있어서 그 사용은 극히 제한적이다. 그러나 그림 8.22에 나타낸 것과 같은 급격한 수축흐름은 실험실 레오미터에서도 생성될 수 있으며 따라서 이들 기법들은 (정상)신장속도의 함수로서 신장점도를 측정하는 간편한 수단을 제공해준다.

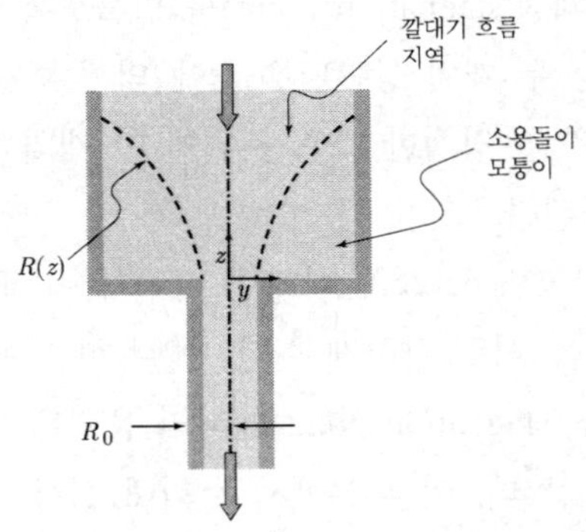

그림 8.22 이축 및 평면 신장흐름에 대해 Cogswell과 Binding에 의해 계산된 기하. 수축으로 이르는 흐름은 중심선을 따라 신장흐름 거동을 보여준다. 많은 유체의 경우 재순환성 소용돌이(recirculating vortices)는 모퉁이(corners)에서 발생하며, 주된 흐름은 유동장의 중심 근처에 있는 깔때기 모양의 부분(funnel-shaped section)을 통하여 일어난다. 그러나 수축흐름(contraction flow)은 벽면에서 약간의 전단이 발생하므로 순수 신장흐름은 아니다. 수축흐름의 이론적 해석을 위해 Cogswell과 Binding가 사용한 가정들은 각각 표 8.4와 8.5에 주어져있다.

급격한 수축에 이르는 흐름은 벽면에서의 'no-slip'의 가정으로 인한 (약간의)전단흐름 성격과 흐름의 중심선(center-line) 근방에서 일어나는 물질요소에 대한 뚜렷한 신장효과로 인한 신장흐름의 성격 모두 갖고 있다(그림 8.22 참조). 따라서 이 흐름에 대한 적절한 유변학적 구성방정식이 알려져 있어도 이 흐름에 대한 해석은 컴퓨터 수치해석에 의존할 수 밖에 없으며, 더욱이 작은 채널의 입구에서 발생하는 높은 응력 때문에 계산이 보다 복잡해진다. 물질의 전단점도나 신장점도와 같은 물질함수를 계산하기위해 수축흐름을 이용할 경우에는 (압력야기)모세관 흐름이나 (견인야기)원추-원판흐름에서 사용된 것과 같은 유동장에 대한 몇 가지 합리적인 가정을 필요로 한다.

만약 고분자 유체가 급격한 수축흐름을 받게 되면, 일반적으로 유체는 중심선을 향하여 흐르게 되며, 수축의 모퉁이(corner)에서 재순환 소용돌이(recirculating vortices) 지역이 형성된다. 그림 8.22에서 곡선 $R(z)$로 나타낸 중앙의 깔때기 모양(funnel-shaped) 지역의 경계선에서는 중심선의 속도에 비해 매우 작으나 0은 아니다. 그러나 여기서는 편의상 0으로 간주하여 논하기로 한다. 그런데 모퉁이에서 발생하는 재순환성 소용돌이는 열로서 산일(dissipation)되며, 이때의 에너지 손실이 큰 입구 압력 손실(entrance-pressure losses) ΔP_{ent}(8.1.1.3절 참조)의 측정이 반영된다. 이 입구흐름에 대한 가장 간단한 분석법은 Cogswell에 의한 것으로서, ΔP_{ent}은 전단점도에 의한 압력하강과 신장점도에 의한 압력하강의 합으로 간주한다. 그런 다음 Cogswell은 이들 두 압력하강의 각각에 대해 해를 구한 후, 깔때기 모양의 입구흐름지역의 미소부분에 대한 힘 밸런스(force balance) 관계를 적용시켜, 전 입구영역에 걸쳐서 적분을 수행하여 최종 해를 구한다. 단 이를 위하여 표 8.4에 나타낸 것과 같은 몇 가지 가정을 취한다.

표 8.4 수축 흐름에 대한 Cogswell의 해석에 사용된 가정들.

1. 비압축성 유체
2. 깔때기 모양의 흐름 ; 깔때기 표면에서 안 미끄러짐($v_z=0$)
3. 깔때기 지역에서 일방향 흐름
4. 완전히 발달된 상류 및 하류 흐름
5. $\theta-$대칭
6. 전단 및 신장에 의한 압력 하강은 각각 별도로 계산 후 전체 입구 압력손실을 위해 합함
7. Wissenberg-Rabinowitsch 보정 무시 즉 $\dot{\gamma}_R=\dot{\gamma}_a=4Q/\pi R^3$
8. 멱수법칙 즉 $\tau_R=m\dot{\gamma}_a^n$ 사용
9. 신장 점도는 일정함
10. 깔때기의 모양은 최소 생성된 압력하강에 의해 결정됨
11. 탄성효과 무시(즉 법선응력 무시)
12. 관성효과 무시

이들 가정을 사용하여, 실축흐름에 대해 Cogswell의 해석에 의해 얻어진 평균(정상) 신장속도 ($\dot{\varepsilon}_0$)는 아래와 같이 주어진다.

$$\dot{\varepsilon}_0 = \frac{\tau_R \dot{\gamma}_a}{2(\tau_{11} - \tau_{22})} \tag{8.111}$$

여기서 벽면(혹은 가장자리)에서의 전단응력은 멱수법칙을 사용하여 $\tau_R = m\dot{\gamma}_a^n$, 그리고 이에 대응하는 전단속도는 W-R보정을 하지 않은 $\dot{\gamma}_R = \dot{\gamma}_a = 4Q/\pi R^3$로서 입구압력손실의 계산에 관련된다(그림 8.8 참조). 그리고 위 식 중의 평균 법선응력차 $\tau_{11} - \tau_{22}$는 아래와 같이 입구 압력손실 ΔP_{ent}로부터 얻어진다.

$$\tau_{11} - \tau_{22} = \frac{3}{8} \Delta P_{ent}(n+1) \tag{8.112}$$

여기서 n은 (전단)점도에 대한 멱수법칙 $\eta = m\dot{\gamma}^{n-1}$(식 (5.310))에서의 멱지수이다. 그러면 (정상) 신장점도는 신장응력과 신장속도의 비로서 아래와 같이 근사적으로 계산된다.

$$\bar{\eta} \approx \frac{(\tau_{11} - \tau_{22})}{\dot{\varepsilon}_0} = \frac{\frac{9}{32}(n+1)^2 \Delta P_{ent}^2}{\tau_R \dot{\gamma}_a} \tag{8.113}$$

여기서 위 식의 두 번째 항등관계는 식 (8.111)에서 $\dot{\varepsilon}_0$을 대입하고, 또 $(\tau_{11} - \tau_{22})$ 항은 식 (8.112)를 대입하여 얻어진 것이다. 만약 멱수법칙의 점도 함수 $\eta = m\dot{\gamma}_a^{n-1}$의 형태를 안다면, 식 (8.113)의 신장점도 $\bar{\eta}$는 ΔP_{ent}와 부피유량 Q의 실험플롯에서 구할 수 있다($\because\ \dot{\gamma}_a = 4Q/\pi R^3$이므로). 평면 수축흐름에 대한 경우에도 위와 유사한 관계식이 얻어질 수 있다. 그리고 저밀도(가지형) 폴리에틸렌(LDPE)과 고밀도(선형) 폴리에틸린(HDPE)의 용융물에 대하여 Cogswell의 수축흐름 해석기법을 이용하여 계산한 신장점도 $\bar{\eta}$값은 실제 실험과 비교하여 높은 신장속도에서는 꽤 정확하나, 낮은 신장속도에는 실패함이 알려져 있다.

수축흐름에 대한 보다 복잡하지만 더욱 정확한 해석법은 Binding에 의한 것이다. Binding 역시 Cogswell과 유사한 가정을 다수 취하지만, 그는 신장점도의 변형속도에 따른 변화를 허용하며, 또한 벽면(또한 가장가리)에서의 전단속도($\dot{\gamma}_R$)에 대한 W-R 보정도 고려한다. 더욱이 문제의 해결을 위하여 깔때기 모양(funnel-shape)에 대한 몇 가지 가정도 취한다. 그러나 Cogswell처럼 법선응력에 대한 탄성의 영향을 무시한다. Binding의 가정에서는 흐름을 발생시키는데 요구되는 전체 에너지를 최소화한다(표 8.5 참조).

표 8.5 수축 흐름에 대한 Binding의 해석에 사용된 가정들.

1. 비압축성 유체
2. 깔때기 모양의 흐름; 깔때기 표면에서 안 미끄러짐($v_z = 0$)
3. 깔때기 지역에서 일방향 흐름(가정 10 참조)
4. 완전히 발달된 상류 및 하류 흐름
5. $\theta-$대칭
6. 전단점도에 대한 멱수법칙 $\eta = m\dot{\gamma}^{n-1}$이용
7. 정상 신장점도는 $\bar{\eta} = l\dot{\varepsilon}^{t-1}$로 주어짐
8. 깔때기 모양은 흐름을 일으키는데 필요한 최소 일에 의해 결정됨
9. 탄성효과 무시(즉 법선 응력 무시)
10. 깔때기의 모양에 관련된 $(dR/dz)^2$ 및 d^2R/dz^2의 효과는 무시(즉 변형속도 계산시 반경 속도는 무시)
11. 모퉁이 순환을 유지시키는데 필요한 에너지 무시
12. $\tau_{\theta\theta} - \tau_{rr} = 0$
13. 관성효과 무시

수축흐름에 대한 Binding 해석에서는 입구 압력 손실 $\triangle P_{ent}$는 다음 식을 통하여 전단점도 및 신장점도 함수와 관련지어진다(유도과정 생략).

$$\triangle P_{ent} = \frac{2m(1+t)^2}{3t^2(1+n)^2}\left[\frac{lt(3n+1)n^t I_{nt}}{m}\right]^{\frac{1}{1+t}} \dot{\gamma}_{R_0}^{t(n+1)/(1+t)}\left[1-\alpha^{3t(n+1)/(1+t)}\right] \tag{8.114}$$

여기서 m 및 n은 앞에서와 마찬가지로 전단점도에 대한 멱수법칙 $\eta = m\dot{\gamma}^{n-1}$에 사용된 파라미터들이며, l 및 t은 신장점도 멱수법칙 $\bar{\eta} = l\dot{\varepsilon}_0^{t-1}$에 사용된 파라미터들이다. 또한 $\alpha = R_0/R_1$[여기서 R_0는 하류(downstream) 반경, R_1는 상류(upstream) 반경임]이며, Q는 부피유량(volume flux), 그리고 I_{nt} 및 $\dot{\gamma}_{R_0}$은 각각 아래 식으로 정의된다.

$$I_{nt} = \int_0^1 \left| 2 - \left(\frac{3n+1}{n}\right)\phi^{1+\frac{1}{n}}\right|^{t+1} \phi \, d\phi \tag{8.115}$$

$$\dot{\gamma}_{R_0} = \frac{(3n+1)Q}{n\pi R_0^3} \tag{8.116}$$

위 식에서 변수 ϕ는 적분의 가변수(dummy variable)이다. 식 (8.114)로부터 ΔP_{ent}를 계산하기 위해 먼저 신장점도의 멱수지수인 t를 알 필요가 있다. 식 (8.114)와 (8.116)로부터 $\log \Delta P_{ent}$ 대 $\log Q$의 플롯은 기울기가 $t(n+1)/(1+t)$인 직선을 줌을 알 수 있으며, 만약 전단점도의 멱수법식 지수 n을 안다면 t값을 계산 할 수 있다. 일단 t값을 알게 되면 식 (8.115)의 적분값이 계산될 수 있으며, 다시 이를 식 (8.114)에 대입함으로서 신장점도 멱수법칙 파라미터 l값을 구할 수 있게 되어 최종적으로 (정상)신장점도 $\bar{\eta} = l\dot{\varepsilon}_0^{t-1}$도 계산될 수 있다.

이와 같이 Binding 분석법을 사용하여 계산된 신장점도는 전단 얇아짐(shear-thinning) 유체에 대해서는 매우 성공적이나 'Boger 유체'라고 불리는 거의 뉴톤성에 가까운 일정점도를 가진 탄성 유체(elastic fluids)에 대해서는 실패적이다. 그리고 선형 저밀도 폴리에틸렌(LLDPE)와 같은 범용 고분자에 대해서는 Binding 해석이 Cogswell 해석보다 더욱 정확하다.

8.2절에서 논의된 신장흐름(elongational flow) 성질을 측정하는 4 대표적인 방법에 대해 표 10.6에 상호 대비하여 간단히 기술하였다. 금후도 점탄성 고분자 유체의 신장성질을 보다 정확하게 평가하기 위한 신뢰성있고 유연한 기법의 개발을 유변학자들에게는 끊임없는 도전일 것이다.

표 8.6 4 대표적 신장기하의 실험적 특징의 비교

특징	용융신장	MBER	필라멘트 신장	Binding/Cogswell
응력범위	높은 점도에 양호	높은 점도에 양호	실온에서 낮은 점도에 양호	높거나 낮은 점도에 대해 모두 양호
유동 안정성	중력, 표면장력 및 공기흐름에 영향 받음	높은 변형속도에서 불안해짐	중력, 표면장력 및 공기흐름에 영향 받음	매우 높은 변형속도에서 불안정
시료 크기 및 시료 적재	10 g ; 말단효과를 최소화하기위해 주의가 요구됨	< 2 g ; 시료의 신중한 생성과 적재가 요구됨	< 1 g ; 적재용이	최소 40 g ; 적재용이
데이터 취급	간단하나, 신장 물질함수에 대한 값은 주지 못함	간단하나, 만약 변형률을 측정시에는 복잡함	변형 불균일성을 설명하기 위해 두 종류의 시험이 요구됨	Cogswell:간단 ; Binding:보다 복잡하나, 어렵지 않음
균일성?	없음(특히 양 끝에서)	약간 있을 수 있음	없음(특히 양 끝에서)	없음-전단과 신장흐름의 혼합
압력효과	없음	없음	없음	있음-용융물 저장조의 압축성이 어려움을 일으킬 수 있음
신장속도	최대 속도는 클램프 속도에 의존	최대 속도는 시료를 정상흐름에 유지시킬 능력에 대해 제한됨	최대속도는 평판의 속도에 의존 ; 최저속도는 중력과 점성효과의 비에 의존	높거나 낮은 속도가 모두 가능
기타 특수사항	높은 변형률이나 정상속도에 도달하기 어려움 ; 넓은 온도범위 가능 ; 장치가 상용화 되어있음	간혹 직접 변형률은 측정되지 못하고, 대신 부가된 변형속도에서 계산됨 ; 넓은 온도범위 가능 ; 장치가 상용화되어 있음	현재 실온 액체의 경우에만 제한되어 있음	깔때기 모양의 흐름을 가정하고 있으나, 실제는 불가능함 ; 넓은 온도범위가 가능함.

■ 8.3 유동 복굴절(flow birefringence)

지금까지 논의한 유변학적 기법(rheometric techniques)들은 흐름 중에 발생하는 힘(force)이나 토크(torque)등을 직접 측정하여, 이로부터 응력 및 관련 물질(점성 혹은 탄성) 함수를 계산하였다. 또 다른 방법으로서는 직접 응력을 측정하는 대신 응력에 관련된 다른 물질성질(material properties)을 측정하는 것이다. 가령 투명한 고분자(transparent polymer)의 경우는 '복굴절(birefringence)'이라고 불리는 광학적 성질이 응력에 직접 비례함이 알려져 있으므로, 어떤 계에 대해서는 복굴절은 비파괴적인 방법(noninvasive way)으로 응력을 측정하는 수단이 된다. 이와 같은 유동 복굴절(flow birefringence)은 전단흐름(SSF)과 신장흐름(SEF) 모두에 대하여 가능하다.

이 절에서는 먼저 유동 복굴절의 이해를 위한 기초 광학(basic optics) 이론을 간단히 소개하고, 다음에는 복굴절의 개념에 대한 서론, 그리고 유동 복굴절의 측정으로부터 전단응력 및 신장응력을 계산하는 방법에 대해 논하기로 한다.

8.3.1 기초 광학이론

8.3.1.1 진공에서의 빛

진공(vacuum)에서의 빛의 전파(propagation)는 아래의 Maxwell의 4 전자파(electromagnetic wave) 공식에 의해 기술된다. 이들은 전장(electric-field) 벡터 $\boldsymbol{E}$와 자장(magnetic-field) 벡터 $\boldsymbol{H}$ [혹은 자기유도(magnetic induction) 벡터 $\boldsymbol{B}=\mu_0\boldsymbol{H}$]사이의 관계를 말해준다.

$$\nabla\times\boldsymbol{E}=-\mu_0\frac{\partial\boldsymbol{H}}{\partial t},\quad \nabla\times\boldsymbol{H}=\varepsilon_0\frac{\partial\boldsymbol{E}}{\partial t},\quad \nabla\cdot\boldsymbol{E}=0,\quad \nabla\cdot\boldsymbol{H}=0 \tag{8.117}$$

여기서 ε_0는 진공의 유전율(permittivity)로서 $\varepsilon_0=8.854\times10^{-12}\,farads/\mathrm{m}$이고, μ_0는 진공의 투과율(permeability)로서 $\mu_0=4\pi\times10^{-7}\,henrys/\mathrm{m}$값을 갖는다. 식 (8.117)의 첫 번째 식의 회전(curl)을 취하고, 두 번째 식의 시간 편미분을 취하여 이들 표현식을 결합하면 아래로 나타낸 진공에서 빛의 파동방정식(wave equation)을 얻는다[단 $\nabla\times(\nabla\times\boldsymbol{E})=\nabla(\nabla\cdot\boldsymbol{E})-\nabla^2\boldsymbol{E}$ 이용(표 2.1 참조)].

$$\nabla^2\boldsymbol{E}=\frac{1}{c^2}\frac{\partial^2\boldsymbol{E}}{\partial t^2} \tag{8.118}$$

여기서 $c=1/\sqrt{\mu_0\varepsilon_0}=\lambda_v\nu$(여기서 λ_v는 진공에서 빛의 파장, ν는 진동수)는 진공에서 빛의 속도로서 $c=3.0\times10^8\ \mathrm{m/s}$값을 갖는다. 마찬가지 방법으로 Maxwell 식의 두 번째 식에 회전($\nabla\times$)

을 취하고, 첫 번째 식에는 시간 편미분을 취한 후 이들 표현식을 결합하면 $\boldsymbol{E}$항이 소거되어 진공에서 $\boldsymbol{H}$에 관한 파동방정식을 얻는다. 즉

$$\nabla^2 \boldsymbol{H} = \frac{1}{c^2}\frac{\partial^2 \boldsymbol{H}}{\partial t^2} \tag{8.119}$$

위 식들에서 $\nabla^2 = \nabla \cdot \nabla$는 (스칼라)Laplace 연산자로서 Cartesian 좌표계의 경우는 $\nabla^2 = \nabla_i \nabla_i = \frac{\partial^2}{\partial x^2} + \frac{\partial^2}{\partial y^2} + \frac{\partial^2}{\partial z^2}$가 된다(2.9절 참조).

8. 3. 1. 2 등방성 매질에서의 빛

빛이 굴절률(refractive index) n값이 1인 진공 대신, 1보다 큰 굴절률을 가진 등방성 매질(isotropic medium) 속에서의 진행 할 때 Maxwell 방정식은 매질의 유전율 ε과 투과율 μ를 갖도록 아래와 같이 수정되어야 한다.

$$\nabla \times \boldsymbol{E} = -\mu\frac{\partial \boldsymbol{H}}{\partial t}, \quad \nabla \times \boldsymbol{H} = \varepsilon\frac{\partial \boldsymbol{E}}{\partial t}, \quad \nabla \cdot \boldsymbol{E} = 0, \quad \nabla \cdot \boldsymbol{H} = 0 \tag{8.120}$$

그리고 진공에서의 파동방정식 (8.118)과 (8.119)를 얻을 때와 마찬가지 기법을 사용하면 아래와 같은 등방성 매질 속에서의 $\boldsymbol{E}$ 및 $\boldsymbol{H}$에 관한 파동방정식을 얻는다.

$$\nabla^2 \boldsymbol{E} = \frac{1}{u^2}\frac{\partial^2 \boldsymbol{E}}{\partial t^2} \tag{8.121 a}$$

$$\nabla^2 \boldsymbol{H} = \frac{1}{u^2}\frac{\partial^2 \boldsymbol{H}}{\partial t^2} \tag{8.121 b}$$

여기서 $u(=c/n) = 1/\sqrt{\mu\varepsilon}$는 굴절률 n인 등방 매질 속에서의 빛의 속도이다. 한편 무차원의 '유전상수(dielectric constant)' K는 매질과 진공의 유전율(permittivity)의 비로서 아래와 같이 정의된다.

$$K \equiv \frac{\varepsilon}{\varepsilon_0} \tag{8.122}$$

여기서 K는 '상대 유전율(relative permittivity)'이라고도 불리며 $K \geq 1$의 값을 가진다. 마찬가지로 (무차원)'상대 투과율(relative permeability)' $K_m (\geq 1)$도 매질과 진공의 투과율의 비로서 아래와 같이 정의된다.

$$K \equiv \frac{\mu}{\mu_0} \tag{8. 123}$$

그리고 앞에서 언급한 바와 같이 빛의 진공에 대한 (등방성)매질에서의 속도비가 그 매질의 굴절률(n)가 된다. 즉

$$n \equiv \frac{c}{u} = \sqrt{\frac{\mu\varepsilon}{\mu_0\,\varepsilon_0}} = \sqrt{K_m K} \tag{8. 124}$$

여기서 비자장의 매질(nonmagnetic medium)의 경우에는 $K_m = 1$ 즉 $n = \sqrt{K}$가 되며, 굴절률 n인 매질에서의 빛의 속도를 '위상속도(phase velocity)'라고도 한다.

한편 $\boldsymbol{E}$에 관한 파동방정식 (8.121a)의 해는 아래가 된다.

$$\boldsymbol{E} = \begin{pmatrix} E_x \\ E_y \\ E_z \end{pmatrix}_{xyz} = \begin{pmatrix} E_{0x} \\ E_{0y} \\ E_{0z} \end{pmatrix}_{xyz} e^{i(\boldsymbol{k} \cdot \boldsymbol{r} - \omega t)} \equiv \boldsymbol{E}_0\, e^{i(\boldsymbol{k} \cdot \boldsymbol{r} - \omega t)} \tag{8. 125}$$

여기서 t는 시간, $\boldsymbol{r}$는 위치벡터로서 Cartesian 좌표계에서는 $\boldsymbol{r} = x^i \hat{\boldsymbol{e}}_i = x\hat{\boldsymbol{e}}_x + y\hat{\boldsymbol{e}}_y + z\hat{\boldsymbol{e}}_z$로 나타내진다. 그리고 ω는 파동의 (일정)각 진동수(즉 $\omega = 2\pi\nu$, ν는 진동수)이며, $\boldsymbol{k}$는 '파수벡터(wave vector)'라고 불리며 Cartesian 좌표계에서 아래가 된다.

$$\boldsymbol{k} = k_x \hat{\boldsymbol{e}}_x + k_y \hat{\boldsymbol{e}}_y + k_z \hat{\boldsymbol{e}}_z \tag{8. 126}$$

그리고 $\boldsymbol{E}_0 = (E_{0x} \quad E_{0y} \quad E_{0z})^{\mathrm{T}}$는 전장벡터 $\boldsymbol{E}$의 진폭(amplitude) 벡터로서 위치 $\boldsymbol{r}$에 무관하다. 그런데 식 (8.125)가 식 (8.121a)의 해가 되기 위한 역증명으로서 식 (8.125)를 식 (8.121a)의 양변에 대입하여 비교하면 파수 벡터의 크기 $k \equiv \| \boldsymbol{k} \| = \sqrt{\boldsymbol{k} \cdot \boldsymbol{k}}$는 아래가 된다(단 진공에서 빛의 파장 $\lambda_v = 2\pi c/\omega$ 이용).

$$k \equiv \| \boldsymbol{k} \| = \omega/u = 2\pi n/\lambda_v, \quad \lambda_v = c/\nu = 2\pi c/\omega \tag{8. 127}$$

[비고: 위 식의 증명은 $\nabla(\boldsymbol{k} \cdot \boldsymbol{r}) = \frac{\partial}{\partial \boldsymbol{r}}(\boldsymbol{k} \cdot \boldsymbol{r}) = \frac{\partial}{\partial \boldsymbol{r}}(\boldsymbol{k}^{\mathrm{T}}\boldsymbol{r}) = \boldsymbol{k}$, 따라서 $\nabla^2 e^{i(\boldsymbol{k} \cdot \boldsymbol{r} - \omega t)} = \nabla \cdot \left[\nabla e^{i(\boldsymbol{k} \cdot \boldsymbol{r} - \omega t)}\right] = (ik)^2 e^{i(\boldsymbol{k} \cdot \boldsymbol{r} - \omega t)}$를 이용하고, 진폭 $\boldsymbol{E}_0$은 $\boldsymbol{r}$ 무관 가정함].

그리고 식 (8.125)의 지수항 $\boldsymbol{k} \cdot \boldsymbol{r} - \omega t$는 (전장)파동의 '위상 혹은 위상각(phase)'이라고 부르며, 통상 δ로 나타낸다. 만약 위상이 일정한 표면을 '일정 위상표면(surfaces of constant phase)'이라고 부른다. 그리고 이 일정 위상표면은 굴절률 n인 (등방)매질에서 위상속도의 크기 $u(= c/n)$를 갖고 파수벡터 $\boldsymbol{k}$방향으로 움직인다. 이때 이 파동방정식의 해를 '평면 조화파동(plane harmonic waves)'에 대한 해라고 부른다.

전장벡터 $\boldsymbol{E}$의 경우와 마찬가지로 자장벡터 $\boldsymbol{H}$에 관한 파동방정식 (8.121b)의 해도 Cartesian 좌표계에서 아래의 형태로 주어진다.

$$\boldsymbol{H}=\begin{pmatrix} H_x \\ H_y \\ H_z \end{pmatrix}_{xyz}=\begin{pmatrix} H_{0x} \\ H_{0y} \\ H_{0z} \end{pmatrix}_{xyz} e^{i(\boldsymbol{k}\cdot\boldsymbol{r}-\omega t)}\equiv \boldsymbol{H}_0 e^{i(\boldsymbol{k}\cdot\boldsymbol{r}-\omega t)} \tag{8.128}$$

여기서 $\boldsymbol{H}_0=(H_{0x}\quad H_{0y}\quad H_{0z})^{\mathrm{T}}$ 역시 위치 $\boldsymbol{r}$에 무관한 자장벡터 $\boldsymbol{H}$의 진폭벡터이다. 이 식의 증명 또한 역증명 즉 식 (8.128)를 식 (8.121b)의 양변에 대입하고, 역시 $\nabla^2 e^{i(\boldsymbol{k}\cdot\boldsymbol{r}-\omega t)}=\nabla\cdot\left[\nabla e^{i(\boldsymbol{k}\cdot\boldsymbol{r}-\omega t)}\right]=(ik)^2 e^{i(\boldsymbol{k}\cdot\boldsymbol{r}-\omega t)}$를 이용하여 행함으로써 식 (8.127)의 성립을 다시 한번 확인한다.

이제 평면 조화파동에 대한 전장 및 자장벡터 $\boldsymbol{E}$ 및 $\boldsymbol{H}$의 해를 등방, 비전도성(nonconducting) 매질 속에서의 Maxwell 방정식 (8.117)로 도로 치환하여 정리하면 아래의 결과를 얻는다.

$$\boldsymbol{k}\times\boldsymbol{E}=\mu\omega\boldsymbol{H},\quad \boldsymbol{k}\times\boldsymbol{H}=-\varepsilon\omega\boldsymbol{E},\quad \boldsymbol{k}\cdot\boldsymbol{E}=0,\quad \boldsymbol{k}\cdot\boldsymbol{H}=0 \tag{8.129}$$

한편 단위 면적당 파동의 전자파 에너지(electromagnetic energy)의 흐름속도(time rate of flow)는 아래의 'Poynting 벡터' $\boldsymbol{S}$로 주어진다.

$$\boldsymbol{S}=Re(\boldsymbol{E})\times Re(\boldsymbol{H}) \tag{8.130}$$

여기서 $\boldsymbol{S}$의 방향은 파동의 진행방향을 가리키며, $Re(\boldsymbol{E})$는 복소 전장벡터 $\boldsymbol{E}$의 실수부분으로서 아래가 성립된다.

$$\boldsymbol{E}=\boldsymbol{E}_0 e^{i\delta}=Re(\boldsymbol{E})+i\,I_m(\boldsymbol{E}),\ \text{여기서}\ \boldsymbol{E}_0=\sqrt{\boldsymbol{E}\boldsymbol{E}^*},\ \delta=\tan^{-1}\left[I_m(\boldsymbol{E})/Re(\boldsymbol{E})\right] \tag{8.131 a}$$

$$Re(\boldsymbol{E})=\boldsymbol{E}_0\cos\delta=\frac{\boldsymbol{E}+\boldsymbol{E}^*}{2}\ ;\ I_m(\boldsymbol{E})=\boldsymbol{E}_0\sin\delta=\frac{\boldsymbol{E}-\boldsymbol{E}^*}{2i} \tag{8.131 b}$$

$Re(\boldsymbol{H})$의 경우에도 마찬가지 관계가 성립된다.

그런데 식 (8.129)의 첫 번째 두 식으로부터 등방, 비전도성 매질 속에서 $\boldsymbol{k}$(혹은 $\boldsymbol{S}$), $\boldsymbol{E}$, $\boldsymbol{H}$는 상호 직교 (오른손)트라이어드(orthogonal triad)를 형성함을 알 수 있다(그림 8.23 참조). 즉 등방 비전도성 매질 속에서는 단위 파수벡터 $\hat{\boldsymbol{k}}=\boldsymbol{k}/k$는 일정 위상 평면의 진행방향이면서 또한 파동의 에너지 이동방향이 된다.

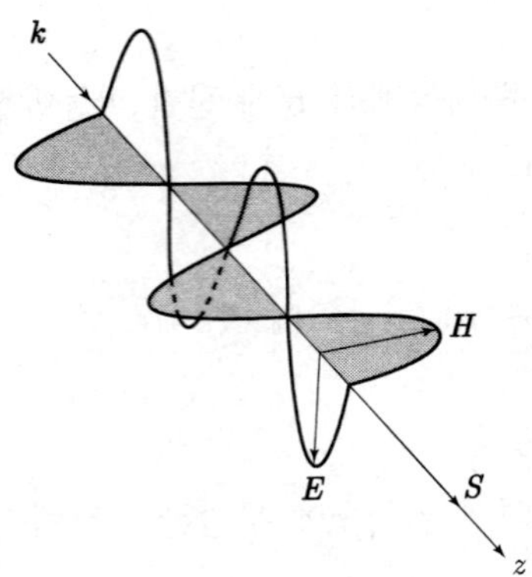

그림 8.23 등방성 매질 속에서 진행하는 직선편광(linearly polarized light)의 전장 벡터 $\boldsymbol{E}$와 자장벡터 $\boldsymbol{H}$의 모식도. 일정 위상 평면(plane of constant phase)은 $\hat{\boldsymbol{k}}$방향으로 진행한다.

식 (8.129)의 셋째 및 넷째 식에서 $\boldsymbol{E}$나$\boldsymbol{H}$의 $\boldsymbol{k}$ 방향으로의 성분은 없다(즉 Cartesian 좌표계에서 $E_{0z} = H_{0z} = 0$)는 것을 알 수 있다. 따라서 $\boldsymbol{E}$와 $\boldsymbol{H}$는 그림 8.23에 나타낸 바와 같이 둘 다 ($xy-$평면에서의)횡단파(transverse waves)이다. 만약 파동이 $z-$방향으로 진행(즉 $\hat{\boldsymbol{e}}_z = \hat{\boldsymbol{k}}$가 되어 $\boldsymbol{k} = k\hat{\boldsymbol{e}}_z$, $\boldsymbol{S} = S\hat{\boldsymbol{e}}_z$ 성립)한다고 하면 $\boldsymbol{E} = \boldsymbol{E}_0 e^{i(\boldsymbol{k}\cdot\boldsymbol{r}-\omega t)}$ 및 $\boldsymbol{H} = \boldsymbol{H}_0 e^{i(\boldsymbol{k}\cdot\boldsymbol{r}-\omega t)}$에 관한 표현식은 Cartesian 좌표계에서 각각 아래가 된다.

$$\boldsymbol{E} = \begin{pmatrix} E_x \\ E_y \\ E_z \end{pmatrix}_{xyz} = \begin{pmatrix} E_{0x}\, e^{i(\boldsymbol{k}\cdot\boldsymbol{r}-\omega t)} \\ E_{0y}\, e^{i(\boldsymbol{k}\cdot\boldsymbol{r}-\omega t)} \\ 0 \end{pmatrix}_{xyz} \tag{8. 132}$$

$$\boldsymbol{H} = \begin{pmatrix} H_x \\ H_y \\ H_z \end{pmatrix}_{xyz} = \begin{pmatrix} H_{0x}\, e^{i(\boldsymbol{k}\cdot\boldsymbol{r}-\omega t)} \\ H_{0y}\, e^{i(\boldsymbol{k}\cdot\boldsymbol{r}-\omega t)} \\ 0 \end{pmatrix}_{xyz} \tag{8. 133}$$

여기서 E_{0x} E_{0y}, H_{0x} 및 H_{0y}는 일반적으로 복소수이다. 따라서 E_x와 E_y(혹은 H_x와 H_y)는 위상(phase)이 일치할 필요가 없다. 그런데 만약 E_{0x}와 E_{0y}가 (일정)실수라면, E_x와 E_y는 위상이 일치(in-phase)하며, 그때의 파동(빛)은 '직선 편광(linearly polarized)'되어있다고 한다(그림 8.24 참조). 그러나 만약 E_{0x}와 E_{0y}가 크기와 각도(argument)(혹은 실수와 허수부)를 갖는 복소수라면, E_x와 E_y 사이에는 위상차(out-of-phase)가 존재한다. 그리고 E_{0x}와 E_{0y}가 일정하나 복소수라면, 이때의 광파(light-wave)는 '타원 편광(elliptically polarized)'되어있다고 칭한다. 반면에 일정 복소수 E_{0x}와 E_{0y}의 (각도)위상차가 $\pi/2$이고, 크기가 같다면 이때의 광파는 '원 편광(circularly polarized)'되어있다고 한다. 식 (8.130)으로 정의된 Poynting 플럭스(flux)의 평균값을 그 광파의 '강도(intensity)' I라고 부르며 식 (8.134)로 나타내진다(단 식 (8.131) 이용).

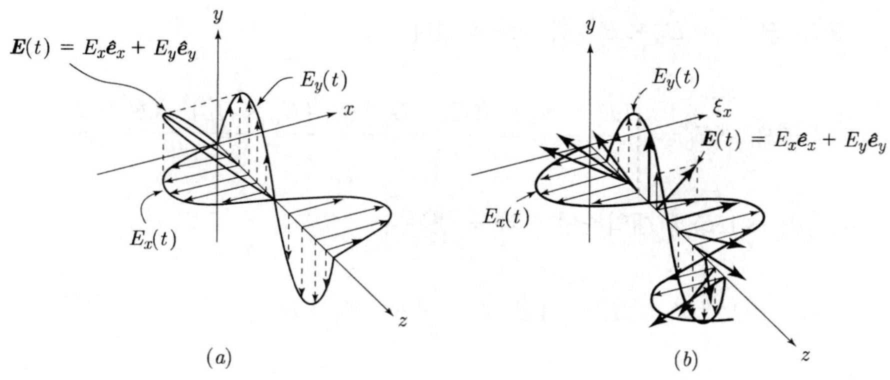

그림 8.24 (a) 직선 편광(linearly polarized) 및 (b) 타원 편광(elliptically polarized)된 빛의 전장벡터 $\boldsymbol{E}$의 x 및 y성분의 시간(t) 의존성. 두 경우 모두 x 및 y성분의 위상차(phase difference)는 일정하며, 특히 직선 편광 (a)의 경우 위상차는 0이 된다.

$$I \equiv |\langle \boldsymbol{S} \rangle| = |\langle Re(\boldsymbol{E}) \times Re(\boldsymbol{H}) \rangle| = \frac{1}{2}\left|Re\left(\boldsymbol{E}_0 \times \boldsymbol{H}_0^*\right)\right| = \frac{1}{2}E_0 H_0 \tag{8.134}$$

여기서 $\boldsymbol{E} = \boldsymbol{E}_0 e^{i(\boldsymbol{k}\cdot\boldsymbol{r} - \omega t)}$, $\boldsymbol{H} = \boldsymbol{H}_0 e^{i(\boldsymbol{k}\cdot\boldsymbol{r} - \omega t)}$, $E_0 = |\boldsymbol{E}_0|$ 및 $H_0 = |\boldsymbol{H}_0|$(식 (8.125) 및 (8.128) 참조)이다.

증명 위 식의 두 번째 항등관계에서 식 (8.131)의 정의를 이용하면 아래가 된다[단 위첨자 (*) 혹은 *는 공액 또는 켤레 복소수(complex conjugate)를 나타냄].

$$I = \left|\left\langle \frac{1}{2}(\boldsymbol{E} + \boldsymbol{E}^*) \times \frac{1}{2}(\boldsymbol{H} + \boldsymbol{H}^*) \right\rangle\right| \tag{8.135}$$

혹은 여기서 $\boldsymbol{E}^* = \boldsymbol{E}_0^* e^{-i(\boldsymbol{k}\cdot\boldsymbol{r} - \omega t)}$ 및 $\boldsymbol{H}^* = \boldsymbol{H}_0^* e^{-i(\boldsymbol{k}\cdot\boldsymbol{r} - \omega t)}$를 대입하고, $\boldsymbol{k}\cdot\boldsymbol{r} - \omega t \equiv \delta$(위상각)로 두면 아래가 성립된다.

$$\begin{aligned} 4I &= \left|\left\langle \left(\boldsymbol{E}_0 e^{i\delta} + \boldsymbol{E}_0^* e^{-i\delta}\right)\left(\boldsymbol{H}_0 e^{i\delta} + \boldsymbol{H}_0^* e^{-i\delta}\right) \right\rangle\right| \\ &= \left|\left\langle \boldsymbol{E}_0 \times \boldsymbol{H}_0 e^{i2\delta} + \boldsymbol{E}_0^* \times \boldsymbol{H}_0 + \boldsymbol{E}_0 \times \boldsymbol{H}_0^* + \boldsymbol{E}_0^* \times \boldsymbol{H}_0^* e^{-i2\delta} \right\rangle\right| \\ &= \left|\left\langle \boldsymbol{E}_0^* \times \boldsymbol{H}_0 + \boldsymbol{E}_0 \times \boldsymbol{H}_0^* \right\rangle\right| = \left|\boldsymbol{E}_0^* \times \boldsymbol{H}_0 + \boldsymbol{E}_0 \times \boldsymbol{H}_0^*\right| \end{aligned} \tag{8.136}$$

단 위 식에서 $\langle e^{i2\delta} \rangle = \langle e^{-i2\delta} \rangle = 0$ 및 $\langle \boldsymbol{E}_0^* \times \boldsymbol{H}_0 \rangle = \boldsymbol{E}_0^* \times \boldsymbol{H}_0$ 및

$\langle \boldsymbol{E}_0 \times \boldsymbol{H}^*{}_0 \rangle = \boldsymbol{E}_0 \times \boldsymbol{H}^*{}_0$를 이용하였다.

$$Re(\boldsymbol{E}_0 \times \boldsymbol{H}_0^*) = \frac{(\boldsymbol{E}_0 \times \boldsymbol{H}_0^*) + (\boldsymbol{E}_0 \times \boldsymbol{H}_0^*)^*}{2} = \frac{(\boldsymbol{E}_0 \times \boldsymbol{H}_0^*) + (\boldsymbol{E}_0^* \times \boldsymbol{H}_0)}{2} \tag{8. 137}$$

이를 식 (8.136)에 대입하면 아래를 얻는다.

$$4I = \left| 2Re(\boldsymbol{E}_0 \times \boldsymbol{H}_0^*) \right| \text{ 혹은 } I = \frac{1}{2} \left| Re(\boldsymbol{E}_0 \times \boldsymbol{H}_0^*) \right| \tag{8. 138}$$

그런데 서로 각도 θ만큼 차이(오른손 좌표계 방향으로)가 있는 두 벡터 $\boldsymbol{a}$와 $\boldsymbol{b}$의 곱의 크기는 $|\boldsymbol{a} \times \boldsymbol{b}| = |\boldsymbol{a}||\boldsymbol{b}|\sin\theta = ab\sin\theta$인데 두 (복소)벡터 $\boldsymbol{E}_0$과 $\boldsymbol{H}_0^*$은 서로 각도 $\pi/2$ 만큼 차이가 있으며, $|\boldsymbol{E}_0| = E_0$, $|\boldsymbol{H}_0^*| = |\boldsymbol{H}_0| = H_0$의 관계에서 $|Re(\boldsymbol{E}_0 \times \boldsymbol{H}_0^*)| = E_0 H_0$이 된다. 따라서 식 (8.138)은 아래가 되어 식 (8.134)가 증명된다.

$$I = \frac{1}{2} \left| Re(\boldsymbol{E}_0 \times \boldsymbol{H}_0^*) \right| = \frac{1}{2} E_0 H_0 \quad \blacksquare \tag{8. 134}$$

그런데 식 (8.129)의 두 번째 식의 양변의 크기(즉 벡터곱의 크기)를 구하면 아래가 된다.

$$|\boldsymbol{k} \times \boldsymbol{H}| \equiv |\boldsymbol{k}||\boldsymbol{H}|\sin\theta = \varepsilon\omega|\boldsymbol{E}| \tag{8. 139}$$

그런데 두 벡터 $\boldsymbol{k}$와 $\boldsymbol{H}$ 사이의 각도(오른손 엄지방향)는 $\theta = \pi/2$이며, $|\boldsymbol{E}| = E_0$, $|\boldsymbol{H}| = H_0$ 그리고 $|\boldsymbol{k}| = k(=\omega/u)$이므로 아래가 성립된다.

$$H_0 = \frac{\varepsilon\omega E_0}{k} = \varepsilon u E_0 \tag{8. 140}$$

이를 식 (8.134)에 대입하면 아래와 같이 빛(광파)의 강도 I는 전장강도(벡터)의 크기 $E_0 (= |\boldsymbol{E}|)$의 제곱에 비례한다는 잘 알려진 결과를 얻는다.

$$I = \frac{1}{2} \varepsilon u E_0^2 \tag{8. 141}$$

8. 3. 1. 3 이방성 매질에서의 빛

A. 일반 파동방정식

이방성 매질(anisotropic medium) 속에서 빛이 진행할때는 보다 일반화된 Maxwell 방정식이 요구된다. 즉 비전도성(nonconducting) 비자기성(nonmagnetic) 매질속에서 빛의 진행에 관한 Maxwell 방정식은 아래와 같이 나타내진다.

$$\nabla\times\boldsymbol{E}=-\mu_0\frac{\partial\boldsymbol{H}}{\partial t},\quad \nabla\times\boldsymbol{H}=\varepsilon_0\frac{\partial\boldsymbol{E}}{\partial t}+\frac{\partial\boldsymbol{P}}{\partial t},\quad \nabla\cdot\boldsymbol{E}=-\frac{1}{\varepsilon_0}\nabla\cdot\boldsymbol{P},\quad \nabla\cdot\boldsymbol{H}=0 \qquad (8.142)$$

여기서 $\boldsymbol{P}$는 이방성 매질내의 전기 쌍극자(electric dipoles)의 부피(전하) 밀도를 나타내는 '분극율(polarization) 벡터'로서 만약 $\boldsymbol{P}=\boldsymbol{0}$으로 두면 위 식은 진공에 대한 Maxwell 식 (8.117)으로 환원된다. 위 식의 두 번째 식의 우변은 $\partial\boldsymbol{D}/\partial t$로도 나타내는데 여기서 $\boldsymbol{D}$는 '전기 변위(electric displacement) 벡터'로서 아래로 정의된다.

$$\boldsymbol{D}\equiv\varepsilon_0\boldsymbol{E}+\boldsymbol{P} \qquad (8.143)$$

여기서 벡터량 $\boldsymbol{D}$는 부가된 전장벡터 $\boldsymbol{E}$에 대한 전하를 띤 이방성 매질내의 결합된 전하들(bound charges)의 집합체 응답(aggregate response)을 나타낸다.

만약 앞에서 언급한 등방성 매질의 경우엔 $\boldsymbol{D}$를 아래의 형태로 가정함으로써 식 (8.120)의 두 번째 식으로 환원된다.

$$\boldsymbol{D}=\varepsilon\boldsymbol{E} \qquad (8.144)$$

여기서 ε는 식 (8.120)에 사용된 매질의 (스칼라)유전율(permittivity)이다. 그러면 식 (8.143)과 (8.144)로부터 아래가 성립된다.

$$\boldsymbol{P}=(\varepsilon-\varepsilon_0)\boldsymbol{E}=\varepsilon_0\chi\,\boldsymbol{E} \qquad (8.145)$$

여기서 $\chi=\varepsilon/\varepsilon_0-1$는 (스칼라)'전기 감응율(electric susceptibility)'이다.

이방성 매질의 경우, 입사하는 빛의 전장벡터 $\boldsymbol{E}$에 대한 매질 내 결합 전자들의 응답은 전 방향에서 동일하지는 않다. 즉 식 (8.143)에서 보는 바와 같이 전기변위 벡터 $\boldsymbol{D}$는 전장벡터 $\boldsymbol{E}$에 평행하지 않다. 따라서 이방성 매질에 대한 $\boldsymbol{D}$의 구성방정식으로서 식 (8.143) 대신 아래와 같이 $\boldsymbol{E}$의 선형벡터 함수를 정의한다.

$$\boldsymbol{D}=\boldsymbol{\varepsilon}\cdot\boldsymbol{E} \qquad (8.146)$$

여기서 $\boldsymbol{\varepsilon}$는 '유전 (2차)텐서(dielectric tensor)'라 불리며, 위 식에서 2차 텐서인 $\boldsymbol{\varepsilon}$과 1차 텐서(벡터)인 $\boldsymbol{E}$간의 내적(·)은 벡터 $\boldsymbol{D}$를 준다(∵텐서의 연산에서 내적 · 은 차수 −2를 의미하므로-1장

참조). 그러면 식 (8.143)과 (8.146)에서 아래가 성립된다[단 $\varepsilon_0 \boldsymbol{E} = \varepsilon_0 \mathbf{I} \cdot \boldsymbol{E}$(여기서 $\mathbf{I}$는 단위등방 텐서) 관계를 이용].

$$\boldsymbol{P} = (\boldsymbol{\varepsilon} - \varepsilon_0 \mathbf{I}) \cdot \boldsymbol{E} = \varepsilon_0 \left(\frac{1}{\varepsilon_0} \boldsymbol{\varepsilon} - \mathbf{I} \right) \cdot \boldsymbol{E} \equiv \varepsilon_0 \boldsymbol{\chi} \cdot \boldsymbol{E} \tag{8. 147}$$

여기서 감응율 (2차)텐서 $\boldsymbol{\chi}$는 아래로 정의된다(스칼라 χ에 대한 식 (8.145) 참조].

$$\boldsymbol{\chi} \equiv \frac{1}{\varepsilon_0} \boldsymbol{\varepsilon} - \mathbf{I} \tag{8. 148}$$

여기서 감응율 텐서 $\boldsymbol{\chi}$는 (이방성)매질이 입사광의 전장벡터 $\boldsymbol{E}$에 어떻게 응답하는가에 대한 정보를 제공해준다. 보통의 (빛에 대한)비흡수성(nonabsorbing) 고체나 액체 매질의 경우 $\boldsymbol{\chi}$는 대칭 텐서이다.

이제 식 (8.147)를 이방성 매질 내 Maxwell 식인 (8.142)에 대입하여 자장벡터 $\boldsymbol{H}$를 소거하면 아래의 비자기성, 비전도성 이방성 매질에 대한 일반 파동 방정식을 얻는다.

$$\nabla \times \nabla \times \boldsymbol{E} + \frac{1}{c^2} \frac{\partial^2 \boldsymbol{E}}{\partial t^2} = -\frac{1}{c^2} \boldsymbol{\chi} \cdot \frac{\partial^2 \boldsymbol{E}}{\partial t^2} \tag{8. 149}$$

[비고: 이 식의 증명은 식 (8.142)의 첫 번째 식에 회전($\nabla \times$)을 취한 후 $\nabla \times \nabla \times \boldsymbol{E} = \nabla(\nabla \cdot \boldsymbol{E}) - \nabla^2 \boldsymbol{E}$의 공식 및 $\nabla \times \boldsymbol{H}$에 관한 두 번째 식에서 $\boldsymbol{P}$ 대신 식 (8.147)를 대입하고, 또 $\boldsymbol{\chi}$는 시간(t) 무관 가정하며, 마지막으로 $c = 1/\sqrt{\mu_0 \varepsilon_0}$ 를 이용하면 쉽게 얻을 수 있다.]

편미분 방정식 (8.149)의 해는 이방성 매질 속에서 진행하는 빛에 대한 전장벡터 $\boldsymbol{E}$의 형태를 제공해준다.

B. 조화 파동(harmonic waves)

조화 평면파(harmonic plane waves)에 대한 방정식은 어떤 특정 조건하에서 식 (8.149)의 해로서 주어진다. 이 특정조건을 찾기 위하여 3차 평면파의 전장벡터 $\boldsymbol{E}$에 관한 표현식인 $\boldsymbol{E} = \boldsymbol{E}_0 e^{i(\boldsymbol{k} \cdot \boldsymbol{r} - \omega t)}$(식 (8.125))를 식 (8.149)에 대입하면 아래를 얻는다.

$$\boldsymbol{k} \times \boldsymbol{k} \times \boldsymbol{E} + \frac{\omega^2}{c^2} \boldsymbol{E} = -\frac{\omega^2}{c^2} \boldsymbol{\chi} \cdot \boldsymbol{E} \tag{8. 150}$$

증명 식 (8.132)에서 $\boldsymbol{k} \cdot \boldsymbol{r} - \omega t = \delta$(위상각)로 두면 $\boldsymbol{E}$의 Cartesian 좌표계에서의 m번째 성분

$E_m = E_{0m} e^{i\delta}\,(m=1,2,3)$가 된다. 그런데 $\delta = k_l x_l - \omega t$가 되므로 $\nabla_l \delta = \dfrac{\partial \delta}{\partial x_l} = k_l$이 되고, 따라서 $\nabla_l E_m = i k_l E_m$($\because$ 진폭 벡터 $\boldsymbol{E}_0$는 위치 무관 가정)가 얻어진다. 여기서 $\nabla \times \boldsymbol{E}\,(=\mathrm{curl}\,\boldsymbol{E})$을 Cartesian 좌표계에서 취하면 아래가 된다(2.8절 참조).

$$\nabla \times \boldsymbol{E} = e_{plm}\,\hat{\boldsymbol{e}}_p \nabla_l E_m = i e_{plm}\,\hat{\boldsymbol{e}}_p k_l E_m = i\boldsymbol{k} \times \boldsymbol{E} \tag{8.151}$$

여기서 $i=\sqrt{-1}$, 그리고 e_{plm}은 Levi-Civita 순열 기호(즉 1, 2, 3의 우순열은 +1, 기순열은 -1, 기타 0)이다. 다시 회전($\nabla\times$)을 취하면 아래를 얻는다.

$$\nabla \times \nabla \times \boldsymbol{E} = i\,\nabla \times (\boldsymbol{k} \times \boldsymbol{E}) \tag{8.152}$$

그런데 벡터공식 표 2.1(No.13)에 의하면 아래가 성립된다.

$$\nabla \times \nabla \times \boldsymbol{E} = i\,[(\boldsymbol{E} \cdot \nabla)\boldsymbol{k} - \boldsymbol{E}(\nabla \cdot \boldsymbol{k}) - (\boldsymbol{k} \cdot \nabla)\boldsymbol{E} - \boldsymbol{k}(\nabla \cdot \boldsymbol{E})] \tag{8.153}$$

그런데 파수벡터 $\boldsymbol{k}$는 위치에 무관(가정)이므로 위 식의 우변의 괄호 안의 첫 두 항은 0이 된다. 그리고 Cartesian 좌표계에서 아래의 두 관계가 성립된다.

$$(\boldsymbol{k} \cdot \nabla)\boldsymbol{E} = (k_l \nabla_l)(E_m \hat{\boldsymbol{e}}_m) = \hat{\boldsymbol{e}}_m k_l \nabla_l E_m = i\hat{\boldsymbol{e}}_m k_l k_l E_m = i(\boldsymbol{k} \cdot \boldsymbol{k})\boldsymbol{E} \tag{8.154}$$

$$\boldsymbol{k}(\nabla \cdot \boldsymbol{E}) = \boldsymbol{k} \nabla_l E_l = i\boldsymbol{k} k_l E_l = i(\boldsymbol{k} \cdot \boldsymbol{E})\boldsymbol{k} \tag{8.155}$$

단 위 두 식에서 본 문제에 대한 $\nabla_l E_m \left(= \dfrac{\partial E_m}{\partial x_l}\right) = i k_l E_m$이 반복적으로 사용되었다. 이들 두 식을 식 (8.153)에 대입하면 아래를 얻는다.

$$\nabla \times \nabla \times \boldsymbol{E} = i[-i(\boldsymbol{k} \cdot \boldsymbol{k})\boldsymbol{E} + i(\boldsymbol{k} \cdot \boldsymbol{E})\boldsymbol{k}] = (\boldsymbol{k} \cdot \boldsymbol{k})\boldsymbol{E} - (\boldsymbol{k} \cdot \boldsymbol{E})\boldsymbol{k} \tag{8.156}$$

한편 벡터공식 표 2.1(No.5)에서 아래가 성립된다.

$$\boldsymbol{k} \times \boldsymbol{k} \times \boldsymbol{E} = (\boldsymbol{k} \cdot \boldsymbol{E})\boldsymbol{k} - (\boldsymbol{k} \cdot \boldsymbol{k})\boldsymbol{E} \tag{8.157}$$

따라서 식 (8.156)과 (8.157)의 비교에서 아래가 성립된다.

$$\nabla \times \nabla \times \boldsymbol{E} = -\boldsymbol{k} \times \boldsymbol{k} \times \boldsymbol{E} \tag{8.158}$$

한편 $\boldsymbol{E} = \boldsymbol{E}_0 e^{i(\boldsymbol{k} \cdot \boldsymbol{r} - \omega t)} = \boldsymbol{E}_0 e^{i\delta}$에서 아래가 얻어진다.

$$\partial^2 \boldsymbol{E}/\partial t^2 = -\omega^2 \boldsymbol{E} \tag{8.159}$$

이제 식 (8.158)과 (8.159)를 식 (8.149)에 대입하여 정리하면 아래가 성립되어 식 (8.150)이 증명된다.

$$-\boldsymbol{k}\times\boldsymbol{k}\times\boldsymbol{E}-\frac{\omega^2}{c^2}\boldsymbol{E}=\frac{\omega^2}{c^2}\boldsymbol{\chi}\cdot\boldsymbol{E} \text{ 혹은 } \boldsymbol{k}\times\boldsymbol{k}\times\boldsymbol{E}+\frac{\omega^2}{c^2}\boldsymbol{E}=-\frac{\omega^2}{c^2}\boldsymbol{\chi}\cdot\boldsymbol{E} \;\blacksquare \quad (8.150)$$

이제 식 (8.150)을 만족하는 해 $\boldsymbol{E}$ 중 하나는 $\boldsymbol{E}=0$가 되나, 0이 아닌 의미있는(nontrivial) 해를 구하기 위해 Cartesian 좌표계에서 두 벡터 $\boldsymbol{a}$와 $\boldsymbol{b}$의 곱의 공식[즉 $(\boldsymbol{a}\times\boldsymbol{b})_p = e_{plm}\,a_l\,b_m$ - 표2.1(No.3) 참조]에서 아래가 성립된다.

$$\boldsymbol{k}\times\boldsymbol{E}=\begin{vmatrix}\hat{\boldsymbol{e}}_x & \hat{\boldsymbol{e}}_y & \hat{\boldsymbol{e}}_z\\ k_x & k_y & k_z\\ E_x & E_y & E_z\end{vmatrix}=\begin{pmatrix}k_yE_z-k_zE_y\\ k_zE_x-k_xE_z\\ k_xE_y-k_yE_x\end{pmatrix}_{xyz} \quad (8.160)$$

$$\boldsymbol{k}\times\boldsymbol{k}\times\boldsymbol{E}=\begin{vmatrix}\hat{\boldsymbol{e}}_x & \hat{\boldsymbol{e}}_y & \hat{\boldsymbol{e}}_z\\ k_x & k_y & k_z\\ k_yE_z-k_zE_y & k_zE_x-k_xE_z & k_xE_y-k_yE_x\end{vmatrix}$$

$$=\begin{pmatrix}k_y(k_xE_y-k_yE_x)-k_z(k_zE_x-k_xE_z)\\ k_z(k_yE_z-k_zE_y)-k_x(k_xE_y-k_yE_x)\\ k_x(k_zE_x-k_xE_z)-k_y(k_yE_z-k_zE_y)\end{pmatrix}_{xyz} \quad (8.161)$$

이 결과를 식 (8.150)에 대입하면 아래를 얻는다.

$$\begin{pmatrix}(-k_y^2-k_z^2)E_x+k_xk_yE_y+k_xk_zE_z\\ k_yk_xE_x+(-k_x^2-k_z^2)E_y+k_yk_zE_z\\ k_zk_xE_x+k_zk_yE_y+(-k_x^2-k_y^2)E_z\end{pmatrix}_{xyz}+\frac{\omega^2}{c^2}(\mathbf{I}+\boldsymbol{\chi})\cdot\boldsymbol{E}=0 \quad (8.162)$$

그런데 위 식의 좌변의 첫 번째(벡터) 항은 아래에 주어지는 3×3 행렬 $\mathbf{A}$와 전장벡터 $\boldsymbol{E}=(E_x\ E_y\ E_z)^{\mathrm{T}}$의 곱 즉 $\mathbf{A}\cdot\boldsymbol{E}$로 나타낼 수 있으므로 식 (8.162)를 다시 쓰면 아래가 된다.

$$\left[\mathbf{A}+\frac{\omega^2}{c^2}(\mathbf{I}+\boldsymbol{\chi})\right]\cdot\mathbf{E}=\mathbf{0} \quad (8.163)$$

여기서 (Cartesian)2차 텐서 $\mathbf{A}$의 행렬 표현은 아래가 된다.

$$\mathrm{A}=\begin{bmatrix}-k_y^2-k_z^2 & k_xk_y & k_xk_z\\ k_yk_x & -k_x^2-k_z^2 & k_yk_z\\ k_zk_x & k_zk_y & -k_x^2-k_y^2\end{bmatrix} \quad (8.164)$$

여기서 I는 단위 등방텐서 즉 $\mathbf{I} = (\delta_{ij})$(여기서 δ_{ij}는 Kronecker-delta 기호로 $i = j$일 때는 1, 기타 0임)이다.

여기서 선형대수 이론(1장 참조)에 의하면 $\boldsymbol{E} \neq 0$이므로 식 (8.163)을 만족하기 위해서는 사각(대)괄호안의 행렬의 행렬식 값이 0이 되어야 한다. 그런데 파수벡터 $\boldsymbol{k}$의 크기 $k = \|\boldsymbol{k}\| = \sqrt{k_x^2 + k_y^2 + k_z^2} = \omega/u$(식 (8.127) 참조)에서, 이방성 매질을 통하여 진행하는 파동에 의해 식 (8.163)의 해로서 얻어지는 k_x, k_y, k_z 값을 알면 매질에서의 빛의 속도 $u(= c/n) = \omega/k$를 알 수 있다.

한편 식 (8.130)으로 정의된 Poynting 벡터 $\boldsymbol{S}$는 빛의 진행방향을 가리키나, 파수벡터 $\boldsymbol{k}$는 일정 위상(constant phase)을 가진 파동들이 진행하는 방향을 가리킨다(그림 8.23 참조). 그리고 등방성 매질에 대한 Maxwell 방정식 (8.120)의 처음 두 식은 $\boldsymbol{k}$와 $\boldsymbol{S}$가 평행함을 요구한다. 그러나 이방성 매질의 경우에는 Maxwell 방정식 (8.142)에서 분극율 벡터 $\boldsymbol{P}$가 나타나므로 반드시 $\boldsymbol{k}$와 $\boldsymbol{S}$가 평행할 필요는 없다. 즉 이방성 매질의 경우 일정 위상의 평면들($\boldsymbol{k}$ 방향)은 빛의 진행방향($\boldsymbol{S}$ 방향)에 대해 기울어져 있음에 유의해야 한다(그림 8.25 참조).

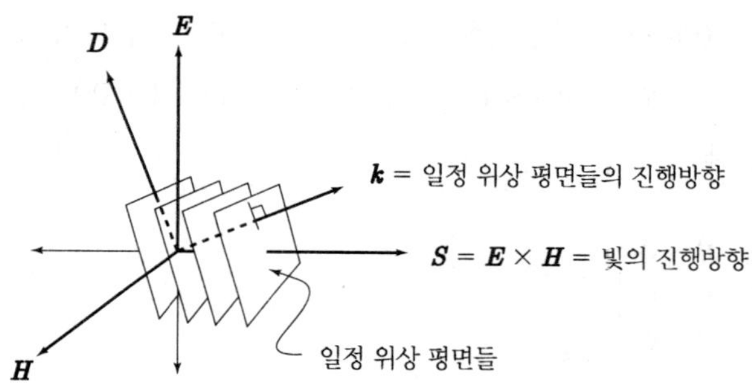

그림 8.25 이방성 매질 속에서 빛이 진행할 때 일정 위상(constant phase) 평면들이 진행하는 방향인 파수벡터 $\boldsymbol{k}$방향과 빛(또는 에너지)이 진행방향인 Poynting 벡터 $\boldsymbol{S}$방향이 반드시 일치할 필요는 없다는 것을 보여주는 그림. 3 벡터 $\boldsymbol{H}$, $\boldsymbol{D}$ 및 $\boldsymbol{K}$는 역시 3벡터 $\boldsymbol{H}$, $\boldsymbol{E}$ 및 $\boldsymbol{S}$의 경우처럼 상호 수직이다.

B. 1 광축을 따른 빛의 진행

식 (8. 163)을 만족하는 행렬의 행렬식 $|\mathbf{A} + (\omega^2/c^2)(\mathbf{I} + \boldsymbol{\chi})|$가 0이 되는 근을 구하기 위해 우선 감응율 텐서 $\boldsymbol{\chi}$가 대칭임을 이용한다. 3차원 (Cartesian)공간에서 임의의 실 대칭행렬(또는 2차 텐서) χ는 3 (실)고유치와 이에 대응하는 상호수직인 3 주(고유) 벡터에 의해 아래와 같이 주방향으로 대각화 될 수 있다(1.16.3절 참조)

$$Q^{-1}\chi Q = \Lambda = \begin{pmatrix} \chi_1 & 0 & 0 \\ 0 & \chi_2 & 0 \\ 0 & 0 & \chi_3 \end{pmatrix}_{\xi_x \xi_y \xi_z} \tag{8. 165}$$

여기서 좌표계 ξ_x, ξ_y, ξ_z는 대칭텐서(행렬) $\boldsymbol{\chi}$를 대각화시키는 상호수직인 3 주(고유) 축이며, $Q = A^T = \left(a_i{}^j\right)^T$(여기서 A는 공변 좌표변환행렬)는 $\boldsymbol{\chi}$의 3 (주)고유 벡터 $\hat{\boldsymbol{\xi}}_x$, $\hat{\boldsymbol{\xi}}_y$, $\hat{\boldsymbol{\xi}}_z$로 이루어진 좌표변환행렬이다(식 (1.363) 참조).

$$Q = \left(\hat{\boldsymbol{\xi}}_x \ \ \hat{\boldsymbol{\xi}}_y \ \ \hat{\boldsymbol{\xi}}_z\right)_{123} \tag{8. 166}$$

그런데 Cartesian 좌표계의 경우 임의의 텐서를 주어진 1, 2, 3 좌표계에서 주(고유)좌표계 ξ_x, ξ_y, ξ_z로 변환시킬 때 이용되는 좌표변환행렬은 공변성분에 대한 $A = \left(a_i{}^j\right)(\equiv Q^T)$, 반변성분에 대한 $B = \left(b^i{}_j\right)(\equiv P)$[단 여기서 $A^{-1} = B^T$, $P^{-1} = Q$가 성립 - 1.7절 참조]의 구별이 없어지고, $A = B = L = (l_{ij})$[여기서 $l_{ij} = \boldsymbol{e}_i{}' \cdot \boldsymbol{e}_j$, $\boldsymbol{e}_i{}'$ 및 $\boldsymbol{e}_j$는 각각 변환 후 및 변환 전 Cartesian 좌표계에 대한 기저벡터로서 두 좌표계의 방향여현에 해당 - 식 (1.379) 참조]가 된다. 그리고 L는 성질상 직교행렬 즉 $L^T = L^{-1}$이 되며, 따라서 $Q = A^T = L^T$, $Q^{-1}(= P) = L$가 되므로 식 (8.165)는 아래와 같이 나타내진다

$$L\chi L^T = \Lambda = \begin{pmatrix} \chi_1 & 0 & 0 \\ 0 & \chi_2 & 0 \\ 0 & 0 & \chi_3 \end{pmatrix}_{\xi_x \xi_y \xi_z} \tag{8. 167}$$

1장 및 2장에 논의된 텐서의 성질로부터 이 (직교)좌표변환행렬 L는 주어진 Cartesian 좌표계에 있는 어떤 차수의 텐서(가령 위치벡터 $\boldsymbol{r}$이나 응력텐서 $\boldsymbol{\tau}$ 등)의 변환에도 같이 사용될 수 있다. 그런데 앞에서 여러 번 언급되었지만, 주어진 Cartesian 좌표계에서 물질을 고정시키고, 좌표계를 $z = \bar{z}$축 주위로 반시계 방향으로 θ만큼 회전시킨 경우의 (직교)좌표변환행렬 L는 아래의 형태를 갖는다(식 (1.377) 혹은 (4.67) 참조).

$$L = (l_{ij}) = \begin{pmatrix} \cos\theta & \sin\theta & 0 \\ -\sin\theta & \cos\theta & 0 \\ 0 & 0 & 1 \end{pmatrix} \tag{8. 168}$$

여기서 주어진 Cartesian 좌표계 1, 2, 3에서 (대칭)감응율 텐서 $\boldsymbol{\chi}$를 대각화시키는 주(고유)좌표계 ξ_x, ξ_y, ξ_z에로의 좌표변환에 해당하는 (직교)변환행력 L는 통상 각도 χ를 사용하여 아래와 같이 나타낸다(여기서 각도 χ와 감응율 χ는 혼동하지 말 것).

$$\mathrm{L} = (l_{ij}) = \begin{bmatrix} \cos\chi & \sin\chi & 0 \\ -\sin\chi & \cos\chi & 0 \\ 0 & 0 & 1 \end{bmatrix} \tag{8.169}$$

즉 이로부터 임의의 대칭 2차 텐서에 해당하는 실 대칭행렬을 식 (8.167)에 의해 모두 대각화시킬 수 있다. 그런데 식 (8.167)로 나타내진 (3)주 감응율 χ_i에 대응하여 아래와 같이 주 유전상수(principal dielectric constant) K_i와 주 굴절률(principal refractive index) n_i를 정의한다.

$$K_i \equiv 1 + \chi_i \tag{8.170}$$

$$n_1 \equiv \sqrt{1+\chi_i} = \sqrt{K_i} \tag{8.171}$$

이들 주(고유)치는 감응율 텐서 $\boldsymbol{\chi}$의 대각화에 사용된 식 (8.169)로 주어진 같은 (직교)좌표변환행렬 L를 사용하여 각각 아래와 같이 얻어진다(식 (8.167) 참조).

$$\mathrm{L}\,\mathbf{n}\,\mathrm{L}^{\mathrm{T}} = \begin{pmatrix} n_1 & 0 & 0 \\ 0 & n_2 & 0 \\ 0 & 0 & n_3 \end{pmatrix}_{\xi_x \xi_y \xi_z}, \quad \mathrm{L}\,\mathbf{K}\,\mathrm{L}^{\mathrm{T}} = \begin{pmatrix} K_1 & 0 & 0 \\ 0 & K_2 & 0 \\ 0 & 0 & K_3 \end{pmatrix}_{\xi_x \xi_y \xi_z} \tag{8.172}$$

또한 식 (8.170) ~ (8.171)로부터 아래의 3차원(텐서)관계가 성립된다.

$$\mathbf{n} \cdot \mathbf{n} = \mathbf{I} + \boldsymbol{\chi} = \mathbf{K} \tag{8.173}$$

이제 $\boldsymbol{\chi}$ 및 $\boldsymbol{E}$를 $\mathbf{n}$(또는 $\boldsymbol{\chi}$)에 대한 3 주(고유)축 ξ_x, ξ_y, ξ_z에 의해 형성된 좌표계에서의 성분으로 나타내면, 식 (8.163)를 만족하는 행렬식(determinant) $|\mathbf{A} + (\omega^2/c^2)(\mathbf{I}+\boldsymbol{\chi})| = 0$는 아래와 같이 된다(단 $\mathbf{A}$는 식 (8.164)이용).

$$\begin{vmatrix} \left(\frac{n_1\omega}{c}\right)^2 - k_y^2 - k_z^2 & k_x k_y & k_x k_z \\ k_y k_x & \left(\frac{n_2\omega}{c}\right)^2 - k_x^2 - k_z^2 & k_y k_z \\ k_z k_x & k_z k_y & \left(\frac{n_3\omega}{c}\right)^2 - k_x^2 - k_y^2 \end{vmatrix} = 0 \tag{8.174}$$

이 식을 만족하는 해(k_x, k_y, k_z)는 3차원 k_x, k_y, k_z 공간에서의 이중 표면(double surface)상에 존재한다(그림 8.26 참조). 그러나 이중표면이므로, 주어진 파면(wave-front)(또는 일정 위상면)진행방향인 $\boldsymbol{k}$에 대해 2개의 가능한 파수벡터의 크기 $k = \|\boldsymbol{k}\| = \omega/u = n\omega/c$(또는 u, 또는 n) 값이 존재한다. 이와 같은 두 개의 가능한 해가 파동의 진행에 어떻게 영향을 미치는 가는 입사파(incoming wave)의 편광상태(polarization state)에 의존한다.

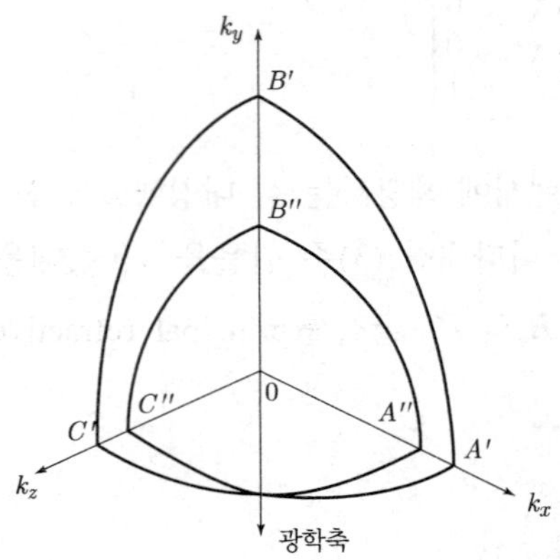

그림 8.26 이축결정(biaxial crystal)에 대하여 식 (8.174)의 3차원 해(k_x, k_y, k_z)표면

그림 8.26에 나타낸 바와 같이 Maxwell 식 (8.142)에 의해 오직 1개만의 위상속도 $u(=c/n)$가 규정되는 방향(들)이 존재한다. 이들 방향을 그 물질의 '광(학)축(optic axes)'이라고 부른다. 그림 8.27은 파수벡터 $\boldsymbol{k}$의 표면과 $ky-$평면간의 교차선(intercepts)의 모양에 따라 3 경우가 존재할 수 있음을 보여준다. 즉 (i) 일축 양의 복굴절(uniaxial positively birefringent) : $n_1 = n_2 < n_3$인 경우, (ii) 일축 음의 복굴절(uniaxial negatively birefringent) : $n_1 = n_2 > n_3$인 경우와 (iii) 이축물질(biaxial material) : $n_1 \neq n_2 \neq n_3$인 3 경우이다. 이 중 (i)과 (ii)의 일축물질(uniaxial material)인 경우에는 '복굴절(birefringence)' Δn은 주(고유)굴절률의 차로써 $\Delta n = n_3 - n_1 = n_3 - n_2$로 정의되며, (iii)의 이축물질인 경우에는 두 개의 독립된 복굴절 $\Delta n_{31} = n_3 - n_1$과 $\Delta n_{32} = n_3 - n_2$가 존재한다. 특히 일축물질인 경우 $n_1 = n_2 \equiv n_0$를 '정상(ordinary) 굴절률', 그리고 $n_3 \equiv n_e$를 '비정상(extraordinary) 굴절률'이라고 부른다. 그리고 파수벡터 표면과 $ky-$평면의 교차선이 원(circles)으로서 일치할 경우에는 그 물질을 '등방성(isotropic)'이라고 부르며 $n_1 = n_2 = n_3 \equiv n$가 된다. 마지막으로 전장벡터 $\boldsymbol{E}$의 3 (Cartesian)성분이 광축을 따라 1개의 공통 속도로 진행하기 때문에 만약 빛의 진행방향이 한 개의 광축과 일치할 경우에는 빛은 편광의 변화 없이 복굴절 매질(birefringent medium)을 통한다.

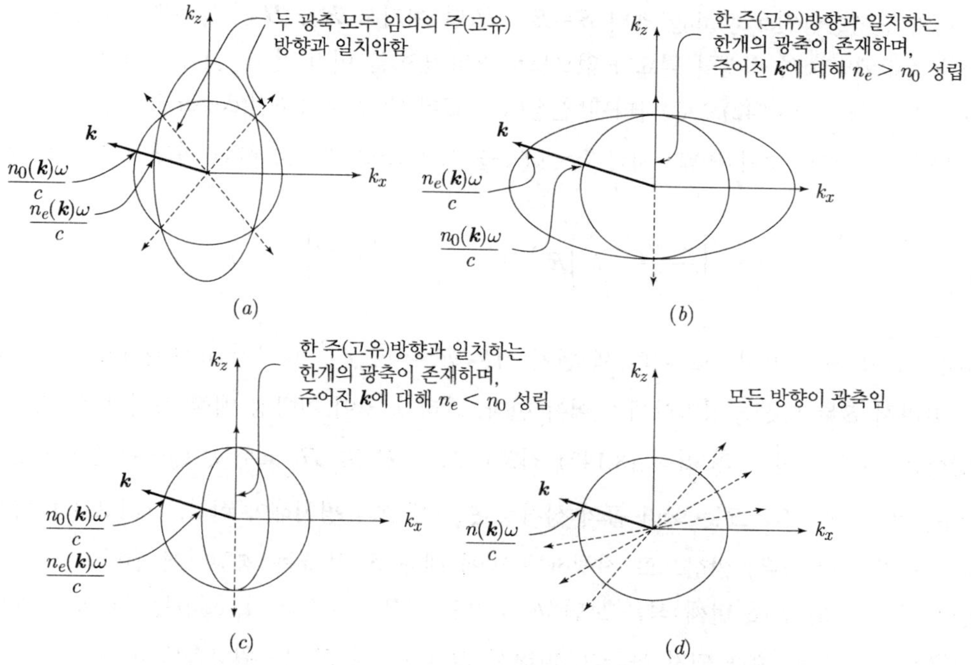

그림 8.27 여러 물질에 대하여 $k_x k_z$ −평면에 있어서 파수 벡터($\boldsymbol{k}$) 표면들의 교차(intercepts). (a) 이축(biaxial) 물질, (b) 양의 일축(uniaxial positive) 물질, (c) 음의 일축(uniaxial negative) 물질, 그리고 (d) 등방성 물질. 임의의 한 광축(an optic axis)은 오직 한 개의 가능한 광선(위상) 속도가 존재하는 방향이다.

B. 2 주(고유) 방향을 따른 빛의 진행

임의의 한 광축(optic axis)이 아닌 방향을 따라 진행하는 빛의 경우, 두 개의 가능한 위상속도(phase velocity) u'와 u''가 있다. 이들 두 속도는 항상 전장벡터 $\boldsymbol{E}$의 두 상호수직인 편광방향에 대응한다. 가령 직선 편광면의 파면(wave-front)들이 주방향 $\hat{\boldsymbol{\xi}}_z$를 따라 두께 h의 이방성 매질 속에서 진행하고 있다면, 이때 파수벡터는 $\boldsymbol{k} = k_z \hat{\boldsymbol{\xi}}_z = k\hat{\boldsymbol{\xi}}_z$가 되며, 식 (8.174)의 두 해는 각각 $k' = n_1\omega/c$ 및 $k'' = n_2\omega/c$로 주어진다. 이때 $\boldsymbol{H}$벡터는 $\xi_x\xi_y$ −평면에 있으며, 입사 전장벡터($\boldsymbol{E}_{in}$)는 주(고유) 기저계에서 아래와 같이 주어진다(식 (8.132) 참조).

$$\boldsymbol{E}_{in} = \begin{pmatrix} E_x \\ E_y \\ E_z \end{pmatrix}_{in} = e^{i(kz-\omega t)} \begin{pmatrix} E_{0x} \\ E_{0y} \\ E_{0z} \end{pmatrix}_{\xi_x\xi_y\xi_z} \tag{8. 175}$$

여기서 E_{0x}, E_{0y} 및 E_{0z}는 입사광이 직선편광이므로 모두 (일정)실수이다. 그러나 이방성 매질에서는 빛의 진행방향인 Poynting 벡터 $\boldsymbol{S}=\boldsymbol{E}\times\boldsymbol{H}$(단 여기서 $\boldsymbol{E}$와 $\boldsymbol{H}$는 실수벡터 간주 - 식 (8.130) 참조)가 파수벡터 $\boldsymbol{k}$와 평행할 필요가 없으므로 $\boldsymbol{S}$의 방향을 미리 알 수 없다(그림 8.23 참조). 그래서 대신 맥스웰 식 (8.142)으로 나타낸 전장벡터 $\boldsymbol{E}$에 대한 구속조건(constraints)을 고려함으로써 $\boldsymbol{S}$의 방향을 추론할 수가 있다. 지금 $\boldsymbol{k}=k\hat{\boldsymbol{\xi}}_z$를 식 (8.162)에 치환하면 아래의 3 식을 얻는다.

$$\left(\frac{\omega^2 n_1^2}{c^2}-k^2\right)E_x=0,\quad \left(\frac{\omega^2 n_2^2}{c^2}-k^2\right)E_y=0,\quad \left(\frac{\omega^2 n_3^2}{c^2}-k^2\right)E_z=0 \tag{8. 176}$$

그런데 $\omega\neq 0$, $n_3\neq 0$이므로 위의 세 번째 식은 $E_z=E_{0z}e^{i(kz-\omega t)}=0$(식 (8.175) 참조)를 의미한다. 따라서 $\boldsymbol{E}$는 $\xi_x\xi_y-$평면상에 있어야 한다. 그리고 빛이 이방성 매질 속에서 진행할 때는 $\boldsymbol{H}$의 방향은 영향을 받지 않고(식 (8.142) 참조), 또한 $\boldsymbol{E}$ 및 $\boldsymbol{H}$ 모두 $\xi_x\xi_y-$평면상에 있으므로, Poynting 벡터 $\boldsymbol{S}=\boldsymbol{E}\times\boldsymbol{H}$는 벡터 곱의 성격상 $\hat{\boldsymbol{\xi}}_z-$방향과 평행해야 한다. 그러므로 이방성 매질 속에서 임의의 주(고유) 방향으로 진행하는 빛에 대해 $\boldsymbol{S}$ 및 $\boldsymbol{k}$는 평행하게 된다.

한편 식 (8.176)의 첫 번째 식을 보면 $E_x\neq 0$인 경우 $k=k'(=n_1\omega/c)$는 한 개의 해가 되나, $k=k''(=n_2\omega/c)$는 해가 되지 못한다. 따라서 $\boldsymbol{E}$의 x성분(E_x)는 위상속도 $u'=\omega/k'=c/n_1$로 진행한다. 그리고 식 (8.176)의 두 번째 식에서, $E_y\neq 0$인 경우 $k=k''(=n_2\omega/c)$는 해가 되나, $k=k'(=n_1\omega/c)$는 해가 아니다. 따라서 $\boldsymbol{E}$의 y성분(E_y)는 위상속도 $u''=\omega/k''=c/n_2$로 진행한다. 그러므로 $\boldsymbol{E}$의 두 성분 E_x 및 E_y는 이방성 매질을 통하여 서로 독립적으로 진행하는 파동으로 간주할 수 있다.

지금 빛이 이방성 매질속에서 임의의 한 주(고유) 방향(가령 $\hat{\boldsymbol{\xi}}_z$)으로 진행시, $\boldsymbol{k}$ 및 $\boldsymbol{S}$는 나란하고, $E_z=0$이 되며, 또한 $\boldsymbol{E}$의 ξ_x-성분과 ξ_y-성분은 서로 다른 (위상)속도를 갖고 진행한다. 결과적으로 빛이 두께 h인 이방성 매질을 빠져나올 때는 그 파동의 전장벡터($\boldsymbol{E}_{ex}$)는 아래의 형태를 가질 것이다.

$$\boldsymbol{E}_{ex}=\begin{pmatrix}E_x\\E_y\\E_z\end{pmatrix}_{ex}=e^{-i\omega t}\begin{pmatrix}E_{0x}e^{\frac{in_1\omega h}{c}}\\E_{0y}e^{\frac{in_2\omega h}{c}}\\0\end{pmatrix}_{\xi_x\xi_y\xi_z}=e^{-i\omega t}e^{\frac{in_1\omega h}{c}}\begin{pmatrix}E_{0x}\\E_{0y}e^{\frac{i\Delta n_{21}\omega h}{c}}\\0\end{pmatrix}_{\xi_x\xi_y\xi_z} \tag{8. 177}$$

여기서 $\Delta n_{21}=n_2-n_1$은 시료의 복굴절이다. 임의의 한 주(고유) 방향을 따라 두께 h의 복굴절 시료를 통과한 빛에 대한 효과는 식 (8.177)을 아래와 같이 다시 표현한 식에서 볼 수 있듯이 그 파동의 절대 위상(absolute phase) 값을 $n_1h/c(=k'h/\omega)$만큼 바꾼 것과 또한 $\boldsymbol{E}$의 ξ_x-성분과 ξ_y-성분 간의 위상차(혹은 지연각) δ을 초래한 효과이다.

$$\boldsymbol{E}_{ex}=e^{i\left(\frac{2\pi hn_1}{\lambda_v}-\omega t\right)}\begin{pmatrix}E_{0x}\\E_{0y}e^{i\delta}\\0\end{pmatrix}_{\xi_x\xi_y\xi_z},\quad \text{여기서}\ \delta\equiv\frac{\Delta n_{21}\omega h}{c}=\frac{2\pi h\Delta n_{21}}{\lambda_v} \tag{8.178}$$

여기서 $\lambda_v=c/\nu=2\pi c/\omega$는 진공에서 빛의 파장이다.

B. 3 임의의 방향으로의 빛의 진행

만약 빛이 주(고유) 방향이 아닌 임의의 방향으로 복굴절성 매질을 횡단할 때에 빛의 편광에 미치는 효과를 조사할 경우에는, (허용된)위상속도(u)는 식 (8.174)에서 계산되며, 또한 영향을 받은 평관의 방향은 식 (8.162)에서 얻어진다.

지금 직선 편광빔(linearly polarized beam)이 전단(Cartesian)좌표계에서의 속도장 $\boldsymbol{v}=\begin{pmatrix}\dot{\gamma}x_2 & 0 & 0\end{pmatrix}^{\mathrm{T}}_{123}$(식 (5.114))로 주어지는 전형적인 (단순)전단흐름(SSF)의 2-(혹은 속도구배) 방향 아래로 입사될 때 생기는 편광의 변화를 계산해 보기로 한다. 그런데 전단흐름 좌표계는 유동복굴절에 사용되는 주(고유) 좌표계가 아니다. 대신 3-(혹은 중성)방향이 한 개의 주(고유)방향이고, 다른 2 주방향은 각각 1- 및 2-방향으로부터 각도 χ만큼 반시계 방향으로 회전시킨 것에 해당된다(즉 통상 SSF에 대한 유동복굴절을 다룰 때 각도 χ는 1-(혹은 흐름)방향과 ξ_x 주 방향 사이의 각도를 칭함). 이제 직선 편광빔이 전단흐름을 받고 있는 복굴정성 매질(유체)속을 $-\hat{\boldsymbol{e}}_2$방향으로 위상 벡터 $\boldsymbol{k}=-k\hat{\boldsymbol{e}}_2$(여기서 $k=\|\boldsymbol{k}\|=2\pi n/\lambda_v$)를 갖고 횡단할 때에 일어나는 편광변화를 B.2에서 논의한 방법과 유사하게 진행시킨다. 그러나 지면 관계상 최종 계산 결과만을 소개하면 다음과 같다. 즉 빛(직선 편광빔)이 두께 h인 전단흐름 중의 이방성 매질을 빠져 나올 때의 그 파동의 전장벡터 $\boldsymbol{E}_{ex}$는 전단 (Cartesian)좌표계에서 최종적으로 아래의 형태를 가진다.

$$\boldsymbol{E}_{ex}=\begin{pmatrix}E_x\\E_y\\E_z\end{pmatrix}_{ex}=e^{i\left(\frac{2\pi hn_3}{\lambda_v}-\omega t\right)}\begin{pmatrix}E_{01}e^{i\frac{2\pi h}{\lambda_v}(n_{eff}-n_3)}\\0\\E_{03}\end{pmatrix}_{123} \tag{8.179}$$

이 식은 B.2의 결과식 (8.177)과 유사함에 주목하라. 여기서 통상 유동 복굴절 실험에서의 $n_1{}^2/n_2{}^2$값(여기서 n_1 및 n_2는 굴절률 텐서 $\mathbf{n}$의 두 고유치임)을 고려할 때, 만약 주 방향이 아닌 (가령 2-방향) 어떤 방향을 따라 직선 편광(빔)을 내보낼 때의 효과는 임의의 한 주 방향을 따라 내보낼 때의 효과와 동일하다. 즉 전체 위상(overall phase)이 변하며, 또한 전장벡터 $\boldsymbol{E}$의 0이 아닌 두 성분사이에 어떤 위상차(phase difference)가 도입된다. 그러나 주방향이 아닌 임의의 한 방향을 따라 빛을 전파시킬 경우, 측정된 복굴절(여기서는 $n_3-n_{eff}=\Delta n_{eff,3}$임)은 주 복굴절이 아니고, 또한 일정 위상면의 진행방향인 파수벡터 $\boldsymbol{k}$가 에너지(빛) 진행방향인 Poynting 벡터 $\boldsymbol{S}(=\boldsymbol{E}\times\boldsymbol{H})$와 대략적으로 (유일하게)평행하다.

한편 (대칭)유효 굴절률텐서 $\boldsymbol{n}$를 전단 (Cartesian)좌표계 1, 2, 3에서 아래와 같이 나타낼 수 있다[이 형태는 SSF에 대한 (여분)응력텐서 $\boldsymbol{\tau}$의 형태와 유사하다 - 식 (5.150) 참조].

$$\begin{pmatrix} n_{11} & n_{21} & 0 \\ n_{21} & n_{22} & 0 \\ 0 & 0 & n_{33} \end{pmatrix}_{123} \tag{8. 180}$$

여기서 식 (8.179) 중의 유효 굴절률 n_{eff}는 전단좌표계 1, 2, 3과 주(고유) 좌표계 ξ_x, ξ_y, ξ_z 사이의 (직교)변환행렬 L(식 8.169)을 이용한 텐서변환법칙(1.7절 또는 표 A1.1 참조)에 의한 프레임 변환(change-of-frame) 계산을 통하여 아래와 같이 얻어진다.

$$n_{eff}=\frac{n_{11}n_{22}-n_{21}^2}{\sqrt{n_{21}^2+n_{22}^2}} \tag{8. 181}$$

[비고 : 위 식의 자세한 증명은 생략하지만, 요점만 간단히 적으면 다음과 같다. 즉 식 (8.163)을 만족하는 행렬식 $\left|\mathbf{A}+\frac{\omega^2}{c^2}(\mathbf{I}+\boldsymbol{\chi})\right|=0$에서 $\mathbf{I}+\boldsymbol{\chi}$ 대신 $\mathbf{n}\cdot\mathbf{n}$(식 (8.173))을 대입하고, 모두를 전단 (Cartesian)좌표계 1, 2, 3으로 나타낸다. 즉 $\mathbf{A}$에 관한 식 (8.164)에서 k_x, k_y, k_z를 k_1, k_2, k_3로 나타내고, 여기에 다시 전단흐름에 대한 파수 벡터 $\boldsymbol{k}=-k\hat{\boldsymbol{e}}_2$ 즉 $k_1=k_3=0$, $k_2=-k$를 대입하여 $\mathbf{A}$를 보다 간편히 나타낸다. 다음에는 대칭 굴절률 텐서 $\mathbf{n}$의 형태는 식 (8.180)을 가정하여 $\mathbf{n}^2=\mathbf{n}\cdot\mathbf{n}$을 1, 2, 3 전단좌표계에서 구한 후 이들 모두를 식 (8.163)의 3×3 행렬식에 대입하여 모두 (Laplace)전개 후 얻어지는 6개의 항의 합을 0으로 둔 후 파수 벡터 $\boldsymbol{k}$의 크기 k에 대해 푼다. 얻어지는 두 개의 해 중 양인 것을 골라 $k\left(=\frac{\omega}{u}\right)\equiv\frac{\omega}{c}n_{eff}$ 즉 $n_{eff}=\frac{c}{\omega}k$가 얻어지는 결과 식 (8.181)가 되어 증명된다.]

다음에는 텐서 변환 관계를 이용하여 식 (8.181) 중의 굴절률 텐서 $\mathbf{n}$의 전단 좌표계 1, 2, 3에서의 n_{ij}를 $\mathbf{n}$의 주(고유) 방향인 ξ_x, ξ_y, ξ_z 좌표계에서의 대각화된 성분 n_1, n_2, n_3 및 1(흐름)-방향과 ξ_x 주 방향 사이의 각도 χ항으로 나타내보자. 전술한 바와 같이 Cartesian 좌표계 사이의 변환 경우에는 좌표변환 행렬 $\mathrm{A}=(a_i{}^j)=\mathrm{B}=(b^i{}_j)=\mathrm{L}=(l_{ij})$[단 여기서 L는 직교행렬이 됨] 혹은 $\mathrm{Q}=\mathrm{A}^{\mathrm{T}}=\mathrm{L}^{\mathrm{T}}$, $\mathrm{P}=\mathrm{B}=\mathrm{Q}^{-1}=\mathrm{L}$가 성립되고, $\mathbf{n}$의 경우에도 아래의 변환관계가 성립된다(식 (8.172) 참조).

$$\mathrm{L}\,[n]_{123}\,\mathrm{L}^{\mathrm{T}}=[n]_{\xi_x\xi_y\xi_z}=\begin{pmatrix} n_1 & 0 & 0 \\ 0 & n_2 & 0 \\ 0 & 0 & n_3 \end{pmatrix}_{\xi_x\xi_y\xi_z} \tag{8. 182}$$

여기서 (직교)변환행렬 $\mathrm{L}(=\mathrm{Q}^{\mathrm{T}})=(l_{ij})$는 식 (8.169)로 주어진다. 한편 식 (8.182)의 양변에 $\mathrm{L}^{-1}=\mathrm{L}^{\mathrm{T}}$($\because$L는 직교 행렬)로 곱하면 아래가 성립된다.

$$[n]_{123}=\begin{pmatrix} n_{11} & n_{12} & n_{13} \\ n_{21} & n_{22} & n_{23} \\ n_{31} & n_{32} & n_{33} \end{pmatrix}_{123}=\mathrm{L}^{\mathrm{T}}[n]_{\xi_x\xi_y\xi_z}\mathrm{L} \tag{8. 183}$$

여기서 위 식의 맨 우변 식의 L는 식 (8.169)에서, 그리고 $[n]_{\xi_x\xi_y\xi_z}$는 식 (8.182)의 우변을 대입한 후 행렬 계산을 행하면 아래와 같이 최종적으로 (대칭)굴절률 텐서 $\mathbf{n}$의 1, 2, 3 전단 좌표계에서의 성분 n_{ij}를 ξ_x, ξ_y, ξ_z (고유)좌표계에서 대각화된 성분 n_i 및 1(흐름)-방향과 ξ_x 방향 사이의 각도 χ항으로 나타내진다.

$$\mathbf{n}=[n]_{123}=\begin{pmatrix} n_1\cos^2\chi+n_2\sin^2\chi & (n_1-n_2)\sin\chi\cos\chi & 0 \\ (n_1-n_2)\sin\chi\cos\chi & n_1\sin^2\chi+n_2\cos^2\chi & 0 \\ 0 & 0 & n_3 \end{pmatrix}_{123} \tag{8. 184}$$

이 식은 식 (8.180)의 형태와 동일하며, n_{11} 및 n_{22}는 둘 다 n_1과 n_2의 선형 결합으로 되어있으나, $n_{12}=n_{21}$는 n_1과 n_2의 차이로 되어있어 n_{11} 및 n_{22}에 비해 매우 작은 양임을 알 수 있다. 따라서 식 (8.181)에서 n_{21}을 무시하면 아래가 성립된다.

$$n_{eff}\simeq n_{11},\quad n_{11}-n_{33}=\Delta n_{eff,3} \tag{8. 185}$$

따라서 작은 복굴절 극한(즉 $n_{21}\ll n_{11}, n_{22}$)의 경우 (단순)전단흐름(SSF)에서 2-(혹은 속도구배) 방향에서 유동 복굴절의 측정은 $n_{11}-n_{33}$(여기서 n_{11} 및 n_{33}은 각각 $\mathbf{n}$의 전단 좌표계에서의 11- 및 33-계수임)에 대응하는 지연(retardance)을 줌을 알 수 있다.

마지막으로 식 (8.181)의 n_{11}, n_{22} 및 $n_{21}=n_{12}$항을 식 (8.184)에서 대입하여 정리하면, 아래와 같이 두 개의 주 굴절률 n_1 및 n_2와 배향각 χ로 나타낸 유효 굴절률 n_{eff}에 관한 표현식을 얻는다.

$$\frac{1}{n_{eff}^2}=\frac{\sin^2\chi}{n_2^2}+\frac{\cos^2\chi}{n_1^2} \tag{8. 186}$$

이상에서 본 바와 같이 전단흐름(SSF)을 받고 있는 이방성 복굴절성 매질 속에서 빛(직선편광 빔)을 복굴절률 텐서의 주(고유) 방향이 아닌 전단좌표계의 $-\hat{\boldsymbol{e}}_2$-방향으로 내려 보낼 때 발생하는 전장분극(electric field polarization)에 대한 영향을 계산하는 것은 매우 복잡한 일임을 알았다. 또한 직선편광 빔은 굴절률 n_0를 가진 정상 빔(ordinary beam)과 굴절률 n_e를 가진 비정상빔(extraordinary beam)으로 분리되며, 특히 비정상 빔은 주(고유)굴절률 n_1, n_2 및 배향각도 $\chi(\hat{\boldsymbol{e}}_1$과 $\hat{\boldsymbol{\xi}}_x$사이의 각도)로 나타내지는 유효굴절률 n_{eff}를 갖고 진행한다. 그러나 관련된 계산의 복잡성 때문에 전단흐름에서 유동 복굴절을 측정시 빛을 임의의 한 주(고유) 방향을 따라 내려보내는 방법도 고려해 볼 필요가 있을 것이다. 그러면 다음 절부터는 여기서 논의된 광학기초 이론을 배경으로 실제 유동 복굴절 현상을 조사해 보기로 한다.

8. 3. 2 유동 복굴절의 서론

8.3.1절에서 언급한 바와 같이 빛(광파)이 어떤 투명한 등방성 물질(매질) 속에서 진공에서의 속도인 $c=3.0\times10^8$ m/s보다 작은 속도 u로 진행할 때 그 매질의 굴절률 $n=c/u$로 정의되었다. 그리고 n은 입사광의 전장벡터 $\boldsymbol{E}$와 이에 따른 물질의 분극 상태(polarization state)(통상 분극벡터 $\boldsymbol{P}$로 기술됨)를 관련짓는 물질의 (스칼라)전기감응율 χ에 대해 아래와 같이 정의한다(식 (8.145) 참조).

$$\boldsymbol{P}=\varepsilon_0\chi\boldsymbol{E},\quad \text{여기서}\ \ \chi=n^2-1 \tag{8. 187}$$

여기서 ε_0는 자유공간(혹은 진공)의 유전율로서 $\varepsilon_0=8.854\times10^{-12}$ F/m를 가지며, 위의 $\boldsymbol{P}$, $\boldsymbol{E}$ 벡터와 자장벡터 $\boldsymbol{H}$사이에는 Maxwell 방정식 (8.120)을 통하여 상호 관련되어진다.

그러나 이방성 물질 속에서는 빛이 모든 방향에 대하여 동일한 속도로 진행하지 않는다. 그래서 이 경우에는 스칼라 n 및 χ 대신 3차원 공간에서 방향의존성을 나타내는 3×3행렬로 표현되는 (2차)텐서 $\mathbf{n}$ 및 $\boldsymbol{\chi}$로 나타내지며, 물질의 분주(율)벡터 $\boldsymbol{P}$도 식 (8.187) 대신 아래가 된다(식 (8.147) 참조).

$$\boldsymbol{P}=\varepsilon_0\boldsymbol{\chi}\cdot\boldsymbol{E},\quad \text{여기서}\ \ \boldsymbol{\chi}=\mathbf{n}\cdot\mathbf{n}-\mathbf{I} \tag{8. 188}$$

여기서 $\boldsymbol{\chi}$ 및 $\mathbf{n}$는 각각 (대칭) 감응율 및 굴절률텐서이다.

$\mathbf{n}$가 3차원 (Catesian)공간에서 3×3개의 요소를 갖는 대칭텐서이므로 계산이 매우 복잡하나, 다행스럽게도 실 대칭행렬의 서로 다른 3 실 고유치와 고유벡터를 구함에 의해 주어진 1, 2, 3 Cartesian 좌표계에서 ξ_x, ξ_y, ξ_z의 주(고유)방향으로 식 (8.169)로 주어지는 (직교)변환행렬 $\mathrm{L}\,(=l_{ij})=\mathrm{Q}^{\mathrm{T}}$에 의해 아래와 같이 대각화 된다(식 (8. 182) 참조).

$$\mathbf{n} = [n]_{\xi_x \xi_y \xi_z} = \mathrm{L}\,[n]_{123}\,\mathrm{L}^{\mathrm{T}} = \begin{pmatrix} n_1 & 0 & 0 \\ 0 & n_2 & 0 \\ 0 & 0 & n_3 \end{pmatrix}_{\xi_x \xi_y \xi_z} \tag{8.189}$$

[이와 같은 관계는 $\boldsymbol{\chi}$에도 같은 변환행렬 L를 사용(∵ 식 (8.173) 참조)하여 그대로 적용된다.] 위 식의 3주(고유) 굴절률 n_1, n_2, n_3는 각각 주(고유) 좌표계 ξ_x, ξ_y, ξ_z에서의 대각성분인 $n_1 = n_{xx}$, $n_2 = n_{yy}$, $n_3 = n_{zz}$이다. 이미 8.3.1.3절의 그림 8.27에서 설명했듯이, 이방성 물질에 대해 3 주 굴절률의 크기에 따라 광학적으로 3 경우가 존재하는데, (i) $n_1 = n_2 < n_3$(일축 양의 복굴절), (ii) $n_1 = n_2 > n_3$(일축 음의 복굴절), 그리고 (iii) $n_1 \neq n_2 \neq n_3$(이축물질)이다. 그런데 만약 $n_1 = n_2 = n_3$인 경우는 등방성 물질이 되어 식 (8.188)은 (8.187)로 환원된다. 특히 경우 (i) 및 (iii)의 일부 복굴절 물질인 경우에는 두 개의 같은 굴절률을 '정상'굴절률 $n_1 = n_2 \equiv n_0$라 두고 한 개의 다른 굴절률을 '비정상'굴절률 $n_3 \equiv n_e$로 둔다. 그리고 이방성 물질에 대한 복굴절(birefringence) Δn은 일축물질의 경우에는 $\Delta n \equiv n_e - n_0$, 그리고 이축물질의 경우 $\Delta n_{21} \equiv n_2 - n_1$과 $\Delta n_{32} \equiv n_3 - n_2$의 두 개의 독립 복굴절이 존재한다. 즉

$$\Delta n = n_e - n_0 \qquad (\text{일축물질})$$

복굴정의 정의:
$$\left.\begin{aligned} \Delta n_{21} &= n_2 - n_1 \\ \Delta n_{32} &= n_3 - n_2 \end{aligned}\right\} \quad (\text{이축물질}) \tag{8.190}$$

이방성물질의 복굴절을 측정하기 위하여, 직선편광빔(linearly polarized light beam)을 임의의 한 주(고유)축을 따라 이방성 물질을 통과시킨다. 이 경우의 빛의 전장벡터 $\boldsymbol{E} = \boldsymbol{E}_0 e^{i(\boldsymbol{k} \cdot \boldsymbol{r} - \omega t)}$는 Cartesian 좌표계에서 오직 2개의 0이 아닌 성분(즉 E_x와 E_y)을 가진다(그림 8.28 참조). 만약 주(고유)방향의 하나인 $\hat{\boldsymbol{\xi}}_z$를 빛의 진행방향이라고 한다면, 입사파의 전장강도 $\boldsymbol{E}_{in}$는 주(고유) 기저계 ξ_x, ξ_y, ξ_z에서 아래와 같이 나타내진다(이때 $\boldsymbol{k} \cdot \boldsymbol{r} = kz$가 됨).

$$\boldsymbol{E}_{in} = \begin{pmatrix} E_x \\ E_y \\ E_z \end{pmatrix}_{in} = e^{i(kz - \omega t)} \begin{pmatrix} E_{0x} \\ E_{0y} \\ 0 \end{pmatrix}_{\xi_x \xi_y \xi_z} = e^{i\omega\left(\frac{z}{u} - t\right)} \begin{pmatrix} E_{0x} \\ E_{0y} \\ 0 \end{pmatrix}_{\xi_x \xi_y \xi_z} \tag{8.191}$$

위 식에서 $\omega = 2\pi\nu$(여기서 ν는 진동수)는 빛의 각진동수, $k = \|\boldsymbol{k}\| = \omega/u = 2\pi n/\lambda_v$(여기서 λ_v는 빛의 진공에서의 파장)는 파수벡터의 크기이고, $u = c/n$는 굴절률이 n인 매질에서의 빛의 (위상)속도이다. 그리고 E_{0x} 및 E_{0y}는 각각 전장벡터 $\boldsymbol{E}$의 주방향인 $\xi_x -$ 및 $\xi_y -$방향으로의 (위치무관)진폭성분으로 직선편광의 경우 실수 상수이다.

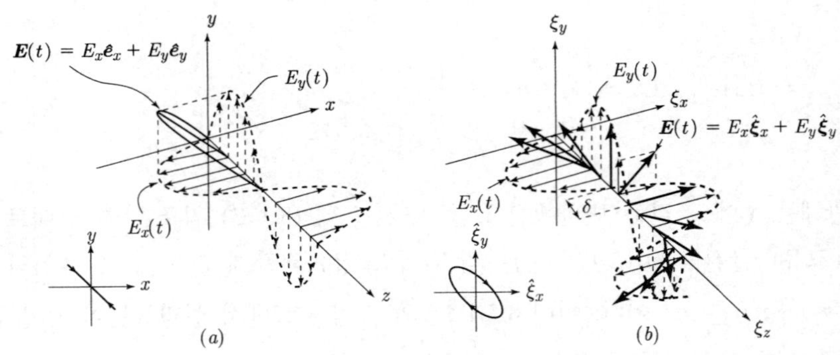

그림 8.28 등방 및 이방의 두 매질 속에서 진행하는 직선편광의 전장벡터 $\boldsymbol{E}$의 두 성분 E_x와 E_y. (a) 등방성 매질(가령 공기)에서 $\boldsymbol{E}$가 xy 평면에 투영되어도 직선편광이 되며, 그 끝점들은 직선상에서 반복운동을 한다. (b) 이방성 고체의 굴절률 텐서 $\mathbf{n}$의 3 주(고유) 방향인 ξ_x, ξ_y, ξ_z에서 빛이 ξ_z−방향으로 진행시 빛은 타원편광이 되며, 또한 $\boldsymbol{E}$를 $\xi_x\xi_y$−평면에 투영해도 끝점들의 궤적은 타원이 된다.

만약 빛이 이방성 물질의 한 주(고유) 방향을 따라 진행하고 있을 때 매질이 빛의 편광상태에 미치는 효과를 계산하는 것은 용이하다. 즉 입사파의 전장벡터 $\boldsymbol{E}_{in}$의 (가령)ξ_x 주방향의 성분은 ξ_x 주방향과 관련된 (위상)속도 $u_1 = c/n_1$으로 진행할 것이며, 또한 $\boldsymbol{E}_{in}$의 ξ_y 주방향의 성분은 ξ_y−방향의 (위상)속도인 $u_2 = c/n_2$를 갖고 진행 할 것이다(식 (8.191) 참조). 다음에는 이방성 매질을 빠져나온 빛의 전장벡터 $\boldsymbol{E}_{ex}$ 역시 이들 두 (ξ_x− 및 ξ_y−방향의)성분의 벡터 합이 될 것이다. 그리하여 두께 h인 이방성 시료를 지나 횡단하는 (입사)직선편광 빔은 타원 편광이 된다(그림 8.28b 참조). 그 결과 $\boldsymbol{E}_{in}$의 경우와는 달리 매질을 빠져나온 후의 빛의 전장벡터 $\boldsymbol{E}_{ex}$의 ξ_x−성분과 ξ_y−성분 사이에는 아래식이 나타낸 바와 같이 각도 δ만큼 위상차가 존재한다(식 (8.178) 참조).

$$\boldsymbol{E}_{ex} = \begin{pmatrix} E_x \\ E_y \\ E_z \end{pmatrix}_{ex} = \begin{pmatrix} E_{0x}\, e^{i\omega\left(\frac{h}{u_1} - t\right)} \\ E_{0y}\, e^{i\omega\left(\frac{h}{u_1} - t\right)} \\ 0 \end{pmatrix}_{\xi_x\xi_y\xi_z} = e^{i\omega\left(\frac{n_1 h}{c}\right)} e^{-i\omega t} \begin{pmatrix} E_{0x} \\ E_{0y}\, e^{i\delta} \\ 0 \end{pmatrix}_{\xi_x\xi_y\xi_z} \tag{8. 192}$$

여기서 위상차(phase difference) 혹은 지연각(retardance) δ는 아래로 주어진다.

$$\delta = \frac{\omega h\, \Delta n_{21}}{c} = \frac{2\pi h\, \Delta n_{21}}{\lambda_v} \tag{8. 193}$$

위 식에서 $\omega = 2\pi c/\lambda_v$(여기서 c 및 λ_v는 각각 진공에서의 빛의 속도 및 파장임)는 빛의 각진동수, n_1 및 n_2는 각각 굴절률 텐서 $\mathbf{n}$의 주(고유) 방향인 ξ_x-방향과 ξ_y-방향으로의 대각화된 주 굴절률이며, $\Delta n_{21} = n_2 - n_1$는 이축물질에 대한 복굴절(식 (8.190) 참조), h는 이방성 시료의 두께이다. 식 (8.192)는 직선편광이 이방성 시료의 $z = h$에서 빠져나올 때의 타원편광 빔의 전장벡터 $\boldsymbol{E}_{ex}$의 주(고유) 방향 좌표계 ξ_x, ξ_y, ξ_z에서의 성분에 관한 식이다. 만약 그 빛이 다시 한 등방성 매질 속을 통과한다면 편광상태는 식 (8.192)의 계산형태를 그대로 유지하나, 다만 위상인자 $e^{-i\omega t}$항 대신 $e^{i(kz-\omega t)}$로 대체되어야 한다(여기서 k는 등방성 매질을 특징짓는 파수벡터의 크기이며, z는 새 매질 속에서 빛이 이동한 거리를 나타낸다).

식 (8.193)으로 주어진 복굴절성 이방시료의 위상차(phase difference) 혹은 지연각(retardance) δ(따라서 식 (8.193)으로부터 복굴절)는 매질을 빠져나오는 빛의 편광상태를 원래의 직선 편광상태로 돌리는데 필요한 양에서 위상차를 빼는 광학요소를 사용함으로써 측정될 수 있다(그림 8.29 참조).

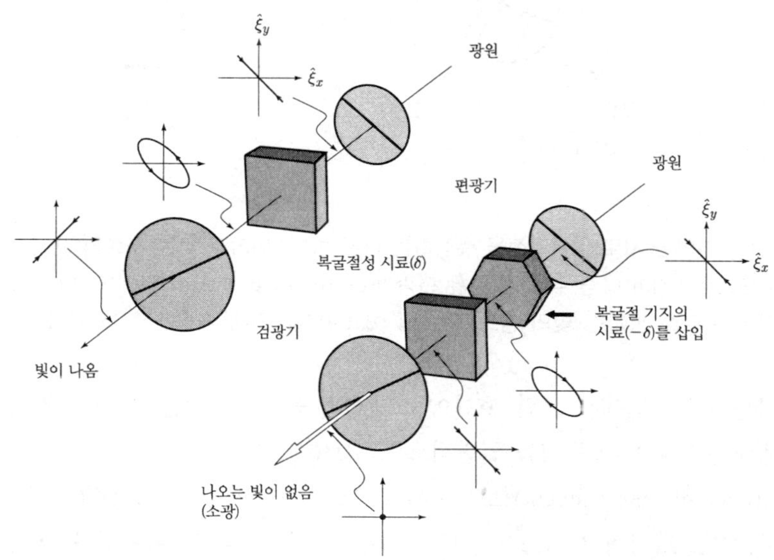

그림 8.29 이방성 시료의 복굴절을 측정하는 한 방법. 복굴절을 알고 있는 여러 시료를 빛이 소멸(extinction)될 때까지 삽입함. 그러면 복굴절 미지 시료의 지연각(retardance) δ은 삽입 시료의 지연각의 음이 된다.

혹은 복굴절률 미지의 시료를 십자 편광기(crossed polarizers) 사이에 넣어 시료의 한 주(고유) 방향 아래로 빛을 입사시킨다. 이때 편광기의 투과축(transmission axes)들은 시료의 나머지 두 축에 관하여 각각 45° 로 배향되도록 설계한다(그림 8.30 참조). 이 방법에 있어서 복굴절성 매질의 입사광에 대한 영향을 행렬(matrix) 연산법에 따라 계산을 행하면 측정된 빛의 강도 I는 지연각(혹은 위상차) δ과 다음과 같이 관련되어진다.

$$I = I_0 \sin^2 \frac{\delta}{2} \tag{8. 194}$$

여기서 I_0는 시료에 입사(impinge)하는 (직선)편광 빔의 강도이다. 이때 입사광에 대해 시료의 ξ_z-(주)방향으로 지연각 δ을 측정하면 식 (8.193)에 의해 (2축)시료의 복굴절 $\Delta n_{21} = n_2 - n_1$을 알 수 있다. 만약 다른 복굴절 $\Delta n_{32}(= n_3 - n_2)$ 혹은 $\Delta n_{31}(= \Delta n_{32} + \Delta n_{21})$가 알고 싶으면, 각각 빛을 시료의 다른 주 방향인 ξ_x- 혹은 ξ_y- 방향을 따라 내려보내면 된다.

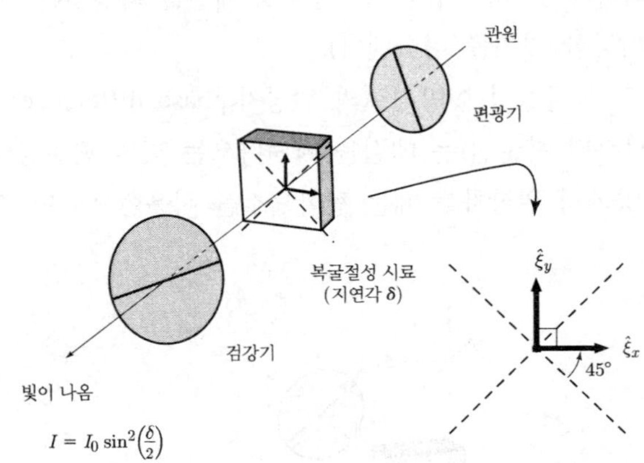

그림 8.30 이방성 시료의 복굴절을 측정하는 다른 방법. 여기서 빛은 시료의 한 주(고유) 방향을 따라 내려보내지며 다른 두 주 방향은 편광기(polarizer)에 대해 각각 45° 의 각도로 설계된다. 그러면 시료를 통과한 빛의 강도(I)는 식 (8.194)에 의해 계산된 값과 같다.

유변학(rheology)의 측면에서 보면, 흐름에서 생성된 응력(stress)은 원래(즉 전단흐름을 받기 전) 등방성인 고분자 용융물이나 용액을 일반적으로 시료(매질)의 3 주(고유) 굴절률 값이 모두 다른 이축 복굴절성(biaxially birefringent)으로 만든다. 그리고 양의 유동 복굴절(가령 폴리부타디엔 유체)과 음의 유동 복굴절(가령 폴리스타이렌 유체) 모두 가능함이 알려져 있다. 이렇게 (전단)흐름에 의해 유체 시료에 발생한 응력은 아래에 기술할 '응력-광학 법칙(stress-optical law)'에 의해 복굴절과 직접 비례함이 알려져 있다.

8.3.3 응력-광학 법칙

고분자 용융물이나 용액의 흐름에 있어서 발생된 응력은 고분자 사슬들이 흐름 전의 평형, 랜덤 배치(configuration)로부터 흐름에 의해 신장된(elongated) 배치로의 변위(displacement)에 기인한 것이다. 이들 신장된 배치는 이미 등방성이 아니며, 따라서 응력을 받은 고분자 사슬들은 광학적으로 이방성(optical anisotropy) 혹은 복굴절성(birefringence)을 갖게 된다(그림 8.31 참조). 여기서 응력과 복굴절간의 관계는 아래에 나타낸 직선 비례관계일 것이다.

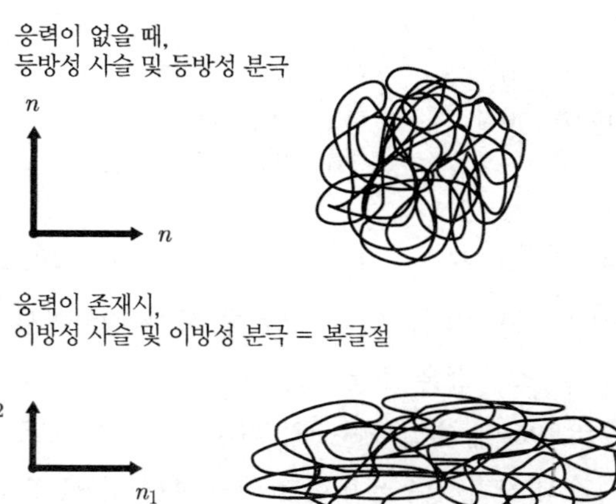

그림 8.31 흐름 중 고분자 사슬에 대한 응력(장력)의 영향으로 사슬들이 신장되어, 광학적 이방성(복굴절)을 초래함.

(여분)응력텐서 $\boldsymbol{\tau}$와 굴절률 텐서 $\mathbf{n}$가 선형관계를 갖기 위해서는 원칙적으로 이들 두 (대칭)텐서는 같은 세트의 주(고유)축(same set of principal axes)을 가져야 한다. 이 조건은 소위 '공축의 조건(condition of coaxiality)'이라고 불린다. 이 조건으로부터 $\mathbf{n}$과 $\boldsymbol{\tau}$가 선형관계를 유지하기 위해서는 아래의 직선관계가 성립되어야 한다[단 $\mathbf{n}$의 주축 프레임인 ξ_x, ξ_y, ξ_z 좌표계를 사용하여 각 성분을 나타내었다 - 식 (8.169) 및 (8.182) ~ (8.184) 참조].

$$\mathbf{n} = C\boldsymbol{\tau} + \mathbf{B} \tag{8. 195}$$

혹은 $\mathbf{n}$의 3 주(고유) 좌표축 ξ_x, ξ_y, ξ_z에서의 성분으로 나타내면

$$\begin{pmatrix} n_1 & 0 & 0 \\ 0 & n_2 & 0 \\ 0 & 0 & n_3 \end{pmatrix}_{\xi_x\xi_y\xi_z} = C\begin{pmatrix} \tau_{11} & \tau_{12} & \tau_{13} \\ \tau_{21} & \tau_{22} & \tau_{23} \\ \tau_{31} & \tau_{32} & \tau_{33} \end{pmatrix}_{\xi_x\xi_y\xi_z} + \begin{pmatrix} B_{11} & B_{12} & B_{13} \\ B_{21} & B_{22} & B_{23} \\ B_{31} & B_{32} & B_{33} \end{pmatrix}_{\xi_x\xi_y\xi_z} \tag{8. 196}$$

여기서 $\mathbf{B}$는 규정되어야 할 상수텐서이며, C 또한 스칼라 상수이다.

[주의 : 위 식에서 $\mathbf{n}$는 전단((Cartesian)좌표계의 $\hat{e}_1$(흐름방향)-축과 주(고유) 기저계의 $\hat{\boldsymbol{\xi}}_x$-축 사이의 배향각도 χ를 포함하는 식 (8.169)로 주어지는 (직교)좌표변환 행렬 L에 의해 (감응율 텐서 $\boldsymbol{\chi}$와 더불어) 대각화되지만(식 (8.172) 참조), 응력텐서 $\boldsymbol{\tau}$나 상수텐서 $\mathbf{B}$는 (아직)그렇지 못함에 유의해야 한다.]

그러나 만약 응력을 발생시키는 흐름이 없다면, 존재하는 응력은 $\boldsymbol{\tau} = \tau_0\mathbf{I}$의 형태가 되어 등방성이 될 것이며, 관련된 물질(매질) 또한 광학적으로 등방성이 되어 $\mathbf{n} = n\mathbf{I}$(여기서 n는 물질의 등방 굴절률)가 될 것이므로 이 경우는 식 (8.196)은 아래가 될 것이다.

$$\begin{pmatrix} n & 0 & 0 \\ 0 & n & 0 \\ 0 & 0 & n \end{pmatrix}_{\xi_x \xi_y \xi_z} = C\begin{pmatrix} \tau_0 & 0 & 0 \\ 0 & \tau_0 & 0 \\ 0 & 0 & \tau_0 \end{pmatrix}_{\xi_x \xi_y \xi_z} + \begin{pmatrix} B_{11} & B_{12} & B_{13} \\ B_{21} & B_{22} & B_{23} \\ B_{31} & B_{32} & B_{33} \end{pmatrix}_{\xi_x \xi_y \xi_z} \tag{8.197}$$

위 식에서 B의 대각성분은 $B_{11} = B_{22} = B_{33} = n - C\tau_0 \equiv B$가 되고, 비대각 요소 B_{ij}(여기서 $i \neq j$)는 모두 0 즉 $\mathbf{B} = B\mathbf{I}$가 됨을 알 수 있다. 그런데 식 (8.195)에서 B가 $\boldsymbol{\tau}$나 $\mathbf{n}$에 무관한 상수라고 규정하였으므로 B 또는 B의 값은 흐름 또는 비흐름 경우 모두 같아야 할 것이다. 여기서 $\mathbf{B} = B\mathbf{I}$를 식 (8.195) 또는 (8.196)에 대입하면 $\boldsymbol{\tau}$의 비대각 요소도 모두 0이 되어 흐름이 존재시의 $\mathbf{n}$의 경우 (식 (8.196) 참조)와 마찬가지로 $\boldsymbol{\tau}$ 또한 $\mathbf{n}$의 3 주(고유)축 ξ_x, ξ_y, ξ_z에서 대각화(즉 $\boldsymbol{\tau}$도 $\mathbf{n}$과 같은 주축 공유)되어 $\boldsymbol{\tau} = \sigma_i \delta_{ij} \hat{\boldsymbol{\xi}}_i \hat{\boldsymbol{\xi}}_j$(식 (8.201) 참조)로 나타내었다. 또한 상수텐서 $\mathbf{B} = B\mathbf{I}$는 등방텐서이므로 어떠한 좌표 변환에도 일정하므로 $\mathbf{B} = B\delta_{ij} \hat{\boldsymbol{\xi}}_i \hat{\boldsymbol{\xi}}_j$로 나타낼 수 있으므로 식 (8.195)의 3 대칭텐서 모두 $\mathbf{n}$의 3 주(고유) 좌표 프레임 ξ_x, ξ_y, ξ_z에서 대각화된다(그러나 $\boldsymbol{\tau}$는 $\mathbf{n}$의 3 주 축계가 아닌 일반 (전단)Cartesian 좌표계 1, 2, 3에서는 대각화되지 않는다 - 아래 참조). 어쨌든 식 (8.195)로 나타낸 선형화된 응력-광학법칙은 $\mathbf{B} = B\mathbf{I}$를 대입하면 아래가 된다.

$$\mathbf{n} = C\boldsymbol{\tau} + B\mathbf{I} \tag{8.198}$$

여기서 상수 C는 이방성 물질에 대한 '응력-광학 계수(stress-optical coefficient)'로서 Pa^{-1}의 단위를 가진다(∵굴절률은 단위가 없으므로). 위 관계식은 많은 고분자 용융물이나 용액에 대해 성립됨이 보고되고 있으며, 또한 분자론에 기초를 둔 구성방정식에서도 이론적으로 예측되고 있다.

식 (8.198)로 나타낸 (선형)응력-광학 법칙은 모든 유형의 흐름에서 적용되는 것은 아니다. 이를 이해하기 위하여 그림 8.31을 다시 생각해보자. 만약 흐름 중의 한 고분자 사슬이 응력에 의해 변형된다면, 사슬 세그먼트들은 배향되어 광학적인 이방성인 환경을 만들게 될 것이다. 이리하여 고분자에 가해진 응력은 배향된 세그먼트의 수에 비례하고, 나아가 (유동)복굴절에 비례할 것이다. 그런데 흐름 중 고분자 사슬이 경험할 수 있는 정렬(alignment)의 양에는 한계치가 존재한다. 즉 고분자 사슬이 일단 흐름 방향으로 신장(extension)된 후에는 더 이상 응력을 가해도 더 많은 정렬을 얻을 수는 없을 것이다. 그런데 유체(물질)에 부가될 수 있는 응력의 양에는 상한이 없으므로, 어떤 순간에 응력과 복굴절의 직선적 비례관계는 실패하게 될 것이다. 따라서 유동야기 복굴절(flow-induced birefringence) 현상을 연구할 때에는 식 (8.198)로 주어진 법칙이 성립하는 범위를 염두에 두어야 할 것이다.

어쨌든 지금까지 다루어 온 표준 흐름의 기하에서 (선형)응력-광학 법칙과 복굴절의 측정으로부터 관심의 응력을 측정해야 할 것이다. 그런데 이에 관련된 한 장애점은 앞서 언급한 바와 같이 빛을 응력의 주(고유) 방향을 따라 내려보내야 한다는 것이다. 만약 빛의 방향이 주 방향이 아니라면, 복굴절의 계산은 훨씬 복잡하게 되기 때문이다. 아래에서 보겠지만, (단순)신장흐름(SEF)의 경우에는 별 문제가 없지만, 전단흐름(SSF)의 경우에는 약간 복잡해진다.

8. 3. 4 신장흐름(SEF)

5장에서 언급했듯이 (단순)신장흐름(SEF)의 대칭성으로부터 (여분)응력텐서 $\boldsymbol{\tau}$는 Cartesian 좌표계에서 일반적으로 아래의 형태를 가질 것이다(식 (5.151) 참조).

$$\boldsymbol{\tau} = \begin{pmatrix} \tau_{11} & 0 & 0 \\ 0 & \tau_{22} & 0 \\ 0 & 0 & \tau_{33} \end{pmatrix}_{123} \tag{8. 199}$$

특히 일축신장흐름(UEF)의 경우에는 $\hat{e}_3$-방향으로 신장(stretching)이 일어나는 반면에 2- 및 1-방향으로는 수축이 일어난다(식 (5.257) 참조). 그런데 식 (8.199)의 대각화된 형태에서 주어진 (실험실)프레임 좌표축 1, 2, 3은 신장흐름의 경우 응력텐서 $\boldsymbol{\tau}$의 주(고유) 축이 됨을 알 수 있다. 따라서 이 경우 식 (8.198)에 의한 응력 복굴절의 측정은 간단하다. 즉 직선 편광 빔을 한 주 방향에 해당하는 2-방향으로 보내어, 복굴절 $\Delta n_{31} = n_3 - n_1$을 측정하게 된다. 이때 응력-광학계수 C 값을 안다면 (법선)응력차 $\tau_{33} - \tau_{11}$ 및 나아가 (정상)신장점도 $\bar{\eta}$ 값 또한 쉽게 계산될 수 있다. 만약 (정상)평면신장흐름(PEF)에 대해 신장점도 $\bar{\eta}_2\left[= (\tau_{22} - \tau_{11})/\dot{\varepsilon}_0\right]$가 알고 싶다면, 빛은 역시 주 방향의 하나인 3-방향으로 보내어 $\Delta n_{21} = n_2 - n_1$을 측정하게 된다. 그런데 처음부터 C 값을 알기 위해서는, 같은 물질에 대해 유동 복굴절과 응력을 각각 서로 독립적으로 측정해야 할 것이다.

8. 3. 5 전단흐름(SSF)

역시 5장에서 언급했듯이 (단순)전단흐름(SSF)의 대칭성으로부터 (여분)응력텐서 $\boldsymbol{\tau}$는 Cartesian 좌표계에서 일반적으로 아래의 형태를 가질 것이다(식 (5.150) 참조).

$$\boldsymbol{\tau} = \begin{pmatrix} \tau_{11} & \tau_{21} & 0 \\ \tau_{21} & \tau_{22} & 0 \\ 0 & 0 & \tau_{33} \end{pmatrix}_{123} \tag{8. 200}$$

이는 SSF에 대하여 통상적인 전단 (Cartesian)좌표계 1, 2, 3으로 나타낸 응력텐서로서, $\hat{e}_1$이 흐름방향, $\hat{e}_2$는 속도구배방향, 그리고 $\hat{e}_3$은 중성방향이다(식 (5.114) 참조).

앞 절의 신장흐름에 대한 응력텐서와는 달리 SSF에 대한 응력텐서는 통상의 (실험실)전단좌표계 1, 2, 3에서는 대각화되어 있지 않다. 그런데 굴절률 텐서 $\mathbf{n}$의 3 주(고유) 프레임(ξ_x, ξ_y, ξ_z)에서의 성분으로 나타낸 식 (8.196) 또는 (8.198)에서 응력텐서 $\boldsymbol{\tau}$도 8.3.3절에서 언급한 이유로 $\mathbf{n}$과 같은 주축을 공유하므로 $\boldsymbol{\tau}$ 또한 식 (8.169)로 정의된 같은 (직교)좌표변환 행렬 $\mathrm{L}(=\mathrm{Q}^{\mathrm{T}})$에 의해 아래와 같이 대각화될 수 있다(식 (8.182) 참조).

$$\mathrm{L}\,[\tau]_{123}\,\mathrm{L}^{\mathrm{T}}=[\tau]_{\xi_x\xi_y\xi_z}\equiv\begin{pmatrix}\sigma_1 & 0 & 0\\ 0 & \sigma_2 & 0\\ 0 & 0 & \sigma_3\end{pmatrix}_{\xi_x\xi_y\xi_z} \tag{8.201}$$

여기서 σ_i는 대칭텐서 $\boldsymbol{\tau}$의 $\hat{\boldsymbol{\xi}}_i$-방향의 주(고유) 응력성분(즉 $\tau_{\xi_x\xi_x}=\sigma_1$ 등임)이다. 그런데 식 (8.201)에서 $[\tau]_{123}$은 식 (8.199)로 나타낸 (실험실)전단 Cartesian 좌표계 1, 2, 3에서의 $\boldsymbol{\tau}$의 행렬성분이므로, 실 대칭행렬의 고유치 및 고유벡터를 구하는 절차(1.16.2절 참조)에 따라 $\boldsymbol{\tau}$의 3 (실)고유치를 구하는데 이에 대한 특성 다항식은 아래가 된다(식 (1.337) 참조).

$$\det\mid[\tau]_{123}-\lambda\mathrm{I}\mid=\begin{vmatrix}(\tau_{11}-\lambda) & \tau_{21} & 0\\ \tau_{21} & (\tau_{22}-\lambda) & 0\\ 0 & 0 & (\tau_{33}-\lambda)\end{vmatrix}=0 \tag{8.202}$$

위 식의 $\boldsymbol{\tau}$의 3 고유치 σ_1, σ_2 및 σ_3를 구하기 위한 λ에 관한 3차 방정식을 풀면 쉽게 아래의 결과를 얻을 수 있다(단 $\lambda_3=\tau_{33}=\sigma_3$ 간주).

[비고 : 식 (8.202)의 해를 바로 구하는 대신, 식 (1.416)으로 주어진 $\boldsymbol{\tau}$의 3 주 불변량 I_1, I_2 및 I_3를 이용하여 구하는 소위 'Cayley-Hamilton 정리'를 사용하여 구해도 마찬가지 결과가 얻어진다.]

$$\begin{aligned}\sigma_1&=\lambda_1=\frac{1}{2}(\tau_{11}+\tau_{22})+\frac{1}{2}\sqrt{(\tau_{11}-\tau_{22})^2+4\tau_{21}^2}\\ \sigma_2&=\lambda_2=\frac{1}{2}(\tau_{11}+\tau_{22})-\frac{1}{2}\sqrt{(\tau_{11}-\tau_{22})^2+4\tau_{21}^2}\\ \sigma_3&=\lambda_3=\tau_{33}\end{aligned} \tag{8.203}$$

따라서 식 (8.203)을 식 (8.201)에 대입하면 아래를 얻는다(단 텐서의 좌표 불변성을 이용).

$$\boldsymbol{\tau}\left[=(\boldsymbol{\tau}_{123})=\left(\boldsymbol{\tau}_{\xi_x\xi_y\xi_z}\right)\right]=\begin{pmatrix}\sigma_1 & 0 & 0\\ 0 & \sigma_2 & 0\\ 0 & 0 & \sigma_3\end{pmatrix}_{\xi_x\xi_y\xi_z} \tag{8.204}$$

여기서 $\lambda_3=\tau_{33}=\sigma_3$의 물리적 의미에 대해 생각해보자. 1.16.2 절의 절차에 따라 대칭텐서 $\boldsymbol{\tau}$의 고유치 λ_3에 대응하는 (정규화된)고유벡터 $\hat{\boldsymbol{\xi}}_z$를 구하면 전단 (Cartesian)좌표계에서 아래가 된다.

$$\hat{\boldsymbol{\xi}}_z = \begin{pmatrix} 0 \\ 0 \\ 1 \end{pmatrix}_{123} \tag{8. 205}$$

여기서 실 대칭텐서 $\boldsymbol{\tau}$를 대각화시키는 좌표변환에 있어서 $\hat{\boldsymbol{e}}_z = \hat{\boldsymbol{\xi}}_z$임을 알 수 있다. 이는 $\boldsymbol{\tau}$에 대한 (변환 전의)전단좌표계 (1, 2, 3)과 대각화시키는 (변환 후의) 주(고유) 프레임 좌표계(이는 $\boldsymbol{\tau}$의 3 정규 직교화된 고유벡터 $\hat{\boldsymbol{\xi}}_x$, $\hat{\boldsymbol{\xi}}_y$, $\hat{\boldsymbol{\xi}}_z$로 이루어져 있음)간의 좌표변환은 단순히 $\hat{\boldsymbol{e}}_3\left(=\hat{\boldsymbol{\xi}}_z\right)$축 주위로 $\hat{\boldsymbol{e}}_1$과 $\hat{\boldsymbol{e}}_2$(즉 1-2평면)를 (반시계방향으로)일정 각도로 단순회전시키는 경우와 동일하다(그림 8.32 참조)

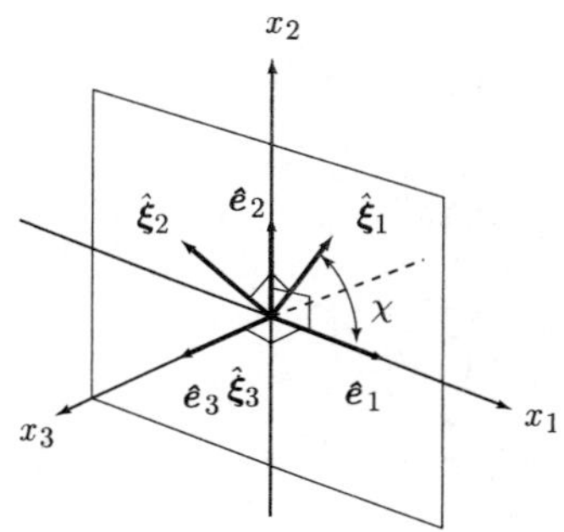

그림 8.32 전단 (Cartesian)좌표계 x_1, x_2, $x_3(=1, 2, 3)$과 굴절률 텐서 $\mathbf{n}$(혹은 응력텐서 $\boldsymbol{\tau}$)의 주(고유)프레임좌표계 ξ_1, ξ_2, $\xi_3(=\xi_x$, ξ_y, $\xi_z)$간의 관계를 보여주는 그림. 여기서 각도 χ는 $\hat{\boldsymbol{e}}_1$과 $\hat{\boldsymbol{\xi}}_1$간의 배향각도임(감응율을 나타내는 χ와는 혼동하지 말 것).

그림에서처럼 $\hat{\boldsymbol{e}}_1$과 $\hat{\boldsymbol{\xi}}_1\left(=\hat{\boldsymbol{\xi}}_x\right)$ 사이의 (배향)각도를 χ(이때 전기 감응율 χ와는 혼동하지 말 것)라 하면 $\hat{\boldsymbol{\xi}}_1-\hat{\boldsymbol{\xi}}_2$ 평면은 $\hat{\boldsymbol{e}}_1-\hat{\boldsymbol{e}}_2$ 평면을 $\hat{\boldsymbol{e}}_3=\hat{\boldsymbol{\xi}}_3$축 주위로 반시계방향으로 각도 χ만큼 회전시켜 얻어지므로, 이에 대한 (Cartesian 좌표간의) (직교)좌표변환 행렬 $\mathrm{L}=\left(l_{ij}\right)=\mathrm{Q}^{\mathrm{T}}$[여기서 $\mathrm{Q}=\left(a_i{}^j\right)^{\mathrm{T}}$]는 식 (4.67)에서 아래가 된다.

$$\mathrm{L}=\left(l_{ij}\right)=\left(\hat{\boldsymbol{\xi}}_i \cdot \hat{\boldsymbol{e}}_j\right)=\begin{pmatrix} \cos\chi & \sin\chi & 0 \\ -\sin\chi & \cos\chi & 0 \\ 0 & 0 & 1 \end{pmatrix} \tag{8. 169}$$

[주의 : 위 식으로 주어지는 L는 (대칭)굴절률 텐서 $\mathbf{n}$과 응력텐서 $\boldsymbol{\tau}$의 좌표변환(대각화)에 같이 사용(∵서로 같은 고유 기저계를 가지므로)된다.]

이제 식 (8.201)의 좌변의 행렬 $[\tau]_{123}$에 변환 전의 $\boldsymbol{\tau}$의 전단좌표계 성분을 식 (8.200)에 대입하

고, 좌표변환 행렬 L에 식 (8.169)의 값을 대입하여 행렬계산을 행하면 최종결과는 아래가 된다.

$$\mathrm{L}\,[\tau]_{123}\,\mathrm{L}^{\mathrm{T}}=\begin{pmatrix} c & s & 0\\ -s & c & 0\\ 0 & 0 & 1\end{pmatrix}\begin{pmatrix}\tau_{11} & \tau_{21} & 0\\ \tau_{21} & \tau_{22} & 0\\ 0 & 0 & \tau_{33}\end{pmatrix}_{123}\begin{pmatrix} c & -s & 0\\ s & c & 0\\ 0 & 0 & 1\end{pmatrix} \tag{8. 206 a}$$

$$=\begin{pmatrix} c^2\tau_{11}+s^2\tau_{22}+2cs\,\tau_{21} & cs(\tau_{22}-\tau_{11})+\tau_{21}(c^2-s^2) & 0\\ cs(\tau_{22}-\tau_{11})+\tau_{21}(c^2-s^2) & s^2\tau_{11}+c^2\tau_{22}-2cs\tau_{21} & 0\\ 0 & 0 & \tau_{33}\end{pmatrix}_{\xi_x\xi_y\xi_z} \tag{8. 206 b}$$

여기서 $c=\cos\chi$, $s=\sin\chi$를 나타낸다. 그런데 식 (8.206b)는 식 (8.204)와 같아야하므로 아래가 성립된다(단 $2\sin\chi\cos\chi=\sin 2\chi$ 및 $\sin^2\chi+\cos^2\chi=1$을 이용하여 정리함).

$$\sigma_1=(\tau_{11}-\tau_{22})\cos^2\chi+\tau_{22}+\tau_{21}\sin 2\chi$$

$$\sigma_2=(\tau_{11}-\tau_{22})\sin^2\chi+\tau_{22}-\tau_{21}\sin 2\chi$$

$$\sigma_3=\tau_{33} \tag{8. 207}$$

그리고 비대각 요소 $cs(\tau_{22}-\tau_{11})+\tau_{21}(c^2-s^2)=0$에서 아래가 성립된다(단 $\cos 2\chi=c^2-s^2$ 및 $\sin 2\chi=2cs$를 이용).

$$\tan 2\chi\left(=\frac{\sin 2\chi}{\cos 2\chi}\right)=\frac{2\tau_{21}}{\tau_{11}-\tau_{22}} \tag{8. 208}$$

특히 식 (8.172)로 주어지는 각도 χ는 전단 (Cartesian)좌표계 x_1, x_2, x_3에서 주어진 응력텐서 $\boldsymbol{\tau}$(혹은 굴절률 텐서 $\mathbf{n}$)를 대각화시키는 주(고유) 기저벡터 $\hat{\xi}_x$와 $\hat{e}_1$ 사이의 배향을 나타내는 '배향각(orientation angle)' 혹은 '소광각(extinction angle)'이라고 부른다. 그리고 유동 복굴절 실험으로부터 정상(steady) 전단흐름에서의 3 물질함수인 $\eta(\dot{\gamma}_0)\equiv\tau_{21}/\dot{\gamma}_0$, $\Psi_1(\dot{\gamma}_0)\equiv(\tau_{11}-\tau_{22})/\dot{\gamma}_0^2$, $\Psi_2(\dot{\gamma}_0)\equiv(\tau_{22}-\tau_{33})/\dot{\gamma}_0^2$(식 (5.161) ~ (5.163) 참조)를 구하기 위한 전단응력 및 법선응력차는 식 (8.171)과 (8.172)로부터 아래와 같이 구해진다.

$$\tau_{21}=\frac{\triangle\sigma_1\sin 2\chi}{2}$$

$$N_1=\tau_{11}-\tau_{22}=\triangle\sigma_1\cos 2\chi$$

$$N_2=\tau_{22}-\tau_{33}=\triangle\sigma_2+\triangle\sigma_1\sin^2\chi \tag{8. 209}$$

단 여기서 $\Delta\sigma_1 \equiv \sigma_1 - \sigma_2$, $\Delta\sigma_2 \equiv \sigma_2 - \sigma_3$이다.

(증명) 먼저 식 (8.207)에서 $\sigma_1 - \sigma_2 (= \Delta\sigma_1)$는 아래가 된다(단 $\cos^2\chi - \sin^2\chi = \cos 2\chi$ 이용)

$$\begin{aligned}\Delta\sigma_1 \equiv \sigma_1 - \sigma_2 &= N_1 \cos 2\chi + 2\tau_{21}\sin 2\chi \\ &= N_1 \cos 2\chi + N_1 \sin 2\chi \tan 2\chi (\because \text{ 식 (8.208)에서 } \tau_{21} \text{대입}) \\ &= \frac{N_1}{\cos 2\chi}(\cos^2 2\chi + \sin^2 2\chi) = \frac{N_1}{\cos 2\chi}\end{aligned} \quad (8.210)$$

따라서 $N_1 (= \tau_{11} - \tau_{22}) = \Delta\sigma_1 \cos 2\chi$가 증명된다. 다음에는 이 결과를 식 (8.208)에 다시 대입하면 아래를 얻는다.

$$\tau_{21} = \frac{N_1}{2}\tan 2\chi = \frac{\Delta\sigma_1}{2}\cos 2\chi \times \tan 2\chi = \frac{\Delta\sigma_1 \sin 2\chi}{2} \quad (8.211)$$

마지막으로 식 (8.207)의 처음 두 식을 더하면 아래가 된다.

$$\sigma_1 + \sigma_2 = \Delta\sigma_1 + 2\sigma_2 = N_1 + 2\tau_{22} \text{ 혹은 } \tau_{22} = \frac{1}{2}(\Delta\sigma_1 - N_1) + \sigma_2 \quad (8.212)$$

따라서 $N_2 = \tau_{22} - \tau_{33} (= \sigma_3)$의 τ_{22}에 식 (8.212)를 대입하고, N_1의 결과 및 $\Delta\sigma_2 \equiv \sigma_2 - \sigma_3$를 이용하면 아래가 되어 증명된다.

$$\begin{aligned}N_2 = \tau_{22} - \tau_{33} = \frac{1}{2}(\Delta\sigma_1 - N_1) + \sigma_2 - \sigma_3 &= \frac{\Delta\sigma_1}{2}(1 - \cos 2\chi) + \Delta\sigma_2 \\ &= \frac{\Delta\sigma_1}{2}[1 - (1 - 2\sin^2\chi)] + \Delta\sigma_2 \\ &= \Delta\sigma_2 + \Delta\sigma_1 \sin^2\chi \quad \blacksquare\end{aligned} \quad (8.213)$$

이제 (선형)응력-광학 법칙 (8.196) 또는 (8.198)로 다시 돌아가서, SSF에 대한 응력텐서 $\boldsymbol{\tau}$항에 주(고유) 프레임 ξ_x, ξ_y, ξ_z에서의 대각화된 성분을 식 (8.204)에서 대입하면 아래를 얻는다.

$$\begin{pmatrix} n_1 & 0 & 0 \\ 0 & n_2 & 0 \\ 0 & 0 & n_3 \end{pmatrix}_{\xi_x\xi_y\xi_z} = C\begin{pmatrix} \sigma_1 & 0 & 0 \\ 0 & \sigma_2 & 0 \\ 0 & 0 & \sigma_3 \end{pmatrix}_{\xi_x\xi_y\xi_z} + \begin{pmatrix} B & 0 & 0 \\ 0 & B & 0 \\ 0 & 0 & B \end{pmatrix}_{\xi_x\xi_y\xi_z} \quad (8.214)$$

여기서 만약 응력-광학계수 C를 알고, 또 두 종류의 복굴절 $\Delta n_{12}=n_1-n_2$ 및 $\Delta n_{23}=n_2-n_3$의 값을 직접 측정으로부터 안다면 주 응력차 $\Delta\sigma_1(=\sigma_1-\sigma_2)$ 및 $\Delta\sigma_2(=\sigma_2-\sigma_3)$의 값도 식 (8.214)로부터 아래와 같이 구할 수 있다.

$$n_1-n_2=C(\sigma_1-\sigma_2)=C\Delta\sigma_1$$

$$n_2-n_3=C(\sigma_2-\sigma_3)=C\Delta\sigma_2 \tag{8. 215}$$

그리고 배향(또는 소광)각 χ의 값을 별도로 측정해야한다. 실제의 전단흐름에 있어서 $\Delta\sigma_2=(n_2-n_3)/C$값은 측정하기 곤란하다. 왜냐하면 이 값을 위해서는 빛을 주 방향인 $\hat{\boldsymbol{\xi}}_y$-방향을 따라 내려보내야 하는데, 이는 $\hat{\boldsymbol{\xi}}_y$방향은 미리 알 수 없으며, 또한 연구 중의 물질과 흐름조건에 따라 변화하기 때문이다. 그러나 $\Delta\sigma_1=(n_1-n_2)/C$값은 기지의 주축인 $\hat{\boldsymbol{\xi}}_z$-방향을 따라 빛을 내려 보냄으로써 측정이 가능하다.

정상상태의 전단흐름에 있어서 복굴절 n_1-n_2값과 주축에 대한 배향각 χ를 측정하기위한 가장 간단한 배열은 십자 편광기(crossed polarizers)를 사용하여 Couette 흐름에 대해 구획을 만드는 (bracket)것이다(그림 8.33 참조). 즉 이들 십자편광기를 회전시켜 조사 중의 시료에 대한 소광(extinction)이 일어나는 각도를 측정하면 그것이 요구되는 배향각 χ가 된다. 이의 타당성은 식 (8.192)를 검토함으로써 알 수 있다.

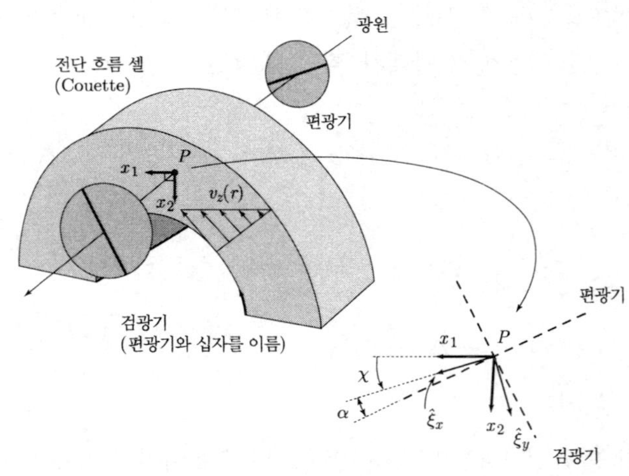

그림 8.33 전단흐름(SSF)에 대한 배향(또는 소광)각 χ와 지연각(또는 위상차) δ의 측정. 장치에서 편광기(polarizer)와 검광기(analyzer)의 축들이 전단의 주 방향에 대응(즉 $\alpha=0$)하지 않는 한 시료로부터 빛은 나온다. 그래서 십자 편광기(crossed polarizers)를 회전시켜 나오는 빛이 소멸(extinction)될 때의 각도가 χ가 된다. 그리고 편광판(polaroid)을 회전시켜 각도 $\alpha=45°$되는 지점에서 지연각(또는 위상차) δ가 $2\sin^{-1}\sqrt{I/I_0}$로서 측정된다(식 (8.194) 참조).

만약 편광된 빛이 복굴절성 시료의 $\hat{\xi}_z$-방향을 제외한 다른 두 주(고유) 방향 $\hat{\xi}_x$ 또는 $\hat{\xi}_y$의 어느 한 방향을 따라 내려보내진다면, 위상(phase)의 변화는 일어나지 않을 것이다. 예를 들면 입사광이 $\hat{\xi}_x$-방향으로 편광된다면, 입사광의 전장벡터 $\boldsymbol{E}_{in}$는 아래와 같이 주어질 것이다(식 (8.191) 참조).

$$\boldsymbol{E}_{in} = e^{i\omega\left(\frac{z}{u}-t\right)}\begin{pmatrix} E_{0x} \\ 0 \\ 0 \end{pmatrix}_{\xi_x \xi_y \xi_z} \tag{8. 216}$$

이때 편광된 빛이 복굴절성 시료를 통과하고 있는 도중에 전장벡터 $\boldsymbol{E}$의 $\hat{\xi}_x$-성분은 (위상)속도 u_1으로, 그리고 $\hat{\xi}_y$-성분은 (위상)속도 u_2로 진행한다. 따라서 시료를 빠져나오는 빛의 전장벡터 $\boldsymbol{E}_{ex}$는 아래로 나타내 질 것이다(식 (8.192) 참조).

$$\boldsymbol{E}_{ex} = e^{i\omega\left(\frac{h}{u_1}-t\right)}\begin{pmatrix} E_{0x} \\ 0 \\ 0 \end{pmatrix}_{\xi_x \xi_y \xi_z} \tag{8. 217}$$

즉 시료를 빠져나오는 빛도 $\hat{\xi}_x$-방향으로 직선편광이 된다. 따라서 빛이 이 방향으로 복굴절성 매질을 통과할 때에는 분극(polarization)의 어떠한 변화도 일어나지 않는다. 그래서 입사상태에서 빛을 소멸시키도록 배향된 편광판을 통과하는 복굴절성 시료에 대해서도 마찬가지로 빛을 소멸시킬 것이다. 만약 입사광이 $\hat{\xi}_x$-나 $\hat{\xi}_y$-방향을 제외한 어떠한 방향에서 편광되어 있다면 그 빛의 전장 벡터 $\boldsymbol{E}$는 시료의 주(고유) 프레임($\hat{\xi}_x$, $\hat{\xi}_y$, $\hat{\xi}_z$)으로 나타내질 때 두 개의 0이 안되는 성분을 갖게 되는데, 이들 각각은 위상속도 u_1 혹은 u_2를 갖고 복굴절성 매질내를 통과할 것이며, 결과적으로 생기는 두 성분간의 위상차는 0이 되지 않을 것이다. 이 경우에 시료가 없는 원래 상태에서 빛을 소멸시키도록 설계된 편광판을 복굴절성 매질을 통과한 후 타원편광이 되어있는 빛에 대해서는 소멸시키지 못 할 것이다. 그래서 정상상태의 전단흐름장에 걸쳐서 십자 편광판(crossed polaroids)을 회전시킬 때 빛의 소멸은 주 복굴절(혹은 대응하는 주 응력)의 방향과 십자 편광판의 소멸 축들이 방향이 일치할 경우에만 일어난다. 일단 배향각(또는 소광각) χ를 알면, 십자편광기들은 각도 χ에 대해 45°로 배향된 소광축(extinction axes)을 갖도록 위치되며, 이때 빛의 강도 I를 측정하여 지연각(또는 위상차) δ(이는 복굴절 $n_1 - n_2$와 관련되어 있다)를 식 (8.194)로부터 구할 수 있다.

비정상(unsteady) 전단흐름의 경우에는 소광각 χ를 측정하는 둔제는 꽤 복잡한데, 제안된 방법 중의 하나는 빛이 시료를 통과하기 전인 레이저 경로(laser path)에 한 광탄성 조정기(photoelastic modulator)를 삽입하는 것으로 전계(entire system)는 십자 편광기로 구획되어져(bracket) 있다. 이 때 사용되는 광탄성 조정기는 결정에 대한 변형(strain)과 함께 광학적 성질이 변화는 석영결정

(quartz cystal)이다. 만약 석영결정이 정현파(sinusoidally)로 변형된다면 그것을 통과하는 빛은 아래와 같은 시간의존성 지연각(또는 위상차) δ_{mod}를 가질 것이다.

$$\delta_{\mathrm{mod}} = A\sin\omega_{\mathrm{mod}}t \tag{8.218}$$

여기서 A는 실험조건에 의존하는 진폭이며, ω_{mod}는 석영결정의 공명(resonant) 각 진동수이다. 이 장치에 있어서 각 요소의 광학적 충격(optical impact)을 설명하기위하여 행렬계산법을 이용하면 얻어지는 ω_{mod}의 제 1 및 제 2 고조파(harmonics)에 해당하는 강도들을 측정함으로써 지연각 δ과 배향각 χ를 동시에 시간의 함수로서 계산한다. 이 두 개의 강도 고주파(intensity harmonics)는 고정(주파수)증폭기(lock-in amplifier)를 사용하여 바로 측정될 수 있다.

앞에서 (단순)전단흐름의 경우 전단응력 τ_{21}과 제 1 법선응력차 N_1은 3-방향을 따라 빛이 보내질 때 측정될 수 있음을 보았다(식 (8.209) 참조). 그러나 가끔은 가령 평행원반 레오미터의 평판들을 통과하거나 혹은 모세관 레오미터의 축을 따라 빛을 $\hat{e}_2$-방향 혹은 $\hat{e}_1$-방향으로 내려 보내는 것이 보다 쉬울 수도 있으나 전술한 바와 같이 $\hat{e}_1$ 과 $\hat{e}_2$는 복굴절성 매질의 주(고유) 방향이 아니므로 관련된 광학은 매우 복잡하다. 다행스럽게도 복굴절의 값이 적당할 경우에는 빛을 매질의 한 주축(principal axis)을 따라 아니면 한 비주축(unprincipal axis)을 따라 내려 보내던 두 경우 모두 같은 결과를 낳는다. 즉 빛의 진행방향과 수직인 평면에 생긴 복굴절과 관련된 위상차 혹은 지연각 δ을 초래한다. 전단 (Cartesian)좌표계 x_1, x_2, x_3에서 복굴절성 매질의 (대칭)굴절률 텐서 $\mathbf{n}$는 SSF에 대한 (여분)응력텐서 $\boldsymbol{\tau}$의 경우와 마찬가지로 아래의 형태를 가질 것이다(식 (8.200) 참조).

$$\mathbf{n} = \begin{pmatrix} n_{11} & n_{21} & 0 \\ n_{21} & n_{22} & 0 \\ 0 & 0 & n_{33} \end{pmatrix}_{123} \tag{8.219}$$

복굴절의 값이 작은 경우에는 전단좌표계에서 빛을 (매질의 굴절률 텐서의 주 방향이 아닌)2-방향으로 내려보내면, 굴절률 차 $n_{11} - n_{33}$값을 측정할 수 있으며, 또한 빛을 (역시 주방향이 아닌)1-방향으로 내려 보내면 $n_{22} - n_{33}$값이 측정된다(8.3.1.3절의 B.3 참조). 그러나 이들 값들은 주 굴절률 차이인 $\Delta n_{21} \equiv n_2 - n_1$ 및 $\Delta n_{32} \equiv n_3 - n_2$과는 다르며, 단지 전단좌표계 (x_1, x_2, x_3)에 관련된 굴절률 차이일 뿐임에 유의해야한다. 마지막으로 이들 값들은 $\mathbf{n}$(혹은 $\boldsymbol{\tau}$)의 주(고유)프레임에 대하여 대각화된 성분들의 관계식 (8.215)과 유사하게 아래와 같이 전단좌표계에서의 법선응력차이와 관련되어진다(응력-광학법칙 식 (8.195) 참조).

$$n_{11} - n_{22} = C(\tau_{11} - \tau_{22})$$

$$n_{22} - n_{33} = C(\tau_{22} - \tau_{33}) \tag{8.220}$$

연습문제

8. 1 다음은 모세관을 통한 압력야기 Poiseuille 정상(steady) 전단흐름(SSF)에 있어서 벽 근처의 속도장에 관한 물음이다.

(a) 뉴톤 유체의 경우 모세관 벽 근처의 정상상태 SSF의 속도장은 원통좌표계에서 흐름(z-) 방향을 전단 (Cartesian)좌표계의 1-방향, 속도구배(r-) 방향을 전단 좌표계의 2-방향, 그리고 중성(θ-) 방향을 전단 좌표계의 3-방향으로 간주할 때 $\boldsymbol{v} \simeq \dot{\gamma}_0 x_2 \hat{\boldsymbol{e}}_1$(즉 $v_z = v_1 \simeq \dot{\gamma}_0 x_2$)로 근사적으로 나타내짐을 보여라.

(b) 멱수법칙 일반 뉴톤 유체(power-law GNF)의 경우에도 마찬가지로 $\boldsymbol{v} \simeq \dot{\gamma}_0 x_2 \hat{\boldsymbol{e}}_1$로 나타내짐을 보여라. 단 정상 전단속도 $\dot{\gamma}_0 = \dot{\zeta}(t) = \dot{\gamma}_{21}(t) =$ 일정이고, $x_2 = R - r$이다.

풀이

(a) 뉴톤 유체(즉 멱수법칙 지수 $n=1$)의 경우는 모세관의 중심에서 거리 r 떨어진 곳의 z 방향의 속도는 8.1.1.2절의 식 (8.25)에 의해 아래로 주어진다.

$$v_z(r) = \frac{2Q}{\pi R^2}\left[1-\left(\frac{r}{R}\right)^2\right] \qquad \cdots\cdots (1)$$

여기서 변수치환 $R-r=x_2$(혹은 $r=R-x_2$)로 두면 위 식은 아래가 된다.

$$v_z(r) = \frac{2Q}{\pi R^2}\left[1-\left(1-\frac{x_2}{R}\right)^2\right] = \frac{2Q}{\pi R^2}\left[1-\left(1-\frac{2x_2}{R}+\frac{x_2^2}{R^2}\right)\right] \simeq \frac{4Q}{\pi R^3}x_2 \qquad \cdots\cdots (2)$$

단 위 식의 맨 마지막 (근사)항등관계는 모세관의 벽 근처에서는 $r \to R$, $x \to 0$이 되므로 $(x/R)^2 \to 0$을 간주하여 얻은 결과이다. 그런데 모세관의 벽면을 통한 단위시간당 부피유출속도(혹은 부피유량) $Q = A\bar{v}_z$(여기서 A는 관의 단면적, $\bar{v}_z$는 평균 속도임)는 식 (8.27)에 의해 $Q = \frac{\pi R^3}{4}\dot{\gamma}_a = \frac{\pi R^3}{4}\dot{\gamma}_0$(여기서 $\dot{\gamma}_a$는 뉴톤 유체의 벽면에서의 겉보기 전단속도)가 되므로 이를 식 (2)에 대입하면 아래가 되어 증명된다.

$$v_z(r)[=v_1]\big|_{r\to R} \simeq \dot{\gamma}_0 x_2 \quad \text{혹은} \quad \boldsymbol{v} = v_1\hat{\boldsymbol{e}}_1 \simeq \dot{\gamma}_0 x_2 \hat{\boldsymbol{e}}_1 \qquad \cdots\cdots (3)$$

(b) 멱수법칙 GNF 유체(즉 전단점도 $\eta = m\dot{\gamma}^{n-1}$)의 경우 모세관을 통한 Poiseuille (정상)전단흐름에서 흐름(z-) 방향의 속도성분 $v_z(r)[=v_1]$는 식 (8.29)(혹은 5.354)에 의해 아래와 같이 나타내진다[단 이 경우 부피유량 Q에 관한 식은 (5.364) 참조].

$$v_z(r)=\alpha\left[1-\left(\frac{r}{R}\right)^{1+\frac{1}{n}}\right]=\frac{Q}{\pi R^2}\left[1-\left(\frac{r}{R}\right)^{1+\frac{1}{n}}\right]\frac{3+\frac{1}{n}}{1+\frac{1}{n}} \quad \cdots\cdots (4)$$

여기서

$$\alpha=R^{\frac{1}{n}+1}\left(\frac{P_0^*-P_L^*}{2mL}\right)^{\frac{1}{n}}\left(\frac{1}{1/n+1}\right)=\frac{Q}{\pi R^2}\frac{3+\frac{1}{n}}{1+\frac{1}{n}} \quad \cdots\cdots (5)$$

여기서 문 (a)의 경우와 마찬가지로 변수치환 $x_2=R-r$(혹은 $r=R-x_2$)을 행하고, 이를 식 (4)의 첫 번째 항등 관계에 대입하여 정리하면 벽 근처(즉 $x_2\to 0$)에서 아래를 얻는다.

$$v_z(r)[=v_1]\big|_{r\to R}\simeq\alpha\left\{1-\left[1-\left(\frac{1}{n}+1\right)\frac{x_2}{R}\right]\right\}=\left(\frac{1}{n}+1\right)\frac{\alpha x_2}{R} \quad \cdots\cdots (6)$$

위 식에서 2번째 (근사)항등관계는 이항정리의 근사식 $(1-x)^n\simeq 1-nx$(단 x의 크기가 작을 때)가 성립되는데, 현 문제의 경우 벽 근처에서는 $x\to 0$이 되어 $\frac{x_2}{R}$가 매우 작아져 이 근사식을 적용시킬 수 있다.

그런데 식 (5)에서 α를 Q항으로 나타내어 식 (6)에 대입하면 아래를 얻는다.

$$v_z(r)[=v_1]\big|_{r\to R}\simeq\frac{4Q}{\pi R^3}\frac{3+1/n}{4}x_2=\dot{\gamma}_R x_2=\dot{\gamma}_0 x_2 \quad \cdots\cdots (7)$$

위 식의 2번째 항등관계는 멱수법칙 유체의 경우 벽면에서의 (진짜)전단속도 $\dot{\gamma}_R=\dot{\gamma}_a\left(\frac{1/n+3}{4}\right)=\left(\frac{4Q}{\pi R^3}\right)\left(\frac{1/n+3}{4}\right)$(식 (8.30))임을 이용하였으며, 마지막 항등관계는 정상 전단흐름에서 $\dot{\gamma}_R=\dot{\gamma}_0=\dot{\zeta}(t)=$일정을 이용하였다.

따라서 멱수법칙 GNF 유체의 경우에도 모세관 벽 근처에서의 정상 SSF의 속도장은 아래가 되어 증명된다.

$$v_z(r)[=v_1]\big|_{r\to R}\simeq\dot{\gamma}_0 x_2 \quad \text{혹은} \quad \boldsymbol{v}=v_1\hat{\boldsymbol{e}}_1\simeq\dot{\gamma}_0 x_2\hat{\boldsymbol{e}}_1 \quad \cdots\cdots (8)$$

8.2 어떤 멱수법칙 GNF유체의 전단점도가 아래 식으로 주어진다고 하자(즉 식 (5.310)에서 $m=3.62\times10^6,\ n=0.2$임).

$$\eta(\mathrm{Pa\cdot s})=3.62\times10^6\,\dot{\gamma}^{-0.8} \quad \cdots\cdots (1)$$

여기서 (정상)전단속도 $\dot{\gamma}=\|\dot{\boldsymbol{\gamma}}\|=\sqrt{(\dot{\boldsymbol{\gamma}}:\dot{\boldsymbol{\gamma}})/2}=|\dot{\zeta}(t)|=|\dot{\gamma}_{21}(t)|$는 양의 값을 가지고, 단위는 s^{-1}이다. 아래 모세관 레오미터를 중간 실험에서, 부피유량 Q가 일정할 때 모세관을 통한 압력하강(pressure drop)은 중력의 효과를 무시하여 $\Delta p(=p_0-p_L)$ $[\simeq\Delta P^*=P_0^*-P_L^*]=200\ \mathrm{psi}$이었다(단 $P^*=p-\rho gz$ 임) 이때 사용된 모세관의 직경 $D=1\ \mathrm{mm}$, 길이 $L=20\ \mathrm{mm}$이었다. 만약 부피유량 Q는 같으나, 모세관의 직경 $D=1\ \mathrm{mm}$,

길이 $L=40$ mm 라면 모세관을 통해 측정된 압력하강은 몇 psi 일까? 또한 같은 부피유량에서 모세관의 직경 $D=0.5$ mm, 길이 $L=20$ mm 인 경우의 Δp는 몇 psi 일까?

풀이

(a) 멱수법칙 GNF 유체의 경우 모세관을 통한 부피유량 $Q(=A\bar{v}_z)$와 압력하강(단 중력의 효과는 무시) $\Delta p(\simeq \Delta P^*)$의 관계는 식 (5.364)에 의해 아래로 주어진다.

$$Q=\left(\frac{\Delta pR}{2mL}\right)^{\frac{1}{n}}\left(\frac{n\pi R^3}{1+3n}\right) \qquad \cdots\cdots (2)$$

이제 첫 번째 문제는 같은 Q에서 모세관의 직경(혹은 반경 R)은 일정하나, 길이 L가 2배로 변한 경우에 해당된다. 그래서 식 (2)로부터 만약 $R=$일정, 길이가 L_1과 L_2인 경우의 부피유량을 각각 Q_1과 Q_2, 그리고 압력하강을 Δp_1과 Δp_2라 하면, 아래의 비례관계가 성립된다(단 문제에서 $Q_1=Q_2$ 간주).

$$\frac{Q_1}{Q_2}=\left(\frac{\Delta p_1/L_1}{\Delta p_2/L_2}\right)^{\frac{1}{n}}=1 \qquad \cdots\cdots (3)$$

따라서 $L_1=20$ mm, $L_2=40$ mm 라 하면 아래가 성립된다.

$$\Delta p_2=\frac{L_2}{L_1}\Delta p_1=\frac{40}{20}\Delta p_1=400 \text{ psi} \qquad \cdots\cdots (4)$$

다음의 두 번째 문제는 같은 Q에서 (원래의 모세관에 비해)모세관의 길이는 일정하나, 직경(혹은 반경)이 반으로 감소한 경우에 해당된다. 지금 식 (2)로부터 길이 L는 일정하나, 반경이 R_1 및 R_2일 때의 유량 및 압력하강을 각각 Q_1, Q_2 및 Δp_1, Δp_2라 하면 아래의 비례관계식이 성립된다(역시 문제에서 $Q_1=Q_2$ 간주).

$$\frac{Q_1}{Q_2}=\left(\frac{\Delta p_1R_1}{\Delta p_2R_2}\right)^{\frac{1}{n}}\frac{R_1^3}{R_2^3}=1 \qquad \cdots\cdots (5)$$

여기서 같은 부피유량일 때, $R_1=0.5$ mm 일 때의 $\Delta p_1=200$ psi 를 대입하면, $R_2=0.25$ mm 일 때의 Δp_2는 아래가 된다(단 문제에서 $n=0.2$ 대입).

$$\Delta p_2=\left(\frac{R_1}{R_2}\right)\left(\frac{R_1}{R_2}\right)^{3n}\Delta p_1=\left(\frac{0.5}{1}\right)^{3\times 0.2+1}\times 200=65.9 \fallingdotseq 66 \text{ psi} \qquad \cdots\cdots (6)$$

8.3 모세관 레오미터의 경우 벽면에서의 (진짜)전단속도 $\dot{\gamma}_R$에 대한 Weissenberg-Rabinowitsch (W-R) 보정식 (8.42)를 구할 때의 경우와 유사하게 평행평판(parallel plates) 사이의 (정상) Poiseuille 전단흐름(SSF)에 대해서도 벽면에서의 (진짜)전단속도 $\dot{\gamma}_R$에 관한 W-R 보정식을 유도해 보아라.

풀이

지금 평행평판에 대해 아래의 기하를 가정한다.

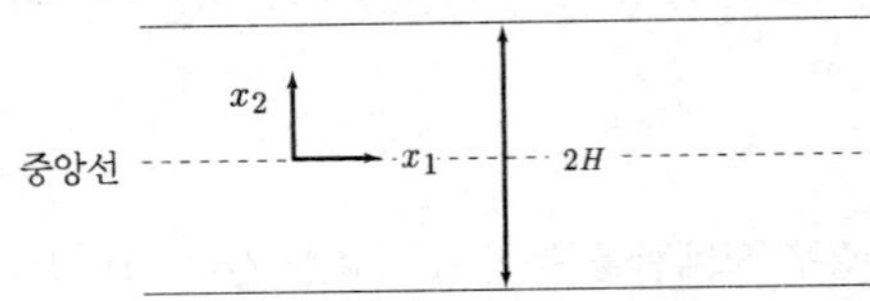

그림 평행평판의 기하(단 뒷면의 폭은 $2W$이다).

이제 평판을 통한 부피유량 $Q(=A\bar{v})$를 구해보자(그림 참조).

$$Q(=\dot{V}) = \int dQ = \int_0^H v_1(x_2) 2W dx_2 \quad \cdots\cdots (1)$$

여기서 부분적분 공식(A6.21)을 사용(즉 $u=v_1$, $v=x_z$로 둠)하여 아래를 얻는다.

$$\frac{Q}{2W} = \int_0^H v_1(x) dx_2 = v_1 x_2 \Big|_0^H - \int_0^H x_2 \left(\frac{dv_1}{dx_2}\right) dx_2 \quad \cdots\cdots (2)$$

그런데 전단흐름(SSF)의 전단 (Cartesian)좌표계에서의 속도장 $\boldsymbol{v}$는 아래가 된다.

$$\boldsymbol{v} = (v_1 \;\; v_2 \;\; v_3)_{123}^{\mathrm{T}} = (\dot{\gamma} x_2 \;\; 0 \;\; 0)_{123}^{\mathrm{T}} \quad \cdots\cdots (3)$$

그런데 x_2가 증가할수록 속도 v_1은 감소(즉 $\partial v_1/\partial x_2 < 0$)되므로 양의 전단속도 $\dot{\gamma}$는 식 (3)에서 아래가 된다(식 (8.26) 참조).

$$\dot{\gamma} = \| \dot{\boldsymbol{\gamma}} \| = |\dot{\zeta}(t)| = |\dot{\gamma}_{21}(t)| = \left|\frac{\partial v_1}{\partial x_2}\right| = -\frac{\partial v_1}{\partial x_2} \quad \cdots\cdots (4)$$

그리고 $v_1 x_2|_0^H = 0$이 되므로 식 (2)는 아래가 된다.

$$\frac{Q}{2W} = \int_0^H x_2 \dot{\gamma}\, dx_2 \quad \cdots\cdots (5)$$

한편 슬릿(slit)을 통한 비압축성 유체의 포아제 흐름에 있어서의 전단응력 τ_{21}는 운동방정식에서 중력장 효과를 무시하면 아래와 같이 나타내진다(표 4.4 참조).

$$\frac{d\tau_{21}}{dx_2} = -\frac{dp}{dx_1} = -\frac{(p_L - p_0)}{L} \quad \cdots\cdots (6)$$

여기서 경계조건 $x_2 = 0$에서 $\tau_{21} = 0$을 이용하여 식 (6)의 미방해를 구하면 아래가 된다.

$$\tau_{21} = \frac{p_0 - p_L}{L} x_2 + c(=0) = \frac{p_0 - p_L}{L} x_2 \quad \cdots\cdots (7)$$

여기서 벽면$(x_2 = H)$에서의 전단응력은 $\tau_H = \Delta p \times H/L$이 되므로 아래가 성립된다.

$$\frac{\tau_{21}}{\tau_H} = \frac{x_2}{H} \quad \cdots\cdots (8)$$

그런데 식 (7)의 양변에 대해 전미분을 취하면 아래를 얻는다.

$$d\tau_{21} = \frac{\Delta p}{L} dx_2 \quad \cdots\cdots (9)$$

여기서 식 (5)의 x_2 및 dx_2를 각각 τ_2 및 $d\tau_2$ 항으로 나타내어 대입하면 아래를 얻는다.

$$\frac{Q}{2W} = \int_0^{\tau_H} \dot{\gamma} \times \left(\frac{L}{\Delta p}\right)^2 \tau_{21}\, d\tau_{21} \quad \cdots\cdots (10)$$

혹은

$$Q \times \frac{(\Delta p)^2}{2L^2 W} = \int_0^{\tau_H} \dot{\gamma}\, \tau_{21}\, d\tau_{21} \quad \cdots\cdots (11)$$

그런데 슬릿을 통한 포아제 흐름에 있어서 뉴톤 유체의 벽면에서의 겉보기 전단속도 $\dot{\gamma}_{a,\,slit}$는 아래와 같이 나타낼 수 있다(식 (4) 참조).

$$\dot{\gamma}_{a,\,slit} = -\left.\frac{\partial v_1}{\partial x_2}\right|_{x_2 = H} \text{(뉴톤 유체)} \quad \cdots\cdots (12)$$

그런데 무한 슬릿(infinite slit)에서의 일정 점도 μ를 가진 뉴톤 유체에 대한 속도장 $v_1(x_2)$는 비압축성 유체에 대한 운동방정식의 해로부터 아래와 같이 주어진다(단 중력장 효과 무시 - 5장 본문 및 문제 참조).

$$v_1(x_2) = \frac{H^2 \times \Delta p}{2\mu L}\left[1 - \left(\frac{x_2}{H}\right)^2\right] \quad \cdots\cdots (13)$$

식 (13)으로부터 $(\partial v_1/\partial x_2)_{x_2 = H}$ 값을 구하여 식 (12)에 대입하면 아래를 얻는다.

$$\dot{\gamma}_{a,\,slit} = -\left.\frac{\partial v_1}{\partial x_2}\right|_{x_2 = H} = \frac{\Delta p \times H}{\mu L} \quad \cdots\cdots (14)$$

여기서 무한 슬릿에서의 포아제 전단흐름에 대한 압력하강 Δp는 부피유량 Q와 아래의 관계가 있다.

$$\Delta p = \frac{3\mu L Q}{2WH^3} \quad \cdots\cdots (15)$$

이를 식 (14)에 대입하면 뉴톤 유체의 경우 아래를 얻는다.

$$\dot{\gamma}_{a,\,slit} = \frac{3Q}{2WH^2} \quad \cdots\cdots (16)$$

그런데 식 (8)에서 $\Delta p = \tau_h \times L/H$ 및 식 (16)에서 Q를 $\dot{\gamma}_{a,\,slit}$ 항으로 나타내어 식 (11)에 대입하면 아래를 얻는다.

$$\frac{2WH^2}{3}\dot{\gamma}_{a,slit}\left(\frac{\tau_H L}{H}\right)^2 \frac{1}{2L^2 W} = \int_0^{\tau_H} \dot{\gamma}\, \tau_{21}\, d\tau_{21} \quad \cdots\cdots (17)$$

왼편을 정리하면 아래를 얻는다.

$$\dot{\gamma}_{a,\,slit} \times \frac{\tau_H^2}{3} = \int_0^{\tau_H} \dot{\gamma}\, \tau_{21}\, d\tau_{21} \quad \cdots\cdots (18)$$

이제 식 (18)의 양변을 τ_{11}에 대해 미분(단 우변의 미분은 Leibnitz 공식(A6.22) 이용]하면 아래를 얻는다.

$$\frac{d}{d\tau_H}\left(\dot{\gamma}_{a,\,slit}\frac{\tau_H^2}{3}\right) = \dot{\gamma}_H\, \tau_H \quad \cdots\cdots (19)$$

위 식의 좌변을 미분하여 정리하고, 최종적으로 $\dot{\gamma}_H$에 대해 풀면, 모세관 흐름에 대한 W-R 보정식 (8.42)의 경우와 유사하게, 평행원판(혹은 무한 슬릿)에서의 포아제 흐름에 있어서 벽면에서의 (진짜)전단속도에 대한 W-R 보정식은 아래가 된다.

$$\dot{\gamma}_H = \frac{1}{3}\dot{\gamma}_{a,slit}\left[2 + \frac{d\ln\dot{\gamma}_{a,slit}}{d\ln\tau_H}\right] \quad \cdots\cdots (20)$$

이로부터 임의의 데이터 점 $(\tau_H, \dot{\gamma}_{a,slit})$에서의 log-log 곡선(직선) 기울기를 알면 그 점에서의 $\dot{\gamma}_H$ 값을 구할 수 있다.

8. 4 원추-평판(cone-and-plate) 점도계를 사용하여 정상(steady) 전단흐름(SSF)에 대한 물질함수인 전단점도 $\eta(\dot{\gamma}_0)$와 제 1 법선응력차 계수 $\Psi_1(\dot{\gamma}_0)$의 측정값이 (정상)전단속도 $\dot{\gamma}_0 = 5\ \mathrm{s}^{-1}$일 때 각각 300 Pa · 와 50 Pa · s^2이었다. 이때 (작은)원추각 $\Theta_0 = 4°$, 그리고 원추-평판 고정물(fixture)의 반경 $R = 25\ \mathrm{mm}$라고 한다. 다음 물음에 답하라.

(a) 이 실험에서 얻어진 토크(torque) T는 각각 N · m 및 g f · cm가 될까?

[단 $1\ \mathrm{gf} = 1\ \mathrm{g} \times 9.8\ \mathrm{ms}^{-2} = 9.8 \times 10^{-3}\ \mathrm{N}$]

(b) 추력(thrust) F의 크기는 얼마인가? 각각 뉴톤(N) 및 그램중(gf)로 답하라.

(c) 만약 고정물의 반경 $R = 12.5\ \mathrm{mm}$인 경우에 T와 F는 각각 얼마가 될까? 그리고 얻어진 결과에 대해 코멘트도 행하여라.

풀이

(a) 표 8.3에서 이 기하에 대한 가장자리(또는 벽면)전단속도 $\dot{\gamma}_R(=\dot{\gamma}_0) = \dfrac{\Omega}{\Theta_0}$(여기서 Ω는 일정 각속도), 그리고 가장자리 전단응력 $\tau_R = \dfrac{3T}{2\pi R^3}$가 된다. 따라서 (정상)전단점도 $\eta(\dot{\gamma}_0)$는 아래가 된다.

$$\eta(\dot{\gamma}_0) = \eta(\dot{\gamma}_R) = \frac{\tau_R}{\dot{\gamma}_R} = \frac{3T}{2\pi R^3}\frac{1}{\dot{\gamma}_0} = \frac{3T}{2\pi R^3}\frac{\Theta_0}{\Omega} \quad \cdots\cdots (1)$$

또한 제 1 법선응력차 계수 $\Psi_1(\dot{\gamma}_0)$는 추력 F를 사용하여 아래로 나타내진다.

$$\Psi_1(\dot{\gamma}_0) = \frac{2F}{\pi R^2}\frac{1}{\dot{\gamma}_0^2} = \frac{2F\Theta_0^2}{\pi R^2 \Omega^2} \quad \cdots\cdots (2)$$

먼저 식 (1)에서 토크 T를 구하면 아래가 된다.

$$T = \frac{\eta \cdot 2\pi R^3}{3}\dot{\gamma}_0 = \frac{(300\ \mathrm{Pa\cdot s})(2\pi)(25\times10^{-3}\ \mathrm{m})^3}{3}(5\ \mathrm{s}^{-1}) = 0.0491\ \mathrm{N\cdot m} = 501\ \mathrm{gf\cdot cm}$$

(b) 추력 F를 식 (2)로부터 구하면 아래를 얻는다.

$$F = \frac{\Psi_1 \pi R^2 \dot{\gamma}_0^2}{2} = \frac{(50\ \mathrm{Pa\cdot s^{-2}})(\pi)(25\times10^{-3}\ \mathrm{m})^2}{2}(5\ \mathrm{s}^{-1})^2 = 0.245\ \mathrm{N} = 25.0\ \mathrm{gf}$$

단 위 계단에서 $1\ \mathrm{N} = 1\ \mathrm{kg\cdot ms^{-2}}$ 및 $1\ \mathrm{gf}$(1 그램중 힘)$= 1\ \mathrm{g} \times 9.8\ \mathrm{ms}^{-2}$이므로 $1\ \mathrm{N} = 102\ \mathrm{gf}$(혹은 $1\ \mathrm{gf} = 9.8\times10^{-3}\ \mathrm{N}$) 및 $1\ \mathrm{N\cdot m} = 1.02\times10^4\ \mathrm{gf\cdot cm}$를 이용하였다.

(c) 만약 같은 전단속도 $(\dot{\gamma}_0 = \dot{\gamma}_R)$(즉 같은 점도에서) 고정물의 반경이 R_1 및 R_2일때의 토크를 각각 T_1 및 T_2라 하면 식 (1)에서 아래가 성립된다.

$$\frac{T_1}{T_2} = \left(\frac{R_1}{R_2}\right)^3 = \left(\frac{25}{12.5}\right)^3 = 8$$

따라서 $T_2 = \frac{1}{8} T_1 = 0.0061\ \text{N}\cdot\text{m} = 0.0061 \times 1.02 \times 10^4\ \text{gf}\cdot\text{cm} = 62.2\ \text{gf}\cdot\text{cm}$

다음에 같은 전단속도(즉 같은 Ψ_1)에서 반경이 R_1 및 R_2일때의 추력을 각각 F_1 및 F_2라하면 식 (2)에서 아래가 성립된다.

$$\frac{F_1}{F_2} = \left(\frac{R_1}{R_2}\right)^2 = \left(\frac{25}{12.5}\right)^2 = 4 \qquad \therefore F_2 = \frac{1}{4} F_1 = 0.0613\ N = 6.25\ \text{gf}$$

비평 : 토크(T)와 추력(F)는 고정물의 반경 R에 대해 각각 R^3 및 R^2의존성을 가지므로, 측정된 T나 F가 허용된 변환기(transducer)의 범위 안에 들어가도록 반경 R을 선택해야한다.

8. 5 Couette 점도계를 사용하여 측정된 유체의 정상(steady) 전단점도$\eta(\dot{\gamma}_0)$ 값을 6.2 Pa · s 이었다. 점도계의 내통(bob)의 반경 (κR)은 25 mm, 그리고 외통(cup)의 반경(R)은 26 mm[따라서 두 원통사이의 간격(gap)은 1 mm]이고, 내통의 길이(L)는 30 mm이었으며, 실험에 사용된 정상 전단속도 $\dot{\gamma}_0 (= \dot{\gamma}_R) = 10\ \text{s}^{-1}$이었다. 이때 다음 물음에 답하라.

(a) 이 측정에서 토크(T) 값을 각각 N · m 및 gf · cm 단위로 계산하여라.

(b) 만약 내경(κR)이 15 mm, 두 원통간의 간격이 1 mm(그러나 내통의 길이는 그대로 30 mm)인 고정물이 사용된다면 그때의 토크 값은 어떻게 될까? 단 외통(cup)이 회전한다고 가정(즉 $T > 0$)하여 계산하여라(단 $1\,gf = 9.8 \times 10^{-3}\,N$)

풀이

(a) 표 8.3으로부터 Couette 기하에 대한 벽면(또는 가장자리)에서의 (정상)전단속도 $\dot{\gamma}_R (= \dot{\gamma}_0)$는 $\kappa\Omega/(1-\kappa)$(여기서 $0 < \kappa < 1$이고, Ω는 일정 각속도)로 나타내지므로 (정상)전단점도는 아래식으로 나타내진다.

$$\eta(\dot{\gamma}_0) = \eta(\dot{\gamma}_R) = \frac{T}{2\pi R^2 L \kappa^2} \times \frac{1}{\dot{\gamma}_0} \qquad \cdots\cdots (1)$$

따라서 측정된 토크(T)는 아래가 된다.

$$T = \eta 2\pi R^2 L \kappa^2 \dot{\gamma}_0 \qquad \cdots\cdots (2)$$

여기서 해당하는 파라미터의 값들을 문제로부터 대입하면 측정된 토크 값은 아래가 될 것이다(단 κ의 값은 내통의 반경/외통의 반경$= \frac{25}{26} = 0.962$ 이용).

$T=(6.2\ \text{Pa}\cdot\text{s})2\pi(0.026\ \text{m})^2(0.03\ \text{m})(0.962)(10\ \text{s}^{-1})=7.31\times10^{-3}\ \text{N}\cdot\text{m}=74.6\ \text{gf}\cdot\text{cm}$

단 여기서 $1\ \text{Pa}=1\ \text{N}\cdot\text{m}^{-2}$, $1\ \text{g}_r\text{f}=1\ \text{g}\times9.8\ \text{ms}^{-2}=9.8\times10^{-3}\ \text{N}$(혹은 $1\ \text{N}=102\ \text{gf}$)를 이용하여 계산하였다.

(b) 새로운 고정물의 내경$(\kappa_2 R_2)=15\ \text{mm}$, 두 원통간의 간격은 1mm이므로 외정$(R_2)=16\ \text{mm}$이다. 따라서 상수 κ_2 = 내경/외경 = 15/16 = 0.9375가 된다. 그러면 일정 전단속도(일정 점도), 그리고 일정(내통의) 길이에서 내경(즉 κ값)과 외경(즉 R) 값만 변할 경우의 토크 값 T_1과 T_2의 비는 식 (1)(또는 (2))에서 아래가 성립된다.

$$\frac{T_1}{R_1^2\kappa_1^2}=\frac{T_2}{R_2^2\kappa_2^2}\quad \text{혹은}\quad T_2=\left(\frac{\kappa_2 R_2}{\kappa_1 R_1}\right)^2 T_1=\left(\frac{15}{25}\right)^2 T_1=0.6\,T_1$$

여기서 T_1값은 문(a)의 결과를 대입하면 T_2값은 아래가 된다.

$$T_2=0.6\,T_1=0.6\times7.31\times10^{-3}\ \text{N}\cdot\text{m}=4.39\times10^{-3}\ \text{N}\cdot\text{m}=44.8\ \text{gf}\cdot\text{cm}$$

8. 6 다음은 일축 복굴절성(uniaxial birefringent) 물질에 관한 물음이다.

(a) 지르콘(zircon)의 (대칭)굴절률 텐서 $\mathbf{n}$는 주(고유) 프레임$(\xi_x, \xi_y, \xi_z)=(\xi_1, \xi_2, \xi_3)$에서 아래의 성분을 가진다.

$$\mathbf{n}=\begin{pmatrix}1.923 & 0 & 0\\ 0 & 1.923 & 0\\ 0 & 0 & 1.968\end{pmatrix}_{\xi_1\xi_2\xi_3} \qquad \cdots\cdots (1)$$

이때 n_0, n_e 및 Δn 값을 구하고, (일축)양의 복굴절인가 아니면 음의 복굴절인가?

(b) 녹주석(beryl)의 경우 $n_0=1.598$, $n_e=1.590$임이 알려져 있다. 이로부터 beryl의 굴절률 텐서 $\mathbf{n}$의 성분을 주(고유) 프레임계에서 나타내고, 또 Δn값을 구하여 (일축)양의 복굴절인가 또는 음의 복굴절인가를 조사하여라.

풀이

(a) 일축 복굴절의 정의식 (8.190)으로부터 지르콘(zircon)의 $n_0=n_1=n_2=1.923$, 그리고 $n_e=n_3=1.968$, 또한 $\Delta n=n_e-n_0=1.968-1.923=0.045>0$가 되어 지르콘은 일축 양의 복굴절성 물질이다.

(b) 문(a)의 경우 반대로 녹주석(beryl)의 경우 먼저 $n_0=n_1=n_2$ 및 $n_e=n_3$값을 알고 있으므로 이로부터 (대칭)굴절률 텐서 $\mathbf{n}$의 성분을 문(a)의 경우처럼 주(고유) 프레임 ξ_1, ξ_2, ξ_3에서 나타내면 아래가 된다.

$$\mathbf{n}=\begin{pmatrix}1.598 & 0 & 0\\ 0 & 1.598 & 0\\ 0 & 0 & 1.590\end{pmatrix}_{\xi_1\xi_2\xi_3} \qquad \cdots\cdots (2)$$

여기서 $\Delta n=n_e-n_0=1.590-1.598=-0.008<0$가 되어, 녹주석은 (일축)음의 복굴절성 물질이다.

8. 7 장석(feldspar)의 (대칭)굴절률 텐서 $\mathbf{n}$는 (비대각화된)전단(Cartesian)좌표계 $(x_1, x_2, x_3) = (1, 2, 3)$에서 아래의 (행렬)성분을 갖는다고 하자.

$$\mathbf{n} = \begin{pmatrix} 1.524 & -2.000\times 10^{-3} & 0 \\ -2.000\times 10^{-3} & 1.524 & 0 \\ 0 & 0 & 1.530 \end{pmatrix}_{123} \quad \cdots\cdots (1)$$

이때 장석은 일축 복굴절성(uniaxial birefringent), 이축 복굴절성(biaxial birefringent) 혹은 등방성(isotropic) 물질인가를 조사하고, 만약 복굴절성 물질이라면 관련된 복굴절을 계산하라.

풀이

만약 주어진 (1, 2, 3) 전단(Cartesian) 좌표계에서 $\mathbf{n}$의 주(고유) 프레임 좌표계 $(\xi_x, \xi_y, \xi_z) = (\xi_1, \xi_2, \xi_3)$로 (대각)좌표변환시키는 직교 좌표변환행렬 $\mathrm{L} = (l_{ij}) = \mathrm{Q}^{\mathrm{T}}$(식 8.169)를 안다면(즉 x_1축과 ξ_x축 사이의 배향각 χ를 안다면) 아래와 같이 Cartesian 좌표계간의 좌표변환 관계식 (8.182)에 의해 $\mathbf{n}$가 대각화될 것이다.

$$\mathrm{L}\,[n]_{123}\,\mathrm{L}^{\mathrm{T}} = [n]_{\xi_1\xi_2\xi_3} = \begin{pmatrix} n_1 & 0 & 0 \\ 0 & n_2 & 0 \\ 0 & 0 & n_3 \end{pmatrix}_{\xi_1\xi_2\xi_3} \quad \cdots\cdots (2)$$

그러나 현 단계에서는 배향각 χ, 나아가 (직교)좌표변환 행렬 L를 모르므로 식 (2)에 의한 $\mathbf{n}$의 대각화를 얻을 수 없다. 대신 주어진 (1, 2, 3) 좌표계에서의 $\mathbf{n}$의 성분을 이용하여 실대칭텐서 $\mathbf{n}$의 3 실 주(고유)치 n_1, n_2, n_3값 및 이에 대응하는 (정규직교화된)고유벡터 $\hat{\boldsymbol{\xi}}_1$, $\hat{\boldsymbol{\xi}}_2$, $\hat{\boldsymbol{\xi}}_3$를 1.16절에서 언급한 절차[즉 특성다항식 (1.337) 혹은 Cayley-Hamilton 정리 (1.416) 이용]에 따라 구하면 되는데, 식 (1)에 주어진 값이 약각 복잡하므로 정식절차에 따라 구하는 대신, Mathematica나 Matlab과 같은 수치해석 프로그램을 이용하여 식 (1)의 3 (실)고유치와 대응하는 상호직교이며, 크기가 1인 3 고유벡터를 구하면 결과는 아래와 같다.

$$\lambda_1 = n_1 = 1.522 \;:\; \hat{\boldsymbol{\xi}}_1 = (0.707 \quad 0.707 \quad 0)^{\mathrm{T}}_{123}$$

$$\lambda_2 = n_2 = 1.526 \;:\; \hat{\boldsymbol{\xi}}_2 = (0.707 \quad -0.707 \quad 0)^{\mathrm{T}}_{123}$$

$$\lambda_3 = n_3 = 1.530 \;:\; \hat{\boldsymbol{\xi}}_1 = (0 \quad 0 \quad 1)^{\mathrm{T}}_{123} \quad \cdots\cdots (3)$$

따라서 $\mathbf{n}$의 주(고유)기저계 ξ_1, ξ_2, ξ_3에서 대각화된 형태는 아래가 된다.

$$\mathbf{n} = [n]_{\xi_1\xi_2\xi_3} = \begin{pmatrix} 1.522 & 0 & 0 \\ 0 & 1.526 & 0 \\ 0 & 0 & 1.530 \end{pmatrix}_{\xi_1\xi_2\xi_3} \quad \cdots\cdots (4)$$

[비고: $\mathbf{n}$의 3 정규직교화된 고유기저벡터 $\hat{\boldsymbol{\xi}}_1$, $\hat{\boldsymbol{\xi}}_2$, $\hat{\boldsymbol{\xi}}_3$를 알았으므로 (직교)좌표변환 행렬 $\mathrm{Q} = (a_i{}^j)^{\mathrm{T}} = (\boldsymbol{\xi}_1 \quad \boldsymbol{\xi}_2 \quad \boldsymbol{\xi}_3)_{123}$(식 (1.363) 참조)가 구해지고, 따라서 식 (8.169)의 좌변변환 행렬 $\mathrm{L} = \mathrm{Q}^{\mathrm{T}} = \begin{pmatrix} 0.707 & 0.707 & 0 \\ 0.707 & -0.707 & 0 \\ 0 & 0 & 1 \end{pmatrix}$가 얻어지므로 식 (2)에 의해서도 마찬가지 결과(식 (4))가 얻어질 수 있다.]

어째든 식 (4)의 대각화가 얻어졌으므로, $n_1 = 1.522$, $n_2 = 1.526$, $n_3 = 1.530$가 되는데 이들 모두 서로 값이 다르므로, 장석은 이축 복굴성(biaxial birefringent)물질임을 알 수 있다. 또한 식 (8.190)에서 이축물질에 대한 두 개의 복굴절은 각각 $\Delta n_{21}(=n_2-n_1)=0.004$ 및 $\Delta n_{32}(=n_3-n_2)=0.004$가 된다.

8. 8 방해석(calcite) 강판(slab) 위에 입사하는 빛은 방해석의 굴절률 텐서 $\mathbf{n}$(혹은 응력텐서 $\boldsymbol{\tau}$)의 주(고유) 프레임계 (ξ_1, ξ_2, ξ_3)에서 아래와 같이 주어지는 전장벡터 $\boldsymbol{E}_{in}$을 가진다고 하자.

$$\boldsymbol{E}_{in}\left[=\begin{pmatrix} E_1 \\ E_2 \\ E_3 \end{pmatrix}_{in}\right] = e^{i\omega\left(\frac{z}{u}-t\right)}\begin{pmatrix} 2 \\ 0 \\ 1 \end{pmatrix}_{\xi_1\xi_2\xi_3} \quad \cdots\cdots (1)$$

여기서 $\omega = 2\pi c/\lambda_v$(여기서 c 및 λ_v는 각각 진공에서의 빛의 속도 및 파장이다)는 빛의 각진동수이다. 만약 사용된 빛이 헬륨-네온(helium-neon) 레이저 빛이라면 $\lambda_v = 0.6328\,\mu\mathrm{m}$가 된다. 한편 방해석의 (대칭)굴절률 텐서 $\mathbf{n}$의 대각화성분 즉 주(고유) 기저 프레임 ξ_1, ξ_2, ξ_3에서의 성분은 아래가 됨이 알려져 있다(식 (8.182) 참조).

$$\mathbf{n} = \begin{pmatrix} 1.658 & 0 & 0 \\ 0 & 1.658 & 0 \\ 0 & 0 & 1.486 \end{pmatrix}_{\xi_1\xi_2\xi_3} \quad \cdots\cdots (2)$$

이때 방해석 시료를 통과한 후 나오는 빛의 편광(polarization) 상태를 조사하고, 관련된 지연각(또는 위상차) δ도 계산하여라. 단 시료의 두께(h)는 $3\,\mathrm{mm}$, 그리고 빛은 시료의 주 방향중 하나인 $\hat{\boldsymbol{\xi}}_2-$방향으로 진행하고 있으므로, 이 경우에 시료를 통과하여 나오는 빛의 전장벡터 $\boldsymbol{E}_{ex}$는 $\mathbf{n}$의 주(고유) 프레임에서 아래의 형태를 가진다고 가정하여라.

$$\boldsymbol{E}_{ex} = \begin{pmatrix} E_1 \\ E_2 \\ E_3 \end{pmatrix}_{ex} = \begin{pmatrix} 2e^{i\omega\left(\frac{h}{u_1}-t\right)} \\ 0 \\ e^{i\omega\left(\frac{h}{u_3}-t\right)} \end{pmatrix}_{\xi_1\xi_2\xi_3} \quad \cdots\cdots (3)$$

단 위식에서 $u_1 = c/n_1$ 및 $u_3 = c/n_3$는 각각 빛이 매질 속에서 $\hat{\boldsymbol{\xi}}_1$- 및 $\hat{\boldsymbol{\xi}}_3$-방향을 따라 진행할 때의 (위상)속도이며, $n_1 = 1.658$ 및 $n_3 = 1.486$는 시료의 $\hat{\boldsymbol{\xi}}_1$- 및 $\hat{\boldsymbol{\xi}}_3$-방향으로의 주(고유) 굴절률이다.

풀이

식 (3)을 변형하면 아래가 된다

$$\boldsymbol{E}_{ex} = e^{-i\omega t}\begin{pmatrix} 2e^{i\omega\left(\frac{hn_1}{c}\right)} \\ 0 \\ e^{i\omega\left(\frac{hn_3}{c}\right)} \end{pmatrix}_{\xi_1\xi_2\xi_3} = e^{-i\omega t}e^{i\omega\left(\frac{hn_1}{c}\right)}\begin{pmatrix} 2 \\ 0 \\ e^{\frac{i\omega h}{c}(n_3-n_1)} \end{pmatrix}_{\xi_1\xi_2\xi_3} \equiv e^{-i\omega t}e^{i\omega\left(\frac{hn_1}{c}\right)}\begin{pmatrix} 2 \\ 0 \\ e^{i\delta} \end{pmatrix}_{\xi_1\xi_2\xi_3} \quad \cdots\cdots (4)$$

위식에서 $\delta \equiv \frac{\omega h}{c}(n_3 - n_1)$는 $\boldsymbol{E}_{ex}$의 E_1과 E_3성분 사이의 지연각(retardance) 혹은 위상차(phase difference)로서, 이 형태로부터 본 시료를 통과하여 나오는 빛은 '타원편광(elliptically polarized)'이 되어 있음을 알 수 있다(그림 8.28 참조).

이때 지연각 δ은 해당 파라미터의 값을 대입하면 아래와 같이 계산된다.

$$\delta = \frac{\omega h}{c}(n_3 - n_1) = \frac{2\pi c}{\lambda_v} \times \frac{h}{c}(n_3 - n_1) = \frac{2\pi}{0.6328\ \mu\text{m}} \times 3\ \text{mm} \times (1.486 - 1.658) \times \frac{10^3\ \mu\text{m}}{1\ \text{mm}}$$

$$= -5123.46\ \text{rad} \fallingdotseq -815(2\pi) - 2.66\ \text{rad}$$

참고문헌

1. Akivis, M. A. and Goldberg, V. V., "An Introduction to Linear Algebra and Tensors", Dover, 1972.
2. Arfken, G., "Mathematical Methods for Physicists", 4th ed., Academic Press, 1995.
3. Aris, R., "Vectors, Tensors, and the Basic Equations of Fluid Mechanics", Prentice-Hall, 1962.
4. Astarita, G. and Marrucci, G., "Principles of Non-Newtonian Fluid Mechanics", McGraw-Hill, 1974.
5. Bailey, R. T., et al., "Molecular Motion in High Polymers", Oxford Univ. Press, 1981.
6. Barnes, H. A., Hutton, J. F., and Walters, K., "An Introduction to Rheology", Elsevier, 1989 (이승종, 이성재 역, "유동변형학", 대웅출판사, 1999).
7. Berne, B. J., Pecora, R., "Dynamic Light Scattering", John Wiley & Sons, 1976.
8. Billington, E. W. and Tate, A., "The Physics of Deformation and Flow", McGraw-Hill Inc., 1981.
9. Bird, R. B., Armstrong, R. C. and Hassager, O., "Dynamics of Polymeric Liquids", 2nd ed., John Wiley & Sons, 1987.
10. Boas, M. L., "Mathematical Methods in the Physical Sciences", 2nd ed., John Wiley & Sons, 1983.
11. Boehme, G., "Non-Newtonian Fluid Mechanics", Elsevier Science Publishers B. V., 1987.
12. Borg, S. F., "Matrix-Tensor Methods in Continuum Mechanics", 2nd ed., World Scientific, 1990.
13. Borisenko, A. I. and Tarapov, I. E., "Vector and Tensor Analysis with Applications", Dover, 1968.
14. Bourne, D. E. and Kendall, P. C., "Vector Analysis and Cartesian Tensors", 3rd ed., Chapman & Hall, 1992.
15. Bowen, R. M. and Wang, C. C., "Introduction to Vectors and Tensors", Plenum Press, 1976.
16. Brand, L., "Vector and Tensor Analysis", John Wiley & Sons, 1964.
17. Carreau, P. J., De Kee, D. and Chhabra, R. P., "Rheology of Polymeric Systems", Hanser, 1997.
18. Cogswell, F. N., "Polymer Melt Rheology: A Guide for Industrial Practice", Woodhead Pub. Ltd., 1998.
19. Danielson, D. A., "Vectors and Tensors in Engineering and Physics", 2nd ed., Addison-Wesley, 1997.
20. Darby, R., "Viscoelastic Fluids", Marcel Dekker, Inc., 1976.
21. Davis, H. F. and Snider, A. D., "Introduction to Vector Analysis", 7th ed., WCB, 1995.
22. de Gennes, P. G., "Scaling Concepts in Polymer Physics", Cornell Univ. Press, 1979.
23. do Carmo, M. P., "Differential Geometry of Curves and Surfaces", Prentice-Hall, 1976.
24. Doi, M. and Edwards, S. F., "The Theory of Polymeric Dynamics", Clarendon Press, 1986.
25. Eisele, J. A., "Applied Matrix and Tensor Methods", Wiley-Interscience, 1970.
26. Emanuel, G., "Analytical Fluid Dynamics", CRC Press, 1994.
27. Farrashkhalvat, M. and Miles, J. P., "Tensor Methods for Engineers", Ellis Horwood, 1990.
28. Ferry, J. D., "Viscoelastic Properties of Polymers", 3rd ed., Wiley-Interscience, 1980.
29. Fetter, A. and Walecka, J., "Theoretical Mechanics of Particles and Continua", McGraw-Hill, 1980.
30. Flory, P. J., "Principles of Polymer Chemistry", Cornell Univ. Press, 1953.
31. Flory, P. J., "Statistical Mechanics of Chain Molecules", Interscience Publishers, 1969.
32. Flügge, W., "Tensor Analysis and Continuum Mechanics", Springer-Verlag, 1972.
33. Fowles, G. R., "Introduction to Modern Optics", 2nd ed., Dover Pub., 1989.
34. Freed, K. F., "Renormalization Group Theory of Macromolecules", Cambridge Univ. Press, 1990.
35. Gerretsen, J., "Lectures on Tensor Calculus and Differential Geometry", Noordhoff, 1962.

36. Goodbody, A. M., "Cartesian Tensors: With Applications to Mechanics, Fluid Mechanics and Elasticity", John Wiley & Sons, 1982.
37. Goodwin, J. W. and Hughes, R. W., "Rheology for Chemists", Royal Society of Chemistry Co., 2000.
38. Greenberg, M. D., "Foundations of Applied Mathematics", Prentice-Hall, 1978.
39. Grosberg, A., ed., "Theoretical and Mathematical Models in Polymer Research", Academic Press, 1998.
40. Han, C. D., "Rheology in Polymer Processing", Academic Press, 1976.
41. Hassani, S., "Foundations of Mathematical Physics", Prentice-Hall, 1992.
42. Hawkins, G. A., "Multilinear Analysis for Students in Engineering and Science", John Wiley & Sons, 1963.
43. Hinchey, F. A., "Vectors and Tensors for Engineers and Scientists", Wiley Eastern Limited, 1976.
44. Jackson, J. D., "Classical Electrodynamics", John Wiley & Sons, 1975.
45. Janeschitz-Kriegl, H., "Polymer Melt Rheology and Flow Birefringence", Springer-Verlag, 1983.
46. Kay, D. C., "Tensor Calculus", Schaum's Outline Series, McGraw-Hill, 1988.
47. Kyrala, A., "Theoretical Physics: Applications of Vectors, Matrices, Tensors and Quaternions", W.B. Saunders, 1967.
48. Larson, R. G., "Constitutive Equations for Polymer Melts and Solutions", Butterworths Pub., 1988.
49. Lawden, D. F., "An Introduction to Tensor Calculus, Relativity, and Cosmology, John Wiley & Sons, 1982.
50. Lenk, R. S., "Polymer Rheology", Applied Science Publishers, 1978.
51. Lewis, P. E. and Ward, J.P., "Vector Analysis for Engineers and Scientists', Addison-Wesley, 1989.
52. Lodge, A. S., "Elastic Liquids", Academic Press, 1964.
53. Lu, P. C., "Int. to the Mechanics of Viscous Fluids", Hemisphere Pub. Co., 1977.
54. Macosko, C. W., "Rheology: Principles, Measurements, and Applications", VCH Publishers, Inc., 1994.
55. Mase, G. E., "Continuum Mechanics", Schaum's Outline Series, McGraw-Hill, 1970.
56. Matsuoka. S., "Relaxation Phenomena in Polymers", Hanser Publishers, 1992.
57. McCrum, N. G., et al., "Anelastic and Dielectric Effects in Polymeric Solids", Wiley London, 1967.
58. Mezger, T. G., "The Rheology Handbook", 2nd ed., Vincentz Network, 2009.
59. Middleman, S., "An Introduction to Fluid Dynamics", John Wiley & Sons, 1998.
60. Milewski, E. G. (Chief Editor), "The Vector Analysis Problem Solver", REA, 1984.
61. Morrison, F. A., "Understanding Rheology", Oxford Univ. Press, 2001.
62. Narasimhan, M. N. L., "Principles of Continuum Mechanics", John Woley & Sons, 1993.
63. Pipkin, A. C., "Lectures on Viscoelasticity Theory", Springer-Verlag, 1972.
64. Powell, P. C., "Engineering with Polymers", Chapman and Hall, 1983 (이장우, 조현혹 역, "고분자의 공학적 이용", 교보문고, 1991).
65. Reddy, J. N. and Rasmussen, M. L., "Advanced Engineering Analysis", John Wiley & Sons, 1982.
66. Riande, E., et al., "Polymer Viscoelsticity", Springer-Verlag, 2000.
67. Riley, K. F., Hobson, M. P. and Bence, S. J., "Mathematical Methods for Physics and Engineering", 90. Cambridge Univ. Press, 1997.
68. Sands, D. E., "Vectors and Tensors in Crystallography'. Dover, 1982
69. Schowalter, W. R., "Mechanics of Non-Newtonian Fluids", Pergamon Press, 1978.
70. Segal, L. A., "Mathematics Applied to Continuum Mechanics", Macmillan, 1977.
71. Shaw, M. T., MacKnight, W. J., "Introduction to Polymer Viscoelasticity", 3rd ed., Wiley-Interscience, 2005.
72. Simmonds, J. G., "A Brief on Tensor Analysis", Springer-Verlag, 1982.
73. Sokolnikoff, I. S., "Tensor Analysis and Its Applications", 2nd ed., McGraw-Hill, 1964.
74. Sperling, L. H., "Introduction to Physical Polymer Science", 4th ed., John Wiley & Sons, 2006.

75. Spiegel, M. R., "Vector Analysis", Schaum's Outline Series, 1974.(이건창 역, "벡터해석", 경문사, 1992.)
76. Tadmor, Z. and Gogos, C. G., "Principles of Polymer Processing", John Wiley & Sons, 1979.
77. Tanner, R. I., "Engineering Rheology", rev. ed., Clarendon Press, 1988.
78. Teichmann, H., "Physical Applications of Vectors and Tensors", Harrap, 1969.
79. Tschoegl, N. W., "The Phenomenological Theory of Linear Viscoelastic Behavior', Springer-Verlag, 1989.
80. van Krevelen, D. W., "Properties of Polymers", 3rd ed., Elsevier Science Publ. Co., Inc., 1990.
81. Wales, J. L. S., "The Application of Flow Birefringence to Rheological Studies of Polymer Melts", Springer-Verlag, 1976.
82. Walters, K., "Rheometry", Chapman & Hall, 1975.
83. White, J. L., "Principles of Polymer Engineering Rheology", John Wiley & Sons, 1990.
84. Woodhouse, N. M. J., "Introduction to Analytical Dynamics", Clarendon, 1987.
85. Wrede, R .C., "Introduction to Vector and Tensor analysis", Dover, 1972.
86. Yamakawa, H., "Modern Theory of Polymer Solutions", Harper & Row Publishers, 1971.
87. Yanovsky, Y. G., "Polymer Rheology: Theory and Practice", Chapman & Hall, 1993.
88. Young, E. C., "Vector and Tensor Analysis", 2nd ed., Marcel Dekker, 1993.
89. 高分子學會編, "高分子科學演習", 東京化學同人, 1985.
90. 小野木重治, "化學者のためのレオロジー", 化學同人, 1981.
91. 日本レオロジー學會編, "講座・レオロジー", 高分子刊行會, 1992 (김광웅, 황의정 역, "고분자 레올로지", 문운당, 1995).
92. 中江利昭 監修, "レオロジー工學とその應用技術", フジテクノシステム, 2002.
93. 中川鶴太郎,, "レオロジー(岩波全書)", 岩波書店, 1978
94. 横道英雄, "テンソル と レオロジー", 技報堂, 1975.
95. 김성철 외 12, "고분자공학 I", 희중각, 1994.
96. 류경옥, "Tensor 해석특론", 보성문화사, 1996.
97. 이장우, 정우혁, "해설 고분자 물성과 물리화학", 사이플러스, 2009.
98. 이장우, 진치섭 공저, "벡터 및 텐서해석의 기초와 응용 개정판", 부산대학교 출판부, 2005.
99. 이종후, "벡터해석", 학문사, 1983.

찾아보기

(ㅅ)

(ㅇ)

(ㅈ)

(ㅊ)

(ㅋ)

(ㅌ)

(ㅍ)

(ㅎ)

• **저자 약력**

▶ 이장우

서울대학교 섬유공학과, 공학사
서울대학교 대학원 응용화학과, 공학석사
일본 경도대학교 고분자화학과, 공학박사
University of Minnesota at Twin Cities (Post Doc.)
부산대학교 고분자공학과, 교수 (현재)

▶ 정우혁

부산대학교 고분자공학과, 공학사
부산대학교 고분자공학과, 공학석사
University of Florida, 공학석사
University of Massachusetts Lowell, 공학박사
Thermolon 주식회사, 연구원 (현재)

텐서와 레올로지

2009년 8월 25일 초판 1쇄 발행

지은이 이장우 · 정우혁
발행인 박종성

발행처 사이플러스
우 121-842 / 서울특별시 마포구 서교동 468-24
전화 332-6171 / 팩스 332-6185
등록 2005. 10. 20. 제 313-2005-00222호

ISBN 978-89-92603-26-3 93430 값 **47,000**원